Lienert / Verteilungsfreie Methoden · Tafelband

# Verteilungsfreie Methoden in der Biostatistik

Tafelband

G. A. Lienert

1975

Verlag Anton Hain · Meisenheim am Glan

**CIP-Kurztitelaufnahme der Deutschen Bibliothek**
**Lienert, Gustav Adolf**
Verteilungsfreie Methoden in der Biostatistik. –
Meisenheim am Glan: Hain.

Taf.-Bd. – 1975.
   ISBN 3-445-01350-0 brosch.
   ISBN 3-445-11350-5 geb.

© 1976 Verlag Anton Hain KG – Meisenheim am Glan
Herstellung: Verlag Anton Hain KG – Meisenheim am Glan
Printed in Germany
ISBN 3-445-11350-5 (Lw)
ISBN 3-445-01350-0 (Pp)

# VORWORT

Unter den ‚Verteilungsfreien Methoden in der Biostatistik' unterscheidet man zwischen sog. asymptotischen, nur auf größere Stichproben von Individuen anwendbare Methoden und den sog. exakten (oder finiten) Testmethoden, die erforderlich sind, um kleine Stichproben konklusiv auszuwerten. Zur Auswertung solch kleiner Stichproben bedarf es in der Regel aufwendiger Rechenarbeit, die oft nur mit EDV-Anlagen zu bewältigen ist. Abhilfe schaffen hier Tafeln, die eine exakte Beurteilung eines Testergebnisses aus kleinen Stichproben in verteilungsunabhängiger Weise gewährleisten. Solche Tafeln enthält der hiermit vorgelegte Tafelband der VFM.

Die Tafeln des Bandes beziehen sich nicht nur, wie ursprünglich vorgesehen und angekündigt, auf den bereits 1973 erschienenen ersten Band der VFM, sondern auch auf den 1976 erscheinenden zweiten Band der VFM.

Die Tafeln sind so eingerichtet, daß sie der Anfänger nur im Zusammenhang mit dem jeweiligen Textband benutzen sollte; der Geübte hingegen kann auf beide Textbände verzichten und sie — nötigenfalls unter Bezug auf die Originalliteratur — als selbständiges Tafelwerk benutzen. Die Anwendung der Tafeln wird in jedem einzelnen Fall durch eine Benutzungsvorschrift ermöglicht und durch Vorgabe eines Ablesungsbeispiels illustriert.

Der Benutzer wird feststellen, daß der vorliegende Band neben bekannten oder in anderen Tafelbänden aufgeführten Tafeln auch zahlreiche, noch nicht monographisch publizierte Tafeln enthält.

Um Druckfehler, die in Tafelwerken fatale Konsequenzen haben können, zu vermeiden, wurden fast alle Tafeln aus Original- oder Sekundärquellen photokopiert und nötigenfalls mit neuen Kopfzeilen und/oder Vorspalten versehen.

Der Leser und Benutzer ist herzlich gebeten, die durch die Photoreproduktion entstandenen druck- und anordnungsästhetischen Mängel hinzunehmen und zu bedenken, daß ein Neusatz dieses Tafelbandes seine Herstellungskosten vervielfacht hätte.

Mein Dank gilt meinem Mitarbeiter cand. rer. nat. G. D. Bartoszyk, Universität Düsseldorf, der den Tafelband betreut hat und dem Verlag Anton Hain, der seine preiswerte Ausgabe ermöglicht hat. Mein Dank gilt aber auch allen jenen, die auf diesen Band so lange haben warten müssen.

Erlangen — Nürnberg, im März 1975                                             G. A. Lienert

# INHALTSVERZEICHNIS

| Tafel | | |
|---|---|---|
| I | Der Binomialtest für $\pi = 1/2$ | 1 |
| II | Der u-Test | 2 |
| II-1 | u-Schranken für unkonventionelle Alphas | 4 |
| III | Signifikanzschranken der $\chi^2$-Verteilung | 5 |
| III-1 | Wahrscheinlichkeiten für ganzzahlige $\chi^2$-Werte | 14 |
| III-2 | Extreme $\chi^2$-Schranken | 33 |
| IV | Zufallsfolgen von Ziffern | 38 |
| V | Binomialtestes für $\pi = 0{,}05(0{,}05)0{,}50$ | 40 |
| V-1 | Der Vorzeichentest | 47 |
| V-2 | Der Nullklassentest | 50 |
| V-3 | Der exakte Vier-Felder-Test | 51 |
| VI-1-1 | Der U-Test von MANN-WHITNEY | 65 |
| VI-1-1-1 | HALPERINS einseitig gestutzter U-Test | 71 |
| VI-1-2 | Der Rangsummentest | 76 |
| VI-1-4 | Der Subgruppen-Rangsummentest | 81 |
| VI-1-7-1 | Normalrang-Transformation | 82 |
| VI-1-7-2 | Der TERRY-HOEFFDING-Test | 83 |
| VI-2-1 | Der exakte H-Test | 88 |
| VI-2-3 | Der L-Test von BHAPKAR und DESHPANDE | 91 |
| VI-2-5 | Der CRONHOLM-REVUSKY-Test | 92 |
| VI-2-6 | Conovers Binaberrationstest | 93 |
| VI-3-1 | DUNNETTS t-Test | 94 |
| VI-3-1-1 | STEELS exakte $T_i$-Tests | 95 |
| VI-3-1-1a | STEELS einseitige asymptotische $T_i$-Tests | 96 |
| VI-3-1-1b | STEELS zweiseitige asymptotische $T_i$-Tests | 97 |
| VI-3-1-2 | STEEL-MILLERS asymptotische $T_i$-Tests | 98 |
| VI-3-1-3 | Die $D_i$-Tests von WILCOXON und WILCOX | 101 |
| VI-3-2 | Die studentisierte Spannweitenverteilung | 106 |
| VI-3-2-1 | STEELS exakte $T_{ij}$-Tests | 107 |
| VI-3-2-2 | Die asymptotischen $T_{ij}$-Tests von STEEL und DWASS | 108 |
| VI-3-2-3 | NEMENYIS $D_{ij}$-Test | 110 |
| VI-3-4 | MOSTELLERS Lokationsausreißertest | 112 |
| VI-4-1-1 | WILCOXONS Vorzeichenrangtest: P-Werte | 113 |
| VI-4-1-2 | WILCOXONS Vorzeichenrangtest: Schranken | 117 |
| VI-4-1-3 | Der Nulldifferenzen-Vorzeichentest von PRATT | 119 |
| VI-4-2 | GLASSERS Paarlings Homogenitätstest | 125 |
| VI-5-1 | FRIEDMANS $\chi_r^2$-Test | 126 |
| VI-5-1-1 | FRIEDMANS $\chi_r^2$-Test: Weitere P-Werte | 131 |
| VI-5-1-2 | FRIEDMANS $\chi_r^2$-Test: MICHAELIS' Schranken | 133 |

| | | |
|---|---|---|
| VI-5-2 | Der L-Test von PAGE | 135 |
| VI-5-3 | YOUDENS Rangsummen-Aberrationstest | 136 |
| VI-6-1-1 | Der $d_i$-Test von WILCOXON und WILCOX | 140 |
| VI-6-1-2 | Der (k-1)-Vorzeichentest von STEEL und RHYNE | 145 |
| VI-6-2-1 | Der $d_{ij}$-Test von DUNN-RANKIN | 150 |
| VI-6-2-2 | Der $\binom{k}{2}$-Vorzeichentest von STEEL und MILLER | 154 |
| VI-6-3 | WHITFIELDS Lokationsdifferenzen-Test | 156 |
| VI-7-1-1 | ROSENBAUMS Dispersionstest | 157 |
| VI-7-1-2 | KAMAT-HAGAS Dispersionstest | 159 |
| VI-7-6 | HOLLANDERS G-Test | 162 |
| VII-2-1 | Der exakte KOLMOGOROFF-SMIRNOV-MASSEY-Test für $N_1 = N_2 = n$ | 162 |
| VII-2-1-1 | Der KOLMOGOROFF-SMIRNOV-Omnibustest für $N_1 \neq N_2$ | 164 |
| VII-2-1-2 | Der KOLMOGOROFF-SMIRNOV-Omnibustest für $N_1 = N_2 = n$ | 170 |
| VII-2-1-3 | Der asymptotische KOLMOGOROFF-SMIRNOV-Test | 173 |
| VII-2-1-4 | TSAOS gestutzter KSO-Test | 175 |
| VII-2-2 | Der KOLMOGOROFF-SMIRNOV-Lokationstest | 177 |
| VII-3 | Der KOLMOGOROFF-SMIRNOV-Anpassungstest | 179 |
| VIII-1-1 | STEVENS' Iterationshäufigkeitstest | 182 |
| VIII-1-2 | SHEWHARTS Iterationshäufigkeitstest | 189 |
| VIII-1-4 | BARTON-DAVIDS Iterationstest | 193 |
| VIII-1-4-1 | Der multiple Iterationshäufigkeitstest für k = 3 Alternativen | 194 |
| VIII-1-4-2 | Der multiple Iterationshäufigkeitstest für k = 4 Alternativen | 196 |
| VIII-2-1-1 | OLMSTEADS ELI-Test | 198 |
| VIII-2-1-2 | Natürliche Exponentialfunktion | 200 |
| VIII-2-2 | COCHRAN-GRANTS Iterationslängentest | 204 |
| VIII-2-3 | Der Ambo-Längst-Iterations-Test | 205 |
| VIII-2-5 | DIXONS $C^2$-Test | 207 |
| VIII-3-1 | Natürliche Logarithmen | 208 |
| IX-2-1 | Der Phi-Koeffizient bei gleichen Zeilensummen | 217 |
| IX-4-1 | Informationstheoretische Zusammenhangsmasse | 222 |
| IX-4-5 | g-Werte für den Informationskomponententest und den G-Test von WOOLF | 225 |
| IX-5-1 | HOTELING-PABSTS Rho-Test | 227 |
| IX-5-1-1 | Signifikanzschranken für rho nach OLDS | 229 |
| IX-5-1-2 | Der exakte rho-Korrelationstest nach HOTELING-PABST | 230 |
| IX-5-1-3 | Der asymptotische rho-Korrelationstest nach GLASSER-WINTER | 234 |
| IX-5-3 | KENDALLS Tau-Test | 235 |
| IX-5-3-1 | Der KENDALL-KAARSEMAKER-VAN WIJNGAARDEN-Test | 237 |
| IX-5-3-2 | Der KENDALL-KAARSEMAKER-VAN WIJNGAARDEN-Test | 242 |
| IX-5-3-3 | Der KENDALL-KAARSEMAKER-VAN WIJNGAARDEN-Test | 247 |
| IX-5-4 | SILITTOS exakter tau-Test | 249 |
| IX-5-5 | BURRS exakter tau-Test | 254 |
| IX-5-10 | LUDWIGS exakter Subgruppen-tau-Test | 260 |
| IX-5-10a | LUDWIGS exakter Subgruppen-Rangkorrelationstest für gleich große Subgruppen | 264 |

| | | |
|---|---|---|
| IX-5-10b | Ludwigs exakter Subgruppen-Rangkorrelationstest für zwei unterschiedliche Subgruppenumfänge | 265 |
| IX-5-10c | Ludwigs exakter Subgruppen-Rangkorrelationstest für drei unterschiedliche Subgruppenumfänge | 266 |
| IX-5-11 | Whitfields Intraklassen-Rangkorrelationstest | 267 |
| IX-7-3 | Der Normalrang-Korrelationstest | 269 |
| IX-7-5 | Blomqvists exakter Quadrantentest | 270 |
| X-1 | Kendalls Konkordanztest: exakte Schranken | 271 |
| X-2 | Kendalls Konkordanztest: Überschreitungswahrscheinlichkeiten | 272 |
| X-5 | Kendalls exakter Akkordanztest | 275 |
| X-6 | Einfach und komplex verkettete Paarvergleichsbonituren | 278 |
| XI-1 | Die kumulierte Binomialverteilung | 280 |
| XI-2-1 | Konfidenzintervalle für p nach Clopper-Pearson | 293 |
| XI-2-2 | Neue Konfidenzintervalle nach Bunke | 300 |
| XI-2-3 | Konfidenzintervalle für den Poisson-Parameter | 307 |
| XI-3 | Konfidenzintervalle für den Median beliebig verteilter Meßwerte | 308 |
| XI-6-1 | Verteilungsfreie Toleranzgrenzen mit Inklusionsanwendungen (zweiseitig) | 310 |
| XI-6-2 | Verteilungsfreie Toleranzgrenzen mit Exklusionsanwendungen (einseitig) | 311 |
| XII-2-6 | Walds Wahrscheinlichkeitsverhältnistest für $\pi = 1/2$ | 312 |
| XII-3-2-1 | Sequentielle Binomialtestpläne für $\pi \neq 1/2$ | 313 |
| XII-3-2-2 | Sequentielle Binomialtestpläne für $\pi = 1/2$ | 314 |
| XII-7-4 | Epsteins Pseudosequentialtest | 315 |
| XII-7-5a | Die Nelson-Tafeln | 319 |
| XII-7-5b | Die Rosenbaum-Tafeln | 323 |
| XIV-3-1 | Der Phasenverteilungstest von Wallis und Moore | 325 |
| XIV-3-2-1 | Überschreitungswahrscheinlichkeiten für Edgingtons Zeitreihen-Phasenhäufigkeitstest | 326 |
| XIV-3-2-2 | Überschreitungswahrscheinlichkeiten für Olmsteads Zeitreihen-Längstphasentest | 328 |
| XIV-3-3 | Der Punkte-Paare-Test von Quenouille | 332 |
| XIV-4 | Der Erstdifferenzentest von Moore und Wallis | 333 |
| XIV-4-4-1 | Exakte Überschreitungswahrscheinlichkeiten für den Rekordbrechertest | 335 |
| XIV-4-4-2 | Momente zur asymptotischen Beurteilung der Prüfgrößen im Rekordbrechertest und Rekordsummentest | 336 |
| XIV-4-4-3 | Exakte Überschreitungswahrscheinlichkeiten für den Rekordsummentest | 337 |
| XIV-5-3 | Schranken für den zirkulär definierten Autokorrelationskoeffizienten | 339 |
| XIV-5-4 | Schranken für Von Neumanns Zeitreihen-Erstdifferenzentest | 340 |
| XIV-8-2-1 | Kritische Werke für einen einseitigen Okkupanztest | 341 |
| XIV-8-2-2 | Kritische Werte für einen zweiseitigen Okkupanztest | 348 |

| | | |
|---|---|---|
| XV-2 | Fakultäten und deren Zehnerlogarithmen | 351 |
| XV-2-4 | Binomialkoeffizienten $\binom{n}{x}$ | 353 |
| XV-2-4-1 | Der exakte 3x2-Feldertest nach STEGIE-WALL | 354 |
| XV-2-4-2 | Der exakte 2x3-Feldertest nach KRÜGER-WALL | 367 |
| XV-2-4-3 | Der exakte 2x3-Feldertest nach BENNETT-NAKAMURA | 375 |
| XV-2-4-4 | Die FREEMAN-HALTON-KRÜGER-Tafeln | 391 |
| XV-2-6 | Der CRADDOCK-FLOOD-$X^2$-Kontingenztest | 439 |
| XV-3-1-3 | WALLS exakter Vierfelderkontingenztest | 442 |
| XV-3-4 | Der tetrachorische Korrelationskoeffizient einer Vierfeldertafel | 457 |
| XV-4-3 | Die HENZE-Tafeln für ein- und zweiseitigen exakten FISHER-YATES-Test | 458 |
| XV-5-4 | Stichprobenumfänge zum Heterogenitätsnachweis in Vierfeldertafeln | 465 |
| XV-5-5 | ULEMANS kx2-Felder-U-Test (ULEMAN-BUCK-Tafeln) | 481 |
| XV-7-5 | Yateskorrigierte g-Werte für den Informationskomponententest und den G-Test von WOOLF | 497 |
| XVI-5-4 | Der Gleichverteilungs-U-Test | 499 |
| XVI-5-8-1 | BARTHOLOMEWS 3x2-Felder-Gradiententest | 501 |
| XVI-5-8-2 | BARTHOLOMEWS 4x2-Felder-Gradiententest | 502 |
| XVI-5-9 | BARTHOLOMEWS kx2-Homogenitäts-Gradiententest | 504 |
| XVI-8-5 | Der exakte Q-Test | 505 |
| XVI-8-7 | Der exakte Lokationsmediantest nach TATE-BROWN | 515 |
| XVII-1-1a | Der exakte $2^3$-Felder-Kontingenztest | 517 |
| XVII-1-1b | Tafel der exakten $2^3$-Felder-Kontingenztests | 582 |
| XVII-2 | Der exakte Oktantest | 603 |
| XVIII-12 | T-Transformation von Rangwerten | 642 |
| XVIII-12-1 | Transformation von Prozentrangwerten in T-Werte | 644 |
| XIX | Reziproke | 645 |
| XIX-10 | Koeffizienten orthogonaler Polynome | 648 |
| XX | Quadrate und Quadratwurzeln | 649 |
| XX-1 | Einige Winkelfunktionen | 659 |
| XX-1-4 | Transformation von zirkulären Zeitskalen in die Winkelgradskala | 665 |
| XX-1-6 | ANJES A-Test gegen Sichelpräferenz | 670 |
| XX-2-1 | RAYLEIGHS Test gegen Richtungspräferenz | 671 |
| XX-2-2 | Der V-Test auf Richtungsübereinstimmung | 673 |
| XX-4-1 | MARDIA-WHEELER-WATSONS Zweistichprobentest für Richtungsmaße | 675 |
| XX-4-4 | BATSCHELETS zirkulärer U-Test | 677 |
| XX-5-1 | MARDIAS k-Stichproben W-Test für Richtungsmaße | 679 |
| | Literaturverzeichnis | 681 |

Die im Band 1 erwähnte Tafel X-1-3 entfällt unter dieser Nummer; sie ist unter Tafel XV-2-4-3 geführt.

**Tafel I**

Der Binomialtest für $\pi = \frac{1}{2}$

Die Tafel enthält die Überschreitungswahrscheinlichkeiten P, daß sich in einer Zufallsstichprobe des Umfanges N = 5(1)25 (oder n) x oder weniger Elemente der einen Art und (N−x) Elemente der anderen Art befinden, wenn die beiden Alternativen in der Grundgesamtheit anteilsgleich vertreten (gleichmöglich) sind: $\pi = (1-\pi) = 1/2$. Dabei wird i. a. vereinbart, x soll kleiner oder gleich N−x sein: $x \leqslant N-x$. Die P-Werte entsprechen einer *einseitigen* Fragestellung bzw. einem einseitigen Test und müssen bei *zweiseitigem* Test *verdoppelt* werden! Null und Komma vor den P-Werten sind aus Raumersparnisgründen fortgelassen worden.

*Ablesebeispiel:* Die Wahrscheinlichkeit P, bei einem Wurf mit n = N = 10 Münzen *mindestens* 7 Zahlen zu werfen, beträgt für x = 10 − 7 = 3 nach Zeile 10 und Spalte 3 P = 0,172 (einseitige Frage). Die Wahrscheinlichkeit P′, daß unter N = 8 Geschwistern entweder nur x = 1 Knabe oder nur x = 1 Mädchen ist, beträgt P′ = 2(0,035) = 0,07 (zweiseitige Fragestellung).

| N | 0 | 1 | 2 | 3 | 4 | x<br>5 | 6 | 7 | 8 | 9 | 10 |
|---|---|---|---|---|---|---|---|---|---|---|---|
| 5  | 031 | 188 | 500 | 812 | 969 |     |     |     | P = 1 |     |     |
| 6  | 016 | 109 | 344 | 656 | 891 | 984 |     |     |     |     |     |
| 7  | 008 | 062 | 227 | 500 | 773 | 938 | 992 |     |     |     |     |
| 8  | 004 | 035 | 145 | 363 | 637 | 855 | 965 | 996 |     |     |     |
| 9  | 002 | 020 | 090 | 254 | 500 | 746 | 910 | 980 | 998 |     |     |
| 10 | 001 | 011 | 055 | 172 | 377 | 623 | 828 | 945 | 989 | 999 |     |
| 11 |     | 006 | 033 | 113 | 274 | 500 | 726 | 887 | 967 | 994 |     |
| 12 |     | 003 | 019 | 073 | 194 | 387 | 613 | 806 | 927 | 981 | 997 |
| 13 |     | 002 | 011 | 046 | 133 | 291 | 500 | 709 | 867 | 954 | 989 |
| 14 |     | 001 | 006 | 029 | 090 | 212 | 395 | 605 | 788 | 910 | 971 |
| 15 |     |     | 004 | 018 | 059 | 151 | 304 | 500 | 696 | 849 | 941 |
| 16 |     |     | 002 | 011 | 038 | 105 | 227 | 402 | 598 | 773 | 895 |
| 17 |     |     | 001 | 006 | 025 | 072 | 166 | 315 | 500 | 685 | 834 |
| 18 |     |     | 001 | 004 | 015 | 048 | 119 | 240 | 407 | 593 | 760 |
| 19 |     |     |     | 002 | 010 | 032 | 084 | 180 | 324 | 500 | 676 |
| 20 |     |     |     | 001 | 006 | 021 | 058 | 132 | 252 | 412 | 588 |
| 21 |     |     |     | 001 | 004 | 013 | 039 | 095 | 192 | 332 | 500 |
| 22 |     |     |     |     | 002 | 008 | 026 | 067 | 143 | 262 | 416 |
| 23 |     |     |     |     | 001 | 005 | 017 | 047 | 105 | 202 | 339 |
| 24 |     |     |     |     | 001 | 003 | 011 | 032 | 076 | 154 | 271 |
| 25 |     |     |     |     |     | 002 | 007 | 022 | 054 | 115 | 212 |

**Tafel II**

Der u-Test

Auszugsweise entnommen aus FISHER, R. A. and F. YATES: Statistical tables for biological, agricultural and medical research. London: Longman Group Ltd, [6]1974 (früher Edinburgh: Oliver & Boyd, [5]1957), Table IIi, und aus SHEPPARD, W. F.: New tables of the probability integral. Biometrika 2 (1902), 174–190, via PEARSON, E. S. and H. O. HARTLEY ([3]1966, table 1), mit freundlicher Genehmigung der Verfasser, der Herausgeber und des Verlages.

Die Tafel enthält die Überschreitungswahrscheinlichkeiten P für Abszissenwerte u der Standardnormalverteilung ($\mu = 0$ und $\sigma = 1$) von u = 0,00(0,01) 5, 99. Die P-Werte entsprechen der Fläche unter der Standardnormalverteilung zwischen u und $+\infty$ und damit einer *einseitigen* Fragestellung; sie müssen bei *zweiseitiger* Fragestellung bzw. bei zweiseitigem u-Test *verdoppelt* werden. Null und Komma vor den P-Werten wurden fortgelassen.

*Ablesebeispiel:* Ein beobachteter u-Wert von 2,51 hat bei einseitigem Test eine Überschreitungswahrscheinlichkeit von P=0,0060; bei zweiseitigem Test ist P zu verdoppeln: P'=2(0,0060)=0,0120. Das Ergebnis wäre bei einseitigem Test auf dem 1%-Niveau, bei zweiseitigem Test auf dem 5%-Niveau signifikant.

| u | Dezimalstellen von u | | | | | | | | | |
|---|---|---|---|---|---|---|---|---|---|---|
|   | 00 | 01 | 02 | 03 | 04 | 05 | 06 | 07 | 08 | 09 |
| 0,00 | 5000 | 4960 | 4920 | 4880 | 4840 | 4801 | 4761 | 4721 | 4681 | 4641 |
| 0,10 | 4602 | 4562 | 4522 | 4483 | 4443 | 4404 | 4364 | 4325 | 4286 | 4247 |
| 0,20 | 4207 | 4168 | 4129 | 4090 | 4052 | 4013 | 3974 | 3936 | 3897 | 3859 |
| 0,30 | 3821 | 3783 | 3745 | 3707 | 3669 | 3632 | 3594 | 3557 | 3520 | 3483 |
| 0,40 | 3446 | 3409 | 3372 | 3336 | 3300 | 3264 | 3228 | 3192 | 3156 | 3121 |
| 0,50 | 3085 | 3050 | 3015 | 2981 | 2946 | 2912 | 2877 | 2843 | 2810 | 2776 |
| 0,60 | 2743 | 2709 | 2676 | 2643 | 2611 | 2578 | 2546 | 2514 | 2483 | 2451 |
| 0,70 | 2420 | 2389 | 2358 | 2327 | 2296 | 2266 | 2236 | 2206 | 2177 | 2148 |
| 0,80 | 2119 | 2090 | 2061 | 2033 | 2005 | 1977 | 1949 | 1922 | 1894 | 1867 |
| 0,90 | 1841 | 1814 | 1788 | 1762 | 1736 | 1711 | 1685 | 1660 | 1635 | 1611 |
| 1,00 | 1587 | 1562 | 1539 | 1515 | 1492 | 1469 | 1464 | 1423 | 1401 | 1379 |
| 1,10 | 1357 | 1335 | 1314 | 1291 | 1271 | 1251 | 1230 | 1210 | 1190 | 1170 |
| 1,20 | 1151 | 1131 | 1112 | 1093 | 1075 | 1056 | 1038 | 1020 | 1003 | 0985 |
| 1,30 | 0968 | 0951 | 0934 | 0918 | 0901 | 0885 | 0869 | 0853 | 0838 | 0823 |
| 1,40 | 0808 | 0793 | 0778 | 0764 | 0749 | 0735 | 0721 | 0708 | 0694 | 0681 |
| 1,50 | 0668 | 0655 | 0643 | 0630 | 0618 | 0606 | 0594 | 0582 | 0571 | 0559 |
| 1,60 | 0548 | 0537 | 0526 | 0516 | 0505 | 0495 | 0485 | 0475 | 0465 | 0455 |
| 1,70 | 0446 | 0436 | 0427 | 0418 | 0409 | 0401 | 0392 | 0384 | 0375 | 0367 |
| 1,80 | 0359 | 0351 | 0344 | 0336 | 0329 | 0322 | 0314 | 0307 | 0301 | 0294 |
| 1,90 | 0287 | 0281 | 0274 | 0268 | 0262 | 0256 | 0250 | 0244 | 0239 | 0233 |
| 2,00 | 0228 | 0222 | 0217 | 0212 | 0207 | 0202 | 0197 | 0192 | 0188 | 0183 |
| 2,10 | 0179 | 0174 | 0170 | 0166 | 0162 | 0158 | 0154 | 0150 | 0146 | 0143 |
| 2,20 | 0139 | 0136 | 0132 | 0129 | 0125 | 0122 | 0119 | 0116 | 0113 | 0110 |
| 2,30 | 0107 | 0104 | 0102 | 0099 | 0096 | 0094 | 0091 | 0089 | 0087 | 0084 |
| 2,40 | 0082 | 0080 | 0078 | 0075 | 0073 | 0071 | 0069 | 0068 | 0066 | 0064 |

Tafel II (Fortsetz.)

| u | Dezimalstellen von u | | | | | | | | | |
|---|---|---|---|---|---|---|---|---|---|---|
|   | 00 | 01 | 02 | 03 | 04 | 05 | 06 | 07 | 08 | 09 |
| 2,50 | 0062 | 0060 | 0059 | 0057 | 0055 | 0054 | 0052 | 0051 | 0049 | 0048 |
| 2,60 | 0047 | 0045 | 0044 | 0043 | 0041 | 0040 | 0039 | 0038 | 0037 | 0036 |
| 2,70 | 0035 | 0034 | 0033 | 0032 | 0031 | 0030 | 0029 | 0028 | 0027 | 0026 |
| 2,80 | 0026 | 0025 | 0024 | 0023 | 0023 | 0022 | 0021 | 0021 | 0020 | 0019 |
| 2,90 | 0019 | 0018 | 0018 | 0017 | 0016 | 0016 | 0015 | 0015 | 0014 | 0014 |

| u | 0-Stellen | 0 | 1 | 2 | 3 | 4 | 5 | 6 | 7 | 8 | 9 |
|---|---|---|---|---|---|---|---|---|---|---|---|
|   | führende 0-Stellen | | | | | | | | | | |
| 3,00 | 0,00 | 13 | 13 | 13 | 12 | 12 | 11 | 11 | 11 | 10 | 10 |
| 3,10 | 0,000 | 97 | 94 | 90 | 87 | 84 | 82 | 79 | 76 | 74 | 71 |
| 3,20 |  | 69 | 66 | 64 | 62 | 60 | 58 | 56 | 54 | 52 | 50 |
| 3,30 |  | 48 | 47 | 45 | 43 | 42 | 40 | 39 | 38 | 36 | 35 |
| 3,40 |  | 34 | 32 | 31 | 30 | 29 | 28 | 27 | 26 | 25 | 24 |
| 3,50 |  | 23 | 22 | 22 | 21 | 20 | 19 | 19 | 18 | 17 | 17 |
| 3,60 |  | 16 | 15 | 15 | 14 | 14 | 13 | 13 | 12 | 12 | 11 |
| 3,70 |  | 11 | 10 |    |    |    |    |    |    |    |    |
| 3,70 | 0,000 0 |   |   | 99 | 95 | 92 | 88 | 85 | 82 | 78 | 75 |
| 3,80 |  | 72 | 69 | 67 | 64 | 62 | 59 | 57 | 54 | 52 | 50 |
| 3,90 |  | 48 | 46 | 44 | 42 | 40 | 39 | 37 | 36 | 34 | 33 |
| 4,00 | 0,000 0 | 32 | 30 | 29 | 28 | 27 | 26 | 25 | 24 | 23 | 22 |
| 4,10 |  | 21 | 20 | 19 | 18 | 17 | 17 | 16 | 15 | 15 | 14 |
| 4,20 |  | 13 | 13 | 12 | 12 | 11 | 11 | 10 |    |    |    |
| 4,20 | 0,000 00 |   |   |   |   |   |   |   | 98 | 93 | 89 |
| 4,30 |  | 85 | 82 | 78 | 75 | 71 | 68 | 65 | 62 | 59 | 57 |
| 4,40 |  | 54 | 52 | 49 | 47 | 45 | 43 | 41 | 39 | 37 | 36 |
| 4,50 |  | 34 | 32 | 31 | 29 | 28 | 27 | 26 | 24 | 23 | 22 |
| 4,60 |  | 21 | 20 | 19 | 18 | 17 | 17 | 16 | 15 | 14 | 14 |
| 4,70 |  | 13 | 12 | 12 | 11 | 10 | 10 |    |    |    |    |
| 4,70 | 0,000 000 |   |   |   |   |   |   |   | 97 | 92 | 88 | 83 |
| 4,80 |  | 79 | 75 | 72 | 68 | 65 | 62 | 59 | 56 | 53 | 50 |
| 4,90 |  | 48 | 46 | 43 | 41 | 39 | 37 | 35 | 33 | 32 | 30 |
| 5,00 | 0,000 000 | 29 | 27 | 26 | 25 | 23 | 22 | 21 | 20 | 19 | 18 |
| 5,10 |  | 17 | 16 | 15 | 14 | 14 | 13 | 12 | 12 | 11 | 11 |
| 5,20 |  | 10 | 10 |    |    |    |    |    |    |    |    |
| 5,20 | 0,000 000 0 |   |   | 99 | 85 | 80 | 76 | 72 | 68 | 65 | 60 |
| 5,30 |  | 58 | 55 | 52 | 49 | 47 | 44 | 42 | 39 | 37 | 35 |
| 5,40 |  | 33 | 32 | 30 | 28 | 27 | 25 | 24 | 22 | 21 | 20 |
| 5,50 |  | 19 | 18 | 17 | 16 | 15 | 14 | 13 | 13 | 12 | 11 |
| 5,60 |  | 11 | 10 | 10 |    |    |    |    |    |    |    |
| 5,60 | 0,000 000 00 |   |   |   | 90 | 85 | 80 | 76 | 71 | 77 | 74 |
| 5,70 |  | 60 | 56 | 53 | 50 | 47 | 45 | 42 | 40 | 37 | 35 |
| 5,80 |  | 33 | 31 | 29 | 28 | 26 | 25 | 23 | 22 | 21 | 19 |
| 5,90 |  | 18 | 17 | 16 | 15 | 14 | 13 | 13 | 12 | 11 | 10 |

**Tafel II-1**

u-Schranken für unkonventionelle Alphas

Auszugsweise adaptiert aus PEARSON, E. S. and H.O. HARTLEY ([3] 1966, Table I) und aus OWEN, D. B. (1962, Table 1.2) mit freundlicher Genehmigung der Autoren und der Verlage.

Die Tafel enthält zu unkonventionellen Alphawerten mit $0{,}000000001 \leq \alpha \leq 0{,}00005$, bzw. $\alpha = 0{,}0001\ (0{,}0001)\ 0{,}001\ (0{,}001)\ 0{,}01\ (0{,}01)\ 0{,}10$, die zugehörigen Schranken für einen einseitigen u-Test. Bei zweiseitiger Fragestellung ist die Schranke für $\alpha/2$ abzulesen.

*Ablesebeispiel:* Ein zweiseitiger Test auf dem Niveau $\alpha = 0{,}0001$ hat eine u-Schranke von $u = 3{,}89059$ (für $\alpha/2 = 0{,}00005$).

| α | u | α | u |
|---|---|---|---|
| 0,10 | 1,28155 | 0,010 | 2,32635 |
| 0,09 | 1,34076 | 0,009 | 2,36562 |
| 0,08 | 1,40507 | 0,008 | 2,40892 |
| 0,07 | 1,47579 | 0,007 | 2,45726 |
| 0,06 | 1,55477 | 0,006 | 2,51214 |
| 0,05 | 1,64485 | 0,005 | 2,57583 |
| 0,04 | 1,75069 | 0,004 | 2,65207 |
| 0,03 | 1,88079 | 0,003 | 2,74778 |
| 0,02 | 2,05375 | 0,002 | 2,87816 |
| 0,01 | 2,32635 | 0,001 | 3,09023 |
| 0,0010 | 3,09023 | 0,00005 | 3,89059 |
| 0,0009 | 3,12139 | 0,00001 | 4,26489 |
| 0,0008 | 3,15591 | 0,000005 | 4,41717 |
| 0,0007 | 3,19465 | 0,000001 | 4,75342 |
| 0,0006 | 3,23888 | 0,0000005 | 4,89164 |
| 0,0005 | 3,29053 | 0,0000001 | 5,19934 |
| 0,0004 | 3,35279 | 0,00000005 | 5,32672 |
| 0,0003 | 3,43161 | 0,00000001 | 5,61200 |
| 0,0002 | 3,54008 | 0,000000005 | 5,73073 |
| 0,0001 | 3,71902 | 0,000000001 | 5,99781 |

**Tafel III**

Signifikanzschranken der $\chi^2$-Verteilung

Entnommen via Geigy ([7]1968, S. 36–39) aus HALD, A. and S. A. SINKBAEK: A table of percentage points of the $\chi^2$-distribution. Skandinavisk Aktuarietidskrift 33 (1950), 168–175, mit freundlicher Genehmigung der Verfasser und des Herausgebers.

Die Tafel enthält die kritischen Schranken $\chi^2_{\alpha, \text{Fg}}$ für ausgesuchte Irrtumswahrscheinlichkeiten $\alpha$ für Fg = 1(1)200.

*Ablesebeispiel:* Ein berechnetes $\chi^2 = 10{,}45$ mit Fg = 4 ist auf der 5 %-Stufe signifikant, da $10{,}45 > 9{,}488 = \chi^2_{5\%, 4}$.

Tafel III (Fortsetz.)

$\alpha$

| Fg | 0,99950 | 0,9990 | 0,9950 | 0,990 | 0,9750 | 0,950 | 0,90 | 0,80 | 0,70 | 0,60 |
|---|---|---|---|---|---|---|---|---|---|---|
| $\nu$ | | | | | | | | | | |
| 1 | 0,000000393 | 0,00000157 | 0,0000393 | 0,000157 | 0,000982 | 0,00393 | 0,0158 | 0,0642 | 0,148 | 0,275 |
| 2 | 0,00100 | 0,00200 | 0,0100 | 0,0201 | 0,0506 | 0,103 | 0,211 | 0,446 | 0,713 | 1,022 |
| 3 | 0,0153 | 0,0243 | 0,0717 | 0,115 | 0,216 | 0,352 | 0,584 | 1,005 | 1,424 | 1,869 |
| 4 | 0,0639 | 0,0908 | 0,207 | 0,297 | 0,484 | 0,711 | 1,064 | 1,649 | 2,195 | 2,753 |
| 5 | 0,158 | 0,210 | 0,412 | 0,554 | 0,831 | 1,145 | 1,610 | 2,343 | 3,000 | 3,655 |
| 6 | 0,299 | 0,381 | 0,676 | 0,872 | 1,237 | 1,635 | 2,204 | 3,070 | 3,828 | 4,570 |
| 7 | 0,485 | 0,598 | 0,989 | 1,239 | 1,690 | 2,167 | 2,833 | 3,822 | 4,671 | 5,493 |
| 8 | 0,710 | 0,857 | 1,344 | 1,646 | 2,180 | 2,733 | 3,490 | 4,594 | 5,527 | 6,423 |
| 9 | 0,972 | 1,153 | 1,735 | 2,088 | 2,700 | 3,325 | 4,168 | 5,380 | 6,393 | 7,357 |
| 10 | 1,265 | 1,479 | 2,156 | 2,558 | 3,247 | 3,940 | 4,865 | 6,179 | 7,267 | 8,295 |
| 11 | 1,587 | 1,834 | 2,603 | 3,053 | 3,816 | 4,575 | 5,578 | 6,989 | 8,148 | 9,237 |
| 12 | 1,934 | 2,214 | 3,074 | 3,571 | 4,404 | 5,226 | 6,304 | 7,807 | 9,034 | 10,182 |
| 13 | 2,305 | 2,617 | 3,565 | 4,107 | 5,009 | 5,892 | 7,042 | 8,634 | 9,926 | 11,129 |
| 14 | 2,697 | 3,041 | 4,075 | 4,660 | 5,629 | 6,571 | 7,790 | 9,467 | 10,821 | 12,079 |
| 15 | 3,108 | 3,483 | 4,601 | 5,229 | 6,262 | 7,261 | 8,547 | 10,307 | 11,721 | 13,030 |
| 16 | 3,536 | 3,942 | 5,142 | 5,812 | 6,908 | 7,962 | 9,312 | 11,152 | 12,624 | 13,983 |
| 17 | 3,980 | 4,416 | 5,697 | 6,408 | 7,564 | 8,672 | 10,085 | 12,002 | 13,531 | 14,937 |
| 18 | 4,439 | 4,905 | 6,265 | 7,015 | 8,231 | 9,390 | 10,865 | 12,857 | 14,440 | 15,893 |
| 19 | 4,912 | 5,407 | 6,844 | 7,633 | 8,907 | 10,117 | 11,651 | 13,716 | 15,352 | 16,850 |
| 20 | 5,398 | 5,921 | 7,434 | 8,260 | 9,591 | 10,851 | 12,443 | 14,578 | 16,266 | 17,809 |
| 21 | 5,896 | 6,447 | 8,034 | 8,897 | 10,283 | 11,591 | 13,240 | 15,445 | 17,182 | 18,768 |
| 22 | 6,405 | 6,983 | 8,643 | 9,542 | 10,982 | 12,338 | 14,041 | 16,314 | 18,101 | 19,729 |
| 23 | 6,924 | 7,529 | 9,260 | 10,196 | 11,688 | 13,091 | 14,848 | 17,187 | 19,021 | 20,690 |
| 24 | 7,453 | 8,085 | 9,886 | 10,856 | 12,401 | 13,848 | 15,659 | 18,062 | 19,943 | 21,652 |
| 25 | 7,991 | 8,649 | 10,520 | 11,524 | 13,120 | 14,611 | 16,473 | 18,940 | 20,867 | 22,616 |
| 26 | 8,538 | 9,222 | 11,160 | 12,198 | 13,844 | 15,379 | 17,292 | 19,820 | 21,792 | 23,579 |
| 27 | 9,093 | 9,803 | 11,808 | 12,879 | 14,573 | 16,151 | 18,114 | 20,703 | 22,719 | 24,544 |
| 28 | 9,656 | 10,391 | 12,461 | 13,565 | 15,308 | 16,928 | 18,939 | 21,588 | 23,647 | 25,509 |
| 29 | 10,227 | 10,986 | 13,121 | 14,256 | 16,047 | 17,708 | 19,768 | 22,475 | 24,577 | 26,475 |
| 30 | 10,804 | 11,588 | 13,787 | 14,953 | 16,791 | 18,493 | 20,599 | 23,364 | 25,508 | 27,442 |
| 31 | 11,389 | 12,196 | 14,458 | 15,655 | 17,539 | 19,281 | 21,434 | 24,255 | 26,440 | 28,409 |
| 32 | 11,979 | 12,811 | 15,134 | 16,362 | 18,291 | 20,072 | 22,271 | 25,148 | 27,373 | 29,376 |
| 33 | 12,576 | 13,431 | 15,815 | 17,073 | 19,047 | 20,867 | 23,110 | 26,042 | 28,307 | 30,344 |
| 34 | 13,179 | 14,057 | 16,501 | 17,789 | 19,806 | 21,664 | 23,952 | 26,938 | 29,242 | 31,313 |
| 35 | 13,788 | 14,688 | 17,192 | 18,509 | 20,569 | 22,465 | 24,797 | 27,836 | 30,178 | 32,282 |
| 36 | 14,401 | 15,324 | 17,887 | 19,233 | 21,336 | 23,269 | 25,643 | 28,735 | 31,115 | 33,252 |
| 37 | 15,020 | 15,965 | 18,586 | 19,960 | 22,106 | 24,075 | 26,492 | 29,635 | 32,053 | 34,222 |
| 38 | 15,644 | 16,611 | 19,289 | 20,691 | 22,878 | 24,884 | 27,343 | 30,537 | 32,992 | 35,192 |
| 39 | 16,273 | 17,261 | 19,996 | 21,426 | 23,654 | 25,695 | 28,196 | 31,441 | 33,932 | 36,163 |
| 40 | 16,906 | 17,916 | 20,707 | 22,164 | 24,433 | 26,509 | 29,051 | 32,345 | 34,872 | 37,134 |
| 41 | 17,544 | 18,575 | 21,421 | 22,906 | 25,215 | 27,326 | 29,907 | 33,251 | 35,813 | 38,105 |
| 42 | 18,186 | 19,238 | 22,138 | 23,650 | 25,999 | 28,144 | 30,765 | 34,157 | 36,755 | 39,077 |
| 43 | 18,832 | 19,905 | 22,859 | 24,398 | 26,785 | 28,965 | 31,625 | 35,065 | 37,698 | 40,050 |
| 44 | 19,482 | 20,576 | 23,584 | 25,148 | 27,575 | 29,787 | 32,487 | 35,974 | 38,641 | 41,022 |
| 45 | 20,136 | 21,251 | 24,311 | 25,901 | 28,366 | 30,612 | 33,350 | 36,884 | 39,585 | 41,995 |
| 46 | 20,794 | 21,929 | 25,041 | 26,657 | 29,160 | 31,439 | 34,215 | 37,795 | 40,529 | 42,968 |
| 47 | 21,456 | 22,610 | 25,774 | 27,416 | 29,956 | 32,268 | 35,081 | 38,708 | 41,474 | 43,942 |
| 48 | 22,121 | 23,295 | 26,511 | 28,177 | 30,755 | 33,098 | 35,949 | 39,621 | 42,420 | 44,915 |
| 49 | 22,789 | 23,983 | 27,249 | 28,941 | 31,555 | 33,930 | 36,818 | 40,534 | 43,366 | 45,889 |
| 50 | 23,461 | 24,674 | 27,991 | 29,707 | 32,357 | 34,764 | 37,689 | 41,449 | 44,313 | 46,864 |

Tafel III (Fortsetz.)

$$\alpha$$

| Fg | 0,50 | 0,40 | 0,30 | 0,20 | 0,10 | 0,050 | 0,0250 | 0,010 | 0,0050 | 0,0010 | 0,00050 |
|---|---|---|---|---|---|---|---|---|---|---|---|
| ν | | | | | | | | | | | |
| 1 | 0,455 | 0,708 | 1,074 | 1,642 | 2,706 | 3,841 | 5,024 | 6,635 | 7,879 | 10,828 | 12,116 |
| 2 | 1,386 | 1,833 | 2,408 | 3,219 | 4,605 | 5,991 | 7,378 | 9,210 | 10,597 | 13,816 | 15,202 |
| 3 | 2,366 | 2,946 | 3,665 | 4,642 | 6,251 | 7,815 | 9,348 | 11,345 | 12,838 | 16,266 | 17,730 |
| 4 | 3,357 | 4,045 | 4,878 | 5,989 | 7,779 | 9,488 | 11,143 | 13,277 | 14,860 | 18,467 | 19,998 |
| 5 | 4,351 | 5,132 | 6,064 | 7,289 | 9,236 | 11,070 | 12,832 | 15,086 | 16,750 | 20,515 | 22,105 |
| 6 | 5,348 | 6,211 | 7,231 | 8,558 | 10,645 | 12,592 | 14,449 | 16,812 | 18,548 | 22,458 | 24,103 |
| 7 | 6,346 | 7,283 | 8,383 | 9,803 | 12,017 | 14,067 | 16,013 | 18,475 | 20,278 | 24,322 | 26,018 |
| 8 | 7,344 | 8,351 | 9,524 | 11,030 | 13,362 | 15,507 | 17,535 | 20,090 | 21,955 | 26,125 | 27,868 |
| 9 | 8,343 | 9,414 | 10,656 | 12,242 | 14,684 | 16,919 | 19,023 | 21,666 | 23,589 | 27,877 | 29,666 |
| 10 | 9,342 | 10,473 | 11,781 | 13,442 | 15,987 | 18,307 | 20,483 | 23,209 | 25,188 | 29,588 | 31,419 |
| 11 | 10,341 | 11,530 | 12,899 | 14,631 | 17,275 | 19,675 | 21,920 | 24,725 | 26,757 | 31,264 | 33,136 |
| 12 | 11,340 | 12,584 | 14,011 | 15,812 | 18,549 | 21,026 | 23,336 | 26,217 | 28,300 | 32,909 | 34,821 |
| 13 | 12,340 | 13,636 | 15,119 | 16,985 | 19,812 | 22,362 | 24,736 | 27,688 | 29,819 | 34,528 | 36,478 |
| 14 | 13,339 | 14,685 | 16,222 | 18,151 | 21,064 | 23,685 | 26,119 | 29,141 | 31,319 | 36,123 | 38,109 |
| 15 | 14,339 | 15,733 | 17,322 | 19,311 | 22,307 | 24,996 | 27,488 | 30,578 | 32,801 | 37,697 | 39,719 |
| 16 | 15,338 | 16,780 | 18,418 | 20,465 | 23,542 | 26,296 | 28,845 | 32,000 | 34,267 | 39,252 | 41,308 |
| 17 | 16,338 | 17,824 | 19,511 | 21,615 | 24,769 | 27,587 | 30,191 | 33,409 | 35,718 | 40,790 | 42,879 |
| 18 | 17,338 | 18,868 | 20,601 | 22,760 | 25,989 | 28,869 | 31,526 | 34,805 | 37,156 | 42,312 | 44,434 |
| 19 | 18,338 | 19,910 | 21,689 | 23,900 | 27,204 | 30,144 | 32,852 | 36,191 | 38,582 | 43,820 | 45,973 |
| 20 | 19,337 | 20,951 | 22,775 | 25,038 | 28,412 | 31,410 | 34,170 | 37,566 | 39,997 | 45,315 | 47,498 |
| 21 | 20,337 | 21,991 | 23,858 | 26,171 | 29,615 | 32,671 | 35,479 | 38,932 | 41,401 | 46,797 | 49,010 |
| 22 | 21,337 | 23,031 | 24,939 | 27,301 | 30,813 | 33,924 | 36,781 | 40,289 | 42,796 | 48,268 | 50,511 |
| 23 | 22,337 | 24,069 | 26,018 | 28,429 | 32,007 | 35,172 | 38,076 | 41,638 | 44,181 | 49,728 | 52,000 |
| 24 | 23,337 | 25,106 | 27,096 | 29,553 | 33,196 | 36,415 | 39,364 | 42,980 | 45,558 | 51,179 | 53,479 |
| 25 | 24,337 | 26,143 | 28,172 | 30,675 | 34,382 | 37,652 | 40,646 | 44,314 | 46,928 | 52,620 | 54,947 |
| 26 | 25,336 | 27,179 | 29,246 | 31,795 | 35,563 | 38,885 | 41,923 | 45,642 | 48,290 | 54,052 | 56,407 |
| 27 | 26,336 | 28,214 | 30,319 | 32,912 | 36,741 | 40,113 | 43,194 | 46,963 | 49,645 | 55,476 | 57,858 |
| 28 | 27,336 | 29,249 | 31,391 | 34,027 | 37,916 | 41,337 | 44,461 | 48,278 | 50,993 | 56,892 | 59,300 |
| 29 | 28,336 | 30,283 | 32,461 | 35,139 | 39,087 | 42,557 | 45,722 | 49,588 | 52,336 | 58,302 | 60,734 |
| 30 | 29,336 | 31,316 | 33,530 | 36,250 | 40,256 | 43,773 | 46,979 | 50,892 | 53,672 | 59,703 | 62,161 |
| 31 | 30,336 | 32,349 | 34,598 | 37,359 | 41,422 | 44,985 | 48,232 | 52,191 | 55,003 | 61,098 | 63,582 |
| 32 | 31,336 | 33,381 | 35,665 | 38,466 | 42,585 | 46,194 | 49,480 | 53,486 | 56,328 | 62,487 | 64,995 |
| 33 | 32,336 | 34,413 | 36,731 | 39,572 | 43,745 | 47,400 | 50,725 | 54,776 | 57,648 | 63,870 | 66,402 |
| 34 | 33,336 | 35,444 | 37,795 | 40,676 | 44,903 | 48,602 | 51,966 | 56,061 | 58,964 | 65,247 | 67,803 |
| 35 | 34,336 | 36,475 | 38,859 | 41,778 | 46,059 | 49,802 | 53,203 | 57,342 | 60,275 | 66,619 | 69,198 |
| 36 | 35,336 | 37,505 | 39,922 | 42,879 | 47,212 | 50,998 | 54,437 | 58,619 | 61,581 | 67,985 | 70,588 |
| 37 | 36,336 | 38,535 | 40,984 | 43,978 | 48,363 | 52,192 | 55,668 | 59,892 | 62,883 | 69,346 | 71,972 |
| 38 | 37,335 | 39,564 | 42,045 | 45,076 | 49,513 | 53,384 | 56,895 | 61,162 | 64,181 | 70,703 | 73,351 |
| 39 | 38,335 | 40,593 | 43,105 | 46,173 | 50,660 | 54,572 | 58,120 | 62,428 | 65,476 | 72,055 | 74,725 |
| 40 | 39,335 | 41,622 | 44,165 | 47,269 | 51,805 | 55,758 | 59,342 | 63,691 | 66,766 | 73,402 | 76,095 |
| 41 | 40,335 | 42,651 | 45,224 | 48,363 | 52,949 | 56,942 | 60,561 | 64,950 | 68,053 | 74,745 | 77,459 |
| 42 | 41,335 | 43,679 | 46,282 | 49,456 | 54,090 | 58,124 | 61,777 | 66,206 | 69,336 | 76,084 | 78,820 |
| 43 | 42,335 | 44,706 | 47,339 | 50,548 | 55,230 | 59,304 | 62,990 | 67,459 | 70,616 | 77,418 | 80,176 |
| 44 | 43,335 | 45,734 | 48,396 | 51,639 | 56,369 | 60,481 | 64,201 | 68,709 | 71,893 | 78,749 | 81,528 |
| 45 | 44,335 | 46,761 | 49,452 | 52,729 | 57,505 | 61,656 | 65,410 | 69,957 | 73,166 | 80,077 | 82,876 |
| 46 | 45,335 | 47,787 | 50,507 | 53,818 | 58,641 | 62,830 | 66,617 | 71,201 | 74,437 | 81,400 | 84,220 |
| 47 | 46,335 | 48,814 | 51,562 | 54,906 | 59,774 | 64,001 | 67,821 | 72,443 | 75,704 | 82,720 | 85,560 |
| 48 | 47,335 | 49,840 | 52,616 | 55,993 | 60,907 | 65,171 | 69,023 | 73,683 | 76,969 | 84,037 | 86,897 |
| 49 | 48,335 | 50,866 | 53,670 | 57,079 | 62,038 | 66,339 | 70,222 | 74,919 | 78,231 | 85,350 | 88,231 |
| 50 | 49,335 | 51,892 | 54,723 | 58,164 | 63,167 | 67,505 | 71,420 | 76,154 | 79,490 | 86,661 | 89,561 |

Tafel III (Fortsetz.)

$\alpha$

| Fg $\nu$ | 0,99950 | 0,9990 | 0,9950 | 0,990 | 0,9750 | 0,950 | 0,90 | 0,80 | 0,70 | 0,60 |
|---|---|---|---|---|---|---|---|---|---|---|
| 51 | 24,136 | 25,368 | 28,735 | 30,475 | 33,162 | 35,600 | 38,560 | 42,365 | 45,261 | 47,838 |
| 52 | 24,814 | 26,065 | 29,481 | 31,246 | 33,968 | 36,437 | 39,433 | 43,281 | 46,209 | 48,813 |
| 53 | 25,495 | 26,765 | 30,230 | 32,018 | 34,776 | 37,276 | 40,308 | 44,199 | 47,157 | 49,788 |
| 54 | 26,179 | 27,468 | 30,981 | 32,793 | 35,586 | 38,116 | 41,183 | 45,117 | 48,106 | 50,764 |
| 55 | 26,866 | 28,173 | 31,735 | 33,570 | 36,398 | 38,958 | 42,060 | 46,036 | 49,056 | 51,739 |
| 56 | 27,556 | 28,881 | 32,490 | 34,350 | 37,212 | 39,801 | 42,937 | 46,955 | 50,005 | 52,715 |
| 57 | 28,248 | 29,592 | 33,248 | 35,131 | 38,027 | 40,646 | 43,816 | 47,876 | 50,956 | 53,691 |
| 58 | 28,943 | 30,305 | 34,008 | 35,913 | 38,844 | 41,492 | 44,696 | 48,797 | 51,906 | 54,667 |
| 59 | 29,640 | 31,021 | 34,771 | 36,698 | 39,662 | 42,339 | 45,577 | 49,718 | 52,857 | 55,643 |
| 60 | 30,340 | 31,739 | 35,535 | 37,485 | 40,482 | 43,188 | 46,459 | 50,641 | 53,809 | 56,620 |
| 61 | 31,043 | 32,459 | 36,301 | 38,273 | 41,303 | 44,038 | 47,342 | 51,564 | 54,761 | 57,597 |
| 62 | 31,748 | 33,181 | 37,068 | 39,063 | 42,126 | 44,889 | 48,226 | 52,487 | 55,714 | 58,574 |
| 63 | 32,455 | 33,906 | 37,838 | 39,855 | 42,950 | 45,741 | 49,111 | 53,411 | 56,666 | 59,551 |
| 64 | 33,165 | 34,633 | 38,610 | 40,649 | 43,776 | 46,595 | 49,996 | 54,336 | 57,619 | 60,528 |
| 65 | 33,877 | 35,362 | 39,383 | 41,444 | 44,603 | 47,450 | 50,883 | 55,262 | 58,573 | 61,506 |
| 66 | 34,591 | 36,093 | 40,158 | 42,240 | 45,431 | 48,305 | 51,770 | 56,188 | 59,527 | 62,484 |
| 67 | 35,307 | 36,826 | 40,935 | 43,038 | 46,261 | 49,162 | 52,659 | 57,115 | 60,481 | 63,461 |
| 68 | 36,025 | 37,561 | 41,713 | 43,838 | 47,092 | 50,020 | 53,548 | 58,042 | 61,436 | 64,440 |
| 69 | 36,745 | 38,298 | 42,494 | 44,639 | 47,924 | 50,879 | 54,438 | 58,970 | 62,391 | 65,418 |
| 70 | 37,467 | 39,036 | 43,275 | 45,442 | 48,758 | 51,739 | 55,329 | 59,898 | 63,346 | 66,396 |
| 71 | 38,192 | 39,777 | 44,058 | 46,246 | 49,592 | 52,600 | 56,221 | 60,827 | 64,302 | 67,375 |
| 72 | 38,918 | 40,520 | 44,843 | 47,051 | 50,428 | 53,462 | 57,113 | 61,756 | 65,258 | 68,353 |
| 73 | 39,646 | 41,264 | 45,629 | 47,858 | 51,265 | 54,325 | 58,006 | 62,686 | 66,214 | 69,332 |
| 74 | 40,376 | 42,010 | 46,417 | 48,666 | 52,103 | 55,189 | 58,900 | 63,616 | 67,170 | 70,311 |
| 75 | 41,107 | 42,757 | 47,206 | 49,475 | 52,942 | 56,054 | 59,795 | 64,547 | 68,127 | 71,290 |
| 76 | 41,841 | 43,506 | 47,998 | 50,286 | 53,782 | 56,920 | 60,690 | 65,478 | 69,084 | 72,270 |
| 77 | 42,576 | 44,257 | 48,788 | 51,097 | 54,623 | 57,786 | 61,586 | 66,409 | 70,042 | 73,249 |
| 78 | 43,313 | 45,010 | 49,582 | 51,910 | 55,466 | 58,654 | 62,483 | 67,341 | 70,999 | 74,228 |
| 79 | 44,051 | 45,764 | 50,376 | 52,725 | 56,309 | 59,522 | 63,380 | 68,274 | 71,957 | 75,208 |
| 80 | 44,791 | 46,520 | 51,172 | 53,540 | 57,153 | 60,391 | 64,278 | 69,207 | 72,915 | 76,188 |
| 81 | 45,533 | 47,277 | 51,969 | 54,357 | 57,998 | 61,261 | 65,176 | 70,140 | 73,874 | 77,168 |
| 82 | 46,276 | 48,036 | 52,767 | 55,174 | 58,845 | 62,132 | 66,076 | 71,074 | 74,833 | 78,148 |
| 83 | 47,021 | 48,796 | 53,567 | 55,993 | 59,692 | 63,004 | 66,976 | 72,008 | 75,792 | 79,128 |
| 84 | 47,767 | 49,557 | 54,368 | 56,813 | 60,540 | 63,876 | 67,876 | 72,943 | 76,751 | 80,108 |
| 85 | 48,515 | 50,320 | 55,170 | 57,634 | 61,389 | 64,749 | 68,777 | 73,878 | 77,710 | 81,089 |
| 86 | 49,264 | 51,085 | 55,973 | 58,456 | 62,239 | 65,623 | 69,679 | 74,813 | 78,670 | 82,069 |
| 87 | 50,015 | 51,850 | 56,777 | 59,279 | 63,089 | 66,498 | 70,581 | 75,749 | 79,630 | 83,050 |
| 88 | 50,767 | 52,617 | 57,582 | 60,103 | 63,941 | 67,373 | 71,484 | 76,685 | 80,590 | 84,031 |
| 89 | 51,521 | 53,386 | 58,389 | 60,928 | 64,793 | 68,249 | 72,387 | 77,622 | 81,550 | 85,012 |
| 90 | 52,276 | 54,155 | 59,196 | 61,754 | 65,647 | 69,126 | 73,291 | 78,558 | 82,511 | 85,993 |
| 91 | 53,032 | 54,926 | 60,005 | 62,581 | 66,501 | 70,003 | 74,196 | 79,496 | 83,472 | 86,974 |
| 92 | 53,790 | 55,698 | 60,815 | 63,409 | 67,356 | 70,882 | 75,101 | 80,433 | 84,433 | 87,955 |
| 93 | 54,549 | 56,471 | 61,625 | 64,238 | 68,211 | 71,760 | 76,006 | 81,371 | 85,394 | 88,936 |
| 94 | 55,309 | 57,246 | 62,437 | 65,068 | 69,068 | 72,640 | 76,912 | 82,309 | 86,356 | 89,917 |
| 95 | 56,070 | 58,022 | 63,250 | 65,898 | 69,925 | 73,520 | 77,818 | 83,248 | 87,317 | 90,899 |
| 96 | 56,833 | 58,799 | 64,063 | 66,730 | 70,783 | 74,400 | 78,725 | 84,187 | 88,279 | 91,881 |
| 97 | 57,597 | 59,577 | 64,878 | 67,562 | 71,642 | 75,282 | 79,633 | 85,126 | 89,241 | 92,862 |
| 98 | 58,362 | 60,356 | 65,694 | 68,396 | 72,501 | 76,164 | 80,541 | 86,065 | 90,204 | 93,844 |
| 99 | 59,128 | 61,136 | 66,510 | 69,230 | 73,361 | 77,046 | 81,449 | 87,005 | 91,166 | 94,826 |
| 100 | 59,897 | 61,919 | 67,328 | 70,065 | 74,222 | 77,930 | 82,358 | 87,945 | 92,129 | 95,808 |

Tafel III (Fortsetz.)

$\alpha$

| Fg | 0,50 | 0,40 | 0,30 | 0,20 | 0,10 | 0,050 | 0,0250 | 0,010 | 0,0050 | 0,0010 | 0,00050 |
|---|---|---|---|---|---|---|---|---|---|---|---|
| $\nu$ | | | | | | | | | | | |
| 51 | 50,335 | 52,917 | 55,775 | 59,248 | 64,295 | 68,669 | 72,616 | 77,386 | 80,747 | 87,968 | 90,887 |
| 52 | 51,335 | 53,942 | 56,827 | 60,332 | 65,422 | 69,832 | 73,810 | 78,616 | 82,001 | 89,272 | 92,211 |
| 53 | 52,335 | 54,967 | 57,879 | 61,414 | 66,548 | 70,993 | 75,002 | 79,843 | 83,253 | 90,573 | 93,532 |
| 54 | 53,335 | 55,992 | 58,930 | 62,496 | 67,673 | 72,153 | 76,192 | 81,069 | 84,502 | 91,872 | 94,849 |
| 55 | 54,335 | 57,016 | 59,980 | 63,577 | 68,796 | 73,311 | 77,380 | 82,292 | 85,749 | 93,167 | 96,163 |
| 56 | 55,335 | 58,040 | 61,031 | 64,658 | 69,918 | 74,468 | 78,567 | 83,513 | 86,994 | 94,460 | 97,475 |
| 57 | 56,335 | 59,064 | 62,080 | 65,737 | 71,040 | 75,624 | 79,752 | 84,733 | 88,236 | 95,751 | 98,784 |
| 58 | 57,335 | 60,088 | 63,129 | 66,816 | 72,160 | 76,778 | 80,936 | 85,950 | 89,477 | 97,039 | 100,090 |
| 59 | 58,335 | 61,111 | 64,178 | 67,894 | 73,279 | 77,931 | 82,117 | 87,166 | 90,715 | 98,324 | 101,394 |
| 60 | 59,335 | 62,135 | 65,226 | 68,972 | 74,397 | 79,082 | 83,298 | 88,379 | 91,952 | 99,607 | 102,695 |
| 61 | 60,335 | 63,158 | 66,274 | 70,049 | 75,514 | 80,232 | 84,476 | 89,591 | 93,186 | 100,888 | 103,993 |
| 62 | 61,335 | 64,181 | 67,322 | 71,125 | 76,630 | 81,381 | 85,654 | 90,802 | 94,419 | 102,166 | 105,289 |
| 63 | 62,335 | 65,204 | 68,369 | 72,201 | 77,745 | 82,529 | 86,830 | 92,010 | 95,649 | 103,442 | 106,583 |
| 64 | 63,335 | 66,226 | 69,416 | 73,276 | 78,860 | 83,675 | 88,004 | 93,217 | 96,878 | 104,716 | 107,874 |
| 65 | 64,335 | 67,249 | 70,462 | 74,351 | 79,973 | 84,821 | 89,177 | 94,422 | 98,105 | 105,988 | 109,164 |
| 66 | 65,335 | 68,271 | 71,508 | 75,425 | 81,086 | 85,965 | 90,349 | 95,626 | 99,330 | 107,258 | 110,451 |
| 67 | 66,335 | 69,293 | 72,554 | 76,498 | 82,197 | 87,108 | 91,519 | 96,828 | 100,554 | 108,525 | 111,735 |
| 68 | 67,334 | 70,315 | 73,600 | 77,571 | 83,308 | 88,250 | 92,688 | 98,028 | 101,776 | 109,791 | 113,018 |
| 69 | 68,334 | 71,337 | 74,645 | 78,643 | 84,418 | 89,391 | 93,856 | 99,227 | 102,996 | 111,055 | 114,299 |
| 70 | 69,334 | 72,358 | 75,689 | 79,715 | 85,527 | 90,531 | 95,023 | 100,425 | 104,215 | 112,317 | 115,577 |
| 71 | 70,334 | 73,380 | 76,734 | 80,786 | 86,635 | 91,670 | 96,189 | 101,621 | 105,432 | 113,577 | 116,854 |
| 72 | 71,334 | 74,401 | 77,778 | 81,857 | 87,743 | 92,808 | 97,353 | 102,816 | 106,648 | 114,835 | 118,129 |
| 73 | 72,334 | 75,422 | 78,822 | 82,927 | 88,850 | 93,945 | 98,516 | 104,010 | 107,862 | 116,091 | 119,402 |
| 74 | 73,334 | 76,443 | 79,865 | 83,997 | 89,956 | 95,081 | 99,678 | 105,202 | 109,074 | 117,346 | 120,673 |
| 75 | 74,334 | 77,464 | 80,908 | 85,066 | 91,061 | 96,217 | 100,839 | 106,393 | 110,286 | 118,599 | 121,942 |
| 76 | 75,334 | 78,485 | 81,951 | 86,135 | 92,166 | 97,351 | 101,999 | 107,583 | 111,495 | 119,851 | 123,209 |
| 77 | 76,334 | 79,505 | 82,994 | 87,203 | 93,270 | 98,484 | 103,158 | 108,771 | 112,704 | 121,100 | 124,475 |
| 78 | 77,334 | 80,526 | 84,036 | 88,271 | 94,374 | 99,617 | 104,316 | 109,958 | 113,911 | 122,348 | 125,739 |
| 79 | 78,334 | 81,546 | 85,078 | 89,338 | 95,476 | 100,749 | 105,473 | 111,144 | 115,117 | 123,594 | 127,001 |
| 80 | 79,334 | 82,566 | 86,120 | 90,405 | 96,578 | 101,879 | 106,629 | 112,329 | 116,321 | 124,839 | 128,261 |
| 81 | 80,334 | 83,586 | 87,161 | 91,472 | 97,680 | 103,009 | 107,783 | 113,512 | 117,524 | 126,083 | 129,520 |
| 82 | 81,334 | 84,606 | 88,202 | 92,538 | 98,780 | 104,139 | 108,937 | 114,695 | 118,726 | 127,324 | 130,777 |
| 83 | 82,334 | 85,626 | 89,243 | 93,604 | 99,880 | 105,267 | 110,090 | 115,876 | 119,927 | 128,565 | 132,033 |
| 84 | 83,334 | 86,646 | 90,284 | 94,669 | 100,980 | 106,395 | 111,242 | 117,057 | 121,126 | 129,804 | 133,287 |
| 85 | 84,334 | 87,665 | 91,325 | 95,734 | 102,079 | 107,522 | 112,393 | 118,236 | 122,325 | 131,041 | 134,540 |
| 86 | 85,334 | 88,685 | 92,365 | 96,799 | 103,177 | 108,648 | 113,544 | 119,414 | 123,522 | 132,277 | 135,792 |
| 87 | 86,334 | 89,704 | 93,405 | 97,863 | 104,275 | 109,773 | 114,693 | 120,591 | 124,718 | 133,512 | 137,042 |
| 88 | 87,334 | 90,723 | 94,445 | 98,927 | 105,372 | 110,898 | 115,841 | 121,767 | 125,912 | 134,745 | 138,290 |
| 89 | 88,334 | 91,742 | 95,484 | 99,991 | 106,469 | 112,022 | 116,989 | 122,942 | 127,106 | 135,977 | 139,537 |
| 90 | 89,334 | 92,761 | 96,524 | 101,054 | 107,565 | 113,145 | 118,136 | 124,116 | 128,299 | 137,208 | 140,783 |
| 91 | 90,334 | 93,780 | 97,563 | 102,116 | 108,661 | 114,268 | 119,282 | 125,289 | 129,491 | 138,438 | 142,027 |
| 92 | 91,334 | 94,799 | 98,602 | 103,179 | 109,756 | 115,390 | 120,427 | 126,462 | 130,681 | 139,666 | 143,270 |
| 93 | 92,334 | 95,818 | 99,641 | 104,242 | 110,850 | 116,511 | 121,571 | 127,633 | 131,871 | 140,893 | 144,511 |
| 94 | 93,334 | 96,836 | 100,679 | 105,303 | 111,944 | 117,632 | 122,715 | 128,803 | 133,059 | 142,119 | 145,751 |
| 95 | 94,334 | 97,855 | 101,717 | 106,364 | 113,038 | 118,752 | 123,858 | 129,973 | 134,247 | 143,343 | 146,990 |
| 96 | 95,334 | 98,873 | 102,755 | 107,425 | 114,131 | 119,871 | 125,000 | 131,141 | 135,433 | 144,567 | 148,228 |
| 97 | 96,334 | 99,892 | 103,793 | 108,486 | 115,223 | 120,990 | 126,141 | 132,309 | 136,619 | 145,789 | 149,464 |
| 98 | 97,334 | 100,910 | 104,831 | 109,547 | 116,315 | 122,108 | 127,282 | 133,476 | 137,803 | 147,010 | 150,699 |
| 99 | 98,334 | 101,928 | 105,868 | 110,607 | 117,406 | 123,225 | 128,422 | 134,642 | 138,987 | 148,230 | 151,934 |
| 100 | 99,334 | 102,946 | 106,906 | 111,667 | 118,498 | 124,342 | 129,561 | 135,806 | 140,169 | 149,448 | 153,165 |

Tafel III (Fortsetz.)

α

| Fg | 0,99950 | 0,9990 | 0,9950 | 0,990 | 0,9750 | 0,950 | 0,90 | 0,80 | 0,70 | 0,60 |
|---|---|---|---|---|---|---|---|---|---|---|
| ν | | | | | | | | | | |
| 101 | 60,666 | 62,702 | 68,147 | 70,901 | 75,084 | 78,813 | 83,267 | 88,886 | 93,092 | 96,790 |
| 102 | 61,436 | 63,485 | 68,966 | 71,738 | 75,946 | 79,698 | 84,177 | 89,826 | 94.055 | 97,772 |
| 103 | 62,207 | 64,270 | 69,786 | 72,575 | 76,809 | 80,582 | 85,088 | 90,767 | 95,018 | 98,754 |
| 104 | 62,978 | 65,056 | 70,607 | 73,413 | 77,672 | 81,468 | 85,998 | 91,709 | 95,981 | 99,737 |
| 105 | 63,752 | 65,842 | 71,429 | 74,252 | 78,537 | 82,354 | 86,909 | 92,650 | 96,945 | 100,719 |
| 106 | 64,526 | 66,630 | 72,252 | 75,092 | 79,401 | 83,240 | 87,821 | 93,592 | 97,909 | 101,701 |
| 107 | 65,301 | 67,419 | 73,075 | 75,933 | 80,267 | 84,127 | 88,733 | 94,534 | 98,873 | 102,684 |
| 108 | 66,077 | 68,208 | 73,899 | 76,774 | 81,133 | 85,015 | 89,645 | 95,477 | 99,837 | 103,667 |
| 109 | 66,854 | 68,999 | 74,725 | 77,616 | 82,000 | 85,903 | 90,558 | 96,419 | 100,801 | 104,649 |
| 110 | 67,632 | 69,791 | 75,551 | 78,459 | 82,867 | 86,792 | 91,471 | 97,362 | 101,766 | 105,632 |
| 111 | 68,412 | 70,583 | 76,377 | 79,302 | 83,735 | 87,681 | 92,385 | 98,306 | 102,730 | 106,615 |
| 112 | 69,192 | 71,377 | 77,205 | 80,146 | 84,604 | 88,570 | 93,299 | 99,249 | 103,695 | 107,598 |
| 113 | 69,973 | 72,171 | 78,033 | 80,991 | 85,473 | 89,461 | 94,213 | 100,193 | 104,660 | 108,581 |
| 114 | 70,755 | 72,966 | 78,862 | 81,837 | 86,343 | 90,351 | 95,128 | 101,137 | 105,625 | 109,564 |
| 115 | 71,538 | 73,762 | 79,692 | 82,683 | 87,213 | 91,242 | 96,043 | 102,081 | 106,590 | 110,547 |
| 116 | 72,322 | 74,559 | 80,523 | 83,530 | 88,084 | 92,134 | 96,958 | 103,025 | 107,556 | 111,531 |
| 117 | 73,107 | 75,357 | 81,354 | 84,377 | 88,955 | 93,026 | 97,874 | 103,970 | 108,521 | 112,514 |
| 118 | 73,893 | 76,156 | 82,186 | 85,225 | 89,827 | 93,918 | 98,790 | 104,915 | 109,487 | 113,497 |
| 119 | 74,680 | 76,956 | 83,019 | 86,074 | 90,700 | 94,811 | 99,707 | 105,860 | 110,453 | 114,481 |
| 120 | 75,468 | 77,756 | 83,852 | 86,924 | 91,573 | 95,705 | 100,624 | 106,806 | 111,419 | 115,465 |
| 121 | 76,256 | 78,557 | 84,686 | 87,774 | 92,446 | 96,599 | 101,541 | 107,751 | 112,385 | 116,448 |
| 122 | 77,046 | 79,360 | 85,521 | 88,624 | 93,320 | 97,493 | 102,458 | 108,697 | 113,351 | 117,432 |
| 123 | 77,836 | 80,162 | 86,356 | 89,476 | 94,195 | 98,388 | 103,376 | 109,643 | 114,317 | 118,416 |
| 124 | 78,627 | 80,966 | 87,193 | 90,328 | 95,070 | 99,283 | 104,295 | 110,589 | 115,284 | 119,399 |
| 125 | 79,419 | 81,771 | 88,029 | 91,180 | 95,946 | 100,178 | 105,213 | 111,536 | 116,250 | 120,383 |
| 126 | 80,212 | 82,576 | 88,867 | 92,033 | 96,822 | 101,074 | 106,132 | 112,483 | 117,217 | 121,367 |
| 127 | 81,006 | 83,382 | 89,705 | 92,887 | 97,699 | 101,971 | 107,051 | 113,430 | 118,184 | 122,351 |
| 128 | 81,800 | 84,189 | 90,544 | 93,741 | 98,576 | 102,867 | 107,971 | 114,377 | 119,151 | 123,335 |
| 129 | 82,595 | 84,996 | 91,383 | 94,596 | 99,453 | 103,765 | 108,891 | 115,324 | 120,118 | 124,320 |
| 130 | 83,391 | 85,805 | 92,223 | 95,451 | 100,331 | 104,662 | 109,811 | 116,272 | 121,086 | 125,304 |
| 131 | 84,188 | 86,614 | 93,063 | 96,307 | 101,210 | 105,560 | 110,732 | 117,219 | 122,053 | 126,288 |
| 132 | 84,985 | 87,423 | 93,905 | 97,164 | 102,089 | 106,459 | 111,652 | 118,167 | 123,021 | 127,272 |
| 133 | 85,784 | 88,234 | 94,746 | 98,021 | 102,968 | 107,357 | 112,573 | 119,116 | 123,988 | 128,257 |
| 134 | 86,583 | 89,045 | 95,589 | 98,878 | 103,848 | 108,257 | 113,495 | 120,064 | 124,956 | 129,241 |
| 135 | 87,383 | 89,857 | 96,432 | 99,736 | 104,729 | 109,156 | 114,416 | 121,012 | 125,924 | 130,226 |
| 136 | 88,183 | 90,669 | 97,275 | 100,595 | 105,609 | 110,056 | 115,338 | 121,961 | 126,892 | 131,210 |
| 137 | 88,984 | 91,483 | 98,119 | 101,454 | 106,491 | 110,956 | 116,261 | 122,910 | 127,860 | 132,195 |
| 138 | 89,786 | 92,297 | 98,964 | 102,314 | 107,372 | 111,857 | 117,183 | 123,859 | 128,829 | 133,180 |
| 139 | 90,589 | 93,111 | 99,809 | 103,174 | 108,254 | 112,758 | 118,106 | 124,809 | 129,797 | 134,164 |
| 140 | 91,393 | 93,926 | 100,655 | 104,035 | 109,137 | 113,659 | 119,029 | 125,758 | 130,766 | 135,149 |
| 141 | 92,197 | 94,742 | 101,502 | 104,896 | 110,020 | 114,561 | 119,953 | 126,708 | 131,734 | 136,134 |
| 142 | 93,001 | 95,559 | 102,349 | 105,757 | 110,903 | 115,463 | 120,876 | 127,658 | 132,703 | 137,119 |
| 143 | 93,807 | 96,376 | 103,196 | 106,620 | 111,787 | 116,366 | 121,800 | 128,608 | 133,672 | 138,104 |
| 144 | 94,613 | 97,194 | 104,044 | 107,482 | 112,671 | 117,268 | 122,724 | 129,558 | 134,641 | 139,089 |
| 145 | 95,420 | 98,012 | 104,892 | 108,345 | 113,556 | 118,171 | 123,649 | 130,508 | 135,610 | 140,074 |
| 146 | 96,227 | 98,832 | 105,741 | 109,209 | 114,441 | 119,075 | 124,574 | 131,459 | 136,579 | 141,059 |
| 147 | 97,035 | 99,651 | 106,591 | 110,073 | 115,326 | 119,979 | 125,499 | 132,409 | 137,548 | 142,044 |
| 148 | 97,844 | 100,472 | 107,441 | 110,937 | 116,212 | 120,883 | 126,424 | 133,360 | 138,518 | 143,029 |
| 149 | 98,654 | 101,293 | 108,292 | 111,802 | 117,098 | 121,787 | 127,349 | 134,311 | 139,487 | 144,015 |
| 150 | 99,464 | 102,114 | 109,143 | 112,668 | 117,985 | 122,692 | 128,275 | 135,263 | 140,457 | 145,000 |

Tafel III (Fortsetz.)

α

| Fg | 0,50 | 0,40 | 0,30 | 0,20 | 0,10 | 0,050 | 0,0250 | 0,010 | 0,0050 | 0,0010 | 0,00050 |
|---|---|---|---|---|---|---|---|---|---|---|---|
| ν | | | | | | | | | | | |
| 101 | 100,334 | 103,964 | 107,943 | 112,726 | 119,589 | 125,458 | 130,700 | 136,971 | 141,351 | 150,666 | 154,397 |
| 102 | 101,334 | 104,982 | 108,980 | 113,786 | 120,679 | 126,574 | 131,837 | 138,134 | 142,532 | 151,883 | 155,628 |
| 103 | 102,334 | 105,999 | 110,017 | 114,845 | 121,769 | 127,689 | 132,975 | 139,297 | 143,712 | 153,098 | 156,857 |
| 104 | 103,334 | 107,017 | 111,053 | 115,903 | 122,858 | 128,804 | 134,111 | 140,459 | 144,891 | 154,313 | 158,086 |
| 105 | 104,334 | 108,035 | 112,090 | 116,962 | 123,947 | 129,918 | 135,247 | 141,620 | 146,069 | 155,527 | 159,313 |
| 106 | 105,334 | 109,052 | 113,126 | 118,020 | 125,035 | 131,031 | 136,382 | 142,780 | 147,246 | 156,739 | 160,539 |
| 107 | 106,334 | 110,070 | 114,162 | 119,078 | 126,123 | 132,144 | 137,517 | 143,940 | 148,423 | 157,951 | 161,765 |
| 108 | 107,334 | 111,087 | 115,198 | 120,135 | 127,211 | 133,257 | 138,650 | 145,099 | 149,599 | 159,161 | 162,989 |
| 109 | 108,334 | 112,104 | 116,233 | 121,193 | 128,298 | 134,369 | 139,784 | 146,257 | 150,774 | 160,371 | 164,212 |
| 110 | 109,334 | 113,121 | 117,269 | 122,250 | 129,385 | 135,480 | 140,916 | 147,414 | 151,948 | 161,580 | 165,434 |
| 111 | 110,334 | 114,138 | 118,304 | 123,306 | 130,472 | 136,591 | 142,048 | 148,571 | 153,121 | 162,787 | 166,655 |
| 112 | 111,334 | 115,156 | 119,340 | 124,363 | 131,558 | 137,701 | 143,180 | 149,727 | 154,294 | 163,994 | 167,875 |
| 113 | 112,334 | 116,172 | 120,375 | 125,419 | 132,643 | 138,811 | 144,311 | 150,882 | 155,466 | 165,200 | 169,094 |
| 114 | 113,334 | 117,189 | 121,410 | 126,475 | 133,729 | 139,921 | 145,441 | 152,036 | 156,637 | 166,405 | 170,312 |
| 115 | 114,334 | 118,206 | 122,444 | 127,531 | 134,813 | 141,030 | 146,571 | 153,190 | 157,807 | 167,609 | 171,530 |
| 116 | 115,334 | 119,223 | 123,479 | 128,587 | 135,898 | 142,138 | 147,700 | 154,344 | 158,977 | 168,812 | 172,746 |
| 117 | 116,334 | 120,239 | 124,513 | 129,642 | 136,982 | 143,246 | 148,829 | 155,496 | 160,146 | 170,015 | 173,961 |
| 118 | 117,334 | 121,256 | 125,548 | 130,697 | 138,066 | 144,354 | 149,957 | 156,648 | 161,314 | 171,216 | 175,176 |
| 119 | 118,334 | 122,273 | 126,582 | 131,752 | 139,149 | 145,461 | 151,084 | 157,799 | 162,481 | 172,417 | 176,389 |
| 120 | 119,334 | 123,289 | 127,616 | 132,806 | 140,233 | 146,567 | 152,211 | 158,950 | 163,648 | 173,617 | 177,602 |
| 121 | 120,334 | 124,305 | 128,650 | 133,861 | 141,315 | 147,673 | 153,338 | 160,100 | 164,814 | 174,815 | 178,813 |
| 122 | 121,334 | 125,322 | 129,684 | 134,915 | 142,398 | 148,779 | 154,464 | 161,249 | 165,979 | 176,014 | 180,024 |
| 123 | 122,334 | 126,338 | 130,717 | 135,969 | 143,480 | 149,885 | 155,589 | 162,398 | 167,144 | 177,211 | 181,234 |
| 124 | 123,334 | 127,354 | 131,751 | 137,022 | 144,562 | 150,989 | 156,714 | 163,546 | 168,308 | 178,407 | 182,443 |
| 125 | 124,334 | 128,370 | 132,784 | 138,076 | 145,643 | 152,094 | 157,838 | 164,694 | 169,471 | 179,603 | 183,652 |
| 126 | 125,334 | 129,386 | 133,817 | 139,129 | 146,724 | 153,198 | 158,962 | 165,841 | 170,634 | 180,798 | 184,859 |
| 127 | 126,334 | 130,402 | 134,850 | 140,182 | 147,805 | 154,301 | 160,086 | 166,987 | 171,796 | 181,992 | 186,066 |
| 128 | 127,334 | 131,418 | 135,883 | 141,235 | 148,885 | 155,405 | 161,209 | 168,133 | 172,957 | 183,186 | 187,272 |
| 129 | 128,334 | 132,434 | 136,916 | 142,288 | 149,965 | 156,507 | 162,331 | 169,278 | 174,118 | 184,378 | 188,477 |
| 130 | 129,334 | 133,450 | 137,949 | 143,340 | 151,045 | 157,610 | 163,453 | 170,423 | 175,278 | 185,570 | 189,681 |
| 131 | 130,334 | 134,465 | 138,981 | 144,392 | 152,125 | 158,712 | 164,575 | 171,567 | 176,437 | 186,761 | 190,885 |
| 132 | 131,334 | 135,481 | 140,014 | 145,444 | 153,204 | 159,814 | 165,696 | 172,711 | 177,596 | 187,952 | 192,087 |
| 133 | 132,334 | 136,497 | 141,046 | 146,496 | 154,283 | 160,915 | 166,816 | 173,854 | 178,755 | 189,141 | 193,289 |
| 134 | 133,334 | 137,512 | 142,078 | 147,548 | 155,361 | 162,016 | 167,936 | 174,996 | 179,912 | 190,330 | 194,490 |
| 135 | 134,334 | 138,528 | 143,110 | 148,599 | 156,440 | 163,116 | 169,056 | 176,138 | 181,069 | 191,519 | 195,691 |
| 136 | 135,334 | 139,543 | 144,142 | 149,651 | 157,518 | 164,216 | 170,175 | 177,280 | 182,226 | 192,706 | 196,890 |
| 137 | 136,334 | 140,559 | 145,174 | 150,702 | 158,595 | 165,316 | 171,294 | 178,420 | 183,382 | 193,893 | 198,089 |
| 138 | 137,334 | 141,574 | 146,206 | 151,753 | 159,673 | 166,415 | 172,412 | 179,561 | 184,537 | 195,080 | 199,288 |
| 139 | 138,334 | 142,589 | 147,237 | 152,803 | 160,750 | 167,514 | 173,530 | 180,701 | 185,692 | 196,265 | 200,485 |
| 140 | 139,334 | 143,604 | 148,269 | 153,854 | 161,827 | 168,613 | 174,648 | 181,840 | 186,846 | 197,450 | 201,682 |
| 141 | 140,334 | 144,619 | 149,300 | 154,904 | 162,904 | 169,711 | 175,765 | 182,979 | 188,000 | 198,634 | 202,878 |
| 142 | 141,334 | 145,635 | 150,331 | 155,954 | 163,980 | 170,809 | 176,881 | 184,117 | 189,153 | 199,818 | 204,073 |
| 143 | 142,334 | 146,650 | 151,362 | 157,004 | 165,056 | 171,907 | 177,998 | 185,255 | 190,306 | 201,001 | 205,268 |
| 144 | 143,334 | 147,665 | 152,393 | 158,054 | 166,132 | 173,004 | 179,114 | 186,393 | 191,458 | 202,183 | 206,462 |
| 145 | 144,334 | 148,680 | 153,424 | 159,104 | 167,207 | 174,101 | 180,229 | 187,530 | 192,610 | 203,365 | 207,656 |
| 146 | 145,334 | 149,694 | 154,455 | 160,153 | 168,283 | 175,198 | 181,344 | 188,666 | 193,761 | 204,546 | 208,848 |
| 147 | 146,334 | 150,709 | 155,486 | 161,202 | 169,358 | 176,294 | 182,459 | 189,802 | 194,911 | 205,726 | 210,040 |
| 148 | 147,334 | 151,724 | 156,516 | 162,251 | 170,432 | 177,390 | 183,573 | 190,938 | 196,061 | 206,906 | 211,232 |
| 149 | 148,334 | 152,739 | 157,547 | 163,300 | 171,507 | 178,485 | 184,687 | 192,073 | 197,211 | 208,085 | 212,422 |
| 150 | 149,334 | 153,753 | 158,577 | 164,349 | 172,581 | 179,581 | 185,800 | 193,207 | 198,360 | 209,264 | 213,613 |

Tafel III (Fortsetz.)

α

| Fg | 0,99950 | 0,9990 | 0,9950 | 0,990 | 0,9750 | 0,950 | 0,90 | 0,80 | 0,70 | 0,60 |
|---|---|---|---|---|---|---|---|---|---|---|
| ν | | | | | | | | | | |
| 151 | 100,274 | 102,936 | 109,994 | 113,534 | 118,872 | 123,597 | 129,201 | 136,214 | 141,427 | 145,985 |
| 152 | 101,086 | 103,759 | 110,846 | 114,400 | 119,759 | 124,502 | 130,127 | 137,165 | 142,396 | 146,971 |
| 153 | 101,898 | 104,582 | 111,699 | 115,267 | 120,646 | 125,408 | 131,054 | 138,117 | 143,366 | 147,956 |
| 154 | 102,710 | 105,406 | 112,552 | 116,134 | 121,535 | 126,314 | 131,980 | 139,069 | 144,336 | 148,942 |
| 155 | 103,523 | 106,230 | 113,405 | 117,001 | 122,423 | 127,220 | 132,907 | 140,021 | 145,306 | 149,927 |
| 156 | 104,337 | 107,055 | 114,259 | 117,870 | 123,312 | 128,127 | 133,835 | 140,973 | 146,277 | 150,913 |
| 157 | 105,151 | 107,881 | 115,114 | 118,738 | 124,201 | 129,034 | 134,762 | 141,925 | 147,247 | 151,898 |
| 158 | 105,966 | 108,707 | 115,968 | 119,607 | 125,090 | 129,941 | 135,690 | 142,878 | 148,217 | 152,884 |
| 159 | 106,782 | 109,534 | 116,824 | 120,476 | 125,980 | 130,848 | 136,618 | 143,831 | 149,188 | 153,870 |
| 160 | 107,598 | 110,361 | 117,680 | 121,346 | 126,870 | 131,756 | 137,546 | 144,783 | 150,158 | 154,856 |
| 161 | 108,415 | 111,189 | 118,536 | 122,216 | 127,761 | 132,664 | 138,474 | 145,736 | 151,129 | 155,841 |
| 162 | 109,232 | 112,017 | 119,393 | 123,086 | 128,651 | 133,573 | 139,403 | 146,689 | 152,100 | 156,827 |
| 163 | 110,050 | 112,846 | 120,250 | 123,957 | 129,543 | 134,481 | 140,331 | 147,643 | 153,070 | 157,813 |
| 164 | 110,868 | 113,675 | 121,107 | 124,829 | 130,434 | 135,390 | 141,260 | 148,596 | 154,041 | 158,799 |
| 165 | 111,687 | 114,505 | 121,965 | 125,700 | 131,326 | 136,299 | 142,190 | 149,549 | 155,012 | 159,785 |
| 166 | 112,506 | 115,335 | 122,824 | 126,572 | 132,218 | 137,209 | 143,119 | 150,503 | 155,984 | 160,771 |
| 167 | 113,326 | 116,166 | 123,683 | 127,445 | 133,111 | 138,118 | 144,049 | 151,457 | 156,955 | 161,757 |
| 168 | 114,147 | 116,998 | 124,542 | 128,318 | 134,003 | 139,028 | 144,979 | 152,411 | 157,926 | 162,743 |
| 169 | 114,968 | 117,829 | 125,401 | 129,191 | 134,897 | 139,939 | 145,909 | 153,365 | 158,897 | 163,729 |
| 170 | 115,790 | 118,662 | 126,262 | 130,065 | 135,790 | 140,849 | 146,839 | 154,319 | 159,869 | 164,716 |
| 171 | 116,612 | 119,495 | 127,122 | 130,939 | 136,684 | 141,760 | 147,769 | 155,273 | 160,840 | 165,702 |
| 172 | 117,434 | 120,328 | 127,983 | 131,813 | 137,578 | 142,671 | 148,700 | 156,228 | 161,812 | 166,688 |
| 173 | 118,257 | 121,162 | 128,844 | 132,688 | 138,472 | 143,582 | 149,631 | 157,182 | 162,784 | 167,675 |
| 174 | 119,081 | 121,996 | 129,706 | 133,563 | 139,367 | 144,494 | 150,562 | 158,137 | 163,755 | 168,661 |
| 175 | 119,905 | 122,831 | 130,568 | 134,438 | 140,262 | 145,406 | 151,493 | 159,092 | 164,727 | 169,647 |
| 176 | 120,730 | 123,666 | 131,431 | 135,314 | 141,157 | 146,318 | 152,425 | 160,047 | 165,699 | 170,634 |
| 177 | 121,555 | 124,502 | 132,294 | 136,190 | 142,053 | 147,230 | 153,356 | 161,002 | 166,671 | 171,620 |
| 178 | 122,381 | 125,338 | 133,157 | 137,067 | 142,949 | 148,143 | 154,288 | 161,957 | 167,643 | 172,607 |
| 179 | 123,207 | 126,175 | 134,021 | 137,943 | 143,845 | 149,056 | 155,220 | 162,913 | 168,616 | 173,593 |
| 180 | 124,033 | 127,012 | 134,885 | 138,821 | 144,741 | 149,969 | 156,153 | 163,868 | 169,588 | 174,580 |
| 181 | 124,860 | 127,849 | 135,749 | 139,698 | 145,638 | 150,882 | 157,085 | 164,824 | 170,560 | 175,567 |
| 182 | 125,688 | 128,687 | 136,614 | 140,576 | 146,535 | 151,796 | 158,018 | 165,780 | 171,533 | 176,553 |
| 183 | 126,516 | 129,526 | 137,479 | 141,454 | 147,432 | 152,709 | 158,950 | 166,735 | 172,505 | 177,540 |
| 184 | 127,344 | 130,364 | 138,345 | 142,333 | 148,330 | 153,624 | 159,883 | 167,691 | 173,478 | 178,527 |
| 185 | 128,173 | 131,204 | 139,211 | 143,211 | 149,228 | 154,538 | 160,817 | 168,647 | 174,450 | 179,513 |
| 186 | 129,003 | 132,043 | 140,077 | 144,091 | 150,126 | 155,452 | 161,750 | 169,604 | 175,423 | 180,500 |
| 187 | 129,833 | 132,884 | 140,944 | 144,970 | 151,025 | 156,367 | 162,684 | 170,560 | 176,396 | 181,487 |
| 188 | 130,663 | 133,724 | 141,811 | 145,850 | 151,923 | 157,282 | 163,617 | 171,517 | 177,369 | 182,474 |
| 189 | 131,494 | 134,565 | 142,678 | 146,730 | 152,822 | 158,197 | 164,551 | 172,473 | 178,342 | 183,461 |
| 190 | 132,325 | 135,407 | 143,546 | 147,611 | 153,721 | 159,113 | 165,485 | 173,430 | 179,315 | 184,448 |
| 191 | 133,157 | 136,248 | 144,414 | 148,491 | 154,621 | 160,028 | 166,419 | 174,387 | 180,288 | 185,435 |
| 192 | 133,989 | 137,091 | 145,282 | 149,372 | 155,521 | 160,944 | 167,354 | 175,343 | 181,261 | 186,422 |
| 193 | 134,821 | 137,933 | 146,151 | 150,254 | 156,421 | 161,860 | 168,288 | 176,301 | 182,234 | 187,409 |
| 194 | 135,654 | 138,776 | 147,020 | 151,136 | 157,321 | 162,776 | 169,223 | 177,258 | 183,207 | 188,396 |
| 195 | 136,488 | 139,620 | 147,889 | 152,018 | 158,222 | 163,693 | 170,158 | 178,215 | 184,181 | 189,383 |
| 196 | 137,322 | 140,464 | 148,759 | 152,900 | 159,122 | 164,610 | 171,093 | 179,172 | 185,154 | 190,370 |
| 197 | 138,156 | 141,308 | 149,629 | 153,783 | 160,023 | 165,527 | 172,029 | 180,130 | 186,128 | 191,358 |
| 198 | 138,990 | 142,153 | 150,499 | 154,665 | 160,925 | 166,444 | 172,964 | 181,087 | 187,101 | 192,345 |
| 199 | 139,826 | 142,998 | 151,370 | 155,549 | 161,826 | 167,361 | 173,900 | 182,045 | 188,075 | 193,332 |
| 200 | 140,661 | 143,843 | 152,241 | 156,432 | 162,728 | 168,279 | 174,835 | 183,003 | 189,049 | 194,319 |

Tafel III (Fortsetz.)

| Fg | \\ α | 0,50 | 0,40 | 0,30 | 0,20 | 0,10 | 0,050 | 0,0250 | 0,010 | 0,0050 | 0,0010 | 0,00050 |
|---|---|---|---|---|---|---|---|---|---|---|---|---|
| ν | | | | | | | | | | | | |
| 151 | | 150,334 | 154,768 | 159,608 | 165,398 | 173,655 | 180,676 | 186,913 | 194,342 | 199,508 | 210,442 | 214,802 |
| 152 | | 151,334 | 155,783 | 160,638 | 166,446 | 174,729 | 181,770 | 188,026 | 195,475 | 200,656 | 211,619 | 215,991 |
| 153 | | 152,334 | 156,797 | 161,668 | 167,495 | 175,803 | 182,865 | 189,139 | 196,609 | 201,804 | 212,796 | 217,179 |
| 154 | | 153,334 | 157,812 | 162,698 | 168,543 | 176,876 | 183,959 | 190,251 | 197,742 | 202,951 | 213,973 | 218,367 |
| 155 | | 154,334 | 158,826 | 163,728 | 169,591 | 177,949 | 185,052 | 191,362 | 198,874 | 204,098 | 215,148 | 219,554 |
| 156 | | 155,334 | 159,841 | 164,758 | 170,639 | 179,022 | 186,146 | 192,473 | 200,006 | 205,244 | 216,323 | 220,740 |
| 157 | | 156,334 | 160,855 | 165,787 | 171,686 | 180,094 | 187,239 | 193,584 | 201,138 | 206,389 | 217,498 | 221,926 |
| 158 | | 157,334 | 161,869 | 166,817 | 172,734 | 181,167 | 188,332 | 194,695 | 202,269 | 207,535 | 218,672 | 223,111 |
| 159 | | 158,334 | 162,883 | 167,847 | 173,781 | 182,239 | 189,424 | 195,805 | 203,400 | 208,679 | 219,845 | 224,296 |
| 160 | | 159,334 | 163,898 | 168,876 | 174,828 | 183,311 | 190,516 | 196,915 | 204,530 | 209,824 | 221,018 | 225,480 |
| 161 | | 160,334 | 164,912 | 169,905 | 175,875 | 184,382 | 191,608 | 198,025 | 205,660 | 210,967 | 222,191 | 226,663 |
| 162 | | 161,334 | 165,926 | 170,935 | 176,922 | 185,454 | 192,700 | 199,134 | 206,789 | 212,111 | 223,363 | 227,846 |
| 163 | | 162,334 | 166,940 | 171,964 | 177,969 | 186,525 | 193,791 | 200,243 | 207,919 | 213,254 | 224,534 | 229,029 |
| 164 | | 163,334 | 167,954 | 172,993 | 179,016 | 187,596 | 194,883 | 201,351 | 209,047 | 214,396 | 225,705 | 230,211 |
| 165 | | 164,334 | 168,968 | 174,022 | 180,062 | 188,667 | 195,973 | 202,459 | 210,176 | 215,538 | 226,875 | 231,392 |
| 166 | | 165,334 | 169,982 | 175,051 | 181,109 | 189,737 | 197,064 | 203,567 | 211,304 | 216,680 | 228,045 | 232,573 |
| 167 | | 166,334 | 170,996 | 176,079 | 182,155 | 190,808 | 198,154 | 204,675 | 212,431 | 217,821 | 229,214 | 233,753 |
| 168 | | 167,334 | 172,010 | 177,108 | 183,201 | 191,878 | 199,244 | 205,782 | 213,558 | 218,962 | 230,383 | 234,932 |
| 169 | | 168,334 | 173,024 | 178,137 | 184,247 | 192,948 | 200,334 | 206,889 | 214,685 | 220,102 | 231,551 | 236,111 |
| 170 | | 169,334 | 174,037 | 179,165 | 185,293 | 194,017 | 201,423 | 207,995 | 215,812 | 221,242 | 232,719 | 237,290 |
| 171 | | 170,334 | 175,051 | 180,194 | 186,338 | 195,087 | 202,513 | 209,102 | 216,938 | 222,382 | 233,886 | 238,468 |
| 172 | | 171,334 | 176,065 | 181,222 | 187,384 | 196,156 | 203,601 | 210,208 | 218,063 | 223,521 | 235,053 | 239,646 |
| 173 | | 172,334 | 177,079 | 182,250 | 188,429 | 197,225 | 204,690 | 211,313 | 219,189 | 224,660 | 236,219 | 240,823 |
| 174 | | 173,334 | 178,092 | 183,279 | 189,475 | 198,294 | 205,779 | 212,419 | 220,314 | 225,798 | 237,385 | 241,999 |
| 175 | | 174,334 | 179,106 | 184,307 | 190,520 | 199,363 | 206,867 | 213,524 | 221,438 | 226,936 | 238,550 | 243,175 |
| 176 | | 175,334 | 180,119 | 185,335 | 191,565 | 200,432 | 207,955 | 214,628 | 222,562 | 228,073 | 239,715 | 244,351 |
| 177 | | 176,334 | 181,133 | 186,363 | 192,610 | 201,500 | 209,042 | 215,733 | 223,686 | 229,210 | 240,880 | 245,526 |
| 178 | | 177,334 | 182,146 | 187,391 | 193,654 | 202,568 | 210,130 | 216,837 | 224,810 | 230,347 | 242,043 | 246,700 |
| 179 | | 178,334 | 183,160 | 188,418 | 194,699 | 203,636 | 211,217 | 217,941 | 225,933 | 231,484 | 243,207 | 247,874 |
| 180 | | 179,334 | 184,173 | 189,446 | 195,743 | 204,704 | 212,304 | 219,044 | 227,056 | 232,620 | 244,370 | 249,048 |
| 181 | | 180,334 | 185,187 | 190,474 | 196,788 | 205,771 | 213,391 | 220,148 | 228,178 | 233,755 | 245,533 | 250,221 |
| 182 | | 181,334 | 186,200 | 191,501 | 197,832 | 206,839 | 214,477 | 221,250 | 229,301 | 234,890 | 246,695 | 251,393 |
| 183 | | 182,334 | 187,213 | 192,529 | 198,876 | 207,906 | 215,563 | 222,353 | 230,423 | 236,025 | 247,856 | 252,565 |
| 184 | | 183,334 | 188,226 | 193,556 | 199,920 | 208,973 | 216,649 | 223,456 | 231,544 | 237,160 | 249,018 | 253,737 |
| 185 | | 184,334 | 189,240 | 194,584 | 200,964 | 210,040 | 217,735 | 224,558 | 232,665 | 238,294 | 250,178 | 254,908 |
| 186 | | 185,334 | 190,253 | 195,611 | 202,008 | 211,106 | 218,820 | 225,660 | 233,786 | 239,428 | 251,339 | 256,079 |
| 187 | | 186,334 | 191,266 | 196,638 | 203,052 | 212,173 | 219,906 | 226,761 | 234,907 | 240,561 | 252,499 | 257,249 |
| 188 | | 187,334 | 192,279 | 197,665 | 204,095 | 213,239 | 220,991 | 227,862 | 236,027 | 241,694 | 253,658 | 258,419 |
| 189 | | 188,334 | 193,292 | 198,692 | 205,139 | 214,305 | 222,076 | 228,964 | 237,147 | 242,827 | 254,817 | 259,588 |
| 190 | | 189,334 | 194,305 | 199,719 | 206,182 | 215,371 | 223,160 | 230,064 | 238,266 | 243,959 | 255,976 | 260,757 |
| 191 | | 190,334 | 195,318 | 200,746 | 207,225 | 216,437 | 224,245 | 231,165 | 239,385 | 245,091 | 257,134 | 261,925 |
| 192 | | 191,334 | 196,331 | 201,773 | 208,268 | 217,502 | 225,329 | 232,265 | 240,504 | 246,223 | 258,292 | 263,093 |
| 193 | | 192,334 | 197,344 | 202,800 | 209,311 | 218,568 | 226,413 | 233,365 | 241,623 | 247,354 | 259,449 | 264,261 |
| 194 | | 193,334 | 198,357 | 203,827 | 210,354 | 219,633 | 227,496 | 234,465 | 242,741 | 248,485 | 260,606 | 265,428 |
| 195 | | 194,334 | 199,370 | 204,853 | 211,397 | 220,698 | 228,580 | 235,564 | 243,859 | 249,616 | 261,763 | 266,595 |
| 196 | | 195,334 | 200,383 | 205,880 | 212,439 | 221,763 | 229,663 | 236,663 | 244,977 | 250,746 | 262,919 | 267,761 |
| 197 | | 196,334 | 201,395 | 206,906 | 213,482 | 222,828 | 230,746 | 237,762 | 246,095 | 251,876 | 264,075 | 268,927 |
| 198 | | 197,334 | 202,408 | 207,933 | 214,524 | 223,892 | 231,829 | 238,861 | 247,212 | 253,006 | 265,230 | 270,092 |
| 199 | | 198,334 | 203,421 | 208,959 | 215,567 | 224,957 | 232,912 | 239,960 | 248,328 | 254,135 | 266,385 | 271,257 |
| 200 | | 199,334 | 204,434 | 209,985 | 216,609 | 226,021 | 233,994 | 241,058 | 249,445 | 255,264 | 267,540 | 272,422 |

## Tafel III-1

Wahrscheinlichkeiten für ganzzahlige $\chi^2$-Werte

Auszugsweise entnommen aus VAHLE, H. und G. TEWS: Wahrscheinlichkeiten einer $\chi^2$-Verteilung. Biom. Zs. 11 (1969), 173–202, mit freundlicher Genehmigung der Verfasser und der Herausgeberin.

Die Tafel enthält die einseitigen Überschreitungswahrscheinlichkeiten P für ganzzahlige $\chi^2$-Werte. Die P-Werte nicht-ganzzahliger $\chi^2$-Werte erhält man durch lineare Interpolation.

*Ablesebeispiel:* Zu einem $\chi^2$ = 12,58 mit 9 Fg. gehört eine zwischen $P(\chi^2 \geq 12)$ und $P(\chi^2 \geq 13)$ liegende Überschreitungswahrscheinlichkeit von P = 0,21331 − 0,58(0,21331 − 0,16261) = 0,18390.

Tafel III-1 (Fortsetz.)

Freiheitsgrade

| $\chi^2$ | 1 | 2 | 3 | 4 | 5 | 6 |
|---|---|---|---|---|---|---|
| 1  | 0.317 3105 | 0.606 5307 | 0.801 2520 | 0.909 7960 | 0.962 5658 | 0.985 6123 |
| 2  | 0.157 2992 | 0.367 8794 | 0.572 4067 | 0.735 7589 | 0.849 1450 | 0.919 6986 |
| 3  | 0.083 2645 | 0.223 1302 | 0.391 6252 | 0.557 8254 | 0.699 9858 | 0.808 8468 |
| 4  | 0.045 5003 | 0.135 3353 | 0.261 4641 | 0.406 0058 | 0.549 4160 | 0.676 6764 |
| 5  | 0.025 3473 | 0.082 0850 | 0.171 7971 | 0.287 2975 | 0.415 8802 | 0.543 8131 |
| 6  | 0.014 3059 | 0.049 7871 | 0.111 6102 | 0.199 1483 | 0.306 2189 | 0.423 1901 |
| 7  | 0.008 1510 | 0.030 1974 | 0.071 8978 | 0.135 8882 | 0.220 6403 | 0.320 8472 |
| 8  | 0.004 6777 | 0.018 3156 | 0.046 0117 | 0.091 5782 | 0.156 2356 | 0.238 1033 |
| 9  | 0.002 6998 | 0.011 1090 | 0.029 2909 | 0.061 0995 | 0.109 0642 | 0.173 5781 |
| 10 | 0.001 5654 | 0.006 7379 | 0.018 5661 | 0.040 4277 | 0.075 2352 | 0.124 6520 |
| 11 | 0.000 9111 | 0.004 0868 | 0.011 7259 | 0.026 5640 | 0.051 3800 | 0.088 3764 |
| 12 | 0.000 5320 | 0.002 4788 | 0.007 3832 | 0.017 3513 | 0.034 7878 | 0.061 9688 |
| 13 | 0.000 3115 | 0.001 5034 | 0.004 6366 | 0.011 2758 | 0.023 3788 | 0.043 0359 |
| 14 | 0.000 1828 | 0.000 9119 | 0.002 9052 | 0.007 2951 | 0.015 6094 | 0.029 6362 |
| 15 | 0.000 1075 | 0.000 5531 | 0.001 8166 | 0.004 7012 | 0.010 3623 | 0.020 2567 |
| 16 | 0.000 0633 | 0.000 3355 | 0.001 1340 | 0.003 0192 | 0.006 8441 | 0.013 7540 |
| 17 | 0.000 0374 | 0.000 2035 | 0.000 7067 | 0.001 9329 | 0.004 4998 | 0.009 2832 |
| 18 | 0.000 0221 | 0.000 1234 | 0.000 4398 | 0.001 2341 | 0.002 9464 | 0.006 2322 |
| 19 | 0.000 0131 | 0.000 0749 | 0.000 2734 | 0.000 7859 | 0.001 9221 | 0.004 1636 |
| 20 | 0.000 0077 | 0.000 0454 | 0.000 1697 | 0.000 4994 | 0.001 2497 | 0.002 7694 |
| 21 | 0.000 0046 | 0.000 0275 | 0.000 1053 | 0.000 3167 | 0.000 8101 | 0.001 8346 |
| 22 | 0.000 0027 | 0.000 0167 | 0.000 0652 | 0.000 2004 | 0.000 5236 | 0.001 2109 |
| 23 | 0.000 0016 | 0.000 0101 | 0.000 0404 | 0.000 1266 | 0.000 3376 | 0.000 7965 |
| 24 | 0.000 0010 | 0.000 0061 | 0.000 0250 | 0.000 0799 | 0.000 2171 | 0.000 5223 |
| 25 | 0.000 0006 | 0.000 0037 | 0.000 0154 | 0.000 0503 | 0.000 1393 | 0.000 3415 |
| 26 | 0.000 0003 | 0.000 0023 | 0.000 0095 | 0.000 0316 | 0.000 0892 | 0.000 2226 |
| 27 | 0.000 0002 | 0.000 0014 | 0.000 0059 | 0.000 0199 | 0.000 0570 | 0.000 1448 |
| 28 | 0.000 0001 | 0.000 0008 | 0.000 0036 | 0.000 0125 | 0.000 0364 | 0.000 0940 |
| 29 | 0.000 0001 | 0.000 0005 | 0.000 0022 | 0.000 0078 | 0.000 0232 | 0.000 0608 |
| 30 | 0.000 0000 | 0.000 0003 | 0.000 0014 | 0.000 0049 | 0.000 0147 | 0.000 0393 |
| 31 |  | 0.000 0002 | 0.000 0008 | 0.000 0031 | 0.000 0094 | 0.000 0253 |
| 32 |  | 0.000 0001 | 0.000 0005 | 0.000 0019 | 0.000 0059 | 0.000 0163 |
| 33 |  | 0.000 0001 | 0.000 0003 | 0.000 0012 | 0.000 0038 | 0.000 0105 |
| 34 |  | 0.000 0000 | 0.000 0002 | 0.000 0007 | 0.000 0024 | 0.000 0067 |
| 35 |  |  | 0.000 0001 | 0.000 0005 | 0.000 0015 | 0.000 0043 |
| 36 |  |  | 0.000 0001 | 0.000 0003 | 0.000 0009 | 0.000 0028 |
| 37 |  |  | 0.000 0000 | 0.000 0002 | 0.000 0006 | 0.000 0018 |
| 38 |  |  |  | 0.000 0001 | 0.000 0004 | 0.000 0011 |
| 39 |  |  |  | 0.000 0001 | 0.000 0002 | 0.000 0007 |
| 40 |  |  |  | 0.000 0000 | 0.000 0001 | 0.000 0005 |
| 41 |  |  |  |  | 0.000 0001 | 0.000 0003 |
| 42 |  |  |  |  | 0.000 0001 | 0.000 0002 |
| 43 |  |  |  |  | 0.000 0000 | 0.000 0001 |
| 44 |  |  |  |  |  | 0.000 0001 |
| 45 |  |  |  |  |  | 0.000 0000 |

Tafel III-1 (Fortsetz.)

Freiheitsgrade

| $\chi^2$ | 7 | 8 | 9 | 10 | 11 | 12 |
|---|---|---|---|---|---|---|
| 1 | 0.994 8285 | 0.998 2484 | 0.999 4375 | 0.999 8279 | 0.999 9496 | 0.999 9858 |
| 2 | 0.959 8404 | 0.981 0118 | 0.991 4676 | 0.996 3402 | 0.998 4959 | 0.999 4058 |
| 3 | 0.885 0022 | 0.934 3575 | 0.964 2950 | 0.981 4241 | 0.990 7259 | 0.995 5440 |
| 4 | 0.779 7774 | 0.857 1235 | 0.911 4125 | 0.947 3470 | 0.969 9170 | 0 983 4364 |
| 5 | 0.659 9632 | 0.757 5761 | 0.834 3083 | 0.891 1780 | 0.931 1666 | 0.957 9790 |
| 6 | 0.539 7494 | 0.647 2319 | 0.739 9183 | 0.815 2632 | 0.873 3643 | 0.916 0821 |
| 7 | 0.428 8799 | 0.536 6327 | 0.637 1194 | 0.725 4450 | 0.799 0835 | 0.857 6136 |
| 8 | 0.332 5939 | 0.433 4701 | 0.534 1462 | 0.628 8369 | 0.713 3038 | 0.785 1304 |
| 9 | 0.252 6560 | 0.342 2960 | 0.437 2742 | 0.532 1036 | 0.621 8923 | 0.702 9304 |
| 10 | 0.188 5735 | 0.265 0259 | 0.350 4852 | 0.440 4933 | 0.530 3872 | 0.615 9607 |
| 11 | 0.138 6190 | 0.201 6992 | 0.275 7089 | 0.357 5180 | 0.443 2633 | 0.528 9187 |
| 12 | 0.100 5589 | 0.151 2039 | 0.213 3093 | 0.285 0565 | 0.363 6432 | 0.445 6796 |
| 13 | 0.072 1084 | 0.111 8496 | 0.162 6063 | 0.223 6718 | 0.293 3254 | 0.369 0407 |
| 14 | 0.051 1814 | 0.081 7654 | 0.122 3252 | 0.172 9916 | 0.232 9935 | 0.300 7083 |
| 15 | 0.035 9994 | 0.059 1455 | 0.090 9360 | 0.132 0619 | 0.182 4969 | 0.241 4365 |
| 16 | 0.025 1164 | 0.042 3801 | 0.066 8816 | 0.099 6324 | 0.141 1309 | 0.191 2361 |
| 17 | 0.017 3962 | 0.030 1091 | 0.048 7160 | 0.074 3640 | 0.107 8756 | 0.149 5973 |
| 18 | 0.011 9700 | 0.021 2265 | 0.035 1735 | 0.054 9636 | 0.081 5806 | 0.115 6905 |
| 19 | 0.008 1873 | 0.014 8596 | 0.025 1929 | 0.040 2627 | 0.061 0935 | 0.088 5284 |
| 20 | 0.005 5697 | 0.010 3361 | 0.017 9124 | 0.029 2527 | 0.045 3407 | 0.067 0860 |
| 21 | 0.003 7701 | 0.007 1474 | 0.012 6504 | 0.021 0936 | 0.033 3711 | 0.050 3805 |
| 22 | 0.002 5404 | 0.004 9159 | 0.008 8790 | 0.015 1046 | 0.024 3732 | 0.037 5198 |
| 23 | 0.001 7046 | 0.003 3642 | 0.006 1963 | 0.010 7466 | 0.017 6751 | 0.027 7259 |
| 24 | 0.001 1394 | 0.002 2918 | 0.004 3013 | 0.007 6004 | 0.012 7332 | 0.020 3410 |
| 25 | 0.000 7588 | 0.001 5546 | 0.002 9712 | 0.005 3455 | 0.009 1167 | 0.014 8229 |
| 26 | 0.000 5037 | 0.001 0503 | 0.002 0430 | 0.003 7402 | 0.006 4899 | 0.010 7339 |
| 27 | 0.000 3333 | 0.000 7070 | 0.001 3988 | 0.002 6043 | 0.004 5952 | 0.007 7272 |
| 28 | 0.000 2199 | 0.000 4742 | 0.000 9539 | 0.001 8052 | 0.003 2373 | 0.005 5320 |
| 29 | 0.000 1447 | 0.000 3171 | 0.000 6480 | 0.001 2460 | 0.002 2700 | 0.003 9400 |
| 30 | 0.000 0950 | 0.000 2114 | 0.000 4387 | 0.000 8566 | 0.001 5846 | 0.002 7924 |
| 31 | 0.000 0622 | 0.000 1405 | 0.000 2960 | 0.000 5867 | 0.001 1015 | 0.001 9700 |
| 32 | 0.000 0406 | 0.000 0931 | 0.000 1991 | 0.000 4004 | 0.000 7627 | 0.001 3838 |
| 33 | 0.000 0265 | 0.000 0616 | 0.000 1336 | 0.000 2724 | 0.000 5262 | 0.000 9680 |
| 34 | 0.000 0172 | 0.000 0406 | 0.000 0893 | 0.000 1847 | 0.000 3617 | 0.000 6745 |
| 35 | 0.000 0112 | 0.000 0267 | 0.000 0596 | 0.000 1249 | 0.000 2478 | 0.000 4683 |
| 36 | 0.000 0072 | 0.000 0176 | 0.000 0396 | 0.000 0842 | 0.000 1692 | 0.000 3240 |
| 37 | 0.000 0047 | 0.000 0115 | 0.000 0263 | 0.000 0566 | 0.000 1152 | 0.000 2234 |
| 38 | 0.000 0030 | 0.000 0075 | 0.000 0174 | 0.000 0380 | 0.000 0782 | 0.000 1536 |
| 39 | 0.000 0020 | 0.000 0049 | 0.000 0115 | 0.000 0254 | 0.000 0530 | 0.000 1052 |
| 40 | 0.000 0013 | 0.000 0032 | 0.000 0076 | 0.000 0169 | 0.000 0358 | 0.000 0719 |
| 41 | 0.000 0008 | 0.000 0021 | 0.000 0050 | 0.000 0113 | 0.000 0241 | 0.000 0490 |
| 42 | 0.000 0005 | 0.000 0014 | 0.000 0033 | 0.000 0075 | 0.000 0162 | 0.000 0333 |
| 43 | 0.000 0003 | 0.000 0009 | 0.000 0022 | 0.000 0050 | 0.000 0109 | 0.000 0226 |
| 44 | 0.000 0002 | 0.000 0006 | 0.000 0014 | 0.000 0033 | 0.000 0073 | 0.000 0153 |
| 45 | 0.000 0001 | 0.000 0004 | 0.000 0009 | 0.000 0022 | 0.000 0049 | 0.000 0103 |
| 46 | 0.000 0001 | 0.000 0002 | 0.000 0006 | 0.000 0014 | 0.000 0032 | 0.000 0069 |
| 47 | 0.000 0001 | 0.000 0002 | 0.000 0004 | 0.000 0009 | 0.000 0022 | 0.000 0047 |
| 48 | 0.000 0000 | 0.000 0001 | 0.000 0003 | 0.000 0006 | 0.000 0014 | 0.000 0031 |

Tafel III-1 (Fortsetz.)

Freiheitsgrade

| $\chi^2$ | 7 | 8 | 9 | 10 | 11 | 12 |
|---|---|---|---|---|---|---|
| 49 |  | 0.000 0001 | 0.000 0002 | 0.000 0004 | 0.000 0009 | 0.000 0021 |
| 50 |  | 0.000 0000 | 0.000 0001 | 0.000 0003 | 0.000 0006 | 0.000 0014 |
| 51 |  |  | 0.000 0001 | 0.000 0002 | 0.000 0004 | 0.000 0009 |
| 52 |  |  | 0.000 0000 | 0.000 0001 | 0.000 0003 | 0.000 0006 |
| 53 |  |  |  | 0.000 0001 | 0.000 0002 | 0.000 0004 |
| 54 |  |  |  | 0.000 0000 | 0.000 0001 | 0.000 0003 |
| 55 |  |  |  |  | 0.000 0001 | 0.000 0002 |
| 56 |  |  |  |  | 0.000 0001 | 0.000 0001 |
| 57 |  |  |  |  | 0.000 0000 | 0.000 0001 |
| 58 |  |  |  |  |  | 0.000 0001 |
| 59 |  |  |  |  |  | 0.000 0000 |

Freiheitsgrade

| $\chi^2$ | 13 | 14 | 15 | 16 | 17 | 18 |
|---|---|---|---|---|---|---|
| 1 | 0.999 9962 | 0.999 9990 | 0.999 9997 | 0.999 9999 | 1.000 0000 | 1.000 0000 |
| 2 | 0.999 7738 | 0.999 9168 | 0.999 9703 | 0.999 9898 | 0.999 9966 | 0.999 9989 |
| 3 | 0.997 9343 | 0.999 0740 | 0.999 5978 | 0.999 8304 | 0.999 9305 | 0.999 9723 |
| 4 | 0.991 1914 | 0.995 4662 | 0.997 7373 | 0.998 9033 | 0.999 4829 | 0.999 7626 |
| 5 | 0.975 1931 | 0.985 8127 | 0.992 1264 | 0.995 7533 | 0.997 7708 | 0.998 8597 |
| 6 | 0.946 1530 | 0.966 4915 | 0.979 7477 | 0.988 0955 | 0.993 1857 | 0.996 1970 |
| 7 | 0.902 1516 | 0.934 7119 | 0.957 6497 | 0.973 2611 | 0.983 5489 | 0.990 1263 |
| 8 | 0.843 6003 | 0.889 3260 | 0.923 7827 | 0.948 8664 | 0.966 5467 | 0.978 6366 |
| 9 | 0.772 9435 | 0.831 0506 | 0.877 5175 | 0.913 4135 | 0.940 2618 | 0.959 7427 |
| 10 | 0.693 9344 | 0.762 1835 | 0.819 7399 | 0.866 6283 | 0.903 6103 | 0.931 9064 |
| 11 | 0.610 8176 | 0.686 0360 | 0.752 5944 | 0.809 4853 | 0.856 5640 | 0.894 3567 |
| 12 | 0.527 6439 | 0.606 3028 | 0.679 0291 | 0.743 9798 | 0.800 1372 | 0.847 2375 |
| 13 | 0.447 8117 | 0.526 5236 | 0.602 2979 | 0.672 7578 | 0.736 1860 | 0.791 5730 |
| 14 | 0.373 8440 | 0.449 7111 | 0.525 5291 | 0.598 7138 | 0.667 1019 | 0.729 0913 |
| 15 | 0.307 3528 | 0.378 1547 | 0.451 4172 | 0.524 6385 | 0.595 4816 | 0.661 9671 |
| 16 | 0.249 1299 | 0.313 3743 | 0.382 0517 | 0.452 9608 | 0.523 8349 | 0.592 5473 |
| 17 | 0.199 3041 | 0.256 1779 | 0.318 8644 | 0.385 5971 | 0.454 3661 | 0.523 1050 |
| 18 | 0.157 5195 | 0.206 7808 | 0.262 6656 | 0.323 8970 | 0.388 8409 | 0.455 6526 |
| 19 | 0.123 1037 | 0.164 9492 | 0.213 7339 | 0.268 6632 | 0.328 5322 | 0.391 8235 |
| 20 | 0.095 2103 | 0.130 1414 | 0.171 9327 | 0.220 2206 | 0.274 2293 | 0.332 8197 |
| 21 | 0.072 9286 | 0.101 6325 | 0.136 8293 | 0.178 5106 | 0.226 2903 | 0.279 4130 |
| 22 | 0.055 3618 | 0.078 6144 | 0.107 8039 | 0.143 1915 | 0.184 7190 | 0.231 9851 |
| 23 | 0.041 6763 | 0.060 2697 | 0.084 1399 | 0.113 7345 | 0.149 2507 | 0.190 5901 |
| 24 | 0.031 1301 | 0.045 8223 | 0.065 0935 | 0.089 5045 | 0.119 4350 | 0.155 0278 |
| 25 | 0.023 0837 | 0.034 5674 | 0.049 9434 | 0.069 8255 | 0.094 7096 | 0.124 9162 |
| 26 | 0.017 0008 | 0.025 8869 | 0.038 0227 | 0.054 0282 | 0.074 4605 | 0.099 7579 |
| 27 | 0.012 4411 | 0.019 2536 | 0.028 7363 | 0.041 4832 | 0.058 0678 | 0.078 9955 |
| 28 | 0.009 0498 | 0.014 2279 | 0.021 5690 | 0.031 6197 | 0.044 9382 | 0.062 0552 |
| 29 | 0.006 5459 | 0.010 4504 | 0.016 0846 | 0.023 9361 | 0.034 5261 | 0.048 3791 |
| 30 | 0.004 7097 | 0.007 6319 | 0.011 9215 | 0.018 0022 | 0.026 3451 | 0.037 4465 |
| 31 | 0.003 3716 | 0.005 5435 | 0.008 7849 | 0.013 4562 | 0.019 9723 | 0.028 7872 |
| 32 | 0.002 4023 | 0.004 0060 | 0.006 4381 | 0.009 9998 | 0.015 0480 | 0.021 9873 |
| 33 | 0.001 7040 | 0.002 8810 | 0.004 6939 | 0.007 3902 | 0.011 2716 | 0.016 6904 |

Tafel III-1 (Fortsetz.)

Freiheitsgrade

| $\chi^2$ | 13 | 14 | 15 | 16 | 17 | 18 |
|---|---|---|---|---|---|---|
| 34 | 0.001 2036 | 0.002 0624 | 0.003 4054 | 0.005 4330 | 0.008 3961 | 0.012 5955 |
| 35 | 0.000 8467 | 0.001 4700 | 0.002 4590 | 0.003 9743 | 0.006 2212 | 0.009 4524 |
| 36 | 0.000 5933 | 0.001 0434 | 0.001 7678 | 0.002 8935 | 0.004 5865 | 0.007 0560 |
| 37 | 0.000 4143 | 0.000 7377 | 0.001 2655 | 0.002 0971 | 0.003 3652 | 0.005 2405 |
| 38 | 0.000 2883 | 0.000 5197 | 0.000 9023 | 0.001 5133 | 0.002 4578 | 0.003 8733 |
| 39 | 0.000 1999 | 0.000 3647 | 0.000 6409 | 0.001 0876 | 0.001 7872 | 0.002 8496 |
| 40 | 0.000 1382 | 0.000 2551 | 0.000 4535 | 0.000 7786 | 0.001 2942 | 0.002 0873 |
| 41 | 0.000 0953 | 0.000 1779 | 0.000 3198 | 0.000 5553 | 0.000 9934 | 0.001 5224 |
| 42 | 0.000 0655 | 0.000 1236 | 0.000 2248 | 0.000 3946 | 0.000 6707 | 0.001 1059 |
| 43 | 0.000 0449 | 0.000 0857 | 0.000 1575 | 0.000 2794 | 0.000 4801 | 0.000 8002 |
| 44 | 0.000 0307 | 0.000 0592 | 0.000 1100 | 0.000 1973 | 0.000 3425 | 0.000 5769 |
| 45 | 0.000 0209 | 0.000 0408 | 0.000 0766 | 0.000 1388 | 0.000 2435 | 0.000 4144 |
| 46 | 0.000 0142 | 0.000 0280 | 0.000 0532 | 0.000 0974 | 0.000 1726 | 0.000 2967 |
| 47 | 0.000 0097 | 0.000 0192 | 0.000 0368 | 0.000 0681 | 0.000 1219 | 0.000 2117 |
| 48 | 0.000 0065 | 0.000 0131 | 0.000 0254 | 0.000 0475 | 0.000 0859 | 0.000 1506 |
| 49 | 0.000 0044 | 0.000 0090 | 0.000 0175 | 0.000 0330 | 0.000 0603 | 0.000 1068 |
| 50 | 0.000 0030 | 0.000 0061 | 0.000 0120 | 0.000 0229 | 0.000 0422 | 0.000 0755 |
| 51 | 0.000 0020 | 0.000 0041 | 0.000 0083 | 0.000 0159 | 0.000 0295 | 0.000 0532 |
| 52 | 0.000 0013 | 0.000 0028 | 0.000 0056 | 0.000 0110 | 0.000 0206 | 0.000 0374 |
| 53 | 0.000 0009 | 0.000 0019 | 0.000 0039 | 0.000 0075 | 0.000 0143 | 0.000 0262 |
| 54 | 0.000 0006 | 0.000 0013 | 0.000 0026 | 0.000 0052 | 0.000 0099 | 0.000 0184 |
| 55 | 0.000 0004 | 0.000 0009 | 0.000 0018 | 0.000 0036 | 0.000 0069 | 0.000 0128 |
| 56 | 0.000 0003 | 0.000 0006 | 0.000 0012 | 0.000 0024 | 0.000 0047 | 0.000 0089 |
| 57 | 0.000 0002 | 0.000 0004 | 0.000 0008 | 0.000 0017 | 0.000 0033 | 0.000 0062 |
| 58 | 0.000 0001 | 0.000 0003 | 0.000 0006 | 0.000 0011 | 0.000 0022 | 0.000 0043 |
| 59 | 0.000 0001 | 0.000 0002 | 0.000 0004 | 0.000 0008 | 0.000 0015 | 0.000 0030 |
| 60 | 0.000 0001 | 0.000 0001 | 0.000 0003 | 0.000 0005 | 0.000 0011 | 0.000 0020 |
| 61 | 0.000 0000 | 0.000 0001 | 0.000 0002 | 0.000 0004 | 0.000 0007 | 0.000 0014 |
| 62 |  | 0.000 0001 | 0.000 0001 | 0.000 0002 | 0.000 0005 | 0.000 0010 |
| 63 |  | 0.000 0000 | 0.000 0001 | 0.000 0002 | 0.000 0003 | 0.000 0007 |
| 64 |  |  | 0.000 0001 | 0.000 0001 | 0.000 0002 | 0.000 0005 |
| 65 |  |  | 0.000 0000 | 0.000 0001 | 0.000 0002 | 0.000 0003 |
| 66 |  |  |  | 0.000 0000 | 0.000 0001 | 0.000 0002 |
| 67 |  |  |  |  | 0.000 0001 | 0.000 0001 |
| 68 |  |  |  |  | 0.000 0000 | 0.000 0001 |
| 69 |  |  |  |  |  | 0.000 0001 |
| 70 |  |  |  |  |  | 0.000 0000 |

Freiheitsgrade

| $\chi^2$ | 19 | 20 | 21 | 22 | 23 | 24 |
|---|---|---|---|---|---|---|
| 1 | 1.000 0000 | 1.000 0000 |  |  |  |  |
| 2 | 0.999 9996 | 0.999 9999 | 1.000 0000 | 1.000 0000 | 1.000 0000 | 1.000 0000 |
| 3 | 0.999 9892 | 0.999 9959 | 0.999 9985 | 0.999 9994 | 0.999 9998 | 0.999 9999 |
| 4 | 0.999 8937 | 0.999 9535 | 0.999 9801 | 0.999 9917 | 0.999 9966 | 0.999 9986 |
| 5 | 0.999 4310 | 0.999 7226 | 0.999 8678 | 0.999 9384 | 0.999 9719 | 0.999 9874 |
| 6 | 0.997 9285 | 0.998 8975 | 0.999 4262 | 0.999 7077 | 0.999 8541 | 0.999 9286 |
| 7 | 0.994 2133 | 0.996 6851 | 0.998 1422 | 0.998 9806 | 0.999 4519 | 0.999 7110 |

Tafel III-1 (Fortsetz.)

Freiheitsgrade

| $\chi^2$ | 19 | 20 | 21 | 22 | 23 | 24 |
|---|---|---|---|---|---|---|
| 8  | 0.986 6709 | 0.991 8678 | 0.995 1442 | 0.997 1602 | 0.998 3722 | 0.999 0848 |
| 9  | 0.973 4794 | 0.982 9073 | 0.989 2140 | 0.993 3313 | 0.995 9575 | 0.997 5957 |
| 10 | 0.952 9458 | 0.968 1719 | 0.978 9119 | 0.986 3047 | 0.991 2766 | 0.994 5469 |
| 11 | 0.923 8384 | 0.946 2225 | 0.962 7868 | 0.974 7487 | 0.983 1883 | 0.989 0119 |
| 12 | 0.885 6253 | 0.916 0760 | 0.939 6178 | 0.957 3791 | 0.970 4707 | 0.979 9080 |
| 13 | 0.838 5710 | 0.877 3840 | 0.908 6240 | 0.933 1612 | 0.951 9900 | 0.966 1204 |
| 14 | 0.783 6913 | 0.830 4959 | 0.869 5993 | 0.901 4792 | 0.926 8712 | 0.946 6504 |
| 15 | 0.722 5973 | 0.776 4076 | 0.822 9518 | 0.862 2380 | 0.894 6336 | 0.920 7587 |
| 16 | 0.657 2780 | 0.716 6243 | 0.769 6511 | 0.815 8858 | 0.855 2687 | 0.888 0760 |
| 17 | 0.589 8678 | 0.652 9737 | 0.711 1062 | 0.763 3620 | 0.809 2515 | 0.848 6620 |
| 18 | 0.522 4383 | 0.587 4082 | 0.649 0042 | 0.705 9883 | 0.757 4893 | 0.803 0084 |
| 19 | 0.456 8361 | 0.521 8260 | 0.585 1401 | 0.645 3284 | 0.701 2246 | 0.751 9896 |
| 20 | 0.394 5782 | 0.457 9297 | 0.521 2612 | 0.583 0398 | 0.641 9118 | 0.696 7761 |
| 21 | 0.336 8009 | 0.397 1326 | 0.458 9442 | 0.520 7381 | 0.581 0875 | 0.638 7252 |
| 22 | 0.284 2563 | 0.340 5106 | 0.399 5099 | 0.459 8887 | 0.520 2518 | 0.579 2668 |
| 23 | 0.237 3418 | 0.288 7945 | 0.343 9784 | 0.401 7296 | 0.460 7709 | 0.519 7981 |
| 24 | 0.196 1524 | 0.242 3922 | 0.293 0585 | 0.347 2294 | 0.403 8084 | 0.461 5973 |
| 25 | 0.160 5422 | 0.201 4311 | 0.247 1641 | 0.297 0747 | 0.350 2853 | 0.405 7607 |
| 26 | 0.130 1890 | 0.165 8119 | 0.206 4490 | 0.251 6820 | 0.300 8662 | 0.353 1649 |
| 27 | 0.104 6531 | 0.135 2640 | 0.170 8532 | 0.211 2265 | 0.255 9676 | 0.304 4532 |
| 28 | 0.083 4286 | 0.109 3994 | 0.140 1513 | 0.175 6812 | 0.215 7816 | 0.260 0399 |
| 29 | 0.065 9851 | 0.087 7594 | 0.114 0015 | 0.144 8608 | 0.180 3098 | 0.220 1309 |
| 30 | 0.051 7985 | 0.069 8537 | 0.091 9880 | 0.118 4644 | 0.149 4016 | 0.184 7518 |
| 31 | 0.040 3728 | 0.055 1905 | 0.073 6579 | 0.096 1155 | 0.122 7931 | 0.153 7827 |
| 32 | 0.031 2547 | 0.043 2983 | 0.058 5502 | 0.077 3960 | 0.100 1434 | 0.126 9927 |
| 33 | 0.024 0402 | 0.033 7407 | 0.046 2171 | 0.061 8738 | 0.081 0666 | 0.104 0735 |
| 34 | 0.018 3776 | 0.026 1247 | 0.036 2393 | 0.049 1243 | 0.065 1582 | 0.084 6691 |
| 35 | 0.013 9668 | 0.020 1043 | 0.028 2351 | 0.038 7451 | 0.052 0156 | 0.068 4008 |
| 36 | 0.010 5555 | 0.015 3811 | 0.021 8652 | 0.030 3663 | 0.041 2533 | 0.054 8874 |
| 37 | 0.007 9350 | 0.011 7020 | 0.016 8341 | 0.023 6558 | 0.032 5135 | 0.043 7600 |
| 38 | 0.005 9347 | 0.008 8556 | 0.012 8886 | 0.018 3218 | 0.025 4718 | 0.034 6726 |
| 39 | 0.004 4171 | 0.006 6674 | 0.009 8153 | 0.014 1120 | 0.019 8406 | 0.027 3092 |
| 40 | 0.003 2723 | 0.004 9954 | 0.007 4368 | 0.010 8117 | 0.015 3691 | 0.021 3868 |
| 41 | 0.002 4134 | 0.003 7252 | 0.005 6071 | 0.008 2411 | 0.011 8423 | 0.016 6570 |
| 42 | 0.001 7724 | 0.002 7656 | 0.004 2077 | 0.006 2509 | 0.009 0785 | 0.012 9048 |
| 43 | 0.001 2963 | 0.002 0443 | 0.003 1434 | 0.004 7191 | 0.006 9256 | 0.009 9471 |
| 44 | 0.000 9444 | 0.001 5049 | 0.002 3382 | 0.003 5466 | 0.005 2585 | 0.007 6299 |
| 45 | 0.000 6854 | 0.001 1035 | 0.001 7320 | 0.002 6538 | 0.003 9746 | 0.005 8251 |
| 46 | 0.000 4956 | 0.000 8060 | 0.001 2778 | 0.001 9775 | 0.002 9912 | 0.004 4270 |
| 47 | 0.000 3572 | 0.000 5866 | 0.000 9391 | 0.001 4676 | 0.002 2416 | 0.003 3499 |
| 48 | 0.000 2565 | 0.000 4254 | 0.000 6876 | 0.001 0850 | 0.001 6731 | 0.002 5241 |
| 49 | 0.000 1836 | 0.000 3074 | 0.000 5017 | 0.000 7991 | 0.001 2439 | 0.001 8942 |
| 50 | 0.000 1311 | 0.000 2215 | 0.000 3648 | 0.000 5865 | 0.000 9213 | 0.001 4160 |
| 51 | 0.000 0933 | 0.000 1590 | 0.000 2644 | 0.000 4289 | 0.000 6799 | 0.001 0545 |
| 52 | 0.000 0662 | 0.000 1139 | 0.000 1910 | 0.000 3126 | 0.000 5000 | 0.000 7824 |
| 53 | 0.000 0468 | 0.000 0813 | 0.000 1375 | 0.000 2271 | 0.000 3665 | 0.000 5785 |
| 54 | 0.000 0330 | 0.000 0578 | 0.000 0987 | 0.000 1645 | 0.000 2677 | 0.000 4262 |

Tafel III-1 (Fortsetz.)

Freiheitsgrade

| $\chi^2$ | 19 | 20 | 21 | 22 | 23 | 24 |
|---|---|---|---|---|---|---|
| 55 | 0.000 0232 | 0.000 0411 | 0.000 0707 | 0.000 1188 | 0.000 1950 | 0.000 3130 |
| 56 | 0.000 0163 | 0.000 0291 | 0.000 0505 | 0.000 0855 | 0.000 1415 | 0.000 2292 |
| 57 | 0.000 0114 | 0.000 0205 | 0.000 0359 | 0.000 0614 | 0.000 1025 | 0.000 1672 |
| 58 | 0.000 0080 | 0.000 0145 | 0.000 0255 | 0.000 0439 | 0.000 0739 | 0.000 1217 |
| 59 | 0.000 0056 | 0.000 0102 | 0.000 0181 | 0.000 0314 | 0.000 0532 | 0.000 0883 |
| 60 | 0.000 0039 | 0.000 0071 | 0.000 0128 | 0.000 0223 | 0.000 0382 | 0.000 0639 |
| 61 | 0.000 0027 | 0.000 0050 | 0.000 0090 | 0.000 0159 | 0.000 0274 | 0.000 0461 |
| 62 | 0.000 0019 | 0.000 0035 | 0.000 0063 | 0.000 0113 | 0.000 0195 | 0.000 0332 |
| 63 | 0.000 0013 | 0.000 0024 | 0.000 0044 | 0.000 0080 | 0.000 0139 | 0.000 0238 |
| 64 | 0.000 0009 | 0.000 0017 | 0.000 0031 | 0.000 0056 | 0.000 0099 | 0.000 0170 |
| 65 | 0.000 0006 | 0.000 0012 | 0.000 0022 | 0.000 0039 | 0.000 0070 | 0.000 0122 |
| 66 | 0.000 0004 | 0.000 0008 | 0.000 0015 | 0.000 0028 | 0.000 0050 | 0.000 0087 |
| 67 | 0.000 0003 | 0.000 0006 | 0.000 0011 | 0.000 0019 | 0.000 0035 | 0.000 0062 |
| 68 | 0.000 0002 | 0.000 0004 | 0.000 0007 | 0.000 0014 | 0.000 0025 | 0.000 0044 |
| 69 | 0.000 0001 | 0.000 0003 | 0.000 0005 | 0.000 0009 | 0.000 0017 | 0.000 0031 |
| 70 | 0.000 0001 | 0.000 0002 | 0.000 0004 | 0.000 0007 | 0.000 0012 | 0.000 0022 |
| 71 | 0.000 0001 | 0.000 0001 | 0.000 0002 | 0.000 0005 | 0.000 0009 | 0.000 0015 |
| 72 | 0.000 0000 | 0.000 0001 | 0.000 0002 | 0.000 0003 | 0.000 0006 | 0.000 0011 |
| 73 |  | 0.000 0001 | 0.000 0001 | 0.000 0002 | 0.000 0004 | 0.000 0008 |
| 74 |  | 0.000 0000 | 0.000 0001 | 0.000 0002 | 0.000 0003 | 0.000 0005 |
| 75 |  |  | 0.000 0001 | 0.000 0001 | 0.000 0002 | 0.000 0004 |
| 76 |  |  | 0.000 0000 | 0.000 0001 | 0.000 0001 | 0.000 0003 |
| 77 |  |  |  | 0.000 0001 | 0.000 0001 | 0.000 0002 |
| 78 |  |  |  | 0.000 0000 | 0.000 0001 | 0.000 0001 |
| 79 |  |  |  |  | 0.000 0000 | 0.000 0001 |
| 80 |  |  |  |  |  | 0.000 0001 |
| 81 |  |  |  |  |  | 0.000 0000 |

Freiheitsgrade

| $\chi^2$ | 25 | 26 | 27 | 28 | 29 | 30 |
|---|---|---|---|---|---|---|
| 3 | 1.000 0000 | 1.000 0000 | 1.000 0000 |  |  |  |
| 4 | 0.999 9995 | 0.999 9998 | 0.999 9999 | 1.000 0000 | 1.000 0000 | 1.000 0000 |
| 5 | 0.999 9945 | 0.999 9976 | 0.999 9990 | 0.999 9996 | 0.999 9998 | 0.999 9999 |
| 6 | 0.999 9657 | 0.999 9839 | 0.999 9925 | 0.999 9966 | 0.999 9985 | 0.999 9993 |
| 7 | 0.999 8505 | 0.999 9240 | 0.999 9621 | 0.999 9814 | 0.999 9910 | 0.999 9957 |
| 8 | 0.999 4949 | 0.999 7263 | 0.999 8542 | 0.999 9237 | 0.999 9607 | 0.999 9801 |
| 9 | 0.998 5962 | 0.999 1949 | 0.999 5461 | 0.999 7484 | 0.999 8628 | 0.999 9263 |
| 10 | 0.996 6526 | 0.997 9811 | 0.998 8030 | 0.999 3020 | 0.999 5995 | 0.999 7737 |
| 11 | 0.992 9456 | 0.995 5491 | 0.997 2388 | 0.998 3149 | 0.998 9879 | 0.999 4014 |
| 12 | 0.986 5678 | 0.991 1725 | 0.994 2944 | 0.996 3715 | 0.997 7285 | 0.998 5996 |
| 13 | 0.976 5013 | 0.983 9734 | 0.989 2472 | 0.992 8998 | 0.995 3841 | 0.997 0442 |
| 14 | 0.961 7324 | 0.973 0002 | 0.981 2547 | 0.987 1886 | 0.991 3774 | 0.994 2828 |
| 15 | 0.941 3826 | 0.957 3341 | 0.969 4320 | 0.978 4353 | 0.985 0150 | 0.989 7396 |
| 16 | 0.914 8288 | 0.936 2028 | 0.952 9472 | 0.965 8193 | 0.975 5360 | 0.982 7430 |
| 17 | 0.881 7938 | 0.909 0829 | 0.931 1225 | 0.948 5889 | 0.962 1813 | 0.972 5746 |
| 18 | 0.842 3907 | 0.875 7734 | 0.903 5197 | 0.926 1492 | 0.944 2724 | 0.958 5337 |

Tafel III-1 (Fortsetz.)

Freiheitsgrade

| $\chi^2$ | 25 | 26 | 27 | 28 | 29 | 30 |
|---|---|---|---|---|---|---|
| 19 | 0.797 1205 | 0.836 4297 | 0.870 0014 | 0.898 1359 | 0.921 2880 | 0.940 0080 |
| 20 | 0.746 8253 | 0.791 5565 | 0.830 7561 | 0.864 4644 | 0.892 9271 | 0.916 5415 |
| 21 | 0.692 6097 | 0.741 9639 | 0.786 2883 | 0.825 3490 | 0.859 1494 | 0.887 8879 |
| 22 | 0.635 7440 | 0.688 6967 | 0.737 3772 | 0.781 2912 | 0.820 1894 | 0.854 0440 |
| 23 | 0.577 5634 | 0.632 9471 | 0.685 0125 | 0.733 0404 | 0.776 5431 | 0.815 2599 |
| 24 | 0.519 3736 | 0.575 9652 | 0.630 3161 | 0.681 5356 | 0.728 9317 | 0.772 0245 |
| 25 | 0.462 3737 | 0.518 9752 | 0.574 4620 | 0.627 8353 | 0.678 2475 | 0.725 0319 |
| 26 | 0.407 5987 | 0.463 1047 | 0.518 6005 | 0.573 0446 | 0.625 4910 | 0.675 1315 |
| 27 | 0.355 8845 | 0.409 3332 | 0.463 7948 | 0.518 2470 | 0.571 7051 | 0.623 2711 |
| 28 | 0.307 8533 | 0.358 4584 | 0.410 9735 | 0.464 4476 | 0.517 9130 | 0.570 4367 |
| 29 | 0.263 9160 | 0.311 0822 | 0.360 8992 | 0.412 5279 | 0.465 0662 | 0.517 5967 |
| 30 | 0.224 2890 | 0.267 6110 | 0.314 1538 | 0.363 2178 | 0.414 0036 | 0.465 6537 |
| 31 | 0.189 0188 | 0.228 2694 | 0.271 1386 | 0.317 080 5 | 0.365 4243 | 0.415 4071 |
| 32 | 0.158 0122 | 0.193 1215 | 0.232 0842 | 0.274 5109 | 0.319 8733 | 0.367 5274 |
| 33 | 0.131 0681 | 0.162 0980 | 0.197 0700 | 0.235 7445 | 0.277 7390 | 0.322 5421 |
| 34 | 0.107 9079 | 0.135 0242 | 0.166 0474 | 0.200 8733 | 0.239 2601 | 0.280 8328 |
| 35 | 0.088 2032 | 0.111 6489 | 0.138 8659 | 0.169 8673 | 0.204 5398 | 0.242 6404 |
| 36 | 0.071 5999 | 0.091 6692 | 0.115 2989 | 0.142 5978 | 0.173 5643 | 0.208 0774 |
| 37 | 0.057 7369 | 0.074 7539 | 0.095 0675 | 0.118 8605 | 0.146 2242 | 0.177 1443 |
| 38 | 0.046 2615 | 0.060 5614 | 0.077 8618 | 0.098 3988 | 0.122 3363 | 0.149 7495 |
| 39 | 0.036 8399 | 0.048 7547 | 0.063 3589 | 0.080 9229 | 0.101 6640 | 0.125 7287 |
| 40 | 0.029 1644 | 0.039 0120 | 0.051 2369 | 0.066 1276 | 0.083 9369 | 0.104 8643 |
| 41 | 0.022 9573 | 0.031 0341 | 0.041 1859 | 0.053 7057 | 0.068 8663 | 0.086 9035 |
| 42 | 0.017 9728 | 0.024 5490 | 0.032 9153 | 0.043 3589 | 0.056 1592 | 0.071 5737 |
| 43 | 0.013 9967 | 0.019 3140 | 0.026 1590 | 0.034 8053 | 0.045 5286 | 0.058 5955 |
| 44 | 0.010 8453 | 0.015 1161 | 0.020 6779 | 0.027 7849 | 0.036 7015 | 0.047 6930 |
| 45 | 0.008 3625 | 0.011 7711 | 0.016 2606 | 0.022 0623 | 0.029 4240 | 0.038 6018 |
| 46 | 0.006 4178 | 0.009 1219 | 0.012 7229 | 0.017 428 2 | 0.023 4649 | 0.031 0743 |
| 47 | 0.004 9031 | 0.007 0359 | 0.009 9069 | 0.013 6990 | 0.018 6171 | 0.024 8837 |
| 48 | 0.003 7296 | 0.005 4024 | 0.007 6782 | 0.010 7161 | 0.014 6979 | 0.019 8253 |
| 49 | 0.002 8250 | 0.004 1301 | 0.005 9241 | 0.008 3438 | 0.011 5483 | 0.015 7178 |
| 50 | 0.002 1312 | 0.003 1441 | 0.004 5508 | 0.006 4675 | 0.009 0317 | 0.012 4021 |
| 51 | 0.001 6014 | 0.002 3838 | 0.003 4812 | 0.004 9914 | 0.007 0319 | 0.009 7408 |
| 52 | 0.001 1988 | 0.001 8002 | 0.002 6521 | 0.003 8360 | 0.005 4512 | 0.007 6166 |
| 53 | 0.000 8941 | 0.001 3544 | 0.002 0126 | 0.002 9360 | 0.004 2082 | 0.005 9299 |
| 54 | 0.000 6645 | 0.001 0152 | 0.001 5214 | 0.002 2384 | 0.003 2354 | 0.004 5974 |
| 55 | 0.000 4921 | 0.000 7582 | 0.001 1459 | 0.001 7000 | 0.002 4777 | 0.003 5499 |
| 56 | 0.000 3633 | 0.000 5644 | 0.000 8600 | 0.001 2864 | 0.001 8902 | 0.002 7303 |
| 57 | 0.000 2673 | 0.000 4187 | 0.000 6432 | 0.000 9699 | 0.001 4367 | 0.002 0920 |
| 58 | 0.000 1961 | 0.000 3096 | 0.000 4794 | 0.000 7287 | 0.001 0881 | 0.001 5969 |
| 59 | 0.000 1434 | 0.000 2282 | 0.000 3562 | 0.000 5457 | 0.000 8212 | 0.001 2147 |
| 60 | 0.000 1046 | 0.000 1677 | 0.000 2638 | 0.000 4073 | 0.000 6177 | 0.000 9207 |
| 61 | 0.000 0760 | 0.000 1229 | 0.000 1948 | 0.000 3030 | 0.000 4631 | 0.000 6955 |
| 62 | 0.000 0551 | 0.000 0898 | 0.000 1434 | 0.000 2248 | 0.000 3460 | 0.000 5237 |
| 63 | 0.000 0399 | 0.000 0654 | 0.000 1052 | 0.000 1662 | 0.000 2578 | 0.000 3930 |
| 64 | 0.000 0288 | 0.000 0475 | 0.000 0770 | 0.000 1226 | 0.000 1915 | 0.000 2941 |
| 65 | 0.000 0207 | 0.000 0344 | 0.000 0562 | 0.000 0901 | 0.000 1418 | 0.000 2193 |

Tafel III-1 (Fortsetz.)

Freiheitsgrade

| $\chi^2$ | 25 | 26 | 27 | 28 | 29 | 30 |
|---|---|---|---|---|---|---|
| 66 | 0.000 0148 | 0.000 0249 | 0.000 0409 | 0.000 0661 | 0.000 1047 | 0.000 1631 |
| 67 | 0.000 0106 | 0.000 0180 | 0.000 0297 | 0.000 0483 | 0.000 0771 | 0.000 1210 |
| 68 | 0.000 0076 | 0.000 0129 | 0.000 0215 | 0.000 0352 | 0.000 0566 | 0.000 0895 |
| 69 | 0.000 0054 | 0.000 0093 | 0.000 0156 | 0.000 0256 | 0.000 0415 | 0.000 0660 |
| 70 | 0.000 0038 | 0.000 0066 | 0.000 0112 | 0.000 0186 | 0.000 0303 | 0.000 0485 |
| 71 | 0.000 0027 | 0.000 0047 | 0.000 0081 | 0.000 0135 | 0.000 0221 | 0.000 0356 |
| 72 | 0.000 0019 | 0.000 0034 | 0.000 0058 | 0.000 0097 | 0.000 0161 | 0.000 0261 |
| 73 | 0.000 0014 | 0.000 0024 | 0.000 0041 | 0.000 0070 | 0.000 0117 | 0.000 0190 |
| 74 | 0.000 0010 | 0.000 0017 | 0.000 0030 | 0.000 0050 | 0.000 0084 | 0.000 0139 |
| 75 | 0.000 0007 | 0.000 0012 | 0.000 0021 | 0.000 0036 | 0.000 0061 | 0.000 0101 |
| 76 | 0.000 0005 | 0.000 0009 | 0.000 0015 | 0.000 0026 | 0.000 0044 | 0.000 0073 |
| 77 | 0.000 0003 | 0.000 0006 | 0.000 0011 | 0.000 0019 | 0.000 0032 | 0.000 0053 |
| 78 | 0.000 0002 | 0.000 0004 | 0.000 0008 | 0.000 0013 | 0.000 0023 | 0.000 0038 |
| 79 | 0.000 0002 | 0.000 0003 | 0.000 0005 | 0.000 0009 | 0.000 0016 | 0.000 0027 |
| 80 | 0.000 0001 | 0.000 0002 | 0.000 0004 | 0.000 0007 | 0.000 0012 | 0.000 0020 |
| 81 | 0.000 0001 | 0.000 0001 | 0.000 0003 | 0.000 0005 | 0.000 0008 | 0.000 0014 |
| 82 | 0.000 0001 | 0.000 0001 | 0.000 0002 | 0.000 0003 | 0.000 0006 | 0.000 0010 |
| 83 | 0.000 0000 | 0.000 0001 | 0.000 0001 | 0.000 0002 | 0.000 0004 | 0.000 0007 |
| 84 | | 0.000 0001 | 0.000 0001 | 0.000 0002 | 0.000 0003 | 0.000 0005 |
| 85 | | 0.000 0000 | 0.000 0001 | 0.000 0001 | 0.000 0002 | 0.000 0004 |
| 86 | | | 0.000 0000 | 0.000 0001 | 0.000 0001 | 0.000 0003 |
| 87 | | | | 0.000 0001 | 0.000 0001 | 0.000 0002 |
| 88 | | | | 0.000 0000 | 0.000 0001 | 0.000 0001 |
| 89 | | | | | 0.000 0001 | 0.000 0001 |
| 90 | | | | | 0.000 0000 | 0.000 0001 |
| 91 | | | | | | 0.000 0000 |

Freiheitsgrade

| $\chi^2$ | 31 | 32 | 33 | 34 | 35 | 36 |
|---|---|---|---|---|---|---|
| 5 | 1.000 0000 | | | | | |
| 6 | 0.999 9997 | 1.000 0000 | 1.000 0000 | 1.000 0000 | 1.000 0000 | |
| 7 | 0.999 9980 | 0.999 9991 | 0.999 999 6 | 0.999 9998 | 0.999 9999 | 1.000 0000 |
| 8 | 0.999 9901 | 0.999 9951 | 0.999 997 6 | 0.999 9989 | 0.999 9995 | 0.999 9998 |
| 9 | 0.999 9611 | 0.999 9797 | 0.999 9896 | 0.999 9947 | 0.999 9974 | 0.999 9987 |
| 10 | 0.999 8741 | 0.999 9310 | 0.999 9627 | 0.999 9801 | 0.999 9896 | 0.999 9946 |
| 11 | 0.999 6513 | 0.999 7998 | 0.999 8867 | 0.999 9368 | 0.999 9652 | 0.999 9811 |
| 12 | 0.999 1495 | 0.999 4909 | 0.999 6996 | 0.999 8251 | 0.999 8996 | 0.999 9431 |
| 13 | 0.998 1351 | 0.998 8402 | 0.999 2887 | 0.999 5698 | 0.999 7432 | 0.999 8487 |
| 14 | 0.996 2642 | 0.997 5934 | 0.998 4711 | 0.999 0418 | 0.999 4074 | 0.999 6382 |
| 15 | 0.993 0751 | 0.995 3917 | 0.996 9752 | 0.998 0411 | 0.998 7480 | 0.999 2100 |
| 16 | 0.987 9987 | 0.991 7690 | 0.994 4311 | 0.996 2820 | 0.997 5498 | 0.998 4057 |
| 17 | 0.980 3882 | 0.986 1666 | 0.990 3726 | 0.993 3873 | 0.995 5161 | 0.996 9976 |
| 18 | 0.969 5671 | 0.977 9643 | 0.984 2544 | 0.988 8941 | 0.992 2657 | 0.994 6804 |
| 19 | 0.954 8895 | 0.966 5270 | 0.975 4840 | 0.982 2726 | 0.987 3415 | 0.991 0717 |
| 20 | 0.935 8036 | 0.951 2596 | 0.963 4659 | 0.972 9584 | 0.980 2309 | 0.985 7224 |

Tafel III-1 (Fortsetz.)

Freiheitsgrade

| $\chi^2$ | 31 | 32 | 33 | 34 | 35 | 36 |
|---|---|---|---|---|---|---|
| 21 | 0.911 9109 | 0.931 6651 | 0.947 6526 | 0.960 3938 | 0.970 3973 | 0.978 1381 |
| 22 | 0.883 0125 | 0.907 3961 | 0.927 5966 | 0.944 0756 | 0.957 3193 | 0.967 8095 |
| 23 | 0.849 1365 | 0.878 2948 | 0.902 9960 | 0.923 6012 | 0.940 5345 | 0.954 2496 |
| 24 | 0.810 5446 | 0.844 4157 | 0.873 7287 | 0.898 7090 | 0.919 6809 | 0.937 0337 |
| 25 | 0.767 7177 | 0.806 0290 | 0.839 8711 | 0.869 3080 | 0.894 5328 | 0.915 8367 |
| 26 | 0.721 3240 | 0.763 6069 | 0.801 7000 | 0.835 4931 | 0.865 0266 | 0.890 4650 |
| 27 | 0.672 1733 | 0.717 7928 | 0.759 6779 | 0.797 5455 | 0.831 2725 | 0.860 8785 |
| 28 | 0.621 1650 | 0.669 3599 | 0.714 4248 | 0.755 9177 | 0.793 5543 | 0.827 2006 |
| 29 | 0.569 2333 | 0.619 1632 | 0.666 6800 | 0.711 2078 | 0.752 3149 | 0.789 7165 |
| 30 | 0.517 2965 | 0.568 0896 | 0.617 2574 | 0.664 1232 | 0.708 1310 | 0.748 8588 |
| 31 | 0.466 2125 | 0.517 0112 | 0.567 0007 | 0.615 4403 | 0.661 6805 | 0.705 1844 |
| 32 | 0.416 7440 | 0.466 7449 | 0.516 7396 | 0.565 9624 | 0.613 7050 | 0.659 3436 |
| 33 | 0.369 5348 | 0.418 0195 | 0.467 2529 | 0.516 4806 | 0.564 9710 | 0.612 0457 |
| 34 | 0.325 0958 | 0.371 4537 | 0.419 2381 | 0.467 7383 | 0.516 2332 | 0.564 0229 |
| 35 | 0.283 8014 | 0.327 5424 | 0.373 2903 | 0.420 4039 | 0.468 2027 | 0.515 9966 |
| 36 | 0.245 8937 | 0.286 6529 | 0.329 8892 | 0.375 0504 | 0.421 5206 | 0.468 6477 |
| 37 | 0.211 4932 | 0.249 0277 | 0.289 3948 | 0.332 1428 | 0.376 7391 | 0.422 5917 |
| 38 | 0.180 6132 | 0.214 7938 | 0.252 0494 | 0.292 0339 | 0.334 3093 | 0.378 3611 |
| 39 | 0.153 1779 | 0.183 9762 | 0.217 9856 | 0.254 9653 | 0.294 5766 | 0.336 5940 |
| 40 | 0.129 0403 | 0.156 5131 | 0.187 2383 | 0.221 0742 | 0.257 7814 | 0.297 0284 |
| 41 | 0.108 0007 | 0.132 2738 | 0.159 7591 | 0.190 4045 | 0.224 0650 | 0.260 5032 |
| 42 | 0.089 8228 | 0.111 0745 | 0.135 4315 | 0.162 9193 | 0.193 4789 | 0.226 9628 |
| 43 | 0.074 2491 | 0.092 6948 | 0.114 0871 | 0.138 5158 | 0.165 9972 | 0.196 4659 |
| 44 | 0.061 0132 | 0.076 8916 | 0.095 5201 | 0.117 0397 | 0.141 5292 | 0.168 9960 |
| 45 | 0.049 8501 | 0.063 4109 | 0.079 5009 | 0.098 2988 | 0.119 9338 | 0.144 4740 |
| 46 | 0.040 5040 | 0.051 9983 | 0.065 7877 | 0.082 0766 | 0.101 0317 | 0.122 7707 |
| 47 | 0.032 7336 | 0.042 4063 | 0.054 1361 | 0.068 1425 | 0.084 6184 | 0.103 7192 |
| 48 | 0.026 3166 | 0.034 4001 | 0.044 3070 | 0.056 2622 | 0.070 4747 | 0.087 1264 |
| 49 | 0.021 0512 | 0.027 7619 | 0.036 0720 | 0.046 2046 | 0.058 3755 | 0.072 7837 |
| 50 | 0.016 7573 | 0.022 2930 | 0.029 2179 | 0.037 7476 | 0.048 0977 | 0.060 4750 |
| 52 | 0.010 4703 | 0.014 1696 | 0.018 8893 | 0.024 8184 | 0.032 1557 | 0.041 1046 |
| 54 | 0.006 4268 | 0.008 8437 | 0.011 9861 | 0.016 0092 | 0.021 0831 | 0.027 3898 |
| 56 | 0.003 8795 | 0.005 4257 | 0.007 4732 | 0.010 1427 | 0.013 5715 | 0.017 9119 |
| 58 | 0.002 3054 | 0.003 2755 | 0.004 5829 | 0.006 3178 | 0.008 5858 | 0.011 5077 |
| 60 | 0.001 3498 | 0.001 9475 | 0.002 7668 | 0.003 8727 | 0.005 3432 | 0.007 2702 |
| 62 | 0.000 7793 | 0.001 1414 | 0.001 6460 | 0.002 3382 | 0.003 2740 | 0.004 5207 |
| 64 | 0.000 4441 | 0.000 6599 | 0.000 9656 | 0.001 3917 | 0.001 9769 | 0.002 7691 |
| 66 | 0.000 2499 | 0.000 3767 | 0.000 5590 | 0.000 8171 | 0.001 1772 | 0.001 6721 |
| 68 | 0.000 1390 | 0.000 2124 | 0.000 3196 | 0.000 4736 | 0.000 6918 | 0.000 9961 |
| 70 | 0.000 0764 | 0.000 1184 | 0.000 1806 | 0.000 2712 | 0.000 4015 | 0.000 5858 |
| 72 | 0.000 0416 | 0.000 0653 | 0.000 1009 | 0.000 1535 | 0.000 2302 | 0.000 3404 |
| 74 | 0.000 0224 | 0.000 0356 | 0.000 0558 | 0.000 0859 | 0.000 1305 | 0.000 1955 |
| 76 | 0.000 0120 | 0.000 0192 | 0.000 0305 | 0.000 0476 | 0.000 0732 | 0.000 1110 |
| 78 | 0.000 0063 | 0.000 0103 | 0.000 0165 | 0.000 0261 | 0.000 0406 | 0.000 0623 |
| 80 | 0.000 0033 | 0.000 0055 | 0.000 0089 | 0.000 0142 | 0.000 0223 | 0.000 0347 |
| 82 | 0.000 0017 | 0.000 0029 | 0.000 0047 | 0.000 0076 | 0.000 0122 | 0.000 0191 |
| 84 | 0.000 0009 | 0.000 0015 | 0.000 0025 | 0.000 0041 | 0.000 0066 | 0.000 0104 |
| 86 | 0.000 0005 | 0.000 0008 | 0.000 0013 | 0.000 0022 | 0.000 0035 | 0.000 0057 |

Tafel III-1 (Fortsetz.)

Freiheitsgrade

| $\chi^2$ | 31 | 32 | 33 | 34 | 35 | 36 |
|---|---|---|---|---|---|---|
| 88 | 0.000 0002 | 0.000 0004 | 0.000 000 7 | 0.000 0011 | 0.000 0019 | 0.000 0030 |
| 90 | 0.000 0001 | 0.000 0002 | 0.000 0003 | 0.000 0006 | 0.000 0010 | 0.000 0016 |
| 92 | 0.000 0001 | 0.000 0001 | 0.000 0002 | 0.000 0003 | 0.000 0005 | 0.000 0009 |
| 94 | 0.000 0000 | 0.000 0001 | 0.000 0001 | 0.000 0002 | 0.000 0003 | 0.000 0004 |
| 96 |  | 0.000 0000 | 0.000 0000 | 0.000 0001 | 0.000 0001 | 0.000 0002 |
| 98 |  |  |  | 0.000 0000 | 0.000 0001 | 0.000 0001 |
| 100 |  |  |  |  | 0.000 0000 | 0.000 0001 |
| 102 |  |  |  |  |  | 0.000 0000 |

Freiheitsgrade

| $\chi^2$ | 37 | 38 | 39 | 40 | 41 | 42 |
|---|---|---|---|---|---|---|
| 7 | 1.000 0000 | 1.000 0000 |  |  |  |  |
| 8 | 0.999 9999 | 0.999 9999 | 1.000 0000 | 1.000 0000 |  |  |
| 9 | 0.999 9994 | 0.999 9997 | 0.999 9999 | 0.999 9999 | 1.000 0000 | 1.000 0000 |
| 10 | 0.999 9972 | 0.999 9986 | 0.999 9993 | 0.999 9997 | 0.999 9998 | 0.999 9999 |
| 11 | 0.999 9899 | 0.999 9946 | 0.999 9972 | 0.999 9985 | 0.999 9993 | 0.999 9996 |
| 12 | 0.999 9682 | 0.999 9824 | 0.999 9904 | 0.999 9948 | 0.999 9972 | 0.999 9985 |
| 13 | 0.999 9120 | 0.999 9495 | 0.999 9713 | 0.999 9839 | 0.999 9911 | 0.999 9951 |
| 14 | 0.999 7819 | 0.999 8701 | 0.999 9236 | 0.999 9556 | 0.999 9745 | 0.999 9855 |
| 15 | 0.999 5077 | 0.999 6970 | 0.999 8157 | 0.999 8893 | 0.999 9342 | 0.999 9613 |
| 16 | 0.998 9755 | 0.999 3496 | 0.999 5920 | 0.999 7471 | 0.999 8450 | 0.999 9060 |
| 17 | 0.998 0143 | 0.998 7025 | 0.999 1622 | 0.999 4653 | 0.999 6625 | 0.999 7894 |
| 18 | 0.996 3857 | 0.997 5736 | 0.998 3901 | 0.998 9440 | 0.999 3152 | 0.999 5607 |
| 19 | 0.993 7784 | 0.995 7156 | 0.997 0838 | 0.998 0376 | 0.998 6941 | 0.999 1405 |
| 20 | 0.989 8109 | 0.992 8135 | 0.994 9893 | 0.996 5457 | 0 997 6449 | 0.998 4117 |
| 21 | 0.984 0441 | 0.988 4889 | 0.991 7896 | 0.994 2091 | 0.995 9603 | 0.997 2122 |
| 22 | 0.976 0022 | 0.982 3135 | 0.987 1109 | 0.990 7105 | 0.993 3774 | 0.995 3289 |
| 23 | 0.965 2026 | 0.973 8306 | 0.980 5369 | 0.985 6822 | 0.989 5802 | 0.992 4969 |
| 24 | 0.951 1909 | 0.962 5835 | 0.971 6298 | 0.978 7202 | 0.984 2076 | 0.988 4023 |
| 25 | 0.933 5769 | 0.948 1483 | 0.959 9580 | 0.969 4059 | 0.976 8690 | 0.982 6919 |
| 26 | 0.912 0691 | 0.930 1669 | 0.945 1261 | 0.957 3313 | 0.967 1641 | 0.974 9882 |
| 27 | 0.886 5026 | 0.908 3782 | 0.926 8057 | 0.942 1280 | 0.954 7079 | 0.964 9092 |
| 28 | 0.856 8580 | 0.882 6429 | 0.904 7634 | 0.923 4951 | 0.939 1571 | 0.952 0916 |
| 29 | 0.823 2695 | 0.852 9596 | 0.878 8826 | 0.901 2240 | 0.920 2359 | 0.936 2157 |
| 30 | 0.786 0225 | 0.819 4717 | 0.849 1779 | 0.875 2188 | 0.897 7589 | 0.917 0291 |
| 31 | 0.745 5398 | 0.782 4640 | 0.815 8002 | 0.845 5079 | 0.871 6483 | 0.894 3669 |
| 32 | 0.702 3591 | 0.742 3491 | 0.779 0329 | 0.812 2485 | 0.841 9447 | 0.868 1680 |
| 33 | 0.657 1052 | 0.699 6471 | 0.739 2789 | 0.775 7220 | 0.808 8105 | 0.838 4838 |
| 34 | 0.610 4570 | 0.654 9584 | 0.697 0411 | 0.736 3217 | 0.772 5246 | 0.805 4805 |
| 35 | 0.563 1152 | 0.608 9340 | 0.652 8972 | 0.694 5342 | 0.733 4709 | 0.769 4344 |
| 36 | 0.515 7701 | 0.562 2450 | 0.607 4723 | 0.650 9161 | 0.692 1205 | 0.730 7202 |
| 37 | 0.469 0744 | 0.515 5530 | 0.561 4098 | 0.606 0679 | 0.649 0100 | 0.689 7942 |
| 38 | 0.423 6200 | 0.469 4843 | 0.515 3445 | 0.560 6074 | 0.604 7171 | 0.647 1744 |
| 39 | 0.379 9208 | 0.424 6084 | 0.469 8782 | 0.515 1443 | 0.559 8356 | 0.603 4167 |
| 40 | 0.338 4020 | 0.381 4219 | 0.425 5594 | 0.470 2573 | 0.514 9516 | 0.559 0926 |

Tafel III-1 (Fortsetz.)

| $\chi^2$ | 37 | 38 | Freiheitsgrade 39 | 40 | 41 | 42 |
|---|---|---|---|---|---|---|
| 41 | 0.299 3947 | 0.340 3379 | 0.382 8682 | 0.426 4753 | 0.470 6224 | 0.514 7662 |
| 42 | 0.263 1358 | 0.301 6803 | 0.342 2059 | 0.384 2628 | 0.427 3582 | 0.470 9744 |
| 43 | 0.229 7725 | 0.265 6840 | 0.303 8897 | 0.344 0098 | 0.385 6087 | 0.428 2100 |
| 44 | 0.199 3693 | 0.232 4982 | 0.268 1522 | 0.306 0270 | 0.345 7533 | 0.386 9087 |
| 45 | 0.171 9189 | 0.202 1930 | 0.235 1440 | 0.270 5443 | 0.308 0961 | 0.347 4397 |
| 46 | 0.147 3523 | 0.174 7687 | 0.204 9402 | 0.237 7137 | 0.272 8643 | 0.310 1005 |
| 47 | 0.125 5519 | 0.150 1664 | 0.177 5484 | 0.207 6144 | 0.240 2108 | 0.275 1157 |
| 48 | 0.106 3620 | 0.128 2787 | 0.152 9184 | 0.180 2605 | 0.210 2186 | 0.242 6387 |
| 49 | 0.089 6005 | 0.108 9608 | 0.130 9526 | 0.155 6102 | 0.182 9077 | 0.212 7557 |
| 50 | 0.075 0688 | 0.092 0409 | 0.111 5163 | 0.133 5748 | 0.158 2438 | 0.185 4923 |
| 52 | 0.051 8658 | 0.064 6293 | 0.079 5664 | 0.096 8208 | 0.116 5005 | 0.138 6699 |
| 54 | 0.035 1186 | 0.044 4607 | 0.055 6027 | 0.068 7193 | 0.083 9654 | 0.101 4684 |
| 56 | 0.023 3288 | 0.029 9972 | 0.038 0967 | 0.047 8071 | 0.059 3018 | 0.072 7410 |
| 58 | 0.015 2192 | 0.019 8692 | 0.025 6175 | 0.032 6314 | 0.041 0816 | 0.051 1367 |
| 60 | 0.009 7599 | 0.012 9327 | 0.016 9221 | 0.021 8735 | 0.027 9410 | 0.035 2846 |
| 62 | 0.006 1582 | 0.008 2794 | 0.010 9910 | 0.014 4121 | 0.018 6739 | 0.023 9177 |
| 64 | 0.003 8262 | 0.005 2178 | 0.007 0250 | 0.009 3419 | 0.012 2744 | 0.015 9405 |
| 66 | 0.002 3429 | 0.003 2395 | 0.004 4222 | 0.005 9619 | 0.007 9411 | 0.010 4539 |
| 68 | 0.001 4148 | 0.001 9830 | 0.002 7437 | 0.003 7490 | 0.005 0607 | 0.006 7512 |
| 70 | 0.000 8432 | 0.001 1976 | 0.001 6790 | 0.002 3245 | 0.003 1791 | 0.004 2966 |
| 72 | 0.000 4963 | 0.000 7140 | 0.001 0141 | 0.001 4221 | 0.001 9699 | 0.002 6965 |
| 74 | 0.000 2886 | 0.000 4206 | 0.000 6048 | 0.000 8589 | 0.001 2048 | 0.001 6699 |
| 76 | 0.000 1660 | 0.000 2448 | 0.000 3565 | 0.000 5125 | 0.000 7278 | 0.001 0211 |
| 78 | 0.000 0944 | 0.000 1410 | 0.000 2077 | 0.000 3023 | 0.000 4344 | 0.000 6168 |
| 80 | 0.000 0531 | 0.000 0803 | 0.000 1197 | 0.000 1763 | 0.000 2564 | 0.000 3683 |
| 82 | 0.000 0296 | 0.000 0453 | 0.000 0683 | 0.000 1017 | 0.000 1497 | 0.000 2175 |
| 84 | 0.000 0164 | 0.000 0253 | 0.000 0386 | 0.000 0581 | 0.000 0865 | 0.000 1271 |
| 86 | 0.000 0090 | 0.000 0140 | 0.000 0216 | 0.000 0329 | 0.000 0495 | 0.000 0735 |
| 88 | 0.000 0049 | 0.000 0077 | 0.000 0120 | 0.000 0184 | 0.000 0280 | 0.000 0421 |
| 90 | 0.000 0026 | 0.000 0042 | 0.000 0066 | 0.000 0102 | 0.000 0157 | 0.000 0239 |
| 92 | 0.000 0014 | 0.000 0023 | 0.000 0036 | 0.000 0056 | 0.000 0088 | 0.000 0134 |
| 94 | 0.000 0007 | 0.000 0012 | 0.000 0019 | 0.000 0031 | 0.000 0048 | 0.000 0075 |
| 96 | 0.000 0004 | 0.000 0006 | 0.000 0010 | 0.000 0017 | 0.000 0026 | 0.000 0041 |
| 98 | 0.000 0002 | 0.000 0003 | 0.000 0006 | 0.000 0009 | 0.000 0014 | 0.000 0023 |
| 100 | 0.000 0001 | 0.000 0002 | 0.000 0003 | 0.000 0005 | 0.000 0008 | 0.000 0012 |
| 102 | 0.000 0001 | 0.000 0001 | 0.000 0002 | 0.000 0003 | 0.000 0004 | 0.000 0007 |
| 104 | 0.000 0000 | 0.000 0000 | 0.000 0001 | 0.000 0001 | 0.000 0002 | 0.000 0004 |
| 106 | | | 0.000 0000 | 0.000 0001 | 0.000 0001 | 0.000 0002 |
| 108 | | | | 0.000 0000 | 0.000 0001 | 0.000 0001 |
| 110 | | | | | 0.000 0000 | 0.000 0001 |
| 112 | | | | | | 0.000 0000 |

| $\chi^2$ | 43 | 44 | Freiheitsgrade 45 | 46 | 47 | 48 |
|---|---|---|---|---|---|---|
| 10 | 1 000 0000 | 1 000 0000 | | | | |
| 11 | 0 999 9998 | 0 999 9999 | 1 000 0000 | 1.000 0000 | | |
| 12 | 0 999 9992 | 0 999 9996 | 0 999 9998 | 0.999 9999 | 1 000 0000 | 1.000 0000 |

Tafel III-1 (Fortsetz.)

| $\chi^2$ | Freiheitsgrade | | | | | |
|---|---|---|---|---|---|---|
| | 43 | 44 | 45 | 46 | 47 | 48 |
| 13 | 0.999 9974 | 0.999 9986 | 0.999 9992 | 0.999 9996 | 0.999 9998 | 0.999 9999 |
| 14 | 0.999 9919 | 0.999 9955 | 0.999 9975 | 0.999 9986 | 0.999 9993 | 0.999 9996 |
| 15 | 0.999 9775 | 0.999 9871 | 0.999 9927 | 0.999 9959 | 0.999 9977 | 0.999 9987 |
| 16 | 0.999 9437 | 0.999 9666 | 0.999 9804 | 0.999 9886 | 0.999 9935 | 0.999 9963 |
| 17 | 0.999 8700 | 0.999 9206 | 0.999 9520 | 0.999 9713 | 0.999 9830 | 0.999 9900 |
| 18 | 0.999 7213 | 0.999 8250 | 0.999 8913 | 0.999 9332 | 0.999 9593 | 0.999 9755 |
| 19 | 0.999 4404 | 0.999 6395 | 0.999 7701 | 0.999 8549 | 0.999 9094 | 0.999 9439 |
| 20 | 0.998 9403 | 0.999 3003 | 0.999 5428 | 0.999 7043 | 0.999 8106 | 0.999 8799 |
| 21 | 0.998 0964 | 0.998 7137 | 0.999 1397 | 0.999 4304 | 0.999 6265 | 0.999 7575 |
| 22 | 0.996 7399 | 0.997 7481 | 0.998 4602 | 0.998 9577 | 0.999 3013 | 0.999 5361 |
| 23 | 0.994 6532 | 0.996 2287 | 0.997 3667 | 0.998 1795 | 0.998 7536 | 0.999 1548 |
| 24 | 0.991 5703 | 0.993 9349 | 0.995 6796 | 0.996 9526 | 0.997 8713 | 0.998 5271 |
| 25 | 0.987 1806 | 0.990 6002 | 0.993 1757 | 0.995 0936 | 0.996 5063 | 0.997 5356 |
| 26 | 0.981 1394 | 0.985 9186 | 0.989 5895 | 0.992 3775 | 0.994 4719 | 0.996 0282 |
| 27 | 0.973 0824 | 0.979 5542 | 0.984 6200 | 0.988 5409 | 0.991 5425 | 0.993 8157 |
| 28 | 0.962 6454 | 0.971 1559 | 0.977 9402 | 0.983 2878 | 0.987 4569 | 0.990 6724 |
| 29 | 0.949 4859 | 0.960 3767 | 0.969 2126 | 0.976 3010 | 0.981 9253 | 0.986 3402 |
| 30 | 0.933 3060 | 0.946 8936 | 0.958 1063 | 0.967 2558 | 0.974 6399 | 0.980 5354 |
| 31 | 0.913 8749 | 0.930 4296 | 0.944 3173 | 0.955 8373 | 0.965 2887 | 0.972 9599 |
| 32 | 0.891 0467 | 0.910 7734 | 0.927 5876 | 0.941 7591 | 0.953 5723 | 0.963 3143 |
| 33 | 0.864 7750 | 0.887 7966 | 0.907 7245 | 0.924 7813 | 0.939 2208 | 0.951 3137 |
| 34 | 0.835 1207 | 0.861 4663 | 0.884 6153 | 0.904 7280 | 0.922 0112 | 0.936 7040 |
| 35 | 0.802 2532 | 0.831 8513 | 0.858 2389 | 0.881 5010 | 0.901 7833 | 0.919 2780 |
| 36 | 0.766 4457 | 0.799 1236 | 0.828 6715 | 0.855 0901 | 0.878 4521 | 0.898 8899 |
| 37 | 0.728 0639 | 0.763 5531 | 0.796 0870 | 0.825 5777 | 0.852 0171 | 0.875 4670 |
| 38 | 0.687 5503 | 0.725 4969 | 0.760 7517 | 0.793 1390 | 0.822 5662 | 0.849 0173 |
| 39 | 0.645 4049 | 0.685 3840 | 0.723 0142 | 0.758 0368 | 0.790 2756 | 0.819 6338 |
| 40 | 0.602 1635 | 0.643 6976 | 0.683 2909 | 0.720 6113 | 0.755 4041 | 0.787 4928 |
| 41 | 0.558 3766 | 0.600 9548 | 0.642 0492 | 0.681 2670 | 0.718 2842 | 0.752 8496 |
| 42 | 0.514 5874 | 0.557 6860 | 0.599 7881 | 0.640 4561 | 0.679 3086 | 0.716 0289 |
| 43 | 0.471 3140 | 0.514 4150 | 0.557 0193 | 0.598 6608 | 0.638 9155 | 0.677 4123 |
| 44 | 0.429 0326 | 0.471 6420 | 0.514 2486 | 0.556 3752 | 0.597 5709 | 0.637 4244 |
| 45 | 0.388 1654 | 0.429 8275 | 0.471 9590 | 0.514 0878 | 0.555 7525 | 0.596 5163 |
| 46 | 0.349 0719 | 0.389 3812 | 0.430 5963 | 0.472 2656 | 0.513 9323 | 0.555 1499 |
| 47 | 0.312 0434 | 0.350 6529 | 0.390 5581 | 0.431 3404 | 0.472 5623 | 0.513 7819 |
| 48 | 0.277 3017 | 0.313 9280 | 0.352 1852 | 0.391 6982 | 0.432 0610 | 0.472 8497 |
| 49 | 0.245 0004 | 0.279 4255 | 0.315 7572 | 0.353 6714 | 0.392 8034 | 0.432 7594 |
| 50 | 0.215 2285 | 0.247 2988 | 0.281 4899 | 0.317 5335 | 0.355 1136 | 0.393 8755 |
| 52 | 0.163 3439 | 0.190 4831 | 0.219 9916 | 0.251 7168 | 0.285 4512 | 0.320 9375 |
| 54 | 0.121 3210 | 0.143 5744 | 0.168 2328 | 0.195 2500 | 0.224 5270 | 0.255 9126 |
| 56 | 0.088 2649 | 0.105 9862 | 0.125 9842 | 0.148 2984 | 0.172 9239 | 0.199 8087 |
| 58 | 0.062 9577 | 0.076 6916 | 0.092 4650 | 0.110 3776 | 0.130 4965 | 0.152 8512 |
| 60 | 0.044 0660 | 0.054 4434 | 0.066 5661 | 0.080 5690 | 0.096 5663 | 0.114 6459 |
| 62 | 0.030 2921 | 0.037 9498 | 0.047 0438 | 0.057 7223 | 0.070 1240 | 0.084 3722 |
| 64 | 0.020 4685 | 0.025 9955 | 0.032 6644 | 0.040 6209 | 0.050 0096 | 0.060 9694 |
| 66 | 0.013 6057 | 0.017 5127 | 0.022 3002 | 0.028 1009 | 0.035 0521 | 0.043 2927 |
| 68 | 0.008 9036 | 0.011 6119 | 0.014 9807 | 0.019 1240 | 0.024 1639 | 0.030 2287 |
| 70 | 0.005 7403 | 0.007 5834 | 0.009 9096 | 0.012 8125 | 0.016 3953 | 0.020 7698 |

Tafel III-1 (Fortsetz.)

Freiheitsgrade

| $\chi^2$ | 43 | 44 | 45 | 46 | 47 | 48 |
|---|---|---|---|---|---|---|
| 72 | 0.003 6485 | 0.004 8813 | 0.006 4592 | 0.008 4564 | 0.010 9564 | 0.014 0522 |
| 74 | 0.002 2877 | 0.003 0988 | 0.004 1513 | 0.005 5019 | 0.007 2159 | 0.009 3678 |
| 76 | 0.001 4160 | 0.001 9414 | 0.002 6324 | 0.003 5310 | 0.004 6867 | 0.006 1572 |
| 78 | 0.000 8656 | 0.001 2010 | 0.001 6478 | 0.002 2365 | 0.003 0036 | 0.003 9924 |
| 80 | 0.000 5229 | 0.000 7340 | 0.001 0189 | 0.001 3989 | 0.001 9005 | 0.002 5553 |
| 82 | 0.000 3123 | 0.000 4434 | 0.000 6226 | 0.000 8646 | 0.001 1879 | 0.001 6153 |
| 84 | 0.000 1845 | 0.000 2650 | 0.000 3761 | 0.000 5282 | 0.000 7338 | 0.001 0089 |
| 86 | 0.000 1079 | 0.000 1566 | 0.000 2248 | 0.000 3191 | 0.000 4482 | 0.000 6230 |
| 88 | 0.000 0625 | 0.000 0917 | 0.000 1330 | 0.000 1908 | 0.000 2708 | 0.000 3804 |
| 90 | 0.000 0358 | 0.000 0531 | 0.000 0779 | 0.000 1129 | 0.000 1620 | 0.000 2299 |
| 92 | 0.000 0204 | 0.000 0305 | 0.000 0452 | 0.000 0662 | 0.000 0959 | 0.000 1375 |
| 94 | 0.000 0115 | 0.000 0173 | 0.000 0260 | 0.000 0384 | 0.000 0562 | 0.000 0815 |
| 96 | 0.000 0064 | 0.000 0098 | 0.000 0148 | 0.000 0221 | 0.000 0327 | 0.000 0478 |
| 98 | 0.000 0035 | 0.000 0055 | 0.000 0083 | 0.000 0126 | 0.000 0188 | 0.000 0278 |
| 100 | 0.000 0019 | 0.000 0030 | 0.000 0047 | 0.000 0071 | 0.000 0107 | 0.000 0160 |
| 102 | 0.000 0011 | 0.000 0017 | 0.000 0026 | 0.000 0040 | 0.000 0061 | 0.000 0092 |
| 104 | 0.000 0006 | 0.000 0009 | 0.000 0014 | 0.000 0022 | 0.000 0034 | 0.000 0052 |
| 106 | 0.000 0003 | 0.000 0005 | 0.000 0008 | 0.000 0012 | 0.000 0019 | 0.000 0029 |
| 108 | 0.000 0002 | 0.000 0003 | 0.000 0004 | 0.000 0007 | 0.000 0011 | 0.000 0016 |
| 110 | 0.000 0001 | 0.000 0001 | 0.000 0002 | 0.000 0004 | 0.000 0006 | 0.000 0009 |
| 112 | 0.000 0000 | 0.000 0001 | 0.000 0001 | 0.000 0002 | 0.000 0003 | 0.000 0005 |
| 114 | | 0.000 0000 | 0.000 0001 | 0.000 0001 | 0.000 0002 | 0.000 0003 |
| 116 | | | 0.000 0000 | 0.000 0001 | 0.000 0001 | 0.000 0001 |
| 118 | | | | 0.000 0000 | 0.000 0000 | 0.000 0001 |
| 120 | | | | | | 0.000 0000 |

Freiheitsgrade

| $\chi^2$ | 49 | 50 | 55 | 60 | 65 | 70 |
|---|---|---|---|---|---|---|
| 12 | 1.000 0000 | 1.000 0000 | | | | |
| 14 | 0.999 9998 | 0.999 9999 | 1.000 0000 | | | |
| 16 | 0.999 9979 | 0.999 9988 | 0.999 9999 | | | |
| 18 | 0.999 9854 | 0.999 9913 | 0.999 9995 | 1.000 0000 | | |
| 20 | 0.999 9245 | 0.999 9531 | 0.999 9962 | 0.999 9997 | 1.000 0000 | |
| 22 | 0.999 6950 | 0.999 8013 | 0.999 9796 | 0.999 9983 | 0.999 9999 | 1.000 0000 |
| 24 | 0.998 9904 | 0.999 3144 | 0.999 9133 | 0.999 9911 | 0.999 9993 | 0.999 9999 |
| 26 | 0.997 1727 | 0.998 0057 | 0.999 6948 | 0.999 9621 | 0.999 9961 | 0.999 9997 |
| 28 | 0.993 1265 | 0.994 9801 | 0.999 0845 | 0.999 8642 | 0.999 9834 | 0.999 9983 |
| 30 | 0.985 1932 | 0.988 8352 | 0.997 6065 | 0.999 5816 | 0.999 9396 | 0.999 9927 |
| 32 | 0.971 2640 | 0.977 6845 | 0.994 4442 | 0.998 8688 | 0.999 8093 | 0.999 9731 |
| 34 | 0.949 0636 | 0.959 3537 | 0.988 3765 | 0.997 2728 | 0.999 4692 | 0.999 9134 |
| 36 | 0.916 5819 | 0,931 7398 | 0.977 8018 | 0.994 0557 | 0.998 6762 | 0.999 7523 |
| 38 | 0.872 5439 | 0.893 2543 | 0.960 8863 | 0.988 1501 | 0.997 0059 | 0.999 3633 |
| 40 | 0.816 7771 | 0.843 2274 | 0.935 8280 | 0.978 1818 | 0.993 7940 | 0.998 5110 |
| 42 | 0.750 3696 | 0.782 1550 | 0.901 1896 | 0.962 5812 | 0.988 1036 | 0.996 8019 |
| 44 | 0.675 5748 | 0.711 7195 | 0.856 2180 | 0.939 7826 | 0.978 7442 | 0.993 6383 |
| 46 | 0.595 4953 | 0.634 5808 | 0.801 0680 | 0.908 4786 | 0.964 3567 | 0.988 1944 |
| 48 | 0.513 6362 | 0.554 0012 | 0.736 8710 | 0.867 8764 | 0.943 5655 | 0.979 4303 |
| 50 | 0.433 4367 | 0.473 3985 | 0.665 6320 | 0.817 8961 | 0.915 1770 | 0 966 1576 |

Tafel III-1 (Fortsetz.)

## Freiheitsgrade

| $\chi^2$ | 49 | 50 | 55 | 60 | 65 | 70 |
|---|---|---|---|---|---|---|
| 52 | 0.357 8746 | 0.395 9266 | 0.589 9825 | 0.759 2618 | 0.878 3870 | 0.947 1576 |
| 54 | 0.289 2054 | 0.324 1580 | 0.512 8497 | 0.693 4655 | 0.832 9538 | 0.921 3372 |
| 56 | 0.228 8520 | 0.259 9042 | 0.437 1110 | 0.622 6103 | 0.779 2987 | 0.887 8989 |
| 58 | 0.177 4292 | 0.204 1735 | 0.365 2978 | 0.549 1709 | 0.718 5105 | 0.846 4909 |
| 60 | 0.134 8643 | 0.157 2420 | 0.299 3892 | 0.475 7170 | 0.652 2531 | 0.797 3083 |
| 62 | 0.100 5701 | 0.118 7950 | 0.240 7121 | 0.404 6522 | 0.582 5953 | 0.741 1227 |
| 64 | 0.073 6287 | 0.088 1007 | 0.189 9388 | 0.338 0059 | 0.511 7956 | 0.679 2338 |
| 66 | 0.052 9591 | 0.064 1814 | 0.147 1619 | 0.277 3014 | 0.442 0796 | 0.613 3536 |
| 68 | 0.037 4502 | 0.045 9604 | 0.112 0144 | 0.223 5049 | 0.375 4445 | 0.545 4411 |
| 70 | 0.026 0548 | 0.032 3741 | 0.083 8095 | 0.177 0455 | 0.313 5148 | 0.477 5188 |
| 72 | 0.017 8456 | 0.022 4459 | 0.061 6741 | 0.137 8876 | 0.257 4596 | 0.411 4967 |
| 74 | 0.012 0410 | 0.015 3277 | 0.044 6635 | 0.105 6342 | 0.207 9730 | 0.349 0273 |
| 76 | 0.008 0086 | 0.010 3155 | 0.031 8488 | 0.079 6398 | 0.165 3053 | 0.291 4070 |
| 78 | 0.005 2537 | 0.006 8458 | 0.022 3753 | 0.059 1173 | 0.129 3314 | 0.239 5276 |
| 80 | 0.003 4012 | 0.004 4827 | 0.015 4959 | 0.043 2287 | 0.099 6385 | 0.193 8755 |
| 82 | 0.002 1742 | 0.002 8977 | 0.010 5844 | 0.031 1542 | 0.075 6197 | 0.154 5685 |
| 84 | 0.001 3730 | 0.001 8501 | 0.007 1342 | 0.022 1391 | 0.056 5602 | 0.121 4186 |
| 86 | 0.000 8570 | 0.001 1673 | 0.004 7476 | 0.015 5207 | 0.041 7100 | 0.094 0075 |
| 88 | 0.000 5290 | 0.000 7281 | 0.003 1206 | 0.010 7391 | 0.030 3396 | 0.071 7643 |
| 90 | 0.000 3230 | 0.000 4492 | 0.002 0270 | 0.007 3372 | 0.021 7773 | 0.054 0360 |
| 92 | 0.000 1952 | 0.000 2743 | 0.001 3017 | 0.004 9521 | 0.015 4314 | 0.040 1467 |
| 94 | 0.000 1168 | 0.000 1657 | 0.000 8268 | 0.003 3031 | 0.010 7992 | 0.029 4422 |
| 96 | 0.000 0692 | 0.000 0992 | 0.000 5196 | 0.002 1782 | 0.007 4668 | 0.021 3211 |
| 98 | 0.000 0406 | 0.000 0588 | 0.000 3232 | 0.001 4207 | 0.005 1027 | 0.015 2520 |
| 100 | 0.000 0236 | 0.000 0345 | 0.000 1990 | 0.000 9168 | 0.003 4479 | 0.010 7815 |
| 102 | 0.000 0136 | 0.000 0201 | 0.000 1214 | 0.000 5856 | 0.002 3044 | 0.007 5339 |
| 104 | 0.000 0078 | 0.000 0116 | 0.000 0734 | 0.000 3704 | 0.001 5239 | 0.005 2060 |
| 106 | 0.000 0044 | 0.000 0067 | 0.000 0440 | 0.000 2320 | 0.000 9975 | 0.003 5585 |
| 108 | 0.000 0025 | 0.000 0038 | 0.000 0261 | 0.000 1440 | 0.000 6464 | 0.002 4069 |
| 110 | 0.000 0014 | 0.000 0021 | 0.000 0154 | 0.000 0885 | 0.000 4149 | 0.001 6115 |
| 112 | 0.000 0008 | 0.000 0012 | 0.000 0090 | 0.000 0540 | 0.000 2639 | 0.001 0683 |
| 114 | 0.000 0004 | 0.000 0007 | 0.000 0052 | 0.000 0326 | 0.000 1663 | 0.000 7014 |
| 116 | 0.000 0002 | 0.000 0004 | 0.000 0030 | 0.000 0196 | 0.000 1039 | 0.000 4562 |
| 118 | 0.000 0001 | 0.000 0002 | 0.000 0017 | 0.000 0116 | 0.000 0643 | 0.000 2941 |
| 120 | 0.000 0001 | 0.000 0001 | 0.000 0010 | 0.000 0069 | 0.000 0395 | 0.000 1879 |
| 122 | 0.000 0000 | 0.000 0001 | 0.000 0005 | 0.000 0040 | 0.000 0241 | 0.000 1191 |
| 124 | | 0.000 0000 | 0.000 0003 | 0.000 0023 | 0.000 0146 | 0.000 0748 |
| 126 | | | 0.000 0002 | 0.000 0014 | 0.000 0087 | 0.000 0466 |
| 128 | | | 0.000 0001 | 0.000 0008 | 0.000 0052 | 0.000 0288 |
| 130 | | | 0.000 0001 | 0.000 0004 | 0.000 0031 | 0.000 0177 |
| 132 | | | 0.000 0000 | 0.000 0003 | 0.000 0018 | 0.000 0108 |
| 134 | | | | 0.000 0001 | 0.000 0011 | 0.000 0065 |
| 136 | | | | 0.000 0001 | 0.000 0006 | 0.000 0039 |
| 138 | | | | 0.000 0000 | 0.000 0004 | 0.000 0023 |
| 140 | | | | | 0.000 0002 | 0.000 0014 |
| 142 | | | | | 0.000 0001 | 0.000 0008 |
| 144 | | | | | 0.000 0001 | 0.000 0005 |
| 146 | | | | | 0.000 0000 | 0.000 0003 |

Tafel III-1 (Fortsetz.) 29

Freiheitsgrade

| $\chi^2$ | 49 | 50 | 55 | 60 | 65 | 70 |
|---|---|---|---|---|---|---|
| 148 | | | | | | 0.000 0002 |
| 150 | | | | | | 0.000 0001 |
| 152 | | | | | | 0.000 0001 |
| 154 | | | | | | 0.000 0000 |

Freiheitsgrade

| $\chi^2$ | 75 | 80 | 85 | 90 | 95 | 100 |
|---|---|---|---|---|---|---|
| 26 | 1.000 0000 | | | | | |
| 28 | 0.999 9999 | 1.000 0000 | | | | |
| 30 | 0.999 9993 | 0.999 9999 | | | | |
| 32 | 0.999 9968 | 0.999 9997 | 1.000 0000 | | | |
| 34 | 0.999 9880 | 0.999 9986 | 0.999 9999 | 1.000 0000 | | |
| 36 | 0.999 9607 | 0.999 9947 | 0.999 9994 | 0.999 9999 | | |
| 38 | 0.999 8850 | 0.999 9822 | 0.999 9976 | 0.999 9997 | 1.000 0000 | |
| 40 | 0.999 6961 | 0.999 9468 | 0.999 9920 | 0.999 9989 | 0.999 9999 | 1.000 0000 |
| 42 | 0.999 2673 | 0.999 8559 | 0.999 9755 | 0.099 9964 | 0.999 9995 | 0.999 9999 |
| 44 | 0.998 3744 | 0.999 6428 | 0.999 9320 | 0.999 9887 | 0.999 9984 | 0.999 9998 |
| 46 | 0.996 6544 | 0.999 1834 | 0.999 8272 | 0.999 9681 | 0.999 9948 | 0.999 9993 |
| 48 | 0.993 5697 | 0.998 2657 | 0.999 5939 | 0.999 9170 | 0.999 9851 | 0.999 9976 |
| 50 | 0.988 3888 | 0.996 5564 | 0.999 1122 | 0.999 7999 | 0.999 9603 | 0.099 9930 |
| 52 | 0.980 1970 | 0.993 5715 | 0.998 1830 | 0.999 5505 | 0.999 9021 | 0.999 9811 |
| 54 | 0.967 9471 | 0.988 6600 | 0.996 5010 | 0.999 0537 | 0.999 7746 | 0.999 9524 |
| 56 | 0.950 5515 | 0.981 0126 | 0.993 6293 | 0.998 1239 | 0.999 5128 | 0.999 8879 |
| 58 | 0.927 0072 | 0.969 7002 | 0.988 9870 | 0.996 4813 | 0.999 0075 | 0.999 7517 |
| 60 | 0.896 5348 | 0.953 7470 | 0.981 8537 | 0.993 7314 | 0.998 0858 | 0.999 4811 |
| 62 | 0.858 7094 | 0.932 2304 | 0.971 4007 | 0.989 3532 | 0.996 4915 | 0.998 9726 |
| 64 | 0.813 5570 | 0.904 3972 | 0.956 7481 | 0.982 7031 | 0.993 8676 | 0.998 0658 |
| 66 | 0.761 5991 | 0.869 7753 | 0.937 0464 | 0.973 0380 | 0.989 7458 | 0.996 5262 |
| 68 | 0.703 8349 | 0.828 2650 | 0.911 5725 | 0.959 5617 | 0.983 5482 | 0.994 0299 |
| 70 | 0.641 6658 | 0.780 1904 | 0.879 8268 | 0.941 4906 | 0.974 6060 | 0.990 1545 |
| 72 | 0.576 7721 | 0.726 3036 | 0.841 6163 | 0.918 1346 | 0.962 1961 | 0.984 3797 |
| 74 | 0.510 9644 | 0.667 7379 | 0.797 1102 | 0.888 9802 | 0.945 5952 | 0.976 1012 |
| 76 | 0.446 0304 | 0.605 9194 | 0.746 8567 | 0.853 7666 | 0.924 1470 | 0.964 6605 |
| 78 | 0.383 5975 | 0.542 4487 | 0.691 7601 | 0.812 5410 | 0.897 3346 | 0.949 3891 |
| 80 | 0.325 0276 | 0.478 9711 | 0.633 0177 | 0.765 6849 | 0.864 8485 | 0.929 6649 |
| 82 | 0.271 3508 | 0.417 0514 | 0.572 0290 | 0.713 9070 | 0.826 6407 | 0.904 9750 |
| 84 | 0.223 2398 | 0.358 0686 | 0.510 2874 | 0.658 2013 | 0.782 9563 | 0.874 9760 |
| 86 | 0.181 0209 | 0.303 1398 | 0.449 2693 | 0.599 7788 | 0.734 3379 | 0.839 5461 |
| 88 | 0.144 7133 | 0.253 0780 | 0.390 3342 | 0.539 9790 | 0.681 6005 | 0.798 8194 |
| 90 | 0.114 0853 | 0.208 3818 | 0.334 6441 | 0.480 1741 | 0.625 7812 | 0.753 1980 |
| 92 | 0.088 7202 | 0.169 2537 | 0.283 1105 | 0.421 6764 | 0.568 0687 | 0.703 3401 |
| 94 | 0.068 0806 | 0.135 6389 | 0.236 3688 | 0.365 6593 | 0.509 7220 | 0.650 1245 |
| 96 | 0.051 5672 | 0.107 2765 | 0.194 7785 | 0.313 0966 | 0.451 9874 | 0.594 5956 |
| 98 | 0.038 5671 | 0.083 7556 | 0.158 4460 | 0.264 7271 | 0.396 0222 | 0.537 8956 |
| 100 | 0.028 4903 | 0.064 5704 | 0.127 2611 | 0.221 0402 | 0.342 8329 | 0.481 1917 |
| 102 | 0.020 7950 | 0.049 1687 | 0.100 9439 | 0.182 2844 | 0.293 2311 | 0.425 6051 |
| 104 | 0.015 0019 | 0.036 9920 | 0.079 0929 | 0.148 4906 | 0.247 8097 | 0.372 1497 |

Tafel III-1 (Fortsetz.)

Freiheitsgrade

| $\chi^2$ | 75 | 80 | 85 | 90 | 95 | 100 |
|---|---|---|---|---|---|---|
| 106 | 0.010 7004 | 0.027 5055 | 0.061 2317 | 0.119 5082 | 0.206 9388 | 0.321 6836 |
| 108 | 0.007 5484 | 0.020 2186 | 0.046 8499 | 0.095 0455 | 0.170 7771 | 0.274 8785 |
| 110 | 0.005 2680 | 0.014 6972 | 0.035 4363 | 0.074 7126 | 0.139 2974 | 0.232 2048 |
| 112 | 0.003 6384 | 0.010 5680 | 0.026 5041 | 0.058 0606 | 0.112 3189 | 0.193 9340 |
| 114 | 0.002 4876 | 0.007 5188 | 0.019 6073 | 0.044 6165 | 0.089 5441 | 0.160 1530 |
| 116 | 0.001 6841 | 0.005 2946 | 0.014 3508 | 0.033 9110 | 0.070 5960 | 0.130 7891 |
| 118 | 0.001 1292 | 0.003 6911 | 0.010 3945 | 0.025 4988 | 0.055 0517 | 0.105 6400 |
| 120 | 0.000 7502 | 0·002 5482 | 0.007 4527 | 0.018 9731 | 0.042 4717 | 0.084 4067 |
| 122 | 0.000 4939 | 0.001 7425 | 0.005 2907 | 0.013 9734 | 0.032 4236 | 0.066 7258 |
| 124 | 0.000 3223 | 0.001 1806 | 0.003 7198 | 0.010 1885 | 0.024 4991 | 0.052 1988 |
| 126 | 0.000 2085 | 0.000 7927 | 0.002 5908 | 0.007 3565 | 0.018 3258 | 0.040 4165 |
| 128 | 0.000 1338 | 0.000 5276 | 0.001 7879 | 0.005 2612 | 0.013 5735 | 0.030 9796 |
| 130 | 0.000 0852 | 0.000 3482 | 0.001 2229 | 0.003 7277 | 0.009 9571 | 0.023 5124 |
| 132 | 0.000 0538 | 0.000 2279 | 0.000 8291 | 0.002 6173 | 0.007 2357 | 0.017 6730 |
| 134 | 0.000 0337 | 0.000 1479 | 0.000 5574 | 0.001 8214 | 0.005 2099 | 0.013 1583 |
| 136 | 0.000 0210 | 0.000 0953 | 0.000 3716 | 0.001 2566 | 0.003 7176 | 0.009 7064 |
| 138 | 0.000 0129 | 0.000 0609 | 0.000 2458 | 0.000 8596 | 0.002 6295 | 0.007 0952 |
| 140 | 0.000 0079 | 0.000 0386 | 0.000 1613 | 0.000 5832 | 0.001 8440 | 0.005 1405 |
| 142 | 0.000 0048 | 0.000 0243 | 0.000 1050 | 0.000 3925 | 0.001 2823 | 0.003 6921 |
| 144 | 0.000 0029 | 0.000 0152 | 0.000 0679 | 0.000 2621 | 0.000 8844 | 0.002 6293 |
| 146 | 0.000 0018 | 0.000 0094 | 0.000 0435 | 0.000 1737 | 0.000 6051 | 0.001 8569 |
| 148 | 0.000 0010 | 0.000 0058 | 0.000 0277 | 0.000 1142 | 0.000 4108 | 0.001 3007 |
| 150 | 0.000 0006 | 0.000 0036 | 0.000 0175 | 0.000 0746 | 0.000 2767 | 0.000 9039 |
| 152 | 0.000 0004 | 0.000 0022 | 0.000 0110 | 0.000 0483 | 0.000 1850 | 0.000 6233 |
| 154 | 0.000 0002 | 0.000 0013 | 0.000 0069 | 0.000 0311 | 0.000 1228 | 0.000 4265 |
| 156 | 0.000 0001 | 0.000 0008 | 0.000 0043 | 0.000 0199 | 0.000 0810 | 0.000 2897 |
| 158 | 0.000 0001 | 0.000 0005 | 0.000 0026 | 0.000 0126 | 0.000 0530 | 0.000 1953 |
| 160 | 0.000 0000 | 0.000 0003 | 0.000 0016 | 0.000 0080 | 0.000 0344 | 0.000 1308 |
| 162 |  | 0.000 0002 | 0.000 0010 | 0.000 0050 | 0.000 0222 | 0.000 0869 |
| 164 |  | 0.000 0001 | 0.000 0006 | 0.000 0031 | 0.000 0143 | 0.000 0574 |
| 166 |  | 0.000 0001 | 0.000 0004 | 0.000 0019 | 0.000 0091 | 0.000 0377 |
| 168 |  | 0.000 0000 | 0.000 0002 | 0.000 0012 | 0.000 0058 | 0.000 0245 |
| 170 |  |  | 0.000 0001 | 0.000 0007 | 0.000 0036 | 0.000 0159 |
| 172 |  |  | 0.000 0001 | 0.000 0004 | 0.000 0023 | 0.000 0102 |
| 174 |  |  | 0.000 0000 | 0.000 0003 | 0.000 0014 | 0.000 0065 |
| 176 |  |  |  | 0.000 0002 | 0.000 0009 | 0.000 0042 |
| 178 |  |  |  | 0.000 0001 | 0.000 0005 | 0.000 0026 |
| 180 |  |  |  | 0.000 0001 | 0.000 0003 | 0.000 0016 |
| 182 |  |  |  | 0.000 0000 | 0.000 0002 | 0.000 0010 |
| 184 |  |  |  |  | 0.000 0001 | 0.000 0006 |
| 186 |  |  |  |  | 0.000 0001 | 0.000 0004 |
| 188 |  |  |  |  | 0.000 0000 | 0.000 0002 |
| 190 |  |  |  |  |  | 0.000 0001 |
| 192 |  |  |  |  |  | 0.000 0001 |
| 194 |  |  |  |  |  | 0.000 0001 |
| 196 |  |  |  |  |  | 0.000 0000 |

Tafel III-1 (Fortsetz.)

## Freiheitsgrade

| $\chi^2$ | 110 | 120 | 130 | 140 | 150 | 160 |
|---|---|---|---|---|---|---|
| 45  | 1.000 0000 |            |            |            |            |            |
| 50  | 0.999 9998 | 1.000 0000 |            |            |            |            |
| 55  | 0.999 9975 | 0.999 9999 |            |            |            |            |
| 60  | 0.999 9729 | 0.999 9991 | 1.000 0000 |            |            |            |
| 65  | 0.999 8005 | 0.999 9900 | 0.999 9997 | 1.000 0000 |            |            |
| 70  | 0.998 9330 | 0.999 9236 | 0.999 9963 | 0.999 9999 |            |            |
| 75  | 0.995 6517 | 0.999 5687 | 0.999 9709 | 0.999 9986 | 1.000 0000 |            |
| 80  | 0.985 9777 | 0.998 1204 | 0.999 8274 | 0.999 9889 | 0.999 9995 | 1.000 0000 |
| 85  | 0.963 0697 | 0.993 4646 | 0.999 2016 | 0.999 9315 | 0.999 9958 | 0.999 9998 |
| 90  | 0.918 3976 | 0.981 3489 | 0.997 0299 | 0.999 6657 | 0.999 9730 | 0.999 9984 |
| 95  | 0.845 1407 | 0.955 2392 | 0.990 8834 | 0.998 6784 | 0.999 8617 | 0.999 9894 |
| 100 | 0.742 3060 | 0.907 7349 | 0.976 3968 | 0.995 6654 | 0.999 4222 | 0.999 9434 |
| 105 | 0.616 8465 | 0.833 5521 | 0.947 4540 | 0.987 9674 | 0.997 9870 | 0.999 7512 |
| 110 | 0.482 0671 | 0.732 6991 | 0.897 6794 | 0.971 2275 | 0.994 0421 | 0.999 0839 |
| 115 | 0.353 1157 | 0.611 8492 | 0.823 0076 | 0.939 7980 | 0.984 7757 | 0.997 1234 |
| 120 | 0.242 1434 | 0.482 8307 | 0.724 1446 | 0.888 2104 | 0.965 9254 | 0.992 1821 |
| 125 | 0.155 4941 | 0.358 9470 | 0.607 4427 | 0.813 3684 | 0.932 3244 | 0.981 3629 |
| 130 | 0.093 6340 | 0.251 0624 | 0.483 5044 | 0.716 4645 | 0.879 2962 | 0.960 5563 |
| 135 | 0.052 9795 | 0.165 2196 | 0.364 1350 | 0.603 5189 | 0.804 5180 | 0.925 0656 |
| 140 | 0.028 2344 | 0.102 3971 | 0.259 1232 | 0.484 1045 | 0.709 5201 | 0.870 9007 |
| 145 | 0.014 2090 | 0.059 8611 | 0.174 2022 | 0.368 7900 | 0.599 9958 | 0.796 3585 |
| 150 | 0.006 7704 | 0.033 0735 | 0.110 7110 | 0.266 4540 | 0.484 6436 | 0.703 2014 |
| 155 | 0.003 0624 | 0.017 3073 | 0.066 5964 | 0.182 5261 | 0.372 9973 | 0.596 8095 |
| 160 | 0.001 3183 | 0.008 5975 | 0.037 9775 | 0.118 5966 | 0.273 1578 | 0.485 1313 |
| 165 | 0.000 5414 | 0.004 0635 | 0.020 5686 | 0.073 1607 | 0.190 2638 | 0.376 8244 |
| 170 | 0.000 2126 | 0.001 8313 | 0.010 6004 | 0.042 9052 | 0.126 0781 | 0.279 3187 |
| 175 | 0.000 0800 | 0.000 7887 | 0.005 2088 | 0.023 9570 | 0.079 5395 | 0.197 4781 |
| 180 | 0.000 0289 | 0.000 3253 | 0.002 4451 | 0.012 7575 | 0.047 8246 | 0.133 1805 |
| 185 | 0.000 0101 | 0.000 1287 | 0.001 0986 | 0.006 4901 | 0.027 4414 | 0.085 7249 |
| 190 | 0.000 0034 | 0.000 0490 | 0.000 4734 | 0.003 1597 | 0.015 0476 | 0.052 7108 |
| 195 | 0.000 0011 | 0.000 0179 | 0.000 1959 | 0.001 4747 | 0.007 8975 | 0.030 9952 |
| 200 | 0.000 0003 | 0.000 0063 | 0.000 0780 | 0.000 6609 | 0.003 9732 | 0.017 4513 |
| 205 | 0.000 0001 | 0.000 0022 | 0.000 0300 | 0.000 2849 | 0.001 9190 | 0.009 4205 |
| 210 | 0.000 0000 | 0.000 0007 | 0.000 0111 | 0.000 1183 | 0.000 8912 | 0.004 8822 |
| 215 |            | 0.000 0002 | 0.000 0040 | 0.000 0474 | 0.000 3985 | 0.002 4326 |
| 220 |            | 0.000 0001 | 0.000 0014 | 0.000 0183 | 0.000 1718 | 0.001 1668 |
| 225 |            | 0.000 0000 | 0.000 0005 | 0.000 0069 | 0.000 0715 | 0.000 5395 |
| 230 |            |            | 0.000 0002 | 0.000 0025 | 0.000 0288 | 0.000 2408 |
| 235 |            |            | 0.000 0000 | 0.000 0009 | 0.000 0112 | 0.000 1039 |
| 240 |            |            |            | 0.000 0003 | 0.000 0042 | 0.000 0433 |
| 245 |            |            |            | 0.000 0001 | 0.000 0016 | 0.000 0175 |
| 250 |            |            |            | 0.000 0000 | 0.000 0006 | 0.000 0069 |
| 255 |            |            |            |            | 0.000 0002 | 0.000 0026 |
| 260 |            |            |            |            | 0.000 0001 | 0.000 0010 |
| 265 |            |            |            |            | 0.000 0000 | 0.000 0003 |
| 270 |            |            |            |            |            | 0.000 0001 |
| 275 |            |            |            |            |            | 0.000 0000 |

Tafel III-1 (Fortsetz.)

| $\chi^2$ | \multicolumn{4}{c}{Freiheitsgrade} | | | |
|---|---|---|---|---|
| | 170 | 180 | 190 | 200 |
| 85 | 1.000 0000 | | | |
| 90 | 0.999 9999 | | | |
| 95 | 0.999 9994 | 1.000 0000 | | |
| 100 | 0.999 9959 | 0.999 9998 | 1.000 0000 | |
| 105 | 0.999 9770 | 0.999 9984 | 0.999 9999 | |
| 110 | 0.999 8942 | 0.999 9907 | 0.999 9994 | 1.000 0000 |
| 115 | 0.999 5903 | 0.999 9555 | 0.999 9963 | 0.999 9998 |
| 120 | 0.998 6412 | 0.999 8195 | 0.999 9815 | 0.999 9985 |
| 125 | 0.996 0895 | 0.999 3704 | 0.999 9215 | 0.999 9924 |
| 130 | 0.990 1109 | 0.998 0887 | 0.999 7131 | 0.999 9663 |
| 135 | 0.977 7781 | 0.994 8920 | 0.999 0848 | 0.999 8712 |
| 140 | 0.955 1710 | 0.987 8551 | 0.997 4240 | 0.999 5696 |
| 145 | 0.918 0397 | 0.974 0636 | 0.993 5407 | 0.998 7284 |
| 150 | 0.862 9866 | 0.949 8079 | 0.985 4406 | 0.996 6476 |
| 155 | 0.788 8073 | 0.911 2547 | 0.970 2552 | 0.992 0472 |
| 160 | 0.697 4201 | 0.855 5174 | 0.944 4957 | 0.982 8917 |
| 165 | 0.593 9096 | 0.781 7942 | 0.904 7124 | 0.966 3835 |
| 170 | 0.485 5753 | 0.692 1045 | 0.848 4589 | 0.939 2559 |
| 175 | 0.380 3252 | 0.591 2555 | 0.775 2599 | 0.898 4100 |
| 180 | 0.285 0058 | 0.485 9818 | 0.687 1952 | 0.841 7790 |
| 185 | 0.204 2233 | 0.383 5436 | 0.588 8144 | 0.769 1533 |
| 190 | 0.139 9286 | 0.290 2766 | 0.486 3557 | 0.682 6432 |
| 195 | 0.091 7143 | 0.210 5464 | 0.386 5156 | 0.586 5593 |
| 200 | 0.057 5451 | 0.146 3462 | 0.295 1793 | 0.486 7012 |
| 205 | 0.034 5959 | 0.097 5082 | 0.216 4887 | 0.389 2712 |
| 210 | 0.019 9504 | 0.062 3133 | 0.152 4558 | 0.299 7547 |
| 215 | 0.011 0482 | 0.038 2245 | 0.103 1096 | 0.222 0858 |
| 220 | 0.005 8826 | 0.022 5284 | 0.067 0047 | 0.158 2787 |
| 225 | 0.003 0152 | 0.012 7699 | 0.041 8652 | 0.108 5232 |
| 230 | 0.001 4896 | 0.006 9692 | 0.025 1705 | 0.071 6119 |
| 235 | 0.000 7102 | 0.003 6661 | 0.014 5753 | 0.045 5046 |
| 240 | 0.000 3271 | 0.001 8609 | 0.008 1366 | 0.027 8637 |
| 245 | 0.000 1458 | 0.000 9125 | 0.004 3834 | 0.016 4545 |
| 250 | 0.000 0629 | 0.000 4327 | 0.002 2811 | 0.009 3791 |
| 255 | 0.000 0263 | 0.000 1986 | 0.001 1479 | 0.005 1650 |
| 260 | 0.000 0107 | 0.000 0884 | 0.000 5591 | 0.002 7504 |
| 265 | 0.000 0042 | 0.000 0381 | 0.000 2639 | 0.001 4176 |
| 270 | 0.000 0016 | 0.000 0160 | 0.000 1208 | 0.000 7079 |
| 275 | 0.000 0006 | 0.000 0065 | 0.000 0537 | 0.000 3427 |
| 280 | 0.000 0002 | 0.000 0026 | 0.000 0232 | 0.000 1611 |
| 285 | 0.000 0001 | 0.000 0010 | 0.000 0097 | 0.000 0735 |
| 290 | 0.000 0000 | 0.000 0004 | 0.000 0040 | 0.000 0326 |
| 295 | | 0.000 0001 | 0.000 0016 | 0.000 0141 |
| 300 | | 0.000 0000 | 0.000 0006 | 0.000 0059 |
| 305 | | | 0.000 0002 | 0.000 0024 |
| 310 | | | 0.000 0001 | 0.000 0010 |
| 315 | | | 0.000 0000 | 0.000 0004 |
| 320 | | | | 0.000 0001 |
| 325 | | | | 0.000 0001 |
| 330 | | | | 0.000 0000 |

**Tafel III-2**

Extreme $\chi^2$-Schranken

Auszugsweise entnommen aus KRAUTH, J. and J. STEINEBACH: Extended tables of the percentage points of the chi-square distribution for at most ten degrees of freedom. Biom. Z. 18 (1976), 13–22 mit freundlicher Genehmigung der Verfasser und der Herausgeberin.

Die Tafel enthält die $\chi^2$-Schranken für $\alpha$ = 1-P mit P = 0,9(0,005)0,99(0,001)0,999 (0,0001)0,9999 bis 0,9999999 für Freiheitsgrade Fg = 1(1)10.

*Ablesebeispiel:* Ein $\alpha$ = 0,0002 und somit ein P = 0,9998 hat bei 6 Fg eine Schranke von 26,25.

Tafel III-2 (Fortsetz.)

| p | 1 | 2 | 3 | 4 | 5 Fg |
|---|---|---|---|---|---|
| 0.900 | 2.71 | 4.61 | 6.25 | 7.78 | 9.24 |
| 0.905 | 2.79 | 4.71 | 6.37 | 7.91 | 9.38 |
| 0.910 | 2.87 | 4.82 | 6.49 | 8.04 | 9.52 |
| 0.915 | 2.97 | 4.93 | 6.62 | 8.19 | 9.67 |
| 0.920 | 3.06 | 5.05 | 6.76 | 8.34 | 9.84 |
| 0.925 | 3.17 | 5.18 | 6.90 | 8.50 | 10.01 |
| 0.930 | 3.28 | 5.32 | 7.06 | 8.67 | 10.19 |
| 0.935 | 3.40 | 5.47 | 7.23 | 8.85 | 10.39 |
| 0.940 | 3.54 | 5.63 | 7.41 | 9.04 | 10.60 |
| 0.945 | 3.68 | 5.80 | 7.60 | 9.26 | 10.82 |
| 0.950 | 3.84 | 5.99 | 7.81 | 9.49 | 11.07 |
| 0.955 | 4.02 | 6.20 | 8.05 | 9.74 | 11.34 |
| 0.960 | 4.22 | 6.44 | 8.31 | 10.03 | 11.64 |
| 0.965 | 4.45 | 6.70 | 8.61 | 10.35 | 11.98 |
| 0.970 | 4.71 | 7.01 | 8.95 | 10.71 | 12.37 |
| 0.975 | 5.02 | 7.38 | 9.35 | 11.14 | 12.83 |
| 0.980 | 5.41 | 7.82 | 9.84 | 11.67 | 13.39 |
| 0.985 | 5.92 | 8.40 | 10.47 | 12.34 | 14.10 |
| 0.990 | 6.63 | 9.21 | 11.34 | 13.28 | 15.09 |

Tafel III-2 (Fortsetz.)

| p | 1 | 2 | 3 | 4 | 5 Fg |
|---|---|---|---|---|---|
| 0.991 | 6.82 | 9.42 | 11.57 | 13.52 | 15.34 |
| 0.992 | 7.03 | 9.66 | 11.83 | 13.79 | 15.63 |
| 0.993 | 7.27 | 9.92 | 12.11 | 14.09 | 15.95 |
| 0.994 | 7.55 | 10.23 | 12.45 | 14.45 | 16.31 |
| 0.995 | 7.88 | 10.60 | 12.84 | 14.86 | 16.75 |
| 0.996 | 8.28 | 11.04 | 13.32 | 15.37 | 17.28 |
| 0.997 | 8.81 | 11.62 | 13.93 | 16.01 | 17.96 |
| 0.998 | 9.55 | 12.43 | 14.80 | 16.92 | 18.91 |
| 0.999 | 10.83 | 13.82 | 16.27 | 18.47 | 20.52 |
| 0.9991 | 11.02 | 14.03 | 16.49 | 18.70 | 20.76 |
| 0.9992 | 11.24 | 14.26 | 16.74 | 18.96 | 21.03 |
| 0.9993 | 11.49 | 14.53 | 17.02 | 19.26 | 21.34 |
| 0.9994 | 11.78 | 14.84 | 17.35 | 19.60 | 21.69 |
| 0.9995 | 12.12 | 15.20 | 17.73 | 20.00 | 22.11 |
| 0.9996 | 12.53 | 15.65 | 18.20 | 20.49 | 22.61 |
| 0.9997 | 13.07 | 16.22 | 18.80 | 21.12 | 23.27 |
| 0.9998 | 13.83 | 17.03 | 19.66 | 22.00 | 24.19 |
| 0.9999 | 15.14 | 18.42 | 21.11 | 23.51 | 25.74 |
| 0.99995 | 16.45 | 19.81 | 22.55 | 25.01 | 27.29 |
| 0.99999 | 19.51 | 23.03 | 25.90 | 28.47 | 30.86 |
| 0.999995 | 20.84 | 24.41 | 27.34 | 29.95 | 32.38 |
| 0.999999 | 23.93 | 27.63 | 30.66 | 33.38 | 35.89 |
| 0.9999995 | 25.26 | 29.02 | 32.09 | 34.84 | 37.39 |
| 0.9999999 | 28.37 | 32.24 | 35.41 | 38.24 | 40.86 |

| p | 6 | 7 | 8 | 9 | 10 Fg |
|---|---|---|---|---|---|
| 0.900 | 10.64 | 12.02 | 13.36 | 14.68 | 15.99 |
| 0.905 | 10.79 | 12.17 | 13.53 | 14.85 | 16.17 |
| 0.910 | 10.95 | 12.34 | 13.70 | 15.03 | 16.35 |
| 0.915 | 11.11 | 12.51 | 13.88 | 15.22 | 16.55 |
| 0.920 | 11.28 | 12.69 | 14.07 | 15.42 | 16.75 |
| 0.925 | 11.47 | 12.88 | 14.27 | 15.63 | 16.97 |
| 0.930 | 11.66 | 13.09 | 14.48 | 15.85 | 17.20 |
| 0.935 | 11.87 | 13.31 | 14.71 | 16.09 | 17.45 |
| 0.940 | 12.09 | 13.54 | 14.96 | 16.35 | 17.71 |
| 0.945 | 12.33 | 13.79 | 15.22 | 16.62 | 18.00 |
| 0.950 | 12.59 | 14.07 | 15.51 | 16.92 | 18.31 |
| 0.955 | 12.88 | 14.37 | 15.82 | 17.25 | 18.65 |
| 0.960 | 13.20 | 14.70 | 16.17 | 17.61 | 19.02 |
| 0.965 | 13.56 | 15.08 | 16.56 | 18.01 | 19.44 |
| 0.970 | 13.97 | 15.51 | 17.01 | 18.48 | 19.92 |
| 0.975 | 14.45 | 16.01 | 17.53 | 19.02 | 20.48 |
| 0.980 | 15.03 | 16.62 | 18.17 | 19.68 | 21.16 |
| 0.985 | 15.78 | 17.40 | 18.97 | 20.51 | 22.02 |
| 0.990 | 16.81 | 18.48 | 20.09 | 21.67 | 23.21 |

Tafel III-2 (Fortsetz.)

| p | 6 | 7 | 8 | 9 | 10 Fg |
|---|---|---|---|---|---|
| 0.991 | 17.08 | 18.75 | 20.38 | 21.96 | 23.51 |
| 0.992 | 17.37 | 19.06 | 20.70 | 22.29 | 23.85 |
| 0.993 | 17.71 | 19.41 | 21.06 | 22.66 | 24.24 |
| 0.994 | 18.09 | 19.81 | 21.47 | 23.09 | 24.67 |
| 0.995 | 18.55 | 20.28 | 21.95 | 23.59 | 25.19 |
| 0.996 | 19.10 | 20.85 | 22.55 | 24.20 | 25.81 |
| 0.997 | 19.80 | 21.58 | 23.30 | 24.97 | 26.61 |
| 0.998 | 20.79 | 22.60 | 24.35 | 26.06 | 27.72 |
| 0.999 | 22.46 | 24.32 | 26.12 | 27.88 | 29.59 |
| 0.9991 | 22.71 | 24.58 | 26.39 | 28.15 | 29.87 |
| 0.9992 | 22.99 | 24.87 | 26.69 | 28.46 | 30.18 |
| 0.9993 | 23.31 | 25.20 | 27.02 | 28.80 | 30.53 |
| 0.9994 | 23.67 | 25.57 | 27.41 | 29.20 | 30.94 |
| 0.9995 | 24.10 | 26.02 | 27.87 | 29.67 | 31.42 |
| 0.9996 | 24.63 | 26.56 | 28.42 | 30.24 | 32.00 |
| 0.9997 | 25.30 | 27.25 | 29.14 | 30.97 | 32.75 |
| 0.9998 | 26.25 | 28.23 | 30.14 | 31.99 | 33.80 |
| 0.9999 | 27.86 | 29.88 | 31.83 | 33.72 | 35.56 |
| 0.9999 5 | 29.45 | 31.51 | 33.50 | 35.43 | 37.31 |
| 0.9999 9 | 33.11 | 35.26 | 37.33 | 39.34 | 41.30 |
| 0.9999 95 | 34.67 | 36.85 | 38.96 | 41.00 | 42.99 |
| 0.9999 99 | 38.26 | 40.52 | 42.70 | 44.81 | 46.86 |
| 0.9999 995 | 39.79 | 42.09 | 44.30 | 46.43 | 48.51 |
| 0.9999 999 | 43.34 | 45.70 | 47.97 | 50.17 | 52.31 |

**Tafel IV**

Zufallsfolgen von Ziffern

Entnommen aus MITTENECKER, E.: Planung und statistische Auswertung von Experimenten. Wien: Deuticke, [2]1958, Tafel II, mit freundlicher Genehmigung des Autors und des Verlegers.

Die Tafel enthält in 40 Zeilen und 25 Spalten Zufallsfolgen von Ziffern, die in Gruppen zu je 5 aufgegliedert wurden, ohne daß diese Aufgliederung bei der Benutzung der Tafel zur Bildung von Zufallsstichproben berücksichtigt zu werden braucht.

*Anwendungsbeispiel:* Um aus 89 Schülern dreier Parallelklassen eine Zufallsstichprobe von N = 30 zu bilden, numeriere man sie von 1 bis 89 durch, gehe nach Zufall in die Tafel ein, z.B. in Zeile 9 und Spalte 11 (Ziffer 4) und schreite nach rechts solange in Gruppen zu je zwei Ziffern fort, bis man 30 verschiedene (!) zweistellige Zahlen kleiner oder gleich 89 gewonnen hat (49 19 72 09 58 74 05 54 88 14 65 43 86 23 55 41 40 80 28 60 82 30 81 24 11 73 31 46). Bereits vorgekommene Zahlen und Zahlen größer als 89 lasse man dabei unberücksichtigt.

| Zeile | 12345 | 1<br>67890 | Spalten<br>11111<br>12345 | 11112<br>67890 | 22222<br>12345 |
|---|---|---|---|---|---|
| 1  | 29935 | 06971 | 63175 | 52579 | 10478 |
| 2  | 15114 | 07126 | 51780 | 77787 | 75510 |
| 3  | 03870 | 43225 | 10589 | 87619 | 22039 |
| 4  | 79390 | 39188 | 40756 | 45269 | 65959 |
| 5  | 30035 | 06954 | 79196 | 54428 | 64819 |
| 6  | 29039 | 99861 | 28759 | 79802 | 18531 |
| 7  | 78196 | 08108 | 24107 | 49777 | 09599 |
| 8  | 15847 | 85493 | 91442 | 91351 | 80130 |
| 9  | 36614 | 62248 | 49194 | 97209 | 92587 |
| 10 | 40549 | 54884 | 91465 | 43862 | 35541 |
| 11 | 40878 | 08997 | 14286 | 09982 | 90308 |
| 12 | 10229 | 49282 | 41173 | 31468 | 59455 |
| 13 | 15918 | 76787 | 30624 | 25928 | 44124 |
| 14 | 13403 | 18796 | 49909 | 94404 | 64979 |
| 15 | 66523 | 94596 | 74908 | 90271 | 10009 |
| 16 | 91665 | 36469 | 68343 | 17870 | 25975 |
| 17 | 67415 | 87515 | 08207 | 73729 | 73201 |
| 18 | 76527 | 96996 | 23724 | 33448 | 63392 |
| 19 | 19815 | 47789 | 74348 | 17147 | 10954 |
| 20 | 25592 | 53587 | 76384 | 72575 | 84347 |
| 21 | 55902 | 45539 | 63646 | 31609 | 95999 |
| 22 | 02470 | 58376 | 79794 | 22482 | 42432 |
| 23 | 18630 | 53263 | 13319 | 97609 | 35859 |
| 24 | 89673 | 38230 | 16063 | 92007 | 59503 |
| 25 | 62986 | 67364 | 06596 | 17427 | 84623 |

Tafel IV (Fortsetz.)

| Zeile | Spalten | | | | |
|---|---|---|---|---|---|
| | 12345 | 1 67890 | 11111 12345 | 11112 67890 | 22222 12345 |
| 26 | 89221 | 02362 | 65787 | 74733 | 51272 |
| 27 | 04005 | 99818 | 63918 | 29032 | 94012 |
| 28 | 89546 | 38066 | 50856 | 75045 | 40645 |
| 29 | 41719 | 84401 | 59226 | 01314 | 54581 |
| 30 | 28733 | 72489 | 00785 | 25843 | 24613 |
| 31 | 65213 | 83927 | 77752 | 03086 | 80742 |
| 32 | 65553 | 12678 | 90906 | 90466 | 43670 |
| 33 | 05668 | 69080 | 73029 | 85746 | 58332 |
| 34 | 39302 | 99718 | 49757 | 49519 | 27387 |
| 35 | 64592 | 32254 | 45879 | 29431 | 38420 |
| 36 | 07513 | 48792 | 47314 | 83660 | 68907 |
| 37 | 86593 | 68501 | 56638 | 98800 | 82839 |
| 38 | 83735 | 22599 | 97977 | 81248 | 36838 |
| 39 | 08595 | 21826 | 54655 | 08204 | 87990 |
| 40 | 41273 | 27149 | 44293 | 69458 | 16828 |

**Tafel V**

Binomialtests für $\pi$ = 0,05 (0,05) 0,50

Entnommen via YAMANE, T. ([2]1967, Table 14) mit freundlicher Genehmigung aus: Tables of the binomial probability distribution. National Bureau of Standards, Appl. Math. Ser. 6, US Dept. of Commerce.

Die Tafel enthält die Punktwahrscheinlichkeiten p für Stichprobenumfänge von N = 1(1) 20 mit x Elementen derjenigen Alternative, die in der Population seltener vertreten ist und deren Anteil mit $\pi$ bezeichnet wurde. Man liest die p-Werte für x, x + 1, ..., N ab und addiert sie zur Überschreitungswahrscheinlichkeit P, wenn man einseitig testet ($\pi_1 > \pi_0$). Bei zweiseitigem Test ($\pi_1 \neq \pi_0$) hat man außerdem die p-Werte für N - x, N - x - 1, ..., 0 hinzuzunehmen. Verdoppelung von P ist für zweiseitigen Test wegen der Asymmetrie der Binomialverteilung für $\pi \neq 1 - \pi$ nicht zulässig.

*Ablesebeispiel:* Es sei $\alpha$ = 1/4 = 0,25, N = 7 und x = 5 (Beispiel 5.1.1.1) und es wird nach der Wahrscheinlichkeit gefragt, daß x $\geq$ 5 ist. Wir lesen unter Spalte $\alpha$ = 0,25 in Zeile N = 7 für x = 5 ein p = 0,0115, für x = 6 ein p = 0,0013 und für x = 7 ein p = 0,0001 ab, so daß P = 0,0115 + 0,0013 + 0,0001 = 0,0129.

Tafel V (Fortsetz.)

| N | x | P |  |  |  |  |  |  |  |  |  |
|---|---|---|---|---|---|---|---|---|---|---|---|
|   |   | .05 | .10 | .15 | .20 | .25 | .30 | .35 | .40 | .45 | .50 |
| 1 | 0 | .9500 | .9000 | .8500 | .8000 | .7500 | .7000 | .6500 | .6000 | .5500 | .5000 |
|   | 1 | .0500 | .1000 | .1500 | .2000 | .2500 | .3000 | .3500 | .4000 | .4500 | .5000 |
| 2 | 0 | .9025 | .8100 | .7225 | .6400 | .5625 | .4900 | .4225 | .3600 | .3025 | .2500 |
|   | 1 | .0950 | .1800 | .2550 | .3200 | .3750 | .4200 | .4550 | .4800 | .4950 | .5000 |
|   | 2 | .0025 | .0100 | .0225 | .0400 | .0625 | .0900 | .1225 | .1600 | .2025 | .2500 |
| 3 | 0 | .8574 | .7290 | .6141 | .5120 | .4219 | .3430 | .2746 | .2160 | .1664 | .1250 |
|   | 1 | .1354 | .2430 | .3251 | .3840 | .4219 | .4410 | .4436 | .4320 | .4084 | .3750 |
|   | 2 | .0071 | .0270 | .0574 | .0960 | .1406 | .1890 | .2389 | .2880 | .3341 | .3750 |
|   | 3 | .0001 | .0010 | .0034 | .0080 | .0156 | .0270 | .0429 | .0640 | .0911 | .1250 |
| 4 | 0 | .8145 | .6561 | .5220 | .4096 | .3164 | .2401 | .1785 | .1296 | .0915 | .0625 |
|   | 1 | .1715 | .2916 | .3685 | .4096 | .4219 | .4116 | .3845 | .3456 | .2995 | .2500 |
|   | 2 | .0135 | .0486 | .0975 | .1536 | .2109 | .2646 | .3105 | .3456 | .3675 | .3750 |
|   | 3 | .0005 | .0036 | .0115 | .0256 | .0469 | .0756 | .1115 | .1536 | .2005 | .2500 |
|   | 4 | .0000 | .0001 | .0005 | .0016 | .0039 | .0081 | .0150 | .0256 | .0410 | .0625 |
| 5 | 0 | .7738 | .5905 | .4437 | .3277 | .2373 | .1681 | .1160 | .0778 | .0503 | .0312 |
|   | 1 | .2036 | .3280 | .3915 | .4096 | .3955 | .3602 | .3124 | .2592 | .2059 | .1562 |
|   | 2 | .0214 | .0729 | .1382 | .2048 | .2637 | .3087 | .3364 | .3456 | .3369 | .3125 |
|   | 3 | .0011 | .0081 | .0244 | .0512 | .0879 | .1323 | .1811 | .2304 | .2757 | .3125 |
|   | 4 | .0000 | .0004 | .0022 | .0064 | .0146 | .0284 | .0488 | .0768 | .1128 | .1562 |
|   | 5 | .0000 | .0000 | .0001 | .0003 | .0010 | .0024 | .0053 | .0102 | .0185 | .0312 |
| 6 | 0 | .7351 | .5314 | .3771 | .2621 | .1780 | .1176 | .0754 | .0467 | .0277 | .0156 |
|   | 1 | .2321 | .3543 | .3993 | .3932 | .3560 | .3025 | .2437 | .1866 | .1359 | .0938 |
|   | 2 | .0305 | .0984 | .1762 | .2458 | .2966 | .3241 | .3280 | .3110 | .2780 | .2344 |
|   | 3 | .0021 | .0146 | .0415 | .0819 | .1318 | .1852 | .2355 | .2765 | .3032 | .3125 |
|   | 4 | .0001 | .0012 | .0055 | .0154 | .0330 | .0595 | .0951 | .1382 | .1861 | .2344 |
|   | 5 | .0000 | .0001 | .0004 | .0015 | .0044 | .0102 | .0205 | .0369 | .0609 | .0938 |
|   | 6 | .0000 | .0000 | .0000 | .0001 | .0002 | .0007 | .0018 | .0041 | .0083 | .0516 |
| 7 | 0 | .6983 | .4783 | .3206 | .2097 | .1335 | .0824 | .0490 | .0280 | .0152 | .0078 |
|   | 1 | .2573 | .3720 | .3960 | .3670 | .3115 | .2471 | .1848 | .1306 | .0872 | .0547 |
|   | 2 | .0406 | .1240 | .2097 | .2753 | .3115 | .3177 | .2985 | .2613 | .2140 | .1641 |
|   | 3 | .0036 | .0230 | .0617 | .1147 | .1730 | .2269 | .2679 | .2903 | .2918 | .2734 |
|   | 4 | .0002 | .0026 | .0109 | .0287 | .0577 | .0972 | .1442 | .1935 | .2388 | .2734 |
|   | 5 | .0009 | .0002 | .0012 | .0043 | .0115 | .0250 | .0466 | .0774 | .1172 | .1641 |
|   | 6 | .0000 | .0000 | .0001 | .0004 | .0013 | .0036 | .0084 | .0172 | .0320 | .0547 |
|   | 7 | .0000 | .0000 | .0000 | .0000 | .0001 | .0002 | .0006 | .0016 | .0037 | .0078 |
| 8 | 0 | .6634 | .4305 | .2725 | .1678 | .1001 | .0576 | .0319 | .0168 | .0084 | .0039 |
|   | 1 | .2793 | .3826 | .3847 | .3355 | .2670 | .1977 | .1373 | .0896 | .0548 | .0312 |
|   | 2 | .0515 | .1488 | .2376 | .2936 | .3115 | .2965 | .2587 | .2090 | .1569 | .1094 |
|   | 3 | .0054 | .0331 | .0839 | .1468 | .2076 | .2541 | .2786 | .2787 | .2568 | .2188 |
|   | 4 | .0004 | .0046 | .0185 | .0459 | .0865 | .1361 | .1875 | .2322 | .2627 | .2734 |

Tafel V (Fortsetz.)

| N | x | P .05 | .10 | .15 | .20 | .25 | .30 | .35 | .40 | .45 | .50 |
|---|---|---|---|---|---|---|---|---|---|---|---|
| 8 | 5 | .0000 | .0004 | .0026 | .0092 | .0231 | .0467 | .0808 | .1239 | .1719 | .2188 |
|   | 6 | .0000 | .0000 | .0002 | .0011 | .0038 | .0100 | .0217 | .0413 | .0703 | .1094 |
|   | 7 | .0000 | .0000 | .0000 | .0001 | .0004 | .0012 | .0033 | .0079 | .0164 | .0312 |
|   | 8 | .0000 | .0000 | .0000 | .0000 | .0000 | .0001 | .0002 | .0007 | .0017 | .0039 |
| 9 | 0 | .6302 | .3874 | .2316 | .1342 | .0751 | .0404 | .0207 | .0101 | .0046 | .0020 |
|   | 1 | .2985 | .3874 | .3679 | .3020 | .2253 | .1556 | .1004 | .0605 | .0339 | .0176 |
|   | 2 | .0629 | .1722 | .2597 | .3020 | .3003 | .2668 | .2162 | .1612 | .1110 | .0703 |
|   | 3 | .0077 | .0446 | .1069 | .1762 | .2336 | .2668 | .2716 | .2508 | .2119 | .1641 |
|   | 4 | .0006 | .0074 | .0283 | .0661 | .1168 | .1715 | .2194 | .2508 | .2600 | .2461 |
|   | 5 | .0000 | .0008 | .0050 | .0165 | .0389 | .0735 | .1181 | .1672 | .2128 | .2461 |
|   | 6 | .0000 | .0001 | .0006 | .0028 | .0087 | .0210 | .0424 | .0743 | .1160 | .1641 |
|   | 7 | .0000 | .0000 | .0000 | .0003 | .0012 | .0039 | .0098 | .0212 | .0407 | .0703 |
|   | 8 | .0000 | .0000 | .0000 | .0000 | .0001 | .0004 | .0013 | .0035 | .0083 | .0716 |
|   | 9 | .0000 | .0000 | .0000 | .0000 | .0000 | .0000 | .0001 | .0003 | .0008 | .0020 |
| 10 | 0 | .5987 | .3487 | .1969 | .1074 | .0563 | .0282 | .0135 | .0060 | .0025 | .0010 |
|   | 1 | .3151 | .3874 | .3474 | .2684 | .1877 | .1211 | .0725 | .0403 | .0207 | .0098 |
|   | 2 | .0746 | .1937 | .2759 | .3020 | .2816 | .2335 | .1757 | .1209 | .0763 | .0439 |
|   | 3 | .0105 | .0574 | .1298 | .2013 | .2503 | .2668 | .2522 | .2150 | .1665 | .1172 |
|   | 4 | .0010 | .0112 | .0401 | .0881 | .1460 | .2001 | .2377 | .2508 | .2384 | .2051 |
|   | 5 | .0001 | .0015 | .0085 | .0264 | .0584 | .1029 | .1536 | .2007 | .2340 | .2461 |
|   | 6 | .0000 | .0001 | .0012 | .0055 | .0162 | .0368 | .0689 | .1115 | .1596 | .2051 |
|   | 7 | .0000 | .0000 | .0001 | .0008 | .0031 | .0090 | .0212 | .0425 | .0746 | .1172 |
|   | 8 | .0000 | .0000 | .0000 | .0001 | .0004 | .0014 | .0043 | .0106 | .0229 | .0439 |
|   | 9 | .0000 | .0000 | .0000 | .0000 | .0000 | .0001 | .0005 | .0016 | .0042 | .0098 |
|   | 10 | .0000 | .0000 | .0000 | .0000 | .0000 | .0000 | .0000 | .0001 | .0003 | .0010 |
| 11 | 0 | .5688 | .3138 | .1673 | .0859 | .0422 | .0198 | .0088 | .0036 | .0014 | .0005 |
|   | 1 | .3293 | .3835 | .3248 | .2362 | .1549 | .0932 | .0518 | .0266 | .0125 | .0054 |
|   | 2 | .0867 | .2131 | .2866 | .2953 | .2581 | .1998 | .1395 | .0887 | .0513 | .0269 |
|   | 3 | .0137 | .0710 | .1517 | .2215 | .2581 | .2568 | .2254 | .1774 | .1259 | .0806 |
|   | 4 | .0014 | .0158 | .0536 | .1107 | .1721 | .2201 | .2428 | .2365 | .2060 | .1611 |
|   | 5 | .0001 | .0025 | .0132 | .0388 | .0803 | .1321 | .1830 | .2207 | .2360 | .2256 |
|   | 6 | .0000 | .0003 | .0023 | .0097 | .0268 | .0566 | .0985 | .1471 | .1931 | .2256 |
|   | 7 | .0000 | .0000 | .0003 | .0017 | .0064 | .0173 | .0379 | .0701 | .1128 | .1611 |
|   | 8 | .0000 | .0000 | .0000 | .0002 | .0011 | .0037 | .0102 | .0234 | .0462 | .0806 |
|   | 9 | .0000 | .0000 | .0000 | .0000 | .0001 | .0005 | .0018 | .0052 | .0126 | .0269 |
|   | 10 | .0000 | .0000 | .0000 | .0000 | .0000 | .0000 | .0002 | .0007 | .0021 | .0054 |
|   | 11 | .0000 | .0000 | .0000 | .0000 | .0000 | .0000 | .0000 | .0000 | .0002 | .0005 |
| 12 | 0 | .5404 | .2824 | .1422 | .0687 | .0317 | .0138 | .0057 | .0022 | .0008 | .0002 |
|   | 1 | .3413 | .3766 | .3012 | .2062 | .1267 | .0712 | .0368 | .0174 | .0075 | .0029 |
|   | 2 | .0988 | .2301 | .2924 | .2835 | .2323 | .1678 | .1088 | .0639 | .0339 | .0161 |
|   | 3 | .0173 | .0852 | .1720 | .2362 | .2581 | .2397 | .1954 | .1419 | .0923 | .0537 |
|   | 4 | .0021 | .0213 | .0683 | .1329 | .1936 | .2311 | .2367 | .2128 | .1700 | .1208 |

Tafel V (Fortsetz.)

| N | x | .05 | .10 | .15 | .20 | .25 | P .30 | .35 | .40 | .45 | .50 |
|---|---|---|---|---|---|---|---|---|---|---|---|
| 12 | 5 | .0002 | .0038 | .0193 | .0532 | .1032 | .1585 | .2039 | .2270 | .2225 | .1934 |
|  | 6 | .0000 | .0005 | .0040 | .0155 | .0401 | .0792 | .1281 | .1766 | .2124 | 2256 |
|  | 7 | .0000 | .0000 | .0006 | .0033 | .0115 | .0291 | .0591 | .1009 | .1489 | .1934 |
|  | 8 | .0000 | .0000 | .0001 | .0005 | .0024 | .0078 | .0199 | .0420 | .0762 | .1208 |
|  | 9 | .0000 | .0000 | .0000 | .0001 | .0004 | 0015 | .0048 | .0125 | .0277 | .0537 |
|  | 10 | .0000 | .0000 | .0000 | .0000 | .0000 | .0002 | .0008 | .0025 | .0068 | .0161 |
|  | 11 | .0000 | .0000 | .0000 | .0000 | .0000 | .0000 | .0001 | .0003 | .0010 | .0029 |
|  | 12 | .0000 | .0000 | .0000 | .0000 | .0000 | .0000 | .0000 | .0000 | .0001 | .0002 |
| 13 | 0 | .5133 | .2542 | .1209 | .0550 | .0238 | .0097 | .0037 | .0013 | .0004 | .0001 |
|  | 1 | .3512 | .3672 | .2774 | .1787 | .1029 | .0540 | .0259 | .0113 | .0045 | .0016 |
|  | 2 | .1109 | .2448 | .2937 | .2680 | .2059 | .1388 | .0836 | .0453 | .0220 | .0095 |
|  | 3 | .0214 | .0997 | .1900 | .2457 | .2517 | .2181 | .1651 | .1107 | .0660 | .0349 |
|  | 4 | .0028 | .0277 | .0838 | .1535 | .2097 | .2337 | .2222 | .1845 | .1350 | .0873 |
|  | 5 | .0003 | .0055 | .0266 | .0691 | .1258 | .1803 | .2154 | .2214 | .1989 | .1571 |
|  | 6 | .0000 | .0008 | .0063 | .0230 | .0559 | .1030 | .1546 | .1968 | .2169 | .2095 |
|  | 7 | .0000 | .0001 | .0011 | .0058 | .0186 | .0442 | .0833 | .1312 | .1775 | .2095 |
|  | 8 | .0000 | .0000 | .0001 | .0011 | .0047 | .0142 | .0336 | .0656 | .1089 | .1571 |
|  | 9 | .0000 | .0000 | .0000 | .0001 | .0009 | .0034 | .0101 | .0243 | .0495 | .0873 |
|  | 10 | .0000 | .0000 | .0000 | .0000 | .0001 | .0006 | .0022 | .0065 | .0162 | .0349 |
|  | 11 | .0000 | .0000 | .0000 | .0000 | .0000 | .0001 | .0003 | .0012 | .0036 | .0095 |
|  | 12 | .0000 | .0000 | .0000 | .0000 | .0000 | .0000 | .0000 | .0001 | .0005 | .0016 |
|  | 13 | .0000 | .0000 | .0000 | .0000 | .0000 | .0000 | .0000 | .0000 | .0000 | .0001 |
| 14 | 0 | .4877 | .2288 | .1028 | .0440 | .0178 | .0068 | .0024 | .0008 | .0002 | .0001 |
|  | 1 | .3593 | .3559 | .2539 | .1539 | .0832 | .0407 | .0181 | .0073 | .0027 | .0009 |
|  | 2 | .1229 | .2570 | .2912 | .2501 | .1802 | .1134 | .0634 | .0317 | .0141 | .0056 |
|  | 3 | .0259 | .1142 | .2056 | .2501 | .2402 | .1943 | .1366 | .0845 | .0462 | .0222 |
|  | 4 | .0037 | .0348 | .0998 | .1720 | .2202 | .2290 | .2022 | .1549 | .1040 | .0611 |
|  | 5 | .0004 | .0078 | .0352 | .0860 | .1468 | .1963 | .2178 | .2066 | .1701 | .1222 |
|  | 6 | .0000 | .0013 | .0093 | .0322 | .0734 | .1262 | .1759 | .2066 | .2088 | .1833 |
|  | 7 | .0000 | .0002 | .0019 | .0092 | .0280 | .0618 | .1082 | .1574 | .1952 | .2095 |
|  | 8 | .0000 | .0000 | .0003 | .0020 | .0082 | .0232 | .0510 | .0918 | .1398 | .1833 |
|  | 9 | .0000 | .0000 | .0000 | .0003 | .0018 | .0066 | .0183 | .0408 | .0762 | .1222 |
|  | 10 | .0000 | .0000 | .0000 | .0000 | .0003 | .0014 | .0049 | .0136 | .0312 | .0611 |
|  | 11 | .0000 | .0000 | .0000 | .0000 | .0000 | .0002 | .0010 | .0033 | .0093 | .0222 |
|  | 12 | .0000 | .0000 | .0000 | .0000 | .0000 | .0000 | .0001 | .0005 | .0019 | .0056 |
|  | 13 | .0000 | .0000 | .0000 | .0000 | .0000 | .0000 | .0000 | .0001 | .0002 | .0009 |
|  | 14 | .0000 | .0000 | .0000 | .0000 | .0000 | .0000 | .0000 | .0000 | .0000 | .0001 |
| 15 | 0 | .4633 | .2059 | .0874 | .0352 | .0134 | .0047 | .0016 | .0005 | .0001 | .0000 |
|  | 1 | .3658 | .3432 | .2312 | .1319 | .0668 | .0305 | .0126 | .0047 | .0016 | .0005 |
|  | 2 | .1348 | .2669 | .2856 | .2309 | .1559 | .0916 | .0476 | .0219 | .0090 | .0032 |
|  | 3 | .0307 | .1285 | .2184 | .2501 | .2252 | .1700 | .1110 | .0634 | .0318 | .0139 |
|  | 4 | .0049 | .0428 | .1156 | .1876 | .2252 | .2186 | .1792 | .1268 | .0780 | .0417 |

Tafel V (Fortsetz.)

| N | x | P .05 | .10 | .15 | .20 | .25 | .30 | .35 | .40 | .45 | .50 |
|---|---|---|---|---|---|---|---|---|---|---|---|
| 15 | 5 | .0006 | .0105 | .0449 | .1032 | .1651 | .2061 | .2123 | .1859 | .1404 | .0916 |
|  | 6 | .0000 | .0019 | .0132 | .0430 | .0917 | .1472 | .1906 | .2066 | .1914 | .1527 |
|  | 7 | .0000 | .0003 | .0030 | .0138 | .0393 | .0811 | .1319 | .1771 | .2013 | .1964 |
|  | 8 | .0000 | .0000 | .0005 | .0035 | .0131 | .0348 | .0710 | .1181 | .1647 | .1964 |
|  | 9 | .0000 | .0000 | .0001 | .0007 | .0034 | .0116 | .0298 | .0612 | .1048 | .1527 |
|  | 10 | .0000 | .0000 | .0000 | .0001 | .0007 | .0030 | .0096 | .0245 | .0515 | .0916 |
|  | 11 | .0000 | .0000 | .0000 | .0000 | .0001 | .0006 | .0024 | .0074 | .0191 | .0417 |
|  | 12 | .0000 | .0000 | .0000 | .0000 | .0000 | .0001 | .0004 | .0016 | .0052 | .0139 |
|  | 13 | .0000 | .0000 | .0000 | .0000 | .0000 | .0000 | .0001 | .0003 | .0010 | .0032 |
|  | 14 | .0000 | .0000 | .0000 | .0000 | .0000 | .0000 | .0000 | .0000 | .0001 | .0005 |
|  | 15 | .0000 | .0000 | .0000 | .0000 | .0000 | .0000 | .0000 | .0000 | .0000 | .0000 |
| 16 | 0 | .4401 | .1853 | .0743 | .0281 | .0100 | .0033 | .0010 | .0003 | .0001 | .0000 |
|  | 1 | .3706 | .3294 | .2097 | .1126 | .0535 | .0228 | .0087 | .0030 | .0009 | .0002 |
|  | 2 | .1463 | .2745 | .2775 | .2111 | .1336 | .0732 | .0353 | .0150 | .0056 | .0018 |
|  | 3 | .0359 | .1423 | .2285 | .2463 | .2079 | .1465 | .0888 | .0468 | .0215 | .0085 |
|  | 4 | .0061 | .0514 | .1311 | .2001 | .2252 | .2040 | .1553 | .1014 | .0572 | .0278 |
|  | 5 | .0008 | .0137 | .0555 | .1201 | .1802 | .2099 | .2008 | .1623 | .1123 | .0667 |
|  | 6 | .0001 | .0028 | .0180 | .0550 | .1101 | .1649 | .1982 | .1983 | .1684 | .1222 |
|  | 7 | .0000 | .0004 | .0045 | .0197 | .0524 | .1010 | .1524 | .1889 | .1969 | .1746 |
|  | 8 | .0000 | .0001 | .0009 | .0055 | .0197 | .0487 | .0923 | .1417 | .1812 | .1964 |
|  | 9 | .0000 | .0000 | .0001 | .0012 | .0058 | .0185 | .0442 | .0840 | .1318 | .1746 |
|  | 10 | .0000 | .0000 | .0000 | .0002 | .0014 | .0056 | .0167 | .0392 | .0755 | .1222 |
|  | 11 | .0000 | .0000 | .0000 | .0000 | .0002 | .0013 | .0049 | .0142 | .0337 | .0667 |
|  | 12 | .0000 | .0000 | .0000 | .0000 | .0000 | .0002 | .0011 | .0040 | .0115 | .0278 |
|  | 13 | .0000 | .0000 | .0000 | .0000 | .0000 | .0000 | .0002 | .0008 | .0029 | .0085 |
|  | 14 | .0000 | .0000 | .0000 | .0000 | .0000 | .0000 | .0000 | .0001 | .0005 | .0018 |
|  | 15 | .0000 | .0000 | .0000 | .0000 | .0000 | .0000 | .0000 | .0000 | .0001 | .0002 |
|  | 16 | .0000 | .0000 | .0000 | .0000 | .0000 | .0000 | .0000 | .0000 | .0000 | .0000 |
| 17 | 0 | .4181 | .1668 | .0631 | .0225 | .0075 | .0023 | .0007 | .0002 | .0000 | .0000 |
|  | 1 | .3741 | .3150 | .1893 | .0957 | .0426 | .0169 | .0060 | .0019 | .0005 | .0001 |
|  | 2 | .1575 | .2800 | .2673 | .1914 | .1136 | .0581 | .0260 | .0102 | .0035 | .0010 |
|  | 3 | .0415 | .1556 | .2359 | .2393 | .1893 | .1245 | .0701 | .0341 | .0144 | .0052 |
|  | 4 | .0076 | .0605 | .1457 | .2093 | .2209 | .1868 | .1320 | .0796 | .0411 | .0182 |
|  | 5 | .0010 | .0175 | .0668 | .1361 | .1914 | .2081 | .1849 | .1379 | .0875 | .0472 |
|  | 6 | .0001 | .0039 | .0236 | .0680 | .1276 | .1784 | .1991 | .1839 | .1432 | .0944 |
|  | 7 | .0000 | .0007 | .0065 | .0267 | .0668 | .1201 | .1685 | .1927 | .1841 | .1484 |
|  | 8 | .0000 | .0001 | .0014 | .0084 | .0279 | .0644 | .1134 | .1606 | .1883 | .1855 |
|  | 9 | .0000 | .0000 | .0003 | .0021 | .0093 | .0276 | .0611 | .1070 | .1540 | .1855 |
|  | 10 | .0000 | .0000 | .0000 | .0004 | .0025 | .0095 | .0263 | .0571 | .1008 | .1484 |
|  | 11 | .0000 | .0000 | .0000 | .0001 | .0005 | .0026 | .0090 | .0242 | .0525 | .0944 |
|  | 12 | .0000 | .0000 | .0000 | .0000 | .0001 | .0006 | .0024 | .0021 | .0215 | .0472 |
|  | 13 | .0000 | .0000 | .0000 | .0000 | .0000 | .0001 | .0005 | .0021 | .0068 | .0182 |
|  | 14 | .0000 | .0000 | .0000 | .0000 | .0000 | .0000 | .0001 | .0004 | .0016 | .0052 |

Tafel V (Fortsetz.)

| N | x | P .05 | .10 | .15 | .20 | .25 | .30 | .35 | .40 | .45 | .50 |
|---|---|---|---|---|---|---|---|---|---|---|---|
| 17 | 15 | .0000 | .0000 | .0000 | .0000 | .0000 | .0000 | .0000 | .0001 | .0003 | .0010 |
|  | 16 | .0000 | .0000 | .0000 | .0000 | .0000 | .0000 | .0000 | .0000 | .0000 | .0001 |
|  | 17 | .0000 | .0000 | .0000 | .0000 | .0000 | .0000 | .0000 | .0000 | .0000 | .0000 |
| 18 | 0 | .3972 | .1501 | .0536 | .0180 | .0056 | .0016 | .0004 | .0001 | .0000 | .0000 |
|  | 1 | .3763 | .3002 | .1704 | .0811 | .0338 | .0126 | .0042 | .0012 | .0003 | .0001 |
|  | 2 | .1683 | .2835 | .2556 | .1723 | .0958 | .0458 | .0190 | .0069 | .0022 | .0006 |
|  | 3 | .0473 | .1680 | .2406 | .2297 | .1704 | .1046 | .0547 | .0246 | .0095 | .0031 |
|  | 4 | .0093 | .0700 | .1592 | .2153 | .2130 | .1681 | .1104 | .0614 | .0291 | .0117 |
|  | 5 | .0014 | .0218 | .0787 | .1507 | .1988 | .2017 | .1664 | .1146 | .0666 | .0327 |
|  | 6 | .0002 | .0052 | .0301 | .0816 | .1436 | .1873 | .1941 | .1655 | .1181 | .0708 |
|  | 7 | .0000 | .0010 | .0091 | .0350 | .0820 | .1376 | .1792 | .1892 | .1657 | .1214 |
|  | 8 | .0000 | .0002 | .0022 | .0120 | .0376 | .0811 | .1327 | .1734 | .1864 | .1669 |
|  | 9 | .0000 | .0000 | .0004 | .0033 | .0139 | .0386 | .0794 | .1284 | .1694 | .1855 |
|  | 10 | .0000 | .0000 | .0001 | .0008 | .0042 | .0149 | .0385 | .0771 | .1248 | .1669 |
|  | 11 | .0000 | .0000 | .0000 | .0001 | .0010 | .0046 | .0151 | .0374 | .0742 | .1214 |
|  | 12 | .0000 | .0000 | .0000 | .0000 | .0002 | .0012 | .0047 | .0145 | .0354 | .0708 |
|  | 13 | .0000 | .0000 | .0000 | .0000 | .0000 | .0002 | .0012 | .0044 | .0134 | .0327 |
|  | 14 | .0000 | .0000 | .0000 | .0000 | .0000 | .0000 | .0002 | .0011 | .0039 | .0117 |
|  | 15 | .0000 | .0000 | .0000 | .0000 | .0000 | .0000 | .0000 | .0002 | .0009 | .0031 |
|  | 16 | .0000 | .0000 | .0000 | .0000 | .0000 | .0000 | .0000 | .0000 | .0001 | .0006 |
|  | 17 | .0000 | .0000 | .0000 | .0000 | .0000 | .0000 | .0000 | .0000 | .0000 | .0001 |
|  | 18 | .0000 | .0000 | .0000 | .0000 | .0000 | .0000 | .0000 | .0000 | .0000 | .0000 |
| 19 | 0 | .3774 | .1351 | .0456 | .0144 | .0042 | .0011 | .0003 | .0001 | .0000 | .0000 |
|  | 1 | .3774 | .2852 | .1529 | .0685 | .0268 | .0093 | .0029 | .0008 | .0002 | .0000 |
|  | 2 | .1787 | .2852 | .2428 | .1540 | .0803 | .0358 | .0138 | .0046 | .0013 | .0003 |
|  | 3 | .0533 | .1796 | .2428 | .2182 | .1517 | .0869 | .0422 | .0175 | .0062 | .0018 |
|  | 4 | .0112 | .0798 | .1714 | .2182 | .2023 | .1491 | .0909 | .0467 | .0203 | .0074 |
|  | 5 | .0018 | .0266 | .0907 | .1636 | .2023 | .1916 | .1468 | .0933 | .0497 | .0222 |
|  | 6 | .0002 | .0069 | .0374 | .0955 | .1574 | .1916 | .1844 | .1451 | .0949 | .0518 |
|  | 7 | .0000 | .0014 | .0122 | .0443 | .0974 | .1525 | .1844 | .1797 | .1443 | .0961 |
|  | 8 | .0000 | .0002 | .0032 | .0166 | .0487 | .0981 | .1489 | .1797 | .1771 | .1442 |
|  | 9 | .0000 | .0000 | .0007 | .0051 | .0198 | .0514 | .0980 | .1464 | .1771 | .1762 |
|  | 10 | .0000 | .0000 | .0001 | .0013 | .0066 | .0220 | .0528 | .0976 | .1449 | .1762 |
|  | 11 | .0000 | .0000 | .0000 | .0003 | .0018 | .0077 | .0233 | .0532 | .0970 | .1442 |
|  | 12 | .0000 | .0000 | .0000 | .0000 | .0004 | .0022 | .0083 | .0237 | .0529 | .0961 |
|  | 13 | .0000 | .0000 | .0000 | .0000 | .0001 | .0005 | .0024 | .0085 | .0233 | .0518 |
|  | 14 | .0000 | .0000 | .0000 | .0000 | .0000 | .0001 | .0006 | .0024 | .0082 | .0222 |
|  | 15 | .0000 | .0000 | .0000 | .0000 | .0000 | .0000 | .0001 | .0005 | .0022 | .0074 |
|  | 16 | .0000 | .0000 | .0000 | .0000 | .0000 | .0000 | .0000 | .0001 | .0005 | .0018 |
|  | 17 | .0000 | .0000 | .0000 | .0000 | .0000 | .0000 | .0000 | .0000 | .0001 | .0003 |
|  | 18 | .0000 | .0000 | .0000 | .0000 | .0000 | .0000 | .0000 | .0000 | .0000 | .0000 |
|  | 19 | .0000 | .0000 | .0000 | .0000 | .0000 | .0000 | .0000 | .0000 | .0000 | .0000 |

Tafel V (Fortsetz.)

| N | x | P .05 | .10 | .15 | .20 | .25 | .30 | .35 | .40 | .45 | .50 |
|---|---|-------|-----|-----|-----|-----|-----|-----|-----|-----|-----|
| 20 | 0 | .3585 | .1216 | .0388 | .0115 | .0032 | .0008 | .0002 | .0000 | .0000 | .0000 |
|  | 1 | .3774 | .2702 | .1368 | .0576 | .0211 | .0068 | .0020 | .0005 | .0001 | .0000 |
|  | 2 | .1887 | .2852 | .2293 | .1369 | .0669 | .0278 | .0100 | .0031 | .0008 | .0002 |
|  | 3 | .0596 | .1901 | .2428 | .2054 | .1339 | .0716 | .0323 | .0123 | .0040 | .0011 |
|  | 4 | .0133 | .0898 | .1821 | .2182 | .1897 | .1304 | .0738 | .0350 | .0139 | .0046 |
|  | 5 | .0022 | .0319 | .1028 | .1746 | .2023 | .1789 | .1272 | .0746 | .0365 | .0148 |
|  | 6 | .0003 | .0089 | .0454 | .1091 | .1686 | .1916 | .1712 | .1244 | .0746 | .0370 |
|  | 7 | .0000 | .0020 | .0160 | .0545 | .1124 | .1643 | .1844 | .1659 | .1221 | .0739 |
|  | 8 | .0000 | .0004 | .0046 | .0222 | .0609 | .1144 | .1614 | .1797 | .1623 | .1201 |
|  | 9 | .0000 | .0001 | .0011 | .0074 | .0271 | .0654 | .1158 | .1597 | .1771 | .1602 |
|  | 10 | .0000 | .0000 | .0002 | .0020 | .0099 | .0308 | .0686 | .1171 | .1593 | .1762 |
|  | 11 | .0000 | .0000 | .0000 | .0005 | .0030 | .0120 | .0336 | .0710 | .1185 | .1602 |
|  | 12 | .0000 | .0000 | .0000 | .0001 | .0008 | .0039 | .0136 | .0355 | .0727 | .1201 |
|  | 13 | .0000 | .0000 | .0000 | .0000 | .0002 | .0010 | .0045 | .0146 | .0366 | .0739 |
|  | 14 | .0000 | .0000 | .0000 | .0000 | .0000 | .0002 | .0012 | .0049 | .0150 | .0370 |
|  | 15 | .0000 | .0000 | .0000 | .0000 | .0000 | .0000 | .0003 | .0013 | .0049 | .0148 |
|  | 16 | .0000 | .0000 | .0000 | .0000 | .0000 | .0000 | .0000 | .0003 | .0013 | .0046 |
|  | 17 | .0000 | .0000 | .0000 | .0000 | .0000 | .0000 | .0000 | .0000 | .0002 | .0011 |
|  | 18 | .0000 | .0000 | .0000 | .0000 | .0000 | .0000 | .0000 | .0000 | .0000 | .0002 |
|  | 19 | .0000 | .0000 | .0000 | .0000 | .0000 | .0000 | .0000 | .0000 | .0000 | .0000 |
|  | 20 | .0000 | .0000 | .0000 | .0000 | .0000 | .0000 | .0000 | .0000 | .0000 | .0000 |

**Tafel V-1**

Der Vorzeichentest

Die Tafel wurde via BRADLEY (1968, Table VII) entnommen aus MacKINNON, W. J.: Table for both the sign test and distribution-free confidence intervals of the Median for sample sizes to 1,000. J. Am. Stat. Ass. 59(1964), 935–956, mit freundlicher Genehmigung des Verfassers und des Herausgebers.

Die Tafel enthält die Höchstzahl (obere Schranke) der Prüfgröße x, mit x als der Häufigkeit, mit der das seltenere der beiden Vorzeichen (Plus oder Minus), sgn$(x_a - x_b)$, in einer Stichprobe von N = 1 (1) 180 Beobachtungspaaren auftritt. Die Tafelwerte gelten für zweiseitige Fragestellung ($Md_a - Md_b \neq 0$); bei einseitiger Frage ($Md_a - Md_b > 0$ oder $Md_a - Md_b < 0$) sind die im Spaltenkopf angegebenen $\alpha$-Werte zu halbieren.

*Ablesebeispiel:* Bringen N = 18 Beobachtungspaare x = 2 Vorzeichen der einen und N - x = 16 Vorzeichen der anderen Art, so existiert ein auf der 1 %-Stufe gesicherter Unterschied der Populationsmediane, da x $\leq x_{0,01}$ = 3 (zweiseitiger Test). Bringen N = 80 Beobachtungspaare A - B unter der Alternativhypothese A $\geq$ B x = 32 negative Vorzeichen, so ist der Unterschied auf der 5 %-Stufe gesichert, da x $\leq x_{0,10/2}$ = 32.

Tafel V-1 (Fortsetz.)

| N | α | | | | | | N | α | | | | | |
|---|---|---|---|---|---|---|---|---|---|---|---|---|---|
|   | .001 | .01 | .02 | .05 | .10 | .50 |   | .001 | .01 | .02 | .05 | .10 | .50 |
| 1 | — | — | — | — | — | — | 46 | 11 | 13 | 14 | 15 | 16 | 20 |
| 2 | — | — | — | — | — | 0 | 47 | 11 | 14 | 15 | 16 | 17 | 20 |
| 3 | — | — | — | — | — | 0 | 48 | 12 | 14 | 15 | 16 | 17 | 21 |
| 4 | — | — | — | — | — | 0 | 49 | 12 | 15 | 15 | 17 | 18 | 21 |
| 5 | — | — | — | — | 0 | 1 | 50 | 13 | 15 | 16 | 17 | 18 | 22 |
| 6 | — | — | — | 0 | 0 | 1 |   |   |   |   |   |   |   |
| 7 | — | — | 0 | 0 | 0 | 2 | 51 | 13 | 15 | 16 | 18 | 19 | 22 |
| 8 | — | 0 | 0 | 0 | 1 | 2 | 52 | 13 | 16 | 17 | 18 | 19 | 23 |
| 9 | — | 0 | 0 | 1 | 1 | 2 | 53 | 14 | 16 | 17 | 18 | 20 | 23 |
| 10 | — | 0 | 0 | 1 | 1 | 3 | 54 | 14 | 17 | 18 | 19 | 20 | 24 |
|   |   |   |   |   |   |   | 55 | 14 | 17 | 18 | 19 | 20 | 24 |
| 11 | 0 | 0 | 1 | 1 | 2 | 3 | 56 | 15 | 17 | 18 | 20 | 21 | 24 |
| 12 | 0 | 1 | 1 | 2 | 2 | 4 | 57 | 15 | 18 | 19 | 20 | 21 | 25 |
| 13 | 0 | 1 | 1 | 2 | 3 | 4 | 58 | 16 | 18 | 19 | 21 | 22 | 25 |
| 14 | 0 | 1 | 2 | 2 | 3 | 5 | 59 | 16 | 19 | 20 | 21 | 22 | 26 |
| 15 | 1 | 2 | 2 | 3 | 3 | 5 | 60 | 16 | 19 | 20 | 21 | 23 | 26 |
| 16 | 1 | 2 | 2 | 3 | 4 | 6 |   |   |   |   |   |   |   |
| 17 | 1 | 2 | 3 | 4 | 4 | 6 | 61 | 17 | 20 | 20 | 22 | 23 | 27 |
| 18 | 1 | 3 | 3 | 4 | 5 | 7 | 62 | 17 | 20 | 21 | 22 | 24 | 27 |
| 19 | 2 | 3 | 4 | 4 | 5 | 7 | 63 | 18 | 20 | 21 | 23 | 24 | 28 |
| 20 | 2 | 3 | 4 | 5 | 5 | 7 | 64 | 18 | 21 | 22 | 23 | 24 | 28 |
|   |   |   |   |   |   |   | 65 | 18 | 21 | 22 | 24 | 25 | 29 |
| 21 | 2 | 4 | 4 | 5 | 6 | 8 | 66 | 19 | 22 | 23 | 24 | 25 | 29 |
| 22 | 3 | 4 | 5 | 5 | 6 | 8 | 67 | 19 | 22 | 23 | 25 | 26 | 30 |
| 23 | 3 | 4 | 5 | 6 | 7 | 9 | 68 | 20 | 22 | 23 | 25 | 26 | 30 |
| 24 | 3 | 5 | 5 | 6 | 7 | 9 | 69 | 20 | 23 | 24 | 25 | 27 | 31 |
| 25 | 4 | 5 | 6 | 7 | 7 | 10 | 70 | 20 | 23 | 24 | 26 | 27 | 31 |
| 26 | 4 | 6 | 6 | 7 | 8 | 10 |   |   |   |   |   |   |   |
| 27 | 4 | 6 | 7 | 7 | 8 | 11 | 71 | 21 | 24 | 25 | 26 | 28 | 32 |
| 28 | 5 | 6 | 7 | 8 | 9 | 11 | 72 | 21 | 24 | 25 | 27 | 28 | 32 |
| 29 | 5 | 7 | 7 | 8 | 9 | 12 | 73 | 22 | 25 | 26 | 27 | 28 | 33 |
| 30 | 5 | 7 | 8 | 9 | 10 | 12 | 74 | 22 | 25 | 26 | 28 | 29 | 33 |
|   |   |   |   |   |   |   | 75 | 22 | 25 | 26 | 28 | 29 | 34 |
| 31 | 6 | 7 | 8 | 9 | 10 | 13 | 76 | 23 | 26 | 27 | 28 | 30 | 34 |
| 32 | 6 | 8 | 8 | 9 | 10 | 13 | 77 | 23 | 26 | 27 | 29 | 30 | 35 |
| 33 | 6 | 8 | 9 | 10 | 11 | 14 | 78 | 24 | 27 | 28 | 29 | 31 | 35 |
| 34 | 7 | 9 | 9 | 10 | 11 | 14 | 79 | 24 | 27 | 28 | 30 | 31 | 36 |
| 35 | 7 | 9 | 10 | 11 | 12 | 15 | 80 | 24 | 28 | 29 | 30 | 32 | 36 |
| 36 | 7 | 9 | 10 | 11 | 12 | 15 |   |   |   |   |   |   |   |
| 37 | 8 | 10 | 10 | 12 | 13 | 15 | 81 | 25 | 28 | 29 | 31 | 32 | 36 |
| 38 | 8 | 10 | 11 | 12 | 13 | 16 | 82 | 25 | 28 | 30 | 31 | 33 | 37 |
| 39 | 8 | 11 | 11 | 12 | 13 | 16 | 83 | 26 | 29 | 30 | 32 | 33 | 37 |
| 40 | 9 | 11 | 12 | 13 | 14 | 17 | 84 | 26 | 29 | 30 | 32 | 33 | 38 |
|   |   |   |   |   |   |   | 85 | 26 | 30 | 31 | 32 | 34 | 38 |
| 41 | 9 | 11 | 12 | 13 | 14 | 17 | 86 | 27 | 30 | 31 | 33 | 34 | 39 |
| 42 | 10 | 12 | 13 | 14 | 15 | 18 | 87 | 27 | 31 | 32 | 33 | 35 | 39 |
| 43 | 10 | 12 | 13 | 14 | 15 | 18 | 88 | 28 | 31 | 32 | 34 | 35 | 40 |
| 44 | 10 | 13 | 13 | 15 | 16 | 19 | 89 | 28 | 31 | 33 | 34 | 36 | 40 |
| 45 | 11 | 13 | 14 | 15 | 16 | 19 | 90 | 29 | 32 | 33 | 35 | 36 | 41 |

Tafel V-1 (Fortsetz.)

| N | α | | | | | | N | α | | | | | |
|---|---|---|---|---|---|---|---|---|---|---|---|---|---|
|  | .001 | .01 | .02 | .05 | .10 | .50 |  | .001 | .01 | .02 | .05 | .10 | .50 |
| 91 | 29 | 32 | 33 | 35 | 37 | 41 | 136 | 48 | 52 | 53 | 56 | 57 | 63 |
| 92 | 29 | 33 | 34 | 36 | 37 | 42 | 137 | 48 | 52 | 54 | 56 | 58 | 64 |
| 93 | 30 | 33 | 34 | 36 | 38 | 42 | 138 | 49 | 53 | 54 | 57 | 58 | 64 |
| 94 | 30 | 34 | 35 | 37 | 38 | 43 | 139 | 49 | 53 | 55 | 57 | 59 | 65 |
| 95 | 31 | 34 | 35 | 37 | 38 | 43 | 140 | 50 | 54 | 55 | 57 | 59 | 65 |
| 96 | 31 | 34 | 36 | 37 | 39 | 44 |  |  |  |  |  |  |  |
| 97 | 31 | 35 | 36 | 38 | 39 | 44 | 141 | 50 | 54 | 56 | 58 | 60 | 65 |
| 98 | 32 | 35 | 37 | 38 | 40 | 45 | 142 | 51 | 55 | 56 | 58 | 60 | 66 |
| 99 | 32 | 36 | 37 | 39 | 40 | 45 | 143 | 51 | 55 | 57 | 59 | 61 | 66 |
| 100 | 33 | 36 | 37 | 39 | 41 | 46 | 144 | 51 | 56 | 57 | 59 | 61 | 67 |
|  |  |  |  |  |  |  | 145 | 52 | 56 | 58 | 60 | 62 | 67 |
| 101 | 33 | 37 | 38 | 40 | 41 | 46 | 146 | 52 | 56 | 58 | 60 | 62 | 68 |
| 102 | 34 | 37 | 38 | 40 | 42 | 47 | 147 | 53 | 57 | 58 | 61 | 63 | 68 |
| 103 | 34 | 37 | 39 | 41 | 42 | 47 | 148 | 53 | 57 | 59 | 61 | 63 | 69 |
| 104 | 34 | 38 | 39 | 41 | 43 | 48 | 149 | 54 | 58 | 59 | 62 | 63 | 69 |
| 105 | 35 | 38 | 40 | 41 | 43 | 48 | 150 | 54 | 58 | 60 | 62 | 64 | 70 |
| 106 | 35 | 39 | 40 | 42 | 44 | 49 |  |  |  |  |  |  |  |
| 107 | 36 | 39 | 41 | 42 | 44 | 49 | 151 | 54 | 59 | 60 | 62 | 64 | 70 |
| 108 | 36 | 40 | 41 | 43 | 44 | 49 | 152 | 55 | 59 | 61 | 63 | 65 | 71 |
| 109 | 36 | 40 | 41 | 43 | 45 | 50 | 153 | 55 | 60 | 61 | 63 | 65 | 71 |
| 110 | 37 | 41 | 42 | 44 | 45 | 50 | 154 | 56 | 60 | 62 | 64 | 66 | 72 |
|  |  |  |  |  |  |  | 155 | 56 | 61 | 62 | 64 | 66 | 72 |
| 111 | 37 | 41 | 42 | 44 | 46 | 51 | 156 | 57 | 61 | 63 | 65 | 67 | 73 |
| 112 | 38 | 41 | 43 | 45 | 46 | 51 | 157 | 57 | 61 | 63 | 65 | 67 | 73 |
| 113 | 38 | 42 | 43 | 45 | 47 | 52 | 158 | 57 | 62 | 63 | 66 | 68 | 74 |
| 114 | 39 | 42 | 44 | 46 | 47 | 52 | 159 | 58 | 62 | 64 | 66 | 68 | 74 |
| 115 | 39 | 43 | 44 | 46 | 48 | 53 | 160 | 58 | 63 | 64 | 67 | 69 | 75 |
| 116 | 39 | 43 | 45 | 46 | 48 | 53 |  |  |  |  |  |  |  |
| 117 | 40 | 44 | 45 | 47 | 49 | 54 | 161 | 59 | 63 | 65 | 67 | 69 | 75 |
| 118 | 40 | 44 | 45 | 47 | 49 | 54 | 162 | 59 | 64 | 65 | 68 | 70 | 76 |
| 119 | 41 | 45 | 46 | 48 | 50 | 55 | 163 | 60 | 64 | 66 | 68 | 70 | 76 |
| 120 | 41 | 45 | 46 | 48 | 50 | 55 | 164 | 60 | 65 | 66 | 68 | 70 | 77 |
|  |  |  |  |  |  |  | 165 | 60 | 65 | 67 | 69 | 71 | 77 |
| 121 | 42 | 45 | 47 | 49 | 50 | 56 | 166 | 61 | 65 | 67 | 69 | 71 | 78 |
| 122 | 42 | 46 | 47 | 49 | 51 | 56 | 167 | 61 | 66 | 68 | 70 | 72 | 78 |
| 123 | 42 | 46 | 48 | 50 | 51 | 57 | 168 | 62 | 66 | 68 | 70 | 72 | 79 |
| 124 | 43 | 47 | 48 | 50 | 52 | 57 | 169 | 62 | 67 | 68 | 71 | 73 | 79 |
| 125 | 43 | 47 | 49 | 51 | 52 | 58 | 170 | 63 | 67 | 69 | 71 | 73 | 80 |
| 126 | 44 | 48 | 49 | 51 | 53 | 58 |  |  |  |  |  |  |  |
| 127 | 44 | 48 | 49 | 51 | 53 | 59 | 171 | 63 | 68 | 69 | 72 | 74 | 80 |
| 128 | 45 | 48 | 50 | 52 | 54 | 59 | 172 | 64 | 68 | 70 | 72 | 74 | 81 |
| 129 | 45 | 49 | 50 | 52 | 54 | 60 | 173 | 64 | 69 | 70 | 73 | 75 | 81 |
| 130 | 45 | 49 | 51 | 53 | 55 | 60 | 174 | 64 | 69 | 71 | 73 | 75 | 82 |
|  |  |  |  |  |  |  | 175 | 65 | 70 | 71 | 74 | 76 | 82 |
| 131 | 46 | 50 | 51 | 53 | 55 | 61 | 176 | 65 | 70 | 72 | 74 | 76 | 83 |
| 132 | 46 | 50 | 52 | 54 | 56 | 61 | 177 | 66 | 70 | 72 | 74 | 77 | 83 |
| 133 | 47 | 51 | 52 | 54 | 56 | 62 | 178 | 66 | 71 | 73 | 75 | 77 | 83 |
| 134 | 47 | 51 | 53 | 55 | 56 | 62 | 179 | 67 | 71 | 73 | 75 | 78 | 84 |
| 135 | 48 | 52 | 53 | 55 | 57 | 63 | 180 | 67 | 72 | 73 | 76 | 78 | 84 |

## Tafel V-2

### Der Nullklassentest

Entnommen aus DAVID, F. N.: Two combinatorial tests of whether a sample has come from a given population. Biometrika 37(1950), 97–110, Table 1a., mit freundlicher Genehmigung des Herausgebers.

Die Tafel enthält die Wahrscheinlichkeiten p dafür, daß Z Nullklassen entstehen, wenn N = 3(1)20 Meßwerte auf N Klassen gleicher Wahrscheinlichkeit aufgeteilt werden; die Überschreitungswahrscheinlichkeiten P erhält man durch Summation der p für den entsprechenden und die höheren Z-Werte.

*Ablesebeispiel:* N = 6 Meßwerte liefern Z = 4 Nullklassen. Die entsprechende Wahrscheinlichkeit lautet p = 0,0199. Die Überschreitungswahrscheinlichkeit ergibt sich zu P = 0,0199 + 0,0001 = 0,02; wobei der Wert p = 0,001 sich für N = 6 und Z = 5 ergibt.

| N / z | 3 | 4 | 5 | 6 | 7 | 8 | 9 | 10 | 11 |
|---|---|---|---|---|---|---|---|---|---|
| 0 | 0·2222 | 0·0937 | 0·0384 | 0·0154 | 0·0061 | 0·0024 | 0·0009 | 0·0004 | 0·0001 |
| 1 | 0·6667 | 0·5625 | 0·3840 | 0·2315 | 0·1285 | 0·0673 | 0·0337 | 0·0163 | 0·0077 |
| 2 | 0·1111 | 0·3281 | 0·4800 | 0·5015 | 0·4284 | 0·3196 | 0·2164 | 0·1361 | 0·0808 |
| 3 | — | 0·0156 | 0·0960 | 0·2315 | 0·3570 | 0·4206 | 0·4131 | 0·3556 | 0·2770 |
| 4 | — | — | 0·0016 | 0·0199 | 0·0768 | 0·1703 | 0·2713 | 0·3451 | 0·3730 |
| 5 | — | — | — | 0·0001 | 0·0032 | 0·0193 | 0·0606 | 0·1286 | 0·2093 |
| 6 | — | — | — | — | 0·0000 | 0·0004 | 0·0039 | 0·0172 | 0·0479 |
| 7 | — | — | — | — | — | 0·0000 | 0·0000 | 0·0007 | 0·0040 |
| 8 | — | — | — | — | — | — | 0·0000 | 0·0000 | 0·0001 |
| 9 | — | — | — | — | — | — | — | 0·0000 | 0·0000 |
| 10 | — | — | — | — | — | — | — | — | 0·0000 |

| N / z | 12 | 13 | 14 | 15 | 16 | 17 | 18 | 19 | 20 |
|---|---|---|---|---|---|---|---|---|---|
| 0 | 0·0001 | 0·0000 | 0·0000 | 0·0000 | 0·0000 | 0·0000 | 0·0000 | 0·0000 | 0·0000 |
| 1 | 0·0035 | 0·0016 | 0·0007 | 0·0003 | 0·0001 | 0·0000 | 0·0000 | 0·0000 | 0·0000 |
| 2 | 0·0458 | 0·0250 | 0·0132 | 0·0068 | 0·0033 | 0·0017 | 0·0008 | 0·0000 | 0·0000 |
| 3 | 0·1994 | 0·1348 | 0·0864 | 0·0530 | 0·0313 | 0·0179 | 0·0100 | 0·0052 | 0·0029 |
| 4 | 0·3560 | 0·3080 | 0·2461 | 0·1841 | 0·1303 | 0·0880 | 0·0570 | 0·0357 | 0·0216 |
| 5 | 0·2809 | 0·3255 | 0·3357 | 0·3151 | 0·2735 | 0·2222 | 0·1707 | 0·1248 | 0·0874 |
| 6 | 0·0988 | 0·1632 | 0·2279 | 0·2784 | 0·3052 | 0·3058 | 0·2839 | 0·2470 | 0·2031 |
| 7 | 0·0147 | 0·0380 | 0·0768 | 0·1284 | 0·1847 | 0·2353 | 0·2709 | 0·2863 | 0·2811 |
| 8 | 0·0008 | 0·0038 | 0·0123 | 0·0303 | 0·0602 | 0·1016 | 0·1498 | 0·1981 | 0·2365 |
| 9 | 0·0000 | 0·0001 | 0·0009 | 0·0035 | 0·0103 | 0·0242 | 0·0476 | 0·0809 | 0·1215 |
| 10 | 0·0000 | 0·0000 | 0·0000 | 0·0002 | 0·0009 | 0·0030 | 0·0085 | 0·0194 | 0·0378 |
| 11 | 0·0000 | 0·0000 | 0·0000 | 0·0000 | 0·0000 | 0·0002 | 0·0008 | 0·0026 | 0·0070 |
| 12 | — | 0·0000 | 0·0000 | 0·0000 | 0·0000 | 0·0000 | 0·0000 | 0·0002 | 0·0007 |
| 13 | — | — | 0·0000 | 0·0000 | 0·0000 | 0·0000 | 0·0000 | 0·0000 | 0·0000 |

## Tafel V-3

### Der exakte Vier-Felder-Test (FISHER-YATES, FISHER-IRWIN)

Die Tafel wurde entnommen via BRADLEY, J. V. (1968, Table VIII) aus FINNEY, D. J., LATSCHA, R., BENNETT, B. M. and HSU, P.: Tables for testing significance in a 2 x 2 contingency table. London: Cambridge Univ. Press, 1963, mit freundlicher Genehmigung der Verfasser und des Verlages.

Um den exakten Vierfeldertest anzuwenden, müssen die 4 Frequenzen so angeordnet werden, daß $(a + b) \geq (c + d)$, was nötigenfalls durch Vertauschung der Zeilen erfolgt, und daß $a/(a + b) \geq c/(c + d)$, was durch Vertauschung der Spalten erfolgt.

Ist diese Anordnung erreicht, geht man mit dem Wert $(a + b)$ in die erste Spalte ein und sucht in der zweiten Spalte den zugehörigen Wert $(c + d)$ und in der dritten Spalte den beobachteten Wert a auf. In den folgenden Spalten liest man dann den kritischen Wert von c und dessen einseitigen P-Wert ab. Erreicht oder unterschreitet der beobachtete c-Wert den kritischen c-Wert, ist $H_0$ (Homogenität, Unabhängigkeit) zugunsten von $H_1$ (Inhomogenität, Kontingenz) zu verwerfen.

Die Tafel umfaßt Stichprobenumfänge von $(a + b) = 3(1)17$ und $(c + d) = 3(1)17$ und Prüfgrößen c für die einseitigen Tests auf den konventionellen Signifikanzstufen (mit $\alpha = 0{,}025$ für den zweiseitigen Test auf der 5 %-Stufe).

*Ablesebeispiel:* Ist $a = 4$, $b = 1$, $c = 3$ und $d = 7$, so setzen wir a' = 7, b' = 3, c' = 1 und d' = 4 (Vertauschen von Zeilen und Spalten), um die Bedingungen für den Tafeleingang zu erfüllen: Für a' + b' = 10 und c' + d' = 5 finden wir in Zeile a' = 7 einen kritischen Wert von c' = 0, der von dem beobachteten Wert c' = 1 weder erreicht noch unterschritten wird, so daß $H_0$ selbst bei $\alpha = 0{,}05$ und einseitiger Fragestellung beibehalten werden muß.

| a + b | c + d | a | c und P(c) einseitig | | | |
|---|---|---|---|---|---|---|
| | | | 0.05 | 0.025 | 0.01 | 0.005 |
| 3 | 3 | 3 | 0 ·050 | — | — | — |
| 4 | 4 | 4 | 0 ·014 | 0 ·014 | — | — |
| | | 3 | 0 ·029 | — | — | — |
| 5 | 5 | 5 | 1 ·024 | 1 ·024 | 0 ·004 | 0 ·004 |
| | | 4 | 0 ·024 | 0 ·024 | — | — |
| | 4 | 5 | 1 ·048 | 0 ·008 | 0 ·008 | — |
| | | 4 | 0 ·040 | — | — | — |
| | 3 | 5 | 0 ·018 | 0 ·018 | — | — |
| | 2 | 5 | 0 ·048 | — | — | — |
| 6 | 6 | 6 | 2 ·030 | 1 ·008 | 1 ·008 | 0 ·001 |
| | | 5 | 1 ·040 | 0 ·008 | 0 ·008 | — |
| | | 4 | 0 ·030 | — | — | — |
| | 5 | 6 | 1 ·015+ | 1 ·015+ | 0 ·002 | 0 ·002 |
| | | 5 | 0 ·013 | 0 ·013 | — | — |
| | | 4 | 0 ·045+ | — | — | — |
| | 4 | 6 | 1 ·033 | 0 ·005− | 0 ·005− | 0 ·005− |
| | | 5 | 0 ·024 | 0 ·024 | — | — |
| | 3 | 6 | 0 ·012 | 0 ·012 | — | — |
| | | 5 | 0 ·048 | — | — | — |
| | 2 | 6 | 0 ·036 | — | — | — |

| a+b | c+d | a | c und P(c) einseitig ||||
|---|---|---|---|---|---|---|
| | | | 0.05 | 0.025 | 0.01 | 0.005 |
| 7 | 7 | 7 | 3 ·035− | 2 ·010+ | 1 ·002 | 1 ·002 |
| | | 6 | 1 ·015− | 1 ·015− | 0 ·002 | 0 ·002 |
| | | 5 | 0 ·010+ | 0 ·010+ | — | — |
| | | 4 | 0 ·035− | — | — | — |
| | 6 | 7 | 2 ·021 | 2 ·021 | 1 ·005− | 1 ·005− |
| | | 6 | 1 ·025+ | 0 ·004 | 0 ·004 | 0 ·004 |
| | | 5 | 0 ·016 | 0 ·016 | — | — |
| | | 4 | 0 ·049 | — | — | — |
| | 5 | 7 | 2 ·045+ | 1 ·010+ | 0 ·001 | 0 ·001 |
| | | 6 | 1 ·045+ | 0 ·008 | 0 ·008 | — |
| | | 5 | 0 ·027 | — | — | — |
| | 4 | 7 | 1 ·024 | 1 ·024 | 0 ·003 | 0 ·003 |
| | | 6 | 0 ·015+ | 0 ·015+ | — | — |
| | | 5 | 0 ·045+ | — | — | — |
| | 3 | 7 | 0 ·008 | 0 ·008 | 0 ·008 | — |
| | | 6 | 0 ·033 | — | — | — |
| | 2 | 7 | 0 ·028 | — | — | — |
| 8 | 8 | 8 | 4 ·038 | 3 ·013 | 2 ·003 | 2 ·003 |
| | | 7 | 2 ·020 | 2 ·020 | 1 ·005+ | 0 ·001 |
| | | 6 | 1 ·020 | 1 ·020 | 0 ·003 | 0 ·003 |
| | | 5 | 0 ·013 | 0 ·013 | — | — |
| | | 4 | 0 ·038 | — | — | — |
| | 7 | 8 | 3 ·026 | 2 ·007 | 2 ·007 | 1 ·001 |
| | | 7 | 2 ·035− | 1 ·009 | 1 ·009 | 0 ·001 |
| | | 6 | 1 ·032 | 0 ·006 | 0 ·006 | — |
| | | 5 | 0 ·019 | 0 ·019 | — | — |
| | 6 | 8 | 2 ·015− | 2 ·015− | 1 ·003 | 1 ·003 |
| | | 7 | 1 ·016 | 1 ·016 | 0 ·002 | 0 ·002 |
| | | 6 | 0 ·009 | 0 ·009 | 0 ·009 | — |
| | | 5 | 0 ·028 | — | — | — |
| | 5 | 8 | 2 ·035− | 1 ·007 | 1 ·007 | 0 ·001 |
| | | 7 | 1 ·032 | 0 ·005− | 0 ·005− | 0 ·005− |
| | | 6 | 0 ·016 | 0 ·016 | — | — |
| | | 5 | 0 ·044 | — | — | — |
| | 4 | 8 | 1 ·018 | 1 ·018 | 0 ·002 | 0 ·002 |
| | | 7 | 0 ·010+ | 0 ·010+ | — | — |
| | | 6 | 0 ·030 | — | — | — |
| | 3 | 8 | 0 ·006 | 0 ·006 | 0 ·006 | — |
| | | 7 | 0 ·024 | 0 ·024 | — | — |
| | 2 | 8 | 0 ·022 | 0 ·022 | — | — |

Tafel V-3 (Fortsetz.)

| a + b | c + d | a | c und P(c) einseitig | | | |
|---|---|---|---|---|---|---|
| | | | 0.05 | 0.025 | 0.01 | 0.005 |
| 9 | 9 | 9 | 5 ·041 | 4 ·015− | 3 ·005− | 3 ·005− |
| | | 8 | 3 ·025− | 3 ·025− | 2 ·008 | 1 ·002 |
| | | 7 | 2 ·028 | 1 ·008 | 1 ·008 | 0 ·001 |
| | | 6 | 1 ·025− | 1 ·025− | 0 ·005− | 0 ·005− |
| | | 5 | 0 ·015− | 0 ·015− | — | — |
| | | 4 | 0 ·041 | — | — | — |
| | 8 | 9 | 4 ·029 | 3 ·009 | 3 ·009 | 2 ·002 |
| | | 8 | 3 ·043 | 2 ·013 | 1 ·003 | 1 ·003 |
| | | 7 | 2 ·044 | 1 ·012 | 0 ·002 | 0 ·002 |
| | | 6 | 1 ·036 | 0 ·007 | 0 ·007 | — |
| | | 5 | 0 ·020 | 0 ·020 | — | — |
| | 7 | 9 | 3 ·019 | 3 ·019 | 2 ·005− | 2 ·005− |
| | | 8 | 2 ·024 | 2 ·024 | 1 ·006 | 0 ·001 |
| | | 7 | 1 ·020 | 1 ·020 | 0 ·003 | 0 ·003 |
| | | 6 | 0 ·010+ | 0 ·010+ | — | — |
| | | 5 | 0 ·029 | — | — | — |
| | 6 | 9 | 3 ·044 | 2 ·011 | 1 ·002 | 1 ·002 |
| | | 8 | 2 ·047 | 1 ·011 | 0 ·001 | 0 ·001 |
| | | 7 | 1 ·035− | 0 ·006 | 0 ·006 | — |
| | | 6 | 0 ·017 | 0 ·017 | — | — |
| | | 5 | 0 ·042 | — | — | — |
| | 5 | 9 | 2 ·027 | 1 ·005− | 1 ·005− | 1 ·005− |
| | | 8 | 1 ·023 | 1 ·023 | 0 ·003 | 0 ·003 |
| | | 7 | 0 ·010+ | 0 ·010+ | — | — |
| | | 6 | 0 ·028 | — | — | — |
| | 4 | 9 | 1 ·014 | 1 ·014 | 0 ·001 | 0 ·001 |
| | | 8 | 0 ·007 | 0 ·007 | 0 ·007 | — |
| | | 7 | 0 ·021 | 0 ·021 | — | — |
| | | 6 | 0 ·049 | — | — | — |
| | 3 | 9 | 1 ·045+ | 0 ·005− | 0 ·005− | 0 ·005− |
| | | 8 | 0 ·018 | 0 ·018 | — | — |
| | | 7 | 0 ·045+ | — | — | — |
| | 2 | 9 | 0 ·018 | 0 ·018 | — | — |
| 10 | 10 | 10 | 6 ·043 | 5 ·016 | 4 ·005+ | 3 ·002 |
| | | 9 | 4 ·029 | 3 ·010− | 3 ·010− | 2 ·003 |
| | | 8 | 3 ·035− | 2 ·012 | 1 ·003 | 1 ·003 |
| | | 7 | 2 ·035− | 1 ·010− | 1 ·010− | 0 ·002 |
| | | 6 | 1 ·029 | 0 ·005+ | 0 ·005+ | — |
| | | 5 | 0 ·016 | 0 ·016 | — | — |
| | | 4 | 0 ·043 | — | — | — |
| | 9 | 10 | 5 ·033 | 4 ·011 | 3 ·003 | 3 ·003 |
| | | 9 | 4 ·050− | 3 ·017 | 2 ·005− | 2 ·005− |
| | | 8 | 2 ·019 | 2 ·019 | 1 ·004 | 1 ·004 |
| | | 7 | 1 ·015− | 1 ·015− | 0 ·002 | 0 ·002 |
| | | 6 | 1 ·040 | 0 ·008 | 0 ·008 | — |
| | | 5 | 0 ·022 | 0 ·022 | — | — |

Tafel V-3 (Fortsetz.)

| a+b | c+d | a | c und P(c) einseitig | | | |
|---|---|---|---|---|---|---|
| | | | 0.05 | 0.025 | 0.01 | 0.005 |
| 10 | 8 | 10 | 4 ·023 | 4 ·023 | 3 ·007 | 2 ·002 |
| | | 9 | 3 ·032 | 2 ·009 | 2 ·009 | 1 ·002 |
| | | 8 | 2 ·031 | 1 ·008 | 1 ·008 | 0 ·001 |
| | | 7 | 1 ·023 | 1 ·023 | 0 ·004 | 0 ·004 |
| | | 6 | 0 ·011 | 0 ·011 | — | — |
| | | 5 | 0 ·029 | — | — | — |
| | 7 | 10 | 3 ·015⁻ | 3 ·015⁻ | 2 ·003 | 2 ·003 |
| | | 9 | 2 ·018 | 2 ·018 | 1 ·004 | 1 ·004 |
| | | 8 | 1 ·013 | 1 ·013 | 0 ·002 | 0 ·002 |
| | | 7 | 1 ·036 | 0 ·006 | 0 ·006 | — |
| | | 6 | 0 ·017 | 0 ·017 | — | — |
| | | 5 | 0 ·041 | — | — | — |
| | 6 | 10 | 3 ·036 | 2 ·008 | 2 ·008 | 1 ·001 |
| | | 9 | 2 ·036 | 1 ·008 | 1 ·008 | 0 ·001 |
| | | 8 | 1 ·024 | 1 ·024 | 0 ·003 | 0 ·003 |
| | | 7 | 0 ·010⁺ | 0 ·010⁺ | — | — |
| | | 6 | 0 ·026 | — | — | — |
| | 5 | 10 | 2 ·022 | 2 ·022 | 1 ·004 | 1 ·004 |
| | | 9 | 1 ·017 | 1 ·017 | 0 ·002 | 0 ·002 |
| | | 8 | 1 ·047 | 0 ·007 | 0 ·007 | — |
| | | 7 | 0 ·019 | 0 ·019 | — | — |
| | | 6 | 0 ·042 | — | — | — |
| | 4 | 10 | 1 ·011 | 1 ·011 | 0 ·001 | 0 ·001 |
| | | 9 | 1 ·041 | 0 ·005⁻ | 0 ·005⁻ | 0 ·005⁻ |
| | | 8 | 0 ·015⁻ | 0 ·015⁻ | — | — |
| | | 7 | 0 ·035⁻ | — | — | — |
| | 3 | 10 | 1 ·038 | 0 ·003 | 0 ·003 | 0 ·003 |
| | | 9 | 0 ·014 | 0 ·014 | — | — |
| | | 8 | 0 ·035⁻ | — | — | — |
| | 2 | 10 | 0 ·015⁺ | 0 ·015⁺ | — | — |
| | | 9 | 0 ·045⁺ | — | — | — |
| 11 | 11 | 11 | 7 ·045⁺ | 6 ·018 | 5 ·006 | 4 ·002 |
| | | 10 | 5 ·032 | 4 ·012 | 3 ·004 | 3 ·004 |
| | | 9 | 4 ·040 | 3 ·015⁻ | 2 ·004 | 2 ·004 |
| | | 8 | 3 ·043 | 2 ·015⁻ | 1 ·004 | 1 ·004 |
| | | 7 | 2 ·040 | 1 ·012 | 0 ·002 | 0 ·002 |
| | | 6 | 1 ·032 | 0 ·006 | 0 ·006 | — |
| | | 5 | 0 ·018 | 0 ·018 | — | — |
| | | 4 | 0 ·045⁺ | — | — | — |
| | 10 | 11 | 6 ·035⁺ | 5 ·012 | 4 ·004 | 4 ·004 |
| | | 10 | 4 ·021 | 4 ·021 | 3 ·007 | 2 ·002 |
| | | 9 | 3 ·024 | 3 ·024 | 2 ·007 | 1 ·002 |
| | | 8 | 2 ·023 | 2 ·023 | 1 ·006 | 0 ·001 |
| | | 7 | 1 ·017 | 1 ·017 | 0 ·003 | 0 ·003 |
| | | 6 | 1 ·043 | 0 ·009 | 0 ·009 | — |
| | | 5 | 0 ·023 | 0 ·023 | — | — |

Tafel V-3 (Fortsetz.)

| a + b | c + d | a | c und P(c) einseitig | | | |
|---|---|---|---|---|---|---|
| | | | 0.05 | 0.025 | 0.01 | 0.005 |
| 11 | 9 | 11 | 5 ·026  | 4 ·008  | 4 ·008  | 3 ·002 |
|    |   | 10 | 4 ·038  | 3 ·012  | 2 ·003  | 2 ·003 |
|    |   | 9  | 3 ·040  | 2 ·012  | 1 ·003  | 1 ·003 |
|    |   | 8  | 2 ·035− | 1 ·009  | 1 ·009  | 0 ·001 |
|    |   | 7  | 1 ·025− | 1 ·025− | 0 ·004  | 0 ·004 |
|    |   | 6  | 0 ·012  | 0 ·012  | —       | —      |
|    |   | 5  | 0 ·030  | —       | —       | —      |
|    | 8 | 11 | 4 ·018  | 4 ·018  | 3 ·005− | 3 ·005− |
|    |   | 10 | 3 ·024  | 3 ·024  | 2 ·006  | 1 ·001 |
|    |   | 9  | 2 ·022  | 2 ·022  | 1 ·005− | 1 ·005− |
|    |   | 8  | 1 ·015− | 1 ·015− | 0 ·002  | 0 ·002 |
|    |   | 7  | 1 ·037  | 0 ·007  | 0 ·007  | —      |
|    |   | 6  | 0 ·017  | 0 ·017  | —       | —      |
|    |   | 5  | 0 ·040  | —       | —       | —      |
|    | 7 | 11 | 4 ·043  | 3 ·011  | 2 ·002  | 2 ·002 |
|    |   | 10 | 3 ·047  | 2 ·013  | 1 ·002  | 1 ·002 |
|    |   | 9  | 2 ·039  | 1 ·009  | 1 ·009  | 0 ·001 |
|    |   | 8  | 1 ·025− | 1 ·025− | 0 ·004  | 0 ·004 |
|    |   | 7  | 0 ·010+ | 0 ·010+ | —       | —      |
|    |   | 6  | 0 ·025− | 0 ·025− | —       | —      |
|    | 6 | 11 | 3 ·029  | 2 ·006  | 2 ·006  | 1 ·001 |
|    |   | 10 | 2 ·028  | 1 ·005+ | 1 ·005+ | 0 ·001 |
|    |   | 9  | 1 ·018  | 1 ·018  | 0 ·002  | 0 ·002 |
|    |   | 8  | 1 ·043  | 0 ·007  | 0 ·007  | —      |
|    |   | 7  | 0 ·017  | 0 ·017  | —       | —      |
|    |   | 6  | 0 ·037  | —       | —       | —      |
|    | 5 | 11 | 2 ·018  | 2 ·018  | 1 ·003  | 1 ·003 |
|    |   | 10 | 1 ·013  | 1 ·013  | 0 ·001  | 0 ·001 |
|    |   | 9  | 1 ·036  | 0 ·005− | 0 ·005− | 0 ·005− |
|    |   | 8  | 0 ·013  | 0 ·013  | —       | —      |
|    |   | 7  | 0 ·029  | —       | —       | —      |
|    | 4 | 11 | 1 ·009  | 1 ·009  | 1 ·009  | 0 ·001 |
|    |   | 10 | 1 ·033  | 0 ·004  | 0 ·004  | 0 ·004 |
|    |   | 9  | 0 ·011  | 0 ·011  | —       | —      |
|    |   | 8  | 0 ·026  | —       | —       | —      |
|    | 3 | 11 | 1 ·033  | 0 ·003  | 0 ·003  | 0 ·003 |
|    |   | 10 | 0 ·011  | 0 ·011  | —       | —      |
|    |   | 9  | 0 ·027  | —       | —       | —      |
|    | 2 | 11 | 0 ·013  | 0 ·013  | —       | —      |
|    |   | 10 | 0 ·038  | —       | —       | —      |

Tafel V-3 (Fortsetz.)

| a + b | c + d | a | c und P(c) einseitig | | | |
|---|---|---|---|---|---|---|
| | | | 0.05 | 0.025 | 0.01 | 0.005 |
| 12 | 12 | 12 | 8 ·047 | 7 ·019 | 6 ·007 | 5 ·002 |
| | | 11 | 6 ·034 | 5 ·014 | 4 ·005⁻ | 4 ·005⁻ |
| | | 10 | 5 ·045⁻ | 4 ·018 | 3 ·006 | 2 ·002 |
| | | 9 | 4 ·050⁻ | 3 ·020 | 2 ·006 | 1 ·001 |
| | | 8 | 3 ·050⁻ | 2 ·018 | 1 ·005⁻ | 1 ·005⁻ |
| | | 7 | 2 ·045⁻ | 1 ·014 | 0 ·002 | 0 ·002 |
| | | 6 | 1 ·034 | 0 ·007 | 0 ·007 | — |
| | | 5 | 0 ·019 | 0 ·019 | — | — |
| | | 4 | 0 ·047 | — | — | — |
| | 11 | 12 | 7 ·037 | 6 ·014 | 5 ·005⁻ | 5 ·005⁻ |
| | | 11 | 5 ·024 | 5 ·024 | 4 ·008 | 3 ·002 |
| | | 10 | 4 ·029 | 3 ·010⁺ | 2 ·003 | 2 ·003 |
| | | 9 | 3 ·030 | 2 ·009 | 2 ·009 | 1 ·002 |
| | | 8 | 2 ·026 | 1 ·007 | 1 ·007 | 0 ·001 |
| | | 7 | 1 ·019 | 1 ·019 | 0 ·003 | 0 ·003 |
| | | 6 | 1 ·045⁻ | 0 ·009 | 0 ·009 | — |
| | | 5 | 0 ·024 | 0 ·024 | — | — |
| | 10 | 12 | 6 ·029 | 5 ·010⁻ | 5 ·010⁻ | 4 ·003 |
| | | 11 | 5 ·043 | 4 ·015⁺ | 3 ·005⁻ | 3 ·005⁻ |
| | | 10 | 4 ·048 | 3 ·017 | 2 ·005⁻ | 2 ·005⁻ |
| | | 9 | 3 ·046 | 2 ·015⁻ | 1 ·004 | 1 ·004 |
| | | 8 | 2 ·038 | 1 ·010⁺ | 0 ·002 | 0 ·002 |
| | | 7 | 1 ·026 | 0 ·005⁻ | 0 ·005⁻ | 0 ·005⁻ |
| | | 6 | 0 ·012 | 0 ·012 | — | — |
| | | 5 | 0 ·030 | — | — | — |
| | 9 | 12 | 5 ·021 | 5 ·021 | 4 ·006 | 3 ·002 |
| | | 11 | 4 ·029 | 3 ·009 | 3 ·009 | 2 ·002 |
| | | 10 | 3 ·029 | 2 ·008 | 2 ·008 | 1 ·002 |
| | | 9 | 2 ·024 | 2 ·024 | 1 ·006 | 0 ·001 |
| | | 8 | 1 ·016 | 1 ·016 | 0 ·002 | 0 ·002 |
| | | 7 | 1 ·037 | 0 ·007 | 0 ·007 | — |
| | | 6 | 0 ·017 | 0 ·017 | — | — |
| | | 5 | 0 ·039 | — | — | — |
| | 8 | 12 | 5 ·049 | 4 ·014 | 3 ·004 | 3 ·004 |
| | | 11 | 3 ·018 | 3 ·018 | 2 ·004 | 2 ·004 |
| | | 10 | 2 ·015⁺ | 2 ·015⁺ | 1 ·003 | 1 ·003 |
| | | 9 | 2 ·040 | 1 ·010⁻ | 1 ·010⁻ | 0 ·001 |
| | | 8 | 1 ·025⁻ | 1 ·025⁻ | 0 ·004 | 0 ·004 |
| | | 7 | 0 ·010⁺ | 0 ·010⁺ | — | — |
| | | 6 | 0 ·024 | 0 ·024 | — | — |
| | 7 | 12 | 4 ·036 | 3 ·009 | 3 ·009 | 2 ·002 |
| | | 11 | 3 ·038 | 2 ·010⁻ | 2 ·010⁻ | 1 ·002 |
| | | 10 | 2 ·029 | 1 ·006 | 1 ·006 | 0 ·001 |
| | | 9 | 1 ·017 | 1 ·017 | 0 ·002 | 0 ·002 |
| | | 8 | 1 ·040 | 0 ·007 | 0 ·007 | — |
| | | 7 | 0 ·016 | 0 ·016 | — | — |
| | | 6 | 0 ·034 | — | — | — |

Tafel V-3 (Fortsetz.)

| a+b | c+d | a | c und P(c) einseitig ||||
|---|---|---|---|---|---|---|
| | | | 0.05 | 0.025 | 0.01 | 0.005 |
| 12 | 6 | 12 | 3 ·025⁻ | 3 ·025⁻ | 2 ·005⁻ | 2 ·005⁻ |
| | | 11 | 2 ·022 | 2 ·022 | 1 ·004 | 1 ·004 |
| | | 10 | 1 ·013 | 1 ·013 | 0 ·002 | 0 ·002 |
| | | 9 | 1 ·032 | 0 ·005⁻ | 0 ·005⁻ | 0 ·005⁻ |
| | | 8 | 0 ·011 | 0 ·011 | — | — |
| | | 7 | 0 ·025⁻ | 0 ·025⁻ | — | — |
| | | 6 | 0 ·050⁻ | — | — | — |
| | 5 | 12 | 2 ·015⁻ | 2 ·015⁻ | 1 ·002 | 1 ·002 |
| | | 11 | 1 ·010⁻ | 1 ·010⁻ | 1 ·010⁻ | 0 ·001 |
| | | 10 | 1 ·028 | 0 ·003 | 0 ·003 | 0 ·003 |
| | | 9 | 0 ·009 | 0 ·009 | 0 ·009 | — |
| | | 8 | 0 ·020 | 0 ·020 | — | — |
| | | 7 | 0 ·041 | — | — | — |
| | 4 | 12 | 2 ·050 | 1 ·007 | 1 ·007 | 0 ·001 |
| | | 11 | 1 ·027 | 0 ·003 | 0 ·003 | 0 ·003 |
| | | 10 | 0 ·008 | 0 ·008 | 0 ·008 | — |
| | | 9 | 0 ·019 | 0 ·019 | — | — |
| | | 8 | 0 ·038 | — | — | — |
| | 3 | 12 | 1 ·029 | 0 ·002 | 0 ·002 | 0 ·002 |
| | | 11 | 0 ·009 | 0 ·009 | 0 ·009 | — |
| | | 10 | 0 ·022 | 0 ·022 | — | — |
| | | 9 | 0 ·044 | — | — | — |
| | 2 | 12 | 0 ·011 | 0 ·011 | — | — |
| | | 11 | 0 ·033 | — | — | — |
| 13 | 13 | 13 | 9 ·048 | 8 ·020 | 7 ·007 | 6 ·003 |
| | | 12 | 7 ·037 | 6 ·015⁺ | 5 ·006 | 4 ·002 |
| | | 11 | 6 ·048 | 5 ·021 | 4 ·008 | 3 ·002 |
| | | 10 | 4 ·024 | 4 ·024 | 3 ·008 | 2 ·002 |
| | | 9 | 3 ·024 | 3 ·024 | 2 ·008 | 1 ·002 |
| | | 8 | 2 ·021 | 2 ·021 | 1 ·006 | 0 ·001 |
| | | 7 | 2 ·048 | 1 ·015⁺ | 0 ·003 | 0 ·003 |
| | | 6 | 1 ·037 | 0 ·007 | 0 ·007 | — |
| | | 5 | 0 ·020 | 0 ·020 | — | — |
| | | 4 | 0 ·048 | — | — | — |
| | 12 | 13 | 8 ·039 | 7 ·015⁻ | 6 ·005⁺ | 5 ·002 |
| | | 12 | 6 ·027 | 5 ·010⁻ | 5 ·010⁻ | 4 ·003 |
| | | 11 | 5 ·033 | 4 ·013 | 3 ·004 | 3 ·004 |
| | | 10 | 4 ·036 | 3 ·013 | 2 ·004 | 2 ·004 |
| | | 9 | 3 ·034 | 2 ·011 | 1 ·003 | 1 ·003 |
| | | 8 | 2 ·029 | 1 ·008 | 1 ·008 | 0 ·001 |
| | | 7 | 1 ·020 | 1 ·020 | 0 ·004 | 0 ·004 |
| | | 6 | 1 ·046 | 0 ·010⁻ | 0 ·010⁻ | — |
| | | 5 | 0 ·024 | 0 ·024 | — | — |

Tafel V-3 (Fortsetz.)

| a+b | c+d | a | c und P(c) einseitig | | | |
|---|---|---|---|---|---|---|
| | | | 0.05 | 0.025 | 0.01 | 0.005 |
| 13 | 11 | 13 | 7 ·031 | 6 ·011 | 5 ·003 | 5 ·003 |
| | | 12 | 6 ·048 | 5 ·018 | 4 ·006 | 3 ·002 |
| | | 11 | 4 ·021 | 4 ·021 | 3 ·007 | 2 ·002 |
| | | 10 | 3 ·021 | 3 ·021 | 2 ·006 | 1 ·001 |
| | | 9 | 3 ·050− | 2 ·017 | 1 ·004 | 1 ·004 |
| | | 8 | 2 ·040 | 1 ·011 | 0 ·002 | 0 ·002 |
| | | 7 | 1 ·027 | 0 ·005− | 0 ·005− | 0 ·005− |
| | | 6 | 0 ·013 | 0 ·013 | — | — |
| | | 5 | 0 ·030 | — | — | — |
| | 10 | 13 | 6 ·024 | 6 ·024 | 5 ·007 | 4 ·002 |
| | | 12 | 5 ·035− | 4 ·012 | 3 ·003 | 3 ·003 |
| | | 11 | 4 ·037 | 3 ·012 | 2 ·003 | 2 ·003 |
| | | 10 | 3 ·033 | 2 ·010+ | 1 ·002 | 1 ·002 |
| | | 9 | 2 ·026 | 1 ·006 | 1 ·006 | 0 ·001 |
| | | 8 | 1 ·017 | 1 ·017 | 0 ·003 | 0 ·003 |
| | | 7 | 1 ·038 | 0 ·007 | 0 ·007 | — |
| | | 6 | 0 ·017 | 0 ·017 | — | — |
| | | 5 | 0 ·038 | — | — | — |
| | 9 | 13 | 5 ·017 | 5 ·017 | 4 ·005− | 4 ·005− |
| | | 12 | 4 ·023 | 4 ·023 | 3 ·007 | 2 ·001 |
| | | 11 | 3 ·022 | 3 ·022 | 2 ·006 | 1 ·001 |
| | | 10 | 2 ·017 | 2 ·017 | 1 ·004 | 1 ·004 |
| | | 9 | 2 ·040 | 1 ·010+ | 0 ·001 | 0 ·001 |
| | | 8 | 1 ·025− | 1 ·025− | 0 ·004 | 0 ·004 |
| | | 7 | 0 ·010+ | 0 ·010+ | — | — |
| | | 6 | 0 ·023 | 0 ·023 | — | — |
| | | 5 | 0 ·049 | — | — | — |
| | 8 | 13 | 5 ·042 | 4 ·012 | 3 ·003 | 3 ·003 |
| | | 12 | 4 ·047 | 3 ·014 | 2 ·003 | 2 ·003 |
| | | 11 | 3 ·041 | 2 ·011 | 1 ·002 | 1 ·002 |
| | | 10 | 2 ·029 | 1 ·007 | 1 ·007 | 0 ·001 |
| | | 9 | 1 ·017 | 1 ·017 | 0 ·002 | 0 ·002 |
| | | 8 | 1 ·037 | 0 ·006 | 0 ·006 | — |
| | | 7 | 0 ·015− | 0 ·015− | — | — |
| | | 6 | 0 ·032 | — | — | — |
| | 7 | 13 | 4 ·031 | 3 ·007 | 3 ·007 | 2 ·001 |
| | | 12 | 3 ·031 | 2 ·007 | 2 ·007 | 1 ·001 |
| | | 11 | 2 ·022 | 2 ·022 | 1 ·004 | 1 ·004 |
| | | 10 | 1 ·012 | 1 ·012 | 0 ·002 | 0 ·002 |
| | | 9 | 1 ·029 | 0 ·004 | 0 ·004 | 0 ·004 |
| | | 8 | 0 ·010+ | 0 ·010+ | — | — |
| | | 7 | 0 ·022 | 0 ·022 | — | — |
| | | 6 | 0 ·044 | — | — | — |

Tafel V-3 (Fortsetz.)

| a + b | c + d | a | c und P(c) einseitig | | | |
|---|---|---|---|---|---|---|
| | | | 0.05 | 0.025 | 0.01 | 0.005 |
| 13 | 6 | 13 | 3 ·021 | 3 ·021 | 2 ·004 | 2 ·004 |
| | | 12 | 2 ·017 | 2 ·017 | 1 ·003 | 1 ·003 |
| | | 11 | 2 ·046 | 1 ·010− | 1 ·010− | 0 ·001 |
| | | 10 | 1 ·024 | 1 ·024 | 0 ·003 | 0 ·003 |
| | | 9 | 1 ·050− | 0 ·008 | 0 ·008 | — |
| | | 8 | 0 ·017 | 0 ·017 | — | — |
| | | 7 | 0 ·034 | — | — | — |
| | 5 | 13 | 2 ·012 | 2 ·012 | 1 ·002 | 1 ·002 |
| | | 12 | 2 ·044 | 1 ·008 | 1 ·008 | 0 ·001 |
| | | 11 | 1 ·022 | 1 ·022 | 0 ·002 | 0 ·002 |
| | | 10 | 1 ·047 | 0 ·007 | 0 ·007 | — |
| | | 9 | 0 ·015− | 0 ·015− | — | — |
| | | 8 | 0 ·029 | — | — | — |
| | 4 | 13 | 2 ·044 | 1 ·006 | 1 ·006 | 0 ·000 |
| | | 12 | 1 ·022 | 1 ·022 | 0 ·002 | 0 ·002 |
| | | 11 | 0 ·006 | 0 ·006 | 0 ·006 | — |
| | | 10 | 0 ·015− | 0 ·015− | — | — |
| | | 9 | 0 ·029 | — | — | — |
| | 3 | 13 | 1 ·025 | 1 ·025 | 0 ·002 | 0 ·002 |
| | | 12 | 0 ·007 | 0 ·007 | 0 ·007 | — |
| | | 11 | 0 ·018 | 0 ·018 | — | — |
| | | 10 | 0 ·036 | — | — | — |
| | 2 | 13 | 0 ·010− | 0 ·010− | 0 ·010− | — |
| | | 12 | 0 ·029 | — | — | — |
| 14 | 14 | 14 | 10 ·049 | 9 ·020 | 8 ·008 | 7 ·003 |
| | | 13 | 8 ·038 | 7 ·016 | 6 ·006 | 5 ·002 |
| | | 12 | 6 ·023 | 6 ·023 | 5 ·009 | 4 ·003 |
| | | 11 | 5 ·027 | 4 ·011 | 3 ·004 | 3 ·004 |
| | | 10 | 4 ·028 | 3 ·011 | 2 ·003 | 2 ·003 |
| | | 9 | 3 ·027 | 2 ·009 | 2 ·009 | 1 ·002 |
| | | 8 | 2 ·023 | 2 ·023 | 1 ·006 | 0 ·001 |
| | | 7 | 1 ·016 | 1 ·016 | 0 ·003 | 0 ·003 |
| | | 6 | 1 ·038 | 0 ·008 | 0 ·008 | — |
| | | 5 | 0 ·020 | 0 ·020 | — | — |
| | | 4 | 0 ·049 | — | — | — |
| | 13 | 14 | 9 ·041 | 8 ·016 | 7 ·006 | 6 ·002 |
| | | 13 | 7 ·029 | 6 ·011 | 5 ·004 | 5 ·004 |
| | | 12 | 6 ·037 | 5 ·015+ | 4 ·005+ | 3 ·002 |
| | | 11 | 5 ·041 | 4 ·017 | 3 ·006 | 2 ·001 |
| | | 10 | 4 ·041 | 3 ·016 | 2 ·005− | 2 ·005− |
| | | 9 | 3 ·038 | 2 ·013 | 1 ·003 | 1 ·003 |
| | | 8 | 2 ·031 | 1 ·009 | 1 ·009 | 0 ·001 |
| | | 7 | 1 ·021 | 1 ·021 | 0 ·004 | 0 ·004 |
| | | 6 | 1 ·048 | 0 ·010+ | — | — |
| | | 5 | 0 ·025− | 0 ·025− | — | — |

| a+b | c+d | a | c und P(c) einseitig ||||
|---|---|---|---|---|---|---|
| | | | 0.05 | 0.025 | 0.01 | 0.005 |
| 14 | 12 | 14 | 8 ·033 | 7 ·012 | 6 ·004 | 6 ·004 |
| | | 13 | 6 ·021 | 6 ·021 | 5 ·007 | 4 ·002 |
| | | 12 | 5 ·025+ | 4 ·009 | 4 ·009 | 3 ·003 |
| | | 11 | 4 ·026 | 3 ·009 | 3 ·009 | 2 ·002 |
| | | 10 | 3 ·024 | 3 ·024 | 2 ·007 | 1 ·002 |
| | | 9 | 2 ·019 | 2 ·019 | 1 ·005− | 1 ·005− |
| | | 8 | 2 ·042 | 1 ·012 | 0 ·002 | 0 ·002 |
| | | 7 | 1 ·028 | 0 ·005+ | 0 ·005+ | — |
| | | 6 | 0 ·013 | 0 ·013 | — | — |
| | | 5 | 0 ·030 | — | — | — |
| | 11 | 14 | 7 ·026 | 6 ·009 | 6 ·009 | 5 ·003 |
| | | 13 | 6 ·039 | 5 ·014 | 4 ·004 | 4 ·004 |
| | | 12 | 5 ·043 | 4 ·016 | 3 ·005− | 3 ·005− |
| | | 11 | 4 ·042 | 3 ·015− | 2 ·004 | 2 ·004 |
| | | 10 | 3 ·036 | 2 ·011 | 1 ·003 | 1 ·003 |
| | | 9 | 2 ·027 | 1 ·007 | 1 ·007 | 0 ·001 |
| | | 8 | 1 ·017 | 1 ·017 | 0 ·003 | 0 ·003 |
| | | 7 | 1 ·038 | 0 ·007 | 0 ·007 | — |
| | | 6 | 0 ·017 | 0 ·017 | — | — |
| | | 5 | 0 ·038 | — | — | — |
| | 10 | 14 | 6 ·020 | 6 ·020 | 5 ·006 | 4 ·002 |
| | | 13 | 5 ·028 | 4 ·009 | 4 ·009 | 3 ·002 |
| | | 12 | 4 ·028 | 3 ·009 | 3 ·009 | 2 ·002 |
| | | 11 | 3 ·024 | 3 ·024 | 2 ·007 | 1 ·001 |
| | | 10 | 2 ·018 | 2 ·018 | 1 ·004 | 1 ·004 |
| | | 9 | 2 ·040 | 1 ·011 | 0 ·002 | 0 ·002 |
| | | 8 | 1 ·024 | 1 ·024 | 0 ·004 | 0 ·004 |
| | | 7 | 0 ·010− | 0 ·010− | 0 ·010− | — |
| | | 6 | 0 ·022 | 0 ·022 | — | — |
| | | 5 | 0 ·047 | — | — | — |
| | 9 | 14 | 6 ·047 | 5 ·014 | 4 ·004 | 4 ·004 |
| | | 13 | 4 ·018 | 4 ·018 | 3 ·005− | 3 ·005− |
| | | 12 | 3 ·017 | 3 ·017 | 2 ·004 | 2 ·004 |
| | | 11 | 3 ·042 | 2 ·012 | 1 ·002 | 1 ·002 |
| | | 10 | 2 ·029 | 1 ·007 | 1 ·007 | 0 ·001 |
| | | 9 | 1 ·017 | 1 ·017 | 0 ·002 | 0 ·002 |
| | | 8 | 1 ·036 | 0 ·006 | 0 ·006 | — |
| | | 7 | 0 ·014 | 0 ·014 | — | — |
| | | 6 | 0 ·030 | — | — | — |
| | 8 | 14 | 5 ·036 | 4 ·010− | 4 ·010− | 3 ·002 |
| | | 13 | 4 ·039 | 3 ·011 | 2 ·002 | 2 ·002 |
| | | 12 | 3 ·032 | 2 ·008 | 2 ·008 | 1 ·001 |
| | | 11 | 2 ·022 | 2 ·022 | 1 ·005− | 1 ·005− |
| | | 10 | 2 ·048 | 1 ·012 | 0 ·002 | 0 ·002 |
| | | 9 | 1 ·026 | 0 ·004 | 0 ·004 | 0 ·004 |
| | | 8 | 0 ·009 | 0 ·009 | 0 ·009 | — |
| | | 7 | 0 ·020 | 0 ·020 | — | — |
| | | 6 | 0 ·040 | — | — | — |

Tafel V-3 (Fortsetz.)    61

| a+b | c+d | a | c und P(c) einseitig ||||
| | | | 0.05 | 0.025 | 0.01 | 0.005 |
|---|---|---|---|---|---|---|
| 14 | 7 | 14 | 4 ·026 | 3 ·006 | 3 ·006 | 2 ·001 |
|  |  | 13 | 3 ·025 | 2 ·006 | 2 ·006 | 1 ·001 |
|  |  | 12 | 2 ·017 | 2 ·017 | 1 ·003 | 1 ·003 |
|  |  | 11 | 2 ·041 | 1 ·009 | 1 ·009 | 0 ·001 |
|  |  | 10 | 1 ·021 | 1 ·021 | 0 ·003 | 0 ·003 |
|  |  | 9 | 1 ·043 | 0 ·007 | 0 ·007 | — |
|  |  | 8 | 0 ·015− | 0 ·015− | — | — |
|  |  | 7 | 0 ·030 | — | — | — |
|  | 6 | 14 | 3 ·018 | 3 ·018 | 2 ·003 | 2 ·003 |
|  |  | 13 | 2 ·014 | 2 ·014 | 1 ·002 | 1 ·002 |
|  |  | 12 | 2 ·037 | 1 ·007 | 1 ·007 | 0 ·001 |
|  |  | 11 | 1 ·018 | 1 ·018 | 0 ·002 | 0 ·002 |
|  |  | 10 | 1 ·038 | 0 ·005+ | 0 ·005+ | — |
|  |  | 9 | 0 ·012 | 0 ·012 | — | — |
|  |  | 8 | 0 ·024 | 0 ·024 | — | — |
|  |  | 7 | 0 ·044 | — | — | — |
|  | 5 | 14 | 2 ·010+ | 2 ·010+ | 1 ·001 | 1 ·001 |
|  |  | 13 | 2 ·037 | 1 ·006 | 1 ·006 | 0 ·001 |
|  |  | 12 | 1 ·017 | 1 ·017 | 0 ·002 | 0 ·002 |
|  |  | 11 | 1 ·038 | 0 ·005− | 0 ·005− | 0 ·005− |
|  |  | 10 | 0 ·011 | 0 ·011 | — | — |
|  |  | 9 | 0 ·022 | 0 ·022 | — | — |
|  |  | 8 | 0 ·040 | — | — | — |
|  | 4 | 14 | 2 ·039 | 1 ·005− | 1 ·005− | 1 ·005− |
|  |  | 13 | 1 ·019 | 1 ·019 | 0 ·002 | 0 ·002 |
|  |  | 12 | 1 ·044 | 0 ·005− | 0 ·005− | 0 ·005− |
|  |  | 11 | 0 ·011 | 0 ·011 | — | — |
|  |  | 10 | 0 ·023 | 0 ·023 | — | — |
|  |  | 9 | 0 ·041 | — | — | — |
|  | 3 | 14 | 1 ·022 | 1 ·022 | 0 ·001 | 0 ·001 |
|  |  | 13 | 0 ·006 | 0 ·006 | 0 ·006 | — |
|  |  | 12 | 0 ·015− | 0 ·015− | — | — |
|  |  | 11 | 0 ·029 | — | — | — |
|  | 2 | 14 | 0 ·008 | 0 ·008 | 0 ·008 | — |
|  |  | 13 | 0 ·025 | 0 ·025 | — | — |
|  |  | 12 | 0 ·050 | — | — | — |
| 15 | 15 | 15 | 11 ·050− | 10 ·021 | 9 ·008 | 8 ·003 |
|  |  | 14 | 9 ·040 | 8 ·018 | 7 ·007 | 6 ·003 |
|  |  | 13 | 7 ·025+ | 6 ·010+ | 5 ·004 | 5 ·004 |
|  |  | 12 | 6 ·030 | 5 ·013 | 4 ·005− | 4 ·005− |
|  |  | 11 | 5 ·033 | 4 ·013 | 3 ·005− | 3 ·005− |
|  |  | 10 | 4 ·033 | 3 ·013 | 2 ·004 | 2 ·004 |
|  |  | 9 | 3 ·030 | 2 ·010+ | 1 ·003 | 1 ·003 |
|  |  | 8 | 2 ·025+ | 1 ·007 | 1 ·007 | 0 ·001 |
|  |  | 7 | 1 ·018 | 1 ·018 | 0 ·003 | 0 ·003 |
|  |  | 6 | 1 ·040 | 0 ·008 | 0 ·008 | — |
|  |  | 5 | 0 ·021 | 0 ·021 | — | — |
|  |  | 4 | 0 ·050− | — | — | — |

Tafel V-3 (Fortsetz.)

| a+b | c+d | a | c und P(c) einseitig | | | |
|---|---|---|---|---|---|---|
| | | | 0.05 | 0.025 | 0.01 | 0.005 |
| 15 | 14 | 15 | 10 ·042 | 9 ·017 | 8 ·006 | 7 ·002 |
| | | 14 | 8 ·031 | 7 ·013 | 6 ·005− | 6 ·005− |
| | | 13 | 7 ·041 | 6 ·017 | 5 ·007 | 4 ·002 |
| | | 12 | 6 ·046 | 5 ·020 | 4 ·007 | 3 ·002 |
| | | 11 | 5 ·048 | 4 ·020 | 3 ·007 | 2 ·002 |
| | | 10 | 4 ·046 | 3 ·018 | 2 ·006 | 1 ·001 |
| | | 9 | 3 ·041 | 2 ·014 | 1 ·004 | 1 ·004 |
| | | 8 | 2 ·033 | 1 ·009 | 1 ·009 | 0 ·001 |
| | | 7 | 1 ·022 | 1 ·022 | 0 ·004 | 0 ·004 |
| | | 6 | 1 ·049 | 0 ·011 | — | — |
| | | 5 | 0 ·025+ | — | — | — |
| | 13 | 15 | 9 ·035− | 8 ·013 | 7 ·005− | 7 ·005− |
| | | 14 | 7 ·023 | 7 ·023 | 6 ·009 | 5 ·003 |
| | | 13 | 6 ·029 | 5 ·011 | 4 ·004 | 4 ·004 |
| | | 12 | 5 ·031 | 4 ·012 | 3 ·004 | 3 ·004 |
| | | 11 | 4 ·030 | 3 ·011 | 2 ·003 | 2 ·003 |
| | | 10 | 3 ·026 | 2 ·008 | 2 ·008 | 1 ·002 |
| | | 9 | 2 ·020 | 2 ·020 | 1 ·005+ | 0 ·001 |
| | | 8 | 2 ·043 | 1 ·013 | 0 ·002 | 0 ·002 |
| | | 7 | 1 ·029 | 0 ·005+ | 0 ·005+ | — |
| | | 6 | 0 ·013 | 0 ·013 | — | — |
| | | 5 | 0 ·031 | — | — | — |
| | 12 | 15 | 8 ·028 | 7 ·010− | 7 ·010− | 6 ·003 |
| | | 14 | 7 ·043 | 6 ·016 | 5 ·006 | 4 ·002 |
| | | 13 | 6 ·049 | 5 ·019 | 4 ·007 | 3 ·002 |
| | | 12 | 5 ·049 | 4 ·019 | 3 ·006 | 2 ·002 |
| | | 11 | 4 ·045+ | 3 ·017 | 2 ·005− | 2 ·005− |
| | | 10 | 3 ·038 | 2 ·012 | 1 ·003 | 1 ·003 |
| | | 9 | 2 ·028 | 1 ·007 | 1 ·007 | 0 ·001 |
| | | 8 | 1 ·018 | 1 ·018 | 0 ·003 | 0 ·003 |
| | | 7 | 1 ·038 | 0 ·007 | 0 ·007 | — |
| | | 6 | 0 ·017 | 0 ·017 | — | — |
| | | 5 | 0 ·037 | — | — | — |
| | 11 | 15 | 7 ·022 | 7 ·022 | 6 ·007 | 5 ·002 |
| | | 14 | 6 ·032 | 5 ·011 | 4 ·003 | 4· 003 |
| | | 13 | 5 ·034 | 4 ·012 | 3 ·003 | 3 ·003 |
| | | 12 | 4 ·032 | 3 ·010+ | 2 ·003 | 2 ·003 |
| | | 11 | 3 ·026 | 2 ·008 | 2 ·008 | 1 ·002 |
| | | 10 | 2 ·019 | 2 ·019 | 1 ·004 | 1 ·004 |
| | | 9 | 2 ·040 | 1 ·011 | 0 ·002 | 0 ·002 |
| | | 8 | 1 ·024 | 1 ·024 | 0 ·004 | 0 ·004 |
| | | 7 | 1 ·049 | 0 ·010− | 0 ·010− | — |
| | | 6 | 0 ·022 | 0 ·022 | — | — |
| | | 5 | 0 ·046 | — | — | — |

Tafel V-3 (Fortsetz.)

| a + b | c + d | a | c und P(c) einseitig | | | |
|---|---|---|---|---|---|---|
| | | | 0.05 | 0.025 | 0.01 | 0.005 |
| 15 | 10 | 15 | 6 ·017 | 6 ·017 | 5 ·005⁻ | 5 ·005⁻ |
| | | 14 | 5 ·023 | 5 ·023 | 4 ·007 | 3 ·002 |
| | | 13 | 4 ·022 | 4 ·022 | 3 ·007 | 2 ·001 |
| | | 12 | 3 ·018 | 3 ·018 | 2 ·005⁻ | 2 ·005⁻ |
| | | 11 | 3 ·042 | 2 ·013 | 1 ·003 | 1 ·003 |
| | | 10 | 2 ·029 | 1 ·007 | 1 ·007 | 0 ·001 |
| | | 9 | 1 ·016 | 1 ·016 | 0 ·002 | 0 ·002 |
| | | 8 | 1 ·034 | 0 ·006 | 0 ·006 | — |
| | | 7 | 0 ·013 | 0 ·013 | — | — |
| | | 6 | 0 ·028 | — | — | — |
| | 9 | 15 | 6 ·042 | 5 ·012 | 4 ·003 | 4 ·003 |
| | | 14 | 5 ·047 | 4 ·015⁻ | 3 ·004 | 3 ·004 |
| | | 13 | 4 ·042 | 3 ·013 | 2 ·003 | 2 ·003 |
| | | 12 | 3 ·032 | 2 ·009 | 2 ·009 | 1 ·002 |
| | | 11 | 2 ·021 | 2 ·021 | 1 ·005⁻ | 1 ·005⁻ |
| | | 10 | 2 ·045⁻ | 1 ·011 | 0 ·002 | 0 ·002 |
| | | 9 | 1 ·024 | 1 ·024 | 0 ·004 | 0 ·004 |
| | | 8 | 1 ·048 | 0 ·009 | 0 ·009 | — |
| | | 7 | 0 ·019 | 0 ·019 | — | — |
| | | 6 | 0 ·037 | — | — | — |
| | 8 | 15 | 5 ·032 | 4 ·008 | 4 ·008 | 3 ·002 |
| | | 14 | 4 ·033 | 3 ·009 | 3 ·009 | 2 ·002 |
| | | 13 | 3 ·026 | 2 ·006 | 2 ·006 | 1 ·001 |
| | | 12 | 2 ·017 | 2 ·017 | 1 ·003 | 1 ·003 |
| | | 11 | 2 ·037 | 1 ·008 | 1 ·008 | 0 ·001 |
| | | 10 | 1 ·019 | 1 ·019 | 0 ·003 | 0 ·003 |
| | | 9 | 1 ·038 | 0 ·006 | 0 ·006 | — |
| | | 8 | 0 ·013 | 0 ·013 | — | — |
| | | 7 | 0 ·026 | — | — | — |
| | | 6 | 0 ·050⁻ | — | — | — |
| | 7 | 15 | 4 ·023 | 4 ·023 | 3 ·005⁻ | 3 ·005⁻ |
| | | 14 | 3 ·021 | 3 ·021 | 2 ·004 | 2 ·004 |
| | | 13 | 2 ·014 | 2 ·014 | 1 ·002 | 1 ·002 |
| | | 12 | 2 ·032 | 1 ·007 | 1 ·007 | 0 ·001 |
| | | 11 | 1 ·015⁺ | 1 ·015⁺ | 0 ·002 | 0 ·002 |
| | | 10 | 1 ·032 | 0 ·005⁻ | 0 ·005⁻ | 0 ·005⁻ |
| | | 9 | 0 ·010⁺ | 0 ·010⁺ | — | — |
| | | 8 | 0 ·020 | 0 ·020 | — | — |
| | | 7 | 0 ·038 | — | — | — |
| | 6 | 15 | 3 ·015⁺ | 3 ·015⁺ | 2 ·003 | 2 ·003 |
| | | 14 | 2 ·011 | 2 ·011 | 1 ·002 | 1 ·002 |
| | | 13 | 2 ·031 | 1 ·006 | 1 ·006 | 0 ·001 |
| | | 12 | 1 ·014 | 1 ·014 | 0 ·002 | 0 ·002 |
| | | 11 | 1 ·029 | 0 ·004 | 0 ·004 | 0 ·004 |
| | | 10 | 0 ·009 | 0 ·009 | 0 ·009 | — |
| | | 9 | 0 ·017 | 0 ·017 | — | — |
| | | 8 | 0 ·032 | — | — | — |

| a+b | c+d | a | c und P(c) einseitig ||||
|---|---|---|---|---|---|---|
| | | | 0.05 | 0.025 | 0.01 | 0.005 |
| 15 | 5 | 15 | 2 ·009 | 2 ·009 | 2 ·009 | 1 ·001 |
| | | 14 | 2 ·032 | 1 ·005− | 1 ·005− | 1 ·005− |
| | | 13 | 1 ·014 | 1 ·014 | 0 ·001 | 0 ·001 |
| | | 12 | 1 ·031 | 0 ·004 | 0 ·004 | 0 ·004 |
| | | 11 | 0 ·008 | 0 ·008 | 0 ·008 | — |
| | | 10 | 0 ·016 | 0 ·016 | — | — |
| | | 9 | 0 ·030 | — | — | — |
| | 4 | 15 | 2 ·035+ | 1 ·004 | 1 ·004 | 1 ·004 |
| | | 14 | 1 ·016 | 1 ·016 | 0 ·001 | 0 ·001 |
| | | 13 | 1 ·037 | 0 ·004 | 0 ·004 | 0 ·004 |
| | | 12 | 0 ·009 | 0 ·009 | 0 ·009 | — |
| | | 11 | 0 ·018 | 0 ·018 | — | — |
| | | 10 | 0 ·033 | — | — | — |
| | 3 | 15 | 1 ·020 | 1 ·020 | 0 ·001 | 0 ·001 |
| | | 14 | 0 ·005− | 0 ·005− | 0 ·005− | 0 ·005− |
| | | 13 | 0 ·012 | 0 ·012 | — | — |
| | | 12 | 0 ·025− | 0 ·025− | — | — |
| | | 11 | 0 ·043 | — | — | — |
| | 2 | 15 | 0 ·007 | 0 ·007 | 0 ·007 | — |
| | | 14 | 0 ·022 | 0 ·022 | — | — |
| | | 13 | 0 ·044 | — | — | — |
| 16 | 16 | 16 | 11 ·022 | 11 ·022 | 10 ·009 | 9 ·003 |
| | | 15 | 10 ·041 | 9 ·019 | 8 ·008 | 7 ·003 |
| | | 14 | 8 ·027 | 7 ·012 | 6 ·005− | 6 ·005− |
| | | 13 | 7 ·033 | 6 ·015− | 5 ·006 | 4 ·002 |
| | | 12 | 6 ·037 | 5 ·016 | 4 ·006 | 3 ·002 |
| | | 11 | 5 ·038 | 4 ·016 | 3 ·006 | 2 ·002 |
| | | 10 | 4 ·037 | 3 ·015− | 2 ·005− | 2 ·005− |
| | | 9 | 3 ·033 | 2 ·012 | 1 ·003 | 1 ·003 |
| | | 8 | 2 ·027 | 1 ·008 | 1 ·008 | 0 ·001 |
| | | 7 | 1 ·019 | 1 ·019 | 0 ·003 | 0 ·003 |
| | | 6 | 1 ·041 | 0 ·009 | 0 ·009 | — |
| | | 5 | 0 ·022 | 0 ·022 | — | — |
| 17 | 17 | 17 | 12 ·022 | 12 ·022 | 11 ·009 | 10 ·004 |
| | | 16 | 11 ·043 | 10 ·020 | 9 ·008 | 8 ·003 |
| | | 15 | 9 ·029 | 8 ·013 | 7 ·005+ | 6 ·002 |
| | | 14 | 8 ·035+ | 7 ·016 | 6 ·007 | 5 ·002 |
| | | 13 | 7 ·040 | 6 ·018 | 5 ·007 | 4 ·003 |
| | | 12 | 6 ·042 | 5 ·019 | 4 ·007 | 3 ·002 |
| | | 11 | 5 ·042 | 4 ·018 | 3 ·007 | 2 ·002 |
| | | 10 | 4 ·040 | 3 ·016 | 2 ·005+ | 1 ·001 |
| | | 9 | 3 ·035+ | 2 ·013 | 1 ·003 | 1 ·003 |
| | | 8 | 2 ·029 | 1 ·008 | 1 ·008 | 0 ·001 |
| | | 7 | 1 ·020 | 1 ·020 | 0 ·004 | 0 ·004 |
| | | 6 | 1 ·043 | 0 ·009 | 0 ·009 | — |
| | | 5 | 0 ·022 | 0 ·022 | — | — |

**Tafel VI-1-1**

Der U-Test von MANN-WHITNEY

Auszugsweise übernommen aus dem Tafelwerk von OWEN, D. B.: Handbook auf statistical tables. Reading/Mass.: Addison-Wesley, 1962, Table 11.3, mit freundlicher Genehmigung des Autors und des Verlages.

Die Tafel enthält die zur Prüfgröße U gehörigen Überschreitungswahrscheinlichkeiten P, $\leqslant 0{,}500$ d. h. die von $U = 0(1)\, (N_1 N_2)$ kumulierten Punktwahrscheinlichkeiten. Die Tafel ermöglicht sowohl eine einseitige wie eine zweiseitige Ablesung des zu einem beobachteten U-Wert gehörigen P-Wertes. Zu diesem Zweck wird definiert: $U < U' = N_1 N_2 - U$. Bei einseitigem Test lese man den zu U (kleiner als $N_1 N_2/2$) gehörigen P-Wert ab. Bei zweiseitigem Test verdopple man den P-Wert, wenn $u \neq E(u)$. Die Tafel ist so eingerichtet, daß $N_1 \leqslant N_2$ mit Stichprobenumfängen von $1 \leqslant N_1 \leqslant N_2 \leqslant 10$.

*Ablesebeispiel:* Für $N_1 = 4$ und $N_2 = 5$ gehört zu einem beobachteten $U = 3$ ein einseitiges $P = 0{,}056$. Das zweiseitige P' erhalten wir aus $2 \cdot P(U) = 2 \cdot 0{,}056 = 0{,}112$.

Tafel VI-1-1 (Fortsetz.)

| $N_2 = 1$ | |
|---|---|
| | $N_1$ |
| U | 1 |
| 0 | 0.500 |
| 1 | 1.000 |

| $N_2 = 2$ | | |
|---|---|---|
| | $N_1$ | |
| U | 1 | 2 |
| 0 | 0.333 | 0.167 |
| 1 | 0.667 | 0.333 |
| 2 | 1.000 | 0.667 |
| 3 | | 0.833 |
| 4 | | 1.000 |

| $N_2 = 3$ | | | |
|---|---|---|---|
| | $N_1$ | | |
| U | 1 | 2 | 3 |
| 0 | 0.250 | 0.100 | 0.050 |
| 1 | 0.500 | 0.200 | 0.100 |
| 2 | | 0.400 | 0.200 |
| 3 | | | 0.350 |
| 4 | | | 0.500 |

| $N_2 = 4$ | | | | |
|---|---|---|---|---|
| | $N_1$ | | | |
| U | 1 | 2 | 3 | 4 |
| 0 | 0.200 | 0.067 | 0.029 | 0.014 |
| 1 | 0.400 | 0.133 | 0.057 | 0.029 |
| 2 | | 0.267 | 0.114 | 0.057 |
| 3 | | 0.400 | 0.200 | 0.100 |
| 4 | | | 0.314 | 0.171 |
| 5 | | | 0.429 | 0.243 |
| 6 | | | | 0.343 |
| 7 | | | | 0.443 |

| $N_2 = 5$ | | | | | |
|---|---|---|---|---|---|
| | $N_1$ | | | | |
| U | 1 | 2 | 3 | 4 | 5 |
| 0 | 0.167 | 0.048 | 0.018 | 0.008 | 0.004 |
| 1 | 0.333 | 0.095 | 0.036 | 0.016 | 0.008 |
| 2 | 0.500 | 0.190 | 0.071 | 0.032 | 0.016 |
| 3 | | 0.286 | 0.125 | 0.056 | 0.028 |
| 4 | | 0.429 | 0.196 | 0.095 | 0.048 |
| 5 | | | 0.286 | 0.143 | 0.075 |
| 6 | | | 0.393 | 0.206 | 0.111 |
| 7 | | | 0.500 | 0.278 | 0.155 |
| 8 | | | | 0.365 | 0.210 |
| 9 | | | | 0.452 | 0.274 |
| 10 | | | | | 0.345 |
| 11 | | | | | 0.421 |
| 12 | | | | | 0.500 |

Tafel VI-1-1 (Fortsetz.)

$N_2 = 6$

| U | $N_1$ 1 | 2 | 3 | 4 | 5 | 6 |
|---|---|---|---|---|---|---|
| 0 | 0.143 | 0.036 | 0.012 | 0.005 | 0.002 | 0.001 |
| 1 | 0.286 | 0.071 | 0.024 | 0.010 | 0.004 | 0.002 |
| 2 | 0.429 | 0.143 | 0.048 | 0.019 | 0.009 | 0.004 |
| 3 |  | 0.214 | 0.083 | 0.033 | 0.015 | 0.008 |
| 4 |  | 0.321 | 0.131 | 0.057 | 0.026 | 0.013 |
| 5 |  | 0.429 | 0.190 | 0.086 | 0.041 | 0.021 |
| 6 |  |  | 0.274 | 0.129 | 0.063 | 0.032 |
| 7 |  |  | 0.357 | 0.176 | 0.089 | 0.047 |
| 8 |  |  | 0.452 | 0.238 | 0.123 | 0.066 |
| 9 |  |  |  | 0.305 | 0.165 | 0.090 |
| 10 |  |  |  | 0.381 | 0.214 | 0.120 |
| 11 |  |  |  | 0.457 | 0.268 | 0.155 |
| 12 |  |  |  |  | 0.331 | 0.197 |
| 13 |  |  |  |  | 0.396 | 0.242 |
| 14 |  |  |  |  | 0.465 | 0.294 |
| 15 |  |  |  |  |  | 0.350 |
| 16 |  |  |  |  |  | 0.409 |
| 17 |  |  |  |  |  | 0.469 |

$N_2 = 7$

| U | $N_1$ 1 | 2 | 3 | 4 | 5 | 6 | 7 |
|---|---|---|---|---|---|---|---|
| 0 | 0.125 | 0.028 | 0.008 | 0.003 | 0.001 | 0.001 | 0.000 |
| 1 | 0.250 | 0.056 | 0.017 | 0.006 | 0.003 | 0.001 | 0.001 |
| 2 | 0.375 | 0.111 | 0.033 | 0.012 | 0.005 | 0.002 | 0.001 |
| 3 | 0.500 | 0.167 | 0.058 | 0.021 | 0.009 | 0.004 | 0.002 |
| 4 |  | 0.250 | 0.092 | 0.036 | 0.015 | 0.007 | 0.003 |
| 5 |  | 0.333 | 0.133 | 0.055 | 0.024 | 0.011 | 0.006 |
| 6 |  | 0.444 | 0.192 | 0.082 | 0.037 | 0.017 | 0.009 |
| 7 |  |  | 0.258 | 0.115 | 0.053 | 0.026 | 0.013 |
| 8 |  |  | 0.333 | 0.158 | 0.074 | 0.037 | 0.019 |
| 9 |  |  | 0.417 | 0.206 | 0.101 | 0.051 | 0.027 |
| 10 |  |  | 0.500 | 0.264 | 0.134 | 0.069 | 0.036 |
| 11 |  |  |  | 0.324 | 0.172 | 0.090 | 0.049 |
| 12 |  |  |  | 0.394 | 0.216 | 0.117 | 0.064 |
| 13 |  |  |  | 0.464 | 0.265 | 0.147 | 0.082 |
| 14 |  |  |  |  | 0.319 | 0.183 | 0.104 |
| 15 |  |  |  |  | 0.378 | 0.223 | 0.130 |
| 16 |  |  |  |  | 0.438 | 0.267 | 0.159 |
| 17 |  |  |  |  | 0.500 | 0.314 | 0.191 |
| 18 |  |  |  |  |  | 0.365 | 0.228 |
| 19 |  |  |  |  |  | 0.418 | 0.267 |
| 20 |  |  |  |  |  | 0.473 | 0.310 |
| 21 |  |  |  |  |  |  | 0.355 |
| 22 |  |  |  |  |  |  | 0.402 |
| 23 |  |  |  |  |  |  | 0.451 |
| 24 |  |  |  |  |  |  | 0.500 |

Tafel VI-1-1 (Fortsetz.)

$N_2 = 8$

| U | $N_1$ | | | | | | | |
|---|---|---|---|---|---|---|---|---|
|   | 1 | 2 | 3 | 4 | 5 | 6 | 7 | 8 |
| 0 | 0.111 | 0.022 | 0.006 | 0.002 | 0.001 | 0.000 | 0.000 | 0.000 |
| 1 | 0.222 | 0.044 | 0.012 | 0.004 | 0.002 | 0.001 | 0.000 | 0.000 |
| 2 | 0.333 | 0.089 | 0.024 | 0.008 | 0.003 | 0.001 | 0.001 | 0.000 |
| 3 | 0.444 | 0.133 | 0.042 | 0.014 | 0.005 | 0.002 | 0.001 | 0.001 |
| 4 |  | 0.200 | 0.067 | 0.024 | 0.009 | 0.004 | 0.002 | 0.001 |
| 5 |  | 0.267 | 0.097 | 0.036 | 0.015 | 0.006 | 0.003 | 0.001 |
| 6 |  | 0.356 | 0.139 | 0.055 | 0.023 | 0.010 | 0.005 | 0.002 |
| 7 |  | 0.444 | 0.188 | 0.077 | 0.033 | 0.015 | 0.007 | 0.003 |
| 8 |  |  | 0.248 | 0.107 | 0.047 | 0.021 | 0.010 | 0.005 |
| 9 |  |  | 0.315 | 0.141 | 0.064 | 0.030 | 0.014 | 0.007 |
| 10 |  |  | 0.388 | 0.184 | 0.085 | 0.041 | 0.020 | 0.010 |
| 11 |  |  | 0.461 | 0.230 | 0.111 | 0.054 | 0.027 | 0.014 |
| 12 |  |  |  | 0.285 | 0.142 | 0.071 | 0.036 | 0.019 |
| 13 |  |  |  | 0.341 | 0.177 | 0.091 | 0.047 | 0.025 |
| 14 |  |  |  | 0.404 | 0.218 | 0.114 | 0.060 | 0.032 |
| 15 |  |  |  | 0.467 | 0.262 | 0.141 | 0.076 | 0.041 |
| 16 |  |  |  |  | 0.311 | 0.172 | 0.095 | 0.052 |
| 17 |  |  |  |  | 0.362 | 0.207 | 0.116 | 0.065 |
| 18 |  |  |  |  | 0.416 | 0.245 | 0.140 | 0.080 |
| 19 |  |  |  |  | 0.472 | 0.286 | 0.168 | 0.097 |
| 20 |  |  |  |  |  | 0.331 | 0.198 | 0.117 |
| 21 |  |  |  |  |  | 0.377 | 0.232 | 0.139 |
| 22 |  |  |  |  |  | 0.426 | 0.268 | 0.164 |
| 23 |  |  |  |  |  | 0.475 | 0.306 | 0.191 |
| 24 |  |  |  |  |  |  | 0.347 | 0.221 |
| 25 |  |  |  |  |  |  | 0.389 | 0.253 |
| 26 |  |  |  |  |  |  | 0.433 | 0.287 |
| 27 |  |  |  |  |  |  | 0.478 | 0.323 |
| 28 |  |  |  |  |  |  |  | 0.360 |
| 29 |  |  |  |  |  |  |  | 0.399 |
| 30 |  |  |  |  |  |  |  | 0.439 |
| 31 |  |  |  |  |  |  |  | 0.480 |

Tafel VI-1-1 (Fortsetz.)

$N_2 = 9$

| U | $N_1$ | | | | | | | | |
|---|---|---|---|---|---|---|---|---|---|
| | 1 | 2 | 3 | 4 | 5 | 6 | 7 | 8 | 9 |
| 0 | 0.100 | 0.018 | 0.005 | 0.001 | 0.000 | 0.000 | 0.000 | 0.000 | 0.000 |
| 1 | 0.200 | 0.036 | 0.009 | 0.003 | 0.001 | 0.000 | 0.000 | 0.000 | 0.000 |
| 2 | 0.300 | 0.073 | 0.018 | 0.006 | 0.002 | 0.001 | 0.000 | 0.000 | 0.000 |
| 3 | 0.400 | 0.109 | 0.032 | 0.010 | 0.003 | 0.001 | 0.001 | 0.000 | 0.000 |
| 4 | 0.500 | 0.164 | 0.050 | 0.017 | 0.006 | 0.002 | 0.001 | 0.000 | 0.000 |
| 5 | | 0.218 | 0.073 | 0.025 | 0.009 | 0.004 | 0.002 | 0.001 | 0.000 |
| 6 | | 0.291 | 0.105 | 0.038 | 0.014 | 0.006 | 0.003 | 0.001 | 0.001 |
| 7 | | 0.364 | 0.141 | 0.053 | 0.021 | 0.009 | 0.004 | 0.002 | 0.001 |
| 8 | | 0.455 | 0.186 | 0.074 | 0.030 | 0.013 | 0.006 | 0.003 | 0.001 |
| 9 | | | 0.241 | 0.099 | 0.041 | 0.018 | 0.008 | 0.004 | 0.002 |
| 10 | | | 0.300 | 0.130 | 0.056 | 0.025 | 0.011 | 0.006 | 0.003 |
| 11 | | | 0.364 | 0.165 | 0.073 | 0.033 | 0.016 | 0.008 | 0.004 |
| 12 | | | 0.432 | 0.207 | 0.095 | 0.044 | 0.021 | 0.010 | 0.005 |
| 13 | | | 0.500 | 0.252 | 0.120 | 0.057 | 0.027 | 0.014 | 0.007 |
| 14 | | | | 0.302 | 0.149 | 0.072 | 0.036 | 0.018 | 0.009 |
| 15 | | | | 0.355 | 0.182 | 0.091 | 0.045 | 0.023 | 0.012 |
| 16 | | | | 0.413 | 0.219 | 0.112 | 0.057 | 0.030 | 0.016 |
| 17 | | | | 0.470 | 0.259 | 0.136 | 0.071 | 0.037 | 0.020 |
| 18 | | | | | 0.303 | 0.164 | 0.087 | 0.046 | 0.025 |
| 19 | | | | | 0.350 | 0.194 | 0.105 | 0.057 | 0.031 |
| 20 | | | | | 0.399 | 0.228 | 0.126 | 0.069 | 0.039 |
| 21 | | | | | 0.449 | 0.264 | 0.150 | 0.084 | 0.047 |
| 22 | | | | | 0.500 | 0.303 | 0.176 | 0.100 | 0.057 |
| 23 | | | | | | 0.344 | 0.204 | 0.118 | 0.068 |
| 24 | | | | | | 0.388 | 0.235 | 0.138 | 0.081 |
| 25 | | | | | | 0.432 | 0.268 | 0.161 | 0.095 |
| 26 | | | | | | 0.477 | 0.303 | 0.185 | 0.111 |
| 27 | | | | | | | 0.340 | 0.212 | 0.129 |
| 28 | | | | | | | 0.379 | 0.240 | 0.149 |
| 29 | | | | | | | 0.419 | 0.271 | 0.170 |
| 30 | | | | | | | 0.459 | 0.303 | 0.193 |
| 31 | | | | | | | 0.500 | 0.336 | 0.218 |
| 32 | | | | | | | | 0.371 | 0.245 |
| 33 | | | | | | | | 0.407 | 0.273 |
| 34 | | | | | | | | 0.444 | 0.302 |
| 35 | | | | | | | | 0.481 | 0.333 |
| 36 | | | | | | | | | 0.365 |
| 37 | | | | | | | | | 0.398 |
| 38 | | | | | | | | | 0.432 |
| 39 | | | | | | | | | 0.466 |
| 40 | | | | | | | | | 0.500 |

Tafel VI-1-1 (Fortsetz.)

$$\frac{N_2 = 10}{N_1}$$

| U | 1 | 2 | 3 | 4 | 5 | 6 | 7 | 8 | 9 | 10 |
|---|---|---|---|---|---|---|---|---|---|---|
| 0 | 0.091 | 0.015 | 0.003 | 0.001 | 0.000 | 0.000 | 0.000 | 0.000 | 0.000 | 0.000 |
| 1 | 0.182 | 0.030 | 0.007 | 0.002 | 0.001 | 0.000 | 0.000 | 0.000 | 0.000 | 0.000 |
| 2 | 0.273 | 0.061 | 0.014 | 0.004 | 0.001 | 0.000 | 0.000 | 0.000 | 0.000 | 0.000 |
| 3 | 0.364 | 0.091 | 0.024 | 0.007 | 0.002 | 0.001 | 0.000 | 0.000 | 0.000 | 0.000 |
| 4 | 0.455 | 0.136 | 0.038 | 0.012 | 0.004 | 0.001 | 0.001 | 0.000 | 0.000 | 0.000 |
| 5 |   | 0.182 | 0.056 | 0.018 | 0.006 | 0.002 | 0.001 | 0.000 | 0.000 | 0.000 |
| 6 |   | 0.242 | 0.080 | 0.027 | 0.010 | 0.004 | 0.002 | 0.001 | 0.000 | 0.000 |
| 7 |   | 0.303 | 0.108 | 0.038 | 0.014 | 0.005 | 0.002 | 0.001 | 0.000 | 0.000 |
| 8 |   | 0.379 | 0.143 | 0.053 | 0.020 | 0.008 | 0.003 | 0.002 | 0.001 | 0.000 |
| 9 |   | 0.455 | 0.185 | 0.071 | 0.028 | 0.011 | 0.005 | 0.002 | 0.001 | 0.001 |
| 10 |   |   | 0.234 | 0.094 | 0.038 | 0.016 | 0.007 | 0.003 | 0.001 | 0.001 |
| 11 |   |   | 0.287 | 0.120 | 0.050 | 0.021 | 0.009 | 0.004 | 0.002 | 0.001 |
| 12 |   |   | 0.346 | 0.152 | 0.065 | 0.028 | 0.012 | 0.006 | 0.003 | 0.001 |
| 13 |   |   | 0.406 | 0.187 | 0.082 | 0.036 | 0.017 | 0.008 | 0.004 | 0.002 |
| 14 |   |   | 0.469 | 0.227 | 0.103 | 0.047 | 0.022 | 0.010 | 0.005 | 0.003 |
| 15 |   |   |   | 0.270 | 0.127 | 0.059 | 0.028 | 0.013 | 0.007 | 0.003 |
| 16 |   |   |   | 0.318 | 0.155 | 0.074 | 0.035 | 0.017 | 0.009 | 0.004 |
| 17 |   |   |   | 0.367 | 0.185 | 0.090 | 0.044 | 0.022 | 0.011 | 0.006 |
| 18 |   |   |   | 0.420 | 0.220 | 0.110 | 0.054 | 0.027 | 0.014 | 0.007 |
| 19 |   |   |   | 0.473 | 0.257 | 0.132 | 0.067 | 0.034 | 0.017 | 0.009 |
| 20 |   |   |   |   | 0.297 | 0.157 | 0.081 | 0.042 | 0.022 | 0.012 |
| 21 |   |   |   |   | 0.339 | 0.184 | 0.097 | 0.051 | 0.027 | 0.014 |
| 22 |   |   |   |   | 0.384 | 0.214 | 0.115 | 0.061 | 0.033 | 0.018 |
| 23 |   |   |   |   | 0.430 | 0.246 | 0.135 | 0.073 | 0.039 | 0.022 |
| 24 |   |   |   |   | 0.477 | 0.281 | 0.157 | 0.086 | 0.047 | 0.026 |
| 25 |   |   |   |   |   | 0.318 | 0.182 | 0.102 | 0.056 | 0.032 |
| 26 |   |   |   |   |   | 0.356 | 0.209 | 0.118 | 0.067 | 0.038 |
| 27 |   |   |   |   |   | 0.396 | 0.237 | 0.137 | 0.078 | 0.045 |
| 28 |   |   |   |   |   | 0.437 | 0.268 | 0.158 | 0.091 | 0.053 |
| 29 |   |   |   |   |   | 0.479 | 0.300 | 0.180 | 0.106 | 0.062 |
| 30 |   |   |   |   |   |   | 0.335 | 0.204 | 0.121 | 0.072 |
| 31 |   |   |   |   |   |   | 0.370 | 0.230 | 0.139 | 0.083 |
| 32 |   |   |   |   |   |   | 0.406 | 0.257 | 0.158 | 0.095 |
| 33 |   |   |   |   |   |   | 0.443 | 0.286 | 0.178 | 0.109 |
| 34 |   |   |   |   |   |   | 0.481 | 0.317 | 0.200 | 0.124 |
| 35 |   |   |   |   |   |   |   | 0.348 | 0.223 | 0.140 |
| 36 |   |   |   |   |   |   |   | 0.381 | 0.248 | 0.157 |
| 37 |   |   |   |   |   |   |   | 0.414 | 0.274 | 0.176 |
| 38 |   |   |   |   |   |   |   | 0.448 | 0.302 | 0.197 |
| 39 |   |   |   |   |   |   |   | 0.483 | 0.330 | 0.218 |
| 40 |   |   |   |   |   |   |   |   | 0.360 | 0.241 |
| 41 |   |   |   |   |   |   |   |   | 0.390 | 0.264 |
| 42 |   |   |   |   |   |   |   |   | 0.421 | 0.289 |
| 43 |   |   |   |   |   |   |   |   | 0.452 | 0.315 |
| 44 |   |   |   |   |   |   |   |   | 0.484 | 0.342 |
| 45 |   |   |   |   |   |   |   |   |   | 0.370 |
| 46 |   |   |   |   |   |   |   |   |   | 0.398 |
| 47 |   |   |   |   |   |   |   |   |   | 0.427 |
| 48 |   |   |   |   |   |   |   |   |   | 0.456 |
| 49 |   |   |   |   |   |   |   |   |   | 0.485 |

## Tafel VI-1-1-1

HALPERINS einseitig gestutzter U-Test

Entnommen aus HALPERIN, M.: Extension of the Wilcoxon-Mann-Whitney test to samples censored at the same fixed point. J. Am. Stat. Ass. 55 (1960), 125–138, mit freundlicher Genehmigung des Verfassers und des Herausgebers.

Die Tafel enthält die in der Nähe der 5 %- und 1 %-Signifikanzschranke befindlichen Werte der Prüfgröße $U_c$ und (daneben in Klammer) die zugehörigen einseitigen Überschreitungswahrscheinlichkeiten P für Stichproben von $N_1 = 2(1)8$ und $N_2 = 1(1)8$ mit $r = r_1 + r_2$ gestutzten Meßwerten, wobei $r \leq N - 1$ und $N = N_1 + N_2$. Ein beobachteter $U_c$-Wert, der den zu $N_1$, $N_2$ und r gehörigen Tafelwert erreicht oder unterschreitet, ist auf der bezeichneten Stufe signifikant. Bei zweiseitiger Frage ist das abgelesene P zu verdoppeln.

*Ablesebeispiel:* Ein $U_c = 4$ ist für $N_1 = 4$ und $N_2 = 8$ bei r = 6 auf der 5 %-Stufe signifikant (P = 0,042), wenn einseitig gefragt wurde.

($N_1 = 2$)      $\alpha \approx 0,05$

| r | $N_2 = 1$ | 2 | 3 | 4 | 5 | 6 | 7 | 8 |
|---|---|---|---|---|---|---|---|---|
| 0 | 0(.333) | 0(.167) | 0(.100) | 0(.067) | 0(.048) | 0(.036) | 1(.056) | 1(.044) |
| 1 | 0(.333) | 0(.167) | 0(.100) | 0(.067) | 0(.048) | 0(.036) | 1(.056) | 1(.044) |
| 2 | 0(.667) | 0(.167) | 0(.100) | 0(.067) | 0(.048) | 0(.036) | 1(.056) | 1(.044) |
| 3 |  | 0(.500) | 0(.100) | 0(.067) | 0(.048) | 0(.036) | 1(.056) | 1(.044) |
| 4 |  |  | 0(.400) | 0(.067) | 0(.048) | 0(.036) | 1(.056) | 1(.044) |
| 5 |  |  |  | 0(.333) | 0(.048) | 0(.036) | 1(.056) | 1(.044) |
| 6 |  |  |  |  | 0(.286) | 0(.036) | 1(.056) | 1(.044) |
| 7 |  |  |  |  |  | 0(.250) | 0(.028) | 1(.044) |
| 8 |  |  |  |  |  |  | 0(.222) | 0(.022) |
| 9 |  |  |  |  |  |  |  | 0(.200) |

($N_1 = 3$)      $\alpha \approx 0,05$

| r | $N_2 = 1$ | 2 | 3 | 4 | 5 | 6 | 7 | 8 |
|---|---|---|---|---|---|---|---|---|
| 0 | 0(.250) | 0(.100) | 0(.05) | 1(.058) | 1(.036) | 2(.048) | 3(.058) | 3(.042) |
| 1 | 0(.250) | 0(.100) | 0(.05) | 1(.058) | 1(.036) | 2(.048) | 3(.058) | 3(.042) |
| 2 | 0(.500) | 0(.100) | 0(.05) | 1(.058) | 1(.036) | 2(.048) | 3(.058) | 3(.042) |
| 3 | 0(.750) | 0(.300) | 0(.05) | 1(.058) | 1(.036) | 2(.048) | 3(.058) | 3(.042) |
| 4 |  | 0(.600) | 0(.200) | 0(.029) | 1(.036) | 2(.048) | 3(.058) | 3(.042) |
| 5 |  |  | 0(.500) | 0(.143) | 0(.018) | 1(.024) | 2(.033) | 3(.042) |
| 6 |  |  |  | 0(.429) | 0(.107) | 0(.012) | 2(.075) | 3(.073) |
| 7 |  |  |  |  | 0(.375) | 0(.083) | 1(.067) | 2(.061) |
| 8 |  |  |  |  |  | 0(.333) | 0(.067) | 1(.055) |
| 9 |  |  |  |  |  |  | 0(.300) | 0(.055) |
| 10 |  |  |  |  |  |  |  | 0(.273) |

Tafel VI-1-1-1 (Fortsetz.)

($N_1 = 4$) $\alpha \approx 0,05$

| r | $N_2 = 1$ | 2 | 3 | 4 | 5 | 6 | 7 | 8 |
|---|---|---|---|---|---|---|---|---|
| 0 | 0(.200) | 0(.067) | 1(.058) | 2(.057) | 3(.056) | 4(.057) | 5(.055) | 6(.055) |
| 1 | 0(.200) | 0(.067) | 1(.058) | 2(.057) | 3(.056) | 4(.057) | 5(.055) | 6(.055) |
| 2 | 0(.400) | 0(.067) | 1(.058) | 2(.057) | 3(.056) | 4(.057) | 5(.055) | 6(.055) |
| 3 | 0(.600) | 0(.200) | 0(.029) | 1(.028) | 2(.032) | 4(.057) | 5(.061) | 6(.058) |
| 4 | 0(.800) | 0(.400) | 0(.114) | 1(.071) | 2(.055) | 3(.048) | 4(.045) | 5(.042) |
| 5 | | 0(.667) | 0(.286) | 0(.071) | 1(.048) | 3(.062) | 4(.058) | 5(.051) |
| 6 | | | 0(.571) | 0(.214) | 0(.048) | 2(.062) | 3(.045) | 4(.042) |
| 7 | | | | 0(.500) | 0(.167) | 0(.033) | 2(.045) | 4(.062) |
| 8 | | | | | 0(.444) | 0(.133) | 0(.024) | 3(.044) |
| 9 | | | | | | 0(.400) | 0(.109) | 0(.018) |
| 10 | | | | | | | 0(.364) | 0(.091) |
| 11 | | | | | | | | 0(.333) |

($N_1 = 5$) $\alpha \approx 0,05$

| r | $N_2 = 1$ | 2 | 3 | 4 | 5 | 6 | 7 | 8 |
|---|---|---|---|---|---|---|---|---|
| 0 | 0(.167) | 0(.048) | 1(.036) | 3(.056) | 4(.048) | 5(.041) | 7(.053) | 8(.047) |
| 1 | 0(.167) | 0(.048) | 1(.036) | 3(.056) | 4(.048) | 5(.041) | 7(.053) | 8(.047) |
| 2 | 0(.333) | 0(.048) | 1(.036) | 3(.056) | 4(.051) | 5(.043) | 7(.058) | 8(.050) |
| 3 | 0(.500) | 0(.143) | 1(.072) | 2(.048) | 4(.060) | 5(.047) | 7(.059) | 8(.050) |
| 4 | 0(.667) | 0(.286) | 0(.071) | 1(.040) | 3(.048) | 5(.060) | 6(.048) | 8(.058) |
| 5 | 0(.833) | 0(.476) | 0(.179) | 0(.040) | 2(.044) | 4(.052) | 6(.059) | 7(.046) |
| 6 | | 0(.714) | 0(.357) | 0(.119) | 0(.024) | 3(.041) | 5(.051) | 6(.042) |
| 7 | | | 0(.625) | 0(.278) | 0(.083) | 2(.061) | 4(.054) | 5(.036) |
| 8 | | | | 0(.556) | 0(.222) | 0(.061) | 2(.045) | 4(.063) |
| 9 | | | | | 0(.500) | 0(.182) | 0(.045) | 3(.063) |
| 10 | | | | | | 0(.455) | 0(.152) | 0(.035) |
| 11 | | | | | | | 0(.417) | 0(.128) |
| 12 | | | | | | | | 0(.385) |

($N_1 = 6$) $\alpha \approx 0,05$

| r | $N_2 = 1$ | 2 | 3 | 4 | 5 | 6 | 7 | 8 |
|---|---|---|---|---|---|---|---|---|
| 0 | 0(.143) | 0(.036) | 2(.048) | 4(.057) | 5(.041) | 7(.047) | 9(.051) | 11(.054) |
| 1 | 0(.143) | 0(.036) | 2(.048) | 4(.057) | 5(.041) | 7(.047) | 9(.051) | 11(.054) |
| 2 | 0(.286) | 0(.036) | 2(.048) | 4(.062) | 5(.043) | 7(.049) | 9(.052) | 11(.056) |
| 3 | 0(.429) | 0(.107) | 2(.060) | 3(.048) | 5(.052) | 7(.055) | 9(.058) | 10(.045) |
| 4 | 0(.571) | 0(.214) | 0(.048) | 2(.043) | 4(.043) | 6(.048) | 8(.050) | 10(.052) |
| 5 | 0(.714) | 0(.357) | 0(.119) | 2(.071) | 3(.033) | 5(.037) | 7(.041) | 9(.045) |
| 6 | 0(.857) | 0(.536) | 0(.238) | 0(.071) | 2(.039) | 5(.046) | 6(.042) | 8(.042) |
| 7 | | 0(.750) | 0(.417) | 0(.167) | 0(.045) | 3(.053) | 5(.051) | 7(.043) |
| 8 | | | 0(.667) | 0(.333) | 0(.121) | 0(.030) | 4(.054) | 6(.048) |
| 9 | | | | 0(.600) | 0(.273) | 0(.091) | 3(.070) | 4(.039) |
| 10 | | | | | 0(.545) | 0(.227) | 0(.070) | 3(.055) |
| 11 | | | | | | 0(.500) | 0(.192) | 0(.055) |
| 12 | | | | | | | 0(.462) | 0(.165) |
| 13 | | | | | | | | 0(.429) |

Tafel VI-1-1-1 (Fortsetz.)

$(N_1 = 7)$ $\alpha \approx 0,05$

| r | $N_2 = 1$ | 2 | 3 | 4 | 5 | 6 | 7 | 8 |
|---|---|---|---|---|---|---|---|---|
| 0  | 0(.125) | 1(.056) | 3(.058) | 5(.055) | 7(.053) | 9(.051)  | 11(.049) | 13(.047) |
| 1  | 0(.125) | 1(.056) | 3(.058) | 5(.055) | 7(.053) | 9(.051)  | 11(.049) | 13(.047) |
| 2  | 0(.250) | 0(.028) | 2(.042) | 5(.061) | 7(.057) | 9(.056)  | 11(.051) | 13(.048) |
| 3  | 0(.375) | 0(.083) | 2(.058) | 4(.052) | 6(.047) | 8(.044)  | 11(.057) | 13(.053) |
| 4  | 0(.500) | 0(.167) | 0(.033) | 3(.038) | 6(.059) | 8(.052)  | 10(.051) | 12(.047) |
| 5  | 0(.625) | 0(.278) | 0(.083) | 2(.045) | 5(.052) | 7(.050)  | 9(.045)  | 12(.056) |
| 6  | 0(.750) | 0(.417) | 0(.167) | 0(.045) | 3(.045) | 6(.049)  | 8(.047)  | 11(.055) |
| 7  | 0(.875) | 0(.583) | 0(.292) | 0(.106) | 3(.071) | 5(.053)  | 7(.045)  | 10(.054) |
| 8  |         | 0(.778) | 0(.467) | 0(.212) | 0(.071) | 3(.055)  | 6(.051)  | 8(.044)  |
| 9  |         |         | 0(.700) | 0(.382) | 0(.159) | 0(.049)  | 4(.059)  | 7(.050)  |
| 10 |         |         |         | 0(.636) | 0(.318) | 0(.122)  | 0(.035)  | 4(.044)  |
| 11 |         |         |         |         | 0(.583) | 0(.269)  | 0(.096)  | 0(.026)  |
| 12 |         |         |         |         |         | 0(.538)  | 0(.230)  | 0(.077)  |
| 13 |         |         |         |         |         |          | 0(.500)  | 0(.200)  |
| 14 |         |         |         |         |         |          |          | 0(.467)  |

$(N_1 = 8)$ $\alpha \approx 0,05$

| r | $N_2 = 1$ | 2 | 3 | 4 | 5 | 6 | 7 | 8 |
|---|---|---|---|---|---|---|---|---|
| 0  | 0(.111) | 1(.044) | 3(.042) | 6(.055) | 8(.047) | 11(.054) | 13(.047) | 16(.052) |
| 1  | 0(.111) | 1(.044) | 3(.042) | 6(.055) | 8(.047) | 11(.054) | 13(.047) | 16(.052) |
| 2  | 0(.222) | 1(.066) | 2(.053) | 5(.040) | 8(.050) | 10(.043) | 13(.049) | 16(.055) |
| 3  | 0(.333) | 0(.067) | 1(.042) | 5(.047) | 7(.041) | 10(0.49) | 13(.054) | 15(.047) |
| 4  | 0(.444) | 0(.133) | 0(.024) | 4(.047) | 7(.051) | 9(.043)  | 12(.050) | 15(.054) |
| 5  | 0(.556) | 0(.222) | 0(.061) | 3(.051) | 6(.051) | 8(.042)  | 11(.046) | 14(.050) |
| 6  | 0(.667) | 0(.333) | 0(.121) | 0(.030) | 5(.051) | 8(.055)  | 10(.045) | 13(.051) |
| 7  | 0(.778) | 0(.467) | 0(.212) | 0(.071) | 3(.044) | 7(.054)  | 9(.050)  | 12(.054) |
| 8  | 0(.889) | 0(.622) | 0(.339) | 0(.144) | 0(.044) | 4(.047)  | 8(.053)  | 10(.047) |
| 9  |         | 0(.800) | 0(.509) | 0(.255) | 0(.098) | 4(.070)  | 5(.045)  | 9(.051)  |
| 10 |         |         | 0(.727) | 0(.424) | 0(.196) | 0(.070)  | 4(.051)  | 8(.057)  |
| 11 |         |         |         | 0(.667) | 0(.359) | 0(.154)  | 0(.026)  | 4(.038)  |
| 12 |         |         |         |         | 0(.615) | 0(.308)  | 0(.123)  | 0(.038)  |
| 13 |         |         |         |         |         | 0(.571)  | 0(.267)  | 0(.100)  |
| 14 |         |         |         |         |         |          | 0(.533)  | 0(.233)  |
| 15 |         |         |         |         |         |          |          | 0(.500)  |

$(N_1 = 2)$ $\alpha \approx 0,01$

| r | $N_2 = 7$ | 8 |
|---|---|---|
| 0 | 0(.028) | 0(.022) |
| 1 | 0(.028) | 0(.022) |
| 2 | 0(.028) | 0(.022) |
| 3 | 0(.028) | 0(.022) |
| 4 | 0(.028) | 0(.022) |
| 5 | 0(.028) | 0(.022) |
| 6 | 0(.028) | 0(.022) |
| 7 |         | 0(.022) |

Tafel VI-1-1-1 (Fortsetz.)

$(N_1 = 3)$  $\alpha \approx 0{,}01$

| r | $N_2 = 4$ | 5 | 6 | 7 | 8 |
|---|---|---|---|---|---|
| 0 | 0(.028) | 0(.018) | 0(.012) | 0(.008) | 1(.012) |
| 1 | 0(.028) | 0(.018) | 0(.012) | 0(.008) | 1(.012) |
| 2 | 0(.028) | 0(.018) | 0(.012) | 0(.008) | 1(.012) |
| 3 | 0(.028) | 0(.018) | 0(.012) | 0(.008) | 1(.012) |
| 4 |   | 0(.018) | 0(.012) | 0(.008) | 1(.012) |
| 5 |   |   | 0(.012) | 0(.008) | 1(.012) |
| 6 |   |   |   | 0(.008) | 1(.012) |
| 7 |   |   |   | 0(.008) | 1(.012) |
| 8 |   |   |   |   | 0(.006) |

$(N_1 = 4)$  $\alpha \approx 0{,}01$

| r | $N_2 = 3$ | 4 | 5 | 6 | 7 | 8 |
|---|---|---|---|---|---|---|
| 0 | 0(.028) | 0(.014) | 0(.008) | 1(.010) | 2(.012) | 2(.008) |
| 1 | 0(.028) | 0(.014) | 0(.008) | 1(.010) | 2(.012) | 2(.008) |
| 2 | 0(.028) | 0(.014) | 0(.008) | 1(.010) | 2(.012) | 2(.008) |
| 3 |   | 0(.014) | 0(.008) | 1(.010) | 2(.012) | 2(.008) |
| 4 |   | 0(.014) | 0(.008) | 1(.010) | 2(.012) | 2(.008) |
| 5 |   |   | 0(.008) | 1(.010) | 2(.012) | 2(.008) |
| 6 |   |   |   | 0(.005) | 1(.006) | 2(.008) |
| 7 |   |   |   |   | 0(.003) | 1(.004) |
| 8 |   |   |   |   |   | 1(.018) |

$(N_1 = 5)$  $\alpha \approx 0{,}01$

| r | $N_2 = 3$ | 4 | 5 | 6 | 7 | 8 |
|---|---|---|---|---|---|---|
| 0 | 0(.018) | 0(.008) | 1(.008) | 2(.009) | 3(.009) | 4(.009) |
| 1 | 0(.018) | 0(.008) | 1(.008) | 2(.009) | 3(.009) | 4(.009) |
| 2 | 0(.018) | 0(.008) | 1(.008) | 2(.009) | 3(.009) | 4(.009) |
| 3 | 0(.018) | 0(.008) | 1(.008) | 2(.009) | 3(.009) | 4(.009) |
| 4 |   | 0(.008) | 1(.008) | 2(.009) | 3(.009) | 4(.009) |
| 5 |   |   | 0(.004) | 1(.004) | 3(.014) | 4(.012) |
| 6 |   |   |   | 1(.015) | 2(.011) | 3(.009) |
| 7 |   |   |   | 0(.015) | 1(.010) | 2(.008) |
| 8 |   |   |   |   | 0(.010) | 2(.013) |
| 9 |   |   |   |   |   | 0(.007) |

Tafel VI-1-1-1 (Fortsetz.)

($N_1 = 6$)  $\alpha \approx 0,01$

| r | $N_2 = 3$ | 4 | 5 | 6 | 7 | 8 |
|---|---|---|---|---|---|---|
| 0 | 0(.012) | 1(.010) | 2(.009) | 3(.008) | 5(.011) | 6(.010) |
| 1 | 0(.012) | 1(.010) | 2(.009) | 3(.008) | 5(.011) | 6(.010) |
| 2 | 0(.012) | 1(.010) | 2(.009) | 3(.008) | 5(.011) | 6(.010) |
| 3 | (0.012) | 1(.010) | 2(.009) | 3(.008) | 5(.012) | 6(.011) |
| 4 | | 0(.005) | 2(.015) | 3(.011) | 4(.009) | 6(.012) |
| 5 | | 0(.024) | 1(.013) | 2(.009) | 4(.011) | 5(.009) |
| 6 | | | 0(.013) | 1(.008) | 3(.009) | 5(.012) |
| 7 | | | | 0(.008) | 2(.009) | 4(.011) |
| 8 | | | | | 0(.005) | 3(.008) |
| 9 | | | | | 0(.021) | 2(.015) |
| 10 | | | | | | 0(.015) |

($N_1 = 7$)  $\alpha \approx 0,01$

| r | $N_2 = 2$ | 3 | 4 | 5 | 6 | 7 | 8 |
|---|---|---|---|---|---|---|---|
| 0 | 0(.028) | 0(.008) | 2(.012) | 3(.009) | 5(.011) | 6(.009) | 8(.010) |
| 1 | 0(.028) | 0(.008) | 2(.012) | 3(.009) | 5(.011) | 6(.009) | 8(.010) |
| 2 | | 0(.008) | 2(.012) | 3(.009) | 5(.012) | 6(.009) | 8(.010) |
| 3 | | 0(.008) | 1(.006) | 3(.009) | 4(.008) | 6(.009) | 8(.011) |
| 4 | | | 1(.015) | 2(.009) | 4(.010) | 6(.011) | 8(.012) |
| 5 | | | 0(.015) | 1(.008) | 3(.008) | 5(.009) | 7(.010) |
| 6 | | | | 0(.008) | 3(.011) | 5(.012) | 6(.009) |
| 7 | | | | 0(.027) | 2(.016) | 4(.014) | 5(.007) |
| 8 | | | | | 0(.016) | 2(.011) | 4(.009) |
| 9 | | | | | | 0(.010) | 3(.013) |
| 10 | | | | | | | 0(.007) |

($N_1 = 8$)  $\alpha \approx 0,01$

| r | $N_2 = 2$ | 3 | 4 | 5 | 6 | 7 | 8 |
|---|---|---|---|---|---|---|---|
| 0 | 0(.022) | 1(.012) | 2(.008) | 4(.009) | 6(.010) | 8(.010) | 10(.010) |
| 1 | 0(.022) | 1(.012) | 2(.008) | 4(.009) | 6(.010) | 8(.010) | 10(.010) |
| 2 | 0).022) | 1(.012) | 2(.008) | 4(.010) | 6(.011) | 8(.010) | 10(.011) |
| 3 | | 0(.006) | 2(.012) | 4(.012) | 6(.012) | 8(.012) | 10(.011) |
| 4 | | | 1(.010) | 3(.009) | 5(.009) | 7(.009) | 9(.009) |
| 5 | | | 0(.010) | 2(.009) | 5(.012) | 7(.012) | 9(.011) |
| 6 | | | | 0(.005) | 4(.013) | 6(.012) | 8(.011) |
| 7 | | | | 0(.016) | 2(.009) | 5(.012) | 7(.010) |
| 8 | | | | | 0(.009) | 3(.010) | 6(.012) |
| 9 | | | | | 0(.028) | 0(.006) | 4(.009) |
| 10 | | | | | | 0(.019) | 3(.013) |
| 11 | | | | | | | 1(.013) |

## Tafel VI-1-2

### Der Rangsummentest

Adaptiert aus BRADLEY, J. V.: Distribution-free statistical tests. Englewood Cliffs/N. J.: Prentice-Hall, 1968, Table III., mit freundlicher Genehmigung des Verfassers und des Verlages.

Die Tafel enthält für Stichproben von $N_1 \leq N_2$ Beobachtungen die unteren Schranken der Prüfgröße T, wobei T als die Rangsumme $T_1$ der kleineren Stichprobe mit $N_1$ Beobachtungen oder als deren Komplement $2\overline{T} - T_1$ definiert ist, falls $T > 2\overline{T} - T_1$. Beobachtete T-Werte, die die angegebenen Schranken erreichen oder unterschreiten, sind auf der bezeichneten α-Stufe signifikant. Die α-Werte gelten für einseitige Fragestellung und sind bei zweiseitiger Fragestellung zu verdoppeln!

*Ablesebeispiel:* Eine Versuchsgruppe mit $N_1 = 2$ Meßwerten (22, 25) und eine Kontrollgruppe mit $N_2 = 5$ Meßwerten (14, 15, 17, 17, 21) liefert eine Rangsumme $T_1 = 6 + 7 = 13$ und ein Komplement $T'_1 = 2\overline{T} - T_1 = 16 - 13 = 3 = T$, welcher T-Wert bei einseitiger Fragestellung eben auf der 5 %-Stufe signifikant ist, da Subtafel $N_1 = 2$ in Zeile $N_2 = 5$ unter Spalte 5 % ein T = 3 verzeichnet.

| | $N_1 = 1$ | | | | | | | $N_1 = 2$ | | | | | | |
|---|---|---|---|---|---|---|---|---|---|---|---|---|---|---|
| $N_2$ | 0,1% | 0,5% | 1 % | 2,5% | 5 % | 10 % | $2\overline{T}$ | 0,1% | 0,5% | 1 % | 2,5% | 5 % | 10 % | $2\overline{T}$ |
| 2 | | | | | | | 4 | | | | | | – | 10 |
| 3 | | | | | | | 5 | | | | | | 3 | 12 |
| 4 | | | | | | | 6 | | | | | – | 3 | 14 |
| 5 | | | | | | | 7 | | | | | 3 | 4 | 16 |
| 6 | | | | | | | 8 | | | | | 3 | 4 | 18 |
| 7 | | | | | | | 9 | | | | – | 3 | 4 | 20 |
| 8 | | | | | | – | 10 | | | 3 | 4 | 5 | 22 |
| 9 | | | | | | – | 11 | | | 3 | 4 | 5 | 24 |
| 10 | | | | | | 1 | 12 | | | 3 | 4 | 6 | 26 |
| 11 | | | | | | 1 | 13 | | | 3 | 4 | 6 | 28 |
| 12 | | | | | | 1 | 14 | | – | 4 | 5 | 7 | 30 |
| 13 | | | | | | 1 | 15 | | 3 | 4 | 5 | 7 | 32 |
| 14 | | | | | | 1 | 16 | | 3 | 4 | 6 | 8 | 34 |
| 15 | | | | | | 1 | 17 | | 3 | 4 | 6 | 8 | 36 |
| 16 | | | | | | 1 | 18 | | 3 | 4 | 6 | 8 | 38 |
| 17 | | | | | | 1 | 19 | | 3 | 5 | 6 | 9 | 40 |
| 18 | | | | | – | 1 | 20 | – | 4 | 5 | 7 | 9 | 42 |
| 19 | | | | | – | 2 | 21 | 3 | 4 | 5 | 7 | 10 | 44 |
| 20 | | | | | 1 | 2 | 22 | 3 | 4 | 5 | 7 | 10 | 46 |
| 21 | | | | | 1 | 2 | 23 | 3 | 4 | 6 | 8 | 11 | 48 |
| 22 | | | | | 1 | 2 | 24 | 3 | 4 | 6 | 8 | 11 | 50 |
| 23 | | | | | 1 | 2 | 25 | 3 | 4 | 6 | 8 | 12 | 52 |
| 24 | | | | | 1 | 2 | 26 | 3 | 4 | 6 | 9 | 12 | 54 |
| 25 | – | – | – | – | 1 | 2 | 27 | – | 3 | 4 | 6 | 9 | 12 | 56 |

Tafel VI-1-2 (Fortsetz.)

## $N_1 = 3$

| $N_2$ | 0,1% | 0,5% | 1 % | 2,5% | 5 % | 10 % | 2T̄ |
|---|---|---|---|---|---|---|---|
| 3  |   |   |   |   | 6  | 7  | 21 |
| 4  |   |   |   | –  | 6  | 7  | 24 |
| 5  |   |   |   | 6  | 7  | 8  | 27 |
| 6  |   |   | –  | 7  | 8  | 9  | 30 |
| 7  |   |   | 6  | 7  | 8  | 10 | 33 |
| 8  |   | –  | 6  | 8  | 9  | 11 | 36 |
| 9  |   | 6  | 7  | 8  | 10 | 11 | 39 |
| 10 |   | 6  | 7  | 9  | 10 | 12 | 42 |
| 11 |   | 6  | 7  | 9  | 11 | 13 | 45 |
| 12 |   | 7  | 8  | 10 | 11 | 14 | 48 |
| 13 |   | 7  | 8  | 10 | 12 | 15 | 51 |
| 14 |   | 7  | 8  | 11 | 13 | 16 | 54 |
| 15 |   | 8  | 9  | 11 | 13 | 16 | 57 |
| 16 | –  | 8  | 9  | 12 | 14 | 17 | 60 |
| 17 | 6  | 8  | 10 | 12 | 15 | 18 | 63 |
| 18 | 6  | 8  | 10 | 13 | 15 | 19 | 66 |
| 19 | 6  | 9  | 10 | 13 | 16 | 20 | 69 |
| 20 | 6  | 9  | 11 | 14 | 17 | 21 | 72 |
| 21 | 7  | 9  | 11 | 14 | 17 | 21 | 75 |
| 22 | 7  | 10 | 12 | 15 | 18 | 22 | 78 |
| 23 | 7  | 10 | 12 | 15 | 19 | 23 | 81 |
| 24 | 7  | 10 | 12 | 16 | 19 | 24 | 84 |
| 25 | 7  | 11 | 13 | 16 | 20 | 25 | 87 |

## $N_1 = 4$

| $N_2$ | 0,1% | 0,5% | 1 % | 2,5% | 5 % | 10 % | 2T̄ |
|---|---|---|---|---|---|---|---|
| 3  |   |   |    | 10 | 11 | 13 | 36 |
| 4  |   |   | 10 | 11 | 12 | 14 | 40 |
| 5  |   |   | 10 | 11 | 13 | 15 | 44 |
| 6  |   | 10 | 11 | 12 | 13 | 15 | 44 |
| 7  |   | 10 | 11 | 13 | 14 | 16 | 48 |
| 8  |   | 11 | 12 | 14 | 15 | 17 | 52 |
| 9  | –  | 11 | 13 | 14 | 16 | 19 | 56 |
| 10 | 10 | 12 | 13 | 15 | 17 | 20 | 60 |
| 11 | 10 | 12 | 14 | 16 | 18 | 21 | 64 |
| 12 | 10 | 13 | 15 | 17 | 19 | 22 | 68 |
| 13 | 11 | 13 | 15 | 18 | 20 | 23 | 72 |
| 14 | 11 | 14 | 16 | 19 | 21 | 25 | 76 |
| 15 | 11 | 15 | 17 | 20 | 22 | 26 | 80 |
| 16 | 12 | 15 | 17 | 21 | 24 | 27 | 84 |
| 17 | 12 | 16 | 18 | 21 | 25 | 28 | 88 |
| 18 | 13 | 16 | 19 | 22 | 26 | 30 | 92 |
| 19 | 13 | 17 | 19 | 23 | 27 | 31 | 96 |
| 20 | 13 | 18 | 20 | 24 | 28 | 32 | 100 |
| 21 | 14 | 18 | 21 | 25 | 29 | 33 | 104 |
| 22 | 14 | 19 | 21 | 26 | 30 | 35 | 108 |
| 23 | 14 | 19 | 22 | 27 | 31 | 36 | 112 |
| 24 | 15 | 20 | 23 | 27 | 32 | 38 | 116 |
| 25 | 15 | 20 | 23 | 28 | 33 | 38 | 120 |

## $N_1 = 5$

| $N_2$ | 0,1% | 0,5% | 1 % | 2,5% | 5 % | 10 % | 2T̄ |
|---|---|---|---|---|---|---|---|
| 5  |   | 15 | 16 | 17 | 19 | 20 | 55 |
| 6  |   | 16 | 17 | 18 | 20 | 22 | 60 |
| 7  | –  | 16 | 18 | 20 | 21 | 23 | 65 |
| 8  | 15 | 17 | 19 | 21 | 23 | 25 | 70 |
| 9  | 16 | 18 | 20 | 22 | 24 | 27 | 75 |
| 10 | 16 | 19 | 21 | 23 | 26 | 28 | 80 |
| 11 | 17 | 20 | 22 | 24 | 27 | 30 | 85 |
| 12 | 17 | 21 | 23 | 26 | 28 | 32 | 90 |
| 13 | 18 | 22 | 24 | 27 | 30 | 33 | 95 |
| 14 | 18 | 22 | 25 | 28 | 31 | 35 | 100 |
| 15 | 19 | 23 | 26 | 29 | 33 | 37 | 105 |
| 16 | 20 | 24 | 27 | 30 | 34 | 38 | 110 |
| 17 | 20 | 25 | 28 | 32 | 35 | 40 | 115 |
| 18 | 21 | 26 | 29 | 33 | 37 | 42 | 120 |
| 19 | 22 | 27 | 30 | 34 | 38 | 43 | 125 |
| 20 | 22 | 28 | 31 | 35 | 40 | 45 | 130 |
| 21 | 23 | 29 | 32 | 37 | 41 | 47 | 135 |
| 22 | 23 | 29 | 33 | 38 | 43 | 48 | 140 |
| 23 | 24 | 30 | 34 | 39 | 44 | 50 | 145 |
| 24 | 25 | 31 | 35 | 40 | 45 | 51 | 150 |
| 25 | 25 | 32 | 36 | 42 | 47 | 53 | 155 |

## $N_1 = 6$

| $N_2$ | 0,1% | 0,5% | 1 % | 2,5% | 5 % | 10 % | 2T̄ |
|---|---|---|---|---|---|---|---|
| 6  | –  | 23 | 24 | 26 | 28 | 30 | 78 |
| 7  | 21 | 24 | 25 | 27 | 29 | 32 | 84 |
| 8  | 22 | 25 | 27 | 29 | 31 | 34 | 90 |
| 9  | 23 | 26 | 28 | 31 | 33 | 36 | 96 |
| 10 | 24 | 27 | 29 | 32 | 35 | 38 | 102 |
| 11 | 25 | 28 | 30 | 34 | 37 | 40 | 108 |
| 12 | 25 | 30 | 32 | 35 | 38 | 42 | 114 |
| 13 | 26 | 31 | 33 | 37 | 40 | 44 | 120 |
| 14 | 27 | 32 | 34 | 38 | 42 | 46 | 126 |
| 15 | 28 | 33 | 36 | 40 | 44 | 48 | 132 |
| 16 | 29 | 34 | 37 | 42 | 46 | 50 | 138 |
| 17 | 30 | 36 | 39 | 43 | 47 | 52 | 144 |
| 18 | 31 | 37 | 40 | 45 | 49 | 55 | 150 |
| 19 | 32 | 38 | 41 | 46 | 51 | 57 | 156 |
| 20 | 33 | 39 | 43 | 48 | 53 | 59 | 162 |
| 21 | 33 | 40 | 44 | 50 | 55 | 61 | 168 |
| 22 | 34 | 42 | 45 | 51 | 57 | 63 | 174 |
| 23 | 35 | 43 | 47 | 53 | 58 | 65 | 180 |
| 24 | 36 | 44 | 48 | 54 | 60 | 67 | 186 |
| 25 | 37 | 45 | 50 | 56 | 62 | 69 | 192 |

Tafel VI-1-2 (Fortsetz.)

$N_1 = 7$

| $N_2$ | 0,1% | 0,5% | 1 % | 2,5% | 5 % | 10 % | $2\bar{T}$ |
|---|---|---|---|---|---|---|---|
| 7  | 29 | 32 | 34 | 36 | 39 | 41 | 105 |
| 8  | 30 | 34 | 35 | 38 | 41 | 44 | 112 |
| 9  | 31 | 35 | 37 | 40 | 43 | 46 | 119 |
| 10 | 33 | 37 | 39 | 42 | 45 | 49 | 126 |
| 11 | 34 | 38 | 40 | 44 | 47 | 51 | 133 |
| 12 | 35 | 40 | 42 | 46 | 49 | 54 | 140 |
| 13 | 36 | 41 | 44 | 48 | 52 | 56 | 147 |
| 14 | 37 | 43 | 45 | 50 | 54 | 59 | 154 |
| 15 | 38 | 44 | 47 | 52 | 56 | 61 | 161 |
| 16 | 39 | 46 | 49 | 54 | 58 | 64 | 168 |
| 17 | 41 | 47 | 51 | 56 | 61 | 66 | 175 |
| 18 | 42 | 49 | 52 | 58 | 63 | 69 | 182 |
| 19 | 43 | 50 | 54 | 60 | 65 | 71 | 189 |
| 20 | 44 | 52 | 56 | 62 | 67 | 74 | 196 |
| 21 | 46 | 53 | 58 | 64 | 69 | 76 | 203 |
| 22 | 47 | 55 | 59 | 66 | 72 | 79 | 210 |
| 23 | 48 | 57 | 61 | 68 | 74 | 81 | 217 |
| 24 | 49 | 58 | 63 | 70 | 76 | 84 | 224 |
| 25 | 50 | 60 | 64 | 72 | 78 | 86 | 231 |

$N_1 = 8$

| $N_2$ | 0,1% | 0,5% | 1 % | 2,5% | 5 % | 10 % | $2\bar{T}$ |
|---|---|---|---|---|---|---|---|
| 8  | 40 | 43 | 45 | 49 | 51 | 55 | 136 |
| 9  | 41 | 45 | 47 | 51 | 54 | 58 | 144 |
| 10 | 42 | 47 | 49 | 53 | 56 | 60 | 152 |
| 11 | 44 | 49 | 51 | 55 | 59 | 63 | 160 |
| 12 | 45 | 51 | 53 | 58 | 62 | 66 | 168 |
| 13 | 47 | 53 | 56 | 60 | 64 | 69 | 176 |
| 14 | 48 | 54 | 58 | 62 | 67 | 72 | 184 |
| 15 | 50 | 56 | 60 | 65 | 69 | 75 | 192 |
| 16 | 51 | 58 | 62 | 67 | 72 | 78 | 200 |
| 17 | 53 | 60 | 64 | 70 | 75 | 81 | 208 |
| 18 | 54 | 62 | 66 | 72 | 77 | 84 | 216 |
| 19 | 56 | 64 | 68 | 74 | 80 | 87 | 224 |
| 20 | 57 | 66 | 70 | 77 | 83 | 90 | 232 |
| 21 | 59 | 68 | 72 | 79 | 85 | 92 | 240 |
| 22 | 60 | 70 | 74 | 81 | 88 | 95 | 248 |
| 23 | 62 | 71 | 76 | 84 | 90 | 98 | 256 |
| 24 | 64 | 73 | 78 | 86 | 93 | 101 | 264 |
| 25 | 65 | 75 | 81 | 89 | 96 | 104 | 272 |

$N_1 = 9$

| $N_2$ | 0,1% | 0,5% | 1 % | 2,5% | 5 % | 10 % | $2\bar{T}$ |
|---|---|---|---|---|---|---|---|
| 9  | 52 | 56 | 59 | 62 | 66 | 70 | 171 |
| 10 | 53 | 58 | 61 | 65 | 69 | 73 | 180 |
| 11 | 55 | 61 | 63 | 68 | 72 | 76 | 189 |
| 12 | 57 | 63 | 66 | 71 | 75 | 80 | 198 |
| 13 | 59 | 65 | 68 | 73 | 78 | 83 | 207 |
| 14 | 60 | 67 | 71 | 76 | 81 | 86 | 216 |
| 15 | 62 | 69 | 73 | 79 | 84 | 90 | 225 |
| 16 | 64 | 72 | 76 | 82 | 87 | 93 | 234 |
| 17 | 66 | 74 | 78 | 84 | 90 | 97 | 243 |
| 18 | 68 | 76 | 81 | 87 | 93 | 100 | 252 |
| 19 | 70 | 78 | 83 | 90 | 96 | 103 | 261 |
| 20 | 71 | 81 | 85 | 93 | 99 | 107 | 270 |
| 21 | 73 | 83 | 88 | 95 | 102 | 110 | 279 |
| 22 | 75 | 85 | 90 | 98 | 105 | 113 | 288 |
| 23 | 77 | 88 | 93 | 101 | 108 | 117 | 297 |
| 24 | 79 | 90 | 95 | 104 | 111 | 120 | 306 |
| 25 | 81 | 92 | 98 | 107 | 114 | 123 | 315 |

$N_1 = 10$

| $N_2$ | 0,1% | 0,5% | 1 % | 2,5% | 5 % | 10 % | $2\bar{T}$ |
|---|---|---|---|---|---|---|---|
| 10 | 65 | 71 | 74 | 78 | 82 | 87 | 210 |
| 11 | 67 | 73 | 77 | 81 | 86 | 91 | 220 |
| 12 | 69 | 76 | 79 | 84 | 89 | 94 | 230 |
| 13 | 72 | 79 | 82 | 88 | 92 | 98 | 240 |
| 14 | 74 | 81 | 85 | 91 | 96 | 102 | 250 |
| 15 | 76 | 84 | 88 | 94 | 99 | 106 | 260 |
| 16 | 78 | 86 | 91 | 97 | 103 | 109 | 270 |
| 17 | 80 | 89 | 93 | 100 | 106 | 113 | 280 |
| 18 | 82 | 92 | 96 | 103 | 110 | 117 | 290 |
| 19 | 84 | 94 | 99 | 107 | 113 | 121 | 300 |
| 20 | 87 | 97 | 102 | 110 | 117 | 125 | 310 |
| 21 | 89 | 99 | 105 | 113 | 120 | 128 | 320 |
| 22 | 91 | 102 | 108 | 116 | 123 | 132 | 330 |
| 23 | 93 | 105 | 110 | 119 | 127 | 136 | 340 |
| 24 | 95 | 107 | 113 | 122 | 130 | 140 | 350 |
| 25 | 98 | 110 | 116 | 126 | 134 | 144 | 360 |

Tafel VI-1-2 (Fortsetz.)

### $N_1 = 11$ and $N_1 = 12$

| $N_2$ | 0,1% | 0,5% | 1 % | 2,5% | 5 % | 10 % | $2\bar{T}$ | 0,1% | 0,5% | 1 % | 2,5% | 5% | 10% | $2\bar{T}$ |
|---|---|---|---|---|---|---|---|---|---|---|---|---|---|---|
| 11 | 81 | 87 | 91 | 96 | 100 | 106 | 253 | | | | | | | |
| 12 | 83 | 90 | 94 | 99 | 104 | 110 | 264 | 98 | 105 | 109 | 115 | 120 | 127 | 300 |
| 13 | 86 | 93 | 97 | 103 | 108 | 114 | 275 | 101 | 109 | 113 | 119 | 125 | 131 | 312 |
| 14 | 88 | 96 | 100 | 106 | 112 | 118 | 286 | 103 | 112 | 116 | 123 | 129 | 136 | 324 |
| 15 | 90 | 99 | 103 | 110 | 116 | 123 | 297 | 106 | 115 | 120 | 127 | 133 | 141 | 336 |
| 16 | 93 | 102 | 107 | 113 | 120 | 127 | 308 | 109 | 119 | 124 | 131 | 138 | 145 | 348 |
| 17 | 95 | 105 | 110 | 117 | 123 | 131 | 319 | 112 | 122 | 127 | 135 | 142 | 150 | 360 |
| 18 | 98 | 108 | 113 | 121 | 127 | 135 | 330 | 115 | 125 | 131 | 139 | 146 | 155 | 372 |
| 19 | 100 | 111 | 116 | 124 | 131 | 139 | 341 | 118 | 129 | 134 | 143 | 150 | 159 | 384 |
| 20 | 103 | 114 | 119 | 128 | 135 | 144 | 352 | 120 | 132 | 138 | 147 | 155 | 164 | 396 |
| 21 | 106 | 117 | 123 | 131 | 139 | 148 | 363 | 123 | 136 | 142 | 151 | 159 | 169 | 408 |
| 22 | 108 | 120 | 126 | 135 | 143 | 152 | 374 | 126 | 139 | 145 | 155 | 163 | 173 | 420 |
| 23 | 111 | 123 | 129 | 139 | 147 | 156 | 385 | 129 | 142 | 149 | 159 | 168 | 178 | 432 |
| 24 | 113 | 126 | 132 | 142 | 151 | 161 | 396 | 132 | 146 | 153 | 163 | 172 | 183 | 444 |
| 25 | 116 | 129 | 136 | 146 | 155 | 165 | 407 | 135 | 149 | 156 | 167 | 176 | 187 | 456 |

### $N_1 = 13$ and $N_1 = 14$

| $N_2$ | 0,1% | 0,5% | 1 % | 2,5% | 5 % | 10 % | $2\bar{T}$ | 0,1% | 0,5% | 1 % | 2,5% | 5% | 10% | $2\bar{T}$ |
|---|---|---|---|---|---|---|---|---|---|---|---|---|---|---|
| 13 | 117 | 125 | 130 | 136 | 142 | 149 | 351 | | | | | | | |
| 14 | 120 | 129 | 134 | 141 | 147 | 154 | 364 | 137 | 147 | 152 | 160 | 166 | 174 | 406 |
| 15 | 123 | 133 | 138 | 145 | 152 | 159 | 377 | 141 | 151 | 156 | 164 | 171 | 179 | 420 |
| 16 | 126 | 136 | 142 | 150 | 156 | 165 | 390 | 144 | 155 | 161 | 169 | 176 | 185 | 434 |
| 17 | 129 | 140 | 146 | 154 | 161 | 170 | 403 | 148 | 159 | 165 | 174 | 182 | 190 | 448 |
| 18 | 133 | 144 | 150 | 158 | 166 | 175 | 416 | 151 | 163 | 170 | 179 | 187 | 196 | 462 |
| 19 | 136 | 148 | 154 | 163 | 171 | 180 | 429 | 155 | 168 | 174 | 183 | 192 | 202 | 476 |
| 20 | 139 | 151 | 158 | 167 | 175 | 185 | 442 | 159 | 172 | 178 | 188 | 197 | 207 | 490 |
| 21 | 142 | 155 | 162 | 171 | 180 | 190 | 455 | 162 | 176 | 183 | 193 | 202 | 213 | 504 |
| 22 | 145 | 159 | 166 | 176 | 185 | 195 | 468 | 166 | 180 | 187 | 198 | 207 | 218 | 518 |
| 23 | 149 | 163 | 170 | 180 | 189 | 200 | 481 | 169 | 184 | 192 | 203 | 212 | 224 | 532 |
| 24 | 152 | 166 | 174 | 185 | 194 | 205 | 494 | 173 | 188 | 196 | 207 | 218 | 229 | 546 |
| 25 | 155 | 170 | 178 | 189 | 199 | 211 | 507 | 177 | 192 | 200 | 212 | 223 | 235 | 560 |

### $N_1 = 15$ and $N_1 = 16$

| $N_2$ | 0,1% | 0,5% | 1 % | 2,5% | 5 % | 10 % | $2\bar{T}$ | 0,1% | 0,5% | 1 % | 2,5% | 5% | 10% | $2\bar{T}$ |
|---|---|---|---|---|---|---|---|---|---|---|---|---|---|---|
| 15 | 160 | 171 | 176 | 184 | 192 | 200 | 465 | | | | | | | |
| 16 | 163 | 175 | 181 | 190 | 197 | 206 | 480 | 184 | 196 | 202 | 211 | 219 | 229 | 528 |
| 17 | 167 | 180 | 186 | 195 | 203 | 212 | 495 | 188 | 201 | 207 | 217 | 225 | 235 | 544 |
| 18 | 171 | 184 | 190 | 200 | 208 | 218 | 510 | 192 | 206 | 212 | 222 | 231 | 242 | 560 |
| 19 | 175 | 189 | 195 | 205 | 214 | 224 | 525 | 196 | 210 | 218 | 228 | 237 | 248 | 576 |
| 20 | 179 | 193 | 200 | 210 | 220 | 230 | 540 | 201 | 215 | 223 | 234 | 243 | 255 | 592 |
| 21 | 183 | 198 | 205 | 216 | 225 | 236 | 555 | 205 | 220 | 228 | 239 | 249 | 261 | 608 |
| 22 | 187 | 202 | 210 | 221 | 231 | 242 | 570 | 209 | 225 | 233 | 245 | 255 | 267 | 624 |
| 23 | 191 | 207 | 214 | 226 | 236 | 248 | 585 | 214 | 230 | 238 | 251 | 261 | 274 | 640 |
| 24 | 195 | 211 | 219 | 231 | 242 | 254 | 600 | 218 | 235 | 244 | 256 | 267 | 280 | 656 |
| 25 | 199 | 216 | 224 | 237 | 248 | 260 | 615 | 222 | 240 | 249 | 262 | 273 | 287 | 672 |

## $N_1 = 17$

| $N_2$ | 0,1% | 0,5% | 1 % | 2,5% | 5% | 10% | $2\bar{T}$ |
|---|---|---|---|---|---|---|---|
| 17 | 210 | 223 | 230 | 240 | 249 | 259 | 595 |
| 18 | 214 | 228 | 235 | 246 | 255 | 266 | 612 |
| 19 | 219 | 234 | 241 | 252 | 262 | 273 | 629 |
| 20 | 223 | 239 | 246 | 258 | 268 | 280 | 646 |
| 21 | 228 | 244 | 252 | 264 | 274 | 287 | 663 |
| 22 | 233 | 249 | 258 | 270 | 281 | 294 | 680 |
| 23 | 238 | 255 | 263 | 276 | 287 | 300 | 697 |
| 24 | 242 | 260 | 269 | 282 | 294 | 307 | 714 |
| 25 | 247 | 265 | 275 | 288 | 300 | 314 | 731 |

## $N_1 = 18$

| $N_2$ | 0,1% | 0,5% | 1 % | 2,5% | 5% | 10% | $2\bar{T}$ |
|---|---|---|---|---|---|---|---|
| 18 | 237 | 252 | 259 | 270 | 280 | 291 | 666 |
| 19 | 242 | 258 | 265 | 277 | 287 | 299 | 684 |
| 20 | 247 | 263 | 271 | 283 | 294 | 306 | 702 |
| 21 | 252 | 269 | 277 | 290 | 301 | 313 | 720 |
| 22 | 257 | 275 | 283 | 296 | 307 | 321 | 738 |
| 23 | 262 | 280 | 289 | 303 | 314 | 328 | 756 |
| 24 | 267 | 286 | 295 | 309 | 321 | 335 | 774 |
| 25 | 273 | 292 | 301 | 316 | 328 | 343 | 792 |

## $N_1 = 19$

| $N_2$ | 0,1% | 0,5% | 1 % | 2,5% | 5% | 10% | $2\bar{T}$ |
|---|---|---|---|---|---|---|---|
| 19 | 267 | 283 | 291 | 303 | 313 | 325 | 741 |
| 20 | 272 | 289 | 297 | 309 | 320 | 333 | 760 |
| 21 | 277 | 295 | 303 | 316 | 328 | 341 | 779 |
| 22 | 283 | 301 | 310 | 323 | 335 | 349 | 798 |
| 23 | 288 | 307 | 316 | 330 | 342 | 357 | 817 |
| 24 | 294 | 313 | 323 | 337 | 350 | 364 | 836 |
| 25 | 299 | 319 | 329 | 344 | 357 | 372 | 855 |

## $N_1 = 20$

| $N_2$ | 0,1% | 0,5% | 1 % | 2,5% | 5% | 10% | $2\bar{T}$ |
|---|---|---|---|---|---|---|---|
| 20 | 298 | 315 | 324 | 337 | 348 | 361 | 820 |
| 21 | 304 | 322 | 331 | 344 | 356 | 370 | 840 |
| 22 | 309 | 328 | 337 | 351 | 364 | 378 | 860 |
| 23 | 315 | 335 | 344 | 359 | 371 | 386 | 880 |
| 24 | 321 | 341 | 351 | 366 | 379 | 394 | 900 |
| 25 | 327 | 348 | 358 | 373 | 387 | 403 | 920 |

## $N_1 = 21$

| $N_2$ | 0,1% | 0,5% | 1 % | 2,5% | 5% | 10% | $2\bar{T}$ |
|---|---|---|---|---|---|---|---|
| 21 | 331 | 349 | 359 | 373 | 385 | 399 | 903 |
| 22 | 337 | 356 | 366 | 381 | 393 | 408 | 924 |
| 23 | 343 | 363 | 373 | 388 | 401 | 417 | 945 |
| 24 | 349 | 370 | 381 | 396 | 410 | 425 | 966 |
| 25 | 356 | 377 | 388 | 404 | 418 | 434 | 987 |

## $N_1 = 22$

| $N_2$ | 0,1% | 0,5% | 1 % | 2,5% | 5% | 10% | $2\bar{T}$ |
|---|---|---|---|---|---|---|---|
| 22 | 365 | 386 | 396 | 411 | 424 | 439 | 990 |
| 23 | 372 | 393 | 403 | 419 | 432 | 448 | 1012 |
| 24 | 379 | 400 | 411 | 427 | 441 | 457 | 1034 |
| 25 | 385 | 408 | 419 | 435 | 450 | 467 | 1056 |

## $N_1 = 23$

| $N_2$ | 0,1% | 0,5% | 1 % | 2,5% | 5% | 10% | $2\bar{T}$ |
|---|---|---|---|---|---|---|---|
| 23 | 402 | 424 | 434 | 451 | 465 | 481 | 1081 |
| 24 | 409 | 431 | 443 | 459 | 474 | 491 | 1104 |
| 25 | 416 | 439 | 451 | 468 | 483 | 500 | 1127 |

## $N_1 = 24$

| $N_2$ | 0,1% | 0,5% | 1 % | 2,5% | 5% | 10% | $2\bar{T}$ |
|---|---|---|---|---|---|---|---|
| 24 | 440 | 464 | 475 | 492 | 507 | 525 | 1176 |
| 25 | 448 | 472 | 484 | 501 | 517 | 535 | 1200 |

## $N_1 = 25$

| $N_2$ | 0,1% | 0,5% | 1 % | 2,5% | 5% | 10% | $2\bar{T}$ |
|---|---|---|---|---|---|---|---|
| 25 | 480 | 505 | 517 | 536 | 552 | 570 | 1275 |

**Tafel VI-1-4**

Der Subgruppen-Rangsummen-Test

Die Schranken $T_\alpha^*$ der Tafel VI-1-4 wurden vom Verfasser wie folgt berechnet: $\mu_{T^*} - (T_\alpha - \mu_T)\sqrt{m}$, wobei $\mu_T = n(2n+1)/2$ und $\mu_{T^*} = mn(2n+1)/2$ gesetzt wurde. Die exakten Schranken $T_\alpha$ für den üblichen Rangsummentest stammen von WILCOXON, F., KATTI, S. K. u. WILCOX, Roberta A.: Critical values and probability levels for the Wilcoxon rank sum test and the Wilcoxon signed rank test. New York: Cyanamid Co. 1963, Table I., mit freundlicher Genehmigung der Verfasser und des Verlegers.

Die Tafel enthält die unteren Schranken der Prüfgröße $T^* = \sum_1^m T$ bzw. $\sum_1^m T'$ für $2 \leq m \leq 7$ Subgruppen zu je 2n Meßwerten, d. h. zu je n Meßwerten für je eine von 2 Behandlungen. Beobachtete T*-Werte, die die Tabellenwerte erreichen oder *unter*schreiten, sind auf der Stufe $\alpha$ signifikant. Ist $T^*$ größer als $\mu_{T^*}$, dann prüfe man $T^{*'} = mn(2n+1)/2 - T^*$ als das Komplement zu $T^*$.

*Ablesebeispiel:* Ein $T^* = 63$ ist für m = 3 und n = 5 ist bei zweiseitigem Test auf der 5%-Stufe signifikant, da $63 < 66 = T^*_{0,05}$.

| | | Einseitiger Test | | Zweiseitiger Test | |
|---|---|---|---|---|---|
| m | n | $\alpha = 0,05$ | $\alpha = 0,01$ | $\alpha = 0,05$ | $\alpha = 0,01$ |
| 2 | 3 | 14 | 13 | 13 | 13 |
|   | 4 | 27 | 25 | 26 | 23 |
|   | 5 | 44 | 39 | 42 | 37 |
|   | 6 | 63 | 57 | 60 | 56 |
|   | 7 | 86 | 79 | 83 | 78 |
|   | 8 | 114 | 106 | 110 | 104 |
| 3 | 3 | 24 | 22 | 22 | 22 |
|   | 4 | 44 | 40 | 42 | 38 |
|   | 5 | 68 | 63 | 66 | 61 |
|   | 6 | 98 | 91 | 95 | 90 |
|   | 7 | 135 | 126 | 132 | 124 |
|   | 8 | 177 | 167 | 172 | 165 |
| 4 | 3 | 33 | 31 | 31 | 31 |
|   | 4 | 60 | 56 | 59 | 55 |
|   | 5 | 93 | 88 | 91 | 85 |
|   | 6 | 135 | 127 | 131 | 125 |
|   | 7 | 184 | 174 | 180 | 172 |
|   | 8 | 241 | 229 | 235 | 225 |
| 5 | 3 | 42 | 40 | 40 | 40 |
|   | 4 | 77 | 73 | 74 | 70 |
|   | 5 | 119 | 112 | 117 | 110 |
|   | 6 | 172 | 162 | 167 | 160 |
|   | 7 | 233 | 222 | 229 | 220 |
|   | 8 | 306 | 292 | 299 | 288 |
| 6 | 3 | 52 | 49 | 49 | 49 |
|   | 4 | 93 | 89 | 91 | 86 |
|   | 5 | 146 | 137 | 143 | 135 |
|   | 6 | 208 | 198 | 203 | 196 |
|   | 7 | 283 | 271 | 278 | 268 |
|   | 8 | 370 | 356 | 363 | 351 |
| 7 | 3 | 62 | 59 | 59 | 59 |
|   | 4 | 110 | 105 | 108 | 102 |
|   | 5 | 171 | 163 | 168 | 160 |
|   | 6 | 244 | 234 | 240 | 232 |
|   | 7 | 333 | 320 | 328 | 317 |
|   | 8 | 435 | 420 | 428 | 414 |

### Tafel VI-1-7-1

Normalrang − Transformation

Die Tafel wurde übernommen via BRADLEY, J. V. (1968, Table V) aus TEICHROEW, D.: Tables of expected values of order statistics and products of order statistics for samples of size twenty and less from the normal distribution. Ann. Math. Stat. 27 (1956), 410−426, mit freundlicher Genehmigung des Verfassers und des Herausgebers.

Die Tafel enthält für Stichproben $N = N_1 + N_2 = 2(1)20$ die Rangwerte R und die zu diesen gehörigen Normalrangwerte $\bar{u}_R$, wobei die Rangwerte von unten bis zur Mitte aufsteigend und von der Mitte nach oben absteigend bezeichnet worden sind. Bei geradzahligem $N = 8$ z.B. wie 1 2 3 4 4 3 2 1 (statt 1 2 3 4 5 6 7 8) und bei ungeradzahligem $N = 7$ wie 1 2 3 4 3 2 1 (statt 1 2 3 4 5 6 7). Für die aufsteigende Hälfte der Rangwerte sind die Normalränge mit negativem Vorzeichen zu versehen. Für den Medianrang gilt $u_R = 0{,}00000$ (bei ungeradzahligem N).

*Ablesebeispiel:* Einer Rangreihe von 1 2 3 4 5 entspricht die Normalrangreihe -1,16296 -0,49502 0,00000 +0,49502 +1,16296, wie aus den beiden Zeilen für $N = 5$ zu entnehmen ist. Beim zweiten und vierten Wert wurde die fünfte Dezimale gerundet (6. bis 10. Dezimale entsprechen der zweiten Kolonne!).

| N | R | $\bar{u}_R$ | N | R | $\bar{u}_R$ | N | R | $\bar{u}_R$ |
|---|---|---|---|---|---|---|---|---|
| 2 | 1 | .56418 95835 | 12 | 5 | .31224 88787 | 17 | 5 | .61945 76511 |
| 3 | 1 | .84628 43753 | 12 | 6 | .10258 96798 | 17 | 6 | .45133 34467 |
| 4 | 1 | 1.02937 53730 | 13 | 1 | 1.66799 01770 | 17 | 7 | .29518 64872 |
| 4 | 2 | .29701 13823 | 13 | 2 | 1.16407 71937 | 17 | 8 | .14598 74231 |
| 5 | 1 | 1.16296 44736 | 13 | 3 | .84983 46324 | 18 | 1 | 1.82003 18790 |
| 5 | 2 | .49501 89705 | 13 | 4 | .60285 00882 | 18 | 2 | 1.35041 37134 |
| 6 | 1 | 1.26720 63606 | 13 | 5 | .38832 71210 | 18 | 3 | 1.06572 81829 |
| 6 | 2 | .64175 50388 | 13 | 6 | .19052 36911 | 18 | 4 | .84812 50190 |
| 6 | 3 | .20154 68338 | 14 | 1 | 1.70338 15541 | 18 | 5 | .66479 46127 |
| 7 | 1 | 1.35217 83756 | 14 | 2 | 1.20790 22754 | 18 | 6 | .50158 15510 |
| 7 | 2 | .75737 42706 | 14 | 3 | .90112 67039 | 18 | 7 | .35083 72382 |
| 7 | 3 | .35270 69592 | 14 | 4 | .66176 37035 | 18 | 8 | .20773 53071 |
| 8 | 1 | 1.42360 03060 | 14 | 5 | .45556 60500 | 18 | 9 | .06880 25682 |
| 8 | 2 | .85222 48625 | 14 | 6 | .26729 70489 | 19 | 1 | 1.84448 15116 |
| 8 | 3 | .47282 24949 | 14 | 7 | .08815 92141 | 19 | 2 | 1.37993 84915 |
| 8 | 4 | .15251 43995 | 15 | 1 | 1.73591 34449 | 19 | 3 | 1.09945 30994 |
| 9 | 1 | 1.48501 31622 | 15 | 2 | 1.24793 50823 | 19 | 4 | .88586 19615 |
| 9 | 2 | .93229 74567 | 15 | 3 | .94768 90303 | 19 | 5 | .70661 14847 |
| 9 | 3 | .57197 07829 | 15 | 4 | .71487 73983 | 19 | 6 | .54770 73710 |
| 9 | 4 | .27452 59191 | 15 | 5 | .51570 10430 | 19 | 7 | .40164 22742 |
| 10 | 1 | 1.53875 27308 | 15 | 6 | .33529 60639 | 19 | 8 | .26374 28909 |
| 10 | 2 | 1.00135 70446 | 15 | 7 | .16529 85263 | 19 | 9 | .13072 48795 |
| 10 | 3 | .65605 91057 | 16 | 1 | 1.76599 13931 | 20 | 1 | 1.86747 50598 |
| 10 | 4 | .37576 46970 | 16 | 2 | 1.28474 42232 | 20 | 2 | 1.40760 40959 |
| 10 | 5 | .12266 77523 | 16 | 3 | .99027 10960 | 20 | 3 | 1.13094 80522 |
| 11 | 1 | 1.58643 63519 | 16 | 4 | .76316 67458 | 20 | 4 | .92098 17004 |
| 11 | 2 | 1.06191 65201 | 16 | 5 | .57000 93557 | 20 | 5 | .74538 30058 |
| 11 | 3 | .72883 94047 | 16 | 6 | .39622 27551 | 20 | 6 | .59029 69215 |
| 11 | 4 | .46197 83072 | 16 | 7 | .23375 15785 | 20 | 7 | .44483 17532 |
| 11 | 5 | .22489 08792 | 16 | 8 | .07728 74593 | 20 | 8 | .31493 32416 |
| 12 | 1 | 1.62922 76399 | 17 | 1 | 1.79394 19809 | 20 | 9 | .18695 73647 |
| 12 | 2 | 1.11573 21843 | 17 | 2 | 1.31878 19878 | 20 | 10 | .06199 62865 |
| 12 | 3 | .79283 81991 | 17 | 3 | 1.02946 09889 | | | |
| 12 | 4 | .53684 30214 | 17 | 4 | .80738 49287 | | | |

**Tafel VI-1-7-2**

Der TERRY-HOEFFDING Test

Entnommen aus KLOTZ, J. H.: On the normal scores-two-samples test. J. Am. Stat. Ass. 59 (1964), 652–664, Table 1, mit freundlicher Genehmigung des Verfassers und des Herausgebers.

Die Tafel enthält ausgewählte Prüfgrößen SNR (obere Zeile) und die zu diesen gehörigen Überschreitungswahrscheinlichkeiten bis ca. $P \leqslant 0{,}1$ (untere Zeile) für $N = N_1 + N_2 = 6(1)20$ und $n = \text{Min.} (N_1, N_2) = 3(1)10$. Beobachtete Prüfgrößen, die ihrem Absolutbetrage nach die aufgeführten kritischen SNR-Werte unterschreiten, haben höhere als die in der letzten Spalte verzeichneten P-Werte. Die P-Werte entsprechen einem *ein*seitigen Test und sind bei *zwei*seitigem Test zu verdoppeln.

*Ablesebeispiel:* Ein SNR = $|-1{,}56291|$ ist für $N = 10$ und $n = N_1 = 4$ nicht verzeichnet und daher mit einem höheren P-Wert assoziiert als der in der äußersten rechten Spalte SNR-Wert von 1,94171.

Tafel VI-1-7-2 (Fortsetz.)

| N | n | SNR-Werte (oben) und P-Werte (unten) | | | | | | |
|---|---|---|---|---|---|---|---|---|
| | | .001 | .005 | .010 | .025 | .050 | .075 | .100 |
| 6 | 3 | | | | | 2.11051<br>.05000 | | 1.70741<br>.10000 |
| 7 | 2 | | | | | 2.10955<br>.04762 | | 1.70489<br>.09524 |
| | 3 | | | | 2.46226<br>.02857 | 2.10955<br>.05714 | 1.75685<br>.08571 | 1.70489<br>.11429 |
| 8 | 2 | | | | 2.27583<br>.03571 | | 1.89642<br>.07143 | 1.57611<br>.10714 |
| | 3 | | | 2.74865<br>.01786 | 2.42834*<br>.03571 | 2.12331<br>.05357 | 2.04894*<br>.07143 | 1.74391<br>.10714 |
| | 4 | | 2.90116*<br>.01429 | 2.59613*<br>.02857 | | 2.27583<br>.05714 | 1.95552*<br>.07143 | 1.89642*<br>.10000 |
| 9 | 2 | | | | 2.41731<br>.02778 | 2.05698<br>.05556 | 1.75954<br>.08333 | 1.50427<br>.11111 |
| | 3 | | | 2.98928<br>.01190 | 2.69184<br>.02381* | 2.33151<br>.04762 | 2.05698<br>.07143 | 1.78246*<br>.09524 |
| | 4 | | 3.26381<br>.00794 | 2.98928<br>.01587 | 2.71476<br>.02381 | 2.41731<br>.04762 | 2.11987<br>.07143 | 1.78246<br>.10317 |
| 10 | 2 | | | | 2.54011<br>.02222 | 2.19481**<br>.04444 | 1.66142<br>.08889 | 1.65742<br>.11111 |
| | 3 | | 3.19617<br>.00833 | 2.91587<br>.01667 | 2.66278<br>.02500 | 2.31748<br>.05000 | 2.03719<br>.07500** | 1.81905<br>.10000 |
| | 4 | | 3.57193<br>.00476 | 3.31884<br>.00952 | 2.82040<br>.02381 | 2.44791<br>.05238 | 2.19481<br>.07619 | 1.94171<br>.09524 |
| | 5 | | 3.69460<br>.00397 | 3.44927*<br>.00794 | 2.91587<br>.02778 | 2.57058<br>.04762 | 2.16435<br>.07540 | 2.03318<br>.10317 |
| 11 | 2 | | | 2.64835<br>.01818 | 2.31528<br>.03636 | 2.04841<br>.05455 | 1.81133<br>.07273 | 1.79076<br>.09091 |
| | 3 | | 3.37719<br>.00606 | 3.11033<br>.01212 | 2.77725<br>.02424 | 2.31528<br>.04848 | 2.09038<br>.07273 | 1.85330<br>.09697 |
| | 4 | 3.83917<br>.00303 | 3.60208<br>.00606 | 3.37719<br>.00909 | 2.91521<br>.02424 | 2.54017<br>.04848 | 2.25273<br>.07576 | 2.02784<br>.10000 |
| | 5 | 4.06406<br>.00216 | 3.83917<br>.00433 | 3.60208<br>.00866 | 3.00214<br>.02597 | 2.60638<br>.04978 | 2.31528<br>.07359 | 2.07819<br>.09740 |
| 12 | 2 | | | 2.74496<br>.01515 | 2.42207<br>.03030 | 2.16607<br>.04545 | 1.90857<br>.07576 | 1.65258<br>.10606 |
| | 3 | | 3.53780<br>.00455 | 3.28180<br>.00909 | 2.84755<br>.02273 | 2.43271<br>.05000 | 2.10982<br>.07273 | 1.88522<br>.10000 |

Tafel VI-1-7-2 (Fortsetz.)

| N | n | SNR-Werte (oben) und P-Werte (unten) | | | | | | |
|---|---|---|---|---|---|---|---|---|
| | | .001 | .005 | .010 | .025 | .050 | .075 | .100 |
| 12 | 4 | 4.07464 | 3.85005 | 3.43521 | 3.00096 | 2.54800 | 2.31071 | 2.05471 |
| | | .00202 | .00404 | .01010 | .02424 | .05051 | .07475 | .09899 |
| | 5 | 4.38689 | 3.95264 | 3.69664 | 3.10354 | 2.65507 | 2.41778 | 2.15543 |
| | | .00126 | .00505 | .00884 | .02525 | .05051 | .07449 | .09848 |
| | 6 | 4.48948 | 3.86498 | 3.64039 | 3.17921 | 2.74496 | 2.42207 | 2.16607 |
| | | .00108 | .00541 | .01082 | .02597 | .05195 | .07576 | .10173 |
| 13 | 2 | | | 2.83207 | 2.51782 | 2.05632 | 1.85851 | 1.66799 |
| | | | | .01282 | .02564 | .05128 | .07692 | .10256 |
| | 3 | 3.68190 | 3.43492 | 3.22039 | 2.83207 | 2.44374 | 2.15525 | 1.88251 |
| | | .00350 | .00699 | .01049 | .02448 | .04895 | .07343 | .10140 |
| | 4 | 4.28475 | 3.82324 | 3.50900 | 3.04659 | 2.61754 | 2.30330 | 2.07304 |
| | | .00140 | .00559 | .00979 | .02517 | .05035 | .07552 | .09790 |
| | 5 | 4.67308 | 4.07023 | 3.69953 | 3.23711 | 2.77561 | 2.44374 | 2.20444 |
| | | .00078 | .00466 | .00932 | .02409 | .04973 | .07537 | .10023 |
| | 6 | 4.67308 | 4.08695 | 3.82324 | 3.29357 | 2.83207 | 2.50020 | 2.24684 |
| | | .00117 | .00524 | .01049 | .02506 | .05128 | .07517 | .10023 |
| 14 | 2 | | | 2.91128 | 2.60451 | 2.10903 | 1.86967 | 1.66347 |
| | | | | .01099 | .02198 | .05495 | .07692 | .09890 |
| | 3 | 3.81241 | 3.57305 | 3.26627 | 2.82312 | 2.45330 | 2.14894 | 1.94274 |
| | | .00275 | .00549 | .01099 | .02473 | .04945 | .07418 | .09890 |
| | 4 | 4.47417 | 3.90057 | 3.63415 | 3.11748 | 2.67192 | 2.36515 | 2.15895 |
| | | .00100 | .00500 | .00999 | .02498 | .04995 | .07692 | .09790 |
| | 5 | 4.74147 | 4.16787 | 3.81241 | 3.26869 | 2.82312 | 2.50437 | 2.24952 |
| | | .00100 | .00500 | .01049 | .02498 | .04995 | .07493 | .09940 |
| | 6 | 4.84158 | 4.28591 | 3.91252 | 3.39478 | 2.91128 | 2.59253 | 2.31523 |
| | | .00100 | .00466 | .00999 | .02498 | .05162 | .07493 | .09990 |
| | 7 | 4.92974 | 4.35614 | 3.99155 | 3.44541 | 2.94835 | 2.61693 | 2.33721 |
| | | .00117 | .00495 | .00991 | .02477 | .05012 | .07517 | .10023 |
| 15 | 2 | | | 2.98385 | 2.45079 | 2.19562 | 1.90121 | 1.73591 |
| | | | | .00952 | .02857 | .04762 | .07619 | .09524 |
| | 3 | 3.93154 | 3.69873 | 3.31914 | 2.91050 | 2.46815 | 2.17827 | 1.96281 |
| | | .00220 | .00440 | .01099 | .02418 | .05055 | .07473 | .09890 |
| | 4 | 4.64641 | 3.93154 | 3.66485 | 3.18302 | 2.69622 | 2.41691 | 2.15054 |
| | | .00073 | .00513 | .01026 | .02491 | .04982 | .07473 | .09963 |
| | 5 | 4.81171 | 4.24948 | 3.91418 | 3.38196 | 2.88136 | 2.54133 | 2.28549 |
| | | .00100 | .00500 | .00999 | .02498 | .04995 | .07493 | .10057 |
| | 6 | 4.99682 | 4.43213 | 4.06766 | 3.51832 | 2.98502 | 2.64855 | 2.36566 |
| | | .00100 | .00500 | .00999 | .02498 | .04975 | .07493 | .09990 |
| | 7 | 5.16212 | 4.47642 | 4.11194 | 3.56706 | 3.04666 | 2.69622 | 2.42161 |
| | | .00093 | .00497 | .01010 | .02502 | .04988 | .07490 | .09977 |
| 16 | 2 | | 3.05074 | 2.75626 | 2.52916 | 2.16221 | 1.85475 | 1.68870 |
| | | | .00833 | .01667 | .02500 | .05000 | .07500 | .10000 |

Tafel VI-1-7-2 (Fortsetz.)

| N | n | SNR-Werte (oben) und P-Werte (unten) | | | | | | |
|---|---|---|---|---|---|---|---|---|
| | | .001 | .005 | .010 | .025 | .050 | .075 | .100 |
| 16 | 3 | 4.04101<br>.00179 | 3.62074<br>.00536 | 3.32627<br>.01071 | 2.92538<br>.02500 | 2.48073<br>.05000 | 2.19773<br>.07500 | 1.95915<br>.10000 |
| | 4 | 4.61102<br>.00110 | 4.04765<br>.00495 | 3.72249<br>.00989 | 3.22977<br>.02473 | 2.75626<br>.05000 | 2.43148<br>.07473 | 2.17353<br>.10000 |
| | 5 | 5.00724<br>.00092 | 4.32319<br>.00504 | 3.98769<br>.01007 | 3.45827<br>.02450 | 2.93686<br>.04991 | 2.60645<br>.07532 | 2.31826<br>.10005 |
| | 6 | 5.14043<br>.00100 | 4.52116<br>.00500 | 4.15688<br>.00999 | 3.59087<br>.02498 | 3.06730<br>.05007 | 2.70310<br>.07505 | 2.42076<br>.09990 |
| | 7 | 5.35686<br>.00096 | 4.64213<br>.00498 | 4.25149<br>.00997 | 3.67665<br>.02491 | 3.15249<br>.04991 | 2.78023<br>.07491 | 2.48073<br>.10009 |
| | 8 | 5.43415<br>.00093 | 4.66692<br>.00497 | 4.29208<br>.00995 | 3.72249<br>.02510 | 3.15989<br>.05004 | 2.78711<br>.07498 | 2.51184<br>.10000 |
| 17 | 2 | | 3.11272<br>.00735 | 2.82340<br>.01471 | 2.60133<br>.02206 | 2.12617<br>.05147 | 1.93824<br>.07353 | 1.64892<br>.10294 |
| | 3 | 4.14218<br>.00147 | 3.73218<br>.00441 | 3.40791<br>.01029 | 2.96674<br>.02500 | 2.49423<br>.05000 | 2.23343<br>.07500 | 1.98018<br>.10000 |
| | 4 | 4.76164<br>.00084 | 4.08212<br>.00504 | 3.77412<br>.01008 | 3.26458<br>.02479 | 2.78845<br>.05000 | 2.45044<br>.07479 | 2.19904<br>.10000 |
| | 5 | 5.05683<br>.00097 | 4.39358<br>.00501 | 4.06610<br>.01002 | 3.48079<br>.02505 | 2.96939<br>.05026 | 2.63925<br>.07498 | 2.35314<br>.10003 |
| | 6 | 5.28609<br>.00097 | 4.61244<br>.00501 | 4.24438<br>.01002 | 3.65907<br>.02497 | 3.11859<br>.05018 | 2.75667<br>.07498 | 2.45799<br>.10003 |
| | 7 | 5.43207<br>.00098 | 4.76164<br>.00509 | 4.37731<br>.01003 | 3.77412<br>.02509 | 3.21998<br>.05003 | 2.83136<br>.07502 | 2.54046<br>.10022 |
| | 8 | 5.55887<br>.00099 | 4.83475<br>.00502 | 4.44432<br>.00995 | 3.81811<br>.02497 | 3.26458<br>.05006 | 2.87438<br>.07499 | 2.57839<br>.09996 |
| 18 | 2 | | 3.17045<br>.00654 | 2.88576<br>.01307 | 2.48483<br>.02614 | 2.17087<br>.05229 | 1.91385<br>.07190 | 1.73052<br>.09804 |
| | 3 | 4.23617<br>.00123 | 3.73389<br>.00490 | 3.38734<br>.00980 | 2.96271<br>.02451 | 2.52935<br>.05025 | 2.23210<br>.07475 | 1.98324<br>.10049 |
| | 4 | 4.73776<br>.00098 | 4.16737<br>.00490 | 3.80269<br>.01013 | 3.30938<br>.02484 | 2.80709<br>.05000 | 2.48057<br>.07484 | 2.20014<br>.10000 |
| | 5 | 5.10870<br>.00105 | 4.45135<br>.00502 | 4.11178<br>.01004 | 3.54498<br>.02498 | 3.01899<br>.05007 | 2.67245<br>.07493 | 2.38675<br>.10002 |
| | 6 | 5.39268<br>.00102 | 4.69253<br>.00501 | 4.33682<br>.01002 | 3.73818<br>.02494 | 3.17544<br>.04977 | 2.79520<br>.07498 | 2.50494<br>.09998 |
| | 7 | 5.59835<br>.00101 | 4.87656<br>.00503 | 4.47006<br>.00996 | 3.84912<br>.02501 | 3.27683<br>.04999 | 2.89270<br>.07497 | 2.59046<br>.09999 |
| | 8 | 5.69210<br>.00101 | 4.96540<br>.00503 | 4.55442<br>.01001 | 3.92906<br>.02502 | 3.34539<br>.04989 | 2.95019<br>.07507 | 2.63889<br>.09998 |
| | 9 | 5.74909<br>.00103 | 5.01000<br>.00500 | 4.59445<br>.00995 | 3.95964<br>.02497 | 3.37553<br>.05004 | 2.97459<br>.07497 | 2.66430<br>.09994 |

Tafel VI-1-7-2 (Fortsetz.)

| N | n | SNR-Werte (oben) und P-Werte (unten) | | | | | | |
|---|---|---|---|---|---|---|---|---|
|   |   | .001 | .005 | .010 | .025 | .050 | .075 | .100 |
| 19 | 2 |  | 3.22442 .00585 | 2.94393 .01170 | 2.55109 .02339 | 2.10822 .05263 | 1.92765 .07602 | 1.71376 .09942 |
|   | 3 | 4.32387 .00103 | 3.77213 .00516 | 3.43695 .01032 | 2.97241 .02477 | 2.53302 .04954 | 2.23895 .07534 | 2.00206 .10010 |
|   | 4 | 4.81689 .00103 | 4.19477 .00490 | 3.84654 .01006 | 3.33840 .02503 | 2.82201 .05005 | 2.50107 .07508 | 2.24906 .09933 |
|   | 5 | 5.20974 .00105 | 4.51192 .00499 | 4.17377 .00998 | 3.58302 .02503 | 3.06191 .04997 | 2.68278 .07499 | 2.40133 .10002 |
|   | 6 | 5.49533 .00100 | 4.79101 .00501 | 4.38736 .00999 | 3.78127 .02499 | 3.22605 .04968 | 2.83192 .07500 | 2.54229 .10010 |
|   | 7 | 5.75744 .00099 | 4.96296 .00500 | 4.56824 .01000 | 3.92941 .02503 | 3.34991 .04999 | 2.95133 .07498 | 2.64190 .10000 |
|   | 8 | 5.88817 .00102 | 5.08552 .00499 | 4.66943 .01002 | 4.02630 .02498 | 3.42021 .05000 | 3.01593 .07500 | 2.69260 .10000 |
|   | 9 | 5.92939 .00100 | 5.16350 .00499 | 4.73856 .01000 | 4.06469 .02500 | 3.45902 .05000 | 3.05311 .07501 | 2.73140 .09984 |
| 20 | 2 |  | 3.27508 .00526 | 2.99842 .01053 | 2.53855 .02632 | 2.18241 .04737 | 1.92947 .07368 | 1.72124 .10000 |
|   | 3 | 4.40603 .00088 | 3.74381 .00526 | 3.46204 .00965 | 2.98688 .02456 | 2.55009 .05000 | 2.25381 .07456 | 2.01365 .10000 |
|   | 4 | 4.85436 .00103 | 4.21907 .00495 | 3.90365 .00991 | 3.34688 .02497 | 2.85646 .04995 | 2.52577 .07492 | 2.25928 .09990 |
|   | 5 | 5.26501 .00097 | 4.57299 .00503 | 4.21646 .00993 | 3.61462 .02503 | 3.07968 .04999 | 2.72551 .07521 | 2.43454 .09997 |
|   | 6 | 5.59374 .00101 | 4.85971 .00501 | 4.46879 .00993 | 3.83100 .02500 | 3.26535 .05000 | 2.87423 .07492 | 2.57831 .09997 |
|   | 7 | 5.85268 .00101 | 5.06230 .00501 | 4.65498 .01001 | 3.99335 .02501 | 3.39273 .05003 | 2.99240 .07497 | 2.67789 .10000 |
|   | 8 | 6.01040 .00100 | 5.19980 .00500 | 4.77263 .00999 | 4.10043 .02501 | 3.48583 .05000 | 3.07408 .07500 | 2.74755 .10001 |
|   | 9 | 6.12214 .00099 | 5.28279 .00500 | 4.84855 .01000 | 4.16594 .02499 | 3.54228 .04999 | 3.12039 .07499 | 2.79469 .09997 |
|   | 10 | 6.14379 .00100 | 5.32106 .00500 | 4.87605 .01000 | 4.18573 .02501 | 3.55708 .04997 | 3.13824 .07499 | 2.80623 .10001 |

## Tafel VI-2-1

Der exakte H-Test (nach KRUSKAL-WALLIS)

Auszugsweise entnommen via OWEN, D. B. (1962, Table 14.2) aus KRUSKAL, W. H. and W. A. WALLIS: Use of ranks in one-criterion variance analysis. J. Am. Stat. Ass. 47 (1952), 583–621, and 48 (1953), 907–911, mit freundlicher Genehmigung der Verfasser und des Herausgebers.

Die Tafel enthält die exakten Überschreitungswahrscheinlichkeiten der Prüfgröße H (KRUSKAL-WALLIS) für k = 3 unabhängige Stichproben zu $N_1 \leqslant N_2 \leqslant N_3$ Meßwerten, wobei $N_1 = 2(1)5$, $N_2 = 1(1)5$ und $N_3 = 1(1)5$.
Ein beobachteter H-Wert, der dem ihm entsprechenden H-Wert der Tabelle numerisch gleicht, ist auf der durch P = α bezeichneten Stufe signifikant.

*Ablesebeispiel:* Wenn k = 3 Stichproben vom Umfang $N_1 = 5$, $N_2 = 4$ und $N_3 = 3$ ein H = 4,55 liefern, so ist diese Prüfgröße mit einem P = 0,099 knapp auf der 10 %-Stufe signifikant. (Es sind nur bestimmte H-Werte erhältlich, von welchen die Tafel eine Auswahl liefert.)

Tafel VI-2-1 (Fortsetz.)

| $N_1$ | $N_2$ | $N_3$ | H | P | $N_1$ | $N_2$ | $N_3$ | H | P |
|---|---|---|---|---|---|---|---|---|---|
| 2 | 1 | 1 | 2.7000 | 0.500 | 4 | 3 | 1 | 5.8333 | 0.021 |
|   |   |   |        |       |   |   |   | 5.2083 | 0.050 |
| 2 | 2 | 1 | 3.6000 | 0.200 |   |   |   | 5.0000 | 0.057 |
|   |   |   |        |       |   |   |   | 4.0556 | 0.093 |
| 2 | 2 | 2 | 4.5714 | 0.067 |   |   |   | 3.8889 | 0.129 |
|   |   |   | 3.7143 | 0.200 | 4 | 3 | 2 | 6.4444 | 0.008 |
| 3 | 1 | 1 | 3.2000 | 0.300 |   |   |   | 6.3000 | 0.010 |
|   |   |   |        |       |   |   |   | 5.4444 | 0.046 |
| 3 | 2 | 1 | 4.2857 | 0.100 |   |   |   | 5.4000 | 0.051 |
|   |   |   | 3.8571 | 0.133 |   |   |   | 4.5111 | 0.098 |
|   |   |   |        |       |   |   |   | 4.4444 | 0.102 |
| 3 | 2 | 2 | 5.3572 | 0.029 |   |   |   |        |       |
|   |   |   | 4.7143 | 0.048 | 4 | 3 | 3 | 6.7455 | 0.010 |
|   |   |   | 4.5000 | 0.067 |   |   |   | 6.7091 | 0.013 |
|   |   |   | 4.4643 | 0.105 |   |   |   | 5.7909 | 0.046 |
|   |   |   |        |       |   |   |   | 5.7203 | 0.050 |
| 3 | 3 | 1 | 5.1429 | 0.043 |   |   |   | 4.7091 | 0.092 |
|   |   |   | 4.5714 | 0.100 |   |   |   | 4.7000 | 0.101 |
|   |   |   | 4.0000 | 0.129 |   |   |   |        |       |
|   |   |   |        |       | 4 | 4 | 1 | 6.6667 | 0.010 |
| 3 | 3 | 2 | 6.2500 | 0.011 |   |   |   | 6.1667 | 0.022 |
|   |   |   | 5.3611 | 0.032 |   |   |   | 4.9667 | 0.048 |
|   |   |   | 5.1389 | 0.061 |   |   |   | 4.8667 | 0.054 |
|   |   |   | 4.5556 | 0.100 |   |   |   | 4.1667 | 0.082 |
|   |   |   | 4.2500 | 0.121 |   |   |   | 4.0667 | 0.102 |
| 3 | 3 | 3 | 7.2000 | 0.004 | 4 | 4 | 2 | 7.0364 | 0.006 |
|   |   |   | 6.4889 | 0.011 |   |   |   | 6.8727 | 0.011 |
|   |   |   | 5.6889 | 0.029 |   |   |   | 5.4545 | 0.046 |
|   |   |   | 5.6000 | 0.050 |   |   |   | 5.2364 | 0.052 |
|   |   |   | 5.0667 | 0.086 |   |   |   | 4.5545 | 0.098 |
|   |   |   | 4.6222 | 0.100 |   |   |   | 4.4455 | 0.103 |
| 4 | 1 | 1 | 3.5714 | 0.200 | 4 | 4 | 3 | 7.1439 | 0.010 |
|   |   |   |        |       |   |   |   | 7.1364 | 0.011 |
| 4 | 2 | 1 | 4.8214 | 0.057 |   |   |   | 5.5985 | 0.049 |
|   |   |   | 4.5000 | 0.076 |   |   |   | 5.5758 | 0.051 |
|   |   |   | 4.0179 | 0.114 |   |   |   | 4.5455 | 0.099 |
|   |   |   |        |       |   |   |   | 4.4773 | 0.102 |
| 4 | 2 | 2 | 6.0000 | 0.014 |   |   |   |        |       |
|   |   |   | 5.3333 | 0.033 | 4 | 4 | 4 | 7.6538 | 0.008 |
|   |   |   | 5.1250 | 0.052 |   |   |   | 7.5385 | 0.011 |
|   |   |   | 4.4583 | 0.100 |   |   |   | 5.6923 | 0.049 |
|   |   |   | 4.1667 | 0.105 |   |   |   | 5.6538 | 0.054 |
|   |   |   |        |       |   |   |   | 4.6539 | 0.097 |
|   |   |   |        |       |   |   |   | 4.5001 | 0.104 |

Tafel VI-2-1 (Fortsetz.)

| $N_1$ | $N_2$ | $N_3$ | H | P | $N_1$ | $N_2$ | $N_3$ | H | P |
|---|---|---|---|---|---|---|---|---|---|
| 5 | 1 | 1 | 3.8571 | 0.143 | 5 | 4 | 3 | 7.4449 | 0.010 |
|   |   |   |   |   |   |   |   | 7.3949 | 0.011 |
| 5 | 2 | 1 | 5.2500 | 0.036 |   |   |   | 5.6564 | 0.049 |
|   |   |   | 5.0000 | 0.048 |   |   |   | 5.6308 | 0.050 |
|   |   |   | 4.4500 | 0.071 |   |   |   | 4.5487 | 0.099 |
|   |   |   | 4.200 | 0.095 |   |   |   | 4.5231 | 0.103 |
|   |   |   | 4.0500 | 0.119 |   |   |   |   |   |
|   |   |   |   |   | 5 | 4 | 4 | 7.7604 | 0.009 |
| 5 | 2 | 2 | 6.5333 | 0.008 |   |   |   | 7.7440 | 0.011 |
|   |   |   | 6.1333 | 0.013 |   |   |   | 5.6571 | 0.049 |
|   |   |   | 5.1600 | 0.034 |   |   |   | 5.6176 | 0.050 |
|   |   |   | 5.0400 | 0.056 |   |   |   | 4.6187 | 0.100 |
|   |   |   | 4.3733 | 0.090 |   |   |   | 4.5527 | 0.102 |
|   |   |   | 4.2933 | 0.122 |   |   |   |   |   |
|   |   |   |   |   | 5 | 5 | 1 | 7.3091 | 0.009 |
| 5 | 3 | 1 | 6.4000 | 0.012 |   |   |   | 6.8364 | 0.011 |
|   |   |   | 4.9600 | 0.048 |   |   |   | 5.1273 | 0.046 |
|   |   |   | 4.8711 | 0.052 |   |   |   | 4.9091 | 0.053 |
|   |   |   | 4.0178 | 0.095 |   |   |   | 4.1091 | 0.086 |
|   |   |   | 3.8400 | 0.123 |   |   |   | 4.0364 | 0.105 |
|   |   |   |   |   |   |   |   |   |   |
| 5 | 3 | 2 | 6.9091 | 0.009 | 5 | 5 | 2 | 7.3385 | 0.010 |
|   |   |   | 6.8218 | 0.010 |   |   |   | 7.2692 | 0.010 |
|   |   |   | 5.2509 | 0.049 |   |   |   | 5.3385 | 0.047 |
|   |   |   | 5.1055 | 0.052 |   |   |   | 5.2462 | 0.051 |
|   |   |   | 4.6509 | 0.091 |   |   |   | 4.6231 | 0.097 |
|   |   |   | 4.4945 | 0.101 |   |   |   | 4.5077 | 0.100 |
|   |   |   |   |   |   |   |   |   |   |
| 5 | 3 | 3 | 7.0788 | 0.009 | 5 | 5 | 3 | 7.5780 | 0.010 |
|   |   |   | 6.9818 | 0.011 |   |   |   | 7.5429 | 0.010 |
|   |   |   | 5.6485 | 0.049 |   |   |   | 5.7055 | 0.046 |
|   |   |   | 5.5152 | 0.051 |   |   |   | 5.6264 | 0.051 |
|   |   |   | 4.5333 | 0.097 |   |   |   | 4.5451 | 0.100 |
|   |   |   | 4.4121 | 0.109 |   |   |   | 4.5363 | 0.102 |
|   |   |   |   |   |   |   |   |   |   |
| 5 | 4 | 1 | 6.9545 | 0.008 | 5 | 5 | 4 | 7.8229 | 0.010 |
|   |   |   | 6.8400 | 0.011 |   |   |   | 7.7914 | 0.010 |
|   |   |   | 4.9855 | 0.044 |   |   |   | 5.6627 | 0.049 |
|   |   |   | 4.8600 | 0.056 |   |   |   | 5.6429 | 0.050 |
|   |   |   | 3.9873 | 0.098 |   |   |   | 4.5229 | 0.099 |
|   |   |   | 3.9600 | 0.102 |   |   |   | 4.5200 | 0.101 |
|   |   |   |   |   |   |   |   |   |   |
|   |   |   |   |   | 5 | 5 | 5 | 8.0000 | 0.009 |
| 5 | 4 | 2 | 7.2045 | 0.009 |   |   |   | 7.9800 | 0.010 |
|   |   |   | 7.1182 | 0.010 |   |   |   | 5.7800 | 0.049 |
|   |   |   | 5.2727 | 0.049 |   |   |   | 5.6600 | 0.051 |
|   |   |   | 5.2682 | 0.050 |   |   |   | 4.5600 | 0.100 |
|   |   |   | 4.5409 | 0.098 |   |   |   | 4.5000 | 0.102 |
|   |   |   | 4.5182 | 0.101 |   |   |   |   |   |

**Tafel VI-2-3**

Der L-Test von BHAPKAR und DESHPANDE

Entnommen aus BHAPKAR, V.P. und DESHPANDE, J.V.: Some nonparametric tests for multisample problems. Technometrics 10(1968), 597–585, Table 2, mit freundlicher Genehmigung der Verfasser und des Herausgebers.

Die Tafel enthält die oberen Schranken der Prüfgröße L für k = 3 unabhängige Stichproben zu $N_1 \leq N_2 \leq N_3$ Meßwerten bis $N_1, N_2, N_3 \leq 4$. Den Schranken $L_\alpha$ wurden die exakten Überschreitungswahrscheinlichkeiten P % = 100 % P zugeordnet, wobei der jeweils obere P %-Wert das approximierte α-Niveau eben unterschreitet (konservative Entscheidung), während es der untere P %-Wert eben überschreitet (liberale Entscheidung). Beobachtete L-Werte, die die angegebenen Schranken erreichen oder überschreiten, sind auf der bezeichneten Stufe signifikant.

*Ablesebeispiel:* Ein L = 5,78 aus $N_1 = 2, N_2 = 3$ und $N_3 = 4$ unabhängigen k = 3 Stichproben ist bei strenger Beurteilung auf der 5 %-Stufe nicht mehr signifikant da die zu L gehörige P % = 5,2 das 5 %-Niveau eben überschreitet; dagegen wäre L = 5,80 auf der 5 %-Stufe signifikant. (Würde L = 5,80 nach 3 - 1 = 2 Fg wie $\chi^2$ beurteilt, wäre es nicht signifikant!).

| $N_1$ | $N_2$ | $N_3$ | $\alpha \approx 1\%$ | $L_{0,01}$ | $\alpha \approx 5\%$ | $L_{0,05}$ |
|---|---|---|---|---|---|---|
| 2 | 2 | 2 | * | * | 6.7 | 5.33 |
| 2 | 2 | 3 | 1.90 | 6.48 | 3.8 | 5.48 |
|   |   |   |      |      | 5.7 | 5.39 |
| 2 | 2 | 4 | 0.95 | 7.33 | 3.8 | 6.28 |
|   |   |   | 1.90 | 6.33 | 5.7 | 6.00 |
| 2 | 3 | 3 | 0.71 | 8.00 | 4.3 | 5.86 |
|   |   |   | 1.42 | 6.85 | 5.0 | 5.85 |
| 2 | 3 | 4 | 0.95 | 7.14 | 4.9 | 5.80 |
|   |   |   | 1.43 | 7.13 | 5.2 | 5.78 |
| 2 | 4 | 4 | 0.95 | 7.47 | 4.9 | 5.72 |
|   |   |   | 1.10 | 7.34 | 5.0 | 5.55 |
| 3 | 3 | 3 | 0.40 | 8.00 | 2.9 | 6.32 |
|   |   |   | 1.10 | 7.21 | 5.0 | 6.22 |
| 3 | 3 | 4 | 0.81 | 7.53 | 4.9 | 6.26 |
|   |   |   | 1.10 | 7.42 | 5.1 | 6.16 |
| 3 | 4 | 4 | 0.90 | 7.85 | 4.9 | 6.34 |
|   |   |   | 1.04 | 7.82 | 5.1 | 6.22 |
| 4 | 4 | 4 | 0.80 | 8.29 | 4.9 | 6.15 |
|   |   |   | 1.10 | 8.16 | 5.4 | 6.12 |

## Tafel VI-2-5

### Der CRONHOLM-REVUSKY-Test

Entnommen aus CRONHOLM, J. N. and REVUSKY, S. H.: A sensitive rank test for comparing the effects of two treatments on a single group. Psychometrika 30(1965), 459–467, Table 1, mit freundlicher Genehmigung der Verfasser und des Herausgebers.

Die Tafel enthält die exakten Überschreitungswahrscheinlichkeiten P der um n verminderten Prüfgröße $R_n$ für n = 3(1)12. Null und Komma der vierstelligen P-Werte wurden weggelassen. Die Werte entsprechen einem einseitigen Test und sind bei zweiseitigem Test zu verdoppeln.

*Ablesebeispiel:* Einer Rangsumme von $R_0$ = 14 aus n = 9 Beobachtungen entspricht ein $R_n - n = 14 - 9 = 5$ und diesem ein P = 0,0029, das bei zweiseitiger Fragestellung (P' = 0,0058) auf der 1 %-Stufe signifikant ist.

| $R_n-n$ | 3 | 4 | 5 | 6 | 7 | 8 | 9 | 10 | 11 | 12 |
|---|---|---|---|---|---|---|---|---|---|---|
| 0 | 1667 | 0417 | 0083 | 0014 | 0002 | 0000 | | | | |
| 1 | | 1667 | 0417 | 0083 | 0014 | 0002 | | | | |
| 2 | | | 1083 | 0278 | 0054 | 0009 | 0001 | | | |
| 3 | | | | 0681 | 0151 | 0028 | 0004 | 0001 | | |
| 4 | | | | | 0345 | 0071 | 0012 | 0002 | | |
| 5 | | | | | 0681 | 0156 | 0029 | 0005 | 0001 | |
| 6 | | | | | | 0305 | 0063 | 0011 | 0001 | |
| 7 | | | | | | 0543 | 0124 | 0023 | 0004 | 0001 |
| 8 | | | | | | | 0223 | 0046 | 0008 | 0001 |
| 9 | | | | | | | 0376 | 0083 | 0016 | 0002 |
| 10 | | | | | | | 0597 | 0143 | 0029 | 0005 |
| 11 | | | | | | | | 0233 | 0050 | 0009 |
| 12 | | | | | | | | 0363 | 0083 | 0016 |
| 13 | | | | | | | | 0542 | 0132 | 0027 |
| 14 | | | | | | | | | 0203 | 0044 |
| 15 | | | | | | | | | 0301 | 0069 |
| 16 | | | | | | | | | 0433 | 0105 |
| 17 | | | | | | | | | 0605 | 0155 |
| 18 | | | | | | | | | | 0224 |
| 19 | | | | | | | | | | 0314 |
| 20 | | | | | | | | | | 0432 |
| 21 | | | | | | | | | | 0580 |

## Tafel VI-2-6

CONOVERS Binaberrationstest

Entnommen aus CONOVER, W. J.: Two k-sample slippage tests. J. Am. Stat. Ass. 63(1968), 614–626, Table 1, mit freundlicher Genehmigung des Verfassers und des Herausgebers.

Die Tafel enthält die oberen Schranken der Prüfgröße $M(1, k)$ für $k = 2(1)20$ unabhängige Stichproben zu je $n = 4(1)10(2)20(5)40, \infty$ Meßwerten, wobei die reihungserste Schranke dem 5 %-Niveau, die reihungszweite dem 1 % und die dritte dem 0,1 %-Niveau entspricht. Beobachtete Prüfgrößen, die die angegebenen Schranken erreichen oder überschreiten, sind auf der durch die Reihenfolge bezeichneten Stufe signifikant.

*Ablesebeispiel:* Eine Prüfgröße $M(1,6) = 9$ für $k = 6$ Stichproben zu je $n = 12$ Meßwerten ist auf der 1 %-Stufe signifikant, da sie die Schranke 8 überschreitet.

| k \ n | 4 | 5 | 6 | 7 | 8 | 9 | 10 | 12 | 14 | 16 |
|---|---|---|---|---|---|---|---|---|---|---|
| 2 | 4 | 4, 5 | 5, 6 | 5, 6, 7 | 5, 6, 8 | 5, 6, 8 | 5, 7, 8 | 5, 7, 9 | 5, 7, 9 | 5, 7, 9 |
| 3 |   | 5 | 5, 6 | 5, 6 | 5, 7, 8 | 6, 7, 8 | 6, 7, 9 | 6, 7, 9 | 6, 8, 10 | 6, 8, 10 |
| 4 |   | 5 | 5, 6 | 6, 7 | 6, 7, 8 | 6, 7, 9 | 6, 7, 9 | 6, 8, 9 | 6, 8, 10 | 6, 8, 10 |
| 5 |   | 5 | 6, 6 | 6, 7 | 6, 7, 8 | 6, 7, 9 | 6, 8, 9 | 6, 8, 10 | 7, 8, 10 | 7, 8, 10 |
| 6 |   | 5 | 6, 6 | 6, 7 | 6, 7, 8 | 6, 8, 9 | 6, 8, 9 | 7, 8, 10 | 7, 8, 10 | 7, 9, 11 |
| 7 |   | 5 | 6 | 6, 7 | 6, 7, 8 | 6, 8, 9 | 7, 8, 9 | 7, 8, 10 | 7, 9, 10 | 7, 9, 11 |
| 8 |   | 5 | 6 | 6, 7 | 6, 7 | 7, 8, 9 | 7, 8, 9 | 7, 8, 10 | 7, 9, 11 | 7, 9, 11 |
| 9 |   | 5 | 6 | 6, 7 | 6, 7 | 7, 8, 9 | 7, 8, 9 | 7, 8, 10 | 7, 9, 11 | 7, 9, 11 |
| 10 |   | 5 | 6 | 6, 7 | 6, 8 | 7, 8, 9 | 7, 8, 10 | 7, 9, 10 | 7, 9, 11 | 7, 9, 11 |
| 11 |   |   | 6 | 6, 7 | 7, 8 | 7, 8, 9 | 7, 8, 10 | 7, 9, 10 | 7, 9, 11 | 8, 9, 11 |
| 12 |   |   | 6 | 6, 7 | 7, 8 | 7, 8, 9 | 7, 8, 10 | 7, 9, 10 | 7, 9, 11 | 8, 9, 11 |
| 13 |   |   | 6 | 6, 7 | 7, 8 | 7, 8, 9 | 7, 8, 10 | 7, 9, 10 | 8, 9, 11 | 8, 9, 11 |
| 14 |   |   | 6 | 6, 7 | 7, 8 | 7, 8, 9 | 7, 8, 10 | 7, 9, 10 | 8, 9, 11 | 8, 9, 11 |
| 15 |   |   | 6 | 6, 7 | 7, 8 | 7, 8, 9 | 7, 8, 10 | 7, 9, 10 | 8, 9, 11 | 8, 9, 11 |
| 16 |   |   | 6 | 6, 7 | 7, 8 | 7, 8, 9 | 7, 8, 10 | 8, 9, 10 | 8, 9, 11 | 8, 10, 11 |
| 17 |   |   | 6 | 6, 7 | 7, 8 | 7, 8, 9 | 7, 8, 10 | 8, 9, 11 | 8, 9, 11 | 8, 10, 12 |
| 18 |   |   | 6 | 7, 7 | 7, 8 | 7, 8, 9 | 7, 8, 10 | 8, 9, 11 | 8, 9, 11 | 8, 10, 12 |
| 19 |   |   | 6 | 7, 7, | 7, 8 | 7, 8, 9 | 7, 9, 10 | 8, 9, 11 | 8, 9, 11 | 8, 10, 12 |
| 20 |   |   | 6 | 7, 7 | 7, 8 | 7, 8, 9 | 7, 9, 10 | 8, 9, 11 | 8, 9, 11 | 8, 10, 12 |

| k \ n | 18 | 20 | 25 | 30 | 35 | 40 | ∞ |
|---|---|---|---|---|---|---|---|
| 2 | 5, 7, 10 | 5, 7, 10 | 6, 7, 10 | 6, 8, 10 | 6, 8, 10 | 6, 8, 11 | 6, 8, 11 |
| 3 | 6, 8, 10 | 6, 8, 10 | 6, 8, 11 | 6, 8, 11 | 6, 8, 11 | 6, 9, 11 | 7, 9, 12 |
| 4 | 7, 8, 11 | 7, 8, 11 | 7, 9, 11 | 7, 9, 11 | 7, 9, 12 | 7, 9, 12 | 7, 10, 13 |
| 5 | 7, 9, 11 | 7, 9, 11 | 7, 9, 11 | 7, 9, 12 | 7, 9, 12 | 7, 9, 12 | 8, 10, 13 |
| 6 | 7, 9, 11 | 7, 9, 11 | 7, 9, 12 | 7, 9, 12 | 7, 10, 12 | 8, 10, 12 | 8, 10, 14 |
| 7 | 7, 9, 11 | 7, 9, 11 | 7, 9, 12 | 8, 10, 12 | 8, 10, 12 | 8, 10, 12 | 8, 11, 14 |
| 8 | 7, 9, 11 | 7, 9, 11 | 8, 10, 12 | 8, 10, 12 | 8, 10, 13 | 8, 10, 13 | 8, 11, 14 |
| 9 | 7, 9, 11 | 8, 9, 12 | 8, 10, 12 | 8, 10, 12 | 8, 10, 13 | 8, 10, 13 | 9, 11, 14 |
| 10 | 8, 9, 11 | 8, 10, 12 | 8, 10, 12 | 8, 10, 13 | 8, 10, 13 | 8, 10, 13 | 9, 11, 15 |
| 11 | 8, 9, 12 | 8, 10, 12 | 8, 10, 12 | 8, 10, 13 | 8, 10, 13 | 8, 10, 13 | 9, 11, 15 |
| 12 | 8, 10, 12 | 8, 10, 12 | 8, 10, 12 | 8, 10, 13 | 8, 10, 13 | 8, 11, 13 | 9, 11, 15 |
| 13 | 8, 10, 12 | 8, 10, 12 | 8, 10, 12 | 8, 10, 13 | 8, 11, 13 | 9, 11, 13 | 9, 12, 15 |
| 14 | 8, 10, 12 | 8, 10, 12 | 8, 10, 13 | 8, 10, 13 | 9, 11, 13 | 9, 11, 13 | 9, 12, 15 |
| 15 | 8, 10, 12 | 8, 10, 12 | 8, 10, 13 | 8, 11, 13 | 9, 11, 13 | 9, 11, 14 | 9, 12, 15 |
| 16 | 8, 10, 12 | 8, 10, 12 | 8, 10, 13 | 9, 11, 13 | 9, 11, 13 | 9, 11, 14 | 9, 12, 15 |
| 17 | 8, 10, 12 | 8, 10, 12 | 8, 10, 13 | 9, 11, 13 | 9, 11, 13 | 9, 11, 14 | 9, 12, 15 |
| 18 | 8, 10, 12 | 8, 10, 12 | 9, 10, 13 | 9, 11, 13 | 9, 11, 14 | 9, 11, 14 | 10, 12, 16 |
| 19 | 8, 10, 12 | 8, 10, 12 | 9, 11, 13 | 9, 11, 13 | 9, 11, 14 | 9, 11, 14 | 10, 12, 16 |
| 20 | 8, 10, 12 | 8, 10, 12 | 9, 11, 13 | 9, 11, 13 | 9, 11, 14 | 9, 11, 14 | 10, 12, 16 |

### Tafel VI-3-1

DUNNETTS t-Test

Entnommen aus DUNNETT, C. W.: A multiple comparison procedure for comparing several treatments with a control. J. Am. Stat. Ass. 50(1955), 1096–1121, Table 1 ab und aus C. W. DUNNETT: New tables for multiple comparisons with a control. Biometrics 20(1964), 482–491, Tables 2 and 3, mit freundlicher Genehmigung des Verfassers und der Herausgeber.

Die Tafel enthält (1) die oberen einseitigen Schranken der Prüfgröße t für Fg = ∞ und k - 1 = 1(1)9 bzw. k = 2(1)10 und (2) die oberen zweiseitigen Schranken für k - 1 = 1(1)12, 15, 20. Beide Schranken sind für das 5 %- und das 1 %-Niveau aufgeführt. t-Werte, die die angegebenen Schranken erreichen oder überschreiten, sind auf der bezeichneten Stufe signifikant.

*Ablesebeispiel:* Ein aus dem Vergleich von k - 1 = 3 Versuchsgruppen mit einer Kontrollgruppe (zu je n Beobachtungen) resultierender t-Wert von 2,45 ist bei einseitiger Frage auf dem 5 %-Niveau signifikant, da 2,45 > 2,05. Der gleiche t-Wert wäre auch bei zweiseitiger Frage signifikant, da 2,45 auch größer als 2,35 ist.

| k-1 | k | Einseitiger Test | | Zweiseitiger Test | |
|---|---|---|---|---|---|
| | | 0,05 | 0,01 | 0,05 | 0,01 |
| 1 | 2 | 1,64 | 2,33 | 1,96 | 2,58 |
| 2 | 3 | 1,92 | 2,56 | 2,21 | 2,79 |
| 3 | 4 | 2,06 | 2,68 | 2,35 | 2,92 |
| 4 | 5 | 2,16 | 2,77 | 2,44 | 3,00 |
| 5 | 6 | 2,23 | 2,84 | 2,51 | 3,06 |
| 6 | 7 | 2,29 | 2,89 | 2,57 | 3,11 |
| 7 | 8 | 2,34 | 2,93 | 2,61 | 3,15 |
| 8 | 9 | 2,38 | 2,97 | 2,65 | 3,19 |
| 9 | 10 | 2,42 | 3,00 | 2,69 | 3,22 |
| 10 | 11 | | | 2,72 | 3,25 |
| 11 | 12 | | | 2,74 | 3,27 |
| 12 | 13 | | | 2,77 | 3,29 |
| 15 | 16 | | | 2,83 | 3,35 |
| 20 | 21 | | | 2,91 | 3,42 |

**Tafel VI-3-1-1**

STEELS exakte $T_i$-Tests

Adaptiert aus STEEL, G. R. D.: A multiple comparison rank sum test: Treatment versus control. Biometrics 15(1959), 560–572, Table. 1, mit freundlicher Genehmigung des Verfassers und des Herausgebers.

Die Tafel enthält die exakten Überschreitungswahrscheinlichkeiten P für das Auftreten einer Rangsumme $T_i$ (oder $T_i' = n(2n+1) - T_i$, wenn $T_i' < T_i$) oder einer kleineren Rangsumme unter $H_o$, wenn je n Meßwerte aus *einer* Kontrollstichprobe und $k - 1 = 2; 3$ Behandlungsstichproben vorliegen, die — je gesondert mit der Kontrollstichprobe vereint — in eine Rangordnung von 1 bis 2n gebracht werden, wobei die Rangsummen der Behandlungsstichproben $T_i$ (oder deren Komplement $T_i'$) als Prüfgröße dienen. Die P-Werte gelten für *einseitige* Fragestellung und sind bei zweiseitiger zu verdoppeln.

*Ablesebeispiel:* Kommen der Kontrollstichprobe die Ränge 1 2 3 5 und der Behandlungsstichprobe die Ränge 4 6 7 8 zu, dann beträgt die Prüfgröße $T_i' = 4(2 \cdot 4 + 1) - (4+6+7+8) = 11$. Diese Prüfgröße ist bei $k - 1 = 2$ Behandlungen fast auf der 5 %-Stufe gesichert (P = 0,0519), wenn eine einseitige Fragestellung vorliegt.

| n | k-1 = 2 | | k-1 = 3 | |
|---|---|---|---|---|
| | $T_i$ ( $T_i'$ ) | P | $T_i$ ( $T_i'$ ) | P |
| 3 | 6 | 0,0881 | 6 | 0,1188 |
| | 7 | – | – | – |
| 4 | 10 | 0,0266 | 10 | 0,0373 |
| | 11 | 0,0519 | 11 | 0,0718 |
| | 12 | 0,1005 | 12 | 0,1438 |
| | 13 | 0,1650 | – | – |
| 5 | 15 | 0,0076 | 15 | 0,0116 |
| | 16 | 0,0150 | 16 | 0,0216 |
| | 17 | 0,0295 | 17 | 0,0410 |
| | 18 | 0,0506 | | |
| | 19 | 0,01243 | | |

### Tafel VI-3-1-1a
STEELS einseitige asymptotische $T_i$-Tests
Abgedruckt aus STEEL, G. R. D.: A multiple comparison rank sum test: Treatment versus control. Biometrics 15(1959), 560–572, Table 2, mit freundlicher Genehmigung des Verfassers und des Herausgebers.

Die Tafel enthält die 5 % und 1 % Schranken der Prüfgröße $T_i$ bzw. $T_i^* = n(2n+1) - T_i$ für $2 \leqslant k-1 \leqslant 9$ Behandlungsstichproben zu $4 \leqslant n \leqslant 20$ Meßwerten je Behandlung und eine Kontrollstichprobe mit ebensoviel Meßwerten bei *einseitiger* Alternativhypothese. (Über die Definition der Prüfgröße vgl. STEELS $T_i$-Tests in Kapitel 6). Prüfgrößen, die die angegebene Schranke erreichen oder *unter*schreiten, sind auf der bezeichneten Stufe signifikant.

*Ablesebeispiel* für Tafel VI-3-1-1a, b: Beträgt die Prüfgröße $T_i$ oder $T_i^*$ bei $k-1 = 4$ Behandlungen und $n = 10$ Meßwerten je Behandlung und Kontrolle 67, so ist der Unterschied zwischen der betreffenden Behandlung und der Kontrolle bei zweiseitiger Fragestellung auf der 5 %-Stufe (67<72) und bei einseitiger Fragestellung auf der 1 %-Stufe (67< 68) signifikant.

| n | α% | \multicolumn{8}{c}{k-1 = Zahl der Behandlungen (ohne Kontrolle)} |
|---|---|---|---|---|---|---|---|---|---|
|   |   | 2 | 3 | 4 | 5 | 6 | 7 | 8 | 9 |
| 4 | 5% | 11 | 10 | 10 | 10 | 10 | — | — | — |
|   | 1% | — | — | — | — | — | — | — | — |
| 5 | 5% | 18 | 17 | 17 | 16 | 16 | 16 | 16 | 15 |
|   | 1% | 15 | — | — | — | — | — | — | — |
| 6 | 5% | 27 | 26 | 25 | 25 | 24 | 24 | 24 | 23 |
|   | 1% | 23 | 22 | 21 | 21 | — | — | — | — |
| 7 | 5% | 37 | 36 | 35 | 35 | 34 | 34 | 33 | 33 |
|   | 1% | 32 | 31 | 30 | 30 | 29 | 29 | 29 | 29 |
| 8 | 5% | 49 | 48 | 47 | 46 | 46 | 45 | 45 | 44 |
|   | 1% | 43 | 42 | 41 | 40 | 40 | 40 | 39 | 39 |
| 9 | 5% | 63 | 62 | 61 | 60 | 59 | 59 | 58 | 58 |
|   | 1% | 56 | 55 | 54 | 53 | 52 | 52 | 51 | 51 |
| 10 | 5% | 79 | 77 | 76 | 75 | 74 | 74 | 73 | 72 |
|   | 1% | 71 | 69 | 68 | 67 | 66 | 66 | 65 | 65 |
| 11 | 5% | 97 | 95 | 93 | 92 | 91 | 90 | 90 | 89 |
|   | 1% | 87 | 85 | 84 | 83 | 82 | 81 | 81 | 80 |
| 12 | 5% | 116 | 114 | 112 | 111 | 110 | 109 | 108 | 108 |
|   | 1% | 105 | 103 | 102 | 100 | 99 | 99 | 98 | 98 |
| 13 | 5% | 138 | 135 | 133 | 132 | 130 | 129 | 129 | 128 |
|   | 1% | 125 | 123 | 121 | 120 | 119 | 118 | 117 | 117 |
| 14 | 5% | 161 | 158 | 155 | 154 | 153 | 152 | 151 | 150 |
|   | 1% | 147 | 144 | 142 | 141 | 140 | 139 | 138 | 137 |
| 15 | 5% | 186 | 182 | 180 | 178 | 177 | 176 | 175 | 174 |
|   | 1% | 170 | 167 | 165 | 164 | 162 | 161 | 160 | 160 |
| 16 | 5% | 213 | 209 | 206 | 204 | 203 | 201 | 200 | 199 |
|   | 1% | 196 | 192 | 190 | 188 | 187 | 186 | 185 | 184 |
| 17 | 5% | 241 | 237 | 234 | 232 | 231 | 229 | 228 | 227 |
|   | 1% | 223 | 219 | 217 | 215 | 213 | 212 | 211 | 210 |
| 18 | 5% | 272 | 267 | 264 | 262 | 260 | 259 | 257 | 256 |
|   | 1% | 252 | 248 | 245 | 243 | 241 | 240 | 239 | 238 |
| 19 | 5% | 304 | 299 | 296 | 294 | 292 | 290 | 288 | 287 |
|   | 1% | 282 | 278 | 275 | 273 | 271 | 270 | 268 | 267 |
| 20 | 5% | 339 | 333 | 330 | 327 | 325 | 323 | 322 | 320 |
|   | 1% | 315 | 310 | 307 | 305 | 303 | 301 | 300 | 299 |

## Tafel VI-3-1-1b

STEELS zweiseitige asymptotische $T_i$-Tests
Abgedruckt aus STEEL, G. R. D.: A multiple comparison rank sum test: Treatment versus control. Biometrics 15(1959), 560–572, Table 3, mit freundlicher Genehmigung des Verfassers und des Herausgebers.

Die Tafel enthält die 5 % und 1 %-Schranken der Prüfgröße $T_i$ bzw. $T_i' = n(2n+1) - T_i$ für die gleichen Bedingungen wie in Tafel VI-3-1-1a bei *zweiseitiger* Alternativhypothese.

*Ablesebeispiel* für Tafel VI-3-1-1a, b: Beträgt die Prüfgröße $T_i$ oder $T_i'$ bei $k - 1 = 4$ Behandlungen und $n = 10$ Meßwerten je Behandlung und Kontrolle 67, so ist der Unterschied zwischen der betreffenden Behandlung und der Kontrolle bei zweiseitiger Fragestellung auf der 5 %-Stufe (67 < 72) und bei einseitiger Fragestellung auf der 1 %-Stufe (67 < 68) signifikant.

| n | % | k-1 = Zahl der Behandlungen (ohne Kontrolle) | | | | | | | |
|---|---|---|---|---|---|---|---|---|---|
|   |   | 2 | 3 | 4 | 5 | 6 | 7 | 8 | 9 |
| 4 | 5% | 10 | — | — | — | — | — | — | — |
|   | 1% | — | — | — | — | — | — | — | — |
| 5 | 5% | 16 | 16 | 15 | 15 | — | — | — | — |
|   | 1% | — | — | — | — | — | — | — | — |
| 6 | 5% | 25 | 24 | 23 | 23 | 22 | 22 | 22 | 21 |
|   | 1% | 21 | — | — | — | — | — | — | — |
| 7 | 5% | 35 | 33 | 33 | 32 | 32 | 31 | 31 | 30 |
|   | 1% | 30 | 29 | 28 | 28 | — | — | — | — |
| 8 | 5% | 46 | 45 | 44 | 43 | 43 | 42 | 42 | 41 |
|   | 1% | 41 | 40 | 39 | 38 | 38 | 37 | 37 | 37 |
| 9 | 5% | 60 | 58 | 57 | 56 | 55 | 55 | 54 | 54 |
|   | 1% | 53 | 52 | 51 | 50 | 49 | 49 | 49 | 48 |
| 10 | 5% | 75 | 73 | 72 | 71 | 70 | 69 | 69 | 68 |
|   | 1% | 68 | 66 | 65 | 64 | 63 | 62 | 62 | 62 |
| 11 | 5% | 92 | 90 | 88 | 87 | 86 | 85 | 85 | 84 |
|   | 1% | 84 | 82 | 80 | 79 | 78 | 78 | 77 | 77 |
| 12 | 5% | 111 | 108 | 107 | 105 | 104 | 103 | 103 | 102 |
|   | 1% | 101 | 99 | 97 | 96 | 95 | 94 | 94 | 93 |
| 13 | 5% | 132 | 129 | 127 | 125 | 124 | 123 | 122 | 121 |
|   | 1% | 121 | 118 | 116 | 115 | 114 | 113 | 112 | 112 |
| 14 | 5% | 154 | 151 | 149 | 147 | 145 | 144 | 144 | 143 |
|   | 1% | 142 | 139 | 137 | 135 | 134 | 133 | 132 | 132 |
| 15 | 5% | 179 | 175 | 172 | 171 | 169 | 168 | 167 | 166 |
|   | 1% | 165 | 162 | 159 | 158 | 156 | 155 | 154 | 154 |
| 16 | 5% | 205 | 201 | 198 | 196 | 194 | 193 | 192 | 191 |
|   | 1% | 189 | 186 | 184 | 182 | 180 | 179 | 178 | 177 |
| 17 | 5% | 233 | 228 | 225 | 223 | 221 | 219 | 218 | 217 |
|   | 1% | 216 | 212 | 210 | 208 | 206 | 205 | 204 | 203 |
| 18 | 5% | 263 | 258 | 254 | 252 | 250 | 248 | 247 | 246 |
|   | 1% | 244 | 240 | 237 | 235 | 233 | 232 | 231 | 230 |
| 19 | 5% | 294 | 289 | 285 | 283 | 280 | 279 | 277 | 276 |
|   | 1% | 274 | 270 | 267 | 265 | 262 | 261 | 260 | 259 |
| 20 | 5% | 328 | 322 | 318 | 315 | 313 | 311 | 309 | 308 |
|   | 1% | 306 | 302 | 298 | 296 | 293 | 292 | 290 | 289 |

**Tafel VI-3-1-2**

STEEL-MILLERS asymptotische $T_i$-Tests

Entnommen aus MILLER, R. G. Jr.: Simultaneous statistical inference. New York: McGraw-Hill, 1968, Table VIII, mit freundlicher Genehmigung des Autors und des Verlages.

Die Tafel enthält (1) die *einseitigen oberen* Schranken der Prüfgröße $T_i$ für $k - 1 = 2(1)9$ unabhängige Behandlungsstichproben und eine Kontrollstichprobe zu je $n = 6(1)20(5)50$ Meßwerten und (2) die *zweiseitigen* oberen Schranken für $k - 1 = 2(1)9$ und $n = 4(1)20$. Beobachtete $T_i$-Werte, die die angegebenen Schranken erreichen oder überschreiten, sind auf der bezeichneten Stufe signifikant.

*Ablesebeispiel:* Wenn der Vergleich von $k - 1 = 3$ Behandlungen mit einer Kontrolle und $n = 10$ ein $T_3 = 135$ liefert, so ist dieser T-Wert zwar bei einseitiger, nicht jedoch bei zweiseitiger Frage auf der 5 %-Stufe signifikant, da $135 > 133$, aber $135 < 137$.

Tafel VI-3-1-2 (Fortsetz.)

Einseitiger Test

| k-1 \ n | 2 | 3 | 4 | 5 | 6 | 7 | 8 | 9 |
|---|---|---|---|---|---|---|---|---|
| **α = .05** | | | | | | | | |
| 6 | 52 | 53 | 54 | 54 | 54 | 55 | 55 | 55 |
| 7 | 69 | 70 | 70 | 71 | 72 | 72 | 72 | 73 |
| 8 | 87 | 89 | 90 | 90 | 91 | 91 | 92 | 92 |
| 9 | 108 | 110 | 111 | 112 | 113 | 113 | 114 | 114 |
| 10 | 131 | 133 | 135 | 136 | 136 | 137 | 138 | 138 |
| 11 | 157 | 159 | 161 | 162 | 163 | 163 | 164 | 164 |
| 12 | 184 | 187 | 189 | 190 | 191 | 192 | 192 | 193 |
| 13 | 214 | 217 | 219 | 220 | 221 | 222 | 223 | 224 |
| 14 | 246 | 249 | 251 | 253 | 254 | 255 | 256 | 257 |
| 15 | 280 | 283 | 286 | 288 | 289 | 290 | 291 | 292 |
| 16 | 316 | 320 | 322 | 324 | 326 | 327 | 328 | 329 |
| 17 | 354 | 359 | 361 | 364 | 365 | 367 | 368 | 369 |
| 18 | 395 | 399 | 402 | 405 | 407 | 408 | 409 | 411 |
| 19 | 437 | 442 | 446 | 448 | 450 | 452 | 453 | 455 |
| 20 | 482 | 487 | 491 | 494 | 496 | 498 | 499 | 501 |
| 25 | 737 | 745 | 750 | 754 | 757 | 759 | 761 | 763 |
| 30 | 1046 | 1056 | 1062 | 1067 | 1071 | 1075 | 1077 | 1080 |
| 35 | 1406 | 1419 | 1428 | 1434 | 1439 | 1443 | 1447 | 1450 |
| 40 | 1820 | 1836 | 1846 | 1854 | 1859 | 1865 | 1869 | 1873 |
| 45 | 2286 | 2304 | 2317 | 2326 | 2333 | 2339 | 2344 | 2349 |
| 50 | 2804 | 2826 | 2840 | 2851 | 2859 | 2866 | 2872 | 2877 |
| **α = .01** | | | | | | | | |
| 6 | 56 | 57 | 57 | – | – | – | – | – |
| 7 | 74 | 75 | 75 | 76 | 76 | 77 | 77 | 77 |
| 8 | 93 | 95 | 95 | 96 | 97 | 97 | 97 | 98 |
| 9 | 116 | 117 | 118 | 119 | 119 | 120 | 120 | 121 |
| 10 | 140 | 142 | 143 | 144 | 144 | 145 | 145 | 146 |
| 11 | 167 | 168 | 170 | 171 | 172 | 172 | 173 | 173 |
| 12 | 195 | 198 | 199 | 200 | 201 | 202 | 203 | 203 |
| 13 | 226 | 229 | 231 | 232 | 233 | 234 | 235 | 235 |
| 14 | 260 | 263 | 264 | 266 | 267 | 268 | 269 | 269 |
| 15 | 295 | 298 | 300 | 302 | 303 | 304 | 305 | 306 |
| 16 | 333 | 336 | 339 | 340 | 342 | 343 | 344 | 345 |
| 17 | 373 | 377 | 379 | 381 | 382 | 384 | 385 | 386 |
| 18 | 415 | 419 | 422 | 424 | 425 | 427 | 428 | 429 |
| 19 | 459 | 464 | 467 | 469 | 471 | 472 | 473 | 474 |
| 20 | 506 | 510 | 514 | 516 | 518 | 520 | 521 | 522 |
| 25 | 771 | 777 | 782 | 785 | 788 | 790 | 792 | 793 |
| 30 | 1089 | 1098 | 1104 | 1108 | 1112 | 1115 | 1117 | 1119 |
| 35 | 1462 | 1472 | 1480 | 1485 | 1490 | 1494 | 1497 | 1499 |
| 40 | 1887 | 1900 | 1909 | 1916 | 1922 | 1926 | 1930 | 1933 |
| 45 | 2366 | 2381 | 2392 | 2401 | 2407 | 2412 | 2417 | 2421 |
| 50 | 2898 | 2916 | 2929 | 2938 | 2945 | 2952 | 2957 | 2962 |

Tafel VI-3-1-2 (Fortsetz.)

## Zweiseitiger Test

| k-1 / n | α = .05 | | | | | | | | α = .01 | | | | | | | |
|---|---|---|---|---|---|---|---|---|---|---|---|---|---|---|---|---|
| | 2 | 3 | 4 | 5 | 6 | 7 | 8 | 9 | 2 | 3 | 4 | 5 | 6 | 7 | 8 | 9 |
| 4  | 26  | -   | -   | -   | -   | -   | -   | -   | -   | -   | -   | -   | -   | -   | -   | -   |
| 5  | 39  | 39  | 40  | 40  | -   | -   | -   | -   | -   | -   | -   | -   | -   | -   | -   | -   |
| 6  | 53  | 54  | 55  | 55  | 56  | 56  | 56  | 57  | -   | -   | -   | -   | -   | -   | -   | -   |
| 7  | 70  | 72  | 72  | 73  | 73  | 74  | 74  | 75  | 57  | -   | -   | -   | -   | -   | -   | -   |
| 8  | 90  | 91  | 92  | 93  | 93  | 94  | 94  | 95  | 75  | 76  | 77  | 77  | -   | -   | -   | -   |
| 9  | 111 | 113 | 114 | 115 | 116 | 116 | 117 | 117 | 95  | 96  | 97  | 98  | 98  | 99  | 99  | 99  |
| 10 | 135 | 137 | 138 | 139 | 140 | 141 | 141 | 142 | 118 | 119 | 120 | 121 | 122 | 122 | 122 | 123 |
| 11 | 161 | 163 | 165 | 166 | 167 | 168 | 168 | 169 | 142 | 144 | 145 | 146 | 147 | 148 | 148 | 148 |
| 12 | 189 | 192 | 193 | 195 | 196 | 197 | 197 | 198 | 169 | 171 | 173 | 174 | 175 | 175 | 176 | 176 |
| 13 | 219 | 222 | 224 | 226 | 227 | 228 | 229 | 230 | 199 | 201 | 203 | 204 | 205 | 206 | 206 | 207 |
| 14 | 252 | 255 | 257 | 259 | 261 | 262 | 262 | 263 | 230 | 233 | 235 | 236 | 237 | 238 | 239 | 239 |
| 15 | 286 | 290 | 293 | 294 | 296 | 297 | 298 | 299 | 264 | 267 | 269 | 271 | 272 | 273 | 274 | 274 |
| 16 | 323 | 327 | 332 | 332 | 334 | 335 | 336 | 337 | 300 | 303 | 306 | 307 | 309 | 310 | 311 | 311 |
| 17 | 362 | 367 | 370 | 372 | 374 | 376 | 377 | 378 | 339 | 342 | 344 | 346 | 348 | 349 | 350 | 351 |
| 18 | 403 | 408 | 412 | 414 | 416 | 418 | 419 | 420 | 379 | 383 | 385 | 387 | 389 | 390 | 391 | 392 |
| 19 | 447 | 452 | 456 | 458 | 461 | 462 | 464 | 465 | 422 | 426 | 429 | 431 | 433 | 434 | 435 | 436 |
| 20 | 492 | 498 | 502 | 505 | 507 | 509 | 511 | 512 | 467 | 471 | 474 | 476 | 479 | 480 | 481 | 482 |
|    |     |     |     |     |     |     |     |     | 514 | 518 | 522 | 524 | 527 | 528 | 530 | 531 |

**Tafel VI-3-1-3**

Die $D_i$-Tests von WILCOXON und WILCOX

Entnommen aus WILCOXON, F. und WILCOX, Roberta A.: Some approximate statistical procedures. Pearl River/N. Y.: Lederle Laboratories 1964, Table 4, mit freundlicher Genehmigung der Verfasser und des Verlegers.

Die Tafel enthält die oberen Schranken der Prüfgröße $D_i$ für $k - 1$ unabhängige Behandlungsstichproben (i) und 1 Kontrollstichprobe (0) zu je $N_i = n = 3(1)25$ Meßwerten, die, zusammengeworfen, eine Rangordnung von 1 bis $N = kn$ bilden und Rangsummen $T_i$ und $T_o$ liefern. Beobachtete Prüfgrößen $D_i = T_i - T_o$, die dem Betrage nach die für ein- und zweiseitige Fragestellung geltenden Schranken erreichen oder überschreiten, sind auf der 5 %- bzw. der 1 %-Stufe signifikant.

*Ablesebeispiele:* Ein $T_i = 42$ ist für $k - 1 = 3$ Versuchsgruppen im Vergleich mit einer Kontrollgruppe bei $n = 5$ Meßwerten je Gruppe bei *einseitiger* Frage auf dem 5 %-Niveau signifikant, da 42>39, nicht jedoch bei zweiseitiger Fragestellung, da 42<44.

Tafel VI-3-1-3 (Fortsetz.)

Einseitiger Test mit α = 0,05

| n | \multicolumn{8}{c}{k − 1} |
|---|---|---|---|---|---|---|---|---|
|   | 2 | 3 | 4 | 5 | 6 | 7 | 8 | 9 |
| 3  | 13  | 18  | 24  | 29  | 35  | 41  | 46   | 52   |
| 4  | 20  | 28  | 36  | 45  | 53  | 62  | 71   | 80   |
| 5  | 27  | 39  | 50  | 62  | 74  | 87  | 99   | 112  |
| 6  | 36  | 50  | 66  | 81  | 97  | 113 | 130  | 146  |
| 7  | 45  | 63  | 83  | 102 | 122 | 143 | 163  | 184  |
| 8  | 54  | 77  | 101 | 125 | 149 | 174 | 199  | 225  |
| 9  | 65  | 92  | 120 | 149 | 178 | 208 | 238  | 268  |
| 10 | 76  | 108 | 141 | 174 | 208 | 243 | 278  | 314  |
| 11 | 87  | 124 | 162 | 201 | 240 | 280 | 321  | 362  |
| 12 | 99  | 141 | 185 | 229 | 274 | 319 | 365  | 412  |
| 13 | 112 | 159 | 208 | 258 | 308 | 360 | 412  | 465  |
| 14 | 125 | 178 | 233 | 288 | 345 | 402 | 460  | 519  |
| 15 | 138 | 197 | 258 | 319 | 382 | 446 | 510  | 576  |
| 16 | 152 | 217 | 284 | 351 | 421 | 491 | 562  | 634  |
| 17 | 166 | 238 | 311 | 385 | 461 | 538 | 615  | 695  |
| 18 | 181 | 259 | 339 | 419 | 502 | 586 | 670  | 757  |
| 19 | 196 | 280 | 367 | 454 | 544 | 635 | 726  | 820  |
| 20 | 212 | 303 | 396 | 491 | 587 | 686 | 784  | 886  |
| 21 | 228 | 326 | 426 | 528 | 632 | 738 | 844  | 953  |
| 22 | 244 | 349 | 457 | 566 | 677 | 791 | 905  | 1022 |
| 23 | 261 | 373 | 488 | 605 | 724 | 845 | 967  | 1092 |
| 24 | 278 | 398 | 521 | 644 | 772 | 901 | 1031 | 1164 |
| 25 | 296 | 423 | 553 | 685 | 820 | 958 | 1096 | 1237 |

Tafel VI-3-1-3 (Fortsetz.)

Einseitiger Test mit $\alpha = 0{,}01$

| n | 2 | 3 | 4 | 5 | 6 | 7 | 8 | 9 |
|---|---|---|---|---|---|---|---|---|
| 3 | 17 | 24 | 30 | 37 | 44 | 51 | 58 | 65 |
| 4 | 26 | 36 | 46 | 57 | 67 | 78 | 89 | 99 |
| 5 | 36 | 50 | 64 | 79 | 94 | 108 | 123 | 138 |
| 6 | 47 | 66 | 84 | 104 | 123 | 142 | 162 | 181 |
| 7 | 59 | 82 | 106 | 130 | 155 | 179 | 204 | 228 |
| 8 | 72 | 101 | 130 | 159 | 189 | 218 | 249 | 279 |
| 9 | 86 | 120 | 154 | 190 | 225 | 260 | 296 | 333 |
| 10 | 101 | 140 | 181 | 222 | 263 | 304 | 347 | 389 |
| 11 | 116 | 161 | 208 | 256 | 303 | 351 | 400 | 449 |
| 12 | 132 | 184 | 237 | 291 | 345 | 400 | 456 | 511 |
| 13 | 149 | 207 | 267 | 328 | 389 | 451 | 514 | 576 |
| 14 | 166 | 231 | 298 | 367 | 435 | 504 | 574 | 644 |
| 15 | 184 | 256 | 331 | 406 | 482 | 558 | 636 | 714 |
| 16 | 203 | 282 | 364 | 448 | 531 | 615 | 701 | 786 |
| 17 | 222 | 309 | 399 | 490 | 581 | 673 | 767 | 861 |
| 18 | 242 | 337 | 434 | 534 | 633 | 733 | 836 | 938 |
| 19 | 262 | 365 | 471 | 579 | 687 | 795 | 906 | 1017 |
| 20 | 283 | 394 | 508 | 625 | 741 | 859 | 979 | 1098 |
| 21 | 304 | 424 | 547 | 672 | 797 | 924 | 1053 | 1181 |
| 22 | 326 | 454 | 586 | 721 | 855 | 990 | 1129 | 1267 |
| 23 | 348 | 485 | 626 | 770 | 914 | 1058 | 1207 | 1354 |
| 24 | 371 | 517 | 668 | 821 | 974 | 1128 | 1286 | 1443 |
| 25 | 395 | 550 | 710 | 872 | 1035 | 1199 | 1367 | 1534 |

Tafel VI-3-1-3 (Fortsetz.)

Zweiseitiger Test mit $\alpha = 0{,}05$

| n | \multicolumn{8}{c}{k − 1} |
|---|---|---|---|---|---|---|---|---|
|   | 2 | 3 | 4 | 5 | 6 | 7 | 8 | 9 |
| 3  | 15  | 21  | 27  | 33  | 39  | 45   | 52   | 58   |
| 4  | 23  | 32  | 41  | 50  | 60  | 69   | 79   | 89   |
| 5  | 31  | 44  | 57  | 70  | 83  | 96   | 110  | 124  |
| 6  | 41  | 58  | 74  | 92  | 109 | 127  | 144  | 163  |
| 7  | 51  | 72  | 94  | 115 | 137 | 159  | 182  | 205  |
| 8  | 63  | 88  | 114 | 141 | 168 | 194  | 222  | 250  |
| 9  | 74  | 105 | 136 | 168 | 200 | 232  | 265  | 298  |
| 10 | 87  | 123 | 159 | 196 | 234 | 271  | 310  | 349  |
| 11 | 100 | 142 | 183 | 226 | 270 | 313  | 357  | 402  |
| 12 | 114 | 161 | 209 | 257 | 307 | 356  | 407  | 458  |
| 13 | 128 | 182 | 235 | 290 | 346 | 401  | 458  | 517  |
| 14 | 143 | 203 | 263 | 324 | 387 | 449  | 512  | 577  |
| 15 | 159 | 225 | 291 | 359 | 429 | 497  | 568  | 640  |
| 16 | 175 | 248 | 321 | 396 | 472 | 548  | 625  | 705  |
| 17 | 192 | 271 | 351 | 433 | 517 | 600  | 685  | 772  |
| 18 | 209 | 295 | 382 | 472 | 563 | 653  | 746  | 841  |
| 19 | 226 | 320 | 415 | 511 | 611 | 708  | 809  | 912  |
| 20 | 244 | 345 | 448 | 552 | 659 | 765  | 873  | 985  |
| 21 | 263 | 371 | 482 | 594 | 709 | 823  | 939  | 1059 |
| 22 | 281 | 398 | 516 | 637 | 760 | 882  | 1007 | 1136 |
| 23 | 301 | 426 | 552 | 681 | 813 | 943  | 1077 | 1214 |
| 24 | 320 | 454 | 588 | 725 | 866 | 1005 | 1147 | 1294 |
| 25 | 341 | 482 | 625 | 771 | 921 | 1068 | 1220 | 1375 |

Tafel VI-3-1-3 (Fortsetz.)

| | Zweiseitiger Test mit α = 0,01 | | | | | | | |
|---|---|---|---|---|---|---|---|---|
| | | | | k − 1 | | | | |
| n | 2 | 3 | 4 | 5 | 6 | 7 | 8 | 9 |
| 3  | 19  | 26  | 33  | 40  | 47   | 55   | 62   | 69   |
| 4  | 28  | 39  | 50  | 61  | 72   | 84   | 95   | 106  |
| 5  | 39  | 55  | 70  | 85  | 101  | 116  | 132  | 148  |
| 6  | 52  | 72  | 91  | 112 | 132  | 153  | 174  | 195  |
| 7  | 65  | 90  | 115 | 140 | 166  | 192  | 219  | 245  |
| 8  | 79  | 110 | 140 | 171 | 203  | 235  | 267  | 299  |
| 9  | 94  | 131 | 167 | 204 | 242  | 280  | 318  | 357  |
| 10 | 110 | 153 | 196 | 239 | 283  | 327  | 373  | 418  |
| 11 | 127 | 176 | 225 | 276 | 326  | 377  | 430  | 482  |
| 12 | 144 | 200 | 257 | 314 | 372  | 430  | 489  | 549  |
| 13 | 162 | 226 | 289 | 354 | 419  | 485  | 552  | 619  |
| 14 | 181 | 252 | 323 | 395 | 468  | 541  | 616  | 691  |
| 15 | 201 | 279 | 358 | 438 | 519  | 600  | 683  | 766  |
| 16 | 221 | 308 | 394 | 482 | 571  | 661  | 753  | 844  |
| 17 | 242 | 337 | 432 | 528 | 626  | 724  | 824  | 924  |
| 18 | 263 | 367 | 470 | 575 | 681  | 788  | 898  | 1007 |
| 19 | 285 | 397 | 510 | 623 | 739  | 855  | 974  | 1092 |
| 20 | 308 | 429 | 550 | 673 | 798  | 923  | 1051 | 1179 |
| 21 | 331 | 462 | 592 | 724 | 858  | 993  | 1131 | 1268 |
| 22 | 355 | 495 | 635 | 776 | 920  | 1065 | 1213 | 1360 |
| 23 | 380 | 529 | 678 | 830 | 983  | 1138 | 1296 | 1453 |
| 24 | 405 | 564 | 723 | 884 | 1048 | 1213 | 1381 | 1549 |
| 25 | 430 | 599 | 769 | 940 | 1114 | 1289 | 1468 | 1646 |

## Tafel VI-3-2

Die studentisierte Spannweitenverteilung

Entnommen aus PEARSON, E. S. und HARTLEY, H. O.: Biometrika tables for statisticians, Vol. I. Cambridge: Univ. Press,[3] 1966, Table 29 und ergänzt aus D. B. OWEN: Handbook of statistical tables, Reading/Mass.: Addison-Wesley, 1962, S. 148, mit freundlicher Genehmigung der Verfasser und der Verlage.

Die Tafel enthält die oberen Schranken der (parametrischen) Prüfgröße $q_{k,\infty}$ für ausgewählte Stufen von $\alpha$. $q(k, \nu)$ heißt studentisierte Spannweite und ist durch den Quotienten $w_k/s_\nu$ definiert. $w_k$ ist die Spannweite $x_{max} - x_{min}$ einer Stichprobe vom Umfang k aus einer normalverteilten Population mit der Varianz $\delta^2$. $s_\nu^2$ ist eine Schätzung dieser Varianz durch eine von der Spannweitenstichprobe unabhängige Stichprobe aus der gleichen Grundgesamtheit, die $\nu + 1$ Stichprobenwerte oder $\nu$ Freiheitsgrade besitzt. Der Test entspricht einer zweiseitigen Fragestellung.

*Ablesebeispiel:* Wenn k = 8 Schüler Intelligenzquotienten von 68 80 96 99 105 112 121 140 mit einer Spannweite von 140 − 68 = 72 liefern, so ergibt sich bei einer aus einer großen Eichstichprobe ($\nu = \infty$) geschätzten Standardabweichung von $s_\infty = \sigma = 15$ eine studentisierte Spannweite von $q_{8,\infty} = 72/15 = 4,80$, die eine auf der 2,5 %-Stufe ‚zu große Spannweite' in dieser (kleinen) Stichprobe anzeigt: 4,80>4,61.

| k | $\alpha$: 0,100 | 0,050 | 0,025 | 0,010 | 0,005 |
|---|---|---|---|---|---|
| 2 | 2,33 | 2,77 | 3,17 | 3,64 | 3,97 |
| 3 | 2,90 | 3,31 | 3,68 | 4,12 | 4,42 |
| 4 | 3,24 | 3,63 | 3,98 | 4,40 | 4,69 |
| 5 | 3,48 | 3,86 | 4,20 | 4,60 | 4,87 |
| 6 | 3,66 | 4,03 | 4,36 | 4,76 | 5,03 |
| 7 | 3,81 | 4,17 | 4,49 | 4,88 | 5,15 |
| 8 | 3,93 | 4,29 | 4,61 | 4,99 | 5,26 |
| 9 | 4,04 | 4,39 | 4,70 | 5,08 | 5,34 |
| 10 | 4,13 | 4,47 | 4,78 | 5,16 | 5,42 |

**Tafel VI-3-2-1**

STEELS exakte $T_{ij}$-Tests für 3 Stichproben.

Auszugsweise entnommen aus STEEL, G. R. D.: A rank sum test for comparing all pairs of treatments. Technometrics 2(1960), 197–207, Tables 2 and 3, mit freundlicher Genehmigung des Verfassers und des Herausgebers.

Die Tafel enthält die exakten Überschreitungswahrscheinlichkeiten P für die Prüfgröße $T_{ij}$ bzw. deren Komplement $T'_{ij} = n(2n + 1) - T_{ij}$ für k = 3 Behandlungen und n = 3(1)6 Meßwerte je Behandlung bei ein- und zweiseitiger Alternativhypothese.

*Ablesebeispiel:* Wenn k = 3 Behandlungen zu den je n = 5 Meßwerten $x_1$ : 13 15 18 21 23, $x_2$ : 10 12 15 19 20 und $x_3$ : 16 21 24 29 30 geführt haben, dann ergibt nur ein einseitiger Vergleich von $x_2$ und $x_3$ mit $T_{23}$ = 1+2+3+5+6 = 17 ein auf der 5 %-Stufe signifikantes P = 0,0432.

| Umfang der k Stichproben | $T_{ij}$ | Überschreitungswahrscheinlichkeit P | |
|---|---|---|---|
| | | Einseitig | zweiseitig |
| n=3 | 6 | 0,1262 | 0,2286 |
| | 7 | 0,2381 | 0,4143 |
| | 8 | 0,4333 | 0,7000 |
| | 9 | 0,6649 | 0,9393 |
| n=4 | 10 | 0,0388 | 0,0736 |
| | 11 | 0,0753 | 0,1403 |
| | 12 | 0,1440 | 0,2604 |
| | 13 | 0,2389 | 0,4168 |
| n=5 | 15 | 0,0112 | 0,0218 |
| | 16 | 0,0221 | 0,0428 |
| | 17 | 0,0432 | 0,0831 |
| | 18 | 0,0735 | 0,1405 |
| n=6 | 21 | 0,0031 | 0,0062 |
| | 22 | 0,0062 | 0,0122 |
| | 23 | 0,0123 | 0,0240 |
| | 24 | 0,0216 | 0,0413 |

**Tafel VI-3-2-2**

Die asymptotischen $T_{ij}$-Tests von STEEL und DWASS

Entnommen aus dem Buch von MILLER, R. G. Jr.: Simultaneous statistical inference. New York: McGraw-Hill, 1966, Table IX des Anhangs, mit freundlicher Genehmigung des Autors und des Verlages.

Die Tafel enthält die asymptotischen oberen Schranken der Prüfgröße Max($T_{ij}, T^*_{ij}$) mit $T^*_{ij} = n(2n + 1) - T_{ij}$ für k = 2(1)10 Stichproben des (gleichen) Umfangs n = 6(1)20(5)50 und 100. Beobachtete $T_{ij}$-Werte oder deren Komplemente, die die angegebenen Schranken erreichen oder überschreiten, sind auf der bezeichneten Stufe signifikant. Der Test bzw. die Signifikanzschranken entsprechen einer zweiseitigen Fragestellung, wie sie für Post-hoc-Vergleiche am Platze ist.

*Ablesebeispiel:* Ergibt der Vergleich der Stichprobe 2 mit der Stichprobe 3 bei k = 3 Versuchsstichproben zu je n = 10 Meßwerten ein $T_{23} = 142$, dann ist der (zweiseitige) Unterschied auf der 5 %-Stufe signifikant, da die Schranke 137 überschritten wird.

Tafel VI-3-2-2 (Fortsetz.)

## Zweiseitiger Test

| k/n | α = .05 | | | | | | | | | | α = .01 | | | | | | | | | |
|---|---|---|---|---|---|---|---|---|---|---|---|---|---|---|---|---|---|---|---|---|
| | 2 | 3 | 4 | 5 | 6 | 7 | 8 | 9 | 10 | | 2 | 3 | 4 | 5 | 6 | 7 | 8 | 9 | 10 |
| 6 | 52 | 55 | 56 | 57 | - | - | - | - | - | | 56 | - | - | - | - | - | - | - | - |
| 7 | 69 | 72 | 74 | 75 | 76 | 77 | 77 | - | - | | 74 | 76 | - | - | - | - | - | - | - |
| 8 | 88 | 91 | 93 | 95 | 96 | 97 | 98 | 99 | 99 | | 94 | 97 | 99 | 100 | - | - | - | - | - |
| 9 | 109 | 113 | 116 | 117 | 119 | 120 | 121 | 122 | 122 | | 116 | 119 | 122 | 123 | 125 | 126 | 126 | - | - |
| 10 | 132 | 137 | 140 | 142 | 144 | 145 | 146 | 147 | 148 | | 140 | 145 | 147 | 149 | 150 | 152 | 153 | 154 | 154 |
| 11 | 157 | 163 | 167 | 169 | 171 | 172 | 174 | 175 | 176 | | 167 | 172 | 175 | 177 | 179 | 180 | 181 | 182 | 183 |
| 12 | 185 | 192 | 195 | 198 | 200 | 202 | 203 | 205 | 206 | | 196 | 201 | 205 | 207 | 209 | 211 | 212 | 213 | 214 |
| 13 | 215 | 222 | 227 | 230 | 232 | 234 | 236 | 237 | 238 | | 227 | 233 | 237 | 240 | 242 | 244 | 245 | 247 | 248 |
| 14 | 247 | 255 | 260 | 263 | 266 | 268 | 270 | 272 | 273 | | 260 | 267 | 272 | 275 | 277 | 279 | 281 | 282 | 283 |
| 15 | 281 | 290 | 295 | 299 | 302 | 305 | 307 | 308 | 310 | | 296 | 304 | 309 | 312 | 315 | 317 | 319 | 320 | 321 |
| 16 | 317 | 327 | 333 | 337 | 341 | 343 | 345 | 347 | 349 | | 333 | 342 | 348 | 351 | 354 | 357 | 359 | 360 | 362 |
| 17 | 355 | 367 | 373 | 378 | 381 | 384 | 386 | 389 | 390 | | 373 | 383 | 389 | 393 | 396 | 399 | 401 | 403 | 404 |
| 18 | 396 | 408 | 415 | 420 | 424 | 427 | 430 | 432 | 434 | | 415 | 426 | 432 | 437 | 440 | 443 | 445 | 447 | 449 |
| 19 | 439 | 452 | 459 | 465 | 469 | 472 | 475 | 478 | 480 | | 460 | 471 | 478 | 483 | 487 | 490 | 492 | 494 | 496 |
| 20 | 483 | 498 | 506 | 512 | 516 | 520 | 523 | 526 | 528 | | 506 | 519 | 526 | 531 | 535 | 539 | 541 | 544 | 546 |
| 25 | 740 | 759 | 771 | 779 | 785 | 790 | 795 | 798 | 802 | | 771 | 789 | 799 | 806 | 812 | 816 | 820 | 824 | 826 |
| 30 | 1049 | 1075 | 1090 | 1101 | 1109 | 1115 | 1121 | 1126 | 1130 | | 1090 | 1113 | 1127 | 1136 | 1144 | 1149 | 1155 | 1159 | 1163 |
| 35 | 1410 | 1443 | 1462 | 1476 | 1486 | 1495 | 1502 | 1508 | 1513 | | 1463 | 1492 | 1509 | 1521 | 1530 | 1537 | 1544 | 1549 | 1554 |
| 40 | 1825 | 1865 | 1888 | 1905 | 1917 | 1927 | 1936 | 1943 | 1950 | | 1889 | 1924 | 1945 | 1959 | 1971 | 1980 | 1987 | 1994 | 2000 |
| 45 | 2291 | 2339 | 2367 | 2387 | 2402 | 2414 | 2424 | 2433 | 2441 | | 2368 | 2410 | 2434 | 2452 | 2465 | 2476 | 2485 | 2493 | 2500 |
| 50 | 2810 | 2866 | 2899 | 2922 | 2939 | 2954 | 2966 | 2976 | 2985 | | 2900 | 2949 | 2978 | 2998 | 3014 | 3027 | 3038 | 3047 | 3055 |
| 100 | 10853 | 11010 | 11102 | 11167 | 11217 | 11258 | 11291 | 11321 | 11346 | | 11105 | 11243 | 11325 | 11383 | 11428 | 11464 | 11494 | 11521 | 11543 |

### Tafel VI-3-2-3

NEMENYIS $D_{ij}$-Test

Entnommen aus WILCOXON, F. and Roberta A. WILCOX: Some rapid approximate statistical procedures. New York: Cyanamid Co., 1964, Table 3, mit freundlicher Genehmigung der Verfasser und des Verlegers.

Die Tafel enthält die kritischen Werte der Prüfgröße $D_{ij} = |T_i - T_j|$ auf der 5 %- und 1 %-Stufe für $3 \leqslant k \leqslant 10$ Behandlungen und $3 \leqslant n \leqslant 20$ Meßwerte je Behandlung bei *zwei*seitiger Fragestellung. Beobachtete Rangsummendifferenzen $D_{ij}$, die die Tabellenwerte erreichen oder überschreiten, sind auf der bezeichneten Stufe signifikant.

*Ablesebeispiel:* Ergibt sich bei k = 5 Stichproben zu je n = 8 Versuchspersonen ein $D_{ij}$ = 140, so wäre bei zweiseitigem Test ein Unterschied auf dem 5 % Niveau signifikant, da 140 > 128, nicht aber auf dem 1 % Niveau (140 < 152).

Tafel VI-3-2-3 (Fortsetz.)

| n | α% | k = Zahl der Behandlungen (Stichproben) | | | | | | | |
|---|---|---|---|---|---|---|---|---|---|
| | | 3 | 4 | 5 | 6 | 7 | 8 | 9 | 10 |
| 3 | 5% | 15 | 23 | 30 | 37 | 45 | 52 | 60 | 68 |
| | 1% | 17 | 27 | 36 | 44 | 52 | 61 | 70 | 79 |
| 4 | 5% | 24 | 35 | 46 | 57 | 69 | 80 | 92 | 105 |
| | 1% | 27 | 42 | 54 | 67 | 80 | 94 | 107 | 121 |
| 5 | 5% | 33 | 48 | 63 | 79 | 96 | 112 | 129 | 146 |
| | 1% | 39 | 58 | 76 | 94 | 112 | 130 | 149 | 168 |
| 6 | 5% | 43 | 63 | 83 | 104 | 125 | 147 | 169 | 191 |
| | 1% | 51 | 76 | 99 | 123 | 147 | 171 | 196 | 221 |
| 7 | 5% | 54 | 79 | 105 | 131 | 158 | 185 | 213 | 241 |
| | 1% | 68 | 96 | 125 | 154 | 185 | 215 | 246 | 278 |
| 8 | 5% | 66 | 96 | 128 | 160 | 192 | 226 | 260 | 294 |
| | 1% | 82 | 117 | 152 | 188 | 225 | 263 | 301 | 339 |
| 9 | 5% | 79 | 115 | 152 | 190 | 229 | 269 | 310 | 351 |
| | 1% | 98 | 139 | 181 | 225 | 268 | 313 | 358 | 404 |
| 10 | 5% | 92 | 134 | 178 | 223 | 268 | 315 | 362 | 410 |
| | 1% | 115 | 163 | 212 | 263 | 314 | 366 | 420 | 473 |
| 11 | 5% | 106 | 155 | 205 | 257 | 309 | 363 | 418 | 473 |
| | 1% | 132 | 188 | 245 | 303 | 362 | 423 | 484 | 546 |
| 12 | 5% | 121 | 176 | 233 | 292 | 352 | 414 | 476 | 539 |
| | 1% | 150 | 214 | 278 | 345 | 413 | 481 | 551 | 621 |
| 13 | 5% | 136 | 199 | 263 | 329 | 397 | 466 | 537 | 608 |
| | 1% | 269 | 241 | 314 | 389 | 465 | 542 | 621 | 700 |
| 14 | 5% | 152 | 222 | 294 | 368 | 444 | 521 | 599 | 679 |
| | 1% | 289 | 269 | 351 | 434 | 519 | 606 | 694 | 783 |
| 15 | 5% | 169 | 246 | 326 | 408 | 492 | 577 | 665 | 753 |
| | 1% | 210 | 298 | 389 | 481 | 576 | 672 | 769 | 868 |
| 16 | 5% | 186 | 271 | 359 | 449 | 542 | 636 | 732 | 829 |
| | 1% | 231 | 328 | 428 | 530 | 634 | 740 | 847 | 956 |
| 17 | 5% | 203 | 296 | 393 | 492 | 593 | 696 | 802 | 908 |
| | 1% | 253 | 359 | 468 | 580 | 694 | 810 | 928 | 1047 |
| 18 | 5% | 221 | 323 | 428 | 536 | 646 | 759 | 873 | 989 |
| | 1% | 275 | 391 | 510 | 632 | 756 | 883 | 1011 | 1140 |
| 19 | 5% | 240 | 350 | 464 | 581 | 700 | 822 | 947 | 1072 |
| | 1% | 298 | 424 | 553 | 685 | 820 | 957 | 1096 | 1236 |
| 20 | 5% | 259 | 378 | 501 | 627 | 756 | 888 | 1022 | 1158 |
| | 1% | 322 | 458 | 597 | 740 | 886 | 1033 | 1183 | 1335 |

### Tafel VI-3-4

MOSTELLERS Lokationsausreißertest

Entnommen aus Table 1 der Arbeit von MOSTELLER, F.: A k sample slippage test for an extreme population. Ann. Math. Stat. 19(1948), 58−65, mit freundlicher Genehmigung des Verfassers und des Herausgebers.

Die Tafel enthält die exakten Überschreitungswahrscheinlichkeiten (ohne Null und Komma) für $3 \leqslant k \leqslant 6$ Stichproben von je $n = N/k = 3, 5, 7, 10, 15, 20, 25$ Meßwerten aus homomeren Populationen und $r = 2, 3, 4, 5$ und teilweise 6 Überschreitungswerten in der Ausreißerstichprobe bei einseitiger Fragestellung, d.h. bei vorausgesagter Ausreißerrichtung (nach unten, nach oben). Die P-Werte sind bei zweiseitiger Fragestellung, d.h. ohne Richtungsvoraussage, zu verdoppeln.

*Ablesebeispiel:* In folgenden $k = 4$ Stichproben zu je $n = 3$ Meßwerten (1 2 5), (2 3 4), (0 2 5) und (5 7 9) hat die vierte $r = 2$ exzedierte Meßwerte (7 9), was bei Ablesung in Zeile 1, Spalte 1 des rechten oberen Quadranten ein P = 0,182 als einseitige und ein P = 2 · 0,182 = 0,364 als zweiseitige Überschreitungswahrscheinlichkeit ergibt.

| n | r: | 2 | 3 | 4 | 5 | (6) | 2 | 3 | 4 | 5 | (6) |
|---|---|---|---|---|---|---|---|---|---|---|---|
| | | | k = 3 | | | | | k = 4 | | | |
| 3 | | 250 | 036 | | | | 182 | 013 | | | |
| 5 | | 286 | 066 | 011 | 001 | | 211 | 035 | 004 | 0003 | |
| 7 | | 300 | 079 | 098 | 003 | 0004 | 222 | 043 | 007 | 0009 | 0001 |
| 10 | | 310 | 089 | 023 | 005 | 0011 | 231 | 049 | 009 | 0015 | 0002 |
| 15 | | 318 | 096 | 027 | 007 | 0018 | 237 | 053 | 011 | 0022 | 0004 |
| 20 | | 322 | 100 | 030 | 009 | 0023 | 241 | 056 | 012 | 0026 | 0005 |
| 25 | | 324 | 102 | 031 | 009 | 0026 | 242 | 057 | 013 | 0028 | 0006 |
| n | | | k = 5 | | | | | k = 6 | | | |
| 3 | | 143 | 011 | | | | 118 | 007 | | | |
| 5 | | 167 | 022 | 0020 | 0001 | | 138 | 015 | 0011 | 0000 | |
| 7 | | 177 | 027 | 0033 | 0003 | | 146 | 018 | 0019 | 0001 | |
| 10 | | 184 | 031 | 0046 | 0006 | | 152 | 021 | 0026 | 0003 | |
| 15 | | 159 | 034 | 0056 | 0008 | | 157 | 023 | 0032 | 0004 | |
| 20 | | 192 | 035 | 0062 | 0010 | | 160 | 024 | 0035 | 0005 | |
| 25 | | 194 | 036 | 0065 | 0011 | | 161 | 025 | 0037 | 0005 | |

**Tafel VI-4-1-1**

WILCOXONS Vorzeichenrangtest: P-Werte

Auszugsweise entnommen aus dem Handbuch von OWEN, D. B.: Handbook of statistical tables. Reading/Mass.: ʌ. ᵈison-Wesley, 1962, Table 11.1. mit freundlicher Genehmigung des Autors und des Verlages.

Die Tafel enthält die exakten Überschreitungswahrscheinlichkeiten P zu WILCOXONS Rangsumme T für zwei abhängige Stichproben zu je N = 3(1)20 Meßwerten (bzw. für eine Stichprobe zu N = 20 Beobachtungspaaren). Die P-Werte (ohne Nullen und Kommata) entsprechen einer einseitigen Fragestellung. T bezieht sich auf das seltenere der beiden Vorzeichen und ist für die Rangsumme des häufigeren Vorzeichens durch T' = N(N + 1)/2 − T zu ersetzen.

*Ablesebeispiel:* Ein aufgrund der Differenzen zwischen 2 verbundenen Stichproben zu je N = 10 ermitteltes T = 9 entspricht einem einseitigen P = 0,032.

Tafel VI-4-1-1 (Fortsetz.)

| T | \multicolumn{9}{c}{N} | | | | | | | | |
|---|---|---|---|---|---|---|---|---|---|
|  | 3 | 4 | 5 | 6 | 7 | 8 | 9 | 10 | 11 |
| 0 | .125 | .062 | .031 | .016 | .008 | .004 | .002⁻ | .001⁻ | .000⁻ |
| 1 | .250 | .125 | .062 | .031 | .016 | .008 | .004⁻ | .002⁻ | .001⁻ |
| 2 | .375 | .188 | .094 | .047 | .023 | .012 | .006⁻ | .003⁻ | .001⁺ |
| 3 | .625 | .312 | .156 | .078 | .039 | .020 | .010⁻ | .005⁻ | .002⁺ |
| 4 | .750 | .438 | .219 | .109 | .055 | .027 | .014 | .007 | .003⁺ |
| 5 | .875 | .562 | .312 | .156 | .078 | .039 | .020 | .010⁻ | .005⁻ |
| 6 | 1.000 | .688 | .406 | .219 | .109 | .055 | .027 | .014 | .007 |
| 7 |  | .812 | .500 | .281 | .148 | .074 | .037 | .019 | .009 |
| 8 |  | .875 | .594 | .344 | .188 | .098 | .049 | .024 | .012 |
| 9 |  | .938 | .688 | .422 | .234 | .125 | .064 | .032 | .016 |
| 10 |  | 1.000 | .781 | .500 | .289 | .156 | .082 | .042 | .021 |
| 11 |  |  | .844 | .578 | .344 | .191 | .102 | .053 | .027 |
| 12 |  |  | .906 | .656 | .406 | .230 | .125 | .065 | .034 |
| 13 |  |  | .938 | .719 | .469 | .273 | .150 | .080 | .042 |
| 14 |  |  | .969 | .781 | .531 | .320 | .180 | .097 | .051 |
| 15 |  |  | 1.000 | .844 | .594 | .371 | .213 | .116 | .062 |
| 16 |  |  |  | .891 | .656 | .422 | .248 | .138 | .074 |
| 17 |  |  |  | .922 | .711 | .473 | .285 | .161 | .087 |
| 18 |  |  |  | .953 | .766 | .527 | .326 | .188 | .103 |
| 19 |  |  |  | .969 | .812 | .578 | .367 | .216 | .120 |
| 20 |  |  |  | .984 | .852 | .629 | .410 | .246 | .139 |
| 21 |  |  |  | 1.000 | .891 | .680 | .455 | .278 | .160 |
| 22 |  |  |  |  | .922 | .727 | .500 | .312 | .183 |
| 23 |  |  |  |  | .945 | .770 | .545 | .348 | .207 |
| 24 |  |  |  |  | .961 | .809 | .590 | .385 | .232 |
| 25 |  |  |  |  | .977 | .844 | .633 | .423 | .260 |
| 26 |  |  |  |  | .984 | .875 | .674 | .461 | .289 |
| 27 |  |  |  |  | .992 | .902 | .715 | .500 | .319 |
| 28 |  |  |  |  | 1.000 | .926 | .752 | .539 | .350 |
| 29 |  |  |  |  |  | .945 | .787 | .577 | .382 |
| 30 |  |  |  |  |  | .961 | .820 | .615 | .416 |
| 31 |  |  |  |  |  | .973 | .850 | .652 | .449 |
| 32 |  |  |  |  |  | .980 | .875 | .688 | .483 |
| 33 |  |  |  |  |  | .988 | .898 | .722 | .517 |
| 34 |  |  |  |  |  | .992 | .918 | .754 | .551 |
| 35 |  |  |  |  |  | .996 | .936 | .784 | .584 |
| 36 |  |  |  |  |  | 1.000 | .951 | .812 | .618 |
| 37 |  |  |  |  |  |  | .963 | .839 | .650 |
| 38 |  |  |  |  |  |  | .973 | .862 | .681 |
| 39 |  |  |  |  |  |  | .980 | .884 | .711 |
| 40 |  |  |  |  |  |  | .986 | .903 | .740 |
| 41 |  |  |  |  |  |  | .990 | .920 | .768 |
| 42 |  |  |  |  |  |  | .994 | .935 | .793 |
| 43 |  |  |  |  |  |  | .996 | .947 | .817 |
| 44 |  |  |  |  |  |  | .998 | .958 | .840 |
| 45 |  |  |  |  |  |  | 1.000 | .968 | .861 |

Tafel VI-4-1-1 (Fortsetz.)

| T | N | | | | | | | | |
|---|---|---|---|---|---|---|---|---|---|
|  | 12 | 13 | 14 | 15 | 16 | 17 | 18 | 19 | 20 |
| 0 | .000 | .000 | .000 | .000 | .000 | .000 | .000 | .000 | .000 |
| 1 | .000 | .000 | .000 | .000 | .000 | .000 | .000 | .000 | .000 |
| 2 | .001⁻ | .000 | .000 | .000 | .000 | .000 | .000 | .000 | .000 |
| 3 | .001⁺ | .001⁻ | .000 | .000 | .000 | .000 | .000 | .000 | .000 |
| 4 | .002⁻ | .001⁻ | .000 | .000 | .000 | .000 | .000 | .000 | .000 |
| 5 | .002⁺ | .001⁺ | .001⁻ | .000 | .000 | .000 | .000 | .000 | .000 |
| 6 | .003⁻ | .002⁻ | .001⁻ | .000 | .000 | .000 | .000 | .000 | .000 |
| 7 | .005⁻ | .002⁺ | .001⁺ | .001⁻ | .000 | .000 | .000 | .000 | .000 |
| 8 | .006 | .003⁺ | .002⁻ | .001⁻ | .000 | .000 | .000 | .000 | .000 |
| 9 | .008 | .004 | .002⁺ | .001⁺ | .001⁻ | .000 | .000 | .000 | .000 |
| 10 | .010⁺ | .005⁺ | .003 | .001⁺ | .001⁻ | .000 | .000 | .000 | .000 |
| 11 | .013 | .007 | .003 | .002⁻ | .001⁻ | .000 | .000 | .000 | .000 |
| 12 | .017 | .009 | .004 | .002⁺ | .001⁺ | .001 | .000 | .000 | .000 |
| 13 | .021 | .011 | .005⁺ | .003 | .001⁺ | .001 | .000 | .000 | .000 |
| 14 | .026 | .013 | .007 | .003 | .002⁻ | .001⁻ | .000 | .000 | .000 |
| 15 | .032 | .016 | .008 | .004 | .002⁺ | .001⁺ | .001 | .000 | .000 |
| 16 | .039 | .020 | .010⁺ | .005⁺ | .003⁻ | .001⁺ | .001 | .000 | .000 |
| 17 | .046 | .024 | .012 | .006 | .003⁺ | .002 | .001⁻ | .000 | .000 |
| 18 | .055 | .029 | .015 | .008 | .004 | .002⁻ | .001⁻ | .000 | .000 |
| 19 | .065 | .034 | .018 | .009 | .005⁻ | .002⁺ | .001⁺ | .001⁻ | .000 |
| 20 | .076 | .040 | .021 | .011 | .005⁺ | .003 | .001⁺ | .001⁻ | .000 |
| 21 | .088 | .047 | .025⁻ | .013 | .007 | .003 | .002⁻ | .001⁻ | .000 |
| 22 | .102 | .055 | .029 | .015 | .008 | .004 | .002⁺ | .001⁺ | .001⁻ |
| 23 | .117 | .064 | .034 | .018 | .009 | .005⁻ | .002⁺ | .001⁺ | .001⁻ |
| 24 | .133 | .073 | .039 | .021 | .011 | .005⁺ | .003 | .001⁺ | .001⁻ |
| 25 | .151 | .084 | .045 | .024 | .012 | .006 | .003 | .002 | .001⁻ |
| 26 | .170 | .095 | .052 | .028 | .014 | .007 | .004 | .002⁻ | .001⁻ |
| 27 | .190 | .108 | .059 | .032 | .017 | .009 | .004 | .002⁺ | .001⁺ |
| 28 | .212 | .122 | .068 | .036 | .019 | .010⁺ | .005⁺ | .003 | .001⁺ |
| 29 | .235 | .137 | .077 | .042 | .022 | .012 | .006 | .003 | .002⁻ |
| 30 | .259 | .153 | .086 | .047 | .025⁺ | .013 | .007 | .004 | .002⁻ |
| 31 | .285 | .170 | .097 | .053 | .029 | .015 | .008 | .004 | .002⁺ |
| 32 | .311 | .188 | .108 | .060 | .033 | .017 | .009 | .005⁻ | .002⁺ |
| 33 | .339 | .207 | .121 | .068 | .037 | .020 | .010⁺ | .005⁺ | .003 |
| 34 | .367 | .227 | .134 | .076 | .042 | .022 | .012 | .006 | .003 |
| 35 | .396 | .249 | .148 | .084 | .047 | .025⁺ | .013 | .007 | .004 |
| 36 | .425 | .271 | .163 | .094 | .052 | .028 | .015 | .008 | .004 |
| 37 | .455 | .294 | .179 | .104 | .058 | .032 | .017 | .009 | .005⁻ |
| 38 | .485 | .318 | .195 | .115 | .065 | .036 | .019 | .010⁺ | .005⁺ |
| 39 | .515 | .342 | .213 | .126 | .072 | .040 | .022 | .011 | .006 |
| 40 | .545 | .368 | .232 | .138 | .080 | .044 | .024 | .013 | .007 |
| 41 | .575 | .393 | .251 | .151 | .088 | .049 | .027 | .014 | .008 |
| 42 | .604 | .420 | .271 | .165 | .096 | .054 | .030 | .016 | .009 |
| 43 | .633 | .446 | .292 | .180 | .106 | .060 | .033 | .018 | .010⁻ |
| 44 | .661 | .473 | .313 | .195 | .116 | .066 | .037 | .020 | .011 |
| 45 | .689 | .500 | .335 | .211 | .126 | .073 | .041 | .022 | .012 |

Tafel VI-4-1-1 (Fortsetz.)

| T | \multicolumn{11}{c}{N} |
|---|---|---|---|---|---|---|---|---|---|---|
|   | 10 | 11 | 12 | 13 | 14 | 15 | 16 | 17 | 18 | 19 | 20 |
| 46 | .976 | .880 | .715 | .527 | .357 | .227 | .137 | .080 | .045 | .025 | .013 |
| 47 | .981 | .897 | .741 | .554 | .380 | .244 | .149 | .087 | .049 | .027 | .015 |
| 48 | .986 | .913 | .765 | .580 | .404 | .262 | .161 | .095 | .054 | .030 | .016 |
| 49 | .990 | .926 | .788 | .607 | .428 | .281 | .174 | .103 | .059 | .033 | .018 |
| 50 | .993 | .938 | .810 | .632 | .452 | .300 | .188 | .112 | .065 | .036 | .020 |
| 51 | .995 | .949 | .830 | .658 | .476 | .319 | .202 | .122 | .071 | .040 | .022 |
| 52 | .997 | .958 | .849 | .682 | .500 | .339 | .217 | .132 | .077 | .044 | .024 |
| 53 | .998 | .966 | .867 | .706 | .524 | .360 | .232 | .142 | .084 | .048 | .027 |
| 54 | .999 | .973 | .883 | .729 | .548 | .381 | .248 | .153 | .091 | .052 | .029 |
| 55 | 1.000 | .979 | .898 | .751 | .572 | .402 | .264 | .164 | .098 | .057 | .032 |
| 56 |  | .984 | .912 | .773 | .596 | .423 | .281 | .176 | .106 | .062 | .035 |
| 57 |  | .988 | .924 | .793 | .620 | .445 | .298 | .189 | .114 | .067 | .038 |
| 58 |  | .991 | .935 | .812 | .643 | .467 | .316 | .202 | .123 | .072 | .041 |
| 59 |  | .993 | .945 | .830 | .665 | .489 | .334 | .215 | .132 | .078 | .045 |
| 60 |  | .995 | .954 | .847 | .687 | .511 | .353 | .229 | .142 | .084 | .049 |
| 61 |  | .997 | .961 | .863 | .708 | .533 | .372 | .244 | .152 | .091 | .053 |
| 62 |  | .998 | .968 | .878 | .729 | .555 | .391 | .259 | .162 | .098 | .057 |
| 63 |  | .999 | .974 | .892 | .749 | .577 | .410 | .274 | .173 | .105 | .062 |
| 64 |  | .999 | .979 | .905 | .768 | .598 | .430 | .290 | .185 | .113 | .066 |
| 65 |  | 1.000 | .983 | .916 | .787 | .619 | .450 | .306 | .196 | .121 | .071 |
| 66 |  | 1.000 | .987 | .927 | .805 | .640 | .470 | .322 | .209 | .129 | .077 |
| 67 |  |  | .990 | .936 | .821 | .661 | .490 | .339 | .221 | .138 | .082 |
| 68 |  |  | .992 | .945 | .837 | .681 | .510 | .356 | .234 | .147 | .088 |
| 69 |  |  | .994 | .953 | .852 | .700 | .530 | .373 | .248 | .156 | .095 |
| 70 |  |  | .995 | .960 | .866 | .719 | .550 | .391 | .261 | .166 | .101 |
| 71 |  |  | .997 | .966 | .879 | .738 | .570 | .409 | .275 | .176 | .108 |
| 72 |  |  | .998 | .971 | .892 | .756 | .590 | .427 | .290 | .187 | .115 |
| 73 |  |  | .998 | .976 | .903 | .773 | .609 | .445 | .305 | .198 | .123 |
| 74 |  |  | .999 | .980 | .914 | .789 | .628 | .463 | .320 | .209 | .131 |
| 75 |  |  | .999 | .984 | .923 | .805 | .647 | .482 | .335 | .221 | .139 |
| 76 |  |  | 1.000 | .987 | .932 | .820 | .666 | .500 | .351 | .233 | .147 |
| 77 |  |  | 1.000 | .989 | .941 | .835 | .684 | .518 | .367 | .245 | .156 |
| 78 |  |  | 1.000 | .991 | .948 | .849 | .702 | .537 | .383 | .258 | .165 |
| 79 |  |  |  | .993 | .955 | .862 | .719 | .555 | .399 | .271 | .174 |
| 80 |  |  |  | .995 | .961 | .874 | .736 | .573 | .416 | .284 | .184 |
| 81 |  |  |  | .996 | .966 | .885 | .752 | .591 | .433 | .297 | .194 |
| 82 |  |  |  | .997 | .971 | .896 | .768 | .609 | .449 | .311 | .205 |
| 83 |  |  |  | .998 | .975 | .906 | .783 | .627 | .466 | .325 | .215 |
| 84 |  |  |  | .998 | .979 | .916 | .798 | .644 | .483 | .340 | .226 |
| 85 |  |  |  | .999 | .982 | .924 | .812 | .661 | .500 | .354 | .237 |
| 86 |  |  |  | .999 | .985 | .932 | .826 | .678 | .517 | .369 | .249 |
| 87 |  |  |  | .999 | .988 | .940 | .839 | .694 | .534 | .384 | .261 |
| 88 |  |  |  | 1.000 | .990 | .947 | .851 | .710 | .551 | .399 | .273 |
| 89 |  |  |  | 1.000 | .992 | .953 | .863 | .726 | .567 | .414 | .285 |
| 90 |  |  |  | 1.000 | .993 | .958 | .874 | .741 | .584 | .430 | .298 |

## Tafel VI-4-1-2
WILCOXONS Vorzeichenrangtest: Schranken
Entnommen aus McCONACK, R. L.: Extended tables of the Wilcoxon matched pair signed rank test.
J. Am. Stat. Ass. 60(1965), 864–871, Table 1, mit freundlicher Genehmigung des Verfassers und des Herausgebers.

Die Tafel enthält die unteren Schranken der Prüfgröße T des Vorzeichenrangtests von WILCOXON (WILCOXONS signed rank test) für Stichprobenumfänge von N = 4(1)100 und für Signifikanzgrenzen von $\alpha = 0{,}00005$ bis $\alpha = 0{,}075$ bei einseitigen Test bzw. für $2\alpha = 0{,}0001$ bis $\alpha = 0{,}15$ bei zweiseitigem Test. Beobachtete T-Werte oder deren Komplemente T' = N(N + 1) /2 – T, die die angegebenen Schranken erreichen oder unterschreiten, sind auf der bezeichneten Stufe signifikant.

*Ablesebeispiel:* Wenn die Differenzen zweier abhängiger Meßreihen + 19 + 12 – 3 + 8 + 5 – 1 – 7 + 16 + 7 betragen, ergeben sich Vorzeichenränge von (+)9 (+)7 (−)2 (+)6 (+)3 (−)1 (−)4,5 (+)8 (+)4,5 und eine Rangsumme der (selteneren) negativen Ränge von T = 7,5, die für N = 9 ($T_{0{,}05} = 8$) bei einseitigem Test eben auf der 5 %-Stufe signifikant ist.

| N \ 2α | .15 | .10 | .05 | .04 | .03 | .02 | .01 | .005 | .001 | .0001 |
|---|---|---|---|---|---|---|---|---|---|---|
| α | .075 | .050 | .025 | .020 | .015 | .010 | .005 | .0025 | .0005 | .00005 |
| 4 | 0 | | | | | | | | | |
| 5 | 1 | 0 | | | | | | | | |
| 6 | 2 | 2 | 0 | 0 | | | | | | |
| 7 | 4 | 3 | 2 | 1 | 0 | 0 | | | | |
| 8 | 7 | 5 | 3 | 3 | 2 | 1 | 0 | | | |
| 9 | 9 | 8 | 5 | 5 | 4 | 3 | 1 | 0 | | |
| 10 | 12 | 10 | 8 | 7 | 6 | 5 | 3 | 1 | | |
| 11 | 16 | 13 | 10 | 9 | 8 | 7 | 5 | 3 | 0 | |
| 12 | 19 | 17 | 13 | 12 | 11 | 9 | 7 | 5 | 1 | |
| 13 | 24 | 21 | 17 | 16 | 14 | 12 | 9 | 7 | 2 | |
| 14 | 28 | 25 | 21 | 19 | 18 | 15 | 12 | 9 | 4 | |
| 15 | 33 | 30 | 25 | 23 | 21 | 19 | 15 | 12 | 6 | 0 |
| 16 | 39 | 35 | 29 | 28 | 26 | 23 | 19 | 15 | 8 | 2 |
| 17 | 45 | 41 | 34 | 33 | 30 | 27 | 23 | 19 | 11 | 3 |
| 18 | 51 | 47 | 40 | 38 | 35 | 32 | 27 | 23 | 14 | 5 |
| 19 | 58 | 53 | 46 | 43 | 41 | 37 | 32 | 27 | 18 | 8 |
| 20 | 65 | 60 | 52 | 50 | 47 | 43 | 37 | 32 | 21 | 10 |
| 21 | 73 | 67 | 58 | 56 | 53 | 49 | 42 | 37 | 25 | 13 |
| 22 | 81 | 75 | 65 | 63 | 59 | 55 | 48 | 42 | 30 | 17 |
| 23 | 89 | 83 | 73 | 70 | 66 | 62 | 54 | 48 | 35 | 20 |
| 24 | 98 | 91 | 81 | 78 | 74 | 69 | 61 | 54 | 40 | 24 |
| 25 | 108 | 100 | 89 | 86 | 82 | 76 | 68 | 60 | 45 | 28 |
| 26 | 118 | 110 | 98 | 94 | 90 | 84 | 75 | 67 | 51 | 33 |
| 27 | 128 | 119 | 107 | 103 | 99 | 92 | 83 | 74 | 57 | 38 |
| 28 | 138 | 130 | 116 | 112 | 108 | 101 | 91 | 82 | 64 | 43 |
| 29 | 150 | 140 | 126 | 122 | 117 | 110 | 100 | 90 | 71 | 49 |
| 30 | 161 | 151 | 137 | 132 | 127 | 120 | 109 | 98 | 78 | 55 |
| 31 | 173 | 163 | 147 | 143 | 137 | 130 | 118 | 107 | 86 | 61 |
| 32 | 186 | 175 | 159 | 154 | 148 | 140 | 128 | 116 | 94 | 68 |
| 33 | 199 | 187 | 170 | 165 | 159 | 151 | 138 | 126 | 102 | 74 |
| 34 | 212 | 200 | 182 | 177 | 171 | 162 | 148 | 136 | 111 | 82 |
| 35 | 226 | 213 | 195 | 189 | 182 | 173 | 159 | 146 | 120 | 90 |
| 36 | 240 | 227 | 208 | 202 | 195 | 185 | 171 | 157 | 130 | 98 |
| 37 | 255 | 241 | 221 | 215 | 208 | 198 | 182 | 168 | 140 | 106 |
| 38 | 270 | 256 | 235 | 229 | 221 | 211 | 194 | 180 | 150 | 115 |
| 39 | 285 | 271 | 249 | 243 | 235 | 224 | 207 | 192 | 161 | 124 |
| 40 | 302 | 286 | 264 | 257 | 249 | 238 | 220 | 204 | 172 | 133 |
| 41 | 318 | 302 | 279 | 272 | 263 | 252 | 233 | 217 | 183 | 143 |
| 42 | 335 | 319 | 294 | 287 | 278 | 266 | 247 | 230 | 195 | 153 |
| 43 | 352 | 336 | 310 | 303 | 293 | 281 | 261 | 244 | 207 | 164 |
| 44 | 370 | 353 | 327 | 319 | 309 | 296 | 276 | 258 | 220 | 175 |
| 45 | 389 | 371 | 343 | 335 | 325 | 312 | 291 | 272 | 233 | 186 |
| 46 | 407 | 389 | 361 | 352 | 342 | 328 | 307 | 287 | 246 | 198 |
| 47 | 427 | 407 | 378 | 370 | 359 | 345 | 322 | 302 | 260 | 210 |
| 48 | 446 | 426 | 396 | 388 | 377 | 362 | 339 | 318 | 274 | 223 |
| 49 | 466 | 446 | 415 | 406 | 394 | 379 | 355 | 334 | 289 | 235 |
| 50 | 487 | 466 | 434 | 425 | 413 | 397 | 373 | 350 | 304 | 249 |

Tafel VI-4-1-2 (Fortsetz.)

| 2α | .15 | .10 | .05 | .04 | .03 | .02 | .01 | .005 | .001 | .0001 |
|---|---|---|---|---|---|---|---|---|---|---|
| N  α | .075 | .050 | .025 | .020 | .015 | .010 | .005 | .0025 | .0005 | .00005 |
| 51 | 508 | 486 | 453 | 444 | 432 | 416 | 390 | 367 | 319 | 262 |
| 52 | 530 | 507 | 473 | 463 | 451 | 434 | 408 | 384 | 335 | 276 |
| 53 | 551 | 529 | 494 | 483 | 471 | 454 | 427 | 402 | 351 | 291 |
| 54 | 574 | 550 | 514 | 504 | 491 | 473 | 445 | 420 | 368 | 305 |
| 55 | 597 | 573 | 536 | 525 | 511 | 493 | 465 | 439 | 385 | 321 |
| 56 | 620 | 595 | 557 | 546 | 532 | 514 | 484 | 457 | 402 | 336 |
| 57 | 644 | 618 | 579 | 568 | 554 | 535 | 504 | 477 | 420 | 352 |
| 58 | 668 | 642 | 602 | 590 | 575 | 556 | 525 | 497 | 438 | 368 |
| 59 | 693 | 666 | 625 | 613 | 598 | 578 | 546 | 517 | 457 | 385 |
| 60 | 718 | 690 | 648 | 636 | 620 | 600 | 567 | 537 | 476 | 402 |
| 61 | 744 | 715 | 672 | 659 | 644 | 623 | 589 | 558 | 495 | 419 |
| 62 | 770 | 741 | 697 | 683 | 667 | 646 | 611 | 580 | 515 | 437 |
| 63 | 796 | 767 | 721 | 708 | 691 | 669 | 634 | 602 | 535 | 456 |
| 64 | 823 | 793 | 747 | 733 | 716 | 693 | 657 | 624 | 556 | 474 |
| 65 | 851 | 820 | 772 | 758 | 741 | 718 | 681 | 647 | 577 | 493 |
| 66 | 879 | 847 | 798 | 784 | 766 | 742 | 705 | 670 | 599 | 513 |
| 67 | 907 | 875 | 825 | 810 | 792 | 768 | 729 | 694 | 621 | 533 |
| 68 | 936 | 903 | 852 | 837 | 818 | 793 | 754 | 718 | 643 | 553 |
| 69 | 965 | 931 | 879 | 864 | 845 | 819 | 779 | 742 | 666 | 573 |
| 70 | 995 | 960 | 907 | 891 | 872 | 846 | 805 | 767 | 689 | 594 |
| 71 | 1025 | 990 | 936 | 919 | 900 | 873 | 831 | 792 | 712 | 616 |
| 72 | 1056 | 1020 | 964 | 948 | 928 | 901 | 858 | 818 | 736 | 638 |
| 73 | 1087 | 1050 | 994 | 977 | 956 | 928 | 884 | 844 | 761 | 660 |
| 74 | 1119 | 1081 | 1023 | 1006 | 985 | 957 | 912 | 871 | 786 | 683 |
| 75 | 1151 | 1112 | 1053 | 1036 | 1014 | 986 | 940 | 898 | 811 | 706 |
| 76 | 1183 | 1144 | 1084 | 1066 | 1044 | 1015 | 968 | 925 | 836 | 729 |
| 77 | 1216 | 1176 | 1115 | 1097 | 1075 | 1044 | 997 | 953 | 862 | 753 |
| 78 | 1250 | 1209 | 1147 | 1128 | 1105 | 1075 | 1026 | 981 | 889 | 777 |
| 79 | 1284 | 1242 | 1179 | 1160 | 1136 | 1105 | 1056 | 1010 | 916 | 802 |
| 80 | 1318 | 1276 | 1211 | 1192 | 1168 | 1136 | 1086 | 1039 | 943 | 827 |
| 81 | 1353 | 1310 | 1244 | 1224 | 1200 | 1168 | 1116 | 1069 | 971 | 852 |
| 82 | 1389 | 1345 | 1277 | 1257 | 1233 | 1200 | 1147 | 1099 | 999 | 878 |
| 83 | 1424 | 1380 | 1311 | 1291 | 1266 | 1232 | 1178 | 1129 | 1028 | 904 |
| 84 | 1461 | 1415 | 1345 | 1325 | 1299 | 1265 | 1210 | 1160 | 1057 | 931 |
| 85 | 1497 | 1451 | 1380 | 1359 | 1333 | 1298 | 1242 | 1191 | 1086 | 958 |
| 86 | 1535 | 1487 | 1415 | 1394 | 1367 | 1332 | 1275 | 1223 | 1116 | 985 |
| 87 | 1572 | 1524 | 1451 | 1429 | 1402 | 1366 | 1308 | 1255 | 1146 | 1013 |
| 88 | 1610 | 1561 | 1487 | 1464 | 1437 | 1400 | 1342 | 1288 | 1177 | 1042 |
| 89 | 1649 | 1599 | 1523 | 1501 | 1473 | 1435 | 1376 | 1321 | 1208 | 1070 |
| 90 | 1688 | 1638 | 1560 | 1537 | 1509 | 1471 | 1410 | 1355 | 1240 | 1100 |
| 91 | 1728 | 1676 | 1597 | 1574 | 1545 | 1507 | 1445 | 1389 | 1271 | 1129 |
| 92 | 1768 | 1715 | 1635 | 1612 | 1582 | 1543 | 1480 | 1423 | 1304 | 1159 |
| 93 | 1808 | 1755 | 1674 | 1650 | 1620 | 1580 | 1516 | 1458 | 1337 | 1189 |
| 94 | 1849 | 1795 | 1712 | 1688 | 1658 | 1617 | 1552 | 1493 | 1370 | 1220 |
| 95 | 1891 | 1836 | 1752 | 1727 | 1696 | 1655 | 1589 | 1529 | 1404 | 1251 |
| 96 | 1932 | 1877 | 1791 | 1766 | 1735 | 1693 | 1626 | 1565 | 1438 | 1283 |
| 97 | 1975 | 1918 | 1832 | 1806 | 1774 | 1731 | 1664 | 1601 | 1472 | 1315 |
| 98 | 2018 | 1960 | 1872 | 1846 | 1814 | 1770 | 1702 | 1638 | 1507 | 1347 |
| 99 | 2061 | 2003 | 1913 | 1887 | 1854 | 1810 | 1740 | 1676 | 1543 | 1380 |
| 100 | 2105 | 2045 | 1955 | 1928 | 1894 | 1850 | 1779 | 1714 | 1578 | 1413 |

**Tafel VI-4-1-3**

Der Nulldifferenzen-Vorzeichenrangtest nach PRATT

Auszugsweise entnommen aus BUCK, W.: Der Vorzeichen-Rang-Test nach PRATT. EDV in Biologie und Medizin 7 (1976, im Druck), mit freundlicher Genehmigung des Verfassers und des Herausgebers zum Vorabdruck.

Die Tafel enthält die Schranken der nach PRATTS (1959) Teilrangrandomisierungsverfahren ermittelten Prüfgröße $T'_0$ des Vorzeichenrangtests nach WILCOXON. Die Eingangsparameter sind $M = N - t_0 \triangleq$ Zahl der Nichtnulldifferenzen (Vorspalte), $N0 = t_0 =$ Zahl der Nulldifferenzen (Blocküberstreichung - - N0 - -) und die ein- (P%) und zweiseitigen (2P%) Signifikanzniveaus von $\alpha = P = 0{,}05\%$ bis 10%. Ein $T'_0$ (als die Summe der Ränge mit dem selteneren Vorzeichen), das eine vereinbarte Schranke $T'_0(P\%, 2P\%)$ erreicht oder unterschreitet, ist auf der vereinbarten Stufe signifikant. Die Tafel gilt für $N0 = 2(1)10$ und $M = 4(1)30$.

*Ablesebeispiel:* Eine Leukozytenzählung vor und nach der antibiotischen Therapie von $N = 10$ Ptn ergab die folgenden Differenzen und die ihnen zugeordneten vorzeichen-
signierten Ränge:

Vor:  1,1  3,4  2,5  4,5  5,1  7,3  4,9  3,3  2,2  6,0
Nach: 0,3  0,4  0,2  0,2  0,3  2,8  4,9  0,5  4,2  6,0
Diff: 0,8  3,0  2,3  4,3  4,8  4,5  0,0  2,8  -2,0  0,0
Rang:  3    7    5    8   10    9   (1)   6   -4    (2)

Die Summe der Ränge mit dem selteneren Vorzeichen (minus) ist $T = 4$. Für $M = 10 - 2 = 8$ und $N0 = 2$ ist ein $T = 4$ bei der gebotenen einseitigen Fragestellung (Leucozytenverminderung) auf der 2,5% Stufe signifikant, da es die Schranke von 6 unterschreitet, nicht aber auf der 1% Stufe, da die Schranke 3 nicht erreicht wird.

Tafel VI-4-1-3 (Fortsetz.)

**NO = 1**

| M | P%=.005<br>2P%=0.01 | .01<br>0.02 | .05<br>0.1 | 0.1<br>0.2 | 0.5<br>1.0 | 1.0<br>2.0 | 2.5<br>5.0 | 5.0<br>10.0 | 10.0<br>20.0 |
|---|---|---|---|---|---|---|---|---|---|
| 4  |    |    |    |    |    |    |    |    | 1   |
| 5  |    |    |    |    |    |    |    | 1  | 3   |
| 6  |    |    |    |    |    |    | 1  | 3  | 5   |
| 7  |    |    |    |    |    | 1  | 3  | 5  | 7   |
| 8  |    |    |    |    | 1  | 2  | 5  | 7  | 10  |
| 9  |    |    |    |    | 2  | 4  | 7  | 10 | 13  |
| 10 |    |    |    | 1  | 4  | 6  | 10 | 13 | 17  |
| 11 |    |    | 1  | 2  | 6  | 9  | 13 | 16 | 21  |
| 12 |    |    | 2  | 4  | 9  | 12 | 16 | 20 | 25  |
| 13 |    |    | 4  | 6  | 12 | 15 | 20 | 25 | 30  |
| 14 |    | 1  | 6  | 8  | 15 | 19 | 24 | 29 | 36  |
| 15 | 1  | 3  | 8  | 11 | 18 | 23 | 29 | 35 | 41  |
| 16 | 3  | 5  | 11 | 14 | 22 | 27 | 34 | 40 | 48  |
| 17 | 5  | 7  | 14 | 17 | 27 | 32 | 39 | 46 | 54  |
| 18 | 7  | 10 | 17 | 21 | 31 | 37 | 45 | 53 | 61  |
| 19 | 10 | 13 | 21 | 25 | 36 | 42 | 51 | 59 | 69  |
| 20 | 13 | 16 | 25 | 30 | 42 | 48 | 58 | 67 | 77  |
| 21 | 16 | 20 | 29 | 34 | 48 | 55 | 65 | 74 | 85  |
| 22 | 20 | 24 | 34 | 39 | 54 | 61 | 72 | 82 | 94  |
| 23 | 24 | 28 | 39 | 45 | 60 | 68 | 80 | 91 | 103 |
| 24 | 28 | 32 | 45 | 51 | 67 | 76 | 89 | 100| 113 |
| 25 | 32 | 37 | 51 | 57 | 75 | 84 | 97 | 109| 123 |
| 26 | 37 | 43 | 57 | 64 | 83 | 92 | 106| 119| 134 |
| 27 | 43 | 48 | 63 | 71 | 91 | 101| 116| 129| 145 |
| 28 | 48 | 54 | 70 | 78 | 99 | 110| 126| 140| 156 |
| 29 | 54 | 61 | 78 | 86 | 108| 119| 136| 151| 168 |
| 30 | 60 | 67 | 85 | 94 | 117| 129| 147| 162| 181 |

**NO = 2**

| M | P%=.005<br>2P%=0.01 | .01<br>0.02 | .05<br>0.1 | 0.1<br>0.2 | 0.5<br>1.0 | 1.0<br>2.0 | 2.5<br>5.0 | 5.0<br>10.0 | 10.0<br>20.0 |
|---|---|---|---|---|---|---|---|---|---|
| 4  |    |    |    |    |    |    |    |    | 2   |
| 5  |    |    |    |    |    |    |    | 2  | 4   |
| 6  |    |    |    |    |    |    | 2  | 4  | 6   |
| 7  |    |    |    |    |    | 2  | 4  | 6  | 9   |
| 8  |    |    |    |    | 2  | 3  | 6  | 9  | 12  |
| 9  |    |    |    |    | 3  | 6  | 9  | 12 | 16  |
| 10 |    |    |    | 2  | 6  | 8  | 12 | 16 | 20  |
| 11 |    |    | 2  | 3  | 8  | 11 | 15 | 19 | 24  |
| 12 |    |    | 3  | 5  | 11 | 14 | 19 | 24 | 29  |
| 13 |    |    | 5  | 7  | 14 | 18 | 23 | 29 | 35  |
| 14 |    | 2  | 7  | 10 | 18 | 22 | 28 | 34 | 40  |
| 15 | 2  | 4  | 10 | 13 | 21 | 26 | 33 | 39 | 47  |
| 16 | 4  | 6  | 13 | 16 | 26 | 31 | 38 | 45 | 53  |
| 17 | 6  | 9  | 16 | 20 | 30 | 36 | 44 | 52 | 60  |
| 18 | 9  | 12 | 20 | 24 | 36 | 41 | 50 | 58 | 68  |
| 19 | 12 | 15 | 24 | 29 | 41 | 47 | 57 | 66 | 76  |
| 20 | 15 | 19 | 28 | 33 | 47 | 54 | 64 | 73 | 84  |
| 21 | 19 | 23 | 33 | 39 | 53 | 60 | 71 | 81 | 93  |
| 22 | 23 | 27 | 38 | 44 | 60 | 67 | 79 | 90 | 102 |
| 23 | 27 | 32 | 44 | 50 | 66 | 75 | 88 | 99 | 112 |
| 24 | 31 | 36 | 50 | 56 | 74 | 83 | 96 | 108| 122 |
| 25 | 36 | 42 | 56 | 63 | 82 | 91 | 105| 118| 133 |
| 26 | 42 | 47 | 62 | 70 | 90 | 100| 115| 128| 144 |
| 27 | 47 | 53 | 69 | 77 | 98 | 109| 125| 139| 155 |
| 28 | 53 | 60 | 77 | 85 | 107| 118| 135| 150| 167 |
| 29 | 59 | 66 | 84 | 93 | 116| 128| 146| 161| 180 |
| 30 | 66 | 73 | 92 | 102| 126| 139| 157| 173| 193 |

| | NO = 3 | | | | | | | | | NO = 4 | | | | | | | | |
|---|---|---|---|---|---|---|---|---|---|---|---|---|---|---|---|---|---|---|
| P% | .005 | 0.01 | 0.05 | 0.1 | 0.5 | 1.0 | 2.5 | 5.0 | 10.0 | .005 | 0.01 | 0.05 | 0.1 | 0.5 | 1.0 | 2.5 | 5.0 | 10.0 |
| 2P% | 0.01 | 0.02 | 0.1 | 0.2 | 1.0 | 2.0 | 5.0 | 10.0 | 20.0 | 0.01 | 0.02 | 0.1 | 0.2 | 1.0 | 2.0 | 5.0 | 10.0 | 20.0 |
| M | | | | | | | | | | | | | | | | | | |
| 4 | | | | | | | | | 3 | | | | | | | | | 4 |
| 5 | | | | | | | | 3 | 5 | | | | | | | | 4 | 6 |
| 6 | | | | | | | 3 | 5 | 8 | | | | | | | 4 | 6 | 9 |
| 7 | | | | | | 3 | 5 | 8 | 11 | | | | | | 4 | 6 | 9 | 13 |
| 8 | | | | | 3 | 4 | 8 | 10 | 14 | | | | | 4 | 5 | 9 | 12 | 17 |
| 9 | | | | | 4 | 7 | 10 | 14 | 19 | | | | | 5 | 8 | 12 | 16 | 21 |
| 10 | | | | 3 | 7 | 10 | 14 | 18 | 23 | | | | 4 | 8 | 11 | 16 | 21 | 26 |
| 11 | | | 3 | 4 | 10 | 13 | 18 | 22 | 28 | | | 4 | 5 | 11 | 14 | 20 | 25 | 31 |
| 12 | | | 4 | 6 | 13 | 16 | 22 | 27 | 33 | | | 5 | 7 | 14 | 19 | 25 | 30 | 37 |
| 13 | | | 6 | 9 | 16 | 20 | 27 | 32 | 39 | | | 7 | 10 | 18 | 23 | 30 | 36 | 43 |
| 14 | | 3 | 9 | 12 | 20 | 25 | 32 | 38 | 45 | | 4 | 10 | 13 | 23 | 28 | 35 | 42 | 50 |
| 15 | 3 | 5 | 12 | 15 | 24 | 29 | 37 | 44 | 52 | 4 | 6 | 13 | 17 | 27 | 33 | 41 | 48 | 57 |
| 16 | 5 | 8 | 15 | 19 | 29 | 35 | 43 | 50 | 59 | 6 | 9 | 17 | 21 | 32 | 38 | 47 | 55 | 64 |
| 17 | 8 | 11 | 19 | 23 | 34 | 40 | 49 | 57 | 66 | 9 | 12 | 21 | 25 | 38 | 44 | 54 | 62 | 72 |
| 18 | 11 | 14 | 23 | 27 | 40 | 46 | 56 | 64 | 74 | 12 | 16 | 25 | 30 | 44 | 50 | 61 | 70 | 81 |
| 19 | 14 | 17 | 27 | 32 | 45 | 52 | 63 | 72 | 83 | 16 | 20 | 30 | 35 | 50 | 57 | 68 | 78 | 90 |
| 20 | 17 | 21 | 32 | 37 | 52 | 59 | 70 | 80 | 92 | 20 | 24 | 35 | 41 | 56 | 64 | 76 | 86 | 99 |
| 21 | 21 | 26 | 37 | 43 | 58 | 66 | 78 | 88 | 101 | 24 | 28 | 41 | 47 | 63 | 72 | 84 | 95 | 109 |
| 22 | 26 | 30 | 42 | 49 | 65 | 73 | 86 | 97 | 111 | 28 | 33 | 46 | 53 | 71 | 79 | 93 | 105 | 119 |
| 23 | 30 | 35 | 48 | 55 | 72 | 81 | 95 | 107 | 121 | 33 | 39 | 53 | 60 | 78 | 88 | 102 | 115 | 129 |
| 24 | 35 | 40 | 54 | 61 | 80 | 90 | 104 | 116 | 131 | 38 | 44 | 59 | 67 | 86 | 96 | 111 | 125 | 140 |
| 25 | 40 | 46 | 61 | 68 | 88 | 98 | 113 | 127 | 142 | 44 | 50 | 66 | 74 | 95 | 105 | 121 | 135 | 152 |
| 26 | 46 | 52 | 68 | 76 | 97 | 107 | 123 | 137 | 154 | 50 | 56 | 73 | 82 | 104 | 115 | 132 | 147 | 164 |
| 27 | 52 | 58 | 75 | 83 | 106 | 117 | 134 | 148 | 166 | 56 | 63 | 81 | 90 | 113 | 125 | 143 | 158 | 176 |
| 28 | 58 | 65 | 83 | 92 | 115 | 127 | 144 | 160 | 178 | 63 | 70 | 89 | 98 | 123 | 135 | 154 | 170 | 189 |
| 29 | 65 | 72 | 91 | 100 | 125 | 137 | 156 | 172 | 191 | 70 | 77 | 97 | 107 | 133 | 146 | 165 | 182 | 202 |
| 30 | 72 | 79 | 99 | 109 | 135 | 148 | 167 | 184 | 204 | 77 | 85 | 106 | 116 | 143 | 157 | 177 | 195 | 216 |

Tafel VI-4-1-3 (Fortsetz.)

N0 = 5

| P% | .005 | 0.01 | 0.05 | 0.1 | 0.5 | 1.0 | 2.5 | 5.0 | 10.0 |
|---|---|---|---|---|---|---|---|---|---|
| 2P% | 0.01 | 0.02 | 0.1 | 0.2 | 1.0 | 2.0 | 5.0 | 10.0 | 20.0 |
| M |  |  |  |  |  |  |  |  |  |
| 4 |  |  |  |  |  |  |  |  | 5 |
| 5 |  |  |  |  |  |  | 5 |  | 7 |
| 6 |  |  |  |  |  |  | 5 | 7 | 10 |
| 7 |  |  |  |  |  | 5 | 7 | 10 | 15 |
| 8 |  |  |  |  | 5 | 6 | 10 | 14 | 19 |
| 9 |  |  |  |  | 6 | 9 | 14 | 18 | 24 |
| 10 |  |  |  | 5 | 9 | 13 | 18 | 23 | 29 |
| 11 |  |  | 5 | 6 | 13 | 16 | 23 | 28 | 35 |
| 12 |  |  | 6 | 8 | 16 | 21 | 28 | 34 | 41 |
| 13 |  |  | 8 | 12 | 21 | 25 | 33 | 40 | 48 |
| 14 |  | 5 | 12 | 15 | 25 | 31 | 39 | 46 | 55 |
| 15 | 5 | 7 | 15 | 19 | 30 | 36 | 45 | 53 | 62 |
| 16 | 7 | 10 | 19 | 23 | 36 | 42 | 51 | 60 | 70 |
| 17 | 10 | 14 | 23 | 28 | 41 | 48 | 58 | 68 | 78 |
| 18 | 14 | 18 | 28 | 33 | 47 | 55 | 66 | 76 | 87 |
| 19 | 18 | 22 | 33 | 39 | 54 | 62 | 74 | 84 | 97 |
| 20 | 22 | 26 | 38 | 45 | 61 | 69 | 82 | 93 | 106 |
| 21 | 26 | 31 | 44 | 51 | 68 | 77 | 91 | 102 | 116 |
| 22 | 31 | 36 | 50 | 57 | 76 | 85 | 100 | 112 | 127 |
| 23 | 36 | 42 | 57 | 64 | 84 | 94 | 109 | 122 | 138 |
| 24 | 42 | 48 | 64 | 72 | 93 | 103 | 119 | 133 | 149 |
| 25 | 48 | 54 | 71 | 79 | 101 | 113 | 129 | 144 | 161 |
| 26 | 54 | 61 | 79 | 87 | 111 | 123 | 140 | 156 | 174 |
| 27 | 61 | 68 | 87 | 96 | 121 | 133 | 151 | 168 | 187 |
| 28 | 68 | 75 | 95 | 105 | 131 | 144 | 163 | 180 | 200 |
| 29 | 75 | 83 | 104 | 114 | 141 | 155 | 175 | 193 | 214 |
| 30 | 83 | 91 | 113 | 124 | 152 | 166 | 187 | 206 | 228 |

N0 = 6

| P% | .005 | 0.01 | 0.05 | 0.1 | 0.5 | 1.0 | 2.5 | 5.0 | 10.0 |
|---|---|---|---|---|---|---|---|---|---|
| 2P% | 0.01 | 0.02 | 0.1 | 0.2 | 1.0 | 2.0 | 5.0 | 10.0 | 20.0 |
| M |  |  |  |  |  |  |  |  |  |
| 4 |  |  |  |  |  |  |  |  | 6 |
| 5 |  |  |  |  |  |  |  | 6 | 8 |
| 6 |  |  |  |  |  |  | 6 | 8 | 11 |
| 7 |  |  |  |  |  | 6 | 8 | 11 | 17 |
| 8 |  |  |  |  | 6 | 7 | 11 | 16 | 21 |
| 9 |  |  |  |  | 7 | 10 | 16 | 20 | 27 |
| 10 |  |  |  | 6 | 10 | 14 | 20 | 26 | 32 |
| 11 |  |  | 6 | 7 | 14 | 18 | 25 | 31 | 38 |
| 12 |  |  | 7 | 9 | 18 | 23 | 30 | 37 | 45 |
| 13 |  |  | 9 | 13 | 23 | 28 | 36 | 43 | 52 |
| 14 |  | 6 | 13 | 17 | 28 | 33 | 42 | 50 | 59 |
| 15 | 6 | 8 | 17 | 21 | 33 | 39 | 49 | 57 | 67 |
| 16 | 8 | 11 | 21 | 26 | 39 | 45 | 56 | 65 | 76 |
| 17 | 11 | 16 | 26 | 31 | 45 | 52 | 63 | 73 | 84 |
| 18 | 16 | 19 | 31 | 36 | 51 | 59 | 71 | 81 | 94 |
| 19 | 19 | 24 | 36 | 42 | 58 | 67 | 79 | 90 | 103 |
| 20 | 24 | 29 | 42 | 48 | 66 | 74 | 88 | 100 | 114 |
| 21 | 29 | 34 | 48 | 55 | 73 | 83 | 97 | 109 | 124 |
| 22 | 34 | 39 | 54 | 62 | 81 | 91 | 106 | 120 | 135 |
| 23 | 39 | 45 | 61 | 69 | 90 | 100 | 116 | 130 | 147 |
| 24 | 45 | 52 | 68 | 77 | 99 | 110 | 127 | 141 | 159 |
| 25 | 51 | 58 | 76 | 85 | 108 | 120 | 137 | 153 | 171 |
| 26 | 58 | 65 | 84 | 93 | 118 | 130 | 149 | 165 | 184 |
| 27 | 65 | 73 | 92 | 102 | 128 | 141 | 160 | 177 | 197 |
| 28 | 73 | 80 | 101 | 111 | 138 | 152 | 172 | 190 | 211 |
| 29 | 80 | 88 | 110 | 121 | 149 | 163 | 185 | 203 | 225 |
| 30 | 88 | 97 | 120 | 131 | 161 | 175 | 198 | 217 | 240 |

Tafel VI-4-1-3 (Fortsetz.)

| | | | | | N0 = 7 | | | | | | | | | | N0 = 8 | | | | | |
|---|---|---|---|---|---|---|---|---|---|---|---|---|---|---|---|---|---|---|---|---|
| P% | .005 | 0.01 | 0.05 | 0.1 | 0.1 | 0.5 | 1.0 | 2.5 | 5.0 | 10.0 | .005 | 0.01 | 0.05 | 0.1 | 0.1 | 0.5 | 1.0 | 2.5 | 5.0 | 10.0 |
| 2P% | 0.01 | 0.02 | 0.1 | 0.2 | 0.2 | 1.0 | 2.0 | 5.0 | 10.0 | 20.0 | 0.01 | 0.02 | 0.1 | 0.2 | 0.2 | 1.0 | 2.0 | 5.0 | 10.0 | 20.0 |
| M | | | | | | | | | | | | | | | | | | | | |
| 4 | | | | | | | | | | 7 | | | | | | | | | | |
| 5 | | | | | 7 | 7 | 7 | | 7 | 9 | | | | | | | | | | 8 |
| 6 | 7 | 7 | | 8 | 8 | 8 | 8 | 9 | 9 | 12 | | | | | | | | 8 | 8 | 10 |
| 7 | 9 | 9 | 10 | 10 | 10 | 11 | 11 | 12 | 12 | 19 | | | 8 | 8 | 8 | 9 | 8 | 10 | 10 | 13 |
| 8 | 12 | 12 | 14 | 14 | 14 | 16 | 16 | 18 | 18 | 23 | 8 | 8 | 11 | 11 | 11 | 12 | 12 | 13 | 13 | 21 |
| 9 | 17 | 17 | 18 | 18 | 18 | 20 | 20 | 22 | 22 | 29 | 10 | 10 | 15 | 15 | 15 | 17 | 17 | 20 | 20 | 25 |
| 10 | 21 | 21 | 22 | 23 | 23 | 25 | 25 | 27 | 28 | 35 | 13 | 13 | 20 | 20 | 20 | 22 | 24 | 24 | 30 | 32 |
| 11 | 26 | 26 | 28 | 28 | 30 | 30 | 33 | 34 | 38 | 42 | 19 | 19 | 24 | 25 | 27 | 29 | 36 | 38 | 45 | 38 |
| 12 | 31 | 31 | 33 | 33 | 36 | 36 | 39 | 40 | 42 | 49 | 23 | 23 | 30 | 30 | 32 | 33 | 42 | 43 | 49 | 45 |
| 13 | 36 | 36 | 37 | 37 | 42 | 42 | 47 | 49 | 56 | 28 | 28 | 36 | 36 | 39 | 45 | 49 | 51 | 58 | 53 | |
| 14 | 42 | 42 | 49 | 49 | 48 | 48 | 54 | 56 | 64 | 34 | 34 | 42 | 42 | 45 | 53 | 56 | 66 | 60 | | |
| 15 | 49 | 49 | 55 | 55 | 55 | 55 | 62 | 62 | 70 | 72 | 39 | 39 | 52 | 52 | 59 | 64 | 75 | 69 | | |
| 16 | 55 | 55 | 62 | 62 | 63 | 63 | 70 | 70 | 78 | 81 | 45 | 45 | 59 | 59 | 66 | 72 | 83 | 77 | | |
| 17 | 62 | 62 | 70 | 70 | 74 | 74 | 78 | 78 | 87 | 90 | 52 | 52 | 66 | 66 | 74 | 81 | 93 | 87 | | |
| 18 | 69 | 69 | 73 | 73 | 82 | 82 | 85 | 87 | 96 | 100 | 59 | 59 | 74 | 74 | 82 | 90 | 102 | 96 | | |
| 19 | 77 | 77 | 81 | 81 | 90 | 90 | 96 | 96 | 106 | 110 | 66 | 66 | 82 | 82 | 90 | 99 | 113 | 106 | | |
| 20 | 85 | 85 | 89 | 89 | 99 | 99 | 106 | 106 | 121 | 121 | 73 | 74 | 90 | 90 | 99 | 108 | 123 | 117 | | |
| 21 | 93 | 93 | 98 | 98 | 108 | 108 | 116 | 116 | 132 | 132 | 81 | 82 | 95 | 95 | 109 | 109 | 123 | 123 | 140 | |
| 22 | 102 | 102 | 107 | 107 | 118 | 118 | 127 | 127 | 143 | 143 | 90 | 90 | 104 | 104 | 114 | 120 | 134 | 134 | 151 | |
| 23 | 117 | 117 | 125 | 125 | 135 | 135 | 155 | 155 | 99 | 99 | 113 | 113 | 124 | 124 | 130 | 146 | 146 | 164 | | |
| 24 | 127 | 127 | 134 | 134 | 145 | 145 | 168 | 168 | 108 | 108 | 123 | 123 | 135 | 135 | 142 | 158 | 158 | 177 | | |
| 25 | 138 | 138 | 146 | 146 | 157 | 157 | 174 | 180 | 118 | 118 | 131 | 131 | 145 | 145 | 153 | 170 | 170 | 190 | | |
| 26 | 149 | 149 | 157 | 157 | 169 | 169 | 187 | 194 | 128 | 128 | 142 | 142 | 156 | 156 | 165 | 183 | 183 | 204 | | |
| 27 | 160 | 160 | 169 | 169 | 181 | 181 | 200 | 207 | 138 | 138 | 154 | 154 | 168 | 168 | 178 | 196 | 196 | 218 | | |
| 28 | 172 | 172 | 181 | 181 | 194 | 194 | 214 | 222 | 145 | 145 | 165 | 165 | 181 | 181 | 190 | 210 | 210 | 232 | | |
| 29 | 184 | 184 | 194 | 194 | 208 | 208 | 228 | 236 | 157 | 157 | 177 | 177 | 194 | 194 | 204 | 224 | 224 | 248 | | |
| 30 | | | | | | | | | 251 | | | | | | | 218 | 239 | 263 | | | |

Tafel VI-4-1-3 (Fortsetz.)

| | | | | NO = 9 | | | | | | | | | NO =10 | | | | |
|---|---|---|---|---|---|---|---|---|---|---|---|---|---|---|---|---|---|
| P% | .005 | 0.01 | 0.05 | 0.1 | 0.5 | 1.0 | 2.5 | 5.0 | 10.0 | .005 | 0.01 | 0.05 | 0.1 | 0.5 | 1.0 | 2.5 | 5.0 | 10.0 |
| 2P% | 0.01 | 0.02 | 0.1 | 0.2 | 1.0 | 2.0 | 5.0 | 10.0 | 20.0 | 0.01 | 0.02 | 0.1 | 0.2 | 1.0 | 2.0 | 5.0 | 10.0 | 20.0 |
| M | | | | | | | | | | | | | | | | | | |
| 4 | | | | | | | | | | | | | | | | | | |
| 5 | | | | | | | | | | | | | | | | | | |
| 6 | | | | | | | | | | | | | | | | | | |
| 7 | | | | | | | | | 9 | | | | | | | | | |
| 8 | | | | | | | | | 11 | | | | | | | | | |
| 9 | | | | | | | | 9 | 14 | | | | | | | | | |
| 10 | | | | | | 9 | 9 | 11 | 23 | | | | | | | | | 10 |
| 11 | | | | | 9 | 10 | 11 | 14 | 27 | | | | | 10 | 10 | 10 | 12 | 12 |
| 12 | 9 | 9 | | 10 | 10 | 13 | 14 | 22 | 35 | 10 | 10 | | 11 | 11 | 14 | 15 | 15 | 15 |
| 13 | 11 | 11 | 12 | 12 | 18 | 18 | 22 | 26 | 41 | 12 | 13 | 13 | 13 | 17 | 19 | 22 | 24 | 25 |
| 14 | 14 | 14 | 16 | 16 | 24 | 24 | 26 | 33 | 48 | 15 | 17 | 17 | 23 | 23 | 28 | 29 | 29 |
| 15 | 20 | 20 | 22 | 22 | 29 | 29 | 32 | 40 | 57 | 22 | 22 | 23 | 28 | 34 | 34 | 35 | 41 |
| 16 | 25 | 25 | 27 | 27 | 35 | 35 | 39 | 46 | 65 | 26 | 26 | 28 | 34 | 40 | 42 | 43 | 49 |
| 17 | 30 | 30 | 32 | 32 | 41 | 42 | 45 | 54 | 73 | 32 | 32 | 34 | 41 | 48 | 51 | 58 | 58 |
| 18 | 36 | 36 | 38 | 38 | 48 | 49 | 53 | 62 | 83 | 38 | 38 | 40 | 48 | 56 | 60 | 64 | 69 |
| 19 | 42 | 42 | 45 | 45 | 55 | 56 | 60 | 70 | 92 | 44 | 47 | 47 | 55 | 66 | 73 | 75 | 78 |
| 20 | 48 | 48 | 52 | 52 | 63 | 64 | 68 | 79 | 102 | 51 | 54 | 54 | 62 | 76 | 82 | 84 | 88 |
| 21 | 55 | 55 | 58 | 58 | 72 | 72 | 77 | 89 | 113 | 58 | 62 | 62 | 70 | 82 | 91 | 94 | 98 |
| 22 | 62 | 62 | 66 | 66 | 79 | 81 | 86 | 98 | 124 | 66 | 70 | 70 | 79 | 91 | 101 | 104 | 108 |
| 23 | 70 | 70 | 74 | 74 | 88 | 90 | 95 | 108 | 135 | 74 | 78 | 86 | 87 | 101 | 111 | 115 | 119 |
| 24 | 78 | 78 | 82 | 83 | 97 | 99 | 105 | 119 | 147 | 82 | 86 | 96 | 96 | 111 | 122 | 126 | 131 |
| 25 | 86 | 86 | 91 | 92 | 107 | 109 | 116 | 130 | 160 | 90 | 96 | 106 | 106 | 122 | 133 | 137 | 143 |
| 26 | 95 | 95 | 100 | 101 | 117 | 119 | 126 | 142 | 172 | 99 | 105 | 115 | 115 | 133 | 144 | 149 | 155 |
| 27 | 104 | 104 | 109 | 110 | 127 | 130 | 137 | 154 | 186 | 109 | 115 | 125 | 125 | 144 | 156 | 161 | 168 |
| 28 | 109 | 114 | 120 | 120 | 138 | 141 | 149 | 166 | 199 | 119 | 125 | 135 | 135 | 156 | 169 | 174 | 181 |
| 29 | | | 129 | 131 | 150 | 152 | 161 | 179 | 214 | 148 | 181 | 198 | 182 | 187 | 195 |
| 30 | | | 140 | 141 | 161 | 164 | 173 | 192 | 228 | | | 146 | 160 | 194 | 212 | 237 | 245 | 223 |

## Tafel VI-4-2

GLASSERS Paarlings Homogenitätstest

Die Tafel wurde entnommen aus GLASSER, G. J.: A distributionfree test of independence with a sample of paired observations. J. Am. Stat. Ass. 57(1962), 116–133, Table 1., mit freundlicher Genehmigung des Verfassers und des Herausgebers.

Die Tafel enthält für $N = 3(1)15$ Beobachtungspaare, die aus einer homogenen Population von Paaren nach Zufall entnommen werden, und für $\alpha = 0{,}005, 0{,}01, 0{,}025, 0{,}05$ und $0{,}1$ die kritischen Werte der Prüfgröße $D_H$ im Sinne eines exakten Testes für einseitige Fragestellung ($H_1$ : Binnenvariation $<$ Zwischenvariation). Bei zweiseitiger Fragestellung ist die $D_H$-Schranke bei $\alpha/2$ statt bei $\alpha$ abzulesen. Bei einem beobachteten $D_H$-Wert, der die angegebene $\alpha$-Schranke erreicht oder unterschreitet, ist $H_o$ zu verwerfen und $H_1$ zu akzeptieren.

*Ablesebeispiel:* Die zwölf Paare einer Beobachtung ergeben ein $D_H = 884$. Bei einem vereinbarten $\alpha = 0{,}05$ ergibt sich $D_H = 884 > 650 = D_{0{,}05}$. Die Nullhypothese ist also beizubehalten (Beispiel aus GLASSER, 1962, S. 119).

| N | $\alpha$ | | | | |
|---|---|---|---|---|---|
|  | .005 | .01 | .025 | .05 | .10 |
| 3  | —   | —    | —    | 9    | 9    |
| 4  | —   | 10   | 12   | 16   | 20   |
| 5  | 13  | 17   | 23   | 31   | 41   |
| 6  | 26  | 34   | 46   | 58   | 76   |
| 7  | 49  | 61   | 81   | 101  | 129  |
| 8  | 84  | 102  | 132  | 162  | 202  |
| 9  | 135 | 159  | 203  | 243  | 297  |
| 10 | 202 | 236  | 294  | 350  | 420  |
| 11 | 289 | 337  | 411  | 483  | 573  |
| 12 | 402 | 462  | 558  | 650  | 762  |
| 13 | 541 | 617  | 737  | 849  | 987  |
| 14 | 710 | 802  | 950  | 1086 | 1254 |
| 15 | 915 | 1027 | 1205 | 1369 | 1569 |

## Tafel VI-5-1
FRIEDMANS $\chi_r^2$-Test

Auszugsweise übernommen aus OWEN, D. B.: Handbook of statistical Tables. London: Addison-Wesley, 1962, Table 14.1, mit freundlicher Genehmigung des Autors und des Verlages.

Die Tafel enthält die Wahrscheinlichkeit P, daß beim Vergleich von k = 3 Behandlungen (Stichproben, Stufen eines Faktors) zu je N = 2(1)15 Individuen (oder N Blöcken aus k homogenen Individuen) oder von k = 4 Behandlungen zu je N = 5(1)8 Individuen auf gleiche oder unterschiedliche Wirkungen die beobachtete Prüfgröße $\chi_r^2$ größer oder gleich der Größe $\chi^2$ ist.

*Ablesebeispiel:* Liefern k = 3 Behandlungen an jeweils N = 5 Individuen ein $\chi_r^2$ = 6,5, so gehört zu diesem Wert eine Wahrscheinlichkeit P von ungefähr 0,0375, was auf der 5 %-Stufe signifikant ist.

k = 3

| $\chi^2$ | P | $\chi^2$ | P | $\chi^2$ | P | $\chi^2$ | P |
|---|---|---|---|---|---|---|---|
| N = 2 | | N = 5 | | N = 7 | | N = 8 | |
| 0 | 1.000 | 3.6 | 0.182 | 0.000 | 1.000 | 3.25 | 0.236 |
| 1 | 0.833 | 4.8 | 0.124 | 0.286 | 0.964 | 4.00 | 0.149 |
| 3 | 0.500 | 5.2 | 0.093 | 0.857 | 0.768 | 4.75 | 0.120 |
| 4 | 0.167 | 6.4 | 0.039 | 1.143 | 0.620 | | |
| | | 7.6 | 0.024 | 2.000 | 0.486 | 5.25 | 0.079 |
| | | | | | | 6.25 | 0.047 |
| N = 3 | | 8.4 | 0.0²85 | 2.571 | 0.305 | 6.75 | 0.038 |
| 0.000 | 1.000 | 10.0 | 0.0³77 | 3.429 | 0.237 | 7.00 | 0.030 |
| 0.667 | 0.944 | | | 3.714 | 0.192 | 7.75 | 0.018 |
| 2.000 | 0.528 | | | 4.571 | 0.112 | | |
| 2.667 | 0.361 | N = 6 | | 5.429 | 0.085 | 9.00 | 0.0²99 |
| 4.667 | 0.194 | 0.00 | 1.000 | | | 9.25 | 0.0²80 |
| 6.000 | 0.028 | 0.33 | 0.956 | 6.000 | 0.051 | 9.75 | 0.0²48 |
| | | 1.00 | 0.740 | 7.143 | 0.027 | 10.75 | 0.0²24 |
| N = 4 | | 1.33 | 0.570 | 7.714 | 0.021 | 12.00 | 0.0²11 |
| 0.0 | 1.000 | 2.33 | 0.430 | 8.000 | 0.016 | | |
| 0.5 | 0.931 | | | 8.857 | 0.0²84 | 12.25 | 0.0³86 |
| 1.5 | 0.653 | 3.00 | 0.252 | | | 13.00 | 0.0³26 |
| 2.0 | 0.431 | 4.00 | 0.184 | 10.286 | 0.0²36 | 14.25 | 0.0⁴61 |
| 3.5 | 0.273 | 4.33 | 0.142 | 10.571 | 0.0²27 | 16.00 | 0.0⁵36 |
| | | 5.33 | 0.072 | 11.143 | 0.0²12 | | |
| 4.5 | 0.125 | 6.33 | 0.052 | 12.286 | 0.0³32 | | |
| 6.0 | 0.069 | 7.00 | 0.029 | 14.000 | 0.0⁴21 | N = 9 | |
| 6.5 | 0.042 | 8.33 | 0.012 | | | 0.000 | 1.000 |
| 8.0 | 0.0²46 | 9.00 | 0.0²81 | N = 8 | | 0.222 | 0.971 |
| | | 9.33 | 0.0²55 | | | 0.667 | 0.814 |
| N = 5 | | 10.33 | 0.0²17 | 0.00 | 1.000 | 0.889 | 0.685 |
| | | | | 0.25 | 0.967 | 1.556 | 0.569 |
| 0.0 | 1.000 | 12.00 | 0.0³13 | 0.75 | 0.794 | | |
| 0.4 | 0.954 | | | 1.00 | 0.654 | 2.000 | 0.398 |
| 1.2 | 0.691 | | | 1.75 | 0.531 | 2.667 | 0.328 |
| 1.6 | 0.522 | | | | | 2.889 | 0.278 |
| 2.8 | 0.367 | | | 2.25 | 0.355 | 3.556 | 0.187 |
| | | | | 3.00 | 0.285 | 4.222 | 0.154 |

Tafel VI-5-1 (Fortsetz.)

| $k = 3$ | | | | | | | |
|---|---|---|---|---|---|---|---|
| $\chi^2$ | P | $\chi^2$ | P | $\chi^2$ | P | $\chi^2$ | P |
| $N = 9$ | | $N = 10$ | | $N = 11$ | | $N = 12$ | |
| 4.667 | 0.107 | 9.8 | $0.0^2 64$ | 11.636 | $0.0^2 18$ | 10.667 | $0.0^2 36$ |
| 5.556 | 0.069 | 10.4 | $0.0^2 34$ | 12.182 | $0.0^2 11$ | 11.167 | $0.0^2 24$ |
| 6.000 | 0.057 | 11.4 | $0.0^2 22$ | 13.273 | $0.0^3 67$ | 12.167 | $0.0^2 16$ |
| 6.222 | 0.048 | 12.2 | $0.0^2 10$ | 13.636 | $0.0^3 33$ | 12.500 | $0.0^3 87$ |
| 6.889 | 0.031 | 12.6 | $0.0^3 84$ | 13.818 | $0.0^3 30$ | 12.667 | $0.0^3 79$ |
| 8.000 | 0.019 | 12.8 | $0.0^3 72$ | 14.364 | $0.0^3 24$ | 13.167 | $0.0^3 66$ |
| 8.222 | 0.016 | 13.4 | $0.0^3 38$ | 14.727 | $0.0^3 18$ | 13.500 | $0.0^3 53$ |
| 8.667 | 0.010 | 14.6 | $0.0^3 19$ | 15.273 | $0.0^3 10$ | 14.000 | $0.0^3 35$ |
| 9.556 | $0.0^2 61$ | 15.0 | $0.0^4 77$ | 16.545 | $0.0^4 51$ | 15.167 | $0.0^3 20$ |
| 10.667 | $0.0^2 35$ | 15.2 | $0.0^4 63$ | 16.909 | $0.0^4 15$ | 15.500 | $0.0^4 86$ |
| 10.889 | $0.0^2 29$ | 15.8 | $0.0^4 44$ | 17.636 | $0.0^5 95$ | 16.167 | $0.0^4 66$ |
| 11.556 | $0.0^2 13$ | 16.2 | $0.0^4 31$ | 18.182 | $0.0^5 59$ | 16.667 | $0.0^4 46$ |
| 12.667 | $0.0^3 72$ | 16.8 | $0.0^4 11$ | 18.727 | $0.0^5 22$ | 17.167 | $0.0^4 27$ |
| 13.556 | $0.0^3 28$ | 18.2 | $0.0^5 21$ | 20.182 | $0.0^6 38$ | 18.167 | $0.0^4 12$ |
| 14.000 | $0.0^3 20$ | 20.0 | $0.0^7 99$ | 22.000 | $0.0^7 17$ | 18.500 | $0.0^4 11$ |
| 14.222 | $0.0^3 16$ | | | | | 18.667 | $0.0^5 35$ |
| 14.889 | $0.0^4 54$ | $N = 11$ | | $N = 12$ | | 19.500 | $0.0^5 20$ |
| 16.222 | $0.0^4 11$ | 0.000 | 1.000 | 0.000 | 1.000 | 20.167 | $0.0^5 11$ |
| 18.000 | $0.0^6 60$ | 0.182 | 0.976 | 0.167 | 0.978 | 20.667 | $0.0^6 43$ |
| | | 0.545 | 0.844 | 0.500 | 0.856 | 22.167 | $0.0^7 69$ |
| | | 0.727 | 0.732 | 0.667 | 0.751 | | |
| $N = 10$ | | 1.273 | 0.629 | 1.167 | 0.654 | 24.000 | $0.0^8 28$ |
| 0.0 | 1.000 | 1.636 | 0.470 | 1.500 | 0.500 | $N = 13$ | |
| 0.2 | 0.974 | 2.182 | 0.403 | 2.000 | 0.434 | | |
| 0.6 | 0.830 | 2.364 | 0.351 | 2.167 | 0.383 | 0.000 | 1.000 |
| 0.8 | 0.710 | 2.909 | 0.256 | 2.667 | 0.287 | 0.154 | 0.980 |
| 1.4 | 0.601 | 3.455 | 0.219 | 3.167 | 0.249 | 0.462 | 0.866 |
| | | | | | | 0.615 | 0.767 |
| 1.8 | 0.436 | 3.818 | 0.163 | 3.500 | 0.191 | 1.077 | 0.675 |
| 2.4 | 0.368 | 4.545 | 0.116 | 4.167 | 0.141 | | |
| 2.6 | 0.316 | 4.909 | 0.100 | 4.500 | 0.123 | 1.385 | 0.527 |
| 3.2 | 0.222 | 5.091 | 0.087 | 4.667 | 0.108 | 1.846 | 0.463 |
| 3.8 | 0.187 | 5.636 | 0.062 | 5.167 | 0.080 | 2.000 | 0.412 |
| | | | | | | 2.462 | 0.316 |
| 4.2 | 0.135 | 6.545 | 0.043 | 6.000 | 0.058 | 2.923 | 0.278 |
| 5.0 | 0.092 | 6.727 | 0.037 | 6.167 | 0.050 | | |
| 5.4 | 0.078 | 7.091 | 0.027 | 6.500 | 0.038 | 3.231 | 0.217 |
| 5.6 | 0.066 | 7.818 | 0.019 | 7.167 | 0.028 | 3.846 | 0.165 |
| 6.2 | 0.046 | 8.727 | 0.013 | 8.000 | 0.019 | 4.154 | 0.145 |
| | | | | | | 4.308 | 0.129 |
| 7.2 | 0.030 | 8.909 | 0.011 | 8.167 | 0.017 | 4.769 | 0.098 |
| 7.4 | 0.026 | 9.455 | $0.0^2 66$ | 8.667 | 0.011 | | |
| 7.8 | 0.018 | 10.364 | $0.0^2 46$ | 9.500 | $0.0^2 80$ | 5.538 | 0.073 |
| 8.6 | 0.012 | 11.091 | $0.0^2 25$ | 10.167 | $0.0^2 46$ | 5.692 | 0.064 |
| 9.6 | $0.0^2 73$ | 11.455 | $0.0^2 21$ | 10.500 | $0.0^2 41$ | 6.000 | 0.050 |

Tafel VI-5-1 (Fortsetz.)

| \multicolumn{8}{c}{k = 3} |

| $\chi^2$ | P | $\chi^2$ | P | $\chi^2$ | P | $\chi^2$ | P |
|---|---|---|---|---|---|---|---|
| \multicolumn{2}{c}{N = 13} | \multicolumn{2}{c}{N = 14} | \multicolumn{2}{c}{N = 14} | \multicolumn{2}{c}{N = 15} |
| 6.615 | 0.038 | 1.286 | 0.551 | 19.000 | $0.0^4 14$ | 9.733 | $0.0^2 74$ |
| 7.385 | 0.027 | 1.714 | 0.489 | 19.857 | $0.0^5 45$ | 10.000 | $0.0^2 49$ |
|       |       | 1.857 | 0.438 | 20.571 | $0.0^5 28$ | 10.133 | $0.0^2 47$ |
| 7.538 | 0.025 | 2.286 | 0.344 |        |          |        |          |
| 8.000 | 0.016 | 2.714 | 0.305 | 21.000 | $0.0^5 17$ | 10.533 | $0.0^2 42$ |
| 8.769 | 0.012 |       |       | 21.143 | $0.0^6 65$ | 10.800 | $0.0^2 35$ |
| 9.385 | $0.0^2 76$ | 3.000 | 0.242 | 21.571 | $0.0^6 56$ | 11.200 | $0.0^2 27$ |
| 9.692 | $0.0^2 68$ | 3.571 | 0.188 | 22.286 | $0.0^6 50$ | 12.133 | $0.0^2 19$ |
|       |       | 3.857 | 0.167 | 22.429 | $0.0^6 46$ | 12.400 | $0.0^2 11$ |
| 9.846 | $0.0^2 60$ | 4.000 | 0.150 |        |          |        |          |
| 10.308 | $0.0^2 42$ | 4.429 | 0.117 | 23.286 | $0.0^7 86$ | 12.933 | $0.0^3 95$ |
| 11.231 | $0.0^2 30$ |       |       | 24.143 | $0.0^7 39$ | 13.333 | $0.0^3 75$ |
| 11.538 | $0.0^2 18$ | 5.143 | 0.089 | 24.571 | $0.0^7 16$ | 13.733 | $0.0^3 56$ |
| 11.692 | $0.0^2 16$ | 5.286 | 0.079 | 26.143 | $0.0^8 22$ | 14.400 | $0.0^3 36$ |
|        |          | 5.571 | 0.063 | 28.000 | $0.0^{10}77$ | 14.533 | $0.0^3 36$ |
| 12.154 | $0.0^2 14$ | 6.143 | 0.049 |        |          |        |          |
| 12.462 | $0.0^2 12$ | 6.857 | 0.036 | \multicolumn{2}{c}{N = 15} | 14.800 | $0.0^3 34$ |
| 12.923 | $0.0^3 81$ |       |       |        |          | 14.933 | $0.0^3 20$ |
| 14.000 | $0.0^3 52$ | 7.000 | 0.033 | 0.000 | 1.000 | 15.600 | $0.0^3 16$ |
| 14.308 | $0.0^3 26$ | 7.429 | 0.023 | 0.133 | 0.982 | 16.133 | $0.0^3 12$ |
|        |          | 8.143 | 0.018 | 0.400 | 0.882 | 16.533 | $0.0^4 86$ |
| 14.923 | $0.0^3 21$ | 8.714 | 0.011 | 0.533 | 0.794 |        |          |
| 15.385 | $0.0^3 16$ | 9.000 | 0.010 | 0.933 | 0.711 | 16.933 | $0.0^4 53$ |
| 15.846 | $0.0^3 10$ |       |       |        |          | 17.200 | $0.0^4 51$ |
| 16.615 | $0.0^4 56$ | 9.143 | $0.0^2 92$ | 1.200 | 0.573 | 17.733 | $0.0^4 44$ |
| 16.769 | $0.0^4 56$ | 9.571 | $0.0^2 68$ | 1.600 | 0.513 | 18.533 | $0.0^4 18$ |
|        |          | 10.429 | $0.0^2 49$ | 1.733 | 0.463 | 19.200 | $0.0^4 11$ |
| 17.077 | $0.0^4 53$ | 10.714 | $0.0^2 31$ | 2.133 | 0.369 |        |          |
| 17.231 | $0.0^4 24$ | 10.857 | $0.0^2 29$ | 2.533 | 0.330 | 19.600 | $0.0^5 86$ |
| 18.000 | $0.0^4 17$ |        |          |       |       | 19.733 | $0.0^5 58$ |
| 18.615 | $0.0^4 11$ | 11.286 | $0.0^2 26$ | 2.800 | 0.267 | 20.133 | $0.0^5 53$ |
| 19.077 | $0.0^5 69$ | 11.571 | $0.0^2 21$ | 3.333 | 0.211 | 20.800 | $0.0^5 35$ |
|        |          | 12.000 | $0.0^2 16$ | 3.600 | 0.189 | 20.933 | $0.0^5 16$ |
| 19.538 | $0.0^5 29$ | 13.000 | $0.0^2 11$ | 3.733 | 0.170 |        |          |
| 19.846 | $0.0^5 27$ | 13.286 | $0.0^3 58$ | 4.133 | 0.136 | 21.733 | $0.0^5 11$ |
| 20.462 | $0.0^5 24$ |        |          |       |       | 22.533 | $0.0^6 65$ |
| 21.385 | $0.0^6 42$ | 13.857 | $0.0^3 49$ | 4.800 | 0.106 | 22.800 | $0.0^6 39$ |
| 22.154 | $0.0^6 21$ | 14.286 | $0.0^3 38$ | 4.933 | 0.096 | 22.933 | $0.0^6 37$ |
|        |          | 14.714 | $0.0^3 27$ | 5.200 | 0.077 | 23.333 | $0.0^6 12$ |
| 22.615 | $0.0^7 84$ | 15.429 | $0.0^3 16$ | 5.733 | 0.059 |        |          |
| 24.154 | $0.0^7 12$ | 15.571 | $0.0^3 16$ | 6.400 | 0.047 | 24.133 | $0.0^6 10$ |
| 26.000 | $0.0^9 46$ |        |          |       |       | 24.400 | $0.0^7 90$ |
|        |          | 15.857 | $0.0^3 15$ | 6.533 | 0.043 | 25.200 | $0.0^7 17$ |
| \multicolumn{2}{c}{N = 14} | 16.000 | $0.0^4 81$ | 6.933 | 0.030 | 26.133 | $0.0^8 72$ |
|        |          | 16.714 | $0.0^4 63$ | 7.600 | 0.022 | 26.533 | $0.0^8 31$ |
| 0.000 | 1.000 | 17.286 | $0.0^4 44$ | 8.133 | 0.018 |        |          |
| 0.143 | 0.981 | 17.714 | $0.0^4 30$ | 8.400 | 0.015 | 28.133 | $0.0^8 40$ |
| 0.429 | 0.874 |        |          |       |       | 30.000 | $0.0^{10}13$ |
| 0.571 | 0.781 | 18.143 | $0.0^4 16$ | 8.533 | 0.011 |        |          |
| 1.000 | 0.694 | 18.429 | $0.0^4 15$ | 8.933 | 0.010 |        |          |

Tafel VI-5-1 (Fortsetz.)

| | k = 4 |

| $\chi^2$ | P | $\chi^2$ | P | $\chi^2$ | P | $\chi^2$ | P |
|---|---|---|---|---|---|---|---|
| N = 5 | | N = 5 | | N = 6 | | N = 7 | |
| 0.12 | 1.000 | 13.56 | $0.0^314$ | 7.4 | 0.058 | 0.086 | 1.000 |
| 0.36 | 0.974 | 14.04 | $0.0^448$ | 7.6 | 0.043 | 0.257 | 0.984 |
| 0.60 | 0.944 | 15.00 | $0.0^530$ | 7.8 | 0.041 | 0.429 | 0.964 |
| 1.08 | 0.857 | | | 8.0 | 0.036 | 0.771 | 0.905 |
| 1.32 | 0.769 | | | 8.2 | 0.033 | 0.943 | 0.846 |
| 1.56 | 0.710 | N = 6 | | 8.4 | 0.031 | 1.114 | 0.795 |
| 2.04 | 0.652 | | | 8.6 | 0.027 | 1.457 | 0.754 |
| 2.28 | 0.563 | | | 8.8 | 0.021 | 1.629 | 0.678 |
| 2.52 | 0.520 | 0.0 | 1.000 | 9.0 | 0.021 | 1.800 | 0.652 |
| 3.00 | 0.443 | 0.2 | 0.996 | 9.4 | 0.017 | 2.143 | 0.596 |
| | | 0.4 | 0.952 | | | | |
| 3.24 | 0.406 | 0.6 | 0.938 | 9.6 | 0.015 | 2.314 | 0.564 |
| 3.48 | 0.368 | 0.8 | 0.878 | 9.8 | 0.015 | 2.486 | 0.533 |
| 3.96 | 0.301 | | | 10.0 | 0.011 | 2.829 | 0.460 |
| 4.20 | 0.266 | 1.0 | 0.843 | 10.2 | $0.0^297$ | 3.000 | 0.420 |
| 4.44 | 0.232 | 1.2 | 0.797 | 10.4 | $0.0^288$ | 3.171 | 0.378 |
| | | 1.4 | 0.779 | | | | |
| 4.92 | 0.213 | 1.6 | 0.676 | 10.6 | $0.0^279$ | 3.514 | 0.358 |
| 5.16 | 0.162 | 1.8 | 0.666 | 10.8 | $0.0^263$ | 3.686 | 0.306 |
| 5.40 | 0.151 | | | 11.0 | $0.0^257$ | 3.857 | 0.300 |
| 5.88 | 0.119 | 2.0 | 0.608 | 11.4 | $0.0^241$ | 4.200 | 0.264 |
| 6.12 | 0.102 | 2.2 | 0.566 | 11.6 | $0.0^233$ | 4.371 | 0.239 |
| | | 2.4 | 0.541 | | | | |
| 6.36 | 0.089 | 2.6 | 0.517 | 11.8 | $0.0^229$ | 4.543 | 0.216 |
| 6.84 | 0.071 | 3.0 | 0.427 | 12.0 | $0.0^221$ | 4.886 | 0.188 |
| 7.08 | 0.067 | | | 12.2 | $0.0^218$ | 5.057 | 0.182 |
| 7.32 | 0.057 | 3.2 | 0.385 | 12.6 | $0.0^214$ | 5.229 | 0.163 |
| 7.80 | 0.049 | 3.4 | 0.374 | 12.8 | $0.0^210$ | 5.571 | 0.150 |
| | | 3.6 | 0.337 | | | | |
| 8.04 | 0.033 | 3.8 | 0.321 | 13.0 | $0.0^393$ | 5.743 | 0.122 |
| 8.28 | 0.032 | 4.0 | 0.274 | 13.2 | $0.0^380$ | 5.914 | 0.118 |
| 8.76 | 0.024 | | | 13.4 | $0.0^364$ | 6.257 | 0.101 |
| 9.00 | 0.021 | 4.2 | 0.259 | 13.6 | $0.0^334$ | 6.429 | 0.093 |
| 9.24 | 0.015 | 4.4 | 0.232 | 13.8 | $0.0^332$ | 6.600 | 0.081 |
| | | 4.6 | 0.221 | | | | |
| 9.72 | 0.011 | 4.8 | 0.193 | 14.0 | $0.0^323$ | 6.943 | 0.073 |
| 9.96 | $0.0^292$ | 5.0 | 0.190 | 14.6 | $0.0^318$ | 7.114 | 0.062 |
| 10.20 | $0.0^277$ | | | 14.8 | $0.0^487$ | 7.286 | 0.058 |
| 10.68 | $0.0^258$ | 5.2 | 0.162 | 15.0 | $0.0^484$ | 7.629 | 0.051 |
| 10.92 | $0.0^228$ | 5.4 | 0.154 | 15.2 | $0.0^430$ | 7.800 | 0.040 |
| | | 5.6 | 0.127 | | | | |
| 11.16 | $0.0^223$ | 5.8 | 0.113 | 15.4 | $0.0^428$ | 7.971 | 0.037 |
| 11.64 | $0.0^217$ | 6.2 | 0.109 | 15.8 | $0.0^425$ | 8.314 | 0.034 |
| 11.88 | $0.0^214$ | | | 16.0 | $0.0^413$ | 8.486 | 0.032 |
| 12.12 | $0.0^211$ | 6.4 | 0.088 | 16.2 | $0.0^412$ | 8.657 | 0.030 |
| 12.60 | $0.0^340$ | 6.6 | 0.087 | 16.4 | $0.0^580$ | 9.000 | 0.024 |
| | | 6.8 | 0.073 | | | | |
| 12.84 | $0.0^336$ | 7.0 | 0.067 | 17.0 | $0.0^624$ | 9.171 | 0.021 |
| 13.08 | $0.0^316$ | 7.2 | 0.063 | 18.0 | $0.0^613$ | 9.343 | 0.018 |

Tafel VI-5-1 (Fortsetz.)

| \multicolumn{8}{c}{k = 4} |

| $\chi^2$ | P | $\chi^2$ | P | $\chi^2$ | P | $\chi^2$ | P |
|---|---|---|---|---|---|---|---|
| N = 7 | | N = 7 | | N = 8 | | N = 8 | |
| 9.686 | 0.016 | 19.971 | $0.0^6 12$ | 6.00 | 0.112 | 12.90 | $0.0^2 18$ |
| 9.857 | 0.014 | 21.000 | $0.0^8 52$ | 6.15 | 0.106 | 13.05 | $0.0^2 18$ |
| 10.029 | 0.013 | | | 6.30 | 0.098 | | |
| | | N = 8 | | | | 13.20 | $0.0^2 15$ |
| 10.371 | $0.0^2 91$ | | | 6.45 | 0.091 | 13.35 | $0.0^2 15$ |
| 10.543 | $0.0^2 81$ | 0.00 | 1.000 | 6.75 | 0.077 | 13.50 | $0.0^2 14$ |
| 10.714 | $0.0^2 80$ | 0.15 | 0.998 | 7.05 | 0.067 | 13.65 | $0.0^2 13$ |
| 11.057 | $0.0^2 68$ | 0.30 | 0.967 | 7.20 | 0.062 | 13.80 | $0.0^2 10$ |
| 11.229 | $0.0^2 55$ | 0.45 | 0.957 | 7.35 | 0.061 | | |
| | | 0.60 | 0.914 | | | 13.95 | $0.0^3 90$ |
| 11.400 | $0.0^2 39$ | | | 7.50 | 0.052 | 14.25 | $0.0^3 68$ |
| 11.743 | $0.0^2 39$ | 0.75 | 0.890 | 7.65 | 0.049 | 14.55 | $0.0^3 67$ |
| 11.914 | $0.0^2 33$ | 0.90 | 0.853 | 7.80 | 0.046 | 14.70 | $0.0^3 48$ |
| 12.086 | $0.0^2 31$ | 1.05 | 0.842 | 7.95 | 0.043 | 14.85 | $0.0^3 48$ |
| 12.429 | $0.0^2 29$ | 1.20 | 0.764 | 8.10 | 0.038 | | |
| | | 1.35 | 0.754 | | | 15.00 | $0.0^3 45$ |
| 12.600 | $0.0^2 22$ | | | 8.25 | 0.037 | 15.15 | $0.0^3 40$ |
| 12.771 | $0.0^2 20$ | 1.50 | 0.709 | 8.55 | 0.031 | 15.30 | $0.0^3 33$ |
| 13.114 | $0.0^2 14$ | 1.65 | 0.677 | 8.70 | 0.028 | 15.45 | $0.0^3 33$ |
| 13.286 | $0.0^2 11$ | 1.80 | 0.660 | 8.85 | 0.026 | 15.60 | $0.0^3 23$ |
| 13.457 | $0.0^2 11$ | 1.95 | 0.637 | 9.00 | 0.023 | | |
| | | 2.25 | 0.557 | | | 15.75 | $0.0^3 18$ |
| 13.800 | $0.0^3 84$ | | | 9.15 | 0.021 | 15.90 | $0.0^3 18$ |
| 13.971 | $0.0^3 59$ | 2.40 | 0.509 | 9.45 | 0.019 | 16.05 | $0.0^3 14$ |
| 14.143 | $0.0^3 53$ | 2.55 | 0.500 | 9.60 | 0.015 | 16.20 | $0.0^3 14$ |
| 14.486 | $0.0^3 40$ | 2.70 | 0.471 | 9.75 | 0.015 | 16.35 | $0.0^3 13$ |
| 14.657 | $0.0^3 35$ | 2.85 | 0.453 | 9.90 | 0.013 | | |
| | | 3.00 | 0.404 | | | | |
| 14.829 | $0.0^3 24$ | | | 10.05 | 0.013 | 16.65 | $0.0^3 10$ |
| 15.171 | $0.0^3 16$ | 3.15 | 0.390 | 10.20 | 0.011 | 16.80 | $0.0^4 58$ |
| 15.343 | $0.0^3 16$ | 3.30 | 0.364 | 10.35 | 0.010 | 16.95 | $0.0^4 57$ |
| 15.514 | $0.0^3 14$ | 3.45 | 0.348 | 10.50 | $0.0^2 92$ | 17.25 | $0.0^4 46$ |
| 15.857 | $0.0^3 11$ | 3.75 | 0.325 | 10.65 | $0.0^2 85$ | 17.40 | $0.0^4 41$ |
| | | 3.90 | 0.297 | | | | |
| 16.029 | $0.0^4 64$ | | | 10.80 | $0.0^2 85$ | 17.55 | $0.0^4 37$ |
| 16.200 | $0.0^4 64$ | 4.05 | 0.283 | 10.95 | $0.0^2 85$ | 17.70 | $0.0^4 23$ |
| 16.543 | $0.0^4 38$ | 4.20 | 0.247 | 11.10 | $0.0^2 69$ | 17.85 | $0.0^4 18$ |
| 16.714 | $0.0^4 34$ | 4.35 | 0.231 | 11.25 | $0.0^2 66$ | 18.15 | $0.0^4 18$ |
| 16.886 | $0.0^4 20$ | 4.65 | 0.217 | 11.40 | $0.0^2 56$ | 18.30 | $0.0^4 15$ |
| | | 4.80 | 0.185 | | | | |
| 17.229 | $0.0^4 15$ | | | 11.55 | $0.0^2 52$ | 18.45 | $0.0^4 13$ |
| 17.400 | $0.0^4 14$ | 4.95 | 0.182 | 11.85 | $0.0^2 45$ | 18.60 | $0.0^4 10$ |
| 17.571 | $0.0^4 11$ | 5.10 | 0.162 | 12.00 | $0.0^2 38$ | 18.75 | $0.0^5 89$ |
| 17.914 | $0.0^5 60$ | 5.25 | 0.155 | 12.15 | $0.0^2 35$ | 19.05 | $0.0^5 59$ |
| 18.257 | $0.0^5 20$ | 5.40 | 0.153 | 12.30 | $0.0^2 32$ | 19.35 | $0.0^5 33$ |
| | | 5.55 | 0.144 | | | | |
| 18.771 | $0.0^5 17$ | | | 12.45 | $0.0^2 28$ | 19.50 | $0.0^5 33$ |
| 18.943 | $0.0^5 10$ | 5.70 | 0.122 | 12.60 | $0.0^2 25$ | 19.65 | $0.0^5 28$ |
| 19.286 | $0.0^6 44$ | 5.85 | 0.120 | 12.75 | $0.0^2 23$ | 19.80 | $0.0^5 16$ |

**Tafel VI-5-1-1**

FRIEDMANS $\chi_r^2$-Test: Weitere P-Werte

Entnommen aus MICHAELIS, J.: Schwellenwerte des Friedman-Tests. Biom. Z. 13 (1971), 118–129, Tabelle 1, mit freundlicher Genehmigung des Verfassers und der Herausgeberin.

Die Tafel enthält die exakten Überschreitungswahrscheinlichkeiten P für k = 5 abhängige Stichproben (Behandlungsstufen) zu je n = 4 Individuen (Blöcke), bzw. für k = 6 Stichproben zu je n = 3 Individuen. Die Tafel ist eine Erweiterung von VI-5-1 für jene Kombinationen von k und n, für welche die Anpassung von $\chi_r^2$ an $\chi^2$ noch nicht ausreichend ist; sie stellt einen Übergang zu den asymptotisch berechneten Schranken in Tafel VI-5-1-2 dar.

*Ablesebeispiel:* Vertauscht man in Tabelle 6.5.1.2 Zeilen und Spalten (Drehung um 90° gegen den Uhrzeigersinn), so entstehen Spaltenrangsummen von 8 10 12 14 16 in einer Tafel mit k = 5 Stichproben zu n = 4 Blöcken. Deren Friedman-Statistik beträgt $\chi_r^2 = (12/4 \cdot 5 \cdot 6)(8^2 + \ldots + 16^2) - (3 \cdot 4 \cdot 6) = 4{,}0$. Der zu 4,0 gehörige P-Wert für k = 3 und n = 4 ist 0,442109, was auf der 5%-Stufe Signifikanz bedeutet.

Tafel VI-5-1-1 (Fortsetz.)

| $k=5, n=4$ | | | | $k=6, n=3$ | | | |
|---|---|---|---|---|---|---|---|
| $\chi_r^2$ | $P$ | $\chi_r^2$ | $P$ | $\chi_r^2$ | $P$ | 7.000 | .232267 |
| | | | | | | 7.190 | .213995 |
| .0 | 1.000000 | 7.8 | .086364 | | | 7.381 | .201402 |
| .2 | .999425 | 8.0 | .079781 | | | 7.571 | .176541 |
| .4 | .990967 | 8.2 | .072034 | | | 7.762 | .167706 |
| .6 | .979842 | 8.4 | .062990 | .143 | 1.000000 | 7.952 | .146329 |
| .8 | .959064 | 8.6 | .059712 | .333 | .999329 | 8.143 | .133875 |
| 1.0 | .939627 | 8.8 | .048907 | .524 | .997454 | 8.333 | .121651 |
| 1.2 | .905793 | 9.0 | .043306 | .714 | .991019 | 8.524 | .112184 |
| 1.4 | .894599 | 9.2 | .037889 | .905 | .987014 | 8.714 | .095743 |
| 1.6 | .849655 | 9.4 | .035084 | 1.095 | .973681 | 8.905 | .090488 |
| 1.8 | .815486 | 9.6 | .028019 | 1.286 | .962685 | 9.095 | .076912 |
| 2.0 | .784764 | 9.8 | .024627 | 1.476 | .946412 | 9.286 | .069898 |
| 2.2 | .759153 | 10.0 | .021175 | 1.667 | .932292 | 9.476 | .061773 |
| 2.4 | .715347 | 10.2 | .019009 | 1.857 | .900735 | 9.667 | .056032 |
| 2.6 | .685135 | 10.4 | .016925 | 2.048 | .890874 | 9.857 | .046125 |
| 2.8 | .629747 | 10.6 | .014151 | 2.238 | .858495 | 10.048 | .042745 |
| 3.0 | .612385 | 10.8 | .010850 | 2.429 | .836296 | 10.238 | .036020 |
| 3.2 | .578830 | 11.0 | .010211 | 2.619 | .812650 | 10.429 | .031900 |
| 3.4 | .551755 | 11.2 | .007933 | 2.810 | .791979 | 10.619 | .028127 |
| 3.6 | .499943 | 11.4 | .007093 | 3.000 | .753814 | 10.810 | .024655 |
| 3.8 | .479026 | 11.6 | .005732 | 3.190 | .737880 | 11.000 | .019099 |
| 4.0 | .442109 | 11.8 | .005079 | 3.381 | .698713 | 11.190 | .017548 |
| 4.2 | .413499 | 12.0 | .004042 | 3.571 | .677463 | 11.381 | .013584 |
| 4.4 | .395097 | 12.2 | .003594 | 3.762 | .650017 | 11.571 | .011709 |
| 4.6 | .370291 | 12.4 | .002830 | 3.952 | .629601 | 11.762 | .009543 |
| 4.8 | .329004 | 12.6 | .002238 | 4.143 | .586418 | 11.952 | .008409 |
| 5.0 | .317469 | 12.8 | .001682 | 4.333 | .570044 | 12.143 | .006071 |
| 5.2 | .285900 | 13.0 | .001316 | 4.524 | .533956 | 12.333 | .005237 |
| 5.4 | .274525 | 13.2 | .000885 | 4.714 | .510808 | 12.524 | .003663 |
| 5.6 | .248692 | 13.4 | .000830 | 4.905 | .487267 | 12.714 | .002922 |
| 5.8 | .227264 | 13.6 | .000524 | 5.095 | .465530 | 12.905 | .002240 |
| 6.0 | .205139 | 13.8 | .000317 | 5.286 | .426856 | 13.095 | .001800 |
| 6.2 | .197195 | 14.0 | .000234 | 5.476 | .414008 | 13.286 | .000966 |
| 6.4 | .178001 | 14.2 | .000178 | 5.667 | .379037 | 13.476 | .000882 |
| 6.6 | .160918 | 14.4 | .000123 | 5.857 | .359894 | 13.667 | .000488 |
| 6.8 | .143460 | 14.6 | .000107 | 6.048 | .336815 | 13.857 | .000280 |
| 7.0 | .136224 | 14.8 | .000045 | 6.238 | .318528 | 14.048 | .000181 |
| 7.2 | .120863 | 15.2 | .000017 | 6.429 | .286584 | 14.238 | .000135 |
| 7.4 | .112901 | 15.4 | .000010 | 6.619 | .275542 | 14.619 | .000031 |
| 7.6 | .096040 | 16.0 | .000001 | 6.810 | .249118 | 15.000 | .000002 |

**Tafel VI-5-1-2**

FRIEDMANS $\chi_r^2$-Tests: MICHAELIS' Schranken

Entnommen aus MICHAELIS, J.: Schwellenwerte des Friedman-Tests. Biom. Z. 13 (1971), 118–129, Tabellen 2 und 3, mit freundlicher Genehmigung des Verfassers und der Herausgeberin.

Die Tafel enthält für k = 3(1)15 Stichproben (Behandlungsstufen) und N = 3(1)20, ∞ die exakten (eingerahmt), bzw. asymptotisch nach der F-Verteilung approximierten Schranken (Schwellenwerte) für die Signifikanzniveaus $\alpha = 0{,}05$ und $\alpha = 0{,}01$. Beobachtete Prüfgrößen $\chi_r^2$, die die angegebenen Schranken erreichen oder überschreiten, sind auf der bezeichneten Stufe signifikant. Die tabellierten Schranken für k sind für alle N niedriger als die $\chi^2$-Schranken mit k - 1 Fgn., außer für N = ∞.

*Ablesebeispiel:* Das aus Tabelle 6.5.1.3 ermittelte $\chi_r^2 = 8{,}1$ ist bei k = 4 Behandlungsstufen und N = 5 Blöcken auf der 5%-Stufe signifikant, da es die Schranke 7,8 (exakt) überschreitet.

Tafel VI-5-1-2 (Fortsetz.)

α = 0,05

| N / k | 3 | 4 | 5 | 6 | 7 | 8 | 9 | 10 | 11 | 12 | 13 | 14 | 15 |
|---|---|---|---|---|---|---|---|---|---|---|---|---|---|
| 3 | 6,000 | 7,4 | 8,53 | 9,86 | 11,24 | 12,57 | 13,88 | 15,19 | 16,48 | 17,76 | 19,02 | 20,27 | 21,53 |
| 4 | 6,500 | 7,8 | 8,8 | 10,24 | 11,63 | 12,99 | 14,34 | 15,67 | 16,98 | 18,3 | 19,6 | 20,9 | 22,1 |
| 5 | 6,400 | 7,8 | 8,99 | 10,43 | 11,84 | 13,23 | 14,59 | 15,93 | 17,27 | 18,6 | 19,9 | 21,2 | 22,4 |
| 6 | 7,000 | 7,6 | 9,08 | 10,54 | 11,97 | 13,38 | 14,76 | 16,12 | 17,4 | 18,8 | 20,1 | 21,4 | 22,7 |
| 7 | 7,143 | 7,8 | 9,11 | 10,62 | 12,07 | 13,48 | 14,87 | 16,23 | 17,6 | 18,9 | 20,2 | 21,5 | 22,8 |
| 8 | 6,250 | 7,65 | 9,19 | 10,68 | 12,14 | 13,56 | 14,95 | 16,32 | 17,7 | 19,0 | 20,3 | 21,6 | 22,9 |
| 9 | 6,222 | 7,66 | 9,22 | 10,73 | 12,19 | 13,61 | 15,02 | 16,40 | 17,7 | 19,1 | 20,4 | 21,7 | 23,0 |
| 10 | 6,200 | 7,67 | 9,25 | 10,76 | 12,23 | 13,66 | 15,07 | 16,44 | 17,8 | 19,2 | 20,5 | 21,8 | 23,1 |
| 11 | 6,545 | 7,68 | 9,27 | 10,79 | 12,27 | 13,70 | 15,11 | 16,48 | 17,9 | 19,2 | 20,5 | 21,8 | 23,1 |
| 12 | 6,167 | 7,70 | 9,29 | 10,81 | 12,29 | 13,73 | 15,15 | 16,53 | 17,9 | 19,3 | 20,6 | 21,9 | 23,2 |
| 13 | 6,000 | 7,70 | 9,30 | 10,83 | 12,32 | 13,76 | 15,17 | 16,56 | 17,9 | 19,3 | 20,6 | 21,9 | 23,2 |
| 14 | 6,143 | 7,71 | 9,32 | 10,85 | 12,34 | 13,78 | 15,19 | 16,58 | 17,9 | 19,3 | 20,6 | 21,9 | 23,2 |
| 15 | 6,400 | 7,72 | 9,33 | 10,87 | 12,35 | 13,80 | 15,20 | 16,6 | 18,0 | 19,3 | 20,6 | 21,9 | 23,2 |
| 16 | 5,99 | 7,73 | 9,34 | 10,88 | 12,37 | 13,81 | 15,23 | 16,6 | 18,0 | 19,3 | 20,7 | 22,0 | 23,2 |
| 17 | 5,99 | 7,73 | 9,34 | 10,89 | 12,38 | 13,83 | 15,2 | 16,6 | 18,0 | 19,3 | 20,7 | 22,0 | 23,3 |
| 18 | 5,99 | 7,73 | 9,36 | 10,90 | 12,39 | 13,83 | 15,2 | 16,6 | 18,0 | 19,4 | 20,7 | 22,0 | 23,3 |
| 19 | 5,99 | 7,74 | 9,36 | 10,91 | 12,40 | 13,8 | 15,3 | 16,7 | 18,0 | 19,4 | 20,7 | 22,0 | 23,3 |
| 20 | 5,99 | 7,74 | 9,37 | 10,92 | 12,41 | 13,8 | 15,3 | 16,7 | 18,0 | 19,4 | 20,7 | 22,0 | 23,3 |
| ∞ | 5,99 | 7,82 | 9,49 | 11,07 | 12,59 | 14,07 | 15,51 | 16,92 | 18,31 | 19,68 | 21,03 | 22,36 | 23,69 |

α = 0,01

| N / k | 3 | 4 | 5 | 6 | 7 | 8 | 9 | 10 | 11 | 12 | 13 | 14 | 15 |
|---|---|---|---|---|---|---|---|---|---|---|---|---|---|
| 3 | — | 9,000 | 10,13 | 11,76 | 13,26 | 14,78 | 16,28 | 17,74 | 19,19 | 20,61 | 22,00 | 23,38 | 24,76 |
| 4 | 8,000 | 9,600 | 11,20 | 12,59 | 14,19 | 15,75 | 17,28 | 18,77 | 20,24 | 21,7 | 23,1 | 24,5 | 25,9 |
| 5 | 8,400 | 9,96 | 11,43 | 13,11 | 14,74 | 16,32 | 17,86 | 19,37 | 20,86 | 22,3 | 23,7 | 25,2 | 26,6 |
| 6 | 9,000 | 10,200 | 11,75 | 13,45 | 15,10 | 16,69 | 18,25 | 19,77 | 21,3 | 22,7 | 24,2 | 25,6 | 27,0 |
| 7 | 8,857 | 10,371 | 11,97 | 13,69 | 15,35 | 16,95 | 18,51 | 20,04 | 21,5 | 23,0 | 24,4 | 25,9 | 27,3 |
| 8 | 9,000 | 10,35 | 12,14 | 13,87 | 15,53 | 17,15 | 18,71 | 20,24 | 21,8 | 23,2 | 24,7 | 26,1 | 27,5 |
| 9 | 8,667 | 10,44 | 12,27 | 14,01 | 15,68 | 17,29 | 18,87 | 20,42 | 21,9 | 23,4 | 24,95 | 26,3 | 27,7 |
| 10 | 9,600 | 10,53 | 12,38 | 14,12 | 15,79 | 17,41 | 19,00 | 20,53 | 22,0 | 23,5 | 25,0 | 26,4 | 27,9 |
| 11 | 9,455 | 10,60 | 12,46 | 14,21 | 15,89 | 17,52 | 19,10 | 20,64 | 22,1 | 23,6 | 25,1 | 26,6 | 28,0 |
| 12 | 9,500 | 10,68 | 12,53 | 14,28 | 15,96 | 17,59 | 19,19 | 20,73 | 22,2 | 23,7 | 25,2 | 26,7 | 28,0 |
| 13 | 9,385 | 10,72 | 12,58 | 14,34 | 16,03 | 17,67 | 19,25 | 20,80 | 22,3 | 23,8 | 25,3 | 26,7 | 28,1 |
| 14 | 9,000 | 10,76 | 12,64 | 14,40 | 16,09 | 17,72 | 19,31 | 20,86 | 22,4 | 23,9 | 25,3 | 26,8 | 28,2 |
| 15 | 8,933 | 10,80 | 12,68 | 14,44 | 16,14 | 17,78 | 19,35 | 20,9 | 22,4 | 23,9 | 25,4 | 26,8 | 28,2 |
| 16 | 8,79 | 10,84 | 12,72 | 14,48 | 16,18 | 17,81 | 19,40 | 20,9 | 22,5 | 24,0 | 25,4 | 26,9 | 28,3 |
| 17 | 8,81 | 10,87 | 12,74 | 14,52 | 16,22 | 17,85 | 19,50 | 21,0 | 22,5 | 24,0 | 25,4 | 26,9 | 28,3 |
| 18 | 8,84 | 10,90 | 12,78 | 14,56 | 16,25 | 17,87 | 19,5 | 21,1 | 22,6 | 24,1 | 25,5 | 26,9 | 28,3 |
| 19 | 8,86 | 10,92 | 12,81 | 14,58 | 16,27 | 17,90 | 19,5 | 21,1 | 22,6 | 24,1 | 25,5 | 27,0 | 28,4 |
| 20 | 8,87 | 10,94 | 12,83 | 14,60 | 16,30 | 18,00 | 19,5 | 21,1 | 22,6 | 24,1 | 25,5 | 27,0 | 28,4 |
| ∞ | 9,21 | 11,35 | 13,28 | 15,09 | 16,81 | 18,48 | 20,09 | 21,67 | 23,21 | 24,73 | 26,22 | 27,69 | 29,14 |

**Tafel VI-5-2**

Der L-Test von PAGE

Auszugsweise entnommen aus PAGE, Ellis B.: Ordered hypotheses for multiple treatments. A significance test of linear ranks. J. Am. Stat. Ass. 58(1963), 216–230, mit freundlicher Genehmigung des Verfassers und des Herausgebers.

Die Tafel enthält die kritischen L-Werte für $\alpha = 0{,}05$ (obere Zahl) und für $\alpha = 0{,}01$ (untere Zahl). Erreicht oder überschreitet ein beobachteter L-Wert den für $3 \leq k \leq 9$ und $2 \leq N \leq 20$ geltenden Tabellenwert, so ist der beobachtete L-Wert auf der Stufe $\alpha$ % signifikant. Alle kritischen N-Werte für $N^+$ und $k^+$ basieren auf der exakten Verteilung von L, die übrigen Tabellenwerte wurden über die Normalverteilung approximiert. Die Werte entsprechen einem *ein*seitigen Test (Trendalternative).

*Ablesebeispiel:* Liefern k = 4 Behandlungen in N = 5 Gruppen ein L = 140, so wäre ein vorhergesagter Trend wohl auf dem 5 % Niveau signifikant (140 > 137), nicht jedoch auf dem 1 % Niveau (140 < 141).

| k\N | $3^+$ | $4^+$ | $5^+$ | $6^+$ | $7^+$ | $8^+$ | 9 |
|---|---|---|---|---|---|---|---|
| $2^+$ | 28 | 58 | 103 | 166 | 252 | 362 | 500 |
|   | -- | 60 | 106 | 173 | 261 | 376 | 520 |
| $3^+$ | 41 | 84 | 150 | 244 | 370 | 532 | 736 |
|   | 42 | 87 | 155 | 252 | 382 | 549 | 761 |
| $4^+$ | 54 | 111 | 197 | 321 | 487 | 701 | 971 |
|   | 55 | 114 | 204 | 331 | 501 | 722 | 999 |
| $5^+$ | 66 | 137 | 244 | 397 | 603 | 869 | 1204 |
|   | 68 | 141 | 251 | 409 | 620 | 803 | 1236 |
| $6^+$ | 79 | 163 | 291 | 474 | 719 | 1037 | 1436 |
|   | 81 | 167 | 299 | 486 | 737 | 1063 | 1472 |
| $7^+$ | 91 | 189 | 338 | 550 | 835 | 1204 | 1668 |
|   | 93 | 193 | 346 | 563 | 855 | 1232 | 1706 |
| $8^+$ | 104 | 214 | 384 | 625 | 950 | 1371 | 1900 |
|   | 106 | 220 | 393 | 640 | 972 | 1401 | 1940 |
| $9^+$ | 116 | 240 | 431 | 701 | 1065 | 1537 | 2131 |
|   | 119 | 246 | 441 | 717 | 1088 | 1569 | 2174 |
| $10^+$ | 128 | 166 | 477 | 777 | 1180 | 1703 | 2361 |
|   | 131 | 171 | 487 | 793 | 1205 | 1736 | 2407 |
| $11^+$ | 141 | 292 | 523 | 852 | 1295 | 1868 | 2592 |
|   | 144 | 298 | 534 | 869 | 1321 | 1905 | 2639 |
| $12^+$ | 153 | 317 | 570 | 928 | 1410 | 2035 | 2822 |
|   | 256 | 324 | 581 | 946 | 1437 | 2072 | 2872 |
| $13^+$ | 165 | 343 | 615 | 1003 | 1525 | 2201 | 3052 |
|   | 169 | 350 | 628 | 1022 | 1553 | 2240 | 3104 |
| $14^+$ | 178 | 368 | 661 | 1078 | 1639 | 2367 | 3281 |
|   | 181 | 376 | 674 | 1098 | 1668 | 2407 | 3335 |
| $15^+$ | 190 | 394 | 707 | 1153 | 1754 | 2532 | 3511 |
|   | 194 | 402 | 721 | 1174 | 1784 | 2574 | 3567 |
| $16^+$ | 202 | 420 | 754 | 1228 | 1868 | 2697 | 3741 |
|   | 206 | 427 | 767 | 1249 | 1899 | 2740 | 3798 |
| $17^+$ | 215 | 445 | 800 | 1303 | 1982 | 2862 | 3970 |
|   | 218 | 453 | 814 | 1325 | 2014 | 2907 | 4029 |
| $18^+$ | 227 | 471 | 846 | 1378 | 2097 | 3028 | 4199 |
|   | 231 | 479 | 860 | 1401 | 2130 | 3073 | 4260 |
| $19^+$ | 239 | 496 | 891 | 1453 | 2217 | 3139 | 4428 |
|   | 243 | 505 | 906 | 1476 | 2245 | 3240 | 4491 |
| $20^+$ | 251 | 522 | 937 | 1528 | 2325 | 3358 | 4657 |
|   | 256 | 531 | 953 | 1552 | 2350 | 3406 | 4722 |

**Tafel VI-5-3**

YOUDENS Rangsummen-Aberrationstest

Auszugsweise übernommen aus THOMPSON, W. A., Jr. and WILLKE, T. A.: On an extreme rank sum test for outliers. Biometrika 50(1963), 375–383, Table 2, mit freundlicher Genehmigung der Verfasser und des Herausgebers.

Die Tafel enthält für k = 3(1)15 Behandlungen (Populationen) und N = 4(1)15 Individuen (oder Blöcken zu je k parallelisierten Individuen) bei Prüfung auf Ausreißerwirkung einer Behandlung die kritischen Werte R und die oberen Grenzwerte der exakten Signifikanzschranken $\alpha_U$ für die zweiseitige Fragestellung; bei einseitiger Frage sind die Tafelwerte zu halbieren. Erreicht oder unterschreitet ein beobachteter R-Wert den entsprechenden Tafelwert, so ist $H_0$ zu verwerfen und $H_1$ anzunehmen.

*Ablesebeispiel:* Aus Beispiel 6.5.1.1, Tabelle 6.5.1.3 erhalten wir ein $T_{min}$ = 6,5 und ein $T_{max}$ = 18, womit R = 1,5 bei k = 4 und N = 5. Da R = 1,5 > $R_{0,05}$ = 1, ist dieser Wert nicht signifikant.
Hat man N = 4 Individuen k = 15mal untersucht und ein R = 3 erhalten, so ergibt sich ein $\alpha_U = P'_+ = 0,021$.

Tafel VI-5-3 (Fortsetz.)

| k | N | R | $\alpha_U$ 1% | R | $\alpha_U$ 3% | R | $\alpha_U$ 5% | k | N | R | $\alpha_U$ 1% | R | $\alpha_U$ 3% | R | $\alpha_U$ 5% |
|---|---|---|---|---|---|---|---|---|---|---|---|---|---|---|---|
| 3 | 4 | – | – | – | – | 0 | 0,069 | 5 | 6 | 1 | 0,005 | 2 | 0,018 | 3 | 0,054 |
|   | 5 | – | – | 0 | 0,024 | 0 | 0,024 |   | 7 | 3 | 0,015 | 4 | 0,042 | 4 | 0,042 |
|   | 6 | 0 | 0,008 | 0 | 0,008 | 1 | 0,058 |   | 8 | 4 | 0,013 | 5 | 0,033 | 5 | 0,033 |
|   | 7 | 0 | 0,003 | 1 | 0,022 | 1 | 0,022 |   | 9 | 5 | 0,010 | 6 | 0,025 | 7 | 0,056 |
|   | 8 | 1 | 0,008 | 2 | 0,041 | 2 | 0,041 |   | 10 | 6 | 0,008 | 7 | 0,019 | 8 | 0,042 |
|   | 9 | 2 | 0,017 | 2 | 0,017 | 3 | 0,064 |   | 11 | 7 | 0,006 | 9 | 0,031 | 10 | 0,062 |
|   | 10 | 2 | 0,007 | 3 | 0,028 | 3 | 0,028 |   | 12 | 9 | 0,011 | 10 | 0,023 | 11 | 0,046 |
|   | 11 | 3 | 0,012 | 4 | 0,042 | 4 | 0,042 |   | 13 | 10 | 0,009 | 12 | 0,034 | 13 | 0,064 |
|   | 12 | 3 | 0,005 | 4 | 0,019 | 5 | 0,058 |   | 14 | 12 | 0,013 | 13 | 0,026 | 14 | 0,047 |
|   | 13 | 4 | 0,008 | 5 | 0,027 | 5 | 0,027 |   | 15 | 13 | 0,010 | 15 | 0,035 | 16 | 0,062 |
|   | 14 | 5 | 0,013 | 6 | 0,037 | 6 | 0,037 | 6 | 4 | 0 | 0,009 | 1 | 0,046 | 1 | 0,046 |
|   | 15 | 5 | 0,006 | 6 | 0,018 | 7 | 0,048 |   | 5 | 1 | 0,009 | 2 | 0,032 | 2 | 0,032 |
| 4 | 4 | – | – | 0 | 0,031 | 0 | 0,031 |   | 6 | 2 | 0,007 | 3 | 0,022 | 4 | 0,054 |
|   | 5 | 0 | 0,008 | 1 | 0,047 | 1 | 0,047 |   | 7 | 4 | 0,014 | 5 | 0,034 | 5 | 0,034 |
|   | 6 | 1 | 0,014 | 1 | 0,014 | 2 | 0,055 |   | 8 | 5 | 0,009 | 6 | 0,021 | 7 | 0,046 |
|   | 7 | 1 | 0,004 | 2 | 0,018 | 3 | 0,059 |   | 9 | 7 | 0,014 | 8 | 0,028 | 9 | 0,056 |
|   | 8 | 2 | 0,006 | 3 | 0,020 | 4 | 0,059 |   | 10 | 8 | 0,009 | 10 | 0,035 | 11 | 0,064 |
|   | 9 | 3 | 0,007 | 4 | 0,022 | 5 | 0,058 | 7 | 11 | 10 | 0,011 | 11 | 0,022 | 12 | 0,040 |
|   | 10 | 4 | 0,008 | 5 | 0,022 | 6 | 0,056 |   | 12 | 11 | 0,007 | 13 | 0,025 | 14 | 0,045 |
|   | 11 | 5 | 0,008 | 6 | 0,022 | 7 | 0,053 |   | 13 | 13 | 0,009 | 15 | 0,029 | 16 | 0,049 |
|   | 12 | 6 | 0,008 | 7 | 0,021 | 8 | 0,050 |   | 14 | 15 | 0,010 | 17 | 0,031 | 18 | 0,052 |
|   | 13 | 7 | 0,008 | 8 | 0,020 | 9 | 0,046 |   | 15 | 17 | 0,012 | 19 | 0,033 | 20 | 0,055 |
|   | 14 | 8 | 0,008 | 9 | 0,018 | 10 | 0,043 | 7 | 4 | 0 | 0,006 | 1 | 0,029 | 1 | 0,029 |
|   | 15 | 9 | 0,008 | 10 | 0,018 | 11 | 0,039 |   | 5 | 1 | 0,005 | 2 | 0,018 | 3 | 0,047 |
| 5 | 4 | 0 | 0,016 | 0 | 0,016 | 1 | 0,080 |   | 6 | 3 | 0,010 | 4 | 0,025 | 5 | 0,055 |
|   | 5 | 0 | 0,003 | 1 | 0,019 | 2 | 0,067 |   | 7 | 5 | 0,014 | 6 | 0,029 | 7 | 0,058 |

Tafel VI-5-3 (Fortsetz.)

| k | N | R (1%) | $\alpha_U$ (1%) | R (3%) | $\alpha_U$ (3%) | R (5%) | $\alpha_U$ (5%) |
|---|---|---|---|---|---|---|---|
| 7 | 8 | 6 | 0,007 | 8 | 0,031 | 9 | 0,058 |
|  | 9 | 8 | 0,008 | 10 | 0,031 | 11 | 0,056 |
|  | 10 | 10 | 0,009 | 12 | 0,031 | 13 | 0,053 |
|  | 11 | 12 | 0,009 | 14 | 0,029 | 15 | 0,049 |
|  | 12 | 14 | 0,009 | 16 | 0,027 | 17 | 0,045 |
|  | 13 | 16 | 0,009 | 18 | 0,025 | 19 | 0,044 |
|  | 14 | 18 | 0,008 | 21 | 0,037 | 22 | 0,057 |
|  | 15 | 20 | 0,008 | 23 | 0,033 | 24 | 0,050 |
| 8 | 4 | 0 | 0,004 | 1 | 0,020 | 2 | 0,059 |
|  | 5 | 2 | 0,010 | 3 | 0,027 | 4 | 0,062 |
|  | 6 | 4 | 0,013 | 5 | 0,028 | 6 | 0,056 |
|  | 7 | 6 | 0,013 | 7 | 0,026 | 8 | 0,049 |
|  | 8 | 8 | 0,012 | 9 | 0,023 | 10 | 0,041 |
|  | 9 | 10 | 0,011 | 12 | 0,034 | 13 | 0,057 |
|  | 10 | 12 | 0,010 | 14 | 0,028 | 15 | 0,046 |
|  | 11 | 14 | 0,008 | 17 | 0,037 | 18 | 0,057 |
|  | 12 | 17 | 0,011 | 19 | 0,029 | 20 | 0,045 |
|  | 13 | 19 | 0,009 | 22 | 0,035 | 23 | 0,053 |
|  | 14 | 22 | 0,012 | 24 | 0,028 | 25 | 0,042 |
|  | 15 | 24 | 0,009 | 27 | 0,033 | 28 | 0,048 |
| 9 | 4 | 1 | 0,014 | 2 | 0,041 | 2 | 0,041 |
|  | 5 | 2 | 0,006 | 4 | 0,038 | 4 | 0,038 |
|  | 6 | 4 | 0,007 | 6 | 0,031 | 7 | 0,058 |
|  | 7 | 7 | 0,013 | 8 | 0,024 | 9 | 0,043 |
|  | 8 | 9 | 0,010 | 11 | 0,032 | 12 | 0,052 |
|  | 9 | 11 | 0,008 | 14 | 0,037 | 15 | 0,059 |
|  | 10 | 14 | 0,010 | 16 | 0,026 | 17 | 0,041 |
|  | 11 | 17 | 0,012 | 19 | 0,029 | 20 | 0,044 |
|  | 12 | 19 | 0,008 | 22 | 0,031 | 23 | 0,046 |
|  | 13 | 22 | 0,009 | 25 | 0,032 | 26 | 0,047 |
|  | 14 | 25 | 0,010 | 28 | 0,033 | 29 | 0,047 |
|  | 15 | 28 | 0,011 | 31 | 0,033 | 32 | 0,046 |
| 10 | 4 | 1 | 0,010 | 2 | 0,030 | 3 | 0,070 |
|  | 5 | 3 | 0,011 | 4 | 0,025 | 5 | 0,050 |
|  | 6 | 5 | 0,009 | 7 | 0,034 | 8 | 0,060 |
|  | 7 | 8 | 0,013 | 9 | 0,023 | 10 | 0,039 |
|  | 8 | 10 | 0,009 | 12 | 0,025 | 13 | 0,040 |
|  | 9 | 13 | 0,010 | 15 | 0,026 | 17 | 0,060 |
|  | 10 | 16 | 0,010 | 18 | 0,025 | 20 | 0,056 |
| 11 | 4 | 1 | 0,008 | 2 | 0,023 | 3 | 0,053 |
|  | 5 | 3 | 0,008 | 5 | 0,034 | 6 | 0,063 |
|  | 6 | 6 | 0,012 | 8 | 0,037 | 9 | 0,062 |
|  | 7 | 8 | 0,007 | 11 | 0,036 | 12 | 0,057 |
|  | 8 | 11 | 0,008 | 14 | 0,033 | 15 | 0,050 |
|  | 9 | 15 | 0,012 | 17 | 0,029 | 18 | 0,043 |
|  | 10 | 18 | 0,011 | 20 | 0,025 | 22 | 0,052 |
|  | 11 | 21 | 0,010 | 24 | 0,030 | 25 | 0,043 |

Tafel VI-5-3 (Fortsetz.)

| k | N | 1% R | 1% $\alpha_U$ | 3% R | 3% $\alpha_U$ | 5% R | 5% $\alpha_U$ |
|---|---|---|---|---|---|---|---|
| 11 | 12 | 25 | 0,012 | 28 | 0,035 | 29 | 0,048 |
|    | 13 | 28 | 0,010 | 31 | 0,028 | 33 | 0,053 |
|    | 14 | 31 | 0,009 | 35 | 0,031 | 37 | 0,056 |
|    | 15 | 35 | 0,010 | 39 | 0,034 | 40 | 0,045 |
| 12 | 4  | 1  | 0,006 | 3  | 0,041 | 3  | 0,041 |
|    | 5  | 4  | 0,012 | 5  | 0,024 | 6  | 0,045 |
|    | 6  | 6  | 0,007 | 8  | 0,024 | 9  | 0,040 |
|    | 7  | 9  | 0,008 | 12 | 0,034 | 13 | 0,052 |
|    | 8  | 13 | 0,011 | 15 | 0,027 | 16 | 0,041 |
|    | 9  | 16 | 0,009 | 19 | 0,032 | 20 | 0,046 |
|    | 10 | 20 | 0,011 | 23 | 0,035 | 24 | 0,048 |
|    | 11 | 23 | 0,009 | 26 | 0,026 | 28 | 0,050 |
|    | 12 | 27 | 0,011 | 30 | 0,027 | 32 | 0,050 |
|    | 13 | 31 | 0,011 | 34 | 0,027 | 36 | 0,049 |
|    | 14 | 35 | 0,011 | 38 | 0,027 | 40 | 0,047 |
|    | 15 | 39 | 0,011 | 42 | 0,026 | 44 | 0,045 |
| 13 | 4  | 2  | 0,014 | 3  | 0,032 | 4  | 0,064 |
|    | 5  | 4  | 0,009 | 6  | 0,032 | 7  | 0,056 |
|    | 6  | 7  | 0,009 | 9  | 0,027 | 10 | 0,043 |
|    | 7  | 10 | 0,008 | 13 | 0,032 | 14 | 0,048 |
|    | 8  | 14 | 0,010 | 17 | 0,034 | 18 | 0,049 |
|    | 9  | 18 | 0,011 | 21 | 0,035 | 22 | 0,048 |
|    | 10 | 22 | 0,012 | 25 | 0,033 | 26 | 0,046 |
|    | 11 | 25 | 0,009 | 28 | 0,031 | 31 | 0,057 |
|    | 12 | 30 | 0,012 | 33 | 0,029 | 35 | 0,051 |
|    | 13 | 34 | 0,011 | 37 | 0,027 | 39 | 0,046 |
|    | 14 | 38 | 0,010 | 42 | 0,031 | 44 | 0,052 |
|    | 15 | 42 | 0,009 | 46 | 0,028 | 48 | 0,045 |
| 14 | 4  | 2  | 0,011 | 3  | 0,026 | 4  | 0,051 |
|    | 5  | 5  | 0,013 | 6  | 0,024 | 7  | 0,041 |
|    | 6  | 8  | 0,011 | 10 | 0,030 | 11 | 0,046 |
|    | 7  | 11 | 0,009 | 14 | 0,031 | 15 | 0,045 |
|    | 8  | 15 | 0,009 | 18 | 0,030 | 19 | 0,042 |
|    | 9  | 19 | 0,009 | 22 | 0,027 | 24 | 0,051 |
|    | 10 | 23 | 0,009 | 27 | 0,033 | 28 | 0,044 |
|    | 11 | 28 | 0,011 | 31 | 0,028 | 33 | 0,049 |
|    | 12 | 32 | 0,010 | 36 | 0,031 | 38 | 0,053 |
|    | 13 | 37 | 0,011 | 41 | 0,034 | 43 | 0,055 |
|    | 14 | 41 | 0,010 | 45 | 0,028 | 47 | 0,045 |
|    | 15 | 46 | 0,011 | 50 | 0,029 | 52 | 0,046 |
| 15 | 4  | 2  | 0,009 | 3  | 0,021 | 4  | 0,042 |
|    | 5  | 5  | 0,010 | 7  | 0,031 | 8  | 0,051 |
|    | 6  | 8  | 0,008 | 11 | 0,033 | 12 | 0,049 |
|    | 7  | 12 | 0,009 | 15 | 0,030 | 16 | 0,043 |
|    | 8  | 16 | 0,009 | 19 | 0,026 | 21 | 0,050 |
|    | 9  | 21 | 0,011 | 24 | 0,030 | 26 | 0,054 |
|    | 10 | 25 | 0,009 | 29 | 0,032 | 31 | 0,056 |
|    | 11 | 30 | 0,011 | 34 | 0,033 | 36 | 0,055 |
|    | 12 | 35 | 0,011 | 39 | 0,033 | 41 | 0,052 |
|    | 13 | 39 | 0,009 | 44 | 0,033 | 46 | 0,052 |
|    | 14 | 44 | 0,009 | 49 | 0,032 | 51 | 0,049 |
|    | 15 | 49 | 0,009 | 54 | 0,030 | 56 | 0,046 |

## Tafel VI-6-1-1

### Der $d_i$-Test von WILCOXON und WILCOX

Auszugsweise entnommen aus WILCOXON, F. and WILCOX, Roberta, A.: Some rapid approximate statistical procedures. Pearl River/N. Y.: Lederle Laboratories, 1964, Table 6, mit freundlicher Genehmigung der Verfasser und des Verlegers.

Die Tafel enthält die oberen Schranken der Differenzen $d_i$ zwischen den i = 1, ..., k − 1 Behandlungs-Rangsummen $T_i$ und einer Kontroll-Rangsumme $T_o$ für k abhängige Stichproben zu je N Individuen oder Blöcken, wobei k = 3(1)10 die Zahl der Stichproben (Behandlungen + Kontrolle) bezeichnet. Beobachtete Differenzen zwischen Behandlung und Kontrolle, die die Schranken erreichen oder überschreiten, sind auf der bezeichneten Stufe signifikant. Je nachdem, ob die Wirkung der Behandlung im Vergleich zur Kontrolle vorausgesagt wurde oder nicht, testet man ein- oder zweiseitig.

*Ablesebeispiel:* Für k = 7 abhängige Stichproben (6 Behandlungen, 1 Kontrolle) und N = 15 Meßwerte je Stichprobe bedarf es mindestens einer Rangsummendifferenz von 34 zwischen einer Behandlung und der Kontrolle, um auf einen vorausgesagten Lokationsunterschied mit 99 % Sicherheit zu vertrauen; es bedarf einer Rangsummendifferenz von mindestens 37, um auf einen nichtvorausgesagten Lokationsunterschied mit gleicher Sicherheit zu vertrauen.

Tafel VI-6-1-1 (Fortsetz.)

Einseitiger Test mit $\alpha = 0{,}05$

| N | \multicolumn{8}{c}{k-1} |
|---|---|---|---|---|---|---|---|---|
|   | 2 | 3 | 4 | 5 | 6 | 7 | 8 | 9 |
| 3  | 5  | 7  | 8  | 10 | 12 | 14 | 16 | 18 |
| 4  | 5  | 8  | 10 | 12 | 14 | 16 | 18 | 21 |
| 5  | 6  | 8  | 11 | 13 | 16 | 18 | 21 | 23 |
| 6  | 7  | 9  | 12 | 14 | 17 | 20 | 23 | 25 |
| 7  | 7  | 10 | 13 | 16 | 19 | 21 | 24 | 27 |
| 8  | 8  | 11 | 14 | 17 | 20 | 23 | 26 | 29 |
| 9  | 8  | 11 | 14 | 18 | 21 | 24 | 28 | 31 |
| 10 | 9  | 12 | 15 | 19 | 22 | 26 | 29 | 33 |
| 11 | 9  | 12 | 16 | 20 | 23 | 27 | 31 | 34 |
| 12 | 9  | 13 | 17 | 20 | 24 | 28 | 32 | 36 |
| 13 | 10 | 14 | 17 | 21 | 25 | 29 | 33 | 37 |
| 14 | 10 | 14 | 18 | 22 | 26 | 30 | 34 | 39 |
| 15 | 11 | 15 | 19 | 23 | 27 | 31 | 36 | 40 |
| 16 | 11 | 15 | 19 | 24 | 28 | 32 | 37 | 41 |
| 17 | 11 | 16 | 20 | 24 | 29 | 33 | 38 | 43 |
| 18 | 12 | 16 | 20 | 25 | 30 | 34 | 39 | 44 |
| 19 | 12 | 16 | 21 | 26 | 30 | 35 | 40 | 45 |
| 20 | 12 | 17 | 22 | 26 | 31 | 36 | 41 | 46 |
| 21 | 12 | 17 | 22 | 27 | 32 | 37 | 42 | 47 |
| 22 | 13 | 18 | 23 | 28 | 33 | 38 | 43 | 49 |
| 23 | 13 | 18 | 23 | 28 | 34 | 39 | 44 | 50 |
| 24 | 13 | 18 | 24 | 29 | 34 | 40 | 45 | 51 |
| 25 | 14 | 19 | 24 | 30 | 35 | 41 | 46 | 52 |

Tafel VI-6-1-1 (Fortsetz.)

Einseitiger Test mit α = 0,01

| N | 2 | 3 | 4 | 5 | k-1 6 | 7 | 8 | 9 |
|---|---|---|---|---|---|---|---|---|
| 3 | 6 | 8 | 11 | 13 | 15 | 18 | 20 | 22 |
| 4 | 7 | 10 | 12 | 15 | 18 | 20 | 23 | 26 |
| 5 | 8 | 11 | 14 | 17 | 20 | 23 | 26 | 29 |
| 6 | 9 | 12 | 15 | 18 | 22 | 25 | 28 | 31 |
| 7 | 10 | 13 | 16 | 20 | 23 | 27 | 30 | 34 |
| 8 | 10 | 14 | 18 | 21 | 25 | 29 | 33 | 36 |
| 9 | 11 | 15 | 19 | 23 | 26 | 30 | 35 | 39 |
| 10 | 11 | 15 | 20 | 24 | 28 | 32 | 36 | 41 |
| 11 | 12 | 16 | 21 | 25 | 29 | 34 | 38 | 43 |
| 12 | 13 | 17 | 21 | 26 | 31 | 35 | 40 | 44 |
| 13 | 13 | 18 | 22 | 27 | 32 | 37 | 41 | 46 |
| 14 | 14 | 18 | 23 | 28 | 33 | 38 | 43 | 48 |
| 15 | 14 | 19 | 24 | 29 | 34 | 39 | 45 | 50 |
| 16 | 14 | 20 | 25 | 30 | 35 | 41 | 46 | 51 |
| 17 | 15 | 20 | 26 | 31 | 36 | 42 | 47 | 53 |
| 18 | 15 | 21 | 26 | 32 | 37 | 43 | 49 | 54 |
| 19 | 16 | 21 | 27 | 33 | 38 | 44 | 50 | 56 |
| 20 | 16 | 22 | 28 | 34 | 39 | 45 | 51 | 57 |
| 21 | 17 | 22 | 28 | 34 | 40 | 47 | 53 | 59 |
| 22 | 17 | 23 | 29 | 35 | 41 | 48 | 54 | 60 |
| 23 | 17 | 23 | 30 | 36 | 42 | 49 | 55 | 62 |
| 24 | 18 | 24 | 30 | 37 | 43 | 50 | 56 | 63 |
| 25 | 18 | 24 | 31 | 38 | 44 | 51 | 58 | 64 |

Tafel VI-6-1-1 (Fortsetz.)

Zweiseitiger Test mit α = 0,05

| N | 2 | 3 | 4 | 5 | 6 | 7 | 8 | 9 |
|---|---|---|---|---|---|---|---|---|
| 3 | 5 | 7 | 9 | 12 | 14 | 16 | 18 | 20 |
| 4 | 6 | 9 | 11 | 13 | 16 | 18 | 21 | 23 |
| 5 | 7 | 10 | 12 | 15 | 18 | 20 | 23 | 26 |
| 6 | 8 | 11 | 13 | 16 | 19 | 22 | 25 | 28 |
| 7 | 8 | 11 | 14 | 18 | 21 | 24 | 27 | 30 |
| 8 | 9 | 12 | 15 | 19 | 22 | 26 | 29 | 33 |
| 9 | 9 | 13 | 16 | 20 | 24 | 27 | 31 | 35 |
| 10 | 10 | 14 | 17 | 21 | 25 | 29 | 32 | 36 |
| 11 | 10 | 14 | 18 | 22 | 26 | 30 | 34 | 38 |
| 12 | 11 | 15 | 19 | 23 | 27 | 31 | 36 | 40 |
| 13 | 11 | 15 | 20 | 24 | 28 | 33 | 37 | 42 |
| 14 | 12 | 16 | 20 | 25 | 29 | 34 | 38 | 43 |
| 15 | 12 | 17 | 21 | 26 | 30 | 35 | 40 | 45 |
| 16 | 13 | 17 | 22 | 27 | 31 | 36 | 41 | 46 |
| 17 | 13 | 18 | 22 | 27 | 32 | 37 | 42 | 47 |
| 18 | 13 | 18 | 23 | 28 | 33 | 38 | 44 | 49 |
| 19 | 14 | 19 | 24 | 29 | 34 | 39 | 45 | 50 |
| 20 | 14 | 19 | 24 | 30 | 35 | 40 | 46 | 52 |
| 21 | 14 | 20 | 25 | 30 | 36 | 41 | 47 | 53 |
| 22 | 15 | 20 | 26 | 31 | 37 | 42 | 48 | 54 |
| 23 | 15 | 21 | 26 | 32 | 38 | 43 | 49 | 55 |
| 24 | 15 | 21 | 27 | 33 | 38 | 44 | 50 | 56 |
| 25 | 16 | 21 | 27 | 33 | 39 | 45 | 51 | 58 |

Tafel VI-6-1-1 (Fortsetz.)

Zweiseitiger Test mit α = 0,01

| N | 2 | 3 | 4 | 5 | k-1 6 | 7 | 8 | 9 |
|---|---|---|---|---|---|---|---|---|
| 3 | 7 | | | | | | | |
| 4 | 8 | 9 | | | | | | |
| 5 | 9 | 11 | 12 | | | | | |
| 6 | 10 | 12 | 13 | 14 | | | | |
| 7 | 10 | 13 | 15 | 16 | 16 | | | |
| 8 | 11 | 14 | 16 | 18 | 19 | 19 | | |
| 9 | 12 | 15 | 18 | 20 | 21 | 22 | 21 | |
| 10 | 12 | 16 | 19 | 21 | 23 | 24 | 25 | 24 |
| 11 | 13 | 17 | 20 | 23 | 25 | 27 | 28 | 28 |
| 12 | 14 | 18 | 21 | 24 | 27 | 29 | 30 | 31 |
| 13 | 14 | 18 | 22 | 26 | 29 | 31 | 33 | 34 |
| 14 | 15 | 19 | 23 | 27 | 30 | 33 | 35 | 36 |
| 15 | 15 | 20 | 24 | 28 | 32 | 35 | 37 | 39 |
| 16 | 16 | 21 | 25 | 29 | 33 | 36 | 39 | 41 |
| 17 | 16 | 21 | 26 | 30 | 34 | 38 | 41 | 44 |
| 18 | 17 | 22 | 27 | 31 | 36 | 39 | 43 | 46 |
| 19 | 17 | 23 | 28 | 32 | 37 | 41 | 45 | 48 |
| 20 | 18 | 23 | 28 | 33 | 38 | 42 | 46 | 50 |
| 21 | 18 | 24 | 29 | 34 | 39 | 44 | 48 | 52 |
| 22 | 19 | 24 | 30 | 35 | 40 | 45 | 49 | 53 |
| 23 | 19 | 25 | 31 | 36 | 41 | 46 | 51 | 55 |
| 24 | 19 | 26 | 31 | 37 | 42 | 48 | 52 | 57 |
| 25 | 20 | 26 | 32 | 38 | 44 | 49 | 54 | 58 |
| | | 26 | 33 | 39 | 45 | 50 | 55 | 60 |
| | | 27 | 34 | 40 | 46 | 51 | 57 | 62 |
| | | | | 40 | 47 | 52 | 58 | 63 |
| | | | | | 48 | 53 | 59 | 65 |
| | | | | | | 55 | 61 | 66 |
| | | | | | | | 62 | 68 |
| | | | | | | | | 69 |

**Tafel VI-6-1-2**

Der (k − 1)-Vorzeichentest von STEEL und RHYNE
Entnommen aus RHYNE, A. L. and STEEL, R. G. D.: Tables for a treatment versus control multiple comparison sign test. Technometrics 7(1965), 293–306, Tables 1 and 2, und ergänzt aus R. G. MILLER, Jr.: Simultaneous statistical inference, New York: McGraw-Hill, 1966, Table IV, Appendix B, für α = 0, 01 bei einseitigem Test, mit freundlicher Genehmigung der Verfasser, des Herausgebers und des Verlages.

Die Tafel enthält die unteren Schranken der Prüfgröße $x_i$ des Vorzeichentests zum Vergleich einer Kontrollstichprobe mit k − 1 Behandlungsstichproben, erhoben an N = 4(1) 25(5)50 Individuen (Blöcken zu k Individuen) für einseitigen Test mit α = 0,15, 0,10, 0,05 und 0,01 und für zweiseitigen Test mit α = 0,10, 0,05 und 0,01. (Für kleine k und N finden sich in Parenthese neben den Schranken die exakten Überschreitungswahrscheinlichkeiten ohne Null und Komma). Beobachtete $x_i$-Werte, die die Schranken erreichen oder unterschreiten, sind auf der bezeichneten Stufe signifikant.

*Ablesebeispiel:* Hat der Vergleich einer Kontrollstichprobe mit der Behandlungsstichprobe 4 bei k = 5 Stichproben von N = 30 Individuen (Blöcken) ein $x_4 = 7$ ergeben, so ist der Unterschied bei einseitigem Test auf der 5 %-Stufe signifikant, da 7 < 8, nicht aber auf der 1 %-Stufe, da $7 > 6 = x_{0,01}$ für k − 1 = 4 und N = 30.

Tafel VI-6-1-2 (Fortsetz.)

|  |  | Einseitiger Test k-1 | | | | | | | |
|---|---|---|---|---|---|---|---|---|---|
| N | α | 2 | 3 | 4 | 5 | 6 | 7 | 8 | 9 |
| 4 | 0,15 | 0(113) | – | – | – | – | – | – | – |
|   | 0,10 | – | – | – | – | – | – | – | – |
|   | 0,05 | – | – | – | – | – | – | – | – |
|   | 0,01 | – | – | – | – | – | – | – | – |
| 5 | 0,15 | 0(058) | 0(082) | 0(104) | 0 | – | – | – | – |
|   | 0,10 | 0(058) | 0(082) | – | – | – | – | – | – |
|   | 0,05 | – | – | – | – | – | – | – | – |
|   | 0,01 | – | – | – | – | – | – | – | – |
| 6 | 0,15 | 0(030) | 0(043) | 0(055) | 0 | 0 | 0 | 0 | 0 |
|   | 0,10 | 0(030) | 0(043) | 0(055) | 0 | 0 | – | – | – |
|   | 0,05 | 0(030) | 0(043) | – | – | – | – | – | – |
|   | 0,01 | – | – | – | – | – | – | – | – |
| 7 | 0,15 | 1(113) | 0(022) | 0(029) | 0 | 0 | 0 | 0 | 0 |
|   | 0,10 | 0(015) | 0(022) | 0(029) | 0 | 0 | 0 | 0 | 0 |
|   | 0,05 | 0(015) | 0(022) | 0(029) | 0 | – | – | – | – |
|   | 0,01 | – | – | – | – | – | – | – | – |
| 8 | 0,15 | 1(066) | 1(092) | 1 | 0 | 0 | 0 | 0 | 0 |
|   | 0,10 | 1(066) | 1(092) | 0 | 0 | 0 | 0 | 0 | 0 |
|   | 0,05 | 0(008) | 0(011) | 0 | 0 | 0 | 0 | 0 | 0 |
|   | 0,01 | – | – | – | – | – | – | – | – |
| 9 | 0,15 | 1(037) | 1(053) | 1 | 1 | 1 | 1 | 1 | 1 |
|   | 0,10 | 1(037) | 1(053) | 1 | 1 | 0 | 0 | 0 | 0 |
|   | 0,05 | 1(037) | 0(006) | 0 | 0 | 0 | 0 | 0 | 0 |
|   | 0,01 | 0 | – | – | – | – | – | – | – |
| 10 | 0,15 | 2(100) | 2(139) | 1 | 1 | 1 | 1 | 1 | 1 |
|   | 0,10 | 1(021) | 1(030) | 1 | 1 | 1 | 1 | 1 | 1 |
|   | 0,05 | 1(021) | 1(030) | 1 | 0 | 0 | 0 | 0 | 0 |
|   | 0,01 | 0 | 0 | 0 | – | – | – | – | – |
| 11 | 0,15 | 2(061) | 2(087) | 2 | 2 | 1 | 1 | 1 | 1 |
|   | 0,10 | 2(061) | 2(087) | 1 | 1 | 1 | 1 | 1 | 1 |
|   | 0,05 | 1(011) | 1(017) | 1 | 1 | 1 | 1 | 0 | 0 |
|   | 0,01 | 0 | 0 | 0 | 0 | 0 | 0 | 0 | – |
| 12 | 0,15 | 3(131) | 2(053) | 2 | 2 | 2 | 2 | 2 | 2 |
|   | 0,10 | 2(037) | 2(053) | 2 | 2 | 1 | 1 | 1 | 1 |
|   | 0,05 | 2(037) | 1(009) | 1 | 1 | 1 | 1 | 1 | 1 |
|   | 0,01 | 0 | 1 | 1 | 1 | 1 | 1 | 1 | 1 |
| 13 | 0,15 | 3(085) | 3(119) | 2 | 2 | 2 | 2 | 2 | 2 |
|   | 0,10 | 3(085) | 2(031) | 2 | 2 | 2 | 2 | 2 | 2 |
|   | 0,05 | 2(022) | 2(031) | 2 | 1 | 1 | 1 | 1 | 1 |
|   | 0,01 | 1 | 1 | 0 | 0 | 0 | 0 | 0 | 0 |
| 14 | 0,15 | 3(054) | 3(077) | 3 | 3 | 3 | 2 | 2 | 2 |
|   | 0,10 | 3(054) | 3(077) | 2 | 2 | 2 | 2 | 2 | 2 |
|   | 0,05 | 2(013) | 2(018) | 2 | 2 | 2 | 2 | 1 | 1 |
|   | 0,01 | 1 | 1 | 1 | 1 | 1 | 0 | 0 | 0 |
| 15 | 0,15 | 4(108) | 4(149) | 3 | 3 | 3 | 3 | 3 | 3 |
|   | 0,10 | 3(034) | 3(048) | 3 | 3 | 3 | 2 | 2 | 2 |
|   | 0,05 | 3(034) | 3(034) | 2 | 2 | 2 | 2 | 2 | 2 |
|   | 0,01 | 2 | 1 | 1 | 1 | 1 | 1 | 1 | 1 |

Tafel VI-6-1-2 (Fortsetz.)

| N | α | \multicolumn{8}{c}{Einseitiger Test k-1} | | | | | | | |
|---|---|---|---|---|---|---|---|---|---|
| | | 2 | 3 | 4 | 5 | 6 | 7 | 8 | 9 |
| 16 | 0,15 | 4(072) | 4 | 4 | 3 | 3 | 3 | 3 | 3 |
| | 0,10 | 4(072) | 3 | 3 | 3 | 3 | 3 | 3 | 3 |
| | 0,05 | 3(021) | 3 | 3 | 3 | 2 | 2 | 2 | 2 |
| | 0,01 | 2 | 2 | 1 | 1 | 1 | 1 | 1 | 1 |
| 17 | 0,15 | 5(129) | 4 | 4 | 4 | 4 | 4 | 3 | 3 |
| | 0,10 | 4(046) | 4 | 4 | 3 | 3 | 3 | 3 | 3 |
| | 0,05 | 4(046) | 3 | 3 | 3 | 3 | 3 | 3 | 3 |
| | 0,01 | 2 | 2 | 2 | 2 | 1 | 1 | 1 | 1 |
| 18 | 0,15 | 5(089) | 5 | 4 | 4 | 4 | 4 | 4 | 4 |
| | 0,10 | 5(089) | 4 | 4 | 4 | 4 | 4 | 3 | 3 |
| | 0,05 | 4(029) | 4 | 3 | 3 | 3 | 3 | 3 | 3 |
| | 0,01 | 3 | 2 | 2 | 2 | 2 | 2 | 2 | 2 |
| 19 | 0,15 | 6(149) | 5 | 5 | 5 | 4 | 4 | 4 | 4 |
| | 0,10 | 5(060) | 5 | 4 | 4 | 4 | 4 | 4 | 4 |
| | 0,05 | 4(019) | 4 | 4 | 4 | 3 | 3 | 3 | 3 |
| | 0,01 | 3 | 3 | 2 | 2 | 2 | 2 | 2 | 2 |
| 20 | 0,15 | 6(105) | 6 | 5 | 5 | 5 | 5 | 5 | 5 |
| | 0,10 | 5(039) | 5 | 5 | 5 | 4 | 4 | 4 | 4 |
| | 0,05 | 5(039) | 4 | 4 | 4 | 4 | 4 | 3 | 3 |
| | 0,01 | 3 | 3 | 3 | 3 | 2 | 2 | 2 | 2 |
| 21 | 0,15 | 6(073) | 6 | 6 | 5 | 5 | 5 | 5 | 5 |
| | 0,10 | 6(073) | 5 | 5 | 5 | 5 | 5 | 5 | 5 |
| | 0,05 | 5(026) | 5 | 5 | 4 | 4 | 4 | 4 | 4 |
| | 0,01* | | | | | | | | |
| 22 | 0,15 | 7(121) | 6 | 6 | 6 | 6 | 6 | 5 | 5 |
| | 0,10 | 6(050) | 6 | 6 | 5 | 5 | 5 | 5 | 5 |
| | 0,05 | 6(050) | 5 | 5 | 5 | 4 | 4 | 4 | 4 |
| | 0,01* | | | | | | | | |
| 23 | 0,15 | 7(086) | 7 | 6 | 6 | 6 | 6 | 6 | 6 |
| | 0,10 | 7(086) | 6 | 6 | 6 | 6 | 5 | 5 | 5 |
| | 0,05 | 6(033) | 6 | 5 | 5 | 5 | 5 | 5 | 5 |
| | 0,01* | | | | | | | | |
| 24 | 0,15 | 8(136) | 7 | 7 | 7 | 6 | 6 | 6 | 6 |
| | 0,10 | 7(060) | 7 | 6 | 6 | 6 | 6 | 6 | 6 |
| | 0,05 | 6(022) | 6 | 6 | 5 | 5 | 5 | 5 | 5 |
| | 0,01* | | | | | | | | |
| 25 | 0,15 | 8 | 8 | 7 | 7 | 7 | 7 | 7 | 7 |
| | 0,10 | 7 | 7 | 7 | 7 | 6 | 6 | 6 | 6 |
| | 0,05 | 7 | 6 | 6 | 6 | 6 | 6 | 5 | 5 |
| | 0,01 | 5 | 5 | 5 | 4 | 4 | 4 | 4 | 4 |
| 30 | 0,15 | 10 | 10 | 9 | 9 | 9 | 9 | 9 | 9 |
| | 0,10 | 10 | 9 | 9 | 9 | 8 | 8 | 8 | 8 |
| | 0,05 | 9 | 8 | 8 | 8 | 8 | 8 | 7 | 7 |
| | 0,01 | 7 | 7 | 6 | 6 | 6 | 6 | 6 | 6 |
| 35 | 0,15 | 12 | 12 | 12 | 11 | 11 | 11 | 11 | 11 |
| | 0,10 | 12 | 11 | 11 | 11 | 10 | 10 | 10 | 10 |
| | 0,05 | 11 | 10 | 10 | 10 | 10 | 9 | 9 | 9 |
| | 0,01 | 9 | 9 | 8 | 8 | 8 | 8 | 8 | 8 |

*Werte fehlen auch bei MILLER.

|   |   | Einseitiger Test | | | | | | | |
|---|---|---|---|---|---|---|---|---|---|
|   |   | | | k-1 | | | | | |
| N | α | 2 | 3 | 4 | 5 | 6 | 7 | 8 | 9 |
| 40 | 0,15 | 15 | 14 | 14 | 13 | 13 | 13 | 13 | 13 |
|    | 0,10 | 14 | 13 | 13 | 13 | 13 | 12 | 12 | 12 |
|    | 0,05 | 13 | 12 | 12 | 12 | 12 | 11 | 11 | 11 |
|    | 0,01 | 11 | 10 | 10 | 10 | 10 | 10 | 10 | 9 |
| 45 | 0,15 | 17 | 16 | 16 | 16 | 15 | 15 | 15 | 15 |
|    | 0,10 | 16 | 16 | 15 | 15 | 15 | 14 | 14 | 14 |
|    | 0,05 | 15 | 14 | 14 | 14 | 14 | 13 | 13 | 13 |
|    | 0,01 | 13 | 12 | 12 | 12 | 12 | 12 | 11 | 11 |
| 50 | 0,15 | 19 | 18 | 18 | 18 | 17 | 17 | 17 | 17 |
|    | 0,10 | 18 | 18 | 17 | 17 | 17 | 17 | 16 | 16 |
|    | 0,05 | 17 | 17 | 16 | 16 | 16 | 16 | 15 | 15 |
|    | 0,01 | 15 | 14 | 14 | 14 | 14 | 14 | 13 | 13 |

|   |   | Zweiseitiger Test | | | | | | | |
|---|---|---|---|---|---|---|---|---|---|
|   |   | | | k-1 | | | | | |
| N | α | 2 | 3 | 4 | 5 | 6 | 7 | 8 | 9 |
| 6  | 0,10 | 0(060) | 0(085) | – | – | – | – | – | – |
|    | 0,05 | – | – | – | – | – | – | – | – |
|    | 0,01 | – | – | – | – | – | – | – | – |
| 7  | 0,10 | 0(030) | 0(044) | 0(057) | – | – | – | – | – |
|    | 0,05 | 0(030) | – | – | – | – | – | – | – |
|    | 0,01 | – | – | – | – | – | – | – | – |
| 8  | 0,10 | 0(015) | 0(023) | 0 | 0 | 0 | 0 | 0 | 0 |
|    | 0,05 | 0(015) | 0(023) | 0 | – | – | – | – | – |
|    | 0,01 | – | – | – | – | – | – | – | – |
| 9  | 0,10 | 1(074) | 0(011) | 0 | 0 | 0 | 0 | 0 | 0 |
|    | 0,05 | 0(008) | 0(011) | 0 | 0 | 0 | 0 | – | – |
|    | 0,01 | – | – | – | – | – | – | – | – |
| 10 | 0,10 | 1(041) | 1(060) | 1 | 0 | 0 | 0 | 0 | 0 |
|    | 0,05 | 1(041) | 0(006) | 0 | 0 | 0 | 0 | 0 | 0 |
|    | 0,01 | 0(004) | 0(006) | – | – | – | – | – | – |
| 11 | 0,10 | 1(023) | 1(034) | 1 | 1 | 1 | 1 | 0 | 0 |
|    | 0,05 | 1(023) | 1(034) | 0 | 0 | 0 | 0 | 0 | 0 |
|    | 0,01 | 0(002) | 0(003) | 0 | – | – | – | – | – |
| 12 | 0,10 | 2(073) | 1(018) | 1 | 1 | 1 | 1 | 1 | 1 |
|    | 0,05 | 1(012) | 1(018) | 1 | 1 | 0 | 0 | 0 | 0 |
|    | 0,01 | 0(001) | 0(001) | 0 | 0 | 0 | 0 | – | – |
| 13 | 0,10 | 2(043) | 2(063) | 2 | 1 | 1 | 1 | 1 | 1 |
|    | 0,05 | 2(043) | 1(011) | 1 | 1 | 1 | 1 | 1 | 1 |
|    | 0,01 | 1(007) | 0(001) | 0 | 0 | 0 | 0 | 0 | 0 |
| 14 | 0,10 | 2(025) | 2(037) | 2 | 2 | 2 | 2 | 1 | 1 |
|    | 0,05 | 2(025) | 2(037) | 1 | 1 | 1 | 1 | 1 | 1 |
|    | 0,01 | 1(004) | 1(005) | 0 | 0 | 0 | 0 | 0 | 0 |
| 15 | 0,10 | 3(067) | 3(096) | 2 | 2 | 2 | 2 | 2 | 2 |
|    | 0,05 | 2(014) | 2(021) | 2 | 2 | 1 | 1 | 1 | 1 |
|    | 0,01 | 1(002) | 1(003) | 1 | 1 | 0 | 0 | 0 | 0 |

Tafel VI-6-1-2 (Fortsetz.)

| N | α | Zweiseitiger Test k-1 | | | | | | | |
|---|---|---|---|---|---|---|---|---|---|
|   |   | 2 | 3 | 4 | 5 | 6 | 7 | 8 | 9 |
| 16 | 0,10 | 3(041) | 3 | 3 | 2 | 2 | 2 | 2 | 2 |
|    | 0,05 | 3(041) | 2 | 2 | 2 | 2 | 2 | 2 | 2 |
|    | 0,01 | 2(008) | 1 | 1 | 1 | 1 | 1 | 1 | 0 |
| 17 | 0,10 | 4(093) | 3 | 3 | 3 | 3 | 3 | 2 | 2 |
|    | 0,05 | 3(024) | 3 | 2 | 2 | 2 | 2 | 2 | 2 |
|    | 0,01 | 2(005) | 1 | 1 | 1 | 1 | 1 | 1 | 1 |
| 18 | 0,10 | 4(059) | 4 | 3 | 3 | 3 | 3 | 3 | 3 |
|    | 0,05 | 3(015) | 3 | 3 | 3 | 2 | 2 | 2 | 2 |
|    | 0,01 | 2(003) | 2 | 2 | 1 | 1 | 1 | 1 | 1 |
| 19 | 0,10 | 4(037) | 4 | 4 | 4 | 3 | 3 | 3 | 3 |
|    | 0,05 | 4(037) | 3 | 3 | 3 | 3 | 3 | 3 | 3 |
|    | 0,01 | 3(009) | 2 | 2 | 2 | 2 | 2 | 2 | 1 |
| 20 | 0,10 | 5(079) | 4 | 4 | 4 | 4 | 4 | 4 | 3 |
|    | 0,05 | 4(023) | 4 | 3 | 3 | 3 | 3 | 3 | 3 |
|    | 0,01 | 3(005) | 2 | 2 | 2 | 2 | 2 | 2 | 2 |
| 21 | 0,10 | 5(051) | 5 | 4 | 4 | 4 | 4 | 4 | 4 |
|    | 0,05 | 4(014) | 4 | 4 | 4 | 4 | 3 | 3 | 3 |
|    | 0,01 | 3(003) | 3 | 3 | 2 | 2 | 2 | 2 | 2 |
| 22 | 0,10 | 6(099) | 5 | 5 | 5 | 5 | 4 | 4 | 4 |
|    | 0,05 | 5(033) | 4 | 4 | 4 | 4 | 4 | 4 | 4 |
|    | 0,01 | 4(009) | 3 | 3 | 3 | 3 | 3 | 2 | 2 |
| 23 | 0,10 | 6(066) | 5 | 5 | 5 | 5 | 5 | 5 | 5 |
|    | 0,05 | 5(021) | 5 | 5 | 4 | 4 | 4 | 4 | 4 |
|    | 0,01 | 4(005) | 3 | 3 | 3 | 3 | 3 | 3 | 3 |
| 24 | 0,10 | 6(043) | 6 | 6 | 5 | 5 | 5 | 5 | 5 |
|    | 0,05 | 6(043) | 5 | 5 | 5 | 5 | 5 | 4 | 4 |
|    | 0,01 | 4(003) | 4 | 4 | 3 | 3 | 3 | 3 | 3 |
| 25 | 0,10 | 7 | 6 | 6 | 6 | 6 | 6 | 5 | 5 |
|    | 0,05 | 6 | 6 | 5 | 5 | 5 | 5 | 5 | 5 |
|    | 0,01 | 4 | 4 | 4 | 4 | 4 | 4 | 3 | 3 |
| 30 | 0,10 | 9 | 8 | 8 | 8 | 8 | 7 | 7 | 7 |
|    | 0,05 | 8 | 8 | 7 | 7 | 7 | 7 | 7 | 7 |
|    | 0,01 | 6 | 6 | 6 | 6 | 5 | 5 | 5 | 5 |
| 35 | 0,10 | 11 | 10 | 10 | 10 | 10 | 9 | 9 | 9 |
|    | 0,05 | 10 | 9 | 9 | 9 | 9 | 9 | 9 | 8 |
|    | 0,01 | 8 | 8 | 8 | 7 | 7 | 7 | 7 | 7 |
| 40 | 0,10 | 13 | 12 | 12 | 12 | 12 | 11 | 11 | 11 |
|    | 0,05 | 12 | 12 | 11 | 11 | 11 | 11 | 11 | 10 |
|    | 0.01 | 10 | 10 | 9 | 9 | 9 | 9 | 9 | 9 |
| 45 | 0,10 | 15 | 14 | 14 | 14 | 14 | 13 | 13 | 13 |
|    | 0,05 | 14 | 14 | 13 | 13 | 13 | 13 | 12 | 12 |
|    | 0,01 | 12 | 12 | 11 | 11 | 11 | 11 | 11 | 11 |
| 50 | 0,10 | 17 | 17 | 16 | 16 | 16 | 16 | 15 | 15 |
|    | 0,05 | 16 | 16 | 15 | 15 | 15 | 15 | 14 | 14 |
|    | 0,01 | 14 | 14 | 13 | 13 | 13 | 13 | 13 | 12 |

**Tafel VI-6-2-1**

Der $d_{ij}$-Test von DUNN-RANKIN

Entnommen aus WILCOXON, F. und WILCOX, Roberta A.: Some approximate statistical procedures. Pearl River/N. Y.: Lederle Laboratories 1964, Table 5, mit freundlicher Genehmigung der Verfasser und des Verlegers.

Die Tafel enthält die oberen Schranken der Prüfgröße $d_{ij}$ aus dem multiplen Lokationsvergleich von k wechselseitig abhängigen Stichproben zu je N = 3(1)25 Beobachtungen. Beobachtete Rangsummen-Differenzen $d_{ij}$ zwischen zwei Stichproben i und j, die die Schranken erreichen oder überschreiten, sind auf der bezeichneten Stufe $\alpha = 0{,}10$, $\alpha = 0{,}05$ und $\alpha = 0{,}01$ signifikant. Die Schranken gelten nur für zweiseitige Fragestellung.

*Ablesebeispiel:* Werden die Stichprobe 2 und 3 aus k = 5 abhängigen Stichproben zu je N = 10 Meßwerten hinsichtlich der Differenz $d_{23} = 22$ ihrer Rangsummen verglichen, so ist dieser Vergleich auf der 5 %-Stufe signifikant, denn 22 > 19 = 5 %-Schranke für k = 5 und N = 10.

Tafel VI-6-2-1 (Fortsetz.) 151

Zweiseitiger Test mit α = 0,10

| N | 3 | 4 | 5 | 6 | 7 | 8 | 9 | 10 |
|---|---|---|---|---|---|---|---|----|
| 3 | 6 | 8 | 10 | 12 | 14 | 16 | 19 | 21 |
| 4 | 6 | 9 | 11 | 14 | 17 | 19 | 22 | 25 |
| 5 | 7 | 10 | 13 | 16 | 19 | 22 | 25 | 28 |
| 6 | 8 | 10 | 13 | 17 | 20 | 24 | 27 | 31 |
| 7 | 8 | 11 | 15 | 18 | 22 | 25 | 29 | 33 |
| 8 | 9 | 12 | 16 | 19 | 23 | 27 | 31 | 35 |
| 9 | 9 | 13 | 16 | 21 | 25 | 29 | 33 | 38 |
| 10 | 9 | 13 | 17 | 22 | 26 | 30 | 35 | 40 |
| 11 | 10 | 14 | 18 | 23 | 27 | 32 | 37 | 41 |
| 12 | 10 | 14 | 19 | 24 | 28 | 33 | 38 | 43 |
| 13 | 10 | 15 | 20 | 25 | 30 | 35 | 40 | 45 |
| 14 | 11 | 16 | 21 | 26 | 31 | 36 | 41 | 47 |
| 15 | 11 | 16 | 21 | 27 | 32 | 37 | 43 | 48 |
| 16 | 12 | 17 | 22 | 27 | 33 | 39 | 44 | 50 |
| 17 | 12 | 17 | 23 | 28 | 34 | 40 | 46 | 52 |
| 18 | 12 | 18 | 23 | 29 | 35 | 41 | 47 | 53 |
| 19 | 13 | 18 | 24 | 30 | 36 | 42 | 48 | 54 |
| 20 | 13 | 19 | 25 | 31 | 37 | 43 | 49 | 56 |
| 21 | 13 | 19 | 25 | 31 | 38 | 44 | 51 | 57 |
| 22 | 14 | 20 | 26 | 32 | 39 | 45 | 52 | 59 |
| 23 | 14 | 20 | 26 | 33 | 39 | 46 | 53 | 60 |
| 24 | 14 | 20 | 27 | 34 | 40 | 47 | 54 | 61 |
| 25 | 15 | 21 | 27 | 34 | 41 | 48 | 55 | 63 |

Tafel VI-6-2-1 (Fortsetz.)

Zweiseitiger Test mit α = 0,05

| N | 3 | 4 | 5 | 6 | k 7 | 8 | 9 | 10 |
|---|---|---|---|---|---|---|---|---|
| 3 | 6 | 8 | 10 | 13 | 15 | 17 | 20 | 22 |
| 4 | 7 | 10 | 12 | 15 | 18 | 21 | 23 | 26 |
| 5 | 8 | 11 | 14 | 17 | 20 | 23 | 27 | 30 |
| 6 | 9 | 12 | 15 | 18 | 22 | 26 | 29 | 33 |
| 7 | 9 | 13 | 16 | 20 | 24 | 28 | 32 | 36 |
| 8 | 10 | 14 | 17 | 21 | 25 | 30 | 34 | 38 |
| 9 | 10 | 14 | 18 | 23 | 27 | 31 | 36 | 41 |
| 10 | 11 | 15 | 19 | 24 | 28 | 33 | 38 | 43 |
| 11 | 11 | 16 | 20 | 25 | 30 | 35 | 40 | 45 |
| 12 | 12 | 16 | 21 | 26 | 31 | 36 | 42 | 47 |
| 13 | 12 | 17 | 22 | 27 | 32 | 38 | 43 | 49 |
| 14 | 13 | 18 | 23 | 28 | 34 | 39 | 45 | 51 |
| 15 | 13 | 18 | 24 | 29 | 35 | 41 | 47 | 52 |
| 16 | 13 | 19 | 24 | 30 | 36 | 42 | 48 | 54 |
| 17 | 14 | 19 | 25 | 31 | 37 | 43 | 50 | 56 |
| 18 | 14 | 20 | 26 | 32 | 38 | 45 | 51 | 57 |
| 19 | 14 | 20 | 27 | 33 | 39 | 46 | 52 | 59 |
| 20 | 15 | 21 | 27 | 34 | 40 | 47 | 54 | 61 |
| 21 | 15 | 21 | 28 | 35 | 41 | 48 | 55 | 62 |
| 22 | 16 | 22 | 29 | 35 | 42 | 49 | 56 | 64 |
| 23 | 16 | 22 | 29 | 36 | 43 | 50 | 58 | 65 |
| 24 | 16 | 23 | 30 | 37 | 44 | 51 | 59 | 66 |
| 25 | 17 | 23 | 31 | 38 | 45 | 52 | 60 | 68 |

Tafel VI-6-2-1 (Fortsetz.)

Zweiseitiger Test mit α = 0,01

| N | 3 | 4 | 5 | 6 | k=7 | 8 | 9 | 10 |
|---|---|---|---|---|---|---|---|---|
| 3 | — | | | | | | | |
| 4 | 8 | 9 | | | | | | |
| 5 | 9 | 11 | 12 | | | | | |
| 6 | 10 | 12 | 14 | 14 | | | | |
| 7 | 11 | 14 | 16 | 17 | 16 | | | |
| 8 | 12 | 15 | 17 | 19 | 20 | 19 | | |
| 9 | 12 | 16 | 19 | 21 | 22 | 23 | 22 | |
| 10 | 13 | 17 | 20 | 23 | 25 | 26 | 26 | 24 |
| 11 | 14 | 18 | 22 | 25 | 27 | 29 | 29 | 29 |
| 12 | 14 | 19 | 23 | 26 | 29 | 31 | 33 | 33 |
| 13 | 15 | 20 | 24 | 28 | 31 | 34 | 36 | 37 |
| 14 | 16 | 21 | 25 | 29 | 33 | 36 | 38 | 40 |
| 15 | 16 | 21 | 26 | 31 | 35 | 38 | 41 | 43 |
| 16 | 16 | 22 | 27 | 32 | 36 | 40 | 43 | 46 |
| 17 | 17 | 23 | 28 | 33 | 38 | 42 | 46 | 49 |
| 18 | 17 | 23 | 29 | 34 | 39 | 44 | 48 | 51 |
| 19 | 18 | 24 | 30 | 36 | 41 | 45 | 50 | 54 |
| 20 | 18 | 25 | 31 | 37 | 42 | 47 | 52 | 56 |
| 21 | 19 | 25 | 32 | 38 | 43 | 49 | 54 | 58 |
| 22 | 19 | 26 | 33 | 39 | 45 | 50 | 56 | 60 |
| 23 | 20 | 27 | 33 | 40 | 46 | 52 | 57 | 62 |
| 24 | 20 | 27 | 34 | 41 | 47 | 53 | 59 | 64 |
| 25 | 21 | 28 | 35 | 42 | 48 | 55 | 61 | 66 |
| | | 28 | 36 | 43 | 49 | 56 | 62 | 68 |
| | | | 36 | 44 | 51 | 57 | 64 | 70 |
| | | | | 44 | 52 | 59 | 65 | 72 |
| | | | | | 53 | 60 | 67 | 73 |
| | | | | | | 61 | 68 | 75 |
| | | | | | | | 70 | 76 |
| | | | | | | | | 78 |

**Tafel VI-6-2-2**

Der $\binom{k}{2}$-Vorzeichentest von STEEL und MILLER

Adaptiert aus MILLER, R. G., Jr.: Simultaneous statistical inference. New York: McGraw-Hill, 1966, Table VII, Appendix B., mit freundlicher Genehmigung des Autors und des Verlages.

Die Tafel enthält die unteren Schranken der Prüfgröße $x_{ij}$ für den multiplen Lokationsvergleich von k = 2(1)10 abhängigen Stichproben zu je N = 5(1)20(5)50, 100 Individuen (Blöcken). Beobachtete Prüfgrößen, die die angegebenen Schranken erreichen oder unterschreiten, sind auf der bezeichneten Stufe signifikant. Die Schranken gelten für die beim Post-hoc-Vergleich übliche zweiseitige Fragestellung.

*Ablesebeispiel:* Ergibt ein Vergleich der Stichprobe 2 mit der Stichprobe 4 bei k = 6 abhängigen Stichproben zu je N = 20 Individuen (Blöcken zu je k Individuen) ein $x_{24} = 2$, so ist dieser Wert – bei zweiseitiger Frage – auf der 5 %-Stufe signifikant, da $2 < 3 = x_{24}$ (0,05).

**Tafel VI-6-2-2 (Fortsetz.)**

| k \ N | | 18 | 19 | 20 | 25 | 30 | 35 | 40 | 45 | 50 | 100 |
|---|---|---|---|---|---|---|---|---|---|---|---|
| 10 | 5%<br>1% | 1<br>0 | 2<br>1 | 2<br>1 | 4<br>2 | 5<br>4 | 7<br>6 | 9<br>7 | 11<br>9 | 13<br>11 | 33<br>31 |
| 9  | 5%<br>1% | 1<br>0 | 2<br>1 | 2<br>1 | 4<br>3 | 6<br>4 | 7<br>6 | 9<br>8 | 11<br>9 | 13<br>11 | 33<br>31 |
| 8  | 5%<br>1% | 2<br>1 | 2<br>1 | 2<br>1 | 4<br>3 | 6<br>4 | 8<br>6 | 9<br>8 | 11<br>10 | 13<br>12 | 34<br>31 |
| 7  | 5%<br>1% | 2<br>1 | 2<br>1 | 2<br>1 | 4<br>3 | 6<br>5 | 8<br>6 | 10<br>8 | 12<br>10 | 14<br>12 | 34<br>32 |
| 6  | 5%<br>1% | 2<br>1 | 2<br>1 | 3<br>1 | 4<br>3 | 6<br>5 | 8<br>7 | 10<br>8 | 12<br>10 | 14<br>12 | 35<br>32 |
| 5  | 5%<br>1% | 2<br>1 | 3<br>1 | 3<br>2 | 5<br>3 | 7<br>5 | 8<br>7 | 10<br>9 | 12<br>11 | 14<br>12 | 35<br>33 |
| 4  | 5%<br>1% | 3<br>1 | 3<br>2 | 3<br>2 | 5<br>4 | 7<br>6 | 9<br>7 | 11<br>9 | 13<br>11 | 15<br>13 | 36<br>33 |
| 3  | 5%<br>1% | 3<br>2 | 3<br>2 | 4<br>2 | 6<br>4 | 8<br>6 | 10<br>8 | 12<br>10 | 14<br>12 | 15<br>14 | 37<br>34 |
| 2  | 5%<br>1% | 4<br>3 | 4<br>3 | 5<br>3 | 7<br>5 | 9<br>7 | 11<br>9 | 13<br>11 | 15<br>13 | 17<br>15 | 39<br>36 |

| k \ N | | 5 | 6 | 7 | 8 | 9 | 10 | 11 | 12 | 13 | 14 | 15 | 16 | 17 |
|---|---|---|---|---|---|---|---|---|---|---|---|---|---|---|
| 10 | 5%<br>1% | – | – | – | – | – | – | – | – | 0<br>– | 0<br>– | 0<br>– | 1<br>0 | 1<br>0 |
| 9  | 5%<br>1% | – | – | – | – | – | – | – | – | 0<br>– | 0<br>– | 0<br>– | 1<br>0 | 1<br>0 |
| 8  | 5%<br>1% | – | – | – | – | – | – | – | – | 0<br>– | 0<br>– | 0<br>– | 1<br>0 | 1<br>0 |
| 7  | 5%<br>1% | – | – | – | – | – | – | – | 0<br>– | 0<br>– | 0<br>– | 0<br>0 | 1<br>0 | 1<br>0 |
| 6  | 5%<br>1% | – | – | – | – | – | – | 0<br>– | 0<br>– | 0<br>– | 1<br>0 | 1<br>0 | 1<br>0 | 2<br>1 |
| 5  | 5%<br>1% | – | – | – | – | 0<br>– | 0<br>– | 0<br>– | 1<br>0 | 1<br>0 | 1<br>0 | 2<br>0 | 2<br>1 | 2<br>1 |
| 4  | 5%<br>1% | – | – | – | 0<br>– | 0<br>– | 0<br>– | 1<br>0 | 1<br>0 | 1<br>0 | 2<br>0 | 2<br>1 | 2<br>1 | 2<br>1 |
| 3  | 5%<br>1% | – | – | 0<br>– | 0<br>– | 0<br>– | 1<br>0 | 1<br>0 | 1<br>0 | 2<br>1 | 2<br>1 | 2<br>1 | 3<br>1 | 3<br>1 |
| 2  | 5%<br>1% | – | 0<br>0 | 0<br>0 | 1<br>0 | 1<br>0 | 1<br>0 | 2<br>1 | 2<br>1 | 2<br>1 | 3<br>2 | 3<br>2 | 3<br>2 | 3<br>2 |

**Tafel VI-6-3**

WHITFIELDS Lokationsdifferenzen-Test
Adaptiert aus WHITFIELD, J. W.: The distribution of the difference in total rank value for two particular objects in m rankings of n objects. Brit. J. Stat. Psych. 7 (1954), 45–49, Tables of exact values of P for differences in total rank value, mit freundlicher Genehmigung des Verfassers und des Herausgebers.

Die Tafel enthält die oberen Schranken der Prüfgröße $d = T_i - T_j$ für zwei im Voraus spezifizierte Rangsummen $T_i$ und $T_j$ aus $k > 2$ abhängigen Stichproben von N Individuen oder Blöcken. Wird die jeweils in der Tafel angegebene Schranke erreicht oder überschritten, so sind die beiden Rangsummen signifikant verschieden. Wurde unter $H_1$ vorausgesagt, welche der beiden Stichproben (i oder j) die höhere Rangsumme liefern wird, so teste man einseitig, andernfalls zweiseitig.
Setzt man N = m und k = N so läßt sich in gleicher Weise auch prüfen, ob m Beurteiler zwei bestimmte von N Individuen (oder Objekten) signifikant unterschiedlich einstufen.

*Ablesebeispiel 1:* Sind k = 3 Behandlungen an N = 6 Individuen vorgenommen worden, wobei die 3 Behandlungen eine natürliche Ordnung bilden (geringe, mässige, starke Wirkung), dann bedarf es eines Rangsummenunterschiedes von mindestens 9 zwischen der schwächsten und der stärksten Behandlung, wenn der Behandlungsunterschied auf der 1 %-Stufe (einseitig) gesichert sein soll.

*Ablesebeispiel 2:* Sind k = 4 Bewerber von N = 5 Beurteilern eingestuft worden und kommen nur zwei der 4 Bewerber in die engere Wahl, dann bedarf es einer Rangsummendifferenz von mindestens 9, wenn die beiden Bewerber auf der 5 %-Stufe signifikant unterschiedlich geeignet sein sollen (zweis. Test).

| N | α% | Einseitiger Test k:3 | 4 | 5 | 6 | 7 | 8 | Zweiseitiger Test k:3 | 4 | 5 | 6 | 7 | 8 |
|---|----|---|---|---|---|---|---|---|---|---|---|---|---|
| 2 | 5% | 4 | 5 | 6 | 7 | 8 | 9 | – | 6 | 7 | 8 | 9 | 10 |
|   | 1% | – | 6 | 8 | 9 | 10 | 12 | – | – | 8 | 10 | 11 | 12 |
| 3 | 5% | 5 | 6 | 7 | 9 | 10 | 11 | 6 | 7 | 8 | 10 | 11 | 13 |
|   | 1% | 6 | 8 | 10 | 11 | 13 | 14 | 6 | 8 | 10 | 12 | 14 | 16 |
| 4 | 5% | 6 | 7 | 8 | 10 | 11 |   | 7 | 8 | 10 | 11 | 13 |   |
|   | 1% | 7 | 9 | 11 | 13 | 15 |   | 8 | 10 | 12 | 14 | 16 |   |
| 5 | 5% | 6 | 8 | 9 |   |   |   | 7 | 9 | 11 |   |   |   |
|   | 1% | 8 | 10 | 12 |   |   |   | 9 | 11 | 13 |   |   |   |
| 6 | 5% | 7 | 8 |   |   |   |   | 8 | 10 |   |   |   |   |
|   | 1% | 9 | 11 |   |   |   |   | 10 | 12 |   |   |   |   |
| 7 | 5% | 7 |   |   |   |   |   | 8 |   |   |   |   |   |
|   | 1% | 9 |   |   |   |   |   | 10 |   |   |   |   |   |
| 8 | 5% | 8 |   |   |   |   |   | 9 |   |   |   |   |   |
|   | 1% | 10 |   |   |   |   |   | 11 |   |   |   |   |   |

**Tafel VI-7-1-1**

ROSENBAUMS Dispersionstest

Auszugsweise entnommen via OWEN, D. B. (1962, Table 18.5) aus ROSENBAUM, S.: Tables for a nonparametric test of location. Ann. Math. Stat. 25(1954), 146−150, mit freundlicher Genehmigung des Verfassers und des Herausgebers.

Die Tafel enthält die oberen Schranken der Prüfgröße a = Zahl der Überschreitungen von $N_E$ experimentellen (überdispersen) Beobachtungen außerhalb der Spannweite der $N_K$ Kontrollbeobachtungen, wobei $N_E$, $N_K$ = 2(1) 25. Erreicht oder überschreitet ein beobachtetes a die Schranke $a_{0,05}$ oder $a_{0,01}$, dann besteht ein auf dieser Stufe signifikanter Dispersionsunterschied. Der Test ist einseitig und setzt damit voraus, daß die überdisperse Population unter $H_1$ als solche bezeichnet wird (E).

*Ablesebeispiel:* Ergibt die Vereinigung zweier Stichproben mit $N_E$ = 5 experimentellen und $N_K$ = 7 Kontrollbeobachtungen eine geordnete Folge mit a = 4 Überschreitungen (wie z. B. EEKKEKKKKEE), so streut die experimentelle Population signifikant (5 %-Niveau) stärker als die Kontrollpopulation.

Tafel VI-7-1-1 (Fortsetz.)

## 5%-Schranken von a

| $N_K$ | $N_E$ =2 | 3 | 4 | 5 | 6 | 7 | 8 | 9 | 10 | 11 | 12 | 13 | 14 | 15 | 16 | 17 | 18 | 19 | 20 | 21 | 22 | 23 | 24 | 25 |
|---|---|---|---|---|---|---|---|---|---|---|---|---|---|---|---|---|---|---|---|---|---|---|---|---|
| 2  | - | - | - | - | - | - | - | - | - | - | - | - | - | - | - | - | - | - | - | - | - | - | - | - |
| 3  | - | - | - | - | - | - | - | 9 | 10 | 11 | 12 | 13 | 14 | 15 | 16 | 16 | 17 | 18 | 19 | 20 | 21 | 22 | 22 | 23 |
| 4  | - | - | - | 5 | 6 | 7 | 8 | 9 | 9  | 10 | 11 | 12 | 12 | 13 | 14 | 15 | 15 | 16 | 17 | 18 | 18 | 19 | 20 | 21 |
| 5  | - | - | 4 | 5 | 6 | 6 | 7 | 8 | 8  | 9  | 10 | 10 | 11 | 12 | 12 | 13 | 14 | 14 | 15 | 16 | 16 | 17 | 18 | 18 |
| 6  | - | 3 | 4 | 5 | 5 | 6 | 7 | 7 | 8  | 8  | 9  | 9  | 10 | 11 | 11 | 12 | 12 | 13 | 14 | 14 | 15 | 15 | 16 | 17 |
| 7  | - | 3 | 4 | 4 | 5 | 6 | 6 | 7 | 7  | 8  | 8  | 9  | 9  | 10 | 10 | 11 | 11 | 12 | 12 | 13 | 13 | 14 | 15 | 15 |
| 8  | - | 3 | 4 | 4 | 5 | 5 | 6 | 6 | 7  | 7  | 8  | 8  | 9  | 9  | 10 | 10 | 10 | 11 | 11 | 12 | 12 | 13 | 13 | 14 |
| 9  | - | 3 | 4 | 4 | 4 | 5 | 5 | 6 | 6  | 7  | 7  | 8  | 8  | 8  | 9  | 9  | 10 | 10 | 11 | 11 | 11 | 12 | 12 | 13 |
| 10 | 2 | 3 | 3 | 4 | 4 | 5 | 5 | 5 | 6  | 6  | 7  | 7  | 8  | 8  | 8  | 9  | 9  | 10 | 10 | 10 | 11 | 11 | 12 | 12 |
| 11 | 2 | 3 | 3 | 4 | 4 | 4 | 5 | 5 | 6  | 6  | 6  | 7  | 7  | 7  | 8  | 8  | 9  | 9  | 9  | 10 | 10 | 10 | 11 | 11 |
| 12 | 2 | 3 | 3 | 4 | 4 | 4 | 5 | 5 | 5  | 6  | 6  | 6  | 7  | 7  | 7  | 8  | 8  | 8  | 9  | 9  | 10 | 10 | 10 | 11 |
| 13 | 2 | 3 | 3 | 3 | 4 | 4 | 4 | 5 | 5  | 5  | 6  | 6  | 6  | 7  | 7  | 7  | 8  | 8  | 8  | 9  | 9  | 9  | 10 | 10 |
| 14 | 2 | 3 | 3 | 3 | 4 | 4 | 4 | 5 | 5  | 5  | 6  | 6  | 6  | 6  | 7  | 7  | 7  | 8  | 8  | 8  | 9  | 9  | 9  | 10 |
| 15 | 2 | 3 | 3 | 3 | 4 | 4 | 4 | 4 | 5  | 5  | 5  | 6  | 6  | 6  | 7  | 7  | 7  | 7  | 8  | 8  | 8  | 9  | 9  | 9  |
| 16 | 2 | 3 | 3 | 3 | 3 | 4 | 4 | 4 | 5  | 5  | 5  | 5  | 6  | 6  | 6  | 7  | 7  | 7  | 7  | 8  | 8  | 8  | 8  | 9  |
| 17 | 2 | 2 | 3 | 3 | 3 | 4 | 4 | 4 | 4  | 5  | 5  | 5  | 6  | 6  | 6  | 6  | 7  | 7  | 7  | 7  | 8  | 8  | 8  | 8  |
| 18 | 2 | 2 | 3 | 3 | 3 | 4 | 4 | 4 | 4  | 5  | 5  | 5  | 5  | 6  | 6  | 6  | 6  | 7  | 7  | 7  | 7  | 8  | 8  | 8  |
| 19 | 2 | 2 | 3 | 3 | 3 | 3 | 4 | 4 | 4  | 4  | 5  | 5  | 5  | 5  | 6  | 6  | 6  | 6  | 7  | 7  | 7  | 7  | 8  | 8  |
| 20 | 2 | 2 | 3 | 3 | 3 | 3 | 4 | 4 | 4  | 4  | 5  | 5  | 5  | 5  | 5  | 6  | 6  | 6  | 6  | 7  | 7  | 7  | 7  | 7  |
| 21 | 2 | 2 | 3 | 3 | 3 | 3 | 4 | 4 | 4  | 4  | 4  | 5  | 5  | 5  | 5  | 6  | 6  | 6  | 6  | 6  | 7  | 7  | 7  | 7  |
| 22 | 2 | 2 | 3 | 3 | 3 | 3 | 3 | 4 | 4  | 4  | 4  | 5  | 5  | 5  | 5  | 5  | 6  | 6  | 6  | 6  | 6  | 7  | 7  | 7  |
| 23 | 2 | 2 | 2 | 3 | 3 | 3 | 3 | 4 | 4  | 4  | 4  | 4  | 5  | 5  | 5  | 5  | 6  | 6  | 6  | 6  | 6  | 7  | 7  | 7  |
| 24 | 2 | 2 | 2 | 3 | 3 | 3 | 3 | 4 | 4  | 4  | 4  | 4  | 5  | 5  | 5  | 5  | 5  | 6  | 6  | 6  | 6  | 6  | 6  | 7  |
| 25 | 2 | 2 | 2 | 3 | 3 | 3 | 3 | 3 | 4  | 4  | 4  | 4  | 4  | 5  | 5  | 5  | 5  | 5  | 6  | 6  | 6  | 6  | 6  | 6  |

## 1%-Schranken von a

| $N_K$ | $N_E$ =2 | 3 | 4 | 5 | 6 | 7 | 8 | 9 | 10 | 11 | 12 | 13 | 14 | 15 | 16 | 17 | 18 | 19 | 20 | 21 | 22 | 23 | 24 | 25 |
|---|---|---|---|---|---|---|---|---|---|---|---|---|---|---|---|---|---|---|---|---|---|---|---|---|
| 2  | - | - | - | - | - | - | - | - | - | - | - | - | - | - | - | - | - | - | - | - | - | - | - | - |
| 3  | - | - | - | - | - | - | - | - | - | - | - | - | - | - | - | - | - | - | - | - | - | 23 | 24 | 25 |
| 4  | - | - | - | - | - | - | - | - | - | 11 | 12 | 13 | 14 | 15 | 16 | 17 | 17 | 18 | 19 | 20 | 21 | 22 | 23 | 24 |
| 5  | - | - | - | - | - | - | 8 | 9 | 10 | 11 | 11 | 12 | 13 | 14 | 15 | 15 | 16 | 17 | 18 | 19 | 19 | 20 | 21 | 22 |
| 6  | - | - | - | - | 6 | 7 | 8 | 9 | 9  | 10 | 11 | 11 | 12 | 13 | 14 | 14 | 15 | 16 | 16 | 17 | 18 | 19 | 19 | 20 |
| 7  | - | - | - | 5 | 6 | 7 | 7 | 8 | 9  | 9  | 10 | 11 | 11 | 12 | 13 | 13 | 14 | 15 | 15 | 16 | 17 | 17 | 18 | 19 |
| 8  | - | - | - | 5 | 6 | 6 | 7 | 8 | 8  | 9  | 9  | 10 | 11 | 11 | 12 | 12 | 13 | 14 | 14 | 15 | 15 | 16 | 17 | 17 |
| 9  | - | - | 4 | 5 | 6 | 6 | 7 | 7 | 8  | 8  | 9  | 10 | 10 | 11 | 11 | 12 | 12 | 13 | 13 | 14 | 15 | 15 | 16 | 16 |
| 10 | - | - | 4 | 5 | 5 | 6 | 6 | 7 | 7  | 8  | 9  | 9  | 10 | 10 | 11 | 11 | 12 | 12 | 13 | 13 | 14 | 14 | 15 | 15 |
| 11 | - | - | 4 | 5 | 5 | 6 | 6 | 7 | 7  | 8  | 8  | 9  | 9  | 10 | 10 | 11 | 11 | 12 | 12 | 12 | 13 | 13 | 14 | 14 |
| 12 | - | 3 | 4 | 4 | 5 | 5 | 6 | 6 | 7  | 7  | 8  | 8  | 9  | 9  | 10 | 10 | 11 | 11 | 11 | 11 | 12 | 12 | 13 | 13 |
| 13 | - | 3 | 4 | 4 | 5 | 5 | 6 | 6 | 7  | 7  | 7  | 8  | 8  | 9  | 9  | 10 | 10 | 10 | 11 | 11 | 12 | 12 | 13 | 13 |
| 14 | - | 3 | 4 | 4 | 5 | 5 | 6 | 6 | 6  | 7  | 7  | 8  | 8  | 8  | 9  | 9  | 10 | 10 | 10 | 11 | 11 | 12 | 12 | 12 |
| 15 | - | 3 | 4 | 4 | 5 | 5 | 5 | 6 | 6  | 7  | 7  | 7  | 8  | 8  | 9  | 9  | 9  | 10 | 10 | 10 | 11 | 11 | 12 | 12 |
| 16 | - | 3 | 4 | 4 | 4 | 5 | 5 | 6 | 6  | 6  | 7  | 7  | 7  | 8  | 8  | 9  | 9  | 9  | 10 | 10 | 10 | 11 | 11 | 11 |
| 17 | - | 3 | 4 | 4 | 4 | 5 | 5 | 5 | 6  | 6  | 7  | 7  | 7  | 8  | 8  | 8  | 9  | 9  | 9  | 10 | 10 | 10 | 11 | 11 |
| 18 | - | 3 | 3 | 4 | 4 | 5 | 5 | 5 | 6  | 6  | 6  | 7  | 7  | 7  | 8  | 8  | 8  | 9  | 9  | 9  | 10 | 10 | 10 | 11 |
| 19 | - | 3 | 3 | 4 | 4 | 5 | 5 | 5 | 6  | 6  | 6  | 7  | 7  | 7  | 7  | 8  | 8  | 8  | 9  | 9  | 9  | 10 | 10 | 10 |
| 20 | - | 3 | 3 | 4 | 4 | 4 | 5 | 5 | 5  | 6  | 6  | 6  | 7  | 7  | 7  | 8  | 8  | 8  | 8  | 9  | 9  | 9  | 10 | 10 |
| 21 | - | 3 | 3 | 4 | 4 | 4 | 5 | 5 | 5  | 6  | 6  | 6  | 6  | 7  | 7  | 7  | 8  | 8  | 8  | 9  | 9  | 9  | 9  | 10 |
| 22 | - | 3 | 3 | 4 | 4 | 4 | 5 | 5 | 5  | 5  | 6  | 6  | 6  | 7  | 7  | 7  | 7  | 8  | 8  | 8  | 9  | 9  | 9  | 9  |
| 23 | - | 3 | 3 | 4 | 4 | 4 | 4 | 5 | 5  | 5  | 6  | 6  | 6  | 6  | 7  | 7  | 7  | 8  | 8  | 8  | 8  | 9  | 9  | 9  |
| 24 | 2 | 3 | 3 | 4 | 4 | 4 | 4 | 5 | 5  | 5  | 6  | 6  | 6  | 6  | 7  | 7  | 7  | 7  | 8  | 8  | 8  | 8  | 9  | 9  |
| 25 | 2 | 3 | 3 | 3 | 4 | 4 | 4 | 5 | 5  | 5  | 5  | 6  | 6  | 6  | 6  | 7  | 7  | 7  | 7  | 8  | 8  | 8  | 8  | 9  |

## Tafel VI-7-1-2

KAMAT-HAGAS Dispersionstest

Entnommen aus HAGA, T.: A two-sample rank test on location, Annals of the Institute of statistical mathematics (Tokyo), 11(1959), 211–219, Table 2, mit freundlicher Genehmigung des Verfassers und des Herausgebers.

Die Tafel enthält die oberen Schranken $|R_\alpha|$ der Prüfgröße R für Stichprobenumfänge von $N_E$, $N_K = 2(1)15, \infty$ und $\alpha = 0{,}05, 0{,}01$ mit ein- und zweiseitiger Fragestellung. Dabei wird angenommen, die (experimentelle) Stichprobe mit $N_E$ Beobachtungen habe eine höhere Dispersion als die (Kontroll)-Stichprobe mit $N_K$ Beobachtungen. Beobachtete Absolutbeträge der Prüfgröße R, die die angegebenen Schranken erreichen oder übersteigen, sind auf der bezeichneten Stufe signifikant.

*Ablesebeispiel:* Wenn eine experimentelle Stichprobe mit $N_E = 2$ und eine Kontrollstichprobe mit $N_K = 13$ die geordnete Folge KKEKKKKKKKKKKKE mit R = (1 - 0) + (0 - 2) = -1 ergibt, ist E höher dispers als K (sofern einseitige Frage und $\alpha = 0{,}05$ vorausgesetzt wird), da $R_{0,05} = -1$ erreicht wenngleich nicht überschritten wird, wie etwa in der Folge KEKKKKKKKKKKKKE mit R = (1 - 0) + (0 - 1) = 0.

*Bemerkung:* Der Autor möchte an dieser Stelle Herrn T. HAGA und dem Direktor der Japanese Standards Association, Herrn M. TAWARA, für den Hinweis danken, daß die folgenden Tafeln eine Anzahl nicht explizit bekannter Fehler beinhalten. Die neuen Tafeln, die inzwischen unter dem Titel 'Statistical Tables and Formulas with Computer Applications' in JSA (1972) erschienen sind, lassen sich an dieser Stelle leider nicht verwenden, da die ihnen zugrunde liegende Prüfgröße anders definiert ist als im Band I der 'Verteilungsfreien Methoden'. Dem Anwender wird deshalb empfohlen, auf die neuen Tafeln und die neue Prüfgröße zurückzugreifen, wenn ihm dies möglich ist.

Tafel VI-7-1-2 (Fortsetz.)

Einseitiger Test

$\alpha = 0.05$

| $N_K$ \ $N_E$ | 2 | 3 | 4 | 5 | 6 | 7 | 8 | 9 | 10 | 11 | 12 | 13 | 14 | 15 | ∞ |
|---|---|---|---|---|---|---|---|---|---|---|---|---|---|---|---|
| 2  | — | — | — | — | — | — | — | — | — | — | — | — | — | — | |
| 3  | — | — | — | — | — | — | 8 | 9 | 10 | 11 | 12 | 13 | 14 | 14 | |
| 4  | — | — | 4 | 5 | 6 | 7 | 8 | 8 | 9  | 10 | 11 | 11 | 12 | 13 | |
| 5  | 1 | 3 | 4 | 5 | 5 | 6 | 7 | 7 | 8  | 9  | 10 | 10 | 11 | 12 | |
| 6  | 1 | 3 | 4 | 4 | 5 | 6 | 6 | 7 | 7  | 8  | 9  | 9  | 10 | 10 | |
| 7  | 1 | 3 | 3 | 4 | 5 | 5 | 6 | 6 | 7  | 7  | 8  | 8  | 9  | 10 | |
| 8  | 1 | 3 | 3 | 4 | 4 | 5 | 5 | 6 | 6  | 7  | 7  | 8  | 8  | 9  | |
| 9  | 1 | 2 | 3 | 4 | 4 | 4 | 5 | 5 | 6  | 6  | 7  | 7  | 8  | 8  | |
| 10 | 0 | 1 | 3 | 3 | 4 | 4 | 5 | 5 | 6  | 6  | 6  | 7  | 7  | 8  | |
| 11 | 0 | 1 | 3 | 3 | 4 | 4 | 4 | 5 | 5  | 6  | 6  | 6  | 7  | 7  | |
| 12 | 0 | 1 | 3 | 3 | 3 | 4 | 4 | 5 | 5  | 5  | 6  | 6  | 6  | 7  | |
| 13 | -1 | 1 | 2 | 3 | 3 | 4 | 4 | 4 | 5  | 5  | 5  | 6  | 6  | 6  | |
| 14 | -1 | 1 | 2 | 3 | 3 | 3 | 4 | 4 | 5  | 5  | 5  | 5  | 6  | 6  | |
| 15 | -1 | 1 | 1 | 3 | 3 | 3 | 4 | 4 | 4  | 5  | 5  | 5  | 6  | 6  | |
| ∞  |   |   |   |   |   |   |   |   |    |    |    |    |    |    | 7 |

$\alpha = 0.01$

| $N_K$ \ $N_E$ | 2 | 3 | 4 | 5 | 6 | 7 | 8 | 9 | 10 | 11 | 12 | 13 | 14 | 15 | ∞ |
|---|---|---|---|---|---|---|---|---|---|---|---|---|---|---|---|
| 2  | — | — | — | — | — | — | — | — | — | — | — | — | — | — | |
| 3  | — | — | — | — | — | — | — | — | — | — | — | — | — | — | |
| 4  | — | — | — | — | — | — | — | — | 10 | 11 | 12 | 13 | 14 | 15 | |
| 5  | — | — | — | — | — | 7 | 8 | 9 | 10 | 11 | 11 | 12 | 13 | 14 | |
| 6  | — | — | — | 5 | 6 | 7 | 8 | 8 | 9  | 10 | 11 | 11 | 12 | 13 | |
| 7  | — | — | 4 | 5 | 6 | 7 | 7 | 8 | 9  | 9  | 10 | 11 | 11 | 12 | |
| 8  | — | — | 4 | 5 | 6 | 6 | 7 | 7 | 8  | 9  | 9  | 10 | 11 | 11 | |
| 9  | — | 3 | 4 | 5 | 5 | 6 | 6 | 7 | 8  | 8  | 9  | 9  | 10 | 10 | |
| 10 | — | 3 | 4 | 5 | 5 | 6 | 6 | 7 | 7  | 8  | 8  | 9  | 9  | 10 | |
| 11 | — | 3 | 4 | 5 | 5 | 5 | 6 | 6 | 7  | 7  | 8  | 8  | 9  | 9  | |
| 12 | — | 3 | 4 | 5 | 5 | 5 | 6 | 6 | 7  | 7  | 8  | 8  | 8  | 9  | |
| 13 | 1 | 3 | 4 | 4 | 5 | 5 | 5 | 6 | 6  | 7  | 7  | 8  | 8  | 9  | |
| 14 | 1 | 3 | 3 | 4 | 4 | 5 | 5 | 6 | 6  | 7  | 7  | 7  | 8  | 8  | |
| 15 | 1 | 3 | 3 | 4 | 4 | 5 | 5 | 6 | 6  | 6  | 7  | 7  | 8  | 8  | |
| ∞  |   |   |   |   |   |   |   |   |    |    |    |    |    |    | 9 |

Tafel VI-7-1-2 (Fortsetz.)

## Zweiseitiger Test

### α = 0.05

| $N_K$ \ $N_E$ | 2 | 3 | 4 | 5 | 6 | 7 | 8 | 9 | 10 | 11 | 12 | 13 | 14 | 15 | ∞ |
|---|---|---|---|---|---|---|---|---|---|---|---|---|---|---|---|
| 2  | — | — | — | — | — | — | — | — | — | — | —  | —  | —  | —  | |
| 3  | — | — | — | — | — | — | — | — | — | — | 12 | 13 | 14 | 15 | |
| 4  | — | — | — | — | 6 | 7 | 8 | 9 | 10 | 11 | 11 | 12 | 13 | 14 | |
| 5  | — | — | 4 | 5 | 6 | 7 | 7 | 8 | 9  | 10 | 10 | 11 | 12 | 13 | |
| 6  | — | 3 | 4 | 5 | 6 | 6 | 7 | 8 | 8  | 9  | 10 | 10 | 11 | 12 | |
| 7  | — | 3 | 4 | 5 | 5 | 6 | 6 | 7 | 8  | 8  | 9  | 9  | 10 | 11 | |
| 8  | 1 | 3 | 4 | 4 | 5 | 5 | 6 | 6 | 7  | 8  | 8  | 9  | 9  | 10 | |
| 9  | 1 | 3 | 4 | 4 | 5 | 5 | 6 | 6 | 7  | 7  | 8  | 8  | 9  | 9  | |
| 10 | 1 | 3 | 3 | 4 | 4 | 5 | 5 | 6 | 6  | 7  | 7  | 8  | 8  | 9  | |
| 11 | 1 | 3 | 3 | 4 | 4 | 5 | 5 | 6 | 6  | 6  | 7  | 7  | 8  | 8  | |
| 12 | 1 | 3 | 3 | 4 | 4 | 5 | 5 | 6 | 6  | 6  | 7  | 7  | 8  | 8  | |
| 13 | 1 | 2 | 3 | 3 | 4 | 4 | 5 | 5 | 5  | 6  | 6  | 7  | 7  | 7  | |
| 14 | 0 | 1 | 3 | 3 | 4 | 4 | 5 | 5 | 5  | 6  | 6  | 6  | 7  | 7  | |
| 15 | 0 | 1 | 3 | 3 | 4 | 4 | 4 | 5 | 5  | 5  | 6  | 6  | 6  | 7  | |
| ∞  |   |   |   |   |   |   |   |   |    |    |    |    |    |    | 8 |

### α = 0.01

| $N_K$ \ $N_E$ | 2 | 3 | 4 | 5 | 6 | 7 | 8 | 9 | 10 | 11 | 12 | 13 | 14 | 15 | ∞ |
|---|---|---|---|---|---|---|---|---|---|---|---|---|---|---|---|
| 2  | — | — | — | — | — | — | — | — | —  | —  | —  | —  | —  | —  | |
| 3  | — | — | — | — | — | — | — | — | —  | —  | —  | —  | —  | —  | |
| 4  | — | — | — | — | — | — | — | — | —  | —  | —  | —  | 14 | 15 | |
| 5  | — | — | — | — | — | — | — | 9 | 10 | 11 | 12 | 13 | 14 | 14 | |
| 6  | — | — | — | — | — | 7 | 8 | 9 | 10 | 10 | 11 | 12 | 13 | 13 | |
| 7  | — | — | — | — | 6 | 7 | 8 | 8 | 9  | 10 | 11 | 11 | 12 | 13 | |
| 8  | — | — | — | 5 | 6 | 7 | 7 | 8 | 9  | 9  | 10 | 11 | 11 | 12 | |
| 9  | — | — | 4 | 5 | 6 | 6 | 7 | 8 | 8  | 9  | 9  | 10 | 11 | 11 | |
| 10 | — | — | 4 | 5 | 6 | 6 | 7 | 7 | 8  | 8  | 9  | 10 | 10 | 11 | |
| 11 | — | — | 4 | 5 | 5 | 6 | 6 | 7 | 8  | 8  | 9  | 9  | 10 | 10 | |
| 12 | — | 3 | 4 | 5 | 5 | 6 | 6 | 7 | 7  | 8  | 8  | 9  | 9  | 10 | |
| 13 | — | 3 | 4 | 4 | 5 | 5 | 6 | 6 | 7  | 7  | 8  | 8  | 9  | 9  | |
| 14 | — | 3 | 4 | 4 | 5 | 5 | 6 | 6 | 7  | 7  | 9  | 8  | 9  | 9  | |
| 15 | — | 3 | 4 | 4 | 5 | 5 | 6 | 6 | 7  | 7  | 7  | 8  | 8  | 9  | |
| ∞  |   |   |   |   |   |   |   |   |    |    |    |    |    |    | 11 |

## Tafel VI-7-6

HOLLANDERS G-Test

Auszugsweise entnommen aus HOLLANDER, M.: A nonparametric test for the two sample problem. Psychometrika 28(1963), 395–404, Tables 1, 2, 3, mit freundlicher Genehmigung des Verfassers und des Herausgebers.

Die Tafel enthält für $N = 7(1)20$ und $N_2 = 4(1)12$ die unteren Schranken der Prüfgröße $G = \Sigma (r_i - \bar{r}_i)^2$ für $\alpha = 0{,}01, 0{,}05$ und $0{,}1$. Erreicht oder unterschreitet ein beobachteter G-Wert die einschlägige Schranke der Tafel, so ist $H_o$ abzulehnen und $H_1$ zu akzeptieren.

*Ablesebeispiel:* Das Beispiel 6.7.6 lieferte für ein $N_1 = 8$, $N_2 = 6$ und somit $N = 14$ ein $G = 33{,}33$, was wegen $G = 33{,}33 < 38{,}83 = G_{0{,}05}$ auf der 5 % Stufe signifikant ist.

| N | α | $N_2=4$ | $N_2=5$ | $N_2=6$ | $N_2=7$ | $N_2=8$ | $N_2=9$ | $N_2=10$ | $N_2=11$ | $N_2=12$ |
|---|---|---|---|---|---|---|---|---|---|---|
| 7 | 10% | 5,00 | | | | | | | | |
| 8 | 5%<br>10% | 5,00<br>5,00 | 10,00<br>10,00 | | | | | | | |
| 9 | 5%<br>10% | 5,00<br>8,75 | 10,00<br>14,80 | 17,50<br>23,33 | | | | | | |
| 10 | 1%<br>5%<br>10% | 5,00<br>5,00<br>8,75 | 10,00<br>14,80<br>17,20 | 17,50<br>23,33<br>26,83 | 28,00<br>28,00<br>34,86 | 42,00 | | | | |
| 11 | 1%<br>5%<br>10% | 5,00<br>8,75<br>13,00 | 10,00<br>14,80<br>21,20 | 17,50<br>26,83<br>30,83 | 28,00<br>39,43<br>42,00 | 42,00<br>49,88<br>55,50 | 60,00<br>68,89 | | | |
| 12 | 1%<br>5%<br>10% | 5,00<br>8,75<br>14,00 | 10,00<br>20,00<br>26,00 | 17,50<br>29,50<br>37,50 | 28,00<br>42,00<br>49,71 | 42,00<br>58,00<br>64,88 | 60,00<br>68,89<br>79,56 | 82,50<br>92,40 | | |
| 13 | 1%<br>5%<br>10% | 5,00<br>10,00<br>14,75 | 10,00<br>21,20<br>26,80 | 23,33<br>34,00<br>41,50 | 34,86<br>49,42<br>57,71 | 49,88<br>63,88<br>73,88 | 68,89<br>80,00<br>90,22 | 82,50<br>100,1<br>105,6 | 110,0<br>120,9 | |
| 14 | 1%<br>5%<br>10% | 5,00<br>13,00<br>17,00 | 14,80<br>23,20<br>32,80 | 23,33<br>38,83<br>47,50 | 39,43<br>54,86<br>64,86 | 55,50<br>73,50<br>82,88 | 75,56<br>90,22<br>102,0 | 92,40<br>110,0<br>120,9 | 110,0<br>132,0<br>140,9 | 154,9<br>164,7 |
| 15 | 1%<br>5%<br>10% | 5,00<br>14,00<br>20,75 | 14,80<br>26,80<br>36,80 | 28,00<br>42,83<br>53,50 | 42,00<br>61,43<br>72,86 | 59,50<br>79,50<br>92,00 | 79,56<br>101,6<br>114,2 | 102,5<br>122,1<br>135,6 | 120,9<br>144,9<br>156,9 | 143,0<br>168,7<br>180,9 |
| 16 | 1%<br>5%<br>10% | 5,00<br>14,00<br>21,00 | 17,20<br>29,20<br>40,00 | 30,83<br>47,50<br>60,00 | 47,71<br>67,71<br>81,71 | 67,88<br>89,88<br>103,5 | 88,89<br>112,2<br>127,6 | 110,4<br>135,6<br>150,5 | 136,2<br>161,6<br>176,2 | 164,7<br>187,0<br>201,7 |
| 17 | 1%<br>5%<br>10% | 8,75<br>17,00<br>25,00 | 17,20<br>33,00<br>45,20 | 34,00<br>53,33<br>66,83 | 52,00<br>74,86<br>90,86 | 73,88<br>98,88<br>115,5 | 96,00<br>124,0<br>140,0 | 120,9<br>150,0<br>166,5 | 148,2<br>176,9<br>194,0 | 177,7<br>205,7<br>221,7 |
| 18 | 1%<br>5%<br>10% | 8,75<br>18,75<br>26,75 | 20,00<br>36,80<br>49,20 | 37,33<br>59,00<br>73,50 | 56,00<br>82,86<br>100,0 | 79,50<br>108,0<br>126,9 | 104,00<br>135,6<br>155,6 | 131,6<br>164,4<br>184,1 | 161,6<br>194,2<br>214,0 | 190,9<br>224,9<br>244,7 |
| 19 | 1%<br>5%<br>10% | 8,75<br>20,00<br>29,00 | 21,20<br>40,00<br>54,00 | 39,33<br>64,00<br>81,33 | 60,86<br>90,86<br>109,7 | 85,50<br>118,9<br>139,5 | 112,89<br>148,9<br>170,2 | 142,1<br>180,1<br>202,4 | 174,0<br>212,6<br>234,6 | 206,3<br>246,0<br>268,3 |
| 20 | 1%<br>5%<br>10% | 8,75<br>21,00<br>32,75 | 23,20<br>44,80<br>59,20 | 42,00<br>70,00<br>89,33 | 66,86<br>98,86<br>119,7 | 91,88<br>129,9<br>153,5 | 122,2<br>162,2<br>186,9 | 153,6<br>196,4<br>220,9 | 188,0<br>231,6<br>256,7 | 222,9<br>267,7<br>292,9 |

**Tafel VII-2-1**

Der exakte KOLMOGOROFF-SMIRNOV-MASSEY-Test (KSM-Test) für $N_1 = N_2 = n$
Die Tafelwerte wurden adaptiert aus MASSEY, F. J.: The distribution of the maximum deviation between two sample cumulative step functions. Ann. Math. Stat. 22 (1951), 125−128, Table 1.
($P = 1 - P_{tab}$ für $d_n = k + 1$), mit freundlicher Genehmigung des Verfassers und des Herausgebers.

Die Tafel enthält die exakten Überschreitungswahrscheinlichkeiten P von $d_n = nD = 4(1)13$ für zwei Stichproben gleichen Umfanges, $N_1 = N_2 = n$ mit $4 \leqslant n \leqslant 40$. Die P-Werte sind bis 0,20 begrenzt worden und entsprechen einem *zweiseitigen* Test. (Bei Lokationsunterschieden kann auch einseitig getestet werden, in welchem Fall P zu halbieren ist). Null und Komma sind weggelassen worden, und die Zahl der Nullen hinter dem Komma ist ggf. durch eine hochgestellte Zahl symbolisiert.

*Ablesebeispiel:* Wenn zwei unabhängige Stichproben von $N_1 = N_2 = n = 10$ Meßwerten ein $d_n = 7$ liefern, dann stammen sie bei $\alpha = 0{,}05$ aus unterschiedlich verteilten Grundgesamtheiten, da $P = 0{,}013 < \alpha = 0{,}05$.

| n \ $d_n$ | 4 | 5 | 6 | 7 | 8 | 9 | 10 | 11 | 12 | 13 |
|---|---|---|---|---|---|---|---|---|---|---|
| 4  | 029 | 000 |     |     |     |     |     |     |     |     |
| 5  | 080 | 008 | 000 |     |     |     |     |     |     |     |
| 6  | 143 | 026 | 003 | 000 |     |     |     | P = 0,00 | | |
| 7  |     | 054 | 009 | 001 | 000 |     |     |     |     |     |
| 8  |     | 088 | 019 | 003 | 001 | 000 |     |     |     |     |
| 9  |     | 126 | 034 | 007 | 001 | $0^3 1$ | 000 |     |     |     |
| 10 |     | 168 | 053 | 013 | 003 | $0^3 3$ | $0^4 2$ | 000 |     |     |
| 11 |     |     | 075 | 021 | 005 | $0^4 7$ | $0^4 7$ | $0^5 3$ | 000 |     |
| 12 |     |     | 100 | 032 | 008 | 002 | $0^3 3$ | $0^4 2$ | $0^5 1$ |     |
| 13 |     |     | 126 | 045 | 013 | 003 | $0^3 5$ | $0^4 7$ | $0^5 5$ | 000 |
| 14 |     |     | 155 | 060 | 019 | 005 | 001 | $0^3 2$ | $0^4 2$ | $0^5 1$ |
| 15 |     |     | 185 | 074 | 027 | 008 | 002 | $0^3 4$ | $0^4 6$ | $0^5 6$ |
| 16 |     |     |     | 094 | 035 | 012 | 004 | $0^3 7$ | $0^3 2$ | $0^4 2$ |
| 17 |     |     |     | 113 | 045 | 016 | 005 | 001 | $0^3 3$ | $0^4 4$ |
| 18 |     |     |     | 133 | 057 | 021 | 008 | 002 | $0^3 5$ | $0^4 9$ |
| 19 |     | P > 0,20 | | 154 | 069 | 027 | 010 | 003 | $0^3 8$ | $0^3 2$ |
| 20 |     |     |     | 175 | 082 | 034 | 013 | 004 | 001 | $0^3 3$ |
| 21 |     |     |     | 197 | 095 | 042 | 016 | 006 | 002 | $0^3 5$ |
| 22 |     |     |     |     | 110 | 050 | 021 | 008 | 003 | $0^3 7$ |
| 23 |     |     |     |     | 125 | 059 | 025 | 010 | 004 | 001 |
| 24 |     |     |     |     | 140 | 068 | 030 | 012 | 005 | 002 |
| 25 |     |     |     |     | 156 | 078 | 036 | 015 | 006 | 002 |
| 26 |     |     |     |     | 173 | 089 | 042 | 019 | 008 | 003 |
| 27 |     |     |     |     | 189 | 100 | 049 | 022 | 009 | 004 |
| 28 |     |     |     |     |     | 112 | 056 | 026 | 011 | 005 |
| 29 |     |     |     |     |     | 123 | 064 | 030 | 014 | 006 |
| 30 |     |     |     |     |     | 136 | 071 | 035 | 016 | 007 |
| 31 |     |     |     |     |     | 148 | 080 | 040 | 019 | 008 |
| 32 |     |     |     |     |     | 161 | 088 | 045 | 022 | 010 |
| 33 |     |     |     |     |     | 173 | 097 | 051 | 025 | 012 |
| 34 |     |     |     |     |     | 186 | 106 | 057 | 029 | 014 |
| 35 |     |     |     |     |     | 200 | 116 | 063 | 032 | 016 |
| 36 |     |     |     |     |     |     | 125 | 069 | 036 | 018 |
| 37 |     |     |     |     |     |     | 135 | 076 | 041 | 021 |
| 38 |     |     |     |     |     |     | 145 | 083 | 045 | 023 |
| 39 |     |     |     |     |     |     | 155 | 090 | 050 | 026 |
| 40 |     |     |     |     |     |     | 165 | 098 | 055 | 029 |

### Tafel VII-2-1-1

Der KOLMOGOROFF-SMIRNOV-Omnibustest für $N_1 \neq N_2$
Übernommen aus MASSEY, F.J.: Distribution table for the deviation between two sample cumulatives. Ann. Math. Stat. 23(1952), 435–441, Tables 1 and 2, mit freundlicher Genehmigung des Verfassers und des Herausgebers.

Die Tafel enthält die Unterschreitungswahrscheinlichkeiten P des Zählers h der Prüfgröße D = h/KgV, wobei KgV das kleinste gemeinsame Vielfache von $N_1$ und $N_2$ mit $N_1 \leq N_2$ bezeichnet. Um die Überschreitungswahrscheinlichkeit für ein beobachtetes h/KgV zu ermitteln, liest man P(h*) für das nächstkleinere h ab und subtrahiert den abgelesenen P-Wert von 1. Im klammerumschlossenen Spaltenkopf ist $N_1$ die reihungserste und $N_2$ die zweite Zahl vor der Prüfgröße D = h/KgV. Die Tafel enthält alle möglichen Werte von D, bzw. h für $N_1 \leq N_2 \leq 10$ und ausgewählte $N_1, N_2 > 10$.

*Ablesebeispiel:* Ergibt der Vergleich einer Stichprobe von $N_1 = 2$ und $N_2 = 9$ einen Maximalabstand der beiden Treppenkurven von D = 14/18 oder h = 14, dann ist P = 1 − P (12) = 1 − 0,78182 = 0,21818, so daß bei $\alpha = 0,05$ $H_o$ beizubehalten ist.

| (1, 1, h/1) | | (1, 2, h/2) | | (1, 3, h/3) | | (1, 4, h/4) | | (1, 5, h/5) | | (1, 6, h/6) | | (1, 7, h/7) | |
|---|---|---|---|---|---|---|---|---|---|---|---|---|---|
| h | α | h | α | h | α | h | α | h | α | h | α | h | α |
| 1 | 1 | 1 | .33 | 2 | .5 | 2 | .2 | 3 | .33333 | 3 | .14286 | 4 | .25 |
|   |   | 2 | 1  | 3 | 1  | 3 | .6 | 4 | .66667 | 4 | .42857 | 5 | .50 |
|   |   |   |    |   |    | 4 | 1  | 5 | 1      | 5 | .71429 | 6 | .75 |
|   |   |   |    |   |    |   |    |   |        | 6 | 1      | 7 | 1   |

| (1, 8, h/8) | | (1, 9, h/9) | | (1, 10, h/10) | | | | (2, 2, h/2) | | (2, 3, h/6) | | (2, 4, h/4) | |
|---|---|---|---|---|---|---|---|---|---|---|---|---|---|
| h | α | h | α | h | α | | | h | α | h | α | h | α |
| 4 | .11111 | 5 | .2 | 5 | .09091 | | | 1 | .66667 | 2 | .1 | 1 | .06667 |
| 5 | .33333 | 6 | .4 | 6 | .27273 | | | 2 | 1 | 3 | .4 | 2 | .60000 |
| 6 | .55556 | 7 | .6 | 7 | .45455 | | |   |   | 4 | .8 | 3 | .86667 |
| 7 | .77778 | 8 | .8 | 8 | .63636 | | |   |   | 6 | 1 | 4 | 1 |
| 8 | 1 | 9 | 1 | 9 | .81818 | | |   |   |   |   |   |   |
|   |   |   |   | 10 | 1 | | |   |   |   |   |   |   |

| (2, 5, h/10) | | (2, 6, h/6) | | (2, 7, h/14) | | (2, 8, h/8) | | (2, 9, h/18) | | (2, 10, h/10) | | | |
|---|---|---|---|---|---|---|---|---|---|---|---|---|---|
| h | α | h | α | h | α | h | α | h | α | h | α | | |
| 3 | .04762 | 2 | .14286 | 4 | .02778 | 2 | .02222 | 5 | .01818 | 3 | .06061 | | |
| 4 | .19048 | 3 | .57143 | 5 | .11111 | 3 | .20000 | 6 | .07273 | 4 | .24242 | | |
| 5 | .42857 | 4 | .78571 | 6 | .25000 | 4 | .55556 | 7 | .16364 | 5 | .54545 | | |
| 6 | .71429 | 5 | .92857 | 7 | .44444 | 5 | .73333 | 8 | .29091 | 6 | .69697 | | |
| 8 | .90476 | 6 | 1 | 8 | .66667 | 6 | .86667 | 9 | .45455 | 7 | .81818 | | |
| 10 | 1 |   |   | 10 | .83333 | 7 | .95556 | 10 | .63636 | 8 | .90909 | | |
|   |   |   |   | 12 | .94444 | 8 | 1 | 12 | .78182 | 9 | .96970 | | |
|   |   |   |   | 14 | 1 |   |   | 14 | .89091 | 10 | 1 | | |
|   |   |   |   |   |   |   |   | 16 | .96364 |   |   | | |
|   |   |   |   |   |   |   |   | 18 | 1 |   |   | | |

Tafel VII-2-1-1 (Fortsetz.)

| (3, 3, h/3) | | (3, 4, h/12) | | (3, 5, h/15) | | (3, 6, h/6) | | (3, 7, h/21) | | (3, 8, h/24) | | (3, 9, h/9) | |
|---|---|---|---|---|---|---|---|---|---|---|---|---|---|
| h | α | h | α | h | α | h | α | h | α | h | α | h | α |
| 1 | .4 | 3 | .02857 | 4 | .03571 | 1 | .01191 | 5 | .00833 | 5 | .00606 | 2 | .03636 |
| 2 | .9 | 4 | .11429 | 5 | .14286 | 2 | .32143 | 6 | .06667 | 6 | .02424 | 3 | .29091 |
| 3 | 1 | 5 | .34286 | 6 | .32143 | 3 | .66667 | 7 | .15000 | 7 | .07273 | 4 | .54545 |
|   |   | 6 | .60000 | 7 | .53571 | 4 | .90476 | 8 | .30000 | 8 | .16364 | 5 | .76364 |
|   |   | 8 | .77143 | 9 | .71429 | 5 | .97619 | 9 | .46667 | 9 | .29091 | 6 | .90909 |
|   |   | 9 | .94286 | 10 | .85714 | 6 | 1 | 11 | .60000 | 10 | .43636 | 7 | .96364 |
|   |   | 12 | 1 | 12 | .96429 |   |   | 12 | .75000 | 12 | .57576 | 8 | .99091 |
|   |   |   |   | 15 | 1 |   |   | 14 | .83333 | 13 | .69697 | 9 | 1 |
|   |   |   |   |   |   |   |   | 15 | .93333 | 15 | .80606 |   |   |
|   |   |   |   |   |   |   |   | 18 | .98333 | 16 | .87879 |   |   |
|   |   |   |   |   |   |   |   | 21 | 1 | 18 | .95152 |   |   |
|   |   |   |   |   |   |   |   |   |   | 21 | .98788 |   |   |
|   |   |   |   |   |   |   |   |   |   | 24 | 1 |   |   |

| (3, 10, h/30) | | (3, 10, h/30) (cont.) | | (4, 4, h/4) | | (4, 5, h/20) | | (4, 6, h/12) | | (4, 7, h/28) | | (4, 7, h/28) (cont.) | |
|---|---|---|---|---|---|---|---|---|---|---|---|---|---|
| h | α | h | α | h | α | h | α | h | α | h | α | h | α |
| 6 | .00350 | 18 | .81119 | 1 | .22857 | 5 | .03175 | 2 | .00476 | 5 | .00303 | 17 | .87879 |
| 7 | .01399 | 20 | .83566 | 2 | .77143 | 6 | .12698 | 3 | .07619 | 6 | .01212 | 20 | .93333 |
| 8 | .04196 | 21 | .93007 | 3 | .97143 | 7 | .25397 | 4 | .30476 | 7 | .04848 | 21 | .96970 |
| 9 | .09441 | 24 | .97203 | 4 | 1 | 8 | .43651 | 5 | .44762 | 8 | .10909 | 24 | .99394 |
| 10 | .16783 | 27 | .99301 |   |   | 10 | .57143 | 6 | .70476 | 9 | .21818 | 28 | 1 |
| 11 | .27972 | 30 | 1 |   |   | 11 | .71429 | 7 | .81905 | 10 | .33939 |   |   |
| 12 | .40210 |   |   |   |   | 12 | .85714 | 8 | .90476 | 12 | .46364 |   |   |
| 14 | .50699 |   |   |   |   | 15 | .92063 | 9 | .95238 | 13 | .58485 |   |   |
| 15 | .62937 |   |   |   |   | 16 | .98413 | 10 | .99048 | 14 | .69091 |   |   |
| 17 | .71329 |   |   |   |   | 20 | 1 | 12 | 1 | 16 | .78788 |   |   |

| (4, 8, h/8) | | (4, 9, h/36) | | (4, 10, h/20) | | | | (5, 5, h/5) | | (5, 6, h/30) | | (5, 7, h/35) | |
|---|---|---|---|---|---|---|---|---|---|---|---|---|---|
| h | α | h | α | h | α |   |   | h | α | h | α | h | α |
| 1 | .00202 | 6 | .00140 | 3 | .00100 |   |   | 1 | .12698 | 5 | .00216 | 6 | .00253 |
| 2 | .16364 | 7 | .00559 | 4 | .01518 |   |   | 2 | .64286 | 6 | .00866 | 7 | .01010 |
| 3 | .48687 | 8 | .02238 | 5 | .08092 |   |   | 3 | .92064 | 7 | .03463 | 8 | .04040 |
| 4 | .77778 | 9 | .05035 | 6 | .22478 |   |   | 4 | .99206 | 8 | .10390 | 9 | .09091 |
| 5 | .91515 | 10 | .11329 | 7 | .31269 |   |   | 5 | 1 | 9 | .18182 | 10 | .16162 |
| 6 | .97980 | 11 | .18881 | 8 | .50050 |   |   |   |   | 10 | .31169 | 11 | .26263 |
| 7 | .99596 | 12 | .29231 | 9 | .59041 |   |   |   |   | 12 | .40909 | 13 | .36111 |
| 8 | 1 | 14 | .38182 | 10 | .74026 |   |   |   |   | 13 | .52597 | 14 | .45455 |
|   |   | 15 | .48252 | 11 | .81219 |   |   |   |   | 14 | .64286 | 15 | .56566 |
|   |   | 16 | .59580 | 12 | .87413 |   |   |   |   | 15 | .76190 | 16 | .67172 |
|   |   | 18 | .66434 | 13 | .91608 |   |   |   |   | 18 | .82251 | 18 | .76263 |
|   |   | 19 | .74825 | 14 | .95405 |   |   |   |   | 19 | .89177 | 20 | .83333 |
|   |   | 20 | .83497 | 15 | .97003 |   |   |   |   | 20 | .95238 | 21 | .88384 |
|   |   | 23 | .88531 | 16 | .99001 |   |   |   |   | 24 | .97403 | 23 | .93434 |
|   |   | 24 | .93846 | 18 | .99800 |   |   |   |   | 25 | .99567 | 25 | .96970 |
|   |   | 27 | .95804 | 20 | 1 |   |   |   |   | 30 | 1 | 29 | .98485 |
|   |   | 28 | .98601 |   |   |   |   |   |   |   |   | 30 | .99747 |
|   |   | 32 | .99720 |   |   |   |   |   |   |   |   | 35 | 1 |
|   |   | 36 | 1 |   |   |   |   |   |   |   |   |   |   |

Tafel VII-2-1-1 (Fortsetz.)

| (5, 8, h/40) | | (5, 8, h/40) (cont.) | | (5, 9, h/45) | | (5, 9, h/45) (cont.) | | (5, 10, h/10) | | | (6, 6, h/6) | |
|---|---|---|---|---|---|---|---|---|---|---|---|---|
| h | α | h | α | h | α | h | α | h | α | | h | α |
| 6 | .00078 | 20 | .76535 | 7 | .00100 | 21 | .69930 | 1 | .00033 | | 1 | .06926 |
| 7 | .00311 | 22 | .83528 | 8 | .00400 | 22 | .77423 | 2 | .08092 | | 2 | .52597 |
| 8 | .01243 | 24 | .87413 | 9 | .01598 | 25 | .82717 | 3 | .34532 | | 3 | .85714 |
| 9 | .03730 | 25 | .92075 | 10 | .03596 | 26 | .88112 | 4 | .64935 | | 4 | .97403 |
| 10 | .08392 | 27 | .95804 | 11 | .08092 | 27 | .91409 | 5 | .83417 | | 5 | .99784 |
| 11 | .14918 | 29 | .97980 | 12 | .13487 | 30 | .94406 | 6 | .93939 | | 6 | 1 |
| 12 | .23077 | 32 | .99068 | 13 | .20879 | 31 | .97203 | 7 | .98069 | | | |
| 14 | .31624 | 35 | .99845 | 15 | .28571 | 35 | .98601 | 8 | .99600 | | | |
| 15 | .41414 | 40 | 1 | 16 | .37363 | 36 | .99401 | 9 | .99933 | | | |
| 16 | .50039 | | | 17 | .45854 | 40 | .99900 | 10 | 1 | | | |
| 17 | .59984 | | | 19 | .53946 | 45 | 1 | | | | | |
| 19 | .68376 | | | 20 | .61938 | | | | | | | |

| (6, 7, h/42) | | (6, 7, h/42) (cont.) | | (6, 8, h/24) | | (6, 8, h/24) (cont.) | | (6, 9, h/18) | | (6, 10, h/30) | | (6, 10, h/30) (cont.) | |
|---|---|---|---|---|---|---|---|---|---|---|---|---|---|
| h | α | h | α | h | α | h | α | h | α | h | α | h | α |
| 6 | .00058 | 28 | .93240 | 3 | .00033 | 20 | .99467 | 2 | .00020 | 4 | .00050 | 20 | .96853 |
| 7 | .00233 | 29 | .96154 | 4 | .00533 | 21 | .99933 | 3 | .01279 | 5 | .00799 | 21 | .98102 |
| 8 | .00932 | 30 | .98485 | 5 | .04795 | 24 | 1 | 4 | .10230 | 6 | .04046 | 22 | .99101 |
| 9 | .03730 | 35 | .99126 | 6 | .14685 | | | 5 | .22058 | 7 | .11239 | 24 | .99600 |
| 10 | .07459 | 36 | .99883 | 7 | .21612 | | | 6 | .43716 | 8 | .16459 | 25 | .99825 |
| 11 | .12821 | 42 | 1 | 8 | .36264 | | | 7 | .59161 | 9 | .28746 | 27 | .99975 |
| 12 | .21970 | | | 9 | .53979 | | | 8 | .72647 | 10 | .42258 | 30 | 1 |
| 14 | .28846 | | | 10 | .62371 | | | 9 | .82418 | 11 | .49451 | | |
| 15 | .37762 | | | 11 | .69830 | | | 10 | .90529 | 12 | .62887 | | |
| 16 | .47203 | | | 12 | .80753 | | | 11 | .93886 | 13 | .69505 | | |
| 17 | .56643 | | | 13 | .86081 | | | 12 | .97203 | 14 | .75125 | | |
| 18 | .66725 | | | 14 | .90743 | | | 13 | .98601 | 15 | .82992 | | |
| 21 | .72261 | | | 15 | .93939 | | | 14 | .99401 | 16 | .87488 | | |
| 22 | .78788 | | | 16 | .95738 | | | 15 | .99720 | 17 | .90784 | | |
| 23 | .85315 | | | 17 | .97736 | | | 16 | .99960 | 18 | .93357 | | |
| 24 | .90909 | | | 18 | .99068 | | | 18 | 1 | 19 | .95804 | | |

## Tafel VII-2-1-1 (Fortsetz.)

| (7, 7, h/7) | | (7, 8, h/56) | | (7, 8, h/56) (cont.) | | (7, 9, h/63) | | (7, 9, h/63) (cont.) | | (7, 10, h/70) | | (7, 10, h/70) (cont.) | |
|---|---|---|---|---|---|---|---|---|---|---|---|---|---|
| h | α | h | α | h | α | h | α | h | α | h | α | h | α |
| 1 | .03730 | 7 | .00016 | 28 | .85859 | 8 | .00017 | 29 | .78234 | 8 | .00005 | 29 | .68511 |
| 2 | .42483 | 8 | .00062 | 32 | .88190 | 9 | .00070 | 31 | .83129 | 9 | .00021 | 30 | .71858 |
| 3 | .78788 | 9 | .00249 | 33 | .91298 | 10 | .00280 | 33 | .87325 | 10 | .00082 | 32 | .76743 |
| 4 | .94697 | 10 | .00995 | 34 | .93629 | 11 | .01119 | 35 | .90210 | 11 | .00329 | 33 | .81062 |
| 5 | .99184 | 11 | .02984 | 35 | .96737 | 12 | .02517 | 36 | .92133 | 12 | .00987 | 35 | .84461 |
| 6 | .99942 | 12 | .05221 | 40 | .97576 | 13 | .04476 | 38 | .94493 | 13 | .02221 | 36 | .88348 |
| 7 | 1 | 13 | .08951 | 41 | .98695 | 14 | .07710 | 40 | .96591 | 14 | .03949 | 39 | .91310 |
|  |  | 14 | .15338 | 42 | .99534 | 15 | .12483 | 42 | .97902 | 15 | .06911 | 40 | .92842 |
|  |  | 16 | .18943 | 48 | .99751 | 17 | .17238 | 45 | .98514 | 16 | .10587 | 42 | .94591 |
|  |  | 17 | .26434 | 49 | .99969 | 18 | .22500 | 47 | .99248 | 18 | .14937 | 43 | .96390 |
|  |  | 18 | .33986 | 56 | 1 | 19 | .28636 | 49 | .99720 | 19 | .19616 | 46 | .97830 |
|  |  | 19 | .41538 |  |  | 20 | .35245 | 55 | .99860 | 20 | .24666 | 49 | .98416 |
|  |  | 20 | .49231 |  |  | 21 | .42727 | 56 | .99983 | 21 | .30769 | 50 | .98900 |
|  |  | 21 | .57824 |  |  | 22 | .50122 | 63 | 1 | 22 | .37392 | 53 | .99393 |
|  |  | 24 | .62720 |  |  | 23 | .56976 |  |  | 23 | .43979 | 56 | .99825 |
|  |  | 25 | .65703 |  |  | 26 | .63199 |  |  | 25 | .50273 | 61 | .99918 |
|  |  | 26 | .71795 |  |  | 27 | .67622 |  |  | 26 | .56659 | 63 | .99990 |
|  |  | 27 | .77762 |  |  | 28 | .72990 |  |  | 28 | .62176 | 70 | 1 |

| (8, 8, h/8) | | (8, 9, h/72) | | (8, 9, h/72) (cont.) | | (8, 9, h/72) (cont.) | | (8, 10, h/40) | | (8, 10, h/40) (cont.) | | (8, 10, h/40) (cont.) | |
|---|---|---|---|---|---|---|---|---|---|---|---|---|---|
| h | α | h | α | h | α | h | α | h | α | h | α | h | α |
| 1 | .01989 | 8 | .00004 | 22 | .35985 | 40 | .94406 | 5 | .00037 | 18 | .79633 | 32 | .99918 |
| 2 | .33986 | 9 | .00016 | 23 | .42390 | 45 | .95311 | 6 | .00585 | 19 | .83404 | 35 | .99959 |
| 3 | .71733 | 10 | .00066 | 24 | .49720 | 46 | .96643 | 7 | .02340 | 20 | .87975 | 36 | .99995 |
| 4 | .91298 | 11 | .00263 | 27 | .53970 | 47 | .97976 | 8 | .06913 | 21 | .90123 | 40 | 1 |
| 5 | .98135 | 12 | .01053 | 28 | .59301 | 48 | .98881 | 9 | .10176 | 22 | .92317 |  |  |
| 6 | .99751 | 13 | .02106 | 29 | .64829 | 54 | .99169 | 10 | .17729 | 23 | .95014 |  |  |
| 7 | .99985 | 14 | .03620 | 30 | .70358 | 55 | .99572 | 11 | .27725 | 24 | .96270 |  |  |
| 8 | 1 | 15 | .06203 | 31 | .75755 | 56 | .99860 | 12 | .39760 | 25 | .96974 |  |  |
|  |  | 16 | .10629 | 32 | .80424 | 63 | .99926 | 13 | .45775 | 26 | .97934 |  |  |
|  |  | 18 | .13957 | 36 | .82682 | 64 | .99992 | 14 | .51469 | 27 | .98798 |  |  |
|  |  | 19 | .18326 | 37 | .85767 | 72 | 1 | 15 | .60825 | 28 | .99301 |  |  |
|  |  | 20 | .23990 | 38 | .89058 |  |  | 16 | .67045 | 30 | .99502 |  |  |
|  |  | 21 | .29988 | 39 | .92143 |  |  | 17 | .75246 | 31 | .99758 |  |  |

| (9, 9, h/9) | | (9, 10, h/90) | | (9, 10, h/90) (cont.) | | (9, 10, h/90) (cont.) | | (9, 10, h/90) (cont.) | | (9, 10, h/90) (cont.) | | (10, 10, h/10) | |
|---|---|---|---|---|---|---|---|---|---|---|---|---|---|
| h | α | h | α | h | α | h | α | h | α | h | α | h | α |
| 1 | .01054 | 9 | .00001 | 20 | .09616 | 32 | .55754 | 45 | .91608 | 70 | .99725 | 1 | .00554 |
| 2 | .26989 | 10 | .00004 | 21 | .12626 | 33 | .60742 | 50 | .92537 | 71 | .99864 | 2 | .21307 |
| 3 | .64829 | 11 | .00017 | 22 | .16572 | 34 | .65713 | 51 | .93966 | 72 | .99959 | 3 | .58248 |
| 4 | .87413 | 12 | .00069 | 23 | .21307 | 35 | .70580 | 52 | .95544 | 80 | .99978 | 4 | .83218 |
| 5 | .96643 | 13 | .00277 | 24 | .26042 | 36 | .74847 | 53 | .96564 | 81 | .99998 | 5 | .94755 |
| 6 | .99371 | 14 | .00831 | 25 | .30864 | 40 | .76993 | 54 | .97902 | 90 | 1 | 6 | .98766 |
| 7 | .99926 | 15 | .01455 | 26 | .35336 | 41 | .79970 | 60 | .98236 |  |  | 7 | .99794 |
| 8 | .99996 | 16 | .02494 | 28 | .42493 | 42 | .83218 | 61 | .98766 |  |  | 8 | .99978 |
| 9 | 1 | 17 | .04274 | 30 | .46141 | 43 | .86465 | 62 | .99281 |  |  | 9 | .99999 |
|  |  | 18 | .07323 | 31 | .50783 | 44 | .89442 | 63 | .99630 |  |  | 10 | 1 |

Tafel VII-2-1-1 (Fortsetz.)

| (3, 12, $h/12$) | | (4, 12, $h/12$) | | (4, 16, $h/16$) | | (5, 15, $h/15$) | | (5, 20, $h/20$) | | (6, 12, $h/12$) | | (6, 18, $h/18$) | |
|---|---|---|---|---|---|---|---|---|---|---|---|---|---|
| $h$ | $\alpha$ | $h$ | $\alpha$ | $h$ | $\alpha$ | $h$ | $\alpha$ | $h$ | $\alpha$ | $h$ | $\alpha$ | $h$ | $\alpha$ |
| 2 | .00220 | 5 | .59560 | 2 | .00021 | 6 | .65738 | 2 | .00002 | 1 | .00005 | 7 | .69767 |
| 3 | .05934 | 6 | .78462 | 3 | .01672 | 7 | .79463 | 3 | .00457 | 2 | .03927 | 8 | .81794 |
| 4 | .27473 | 7 | .88791 | 4 | .12900 | 8 | .89048 | 4 | .05882 | 3 | .24036 | 9 | .89899 |
| 5 | .47473 | 8 | .95165 | 5 | .29164 | 9 | .94814 | 5 | .17397 | 4 | .53200 | 10 | .94655 |
| 6 | .66154 | 9 | .98352 | 6 | .47864 | 10 | .97665 | 6 | .33618 | 5 | .74618 | 11 | .97459 |
| 7 | .81099 | 10 | .99451 | 7 | .65243 | 11 | .99123 | 7 | .50941 | 6 | .88537 | 12 | .98908 |
| 8 | .91209 | 11 | .99890 | 8 | .78947 | 12 | .99729 | 8 | .66319 | 7 | .95367 | 13 | .99563 |
| 9 | .95604 | | | 9 | .87203 | 13 | .99923 | 9 | .77216 | 8 | .98513 | | |
| 10 | .98242 | | | 10 | .92983 | | | 10 | .85590 | 9 | .99591 | | |
| 11 | .99560 | | | 11 | .96615 | | | 11 | .91519 | 10 | .99925 | | |
| | | | | 12 | .98555 | | | 12 | .95306 | 11 | .99989 | | |
| | | | | 13 | .99381 | | | 13 | .97470 | | | | |
| | | | | 14 | .99794 | | | 14 | .98769 | | | | |
| | | | | 15 | .99959 | | | 15 | .99466 | | | | |
| | | | | | | | | 16 | .99789 | | | | |
| | | | | | | | | 17 | .99921 | | | | |
| | | | | | | | | 18 | .99977 | | | | |

| (6, 24, $h/24$) | | (7, 14, $h/14$) | | (7, 28, $h/28$) | | (8, 12, $h/24$) | | (8, 16, $h/16$) | | (8, 32, $h/32$) | | (9, 12, $h/36$) | |
|---|---|---|---|---|---|---|---|---|---|---|---|---|---|
| $h$ | $\alpha$ | $h$ | $\alpha$ | $h$ | $\alpha$ | $h$ | $\alpha$ | $h$ | $\alpha$ | $h$ | $\alpha$ | $h$ | $\alpha$ |
| 3 | .00123 | 2 | .01881 | 3 | .00033 | 7 | .40465 | 2 | .00892 | 3 | .00009 | 12 | .57284 |
| 4 | .02632 | 3 | .16511 | 4 | .01162 | 8 | .55223 | 3 | .11232 | 4 | .00508 | 13 | .65542 |
| 5 | .10183 | 4 | .43014 | 5 | .05882 | 9 | .67596 | 4 | .34442 | 5 | .03364 | 14 | .70465 |
| 6 | .23167 | 5 | .65870 | 6 | .15755 | 10 | .78579 | 5 | .57501 | 6 | .10610 | 15 | .79433 |
| 7 | .39022 | 6 | .82383 | 7 | .29497 | 11 | .85044 | 6 | .76578 | 7 | .22079 | 16 | .84105 |
| 8 | .54651 | 7 | .91730 | 8 | .44440 | 12 | .90933 | 7 | .87443 | 8 | .35783 | 17 | .88617 |
| 9 | .67067 | 8 | .96687 | 9 | .57474 | 13 | .94434 | 8 | .94207 | 9 | .48770 | 18 | .92151 |
| 10 | .77301 | 9 | .98822 | 10 | .68883 | 14 | .96801 | 9 | .97576 | 10 | .60778 | 19 | .93937 |
| 11 | .85137 | 10 | .99661 | 11 | .78160 | 15 | .98179 | 10 | .99124 | 11 | .71051 | 20 | .95856 |
| 12 | .90678 | 11 | .99917 | 12 | .85191 | 16 | .99138 | 11 | .99720 | 12 | .79265 | 21 | .97396 |
| 13 | .94311 | 12 | .99986 | 13 | .90208 | 17 | .99524 | 12 | .99927 | 13 | .85487 | 22 | .98204 |
| 14 | .96738 | 13 | .99998 | 14 | .93811 | 18 | .99802 | 13 | .99984 | 14 | .90198 | 23 | .98803 |
| 15 | .98242 | | | 15 | .96254 | 19 | .99913 | 14 | .99998 | 15 | .93600 | 24 | .99281 |
| 16 | .99101 | | | 16 | .97818 | 20 | .99968 | 15 | 1.00000 | 16 | .95948 | 25 | .99538 |
| 17 | .99562 | | | 17 | .98775 | 21 | .99986 | 16 | 1.00000 | 17 | .97512 | 26 | .99752 |
| 18 | .99806 | | | 18 | .99351 | | | | | 18 | .98534 | 27 | .99857 |
| 19 | .99923 | | | 19 | .99675 | | | | | 19 | .99170 | 28 | .99901 |
| 20 | .99972 | | | 20 | .99846 | | | | | 20 | .99547 | 29 | .99956 |
| | | | | | | | | | | | | 30 | .99986 |

Tafel VII-2-1-1 (Fortsetz.)

| (9, 15, $h$/45) | | (9, 18, $h$/18) | | (9, 36, $h$/36) | | (10, 15, $h$/30) | | (10, 20, $h$/20) | | (10, 40, $h$/40) | | (12, 15, $h$/60) | |
|---|---|---|---|---|---|---|---|---|---|---|---|---|---|
| $h$ | $\alpha$ | $h$ | $\alpha$ | $h$ | $\alpha$ | $h$ | $\alpha$ | $h$ | $\alpha$ | $h$ | $\alpha$ | $h$ | $\alpha$ |
| 14 | .51355 | 2 | .00420 | 3 | .00002 | 8 | .40712 | 2 | .00020 | 3 | .00001 | 21 | .72675 |
| 15 | .60637 | 3 | .07584 | 4 | .00220 | 9 | .53773 | 3 | .05090 | 4 | .00095 | 22 | .76664 |
| 16 | .67583 | 4 | .27372 | 5 | .01910 | 10 | .66165 | 4 | .21624 | 5 | .01078 | 23 | .81761 |
| 17 | .73473 | 5 | .49960 | 6 | .07091 | 11 | .74789 | 5 | .43090 | 6 | .04711 | 24 | .84921 |
| 18 | .78605 | 6 | .69439 | 7 | .16403 | 12 | .82837 | 6 | .63135 | 7 | .12214 | 25 | .87374 |
| 19 | .83420 | 7 | .82756 | 8 | .28596 | 13 | .88189 | 7 | .77861 | 8 | .22717 | 26 | .89897 |
| 20 | .86713 | 8 | .91206 | 9 | .41073 | 14 | .92260 | 8 | .87819 | 9 | .34383 | 27 | .92166 |
| 21 | .89937 | 9 | .95874 | 10 | .53221 | 15 | .95017 | 9 | .93771 | 10 | .46325 | 28 | .93902 |
| 22 | .92671 | 10 | .98270 | 11 | .64099 | 16 | .97042 | 10 | .97095 | 11 | .57482 | 29 | .94928 |
| 23 | .94103 | 11 | .99344 | 12 | .73196 | 17 | .98187 | 11 | .98755 | 12 | .67187 | 30 | .96020 |
| 24 | .95820 | 12 | .99783 | 13 | .80416 | 18 | .98997 | 12 | .99520 | 13 | .75196 | 31 | .97033 |
| 25 | .97027 | 13 | .99937 | 14 | .86114 | 19 | .99449 | 13 | .99833 | 14 | .81737 | 32 | .97813 |
| 26 | .97769 | 14 | .99985 | 15 | .90427 | 20 | .99717 | 14 | .99949 | 15 | .86877 | 33 | .98297 |
| 27 | .98515 | 15 | .99997 | 16 | .93569 | 21 | .99853 | 15 | .99986 | 16 | .90780 | 34 | .98692 |
| 28 | .98962 |   |   | 17 | .95790 |   |   | 16 | .99997 | 17 | .93668 | 35 | .99045 |
| 29 | .99272 |   |   | 18 | .97333 |   |   |   |   | 18 | .95767 | 36 | .99317 |
| 30 | .99448 |   |   | 19 | .98362 |   |   |   |   | 19 | .97242 | 37 | .99494 |
| 31 | .99637 |   |   | 20 | .99024 |   |   |   |   | 20 | .98249 | 38 | .99650 |
| 32 | .99731 |   |   |   |   |   |   |   |   |   |   | 39 | .99754 |
| 33 | .99799 |   |   |   |   |   |   |   |   |   |   | 40 | .99824 |
| 34 | .99864 |   |   |   |   |   |   |   |   |   |   | 41 | .99870 |

| (12, 16, $h$/48) | | (12, 18, $h$/36) | | (12, 20, $h$/60) | | (15, 20, $h$/60) | | (16, 20, $h$/80) | |
|---|---|---|---|---|---|---|---|---|---|
| $h$ | $\alpha$ | $h$ | $\alpha$ | $h$ | $\alpha$ | $h$ | $\alpha$ | $h$ | $\alpha$ |
| 14 | .53765 | 9 | .41949 | 16 | .49357 | 16 | .56529 | 25 | .74728 |
| 15 | .63564 | 10 | .54635 | 17 | .56236 | 17 | .63688 | 26 | .78477 |
| 16 | .70027 | 11 | .64503 | 18 | .62623 | 18 | .70099 | 27 | .81939 |
| 17 | .76291 | 12 | .73908 | 19 | .68783 | 19 | .74983 | 28 | .84849 |
| 18 | .81604 | 13 | .80850 | 20 | .73647 | 20 | .79723 | 29 | .87017 |
| 19 | .85183 | 14 | .86428 | 21 | .78375 | 21 | .83880 | 30 | .89148 |
| 20 | .88682 | 15 | .90549 | 22 | .82582 | 22 | .87092 | 31 | .91112 |
| 21 | .91630 | 16 | .93737 | 23 | .85490 | 23 | .89808 | 32 | .92759 |
| 22 | .93670 | 17 | .95829 | 24 | .88521 | 24 | .92103 | 33 | .94026 |
| 23 | .95309 | 18 | .97374 | 25 | .90937 | 25 | .93891 | 34 | .95111 |
| 24 | .96637 | 19 | .98371 | 26 | .92760 | 26 | .95393 | 35 | .96069 |
| 25 | .97573 | 20 | .99029 | 27 | .94447 | 27 | .96528 | 36 | .96864 |
| 26 | .98335 | 21 | .99429 | 28 | .95708 | 28 | .97389 | 37 | .97489 |
| 27 | .98848 |   |   | 29 | .96699 | 29 | .98044 | 38 | .98032 |
| 28 | .99190 |   |   | 30 | .97431 | 30 | .98586 | 39 | .98458 |
| 29 | .99423 |   |   | 31 | .98093 | 31 | .99007 | 40 | .98790 |
| 30 | .99624 |   |   | 32 | .98554 |   |   | 41 | .99051 |
| 31 | .99775 |   |   | 33 | .98915 |   |   |   |   |
|   |   |   |   | 34 | .99216 |   |   |   |   |

**Tafel VII-2-1-2**

Der Kolmogoroff-Smirnov-Omnibustest für $N_1 = N_2 = n$

Entnommen via OWEN, D. B. (1962, Table 15.4) aus BIRNBAUM, Z. W. and R. A. HALL: Small sample distributions for multisample statistics of the Smirnov type. Ann. Math. Stat. 31 (1960), 710–720, mit freundlicher Genehmigung der Verfasser und des Herausgebers.

Die Tafel enthält die Unterschreitungswahrscheinlichkeiten $\underline{P}$ der Prüfgröße k = nD für gleiche Stichprobenumfänge zu je n Meßwerten für n = 1(1)40. Um die Überschreitungswahrscheinlichkeit P zu ermitteln, liest man P(k*) für das nächstkleinere k ab und subtrahiert den abgelesenen $\underline{P}$-Wert von 1. Die Tafel enthält alle möglichen Werte von k.

*Ablesebeispiel:* Ergibt sich für die Treppenfunktionen zweier Stichproben zu je n = 12 Meßwerten ein k = 7, so ist $\underline{P}(6) = 0{,}968563$ und $P = 1 - 0{,}968563 = 0{,}031437$, womit $H_0$ (gleiche Populationsverteilung) bei $\alpha = 0{,}05$ zu verwerfen ist.

| k | 1 | 2 | 3 | 4 | 5 | 6 |
|---|---|---|---|---|---|---|
| 1 | 1.000000 | 0.666666 | 0.400000 | 0.228571 | 0.126984 | 0.069264 |
| 2 |          | 1.000000 | 0.900000 | 0.771428 | 0.642857 | 0.525974 |
| 3 |          |          | 1.000000 | 0.971428 | 0.920634 | 0.857142 |
| 4 |          |          |          | 1.000000 | 0.992063 | 0.974025 |
| 5 |          |          |          |          | 1.000000 | 0.997835 |
| 6 |          |          |          |          |          | 1.000000 |

| k | 7 | 8 | 9 | 10 | 11 | 12 |
|---|---|---|---|---|---|---|
| 1 | 0.037296 | 0.019891 | 0.010530 | 0.005542 | 0.002903 | 0.001514 |
| 2 | 0.424825 | 0.339860 | 0.269888 | 0.213070 | 0.167412 | 0.131018 |
| 3 | 0.787878 | 0.717327 | 0.648292 | 0.582476 | 0.520849 | 0.463902 |
| 4 | 0.946969 | 0.912975 | 0.874125 | 0.832178 | 0.788523 | 0.744224 |
| 5 | 0.991841 | 0.981351 | 0.966433 | 0.947552 | 0.925339 | 0.900453 |
| 6 | 0.999417 | 0.997513 | 0.993706 | 0.987659 | 0.979260 | 0.968563 |
| 7 | 1.000000 | 0.999844 | 0.999259 | 0.997943 | 0.995633 | 0.992140 |
| 8 |          | 1.000000 | 0.999958 | 0.999783 | 0.999345 | 0.998503 |
| 9 |          |          | 1.000000 | 0.999989 | 0.999937 | 0.999795 |
| 10 |         |          |          | 1.000000 | 0.999997 | 0.999982 |
| 11 |         |          |          |          | 1.000000 | 0.999999 |
| 12 |         |          |          |          |          | 1.000000 |

Tafel VII-2-1-2 (Fortsetz.)

| k | n=13 | 14 | 15 | 16 | 17 | 18 |
|---|---|---|---|---|---|---|
| 1  | 0.000787 | 0.000408 | 0.000211 | 0.000109 | 0.000056 | 0.000028 |
| 2  | 0.102194 | 0.079484 | 0.061668 | 0.047743 | 0.036892 | 0.028460 |
| 3  | 0.411803 | 0.364515 | 0.321861 | 0.283588 | 0.249392 | 0.218952 |
| 4  | 0.700079 | 0.656679 | 0.614453 | 0.573706 | 0.534647 | 0.497409 |
| 5  | 0.873512 | 0.845065 | 0.815583 | 0.785465 | 0.755040 | 0.724581 |
| 6  | 0.955727 | 0.940970 | 0.924535 | 0.906673 | 0.887622 | 0.867606 |
| 7  | 0.987350 | 0.981217 | 0.973751 | 0.965002 | 0.955047 | 0.943981 |
| 8  | 0.997125 | 0.995100 | 0.992344 | 0.988800 | 0.984439 | 0.979252 |
| 9  | 0.999500 | 0.998979 | 0.998162 | 0.996984 | 0.995389 | 0.993331 |
| 10 | 0.999937 | 0.999836 | 0.999646 | 0.999329 | 0.998847 | 0.998160 |
| 11 | 0.999995 | 0.999981 | 0.999947 | 0.999880 | 0.999761 | 0.999570 |
| 12 | 0.999999 | 0.999998 | 0.999994 | 0.999983 | 0.999960 | 0.999916 |
| 13 | 1.000000 | 1.000000 | 0.999999 | 0.999998 | 0.999994 | 0.999987 |
| 14 |          | 1.000000 | 1.000000 | 1.000000 | 0.999999 | 0.999998 |
| 15 |          |          | 1.000000 | 1.000000 | 1.000000 | 0.999999 |
| 16 |          |          |          | 1.000000 | 1.000000 | 1.000000 |
| 17 |          |          |          |          | 1.000000 | 1.000000 |
| 18 |          |          |          |          |          | 1.000000 |

| k | n=19 | 20 | 21 | 22 | 23 | 24 |
|---|---|---|---|---|---|---|
| 1  | 0.000014 | 0.000007 | 0.000003 | 0.000001 | 0.000001 | 0.000000 |
| 2  | 0.021922 | 0.016863 | 0.012955 | 0.009942 | 0.007622 | 0.005838 |
| 3  | 0.191938 | 0.168030 | 0.146921 | 0.128321 | 0.111963 | 0.097599 |
| 4  | 0.462071 | 0.428664 | 0.397187 | 0.367613 | 0.339899 | 0.313982 |
| 5  | 0.694310 | 0.664409 | 0.635020 | 0.606260 | 0.578218 | 0.550963 |
| 6  | 0.846826 | 0.825466 | 0.803687 | 0.781631 | 0.759421 | 0.737166 |
| 7  | 0.931910 | 0.918942 | 0.905183 | 0.890738 | 0.875705 | 0.860177 |
| 8  | 0.973250 | 0.966458 | 0.958911 | 0.950653 | 0.941731 | 0.932196 |
| 9  | 0.990776 | 0.987701 | 0.984094 | 0.979952 | 0.975279 | 0.970086 |
| 10 | 0.997232 | 0.996032 | 0.994532 | 0.992710 | 0.990548 | 0.988034 |
| 11 | 0.999285 | 0.998884 | 0.998343 | 0.997641 | 0.996759 | 0.995679 |
| 12 | 0.999843 | 0.999729 | 0.999561 | 0.999326 | 0.999009 | 0.998598 |
| 13 | 0.999971 | 0.999944 | 0.999899 | 0.999831 | 0.999732 | 0.999594 |
| 14 | 0.999995 | 0.999990 | 0.999980 | 0.999963 | 0.999936 | 0.999895 |
| 15 | 0.999999 | 0.999998 | 0.999996 | 0.999993 | 0.999986 | 0.999976 |
| 16 | 0.999999 | 0.999999 | 0.999999 | 0.999998 | 0.999997 | 0.999995 |
| 17 | 1.000000 | 1.000000 | 1.000000 | 0.999999 | 0.999999 | 0.999999 |
| 18 | 1.000000 | 1.000000 | 1.000000 | 1.000000 | 1.000000 | 0.999999 |
| 19 | 1.000000 | 1.000000 | 1.000000 | 1.000000 | 1.000000 | 1.000000 |
| 20 |          | 1.000000 | 1.000000 | 1.000000 | 1.000000 | 1.000000 |

| k | n=25 | n=26 | n=27 | n=28 | n=29 | n=30 |
|---|---|---|---|---|---|---|
| 1 | 0.000000 | 0.000000 | 0.000000 | 0.000000 | 0.000000 | 0.000000 |
| 2 | 0.004468 | 0.003417 | 0.002611 | 0.001993 | 0.001521 | 0.001160 |
| 3 | 0.085006 | 0.073980 | 0.064337 | 0.055914 | 0.048563 | 0.042153 |
| 4 | 0.289796 | 0.267262 | 0.246302 | 0.226833 | 0.208772 | 0.192036 |
| 5 | 0.524546 | 0.499004 | 0.474362 | 0.450633 | 0.427822 | 0.405929 |
| 6 | 0.714957 | 0.692876 | 0.670992 | 0.649361 | 0.628035 | 0.607054 |
| 7 | 0.844239 | 0.827971 | 0.811443 | 0.794721 | 0.777865 | 0.760926 |
| 8 | 0.922101 | 0.911498 | 0.900437 | 0.888969 | 0.877140 | 0.864996 |
| 9 | 0.964388 | 0.958206 | 0.951561 | 0.944480 | 0.936988 | 0.929112 |
| 10 | 0.985162 | 0.981927 | 0.978330 | 0.974375 | 0.970069 | 0.965419 |
| 11 | 0.994385 | 0.992865 | 0.991109 | 0.989109 | 0.986859 | 0.984356 |
| 12 | 0.998079 | 0.997439 | 0.996666 | 0.995750 | 0.994681 | 0.993451 |
| 13 | 0.999409 | 0.999167 | 0.998861 | 0.998482 | 0.998020 | 0.997469 |
| 14 | 0.999837 | 0.999756 | 0.999647 | 0.999505 | 0.999325 | 0.999100 |
| 15 | 0.999960 | 0.999936 | 0.999901 | 0.999853 | 0.999790 | 0.999706 |
| 16 | 0.999991 | 0.999985 | 0.999975 | 0.999961 | 0.999940 | 0.999912 |
| 17 | 0.999998 | 0.999996 | 0.999994 | 0.999990 | 0.999984 | 0.999976 |
| 18 | 0.999999 | 0.999999 | 0.999998 | 0.999998 | 0.999996 | 0.999994 |
| 19 | 0.999999 | 0.999999 | 0.999999 | 0.999999 | 0.999999 | 0.999998 |
| 20 | 1.000000 | 1.000000 | 0.999999 | 0.999999 | 0.999999 | 0.999999 |

| k | n=31 | n=32 | n=34 | n=36 | n=38 | n=40 |
|---|---|---|---|---|---|---|
| 1 | 0.000000 | 0.000000 | 0.000000 | 0.000000 | 0.000000 | 0.000000 |
| 2 | 0.000884 | 0.000674 | 0.000390 | 0.000226 | 0.000130 | 0.000075 |
| 3 | 0.036570 | 0.031710 | 0.023808 | 0.017844 | 0.013354 | 0.009980 |
| 4 | 0.176546 | 0.162222 | 0.136773 | 0.115119 | 0.096746 | 0.081194 |
| 5 | 0.384946 | 0.364860 | 0.327315 | 0.293133 | 0.262120 | 0.234068 |
| 6 | 0.586454 | 0.566263 | 0.527197 | 0.489989 | 0.454713 | 0.421399 |
| 7 | 0.743954 | 0.726991 | 0.693241 | 0.659934 | 0.627272 | 0.595412 |
| 8 | 0.852579 | 0.839930 | 0.814080 | 0.787713 | 0.761059 | 0.734312 |
| 9 | 0.920879 | 0.912317 | 0.894313 | 0.875305 | 0.855485 | 0.835027 |
| 10 | 0.960438 | 0.955137 | 0.943629 | 0.931011 | 0.917402 | 0.902925 |
| 11 | 0.981599 | 0.978588 | 0.971814 | 0.964067 | 0.955395 | 0.945858 |
| 12 | 0.992054 | 0.990483 | 0.986806 | 0.982400 | 0.977260 | 0.971396 |
| 13 | 0.996821 | 0.996069 | 0.994228 | 0.991904 | 0.989067 | 0.985698 |
| 14 | 0.998825 | 0.998494 | 0.997644 | 0.996507 | 0.995049 | 0.993239 |
| 15 | 0.999600 | 0.999466 | 0.999104 | 0.998589 | 0.997891 | 0.996981 |
| 16 | 0.999875 | 0.999825 | 0.999683 | 0.999467 | 0.999156 | 0.998729 |
| 17 | 0.999964 | 0.999947 | 0.999896 | 0.999812 | 0.999683 | 0.999496 |
| 18 | 0.999990 | 0.999985 | 0.999968 | 0.999938 | 0.999888 | 0.999812 |
| 19 | 0.999997 | 0.999996 | 0.999991 | 0.999981 | 0.999963 | 0.999934 |
| 20 | 0.999999 | 0.999999 | 0.999997 | 0.999994 | 0.999988 | 0.999978 |

**Tafel VII-2-1-3**

Der asymptotische KOLMOGOROFF-SMIRNOV-Test

Entnommen via OWEN, D. B. (1962, Table 15.6) aus SMIRNOV, N. V.: Table for estimating the goodness of fit for empirical distributions. Ann. Math. Stat. 19 (1948), 278−281, mit freundlicher Genehmigung des Verfassers und des Herausgebers.

Die Tafel enthält die zur normierten Prüfgröße K gebundenen Unterschreitungswahrscheinlichkeiten P̱ für K = 0,28(0,01)3,00. Um die Überschreitungswahrscheinlichkeiten P zu ermitteln, liest man P̱(K) für das beobachtete (nicht für das nächstkleinere) K ab und subtrahiert den abgelesenen P̱-Wert von 1. Für K-Werte, die auf 3 Dezimalstellen genau berechnet wurden (was nur bei großen $N_1$ und $N_2$ sinnvoll ist), interpoliert man − der Einfachheit halber − linear.

*Ablesebeispiel:* Für ein beobachtetes K = 1,22 ergibt sich ein P̱ = 0,898104, so daß P = 1 − 0,898104 = 0,101896 ≈ 10 %.

| K | P | K | P | K | P | K | P |
|---|---|---|---|---|---|---|---|
| 0.28 | 0.000001 | 0.73 | 0.339113 | 1.18 | 0.876548 | 1.76 | 0.995922 |
| 0.29 | 0.000004 | 0.74 | 0.355981 | 1.19 | 0.882258 | 1.78 | 0.996460 |
| 0.30 | 0.000009 | 0.75 | 0.372833 | 1.20 | 0.887750 | 1.80 | 0.996932 |
| 0.31 | 0.000021 | 0.76 | 0.389640 | 1.21 | 0.893030 | 1.82 | 0.997346 |
| 0.32 | 0.000046 | 0.77 | 0.406372 | 1.22 | 0.898104 | 1.84 | 0.997707 |
| 0.33 | 0.000091 | 0.78 | 0.423002 | 1.23 | 0.902972 | 1.86 | 0.998023 |
| 0.34 | 0.000171 | 0.79 | 0.439505 | 1.24 | 0.907648 | 1.88 | 0.998297 |
| 0.35 | 0.000303 | 0.80 | 0.455857 | 1.25 | 0.912132 | 1.90 | 0.998536 |
| 0.36 | 0.000511 | 0.81 | 0.472041 | 1.26 | 0.916432 | 1.92 | 0.998744 |
| 0.37 | 0.000826 | 0.82 | 0.488030 | 1.27 | 0.920556 | 1.94 | 0.998924 |
| 0.38 | 0.001285 | 0.83 | 0.503808 | 1.28 | 0.924505 | 1.96 | 0.999079 |
| 0.39 | 0.001929 | 0.84 | 0.519366 | 1.29 | 0.928288 | 1.98 | 0.999213 |
| 0.40 | 0.002808 | 0.85 | 0.534682 | 1.30 | 0.931908 | 2.00 | 0.999329 |
| 0.41 | 0.003972 | 0.86 | 0.549744 | 1.31 | 0.935370 | 2.02 | 0.999428 |
| 0.42 | 0.005476 | 0.87 | 0.564546 | 1.32 | 0.938682 | 2.04 | 0.999516 |
| 0.43 | 0.007377 | 0.88 | 0.579070 | 1.33 | 0.941848 | 2.06 | 0.999588 |
| 0.44 | 0.009730 | 0.89 | 0.593316 | 1.34 | 0.944872 | 2.08 | 0.999650 |
| 0.45 | 0.012590 | 0.90 | 0.607270 | 1.35 | 0.947756 | 2.10 | 0.999705 |
| 0.46 | 0.016005 | 0.91 | 0.620928 | 1.36 | 0.950512 | 2.12 | 0.999750 |
| 0.47 | 0.020022 | 0.92 | 0.634286 | 1.37 | 0.953142 | 2.14 | 0.999790 |
| 0.48 | 0.024682 | 0.93 | 0.647338 | 1.38 | 0.955650 | 2.16 | 0.999822 |
| 0.49 | 0.030017 | 0.94 | 0.660082 | 1.39 | 0.958040 | 2.18 | 0.999852 |
| 0.50 | 0.036055 | 0.95 | 0.672516 | 1.40 | 0.960318 | 2.20 | 0.999874 |
| 0.51 | 0.042814 | 0.96 | 0.684636 | 1.41 | 0.962486 | 2.22 | 0.999896 |
| 0.52 | 0.050306 | 0.97 | 0.696444 | 1.42 | 0.964552 | 2.24 | 0.999912 |
| 0.53 | 0.058534 | 0.98 | 0.707940 | 1.43 | 0.966516 | 2.26 | 0.999926 |
| 0.54 | 0.067497 | 0.99 | 0.719126 | 1.44 | 0.968382 | 2.28 | 0.999940 |
| 0.55 | 0.077183 | 1.00 | 0.730000 | 1.45 | 0.970158 | 2.30 | 0.999949 |
| 0.56 | 0.087577 | 1.01 | 0.740566 | 1.46 | 0.971846 | 2.32 | 0.999958 |
| 0.57 | 0.098656 | 1.02 | 0.750826 | 1.47 | 0.973448 | 2.34 | 0.999965 |
| 0.58 | 0.110395 | 1.03 | 0.760780 | 1.48 | 0.974970 | 2.36 | 0.999970 |
| 0.59 | 0.122760 | 1.04 | 0.770434 | 1.49 | 0.976412 | 2.38 | 0.999976 |
| 0.60 | 0.135718 | 1.05 | 0.779794 | 1.50 | 0.977782 | 2.40 | 0.999980 |
| 0.61 | 0.149229 | 1.06 | 0.788860 | 1.52 | 0.980310 | 2.42 | 0.999984 |
| 0.62 | 0.163225 | 1.07 | 0.797636 | 1.54 | 0.982578 | 2.44 | 0.999987 |
| 0.63 | 0.177753 | 1.08 | 0.806128 | 1.56 | 0.984610 | 2.46 | 0.999989 |
| 0.64 | 0.192677 | 1.09 | 0.814342 | 1.58 | 0.986426 | 2.48 | 0.999991 |
| 0.65 | 0.207987 | 1.10 | 0.822282 | 1.60 | 0.988048 | 2.50 | 0.999 9925 |
| 0.66 | 0.223637 | 1.11 | 0.829950 | 1.62 | 0.989492 | 2.55 | 0.999 9956 |
| 0.67 | 0.239582 | 1.12 | 0.837356 | 1.64 | 0.990777 | 2.60 | 0.999 9974 |
| 0.68 | 0.255780 | 1.13 | 0.844502 | 1.66 | 0.991917 | 2.65 | 0.999 9984 |
| 0.69 | 0.272189 | 1.14 | 0.851394 | 1.68 | 0.992928 | 2.70 | 0.999 9990 |
| 0.70 | 0.288765 | 1.15 | 0.858038 | 1.70 | 0.993823 | 2.80 | 0.999 9997 |
| 0.71 | 0.305471 | 1.16 | 0.864442 | 1.72 | 0.994612 | 2.90 | 0.999 99990 |
| 0.72 | 0.322265 | 1.17 | 0.870612 | 1.74 | 0.995309 | 3.00 | 0.999 99997 |

## Tafel VII-2-1-4

TSAOS gestutzter KSO-Test

Adaptiert aus TSAO, C. K.: An extension of Massey's distribution of the maximum deviation between two cumulative step functions. Ann. Math. Stat. 25(1954), 687–702, Table II, mit freundlicher Genehmigung des Verfassers und des Herausgebers.

Die Tafel enthält die Überschreitungswahrscheinlichkeiten $P \leqslant 0.1$ für den Maximalabstand $k_r = 4(1)13$ der Treppenkurven zweier unabhängiger Stichproben mit je $N_1 = N_2 = n = 4(1)10, 15, 20, 30, 40$ Meßwertträgern bei Stützung auf die $r = 2(1)10$ niedrigsten Meßwerte der einen *oder* anderen Stichprobe. Null und Komma sind weggelassen, die Zahl der Nullen hinter dem Komma durch Hochstellung angegeben, z.B. $P = 0^4 3 = 0.00003$.

*Ablesebeispiel:* Hat man vereinbart, einen Versuch mit n = 10 Individuen je Stichprobe höchstens solange fortzusetzen, bis jede Stichprobe mindestens r = 4 Beobachtungen geliefert hat, und zeigt sich nach Erfüllung dieser Bedingung ein Maximalabstand zwischen den beiden (unvollständigen) Treppenkurven von $k_4 = 7$, dann sind die beiden Populationen unterschiedlich verteilt, denn $P = 0,048 < \alpha = 0,05$.

Tafel VII-2-1-4 (Fortsetz.)

| n | r | $k_c$ | 4 | 5 | 6 | 7 | 8 | 9 | 10 | 11 | 12 | 13 |
|---|---|---|---|---|---|---|---|---|---|---|---|---|
| 4 | 2–3 | | 029 | | | | | | | | | |
| 5 | 2–4 | | 080 | 008 | | | | | | | | |
| 6 | 2–5 | | | 026 | 003 | | | | | | | |
| 7 | 2 | | | 042 | 009 | $0^3 6$ | | | | | | |
|   | 3–6 | | | 053 | 009 | $0^3 6$ | | | | | | |
| 8 | 2 | | | | 054 | 015 | 003 | $0^3 2$ | | | | |
|   | 3 | | | | 076 | 019 | 003 | $0^3 2$ | | | | |
|   | 4–7 | | | | 087 | 019 | 003 | $0^3 2$ | | | | |
| 9 | 2 | | | | 064 | 030 | 005 | $0^3 7$ | | | | |
|   | 3–8 | | | | 093 | 039 | 007 | $0^3 7$ | | | | |
| 10 | 2 | | | | 072 | 026 | 008 | 002 | $0^3 3$ | $0^4 1$ | | |
|   | 3 | | | | | 039 | 011 | 002 | $0^3 3$ | $0^4 1$ | | |
|   | 4 | | | | | 048 | 013 | 002 | $0^3 3$ | $0^4 1$ | | |
|   | 5–9 | | | | | 053 | 013 | 002 | $0^3 3$ | $0^4 1$ | | |
| 15 | 2 | | | | | 042 | 017 | 007 | 002 | $0^3 6$ | $0^3 2$ | $0^4 3$ |
|   | 3 | | | | | 069 | 029 | 011 | 004 | 001 | $0^3 3$ | $0^4 5$ |
|   | 4 | | | | | 095 | 042 | 016 | 006 | 002 | $0^3 4$ | $0^4 5$ |
|   | 5 | | | | | | 053 | 020 | 007 | 002 | $0^3 4$ | $0^4 5$ |
|   | 6 | | | | | | 062 | 024 | 008 | 002 | $0^3 4$ | $0^4 5$ |
|   | 7 | | | | | | 069 | 026 | 008 | 002 | $0^3 4$ | $0^4 5$ |
|   | 8 | | | | | | 074 | 027 | 008 | 002 | $0^3 4$ | $0^4 5$ |
|   | 9–10 | | | | | | 076 | 027 | 008 | 002 | $0^3 4$ | $0^4 5$ |
| 20 | 2 | | | | | 050 | 022 | 010 | 004 | 002 | $0^3 5$ | $0^3 2$ |
|   | 3 | | | | | 084 | 040 | 018 | 008 | 003 | 001 | $0^3 4$ |
|   | 4 | | | | | | 059 | 028 | 012 | 005 | 002 | $0^3 6$ |
|   | 5 | | | | | | 078 | 038 | 017 | 007 | 003 | $0^3 8$ |
|   | 6 | | | | | | 096 | 045 | 020 | 009 | 003 | 001 |
|   | 7 | | | | $P > 0,10$ | | | 054 | 025 | 010 | 004 | 002 |
|   | 8 | | | | | | | 063 | 028 | 011 | 004 | 002 |
|   | 9 | | | | | | | 070 | 030 | 012 | 004 | 002 |
|   | 10 | | | | | | | 075 | 033 | 012 | 004 | 002 |
| 30 | 2 | | | | | 060 | 029 | 014 | 007 | 003 | 002 | $0^3 5$ |
|   | 3 | | | | | 100 | 052 | 027 | 013 | 006 | 003 | 002 |
|   | 4 | | | | | | 078 | 041 | 021 | 010 | 005 | 003 |
|   | 5 | | | | | | | 057 | 030 | 015 | 007 | 004 |
|   | 6 | | | | | | | 073 | 040 | 020 | 010 | 005 |
|   | 7 | | | | | | | 090 | 049 | 026 | 013 | 006 |
|   | 8 | | | | | | | | 059 | 032 | 016 | 008 |
|   | 9 | | | | | | | | 069 | 037 | 019 | 009 |
|   | 10 | | | | | | | | 097 | 043 | 022 | 011 |
| 40 | 2 | | | | | 065 | 033 | 016 | 008 | 004 | 002 | 001 |
|   | 3 | | | | | | 059 | 031 | 016 | 008 | 004 | 002 |
|   | 4 | | | | | | 087 | 048 | 026 | 014 | 007 | 004 |
|   | 5 | | | | | | | 067 | 037 | 020 | 011 | 006 |
|   | 6 | | | | | | | 087 | 050 | 028 | 015 | 008 |
|   | 7 | | | | | | | | 063 | 036 | 020 | 011 |
|   | 8 | | | | | | | | 076 | 044 | 025 | 014 |
|   | 9 | | | | | | | | 089 | 052 | 030 | 016 |
|   | 10 | | | | | | | | | 062 | 036 | 020 |

## Tafel VII-2-2

Der KOLMOGOROFF-SMIRNOV-Lokationstest (KSL-Test)
Entnommen via BRADLEY, J. V. (1968, Table XII) aus BIRNBAUM, Z. W. and R. A. HALL: Small sample distribution for multisample statistics of the Smirnov type. Ann. Math. Stat. 31(1960), 710–720, mit freundlicher Genehmigung der Verfasser und des Herausgebers.

Die Tafel enthält die einseitigen, für die konventionellen Signifikanzstufen tabellierten Überschreitungswahrscheinlichkeiten P (in Parenthese) zu den in der Ablehnungsregion der Prüfverteilung liegenden Werten der Prüfgröße $k^+$ für gleichgroße Stichprobenumfänge von $N_1 = N_2 = n = 3(1)40$.

*Ablesebeispiel:* Zeigen 2 unabhängige Stichproben zu n = 15 Beobachtungen bzw. deren Treppenkurven einen Maximalabstand von $k^+ = 8$, so kommt diesem $k^+$-Wert unter $H_0$ ein P-Wert von 0,01312 zu, wenn die Richtung des Unterschiedes unter $H_1$ spezifiziert und durch das Ergebnis bekräftigt wurde.

| n  | 5%       | 2,5%     | 1%       | α 0,5%   | 0,1%     | 0,05%    |
|----|----------|----------|----------|----------|----------|----------|
| 3  | 3        | —        | —        | —        | —        | —        |
|    | (.05000) |          |          |          |          |          |
| 4  | 4        | 4        | —        | —        | —        | —        |
|    | (.01429) | (.01429) |          |          |          |          |
| 5  | 4        | 5        | 5        | 5        | —        | —        |
|    | (.03968) | (.00397) | (.00397) | (.00397) |          |          |
| 6  | 5        | 5        | 6        | 6        | —        | —        |
|    | (.01299) | (.01299) | (.00108) | (.00108) |          |          |
| 7  | 5        | 6        | 6        | 6        | 7        | 7        |
|    | (.02652) | (.00408) | (.00408) | (.00408) | (.00029) | (.00029) |
| 8  | 5        | 6        | 6        | 7        | 8        | 8        |
|    | (.04351) | (.00932) | (.00932) | (.00124) | (.00008) | (.00008) |
| 9  | 6        | 6        | 7        | 7        | 8        | 8        |
|    | (.01678) | (.01678) | (.00315) | (.00315) | (.00037) | (.00037) |
| 10 | 6        | 7        | 7        | 8        | 9        | 9        |
|    | (.02622) | (.00617) | (.00617) | (.00103) | (.00011) | (.00011) |
| 11 | 6        | 7        | 8        | 8        | 9        | 9        |
|    | (.03733) | (.01037) | (.00218) | (.00218) | (.00033) | (.00033) |
| 12 | 6        | 7        | 8        | 8        | 9        | 10       |
|    | (.04977) | (.01572) | (.00393) | (.00393) | (.00075) | (.00010) |
| 13 | 7        | 7        | 8        | 9        | 10       | 10       |
|    | (.02214) | (.02214) | (.00633) | (.00144) | (.00025) | (.00025) |
| 14 | 7        | 8        | 8        | 9        | 10       | 11       |
|    | (.02952) | (.00939) | (.00939) | (.00245) | (.00051) | (.00008) |
| 15 | 7        | 8        | 9        | 9        | 10       | 11       |
|    | (.03773) | (.01312) | (.00383) | (.00383) | (.00092) | (.00018) |
| 16 | 7        | 8        | 9        | 10       | 11       | 11       |
|    | (.04666) | (.01750) | (.00560) | (.00151) | (.00034) | (.00034) |
| 17 | 8        | 8        | 9        | 10       | 11       | 12       |
|    | (.02248) | (.02248) | (.00778) | (.00231) | (.00058) | (.00012) |
| 18 | 8        | 9        | 10       | 10       | 11       | 12       |
|    | (.02801) | (.01037) | (.00333) | (.00333) | (.00092) | (.00022) |
| 19 | 8        | 9        | 10       | 10       | 12       | 12       |
|    | (.03405) | (.01338) | (.00461) | (.00461) | (.00036) | (.00036) |

| n | 5% | 2,5% | α 1% | 0,5% | 0,1% | 0,05% |
|---|---|---|---|---|---|---|
| 20 | 8 (.04053) | 9 (.01677) | 10 (.00615) | 11 (.00198) | 12 (.00056) | 13 (.00014) |
| 21 | 8 (.04741) | 9 (.02054) | 10 (.00795) | 11 (.00273) | 12 (.00083) | 13 (.00022) |
| 22 | 9 (.02467) | 9 (.02467) | 11 (.00365) | 11 (.00365) | 13 (.00034) | 13 (.00034) |
| 23 | 9 (.02914) | 10 (.01236) | 11 (.00473) | 11 (.00473) | 13 (.00050) | 13 (.00050) |
| 24 | 9 (.03390) | 10 (.01496) | 11 (.00598) | 12 (.00216) | 13 (.00070) | 14 (.00020) |
| 25 | 9 (.03895) | 10 (.01781) | 11 (.00742) | 12 (.00281) | 13 (.00096) | 14 (.00030) |
| 26 | 9 (.04425) | 10 (.02090) | 11 (.00904) | 12 (.00357) | 14 (.00042) | 14 (.00042) |
| 27 | 9 (.04978) | 10 (.02422) | 12 (.00445) | 12 (.00445) | 14 (.00057) | 15 (.00018) |
| 28 | 10 (.02776) | 11 (.01281) | 12 (.00545) | 13 (.00213) | 14 (.00076) | 15 (.00025) |
| 29 | 10 (.03151) | 11 (.01497) | 12 (.00657) | 13 (.00266) | 14 (.00099) | 15 (.00034) |
| 30 | 10 (.03544) | 11 (.01729) | 12 (.00782) | 13 (.00327) | 15 (.00045) | 15 (.00045) |
| 31 | 10 (.03956) | 11 (.01978) | 12 (.00920) | 13 (.00397) | 15 (.00059) | 16 (.00020) |
| 32 | 10 (.04384) | 11 (.02243) | 13 (.00476) | 13 (.00476) | 15 (.00075) | 16 (.00027) |
| 33 | 10 (.04828) | 12 (.01234) | 13 (.00563) | 14 (.00240) | 15 (.00095) | 16 (.00035) |
| 34 | 11 (.02819) | 12 (.01409) | 13 (.00660) | 14 (.00289) | 16 (.00045) | 16 (.00045) |
| 35 | 11 (.03127) | 12 (.01597) | 13 (.00765) | 14 (.00344) | 16 (.00057) | 17 (.00021) |
| 36 | 11 (.03450) | 12 (.01797) | 13 (.00880) | 14 (.00405) | 16 (.00071) | 17 (.00027) |
| 37 | 11 (.03784) | 12 (.02008) | 14 (.00472) | 14 (.00472) | 16 (.00087) | 17 (.00034) |
| 38 | 11 (.04130) | 12 (.02230) | 14 (.00547) | 15 (.00248) | 17 (.00042) | 17 (.00042) |
| 39 | 11 (.04487) | 12 (.02463) | 14 (.00628) | 15 (.00291) | 17 (.00052) | 18 (.00020) |
| 40 | 11 (.04854) | 13 (.01430) | 14 (.00715) | 15 (.00338) | 17 (.00064) | 18 (.00025) |

**Tafel VII-3**

Der KOLMOGOROFF-SMIRNOV-Anpassungstest

Entnommen via BRADLEY (1968, Table XIII) aus MILLER, L. H.: Table of percentage points of Kolmogorov statistics. J. Am. Stat. Ass. 51(1956), 111–121, Table 1, mit freundlicher Genehmigung des Verfassers und des Herausgebers.

Die Tafel enthält verschiedene $\alpha\%$-Schranken der Prüfgröße $K^+$, definiert als der maximale positive (oder negative) Ordinatenabstand einer empirischen Verteilungsfunktion F/N einer Stichprobe zu N Meßwerten und einer theoretischen Verteilungsfunktion F(x) für N = 1(1)100. Beobachtete $K^+$-Werte, die die angegebenen Schranken erreichen oder überschreiten, sind auf der entsprechenden $\alpha$-Stufe signifikant.

*Ablesebeispiel:* Ein $K^+ = 0,37$ für N = 10 ist auf der 5 %-Stufe signifikant, da 0,37 > 0,36866.

| N | 10% | 5% | 2,5% | 1% | 0,5% |
|---|---|---|---|---|---|
| 1 | .90000 | .95000 | .97500 | .99000 | .99500 |
| 2 | .68377 | .77639 | .84189 | .90000 | .92929 |
| 3 | .56481 | .63604 | .70760 | .78456 | .82900 |
| 4 | .49265 | .56522 | .62394 | .68887 | .73424 |
| 5 | .44698 | .50945 | .56328 | .62718 | .66853 |
| 6 | .41037 | .46799 | .51926 | .57741 | .61661 |
| 7 | .38148 | .43607 | .48342 | .53844 | .57581 |
| 8 | .35831 | .40962 | .45427 | .50654 | .54179 |
| 9 | .33910 | .38746 | .43001 | .47960 | .51332 |
| 10 | .32260 | .36866 | .40925 | .45662 | .48893 |
| 11 | .30829 | .35242 | .39122 | .43670 | .46770 |
| 12 | .29577 | .33815 | .37543 | .41918 | .44905 |
| 13 | .28470 | .32549 | .36143 | .40362 | .43247 |
| 14 | .27481 | .31417 | .34890 | .38970 | .41762 |
| 15 | .26588 | .30397 | .33760 | .37713 | .40420 |
| 16 | .25778 | .29472 | .32733 | .36571 | .39201 |
| 17 | .25039 | .28627 | .31796 | .35528 | .38086 |
| 18 | .24360 | .27851 | .30936 | .34569 | .37062 |
| 19 | .23735 | .27136 | .30143 | .33685 | .36117 |
| 20 | .23156 | .26473 | .29408 | .32866 | .35241 |

Tafel VII-3 (Fortsetz.)

| N | 10% | 5% | 2,5% | 1% | 0,5% |
|---|---|---|---|---|---|
| 21 | .22617 | .25858 | .28724 | .32104 | .34427 |
| 22 | .22115 | .25283 | .28087 | .31394 | .33666 |
| 23 | .21645 | .24746 | .27490 | .30728 | .32954 |
| 24 | .21205 | .24242 | .26931 | .30104 | .32286 |
| 25 | .20790 | .23768 | .26404 | .29516 | .31657 |
| 26 | .20399 | .23320 | .25907 | .28962 | .31064 |
| 27 | .20030 | .22898 | .25438 | .28438 | .30502 |
| 28 | .19680 | .22497 | .24993 | .27942 | .29971 |
| 29 | .19348 | .22117 | .24571 | .27471 | .29466 |
| 30 | .19032 | .21756 | .24170 | .27023 | .28987 |
| 31 | .18732 | .21412 | .23788 | .26596 | .28530 |
| 32 | .18445 | .21085 | .23424 | .26189 | .28094 |
| 33 | .18171 | .20771 | .23076 | .25801 | .27677 |
| 34 | .17909 | .20472 | .22743 | .25429 | .27279 |
| 35 | .17659 | .20185 | .22425 | .25073 | .26897 |
| 36 | .17418 | .19910 | .22119 | .24732 | .26532 |
| 37 | .17188 | .19646 | .21826 | .24404 | .26180 |
| 38 | .16966 | .19392 | .21544 | .24089 | .25843 |
| 39 | .16753 | .19148 | .21273 | .23786 | .25518 |
| 40 | .16547 | .18913 | .21012 | .23494 | .25205 |
| 41 | .16349 | .18687 | .20760 | .23213 | .24904 |
| 42 | .16158 | .18468 | .20517 | .22941 | .24613 |
| 43 | .15974 | .18257 | .20283 | .22679 | .24332 |
| 44 | .15796 | .18053 | .20056 | .22426 | .24060 |
| 45 | .15623 | .17856 | .19837 | .22181 | .23798 |
| 46 | .15457 | .17665 | .19625 | .21944 | .23544 |
| 47 | .15295 | .17481 | .19420 | .21715 | .23298 |
| 48 | .15139 | .17302 | .19221 | .21493 | .23059 |
| 49 | .14987 | .17128 | .19028 | .21277 | .22828 |
| 50 | .14840 | .16959 | .18841 | .21068 | .22604 |
| 51 | .14697 | .16796 | .18659 | .20864 | .22386 |
| 52 | .14558 | .16637 | .18482 | .20667 | .22174 |
| 53 | .14423 | .16483 | .18311 | .20475 | .21968 |
| 54 | .14292 | .16332 | .18144 | .20289 | .21768 |
| 55 | .14164 | .16186 | .17981 | .20107 | .21574 |
| 56 | .14040 | .16044 | .17823 | .19930 | .21384 |
| 57 | .13919 | .15906 | .17669 | .19758 | .21199 |
| 58 | .13801 | .15771 | .17519 | .19590 | .21019 |
| 59 | .13686 | .15639 | .17373 | .19427 | .20844 |
| 60 | .13573 | .15511 | .17231 | .19267 | .20673 |

Tafel VII-3 (Fortsetz.)

| N | 10% | 5% | 2,5% | 1% | 0,5% |
|---|---|---|---|---|---|
| 61 | .13464 | .15385 | .17091 | .19112 | .20506 |
| 62 | .13357 | .15263 | .16956 | .18960 | .20343 |
| 63 | .13253 | .15144 | .16823 | .18812 | .20184 |
| 64 | .13151 | .15027 | .16693 | .18667 | .20029 |
| 65 | .13052 | .14913 | .16567 | .18525 | .19877 |
| 66 | .12954 | .14802 | .16443 | .18387 | .19729 |
| 67 | .12859 | .14693 | .16322 | .18252 | .19584 |
| 68 | .12766 | .14587 | .16204 | .18119 | .19442 |
| 69 | .12675 | .14483 | .16088 | .17990 | .19303 |
| 70 | .12586 | .14381 | .15975 | .17863 | .19167 |
| 71 | .12499 | .14281 | .15864 | .17739 | .19034 |
| 72 | .12413 | .14183 | .15755 | .17618 | .18903 |
| 73 | .12329 | .14087 | .15649 | .17498 | .18776 |
| 74 | .12247 | .13993 | .15544 | .17382 | .18650 |
| 75 | .12167 | .13901 | .15442 | .17268 | .18528 |
| 76 | .12088 | .13811 | .15342 | .17155 | .18408 |
| 77 | .12011 | .13723 | .15244 | .17045 | .18290 |
| 78 | .11935 | .13636 | .15147 | .16938 | .18174 |
| 79 | .11860 | .13551 | .15052 | .16832 | .18060 |
| 80 | .11787 | .13467 | .14960 | .16728 | .17949 |
| 81 | .11716 | .13385 | .14868 | .16626 | .17840 |
| 82 | .11645 | .13305 | .14779 | .16526 | .17732 |
| 83 | .11576 | .13226 | .14691 | .16428 | .17627 |
| 84 | .11508 | .13148 | .14605 | .16331 | .17523 |
| 85 | .11442 | .13072 | .14520 | .16236 | .17421 |
| 86 | .11376 | .12997 | .14437 | .16143 | .17321 |
| 87 | .11311 | .12923 | .14355 | .16051 | .17223 |
| 88 | .11248 | .12850 | .14274 | .15961 | .17126 |
| 89 | .11186 | .12779 | .14195 | .15873 | .17031 |
| 90 | .11125 | .12709 | .14117 | .15786 | .16938 |
| 91 | .11064 | .12640 | .14040 | .15700 | .16846 |
| 92 | .11005 | .12572 | .13965 | .15616 | .16755 |
| 93 | .10947 | .12506 | .13891 | .15533 | .16666 |
| 94 | .10889 | .12440 | .13818 | .15451 | .16579 |
| 95 | .10833 | .12375 | .13746 | .15371 | .16493 |
| 96 | .10777 | .12312 | .13675 | .15291 | .16408 |
| 97 | .10722 | .12249 | .13606 | .15214 | .16324 |
| 98 | .10668 | .12187 | .13537 | .15137 | .16242 |
| 99 | .10615 | .12126 | .13469 | .15061 | .16161 |
| 100 | .10563 | .12067 | .13403 | .14987 | .16081 |

### Tafel VIII-1-1
STEVENS' Iterationshäufigkeitstest
Entnommen via OWEN, D. B. (1962, Table 12.5) aus SWED, Frieda S. and C. P. EISENHART: Tables for testing randomness of grouping in a sequence of alternatives. Ann. Math. Stat. 14 (1943), 66–87, mit freundlicher Genehmigung der Verfasser und des Herausgebers.

Die Tafel enthält die unteren Schranken der Prüfgröße $r_\alpha$ = Zahl der Iterationen zweier Alternativen für $\alpha$ = 0,005, 0,01, 0,025 und 0,05 sowie die oberen Schranken der Prüfgröße $r'_{1-\alpha}$ für $1 - \alpha$ = 0,95, 0,975, 0,99 und 0,995, beide für Alternativenumfänge von $N_1 = 2(1)20$ und $N_2 = N_1(1)20$, sodaß $N_1 \leqslant N_2$ zu vereinbaren ist. Ein beobachteter r-Wert muß die untere Schranke $r_\alpha$ erreichen oder unterschreiten, um auf der Stufe $\alpha$ signifikant zu sein, hingegen die obere Schranke $r'_{1-\alpha}$ um mindestens eine Einheit übersteigen, um auf der Stufe $\alpha$ signifikant zu sein. Beide Tests sind einseitige Tests gegen zu ‚wenige' bzw. zu ‚viele' Iterationen. Will man zweiseitig sowohl gegen zu wenige wie gegen zu viele Iterationen auf der Stufe $\alpha$ prüfen, so lese man die untere Schranke $r_{\alpha/2}$ und die obere Schranke $r'_{1-\alpha/2}$ ab, und stelle fest, ob die untere Schranke erreicht bzw. unterschritten oder die obere Schranke überschritten wird.

*Ablesebeispiele:* (1) Einseitiger Test gegen zu wenig Iterationen: für $N_1 = 3$ Einsen und $N_2 = 10$ Zweien dürfen höchstens $r_{0,05} = 3$ Iterationen auftreten, wenn Einsen und Zweien zu schlecht durchmischt sein sollen. (2) Einseitiger Test gegen zu viele Iterationen: Für $N_1 = 3$ und $N_2 = 4$ müssen mehr als $r'_{0,95} = 6$ Iterationen beobachtet werden, wenn Einsen und Zweien zu gut durchmischt sein sollen. (3) Zweiseitiger Test: Für $N_1 = 3$ und $N_2 = 10$ dürfen bei $\alpha = 0,05$ höchstens $r_{0,025} = 2$ bzw. müssen mehr als $r'_{0,975} = 7$ Iterationen beobachtet werden, wenn Einsen und Zweien außerzufällig durchmischt sein sollen.

Tafel VIII-1-1 (Fortsetz.)

| $N_1$ | $N_2$ | $\alpha$ | | | | $1-\alpha$ | | | |
|---|---|---|---|---|---|---|---|---|---|
| | | 0.005 | 0.01 | 0.025 | 0.05 | 0.95 | 0.975 | 0.99 | 0.995 |
| 2 | 2  | - | - | - | - | 4 | 4 | 4 | 4 |
|   | 3  | - | - | - | - | 5 | 5 | 5 | 5 |
|   | 4  | - | - | - | - | 5 | 5 | 5 | 5 |
|   | 5  | - | - | - | - | 5 | 5 | 5 | 5 |
| 2 | 6  | - | - | - | - | 5 | 5 | 5 | 5 |
|   | 7  | - | - | - | - | 5 | 5 | 5 | 5 |
|   | 8  | - | - | - | 2 | 5 | 5 | 5 | 5 |
|   | 9  | - | - | - | 2 | 5 | 5 | 5 | 5 |
|   | 10 | - | - | - | 2 | 5 | 5 | 5 | 5 |
| 2 | 11 | - | - | - | 2 | 5 | 5 | 5 | 5 |
|   | 12 | - | - | 2 | 2 | 5 | 5 | 5 | 5 |
|   | 13 | - | - | 2 | 2 | 5 | 5 | 5 | 5 |
|   | 14 | - | - | 2 | 2 | 5 | 5 | 5 | 5 |
|   | 15 | - | - | 2 | 2 | 5 | 5 | 5 | 5 |
| 2 | 16 | - | - | 2 | 2 | 5 | 5 | 5 | 5 |
|   | 17 | - | - | 2 | 2 | 5 | 5 | 5 | 5 |
|   | 18 | - | - | 2 | 2 | 5 | 5 | 5 | 5 |
|   | 19 | - | 2 | 2 | 2 | 5 | 5 | 5 | 5 |
|   | 20 | - | 2 | 2 | 2 | 5 | 5 | 5 | 5 |
| 3 | 3  | - | - | - | - | 6 | 6 | 6 | 6 |
|   | 4  | - | - | - | - | 6 | 7 | 7 | 7 |
|   | 5  | - | - | - | 2 | 7 | 7 | 7 | 7 |
|   | 6  | - | - | 2 | 2 | 7 | 7 | 7 | 7 |
|   | 7  | - | - | 2 | 2 | 7 | 7 | 7 | 7 |
| 3 | 8  | - | - | 2 | 2 | 7 | 7 | 7 | 7 |
|   | 9  | - | 2 | 2 | 2 | 7 | 7 | 7 | 7 |
|   | 10 | - | 2 | 2 | 3 | 7 | 7 | 7 | 7 |
|   | 11 | - | 2 | 2 | 3 | 7 | 7 | 7 | 7 |
|   | 12 | 2 | 2 | 2 | 3 | 7 | 7 | 7 | 7 |
| 3 | 13 | 2 | 2 | 2 | 3 | 7 | 7 | 7 | 7 |
|   | 14 | 2 | 2 | 2 | 3 | 7 | 7 | 7 | 7 |
|   | 15 | 2 | 2 | 3 | 3 | 7 | 7 | 7 | 7 |
|   | 16 | 2 | 2 | 3 | 3 | 7 | 7 | 7 | 7 |
|   | 17 | 2 | 2 | 3 | 3 | 7 | 7 | 7 | 7 |
| 3 | 18 | 2 | 2 | 3 | 3 | 7 | 7 | 7 | 7 |
|   | 19 | 2 | 2 | 3 | 3 | 7 | 7 | 7 | 7 |
|   | 20 | 2 | 2 | 3 | 3 | 7 | 7 | 7 | 7 |

Tafel VIII-1-1 (Fortsetz.)

| $N_1$ | $N_2$ | $\alpha$ | | | | $1-\alpha$ | | | |
|---|---|---|---|---|---|---|---|---|---|
| | | 0.005 | 0.01 | 0.025 | 0.05 | 0.95 | 0.975 | 0.99 | 0.995 |
| 4 | 4 | - | - | - | 2 | 7 | 8 | 8 | 8 |
| | 5 | - | - | 2 | 2 | 8 | 8 | 8 | 9 |
| | 6 | - | 2 | 2 | 3 | 8 | 8 | 9 | 9 |
| | 7 | - | 2 | 2 | 3 | 8 | 9 | 9 | 9 |
| | 8 | 2 | 2 | 3 | 3 | 9 | 9 | 9 | 9 |
| 4 | 9 | 2 | 2 | 3 | 3 | 9 | 9 | 9 | 9 |
| | 10 | 2 | 2 | 3 | 3 | 9 | 9 | 9 | 9 |
| | 11 | 2 | 2 | 3 | 3 | 9 | 9 | 9 | 9 |
| | 12 | 2 | 3 | 3 | 4 | 9 | 9 | 9 | 9 |
| | 13 | 2 | 3 | 3 | 4 | 9 | 9 | 9 | 9 |
| | 14 | 2 | 3 | 3 | 4 | 9 | 9 | 9 | 9 |
| 4 | 15 | 3 | 3 | 3 | 4 | 9 | 9 | 9 | 9 |
| | 16 | 3 | 3 | 4 | 4 | 9 | 9 | 9 | 9 |
| | 17 | 3 | 3 | 4 | 4 | 9 | 9 | 9 | 9 |
| | 18 | 3 | 3 | 4 | 4 | 9 | 9 | 9 | 9 |
| | 19 | 3 | 3 | 4 | 4 | 9 | 9 | 9 | 9 |
| | 20 | 3 | 3 | 4 | 4 | 9 | 9 | 9 | 9 |
| 5 | 5 | - | 2 | 2 | 3 | 8 | 9 | 9 | 10 |
| | 6 | 2 | 2 | 3 | 3 | 9 | 9 | 10 | 10 |
| | 7 | 2 | 2 | 3 | 3 | 9 | 10 | 10 | 11 |
| | 8 | 2 | 2 | 3 | 3 | 10 | 10 | 11 | 11 |
| | 9 | 2 | 3 | 3 | 4 | 10 | 11 | 11 | 11 |
| 5 | 10 | 3 | 3 | 3 | 4 | 10 | 11 | 11 | 11 |
| | 11 | 3 | 3 | 4 | 4 | 11 | 11 | 11 | 11 |
| | 12 | 3 | 3 | 4 | 4 | 11 | 11 | 11 | 11 |
| | 13 | 3 | 3 | 4 | 4 | 11 | 11 | 11 | 11 |
| | 14 | 3 | 3 | 4 | 5 | 11 | 11 | 11 | 11 |
| 5 | 15 | 3 | 4 | 4 | 5 | 11 | 11 | 11 | 11 |
| | 16 | 3 | 4 | 4 | 5 | 11 | 11 | 11 | 11 |
| | 17 | 3 | 4 | 4 | 5 | 11 | 11 | 11 | 11 |
| | 18 | 4 | 4 | 5 | 5 | 11 | 11 | 11 | 11 |
| | 19 | 4 | 4 | 5 | 5 | 11 | 11 | 11 | 11 |
| | 20 | 4 | 4 | 5 | 5 | 11 | 11 | 11 | 11 |

Tafel VIII-1-1 (Fortsetz.)

| $N_1$ | $N_2$ | $\alpha$ | | | | $1-\alpha$ | | | |
|---|---|---|---|---|---|---|---|---|---|
| | | 0.005 | 0.01 | 0.025 | 0.05 | 0.95 | 0.975 | 0.99 | 0.995 |
| 6 | 6 | 2 | 2 | 3 | 3 | 10 | 10 | 11 | 11 |
|   | 7 | 2 | 3 | 3 | 4 | 10 | 11 | 11 | 12 |
|   | 8 | 3 | 3 | 3 | 4 | 11 | 11 | 12 | 12 |
|   | 9 | 3 | 3 | 4 | 4 | 11 | 12 | 12 | 13 |
|   | 10 | 3 | 3 | 4 | 5 | 11 | 12 | 13 | 13 |
| 6 | 11 | 3 | 4 | 4 | 5 | 12 | 12 | 13 | 13 |
|   | 12 | 3 | 4 | 4 | 5 | 12 | 12 | 13 | 13 |
|   | 13 | 3 | 4 | 5 | 5 | 12 | 13 | 13 | 13 |
|   | 14 | 4 | 4 | 5 | 5 | 12 | 13 | 13 | 13 |
|   | 15 | 4 | 4 | 5 | 6 | 13 | 13 | 13 | 13 |
| 6 | 16 | 4 | 4 | 5 | 6 | 13 | 13 | 13 | 13 |
|   | 17 | 4 | 5 | 5 | 6 | 13 | 13 | 13 | 13 |
|   | 18 | 4 | 5 | 5 | 6 | 13 | 13 | 13 | 13 |
|   | 19 | 4 | 5 | 6 | 6 | 13 | 13 | 13 | 13 |
|   | 20 | 4 | 5 | 6 | 6 | 13 | 13 | 13 | 13 |
| 7 | 7 | 3 | 3 | 3 | 4 | 11 | 12 | 12 | 12 |
|   | 8 | 3 | 3 | 4 | 4 | 12 | 12 | 13 | 13 |
|   | 9 | 3 | 4 | 4 | 5 | 12 | 13 | 13 | 14 |
|   | 10 | 3 | 4 | 5 | 5 | 12 | 13 | 14 | 14 |
|   | 11 | 4 | 4 | 5 | 5 | 13 | 13 | 14 | 14 |
| 7 | 12 | 4 | 4 | 5 | 6 | 13 | 13 | 14 | 15 |
|   | 13 | 4 | 5 | 5 | 6 | 13 | 14 | 15 | 15 |
|   | 14 | 4 | 5 | 5 | 6 | 13 | 14 | 15 | 15 |
|   | 15 | 4 | 5 | 6 | 6 | 14 | 14 | 15 | 15 |
|   | 16 | 5 | 5 | 6 | 6 | 14 | 15 | 15 | 15 |
| 7 | 17 | 5 | 5 | 6 | 7 | 14 | 15 | 15 | 15 |
|   | 18 | 5 | 5 | 6 | 7 | 14 | 15 | 15 | 15 |
|   | 19 | 5 | 6 | 6 | 7 | 14 | 15 | 15 | 15 |
|   | 20 | 5 | 6 | 6 | 7 | 14 | 15 | 15 | 15 |
| 8 | 8 | 3 | 4 | 4 | 5 | 12 | 13 | 13 | 14 |
|   | 9 | 3 | 4 | 5 | 5 | 13 | 13 | 14 | 14 |
|   | 10 | 4 | 4 | 5 | 6 | 13 | 14 | 14 | 15 |
|   | 11 | 4 | 5 | 5 | 6 | 14 | 14 | 15 | 15 |
|   | 12 | 4 | 5 | 6 | 6 | 14 | 15 | 15 | 16 |

Tafel VIII-1-1 (Fortsetz.)

| $N_1$ | $N_2$ | \u03b1 | | | | $1-\alpha$ | | | |
|---|---|---|---|---|---|---|---|---|---|
| | | 0.005 | 0.01 | 0.025 | 0.05 | 0.95 | 0.975 | 0.99 | 0.995 |
| 8 | 13 | 5 | 5 | 6 | 6 | 14 | 15 | 16 | 16 |
| | 14 | 5 | 5 | 6 | 7 | 15 | 15 | 16 | 16 |
| | 15 | 5 | 5 | 6 | 7 | 15 | 15 | 16 | 17 |
| | 16 | 5 | 6 | 6 | 7 | 15 | 16 | 16 | 17 |
| | 17 | 5 | 6 | 7 | 7 | 15 | 16 | 17 | 17 |
| 8 | 18 | 6 | 6 | 7 | 8 | 15 | 16 | 17 | 17 |
| | 19 | 6 | 6 | 7 | 8 | 15 | 16 | 17 | 17 |
| | 20 | 6 | 6 | 7 | 8 | 16 | 16 | 17 | 17 |
| 9 | 9 | 4 | 4 | 5 | 6 | 13 | 14 | 15 | 15 |
| | 10 | 4 | 5 | 5 | 6 | 14 | 15 | 15 | 16 |
| | 11 | 5 | 5 | 6 | 6 | 14 | 15 | 16 | 16 |
| | 12 | 5 | 5 | 6 | 7 | 15 | 15 | 16 | 17 |
| | 13 | 5 | 6 | 6 | 7 | 15 | 16 | 17 | 17 |
| | 14 | 5 | 6 | 7 | 7 | 16 | 16 | 17 | 17 |
| 9 | 15 | 6 | 6 | 7 | 8 | 16 | 17 | 17 | 18 |
| | 16 | 6 | 6 | 7 | 8 | 16 | 17 | 17 | 18 |
| | 17 | 6 | 7 | 7 | 8 | 16 | 17 | 18 | 18 |
| | 18 | 6 | 7 | 8 | 8 | 17 | 17 | 18 | 19 |
| | 19 | 6 | 7 | 8 | 8 | 17 | 17 | 18 | 19 |
| | 20 | 7 | 7 | 8 | 9 | 17 | 17 | 18 | 19 |
| 10 | 10 | 5 | 5 | 6 | 6 | 15 | 15 | 16 | 16 |
| | 11 | 5 | 5 | 6 | 7 | 15 | 16 | 17 | 17 |
| | 12 | 5 | 6 | 7 | 7 | 16 | 16 | 17 | 18 |
| | 13 | 5 | 6 | 7 | 8 | 16 | 17 | 18 | 18 |
| | 14 | 6 | 6 | 7 | 8 | 16 | 17 | 18 | 18 |
| 10 | 15 | 6 | 7 | 7 | 8 | 17 | 17 | 18 | 19 |
| | 16 | 6 | 7 | 8 | 8 | 17 | 18 | 19 | 19 |
| | 17 | 7 | 7 | 8 | 9 | 17 | 18 | 19 | 19 |
| | 18 | 7 | 7 | 8 | 9 | 18 | 18 | 19 | 20 |
| | 19 | 7 | 8 | 8 | 9 | 18 | 19 | 19 | 20 |
| | 20 | 7 | 8 | 9 | 9 | 18 | 19 | 19 | 20 |
| 11 | 11 | 5 | 6 | 7 | 7 | 16 | 16 | 17 | 18 |
| | 12 | 6 | 6 | 7 | 8 | 16 | 17 | 18 | 18 |
| | 13 | 6 | 6 | 7 | 8 | 17 | 18 | 18 | 19 |
| | 14 | 6 | 7 | 8 | 8 | 17 | 18 | 19 | 19 |
| | 15 | 7 | 7 | 8 | 9 | 18 | 18 | 19 | 20 |

Tafel VIII-1-1 (Fortsetz.)

| $N_1$ | $N_2$ | α | | | | 1 − α | | | |
|---|---|---|---|---|---|---|---|---|---|
| | | 0.005 | 0.01 | 0.025 | 0.05 | 0.95 | 0.975 | 0.99 | 0.995 |
| 11 | 16 | 7 | 7 | 8 | 9 | 18 | 19 | 20 | 20 |
| | 17 | 7 | 8 | 9 | 9 | 18 | 19 | 20 | 21 |
| | 18 | 7 | 8 | 9 | 10 | 19 | 19 | 20 | 21 |
| | 19 | 8 | 8 | 9 | 10 | 19 | 20 | 21 | 21 |
| | 20 | 8 | 8 | 9 | 10 | 19 | 20 | 21 | 21 |
| 12 | 12 | 6 | 7 | 7 | 8 | 17 | 18 | 18 | 19 |
| | 13 | 6 | 7 | 8 | 9 | 17 | 18 | 19 | 20 |
| | 14 | 7 | 7 | 8 | 9 | 18 | 19 | 20 | 20 |
| | 15 | 7 | 8 | 8 | 9 | 18 | 19 | 20 | 21 |
| | 16 | 7 | 8 | 9 | 10 | 19 | 20 | 21 | 21 |
| 12 | 17 | 8 | 8 | 9 | 10 | 19 | 20 | 21 | 21 |
| | 18 | 8 | 8 | 9 | 10 | 20 | 20 | 21 | 22 |
| | 19 | 8 | 9 | 10 | 10 | 20 | 21 | 22 | 22 |
| | 20 | 8 | 9 | 10 | 11 | 20 | 21 | 22 | 22 |
| 13 | 13 | 7 | 7 | 8 | 9 | 18 | 19 | 20 | 20 |
| | 14 | 7 | 8 | 9 | 9 | 19 | 19 | 20 | 21 |
| | 15 | 7 | 8 | 9 | 10 | 19 | 20 | 21 | 21 |
| | 16 | 8 | 8 | 9 | 10 | 20 | 20 | 21 | 22 |
| | 17 | 8 | 9 | 10 | 10 | 20 | 21 | 22 | 22 |
| 13 | 18 | 8 | 9 | 10 | 11 | 20 | 21 | 22 | 23 |
| | 19 | 9 | 9 | 10 | 11 | 21 | 22 | 23 | 23 |
| | 20 | 9 | 10 | 10 | 11 | 21 | 22 | 23 | 23 |
| 14 | 14 | 7 | 8 | 9 | 10 | 19 | 20 | 21 | 22 |
| | 15 | 8 | 8 | 9 | 10 | 20 | 21 | 22 | 22 |
| | 16 | 8 | 9 | 10 | 11 | 20 | 21 | 22 | 23 |
| | 17 | 8 | 9 | 10 | 11 | 21 | 22 | 23 | 23 |
| | 18 | 9 | 9 | 10 | 11 | 21 | 22 | 23 | 24 |
| 14 | 19 | 9 | 10 | 11 | 12 | 22 | 22 | 23 | 24 |
| | 20 | 9 | 10 | 11 | 12 | 22 | 23 | 24 | 24 |
| 15 | 15 | 8 | 9 | 10 | 11 | 20 | 21 | 22 | 23 |
| | 16 | 9 | 9 | 10 | 11 | 21 | 22 | 23 | 23 |
| | 17 | 9 | 10 | 11 | 11 | 21 | 22 | 23 | 24 |
| | 18 | 9 | 10 | 11 | 12 | 22 | 23 | 24 | 24 |
| | 19 | 10 | 10 | 11 | 12 | 22 | 23 | 24 | 25 |
| | 20 | 10 | 11 | 12 | 12 | 23 | 24 | 25 | 25 |

Tafel VIII-1-1 (Fortsetz.)

| $N_1$ | $N_2$ | $\alpha$ | | | | $1-\alpha$ | | | |
|---|---|---|---|---|---|---|---|---|---|
| | | 0.005 | 0.01 | 0.025 | 0.05 | 0.95 | 0.975 | 0.99 | 0.995 |
| 16 | 16 | 9  | 10 | 11 | 11 | 22 | 22 | 23 | 24 |
|    | 17 | 9  | 10 | 11 | 12 | 22 | 23 | 24 | 25 |
|    | 18 | 10 | 10 | 11 | 12 | 23 | 24 | 25 | 25 |
|    | 19 | 10 | 11 | 12 | 13 | 23 | 24 | 25 | 26 |
|    | 20 | 10 | 11 | 12 | 13 | 24 | 24 | 25 | 26 |
| 17 | 17 | 10 | 10 | 11 | 12 | 23 | 24 | 25 | 25 |
|    | 18 | 10 | 11 | 12 | 13 | 23 | 24 | 25 | 26 |
|    | 19 | 10 | 11 | 12 | 13 | 24 | 25 | 26 | 26 |
|    | 20 | 11 | 11 | 13 | 13 | 24 | 25 | 26 | 27 |
| 18 | 18 | 11 | 11 | 12 | 13 | 24 | 25 | 26 | 26 |
|    | 19 | 11 | 12 | 13 | 14 | 24 | 25 | 26 | 27 |
|    | 20 | 11 | 12 | 13 | 14 | 25 | 26 | 27 | 28 |
| 19 | 19 | 11 | 12 | 13 | 14 | 25 | 26 | 27 | 28 |
|    | 20 | 12 | 12 | 13 | 14 | 26 | 26 | 28 | 28 |
| 20 | 20 | 12 | 13 | 14 | 15 | 26 | 27 | 28 | 29 |

**Tafel VIII-1-2**

SHEWHARTS Iterationshäufigkeitstest

Entnommen via OWEN, D. B. (1962, Table 12.4) aus SWED, Frieda S. and C. P. EISENHART: Tables for testing randomness of grouping in a sequence of alternatives. Ann. Math. Stat. 14(1943), 66–87, mit freundlicher Genehmigung der Verfasser und des Herausgebers.

Die Tafel enthält die unteren Schranken der Prüfgröße $r_\alpha$ = Zahl der von zwei Alternativen gebildeten Iterationen für $\alpha$ = 0,005, 0,01, 0,0025 und 0,05 sowie die oberen Schranken der Prüfgröße $r'_{1-\alpha}$ für $1 - \alpha$ = 0,95, 0,975, 0,99 und 0,995. Beide Schranken gelten für Alternativen (Dichotomien) gleichen Umfangs $N_1 = N_2 = n = 10(1)100$. Im übrigen gelten die Anweisungen zu Tafel VIII-1-1 analog.

*Ablesebeispiel:* Eine Meßreihe mit je n = 12 supra- und inframedianen Meßwerten, die r = 18 Iterationen bildet, weicht bei zweiseitiger Fragestellung mit $\alpha$ = 0,05 von $H_0$ noch nicht ab, da $r_{0,975}$ = 18 zwar erreicht, aber nicht überschritten wird. Bei einseitiger Frage und r = 8 Iterationen weicht dieselbe Meßreihe hingegen von $H_0$ ab, da $r_{0,05}$ erreicht wird.

Tafel VIII-1-2 (Fortsetz.)

| $N_1 = N_2 = n$ | $\alpha$ | | | | $1 - \alpha$ | | | |
|---|---|---|---|---|---|---|---|---|
| | 0.005 | 0.01 | 0.025 | 0.05 | 0.95 | 0.975 | 0.99 | 0.995 |
| 10 | 5 | 5 | 6 | 6 | 15 | 15 | 16 | 16 |
| 11 | 5 | 6 | 7 | 7 | 16 | 16 | 17 | 18 |
| 12 | 6 | 7 | 7 | 8 | 17 | 18 | 18 | 19 |
| 13 | 7 | 7 | 8 | 9 | 18 | 19 | 20 | 20 |
| 14 | 7 | 8 | 9 | 10 | 19 | 20 | 21 | 22 |
| 15 | 8 | 9 | 10 | 11 | 20 | 21 | 22 | 23 |
| 16 | 9 | 10 | 11 | 11 | 22 | 22 | 23 | 24 |
| 17 | 10 | 10 | 11 | 12 | 23 | 24 | 25 | 25 |
| 18 | 10 | 11 | 12 | 13 | 24 | 25 | 26 | 26 |
| 19 | 11 | 12 | 13 | 14 | 25 | 26 | 27 | 28 |
| 20 | 12 | 13 | 14 | 15 | 26 | 27 | 28 | 29 |
| 21 | 13 | 14 | 15 | 16 | 27 | 28 | 29 | 30 |
| 22 | 14 | 14 | 16 | 17 | 28 | 29 | 31 | 31 |
| 23 | 14 | 15 | 16 | 17 | 30 | 31 | 32 | 33 |
| 24 | 15 | 16 | 17 | 18 | 31 | 32 | 33 | 34 |
| 25 | 16 | 17 | 18 | 19 | 32 | 33 | 34 | 35 |
| 26 | 17 | 18 | 19 | 20 | 33 | 34 | 35 | 36 |
| 27 | 18 | 19 | 20 | 21 | 34 | 35 | 36 | 37 |
| 28 | 18 | 19 | 21 | 22 | 35 | 36 | 38 | 39 |
| 29 | 19 | 20 | 22 | 23 | 36 | 37 | 39 | 40 |
| 30 | 20 | 21 | 22 | 24 | 37 | 39 | 40 | 41 |
| 31 | 21 | 22 | 23 | 25 | 38 | 40 | 41 | 42 |
| 32 | 22 | 23 | 24 | 25 | 40 | 41 | 42 | 43 |
| 33 | 23 | 24 | 25 | 26 | 41 | 42 | 43 | 44 |
| 34 | 23 | 24 | 26 | 27 | 42 | 43 | 45 | 46 |
| 35 | 24 | 25 | 27 | 28 | 43 | 44 | 46 | 47 |
| 36 | 25 | 26 | 28 | 29 | 44 | 45 | 47 | 48 |
| 37 | 26 | 27 | 29 | 30 | 45 | 46 | 48 | 49 |
| 38 | 27 | 28 | 30 | 31 | 46 | 47 | 49 | 50 |
| 39 | 28 | 29 | 30 | 32 | 47 | 49 | 50 | 51 |
| 40 | 29 | 30 | 31 | 33 | 48 | 50 | 51 | 52 |
| 41 | 29 | 31 | 32 | 34 | 49 | 51 | 52 | 54 |
| 42 | 30 | 31 | 33 | 35 | 50 | 52 | 54 | 55 |
| 43 | 31 | 32 | 34 | 35 | 52 | 53 | 55 | 56 |
| 44 | 32 | 33 | 35 | 36 | 53 | 54 | 56 | 57 |
| 45 | 33 | 34 | 36 | 37 | 54 | 55 | 57 | 58 |
| 46 | 34 | 35 | 37 | 38 | 55 | 56 | 58 | 59 |
| 47 | 35 | 36 | 38 | 39 | 56 | 57 | 59 | 60 |
| 48 | 35 | 37 | 38 | 40 | 57 | 59 | 60 | 62 |
| 49 | 36 | 38 | 39 | 41 | 58 | 60 | 61 | 63 |

Tafel VIII-1-2 (Fortsetz.)

| $N_1 = N_2 = n$ | $\alpha$ | | | | $1-\alpha$ | | | |
|---|---|---|---|---|---|---|---|---|
| | 0.005 | 0.01 | 0.025 | 0.05 | 0.95 | 0.975 | 0.99 | 0.995 |
| 50 | 37 | 38 | 40 | 42 | 59 | 61 | 63 | 64 |
| 51 | 38 | 39 | 41 | 43 | 60 | 62 | 64 | 65 |
| 52 | 39 | 40 | 42 | 44 | 61 | 63 | 65 | 66 |
| 53 | 40 | 41 | 43 | 45 | 62 | 64 | 66 | 67 |
| 54 | 41 | 42 | 44 | 45 | 64 | 65 | 67 | 68 |
| 55 | 42 | 43 | 45 | 46 | 65 | 66 | 68 | 69 |
| 56 | 42 | 44 | 46 | 47 | 66 | 67 | 69 | 71 |
| 57 | 43 | 45 | 47 | 48 | 67 | 68 | 70 | 72 |
| 58 | 44 | 46 | 47 | 49 | 68 | 70 | 71 | 73 |
| 59 | 45 | 46 | 48 | 50 | 69 | 71 | 73 | 74 |
| 60 | 46 | 47 | 49 | 51 | 70 | 72 | 74 | 75 |
| 61 | 47 | 48 | 50 | 52 | 71 | 73 | 75 | 76 |
| 62 | 48 | 49 | 51 | 53 | 72 | 74 | 76 | 77 |
| 63 | 49 | 50 | 52 | 54 | 73 | 75 | 77 | 78 |
| 64 | 49 | 51 | 53 | 55 | 74 | 76 | 78 | 80 |
| 65 | 50 | 52 | 54 | 56 | 75 | 77 | 79 | 81 |
| 66 | 51 | 53 | 55 | 57 | 76 | 78 | 80 | 82 |
| 67 | 52 | 54 | 56 | 58 | 77 | 79 | 81 | 83 |
| 68 | 53 | 54 | 57 | 58 | 79 | 80 | 83 | 84 |
| 69 | 54 | 55 | 58 | 59 | 80 | 81 | 84 | 85 |
| 70 | 55 | 56 | 58 | 60 | 81 | 83 | 85 | 86 |
| 71 | 56 | 57 | 59 | 61 | 82 | 84 | 86 | 87 |
| 72 | 57 | 58 | 60 | 62 | 83 | 85 | 87 | 88 |
| 73 | 57 | 59 | 61 | 63 | 84 | 86 | 88 | 90 |
| 74 | 58 | 60 | 62 | 64 | 85 | 87 | 89 | 91 |
| 75 | 59 | 61 | 63 | 65 | 86 | 88 | 90 | 92 |
| 76 | 60 | 62 | 64 | 66 | 87 | 89 | 91 | 93 |
| 77 | 61 | 63 | 65 | 67 | 88 | 90 | 92 | 94 |
| 78 | 62 | 64 | 66 | 68 | 89 | 91 | 93 | 95 |
| 79 | 63 | 64 | 67 | 69 | 90 | 92 | 95 | 96 |
| 80 | 64 | 65 | 68 | 70 | 91 | 93 | 96 | 97 |
| 81 | 65 | 66 | 69 | 71 | 92 | 94 | 97 | 98 |
| 82 | 66 | 67 | 69 | 71 | 94 | 96 | 98 | 99 |
| 83 | 66 | 68 | 70 | 72 | 95 | 97 | 99 | 101 |
| 84 | 67 | 69 | 71 | 73 | 96 | 98 | 100 | 102 |
| 85 | 68 | 70 | 72 | 74 | 97 | 99 | 101 | 103 |
| 86 | 69 | 71 | 73 | 75 | 98 | 100 | 102 | 104 |
| 87 | 70 | 72 | 74 | 76 | 99 | 101 | 103 | 105 |
| 88 | 71 | 73 | 75 | 77 | 100 | 102 | 104 | 106 |
| 89 | 72 | 74 | 76 | 78 | 101 | 103 | 105 | 107 |

Tafel VIII-1-2 (Fortsetz.)

| $N_1 = N_2 = n$ | $\alpha$ | | | | $1-\alpha$ | | | |
|---|---|---|---|---|---|---|---|---|
| | 0.005 | 0.01 | 0.025 | 0.05 | 0.95 | 0.975 | 0.99 | 0.995 |
| 90 | 73 | 74 | 77 | 79 | 102 | 104 | 107 | 108 |
| 91 | 74 | 75 | 78 | 80 | 103 | 105 | 108 | 109 |
| 92 | 75 | 76 | 79 | 81 | 104 | 106 | 109 | 110 |
| 93 | 75 | 77 | 80 | 82 | 105 | 107 | 110 | 112 |
| 94 | 76 | 78 | 81 | 83 | 106 | 108 | 111 | 113 |
| 95 | 77 | 79 | 82 | 84 | 107 | 109 | 112 | 114 |
| 96 | 78 | 80 | 82 | 85 | 108 | 111 | 113 | 115 |
| 97 | 79 | 81 | 83 | 86 | 109 | 112 | 114 | 116 |
| 98 | 80 | 82 | 84 | 87 | 110 | 113 | 115 | 117 |
| 99 | 81 | 83 | 85 | 87 | 112 | 114 | 116 | 118 |
| 100 | 82 | 84 | 86 | 88 | 113 | 115 | 117 | 119 |

**Tafel VIII-1-4**

BARTON-DAVIDS-Iterationstest (BDI-Test)
Die Tafel wurde entnommen aus BATSCHELET, E.: Statistical methods for the analysis of problems in animal Orientation and Certain biological rhythms. (Table 23.2). Washington, D.C.: The American Institute of Biological Sciences, 1965, mit freundlicher Genehmigung des Autors und des Verlegers.

Die Tafel enthält die kritischen Werte der Zirkuläriterationen h für Stichproben der Größe n = 5(1)15 und m = 3(1)12. Es wird n ⩾ m gewählt.

*Ablesebeispiel:* Wenn sich für n = 14 und m = 5 ein h = 4 ergibt, so ist dieser Wert auf dem 5 %-Niveau signifikant, da ein P = 0,044 abzulesen ist.

| n | h | m=3 | 4 | 5 | 6 | 7 | 8 | 9 | 10 | 11 | 12 |
|---|---|---|---|---|---|---|---|---|---|---|---|
| 5 | 2 | P=.143 | .071 | .040 | | | | | | | |
| 6 | 2 | .107 | .048 | .024 | .013 | | | | | | |
|   | 4 |      |      | .262 | .175 | | | | | | |
| 7 | 2 | .083 | .033 | .015 | .008 | .004 | | | | | |
|   | 4 |      | .333 | .197 | .121 | .078 | | | | | |
| 8 | 2 | .067 | .024 | .010 | .005 | .002 | .001 | | | | |
|   | 4 |      | .279 | .152 | .086 | .051 | .032 | | | | |
| 9 | 2 | .055 | .018 | .007 | .003 | .001 | <.001 | | | | |
|   | 4 | .491 | .236 | .119 | .063 | .035 | .020 | .012 | | | |
|   | 6 |      |      |      | .343 | .231 | .157 | .109 | | | |
| 10 | 2 | .045 | .014 | .005 | .002 | <.001 | | | | | |
|    | 4 | .455 | .203 | .095 | .047 | .024 | .013 | .008 | .004 | | |
|    | 6 |      |      | .455 | .287 | .182 | .117 | .077 | .051 | | |
| 11 | 2 | .038 | .011 | .004 | .001 | <.001 | | | | | |
|    | 4 | .423 | .176 | .077 | .036 | .028 | .009 | .005 | .003 | .002 | |
|    | 6 |      |      | .407 | .242 | .145 | .088 | .055 | .035 | .023 | |
|    | 8 |      |      |      |      | .484 | .352 | .255 | .185 | .135 | |
| 12 | 2 | .033 | .009 | .003 | | | | | | | |
|    | 4 | .396 | .154 | .063 | .028 | .013 | .006 | .003 | .002 | .001 | <.001 |
|    | 6 |      |      | .365 | .205 | .117 | .067 | .040 | .024 | .015 | .009 |
|    | 8 |      |      |      |      | .428 | .297 | .205 | .142 | .099 | .070 |
|    | 10 |     |      |      |      |      |      |      | .425 | .335 | .263 |
| 13 | 2 | .029 | .007 | .002 | | | | | <.001 | | |
|    | 4 | .371 | .136 | .053 | .022 | .010 | .004 | .002 | .001 | | |
|    | 6 |      |      | .330 | .176 | .095 | .052 | .029 | .017 | .010 | .006 |
|    | 8 |      |      |      |      | .378 | .251 | .166 | .110 | .074 | .050 |
|    | 10 |     |      |      |      |      |      | .472 | .360 | .273 | .207 |
| 14 | 2 | .025 | .006 | .002 | | | | | <.001 | | |
|    | 4 | .350 | .121 | .044 | .017 | .007 | .003 | .001 | | | |
|    | 6 |      |      | .299 | .151 | .078 | .041 | .022 | .012 | .007 | .004 |
|    | 8 |      |      |      |      | .336 | .213 | .135 | .086 | .055 | .036 |
|    | 10 |     |      |      |      |      |      | .416 | .306 | .223 | .163 |
| 15 | 2 | .022 | .005 | .001 | | | | | <.001 | | |
|    | 4 | .331 | .108 | .037 | .014 | .006 | .002 | .001 | | | |
|    | 6 |      |      | .272 | .131 | .064 | .032 | .017 | .009 | .005 | .003 |
|    | 8 |      |      |      | .483 | .299 | .182 | .110 | .067 | .042 | .026 |
|    | 10 |     |      |      |      |      |      | .367 | .260 | .183 | .128 |

**Tafel VIII-1-4-1**

Der multiple Iterationshäufigkeitstest für k = 3 Alternativen

Entnommen aus BARTON, D. E. and DAVID, F. N.: Multiple runs. Biometrika 44 (1957), 168–178, Table 1, mit freundlicher Genehmigung des Herausgebers.

Die Tafel enthält die g-Werte (s. Text) für Stichproben von N = 6(1)12 mit $N_1 \geqslant N_2 \geqslant N_3$ Dreifach-Alternativen, die insgesamt r Iterationen bilden. Die Ermittlung des zu einem beobachteten und als zu niedrig erachteten r gehörigen P-Wertes ist in 8.1.4 beschrieben.

*Ablesebeispiel:* Die Merkmalsfolge CC A BB A (N = 6) hat mit r = 4 und $N_1 = N_2 = N_3 = 2$ unter $H_0$ eine Realisierungswahrscheinlichkeit von P = (6 + 18)/90 = 0,267.

Tafel VIII-1-4-1 (Fortsetz.)

| N | $N_1$ | $N_2$ | $N_3$ | m | \multicolumn{10}{c|}{r} |
|---|---|---|---|---|---|---|---|---|---|---|---|---|---|---|
| | | | | | 3 | 4 | 5 | 6 | 7 | 8 | 9 | 10 | 11 | 12 |
| 6 | 2 | 2 | 2 | 90 | 6 | 18 | 36 | 30 | – | – | – | – | – | – |
|   | 3 | 2 | 1 | 60 | 6 | 18 | 26 | 10 | – | – | – | – | – | – |
|   | 4 | 1 | 1 | 30 | 6 | 18 | 6  | –  | – | – | – | – | – | – |
| 7 | 3 | 2 | 2 | 210 | 6 | 24 | 62 | 80 | 38 | – | – | – | – | – |
|   | 3 | 3 | 1 | 140 | 6 | 24 | 52 | 40 | 18 | – | – | – | – | – |
|   | 4 | 2 | 1 | 105 | 6 | 24 | 42 | 30 | 3  | – | – | – | – | – |
|   | 5 | 1 | 1 | 42  | 6 | 24 | 12 | –  | –  | – | – | – | – | – |
| 8 | 3 | 3 | 2 | 560 | 6 | 30 | 100 | 180 | 170 | 74 | – | – | – | – |
|   | 4 | 2 | 2 | 420 | 6 | 30 | 90  | 150 | 120 | 24 | – | – | – | – |
|   | 4 | 3 | 1 | 280 | 6 | 30 | 80  | 90  | 60  | 14 | – | – | – | – |
|   | 5 | 2 | 1 | 168 | 6 | 30 | 60  | 60  | 12  | –  | – | – | – | – |
|   | 6 | 1 | 1 | 56  | 6 | 30 | 20  | –   | –   | –  | – | – | – | – |
| 9 | 3 | 3 | 3 | 1680 | 6 | 36 | 150 | 360 | 510 | 444 | 174 | – | – | – |
|   | 4 | 3 | 2 | 1260 | 6 | 36 | 140 | 310 | 405 | 284 | 79  | – | – | – |
|   | 5 | 2 | 2 | 756  | 6 | 36 | 120 | 240 | 252 | 96  | 6   | – | – | – |
|   | 4 | 4 | 1 | 630  | 6 | 36 | 120 | 180 | 180 | 84  | 24  | – | – | – |
|   | 5 | 3 | 1 | 504  | 6 | 36 | 110 | 160 | 132 | 56  | 4   | – | – | – |
|   | 6 | 2 | 1 | 252  | 6 | 36 | 80  | 100 | 30  | –   | –   | – | – | – |
|   | 7 | 1 | 1 | 72   | 6 | 36 | 30  | –   | –   | –   | –   | – | – | – |
| 10 | 4 | 3 | 3 | 4200 | 6 | 42 | 202 | 580 | 1050 | 1234 | 838 | 248 | – | – |
|    | 4 | 4 | 2 | 3150 | 6 | 42 | 192 | 510 | 870  | 894  | 498 | 138 | – | – |
|    | 5 | 3 | 2 | 2520 | 6 | 42 | 182 | 470 | 752  | 692  | 332 | 44  | – | – |
|    | 5 | 4 | 1 | 1260 | 6 | 42 | 162 | 300 | 372  | 252  | 108 | 18  | – | – |
|    | 6 | 2 | 2 | 1260 | 6 | 42 | 152 | 350 | 440  | 240  | 30  | –   | – | – |
|    | 6 | 3 | 1 | 840  | 6 | 42 | 142 | 250 | 240  | 140  | 20  | –   | – | – |
|    | 7 | 2 | 1 | 360  | 6 | 42 | 102 | 150 | 60   | –    | –   | –   | – | – |
|    | 8 | 1 | 1 | 90   | 6 | 42 | 42  | –   | –    | –    | –   | –   | – | – |
| 11 | 4 | 4 | 3 | 11550 | 6 | 48 | 266 | 900 | 2010 | 3064 | 3012 | 1764 | 480 | – |
|    | 5 | 3 | 3 | 9240  | 6 | 48 | 256 | 840 | 1802 | 2568 | 2340 | 1168 | 212 | – |
|    | 5 | 4 | 2 | 6930  | 6 | 48 | 246 | 750 | 1527 | 1968 | 1548 | 702  | 135 | – |
|    | 6 | 3 | 2 | 4620  | 6 | 48 | 226 | 660 | 1220 | 1360 | 870  | 220  | 10  | – |
|    | 5 | 5 | 1 | 2772  | 6 | 48 | 216 | 480 | 744  | 672  | 432  | 144  | 30  | – |
|    | 6 | 4 | 1 | 2310  | 6 | 48 | 206 | 450 | 645  | 560  | 300  | 90   | 5   | ▾ |
|    | 7 | 2 | 2 | 1980  | 6 | 48 | 186 | 480 | 690  | 480  | 90   | –    | –   | – |
|    | 7 | 3 | 1 | 1320  | 6 | 48 | 176 | 360 | 390  | 280  | 60   | –    | –   | – |
|    | 8 | 2 | 1 | 495   | 6 | 48 | 126 | 210 | 105  | –    | –    | –    | –   | – |
|    | 9 | 1 | 1 | 110   | 6 | 48 | 56  | –   | –    | –    | –    | –    | –   | – |
| 12 | 4 | 4 | 4 | 34650 | 6 | 54 | 342 | 1350 | 3618 | 6894 | 9036 | 7938 | 4320 | 1092 |
|    | 5 | 4 | 3 | 27720 | 6 | 54 | 332 | 1270 | 3300 | 5974 | 7388 | 5982 | 2826 | 588  |
|    | 6 | 3 | 3 | 18480 | 6 | 54 | 312 | 1140 | 2778 | 4570 | 5060 | 3360 | 1100 | 100  |
|    | 5 | 5 | 2 | 16632 | 6 | 54 | 312 | 1080 | 2592 | 4104 | 4272 | 2880 | 1110 | 222  |
|    | 6 | 4 | 2 | 13860 | 6 | 54 | 302 | 1030 | 2388 | 3620 | 3550 | 2130 | 710  | 70   |
|    | 7 | 3 | 2 | 7920  | 6 | 54 | 272 | 880  | 1818 | 2350 | 1820 | 660  | 60   | –    |
|    | 6 | 5 | 1 | 5544  | 6 | 54 | 272 | 700  | 1320 | 1400 | 1120 | 540  | 110  | 22   |
|    | 7 | 4 | 1 | 3960  | 6 | 54 | 252 | 630  | 1008 | 1050 | 660  | 270  | 30   | –    |
|    | 8 | 2 | 2 | 2970  | 6 | 54 | 222 | 630  | 1008 | 840  | 210  | –    | –    | –    |
|    | 8 | 3 | 1 | 1980  | 6 | 54 | 212 | 490  | 588  | 490  | 140  | –    | –    | –    |
|    | 9 | 2 | 1 | 660   | 6 | 54 | 152 | 280  | 168  | –    | –    | –    | –    | –    |
|    | 10| 1 | 1 | 132   | 6 | 54 | 72  | –    | –    | –    | –    | –    | –    | –    |

**Tafel VIII-1-4-2**

Der multiple Iterationshäufigkeitstest für k = 4 Alternativen

Entnommen aus BARTON, D. E. and DAVID, F. N.: Multiple runs. Biometrika 44(1957), 168–178 Table 2 unter Berücksichtigung der Errata S. 534, mit freundlicher Genehmigung des Herausgebers.

Die Tafel enthält die g-Werte (s. Text) für Stichproben von N = 6(1)12 mit $N_1 \geqslant N_2 \geqslant N_3 \geqslant N_4$ Vierfach-Alternativen, die insgesamt r Iterationen bilden. Die Ermittlung des zu einem beobachteten und als zu niedrig erachteten r gehörigen P-Wertes ist in 8.1.4 beschrieben.

*Ablesebeispiel:* Die Alternativenfolge 3331112422 (N = 10) mit $N_1 = N_2 = N_3 = 3$ und $N_4 = 1$ liefert nur r = 5 Iterationen mit einem einseitigen P = (24 + 216)/18900 = 0,013 als Nachweis für zu geringe Durchmischung der k = 4 Alternativen.

Tafel VIII-1-4-2 (Fortsetz.)

| N | $N_1$ | $N_2$ | $N_3$ | $N_4$ | m | \multicolumn{9}{c|}{r} |
|---|---|---|---|---|---|---|---|---|---|---|---|---|---|---|
| | | | | | | 4 | 5 | 6 | 7 | 8 | 9 | 10 | 11 | 12 |
| 6 | 2 | 2 | 1 | 1 | 180 | 24 | 72 | 84 | - | - | - | - | - | - |
|   | 3 | 1 | 1 | 1 | 120 | 24 | 72 | 24 | - | - | - | - | - | - |
| 7 | 2 | 2 | 2 | 1 | 630 | 24 | 108 | 252 | 246 | - | - | - | - | - |
|   | 3 | 2 | 2 | 1 | 420 | 24 | 108 | 192 | 96 | - | - | - | - | - |
|   | 4 | 1 | 1 | 1 | 210 | 24 | 108 | 72 | 6 | - | - | - | - | - |
| 8 | 2 | 2 | 2 | 2 | 2520 | 24 | 144 | 504 | 984 | 864 | - | - | - | - |
|   | 3 | 2 | 2 | 1 | 1680 | 24 | 144 | 444 | 684 | 384 | - | - | - | - |
|   | 3 | 3 | 1 | 1 | 1120 | 24 | 144 | 384 | 384 | 184 | - | - | - | - |
|   | 4 | 2 | 1 | 1 | 840 | 24 | 144 | 324 | 294 | 54 | - | - | - | - |
| 9 | 3 | 2 | 2 | 2 | 7560 | 24 | 180 | 780 | 2010 | 2880 | 1686 | - | - | - |
|   | 3 | 3 | 2 | 1 | 5040 | 24 | 180 | 720 | 1560 | 1720 | 836 | - | - | - |
|   | 4 | 2 | 2 | 1 | 3780 | 24 | 180 | 660 | 1320 | 1260 | 336 | - | - | - |
|   | 4 | 3 | 1 | 1 | 2520 | 24 | 180 | 600 | 870 | 660 | 186 | - | - | - |
|   | 5 | 2 | 1 | 1 | 1512 | 24 | 180 | 480 | 600 | 216 | 12 | - | - | - |
| 10 | 3 | 3 | 2 | 2 | 25200 | 24 | 216 | 1140 | 3720 | 7480 | 8416 | 4204 | - | - |
|    | 3 | 3 | 3 | 1 | 18900 | 24 | 216 | 1080 | 3330 | 6210 | 6066 | 1074 | - | - |
|    | 4 | 2 | 2 | 2 | 16800 | 24 | 216 | 1080 | 3120 | 5160 | 6016 | 2184 | - | - |
|    | 4 | 3 | 2 | 1 | 12600 | 24 | 216 | 1020 | 2730 | 4170 | 3366 | 1074 | - | - |
|    | 5 | 2 | 2 | 1 | 7560 | 24 | 216 | 900 | 2160 | 2736 | 1368 | 156 | - | - |
|    | 4 | 4 | 1 | 1 | 6300 | 24 | 216 | 900 | 1740 | 1980 | 1116 | 324 | - | - |
|    | 5 | 3 | 1 | 1 | 5040 | 24 | 216 | 840 | 1560 | 1536 | 768 | 96 | - | - |
| 11 | 3 | 3 | 3 | 2 | 92400 | 24 | 252 | 1584 | 6360 | 16680 | 27756 | 27408 | 12336 | - |
|    | 4 | 3 | 2 | 2 | 69300 | 24 | 252 | 1524 | 5820 | 14400 | 22056 | 18708 | 6516 | - |
|    | 4 | 3 | 3 | 1 | 46200 | 24 | 252 | 1464 | 5070 | 10720 | 14256 | 10848 | 3566 | - |
|    | 5 | 2 | 2 | 2 | 41580 | 24 | 252 | 1404 | 4950 | 11016 | 14184 | 8364 | 1386 | - |
|    | 4 | 4 | 2 | 1 | 34650 | 24 | 252 | 1404 | 4350 | 9000 | 10656 | 6768 | 2016 | - |
|    | 5 | 3 | 2 | 1 | 27720 | 24 | 252 | 1344 | 4200 | 7896 | 8484 | 4704 | 816 | - |
|    | 5 | 4 | 1 | 1 | 13860 | 24 | 252 | 1224 | 2910 | 4176 | 3384 | 1584 | 306 | - |
|    | 6 | 2 | 2 | 1 | 13860 | 24 | 252 | 1164 | 3210 | 4920 | 3480 | 780 | 30 | - |
|    | 6 | 3 | 1 | 1 | 9240 | 24 | 252 | 1104 | 2460 | 2920 | 1980 | 480 | 20 | - |
| 12 | 3 | 3 | 3 | 3 | 369600 | 24 | 288 | 2112 | 10176 | 33360 | 74016 | 109632 | 98688 | 41304 |
|    | 4 | 3 | 3 | 2 | 277200 | 24 | 288 | 2052 | 9486 | 29590 | 61016 | 83952 | 66638 | 23254 |
|    | 4 | 4 | 2 | 2 | 207900 | 24 | 288 | 1992 | 8796 | 26100 | 51216 | 62892 | 43128 | 13464 |
|    | 5 | 3 | 2 | 2 | 166320 | 24 | 288 | 1932 | 8316 | 23856 | 44520 | 50484 | 30468 | 6432 |
|    | 4 | 4 | 3 | 1 | 138600 | 24 | 288 | 1932 | 7896 | 20580 | 35616 | 39312 | 25428 | 7524 |
|    | 5 | 3 | 3 | 1 | 110880 | 24 | 288 | 1972 | 7416 | 18616 | 30320 | 31104 | 17528 | 3712 |
|    | 5 | 4 | 2 | 1 | 83160 | 24 | 288 | 1812 | 6726 | 15966 | 23820 | 21384 | 10818 | 2322 |
|    | 6 | 2 | 2 | 2 | 83160 | 24 | 288 | 1752 | 6876 | 17460 | 27120 | 22080 | 7020 | 540 |
|    | 6 | 3 | 2 | 1 | 55440 | 24 | 288 | 1692 | 5976 | 13060 | 17120 | 12780 | 4160 | 340 |
|    | 5 | 5 | 1 | 1 | 33264 | 24 | 288 | 1632 | 4656 | 8352 | 9024 | 6336 | 2448 | 504 |
|    | 6 | 4 | 1 | 1 | 27720 | 24 | 288 | 1572 | 4386 | 7410 | 7620 | 4680 | 1590 | 150 |

### Tafel VIII-2-1-1
OLMSTEADS ELI-Test
Entnommen aus OLMSTEAD, P. S.: Runs determined in a sample by an arbitrary cut. Bell System Technical Journal 37(1958), 55–82, Tables VI and VII., mit freundlicher Genehmigung des Verfassers und des Verlegers.

Die Tafel enthält die Überschreitungswahrscheinlichkeiten P(s) für die Länge s der längsten Iteration einer unter $H_1$ festgelegten Alternative (Einser) von zwei Alternativen (1) mit dem Gesamtumfang von $N_1$ (Einser) + $N_2$ (Zweier) = N = 10 und (2) mit dem Gesamtumfang von $N_1 + N_2$ = 20. Der Test ist auch auf Meßreihen anzuwenden, die nach einem kritischen Skalenwert oder ad libitum (nicht ad hoc!) dichotomiert worden sind.

*Ablesebeispiel:* Eine Folge 2111112212 mit N = 10 und 1 als der kritischen Alternative hat mit s = 5 bei $N_1$ = 6 eine Überschreitungswahrscheinlichkeit von P = 0,119 und ist damit nicht signifikant, wenn $\alpha$ = 0,10 vereinbart wurde.

| N=10 | $N_1$ (Einser) | | | | | | | | |
|---|---|---|---|---|---|---|---|---|---|
| s | 9 | 8 | 7 | 6 | 5 | 4 | 3 | 2 | 1 |
| 1 | 1.000 | 1.000 | 1.000 | 1.000 | 1.000 | 1.000 | 1.000 | 1.000 | 1.000 |
| 2 | 1.000 | 1.000 | 1.000 | 1.000 | 0.976 | 0.833 | 0.533 | 0.200 | |
| 3 | 1.000 | 1.000 | 0.967 | 0.786 | 0.500 | 0.233 | 0.067 | | |
| 4 | 1.000 | 0.933 | 0.667 | 0.357 | 0.143 | 0.033 | | | |
| 5 | 1.000 | 0.667 | 0.333 | 0.119 | 0.024 | | | | |
| 6 | 0.800 | 0.400 | 0.133 | 0.024 | | | | | |
| 7 | 0.600 | 0.200 | 0.033 | | | | | | |
| 8 | 0.400 | 0.067 | | | | | | | |
| 9 | 0.200 | | | | | | | | |

Tafel VIII-2-1-1 (Fortsetz.)

| N=20 | $N_1$ (Einser) | | | | | | | | | | | | | | | | | | |
|---|---|---|---|---|---|---|---|---|---|---|---|---|---|---|---|---|---|---|---|
| s | 1 | 2 | 3 | 4 | 5 | 6 | 7 | 8 | 9 | 10 | 11 | 12 | 13 | 14 | 15 | 16 | 17 | 18 | 19 |
| 1 | 1.000 | 1.000 | 1.000 | 1.000 | 1.000 | 1.000 | 1.000 | 1.000 | 1.000 | 1.000 | 1.000 | 1.000 | 1.000 | 1.000 | 1.000 | 1.000 | 1.000 | 1.000 | 1.000 |
| 2 |  | 0.100 | 0.284 | 0.509 | 0.718 | 0.871 | 0.956 | 0.990 | 0.999 | 1.000 | 1.000 | 1.000 | 1.000 | 1.000 | 1.000 | 1.000 | 1.000 | 1.000 | 1.000 |
| 3 |  |  | 0.016 | 0.060 | 0.140 | 0.260 | 0.415 | 0.582 | 0.742 | 0.870 | 0.950 | 0.988 | 0.999 | 1.000 | 1.000 | 1.000 | 1.000 | 1.000 | 1.000 |
| 4 |  |  |  | 0.004 | 0.017 | 0.046 | 0.101 | 0.187 | 0.307 | 0.457 | 0.622 | 0.779 | 0.900 | 0.971 | 0.996 | 1.000 | 1.000 | 1.000 | 1.000 |
| 5 |  |  |  |  | 0.001 | 0.006 | 0.019 | 0.047 | 0.098 | 0.178 | 0.295 | 0.447 | 0.621 | 0.790 | 0.920 | 0.986 | 1.000 | 1.000 | 1.000 |
| 6 |  |  |  |  |  | 0.000 | 0.005 | 0.009 | 0.026 | 0.060 | 0.119 | 0.214 | 0.351 | 0.527 | 0.721 | 0.889 | 0.982 | 1.000 | 1.000 |
| 7 |  |  |  |  |  |  | 0.000 | 0.001 | 0.006 | 0.017 | 0.043 | 0.092 | 0.177 | 0.309 | 0.492 | 0.707 | 0.898 | 0.995 | 1.000 |
| 8 |  |  |  |  |  |  |  | 0.000 | 0.001 | 0.004 | 0.013 | 0.035 | 0.082 | 0.167 | 0.307 | 0.509 | 0.751 | 0.947 | 1.000 |
| 9 |  |  |  |  |  |  |  |  | 0.000 | 0.001 | 0.003 | 0.012 | 0.034 | 0.083 | 0.179 | 0.341 | 0.579 | 0.853 | 1.000 |
| 10 |  |  |  |  |  |  |  |  |  | 0.000 | 0.001 | 0.003 | 0.012 | 0.038 | 0.098 | 0.217 | 0.421 | 0.711 | 1.000 |
| 11 |  |  |  |  |  |  |  |  |  |  | 0.000 | 0.001 | 0.004 | 0.015 | 0.049 | 0.130 | 0.295 | 0.568 | 0.900 |
| 12 |  |  |  |  |  |  |  |  |  |  |  | 0.000 | 0.001 | 0.005 | 0.022 | 0.072 | 0.196 | 0.442 | 0.800 |
| 13 |  |  |  |  |  |  |  |  |  |  |  |  | 0.000 | 0.001 | 0.008 | 0.036 | 0.123 | 0.332 | 0.700 |
| 14 |  |  |  |  |  |  |  |  |  |  |  |  |  | 0.000 | 0.002 | 0.015 | 0.070 | 0.237 | 0.600 |
| 15 |  |  |  |  |  |  |  |  |  |  |  |  |  |  | 0.000 | 0.005 | 0.035 | 0.152 | 0.500 |
| 16 |  |  |  |  |  |  |  |  |  |  |  |  |  |  |  | 0.001 | 0.014 | 0.095 | 0.400 |
| 17 |  |  |  |  |  |  |  |  |  |  |  |  |  |  |  |  | 0.004 | 0.047 | 0.300 |
| 18 |  |  |  |  |  |  |  |  |  |  |  |  |  |  |  |  |  | 0.016 | 0.200 |
| 19 |  |  |  |  |  |  |  |  |  |  |  |  |  |  |  |  |  |  | 0.100 |

**Tafel VIII-2-1-2**

Natürliche Exponentialfunktionen

Auszugsweise entnommen aus Dokumenta Geigy: Wissenschaftliche Tabellen. Basel: Geigy. [7]1968, S. 16–17, mit freundlicher Genehmigung des Verlegers.

Die Tafel enthält für x = 0,00(0,01)5,49(0,1)10,0 die Werte $e^x$ und $e^{-x}$.

*Ablesebeispiel:* $e^{3,56} = 35,163$
$e^{-3,56} = 0,028439$

Tafel VIII-2-1-2 (Fortsetz.)

| $x$ | $e^x$ | $e^{-x}$ | $x$ | $e^x$ | $e^{-x}$ | $x$ | $e^x$ | $e^{-x}$ |
|---|---|---|---|---|---|---|---|---|
| **0,00** | 1,0000 | 1,000000 | **1,00** | 2,7183 | 0,367879 | **2,00** | 7,3891 | 0,135335 | 
| 0,01 | 1,0101 | 0,990050 | 1,01 | 2,7456 | 364219 | 2,01 | 7,4633 | 133989 |
| 0,02 | 1,0202 | 980199 | 1,02 | 2,7732 | 360595 | 2,02 | 7,5383 | 132655 |
| 0,03 | 1,0305 | 970446 | 1,03 | 2,8011 | 357007 | 2,03 | 7,6141 | 131336 |
| 0,04 | 1,0408 | 960789 | 1,04 | 2,8292 | 353455 | 2,04 | 7,6906 | 130029 |
| **0,05** | 1,0513 | 0,951229 | **1,05** | 2,8577 | 0,349938 | **2,05** | 7,7679 | 0,128735 |
| 0,06 | 1,0618 | 941765 | 1,06 | 2,8864 | 346456 | 2,06 | 7,7860 | 127454 |
| 0,07 | 1,0725 | 932394 | 1,07 | 2,9154 | 343009 | 2,07 | 7,9248 | 126186 |
| 0,08 | 1,0833 | 923116 | 1,08 | 2,9447 | 339596 | 2,08 | 8,0045 | 124930 |
| 0,09 | 1,0942 | 913931 | 1,09 | 2,9743 | 336216 | 2,09 | 8,0849 | 123687 |
| **0,10** | 1,1052 | 0,904837 | **1,10** | 3,0042 | 0,332871 | **2,10** | 8,1662 | 0,122456 |
| 0,11 | 1,1163 | 895834 | 1,11 | 3,0344 | 329559 | 2,11 | 8,2482 | 121238 |
| 0,12 | 1,1275 | 886920 | 1,12 | 3,0649 | 326280 | 2,12 | 8,3311 | 120032 |
| 0,13 | 1,1388 | 878095 | 1,13 | 3,0957 | 323033 | 2,13 | 8,4149 | 118837 |
| 0,14 | 1,1503 | 869358 | 1,14 | 3,1268 | 319819 | 2,14 | 8,4994 | 117655 |
| **0,15** | 1,1618 | 0,860708 | **1,15** | 3,1582 | 0,316637 | **2,15** | 8,5849 | 0,116484 |
| 0,16 | 1,1735 | 852144 | 1,16 | 3,1899 | 313486 | 2,16 | 8,6711 | 115325 |
| 0,17 | 1,1853 | 843665 | 1,17 | 3,2220 | 310367 | 2,17 | 8,7583 | 114178 |
| 0,18 | 1,1972 | 835270 | 1,18 | 3,2544 | 307279 | 2,18 | 8,8463 | 113042 |
| 0,19 | 1,2092 | 826959 | 1,19 | 3,2871 | 304221 | 2,19 | 8,9352 | 111917 |
| **0,20** | 1,2214 | 0,818731 | **1,20** | 3,3201 | 0,301194 | **2,20** | 9,0250 | 0,110803 |
| 0,21 | 1,2337 | 810584 | 1,21 | 3,3535 | 298197 | 2,21 | 9,1157 | 109701 |
| 0,22 | 1,2461 | 802519 | 1,22 | 3,3872 | 295230 | 2,22 | 9,2073 | 108609 |
| 0,23 | 1,2586 | 794534 | 1,23 | 3,4212 | 292293 | 2,23 | 9,2999 | 107528 |
| 0,24 | 1,2712 | 786628 | 1,24 | 3,4556 | 289384 | 2,24 | 9,3933 | 106459 |
| **0,25** | 1,2840 | 0,778801 | **1,25** | 3,4903 | 0,286505 | **2,25** | 9,4877 | 0,105399 |
| 0,26 | 1,2969 | 771052 | 1,26 | 3,5254 | 283654 | 2,26 | 9,5831 | 104350 |
| 0,27 | 1,3100 | 763379 | 1,27 | 3,5609 | 280832 | 2,27 | 9,6794 | 103312 |
| 0,28 | 1,3231 | 755784 | 1,28 | 3,5966 | 278037 | 2,28 | 9,7767 | 102284 |
| 0,29 | 1,3364 | 748264 | 1,29 | 3,6328 | 275271 | 2,29 | 9,8749 | 101266 |
| **0,30** | 1,3499 | 0,740818 | **1,30** | 3,6693 | 0,272532 | **2,30** | 9,9742 | 0,100259 |
| 0,31 | 1,3634 | 733447 | 1,31 | 3,7062 | 269820 | 2,31 | 10,074 | 099261 |
| 0,32 | 1,3771 | 726149 | 1,32 | 3,7434 | 267135 | 2,32 | 10,176 | 098274 |
| 0,33 | 1,3910 | 718924 | 1,33 | 3,7810 | 264477 | 2,33 | 10,278 | 097296 |
| 0,34 | 1,4049 | 711770 | 1,34 | 3,8190 | 261846 | 2,34 | 10,381 | 096328 |
| **0,35** | 1,4191 | 0,704688 | **1,35** | 3,8574 | 0,259240 | **2,35** | 10,486 | 0,095369 |
| 0,36 | 1,4333 | 697676 | 1,36 | 3,8962 | 256661 | 2,36 | 10,591 | 094420 |
| 0,37 | 1,4477 | 690734 | 1,37 | 3,9354 | 254107 | 2,37 | 10,697 | 093481 |
| 0,38 | 1,4623 | 683861 | 1,38 | 3,9749 | 251579 | 2,38 | 10,805 | 092551 |
| 0,39 | 1,4770 | 677057 | 1,39 | 4,0149 | 249075 | 2,39 | 10,913 | 091630 |
| **0,40** | 1,4918 | 0,670320 | **1,40** | 4,0552 | 0,246597 | **2,40** | 11,023 | 0,090718 |
| 0,41 | 1,5068 | 663650 | 1,41 | 4,0960 | 244143 | 2,41 | 11,134 | 089815 |
| 0,42 | 1,5220 | 657047 | 1,42 | 4,1371 | 241714 | 2,42 | 11,246 | 088922 |
| 0,43 | 1,5373 | 650509 | 1,43 | 4,1787 | 239309 | 2,43 | 11,359 | 088037 |
| 0,44 | 1,5527 | 644036 | 1,44 | 4,2207 | 236928 | 2,44 | 11,473 | 087161 |
| **0,45** | 1,5683 | 0,637628 | **1,45** | 4,2631 | 0,234570 | **2,45** | 11,588 | 0,086294 |
| 0,46 | 1,5841 | 631284 | 1,46 | 4,3060 | 232236 | 2,46 | 11,705 | 085435 |
| 0,47 | 1,6000 | 625002 | 1,47 | 4,3492 | 229925 | 2,47 | 11,822 | 084585 |
| 0,48 | 1,6161 | 618783 | 1,48 | 4,3929 | 227638 | 2,48 | 11,941 | 083743 |
| 0,49 | 1,6323 | 612626 | 1,49 | 4,4371 | 225373 | 2,49 | 12,061 | 082910 |

| $x$ | $e^x$ | $e^{-x}$ |
|---|---|---|
| **3,00** | 20,086 | 0,049787 |
| 3,01 | 20,287 | 049292 |
| 3,02 | 20,491 | 048801 |
| 3,03 | 20,697 | 048316 |
| 3,04 | 20,905 | 047835 |
| **3,05** | 21,115 | 0,047359 |
| 3,06 | 21,328 | 046888 |
| 3,07 | 21,542 | 046421 |
| 3,08 | 21,758 | 045959 |
| 3,09 | 21,977 | 045502 |
| **3,10** | 22,198 | 0,045049 |
| 3,11 | 22,421 | 044601 |
| 3,12 | 22,646 | 044157 |
| 3,13 | 22,874 | 043718 |
| 3,14 | 23,104 | 043283 |
| **3,15** | 23,336 | 0,042852 |
| 3,16 | 23,571 | 042426 |
| 3,17 | 23,807 | 042004 |
| 3,18 | 24,047 | 041586 |
| 3,19 | 24,288 | 041172 |
| **3,20** | 24,533 | 0,040762 |
| 3,21 | 24,779 | 040357 |
| 3,22 | 25,028 | 039955 |
| 3,23 | 25,280 | 039557 |
| 3,24 | 25,534 | 039164 |
| **3,25** | 25,790 | 0,038774 |
| 3,26 | 26,050 | 038388 |
| 3,27 | 26,311 | 038006 |
| 3,28 | 26,576 | 037628 |
| 3,29 | 26,843 | 037254 |
| **3,30** | 27,113 | 0,036883 |
| 3,31 | 27,385 | 036516 |
| 3,32 | 27,660 | 036153 |
| 3,33 | 27,938 | 035793 |
| 3,34 | 28,219 | 035437 |
| **3,35** | 28,503 | 0,035084 |
| 3,36 | 28,789 | 034735 |
| 3,37 | 29,079 | 034390 |
| 3,38 | 29,371 | 034047 |
| 3,39 | 29,666 | 033709 |
| **3,40** | 29,964 | 0,033373 |
| 3,41 | 30,265 | 033041 |
| 3,42 | 30,569 | 032712 |
| 3,43 | 30,877 | 032387 |
| 3,44 | 31,187 | 032065 |
| **3,45** | 31,500 | 0,031746 |
| 3,46 | 31,817 | 031430 |
| 3,47 | 32,137 | 031117 |
| 3,48 | 32,460 | 030807 |
| 3,49 | 32,786 | 030501 |

## Tafel VIII-2-1-2 (Fortsetz.)

| $x$ | $e^x$ | $e^{-x}$ | $x$ | $e^x$ | $e^{-x}$ | $x$ | $e^x$ | $e^{-x}$ |
|---|---|---|---|---|---|---|---|---|
| **0,50** | 1,6487 | 0,606531 | **1,50** | 4,4817 | 0,223130 | **2,50** | 12,182 | 0,082085 |
| 0,51 | 1,6653 | 600496 | 1,51 | 4,5267 | 220910 | 2,51 | 12,305 | 081268 |
| 0,52 | 1,6820 | 594521 | 1,52 | 4,5722 | 218712 | 2,52 | 12,429 | 080460 |
| 0,53 | 1,6989 | 588605 | 1,53 | 4,6182 | 216536 | 2,53 | 12,554 | 079659 |
| 0,54 | 1,7160 | 582748 | 1,54 | 4,6646 | 214381 | 2,54 | 12,680 | 078866 |
| **0,55** | 1,7333 | 0,576950 | **1,55** | 4,7115 | 0,212248 | **2,55** | 12,807 | 0,078082 |
| 0,56 | 1,7507 | 571209 | 1,56 | 4,7588 | 210136 | 2,56 | 12,936 | 077305 |
| 0,57 | 1,7683 | 565525 | 1,57 | 4,8066 | 208045 | 2,57 | 13,066 | 076536 |
| 0,58 | 1,7860 | 559898 | 1,58 | 4,8550 | 205975 | 2,58 | 13,197 | 075774 |
| 0,59 | 1,8040 | 554327 | 1,59 | 4,9037 | 203926 | 2,59 | 13,330 | 075020 |
| **0,60** | 1,8221 | 0,548812 | **1,60** | 4,9530 | 0,201897 | **2,60** | 13,464 | 0,074274 |
| 0,61 | 1,8404 | 543351 | 1,61 | 5,0028 | 199888 | 2,61 | 13,599 | 073535 |
| 0,62 | 1,8589 | 537944 | 1,62 | 5,0531 | 197899 | 2,62 | 13,736 | 072803 |
| 0,63 | 1,8776 | 532592 | 1,63 | 5,1039 | 195930 | 2,63 | 13,874 | 072078 |
| 0,64 | 1,8965 | 527292 | 1,64 | 5,1552 | 193980 | 2,64 | 14,013 | 071361 |
| **0,65** | 1,9155 | 0,522046 | **1,65** | 5,2070 | 0,192050 | **2,65** | 14,154 | 0,070651 |
| 0,66 | 1,9348 | 516851 | 1,66 | 5,2593 | 190139 | 2,66 | 14,296 | 069948 |
| 0,67 | 1,9542 | 511709 | 1,67 | 5,3122 | 188247 | 2,67 | 14,440 | 069252 |
| 0,68 | 1,9739 | 506617 | 1,68 | 5,3656 | 186374 | 2,68 | 14,585 | 068563 |
| 0,69 | 1,9937 | 501576 | 1,69 | 5,4195 | 184520 | 2,69 | 14,732 | 067881 |
| **0,70** | 2,0138 | 0,496585 | **1,70** | 5,4739 | 0,182684 | **2,70** | 14,880 | 0,067206 |
| 0,71 | 2,0340 | 491644 | 1,71 | 5,5290 | 180866 | 2,71 | 15,029 | 066537 |
| 0,72 | 2,0544 | 486752 | 1,72 | 5,5845 | 179066 | 2,72 | 15,180 | 065875 |
| 0,73 | 2,0751 | 481909 | 1,73 | 5,6407 | 177284 | 2,73 | 15,333 | 065219 |
| 0,74 | 2,0959 | 477114 | 1,74 | 5,6973 | 175520 | 2,74 | 15,487 | 064570 |
| **0,75** | 2,1170 | 0,472367 | **1,75** | 5,7546 | 0,173774 | **2,75** | 15,643 | 0,063928 |
| 0,76 | 2,1383 | 467666 | 1,76 | 5,8124 | 172045 | 2,76 | 15,800 | 063292 |
| 0,77 | 2,1598 | 463013 | 1,77 | 5,8709 | 170333 | 2,77 | 15,959 | 062662 |
| 0,78 | 2,1815 | 458406 | 1,78 | 5,9299 | 168638 | 2,78 | 16,119 | 062039 |
| 0,79 | 2,2034 | 453845 | 1,79 | 5,9895 | 166960 | 2,79 | 16,281 | 061421 |
| **0,80** | 2,2255 | 0,449329 | **1,80** | 6,0496 | 0,165299 | **2,80** | 16,445 | 0,060810 |
| 0,81 | 2,2479 | 444858 | 1,81 | 6,1104 | 163654 | 2,81 | 16,610 | 060205 |
| 0,82 | 2,2705 | 440432 | 1,82 | 6,1719 | 162026 | 2,82 | 16,777 | 059606 |
| 0,83 | 2,2933 | 436049 | 1,83 | 6,2339 | 160414 | 2,83 | 16,945 | 059013 |
| 0,84 | 2,3164 | 431711 | 1,84 | 6,2965 | 158817 | 2,84 | 17,116 | 058426 |
| **0,85** | 2,3396 | 0,427415 | **1,85** | 6,3598 | 0,157237 | **2,85** | 17,288 | 0,057844 |
| 0,86 | 2,3632 | 423162 | 1,86 | 6,4237 | 155673 | 2,86 | 17,462 | 057269 |
| 0,87 | 2,3869 | 418952 | 1,87 | 6,4883 | 154124 | 2,87 | 17,637 | 056699 |
| 0,88 | 2,4109 | 414783 | 1,88 | 6,5535 | 152590 | 2,88 | 17,814 | 056135 |
| 0,89 | 2,4351 | 410656 | 1,89 | 6,6194 | 151072 | 2,89 | 17,993 | 055576 |
| **0,90** | 2,4596 | 0,406570 | **1,90** | 6,6859 | 0,149569 | **2,90** | 18,174 | 0,055023 |
| 0,91 | 2,4843 | 402524 | 1,91 | 6,7531 | 148080 | 2,91 | 18,357 | 054476 |
| 0,92 | 2,5093 | 398519 | 1,92 | 6,8210 | 146607 | 2,92 | 18,541 | 053934 |
| 0,93 | 2,5345 | 394554 | 1,93 | 6,8895 | 145148 | 2,93 | 18,728 | 053397 |
| 0,94 | 2,5600 | 390628 | 1,94 | 6,9588 | 143704 | 2,94 | 18,916 | 052866 |
| **0,95** | 2,5857 | 0,386741 | **1,95** | 7,0287 | 0,142274 | **2,95** | 19,106 | 0,052340 |
| 0,96 | 2,6117 | 382893 | 1,96 | 7,0993 | 140858 | 2,96 | 19,298 | 051819 |
| 0,97 | 2,6379 | 379083 | 1,97 | 7,1707 | 139457 | 2,97 | 19,492 | 051303 |
| 0,98 | 2,6645 | 375311 | 1,98 | 7,2427 | 138069 | 2,98 | 19,688 | 050792 |
| 0,99 | 2,6912 | 371577 | 1,99 | 7,3155 | 136695 | 2,99 | 19,886 | 050287 |

| $x$ | $e^x$ | $e^{-x}$ |
|---|---|---|
| **3,50** | 33,115 | 0,030197 |
| 3,51 | 33,448 | 029897 |
| 3,52 | 33,784 | 029599 |
| 3,53 | 34,124 | 029305 |
| 3,54 | 34,467 | 029013 |
| **3,55** | 34,813 | 0,028725 |
| 3,56 | 35,163 | 028440 |
| 3,57 | 35,517 | 028156 |
| 3,58 | 35,874 | 027876 |
| 3,59 | 36,234 | 027598 |
| **3,60** | 36,598 | 0,027324 |
| 3,61 | 36,966 | 027052 |
| 3,62 | 37,338 | 026783 |
| 3,63 | 37,713 | 026516 |
| 3,64 | 38,092 | 026252 |
| **3,65** | 38,475 | 0,025991 |
| 3,66 | 38,861 | 025733 |
| 3,67 | 39,252 | 025476 |
| 3,68 | 39,646 | 025223 |
| 3,69 | 40,045 | 024972 |
| **3,70** | 40,447 | 0,024724 |
| 3,71 | 40,854 | 024478 |
| 3,72 | 41,264 | 024234 |
| 3,73 | 41,679 | 023993 |
| 3,74 | 42,098 | 023754 |
| **3,75** | 42,521 | 0,023518 |
| 3,76 | 42,948 | 023284 |
| 3,77 | 43,380 | 023052 |
| 3,78 | 43,816 | 022823 |
| 3,79 | 44,256 | 022596 |
| **3,80** | 44,701 | 0,022371 |
| 3,81 | 45,150 | 022148 |
| 3,82 | 45,604 | 021928 |
| 3,83 | 46,063 | 021710 |
| 3,84 | 46,525 | 021494 |
| **3,85** | 46,993 | 0,021280 |
| 3,86 | 47,465 | 021068 |
| 3,87 | 47,942 | 020858 |
| 3,88 | 48,424 | 020651 |
| 3,89 | 48,911 | 020445 |
| **3,90** | 49,402 | 0,020242 |
| 3,91 | 49,899 | 020041 |
| 3,92 | 50,400 | 019841 |
| 3,93 | 50,907 | 019644 |
| 3,94 | 51,419 | 019448 |
| **3,95** | 51,935 | 0,019255 |
| 3,96 | 52,457 | 019063 |
| 3,97 | 52,985 | 018873 |
| 3,98 | 53,517 | 018686 |
| 3,99 | 54,055 | 018500 |

Tafel VIII-2-1-2 (Fortsetz.)

| $x$ | $e^x$ | $e^{-x}$ | $x$ | $e^x$ | $e^{-x}$ | $x$ | $e^x$ | $e^{-x}$ |
|---|---|---|---|---|---|---|---|---|
| **4,00** | 54,598 | 0,018316 | **4,50** | 90,017 | 0,011109 | **5,00** | 148,41 | 0,006738 |
| 4,01 | 55,147 | 018133 | 4,51 | 90,922 | 010998 | 5,01 | 149,90 | 006671 |
| 4,02 | 55,701 | 017953 | 4,52 | 91,836 | 010889 | 5,02 | 151,41 | 006605 |
| 4,03 | 56,261 | 017774 | 4,53 | 92,759 | 010781 | 5,03 | 152,93 | 006539 |
| 4,04 | 56,826 | 017597 | 4,54 | 93,691 | 010673 | 5,04 | 154,47 | 006474 |
| **4,05** | 57,397 | 0,017422 | **4,55** | 94,632 | 0,010567 | **5,05** | 156,02 | 0,006409 |
| 4,06 | 57,974 | 017249 | 4,56 | 95,583 | 010462 | 5,06 | 157,59 | 006346 |
| 4,07 | 58,557 | 017077 | 4,57 | 96,544 | 010358 | 5,07 | 159,17 | 006282 |
| 4,08 | 59,145 | 016907 | 4,58 | 97,514 | 010255 | 5,08 | 160,77 | 006220 |
| 4,09 | 59,740 | 016739 | 4,59 | 98,494 | 010153 | 5,09 | 162,39 | 006158 |
| **4,10** | 60,340 | 0,016573 | **4,60** | 99,484 | 0,010052 | **5,10** | 164,02 | 0,006097 |
| 4,11 | 60,947 | 016408 | 4,61 | 100,48 | 009952 | 5,11 | 165,67 | 006036 |
| 4,12 | 61,559 | 016245 | 4,62 | 101,49 | 009853 | 5,12 | 167,34 | 005976 |
| 4,13 | 62,178 | 016083 | 4,63 | 102,51 | 009755 | 5,13 | 169,02 | 005917 |
| 4,14 | 62,803 | 015923 | 4,64 | 103,54 | 009658 | 5,14 | 170,72 | 005858 |
| **4,15** | 63,434 | 0,015764 | **4,65** | 104,58 | 0,009562 | **5,15** | 172,43 | 0,005799 |
| 4,16 | 64,072 | 015608 | 4,66 | 105,64 | 009466 | 5,16 | 174,16 | 005742 |
| 4,17 | 64,715 | 015452 | 4,67 | 106,70 | 009372 | 5,17 | 175,91 | 005685 |
| 4,18 | 65,366 | 015299 | 4,68 | 107,77 | 009279 | 5,18 | 177,68 | 005628 |
| 4,19 | 66,023 | 015146 | 4,69 | 108,85 | 009187 | 5,19 | 179,47 | 005572 |
| **4,20** | 66,686 | 0,014996 | **4,70** | 109,95 | 0,009095 | **5,20** | 181,27 | 0,005517 |
| 4,21 | 67,357 | 014846 | 4,71 | 111,05 | 009005 | 5,21 | 183,09 | 005462 |
| 4,22 | 68,033 | 014699 | 4,72 | 112,17 | 008915 | 5,22 | 184,93 | 005407 |
| 4,23 | 68,717 | 014552 | 4,73 | 113,30 | 008826 | 5,23 | 186,79 | 005354 |
| 4,24 | 69,408 | 014408 | 4,74 | 114,43 | 008739 | 5,24 | 188,67 | 005300 |
| **4,25** | 70,105 | 0,014264 | **4,75** | 115,58 | 0,008652 | **5,25** | 190,57 | 0,005248 |
| 4,26 | 70,810 | 014122 | 4,76 | 116,75 | 008566 | 5,26 | 192,48 | 005195 |
| 4,27 | 71,522 | 013982 | 4,77 | 117,92 | 008480 | 5,27 | 194,42 | 005144 |
| 4,28 | 72,240 | 013843 | 4,78 | 119,10 | 008396 | 5,28 | 196,37 | 005092 |
| 4,29 | 72,966 | 013705 | 4,79 | 120,30 | 008312 | 5,29 | 198,34 | 005042 |
| **4,30** | 73,700 | 0,013569 | **4,80** | 121,51 | 0,008230 | **5,30** | 200,34 | 0,004992 |
| 4,31 | 74,440 | 013434 | 4,81 | 122,73 | 008148 | 5,31 | 202,35 | 004942 |
| 4,32 | 75,189 | 013300 | 4,82 | 123,97 | 008067 | 5,32 | 204,38 | 004893 |
| 4,33 | 75,944 | 013168 | 4,83 | 125,21 | 007987 | 5,33 | 206,44 | 004844 |
| 4,34 | 76,708 | 013037 | 4,84 | 126,47 | 007907 | 5,34 | 208,51 | 004796 |
| **4,35** | 77,478 | 0,012907 | **4,85** | 127,74 | 0,007828 | **5,35** | 210,61 | 0,004748 |
| 4,36 | 78,257 | 012778 | 4,86 | 129,02 | 007750 | 5,36 | 212,72 | 004701 |
| 4,37 | 79,044 | 012651 | 4,87 | 130,32 | 007673 | 5,37 | 214,86 | 004654 |
| 4,38 | 79,838 | 012525 | 4,88 | 131,63 | 007597 | 5,38 | 217,02 | 004608 |
| 4,39 | 80,640 | 012401 | 4,89 | 132,95 | 007521 | 5,39 | 219,20 | 004562 |
| **4,40** | 81,451 | 0,012277 | **4,90** | 134,29 | 0,007447 | **5,40** | 221,41 | 0,004517 |
| 4,41 | 82,269 | 012155 | 4,91 | 135,64 | 007372 | 5,41 | 223,63 | 004472 |
| 4,42 | 83,096 | 012034 | 4,92 | 137,00 | 007299 | 5,42 | 225,88 | 004427 |
| 4,43 | 83,931 | 011914 | 4,93 | 138,38 | 007227 | 5,43 | 228,15 | 004383 |
| 4,44 | 84,775 | 011796 | 4,94 | 139,77 | 007155 | 5,44 | 230,44 | 004339 |
| **4,45** | 85,627 | 0,011679 | **4,95** | 141,17 | 0,007083 | **5,45** | 232,76 | 0,004296 |
| 4,46 | 86,488 | 011562 | 4,96 | 142,59 | 007013 | 5,46 | 235,10 | 004254 |
| 4,47 | 87,357 | 011447 | 4,97 | 144,03 | 006943 | 5,47 | 237,46 | 004211 |
| 4,48 | 88,235 | 011333 | 4,98 | 145,47 | 006874 | 5,48 | 239,85 | 004169 |
| 4,49 | 89,121 | 011221 | 4,99 | 146,94 | 006806 | 5,49 | 242,26 | 004128 |
| **5,5** | 244,69 | 0,004087 | | | | | | |
| 5,6 | 270,43 | 003698 | | | | | | |
| 5,7 | 298,87 | 003346 | | | | | | |
| 5,8 | 330,30 | 003028 | | | | | | |
| 5,9 | 365,04 | 002739 | | | | | | |
| **6,0** | 403,43 | 0,002479 | | | | | | |
| 6,1 | 445,86 | 002243 | | | | | | |
| 6,2 | 492,75 | 002029 | | | | | | |
| 6,3 | 544,57 | 001836 | | | | | | |
| 6,4 | 601,85 | 001662 | | | | | | |
| **6,5** | 665,14 | 0,001503 | | | | | | |
| 6,6 | 735,10 | 001360 | | | | | | |
| 6,7 | 812,41 | 001231 | | | | | | |
| 6,8 | 897,85 | 001114 | | | | | | |
| 6,9 | 992,27 | 001008 | | | | | | |
| **7,0** | 1096,6 | 0,000912 | | | | | | |
| 7,1 | 1212,0 | 000825 | | | | | | |
| 7,2 | 1339,4 | 000747 | | | | | | |
| 7,3 | 1480,3 | 000676 | | | | | | |
| 7,4 | 1636,0 | 000611 | | | | | | |
| **7,5** | 1808,0 | 0,000553 | | | | | | |
| 7,6 | 1998,2 | 000501 | | | | | | |
| 7,7 | 2208,3 | 000453 | | | | | | |
| 7,8 | 2440,6 | 000410 | | | | | | |
| 7,9 | 2697,3 | 000371 | | | | | | |
| **8,0** | 2981,0 | 0,000336 | | | | | | |
| 8,1 | 3294,5 | 000304 | | | | | | |
| 8,2 | 3641,0 | 000275 | | | | | | |
| 8,3 | 4023,9 | 000249 | | | | | | |
| 8,4 | 4447,1 | 000225 | | | | | | |
| **8,5** | 4914,8 | 0,000204 | | | | | | |
| 8,6 | 5431,7 | 000184 | | | | | | |
| 8,7 | 6002,9 | 000167 | | | | | | |
| 8,8 | 6634,2 | 000151 | | | | | | |
| 8,9 | 7332,0 | 000136 | | | | | | |
| **9,0** | 8103,1 | 0,000123 | | | | | | |
| 9,1 | 8955,3 | 000112 | | | | | | |
| 9,2 | 9897,1 | 000101 | | | | | | |
| 9,3 | 10938 | 000091 | | | | | | |
| 9,4 | 12088 | 000083 | | | | | | |
| **9,5** | 13360 | 0,000075 | | | | | | |
| 9,6 | 14765 | 000068 | | | | | | |
| 9,7 | 16318 | 000061 | | | | | | |
| 9,8 | 18034 | 000056 | | | | | | |
| 9,9 | 19930 | 000050 | | | | | | |
| **10,0** | 22026 | 0,000045 | | | | | | |

## Tafel VIII-2-2
Cochran-Grants Iterationslängentest

Entnommen aus GRANT, D. A.: Additional tables for the probability of ‚runs' of correct responses in learning and problem solving. Psych. Bull. 44(1947), 276–279, Table 1, mit freundlicher Genehmigung des Verfassers und des Herausgebers.

Die Tafel enthält die Überschreitungswahrscheinlichkeiten P für das Auftreten einer Iteration von ‚richtigen' Alternativen für Mindestlänge s bei N Versuchen, wenn die Wahrscheinlichkeit für die „richtige" Alternative in jedem Versuch $\pi$ ist. Die Nullen vor dem Komma und dieses selbst sind weggelassen. Eine hochgestellte Ziffer bezeichnet die Anzahl der Nullen hinter dem Komma: $0^3 2 = 0.0002$. Ist $\pi > 1/2$, muß die ‚richtige' mit der ‚falschen' Alternative vertauscht werden.

*Ablesebeispiel:* Wenn in einer Entbindungsstation unter N = 50 Geburten (innerhalb eines definierten Zeitraumes) s = 10 Mädchen hintereinander zur Welt gekommen sind, so beträgt P = 0,0204, da der Populationsanteil von weiblichen Neugeborenen $\pi = 1/2$ ist.

| $\pi$ | s | N: 16 | 20 | 25 | 30 | 35 | 40 | 45 | 50 |
|---|---|---|---|---|---|---|---|---|---|
| | 6 | .0929 | .1223 | .1578 | .1918 | | | | |
| | 7 | .0429 | .0582 | .0770 | .0953 | .1134 | .1310 | .1484 | .1653 |
| | 8 | .0195 | .0273 | .0369 | .0464 | .0558 | .0652 | .0744 | .0836 |
| | 9 | .0088 | .0127 | .0175 | .0224 | .0272 | .0320 | .0367 | .0415 |
| $\frac{1}{2}$ | 10 | .0039 | .0059 | .0083 | .0107 | .0132 | .0156 | .0180 | .0204 |
| | 11 | .0017 | .0027 | .0039 | .0051 | .0063 | .0076 | .0088 | .0100 |
| | 12 | .0007 | .0012 | .0018 | .0024 | .0031 | .0037 | .0043 | .0049 |
| | 13 | .0003 | .0005 | .0009 | .0012 | .0015 | .0018 | .0020 | .0024 |
| | 14 | .0001 | .0002 | .0004 | .0005 | .0007 | .0009 | .0010 | .0012 |
| | 15 | .0000 | .0001 | .0002 | .0003 | .0003 | .0004 | .0005 | .0006 |
| | 5 | .0341 | .0448 | .0580 | .0711 | .0839 | .0966 | .1091 | .1214 |
| | 6 | .0105 | .0141 | .0187 | .0232 | .0277 | .0321 | .0366 | .0410 |
| $\frac{1}{3}$ | 7 | .0032 | .0044 | .0059 | .0075 | .0090 | .0105 | .0120 | .0135 |
| | 8 | .0010 | .0014 | .0019 | .0024 | .0029 | .0034 | .0039 | .0044 |
| | 9 | .0003 | .0004 | .0006 | .0008 | .0009 | .0011 | .0013 | .0014 |
| | 10 | .0001 | .0001 | .0002 | .0002 | .0003 | .0004 | .0004 | .0005 |
| | 4 | .0387 | .0501 | .0641 | .0779 | .0915 | .1048 | .1180 | .1310 |
| | 5 | .0090 | .0119 | .0156 | .0192 | .0228 | .0264 | .0299 | .0335 |
| $\frac{1}{4}$ | 6 | .0021 | .0028 | .0037 | .0046 | .0055 | .0065 | .0074 | .0083 |
| | 7 | .0005 | .0007 | .0009 | .0011 | .0013 | .0016 | .0018 | .0020 |
| | 8 | .0001 | .0002 | .0002 | .0003 | .0003 | .0004 | .0004 | .0005 |
| | 3 | .0889 | .1124 | .1410 | .1687 | .1955 | .2214 | .2465 | .2712 |
| | 4 | .0169 | .0219 | .0282 | .0345 | .0407 | .0468 | .0529 | .0590 |
| $\frac{1}{5}$ | 5 | .0031 | .0042 | .0054 | .0067 | .0080 | .0092 | .0105 | .0118 |
| | 6 | .0006 | .0008 | .0010 | .0013 | .0015 | .0018 | .0021 | .0023 |
| | 7 | .0001 | .0001 | .0002 | .0002 | .0003 | .0004 | .0004 | .0005 |

**Tafel VIII-2-3**

Der Ambo-Längst-Iterations-Test (ALI-Test)

Die Tafel wurde übernommen aus OLMSTEAD, P. S.: Runs determined in a sample by an arbitrary cut. Bell System Technical Journal 37(1958), 55–82, Tables X und XI., mit freundlicher Genehmigung des Verfassers und des Verlegers.

Die Tafel enthält für die speziellen Fälle $N_1 + N_2 = 10, 20$ die exakten Überschreitungswahrscheinlichkeiten P(S) dafür, daß $S := Min(s_1, s_2) =$ Minimum von Einser-Längst-Iteration $s_1$ und Zweier-Längst-Iteration $s_2$ bei Geltung von $H_0$ (Zufallsmäßigkeit) die beobachtete Längstiteration von Einsen oder Zweien erreicht oder überschreitet.

*Ablesebeispiel:* Eine Folge 12222222212211111112 mit $N_1 = 9$ Einsen und $N_2 = 11$ Zweien hat eine Längstiteration von $S = 7$ Elementen mit einer dazu gehörenden Überschreitungswahrscheinlichkeit von $P = 0,046$. Es liegt eine Abweichung von der Hypothese der Zufallsmäßigkeit in Richtung auf ‚zu schlechte' Durchmischung vor.

| S | $N_1$ oder $N_2$ / $N_2$ oder $N_1$ | 1 / 9 | 2 / 8 | 3 / 7 | 4 / 6 | 5 / 5 |
|---|---|---|---|---|---|---|
| 1 | | 1,000 | 1,000 | 1,000 | 1,000 | 1,000 |
| 2 | | 1,000 | 1,000 | 1,000 | 1,000 | 0,992 |
| 3 | | 1,000 | 1,000 | 0,967 | 0,795 | 0,667 |
| 4 | | 1,000 | 0,933 | 0,667 | 0,362 | 0,230 |
| 5 | | 1,000 | 0,667 | 0,333 | 0,119 | 0,040 |
| 6 | | 0,800 | 0,400 | 0,133 | 0,024 | |
| 7 | | 0,600 | 0,200 | 0,033 | | |
| 8 | | 0,400 | 0,067 | | | |
| 9 | | 0,200 | | | | |

Tafel VIII-2-3 (Fortsetz.)

| $N_1$ oder $N_2$ | 1 | 2 | 3 | 4 | 5 | 6 | 7 | 8 | 9 | 10 |
|---|---|---|---|---|---|---|---|---|---|---|
| $N_2$ $N_1$ | 19 | 18 | 17 | 16 | 15 | 14 | 13 | 12 | 11 | 10 |
| S |  |  |  |  |  |  |  |  |  |  |
| 1  | 1,000 | 1,000 | 1,000 | 1,000 | 1,000 | 1,000 | 1,000 | 1,000 | 1,000 | 1,000 |
| 2  | →     | →     | →     | →     | 1,000 | 1,000 | 1,000 | 1,000 | 1,000 | 1,000 |
| 3  |       |       |       |       | 1,000 | 1,000 | 0,999 | 0,989 | 0,966 | 0,956 |
| 4  |       |       |       |       | 0,996 | 0,971 | 0,901 | 0,787 | 0,684 | 0,640 |
| 5  |       |       |       |       | 0,920 | 0,790 | 0,622 | 0,452 | 0,337 | 0,293 |
| 6  |       |       |       | 1,000 | 0,721 | 0,527 | 0,351 | 0,217 | 0,134 | 0,106 |
| 7  |       |       |       | 0,986 | 0,492 | 0,309 | 0,177 | 0,092 | 0,046 | 0,032 |
| 8  |       |       |       | 0,889 | 0,307 | 0,167 | 0,082 | 0,035 | 0,014 | 0,007 |
| 9  |       |       |       | 0,707 | 0,179 | 0,083 | 0,034 | 0,012 | 0,003 | 0,001 |
| 10 | 1,000 | 1,000 | 1,000 | 0,509 | 0,098 | 0,038 | 0,012 | 0,005 | 0,001 | 0,000 |
| 11 | 0,900 | 0,995 | 0,982 | 0,341 | 0,049 | 0,015 | 0,004 | 0,001 | 0,000 |  |
| 12 | 0,800 | 0,947 | 0,898 | 0,217 | 0,022 | 0,005 | 0,001 | 0,000 |  |  |
| 13 | 0,700 | 0,853 | 0,751 | 0,130 | 0,008 | 0,001 | 0,000 |  |  |  |
| 14 | 0,600 | 0,711 | 0,579 | 0,072 | 0,002 | 0,000 |  |  |  |  |
| 15 | 0,500 | 0,568 | 0,421 | 0,036 | 0,000 |  |  |  |  |  |
| 16 | 0,400 | 0,442 | 0,295 | 0,015 |  |  |  |  |  |  |
| 17 | 0,300 | 0,332 | 0,196 | 0,005 |  |  |  |  |  |  |
| 18 | 0,200 | 0,237 | 0,125 | 0,001 |  |  |  |  |  |  |
| 19 | 0,100 | 0,158 | 0,070 |  |  |  |  |  |  |  |
|    |       | 0,095 | 0,035 |  |  |  |  |  |  |  |
|    |       | 0,047 | 0,014 |  |  |  |  |  |  |  |
|    |       | 0,016 | 0,004 |  |  |  |  |  |  |  |

## Tafel VIII-2-5

Dixons $C^2$-Test

Entnommen aus W. J. DIXON: A criterion for testing the hypothesis that two samples are from the same population. Ann. Math. Stat. 11(1940), 199–204, Table 1, mit freundlicher Genehmigung des Verfassers und des Herausgebers.

Die Tafel enthält die kritischen Werte von $C^2$ für $N_1 \leq N_2 \leq 10$ auf der 10 %-Stufe (obere Zahl), auf der 5 %-Stufe (mittlere Zahl) und auf der 1 %-Stufe (untere Zahl). Die Tafelwerte müssen von den beobachteten Werten erreicht oder überschritten werden, wenn $H_0$ verworfen und $H_1$ (zu geringe Durchmischung der Alternativen) angenommen werden soll.

*Ablesebeispiel:* Wenn sich für $N_1 = N_2 = 10$ ein $C^2 = 0{,}209$ ergibt, so ist dieser Wert selbst auf der 10 %-Stufe nicht signifikant, da der kritische Wert $C^2_{.10} = 0{,}269$ nicht überschritten wird.

| $N_2$ | $N_1$ | | | | | | | | |
|---|---|---|---|---|---|---|---|---|---|
| | 2 | 3 | 4 | 5 | 6 | 7 | 8 | 9 | 10 |
| 5 | – | 0.750 | 0,800 | 0,933 | | | | | |
|   | – | –     | 0,800 | 0,833 | | | | | |
|   | – | –     | –     | –     | | | | | |
| 6 | – | 0,750 | 0,800 | 0,556 | 0,413 | | | | |
|   | ▼ | 0,750 | 0,800 | 0,833 | 0,857 | | | | |
|   | – | –     | –     | –     | 0,857 | | | | |
| 7 | 0,667 | 0,750 | 0,555 | 0,425 | 0,449 | 0,426 | | | |
|   | –     | 0,750 | 0,800 | 0,588 | 0,612 | 0,467 | | | |
|   | –     | –     | –     | 0,833 | 0,857 | 0,875 | | | |
| 8 | 0,667 | 0,531 | 0,425 | 0,413 | 0,357 | 0,375 | 0,358 | | |
|   | –     | 0,750 | 0,800 | 0,594 | 0,482 | 0,469 | 0,389 | | |
|   | –     | –     | 0,800 | 0,833 | 0,857 | 0,656 | 0,670 | | |
| 9 | 0,667 | 0,552 | 0,454 | 0,389 | 0,363 | 0,356 | 0,321 | 0,307 | |
|   | –     | 0,750 | 0,602 | 0,448 | 0,413 | 0,431 | 0,395 | 0,381 | |
|   | –     | –     | 0,800 | 0,833 | 0,660 | 0,677 | 0,543 | 0,554 | |
| 10 | 0,487 | 0,430 | 0,380 | 0,373 | 0,357 | 0,315 | 0,309 | 0,280 | 0,269 |
|    | 0,667 | 0,750 | 0,480 | 0,493 | 0,437 | 0,415 | 0,349 | 0,340 | 0,349 |
|    | –     | –     | 0,800 | 0,833 | 0,677 | 0,555 | 0,549 | 0,480 | 0,449 |

**Tafel VIII-3-1**

Natürliche Logarithmen

Entnommen aus Dokumenta Geigy: Wissenschaftliche Tabellen. Basel: Geigy [7]1968, S. 12–15, mit freundlicher Genehmigung des Verlegers.

Die Tafel enthält für x = 0,000(0,001)1,00(0,01)10,0(0,1)99,9, bzw. für x = 0(1)999 die natürlichen Logarithmen ln x.

*Ablesebeispiel:* ln 0,426 = –0,85332
ln 2000 = ln (200·10) = ln 200 + ln 10 = 5,29832 + 2,30259 = 7,60091

Tafel VIII-3-1 (Fortsetz.)

| x | 0,000 | 0,001 | 0,002 | 0,003 | 0,004 | 0,005 | 0,006 | 0,007 | 0,008 | 0,009 |
|---|---|---|---|---|---|---|---|---|---|---|
| 0,000 | −∞ | −6,90776 | −6,21461 | −5,80914 | −5,52146 | −5,29832 | −5,11600 | −4,96185 | −4,82831 | −4,71053 |
| 010 | −4,60517 | −4,50986 | −4,42285 | −4,34281 | −4,26870 | −4,19971 | −4,13517 | −4,07454 | −4,01738 | −3,96332 |
| 020 | −3,91202 | −3,86323 | −3,81671 | −3,77226 | −3,72970 | −3,68888 | −3,64966 | −3,61192 | −3,57555 | −3,54046 |
| 030 | −3,50656 | −3,47377 | −3,44202 | −3,41125 | −3,38139 | −3,35241 | −3,32424 | −3,29684 | −3,27017 | −3,24419 |
| 040 | −3,21888 | −3,19418 | −3,17009 | −3,14656 | −3,12357 | −3,10109 | −3,07911 | −3,05761 | −3,03655 | −3,01593 |
| 0,050 | −2,99573 | −2,97593 | −2,95651 | −2,93746 | −2,91877 | −2,90042 | −2,88240 | −2,86470 | −2,84731 | −2,83022 |
| 060 | −2,81341 | −2,79688 | −2,78062 | −2,76462 | −2,74887 | −2,73337 | −2,71810 | −2,70306 | −2,68825 | −2,67365 |
| 070 | −2,65926 | −2,64508 | −2,63109 | −2,61730 | −2,60369 | −2,59027 | −2,57702 | −2,56395 | −2,55105 | −2,53831 |
| 080 | −2,52573 | −2,51331 | −2,50104 | −2,48891 | −2,47694 | −2,46510 | −2,45341 | −2,44185 | −2,43042 | −2,41912 |
| 090 | −2,40795 | −2,39690 | −2,38597 | −2,37516 | −2,36446 | −2,35388 | −2,34341 | −2,33304 | −2,32279 | −2,31264 |
| 0,100 | −2,30259 | −2,29263 | −2,28278 | −2,27303 | −2,26336 | −2,25379 | −2,24432 | −2,23493 | −2,22562 | −2,21641 |
| 110 | −2,20727 | −2,19823 | −2,18926 | −2,18037 | −2,17156 | −2,16282 | −2,15417 | −2,14558 | −2,13707 | −2,12863 |
| 120 | −2,12026 | −2,11196 | −2,10373 | −2,09557 | −2,08747 | −2,07944 | −2,07147 | −2,06357 | −2,05573 | −2,04794 |
| 130 | −2,04022 | −2,03256 | −2,02495 | −2,01741 | −2,00992 | −2,00248 | −1,99510 | −1,98777 | −1,98050 | −1,97328 |
| 140 | −1,96611 | −1,95900 | −1,95193 | −1,94491 | −1,93794 | −1,93102 | −1,92415 | −1,91732 | −1,91054 | −1,90381 |
| 0,150 | −1,89712 | −1,89048 | −1,88387 | −1,87732 | −1,87080 | −1,86433 | −1,85790 | −1,85151 | −1,84516 | −1,83885 |
| 160 | −1,83258 | −1,82635 | −1,82016 | −1,81401 | −1,80789 | −1,80181 | −1,79577 | −1,78976 | −1,78379 | −1,77786 |
| 170 | −1,77196 | −1,76609 | −1,76026 | −1,75446 | −1,74870 | −1,74297 | −1,73727 | −1,73161 | −1,72597 | −1,72037 |
| 180 | −1,71480 | −1,70926 | −1,70375 | −1,69827 | −1,69282 | −1,68740 | −1,68201 | −1,67665 | −1,67131 | −1,66601 |
| 190 | −1,66073 | −1,65548 | −1,65026 | −1,64507 | −1,63990 | −1,63476 | −1,62964 | −1,62455 | −1,61949 | −1,61445 |
| 0,200 | −1,60944 | −1,60445 | −1,59949 | −1,59455 | −1,58964 | −1,58475 | −1,57988 | −1,57504 | −1,57022 | −1,56542 |
| 210 | −1,56065 | −1,55590 | −1,55117 | −1,54646 | −1,54178 | −1,53712 | −1,53248 | −1,52786 | −1,52326 | −1,51868 |
| 220 | −1,51413 | −1,50959 | −1,50508 | −1,50058 | −1,49611 | −1,49165 | −1,48722 | −1,48281 | −1,47841 | −1,47403 |
| 230 | −1,46968 | −1,46534 | −1,46102 | −1,45672 | −1,45243 | −1,44817 | −1,44392 | −1,43970 | −1,43548 | −1,43129 |
| 240 | −1,42712 | −1,42296 | −1,41882 | −1,41469 | −1,41059 | −1,40650 | −1,40242 | −1,39837 | −1,39433 | −1,39030 |
| 0,250 | −1,38629 | −1,38230 | −1,37833 | −1,37437 | −1,37042 | −1,36649 | −1,36258 | −1,35868 | −1,35480 | −1,35093 |
| 260 | −1,34707 | −1,34323 | −1,33941 | −1,33560 | −1,33181 | −1,32803 | −1,32426 | −1,32051 | −1,31677 | −1,31304 |
| 270 | −1,30933 | −1,30564 | −1,30195 | −1,29828 | −1,29463 | −1,29098 | −1,28735 | −1,28374 | −1,28013 | −1,27654 |
| 280 | −1,27297 | −1,26940 | −1,26585 | −1,26231 | −1,25878 | −1,25527 | −1,25176 | −1,24827 | −1,24479 | −1,24133 |
| 290 | −1,23787 | −1,23443 | −1,23100 | −1,22758 | −1,22418 | −1,22078 | −1,21740 | −1,21402 | −1,21066 | −1,20731 |
| 0,300 | −1,20397 | −1,20065 | −1,19733 | −1,19402 | −1,19073 | −1,18744 | −1,18417 | −1,18091 | −1,17766 | −1,17441 |
| 310 | −1,17118 | −1,16796 | −1,16475 | −1,16155 | −1,15836 | −1,15518 | −1,15201 | −1,14885 | −1,14570 | −1,14256 |
| 320 | −1,13943 | −1,13631 | −1,13320 | −1,13010 | −1,12701 | −1,12393 | −1,12086 | −1,11780 | −1,11474 | −1,11170 |
| 330 | −1,10866 | −1,10564 | −1,10262 | −1,09961 | −1,09661 | −1,09362 | −1,09064 | −1,08767 | −1,08471 | −1,08176 |
| 340 | −1,07881 | −1,07587 | −1,07294 | −1,07002 | −1,06711 | −1,06421 | −1,06132 | −1,05843 | −1,05555 | −1,05268 |
| 0,350 | −1,04982 | −1,04697 | −1,04412 | −1,04129 | −1,03846 | −1,03564 | −1,03282 | −1,03002 | −1,02722 | −1,02443 |
| 360 | −1,02165 | −1,01888 | −1,01611 | −1,01335 | −1,01060 | −1,00786 | −1,00512 | −1,00239 | −0,99967 | −0,99696 |
| 370 | −0,99425 | −0,99155 | −0,98886 | −0,98618 | −0,98350 | −0,98083 | −0,97817 | −0,97551 | −0,97286 | −0,97022 |
| 380 | −0,96758 | −0,96496 | −0,96233 | −0,95972 | −0,95711 | −0,95451 | −0,95192 | −0,94933 | −0,94675 | −0,94418 |
| 390 | −0,94161 | −0,93905 | −0,93649 | −0,93395 | −0,93140 | −0,92887 | −0,92634 | −0,92382 | −0,92130 | −0,91879 |
| 0,400 | −0,91629 | −0,91379 | −0,91130 | −0,90882 | −0,90634 | −0,90387 | −0,90140 | −0,89894 | −0,89649 | −0,89404 |
| 410 | −0,89160 | −0,88916 | −0,88673 | −0,88431 | −0,88189 | −0,87948 | −0,87707 | −0,87467 | −0,87227 | −0,86988 |
| 420 | −0,86750 | −0,86512 | −0,86275 | −0,86038 | −0,85802 | −0,85567 | −0,85332 | −0,85097 | −0,84863 | −0,84630 |
| 430 | −0,84397 | −0,84165 | −0,83933 | −0,83702 | −0,83471 | −0,83241 | −0,83011 | −0,82782 | −0,82554 | −0,82326 |
| 440 | −0,82098 | −0,81871 | −0,81645 | −0,81419 | −0,81193 | −0,80968 | −0,80744 | −0,80520 | −0,80296 | −0,80073 |
| 0,450 | −0,79851 | −0,79629 | −0,79407 | −0,79186 | −0,78966 | −0,78746 | −0,78526 | −0,78307 | −0,78089 | −0,77871 |
| 460 | −0,77653 | −0,77436 | −0,77219 | −0,77003 | −0,76787 | −0,76572 | −0,76357 | −0,76143 | −0,75929 | −0,75715 |
| 470 | −0,75502 | −0,75290 | −0,75078 | −0,74866 | −0,74655 | −0,74444 | −0,74234 | −0,74024 | −0,73814 | −0,73605 |
| 480 | −0,73397 | −0,73189 | −0,72981 | −0,72774 | −0,72567 | −0,72361 | −0,72155 | −0,71949 | −0,71744 | −0,71539 |
| 490 | −0,71335 | −0,71131 | −0,70928 | −0,70725 | −0,70522 | −0,70320 | −0,70118 | −0,69917 | −0,69716 | −0,69515 |

Tafel VIII-3-1 (Fortsetz.)

| x | 0,000 | 0,001 | 0,002 | 0,003 | 0,004 | 0,005 | 0,006 | 0,007 | 0,008 | 0,009 |
|---|---|---|---|---|---|---|---|---|---|---|
| 0,500 | −0,69315 | −0,69115 | −0,68916 | −0,68717 | −0,68518 | −0,68320 | −0,68122 | −0,67924 | −0,67727 | −0,67531 |
| 510 | 67334 | 67139 | 66943 | 66748 | 66553 | 66359 | 66165 | 65971 | 65778 | 65585 |
| 520 | 65393 | 65201 | 65009 | 64817 | 64626 | 64436 | 64245 | 64055 | 63866 | 63677 |
| 530 | 63488 | 63299 | 63111 | 62923 | 62736 | 62549 | 62362 | 62176 | 61990 | 61804 |
| 540 | 61619 | 61434 | 61249 | 61065 | 60881 | 60697 | 60514 | 60331 | 60148 | 59966 |
| 0,550 | −0,59784 | −0,59602 | −0,59421 | −0,59240 | −0,59059 | −0,58879 | −0,58699 | −0,58519 | −0,58340 | −0,58161 |
| 560 | 57982 | 57803 | 57625 | 57448 | 57270 | 57093 | 56916 | 56740 | 56563 | 56387 |
| 570 | 56212 | 56037 | 55862 | 55687 | 55513 | 55339 | 55165 | 54991 | 54818 | 54645 |
| 580 | 54473 | 54300 | 54128 | 53957 | 53785 | 53614 | 53444 | 53273 | 53103 | 52933 |
| 590 | 52763 | 52594 | 52425 | 52256 | 52088 | 51919 | 51751 | 51584 | 51416 | 51249 |
| 0,600 | −0,51083 | −0,50916 | −0,50750 | −0,50584 | −0,50418 | −0,50253 | −0,50088 | −0,49923 | −0,49758 | −0,49594 |
| 610 | 49430 | 49266 | 49102 | 48939 | 48776 | 48613 | 48451 | 48289 | 48127 | 47965 |
| 620 | 47804 | 47642 | 47482 | 47321 | 47160 | 47000 | 46840 | 46681 | 46522 | 46362 |
| 630 | 46204 | 46045 | 45887 | 45728 | 45571 | 45413 | 45256 | 45099 | 44942 | 44785 |
| 640 | 44629 | 44473 | 44317 | 44161 | 44006 | 43850 | 43696 | 43541 | 43386 | 43232 |
| 0,650 | −0,43078 | −0,42925 | −0,42771 | −0,42618 | −0,42465 | −0,42312 | −0,42159 | −0,42007 | −0,41855 | −0,41703 |
| 660 | 41552 | 41400 | 41249 | 41098 | 40947 | 40797 | 40647 | 40497 | 40347 | 40197 |
| 670 | 40048 | 39899 | 39750 | 39601 | 39453 | 39304 | 39156 | 39008 | 38861 | 38713 |
| 680 | 38566 | 38419 | 38273 | 38126 | 37980 | 37834 | 37688 | 37542 | 37397 | 37251 |
| 690 | 37106 | 36962 | 36817 | 36673 | 36528 | 36384 | 36241 | 36097 | 35954 | 35810 |
| 0,700 | −0,35667 | −0,35525 | −0,35382 | −0,35240 | −0,35098 | −0,34956 | −0,34814 | −0,34672 | −0,34531 | −0,34390 |
| 710 | 34249 | 34108 | 33968 | 33827 | 33687 | 33547 | 33408 | 33268 | 33129 | 32989 |
| 720 | 32850 | 32712 | 32573 | 32435 | 32296 | 32158 | 32021 | 31883 | 31745 | 31608 |
| 730 | 31471 | 31334 | 31197 | 31061 | 30925 | 30788 | 30653 | 30517 | 30381 | 30246 |
| 740 | 30111 | 29975 | 29841 | 29706 | 29571 | 29437 | 29303 | 29169 | 29035 | 28902 |
| 0,750 | −0,28768 | −0,28635 | −0,28502 | −0,28369 | −0,28236 | −0,28104 | −0,27971 | −0,27839 | −0,27707 | −0,27575 |
| 760 | 27444 | 27313 | 27181 | 27050 | 26919 | 26788 | 26657 | 26527 | 26397 | 26266 |
| 770 | 26136 | 26007 | 25877 | 25748 | 25618 | 25489 | 25360 | 25231 | 25103 | 24974 |
| 780 | 24846 | 24718 | 24590 | 24462 | 24335 | 24207 | 24080 | 23953 | 23826 | 23699 |
| 790 | 23572 | 23446 | 23319 | 23193 | 23067 | 22941 | 22816 | 22690 | 22565 | 22439 |
| 0,800 | −0,22314 | −0,22189 | −0,22065 | −0,21940 | −0,21816 | −0,21691 | −0,21567 | −0,21443 | −0,21319 | −0,21196 |
| 810 | 21072 | 20949 | 20825 | 20702 | 20579 | 20457 | 20334 | 20212 | 20089 | 19967 |
| 820 | 19845 | 19723 | 19601 | 19480 | 19358 | 19237 | 19116 | 18995 | 18874 | 18754 |
| 830 | 18633 | 18513 | 18392 | 18272 | 18152 | 18032 | 17913 | 17793 | 17674 | 17554 |
| 840 | 17435 | 17316 | 17198 | 17079 | 16960 | 16842 | 16724 | 16605 | 16487 | 16370 |
| 0,850 | −0,16252 | −0,16134 | −0,16017 | −0,15900 | −0,15782 | −0,15665 | −0,15548 | −0,15432 | −0,15315 | −0,15199 |
| 860 | 15032 | 14966 | 14850 | 14734 | 14618 | 14503 | 14387 | 14272 | 14156 | 14041 |
| 870 | 13926 | 13811 | 13697 | 13582 | 13467 | 13353 | 13239 | 13125 | 13011 | 12897 |
| 880 | 12783 | 12670 | 12556 | 12443 | 12330 | 12217 | 12104 | 11991 | 11878 | 11766 |
| 890 | 11653 | 11541 | 11429 | 11317 | 11205 | 11093 | 10981 | 10870 | 10759 | 10647 |
| 0,900 | −0,10536 | −0,10425 | −0,10314 | −0,10203 | −0,10093 | −0,09982 | −0,09872 | −0,09761 | −0,09651 | −0,09541 |
| 910 | 09431 | 09321 | 09212 | 09102 | 08992 | 08883 | 08774 | 08665 | 08556 | 08447 |
| 920 | 08338 | 08230 | 08121 | 08013 | 07904 | 07796 | 07688 | 07580 | 07472 | 07365 |
| 930 | 07257 | 07150 | 07042 | 06935 | 06828 | 06721 | 06614 | 06507 | 06401 | 06294 |
| 940 | 06188 | 06081 | 05975 | 05869 | 05763 | 05657 | 05551 | 05446 | 05340 | 05235 |
| 0,950 | −0,05129 | −0,05024 | −0,04919 | −0,04814 | −0,04709 | −0,04604 | −0,04500 | −0,04395 | −0,04291 | −0,04186 |
| 960 | 04082 | 03978 | 03874 | 03770 | 03666 | 03563 | 03459 | 03356 | 03252 | 03149 |
| 970 | 03046 | 02943 | 02840 | 02737 | 02634 | 02532 | 02429 | 02327 | 02225 | 02122 |
| 980 | 02020 | 01918 | 01816 | 01715 | 01613 | 01511 | 01409 | 01309 | 01207 | 01106 |
| 990 | 01005 | 00904 | 00803 | 00702 | 00602 | 00501 | 00401 | 00300 | 00200 | 00100 |

Tafel VIII-3-1 (Fortsetz.)    211

| x | 0,00 | 0,01 | 0,02 | 0,03 | 0,04 | 0,05 | 0,06 | 0,07 | 0,08 | 0,09 |
|---|---|---|---|---|---|---|---|---|---|---|
| 1,00 | 0,00000 | 0,00995 | 0,01980 | 0,02956 | 0,03922 | 0,04879 | 0,05827 | 0,06766 | 0,07696 | 0,08618 |
| 10 | 09531 | 10436 | 11333 | 12222 | 13103 | 13976 | 14842 | 15700 | 16551 | 17395 |
| 20 | 18232 | 19062 | 19885 | 20701 | 21511 | 22314 | 23111 | 23902 | 24686 | 25464 |
| 30 | 26236 | 27003 | 27763 | 28518 | 29267 | 30010 | 30748 | 31481 | 32208 | 32930 |
| 40 | 33647 | 34359 | 35066 | 35767 | 36464 | 37156 | 37844 | 38526 | 39204 | 39878 |
| 1,50 | 0,40547 | 0,41211 | 0,41871 | 0,42527 | 0,43178 | 0,43825 | 0,44469 | 0,45108 | 0,45742 | 0,46373 |
| 60 | 47000 | 47623 | 48243 | 48858 | 49470 | 50078 | 50682 | 51282 | 51879 | 52473 |
| 70 | 53063 | 53649 | 54232 | 54812 | 55389 | 55962 | 56531 | 57098 | 57661 | 58222 |
| 80 | 58779 | 59333 | 59884 | 60432 | 60977 | 61519 | 62058 | 62594 | 63127 | 63658 |
| 90 | 64185 | 64710 | 65233 | 65752 | 66269 | 66783 | 67294 | 67803 | 68310 | 68813 |
| 2,00 | 0,69315 | 0,69813 | 0,70310 | 0,70804 | 0,71295 | 0,71784 | 0,72271 | 0,72755 | 0,73237 | 0,73716 |
| 10 | 74194 | 74669 | 75142 | 75612 | 76081 | 76547 | 77011 | 77473 | 77932 | 78390 |
| 20 | 78846 | 79299 | 79751 | 80200 | 80648 | 81093 | 81536 | 81978 | 82418 | 82855 |
| 30 | 83291 | 83725 | 84157 | 84587 | 85015 | 85442 | 85866 | 86289 | 86710 | 87129 |
| 40 | 87547 | 87963 | 88377 | 88789 | 89200 | 89609 | 90016 | 90422 | 90826 | 91228 |
| 2,50 | 0,91629 | 0,92028 | 0,92426 | 0,92822 | 0,93216 | 0,93609 | 0,94001 | 0,94391 | 0,94779 | 0,95166 |
| 60 | 95551 | 95935 | 96317 | 96698 | 97078 | 97456 | 97833 | 98208 | 98582 | 98954 |
| 70 | 99325 | 99695 | 1,00063 | 1,00430 | 1,00796 | 1,01160 | 1,01523 | 1,01885 | 1,02245 | 1,02604 |
| 80 | 1,02962 | 1,03318 | 03674 | 04028 | 04380 | 04732 | 05082 | 05431 | 05779 | 06126 |
| 90 | 06471 | 06815 | 07158 | 07500 | 07841 | 08181 | 08519 | 08856 | 09192 | 09527 |
| 3,00 | 1,09861 | 1,10194 | 1,10526 | 1,10856 | 1,11186 | 1,11514 | 1,11841 | 1,12168 | 1,12493 | 1,12817 |
| 10 | 13140 | 13462 | 13783 | 14103 | 14422 | 14740 | 15057 | 15373 | 15688 | 16002 |
| 20 | 16315 | 16627 | 16938 | 17248 | 17557 | 17865 | 18173 | 18479 | 18784 | 19089 |
| 30 | 19392 | 19695 | 19996 | 20297 | 20597 | 20896 | 21194 | 21491 | 21788 | 22083 |
| 40 | 22378 | 22671 | 22964 | 23256 | 23547 | 23837 | 24127 | 24415 | 24703 | 24990 |
| 3,50 | 1,25276 | 1,25562 | 1,25846 | 1,26130 | 1,26413 | 1,26695 | 1,26976 | 1,27257 | 1,27536 | 1,27815 |
| 60 | 28093 | 28371 | 28647 | 28923 | 29198 | 29473 | 29746 | 30019 | 30291 | 30563 |
| 70 | 30833 | 31103 | 31372 | 31641 | 31909 | 32176 | 32442 | 32708 | 32972 | 33237 |
| 80 | 33500 | 33763 | 34025 | 34286 | 34547 | 34807 | 35067 | 35325 | 35584 | 35841 |
| 90 | 36098 | 36354 | 36609 | 36864 | 37118 | 37372 | 37624 | 37877 | 38128 | 38379 |
| 4,00 | 1,38629 | 1,38879 | 1,39128 | 1,39377 | 1,39624 | 1,39872 | 1,40118 | 1,40364 | 1,40610 | 1,40854 |
| 10 | 41099 | 41342 | 41585 | 41828 | 42070 | 42311 | 42552 | 42792 | 43031 | 43270 |
| 20 | 43508 | 43746 | 43984 | 44220 | 44456 | 44692 | 44927 | 45161 | 45395 | 45629 |
| 30 | 45862 | 46094 | 46326 | 46557 | 46787 | 47018 | 47247 | 47476 | 47705 | 47933 |
| 40 | 48160 | 48387 | 48614 | 48840 | 49065 | 49290 | 49515 | 49739 | 49962 | 50185 |
| 4,50 | 1,50408 | 1,50630 | 1,50851 | 1,51072 | 1,51293 | 1,51513 | 1,51732 | 1,51951 | 1,52170 | 1,52388 |
| 60 | 52606 | 52823 | 53039 | 53256 | 53471 | 53687 | 53902 | 54116 | 54330 | 54543 |
| 70 | 54756 | 54969 | 55181 | 55393 | 55604 | 55814 | 56025 | 56235 | 56444 | 56653 |
| 80 | 56862 | 57070 | 57277 | 57485 | 57691 | 57898 | 58104 | 58309 | 58515 | 58719 |
| 90 | 58924 | 59127 | 59331 | 59534 | 59737 | 59939 | 60141 | 60342 | 60543 | 60744 |
| 5,00 | 1,60944 | 1,61144 | 1,61343 | 1,61542 | 1,61741 | 1,61939 | 1,62137 | 1,62334 | 1,62531 | 1,62728 |
| 10 | 62924 | 63120 | 63315 | 63511 | 63705 | 63900 | 64094 | 64287 | 64481 | 64673 |
| 20 | 64866 | 65058 | 65250 | 65441 | 65632 | 65823 | 66013 | 66203 | 66393 | 66582 |
| 30 | 66771 | 66959 | 67147 | 67335 | 67523 | 67710 | 67896 | 68083 | 68269 | 68455 |
| 40 | 68640 | 68825 | 69010 | 69194 | 69378 | 69562 | 69745 | 69928 | 70111 | 70293 |

Tafel VIII-3-1 (Fortsetz.)

| x | 0,00 | 0,01 | 0,02 | 0,03 | 0,04 | 0,05 | 0,06 | 0,07 | 0,08 | 0,09 |
|---|---|---|---|---|---|---|---|---|---|---|
| 5,50 | 1,70475 | 1,70656 | 1,70838 | 1,71019 | 1,71199 | 1,71380 | 1,71560 | 1,71740 | 1,71919 | 1,72098 |
| 60 | 72277 | 72455 | 72633 | 72811 | 72988 | 73166 | 73342 | 73519 | 73695 | 73871 |
| 70 | 74047 | 74222 | 74397 | 74572 | 74746 | 74920 | 75094 | 75267 | 75440 | 75613 |
| 80 | 75786 | 75958 | 76130 | 76302 | 76473 | 76644 | 76815 | 76985 | 77156 | 77326 |
| 90 | 77495 | 77665 | 77834 | 78002 | 78171 | 78339 | 78507 | 78675 | 78842 | 79009 |
| 6,00 | 1,79176 | 1,79342 | 1,79509 | 1,79675 | 1,79840 | 1,80006 | 1,80171 | 1,80336 | 1,80500 | 1,80665 |
| 10 | 80829 | 80993 | 81156 | 81319 | 81482 | 81645 | 81808 | 81970 | 82132 | 82294 |
| 20 | 82455 | 82616 | 82777 | 82938 | 83098 | 83258 | 83418 | 83578 | 83737 | 83896 |
| 30 | 84055 | 84214 | 84372 | 84530 | 84688 | 84845 | 85003 | 85160 | 85317 | 85473 |
| 40 | 85630 | 85786 | 85942 | 86097 | 86253 | 86408 | 86563 | 86718 | 86872 | 87026 |
| 6,50 | 1,87180 | 1,87334 | 1,87487 | 1,87641 | 1,87794 | 1,87947 | 1,88099 | 1,88251 | 1,88403 | 1,88555 |
| 60 | 88707 | 88858 | 89010 | 89160 | 89311 | 89462 | 89612 | 89762 | 89912 | 90061 |
| 70 | 90211 | 90360 | 90509 | 90658 | 90806 | 90954 | 91102 | 91250 | 91398 | 91545 |
| 80 | 91692 | 91839 | 91986 | 92132 | 92279 | 92425 | 92571 | 92716 | 92862 | 93007 |
| 90 | 93152 | 93297 | 93442 | 93586 | 93730 | 93874 | 94018 | 94162 | 94305 | 94448 |
| 7,00 | 1,94591 | 1,94734 | 1,94876 | 1,95019 | 1,95161 | 1,95303 | 1,95445 | 1,95586 | 1,95727 | 1,95869 |
| 10 | 96009 | 96150 | 96291 | 96431 | 96571 | 96711 | 96851 | 96991 | 97130 | 97269 |
| 20 | 97408 | 97547 | 97685 | 97824 | 97962 | 98100 | 98238 | 98376 | 98513 | 98650 |
| 30 | 98787 | 98924 | 99061 | 99198 | 99334 | 99470 | 99606 | 99742 | 99877 | 2,00013 |
| 40 | 2,00148 | 2,00283 | 2,00418 | 2,00553 | 2,00687 | 2,00821 | 2,00956 | 2,01089 | 2,01223 | 01357 |
| 7,50 | 2,01490 | 2,01624 | 2,01757 | 2,01890 | 2,02022 | 2,02155 | 2,02287 | 2,02419 | 2,02551 | 2,02683 |
| 60 | 02815 | 02946 | 03078 | 03209 | 03340 | 03471 | 03601 | 03732 | 03862 | 03992 |
| 70 | 04122 | 04252 | 04381 | 04511 | 04640 | 04769 | 04898 | 05027 | 05156 | 05284 |
| 80 | 05412 | 05540 | 05668 | 05796 | 05924 | 06051 | 06179 | 06306 | 06433 | 06560 |
| 90 | 06686 | 06813 | 06939 | 07065 | 07191 | 07317 | 07443 | 07568 | 07694 | 07819 |
| 8,00 | 2,07944 | 2,08069 | 2,08194 | 2,08318 | 2,08443 | 2,08567 | 2,08691 | 2,08815 | 2,08939 | 2,09063 |
| 10 | 09186 | 09310 | 09433 | 09556 | 09679 | 09802 | 09924 | 10047 | 10169 | 10291 |
| 20 | 10413 | 10535 | 10657 | 10779 | 10900 | 11021 | 11142 | 11263 | 11384 | 11505 |
| 30 | 11626 | 11746 | 11866 | 11986 | 12106 | 12226 | 12346 | 12465 | 12585 | 12704 |
| 40 | 12823 | 12942 | 13061 | 13180 | 13298 | 13417 | 13535 | 13653 | 13771 | 13889 |
| 8,50 | 2,14007 | 2,14124 | 2,14242 | 2,14359 | 2,14476 | 2,14593 | 2,14710 | 2,14827 | 2,14943 | 2,15060 |
| 60 | 15176 | 15292 | 15409 | 15524 | 15640 | 15756 | 15871 | 15987 | 16102 | 16217 |
| 70 | 16332 | 16447 | 16562 | 16677 | 16791 | 16905 | 17020 | 17134 | 17248 | 17361 |
| 80 | 17475 | 17589 | 17702 | 17816 | 17929 | 18042 | 18155 | 18267 | 18380 | 18493 |
| 90 | 18605 | 18717 | 18830 | 18942 | 19054 | 19165 | 19277 | 19389 | 19500 | 19611 |
| 9,00 | 2,19722 | 2,19834 | 2,19944 | 2,20055 | 2,20166 | 2,20276 | 2,20387 | 2,20497 | 2,20607 | 2,20717 |
| 10 | 20827 | 20937 | 21047 | 21157 | 21266 | 21375 | 21485 | 21594 | 21703 | 21812 |
| 20 | 21920 | 22029 | 22138 | 22246 | 22354 | 22462 | 22570 | 22678 | 22786 | 22894 |
| 30 | 23001 | 23109 | 23216 | 23324 | 23431 | 23538 | 23645 | 23751 | 23858 | 23965 |
| 40 | 24071 | 24177 | 24284 | 24390 | 24496 | 24601 | 24707 | 24813 | 24918 | 25024 |
| 9,50 | 2,25129 | 2,25234 | 2,25339 | 2,25444 | 2,25549 | 2,25654 | 2,25759 | 2,25863 | 2,25968 | 2,26072 |
| 60 | 26176 | 26280 | 26384 | 26488 | 26592 | 26696 | 26799 | 26903 | 27006 | 27109 |
| 70 | 27213 | 27316 | 27419 | 27521 | 27624 | 27727 | 27829 | 27932 | 28034 | 28136 |
| 80 | 28238 | 28340 | 28442 | 28544 | 28646 | 28747 | 28849 | 28950 | 29051 | 29152 |
| 90 | 29253 | 29354 | 29455 | 29556 | 29657 | 29757 | 29858 | 29958 | 30058 | 30158 |

Tafel VIII-3-1 (Fortsetz.) 213

| x | 0,0 | 0,1 | 0,2 | 0,3 | 0,4 | 0,5 | 0,6 | 0,7 | 0,8 | 0,9 |
|---|---|---|---|---|---|---|---|---|---|---|
| 10,0 | 2,30259 | 2,31254 | 2,32239 | 2,33214 | 2,34181 | 2,35138 | 2,36085 | 2,37024 | 2,37955 | 2,38876 |
| 11,0 | 39790 | 40695 | 41591 | 42480 | 43361 | 44235 | 45101 | 45959 | 46810 | 47654 |
| 12,0 | 48491 | 49321 | 50144 | 50960 | 51770 | 52573 | 53370 | 54160 | 54945 | 55723 |
| 13,0 | 56495 | 57261 | 58022 | 58776 | 59525 | 60269 | 61007 | 61740 | 62467 | 63189 |
| 14,0 | 63906 | 64617 | 65324 | 66026 | 66723 | 67415 | 68102 | 68785 | 69463 | 70136 |
| 15,0 | 2,70805 | 2,71469 | 2,72130 | 2,72785 | 2,73437 | 2,74084 | 2,74727 | 2,75366 | 2,76001 | 2,76632 |
| 16,0 | 77259 | 77882 | 78501 | 79117 | 79728 | 80336 | 80940 | 81541 | 82138 | 82731 |
| 17,0 | 83321 | 83908 | 84491 | 85071 | 85647 | 86220 | 86790 | 87356 | 87920 | 88480 |
| 18,0 | 89037 | 89591 | 90142 | 90690 | 91235 | 91777 | 92316 | 92852 | 93386 | 93916 |
| 19,0 | 94444 | 94969 | 95491 | 96011 | 96527 | 97041 | 97553 | 98062 | 98568 | 99072 |
| 20,0 | 2,99573 | 3,00072 | 3,00568 | 3,01062 | 3,01553 | 3,02042 | 3,02529 | 3,03013 | 3,03495 | 3,03975 |
| 21,0 | 3,04452 | 04927 | 05400 | 05871 | 06339 | 06805 | 07269 | 07731 | 08191 | 08649 |
| 22,0 | 09104 | 09558 | 10009 | 10459 | 10906 | 11352 | 11795 | 12236 | 12676 | 13114 |
| 23,0 | 13549 | 13983 | 14415 | 14845 | 15274 | 15700 | 16125 | 16548 | 16969 | 17388 |
| 24,0 | 17805 | 18221 | 18635 | 19048 | 19458 | 19867 | 20275 | 20680 | 21084 | 21487 |
| 25,0 | 3,21888 | 3,22287 | 3,22684 | 3,23080 | 3,23475 | 3,23868 | 3,24259 | 3,24649 | 3,25037 | 3,25424 |
| 26,0 | 25810 | 26194 | 26576 | 26957 | 27336 | 27714 | 28091 | 28466 | 28840 | 29213 |
| 27,0 | 29584 | 29953 | 30322 | 30689 | 31054 | 31419 | 31782 | 32143 | 32504 | 32863 |
| 28,0 | 33220 | 33577 | 33932 | 34286 | 34639 | 34990 | 35341 | 35690 | 36038 | 36384 |
| 29,0 | 36730 | 37074 | 37417 | 37759 | 38099 | 38439 | 38777 | 39115 | 39451 | 39786 |
| 30,0 | 3,40120 | 3,40453 | 3,40784 | 3,41115 | 3,41444 | 3,41773 | 3,42100 | 3,42426 | 3,42751 | 3,43076 |
| 31,0 | 43399 | 43721 | 44042 | 44362 | 44681 | 44999 | 45316 | 45632 | 45947 | 46261 |
| 32,0 | 46574 | 46886 | 47197 | 47507 | 47816 | 48124 | 48431 | 48738 | 49043 | 49347 |
| 33,0 | 49651 | 49953 | 50255 | 50556 | 50856 | 51155 | 51453 | 51750 | 52046 | 52342 |
| 34,0 | 52636 | 52930 | 53223 | 53515 | 53806 | 54096 | 54385 | 54674 | 54962 | 55249 |
| 35,0 | 3,55535 | 3,55820 | 3,56105 | 3,56388 | 3,56671 | 3,56953 | 3,57235 | 3,57515 | 3,57795 | 3,58074 |
| 36,0 | 58352 | 58629 | 58906 | 59182 | 59457 | 59731 | 60005 | 60278 | 60550 | 60821 |
| 37,0 | 61092 | 61362 | 61631 | 61899 | 62167 | 62434 | 62700 | 62966 | 63231 | 63495 |
| 38,0 | 63759 | 64021 | 64284 | 64545 | 64806 | 65066 | 65325 | 65584 | 65842 | 66099 |
| 39,0 | 66356 | 66612 | 66868 | 67122 | 67377 | 67630 | 67883 | 68135 | 68387 | 68638 |
| 40,0 | 3,68888 | 3,69138 | 3,69387 | 3,69635 | 3,69883 | 3,70130 | 3,70377 | 3,70623 | 3,70868 | 3,71113 |
| 41,0 | 71357 | 71601 | 71844 | 72086 | 72328 | 72569 | 72810 | 73050 | 73290 | 73529 |
| 42,0 | 73767 | 74005 | 74242 | 74479 | 74715 | 74950 | 75185 | 75420 | 75654 | 75887 |
| 43,0 | 76120 | 76352 | 76584 | 76815 | 77046 | 77276 | 77506 | 77735 | 77963 | 78191 |
| 44,0 | 78419 | 78646 | 78872 | 79098 | 79324 | 79549 | 79773 | 79997 | 80221 | 80444 |
| 45,0 | 3,80666 | 3,80888 | 3,81110 | 3,81331 | 3,81551 | 3,81771 | 3,81991 | 3,82210 | 3,82428 | 3,82647 |
| 46,0 | 82864 | 83081 | 83298 | 83514 | 83730 | 83945 | 84160 | 84374 | 84588 | 84802 |
| 47,0 | 85015 | 85227 | 85439 | 85651 | 85862 | 86073 | 86283 | 86493 | 86703 | 86912 |
| 48,0 | 87120 | 87328 | 87536 | 87743 | 87950 | 88156 | 88362 | 88568 | 88773 | 88978 |
| 49,0 | 89182 | 89386 | 89589 | 89792 | 89995 | 90197 | 90399 | 90600 | 90801 | 91002 |
| 50,0 | 3,91202 | 3,91402 | 3,91602 | 3,91801 | 3,91999 | 3,92197 | 3,92395 | 3,92593 | 3,92790 | 3,92986 |
| 51,0 | 93183 | 93378 | 93574 | 93769 | 93964 | 94158 | 94352 | 94546 | 94739 | 94932 |
| 52,0 | 95124 | 95316 | 95508 | 95700 | 95891 | 96081 | 96272 | 96462 | 96651 | 96840 |
| 53,0 | 97029 | 97218 | 97406 | 97594 | 97781 | 97968 | 98155 | 98341 | 98527 | 98713 |
| 54,0 | 98898 | 99083 | 99268 | 99452 | 99636 | 99820 | 4,00003 | 4,00186 | 4,00369 | 4,00551 |

Tafel VIII-3-1 (Fortsetz.)

| x | 0,0 | 0,1 | 0,2 | 0,3 | 0,4 | 0,5 | 0,6 | 0,7 | 0,8 | 0,9 |
|---|---|---|---|---|---|---|---|---|---|---|
| 55,0 | 4,00733 | 4,00915 | 4,01096 | 4,01277 | 4,01458 | 4,01638 | 4,01818 | 4,01998 | 4,02177 | 4,02356 |
| 56,0 | 02535 | 02714 | 02892 | 03069 | 03247 | 03424 | 03601 | 03777 | 03954 | 04130 |
| 57,0 | 04305 | 04480 | 04655 | 04830 | 05004 | 05178 | 05352 | 05526 | 05699 | 05872 |
| 58,0 | 06044 | 06217 | 06389 | 06560 | 06732 | 06903 | 07073 | 07244 | 07414 | 07584 |
| 59,0 | 07754 | 07923 | 08092 | 08261 | 08429 | 08598 | 08766 | 08933 | 09101 | 09268 |
| 60,0 | 4,09434 | 4,09601 | 4,09767 | 4,09933 | 4,10099 | 4,10264 | 4,10429 | 4,10594 | 4,10759 | 4,10923 |
| 61,0 | 11087 | 11251 | 11415 | 11578 | 11741 | 11904 | 12066 | 12228 | 12390 | 12552 |
| 62,0 | 12713 | 12875 | 13036 | 13196 | 13357 | 13517 | 13677 | 13836 | 13996 | 14155 |
| 63,0 | 14313 | 14472 | 14630 | 14789 | 14946 | 15104 | 15261 | 15418 | 15575 | 15732 |
| 64,0 | 15888 | 16044 | 16200 | 16356 | 16511 | 16667 | 16821 | 16976 | 17131 | 17285 |
| 65,0 | 4,17439 | 4,17592 | 4,17746 | 4,17899 | 4,18052 | 4,18205 | 4,18358 | 4,18510 | 4,18662 | 4,18814 |
| 66,0 | 18965 | 19117 | 19268 | 19419 | 19570 | 19720 | 19870 | 20020 | 20170 | 20320 |
| 67,0 | 20469 | 20618 | 20767 | 20916 | 21065 | 21213 | 21361 | 21509 | 21656 | 21804 |
| 68,0 | 21951 | 22098 | 22244 | 22391 | 22537 | 22683 | 22829 | 22975 | 23120 | 23266 |
| 69,0 | 23411 | 23555 | 23700 | 23844 | 23989 | 24133 | 24276 | 24420 | 24563 | 24707 |
| 70,0 | 4,24850 | 4,24992 | 4,25135 | 4,25277 | 4,25419 | 4,25561 | 4,25703 | 4,25845 | 4,25986 | 4,26127 |
| 71,0 | 26268 | 26409 | 26549 | 26690 | 26830 | 26970 | 27110 | 27249 | 27388 | 27528 |
| 72,0 | 27667 | 27805 | 27944 | 28082 | 28221 | 28359 | 28496 | 28634 | 28772 | 28909 |
| 73,0 | 29046 | 29183 | 29320 | 29456 | 29592 | 29729 | 29865 | 30000 | 30136 | 30271 |
| 74,0 | 30407 | 30542 | 30676 | 30811 | 30946 | 31080 | 31214 | 31348 | 31482 | 31615 |
| 75,0 | 4,31749 | 4,31882 | 4,32015 | 4,32149 | 4,32281 | 4,32413 | 4,32546 | 4,32678 | 4,32810 | 4,32942 |
| 76,0 | 33073 | 33205 | 33336 | 33467 | 33598 | 33729 | 33860 | 33990 | 34120 | 34251 |
| 77,0 | 34381 | 34510 | 34640 | 34769 | 34899 | 35028 | 35157 | 35286 | 35414 | 35543 |
| 78,0 | 35671 | 35800 | 35927 | 36055 | 36182 | 36310 | 36437 | 36564 | 36691 | 36818 |
| 79,0 | 36945 | 37071 | 37198 | 37324 | 37450 | 37576 | 37701 | 37827 | 37952 | 38078 |
| 80,0 | 4,38203 | 4,38328 | 4,38452 | 4,38577 | 4,38701 | 4,38826 | 4,38950 | 4,39074 | 4,39198 | 4,39321 |
| 81,0 | 39445 | 39568 | 39692 | 39815 | 39938 | 40060 | 40183 | 40305 | 40428 | 40550 |
| 82,0 | 40672 | 40794 | 40916 | 41037 | 41159 | 41280 | 41401 | 41522 | 41643 | 41764 |
| 83,0 | 41884 | 42004 | 42125 | 42245 | 42365 | 42485 | 42604 | 42724 | 42843 | 42963 |
| 84,0 | 43082 | 43201 | 43319 | 43438 | 43557 | 43675 | 43793 | 43912 | 44030 | 44147 |
| 85,0 | 4,44265 | 4,44383 | 4,44500 | 4,44617 | 4,44735 | 4,44852 | 4,44969 | 4,45085 | 4,45202 | 4,45318 |
| 86,0 | 45435 | 45551 | 45667 | 45783 | 45899 | 46014 | 46130 | 46245 | 46361 | 46476 |
| 87,0 | 46591 | 46706 | 46820 | 46935 | 47050 | 47164 | 47278 | 47392 | 47506 | 47620 |
| 88,0 | 47734 | 47847 | 47961 | 48074 | 48187 | 48300 | 48413 | 48526 | 48639 | 48751 |
| 89,0 | 48864 | 48976 | 49088 | 49200 | 49312 | 49424 | 49536 | 49647 | 49758 | 49870 |
| 90,0 | 4,49981 | 4,50092 | 4,50203 | 4,50314 | 4,50424 | 4,50535 | 4,50645 | 4,50756 | 4,50866 | 4,50976 |
| 91,0 | 51086 | 51196 | 51305 | 51415 | 51525 | 51634 | 51743 | 51852 | 51961 | 52070 |
| 92,0 | 52179 | 52287 | 52396 | 52504 | 52613 | 52721 | 52829 | 52937 | 53045 | 53152 |
| 93,0 | 53260 | 53367 | 53475 | 53582 | 53689 | 53796 | 53903 | 54010 | 54116 | 54223 |
| 94,0 | 54329 | 54436 | 54542 | 54648 | 54754 | 54860 | 54966 | 55071 | 55177 | 55282 |
| 95,0 | 4,55388 | 4,55493 | 4,55598 | 4,55703 | 4,55808 | 4,55913 | 4,56017 | 4,56122 | 4,56226 | 4,56331 |
| 96,0 | 56435 | 56539 | 56643 | 56747 | 56851 | 56954 | 57058 | 57161 | 57265 | 57368 |
| 97,0 | 57471 | 57574 | 57677 | 57780 | 57883 | 57985 | 58088 | 58190 | 58292 | 58395 |
| 98,0 | 58497 | 58599 | 58701 | 58802 | 58904 | 59006 | 59107 | 59208 | 59310 | 59411 |
| 99,0 | 59512 | 59613 | 59714 | 59815 | 59915 | 60016 | 60116 | 60217 | 60317 | 60417 |

Tafel VIII-3-1 (Fortsetz.)

| x | 0 | 1 | 2 | 3 | 4 | 5 | 6 | 7 | 8 | 9 |
|---|---|---|---|---|---|---|---|---|---|---|
| 00 | ∞ | 0,00000 | 0,69315 | 1,09861 | 1,38629 | 1,60944 | 1,79176 | 1,94591 | 2,07944 | 2,19722 |
| 10 | 2,30259 | 2,39790 | 2,48491 | 2,56495 | 2,63906 | 2,70805 | 2,77259 | 2,83321 | 2,89037 | 2,94444 |
| 20 | 2,99573 | 3,04452 | 3,09104 | 3,13549 | 3,17805 | 3,21888 | 3,25810 | 3,29584 | 3,33220 | 3,36730 |
| 30 | 3,40120 | 3,43399 | 3,46574 | 3,49651 | 3,52636 | 3,55535 | 3,58352 | 3,61092 | 3,63759 | 3,66356 |
| 40 | 3,68888 | 3,71357 | 3,73767 | 3,76120 | 3,78419 | 3,80666 | 3,82864 | 3,85015 | 3,87120 | 3,89182 |
| 50 | 3,91202 | 3,93183 | 3,95124 | 3,97029 | 3,98898 | 4,00733 | 4,02535 | 4,04305 | 4,06044 | 4,07754 |
| 60 | 4,09434 | 4,11087 | 4,12713 | 4,14313 | 4,15888 | 4,17439 | 4,18965 | 4,20469 | 4,21951 | 4,23411 |
| 70 | 4,24850 | 4,26268 | 4,27667 | 4,29046 | 4,30407 | 4,31749 | 4,33073 | 4,34381 | 4,35671 | 4,36945 |
| 80 | 4,38203 | 4,39445 | 4,40672 | 4,41884 | 4,43082 | 4,44265 | 4,45435 | 4,46591 | 4,47734 | 4,48864 |
| 90 | 4,49981 | 4,51086 | 4,52179 | 4,53260 | 4,54329 | 4,55388 | 4,56435 | 4,57471 | 4,58497 | 4,59512 |
| 100 | 4,60517 | 4,61512 | 4,62497 | 4,63473 | 4,64439 | 4,65396 | 4,66344 | 4,67283 | 4,68213 | 4,69135 |
| 110 | 4,70048 | 4,70953 | 4,71850 | 4,72739 | 4,73620 | 4,74493 | 4,75359 | 4,76217 | 4,77068 | 4,77912 |
| 120 | 4,78749 | 4,79579 | 4,80402 | 4,81218 | 4,82028 | 4,82831 | 4,83628 | 4,84419 | 4,85203 | 4,85981 |
| 130 | 4,86753 | 4,87520 | 4,88280 | 4,89035 | 4,89784 | 4,90527 | 4,91265 | 4,91998 | 4,92725 | 4,93447 |
| 140 | 4,94164 | 4,94876 | 4,95583 | 4,96284 | 4,96981 | 4,97673 | 4,98361 | 4,99043 | 4,99721 | 5,00395 |
| 150 | 5,01064 | 5,01728 | 5,02388 | 5,03044 | 5,03695 | 5,04343 | 5,04986 | 5,05625 | 5,06260 | 5,06890 |
| 160 | 5,07517 | 5,08140 | 5,08760 | 5,09375 | 5,09987 | 5,10595 | 5,11199 | 5,11799 | 5,12396 | 5,12990 |
| 170 | 5,13580 | 5,14166 | 5,14749 | 5,15329 | 5,15906 | 5,16479 | 5,17048 | 5,17615 | 5,18178 | 5,18739 |
| 180 | 5,19296 | 5,19850 | 5,20401 | 5,20949 | 5,21494 | 5,22036 | 5,22575 | 5,23111 | 5,23644 | 5,24175 |
| 190 | 5,24702 | 5,25227 | 5,25750 | 5,26269 | 5,26786 | 5,27300 | 5,27811 | 5,28320 | 5,28827 | 5,29330 |
| 200 | 5,29832 | 5,30330 | 5,30827 | 5,31321 | 5,31812 | 5,32301 | 5,32788 | 5,33272 | 5,33754 | 5,34233 |
| 210 | 5,34711 | 5,35186 | 5,35659 | 5,36129 | 5,36598 | 5,37064 | 5,37528 | 5,37990 | 5,38450 | 5,38907 |
| 220 | 5,39363 | 5,39816 | 5,40268 | 5,40717 | 5,41165 | 5,41610 | 5,42053 | 5,42495 | 5,42935 | 5,43372 |
| 230 | 5,43808 | 5,44242 | 5,44674 | 5,45104 | 5,45532 | 5,45959 | 5,46383 | 5,46806 | 5,47227 | 5,47646 |
| 240 | 5,48064 | 5,48480 | 5,48894 | 5,49306 | 5,49717 | 5,50126 | 5,50533 | 5,50939 | 5,51343 | 5,51745 |
| 250 | 5,52146 | 5,52545 | 5,52943 | 5,53339 | 5,53733 | 5,54126 | 5,54518 | 5,54908 | 5,55296 | 5,55683 |
| 260 | 5,56068 | 5,56452 | 5,56834 | 5,57215 | 5,57595 | 5,57973 | 5,58350 | 5,58725 | 5,59099 | 5,59471 |
| 270 | 5,59842 | 5,60212 | 5,60580 | 5,60947 | 5,61313 | 5,61677 | 5,62040 | 5,62402 | 5,62762 | 5,63121 |
| 280 | 5,63479 | 5,63835 | 5,64191 | 5,64545 | 5,64897 | 5,65249 | 5,65599 | 5,65948 | 5,66296 | 5,66643 |
| 290 | 5,66988 | 5,67332 | 5,67675 | 5,68017 | 5,68358 | 5,68698 | 5,69036 | 5,69373 | 5,69709 | 5,70044 |
| 300 | 5,70378 | 5,70711 | 5,71043 | 5,71373 | 5,71703 | 5,72031 | 5,72359 | 5,72685 | 5,73010 | 5,73334 |
| 310 | 5,73657 | 5,73979 | 5,74300 | 5,74620 | 5,74939 | 5,75257 | 5,75574 | 5,75890 | 5,76205 | 5,76519 |
| 320 | 5,76832 | 5,77144 | 5,77455 | 5,77765 | 5,78074 | 5,78383 | 5,78690 | 5,78996 | 5,79301 | 5,79606 |
| 330 | 5,79909 | 5,80212 | 5,80513 | 5,80814 | 5,81114 | 5,81413 | 5,81711 | 5,82008 | 5,82305 | 5,82600 |
| 340 | 5,82895 | 5,83188 | 5,83481 | 5,83773 | 5,84064 | 5,84354 | 5,84644 | 5,84932 | 5,85220 | 5,85507 |
| 350 | 5,85793 | 5,86079 | 5,86363 | 5,86647 | 5,86930 | 5,87212 | 5,87493 | 5,87774 | 5,88053 | 5,88332 |
| 360 | 5,88610 | 5,88888 | 5,89164 | 5,89440 | 5,89715 | 5,89990 | 5,90263 | 5,90536 | 5,90808 | 5,91080 |
| 370 | 5,91350 | 5,91620 | 5,91889 | 5,92158 | 5,92426 | 5,92693 | 5,92959 | 5,93225 | 5,93489 | 5,93754 |
| 380 | 5,94017 | 5,94280 | 5,94542 | 5,94803 | 5,95064 | 5,95324 | 5,95584 | 5,95842 | 5,96101 | 5,96358 |
| 390 | 5,96615 | 5,96871 | 5,97126 | 5,97381 | 5,97635 | 5,97889 | 5,98141 | 5,98394 | 5,98645 | 5,98896 |
| 400 | 5,99146 | 5,99396 | 5,99645 | 5,99894 | 6,00141 | 6,00389 | 6,00635 | 6,00881 | 6,01127 | 6,01372 |
| 410 | 6,01616 | 6,01859 | 6,02102 | 6,02345 | 6,02587 | 6,02828 | 6,03069 | 6,03309 | 6,03548 | 6,03787 |
| 420 | 6,04025 | 6,04263 | 6,04501 | 6,04737 | 6,04973 | 6,05209 | 6,05444 | 6,05678 | 6,05912 | 6,06146 |
| 430 | 6,06379 | 6,06611 | 6,06843 | 6,07074 | 6,07304 | 6,07535 | 6,07764 | 6,07993 | 6,08222 | 6,08450 |
| 440 | 6,08677 | 6,08904 | 6,09131 | 6,09357 | 6,09582 | 6,09807 | 6,10032 | 6,10256 | 6,10479 | 6,10702 |
| 450 | 6,10925 | 6,11147 | 6,11368 | 6,11589 | 6,11810 | 6,12030 | 6,12249 | 6,12468 | 6,12687 | 6,12905 |
| 460 | 6,13123 | 6,13340 | 6,13556 | 6,13773 | 6,13988 | 6,14204 | 6,14419 | 6,14633 | 6,14847 | 6,15060 |
| 470 | 6,15273 | 6,15486 | 6,15698 | 6,15910 | 6,16121 | 6,16331 | 6,16542 | 6,16752 | 6,16961 | 6,17170 |
| 480 | 6,17379 | 6,17587 | 6,17794 | 6,18002 | 6,18208 | 6,18415 | 6,18621 | 6,18826 | 6,19032 | 6,19236 |
| 490 | 6,19441 | 6,19644 | 6,19848 | 6,20051 | 6,20254 | 6,20456 | 6,20658 | 6,20859 | 6,21060 | 6,21261 |

Tafel VIII-3-1 (Fortsetz.)

| x | 0 | 1 | 2 | 3 | 4 | 5 | 6 | 7 | 8 | 9 |
|---|---|---|---|---|---|---|---|---|---|---|
| 500 | 6,21461 | 6,21661 | 6,21860 | 6,22059 | 6,22258 | 6,22456 | 6,22654 | 6,22851 | 6,23048 | 6,23245 |
| 510 | 23441 | 23637 | 23832 | 24028 | 24222 | 24417 | 24611 | 24804 | 24998 | 25190 |
| 520 | 25383 | 25575 | 25767 | 25958 | 26149 | 26340 | 26530 | 26720 | 26910 | 27099 |
| 530 | 27288 | 27476 | 27664 | 27852 | 28040 | 28227 | 28413 | 28600 | 28786 | 28972 |
| 540 | 29157 | 29342 | 29527 | 29711 | 29895 | 30079 | 30262 | 30445 | 30628 | 30810 |
| 550 | 6,30992 | 6,31173 | 6,31355 | 6,31536 | 6,31716 | 6,31897 | 6,32077 | 6,32257 | 6,32436 | 6,32615 |
| 560 | 32794 | 32972 | 33150 | 33328 | 33505 | 33683 | 33859 | 34036 | 34212 | 34388 |
| 570 | 34564 | 34739 | 34914 | 35089 | 35263 | 35437 | 35611 | 35784 | 35957 | 36130 |
| 580 | 36303 | 36475 | 36647 | 36819 | 36990 | 37161 | 37332 | 37502 | 37673 | 37843 |
| 590 | 38012 | 38182 | 38351 | 38519 | 38688 | 38856 | 39024 | 39192 | 39359 | 39526 |
| 600 | 6,39693 | 6,39859 | 6,40026 | 6,40192 | 6,40357 | 6,40523 | 6,40688 | 6,40853 | 6,41017 | 6,41182 |
| 610 | 41346 | 41510 | 41673 | 41836 | 41999 | 42162 | 42325 | 42487 | 42649 | 42811 |
| 620 | 42972 | 43133 | 43294 | 43455 | 43615 | 43775 | 43935 | 44095 | 44254 | 44413 |
| 630 | 44572 | 44731 | 44889 | 45047 | 45205 | 45362 | 45520 | 45677 | 45834 | 45990 |
| 640 | 46147 | 46303 | 46459 | 46614 | 46770 | 46925 | 47080 | 47235 | 47389 | 47543 |
| 650 | 6,47697 | 6,47851 | 6,48004 | 6,48158 | 5,48311 | 6,48464 | 6,48616 | 6,48768 | 6,48920 | 6,49072 |
| 660 | 49224 | 49375 | 49527 | 49677 | 49828 | 49979 | 50129 | 50279 | 50429 | 50578 |
| 670 | 50728 | 50877 | 51026 | 51175 | 51323 | 51471 | 51619 | 51767 | 51915 | 52062 |
| 680 | 52209 | 52356 | 52503 | 52649 | 52796 | 52942 | 53088 | 53233 | 53379 | 53524 |
| 690 | 53669 | 53814 | 53959 | 54103 | 54247 | 54391 | 54535 | 54679 | 54822 | 54965 |
| 700 | 6,55108 | 6,55251 | 6,55393 | 6,55536 | 6,55678 | 6,55820 | 6,55962 | 6,56103 | 6,56244 | 6,56386 |
| 710 | 56526 | 56667 | 56808 | 56948 | 57088 | 57228 | 57368 | 57508 | 57647 | 57786 |
| 720 | 57925 | 58064 | 58203 | 58341 | 58479 | 58617 | 58755 | 58893 | 59030 | 59167 |
| 730 | 59304 | 59441 | 59578 | 59715 | 59851 | 59987 | 60123 | 60259 | 60394 | 60530 |
| 740 | 60665 | 60800 | 60935 | 61070 | 61204 | 61338 | 61473 | 61607 | 61740 | 61874 |
| 750 | 6,62007 | 6,62141 | 6,62274 | 6,62407 | 6,62539 | 6,62672 | 6,62804 | 6,62936 | 6,63068 | 6,63200 |
| 760 | 63332 | 63463 | 63595 | 63726 | 63857 | 63988 | 64118 | 64249 | 64379 | 64509 |
| 770 | 64639 | 64769 | 64898 | 65028 | 65157 | 65286 | 65415 | 65544 | 65673 | 65801 |
| 780 | 65929 | 66058 | 66185 | 66313 | 66441 | 66568 | 66696 | 66823 | 66950 | 67077 |
| 790 | 67203 | 67330 | 67456 | 67582 | 67708 | 67834 | 67960 | 68085 | 68211 | 68336 |
| 800 | 6,68461 | 6,68586 | 6,68711 | 6,68835 | 6,68960 | 6,69084 | 6,69208 | 6,69332 | 6,69456 | 6,69580 |
| 810 | 69703 | 69827 | 69950 | 70073 | 70196 | 70319 | 70441 | 70564 | 70686 | 70808 |
| 820 | 70930 | 71052 | 71174 | 71296 | 71417 | 71538 | 71659 | 71780 | 71901 | 72022 |
| 830 | 72143 | 72263 | 72383 | 72503 | 72623 | 72743 | 72863 | 72982 | 73102 | 73221 |
| 840 | 73340 | 73459 | 73578 | 73697 | 73815 | 73934 | 74052 | 74170 | 74288 | 74406 |
| 850 | 6,74524 | 6,74641 | 6,74759 | 6,74876 | 6,74993 | 6,75110 | 6,75227 | 6,75344 | 6,75460 | 6,75577 |
| 860 | 75693 | 75809 | 75926 | 76041 | 76157 | 76273 | 76388 | 76504 | 76619 | 76734 |
| 870 | 76849 | 76964 | 77079 | 77194 | 77308 | 77422 | 77537 | 77651 | 77765 | 77878 |
| 880 | 77992 | 78106 | 78219 | 78333 | 78446 | 78559 | 78672 | 78784 | 78897 | 79010 |
| 890 | 79122 | 79234 | 79347 | 79459 | 79571 | 79682 | 79794 | 79906 | 80017 | 80128 |
| 900 | 6,80239 | 6,80351 | 6,80461 | 6,80572 | 6,80683 | 6,80793 | 6,80904 | 6,81014 | 6,81124 | 6,81235 |
| 910 | 81344 | 81454 | 81564 | 81674 | 81783 | 81892 | 82002 | 82111 | 82220 | 82329 |
| 920 | 82437 | 82546 | 82655 | 82763 | 82871 | 82979 | 83087 | 83195 | 83303 | 83411 |
| 930 | 83518 | 83626 | 83733 | 83841 | 83948 | 84055 | 84162 | 84268 | 84375 | 84482 |
| 940 | 84588 | 84694 | 84801 | 84907 | 85013 | 85118 | 85224 | 85330 | 85435 | 85541 |
| 950 | 6,85646 | 6,85751 | 6,85857 | 6,85961 | 6,86066 | 6,86171 | 6,86276 | 6,86380 | 6,86485 | 6,86589 |
| 960 | 86693 | 86797 | 86901 | 87005 | 87109 | 87213 | 87316 | 87420 | 87523 | 87626 |
| 970 | 87730 | 87833 | 87936 | 88038 | 88141 | 88244 | 88346 | 88449 | 88551 | 88653 |
| 980 | 88755 | 88857 | 88959 | 89061 | 89163 | 89264 | 89366 | 89467 | 89568 | 89669 |
| 990 | 89770 | 89871 | 89972 | 90073 | 90174 | 90274 | 90375 | 90475 | 90575 | 90675 |

**Tafel IX-2-1**

Der Phi-Koeffizient bei gleichen Zeilensummen

Entnommen aus JÜRGENSEN, C. E.: Table for determining phi coefficients. Psychometrika 12 (1947), 17–29; mit freundlicher Genehmigung des Verfassers und des Herausgebers.

Die Tafel enthält die Phi-Koeffizienten $\phi$ für a + b = c + d mit $p_+$ = a/(a + b) und $p_-$ = c/(c + d). Für den Fall $p_+ \geqslant 0{,}5$ wird die Tafel in der vorliegenden Form benutzt; für den Fall $p_+ < 0{,}5$ sind die linke und die rechte Spalte der Vierfeldertafel zu vertauschen (und entsprechend umzusignieren). Das Vorzeichen von Phi ergibt sich aus der Inspektion der Tafelwerte oder – im Zweifelsfall – aus dem Vorzeichen der Differenz der (nicht spaltenvertauschten) Ausgangswerte ($p_+ - p_-$). Null und Komma vor den Phi-Koeffizienten wurden fortgelassen.

*Ablesebeispiel 1:* Der Vierfeldertafel mit a = 30, b = 20, c = 23 und d = 27 entsprechen Zeilenanteile von $p_+$ = 30/(30 + 20) = 0,60 und $p_-$ = 23/(23 + 27) = 0,46. Am Schnittpunkt der Zeile 60 und der Spalte 46 findet sich der Wert 140, so daß sich unter Berücksichtigung von sgn($p_+ - p_-$) ein $\phi$ = +0,14 ergibt.

*Ablesebeispiel 2:* Ist a = 16, b = 24, c = 22 und d = 18, dann wäre $p_+$ = 16/40 = 0,40, welcher Wert in der Vorspalte fehlt. Wir lesen daher in Zeile 22/40 = 0,55 unter Spalte $p_-$ = 0,40 nach und kehren das Vorzeichen um, so daß $\phi$ = –0,150.

Tafel IX-2-1 (Fortsetz.)

| $p_+$ | 00 | 01 | 02 | 03 | 04 | 05 | 06 | 07 | 08 | 09 | $p_-$ 10 | 11 | 12 | 13 | 14 | 15 | 16 | 17 | 18 | 19 |
|---|---|---|---|---|---|---|---|---|---|---|---|---|---|---|---|---|---|---|---|---|
| 100 | 1000 | 990 | 980 | 970 | 961 | 951 | 942 | 932 | 923 | 914 | 905 | 895 | 886 | 877 | 869 | 860 | 851 | 842 | 834 | 825 |
| 99 | 990 | 980 | 970 | 960 | 950 | 941 | 931 | 922 | 912 | 903 | 894 | 884 | 875 | 866 | 857 | 848 | 839 | 831 | 822 | 813 |
| 98 | 980 | 970 | 960 | 950 | 940 | 930 | 921 | 911 | 902 | 892 | 883 | 874 | 864 | 855 | 846 | 837 | 828 | 819 | 810 | 802 |
| 97 | 970 | 960 | 950 | 940 | 930 | 920 | 910 | 901 | 891 | 882 | 872 | 863 | 853 | 844 | 835 | 826 | 817 | 808 | 799 | 790 |
| 96 | 961 | 950 | 940 | 930 | 920 | 910 | 900 | 890 | 881 | 871 | 862 | 852 | 843 | 833 | 824 | 815 | 806 | 797 | 788 | 779 |
| 95 | 951 | 941 | 930 | 920 | 910 | 900 | 890 | 880 | 870 | 861 | 851 | 842 | 832 | 823 | 813 | 804 | 795 | 786 | 777 | 768 |
| 94 | 942 | 931 | 921 | 910 | 900 | 890 | 880 | 870 | 860 | 850 | 841 | 831 | 821 | 812 | 803 | 793 | 784 | 775 | 766 | 756 |
| 93 | 932 | 922 | 911 | 901 | 890 | 880 | 870 | 860 | 850 | 840 | 830 | 821 | 811 | 801 | 792 | 783 | 773 | 764 | 755 | 745 |
| 92 | 923 | 912 | 902 | 891 | 881 | 870 | 860 | 850 | 840 | 830 | 820 | 810 | 801 | 791 | 781 | 772 | 762 | 753 | 744 | 734 |
| 91 | 914 | 903 | 892 | 882 | 871 | 861 | 850 | 840 | 830 | 820 | 810 | 800 | 790 | 781 | 771 | 761 | 752 | 742 | 733 | 724 |
| 90 | 905 | 894 | 883 | 872 | 862 | 851 | 841 | 830 | 820 | 810 | 800 | 790 | 780 | 770 | 761 | 751 | 741 | 732 | 722 | 713 |
| 89 | 895 | 884 | 874 | 863 | 852 | 842 | 831 | 821 | 810 | 800 | 790 | 780 | 770 | 760 | 750 | 741 | 731 | 721 | 712 | 702 |
| 88 | 886 | 875 | 864 | 853 | 843 | 832 | 821 | 811 | 801 | 790 | 780 | 770 | 760 | 750 | 740 | 730 | 721 | 711 | 701 | 692 |
| 87 | 877 | 866 | 855 | 844 | 833 | 823 | 812 | 801 | 791 | 781 | 770 | 760 | 750 | 740 | 730 | 720 | 710 | 701 | 691 | 681 |
| 86 | 869 | 857 | 846 | 835 | 824 | 813 | 803 | 792 | 781 | 771 | 761 | 750 | 740 | 730 | 720 | 710 | 700 | 690 | 681 | 671 |
| 85 | 860 | 848 | 837 | 826 | 815 | 804 | 793 | 783 | 772 | 761 | 751 | 741 | 730 | 720 | 710 | 700 | 690 | 680 | 670 | 661 |
| 84 | 851 | 839 | 828 | 817 | 806 | 795 | 784 | 773 | 762 | 752 | 741 | 731 | 721 | 710 | 700 | 690 | 680 | 670 | 660 | 650 |
| 83 | 842 | 831 | 819 | 808 | 797 | 786 | 775 | 764 | 753 | 742 | 732 | 721 | 711 | 701 | 690 | 680 | 670 | 660 | 650 | 640 |
| 82 | 834 | 822 | 810 | 799 | 788 | 777 | 766 | 755 | 744 | 733 | 722 | 712 | 701 | 691 | 681 | 670 | 660 | 650 | 640 | 630 |
| 81 | 825 | 813 | 802 | 790 | 779 | 768 | 756 | 745 | 734 | 724 | 713 | 702 | 692 | 681 | 671 | 661 | 650 | 640 | 630 | 620 |
| 80 | 816 | 805 | 793 | 781 | 770 | 759 | 747 | 736 | 725 | 714 | 704 | 693 | 682 | 672 | 661 | 651 | 641 | 630 | 620 | 610 |
| 79 | 808 | 796 | 784 | 773 | 761 | 750 | 738 | 727 | 716 | 705 | 694 | 683 | 673 | 662 | 652 | 641 | 631 | 620 | 610 | 600 |
| 78 | 800 | 788 | 776 | 764 | 752 | 741 | 729 | 718 | 707 | 696 | 685 | 674 | 663 | 653 | 642 | 632 | 621 | 611 | 600 | 590 |
| 77 | 791 | 779 | 767 | 755 | 744 | 732 | 720 | 709 | 698 | 687 | 676 | 665 | 654 | 643 | 633 | 622 | 612 | 601 | 591 | 580 |
| 76 | 783 | 771 | 759 | 747 | 735 | 723 | 712 | 700 | 689 | 678 | 667 | 656 | 645 | 634 | 623 | 612 | 602 | 591 | 581 | 571 |
| 75 | 775 | 762 | 750 | 738 | 726 | 714 | 703 | 691 | 680 | 669 | 657 | 646 | 635 | 625 | 614 | 603 | 592 | 582 | 571 | 561 |
| 74 | 766 | 754 | 742 | 730 | 718 | 706 | 694 | 682 | 671 | 660 | 648 | 637 | 626 | 615 | 604 | 594 | 583 | 572 | 562 | 551 |
| 73 | 758 | 746 | 733 | 721 | 709 | 697 | 685 | 674 | 662 | 651 | 639 | 628 | 617 | 606 | 595 | 584 | 573 | 563 | 552 | 542 |
| 72 | 750 | 737 | 725 | 713 | 700 | 688 | 677 | 665 | 653 | 642 | 630 | 619 | 608 | 597 | 586 | 575 | 564 | 553 | 543 | 532 |
| 71 | 742 | 729 | 717 | 704 | 692 | 680 | 668 | 656 | 644 | 633 | 621 | 610 | 599 | 588 | 577 | 566 | 555 | 544 | 533 | 523 |
| 70 | 734 | 721 | 708 | 696 | 684 | 671 | 659 | 647 | 636 | 624 | 612 | 601 | 590 | 578 | 567 | 556 | 545 | 535 | 524 | 513 |
| 69 | 726 | 713 | 700 | 688 | 675 | 663 | 651 | 639 | 627 | 615 | 603 | 592 | 581 | 569 | 558 | 547 | 536 | 525 | 514 | 504 |
| 68 | 718 | 705 | 692 | 679 | 667 | 654 | 642 | 630 | 618 | 606 | 595 | 583 | 572 | 560 | 549 | 538 | 527 | 516 | 505 | 494 |
| 67 | 710 | 697 | 684 | 671 | 658 | 646 | 634 | 621 | 609 | 597 | 586 | 574 | 563 | 551 | 540 | 529 | 518 | 507 | 496 | 485 |
| 66 | 702 | 689 | 676 | 663 | 650 | 637 | 625 | 613 | 601 | 589 | 577 | 565 | 554 | 542 | 531 | 519 | 508 | 497 | 486 | 475 |
| 65 | 694 | 681 | 667 | 654 | 642 | 629 | 616 | 604 | 592 | 580 | 568 | 556 | 545 | 533 | 522 | 510 | 499 | 488 | 477 | 466 |
| 64 | 686 | 673 | 659 | 646 | 633 | 621 | 608 | 596 | 583 | 571 | 559 | 547 | 536 | 524 | 513 | 501 | 490 | 479 | 468 | 457 |
| 63 | 678 | 665 | 651 | 638 | 625 | 612 | 600 | 587 | 575 | 563 | 550 | 539 | 527 | 515 | 503 | 492 | 481 | 469 | 458 | 447 |
| 62 | 670 | 657 | 643 | 630 | 617 | 604 | 591 | 579 | 566 | 554 | 542 | 530 | 518 | 506 | 494 | 483 | 472 | 460 | 449 | 438 |
| 61 | 662 | 649 | 635 | 622 | 608 | 595 | 583 | 570 | 557 | 545 | 533 | 521 | 509 | 497 | 485 | 474 | 462 | 451 | 440 | 429 |
| 60 | 655 | 641 | 627 | 614 | 600 | 587 | 574 | 561 | 549 | 536 | 524 | 512 | 500 | 488 | 476 | 465 | 453 | 442 | 431 | 419 |
| 59 | 647 | 633 | 619 | 605 | 592 | 579 | 566 | 553 | 540 | 528 | 515 | 503 | 491 | 479 | 467 | 456 | 444 | 433 | 421 | 410 |
| 58 | 639 | 625 | 611 | 597 | 584 | 570 | 557 | 544 | 532 | 519 | 507 | 494 | 482 | 470 | 458 | 447 | 435 | 423 | 412 | 401 |
| 57 | 631 | 617 | 603 | 589 | 576 | 562 | 549 | 536 | 523 | 510 | 498 | 486 | 473 | 461 | 449 | 438 | 426 | 414 | 403 | 391 |
| 56 | 624 | 609 | 595 | 581 | 567 | 554 | 541 | 527 | 514 | 502 | 489 | 477 | 464 | 452 | 440 | 428 | 417 | 405 | 394 | 382 |
| 55 | 616 | 601 | 587 | 573 | 559 | 546 | 532 | 519 | 506 | 493 | 480 | 468 | 456 | 443 | 431 | 419 | 408 | 396 | 384 | 373 |
| 54 | 608 | 593 | 579 | 565 | 551 | 537 | 524 | 510 | 497 | 484 | 472 | 459 | 447 | 434 | 422 | 410 | 398 | 387 | 375 | 364 |
| 53 | 600 | 586 | 571 | 557 | 543 | 529 | 515 | 502 | 489 | 476 | 463 | 450 | 438 | 425 | 413 | 401 | 389 | 377 | 366 | 354 |
| 52 | 593 | 578 | 563 | 549 | 535 | 521 | 507 | 493 | 480 | 467 | 454 | 441 | 429 | 416 | 404 | 392 | 380 | 368 | 356 | 345 |
| 51 | 585 | 570 | 555 | 541 | 526 | 512 | 498 | 485 | 471 | 458 | 445 | 432 | 420 | 407 | 395 | 383 | 371 | 359 | 347 | 335 |
| 50 | 577 | 562 | 547 | 532 | 518 | 504 | 490 | 476 | 463 | 450 | 436 | 424 | 411 | 398 | 386 | 374 | 362 | 350 | 338 | 326 |
| | 00 | 01 | 02 | 03 | 04 | 05 | 06 | 07 | 08 | 09 | 10 | 11 | 12 | 13 | 14 | 15 | 16 | 17 | 18 | 19 |

Tafel IX-2-1 (Fortsetz.)

p₋

| p₊ | 20 | 21 | 22 | 23 | 24 | 25 | 26 | 27 | 28 | 29 | 30 | 31 | 32 | 33 | 34 | 35 | 36 | 37 | 38 | 39 |
|---|---|---|---|---|---|---|---|---|---|---|---|---|---|---|---|---|---|---|---|---|
| 100 | 816 | 808 | 800 | 791 | 783 | 775 | 766 | 758 | 750 | 742 | 734 | 726 | 718 | 710 | 702 | 694 | 686 | 678 | 670 | 662 |
| 99 | 805 | 796 | 788 | 779 | 771 | 762 | 754 | 746 | 737 | 729 | 721 | 713 | 705 | 697 | 689 | 681 | 673 | 665 | 657 | 649 |
| 98 | 793 | 784 | 776 | 767 | 759 | 750 | 742 | 733 | 725 | 717 | 708 | 700 | 692 | 684 | 676 | 667 | 659 | 651 | 643 | 635 |
| 97 | 781 | 773 | 764 | 755 | 747 | 738 | 730 | 721 | 713 | 704 | 696 | 688 | 679 | 671 | 663 | 654 | 646 | 638 | 630 | 622 |
| 96 | 770 | 761 | 752 | 744 | 735 | 726 | 718 | 709 | 700 | 692 | 684 | 675 | 667 | 658 | 650 | 642 | 633 | 625 | 617 | 608 |
| 95 | 759 | 750 | 741 | 732 | 723 | 714 | 706 | 697 | 688 | 680 | 671 | 663 | 654 | 646 | 637 | 629 | 621 | 612 | 604 | 595 |
| 94 | 747 | 738 | 729 | 720 | 712 | 703 | 694 | 685 | 677 | 668 | 659 | 651 | 642 | 634 | 625 | 616 | 608 | 600 | 591 | 583 |
| 93 | 736 | 727 | 718 | 709 | 700 | 691 | 682 | 674 | 665 | 656 | 647 | 639 | 630 | 621 | 613 | 604 | 596 | 587 | 579 | 570 |
| 92 | 725 | 716 | 707 | 698 | 689 | 680 | 671 | 662 | 653 | 644 | 636 | 627 | 618 | 609 | 601 | 592 | 583 | 575 | 566 | 557 |
| 91 | 714 | 705 | 696 | 687 | 678 | 669 | 660 | 651 | 642 | 633 | 624 | 615 | 606 | 597 | 589 | 580 | 571 | 563 | 554 | 545 |
| 90 | 704 | 694 | 685 | 676 | 667 | 657 | 648 | 639 | 630 | 621 | 612 | 603 | 595 | 586 | 577 | 568 | 559 | 550 | 542 | 533 |
| 89 | 693 | 683 | 674 | 665 | 656 | 646 | 637 | 628 | 619 | 610 | 601 | 592 | 583 | 574 | 565 | 556 | 547 | 539 | 530 | 521 |
| 88 | 682 | 673 | 663 | 654 | 645 | 635 | 626 | 617 | 608 | 599 | 590 | 581 | 572 | 563 | 554 | 545 | 536 | 527 | 518 | 509 |
| 87 | 672 | 662 | 653 | 643 | 634 | 625 | 615 | 606 | 597 | 588 | 578 | 569 | 560 | 551 | 542 | 533 | 524 | 515 | 506 | 497 |
| 86 | 661 | 652 | 642 | 633 | 623 | 614 | 604 | 595 | 586 | 577 | 567 | 558 | 549 | 540 | 531 | 522 | 513 | 503 | 494 | 485 |
| 85 | 651 | 641 | 632 | 622 | 612 | 603 | 594 | 584 | 575 | 566 | 556 | 547 | 538 | 529 | 519 | 510 | 501 | 492 | 483 | 474 |
| 84 | 641 | 631 | 621 | 612 | 602 | 592 | 583 | 573 | 564 | 555 | 545 | 536 | 527 | 518 | 508 | 499 | 490 | 481 | 472 | 462 |
| 83 | 630 | 620 | 611 | 601 | 591 | 582 | 572 | 563 | 553 | 544 | 535 | 525 | 516 | 507 | 497 | 488 | 479 | 469 | 460 | 451 |
| 82 | 620 | 610 | 600 | 591 | 581 | 571 | 562 | 552 | 543 | 533 | 524 | 514 | 505 | 496 | 486 | 477 | 468 | 458 | 449 | 440 |
| 81 | 610 | 600 | 590 | 580 | 571 | 561 | 551 | 542 | 532 | 523 | 513 | 504 | 494 | 485 | 475 | 466 | 457 | 447 | 438 | 429 |
| 80 | 600 | 590 | 580 | 570 | 560 | 551 | 541 | 531 | 522 | 512 | 503 | 493 | 483 | 474 | 465 | 455 | 446 | 436 | 427 | 418 |
| 79 | 590 | 580 | 570 | 560 | 550 | 540 | 531 | 521 | 511 | 502 | 492 | 482 | 473 | 463 | 454 | 444 | 435 | 425 | 416 | 407 |
| 78 | 580 | 570 | 560 | 550 | 540 | 530 | 520 | 511 | 501 | 491 | 482 | 472 | 462 | 453 | 443 | 434 | 424 | 415 | 405 | 396 |
| 77 | 570 | 560 | 550 | 540 | 530 | 520 | 510 | 500 | 491 | 481 | 471 | 461 | 452 | 442 | 433 | 423 | 414 | 404 | 394 | 385 |
| 76 | 560 | 550 | 540 | 530 | 520 | 510 | 500 | 490 | 480 | 471 | 461 | 451 | 441 | 432 | 422 | 413 | 403 | 393 | 384 | 374 |
| 75 | 551 | 540 | 530 | 520 | 510 | 500 | 490 | 480 | 470 | 460 | 451 | 441 | 431 | 421 | 412 | 402 | 392 | 383 | 373 | 364 |
| 74 | 541 | 531 | 520 | 510 | 500 | 490 | 480 | 470 | 460 | 450 | 440 | 431 | 421 | 411 | 401 | 392 | 382 | 372 | 363 | 353 |
| 73 | 531 | 521 | 511 | 500 | 490 | 480 | 470 | 460 | 450 | 440 | 430 | 420 | 411 | 401 | 391 | 381 | 371 | 362 | 352 | 342 |
| 72 | 522 | 511 | 501 | 491 | 480 | 470 | 460 | 450 | 440 | 430 | 420 | 410 | 400 | 390 | 381 | 371 | 361 | 351 | 342 | 332 |
| 71 | 512 | 502 | 491 | 481 | 471 | 460 | 450 | 440 | 430 | 420 | 410 | 400 | 390 | 380 | 370 | 361 | 351 | 341 | 331 | 322 |
| 70 | 503 | 492 | 482 | 471 | 461 | 451 | 440 | 430 | 420 | 410 | 400 | 390 | 380 | 370 | 360 | 350 | 341 | 331 | 321 | 311 |
| 69 | 493 | 482 | 472 | 461 | 451 | 441 | 431 | 420 | 410 | 400 | 390 | 380 | 370 | 360 | 350 | 340 | 330 | 321 | 311 | 301 |
| 68 | 483 | 473 | 462 | 452 | 441 | 431 | 421 | 411 | 400 | 390 | 380 | 370 | 360 | 350 | 340 | 330 | 320 | 310 | 301 | 291 |
| 67 | 474 | 463 | 453 | 442 | 432 | 421 | 411 | 401 | 390 | 380 | 370 | 360 | 350 | 340 | 330 | 320 | 310 | 300 | 290 | 281 |
| 66 | 465 | 454 | 443 | 433 | 422 | 412 | 401 | 391 | 381 | 370 | 360 | 350 | 340 | 330 | 320 | 310 | 300 | 290 | 280 | 270 |
| 65 | 455 | 444 | 434 | 423 | 413 | 402 | 392 | 381 | 371 | 361 | 350 | 340 | 330 | 320 | 310 | 300 | 290 | 280 | 270 | 260 |
| 64 | 446 | 435 | 424 | 414 | 403 | 392 | 382 | 371 | 361 | 351 | 341 | 330 | 320 | 310 | 300 | 290 | 280 | 270 | 260 | 250 |
| 63 | 436 | 425 | 415 | 404 | 393 | 383 | 372 | 362 | 351 | 341 | 331 | 321 | 310 | 300 | 290 | 280 | 270 | 260 | 250 | 240 |
| 62 | 427 | 416 | 405 | 394 | 384 | 373 | 363 | 352 | 342 | 331 | 321 | 311 | 301 | 290 | 280 | 270 | 260 | 250 | 240 | 230 |
| 61 | 418 | 407 | 396 | 385 | 374 | 364 | 353 | 342 | 332 | 322 | 311 | 301 | 291 | 281 | 270 | 260 | 250 | 240 | 230 | 220 |
| 60 | 408 | 397 | 386 | 375 | 365 | 354 | 343 | 333 | 322 | 312 | 302 | 291 | 281 | 271 | 260 | 250 | 240 | 230 | 220 | 210 |
| 59 | 399 | 388 | 377 | 366 | 355 | 344 | 334 | 323 | 313 | 302 | 292 | 281 | 271 | 261 | 251 | 240 | 230 | 220 | 210 | 200 |
| 58 | 390 | 378 | 367 | 356 | 346 | 335 | 324 | 314 | 303 | 292 | 282 | 272 | 261 | 251 | 241 | 231 | 220 | 210 | 200 | 190 |
| 57 | 380 | 369 | 358 | 347 | 336 | 325 | 315 | 304 | 293 | 283 | 272 | 262 | 252 | 241 | 231 | 221 | 211 | 200 | 190 | 180 |
| 56 | 371 | 360 | 349 | 338 | 327 | 316 | 305 | 294 | 284 | 273 | 263 | 252 | 242 | 231 | 221 | 211 | 201 | 190 | 180 | 170 |
| 55 | 361 | 350 | 339 | 328 | 317 | 306 | 295 | 285 | 274 | 263 | 253 | 242 | 232 | 222 | 211 | 201 | 191 | 181 | 170 | 160 |
| 54 | 352 | 341 | 330 | 319 | 308 | 297 | 286 | 275 | 264 | 254 | 243 | 233 | 222 | 212 | 201 | 191 | 181 | 171 | 161 | 150 |
| 53 | 343 | 331 | 320 | 309 | 298 | 287 | 276 | 265 | 255 | 244 | 233 | 223 | 212 | 202 | 192 | 181 | 171 | 161 | 151 | 140 |
| 52 | 333 | 322 | 311 | 300 | 288 | 277 | 267 | 256 | 245 | 234 | 224 | 213 | 203 | 192 | 182 | 171 | 161 | 151 | 141 | 131 |
| 51 | 324 | 313 | 301 | 290 | 279 | 268 | 257 | 246 | 235 | 225 | 214 | 203 | 193 | 182 | 172 | 162 | 151 | 141 | 131 | 121 |
| 50 | 314 | 303 | 292 | 280 | 269 | 258 | 247 | 236 | 226 | 215 | 204 | 194 | 183 | 173 | 162 | 152 | 141 | 131 | 121 | 111 |
|    | 20 | 21 | 22 | 23 | 24 | 25 | 26 | 27 | 28 | 29 | 30 | 31 | 32 | 33 | 34 | 35 | 36 | 37 | 38 | 39 |

Tafel IX-2-1 (Fortsetz.)

| p+ | 40 | 41 | 42 | 43 | 44 | 45 | 46 | 47 | 48 | 49 | 50 | 51 | 52 | 53 | 54 | 55 | 56 | 57 | 58 | 59 |
|---|---|---|---|---|---|---|---|---|---|---|---|---|---|---|---|---|---|---|---|---|
| 100 | 655 | 647 | 639 | 631 | 624 | 616 | 608 | 600 | 593 | 585 | 577 | 570 | 562 | 554 | 547 | 539 | 531 | 523 | 516 | 508 |
| 99 | 641 | 633 | 625 | 617 | 609 | 601 | 593 | 586 | 578 | 570 | 562 | 554 | 546 | 539 | 531 | 523 | 515 | 507 | 499 | 491 |
| 98 | 627 | 619 | 611 | 603 | 595 | 587 | 579 | 571 | 563 | 555 | 547 | 539 | 531 | 523 | 515 | 507 | 499 | 491 | 483 | 475 |
| 97 | 614 | 605 | 597 | 589 | 581 | 573 | 565 | 557 | 549 | 541 | 532 | 524 | 516 | 508 | 500 | 492 | 483 | 475 | 467 | 459 |
| 96 | 600 | 592 | 584 | 576 | 567 | 559 | 551 | 543 | 535 | 526 | 518 | 510 | 502 | 493 | 485 | 477 | 468 | 460 | 451 | 443 |
| 95 | 587 | 579 | 570 | 562 | 554 | 546 | 537 | 529 | 521 | 512 | 504 | 496 | 487 | 479 | 470 | 462 | 453 | 445 | 436 | 428 |
| 94 | 574 | 566 | 557 | 549 | 541 | 532 | 524 | 515 | 507 | 498 | 490 | 482 | 473 | 464 | 456 | 447 | 439 | 430 | 421 | 413 |
| 93 | 561 | 553 | 544 | 536 | 527 | 519 | 510 | 502 | 493 | 485 | 476 | 468 | 459 | 450 | 442 | 433 | 424 | 416 | 407 | 398 |
| 92 | 549 | 540 | 532 | 523 | 514 | 506 | 497 | 489 | 480 | 471 | 463 | 454 | 445 | 437 | 428 | 419 | 410 | 402 | 393 | 384 |
| 91 | 536 | 528 | 519 | 510 | 502 | 493 | 484 | 476 | 467 | 458 | 450 | 441 | 432 | 423 | 414 | 405 | 397 | 388 | 379 | 370 |
| 90 | 524 | 515 | 507 | 498 | 489 | 480 | 472 | 463 | 454 | 445 | 436 | 428 | 419 | 410 | 401 | 392 | 383 | 374 | 365 | 356 |
| 89 | 512 | 503 | 494 | 486 | 477 | 468 | 459 | 450 | 441 | 432 | 424 | 415 | 406 | 397 | 388 | 379 | 370 | 360 | 351 | 342 |
| 88 | 500 | 491 | 482 | 473 | 464 | 456 | 447 | 438 | 429 | 420 | 411 | 402 | 393 | 384 | 375 | 366 | 356 | 347 | 338 | 329 |
| 87 | 488 | 479 | 470 | 461 | 452 | 443 | 434 | 425 | 416 | 407 | 398 | 389 | 380 | 371 | 362 | 353 | 343 | 334 | 325 | 315 |
| 86 | 476 | 467 | 458 | 449 | 440 | 431 | 422 | 413 | 404 | 395 | 386 | 377 | 368 | 358 | 349 | 340 | 331 | 321 | 312 | 302 |
| 85 | 465 | 456 | 447 | 438 | 428 | 419 | 410 | 401 | 392 | 383 | 374 | 364 | 355 | 346 | 337 | 327 | 318 | 309 | 299 | 290 |
| 84 | 453 | 444 | 435 | 426 | 417 | 408 | 398 | 389 | 380 | 371 | 362 | 352 | 343 | 334 | 324 | 315 | 306 | 296 | 286 | 277 |
| 83 | 442 | 433 | 423 | 414 | 405 | 396 | 387 | 377 | 368 | 359 | 350 | 340 | 331 | 322 | 312 | 303 | 293 | 284 | 274 | 264 |
| 82 | 431 | 421 | 412 | 403 | 394 | 384 | 375 | 366 | 356 | 347 | 338 | 328 | 319 | 310 | 300 | 291 | 281 | 271 | 262 | 252 |
| 81 | 419 | 410 | 401 | 391 | 382 | 373 | 364 | 354 | 345 | 335 | 326 | 317 | 307 | 298 | 288 | 279 | 269 | 259 | 250 | 240 |
| 80 | 408 | 399 | 390 | 380 | 371 | 361 | 352 | 343 | 333 | 324 | 314 | 305 | 296 | 286 | 276 | 267 | 257 | 248 | 238 | 228 |
| 79 | 397 | 388 | 378 | 369 | 360 | 350 | 341 | 331 | 322 | 313 | 303 | 294 | 284 | 274 | 265 | 255 | 246 | 236 | 226 | 216 |
| 78 | 386 | 377 | 367 | 358 | 349 | 339 | 330 | 320 | 311 | 301 | 292 | 282 | 273 | 263 | 253 | 244 | 234 | 224 | 214 | 205 |
| 77 | 375 | 366 | 356 | 347 | 338 | 328 | 319 | 309 | 300 | 290 | 280 | 271 | 261 | 252 | 242 | 232 | 222 | 213 | 203 | 193 |
| 76 | 365 | 355 | 346 | 336 | 327 | 317 | 308 | 298 | 288 | 279 | 269 | 260 | 250 | 240 | 231 | 221 | 211 | 201 | 191 | 181 |
| 75 | 354 | 344 | 335 | 325 | 316 | 306 | 297 | 287 | 277 | 268 | 258 | 249 | 239 | 229 | 219 | 210 | 200 | 190 | 180 | 170 |
| 74 | 343 | 334 | 324 | 315 | 305 | 295 | 286 | 276 | 267 | 257 | 247 | 238 | 228 | 218 | 208 | 199 | 189 | 179 | 169 | 159 |
| 73 | 333 | 323 | 314 | 304 | 294 | 285 | 275 | 265 | 256 | 246 | 236 | 227 | 217 | 207 | 197 | 188 | 178 | 168 | 158 | 148 |
| 72 | 322 | 313 | 303 | 293 | 284 | 274 | 264 | 255 | 245 | 235 | 226 | 216 | 206 | 196 | 186 | 177 | 167 | 157 | 147 | 137 |
| 71 | 312 | 302 | 292 | 283 | 273 | 263 | 254 | 244 | 234 | 225 | 215 | 205 | 195 | 185 | 176 | 166 | 156 | 146 | 136 | 126 |
| 70 | 302 | 292 | 282 | 272 | 263 | 253 | 243 | 233 | 224 | 214 | 204 | 194 | 185 | 175 | 165 | 155 | 145 | 135 | 125 | 115 |
| 69 | 291 | 281 | 272 | 262 | 252 | 242 | 233 | 223 | 213 | 203 | 194 | 184 | 174 | 164 | 154 | 144 | 134 | 124 | 114 | 104 |
| 68 | 281 | 271 | 261 | 252 | 242 | 232 | 222 | 212 | 203 | 193 | 183 | 173 | 163 | 153 | 144 | 134 | 124 | 114 | 104 | 093 |
| 67 | 271 | 261 | 251 | 241 | 231 | 222 | 212 | 202 | 192 | 182 | 173 | 163 | 153 | 143 | 133 | 123 | 113 | 103 | 093 | 083 |
| 66 | 260 | 251 | 241 | 231 | 221 | 211 | 201 | 192 | 182 | 172 | 162 | 152 | 142 | 132 | 122 | 113 | 103 | 092 | 082 | 072 |
| 65 | 250 | 240 | 231 | 221 | 211 | 201 | 191 | 181 | 171 | 162 | 152 | 142 | 132 | 122 | 112 | 102 | 092 | 082 | 072 | 062 |
| 64 | 240 | 230 | 220 | 211 | 201 | 191 | 181 | 171 | 161 | 151 | 141 | 131 | 122 | 112 | 102 | 092 | 082 | 072 | 062 | 051 |
| 63 | 230 | 220 | 210 | 200 | 190 | 181 | 171 | 161 | 151 | 141 | 131 | 121 | 111 | 101 | 091 | 081 | 071 | 061 | 051 | 041 |
| 62 | 220 | 210 | 200 | 190 | 180 | 170 | 161 | 151 | 141 | 131 | 121 | 111 | 101 | 091 | 081 | 071 | 061 | 051 | 041 | 031 |
| 61 | 210 | 200 | 190 | 180 | 170 | 160 | 150 | 140 | 131 | 121 | 111 | 101 | 091 | 081 | 071 | 061 | 051 | 041 | 031 | 020 |
| 60 | 200 | 190 | 180 | 170 | 160 | 150 | 140 | 130 | 120 | 110 | 100 | 091 | 081 | 071 | 061 | 051 | 041 | 030 | 020 | 010 |
| 59 | 190 | 180 | 170 | 160 | 150 | 140 | 130 | 120 | 110 | 100 | 090 | 080 | 070 | 060 | 050 | 040 | 030 | 020 | 010 | 0 |
| 58 | 180 | 170 | 160 | 150 | 140 | 130 | 120 | 110 | 100 | 090 | 080 | 070 | 060 | 050 | 040 | 030 | 020 | 010 | 0 | |
| 57 | 170 | 160 | 150 | 140 | 130 | 120 | 110 | 100 | 090 | 080 | 070 | 060 | 050 | 040 | 030 | 020 | 010 | 0 | | |
| 56 | 160 | 150 | 140 | 130 | 120 | 110 | 100 | 090 | 080 | 070 | 060 | 050 | 040 | 030 | 020 | 010 | 0 | | | |
| 55 | 150 | 140 | 130 | 120 | 110 | 100 | 090 | 080 | 070 | 060 | 050 | 040 | 030 | 020 | 010 | 0 | | | | |
| 54 | 140 | 130 | 120 | 110 | 100 | 090 | 080 | 070 | 060 | 050 | 040 | 030 | 020 | 010 | 0 | | | | | |
| 53 | 130 | 120 | 110 | 100 | 090 | 080 | 070 | 060 | 050 | 040 | 030 | 020 | 010 | 0 | | | | | | |
| 52 | 120 | 110 | 100 | 090 | 080 | 070 | 060 | 050 | 040 | 030 | 020 | 010 | 0 | | | | | | | |
| 51 | 110 | 100 | 090 | 080 | 070 | 060 | 050 | 040 | 030 | 020 | 010 | 0 | | | | | | | | |
| 50 | 100 | 090 | 080 | 070 | 060 | 050 | 040 | 030 | 020 | 010 | 0 | | | | | | | | | |
| | 40 | 41 | 42 | 43 | 44 | 45 | 46 | 47 | 48 | 49 | 50 | 51 | 52 | 53 | 54 | 55 | 56 | 57 | 58 | 59 |

Tafel IX-2-1 (Fortsetz.)                                                                 221

| p+ \ p− | 60 | 61 | 62 | 63 | 64 | 65 | 66 | 67 | 68 | 69 | 70 | 71 | 72 | 73 | 74 | 75 | 76 | 77 | 78 | 79 |
|---|---|---|---|---|---|---|---|---|---|---|---|---|---|---|---|---|---|---|---|---|
| 100 | 500 | 492 | 484 | 476 | 469 | 461 | 453 | 445 | 436 | 428 | 420 | 412 | 403 | 395 | 387 | 378 | 369 | 360 | 352 | 343 |
| 99  | 483 | 475 | 467 | 459 | 451 | 442 | 434 | 426 | 418 | 409 | 401 | 392 | 383 | 375 | 366 | 357 | 348 | 339 | 329 | 320 |
| 98  | 466 | 458 | 450 | 442 | 433 | 425 | 416 | 408 | 399 | 391 | 382 | 373 | 364 | 355 | 346 | 337 | 327 | 317 | 308 | 298 |
| 97  | 450 | 442 | 433 | 425 | 416 | 408 | 399 | 390 | 382 | 373 | 364 | 355 | 345 | 336 | 327 | 317 | 307 | 297 | 287 | 277 |
| 96  | 435 | 426 | 417 | 409 | 400 | 391 | 382 | 373 | 364 | 355 | 346 | 337 | 327 | 318 | 308 | 298 | 288 | 278 | 268 | 257 |
| 95  | 419 | 410 | 402 | 393 | 384 | 375 | 366 | 357 | 348 | 338 | 329 | 319 | 310 | 300 | 290 | 280 | 270 | 259 | 249 | 238 |
| 94  | 404 | 395 | 386 | 377 | 368 | 359 | 350 | 341 | 331 | 322 | 312 | 303 | 293 | 283 | 273 | 262 | 252 | 241 | 231 | 219 |
| 93  | 389 | 380 | 371 | 362 | 353 | 344 | 334 | 325 | 315 | 306 | 296 | 286 | 276 | 266 | 256 | 245 | 235 | 224 | 213 | 202 |
| 92  | 375 | 366 | 356 | 347 | 338 | 329 | 319 | 310 | 300 | 290 | 280 | 270 | 260 | 250 | 240 | 229 | 218 | 207 | 196 | 185 |
| 91  | 360 | 351 | 342 | 333 | 323 | 314 | 304 | 295 | 285 | 275 | 265 | 255 | 245 | 234 | 224 | 213 | 202 | 191 | 180 | 168 |
| 90  | 346 | 337 | 328 | 318 | 309 | 299 | 290 | 280 | 270 | 260 | 250 | 240 | 229 | 219 | 208 | 197 | 186 | 175 | 164 | 152 |
| 89  | 333 | 323 | 314 | 304 | 295 | 285 | 275 | 266 | 256 | 246 | 235 | 225 | 215 | 204 | 193 | 182 | 171 | 160 | 148 | 136 |
| 88  | 319 | 310 | 300 | 291 | 281 | 271 | 261 | 251 | 241 | 231 | 221 | 211 | 200 | 189 | 178 | 167 | 156 | 145 | 133 | 121 |
| 87  | 306 | 296 | 287 | 277 | 267 | 258 | 248 | 238 | 228 | 217 | 207 | 196 | 186 | 175 | 164 | 153 | 142 | 130 | 118 | 106 |
| 86  | 293 | 283 | 274 | 264 | 254 | 244 | 234 | 224 | 214 | 204 | 193 | 183 | 172 | 161 | 150 | 139 | 127 | 116 | 104 | 092 |
| 85  | 280 | 270 | 261 | 251 | 241 | 231 | 221 | 211 | 200 | 190 | 180 | 169 | 158 | 147 | 136 | 125 | 114 | 102 | 090 | 078 |
| 84  | 267 | 258 | 248 | 238 | 228 | 218 | 208 | 198 | 187 | 177 | 166 | 156 | 145 | 134 | 123 | 111 | 100 | 088 | 076 | 064 |
| 83  | 255 | 245 | 235 | 225 | 215 | 205 | 195 | 185 | 174 | 164 | 153 | 143 | 132 | 121 | 110 | 098 | 087 | 075 | 063 | 051 |
| 82  | 242 | 233 | 223 | 213 | 203 | 193 | 182 | 172 | 162 | 151 | 140 | 130 | 119 | 108 | 097 | 085 | 074 | 062 | 050 | 038 |
| 81  | 230 | 220 | 210 | 200 | 190 | 180 | 170 | 160 | 149 | 139 | 128 | 117 | 106 | 095 | 084 | 072 | 061 | 049 | 037 | 025 |
| 80  | 218 | 208 | 198 | 188 | 178 | 168 | 158 | 147 | 137 | 126 | 115 | 105 | 094 | 083 | 071 | 060 | 048 | 037 | 025 | 012 |
| 79  | 206 | 196 | 186 | 176 | 166 | 156 | 146 | 135 | 125 | 114 | 103 | 092 | 081 | 070 | 059 | 048 | 036 | 024 | 012 | 0 |
| 78  | 195 | 185 | 175 | 164 | 154 | 144 | 134 | 123 | 113 | 102 | 091 | 080 | 069 | 058 | 047 | 035 | 024 | 012 | 0 | |
| 77  | 183 | 173 | 163 | 153 | 143 | 132 | 122 | 111 | 101 | 090 | 079 | 068 | 057 | 046 | 035 | 023 | 012 | 0 | | |
| 76  | 172 | 161 | 151 | 141 | 131 | 121 | 110 | 100 | 089 | 078 | 068 | 057 | 046 | 034 | 023 | 012 | 0 | | | |
| 75  | 160 | 150 | 140 | 130 | 119 | 109 | 099 | 088 | 078 | 067 | 056 | 045 | 034 | 023 | 011 | 0 | | | | |
| 74  | 149 | 139 | 129 | 118 | 108 | 098 | 087 | 077 | 066 | 055 | 045 | 034 | 023 | 011 | 0 | | | | | |
| 73  | 138 | 128 | 117 | 107 | 097 | 086 | 076 | 065 | 055 | 044 | 033 | 022 | 011 | 0 | | | | | | |
| 72  | 127 | 117 | 106 | 096 | 086 | 075 | 065 | 054 | 044 | 033 | 022 | 011 | 0 | | | | | | | |
| 71  | 116 | 106 | 095 | 085 | 075 | 064 | 054 | 043 | 033 | 022 | 011 | 0 | | | | | | | | |
| 70  | 105 | 095 | 084 | 074 | 064 | 053 | 043 | 032 | 022 | 011 | | | | | | | | | | |
| 69  | 094 | 084 | 074 | 063 | 053 | 043 | 032 | 021 | 011 | 0 | | | | | | | | | | |
| 68  | 083 | 073 | 063 | 053 | 042 | 032 | 021 | 011 | 0 | | | | | | | | | | | |
| 67  | 073 | 063 | 052 | 042 | 032 | 021 | 011 | 0 | | | | | | | | | | | | |
| 66  | 062 | 052 | 042 | 031 | 021 | 011 | 0 | | | | | | | | | | | | | |
| 65  | 052 | 041 | 031 | 021 | 010 | 0 | | | | | | | | | | | | | | |
| 64  | 041 | 031 | 021 | 010 | 0 | | | | | | | | | | | | | | | |
| 63  | 031 | 021 | 010 | 0 | | | | | | | | | | | | | | | | |
| 62  | 021 | 010 | 0 | | | | | | | | | | | | | | | | | |
| 61  | 010 | 0 | | | | | | | | | | | | | | | | | | |
| 60  | 0 | | | | | | | | | | | | | | | | | | | |

| p+ \ p− | 80 | 81 | 82 | 83 | 84 | 85 | 86 | 87 | 88 | 89 | 90 | 91 | 92 | 93 | 94 | 95 | 96 | 97 | 98 | 99 | 100 |
|---|---|---|---|---|---|---|---|---|---|---|---|---|---|---|---|---|---|---|---|---|---|
| 100 | 333 | 324 | 314 | 305 | 295 | 285 | 274 | 264 | 253 | 241 | 229 | 217 | 204 | 190 | 176 | 160 | 143 | 123 | 101 | 071 | 0 |
| 99  | 310 | 300 | 290 | 280 | 269 | 258 | 247 | 235 | 223 | 211 | 197 | 184 | 169 | 153 | 136 | 117 | 096 | 071 | 041 | 0 | |
| 98  | 288 | 277 | 267 | 256 | 245 | 233 | 221 | 209 | 196 | 183 | 168 | 154 | 138 | 121 | 102 | 082 | 059 | 032 | 0 | | |
| 97  | 266 | 256 | 245 | 233 | 222 | 210 | 197 | 184 | 171 | 157 | 142 | 126 | 110 | 092 | 072 | 051 | 027 | 0 | | | |
| 96  | 246 | 235 | 224 | 212 | 200 | 188 | 175 | 161 | 147 | 133 | 118 | 101 | 084 | 066 | 046 | 024 | 0 | | | | |
| 95  | 227 | 215 | 204 | 192 | 179 | 167 | 153 | 140 | 125 | 111 | 095 | 078 | 061 | 042 | 022 | 0 | | | | | |
| 94  | 208 | 197 | 185 | 172 | 160 | 147 | 133 | 119 | 105 | 090 | 074 | 057 | 039 | 020 | 0 | | | | | | |
| 93  | 190 | 178 | 166 | 154 | 141 | 128 | 114 | 100 | 085 | 070 | 054 | 037 | 019 | 0 | | | | | | | |
| 92  | 173 | 161 | 149 | 136 | 123 | 110 | 096 | 082 | 067 | 051 | 035 | 018 | 0 | | | | | | | | |
| 91  | 156 | 144 | 132 | 119 | 106 | 092 | 078 | 064 | 049 | 033 | 017 | 0 | | | | | | | | | |
| 90  | 140 | 128 | 115 | 102 | 089 | 076 | 062 | 047 | 032 | 016 | 0 | | | | | | | | | | |
| 89  | 124 | 112 | 099 | 086 | 073 | 059 | 045 | 031 | 016 | 0 | | | | | | | | | | | |
| 88  | 109 | 097 | 084 | 071 | 058 | 044 | 030 | 015 | 0 | | | | | | | | | | | | |
| 87  | 094 | 082 | 069 | 056 | 043 | 029 | 015 | 0 | | | | | | | | | | | | | |
| 86  | 080 | 067 | 055 | 041 | 028 | 014 | 0 | | | | | | | | | | | | | | |
| 85  | 066 | 053 | 040 | 027 | 014 | 0 | | | | | | | | | | | | | | | |
| 84  | 052 | 039 | 027 | 013 | 0 | | | | | | | | | | | | | | | | |
| 83  | 039 | 026 | 013 | 0 | | | | | | | | | | | | | | | | | |
| 82  | 025 | 013 | 0 | | | | | | | | | | | | | | | | | | |
| 81  | 013 | 0 | | | | | | | | | | | | | | | | | | | |
| 80  | 0 | | | | | | | | | | | | | | | | | | | | |

### Tafel IX-4-1

Informationstheoretische Zusammenhangsmaße

Die Tafel wurde abgedruckt aus SENDERS, Virgina: Measurement and Statistics. New York: Oxford Univ. Press, 1958, Table A. mit freundlicher Genehmigung der Autorin und des Verlages.

Die Tafel enthält die Summanden $(-p)\mathrm{ld}(p)$ von $H = \Sigma\,(-p_i)\mathrm{ld}(p_i)$ für Werte $p = 0{,}000$ $(0{,}001)0{,}999$. Kursiv gedruckte zweite bis vierte Dezimalstellen gehören zur nächsthöheren ersten Dezimalstelle.

*Ablesebeispiel:* Die Größe $(-0{,}376)\mathrm{ld}(0{,}376) = 0{,}5306$ ergibt sich aus der Vorspalte $(0{,}5)$ und dem Kreuzungspunkt der Zeile .37 und der Spalte 6 (306).

Tafel IX-4-1 (Fortsetz.)

| p | | 0 | 1 | 2 | 3 | 4 | 5 | 6 | 7 | 8 | 9 |
|---|---|---|---|---|---|---|---|---|---|---|---|
| .00 | 0.0 | 000 | 100 | 179 | 251 | 319 | 382 | 443 | 501 | 557 | 612 |
| .01 | | 664 | 716 | 766 | 814 | 862 | 909 | 955 | 999 | *043* | *086* |
| .02 | 0.1 | 129 | 170 | 211 | 252 | 291 | 330 | 369 | 407 | 444 | 481 |
| .03 | | 518 | 554 | 589 | 624 | 659 | 693 | 727 | 760 | 793 | 825 |
| .04 | | 858 | 889 | 921 | 952 | 983 | *013* | *043* | *073* | *103* | *132* |
| .05 | 0.2 | 161 | 190 | 218 | 246 | 274 | 301 | 329 | 356 | 383 | 409 |
| .06 | | 435 | 461 | 487 | 513 | 538 | 563 | 588 | 613 | 637 | 662 |
| .07 | | 686 | 709 | 733 | 756 | 780 | 803 | 826 | 848 | 871 | 893 |
| .08 | | 915 | 937 | 959 | 980 | *002* | *023* | *044* | *065* | *086* | *106* |
| .09 | 0.3 | 127 | 147 | 167 | 187 | 207 | 226 | 246 | 265 | 284 | 303 |
| .10 | | 322 | 341 | 359 | 378 | 396 | 414 | 432 | 450 | 468 | 485 |
| .11 | | 503 | 520 | 537 | 555 | 571 | 588 | 605 | 622 | 638 | 654 |
| .12 | | 671 | 687 | 703 | 719 | 734 | 750 | 766 | 781 | 796 | 811 |
| .13 | | 826 | 841 | 856 | 871 | 886 | 900 | 915 | 929 | 943 | 957 |
| .14 | | 971 | 985 | 999 | *012* | *006* | *040* | *053* | *066* | *079* | *092* |
| .15 | 0.4 | 105 | 118 | 131 | 144 | 156 | 169 | 181 | 194 | 206 | 218 |
| .16 | | 230 | 242 | 254 | 266 | 278 | 289 | 301 | 312 | 323 | 335 |
| .17 | | 346 | 357 | 368 | 379 | 390 | 401 | 411 | 422 | 432 | 443 |
| .18 | | 453 | 463 | 474 | 484 | 494 | 504 | 514 | 523 | 533 | 543 |
| .19 | | 552 | 562 | 571 | 581 | 590 | 599 | 608 | 617 | 626 | 635 |
| .20 | | 644 | 653 | 661 | 670 | 678 | 687 | 695 | 704 | 712 | 720 |
| .21 | | 728 | 736 | 744 | 752 | 760 | 768 | 776 | 783 | 791 | 798 |
| .22 | | 806 | 813 | 821 | 828 | 835 | 842 | 849 | 856 | 863 | 870 |
| .23 | | 877 | 883 | 890 | 897 | 903 | 910 | 916 | 923 | 929 | 935 |
| .24 | | 941 | 948 | 954 | 960 | 966 | 971 | 977 | 983 | 989 | 994 |
| .25 | 0.5 | 000 | 006 | 011 | 017 | 022 | 027 | 032 | 038 | 043 | 048 |
| .26 | | 053 | 058 | 063 | 068 | 073 | 077 | 082 | 087 | 091 | 096 |
| .27 | | 100 | 105 | 109 | 113 | 118 | 122 | 126 | 130 | 134 | 138 |
| .28 | | 142 | 146 | 150 | 154 | 158 | 161 | 165 | 169 | 172 | 176 |
| .29 | | 179 | 183 | 186 | 189 | 192 | 196 | 199 | 202 | 205 | 208 |
| .30 | | 211 | 214 | 217 | 220 | 222 | 225 | 228 | 230 | 233 | 235 |
| .31 | | 238 | 240 | 243 | 245 | 248 | 250 | 252 | 254 | 256 | 258 |
| .32 | | 260 | 262 | 264 | 266 | 268 | 270 | 272 | 273 | 275 | 277 |
| .33 | | 278 | 280 | 281 | 283 | 284 | 286 | 287 | 288 | 289 | 291 |
| .34 | | 292 | 293 | 294 | 295 | 296 | 297 | 298 | 299 | 300 | 300 |
| .35 | | 301 | 302 | 302 | 303 | 304 | 304 | 305 | 305 | 306 | 306 |
| .36 | | 306 | 306 | 307 | 307 | 307 | 307 | 307 | 307 | 307 | 307 |
| .37 | | 307 | 307 | 307 | 307 | 307 | 306 | 306 | 306 | 305 | 305 |
| .38 | | 305 | 304 | 304 | 303 | 302 | 302 | 301 | 300 | 300 | 299 |
| .39 | | 298 | 297 | 296 | 295 | 294 | 293 | 292 | 291 | 290 | 289 |
| .40 | | 288 | 287 | 285 | 284 | 283 | 281 | 280 | 278 | 277 | 276 |
| .41 | | 274 | 272 | 271 | 269 | 267 | 266 | 264 | 262 | 260 | 258 |
| .42 | | 257 | 255 | 253 | 251 | 249 | 247 | 244 | 242 | 240 | 238 |
| .43 | | 236 | 233 | 231 | 229 | 226 | 224 | 222 | 219 | 217 | 214 |
| .44 | | 212 | 209 | 206 | 204 | 201 | 198 | 195 | 193 | 190 | 187 |
| .45 | | 184 | 181 | 178 | 175 | 172 | 169 | 166 | 163 | 160 | 157 |
| .46 | | 153 | 150 | 147 | 144 | 140 | 137 | 133 | 130 | 127 | 123 |
| .47 | | 120 | 116 | 112 | 108 | 105 | 102 | 098 | 094 | 090 | 086 |
| .48 | | 083 | 079 | 075 | 071 | 067 | 063 | 059 | 055 | 051 | 047 |
| .49 | | 043 | 039 | 034 | 030 | 026 | 022 | 018 | 013 | 009 | 004 |

Tafel IX-4-1 (Fortsetz.)

| p | | 0 | 1 | 2 | 3 | 4 | 5 | 6 | 7 | 8 | 9 |
|---|---|---|---|---|---|---|---|---|---|---|---|
| .50 | 0.5 | 000 | *996* | *991* | *987* | *982* | *978* | *973* | *968* | *964* | *959* |
| .51 | 0.4 | 954 | 950 | 945 | 940 | 935 | 930 | 926 | 921 | 916 | 911 |
| .52 | | 906 | 901 | 896 | 891 | 886 | 880 | 875 | 870 | 865 | 860 |
| .53 | | 854 | 849 | 844 | 839 | 833 | 828 | 823 | 817 | 812 | 806 |
| .54 | | 801 | 795 | 789 | 784 | 778 | 772 | 767 | 761 | 755 | 750 |
| .55 | | 744 | 738 | 732 | 726 | 720 | 714 | 709 | 702 | 697 | 691 |
| .56 | | 684 | 678 | 672 | 666 | 660 | 654 | 648 | 641 | 635 | 629 |
| .57 | | 623 | 616 | 610 | 604 | 597 | 591 | 584 | 578 | 571 | 565 |
| .58 | | 558 | 551 | 545 | 538 | 532 | 515 | 518 | 511 | 505 | 498 |
| .59 | | 491 | 484 | 477 | 471 | 464 | 457 | 450 | 443 | 436 | 429 |
| .60 | | 422 | 415 | 408 | 401 | 393 | 386 | 379 | 372 | 365 | 357 |
| .61 | | 350 | 343 | 335 | 328 | 321 | 313 | 306 | 298 | 291 | 283 |
| .62 | | 276 | 268 | 261 | 253 | 246 | 238 | 230 | 223 | 215 | 207 |
| .63 | | 200 | 192 | 184 | 176 | 168 | 160 | 152 | 145 | 137 | 129 |
| .64 | | 121 | 113 | 105 | 097 | 089 | 081 | 072 | 064 | 056 | 048 |
| .65 | | 040 | 032 | 023 | 015 | 007 | *998* | *990* | *982* | *973* | *965* |
| .66 | 0.3 | 957 | 948 | 940 | 931 | 923 | 914 | 906 | 897 | 888 | 880 |
| .67 | | 871 | 862 | 854 | 845 | 836 | 828 | 819 | 810 | 801 | 792 |
| .68 | | 783 | 774 | 766 | 757 | 748 | 739 | 730 | 721 | 712 | 703 |
| .69 | | 694 | 685 | 675 | 666 | 657 | 648 | 639 | 630 | 621 | 611 |
| .70 | | 602 | 593 | 583 | 574 | 565 | 556 | 546 | 537 | 527 | 718 |
| .71 | | 508 | 499 | 489 | 480 | 470 | 461 | 451 | 441 | 432 | 422 |
| .72 | | 412 | 403 | 393 | 383 | 373 | 364 | 354 | 344 | 334 | 324 |
| .73 | | 315 | 305 | 295 | 285 | 275 | 265 | 255 | 245 | 235 | 225 |
| .74 | | 215 | 204 | 194 | 184 | 174 | 164 | 154 | 144 | 133 | 123 |
| .75 | | 113 | 102 | 092 | 082 | 072 | 061 | 051 | 040 | 030 | 020 |
| .76 | | 009 | *999* | *988* | *978* | *967* | *957* | *946* | *935* | *925* | *914* |
| .77 | 0.2 | 903 | 893 | 882 | 872 | 861 | 850 | 839 | 828 | 818 | 807 |
| .78 | | 796 | 785 | 774 | 764 | 752 | 742 | 731 | 720 | 708 | 697 |
| .79 | | 686 | 676 | 665 | 654 | 642 | 631 | 620 | 609 | 598 | 587 |
| .80 | | 576 | 564 | 553 | 542 | 530 | 519 | 508 | 497 | 485 | 474 |
| .81 | | 462 | 451 | 440 | 428 | 417 | 405 | 394 | 383 | 371 | 359 |
| .82 | | 348 | 336 | 325 | 313 | 301 | 290 | 278 | 266 | 255 | 243 |
| .83 | | 231 | 219 | 208 | 196 | 184 | 172 | 160 | 148 | 137 | 125 |
| .84 | | 113 | 101 | 089 | 077 | 065 | 053 | 041 | 029 | 017 | 005 |
| .85 | 0.1 | 993 | 981 | 969 | 957 | 944 | 932 | 920 | 908 | 896 | 884 |
| .86 | | 871 | 859 | 847 | 834 | 822 | 810 | 798 | 785 | 773 | 760 |
| .87 | | 748 | 735 | 723 | 712 | 698 | 686 | 673 | 661 | 648 | 635 |
| .88 | | 623 | 610 | 598 | 585 | 573 | 560 | 547 | 534 | 522 | 509 |
| .89 | | 496 | 484 | 471 | 458 | 445 | 432 | 420 | 407 | 394 | 381 |
| .90 | | 368 | 355 | 342 | 329 | 316 | 303 | 290 | 277 | 264 | 251 |
| .91 | | 238 | 225 | 212 | 199 | 186 | 173 | 159 | 146 | 133 | 120 |
| .92 | | 107 | 094 | 080 | 067 | 054 | 040 | 027 | 014 | 000 | *987* |
| .93 | 0.0 | 974 | 960 | 947 | 934 | 920 | 907 | 893 | 880 | 866 | 853 |
| .94 | | 839 | 826 | 812 | 799 | 785 | 771 | 758 | 744 | 730 | 717 |
| .95 | | 703 | 689 | 675 | 662 | 648 | 635 | 621 | 607 | 593 | 579 |
| .96 | | 565 | 552 | 538 | 524 | 510 | 496 | 482 | 468 | 454 | 441 |
| .97 | | 426 | 412 | 398 | 384 | 370 | 356 | 342 | 328 | 314 | 300 |
| .98 | | 285 | 271 | 257 | 243 | 229 | 215 | 200 | 186 | 172 | 158 |
| .99 | | 144 | 129 | 115 | 101 | 086 | 072 | 058 | 043 | 029 | 014 |

**Tafel IX-4-5**

g-Werte für den Informationskomponententest und den G-Test von Woolf

Auszugsweise entnommen via SACHS, L. (1974, Tabelle 85) aus WOOLF, B.: The log likelihood ratio test (the G-test). Methods and tables for the heterogeneity in contingency tables. Ann. Human. Genetics 21 (1957), 397–409, mit freundlicher Genehmigung des Verfassers und des Herausgebers.

Die Tafel enthält für n = 0(1)399 die zugehörigen g-Werte (2n)ln(n), die zur Berechnung der Teststatistiken 2Î und Ĝ benötigt werden. Die Werte für YATES-korrigierte Häufigkeiten sind in Tafel XV-7-5 wiedergegeben.

*Ablesebeispiel:* Für eine beobachtete Felderhäufigkeit von n = 181 liefert die Tafel den zugehörigen g-Wert zu 1881, 8559.

*Bemerkung:* Für g-Werte bis n = 2009 sei der Leser direkt auf SACHS verwiesen, für Werte bis n = 10000 auf KULLBACK et al. (1962).

Tafel IX-4-5 (Fortsetz.)

|     | 0 | 1 | 2 | 3 | 4 | 5 | 6 | 7 | 8 | 9 |
|---|---|---|---|---|---|---|---|---|---|---|
| 0   |         0,0000 |     0,0000 |     2,7726 |     6,5917 |    11,0904 |    16,0944 |    21,5011 |    27,2427 |    33,2711 |    39,5500 |
| 10  |       46,0517 |    52,7737 |    59,6378 |    66,6887 |    73,8936 |    81,2455 |    88,7228 |    96,3293 |   104,0534 |   111,8887 |
| 20  |      119,8293 |   127,8699 |   136,0059 |   144,2327 |   152,5466 |   160,9438 |   169,4210 |   177,9752 |   186,6035 |   195,3032 |
| 30  |      204,0718 |   212,9072 |   221,8071 |   230,7695 |   239,7695 |   248,8744 |   258,0134 |   267,2079 |   276,4625 |   285,7578 |
| 40  |      295,1104 |   304,5129 |   313,9642 |   323,4632 |   333,0087 |   342,5996 |   352,2350 |   361,9139 |   371,6353 |   381,3984 |
| 50  |      391,2023 |   401,0462 |   410,9293 |   420,8509 |   430,8103 |   440,8067 |   450,8394 |   460,9078 |   471,0114 |   481,1494 |
| 60  |      491,3213 |   501,5266 |   511,7647 |   522,0350 |   532,3370 |   542,6703 |   553,0344 |   563,4288 |   573,8530 |   584,3067 |
| 70  |      594,7893 |   605,3005 |   615,8399 |   626,4071 |   637,0016 |   647,6232 |   658,2715 |   668,9460 |   679,6466 |   690,3728 |
| 80  |      701,1243 |   711,9008 |   722,7020 |   733,5275 |   744,3772 |   755,2507 |   766,1477 |   777,0680 |   788,0113 |   798,9773 |
| 90  |      809,9657 |   820,9764 |   832,0091 |   843,0635 |   854,1394 |   865,2366 |   876,3549 |   887,4939 |   898,6536 |   909,8337 |
| 100 |      921,0340 |   932,2543 |   943,4945 |   954,7542 |   966,0333 |   977,3317 |   988,6491 |   999,9854 |  1011,3403 |  1022,7138 |
| 110 |     1034,1057 |  1045,5157 |  1056,9437 |  1068,3896 |  1079,8532 |  1091,3344 |  1102,8329 |  1114,3487 |  1125,8816 |  1137,4314 |
| 120 |     1148,9980 |  1160,5813 |  1172,1811 |  1183,7974 |  1195,4298 |  1207,0784 |  1218,7430 |  1230,4235 |  1242,1197 |  1253,8316 |
| 130 |     1265,5590 |  1277,3017 |  1289,0597 |  1300,8329 |  1312,6211 |  1324,4242 |  1336,2421 |  1348,0748 |  1359,9220 |  1371,7838 |
| 140 |     1383,6599 |  1395,5503 |  1407,4549 |  1419,3736 |  1431,3062 |  1443,2528 |  1455,2131 |  1467,1872 |  1479,1748 |  1491,1760 |
| 150 |     1503,1906 |  1515,2185 |  1527,2597 |  1539,3140 |  1551,3814 |  1563,4618 |  1575,5551 |  1587,6612 |  1599,7800 |  1611,9115 |
| 160 |     1624,0556 |  1636,2122 |  1648,3812 |  1660,5626 |  1672,7562 |  1684,9620 |  1697,1799 |  1709,4099 |  1721,6519 |  1733,9058 |
| 170 |     1746,1715 |  1758,4489 |  1770,7381 |  1783,0389 |  1795,3512 |  1807,6751 |  1820,0104 |  1832,3570 |  1844,7149 |  1857,0841 |
| 180 |     1869,4645 |  1881,8559 |  1894,2584 |  1906,6719 |  1919,0964 |  1931,5317 |  1943,9778 |  1956,4346 |  1968,9022 |  1981,3804 |
| 190 |     1993,8691 |  2006,3684 |  2018,8782 |  2031,3984 |  2043,9290 |  2056,4698 |  2069,0209 |  2081,5823 |  2094,1537 |  2106,7353 |
| 200 |     2119,3269 |  2131,9286 |  2144,5402 |  2157,1616 |  2169,7930 |  2182,4341 |  2195,0850 |  2207,7456 |  2220,4158 |  2233,0957 |
| 210 |     2245,7852 |  2258,4841 |  2271,1926 |  2283,9105 |  2296,6377 |  2309,3744 |  2322,1203 |  2334,8755 |  2347,6398 |  2360,4134 |
| 220 |     2373,1961 |  2385,9879 |  2398,7888 |  2411,5986 |  2424,4174 |  2437,2452 |  2450,0818 |  2462,9273 |  2475,7816 |  2488,6447 |
| 230 |     2501,5165 |  2514,3970 |  2527,2861 |  2540,1839 |  2553,0903 |  2566,0052 |  2578,9286 |  2591,8605 |  2604,8008 |  2617,7496 |
| 240 |     2630,7067 |  2643,6721 |  2656,6458 |  2669,6279 |  2682,6181 |  2695,6165 |  2708,6231 |  2721,6378 |  2734,6607 |  2747,6915 |
| 250 |     2760,7305 |  2773,7774 |  2786,8323 |  2799,8951 |  2812,9658 |  2826,0444 |  2839,1308 |  2852,2251 |  2865,3271 |  2878,4369 |
| 260 |     2891,5544 |  2904,6797 |  2917,8125 |  2930,9530 |  2944,1011 |  2957,2568 |  2970,4200 |  2983,5908 |  2996,7690 |  3009,9547 |
| 270 |     3023,1479 |  3036,3484 |  3049,5563 |  3062,7716 |  3075,9942 |  3089,2241 |  3102,4613 |  3115,7057 |  3128,9573 |  3142,2162 |
| 280 |     3155,4822 |  3168,7553 |  3182,0356 |  3195,3229 |  3208,6174 |  3221,9188 |  3235,2273 |  3248,5428 |  3261,8652 |  3275,1946 |
| 290 |     3288,5309 |  3301,8741 |  3315,2242 |  3328,5811 |  3341,9449 |  3355,3155 |  3368,6928 |  3382,0769 |  3395,4677 |  3408,8653 |
| 300 |     3422,2695 |  3435,6804 |  3449,0979 |  3462,5221 |  3475,9528 |  3489,3902 |  3502,8341 |  3516,2845 |  3529,7415 |  3543,2049 |
| 310 |     3556,6748 |  3570,1512 |  3583,6340 |  3597,1232 |  3610,6188 |  3624,1208 |  3637,6291 |  3651,1437 |  3664,6647 |  3678,1919 |
| 320 |     3691,7254 |  3705,2652 |  3718,8112 |  3732,3634 |  3745,9218 |  3759,4864 |  3773,0571 |  3786,6340 |  3800,2169 |  3813,8060 |
| 330 |     3827,4012 |  3841,0024 |  3854,6096 |  3868,2229 |  3881,8422 |  3895,4675 |  3909,0987 |  3922,7359 |  3936,3790 |  3950,0281 |
| 340 |     3963,6830 |  3977,3438 |  3991,0105 |  4004,6831 |  4018,3615 |  4032,0456 |  4045,7356 |  4059,4314 |  4073,1329 |  4086,8402 |
| 350 |     4100,5532 |  4114,2719 |  4127,9963 |  4141,7264 |  4155,4622 |  4169,2036 |  4182,9507 |  4196,7033 |  4210,4616 |  4224,2255 |
| 360 |     4237,9949 |  4251,7699 |  4265,5504 |  4279,3365 |  4293,1280 |  4306,9251 |  4320,7276 |  4334,5356 |  4348,3490 |  4362,1679 |
| 370 |     4375,9922 |  4389,8219 |  4403,6570 |  4417,4975 |  4431,3433 |  4445,1945 |  4459,0510 |  4472,9129 |  4486,7800 |  4500,6524 |
| 380 |     4514,5302 |  4528,4131 |  4542,3013 |  4556,1948 |  4570,0935 |  4583,9974 |  4597,9064 |  4611,8207 |  4625,7401 |  4639,6647 |
| 390 |     4653,5945 |  4667,5293 |  4681,4693 |  4695,4144 |  4709,3645 |  4723,3198 |  4737,2801 |  4751,2454 |  4765,2158 |  4779,1912 |

## Tafel IX-5-1
HOTELLING-PABSTS Rho-Test
Die Tafel ist adaptiert aus KENDALL, M. G.: Rank correlation methods. London: Griffin, [3]1962, Table 2, mit freundlicher Genehmigung des Autors und des Verlages.

Die Tafel enthält die möglichen Werte der Prüfgröße $\Sigma d^2$ des SPEARMANschen Rangkorrelationskoeffizienten, und die zugehörigen Überschreitungswahrscheinlichkeiten P für *ein*seitige Fragestellung ($r_s <$ o oder $r_s > 0$); für *zwei*seitige Fragestellung ($r_s \neq 0$) ist das abzulesende P zu verdoppeln. Diese Tafel des exakten Tests umfaßt Stichprobenumfänge von N = 4 bis N = 10 und Prüfgrößen für positive Korrelation (links) wie für negative Korrelation (rechts). Nullen und Kommata der P-Werte wurden fortgelassen; die Zahl der Nullen hinter dem Komma signiert eine Hochzahl.

*Ablesebeispiel:* Mit $R_x$ = 1 2 3 4 und $R_y$ = 2 4 1 3 ergibt sich eine Prüfgröße $\Sigma d^2$ = $(1-2)^2 + (2-4)^2 + (3-1)^2 + (3-4)^2 = 10$, die einer positiven Rangkorrelation mit einem einseitigen P = 0,458 entspricht.

| $\Sigma d^2$ | | P | $\Sigma d^2$ | | P | $\Sigma d^2$ | | P | $\Sigma d^2$ | | P |
|---|---|---|---|---|---|---|---|---|---|---|---|
| N = 4 | | | N = 6 | | | N = 7 | | | | | |
| 10 | 12 | 458 | 36 | 36 | 500 | 56 | 58 | 482 | 28 | 86 | 118 |
| 8 | 14 | 375 | 34 | 38 | 460 | 54 | 60 | 453 | 26 | 88 | 100 |
| 6 | 16 | 208 | 32 | 40 | 401 | 52 | 62 | 420 | 24 | 90 | 083 |
| 4 | 18 | 167 | 30 | 42 | 357 | 50 | 64 | 391 | 22 | 92 | 069 |
| 2 | 20 | 042 | 28 | 44 | 320 | 48 | 66 | 357 | 20 | 94 | 055 |
| | | | 26 | 46 | 282 | 46 | 68 | 331 | 18 | 96 | 044 |
| N = 5 | | | 24 | 48 | 249 | 44 | 70 | 297 | 16 | 98 | $0^2 33$ |
| | | | 22 | 50 | 210 | 42 | 72 | 278 | 14 | 100 | $0^2 24$ |
| 20 | 22 | 475 | 20 | 52 | 178 | 40 | 74 | 249 | 12 | 102 | 017 |
| 18 | 24 | 392 | 18 | 54 | 149 | 38 | 76 | 222 | 10 | 104 | $0^2 12$ |
| 16 | 26 | 341 | 16 | 56 | 121 | 36 | 78 | 198 | 8 | 106 | $0^2 62$ |
| 14 | 28 | 258 | 14 | 58 | 088 | 34 | 80 | 177 | 6 | 108 | $0^2 34$ |
| 12 | 30 | 225 | 12 | 60 | 068 | 32 | 82 | 151 | 4 | 110 | $0^2 14$ |
| 10 | 32 | 175 | 10 | 62 | 051 | 30 | 84 | 133 | 2 | 112 | $0^3 20$ |
| 8 | 34 | 117 | 8 | 64 | 029 | | | | | | |
| 6 | 36 | 067 | 6 | 66 | 017 | N = 8 | | | | | |
| 4 | 38 | $0^2 42$ | 4 | 68 | $0^2 83$ | | | | | | |
| 2 | 40 | $0^2 83$ | 2 | 70 | $0^2 14$ | | | | | | |
| | | | | | | 44 | 126 | 108 | 22 | 148 | 018 |
| N = 8 | | | | | | 42 | 128 | 098 | 20 | 150 | 014 |
| 84 | 86 | 488 | 64 | 106 | 268 | 40 | 130 | 085 | 18 | 152 | 011 |
| 82 | 88 | 467 | 62 | 108 | 250 | 38 | 132 | 076 | 16 | 154 | $0^2 77$ |
| 80 | 90 | 441 | 60 | 110 | 231 | 36 | 134 | 066 | 14 | 156 | $0^2 54$ |
| 78 | 92 | 420 | 58 | 112 | 214 | 34 | 136 | 057 | 12 | 158 | $0^2 36$ |
| 76 | 94 | 397 | 56 | 114 | 195 | 32 | 138 | 048 | 10 | 160 | $0^2 23$ |
| 74 | 96 | 376 | 54 | 116 | 180 | 30 | 140 | 042 | 8 | 162 | $0^2 11$ |
| 72 | 98 | 352 | 52 | 118 | 163 | 28 | 142 | 035 | 6 | 164 | $0^3 57$ |
| 70 | 100 | 332 | 50 | 120 | 150 | 26 | 144 | 029 | 4 | 166 | $0^3 20$ |
| 68 | 102 | 310 | 48 | 122 | 134 | 24 | 146 | 023 | 2 | 168 | $0^4 25$ |
| 66 | 104 | 291 | 46 | 124 | 122 | | | | | | |

Tafel IX-5-1 (Fortsetz.)

| Σd² | Σd² | P | Σd² | Σd² | P | Σd² | Σd² | P | Σd² | Σd² | P |
|---|---|---|---|---|---|---|---|---|---|---|---|
| \multicolumn{12}{c}{N = 9} |

| Σd² | Σd² | P | Σd² | Σd² | P | Σd² | Σd² | P | Σd² | Σd² | P |
|---|---|---|---|---|---|---|---|---|---|---|---|
| 120 | 122 | 491 | 90 | 152 | 247 | 60 | 182 | 081 | 30 | 212 | 0 11 |
| 118 | 124 | 474 | 88 | 154 | 231 | 58 | 184 | 074 | 28 | 214 | $0^2$86 |
| 116 | 126 | 456 | 86 | 156 | 219 | 56 | 186 | 066 | 26 | 216 | $0^2$69 |
| 114 | 128 | 440 | 84 | 158 | 205 | 54 | 188 | 060 | 24 | 218 | $0^2$54 |
| 112 | 130 | 422 | 82 | 160 | 193 | 52 | 190 | 054 | 22 | 220 | $0^2$41 |
| 110 | 132 | 405 | 80 | 162 | 179 | 50 | 192 | 048 | 20 | 222 | 0 30 |
| 108 | 134 | 388 | 78 | 164 | 168 | 48 | 194 | 043 | 18 | 224 | 0 22 |
| 106 | 136 | 372 | 76 | 166 | 156 | 46 | 196 | 038 | 16 | 226 | 0 15 |
| 104 | 138 | 354 | 74 | 168 | 146 | 44 | 198 | 033 | 14 | 228 | $0^3$10 |
| 102 | 140 | 339 | 72 | 170 | 135 | 42 | 200 | 029 | 12 | 230 | $0^3$66 |
| 100 | 142 | 322 | 70 | 172 | 125 | 40 | 202 | 025 | 10 | 232 | 0 37 |
| 98 | 144 | 307 | 68 | 174 | 115 | 38 | 204 | 022 | 8 | 234 | $0^4$18 |
| 96 | 146 | 290 | 66 | 176 | 106 | 36 | 206 | 018 | 6 | 236 | $0^4$83 |
| 94 | 148 | 276 | 64 | 178 | 097 | 34 | 208 | 016 | 4 | 238 | $0^5$25 |
| 92 | 150 | 260 | 62 | 180 | 089 | 32 | 210 | 013 | 2 | 240 | $0^5$28 |

N = 10

| Σd² | Σd² | P | Σd² | Σd² | P | Σd² | Σd² | P | Σd² | Σd² | P |
|---|---|---|---|---|---|---|---|---|---|---|---|
| 166 | 166 | 500 | 124 | 208 | 235 | 82 | 250 | 067 | 40 | 292 | $0^2$73 |
| 164 | 168 | 486 | 122 | 210 | 224 | 80 | 252 | 062 | 38 | 294 | 0 53 |
| 162 | 170 | 473 | 120 | 212 | 214 | 78 | 254 | 057 | 36 | 296 | 0 44 |
| 160 | 172 | 459 | 118 | 214 | 203 | 76 | 256 | 052 | 34 | 298 | 0 36 |
| 158 | 174 | 446 | 116 | 216 | 193 | 74 | 258 | 048 | 32 | 300 | 0 29 |
| 156 | 176 | 433 | 114 | 218 | 184 | 72 | 260 | 044 | 30 | 302 | 0 24 |
| 154 | 178 | 419 | 112 | 220 | 174 | 70 | 262 | 040 | 28 | 304 | 0 19 |
| 152 | 180 | 406 | 110 | 222 | 165 | 68 | 264 | 037 | 26 | 306 | 0 14 |
| 150 | 182 | 393 | 108 | 224 | 156 | 66 | 266 | 033 | 24 | 308 | $0^3$11 |
| 148 | 184 | 379 | 106 | 226 | 148 | 64 | 268 | 030 | 22 | 310 | $0^3$80 |
| 146 | 186 | 367 | 104 | 228 | 139 | 62 | 270 | 027 | 20 | 312 | 0 57 |
| 144 | 188 | 354 | 102 | 230 | 132 | 60 | 272 | 025 | 18 | 314 | 0 40 |
| 142 | 190 | 341 | 100 | 232 | 124 | 58 | 274 | 022 | 16 | 316 | 0 27 |
| 140 | 192 | 328 | 98 | 234 | 116 | 56 | 276 | 019 | 14 | 318 | 0 17 |
| 138 | 194 | 316 | 96 | 236 | 109 | 54 | 278 | 017 | 12 | 320 | $0^4$10 |
| 136 | 196 | 304 | 94 | 238 | 102 | 52 | 280 | 015 | 10 | 322 | $0^4$54 |
| 134 | 198 | 292 | 92 | 240 | 096 | 50 | 282 | 013 | 8 | 324 | 0 25 |
| 132 | 200 | 280 | 90 | 242 | 089 | 48 | 284 | 012 | 6 | 326 | $0^5$10 |
| 130 | 202 | 268 | 88 | 244 | 083 | 46 | 286 | 010 | 4 | 328 | $0^5$28 |
| 128 | 204 | 257 | 86 | 246 | 077 | 44 | 288 | $0^2$87 | 2 | 330 | $0^6$28 |
| 126 | 206 | 246 | 84 | 248 | 072 | 42 | 290 | 0 75 |   |   |   |

**Tafel IX-5-1-1**

Signifikanzschranken für rho nach OLDS

Entnommen aus SIEGEL, S.: Nonparametric statistics for the behavioral sciences. New York: McGraw-Hill, 1956, Table P, mit freundlicher Genehmigung des Verlages.

Die Tafel enthält die unteren einseitigen Schranken des Rangkorrelationskoeffizienten rho von SPEARMAN für Stichprobenumfänge von N = 4(1) 10(2) 30 und Signifikanzstufen von $\alpha = 0{,}01$ und $\alpha = 0{,}05$. Absolutbeträge eines beobachteten rho-Koeffizienten, die die Schranken erreichen oder überschreiten, sind auf der bezeichneten Stufe signifikant.

*Ablesebeispiel:* Ein rho = + 0,40 ist für N = 20 auf der 5 %-Stufe signifikant (bei einseitigem Test), da die 5 %-Schranke 0,377 überschritten, die 1 %-Schranke von 0,534 jedoch nicht erreicht wird.

| N | .05 | .01 |
|---|---|---|
| 4 | 1.000 | |
| 5 | .900 | 1.000 |
| 6 | .829 | .943 |
| 7 | .714 | .893 |
| 8 | .643 | .833 |
| 9 | .600 | .783 |
| 10 | .564 | .746 |
| 12 | .506 | .712 |
| 14 | .456 | .645 |
| 16 | .425 | .601 |
| 18 | .399 | .564 |
| 20 | .377 | .534 |
| 22 | 359 | .508 |
| 24 | .343 | .485 |
| 26 | .329 | .465 |
| 28 | .317 | .448 |
| 30 | .306 | .432 |

**Tafel IX-5-1-2**

Der exakte rho-Korrelationstest nach HOTELLING-PABST

Auszugsweise entnommen aus OWEN, D. B.: Handbook of statistical tables. London: Addison-Wesley, 1962, Table 13.2, mit freundlicher Genehmigung des Autors und des Verlages.

Die Tafel enthält die Nullverteilung der Prüfgröße $S^2 = \Sigma d^2$ (SPEARMAN-Summe) für Stichproben des Umfangs n = 2(1)9 als kumulierte Verteilung mit den zu $S^2$ gehörigen einseitigen Über- bzw. Unterschreitungswahrscheinlichkeiten P. Die zweite Spalte enthält die kumulierten Frequenzen $a(S^2)$. Hochzahl = Zahl der Nullen hinter dem Komma.

*Ablesebeispiel:* Liefert ein n = 6 ein $S^2 = 12$, so besteht eine auf der 10 %-Stufe signifikante Rangkorrelation zwischen den beiden Rangreihen, da $P(S^2 = 12) = 0{,}088$.

Tafel IX-5-1-2 (Fortsetz.)

| $S^2$ | a | P | $S^2$ | a | P | $S^2$ | a | P |
|---|---|---|---|---|---|---|---|---|
| | n = 2 | | | n = 6 | | | n = 7 (Forts.) | |
| 0 | 1 | 0.500 | 0 | 1 | $0.0^2 14$ | 10 | 86 | 0.017 |
| 2 | 2 | 1.000 | 2 | 6 | $0.0^2 83$ | 12 | 121 | 0.024 |
| | | | 4 | 12 | 0.017 | 14 | 167 | 0.033 |
| | n = 3 | | 6 | 21 | 0.029 | 16 | 222 | 0.044 |
| | | | 8 | 37 | 0.051 | 18 | 276 | 0.055 |
| 0 | 1 | 0.167 | | | | | | |
| 2 | 3 | 0.500 | 10 | 49 | 0.068 | 20 | 350 | 0.069 |
| 6 | 5 | 0.833 | 12 | 63 | 0.088 | 22 | 420 | 0.083 |
| 8 | 6 | 1.000 | 14 | 87 | 0.121 | 24 | 504 | 0.100 |
| | | | 16 | 107 | 0.149 | 26 | 594 | 0.118 |
| | n = 4 | | 18 | 128 | 0.178 | 28 | 672 | 0.133 |
| 0 | 1 | 0.042 | 20 | 151 | 0.210 | 30 | 762 | 0.151 |
| 2 | 4 | 0.167 | 22 | 179 | 0.249 | 32 | 891 | 0.177 |
| 4 | 5 | 0.208 | 24 | 203 | 0.282 | 34 | 997 | 0.198 |
| 6 | 9 | 0.375 | 26 | 237 | 0.329 | 36 | 1120 | 0.222 |
| 8 | 11 | 0.458 | 28 | 257 | 0.357 | 38 | 1254 | 0.249 |
| 10 | 13 | 0.542 | 30 | 289 | 0.401 | 40 | 1401 | 0.278 |
| 12 | 15 | 0.625 | 32 | 331 | 0.460 | 42 | 1499 | 0.297 |
| 14 | 19 | 0.792 | 34 | 360 | 0.500 | 44 | 1667 | 0.331 |
| 16 | 20 | 0.833 | 36 | 389 | 0.540 | 46 | 1797 | 0.357 |
| 18 | 23 | 0.958 | 38 | 431 | 0.599 | 48 | 1972 | 0.391 |
| 20 | 24 | 1.000 | 40 | 463 | 0.643 | 50 | 2116 | 0.420 |
| | | | 42 | 483 | 0.671 | 52 | 2284 | 0.453 |
| | n = 5 | | 44 | 517 | 0.718 | 54 | 2428 | 0.482 |
| | | | 46 | 541 | 0.751 | 56 | 2612 | 0.518 |
| 0 | 1 | $0.0^2 83$ | 48 | 569 | 0.790 | 58 | 2756 | 0.547 |
| 2 | 5 | 0.042 | | | | | | |
| 4 | 8 | 0.067 | 50 | 592 | 0.822 | 60 | 2924 | 0.580 |
| 6 | 14 | 0.117 | 52 | 613 | 0.851 | 62 | 3068 | 0.609 |
| 8 | 21 | 0.175 | 54 | 633 | 0.879 | 64 | 3243 | 0.643 |
| | | | 56 | 657 | 0.913 | 66 | 3373 | 0.669 |
| 10 | 27 | 0.225 | 58 | 671 | 0.932 | 68 | 3541 | 0.703 |
| 12 | 31 | 0.258 | | | | | | |
| 14 | 41 | 0.342 | 60 | 683 | 0.949 | 70 | 3639 | 0.722 |
| 16 | 47 | 0.392 | 62 | 699 | 0.971 | 72 | 3786 | 0.751 |
| 18 | 57 | 0.475 | 64 | 708 | 0.983 | 74 | 3920 | 0.778 |
| | | | 66 | 714 | 0.992 | 76 | 4043 | 0.802 |
| 20 | 63 | 0.525 | 68 | 719 | 0.999 | 78 | 4149 | 0.823 |
| 22 | 73 | 0.608 | | | | | | |
| 24 | 79 | 0.658 | 70 | 720 | 1.000 | 80 | 4278 | 0.849 |
| 26 | 89 | 0.742 | | | | 82 | 4368 | 0.867 |
| 28 | 93 | 0.775 | | n = 7 | | 84 | 4446 | 0.882 |
| | | | | | | 86 | 4536 | 0.900 |
| 30 | 99 | 0.825 | 0 | 1 | $0.0^3 20$ | 88 | 4620 | 0.917 |
| 32 | 106 | 0.883 | 2 | 7 | $0.0^2 14$ | | | |
| 34 | 112 | 0.933 | 4 | 17 | $0.0^2 34$ | 90 | 4690 | 0.931 |
| 36 | 115 | 0.958 | 6 | 31 | $0.0^2 62$ | 92 | 4764 | 0.945 |
| 38 | 119 | 0.992 | 8 | 60 | 0.012 | 94 | 4818 | 0.956 |
| | | | | | | 96 | 4873 | 0.967 |
| 40 | 120 | 1.000 | | | | 98 | 4919 | 0.976 |

Tafel IX-5-1-2 (Fortsetz.)

| $S^2$ | a | P | $S^2$ | a | P | $S^2$ | a | P |
|---|---|---|---|---|---|---|---|---|
| **n = 7** (Forts.) | | | **n = 8** (Forts.) | | | **n = 8** (Forts.) | | |
| 100 | 4954 | 0.983 | 70 | 14179 | 0.352 | 160 | 40275 | 0.999 |
| 102 | 4980 | 0.988 | 72 | 15161 | 0.376 | 162 | 40297 | 0.999 |
| 104 | 5009 | 0.994 | 74 | 15987 | 0.397 | 164 | 40312 | 1.000 |
| 106 | 5023 | 0.997 | 76 | 16937 | 0.420 | 166 | 40319 | 1.000 |
| 108 | 5033 | 0.999 | 78 | 17781 | 0.441 | 168 | 40320 | 1.000 |
| 110 | 5039 | 1.000 | 80 | 18847 | 0.467 | | | |
| 112 | 5040 | 1.000 | 82 | 19692 | 0.488 | **n = 9** | | |
| | | | 84 | 20628 | 0.512 | 0 | 1 | $0.0^5 28$ |
| **n = 8** | | | 86 | 21473 | 0.533 | 2 | 9 | $0.0^4 25$ |
| | | | 88 | 22539 | 0.559 | 4 | 30 | $0.0^4 83$ |
| 0 | 1 | $0.0^4 25$ | | | | 6 | 64 | $0.0^3 18$ |
| 2 | 8 | $0.0^3 20$ | 90 | 23383 | 0.580 | 8 | 136 | $0.0^3 37$ |
| 4 | 23 | $0.0^3 57$ | 92 | 24333 | 0.603 | | | |
| 6 | 45 | $0.0^2 11$ | 94 | 25159 | 0.624 | 10 | 238 | $0.0^3 66$ |
| 8 | 92 | $0.0^2 23$ | 96 | 26141 | 0.648 | 12 | 368 | $0.0^2 10$ |
| | | | 98 | 26922 | 0.668 | 14 | 558 | $0.0^2 15$ |
| 10 | 146 | $0.0^2 36$ | | | | 16 | 818 | $0.0^2 23$ |
| 12 | 216 | $0.0^2 54$ | 100 | 27839 | 0.690 | 18 | 1102 | $0.0^2 30$ |
| 14 | 310 | $0.0^2 77$ | 102 | 28584 | 0.709 | | | |
| 16 | 439 | 0.011 | 104 | 29506 | 0.732 | 20 | 1500 | $0.0^2 41$ |
| 18 | 563 | 0.014 | 106 | 30224 | 0.750 | 22 | 1954 | $0.0^2 54$ |
| | | | 108 | 31010 | 0.769 | 24 | 2509 | $0.0^2 69$ |
| 20 | 741 | 0.018 | | | | 26 | 3125 | $0.0^2 86$ |
| 22 | 924 | 0.023 | 110 | 31694 | 0.786 | 28 | 3881 | 0.011 |
| 24 | 1161 | 0.029 | 112 | 32470 | 0.805 | | | |
| 26 | 1399 | 0.035 | 114 | 33065 | 0.820 | 30 | 4625 | 0.013 |
| 28 | 1675 | 0.042 | 116 | 33731 | 0.837 | 32 | 5647 | 0.016 |
| | | | 118 | 34288 | 0.850 | 34 | 6689 | 0.018 |
| 30 | 1939 | 0.048 | | | | 36 | 7848 | 0.022 |
| 32 | 2318 | 0.057 | 120 | 34928 | 0.866 | 38 | 9130 | 0.025 |
| 34 | 2667 | 0.066 | 122 | 35420 | 0.878 | | | |
| 36 | 3047 | 0.076 | 124 | 35962 | 0.892 | 40 | 10685 | 0.029 |
| 38 | 3447 | 0.085 | 126 | 36356 | 0.902 | 42 | 12077 | 0.033 |
| | | | 128 | 36873 | 0.915 | 44 | 13796 | 0.038 |
| 40 | 3964 | 0.098 | | | | 46 | 15554 | 0.043 |
| 42 | 4358 | 0.108 | 130 | 37273 | 0.924 | 48 | 17563 | 0.048 |
| 44 | 4900 | 0.122 | 132 | 37653 | 0.934 | | | |
| 46 | 5392 | 0.134 | 134 | 38002 | 0.943 | 50 | 19595 | 0.054 |
| 48 | 6032 | 0.150 | 136 | 38381 | 0.952 | 52 | 21877 | 0.060 |
| | | | 138 | 38645 | 0.958 | 54 | 24091 | 0.066 |
| 50 | 6589 | 0.163 | | | | 56 | 26767 | 0.074 |
| 52 | 7255 | 0.180 | 140 | 38921 | 0.965 | 58 | 29357 | 0.081 |
| 54 | 7850 | 0.195 | 142 | 39159 | 0.971 | | | |
| 56 | 8626 | 0.214 | 144 | 39396 | 0.977 | 60 | 32235 | 0.089 |
| 58 | 9310 | 0.231 | 146 | 39579 | 0.982 | 62 | 35163 | 0.097 |
| | | | 148 | 39757 | 0.986 | 64 | 38560 | 0.106 |
| 60 | 10096 | 0.250 | | | | 66 | 41698 | 0.115 |
| 62 | 10814 | 0.268 | 150 | 39881 | 0.989 | 68 | 45345 | 0.125 |
| 64 | 11736 | 0.291 | 152 | 40010 | 0.992 | | | |
| 66 | 12481 | 0.310 | 154 | 40104 | 0.995 | 70 | 48913 | 0.135 |
| 68 | 13398 | 0.332 | 156 | 40174 | 0.996 | 72 | 52834 | 0.146 |
| | | | 158 | 40228 | 0.998 | 74 | 56700 | 0.156 |

Tafel IX-5-1-2 (Fortsetz.) 233

| $S^2$ | a | P | $S^2$ | a | P |
|---|---|---|---|---|---|
| n = 9 (Forts.) | | | n = 9 (Forts.) | | |
| 76 | 61011 | 0.168 | 160 | 297819 | 0.821 |
| 78 | 65061 | 0.179 | 162 | 301869 | 0.832 |
| | | | 164 | 306180 | 0.844 |
| 80 | 69913 | 0.193 | 166 | 310046 | 0.854 |
| 82 | 74405 | 0.205 | 168 | 313967 | 0.865 |
| 84 | 79221 | 0.218 | | | |
| 86 | 84005 | 0.231 | 170 | 317535 | 0.875 |
| 88 | 89510 | 0.247 | 172 | 321182 | 0.885 |
| | | | 174 | 324320 | 0.894 |
| 90 | 94464 | 0.260 | 176 | 327717 | 0.903 |
| 92 | 100102 | 0.276 | 178 | 330645 | 0.911 |
| 94 | 105406 | 0.290 | | | |
| 96 | 111296 | 0.307 | 180 | 333523 | 0.919 |
| 98 | 116782 | 0.322 | 182 | 336113 | 0.926 |
| | | | 184 | 338789 | 0.934 |
| 100 | 122970 | 0.339 | 186 | 341003 | 0.940 |
| 102 | 128472 | 0.354 | 188 | 343285 | 0.946 |
| 104 | 134908 | 0.372 | | | |
| 106 | 140730 | 0.388 | 190 | 345317 | 0.952 |
| 108 | 146963 | 0.405 | 192 | 347326 | 0.957 |
| | | | 194 | 349084 | 0.962 |
| 110 | 152987 | 0.422 | 196 | 350803 | 0.967 |
| 112 | 159684 | 0.440 | 198 | 352195 | 0.971 |
| 114 | 165404 | 0.456 | | | |
| 116 | 172076 | 0.474 | 200 | 353750 | 0.975 |
| 118 | 178096 | 0.491 | 202 | 355032 | 0.978 |
| | | | 204 | 356191 | 0.982 |
| 120 | 184784 | 0.509 | 206 | 357233 | 0.984 |
| 122 | 190804 | 0.526 | 208 | 358255 | 0.987 |
| 124 | 197476 | 0.544 | | | |
| 126 | 203196 | 0.560 | 210 | 358999 | 0.989 |
| 128 | 209893 | 0.578 | 212 | 359755 | 0.991 |
| | | | 214 | 360371 | 0.993 |
| 130 | 215917 | 0.595 | 216 | 360926 | 0.995 |
| 132 | 222150 | 0.612 | 218 | 361380 | 0.996 |
| 134 | 227972 | 0.628 | | | |
| 136 | 234408 | 0.646 | 220 | 361778 | 0.997 |
| 138 | 239910 | 0.661 | 222 | 362062 | 0.998 |
| | | | 224 | 362322 | 0.998 |
| 140 | 246098 | 0.678 | 226 | 362512 | 0.999 |
| 142 | 251584 | 0.693 | 228 | 362642 | 0.999 |
| 144 | 257474 | 0.710 | | | |
| 146 | 262778 | 0.724 | 230 | 362744 | 1.000 |
| 148 | 268416 | 0.740 | 232 | 362816 | 1.000 |
| | | | 234 | 362850 | 1.000 |
| 150 | 273370 | 0.753 | 236 | 362871 | 1.000 |
| 152 | 278875 | 0.769 | 238 | 362879 | 1.000 |
| 154 | 283659 | 0.782 | | | |
| 156 | 288475 | 0.795 | 240 | 362880 | 1.000 |
| 158 | 292967 | 0.807 | | | |

### Tafel IX-5-1-3
### Der asymptotische rho-Korrelationstest nach GLASSER-WINTER

Entnommen aus BRADLEY, J. V.: Distribution-free statistical tests. Englewood Cliffs/N.J.: Prentice-Hall, 1968, Table I, mit freundlicher Genehmigung des Autors und des Verlages.

Die Tafel enthält die einseitigen unteren Schranken der Prüfgröße $S^2 = \Sigma d^2$ für $N = 4(1)30$ für die konventionellen Signifikanzstufen. Beobachtete $S^2$-Werte, die diese Schranken erreichen oder unterschreiten, sind auf der bezeichneten Stufe signifikant.

*Ablesebeispiel:* Liefert ein $N = 6$ ein $S^2 = 12$, so besteht eine auf der 10 %-Stufe signifikante rho-Korrelation, da die Schranke für $\alpha = 0{,}10$ eben erreicht wird.

| N | .001 | .005 | .010 | .025 | .050 | .100 |
|---|------|------|------|------|------|------|
| 4 | — | — | — | — | 0 | 0 |
| 5 | — | — | 0 | 0 | 2 | 4 |
| 6 | — | 0 | 2 | 4 | 6 | 12 |
| 7 | 0 | 4 | 6 | 12 | 16 | 24 |
| 8 | 4 | 10 | 14 | 24 | 32 | 42 |
| 9 | 10 | 20 | 26 | 36 | 48 | 62 |
| 10 | 20 | 34 | 42 | 58 | 72 | 90 |
| 11 | 32 | 52 | 64 | 84 | 102 | 126 |
| 12 | 50 | 76 | 92 | 118 | 142 | 170 |
| 13 | 74 | 108 | 128 | 160 | 188 | 224 |
| 14 | 104 | 146 | 170 | 210 | 244 | 288 |
| 15 | 140 | 192 | 222 | 268 | 310 | 362 |
| 16 | 184 | 248 | 282 | 338 | 388 | 448 |
| 17 | 236 | 312 | 354 | 418 | 478 | 548 |
| 18 | 298 | 388 | 436 | 510 | 580 | 662 |
| 19 | 370 | 474 | 530 | 616 | 694 | 788 |
| 20 | 452 | 572 | 636 | 736 | 824 | 932 |
| 21 | 544 | 684 | 756 | 868 | 970 | 1090 |
| 22 | 650 | 808 | 890 | 1018 | 1132 | 1268 |
| 23 | 770 | 948 | 1040 | 1182 | 1310 | 1462 |
| 24 | 902 | 1102 | 1206 | 1364 | 1508 | 1676 |
| 25 | 1048 | 1272 | 1388 | 1564 | 1724 | 1910 |
| 26 | 1210 | 1460 | 1588 | 1784 | 1958 | 2166 |
| 27 | 1388 | 1664 | 1806 | 2022 | 2214 | 2442 |
| 28 | 1584 | 1888 | 2044 | 2282 | 2492 | 2742 |
| 29 | 1798 | 2132 | 2304 | 2562 | 2794 | 3066 |
| 30 | 2030 | 2396 | 2582 | 2866 | 3118 | 3414 |

**Tafel IX-5-3**

KENDALLS Tau-Test

Entnommen aus KAARSEMAKER, L. and Van WIJNGAARDEN, A.: Tables for use in rank correlation. Stat. Neerl. 7 (1953), 41–54, Table III und reproduziert nach BRADLEY (1968, Table XI), mit freundlicher Genehmigung der Verfasser und des Herausgebers.

Die Tafel enthält die oberen Schranken des Absolutbetrages der Prüfgröße S für Stichprobenumfänge von n = 4(1)40 für die konventionellen Signifikanzstufen einschließlich $\alpha = 0{,}10$. Die $\alpha$-Werte gelten für die übliche einseitige Fragestellung ($\tau > 0$ oder $\tau < 0$) und sind bei zweiseitiger Fragestellung zu verdoppeln. Beobachtete S-Werte, die die Schranke erreichen oder überschreiten, sind auf der bezeichneten Stufe signifikant.

*Ablesebeispiel:* Für die Rangreihen $R_x$ = 1 2 3 4 5 und $R_y$ = 1 4 2 3 5 ist S = + 1 (für 1 < 4) + 1 (für 1 < 2) + 1 (für 1 < 3) + 1 (für 1 < 5) − 2 (für 4 > 2) − 1 (für 4 > 3) + 1 (für 4 < 5) + 1 (für 2 < 3) + 1 (für 2 < 5) + 1 (für 3 < 5) = + 6 bzw. |S| = 6; diese Prüfgröße ist, da kleiner als 8, auf der 10 %-Stufe nicht signifikant, wenn einseitig gefragt wird.

Tafel IX-5-3 (Fortsetz.)

| n | α = .005 | α = .010 | α = .025 | α = .050 | α = .100 |
|---|---|---|---|---|---|
| 4 | 8 | 8 | 8 | 6 | 6 |
| 5 | 12 | 10 | 10 | 8 | 8 |
| 6 | 15 | 13 | 13 | 11 | 9 |
| 7 | 19 | 17 | 15 | 13 | 11 |
| 8 | 22 | 20 | 18 | 16 | 12 |
| 9 | 26 | 24 | 20 | 18 | 14 |
| 10 | 29 | 27 | 23 | 21 | 17 |
| 11 | 33 | 31 | 27 | 23 | 19 |
| 12 | 38 | 36 | 30 | 26 | 20 |
| 13 | 44 | 40 | 34 | 28 | 24 |
| 14 | 47 | 43 | 37 | 33 | 25 |
| 15 | 53 | 49 | 41 | 35 | 29 |
| 16 | 58 | 52 | 46 | 38 | 30 |
| 17 | 64 | 58 | 50 | 42 | 34 |
| 18 | 69 | 63 | 53 | 45 | 37 |
| 19 | 75 | 67 | 57 | 49 | 39 |
| 20 | 80 | 72 | 62 | 52 | 42 |
| 21 | 86 | 78 | 66 | 56 | 44 |
| 22 | 91 | 83 | 71 | 61 | 47 |
| 23 | 99 | 89 | 75 | 65 | 51 |
| 24 | 104 | 94 | 80 | 68 | 54 |
| 25 | 110 | 100 | 86 | 72 | 58 |
| 26 | 117 | 107 | 91 | 77 | 61 |
| 27 | 125 | 113 | 95 | 81 | 63 |
| 28 | 130 | 118 | 100 | 86 | 68 |
| 29 | 138 | 126 | 106 | 90 | 70 |
| 30 | 145 | 131 | 111 | 95 | 75 |
| 31 | 151 | 137 | 117 | 99 | 77 |
| 32 | 160 | 144 | 122 | 104 | 82 |
| 33 | 166 | 152 | 128 | 108 | 86 |
| 34 | 175 | 157 | 133 | 113 | 89 |
| 35 | 181 | 165 | 139 | 117 | 93 |
| 36 | 190 | 172 | 146 | 122 | 96 |
| 37 | 198 | 178 | 152 | 128 | 100 |
| 38 | 205 | 185 | 157 | 133 | 105 |
| 39 | 213 | 193 | 163 | 139 | 109 |
| 40 | 222 | 200 | 170 | 144 | 112 |

## Tafel IX-5-3-1
### Der KENDALL-KAARSEMAKER-VAN WIJNGAARDEN-Test (KKW-Test)

Entnommen aus KAARSEMAKER, L. and van WIJNGAARDEN, A.: Tables for use in rank correlation. Stat. Neerl. 7 (1953), 41–54, Table I, mit freundlicher Genehmigung der Verfasser und des Herausgebers.

Die Tafel enthält die exakten einseitigen Überschreitungswahrscheinlichkeiten P (ohne Null und Komma) für beobachtete Absolutbeträge der Prüfgröße S von KENDALLS Rangkorrelation für jene Stichprobenumfänge aus N = 4(1)40, die mit *geradzahligen* S-Werten verknüpft sind. Der Zusammenhang zwischen zwei Rangreihen (gemessen als tau) ist signifikant, wenn P < α. Die zweiseitige Überschreitungswahrscheinlichkeit P' erhält man durch Verdoppeln des einseitigen P-Wertes.

*Ablesebeispiel:* Wird bei N = 9 Beobachtungspaaren ein S = –16 (entsprechend einer negativen Korrelation) ermittelt, so ist der Betrag von S mit einem P = 0,060 assoziiert, wenn einseitig geprüft wird, und mit einem P' = 2 · 0,06 = 0,12, wenn zweiseitig geprüft wird.

| N  | S = 0 | 2   | 4   | 6   | 8   | 10  | 12  | 14  | 16  | 18  |
|----|-------|-----|-----|-----|-----|-----|-----|-----|-----|-----|
| 4  | 625   | 375 | 167 | 042 | 0   | 0   | 0   | 0   | 0   | 0   |
| 5  | 592   | 408 | 242 | 117 | 042 | 008 | 0   | 0   | 0   | 0   |
| 8  | 548   | 452 | 360 | 274 | 199 | 138 | 089 | 054 | 031 | 016 |
| 9  | 540   | 460 | 381 | 306 | 238 | 179 | 130 | 090 | 060 | 038 |
| 12 | 527   | 473 | 420 | 369 | 319 | 273 | 230 | 190 | 155 | 125 |
| 13 | 524   | 476 | 429 | 383 | 338 | 295 | 255 | 218 | 184 | 153 |
| 17 | 516   | 484 | 452 | 420 | 388 | 358 | 328 | 299 | 271 | 245 |
| 20 | 513   | 487 | 462 | 436 | 411 | 387 | 362 | 339 | 315 | 293 |
| 21 | 512   | 488 | 464 | 441 | 417 | 394 | 371 | 349 | 327 | 306 |
| 24 | 510   | 490 | 471 | 451 | 432 | 413 | 394 | 375 | 356 | 338 |
| 25 | 509   | 491 | 472 | 454 | 436 | 418 | 400 | 382 | 364 | 347 |
| 28 | 508   | 492 | 477 | 461 | 446 | 430 | 415 | 400 | 385 | 370 |
| 29 | 507   | 493 | 478 | 463 | 448 | 434 | 419 | 405 | 390 | 376 |
| 32 | 506   | 494 | 481 | 468 | 455 | 442 | 430 | 417 | 405 | 392 |
| 33 | 506   | 494 | 482 | 469 | 457 | 445 | 433 | 421 | 409 | 397 |
| 36 | 505   | 495 | 484 | 473 | 462 | 452 | 441 | 430 | 420 | 409 |
| 37 | 505   | 495 | 484 | 474 | 464 | 453 | 443 | 433 | 423 | 413 |
| 40 | 505   | 495 | 486 | 477 | 468 | 459 | 449 | 440 | 431 | 422 |

Tafel IX-5-3-1 (Fortsetz.)

| N  | 20  | 22  | 24  | 26  | 28  | 30  | 32  | 34  | 36  | 38  |
|----|-----|-----|-----|-----|-----|-----|-----|-----|-----|-----|
| 8  | 007 | 002 | 001 | 000 | 000 | 0   | 0   | 0   | 0   | 0   |
| 9  | 022 | 012 | 006 | 003 | 001 | 000 | 000 | 000 | 000 | 0   |
| 12 | 098 | 076 | 058 | 043 | 031 | 022 | 016 | 010 | 007 | 004 |
| 13 | 126 | 102 | 082 | 064 | 050 | 038 | 029 | 021 | 015 | 011 |
| 16 | 199 | 175 | 153 | 133 | 114 | 097 | 083 | 070 | 058 | 048 |
| 17 | 220 | 196 | 174 | 154 | 135 | 118 | 102 | 088 | 076 | 064 |
| 20 | 271 | 250 | 230 | 211 | 193 | 176 | 159 | 144 | 130 | 117 |
| 21 | 285 | 265 | 246 | 228 | 210 | 193 | 177 | 162 | 147 | 134 |
| 24 | 320 | 303 | 286 | 270 | 254 | 238 | 223 | 209 | 195 | 181 |
| 25 | 330 | 314 | 297 | 282 | 266 | 251 | 237 | 222 | 209 | 196 |
| 28 | 355 | 341 | 326 | 312 | 298 | 285 | 272 | 259 | 246 | 234 |
| 29 | 362 | 348 | 334 | 321 | 308 | 295 | 282 | 270 | 257 | 246 |
| 32 | 380 | 368 | 356 | 344 | 332 | 320 | 309 | 298 | 287 | 276 |
| 33 | 385 | 373 | 362 | 350 | 339 | 328 | 317 | 306 | 295 | 285 |
| 36 | 399 | 388 | 378 | 368 | 358 | 347 | 338 | 328 | 318 | 308 |
| 37 | 403 | 393 | 383 | 373 | 363 | 353 | 344 | 334 | 325 | 315 |
| 40 | 413 | 404 | 395 | 386 | 377 | 369 | 360 | 351 | 343 | 334 |

| N  | 40  | 42  | 44  | 46  | 48  | 50  | 52  | 54  | 56  | 58  |
|----|-----|-----|-----|-----|-----|-----|-----|-----|-----|-----|
| 12 | 003 | 002 | 001 | 000 | 000 | 000 | 000 | 000 | 000 | 000 |
| 13 | 007 | 005 | 003 | 002 | 001 | 001 | 000 | 000 | 000 | 000 |
| 16 | 039 | 032 | 026 | 021 | 016 | 013 | 010 | 008 | 006 | 004 |
| 17 | 054 | 046 | 038 | 032 | 026 | 021 | 017 | 014 | 011 | 009 |
| 20 | 104 | 093 | 082 | 073 | 064 | 056 | 049 | 043 | 037 | 032 |
| 21 | 121 | 109 | 098 | 088 | 079 | 070 | 062 | 055 | 049 | 043 |
| 24 | 169 | 156 | 145 | 134 | 123 | 113 | 104 | 095 | 087 | 079 |
| 25 | 183 | 171 | 159 | 148 | 138 | 128 | 118 | 109 | 101 | 093 |
| 28 | 222 | 211 | 200 | 189 | 178 | 168 | 158 | 149 | 140 | 131 |
| 29 | 234 | 223 | 212 | 201 | 191 | 181 | 171 | 162 | 153 | 144 |
| 32 | 265 | 255 | 244 | 234 | 224 | 215 | 206 | 197 | 188 | 179 |
| 33 | 274 | 264 | 254 | 244 | 235 | 225 | 216 | 207 | 199 | 190 |
| 36 | 299 | 290 | 280 | 271 | 262 | 254 | 245 | 237 | 228 | 220 |
| 37 | 306 | 297 | 288 | 279 | 271 | 262 | 254 | 245 | 237 | 229 |
| 40 | 326 | 318 | 309 | 301 | 293 | 285 | 277 | 270 | 262 | 255 |

Tafel IX-5-3-1 (Fortsetz.)

| N  | 60  | 62  | 64  | 66  | 68  | 70  | 72  | 74  | 76  | 78  |
|----|-----|-----|-----|-----|-----|-----|-----|-----|-----|-----|
| 16 | 003 | 002 | 002 | 001 | 001 | 001 | 000 | 000 | 000 | 000 |
| 17 | 007 | 005 | 004 | 003 | 002 | 002 | 001 | 001 | 001 | 000 |
| 20 | 027 | 023 | 020 | 017 | 014 | 012 | 010 | 008 | 007 | 006 |
| 21 | 037 | 032 | 028 | 024 | 021 | 018 | 015 | 013 | 011 | 009 |
| 24 | 072 | 066 | 059 | 054 | 048 | 044 | 039 | 035 | 031 | 028 |
| 25 | 085 | 078 | 071 | 065 | 059 | 054 | 049 | 044 | 040 | 036 |
| 28 | 123 | 115 | 108 | 101 | 094 | 087 | 081 | 075 | 070 | 065 |
| 29 | 136 | 128 | 120 | 112 | 105 | 099 | 092 | 086 | 080 | 075 |
| 32 | 171 | 163 | 155 | 147 | 140 | 133 | 126 | 119 | 113 | 107 |
| 33 | 182 | 174 | 166 | 158 | 151 | 144 | 137 | 130 | 124 | 117 |
| 36 | 212 | 204 | 197 | 189 | 182 | 175 | 168 | 161 | 155 | 148 |
| 37 | 222 | 214 | 206 | 199 | 192 | 185 | 178 | 171 | 165 | 158 |
| 40 | 247 | 240 | 233 | 226 | 219 | 212 | 205 | 199 | 192 | 186 |

| N  | 80  | 82  | 84  | 86  | 88  | 90  | 92  | 94  | 96  | 98  |
|----|-----|-----|-----|-----|-----|-----|-----|-----|-----|-----|
| 20 | 005 | 004 | 003 | 002 | 002 | 002 | 001 | 001 | 001 | 001 |
| 21 | 008 | 007 | 005 | 005 | 004 | 003 | 002 | 002 | 002 | 001 |
| 24 | 025 | 022 | 019 | 017 | 015 | 013 | 011 | 010 | 009 | 007 |
| 25 | 032 | 029 | 026 | 023 | 021 | 018 | 016 | 014 | 013 | 011 |
| 28 | 060 | 055 | 051 | 047 | 043 | 039 | 036 | 033 | 030 | 027 |
| 29 | 070 | 065 | 060 | 056 | 052 | 048 | 044 | 041 | 037 | 034 |
| 32 | 101 | 095 | 090 | 085 | 080 | 075 | 070 | 066 | 062 | 058 |
| 33 | 111 | 106 | 100 | 095 | 090 | 085 | 080 | 075 | 071 | 067 |
| 36 | 142 | 136 | 130 | 124 | 119 | 114 | 108 | 103 | 099 | 094 |
| 37 | 152 | 146 | 140 | 134 | 129 | 123 | 118 | 113 | 108 | 103 |
| 40 | 180 | 174 | 168 | 162 | 156 | 151 | 146 | 140 | 135 | 130 |

Tafel IX-5-3-1 (Fortsetz.)

| N  | 100 | 102 | 104 | 106 | 108 | 110 | 112 | 114 | 116 | 118 |
|----|-----|-----|-----|-----|-----|-----|-----|-----|-----|-----|
| 21 | 001 | 001 | 001 | 001 | 000 | 000 | 000 | 000 | 000 | 000 |
| 24 | 006 | 006 | 005 | 004 | 003 | 003 | 003 | 002 | 002 | 001 |
| 25 | 010 | 009 | 008 | 007 | 006 | 005 | 004 | 004 | 003 | 003 |
| 28 | 025 | 023 | 021 | 019 | 017 | 015 | 014 | 012 | 011 | 010 |
| 29 | 031 | 029 | 026 | 024 | 022 | 020 | 018 | 017 | 015 | 014 |
| 32 | 054 | 051 | 048 | 044 | 041 | 039 | 036 | 033 | 031 | 029 |
| 33 | 063 | 059 | 055 | 052 | 049 | 046 | 043 | 040 | 037 | 035 |
| 36 | 089 | 085 | 081 | 077 | 073 | 069 | 066 | 062 | 059 | 056 |
| 37 | 098 | 094 | 090 | 085 | 081 | 077 | 074 | 070 | 067 | 063 |
| 40 | 125 | 121 | 116 | 111 | 107 | 103 | 099 | 095 | 091 | 087 |

| N  | 120 | 122 | 124 | 126 | 128 | 130 | 132 | 134 | 136 | 138 |
|----|-----|-----|-----|-----|-----|-----|-----|-----|-----|-----|
| 24 | 001 | 001 | 001 | 001 | 001 | 000 | 000 | 000 | 000 | 000 |
| 25 | 002 | 002 | 002 | 001 | 001 | 001 | 001 | 001 | 001 | 000 |
| 28 | 009 | 008 | 007 | 006 | 006 | 005 | 004 | 004 | 003 | 003 |
| 29 | 012 | 011 | 010 | 009 | 008 | 007 | 007 | 006 | 005 | 005 |
| 32 | 027 | 025 | 023 | 021 | 019 | 018 | 016 | 015 | 014 | 013 |
| 33 | 032 | 030 | 028 | 026 | 024 | 023 | 021 | 019 | 018 | 017 |
| 36 | 053 | 050 | 047 | 044 | 042 | 039 | 037 | 035 | 033 | 031 |
| 37 | 060 | 057 | 054 | 051 | 048 | 046 | 043 | 041 | 039 | 037 |
| 40 | 083 | 080 | 076 | 073 | 070 | 067 | 064 | 061 | 058 | 055 |

| N  | 140 | 142 | 144 | 146 | 148 | 150 | 152 | 154 | 156 | 158 |
|----|-----|-----|-----|-----|-----|-----|-----|-----|-----|-----|
| 28 | 003 | 002 | 002 | 002 | 002 | 001 | 001 | 001 | 001 | 001 |
| 29 | 004 | 004 | 003 | 003 | 003 | 002 | 002 | 002 | 002 | 001 |
| 32 | 012 | 011 | 010 | 009 | 008 | 007 | 007 | 006 | 006 | 005 |
| 33 | 015 | 014 | 013 | 012 | 011 | 010 | 009 | 008 | 008 | 007 |
| 36 | 029 | 027 | 025 | 024 | 022 | 021 | 020 | 018 | 017 | 016 |
| 37 | 034 | 032 | 031 | 029 | 027 | 025 | 024 | 022 | 021 | 020 |
| 40 | 053 | 050 | 048 | 046 | 043 | 041 | 039 | 037 | 035 | 034 |

Tafel IX-5-3-1 (Fortsetz.)

| N | 160 | 162 | 164 | 166 | 168 | 170 | 172 | 174 | 176 | 178 |
|---|---|---|---|---|---|---|---|---|---|---|
| 28 | 001 | 001 | 000 | 000 | 000 | 000 | 000 | 000 | 000 | 000 |
| 29 | 001 | 001 | 001 | 001 | 001 | 001 | 001 | 000 | 000 | 000 |
| 32 | 005 | 004 | 004 | 003 | 003 | 003 | 002 | 002 | 002 | 002 |
| 33 | 006 | 006 | 005 | 005 | 004 | 004 | 004 | 003 | 003 | 003 |
| 36 | 015 | 014 | 013 | 012 | 011 | 010 | 010 | 009 | 008 | 008 |
| 37 | 018 | 017 | 016 | 015 | 014 | 013 | 012 | 011 | 011 | 010 |
| 40 | 032 | 030 | 029 | 027 | 026 | 024 | 023 | 022 | 020 | 019 |

| N | 180 | 182 | 184 | 186 | 188 | 190 | 192 | 194 | 196 | 198 |
|---|---|---|---|---|---|---|---|---|---|---|
| 32 | 002 | 001 | 001 | 001 | 001 | 001 | 001 | 001 | 001 | 001 |
| 33 | 002 | 002 | 002 | 002 | 002 | 001 | 001 | 001 | 001 | 001 |
| 36 | 007 | 006 | 006 | 006 | 005 | 005 | 004 | 004 | 004 | 003 |
| 37 | 009 | 009 | 008 | 007 | 007 | 006 | 006 | 005 | 005 | 005 |
| 40 | 018 | 017 | 016 | 015 | 014 | 014 | 013 | 012 | 011 | 011 |

| N | 200 | 202 | 204 | 206 | 208 | 210 | 212 | 214 | 216 | 218 |
|---|---|---|---|---|---|---|---|---|---|---|
| 33 | 001 | 001 | 001 | 001 | 001 | 000 | 000 | 000 | 000 | 000 |
| 36 | 003 | 003 | 003 | 002 | 002 | 002 | 002 | 002 | 001 | 001 |
| 37 | 004 | 004 | 004 | 003 | 003 | 003 | 003 | 002 | 002 | 002 |
| 40 | 010 | 009 | 009 | 008 | 008 | 007 | 007 | 006 | 006 | 005 |

| N | 220 | 222 | 224 | 226 | 228 | 230 | 232 | 234 | 236 | 238 |
|---|---|---|---|---|---|---|---|---|---|---|
| 36 | 001 | 001 | 001 | 001 | 001 | 001 | 001 | 001 | 001 | 000 |
| 37 | 002 | 002 | 002 | 001 | 001 | 001 | 001 | 001 | 001 | 001 |
| 40 | 005 | 005 | 004 | 004 | 004 | 004 | 003 | 003 | 003 | 003 |

| N | 240 | 242 | 244 | 246 | 248 | 250 | 252 | 254 | 256 | 258 |
|---|---|---|---|---|---|---|---|---|---|---|
| 37 | 001 | 001 | 001 | 001 | 000 | 000 | 000 | 000 | 000 | 000 |
| 40 | 002 | 002 | 002 | 002 | 002 | 002 | 002 | 001 | 001 | 001 |

| N | 260 | 262 | 264 | 266 | 268 | 270 | 272 | 274 | 276 | 278 |
|---|---|---|---|---|---|---|---|---|---|---|
| 40 | 001 | 001 | 001 | 001 | 001 | 001 | 001 | 001 | 001 | 001 |

### Tafel IX-5-3-2

Der KENDALL-KAARSEMAKER-VAN WIJNGAARDEN-Test (KKW-Test)

Entnommen aus KAARSEMAKER, L. and van WIJNGAARDEN, A.: Tables for use in rank correlation. Stat. Neerl. 7 (1953), 41–54, Table II, mit freundlicher Genehmigung der Verfasser und des Herausgebers.

Die Tafel enthält im Unterschied zu Tafel IX-5-3-1 die P-Werte für jene Stichprobenumfänge aus N = 4(1)39, die mit *ungeradzahligen* S-Werten verknüpft sind. Im übrigen gelten die Feststellungen zu Tafel IX-5-3-1 auch für diese Tafel.

Tafel IX-5-3-2 (Fortsetz.)

| N  | S=1 | 3   | 5   | 7   | 9   | 11  | 13  | 15  | 17  | 19  |
|----|-----|-----|-----|-----|-----|-----|-----|-----|-----|-----|
| 6  | 500 | 360 | 235 | 136 | 068 | 028 | 008 | 001 | 0   | 0   |
| 7  | 500 | 386 | 281 | 191 | 119 | 068 | 035 | 015 | 005 | 001 |
| 10 | 500 | 431 | 364 | 300 | 242 | 190 | 146 | 108 | 078 | 054 |
| 11 | 500 | 440 | 381 | 324 | 271 | 223 | 179 | 141 | 109 | 082 |
| 14 | 500 | 457 | 415 | 374 | 334 | 295 | 259 | 225 | 194 | 165 |
| 15 | 500 | 461 | 423 | 385 | 349 | 313 | 279 | 248 | 218 | 190 |
| 18 | 500 | 470 | 441 | 411 | 383 | 354 | 327 | 300 | 275 | 250 |
| 19 | 500 | 473 | 445 | 418 | 391 | 365 | 339 | 314 | 290 | 267 |
| 22 | 500 | 478 | 456 | 434 | 412 | 390 | 369 | 348 | 328 | 308 |
| 23 | 500 | 479 | 458 | 438 | 417 | 397 | 377 | 357 | 338 | 319 |
| 26 | 500 | 483 | 465 | 448 | 431 | 414 | 397 | 380 | 363 | 347 |
| 27 | 500 | 484 | 467 | 451 | 434 | 418 | 402 | 386 | 371 | 355 |
| 30 | 500 | 486 | 472 | 458 | 444 | 430 | 416 | 402 | 389 | 375 |
| 31 | 500 | 487 | 473 | 460 | 446 | 433 | 420 | 407 | 394 | 381 |
| 34 | 500 | 488 | 477 | 465 | 453 | 442 | 430 | 418 | 407 | 396 |
| 35 | 500 | 489 | 478 | 466 | 455 | 444 | 433 | 422 | 411 | 400 |
| 38 | 500 | 490 | 480 | 470 | 460 | 450 | 440 | 431 | 421 | 411 |
| 39 | 500 | 490 | 481 | 472 | 462 | 452 | 443 | 433 | 424 | 414 |

| N  | 21  | 23  | 25  | 27  | 29  | 31  | 33  | 35  | 37  | 39  |
|----|-----|-----|-----|-----|-----|-----|-----|-----|-----|-----|
| 10 | 036 | 023 | 014 | 008 | 005 | 002 | 001 | 000 | 000 | 000 |
| 11 | 060 | 043 | 030 | 020 | 013 | 008 | 005 | 003 | 002 | 001 |
| 14 | 140 | 117 | 096 | 079 | 063 | 050 | 040 | 031 | 024 | 018 |
| 15 | 164 | 141 | 120 | 101 | 084 | 070 | 057 | 046 | 037 | 029 |
| 18 | 227 | 205 | 184 | 165 | 147 | 130 | 115 | 100 | 088 | 076 |
| 19 | 245 | 223 | 203 | 184 | 166 | 149 | 133 | 119 | 105 | 093 |
| 22 | 289 | 270 | 252 | 234 | 217 | 201 | 186 | 171 | 157 | 144 |
| 23 | 301 | 283 | 265 | 248 | 232 | 216 | 201 | 187 | 173 | 160 |
| 26 | 331 | 316 | 300 | 285 | 270 | 256 | 242 | 229 | 216 | 203 |
| 27 | 340 | 325 | 310 | 296 | 281 | 268 | 254 | 241 | 228 | 216 |
| 30 | 362 | 349 | 336 | 323 | 310 | 298 | 286 | 274 | 262 | 251 |
| 31 | 368 | 355 | 343 | 331 | 318 | 306 | 295 | 283 | 272 | 261 |
| 34 | 384 | 373 | 362 | 351 | 340 | 329 | 319 | 308 | 298 | 288 |
| 35 | 389 | 378 | 368 | 357 | 347 | 336 | 326 | 316 | 306 | 296 |
| 38 | 401 | 392 | 382 | 373 | 363 | 354 | 345 | 336 | 327 | 318 |
| 39 | 405 | 396 | 387 | 377 | 368 | 359 | 350 | 341 | 333 | 324 |

| N  | 41  | 43  | 45  | 47  | 49  | 51  | 53  | 55  | 57  | 59  |
|----|-----|-----|-----|-----|-----|-----|-----|-----|-----|-----|
| 14 | 013 | 010 | 007 | 005 | 003 | 002 | 002 | 001 | 001 | 000 |
| 15 | 023 | 018 | 014 | 010 | 008 | 006 | 004 | 003 | 002 | 001 |
| 18 | 066 | 056 | 048 | 041 | 034 | 029 | 024 | 020 | 016 | 013 |
| 19 | 082 | 072 | 062 | 054 | 047 | 040 | 034 | 029 | 025 | 021 |
| 22 | 131 | 120 | 109 | 099 | 089 | 080 | 072 | 064 | 058 | 051 |
| 23 | 147 | 135 | 124 | 114 | 104 | 094 | 086 | 078 | 070 | 063 |
| 26 | 191 | 179 | 168 | 157 | 147 | 137 | 127 | 118 | 110 | 102 |
| 27 | 204 | 192 | 181 | 170 | 160 | 150 | 141 | 132 | 123 | 115 |
| 30 | 239 | 228 | 218 | 208 | 198 | 188 | 178 | 169 | 160 | 152 |
| 31 | 250 | 239 | 229 | 219 | 209 | 199 | 190 | 181 | 172 | 164 |
| 34 | 278 | 268 | 259 | 249 | 240 | 231 | 222 | 213 | 205 | 196 |
| 35 | 286 | 277 | 267 | 258 | 249 | 240 | 232 | 223 | 215 | 206 |
| 38 | 309 | 300 | 291 | 283 | 274 | 266 | 258 | 250 | 242 | 234 |
| 39 | 315 | 307 | 298 | 290 | 282 | 274 | 266 | 258 | 250 | 243 |

| N  | 61  | 63  | 65  | 67  | 69  | 71  | 73  | 75  | 77  | 79  |
|----|-----|-----|-----|-----|-----|-----|-----|-----|-----|-----|
| 15 | 001 | 001 | 000 | 000 | 000 | 000 | 000 | 000 | 000 | 000 |
| 18 | 011 | 009 | 007 | 005 | 004 | 003 | 003 | 002 | 001 | 001 |
| 19 | 017 | 014 | 012 | 010 | 008 | 006 | 005 | 004 | 003 | 003 |
| 22 | 045 | 040 | 035 | 031 | 027 | 024 | 021 | 018 | 015 | 013 |
| 23 | 057 | 051 | 046 | 041 | 036 | 032 | 028 | 025 | 022 | 019 |
| 26 | 094 | 087 | 080 | 073 | 067 | 062 | 057 | 052 | 047 | 043 |
| 27 | 107 | 099 | 092 | 085 | 079 | 073 | 067 | 062 | 057 | 052 |
| 30 | 144 | 136 | 128 | 121 | 114 | 107 | 100 | 094 | 088 | 083 |
| 31 | 155 | 147 | 140 | 132 | 125 | 118 | 112 | 105 | 099 | 093 |
| 34 | 188 | 180 | 173 | 165 | 158 | 151 | 144 | 137 | 131 | 125 |
| 35 | 198 | 191 | 183 | 176 | 168 | 161 | 154 | 148 | 141 | 135 |
| 38 | 227 | 219 | 212 | 205 | 198 | 191 | 184 | 177 | 171 | 165 |
| 39 | 235 | 228 | 221 | 214 | 207 | 200 | 193 | 187 | 180 | 174 |

Tafel IX-5-3-2 (Fortsetz.)

| N  | 81  | 83  | 85  | 87  | 89  | 91  | 93  | 95  | 97  | 99  |
|----|-----|-----|-----|-----|-----|-----|-----|-----|-----|-----|
| 18 | 001 | 001 | 000 | 000 | 000 | 000 | 000 | 000 | 000 | 000 |
| 19 | 002 | 002 | 001 | 001 | 001 | 001 | 000 | 000 | 000 | 000 |
| 22 | 011 | 010 | 008 | 007 | 006 | 005 | 004 | 003 | 003 | 002 |
| 23 | 017 | 015 | 013 | 011 | 009 | 008 | 007 | 006 | 005 | 004 |
| 26 | 039 | 035 | 032 | 029 | 026 | 023 | 021 | 019 | 017 | 015 |
| 27 | 048 | 044 | 040 | 036 | 033 | 030 | 027 | 025 | 022 | 020 |
| 30 | 077 | 072 | 067 | 063 | 059 | 054 | 051 | 047 | 043 | 040 |
| 31 | 088 | 082 | 077 | 072 | 068 | 063 | 059 | 055 | 052 | 048 |
| 34 | 119 | 113 | 107 | 102 | 097 | 092 | 087 | 082 | 078 | 074 |
| 35 | 129 | 123 | 117 | 112 | 107 | 101 | 096 | 092 | 087 | 083 |
| 38 | 158 | 152 | 147 | 141 | 135 | 130 | 125 | 120 | 115 | 110 |
| 39 | 168 | 162 | 156 | 150 | 145 | 139 | 134 | 129 | 124 | 119 |

| N  | 101 | 103 | 105 | 107 | 109 | 111 | 113 | 115 | 117 | 119 |
|----|-----|-----|-----|-----|-----|-----|-----|-----|-----|-----|
| 22 | 002 | 002 | 001 | 001 | 001 | 001 | 001 | 000 | 000 | 000 |
| 23 | 004 | 003 | 003 | 002 | 002 | 001 | 001 | 001 | 001 | 001 |
| 26 | 013 | 012 | 010 | 009 | 008 | 007 | 006 | 005 | 005 | 004 |
| 27 | 018 | 016 | 015 | 013 | 012 | 010 | 009 | 008 | 007 | 006 |
| 30 | 037 | 034 | 032 | 029 | 027 | 025 | 023 | 021 | 019 | 017 |
| 31 | 045 | 041 | 038 | 036 | 033 | 031 | 028 | 026 | 024 | 022 |
| 34 | 070 | 066 | 062 | 058 | 055 | 052 | 049 | 046 | 043 | 040 |
| 35 | 078 | 074 | 070 | 066 | 063 | 059 | 056 | 053 | 050 | 047 |
| 38 | 105 | 101 | 096 | 092 | 088 | 084 | 080 | 076 | 073 | 069 |
| 39 | 114 | 109 | 105 | 101 | 096 | 092 | 088 | 084 | 081 | 077 |

| N  | 121 | 123 | 125 | 127 | 129 | 131 | 133 | 135 | 137 | 139 |
|----|-----|-----|-----|-----|-----|-----|-----|-----|-----|-----|
| 26 | 004 | 003 | 003 | 002 | 002 | 002 | 001 | 001 | 001 | 001 |
| 27 | 006 | 005 | 004 | 004 | 003 | 003 | 003 | 002 | 002 | 002 |
| 30 | 016 | 014 | 013 | 012 | 011 | 010 | 009 | 008 | 007 | 006 |
| 31 | 020 | 019 | 017 | 016 | 014 | 013 | 012 | 011 | 010 | 009 |
| 34 | 038 | 035 | 033 | 031 | 029 | 027 | 025 | 023 | 022 | 020 |
| 35 | 044 | 042 | 039 | 037 | 034 | 032 | 030 | 028 | 026 | 025 |
| 38 | 066 | 063 | 060 | 057 | 054 | 051 | 049 | 046 | 044 | 041 |
| 39 | 074 | 070 | 067 | 064 | 061 | 058 | 055 | 053 | 050 | 048 |

| N  | 141 | 143 | 145 | 147 | 149 | 151 | 153 | 155 | 157 | 159 |
|----|-----|-----|-----|-----|-----|-----|-----|-----|-----|-----|
| 26 | 001 | 001 | 001 | 000 | 000 | 000 | 000 | 000 | 000 | 000 |
| 27 | 001 | 001 | 001 | 001 | 001 | 001 | 001 | 000 | 000 | 000 |
| 30 | 006 | 005 | 005 | 004 | 004 | 003 | 003 | 003 | 002 | 002 |
| 31 | 008 | 007 | 007 | 006 | 006 | 005 | 004 | 004 | 004 | 003 |
| 34 | 019 | 017 | 016 | 015 | 014 | 013 | 012 | 011 | 010 | 009 |
| 35 | 023 | 022 | 020 | 019 | 017 | 016 | 015 | 014 | 013 | 012 |
| 38 | 039 | 037 | 035 | 033 | 031 | 029 | 028 | 026 | 025 | 023 |
| 39 | 045 | 043 | 041 | 039 | 037 | 035 | 033 | 031 | 029 | 028 |

| N  | 161 | 163 | 165 | 167 | 169 | 171 | 173 | 175 | 177 | 179 |
|----|-----|-----|-----|-----|-----|-----|-----|-----|-----|-----|
| 30 | 002 | 002 | 001 | 001 | 001 | 001 | 001 | 001 | 001 | 001 |
| 31 | 003 | 003 | 002 | 002 | 002 | 002 | 001 | 001 | 001 | 001 |
| 34 | 008 | 008 | 007 | 007 | 006 | 005 | 005 | 005 | 004 | 004 |
| 35 | 011 | 010 | 010 | 009 | 008 | 007 | 007 | 006 | 006 | 005 |
| 38 | 022 | 021 | 019 | 018 | 017 | 016 | 015 | 014 | 013 | 012 |
| 39 | 026 | 025 | 023 | 022 | 021 | 020 | 018 | 017 | 016 | 015 |

| N  | 181 | 183 | 185 | 187 | 189 | 191 | 193 | 195 | 197 | 199 |
|----|-----|-----|-----|-----|-----|-----|-----|-----|-----|-----|
| 31 | 001 | 001 | 001 | 001 | 001 | 000 | 000 | 000 | 000 | 000 |
| 34 | 003 | 003 | 003 | 003 | 002 | 002 | 002 | 002 | 002 | 001 |
| 35 | 005 | 005 | 004 | 004 | 003 | 003 | 003 | 003 | 002 | 002 |
| 38 | 011 | 011 | 010 | 009 | 009 | 008 | 008 | 007 | 007 | 006 |
| 39 | 014 | 014 | 013 | 012 | 011 | 010 | 010 | 009 | 009 | 008 |

| N  | 201 | 203 | 205 | 207 | 209 | 211 | 213 | 215 | 217 | 219 |
|----|-----|-----|-----|-----|-----|-----|-----|-----|-----|-----|
| 34 | 001 | 001 | 001 | 001 | 001 | 001 | 001 | 001 | 001 | 000 |
| 35 | 002 | 002 | 002 | 001 | 001 | 001 | 001 | 001 | 001 | 001 |
| 38 | 006 | 005 | 005 | 004 | 004 | 004 | 004 | 003 | 003 | 003 |
| 39 | 007 | 007 | 006 | 006 | 006 | 005 | 005 | 004 | 004 | 004 |

| N  | 221 | 223 | 225 | 227 | 229 | 231 | 233 | 235 | 237 | 239 |
|----|-----|-----|-----|-----|-----|-----|-----|-----|-----|-----|
| 35 | 001 | 001 | 001 | 001 | 000 | 000 | 000 | 000 | 000 | 000 |
| 38 | 003 | 002 | 002 | 002 | 002 | 002 | 002 | 002 | 001 | 001 |
| 39 | 004 | 003 | 003 | 003 | 003 | 002 | 002 | 002 | 002 | 002 |

| N  | 241 | 243 | 245 | 247 | 249 | 251 | 253 | 255 | 257 | 259 |
|----|-----|-----|-----|-----|-----|-----|-----|-----|-----|-----|
| 38 | 001 | 001 | 001 | 001 | 001 | 001 | 001 | 001 | 001 | 000 |
| 39 | 002 | 001 | 001 | 001 | 001 | 001 | 001 | 001 | 001 | 001 |

| N  | 261 | 263 | 265 | 267 | 269 | 271 | 273 | 275 | 277 | 279 |
|----|-----|-----|-----|-----|-----|-----|-----|-----|-----|-----|
| 39 | 001 | 001 | 001 | 001 | 000 | 000 | 000 | 000 | 000 | 000 |

**Tafel IX-5-3-3**

Der KENDALL-KAARSEMAKER-VAN WIJNGAARDEN-Test (KKW-Test)
Entnommen aus KAARSEMAKER, L. and van WIJNGAARDEN, A.: Tables for use in rank correlation. Stat. Neerl. 7 (1953), 41–54, Table III, mit freundlicher Genehmigung der Verfasser und des Herausgebers.

Die Tafel enthält die oberen Schranken $S_\alpha$ der Prüfgröße S von KENDALLS Rangkorrelation für $\alpha$ = 0,005, 0,01, 0,025, 0,05 und 0,10 für Stichprobenumfänge von N = 4(1)40. Beobachtete Absolutbeträge von S, die die einschlägige Schranke erreichen oder überschreiten, sind auf der Stufe $\alpha$ signifikant. Die Schranken entsprechen einem einseitigen Test. Bei zweiseitigem Test lese man die Schranke unter $\alpha/2$ ab.

*Ablesebeispiel:* Wird bei N = 14 Beobachtungspaaren ein S = 35 (entsprechend positiver Korrelation) erreicht, so ist dieser Wert auf der 5 % Stufe bei einseitiger Fragestellung signifikant, nicht jedoch bei zweiseitiger Fragestellung (35 < 37).

Tafel IX-5-3-3 (Fortsetz.)

| N | α = 0.005 | α = 0.010 | α = 0.025 | α = 0.050 | α = 0.100 |
|---|---|---|---|---|---|
| 4 | 8 | 8 | 8 | 6 | 6 |
| 5 | 12 | 10 | 10 | 8 | 8 |
| 6 | 15 | 13 | 13 | 11 | 9 |
| 7 | 19 | 17 | 15 | 13 | 11 |
| 8 | 22 | 20 | 18 | 16 | 12 |
| 9 | 26 | 24 | 20 | 18 | 14 |
| 10 | 29 | 27 | 23 | 21 | 17 |
| 11 | 33 | 31 | 27 | 23 | 19 |
| 12 | 38 | 36 | 30 | 26 | 20 |
| 13 | 44 | 40 | 34 | 28 | 24 |
| 14 | 47 | 43 | 37 | 33 | 25 |
| 15 | 53 | 49 | 41 | 35 | 29 |
| 16 | 58 | 52 | 46 | 38 | 30 |
| 17 | 64 | 58 | 50 | 42 | 34 |
| 18 | 69 | 63 | 53 | 45 | 37 |
| 19 | 75 | 67 | 57 | 49 | 39 |
| 20 | 80 | 72 | 62 | 52 | 42 |
| 21 | 86 | 78 | 66 | 56 | 44 |
| 22 | 91 | 83 | 71 | 61 | 47 |
| 23 | 99 | 89 | 75 | 65 | 51 |
| 24 | 104 | 94 | 80 | 68 | 54 |
| 25 | 110 | 100 | 86 | 72 | 58 |
| 26 | 117 | 107 | 91 | 77 | 61 |
| 27 | 125 | 113 | 95 | 81 | 63 |
| 28 | 130 | 118 | 100 | 86 | 68 |
| 29 | 138 | 126 | 106 | 90 | 70 |
| 30 | 145 | 131 | 111 | 95 | 75 |
| 31 | 151 | 137 | 117 | 99 | 77 |
| 32 | 160 | 144 | 122 | 104 | 82 |
| 33 | 166 | 152 | 128 | 108 | 86 |
| 34 | 175 | 157 | 133 | 113 | 89 |
| 35 | 181 | 165 | 139 | 117 | 93 |
| 36 | 190 | 172 | 146 | 122 | 96 |
| 37 | 198 | 178 | 152 | 128 | 100 |
| 38 | 205 | 185 | 157 | 133 | 105 |
| 39 | 213 | 193 | 163 | 139 | 109 |
| 40 | 222 | 200 | 170 | 144 | 112 |

**Tafel IX-5-4**

SILITTOS exakter tau-Test

Abgedruckt aus SILITTO, G. P.: The distribution of Kendalls $\tau$ coefficient in rankings containing ties. Biometrika 34 (1947), 36–44, mit freundlicher Genehmigung des Herausgebers.

Die Tafel enthält die exakten einseitigen Überschreitungswahrscheinlichkeiten für den nach S* bestimmten Zusammenhang zweier Rangreihen, deren eine – die y-Reihe – $p_2$ Zweier-Rangbindungen und/oder $p_3$ Dreier-Rangbindungen enthält, während die andere – die x-Reihe – keine Rangbindungen aufweist, und zwar für Stichprobenumfänge von N = 4(1)10. Die tiefstehenden Indizes bezeichnen die Zahl der Nullen hinter dem Komma der P-Werte.

*Ablesebeispiel:* Ist die Rangreihe x = (1 2 3 4) mit der Rangreihe y = (1 2+ 2+ 4) verbunden, so resultiert ein S* = + 3 + 1 + 1 = + 5, das für $p_2$ = 1 Zweier-Rangbindung in y einem P = 0,083 entspricht, wenn man für N = 4 abliest.

Tafel IX-5-4 (Fortsetz.)

| N | p₂ | p₃ | S*=0 | 1 | 2 | 3 | 4 | 5 | 6 | 7 | 8 | 9 | 10 | 11 | 12 |
|---|---|---|---|---|---|---|---|---|---|---|---|---|---|---|---|
| 3 | . | . | . | 0·50 | . | 0·17 | . | . | . | . | . | . | . | . | . |
| 3 | 1 | . | 0·67 | . | 0·33 | . | . | . | . | . | . | . | . | . | . |
| 3 | . | 1 | 1·00 | . | . | . | . | . | . | . | . | . | . | . | . |
| 4 | . | . | . | 0·62 | . | 0·38 | . | 0·17 | . | 0·042 | . | . | . | . | . |
| 4 | 1 | . | . | 0·50 | . | 0·25 | . | 0·083 | . | . | . | . | . | . | . |
| 4 | 2 | . | 0·67 | . | 0·33 | . | 0·17 | . | . | . | . | . | . | . | . |
| 4 | . | 1 | . | 0·50 | . | 0·25 | . | . | . | . | . | . | . | . | . |
| 5 | . | . | 0·59 | . | 0·41 | . | 0·24 | . | 0·12 | . | 0·042 | . | 0·0₂83 | . | . |
| 5 | 1 | . | . | 0·50 | . | 0·32 | . | 0·17 | . | 0·067 | . | 0·017 | . | . | . |
| 5 | 2 | . | 0·60 | . | 0·40 | . | 0·23 | . | 0·10 | . | 0·033 | . | . | . | . |
| 5 | . | 1 | . | 0·50 | . | 0·30 | . | 0·15 | . | 0·050 | . | . | . | . | . |
| 5 | 1 | 1 | 0·60 | . | 0·40 | . | 0·20 | . | 0·10 | . | . | . | . | . | . |
| 6 | . | . | . | 0·50 | . | 0·36 | . | 0·23 | . | 0·14 | . | 0·068 | . | 0·028 | . |
| 6 | 1 | . | 0·57 | . | 0·43 | . | 0·29 | . | 0·18 | . | 0·094 | . | 0·042 | . | 0·014 |
| 6 | 2 | . | . | 0·50 | . | 0·36 | . | 0·23 | . | 0·13 | . | 0·061 | . | 0·022 | . |
| 6 | 3 | . | 0·58 | . | 0·42 | . | 0·29 | . | 0·17 | . | 0·089 | . | 0·022 | . | 0·011 |
| 6 | . | 1 | 0·58 | . | 0·42 | . | 0·28 | . | 0·17 | . | 0·083 | . | 0·033 | . | 0·0₂83 |
| 6 | 1 | 1 | . | 0·50 | . | 0·35 | . | 0·22 | . | 0·12 | . | 0·050 | . | 0·017 | . |
| 6 | . | 2 | . | 0·50 | . | 0·35 | . | 0·20 | . | 0·10 | . | 0·050 | . | . | . |
| 7 | . | . | . | 0·50 | . | 0·39 | . | 0·28 | . | 0·19 | . | 0·12 | . | 0·068 | . |
| 7 | 1 | . | 0·56 | . | 0·44 | . | 0·33 | . | 0·23 | . | 0·15 | . | 0·089 | . | 0·047 |
| 7 | 2 | . | . | 0·50 | . | 0·38 | . | 0·28 | . | 0·19 | . | 0·11 | . | 0·063 | . |
| 7 | 3 | . | 0·56 | . | 0·44 | . | 0·33 | . | 0·23 | . | 0·14 | . | 0·084 | . | 0·043 |
| 7 | . | 1 | 0·56 | . | 0·44 | . | 0·33 | . | 0·22 | . | 0·14 | . | 0·082 | . | 0·042 |
| 7 | 1 | 1 | . | 0·50 | . | 0·38 | . | 0·27 | . | 0·18 | . | 0·11 | . | 0·057 | . |
| 7 | 2 | 1 | 0·56 | . | 0·44 | . | 0·32 | . | 0·22 | . | 0·14 | . | 0·076 | . | 0·038 |
| 7 | . | 2 | . | 0·50 | . | 0·38 | . | 0·26 | . | 0·17 | . | 0·10 | . | 0·050 | . |
| 8 | . | . | 0·55 | . | 0·45 | . | 0·36 | . | 0·27 | . | 0·20 | . | 0·14 | . | 0·089 |
| 8 | 1 | . | . | 0·50 | . | 0·40 | . | 0·31 | . | 0·23 | . | 0·16 | . | 0·11 | . |
| 8 | 2 | . | 0·55 | . | 0·45 | . | 0·36 | . | 0·27 | . | 0·20 | . | 0·13 | . | 0·086 |
| 8 | 3 | . | . | 0·50 | . | 0·40 | . | 0·31 | . | 0·23 | . | 0·16 | . | 0·11 | . |
| 8 | 4 | . | 0·55 | . | 0·45 | . | 0·36 | . | 0·27 | . | 0·19 | . | 0·13 | . | 0·083 |
| 8 | . | 1 | . | 0·50 | . | 0·40 | . | 0·31 | . | 0·23 | . | 0·16 | . | 0·11 | . |
| 8 | 1 | 1 | 0·55 | . | 0·45 | . | 0·36 | . | 0·27 | . | 0·19 | . | 0·13 | . | 0·082 |
| 8 | 2 | 1 | . | 0·50 | . | 0·40 | . | 0·31 | . | 0·23 | . | 0·16 | . | 0·10 | . |
| 8 | . | 2 | 0·55 | . | 0·45 | . | 0·35 | . | 0·26 | . | 0·19 | . | 0·12 | . | 0·077 |
| 8 | 1 | 2 | . | 0·50 | . | 0·40 | . | 0·31 | . | 0·22 | . | 0·15 | . | 0·096 | . |
| 9 | . | . | 0·54 | . | 0·46 | . | 0·38 | . | 0·31 | . | 0·24 | . | 0·18 | . | 0·13 |
| 9 | 1 | . | . | 0·50 | . | 0·42 | . | 0·34 | . | 0·27 | . | 0·21 | . | 0·15 | . |
| 9 | 2 | . | 0·54 | . | 0·46 | . | 0·38 | . | 0·30 | . | 0·24 | . | 0·18 | . | 0·13 |
| 9 | 3 | . | . | 0·50 | . | 0·42 | . | 0·34 | . | 0·27 | . | 0·20 | . | 0·15 | . |
| 9 | 4 | . | 0·54 | . | 0·46 | . | 0·38 | . | 0·30 | . | 0·23 | . | 0·17 | . | 0·12 |
| 9 | . | 1 | . | 0·50 | . | 0·42 | . | 0·34 | . | 0·27 | . | 0·20 | . | 0·15 | . |
| 9 | 1 | 1 | 0·54 | . | 0·46 | . | 0·38 | . | 0·30 | . | 0·23 | . | 0·17 | . | 0·12 |
| 9 | 2 | 1 | . | 0·50 | . | 0·42 | . | 0·34 | . | 0·27 | . | 0·20 | . | 0·15 | . |
| 9 | 3 | 1 | 0·54 | . | 0·46 | . | 0·38 | . | 0·30 | . | 0·23 | . | 0·17 | . | 0·12 |
| 9 | . | 2 | 0·54 | . | 0·46 | . | 0·38 | . | 0·30 | . | 0·23 | . | 0·17 | . | 0·12 |
| 9 | 1 | 2 | . | 0·50 | . | 0·42 | . | 0·34 | . | 0·26 | . | 0·20 | . | 0·14 | . |
| 9 | . | 3 | . | 0·50 | . | 0·42 | . | 0·33 | . | 0·26 | . | 0·19 | . | 0·14 | . |
| 10 | . | . | . | 0·50 | . | 0·43 | . | 0·36 | . | 0·30 | . | 0·24 | . | 0·19 | . |
| 10 | 1 | . | 0·53 | . | 0·47 | . | 0·40 | . | 0·33 | . | 0·27 | . | 0·21 | . | 0·17 |
| 10 | 2 | . | . | 0·50 | . | 0·43 | . | 0·36 | . | 0·30 | . | 0·24 | . | 0·19 | . |
| 10 | 3 | . | 0·54 | . | 0·46 | . | 0·40 | . | 0·33 | . | 0·27 | . | 0·21 | . | 0·16 |
| 10 | 4 | . | . | 0·50 | . | 0·43 | . | 0·36 | . | 0·30 | . | 0·24 | . | 0·19 | . |
| 10 | 5 | . | 0·54 | . | 0·46 | . | 0·40 | . | 0·33 | . | 0·27 | . | 0·21 | . | 0·16 |
| 10 | . | 1 | 0·54 | . | 0·46 | . | 0·40 | . | 0·33 | . | 0·27 | . | 0·21 | . | 0·16 |
| 10 | 1 | 1 | . | 0·50 | . | 0·43 | . | 0·36 | . | 0·30 | . | 0·24 | . | 0·19 | . |
| 10 | 2 | 1 | 0·54 | . | 0·46 | . | 0·39 | . | 0·33 | . | 0·27 | . | 0·21 | . | 0·16 |
| 10 | 3 | 1 | . | 0·50 | . | 0·43 | . | 0·36 | . | 0·30 | . | 0·24 | . | 0·18 | . |
| 10 | . | 2 | . | 0·50 | . | 0·43 | . | 0·36 | . | 0·30 | . | 0·24 | . | 0·18 | . |
| 10 | 1 | 2 | 0·54 | . | 0·46 | . | 0·39 | . | 0·33 | . | 0·26 | . | 0·21 | . | 0·16 |
| 10 | 2 | 2 | . | 0·50 | . | 0·43 | . | 0·36 | . | 0·29 | . | 0·23 | . | 0·18 | . |
| 10 | . | 3 | 0·54 | . | 0·46 | . | 0·39 | . | 0·32 | . | 0·26 | . | 0·21 | . | 0·16 |

Tafel IX-5-4 (Fortsetz.)

| N | $p_2$ | $p_3$ | $S^*=0$ | 13 | 14 | 15 | 16 | 17 | 18 | 19 | 20 | 21 | 22 | 23 |
|---|---|---|---|---|---|---|---|---|---|---|---|---|---|---|
| 3 | . | . |  | . | . | . | . | . | . | . | . | . | . | . |
| 3 | 1 | . | 0·67 | . | . | . | . | . | . | . | . | . | . | . |
| 3 | . | 1 | 1·00 | . | . | . | . | . | . | . | . | . | . | . |
| 4 | . | . | 0·62 | . | . | . | . | . | . | . | . | . | . | . |
| 4 | 1 | . | . | . | . | . | . | . | . | . | . | . | . | . |
| 4 | 2 | . | 0·67 | . | . | . | . | . | . | . | . | . | . | . |
| 4 | . | 1 | . | . | . | . | . | . | . | . | . | . | . | . |
| 5 | . | . | 0·59 | . | . | . | . | . | . | . | . | . | . | . |
| 5 | 1 | . | . | . | . | . | . | . | . | . | . | . | . | . |
| 5 | 2 | . | 0·60 | . | . | . | . | . | . | . | . | . | . | . |
| 5 | . | 1 | . | . | . | . | . | . | . | . | . | . | . | . |
| 5 | 1 | 1 | 0·60 | . | . | . | . | . | . | . | . | . | . | . |
| 6 | . | . | . | $0{\cdot}0_283$ | . | $0{\cdot}0_214$ | . | . | . | . | . | . | . | . |
| 6 | 1 | . | 0·57 | . | $0{\cdot}0_228$ | . | . | . | . | . | . | . | . | . |
| 6 | 2 | . | . | $0{\cdot}0_256$ | . | . | . | . | . | . | . | . | . | . |
| 6 | 3 | . | 0·58 | . | . | . | . | . | . | . | . | . | . | . |
| 6 | . | 1 | 0·58 | . | . | . | . | . | . | . | . | . | . | . |
| 6 | 1 | 1 | . | . | . | . | . | . | . | . | . | . | . | . |
| 6 | . | 2 | . | . | . | . | . | . | . | . | . | . | . | . |
| 7 | . | . | . | 0·035 | . | 0·015 | . | $0{\cdot}0_254$ | . | $0{\cdot}0_214$ | . | $0{\cdot}0_220$ | . | . |
| 7 | 1 | . | 0·56 | . | 0·022 | . | $0{\cdot}0_283$ | . | $0{\cdot}0_224$ | . | $0{\cdot}0_340$ | . | . | . |
| 7 | 2 | . | . | 0·031 | . | 0·013 | . | $0{\cdot}0_240$ | . | $0{\cdot}0_280$ | . | . | . | . |
| 7 | 3 | . | 0·56 | . | 0·019 | . | $0{\cdot}0_263$ | . | $0{\cdot}0_216$ | . | . | . | . | . |
| 7 | . | 1 | 0·56 | . | 0·018 | . | $0{\cdot}0_260$ | . | $0{\cdot}0_212$ | . | . | . | . | . |
| 7 | 1 | 1 | . | 0·026 | . | $0{\cdot}0_295$ | . | $0{\cdot}0_224$ | . | . | . | . | . | . |
| 7 | 2 | 1 | 0·56 | . | 0·014 | . | $0{\cdot}0_248$ | . | . | . | . | . | . | . |
| 7 | . | 2 | . | 0·021 | . | $0{\cdot}0_271$ | . | . | . | . | . | . | . | . |
| 8 | . | . | 0·55 | . | 0·054 | . | 0·031 | . | 0·016 | . | $0{\cdot}0_271$ | . | $0{\cdot}0_228$ | . |
| 8 | 1 | . | . | 0·069 | . | 0·040 | . | 0·021 | . | 0·010 | . | $0{\cdot}0_241$ | . | $0{\cdot}0_214$ |
| 8 | 2 | . | 0·55 | . | 0·051 | . | 0·028 | . | 0·014 | . | $0{\cdot}0_261$ | . | $0{\cdot}0_222$ | . |
| 8 | 3 | . | . | 0·066 | . | 0·037 | . | 0·019 | . | $0{\cdot}0_287$ | . | $0{\cdot}0_234$ | . | $0{\cdot}0_299$ |
| 8 | 4 | . | 0·55 | . | 0·048 | . | 0·026 | . | 0·012 | . | $0{\cdot}0_252$ | . | $0{\cdot}0_216$ | . |
| 8 | . | 1 | . | 0·065 | . | 0·036 | . | 0·019 | . | $0{\cdot}0_283$ | . | $0{\cdot}0_231$ | . | $0{\cdot}0_289$ |
| 8 | 1 | 1 | 0·55 | . | 0·048 | . | 0·025 | . | 0·012 | . | $0{\cdot}0_248$ | . | $0{\cdot}0_215$ | . |
| 8 | 2 | 1 | . | 0·061 | . | 0·034 | . | 0·017 | . | $0{\cdot}0_271$ | . | $0{\cdot}0_224$ | . | $0{\cdot}0_260$ |
| 8 | . | 2 | 0·55 | . | 0·044 | . | 0·022 | . | $0{\cdot}0_298$ | . | $0{\cdot}0_236$ | . | $0{\cdot}0_289$ | . |
| 8 | 1 | 2 | . | 0·057 | . | 0·030 | . | 0·014 | . | $0{\cdot}0_254$ | . | $0{\cdot}0_218$ | . | . |
| 9 | . | . | 0·54 | . | 0·090 | . | 0·060 | . | 0·038 | . | 0·022 | . | 0·012 | . |
| 9 | 1 | . | . | 0·11 | . | 0·073 | . | 0·047 | . | 0·028 | . | 0·016 | . | $0{\cdot}0_285$ |
| 9 | 2 | . | 0·54 | . | 0·088 | . | 0·058 | . | 0·036 | . | 0·021 | . | 0·011 | . |
| 9 | 3 | . | . | 0·10 | . | 0·070 | . | 0·045 | . | 0·027 | . | 0·015 | . | $0{\cdot}0_278$ |
| 9 | 4 | . | 0·54 | . | 0·085 | . | 0·056 | . | 0·034 | . | 0·020 | . | 0·010 | . |
| 9 | . | 1 | . | 0·10 | . | 0·070 | . | 0·044 | . | 0·026 | . | 0·015 | . | $0{\cdot}0_275$ |
| 9 | 1 | 1 | 0·54 | . | 0·085 | . | 0·055 | . | 0·034 | . | 0·019 | . | 0·010 | . |
| 9 | 2 | 1 | . | 0·10 | . | 0·067 | . | 0·042 | . | 0·025 | . | 0·014 | . | $0{\cdot}0_267$ |
| 9 | 3 | 1 | 0·54 | . | 0·082 | . | 0·053 | . | 0·032 | . | 0·018 | . | $0{\cdot}0_293$ | . |
| 9 | . | 2 | 0·54 | . | 0·081 | . | 0·052 | . | 0·031 | . | 0·017 | . | $0{\cdot}0_289$ | . |
| 9 | 1 | 2 | . | 0·098 | . | 0·064 | . | 0·040 | . | 0·023 | . | 0·012 | . | $0{\cdot}0_258$ |
| 9 | . | 3 | . | 0·095 | . | 0·061 | . | 0·037 | . | 0·021 | . | 0·011 | . | $0{\cdot}0_248$ |
| 10 | . | . | . | 0·15 | . | 0·11 | . | 0·078 | . | 0·054 | . | 0·036 | . | 0·023 |
| 10 | 1 | . | 0·53 | . | 0·13 | . | 0·091 | . | 0·064 | . | 0·044 | . | 0·029 | . |
| 10 | 2 | . | . | 0·14 | . | 0·11 | . | 0·076 | . | 0·053 | . | 0·035 | . | 0·022 |
| 10 | 3 | . | 0·54 | . | 0·12 | . | 0·090 | . | 0·063 | . | 0·043 | . | 0·028 | . |
| 10 | 4 | . | . | 0·14 | . | 0·10 | . | 0·075 | . | 0·051 | . | 0·034 | . | 0·021 |
| 10 | 5 | . | 0·54 | . | 0·12 | . | 0·088 | . | 0·061 | . | 0·041 | . | 0·026 | . |
| 10 | . | 1 | 0·54 | . | 0·12 | . | 0·089 | . | 0·062 | . | 0·042 | . | 0·027 | . |
| 10 | 1 | 1 | . | 0·14 | . | 0·10 | . | 0·074 | . | 0·051 | . | 0·033 | . | 0·021 |
| 10 | 2 | 1 | 0·54 | . | 0·12 | . | 0·087 | . | 0·061 | . | 0·041 | . | 0·026 | . |
| 10 | 3 | 1 | . | 0·14 | . | 0·10 | . | 0·072 | . | 0·049 | . | 0·032 | . | 0·020 |
| 10 | . | 2 | . | 0·14 | . | 0·10 | . | 0·072 | . | 0·049 | . | 0·032 | . | 0·020 |
| 10 | 1 | 2 | 0·54 | . | 0·12 | . | 0·085 | . | 0·059 | . | 0·038 | . | 0·025 | . |
| 10 | 2 | 2 | . | 0·14 | . | 0·10 | . | 0·070 | . | 0·047 | . | 0·031 | . | 0·019 |
| 10 | . | 3 | 0·54 | . | 0·12 | . | 0·082 | . | 0·056 | . | 0·037 | . | 0·023 | . |

Tafel IX-5-4 (Fortsetz.)

| N | $p_2$ | $p_3$ | S* | | | | | | | | | | |
|---|---|---|---|---|---|---|---|---|---|---|---|---|---|
| | | | 24 | 25 | 26 | 27 | 28 | 29 | 30 | 31 | 32 | 33 | 34 |
| 3 | . | . | . | . | . | . | . | . | . | . | . | . | . |
| 3 | 1 | . | . | . | . | . | . | . | . | . | . | . | . |
| 3 | . | 1 | . | . | . | . | . | . | . | . | . | . | . |
| 4 | . | . | . | . | . | . | . | . | . | . | . | . | . |
| 4 | 1 | . | . | . | . | . | . | . | . | . | . | . | . |
| 4 | 2 | . | . | . | . | . | . | . | . | . | . | . | . |
| 4 | . | 1 | . | . | . | . | . | . | . | . | . | . | . |
| 5 | . | . | . | . | . | . | . | . | . | . | . | . | . |
| 5 | 1 | . | . | . | . | . | . | . | . | . | . | . | . |
| 5 | 2 | . | . | . | . | . | . | . | . | . | . | . | . |
| 5 | . | 1 | . | . | . | . | . | . | . | . | . | . | . |
| 5 | 1 | 1 | . | . | . | . | . | . | . | . | . | . | . |
| 6 | . | . | . | . | . | . | . | . | . | . | . | . | . |
| 6 | 1 | . | . | . | . | . | . | . | . | . | . | . | . |
| 6 | 2 | . | . | . | . | . | . | . | . | . | . | . | . |
| 6 | 3 | . | . | . | . | . | . | . | . | . | . | . | . |
| 6 | . | 1 | . | . | . | . | . | . | . | . | . | . | . |
| 6 | 1 | 1 | . | . | . | . | . | . | . | . | . | . | . |
| 6 | . | 2 | . | . | . | . | . | . | . | . | . | . | . |
| 7 | . | . | . | . | . | . | . | . | . | . | . | . | . |
| 7 | 1 | . | . | . | . | . | . | . | . | . | . | . | . |
| 7 | 2 | . | . | . | . | . | . | . | . | . | . | . | . |
| 7 | 3 | . | . | . | . | . | . | . | . | . | . | . | . |
| 7 | . | 1 | . | . | . | . | . | . | . | . | . | . | . |
| 7 | 1 | 1 | . | . | . | . | . | . | . | . | . | . | . |
| 7 | 2 | 1 | . | . | . | . | . | . | . | . | . | . | . |
| 7 | . | 2 | . | . | . | . | . | . | . | . | . | . | . |
| 8 | . | . | $0 \cdot 0_3 87$ | . | $0 \cdot 0_3 20$ | . | $0 \cdot 0_4 25$ | . | . | . | . | . | . |
| 8 | 1 | . | . | $0 \cdot 0_3 35$ | . | . | . | . | . | . | . | . | . |
| 8 | 2 | . | $0 \cdot 0_3 60$ | . | $0 \cdot 0_3 20$ | $0 \cdot 0_4 99$ | $0 \cdot 0_4 50$ | . | . | . | . | . | . |
| 8 | 3 | . | . | $0 \cdot 0_3 20$ | . | . | . | . | . | . | . | . | . |
| 8 | 4 | . | $0 \cdot 0_3 40$ | . | . | . | . | . | . | . | . | . | . |
| 8 | . | 1 | . | $0 \cdot 0_3 15$ | . | . | . | . | . | . | . | . | . |
| 8 | 1 | 1 | $0 \cdot 0_3 30$ | . | . | . | . | . | . | . | . | . | . |
| 8 | 2 | 1 | . | . | . | . | . | . | . | . | . | . | . |
| 8 | . | 2 | . | . | . | . | . | . | . | . | . | . | . |
| 8 | 1 | 2 | . | . | . | . | . | . | . | . | . | . | . |
| 9 | . | . | $0 \cdot 0_3 63$ | . | $0 \cdot 0_3 29$ | . | $0 \cdot 0_3 12$ | . | $0 \cdot 0_3 43$ | . | $0 \cdot 0_3 12$ | . | $0 \cdot 0_4 25$ |
| 9 | 1 | . | . | $0 \cdot 0_3 41$ | . | $0 \cdot 0_3 18$ | . | $0 \cdot 0_3 66$ | . | $0 \cdot 0_3 20$ | . | $0 \cdot 0_4 44$ | . |
| 9 | 2 | . | $0 \cdot 0_3 57$ | . | $0 \cdot 0_3 25$ | . | $0 \cdot 0_3 99$ | . | $0 \cdot 0_3 32$ | . | $0 \cdot 0_3 77$ | . | $0 \cdot 0_4 11$ |
| 9 | 3 | . | . | $0 \cdot 0_3 36$ | . | $0 \cdot 0_3 15$ | . | $0 \cdot 0_3 51$ | . | $0 \cdot 0_3 13$ | . | $0 \cdot 0_4 22$ | . |
| 9 | 4 | . | $0 \cdot 0_3 51$ | . | $0 \cdot 0_3 22$ | . | $0 \cdot 0_3 79$ | . | $0 \cdot 0_3 22$ | . | $0 \cdot 0_4 44$ | . | . |
| 9 | . | 1 | . | $0 \cdot 0_3 35$ | . | $0 \cdot 0_3 14$ | . | $0 \cdot 0_3 46$ | . | $0 \cdot 0_3 12$ | . | $0 \cdot 0_4 17$ | . |
| 9 | 1 | 1 | $0 \cdot 0_3 49$ | . | $0 \cdot 0_3 20$ | . | $0 \cdot 0_3 73$ | . | $0 \cdot 0_3 20$ | . | $0 \cdot 0_3 33$ | . | . |
| 9 | 2 | 1 | . | $0 \cdot 0_3 30$ | . | $0 \cdot 0_3 11$ | . | $0 \cdot 0_3 33$ | . | $0 \cdot 0_3 66$ | . | . | . |
| 9 | 3 | 1 | $0 \cdot 0_3 42$ | . | $0 \cdot 0_3 17$ | . | $0 \cdot 0_3 53$ | . | $0 \cdot 0_3 13$ | . | . | . | . |
| 9 | . | 2 | $0 \cdot 0_3 41$ | . | $0 \cdot 0_3 16$ | . | $0 \cdot 0_3 50$ | . | $0 \cdot 0_3 99$ | . | . | . | . |
| 9 | 1 | 2 | . | $0 \cdot 0_3 24$ | . | $0 \cdot 0_3 79$ | . | $0 \cdot 0_3 20$ | . | . | . | . | . |
| 9 | . | 3 | . | $0 \cdot 0_3 18$ | . | $0 \cdot 0_3 60$ | . | . | . | . | . | . | . |
| 10 | . | . | . | $0·014$ | . | $0 \cdot 0_2 83$ | . | $0 \cdot 0_2 46$ | . | $0 \cdot 0_2 23$ | . | $0 \cdot 0_2 11$ | . |
| 10 | 1 | . | $0·018$ | . | $0·011$ | . | $0 \cdot 0_2 60$ | . | $0 \cdot 0_2 32$ | . | $0 \cdot 0_2 15$ | . | $0 \cdot 0_3 68$ |
| 10 | 2 | . | . | $0·014$ | . | $0 \cdot 0_2 78$ | . | $0 \cdot 0_2 42$ | . | $0 \cdot 0_2 21$ | . | $0 \cdot 0_3 96$ | . |
| 10 | 3 | . | $0·017$ | . | $0·010$ | . | $0 \cdot 0_2 55$ | . | $0 \cdot 0_2 29$ | . | $0 \cdot 0_2 14$ | . | $0 \cdot 0_3 58$ |
| 10 | 4 | . | . | $0·013$ | . | $0 \cdot 0_2 73$ | . | $0 \cdot 0_2 38$ | . | $0 \cdot 0_2 19$ | . | $0 \cdot 0_3 83$ | . |
| 10 | 5 | . | $0·016$ | . | $0 \cdot 0_2 94$ | . | $0 \cdot 0_2 51$ | . | $0 \cdot 0_2 26$ | . | $0 \cdot 0_2 12$ | . | $0 \cdot 0_3 48$ |
| 10 | . | 1 | $0·017$ | . | $0 \cdot 0_2 98$ | . | $0 \cdot 0_2 54$ | . | $0 \cdot 0_2 27$ | . | $0 \cdot 0_2 13$ | . | $0 \cdot 0_3 54$ |
| 10 | 1 | 1 | . | $0·013$ | . | $0 \cdot 0_2 71$ | . | $0 \cdot 0_2 37$ | . | $0 \cdot 0_2 18$ | . | $0 \cdot 0_3 79$ | . |
| 10 | 2 | 1 | $0·016$ | . | $0 \cdot 0_2 92$ | . | $0 \cdot 0_2 50$ | . | $0 \cdot 0_2 25$ | . | $0 \cdot 0_2 11$ | . | $0 \cdot 0_3 45$ |
| 10 | 3 | 1 | . | $0·012$ | . | $0 \cdot 0_2 66$ | . | $0 \cdot 0_2 34$ | . | $0 \cdot 0_2 16$ | . | $0 \cdot 0_3 66$ | . |
| 10 | . | 2 | . | $0·012$ | . | $0 \cdot 0_2 64$ | . | $0 \cdot 0_2 33$ | . | $0 \cdot 0_2 15$ | . | $0 \cdot 0_3 62$ | . |
| 10 | 1 | 2 | $0·015$ | . | $0 \cdot 0_2 84$ | . | $0 \cdot 0_2 44$ | . | $0 \cdot 0_2 21$ | . | $0 \cdot 0_3 91$ | . | $0 \cdot 0_3 34$ |
| 10 | 2 | 2 | . | $0·011$ | . | $0 \cdot 0_2 59$ | . | $0 \cdot 0_2 29$ | . | $0 \cdot 0_2 13$ | . | $0 \cdot 0_3 52$ | . |
| 10 | . | 3 | $0·014$ | . | $0 \cdot 0_2 76$ | . | $0 \cdot 0_2 39$ | . | $0 \cdot 0_2 18$ | . | $0 \cdot 0_3 71$ | . | $0 \cdot 0_3 24$ |

Tafel IX-5-4 (Fortsetz.)                                                                 253

| N | $p_2$ | $p_3$ | \multicolumn{11}{c|}{S*} | $n$ | $p_2$ | $p_3$ |
|---|---|---|---|---|---|---|---|---|---|---|---|---|---|---|---|---|
|   |   |   | 35 | 36 | 37 | 38 | 39 | 40 | 41 | 42 | 43 | 44 | 45 |   |   |   |
| 3 | . | . | . | . | . | . | . | . | . | . | . | . | . | 3 | . | . |
| 3 | 1 | . | . | . | . | . | . | . | . | . | . | . | . | 3 | 1 | . |
| 3 | . | 1 | . | . | . | . | . | . | . | . | . | . | . | 3 | . | 1 |
| 4 | . | . | . | . | . | . | . | . | . | . | . | . | . | 4 | . | . |
| 4 | 1 | . | . | . | . | . | . | . | . | . | . | . | . | 4 | 1 | . |
| 4 | 2 | . | . | . | . | . | . | . | . | . | . | . | . | 4 | 2 | . |
| 4 | . | 1 | . | . | . | . | . | . | . | . | . | . | . | 4 | . | 1 |
| 5 | . | . | . | . | . | . | . | . | . | . | . | . | . | 5 | . | . |
| 5 | 1 | . | . | . | . | . | . | . | . | . | . | . | . | 5 | 1 | . |
| 5 | 2 | . | . | . | . | . | . | . | . | . | . | . | . | 5 | 2 | . |
| 5 | . | 1 | . | . | . | . | . | . | . | . | . | . | . | 5 | . | 1 |
| 5 | 1 | 1 | . | . | . | . | . | . | . | . | . | . | . | 5 | 1 | 1 |
| 6 | . | . | . | . | . | . | . | . | . | . | . | . | . | 6 | . | . |
| 6 | 1 | . | . | . | . | . | . | . | . | . | . | . | . | 6 | 1 | . |
| 6 | 2 | . | . | . | . | . | . | . | . | . | . | . | . | 6 | 2 | . |
| 6 | 3 | . | . | . | . | . | . | . | . | . | . | . | . | 6 | 3 | . |
| 6 | . | 1 | . | . | . | . | . | . | . | . | . | . | . | 6 | . | 1 |
| 6 | 1 | 1 | . | . | . | . | . | . | . | . | . | . | . | 6 | 1 | 1 |
| 6 | . | 2 | . | . | . | . | . | . | . | . | . | . | . | 6 | . | 2 |
| 7 | . | . | . | . | . | . | . | . | . | . | . | . | . | 7 | . | . |
| 7 | 1 | . | . | . | . | . | . | . | . | . | . | . | . | 7 | 1 | . |
| 7 | 2 | . | . | . | . | . | . | . | . | . | . | . | . | 7 | 2 | . |
| 7 | 3 | . | . | . | . | . | . | . | . | . | . | . | . | 7 | 3 | . |
| 7 | . | 1 | . | . | . | . | . | . | . | . | . | . | . | 7 | . | 1 |
| 7 | 1 | 1 | . | . | . | . | . | . | . | . | . | . | . | 7 | 1 | 1 |
| 7 | 2 | 1 | . | . | . | . | . | . | . | . | . | . | . | 7 | 2 | 1 |
| 7 | . | 2 | . | . | . | . | . | . | . | . | . | . | . | 7 | . | 2 |
| 8 | . | . | . | . | . | . | . | . | . | . | . | . | . | 8 | . | . |
| 8 | 1 | . | . | . | . | . | . | . | . | . | . | . | . | 8 | 1 | . |
| 8 | 2 | . | . | . | . | . | . | . | . | . | . | . | . | 8 | 2 | . |
| 8 | 3 | . | . | . | . | . | . | . | . | . | . | . | . | 8 | 3 | . |
| 8 | 4 | . | . | . | . | . | . | . | . | . | . | . | . | 8 | 4 | . |
| 8 | . | 1 | . | . | . | . | . | . | . | . | . | . | . | 8 | . | 1 |
| 8 | 1 | 1 | . | . | . | . | . | . | . | . | . | . | . | 8 | 1 | 1 |
| 8 | 2 | 1 | . | . | . | . | . | . | . | . | . | . | . | 8 | 2 | 1 |
| 8 | . | 2 | . | . | . | . | . | . | . | . | . | . | . | 8 | . | 2 |
| 8 | 1 | 2 | . | . | . | . | . | . | . | . | . | . | . | 8 | 1 | 2 |
| 9 | . | . | . | . | . | . | . | . | . | . | . | . | . | 9 | . | . |
| 9 | 1 | . | $0\cdot 0_5 55$ | $0\cdot 0_2 28$ | . | . | . | . | . | . | . | . | . | 9 | 1 | . |
| 9 | 2 | . | . | . | . | . | . | . | . | . | . | . | . | 9 | 2 | . |
| 9 | 3 | . | . | . | . | . | . | . | . | . | . | . | . | 9 | 3 | . |
| 9 | 4 | . | . | . | . | . | . | . | . | . | . | . | . | 9 | 4 | . |
| 9 | . | 1 | . | . | . | . | . | . | . | . | . | . | . | 9 | . | 1 |
| 9 | 1 | 1 | . | . | . | . | . | . | . | . | . | . | . | 9 | 1 | 1 |
| 9 | 2 | 1 | . | . | . | . | . | . | . | . | . | . | . | 9 | 2 | 1 |
| 9 | 3 | 1 | . | . | . | . | . | . | . | . | . | . | . | 9 | 3 | 1 |
| 9 | . | 2 | . | . | . | . | . | . | . | . | . | . | . | 9 | . | 2 |
| 9 | 1 | 2 | . | . | . | . | . | . | . | . | . | . | . | 9 | 1 | 2 |
| 9 | . | 3 | . | . | . | . | . | . | . | . | . | . | . | 9 | . | 3 |
| 10 | . | . | $0\cdot 0_2 47$ | . | $0\cdot 0_2 18$ | . | $0\cdot 0_2 58$ | . | $0\cdot 0_2 15$ | . | $0\cdot 0_2 28$ | . | $0\cdot 0_2 28$ | 10 | . | . |
| 10 | 1 | . | $0\cdot 0_3 39$ | $0\cdot 0_3 27$ | $0\cdot 0_3 14$ | $0\cdot 0_3 90$ | $0\cdot 0_3 41$ | $0\cdot 0_3 25$ | $0\cdot 0_3 88$ | $0\cdot 0_3 50$ | $0\cdot 0_4 11$ | $0\cdot 0_6 55$ | . | 10 | 1 | . |
| 10 | 2 | . | . | $0\cdot 0_3 21$ | . | $0\cdot 0_3 66$ | . | $0\cdot 0_3 15$ | . | $0\cdot 0_3 22$ | . | . | . | 10 | 2 | . |
| 10 | 3 | . | $0\cdot 0_3 32$ | . | $0\cdot 0_3 11$ | . | $0\cdot 0_3 26$ | . | $0\cdot 0_3 44$ | . | . | . | . | 10 | 3 | . |
| 10 | 4 | . | . | $0\cdot 0_3 17$ | . | $0\cdot 0_3 44$ | . | $0\cdot 0_3 88$ | . | . | . | . | . | 10 | 4 | . |
| 10 | 5 | . | . | $0\cdot 0_3 20$ | . | $0\cdot 0_3 60$ | . | $0\cdot 0_3 13$ | . | $0\cdot 0_3 17$ | . | . | . | 10 | 5 | . |
| 10 | . | 1 | $0\cdot 0_3 30$ | . | $0\cdot 0_3 96$ | . | $0\cdot 0_3 23$ | . | $0\cdot 0_3 33$ | . | . | . | . | 10 | . | 1 |
| 10 | 1 | 1 | . | $0\cdot 0_3 15$ | . | $0\cdot 0_3 40$ | . | $0\cdot 0_3 66$ | . | . | . | . | . | 10 | 1 | 1 |
| 10 | 2 | 1 | $0\cdot 0_3 24$ | . | $0\cdot 0_3 66$ | . | $0\cdot 0_3 13$ | . | . | . | . | . | . | 10 | 2 | 1 |
| 10 | 3 | 1 | $0\cdot 0_3 22$ | . | $0\cdot 0_3 60$ | . | $0\cdot 0_3 99$ | . | . | . | . | . | . | 10 | 3 | 1 |
| 10 | . | 2 | . | $0\cdot 0_3 99$ | . | $0\cdot 0_3 20$ | . | . | . | . | . | . | . | 10 | . | 2 |
| 10 | 1 | 2 | $0\cdot 0_3 16$ | . | $0\cdot 0_3 40$ | . | . | . | . | . | . | . | . | 10 | 1 | 2 |
| 10 | 2 | 2 | . | $0\cdot 0_3 60$ | . | . | . | . | . | . | . | . | . | 10 | 2 | 2 |
| 10 | . | 3 | . | . | . | . | . | . | . | . | . | . | . | 10 | . | 3 |

## Tafel IX–5-5

BURRS exakter tau-Test

Übernommen aus BURR, E. J.: The distribution of Kendalls score S for a pair of tied rankings. Biometrika 47 (1960), 151–171, Table 4, mit freundlicher Genehmigung des Herausgebers.

Die Tafel enthält die Verteilung der Prüfgröße S** (KENDALL-Summe) für zweireihig ranggebundene Stichproben des Umfangs N = 2(1)6, durchtabelliert vom (algebraisch) niedrigsten bis zum höchsten S**-Wert der exakten Nullverteilung von S**. Die tabellierten Häufigkeiten R sind sogenannte relative, d. h. durch den größten gemeinsamen Faktor C dividierte absolute Häufigkeiten h. In der rechten Randspalte sind die Summen der relativen Häufigkeiten R, ΣR, verzeichnet. Man prüft nach P = a/ ΣR, wobei a die Zahl der S**-Werte bezeichnet, die den beobachteten S**-Wert erreichen oder überschreiten (unterschreiten).

*Ablesebeispiel:* Wenn eine Kontingenztafel mit geordneten Merkmalsstufen und den Randsummen (x) = 321 und (y) = 312 ein S** = + 7 liefert, so ist P = (1 +2)/60 = 0,05. Denselben P-Wert hätte ein S** = –9 mit P = 3/60 = 0,05 ergeben.

## Tafel IX-5-5 (Fortsetz.)

| (x) | (y) | −9 | −8 | −7 | −6 | −5 | −4 | −3 | −2 | −1 | 0 | +1 | +2 | +3 | +4 | +5 | +6 | +7 | +8 | +9 | ΣP |
|---|---|---|---|---|---|---|---|---|---|---|---|---|---|---|---|---|---|---|---|---|---|
| 11 | 11 | . | . | . | . | . | . | . | . | 1 | . | 1 | . | . | . | . | . | . | . | . | 2 |
| 21 | 21 | . | . | . | . | . | . | . | . | 2 | . | . | 1 | . | . | . | . | . | . | . | 3 |
|  | 111 | . | . | . | . | . | . | . | 1 | . | 1 | . | 1 | . | . | . | . | . | . | . | 3 |
| 111 | 111 | . | . | . | . | . | . | 1 | . | 2 | . | 2 | . | 1 | . | . | . | . | . | . | 6 |
| 31 | 31 | . | . | . | . | . | . | . | . | 3 | . | . | . | 1 | . | . | . | . | . | . | 4 |
|  | 22 | . | . | . | . | . | . | . | 1 | . | . | . | 1 | . | . | . | . | . | . | . | 2 |
|  | 211 | . | . | . | . | . | . | . | 2 | . | . | 1 | . | 1 | . | . | . | . | . | . | 4 |
|  | 121 | . | . | . | . | . | . | 1 | . | . | 2 | . | . | 1 | . | . | . | . | . | . | 4 |
|  | 1111 | . | . | . | . | . | . | 1 | . | 1 | . | 1 | . | 1 | . | . | . | . | . | . | 4 |
| 22 | 22 | . | . | . | . | . | 1 | . | . | . | 4 | . | . | . | 1 | . | . | . | . | . | 6 |
|  | 211 | . | . | . | . | . | 1 | . | . | 2 | . | 2 | . | . | 1 | . | . | . | . | . | 6 |
|  | 121 | . | . | . | . | . | . | 1 | . | . | 1 | . | 1 | . | . | . | . | . | . | . | 3 |
|  | 1111 | . | . | . | . | . | 1 | . | 1 | . | 2 | . | 1 | . | 1 | . | . | . | . | . | 6 |
| 211 | 211 | . | . | . | . | 2 | . | 2 | . | 4 | . | 2 | 1 | . | 1 | . | . | . | . | . | 12 |
|  | 121 | . | . | . | . | 2 | . | 2 | 1 | 2 | 1 | 2 | . | 2 | . | . | . | . | . | . | 12 |
|  | 1111 | . | . | . | 1 | . | 2 | . | 3 | . | . | 3 | . | 2 | . | 1 | . | . | . | . | 12 |
| 121 | 121 | . | . | . | 1 | . | . | 4 | . | 2 | . | 4 | . | . | 1 | . | . | . | . | . | 12 |
| 1111 | 1111 | . | . | . | 1 | . | 3 | . | 5 | . | 6 | . | 5 | . | 3 | . | 1 | . | . | . | 24 |
| 41 | 41 | . | . | . | . | . | . | . | . | 4 | . | . | . | . | 1 | . | . | . | . | . | 5 |
|  | 32 | . | . | . | . | . | . | 3 | . | . | . | . | . | 2 | . | . | . | . | . | . | 5 |
|  | 311 | . | . | . | . | . | . | 3 | . | . | . | 1 | . | 1 | . | . | . | . | . | . | 5 |
|  | 131 | . | . | . | . | . | 1 | . | . | . | 3 | . | . | . | 1 | . | . | . | . | . | 5 |
|  | 221 | . | . | . | . | . | . | 2 | . | . | . | 2 | . | . | 1 | . | . | . | . | . | 5 |
|  | 212 | . | . | . | . | . | . | 2 | . | 1 | . | . | . | 2 | . | . | . | . | . | . | 5 |
|  | 2111 | . | . | . | . | . | . | 2 | . | . | 1 | . | 1 | . | 1 | . | . | . | . | . | 5 |
|  | 1211 | . | . | . | . | . | 1 | . | . | 2 | . | . | 1 | . | 1 | . | . | . | . | . | 5 |
|  | 11111 | . | . | . | . | . | 1 | . | 1 | . | 1 | . | 1 | . | 1 | . | . | . | . | . | 5 |
| 32 | 32 | . | . | . | . | . | 3 | . | . | . | . | 6 | . | . | . | . | 1 | . | . | . | 10 |
|  | 311 | . | . | . | . | . | 3 | . | . | . | 3 | . | 3 | . | . | . | 1 | . | . | . | 10 |
|  | 131 | . | . | . | . | . | 3 | . | . | . | 4 | . | . | . | 3 | . | . | . | . | . | 10 |
|  | 221 | . | . | . | 1 | . | . | . | 4 | . | . | 2 | 1 | . | 2 | . | . | . | . | . | 10 |
|  | 212 | . | . | . | 1 | . | . | 2 | . | . | 4 | . | . | 2 | . | . | 1 | . | . | . | 10 |
|  | 2111 | . | . | . | 1 | . | . | 2 | . | 2 | . | 2 | 1 | . | 1 | . | 1 | . | . | . | 10 |
|  | 1211 | . | . | . | . | 2 | . | . | 2 | . | 1 | 2 | . | 2 | . | . | 1 | . | . | . | 10 |
|  | 11111 | . | . | . | 1 | . | 1 | . | 2 | . | 2 | . | 2 | . | 1 | . | 1 | . | . | . | 10 |
| 311 | 311 | . | . | . | . | . | 6 | . | . | 3 | . | 6 | . | 3 | . | . | 1 | . | 1 | . | 20 |
|  | 131 | . | . | . | . | 3 | . | 3 | . | 1 | 6 | 1 | . | 3 | . | 3 | . | . | . | . | 20 |
|  | 221 | . | . | . | 1 | . | . | 2 | . | 2 | 1 | . | 2 | . | 1 | . | 1 | . | . | . | 10 |
|  | 212 | . | . | . | 1 | . | 1 | . | 1 | 2 | . | 2 | 1 | . | 1 | . | 1 | . | . | . | 10 |
|  | 2111 | . | . | . | 2 | . | 2 | . | 4 | . | 4 | 1 | 2 | 2 | . | 2 | . | 1 | . | . | 20 |
|  | 1211 | . | . | . | 2 | . | 2 | 1 | 2 | 2 | 2 | 1 | 4 | . | 2 | 1 | . | 1 | . | . | 20 |
|  | 11111 | . | . | 1 | . | 2 | . | . | 3 | . | 4 | . | 4 | . | 3 | . | 2 | . | 1 | . | 20 |
| 131 | 131 | . | . | 1 | . | . | . | 6 | . | . | 6 | . | . | 6 | . | . | . | 1 | . | . | 20 |
|  | 221 | . | . | . | 1 | . | . | 2 | 1 | . | 2 | . | 1 | 2 | . | . | 1 | . | . | . | 10 |
|  | 212 | . | . | . | . | 1 | . | . | 1 | . | 1 | . | 1 | . | 1 | . | . | . | . | . | 5 |
|  | 2111 | . | . | . | 2 | . | 2 | 1 | 2 | 2 | 2 | 2 | 2 | 1 | 2 | . | 2 | . | . | . | 20 |
|  | 1211 | . | . | 1 | . | 1 | 2 | . | 4 | 1 | 2 | 1 | 4 | . | 2 | 1 | . | 1 | . | . | 20 |
| 221 | 221 | . | . | . | 4 | . | . | 6 | . | . | 9 | . | 4 | . | 4 | 2 | . | . | 1 | . | 30 |
|  | 212 | . | . | 2 | . | . | 5 | . | 4 | 2 | 4 | 2 | 4 | . | 5 | . | . | 2 | . | . | 30 |
|  | 2111 | . | . | 2 | . | 2 | 1 | 4 | 1 | 4 | 1 | 6 | . | 4 | 1 | 2 | 1 | . | 1 | . | 30 |
|  | 1211 | . | 1 | . | . | 4 | . | 4 | . | 6 | 1 | 4 | 2 | 2 | 2 | 2 | . | 2 | . | . | 30 |
|  | 11111 | . | 1 | . | 2 | . | 4 | . | 5 | . | 6 | . | 5 | . | 4 | . | 2 | . | 1 | . | 30 |
| 212 | 212 | . | 1 | . | . | 4 | . | . | 8 | . | 4 | . | 8 | . | . | 4 | . | . | 1 | . | 30 |
|  | 2111 | . | 1 | . | 1 | 2 | 1 | 4 | . | 6 | . | 6 | . | 4 | 1 | 2 | 1 | . | 1 | . | 30 |
|  | 1211 | . | . | 2 | . | . | 2 | 1 | 4 | 1 | 4 | 2 | 4 | 1 | 4 | 1 | 2 | . | 2 | . | 30 |
| 2111 | 2111 | . | 2 | . | 4 | . | 8 | . | 10 | . | 12 | . | 10 | 1 | 6 | 2 | 2 | 2 | . | 1 | 60 |
|  | 1211 | . | 2 | . | 4 | . | 8 | . | 10 | 1 | 10 | 2 | 8 | 2 | 6 | 1 | 4 | . | 2 | . | 60 |
|  | 11111 | 1 | . | 3 | . | 6 | . | 9 | . | 11 | . | 11 | . | 9 | . | 6 | . | 3 | . | 1 | 60 |
| 1211 | 1211 | . | 2 | . | 4 | 1 | 6 | 2 | 8 | 1 | 12 | . | 10 | . | 8 | . | 4 | 1 | . | 1 | 60 |
| 11111 | 11111 | * | 4 | . | 9 | . | 15 | . | 20 | . | 22 | . | 20 | . | 15 | . | 9 | . | 4 | * | 120 |

Tafel IX-5-5 (Fortsetz.)

| (x) | (y) | −9 | −8 | −7 | −6 | −5 | −4 | −3 | −2 | −1 | 0 | +1 | +2 | +3 | +4 | +5 | +6 | +7 | +8 | +9 | ΣP |
|---|---|---|---|---|---|---|---|---|---|---|---|---|---|---|---|---|---|---|---|---|---|
| 51 | 51 | . | . | . | . | . | . | . | . | 5 | . | . | . | . | . | 1 | . | . | . | . | 6 |
|    | 42 | . | . | . | . | . | . | . | 2 | . | . | . | . | 1 | 1 | . | . | . | . | . | 3 |
|    | 33 | . | . | . | . | . | . | 1 | . | . | . | . | . | 1 | . | . | . | . | . | . | 2 |
|    | 411 | . | . | . | . | . | . | . | 4 | . | . | . | . | 1 | 1 | . | . | . | . | . | 6 |
|    | 141 | . | . | . | . | 1 | . | . | . | . | 4 | . | . | . | . | 1 | . | . | . | . | 6 |
|    | 321 | . | . | . | . | . | . | 3 | . | . | . | . | 2 | . | . | 1 | . | . | . | . | 6 |
|    | 312 | . | . | . | . | . | . | 3 | . | . | . | 1 | . | . | 2 | . | . | . | . | . | 6 |
|    | 231 | . | . | . | . | . | 2 | . | . | . | . | 3 | . | . | . | 1 | . | . | . | . | 6 |
|    | 222 | . | . | . | . | . | 1 | . | . | . | 1 | . | . | . | 1 | . | . | . | . | . | 3 |
|    | 3111 | . | . | . | . | . | . | 3 | . | . | . | 1 | . | 1 | 1 | . | . | . | . | . | 6 |
|    | 1311 | . | . | . | . | 1 | . | . | . | 3 | . | . | . | 1 | 1 | . | . | . | . | . | 6 |
|    | 2211 | . | . | . | . | . | 2 | . | . | . | 2 | . | . | 1 | 1 | . | . | . | . | . | 6 |
|    | 2121 | . | . | . | . | . | 2 | . | . | 1 | . | . | 2 | . | 1 | . | . | . | . | . | 6 |
|    | 2112 | . | . | . | . | . | 2 | . | . | 1 | . | 1 | . | . | 2 | . | . | . | . | . | 6 |
|    | 1221 | . | . | . | . | 1 | . | . | 2 | . | . | . | 2 | . | 1 | . | . | . | . | . | 6 |
|    | 21111 | . | . | . | . | . | 2 | . | . | 1 | . | 1 | . | 1 | 1 | . | . | . | . | . | 6 |
|    | 12111 | . | . | . | . | 1 | . | . | 2 | . | . | 1 | . | 1 | 1 | . | . | . | . | . | 6 |
|    | 11211 | . | . | . | . | 1 | . | 1 | . | . | 2 | . | . | 1 | 1 | . | . | . | . | . | 6 |
|    | 111111 | . | . | . | . | 1 | . | 1 | . | 1 | . | 1 | . | 1 | 1 | . | . | . | . | . | 6 |
| 42 | 42 | . | . | . | . | . | 6 | . | . | . | . | . | 8 | . | . | . | 1 | . | 1 | . | 15 |
|    | 33 | . | . | . | 1 | . | . | . | . | . | 3 | . | . | . | . | 1 | . | . | 1 | . | 5 |
|    | 411 | . | . | . | . | . | 6 | . | . | . | . | 4 | . | 4 | . | . | 4 | . | 1 | . | 15 |
|    | 141 | . | . | . | . | 4 | . | . | . | . | 7 | . | . | . | . | 4 | . | . | . | . | 15 |
|    | 321 | . | . | . | 3 | . | . | . | . | 6 | . | . | 3 | . | 1 | . | 2 | . | . | . | 15 |
|    | 312 | . | . | . | 3 | . | . | 3 | . | . | . | 6 | . | . | . | 2 | . | . | 1 | . | 15 |
|    | 231 | . | 1 | . | . | . | . | 6 | . | . | . | 2 | 3 | . | 4 | . | 3 | . | 1 | . | 15 |
|    | 222 | . | 1 | . | . | . | 4 | . | . | . | 5 | . | . | 3 | . | 4 | 1 | . | 1 | . | 15 |
|    | 3111 | . | . | . | 3 | . | . | . | 3 | . | 3 | . | 3 | . | 1 | 1 | . | . | 1 | . | 15 |
|    | 1311 | . | . | . | 3 | . | . | . | 4 | . | 1 | . | 3 | . | 3 | . | . | . | 1 | . | 15 |
|    | 2211 | . | 1 | . | . | . | 4 | . | . | 2 | . | 1 | 2 | . | 2 | 2 | . | . | 1 | . | 15 |
|    | 2121 | . | 1 | . | . | 2 | . | . | 4 | . | . | 4 | . | . | 2 | . | 2 | . | . | . | 15 |
|    | 2112 | . | 1 | . | . | 2 | . | 2 | . | . | 5 | . | . | 2 | 2 | . | . | 2 | 1 | . | 15 |
|    | 1221 | . | . | 2 | . | . | 1 | 2 | . | . | 5 | . | . | 2 | 1 | . | . | 2 | . | . | 15 |
|    | 21111 | . | 1 | . | . | 2 | . | 2 | . | 2 | 1 | 2 | 1 | . | 2 | . | 1 | . | 1 | . | 15 |
|    | 12111 | . | . | 2 | . | . | 2 | . | 1 | 2 | 1 | 2 | . | 2 | 1 | . | 1 | . | 1 | . | 15 |
|    | 11211 | . | 1 | . | . | 2 | . | 2 | 1 | . | 3 | . | 1 | 2 | . | 2 | . | . | 1 | . | 15 |
|    | 111111 | . | 1 | . | 1 | . | 2 | . | 2 | . | 3 | . | 2 | . | 2 | . | 1 | . | 1 | . | 15 |
| 33 | 33 | 1 | . | . | . | 2 | . | 9 | . | . | . | . | . | 9 | . | . | . | . | . | 1 | 20 |
|    | 411 | . | . | . | 2 | . | . | . | . | 3 | . | 3 | . | . | . | . | 2 | . | . | . | 10 |
|    | 141 | . | . | . | . | 3 | . | . | . | . | 4 | . | . | . | . | 3 | . | . | . | . | 10 |
|    | 321 | 1 | . | . | . | . | 6 | . | . | 3 | . | 3 | . | . | 6 | . | . | . | . | 1 | 20 |
|    | 312 | 1 | . | . | . | 3 | . | . | 6 | . | . | . | 6 | . | . | 3 | . | . | . | 1 | 20 |
|    | 231 | . | . | 3 | . | . | . | 1 | 6 | . | . | . | 6 | 1 | . | . | . | 3 | . | . | 20 |
|    | 222 | . | 1 | . | . | . | 2 | . | . | . | 4 | . | . | . | 2 | . | . | . | 1 | . | 10 |
|    | 3111 | 1 | . | . | . | 3 | . | 3 | . | 3 | . | 3 | . | 3 | . | 3 | . | . | . | 1 | 20 |
|    | 1311 | . | . | 3 | . | . | . | 4 | . | 3 | . | 3 | . | 4 | . | . | . | 3 | 2 | . | 20 |
|    | 2211 | . | 2 | . | . | 1 | 2 | 1 | . | 4 | . | 4 | . | 1 | 2 | 1 | . | . | 2 | . | 20 |
|    | 2121 | 1 | . | . | 2 | . | . | 5 | . | . | 4 | . | . | 5 | . | . | 2 | . | . | 1 | 20 |
|    | 2112 | 1 | . | 1 | . | . | 4 | . | . | 4 | . | 4 | . | . | 4 | . | . | 1 | . | 1 | 20 |
|    | 1221 | 1 | . | . | . | 4 | . | . | 4 | 1 | . | 1 | 4 | . | . | 4 | . | . | . | 1 | 20 |
|    | 21111 | 1 | . | 1 | . | 1 | 2 | 1 | 2 | . | 4 | . | 2 | 1 | 2 | 1 | . | 1 | . | 1 | 20 |
|    | 12111 | 1 | . | . | 2 | . | 2 | 1 | 2 | 2 | . | 2 | 2 | 1 | 2 | . | 2 | . | . | 1 | 20 |
|    | 11211 | . | 1 | . | . | 1 | . | 1 | 1 | 1 | 2 | . | 1 | 1 | . | 1 | . | 1 | 1 | . | 10 |
|    | 111111 | 1 | . | 1 | . | 2 | . | 3 | . | 3 | . | 3 | . | 3 | . | 2 | . | 1 | . | 1 | 20 |
| 411 | 411 | . | . | . | . | . | 12 | . | . | . | 4 | . | 8 | . | 4 | . | 4 | 1 | . | 1 | 30 |
|    | 141 | . | . | . | 4 | . | 4 | . | . | 1 | 12 | 1 | . | 3 | 4 | . | 4 | . | . | . | 30 |
|    | 321 | . | . | . | 6 | . | . | . | 6 | . | 6 | 3 | . | 3 | 2 | . | 2 | . | 2 | . | 30 |
|    | 312 | . | . | . | 6 | . | . | 3 | . | 3 | 6 | . | 6 | . | 2 | . | 2 | . | 2 | . | 30 |
|    | 231 | . | 2 | . | . | . | 6 | . | 6 | . | 2 | . | 8 | . | . | 3 | . | 3 | . | . | 30 |
|    | 222 | . | 1 | . | . | 2 | . | 2 | . | 2 | 1 | 2 | . | 2 | . | 2 | . | . | 1 | . | 15 |

# Tafel IX-5-5 (Fortsetz.)

| (x) | (y) | $\overline{11}$ | $\overline{10}$ | $\overline{9}$ | $\overline{8}$ | $\overline{7}$ | $\overline{6}$ | $\overline{5}$ | $\overline{4}$ | $\overline{3}$ | $\overline{2}$ | $\overline{1}$ | 0 | $+1$ | $+2$ | $+3$ | $+4$ | $+5$ | $+6$ | $+7$ | $+8$ | $+9$ | $+10$ | $+11$ | $\Sigma P$ |
|---|---|---|---|---|---|---|---|---|---|---|---|---|---|---|---|---|---|---|---|---|---|---|---|---|---|
| 411 | 3111 | . | . | . | . | . | 6 | . | . | 3 | . | 6 | . | 6 | . | 4 | . | 2 | . | 2 | . | 1 | . | . | 30 |
|  | 1311 | . | . | . | . | 3 | . | 3 | . | 1 | 6 | 2 | . | 4 | . | 6 | . | 3 | . | 1 | . | 1 | . | . | 30 |
|  | 2211 | . | . | 2 | . | . | . | 4 | . | 4 | 2 | . | 6 | . | 4 | . | 4 | . | 2 | 1 | . | 1 | . | . | 30 |
|  | 2121 | . | . | 2 | . | 2 | . | 2 | . | 4 | . | 4 | 4 | . | 4 | 1 | 2 | 1 | 2 | . | 2 | . | . | . | 30 |
|  | 2112 | . | . | 2 | . | 2 | . | 4 | . | 2 | 5 | . | 5 | 2 | . | 4 | . | 2 | . | 2 | . | . | . | . | 30 |
|  | 1221 | . | . | 2 | . | 2 | . | 4 | . | 2 | 5 | . | 5 | 2 | . | 4 | . | 2 | . | 2 | . | . | . | . | 30 |
|  | 21111 | . | . | 2 | . | 2 | . | 4 | . | 4 | 1 | . | 4 | 2 | 2 | 3 | . | 3 | . | 2 | . | 1 | . | . | 30 |
|  | 12111 | . | . | 2 | . | 2 | 1 | 2 | 2 | 2 | 2 | 2 | 4 | 1 | 4 | 1 | 2 | 2 | . | 2 | . | 1 | . | . | 30 |
|  | 11211 | . | . | 1 | . | 1 | 2 | . | 4 | 1 | 2 | 3 | 2 | 3 | 2 | 1 | 4 | . | 2 | 1 | . | 1 | . | . | 30 |
|  | 111111 | . | . | 1 | . | 2 | . | 3 | . | 4 | . | 5 | . | 5 | . | 4 | . | 3 | . | 2 | . | 1 | . | . | 30 |
| 141 | 141 | . | . | 1 | . | . | . | . | 8 | . | . | . | 12 | . | . | 8 | . | . | . | . | 1 | . | . | . | 30 |
|  | 321 | . | . | . | . | 3 | . | . | 6 | . | 2 | . | 8 | . | 2 | . | 6 | . | . | 3 | . | . | . | . | 30 |
|  | 312 | . | . | . | . | . | 6 | . | . | 3 | 2 | . | 8 | . | 2 | 3 | . | . | 6 | . | . | . | . | . | 30 |
|  | 231 | . | . | 2 | . | . | . | . | 6 | 3 | . | . | 8 | . | . | 3 | 6 | . | . | . | 2 | . | . | . | 30 |
|  | 222 | . | . | . | . | 2 | . | . | . | 4 | . | . | 3 | . | . | 4 | . | . | . | 2 | . | . | . | . | 15 |
|  | 3111 | . | . | . | . | 3 | . | 3 | . | 4 | . | 2 | 6 | 2 | . | 4 | . | 3 | . | 3 | . | . | . | . | 30 |
|  | 1311 | . | . | 1 | . | 1 | . | 3 | . | 6 | . | 1 | 6 | 1 | . | 6 | . | 3 | . | 1 | . | 1 | . | . | 30 |
|  | 2211 | . | . | 2 | . | 2 | . | 2 | 4 | 2 | 1 | . | 4 | 1 | 2 | 4 | 2 | . | 2 | . | 2 | . | . | . | 30 |
|  | 2121 | . | . | 2 | . | . | 5 | . | . | 6 | . | 4 | . | 6 | . | . | . | 5 | . | 2 | . | . | . | . | 30 |
|  | 2112 | . | . | . | 4 | . | . | 4 | . | 4 | 1 | 4 | 1 | 4 | . | 4 | . | . | 4 | . | . | . | . | . | 30 |
|  | 1221 | . | . | 1 | . | 4 | . | . | 4 | 4 | . | 4 | . | 4 | 4 | . | . | . | 4 | . | . | 1 | . | . | 30 |
|  | 21111 | . | . | 2 | . | 2 | 1 | 2 | 2 | 2 | 3 | . | 2 | 3 | 2 | 2 | 2 | 1 | 2 | . | 2 | . | . | . | 30 |
|  | 12111 | . | . | 1 | . | 1 | 2 | 1 | 2 | 1 | 4 | 2 | 2 | 2 | 4 | 1 | 2 | 1 | 2 | 1 | . | 1 | . | . | 30 |
|  | 11211 | . | . | 1 | . | 2 | . | 1 | 4 | . | 4 | 2 | 2 | 2 | 4 | . | 4 | 1 | . | 2 | . | 1 | . | . | 30 |
| 321 | 321 | . | . | 3 | . | . | . | 12 | . | . | 12 | 3 | . | 3 | 12 | . | . | 6 | . | 6 | . | 2 | . | 1 | 60 |
|  | 312 | . | . | 3 | . | . | 6 | . | . | 15 | . | . | 12 | . | 6 | 3 | 6 | . | 6 | 1 | . | . | 2 | . | 60 |
|  | 231 | . | . | . | 6 | . | . | 3 | 8 | . | . | . | 13 | 6 | . | 6 | 3 | . | 6 | . | . | 3 | . | . | 60 |
|  | 222 | . | . | 2 | . | . | 2 | 2 | . | 2 | 5 | . | 4 | . | 5 | 2 | . | 2 | 2 | . | . | 2 | . | . | 30 |
|  | 3111 | . | . | 3 | . | . | 6 | . | 6 | 3 | 6 | 6 | . | 9 | . | 9 | . | 6 | . | 4 | . | 1 | . | 1 | 60 |
|  | 1311 | . | . | 3 | . | . | 6 | 3 | . | 9 | . | 6 | 6 | 4 | 6 | 4 | . | 7 | . | 3 | . | 3 | . | . | 60 |
|  | 2211 | . | . | 4 | . | . | 6 | . | 2 | 9 | . | 9 | . | 8 | 4 | 4 | 4 | 1 | 4 | 1 | 2 | . | 2 | . | 60 |
|  | 2121 | . | 2 | . | . | 5 | . | 4 | 4 | 4 | 4 | 5 | 2 | 9 | 2 | 4 | 4 | 4 | 2 | . | 4 | . | . | 1 | 60 |
|  | 2112 | . | 2 | . | 2 | 1 | 2 | 5 | 2 | 4 | 4 | 8 | . | 8 | 4 | 4 | 2 | 5 | 2 | 1 | 2 | . | 2 | . | 60 |
|  | 1221 | 1 | . | . | 2 | 4 | . | 4 | 2 | 9 | 2 | . | 12 | . | 2 | 9 | 2 | 4 | . | 4 | 2 | . | . | 1 | 60 |
|  | 21111 | . | 2 | . | 2 | 1 | 4 | 1 | 6 | 1 | 8 | 1 | 8 | 1 | 8 | 2 | 4 | 3 | 2 | 3 | . | 2 | . | 1 | 60 |
|  | 12111 | 1 | . | . | 4 | . | 4 | . | 8 | 1 | 6 | 3 | 6 | 4 | 4 | 3 | 6 | 1 | 4 | 1 | 2 | 1 | . | 1 | 60 |
|  | 11211 | . | 2 | . | 2 | 2 | 2 | 3 | 4 | 2 | 8 | 1 | 8 | 1 | 8 | 2 | 4 | 3 | 2 | 2 | 2 | . | 2 | . | 60 |
|  | 111111 | 1 | . | 2 | . | 4 | . | 6 | . | 8 | . | 9 | . | 9 | . | 8 | . | 6 | . | 4 | . | 2 | . | 1 | 60 |
| 312 | 312 | . | . | 3 | . | 3 | . | . | 12 | . | . | 12 | 6 | . | 6 | . | . | 12 | . | 3 | 2 | . | . | 1 | 60 |
|  | 231 | . | . | 3 | . | . | 6 | 1 | . | 12 | 2 | . | 12 | . | 6 | 3 | 6 | 3 | . | . | 6 | . | . | . | 60 |
|  | 222 | . | 1 | . | . | 2 | 1 | 2 | . | 2 | 5 | . | 4 | . | 5 | 2 | . | 2 | 1 | 2 | . | . | 1 | . | 30 |
|  | 3111 | . | . | 3 | . | 3 | . | . | 3 | 6 | 3 | 6 | . | 6 | . | 9 | . | 6 | . | 4 | . | 1 | . | 1 | 60 |
|  | 1311 | . | . | . | 6 | . | . | 6 | . | . | 9 | . | 9 | . | 7 | 6 | 1 | 6 | 4 | . | 3 | . | 3 | . | 60 |
|  | 2211 | . | 2 | . | . | . | 5 | . | 5 | 2 | 4 | 4 | 8 | . | 9 | 2 | 5 | 4 | . | 6 | . | 2 | . | 2 | 60 |
|  | 2121 | 1 | . | . | 4 | . | . | 9 | . | 4 | 4 | 8 | 2 | 4 | 6 | 4 | 2 | 5 | 2 | 1 | 2 | . | 2 | . | 60 |
|  | 2112 | 1 | . | 1 | 2 | . | 6 | . | 2 | 8 | 2 | 8 | . | 8 | 2 | 8 | 2 | . | 6 | . | 2 | 1 | . | 1 | 60 |
|  | 1221 | . | 2 | . | . | 5 | . | 4 | 4 | 4 | 4 | 5 | . | 5 | 4 | 4 | 4 | 4 | . | 5 | . | . | 2 | . | 60 |
|  | 21111 | 1 | . | 1 | 2 | 1 | 2 | 4 | 1 | 6 | . | 10 | . | 8 | 1 | 8 | 2 | 4 | 3 | 2 | 3 | . | 2 | . | 60 |
|  | 12111 | . | 2 | . | 2 | 1 | 4 | 1 | 6 | 2 | 6 | 3 | 6 | 3 | 6 | 2 | 6 | 1 | 4 | 1 | 2 | 1 | . | 1 | 60 |
|  | 11211 | . | 2 | . | 2 | 1 | 4 | 2 | 4 | 3 | 6 | 2 | 8 | 2 | 6 | 3 | 4 | 2 | 4 | 1 | 2 | . | 2 | . | 60 |
| 231 | 231 | . | . | . | 6 | . | . | . | 14 | . | . | . | 3 | 12 | 3 | . | 12 | . | . | 6 | 3 | . | . | 1 | 60 |
|  | 222 | . | 1 | . | . | . | 5 | . | . | 4 | 1 | 2 | 4 | 2 | 1 | 4 | . | . | 5 | . | . | 1 | . | . | 30 |
|  | 3111 | . | . | 3 | . | 3 | . | 4 | 6 | 1 | 6 | 4 | 6 | 6 | . | 9 | . | 6 | . | 3 | . | 3 | . | . | 60 |
|  | 1311 | 1 | . | . | . | 6 | . | 3 | 6 | . | 6 | 9 | . | 9 | . | 4 | 6 | 4 | . | 3 | . | 3 | . | . | 60 |
|  | 2211 | . | 2 | . | . | . | 4 | 2 | 4 | 4 | . | 8 | 4 | 9 | 2 | 5 | 2 | 4 | 2 | 4 | . | 1 | . | 1 | 60 |
|  | 2121 | . | . | . | 4 | . | 6 | . | 4 | 5 | 4 | 5 | 2 | 8 | 4 | 4 | . | 9 | . | . | 4 | . | . | 1 | 60 |
|  | 2112 | . | 2 | . | . | . | 5 | . | 5 | 2 | 4 | 6 | 4 | 4 | 6 | 4 | 2 | 5 | . | 5 | . | . | 2 | . | 60 |
|  | 1221 | . | 2 | . | . | . | 5 | 2 | . | 6 | 4 | 2 | 9 | . | 9 | 2 | 4 | 6 | . | 2 | 5 | . | . | 2 | . | 60 |
|  | 21111 | . | 2 | . | . | 2 | 1 | 4 | 2 | 4 | 3 | 6 | 3 | 6 | 2 | 8 | 1 | 6 | 1 | 4 | 1 | 2 | 1 | . | 1 | 60 |
|  | 12111 | 1 | . | 1 | 2 | 1 | . | 4 | 1 | 6 | 1 | 8 | 1 | 8 | 2 | 6 | 3 | 4 | 3 | 2 | 2 | 2 | . | 2 | . | 60 |
|  | 11211 | 1 | . | 1 | 2 | . | . | 6 | 1 | 4 | 3 | 6 | 2 | 8 | 2 | 6 | 3 | 4 | 1 | 6 | . | 2 | 1 | . | 1 | 60 |

## Tafel IX-5-5 (Fortsetz.)

| $S^{**}$ \ $\Sigma P$ | 90 | 30 | 30 | 45 | 90 | 90 | 90 | 90 | 90 | 120 | 120 | 60 | 60 | 60 | 120 | 120 | 120 | 120 | 120 | 60 | 60 | 60 | 120 | 120 | 120 |
|---|---|---|---|---|---|---|---|---|---|---|---|---|---|---|---|---|---|---|---|---|---|---|---|---|---|
| +15 | . | . | . | . | . | . | . | . | . | . | . | . | . | . | . | . | . | . | . | . | . | . | . | . | . |
| +14 | . | . | . | . | . | . | . | . | . | . | . | . | . | . | . | . | . | . | . | . | . | . | . | . | . |
| +13 | . | . | . | . | . | . | . | . | . | . | . | . | . | . | . | . | . | . | . | . | . | . | . | . | . |
| +12 | 1 | . | . | 1 | . | 1 | . | . | 1 | 1 | . | . | . | . | . | 1 | 1 | . | 1 | 1 | . | . | . | 1 | 1 |
| +11 | . | . | . | . | 1 | . | . | 2 | . | . | 1 | 1 | 1 | . | 1 | . | 2 | . | . | . | 1 | . | 1 | 2 | . |
| +10 | . | 1 | 1 | . | . | . | 4 | 1 | . | 2 | 2 | 3 | . | . | . | . | 3 | 2 | . | 3 | 1 | . | 2 | 2 | . |
| +9 | . | . | 2 | . | 4 | . | 2 | 2 | 4 | . | . | 2 | 2 | 2 | 1 | . | 2 | 4 | . | . | 1 | . | 1 | 4 | 2 | 2 |
| +8 | 8 | 1 | . | 4 | 3 | . | 2 | 2 | . | 5 | 5 | 6 | . | . | 2 | 5 | 2 | 1 | 6 | 6 | 2 | 2 | 2 | 2 | 1 | 2 | 1 |
| +7 | . | . | 2 | 2 | . | 4 | 8 | 4 | 4 | 6 | . | . | 4 | 3 | 3 | 1 | 2 | 6 | 6 | . | 1 | 2 | 1 | 2 | 6 | 6 | 8 |
| +6 | . | 3 | 1 | 4 | 2 | 4 | . | 1 | 2 | 7 | 10 | 7 | . | 2 | 2 | 4 | 6 | 2 | 3 | 10 | 9 | 4 | 2 | 4 | 2 | 3 | 2 | 1 |
| +5 | 8 | . | 2 | . | 3 | . | . | 6 | 6 | 6 | . | . | 6 | 5 | 3 | 3 | 1 | 6 | 10 | 8 | . | 6 | 3 | 4 | 2 | 3 | 8 | 10 | 10 |
| +4 | 2 | 2 | 2 | 1 | 1 | 14 | 15 | 2 | 3 | 2 | 11 | 15 | 5 | 2 | 4 | 4 | 6 | 5 | 3 | 4 | 14 | 3 | 2 | 1 | 4 | 4 | 5 | 2 | 3 |
| +3 | 16 | 2 | . | 2 | . | . | 10 | . | 10 | . | . | 12 | 4 | 3 | 2 | 3 | 12 | 7 | 12 | . | 12 | 5 | 5 | 4 | 3 | 10 | 14 | 12 |
| +2 | . | 2 | 4 | 8 | 8 | 8 | 1 | 1 | 3 | 12 | 15 | 5 | 6 | 6 | 8 | 4 | 3 | 5 | 3 | 17 | 6 | 4 | 4 | 4 | 6 | 6 | 2 | 3 |
| +1 | . | 4 | 2 | 8 | . | 1 | 7 | 12 | 12 | 8 | . | 6 | 12 | 2 | 3 | 1 | 5 | 16 | 2 | 12 | 6 | 12 | 4 | 4 | 5 | 2 | 12 | 16 | 16 |
| 0 | 20 | . | 2 | 4 | 7 | 12 | 12 | 2 | 2 | 6 | 14 | 9 | 10 | 8 | 6 | 8 | 4 | 1 | 5 | 2 | 18 | 12 | 6 | 6 | 4 | 8 | 5 | 2 | 2 |
| -1 | . | 4 | 2 | 8 | . | 4 | 1 | 12 | 12 | 8 | . | 12 | 6 | 1 | 3 | 1 | 5 | 18 | 14 | 16 | . | 6 | 3 | 3 | 5 | 2 | 14 | 16 | 16 |
| -2 | . | 2 | 4 | 8 | 8 | 8 | 1 | 1 | 3 | 12 | 3 | 12 | 6 | 6 | 8 | 4 | . | 3 | 3 | 17 | 7 | 6 | 6 | 4 | 6 | 3 | 3 | 3 |
| -3 | 16 | 2 | . | 2 | . | . | 10 | . | 10 | 10 | . | 18 | 6 | 2 | 2 | 2 | 3 | 16 | 14 | 12 | . | 12 | 3 | 2 | 4 | 3 | 14 | 12 | 12 |
| -4 | 2 | 2 | 2 | 1 | 2 | 14 | 15 | 2 | 3 | 3 | 1 | 11 | . | 9 | 4 | 6 | 4 | 6 | . | 1 | 4 | 4 | 14 | 2 | 4 | . | 4 | 4 | 1 | 4 | 3 |
| -5 | 8 | . | 2 | . | 3 | . | . | 8 | 6 | 6 | . | . | 12 | 6 | 2 | 1 | 3 | 1 | 12 | 2 | 8 | 12 | 1 | 1 | 2 | 3 | 12 | 8 | 10 |
| -6 | . | 3 | 1 | . | 2 | 4 | . | 1 | 2 | . | 7 | . | 3 | 4 | 4 | 2 | 4 | . | . | 3 | 10 | 4 | 6 | 4 | 4 | 2 | . | 3 | 1 |
| -7 | . | . | 2 | 1 | . | 4 | 8 | 4 | 4 | 6 | . | 6 | 6 | 1 | 1 | 3 | 1 | 8 | 8 | 6 | . | . | 1 | 1 | 2 | 8 | 6 | 8 |
| -8 | 8 | 1 | . | 4 | 3 | . | 2 | 2 | . | 5 | . | 2 | 1 | . | 2 | . | 1 | 6 | 6 | 2 | 2 | 2 | 2 | 2 | 1 | . | 1 | . |
| -9 | . | . | 2 | . | 4 | . | 2 | 2 | 4 | . | . | 6 | 6 | . | 1 | 2 | 1 | 4 | 4 | 4 | . | . | 1 | . | 1 | 4 | 4 | 2 |
| -10 | . | 1 | . | 1 | . | . | 4 | 1 | . | 2 | . | . | 2 | . | . | . | 2 | . | . | . | 3 | 3 | . | 2 | . | . | . | 2 |
| -11 | . | . | . | . | 1 | . | . | 2 | . | . | 1 | . | . | . | . | 1 | . | 2 | 2 | 1 | . | 1 | 1 | . | 1 | 2 | 2 | . |
| -12 | 1 | . | . | 1 | . | 1 | . | . | 1 | 1 | . | . | . | . | . | 1 | . | . | 1 | 1 | . | . | . | . | 1 | . |
| -13 | . | . | . | . | . | . | . | . | . | . | . | . | . | . | . | . | . | . | . | . | . | . | . | . | . |
| -14 | . | . | . | . | . | . | . | . | . | . | . | . | . | . | . | . | . | . | . | . | . | . | . | . | . |
| -15 | . | . | . | . | . | . | . | . | . | . | . | . | . | . | . | . | . | . | . | . | . | . | . | . | . |
| (y) | 222 | 3111 | 1311 | 2211 | 2121 | 2112 | 1221 | 2111 | 1211 | 11211 | 111111 | 3111 | 1311 | 2211 | 2121 | 2112 | 1221 | 2111 | 1211 | 11211 | 111111 | 1311 | 2211 | 2121 | 2112 | 1221 | 2111 | 1211 | 11211 |
| (x) | 222 | | | | | | 3111 | | | | | | 1311 | | | | | | | | | | | | |

Tafel IX-5-5 (Fortsetz.)

**Tafel IX-5-10**

LUDWIGS exakter Subgruppen-tau-Test

Entnommen aus LUDWIG, O.: Über Kombination von Rangkorrelationskoeffizienten aus unabhängigen Meßreihen. Biom. Zs. 4 (1962), 40–50, mit freundlicher Genehmigung des Verfassers und der Herausgeberin.

Die Tafel enthält die unteren Schranken der Prüfgröße $I_L$ als der Summe der Inversionen in $k_i$ Subgruppen zu je $N_i$ Beobachtungspaaren bis zu einer Gesamtzahl von $N = \Sigma N_i \leqslant 20$ Beobachtungspaaren. Die Benutzung der Tafel setzt voraus, daß die verbundenen Rangreihen im Sinne einer positiven Korrelation gepolt worden sind. Bei einseitigem Test sind die angegebenen, bei zweiseitigem Test die halbierten $\alpha$ %-Werte der Beurteilung zugrunde zu legen.

*Ablesebeispiel:* Liefern $k_1 = 2$ Subgruppen zu $N_1 = 5$ Rangpaaren eine Inversionssumme von $I_L = 3$, so ist diese bei zweiseitigem Test auf der 5 %-Stufe signifikant, da die untere Schranke für $\alpha/2\% = 2,5\%$ erreicht worden ist. Ein $I_L < 3$ wäre nicht signifikant.

| $N_1$ | $k_1$ | 0,05% | 0,1% | 0,5% | 1% | 2,5% | 5% |
|---|---|---|---|---|---|---|---|
| 3 | 1 | — | — | — | — | — | — |
| 3 | 2 | — | — | — | — | — | 0 |
| 3 | 3 | — | — | 0 | 0 | 0 | 1 |
| 3 | 4 | — | 0 | 0 | 1 | 1 | 2 |
| 3 | 5 | 0 | 0 | 1 | 2 | 2 | 3 |
| 3 | 6 | 1 | 1 | 2 | 3 | 3 | 4 |
| 3 | 7 | 2 | 2 | 3 | 4 | 5 | 5 |
| 3 | 8 | 2 | 3 | 4 | 5 | 6 | 7 |
| 4 | 1 | — | — | — | — | — | 0 |
| 4 | 2 | — | — | 0 | 0 | 1 | 2 |
| 4 | 3 | 0 | 1 | 2 | 2 | 3 | 4 |
| 4 | 4 | 2 | 2 | 4 | 4 | 5 | 6 |
| 4 | 5 | 4 | 4 | 6 | 6 | 8 | 9 |
| 4 | 6 | 6 | 6 | 8 | 9 | 10 | 11 |
| 5 | 1 | — | — | — | 0 | 0 | 1 |
| 5 | 2 | 0 | 1 | 2 | 2 | 3 | 4 |
| 5 | 3 | 3 | 4 | 5 | 6 | 7 | 8 |
| 5 | 4 | 6 | 7 | 9 | 10 | 11 | 12 |
| 5 | 5 | 9 | 10 | 12 | 14 | 15 | 16 |
| 6 | 1 | — | — | 0 | 1 | 1 | 2 |
| 6 | 2 | 2 | 3 | 5 | 5 | 7 | 8 |
| 6 | 3 | 7 | 8 | 10 | 11 | 13 | 14 |
| 7 | 1 | 0 | 0 | 1 | 2 | 3 | 4 |
| 7 | 2 | 5 | 6 | 8 | 9 | 11 | 12 |
| 8 | 1 | 1 | 2 | 3 | 4 | 5 | 6 |
| 8 | 2 | 9 | 10 | 13 | 14 | 16 | 18 |
| 9 | 1 | 3 | 3 | 5 | 6 | 8 | 9 |
| 9 | 2 | 14 | 15 | 18 | 19 | 22 | 24 |
| 10 | 1 | 5 | 5 | 8 | 9 | 11 | 12 |
| 10 | 2 | 19 | 20 | 24 | 26 | 29 | 31 |

Tafel IX-5-10 (Fortsetz.)

| $N_1$ | $k_1$ | $N_2$ | $k_2$ | 0,05% | 0,1% | 0,5% | 1% | 2,5% | 5% |
|---|---|---|---|---|---|---|---|---|---|
| 2 | 1 | 3 | 1 | — | — | — | — | — | — |
| 2 | 1 | 3 | 2 | — | — | — | — | 0 | 0 |
| 2 | 1 | 3 | 3 | — | — | 0 | 0 | 1 | 1 |
| 2 | 1 | 3 | 4 | 0 | 0 | 1 | 1 | 2 | 2 |
| 2 | 1 | 3 | 5 | 0 | 1 | 2 | 2 | 3 | 3 |
| 2 | 1 | 3 | 6 | 1 | 1 | 3 | 3 | 4 | 5 |
| 2 | 1 | 4 | 1 | — | — | — | — | 0 | 0 |
| 2 | 1 | 4 | 2 | — | 0 | 0 | 1 | 1 | 2 |
| 2 | 1 | 4 | 3 | 1 | 1 | 2 | 3 | 3 | 4 |
| 2 | 1 | 4 | 4 | 2 | 3 | 4 | 5 | 6 | 7 |
| 2 | 2 | 3 | 1 | — | — | — | — | — | 0 |
| 2 | 2 | 3 | 2 | — | — | — | 0 | 0 | 1 |
| 2 | 2 | 3 | 3 | — | — | 0 | 0 | 1 | 2 |
| 2 | 2 | 3 | 4 | 0 | 0 | 1 | 1 | 2 | 3 |
| 2 | 2 | 3 | 5 | 1 | 1 | 2 | 2 | 3 | 4 |
| 2 | 2 | 4 | 1 | — | — | — | — | 0 | 0 |
| 2 | 2 | 4 | 2 | 0 | 0 | 1 | 1 | 2 | 2 |
| 2 | 2 | 4 | 3 | 1 | 1 | 2 | 3 | 4 | 5 |
| 2 | 2 | 4 | 4 | 3 | 3 | 4 | 5 | 6 | 7 |
| 2 | 3 | 3 | 1 | — | — | — | — | 0 | 0 |
| 2 | 3 | 3 | 2 | — | — | 0 | 0 | 0 | 1 |
| 2 | 3 | 3 | 3 | — | 0 | 0 | 1 | 1 | 2 |
| 2 | 3 | 3 | 4 | 0 | 0 | 1 | 2 | 2 | 3 |
| 2 | 3 | 4 | 1 | — | — | — | 0 | 0 | 1 |
| 2 | 3 | 4 | 2 | 0 | 0 | 1 | 1 | 2 | 3 |
| 2 | 3 | 4 | 3 | 1 | 2 | 3 | 3 | 4 | 5 |
| 2 | 4 | 3 | 1 | — | — | — | — | 0 | 0 |
| 2 | 4 | 3 | 2 | — | — | 0 | 0 | 1 | 1 |
| 2 | 4 | 3 | 3 | 0 | 0 | 1 | 1 | 2 | 2 |
| 2 | 4 | 3 | 4 | 0 | 1 | 2 | 2 | 3 | 3 |
| 2 | 4 | 4 | 1 | — | — | 0 | 0 | 1 | 1 |
| 2 | 4 | 4 | 2 | 0 | 0 | 1 | 2 | 3 | 3 |
| 2 | 4 | 4 | 3 | 2 | 2 | 3 | 4 | 5 | 6 |
| 2 | 5 | 3 | 1 | — | — | — | 0 | 0 | 1 |
| 2 | 5 | 3 | 2 | — | 0 | 0 | 1 | 1 | 2 |
| 2 | 5 | 3 | 3 | 0 | 0 | 1 | 1 | 2 | 3 |
| 2 | 5 | 4 | 1 | — | — | 0 | 0 | 1 | 1 |
| 2 | 5 | 4 | 2 | 0 | 1 | 2 | 2 | 3 | 4 |
| 2 | 6 | 3 | 1 | — | — | 0 | 0 | 1 | 1 |
| 2 | 6 | 3 | 2 | 0 | 0 | 1 | 1 | 1 | 2 |
| 2 | 6 | 4 | 1 | — | 0 | 0 | 1 | 1 | 2 |
| 2 | 6 | 4 | 2 | 1 | 1 | 2 | 3 | 3 | 4 |
| 2 | 7 | 3 | 1 | — | — | 0 | 0 | 1 | 1 |
| 2 | 7 | 3 | 2 | 0 | 0 | 1 | 1 | 2 | 2 |
| 2 | 7 | 4 | 1 | 0 | 0 | 1 | 1 | 2 | 2 |
| 2 | 8 | 3 | 1 | — | 0 | 0 | 1 | 1 | 2 |
| 2 | 8 | 4 | 1 | 0 | 0 | 1 | 1 | 2 | 3 |
| 3 | 1 | 4 | 1 | — | — | — | 0 | 0 | 1 |
| 3 | 1 | 4 | 2 | 0 | 0 | 1 | 1 | 2 | 3 |
| 3 | 1 | 4 | 3 | 1 | 2 | 3 | 3 | 4 | 5 |
| 3 | 1 | 4 | 4 | 3 | 3 | 5 | 5 | 6 | 7 |

Tafel IX-5-10 (Fortsetz.)

| $N_1$ | $k_1$ | $N_2$ | $k_2$ | 0,05% | 0,1% | 0,5% | 1% | 2,5% | 5% |
|---|---|---|---|---|---|---|---|---|---|
| 3 | 1 | 5 | 1 | — | — | 0 | 1 | 1 | 2 |
| 3 | 1 | 5 | 2 | 1 | 2 | 3 | 4 | 5 | 6 |
| 3 | 1 | 5 | 3 | 4 | 5 | 6 | 7 | 8 | 9 |
| 3 | 2 | 4 | 1 | — | — | 0 | 1 | 1 | 2 |
| 3 | 2 | 4 | 2 | 0 | 1 | 2 | 2 | 3 | 4 |
| 3 | 2 | 4 | 3 | 2 | 3 | 4 | 4 | 5 | 6 |
| 3 | 2 | 5 | 1 | 0 | 0 | 1 | 2 | 2 | 3 |
| 3 | 2 | 5 | 2 | 2 | 3 | 4 | 5 | 6 | 7 |
| 3 | 3 | 4 | 1 | 0 | 0 | 1 | 2 | 2 | 3 |
| 3 | 3 | 4 | 2 | 1 | 2 | 3 | 3 | 4 | 5 |
| 3 | 3 | 5 | 1 | 1 | 1 | 2 | 3 | 3 | 4 |
| 3 | 3 | 5 | 2 | 3 | 4 | 5 | 6 | 7 | 8 |
| 3 | 4 | 4 | 1 | 1 | 1 | 2 | 3 | 3 | 4 |
| 3 | 4 | 4 | 2 | 2 | 3 | 4 | 5 | 6 | 6 |
| 3 | 4 | 5 | 1 | 1 | 2 | 3 | 4 | 5 | 5 |
| 3 | 5 | 4 | 1 | 1 | 2 | 3 | 4 | 4 | 5 |
| 3 | 5 | 5 | 1 | 2 | 3 | 4 | 5 | 6 | 7 |
| 4 | 1 | 5 | 1 | 0 | 0 | 1 | 1 | 2 | 3 |
| 4 | 1 | 5 | 2 | 2 | 3 | 4 | 5 | 6 | 7 |
| 4 | 1 | 5 | 3 | 5 | 6 | 7 | 8 | 10 | 11 |
| 4 | 1 | 6 | 1 | 0 | 1 | 2 | 3 | 4 | 5 |
| 4 | 1 | 6 | 2 | 4 | 5 | 7 | 8 | 9 | 10 |
| 4 | 2 | 5 | 1 | 1 | 2 | 3 | 3 | 4 | 5 |
| 4 | 2 | 5 | 2 | 4 | 4 | 6 | 7 | 8 | 9 |
| 4 | 2 | 6 | 1 | 2 | 3 | 4 | 5 | 6 | 7 |
| 4 | 2 | 6 | 2 | 7 | 7 | 9 | 10 | 12 | 13 |
| 4 | 3 | 5 | 1 | 3 | 3 | 5 | 6 | 7 | 8 |
| 4 | 3 | 6 | 1 | 4 | 5 | 6 | 7 | 8 | 9 |
| 5 | 1 | 6 | 1 | 1 | 2 | 3 | 4 | 5 | 6 |
| 5 | 1 | 6 | 2 | 6 | 6 | 8 | 9 | 11 | 12 |
| 5 | 1 | 7 | 1 | 3 | 3 | 5 | 6 | 7 | 8 |
| 5 | 1 | 7 | 2 | 9 | 10 | 12 | 13 | 15 | 17 |
| 5 | 2 | 6 | 1 | 4 | 5 | 7 | 8 | 9 | 10 |
| 5 | 2 | 7 | 1 | 6 | 6 | 8 | 9 | 11 | 12 |
| 6 | 1 | 7 | 1 | 4 | 5 | 6 | 7 | 9 | 10 |
| 6 | 1 | 7 | 2 | 10 | 11 | 14 | 15 | 17 | 19 |
| 6 | 1 | 8 | 1 | 6 | 6 | 8 | 9 | 11 | 13 |
| 6 | 2 | 7 | 1 | 9 | 10 | 12 | 13 | 15 | 16 |
| 6 | 2 | 8 | 1 | 11 | 12 | 14 | 15 | 17 | 19 |
| 7 | 1 | 8 | 1 | 7 | 8 | 10 | 12 | 13 | 15 |
| 7 | 1 | 9 | 1 | 9 | 10 | 13 | 14 | 16 | 18 |
| 8 | 1 | 9 | 1 | 11 | 12 | 15 | 17 | 19 | 21 |
| 8 | 1 | 10 | 1 | 14 | 15 | 18 | 20 | 22 | 24 |
| 9 | 1 | 10 | 1 | 16 | 18 | 21 | 23 | 25 | 27 |

Tafel IX-5-10 (Fortsetz.)

| $N_1$ | $k_1$ | $N_2$ | $k_2$ | $N_3$ | $k_3$ | 0,05% | 0,1% | 0,5% | 1% | 2,5% | 5% |
|---|---|---|---|---|---|---|---|---|---|---|---|
| 2 | 1 | 3 | 1 | 4 | 1 | — | — | 0 | 0 | 1 | 1 |
| 2 | 1 | 3 | 1 | 4 | 2 | 0 | 0 | 1 | 2 | 2 | 3 |
| 2 | 1 | 3 | 1 | 4 | 3 | 1 | 2 | 3 | 4 | 5 | 5 |
| 2 | 1 | 3 | 2 | 4 | 1 | — | 0 | 0 | 1 | 2 | 2 |
| 2 | 1 | 3 | 2 | 4 | 2 | 1 | 1 | 2 | 3 | 4 | 4 |
| 2 | 1 | 3 | 2 | 4 | 3 | 2 | 3 | 4 | 5 | 6 | 7 |
| 2 | 1 | 3 | 3 | 4 | 1 | 0 | 0 | 1 | 2 | 3 | 3 |
| 2 | 1 | 3 | 3 | 4 | 2 | 2 | 2 | 3 | 4 | 5 | 6 |
| 2 | 1 | 3 | 4 | 4 | 1 | 1 | 1 | 2 | 3 | 4 | 4 |
| 2 | 2 | 3 | 1 | 4 | 1 | — | — | 0 | 0 | 1 | 1 |
| 2 | 2 | 3 | 1 | 4 | 2 | 0 | 1 | 2 | 2 | 3 | 4 |
| 2 | 2 | 3 | 1 | 4 | 3 | 2 | 2 | 3 | 4 | 5 | 6 |
| 2 | 2 | 3 | 2 | 4 | 1 | 0 | 0 | 1 | 1 | 2 | 3 |
| 2 | 2 | 3 | 2 | 4 | 2 | 1 | 1 | 3 | 3 | 4 | 5 |
| 2 | 2 | 3 | 3 | 4 | 1 | 0 | 1 | 2 | 2 | 3 | 4 |
| 2 | 2 | 3 | 4 | 4 | 1 | 1 | 2 | 3 | 3 | 4 | 5 |
| 2 | 3 | 3 | 1 | 4 | 1 | — | 0 | 0 | 1 | 1 | 2 |
| 2 | 3 | 3 | 1 | 4 | 2 | 1 | 1 | 2 | 2 | 3 | 4 |
| 2 | 3 | 3 | 2 | 4 | 1 | 0 | 0 | 1 | 2 | 2 | 3 |
| 2 | 3 | 3 | 2 | 4 | 2 | 1 | 2 | 3 | 4 | 4 | 5 |
| 2 | 3 | 3 | 3 | 4 | 1 | 1 | 1 | 2 | 3 | 3 | 4 |
| 2 | 4 | 3 | 1 | 4 | 1 | 0 | 0 | 1 | 1 | 2 | 2 |
| 2 | 4 | 3 | 1 | 4 | 2 | 1 | 1 | 2 | 3 | 4 | 4 |
| 2 | 4 | 3 | 2 | 4 | 1 | 0 | 1 | 1 | 2 | 3 | 3 |
| 2 | 5 | 3 | 1 | 4 | 1 | 0 | 0 | 1 | 1 | 2 | 3 |
| 2 | 5 | 3 | 2 | 4 | 1 | 1 | 1 | 2 | 2 | 3 | 4 |
| 2 | 6 | 3 | 1 | 4 | 1 | 0 | 0 | 1 | 2 | 2 | 3 |
| 3 | 1 | 4 | 1 | 5 | 1 | 0 | 1 | 2 | 2 | 3 | 4 |
| 3 | 1 | 4 | 1 | 5 | 2 | 3 | 4 | 5 | 6 | 7 | 8 |
| 3 | 1 | 4 | 2 | 5 | 1 | 2 | 3 | 4 | 5 | 6 | 6 |
| 3 | 1 | 4 | 3 | 5 | 1 | 4 | 4 | 6 | 7 | 8 | 9 |
| 3 | 2 | 4 | 1 | 5 | 1 | 1 | 2 | 3 | 4 | 4 | 5 |
| 3 | 2 | 4 | 1 | 5 | 2 | 4 | 5 | 6 | 7 | 8 | 9 |
| 3 | 2 | 4 | 2 | 5 | 1 | 3 | 4 | 5 | 6 | 7 | 8 |
| 3 | 3 | 4 | 1 | 5 | 1 | 2 | 3 | 4 | 5 | 6 | 7 |
| 4 | 1 | 5 | 1 | 6 | 1 | 3 | 4 | 5 | 6 | 7 | 8 |
| 4 | 1 | 5 | 2 | 6 | 1 | 6 | 7 | 9 | 10 | 11 | 13 |
| 4 | 2 | 5 | 1 | 6 | 1 | 5 | 6 | 8 | 8 | 10 | 11 |
| 5 | 1 | 6 | 1 | 7 | 1 | 7 | 8 | 10 | 11 | 13 | 14 |

**Tafel IX-5-10a**

Ludwigs exakter Subgruppen-Rangkorrelationstest für gleich große Subgruppen

Entnommen aus LUDWIG, O.: Über Kombination von Rangkorrelationskoeffizienten aus unabhängigen Meßreihen. Biom. Z. 4 (1962), 40–50, Tabelle 1, mit freundlicher Genehmigung des Verfassers und der Herausgeberin.

Die Tafel enthält die unteren Schranken der Prüfgröße Q* = Gesamtzahl aller Inversionen bei positiver Korrelation, bzw. aller Proversionen P* bei negativer Korrelation innerhalb der m Subgruppen zu je n Beobachtungen. Die Schranken gelten für einseitige Fragestellung; bei zweiseitiger Fragestellung ist die kleinere der beiden Größen Q* oder P* als Prüfgröße anzusehen. Die Korrelation ist auf der bezeichneten α%-Stufe signifikant, wenn die ermittelte Prüfgröße den Tafelwert nicht überschreitet. Die Tafel reicht bis N = mn ⩽ 25 Beobachtungen.

*Ablesebeispiel:* Wenn n = 4 Rangpaare in m = 5 Subgruppen insgesamt P* = 7 ergeben, dann ist der Zusammenhang zwischen den beteiligten Variablen sowohl bei ein- wie bei zweiseitiger Fragestellung auf der 5 %-Stufe signifikant, da beide Schranken, 9 und 8, unterschritten werden.

| n | m | Einseitiger Test 5% | 1% | 0,1% | Zweiseitiger Test 5% | 1% | 0,1% |
|---|---|---|---|---|---|---|---|
| 3 | 2 | 0 | – | – | – | – | – |
|   | 3 | 1 | 0 | – | 0 | 0 | – |
|   | 4 | 2 | 1 | 0 | 1 | 0 | – |
|   | 5 | 3 | 2 | 0 | 2 | 1 | 0 |
|   | 6 | 4 | 3 | 1 | 3 | 2 | 1 |
|   | 7 | 5 | 4 | 2 | 5 | 3 | 2 |
|   | 8 | 7 | 5 | 3 | 6 | 4 | 2 |
| 4 | 2 | 2 | 0 | – | 1 | 0 | – |
|   | 3 | 4 | 2 | 1 | 3 | 2 | 0 |
|   | 4 | 6 | 4 | 2 | 5 | 4 | 2 |
|   | 5 | 9 | 6 | 4 | 8 | 6 | 4 |
|   | 6 | 11 | 9 | 6 | 10 | 8 | 6 |
| 5 | 2 | 4 | 2 | 1 | 3 | 2 | 0 |
|   | 3 | 8 | 6 | 4 | 7 | 5 | 3 |
|   | 4 | 12 | 10 | 7 | 11 | 9 | 6 |
|   | 5 | 16 | 14 | 10 | 15 | 12 | 9 |
| 6 | 2 | 8 | 5 | 3 | 7 | 5 | 2 |
|   | 3 | 14 | 11 | 8 | 13 | 10 | 7 |
| 7 | 2 | 12 | 9 | 6 | 11 | 8 | 5 |
| 8 | 2 | 18 | 14 | 10 | 16 | 13 | 9 |
| 9 | 2 | 24 | 19 | 15 | 22 | 18 | 14 |
| 10 | 2 | 31 | 26 | 20 | 29 | 24 | 19 |

**Tafel IX-5-10b**

LUDWIGS exakter Subgruppen-Rangkorrelationstest für *zwei* unterschiedliche Subgruppenumfänge

Adaptiert aus LUDWIG, O.: Über Kombination von Rangkorrelationskoeffizienten aus unabhängigen Meßreihen. Biom. Z. 4 (1962), 40–50, Tabelle 2, mit freundlicher Genehmigung des Verfassers und der Herausgeberin.

Die Tafel enthält die unteren Schranken der Prüfgröße Q* (P*) für einseitige, bzw. Min. (Q*, P*) für zweiseitige Fragestellung mit höchstens m = 7 Subgruppen $N_1 \leq N_2 \leq N_3 \leq N_4 \leq N_5 \leq N_6 \leq N_7$ und höchstens N = 15 Rangpaaren, wobei sich 2 beliebige Subgruppenumfänge um höchstens 2 Rangpaare größenmäßig unterscheiden: $N = \Sigma N_i \leq 15$ und max. $(N_j - N_i) \leq 2$ $(i < j)$. Signifikanz liegt auf der bezeichneten Stufe vor, wenn die ermittelte Prüfgröße den Tafelwert unterschreitet oder erreicht.

*Ablesebeispiel:* Liefern vier Subgruppen der Umfänge $N_1 = 3$, $N_2 = N_3 = N_4 = 4$ ein P* = 5, so ist der Zusammenhang zwar bei einseitiger Fragestellung, nicht aber bei zweiseitiger Fragestellung auf dem 5 % Niveau signifikant.

| Subgruppenumfänge | | | | | | | Einseitiger Test | | | Zweiseitiger Test | | |
|---|---|---|---|---|---|---|---|---|---|---|---|---|
| $N_1$ | $N_2$ | $N_3$ | $N_4$ | $N_5$ | $N_6$ | $N_7$ | 5% | 1% | 0,1% | 5% | 1% | 0,1% |
| 2 | 3 | | | | | | – | – | – | – | – | – |
| 2 | 3 | 3 | | | | | 0 | – | – | 0 | – | – |
| 2 | 3 | 3 | 3 | | | | 1 | 0 | – | 1 | 0 | – |
| 2 | 3 | 3 | 3 | 3 | | | 2 | 1 | 0 | 2 | 1 | 0 |
| 2 | 4 | | | | | | 0 | – | – | 0 | – | – |
| 2 | 4 | 4 | | | | | 2 | 1 | 0 | 1 | 0 | – |
| 2 | 4 | 4 | 4 | | | | 4 | 3 | 1 | 3 | 2 | 1 |
| 2 | 2 | 3 | | | | | 0 | – | – | – | – | – |
| 2 | 2 | 3 | 3 | | | | 1 | 0 | – | 0 | – | – |
| 2 | 2 | 3 | 3 | 3 | | | 2 | 0 | – | 1 | 0 | – |
| 2 | 2 | 4 | | | | | 0 | – | – | 0 | – | – |
| 2 | 2 | 4 | 4 | | | | 2 | 1 | 0 | 2 | 1 | 0 |
| 2 | 2 | 2 | 3 | | | | 0 | – | – | 0 | – | – |
| 2 | 2 | 2 | 3 | 3 | | | 1 | 0 | – | 0 | 0 | – |
| 2 | 2 | 2 | 3 | 3 | 3 | | 2 | 1 | 0 | 1 | 0 | – |
| 2 | 2 | 2 | 4 | | | | 1 | 0 | – | 0 | – | – |
| 2 | 2 | 2 | 4 | 4 | | | 3 | 1 | 0 | 2 | 1 | 0 |
| 2 | 2 | 2 | 2 | 3 | | | 0 | – | – | 0 | – | – |
| 2 | 2 | 2 | 2 | 3 | 3 | | 1 | 0 | – | 1 | 0 | – |
| 2 | 2 | 2 | 2 | 4 | | | 1 | 0 | – | 1 | 0 | – |
| 2 | 2 | 2 | 2 | 2 | 3 | | 1 | 0 | – | 0 | – | – |
| 2 | 2 | 2 | 2 | 2 | 4 | | 1 | 0 | – | 1 | 0 | – |
| 2 | 2 | 2 | 2 | 2 | 2 | 3 | 1 | 0 | – | 1 | 0 | – |
| 3 | 4 | | | | | | 1 | 0 | – | 0 | – | – |
| 3 | 4 | 4 | | | | | 3 | 1 | 0 | 2 | 1 | 0 |
| 3 | 4 | 4 | 4 | | | | 5 | 3 | 2 | 4 | 3 | 1 |
| 3 | 5 | | | | | | 2 | 1 | – | 1 | 0 | – |
| 3 | 5 | 5 | | | | | 6 | 4 | 2 | 5 | 3 | 1 |
| 3 | 3 | 4 | | | | | 2 | 1 | – | 1 | 0 | – |
| 3 | 3 | 4 | 4 | | | | 4 | 2 | 1 | 3 | 2 | 0 |
| 3 | 3 | 3 | 4 | | | | 3 | 2 | 0 | 2 | 1 | 0 |
| 4 | 5 | | | | | | 3 | 1 | 0 | 2 | 1 | 0 |
| 4 | 5 | 5 | | | | | 7 | 5 | 3 | 6 | 4 | 2 |
| 4 | 6 | | | | | | 5 | 3 | 1 | 4 | 2 | 0 |
| 4 | 4 | 5 | | | | | 5 | 3 | 2 | 4 | 3 | 1 |
| 5 | 6 | | | | | | 6 | 4 | 2 | 5 | 3 | 1 |
| 5 | 7 | | | | | | 8 | 6 | 3 | 7 | 5 | 3 |
| 6 | 7 | | | | | | 10 | 7 | 5 | 9 | 6 | 4 |
| 7 | 8 | | | | | | 15 | 12 | 8 | 13 | 10 | 7 |

**Tafel IX-5-10c**

LUDWIGS exakter Subgruppen-Rangkorrelationstest für *drei* unterschiedliche Subgruppenumfänge
Adaptiert aus LUDWIG, O.: Über Kombination von Rangkorrelationskoeffizienten aus unabhängigen Meßreihen. Biom. Z. 4 (1962), 40–50, Tabelle 3, mit freundlicher Genehmigung des Verfassers und der Herausgeberin.

Die Tafel enthält die unteren Schranken der Prüfgröße Q* (P*) für einseitige, bzw. Min. (Q*, P*) für zweiseitige Fragestellung mit höchstens m = 8 Subgruppen ($N_1 \leq N_2 \leq N_3 \leq N_4 \leq N_5 \leq N_6 \leq N_7 \leq N_8$), wobei sich zwei beliebige Subgruppenumfänge um höchstens 2 Rangpaare unterscheiden: $N = \Sigma N_i \leq 20$ und max. $(N_j - N_i) \leq 2$, $(i < j)$. Signifikanz liegt auf der bezeichneten Stufe vor, wenn die ermittelte Prüfgröße den Tafelwert unterschreitet oder erreicht.

*Ablesebeispiel:* Liefern 8 Subgruppen der Umfänge $N_1 = \ldots = N_5 = 2$, $N_6 = N_7 = 3$ und $N_8 = 4$ ein Q* = 4, so ist der Zusammenhang zwar bei einseitiger Fragestellung, nicht jedoch bei zweiseitiger Fragestellung auf dem 5 % Niveau signifikant.

| Subgruppenumfänge $N_1\ N_2\ N_3\ N_4\ N_5\ N_6\ N_7\ N_8$ | Einseitiger Test 5% 1% 0,1% | Zweiseitiger Test 5% 1% 0,1% |
|---|---|---|
| 2 3 4 | 1 0 – | 1 0 – |
| 2 3 4 4 | 3 2 0 | 2 1 0 |
| 2 3 4 4 4 | 5 4 2 | 5 3 1 |
| 2 3 3 4 | 2 1 0 | 2 0 – |
| 2 3 3 4 4 | 4 3 1 | 4 2 1 |
| 2 3 3 4 4 4 | 7 5 3 | 6 4 2 |
| 2 3 3 3 4 | 3 2 0 | 3 1 0 |
| 2 3 3 3 4 4 | 6 4 2 | 5 3 2 |
| 2 3 3 3 3 4 | 4 3 1 | 4 2 1 |
| 2 2 3 4 | 1 0 – | 1 0 – |
| 2 2 3 4 4 | 4 2 1 | 3 2 0 |
| 2 2 3 4 4 4 | 6 4 2 | 5 3 2 |
| 2 2 3 3 4 | 3 1 0 | 2 1 0 |
| 2 2 3 3 4 4 | 5 3 1 | 4 3 1 |
| 2 2 3 3 3 4 | 4 2 1 | 3 2 0 |
| 2 2 3 3 3 3 4 | 5 3 2 | 4 3 1 |
| 2 2 2 3 4 | 2 1 0 | 1 0 – |
| 2 2 2 3 4 4 | 4 2 1 | 3 2 1 |
| 2 2 2 3 3 4 | 3 2 0 | 2 1 0 |
| 2 2 2 3 3 4 4 | 5 4 2 | 4 3 1 |
| 2 2 2 3 3 3 4 | 4 3 1 | 3 2 1 |
| 2 2 2 2 3 4 | 2 1 0 | 2 1 0 |
| 2 2 2 2 3 4 4 | 4 3 1 | 4 2 1 |
| 2 2 2 2 3 3 4 | 3 2 1 | 3 1 0 |
| 2 2 2 2 2 3 4 | 3 1 0 | 2 1 0 |
| 2 2 2 2 2 3 3 4 | 4 2 1 | 3 2 1 |
| 2 2 2 2 2 2 3 4 | 3 2 0 | 2 1 0 |
| 3 4 5 | 4 2 1 | 3 2 0 |
| 3 4 5 5 | 8 6 4 | 7 5 3 |
| 3 4 4 5 | 6 5 3 | 6 4 2 |
| 3 4 4 4 5 | 9 7 4 | 8 6 4 |
| 3 3 4 5 | 5 4 2 | 4 3 1 |
| 3 3 4 5 5 | 9 7 5 | 8 6 4 |
| 3 3 4 4 5 | 8 6 4 | 7 5 3 |
| 3 3 3 4 5 | 7 5 3 | 6 4 2 |
| 4 5 6 | 8 6 4 | 7 5 3 |
| 4 5 5 6 | 13 10 7 | 11 9 6 |
| 4 4 5 6 | 11 8 6 | 10 8 5 |
| 5 6 7 | 14 11 8 | 13 10 7 |

**Tafel IX-5-11**

WHITFIELDS Intraklassen-Rangkorrelationstest

Entnommen aus WHITFIELD, J. W.: Intra-class rank-correlation. Biometrika 36 (1949), 463–465, mit freundlicher Genehmigung des Herausgebers.

Die Tafel enthält die exakten einseitigen Überschreitungswahrscheinlichkeiten P von WHITFIELDS Prüfgröße $S_p$ für Stichprobenumfänge von N = 6(2)20. Die hochgestellten Ziffern bezeichnen die Zahl der Nullen hinter dem Komma der P-Werte. $S_p$ ist über Null symmetrisch verteilt, so daß $P(S_p) = P(-S_p)$.

*Ablesebeispiel:* Für N = 10 Paarlinge (oder n = 5 Paare) hat ein $S_p$ = + 14 (wie auch $S_p$ = – 14) unter $H_0$ (keine Intraklassen-Rangkorrelation zwischen den Paarlingen) ein P = 0,03598 bei einseitiger und ein P' = 2·0,03598 = 0,07196 bei zweiseitiger Prüfung.

Tafel IX-5-11 (Fortsetz.)

| $S_p$ | N = 6 | N = 8 | N = 10 | N = 12 | N = 14 | N = 16 | N = 18 | N = 20 |
|---|---|---|---|---|---|---|---|---|
| 0  | 0·50000 | 0·50000 | 0·50000 | 0·50000 | 0·50000 | 0·50000 | 0·50000 | 0·50000 |
| 2  | 0·40000 | 0·42857 | 0·44868 | 0·46080 | 0·46875 | 0·47432 | 0·47842 | 0·48153 |
| 4  | 0·20000 | 0·29524 | 0·34921 | 0·38374 | 0·40693 | 0·42336 | 0·43549 | 0·44473 |
| 6  | 0·06667 | 0·18095 | 0·25820 | 0·31063 | 0·34717 | 0·37356 | 0·39326 | 0·40838 |
| 8  | — | 0·09524 | 0·17989 | 0·24367 | 0·29069 | 0·32564 | 0·35217 | 0·37276 |
| 10 | — | 0·03810 | 0·11640 | 0·18461 | 0·23855 | 0·28025 | 0·31264 | 0·33813 |
| 12 | — | 0·00952 | 0·06878 | 0·13499 | 0·19156 | 0·23794 | 0·27502 | 0·30475 |
| 14 | — | — | 0·03598 | 0·09370 | 0·15023 | 0·19913 | 0·23964 | 0·27283 |
| 16 | — | — | 0·01587 | 0·06195 | 0·11483 | 0·16412 | 0·20673 | 0·24257 |
| 18 | — | — | 0·00529 | 0·03848 | 0·08532 | 0·13309 | 0·17649 | 0·21412 |
| 20 | — | — | 0·00106 | 0·02213 | 0·06143 | 0·10606 | 0·14903 | 0·18760 |
| 22 | — | — | — | 0·01154 | 0·04268 | 0·08296 | 0·12440 | 0·16309 |
| 24 | — | — | — | 0·00529 | 0·02843 | 0·06359 | 0·10258 | 0·14065 |
| 26 | — | — | — | 0·00202 | 0·01814 | 0·04769 | 0·08352 | 0·12028 |
| 28 | — | — | — | 0·00058 | 0·01093 | 0·03492 | 0·06708 | 0·10196 |
| 30 | — | — | — | 0·00010 | 0·00616 | 0·02490 | 0·05310 | 0·08565 |
| 32 | — | — | — | — | 0·00320 | 0·01725 | 0·04140 | 0·07127 |
| 34 | — | — | — | — | 0·00150 | 0·01156 | 0·03175 | 0·05871 |
| 36 | — | — | — | — | 0·00061 | 0·00747 | 0·02392 | 0·04786 |
| 38 | — | — | — | — | 0·00021 | 0·00462 | 0·01768 | 0·03859 |
| 40 | — | — | — | — | 0·00005 | 0·00272 | 0·01280 | 0·03076 |
| 42 | — | — | — | — | 0·00001 | 0·00151 | 0·00906 | 0·02421 |
| 44 | — | — | — | — | — | 0·00078 | 0·00626 | 0·01882 |
| 46 | — | — | — | — | — | 0·00037 | 0·00420 | 0·01442 |
| 48 | — | — | — | — | — | 0·00016 | 0·00274 | 0·01089 |
| 50 | — | — | — | — | — | 0·00006 | 0·0017_ | 0·00810 |
| 52 | — | — | — | — | — | 0·00002 | 0·00104 | 0·00592 |
| 54 | — | — | — | — | — | $0·0^5 4$ | 0·00060 | 0·00425 |
| 56 | — | — | — | — | — | $0·0^6 5$ | 0·00033 | 0·00299 |
| 58 | — | — | — | — | — | — | 0·00017 | 0·00206 |
| 60 | — | — | — | — | — | — | 0·00008 | 0·00138 |
| 62 | — | — | — | — | — | — | 0·00004 | 0·00091 |
| 64 | — | — | — | — | — | — | 0·00001 | 0·00058 |
| 66 | — | — | — | — | — | — | $0·0^5 5$ | 0·00035 |
| 68 | — | — | — | — | — | — | $0·0^5 1$ | 0·00021 |
| 70 | — | — | — | — | — | — | $0·0^6 3$ | 0·00012 |
| 72 | — | — | — | — | — | — | $0·0^7 3$ | 0·00007 |
| 74 | — | — | — | — | — | — | — | 0·00003 |
| 76 | — | — | — | — | — | — | — | 0·00002 |
| 78 | — | — | — | — | — | — | — | 0·00001 |
| 80 | — | — | — | — | — | — | — | $0·0^5 3$ |
| 82 | — | — | — | — | — | — | — | $0·0^5 1$ |
| 84 | — | — | — | — | — | — | — | $0·0^6 3$ |
| 86 | — | — | — | — | — | — | — | $0·0^7 8$ |
| 88 | — | — | — | — | — | — | — | $0·0^7 2$ |
| 90 | — | — | — | — | — | — | — | $0·0^8 2$ |

## Tafel IX-7-3

Der Normalrang-Korrelationstest

Entnommen aus BHUCHONGKUL, S.: A class of nonparametric test for independence in bivariate populations. Ann. Math. Stat. 35 (1964), 138–149, Table 1, mit freundlicher Genehmigung des Verfassers und des Herausgebers.

Die Tafel enthält für alle möglichen Absolutwerte der Prüfgröße EPS im Bereich N = 2(1)6 die mit dem Faktor N! multiplizierten einseitigen Überschreitungswahrscheinlichkeiten P. Man sucht unter dem jeweiligen N das beobachtete EPS auf und dividiert das danebenstehende ganzzahlige Produkt N!P durch N!, um P zu erhalten.

*Ablesebeispiel:* Findet man für N = 5 ein (rundungsfehlerbehaftetes) EPS = 2,9488 (entsprechend 2,950163 der Tafel), so ist die zugrunde liegende negative Korrelation mit einem P (einseitig) = 3/5! = 0,025 assoziiert bzw. mit einem P' (zweiseitig) = 2(0,025) = 0,05.

| EPS | N!P | EPS | N!P | EPS | N!P | EPS | N!P |
|---|---|---|---|---|---|---|---|
| $N = 2$ | | $N = 6$ | | 2.273188 | 96 | .980468 | 235 |
| .636192 | 1 | 4.116514 | 1 | 2.269953 | 98 | .933757 | 239 |
| $N = 3$ | | 3.953298 | 2 | 2.173593 | 102 | .924993 | 243 |
| 1.431432 | 1 | 3.922914 | 4 | 2.123064 | 106 | .883228 | 247 |
| .715716 | 3 | 3.729314 | 5 | 2.095428 | 110 | .855592 | 251 |
| $N = 4$ | | 3.725889 | 7 | 2.017453 | 118 | .824328 | 253 |
| 2.294100 | 1 | 3.581938 | 11 | 1.998188 | 122 | .806133 | 257 |
| 1.941264 | 2 | 3.562673 | 13 | 1.958553 | 124 | .786868 | 261 |
| 1.758276 | 4 | 3.532289 | 15 | 1.921093 | 128 | .777617 | 265 |
| 1.222452 | 5 | 3.404178 | 17 | 1.879328 | 132 | .740157 | 269 |
| .970632 | 9 | 3.335264 | 18 | 1.848064 | 133 | .727968 | 273 |
| .535824 | 11 | 3.257289 | 22 | 1.823853 | 137 | .681257 | 277 |
| 0.0 | 13 | 3.210578 | 24 | 1.773717 | 141 | .661992 | 279 |
| $N = 5$ | | 3.191313 | 28 | 1.764953 | 143 | .658757 | 283 |
| 3.195188 | 1 | 3.172048 | 29 | 1.704993 | 147 | .511868 | 291 |
| 2.950163 | 3 | 3.063689 | 33 | 1.685728 | 149 | .472233 | 293 |
| 2.748964 | 5 | 3.016978 | 35 | 1.646093 | 157 | .465157 | 297 |
| 2.503939 | 7 | 3.013553 | 37 | 1.626828 | 165 | .452968 | 305 |
| 2.460113 | 9 | 2.982289 | 39 | 1.580117 | 169 | .406257 | 309 |
| 2.302740 | 10 | 2.916313 | 43 | 1.567928 | 171 | .386992 | 313 |
| 2.215088 | 11 | 2.866664 | 47 | 1.548853 | 175 | .328092 | 317 |
| 2.173279 | 15 | 2.839218 | 51 | 1.452493 | 179 | .309697 | 319 |
| 1.842619 | 17 | 2.788259 | 53 | 1.374328 | 183 | .309017 | 321 |
| 1.727055 | 21 | 2.691842 | 54 | 1.371093 | 187 | .278633 | 323 |
| 1.683229 | 25 | 2.663813 | 58 | 1.351828 | 191 | .259368 | 331 |
| 1.396395 | 27 | 2.591664 | 60 | 1.333633 | 193 | .240103 | 333 |
| 1.352569 | 31 | 2.544953 | 64 | 1.305117 | 197 | .236868 | 337 |
| 1.107544 | 35 | 2.525688 | 68 | 1.274733 | 201 | .212657 | 341 |
| 1.021909 | 39 | 2.498242 | 70 | 1.255468 | 205 | .199408 | 342 |
| .906345 | 41 | 2.486053 | 74 | 1.246217 | 207 | .140508 | 346 |
| .862519 | 43 | 2.467858 | 75 | 1.177493 | 211 | .081608 | 348 |
| .575685 | 47 | 2.398064 | 79 | 1.158228 | 215 | .062343 | 352 |
| .531859 | 51 | 2.388813 | 83 | 1.118593 | 219 | .034897 | 356 |
| .446224 | 53 | 2.351353 | 87 | 1.111517 | 223 | .015632 | 360 |
| .245025 | 57 | 2.304642 | 88 | 1.099328 | 227 | | |
| .201199 | 59 | 2.292453 | 92 | 1.039368 | 231 | | |
| 0.0 | 61 | | | | | | |

## Tafel IX-7-5

BLOMQVISTS exakter Quadrantentest

Entnommen aus BLOMQVIST, N.: On a measure of dependence between two random variables. Ann. Math. Stat. 21 (1950), 593–600, Table , mit freundlicher Genehmigung des Verfassers und des Herausgebers.

Die Tafel enthält die exakten zweiseitigen Überschreitungswahrscheinlichkeiten P' für die Prüfgröße $\nu = |a + d - k|$, wobei $a = d$ die Felderfrequenzen einer doppelt mediandichotomierten Korrelationstafel und N den Stichprobenumfang bezeichnet. Die obere Hälfte der Tafel gilt für die geradzahligen Prüfgrößenwerte der Stichprobenumfänge $N = 4(4)48$, und die untere Hälfte gilt für die ungeradzahligen Prüfgrößenwerte der Stichprobenumfänge $N = 6(4)50$.

*Ablesebeispiel:* Hat eine Quadrantenteilung die Frequenzen $a = d = 7$ und $b = c = 3$ ergeben, so ist $k = 7 + 3 = 10$ und $N = 20$, woraus $\nu = |7 + 7 - 10| = 4$ folgt. Dazu gehört ein $P' = 0{,}179$ oder ein $P = 0{,}0895 = \frac{1}{2} P'$.

| ν \ N | 4 | 8 | 12 | 16 | 20 | 24 | 28 | 32 | 36 | 40 | 44 | 48 |
|---|---|---|---|---|---|---|---|---|---|---|---|---|
| 0 | 1.000 | 1.000 | 1.000 | 1.000 | 1.000 | 1.000 | 1.000 | 1.000 | 1.000 | 1.000 | 1.000 | 1.000 |
| 2 | .333 | .486 | .567 | .619 | .656 | .684 | .706 | .724 | .740 | .752 | .764 | .773 |
| 4 |  | .029 | .090 | .132 | .179 | .220 | .257 | .289 | .318 | .343 | .366 | .387 |
| 6 |  |  | .0022 | .010 | .023 | .039 | .057 | .076 | .094 | .113 | .131 | .148 |
| 8 |  |  |  | .0002 | .0011 | .0033 | .0070 | .012 | .018 | .026 | .034 | .042 |
| 10 |  |  |  |  |  | .0001 | .0004 | .0011 | .0022 | .0038 | .0060 | .0087 |
| 12 |  |  |  |  |  |  |  |  | .0002 | .0004 | .0007 | .0012 |
| 14 |  |  |  |  |  |  |  |  |  |  |  | .0001 |

| ν \ N | 6 | 10 | 14 | 18 | 22 | 26 | 30 | 34 | 38 | 42 | 46 | 50 |
|---|---|---|---|---|---|---|---|---|---|---|---|---|
| 1 | 1.000 | 1.000 | 1.000 | 1.000 | 1.000 | 1.000 | 1.000 | 1.000 | 1.000 | 1.000 | 1.000 | 1.000 |
| 3 | .100 | .206 | .286 | .347 | .395 | .434 | .466 | .494 | .517 | .538 | .556 | .572 |
| 5 |  | .0079 | .029 | .057 | .086 | .115 | .143 | .169 | .194 | .217 | .238 | .258 |
| 7 |  |  | .0006 | .0034 | .0089 | .017 | .027 | .038 | .050 | .063 | .076 | .089 |
| 9 |  |  |  |  | .0003 | .0012 | .0028 | .0053 | .0086 | .013 | .017 | .023 |
| 11 |  |  |  |  |  |  | .0001 | .0004 | .0009 | .0017 | .0028 | .0042 |
| 13 |  |  |  |  |  |  |  |  | .0001 | .0001 | .0003 | .0005 |
| 15 |  |  |  |  |  |  |  |  |  |  |  |  |

## Tafel X-1

KENDALLS Konkordanztest: exakte Schranken

Entnommen via KENDALL, M. G. ([3] 1962, Table 6) aus FRIEDMAN, M.: A comparison of alternative tests of significance for the problem of m rankings. Ann. Math. Stat. 11 (1940), 86–92, mit freundlicher Genehmigung des Verfassers und des Herausgebers.

Die Tafel enthält die 5 %- und die 1 %-Schranken der Prüfgröße QSR = S für N = 3(1)7 Merkmalsträger und m = 3(1)6(2)10(5)20 Beurteiler mit zusätzlichen Schranken für N = 3 Merkmalsträger und m = 9(3)12(2)18 Beurteiler. Beobachtete QSR-Werte, die diese Schranken erreichen oder überschreiten, sind auf der bezeichneten Stufe signifikant.

*Ablesebeispiel:* Liefern die Rangreihen von m = 4 Beurteilern über N = 5 Objekte ein QSR $\geq$ 88,4, dann sind diese Rangreihen auf der 5 %-Stufe signifikant konkordant.

| m | N | | | | | Zusätzl. Schranken f. $N$ = 3 | |
|---|---|---|---|---|---|---|---|
|   | 3 | 4 | 5 | 6 | 7 | m | S |
| 5% Schranken | | | | | | | |
| 3  |      |       | 64·4  | 103·9  | 157·3  | 9  | 54·0  |
| 4  |      | 49·5  | 88·4  | 143·3  | 217·0  | 12 | 71·9  |
| 5  |      | 62·6  | 112·3 | 182·4  | 276·2  | 14 | 83·8  |
| 6  |      | 75·7  | 136·1 | 221·4  | 335·2  | 16 | 95·8  |
| 8  | 48·1 | 101·7 | 183·7 | 299·0  | 453·1  | 18 | 107·7 |
| 10 | 60·0 | 127·8 | 231·2 | 376·7  | 571·0  |    |       |
| 15 | 89·8 | 192·9 | 349·8 | 570·5  | 864·9  |    |       |
| 20 | 119·7| 258·0 | 468·5 | 764·4  | 1158·7 |    |       |
| 1% Schranken | | | | | | | |
| 3  |       |       | 75·6  | 122·8  | 185·6  | 9  | 75·9  |
| 4  |       | 61·4  | 109·3 | 176·2  | 265·0  | 12 | 103·5 |
| 5  |       | 80·5  | 142·8 | 229·4  | 343·8  | 14 | 121·9 |
| 6  |       | 99·5  | 176·1 | 282·4  | 422·6  | 16 | 140·2 |
| 8  | 66·8  | 137·4 | 242·7 | 388·3  | 579·9  | 18 | 158·6 |
| 10 | 85·1  | 175·3 | 309·1 | 494·0  | 737·0  |    |       |
| 15 | 131·0 | 269·8 | 475·2 | 758·2  | 1129·5 |    |       |
| 20 | 177·0 | 364·2 | 641·2 | 1022·2 | 1521·9 |    |       |

## Tafel X-2

KENDALLS Konkordanztest: Überschreitungswahrscheinlichkeiten
Entnommen aus KENDALL, M. G.: Rank correlation methods. London: Griffin [3]1962, Tables 5A–5D, mit freundlicher Genehmigung des Autors und des Verlages.

Die Tafeln A bis D enthalten die einseitigen (rechtsseitigen) Überschreitungswahrscheinlichkeiten P der Prüfgröße QSR = S des KENDALLschen Konkordanztests mit folgender Spezifikation
Tafel X-2-A:   N = 3 Merkmalsträger und m = 2(1)10 Beurteiler
Tafel X-2-B:   N = 4 Merkmalsträger und m = 3 oder m = 5 Beurteiler
Tafel X-2-C:   N = 4 Merkmalsträger und m = 2(2)6 Beurteiler
Tafel X-2-D:   N = 5 Merkmalsträger und m = 3 Beurteiler

*Ablesebeispiel:* Liefern die Rangreihen von m = 6 Beurteilern über N = 4 Objekte ein QSR = S = 102, dann sind diese Rangreihen auf der 1 %-Stufe signifikant konkordant, da P = 0,0096 < 0,01 = α

### Tafel A für N = 3 mit m = 2 (1) 10

| S | 2 | 3 | 4 | 5 | 6 | 7 | 8 | 9 | 10 |
|---|---|---|---|---|---|---|---|---|----|
| 0 | 1·000 | 1·000 | 1·000 | 1·000 | 1·000 | 1·000 | 1·000 | 1·000 | 1·000 |
| 2 | 0·833 | 0·944 | 0·931 | 0·954 | 0·956 | 0·964 | 0·967 | 0·971 | 0·974 |
| 6 | 0·500 | 0·528 | 0·653 | 0·691 | 0·740 | 0·768 | 0·794 | 0·814 | 0·830 |
| 8 | 0·167 | 0·361 | 0·431 | 0·522 | 0·570 | 0·620 | 0·654 | 0·685 | 0·710 |
| 14 |  | 0·194 | 0·273 | 0·367 | 0·430 | 0·486 | 0·531 | 0·569 | 0·601 |
| 18 |  | 0·028 | 0·125 | 0·182 | 0·252 | 0·305 | 0·355 | 0·398 | 0·436 |
| 24 |  |  | 0·069 | 0·124 | 0·184 | 0·237 | 0·285 | 0·328 | 0·368 |
| 26 |  |  | 0·042 | 0·093 | 0·142 | 0·192 | 0·236 | 0·278 | 0·316 |
| 32 |  |  | 0·0046 | 0·039 | 0·072 | 0·112 | 0·149 | 0·187 | 0·222 |
| 38 |  |  |  | 0·024 | 0·052 | 0·085 | 0·120 | 0·154 | 0·187 |
| 42 |  |  |  | 0·0085 | 0·029 | 0·051 | 0·079 | 0·107 | 0·135 |
| 50 |  |  |  | 0·0$^3$77 | 0·012 | 0·027 | 0·047 | 0·069 | 0·092 |
| 54 |  |  |  |  | 0·0081 | 0·021 | 0·038 | 0·057 | 0·078 |
| 56 |  |  |  |  | 0·0055 | 0·016 | 0·030 | 0·048 | 0·066 |
| 62 |  |  |  |  | 0·0017 | 0·0084 | 0·018 | 0·031 | 0·046 |
| 72 |  |  |  |  | 0·0$^3$13 | 0·0036 | 0·0099 | 0·019 | 0·030 |
| 74 |  |  |  |  |  | 0·0027 | 0·0080 | 0·016 | 0·026 |
| 78 |  |  |  |  |  | 0·0012 | 0·0048 | 0·010 | 0·018 |
| 86 |  |  |  |  |  | 0·0$^3$32 | 0·0024 | 0·0060 | 0·012 |
| 96 |  |  |  |  |  | 0·0$^3$32 | 0·0011 | 0·0035 | 0·0075 |
| 98 |  |  |  |  |  | 0·0$^4$21 | 0·0$^3$86 | 0·0029 | 0·0063 |
| 104 |  |  |  |  |  |  | 0·0$^3$26 | 0·0013 | 0·0034 |
| 114 |  |  |  |  |  |  | 0·0$^4$61 | 0·0$^3$66 | 0·0020 |
| 122 |  |  |  |  |  |  | 0·0$^4$61 | 0·0$^3$35 | 0·0013 |
| 126 |  |  |  |  |  |  | 0·0$^4$61 | 0·0$^3$20 | 0·0$^3$83 |
| 128 |  |  |  |  |  |  | 0·0$^5$36 | 0·0$^4$97 | 0·0$^3$51 |
| 134 |  |  |  |  |  |  |  | 0·0$^4$54 | 0·0$^3$37 |
| 146 |  |  |  |  |  |  |  | 0·0$^4$11 | 0·0$^3$18 |
| 150 |  |  |  |  |  |  |  | 0·0$^4$11 | 0·0$^3$11 |
| 152 |  |  |  |  |  |  |  | 0·0$^4$11 | 0·0$^4$85 |
| 158 |  |  |  |  |  |  |  | 0·0$^4$11 | 0·0$^4$44 |
| 162 |  |  |  |  |  |  |  | 0·0$^6$60 | 0·0$^4$20 |
| 168 |  |  |  |  |  |  |  |  | 0·0$^4$11 |
| 182 |  |  |  |  |  |  |  |  | 0·0$^5$21 |
| 200 |  |  |  |  |  |  |  |  | 0·0$^7$99 |

Tafel X-2 (Fortsetz.)

| Tafel B für N = 4 und m = 3 oder 5 ||||| 
|---|---|---|---|---|
| $S$ | $m=3$ | $m=5$ | $S$ | $m=5$ |
| 1 | 1·000 | 1·000 | 61 | 0·055 |
| 3 | 0·958 | 0·975 | 65 | 0·044 |
| 5 | 0·910 | 0·944 | 67 | 0·034 |
| 9 | 0·727 | 0·857 | 69 | 0·031 |
| 11 | 0·608 | 0·771 | 73 | 0·023 |
| 13 | 0·524 | 0·709 | 75 | 0·020 |
| 17 | 0·446 | 0·652 | 77 | 0·017 |
| 19 | 0·342 | 0·561 | 81 | 0·012 |
| 21 | 0·300 | 0·521 | 83 | 0·0087 |
| 25 | 0·207 | 0·445 | 85 | 0·0067 |
| 27 | 0·175 | 0·408 | 89 | 0·0055 |
| 29 | 0·148 | 0·372 | 91 | 0·0031 |
| 33 | 0·075 | 0·298 | 93 | 0·0023 |
| 35 | 0·054 | 0·260 | 97 | 0·0018 |
| 37 | 0·033 | 0·226 | 99 | 0·0016 |
| 41 | 0·017 | 0·210 | 101 | 0·0014 |
| 43 | 0·0017 | 0·162 | 105 | $0·0^364$ |
| 45 | 0·0017 | 0·141 | 107 | $0·0^333$ |
| 49 | | 0·123 | 109 | $0·0^321$ |
| 51 | | 0·107 | 113 | $0·0^314$ |
| 53 | | 0·093 | 117 | $0·0^448$ |
| 57 | | 0·075 | 125 | $0·0^530$ |
| 59 | | 0·067 | | |

| Tafel D für N = 5 und m = 3 ||||
|---|---|---|---|
| $S$ | $m=3$ | $S$ | $m=3$ |
| 0 | 1·000 | 44 | 0·236 |
| 2 | 1·000 | 46 | 0·213 |
| 4 | 0·988 | 48 | 0·172 |
| 6 | 0·972 | 50 | 0·163 |
| 8 | 0·941 | 52 | 0·127 |
| 10 | 0·914 | 54 | 0·117 |
| 12 | 0·845 | 56 | 0·096 |
| 14 | 0·831 | 58 | 0·080 |
| 16 | 0·768 | 60 | 0·063 |
| 18 | 0·720 | 62 | 0·056 |
| 20 | 0·682 | 64 | 0·045 |
| 22 | 0·649 | 66 | 0·038 |
| 24 | 0·595 | 68 | 0·028 |
| 26 | 0·559 | 70 | 0·026 |
| 28 | 0·493 | 72 | 0·017 |
| 30 | 0·475 | 74 | 0·015 |
| 32 | 0·432 | 76 | 0·0078 |
| 34 | 0·406 | 78 | 0·0053 |
| 36 | 0·347 | 80 | 0·0040 |
| 38 | 0·326 | 82 | 0·0028 |
| 40 | 0·291 | 86 | $0·0^390$ |
| 42 | 0·253 | 90 | $0·0^469$ |

Tafel X-2 (Fortsetz.)

| Tafel C für N = 4 und m = 2(2)6 ||||||
|---|---|---|---|---|---|
| $S$ | $m=2$ | $m=4$ | $m=6$ | $S$ | $m=6$ |
| 0  | 1·000 | 1·000  | 1·000 | 82  | 0·035 |
| 2  | 0·958 | 0·992  | 0·996 | 84  | 0·032 |
| 4  | 0·833 | 0·928  | 0·957 | 86  | 0·029 |
| 6  | 0·792 | 0·900  | 0·940 | 88  | 0·023 |
| 8  | 0·625 | 0·800  | 0·874 | 90  | 0·022 |
| 10 | 0·542 | 0·754  | 0·844 | 94  | 0·017 |
| 12 | 0·458 | 0·677  | 0·789 | 96  | 0·014 |
| 14 | 0·375 | 0·649  | 0·772 | 98  | 0·013 |
| 16 | 0·208 | 0·524  | 0·679 | 100 | 0·010 |
| 18 | 0·167 | 0·508  | 0·668 | 102 | 0·0096 |
| 20 | 0·042 | 0·432  | 0·609 | 104 | 0·0085 |
| 22 |       | 0·389  | 0·574 | 106 | 0·0073 |
| 24 |       | 0·355  | 0·541 | 108 | 0·0061 |
| 26 |       | 0·324  | 0·512 | 110 | 0·0057 |
| 30 |       | 0·242  | 0·431 | 114 | 0·0040 |
| 32 |       | 0·200  | 0·386 | 116 | 0·0033 |
| 34 |       | 0·190  | 0·375 | 118 | 0·0028 |
| 36 |       | 0·158  | 0·338 | 120 | 0·0023 |
| 38 |       | 0·141  | 0·317 | 122 | 0·0020 |
| 40 |       | 0·105  | 0·270 | 126 | 0·0015 |
| 42 |       | 0·094  | 0·256 | 128 | $0·0^3 90$ |
| 44 |       | 0·077  | 0·230 | 130 | $0·0^3 87$ |
| 46 |       | 0·068  | 0·218 | 132 | $0·0^3 73$ |
| 48 |       | 0·054  | 0·197 | 134 | $0·0^3 65$ |
| 50 |       | 0·052  | 0·194 | 136 | $0·0^3 40$ |
| 52 |       | 0·036  | 0·163 | 138 | $0·0^3 36$ |
| 54 |       | 0·033  | 0·155 | 140 | $0·0^3 28$ |
| 56 |       | 0·019  | 0·127 | 144 | $0·0^3 24$ |
| 58 |       | 0·014  | 0·114 | 146 | $0·0^3 22$ |
| 62 |       | 0·012  | 0·108 | 148 | $0·0^3 12$ |
| 64 |       | 0·0069 | 0·089 | 150 | $0·0^4 95$ |
| 66 |       | 0·0062 | 0·088 | 152 | $0·0^4 62$ |
| 68 |       | 0·0027 | 0·073 | 154 | $0·0^4 46$ |
| 70 |       | 0·0027 | 0·066 | 158 | $0·0^4 24$ |
| 72 |       | 0·0016 | 0·060 | 160 | $0·0^4 16$ |
| 74 |       | $0·0^3 94$ | 0·056 | 162 | $0·0^4 12$ |
| 76 |       | $0·0^3 94$ | 0·043 | 164 | $0·0^5 80$ |
| 78 |       | $0·0^3 94$ | 0·041 | 170 | $0·0^5 24$ |
| 80 |       | $0·0^4 72$ | 0·037 | 180 | $0·0^6 13$ |

## Tafel X-5

KENDALLS exakter Akkordanztest

Entnommen aus KENDALL, M. G.: Rank correlation methods. London: Griffin,[3] 1962, Tables 10A–10D, mit freundlicher Genehmigung des Autors und des Verlages.

Die Tafel enthält die einseitigen (rechtsseitigen) Überschreitungswahrscheinlichkeiten P für die Prüfgröße J (Akkordanzmass $\Sigma$ bei KENDALL) für folgende Spezifikationen:
Tafel X-5-A:  m = 3 Beurteiler mit n = 2(1)8 Merkmalsträgern
Tafel X-5-B:  m = 4 Beurteiler mit n = 2(1)6 Merkmalsträgern
Tafel X-5-C:  m = 5 Beurteiler mit n = 2(1)5 Merkmalsträgern
Tafel X-5-D:  m = 6 Beurteiler mit n = 2(1)4 Merkmalsträgern
Beobachtete Prüfgrößen J, die mit P-Werten kleiner $\alpha$ verbunden sind, entsprechen einem signifikanten Akkordanzkoeffizienten (coefficient of agreement).

*Ablesebeispiel:* Vergleichen m = 4 Beurteiler n = 5 Merkmalsträger paarweise, so ist ein Akkordanzmaß J = 39 mit einer Überschreitungswahrscheinlichkeit von P = 0,024 assoziiert und der Akkordanzkoeffizient daher auf der 5 %-Stufe signifikant.

### Tafel A für m = 3 Beurteiler

| n = 2 | | n = 3 | | n = 4 | | n = 5 | | n = 6 | | n = 7 | | n = 8 | |
|---|---|---|---|---|---|---|---|---|---|---|---|---|---|
| $\Sigma$ | P | $\Sigma$ | P | $\Sigma$ | P | $\Sigma$ | P | $\Sigma$ | P | $\Sigma$ | P | $\Sigma$ | P |
| 1 | 1·000 | 3 | 1·000 | 6  | 1·000   | 10 | 1·000   | 15 | 1·000   | 21 | 1·000   | 28 | 1·000 |
| 3 | 0·250 | 5 | 0·578 | 8  | 0·822   | 12 | 0·944   | 17 | 0·987   | 23 | 0·998   | 30 | 1·000 |
|   |       | 7 | 0·156 | 10 | 0·466   | 14 | 0·756   | 19 | 0·920   | 25 | 0·981   | 32 | 0·997 |
|   |       | 9 | 0·016 | 12 | 0·169   | 16 | 0·474   | 21 | 0·764   | 27 | 0·925   | 34 | 0·983 |
|   |       |   |       | 14 | 0·038   | 18 | 0·224   | 23 | 0·539   | 29 | 0·808   | 36 | 0·945 |
|   |       |   |       | 16 | 0·0046  | 20 | 0·078   | 25 | 0·314   | 31 | 0·633   | 38 | 0·865 |
|   |       |   |       | 18 | 0·0$^3$24 | 22 | 0·020   | 27 | 0·148   | 33 | 0·433   | 40 | 0·736 |
|   |       |   |       |    |         | 24 | 0·0035  | 29 | 0·057   | 35 | 0·256   | 42 | 0·572 |
|   |       |   |       |    |         | 26 | 0·0$^3$42 | 31 | 0·017   | 37 | 0·130   | 44 | 0·400 |
|   |       |   |       |    |         | 28 | 0·0$^4$30 | 33 | 0·0042  | 39 | 0·056   | 46 | 0·250 |
|   |       |   |       |    |         | 30 | 0·0$^6$95 | 35 | 0·0$^3$79 | 41 | 0·021   | 48 | 0·138 |
|   |       |   |       |    |         |    |         | 37 | 0·0$^3$12 | 43 | 0·0064  | 50 | 0·068 |
|   |       |   |       |    |         |    |         | 39 | 0·0$^4$12 | 45 | 0·0017  | 52 | 0·029 |
|   |       |   |       |    |         |    |         | 41 | 0·0$^6$92 | 47 | 0·0$^3$37 | 54 | 0·011 |
|   |       |   |       |    |         |    |         | 43 | 0·0$^7$43 | 49 | 0·0$^4$68 | 56 | 0·0038 |
|   |       |   |       |    |         |    |         | 45 | 0·0$^9$93 | 51 | 0·0$^4$10 | 58 | 0·0011 |
|   |       |   |       |    |         |    |         |    |         | 53 | 0·0$^5$12 | 60 | 0·0$^3$29 |
|   |       |   |       |    |         |    |         |    |         | 55 | 0·0$^6$12 | 62 | 0·0$^4$66 |
|   |       |   |       |    |         |    |         |    |         | 57 | 0·0$^8$86 | 64 | 0·0$^4$13 |
|   |       |   |       |    |         |    |         |    |         | 59 | 0·0$^9$44 | 66 | 0·0$^5$22 |
|   |       |   |       |    |         |    |         |    |         | 61 | 0·0$^{10}$15 | 68 | 0·0$^6$32 |
|   |       |   |       |    |         |    |         |    |         | 63 | 0·0$^{12}$23 | 70 | 0·0$^7$40 |
|   |       |   |       |    |         |    |         |    |         |    |         | 72 | 0·0$^8$42 |
|   |       |   |       |    |         |    |         |    |         |    |         | 74 | 0·0$^9$36 |
|   |       |   |       |    |         |    |         |    |         |    |         | 76 | 0·0$^{10}$24 |
|   |       |   |       |    |         |    |         |    |         |    |         | 78 | 0·0$^{11}$13 |
|   |       |   |       |    |         |    |         |    |         |    |         | 80 | 0·0$^{13}$48 |
|   |       |   |       |    |         |    |         |    |         |    |         | 82 | 0·0$^{14}$12 |
|   |       |   |       |    |         |    |         |    |         |    |         | 84 | 0·0$^{16}$14 |

## Tafel X-5 (Fortsetz.)

### Tafel B für m = 4 Beurteiler

| $n=2$ | | $n=3$ | | $n=4$ | | $n=5$ | | $n=5$ | | $n=6$ | | $n=6$ | |
|---|---|---|---|---|---|---|---|---|---|---|---|---|---|
| $\Sigma$ | $P$ | $\Sigma$ | $P$ | $\Sigma$ | $P$ | $\Sigma$ | $P$ | $\Sigma$ | $P$ | $\Sigma$ | $P$ | $\Sigma$ | $P$ |
| 2 | 1·000 | 6 | 1·000 | 12 | 1·000 | 20 | 1·000 | 42 | 0·0048 | 57 | 0·014 | 79 | $0·0^842$ |
| 3 | 0·625 | 7 | 0·947 | 13 | 0·997 | 21 | 1·000 | 43 | 0·0030 | 58 | 0·0092 | 80 | $0·0^828$ |
| 6 | 0·125 | 8 | 0·736 | 14 | 0·975 | 22 | 0·999 | 44 | 0·0017 | 59 | 0·0058 | 81 | $0·0^898$ |
| | | 9 | 0·455 | 15 | 0·901 | 23 | 0·995 | 45 | $0·0^373$ | 60 | 0·0037 | 82 | $0·0^915$ |
| | | 10 | 0·330 | 16 | 0·769 | 24 | 0·979 | 46 | $0·0^341$ | 61 | 0·0022 | 83 | $0·0^912$ |
| | | 11 | 0·277 | 17 | 0·632 | 25 | 0·942 | 47 | $0·0^324$ | 62 | 0·0013 | 84 | $0·0^{10}51$ |
| | | 12 | 0·137 | 18 | 0·524 | 26 | 0·882 | 48 | $0·0^490$ | 63 | $0·0^376$ | 86 | $0·0^{11}30$ |
| | | 14 | 0·043 | 19 | 0·410 | 27 | 0·805 | 49 | $0·0^437$ | 64 | $0·0^344$ | 87 | $0·0^{11}17$ |
| | | 15 | 0·025 | 20 | 0·278 | 28 | 0·719 | 50 | $0·0^425$ | 65 | $0·0^323$ | 90 | $0·0^{13}28$ |
| | | 18 | 0·0020 | 21 | 0·185 | 29 | 0·621 | 51 | $0·0^593$ | 66 | $0·0^313$ | | |
| | | | | 22 | 0·137 | 30 | 0·514 | 52 | $0·0^521$ | 67 | $0·0^472$ | | |
| | | | | 23 | 0·088 | 31 | 0·413 | 53 | $0·0^517$ | 68 | $0·0^436$ | | |
| | | | | 24 | 0·044 | 32 | 0·327 | 54 | $0·0^674$ | 69 | $0·0^418$ | | |
| | | | | 25 | 0·027 | 33 | 0·249 | 56 | $0·0^766$ | 70 | $0·0^597$ | | |
| | | | | 26 | 0·019 | 34 | 0·179 | 57 | $0·0^738$ | 71 | $0·0^547$ | | |
| | | | | 27 | 0·0079 | 35 | 0·127 | 60 | $0·0^993$ | 72 | $0·0^520$ | | |
| | | | | 28 | 0·0030 | 36 | 0·090 | | | 73 | $0·0^510$ | | |
| | | | | 29 | 0·0025 | 37 | 0·060 | | | 74 | $0·0^651$ | | |
| | | | | 30 | 0·0011 | 38 | 0·038 | | | 75 | $0·0^618$ | | |
| | | | | 32 | $0·0^316$ | 39 | 0·024 | | | 76 | $0·0^778$ | | |
| | | | | 33 | $0·0^495$ | 40 | 0·016 | | | 77 | $0·0^744$ | | |
| | | | | 36 | $0·0^538$ | 41 | 0·0088 | | | 78 | $0·0^715$ | | |

### Tafel C für m = 5 Beurteiler

| $n=2$ | | $n=3$ | | $n=4$ | | $n=5$ | | $n=5$ | |
|---|---|---|---|---|---|---|---|---|---|
| $\Sigma$ | $P$ | $\Sigma$ | $P$ | $\Sigma$ | $P$ | $\Sigma$ | $P$ | $\Sigma$ | $P$ |
| 4 | 1·000 | 12 | 1·000 | 24 | 1·000 | 40 | 1·000 | 76 | $0·0^450$ |
| 6 | 0·375 | 14 | 0·756 | 26 | 0·940 | 42 | 0·991 | 78 | $0·0^416$ |
| 10 | 0·063 | 16 | 0·390 | 28 | 0·762 | 44 | 0·945 | 80 | $0·0^550$ |
| | | 18 | 0·207 | 30 | 0·538 | 46 | 0·843 | 82 | $0·0^515$ |
| | | 20 | 0·103 | 32 | 0·353 | 48 | 0·698 | 84 | $0·0^639$ |
| | | 22 | 0·030 | 34 | 0·208 | 50 | 0·537 | 86 | $0·0^610$ |
| | | 24 | 0·011 | 36 | 0·107 | 52 | 0·384 | 88 | $0·0^723$ |
| | | 26 | 0·0039 | 38 | 0·053 | 54 | 0·254 | 90 | $0·0^853$ |
| | | 30 | $0·0^324$ | 40 | 0·024 | 56 | 0·158 | 92 | $0·0^812$ |
| | | | | 42 | 0·0093 | 58 | 0·092 | 94 | $0·0^914$ |
| | | | | 44 | 0·0036 | 60 | 0·050 | 96 | $0·0^{10}46$ |
| | | | | 46 | 0·0012 | 62 | 0·026 | 100 | $0·0^{12}91$ |
| | | | | 48 | $0·0^336$ | 64 | 0·012 | | |
| | | | | 50 | $0·0^312$ | 66 | 0·0057 | | |
| | | | | 52 | $0·0^428$ | 68 | 0·0025 | | |
| | | | | 54 | $0·0^554$ | 70 | 0·0010 | | |
| | | | | 56 | $0·0^518$ | 72 | $0·0^339$ | | |
| | | | | 60 | $0·0^760$ | 74 | $0·0^314$ | | |

Tafel X-5 (Fortsetz.)

| Tafel D für m = 6 Beurteiler ||||||||||
|---|---|---|---|---|---|---|---|---|---|
| $n = 2$ || $n = 3$ || $n = 4$ || $n = 4$ || $n = 4$ ||
| $\Sigma$ | $P$ | $\Sigma$ | $P$ | $\Sigma$ | $P$ | $\Sigma$ | $P$ | $\Sigma$ | $P$ |
| 6 | 1·000 | 18 | 1·000 | 36 | 1·000 | 55 | 0·043 | 74 | $0·0^4 12$ |
| 7 | 0·688 | 19 | 0·969 | 37 | 0·999 | 56 | 0·029 | 75 | $0·0^5 89$ |
| 10 | 0·219 | 20 | 0·832 | 38 | 0·991 | 57 | 0·020 | 76 | $0·0^5 49$ |
| 15 | 0·031 | 21 | 0·626 | 39 | 0·959 | 58 | 0·016 | 77 | $0·0^5 32$ |
|  |  | 22 | 0·523 | 40 | 0·896 | 59 | 0·011 | 80 | $0·0^6 68$ |
|  |  | 23 | 0·468 | 41 | 0·822 | 60 | 0·0072 | 81 | $0·0^6 17$ |
|  |  | 24 | 0·303 | 42 | 0·755 | 61 | 0·0049 | 82 | $0·0^6 12$ |
|  |  | 26 | 0·180 | 43 | 0·669 | 62 | 0·0034 | 85 | $0·0^7 34$ |
|  |  | 27 | 0·147 | 44 | 0·556 | 63 | 0·0025 | 90 | $0·0^8 93$ |
|  |  | 28 | 0·088 | 45 | 0·466 | 64 | 0·0016 |  |  |
|  |  | 29 | 0·061 | 46 | 0·409 | 65 | $0·0^3 83$ |  |  |
|  |  | 30 | 0·040 | 47 | 0·337 | 66 | $0·0^3 66$ |  |  |
|  |  | 31 | 0·034 | 48 | 0·257 | 67 | $0·0^3 48$ |  |  |
|  |  | 32 | 0·023 | 49 | 0·209 | 68 | $0·0^3 26$ |  |  |
|  |  | 35 | 0·0062 | 50 | 0·175 | 69 | $0·0^3 16$ |  |  |
|  |  | 36 | 0·0029 | 51 | 0·133 | 70 | $0·0^4 86$ |  |  |
|  |  | 37 | 0·0020 | 52 | 0·097 | 71 | $0·0^4 68$ |  |  |
|  |  | 40 | $0·0^3 58$ | 53 | 0·073 | 72 | $0·0^4 48$ |  |  |
|  |  | 45 | $0·0^4 31$ | 54 | 0·057 | 73 | $0·0^4 16$ |  |  |

## Tafel X-6

### Einfach und komplex verkettete Paarvergleichsbonituren

Entnommen aus BOSE, R. C.: Paired comparison designs for testing concordance between judges. Biometrika 43 (1956), 113–121, Table 1 and 2, mit freundlicher Genehmigung des Herausgebers.

Die beiden folgenden Tafeln haben als Planparameter
N ≙ Zahl der Beurteilungsobjekte (Merkmalsträger),
m ≙ Zahl der Beurteiler,
k ≙ Zahl der Beurteiler, die ein bestimmtes Objektpaar beurteilen,
r ≙ Zahl der einem einzelnen Beurteiler gebotenen Objektpaare,
γ ≙ Zahl der einem einzelnen Beurteiler gebotenen Objekte,
λ ≙ Zahl der gleichen Objektpaare, die je zwei Beurteilern geboten werden.

Komplex verkettete Paarvergleichsbonituren

Die Tafel enthält die jedem von m Beurteilern (I, II, ...) gebotenen k Gruppen (a, b, ...) von Objektpaaren (AB, CD, ...) und die Objektpaare jeder einzelnen Gruppe.

| Planparameter | Die Objektpaare jeder Gruppe | Beurteiler | Dem Beurteiler gebotene Gruppen | Plan-Nr. |
|---|---|---|---|---|
| N=7  m=3<br>k=2  r=14<br>γ=4  λ=7 | a: AB BC CD DE EF FG GA<br>b: AC BD CE DF EG FA GB<br>c: AD BE CF DG EA FB GC | I<br>II<br>III | b und c<br>c und a<br>a und b | (5) |
| N=8  m=7<br>k=3  r=12<br>γ=3  λ=4 | a: BG CF DE AH<br>b: CA DG **EF** BH<br>c: DB EA FG CH<br>d: EC FB GA DH<br>e: FD GC AB EH<br>f: GE AD BC FH<br>g: AF BE CD GH | I<br>II<br>III<br>IV<br>V<br>VI<br>VII | a, e, g<br>b, f, a<br>c, g, b<br>d, a, c<br>e, b, d<br>f, c, e<br>g, d, f | (6) |

Tafel X-6 (Fortsetz.)

Einfach verkettete Paarvergleichsbonituren

Die Tafel enthält die einem jeden von m Beurteilern (I, II ...) darzubietenden Objektpaare (AB, BC, ...).

| Planparameter | Beurteiler | Dem Beurteiler zum Präferenzvergleich gebotenen Objektpaare | Plan-Nr. |
|---|---|---|---|
| $N=4$  $m=3$  $k=2$  $r=4$  $\gamma=2$  $\lambda=2$ | I<br>II<br>III | AD AC BD BC<br>AC BD AB CD<br>AD AB BC CD | (1) |
| $N=5$  $m=10$  $k=3$  $r=6$  $\gamma=2$  $\lambda=2$ | I<br>II<br>III<br>IV<br>V<br>VI | CE BD AC AD BE<br>BC CD AD AE BE<br>BC CE AB DE AD<br>CE AB CD BD AE<br>AB CD DE AC BE<br>BC DE BD AC AE | (2) |
| $N=6$  $m=10$  $k=4$  $r=6$  $\gamma=2$  $\lambda=2$ | I<br>II<br>III<br>IV<br>V<br>VI<br>VII<br>VIII<br>IX<br>X | AB AC DC DE DF EF<br>BC BD CD AE AF EF<br>AC AD CD BE BF EF<br>AD BD AB CE CF EF<br>AD AF DF BC BE CE<br>AC AE CE BD BF DF<br>AB AE BE CD CF DF<br>AD AE DE BC BF CF<br>AC AF CF BD BE DE<br>AB AF BF CD CE DE | (3) |
| $N=9$  $m=28$  $k=7$  $r=9$  $\gamma=2$  $\lambda=2$ | I<br>II<br>III<br>IV<br>V<br>VI<br>VII<br>VIII<br>IX<br>X<br>XI<br>XII<br>XIII<br>XIV<br>XV<br>XVI<br>XVII<br>XVIII<br>XIX<br>XX<br>XXI<br>XXII<br>XXIII<br>XXIV<br>XXV<br>XXVI<br>XXVII<br>XXVIII | EF FG GH HJ AJ AB BC CD DE<br>CG FH AH EG DE BJ AD BC FJ<br>EH CF BJ DG AG BF DE AJ CH<br>GH CD BF BH FJ CE AG AD EJ<br>AB AF CE DH CH BG FJ DE GJ<br>AH BC BG DF EJ DJ CH AG EF<br>BF AD HJ BD EF AE GJ CH CG<br>DJ FJ DG AC EH BH CG EF AB<br>AE EJ DH CF AB DF GH CG BJ<br>EG GJ DF CD AH CJ AB EH BF<br>DG EF CJ AF BJ BD AH GH CE<br>DH CG BE AJ CE FG BF AH DJ<br>DF EH FG AD BG AC CE BJ HJ<br>CJ GH AC DE DJ FH BG BF AE<br>BD AB FH AG HJ CF DJ CE EG<br>BE AH CF FJ AE CD HJ BG DG<br>FG BJ CD CH EG AF AE DJ BH<br>AC BF AF EJ DG BC EG HJ DH<br>FH CE BC GJ BH AJ DG AE DF<br>CF BG AJ EF DH AD BH EG CJ<br>AF HJ DE CG CJ AG DF BH BE<br>BC AE AG EH BD FJ CJ DH FG<br>AJ EG FJ GH BE CH BD DF AC<br>AD DG CH AB FG EJ BE CJ FH<br>DE BH EJ AH AC GJ FG BD CF<br>AG DH GJ BJ FH EF AC BE CD<br>EJ BD CG BG AF EH CD FH AJ<br>GJ BE EH DJ BC GH AF CF AD | (4) |

## Tafel XI-1

Die kumulierte Binomialverteilung

Entnommen aus CONOVER, W. J.: Practical nonparametric Statistics. New York: Wiley 1971, Table 3, mit freundlicher Genehmigung des Autors und des Verlages.

Die Tafel enthält die Wahrscheinlichkeiten P dafür, daß eine Zufallsstichprobe vom Umfang N aus einer Binomialverteilung mit den Anteilsparametern $\pi$ = 0,05(0,05)0,95 x oder weniger Ja-Beobachtungen bzw. N–x oder mehr Nein-Beobachtungen enthält:

$$P(X \leqslant x) = \sum_{i=0}^{x} \binom{N}{i} \pi^i (1-\pi)^{N-i}$$

Die Tafel kann zur Durchführung von Binomialtests verwendet werden, wenn der Testparameter $\pi$ durch einen der Tafelwerte vertreten wird, oder der Bestimmung von Anteilskonfidenzgrenzen nach CLOPPER-PEARSON (vgl. 11.2.1) dienen, wenn interpoliert wird.

*Ablesebeispiel:* Wenn in einer Stichprobe von N = 12 Leukämie-Kranken die Blutgruppe B mit nur x = 1 Kranken vertreten ist, obschon in der Bevölkerung 15 % ($\pi$ = 0,15) B-Blutgruppenangehörige existieren, entspricht dies einer Zufalls- bzw. Unterschreitungswahrscheinlichkeit von P = 0,4435.

Findet man hingegen x = 5 Kranke unter N = 12 mit Blutgruppe B, dann entspricht dies einer Überschreitungswahrscheinlichkeit von P' = 1,0000 – 0,9761 = 0,0239 und damit einem zu hohen Anteil von B's unter den Leukämikern.

Tafel XI-1 (Fortsetz.)

| n | x | π = .05 | .10 | .15 | .20 | .25 | .30 | .35 | .40 | .45 |
|---|---|---------|-----|-----|-----|-----|-----|-----|-----|-----|
| 1 | 0 | .9500 | .9000 | .8500 | .8000 | .7500 | .7000 | .6500 | .6000 | .5500 |
|   | 1 | 1.0000 | 1.0000 | 1.0000 | 1.0000 | 1.0000 | 1.0000 | 1.0000 | 1.0000 | 1.0000 |
| 2 | 0 | .9025 | .8100 | .7225 | .6400 | .5625 | .4900 | .4225 | .3600 | .3025 |
|   | 1 | .9975 | .9900 | .9775 | .9600 | .9375 | .9100 | .8775 | .8400 | .7975 |
|   | 2 | 1.0000 | 1.0000 | 1.0000 | 1.0000 | 1.0000 | 1.0000 | 1.0000 | 1.0000 | 1.0000 |
| 3 | 0 | .8574 | .7290 | .6141 | .5120 | .4219 | .3430 | .2746 | .2160 | .1664 |
|   | 1 | .9928 | .9720 | .9392 | .8960 | .8438 | .7840 | .7182 | .6480 | .5748 |
|   | 2 | .9999 | .9990 | .9966 | .9920 | .9844 | .9730 | .9571 | .9360 | .9089 |
|   | 3 | 1.0000 | 1.0000 | 1.0000 | 1.0000 | 1.0000 | 1.0000 | 1.0000 | 1.0000 | 1.0000 |
| 4 | 0 | .8145 | .6561 | .5220 | .4096 | .3164 | .2401 | .1785 | .1296 | .0915 |
|   | 1 | .9860 | .9477 | .8905 | .8192 | .7383 | .6517 | .5630 | .4752 | .3910 |
|   | 2 | .9995 | .9963 | .9880 | .9728 | .9492 | .9163 | .8735 | .8208 | .7585 |
|   | 3 | 1.0000 | .9999 | .9995 | .9984 | .9961 | .9919 | .9850 | .9743 | .9590 |
|   | 4 | 1.0000 | 1.0000 | 1.0000 | 1.0000 | 1.0000 | 1.0000 | 1.0000 | 1.0000 | 1.0000 |
| 5 | 0 | .7738 | .5905 | .4437 | .3277 | .2373 | .1681 | .1160 | .0778 | .0503 |
|   | 1 | .9774 | .9185 | .8352 | .7373 | .6328 | .5282 | .4284 | .3370 | .2562 |
|   | 2 | .9988 | .9914 | .9734 | .9421 | .8965 | .8369 | .7648 | .6826 | .5931 |
|   | 3 | 1.0000 | .9995 | .9978 | .9933 | .9844 | .9692 | .9460 | .9130 | .8688 |
|   | 4 | 1.0000 | 1.0000 | .9999 | .9997 | .9990 | .9976 | .9947 | .9898 | .9815 |
|   | 5 | 1.0000 | 1.0000 | 1.0000 | 1.0000 | 1.0000 | 1.0000 | 1.0000 | 1.0000 | 1.0000 |
| 6 | 0 | .7351 | .5314 | .3771 | .2621 | .1780 | .1176 | .0754 | .0467 | .0277 |
|   | 1 | .9672 | .8857 | .7765 | .6554 | .5339 | .4202 | .3191 | .2333 | .1636 |
|   | 2 | .9978 | .9842 | .9527 | .9011 | .8306 | .7443 | .6471 | .5443 | .4415 |
|   | 3 | .9999 | .9987 | .9941 | .9830 | .9624 | .9295 | .8826 | .9208 | .7447 |
|   | 4 | 1.0000 | .9999 | .9996 | .9984 | .9954 | .9891 | .9777 | .9590 | .9308 |
|   | 5 | 1.0000 | 1.0000 | 1.0000 | .9999 | .9998 | .9993 | .9982 | .9959 | .9917 |
|   | 6 | 1.0000 | 1.0000 | 1.0000 | 1.0000 | 1.0000 | 1.0000 | 1.0000 | 1.0000 | 1.0000 |
| 7 | 0 | .6983 | .4783 | .3206 | .2097 | .1335 | .0824 | .0490 | .0280 | .0152 |
|   | 1 | .9556 | .8503 | .7166 | .5767 | .4449 | .3294 | .2338 | .1586 | .1024 |
|   | 2 | .9962 | .9743 | .9262 | .8520 | .7564 | .6471 | .5323 | .4199 | .3164 |
|   | 3 | .9998 | .9973 | .9879 | .9667 | .9294 | .8740 | .8002 | .7102 | .6083 |
|   | 4 | 1.0000 | .9998 | .9988 | .9953 | .9871 | .9812 | .9444 | .9037 | .8471 |
|   | 5 | 1.0000 | 1.0000 | .9999 | .9996 | .9987 | .9962 | .9910 | .9812 | .9643 |
|   | 6 | 1.0000 | 1.0000 | 1.0000 | 1.0000 | .9999 | .9998 | .9994 | .9984 | .9963 |
|   | 7 | 1.0000 | 1.0000 | 1.0000 | 1.0000 | 1.0000 | 1.0000 | 1.0000 | 1.0000 | 1.0000 |

Tafel XI-1 (Fortsetz.)

| n | x | π = .50 | .55 | .60 | .65 | .70 | .75 | .80 | .85 | .90 | .95 |
|---|---|---------|-----|-----|-----|-----|-----|-----|-----|-----|-----|
| 1 | 0 | .5000 | .4500 | .4000 | .3500 | .3000 | .2500 | .2000 | .1500 | .1000 | .0500 |
|   | 1 | 1.0000 | 1.0000 | 1.0000 | 1.0000 | 1.0000 | 1.0000 | 1.0000 | 1.0000 | 1.0000 | 1.0000 |
| 2 | 0 | .2500 | .2025 | .1600 | .1225 | .0900 | .0625 | .0400 | .0225 | .0100 | .0025 |
|   | 1 | .7500 | .6975 | .6400 | .5775 | .5100 | .4375 | .3600 | .2775 | .1900 | .0975 |
|   | 2 | 1.0000 | 1.0000 | 1.0000 | 1.0000 | 1.0000 | 1.0000 | 1.0000 | 1.0000 | 1.0000 | 1.0000 |
| 3 | 0 | .1250 | .0911 | .0640 | .0429 | .0270 | .0156 | .0080 | .0034 | .0010 | .0001 |
|   | 1 | .5000 | .4252 | .3520 | .2818 | .2160 | .1562 | .1040 | .0608 | .0280 | .0072 |
|   | 2 | .8750 | .8336 | .7840 | .7254 | .6570 | .5781 | .4880 | .3859 | .2710 | .1426 |
|   | 3 | 1.0000 | 1.0000 | 1.0000 | 1.0000 | 1.0000 | 1.0000 | 1.0000 | 1.0000 | 1.0000 | 1.0000 |
| 4 | 0 | .0625 | .0410 | .0256 | .0150 | .0081 | .0039 | .0016 | .0005 | .0001 | .0000 |
|   | 1 | .3125 | .2415 | .1792 | .1265 | .0837 | .0508 | .0272 | .0120 | .0037 | .0005 |
|   | 2 | .6875 | .6090 | .5248 | .4370 | .3483 | .2617 | .1808 | .1095 | .0523 | .0140 |
|   | 3 | .9375 | .9085 | .8704 | .8215 | .7599 | .6836 | .5904 | .4780 | .3439 | .1855 |
|   | 4 | 1.0000 | 1.0000 | 1.0000 | 1.0000 | 1.0000 | 1.0000 | 1.0000 | 1.0000 | 1.0000 | 1.0000 |
| 5 | 0 | .0312 | .0185 | .0102 | .0053 | .0024 | .0010 | .0003 | .0001 | .0000 | .0000 |
|   | 1 | .1875 | .1312 | .0870 | .0540 | .0308 | .0156 | .0067 | .0022 | .0005 | .0000 |
|   | 2 | .5000 | .4069 | .3174 | .2352 | .1631 | .1035 | .0579 | .0266 | .0086 | .0012 |
|   | 3 | .8125 | .7438 | .6630 | .5716 | .4718 | .3672 | .2627 | .1648 | .0815 | .0226 |
|   | 4 | .9688 | .9497 | .9222 | .8840 | .8319 | .7627 | .6723 | .5563 | .4095 | .2262 |
|   | 5 | 1.0000 | 1.0000 | 1.0000 | 1.0000 | 1.0000 | 1.0000 | 1.0000 | 1.0000 | 1.0000 | 1.0000 |
| 6 | 0 | .0156 | .0083 | .0041 | .0018 | .0007 | .0002 | .0001 | .0000 | .0000 | .0000 |
|   | 1 | .1094 | .0692 | .0410 | .0223 | .0109 | .0046 | .0016 | .0004 | .0001 | .0000 |
|   | 2 | .3438 | .2553 | .1792 | .1174 | .0705 | .0376 | .0170 | .0059 | .0013 | .0001 |
|   | 3 | .6562 | .5585 | .4557 | .3529 | .2557 | .1694 | .0989 | .0473 | .0158 | .0022 |
|   | 4 | .8906 | .8364 | .7667 | .6809 | .5798 | .4661 | .3446 | .2235 | .1143 | .0328 |
|   | 5 | .9844 | .9723 | .9533 | .9246 | .8824 | .8220 | .7379 | .6229 | .4686 | .2649 |
|   | 6 | 1.0000 | 1.0000 | 1.0000 | 1.0000 | 1.0000 | 1.0000 | 1.0000 | 1.0000 | 1.0000 | 1.0000 |
| 7 | 0 | .0078 | .0037 | .0016 | .0006 | .0002 | .0001 | .0000 | .0000 | .0000 | .0000 |
|   | 1 | .0625 | .0357 | .0188 | .0090 | .0038 | .0013 | .0004 | .0001 | .0000 | .0000 |
|   | 2 | .2266 | .1529 | .0963 | .0556 | .0288 | .0129 | .0047 | .0012 | .0002 | .0000 |
|   | 3 | .5000 | .3917 | .2898 | .1998 | .1260 | .0706 | .0333 | .0121 | .0027 | .0002 |
|   | 4 | .7734 | .6836 | .5801 | .4677 | .3529 | .2436 | .1480 | .0738 | .0257 | .0038 |
|   | 5 | .9375 | .8976 | .8414 | .7662 | .6706 | .5551 | .4233 | .2834 | .1497 | .0444 |
|   | 6 | .9922 | .9848 | .9720 | .9510 | .9176 | .8665 | .7903 | .6794 | .5217 | .3017 |
|   | 7 | 1.0000 | 1.0000 | 1.0000 | 1.0000 | 1.0000 | 1.0000 | 1.0000 | 1.0000 | 1.0000 | 1.0000 |

| n | x | π = .05 | .10 | .15 | .20 | .25 | .30 | .35 | .40 | .45 |
|---|---|---|---|---|---|---|---|---|---|---|
| 8 | 0 | .6634 | .4305 | .2725 | .1678 | .1001 | .0576 | .0319 | .0168 | .0084 |
|   | 1 | .9428 | .8131 | .6572 | .5033 | .3671 | .2553 | .1691 | .1064 | .0632 |
|   | 2 | .9942 | .9619 | .8948 | .7969 | .6785 | .5518 | .4278 | .3154 | .2201 |
|   | 3 | .9996 | .9950 | .9786 | .9437 | .8862 | .8059 | .7064 | .5941 | .4770 |
|   | 4 | 1.0000 | .9996 | .9971 | .9896 | .9727 | .9420 | .8939 | .8263 | .7396 |
|   | 5 | 1.0000 | 1.0000 | .9998 | .9988 | .9958 | .9887 | .9747 | .9502 | .9115 |
|   | 6 | 1.0000 | 1.0000 | 1.0000 | .9999 | .9996 | .9987 | .9964 | .9915 | .9819 |
|   | 7 | 1.0000 | 1.0000 | 1.0000 | 1.0000 | 1.0000 | .9999 | .9998 | .9993 | .9983 |
|   | 8 | 1.0000 | 1.0000 | 1.0000 | 1.0000 | 1.0000 | 1.0000 | 1.0000 | 1.0000 | 1.0000 |
| 9 | 0 | .6302 | .3874 | .2316 | .1342 | .0751 | .0404 | .0207 | .0101 | .0046 |
|   | 1 | .9288 | .7748 | .5995 | .4362 | .3003 | .1960 | .1211 | .0705 | .0385 |
|   | 2 | .9916 | .9470 | .8591 | .7382 | .6007 | .4628 | .3373 | .2318 | .1495 |
|   | 3 | .9994 | .9917 | .9661 | .9144 | .8343 | .7297 | .6089 | .4826 | .3614 |
|   | 4 | 1.0000 | .9991 | .9944 | .9804 | .9511 | .9012 | .8283 | .7334 | .6214 |
|   | 5 | 1.0000 | .9999 | .9994 | .9969 | .9900 | .9747 | .9464 | .9006 | .8342 |
|   | 6 | 1.0000 | 1.0000 | 1.0000 | .9997 | .9987 | .9957 | .9888 | .9750 | .9502 |
|   | 7 | 1.0000 | 1.0000 | 1.0000 | 1.0000 | .9999 | .9996 | .9986 | .9962 | .9909 |
|   | 8 | 1.0000 | 1.0000 | 1.0000 | 1.0000 | 1.0000 | 1.0000 | .9999 | .9997 | .9992 |
|   | 9 | 1.0000 | 1.0000 | 1.0000 | 1.0000 | 1.0000 | 1.0000 | 1.0000 | 1.0000 | 1.0000 |
| 10 | 0 | .5987 | .3487 | .1969 | .1074 | .0563 | .0282 | .0135 | .0060 | .0025 |
|    | 1 | .9139 | .7361 | .5443 | .3758 | .2440 | .1493 | .0860 | .0464 | .0233 |
|    | 2 | .9885 | .9298 | .8202 | .6778 | .5256 | .3828 | .2616 | .1673 | .0996 |
|    | 3 | .9990 | .9872 | .9500 | .8791 | .7759 | .6496 | .5138 | .3823 | .2660 |
|    | 4 | .9999 | .9984 | .9901 | .9672 | .9219 | .8497 | .7515 | .6331 | .5044 |
|    | 5 | 1.0000 | .9999 | .9986 | .9936 | .9803 | .9527 | .9051 | .8338 | .7384 |
|    | 6 | 1.0000 | 1.0000 | .9999 | .9991 | .9965 | .9894 | .9740 | .9452 | .8980 |
|    | 7 | 1.0000 | 1.0000 | 1.0000 | .9999 | .9996 | .9984 | .9952 | .9877 | .9726 |
|    | 8 | 1.0000 | 1.0000 | 1.0000 | 1.0000 | 1.0000 | .9999 | .9995 | .9983 | .9955 |
|    | 9 | 1.0000 | 1.0000 | 1.0000 | 1.0000 | 1.0000 | 1.0000 | 1.0000 | .9999 | .9997 |
|    | 10 | 1.0000 | 1.0000 | 1.0000 | 1.0000 | 1.0000 | 1.0000 | 1.0000 | 1.0000 | 1.0000 |
| 11 | 0 | .5688 | .3138 | .1673 | .0859 | .0422 | .0198 | .0088 | .0036 | .0014 |
|    | 1 | .8981 | .6974 | .4922 | .3221 | .1971 | .1130 | .0606 | .0302 | .0139 |
|    | 2 | .9848 | .9104 | .7788 | .6174 | .4552 | .3127 | .2001 | .1189 | .0652 |
|    | 3 | .9984 | .9815 | .9306 | .8389 | .7133 | .5696 | .4256 | .2963 | .1911 |
|    | 4 | .9999 | .9972 | .9841 | .9496 | .8854 | .7897 | .6683 | .5328 | .3971 |
|    | 5 | 1.0000 | .9997 | .9973 | .9883 | .9657 | .9218 | .8513 | .7535 | .6331 |
|    | 6 | 1.0000 | 1.0000 | .9997 | .9980 | .9924 | .9784 | .9499 | .9006 | .8262 |
|    | 7 | 1.0000 | 1.0000 | 1.0000 | .9998 | .9988 | .9957 | .9878 | .9707 | .9390 |
|    | 8 | 1.0000 | 1.0000 | 1.0000 | 1.0000 | .9999 | .9994 | .9980 | .9941 | .9852 |
|    | 9 | 1.0000 | 1.0000 | 1.0000 | 1.0000 | 1.0000 | 1.0000 | .9998 | .9993 | .9978 |
|    | 10 | 1.0000 | 1.0000 | 1.0000 | 1.0000 | 1.0000 | 1.0000 | 1.0000 | 1.0000 | .9998 |
|    | 11 | 1.0000 | 1.0000 | 1.0000 | 1.0000 | 1.0000 | 1.0000 | 1.0000 | 1.0000 | 1.0000 |

| n | x | π = .50 | .55 | .60 | .65 | .70 | .75 | .80 | .85 | .90 | .95 |
|---|---|---|---|---|---|---|---|---|---|---|---|
| 8 | 0 | .0039 | .0017 | .0007 | .0002 | .0001 | .0000 | .0000 | .0000 | .0000 | .0000 |
|   | 1 | .0352 | .0181 | .0085 | .0036 | .0013 | .0004 | .0001 | .0000 | .0000 | .0000 |
|   | 2 | .1445 | .0885 | .0498 | .0253 | .0113 | .0042 | .0012 | .0002 | .0000 | .0000 |
|   | 3 | .3633 | .2604 | .1737 | .1061 | .0580 | .0273 | .0104 | .0029 | .0004 | .0000 |
|   | 4 | .6367 | .5230 | .4059 | .2936 | .1941 | .1138 | .0563 | .0214 | .0050 | .0004 |
|   | 5 | .8555 | .7799 | .6846 | .5722 | .4482 | .3215 | .2031 | .1052 | .0381 | .0058 |
|   | 6 | .9648 | .9368 | .8936 | .8309 | .7447 | .6329 | .4967 | .3428 | .1869 | .0572 |
|   | 7 | .9961 | .9916 | .9832 | .9681 | .9424 | .8999 | .8322 | .7275 | .5695 | .3366 |
|   | 8 | 1.0000 | 1.0000 | 1.0000 | 1.0000 | 1.0000 | 1.0000 | 1.0000 | 1.0000 | 1.0000 | 1.0000 |
| 9 | 0 | .0020 | .0008 | .0003 | .0001 | .0000 | .0000 | .0000 | .0000 | .0000 | .0000 |
|   | 1 | .0195 | .0091 | .0038 | .0014 | .0004 | .0001 | .0000 | .0000 | .0000 | .0000 |
|   | 2 | .0898 | .0498 | .0250 | .0112 | .0043 | .0013 | .0003 | .0000 | .0000 | .0000 |
|   | 3 | .2539 | .1658 | .0994 | .0536 | .0253 | .0100 | .0031 | .0006 | .0001 | .0000 |
|   | 4 | .5000 | .3786 | .2666 | .1717 | .0988 | .0489 | .0196 | .0056 | .0009 | .0000 |
|   | 5 | .7461 | .6386 | .5174 | .3911 | .2703 | .1657 | .0856 | .0339 | .0083 | .0006 |
|   | 6 | .9102 | .8505 | .7682 | .6627 | .5372 | .3993 | .2618 | .1409 | .0530 | .0084 |
|   | 7 | .9805 | .9615 | .9295 | .8789 | .8040 | .6997 | .5638 | .4005 | .2252 | .0712 |
|   | 8 | .9980 | .9954 | .9899 | .9793 | .9596 | .9249 | .8658 | .7684 | .6126 | .3698 |
|   | 9 | 1.0000 | 1.0000 | 1.0000 | 1.0000 | 1.0000 | 1.0000 | 1.0000 | 1.0000 | 1.0000 | 1.0000 |
| 10 | 0 | .0010 | .0003 | .0001 | .0000 | .0000 | .0000 | .0000 | .0000 | .0000 | .0000 |
|    | 1 | .0107 | .0045 | .0017 | .0005 | .0001 | .0000 | .0000 | .0000 | .0000 | .0000 |
|    | 2 | .0547 | .0274 | .0123 | .0048 | .0016 | .0004 | .0001 | .0000 | .0000 | .0000 |
|    | 3 | .1719 | .1020 | .0548 | .0260 | .0106 | .0035 | .0009 | .0001 | .0000 | .0000 |
|    | 4 | .3770 | .2616 | .1662 | .0949 | .0473 | .0197 | .0064 | .0014 | .0001 | .0000 |
|    | 5 | .6230 | .4956 | .3669 | .2485 | .1503 | .0781 | .0328 | .0099 | .0016 | .0001 |
|    | 6 | .8281 | .7340 | .6177 | .4862 | .3504 | .2241 | .1209 | .0500 | .0128 | .0010 |
|    | 7 | .9453 | .9004 | .8327 | .7384 | .6172 | .4744 | .3222 | .1798 | .0702 | .0115 |
|    | 8 | .9893 | .9767 | .9536 | .9140 | .8507 | .7560 | .6242 | .4557 | .2639 | .0861 |
|    | 9 | .9990 | .9975 | .9940 | .9865 | .9718 | .9437 | .8926 | .8031 | .6513 | .4013 |
|    | 10 | 1.0000 | 1.0000 | 1.0000 | 1.0000 | 1.0000 | 1.0000 | 1.0000 | 1.0000 | 1.0000 | 1.0000 |
| 11 | 0 | .0005 | .0002 | .0000 | .0000 | .0000 | .0000 | .0000 | .0000 | .0000 | .0000 |
|    | 1 | .0059 | .0022 | .0007 | .0002 | .0000 | .0000 | .0000 | .0000 | .0000 | .0000 |
|    | 2 | .0327 | .0148 | .0059 | .0020 | .0006 | .0001 | .0000 | .0000 | .0000 | .0000 |
|    | 3 | .1133 | .0610 | .0293 | .0122 | .0043 | .0012 | .0002 | .0000 | .0000 | .0000 |
|    | 4 | .2744 | .1738 | .0994 | .0501 | .0216 | .0076 | .0020 | .0003 | .0000 | .0000 |
|    | 5 | .5000 | .3669 | .2465 | .1487 | .0782 | .0343 | .0117 | .0027 | .0003 | .0000 |
|    | 6 | .7256 | .6029 | .4672 | .3317 | .2103 | .1146 | .0504 | .0159 | .0028 | .0001 |
|    | 7 | .8867 | .8089 | .7037 | .5744 | .4304 | .2867 | .1611 | .0694 | .0185 | .0016 |
|    | 8 | .9673 | .9348 | .8811 | .7999 | .6873 | .5448 | .3826 | .2212 | .0896 | .0152 |
|    | 9 | .9941 | .9861 | .9698 | .9394 | .8870 | .8029 | .6779 | .5078 | .3026 | .1019 |
|    | 10 | .9995 | .9986 | .9964 | .9912 | .9802 | .9578 | .9141 | .8327 | .6862 | .4312 |
|    | 11 | 1.0000 | 1.0000 | 1.0000 | 1.0000 | 1.0000 | 1.0000 | 1.0000 | 1.0000 | 1.0000 | 1.0000 |

Tafel XI-1 (Fortsetz.)

| n | x | π = .05 | .10 | .15 | .20 | .25 | .30 | .35 | .40 | .45 |
|---|---|---|---|---|---|---|---|---|---|---|
| 12 | 0 | .5404 | .2824 | .1422 | .0687 | .0317 | .0138 | .0057 | .0022 | .0008 |
|  | 1 | .8816 | .6590 | .4435 | .2749 | .1584 | .0850 | .0424 | .0424 | .0083 |
|  | 2 | .9804 | .8891 | .7358 | .5583 | .3907 | .2528 | .1513 | .0834 | .0421 |
|  | 3 | .9978 | .9744 | .9078 | .7946 | .6488 | .4925 | .3467 | .2253 | .1345 |
|  | 4 | .9998 | .9957 | .9761 | .9274 | .8424 | .7237 | .5833 | .4382 | .3044 |
|  | 5 | 1.0000 | .9995 | .9954 | .9806 | .9456 | .8822 | .7873 | .6652 | .5269 |
|  | 6 | 1.0000 | .9999 | .9993 | .9961 | .9857 | .9614 | .9154 | .8418 | .7393 |
|  | 7 | 1.0000 | 1.0000 | .9999 | .9994 | .9972 | .9905 | .9745 | .9427 | .8883 |
|  | 8 | 1.0000 | 1.0000 | 1.0000 | .9999 | .9996 | .9983 | .9944 | .9847 | .9644 |
|  | 9 | 1.0000 | 1.0000 | 1.0000 | 1.0000 | 1.0000 | .9998 | .9992 | .9972 | .9921 |
|  | 10 | 1.0000 | 1.0000 | 1.0000 | 1.0000 | 1.0000 | 1.0000 | .9999 | .9997 | .9989 |
|  | 11 | 1.0000 | 1.0000 | 1.0000 | 1.0000 | 1.0000 | 1.0000 | 1.0000 | 1.0000 | .9999 |
|  | 12 | 1.0000 | 1.0000 | 1.0000 | 1.0000 | 1.0000 | 1.0000 | 1.0000 | 1.0000 | 1.0000 |
| 13 | 0 | .5133 | .2542 | .1209 | .0550 | .0238 | .0097 | .0037 | .0013 | .0004 |
|  | 1 | .8646 | .6213 | .3983 | .2336 | .1267 | .0637 | .0296 | .0126 | .0049 |
|  | 2 | .9755 | .8661 | .7296 | .5017 | .3326 | .2025 | .1132 | .0579 | .0269 |
|  | 3 | .9969 | .9658 | .9033 | .7473 | .5843 | .4206 | .2783 | .1686 | .0929 |
|  | 4 | .9997 | .9935 | .9740 | .9009 | .7940 | .6543 | .5005 | .3530 | .2279 |
|  | 5 | 1.0000 | .9991 | .9947 | .9700 | .9198 | .8346 | .7159 | .5744 | .4268 |
|  | 6 | 1.0000 | .9999 | .9987 | .9930 | .9757 | .9376 | .8705 | .7712 | .6437 |
|  | 7 | 1.0000 | 1.0000 | .9998 | .9988 | .9944 | .9818 | .9538 | .9023 | .8212 |
|  | 8 | 1.0000 | 1.0000 | 1.0000 | .9998 | .9990 | .9960 | .9874 | .9679 | .9302 |
|  | 9 | 1.0000 | 1.0000 | 1.0000 | 1.0000 | .9999 | .9993 | .9975 | .9922 | .9797 |
|  | 10 | 1.0000 | 1.0000 | 1.0000 | 1.0000 | 1.0000 | .9999 | .9997 | .9987 | .9959 |
|  | 11 | 1.0000 | 1.0000 | 1.0000 | 1.0000 | 1.0000 | 1.0000 | 1.0000 | .9999 | .9995 |
|  | 12 | 1.0000 | 1.0000 | 1.0000 | 1.0000 | 1.0000 | 1.0000 | 1.0000 | 1.0000 | 1.0000 |
|  | 13 | 1.0000 | 1.0000 | 1.0000 | 1.0000 | 1.0000 | 1.0000 | 1.0000 | 1.0000 | 1.0000 |
| 14 | 0 | .4877 | .2288 | .1028 | .0440 | .0178 | .0068 | .0024 | .0008 | .0002 |
|  | 1 | .8470 | .5846 | .3567 | .1979 | .1010 | .0475 | .0205 | .0081 | .0029 |
|  | 2 | .9699 | .8416 | .6479 | .4481 | .2811 | .1608 | .0839 | .0398 | .0170 |
|  | 3 | .9958 | .9559 | .8535 | .6982 | .5213 | .3552 | .2205 | .1243 | .0632 |
|  | 4 | .9996 | .9908 | .9533 | .8702 | .7415 | .5842 | .4227 | .2793 | .1672 |
|  | 5 | 1.0000 | .9985 | .9885 | .9561 | .8883 | .7805 | .6405 | .4859 | .3373 |
|  | 6 | 1.0000 | .9998 | .9978 | .9884 | .9617 | .9067 | .8164 | .6925 | .5461 |
|  | 7 | 1.0000 | 1.0000 | .9997 | .9976 | .9897 | .9685 | .9247 | .8499 | .7414 |
|  | 8 | 1.0000 | 1.0000 | 1.0000 | .9996 | .9978 | .9917 | .9757 | .9417 | .8811 |
|  | 9 | 1.0000 | 1.0000 | 1.0000 | 1.0000 | .9997 | .9983 | .9940 | .9825 | .9574 |
|  | 10 | 1.0000 | 1.0000 | 1.0000 | 1.0000 | 1.0000 | .9998 | .9989 | .9961 | .9886 |
|  | 11 | 1.0000 | 1.0000 | 1.0000 | 1.0000 | 1.0000 | 1.0000 | .9999 | .9994 | .9978 |
|  | 12 | 1.0000 | 1.0000 | 1.0000 | 1.0000 | 1.0000 | 1.0000 | 1.0000 | .9999 | .9997 |
|  | 13 | 1.0000 | 1.0000 | 1.0000 | 1.0000 | 1.0000 | 1.0000 | 1.0000 | 1.0000 | 1.0000 |
|  | 14 | 1.0000 | 1.0000 | 1.0000 | 1.0000 | 1.0000 | 1.0000 | 1.0000 | 1.0000 | 1.0000 |

| n | x | π = .50 | .55 | .60 | .65 | .70 | .75 | .80 | .85 | .90 | .95 |
|---|---|---------|-----|-----|-----|-----|-----|-----|-----|-----|-----|
| 12 | 0 | .0002 | .0001 | .0000 | .0000 | .0000 | .0000 | .0000 | .0000 | .0000 | .0000 |
|  | 1 | .0032 | .0011 | .0003 | .0001 | .0000 | .0000 | .0000 | .0000 | .0000 | .0000 |
|  | 2 | .0193 | .0079 | .0028 | .0008 | .0002 | .0000 | .0000 | .0000 | .0000 | .0000 |
|  | 3 | .0730 | .0356 | .0153 | .0056 | .0017 | .0004 | .0001 | .0000 | .0000 | .0000 |
|  | 4 | .1938 | .1117 | .0573 | .0255 | .0095 | .0028 | .0006 | .0001 | .0000 | .0000 |
|  | 5 | .3872 | .2607 | .1582 | .0846 | .0386 | .0143 | .0039 | .0007 | .0001 | .0000 |
|  | 6 | .6128 | .4731 | .3348 | .2127 | .1178 | .0544 | .0194 | .0046 | .0005 | .0000 |
|  | 7 | .8062 | .6956 | .5618 | .4167 | .2763 | .1576 | .0726 | .0239 | .0043 | .0002 |
|  | 8 | .9270 | .8655 | .7747 | .6533 | .5075 | .3512 | .2054 | .0922 | .0256 | .0022 |
|  | 9 | .9807 | .9579 | .9166 | .8487 | .7472 | .6093 | .4417 | .2642 | .1109 | .0196 |
|  | 10 | .9968 | .9917 | .9804 | .9576 | .9150 | .8416 | .7251 | .5565 | .3410 | .1184 |
|  | 11 | .9998 | .9992 | .9978 | .9943 | .9862 | .9683 | .9313 | .8578 | .7176 | .4596 |
|  | 12 | 1.0000 | 1.0000 | 1.0000 | 1.0000 | 1.0000 | 1.0000 | 1.0000 | 1.0000 | 1.0000 | 1.0000 |
| 13 | 0 | .0001 | .0000 | .0000 | .0000 | .0000 | .0000 | .0000 | .0000 | .0000 | .0000 |
|  | 1 | .0017 | .0005 | .0001 | .0000 | .0000 | .0000 | .0000 | .0000 | .0000 | .0000 |
|  | 2 | .0112 | .0041 | .0013 | .0003 | .0001 | .0000 | .0000 | .0000 | .0000 | .0000 |
|  | 3 | .0461 | .0203 | .0078 | .0025 | .0007 | .0001 | .0000 | .0000 | .0000 | .0000 |
|  | 4 | .1334 | .0698 | .0321 | .0126 | .0040 | .0010 | .0002 | .0000 | .0000 | .0000 |
|  | 5 | .2905 | .1788 | .0977 | .0462 | .0182 | .0056 | .0012 | .0002 | .0000 | .0000 |
|  | 6 | .5000 | .3563 | .2288 | .1295 | .0624 | .0243 | .0070 | .0013 | .0001 | .0000 |
|  | 7 | .7095 | .5732 | .4256 | .2841 | .1654 | .0802 | .0300 | .0053 | .0009 | .0000 |
|  | 8 | .8666 | .7721 | .6470 | .4995 | .3457 | .2060 | .0991 | .0260 | .0065 | .0003 |
|  | 9 | .9539 | .9071 | .8314 | .7217 | .5794 | .4157 | .2527 | .0967 | .0342 | .0031 |
|  | 10 | .9888 | .9731 | .9421 | .8868 | .7975 | .6674 | .4983 | .2704 | .1339 | .0245 |
|  | 11 | .9983 | .9951 | .9874 | .9704 | .9363 | .8733 | .7664 | .6017 | .3787 | .1354 |
|  | 12 | .9999 | .9996 | .9987 | .9963 | .9903 | .9762 | .9450 | .8791 | .7458 | .4867 |
|  | 13 | 1.0000 | 1.0000 | 1.0000 | 1.0000 | 1.0000 | 1.0000 | 1.0000 | 1.0000 | 1.0000 | 1.0000 |
| 14 | 0 | .0000 | .0000 | .0000 | .0000 | .0000 | .0000 | .0000 | .0000 | .0000 | .0000 |
|  | 1 | .0009 | .0003 | .0001 | .0000 | .0000 | .0000 | .0000 | .0000 | .0000 | .0000 |
|  | 2 | .0065 | .0022 | .0006 | .0001 | .0000 | .0000 | .0000 | .0000 | .0000 | .0000 |
|  | 3 | .0287 | .0114 | .0039 | .0011 | .0002 | .0000 | .0000 | .0000 | .0000 | .0000 |
|  | 4 | .0898 | .0462 | .0175 | .0060 | .0017 | .0003 | .0000 | .0000 | .0000 | .0000 |
|  | 5 | .2120 | .1189 | .0583 | .0243 | .0083 | .0022 | .0004 | .0000 | .0000 | .0000 |
|  | 6 | .3953 | .2586 | .1501 | .0753 | .0315 | .0103 | .0024 | .0003 | .0000 | .0000 |
|  | 7 | .6047 | .4539 | .3075 | .1836 | .0933 | .0383 | .0116 | .0022 | .0002 | .0000 |
|  | 8 | .7880 | .6627 | .5141 | .3595 | .2195 | .1117 | .0439 | .0115 | .0015 | .0000 |
|  | 9 | .9102 | .8328 | .7207 | .5773 | .4158 | .2585 | .1298 | .0467 | .0092 | .0004 |
|  | 10 | .9713 | .9368 | .8757 | .7795 | .6448 | .4787 | .3018 | .1465 | .0441 | .0042 |
|  | 11 | .9935 | .9830 | .9602 | .9161 | .8392 | .7189 | .5519 | .3521 | .1584 | .0301 |
|  | 12 | .9991 | .9971 | .9919 | .9795 | .9525 | .8990 | .8021 | .6433 | .4154 | .1530 |
|  | 13 | .9999 | .9998 | .9992 | .9976 | .9932 | .9822 | .9560 | .8972 | .7712 | .5123 |
|  | 14 | 1.0000 | 1.0000 | 1.0000 | 1.0000 | 1.0000 | 1.0000 | 1.0000 | 1.0000 | 1.0000 | 1.0000 |

Tafel XI-1 (Fortsetz.)

| n  | x  | π = .05 | .10    | .15    | .20    | .25    | .30    | .35    | .40    | .45    |
|----|----|---------|--------|--------|--------|--------|--------|--------|--------|--------|
| 15 | 0  | .4633   | .2059  | .0874  | .0352  | .0134  | .0047  | .0016  | .0005  | .0001  |
|    | 1  | .8290   | .5490  | .3186  | .1671  | .0802  | .0353  | .0142  | .0052  | .0017  |
|    | 2  | .9638   | .8159  | .6042  | .3980  | .2361  | .1268  | .0617  | .0271  | .0107  |
|    | 3  | .9945   | .9444  | .8227  | .6482  | .4613  | .2969  | .1727  | .0905  | .0424  |
|    | 4  | .9994   | .9873  | .9383  | .8358  | .6865  | .5155  | .3519  | .2173  | .1204  |
|    | 5  | .9999   | .9978  | .9832  | .9389  | .8516  | .7216  | .5643  | .4032  | .2608  |
|    | 6  | 1.0000  | .9997  | .9964  | .9819  | .9434  | .8689  | .7548  | .6098  | .4522  |
|    | 7  | 1.0000  | 1.0000 | .9994  | .9958  | .9827  | .9500  | .8868  | .7869  | .6535  |
|    | 8  | 1.0000  | 1.0000 | .9999  | .9992  | .9958  | .9848  | .9578  | .9050  | .8182  |
|    | 9  | 1.0000  | 1.0000 | 1.0000 | .9999  | .9992  | .9963  | .9876  | .9662  | .9231  |
|    | 10 | 1.0000  | 1.0000 | 1.0000 | 1.0000 | .9999  | .9993  | .9972  | .9907  | .9745  |
|    | 11 | 1.0000  | 1.0000 | 1.0000 | 1.0000 | 1.0000 | .9999  | .9995  | .9981  | .9937  |
|    | 12 | 1.0000  | 1.0000 | 1.0000 | 1.0000 | 1.0000 | 1.0000 | .9999  | .9997  | .9989  |
|    | 13 | 1.0000  | 1.0000 | 1.0000 | 1.0000 | 1.0000 | 1.0000 | 1.0000 | 1.0000 | .9999  |
|    | 14 | 1.0000  | 1.0000 | 1.0000 | 1.0000 | 1.0000 | 1.0000 | 1.0000 | 1.0000 | 1.0000 |
|    | 15 | 1.0000  | 1.0000 | 1.0000 | 1.0000 | 1.0000 | 1.0000 | 1.0000 | 1.0000 | 1.0000 |
| 16 | 0  | .4401   | .1853  | .0743  | .0281  | .0100  | .0033  | .0010  | .0003  | .0001  |
|    | 1  | .8108   | .5147  | .2839  | .1407  | .0635  | .0261  | .0098  | .0033  | .0010  |
|    | 2  | .9571   | .7892  | .5614  | .3518  | .1971  | .0994  | .0451  | .0183  | .0066  |
|    | 3  | .9930   | .9316  | .7899  | .5981  | .4050  | .2459  | .1339  | .0651  | .0281  |
|    | 4  | .9991   | .9830  | .9209  | .7982  | .6302  | .4499  | .2892  | .1666  | .0853  |
|    | 5  | .9999   | .9967  | .9765  | .9183  | .8103  | .6598  | .4900  | .3288  | .1976  |
|    | 6  | 1.0000  | .9995  | .9944  | .9733  | .9204  | .8247  | .6881  | .5272  | .3660  |
|    | 7  | 1.0000  | .9999  | .9989  | .9930  | .9729  | .9256  | .8406  | .7161  | .5629  |
|    | 8  | 1.0000  | 1.0000 | .9998  | .9985  | .9925  | .9743  | .9329  | .8577  | .7441  |
|    | 9  | 1.0000  | 1.0000 | 1.0000 | .9998  | .9984  | .9929  | .9771  | .9417  | .8759  |
|    | 10 | 1.0000  | 1.0000 | 1.0000 | 1.0000 | .9997  | .9984  | .9938  | .9809  | .9514  |
|    | 11 | 1.0000  | 1.0000 | 1.0000 | 1.0000 | 1.0000 | .9997  | .9987  | .9951  | .9851  |
|    | 12 | 1.0000  | 1.0000 | 1.0000 | 1.0000 | 1.0000 | 1.0000 | .9998  | .9991  | .9965  |
|    | 13 | 1.0000  | 1.0000 | 1.0000 | 1.0000 | 1.0000 | 1.0000 | 1.0000 | .9999  | .9994  |
|    | 14 | 1.0000  | 1.0000 | 1.0000 | 1.0000 | 1.0000 | 1.0000 | 1.0000 | 1.0000 | .9999  |
|    | 15 | 1.0000  | 1.0000 | 1.0000 | 1.0000 | 1.0000 | 1.0000 | 1.0000 | 1.0000 | 1.0000 |
|    | 16 | 1.0000  | 1.0000 | 1.0000 | 1.0000 | 1.0000 | 1.0000 | 1.0000 | 1.0000 | 1.0000 |

Tafel XI-1 (Fortsetz.)

| n | x | π = .50 | .55 | .60 | .65 | .70 | .75 | .80 | .85 | .90 | .95 |
|---|---|---|---|---|---|---|---|---|---|---|---|
| 15 | 0 | .0000 | .0000 | .0000 | .0000 | .0000 | .0000 | .0000 | .0000 | .0000 | .0000 |
| | 1 | .0005 | .0001 | .0000 | .0000 | .0000 | .0000 | .0000 | .0000 | .0000 | .0000 |
| | 2 | .0037 | .0011 | .0003 | .0001 | .0000 | .0000 | .0000 | .0000 | .0000 | .0000 |
| | 3 | .0176 | .0063 | .0019 | .0005 | .0001 | .0000 | .0000 | .0000 | .0000 | .0000 |
| | 4 | .0592 | .0255 | .0093 | .0028 | .0007 | .0001 | .0000 | .0000 | .0000 | .0000 |
| | 5 | .1509 | .0769 | .0338 | .0124 | .0037 | .0008 | .0001 | .0000 | .0000 | .0000 |
| | 6 | .3036 | .1818 | .0950 | .0422 | .0152 | .0042 | .0008 | .0001 | .0000 | .0000 |
| | 7 | .5000 | .3465 | .2131 | .1132 | .0500 | .0173 | .0042 | .0006 | .0000 | .0000 |
| | 8 | .6964 | .5478 | .3902 | .2452 | .1311 | .0566 | .0181 | .0036 | .0003 | .0000 |
| | 9 | .8491 | .7392 | .5968 | .4357 | .2784 | .1484 | .0611 | .0168 | .0022 | .0001 |
| | 10 | .9408 | .8796 | .7827 | .6481 | .4845 | .3135 | .1642 | .0617 | .0127 | .0006 |
| | 11 | .9824 | .9576 | .9095 | .8273 | .7031 | .5387 | .3518 | .1773 | .0556 | .0055 |
| | 12 | .9963 | .9893 | .9729 | .9383 | .8732 | .7639 | .6020 | .3958 | .1841 | .0362 |
| | 13 | .9995 | .9983 | .9948 | .9858 | .9647 | .9198 | .8329 | .6814 | .4510 | .1710 |
| | 14 | 1.0000 | .9999 | .9995 | .9984 | .9953 | .9866 | .9648 | .9126 | .7941 | .5367 |
| | 15 | 1.0000 | 1.0000 | 1.0000 | 1.0000 | 1.0000 | 1.0000 | 1.0000 | 1.0000 | 1.0000 | 1.0000 |
| 16 | 0 | .0000 | .0000 | .0000 | .0000 | .0000 | .0000 | .0000 | .0000 | .0000 | .0000 |
| | 1 | .0003 | .0001 | .0000 | .0000 | .0000 | .0000 | .0000 | .0000 | .0000 | .0000 |
| | 2 | .0021 | .0006 | .0001 | .0000 | .0000 | .0000 | .0000 | .0000 | .0000 | .0000 |
| | 3 | .0106 | .0035 | .0009 | .0002 | .0000 | .0000 | .0000 | .0000 | .0000 | .0000 |
| | 4 | .0384 | .0149 | .0049 | .0013 | .0003 | .0000 | .0000 | .0000 | .0000 | .0000 |
| | 5 | .1051 | .0486 | .0191 | .0062 | .0016 | .0003 | .0000 | .0000 | .0000 | .0000 |
| | 6 | .2272 | .1241 | .0583 | .0229 | .0071 | .0016 | .0002 | .0000 | .0000 | .0000 |
| | 7 | .4018 | .2559 | .1423 | .0671 | .0257 | .0075 | .0015 | .0002 | .0000 | .0000 |
| | 8 | .5982 | .4371 | .2839 | .1594 | .0744 | .0271 | .0070 | .0011 | .0001 | .0000 |
| | 9 | .7228 | .6340 | .4728 | .3119 | .1753 | .0796 | .0267 | .0056 | .0005 | .0000 |
| | 10 | .8949 | .8024 | .6712 | .5100 | .3402 | .1897 | .0817 | .0235 | .0033 | .0001 |
| | 11 | .9616 | .9147 | .8334 | .7108 | .5501 | .3698 | .2018 | .0791 | .0170 | .0009 |
| | 12 | .9894 | .9719 | .9349 | .8661 | .7541 | .5950 | .4019 | .2101 | .0684 | .0070 |
| | 13 | .9979 | .9934 | .9817 | .9549 | .9006 | .8729 | .6482 | .4386 | .2108 | .0429 |
| | 14 | .9997 | .9990 | .9967 | .9902 | .9739 | .9365 | .8593 | .7161 | .4853 | .1892 |
| | 15 | 1.0000 | .9999 | .9997 | .9990 | .9967 | .9900 | .9719 | .9257 | .8147 | .5599 |
| | 16 | 1.0000 | 1.0000 | 1.0000 | 1.0000 | 1.0000 | 1.0000 | 1.0000 | 1.0000 | 1.0000 | 1.0000 |

Tafel XI-1 (Fortsetz.)

| n | x | π = .05 | .10 | .15 | .20 | .25 | .30 | .35 | .40 | .45 |
|---|---|---|---|---|---|---|---|---|---|---|
| 17 | 0 | .4181 | .1668 | .0631 | .0225 | .0075 | .0023 | .0007 | .0002 | .0000 |
| | 1 | .7922 | .4818 | .2525 | .1182 | .0501 | .0193 | .0067 | .0021 | .0006 |
| | 2 | .9497 | .7618 | .5198 | .3096 | .1637 | .0774 | .0327 | .0123 | .0041 |
| | 3 | .9912 | .9174 | .7556 | .5489 | .3530 | .2019 | .1028 | .0464 | .0184 |
| | 4 | .9988 | .9779 | .9013 | .7582 | .5739 | .3887 | .2348 | .1260 | .0596 |
| | 5 | .9999 | .9953 | .9681 | .8943 | .7653 | .5968 | .4197 | .2639 | .1471 |
| | 6 | 1.0000 | .9992 | .9917 | .9623 | .8929 | .7752 | .6188 | .4478 | .2902 |
| | 7 | 1.0000 | .9999 | .9983 | .9891 | .9598 | .8954 | .7872 | .6405 | .4743 |
| | 8 | 1.0000 | 1.0000 | .9997 | .9974 | .9876 | .9597 | .9006 | .8011 | .6626 |
| | 9 | 1.0000 | 1.0000 | 1.0000 | .9995 | .9969 | .9873 | .9617 | .9081 | .8166 |
| | 10 | 1.0000 | 1.0000 | 1.0000 | .9999 | .9994 | .9968 | .9880 | .9652 | .9174 |
| | 11 | 1.0000 | 1.0000 | 1.0000 | 1.0000 | .9999 | .9993 | .9970 | .9894 | .9699 |
| | 12 | 1.0000 | 1.0000 | 1.0000 | 1.0000 | 1.0000 | .9999 | .9994 | .9975 | .9914 |
| | 13 | 1.0000 | 1.0000 | 1.0000 | 1.0000 | 1.0000 | 1.0000 | .9999 | .9995 | .9981 |
| | 14 | 1.0000 | 1.0000 | 1.0000 | 1.0000 | 1.0000 | 1.0000 | 1.0000 | .9999 | .9997 |
| | 15 | 1.0000 | 1.0000 | 1.0000 | 1.0000 | 1.0000 | 1.0000 | 1.0000 | 1.0000 | 1.0000 |
| | 16 | 1.0000 | 1.0000 | 1.0000 | 1.0000 | 1.0000 | 1.0000 | 1.0000 | 1.0000 | 1.0000 |
| | 17 | 1.0000 | 1.0000 | 1.0000 | 1.0000 | 1.0000 | 1.0000 | 1.0000 | 1.0000 | 1.0000 |
| 18 | 0 | .3972 | .1501 | .0536 | .0180 | .0056 | .0016 | .0004 | .0001 | .0000 |
| | 1 | .7735 | .4503 | .2241 | .0991 | .0395 | .0142 | .0046 | .0013 | .0003 |
| | 2 | .9419 | .7338 | .4797 | .2713 | .1353 | .0600 | .0236 | .0082 | .0025 |
| | 3 | .9891 | .9018 | .7202 | .5010 | .3057 | .1646 | .0783 | .0328 | .0120 |
| | 4 | .9985 | .9718 | .8794 | .7164 | .5187 | .3327 | .1886 | .0942 | .0411 |
| | 5 | .9998 | .9936 | .9581 | .8671 | .7175 | .5344 | .3550 | .2088 | .1077 |
| | 6 | 1.0000 | .9988 | .9882 | .9487 | .8610 | .7217 | .5491 | .3743 | .2258 |
| | 7 | 1.0000 | .9998 | .9973 | .9837 | .9431 | .8593 | .7283 | .5634 | .3915 |
| | 8 | 1.0000 | 1.0000 | .9995 | .9957 | .9807 | .9404 | .8609 | .7368 | .5778 |
| | 9 | 1.0000 | 1.0000 | .9999 | .9991 | .9946 | .9790 | .9403 | .8653 | .7473 |
| | 10 | 1.0000 | 1.0000 | 1.0000 | .9998 | .9988 | .9939 | .9788 | .9424 | .8720 |
| | 11 | 1.0000 | 1.0000 | 1.0000 | 1.0000 | .9998 | .9986 | .9938 | .9797 | .9463 |
| | 12 | 1.0000 | 1.0000 | 1.0000 | 1.0000 | 1.0000 | .9997 | .9986 | .9942 | .9817 |
| | 13 | 1.0000 | 1.0000 | 1.0000 | 1.0000 | 1.0000 | 1.0000 | .9997 | .9987 | .9951 |
| | 14 | 1.0000 | 1.0000 | 1.0000 | 1.0000 | 1.0000 | 1.0000 | 1.0000 | .9998 | .9990 |
| | 15 | 1.0000 | 1.0000 | 1.0000 | 1.0000 | 1.0000 | 1.0000 | 1.0000 | 1.0000 | .9999 |
| | 16 | 1.0000 | 1.0000 | 1.0000 | 1.0000 | 1.0000 | 1.0000 | 1.0000 | 1.0000 | 1.0000 |
| | 17 | 1.0000 | 1.0000 | 1.0000 | 1.0000 | 1.0000 | 1.0000 | 1.0000 | 1.0000 | 1.0000 |
| | 18 | 1.0000 | 1.0000 | 1.0000 | 1.0000 | 1.0000 | 1.0000 | 1.0000 | 1.0000 | 1.0000 |

| n | x | π = .50 | .55 | .60 | .65 | .70 | .75 | .80 | .85 | .90 | .95 |
|---|---|---------|-----|-----|-----|-----|-----|-----|-----|-----|-----|
| 17 | 0 | .0000 | .0000 | .0000 | .0000 | .0000 | .0000 | .0000 | .0000 | .0000 | .0000 |
|  | 1 | .0001 | .0000 | .0000 | .0000 | .0000 | .0000 | .0000 | .0000 | .0000 | .0000 |
|  | 2 | .0012 | .0003 | .0001 | .0000 | .0000 | .0000 | .0000 | .0000 | .0000 | .0000 |
|  | 3 | .0064 | .0019 | .0005 | .0001 | .0000 | .0000 | .0000 | .0000 | .0000 | .0000 |
|  | 4 | .0245 | .0086 | .0025 | .0006 | .0001 | .0000 | .0000 | .0000 | .0000 | .0000 |
|  | 5 | .0717 | .0301 | .0106 | .0030 | .0007 | .0001 | .0000 | .0000 | .0000 | .0000 |
|  | 6 | .1662 | .0826 | .0348 | .0120 | .0032 | .0006 | .0001 | .0000 | .0000 | .0000 |
|  | 7 | .3145 | .1834 | .0919 | .0383 | .0127 | .0031 | .0005 | .0000 | .0000 | .0000 |
|  | 8 | .5000 | .3374 | .1989 | .0994 | .0403 | .0124 | .0026 | .0003 | .0000 | .0000 |
|  | 9 | .6855 | .5257 | .3595 | .2128 | .1046 | .0402 | .0109 | .0017 | .0001 | .0000 |
|  | 10 | .8338 | .7098 | .5522 | .3812 | .2248 | .1071 | .0377 | .0083 | .0008 | .0000 |
|  | 11 | .9283 | .8529 | .7361 | .5803 | .4032 | .2347 | .1057 | .0319 | .0047 | .0001 |
|  | 12 | .9755 | .9404 | .8740 | .7652 | .6113 | .4261 | .2418 | .0987 | .0221 | .0012 |
|  | 13 | .9936 | .9816 | .9536 | .8972 | .7981 | .6470 | .4511 | .2444 | .0826 | .0088 |
|  | 14 | .9988 | .9959 | .9877 | .9673 | .9226 | .8363 | .6904 | .4802 | .2382 | .0503 |
|  | 15 | .9999 | .9994 | .9979 | .9933 | .9807 | .9499 | .8818 | .7475 | .5182 | .2078 |
|  | 16 | 1.0000 | 1.0000 | .9998 | .9993 | .9977 | .9925 | .9775 | .9369 | .8332 | .5819 |
|  | 17 | 1.0000 | 1.0000 | 1.0000 | 1.0000 | 1.0000 | 1.0000 | 1.0000 | 1.0000 | 1.0000 | 1.0000 |
| 18 | 0 | .0000 | .0000 | .0000 | .0000 | .0000 | .0000 | .0000 | .0000 | .0000 | .0000 |
|  | 1 | .0001 | .0000 | .0000 | .0000 | .0000 | .0000 | .0000 | .0000 | .0000 | .0000 |
|  | 2 | .0007 | .0001 | .0000 | .0000 | .0000 | .0000 | .0000 | .0000 | .0000 | .0000 |
|  | 3 | .0038 | .0010 | .0002 | .0000 | .0000 | .0000 | .0000 | .0000 | .0000 | .0000 |
|  | 4 | .0154 | .0049 | .0013 | .0003 | .0000 | .0000 | .0000 | .0000 | .0000 | .0000 |
|  | 5 | .0481 | .0183 | .0058 | .0014 | .0003 | .0000 | .0000 | .0000 | .0000 | .0000 |
|  | 6 | .1189 | .0537 | .0203 | .0062 | .0014 | .0002 | .0000 | .0000 | .0000 | .0000 |
|  | 7 | .2403 | .1280 | .0576 | .0212 | .0061 | .0012 | .0002 | .0000 | .0000 | .0000 |
|  | 8 | .4073 | .2527 | .1347 | .0597 | .0210 | .0054 | .0009 | .0001 | .0000 | .0000 |
|  | 9 | .5927 | .4222 | .2632 | .1391 | .0596 | .0193 | .0043 | .0005 | .0000 | .0000 |
|  | 10 | .7597 | .6085 | .4366 | .2717 | .1407 | .0569 | .0163 | .0027 | .0002 | .0000 |
|  | 11 | .8811 | .7742 | .6257 | .4509 | .2783 | .1390 | .0513 | .0118 | .0012 | .0000 |
|  | 12 | .9519 | .8923 | .7912 | .6450 | .4656 | .2825 | .1329 | .0419 | .0064 | .0002 |
|  | 13 | .9846 | .9589 | .9058 | .8114 | .6673 | .4813 | .2836 | .1206 | .0282 | .0015 |
|  | 14 | .9962 | .9880 | .9672 | .9217 | .8354 | .6943 | .4990 | .2798 | .0982 | .0109 |
|  | 15 | .9993 | .9975 | .9918 | .9764 | .9400 | .8647 | .7287 | .5203 | .2662 | .0581 |
|  | 16 | .9999 | .9997 | .9987 | .9954 | .9858 | .9605 | .9009 | .7759 | .5497 | .2265 |
|  | 17 | 1.0000 | 1.0000 | .9999 | .9996 | .9984 | .9944 | .9820 | .9464 | .8499 | .6028 |
|  | 18 | 1.0000 | 1.0000 | 1.0000 | 1.0000 | 1.0000 | 1.0000 | 1.0000 | 1.0000 | 1.0000 | 1.0000 |

Tafel XI-1 (Fortsetz.)

| n | x | π = .05 | .10 | .15 | .20 | .25 | .30 | .35 | .40 | .45 |
|---|---|---|---|---|---|---|---|---|---|---|
| 19 | 0 | .3774 | .1351 | .0456 | .0144 | .0042 | .0011 | .0003 | .0001 | .0000 |
|  | 1 | .7547 | .4203 | .1985 | .0829 | .0310 | .0104 | .0031 | .0008 | .0002 |
|  | 2 | .9335 | .7054 | .4413 | .2369 | .1113 | .0462 | .0170 | .0055 | .0015 |
|  | 3 | .9869 | .8850 | .6841 | .4551 | .2631 | .1332 | .0591 | .0230 | .0077 |
|  | 4 | .9980 | .9648 | .8556 | .6733 | .4654 | .2822 | .1500 | .0696 | .0280 |
|  | 5 | .9998 | .9914 | .9463 | .8369 | .6678 | .4739 | .2968 | .1629 | .0777 |
|  | 6 | 1.0000 | .9983 | .9837 | .9324 | .8251 | .6655 | .4812 | .3081 | .1727 |
|  | 7 | 1.0000 | .9997 | .9959 | .9767 | .9225 | .8180 | .6656 | .4878 | .3169 |
|  | 8 | 1.0000 | 1.0000 | .9992 | .9933 | .9713 | .9161 | .8145 | .6675 | .4940 |
|  | 9 | 1.0000 | 1.0000 | .9999 | .9984 | .9911 | .9674 | .9125 | .8139 | .6710 |
|  | 10 | 1.0000 | 1.0000 | 1.0000 | .9997 | .9977 | .9895 | .9653 | .9115 | .8159 |
|  | 11 | 1.0000 | 1.0000 | 1.0000 | 1.0000 | .9995 | .9972 | .9886 | .9648 | .9129 |
|  | 12 | 1.0000 | 1.0000 | 1.0000 | 1.0000 | .9999 | .9994 | .9969 | .9884 | .9658 |
|  | 13 | 1.0000 | 1.0000 | 1.0000 | 1.0000 | 1.0000 | .9999 | .9993 | .9969 | .9891 |
|  | 14 | 1.0000 | 1.0000 | 1.0000 | 1.0000 | 1.0000 | 1.0000 | .9999 | .9994 | .9972 |
|  | 15 | 1.0000 | 1.0000 | 1.0000 | 1.0000 | 1.0000 | 1.0000 | 1.0000 | .9999 | .9995 |
|  | 16 | 1.0000 | 1.0000 | 1.0000 | 1.0000 | 1.0000 | 1.0000 | 1.0000 | 1.0000 | .9999 |
|  | 17 | 1.0000 | 1.0000 | 1.0000 | 1.0000 | 1.0000 | 1.0000 | 1.0000 | 1.0000 | 1.0000 |
|  | 18 | 1.0000 | 1.0000 | 1.0000 | 1.0000 | 1.0000 | 1.0000 | 1.0000 | 1.0000 | 1.0000 |
|  | 19 | 1.0000 | 1.0000 | 1.0000 | 1.0000 | 1.0000 | 1.0000 | 1.0000 | 1.0000 | 1.0000 |
| 20 | 0 | .3585 | .1216 | .0388 | .0115 | .0032 | .0008 | .0002 | .0000 | .0000 |
|  | 1 | .7358 | .3917 | .1756 | .0692 | .0243 | .0076 | .0021 | .0005 | .0001 |
|  | 2 | .9245 | .6769 | .4049 | .2061 | .0913 | .0355 | .0121 | .0036 | .0009 |
|  | 3 | .9841 | .8670 | .6477 | .4114 | .2252 | .1071 | .0444 | .0160 | .0049 |
|  | 4 | .9974 | .9568 | .8298 | .6296 | .4148 | .2375 | .1182 | .0510 | .0189 |
|  | 5 | .9997 | .9887 | .9327 | .8042 | .6172 | .4164 | .2454 | .1256 | .0553 |
|  | 6 | 1.0000 | .9976 | .9781 | .9133 | .7858 | .6080 | .4166 | .2500 | .1299 |
|  | 7 | 1.0000 | .9996 | .9941 | .9679 | .8982 | .7723 | .6010 | .4159 | .2520 |
|  | 8 | 1.0000 | .9999 | .9987 | .9900 | .9591 | .8867 | .7624 | .5956 | .4143 |
|  | 9 | 1.0000 | 1.0000 | .9998 | .9974 | .9861 | .9520 | .8782 | .7553 | .5914 |
|  | 10 | 1.0000 | 1.0000 | 1.0000 | .9994 | .9961 | .9829 | .9468 | .8725 | .7507 |
|  | 11 | 1.0000 | 1.0000 | 1.0000 | .9999 | .9991 | .9949 | .9804 | .9435 | .8692 |
|  | 12 | 1.0000 | 1.0000 | 1.0000 | 1.0000 | .9998 | .9987 | .9940 | .9790 | .9420 |
|  | 13 | 1.0000 | 1.0000 | 1.0000 | 1.0000 | 1.0000 | .9997 | .9985 | .9935 | .9786 |
|  | 14 | 1.0000 | 1.0000 | 1.0000 | 1.0000 | 1.0000 | 1.0000 | .9997 | .9984 | .9936 |
|  | 15 | 1.0000 | 1.0000 | 1.0000 | 1.0000 | 1.0000 | 1.0000 | 1.0000 | .9997 | .9985 |
|  | 16 | 1.0000 | 1.0000 | 1.0000 | 1.0000 | 1.0000 | 1.0000 | 1.0000 | 1.0000 | .9997 |
|  | 17 | 1.0000 | 1.0000 | 1.0000 | 1.0000 | 1.0000 | 1.0000 | 1.0000 | 1.0000 | 1.0000 |
|  | 18 | 1.0000 | 1.0000 | 1.0000 | 1.0000 | 1.0000 | 1.0000 | 1.0000 | 1.0000 | 1.0000 |
|  | 19 | 1.0000 | 1.0000 | 1.0000 | 1.0000 | 1.0000 | 1.0000 | 1.0000 | 1.0000 | 1.0000 |
|  | 20 | 1.0000 | 1.0000 | 1.0000 | 1.0000 | 1.0000 | 1.0000 | 1.0000 | 1.0000 | 1.0000 |

| n | x | π = .50 | .55 | .60 | .65 | .70 | .75 | .80 | .85 | .90 | .95 |
|---|---|---|---|---|---|---|---|---|---|---|---|
| 19 | 0 | .0000 | .0000 | .0000 | .0000 | .0000 | .0000 | .0000 | .0000 | .0000 | .0000 |
|  | 1 | .0000 | .0000 | .0000 | .0000 | .0000 | .0000 | .0000 | .0000 | .0000 | .0000 |
|  | 2 | .0004 | .0001 | .0000 | .0000 | .0000 | .0000 | .0000 | .0000 | .0000 | .0000 |
|  | 3 | .0022 | .0005 | .0001 | .0000 | .0000 | .0000 | .0000 | .0000 | .0000 | .0000 |
|  | 4 | .0096 | .0028 | .0006 | .0001 | .0000 | .0000 | .0000 | .0000 | .0000 | .0000 |
|  | 5 | .0318 | .0109 | .0031 | .0007 | .0001 | .0000 | .0000 | .0000 | .0000 | .0000 |
|  | 6 | .0835 | .0342 | .0116 | .0031 | .0006 | .0001 | .0000 | .0000 | .0000 | .0000 |
|  | 7 | .1796 | .0871 | .0352 | .0114 | .0028 | .0005 | .0000 | .0000 | .0000 | .0000 |
|  | 8 | .3238 | .1841 | .0885 | .0347 | .0105 | .0023 | .0003 | .0000 | .0000 | .0000 |
|  | 9 | .5000 | .3290 | .1861 | .0875 | .0326 | .0089 | .0016 | .0001 | .0000 | .0000 |
|  | 10 | .6762 | .5060 | .3325 | .1855 | .0839 | .0287 | .0067 | .0008 | .0000 | .0000 |
|  | 11 | .8204 | .6831 | .5122 | .3344 | .1820 | .0775 | .0233 | .0041 | .0003 | .0000 |
|  | 12 | .9165 | .8273 | .6919 | .5188 | .3345 | .1749 | .0676 | .0163 | .0017 | .0000 |
|  | 13 | .9682 | .9223 | .8371 | .7032 | .5261 | .3322 | .1631 | .0537 | .0086 | .0002 |
|  | 14 | .9904 | .9720 | .9304 | .8500 | .7178 | .5346 | .3267 | .1444 | .0352 | .0020 |
|  | 15 | .9978 | .9923 | .9770 | .9409 | .8668 | .7369 | .5449 | .3159 | .1150 | .0132 |
|  | 16 | .9996 | .9985 | .9945 | .9830 | .9538 | .8887 | .7631 | .5587 | .2946 | .0665 |
|  | 17 | 1.0000 | .9998 | .9992 | .9969 | .9896 | .9690 | .9171 | .8015 | .5797 | .2453 |
|  | 18 | 1.0000 | 1.0000 | .9999 | .9997 | .9989 | .9958 | .9856 | .9544 | .8649 | .6226 |
|  | 19 | 1.0000 | 1.0000 | 1.0000 | 1.0000 | 1.0000 | 1.0000 | 1.0000 | 1.0000 | 1.0000 | 1.0000 |
| 20 | 0 | .0000 | .0000 | .0000 | .0000 | .0000 | .0000 | .0000 | .0000 | .0000 | .0000 |
|  | 1 | .0000 | .0000 | .0000 | .0000 | .0000 | .0000 | .0000 | .0000 | .0000 | .0000 |
|  | 2 | .0002 | .0000 | .0000 | .0000 | .0000 | .0000 | .0000 | .0000 | .0000 | .0000 |
|  | 3 | .0013 | .0003 | .0000 | .0000 | .0000 | .0000 | .0000 | .0000 | .0000 | .0000 |
|  | 4 | .0059 | .0015 | .0003 | .0000 | .0000 | .0000 | .0000 | .0000 | .0000 | .0000 |
|  | 5 | .0207 | .0064 | .0016 | .0003 | .0000 | .0000 | .0000 | .0000 | .0000 | .0000 |
|  | 6 | .0577 | .0214 | .0065 | .0015 | .0003 | .0000 | .0000 | .0000 | .0000 | .0000 |
|  | 7 | .1316 | .0580 | .0210 | .0060 | .0013 | .0002 | .0000 | .0000 | .0000 | .0000 |
|  | 8 | .2517 | .1308 | .0565 | .0196 | .0051 | .0009 | .0001 | .0000 | .0000 | .0000 |
|  | 9 | .4119 | .2493 | .1275 | .0532 | .0171 | .0039 | .0006 | .0000 | .0000 | .0000 |
|  | 10 | .5881 | .4086 | .2447 | .1218 | .0480 | .0139 | .0026 | .0002 | .0000 | .0000 |
|  | 11 | .7483 | .5857 | .4044 | .2376 | .1133 | .0409 | .0100 | .0013 | .0001 | .0000 |
|  | 12 | .8684 | .7480 | .5841 | .3990 | .2277 | .1018 | .0321 | .0059 | .0004 | .0000 |
|  | 13 | .9423 | .8701 | .7500 | .5834 | .3920 | .2142 | .0867 | .0219 | .0024 | .0000 |
|  | 14 | .9793 | .9447 | .8744 | .7546 | .5836 | .3828 | .1958 | .0673 | .0113 | .0003 |
|  | 15 | .9941 | .9811 | .9490 | .8818 | .7625 | .5852 | .3704 | .1702 | .0432 | .0026 |
|  | 16 | .9987 | .9951 | .9840 | .9556 | .8929 | .7748 | .5886 | .3523 | .1330 | .0159 |
|  | 17 | .9998 | .9991 | .9964 | .9879 | .9645 | .9087 | .7939 | .5951 | .3231 | .0755 |
|  | 18 | 1.0000 | .9999 | .9995 | .9979 | .9924 | .9757 | .9308 | .8244 | .6083 | .2642 |
|  | 19 | 1.0000 | 1.0000 | 1.0000 | .9998 | .9992 | .9968 | .9885 | .9612 | .8784 | .6415 |
|  | 20 | 1.0000 | 1.0000 | 1.0000 | 1.0000 | 1.0000 | 1.0000 | 1.0000 | 1.0000 | 1.0000 | 1.0000 |

## Tafel XI-2-1

Konfidenzintervalle für p nach CLOPPER-PEARSON

Auszugsweise entnommen aus OWEN, D. B.: Handbook of statistical tables. Reading/Mass.: Addison-Wesley, 1962, Table 9.6, mit freundlicher Genehmigung des Autors und des Verlages.

Die Tafel enthält die für bestimmte Konfidenzkoeffizienten $1 - \alpha = 0{,}990,\ 0{,}980,\ 0{,}950,\ 0{,}900$ geltenden zweiseitigen Konfidenzgrenzen einer Punktschätzung $p = x/M$ des Anteilsparameters $\pi$ einer Binomialpopulation, wobei $x = 0(1)9$ die Zahl der ‚Ja-Beobachtungen' und $N-x = 1(1)12(3)15(5)25,\ 50,\ 100,\ 500$ die Zahl der ‚Nein-Beobachtungen' in einer Zufallsstichprobe des Umfangs N aus einer Binomialpopulation ist. Die kleinere (obere) Eintragung ist die untere Konfidenzgrenze $\underline{p}$, die größere (untere) die obere Konfidenzgrenze $\bar{p}$. Einseitige Konfidenzgrenzen lese man in der Nachspalte unter dem Konfidenzkoeffizienten $\gamma = \alpha/2$ für die untere, und unter dem Konfidenzkoeffizienten $\gamma = 1 - \alpha/2$ für die obere Grenze ab.

*Ablesebeispiel:* Wenn in einer Stichprobe von $N = 10$ Individuen $x = 2$ ‚auffällig' und $N - x = 8$ ‚unauffällig' sind, dann darf bei $1 - \alpha = 95\ \%$ Aussagesicherheit der Populationsanteil der Auffälligen zwischen $\underline{p} = 0{,}0252$ und $\bar{p} = 0{,}5561$ vermutet werden.

Tafel XI-2-1 (Fortsetz.)

| N-x | 1-α | 0 | 1 | 2 | 3 | 4 | 5 | 6 | 7 | 8 | 9 | γ |
|---|---|---|---|---|---|---|---|---|---|---|---|---|
| 1 | .990 | .0000 | .0025 | .0414 | .1109 | .1851 | .2540 | .3151 | .3685 | .4150 | .4557 | .005 |
|   |      | .9950 | .9975 | .9983 | .9987 | .9990 | .9992 | .9993 | .9994 | .9994 | .9995 | .995 |
|   | .980 | .0000 | .0050 | .0589 | .1409 | .2221 | .2943 | .3566 | .4101 | .4560 | .4956 | .010 |
|   |      | .9900 | .9950 | .9967 | .9975 | .9980 | .9983 | .9986 | .9987 | .9989 | .9990 | .990 |
|   | .950 | .0000 | .0126 | .0943 | .1941 | .2836 | .3588 | .4213 | .4735 | .5175 | .5550 | .025 |
|   |      | .9750 | .9874 | .9916 | .9937 | .9949 | .9958 | .9964 | .9968 | .9972 | .9975 | .975 |
|   | .900 | .0000 | .0253 | .1353 | .2486 | .3426 | .4182 | .4793 | .5293 | .5709 | .6058 | .050 |
|   |      | .9500 | .9747 | .9830 | .9873 | .9898 | .9915 | .9927 | .9936 | .9943 | .9949 | .950 |
| 2 | .990 | .0000 | .0017 | .0294 | .0828 | .1436 | .2030 | .2578 | .3074 | .3518 | .3915 | .005 |
|   |      | .9293 | .9586 | .9706 | .9771 | .9813 | .9842 | .9863 | .9879 | .9891 | .9902 | .995 |
|   | .980 | .0000 | .0033 | .0420 | .1056 | .1731 | .2363 | .2932 | .3437 | .3883 | .4277 | .010 |
|   |      | .9000 | .9411 | .9580 | .9673 | .9732 | .9773 | .9803 | .9826 | .9845 | .9859 | .990 |
|   | .950 | .0000 | .0084 | .0676 | .1466 | .2228 | .2904 | .3491 | .3999 | .4439 | .4822 | .025 |
|   |      | .8419 | .9057 | .9324 | .9473 | .9567 | .9633 | .9681 | .9719 | .9748 | .9772 | .975 |
|   | .900 | .0000 | .0170 | .0976 | .1893 | .2713 | .3413 | .4003 | .4504 | .4931 | .5299 | .050 |
|   |      | .7764 | .8647 | .9024 | .9236 | .9372 | .9466 | .9536 | .9590 | .9632 | .9667 | .950 |
| 3 | .990 | .0000 | .0013 | .0229 | .0663 | .1177 | .1697 | .2191 | .2649 | .3067 | .3448 | .005 |
|   |      | .8290 | .8891 | .9172 | .9337 | .9447 | .9525 | .9584 | .9630 | .9667 | .9697 | .995 |
|   | .980 | .0000 | .0025 | .0327 | .0847 | .1423 | .1982 | .2500 | .2971 | .3396 | .3778 | .010 |
|   |      | .7846 | .8591 | .8944 | .9153 | .9292 | .9392 | .9466 | .9525 | .9572 | .9610 | .990 |
|   | .950 | .0000 | .0063 | .0527 | .1181 | .1841 | .2449 | .2993 | .3475 | .3903 | .4281 | .025 |
|   |      | .7076 | .8059 | .8534 | .8819 | .9010 | .9148 | .9251 | .9333 | .9398 | .9451 | .975 |
|   | .900 | .0000 | .0127 | .0764 | .1532 | .2253 | .2892 | .3449 | .3934 | .4356 | .4727 | .050 |
|   |      | .6316 | .7514 | .8107 | .8468 | .8712 | .8889 | .9022 | .9127 | .9212 | .9281 | .950 |

Tafel XI-2-1 (Fortsetz.)

| N-x | 1-α | 0 | 1 | 2 | 3 | 4 | 5 | 6 | 7 | 8 | 9 | γ |
|---|---|---|---|---|---|---|---|---|---|---|---|---|
| 4 | .990 | .0000 | .0010 | .0187 | .0553 | .0999 | .1461 | .1909 | .2332 | .2725 | .3087 | .005 |
|   |      | .7341 | .8149 | .8564 | .8823 | .9001 | .9132 | .9232 | .9312 | .9376 | .9429 | .995 |
|   | .980 | .0000 | .0020 | .0268 | .0708 | .1210 | .1710 | .2183 | .2622 | .3024 | .3391 | .010 |
|   |      | .6838 | .7779 | .8269 | .8577 | .8791 | .8947 | .9068 | .9163 | .9241 | .9305 | .990 |
|   | .950 | .0000 | .0051 | .0433 | .0990 | .1570 | .2120 | .2624 | .3079 | .3489 | .3857 | .025 |
|   |      | .6024 | .7164 | .7772 | .8159 | .8430 | .8630 | .8784 | .8907 | .9007 | .9091 | .975 |
|   | .900 | .0000 | .0102 | .0629 | .1288 | .1929 | .2514 | .3035 | .3498 | .3909 | .4274 | .050 |
|   |      | .5271 | .6574 | .7287 | .7747 | .8071 | .8313 | .8500 | .8649 | .8771 | .8873 | .950 |
| 5 | .990 | .0000 | .0008 | .0158 | .0475 | .0868 | .1283 | .1693 | .2085 | .2454 | .2799 | .005 |
|   |      | .6534 | .7460 | .7970 | .8303 | .8539 | .8717 | .8855 | .8966 | .9058 | .9134 | .995 |
|   | .980 | .0000 | .0017 | .0227 | .0608 | .1053 | .1504 | .1940 | .2349 | .2729 | .3080 | .010 |
|   |      | .6019 | .7057 | .7637 | .8018 | .8290 | .8496 | .8656 | .8785 | .8892 | .8981 | .990 |
|   | .950 | .0000 | .0042 | .0367 | .0852 | .1370 | .1871 | .2338 | .2767 | .3158 | .3514 | .025 |
|   |      | .5218 | .6412 | .7096 | .7551 | .7880 | .8129 | .8325 | .8483 | .8614 | .8724 | .975 |
|   | .900 | .0000 | .0085 | .0534 | .1111 | .1687 | .2224 | .2713 | .3152 | .3548 | .3904 | .050 |
|   |      | .4507 | .5818 | .6587 | .7108 | .7486 | .7776 | .8004 | .8190 | .8343 | .8473 | .950 |
| 6 | .990 | .0000 | .0007 | .0137 | .0416 | .0768 | .1145 | .1522 | .1887 | .2235 | .2562 | .005 |
|   |      | .5865 | .6849 | .7422 | .7809 | .8091 | .8307 | .8478 | .8617 | .8733 | .8830 | .995 |
|   | .980 | .0000 | .0014 | .0197 | .0534 | .0932 | .1344 | .1746 | .2129 | .2488 | .2823 | .010 |
|   |      | .5358 | .6434 | .7068 | .7500 | .7817 | .8060 | .8254 | .8412 | .8543 | .8654 | .990 |
|   | .950 | .0000 | .0036 | .0319 | .0749 | .1216 | .1675 | .2110 | .2514 | .2886 | .3229 | .025 |
|   |      | .4593 | .5787 | .6509 | .7007 | .7376 | .7662 | .7890 | .8077 | .8234 | .8366 | .975 |
|   | .900 | .0000 | .0073 | .0464 | .0978 | .1500 | .1996 | .2453 | .2871 | .3251 | .3596 | .050 |
|   |      | .3930 | .5207 | .5997 | .6551 | .6965 | .7287 | .7547 | .7760 | .7939 | .8091 | .950 |

Tafel XI-2-1 (Fortsetz.)

| N-x | 1-α | 0 | 1 | 2 | 3 | 4 | 5 | 6 | 7 | 8 | 9 | γ |
|---|---|---|---|---|---|---|---|---|---|---|---|---|
| 7 | .990 | .0000 | .0006 | .0121 | .0370 | .0688 | .1034 | .1383 | .1724 | .2052 | .2363 | .005 |
|   |      | .5309 | .6315 | .6926 | .7351 | .7668 | .7915 | .8113 | .8276 | .8412 | .8529 | .995 |
|   | .980 | .0000 | .0013 | .0174 | .0475 | .0837 | .1215 | .1588 | .1947 | .2288 | .2607 | .010 |
|   |      | .4821 | .5899 | .6563 | .7029 | .7378 | .7651 | .7871 | .8053 | .8205 | .8335 | .990 |
|   | .950 | .0000 | .0032 | .0281 | .0667 | .1093 | .1517 | .1923 | .2304 | .2659 | .2988 | .025 |
|   |      | .4096 | .5265 | .6001 | .6525 | .6921 | .7233 | .7486 | .7696 | .7873 | .8025 | .975 |
|   | .900 | .0000 | .0064 | .0410 | .0873 | .1351 | .1810 | .2240 | .2636 | .3000 | .3334 | .050 |
|   |      | .3482 | .4707 | .5496 | .6066 | .6502 | .6848 | .7129 | .7364 | .7562 | .7733 | .950 |
| 8 | .990 | .0000 | .0006 | .0109 | .0333 | .0624 | .0942 | .1267 | .1588 | .1897 | .2193 | .005 |
|   |      | .4843 | .5850 | .6482 | .6933 | .7275 | .7546 | .7765 | .7948 | .8103 | .8236 | .995 |
|   | .980 | .0000 | .0011 | .0155 | .0428 | .0759 | .1108 | .1457 | .1795 | .2118 | .2423 | .010 |
|   |      | .4377 | .5440 | .6117 | .6604 | .6976 | .7271 | .7512 | .7712 | .7882 | .8029 | .990 |
|   | .950 | .0000 | .0028 | .0252 | .0602 | .0993 | .1386 | .1766 | .2127 | .2466 | .2782 | .025 |
|   |      | .3694 | .4825 | .5561 | .6097 | .6511 | .6842 | .7114 | .7341 | .7534 | .7702 | .975 |
|   | .900 | .0000 | .0057 | .0368 | .0788 | .1229 | .1657 | .2061 | .2438 | .2786 | .3109 | .050 |
|   |      | .3123 | .4291 | .5069 | .5644 | .6091 | .6452 | .6749 | .7000 | .7214 | .7399 | .950 |
| 9 | .990 | .0000 | .0005 | .0098 | .0303 | .0571 | .0866 | .1170 | .1471 | .1764 | .2047 | .005 |
|   |      | .4450 | .5443 | .6085 | .6552 | .6913 | .7201 | .7438 | .7637 | .7807 | .7953 | .995 |
|   | .980 | .0000 | .0010 | .0141 | .0390 | .0695 | .1019 | .1346 | .1665 | .1971 | .2263 | .010 |
|   |      | .4005 | .5044 | .5723 | .6222 | .6609 | .6920 | .7177 | .7393 | .7577 | .7737 | .990 |
|   | .950 | .0000 | .0025 | .0228 | .0549 | .0909 | .1276 | .1634 | .1975 | .2298 | .2602 | .025 |
|   |      | .3363 | .4450 | .5178 | .5719 | .6143 | .6486 | .6771 | .7012 | .7218 | .7398 | .975 |
|   | .900 | .0000 | .0051 | .0333 | .0719 | .1127 | .1527 | .1909 | .2267 | .2601 | .2912 | .050 |
|   |      | .2831 | .3942 | .4701 | .5273 | .5726 | .6096 | .6404 | .6666 | .6891 | .7088 | .950 |

Tafel XI-2-1 (Fortsetz.)

| N-x | 1-α | 0 | 1 | 2 | 3 | 4 | 5 | 6 | 7 | 8 | 9 | γ |
|---|---|---|---|---|---|---|---|---|---|---|---|---|
| 10 | .990 | .0000 | .0005 | .0090 | .0278 | .0526 | .0801 | .1086 | .1371 | .1650 | .1919 | .005 |
|    |      | .4113 | .5086 | .5729 | .6206 | .6579 | .6882 | .7132 | .7344 | .7526 | .7684 | .995 |
|    | .980 | .0000 | .0009 | .0128 | .0358 | .0640 | .0944 | .1251 | .1552 | .1844 | .2124 | .010 |
|    |      | .3690 | .4698 | .5373 | .5878 | .6274 | .6597 | .6865 | .7093 | .7289 | .7460 | .990 |
|    | .950 | .0000 | .0023 | .0209 | .0504 | .0839 | .1182 | .1520 | .1844 | .2153 | .2445 | .025 |
|    |      | .3085 | .4128 | .4841 | .5381 | .5810 | .6162 | .6456 | .6707 | .6924 | .7114 | .975 |
|    | .900 | .0000 | .0047 | .0305 | .0661 | .1041 | .1417 | .1778 | .2119 | .2440 | .2740 | .050 |
|    |      | .2589 | .3644 | .4381 | .4947 | .5400 | .5774 | .6089 | .6359 | .6593 | .6799 | .950 |
| 11 | .990 | .0000 | .0004 | .0083 | .0257 | .0488 | .0745 | .1014 | .1284 | .1549 | .1806 | .005 |
|    |      | .3822 | .4770 | .5410 | .5892 | .6273 | .6585 | .6845 | .7068 | .7259 | .7428 | .995 |
|    | .980 | .0000 | .0008 | .0118 | .0331 | .0594 | .0878 | .1168 | .1454 | .1733 | .2001 | .010 |
|    |      | .3421 | .4395 | .5062 | .5567 | .5969 | .6299 | .6577 | .6814 | .7019 | .7199 | .990 |
|    | .950 | .0000 | .0021 | .0192 | .0466 | .0779 | .1102 | .1421 | .1730 | .2025 | .2306 | .025 |
|    |      | .2849 | .3848 | .4545 | .5080 | .5510 | .5866 | .6167 | .6425 | .6649 | .6847 | .975 |
|    | .900 | .0000 | .0043 | .0281 | .0611 | .0967 | .1321 | .1664 | .1990 | .2297 | .2586 | .050 |
|    |      | .2384 | .3387 | .4101 | .4657 | .5108 | .5483 | .5802 | .6078 | .6318 | .6531 | .950 |
| 12 | .990 | .0000 | .0004 | .0076 | .0239 | .0455 | .0697 | .0951 | .1207 | .1460 | .1707 | .005 |
|    |      | .3569 | .4490 | .5123 | .5605 | .5991 | .6310 | .6578 | .6808 | .7008 | .7185 | .995 |
|    | .980 | .0000 | .0008 | .0110 | .0307 | .0554 | .0822 | .1096 | .1368 | .1634 | .1891 | .010 |
|    |      | .3187 | .4128 | .4783 | .5285 | .5690 | .6025 | .6308 | .6553 | .6765 | .6953 | .990 |
|    | .950 | .0000 | .0019 | .0178 | .0433 | .0727 | .1031 | .1334 | .1629 | .1912 | .2182 | .025 |
|    |      | .2646 | .3603 | .4281 | .4809 | .5238 | .5596 | .5900 | .6164 | .6394 | .6598 | .975 |
|    | .900 | .0000 | .0039 | .0260 | .0568 | .0903 | .1238 | .1564 | .1875 | .2171 | .2450 | .050 |
|    |      | .2209 | .3163 | .3854 | .4398 | .4844 | .5219 | .5540 | .5819 | .6063 | .6281 | .950 |

Tafel XI-2-1 (Fortsetz.)

| N-x | 1-α | 0 | 1 | 2 | 3 | 4 | 5 | 6 | 7 | 8 | 9 | γ |
|---|---|---|---|---|---|---|---|---|---|---|---|---|
| 15 | .990 | .0000 | .0003 | .0063 | .0197 | .0378 | .0583 | .0801 | .1024 | .1246 | .1465 | .005 |
|  |  | .2976 | .3814 | .4413 | .4884 | .5271 | .5598 | .5878 | .6122 | .6337 | .6530 | .995 |
|  | .980 | .0000 | .0006 | .0090 | .0254 | .0461 | .0688 | .0925 | .1162 | .1397 | .1626 | .010 |
|  |  | .2644 | .3488 | .4099 | .4583 | .4983 | .5321 | .5612 | .5868 | .6093 | .6295 | .990 |
|  | .950 | .0000 | .0016 | .0146 | .0358 | .0605 | .0866 | .1128 | .1387 | .1638 | .1880 | .025 |
|  |  | .2180 | .3023 | .3644 | .4142 | .4557 | .4910 | .5217 | .5487 | .5726 | .5941 | .975 |
|  | .900 | .0000 | .0032 | .0213 | .0470 | .0753 | .1041 | .1325 | .1599 | .1864 | .2116 | .050 |
|  |  | .1810 | .2640 | .3262 | .3767 | .4191 | .4556 | .4873 | .5154 | .5404 | .5629 | .950 |
| 20 | .990 | .0000 | .0002 | .0048 | .0153 | .0295 | .0459 | .0635 | .0817 | .1002 | .1186 | .005 |
|  |  | .2327 | .3043 | .3577 | .4012 | .4379 | .4698 | .4976 | .5225 | .5448 | .5651 | .995 |
|  | .980 | .0000 | .0005 | .0069 | .0196 | .0360 | .0542 | .0734 | .0929 | .1125 | .1318 | .010 |
|  |  | .2057 | .2768 | .3305 | .3745 | .4118 | .4443 | .4728 | .4983 | .5213 | .5422 | .990 |
|  | .950 | .0000 | .0012 | .0112 | .0278 | .0474 | .0683 | .0897 | .1112 | .1322 | .1529 | .025 |
|  |  | .1684 | .2382 | .2916 | .3359 | .3738 | .4070 | .4364 | .4628 | .4865 | .5083 | .975 |
|  | .900 | .0000 | .0024 | .0164 | .0365 | .0590 | .0823 | .1056 | .1285 | .1509 | .1725 | .050 |
|  |  | .1391 | .2067 | .2595 | .3036 | .3418 | .3754 | .4053 | .4322 | .4566 | .4790 | .950 |
| 25 | .990 | .0000 | .0002 | .0039 | .0124 | .0242 | .0378 | .0526 | .0680 | .0838 | .0996 | .005 |
|  |  | .1910 | .2530 | .3005 | .3401 | .3742 | .4042 | .4309 | .4550 | .4769 | .4972 | .995 |
|  | .980 | .0000 | .0004 | .0056 | .0160 | .0295 | .0447 | .0609 | .0774 | .0942 | .1109 | .010 |
|  |  | .1682 | .2294 | .2767 | .3163 | .3506 | .3809 | .4080 | .4325 | .4548 | .4755 | .990 |
|  | .950 | .0000 | .0010 | .0091 | .0227 | .0389 | .0564 | .0745 | .0928 | .1109 | .1288 | .025 |
|  |  | .1372 | .1964 | .2429 | .2823 | .3167 | .3473 | .3747 | .3997 | .4225 | .4437 | .975 |
|  | .900 | .0000 | .0020 | .0133 | .0298 | .0485 | .0681 | .0878 | .1075 | .1268 | .1456 | .050 |
|  |  | .1129 | .1699 | .2153 | .2542 | .2884 | .3190 | .3466 | .3718 | .3950 | .4165 | .950 |

Tafel XI-2-1 (Fortsetz.)

| N-x | 1-α | 0 | 1 | 2 | 3 | 4 | 5 | 6 | 7 | 8 | 9 | γ |
|---|---|---|---|---|---|---|---|---|---|---|---|---|
| 50 | .990 | .0000 | .0001 | .0020 | .0065 | .0127 | .0201 | .0283 | .0371 | .0461 | .0554 | .005 |
|  |  | .1005 | .1369 | .1664 | .1922 | .2154 | .2367 | .2563 | .2746 | .2918 | .3082 | .995 |
|  | .980 | .0000 | .0002 | .0029 | .0084 | .0156 | .0239 | .0328 | .0423 | .0520 | .0619 | .010 |
|  |  | .0880 | .1232 | .1520 | .1774 | .2003 | .2213 | .2408 | .2590 | .2761 | .2925 | .990 |
|  | .950 | .0000 | .0005 | .0047 | .0118 | .0206 | .0302 | .0403 | .0508 | .0615 | .0722 | .025 |
|  |  | .0711 | .1045 | .1321 | .1567 | .1790 | .1996 | .2187 | .2367 | .2537 | .2699 | .975 |
|  | .900 | .0000 | .0010 | .0069 | .0156 | .0257 | .0365 | .0477 | .0591 | .0705 | .0820 | .050 |
|  |  | .0582 | .0897 | .1162 | .1399 | .1616 | .1817 | .2005 | .2183 | .2350 | .2511 | .950 |
| 100 | .990 | .0000 | .0001 | .0010 | .0033 | .0065 | .0104 | .0147 | .0194 | .0243 | .0294 | .005 |
|  |  | .0516 | .0713 | .0878 | .1026 | .1162 | .1291 | .1411 | .1527 | .1637 | .1744 | .995 |
|  | .980 | .0000 | .0001 | .0015 | .0043 | .0080 | .0123 | .0171 | .0222 | .0274 | .0329 | .010 |
|  |  | .0450 | .0639 | .0799 | .0943 | .1076 | .1201 | .1320 | .1433 | .1541 | .1647 | .990 |
|  | .950 | .0000 | .0003 | .0024 | .0060 | .0106 | .0156 | .0211 | .0267 | .0325 | .0385 | .025 |
|  |  | .0362 | .0539 | .0691 | .0828 | .0956 | .1077 | .1191 | .1301 | .1407 | .1510 | .975 |
|  | .900 | .0000 | .0005 | .0035 | .0080 | .0132 | .0189 | .0249 | .0311 | .0374 | .0438 | .050 |
|  |  | .0295 | .0461 | .0604 | .0736 | .0859 | .0975 | .1086 | .1193 | .1296 | .1397 | .950 |
| 500 | .990 | .0000 | .0000 | .0002 | .0007 | .0013 | .0021 | .0030 | .0040 | .0051 | .0062 | .005 |
|  |  | .0105 | .0147 | .0183 | .0217 | .0248 | .0278 | .0306 | .0334 | .0362 | .0389 | .995 |
|  | .980 | .0000 | .0000 | .0003 | .0009 | .0016 | .0025 | .0035 | .0046 | .0057 | .0069 | .010 |
|  |  | .0092 | .0132 | .0166 | .0198 | .0229 | .0258 | .0285 | .0313 | .0339 | .0366 | .990 |
|  | .950 | .0000 | .0001 | .0005 | .0012 | .0022 | .0032 | .0044 | .0056 | .0068 | .0081 | .025 |
|  |  | .0074 | .0111 | .0143 | .0173 | .0202 | .0230 | .0256 | .0282 | .0308 | .0333 | .975 |
|  | .900 | .0000 | .0001 | .0007 | .0016 | .0027 | .0039 | .0052 | .0065 | .0079 | .0093 | .050 |
|  |  | .0060 | .0094 | .0125 | .0153 | .0181 | .0207 | .0233 | .0258 | .0282 | .0307 | .950 |

**Tafel XI-2-2**

Neue Konfidenzintervalle für p nach BUNKE

Entnommen via WEBER, Erna ([6]1967, Tafel 8a) aus BUNKE, O.: Neue Konfidenzintervalle für den Parameter der Binomialverteilung. Wiss. Z. Humboldt-Univ. Berlin, Math.-Nat. R. IX, 335–363 (1959/60), mit freundlicher Genehmigung des Verfassers und der Herausgeberin.

Die Tafel enthält die für Konfidenzkoeffizienten von $1 - \alpha = 95\ \%$ geltenden mittleren optimalen Konfidenzgrenzen für Stichproben der Umfänge n = 5(1)49 mit z = 0(1)n Ja-Beobachtungen; $\underline{p}_z$ ist die untere und $\bar{p}_z$ die obere (zweiseitige) Grenze. Die Grenzen sind in p% angegeben.

*Ablesebeispiel:* Lösen z = 27 von n = 40 Probanden eine bestimmte Testaufgabe *nicht*, so beträgt deren Schwierigkeit p = 27/40 = 67,5 % als Punktschätzung des ‚Schwierigkeitsindex' der Probandenpopulation. Mit einem durchschnittlichen Irrtumsrisiko von 5 % liegt der Schwierigkeitsparameter zwischen 52,0 % und 80,8 %.

Tafel XI-2-2 (Fortsetz.)

| $z$ | $n=5$ | | $n=6$ | | $n=7$ | | $n=8$ | | $n=9$ | |
|---|---|---|---|---|---|---|---|---|---|---|
| | $\underline{p}_z$ | $\bar{p}_z$ | $\underline{p}_z$ | $\bar{p}_z$ | $\underline{p}_z$ | $\bar{p}_z$ | $\underline{p}_z$ | $\bar{p}_z$ | $\underline{p}_z$ | $\bar{p}_z$ |
| 0 | 0,0 | 48,5 | 0,0 | 40,6 | 0,0 | 35,6 | 0,0 | 32,5 | 0,0 | 29,3 |
| 1 | 2,0 | 66,5 | 1,7 | 59,4 | 1,4 | 53,0 | 1,3 | 48,1 | 1,1 | 43,9 |
| 2 | 10,6 | 76,5 | 8,7 | 73,8 | 7,3 | 66,9 | 6,4 | 61,2 | 5,7 | 65,2 |
| 3 | 23,5 | 89,4 | 18,9 | 81,1 | 15,9 | 73,6 | 13,7 | 72,2 | 12,0 | 66,7 |
| 4 | 33,5 | 98,0 | 26,2 | 91,3 | 26,4 | 84,1 | 22,5 | 77,5 | 19,7 | 71,6 |
| 5 | 51,5 | 100,0 | 40,6 | 98,3 | 33,1 | 92,7 | 27,8 | 86,3 | 28,4 | 80,3 |
| 6 | | | 59,4 | 100,0 | 47,0 | 98,6 | 38,8 | 93,6 | 33,3 | 88,0 |
| 7 | | | | | 64,4 | 100,0 | 51,9 | 98,7 | 43,8 | 94,3 |
| 8 | | | | | | | 67,5 | 100,0 | 56,1 | 98,9 |
| 9 | | | | | | | | | 76,7 | 100,0 |

| $z$ | $n=10$ | | $n=11$ | | $n=12$ | | $n=13$ | | $n=14$ | |
|---|---|---|---|---|---|---|---|---|---|---|
| | $\underline{p}_z$ | $\bar{p}_z$ | $\underline{p}_z$ | $\bar{p}_z$ | $\underline{p}_z$ | $\bar{p}_z$ | $\underline{p}_z$ | $\bar{p}_z$ | $\underline{p}_z$ | $\bar{p}_z$ |
| 0 | 0,0 | 26,8 | 0,0 | 24,7 | 0,0 | 23,4 | 0,0 | 21,5 | 0,0 | 20,0 |
| 1 | 1,0 | 40,4 | 0,9 | 37,4 | 0,8 | 34,8 | 0,8 | 32,5 | 0,8 | 30,8 |
| 2 | 5,1 | 51,9 | 4,5 | 48,3 | 4,2 | 45,4 | 3,9 | 42,3 | 3,6 | 39,7 |
| 3 | 10,8 | 62,0 | 9,7 | 57,8 | 8,9 | 54,5 | 8,1 | 50,9 | 7,5 | 48,0 |
| 4 | 17,5 | 70,9 | 15,8 | 66,4 | 14,3 | 62,3 | 13,1 | 57,7 | 12,2 | 55,6 |
| 5 | 25,2 | 74,8 | 22,5 | 70,0 | 20,5 | 69,8 | 18,7 | 65,9 | 17,3 | 62,4 |
| 6 | 29,1 | 82,5 | 30,0 | 77,5 | 23,4 | 76,6 | 21,5 | 72,6 | 20,0 | 69,2 |
| 7 | 38,0 | 89,2 | 33,6 | 84,2 | 31,2 | 79,5 | 27,4 | 78,5 | 25,1 | 74,9 |
| 8 | 48,1 | 94,9 | 42,2 | 90,3 | 37,7 | 85,7 | 34,1 | 81,2 | 30,8 | 80,0 |
| 9 | 59,6 | 99,0 | 51,7 | 95,5 | 45,4 | 91,1 | 42,3 | 86,9 | 37,6 | 82,7 |
| 10 | 73,2 | 100,0 | 62,6 | 99,1 | 54,5 | 95,8 | 49,1 | 91,9 | 44,4 | 87,8 |
| 11 | | | 75,3 | 100,0 | 65,2 | 99,2 | 57,7 | 96,1 | 52,0 | 92,5 |
| 12 | | | | | 76,6 | 100,0 | 67,5 | 99,2 | 60,3 | 96,4 |
| 13 | | | | | | | 78,5 | 100,0 | 69,2 | 99,2 |
| 14 | | | | | | | | | 80,0 | 100,0 |

| $z$ | $n=15$ | | $n=16$ | | $n=17$ | | $n=18$ | | $n=19$ | |
|---|---|---|---|---|---|---|---|---|---|---|
| | $\underline{p}_z$ | $\bar{p}_z$ | $\underline{p}_z$ | $\bar{p}_z$ | $\underline{p}_z$ | $\bar{p}_z$ | $\underline{p}_z$ | $\bar{p}_z$ | $\underline{p}_z$ | $\bar{p}_z$ |
| 0 | 0,0 | 18,9 | 0,0 | 17,7 | 0,0 | 16,9 | 0,0 | 16,0 | 0,0 | 15,2 |
| 1 | 0,8 | 28,5 | 0,7 | 27,1 | 0,6 | 25,7 | 0,6 | 24,5 | 0,5 | 23,3 |
| 2 | 3,3 | 37,5 | 3,2 | 35,5 | 2,8 | 33,8 | 2,8 | 32,3 | 2,6 | 30,7 |
| 3 | 7,0 | 45,4 | 6,5 | 43,3 | 6,1 | 40,9 | 5,8 | 39,0 | 5,5 | 37,5 |
| 4 | 11,3 | 52,6 | 10,5 | 49,9 | 9,8 | 47,5 | 9,3 | 45,3 | 8,6 | 43,4 |
| 5 | 16,0 | 59,2 | 14,8 | 56,7 | 13,9 | 53,7 | 13,1 | 51,4 | 12,3 | 49,1 |
| 6 | 18,9 | 65,5 | 17,7 | 62,4 | 16,9 | 59,5 | 16,0 | 56,9 | 15,2 | 54,5 |
| 7 | 23,2 | 61,3 | 21,5 | 68,1 | 20,2 | 65,1 | 18,8 | 62,3 | 17,8 | 59,7 |
| 8 | 38,7 | 76,7 | 26,6 | 73,4 | 24,8 | 70,3 | 22,4 | 67,7 | 21,8 | 64,6 |
| 9 | 34,5 | 81,1 | 31,9 | 78,5 | 29,7 | 75,2 | 27,8 | 72,2 | 26,1 | 69,4 |
| 10 | 40,8 | 84,0 | 37,6 | 82,3 | 34,9 | 79,8 | 32,3 | 77,6 | 30,6 | 73,9 |
| 11 | 47,4 | 88,7 | 43,3 | 85,2 | 40,5 | 83,1 | 37,7 | 81,2 | 35,4 | 78,2 |
| 12 | 54,6 | 93,0 | 50,1 | 89,5 | 46,3 | 86,1 | 43,1 | 84,0 | 40,3 | 82,2 |
| 13 | 62,5 | 96,7 | 56,7 | 93,5 | 52,5 | 90,2 | 48,6 | 86,9 | 45,5 | 84,8 |
| 14 | 71,5 | 99,2 | 64,5 | 96,8 | 59,1 | 93,9 | 54,7 | 90,7 | 50,9 | 87,7 |
| 15 | 81,1 | 100,0 | 72,9 | 99,3 | 66,2 | 97,2 | 61,0 | 94,2 | 56,6 | 91,4 |
| 16 | | | 82,3 | 100,0 | 74,3 | 99,4 | 67,7 | 97,2 | 62,5 | 94,5 |
| 17 | | | | | 83,1 | 100,0 | 75,5 | 99,4 | 69,3 | 97,4 |
| 18 | | | | | | | 84,0 | 100,0 | 76,7 | 99,5 |
| 19 | | | | | | | | | 84,8 | 100,0 |

Tafel XI-2-2 (Fortsetz.)

| $z$ | $n=20$ $\underline{p}_z$ | $\bar{p}_z$ | $n=21$ $\underline{p}_z$ | $\bar{p}_z$ | $n=22$ $\underline{p}_z$ | $\bar{p}_z$ | $n=23$ $\underline{p}_z$ | $\bar{p}_z$ | $n=24$ $\underline{p}_z$ | $\bar{p}_z$ |
|---|---|---|---|---|---|---|---|---|---|---|
| 0 | 0,0 | 14,5 | 0,0 | 13,9 | 0,0 | 13,4 | 0,0 | 12,8 | 0,0 | 12,4 |
| 1 | 0,5 | 22,3 | 0,5 | 21,4 | 0,5 | 20,5 | 0,5 | 19,7 | 0,4 | 18,9 |
| 2 | 2,5 | 29,3 | 2,3 | 28,1 | 2,3 | 26,9 | 2,2 | 25,9 | 2,1 | 25,0 |
| 3 | 5,3 | 35,6 | 4,9 | 34,1 | 4,7 | 32,8 | 4,5 | 31,8 | 4,3 | 30,5 |
| 4 | 8,3 | 41,5 | 7,9 | 39,8 | 7,5 | 38,6 | 7,2 | 36,8 | 6,8 | 35,5 |
| 5 | 11,6 | 47,4 | 11,1 | 45,2 | 10,6 | 43,5 | 10,1 | 41,8 | 9,7 | 40,3 |
| 6 | 14,5 | 52,6 | 13,9 | 50,0 | 13,4 | 48,3 | 12,8 | 46,6 | 12,4 | 44,9 |
| 7 | 16,8 | 57,3 | 15,9 | 55,1 | 15,2 | 53,1 | 14,4 | 51,1 | 13,8 | 49,4 |
| 8 | 20,6 | 62,1 | 19,5 | 59,8 | 18,6 | 57,6 | 17,7 | 55,6 | 16,7 | 53,7 |
| 9 | 24,6 | 66,7 | 23,4 | 64,6 | 22,1 | 61,4 | 21,1 | 59,8 | 20,1 | 57,8 |
| 10 | 28,9 | 71,1 | 27,3 | 68,6 | 25,9 | 66,1 | 24,6 | 63,9 | 23,5 | 61,8 |
| 11 | 33,3 | 75,4 | 31,4 | 72,7 | 29,8 | 70,2 | 28,3 | 68,2 | 27,0 | 65,7 |
| 12 | 37,9 | 79,4 | 35,4 | 76,6 | 33,9 | 74,1 | 31,8 | 71,7 | 30,5 | 69,5 |
| 13 | 42,7 | 83,2 | 41,2 | 80,5 | 38,6 | 77,9 | 36,1 | 75,4 | 34,3 | 73,0 |
| 14 | 47,4 | 85,5 | 44,9 | 84,1 | 42,4 | 81,4 | 40,2 | 78,9 | 38,1 | 76,5 |
| 15 | 52,6 | 88,3 | 50,0 | 86,1 | 46,9 | 84,8 | 44,4 | 82,3 | 42,2 | 79,9 |
| 16 | 58,5 | 91,7 | 54,8 | 88,9 | 51,7 | 86,6 | 48,9 | 85,6 | 46,3 | 83,3 |
| 17 | 64,4 | 94,7 | 60,2 | 92,1 | 56,5 | 89,4 | 53,4 | 87,2 | 50,6 | 86,2 |
| 18 | 70,7 | 97,5 | 65,9 | 95,1 | 61,4 | 92,5 | 58,2 | 89,9 | 55,1 | 87,6 |
| 19 | 77,7 | 99,5 | 71,9 | 97,7 | 67,2 | 95,3 | 63,2 | 92,8 | 59,7 | 90,3 |
| 20 | 85,5 | 100,0 | 78,6 | 99,5 | 73,1 | 97,7 | 68,2 | 95,5 | 64,5 | 93,2 |
| 21 |  |  | 86,1 | 100,0 | 79,5 | 99,5 | 74,1 | 97,8 | 69,5 | 95,7 |
| 22 |  |  |  |  | 86,6 | 100,0 | 80,2 | 99,5 | 75,0 | 97,7 |
| 23 |  |  |  |  |  |  | 87,2 | 100,0 | 81,1 | 99,6 |
| 24 |  |  |  |  |  |  |  |  | 87,6 | 100,0 |

| $z$ | $n=25$ $\underline{p}_z$ | $\bar{p}_z$ | $n=26$ $\underline{p}_z$ | $\bar{p}_z$ | $n=27$ $\underline{p}_z$ | $\bar{p}_z$ | $n=28$ $\underline{p}_z$ | $\bar{p}_z$ | $n=29$ $\underline{p}_z$ | $\bar{p}_z$ |
|---|---|---|---|---|---|---|---|---|---|---|
| 0 | 0,0 | 11,9 | 0,0 | 11,5 | 0,0 | 11,0 | 0,0 | 10,7 | 0,0 | 10,4 |
| 1 | 0,4 | 18,3 | 0,4 | 18,1 | 0,4 | 17,3 | 0,4 | 16,7 | 0,3 | 16,1 |
| 2 | 1,9 | 24,0 | 1,9 | 23,2 | 1,8 | 22,4 | 1,7 | 21,7 | 1,7 | 21,4 |
| 3 | 4,1 | 29,3 | 3,9 | 28,3 | 3,8 | 27,4 | 3,6 | 26,5 | 3,5 | 25,7 |
| 4 | 6,6 | 34,3 | 6,3 | 33,1 | 6,1 | 32,0 | 5,8 | 30,9 | 5,6 | 30,3 |
| 5 | 9,2 | 38,9 | 8,9 | 38,0 | 8,5 | 36,5 | 8,2 | 35,3 | 7,9 | 34,2 |
| 6 | 11,8 | 43,4 | 11,5 | 42,0 | 11,0 | 40,6 | 10,7 | 39,4 | 10,4 | 38,2 |
| 7 | 13,2 | 47,9 | 12,6 | 46,2 | 12,1 | 44,7 | 11,6 | 43,4 | 11,2 | 42,0 |
| 8 | 16,1 | 52,1 | 15,4 | 50,2 | 14,8 | 48,6 | 14,3 | 47,2 | 13,7 | 45,7 |
| 9 | 19,2 | 55,1 | 18,1 | 54,1 | 17,3 | 52,5 | 16,7 | 49,1 | 16,1 | 49,4 |
| 10 | 22,4 | 59,8 | 21,5 | 58,0 | 20,6 | 56,1 | 19,8 | 55,6 | 19,1 | 51,7 |
| 11 | 25,7 | 63,6 | 24,6 | 62,0 | 23,6 | 59,8 | 22,7 | 58,0 | 21,4 | 56,4 |
| 12 | 29,2 | 66,8 | 27,9 | 65,2 | 26,7 | 63,5 | 25,7 | 61,5 | 24,7 | 59,7 |
| 13 | 33,2 | 70,8 | 31,3 | 68,7 | 30,8 | 66,7 | 28,8 | 64,8 | 27,6 | 63,0 |
| 14 | 36,4 | 74,3 | 34,8 | 72,1 | 33,3 | 69,2 | 31,9 | 68,1 | 30,3 | 66,2 |
| 15 | 40,2 | 77,6 | 38,0 | 75,4 | 36,5 | 73,3 | 35,2 | 71,2 | 33,8 | 69,6 |
| 16 | 44,9 | 80,8 | 42,0 | 78,5 | 40,2 | 76,4 | 38,5 | 74,3 | 37,0 | 72,4 |
| 17 | 47,9 | 83,9 | 45,9 | 81,9 | 43,9 | 79,4 | 42,0 | 77,3 | 40,3 | 75,3 |
| 18 | 52,1 | 86,8 | 49,8 | 84,6 | 47,5 | 82,7 | 44,4 | 80,2 | 43,6 | 78,6 |
| 19 | 56,6 | 88,2 | 53,8 | 87,4 | 51,4 | 85,2 | 50,9 | 83,3 | 48,3 | 80,9 |
| 20 | 61,1 | 90,8 | 58,0 | 88,5 | 55,3 | 87,9 | 52,8 | 85,7 | 50,6 | 83,9 |
| 21 | 65,7 | 93,4 | 62,0 | 91,1 | 59,4 | 89,0 | 56,6 | 88,4 | 54,3 | 86,3 |
| 22 | 70,7 | 95,9 | 66,9 | 93,7 | 63,5 | 91,5 | 60,6 | 89,3 | 58,0 | 88,8 |
| 23 | 76,0 | 98,1 | 71,7 | 96,1 | 68,0 | 93,9 | 64,7 | 91,8 | 61,8 | 89,6 |

Tafel XI-2-2 (Fortsetz.)

| z | n = 25 $p_z$ | $\bar{p}_z$ | n = 26 $p_z$ | $\bar{p}_z$ | n = 27 $p_z$ | $\bar{p}_z$ | n = 28 $p_z$ | $\bar{p}_z$ | n = 29 $p_z$ | $\bar{p}_z$ |
|---|---|---|---|---|---|---|---|---|---|---|
| 24 | 81,7 | 99,6 | 76,8 | 98,1 | 72,6 | 96,2 | 69,1 | 94,2 | 65,8 | 92,1 |
| 25 | 88,1 | 100,0 | 81,9 | 99,6 | 77,6 | 98,2 | 73,5 | 96,4 | 69,6 | 94,4 |
| 26 |  |  | 88,5 | 100,0 | 82,7 | 99,6 | 78,3 | 98,3 | 74,3 | 96,5 |
| 27 |  |  |  |  | 89,0 | 100,0 | 83,3 | 99,6 | 78,6 | 98,3 |
| 28 |  |  |  |  |  |  | 89,3 | 100,0 | 83,9 | 99,7 |
| 29 |  |  |  |  |  |  |  |  | 89,6 | 100,0 |

| z | n = 30 $p_z$ | $\bar{p}_z$ | n = 31 $p_z$ | $\bar{p}_z$ | n = 32 $p_z$ | $\bar{p}_z$ | n = 33 $p_z$ | $\bar{p}_z$ | n = 34 $p_z$ | $\bar{p}_z$ |
|---|---|---|---|---|---|---|---|---|---|---|
| 0 | 0,0 | 10,0 | 0,0 | 9,7 | 0,0 | 9,6 | 0,0 | 9,1 | 0,0 | 8,9 |
| 1 | 0,3 | 15,6 | 0,3 | 15,0 | 0,3 | 14,6 | 0,3 | 14,1 | 0,3 | 13,7 |
| 2 | 1,6 | 20,7 | 1,6 | 20,0 | 1,5 | 19,4 | 1,4 | 18,8 | 1,4 | 18,3 |
| 3 | 3,4 | 24,9 | 3,3 | 24,2 | 3,2 | 23,5 | 3,1 | 22,8 | 3,0 | 22,2 |
| 4 | 5,4 | 29,3 | 5,3 | 28,4 | 5,1 | 27,5 | 4,9 | 26,7 | 4,8 | 26,0 |
| 5 | 7,7 | 33,2 | 7,4 | 32,2 | 7,2 | 31,3 | 6,9 | 30,5 | 6,7 | 29,7 |
| 6 | 10,0 | 37,0 | 9,7 | 36,0 | 9,4 | 35,4 | 9,1 | 34,3 | 8,7 | 33,4 |
| 7 | 10,8 | 40,8 | 10,4 | 40,0 | 10,1 | 38,7 | 9,8 | 37,5 | 9,4 | 36,6 |
| 8 | 13,2 | 44,8 | 12,8 | 43,2 | 12,3 | 42,0 | 11,9 | 40,9 | 11,5 | 39,9 |
| 9 | 15,6 | 48,1 | 15,0 | 46,7 | 14,6 | 45,4 | 14,1 | 44,2 | 13,7 | 43,1 |
| 10 | 18,3 | 51,9 | 17,4 | 50,0 | 17,1 | 48,7 | 16,5 | 47,4 | 16,0 | 46,2 |
| 11 | 20,7 | 55,2 | 20,0 | 53,3 | 19,4 | 51,9 | 18,8 | 49,4 | 18,3 | 49,3 |
| 12 | 23,8 | 58,2 | 22,9 | 56,7 | 22,2 | 55,0 | 21,4 | 53,6 | 20,7 | 52,3 |
| 13 | 26,7 | 61,3 | 25,6 | 59,6 | 24,8 | 58,1 | 23,9 | 56,6 | 23,2 | 55,2 |
| 14 | 29,3 | 64,4 | 28,4 | 62,7 | 27,5 | 61,3 | 26,5 | 59,6 | 25,7 | 58,1 |
| 15 | 32,5 | 67,5 | 31,4 | 65,8 | 30,2 | 64,6 | 29,3 | 62,5 | 28,3 | 60,9 |
| 16 | 35,6 | 70,7 | 34,3 | 68,6 | 33,1 | 66,9 | 31,9 | 65,7 | 30,9 | 63,7 |
| 17 | 38,7 | 73,3 | 37,3 | 71,6 | 35,4 | 69,8 | 34,3 | 68,1 | 33,4 | 66,6 |
| 18 | 42,0 | 76,2 | 40,0 | 73,4 | 38,7 | 72,5 | 37,5 | 70,7 | 36,3 | 69,1 |
| 19 | 44,8 | 79,3 | 43,2 | 77,1 | 41,9 | 75,2 | 40,4 | 73,5 | 39,1 | 71,7 |
| 20 | 48,1 | 81,7 | 46,7 | 80,0 | 45,0 | 77,8 | 43,4 | 76,1 | 41,9 | 74,3 |
| 21 | 51,9 | 84,3 | 50,0 | 82,6 | 48,1 | 80,4 | 46,4 | 78,6 | 44,8 | 76,8 |
| 22 | 55,2 | 86,8 | 53,3 | 85,0 | 51,3 | 82,9 | 50,6 | 81,2 | 47,7 | 79,3 |
| 23 | 59,2 | 89,2 | 56,8 | 87,2 | 54,6 | 85,4 | 52,6 | 83,5 | 50,7 | 81,7 |
| 24 | 63,0 | 90,0 | 60,3 | 89,6 | 58,0 | 87,7 | 55,8 | 85,9 | 53,8 | 84,0 |
| 25 | 66,8 | 92,3 | 64,0 | 90,3 | 61,3 | 89,9 | 59,1 | 88,1 | 56,9 | 86,3 |
| 26 | 70,7 | 94,6 | 67,8 | 92,6 | 64,6 | 90,6 | 62,5 | 90,2 | 60,1 | 88,5 |
| 27 | 75,1 | 96,6 | 71,6 | 94,7 | 68,7 | 92,8 | 65,7 | 90,9 | 63,4 | 90,6 |
| 28 | 79,3 | 98,4 | 75,8 | 96,7 | 72,5 | 94,9 | 69,5 | 93,1 | 66,6 | 91,3 |
| 29 | 84,3 | 99,7 | 80,0 | 98,4 | 76,5 | 96,8 | 73,3 | 95,1 | 70,3 | 93,3 |
| 30 | 90,0 | 100,0 | 85,0 | 99,7 | 80,8 | 98,5 | 77,2 | 96,9 | 74,0 | 95,2 |
| 31 |  |  | 90,2 | 100,0 | 85,4 | 99,7 | 81,2 | 98,6 | 77,8 | 97,0 |
| 32 |  |  |  |  | 90,4 | 100,0 | 85,9 | 99,7 | 81,7 | 98,6 |
| 33 |  |  |  |  |  |  | 90,9 | 100,0 | 86,3 | 99,7 |
| 34 |  |  |  |  |  |  |  |  | 91,1 | 100,0 |

Tafel XI-2-2 (Fortsetz.)

| $z$ | $n=35$ $p_z$ | $\bar{p}_z$ | $n=36$ $p_z$ | $\bar{p}_z$ | $n=37$ $p_z$ | $\bar{p}_z$ | $n=38$ $p_z$ | $\bar{p}_z$ | $n=39$ $p_z$ | $\bar{p}_z$ |
|---|---|---|---|---|---|---|---|---|---|---|
| 0 | 0,0 | 8,6 | 0,0 | 8,5 | 0,0 | 8,2 | 0,0 | 8,0 | 0,0 | 7,8 |
| 1 | 0,3 | 13,4 | 0,3 | 13,0 | 0,3 | 12,7 | 0,3 | 12,4 | 0,3 | 12,0 |
| 2 | 1,4 | 17,7 | 1,4 | 17,2 | 1,4 | 16,7 | 1,3 | 16,4 | 1,3 | 16,0 |
| 3 | 2,9 | 22,0 | 2,8 | 21,4 | 2,7 | 20,8 | 2,6 | 20,2 | 2,6 | 19,8 |
| 4 | 4,6 | 25,4 | 4,5 | 24,8 | 4,3 | 24,0 | 4,2 | 23,5 | 4,1 | 23,0 |
| 5 | 6,5 | 28,9 | 6,3 | 28,6 | 6,1 | 27,7 | 6,0 | 27,0 | 5,8 | 26,3 |
| 6 | 8,5 | 32,4 | 8,3 | 31,6 | 8,1 | 30,8 | 7,8 | 30,0 | 7,6 | 29,4 |
| 7 | 9,2 | 35,7 | 8,8 | 34,7 | 8,7 | 33,9 | 8,4 | 33,1 | 8,2 | 32,3 |
| 8 | 11,2 | 38,9 | 10,9 | 37,9 | 10,6 | 37,0 | 10,3 | 36,5 | 10,0 | 35,5 |
| 9 | 13,3 | 42,0 | 12,9 | 41,4 | 12,5 | 40,3 | 12,2 | 39,2 | 11,9 | 38,2 |
| 10 | 15,5 | 45,1 | 15,1 | 44,3 | 14,6 | 43,0 | 14,2 | 41,9 | 13,8 | 41,0 |
| 11 | 17,7 | 48,5 | 17,2 | 47,1 | 16,7 | 45,9 | 16,3 | 44,8 | 15,8 | 43,8 |
| 12 | 20,1 | 51,5 | 19,5 | 50,0 | 18,9 | 48,7 | 18,4 | 47,5 | 17,9 | 46,5 |
| 13 | 22,0 | 53,7 | 21,4 | 52,9 | 20,8 | 51,4 | 20,2 | 50,2 | 19,8 | 49,1 |
| 14 | 24,9 | 56,7 | 24,1 | 55,7 | 23,5 | 54,1 | 22,7 | 52,9 | 22,1 | 51,7 |
| 15 | 27,4 | 59,5 | 26,5 | 58,6 | 25,7 | 57,0 | 25,0 | 55,5 | 24,3 | 54,3 |
| 16 | 29,9 | 62,2 | 28,6 | 60,8 | 27,7 | 59,7 | 27,0 | 59,1 | 26,3 | 56,8 |
| 17 | 32,4 | 64,9 | 31,5 | 63,4 | 30,5 | 61,0 | 29,6 | 60,8 | 28,8 | 59,3 |
| 18 | 35,1 | 67,6 | 34,0 | 66,0 | 33,0 | 64,6 | 32,0 | 63,5 | 31,1 | 61,8 |
| 19 | 37,8 | 70,1 | 36,6 | 68,5 | 35,4 | 67,0 | 34,4 | 65,6 | 33,4 | 64,5 |
| 20 | 40,5 | 72,6 | 39,2 | 71,4 | 39,0 | 69,5 | 36,5 | 68,0 | 35,5 | 66,6 |
| 21 | 43,3 | 75,1 | 41,4 | 73,5 | 40,3 | 72,3 | 39,2 | 70,4 | 38,2 | 68,9 |
| 22 | 46,3 | 77,6 | 44,3 | 75,9 | 43,0 | 74,3 | 40,9 | 73,0 | 40,7 | 71,2 |
| 23 | 48,5 | 79,9 | 47,1 | 78,6 | 45,9 | 76,5 | 44,5 | 75,0 | 43,2 | 73,7 |
| 24 | 51,5 | 82,3 | 50,0 | 80,5 | 48,6 | 79,2 | 47,1 | 77,3 | 45,7 | 75,7 |
| 25 | 54,9 | 84,5 | 52,9 | 82,8 | 51,3 | 81,1 | 49,8 | 79,8 | 48,3 | 77,9 |
| 26 | 58,0 | 86,7 | 55,7 | 84,9 | 54,1 | 83,3 | 52,5 | 81,6 | 50,9 | 80,2 |
| 27 | 61,1 | 88,8 | 58,6 | 87,1 | 57,0 | 85,4 | 55,2 | 83,7 | 53,5 | 82,1 |
| 28 | 64,3 | 90,8 | 62,1 | 89,1 | 59,7 | 87,5 | 58,1 | 85,8 | 56,2 | 84,2 |
| 29 | 67,6 | 91,5 | 65,3 | 91,2 | 63,0 | 89,4 | 60,8 | 87,8 | 59,0 | 86,2 |
| 30 | 71,1 | 93,5 | 68,4 | 91,7 | 66,1 | 91,3 | 63,5 | 89,7 | 61,8 | 88,1 |
| 31 | 74,6 | 95,4 | 71,4 | 93,7 | 69,2 | 91,9 | 66,9 | 91,6 | 64,5 | 90,0 |
| 32 | 78,3 | 97,1 | 75,2 | 95,5 | 72,3 | 93,9 | 70,0 | 92,2 | 67,7 | 91,8 |
| 33 | 82,3 | 98,6 | 78,6 | 97,2 | 76,0 | 95,7 | 73,0 | 94,0 | 70,6 | 92,4 |
| 34 | 86,6 | 99,7 | 82,8 | 98,6 | 79,2 | 97,3 | 76,5 | 95,8 | 73,7 | 94,2 |
| 35 | 91,4 | 100,0 | 87,0 | 99,7 | 83,3 | 98,6 | 79,8 | 97,4 | 77,0 | 95,9 |
| 36 |  |  | 91,5 | 100,0 | 87,3 | 99,7 | 83,6 | 98,7 | 80,2 | 97,4 |
| 37 |  |  |  |  | 91,8 | 100,0 | 87,6 | 99,7 | 84,0 | 98,7 |
| 38 |  |  |  |  |  |  | 92,0 | 100,0 | 88,0 | 99,7 |
| 39 |  |  |  |  |  |  |  |  | 92,2 | 100,0 |

Tafel XI-2-2 (Fortsetz.)

| $z$ | $p_z$ ($n=40$) | $\bar{p}_z$ ($n=40$) | $p_z$ ($n=41$) | $\bar{p}_z$ ($n=41$) | $p_z$ ($n=42$) | $\bar{p}_z$ ($n=42$) | $p_z$ ($n=43$) | $\bar{p}_z$ ($n=43$) | $p_z$ ($n=44$) | $\bar{p}_z$ ($n=44$) |
|---|---|---|---|---|---|---|---|---|---|---|
| 0 | 0,0 | 7,6 | 0,0 | 7,5 | 0,0 | 7,3 | 0,0 | 7,1 | 0,0 | 6,9 |
| 1 | 0,2 | 11,8 | 0,2 | 11,5 | 0,2 | 11,2 | 0,2 | 11,0 | 0,2 | 10,8 |
| 2 | 1,2 | 15,6 | 1,2 | 15,3 | 1,2 | 14,9 | 1,1 | 14,6 | 1,1 | 14,3 |
| 3 | 2,5 | 19,2 | 2,4 | 18,8 | 2,4 | 18,3 | 2,3 | 17,9 | 2,3 | 17,5 |
| 4 | 4,1 | 22,4 | 3,9 | 21,9 | 3,8 | 21,4 | 3,7 | 20,9 | 3,6 | 20,6 |
| 5 | 5,7 | 25,7 | 5,5 | 25,0 | 5,4 | 24,5 | 5,3 | 23,9 | 5,1 | 23,6 |
| 6 | 7,4 | 28,7 | 7,2 | 28,0 | 7,1 | 27,4 | 7,0 | 26,8 | 6,7 | 25,3 |
| 7 | 8,0 | 32,0 | 7,8 | 30,9 | 7,6 | 30,5 | 7,4 | 29,7 | 7,2 | 29,1 |
| 8 | 9,7 | 34,8 | 9,5 | 33,8 | 9,2 | 33,0 | 9,1 | 32,4 | 8,8 | 31,7 |
| 9 | 11,5 | 37,3 | 11,3 | 36,5 | 11,0 | 35,7 | 10,7 | 35,0 | 10,5 | 34,3 |
| 10 | 13,4 | 40,1 | 13,1 | 39,2 | 12,8 | 38,4 | 12,4 | 37,6 | 12,2 | 37,2 |
| 11 | 15,4 | 42,8 | 15,0 | 41,8 | 14,6 | 41,4 | 14,3 | 40,4 | 13,9 | 39,5 |
| 12 | 17,4 | 45,5 | 16,9 | 44,5 | 16,5 | 43,9 | 16,1 | 42,9 | 15,7 | 41,9 |
| 13 | 19,2 | 48,0 | 18,8 | 47,0 | 18,4 | 46,3 | 17,9 | 45,2 | 17,5 | 44,2 |
| 14 | 21,5 | 50,6 | 20,9 | 50,0 | 20,4 | 48,8 | 19,8 | 47,6 | 19,4 | 46,6 |
| 15 | 23,6 | 53,1 | 23,0 | 52,0 | 22,4 | 51,2 | 21,8 | 50,0 | 21,3 | 48,9 |
| 16 | 25,7 | 55,6 | 25,0 | 54,5 | 24,4 | 53,7 | 23,8 | 52,4 | 23,3 | 51,2 |
| 17 | 28,0 | 58,1 | 27,2 | 56,8 | 26,5 | 56,1 | 25,8 | 54,8 | 25,3 | 53,5 |
| 18 | 30,2 | 60,5 | 29,4 | 59,3 | 28,6 | 58,6 | 27,9 | 57,1 | 27,2 | 55,8 |
| 19 | 32,0 | 62,9 | 31,6 | 61,5 | 30,5 | 60,4 | 29,7 | 59,6 | 29,1 | 58,1 |
| 20 | 34,8 | 65,2 | 33,8 | 63,9 | 32,9 | 62,6 | 32,1 | 61,4 | 31,3 | 60,5 |
| 21 | 37,1 | 68,0 | 36,1 | 66,2 | 35,1 | 64,9 | 34,3 | 63,6 | 33,3 | 62,8 |
| 22 | 39,5 | 69,7 | 38,5 | 68,4 | 37,4 | 67,1 | 36,4 | 65,7 | 35,5 | 64,5 |
| 23 | 41,9 | 72,0 | 40,7 | 70,6 | 39,6 | 69,5 | 38,6 | 67,9 | 37,2 | 66,7 |
| 24 | 44,4 | 74,3 | 43,2 | 72,8 | 41,4 | 71,4 | 40,4 | 70,3 | 39,5 | 68,7 |
| 25 | 46,9 | 76,4 | 45,5 | 75,0 | 43,9 | 73,5 | 42,9 | 72,1 | 41,9 | 70,9 |
| 26 | 49,4 | 78,5 | 48,0 | 77,0 | 46,3 | 75,6 | 45,2 | 74,2 | 44,2 | 72,8 |
| 27 | 52,0 | 80,8 | 50,0 | 79,1 | 48,8 | 77,6 | 47,6 | 76,2 | 46,5 | 74,7 |
| 28 | 54,5 | 82,6 | 53,0 | 81,2 | 51,2 | 79,6 | 50,0 | 78,2 | 48,8 | 76,7 |
| 29 | 57,2 | 84,6 | 55,5 | 83,1 | 53,7 | 81,7 | 52,4 | 80,2 | 51,1 | 78,7 |
| 30 | 59,9 | 86,6 | 58,2 | 85,0 | 56,1 | 83,5 | 54,8 | 82,1 | 53,4 | 80,6 |
| 31 | 62,7 | 88,5 | 60,8 | 86,9 | 58,6 | 85,4 | 57,1 | 83,9 | 55,8 | 82,5 |
| 32 | 65,2 | 90,3 | 63,5 | 88,7 | 61,0 | 87,2 | 59,6 | 85,7 | 58,1 | 84,3 |
| 33 | 68,0 | 92,0 | 66,2 | 90,5 | 64,3 | 89,0 | 62,4 | 87,6 | 60,5 | 86,1 |
| 34 | 71,3 | 92,6 | 69,1 | 92,2 | 67,0 | 90,8 | 65,0 | 89,3 | 62,8 | 87,8 |
| 35 | 74,3 | 94,3 | 72,0 | 92,8 | 69,5 | 92,4 | 67,6 | 90,9 | 65,7 | 89,5 |
| 36 | 77,6 | 95,9 | 75,0 | 94,5 | 72,6 | 92,9 | 70,3 | 92,6 | 68,3 | 91,2 |
| 37 | 80,8 | 97,5 | 78,1 | 96,1 | 75,5 | 94,6 | 73,2 | 93,0 | 70,9 | 92,8 |
| 38 | 84,4 | 98,8 | 81,2 | 97,6 | 78,6 | 96,2 | 76,1 | 94,8 | 74,7 | 93,3 |
| 39 | 88,2 | 99,8 | 84,7 | 98,8 | 81,7 | 97,6 | 79,1 | 96,3 | 76,4 | 94,9 |
| 40 | 92,4 | 100,0 | 88,5 | 99,8 | 85,1 | 98,8 | 82,1 | 97,7 | 79,4 | 96,4 |
| 41 | | | 92,5 | 100,0 | 88,8 | 99,8 | 85,4 | 98,9 | 82,5 | 97,7 |
| 42 | | | | | 92,7 | 100,0 | 89,0 | 99,8 | 85,7 | 98,9 |
| 43 | | | | | | | 92,9 | 100,0 | 89,2 | 99,8 |
| 44 | | | | | | | | | 93,1 | 100,0 |

Tafel XI-2-2 (Fortsetz.)

| z | n = 45 $p_z$ | n = 45 $\bar{p}_z$ | n = 46 $p_z$ | n = 46 $\bar{p}_z$ | n = 47 $p_z$ | n = 47 $\bar{p}_z$ | n = 48 $p_z$ | n = 48 $\bar{p}_z$ | n = 49 $p_z$ | n = 49 $\bar{p}_z$ |
|---|---|---|---|---|---|---|---|---|---|---|
| 0 | 0,0 | 6,8 | 0,0 | 6,7 | 0,0 | 6,6 | 0,0 | 6,4 | 0,0 | 6,3 |
| 1 | 0,2 | 10,6 | 0,2 | 10,3 | 0,2 | 10,1 | 0,2 | 9,9 | 0,2 | 9,7 |
| 2 | 1,1 | 14,0 | 1,1 | 13,7 | 1,1 | 13,4 | 1,1 | 13,1 | 1,0 | 12,9 |
| 3 | 2,2 | 17,1 | 2,2 | 16,8 | 2,2 | 16,5 | 2,1 | 16,1 | 2,1 | 15,8 |
| 4 | 3,5 | 20,5 | 3,5 | 20,0 | 3,4 | 19,5 | 3,3 | 19,1 | 3,3 | 18,7 |
| 5 | 5,1 | 22,9 | 4,9 | 22,5 | 4,8 | 21,8 | 4,7 | 21,6 | 4,5 | 21,2 |
| 6 | 6,5 | 25,4 | 6,4 | 25,5 | 6,3 | 25,0 | 6,1 | 24,5 | 6,1 | 24,0 |
| 7 | 7,1 | 28,4 | 6,9 | 27,9 | 6,7 | 27,3 | 6,6 | 26,8 | 6,4 | 26,2 |
| 8 | 8,6 | 31,0 | 8,4 | 30,4 | 8,2 | 29,8 | 8,1 | 29,3 | 7,9 | 29,3 |
| 9 | 10,2 | 33,6 | 10,0 | 33,3 | 9,8 | 32,6 | 9,5 | 31,9 | 9,3 | 31,3 |
| 10 | 11,9 | 36,3 | 11,6 | 35,6 | 11,5 | 34,8 | 11,1 | 34,0 | 10,8 | 33,5 |
| 11 | 13,6 | 38,7 | 13,3 | 37,8 | 13,0 | 37,1 | 12,6 | 36,4 | 12,4 | 35,7 |
| 12 | 15,3 | 41,0 | 15,0 | 40,1 | 14,6 | 39,4 | 14,3 | 38,7 | 14,0 | 37,9 |
| 13 | 17,1 | 43,4 | 16,7 | 42,5 | 16,3 | 41,7 | 15,9 | 40,9 | 15,6 | 40,6 |
| 14 | 18,9 | 45,7 | 18,4 | 44,9 | 18,1 | 44,0 | 17,7 | 43,8 | 17,3 | 42,7 |
| 15 | 20,5 | 48,0 | 20,0 | 47,1 | 19,5 | 46,2 | 19,1 | 45,7 | 18,7 | 44,8 |
| 16 | 22,7 | 50,3 | 22,1 | 49,3 | 21,8 | 48,4 | 21,1 | 47,9 | 20,7 | 47,0 |
| 17 | 24,6 | 52,5 | 24,0 | 51,5 | 23,4 | 50,6 | 22,9 | 50,0 | 22,4 | 48,8 |
| 18 | 26,6 | 54,7 | 25,5 | 53,7 | 25,0 | 52,7 | 24,5 | 52,1 | 24,0 | 49,2 |
| 19 | 28,4 | 56,9 | 27,8 | 55,8 | 27,2 | 54,8 | 26,6 | 54,3 | 26,0 | 53,0 |
| 20 | 30,5 | 59,1 | 29,8 | 58,0 | 29,1 | 56,8 | 28,5 | 56,2 | 27,7 | 55,2 |
| 21 | 32,5 | 61,3 | 31,7 | 60,1 | 31,0 | 59,0 | 30,3 | 57,9 | 29,2 | 57,3 |
| 22 | 34,6 | 63,7 | 33,3 | 62,2 | 32,6 | 61,1 | 31,9 | 59,9 | 31,3 | 59,4 |
| 23 | 36,3 | 65,4 | 35,6 | 64,4 | 34,8 | 62,9 | 34,0 | 61,9 | 33,3 | 60,9 |
| 24 | 38,7 | 67,5 | 37,8 | 66,7 | 37,1 | 65,2 | 36,1 | 63,9 | 35,3 | 62,8 |
| 25 | 40,9 | 69,5 | 39,9 | 68,3 | 38,9 | 67,3 | 38,1 | 66,0 | 37,2 | 64,7 |
| 26 | 43,1 | 71,6 | 42,0 | 70,2 | 41,0 | 69,0 | 40,1 | 68,1 | 39,1 | 66,7 |
| 27 | 45,3 | 73,4 | 44,2 | 72,2 | 43,2 | 70,9 | 42,1 | 69,7 | 40,6 | 68,7 |
| 28 | 47,5 | 75,4 | 46,3 | 74,5 | 45,2 | 72,8 | 43,8 | 71,5 | 42,7 | 70,8 |
| 29 | 49,7 | 77,3 | 48,5 | 76,0 | 47,3 | 75,0 | 45,7 | 73,4 | 44,8 | 72,3 |
| 30 | 52,0 | 79,5 | 50,7 | 77,9 | 49,4 | 76,6 | 47,9 | 75,5 | 47,0 | 74,0 |
| 31 | 54,3 | 81,1 | 52,9 | 80,0 | 51,6 | 78,2 | 50,0 | 77,1 | 50,8 | 76,0 |
| 32 | 56,6 | 82,9 | 55,1 | 81,6 | 53,8 | 80,5 | 52,1 | 78,9 | 51,2 | 77,6 |
| 33 | 59,0 | 84,7 | 57,5 | 83,3 | 56,0 | 81,9 | 54,3 | 80,9 | 53,0 | 79,3 |
| 34 | 61,3 | 86,4 | 59,9 | 85,0 | 58,3 | 83,7 | 56,2 | 82,3 | 55,2 | 81,3 |
| 35 | 63,7 | 88,1 | 62,2 | 86,7 | 60,6 | 85,4 | 59,1 | 84,1 | 57,3 | 82,7 |
| 36 | 66,4 | 89,8 | 64,4 | 88,4 | 62,9 | 87,0 | 61,3 | 85,7 | 59,4 | 84,4 |
| 37 | 69,0 | 91,4 | 66,7 | 90,0 | 65,2 | 88,5 | 63,6 | 87,4 | 62,1 | 86,0 |
| 38 | 71,6 | 92,9 | 69,6 | 91,6 | 67,3 | 90,2 | 66,0 | 88,9 | 64,3 | 87,6 |
| 39 | 74,6 | 93,5 | 72,1 | 93,1 | 70,2 | 91,8 | 68,1 | 90,5 | 66,5 | 89,2 |
| 40 | 77,1 | 94,9 | 74,5 | 93,6 | 72,7 | 93,3 | 70,7 | 91,9 | 68,7 | 90,7 |
| 41 | 79,5 | 96,5 | 77,5 | 95,1 | 75,0 | 93,7 | 73,2 | 93,4 | 70,8 | 92,1 |
| 42 | 82,9 | 97,8 | 80,0 | 96,5 | 78,2 | 95,2 | 75,5 | 93,9 | 73,7 | 93,6 |
| 43 | 86,0 | 98,9 | 83,2 | 97,8 | 80,5 | 96,6 | 78,4 | 95,3 | 76,0 | 93,9 |
| 44 | 89,4 | 99,8 | 86,3 | 98,9 | 83,5 | 97,8 | 80,9 | 96,7 | 78,8 | 95,5 |
| 45 | 93,2 | 100,0 | 89,7 | 99,8 | 86,6 | 98,9 | 83,9 | 97,9 | 81,3 | 96,7 |
| 46 |  |  | 93,3 | 100,0 | 89,9 | 99,8 | 86,9 | 98,9 | 84,2 | 97,9 |
| 47 |  |  |  |  | 93,4 | 100,0 | 90,1 | 99,8 | 87,1 | 99,0 |
| 48 |  |  |  |  |  |  | 93,6 | 100,0 | 90,3 | 99,8 |
| 49 |  |  |  |  |  |  |  |  | 93,7 | 100,0 |

## Tafel XI-2-3

Konfidenzintervalle für den Poisson-Parameter
Entnommen aus PEARSON, E. S. and HARTLEY, H. O.: Biometrika Tables for statisticians. Vol. I.
Cambridge: Univ. Press, [3]1966, Table 40, mit freundlicher Genehmigung der Verfasser und des Herausgebers.

Die Tafel enthält die zweiseitigen Konfidenzgruppen für den Parameter $\lambda$ einer Poisson-Verteilung, dessen Punktschätzung durch x = 0(1)30 Ja-Beobachtungen in einer Zufallsstichprobe aus dieser Verteilung gegeben ist: $\underline{l}$ ist die untere und $\overline{l}$ die obere Konfidenzgrenze für $\alpha$ = 0,001 bis 0,05 bzw. für Konfidenzkoeffizienten von 1 – 2$\alpha$. Einseitige Konfidenzgrenzen (die obere oder die untere, nicht aber beide) lese man unter 1 – 2$\alpha$ ab.

*Ablesebeispiel:* Ist ein seltenes Ereignis in einer zufällig herausgegriffenen Raum- oder Zeiteinheit x = 5 mal aufgetreten, so wird es in der Gesamtheit aller Einheiten mindestens 1,97 mal, höchstens 10,51 mal pro Einheit auftreten, wenn man 95 % ($\alpha$ = 0,05) Aussagesicherheit fordert.

| 1 – 2$\alpha$ | 0.998 | | 0.99 | | 0.98 | | 0.95 | | 0.90 | |
|---|---|---|---|---|---|---|---|---|---|---|
| $\alpha$ | 0.001 | | 0.005 | | 0.01 | | 0.025 | | 0.05 | |
| x | $\underline{l}$ | $\overline{l}$ | $\underline{l}$ | $\overline{l}$ | $\underline{l}$ | $\overline{l}$ | $\underline{l}$ | $\overline{l}$ | $\underline{l}$ | $\overline{l}$ |
| 0 | 0·00000 | 6·91 | 0·00000 | 5·30 | 0·0000 | 4·61 | 0·0000 | 3·69 | 0·0000 | 3·00 |
| 1 | ·00100 | 9·23 | ·00501 | 7·43 | ·0101 | 6·64 | ·0253 | 5·57 | ·0513 | 4·74 |
| 2 | ·0454 | 11·23 | ·103 | 9·27 | ·149 | 8·41 | ·242 | 7·22 | ·355 | 6·30 |
| 3 | ·191 | 13·06 | ·338 | 10·98 | ·436 | 10·05 | ·619 | 8·77 | ·818 | 7·75 |
| 4 | ·429 | 14·79 | ·672 | 12·59 | ·823 | 11·60 | 1·09 | 10·24 | 1·37 | 9·15 |
| 5 | 0·739 | 16·45 | 1·08 | 14·15 | 1·28 | 13·11 | 1·62 | 11·67 | 1·97 | 10·51 |
| 6 | 1·11 | 18·06 | 1·54 | 15·66 | 1·79 | 14·57 | 2·20 | 13·06 | 2·61 | 11·84 |
| 7 | 1·52 | 19·63 | 2·04 | 17·13 | 2·33 | 16·00 | 2·81 | 14·42 | 3·29 | 13·15 |
| 8 | 1·97 | 21·16 | 2·57 | 18·58 | 2·91 | 17·40 | 3·45 | 15·76 | 3·98 | 14·43 |
| 9 | 2·45 | 22·66 | 3·13 | 20·00 | 3·51 | 18·78 | 4·12 | 17·08 | 4·70 | 15·71 |
| 10 | 2·96 | 24·13 | 3·72 | 21·40 | 4·13 | 20·14 | 4·80 | 18·39 | 5·43 | 16·96 |
| 11 | 3·49 | 25·59 | 4·32 | 22·78 | 4·77 | 21·49 | 5·49 | 19·68 | 6·17 | 18·21 |
| 12 | 4·04 | 27·03 | 4·94 | 24·14 | 5·43 | 22·82 | 6·20 | 20·96 | 6·92 | 19·44 |
| 13 | 4·61 | 28·45 | 5·58 | 25·50 | 6·10 | 24·14 | 6·92 | 22·23 | 7·69 | 20·67 |
| 14 | 5·20 | 29·85 | 6·23 | 26·84 | 6·78 | 25·45 | 7·65 | 23·49 | 8·46 | 21·89 |
| 15 | 5·79 | 31·24 | 6·89 | 28·16 | 7·48 | 26·74 | 8·40 | 24·74 | 9·25 | 23·10 |
| 16 | 6·41 | 32·62 | 7·57 | 29·48 | 8·18 | 28·03 | 9·15 | 25·98 | 10·04 | 24·30 |
| 17 | 7·03 | 33·99 | 8·25 | 30·79 | 8·89 | 29·31 | 9·90 | 27·22 | 10·83 | 25·50 |
| 18 | 7·66 | 35·35 | 8·94 | 32·09 | 9·62 | 30·58 | 10·67 | 28·45 | 11·63 | 26·69 |
| 19 | 8·31 | 36·70 | 9·64 | 33·38 | 10·35 | 31·85 | 11·44 | 29·67 | 12·44 | 27·88 |
| 20 | 8·96 | 38·04 | 10·35 | 34·67 | 11·08 | 33·10 | 12·22 | 30·89 | 13·25 | 29·06 |
| 21 | 9·62 | 39·38 | 11·07 | 35·95 | 11·82 | 34·36 | 13·00 | 32·10 | 14·07 | 30·24 |
| 22 | 10·29 | 40·70 | 11·79 | 37·22 | 12·57 | 35·60 | 13·79 | 33·31 | 14·89 | 31·42 |
| 23 | 10·96 | 42·02 | 12·52 | 38·48 | 13·33 | 36·84 | 14·58 | 34·51 | 15·72 | 32·59 |
| 24 | 11·65 | 43·33 | 13·25 | 39·74 | 14·09 | 38·08 | 15·38 | 35·71 | 16·55 | 33·75 |
| 25 | 12·34 | 44·64 | 14·00 | 41·00 | 14·85 | 39·31 | 16·18 | 36·90 | 17·38 | 34·92 |
| 26 | 13·03 | 45·94 | 14·74 | 42·25 | 15·62 | 40·53 | 16·98 | 38·10 | 18·22 | 36·08 |
| 27 | 13·73 | 47·23 | 15·49 | 43·50 | 16·40 | 41·76 | 17·79 | 39·28 | 19·06 | 37·23 |
| 28 | 14·44 | 48·52 | 16·24 | 44·74 | 17·17 | 42·98 | 18·61 | 40·47 | 19·90 | 38·39 |
| 29 | 15·15 | 49·80 | 17·00 | 45·98 | 17·96 | 44·19 | 19·42 | 41·65 | 20·75 | 39·54 |
| 30 | 15·87 | 51·08 | 17·77 | 47·21 | 18·74 | 45·40 | 20·24 | 42·83 | 21·59 | 40·69 |
| 35 | 19·52 | 57·42 | 21·64 | 53·32 | 22·72 | 51·41 | 24·38 | 48·68 | 25·87 | 46·40 |
| 40 | 23·26 | 63·66 | 25·59 | 59·36 | 26·77 | 57·35 | 28·58 | 54·47 | 30·20 | 52·07 |
| 45 | 27·08 | 69·83 | 29·60 | 65·34 | 30·88 | 63·23 | 32·82 | 60·21 | 34·56 | 57·69 |
| 50 | 30·96 | 75·94 | 33·66 | 71·27 | 35·03 | 69·07 | 37·11 | 65·92 | 38·96 | 63·29 |

## Tafel XI-3

Konfidenzintervall für den Median beliebig verteilter Meßwerte

Die Tafel wurde adaptiert aus OWEN, D. B.: Handbook of statistical tables. Reading/Mass.: Addison-Wesley, 1962, Table 12,1, mit freundlicher Genehmigung des Autors und des Verlages.

Die Tafel enthält die Rangziffern r und $s = N - r + 1$ von aufsteigend geordneten Messwerten $x_1, \ldots, x_r, \ldots, x_s, \ldots x_N$, innerhalb welcher mit einer Wahrscheinlichkeit von $P \geq 1 - \alpha$ der Medianwert der Population, aus der die Messwerte als Zufallsstichprobe entnommen wurden, vermutet werden darf.

*Ablesebeispiel:* Für N = 10 Messwerte 2 5 6 6 7 7 7 8 9 12 liegt mit $\alpha = 0{,}05$ der Populationsmedian zwischen dem Messwert mit dem Rang 2 und dem Messwert mit dem Rang 9. Es ist also $\underline{M} = 5$ die untere und $\overline{M} = 9$ die obere Konfidenzgrenze für 95 %ige Konfidenz.

| $\alpha \leq$ / N | 20% r-s | 10% r-s | 5% r-s | 1% r-s |
|---|---|---|---|---|
| 4  | 1-4  | –    | –    | –    |
| 5  | 1-5  | 1-5  | –    | –    |
| 6  | 1-6  | 1-6  | 1-6  | –    |
| 7  | 2-6  | 1-7  | 1-7  | –    |
| 8  | 2-7  | 2-7  | 1-8  | 1-8  |
| 9  | 3-7  | 2-8  | 2-8  | 1-9  |
| 10 | 3-8  | 2-9  | 2-9  | 1-10 |
| 11 | 3-9  | 3-9  | 2-10 | 1-11 |
| 12 | 4-9  | 3-10 | 3-10 | 2-11 |
| 13 | 4-10 | 4-10 | 3-11 | 2-12 |
| 14 | 5-10 | 4-11 | 3-12 | 2-13 |
| 15 | 5-11 | 4-12 | 4-12 | 3-13 |
| 16 | 5-12 | 5-12 | 4-13 | 3-14 |
| 17 | 6-12 | 5-13 | 5-13 | 3-15 |
| 18 | 6-13 | 6-14 | 5-14 | 4-15 |
| 19 | 7-13 | 6-14 | 5-15 | 4-16 |
| 20 | 7-14 | 6-15 | 6-15 | 4-17 |
| 21 | 8-14 | 7-15 | 6-16 | 5-17 |
| 22 | 8-15 | 7-16 | 6-17 | 5-18 |
| 23 | 8-16 | 8-16 | 7-17 | 5-19 |
| 24 | 9-16 | 8-17 | 7-18 | 6-19 |
| 25 | 9-17 | 8-18 | 8-18 | 6-20 |
| 26 | 10-17 | 9-18 | 8-19 | 7-20 |
| 27 | 10-18 | 9-19 | 8-20 | 7-21 |
| 28 | 11-18 | 10-19 | 9-20 | 7-22 |
| 29 | 11-19 | 10-20 | 9-21 | 8-22 |
| 30 | 11-20 | 11-20 | 10-21 | 8-23 |

Tafel XI-3 (Fortsetz.)

| α≤<br>N | 20%<br>r-s | 10%<br>r-s | 5%<br>r-s | 1%<br>r-s |
|---|---|---|---|---|
| 31 | 12-20 | 11-21 | 10-22 | 8-24 |
| 32 | 12-21 | 11-22 | 10-23 | 9-24 |
| 33 | 13-21 | 12-22 | 11-23 | 9-25 |
| 34 | 13-22 | 12-23 | 11-24 | 10-25 |
| 35 | 14-22 | 13-23 | 12-24 | 10-26 |
| 36 | 14-23 | 13-24 | 12-25 | 10-27 |
| 37 | 15-23 | 14-24 | 13-25 | 11-27 |
| 38 | 15-24 | 14-25 | 13-26 | 11-28 |
| 39 | 16-24 | 14-26 | 13-27 | 12-28 |
| 40 | 16-25 | 15-26 | 14-27 | 12-29 |
| 41 | 16-26 | 15-27 | 14-28 | 12-30 |
| 42 | 17-26 | 16-27 | 14-28 | 13-30 |
| 43 | 17-27 | 16-28 | 15-29 | 13-31 |
| 44 | 18-27 | 17-28 | 16-29 | 14-31 |
| 45 | 18-28 | 17-29 | 16-30 | 14-32 |
| 46 | 19-28 | 17-30 | 16-31 | 14-33 |
| 47 | 19-29 | 18-30 | 17-31 | 15-33 |
| 48 | 20-29 | 18-31 | 17-32 | 15-34 |
| 49 | 20-30 | 19-31 | 18-32 | 16-34 |
| 50 | 20-31 | 19-32 | 18-33 | 16-35 |
| 52 | 21-32 | 20-33 | 19-34 | 17-36 |
| 54 | 22-33 | 21-34 | 20-35 | 18-37 |
| 56 | 23-34 | 22-35 | 21-36 | 18-39 |
| 58 | 24-35 | 23-36 | 22-37 | 19-40 |
| 60 | 25-36 | 24-37 | 22-39 | 20-41 |
| 62 | 26-37 | 25-38 | 23-40 | 21-42 |
| 64 | 27-38 | 25-40 | 24-41 | 22-43 |
| 66 | 28-39 | 26-41 | 25-42 | 23-44 |
| 68 | 29-40 | 27-42 | 26-43 | 23-46 |
| 70 | 30-41 | 28-43 | 27-44 | 24-47 |
| 72 | 31-42 | 29-44 | 28-45 | 25-48 |
| 74 | 31-44 | 30-45 | 29-46 | 26-49 |
| 76 | 32-45 | 31-46 | 29-48 | 27-50 |
| 78 | 33-46 | 32-47 | 30-49 | 28-51 |
| 80 | 34-47 | 33-48 | 31-50 | 29-52 |

## Tafel XI-6-1

Verteilungsfreie Toleranzgrenzen mit Inklusionsanwendungen (zweiseitig)

Entnommen aus CONOVER, W. J.: Practical nonparametric statistics. New York: Wiley 1971, Table 6, mit freundlicher Genehmigung des Autors und des Verlages.

Die Tafel enthält jene Stichprobenumfänge N, die bei einer vereinbarten Sicherheit von $1 - \alpha$ garantieren, daß zwischen dem niedrigsten ($x_1$) und dem höchsten ($x_N$) Beobachtungswert einer Stichprobe aus einer stetigen Merkmalsverteilung (beliebiger Verteilungsform) ein Anteil von mindestens p Prozent aller möglichen Beobachtungswerte der Population liegt.

*Ablesebeispiel:* Will man eine Stichprobe aus einer unbekannten Grundgesamtheit so erheben, daß mit $1 - \alpha = 95\%$ Sicherheit zwischen dem niedrigsten und dem höchsten Beobachtungswert mindestens p = 75 % der Populationsbeobachtungswerte liegen, so wähle man einen Stichprobenumfang von N = 18.

| $1 - \alpha$ | $p =$ .500 | .700 | .750 | .800 | .850 | .900 | .950 | .975 | .980 | .990 |
|---|---|---|---|---|---|---|---|---|---|---|
| .500 | 3 | 6 | 7 | 9 | 11 | 17 | 34 | 67 | 84 | 168 |
| .700 | 5 | 8 | 10 | 12 | 16 | 24 | 49 | 97 | 122 | 244 |
| .750 | 5 | 9 | 10 | 13 | 18 | 27 | 53 | 107 | 134 | 269 |
| .800 | 5 | 9 | 11 | 14 | 19 | 29 | 59 | 119 | 149 | 299 |
| .850 | 6 | 10 | 13 | 16 | 22 | 33 | 67 | 134 | 168 | 337 |
| .900 | 7 | 12 | 15 | 18 | 25 | 38 | 77 | 155 | 194 | 388 |
| .950 | 8 | 14 | 18 | 22 | 30 | 46 | 93 | 188 | 236 | 473 |
| .975 | 9 | 17 | 20 | 26 | 35 | 54 | 110 | 221 | 277 | 555 |
| .980 | 9 | 17 | 21 | 27 | 37 | 56 | 115 | 231 | 290 | 581 |
| .990 | 11 | 20 | 24 | 31 | 42 | 64 | 130 | 263 | 330 | 662 |
| .995 | 12 | 22 | 27 | 34 | 47 | 72 | 146 | 294 | 369 | 740 |
| .999 | 14 | 27 | 33 | 42 | 58 | 89 | 181 | 366 | 458 | 920 |

**Tafel XI-6-2**

Verteilungsfreie Toleranzgrenzen mit Exklusionsanwendungen (einseitig)
Entnommen aus CONOVER, W. J.: Practical nonparametric statistics. New York: Wiley, 1971, Table 5, mit freundlicher Genehmigung des Autors und des Verlages.

Die Tafel enthält jene Stichprobenumfänge N, die bei einer vereinbarten Sicherheit (Aussage- oder Rückschlußsicherheit) gewährleisten, daß unterhalb des niedrigsten Beobachtungswertes ($x_1$) oder oberhalb des höchsten Beobachtungswertes ($x_N$) einer Stichprobe aus einer stetigen Merkmalsverteilung höchstens $1 - p = q$ Prozent aller möglichen Beobachtungswerte der Population gelegen sind. q = Exklusionsanteil (einseitig).

*Ablesebeispiel:* Aus einer mutmaßlich linksgipfeligen (rechtsschiefen) Populationsverteilung soll eine Stichprobe so entnommen werden, daß höchstens q = 10 % aller Populationsmesswerte oberhalb des höchsten Stichprobenwertes liegen. Wird eine Aussagesicherheit von $1 - \alpha$ = 99 % zugrunde gelegt, so bedarf es eines Erhebungsumfangs von N = 44.

| $1-\alpha\ q =$ | .500 | .700 | .750 | .800 | .850 | .900 | .950 | .975 | .980 | .990 |
|---|---|---|---|---|---|---|---|---|---|---|
| .500 | 1 | 2 | 3 | 4 | 5 | 7 | 14 | 28 | 35 | 69 |
| .700 | 2 | 4 | 5 | 6 | 8 | 12 | 24 | 48 | 60 | 120 |
| .750 | 2 | 4 | 5 | 7 | 9 | 14 | 28 | 55 | 69 | 138 |
| .800 | 3 | 5 | 6 | 8 | 10 | 16 | 32 | 64 | 80 | 161 |
| .850 | 3 | 6 | 7 | 9 | 12 | 19 | 37 | 75 | 94 | 189 |
| .900 | 4 | 7 | 9 | 11 | 15 | 22 | 45 | 91 | 144 | 230 |
| .950 | 5 | 9 | 11 | 14 | 19 | 29 | 59 | 119 | 149 | 299 |
| .975 | 6 | 11 | 13 | 17 | 23 | 36 | 72 | 146 | 183 | 368 |
| .980 | 6 | 11 | 14 | 18 | 25 | 38 | 77 | 155 | 194 | 390 |
| .990 | 7 | 13 | 17 | 21 | 29 | 44 | 90 | 182 | 228 | 459 |
| .995 | 8 | 15 | 19 | 24 | 33 | 51 | 104 | 210 | 263 | 528 |
| .999 | 10 | 20 | 25 | 31 | 43 | 66 | 135 | 273 | 342 | 688 |

## Tafel XII-2-6

Walds Wahrscheinlichkeitsverhältnistest mit $\pi = 1/2$

Entnommen aus NOETHER, G. E.: Two sequential tests against trend. J. Am. Stat. Ass. 51 (1956), 440–450, Table 1, mit freundlicher Genehmigung des Autors und des Herausgebers.

Die Tafel enthält die Konstanten $a_0$, $a_1$ und b der Annahmegeraden eines Folge-Testplanes mit den Parametern $\pi_0 = 1/2, \alpha = \beta = 0{,}05$ und $d = \pi_1 - 1/2$ und die Erwartungswerte des Stichprobenumfangs $E(n_0)$ und $E(n_1)$ bei Geltung der Null- bzw. der Alternativhypothese $\pi_0 = 1/2$ und $\pi_1 = \frac{1}{2} + d$, wobei d die postulierte Minimaldifferenz ist, die nach dem Gesichtspunkt der praktischen Signifikanz festgelegt wird.

*Ablesebeispiel:* Für $d = 0{,}25$ resultieren $a_1 = -a_0 = 2{,}6807$ und $b = 0{,}6309$ als Konstanten und als Erwartungswerte für den Stichprobenumfang 18,43 und 20,26.

| d | $a_1 = -a_0$ | b | $E(n_0)$ | $E(n_1)$ |
|---|---|---|---|---|
| 0.01 | 73.5947 | 0.5050 | 13364.65 | 13131.48 |
| 0.02 | 36.7873 | 0.5100 | 3303.26 | 3318.49 |
| 0.03 | 24.5074 | 0.5150 | 1469.66 | 1471.23 |
| 0.04 | 18.3637 | 0.5200 | 825.25 | 827.48 |
| 0.05 | 14.6731 | 0.5250 | 527.37 | 529.10 |
| 0.06 | 12.2093 | 0.5301 | 365.49 | 367.07 |
| 0.07 | 10.4468 | 0.5351 | 267.71 | 269.56 |
| 0.08 | 9.1224 | 0.5402 | 204.35 | 206.17 |
| 0.09 | 8.0900 | 0.5453 | 160.91 | 162.70 |
| 0.10 | 7.2619 | 0.5503 | 129.83 | 131.61 |
| 0.11 | 6.5825 | 0.5555 | 106.83 | 108.61 |
| 0.12 | 6.0146 | 0.5606 | 89.34 | 91.11 |
| 0.13 | 5.5202 | 0.5658 | 75.55 | 77.33 |
| 0.14 | 5.1175 | 0.5710 | 64.91 | 66.70 |
| 0.15 | 4.7565 | 0.5762 | 56.20 | 57.99 |
| 0.16 | 4.4391 | 0.5814 | 49.06 | 50.85 |
| 0.17 | 4.1577 | 0.5867 | 43.14 | 44.94 |
| 0.18 | 3.9063 | 0.5921 | 38.18 | 39.98 |
| 0.19 | 3.6800 | 0.5975 | 33.98 | 35.79 |
| 0.20 | 3.4752 | 0.6029 | 30.40 | 32.21 |
| 0.21 | 3.2884 | 0.6084 | 27.31 | 29.12 |
| 0.22 | 3.1176 | 0.6139 | 24.63 | 26.45 |
| 0.23 | 2.9604 | 0.6195 | 22.29 | 24.12 |
| 0.24 | 2.8150 | 0.6252 | 20.24 | 22.06 |
| 0.25 | 2.6807 | 0.6309 | 18.43 | 20.26 |
| 0.26 | 2.5575 | 0.6367 | 16.83 | 18.67 |
| 0.27 | 2.4368 | 0.6427 | 15.37 | 17.22 |
| 0.28 | 2.3264 | 0.6486 | 14.09 | 15.94 |
| 0.29 | 2.2223 | 0.6548 | 12.92 | 14.79 |
| 0.30 | 2.1240 | 0.6610 | 11.88 | 13.75 |
| 0.31 | 2.0306 | 0.6673 | 10.92 | 12.81 |
| 0.32 | 1.9418 | 0.6738 | 10.06 | 11.95 |
| 0.33 | 1.8569 | 0.6804 | 9.27 | 11.17 |
| 0.34 | 1.7757 | 0.6871 | 8.54 | 10.45 |
| 0.35 | 1.6975 | 0.6941 | 7.87 | 9.80 |
| 0.36 | 1.6220 | 0.7012 | 7.25 | 9.20 |
| 0.37 | 1.5489 | 0.7086 | 6.68 | 8.64 |
| 0.38 | 1.4778 | 0.7163 | 6.15 | 8.13 |
| 0.39 | 1.4083 | 0.7242 | 5.70 | 7.70 |
| 0.40 | 1.3401 | 0.7325 | 5.19 | 7.20 |
| 0.41 | 1.2726 | 0.7412 | 4.75 | 6.78 |
| 0.42 | 1.2056 | 0.7503 | 4.33 | 6.40 |
| 0.43 | 1.1383 | 0.7601 | 3.94 | 6.03 |
| 0.44 | 1.0701 | 0.7706 | 3.56 | 5.68 |
| 0.45 | 1.0000 | 0.7820 | 3.19 | 5.36 |
| 0.46 | 0.9265 | 0.7947 | 2.83 | 5.05 |
| 0.47 | 0.8471 | 0.8094 | 2.46 | 4.75 |
| 0.48 | 0.7566 | 0.8271 | 2.08 | 4.46 |
| 0.49 | 0.6408 | 0.8513 | 1.64 | 4.16 |

## Tafel XII-3-2-1

Sequentielle Binomialtestpläne für $\pi \neq 1/2$

Auszugsweise entnommen aus BARTOSZYK, G. D. and G. A. LIENERT: Tables for straight-line parameters in testing binomial treatment effects sequentially. Biom. Z. 18 (1976, im Druck), mit freundlicher Genehmigung der Herausgeberin zum Vorabdruck.

Die Tafel enthält für bestimmte Risiken $\alpha = \text{ß}$ und bestimmte Binomialanteile $\pi < 1/2$ mit ausgewählten Minimaldifferenzen d die zugehörigen Parameter $a_+$ (Ordinatenabschnitt) und b (Steigung) für die Annahmegerade $L_{+(-)}$. Die Annahmegerade $L_{-(+)}$ hat die Parameter $a_- = -a_+$ und b. Die Stichprobenspur hat die Koordinaten (z, n) mit n = Stichprobenumfang und z = 2r – n, wobei r die Anzahl der positiven Reaktionen (vgl. Kap. 12.3.2). Testpläne für $\pi = 1/2$ enthält die Tafel XII-3-2-2. Testpläne für $\pi > 1/2$ lassen sich aus der Tafel wie folgt bestimmen: Man entnimmt der Tafel die entsprechenden Parameter für $1 - \pi$; die Ordinatenabschnitte sind dieselben, die Steigung ist negativ zu nehmen.

*Ablesebeispiel:* Will man auf $\pi = 0{,}7$ testen, wobei $\alpha = \text{ß} = 0{,}05$ und $d = 0{,}10$, so liest man aus der Tafel bei $1 - 0{,}7 = 0{,}3$ die Parameter $a_+ = 6{,}00$ und $b = -0{,}41$ ab. Für die Annahmegeraden ergibt sich so $L_{+(-)} : 6{,}00 + 0{,}41 n$ und $L_{-(+)} : -6{,}00 + 0{,}41 n$.

*Bemerkung:* Die graphische Durchführung eines Testplans ist in Kap. 12.3.2. beschrieben. Man beachte, daß die Wahl der Parameter abhängig ist vom vorliegenden Testplan.

| $\pi$ | d | $\alpha=\text{ß}=0{,}10$ $a_+$ | $\alpha=\text{ß}=0{,}05$ $a_+$ | $\alpha=\text{ß}=0{,}025$ $a_+$ | $\alpha=\text{ß}=0{,}01$ $a_+$ | $\alpha=\text{ß}=0{,}001$ $a_+$ | b |
|---|---|---|---|---|---|---|---|
| 0,20 | 0,10 | 3,26 | 4,36 | 5,43 | 6,81 | 10,23 | –0,63 |
|      | 0,15 | 1,89 | 2,53 | 3,15 | 3,95 | 5,94  | –0,67 |
| 0,25 | 0,10 | 3,94 | 5,28 | 6,57 | 8,24 | 12,38 | –0,52 |
|      | 0,15 | 2,45 | 3,29 | 4,09 | 5,13 | 7,710 | –0,55 |
|      | 0,20 | 1,60 | 2,15 | 2,67 | 3,35 | 5,03  | –0,60 |
| 0,30 | 0,10 | 4,48 | 6,00 | 7,47 | 9,37 | 14,08 | –0,41 |
|      | 0,15 | 2,86 | 3,84 | 4,78 | 5,99 | 9,00  | –0,43 |
|      | 0,20 | 2,00 | 2,68 | 3,33 | 4,18 | 6,29  | –0,46 |
| 0,35 | 0,10 | 4,89 | 6,56 | 8,16 | 10,23 | 15,38 | –0,31 |
|      | 0,15 | 3,17 | 4,25 | 5,28 | 6,63  | 9,96  | –0,32 |
|      | 0,20 | 2,27 | 3,04 | 3,79 | 4,75  | 7,14  | –0,34 |
| 0,40 | 0,10 | 5,19 | 6,95 | 8,65 | 10,85 | 16,30 | –0,21 |
|      | 0,15 | 3,38 | 4,53 | 5,64 | 7,07  | 10,63 | –0,21 |
|      | 0,20 | 2,45 | 3,29 | 4,09 | 5,13  | 7,71  | –0,23 |
| 0,45 | 0,10 | 5,36 | 7,18 | 8,94 | 11,21 | 16,85 | –0,10 |
|      | 0,15 | 3,51 | 4,70 | 5,85 | 7,34  | 11,03 | –0,11 |
|      | 0,20 | 2,56 | 3,43 | 4,27 | 5,35  | 8,04  | –0,11 |

### Tafel XII-3-2-2

Sequentielle Binomialtestpläne für $\pi = 1/2$

Auszugsweise entnommen aus BARTOSZYK, G. D. and G. A. LIENERT: Tables for straight-line parameters in testing binomial treatment effects sequentially. Biom. Z. 18 (1976, im Druck), mit freundlicher Genehmigung der Herausgeberin zum Vorabdruck.

Die Tafel enthält die Ordinatenabschnitte $a_+$ und $a_-$ für die abszissenparallelen (da Steigung b = 0) Annahmegeraden für Vorzeichenpläne mit $\pi = 0,5$ für bestimmte Kombinationen der Risiken $\alpha \leqslant \beta$ und ausgewählte Minimaldifferenzen d. Die Stichprobenspur hat die Koordinaten (z, n), wobei n der Stichprobenumfang und (mit r = Anzahl der positiven Reaktionen) z = 2r - n.

*Ablesebeispiel:* Will man auf $\pi = 0,5$ testen, wobei $\alpha = 0,05$, $\beta = 0,10$ und d = 0,20, so liest man $a_+ = 3,41$ und $a_- = -2,66$ ab. Die grafische Darstellung eines Testplans ist in Kap. 12.3.2 beschrieben. Man beachte, daß die Wahl der Parameter abhängt vom vorliegenden Testplan.

| α | ß | d | $a_+$ | $a_-$ | α | ß | d | $a_+$ | $a_-$ |
|---|---|---|---|---|---|---|---|---|---|
| 0,10 | 0,20 | 0,10 | 5,13 | -3,71 | 0,025 | 0,10 | 0,10 | 8,84 | -5,62 |
| | | 0,15 | 3,40 | -2,43 | | | 0,15 | 5,79 | -3,68 |
| | | 0,20 | 2,45 | -1,78 | | | 0,20 | 4,23 | -2,69 |
| | 0,10 | 0,10 | 5,42 | -5,42 | | 0,05 | 0,10 | 8,79 | -7,33 |
| | | 0,15 | 3,55 | -3,55 | | | 0,15 | 5,88 | -4,80 |
| | | 0,20 | 2,59 | -2,59 | | | 0,20 | 4,29 | -3,51 |
| | | | | | | 0,025 | 0,10 | 9,04 | -9,04 |
| | | | | | | | 0,15 | 5,92 | -5,92 |
| | | | | | | | 0,20 | 4,32 | -4,32 |
| 0,05 | 0,20 | 0,10 | 6,84 | -3,84 | 0,01 | 0,10 | 0,10 | 11,10 | -5,65 |
| | | 0,15 | 4,48 | -2,52 | | | 0,15 | 7,27 | -3,70 |
| | | 0,20 | 3,27 | -1,84 | | | 0,20 | 5,31 | -2,71 |
| | 0,10 | 0,10 | 7,13 | -5,55 | | 0,05 | 0,10 | 11,23 | -7,36 |
| | | 0,15 | 4,67 | -3,64 | | | 0,15 | 7,36 | -4,82 |
| | | 0,20 | 3,41 | -2,66 | | | 0,20 | 5,37 | -3,52 |
| | 0,05 | 0,10 | 7,26 | -7,26 | | 0,01 | 0,10 | 11,33 | -11,33 |
| | | 0,15 | 4,76 | -4,76 | | | 0,15 | 7,42 | -7,42 |
| | | 0,20 | 3,48 | -3,48 | | | 0,20 | 5,42 | -5,42 |

## Tafel XII-7-4

EPSTEINS Pseudosequentialtest

Entnommen aus EPSTEIN, B.: Tables for the distribution of the number of exceedances. Ann. Math. Stat. 25 (1954), 762–768, Table 1, mit freundlicher Genehmigung des Verfassers und des Herausgebers.

Die Tafel enthält die einseitigen Überschreitungswahrscheinlichkeiten P für die Prüfgröße x = Zahl der Exzedenzen (Überschreitungen) der einen Stichprobe gegenüber dem r-ten Werte der anderen Stichprobe gleichen Umfangs ($n_1 = n_2 = n$). Die Stichproben werden so mit 1 und 2 bezeichnet, daß 1 höher liegt als 2 (bei einseitiger $H_1$). Dann wird die Stichprobe 1 von 1 bis r durchnummeriert (wobei r vor der Untersuchung vereinbart worden sein muß) und abgezählt, wieviele (x) der Werte aus der Stichprobe 2 höher liegen (müssen) als der r-te Wert der Stichprobe 1.

*Ablesebeispiel:* Ein Versuch mit 2 unabhängigen Stichproben zu je n = 7 wird abgebrochen, nachdem die zweite (r = 2) Beobachtung der höherliegenden Stichprobe (mit 1 bezeichnet) angefallen ist:
1:   0   0   :              n = 2 + 5 = 7
2: 0 0 0   0 r = 2 : x = 3 (= 7 − 4) n = 4 + 3 = 7
Für die noch ausstehenden x = 3 Beobachtungen in der tiefer liegenden Stichprobe (mit 2 bezeichnet) gilt bei einseitigem Test P = 0,1329; bei zweiseitigem Test ist P' = 2(0,1329) = 0,2658.

**Tafel XII-7-4 (Fortsetz.)**

| n | r | x = 0 | 1 | 2 | 3 | 4 | 5 | 6 | 7 | 8 |
|---|---|-------|---|---|---|---|---|---|---|---|
| 2 | 1 | .1667 | | | | | | | | |
| 3 | 1 | .0500 | .2000 | | | | | | | |
| 4 | 1 | .0143 | .0714 | .2143 | | | | | | |
|   | 2 |       | .2429 |       | | | | | | |
| 5 | 1 | .0²397 | .0238 | .0833 | | | | | | |
|   | 2 |        | .1032 | .2619 | | | | | | |
| 6 | 1 | .0²108 | .0758 | .0303 |       | | | | | |
|   | 2 |        | .0400 | .1212 |       | | | | | |
|   | 3 |        |       | .2835 | .2222 | | | | | |
| 7 | 1 | .0³291 | .0233 | .0105 | .0009 |        | | | | |
|   | 2 |        | .0146 | .0513 |       |        | | | | |
|   | 3 |        |       | .1431 | .2727 | .2273 | | | | |
| 8 | 1 | .0⁴777 | .0699 | .0350 | .0350 | .0062 |        | | | |
|   | 2 |        | .0³505 | .0203 | .1329 | .2797 |        | | | |
|   | 3 |        |       | .0660 | .2960 |       |        | | | |
|   | 4 |        |       |       |       |       | .2308 | .2333 | | |
| 9 | 1 | .0⁵206 | .0⁴206 | .0³113 | .0128 | .0147 | .0412 |        | | |
|   | 2 |        | .0⁴169 | .0³761 | .0594 | .0656 | .1471 |        | | |
|   | 3 |        |       | .0283 | .1573 | .1674 | .3100 |        | | |
|   | 4 |        |       |       | .3096 | .3186 |       | .1000 | .2353 | |
|   |   |        |       |       |       |       |       | .2846 |       | |
|   |   |        |       |       |       |       |       | .1029 |       | |
|   |   |        |       |       |       |       |       | .2882 |       | |
| 10 | 1 | .0⁵541 | .0⁵595 | .0³357 | .0²452 | .0³542 | .0163 | .0433 | .1053 | .2368 |
|    | 2 |        | .0⁵547 | .0²274 | .0249 | .0286 | .0704 | .1517 | .2910 |       |
|    | 3 |        |        | .0115 | .0767 | .0849 | .1749 | .3142 |       |       |
|    | 4 |        |        |       | .1735 | .1849 | .3250 |       |       |       |
|    | 5 |        |        |       |       | .3281 |       |       |       |       |

(Note: superscript digits denote the number of leading zeros, e.g., .0²397 = .00397, .0⁵541 = .0000541)

Tafel XII-7-4 (Fortsetz.)

| n | r | x = 0 | 1 | 2 | 3 | 4 | 5 | 6 | 7 | 8 | 9 | 10 | 11 | 12 | 13 |
|---|---|---|---|---|---|---|---|---|---|---|---|---|---|---|---|
| 11 | 1 | .0⁴142 | .0³170 | .0³111 | .0²516 | .0²193 | .0⁴619 | .0175 | .0451 | .1071 | .2381 | | | | |
|  | 2 |  | .0³173 | .0³953 | .0²376 | .0²119 | .0³17 | .0743 | .1554 | .2932 | | | | | |
|  | 3 |  |  | .0⁴446 | .0150 | .0402 | .0913 | .1807 | .3176 | | | | | | |
|  | 4 |  |  |  | .0431 | .0992 | .1935 | .3297 | | | | | | | |
|  | 5 |  |  |  |  | .1974 | .3350 | | | | | | | | |
| 12 | 1 | .0³370 | .0³481 | .0³337 | .0²168 | .0⁴673 | .0²229 | .0²686 | .0186 | .0466 | .1087 | .2391 | | | |
|  | 2 |  | .0³536 | .0³322 | .0²138 | .0⁴471 | .0136 | .0343 | .0775 | .1584 | .2950 | | | | |
|  | 3 |  |  | .0³166 | .0²614 | .0180 | .0447 | .0965 | .1854 | .3202 | | | | | |
|  | 4 |  |  |  | .0196 | .0498 | .1069 | .2002 | .3334 | | | | | | |
|  | 5 |  |  |  |  | .1102 | .2068 | .3401 | | | | | | | |
|  | 6 |  |  |  |  |  | .3421 | | | | | | | | |
| 13 | 1 | .0³961 | .0³135 | .0³101 | .0²538 | .0²229 | .0²824 | .0²261 | .0²745 | .0196 | .0478 | .1100 | .2400 | | |
|  | 2 |  | .0³163 | .0³106 | .0²491 | .0²180 | .0²558 | .0151 | .0365 | .0801 | .1609 | .2965 | | | |
|  | 3 |  |  | .0⁴601 | .0²242 | .0²771 | .0207 | .0484 | .1008 | .1891 | .3224 | | | | |
|  | 4 |  |  |  | .0²847 | .0236 | .0554 | .1131 | .2055 | .3364 | | | | | |
|  | 5 |  |  |  |  | .0576 | .1189 | .2142 | .3441 | | | | | | |
|  | 6 |  |  |  |  |  | .2169 | .3475 | | | | | | | |
| 14 | 1 | .0²249 | .0³374 | .0²299 | .0²170 | .0²763 | .0²290 | .0²966 | .0²290 | .0²797 | .0204 | .0489 | .1111 | .2407 | |
|  | 2 |  | .0³491 | .0³344 | .0²171 | .0²670 | .0²221 | .0²638 | .0164 | .0384 | .0824 | .1630 | .2978 | | |
|  | 3 |  |  | .0²211 | .0²919 | .0²316 | .0²815 | .0230 | .0516 | .1043 | .1923 | .3242 | | | |
|  | 4 |  |  |  | .0351 | .0107 | .0271 | .0601 | .1182 | .2099 | .3388 | | | | |
|  | 5 |  |  |  |  | .0285 | .0642 | .1259 | .2200 | .3473 | | | | | |
|  | 6 |  |  |  |  |  | .1284 | .2247 | .3518 | | | | | | |
|  | 7 |  |  |  |  |  |  | .3532 | | | | | | | |
| 15 | 1 | .0²645 | .0³103 | .0²887 | .0²526 | .0²250 | .0²100 | .0²350 | .0²110 | .0²316 | .0²843 | .0211 | .0498 | .1121 | .2414 |
|  | 2 |  | .0³146 | .0³109 | .0²579 | .0²242 | .0²850 | .0²260 | .0²710 | .0176 | .0400 | .0843 | .1648 | .2989 | |
|  | 3 |  |  | .0³725 | .0²339 | .0²125 | .0²389 | .0105 | .0251 | .0543 | .1074 | .1949 | .3257 | | |
|  | 4 |  |  |  | .0141 | .0²461 | .0127 | .0302 | .0641 | .1225 | .2135 | .3408 | | | |
|  | 5 |  |  |  |  | .0134 | .0328 | .0697 | .1318 | .2249 | .3499 | | | | |
|  | 6 |  |  |  |  |  | .0716 | .1362 | .2311 | .3552 | | | | | |
|  | 7 |  |  |  |  |  |  | .2331 | .3576 | | | | | | |

Tafel XII-7-4 (Fortsetz.)

n = 20

| | $x=0$ | 1 | 2 | 3 | 4 | 5 | 6 | 7 | 8 | 9 |
|---|---|---|---|---|---|---|---|---|---|---|
| 1 | $.0^{17}725$ | $.0^9152$ | $.0^8168$ | $.0^7128$ | $.0^771$ | $.0^6385$ | $.0^6167$ | $.0^644$ | $.0^3225$ | $.0^4727$ |
| 2 | | $.0^9291$ | $.0^8291$ | $.0^6203$ | $.0^5110$ | $.0^5501$ | $.0^4197$ | $.0^4685$ | $.0^3216$ | $.0^4624$ |
| 3 | | | $.0^8265$ | $.0^6168$ | $.0^5832$ | $.0^5343$ | $.0^4122$ | $.0^4386$ | $.0^3110$ | $.0^3287$ |
| 4 | | | | $.0^6969$ | $.0^4438$ | $.0^4164$ | $.0^3532$ | $.0^3153$ | $.0^3396$ | $.0^3935$ |
| 5 | | | | | $.0^4180$ | $.0^4616$ | $.0^3182$ | $.0^477$ | $.0112$ | $.0242$ |
| 6 | | | | | | $.0^4192$ | $.0^3519$ | $.0124$ | $.0268$ | $.0527$ |
| 7 | | | | | | | $.0128$ | $.0281$ | $.0555$ | $.1001$ |
| 8 | | | | | | | | $.0564$ | $.1025$ | $.1703$ |
| 9 | | | | | | | | | $.1715$ | $.2636$ |
| 10 | | | | | | | | | | $.3762$ |

| | $x=10$ | 11 | 12 | 13 | 14 | 15 | 16 | 17 | 18 |
|---|---|---|---|---|---|---|---|---|---|
| 1 | $.0218$ | $.0^4614$ | $.0^4164$ | $.0^4416$ | $.0101$ | $.0236$ | $.0530$ | $.1154$ | $.2436$ |
| 2 | $.0167$ | $.0^4418$ | $.0^4983$ | $.0218$ | $.0457$ | $.0909$ | $.1708$ | $.3025$ | |
| 3 | $.0^4691$ | $.0155$ | $.0324$ | $.0637$ | $.1176$ | $.2037$ | $.3307$ | | |
| 4 | $.0204$ | $.0412$ | $.0776$ | $.1367$ | $.2253$ | $.3474$ | | | |
| 5 | $.0479$ | $.0880$ | $.1504$ | $.2401$ | $.3582$ | | | | |
| 6 | $.0954$ | $.1601$ | $.2503$ | $.3655$ | | | | | |
| 7 | $.1666$ | $.2572$ | $.3705$ | | | | | | |
| 8 | $.2616$ | $.3738$ | | | | | | | |
| 9 | $.3756$ | | | | | | | | |

## Tafel XII-7-5a
Die NELSON-Tafeln

Entnommen aus NELSON, L. S.: Tables for a precedence life test. Technometrics 5 (1963), 491–499, Tables III, IV, V, mit freundlicher Genehmigung des Verfassers und des Herausgebers.

Die Tafel enthält die Schranken $y_\alpha$ für $\alpha = 0{,}05, 0{,}025, 0{,}005$ (einseitig) der Prüfgröße y als der Zahl der Präzedenzen. Erreicht oder überschreitet das beobachtete y die Schranke, so muß die Nullhypothese gleich verteilter Populationen verworfen werden. Werden die Präzedenzen von der kleineren Stichprobe (per def. $n_1$ mit $n_1 = 1(1)20$) gebildet, gilt die obere Schranke des Schrankenpaares. Werden die Präzedenzen von der größeren Stichprobe (per def. $n_2$ mit $n_2 = 3(1)20$) gebildet, gilt die untere Schranke. Die Bedeutung der apponierten Vorzeichen ist in Kapitel XII-7-5 erläutert. Bei zweiseitiger Fragestellung ist $\alpha$ zu verdoppeln.

*Ablesebeispiel:* Werden y = 5 Präzedenzen von der größeren Stichprobe ($n_2 = 6$) gebildet, so wird (mit $n_1 = 4$) bei einseitiger Fragestellung die Schranke $y_{0{,}05} = 5$ erreicht, sodaß die Nullhypothese auf der 5 %-Stufe verworfen wird.

Tafel XII-7-5a (Fortsetz.)

$\alpha = 0,05$ (einseitig)

| $n_2$ | $n_1=1$ | 2 | 3 | 4 | 5 | 6 | 7 | 8 | 9 | 10 | 11 | 12 | 13 | 14 | 15 | 16 | 17 | 18 | 19 | 20 |
|---|---|---|---|---|---|---|---|---|---|---|---|---|---|---|---|---|---|---|---|---|
| 3 | – | – | 3 | | | | | | | | | | | | | | | | | |
|   | – | – | 3 | | | | | | | | | | | | | | | | | |
| 4 | – | – | 3 | 4 | | | | | | | | | | | | | | | | |
|   | – | – | 4 | 4 | | | | | | | | | | | | | | | | |
| 5 | – | 2 | 3 | 3 | 4 | | | | | | | | | | | | | | | |
|   | – | 5 | 5 | 4 | 4 | | | | | | | | | | | | | | | |
| 6 | – | 2 | 3 | 3 | 4 | 4 | | | | | | | | | | | | | | |
|   | – | 6 | 5 | 5 | 4 | 4 | | | | | | | | | | | | | | |
| 7 | – | 2 | 3 | 3 | 3 | 4 | 4 | | | | | | | | | | | | | |
|   | – | 7 | 6 | 5 | 5 | 4 | 4 | | | | | | | | | | | | | |
| 8 | – | 2 | 3⁻ | 3 | 4 | 4 | 4 | | | | | | | | | | | | | |
|   | – | 8 | 7 | 6 | 5 | 5 | 5 | 4 | | | | | | | | | | | | |
| 9 | – | 2 | 2 | 3 | 3 | 4 | 4 | 4 | | | | | | | | | | | | |
|   | – | 9 | 7 | 6 | 6 | 5 | 5 | 5 | 4 | | | | | | | | | | | |
| 10 | – | 2 | 2 | 3 | 3 | 3 | 4⁻ | 4 | 4 | | | | | | | | | | | |
|    | – | 9 | 8 | 7 | 6 | 6 | 5 | 5 | 5 | 4 | | | | | | | | | | |
| 11 | – | 2 | 2 | 3⁻ | 3 | 3 | 3 | 4⁻ | 4 | 4 | 4 | | | | | | | | | |
|    | – | 10 | 9⁻ | 8 | 7 | 6 | 6⁻ | 5 | 5 | 5 | 4 | | | | | | | | | |
| 12 | – | 2 | 2 | 2 | 3 | 3 | 3 | 4 | 4 | 4 | 4 | 4 | | | | | | | | |
|    | – | 11 | 9 | 8 | 7 | 6 | 6 | 6 | 5 | 5 | 5⁻ | 4 | | | | | | | | |
| 13 | – | 2 | 2 | 2 | 3 | 3 | 3 | 3 | 4⁻ | 4 | 4 | 4 | 4 | | | | | | | |
|    | – | 12 | 10 | 9⁻ | 8⁻ | 7 | 6 | 6 | 5⁺ | 5 | 5 | 5⁻ | 4 | | | | | | | |
| 14 | – | 2 | 2 | 2 | 3⁻ | 3 | 3 | 3 | 3 | 4 | 4 | 4 | 4 | 4 | | | | | | |
|    | – | 12 | 11 | 9 | 8 | 7 | 7 | 6 | 6 | 5 | 5 | 5 | 5⁻ | 4 | | | | | | |
| 15 | – | 2 | 2 | 2 | 3⁻ | 3 | 3 | 3 | 3 | 4 | 4 | 4 | 4 | 4 | 4 | | | | | |
|    | – | 13 | 11 | 10 | 9 | 8 | 7 | 6 | 6 | 5 | 5 | 5 | 5⁻ | 4 | | | | | | |
| 16 | – | 2 | 2 | 2 | 2 | 3 | 3 | 3 | 3 | 3 | 4 | 4 | 4 | 4 | 4 | 5 | | | | |
|    | – | 14 | 12⁻ | 10 | 9 | 8 | 7 | 7 | 6 | 6 | 6 | 5 | 5 | 5 | 5 | 5 | | | | |
| 17 | – | 2 | 2 | 2 | 3 | 3 | 3 | 3 | 3 | 4⁻ | 4 | 4 | 4 | 4 | 4 | 5 | | | | |
|    | – | 15 | 12 | 11 | 9 | 8 | 8 | 7 | 7 | 6 | 6 | 6 | 5 | 5 | 5 | 5 | 5 | | | |
| 18 | – | 2 | 2 | 2 | 2 | 3⁻ | 3 | 3 | 3 | 3 | 4 | 4 | 4 | 4 | 4 | 4 | 5 | | | |
|    | – | 16 | 13 | 11 | 10 | 9 | 8 | 7 | 7 | 6 | 6 | 6 | 5 | 5 | 5 | 5 | 5 | 5 | | |
| 19 | 1 | 2 | 2 | 2 | 2 | 2 | 3⁻ | 3 | 3 | 3 | 3 | 4 | 4 | 4 | 4 | 4 | 4 | 4 | 5 | |
|    | 19 | 16 | 14 | 12 | 10 | 9 | 8⁺ | 8 | 7 | 7 | 6 | 6 | 6 | 5 | 5 | 5 | 5 | 5 | 5 | |
| 20 | 1 | 2 | 2 | 2 | 2 | 2 | 3⁻ | 3 | 3 | 3 | 3 | 3 | 4⁻ | 4 | 4 | 4 | 4 | 4 | 4 | 5 |
|    | 20 | 17 | 14 | 12 | 11 | 10⁻ | 9 | 8 | 7 | 7 | 7 | 6 | 6 | 6 | 5 | 5 | 5 | 5 | 5 | 5 |

$n_1 = 1$ 2 3 4 5 6 7 8 9 10 11 12 13 14 15 16 17 18 19 20

Tafel XII-7-5a (Fortsetz.)

$\alpha = 0{,}025$ (einseitig)

| $n_2$ | $n_1=2$ | 3 | 4 | 5 | 6 | 7 | 8 | 9 | 10 | 11 | 12 | 13 | 14 | 15 | 16 | 17 | 18 | 19 | 20 |
|---|---|---|---|---|---|---|---|---|---|---|---|---|---|---|---|---|---|---|---|
| 4 | – | – | 4 | | | | | | | | | | | | | | | | |
|   | – | – | 4 | | | | | | | | | | | | | | | | |
| 5 | – | 3 | 4 | 4 | | | | | | | | | | | | | | | |
|   | – | 5 | 5 | 4 | | | | | | | | | | | | | | | |
| 6 | – | 3 | 4 | 4 | 5 | | | | | | | | | | | | | | |
|   | – | 6 | 5 | 5 | 5 | | | | | | | | | | | | | | |
| 7 | – | 3 | 3 | 4 | 4 | 5 | | | | | | | | | | | | | |
|   | – | 7 | 6 | 6 | 5 | 5 | | | | | | | | | | | | | |
| 8 | 2 | 3 | 3 | 4 | 4 | $5^-$ | 5 | | | | | | | | | | | | |
|   | 8 | 7 | 7 | 6 | 6 | 5 | 5 | | | | | | | | | | | | |
| 9 | 2 | 3 | 3 | 4 | 4 | 4 | $5^-$ | 5 | | | | | | | | | | | |
|   | 9 | 8 | 7 | 7 | 6 | $6^-$ | 5 | 5 | | | | | | | | | | | |
| 10 | 2 | 3 | 3 | 3 | 4 | 4 | 4 | 5 | 5 | | | | | | | | | | |
|    | 10 | 9 | $8^-$ | 7 | 7 | 6 | 6 | 5 | 5 | | | | | | | | | | |
| 11 | 2 | 3 | 3 | 3 | $4^-$ | 4 | 4 | 5 | 5 | 5 | | | | | | | | | |
|    | 11 | 10 | 9 | 8 | 7 | 6 | 6 | 6 | 5 | 5 | | | | | | | | | |
| 12 | 2 | 3 | 3 | 3 | 3 | 4 | 4 | 4 | 5 | 5 | 5 | | | | | | | | |
|    | 12 | 10 | 9 | 8 | 7 | 7 | 6 | 6 | 6 | 5 | 5 | | | | | | | | |
| 13 | 2 | 2 | 3 | 3 | 3 | $4^-$ | 4 | 4 | 4 | 5 | 5 | 5 | | | | | | | |
|    | 13 | 11 | 10 | 9 | 8 | $7^+$ | 7 | 6 | 6 | 6 | 5 | 5 | | | | | | | |
| 14 | 2 | 2 | 3 | 3 | 3 | $4^-$ | 4 | 4 | 4 | $5^-$ | 5 | 5 | 5 | | | | | | |
|    | 13 | 12 | 10 | 9 | 8 | 8 | 7 | 7 | 6 | 6 | 6 | 5 | 5 | | | | | | |
| 15 | 2 | 2 | 3 | 3 | 3 | 3 | 4 | 4 | 4 | 4 | $5^-$ | 5 | 5 | 5 | | | | | |
|    | 14 | 12 | 11 | 10 | 9 | 8 | 8 | 7 | 7 | 6 | 6 | $6^-$ | 5 | | | | | | |
| 16 | 2 | 2 | $3^-$ | 3 | 3 | 3 | $4^-$ | 4 | 4 | 4 | 4 | 5 | 5 | 5 | 5 | | | | |
|    | 15 | 13 | 12 | 10 | 9 | $9^-$ | 8 | 7 | 7 | $7^-$ | 6 | 6 | 6 | $6^-$ | 5 | | | | |
| 17 | 2 | 2 | $3^-$ | 3 | 3 | 3 | 4 | 4 | 4 | 4 | $5^-$ | 5 | 5 | 5 | 5 | 5 | | | |
|    | 16 | 14 | 12 | 11 | 10 | 9 | 8 | 8 | 7 | 7 | $7^-$ | 6 | 6 | 6 | $6^-$ | 5 | | | |
| 18 | 2 | 2 | $3^-$ | 3 | 3 | 3 | 3 | $4^-$ | 4 | 4 | 4 | $5^-$ | 5 | 5 | 5 | 5 | 5 | | |
|    | 17 | 15 | 13 | 11 | 10 | $9^-$ | 8 | 8 | 7 | 7 | $7^-$ | 6 | 6 | 6 | $6^-$ | 5 | | | |
| 19 | 2 | 2 | 2 | 3 | 3 | 3 | 3 | $4^-$ | 4 | 4 | 4 | 4 | $5^-$ | 5 | 5 | 5 | 5 | 5 | |
|    | 18 | 15 | 13 | 12 | 11 | 10 | 9 | 8 | 8 | 7 | 7 | 6 | 6 | 6 | 6 | $6^-$ | 5 | | |
| 20 | 2 | 2 | 2 | $3^-$ | 3 | 3 | 3 | $4^-$ | 4 | 4 | 4 | 4 | $5^-$ | 5 | 5 | 5 | 5 | 5 | 5 |
|    | 19 | 16 | 14 | $12^+$ | 11 | 10 | 9 | 9 | $8^+$ | 8 | 7 | 7 | 7 | 6 | 6 | 6 | 6 | $6^-$ | 5 |

$n_1 = 2\ \ 3\ \ 4\ \ 5\ \ 6\ \ 7\ \ 8\ \ 9\ \ 10\ \ 11\ \ 12\ \ 13\ \ 14\ \ 15\ \ 16\ \ 17\ \ 18\ \ 19\ \ 20$

Tafel XII-7-5a (Fortsetz.)

$\alpha = 0,005$ (einseitig)

| $n_2$ | $n_1 =$ 2 | 3 | 4 | 5 | 6 | 7 | 8 | 9 | 10 | 11 | 12 | 13 | 14 | 15 | 16 | 17 | 18 | 19 | 20 |
|---|---|---|---|---|---|---|---|---|---|---|---|---|---|---|---|---|---|---|---|
| 5 | – | – | – | 5 | | | | | | | | | | | | | | | |
|   | – | – | – | 5 | | | | | | | | | | | | | | | |
| 6 | – | – | 4 | 5 | 6 | | | | | | | | | | | | | | |
|   | – | – | 6 | 6 | 6 | | | | | | | | | | | | | | |
| 7 | – | – | 4 | 5 | 5 | 6 | | | | | | | | | | | | | |
|   | – | – | 7 | 7 | 6 | 6 | | | | | | | | | | | | | |
| 8 | – | – | 4 | 5 | 5 | 6 | 6 | | | | | | | | | | | | |
|   | – | – | 8 | 7 | 7 | 7 | 6 | | | | | | | | | | | | |
| 9 | – | 3 | 4 | 4 | 5 | 5 | 6 | 6 | | | | | | | | | | | |
|   | – | 9 | 9 | 8 | 8 | 7 | 7 | 6 | | | | | | | | | | | |
| 10 | – | 3 | 4 | 4 | 5 | 5 | 6 | 6 | 7 | | | | | | | | | | |
|    | – | 10 | 10 | 9 | 8 | 8 | 7 | 7 | 7 | | | | | | | | | | |
| 11 | – | 3 | 4 | 4 | 5 | 5 | 5 | 6 | 6 | 7 | | | | | | | | | |
|    | – | 11 | 10 | 9 | 9 | 8 | 8 | 7 | 7 | 7 | | | | | | | | | |
| 12 | – | 3 | 4⁻ | 4 | 4 | 5 | 5 | 6 | 6 | 6 | 7 | | | | | | | | |
|    | – | 12 | 11 | 10 | 9 | 9 | 8 | 8 | 7 | 7 | 7 | | | | | | | | |
| 13 | – | 3 | 4 | 4 | 4 | 5⁻ | 5 | 5 | 6 | 6 | 7⁻ | 7 | | | | | | | |
|    | – | 13 | 12 | 11 | 10 | 9⁺ | 9 | 8 | 8 | 7 | 7 | 7 | | | | | | | |
| 14 | – | 3 | 3 | 4 | 4 | 5⁻ | 5 | 5 | 6 | 6 | 6 | 7⁻ | 7 | | | | | | |
|    | – | 14 | 13 | 11 | 11 | 10 | 9 | 9⁻ | 8 | 8 | 8⁻ | 7 | 7 | | | | | | |
| 15 | – | 3 | 3 | 4 | 4 | 4 | 5 | 5 | 5 | 6 | 6 | 6 | 7 | 7 | | | | | |
|    | – | 15 | 13 | 12 | 11 | 10 | 10 | 9 | 9 | 8 | 8 | 8⁻ | 7 | 7 | | | | | |
| 16 | – | 3 | 3 | 4 | 4 | 4 | 5 | 5 | 5 | 6 | 6 | 6 | 7 | 7 | 7 | | | | |
|    | – | 15 | 14 | 13 | 12 | 11 | 10 | 10 | 9 | 9 | 8 | 8 | 8 | 7 | 7 | | | | |
| 17 | – | 3 | 3 | 4 | 4 | 4 | 5 | 5 | 5 | 5 | 6 | 6 | 6 | 7 | 7 | 7 | | | |
|    | – | 16 | 15 | 13 | 12 | 11 | 11 | 10 | 10 | 9 | 9 | 8 | 8 | 8 | 7 | 7 | | | |
| 18 | – | 3 | 3 | 4⁻ | 4 | 4 | 5 | 5 | 5 | 6 | 6 | 6 | 6 | 7 | 7 | 7 | 7 | | |
|    | – | 17 | 15 | 14 | 13 | 12 | 11 | 11 | 10 | 9 | 9 | 9 | 8 | 8 | 8 | 7 | 7 | | |
| 19 | 2 | 3 | 3 | 3 | 4 | 4 | 4 | 5⁻ | 5 | 5 | 5 | 6 | 6 | 6 | 6 | 7 | 7 | 7 | |
|    | 19 | 18 | 16⁻ | 15 | 14 | 13 | 12 | 11 | 10 | 10 | 9 | 9 | 9 | 8 | 8 | 8 | 7 | 7 | |
| 20 | 2 | 3 | 3 | 3 | 4 | 4 | 4 | 5 | 5 | 5 | 5 | 6⁻ | 6 | 6 | 6 | 7 | 7 | 7 | 7 |
|    | 20 | 19 | 17 | 15 | 14 | 13 | 12 | 11 | 11 | 10 | 10⁻ | 9 | 9 | 9 | 8 | 8 | 8 | 8 | 7 |
| | $n_1 =$ 2 | 3 | 4 | 5 | 6 | 7 | 8 | 9 | 10 | 11 | 12 | 13 | 14 | 15 | 16 | 17 | 18 | 19 | 20 |

**Tafel XII-7-5b**

Die ROSENBAUM-Tafel

Auszugsweise entnommen via OWEN (1962, Table 18.4) aus ROSENBAUM, S.: Tables for a nonparametric test of location. Ann. Math. Stat. 25 (1954), 146–150, mit freundlicher Genehmigung des Verfassers und des Herausgebers.

Die Tafel enthält die Schranken $y_{0,01}$ (einseitig) der Prüfgröße y als der Zahl der Präzedenzen für zwei Stichproben des Umfangs n = 1(1)25 und m = 1(1)25. Erreicht oder überschreitet das beobachtete y die Schranke, so muß die Nullhypothese gleichverteilter Populationen verworfen werden. Mit der Stichprobe, von der die Präzedenzen gebildet werden, ist in der Tafel unter ‚m' einzugehen.

*Ablesebeispiel:* Werden y = 5 Präzedenzen von der Stichprobe des Umfangs m = 7 gebildet, und ist n = 9, so besteht bei einseitiger Fragestellung ein signifikanter Unterschied auf der 1 %-Stufe, da die Schranke $y_{0,01}$ = 5 erreicht wird.

Tafel XII-7-5b (Fortsetz.)

| m \ n | 1 | 2 | 3 | 4 | 5 | 6 | 7 | 8 | 9 | 10 | 11 | 12 | 13 | 14 | 15 | 16 | 17 | 18 | 19 | 20 | 21 | 22 | 23 | 24 | 25 |
|---|---|---|---|---|---|---|---|---|---|---|---|---|---|---|---|---|---|---|---|---|---|---|---|---|---|
| 25 | - | 24 | 22 | 19 | 17 | 16 | 14 | 13 | 12 | 12 | 11 | 10 | 10 | 9 | 9 | 9 | 8 | 8 | 8 | 8 | 7 | 7 | 7 | 7 | 7 |
| 24 | - | 23 | 21 | 19 | 17 | 15 | 13 | 12 | 12 | 11 | 11 | 10 | 9 | 9 | 9 | 8 | 8 | 8 | 8 | 7 | 7 | 7 | 7 | 7 | 6 |
| 23 | - | 23 | 20 | 18 | 16 | 15 | 13 | 12 | 12 | 11 | 10 | 10 | 9 | 9 | 9 | 8 | 8 | 7 | 7 | 7 | 7 | 7 | 7 | 6 | 6 |
| 22 | - | 22 | 19 | 17 | 15 | 14 | 13 | 12 | 11 | 11 | 10 | 9 | 9 | 9 | 8 | 8 | 8 | 7 | 7 | 7 | 7 | 6 | 6 | 6 | 6 |
| 21 | - | 21 | 18 | 16 | 15 | 14 | 12 | 12 | 11 | 10 | 10 | 9 | 9 | 8 | 8 | 8 | 7 | 7 | 7 | 7 | 7 | 6 | 6 | 6 | 6 |
| 20 | - | 20 | 18 | 16 | 14 | 13 | 12 | 11 | 10 | 10 | 9 | 9 | 8 | 8 | 8 | 7 | 7 | 7 | 7 | 7 | 6 | 6 | 6 | 6 | 6 |
| 19 | - | 19 | 17 | 15 | 14 | 12 | 11 | 11 | 10 | 9 | 9 | 8 | 8 | 8 | 7 | 7 | 7 | 7 | 6 | 6 | 6 | 6 | 6 | 6 | 6 |
| 18 | - | 18 | 16 | 14 | 13 | 12 | 11 | 10 | 10 | 9 | 9 | 8 | 8 | 7 | 7 | 7 | 7 | 6 | 6 | 6 | 6 | 6 | 6 | 6 | 5 |
| 17 | - | 17 | 15 | 14 | 12 | 11 | 10 | 10 | 9 | 9 | 8 | 8 | 7 | 7 | 7 | 7 | 6 | 6 | 6 | 6 | 6 | 6 | 5 | 5 | 5 |
| 16 | - | 16 | 15 | 13 | 12 | 11 | 10 | 9 | 9 | 8 | 8 | 7 | 7 | 7 | 7 | 6 | 6 | 6 | 6 | 6 | 6 | 5 | 5 | 5 | 5 |
| 15 | - | 15 | 14 | 12 | 11 | 10 | 10 | 9 | 8 | 8 | 7 | 7 | 7 | 7 | 6 | 6 | 6 | 6 | 6 | 5 | 5 | 5 | 5 | 5 | 5 |
| 14 | - | 14 | 13 | 12 | 11 | 10 | 9 | 8 | 8 | 7 | 7 | 7 | 7 | 6 | 6 | 6 | 6 | 5 | 5 | 5 | 5 | 5 | 5 | 5 | 5 |
| 13 | - | 13 | 12 | 11 | 10 | 9 | 9 | 8 | 8 | 7 | 7 | 6 | 6 | 6 | 6 | 6 | 5 | 5 | 5 | 5 | 5 | 5 | 5 | 5 | 4 |
| 12 | - | - | 11 | 10 | 9 | 9 | 8 | 8 | 7 | 7 | 6 | 6 | 6 | 6 | 5 | 5 | 5 | 5 | 5 | 5 | 5 | 5 | 4 | 4 | 4 |
| 11 | - | - | 11 | 10 | 9 | 8 | 8 | 7 | 7 | 6 | 6 | 6 | 6 | 5 | 5 | 5 | 5 | 5 | 5 | 5 | 4 | 4 | 4 | 4 | 4 |
| 10 | - | - | 10 | 9 | 8 | 8 | 7 | 7 | 6 | 6 | 6 | 5 | 5 | 5 | 5 | 5 | 5 | 5 | 4 | 4 | 4 | 4 | 4 | 4 | 4 |
| 9 | - | - | 9 | 8 | 8 | 7 | 7 | 6 | 6 | 6 | 5 | 5 | 5 | 5 | 5 | 4 | 4 | 4 | 4 | 4 | 4 | 4 | 4 | 4 | 4 |
| 8 | - | - | 8 | 8 | 7 | 6 | 6 | 6 | 5 | 5 | 5 | 5 | 5 | 4 | 4 | 4 | 4 | 4 | 4 | 4 | 4 | 4 | 4 | 4 | 4 |
| 7 | - | - | 7 | 7 | 6 | 6 | 6 | 5 | 5 | 5 | 5 | 4 | 4 | 4 | 4 | 4 | 4 | 4 | 4 | 4 | 4 | 3 | 3 | 3 | 3 |
| 6 | - | - | - | 6 | 6 | 5 | 5 | 5 | 5 | 4 | 4 | 4 | 4 | 4 | 4 | 4 | 3 | 3 | 3 | 3 | 3 | 3 | 3 | 3 | 3 |
| 5 | - | - | - | - | 5 | 5 | 5 | 4 | 4 | 4 | 4 | 4 | 4 | 3 | 3 | 3 | 3 | 3 | 3 | 3 | 3 | 3 | 3 | 3 | 3 |
| 4 | - | - | - | - | - | 4 | 4 | 4 | 4 | 4 | 3 | 3 | 3 | 3 | 3 | 3 | 3 | 3 | 3 | 3 | 3 | 3 | 3 | 3 | 3 |
| 3 | - | - | - | - | - | - | 3 | 3 | 3 | 3 | 3 | 3 | 3 | 3 | 3 | 3 | 3 | 3 | 3 | 3 | 3 | 2 | 2 | 2 | 2 |
| 2 | - | - | - | - | - | - | - | - | - | - | - | - | 2 | 2 | 2 | 2 | 2 | 2 | 2 | 2 | 2 | 2 | 2 | 2 | 2 |
| 1 | - | - | - | - | - | - | - | - | - | - | - | - | - | - | - | - | - | - | - | - | - | - | - | - | - |

**Tafel XIV-3-1**

Der Phasenverteilungstest von WALLIS und MOORE

Entnommen aus WALLIS, W. A. and G. H. MOORE: A significance test for time series analysis. J. Am. Stat. Ass. 36 (1941), 401–409, Table 1, mit freundlicher Genehmigung der Verfasser und des Herausgebers.

Die Tafel enthält die Überschreitungswahrscheinlichkeiten P der Prüfgröße $\chi_P^2$, und zwar exakt für Zeitreihen der Länge N = 6(1)12 sowie asymptotisch für N > 12. Erreicht oder unterschreitet der abzulesende P-Wert das vereinbarte $\alpha$-Risiko, ist $H_0$ (Stationarität) zu verwerfen und $H_0$ (Nichtstationarität) anzunehmen.

*Ablesebeispiel:* Eine Zeitreihe der Länge N = 28 ergibt ein $\chi_P^2 = 10{,}89$ mit $P \leqslant 0{,}008$, was zur Ablehnung der Stationaritätshypothese auf der 1 %-Stufe führt.

| \multicolumn{2}{c|}{N = 6} | \multicolumn{2}{c|}{N = 9} | \multicolumn{2}{c|}{N = 11} | \multicolumn{2}{c|}{N = 12} | \multicolumn{2}{c}{N > 12} |
|---|---|---|---|---|---|---|---|---|---|
| $\chi_P^2$ | P | $\chi_P^2$ | P | $\chi_P^2$ | P | $\chi_P^2$ | P | $\chi_P^2$ | P |
| .467 | 1.000 | .358 | 1.000 | .479 | 1.000 | 0.615 | 1.000 | *5.448* | *.10* |
| .867 | .869 | 1.158 | .798 | .579 | .980 | 0.661 | .984 | 5.50 | .098 |
| 1.194 | .675 | 1.267 | .631 | .817 | .934 | 0.748 | .896 | *5.674* | *.09* |
| 1.667 | .453 | 1.630 | .605 | .917 | .844 | 0.794 | .891 | 5.75 | .087 |
| 2.394 | .367 | 2.067 | .489 | .979 | .730 | 0.837 | .850 | *5.927* | *.08* |
| 2.867 | .222 | 2.430 | .452 | 1.088 | .723 | 0.971 | .786 | 6.00 | .077 |
| 19.667 | .053 | 2.758 | .381 | 1.279 | .655 | 1.015 | .720 | *6.163* | *.07* |
| | | 3.158 | .374 | 1.317 | .576 | 1.061 | .685 | 6.25 | .069 |
| \multicolumn{2}{c|}{N = 7} | 3.267 | .321 | 1.588 | .537 | 1.415 | .585 | 6.50 | .061 |
| | | 3.667 | .215 | 1.700 | .473 | 1.461 | .583 | *6.541* | *.06* |
| $\chi_P^2$ | P | 4.030 | .164 | 1.800 | .472 | 1.637 | .569 | 6.75 | .054 |
| .552 | 1.000 | 4.067 | .144 | 2.079 | .468 | 1.683 | .533 | *6.898* | *.05* |
| .733 | .789 | 4.758 | .110 | 2.200 | .467 | 1.933 | .487 | 7.00 | .048 |
| .752 | .703 | 5.667 | .078 | 2.309 | .466 | 1.948 | .486 | 7.25 | .043 |
| .933 | .536 | 6.067 | .064 | 2.409 | .440 | 2.067 | .428 | *7.401* | *.04* |
| 1.733 | .493 | 7.485 | .020 | 2.417 | .403 | 2.156 | .427 | 7.50 | .038 |
| 2.152 | .370 | 15.666 | .005 | 2.500 | .392 | 2.203 | .407 | 7.75 | .034 |
| 2.333 | .302 | | | 2.579 | .384 | 2.289 | .344 | 8.00 | .030 |
| 3.933 | .277 | \multicolumn{2}{c|}{N = 10} | 2.688 | .304 | 2.333 | .333 | *8.009* | *.03* |
| 5.606 | .169 | | | 2.809 | .274 | 2.556 | .331 | 8.25 | .027 |
| 7.504 | .117 | $\chi_P^2$ | P | 3.026 | .261 | 2.615 | .303 | 8.50 | .024 |
| 8.904 | .055 | .328 | 1.000 | 3.109 | .230 | 2.661 | .303 | 8.75 | .021 |
| | | .614 | .941 | 3.213 | .201 | 2.733 | .300 | *8.836* | *.02* |
| \multicolumn{2}{c|}{N = 8} | .728 | .917 | 3.300 | .147 | 2.837 | .300 | 9.00 | .019 |
| | | 1.055 | .813 | 3.779 | .147 | 2.870 | .287 | 9.25 | .017 |
| $\chi_P^2$ | P | 1.341 | .693 | 3.800 | .147 | 2.883 | .246 | 9.50 | .015 |
| .284 | 1.000 | 1.419 | .606 | 3.909 | .133 | 2.956 | .216 | 9.75 | .013 |
| .684 | .843 | 1.585 | .601 | 4.117 | .128 | 3.267 | .211 | 10.00 | .012 |
| .844 | .665 | 1.705 | .594 | 4.313 | .126 | 3.415 | .207 | 10.25 | .010 |
| .920 | .590 | 1.772 | .592 | 4.388 | .099 | 3.489 | .149 | *10.312* | *.01* |
| 1.320 | .560 | 1.814 | .526 | 4.726 | .091 | 3.933 | .127 | 10.50 | .009 |
| 1.480 | .506 | 1.819 | .419 | 5.000 | .077 | 4.070 | .127 | 10.75 | .008 |
| 2.364 | .495 | 2.313 | .407 | 5.609 | .077 | 4.156 | .114 | 11.00 | .007 |
| 2.680 | .471 | 2.577 | .374 | 5.700 | .076 | 4.348 | .113 | 11.25 | .006 |
| 2.935 | .392 | 2.676 | .327 | 6.013 | .055 | 4.394 | .113 | 11.50 | .006 |
| 3.000 | .299 | 2.743 | .327 | 8.200 | .050 | 4.571 | .112 | *11.755* | *.005* |
| 4.375 | .293 | 2.863 | .274 | 8.635 | .032 | 4.616 | .109 | 12.00 | .004 |
| 4.455 | .235 | 2.905 | .242 | 9.468 | .022 | 4.733 | .101 | 13.00 | .003 |
| 4.935 | .194 | 2.977 | .220 | 9.735 | .018 | 5.667 | .092 | 14.00 | .002 |
| 5.000 | .133 | 3.242 | .181 | 10.214 | .009 | 5.803 | .092 | *15.085* | *.001* |
| 5.819 | .064 | 3.834 | .179 | 11.435 | .004 | 5.889 | .090 | | |
| 6.455 | .033 | 3.970 | .165 | | | 6.025 | .090 | | |
| | | 4.333 | .158 | | | 6.733 | .085 | | |
| | | 4.400 | .158 | | | 6.842 | .072 | | |
| | | 4.676 | .139 | | | 6.956 | .060 | | |
| | | 4.858 | .107 | | | 7.504 | .050 | | |
| | | 5.128 | .072 | | | 7.622 | .041 | | |
| | | 5.491 | .059 | | | 8.576 | .029 | | |
| | | 6.515 | .054 | | | 8.822 | .026 | | |
| | | 7.133 | .042 | | | 9.237 | .019 | | |
| | | 11.308 | .014 | | | 9.267 | .014 | | |
| | | 12.965 | .006 | | | 10.556 | .003 | | |
| | | | | | | 19.667 | .000 | | |

**Tafel XIV-3-2-1**

Überschreitungswahrscheinlichkeiten für EDGINGTONS Zeitreihen-Phasenhäufigkeitstest
Entnommen via OWEN, D. B. (1962, Table 12.11) aus EDGINGTON, E. S.: Probability table for number of runs of signs of first differences in ordered series. J. Am. Stat. Ass. 56 (1961), 156–159, mit freundlicher Genehmigung des Verfassers und des Herausgebers.

Die Tafel enthält die kumulierten Wahrscheinlichkeiten P für b oder weniger Vorzeicheniterationen von Ersten Differenzen bei n Zeitreihenbeobachtungen unter der Hypothese $H_0$, daß die relative Größe einer Beobachtung in der Originalreihe unabhängig ist von ihrem Platz, den sie innerhalb der Reihe einnimmt.

*Ablesebeispiel:* Bei n = 25 ZRn-Meßwerten und b = 10 Phasen erhalten wir eine Überschreitungswahrscheinlichkeit von P = 0,0018.

Tafel XIV-3-2-1 (Fortsetz.)

| b | 2 | 3 | 4 | 5 | 6 | 7 | 8 | 9 |
|---|---|---|---|---|---|---|---|---|
| 1 | 1.0000 | 0.3333 | 0.0833 | 0.0167 | 0.0028 | 0.0004 | 0.0000 | 0.0000 |
| 2 |        | 1.0000 | 0.5833 | 0.2500 | 0.0861 | 0.0250 | 0.0063 | 0.0014 |
| 3 |        |        | 1.0000 | 0.7333 | 0.4139 | 0.1909 | 0.0749 | 0.0257 |
| 4 |        |        |        | 1.0000 | 0.8306 | 0.5583 | 0.3124 | 0.1500 |
| 5 |        |        |        |        | 1.0000 | 0.8921 | 0.6750 | 0.4347 |
| 6 |        |        |        |        |        | 1.0000 | 0.9313 | 0.7653 |
| 7 |        |        |        |        |        |        | 1.0000 | 0.9563 |
| 8 |        |        |        |        |        |        |        | 1.0000 |

| b | 10 | 11 | 12 | 13 | 14 | 15 | 16 | 17 |
|---|----|----|----|----|----|----|----|----|
| 2 | 0.0003 | 0.0001 | 0.0000 | 0.0000 | 0.0000 | 0.0000 | 0.0000 | 0.0000 |
| 3 | 0.0079 | 0.0022 | 0.0005 | 0.0001 | 0.0000 | 0.0000 | 0.0000 | 0.0000 |
| 4 | 0.0633 | 0.0239 | 0.0082 | 0.0026 | 0.0007 | 0.0002 | 0.0001 | 0.0000 |
| 5 | 0.2427 | 0.1196 | 0.0529 | 0.0213 | 0.0079 | 0.0027 | 0.0009 | 0.0003 |
| 6 | 0.5476 | 0.3438 | 0.1918 | 0.0964 | 0.0441 | 0.0186 | 0.0072 | 0.0026 |
| 7 | 0.8329 | 0.6460 | 0.4453 | 0.2749 | 0.1534 | 0.0782 | 0.0367 | 0.0160 |
| 8 | 0.9722 | 0.8823 | 0.7280 | 0.5413 | 0.3633 | 0.2216 | 0.1238 | 0.0638 |
| 9 | 1.0000 | 0.9823 | 0.9179 | 0.7942 | 0.6278 | 0.4520 | 0.2975 | 0.1799 |
| 10 |        | 1.0000 | 0.9887 | 0.9432 | 0.8464 | 0.7030 | 0.5369 | 0.3770 |
| 11 |        |        | 1.0000 | 0.9928 | 0.9609 | 0.8866 | 0.7665 | 0.6150 |
| 12 |        |        |        | 1.0000 | 0.9954 | 0.9733 | 0.9172 | 0.8188 |
| 13 |        |        |        |        | 1.0000 | 0.9971 | 0.9818 | 0.9400 |
| 14 |        |        |        |        |        | 1.0000 | 0.9981 | 0.9877 |
| 15 |        |        |        |        |        |        | 1.0000 | 0.9988 |
| 16 |        |        |        |        |        |        |        | 1.0000 |

| b | 18 | 19 | 20 | 21 | 22 | 23 | 24 | 25 |
|---|----|----|----|----|----|----|----|----|
| 5 | 0.0001 | 0.0000 | 0.0000 | 0.0000 | 0.0000 | 0.0000 | 0.0000 | 0.0000 |
| 6 | 0.0009 | 0.0003 | 0.0001 | 0.0000 | 0.0000 | 0.0000 | 0.0000 | 0.0000 |
| 7 | 0.0065 | 0.0025 | 0.0009 | 0.0003 | 0.0001 | 0.0000 | 0.0000 | 0.0000 |
| 8 | 0.0306 | 0.0137 | 0.0058 | 0.0023 | 0.0009 | 0.0003 | 0.0001 | 0.0000 |
| 9 | 0.1006 | 0.0523 | 0.0255 | 0.0117 | 0.0050 | 0.0021 | 0.0008 | 0.0003 |
| 10 | 0.2443 | 0.1467 | 0.0821 | 0.0431 | 0.0213 | 0.0099 | 0.0044 | 0.0018 |
| 11 | 0.4568 | 0.3144 | 0.2012 | 0.1202 | 0.0674 | 0.0356 | 0.0177 | 0.0084 |
| 12 | 0.6848 | 0.5337 | 0.3873 | 0.2622 | 0.1661 | 0.0988 | 0.0554 | 0.0294 |
| 13 | 0.8611 | 0.7454 | 0.6055 | 0.4603 | 0.3276 | 0.2188 | 0.1374 | 0.0815 |
| 14 | 0.9569 | 0.8945 | 0.7969 | 0.6707 | 0.5312 | 0.3953 | 0.2768 | 0.1827 |
| 15 | 0.9917 | 0.9692 | 0.9207 | 0.8398 | 0.7286 | 0.5980 | 0.4631 | 0.3384 |
| 16 | 0.9992 | 0.9944 | 0.9782 | 0.9409 | 0.8749 | 0.7789 | 0.6595 | 0.5292 |
| 17 | 1.0000 | 0.9995 | 0.9962 | 0.9846 | 0.9563 | 0.9032 | 0.8217 | 0.7148 |
| 18 |        | 1.0000 | 0.9997 | 0.9975 | 0.9892 | 0.9679 | 0.9258 | 0.8577 |
| 19 |        |        | 1.0000 | 0.9998 | 0.9983 | 0.9924 | 0.9765 | 0.9436 |
| 20 |        |        |        | 1.0000 | 0.9999 | 0.9989 | 0.9947 | 0.9830 |
| 21 |        |        |        |        | 1.0000 | 0.9999 | 0.9993 | 0.9963 |
| 22 |        |        |        |        |        | 1.0000 | 1.0000 | 0.9995 |
| 23 |        |        |        |        |        |        | 1.0000 | 1.0000 |
| 24 |        |        |        |        |        |        |        | 1.0000 |

**Tafel XIV-3-2-2**

Überschreitungswahrscheinlichkeiten für OLMSTEADS Zeitreihen-Längsphasentest
Entnommen via OWEN, D. B. (1962, Table 12.6) aus OLMSTEAD, P. S.: Distribution of sample arrangements for runs up and down. Ann. Math. Stat. 17 (1946), 24–33, mit freundlicher Genehmigung des Verfassers und des Herausgebers.

Die Tafel enthält für n = 2(1)5(5)20(20)100, 200, 500, 1000, 5000 die Überschreitungswahrscheinlichkeiten P = Prob = (Z + z)/n! für die n! Permutationen, daß unter $H_0$ (Stationarität) Z-viele Vorzeichen-Permutationen einer Zeitreihe mit stetig verteilten Meßwerten die Länge p und z-viele eine größere Länge haben; für n = 2(1)14 sind außerdem die Frequenzen Z + z angegeben.

*Ablesebeispiel:* Für n = 3 ergeben sich 3! = 6 Permutationen, unter denen Z = 2 der Länge 2 und größer (tritt hier nicht auf!) mit einer Wahrscheinlichkeit von P = 1/3 sind.

Tafel XIV-3-2-2 (Fortsetz.)

n

| p | n=2 Freq | Prob | n=3 Freq | Prob | n=4 Freq | Prob | n=5 Freq | Prob | n=6 Freq | Prob | n=7 Freq | Prob |
|---|---|---|---|---|---|---|---|---|---|---|---|---|
| 1 | 2 | 1.000 | 6 | 1.000 | 24 | 1.000 | 120 | 1.000 | 720 | 1.000 | 5,040 | 1.000 |
| 2 |   | 0.000 | 2 | 0.333 | 14 | 0.583 | 88 | 0.733 | 598 | 0.831 | 4,496 | 0.892 |
| 3 |   |   |   | 0.000 | 2 | 0.083 | 18 | 0.150 | 156 | 0.217 | 1,388 | 0.275 |
| 4 |   |   |   |   |   | 0.000 | 2 | 0.017 | 22 | 0.031 | 224 | 0.044 |
| 5 |   |   |   |   |   |   |   | 0.000 | 2 | 0.003 | 26 | 0.005 |
| 6 |   |   |   |   |   |   |   |   |   | 0.000 | 2 | 0.000 |
| 7 |   |   |   |   |   |   |   |   |   |   |   | 0.000 |

n

| p | n=8 Freq | Prob | n=9 Freq | Prob | n=10 Freq | Prob | n=11 Freq | Prob |
|---|---|---|---|---|---|---|---|---|
| 1 | 40,320 | 1.000 | 362,880 | 1.000 | 3,628,800 | 1.000 | 39,916,800 | 1.000 |
| 2 | 37,550 | 0.931 | 347,008 | 0.956 | 3,527,758 | 0.972 | 39,209,216 | 0.982 |
| 3 | 13,334 | 0.331 | 138,422 | 0.381 | 1,554,854 | 0.428 | 18,835,878 | 0.472 |
| 4 | 2,352 | 0.058 | 26,068 | 0.072 | 309,178 | 0.085 | 3,926,538 | 0.098 |
| 5 | 304 | 0.008 | 3,600 | 0.010 | 44,640 | 0.012 | 585,576 | 0.015 |
| 6 | 30 | 0.001 | 396 | 0.001 | 5,220 | 0.001 | 71,280 | 0.002 |
| 7 | 2 | 0.000 | 34 | 0.000 | 500 | 0.000 | 7,260 | 0.000 |
| 8 |   | 0.000 | 2 | 0.000 | 38 | 0.000 | 616 | 0.000 |
| 9 |   |   |   | 0.000 | 2 | 0.000 | 42 | 0.000 |
| 10 |   |   |   |   |   | 0.000 | 2 | 0.000 |

Tafel XIV-3-2-2 (Fortsetz.)

| p | n=12 Freq | Prob | n=13 Freq | Prob | n=14 Freq | Prob |
|---|---|---|---|---|---|---|
| 1 | 479,001,600 | 1.000 | 6,227,020,800 | 1.000 | 87,178,291,200 | 1.000 |
| 2 | 473,596,070 | 0.989 | 6,182,284,288 | 0.993 | 86,779,569,238 | 0.995 |
| 3 | 245,249,548 | 0.512 | 3,419,024,924 | 0.549 | 50,852,433,294 | 0.583 |
| 4 | 53,333,016 | 0.111 | 772,958,890 | 0.124 | 11,920,405,298 | 0.137 |
| 5 | 8,159,498 | 0.017 | 120,760,922 | 0.019 | 1,895,856,108 | 0.022 |
| 6 | 1,021,680 | 0.002 | 15,442,152 | 0.002 | 246,427,634 | 0.003 |
| 7 | 108,240 | 0.000 | 1,681,680 | 0.000 | 27,387,360 | 0.000 |
| 8 | 9,768 | 0.000 | 157,872 | 0.000 | 2,642,640 | 0.000 |
| 9 | 744 | 0.000 | 12,792 | 0.000 | 222,768 | 0.000 |
| 10 | 46 | 0.000 | 884 | 0.000 | 16,380 | 0.000 |
| 11 | 2 | 0.000 | 50 | 0.000 | 1,036 | 0.000 |
| 12 | | | 2 | 0.000 | 54 | 0.000 |
| 13 | | | | | 2 | 0.000 |
| 14 | | | | | | 0.000 |

Tafel XIV-3-2-2 (Fortsetz.)

| p | n | | | | |
|---|---|---|---|---|---|
| | 15 | 20 | 40 | 60 | 80 |
| 1 | 1.0000 | 1.0000 | 1.0000 | 1.0000 | 1.0000 |
| 2 | 0.9971 | 0.9997 | 1.0000 | 1.0000 | 1.0000 |
| 3 | 0.6150 | 0.7406 | 0.9466 | 0.9890 | 0.9977 |
| 4 | 0.1492 | 0.2086 | 0.4078 | 0.5568 | 0.6684 |
| 5 | 0.0241 | 0.0358 | 0.0810 | 0.1241 | 0.1652 |
| 6 | 0.0032 | 0.0049 | 0.0118 | 0.0187 | 0.0255 |
| 7 | 0.0004 | 0.0006 | 0.0015 | 0.0023 | 0.0032 |
| 8 | 0.0000 | 0.0001 | 0.0002 | 0.0003 | 0.0004 |
| 9 | 0.0000 | 0.0000 | 0.0000 | 0.0000 | 0.0000 |
| 10 | 0.0000 | 0.0000 | 0.0000 | 0.0000 | 0.0000 |
| > 10 | 0.0000 | 0.0000 | 0.0000 | 0.0000 | 0.0000 |

| p | n | | | | |
|---|---|---|---|---|---|
| | 100 | 200 | 500 | 1000 | 5000 |
| 1 | 1.0000 | 1.0000 | 1.0000 | 1.0000 | 1.0000 |
| 2 | 1.0000 | 1.0000 | 1.0000 | 1.0000 | 1.0000 |
| 3 | 0.9995 | 1.0000 | 1.0000 | 1.0000 | 1.0000 |
| 4 | 0.7518 | 0.9418 | 0.9992 | 1.0000 | 1.0000 |
| 5 | 0.2044 | 0.3743 | 0.6957 | 0.9085 | 1.0000 |
| 6 | 0.0322 | 0.0653 | 0.1580 | 0.2925 | 0.8241 |
| 7 | 0.0041 | 0.0085 | 0.0215 | 0.0428 | 0.1976 |
| 8 | 0.0005 | 0.0010 | 0.0024 | 0.0049 | 0.0245 |
| 9 | 0.0000 | 0.0001 | 0.0002 | 0.0005 | 0.0025 |
| 10 | 0.0000 | 0.0000 | 0.0000 | 0.0000 | 0.0002 |
| > 10 | 0.0000 | 0.0000 | 0.0000 | 0.0000 | 0.0000 |

## Tafel XIV-3-3

Der Punkte-Paare-Test von QUENOUILLE

Entnommen aus QUENOUILLE, M. H.: Associated measurements. London: Butterworths Scientific Publications 1952, Table IV, mit freundlicher Genehmigung des Autors und des Verlages.

Die Tafel enthält für Zeitreihen der Länge n = 8(2)100 die 1 % und 5 %-Schranken der Prüfgröße pp = Zahl der Punktepaare, und zwar gegen die einseitige Alternative einer zu geringen Zahl von Punktpaaren (undulierender Trend). Kommt auch ein oszillierender Trend in Frage, so benutzt man als Schranken $(n - 1)/2 - pp$.

*Ablesebeispiel:* Liefert eine Zeitreihe vom Umfang n = 18 ein pp = 12, so ist dies auf der 5 % Stufe signifikant; die Hypothese der Stationarität wird zugunsten der Alternative eines undulierenden Trends verworfen.

| n | pp 5% | pp 1% | n | pp 5% | pp 1% |
|---|---|---|---|---|---|
| 8– 9   | 6  | —  | 56–57    | 34 | 37 |
| 10–11  | 7  | 8  | 58–59    | 35 | 38 |
| 12–13  | 9  | 10 | 60–61    | 36 | 39 |
| 14–15  | 10 | 11 | 62–63    | 37 | 40 |
| 16–17  | 11 | 12 | 64–65    | 39 | 41 |
| 18–19  | 12 | 14 | 66–67    | 40 | 42 |
| 20–21  | 14 | 15 | 68–69    | 41 | 44 |
| 22–23  | 15 | 16 | 70–71    | 42 | 45 |
| 24–25  | 16 | 17 | 72–73    | 43 | 46 |
| 26–27  | 17 | 19 | 74–75    | 44 | 47 |
| 28–29  | 18 | 20 | 76–77    | 45 | 48 |
| 30–31  | 19 | 21 | 78–79    | 46 | 49 |
| 32–33  | 21 | 22 | 80–81    | 47 | 50 |
| 34–35  | 22 | 24 | 82–83    | 48 | 51 |
| 36–37  | 23 | 25 | 84–85    | 49 | 53 |
| 38–39  | 24 | 26 | 86–87    | 51 | 54 |
| 40–41  | 25 | 27 | 88–89    | 52 | 55 |
| 42–43  | 26 | 28 | 90–91    | 53 | 56 |
| 44–45  | 27 | 30 | 92–93    | 54 | 57 |
| 46–47  | 29 | 31 | 94–95    | 55 | 58 |
| 48–49  | 30 | 32 | 96–97    | 56 | 59 |
| 50–51  | 31 | 33 | 98–99    | 57 | 60 |
| 52–53  | 32 | 34 | 100–101* | 58 | 62 |
| 54–55  | 33 | 35 |          |    |    |

**Tafel XIV-4**

Der Erstdifferenztest von MOORE und WALLIS
Entnommen aus MOORE, G. H. and W. A. WALLIS: Time series significance tests based on signs of differences. J. Am. Stat. Ass. 38 (1943), 153–164, Table I, mit freundlicher Genehmigung der Verfasser und des Herausgebers.

Die Tafel enthält die exakten Überschreitungswahrscheinlichkeiten für die Prüfgröße s als Zahl der negativen Vorzeichen aus Erstdifferenzen in einer Zeitreihe vom Umfang N = 2(1)12. Die vertafelten P-Werte entsprechen einem zweiseitigen Trendtest und geben die Wahrscheinlichkeiten dafür an, daß s oder weniger oder N – s – 1 oder mehr negative Vorzeichen auftreten. Bei einseitig formulierter Trendhypothese (steigender oder fallender Trend) sind die angegebenen P-Werte zu halbieren.

*Ablesebeispiel:* Die Wahrscheinlichkeit dafür, daß in einer Zeitreihe vom Umfang N = 10 s = 7 oder mehr Minuszeichen aus Erst-Differenzen auftreten, ergibt sich zu P/2 = 0,027/2 = 0,0135.

Tafel XIV-4 (Fortsetz.)

| s | N=2 | N=3 | N=4 | N=5 | N=6 | N=7 | N=8 | N=9 | N=10 | N=11 | N=12 |
|---|---|---|---|---|---|---|---|---|---|---|---|
| 0 | 1.000,000 | 0.333,333 | 0.083,333 | 0.016,667 | 0.002,778 | 0.000,397 | 0.000,050 | 0.000,006 | 0.000,001 | 0.000,000 | 0.000,000 |
| 1 | 1.000,000 | 1.000,000 | 1.000,000 | 0.450,000 | 0.161,111 | 0.048,016 | 0.012,302 | 0.002,772 | 0.000,559 | 0.000,102 | 0.000,017 |
| 2 |  | 0.333,333 | 1.000,000 | 1.000,000 | 1.000,000 | 0.520,635 | 0.225,248 | 0.083,284 | 0.026,926 | 0.007,750 | 0.002,014 |
| 3 |  |  | 0.083,333 | 0.450,000 | 1.000,000 | 1.000,000 | 1.000,000 | 0.569,582 | 0.277,803 | 0.118,154 | 0.044,551 |
| 4 |  |  |  | 0.016,667 | 0.161,111 | 0.520,635 | 1.000,000 | 1.000,000 | 1.000,000 | 0.606,074 | 0.321,454 |
| 5 |  |  |  |  | 0.002,778 | 0.048,016 | 0.225,248 | 0.569,582 | 1.000,000 | 1.000,000 | 1.000,000 |
| 6 |  |  |  |  |  | 0.000,397 | 0.012,302 | 0.083,284 | 0.277,803 | 0.606,074 | 0.321,454 |
| 7 |  |  |  |  |  |  | 0.000,050 | 0.002,772 | 0.026,926 | 0.118,154 | 0.044,551 |
| 8 |  |  |  |  |  |  |  | 0.000,006 | 0.000,559 | 0.007,750 | 0.002,014 |
| 9 |  |  |  |  |  |  |  |  | 0.000,001 | 0.000,102 | 0.000,017 |
| 10 |  |  |  |  |  |  |  |  |  | 0.000,000 | 0.000,000 |
| 11 |  |  |  |  |  |  |  |  |  |  |  |

**Tafel XIV-4-4-1**

Exakte Überschreitungswahrscheinlichkeiten für den Rekordbrecher-Test

Entnommen aus FOSTER, F. G. and A. STUART: Distribution-free tests in time-series based on the breaking of records. J. Royal Statist Soc. (B) 16 (1954), 1–13, Table 2, mit freundlicher Genehmigung der Verfasser und des Herausgebers.

Die Tafel enthält die exakten einseitigen Überschreitungswahrscheinlichkeiten P dafür, daß in Zeitreihen des Umfangs n = 3(1)6 ein $R_d = \bar{R} - \underline{R}$ mit $\bar{R}$ = Zahl der Höhen- und $\underline{R}$ = Zahl der Tiefenrekorde unter Geltung von $H_0$ (Stationarität) unterschritten oder erreicht wird. Da zur Beurteilung eines beobachteten $R_d$ die Überschreitungswahrscheinlichkeit $\bar{P}$ dafür interessiert, daß $R_d$ unter Geltung von $H_0$ erreicht oder überschritten wird, lesen wir P bei $R_d - 1$ ab und beurteilen nach $\bar{P} = 1 - P$. Negative $R_d$ setzt man positiv und verfährt ansonsten wie vor. Bei zweiseitiger Fragestellung ist der berechnete $\bar{P}$-Wert zu verdoppeln.

*Ablesebeispiel:* Ergibt sich in einer Zeitreihe der Länge n = 5 ein $R_d = -4$, so lesen wir bei $\|R_d\|-1\| = 3$ ein P = 0,9917 ab, was ein $\bar{P} = 1 - 0,9917 = 0,0083 < 0,01$ liefert und mit einer Irrtumswahrscheinlichkeit von 5 % zur Verwerfung von $H_0$ führt, da $2 \cdot \bar{P} = 0,0166 < 0,05$ (zweiseitige Fragestellung).

| $R_d$ \ n | 3 | 4 | 5 | 6 |
|---|---|---|---|---|
| 0 | ·667 | ·625 | ·617 | ·611 |
| 1 | ·833 | ·833 | ·817 | ·804 |
| 2 | 1·0000 | ·958 | ·942 | ·929 |
| 3 | | 1·0000 | ·9917 | ·985 |
| 4 | | | 1·0000 | ·9986 |
| 5 | | | | 1·0000 |

**Tafel XIV-4-4-2**

Momente zur asymptotischen Beurteilung der Prüfgrößen im Rekordbrecher- und Rekordsummen-Test

Entnommen aus FOSTER, F. G. and A. STUART: Distribution-free tests in time-series based on the breaking of records. J. Royal Statist. Soc. (B) 16 (1954), 1–13, Table 3, mit freundlicher Genehmigung der Verfasser und des Herausgebers.

Die Tafel dient der asymptotischen Beurteilung der Prüfgrößen $R_d = \bar{R} - \underline{R}$ und $R_s = \bar{R} + \underline{R}$ mit $\bar{R}$ = Zahl der Höhen- und $\underline{R}$ = Zahl der Tiefen-Rekorde: Die Tafel enthält Erwartungswert $\mu_s$ und Standardabweichung $\sigma_s$ für $R_s$ und Standardabweichung $\sigma_d$ für $R_d$. Der Erwartungswert von $R_d$ ist gleich Null. Für Zeitreihen der Länge $N = 10(5)100$ sind die Momente angegeben; Zwischenwerte von n ermittelt man durch Interpolation.

*Beispiel:* Für eine Zeitreihe vom Umfang n = 35 wird ein $R_s$ beurteilt über die Normalverteilung nach

$$u = \frac{R_s - \mu - 1/2}{\sigma_s} = \frac{R_s - 6{,}294 - 0{,}5}{1{,}956}$$

| n | $\mu_s$ | $\sigma_s$ | $\sigma_d$ |
|---|---|---|---|
| 10 | 3·858 | 1·288 | 1·964 |
| 15 | 4·636 | 1·521 | 2·153 |
| 20 | 5·195 | 1·677 | 2·279 |
| 25 | 5·632 | 1·791 | 2·373 |
| 30 | 5·990 | 1·882 | 2·447 |
| 35 | 6·294 | 1·956 | 2·509 |
| 40 | 6·557 | 2·019 | 2·561 |
| 45 | 6·790 | 2·072 | 2·606 |
| 50 | 6·998 | 2·121 | 2·645 |
| 55 | 7·187 | 2·163 | 2·681 |
| 60 | 7·360 | 2·201 | 2·713 |
| 65 | 7·519 | 2·236 | 2·742 |
| 70 | 7·666 | 2·268 | 2·769 |
| 75 | 7·803 | 2·297 | 2·793 |
| 80 | 7·931 | 2·324 | 2·816 |
| 85 | 8·051 | 2·349 | 2·837 |
| 90 | 8·165 | 2·373 | 2·857 |
| 95 | 8·273 | 2·395 | 2·876 |
| 100 | 8·375 | 2·416 | 2·894 |

**Tafel XIV-4-4-3**

Exakte Überschreitungswahrscheinlichkeiten für den Rekordsummen-Test

Entnommen aus FOSTER, F. G. and A. STUART: Distribution-free tests in time-series based on the breaking of records. J. Royal Statist. Soc. (B) 16 (1954), 1–13, Table 1, mit freundlicher Genehmigung der Verfasser und des Herausgebers.

Die Tafel enthält die exakten zweiseitigen Überschreitungswahrscheinlichkeiten P dafür, daß in Zeitreihen vom Umfang n = 3(1)15 ein $R_s = \bar{R} + \underline{R}$ mit $\bar{R}$ = Zahl der Höhen- und $\underline{R}$ = Zahl der Tiefenrekorde unter Geltung von $H_0$ (fehlender ZRn-Trend) unterschritten oder erreicht wird. Da zur Beurteilung eines beobachteten $R_s$ die Überschreitungswahrscheinlichkeit $\bar{P}$ dafür interessiert, daß $R_s$ unter Geltung von $H_0$ erreicht oder überschritten wird, lesen wir P bei $R_s - 1$ ab und beurteilen nach $\bar{P} = 1 - P$.

*Ablesebeispiel:* Ergibt sich in einer Zeitreihe der Länge n = 14 ein $R_s = 8$, so lesen wir bei $R_s - 1 = 7$ ein P = 0,975 ab, was ein $\bar{P} = 1 - 0,975 = 0,025 < 0,05$ liefert, sodaß $H_0$ mit einer Irrtumswahrscheinlichkeit von 5 % verworfen wird.

Tafel XIV-4-4-3 (Fortsetz.)

| $R_s$ \ $n$ | 3 | 4 | 5 | 6 | 7 | 8 | 9 | 10 | 11 | 12 | 13 | 14 | 15 |
|---|---|---|---|---|---|---|---|---|---|---|---|---|---|
| 1 | ·333 | ·167 | ·100 | ·067 | ·048 | ·036 | ·028 | ·022 | ·018 | ·015 | ·013 | ·011 | ·010 |
| 2 | 1·0000 | ·667 | ·467 | ·345 | ·265 | ·211 | ·172 | ·143 | ·121 | ·104 | ·090 | ·079 | ·070 |
| 3 | | 1·0000 | ·867 | ·733 | ·622 | ·533 | ·461 | ·403 | ·356 | ·317 | ·284 | ·256 | ·233 |
| 4 | | | 1·0000 | ·956 | ·892 | ·825 | ·760 | ·700 | ·646 | ·598 | ·555 | ·516 | ·481 |
| 5 | | | | 1·0000 | ·987 | ·964 | ·933 | ·898 | ·862 | ·826 | ·791 | ·757 | ·725 |
| 6 | | | | | 1·0000 | ·9968 | ·989 | ·978 | ·964 | ·947 | ·928 | ·908 | ·888 |
| 7 | | | | | | 1·0000 | ·9993 | ·9974 | ·9938 | ·9885 | ·982 | ·975 | ·966 |
| 8 | | | | | | | 1·0000 | ·9999 | ·9994 | ·9985 | ·9970 | ·9949 | ·9922 |
| 9 | | | | | | | | 1·0000 | 1·0000 | 1·0000 | ·9997 | ·9993 | ·9987 |
| 10 | | | | | | | | | | | 1·0000 | ·9999 | ·9998 |
| 11 | | | | | | | | | | | | 1·0000 | 1·0000 |

## Tafel XIV-5-3

Schranken für den zirkulär definierten Autokorrelationskoeffizienten

Entnommen via YAMANE, T. ([2]1967, Table 10) aus ANDERSON, R. L.: Distribution of the serial correlation coefficient. Ann. Math. Stat. 13 (1942), 1–13, mit freundlicher Genehmigung des Verfassers und des Herausgebers.

Die Tafel gibt an, ob ein positiver oder negativer Autokorrelationskoeffizient der beobachteten Höhe bei n = 5(1)15(5)75 Zeitreihen-Beobachtungen auf dem 5 % oder 1 %-Niveau signifikant ist.

*Ablesebeispiel:* Ein berechneter Wert $r_1 = -0{,}35$ ist für n = 5 und $\alpha = 0{,}05$ nicht signifikant im Sinne einer Oszillation (neg. Autokorrelation, einseitige Alternative), da er die Schranken für negative $r_1$-Werte von $-0{,}753$ nicht unterschreitet.

| n | $r_1$ positiv | | $r_1$ negativ | |
|---|---|---|---|---|
|  | 5% | 1% | 5% | 1% |
| 5  | 0.253 | 0.297 | −0.753 | −0.798 |
| 6  | 0.345 | 0.447 | 0.708  | 0.863  |
| 7  | 0.370 | 0.510 | 0.674  | 0.799  |
| 8  | 0.371 | 0.531 | 0.625  | 0.764  |
| 9  | 0.366 | 0.533 | 0.593  | 0.737  |
| 10 | 0.360 | 0.525 | 0.564  | 0.705  |
| 11 | 0.353 | 0.515 | 0.539  | 0.679  |
| 12 | 0.348 | 0.505 | 0.516  | 0.655  |
| 13 | 0.341 | 0.495 | 0.497  | 0.634  |
| 14 | 0.335 | 0.485 | 0.479  | 0.615  |
| 15 | 0.328 | 0.475 | 0.462  | 0.597  |
| 20 | 0.299 | 0.432 | 0.399  | 0.524  |
| 25 | 0.276 | 0.398 | 0.356  | 0.473  |
| 30 | 0.257 | 0.370 | 0.325  | 0.433  |
| 35 | 0.242 | 0.347 | 0.300  | 0.401  |
| 40 | 0.229 | 0.329 | 0.279  | 0.376  |
| 45 | 0.218 | 0.314 | 0.262  | 0.356  |
| 50 | 0.208 | 0.301 | 0.248  | 0.339  |
| 55 | 0.199 | 0.289 | 0.236  | 0.324  |
| 60 | 0.191 | 0.278 | 0.225  | 0.310  |
| 65 | 0.184 | 0.268 | 0.216  | 0.298  |
| 70 | 0.178 | 0.259 | 0.207  | 0.287  |
| 75 | 0.173 | 0.250 | −0.199 | −0.276 |

### Tafel XIV-5-4

Schranken für von Neumanns Zeitreihen-Erstdifferenzentest
Entnommen via YAMANE, T. ($^2$1967, Table 11) aus HART, B. I.: Significance levels for the ratio of the mean square successive difference to the variance. Ann. Math. Stat. 13 (1942), 445–447, mit freundlicher Genehmigung des Verfassers und des Herausgebers.

Die Tafel enthält für n = 4(1)60 die unteren (k) und oberen ($\bar{k}$) 5 % und 1 %-Schranken für die Prüfgröße k = $\delta^2/s^2$, wobei $\delta^2$ das mittlere Quadrat der Ersten Differenzen und $s^2$ die empirische Varianz sind.

*Ablesebeispiel:* Ergibt sich für n = 7 ein mittleres Quadrat der 1. Differenzen von $\delta^2$ = 2,4 und eine empirische Varianz von $s^2$ = 3, so ist das resultierende k = 0,8 auf der 5 %-Stufe signifikant, da es den Tafelwert von k = 1,0919 unterschreitet. k = 0,8 bedeutet positive Autokorrelation (einseitige Alternative).

|   | k |   | $\bar{k}$ |   |   | k |   | $\bar{k}$ |   |
|---|---|---|---|---|---|---|---|---|---|
| n | 1% | 5% | 1% | 5% | n | 1% | 5% | 1% | 5% |
| 4 | .8341 | 1.0406 | 4.2927 | 4.4992 | 31 | 1.2469 | 1.4746 | 2.6587 | 2.8864 |
| 5 | .6724 | 1.0255 | 3.9745 | 4.3276 | 32 | 1.2570 | 1.4817 | 2.6473 | 2.8720 |
| 6 | .6738 | 1.0682 | 3.7318 | 4.1262 | 33 | 1.2667 | 1.4885 | 2.6365 | 2.8583 |
| 7 | .7163 | 1.0919 | 3.5748 | 3.9504 | 34 | 1.2761 | 1.4951 | 2.6262 | 2.8451 |
| 8 | .7575 | 1.1228 | 3.4486 | 3.8139 | 35 | 1.2852 | 1.5014 | 2.6163 | 2.8324 |
| 9 | .7974 | 1.1524 | 3.3476 | 3.7025 |   |   |   |   |   |
| 10 | .8353 | 1.1803 | 3.2642 | 3.6091 | 36 | 1.2940 | 1.5075 | 2.6068 | 2.8202 |
|   |   |   |   |   | 37 | 1.3025 | 1.5135 | 2.5977 | 2.8085 |
| 11 | .8706 | 1.2062 | 3.1938 | 3.5294 | 38 | 1.3108 | 1.5193 | 2.5889 | 2.7973 |
| 12 | .9033 | 1.2301 | 3.1335 | 3.4603 | 39 | 1.3188 | 1.5249 | 2.5804 | 2.7865 |
| 13 | .9336 | 1.2521 | 3.0812 | 3.3996 | 40 | 1.3266 | 1.5304 | 2.5722 | 2.7760 |
| 14 | .9618 | 1.2725 | 3.0352 | 3.3458 |   |   |   |   |   |
| 15 | .9880 | 1.2914 | 2.9943 | 3.2977 | 41 | 1.3342 | 1.5357 | 2.5643 | 2.7658 |
|   |   |   |   |   | 42 | 1.3415 | 1.5408 | 2.5567 | 2.7560 |
| 16 | 1.0124 | 1.3090 | 2.9577 | 3.2543 | 43 | 1.3486 | 1.5458 | 2.5494 | 2.7466 |
| 17 | 1.0352 | 1.3253 | 2.9247 | 3.2148 | 44 | 1.3554 | 1.5506 | 2.5424 | 2.7376 |
| 18 | 1.0566 | 1.3405 | 2.8948 | 3.1787 | 45 | 1.3620 | 1.5552 | 2.5357 | 2.7289 |
| 19 | 1.0766 | 1.3547 | 2.8675 | 3.1456 |   |   |   |   |   |
| 20 | 1.0954 | 1.3680 | 2.8425 | 3.1151 | 46 | 1.3684 | 1.5596 | 2.5293 | 2.7205 |
|   |   |   |   |   | 47 | 1.3745 | 1.5638 | 2.5232 | 2.7125 |
| 21 | 1.1131 | 1.3805 | 2.8195 | 3.0869 | 48 | 1.3802 | 1.5678 | 2.5173 | 2.7049 |
| 22 | 1.1298 | 1.3923 | 2.7982 | 3.0607 | 49 | 1.3856 | 1.5716 | 2.5117 | 2.6977 |
| 23 | 1.1456 | 1.4035 | 2.7784 | 3.0362 | 50 | 1.3907 | 1.5752 | 2.5064 | 2.6908 |
| 24 | 1.1606 | 1.4141 | 2.7599 | 3.0133 |   |   |   |   |   |
| 25 | 1.1748 | 1.4241 | 2.7426 | 2.9919 | 51 | 1.3957 | 1.5787 | 2.5013 | 2.6842 |
|   |   |   |   |   | 52 | 1.4007 | 1.5822 | 2.4963 | 2.6777 |
| 26 | 1.1883 | 1.4336 | 2.7264 | 2.9718 | 53 | 1.4057 | 1.5856 | 2.4914 | 2.6712 |
| 27 | 1.2012 | 1.4426 | 2.7112 | 2.9528 | 54 | 1.4107 | 1.5890 | 2.4866 | 2.6648 |
| 28 | 1.2135 | 1.4512 | 2.6969 | 2.9348 | 55 | 1.4156 | 1.5923 | 2.4819 | 2.6585 |
| 29 | 1.2252 | 1.4594 | 2.6834 | 2.9177 |   |   |   |   |   |
| 30 | 1.2363 | 1.4672 | 2.6707 | 2.9016 | 56 | 1.4203 | 1.5955 | 2.4773 | 2.6524 |
|   |   |   |   |   | 57 | 1.4249 | 1.5987 | 2.4728 | 2.6465 |
|   |   |   |   |   | 58 | 1.4294 | 1.6019 | 2.4684 | 2.6407 |
|   |   |   |   |   | 59 | 1.4339 | 1.6051 | 2.4640 | 2.6350 |
|   |   |   |   |   | 60 | 1.4384 | 1.6082 | 2.4596 | 2.6294 |

## Tafel XIV-8-2-1

Kritische Werte für einen einseitigen Okkupanztest
Entnommen aus HETZ, W. und H. KLINGER: Untersuchungen zur Frage der Verteilung von Objekten auf Plätze. Metrika 1 (1958), 3–20, Physica-Verlag (Würzburg–Wien), mit freundlicher Genehmigung der Verfasser und des Verlages.

Die Tafel enthält für k = 2(1)5n Elemente die kritischen Werte $z_{k,\alpha}$ ($\alpha = 0{,}05;\ 0{,}01;\ 0{,}001$) der Anzahl z der besetzten von n = 3(1)20 vorgegebenen Plätzen. Ist z kleiner oder gleich $z_{k,\alpha}$, so ist $H_0$ (Poissonverteilung der Elemente) abzulehnen zugunsten einer Zusammenballungsverteilung.

*Ablesebeispiel:* Bei n = 7 Zeitintervallen und k = 4 Ereignissen müssen alle 4 Ereignisse in ein einziges Zeitintervall (z = 1) fallen, damit Zusammenballung auf der 5 %-Stufe angenommen werden kann.

| k | $z_{k;\,0{,}05}$ | $z_{k;\,0{,}01}$ | $z_{k;\,0{,}001}$ |
|---|---|---|---|
| **n = 3** | | | |
| 2 | – | – | – |
| 3 | – | – | – |
| 4 - 5 | 1 | – | – |
| 6 - 7 | 1 | 1 | – |
| 8 - 10 | 1 | 1 | 1 |
| 11 - 14 | 2 | 1 | 1 |
| 15 | 2 | 2 | 1 |
| **n = 4** | | | |
| 2 | – | – | – |
| 3 | – | – | – |
| 4 | 1 | – | – |
| 5 | 1 | 1 | – |
| 6 | 1 | 1 | 1 |
| 7 - 9 | 2 | 1 | 1 |
| 10 - 12 | 2 | 2 | 1 |
| 13 - 15 | 2 | 2 | 2 |
| 16 - 20 | 3 | 2 | 2 |
| **n = 5** | | | |
| 2 | – | – | – |
| 3 | 1 | – | – |
| 4 - 5 | 1 | 1 | – |
| 6 - 7 | 2 | 1 | 1 |
| 8 - 10 | 2 | 2 | 1 |
| 11 - 13 | 3 | 2 | 2 |
| 14 - 18 | 3 | 3 | 2 |
| 19 - 20 | 3 | 3 | 3 |
| 21 - 27 | 4 | 3 | 3 |
| 28 - 30 | 4 | 4 | 3 |
| **n = 6** | | | |
| 2 | – | – | – |
| 3 | 1 | – | – |
| 4 | 1 | 1 | – |
| 5 | 1 | 1 | 1 |
| 6 | 2 | 1 | 1 |
| 7 - 8 | 2 | 2 | 1 |
| 9 - 10 | 3 | 2 | 2 |
| 11 - 13 | 3 | 3 | 2 |
| 14 | 4 | 3 | 2 |
| 15 - 17 | 4 | 3 | 3 |
| 18 - 23 | 4 | 4 | 3 |
| 24 - 26 | 4 | 4 | 4 |
| 27 - 30 | 5 | 4 | 4 |
| **n = 7** | | | |
| 2 | – | – | – |
| 3 | 1 | – | – |
| 4 | 1 | 1 | – |
| 5 - 6 | 2 | 1 | 1 |
| 7 | 2 | 2 | 1 |
| 8 - 9 | 3 | 2 | 2 |
| 10 - 11 | 3 | 3 | 2 |
| 12 | 4 | 3 | 2 |
| 13 - 14 | 4 | 3 | 3 |
| 15 - 17 | 4 | 4 | 3 |
| 18 | 5 | 4 | 3 |
| 19 - 22 | 5 | 4 | 4 |
| 23 - 29 | 5 | 5 | 4 |
| 30 - 32 | 5 | 5 | 5 |
| 33 - 42 | 6 | 5 | 5 |
| **n = 8** | | | |
| 2 | – | – | – |
| 3 | 1 | – | – |
| 4 | 1 | 1 | – |
| 5 | 2 | 1 | 1 |

Tafel XIV-8-2-1 (Fortsetz.)

| $k$ | $z_{k; 0,05}$ | $z_{k; 0,01}$ | $z_{k; 0,001}$ |
|---|---|---|---|
| \multicolumn{4}{c}{$n = 8$ (Fortsetzung)} |
| 6 | 2 | 2 | 1 |
| 7 | 3 | 2 | 1 |
| 8 | 3 | 2 | 2 |
| 9 - 10 | 3 | 3 | 2 |
| 11 | 4 | 3 | 2 |
| 12 | 4 | 3 | 3 |
| 13 - 14 | 4 | 4 | 3 |
| 15 - 16 | 5 | 4 | 3 |
| 17 - 18 | 5 | 4 | 4 |
| 19 - 21 | 5 | 5 | 4 |
| 22 - 23 | 6 | 5 | 4 |
| 24 - 27 | 6 | 5 | 5 |
| 28 - 35 | 6 | 6 | 5 |
| 36 - 37 | 6 | 6 | 6 |
| 38 - 40 | 7 | 6 | 6 |
| \multicolumn{4}{c}{$n = 9$} |
| 2 | - | - | - |
| 3 | 1 | - | - |
| 4 | 1 | 1 | - |
| 5 | 2 | 1 | 1 |
| 6 | 2 | 2 | 1 |
| 7 - 8 | 3 | 2 | 2 |
| 9 | 3 | 3 | 2 |
| 10 | 4 | 3 | 2 |
| 11 | 4 | 3 | 3 |
| 12 | 4 | 4 | 3 |
| 13 - 14 | 5 | 4 | 3 |
| 15 | 5 | 4 | 4 |
| 16 - 17 | 5 | 5 | 4 |
| 18 - 19 | 6 | 5 | 4 |
| 20 - 22 | 6 | 5 | 5 |
| 23 - 25 | 6 | 6 | 5 |
| 26 - 27 | 7 | 6 | 5 |
| 28 - 32 | 7 | 6 | 6 |
| 33 - 41 | 7 | 7 | 6 |

| $k$ | $z_{k; 0,05}$ | $z_{k; 0,01}$ | $z_{k; 0,001}$ |
|---|---|---|---|
| \multicolumn{4}{c}{$n = 9$ (Fortsetzung)} |
| 42 - 43 | 7 | 7 | 7 |
| 44 - 45 | 8 | 7 | 7 |
| \multicolumn{4}{c}{$n = 10$} |
| 2 | - | - | - |
| 3 | 1 | 1 | - |
| 4 | 1 | 1 | 1 |
| 5 | 2 | 1 | 1 |
| 6 | 2 | 2 | 1 |
| 7 | 3 | 2 | 2 |
| 8 | 3 | 3 | 2 |
| 9 | 4 | 3 | 2 |
| 10 | 4 | 3 | 3 |
| 11 | 4 | 4 | 3 |
| 12 - 13 | 5 | 4 | 3 |
| 14 | 5 | 4 | 4 |
| 15 | 5 | 5 | 4 |
| 16 - 17 | 6 | 5 | 4 |
| 18 - 19 | 6 | 5 | 5 |
| 20 - 21 | 6 | 6 | 5 |
| 22 - 23 | 7 | 6 | 5 |
| 24 - 26 | 7 | 6 | 6 |
| 27 - 30 | 7 | 7 | 6 |
| 31 - 32 | 8 | 7 | 6 |
| 33 - 37 | 8 | 7 | 7 |
| 38 - 47 | 8 | 8 | 7 |
| 48 - 50 | 8 | 8 | 8 |
| \multicolumn{4}{c}{$n = 11$} |
| 2 | - | - | - |
| 3 | 1 | 1 | - |
| 4 | 1 | 1 | 1 |
| 5 | 2 | 1 | 1 |
| 6 | 2 | 2 | 1 |
| 7 | 3 | 2 | 2 |
| 8 | 3 | 3 | 2 |

Tafel XIV-8-2-1 (Fortsetz.)

| k | $z_{k;0,05}$ | $z_{k;0,01}$ | $z_{k;0,001}$ |
|---|---|---|---|
| \multicolumn{4}{c}{$n = 11$ (Fortsetzung)} | | | |
| 9 | 4 | 3 | 2 |
| 10 | 4 | 3 | 3 |
| 11 | 4 | 4 | 3 |
| 12 | 5 | 4 | 3 |
| 13 | 5 | 4 | 4 |
| 14 | 5 | 5 | 4 |
| 15 - 16 | 6 | 5 | 4 |
| 17 | 6 | 5 | 5 |
| 18 | 6 | 6 | 5 |
| 19 - 21 | 7 | 6 | 5 |
| 22 | 7 | 6 | 6 |
| 23 - 24 | 7 | 7 | 6 |
| 25 - 27 | 8 | 7 | 6 |
| 28 - 30 | 8 | 7 | 7 |
| 31 - 34 | 8 | 8 | 7 |
| 35 - 37 | 9 | 8 | 7 |
| 38 - 42 | 9 | 8 | 8 |
| 43 - 54 | 9 | 9 | 8 |
| 55 - 56 | 9 | 9 | 9 |
| 57 - 73 | 10 | 9 | 9 |
| \multicolumn{4}{c}{$n = 12$} | | | |
| 2 | - | - | - |
| 3 | 1 | 1 | - |
| 4 | 2 | 1 | 1 |
| 5 | 2 | 2 | 1 |
| 6 | 3 | 2 | 1 |
| 7 | 3 | 2 | 2 |
| 8 | 3 | 3 | 2 |
| 9 | 4 | 3 | 3 |
| 10 | 4 | 4 | 3 |
| 11 | 5 | 4 | 3 |
| 12 | 5 | 4 | 4 |
| 13 | 5 | 5 | 4 |
| 14 - 15 | 6 | 5 | 4 |
| 16 | 6 | 5 | 5 |

| k | $z_{k;0,05}$ | $z_{k;0,01}$ | $z_{k;0,001}$ |
|---|---|---|---|
| \multicolumn{4}{c}{$n = 12$ (Fortsetzung)} | | | |
| 17 | 6 | 6 | 5 |
| 18 - 19 | 7 | 6 | 5 |
| 20 | 7 | 6 | 6 |
| 21 | 7 | 7 | 6 |
| 22 - 24 | 8 | 7 | 6 |
| 25 - 26 | 8 | 7 | 7 |
| 27 - 28 | 8 | 8 | 7 |
| 29 - 32 | 9 | 8 | 7 |
| 33 - 34 | 9 | 8 | 8 |
| 35 - 38 | 9 | 9 | 8 |
| 39 - 42 | 10 | 9 | 8 |
| 43 - 48 | 10 | 9 | 9 |
| 49 - 60 | 10 | 10 | 9 |
| \multicolumn{4}{c}{$n = 13$} | | | |
| 2 | - | - | - |
| 3 | 1 | 1 | - |
| 4 | 2 | 1 | 1 |
| 5 | 2 | 2 | 1 |
| 6 | 3 | 2 | 1 |
| 7 | 3 | 3 | 2 |
| 8 | 4 | 3 | 2 |
| 9 | 4 | 3 | 3 |
| 10 | 4 | 4 | 3 |
| 11 | 5 | 4 | 3 |
| 12 | 5 | 5 | 4 |
| 13 - 14 | 6 | 5 | 4 |
| 15 | 6 | 5 | 5 |
| 16 - 18 | 7 | 6 | 5 |
| 19 | 7 | 7 | 6 |
| 20 - 22 | 8 | 7 | 6 |
| 23 | 8 | 7 | 7 |
| 24 | 8 | 8 | 7 |
| 25 - 28 | 9 | 8 | 7 |
| 29 | 9 | 8 | 8 |
| 30 - 31 | 9 | 9 | 8 |

| $k$ | $z_{k;0,05}$ | $z_{k;0,01}$ | $z_{k;0,001}$ |
|---|---|---|---|
| \multicolumn{4}{c}{$n = 13$ (Fortsetzung)} ||||
| 32 - 36 | 10 | 9 | 8 |
| 37 - 38 | 10 | 9 | 9 |
| 39 - 43 | 10 | 10 | 9 |
| 44 - 47 | 11 | 10 | 9 |
| 48 - 53 | 11 | 10 | 10 |
| 54 - 65 | 11 | 11 | 10 |
| \multicolumn{4}{c}{$n = 14$} ||||
| 2 | - | - | - |
| 3 | 1 | 1 | - |
| 4 | 2 | 1 | 1 |
| 5 | 3 | 2 | 1 |
| 6 | 3 | 2 | 2 |
| 7 | 3 | 3 | 2 |
| 8 | 4 | 3 | 2 |
| 9 | 4 | 4 | 3 |
| 10 | 5 | 4 | 3 |
| 11 | 5 | 4 | 4 |
| 12 | 5 | 5 | 4 |
| 13 | 6 | 5 | 4 |
| 14 | 6 | 5 | 5 |
| 15 | 6 | 6 | 5 |
| 16 - 17 | 7 | 6 | 5 |
| 18 | 7 | 7 | 6 |
| 19 - 21 | 8 | 7 | 6 |
| 22 | 8 | 8 | 7 |
| 23 - 26 | 9 | 8 | 7 |
| 27 - 28 | 9 | 9 | 8 |
| 29 - 32 | 10 | 9 | 8 |
| 33 | 10 | 9 | 9 |
| 34 - 35 | 10 | 10 | 9 |
| 36 - 40 | 11 | 10 | 9 |
| 41 - 42 | 11 | 10 | 10 |
| 43 - 47 | 11 | 11 | 10 |
| 48 - 53 | 12 | 11 | 10 |

| $k$ | $z_{k;0,05}$ | $z_{k;0,01}$ | $z_{k;0,001}$ |
|---|---|---|---|
| \multicolumn{4}{c}{$n = 14$ (Fortsetzung)} ||||
| 54 - 58 | 12 | 11 | 11 |
| 59 - 70 | 12 | 12 | 11 |
| \multicolumn{4}{c}{$n = 15$} ||||
| 2 | - | - | - |
| 3 | 1 | 1 | - |
| 4 | 2 | 1 | 1 |
| 5 | 2 | 2 | 1 |
| 6 | 3 | 2 | 2 |
| 7 | 3 | 3 | 2 |
| 8 | 4 | 3 | 2 |
| 9 | 4 | 4 | 3 |
| 10 | 5 | 4 | 3 |
| 11 | 5 | 4 | 4 |
| 12 - 13 | 6 | 5 | 4 |
| 14 | 6 | 6 | 5 |
| 15 - 16 | 7 | 6 | 5 |
| 17 | 7 | 7 | 6 |
| 18 - 20 | 8 | 7 | 6 |
| 21 | 8 | 8 | 7 |
| 22 - 24 | 9 | 8 | 7 |
| 25 | 9 | 9 | 8 |
| 26 - 29 | 10 | 9 | 8 |
| 30 | 10 | 9 | 9 |
| 31 | 10 | 10 | 9 |
| 32 - 36 | 11 | 10 | 9 |
| 37 | 11 | 10 | 10 |
| 38 - 39 | 11 | 11 | 10 |
| 40 - 45 | 12 | 11 | 10 |
| 46 - 47 | 12 | 11 | 11 |
| 48 - 52 | 12 | 12 | 11 |
| 53 - 58 | 13 | 12 | 11 |
| 59 - 64 | 13 | 12 | 12 |
| 65 - 75 | 13 | 13 | 12 |

Tafel XIV-8-2-1 (Fortsetz.)

| $k$ | $z_{k;\,0,05}$ | $z_{k;\,0,01}$ | $z_{k;\,0,001}$ |
|---|---|---|---|
| \multicolumn{4}{c}{$n = 16$} ||||
| 2 | - | - | - |
| 3 | 1 | 1 | - |
| 4 | 2 | 1 | 1 |
| 5 | 2 | 2 | 1 |
| 6 | 3 | 2 | 2 |
| 7 | 3 | 3 | 2 |
| 8 | 4 | 3 | 3 |
| 9 | 4 | 4 | 3 |
| 10 | 5 | 4 | 3 |
| 11 | 5 | 5 | 4 |
| 12 | 6 | 5 | 4 |
| 13 | 6 | 5 | 5 |
| 14 - 15 | 7 | 6 | 5 |
| 16 | 7 | 6 | 6 |
| 17 - 19 | 8 | 7 | 6 |
| 20 - 23 | 9 | 8 | 7 |
| 24 - 27 | 10 | 9 | 8 |
| 28 | 10 | 10 | 9 |
| 29 - 33 | 11 | 10 | 9 |
| 34 | 11 | 11 | 10 |
| 35 - 40 | 12 | 11 | 10 |
| 41 | 12 | 11 | 11 |
| 42 - 43 | 12 | 12 | 11 |
| 44 - 49 | 13 | 12 | 11 |
| 50 - 51 | 13 | 12 | 12 |
| 52 - 57 | 13 | 13 | 12 |
| 58 - 69 | 14 | 13 | 13 |
| 70 - 80 | 14 | 14 | 13 |
| \multicolumn{4}{c}{$n = 17$} ||||
| 2 | - | - | - |
| 3 | 1 | 1 | - |
| 4 | 2 | 1 | 1 |
| 5 | 2 | 2 | 1 |
| 6 | 3 | 2 | 2 |
| 7 | 3 | 3 | 2 |

| $k$ | $z_{k;\,0,05}$ | $z_{k;\,0,01}$ | $z_{k;\,0,001}$ |
|---|---|---|---|
| \multicolumn{4}{c}{$n = 17$ (Fortsetzung)} ||||
| 8 | 4 | 3 | 3 |
| 9 | 4 | 4 | 3 |
| 10 | 5 | 4 | 4 |
| 11 | 5 | 5 | 4 |
| 12 | 6 | 5 | 4 |
| 13 | 6 | 6 | 5 |
| 14 - 15 | 7 | 6 | 5 |
| 16 | 7 | 7 | 6 |
| 17 - 18 | 8 | 7 | 6 |
| 19 - 22 | 9 | 8 | 7 |
| 23 - 26 | 10 | 9 | 8 |
| 27 - 30 | 11 | 10 | 9 |
| 31 | 11 | 11 | 10 |
| 32 - 36 | 12 | 11 | 10 |
| 37 | 12 | 11 | 11 |
| 38 | 12 | 12 | 11 |
| 39 - 44 | 13 | 12 | 11 |
| 45 | 13 | 12 | 12 |
| 46 - 47 | 13 | 13 | 12 |
| 48 - 54 | 14 | 13 | 12 |
| 55 - 56 | 14 | 13 | 13 |
| 57 - 62 | 14 | 14 | 13 |
| 63 - 68 | 15 | 14 | 13 |
| 69 - 75 | 15 | 14 | 14 |
| 76 - 85 | 15 | 15 | 14 |
| \multicolumn{4}{c}{$n = 18$} ||||
| 2 | - | - | - |
| 3 | 1 | 1 | - |
| 4 | 2 | 1 | 1 |
| 5 | 2 | 2 | 1 |
| 6 | 3 | 2 | 2 |
| 7 | 4 | 3 | 2 |
| 8 | 4 | 3 | 3 |
| 9 | 5 | 4 | 3 |
| 10 | 5 | 4 | 4 |

| $k$ | $z_{k;\,0,05}$ | $z_{k;\,0,01}$ | $z_{k;\,0,001}$ |
|---|---|---|---|
| \multicolumn{4}{c}{$n = 18$ (Fortsetzung)} ||||
| 11 - 12 | 6 | 5 | 4 |
| 13 | 6 | 6 | 5 |
| 14 | 7 | 6 | 5 |
| 15 | 7 | 6 | 6 |
| 16 - 17 | 8 | 7 | 6 |
| 18 | 8 | 8 | 7 |
| 19 - 21 | 9 | 8 | 7 |
| 22 - 24 | 10 | 9 | 8 |
| 25 | 10 | 10 | 9 |
| 26 - 29 | 11 | 10 | 9 |
| 30 - 34 | 12 | 11 | 10 |
| 35 - 40 | 13 | 12 | 11 |
| 41 | 13 | 13 | 12 |
| 42 - 48 | 14 | 13 | 12 |
| 49 | 14 | 13 | 13 |
| 50 - 51 | 14 | 14 | 13 |
| 52 - 58 | 15 | 14 | 13 |
| 59 - 61 | 15 | 14 | 14 |
| 62 - 66 | 15 | 15 | 14 |
| 67 - 74 | 16 | 15 | 14 |
| 75 - 81 | 16 | 15 | 15 |
| 82 - 90 | 16 | 16 | 15 |
| \multicolumn{4}{c}{$n = 19$} ||||
| 2 | - | - | - |
| 3 | 1 | 1 | - |
| 4 | 2 | 1 | 1 |
| 5 | 2 | 2 | 1 |
| 6 | 3 | 2 | 2 |
| 7 | 4 | 3 | 2 |
| 8 | 4 | 4 | 3 |
| 9 | 5 | 4 | 3 |
| 10 | 5 | 4 | 4 |
| 11 | 6 | 5 | 4 |
| 12 | 6 | 5 | 5 |
| 13 - 14 | 7 | 6 | 5 |

| $k$ | $z_{k;\,0,05}$ | $z_{k;\,0,01}$ | $z_{k;\,0,001}$ |
|---|---|---|---|
| \multicolumn{4}{c}{$n = 19$ (Fortsetzung)} ||||
| 15 | 7 | 7 | 6 |
| 16 - 17 | 8 | 7 | 6 |
| 18 - 20 | 9 | 8 | 7 |
| 21 - 23 | 10 | 9 | 8 |
| 24 - 27 | 11 | 10 | 9 |
| 28 - 32 | 12 | 11 | 10 |
| 33 - 37 | 13 | 12 | 11 |
| 38 - 44 | 14 | 13 | 12 |
| 45 | 14 | 14 | 13 |
| 46 - 52 | 15 | 14 | 13 |
| 53 | 15 | 14 | 14 |
| 54 - 55 | 15 | 15 | 14 |
| 56 - 63 | 16 | 15 | 14 |
| 64 - 65 | 16 | 15 | 15 |
| 66 - 71 | 16 | 16 | 15 |
| 72 - 79 | 17 | 16 | 15 |
| 80 - 87 | 17 | 16 | 16 |
| 88 - 95 | 17 | 17 | 16 |
| \multicolumn{4}{c}{$n = 20$} ||||
| 2 | 1 | - | - |
| 3 | 1 | 1 | - |
| 4 | 2 | 1 | 1 |
| 5 | 2 | 2 | 1 |
| 6 | 3 | 3 | 2 |
| 7 | 4 | 3 | 2 |
| 8 | 4 | 4 | 3 |
| 9 | 5 | 4 | 3 |
| 10 | 5 | 5 | 4 |
| 11 | 6 | 5 | 4 |
| 12 | 6 | 6 | 5 |
| 13 - 14 | 7 | 6 | 5 |
| 15 - 16 | 8 | 7 | 6 |
| 17 | 8 | 8 | 7 |
| 18 - 19 | 9 | 8 | 7 |
| 20 - 22 | 10 | 9 | 8 |

Tafel XIV-8-2-1 (Fortsetz.)

| $k$ | $z_{k;\,0,05}$ | $z_{k;\,0,01}$ | $z_{k;\,0,001}$ |
|---|---|---|---|
| \multicolumn{4}{c}{$n = 20$ (Fortsetzung)} ||||
| 23 - 26 | 11 | 10 | 9 |
| 27 - 30 | 12 | 11 | 10 |
| 31 - 35 | 13 | 12 | 11 |
| 36 - 40 | 14 | 13 | 12 |
| 41 | 14 | 14 | 13 |
| 42 - 47 | 15 | 14 | 13 |
| 48 | 15 | 15 | 14 |
| 49 - 56 | 16 | 15 | 14 |
| 57 | 16 | 15 | 15 |
| 58 - 59 | 16 | 16 | 15 |
| 60 - 68 | 17 | 16 | 15 |
| 69 - 70 | 17 | 16 | 16 |
| 71 - 76 | 17 | 17 | 16 |
| 77 - 85 | 18 | 17 | 16 |
| 86 - 92 | 18 | 17 | 17 |
| 93 - 100 | 18 | 18 | 17 |

**Tafel XIV-8-2-2**

Kritische Werte für einen zweiseitigen Okkupanztest

Entnommen via OWEN, D. B. (1962, Table 17.2) aus NICHOLSON, W. L.: Occupancy probability distribution critical points. Biometrika 48 (1961), 175–180, mit freundlicher Genehmigung des Herausgebers.

Die Tafel enthält die kritischen Werte, daß x = 1(1) n oder weniger Klassen besetzt sind, wenn k Objekte zufällig und unabhängig auf n = 2(1)20 Klassen verteilt werden. Für p = 0,01; 0,05; 0,1 (Zusammenballung) sind die Mindestzahl k (erster Wert), für p = 0,99; 0,95; 0,90 (Vereinzelung) die Höchstzahl k (zweiter Wert) angegeben.

*Ablesebeispiel:* Für k Objekte, die so auf n = 7 Klassen verteilt sind, daß x = 6 Klassen besetzt sind, muß bei α = 0,10 das k ⩾ 28 (Zusammenballung) sein, damit $H_0$ (gleiche Klassenwahrscheinlichkeiten) abgelehnt wird (einseitiger Test).

Tafel XIV-8-2-2 (Fortsetz.)

| n | x | .01,.99 | .05,.95 | .10,.90 |
|---|---|---------|---------|---------|
| 2 | 1 | 8, -    | 6, -    | 5, -    |
| 3 | 1 | 6, -    | 4, -    | 4, -    |
|   | 2 | 15, -   | 11, -   | 9, -    |
| 4 | 1 | 5, -    | 4, -    | 3, -    |
|   | 2 | 10, -   | 7, -    | 6, -    |
|   | 3 | 21, -   | 16, -   | 13, -   |
|   | 4 | -, -    | -, -    | -, 4    |
| 5 | 1 | 4, -    | 3, -    | 3, -    |
|   | 2 | 8, -    | 6, -    | 5, -    |
|   | 3 | 14, -   | 11, -   | 9, -    |
|   | 4 | 28, -   | 21, -   | 18, -   |
|   | 5 | -, -    | -, 5    | -, 5    |
| 6 | 1 | 4, -    | 3, -    | 3, -    |
|   | 2 | 7, -    | 6, -    | 5, -    |
|   | 3 | 11, -   | 9, -    | 8, -    |
|   | 4 | 18, -   | 14, -   | 13, -   |
|   | 5 | >30, -  | 27, -   | 23, 5   |
|   | 6 | -, -    | -, 6    | -, 7    |
| 7 | 1 | 4, -    | 3, -    | 3, -    |
|   | 2 | 7, -    | 5, -    | 5, -    |
|   | 3 | 10, -   | 8, -    | 7, -    |
|   | 4 | 15, -   | 12, -   | 11, -   |
|   | 5 | 23, -   | 18, -   | 16, -   |
|   | 6 | >30, -  | >30, 6  | 28, 6   |
|   | 7 | -, 7    | -, 8    | -, 9    |
| 8 | 1 | 4, -    | 3, -    | 3, -    |
|   | 2 | 6, -    | 5, -    | 4, -    |
|   | 3 | 9, -    | 7, -    | 7, -    |
|   | 4 | 13, -   | 11, -   | 10, -   |
|   | 5 | 19, -   | 15, -   | 13, -   |
|   | 6 | 28, -   | 22, -   | 20, 6   |
|   | 7 | -, -    | -, 7    | -, 8    |
|   | 8 | -, 8    | -, 10   | -, 12   |
| 9 | 1 | 4, -    | 3, -    | 3, -    |
|   | 2 | 6, -    | 5, -    | 4, -    |
|   | 3 | 9, -    | 7, -    | 6, -    |
|   | 4 | 12, -   | 10, -   | 9, -    |
|   | 5 | 16, -   | 13, -   | 12, -   |
|   | 6 | 23, -   | 18, -   | 16, -   |
|   | 7 | >30, -  | 26, 7   | 23, 7   |
|   | 8 | -, 8    | -, 9    | -, 10   |
|   | 9 | -, 10   | -, 12   | -, 14   |
| 10 | 1 | 3, -   | 3, -    | 2, -    |
|    | 2 | 6, -   | 5, -    | 4, -    |
|    | 3 | 8, -   | 7, -    | 6, -    |
|    | 4 | 11, -  | 9, -    | 8, -    |
|    | 5 | 15, -  | 12, -   | 11, -   |
|    | 6 | 20, -  | 16, -   | 15, -   |
|    | 7 | 27, -  | 22, -   | 20, 7   |
|    | 8 | >30, - | >30, 8  | 27, 9   |
|    | 9 | -, 9   | -, 11   | -, 12   |
|    | 10 | -, 12 | -, 15   | -, 16   |

| n | x | .01,.99 | .05,.95 | .10,.90 |
|---|---|---------|---------|---------|
| 11 | 1 | 3, -   | 3, -    | 2, -    |
|    | 2 | 6, -   | 5, -    | 4, -    |
|    | 3 | 8, -   | 7, -    | 6, -    |
|    | 4 | 11, -  | 9, -    | 8, -    |
|    | 5 | 14, -  | 12, -   | 11, -   |
|    | 6 | 18, -  | 15, -   | 14, -   |
|    | 7 | 23, -  | 19, -   | 17, 7   |
|    | 8 | >30, - | 25, 8   | 23, 8   |
|    | 9 | -, 9   | -, 10   | -, 11   |
|    | 10 | -, 11 | -, 13   | -, 14   |
|    | 11 | -, 14 | -, 17   | -, 19   |
| 12 | 1 | 3, -   | 3, -    | 2, -    |
|    | 2 | 5, -   | 4, -    | 4, -    |
|    | 3 | 8, -   | 6, -    | 6, -    |
|    | 4 | 10, -  | 9, -    | 8, -    |
|    | 5 | 13, -  | 11, -   | 10, -   |
|    | 6 | 17, -  | 14, -   | 13, -   |
|    | 7 | 21, -  | 18, -   | 16, -   |
|    | 8 | 27, -  | 22, 8   | 20, 8   |
|    | 9 | >30, - | 29, 9   | 26, 10  |
|    | 10 | -, 10 | -, 12   | -, 13   |
|    | 11 | -, 12 | -, 15   | -, 16   |
|    | 12 | -, 16 | -, 19   | -, 22   |
| 13 | 1 | 3, -   | 3, -    | 2, -    |
|    | 2 | 5, -   | 4, -    | 4, -    |
|    | 3 | 7, -   | 6, -    | 6, -    |
|    | 4 | 10, -  | 8, -    | 8, -    |
|    | 5 | 12, -  | 11, -   | 10, -   |
|    | 6 | 16, -  | 13, -   | 12, -   |
|    | 7 | 19, -  | 16, -   | 15, -   |
|    | 8 | 24, -  | 20, -   | 19, 8   |
|    | 9 | 30, -  | 25, 9   | 23, 10  |
|    | 10 | >30, 10 | >30, 11 | 29, 12 |
|    | 11 | -, 12 | -, 13   | -, 14   |
|    | 12 | -, 14 | -, 17   | -, 18   |
|    | 13 | -, 18 | -, 22   | -, 24   |
| 14 | 1 | 3, -   | 3, -    | 2, -    |
|    | 2 | 5, -   | 4, -    | 4, -    |
|    | 3 | 7, -   | 6, -    | 6, -    |
|    | 4 | 9, -   | 8, -    | 7, -    |
|    | 5 | 12, -  | 10, -   | 9, -    |
|    | 6 | 15, -  | 13, -   | 12, -   |
|    | 7 | 18, -  | 16, -   | 14, -   |
|    | 8 | 22, -  | 19, -   | 17, 8   |
|    | 9 | 27, -  | 23, 9   | 21, 9   |
|    | 10 | >30, - | 29, 10  | 26, 11  |
|    | 11 | -, 11 | -, 13   | -, 14   |
|    | 12 | -, 13 | -, 15   | -, 16   |
|    | 13 | -, 16 | -, 19   | -, 20   |
|    | 14 | -, 20 | -, 24   | -, 27   |

Tafel XIV-8-2-2 (Fortsetz.)

| n | x | .01,.99 | .05,.95 | .10,.90 |
|---|---|---------|---------|---------|
| 15 | 1 | 3, - | 3, - | 2, - |
|    | 2 | 5, - | 4, - | 4, - |
|    | 3 | 7, - | 6, - | 5, - |
|    | 4 | 9, - | 8, - | 7, - |
|    | 5 | 12, - | 10, - | 9, - |
|    | 6 | 14, - | 12, - | 11, - |
|    | 7 | 17, - | 15, - | 14, - |
|    | 8 | 21, - | 18, - | 17, - |
|    | 9 | 25, - | 22, 9 | 20, 9 |
|    | 10 | >30, - | 26, 10 | 24, 11 |
|    | 11 | >30, 11 | >30, 12 | 29, 13 |
|    | 12 | -, 13 | -, 14 | -, 15 |
|    | 13 | -, 15 | -, 17 | -, 18 |
|    | 14 | -, 18 | -, 21 | -, 23 |
|    | 15 | -, 23 | -, 27 | -, 30 |
| 16 | 1 | 3, - | 3, - | 2, - |
|    | 2 | 5, - | 4, - | 4, - |
|    | 3 | 7, - | 6, - | 5, - |
|    | 4 | 9, - | 8, - | 7, - |
|    | 5 | 11, - | 10, - | 9, - |
|    | 6 | 14, - | 12, - | 11, - |
|    | 7 | 17, - | 14, - | 13, - |
|    | 8 | 20, - | 17, - | 16, - |
|    | 9 | 24, - | 20, - | 19, 9 |
|    | 10 | 28, - | 24, 10 | 22, 10 |
|    | 11 | >30, 11 | 29, 12 | 27, 12 |
|    | 12 | -, 12 | -, 14 | -, 15 |
|    | 13 | -, 14 | -, 16 | -, 17 |
|    | 14 | -, 17 | -, 19 | -, 21 |
|    | 15 | -, 20 | -, 23 | -, 25 |
|    | 16 | -, 25 | -, 30 | -,>30 |
| 17 | 1 | 3, - | 3, - | 2, - |
|    | 2 | 5, - | 4, - | 4, - |
|    | 3 | 7, - | 6, - | 5, - |
|    | 4 | 9, - | 8, - | 7, - |
|    | 5 | 11, - | 9, - | 9, - |
|    | 6 | 13, - | 12, - | 11, - |
|    | 7 | 16, - | 14, - | 13, - |
|    | 8 | 19, - | 17, - | 15, - |
|    | 9 | 23, - | 19, - | 18, 9 |
|    | 10 | 27, - | 23, 10 | 21, 10 |
|    | 11 | >30, - | 27, 11 | 25, 12 |
|    | 12 | >30, 12 | >30, 13 | 30, 14 |
|    | 13 | -, 14 | -, 15 | -, 16 |
|    | 14 | -, 16 | -, 18 | -, 19 |
|    | 15 | -, 18 | -, 21 | -, 23 |
|    | 16 | -, 22 | -, 25 | -, 28 |
|    | 17 | -, 27 | -, 30 | -, 30 |
| 18 | 1 | 3, - | 3, - | 2, - |
|    | 2 | 5, - | 4, - | 4, - |
|    | 3 | 7, - | 6, - | 5, - |
|    | 4 | 9, - | 7, - | 7, - |
|    | 5 | 11, - | 9, - | 9, - |
|    | 6 | 13, - | 11, - | 10, - |
|    | 7 | 16, - | 14, - | 13, - |
|    | 8 | 18, - | 16, - | 15, - |
|    | 9 | 22, - | 19, - | 17, 9 |
|    | 10 | 25, - | 22, 10 | 20, 10 |

| n | x | .01,.99 | .05,.95 | .10,.90 |
|---|---|---------|---------|---------|
| 18 | 11 | 30, - | 26, 11 | 24, 12 |
|    | 12 | >30, 12 | 30, 13 | 28, 14 |
|    | 13 | -, 13 | -, 15 | -, 16 |
|    | 14 | -, 15 | -, 17 | -, 18 |
|    | 15 | -, 17 | -, 20 | -, 21 |
|    | 16 | -, 20 | -, 23 | -, 25 |
|    | 17 | -, 24 | -, 28 | -, 30 |
|    | 18 | -, 30 | -,>30 | -,>30 |
| 19 | 1 | 3, - | 3, - | 2, - |
|    | 2 | 5, - | 4, - | 4, - |
|    | 3 | 7, - | 6, - | 5, - |
|    | 4 | 8, - | 7, - | 7, - |
|    | 5 | 11, - | 9, - | 8, - |
|    | 6 | 13, - | 11, - | 10, - |
|    | 7 | 15, - | 13, - | 12, - |
|    | 8 | 18, - | 16, - | 14, - |
|    | 9 | 21, - | 18, - | 17, - |
|    | 10 | 24, - | 21, - | 19, 10 |
|    | 11 | 28, - | 24, 11 | 23, 11 |
|    | 12 | >30, - | 28, 13 | 26, 13 |
|    | 13 | >30, 13 | >30, 14 | 30, 15 |
|    | 14 | -, 15 | -, 16 | -, 17 |
|    | 15 | -, 17 | -, 19 | -, 20 |
|    | 16 | -, 19 | -, 22 | -, 23 |
|    | 17 | -, 22 | -, 25 | -, 27 |
|    | 18 | -, 26 | -, 30 | -,>30 |
|    | 19 | -, 30 | -, - | -, - |
| 20 | 1 | 3, - | 2, - | 2, - |
|    | 2 | 5, - | 4, - | 4, - |
|    | 3 | 6, - | 6, - | 5, - |
|    | 4 | 8, - | 7, - | 7, - |
|    | 5 | 10, - | 9, - | 8, - |
|    | 6 | 12, - | 11, - | 10, - |
|    | 7 | 15, - | 13, - | 12, - |
|    | 8 | 17, - | 15, - | 14, - |
|    | 9 | 20, - | 18, - | 16, - |
|    | 10 | 23, - | 20, - | 19, 10 |
|    | 11 | 27, - | 23, 11 | 22, 11 |
|    | 12 | >30, - | 27, 12 | 25, 13 |
|    | 13 | >30, 13 | >30, 14 | 29, 15 |
|    | 14 | -, 14 | -, 16 | -, 17 |
|    | 15 | -, 16 | -, 18 | -, 19 |
|    | 16 | -, 18 | -, 21 | -, 22 |
|    | 17 | -, 21 | -, 24 | -, 25 |
|    | 18 | -, 24 | -, 27 | -, 30 |
|    | 19 | -, 28 | -,>30 | -,>30 |
|    | 20 | -, 30 | -, - | -, - |

**Tafel XV-2**

Tafel der Fakultäten und deren Zehnerlogarithmen

Entnommen aus SACHS, L.: Angewandte Statistik. Heidelberg: Springer 1974, Tabelle 32, mit freundlicher Genehmigung des Autors und des Verlages.

Die Tafel enthält die Fakultäten n! der Zahlen n = 1(1)100 (als Zehnerpotenzen geschrieben) und die dekadischen Logarithmen lg n! der Fakultäten ebendieser Zahlen.

*Ablesebeispiel:* 11! = 1.2....11 = 39916800, welcher Wert in der Tafel als $3,9917 \times 10^7$ anzulesen ist. Der zu 11! gehörige Logarithmus hat entsprechend dem Potenzexponenten eine Kennziffer von 7 und eine Mantisse von 60116, beträgt mithin 7,60116 wie abzulesen.

Tafel XV-2 (Fortsetz.)

| n | n! | lg n! | n | n! | lg n! |
|---|---|---|---|---|---|
|   |   |   | 50 | $3{,}0414 \times 10^{64}$ | 64,48307 |
| 1 | 1,0000 | 0,00000 | 51 | $1{,}5511 \times 10^{66}$ | 66,19065 |
| 2 | 2,0000 | 0,30103 | 52 | $8{,}0658 \times 10^{67}$ | 67,90665 |
| 3 | 6,0000 | 0,77815 | 53 | $4{,}2749 \times 10^{69}$ | 69,63092 |
| 4 | $2{,}4000 \times 10$ | 1,38021 | 54 | $2{,}3084 \times 10^{71}$ | 71,36332 |
| 5 | $1{,}2000 \times 10^{2}$ | 2,07918 | 55 | $1{,}2696 \times 10^{73}$ | 73,10368 |
| 6 | $7{,}2000 \times 10^{2}$ | 2,85733 | 56 | $7{,}1100 \times 10^{74}$ | 74,85187 |
| 7 | $5{,}0400 \times 10^{3}$ | 3,70243 | 57 | $4{,}0527 \times 10^{76}$ | 76,60774 |
| 8 | $4{,}0320 \times 10^{4}$ | 4,60552 | 58 | $2{,}3506 \times 10^{78}$ | 78,37117 |
| 9 | $3{,}6288 \times 10^{5}$ | 5,55976 | 59 | $1{,}3868 \times 10^{80}$ | 80,14202 |
| 10 | $3{,}6288 \times 10^{6}$ | 6,55976 | 60 | $8{,}3210 \times 10^{81}$ | 81,92017 |
| 11 | $3{,}9917 \times 10^{7}$ | 7,60116 | 61 | $5{,}0758 \times 10^{83}$ | 83,70550 |
| 12 | $4{,}7900 \times 10^{8}$ | 8,68034 | 62 | $3{,}1470 \times 10^{85}$ | 85,49790 |
| 13 | $6{,}2270 \times 10^{9}$ | 9,79428 | 63 | $1{,}9826 \times 10^{87}$ | 87,29724 |
| 14 | $8{,}7178 \times 10^{10}$ | 10,94041 | 64 | $1{,}2689 \times 10^{89}$ | 89,10342 |
| 15 | $1{,}3077 \times 10^{12}$ | 12,11650 | 65 | $8{,}2477 \times 10^{90}$ | 90,91633 |
| 16 | $2{,}0923 \times 10^{13}$ | 13,32062 | 66 | $5{,}4435 \times 10^{92}$ | 92,73587 |
| 17 | $3{,}5569 \times 10^{14}$ | 14,55107 | 67 | $3{,}6471 \times 10^{94}$ | 94,56195 |
| 18 | $6{,}4024 \times 10^{15}$ | 15,80634 | 68 | $2{,}4800 \times 10^{96}$ | 96,39446 |
| 19 | $1{,}2165 \times 10^{17}$ | 17,08509 | 69 | $1{,}7112 \times 10^{98}$ | 98,23331 |
| 20 | $2{,}4329 \times 10^{18}$ | 18,38612 | 70 | $1{,}1979 \times 10^{100}$ | 100,07841 |
| 21 | $5{,}1091 \times 10^{19}$ | 19,70834 | 71 | $8{,}5048 \times 10^{101}$ | 101,92966 |
| 22 | $1{,}1240 \times 10^{21}$ | 21,05077 | 72 | $6{,}1234 \times 10^{103}$ | 103,78700 |
| 23 | $2{,}5852 \times 10^{22}$ | 22,41249 | 73 | $4{,}4701 \times 10^{105}$ | 105,65032 |
| 24 | $6{,}2045 \times 10^{23}$ | 23,79271 | 74 | $3{,}3079 \times 10^{107}$ | 107,51955 |
| 25 | $1{,}5511 \times 10^{25}$ | 25,19065 | 75 | $2{,}4809 \times 10^{109}$ | 109,39461 |
| 26 | $4{,}0329 \times 10^{26}$ | 26,60562 | 76 | $1{,}8855 \times 10^{111}$ | 111,27543 |
| 27 | $1{,}0889 \times 10^{28}$ | 28,03698 | 77 | $1{,}4518 \times 10^{113}$ | 113,16192 |
| 28 | $3{,}0489 \times 10^{29}$ | 29,48414 | 78 | $1{,}1324 \times 10^{115}$ | 115,05401 |
| 29 | $8{,}8418 \times 10^{30}$ | 30,94654 | 79 | $8{,}9462 \times 10^{116}$ | 116,95164 |
| 30 | $2{,}6525 \times 10^{32}$ | 32,42366 | 80 | $7{,}1569 \times 10^{118}$ | 118,85473 |
| 31 | $8{,}2228 \times 10^{33}$ | 33,91502 | 81 | $5{,}7971 \times 10^{120}$ | 120,76321 |
| 32 | $2{,}6313 \times 10^{35}$ | 35,42017 | 82 | $4{,}7536 \times 10^{122}$ | 122,67703 |
| 33 | $8{,}6833 \times 10^{36}$ | 36,93869 | 83 | $3{,}9455 \times 10^{124}$ | 124,59610 |
| 34 | $2{,}9523 \times 10^{38}$ | 38,47016 | 84 | $3{,}3142 \times 10^{126}$ | 126,52038 |
| 35 | $1{,}0333 \times 10^{40}$ | 40,01423 | 85 | $2{,}8171 \times 10^{128}$ | 128,44980 |
| 36 | $3{,}7199 \times 10^{41}$ | 41,57054 | 86 | $2{,}4227 \times 10^{130}$ | 130,38430 |
| 37 | $1{,}3764 \times 10^{43}$ | 43,13874 | 87 | $2{,}1078 \times 10^{132}$ | 132,32382 |
| 38 | $5{,}2302 \times 10^{44}$ | 44,71852 | 88 | $1{,}8548 \times 10^{134}$ | 134,26830 |
| 39 | $2{,}0398 \times 10^{46}$ | 46,30959 | 89 | $1{,}6508 \times 10^{136}$ | 136,21769 |
| 40 | $8{,}1592 \times 10^{47}$ | 47,91165 | 90 | $1{,}4857 \times 10^{138}$ | 138,17194 |
| 41 | $3{,}3453 \times 10^{49}$ | 49,52443 | 91 | $1{,}3520 \times 10^{140}$ | 140,13098 |
| 42 | $1{,}4050 \times 10^{51}$ | 51,14768 | 92 | $1{,}2438 \times 10^{142}$ | 142,09477 |
| 43 | $6{,}0415 \times 10^{52}$ | 52,78115 | 93 | $1{,}1568 \times 10^{144}$ | 144,06325 |
| 44 | $2{,}6583 \times 10^{54}$ | 54,42460 | 94 | $1{,}0874 \times 10^{146}$ | 146,03638 |
| 45 | $1{,}1962 \times 10^{56}$ | 56,07781 | 95 | $1{,}0330 \times 10^{148}$ | 148,01410 |
| 46 | $5{,}5026 \times 10^{57}$ | 57,74057 | 96 | $9{,}9168 \times 10^{149}$ | 149,99637 |
| 47 | $2{,}5862 \times 10^{59}$ | 59,41267 | 97 | $9{,}6193 \times 10^{151}$ | 151,98314 |
| 48 | $1{,}2414 \times 10^{61}$ | 61,09391 | 98 | $9{,}4269 \times 10^{153}$ | 153,97437 |
| 49 | $6{,}0828 \times 10^{62}$ | 62,78410 | 99 | $9{,}3326 \times 10^{155}$ | 155,97000 |
| 50 | $3{,}0414 \times 10^{64}$ | 64,48307 | 100 | $9{,}3326 \times 10^{157}$ | 157,97000 |

**Tafel XV-2-4**

Tafel der Binomialkoeffizienten $\binom{n}{x}$

Entnommen aus SACHS, L.: Angewandte Statistik. Heidelberg: Springer 1974, Tabelle 31, mit freundlicher Genehmigung des Autors und des Verlages.

Die Tafel enthält die Binomialkoeffizienten $\binom{n}{x} = \frac{n!}{x!(n-x)!}$ für n = 2(1)20 und x = 2(1)10 zur exakten Auswertung von 2 x 2-Feldertafeln nach FISHER und zur exakten Auswertung von 2 x 3-Feldertafeln nach LEYTON und deren Verallgemeinerung auf 2 x m-Feldertafeln. Für alle n gilt $\binom{n}{0} = \binom{n}{n} = 1$ und $\binom{n}{1} = \binom{n}{n-1} = n$ sowie $\binom{n}{x} = \binom{n}{n-x}$.

*Ablesebeispiel:* $\binom{9}{3} = 84 = \frac{9 \cdot 8 \cdot 7}{1 \cdot 2 \cdot 3}$. Für das nicht mehr in der Tafel verzeichnete $\binom{15}{12}$ berechnet man $\binom{15}{12} = \binom{15}{15-12} = \binom{15}{3} = 455$.

| n \ x | 2 | 3 | 4 | 5 | 6 | 7 | 8 | 9 | 10 |
|---|---|---|---|---|---|---|---|---|---|
| 2 | 1 | | | | | | | | |
| 3 | 3 | 1 | | | | | | | |
| 4 | 6 | 4 | 1 | | | | | | |
| 5 | 10 | 10 | 5 | 1 | | | | | |
| 6 | 15 | 20 | 15 | 6 | 1 | | | | |
| 7 | 21 | 35 | 35 | 21 | 7 | 1 | | | |
| 8 | 28 | 56 | 70 | 56 | 28 | 8 | 1 | | |
| 9 | 36 | 84 | 126 | 126 | 84 | 36 | 9 | 1 | |
| 10 | 45 | 120 | 210 | 252 | 210 | 120 | 45 | 10 | 1 |
| 11 | 55 | 165 | 330 | 462 | 462 | 330 | 165 | 55 | 11 |
| 12 | 66 | 220 | 495 | 792 | 924 | 792 | 495 | 220 | 66 |
| 13 | 78 | 286 | 715 | 1287 | 1716 | 1716 | 1287 | 715 | 286 |
| 14 | 91 | 364 | 1001 | 2002 | 3003 | 3432 | 3003 | 2002 | 1001 |
| 15 | 105 | 455 | 1365 | 3003 | 5005 | 6435 | 6435 | 5005 | 3003 |
| 16 | 120 | 560 | 1820 | 4368 | 8008 | 11440 | 12870 | 11440 | 8008 |
| 17 | 136 | 680 | 2380 | 6188 | 12376 | 19448 | 24310 | 24310 | 19448 |
| 18 | 153 | 816 | 3060 | 8568 | 18564 | 31824 | 43758 | 48620 | 43758 |
| 19 | 171 | 969 | 3876 | 11628 | 27132 | 50388 | 75582 | 92378 | 92378 |
| 20 | 190 | 1140 | 4845 | 15504 | 38760 | 77520 | 125970 | 167960 | 184756 |

**Tafel XV-2-4-1**

Der exakte 3 x 2-Feldertest nach STEGIE-WALL

Entnommen aus STEGIE, R. und K.-D. WALL: Tabellen für den exakten Test in 3 x 2-Felder-Tafeln. EDV in Biologie und Medizin 5 (1974), 73–82, mit freundlicher Genehmigung der Verfasser und des Herausgebers.

Die Tafel enthält die zu ausgewählten Kombinationen (Sextupeln) von 6 Kennwerten einer 3 x 2-Feldertafel (N, $N_a$, $N_1$, $N_2$, $a_1$, $a_2$) gehörigen Überschreitungswahrscheinlichkeiten P unter $H_0$. Die Randsummen müssen den folgenden Bedingungen genügen:

|  |  |  |
|---|---|---|
| $b_3$ | $a_3$ | $N_3 \leqslant N_2 \leqslant N_1$ |
| $b_2$ | $a_2$ | $N_2$ |
| $b_1$ | $a_1$ | $N_1$ |
| $N_b \leqslant$ | $N_a$ | $N$ |

Ggf. muß die 3 x 2-Feldertafel entsprechend diesen Bedingungen umgeordnet werden. Die Tafel erstreckt sich von N = 6(1)15 über alle Sextupel mit P-Werten kleiner-gleich 0,20. Sextupel, die in der Tafel nicht verzeichnet sind, haben P-Werte größer als 0,2.

*Ablesebeispiel:* Für eine 3 x 2-Feldertafel mit N = 7, $N_a$ = 5, $N_1$ = 4, $N_2$ = 2, $a_1$ = 4 und $a_2$ = 0 lesen wir ein P = 0,0476 ab, womit eine auf dem 5 %-Niveau signifikante Kontingenz zwischen dem ternären Zeilen- und dem binären Spalten-Mm besteht.

Tafel XV-2-4-1 (Fortsetz.)

| N | $N_a$ | $N_1$ | $N_2$ | $a_1$ | $a_2$ | P | N | $N_a$ | $N_1$ | $N_2$ | $a_1$ | $a_2$ | P | N | $N_a$ | $N_1$ | $N_2$ | $a_1$ | $a_2$ | P |
|---|---|---|---|---|---|---|---|---|---|---|---|---|---|---|---|---|---|---|---|---|
| 6 | 5 | 3 | 2 | 3 | 2 | 0.1667 | 9 | 7 | 5 | 2 | 5 | 2 | 0.0556 | 10 | 8 | 5 | 4 | 4 | 4 | 0.2000 |
| 6 | 4 | 4 | 1 | 4 | 0 | 0.0667 | 9 | 7 | 5 | 2 | 5 | 1 | 0.1667 | 10 | 8 | 5 | 3 | 5 | 3 | 0.0222 |
| 6 | 4 | 3 | 2 | 3 | 1 | 0.2000 | 9 | 7 | 5 | 2 | 5 | 0 | 0.0556 | 10 | 8 | 5 | 3 | 5 | 1 | 0.0889 |
| 6 | 4 | 3 | 2 | 3 | 0 | 0.0667 | 9 | 7 | 4 | 3 | 4 | 3 | 0.0278 | 10 | 8 | 4 | 4 | 4 | 4 | 0.0222 |
| 6 | 4 | 2 | 2 | 2 | 2 | 0.2000 | 9 | 7 | 4 | 3 | 4 | 1 | 0.1111 | 10 | 8 | 4 | 3 | 4 | 3 | 0.1333 |
| 6 | 4 | 2 | 2 | 2 | 0 | 0.2000 | 9 | 6 | 7 | 1 | 6 | 0 | 0.0833 | 10 | 8 | 4 | 3 | 4 | 1 | 0.1333 |
| 6 | 4 | 2 | 2 | 0 | 2 | 0.2000 | 9 | 6 | 6 | 2 | 6 | 0 | 0.0119 | 10 | 7 | 8 | 1 | 7 | 0 | 0.0667 |
| 6 | 3 | 3 | 2 | 3 | 0 | 0.1000 | 9 | 6 | 6 | 2 | 5 | 0 | 0.0833 | 10 | 7 | 7 | 2 | 7 | 0 | 0.0083 |
| 6 | 3 | 3 | 2 | 0 | 2 | 0.1000 | 9 | 6 | 5 | 3 | 5 | 1 | 0.0476 | 10 | 7 | 7 | 2 | 6 | 1 | 0.1833 |
| 7 | 6 | 4 | 2 | 4 | 2 | 0.1429 | 9 | 6 | 5 | 3 | 5 | 0 | 0.0119 | 10 | 7 | 7 | 2 | 6 | 0 | 0.0667 |
| 7 | 6 | 3 | 3 | 3 | 3 | 0.1429 | 9 | 6 | 5 | 2 | 5 | 1 | 0.0476 | 10 | 7 | 6 | 3 | 6 | 1 | 0.0333 |
| 7 | 5 | 5 | 1 | 5 | 0 | 0.0476 | 9 | 6 | 5 | 2 | 5 | 0 | 0.0476 | 10 | 7 | 6 | 3 | 6 | 0 | 0.0083 |
| 7 | 5 | 4 | 2 | 4 | 1 | 0.1429 | 9 | 6 | 5 | 2 | 4 | 2 | 0.1667 | 10 | 7 | 6 | 3 | 4 | 3 | 0.1583 |
| 7 | 5 | 4 | 2 | 4 | 0 | 0.0476 | 9 | 6 | 5 | 2 | 4 | 0 | 0.1667 | 10 | 7 | 6 | 2 | 6 | 1 | 0.0333 |
| 7 | 5 | 3 | 2 | 3 | 2 | 0.0952 | 9 | 6 | 4 | 4 | 4 | 1 | 0.0952 | 10 | 7 | 6 | 2 | 6 | 0 | 0.0333 |
| 7 | 5 | 3 | 2 | 3 | 0 | 0.0952 | 9 | 6 | 4 | 4 | 1 | 4 | 0.0952 | 10 | 7 | 6 | 2 | 5 | 2 | 0.1333 |
| 7 | 4 | 5 | 1 | 4 | 0 | 0.1429 | 9 | 6 | 4 | 3 | 4 | 2 | 0.0476 | 10 | 7 | 6 | 2 | 5 | 0 | 0.1333 |
| 7 | 4 | 4 | 2 | 4 | 0 | 0.0286 | 9 | 6 | 4 | 3 | 4 | 0 | 0.0119 | 10 | 7 | 5 | 4 | 5 | 2 | 0.0833 |
| 7 | 4 | 3 | 3 | 4 | 3 | 0.0571 | 9 | 6 | 4 | 3 | 3 | 3 | 0.1429 | 10 | 7 | 5 | 4 | 5 | 1 | 0.0333 |
| 7 | 4 | 3 | 3 | 0 | 3 | 0.0571 | 9 | 6 | 4 | 3 | 1 | 3 | 0.1429 | 10 | 7 | 5 | 3 | 5 | 2 | 0.0333 |
| 7 | 4 | 3 | 2 | 3 | 1 | 0.1429 | 9 | 6 | 3 | 3 | 3 | 3 | 0.0357 | 10 | 7 | 5 | 3 | 5 | 1 | 0.1250 |
| 7 | 4 | 3 | 2 | 3 | 0 | 0.1429 | 9 | 6 | 3 | 3 | 3 | 0 | 0.0357 | 10 | 7 | 5 | 3 | 5 | 0 | 0.0083 |
| 7 | 4 | 3 | 2 | 0 | 2 | 0.0286 | 9 | 6 | 3 | 3 | 0 | 3 | 0.0357 | 10 | 7 | 5 | 3 | 4 | 3 | 0.0750 |
| 8 | 7 | 5 | 2 | 5 | 2 | 0.1250 | 9 | 5 | 7 | 1 | 5 | 0 | 0.1667 | 10 | 7 | 4 | 4 | 4 | 3 | 0.1333 |
| 8 | 7 | 4 | 3 | 4 | 3 | 0.1250 | 9 | 5 | 6 | 2 | 5 | 0 | 0.0476 | 10 | 7 | 4 | 4 | 4 | 1 | 0.1333 |
| 8 | 6 | 6 | 1 | 6 | 0 | 0.0357 | 9 | 5 | 5 | 3 | 5 | 0 | 0.0079 | 10 | 7 | 4 | 4 | 3 | 4 | 0.1333 |
| 8 | 6 | 5 | 2 | 5 | 1 | 0.1071 | 9 | 5 | 5 | 3 | 4 | 0 | 0.0873 | 10 | 7 | 4 | 4 | 1 | 4 | 0.1333 |
| 8 | 6 | 5 | 2 | 5 | 0 | 0.0357 | 9 | 5 | 5 | 3 | 2 | 3 | 0.1667 | 10 | 7 | 4 | 3 | 4 | 3 | 0.0167 |
| 8 | 6 | 4 | 2 | 4 | 2 | 0.0714 | 9 | 5 | 5 | 3 | 1 | 3 | 0.0873 | 10 | 7 | 4 | 3 | 4 | 2 | 0.2000 |
| 8 | 6 | 4 | 2 | 4 | 0 | 0.0714 | 9 | 5 | 5 | 2 | 5 | 0 | 0.0079 | 10 | 7 | 4 | 3 | 4 | 1 | 0.2000 |
| 8 | 6 | 3 | 3 | 3 | 3 | 0.0357 | 9 | 5 | 5 | 2 | 1 | 2 | 0.0476 | 10 | 7 | 4 | 3 | 4 | 0 | 0.0167 |
| 8 | 5 | 6 | 1 | 5 | 0 | 0.1071 | 9 | 5 | 4 | 4 | 4 | 1 | 0.0794 | 10 | 7 | 4 | 3 | 1 | 3 | 0.0500 |
| 8 | 5 | 5 | 2 | 5 | 0 | 0.0179 | 9 | 5 | 4 | 4 | 4 | 0 | 0.0159 | 10 | 6 | 8 | 1 | 6 | 0 | 0.1333 |
| 8 | 5 | 5 | 2 | 4 | 0 | 0.1071 | 9 | 5 | 4 | 4 | 1 | 4 | 0.0794 | 10 | 6 | 7 | 2 | 6 | 0 | 0.0333 |
| 8 | 5 | 4 | 3 | 4 | 1 | 0.0714 | 9 | 5 | 4 | 4 | 0 | 4 | 0.0159 | 10 | 6 | 7 | 2 | 5 | 0 | 0.1333 |
| 8 | 5 | 4 | 3 | 4 | 0 | 0.0179 | 9 | 5 | 4 | 3 | 4 | 1 | 0.0476 | 10 | 6 | 6 | 3 | 6 | 0 | 0.0048 |
| 8 | 5 | 4 | 3 | 1 | 3 | 0.1429 | 9 | 5 | 4 | 3 | 4 | 0 | 0.0238 | 10 | 6 | 6 | 3 | 5 | 1 | 0.1905 |
| 8 | 5 | 4 | 2 | 4 | 1 | 0.0714 | 9 | 5 | 4 | 3 | 3 | 0 | 0.0794 | 10 | 6 | 6 | 3 | 5 | 0 | 0.0333 |
| 8 | 5 | 4 | 2 | 4 | 0 | 0.0714 | 9 | 5 | 4 | 3 | 2 | 3 | 0.1270 | 10 | 6 | 6 | 3 | 2 | 3 | 0.1048 |
| 8 | 5 | 3 | 3 | 3 | 2 | 0.1429 | 9 | 5 | 4 | 3 | 1 | 3 | 0.1905 | 10 | 6 | 6 | 2 | 6 | 0 | 0.0048 |
| 8 | 5 | 3 | 3 | 3 | 0 | 0.0357 | 9 | 5 | 4 | 3 | 0 | 3 | 0.0079 | 10 | 6 | 6 | 2 | 5 | 1 | 0.1190 |
| 8 | 5 | 3 | 3 | 2 | 3 | 0.1429 | 9 | 5 | 3 | 3 | 3 | 2 | 0.1429 | 10 | 6 | 6 | 2 | 5 | 0 | 0.1190 |
| 8 | 5 | 3 | 3 | 0 | 3 | 0.0357 | 9 | 5 | 3 | 3 | 3 | 0 | 0.1429 | 10 | 6 | 5 | 4 | 5 | 1 | 0.0238 |
| 8 | 4 | 5 | 2 | 4 | 0 | 0.1429 | 9 | 5 | 3 | 3 | 2 | 3 | 0.1429 | 10 | 6 | 5 | 4 | 5 | 0 | 0.0048 |
| 8 | 4 | 5 | 2 | 1 | 2 | 0.1429 | 9 | 5 | 3 | 3 | 2 | 0 | 0.1429 | 10 | 6 | 5 | 4 | 4 | 1 | 0.1905 |
| 8 | 4 | 4 | 3 | 4 | 0 | 0.0286 | 9 | 5 | 3 | 3 | 0 | 3 | 0.1429 | 10 | 6 | 5 | 4 | 2 | 4 | 0.0952 |
| 8 | 4 | 4 | 3 | 3 | 0 | 0.1429 | 9 | 5 | 3 | 3 | 0 | 2 | 0.1429 | 10 | 6 | 5 | 4 | 1 | 4 | 0.0476 |
| 8 | 4 | 4 | 3 | 1 | 3 | 0.1429 | 10 | 9 | 8 | 1 | 8 | 1 | 0.2000 | 10 | 6 | 5 | 3 | 5 | 1 | 0.0238 |
| 8 | 4 | 4 | 3 | 0 | 3 | 0.0286 | 10 | 9 | 8 | 1 | 8 | 0 | 0.2000 | 10 | 6 | 5 | 3 | 5 | 0 | 0.0095 |
| 8 | 4 | 4 | 2 | 4 | 0 | 0.0286 | 10 | 9 | 7 | 2 | 7 | 2 | 0.1000 | 10 | 6 | 5 | 3 | 4 | 2 | 0.1905 |
| 8 | 4 | 4 | 2 | 2 | 2 | 0.2000 | 10 | 9 | 6 | 3 | 6 | 3 | 0.1000 | 10 | 6 | 5 | 3 | 4 | 0 | 0.0714 |
| 8 | 4 | 4 | 2 | 2 | 0 | 0.2000 | 10 | 9 | 5 | 4 | 5 | 4 | 0.1000 | 10 | 6 | 5 | 3 | 3 | 3 | 0.1190 |
| 8 | 4 | 4 | 2 | 0 | 2 | 0.0286 | 10 | 9 | 5 | 3 | 5 | 3 | 0.2000 | 10 | 6 | 5 | 3 | 1 | 3 | 0.0714 |
| 8 | 4 | 3 | 3 | 3 | 0 | 0.0571 | 9 | 4 | 4 | 4 | 4 | 4 | 0.2000 | 10 | 6 | 4 | 4 | 4 | 2 | 0.0667 |
| 8 | 4 | 3 | 3 | 0 | 3 | 0.0571 | 10 | 8 | 8 | 1 | 8 | 0 | 0.0222 | 10 | 6 | 4 | 4 | 4 | 1 | 0.1429 |
| 9 | 8 | 6 | 2 | 6 | 2 | 0.1111 | 10 | 8 | 7 | 2 | 7 | 1 | 0.0667 | 10 | 6 | 4 | 4 | 4 | 0 | 0.0095 |
| 9 | 8 | 5 | 3 | 5 | 3 | 0.1111 | 10 | 8 | 7 | 2 | 7 | 0 | 0.0222 | 10 | 6 | 4 | 4 | 2 | 4 | 0.0667 |
| 9 | 8 | 4 | 4 | 4 | 4 | 0.1111 | 10 | 8 | 6 | 3 | 6 | 2 | 0.1333 | 10 | 6 | 4 | 4 | 1 | 4 | 0.1429 |
| 9 | 7 | 7 | 1 | 7 | 0 | 0.0278 | 10 | 8 | 6 | 3 | 6 | 1 | 0.1333 | 10 | 6 | 4 | 4 | 0 | 4 | 0.0095 |
| 9 | 7 | 6 | 2 | 6 | 1 | 0.0833 | 10 | 8 | 6 | 2 | 6 | 2 | 0.0444 | 10 | 6 | 4 | 3 | 4 | 2 | 0.0333 |
| 9 | 7 | 6 | 2 | 6 | 0 | 0.0278 | 10 | 8 | 6 | 2 | 6 | 1 | 0.1333 | 10 | 6 | 4 | 3 | 4 | 1 | 0.1143 |
| 9 | 7 | 5 | 3 | 5 | 2 | 0.1667 | 10 | 8 | 6 | 2 | 6 | 0 | 0.0444 | 10 | 6 | 4 | 3 | 4 | 0 | 0.0333 |
| 9 | 7 | 5 | 3 | 5 | 1 | 0.1667 | 10 | 8 | 5 | 4 | 5 | 3 | 0.0889 | 10 | 6 | 4 | 3 | 3 | 3 | 0.0714 |

Tafel XV-2-4-1 (Fortsetz.)

| N | $N_a$ | $N_1$ | $N_2$ | $a_1$ | $a_2$ | P | N | $N_a$ | $N_1$ | $N_2$ | $a_1$ | $a_2$ | P | N | $N_a$ | $N_1$ | $N_2$ | $a_1$ | $a_2$ | P |
|---|---|---|---|---|---|---|---|---|---|---|---|---|---|---|---|---|---|---|---|---|
| 10 | 6 | 4 | 3 | 3 | 0 | 0.0714 | 11 | 8 | 8 | 2 | 7 | 0 | 0.0545 | 11 | 7 | 4 | 4 | 4 | 3 | 0.0303 |
| 10 | 6 | 4 | 3 | 0 | 3 | 0.0048 | 11 | 8 | 7 | 3 | 7 | 1 | 0.0242 | 11 | 7 | 4 | 4 | 4 | 1 | 0.1030 |
| 10 | 5 | 7 | 2 | 5 | 0 | 0.1667 | 11 | 8 | 7 | 3 | 7 | 0 | 0.0061 | 11 | 7 | 4 | 4 | 4 | 0 | 0.0061 |
| 10 | 5 | 7 | 2 | 2 | 2 | 0.1667 | 11 | 8 | 7 | 2 | 7 | 1 | 0.0242 | 11 | 7 | 4 | 4 | 3 | 4 | 0.0303 |
| 10 | 5 | 6 | 3 | 5 | 0 | 0.0476 | 11 | 8 | 7 | 2 | 7 | 0 | 0.0242 | 11 | 7 | 4 | 4 | 3 | 1 | 0.2000 |
| 10 | 5 | 6 | 3 | 4 | 0 | 0.1667 | 11 | 8 | 7 | 2 | 6 | 2 | 0.1091 | 11 | 7 | 4 | 4 | 1 | 4 | 0.1030 |
| 10 | 5 | 6 | 3 | 2 | 3 | 0.1667 | 11 | 8 | 7 | 2 | 6 | 0 | 0.1091 | 11 | 7 | 4 | 4 | 1 | 3 | 0.2000 |
| 10 | 5 | 6 | 3 | 1 | 3 | 0.0476 | 11 | 8 | 6 | 4 | 6 | 2 | 0.0606 | 11 | 7 | 4 | 4 | 0 | 4 | 0.0061 |
| 10 | 5 | 6 | 2 | 5 | 0 | 0.0476 | 11 | 8 | 6 | 4 | 6 | 1 | 0.0242 | 11 | 6 | 9 | 1 | 6 | 0 | 0.1818 |
| 10 | 5 | 6 | 2 | 1 | 2 | 0.0476 | 11 | 8 | 6 | 4 | 4 | 4 | 0.1515 | 11 | 6 | 8 | 2 | 6 | 0 | 0.0606 |
| 10 | 5 | 5 | 4 | 5 | 0 | 0.0079 | 11 | 8 | 6 | 3 | 6 | 2 | 0.0242 | 11 | 6 | 7 | 3 | 6 | 0 | 0.0152 |
| 10 | 5 | 5 | 4 | 4 | 0 | 0.0476 | 11 | 8 | 6 | 3 | 6 | 1 | 0.0970 | 11 | 6 | 7 | 3 | 5 | 0 | 0.1061 |
| 10 | 5 | 5 | 4 | 1 | 4 | 0.0476 | 11 | 8 | 6 | 3 | 6 | 0 | 0.0061 | 11 | 6 | 7 | 3 | 3 | 3 | 0.1818 |
| 10 | 5 | 5 | 4 | 0 | 4 | 0.0079 | 11 | 8 | 6 | 3 | 5 | 3 | 0.0970 | 11 | 6 | 7 | 3 | 2 | 3 | 0.1061 |
| 10 | 5 | 5 | 3 | 5 | 0 | 0.0079 | 11 | 8 | 5 | 4 | 5 | 3 | 0.0485 | 11 | 6 | 7 | 2 | 6 | 0 | 0.0152 |
| 10 | 5 | 5 | 3 | 4 | 0 | 0.1667 | 11 | 8 | 5 | 4 | 5 | 1 | 0.0485 | 11 | 6 | 7 | 2 | 2 | 2 | 0.0606 |
| 10 | 5 | 5 | 3 | 3 | 0 | 0.1667 | 11 | 8 | 5 | 4 | 4 | 4 | 0.0788 | 11 | 6 | 6 | 4 | 6 | 0 | 0.0022 |
| 10 | 5 | 5 | 3 | 2 | 3 | 0.1667 | 11 | 8 | 5 | 4 | 2 | 4 | 0.1394 | 11 | 6 | 6 | 4 | 5 | 1 | 0.1126 |
| 10 | 5 | 5 | 3 | 1 | 3 | 0.1667 | 11 | 8 | 5 | 3 | 5 | 3 | 0.0121 | 11 | 6 | 6 | 4 | 5 | 0 | 0.0281 |
| 10 | 5 | 5 | 3 | 0 | 3 | 0.0079 | 11 | 8 | 5 | 3 | 5 | 2 | 0.1212 | 11 | 6 | 6 | 4 | 2 | 4 | 0.0606 |
| 10 | 5 | 4 | 4 | 4 | 1 | 0.0794 | 11 | 8 | 5 | 3 | 5 | 1 | 0.1212 | 11 | 6 | 6 | 4 | 1 | 4 | 0.0281 |
| 10 | 5 | 4 | 4 | 4 | 0 | 0.0159 | 11 | 8 | 5 | 3 | 5 | 0 | 0.0121 | 11 | 6 | 6 | 3 | 6 | 0 | 0.0022 |
| 10 | 5 | 4 | 4 | 3 | 0 | 0.0794 | 11 | 8 | 5 | 3 | 2 | 3 | 0.1818 | 11 | 6 | 6 | 3 | 5 | 1 | 0.1126 |
| 10 | 5 | 4 | 4 | 1 | 4 | 0.0794 | 11 | 8 | 4 | 4 | 4 | 4 | 0.0061 | 11 | 6 | 6 | 3 | 5 | 0 | 0.0411 |
| 10 | 5 | 4 | 4 | 0 | 4 | 0.0159 | 11 | 8 | 4 | 4 | 4 | 3 | 0.2000 | 11 | 6 | 6 | 3 | 4 | 0 | 0.0736 |
| 10 | 5 | 4 | 4 | 0 | 3 | 0.0794 | 11 | 8 | 4 | 4 | 4 | 1 | 0.0545 | 11 | 6 | 6 | 3 | 3 | 3 | 0.1558 |
| 10 | 5 | 4 | 3 | 4 | 1 | 0.0476 | 11 | 8 | 4 | 4 | 3 | 4 | 0.2000 | 11 | 6 | 6 | 3 | 1 | 3 | 0.0152 |
| 10 | 5 | 4 | 3 | 4 | 0 | 0.0476 | 11 | 8 | 4 | 4 | 1 | 4 | 0.0545 | 11 | 6 | 5 | 5 | 5 | 1 | 0.0260 |
| 10 | 5 | 4 | 3 | 2 | 3 | 0.0952 | 11 | 7 | 9 | 1 | 7 | 0 | 0.1091 | 11 | 6 | 5 | 5 | 5 | 0 | 0.0043 |
| 10 | 5 | 4 | 3 | 2 | 0 | 0.0952 | 11 | 7 | 8 | 2 | 7 | 0 | 0.0242 | 11 | 6 | 5 | 5 | 4 | 1 | 0.1342 |
| 10 | 5 | 4 | 3 | 0 | 3 | 0.0476 | 11 | 7 | 8 | 2 | 6 | 0 | 0.1091 | 11 | 6 | 5 | 5 | 1 | 5 | 0.0260 |
| 10 | 5 | 4 | 3 | 0 | 2 | 0.0476 | 11 | 7 | 7 | 3 | 7 | 0 | 0.0030 | 11 | 6 | 5 | 5 | 1 | 4 | 0.1342 |
| 11 | 10 | 9 | 1 | 9 | 1 | 0.1818 | 11 | 7 | 7 | 3 | 6 | 1 | 0.0879 | 11 | 6 | 5 | 5 | 0 | 5 | 0.0043 |
| 11 | 10 | 9 | 1 | 9 | 0 | 0.1818 | 11 | 7 | 7 | 3 | 6 | 0 | 0.0242 | 11 | 6 | 5 | 5 | 0 | 1 | 0.0152 |
| 11 | 10 | 8 | 2 | 8 | 2 | 0.0909 | 11 | 7 | 7 | 2 | 7 | 0 | 0.0030 | 11 | 6 | 5 | 4 | 5 | 0 | 0.0065 |
| 11 | 10 | 7 | 3 | 7 | 3 | 0.0909 | 11 | 7 | 7 | 2 | 6 | 1 | 0.0879 | 11 | 6 | 5 | 4 | 4 | 2 | 0.1775 |
| 11 | 10 | 6 | 4 | 6 | 4 | 0.0909 | 11 | 7 | 7 | 2 | 6 | 0 | 0.0879 | 11 | 6 | 5 | 4 | 4 | 0 | 0.0260 |
| 11 | 10 | 6 | 3 | 6 | 3 | 0.1818 | 11 | 7 | 6 | 4 | 6 | 1 | 0.0152 | 11 | 6 | 5 | 4 | 2 | 4 | 0.0693 |
| 11 | 10 | 5 | 5 | 5 | 5 | 0.0909 | 11 | 7 | 6 | 4 | 6 | 0 | 0.0030 | 11 | 6 | 5 | 4 | 1 | 4 | 0.0693 |
| 11 | 10 | 5 | 4 | 5 | 4 | 0.1818 | 11 | 7 | 6 | 4 | 5 | 1 | 0.1939 | 11 | 6 | 5 | 4 | 1 | 3 | 0.1126 |
| 11 | 9 | 9 | 1 | 9 | 0 | 0.0182 | 11 | 7 | 6 | 4 | 3 | 4 | 0.1212 | 11 | 6 | 5 | 4 | 0 | 4 | 0.0022 |
| 11 | 9 | 8 | 2 | 8 | 1 | 0.0545 | 11 | 7 | 6 | 4 | 2 | 4 | 0.0606 | 11 | 6 | 5 | 3 | 5 | 1 | 0.0152 |
| 11 | 9 | 8 | 2 | 8 | 0 | 0.0182 | 11 | 7 | 6 | 3 | 6 | 1 | 0.0152 | 11 | 6 | 5 | 3 | 5 | 0 | 0.0152 |
| 11 | 9 | 8 | 2 | 7 | 2 | 0.2000 | 11 | 7 | 6 | 3 | 6 | 0 | 0.0061 | 11 | 6 | 5 | 3 | 4 | 2 | 0.1883 |
| 11 | 9 | 7 | 3 | 7 | 2 | 0.1091 | 11 | 7 | 6 | 3 | 5 | 2 | 0.1788 | 11 | 6 | 5 | 3 | 4 | 0 | 0.1883 |
| 11 | 9 | 7 | 3 | 7 | 1 | 0.1091 | 11 | 7 | 6 | 3 | 5 | 0 | 0.0333 | 11 | 6 | 5 | 3 | 3 | 3 | 0.0584 |
| 11 | 9 | 7 | 2 | 7 | 2 | 0.0364 | 11 | 7 | 6 | 3 | 4 | 3 | 0.1242 | 11 | 6 | 5 | 3 | 3 | 0 | 0.0584 |
| 11 | 9 | 7 | 2 | 7 | 1 | 0.1091 | 11 | 7 | 6 | 3 | 2 | 3 | 0.1242 | 11 | 6 | 5 | 3 | 1 | 3 | 0.1883 |
| 11 | 9 | 7 | 2 | 7 | 0 | 0.0364 | 11 | 7 | 5 | 5 | 5 | 2 | 0.0909 | 11 | 6 | 5 | 3 | 1 | 2 | 0.1883 |
| 11 | 9 | 6 | 4 | 6 | 3 | 0.0727 | 11 | 7 | 5 | 5 | 5 | 1 | 0.0303 | 11 | 6 | 5 | 3 | 0 | 3 | 0.0022 |
| 11 | 9 | 6 | 3 | 6 | 3 | 0.0182 | 11 | 7 | 5 | 5 | 2 | 5 | 0.0909 | 11 | 6 | 4 | 4 | 4 | 2 | 0.0563 |
| 11 | 9 | 6 | 3 | 6 | 2 | 0.1818 | 11 | 7 | 5 | 5 | 1 | 5 | 0.0303 | 11 | 6 | 4 | 4 | 4 | 1 | 0.1082 |
| 11 | 9 | 6 | 3 | 6 | 1 | 0.0727 | 11 | 7 | 5 | 4 | 5 | 2 | 0.0364 | 11 | 6 | 4 | 4 | 4 | 0 | 0.0130 |
| 11 | 9 | 5 | 5 | 5 | 4 | 0.1818 | 11 | 7 | 5 | 4 | 5 | 1 | 0.0606 | 11 | 6 | 4 | 4 | 3 | 3 | 0.1429 |
| 11 | 9 | 5 | 5 | 4 | 5 | 0.1818 | 11 | 7 | 5 | 4 | 5 | 0 | 0.0030 | 11 | 6 | 4 | 4 | 3 | 0 | 0.0303 |
| 11 | 9 | 5 | 4 | 5 | 4 | 0.0182 | 11 | 7 | 5 | 4 | 3 | 4 | 0.0909 | 11 | 6 | 4 | 4 | 2 | 4 | 0.0563 |
| 11 | 9 | 5 | 4 | 5 | 2 | 0.1273 | 11 | 7 | 5 | 4 | 1 | 4 | 0.0182 | 11 | 6 | 4 | 4 | 1 | 4 | 0.1082 |
| 11 | 9 | 5 | 3 | 5 | 3 | 0.1091 | 11 | 7 | 5 | 3 | 5 | 2 | 0.0182 | 11 | 6 | 4 | 4 | 0 | 4 | 0.0130 |
| 11 | 9 | 5 | 3 | 5 | 1 | 0.1091 | 11 | 7 | 5 | 3 | 5 | 1 | 0.0909 | 11 | 6 | 4 | 4 | 0 | 3 | 0.0303 |
| 11 | 9 | 4 | 4 | 4 | 4 | 0.0545 | 11 | 7 | 5 | 3 | 5 | 0 | 0.0182 | 12 | 11 | 10 | 1 | 10 | 1 | 0.1667 |
| 11 | 8 | 9 | 1 | 8 | 0 | 0.0545 | 11 | 7 | 5 | 3 | 4 | 3 | 0.0636 | 12 | 11 | 10 | 1 | 10 | 0 | 0.1667 |
| 11 | 8 | 8 | 2 | 8 | 0 | 0.0061 | 11 | 7 | 5 | 3 | 4 | 0 | 0.0636 | 12 | 11 | 9 | 2 | 9 | 2 | 0.0833 |
| 11 | 8 | 8 | 2 | 7 | 1 | 0.1515 | 11 | 7 | 5 | 3 | 1 | 3 | 0.0636 | 12 | 11 | 8 | 3 | 8 | 3 | 0.0833 |

Tafel XV-2-4-1 (Fortsetz.) 357

| N | $N_a$ | $N_1$ | $N_2$ | $a_1$ | $a_2$ | P | N | $N_a$ | $N_1$ | $N_2$ | $a_1$ | $a_2$ | P | N | $N_a$ | $N_1$ | $N_2$ | $a_1$ | $a_2$ | P |
|---|---|---|---|---|---|---|---|---|---|---|---|---|---|---|---|---|---|---|---|---|
| 12 | 11 | 7 | 4 | 7 | 4 | 0.0833 | 12 | 9 | 5 | 4 | 5 | 1 | 0.0227 | 12 | 8 | 4 | 4 | 3 | 1 | 0.2000 |
| 12 | 11 | 7 | 3 | 7 | 3 | 0.1667 | 12 | 9 | 5 | 4 | 4 | 4 | 0.1909 | 12 | 8 | 4 | 4 | 1 | 4 | 0.2000 |
| 12 | 11 | 6 | 5 | 6 | 5 | 0.0833 | 12 | 9 | 5 | 4 | 2 | 4 | 0.0682 | 12 | 8 | 4 | 4 | 1 | 3 | 0.2000 |
| 12 | 11 | 6 | 4 | 6 | 4 | 0.1667 | 12 | 9 | 4 | 4 | 4 | 4 | 0.0545 | 12 | 8 | 4 | 4 | 0 | 4 | 0.0061 |
| 12 | 11 | 5 | 5 | 5 | 5 | 0.1667 | 12 | 9 | 4 | 4 | 4 | 1 | 0.0545 | 12 | 7 | 10 | 1 | 7 | 0 | 0.1515 |
| 12 | 10 | 10 | 1 | 10 | 0 | 0.0152 | 12 | 9 | 4 | 4 | 1 | 4 | 0.0545 | 12 | 7 | 9 | 2 | 7 | 0 | 0.0455 |
| 12 | 10 | 9 | 2 | 9 | 1 | 0.0455 | 12 | 8 | 10 | 1 | 8 | 0 | 0.0909 | 12 | 7 | 9 | 2 | 6 | 0 | 0.1515 |
| 12 | 10 | 9 | 2 | 9 | 0 | 0.0152 | 12 | 8 | 9 | 2 | 8 | 0 | 0.0182 | 12 | 7 | 8 | 3 | 7 | 0 | 0.0101 |
| 12 | 10 | 9 | 2 | 8 | 2 | 0.1818 | 12 | 8 | 9 | 2 | 7 | 0 | 0.0909 | 12 | 7 | 8 | 3 | 6 | 0 | 0.0455 |
| 12 | 10 | 8 | 3 | 8 | 2 | 0.0909 | 12 | 8 | 8 | 3 | 8 | 0 | 0.0020 | 12 | 7 | 8 | 3 | 3 | 3 | 0.1162 |
| 12 | 10 | 8 | 3 | 8 | 1 | 0.0909 | 12 | 8 | 8 | 3 | 7 | 1 | 0.0667 | 12 | 7 | 8 | 2 | 7 | 0 | 0.0101 |
| 12 | 10 | 8 | 2 | 8 | 2 | 0.0303 | 12 | 8 | 8 | 3 | 7 | 0 | 0.0182 | 12 | 7 | 7 | 4 | 7 | 0 | 0.0013 |
| 12 | 10 | 8 | 2 | 8 | 1 | 0.0909 | 12 | 8 | 8 | 3 | 5 | 3 | 0.1798 | 12 | 7 | 7 | 4 | 6 | 1 | 0.0720 |
| 12 | 10 | 8 | 2 | 8 | 0 | 0.0303 | 12 | 8 | 8 | 2 | 8 | 0 | 0.0020 | 12 | 7 | 7 | 4 | 6 | 0 | 0.0101 |
| 12 | 10 | 7 | 4 | 7 | 3 | 0.0606 | 12 | 8 | 8 | 2 | 7 | 1 | 0.0667 | 12 | 7 | 7 | 4 | 3 | 4 | 0.1162 |
| 12 | 10 | 7 | 4 | 7 | 2 | 0.1515 | 12 | 8 | 8 | 2 | 7 | 0 | 0.0667 | 12 | 7 | 7 | 4 | 2 | 4 | 0.0366 |
| 12 | 10 | 7 | 3 | 7 | 3 | 0.0152 | 12 | 8 | 8 | 2 | 6 | 2 | 0.1798 | 12 | 7 | 7 | 3 | 7 | 0 | 0.0013 |
| 12 | 10 | 7 | 3 | 7 | 2 | 0.1515 | 12 | 8 | 8 | 2 | 6 | 0 | 0.1798 | 12 | 7 | 7 | 3 | 6 | 1 | 0.0985 |
| 12 | 10 | 7 | 3 | 7 | 1 | 0.0606 | 12 | 8 | 7 | 4 | 7 | 1 | 0.0101 | 12 | 7 | 7 | 3 | 6 | 0 | 0.0189 |
| 12 | 10 | 6 | 5 | 6 | 4 | 0.0758 | 12 | 8 | 7 | 4 | 7 | 0 | 0.0020 | 12 | 7 | 7 | 3 | 5 | 0 | 0.0985 |
| 12 | 10 | 6 | 5 | 5 | 5 | 0.1667 | 12 | 8 | 7 | 4 | 6 | 1 | 0.0667 | 12 | 7 | 7 | 3 | 4 | 3 | 0.1427 |
| 12 | 10 | 6 | 4 | 6 | 4 | 0.0152 | 12 | 8 | 7 | 3 | 7 | 1 | 0.0101 | 12 | 7 | 7 | 3 | 2 | 3 | 0.0985 |
| 12 | 10 | 6 | 4 | 6 | 2 | 0.1061 | 12 | 8 | 7 | 3 | 7 | 0 | 0.0040 | 12 | 7 | 6 | 5 | 6 | 1 | 0.0076 |
| 12 | 10 | 6 | 3 | 6 | 3 | 0.0909 | 12 | 8 | 7 | 3 | 6 | 2 | 0.1091 | 12 | 7 | 6 | 5 | 6 | 0 | 0.0013 |
| 12 | 10 | 6 | 3 | 6 | 1 | 0.0909 | 12 | 8 | 7 | 3 | 6 | 0 | 0.0242 | 12 | 7 | 6 | 5 | 5 | 2 | 0.1477 |
| 12 | 10 | 5 | 5 | 5 | 5 | 0.0152 | 12 | 8 | 7 | 3 | 5 | 3 | 0.1091 | 12 | 7 | 6 | 5 | 5 | 1 | 0.0720 |
| 12 | 10 | 5 | 4 | 5 | 4 | 0.0455 | 12 | 8 | 7 | 3 | 3 | 3 | 0.1798 | 12 | 7 | 6 | 5 | 2 | 5 | 0.0341 |
| 12 | 10 | 5 | 4 | 5 | 2 | 0.1364 | 12 | 8 | 6 | 5 | 6 | 2 | 0.0303 | 12 | 7 | 6 | 5 | 1 | 5 | 0.0152 |
| 12 | 9 | 10 | 1 | 9 | 0 | 0.0455 | 12 | 8 | 6 | 5 | 6 | 1 | 0.0101 | 12 | 7 | 6 | 4 | 6 | 1 | 0.0076 |
| 12 | 9 | 9 | 2 | 9 | 0 | 0.0045 | 12 | 8 | 6 | 5 | 3 | 5 | 0.1210 | 12 | 7 | 6 | 4 | 6 | 0 | 0.0025 |
| 12 | 9 | 9 | 2 | 8 | 1 | 0.1273 | 12 | 8 | 6 | 5 | 2 | 5 | 0.0606 | 12 | 7 | 6 | 4 | 5 | 3 | 0.1313 |
| 12 | 9 | 9 | 2 | 8 | 0 | 0.0455 | 12 | 8 | 6 | 4 | 6 | 2 | 0.0141 | 12 | 7 | 6 | 4 | 5 | 1 | 0.1919 |
| 12 | 9 | 8 | 3 | 8 | 1 | 0.0182 | 12 | 8 | 6 | 4 | 6 | 1 | 0.0303 | 12 | 7 | 6 | 4 | 5 | 0 | 0.0227 |
| 12 | 9 | 8 | 3 | 8 | 0 | 0.0045 | 12 | 8 | 6 | 4 | 6 | 0 | 0.0020 | 12 | 7 | 6 | 4 | 3 | 4 | 0.0480 |
| 12 | 9 | 8 | 2 | 8 | 1 | 0.0182 | 12 | 8 | 6 | 4 | 5 | 3 | 0.1879 | 12 | 7 | 6 | 4 | 2 | 4 | 0.0859 |
| 12 | 9 | 8 | 2 | 8 | 0 | 0.0182 | 12 | 8 | 6 | 4 | 5 | 1 | 0.1879 | 12 | 7 | 6 | 4 | 1 | 4 | 0.0227 |
| 12 | 9 | 8 | 2 | 7 | 2 | 0.0909 | 12 | 8 | 6 | 4 | 4 | 4 | 0.0909 | 12 | 7 | 6 | 3 | 6 | 1 | 0.0076 |
| 12 | 9 | 8 | 2 | 7 | 0 | 0.0909 | 12 | 8 | 6 | 4 | 2 | 4 | 0.0909 | 12 | 7 | 6 | 3 | 6 | 0 | 0.0076 |
| 12 | 9 | 7 | 4 | 7 | 2 | 0.0455 | 12 | 8 | 6 | 3 | 6 | 2 | 0.0121 | 12 | 7 | 6 | 3 | 5 | 2 | 0.0985 |
| 12 | 9 | 7 | 4 | 7 | 1 | 0.0182 | 12 | 8 | 6 | 3 | 6 | 1 | 0.0545 | 12 | 7 | 6 | 3 | 5 | 0 | 0.0985 |
| 12 | 9 | 7 | 4 | 5 | 4 | 0.1409 | 12 | 8 | 6 | 3 | 6 | 0 | 0.0121 | 12 | 7 | 6 | 3 | 4 | 3 | 0.0530 |
| 12 | 9 | 7 | 3 | 7 | 2 | 0.0182 | 12 | 8 | 6 | 3 | 5 | 3 | 0.0364 | 12 | 7 | 6 | 3 | 4 | 0 | 0.0530 |
| 12 | 9 | 7 | 3 | 7 | 1 | 0.0455 | 12 | 8 | 6 | 3 | 5 | 0 | 0.0364 | 12 | 7 | 6 | 3 | 1 | 3 | 0.0152 |
| 12 | 9 | 7 | 3 | 7 | 0 | 0.0045 | 12 | 8 | 6 | 3 | 2 | 3 | 0.0848 | 12 | 7 | 5 | 5 | 5 | 2 | 0.0530 |
| 12 | 9 | 7 | 3 | 6 | 3 | 0.0773 | 12 | 8 | 5 | 5 | 5 | 3 | 0.0606 | 12 | 7 | 5 | 5 | 5 | 1 | 0.0530 |
| 12 | 9 | 7 | 3 | 6 | 1 | 0.1727 | 12 | 8 | 5 | 5 | 5 | 2 | 0.1414 | 12 | 7 | 5 | 5 | 5 | 0 | 0.0025 |
| 12 | 9 | 6 | 5 | 6 | 3 | 0.0909 | 12 | 8 | 5 | 5 | 5 | 1 | 0.0202 | 12 | 7 | 5 | 5 | 4 | 1 | 0.1162 |
| 12 | 9 | 6 | 5 | 6 | 2 | 0.0909 | 12 | 8 | 5 | 5 | 4 | 4 | 0.1919 | 12 | 7 | 5 | 5 | 2 | 5 | 0.0530 |
| 12 | 9 | 6 | 5 | 4 | 5 | 0.1591 | 12 | 8 | 5 | 5 | 3 | 5 | 0.0606 | 12 | 7 | 5 | 5 | 1 | 4 | 0.1162 |
| 12 | 9 | 6 | 4 | 6 | 3 | 0.0364 | 12 | 8 | 5 | 5 | 2 | 5 | 0.1414 | 12 | 7 | 5 | 5 | 0 | 5 | 0.0025 |
| 12 | 9 | 6 | 4 | 6 | 2 | 0.1182 | 12 | 8 | 5 | 5 | 1 | 5 | 0.0202 | 12 | 7 | 5 | 4 | 5 | 2 | 0.0189 |
| 12 | 9 | 6 | 4 | 6 | 0 | 0.0364 | 12 | 8 | 5 | 4 | 5 | 3 | 0.0101 | 12 | 7 | 5 | 4 | 5 | 1 | 0.0467 |
| 12 | 9 | 6 | 4 | 5 | 4 | 0.0636 | 12 | 8 | 5 | 4 | 5 | 2 | 0.0909 | 12 | 7 | 5 | 4 | 5 | 0 | 0.0051 |
| 12 | 9 | 6 | 3 | 6 | 3 | 0.0091 | 12 | 8 | 5 | 4 | 5 | 1 | 0.0545 | 12 | 7 | 5 | 4 | 5 | 0 | 0.0051 |
| 12 | 9 | 6 | 3 | 6 | 2 | 0.0909 | 12 | 8 | 5 | 4 | 5 | 0 | 0.0020 | 12 | 7 | 5 | 4 | 4 | 0 | 0.1162 |
| 12 | 9 | 6 | 3 | 6 | 1 | 0.0909 | 12 | 8 | 5 | 4 | 4 | 4 | 0.0303 | 12 | 7 | 5 | 4 | 4 | 0 | 0.0114 |
| 12 | 9 | 6 | 3 | 6 | 0 | 0.0091 | 12 | 8 | 5 | 4 | 4 | 1 | 0.1313 | 12 | 7 | 5 | 4 | 3 | 4 | 0.0316 |
| 12 | 9 | 5 | 5 | 5 | 4 | 0.0455 | 12 | 8 | 5 | 4 | 1 | 4 | 0.0303 | 12 | 7 | 5 | 4 | 1 | 4 | 0.1540 |
| 12 | 9 | 5 | 5 | 5 | 2 | 0.1364 | 12 | 8 | 4 | 4 | 4 | 4 | 0.0061 | 12 | 7 | 5 | 4 | 1 | 4 | 0.0657 |
| 12 | 9 | 5 | 5 | 4 | 5 | 0.0455 | 12 | 8 | 4 | 4 | 4 | 3 | 0.2000 | 12 | 7 | 5 | 4 | 1 | 3 | 0.1162 |
| 12 | 9 | 5 | 5 | 2 | 5 | 0.1364 | 12 | 8 | 4 | 4 | 4 | 1 | 0.2000 | 12 | 7 | 5 | 4 | 0 | 3 | 0.0013 |
| 12 | 9 | 5 | 4 | 5 | 4 | 0.0045 | 12 | 8 | 4 | 4 | 4 | 0 | 0.0061 | 12 | 7 | 4 | 4 | 4 | 3 | 0.0303 |
| 12 | 9 | 5 | 4 | 5 | 3 | 0.1227 | 12 | 8 | 4 | 4 | 3 | 4 | 0.2000 | 12 | 7 | 4 | 4 | 4 | 0 | 0.0303 |

Tafel XV-2-4-1 (Fortsetz.)

| N | $N_a$ | $N_1$ | $N_2$ | $a_1$ | $a_2$ | P | N | $N_a$ | $N_1$ | $N_2$ | $a_1$ | $a_2$ | P | N | $N_a$ | $N_1$ | $N_2$ | $a_1$ | $a_2$ | P |
|---|---|---|---|---|---|---|---|---|---|---|---|---|---|---|---|---|---|---|---|---|
| 12 | 7 | 4 | 4 | 3 | 4 | 0.0303 | 12 | 6 | 4 | 4 | 3 | 3 | 0.1429 | 13 | 10 | 8 | 3 | 8 | 2 | 0.0140 |
| 12 | 7 | 4 | 4 | 3 | 0 | 0.0303 | 12 | 6 | 4 | 4 | 3 | 0 | 0.1429 | 13 | 10 | 8 | 3 | 8 | 1 | 0.0350 |
| 12 | 7 | 4 | 4 | 0 | 4 | 0.0303 | 12 | 6 | 4 | 4 | 2 | 4 | 0.0390 | 13 | 10 | 8 | 3 | 8 | 0 | 0.0035 |
| 12 | 7 | 4 | 4 | 0 | 3 | 0.0303 | 12 | 6 | 4 | 4 | 2 | 0 | 0.0390 | 13 | 10 | 8 | 3 | 7 | 3 | 0.0629 |
| 12 | 6 | 9 | 2 | 6 | 0 | 0.1818 | 12 | 6 | 4 | 4 | 1 | 4 | 0.1429 | 13 | 10 | 8 | 3 | 7 | 1 | 0.1469 |
| 12 | 6 | 9 | 2 | 3 | 2 | 0.1818 | 12 | 6 | 4 | 4 | 1 | 1 | 0.1429 | 13 | 10 | 7 | 5 | 7 | 3 | 0.0699 |
| 12 | 6 | 8 | 3 | 6 | 0 | 0.0606 | 12 | 6 | 4 | 4 | 0 | 4 | 0.0390 | 13 | 10 | 7 | 5 | 7 | 2 | 0.0699 |
| 12 | 6 | 8 | 3 | 5 | 0 | 0.1818 | 12 | 6 | 4 | 4 | 0 | 3 | 0.1429 | 13 | 10 | 7 | 5 | 5 | 5 | 0.1434 |
| 12 | 6 | 8 | 3 | 3 | 3 | 0.1818 | 12 | 6 | 4 | 4 | 0 | 2 | 0.0390 | 13 | 10 | 7 | 4 | 7 | 3 | 0.0280 |
| 12 | 6 | 8 | 3 | 2 | 3 | 0.0606 | 13 | 12 | 11 | 1 | 11 | 1 | 0.1538 | 13 | 10 | 7 | 4 | 7 | 2 | 0.0944 |
| 12 | 6 | 8 | 2 | 6 | 0 | 0.0606 | 13 | 12 | 11 | 1 | 11 | 0 | 0.1538 | 13 | 10 | 7 | 4 | 7 | 1 | 0.0280 |
| 12 | 6 | 8 | 2 | 2 | 2 | 0.0606 | 13 | 12 | 10 | 2 | 10 | 2 | 0.0769 | 13 | 10 | 7 | 4 | 6 | 4 | 0.0524 |
| 12 | 6 | 7 | 4 | 6 | 0 | 0.0152 | 13 | 12 | 9 | 3 | 9 | 3 | 0.0769 | 13 | 10 | 7 | 3 | 7 | 3 | 0.0070 |
| 12 | 6 | 7 | 4 | 5 | 0 | 0.0606 | 13 | 12 | 8 | 4 | 8 | 4 | 0.0769 | 13 | 10 | 7 | 3 | 7 | 2 | 0.0699 |
| 12 | 6 | 7 | 4 | 2 | 4 | 0.0606 | 13 | 12 | 8 | 3 | 8 | 3 | 0.1538 | 13 | 10 | 7 | 3 | 7 | 1 | 0.0699 |
| 12 | 6 | 7 | 4 | 1 | 4 | 0.0152 | 13 | 12 | 7 | 5 | 7 | 5 | 0.0769 | 13 | 10 | 7 | 3 | 7 | 0 | 0.0070 |
| 12 | 6 | 7 | 3 | 6 | 0 | 0.0152 | 13 | 12 | 7 | 4 | 7 | 4 | 0.1538 | 13 | 10 | 6 | 6 | 6 | 4 | 0.1049 |
| 12 | 6 | 7 | 3 | 5 | 0 | 0.1818 | 13 | 12 | 6 | 6 | 6 | 6 | 0.0769 | 13 | 10 | 6 | 6 | 4 | 6 | 0.1049 |
| 12 | 6 | 7 | 3 | 4 | 0 | 0.0909 | 13 | 12 | 6 | 5 | 6 | 5 | 0.1538 | 13 | 10 | 6 | 5 | 6 | 4 | 0.0175 |
| 12 | 6 | 7 | 3 | 3 | 3 | 0.0909 | 13 | 11 | 11 | 1 | 11 | 0 | 0.0128 | 13 | 10 | 6 | 5 | 6 | 2 | 0.0734 |
| 12 | 6 | 7 | 3 | 2 | 3 | 0.1818 | 13 | 11 | 10 | 2 | 10 | 1 | 0.0385 | 13 | 10 | 6 | 5 | 5 | 5 | 0.0385 |
| 12 | 6 | 7 | 3 | 1 | 3 | 0.0152 | 13 | 11 | 10 | 2 | 10 | 0 | 0.0128 | 13 | 10 | 6 | 4 | 6 | 4 | 0.0035 |
| 12 | 6 | 6 | 5 | 6 | 0 | 0.0022 | 13 | 11 | 10 | 2 | 9 | 2 | 0.1667 | 13 | 10 | 6 | 4 | 6 | 3 | 0.0594 |
| 12 | 6 | 6 | 5 | 5 | 1 | 0.0801 | 13 | 11 | 9 | 3 | 9 | 2 | 0.0769 | 13 | 10 | 6 | 4 | 6 | 2 | 0.1853 |
| 12 | 6 | 6 | 5 | 5 | 0 | 0.0152 | 13 | 11 | 9 | 3 | 9 | 1 | 0.0769 | 13 | 10 | 6 | 4 | 6 | 1 | 0.0175 |
| 12 | 6 | 6 | 5 | 1 | 5 | 0.0152 | 13 | 11 | 9 | 3 | 8 | 3 | 0.1923 | 13 | 10 | 6 | 4 | 5 | 4 | 0.1853 |
| 12 | 6 | 6 | 5 | 1 | 4 | 0.0801 | 13 | 11 | 9 | 2 | 9 | 2 | 0.0256 | 13 | 10 | 5 | 5 | 5 | 5 | 0.0035 |
| 12 | 6 | 6 | 5 | 0 | 5 | 0.0022 | 13 | 11 | 9 | 2 | 9 | 1 | 0.0769 | 13 | 10 | 5 | 5 | 5 | 4 | 0.1783 |
| 12 | 6 | 6 | 4 | 6 | 0 | 0.0022 | 13 | 11 | 9 | 2 | 9 | 0 | 0.0256 | 13 | 10 | 5 | 5 | 5 | 2 | 0.0734 |
| 12 | 6 | 6 | 4 | 5 | 1 | 0.1126 | 13 | 11 | 8 | 4 | 8 | 3 | 0.0513 | 13 | 10 | 5 | 5 | 4 | 5 | 0.1783 |
| 12 | 6 | 6 | 4 | 5 | 0 | 0.0281 | 13 | 11 | 8 | 4 | 8 | 2 | 0.1282 | 13 | 10 | 5 | 5 | 2 | 5 | 0.0734 |
| 12 | 6 | 6 | 4 | 4 | 0 | 0.0606 | 13 | 11 | 8 | 3 | 8 | 3 | 0.0128 | 13 | 10 | 5 | 4 | 5 | 4 | 0.0280 |
| 12 | 6 | 6 | 4 | 2 | 4 | 0.0606 | 13 | 11 | 8 | 3 | 8 | 2 | 0.1282 | 13 | 10 | 5 | 4 | 5 | 1 | 0.0280 |
| 12 | 6 | 6 | 4 | 1 | 4 | 0.0281 | 13 | 11 | 8 | 3 | 8 | 1 | 0.0513 | 13 | 10 | 5 | 4 | 2 | 4 | 0.0629 |
| 12 | 6 | 6 | 4 | 1 | 3 | 0.1126 | 13 | 11 | 7 | 5 | 7 | 4 | 0.0641 | 13 | 9 | 11 | 1 | 9 | 0 | 0.0769 |
| 12 | 6 | 6 | 4 | 0 | 4 | 0.0022 | 13 | 11 | 7 | 5 | 6 | 5 | 0.1538 | 13 | 9 | 10 | 2 | 9 | 0 | 0.0140 |
| 12 | 6 | 6 | 3 | 6 | 0 | 0.0022 | 13 | 11 | 7 | 4 | 7 | 4 | 0.0128 | 13 | 9 | 10 | 2 | 8 | 0 | 0.0769 |
| 12 | 6 | 6 | 3 | 5 | 1 | 0.0801 | 13 | 11 | 7 | 4 | 7 | 3 | 0.1923 | 13 | 9 | 9 | 3 | 9 | 0 | 0.0014 |
| 12 | 6 | 6 | 3 | 5 | 0 | 0.0801 | 13 | 11 | 7 | 4 | 7 | 2 | 0.0897 | 13 | 9 | 9 | 3 | 8 | 1 | 0.0517 |
| 12 | 6 | 6 | 3 | 3 | 3 | 0.1234 | 13 | 11 | 7 | 3 | 7 | 3 | 0.0769 | 13 | 9 | 9 | 3 | 8 | 0 | 0.0140 |
| 12 | 6 | 6 | 3 | 3 | 0 | 0.1234 | 13 | 11 | 7 | 3 | 7 | 2 | 0.1923 | 13 | 9 | 9 | 3 | 6 | 3 | 0.1692 |
| 12 | 6 | 6 | 3 | 1 | 3 | 0.0801 | 13 | 11 | 7 | 3 | 7 | 1 | 0.0769 | 13 | 9 | 9 | 2 | 9 | 0 | 0.0014 |
| 12 | 6 | 6 | 3 | 1 | 2 | 0.0801 | 13 | 11 | 6 | 6 | 6 | 5 | 0.1538 | 13 | 9 | 9 | 2 | 8 | 1 | 0.0517 |
| 12 | 6 | 6 | 3 | 0 | 3 | 0.0022 | 13 | 11 | 6 | 6 | 5 | 6 | 0.1538 | 13 | 9 | 9 | 2 | 8 | 0 | 0.0517 |
| 12 | 6 | 5 | 5 | 5 | 1 | 0.0260 | 13 | 11 | 6 | 5 | 6 | 5 | 0.0128 | 13 | 9 | 9 | 2 | 7 | 2 | 0.1524 |
| 12 | 6 | 5 | 5 | 5 | 0 | 0.0043 | 13 | 11 | 6 | 4 | 6 | 4 | 0.0385 | 13 | 9 | 9 | 2 | 7 | 0 | 0.1524 |
| 12 | 6 | 5 | 5 | 4 | 0 | 0.0260 | 13 | 11 | 6 | 4 | 6 | 2 | 0.1154 | 13 | 9 | 8 | 4 | 8 | 1 | 0.0070 |
| 12 | 6 | 5 | 5 | 1 | 5 | 0.0260 | 13 | 11 | 5 | 5 | 5 | 5 | 0.0385 | 13 | 9 | 8 | 4 | 8 | 0 | 0.0014 |
| 12 | 6 | 5 | 5 | 0 | 5 | 0.0043 | 13 | 11 | 5 | 4 | 5 | 4 | 0.1538 | 13 | 9 | 8 | 4 | 7 | 2 | 0.1189 |
| 12 | 6 | 5 | 5 | 0 | 4 | 0.0260 | 13 | 11 | 5 | 4 | 5 | 2 | 0.1538 | 13 | 9 | 8 | 4 | 7 | 1 | 0.0517 |
| 12 | 6 | 5 | 4 | 5 | 1 | 0.0152 | 13 | 10 | 11 | 1 | 10 | 0 | 0.0385 | 13 | 9 | 8 | 4 | 5 | 4 | 0.1972 |
| 12 | 6 | 5 | 4 | 5 | 0 | 0.0065 | 13 | 10 | 10 | 2 | 10 | 0 | 0.0035 | 13 | 9 | 8 | 3 | 8 | 1 | 0.0070 |
| 12 | 6 | 5 | 4 | 4 | 2 | 0.1342 | 13 | 10 | 10 | 2 | 9 | 1 | 0.1084 | 13 | 9 | 8 | 3 | 8 | 0 | 0.0028 |
| 12 | 6 | 5 | 4 | 4 | 0 | 0.0693 | 13 | 10 | 10 | 2 | 9 | 0 | 0.0385 | 13 | 9 | 8 | 3 | 7 | 2 | 0.0517 |
| 12 | 6 | 5 | 4 | 3 | 0 | 0.0368 | 13 | 10 | 9 | 3 | 9 | 1 | 0.0140 | 13 | 9 | 8 | 3 | 7 | 1 | 0.1580 |
| 12 | 6 | 5 | 4 | 2 | 4 | 0.0368 | 13 | 10 | 9 | 3 | 9 | 0 | 0.0035 | 13 | 9 | 8 | 3 | 7 | 0 | 0.0182 |
| 12 | 6 | 5 | 4 | 1 | 4 | 0.0693 | 13 | 10 | 9 | 2 | 9 | 1 | 0.0140 | 13 | 9 | 8 | 3 | 6 | 3 | 0.0909 |
| 12 | 6 | 5 | 4 | 1 | 2 | 0.1342 | 13 | 10 | 9 | 2 | 9 | 0 | 0.0140 | 13 | 9 | 7 | 5 | 7 | 2 | 0.0210 |
| 12 | 6 | 5 | 4 | 0 | 4 | 0.0065 | 13 | 10 | 9 | 2 | 8 | 2 | 0.0769 | 13 | 9 | 7 | 5 | 7 | 1 | 0.0070 |
| 12 | 6 | 5 | 4 | 0 | 3 | 0.0152 | 13 | 10 | 9 | 2 | 8 | 0 | 0.0769 | 13 | 9 | 7 | 5 | 4 | 5 | 0.1189 |
| 12 | 6 | 4 | 4 | 4 | 2 | 0.0390 | 13 | 10 | 8 | 4 | 8 | 2 | 0.0350 | 13 | 9 | 7 | 5 | 3 | 5 | 0.1189 |
| 12 | 6 | 4 | 4 | 4 | 1 | 0.1429 | 13 | 10 | 8 | 4 | 8 | 1 | 0.0140 | 13 | 9 | 7 | 4 | 7 | 2 | 0.0098 |
| 12 | 6 | 4 | 4 | 4 | 0 | 0.0390 | 13 | 10 | 8 | 4 | 6 | 4 | 0.1329 | 13 | 9 | 7 | 4 | 7 | 1 | 0.0210 |

Tafel XV-2-4-1 (Fortsetz.) 359

| N | $N_a$ | $N_1$ | $N_2$ | $a_1$ | $a_2$ | P | N | $N_a$ | $N_1$ | $N_2$ | $a_1$ | $a_2$ | P | N | $N_a$ | $N_1$ | $N_2$ | $a_1$ | $a_2$ | P |
|---|---|---|---|---|---|---|---|---|---|---|---|---|---|---|---|---|---|---|---|---|
| 13 | 9 | 7 | 4 | 7 | 0 | 0.0014 | 13 | 8 | 8 | 3 | 6 | 0 | 0.0536 | 13 | 8 | 5 | 4 | 4 | 0 | 0.0148 |
| 13 | 9 | 7 | 4 | 6 | 3 | 0.1287 | 13 | 8 | 8 | 3 | 5 | 3 | 0.1406 | 13 | 8 | 5 | 4 | 3 | 4 | 0.1453 |
| 13 | 9 | 7 | 4 | 6 | 1 | 0.1287 | 13 | 8 | 8 | 3 | 3 | 3 | 0.1406 | 13 | 8 | 5 | 4 | 3 | 1 | 0.1453 |
| 13 | 9 | 7 | 4 | 5 | 4 | 0.0503 | 13 | 8 | 7 | 5 | 7 | 1 | 0.0047 | 13 | 8 | 5 | 4 | 1 | 4 | 0.0458 |
| 13 | 9 | 7 | 4 | 3 | 4 | 0.1776 | 13 | 8 | 7 | 5 | 7 | 0 | 0.0008 | 13 | 8 | 5 | 4 | 1 | 3 | 0.0458 |
| 13 | 9 | 7 | 3 | 7 | 2 | 0.0084 | 13 | 8 | 7 | 5 | 6 | 2 | 0.1298 | 13 | 8 | 5 | 4 | 0 | 4 | 0.0008 |
| 13 | 9 | 7 | 3 | 7 | 1 | 0.0406 | 13 | 8 | 7 | 5 | 6 | 1 | 0.0754 | 13 | 7 | 11 | 1 | 7 | 0 | 0.1923 |
| 13 | 9 | 7 | 3 | 7 | 0 | 0.0084 | 13 | 8 | 7 | 5 | 3 | 5 | 0.0754 | 13 | 7 | 10 | 2 | 7 | 0 | 0.0699 |
| 13 | 9 | 7 | 3 | 6 | 3 | 0.0280 | 13 | 8 | 7 | 5 | 2 | 5 | 0.0210 | 13 | 7 | 9 | 3 | 7 | 0 | 0.0210 |
| 13 | 9 | 7 | 3 | 6 | 0 | 0.0280 | 13 | 8 | 7 | 4 | 7 | 1 | 0.0047 | 13 | 7 | 9 | 3 | 6 | 0 | 0.1189 |
| 13 | 9 | 7 | 3 | 3 | 3 | 0.0895 | 13 | 8 | 7 | 4 | 7 | 0 | 0.0016 | 13 | 7 | 9 | 3 | 4 | 3 | 0.1923 |
| 13 | 9 | 6 | 6 | 6 | 3 | 0.0979 | 13 | 8 | 7 | 4 | 6 | 2 | 0.0862 | 13 | 7 | 9 | 3 | 3 | 3 | 0.1189 |
| 13 | 9 | 6 | 6 | 6 | 2 | 0.0420 | 13 | 8 | 7 | 4 | 6 | 1 | 0.1298 | 13 | 7 | 9 | 2 | 7 | 0 | 0.0210 |
| 13 | 9 | 6 | 6 | 3 | 6 | 0.0979 | 13 | 8 | 7 | 4 | 6 | 0 | 0.0101 | 13 | 7 | 9 | 2 | 3 | 2 | 0.0699 |
| 13 | 9 | 6 | 6 | 2 | 6 | 0.0420 | 13 | 8 | 7 | 4 | 4 | 4 | 0.0536 | 13 | 7 | 8 | 4 | 7 | 0 | 0.0047 |
| 13 | 9 | 6 | 5 | 6 | 3 | 0.0210 | 13 | 8 | 7 | 4 | 3 | 4 | 0.1841 | 13 | 7 | 8 | 4 | 6 | 1 | 0.1352 |
| 13 | 9 | 6 | 5 | 6 | 2 | 0.0909 | 13 | 8 | 7 | 4 | 2 | 4 | 0.0264 | 13 | 7 | 8 | 4 | 6 | 0 | 0.0373 |
| 13 | 9 | 6 | 5 | 6 | 1 | 0.0070 | 13 | 8 | 7 | 3 | 7 | 1 | 0.0047 | 13 | 7 | 8 | 4 | 3 | 4 | 0.0699 |
| 13 | 9 | 6 | 5 | 5 | 4 | 0.1329 | 13 | 8 | 7 | 3 | 7 | 0 | 0.0047 | 13 | 7 | 8 | 4 | 2 | 4 | 0.0373 |
| 13 | 9 | 6 | 5 | 4 | 5 | 0.0629 | 13 | 8 | 7 | 3 | 6 | 2 | 0.0862 | 13 | 7 | 8 | 3 | 7 | 0 | 0.0047 |
| 13 | 9 | 6 | 5 | 3 | 5 | 0.1888 | 13 | 8 | 7 | 3 | 6 | 1 | 0.1352 | 13 | 7 | 8 | 3 | 6 | 1 | 0.1760 |
| 13 | 9 | 6 | 5 | 2 | 5 | 0.0629 | 13 | 8 | 7 | 3 | 6 | 0 | 0.0862 | 13 | 7 | 8 | 3 | 6 | 0 | 0.0862 |
| 13 | 9 | 6 | 4 | 6 | 3 | 0.0070 | 13 | 8 | 7 | 3 | 5 | 3 | 0.0862 | 13 | 7 | 8 | 3 | 5 | 0 | 0.0862 |
| 13 | 9 | 6 | 4 | 6 | 2 | 0.0783 | 13 | 8 | 7 | 3 | 5 | 0 | 0.0862 | 13 | 7 | 8 | 3 | 4 | 3 | 0.1270 |
| 13 | 9 | 6 | 4 | 6 | 1 | 0.0322 | 13 | 8 | 7 | 3 | 2 | 3 | 0.0862 | 13 | 7 | 8 | 3 | 2 | 3 | 0.0210 |
| 13 | 9 | 6 | 4 | 6 | 0 | 0.0014 | 13 | 8 | 6 | 6 | 6 | 2 | 0.0326 | 13 | 7 | 7 | 5 | 7 | 0 | 0.0006 |
| 13 | 9 | 6 | 4 | 5 | 4 | 0.0154 | 13 | 8 | 6 | 6 | 6 | 1 | 0.0093 | 13 | 7 | 7 | 5 | 6 | 1 | 0.0414 |
| 13 | 9 | 6 | 4 | 5 | 1 | 0.1119 | 13 | 8 | 6 | 6 | 5 | 2 | 0.1725 | 13 | 7 | 7 | 5 | 6 | 0 | 0.0087 |
| 13 | 9 | 6 | 4 | 4 | 4 | 0.1748 | 13 | 8 | 6 | 6 | 2 | 6 | 0.0326 | 13 | 7 | 7 | 5 | 5 | 1 | 0.1638 |
| 13 | 9 | 6 | 4 | 2 | 4 | 0.0531 | 13 | 8 | 6 | 6 | 2 | 5 | 0.1725 | 13 | 7 | 7 | 5 | 2 | 5 | 0.0210 |
| 13 | 9 | 5 | 5 | 5 | 4 | 0.0280 | 13 | 8 | 6 | 5 | 1 | 6 | 0.0093 | 13 | 7 | 7 | 5 | 2 | 4 | 0.1638 |
| 13 | 9 | 5 | 5 | 5 | 3 | 0.1958 | 13 | 8 | 6 | 5 | 6 | 2 | 0.0210 | 13 | 7 | 7 | 5 | 1 | 5 | 0.0087 |
| 13 | 9 | 5 | 5 | 5 | 2 | 0.1958 | 13 | 8 | 6 | 5 | 6 | 1 | 0.0210 | 13 | 7 | 7 | 4 | 7 | 0 | 0.0006 |
| 13 | 9 | 5 | 5 | 5 | 1 | 0.0280 | 13 | 8 | 6 | 5 | 6 | 0 | 0.0008 | 13 | 7 | 7 | 4 | 6 | 1 | 0.0414 |
| 13 | 9 | 5 | 5 | 4 | 5 | 0.0280 | 13 | 8 | 6 | 5 | 5 | 3 | 0.1298 | 13 | 7 | 7 | 4 | 6 | 0 | 0.0128 |
| 13 | 9 | 5 | 5 | 3 | 5 | 0.1958 | 13 | 8 | 6 | 5 | 5 | 1 | 0.0831 | 13 | 7 | 7 | 4 | 5 | 0 | 0.0251 |
| 13 | 9 | 5 | 5 | 2 | 5 | 0.1958 | 13 | 8 | 6 | 5 | 3 | 5 | 0.0365 | 13 | 7 | 7 | 4 | 3 | 5 | 0.0618 |
| 13 | 9 | 5 | 5 | 1 | 5 | 0.0280 | 13 | 8 | 6 | 5 | 2 | 5 | 0.0831 | 13 | 7 | 7 | 4 | 2 | 4 | 0.0862 |
| 13 | 9 | 5 | 4 | 5 | 4 | 0.0028 | 13 | 8 | 6 | 5 | 1 | 5 | 0.0054 | 13 | 7 | 7 | 4 | 2 | 3 | 0.1352 |
| 13 | 9 | 5 | 4 | 5 | 3 | 0.0545 | 13 | 8 | 6 | 4 | 6 | 2 | 0.0163 | 13 | 7 | 7 | 4 | 1 | 4 | 0.0047 |
| 13 | 9 | 5 | 4 | 5 | 2 | 0.1608 | 13 | 8 | 6 | 4 | 6 | 1 | 0.0256 | 13 | 7 | 7 | 3 | 7 | 0 | 0.0006 |
| 13 | 9 | 5 | 4 | 5 | 1 | 0.0545 | 13 | 8 | 6 | 4 | 6 | 0 | 0.0023 | 13 | 7 | 7 | 3 | 6 | 1 | 0.0291 |
| 13 | 9 | 5 | 4 | 5 | 0 | 0.0028 | 13 | 8 | 6 | 4 | 5 | 3 | 0.0559 | 13 | 7 | 7 | 3 | 6 | 0 | 0.0291 |
| 13 | 9 | 5 | 4 | 4 | 4 | 0.1105 | 13 | 8 | 6 | 4 | 5 | 0 | 0.0163 | 13 | 7 | 7 | 3 | 4 | 3 | 0.0699 |
| 13 | 9 | 5 | 4 | 4 | 1 | 0.1105 | 13 | 8 | 6 | 4 | 4 | 4 | 0.0373 | 13 | 7 | 7 | 3 | 4 | 0 | 0.0699 |
| 13 | 9 | 5 | 4 | 1 | 4 | 0.0098 | 13 | 8 | 6 | 4 | 2 | 4 | 0.0909 | 13 | 7 | 7 | 3 | 1 | 3 | 0.0047 |
| 13 | 8 | 11 | 1 | 8 | 0 | 0.1282 | 13 | 8 | 6 | 4 | 1 | 4 | 0.0163 | 13 | 7 | 6 | 6 | 6 | 1 | 0.0082 |
| 13 | 8 | 10 | 2 | 8 | 0 | 0.0350 | 13 | 8 | 5 | 5 | 5 | 3 | 0.0171 | 13 | 7 | 6 | 6 | 6 | 0 | 0.0012 |
| 13 | 8 | 10 | 2 | 7 | 0 | 0.1282 | 13 | 8 | 5 | 5 | 5 | 2 | 0.1453 | 13 | 7 | 6 | 6 | 5 | 2 | 0.1550 |
| 13 | 8 | 9 | 3 | 8 | 0 | 0.0070 | 13 | 8 | 5 | 5 | 5 | 1 | 0.0404 | 13 | 7 | 6 | 6 | 5 | 1 | 0.0501 |
| 13 | 8 | 9 | 3 | 7 | 1 | 0.1189 | 13 | 8 | 5 | 5 | 5 | 0 | 0.0016 | 13 | 7 | 6 | 6 | 2 | 5 | 0.1550 |
| 13 | 8 | 9 | 3 | 7 | 0 | 0.0350 | 13 | 8 | 5 | 5 | 4 | 4 | 0.0987 | 13 | 7 | 6 | 6 | 1 | 6 | 0.0082 |
| 13 | 8 | 9 | 2 | 8 | 0 | 0.0070 | 13 | 8 | 5 | 5 | 4 | 1 | 0.0987 | 13 | 7 | 6 | 6 | 1 | 5 | 0.0501 |
| 13 | 8 | 9 | 2 | 7 | 1 | 0.1189 | 13 | 8 | 5 | 5 | 3 | 5 | 0.0171 | 13 | 7 | 6 | 6 | 0 | 6 | 0.0012 |
| 13 | 8 | 9 | 2 | 7 | 0 | 0.1189 | 13 | 8 | 5 | 5 | 2 | 5 | 0.1453 | 13 | 7 | 6 | 5 | 6 | 1 | 0.0047 |
| 13 | 8 | 8 | 4 | 8 | 0 | 0.0008 | 13 | 8 | 5 | 5 | 1 | 5 | 0.0404 | 13 | 7 | 6 | 5 | 6 | 0 | 0.0017 |
| 13 | 8 | 8 | 4 | 7 | 1 | 0.0319 | 13 | 8 | 5 | 5 | 1 | 4 | 0.0987 | 13 | 7 | 6 | 5 | 5 | 2 | 0.1113 |
| 13 | 8 | 8 | 4 | 7 | 0 | 0.0070 | 13 | 8 | 5 | 5 | 0 | 5 | 0.0016 | 13 | 7 | 6 | 5 | 5 | 1 | 0.1113 |
| 13 | 8 | 8 | 4 | 4 | 4 | 0.1298 | 13 | 8 | 5 | 4 | 5 | 3 | 0.0070 | 13 | 7 | 6 | 5 | 5 | 0 | 0.0082 |
| 13 | 8 | 8 | 4 | 3 | 4 | 0.0754 | 13 | 8 | 5 | 4 | 5 | 2 | 0.0831 | 13 | 7 | 6 | 5 | 4 | 1 | 0.1550 |
| 13 | 8 | 8 | 3 | 8 | 0 | 0.0008 | 13 | 8 | 5 | 4 | 5 | 1 | 0.0831 | 13 | 7 | 6 | 5 | 2 | 5 | 0.0239 |
| 13 | 8 | 8 | 3 | 7 | 1 | 0.0319 | 13 | 8 | 5 | 4 | 5 | 0 | 0.0070 | 13 | 7 | 6 | 5 | 1 | 5 | 0.0152 |
| 13 | 8 | 8 | 3 | 7 | 0 | 0.0132 | 13 | 8 | 5 | 4 | 4 | 4 | 0.0148 | 13 | 7 | 6 | 5 | 1 | 4 | 0.0414 |

Tafel XV-2-4-1 (Fortsetz.)

| N | $N_a$ | $N_1$ | $N_2$ | $a_1$ | $a_2$ | P | N | $N_a$ | $N_1$ | $N_2$ | $a_1$ | $a_2$ | P | N | $N_a$ | $N_1$ | $N_2$ | $a_1$ | $a_2$ | P |
|---|---|---|---|---|---|---|---|---|---|---|---|---|---|---|---|---|---|---|---|---|
| 13 | 7 | 6 | 5 | 0 | 5 | 0.0006 | 14 | 12 | 9 | 3 | 9 | 2 | 0.1099 | 14 | 11 | 7 | 4 | 7 | 2 | 0.0962 |
| 13 | 7 | 6 | 4 | 6 | 1 | 0.0047 | 14 | 12 | 9 | 3 | 9 | 1 | 0.0440 | 14 | 11 | 7 | 4 | 7 | 1 | 0.0137 |
| 13 | 7 | 6 | 4 | 6 | 0 | 0.0023 | 14 | 12 | 8 | 5 | 8 | 4 | 0.0549 | 14 | 11 | 7 | 4 | 6 | 4 | 0.1538 |
| 13 | 7 | 6 | 4 | 5 | 2 | 0.0810 | 14 | 12 | 8 | 5 | 7 | 5 | 0.1429 | 14 | 11 | 6 | 6 | 6 | 5 | 0.0330 |
| 13 | 7 | 6 | 4 | 5 | 1 | 0.1841 | 14 | 12 | 8 | 4 | 8 | 4 | 0.0110 | 14 | 11 | 6 | 6 | 6 | 3 | 0.1429 |
| 13 | 7 | 6 | 4 | 5 | 0 | 0.0344 | 14 | 12 | 8 | 4 | 8 | 3 | 0.1648 | 14 | 11 | 6 | 6 | 5 | 6 | 0.0330 |
| 13 | 7 | 6 | 4 | 4 | 3 | 0.1422 | 14 | 12 | 8 | 4 | 8 | 2 | 0.0769 | 14 | 11 | 6 | 6 | 3 | 6 | 0.1429 |
| 13 | 7 | 6 | 4 | 4 | 0 | 0.0134 | 14 | 12 | 8 | 3 | 8 | 3 | 0.0659 | 14 | 11 | 6 | 5 | 6 | 5 | 0.0027 |
| 13 | 7 | 6 | 4 | 3 | 4 | 0.0460 | 14 | 12 | 8 | 3 | 8 | 2 | 0.1648 | 14 | 11 | 6 | 5 | 6 | 4 | 0.0714 |
| 13 | 7 | 6 | 4 | 2 | 4 | 0.1072 | 14 | 12 | 8 | 3 | 8 | 1 | 0.0659 | 14 | 11 | 6 | 5 | 6 | 2 | 0.0302 |
| 13 | 7 | 6 | 4 | 1 | 4 | 0.0344 | 14 | 12 | 7 | 6 | 7 | 5 | 0.0659 | 14 | 11 | 6 | 5 | 5 | 5 | 0.1209 |
| 13 | 7 | 6 | 4 | 1 | 3 | 0.0600 | 14 | 12 | 7 | 6 | 6 | 6 | 0.1429 | 14 | 11 | 6 | 5 | 3 | 5 | 0.1758 |
| 13 | 7 | 6 | 4 | 0 | 4 | 0.0006 | 14 | 12 | 7 | 5 | 7 | 5 | 0.0110 | 14 | 11 | 6 | 4 | 6 | 4 | 0.0220 |
| 13 | 7 | 5 | 5 | 5 | 2 | 0.0210 | 14 | 12 | 7 | 4 | 7 | 4 | 0.0330 | 14 | 11 | 6 | 4 | 6 | 1 | 0.0220 |
| 13 | 7 | 5 | 5 | 5 | 1 | 0.0385 | 14 | 12 | 7 | 4 | 7 | 2 | 0.0989 | 14 | 11 | 6 | 4 | 3 | 4 | 0.0769 |
| 13 | 7 | 5 | 5 | 5 | 0 | 0.0035 | 14 | 12 | 6 | 6 | 6 | 6 | 0.0110 | 14 | 11 | 5 | 5 | 5 | 5 | 0.0110 |
| 13 | 7 | 5 | 5 | 4 | 3 | 0.1550 | 14 | 12 | 6 | 5 | 6 | 5 | 0.0330 | 14 | 11 | 5 | 5 | 5 | 2 | 0.0659 |
| 13 | 7 | 5 | 5 | 4 | 0 | 0.0093 | 14 | 12 | 6 | 5 | 6 | 3 | 0.1429 | 14 | 11 | 5 | 5 | 2 | 5 | 0.0659 |
| 13 | 7 | 5 | 5 | 3 | 4 | 0.1550 | 14 | 12 | 6 | 4 | 6 | 4 | 0.1319 | 14 | 10 | 12 | 1 | 10 | 0 | 0.0659 |
| 13 | 7 | 5 | 5 | 3 | 1 | 0.1550 | 14 | 12 | 6 | 4 | 6 | 2 | 0.1319 | 14 | 10 | 11 | 2 | 10 | 0 | 0.0110 |
| 13 | 7 | 5 | 5 | 2 | 5 | 0.0210 | 14 | 12 | 5 | 5 | 5 | 5 | 0.0659 | 14 | 10 | 11 | 2 | 9 | 1 | 0.1758 |
| 13 | 7 | 5 | 5 | 1 | 5 | 0.0385 | 14 | 11 | 12 | 1 | 11 | 0 | 0.0330 | 14 | 10 | 11 | 2 | 9 | 0 | 0.0659 |
| 13 | 7 | 5 | 5 | 1 | 3 | 0.1550 | 14 | 11 | 11 | 2 | 11 | 0 | 0.0027 | 14 | 10 | 10 | 3 | 10 | 0 | 0.0010 |
| 13 | 7 | 5 | 5 | 0 | 5 | 0.0035 | 14 | 11 | 11 | 2 | 10 | 1 | 0.0934 | 14 | 10 | 10 | 3 | 9 | 1 | 0.0410 |
| 13 | 7 | 5 | 5 | 0 | 4 | 0.0093 | 14 | 11 | 11 | 2 | 10 | 0 | 0.0330 | 14 | 10 | 10 | 3 | 9 | 0 | 0.0110 |
| 13 | 7 | 5 | 4 | 5 | 2 | 0.0117 | 14 | 11 | 10 | 3 | 10 | 1 | 0.0110 | 14 | 10 | 10 | 3 | 7 | 3 | 0.1608 |
| 13 | 7 | 5 | 4 | 5 | 1 | 0.0326 | 14 | 11 | 10 | 3 | 10 | 0 | 0.0027 | 14 | 10 | 10 | 2 | 10 | 0 | 0.0010 |
| 13 | 7 | 5 | 4 | 5 | 0 | 0.0117 | 14 | 11 | 10 | 3 | 9 | 2 | 0.1758 | 14 | 10 | 10 | 2 | 9 | 1 | 0.0410 |
| 13 | 7 | 5 | 4 | 4 | 3 | 0.0559 | 14 | 11 | 10 | 3 | 9 | 1 | 0.1758 | 14 | 10 | 10 | 2 | 9 | 0 | 0.0410 |
| 13 | 7 | 5 | 4 | 4 | 0 | 0.0559 | 14 | 11 | 10 | 2 | 10 | 0 | 0.0110 | 14 | 10 | 10 | 2 | 8 | 2 | 0.1309 |
| 13 | 7 | 5 | 4 | 3 | 4 | 0.0233 | 14 | 11 | 10 | 2 | 10 | 0 | 0.0110 | 14 | 10 | 10 | 2 | 8 | 0 | 0.1309 |
| 13 | 7 | 5 | 4 | 3 | 0 | 0.0233 | 14 | 11 | 10 | 2 | 9 | 2 | 0.0659 | 14 | 10 | 9 | 4 | 9 | 1 | 0.0050 |
| 13 | 7 | 5 | 4 | 2 | 4 | 0.1375 | 14 | 11 | 10 | 2 | 9 | 1 | 0.1758 | 14 | 10 | 9 | 4 | 9 | 0 | 0.0010 |
| 13 | 7 | 5 | 4 | 2 | 1 | 0.1375 | 14 | 11 | 10 | 2 | 9 | 0 | 0.0659 | 14 | 10 | 9 | 4 | 8 | 2 | 0.0949 |
| 13 | 7 | 5 | 4 | 1 | 4 | 0.0909 | 14 | 11 | 9 | 4 | 9 | 2 | 0.0275 | 14 | 10 | 9 | 4 | 8 | 1 | 0.0410 |
| 13 | 7 | 5 | 4 | 1 | 3 | 0.1841 | 14 | 11 | 9 | 4 | 9 | 1 | 0.0110 | 14 | 10 | 9 | 4 | 6 | 4 | 0.1788 |
| 13 | 7 | 5 | 4 | 1 | 2 | 0.0909 | 14 | 11 | 9 | 3 | 9 | 2 | 0.0110 | 14 | 10 | 9 | 3 | 9 | 1 | 0.0050 |
| 13 | 7 | 5 | 4 | 0 | 4 | 0.0047 | 14 | 11 | 9 | 3 | 9 | 1 | 0.0275 | 14 | 10 | 9 | 3 | 9 | 0 | 0.0020 |
| 13 | 7 | 5 | 4 | 0 | 3 | 0.0047 | 14 | 11 | 9 | 3 | 9 | 0 | 0.0027 | 14 | 10 | 9 | 3 | 8 | 2 | 0.0410 |
| 14 | 13 | 12 | 1 | 12 | 1 | 0.1429 | 14 | 11 | 9 | 3 | 8 | 3 | 0.0522 | 14 | 10 | 9 | 3 | 8 | 1 | 0.1309 |
| 14 | 13 | 12 | 1 | 12 | 0 | 0.1429 | 14 | 11 | 9 | 3 | 8 | 1 | 0.1264 | 14 | 10 | 9 | 3 | 8 | 0 | 0.0140 |
| 14 | 13 | 11 | 2 | 11 | 2 | 0.0714 | 14 | 11 | 8 | 5 | 8 | 3 | 0.0549 | 14 | 10 | 9 | 3 | 7 | 3 | 0.0769 |
| 14 | 13 | 10 | 3 | 10 | 3 | 0.0714 | 14 | 11 | 8 | 5 | 8 | 2 | 0.0549 | 14 | 10 | 8 | 5 | 8 | 2 | 0.0150 |
| 14 | 13 | 9 | 4 | 9 | 4 | 0.0714 | 14 | 11 | 8 | 5 | 6 | 5 | 0.1319 | 14 | 10 | 8 | 5 | 8 | 1 | 0.0050 |
| 14 | 13 | 9 | 3 | 9 | 3 | 0.1429 | 14 | 11 | 8 | 4 | 8 | 3 | 0.0220 | 14 | 10 | 8 | 5 | 5 | 5 | 0.0709 |
| 14 | 13 | 8 | 5 | 8 | 5 | 0.0714 | 14 | 11 | 8 | 4 | 8 | 2 | 0.0769 | 14 | 10 | 8 | 5 | 4 | 5 | 0.1409 |
| 14 | 13 | 8 | 4 | 8 | 4 | 0.1429 | 14 | 11 | 8 | 4 | 8 | 1 | 0.0220 | 14 | 10 | 8 | 4 | 8 | 2 | 0.0070 |
| 14 | 13 | 7 | 6 | 7 | 6 | 0.0714 | 14 | 11 | 8 | 4 | 7 | 4 | 0.0440 | 14 | 10 | 8 | 4 | 8 | 0 | 0.0010 |
| 14 | 13 | 7 | 5 | 7 | 5 | 0.1429 | 14 | 11 | 8 | 3 | 8 | 3 | 0.0055 | 14 | 10 | 8 | 4 | 7 | 3 | 0.1069 |
| 14 | 13 | 6 | 6 | 6 | 6 | 0.1429 | 14 | 11 | 8 | 3 | 8 | 2 | 0.0549 | 14 | 10 | 8 | 4 | 7 | 1 | 0.1069 |
| 14 | 12 | 12 | 1 | 12 | 0 | 0.0110 | 14 | 11 | 8 | 3 | 8 | 1 | 0.0549 | 14 | 10 | 8 | 4 | 6 | 4 | 0.0430 |
| 14 | 12 | 11 | 2 | 11 | 1 | 0.0330 | 14 | 11 | 8 | 3 | 8 | 0 | 0.0055 | 14 | 10 | 8 | 4 | 4 | 4 | 0.1768 |
| 14 | 12 | 11 | 2 | 11 | 0 | 0.0110 | 14 | 11 | 8 | 3 | 7 | 3 | 0.1868 | 14 | 10 | 8 | 3 | 8 | 2 | 0.0060 |
| 14 | 12 | 11 | 2 | 10 | 2 | 0.1538 | 14 | 11 | 8 | 3 | 7 | 1 | 0.1868 | 14 | 10 | 8 | 3 | 8 | 1 | 0.0310 |
| 14 | 12 | 10 | 3 | 10 | 2 | 0.0659 | 14 | 11 | 7 | 6 | 7 | 4 | 0.0412 | 14 | 10 | 8 | 3 | 8 | 0 | 0.0060 |
| 14 | 12 | 10 | 3 | 10 | 1 | 0.0659 | 14 | 11 | 7 | 6 | 7 | 3 | 0.0962 | 14 | 10 | 8 | 3 | 7 | 3 | 0.0220 |
| 14 | 12 | 10 | 3 | 9 | 3 | 0.1758 | 14 | 11 | 7 | 6 | 5 | 6 | 0.1538 | 14 | 10 | 8 | 3 | 7 | 0 | 0.0220 |
| 14 | 12 | 10 | 2 | 10 | 2 | 0.0220 | 14 | 11 | 7 | 5 | 7 | 4 | 0.0137 | 14 | 10 | 8 | 3 | 4 | 3 | 0.1009 |
| 14 | 12 | 10 | 2 | 10 | 1 | 0.0659 | 14 | 11 | 7 | 5 | 7 | 3 | 0.1154 | 14 | 10 | 7 | 6 | 7 | 3 | 0.0350 |
| 14 | 12 | 10 | 2 | 10 | 0 | 0.0220 | 14 | 11 | 7 | 5 | 7 | 2 | 0.0604 | 14 | 10 | 7 | 6 | 7 | 2 | 0.0150 |
| 14 | 12 | 9 | 4 | 9 | 3 | 0.0440 | 14 | 11 | 7 | 5 | 6 | 5 | 0.0330 | 14 | 10 | 7 | 6 | 4 | 6 | 0.1049 |
| 14 | 12 | 9 | 4 | 9 | 2 | 0.1099 | 14 | 11 | 7 | 4 | 7 | 4 | 0.0027 | 14 | 10 | 7 | 6 | 3 | 6 | 0.1049 |
| 14 | 12 | 9 | 3 | 9 | 3 | 0.0110 | 14 | 11 | 7 | 4 | 7 | 3 | 0.0467 | 14 | 10 | 7 | 5 | 7 | 3 | 0.0150 |

Tafel XV-2-4-1 (Fortsetz.)

| N | $N_a$ | $N_1$ | $N_2$ | $a_1$ | $a_2$ | P | N | $N_a$ | $N_1$ | $N_2$ | $a_1$ | $a_2$ | P | N | $N_a$ | $N_1$ | $N_2$ | $a_1$ | $a_2$ | P |
|---|---|---|---|---|---|---|---|---|---|---|---|---|---|---|---|---|---|---|---|---|
| 14 | 10 | 7 | 5 | 7 | 2 | 0.0350 | 14 | 9 | 9 | 3 | 4 | 3 | 0.1998 | 14 | 9 | 6 | 4 | 6 | 3 | 0.0040 |
| 14 | 10 | 7 | 5 | 7 | 1 | 0.0050 | 14 | 9 | 8 | 5 | 8 | 1 | 0.0030 | 14 | 9 | 6 | 4 | 6 | 2 | 0.0370 |
| 14 | 10 | 7 | 5 | 6 | 4 | 0.1259 | 14 | 9 | 8 | 5 | 8 | 0 | 0.0005 | 14 | 9 | 6 | 4 | 6 | 1 | 0.0370 |
| 14 | 10 | 7 | 5 | 5 | 5 | 0.0559 | 14 | 9 | 8 | 5 | 7 | 2 | 0.1259 | 14 | 9 | 6 | 4 | 6 | 0 | 0.0040 |
| 14 | 10 | 7 | 5 | 3 | 5 | 0.1259 | 14 | 9 | 8 | 5 | 7 | 1 | 0.0230 | 14 | 9 | 6 | 4 | 5 | 4 | 0.0130 |
| 14 | 10 | 7 | 4 | 7 | 3 | 0.0050 | 14 | 9 | 8 | 5 | 4 | 5 | 0.0859 | 14 | 9 | 6 | 4 | 5 | 0 | 0.0130 |
| 14 | 10 | 7 | 4 | 7 | 2 | 0.0420 | 14 | 9 | 8 | 5 | 3 | 5 | 0.0509 | 14 | 9 | 6 | 4 | 4 | 4 | 0.1568 |
| 14 | 10 | 7 | 4 | 7 | 1 | 0.0240 | 14 | 9 | 8 | 4 | 8 | 1 | 0.0030 | 14 | 9 | 6 | 4 | 4 | 1 | 0.1568 |
| 14 | 10 | 7 | 4 | 7 | 0 | 0.0010 | 14 | 9 | 8 | 4 | 8 | 0 | 0.0010 | 14 | 9 | 6 | 4 | 2 | 4 | 0.1568 |
| 14 | 10 | 7 | 4 | 6 | 4 | 0.0120 | 14 | 9 | 8 | 4 | 7 | 2 | 0.0310 | 14 | 9 | 6 | 4 | 2 | 3 | 0.1568 |
| 14 | 10 | 7 | 4 | 6 | 1 | 0.0699 | 14 | 9 | 8 | 4 | 7 | 1 | 0.1189 | 14 | 9 | 6 | 4 | 1 | 4 | 0.0130 |
| 14 | 10 | 7 | 4 | 5 | 4 | 0.1678 | 14 | 9 | 8 | 4 | 7 | 0 | 0.0070 | 14 | 9 | 5 | 5 | 5 | 4 | 0.0060 |
| 14 | 10 | 7 | 4 | 3 | 4 | 0.1049 | 14 | 9 | 8 | 4 | 5 | 4 | 0.0869 | 14 | 9 | 5 | 5 | 5 | 3 | 0.0909 |
| 14 | 10 | 6 | 6 | 6 | 4 | 0.0599 | 14 | 9 | 8 | 4 | 3 | 4 | 0.0869 | 14 | 9 | 5 | 5 | 5 | 2 | 0.1508 |
| 14 | 10 | 6 | 6 | 6 | 3 | 0.1758 | 14 | 9 | 8 | 3 | 8 | 1 | 0.0030 | 14 | 9 | 5 | 5 | 5 | 1 | 0.0260 |
| 14 | 10 | 6 | 6 | 6 | 2 | 0.0599 | 14 | 9 | 8 | 3 | 8 | 0 | 0.0030 | 14 | 9 | 5 | 5 | 5 | 0 | 0.0010 |
| 14 | 10 | 6 | 6 | 5 | 5 | 0.0959 | 14 | 9 | 8 | 3 | 7 | 2 | 0.0270 | 14 | 9 | 5 | 5 | 4 | 5 | 0.0060 |
| 14 | 10 | 6 | 6 | 4 | 6 | 0.0599 | 14 | 9 | 8 | 3 | 7 | 1 | 0.1189 | 14 | 9 | 5 | 5 | 4 | 1 | 0.0509 |
| 14 | 10 | 6 | 6 | 3 | 6 | 0.1758 | 14 | 9 | 8 | 3 | 7 | 0 | 0.0270 | 14 | 9 | 5 | 5 | 3 | 5 | 0.0909 |
| 14 | 10 | 6 | 6 | 2 | 6 | 0.0599 | 14 | 9 | 8 | 3 | 6 | 3 | 0.0549 | 14 | 9 | 5 | 5 | 2 | 5 | 0.1508 |
| 14 | 10 | 6 | 5 | 6 | 4 | 0.0100 | 14 | 9 | 8 | 3 | 6 | 0 | 0.0549 | 14 | 9 | 5 | 5 | 1 | 5 | 0.0260 |
| 14 | 10 | 6 | 5 | 6 | 3 | 0.0909 | 14 | 9 | 8 | 3 | 3 | 3 | 0.0829 | 14 | 9 | 5 | 5 | 1 | 4 | 0.0509 |
| 14 | 10 | 6 | 5 | 6 | 2 | 0.0909 | 14 | 9 | 7 | 6 | 7 | 2 | 0.0105 | 14 | 9 | 5 | 5 | 0 | 5 | 0.0010 |
| 14 | 10 | 6 | 5 | 6 | 1 | 0.0100 | 14 | 9 | 7 | 6 | 7 | 1 | 0.0030 | 14 | 8 | 12 | 1 | 8 | 0 | 0.1648 |
| 14 | 10 | 6 | 5 | 5 | 5 | 0.0160 | 14 | 9 | 7 | 6 | 6 | 3 | 0.1608 | 14 | 8 | 11 | 2 | 8 | 0 | 0.0549 |
| 14 | 10 | 6 | 5 | 4 | 5 | 0.1359 | 14 | 9 | 7 | 6 | 6 | 2 | 0.0909 | 14 | 8 | 11 | 2 | 7 | 0 | 0.1648 |
| 14 | 10 | 6 | 5 | 2 | 5 | 0.0310 | 14 | 9 | 7 | 6 | 3 | 6 | 0.0385 | 14 | 8 | 10 | 3 | 8 | 0 | 0.0150 |
| 14 | 10 | 6 | 4 | 6 | 4 | 0.0020 | 14 | 9 | 7 | 6 | 2 | 6 | 0.0210 | 14 | 8 | 10 | 3 | 7 | 0 | 0.0549 |
| 14 | 10 | 6 | 4 | 6 | 3 | 0.0490 | 14 | 9 | 7 | 5 | 7 | 2 | 0.0105 | 14 | 8 | 10 | 3 | 4 | 3 | 0.1249 |
| 14 | 10 | 6 | 4 | 6 | 2 | 0.1329 | 14 | 9 | 7 | 5 | 7 | 1 | 0.0105 | 14 | 8 | 10 | 2 | 8 | 0 | 0.0150 |
| 14 | 10 | 6 | 4 | 6 | 1 | 0.0490 | 14 | 9 | 7 | 5 | 7 | 0 | 0.0005 | 14 | 8 | 9 | 4 | 8 | 0 | 0.0030 |
| 14 | 10 | 6 | 4 | 6 | 0 | 0.0020 | 14 | 9 | 7 | 5 | 6 | 3 | 0.1259 | 14 | 8 | 9 | 4 | 7 | 1 | 0.1329 |
| 14 | 10 | 6 | 4 | 5 | 4 | 0.0969 | 14 | 9 | 7 | 5 | 6 | 1 | 0.0559 | 14 | 8 | 9 | 4 | 7 | 0 | 0.0150 |
| 14 | 10 | 6 | 4 | 5 | 1 | 0.0969 | 14 | 9 | 7 | 5 | 5 | 4 | 0.1783 | 14 | 8 | 9 | 4 | 4 | 4 | 0.0849 |
| 14 | 10 | 6 | 4 | 2 | 4 | 0.0170 | 14 | 9 | 7 | 5 | 4 | 5 | 0.0559 | 14 | 8 | 9 | 4 | 3 | 4 | 0.0430 |
| 14 | 10 | 5 | 5 | 5 | 5 | 0.0010 | 14 | 9 | 7 | 5 | 3 | 5 | 0.1259 | 14 | 8 | 9 | 3 | 8 | 0 | 0.0030 |
| 14 | 10 | 5 | 5 | 5 | 4 | 0.0509 | 14 | 9 | 7 | 5 | 2 | 5 | 0.0210 | 14 | 8 | 9 | 3 | 7 | 1 | 0.1189 |
| 14 | 10 | 5 | 5 | 5 | 2 | 0.1309 | 14 | 9 | 7 | 4 | 7 | 2 | 0.0045 | 14 | 8 | 9 | 3 | 7 | 0 | 0.0270 |
| 14 | 10 | 5 | 5 | 5 | 1 | 0.0110 | 14 | 9 | 7 | 4 | 7 | 1 | 0.0140 | 14 | 8 | 9 | 3 | 6 | 0 | 0.0829 |
| 14 | 10 | 5 | 5 | 4 | 5 | 0.0509 | 14 | 9 | 7 | 4 | 7 | 0 | 0.0015 | 14 | 8 | 9 | 3 | 5 | 3 | 0.1608 |
| 14 | 10 | 5 | 5 | 2 | 5 | 0.1309 | 14 | 9 | 7 | 4 | 6 | 3 | 0.0490 | 14 | 8 | 9 | 3 | 3 | 3 | 0.0829 |
| 14 | 10 | 5 | 5 | 1 | 5 | 0.0110 | 14 | 9 | 7 | 4 | 6 | 1 | 0.1329 | 14 | 8 | 8 | 5 | 8 | 0 | 0.0003 |
| 14 | 9 | 12 | 1 | 9 | 0 | 0.1099 | 14 | 9 | 7 | 4 | 6 | 0 | 0.0080 | 14 | 8 | 8 | 5 | 7 | 1 | 0.0256 |
| 14 | 9 | 11 | 2 | 9 | 0 | 0.0275 | 14 | 9 | 7 | 4 | 5 | 4 | 0.0350 | 14 | 8 | 8 | 5 | 7 | 0 | 0.0030 |
| 14 | 9 | 11 | 2 | 8 | 0 | 0.1099 | 14 | 9 | 7 | 4 | 5 | 1 | 0.1329 | 14 | 8 | 8 | 5 | 6 | 1 | 0.0909 |
| 14 | 9 | 10 | 3 | 9 | 0 | 0.0050 | 14 | 9 | 7 | 4 | 2 | 4 | 0.0350 | 14 | 8 | 8 | 5 | 3 | 5 | 0.0443 |
| 14 | 9 | 10 | 3 | 8 | 1 | 0.0949 | 14 | 9 | 6 | 6 | 6 | 3 | 0.0260 | 14 | 8 | 8 | 5 | 2 | 5 | 0.0123 |
| 14 | 9 | 10 | 3 | 8 | 0 | 0.0275 | 14 | 9 | 6 | 6 | 6 | 2 | 0.0559 | 14 | 8 | 8 | 4 | 8 | 0 | 0.0003 |
| 14 | 9 | 10 | 3 | 6 | 3 | 0.1998 | 14 | 9 | 6 | 6 | 6 | 1 | 0.0060 | 14 | 8 | 8 | 4 | 7 | 1 | 0.0350 |
| 14 | 9 | 10 | 2 | 9 | 0 | 0.0050 | 14 | 9 | 6 | 6 | 3 | 6 | 0.0260 | 14 | 8 | 8 | 4 | 7 | 0 | 0.0057 |
| 14 | 9 | 10 | 2 | 8 | 1 | 0.0949 | 14 | 9 | 6 | 6 | 2 | 6 | 0.0559 | 14 | 8 | 8 | 4 | 6 | 2 | 0.1515 |
| 14 | 9 | 10 | 2 | 8 | 0 | 0.0949 | 14 | 9 | 6 | 6 | 1 | 6 | 0.0060 | 14 | 8 | 8 | 4 | 6 | 0 | 0.0243 |
| 14 | 9 | 9 | 4 | 9 | 0 | 0.0005 | 14 | 9 | 6 | 5 | 6 | 3 | 0.0085 | 14 | 8 | 8 | 4 | 4 | 4 | 0.0583 |
| 14 | 9 | 9 | 4 | 8 | 1 | 0.0230 | 14 | 9 | 6 | 5 | 6 | 2 | 0.0684 | 14 | 8 | 8 | 4 | 3 | 4 | 0.0956 |
| 14 | 9 | 9 | 4 | 8 | 0 | 0.0050 | 14 | 9 | 6 | 5 | 6 | 1 | 0.0235 | 14 | 8 | 8 | 4 | 2 | 4 | 0.0243 |
| 14 | 9 | 9 | 4 | 5 | 4 | 0.1489 | 14 | 9 | 6 | 5 | 6 | 0 | 0.0005 | 14 | 8 | 8 | 3 | 8 | 0 | 0.0003 |
| 14 | 9 | 9 | 4 | 4 | 4 | 0.1489 | 14 | 9 | 6 | 5 | 5 | 4 | 0.0684 | 14 | 8 | 8 | 3 | 7 | 1 | 0.0163 |
| 14 | 9 | 9 | 3 | 9 | 0 | 0.0005 | 14 | 9 | 6 | 5 | 5 | 1 | 0.0684 | 14 | 8 | 8 | 3 | 7 | 0 | 0.0163 |
| 14 | 9 | 9 | 3 | 8 | 1 | 0.0230 | 14 | 9 | 6 | 5 | 4 | 5 | 0.0235 | 14 | 8 | 8 | 3 | 6 | 2 | 0.1189 |
| 14 | 9 | 9 | 3 | 8 | 0 | 0.0095 | 14 | 9 | 6 | 5 | 3 | 5 | 0.1209 | 14 | 8 | 8 | 3 | 6 | 0 | 0.1189 |
| 14 | 9 | 9 | 3 | 7 | 2 | 0.1369 | 14 | 9 | 6 | 5 | 2 | 5 | 0.0909 | 14 | 8 | 8 | 3 | 5 | 3 | 0.0629 |
| 14 | 9 | 9 | 3 | 7 | 0 | 0.0410 | 14 | 9 | 6 | 5 | 2 | 4 | 0.1583 | 14 | 8 | 8 | 3 | 5 | 0 | 0.0629 |
| 14 | 9 | 9 | 3 | 6 | 3 | 0.0829 | 14 | 9 | 6 | 5 | 1 | 5 | 0.0035 | 14 | 8 | 8 | 3 | 2 | 3 | 0.0256 |

Tafel XV-2-4-1 (Fortsetz.)

| N | $N_a$ | $N_1$ | $N_2$ | $a_1$ | $a_2$ | P | N | $N_a$ | $N_1$ | $N_2$ | $a_1$ | $a_2$ | P | N | $N_a$ | $N_1$ | $N_2$ | $a_1$ | $a_2$ | P |
|---|---|---|---|---|---|---|---|---|---|---|---|---|---|---|---|---|---|---|---|---|
| 14 | 8 | 7 | 6 | 7 | 1 | 0.0023 | 14 | 8 | 6 | 4 | 2 | 4 | 0.1648 | 14 | 7 | 7 | 6 | 1 | 6 | 0.0047 |
| 14 | 8 | 7 | 6 | 7 | 0 | 0.0003 | 14 | 8 | 6 | 4 | 2 | 2 | 0.1648 | 14 | 7 | 7 | 6 | 1 | 5 | 0.0291 |
| 14 | 8 | 7 | 6 | 6 | 2 | 0.0606 | 14 | 8 | 6 | 4 | 1 | 4 | 0.0516 | 14 | 7 | 7 | 6 | 0 | 6 | 0.0006 |
| 14 | 8 | 7 | 6 | 6 | 1 | 0.0256 | 14 | 8 | 6 | 4 | 1 | 3 | 0.0516 | 14 | 7 | 7 | 5 | 7 | 0 | 0.0006 |
| 14 | 8 | 7 | 6 | 3 | 5 | 0.1725 | 14 | 8 | 6 | 4 | 0 | 4 | 0.0003 | 14 | 7 | 7 | 5 | 6 | 1 | 0.0414 |
| 14 | 8 | 7 | 6 | 2 | 6 | 0.0117 | 14 | 8 | 5 | 5 | 5 | 3 | 0.0127 | 14 | 7 | 7 | 5 | 6 | 0 | 0.0087 |
| 14 | 8 | 7 | 6 | 2 | 5 | 0.1026 | 14 | 8 | 5 | 5 | 5 | 2 | 0.0676 | 14 | 7 | 7 | 5 | 5 | 0 | 0.0210 |
| 14 | 8 | 7 | 6 | 1 | 6 | 0.0047 | 14 | 8 | 5 | 5 | 5 | 1 | 0.0410 | 14 | 7 | 7 | 5 | 4 | 1 | 0.1434 |
| 14 | 8 | 7 | 5 | 7 | 1 | 0.0023 | 14 | 8 | 5 | 5 | 5 | 0 | 0.0027 | 14 | 7 | 7 | 5 | 3 | 4 | 0.1434 |
| 14 | 8 | 7 | 5 | 7 | 0 | 0.0007 | 14 | 8 | 5 | 5 | 4 | 4 | 0.0210 | 14 | 7 | 7 | 5 | 2 | 5 | 0.0210 |
| 14 | 8 | 7 | 5 | 6 | 2 | 0.0793 | 14 | 8 | 5 | 5 | 4 | 0 | 0.0060 | 14 | 7 | 7 | 5 | 1 | 5 | 0.0087 |
| 14 | 8 | 7 | 5 | 6 | 1 | 0.0793 | 14 | 8 | 5 | 5 | 3 | 5 | 0.0127 | 14 | 7 | 7 | 5 | 1 | 4 | 0.0414 |
| 14 | 8 | 7 | 5 | 6 | 0 | 0.0070 | 14 | 8 | 5 | 5 | 3 | 1 | 0.1009 | 14 | 7 | 7 | 5 | 0 | 5 | 0.0006 |
| 14 | 8 | 7 | 5 | 5 | 1 | 0.1492 | 14 | 8 | 5 | 5 | 2 | 5 | 0.0676 | 14 | 7 | 7 | 4 | 7 | 0 | 0.0006 |
| 14 | 8 | 7 | 5 | 3 | 5 | 0.0186 | 14 | 8 | 5 | 5 | 1 | 5 | 0.0410 | 14 | 7 | 7 | 4 | 6 | 1 | 0.0291 |
| 14 | 8 | 7 | 5 | 2 | 5 | 0.0326 | 14 | 8 | 5 | 5 | 1 | 3 | 0.1009 | 14 | 7 | 7 | 4 | 6 | 0 | 0.0128 |
| 14 | 8 | 7 | 5 | 2 | 4 | 0.1492 | 14 | 8 | 5 | 5 | 0 | 5 | 0.0027 | 14 | 7 | 7 | 4 | 5 | 2 | 0.1597 |
| 14 | 8 | 7 | 5 | 1 | 5 | 0.0070 | 14 | 8 | 5 | 5 | 0 | 4 | 0.0060 | 14 | 7 | 7 | 4 | 5 | 0 | 0.0862 |
| 14 | 8 | 7 | 4 | 7 | 1 | 0.0023 | 14 | 7 | 11 | 2 | 7 | 0 | 0.1923 | 14 | 7 | 7 | 4 | 4 | 0 | 0.0495 |
| 14 | 8 | 7 | 4 | 7 | 0 | 0.0010 | 14 | 7 | 11 | 2 | 4 | 2 | 0.1923 | 14 | 7 | 7 | 4 | 3 | 4 | 0.0495 |
| 14 | 8 | 7 | 4 | 6 | 2 | 0.0443 | 14 | 7 | 10 | 3 | 7 | 0 | 0.0699 | 14 | 7 | 7 | 4 | 2 | 4 | 0.0862 |
| 14 | 8 | 7 | 4 | 6 | 1 | 0.1492 | 14 | 7 | 10 | 3 | 6 | 0 | 0.1923 | 14 | 7 | 7 | 4 | 2 | 2 | 0.1597 |
| 14 | 8 | 7 | 4 | 6 | 0 | 0.0186 | 14 | 7 | 10 | 3 | 4 | 3 | 0.1923 | 14 | 7 | 7 | 4 | 1 | 4 | 0.0128 |
| 14 | 8 | 7 | 4 | 5 | 3 | 0.1492 | 14 | 7 | 10 | 3 | 3 | 3 | 0.0699 | 14 | 7 | 7 | 4 | 1 | 3 | 0.0291 |
| 14 | 8 | 7 | 4 | 5 | 0 | 0.0186 | 14 | 7 | 10 | 2 | 7 | 0 | 0.0699 | 14 | 7 | 7 | 4 | 0 | 4 | 0.0006 |
| 14 | 8 | 7 | 4 | 4 | 4 | 0.0303 | 14 | 7 | 10 | 2 | 3 | 2 | 0.0699 | 14 | 7 | 6 | 6 | 6 | 1 | 0.0082 |
| 14 | 8 | 7 | 4 | 3 | 4 | 0.1841 | 14 | 7 | 9 | 4 | 7 | 0 | 0.0210 | 14 | 7 | 6 | 6 | 6 | 0 | 0.0012 |
| 14 | 8 | 7 | 4 | 2 | 4 | 0.0653 | 14 | 7 | 9 | 4 | 6 | 0 | 0.0699 | 14 | 7 | 6 | 6 | 5 | 2 | 0.1550 |
| 14 | 8 | 7 | 4 | 2 | 3 | 0.1492 | 14 | 7 | 9 | 4 | 3 | 4 | 0.0699 | 14 | 7 | 6 | 6 | 5 | 1 | 0.0501 |
| 14 | 8 | 7 | 4 | 1 | 4 | 0.0047 | 14 | 7 | 9 | 4 | 2 | 4 | 0.0210 | 14 | 7 | 6 | 6 | 5 | 0 | 0.0082 |
| 14 | 8 | 6 | 6 | 6 | 2 | 0.0186 | 14 | 7 | 9 | 3 | 7 | 0 | 0.0210 | 14 | 7 | 6 | 6 | 4 | 1 | 0.1550 |
| 14 | 8 | 6 | 6 | 6 | 1 | 0.0087 | 14 | 7 | 9 | 3 | 6 | 0 | 0.1923 | 14 | 7 | 6 | 6 | 2 | 5 | 0.1550 |
| 14 | 8 | 6 | 6 | 6 | 0 | 0.0007 | 14 | 7 | 9 | 3 | 5 | 0 | 0.0944 | 14 | 7 | 6 | 6 | 1 | 6 | 0.0082 |
| 14 | 8 | 6 | 6 | 5 | 3 | 0.1225 | 14 | 7 | 9 | 3 | 4 | 3 | 0.0944 | 14 | 7 | 6 | 6 | 1 | 5 | 0.0501 |
| 14 | 8 | 6 | 6 | 5 | 1 | 0.0426 | 14 | 7 | 9 | 3 | 3 | 3 | 0.1923 | 14 | 7 | 6 | 6 | 1 | 4 | 0.1550 |
| 14 | 8 | 6 | 6 | 3 | 5 | 0.1225 | 14 | 7 | 9 | 3 | 2 | 3 | 0.0210 | 14 | 7 | 6 | 6 | 0 | 6 | 0.0012 |
| 14 | 8 | 6 | 6 | 2 | 6 | 0.0186 | 14 | 7 | 8 | 5 | 7 | 0 | 0.0047 | 14 | 7 | 6 | 6 | 0 | 5 | 0.0082 |
| 14 | 8 | 6 | 6 | 1 | 6 | 0.0087 | 14 | 7 | 8 | 5 | 6 | 1 | 0.1026 | 14 | 7 | 6 | 5 | 6 | 1 | 0.0047 |
| 14 | 8 | 6 | 6 | 1 | 5 | 0.0426 | 14 | 7 | 8 | 5 | 6 | 0 | 0.0210 | 14 | 7 | 6 | 5 | 6 | 0 | 0.0017 |
| 14 | 8 | 6 | 6 | 0 | 6 | 0.0007 | 14 | 7 | 8 | 5 | 2 | 5 | 0.0210 | 14 | 7 | 6 | 5 | 5 | 2 | 0.0589 |
| 14 | 8 | 6 | 5 | 6 | 2 | 0.0067 | 14 | 7 | 8 | 5 | 2 | 4 | 0.1026 | 14 | 7 | 6 | 5 | 5 | 1 | 0.1113 |
| 14 | 8 | 6 | 5 | 6 | 1 | 0.0117 | 14 | 7 | 8 | 5 | 1 | 5 | 0.0047 | 14 | 7 | 6 | 5 | 5 | 0 | 0.0239 |
| 14 | 8 | 6 | 5 | 6 | 0 | 0.0013 | 14 | 7 | 8 | 4 | 7 | 0 | 0.0047 | 14 | 7 | 6 | 5 | 4 | 0 | 0.0134 |
| 14 | 8 | 6 | 5 | 5 | 3 | 0.0693 | 14 | 7 | 8 | 4 | 6 | 1 | 0.1352 | 14 | 7 | 6 | 5 | 3 | 4 | 0.1696 |
| 14 | 8 | 6 | 5 | 5 | 1 | 0.1492 | 14 | 7 | 8 | 4 | 6 | 0 | 0.0699 | 14 | 7 | 6 | 5 | 3 | 1 | 0.1696 |
| 14 | 8 | 6 | 5 | 5 | 0 | 0.0033 | 14 | 7 | 8 | 4 | 5 | 0 | 0.0699 | 14 | 7 | 6 | 5 | 2 | 5 | 0.0134 |
| 14 | 8 | 6 | 5 | 4 | 4 | 0.1192 | 14 | 7 | 8 | 4 | 3 | 4 | 0.0699 | 14 | 7 | 6 | 5 | 1 | 5 | 0.0239 |
| 14 | 8 | 6 | 5 | 4 | 1 | 0.1192 | 14 | 7 | 8 | 4 | 2 | 4 | 0.0699 | 14 | 7 | 6 | 5 | 1 | 4 | 0.1113 |
| 14 | 8 | 6 | 5 | 3 | 5 | 0.0243 | 14 | 7 | 8 | 4 | 2 | 3 | 0.1352 | 14 | 7 | 6 | 5 | 1 | 3 | 0.0589 |
| 14 | 8 | 6 | 5 | 2 | 5 | 0.0493 | 14 | 7 | 8 | 4 | 1 | 4 | 0.0047 | 14 | 7 | 6 | 5 | 0 | 5 | 0.0017 |
| 14 | 8 | 6 | 5 | 2 | 3 | 0.1991 | 14 | 7 | 8 | 3 | 7 | 0 | 0.0047 | 14 | 7 | 6 | 5 | 0 | 4 | 0.0047 |
| 14 | 8 | 6 | 5 | 1 | 5 | 0.0176 | 14 | 7 | 8 | 3 | 6 | 1 | 0.1434 | 14 | 7 | 6 | 4 | 6 | 1 | 0.0047 |
| 14 | 8 | 6 | 5 | 1 | 4 | 0.0343 | 14 | 7 | 8 | 3 | 6 | 0 | 0.1434 | 14 | 7 | 6 | 4 | 6 | 0 | 0.0047 |
| 14 | 8 | 6 | 5 | 0 | 5 | 0.0003 | 14 | 7 | 8 | 3 | 4 | 3 | 0.0455 | 14 | 7 | 6 | 4 | 5 | 2 | 0.0583 |
| 14 | 8 | 6 | 4 | 6 | 2 | 0.0043 | 14 | 7 | 8 | 3 | 4 | 0 | 0.0455 | 14 | 7 | 6 | 4 | 5 | 1 | 0.1841 |
| 14 | 8 | 6 | 4 | 6 | 1 | 0.0196 | 14 | 7 | 8 | 3 | 2 | 3 | 0.1434 | 14 | 7 | 6 | 4 | 5 | 0 | 0.0583 |
| 14 | 8 | 6 | 4 | 6 | 0 | 0.0043 | 14 | 7 | 8 | 3 | 2 | 2 | 0.1434 | 14 | 7 | 6 | 4 | 4 | 3 | 0.1282 |
| 14 | 8 | 6 | 4 | 5 | 3 | 0.0516 | 14 | 7 | 8 | 3 | 1 | 3 | 0.0047 | 14 | 7 | 6 | 4 | 4 | 0 | 0.1282 |
| 14 | 8 | 6 | 4 | 5 | 0 | 0.0516 | 14 | 7 | 7 | 6 | 7 | 0 | 0.0006 | 14 | 7 | 6 | 4 | 3 | 4 | 0.0163 |
| 14 | 8 | 6 | 4 | 4 | 4 | 0.0143 | 14 | 7 | 7 | 6 | 6 | 1 | 0.0291 | 14 | 7 | 6 | 4 | 2 | 0 | 0.0163 |
| 14 | 8 | 6 | 4 | 4 | 0 | 0.0143 | 14 | 7 | 7 | 6 | 6 | 0 | 0.0047 | 14 | 7 | 6 | 4 | 2 | 4 | 0.1282 |
| 14 | 8 | 6 | 4 | 3 | 4 | 0.1049 | 14 | 7 | 7 | 6 | 5 | 1 | 0.1026 | 14 | 7 | 6 | 4 | 2 | 1 | 0.1282 |
| 14 | 8 | 6 | 4 | 3 | 1 | 0.1049 | 14 | 7 | 7 | 6 | 2 | 5 | 0.1026 | 14 | 7 | 6 | 4 | 1 | 4 | 0.0583 |

Tafel XV-2-4-1 (Fortsetz.)

| N | $N_a$ | $N_1$ | $N_2$ | $a_1$ | $a_2$ | P | N | $N_a$ | $N_1$ | $N_2$ | $a_1$ | $a_2$ | P | N | $N_a$ | $N_1$ | $N_2$ | $a_1$ | $a_2$ | P |
|---|---|---|---|---|---|---|---|---|---|---|---|---|---|---|---|---|---|---|---|---|
| 14 | 7 | 6 | 4 | 1 | 3 | 0.1841 | 15 | 13 | 8 | 5 | 8 | 4 | 0.2000 | 15 | 12 | 7 | 7 | 7 | 5 | 0.0923 |
| 14 | 7 | 6 | 4 | 1 | 2 | 0.0583 | 15 | 13 | 8 | 5 | 8 | 3 | 0.2000 | 15 | 12 | 7 | 7 | 5 | 7 | 0.0923 |
| 14 | 7 | 6 | 4 | 0 | 4 | 0.0047 | 15 | 13 | 8 | 4 | 8 | 4 | 0.0286 | 15 | 12 | 7 | 6 | 7 | 5 | 0.0132 |
| 14 | 7 | 6 | 4 | 0 | 3 | 0.0047 | 15 | 13 | 8 | 4 | 8 | 3 | 0.2000 | 15 | 12 | 7 | 6 | 7 | 4 | 0.1385 |
| 14 | 7 | 5 | 5 | 5 | 2 | 0.0152 | 15 | 13 | 8 | 4 | 8 | 2 | 0.0857 | 15 | 12 | 7 | 6 | 7 | 3 | 0.0725 |
| 14 | 7 | 5 | 5 | 5 | 1 | 0.0385 | 15 | 13 | 7 | 7 | 7 | 6 | 0.1333 | 15 | 12 | 7 | 6 | 6 | 6 | 0.0286 |
| 14 | 7 | 5 | 5 | 5 | 0 | 0.0035 | 15 | 13 | 7 | 7 | 6 | 7 | 0.1333 | 15 | 12 | 7 | 5 | 7 | 5 | 0.0022 |
| 14 | 7 | 5 | 5 | 4 | 3 | 0.0967 | 15 | 13 | 7 | 6 | 7 | 6 | 0.0095 | 15 | 12 | 7 | 5 | 7 | 4 | 0.0571 |
| 14 | 7 | 5 | 5 | 4 | 1 | 0.1841 | 15 | 13 | 7 | 6 | 7 | 5 | 0.1238 | 15 | 12 | 7 | 5 | 7 | 3 | 0.1692 |
| 14 | 7 | 5 | 5 | 4 | 0 | 0.0385 | 15 | 13 | 7 | 5 | 7 | 5 | 0.0286 | 15 | 12 | 7 | 5 | 7 | 2 | 0.0242 |
| 14 | 7 | 5 | 5 | 3 | 4 | 0.0967 | 15 | 13 | 7 | 5 | 7 | 3 | 0.1238 | 15 | 12 | 7 | 5 | 6 | 5 | 0.1033 |
| 14 | 7 | 5 | 5 | 3 | 0 | 0.0152 | 15 | 13 | 7 | 4 | 7 | 4 | 0.1143 | 15 | 12 | 7 | 4 | 7 | 4 | 0.0176 |
| 14 | 7 | 5 | 5 | 2 | 5 | 0.0152 | 15 | 13 | 7 | 4 | 7 | 2 | 0.1143 | 15 | 12 | 7 | 4 | 7 | 3 | 0.1231 |
| 14 | 7 | 5 | 5 | 2 | 1 | 0.0967 | 15 | 13 | 6 | 6 | 6 | 6 | 0.0286 | 15 | 12 | 7 | 4 | 7 | 2 | 0.1231 |
| 14 | 7 | 5 | 5 | 1 | 5 | 0.0385 | 15 | 13 | 6 | 5 | 6 | 5 | 0.0571 | 15 | 12 | 7 | 4 | 7 | 1 | 0.0176 |
| 14 | 7 | 5 | 5 | 1 | 4 | 0.1841 | 15 | 13 | 6 | 5 | 6 | 3 | 0.1524 | 15 | 12 | 7 | 4 | 4 | 4 | 0.2000 |
| 14 | 7 | 5 | 5 | 1 | 2 | 0.0967 | 15 | 12 | 13 | 1 | 12 | 0 | 0.0286 | 15 | 12 | 6 | 6 | 6 | 6 | 0.0022 |
| 14 | 7 | 5 | 5 | 0 | 5 | 0.0035 | 15 | 12 | 12 | 2 | 12 | 0 | 0.0022 | 15 | 12 | 6 | 6 | 6 | 5 | 0.0813 |
| 14 | 7 | 5 | 5 | 0 | 4 | 0.0385 | 15 | 12 | 12 | 2 | 11 | 1 | 0.0813 | 15 | 12 | 6 | 6 | 6 | 3 | 0.1692 |
| 14 | 7 | 5 | 5 | 0 | 3 | 0.0152 | 15 | 12 | 12 | 2 | 11 | 0 | 0.0286 | 15 | 12 | 6 | 6 | 5 | 6 | 0.0813 |
| 15 | 14 | 13 | 1 | 13 | 1 | 0.1333 | 15 | 12 | 11 | 3 | 11 | 1 | 0.0088 | 15 | 12 | 6 | 6 | 3 | 6 | 0.1692 |
| 15 | 14 | 13 | 1 | 13 | 0 | 0.1333 | 15 | 12 | 11 | 3 | 11 | 0 | 0.0022 | 15 | 12 | 6 | 5 | 6 | 5 | 0.0088 |
| 15 | 14 | 12 | 2 | 12 | 2 | 0.0667 | 15 | 12 | 11 | 3 | 10 | 2 | 0.1538 | 15 | 12 | 6 | 5 | 6 | 4 | 0.1407 |
| 15 | 14 | 12 | 2 | 12 | 1 | 0.2000 | 15 | 12 | 11 | 3 | 10 | 1 | 0.1538 | 15 | 12 | 6 | 5 | 6 | 2 | 0.0308 |
| 15 | 14 | 11 | 3 | 11 | 3 | 0.0667 | 15 | 12 | 11 | 2 | 11 | 1 | 0.0088 | 15 | 12 | 6 | 5 | 3 | 5 | 0.0747 |
| 15 | 14 | 10 | 4 | 10 | 4 | 0.0667 | 15 | 12 | 11 | 2 | 11 | 0 | 0.0088 | 15 | 12 | 5 | 5 | 5 | 5 | 0.0659 |
| 15 | 14 | 10 | 3 | 10 | 3 | 0.1333 | 15 | 12 | 11 | 2 | 10 | 2 | 0.0571 | 15 | 12 | 5 | 5 | 5 | 2 | 0.0659 |
| 15 | 14 | 9 | 5 | 9 | 5 | 0.0667 | 15 | 12 | 11 | 2 | 10 | 1 | 0.1538 | 15 | 12 | 5 | 5 | 2 | 5 | 0.0659 |
| 15 | 14 | 9 | 4 | 9 | 4 | 0.1333 | 15 | 12 | 11 | 2 | 10 | 0 | 0.0571 | 15 | 11 | 13 | 1 | 11 | 0 | 0.0571 |
| 15 | 14 | 8 | 6 | 8 | 6 | 0.0667 | 15 | 12 | 10 | 4 | 10 | 2 | 0.0220 | 15 | 11 | 12 | 2 | 11 | 0 | 0.0088 |
| 15 | 14 | 8 | 5 | 8 | 5 | 0.1333 | 15 | 12 | 10 | 4 | 10 | 1 | 0.0088 | 15 | 11 | 12 | 2 | 10 | 1 | 0.1538 |
| 15 | 14 | 8 | 4 | 8 | 4 | 0.2000 | 15 | 12 | 10 | 4 | 9 | 3 | 0.1099 | 15 | 11 | 12 | 2 | 10 | 0 | 0.0571 |
| 15 | 14 | 7 | 7 | 7 | 7 | 0.0667 | 15 | 12 | 10 | 3 | 10 | 2 | 0.0088 | 15 | 11 | 11 | 3 | 11 | 0 | 0.0007 |
| 15 | 14 | 7 | 6 | 7 | 6 | 0.1333 | 15 | 12 | 10 | 3 | 10 | 1 | 0.0220 | 15 | 11 | 11 | 3 | 10 | 1 | 0.0330 |
| 15 | 14 | 7 | 5 | 7 | 5 | 0.2000 | 15 | 12 | 10 | 3 | 10 | 0 | 0.0022 | 15 | 11 | 11 | 3 | 10 | 0 | 0.0088 |
| 15 | 14 | 6 | 6 | 6 | 6 | 0.2000 | 15 | 12 | 10 | 3 | 9 | 3 | 0.0440 | 15 | 11 | 11 | 2 | 11 | 0 | 0.0007 |
| 15 | 13 | 13 | 1 | 13 | 0 | 0.0095 | 15 | 12 | 10 | 3 | 9 | 1 | 0.1099 | 15 | 11 | 11 | 2 | 10 | 1 | 0.0330 |
| 15 | 13 | 12 | 2 | 12 | 1 | 0.0286 | 15 | 12 | 9 | 5 | 9 | 3 | 0.0440 | 15 | 11 | 11 | 2 | 10 | 0 | 0.0330 |
| 15 | 13 | 12 | 2 | 12 | 0 | 0.0095 | 15 | 12 | 9 | 5 | 9 | 2 | 0.0440 | 15 | 11 | 11 | 2 | 9 | 2 | 0.1136 |
| 15 | 13 | 12 | 2 | 11 | 2 | 0.1429 | 15 | 12 | 9 | 5 | 7 | 5 | 0.1231 | 15 | 11 | 11 | 2 | 9 | 1 | 0.1136 |
| 15 | 13 | 11 | 3 | 11 | 2 | 0.0571 | 15 | 12 | 9 | 4 | 9 | 3 | 0.0176 | 15 | 11 | 11 | 2 | 9 | 0 | 0.1136 |
| 15 | 13 | 11 | 3 | 11 | 1 | 0.0571 | 15 | 12 | 9 | 4 | 9 | 2 | 0.0637 | 15 | 11 | 10 | 4 | 10 | 1 | 0.0037 |
| 15 | 13 | 11 | 3 | 10 | 3 | 0.1619 | 15 | 12 | 9 | 4 | 9 | 1 | 0.0176 | 15 | 11 | 10 | 4 | 10 | 0 | 0.0007 |
| 15 | 13 | 11 | 2 | 11 | 3 | 0.0190 | 15 | 12 | 9 | 4 | 8 | 4 | 0.0374 | 15 | 11 | 10 | 4 | 9 | 2 | 0.0769 |
| 15 | 13 | 11 | 2 | 11 | 1 | 0.0571 | 15 | 12 | 9 | 4 | 8 | 2 | 0.1824 | 15 | 11 | 10 | 4 | 9 | 1 | 0.0330 |
| 15 | 13 | 11 | 2 | 11 | 0 | 0.0190 | 15 | 12 | 9 | 3 | 9 | 3 | 0.0044 | 15 | 11 | 10 | 4 | 7 | 4 | 0.1648 |
| 15 | 13 | 10 | 4 | 10 | 3 | 0.0381 | 15 | 12 | 9 | 3 | 9 | 2 | 0.0440 | 15 | 11 | 10 | 3 | 10 | 1 | 0.0037 |
| 15 | 13 | 10 | 4 | 10 | 2 | 0.0952 | 15 | 12 | 9 | 3 | 9 | 1 | 0.0440 | 15 | 11 | 10 | 3 | 10 | 0 | 0.0015 |
| 15 | 13 | 10 | 4 | 9 | 4 | 0.1905 | 15 | 12 | 9 | 3 | 9 | 0 | 0.0044 | 15 | 11 | 10 | 3 | 9 | 2 | 0.0330 |
| 15 | 13 | 10 | 3 | 10 | 3 | 0.0095 | 15 | 12 | 9 | 3 | 8 | 3 | 0.1626 | 15 | 11 | 10 | 3 | 9 | 1 | 0.1099 |
| 15 | 13 | 10 | 3 | 10 | 2 | 0.0952 | 15 | 12 | 9 | 3 | 8 | 1 | 0.1626 | 15 | 11 | 10 | 3 | 9 | 0 | 0.0110 |
| 15 | 13 | 10 | 3 | 10 | 1 | 0.0381 | 15 | 12 | 8 | 6 | 8 | 4 | 0.0330 | 15 | 11 | 10 | 3 | 8 | 3 | 0.0659 |
| 15 | 13 | 9 | 5 | 9 | 4 | 0.0476 | 15 | 12 | 8 | 6 | 8 | 3 | 0.0769 | 15 | 11 | 9 | 5 | 9 | 2 | 0.0110 |
| 15 | 13 | 9 | 5 | 8 | 5 | 0.1333 | 15 | 12 | 8 | 6 | 6 | 6 | 0.1385 | 15 | 11 | 9 | 5 | 9 | 1 | 0.0037 |
| 15 | 13 | 9 | 4 | 9 | 4 | 0.0095 | 15 | 12 | 8 | 5 | 8 | 4 | 0.0110 | 15 | 11 | 9 | 5 | 5 | 5 | 0.0725 |
| 15 | 13 | 9 | 4 | 9 | 3 | 0.1429 | 15 | 12 | 8 | 5 | 8 | 3 | 0.0945 | 15 | 11 | 9 | 4 | 9 | 2 | 0.0051 |
| 15 | 13 | 9 | 4 | 9 | 2 | 0.0667 | 15 | 12 | 8 | 5 | 8 | 2 | 0.0505 | 15 | 11 | 9 | 4 | 9 | 1 | 0.0110 |
| 15 | 13 | 9 | 3 | 9 | 3 | 0.0571 | 15 | 12 | 8 | 5 | 7 | 5 | 0.0286 | 15 | 11 | 9 | 4 | 9 | 0 | 0.0007 |
| 15 | 13 | 9 | 3 | 9 | 2 | 0.1429 | 15 | 12 | 8 | 4 | 8 | 4 | 0.0022 | 15 | 11 | 9 | 4 | 8 | 3 | 0.0901 |
| 15 | 13 | 9 | 3 | 9 | 1 | 0.0571 | 15 | 12 | 8 | 4 | 8 | 3 | 0.0374 | 15 | 11 | 9 | 4 | 8 | 2 | 0.1692 |
| 15 | 13 | 8 | 6 | 8 | 5 | 0.0571 | 15 | 12 | 8 | 4 | 8 | 2 | 0.0769 | 15 | 11 | 9 | 4 | 8 | 1 | 0.0901 |
| 15 | 13 | 8 | 6 | 7 | 6 | 0.1333 | 15 | 12 | 8 | 4 | 8 | 1 | 0.0110 | 15 | 11 | 9 | 4 | 7 | 4 | 0.0901 |
| 15 | 13 | 8 | 5 | 8 | 5 | 0.0095 | 15 | 12 | 8 | 4 | 7 | 4 | 0.1297 | 15 | 11 | 9 | 3 | 9 | 2 | 0.0044 |

| N | $N_a$ | $N_1$ | $N_2$ | $a_1$ | $a_2$ | P | N | $N_a$ | $N_1$ | $N_2$ | $a_1$ | $a_2$ | P | N | $N_a$ | $N_1$ | $N_2$ | $a_1$ | $a_2$ | P |
|---|---|---|---|---|---|---|---|---|---|---|---|---|---|---|---|---|---|---|---|---|
| 15 | 11 | 9 | 3 | 9 | 1 | 0.0242 | 15 | 11 | 6 | 5 | 6 | 2 | 0.0769 | 15 | 10 | 8 | 5 | 6 | 4 | 0.1775 |
| 15 | 11 | 9 | 3 | 9 | 0 | 0.0044 | 15 | 11 | 6 | 5 | 6 | 1 | 0.0044 | 15 | 10 | 8 | 5 | 5 | 5 | 0.0576 |
| 15 | 11 | 9 | 3 | 8 | 3 | 0.0242 | 15 | 11 | 6 | 5 | 5 | 5 | 0.0476 | 15 | 10 | 8 | 5 | 4 | 5 | 0.1775 |
| 15 | 11 | 9 | 3 | 8 | 2 | 0.1429 | 15 | 11 | 6 | 5 | 5 | 2 | 0.1648 | 15 | 10 | 8 | 5 | 3 | 5 | 0.0576 |
| 15 | 11 | 9 | 3 | 8 | 1 | 0.1429 | 15 | 11 | 6 | 5 | 2 | 5 | 0.0154 | 15 | 10 | 8 | 4 | 8 | 2 | 0.0030 |
| 15 | 11 | 9 | 3 | 8 | 0 | 0.0242 | 15 | 11 | 5 | 5 | 5 | 5 | 0.0110 | 15 | 10 | 8 | 4 | 8 | 1 | 0.0097 |
| 15 | 11 | 8 | 6 | 8 | 3 | 0.0256 | 15 | 11 | 5 | 5 | 5 | 1 | 0.0110 | 15 | 10 | 8 | 4 | 8 | 0 | 0.0010 |
| 15 | 11 | 8 | 6 | 8 | 2 | 0.0110 | 15 | 11 | 5 | 5 | 1 | 5 | 0.0110 | 15 | 10 | 8 | 4 | 7 | 3 | 0.0296 |
| 15 | 11 | 8 | 6 | 5 | 6 | 0.0667 | 15 | 10 | 13 | 1 | 10 | 0 | 0.0952 | 15 | 10 | 8 | 4 | 7 | 2 | 0.1655 |
| 15 | 11 | 8 | 6 | 4 | 6 | 0.1179 | 15 | 10 | 12 | 2 | 10 | 0 | 0.0220 | 15 | 10 | 8 | 4 | 7 | 1 | 0.0803 |
| 15 | 11 | 8 | 5 | 8 | 3 | 0.0110 | 15 | 10 | 12 | 2 | 9 | 0 | 0.0952 | 15 | 10 | 8 | 4 | 7 | 0 | 0.0057 |
| 15 | 11 | 8 | 5 | 8 | 2 | 0.0256 | 15 | 10 | 11 | 3 | 10 | 0 | 0.0037 | 15 | 10 | 8 | 4 | 6 | 4 | 0.0190 |
| 15 | 11 | 8 | 5 | 8 | 1 | 0.0037 | 15 | 10 | 11 | 3 | 9 | 1 | 0.0769 | 15 | 10 | 8 | 4 | 6 | 1 | 0.1175 |
| 15 | 11 | 8 | 5 | 7 | 4 | 0.0755 | 15 | 10 | 11 | 3 | 9 | 0 | 0.0220 | 15 | 10 | 8 | 4 | 3 | 4 | 0.0483 |
| 15 | 11 | 8 | 5 | 7 | 2 | 0.1853 | 15 | 10 | 11 | 3 | 7 | 3 | 0.1868 | 15 | 10 | 7 | 7 | 7 | 3 | 0.0373 |
| 15 | 11 | 8 | 5 | 6 | 5 | 0.0462 | 15 | 10 | 11 | 2 | 10 | 0 | 0.0037 | 15 | 10 | 7 | 7 | 7 | 2 | 0.0140 |
| 15 | 11 | 8 | 5 | 4 | 5 | 0.1267 | 15 | 10 | 11 | 2 | 9 | 1 | 0.0769 | 15 | 10 | 7 | 7 | 3 | 7 | 0.0373 |
| 15 | 11 | 8 | 4 | 8 | 3 | 0.0037 | 15 | 10 | 11 | 2 | 9 | 0 | 0.0769 | 15 | 10 | 7 | 7 | 2 | 7 | 0.0140 |
| 15 | 11 | 8 | 4 | 8 | 2 | 0.0315 | 15 | 10 | 11 | 2 | 8 | 2 | 0.1868 | 15 | 10 | 7 | 6 | 7 | 3 | 0.0087 |
| 15 | 11 | 8 | 4 | 8 | 1 | 0.0183 | 15 | 10 | 11 | 2 | 8 | 0 | 0.1868 | 15 | 10 | 7 | 6 | 7 | 2 | 0.0256 |
| 15 | 11 | 8 | 4 | 8 | 0 | 0.0007 | 15 | 10 | 10 | 4 | 10 | 0 | 0.0003 | 15 | 10 | 7 | 6 | 7 | 1 | 0.0020 |
| 15 | 11 | 8 | 4 | 7 | 4 | 0.0095 | 15 | 10 | 10 | 4 | 9 | 1 | 0.0170 | 15 | 10 | 7 | 6 | 6 | 4 | 0.1305 |
| 15 | 11 | 8 | 4 | 7 | 1 | 0.0549 | 15 | 10 | 10 | 4 | 9 | 0 | 0.0037 | 15 | 10 | 7 | 6 | 6 | 2 | 0.1305 |
| 15 | 11 | 8 | 4 | 6 | 4 | 0.1678 | 15 | 10 | 10 | 4 | 8 | 1 | 0.0769 | 15 | 10 | 7 | 6 | 5 | 5 | 0.1725 |
| 15 | 11 | 8 | 4 | 4 | 4 | 0.1062 | 15 | 10 | 10 | 4 | 6 | 4 | 0.1469 | 15 | 10 | 7 | 6 | 4 | 6 | 0.0373 |
| 15 | 11 | 7 | 7 | 7 | 4 | 0.1026 | 15 | 10 | 10 | 3 | 10 | 0 | 0.0003 | 15 | 10 | 7 | 6 | 3 | 6 | 0.0606 |
| 15 | 11 | 7 | 7 | 7 | 3 | 0.1026 | 15 | 10 | 10 | 3 | 9 | 1 | 0.0170 | 15 | 10 | 7 | 6 | 2 | 6 | 0.0157 |
| 15 | 11 | 7 | 7 | 4 | 7 | 0.1026 | 15 | 10 | 10 | 3 | 9 | 0 | 0.0070 | 15 | 10 | 7 | 5 | 7 | 3 | 0.0037 |
| 15 | 11 | 7 | 7 | 3 | 7 | 0.1026 | 15 | 10 | 10 | 3 | 8 | 2 | 0.1169 | 15 | 10 | 7 | 5 | 7 | 2 | 0.0326 |
| 15 | 11 | 7 | 6 | 7 | 4 | 0.0220 | 15 | 10 | 10 | 3 | 8 | 0 | 0.0320 | 15 | 10 | 7 | 5 | 7 | 1 | 0.0087 |
| 15 | 11 | 7 | 6 | 7 | 3 | 0.0923 | 15 | 10 | 10 | 3 | 7 | 3 | 0.0719 | 15 | 10 | 7 | 5 | 7 | 0 | 0.0003 |
| 15 | 11 | 7 | 6 | 7 | 2 | 0.0220 | 15 | 10 | 9 | 5 | 9 | 1 | 0.0020 | 15 | 10 | 7 | 5 | 6 | 4 | 0.0559 |
| 15 | 11 | 7 | 6 | 6 | 5 | 0.1231 | 15 | 10 | 9 | 5 | 9 | 0 | 0.0003 | 15 | 10 | 7 | 5 | 6 | 1 | 0.0559 |
| 15 | 11 | 7 | 6 | 5 | 6 | 0.0374 | 15 | 10 | 9 | 5 | 8 | 2 | 0.0470 | 15 | 10 | 7 | 5 | 5 | 5 | 0.0226 |
| 15 | 11 | 7 | 6 | 4 | 6 | 0.1744 | 15 | 10 | 9 | 5 | 8 | 1 | 0.0170 | 15 | 10 | 7 | 5 | 4 | 5 | 0.1259 |
| 15 | 11 | 7 | 6 | 3 | 6 | 0.0630 | 15 | 10 | 9 | 5 | 5 | 5 | 0.1309 | 15 | 10 | 7 | 5 | 3 | 5 | 0.1259 |
| 15 | 11 | 7 | 5 | 7 | 4 | 0.0073 | 15 | 10 | 9 | 5 | 4 | 5 | 0.1309 | 15 | 10 | 7 | 5 | 3 | 4 | 0.1841 |
| 15 | 11 | 7 | 5 | 7 | 3 | 0.0564 | 15 | 10 | 9 | 4 | 9 | 1 | 0.0020 | 15 | 10 | 7 | 5 | 2 | 5 | 0.0226 |
| 15 | 11 | 7 | 5 | 7 | 2 | 0.0564 | 15 | 10 | 9 | 4 | 9 | 0 | 0.0007 | 15 | 10 | 7 | 4 | 7 | 3 | 0.0027 |
| 15 | 11 | 7 | 5 | 7 | 1 | 0.0073 | 15 | 10 | 9 | 4 | 8 | 2 | 0.0230 | 15 | 10 | 7 | 4 | 7 | 2 | 0.0303 |
| 15 | 11 | 7 | 5 | 5 | 5 | 0.0125 | 15 | 10 | 9 | 4 | 8 | 1 | 0.0470 | 15 | 10 | 7 | 4 | 7 | 1 | 0.0303 |
| 15 | 11 | 7 | 5 | 6 | 2 | 0.1795 | 15 | 10 | 9 | 4 | 8 | 0 | 0.0050 | 15 | 10 | 7 | 4 | 7 | 0 | 0.0027 |
| 15 | 11 | 7 | 5 | 5 | 5 | 0.1282 | 15 | 10 | 9 | 4 | 6 | 4 | 0.0749 | 15 | 10 | 7 | 4 | 6 | 4 | 0.0073 |
| 15 | 11 | 7 | 5 | 3 | 5 | 0.0821 | 15 | 10 | 9 | 4 | 4 | 4 | 0.1169 | 15 | 10 | 7 | 4 | 6 | 3 | 0.1608 |
| 15 | 11 | 7 | 4 | 7 | 4 | 0.0015 | 15 | 10 | 9 | 3 | 9 | 1 | 0.0020 | 15 | 10 | 7 | 4 | 6 | 1 | 0.1608 |
| 15 | 11 | 7 | 4 | 7 | 3 | 0.0249 | 15 | 10 | 9 | 3 | 9 | 0 | 0.0020 | 15 | 10 | 7 | 4 | 6 | 0 | 0.0073 |
| 15 | 11 | 7 | 4 | 7 | 2 | 0.1179 | 15 | 10 | 9 | 3 | 8 | 2 | 0.0200 | 15 | 10 | 7 | 4 | 5 | 4 | 0.0862 |
| 15 | 11 | 7 | 4 | 7 | 1 | 0.0249 | 15 | 10 | 9 | 3 | 8 | 1 | 0.0709 | 15 | 10 | 7 | 4 | 5 | 1 | 0.0862 |
| 15 | 11 | 7 | 4 | 7 | 0 | 0.0015 | 15 | 10 | 9 | 3 | 8 | 0 | 0.0200 | 15 | 10 | 7 | 4 | 2 | 4 | 0.0143 |
| 15 | 11 | 7 | 4 | 6 | 4 | 0.0659 | 15 | 10 | 9 | 3 | 7 | 3 | 0.0440 | 15 | 10 | 6 | 6 | 6 | 4 | 0.0140 |
| 15 | 11 | 7 | 4 | 6 | 1 | 0.0659 | 15 | 10 | 9 | 3 | 7 | 0 | 0.0440 | 15 | 10 | 6 | 6 | 6 | 3 | 0.0959 |
| 15 | 11 | 7 | 4 | 3 | 4 | 0.0916 | 15 | 10 | 9 | 3 | 4 | 3 | 0.1129 | 15 | 10 | 6 | 6 | 6 | 2 | 0.0559 |
| 15 | 11 | 6 | 6 | 6 | 5 | 0.0088 | 15 | 10 | 8 | 6 | 8 | 2 | 0.0070 | 15 | 10 | 6 | 6 | 6 | 1 | 0.0040 |
| 15 | 11 | 6 | 6 | 6 | 4 | 0.0967 | 15 | 10 | 8 | 6 | 8 | 1 | 0.0020 | 15 | 10 | 6 | 6 | 5 | 5 | 0.0260 |
| 15 | 11 | 6 | 6 | 6 | 3 | 0.1846 | 15 | 10 | 8 | 6 | 7 | 3 | 0.1422 | 15 | 10 | 6 | 6 | 5 | 2 | 0.1558 |
| 15 | 11 | 6 | 6 | 6 | 2 | 0.0308 | 15 | 10 | 8 | 6 | 7 | 2 | 0.0889 | 15 | 10 | 6 | 6 | 4 | 6 | 0.0140 |
| 15 | 11 | 6 | 6 | 5 | 6 | 0.0088 | 15 | 10 | 8 | 6 | 4 | 6 | 0.0490 | 15 | 10 | 6 | 6 | 3 | 6 | 0.0959 |
| 15 | 11 | 6 | 6 | 4 | 6 | 0.0967 | 15 | 10 | 8 | 6 | 3 | 6 | 0.0256 | 15 | 10 | 6 | 6 | 2 | 6 | 0.0559 |
| 15 | 11 | 6 | 6 | 3 | 6 | 0.1846 | 15 | 10 | 8 | 5 | 8 | 2 | 0.0070 | 15 | 10 | 6 | 6 | 2 | 6 | 0.1558 |
| 15 | 11 | 6 | 6 | 2 | 6 | 0.0308 | 15 | 10 | 8 | 5 | 8 | 1 | 0.0070 | 15 | 10 | 6 | 6 | 1 | 6 | 0.0040 |
| 15 | 11 | 6 | 5 | 6 | 5 | 0.0007 | 15 | 10 | 8 | 5 | 8 | 0 | 0.0003 | 15 | 10 | 6 | 5 | 6 | 4 | 0.0020 |
| 15 | 11 | 6 | 5 | 6 | 4 | 0.0300 | 15 | 10 | 8 | 5 | 7 | 3 | 0.0842 | 15 | 10 | 6 | 5 | 6 | 3 | 0.0360 |
| 15 | 11 | 6 | 5 | 6 | 3 | 0.1648 | 15 | 10 | 8 | 5 | 7 | 1 | 0.0203 | 15 | 10 | 6 | 5 | 6 | 2 | 0.0959 |

Tafel XV-2-4-1 (Fortsetz.)

| N | $N_a$ | $N_1$ | $N_2$ | $a_1$ | $a_2$ | P | N | $N_a$ | $N_1$ | $N_2$ | $a_1$ | $a_2$ | P | N | $N_a$ | $N_1$ | $N_2$ | $a_1$ | $a_2$ | P |
|---|---|---|---|---|---|---|---|---|---|---|---|---|---|---|---|---|---|---|---|---|
| 15 | 10 | 6 | 5 | 6 | 1 | 0.0127 | 15 | 9 | 8 | 6 | 3 | 5 | 0.1189 | 15 | 9 | 7 | 4 | 5 | 0 | 0.0154 |
| 15 | 10 | 6 | 5 | 6 | 0 | 0.0003 | 15 | 9 | 8 | 6 | 2 | 6 | 0.0070 | 15 | 9 | 7 | 4 | 4 | 4 | 0.1161 |
| 15 | 10 | 6 | 5 | 5 | 5 | 0.0060 | 15 | 9 | 8 | 5 | 8 | 1 | 0.0014 | 15 | 9 | 7 | 4 | 4 | 1 | 0.1161 |
| 15 | 10 | 6 | 5 | 5 | 1 | 0.0226 | 15 | 9 | 8 | 5 | 8 | 0 | 0.0004 | 15 | 9 | 7 | 4 | 2 | 4 | 0.0601 |
| 15 | 10 | 6 | 5 | 4 | 5 | 0.0959 | 15 | 9 | 8 | 5 | 7 | 2 | 0.0545 | 15 | 9 | 7 | 4 | 2 | 3 | 0.0601 |
| 15 | 10 | 6 | 5 | 2 | 5 | 0.0959 | 15 | 9 | 8 | 5 | 7 | 1 | 0.0545 | 15 | 9 | 7 | 4 | 1 | 4 | 0.0038 |
| 15 | 10 | 6 | 5 | 2 | 4 | 0.1209 | 15 | 9 | 8 | 5 | 7 | 0 | 0.0030 | 15 | 9 | 6 | 6 | 6 | 3 | 0.0156 |
| 15 | 10 | 6 | 5 | 1 | 5 | 0.0060 | 15 | 9 | 8 | 5 | 6 | 1 | 0.1049 | 15 | 9 | 6 | 6 | 6 | 2 | 0.0480 |
| 15 | 10 | 5 | 5 | 5 | 5 | 0.0010 | 15 | 9 | 8 | 5 | 4 | 5 | 0.0226 | 15 | 9 | 6 | 6 | 6 | 1 | 0.0076 |
| 15 | 10 | 5 | 5 | 5 | 4 | 0.0509 | 15 | 9 | 8 | 5 | 3 | 5 | 0.0769 | 15 | 9 | 6 | 6 | 6 | 0 | 0.0004 |
| 15 | 10 | 5 | 5 | 5 | 1 | 0.0509 | 15 | 9 | 8 | 5 | 2 | 5 | 0.0086 | 15 | 9 | 6 | 6 | 5 | 4 | 0.0839 |
| 15 | 10 | 5 | 5 | 5 | 0 | 0.0010 | 15 | 9 | 8 | 4 | 8 | 1 | 0.0014 | 15 | 9 | 6 | 6 | 5 | 1 | 0.0300 |
| 15 | 10 | 5 | 5 | 4 | 5 | 0.0509 | 15 | 9 | 8 | 4 | 8 | 0 | 0.0006 | 15 | 9 | 6 | 6 | 4 | 5 | 0.0839 |
| 15 | 10 | 5 | 5 | 4 | 1 | 0.0509 | 15 | 9 | 8 | 4 | 7 | 2 | 0.0270 | 15 | 9 | 6 | 6 | 4 | 2 | 0.1738 |
| 15 | 10 | 5 | 5 | 1 | 5 | 0.0509 | 15 | 9 | 8 | 4 | 7 | 1 | 0.0573 | 15 | 9 | 6 | 6 | 3 | 6 | 0.0156 |
| 15 | 10 | 5 | 5 | 1 | 4 | 0.0509 | 15 | 9 | 8 | 4 | 7 | 0 | 0.0062 | 15 | 9 | 6 | 6 | 2 | 6 | 0.0480 |
| 15 | 10 | 5 | 5 | 0 | 5 | 0.0010 | 15 | 9 | 8 | 4 | 6 | 3 | 0.0797 | 15 | 9 | 6 | 6 | 2 | 4 | 0.1738 |
| 15 | 9 | 13 | 1 | 9 | 0 | 0.1429 | 15 | 9 | 8 | 4 | 6 | 0 | 0.0174 | 15 | 9 | 6 | 6 | 1 | 6 | 0.0076 |
| 15 | 9 | 12 | 2 | 9 | 0 | 0.0440 | 15 | 9 | 8 | 4 | 5 | 4 | 0.0382 | 15 | 9 | 6 | 6 | 1 | 5 | 0.0300 |
| 15 | 9 | 12 | 2 | 8 | 0 | 0.1429 | 15 | 9 | 8 | 4 | 4 | 4 | 0.1552 | 15 | 9 | 6 | 6 | 0 | 6 | 0.0004 |
| 15 | 9 | 11 | 3 | 9 | 0 | 0.0110 | 15 | 9 | 8 | 4 | 3 | 4 | 0.1133 | 15 | 9 | 6 | 5 | 6 | 3 | 0.0042 |
| 15 | 9 | 11 | 3 | 8 | 0 | 0.0440 | 15 | 9 | 8 | 4 | 2 | 4 | 0.0174 | 15 | 9 | 6 | 5 | 6 | 2 | 0.0380 |
| 15 | 9 | 11 | 2 | 9 | 0 | 0.0110 | 15 | 9 | 7 | 7 | 7 | 2 | 0.0112 | 15 | 9 | 6 | 5 | 6 | 1 | 0.0300 |
| 15 | 9 | 10 | 4 | 9 | 0 | 0.0020 | 15 | 9 | 7 | 7 | 7 | 1 | 0.0028 | 15 | 9 | 6 | 5 | 6 | 0 | 0.0010 |
| 15 | 9 | 10 | 4 | 8 | 1 | 0.0470 | 15 | 9 | 7 | 7 | 6 | 3 | 0.1678 | 15 | 9 | 6 | 5 | 5 | 4 | 0.0300 |
| 15 | 9 | 10 | 4 | 8 | 0 | 0.0110 | 15 | 9 | 7 | 7 | 6 | 2 | 0.0699 | 15 | 9 | 6 | 5 | 5 | 1 | 0.1109 |
| 15 | 9 | 10 | 4 | 5 | 4 | 0.1393 | 15 | 9 | 7 | 7 | 3 | 6 | 0.1678 | 15 | 9 | 6 | 5 | 5 | 0 | 0.0022 |
| 15 | 9 | 10 | 4 | 4 | 4 | 0.0889 | 15 | 9 | 7 | 7 | 2 | 7 | 0.0112 | 15 | 9 | 6 | 5 | 4 | 5 | 0.0072 |
| 15 | 9 | 10 | 3 | 9 | 0 | 0.0020 | 15 | 9 | 7 | 7 | 2 | 6 | 0.0699 | 15 | 9 | 6 | 5 | 4 | 1 | 0.0529 |
| 15 | 9 | 10 | 3 | 8 | 1 | 0.0709 | 15 | 9 | 7 | 7 | 1 | 7 | 0.0028 | 15 | 9 | 6 | 5 | 3 | 5 | 0.0689 |
| 15 | 9 | 10 | 3 | 8 | 0 | 0.0200 | 15 | 9 | 7 | 6 | 7 | 2 | 0.0070 | 15 | 9 | 6 | 5 | 3 | 2 | 0.1808 |
| 15 | 9 | 10 | 3 | 7 | 0 | 0.0440 | 15 | 9 | 7 | 6 | 7 | 1 | 0.0040 | 15 | 9 | 6 | 5 | 2 | 5 | 0.0869 |
| 15 | 9 | 10 | 3 | 6 | 3 | 0.1548 | 15 | 9 | 7 | 6 | 7 | 0 | 0.0002 | 15 | 9 | 6 | 5 | 2 | 3 | 0.1409 |
| 15 | 9 | 10 | 3 | 4 | 3 | 0.1548 | 15 | 9 | 7 | 6 | 6 | 3 | 0.0839 | 15 | 9 | 6 | 5 | 1 | 5 | 0.0120 |
| 15 | 9 | 9 | 5 | 9 | 0 | 0.0002 | 15 | 9 | 7 | 6 | 6 | 2 | 0.1678 | 15 | 9 | 6 | 5 | 1 | 4 | 0.0300 |
| 15 | 9 | 9 | 5 | 8 | 1 | 0.0110 | 15 | 9 | 7 | 6 | 6 | 1 | 0.0308 | 15 | 9 | 6 | 5 | 0 | 5 | 0.0002 |
| 15 | 9 | 9 | 5 | 8 | 0 | 0.0020 | 15 | 9 | 7 | 6 | 4 | 5 | 0.1678 | 15 | 9 | 5 | 5 | 5 | 4 | 0.0060 |
| 15 | 9 | 9 | 5 | 7 | 2 | 0.1608 | 15 | 9 | 7 | 6 | 3 | 6 | 0.0140 | 15 | 9 | 5 | 5 | 5 | 3 | 0.0659 |
| 15 | 9 | 9 | 5 | 7 | 1 | 0.0889 | 15 | 9 | 7 | 6 | 2 | 6 | 0.0308 | 15 | 9 | 5 | 5 | 5 | 2 | 0.1259 |
| 15 | 9 | 9 | 5 | 4 | 5 | 0.0529 | 15 | 9 | 7 | 6 | 2 | 5 | 0.0559 | 15 | 9 | 5 | 5 | 5 | 1 | 0.0659 |
| 15 | 9 | 9 | 5 | 3 | 5 | 0.0278 | 15 | 9 | 7 | 6 | 1 | 6 | 0.0016 | 15 | 9 | 5 | 5 | 5 | 0 | 0.0060 |
| 15 | 9 | 9 | 4 | 9 | 0 | 0.0002 | 15 | 9 | 7 | 5 | 7 | 2 | 0.0054 | 15 | 9 | 5 | 5 | 4 | 5 | 0.0060 |
| 15 | 9 | 9 | 4 | 8 | 1 | 0.0182 | 15 | 9 | 7 | 5 | 7 | 1 | 0.0084 | 15 | 9 | 5 | 5 | 4 | 0 | 0.0060 |
| 15 | 9 | 9 | 4 | 8 | 0 | 0.0038 | 15 | 9 | 7 | 5 | 7 | 0 | 0.0006 | 15 | 9 | 5 | 5 | 3 | 5 | 0.0659 |
| 15 | 9 | 9 | 4 | 7 | 2 | 0.1033 | 15 | 9 | 7 | 5 | 6 | 3 | 0.0420 | 15 | 9 | 5 | 5 | 3 | 1 | 0.0659 |
| 15 | 9 | 9 | 4 | 7 | 0 | 0.0182 | 15 | 9 | 7 | 5 | 6 | 2 | 0.1888 | 15 | 9 | 5 | 5 | 2 | 5 | 0.1259 |
| 15 | 9 | 9 | 4 | 5 | 4 | 0.0601 | 15 | 9 | 7 | 5 | 6 | 1 | 0.1469 | 15 | 9 | 5 | 5 | 2 | 2 | 0.1259 |
| 15 | 9 | 9 | 4 | 4 | 4 | 0.1536 | 15 | 9 | 7 | 5 | 6 | 0 | 0.0034 | 15 | 9 | 5 | 5 | 1 | 5 | 0.0659 |
| 15 | 9 | 9 | 4 | 3 | 4 | 0.0350 | 15 | 9 | 7 | 5 | 5 | 4 | 0.1469 | 15 | 9 | 5 | 5 | 1 | 3 | 0.0659 |
| 15 | 9 | 9 | 3 | 9 | 0 | 0.0002 | 15 | 9 | 7 | 5 | 5 | 1 | 0.1469 | 15 | 9 | 5 | 5 | 0 | 5 | 0.0060 |
| 15 | 9 | 9 | 3 | 8 | 1 | 0.0110 | 15 | 9 | 7 | 5 | 4 | 5 | 0.0154 | 15 | 9 | 5 | 5 | 0 | 4 | 0.0060 |
| 15 | 9 | 9 | 3 | 8 | 0 | 0.0110 | 15 | 9 | 7 | 5 | 3 | 5 | 0.1469 | 15 | 8 | 13 | 1 | 8 | 0 | 0.2000 |
| 15 | 9 | 9 | 3 | 7 | 2 | 0.1045 | 15 | 9 | 7 | 5 | 2 | 5 | 0.0280 | 15 | 8 | 12 | 2 | 8 | 0 | 0.0769 |
| 15 | 9 | 9 | 3 | 7 | 1 | 0.1692 | 15 | 9 | 7 | 5 | 2 | 4 | 0.1469 | 15 | 8 | 11 | 3 | 8 | 0 | 0.0256 |
| 15 | 9 | 9 | 3 | 7 | 0 | 0.1045 | 15 | 9 | 7 | 5 | 1 | 5 | 0.0034 | 15 | 8 | 11 | 3 | 7 | 0 | 0.1282 |
| 15 | 9 | 9 | 3 | 6 | 3 | 0.0613 | 15 | 9 | 7 | 4 | 7 | 2 | 0.0024 | 15 | 8 | 11 | 3 | 5 | 3 | 0.2000 |
| 15 | 9 | 9 | 3 | 6 | 0 | 0.0613 | 15 | 9 | 7 | 4 | 7 | 1 | 0.0070 | 15 | 8 | 11 | 3 | 4 | 3 | 0.1282 |
| 15 | 9 | 9 | 3 | 3 | 3 | 0.0613 | 15 | 9 | 7 | 4 | 7 | 0 | 0.0024 | 15 | 8 | 11 | 2 | 8 | 0 | 0.0256 |
| 15 | 9 | 8 | 6 | 8 | 1 | 0.0014 | 15 | 9 | 7 | 4 | 6 | 3 | 0.0266 | 15 | 8 | 11 | 2 | 4 | 2 | 0.0769 |
| 15 | 9 | 8 | 6 | 8 | 0 | 0.0002 | 15 | 9 | 7 | 4 | 6 | 2 | 0.1832 | 15 | 8 | 10 | 4 | 8 | 0 | 0.0070 |
| 15 | 9 | 8 | 6 | 7 | 2 | 0.0517 | 15 | 9 | 7 | 4 | 6 | 1 | 0.1832 | 15 | 8 | 10 | 4 | 7 | 1 | 0.1515 |
| 15 | 9 | 8 | 6 | 7 | 1 | 0.0166 | 15 | 9 | 7 | 4 | 6 | 0 | 0.0266 | 15 | 8 | 10 | 4 | 7 | 0 | 0.0443 |
| 15 | 9 | 8 | 6 | 3 | 6 | 0.0278 | 15 | 9 | 7 | 4 | 5 | 4 | 0.0154 | 15 | 8 | 10 | 4 | 4 | 4 | 0.0769 |

Tafel XV-2-4-1 (Fortsetz.)

| N | $N_a$ | $N_1$ | $N_2$ | $a_1$ | $a_2$ | P | N | $N_a$ | $N_1$ | $N_2$ | $a_1$ | $a_2$ | P | N | $N_a$ | $N_1$ | $N_2$ | $a_1$ | $a_2$ | P |
|---|---|---|---|---|---|---|---|---|---|---|---|---|---|---|---|---|---|---|---|---|
| 15 | 8 | 10 | 4 | 3 | 4 | 0.0443 | 15 | 8 | 7 | 7 | 6 | 2 | 0.0634 | 15 | 8 | 6 | 6 | 1 | 4 | 0.0410 |
| 15 | 8 | 10 | 3 | 8 | 0 | 0.0070 | 15 | 8 | 7 | 7 | 6 | 1 | 0.0177 | 15 | 8 | 6 | 6 | 0 | 6 | 0.0009 |
| 15 | 8 | 10 | 3 | 7 | 1 | 0.1907 | 15 | 8 | 7 | 7 | 2 | 6 | 0.0634 | 15 | 8 | 6 | 6 | 0 | 5 | 0.0028 |
| 15 | 8 | 10 | 3 | 7 | 0 | 0.0956 | 15 | 8 | 7 | 7 | 1 | 7 | 0.0025 | 15 | 8 | 6 | 5 | 6 | 2 | 0.0039 |
| 15 | 8 | 10 | 3 | 6 | 0 | 0.0583 | 15 | 8 | 7 | 7 | 1 | 6 | 0.0177 | 15 | 8 | 6 | 5 | 6 | 1 | 0.0124 |
| 15 | 8 | 10 | 3 | 5 | 3 | 0.1347 | 15 | 8 | 7 | 7 | 0 | 7 | 0.0003 | 15 | 8 | 6 | 5 | 6 | 0 | 0.0023 |
| 15 | 8 | 10 | 3 | 3 | 3 | 0.0256 | 15 | 8 | 7 | 6 | 7 | 1 | 0.0014 | 15 | 8 | 6 | 5 | 5 | 3 | 0.0497 |
| 15 | 8 | 9 | 5 | 8 | 0 | 0.0014 | 15 | 8 | 7 | 6 | 7 | 0 | 0.0005 | 15 | 8 | 6 | 5 | 5 | 2 | 0.1841 |
| 15 | 8 | 9 | 5 | 7 | 1 | 0.0536 | 15 | 8 | 7 | 6 | 6 | 2 | 0.0438 | 15 | 8 | 6 | 5 | 5 | 1 | 0.1469 |
| 15 | 8 | 9 | 5 | 7 | 0 | 0.0126 | 15 | 8 | 7 | 6 | 6 | 1 | 0.0275 | 15 | 8 | 6 | 5 | 5 | 0 | 0.0162 |
| 15 | 8 | 9 | 5 | 6 | 1 | 0.1841 | 15 | 8 | 7 | 6 | 6 | 0 | 0.0025 | 15 | 8 | 6 | 5 | 4 | 4 | 0.0614 |
| 15 | 8 | 9 | 5 | 3 | 5 | 0.0256 | 15 | 8 | 7 | 6 | 5 | 1 | 0.0634 | 15 | 8 | 6 | 5 | 4 | 0 | 0.0062 |
| 15 | 8 | 9 | 5 | 3 | 4 | 0.1841 | 15 | 8 | 7 | 6 | 3 | 5 | 0.0960 | 15 | 8 | 6 | 5 | 3 | 5 | 0.0124 |
| 15 | 8 | 9 | 5 | 2 | 5 | 0.0126 | 15 | 8 | 7 | 6 | 2 | 6 | 0.0079 | 15 | 8 | 6 | 5 | 3 | 1 | 0.0769 |
| 15 | 8 | 9 | 4 | 8 | 0 | 0.0014 | 15 | 8 | 7 | 6 | 2 | 5 | 0.1352 | 15 | 8 | 6 | 5 | 2 | 5 | 0.0497 |
| 15 | 8 | 9 | 4 | 7 | 1 | 0.0732 | 15 | 8 | 7 | 6 | 2 | 4 | 0.1841 | 15 | 8 | 6 | 5 | 2 | 2 | 0.1189 |
| 15 | 8 | 9 | 4 | 7 | 0 | 0.0182 | 15 | 8 | 7 | 6 | 1 | 6 | 0.0047 | 15 | 8 | 6 | 5 | 1 | 5 | 0.0218 |
| 15 | 8 | 9 | 4 | 6 | 0 | 0.0312 | 15 | 8 | 7 | 6 | 1 | 5 | 0.0145 | 15 | 8 | 6 | 5 | 1 | 4 | 0.0956 |
| 15 | 8 | 9 | 4 | 4 | 4 | 0.0508 | 15 | 8 | 7 | 6 | 0 | 6 | 0.0002 | 15 | 8 | 6 | 5 | 1 | 3 | 0.0497 |
| 15 | 8 | 9 | 4 | 3 | 4 | 0.0993 | 15 | 8 | 7 | 5 | 7 | 1 | 0.0014 | 15 | 8 | 6 | 5 | 0 | 5 | 0.0006 |
| 15 | 8 | 9 | 4 | 3 | 3 | 0.1515 | 15 | 8 | 7 | 5 | 7 | 0 | 0.0006 | 15 | 8 | 6 | 5 | 0 | 4 | 0.0014 |
| 15 | 8 | 9 | 4 | 2 | 4 | 0.0070 | 15 | 8 | 7 | 5 | 6 | 2 | 0.0427 | 15 | 8 | 5 | 5 | 5 | 3 | 0.0093 |
| 15 | 8 | 9 | 3 | 8 | 0 | 0.0014 | 15 | 8 | 7 | 5 | 6 | 1 | 0.0591 | 15 | 8 | 5 | 5 | 5 | 2 | 0.0676 |
| 15 | 8 | 9 | 3 | 7 | 1 | 0.0406 | 15 | 8 | 7 | 5 | 6 | 0 | 0.0112 | 15 | 8 | 5 | 5 | 5 | 1 | 0.0676 |
| 15 | 8 | 9 | 3 | 7 | 0 | 0.0406 | 15 | 8 | 7 | 5 | 5 | 3 | 0.1787 | 15 | 8 | 5 | 5 | 5 | 0 | 0.0093 |
| 15 | 8 | 9 | 3 | 5 | 3 | 0.0797 | 15 | 8 | 7 | 5 | 5 | 0 | 0.0112 | 15 | 8 | 5 | 5 | 4 | 4 | 0.0210 |
| 15 | 8 | 9 | 3 | 5 | 0 | 0.0797 | 15 | 8 | 7 | 5 | 4 | 4 | 0.1134 | 15 | 8 | 5 | 5 | 4 | 0 | 0.0210 |
| 15 | 8 | 9 | 3 | 2 | 3 | 0.0070 | 15 | 8 | 7 | 5 | 4 | 1 | 0.1134 | 15 | 8 | 5 | 5 | 3 | 5 | 0.0093 |
| 15 | 8 | 8 | 6 | 8 | 0 | 0.0002 | 15 | 8 | 7 | 5 | 3 | 5 | 0.0221 | 15 | 8 | 5 | 5 | 3 | 0 | 0.0093 |
| 15 | 8 | 8 | 6 | 7 | 1 | 0.0145 | 15 | 8 | 7 | 5 | 2 | 5 | 0.0319 | 15 | 8 | 5 | 5 | 2 | 5 | 0.0676 |
| 15 | 8 | 8 | 6 | 7 | 0 | 0.0026 | 15 | 8 | 7 | 5 | 2 | 3 | 0.1787 | 15 | 8 | 5 | 5 | 2 | 1 | 0.0676 |
| 15 | 8 | 8 | 6 | 6 | 2 | 0.1841 | 15 | 8 | 7 | 5 | 1 | 5 | 0.0112 | 15 | 8 | 5 | 5 | 1 | 5 | 0.0676 |
| 15 | 8 | 8 | 6 | 6 | 1 | 0.0667 | 15 | 8 | 7 | 5 | 1 | 4 | 0.0221 | 15 | 8 | 5 | 5 | 1 | 2 | 0.0676 |
| 15 | 8 | 8 | 6 | 3 | 5 | 0.1169 | 15 | 8 | 7 | 5 | 0 | 5 | 0.0002 | 15 | 8 | 5 | 5 | 0 | 5 | 0.0093 |
| 15 | 8 | 8 | 6 | 2 | 6 | 0.0070 | 15 | 8 | 7 | 4 | 7 | 1 | 0.0014 | 15 | 8 | 5 | 5 | 0 | 4 | 0.0210 |
| 15 | 8 | 8 | 6 | 2 | 5 | 0.0667 | 15 | 8 | 7 | 4 | 7 | 0 | 0.0014 | 15 | 8 | 5 | 5 | 0 | 3 | 0.0093 |
| 15 | 8 | 8 | 6 | 1 | 6 | 0.0026 | 15 | 8 | 7 | 4 | 6 | 2 | 0.0340 | | | | | | | |
| 15 | 8 | 8 | 5 | 8 | 0 | 0.0002 | 15 | 8 | 7 | 4 | 6 | 1 | 0.0775 | | | | | | | |
| 15 | 8 | 8 | 5 | 7 | 1 | 0.0145 | 15 | 8 | 7 | 4 | 6 | 0 | 0.0340 | | | | | | | |
| 15 | 8 | 8 | 5 | 7 | 0 | 0.0039 | 15 | 8 | 7 | 4 | 5 | 3 | 0.0601 | | | | | | | |
| 15 | 8 | 8 | 5 | 6 | 2 | 0.1841 | 15 | 8 | 7 | 4 | 5 | 0 | 0.0601 | | | | | | | |
| 15 | 8 | 8 | 5 | 6 | 1 | 0.1841 | 15 | 8 | 7 | 4 | 4 | 4 | 0.0210 | | | | | | | |
| 15 | 8 | 8 | 5 | 6 | 0 | 0.0082 | 15 | 8 | 7 | 4 | 4 | 0 | 0.0210 | | | | | | | |
| 15 | 8 | 8 | 5 | 5 | 1 | 0.1841 | 15 | 8 | 7 | 4 | 3 | 4 | 0.1602 | | | | | | | |
| 15 | 8 | 8 | 5 | 3 | 5 | 0.0319 | 15 | 8 | 7 | 4 | 3 | 1 | 0.1602 | | | | | | | |
| 15 | 8 | 8 | 5 | 2 | 5 | 0.0319 | 15 | 8 | 7 | 4 | 2 | 4 | 0.1167 | | | | | | | |
| 15 | 8 | 8 | 5 | 2 | 4 | 0.0536 | 15 | 8 | 7 | 4 | 2 | 2 | 0.1167 | | | | | | | |
| 15 | 8 | 8 | 5 | 1 | 5 | 0.0014 | 15 | 8 | 7 | 4 | 1 | 4 | 0.0101 | | | | | | | |
| 15 | 8 | 8 | 4 | 8 | 0 | 0.0002 | 15 | 8 | 7 | 4 | 1 | 3 | 0.0101 | | | | | | | |
| 15 | 8 | 8 | 4 | 7 | 1 | 0.0101 | 15 | 8 | 7 | 4 | 0 | 4 | 0.0002 | | | | | | | |
| 15 | 8 | 8 | 4 | 7 | 0 | 0.0051 | 15 | 8 | 6 | 6 | 6 | 2 | 0.0075 | | | | | | | |
| 15 | 8 | 8 | 4 | 6 | 2 | 0.1254 | 15 | 8 | 6 | 6 | 6 | 1 | 0.0131 | | | | | | | |
| 15 | 8 | 8 | 4 | 6 | 0 | 0.0558 | 15 | 8 | 6 | 6 | 6 | 0 | 0.0009 | | | | | | | |
| 15 | 8 | 8 | 4 | 5 | 3 | 0.1602 | 15 | 8 | 6 | 6 | 5 | 3 | 0.1119 | | | | | | | |
| 15 | 8 | 8 | 4 | 5 | 0 | 0.0188 | 15 | 8 | 6 | 6 | 5 | 1 | 0.0746 | | | | | | | |
| 15 | 8 | 8 | 4 | 4 | 4 | 0.0297 | 15 | 8 | 6 | 6 | 5 | 0 | 0.0028 | | | | | | | |
| 15 | 8 | 8 | 4 | 3 | 4 | 0.1254 | 15 | 8 | 6 | 6 | 4 | 4 | 0.1469 | | | | | | | |
| 15 | 8 | 8 | 4 | 2 | 4 | 0.0558 | 15 | 8 | 6 | 6 | 4 | 1 | 0.0410 | | | | | | | |
| 15 | 8 | 8 | 4 | 2 | 3 | 0.0732 | 15 | 8 | 6 | 6 | 3 | 5 | 0.1119 | | | | | | | |
| 15 | 8 | 8 | 4 | 1 | 4 | 0.0014 | 15 | 8 | 6 | 6 | 2 | 6 | 0.0075 | | | | | | | |
| 15 | 8 | 7 | 7 | 7 | 1 | 0.0025 | 15 | 8 | 6 | 6 | 1 | 6 | 0.0131 | | | | | | | |
| 15 | 8 | 7 | 7 | 7 | 0 | 0.0003 | 15 | 8 | 6 | 6 | 1 | 5 | 0.0746 | | | | | | | |

**Tafel XV-2-4-2**

Der exakte 2 x 3-Feldertest nach KRÜGER-WALL

Entnommen aus KRÜGER, H. P. und K. D. WALL: Exakte Homogenitätsprüfung in 2 x 3-Feldertafeln mit zwei Stichproben gleichen Umfangs. EDV in Biologie und Medizin 1975 (im Druck), mit freundlicher Genehmigung der Autoren und des Herausgebers.

Die Tafel enthält zu ausgewählten Kombinationen von je 5 Kennwerten n, $N_1, N_2, a_1$ und $a_2$ einer beobachteten 2 x 3-Feldertafel mit gleichen Zeilensummen $n = N_a = N_b$ die Überschreitungswahrscheinlichkeiten P unter $H_o$ (Homogenität der beiden Zeilen in Bezug auf die 3 Spalten), d. h. die Wahrscheinlichkeiten, eine Tafel zu beobachten, deren Wahrscheinlichkeit kleiner oder höchstens gleich der der beobachteten Tafel ist (FREEMAN-HALTON-Kriterium). Die Randsummen müssen dabei den folgenden Bedingungen genügen:

| $(N_1/2 \leqslant)$ $a_1$ | $a_2$ | $(a_3)$ | $N_b = n$ |
|---|---|---|---|
| $(b_1)$ | $(b_2)$ | $(b_3)$ | $N_a = n$ |
| $N_1 \geqslant$ | $N_2 \geqslant$ | $(N_3)$ | $2n = N$ |

Die Tafel enthält nur die P-Werte für $n = 3(1)10$, d. h. für $N = 6(2)20$, die kleiner oder höchstens gleich 0, 20 sind. Nichtverzeichnete Werte haben Wahrscheinlichkeiten $> 0, 20$. Ist $a_1 < N_1/2$, so ist die Tafel umzunummerieren.

*Ablesebeispiel:* Eine ternäre Versuchsstichprobe mit $N_a = n = 10$ und der Frequenzverteilung $a_1 = 7, a_2 = 3$ und $a_3 = 0$ wird mit einer gleichgroßen Kontrollstichprobe mit $b_1 = 2, b_2 = 5$ und $b_3 = 3$ verglichen. Unter $n = 10, N_1 = 9, N_2 = 8, a_1 = 7$ und $a_2 = 3$ lesen wir eine Wahrscheinlichkeit P = 0,0443 ab.

Tafel XV-2-4-2 (Fortsetz.)

| n | $N_1$ | $N_2$ | $a_1$ | $a_2$ | P | n | $N_1$ | $N_2$ | $a_1$ | $a_2$ | P | n | $N_1$ | $N_2$ | $a_1$ | $a_2$ | P |
|---|---|---|---|---|---|---|---|---|---|---|---|---|---|---|---|---|---|
| 3 | 3 | 2 | 3 | 0 | 0.1000 | 6 | 6 | 5 | 5 | 0 | 0.0152 | 7 | 9 | 3 | 3 | 3 | 0.1923 |
| 3 | 3 | 2 | 0 | 2 | 0.1000 | 6 | 6 | 5 | 1 | 5 | 0.0152 | 7 | 9 | 3 | 2 | 3 | 0.0210 |
| 4 | 5 | 2 | 4 | 0 | 0.1429 | 6 | 6 | 5 | 1 | 4 | 0.0801 | 7 | 8 | 5 | 7 | 0 | 0.0047 |
| 4 | 5 | 2 | 1 | 2 | 0.1429 | 6 | 6 | 5 | 0 | 5 | 0.0022 | 7 | 8 | 5 | 6 | 1 | 0.1026 |
| 4 | 4 | 3 | 4 | 0 | 0.0286 | 6 | 6 | 4 | 6 | 0 | 0.0022 | 7 | 8 | 5 | 6 | 0 | 0.0210 |
| 4 | 4 | 3 | 3 | 0 | 0.1429 | 6 | 6 | 4 | 5 | 1 | 0.1126 | 7 | 8 | 5 | 2 | 5 | 0.0210 |
| 4 | 4 | 3 | 1 | 3 | 0.1429 | 6 | 6 | 4 | 5 | 0 | 0.0281 | 7 | 8 | 5 | 2 | 4 | 0.1026 |
| 4 | 4 | 3 | 0 | 3 | 0.0286 | 6 | 6 | 4 | 4 | 0 | 0.0606 | 7 | 8 | 5 | 1 | 5 | 0.0047 |
| 4 | 4 | 2 | 4 | 0 | 0.0286 | 6 | 6 | 4 | 2 | 4 | 0.0606 | 7 | 8 | 4 | 7 | 0 | 0.0047 |
| 4 | 4 | 2 | 2 | 2 | 0.2000 | 6 | 6 | 4 | 1 | 4 | 0.0281 | 7 | 8 | 4 | 6 | 1 | 0.1352 |
| 4 | 4 | 2 | 2 | 0 | 0.2000 | 6 | 6 | 4 | 1 | 3 | 0.1126 | 7 | 8 | 4 | 6 | 0 | 0.0699 |
| 4 | 4 | 2 | 0 | 2 | 0.0286 | 6 | 6 | 4 | 0 | 4 | 0.0022 | 7 | 8 | 4 | 5 | 0 | 0.0699 |
| 4 | 3 | 3 | 3 | 0 | 0.0571 | 6 | 6 | 3 | 6 | 0 | 0.0022 | 7 | 8 | 4 | 3 | 4 | 0.0699 |
| 4 | 3 | 3 | 0 | 3 | 0.0571 | 6 | 6 | 3 | 5 | 1 | 0.0801 | 7 | 8 | 4 | 2 | 4 | 0.0699 |
| 5 | 7 | 2 | 5 | 0 | 0.1667 | 6 | 6 | 3 | 5 | 0 | 0.0801 | 7 | 8 | 4 | 2 | 3 | 0.1352 |
| 5 | 7 | 2 | 2 | 2 | 0.1667 | 6 | 6 | 3 | 3 | 3 | 0.1234 | 7 | 8 | 4 | 1 | 4 | 0.0047 |
| 5 | 6 | 3 | 5 | 0 | 0.0476 | 6 | 6 | 3 | 3 | 0 | 0.1234 | 7 | 8 | 3 | 7 | 0 | 0.0047 |
| 5 | 6 | 3 | 4 | 0 | 0.1667 | 6 | 6 | 3 | 1 | 3 | 0.0801 | 7 | 8 | 3 | 6 | 1 | 0.1434 |
| 5 | 6 | 3 | 2 | 3 | 0.1667 | 6 | 6 | 3 | 1 | 2 | 0.0801 | 7 | 8 | 3 | 6 | 0 | 0.1434 |
| 5 | 6 | 3 | 1 | 3 | 0.0476 | 6 | 6 | 3 | 0 | 3 | 0.0022 | 7 | 8 | 3 | 4 | 3 | 0.0455 |
| 5 | 6 | 2 | 5 | 0 | 0.0476 | 6 | 5 | 5 | 5 | 1 | 0.0260 | 7 | 8 | 3 | 4 | 0 | 0.0455 |
| 5 | 6 | 2 | 1 | 2 | 0.0476 | 6 | 5 | 5 | 5 | 0 | 0.0043 | 7 | 8 | 3 | 2 | 3 | 0.1434 |
| 5 | 5 | 4 | 5 | 0 | 0.0079 | 6 | 5 | 5 | 4 | 0 | 0.0260 | 7 | 8 | 3 | 2 | 2 | 0.1434 |
| 5 | 5 | 4 | 4 | 0 | 0.0476 | 6 | 5 | 5 | 1 | 5 | 0.0260 | 7 | 8 | 3 | 1 | 3 | 0.0047 |
| 5 | 5 | 4 | 1 | 4 | 0.0476 | 6 | 5 | 5 | 0 | 5 | 0.0043 | 7 | 7 | 6 | 7 | 0 | 0.0006 |
| 5 | 5 | 4 | 0 | 4 | 0.0079 | 6 | 5 | 5 | 0 | 4 | 0.0260 | 7 | 7 | 6 | 6 | 1 | 0.0291 |
| 5 | 5 | 3 | 5 | 0 | 0.0079 | 6 | 5 | 4 | 5 | 1 | 0.0152 | 7 | 7 | 6 | 6 | 0 | 0.0047 |
| 5 | 5 | 3 | 4 | 0 | 0.1667 | 6 | 5 | 4 | 5 | 0 | 0.0065 | 7 | 7 | 6 | 5 | 1 | 0.1026 |
| 5 | 5 | 3 | 3 | 0 | 0.1667 | 6 | 5 | 4 | 4 | 2 | 0.1342 | 7 | 7 | 6 | 2 | 5 | 0.1026 |
| 5 | 5 | 3 | 2 | 3 | 0.1667 | 6 | 5 | 4 | 4 | 0 | 0.0693 | 7 | 7 | 6 | 1 | 6 | 0.0047 |
| 5 | 5 | 3 | 1 | 3 | 0.1667 | 6 | 5 | 4 | 3 | 0 | 0.0368 | 7 | 7 | 6 | 1 | 5 | 0.0291 |
| 5 | 5 | 3 | 0 | 3 | 0.0079 | 6 | 5 | 4 | 2 | 4 | 0.0368 | 7 | 7 | 6 | 0 | 6 | 0.0006 |
| 5 | 4 | 4 | 4 | 1 | 0.0794 | 6 | 5 | 4 | 1 | 4 | 0.0693 | 7 | 7 | 5 | 7 | 0 | 0.0006 |
| 5 | 4 | 4 | 4 | 0 | 0.0159 | 6 | 5 | 4 | 1 | 2 | 0.1342 | 7 | 7 | 5 | 6 | 1 | 0.0414 |
| 5 | 4 | 4 | 3 | 0 | 0.0794 | 6 | 5 | 4 | 0 | 4 | 0.0065 | 7 | 7 | 5 | 6 | 0 | 0.0087 |
| 5 | 4 | 4 | 1 | 4 | 0.0794 | 6 | 5 | 4 | 0 | 3 | 0.0152 | 7 | 7 | 5 | 5 | 0 | 0.0210 |
| 5 | 4 | 4 | 0 | 4 | 0.0159 | 6 | 4 | 4 | 4 | 2 | 0.0390 | 7 | 7 | 5 | 4 | 1 | 0.1434 |
| 5 | 4 | 4 | 0 | 3 | 0.0794 | 6 | 4 | 4 | 4 | 1 | 0.1429 | 7 | 7 | 5 | 3 | 4 | 0.1434 |
| 5 | 4 | 3 | 4 | 1 | 0.0476 | 6 | 4 | 4 | 4 | 0 | 0.0390 | 7 | 7 | 5 | 2 | 5 | 0.0210 |
| 5 | 4 | 3 | 4 | 0 | 0.0476 | 6 | 4 | 4 | 3 | 3 | 0.1429 | 7 | 7 | 5 | 1 | 5 | 0.0087 |
| 5 | 4 | 3 | 2 | 3 | 0.0952 | 6 | 4 | 4 | 3 | 0 | 0.1429 | 7 | 7 | 5 | 1 | 4 | 0.0414 |
| 5 | 4 | 3 | 2 | 0 | 0.0952 | 6 | 4 | 4 | 2 | 4 | 0.0390 | 7 | 7 | 5 | 0 | 5 | 0.0006 |
| 5 | 4 | 3 | 0 | 3 | 0.0476 | 6 | 4 | 4 | 2 | 0 | 0.0390 | 7 | 7 | 4 | 7 | 0 | 0.0006 |
| 5 | 4 | 3 | 0 | 2 | 0.0476 | 6 | 4 | 4 | 1 | 4 | 0.1429 | 7 | 7 | 4 | 6 | 1 | 0.0291 |
| 6 | 9 | 2 | 6 | 0 | 0.1818 | 6 | 4 | 4 | 1 | 1 | 0.1429 | 7 | 7 | 4 | 6 | 0 | 0.0128 |
| 6 | 9 | 2 | 3 | 2 | 0.1818 | 6 | 4 | 4 | 0 | 4 | 0.0390 | 7 | 7 | 4 | 5 | 2 | 0.1597 |
| 6 | 8 | 3 | 6 | 0 | 0.0606 | 6 | 4 | 4 | 0 | 3 | 0.1429 | 7 | 7 | 4 | 5 | 0 | 0.0862 |
| 6 | 8 | 3 | 5 | 0 | 0.1818 | 6 | 4 | 4 | 0 | 2 | 0.0390 | 7 | 7 | 4 | 4 | 0 | 0.0495 |
| 6 | 8 | 3 | 3 | 3 | 0.1818 | 7 | 11 | 2 | 7 | 0 | 0.1923 | 7 | 7 | 4 | 3 | 4 | 0.0495 |
| 6 | 8 | 3 | 2 | 3 | 0.0606 | 7 | 11 | 2 | 4 | 2 | 0.1923 | 7 | 7 | 4 | 2 | 4 | 0.0862 |
| 6 | 8 | 2 | 6 | 0 | 0.0606 | 7 | 10 | 3 | 7 | 0 | 0.0699 | 7 | 7 | 4 | 2 | 2 | 0.1597 |
| 6 | 8 | 2 | 2 | 2 | 0.0606 | 7 | 10 | 3 | 6 | 0 | 0.1923 | 7 | 7 | 4 | 1 | 4 | 0.0128 |
| 6 | 7 | 4 | 6 | 0 | 0.0152 | 7 | 10 | 3 | 4 | 3 | 0.1923 | 7 | 7 | 4 | 1 | 3 | 0.0291 |
| 6 | 7 | 4 | 5 | 0 | 0.0606 | 7 | 10 | 3 | 3 | 3 | 0.0699 | 7 | 7 | 4 | 0 | 4 | 0.0006 |
| 6 | 7 | 4 | 2 | 4 | 0.0606 | 7 | 10 | 2 | 7 | 0 | 0.0699 | 7 | 6 | 6 | 6 | 1 | 0.0082 |
| 6 | 7 | 4 | 1 | 4 | 0.0152 | 7 | 10 | 2 | 3 | 2 | 0.0699 | 7 | 6 | 6 | 6 | 0 | 0.0012 |
| 6 | 7 | 3 | 6 | 0 | 0.0152 | 7 | 9 | 4 | 7 | 0 | 0.0210 | 7 | 6 | 6 | 5 | 2 | 0.1550 |
| 6 | 7 | 3 | 5 | 0 | 0.1818 | 7 | 9 | 4 | 6 | 0 | 0.0699 | 7 | 6 | 6 | 5 | 1 | 0.0501 |
| 6 | 7 | 3 | 4 | 0 | 0.0909 | 7 | 9 | 4 | 3 | 4 | 0.0699 | 7 | 6 | 6 | 5 | 0 | 0.0082 |
| 6 | 7 | 3 | 3 | 3 | 0.0909 | 7 | 9 | 4 | 2 | 4 | 0.0210 | 7 | 6 | 6 | 4 | 1 | 0.1550 |
| 6 | 7 | 3 | 2 | 3 | 0.1818 | 7 | 9 | 3 | 7 | 0 | 0.0210 | 7 | 6 | 6 | 2 | 5 | 0.1550 |
| 6 | 7 | 3 | 1 | 3 | 0.0152 | 7 | 9 | 3 | 6 | 0 | 0.1923 | 7 | 6 | 6 | 1 | 6 | 0.0082 |
| 6 | 6 | 5 | 6 | 0 | 0.0022 | 7 | 9 | 3 | 5 | 0 | 0.0944 | 7 | 6 | 6 | 1 | 5 | 0.0501 |
| 6 | 6 | 5 | 5 | 1 | 0.0801 | 7 | 9 | 3 | 4 | 3 | 0.0944 | 7 | 6 | 6 | 1 | 4 | 0.1550 |

Tafel XV-2-4-2 (Fortsetz.)

| n | $N_1$ | $N_2$ | $a_1$ | $a_2$ | P | n | $N_1$ | $N_2$ | $a_1$ | $a_2$ | P | n | $N_1$ | $N_2$ | $a_1$ | $a_2$ | P |
|---|---|---|---|---|---|---|---|---|---|---|---|---|---|---|---|---|---|
| 7 | 6 | 6 | 0 | 6 | 0.0012 | 8 | 11 | 3 | 4 | 3 | 0.2000 | 8 | 8 | 6 | 7 | 0 | 0.0026 |
| 7 | 6 | 6 | 0 | 5 | 0.0082 | 8 | 11 | 3 | 3 | 3 | 0.0256 | 8 | 8 | 6 | 6 | 2 | 0.1841 |
| 7 | 6 | 5 | 6 | 1 | 0.0047 | 8 | 10 | 5 | 8 | 0 | 0.0070 | 8 | 8 | 6 | 6 | 1 | 0.1189 |
| 7 | 6 | 5 | 6 | 0 | 0.0017 | 8 | 10 | 5 | 7 | 1 | 0.1189 | 8 | 8 | 6 | 6 | 0 | 0.0070 |
| 7 | 6 | 5 | 5 | 2 | 0.0589 | 8 | 10 | 5 | 7 | 0 | 0.0256 | 8 | 8 | 6 | 5 | 1 | 0.1189 |
| 7 | 6 | 5 | 5 | 1 | 0.1113 | 8 | 10 | 5 | 3 | 5 | 0.0256 | 8 | 8 | 6 | 3 | 5 | 0.1189 |
| 7 | 6 | 5 | 5 | 0 | 0.0239 | 8 | 10 | 5 | 3 | 4 | 0.1189 | 8 | 8 | 6 | 2 | 6 | 0.0070 |
| 7 | 6 | 5 | 4 | 0 | 0.0134 | 8 | 10 | 5 | 2 | 5 | 0.0070 | 8 | 8 | 6 | 2 | 5 | 0.1189 |
| 7 | 6 | 5 | 3 | 4 | 0.1696 | 8 | 10 | 4 | 8 | 0 | 0.0070 | 8 | 8 | 6 | 2 | 4 | 0.1841 |
| 7 | 6 | 5 | 3 | 1 | 0.1696 | 8 | 10 | 4 | 7 | 1 | 0.1515 | 8 | 8 | 6 | 1 | 6 | 0.0026 |
| 7 | 6 | 5 | 2 | 5 | 0.0134 | 8 | 10 | 4 | 7 | 0 | 0.0769 | 8 | 8 | 6 | 1 | 5 | 0.0145 |
| 7 | 6 | 5 | 1 | 5 | 0.0239 | 8 | 10 | 4 | 6 | 0 | 0.0396 | 8 | 8 | 6 | 0 | 6 | 0.0002 |
| 7 | 6 | 5 | 1 | 4 | 0.1113 | 8 | 10 | 4 | 4 | 4 | 0.0396 | 8 | 8 | 5 | 8 | 0 | 0.0002 |
| 7 | 6 | 5 | 1 | 3 | 0.0589 | 8 | 10 | 4 | 3 | 4 | 0.0769 | 8 | 8 | 5 | 7 | 1 | 0.0101 |
| 7 | 6 | 5 | 0 | 5 | 0.0017 | 8 | 10 | 4 | 3 | 3 | 0.1515 | 8 | 8 | 5 | 7 | 0 | 0.0039 |
| 7 | 6 | 5 | 0 | 4 | 0.0047 | 8 | 10 | 4 | 2 | 4 | 0.0070 | 8 | 8 | 5 | 6 | 2 | 0.0754 |
| 7 | 6 | 4 | 6 | 1 | 0.0047 | 8 | 10 | 3 | 8 | 0 | 0.0070 | 8 | 8 | 5 | 6 | 1 | 0.1950 |
| 7 | 6 | 4 | 6 | 0 | 0.0047 | 8 | 10 | 3 | 7 | 1 | 0.1580 | 8 | 8 | 5 | 6 | 0 | 0.0319 |
| 7 | 6 | 4 | 5 | 2 | 0.0583 | 8 | 10 | 3 | 7 | 0 | 0.1580 | 8 | 8 | 5 | 5 | 0 | 0.0188 |
| 7 | 6 | 4 | 5 | 1 | 0.1841 | 8 | 10 | 3 | 5 | 3 | 0.0462 | 8 | 8 | 5 | 4 | 4 | 0.1298 |
| 7 | 6 | 4 | 5 | 0 | 0.0583 | 8 | 10 | 3 | 5 | 0 | 0.0462 | 8 | 8 | 5 | 4 | 1 | 0.1298 |
| 7 | 6 | 4 | 4 | 3 | 0.1282 | 8 | 10 | 3 | 3 | 3 | 0.1580 | 8 | 8 | 5 | 3 | 5 | 0.0188 |
| 7 | 6 | 4 | 4 | 0 | 0.1282 | 8 | 10 | 3 | 3 | 2 | 0.1580 | 8 | 8 | 5 | 2 | 5 | 0.0319 |
| 7 | 6 | 4 | 3 | 4 | 0.0163 | 8 | 10 | 3 | 2 | 3 | 0.0070 | 8 | 8 | 5 | 2 | 4 | 0.1950 |
| 7 | 6 | 4 | 3 | 0 | 0.0163 | 8 | 9 | 6 | 8 | 0 | 0.0014 | 8 | 8 | 5 | 2 | 3 | 0.0754 |
| 7 | 6 | 4 | 2 | 4 | 0.1282 | 8 | 9 | 6 | 7 | 1 | 0.0406 | 8 | 8 | 5 | 1 | 5 | 0.0039 |
| 7 | 6 | 4 | 2 | 1 | 0.1282 | 8 | 9 | 6 | 7 | 0 | 0.0070 | 8 | 8 | 5 | 1 | 4 | 0.0101 |
| 7 | 6 | 4 | 1 | 4 | 0.0583 | 8 | 9 | 6 | 6 | 1 | 0.1189 | 8 | 8 | 5 | 0 | 5 | 0.0002 |
| 7 | 6 | 4 | 1 | 3 | 0.1841 | 8 | 9 | 6 | 3 | 5 | 0.1189 | 8 | 8 | 4 | 8 | 0 | 0.0002 |
| 7 | 6 | 4 | 1 | 2 | 0.0583 | 8 | 9 | 6 | 2 | 6 | 0.0070 | 8 | 8 | 4 | 7 | 1 | 0.0101 |
| 7 | 6 | 4 | 0 | 4 | 0.0047 | 8 | 9 | 6 | 2 | 5 | 0.0406 | 8 | 8 | 4 | 7 | 0 | 0.0101 |
| 7 | 6 | 4 | 0 | 3 | 0.0047 | 8 | 9 | 6 | 1 | 6 | 0.0014 | 8 | 8 | 4 | 6 | 2 | 0.0732 |
| 7 | 5 | 5 | 5 | 2 | 0.0152 | 8 | 9 | 5 | 8 | 0 | 0.0014 | 8 | 8 | 4 | 6 | 0 | 0.0732 |
| 7 | 5 | 5 | 5 | 1 | 0.0385 | 8 | 9 | 5 | 7 | 1 | 0.0536 | 8 | 8 | 4 | 5 | 3 | 0.1428 |
| 7 | 5 | 5 | 5 | 0 | 0.0035 | 8 | 9 | 5 | 7 | 0 | 0.0126 | 8 | 8 | 4 | 5 | 0 | 0.1428 |
| 7 | 5 | 5 | 4 | 3 | 0.0967 | 8 | 9 | 5 | 6 | 0 | 0.0256 | 8 | 8 | 4 | 4 | 4 | 0.0210 |
| 7 | 5 | 5 | 4 | 1 | 0.1841 | 8 | 9 | 5 | 5 | 1 | 0.1515 | 8 | 8 | 4 | 4 | 0 | 0.0210 |
| 7 | 5 | 5 | 4 | 0 | 0.0385 | 8 | 9 | 5 | 4 | 4 | 0.1515 | 8 | 8 | 4 | 3 | 4 | 0.1428 |
| 7 | 5 | 5 | 3 | 4 | 0.0967 | 8 | 9 | 5 | 3 | 5 | 0.0256 | 8 | 8 | 4 | 3 | 1 | 0.1428 |
| 7 | 5 | 5 | 3 | 0 | 0.0152 | 8 | 9 | 5 | 2 | 5 | 0.0126 | 8 | 8 | 4 | 2 | 4 | 0.0732 |
| 7 | 5 | 5 | 2 | 5 | 0.0152 | 8 | 9 | 5 | 2 | 4 | 0.0536 | 8 | 8 | 4 | 2 | 2 | 0.0732 |
| 7 | 5 | 5 | 2 | 1 | 0.0967 | 8 | 9 | 5 | 1 | 5 | 0.0014 | 8 | 8 | 4 | 1 | 4 | 0.0101 |
| 7 | 5 | 5 | 1 | 5 | 0.0385 | 8 | 9 | 4 | 8 | 0 | 0.0014 | 8 | 8 | 4 | 1 | 3 | 0.0101 |
| 7 | 5 | 5 | 1 | 4 | 0.1841 | 8 | 9 | 4 | 7 | 1 | 0.0601 | 8 | 8 | 4 | 0 | 4 | 0.0002 |
| 7 | 5 | 5 | 1 | 2 | 0.0967 | 8 | 9 | 4 | 7 | 0 | 0.0182 | 8 | 7 | 7 | 7 | 1 | 0.0025 |
| 7 | 5 | 5 | 0 | 5 | 0.0035 | 8 | 9 | 4 | 6 | 0 | 0.0993 | 8 | 7 | 7 | 7 | 0 | 0.0003 |
| 7 | 5 | 5 | 0 | 4 | 0.0385 | 8 | 9 | 4 | 5 | 0 | 0.0378 | 8 | 7 | 7 | 6 | 2 | 0.0634 |
| 7 | 5 | 5 | 0 | 3 | 0.0152 | 8 | 9 | 4 | 4 | 4 | 0.0378 | 8 | 7 | 7 | 6 | 1 | 0.0177 |
| 8 | 13 | 2 | 8 | 0 | 0.2000 | 8 | 9 | 4 | 3 | 4 | 0.0993 | 8 | 7 | 7 | 6 | 0 | 0.0025 |
| 8 | 13 | 2 | 5 | 2 | 0.2000 | 8 | 9 | 4 | 2 | 4 | 0.0182 | 8 | 7 | 7 | 5 | 1 | 0.0634 |
| 8 | 12 | 3 | 8 | 0 | 0.0769 | 8 | 9 | 4 | 2 | 3 | 0.0601 | 8 | 7 | 7 | 2 | 6 | 0.0634 |
| 8 | 12 | 3 | 7 | 0 | 0.2000 | 8 | 9 | 4 | 1 | 4 | 0.0014 | 8 | 7 | 7 | 1 | 7 | 0.0025 |
| 8 | 12 | 3 | 5 | 3 | 0.2000 | 8 | 8 | 7 | 8 | 0 | 0.0002 | 8 | 7 | 7 | 1 | 6 | 0.0177 |
| 8 | 12 | 3 | 4 | 3 | 0.0769 | 8 | 8 | 7 | 7 | 1 | 0.0101 | 8 | 7 | 7 | 1 | 5 | 0.0634 |
| 8 | 12 | 2 | 8 | 0 | 0.0769 | 8 | 8 | 7 | 7 | 0 | 0.0014 | 8 | 7 | 7 | 0 | 7 | 0.0003 |
| 8 | 12 | 2 | 4 | 2 | 0.0769 | 8 | 8 | 7 | 6 | 2 | 0.1319 | 8 | 7 | 7 | 0 | 6 | 0.0025 |
| 8 | 11 | 4 | 8 | 0 | 0.0256 | 8 | 8 | 7 | 6 | 1 | 0.0406 | 8 | 7 | 6 | 7 | 1 | 0.0014 |
| 8 | 11 | 4 | 7 | 0 | 0.0769 | 8 | 8 | 7 | 2 | 6 | 0.0406 | 8 | 7 | 6 | 7 | 0 | 0.0005 |
| 8 | 11 | 4 | 4 | 4 | 0.0769 | 8 | 8 | 7 | 2 | 5 | 0.1319 | 8 | 7 | 6 | 6 | 2 | 0.0242 |
| 8 | 11 | 4 | 3 | 4 | 0.0256 | 8 | 8 | 7 | 1 | 7 | 0.0014 | 8 | 7 | 6 | 6 | 1 | 0.0438 |
| 8 | 11 | 3 | 8 | 0 | 0.0256 | 8 | 8 | 7 | 1 | 6 | 0.0101 | 8 | 7 | 6 | 6 | 0 | 0.0079 |
| 8 | 11 | 3 | 7 | 0 | 0.2000 | 8 | 8 | 7 | 0 | 7 | 0.0002 | 8 | 7 | 6 | 5 | 1 | 0.1352 |
| 8 | 11 | 3 | 6 | 0 | 0.0974 | 8 | 8 | 6 | 8 | 0 | 0.0002 | 8 | 7 | 6 | 5 | 0 | 0.0079 |
| 8 | 11 | 3 | 5 | 3 | 0.0974 | 8 | 8 | 6 | 7 | 1 | 0.0145 | 8 | 7 | 6 | 4 | 1 | 0.0765 |

Tafel XV-2-4-2 (Fortsetz.)

| n | $N_1$ | $N_2$ | $a_1$ | $a_2$ | P | n | $N_1$ | $N_2$ | $a_1$ | $a_2$ | P | n | $N_1$ | $N_2$ | $a_1$ | $a_2$ | P |
|---|---|---|---|---|---|---|---|---|---|---|---|---|---|---|---|---|---|
| 8 | 7 | 6 | 3 | 5 | 0.0765 | 9 | 14 | 3 | 9 | 0 | 0.0824 | 9 | 10 | 7 | 9 | 0 | 0.0004 |
| 8 | 7 | 6 | 2 | 6 | 0.0079 | 9 | 14 | 3 | 5 | 3 | 0.0824 | 9 | 10 | 7 | 8 | 1 | 0.0152 |
| 8 | 7 | 6 | 2 | 5 | 0.1352 | 9 | 14 | 2 | 9 | 0 | 0.0824 | 9 | 10 | 7 | 8 | 0 | 0.0023 |
| 8 | 7 | 6 | 1 | 6 | 0.0079 | 9 | 14 | 2 | 5 | 2 | 0.0824 | 9 | 10 | 7 | 7 | 2 | 0.1534 |
| 8 | 7 | 6 | 1 | 5 | 0.0438 | 9 | 13 | 4 | 9 | 0 | 0.0294 | 9 | 10 | 7 | 7 | 1 | 0.0498 |
| 8 | 7 | 6 | 1 | 4 | 0.0242 | 9 | 13 | 4 | 8 | 0 | 0.0824 | 9 | 10 | 7 | 3 | 6 | 0.0498 |
| 8 | 7 | 6 | 0 | 6 | 0.0068 | 9 | 13 | 4 | 5 | 4 | 0.0824 | 9 | 10 | 7 | 3 | 5 | 0.1534 |
| 8 | 7 | 6 | 0 | 5 | 0.0014 | 9 | 13 | 4 | 4 | 4 | 0.0294 | 9 | 10 | 7 | 2 | 7 | 0.0023 |
| 8 | 7 | 5 | 7 | 1 | 0.0014 | 9 | 13 | 3 | 9 | 0 | 0.0294 | 9 | 10 | 7 | 2 | 6 | 0.0152 |
| 8 | 7 | 5 | 7 | 0 | 0.0006 | 9 | 13 | 3 | 7 | 0 | 0.1000 | 9 | 10 | 7 | 1 | 7 | 0.0004 |
| 8 | 7 | 5 | 6 | 2 | 0.0242 | 9 | 13 | 3 | 6 | 3 | 0.1000 | 9 | 10 | 6 | 9 | 0 | 0.0004 |
| 8 | 7 | 5 | 6 | 1 | 0.0591 | 9 | 13 | 3 | 4 | 3 | 0.0294 | 9 | 10 | 6 | 8 | 1 | 0.0202 |
| 8 | 7 | 5 | 6 | 0 | 0.0134 | 9 | 12 | 5 | 9 | 0 | 0.0090 | 9 | 10 | 6 | 8 | 0 | 0.0041 |
| 8 | 7 | 5 | 5 | 3 | 0.1189 | 9 | 12 | 5 | 8 | 1 | 0.1312 | 9 | 10 | 6 | 7 | 1 | 0.1312 |
| 8 | 7 | 5 | 5 | 0 | 0.0373 | 9 | 12 | 5 | 8 | 0 | 0.0294 | 9 | 10 | 6 | 7 | 0 | 0.0090 |
| 8 | 7 | 5 | 4 | 4 | 0.0862 | 9 | 12 | 5 | 4 | 5 | 0.0294 | 9 | 10 | 6 | 6 | 1 | 0.0720 |
| 8 | 7 | 5 | 4 | 0 | 0.0068 | 9 | 12 | 5 | 4 | 4 | 0.1312 | 9 | 10 | 6 | 4 | 5 | 0.0720 |
| 8 | 7 | 5 | 3 | 5 | 0.0068 | 9 | 12 | 5 | 3 | 5 | 0.0090 | 9 | 10 | 6 | 3 | 6 | 0.0090 |
| 8 | 7 | 5 | 3 | 1 | 0.0862 | 9 | 12 | 4 | 9 | 0 | 0.0090 | 9 | 10 | 6 | 3 | 5 | 0.1312 |
| 8 | 7 | 5 | 2 | 5 | 0.0373 | 9 | 12 | 4 | 8 | 1 | 0.1638 | 9 | 10 | 6 | 2 | 6 | 0.0041 |
| 8 | 7 | 5 | 2 | 2 | 0.1189 | 9 | 12 | 4 | 8 | 0 | 0.0824 | 9 | 10 | 6 | 2 | 5 | 0.0202 |
| 8 | 7 | 5 | 1 | 5 | 0.0134 | 9 | 12 | 4 | 7 | 0 | 0.0416 | 9 | 10 | 6 | 1 | 6 | 0.0004 |
| 8 | 7 | 5 | 1 | 4 | 0.0591 | 9 | 12 | 4 | 5 | 4 | 0.0416 | 9 | 10 | 5 | 9 | 0 | 0.0004 |
| 8 | 7 | 5 | 1 | 3 | 0.0242 | 9 | 12 | 4 | 4 | 4 | 0.0824 | 9 | 10 | 5 | 8 | 1 | 0.0239 |
| 8 | 7 | 5 | 0 | 5 | 0.0006 | 9 | 12 | 4 | 4 | 3 | 0.1638 | 9 | 10 | 5 | 8 | 0 | 0.0060 |
| 8 | 7 | 5 | 0 | 4 | 0.0014 | 9 | 12 | 4 | 3 | 4 | 0.0090 | 9 | 10 | 5 | 7 | 2 | 0.0880 |
| 8 | 6 | 6 | 6 | 2 | 0.0056 | 9 | 12 | 3 | 9 | 0 | 0.0090 | 9 | 10 | 5 | 7 | 0 | 0.0387 |
| 8 | 6 | 6 | 6 | 1 | 0.0131 | 9 | 12 | 3 | 8 | 1 | 0.1692 | 9 | 10 | 5 | 6 | 0 | 0.0146 |
| 8 | 6 | 6 | 6 | 0 | 0.0009 | 9 | 12 | 3 | 8 | 0 | 0.1692 | 9 | 10 | 5 | 5 | 4 | 0.1399 |
| 8 | 6 | 6 | 5 | 3 | 0.0503 | 9 | 12 | 3 | 6 | 3 | 0.0471 | 9 | 10 | 5 | 5 | 1 | 0.1399 |
| 8 | 6 | 6 | 5 | 1 | 0.0839 | 9 | 12 | 3 | 6 | 0 | 0.0471 | 9 | 10 | 5 | 4 | 5 | 0.0146 |
| 8 | 6 | 6 | 5 | 0 | 0.0131 | 9 | 12 | 3 | 4 | 3 | 0.1692 | 9 | 10 | 5 | 3 | 5 | 0.0387 |
| 8 | 6 | 6 | 4 | 4 | 0.1189 | 9 | 12 | 3 | 4 | 2 | 0.1692 | 9 | 10 | 5 | 3 | 3 | 0.0880 |
| 8 | 6 | 6 | 4 | 0 | 0.0056 | 9 | 12 | 3 | 3 | 3 | 0.0090 | 9 | 10 | 5 | 2 | 5 | 0.0060 |
| 8 | 6 | 6 | 3 | 5 | 0.0503 | 9 | 11 | 6 | 9 | 0 | 0.0023 | 9 | 10 | 5 | 2 | 4 | 0.0239 |
| 8 | 6 | 6 | 3 | 1 | 0.0503 | 9 | 11 | 6 | 8 | 1 | 0.0498 | 9 | 10 | 5 | 1 | 5 | 0.0004 |
| 8 | 6 | 6 | 2 | 6 | 0.0056 | 9 | 11 | 6 | 8 | 0 | 0.0090 | 9 | 10 | 4 | 9 | 0 | 0.0004 |
| 8 | 6 | 6 | 2 | 2 | 0.1189 | 9 | 11 | 6 | 7 | 1 | 0.1312 | 9 | 10 | 4 | 8 | 1 | 0.0152 |
| 8 | 6 | 6 | 1 | 6 | 0.0131 | 9 | 11 | 6 | 4 | 5 | 0.1312 | 9 | 10 | 4 | 8 | 0 | 0.0152 |
| 8 | 6 | 6 | 1 | 5 | 0.0839 | 9 | 11 | 6 | 3 | 6 | 0.0090 | 9 | 10 | 4 | 7 | 2 | 0.0848 |
| 8 | 6 | 6 | 1 | 3 | 0.0503 | 9 | 11 | 6 | 3 | 5 | 0.0498 | 9 | 10 | 4 | 7 | 0 | 0.0848 |
| 8 | 6 | 6 | 0 | 6 | 0.0009 | 9 | 11 | 6 | 2 | 6 | 0.0023 | 9 | 10 | 4 | 6 | 3 | 0.1539 |
| 8 | 6 | 6 | 0 | 5 | 0.0131 | 9 | 11 | 5 | 9 | 0 | 0.0023 | 9 | 10 | 4 | 6 | 0 | 0.1539 |
| 8 | 6 | 6 | 0 | 4 | 0.0056 | 9 | 11 | 5 | 8 | 1 | 0.0633 | 9 | 10 | 4 | 5 | 4 | 0.0256 |
| 8 | 6 | 5 | 6 | 2 | 0.0031 | 9 | 11 | 5 | 8 | 0 | 0.0294 | 9 | 10 | 4 | 5 | 0 | 0.0256 |
| 8 | 6 | 5 | 6 | 1 | 0.0101 | 9 | 11 | 5 | 7 | 0 | 0.0294 | 9 | 10 | 4 | 4 | 4 | 0.1539 |
| 8 | 6 | 5 | 6 | 0 | 0.0031 | 9 | 11 | 5 | 6 | 1 | 0.1584 | 9 | 10 | 4 | 4 | 1 | 0.1539 |
| 8 | 6 | 5 | 5 | 3 | 0.0287 | 9 | 11 | 5 | 5 | 4 | 0.1584 | 9 | 10 | 4 | 3 | 4 | 0.0848 |
| 8 | 6 | 5 | 5 | 2 | 0.1453 | 9 | 11 | 5 | 4 | 5 | 0.0294 | 9 | 10 | 4 | 3 | 2 | 0.0848 |
| 8 | 6 | 5 | 5 | 1 | 0.1453 | 9 | 11 | 5 | 3 | 5 | 0.0294 | 9 | 10 | 4 | 2 | 4 | 0.0152 |
| 8 | 6 | 5 | 5 | 0 | 0.0287 | 9 | 11 | 5 | 3 | 4 | 0.0633 | 9 | 10 | 4 | 2 | 3 | 0.0152 |
| 8 | 6 | 5 | 4 | 4 | 0.0521 | 9 | 11 | 5 | 2 | 5 | 0.0023 | 9 | 10 | 4 | 1 | 4 | 0.0004 |
| 8 | 6 | 5 | 4 | 0 | 0.0521 | 9 | 11 | 4 | 9 | 0 | 0.0023 | 9 | 9 | 9 | 9 | 0 | 0.0000 |
| 8 | 6 | 5 | 3 | 5 | 0.0062 | 9 | 11 | 4 | 8 | 1 | 0.0688 | 9 | 9 | 8 | 9 | 1 | 0.0034 |
| 8 | 6 | 5 | 3 | 0 | 0.0062 | 9 | 11 | 4 | 8 | 0 | 0.0416 | 9 | 9 | 8 | 8 | 0 | 0.0004 |
| 8 | 6 | 5 | 2 | 5 | 0.0521 | 9 | 11 | 4 | 7 | 0 | 0.1095 | 9 | 9 | 8 | 7 | 2 | 0.0567 |
| 8 | 6 | 5 | 2 | 1 | 0.0521 | 9 | 11 | 4 | 6 | 3 | 0.1855 | 9 | 9 | 8 | 7 | 1 | 0.0152 |
| 8 | 6 | 5 | 1 | 5 | 0.0287 | 9 | 11 | 4 | 6 | 0 | 0.0213 | 9 | 9 | 8 | 6 | 2 | 0.1534 |
| 8 | 6 | 5 | 1 | 4 | 0.1453 | 9 | 11 | 4 | 5 | 4 | 0.0213 | 9 | 9 | 8 | 3 | 6 | 0.1534 |
| 8 | 6 | 5 | 1 | 3 | 0.1453 | 9 | 11 | 4 | 5 | 1 | 0.1855 | 9 | 9 | 8 | 2 | 7 | 0.0152 |
| 8 | 6 | 5 | 1 | 2 | 0.0287 | 9 | 11 | 4 | 4 | 4 | 0.1095 | 9 | 9 | 8 | 2 | 6 | 0.0567 |
| 8 | 6 | 5 | 0 | 5 | 0.0031 | 9 | 11 | 4 | 3 | 4 | 0.0416 | 9 | 9 | 8 | 1 | 8 | 0.0004 |
| 8 | 6 | 5 | 0 | 4 | 0.0101 | 9 | 11 | 4 | 3 | 3 | 0.0688 | 9 | 9 | 8 | 1 | 7 | 0.0034 |
| 8 | 6 | 5 | 0 | 3 | 0.0031 | 9 | 11 | 4 | 2 | 4 | 0.0023 | 9 | 9 | 3 | 0 | 8 | 0.0000 |

## Tafel XV-2-4-2 (Fortsetz.)

| n | $N_1$ | $N_2$ | $a_1$ | $a_2$ | P | n | $N_1$ | $N_2$ | $a_1$ | $a_2$ | P | n | $N_1$ | $N_2$ | $a_1$ | $a_2$ | P |
|---|---|---|---|---|---|---|---|---|---|---|---|---|---|---|---|---|---|
| 9 | 9 | 7 | 9 | 0 | 0.0000 | 9 | 8 | 8 | 0 | 8 | 0.0001 | 9 | 8 | 5 | 1 | 5 | 0.0099 |
| 9 | 9 | 7 | 8 | 1 | 0.0049 | 9 | 8 | 8 | 0 | 7 | 0.0007 | 9 | 8 | 5 | 1 | 4 | 0.0181 |
| 9 | 9 | 7 | 8 | 0 | 0.0008 | 9 | 8 | 7 | 8 | 1 | 0.0004 | 9 | 8 | 5 | 1 | 3 | 0.0099 |
| 9 | 9 | 7 | 7 | 2 | 0.0809 | 9 | 8 | 7 | 8 | 0 | 0.0001 | 9 | 8 | 5 | 0 | 5 | 0.0004 |
| 9 | 9 | 7 | 7 | 1 | 0.0256 | 9 | 8 | 7 | 7 | 2 | 0.0164 | 9 | 8 | 5 | 0 | 4 | 0.0004 |
| 9 | 9 | 7 | 7 | 0 | 0.0023 | 9 | 8 | 7 | 7 | 1 | 0.0164 | 9 | 7 | 7 | 7 | 2 | 0.0020 |
| 9 | 9 | 7 | 6 | 1 | 0.0498 | 9 | 8 | 7 | 7 | 0 | 0.0014 | 9 | 7 | 7 | 7 | 1 | 0.0043 |
| 9 | 9 | 7 | 5 | 2 | 0.1897 | 9 | 8 | 7 | 6 | 3 | 0.0970 | 9 | 7 | 7 | 7 | 0 | 0.0002 |
| 9 | 9 | 7 | 4 | 5 | 0.1897 | 9 | 8 | 7 | 6 | 1 | 0.0567 | 9 | 7 | 7 | 6 | 3 | 0.0244 |
| 9 | 9 | 7 | 3 | 6 | 0.0498 | 9 | 8 | 7 | 6 | 0 | 0.0026 | 9 | 7 | 7 | 6 | 2 | 0.0849 |
| 9 | 9 | 7 | 2 | 7 | 0.0023 | 9 | 8 | 7 | 5 | 1 | 0.0325 | 9 | 7 | 7 | 6 | 1 | 0.0365 |
| 9 | 9 | 7 | 2 | 6 | 0.0256 | 9 | 8 | 7 | 4 | 5 | 0.1575 | 9 | 7 | 7 | 6 | 0 | 0.0043 |
| 9 | 9 | 7 | 2 | 5 | 0.0809 | 9 | 8 | 7 | 4 | 2 | 0.1575 | 9 | 7 | 7 | 5 | 4 | 0.1454 |
| 9 | 9 | 7 | 1 | 7 | 0.0008 | 9 | 8 | 7 | 3 | 6 | 0.0325 | 9 | 7 | 7 | 5 | 1 | 0.0849 |
| 9 | 9 | 7 | 1 | 6 | 0.0049 | 9 | 8 | 7 | 2 | 7 | 0.0026 | 9 | 7 | 7 | 5 | 0 | 0.0020 |
| 9 | 9 | 7 | 0 | 7 | 0.0000 | 9 | 8 | 7 | 2 | 6 | 0.0567 | 9 | 7 | 7 | 4 | 5 | 0.1454 |
| 9 | 9 | 6 | 9 | 0 | 0.0000 | 9 | 8 | 7 | 2 | 4 | 0.0970 | 9 | 7 | 7 | 4 | 1 | 0.0244 |
| 9 | 9 | 6 | 8 | 1 | 0.0034 | 9 | 8 | 7 | 1 | 7 | 0.0014 | 9 | 7 | 7 | 3 | 6 | 0.0244 |
| 9 | 9 | 6 | 8 | 0 | 0.0012 | 9 | 8 | 7 | 1 | 6 | 0.0164 | 9 | 7 | 7 | 3 | 2 | 0.1454 |
| 9 | 9 | 6 | 7 | 2 | 0.0335 | 9 | 8 | 7 | 1 | 5 | 0.0164 | 9 | 7 | 7 | 2 | 7 | 0.0020 |
| 9 | 9 | 6 | 7 | 1 | 0.0601 | 9 | 8 | 7 | 0 | 7 | 0.0001 | 9 | 7 | 7 | 2 | 6 | 0.0849 |
| 9 | 9 | 6 | 7 | 0 | 0.0113 | 9 | 8 | 7 | 0 | 5 | 0.0004 | 9 | 7 | 7 | 2 | 3 | 0.1454 |
| 9 | 9 | 6 | 6 | 1 | 0.1534 | 9 | 8 | 6 | 8 | 0 | 0.0002 | 9 | 7 | 7 | 1 | 7 | 0.0043 |
| 9 | 9 | 6 | 6 | 0 | 0.0068 | 9 | 8 | 6 | 7 | 2 | 0.0142 | 9 | 7 | 7 | 1 | 6 | 0.0365 |
| 9 | 9 | 6 | 5 | 1 | 0.0912 | 9 | 8 | 6 | 7 | 1 | 0.0221 | 9 | 7 | 7 | 1 | 5 | 0.0849 |
| 9 | 9 | 6 | 4 | 5 | 0.0912 | 9 | 8 | 6 | 7 | 0 | 0.0024 | 9 | 7 | 7 | 1 | 4 | 0.0244 |
| 9 | 9 | 6 | 3 | 6 | 0.0068 | 9 | 8 | 6 | 6 | 3 | 0.0624 | 9 | 7 | 7 | 0 | 7 | 0.0002 |
| 9 | 9 | 6 | 3 | 5 | 0.1534 | 9 | 8 | 6 | 6 | 1 | 0.1385 | 9 | 7 | 7 | 0 | 6 | 0.0043 |
| 9 | 9 | 6 | 2 | 6 | 0.0113 | 9 | 8 | 6 | 6 | 0 | 0.0093 | 9 | 7 | 7 | 0 | 5 | 0.0020 |
| 9 | 9 | 6 | 2 | 5 | 0.0601 | 9 | 8 | 6 | 5 | 4 | 0.0970 | 9 | 7 | 6 | 7 | 2 | 0.0010 |
| 9 | 9 | 6 | 2 | 4 | 0.0335 | 9 | 8 | 6 | 5 | 1 | 0.1937 | 9 | 7 | 6 | 7 | 1 | 0.0023 |
| 9 | 9 | 6 | 1 | 6 | 0.0012 | 9 | 8 | 6 | 5 | 0 | 0.0047 | 9 | 7 | 6 | 7 | 0 | 0.0004 |
| 9 | 9 | 6 | 1 | 5 | 0.0034 | 9 | 8 | 6 | 4 | 5 | 0.0394 | 9 | 7 | 6 | 6 | 3 | 0.0167 |
| 9 | 9 | 6 | 0 | 6 | 0.0000 | 9 | 8 | 6 | 4 | 1 | 0.0394 | 9 | 7 | 6 | 6 | 2 | 0.0771 |
| 9 | 9 | 5 | 9 | 0 | 0.0000 | 9 | 8 | 6 | 3 | 6 | 0.0047 | 9 | 7 | 6 | 6 | 1 | 0.0555 |
| 9 | 9 | 5 | 8 | 1 | 0.0034 | 9 | 8 | 6 | 3 | 5 | 0.1937 | 9 | 7 | 6 | 6 | 0 | 0.0066 |
| 9 | 9 | 5 | 8 | 0 | 0.0015 | 9 | 8 | 6 | 3 | 2 | 0.0970 | 9 | 7 | 6 | 5 | 4 | 0.0383 |
| 9 | 9 | 5 | 7 | 2 | 0.0461 | 9 | 8 | 6 | 2 | 6 | 0.0093 | 9 | 7 | 6 | 5 | 1 | 0.1722 |
| 9 | 9 | 5 | 7 | 1 | 0.1016 | 9 | 8 | 6 | 2 | 5 | 0.1385 | 9 | 7 | 6 | 5 | 0 | 0.0109 |
| 9 | 9 | 5 | 7 | 0 | 0.0174 | 9 | 8 | 6 | 2 | 3 | 0.0624 | 9 | 7 | 6 | 4 | 5 | 0.0253 |
| 9 | 9 | 5 | 6 | 3 | 0.1362 | 9 | 8 | 6 | 1 | 6 | 0.0024 | 9 | 7 | 6 | 4 | 1 | 0.1203 |
| 9 | 9 | 5 | 6 | 0 | 0.0313 | 9 | 8 | 6 | 1 | 5 | 0.0221 | 9 | 7 | 6 | 4 | 0 | 0.0037 |
| 9 | 9 | 5 | 5 | 4 | 0.0720 | 9 | 8 | 6 | 1 | 4 | 0.0142 | 9 | 7 | 6 | 3 | 6 | 0.0037 |
| 9 | 9 | 5 | 5 | 0 | 0.0086 | 9 | 8 | 6 | 0 | 6 | 0.0002 | 9 | 7 | 6 | 3 | 5 | 0.1203 |
| 9 | 9 | 5 | 4 | 5 | 0.0086 | 9 | 8 | 6 | 0 | 5 | 0.0004 | 9 | 7 | 6 | 3 | 1 | 0.0253 |
| 9 | 9 | 5 | 4 | 1 | 0.0720 | 9 | 8 | 5 | 8 | 1 | 0.0004 | 9 | 7 | 6 | 2 | 6 | 0.0109 |
| 9 | 9 | 5 | 3 | 5 | 0.0313 | 9 | 8 | 5 | 8 | 0 | 0.0004 | 9 | 7 | 6 | 2 | 5 | 0.1722 |
| 9 | 9 | 5 | 3 | 2 | 0.1362 | 9 | 8 | 5 | 7 | 2 | 0.0099 | 9 | 7 | 6 | 2 | 2 | 0.0383 |
| 9 | 9 | 5 | 2 | 5 | 0.0174 | 9 | 8 | 5 | 7 | 1 | 0.0181 | 9 | 7 | 6 | 1 | 6 | 0.0066 |
| 9 | 9 | 5 | 2 | 4 | 0.1016 | 9 | 8 | 5 | 7 | 0 | 0.0099 | 9 | 7 | 6 | 1 | 5 | 0.0555 |
| 9 | 9 | 5 | 2 | 3 | 0.0461 | 9 | 8 | 5 | 6 | 3 | 0.0642 | 9 | 7 | 6 | 1 | 4 | 0.0771 |
| 9 | 9 | 5 | 1 | 5 | 0.0015 | 9 | 8 | 5 | 6 | 2 | 0.1793 | 9 | 7 | 6 | 1 | 3 | 0.0167 |
| 9 | 9 | 5 | 1 | 4 | 0.0034 | 9 | 8 | 5 | 6 | 1 | 0.1793 | 9 | 7 | 6 | 0 | 5 | 0.0004 |
| 9 | 9 | 5 | 0 | 5 | 0.0000 | 9 | 8 | 5 | 6 | 0 | 0.0642 | 9 | 7 | 6 | 0 | 5 | 0.0023 |
| 9 | 8 | 8 | 8 | 1 | 0.0007 | 9 | 8 | 5 | 5 | 4 | 0.0642 | 9 | 7 | 6 | 0 | 4 | 0.0010 |
| 9 | 8 | 8 | 8 | 0 | 0.0001 | 9 | 8 | 5 | 5 | 0 | 0.0642 | 9 | 6 | 6 | 6 | 3 | 0.0025 |
| 9 | 8 | 8 | 7 | 2 | 0.0244 | 9 | 8 | 5 | 4 | 5 | 0.0033 | 9 | 6 | 6 | 6 | 2 | 0.0247 |
| 9 | 8 | 8 | 7 | 1 | 0.0060 | 9 | 8 | 5 | 4 | 0 | 0.0033 | 9 | 6 | 6 | 6 | 1 | 0.0247 |
| 9 | 8 | 8 | 7 | 0 | 0.0007 | 9 | 8 | 5 | 3 | 5 | 0.0642 | 9 | 6 | 6 | 6 | 0 | 0.0025 |
| 9 | 8 | 8 | 6 | 1 | 0.0244 | 9 | 8 | 5 | 3 | 1 | 0.0642 | 9 | 6 | 6 | 5 | 4 | 0.0247 |
| 9 | 8 | 8 | 2 | 7 | 0.0244 | 9 | 8 | 5 | 2 | 5 | 0.0642 | 9 | 6 | 6 | 5 | 3 | 0.1135 |
| 9 | 8 | 8 | 1 | 8 | 0.0007 | 9 | 8 | 5 | 2 | 4 | 0.1793 | 9 | 6 | 6 | 5 | 1 | 0.1135 |
| 9 | 8 | 8 | 1 | 7 | 0.0060 | 9 | 8 | 5 | 2 | 3 | 0.1793 | 9 | 6 | 6 | 5 | 0 | 0.0247 |
| 9 | 8 | 8 | 1 | 6 | 0.0244 | 9 | 8 | 5 | 2 | 2 | 0.0642 | 9 | 6 | 6 | 4 | 5 | 0.0247 |

371

Tafel XV-2-4-2 (Fortsetz.)

| n | $N_1$ | $N_2$ | $a_1$ | $a_2$ | P | n | $N_1$ | $N_2$ | $a_1$ | $a_2$ | P | n | $N_1$ | $N_2$ | $a_1$ | $a_2$ | P |
|---|---|---|---|---|---|---|---|---|---|---|---|---|---|---|---|---|---|
| 9 | 6 | 6 | 4 | 0 | 0.0247 | 10 | 13 | 5 | 4 | 5 | 0.0325 | 10 | 12 | 4 | 3 | 4 | 0.0198 |
| 9 | 6 | 6 | 3 | 6 | 0.0025 | 10 | 13 | 5 | 4 | 4 | 0.0712 | 10 | 12 | 4 | 3 | 3 | 0.0198 |
| 9 | 6 | 6 | 3 | 5 | 0.1135 | 10 | 13 | 5 | 3 | 5 | 0.0031 | 10 | 12 | 4 | 2 | 4 | 0.0007 |
| 9 | 6 | 6 | 3 | 1 | 0.1135 | 10 | 13 | 4 | 10 | 0 | 0.0031 | 10 | 11 | 8 | 10 | 0 | 0.0001 |
| 9 | 6 | 6 | 3 | 0 | 0.0025 | 10 | 13 | 4 | 9 | 1 | 0.0759 | 10 | 11 | 8 | 9 | 1 | 0.0055 |
| 9 | 6 | 6 | 2 | 6 | 0.0247 | 10 | 13 | 4 | 9 | 0 | 0.0449 | 10 | 11 | 8 | 9 | 0 | 0.0007 |
| 9 | 6 | 6 | 2 | 1 | 0.0247 | 10 | 13 | 4 | 8 | 0 | 0.1176 | 10 | 11 | 8 | 8 | 2 | 0.0698 |
| 9 | 6 | 6 | 1 | 6 | 0.0247 | 10 | 13 | 4 | 7 | 3 | 0.1920 | 10 | 11 | 8 | 8 | 1 | 0.0198 |
| 9 | 6 | 6 | 1 | 5 | 0.1135 | 10 | 13 | 4 | 7 | 0 | 0.0217 | 10 | 11 | 8 | 7 | 2 | 0.1698 |
| 9 | 6 | 6 | 1 | 3 | 0.1135 | 10 | 13 | 4 | 6 | 4 | 0.0217 | 10 | 11 | 8 | 4 | 6 | 0.1698 |
| 9 | 6 | 6 | 1 | 2 | 0.0247 | 10 | 13 | 4 | 6 | 1 | 0.1920 | 10 | 11 | 8 | 3 | 7 | 0.0198 |
| 9 | 6 | 6 | 0 | 6 | 0.0025 | 10 | 13 | 4 | 5 | 4 | 0.1176 | 10 | 11 | 8 | 3 | 6 | 0.0698 |
| 9 | 6 | 6 | 0 | 5 | 0.0247 | 10 | 13 | 4 | 4 | 0 | 0.0449 | 10 | 11 | 8 | 2 | 8 | 0.0007 |
| 9 | 6 | 6 | 0 | 4 | 0.0247 | 10 | 13 | 4 | 3 | 4 | 0.0759 | 10 | 11 | 8 | 2 | 7 | 0.0055 |
| 9 | 6 | 6 | 0 | 3 | 0.0025 | 10 | 13 | 4 | 3 | 3 | 0.0031 | 10 | 11 | 8 | 1 | 8 | 0.0001 |
| 10 | 16 | 3 | 10 | 0 | 0.0867 | 10 | 12 | 7 | 10 | 0 | 0.0007 | 10 | 11 | 7 | 10 | 0 | 0.0001 |
| 10 | 16 | 3 | 6 | 3 | 0.0867 | 10 | 12 | 7 | 9 | 1 | 0.0198 | 10 | 11 | 7 | 9 | 1 | 0.0073 |
| 10 | 16 | 2 | 10 | 0 | 0.0867 | 10 | 12 | 7 | 9 | 0 | 0.0031 | 10 | 11 | 7 | 9 | 0 | 0.0013 |
| 10 | 16 | 2 | 6 | 2 | 0.0867 | 10 | 12 | 7 | 8 | 2 | 0.1698 | 10 | 11 | 7 | 8 | 2 | 0.0948 |
| 10 | 15 | 4 | 10 | 0 | 0.0325 | 10 | 12 | 7 | 8 | 1 | 0.0573 | 10 | 11 | 7 | 8 | 1 | 0.0573 |
| 10 | 15 | 4 | 9 | 0 | 0.0867 | 10 | 12 | 7 | 4 | 6 | 0.0573 | 10 | 11 | 7 | 8 | 0 | 0.0031 |
| 10 | 15 | 4 | 6 | 4 | 0.0867 | 10 | 12 | 7 | 4 | 5 | 0.1698 | 10 | 11 | 7 | 7 | 1 | 0.0573 |
| 10 | 15 | 4 | 5 | 4 | 0.0325 | 10 | 12 | 7 | 3 | 7 | 0.0031 | 10 | 11 | 7 | 6 | 2 | 0.1998 |
| 10 | 15 | 3 | 10 | 0 | 0.0325 | 10 | 12 | 7 | 3 | 6 | 0.0198 | 10 | 11 | 7 | 5 | 5 | 0.1998 |
| 10 | 15 | 3 | 8 | 0 | 0.1022 | 10 | 12 | 7 | 2 | 7 | 0.0007 | 10 | 11 | 7 | 4 | 6 | 0.0573 |
| 10 | 15 | 3 | 7 | 3 | 0.1022 | 10 | 12 | 6 | 10 | 0 | 0.0007 | 10 | 11 | 7 | 3 | 7 | 0.0031 |
| 10 | 15 | 3 | 5 | 3 | 0.0325 | 10 | 12 | 6 | 9 | 1 | 0.0251 | 10 | 11 | 7 | 3 | 6 | 0.0573 |
| 10 | 14 | 5 | 10 | 0 | 0.0108 | 10 | 12 | 6 | 9 | 0 | 0.0055 | 10 | 11 | 7 | 3 | 5 | 0.0948 |
| 10 | 14 | 5 | 9 | 1 | 0.1409 | 10 | 12 | 6 | 8 | 1 | 0.1409 | 10 | 11 | 7 | 2 | 7 | 0.0013 |
| 10 | 14 | 5 | 9 | 0 | 0.0325 | 10 | 12 | 6 | 8 | 0 | 0.0108 | 10 | 11 | 7 | 2 | 6 | 0.0073 |
| 10 | 14 | 5 | 5 | 5 | 0.0325 | 10 | 12 | 6 | 7 | 1 | 0.0766 | 10 | 11 | 7 | 1 | 7 | 0.0001 |
| 10 | 14 | 5 | 5 | 4 | 0.1409 | 10 | 12 | 6 | 5 | 5 | 0.0766 | 10 | 11 | 6 | 10 | 0 | 0.0001 |
| 10 | 14 | 5 | 4 | 5 | 0.0108 | 10 | 12 | 6 | 4 | 6 | 0.0108 | 10 | 11 | 6 | 9 | 1 | 0.0090 |
| 10 | 14 | 4 | 10 | 0 | 0.0108 | 10 | 12 | 6 | 4 | 5 | 0.1409 | 10 | 11 | 6 | 9 | 0 | 0.0019 |
| 10 | 14 | 4 | 9 | 1 | 0.1734 | 10 | 12 | 6 | 3 | 6 | 0.0055 | 10 | 11 | 6 | 8 | 2 | 0.0412 |
| 10 | 14 | 4 | 9 | 0 | 0.0867 | 10 | 12 | 6 | 3 | 5 | 0.0251 | 10 | 11 | 6 | 8 | 1 | 0.1034 |
| 10 | 14 | 4 | 8 | 0 | 0.0433 | 10 | 12 | 6 | 2 | 6 | 0.0007 | 10 | 11 | 6 | 8 | 0 | 0.0144 |
| 10 | 14 | 4 | 6 | 4 | 0.0433 | 10 | 12 | 5 | 10 | 0 | 0.0007 | 10 | 11 | 6 | 7 | 1 | 0.1677 |
| 10 | 14 | 4 | 5 | 4 | 0.0867 | 10 | 12 | 5 | 9 | 1 | 0.0283 | 10 | 11 | 6 | 7 | 0 | 0.0090 |
| 10 | 14 | 4 | 5 | 3 | 0.1734 | 10 | 12 | 5 | 9 | 0 | 0.0079 | 10 | 11 | 6 | 6 | 1 | 0.0712 |
| 10 | 14 | 4 | 4 | 4 | 0.0108 | 10 | 12 | 5 | 8 | 2 | 0.1480 | 10 | 11 | 6 | 5 | 5 | 0.0712 |
| 10 | 14 | 3 | 10 | 0 | 0.0108 | 10 | 12 | 5 | 8 | 0 | 0.0444 | 10 | 11 | 6 | 4 | 6 | 0.0090 |
| 10 | 14 | 3 | 9 | 1 | 0.1780 | 10 | 12 | 5 | 7 | 0 | 0.0164 | 10 | 11 | 6 | 4 | 5 | 0.1677 |
| 10 | 14 | 3 | 9 | 0 | 0.1780 | 10 | 12 | 5 | 6 | 4 | 0.0944 | 10 | 11 | 6 | 3 | 6 | 0.0144 |
| 10 | 14 | 3 | 7 | 3 | 0.0480 | 10 | 12 | 5 | 6 | 1 | 0.0944 | 10 | 11 | 6 | 3 | 5 | 0.1034 |
| 10 | 14 | 3 | 7 | 0 | 0.0480 | 10 | 12 | 5 | 5 | 5 | 0.0164 | 10 | 11 | 6 | 3 | 4 | 0.0412 |
| 10 | 14 | 3 | 5 | 3 | 0.1780 | 10 | 12 | 5 | 5 | 0 | 0.0444 | 10 | 11 | 6 | 2 | 6 | 0.0019 |
| 10 | 14 | 3 | 5 | 2 | 0.1780 | 10 | 12 | 5 | 4 | 3 | 0.1480 | 10 | 11 | 6 | 2 | 5 | 0.0090 |
| 10 | 14 | 3 | 4 | 3 | 0.0108 | 10 | 12 | 5 | 3 | 5 | 0.0079 | 10 | 11 | 6 | 1 | 6 | 0.0001 |
| 10 | 13 | 6 | 10 | 0 | 0.0031 | 10 | 12 | 5 | 3 | 4 | 0.0283 | 10 | 11 | 5 | 10 | 0 | 0.0001 |
| 10 | 13 | 6 | 9 | 1 | 0.0573 | 10 | 12 | 5 | 2 | 5 | 0.0007 | 10 | 11 | 5 | 9 | 1 | 0.0055 |
| 10 | 13 | 6 | 9 | 0 | 0.0108 | 10 | 12 | 4 | 10 | 0 | 0.0007 | 10 | 11 | 5 | 9 | 0 | 0.0025 |
| 10 | 13 | 6 | 8 | 1 | 0.1409 | 10 | 12 | 4 | 9 | 1 | 0.0198 | 10 | 11 | 5 | 8 | 2 | 0.0533 |
| 10 | 13 | 6 | 5 | 5 | 0.1409 | 10 | 12 | 4 | 9 | 0 | 0.0198 | 10 | 11 | 5 | 8 | 1 | 0.1498 |
| 10 | 13 | 6 | 4 | 6 | 0.0108 | 10 | 12 | 4 | 8 | 2 | 0.0941 | 10 | 11 | 5 | 8 | 0 | 0.0212 |
| 10 | 13 | 6 | 4 | 5 | 0.0573 | 10 | 12 | 4 | 8 | 0 | 0.0941 | 10 | 11 | 5 | 7 | 3 | 0.1498 |
| 10 | 13 | 6 | 3 | 6 | 0.0031 | 10 | 12 | 4 | 7 | 3 | 0.1627 | 10 | 11 | 5 | 7 | 0 | 0.0355 |
| 10 | 13 | 5 | 10 | 0 | 0.0031 | 10 | 12 | 4 | 7 | 0 | 0.1627 | 10 | 11 | 5 | 6 | 4 | 0.0784 |
| 10 | 13 | 5 | 9 | 1 | 0.0712 | 10 | 12 | 4 | 6 | 4 | 0.0298 | 10 | 11 | 5 | 6 | 0 | 0.0105 |
| 10 | 13 | 5 | 9 | 0 | 0.0325 | 10 | 12 | 4 | 6 | 0 | 0.0298 | 10 | 11 | 5 | 5 | 5 | 0.0105 |
| 10 | 13 | 5 | 8 | 0 | 0.0170 | 10 | 12 | 4 | 5 | 4 | 0.1627 | 10 | 11 | 5 | 5 | 1 | 0.0784 |
| 10 | 13 | 5 | 7 | 1 | 0.1641 | 10 | 12 | 4 | 5 | 1 | 0.1627 | 10 | 11 | 5 | 4 | 5 | 0.0355 |
| 10 | 13 | 5 | 6 | 4 | 0.1641 | 10 | 12 | 4 | 4 | 4 | 0.0941 | 10 | 11 | 5 | 4 | 2 | 0.1498 |
| 10 | 13 | 5 | 5 | 5 | 0.0170 | 10 | 12 | 4 | 4 | 2 | 0.0941 | 10 | 11 | 5 | 3 | 5 | 0.0212 |

Tafel XV-2-4-2 (Fortsetz.)

| n | $N_1$ | $N_2$ | $a_1$ | $a_2$ | P | n | $N_1$ | $N_2$ | $a_1$ | $a_2$ | P | n | $N_1$ | $N_2$ | $a_1$ | $a_2$ | P |
|---|---|---|---|---|---|---|---|---|---|---|---|---|---|---|---|---|---|
| 10 | 11 | 5 | 3 | 4 | 0.1498 | 10 | 10 | 6 | 7 | 3 | 0.0728 | 10 | 9 | 8 | 7 | 2 | 0.0771 |
| 10 | 11 | 5 | 3 | 3 | 0.0533 | 10 | 10 | 6 | 7 | 1 | 0.1537 | 10 | 9 | 8 | 7 | 1 | 0.0225 |
| 10 | 11 | 5 | 2 | 5 | 0.0025 | 10 | 10 | 6 | 7 | 0 | 0.0115 | 10 | 9 | 8 | 7 | 0 | 0.0008 |
| 10 | 11 | 5 | 2 | 4 | 0.0055 | 10 | 10 | 6 | 6 | 4 | 0.1069 | 10 | 9 | 8 | 6 | 4 | 0.1789 |
| 10 | 11 | 5 | 1 | 5 | 0.0001 | 10 | 10 | 6 | 6 | 0 | 0.0034 | 10 | 9 | 8 | 6 | 1 | 0.0131 |
| 10 | 10 | 9 | 10 | 0 | 0.0000 | 10 | 10 | 6 | 5 | 5 | 0.0469 | 10 | 9 | 8 | 5 | 2 | 0.1152 |
| 10 | 10 | 9 | 9 | 1 | 0.0011 | 10 | 10 | 6 | 5 | 1 | 0.0469 | 10 | 9 | 8 | 4 | 6 | 0.1152 |
| 10 | 10 | 9 | 9 | 0 | 0.0001 | 10 | 10 | 6 | 4 | 6 | 0.0034 | 10 | 9 | 8 | 3 | 7 | 0.0131 |
| 10 | 10 | 9 | 8 | 2 | 0.0230 | 10 | 10 | 6 | 4 | 2 | 0.1069 | 10 | 9 | 8 | 3 | 4 | 0.1789 |
| 10 | 10 | 9 | 8 | 1 | 0.0055 | 10 | 10 | 6 | 3 | 6 | 0.0115 | 10 | 9 | 8 | 2 | 8 | 0.0008 |
| 10 | 10 | 9 | 7 | 3 | 0.1789 | 10 | 10 | 6 | 3 | 5 | 0.1537 | 10 | 9 | 8 | 2 | 7 | 0.0225 |
| 10 | 10 | 9 | 7 | 3 | 0.1789 | 10 | 10 | 6 | 3 | 3 | 0.0728 | 10 | 9 | 8 | 2 | 6 | 0.0771 |
| 10 | 10 | 9 | 7 | 2 | 0.0698 | 10 | 10 | 6 | 2 | 6 | 0.0063 | 10 | 9 | 8 | 2 | 5 | 0.0443 |
| 10 | 10 | 9 | 3 | 7 | 0.0698 | 10 | 10 | 6 | 2 | 5 | 0.0305 | 10 | 9 | 8 | 1 | 8 | 0.0004 |
| 10 | 10 | 9 | 3 | 6 | 0.1789 | 10 | 10 | 6 | 2 | 4 | 0.0188 | 10 | 9 | 8 | 1 | 7 | 0.0031 |
| 10 | 10 | 9 | 2 | 8 | 0.0055 | 10 | 10 | 6 | 1 | 6 | 0.0004 | 10 | 9 | 8 | 1 | 6 | 0.0059 |
| 10 | 10 | 9 | 2 | 7 | 0.0230 | 10 | 10 | 6 | 1 | 5 | 0.0011 | 10 | 9 | 8 | 0 | 8 | 0.0000 |
| 10 | 10 | 9 | 1 | 9 | 0.0001 | 10 | 10 | 6 | 0 | 6 | 0.0000 | 10 | 9 | 8 | 0 | 7 | 0.0001 |
| 10 | 10 | 9 | 1 | 8 | 0.0011 | 10 | 10 | 5 | 10 | 0 | 0.0000 | 10 | 9 | 7 | 9 | 1 | 0.0001 |
| 10 | 10 | 9 | 0 | 9 | 0.0000 | 10 | 10 | 5 | 9 | 1 | 0.0011 | 10 | 9 | 7 | 9 | 0 | 0.0000 |
| 10 | 10 | 8 | 10 | 0 | 0.0000 | 10 | 10 | 5 | 9 | 0 | 0.0011 | 10 | 9 | 7 | 8 | 2 | 0.0052 |
| 10 | 10 | 8 | 9 | 1 | 0.0016 | 10 | 10 | 5 | 8 | 2 | 0.0136 | 10 | 9 | 7 | 8 | 1 | 0.0079 |
| 10 | 10 | 8 | 9 | 0 | 0.0002 | 10 | 10 | 5 | 8 | 1 | 0.0485 | 10 | 9 | 7 | 8 | 0 | 0.0007 |
| 10 | 10 | 8 | 8 | 2 | 0.0334 | 10 | 10 | 5 | 8 | 0 | 0.0136 | 10 | 9 | 7 | 7 | 3 | 0.0311 |
| 10 | 10 | 8 | 8 | 1 | 0.0094 | 10 | 10 | 5 | 7 | 3 | 0.0745 | 10 | 9 | 7 | 7 | 2 | 0.1662 |
| 10 | 10 | 8 | 8 | 0 | 0.0007 | 10 | 10 | 5 | 7 | 0 | 0.0745 | 10 | 9 | 7 | 7 | 1 | 0.0475 |
| 10 | 10 | 8 | 7 | 1 | 0.0198 | 10 | 10 | 5 | 6 | 4 | 0.0363 | 10 | 9 | 7 | 7 | 0 | 0.0032 |
| 10 | 10 | 8 | 6 | 2 | 0.0971 | 10 | 10 | 5 | 6 | 0 | 0.0363 | 10 | 9 | 7 | 6 | 4 | 0.1334 |
| 10 | 10 | 8 | 4 | 6 | 0.0971 | 10 | 10 | 5 | 5 | 5 | 0.0038 | 10 | 9 | 7 | 6 | 1 | 0.0730 |
| 10 | 10 | 8 | 3 | 7 | 0.0198 | 10 | 10 | 5 | 5 | 0 | 0.0038 | 10 | 9 | 7 | 6 | 0 | 0.0016 |
| 10 | 10 | 8 | 2 | 8 | 0.0007 | 10 | 10 | 5 | 4 | 5 | 0.0363 | 10 | 9 | 7 | 5 | 5 | 0.1016 |
| 10 | 10 | 8 | 2 | 7 | 0.0094 | 10 | 10 | 5 | 4 | 1 | 0.0363 | 10 | 9 | 7 | 5 | 1 | 0.0175 |
| 10 | 10 | 8 | 2 | 6 | 0.0334 | 10 | 10 | 5 | 3 | 5 | 0.0745 | 10 | 9 | 7 | 4 | 6 | 0.0175 |
| 10 | 10 | 8 | 1 | 8 | 0.0002 | 10 | 10 | 5 | 3 | 2 | 0.0745 | 10 | 9 | 7 | 4 | 2 | 0.1016 |
| 10 | 10 | 8 | 1 | 7 | 0.0016 | 10 | 10 | 5 | 2 | 5 | 0.0136 | 10 | 9 | 7 | 3 | 7 | 0.0016 |
| 10 | 10 | 8 | 0 | 8 | 0.0000 | 10 | 10 | 5 | 2 | 4 | 0.0485 | 10 | 9 | 7 | 3 | 6 | 0.0730 |
| 10 | 10 | 7 | 10 | 0 | 0.0000 | 10 | 10 | 5 | 2 | 3 | 0.0136 | 10 | 9 | 7 | 3 | 3 | 0.1334 |
| 10 | 10 | 7 | 9 | 1 | 0.0011 | 10 | 10 | 5 | 1 | 5 | 0.0011 | 10 | 9 | 7 | 2 | 7 | 0.0032 |
| 10 | 10 | 7 | 9 | 0 | 0.0003 | 10 | 10 | 5 | 1 | 4 | 0.0011 | 10 | 9 | 7 | 2 | 6 | 0.0475 |
| 10 | 10 | 7 | 8 | 2 | 0.0243 | 10 | 10 | 5 | 0 | 5 | 0.0000 | 10 | 9 | 7 | 2 | 5 | 0.1662 |
| 10 | 10 | 7 | 8 | 1 | 0.0243 | 10 | 9 | 9 | 9 | 1 | 0.0002 | 10 | 9 | 7 | 2 | 4 | 0.0311 |
| 10 | 10 | 7 | 8 | 0 | 0.0039 | 10 | 9 | 9 | 9 | 0 | 0.0000 | 10 | 9 | 7 | 1 | 7 | 0.0007 |
| 10 | 10 | 7 | 7 | 3 | 0.1130 | 10 | 9 | 9 | 8 | 2 | 0.0090 | 10 | 9 | 7 | 1 | 6 | 0.0079 |
| 10 | 10 | 7 | 7 | 1 | 0.0675 | 10 | 9 | 9 | 8 | 1 | 0.0020 | 10 | 9 | 7 | 1 | 5 | 0.0052 |
| 10 | 10 | 7 | 7 | 0 | 0.0024 | 10 | 9 | 9 | 8 | 0 | 0.0002 | 10 | 9 | 7 | 0 | 7 | 0.0000 |
| 10 | 10 | 7 | 6 | 1 | 0.0402 | 10 | 9 | 9 | 7 | 3 | 0.1025 | 10 | 9 | 7 | 0 | 0 | 0.0001 |
| 10 | 10 | 7 | 6 | 5 | 0.1703 | 10 | 9 | 9 | 7 | 2 | 0.0370 | 10 | 9 | 6 | 9 | 1 | 0.0001 |
| 10 | 10 | 7 | 5 | 2 | 0.1703 | 10 | 9 | 9 | 7 | 1 | 0.0090 | 10 | 9 | 6 | 9 | 0 | 0.0001 |
| 10 | 10 | 7 | 4 | 6 | 0.0402 | 10 | 9 | 9 | 6 | 2 | 0.1025 | 10 | 9 | 6 | 8 | 2 | 0.0039 |
| 10 | 10 | 7 | 3 | 7 | 0.0024 | 10 | 9 | 9 | 3 | 7 | 0.1025 | 10 | 9 | 6 | 8 | 1 | 0.0068 |
| 10 | 10 | 7 | 3 | 6 | 0.0675 | 10 | 9 | 9 | 2 | 8 | 0.0090 | 10 | 9 | 6 | 8 | 0 | 0.0011 |
| 10 | 10 | 7 | 3 | 4 | 0.1130 | 10 | 9 | 9 | 2 | 7 | 0.0370 | 10 | 9 | 6 | 7 | 3 | 0.0231 |
| 10 | 10 | 7 | 2 | 7 | 0.0039 | 10 | 9 | 9 | 2 | 6 | 0.1025 | 10 | 9 | 6 | 7 | 2 | 0.0975 |
| 10 | 10 | 7 | 2 | 6 | 0.0243 | 10 | 9 | 9 | 1 | 9 | 0.0002 | 10 | 9 | 6 | 7 | 1 | 0.0683 |
| 10 | 10 | 7 | 2 | 5 | 0.0243 | 10 | 9 | 9 | 1 | 8 | 0.0020 | 10 | 9 | 6 | 7 | 0 | 0.0107 |
| 10 | 10 | 7 | 1 | 7 | 0.0003 | 10 | 9 | 9 | 1 | 7 | 0.0090 | 10 | 9 | 6 | 6 | 4 | 0.0449 |
| 10 | 10 | 7 | 1 | 6 | 0.0011 | 10 | 9 | 9 | 0 | 9 | 0.0000 | 10 | 9 | 6 | 6 | 1 | 0.1930 |
| 10 | 10 | 7 | 0 | 7 | 0.0000 | 10 | 9 | 9 | 0 | 8 | 0.0002 | 10 | 9 | 6 | 6 | 0 | 0.0153 |
| 10 | 10 | 6 | 10 | 0 | 0.0000 | 10 | 9 | 8 | 9 | 1 | 0.0001 | 10 | 9 | 6 | 5 | 5 | 0.0313 |
| 10 | 10 | 6 | 9 | 1 | 0.0011 | 10 | 9 | 8 | 9 | 0 | 0.0000 | 10 | 9 | 6 | 5 | 1 | 0.1384 |
| 10 | 10 | 6 | 9 | 0 | 0.0004 | 10 | 9 | 8 | 8 | 2 | 0.0059 | 10 | 9 | 6 | 5 | 0 | 0.0025 |
| 10 | 10 | 6 | 8 | 2 | 0.0188 | 10 | 9 | 8 | 8 | 1 | 0.0031 | 10 | 9 | 6 | 4 | 6 | 0.0025 |
| 10 | 10 | 6 | 8 | 1 | 0.0305 | 10 | 9 | 8 | 8 | 0 | 0.0004 | 10 | 9 | 6 | 4 | 5 | 0.1384 |
| 10 | 10 | 6 | 8 | 0 | 0.0063 | 10 | 9 | 8 | 7 | 3 | 0.0443 | 10 | 9 | 6 | 4 | 1 | 0.0313 |

Tafel XV-2-4-2 (Fortsetz.)

| n | $N_1$ | $N_2$ | $a_1$ | $a_2$ | P | n | $N_1$ | $N_2$ | $a_1$ | $a_2$ | P | n | $N_1$ | $N_2$ | $a_1$ | $a_2$ | P |
|---|---|---|---|---|---|---|---|---|---|---|---|---|---|---|---|---|---|
| 10 | 9 | 6 | 3 | 6 | 0.0153 | 10 | 8 | 7 | 7 | 2 | 0.0272 | 10 | 8 | 6 | 2 | 1 | 0.0122 |
| 10 | 9 | 6 | 3 | 5 | 0.1930 | 10 | 8 | 7 | 7 | 1 | 0.0181 | 10 | 8 | 6 | 2 | 6 | 0.0213 |
| 10 | 9 | 6 | 3 | 2 | 0.0449 | 10 | 8 | 7 | 7 | 0 | 0.0022 | 10 | 8 | 6 | 2 | 5 | 0.1369 |
| 10 | 9 | 6 | 2 | 6 | 0.0107 | 10 | 8 | 7 | 6 | 4 | 0.0378 | 10 | 8 | 6 | 2 | 3 | 0.1369 |
| 10 | 9 | 6 | 2 | 5 | 0.0683 | 10 | 8 | 7 | 6 | 3 | 0.1460 | 10 | 8 | 6 | 2 | 2 | 0.0213 |
| 10 | 9 | 6 | 2 | 4 | 0.0975 | 10 | 8 | 7 | 6 | 1 | 0.0930 | 10 | 8 | 6 | 1 | 6 | 0.0049 |
| 10 | 9 | 6 | 2 | 3 | 0.0231 | 10 | 8 | 7 | 6 | 0 | 0.0037 | 10 | 8 | 6 | 1 | 5 | 0.0369 |
| 10 | 9 | 6 | 1 | 6 | 0.0011 | 10 | 8 | 7 | 5 | 5 | 0.0505 | 10 | 8 | 6 | 1 | 4 | 0.0369 |
| 10 | 9 | 6 | 1 | 5 | 0.0068 | 10 | 8 | 7 | 5 | 1 | 0.0930 | 10 | 8 | 6 | 1 | 3 | 0.0049 |
| 10 | 9 | 6 | 1 | 4 | 0.0039 | 10 | 8 | 7 | 5 | 0 | 0.0013 | 10 | 8 | 6 | 0 | 6 | 0.0003 |
| 10 | 9 | 6 | 0 | 6 | 0.0001 | 10 | 8 | 7 | 4 | 6 | 0.0120 | 10 | 8 | 6 | 0 | 5 | 0.0007 |
| 10 | 9 | 6 | 0 | 5 | 0.0001 | 10 | 8 | 7 | 4 | 1 | 0.0120 | 10 | 8 | 6 | 0 | 4 | 0.0003 |
| 10 | 8 | 8 | 9 | 2 | 0.0007 | 10 | 8 | 7 | 3 | 7 | 0.0013 | 10 | 7 | 7 | 7 | 3 | 0.0010 |
| 10 | 8 | 8 | 8 | 1 | 0.0014 | 10 | 8 | 7 | 3 | 6 | 0.0930 | 10 | 7 | 7 | 7 | 2 | 0.0060 |
| 10 | 8 | 8 | 8 | 0 | 0.0001 | 10 | 8 | 7 | 3 | 2 | 0.0505 | 10 | 7 | 7 | 7 | 1 | 0.0032 |
| 10 | 8 | 8 | 7 | 3 | 0.0152 | 10 | 8 | 7 | 2 | 7 | 0.0037 | 10 | 7 | 7 | 7 | 0 | 0.0002 |
| 10 | 8 | 8 | 7 | 2 | 0.0346 | 10 | 8 | 7 | 2 | 6 | 0.0930 | 10 | 7 | 7 | 6 | 4 | 0.0113 |
| 10 | 8 | 8 | 7 | 1 | 0.0055 | 10 | 8 | 7 | 2 | 4 | 0.1460 | 10 | 7 | 7 | 6 | 3 | 0.0585 |
| 10 | 8 | 8 | 7 | 0 | 0.0014 | 10 | 8 | 7 | 2 | 3 | 0.0378 | 10 | 7 | 7 | 6 | 2 | 0.1062 |
| 10 | 8 | 8 | 6 | 4 | 0.0771 | 10 | 8 | 7 | 1 | 7 | 0.0022 | 10 | 7 | 7 | 6 | 1 | 0.0267 |
| 10 | 8 | 8 | 6 | 2 | 0.1619 | 10 | 8 | 7 | 1 | 6 | 0.0181 | 10 | 7 | 7 | 6 | 0 | 0.0032 |
| 10 | 8 | 8 | 6 | 1 | 0.0346 | 10 | 8 | 7 | 1 | 5 | 0.0272 | 10 | 7 | 7 | 5 | 5 | 0.0161 |
| 10 | 8 | 8 | 6 | 0 | 0.0007 | 10 | 8 | 7 | 1 | 4 | 0.0067 | 10 | 7 | 7 | 5 | 1 | 0.1062 |
| 10 | 8 | 8 | 5 | 5 | 0.1110 | 10 | 8 | 7 | 0 | 7 | 0.0001 | 10 | 7 | 7 | 5 | 0 | 0.0060 |
| 10 | 8 | 8 | 5 | 1 | 0.0152 | 10 | 8 | 7 | 0 | 6 | 0.0007 | 10 | 7 | 7 | 4 | 6 | 0.0113 |
| 10 | 8 | 8 | 4 | 6 | 0.0771 | 10 | 8 | 7 | 0 | 5 | 0.0003 | 10 | 7 | 7 | 4 | 1 | 0.0585 |
| 10 | 8 | 8 | 4 | 2 | 0.0771 | 10 | 8 | 6 | 8 | 2 | 0.0003 | 10 | 7 | 7 | 4 | 0 | 0.0010 |
| 10 | 8 | 8 | 3 | 7 | 0.0152 | 10 | 8 | 6 | 8 | 1 | 0.0007 | 10 | 7 | 7 | 3 | 7 | 0.0010 |
| 10 | 8 | 8 | 3 | 3 | 0.1110 | 10 | 8 | 6 | 8 | 0 | 0.0003 | 10 | 7 | 7 | 3 | 6 | 0.0585 |
| 10 | 8 | 8 | 2 | 8 | 0.0007 | 10 | 8 | 6 | 7 | 3 | 0.0049 | 10 | 7 | 7 | 3 | 1 | 0.0113 |
| 10 | 8 | 8 | 2 | 7 | 0.0346 | 10 | 8 | 6 | 7 | 2 | 0.0369 | 10 | 7 | 7 | 2 | 7 | 0.0060 |
| 10 | 8 | 8 | 2 | 6 | 0.1619 | 10 | 8 | 6 | 7 | 1 | 0.0369 | 10 | 7 | 7 | 2 | 6 | 0.1062 |
| 10 | 8 | 8 | 2 | 4 | 0.0771 | 10 | 8 | 6 | 7 | 0 | 0.0049 | 10 | 7 | 7 | 2 | 2 | 0.0161 |
| 10 | 8 | 8 | 1 | 8 | 0.0014 | 10 | 8 | 6 | 6 | 4 | 0.0213 | 10 | 7 | 7 | 1 | 7 | 0.0032 |
| 10 | 8 | 8 | 1 | 7 | 0.0055 | 10 | 8 | 6 | 6 | 3 | 0.1369 | 10 | 7 | 7 | 1 | 6 | 0.0267 |
| 10 | 8 | 8 | 1 | 6 | 0.0346 | 10 | 8 | 6 | 6 | 1 | 0.1369 | 10 | 7 | 7 | 1 | 5 | 0.1062 |
| 10 | 8 | 8 | 1 | 5 | 0.0152 | 10 | 8 | 6 | 6 | 0 | 0.0213 | 10 | 7 | 7 | 1 | 4 | 0.0585 |
| 10 | 8 | 8 | 0 | 8 | 0.0001 | 10 | 8 | 6 | 5 | 5 | 0.0122 | 10 | 7 | 7 | 1 | 3 | 0.0113 |
| 10 | 8 | 8 | 0 | 7 | 0.0014 | 10 | 8 | 6 | 5 | 0 | 0.0122 | 10 | 7 | 7 | 0 | 7 | 0.0002 |
| 10 | 8 | 8 | 0 | 6 | 0.0007 | 10 | 8 | 6 | 4 | 6 | 0.0015 | 10 | 7 | 7 | 0 | 6 | 0.0032 |
| 10 | 8 | 7 | 8 | 2 | 0.0003 | 10 | 8 | 6 | 4 | 5 | 0.0642 | 10 | 7 | 7 | 0 | 5 | 0.0060 |
| 10 | 8 | 7 | 8 | 1 | 0.0007 | 10 | 8 | 6 | 4 | 1 | 0.0642 | 10 | 7 | 7 | 0 | 4 | 0.0010 |
| 10 | 8 | 7 | 8 | 0 | 0.0001 | 10 | 8 | 6 | 4 | 0 | 0.0015 | | | | | | |
| 10 | 8 | 7 | 7 | 3 | 0.0067 | 10 | 8 | 6 | 3 | 6 | 0.0122 | | | | | | |

**Tafel XV-2-4-3**

**Der exakte 2 x 3-Feldertest nach BENNETT-NAKAMURA**

BENNETT, B. M. und NAKAMURA, E.: Tables for testing significance in a 2 x 3 contingency table.
Technometrics 5 (1963), 501–511, mit freundlicher Genehmigung der Verfasser und des Herausgebers.

Die Tafel enthält die zu ausgewählten Kombinationen von je 4 Kennwerten (Quadrupeln) einer beobachteten 3 x 2-Feldertafel mit gleichen Zeilensummen $A = N_1 = N_2 = N_3$ (A, $a = N_a, a_1, a_2$) gehörigen Überschreitungswahrscheinlichkeiten P unter $H_0$ (die 3 binären Stichproben sind homogen verteilt). Die 3 x 2-Feldertafel muß so an- bzw. umgeordnet werden, daß $a = N_a \leqslant N_b$ und $a_1 \leqslant a_2 \leqslant a_3$. Neben den P-Werten enthält die Tafel auch die Schranken für $a_2$ bei gegebenem A, a und $a_1$ für die Signifikanzniveaus $\alpha = 0{,}05, \alpha = 0{,}025, \alpha = 0{,}01$ und $\alpha = 0{,}001$ in den 4 rechtsseitigen Blöcken.

*Ablesebeispiel:* Wenn $A = 8$ und damit $N = 3A = 24$ und ferner $a = N_a = 11$, sowie $a_1 = 1$ und $a_2 = 2$, dann ist $P = 0{,}00067$; damit ist bei vereinbartem $\alpha = 0{,}001$ die Nullhypothese (die 3 Binärstichproben sind homogen verteilt) zu verwerfen.

Tafel XV-2-4-3 (Fortsetz.)

| Δ | a | $a_L$ | Signifikanz von $a_2$ | | | |
|---|---|---|---|---|---|---|
| | | | .05 | .025 | .01 | .001 |
| 3 | 3 | 0 | 0 .03571 | — | — | — |
| 4 | 4 | 0 | 0 .00606 | 0 .00606 | 0 .00606 | — |
|   | 5 | 0 | 1 .03030 | — | — | — |
|   | 6 | 0 | 2 .03896 | — | — | — |
| 5 | 4 | 0 | 0 .01099 | 0 .01099 | — | — |
|   | 5 | 0 | 0 .00100 | 0 .00100 | 0 .00100 | 0 .00100 |
|   | 6 | 0 | 1 .00599 | 1 .00599 | 1 .00599 | — |
|   | 7 | 0 | 2 .00932 | 2 .00932 | 2 .00932 | — |
|   |   | 1 | 1 .02098 | 1 .02098 | — | — |
| 6 | 4 | 0 | 0 .01471 | 0 .01471 | — | — |
|   | 5 | 0 | 0 .00210 | 0 .00210 | 0 .00210 | — |
|   | 6 | 0 | 1 .01180 | 1 .01180 | 0 .00016 | 0 .00016 |
|   | 7 | 0 | 2 .01810 | 2 .01810 | 1 .00113 | — |
|   |   | 1 | 1 .03846 | | | |
|   | 8 | 0 | 4 .03640 | 3 .02098 | 2 .00206 | — |
|   |   | 1 | 1 .00452 | 1 .00452 | 1 .00452 | — |
|   | 9 | 0 | 4 .02468 | 4 .02468 | 3 .00247 | — |
|   |   | 1 | 2 .02468 | 2 .02468 | — | — |
| 7 | 4 | 0 | 0 .01754 | 0 .01754 | — | — |
|   | 5 | 0 | 0 .00310 | 0 .00310 | 0 .00310 | — |
|   | 6 | 0 | 1 .01664 | 1 .01664 | 0 .00039 | 0 .00039 |
|   | 7 | 0 | 2 .02531 | 1 .00255 | 1 .00255 | 0 .00003 |
|   | 8 | 0 | 4 .04933 | 2 .00454 | 2 .00454 | 1 .00021 |
|   |   | 1 | 1 .00960 | 1 .00960 | 1 .00960 | — |
|   | 9 | 0 | 4 .02093 | 4 .02093 | 3 .00593 | 2 .00043 |
|   |   | 1 | 2 .04194 | 1 .00093 | 1 .00093 | 1 .00093 |
|   | 10 | 0 | 5 .11101 | 5 .01101 | 4 .00726 | 3 .00060 |
|   |   | 1 | 3 .04019 | 2 .00310 | 2 .00310 | — |
| 8 | 4 | 0 | 0 .01976 | 0 .01976 | — | — |
|   | 5 | 0 | 0 .00395 | 0 .00395 | 0 .00395 | — |
|   | 6 | 0 | 1 .02059 | 1 .02059 | 0 .00062 | 0 .00062 |
|   | 7 | 0 | 2 .03114 | 1 .00395 | 1 .00395 | 0 .00007 |
|   | 8 | 0 | 3 .03982 | 2 .00692 | 2 .00692 | 1 .00053 |
|   |   | 1 | 1 .01423 | 1 .01423 | | |
|   | 9 | 0 | 4 .02742 | 3 .00943 | 3 .00943 | 1 .00004 |
|   |   | 1 | 1 .00224 | 1 .00224 | 1 .00224 | — |
|   | 10 | 0 | 5 .01783 | 5 .01783 | 3 .00155 | 2 .00009 |
|   |   | 1 | 2 .00704 | 2 .00704 | 2 .00704 | 1 .00018 |
|   | 11 | 0 | 5 .00579 | 5 .00579 | 5 .00579 | 3 .00013 |
|   |   | 1 | 3 .01440 | 3 .01440 | 2 .00067 | 2 .00067 |
|   |   | 2 | 2 .02194 | 2 .02194 | | |
|   | 12 | 0 | 6 .00388 | 6 .00388 | 6 .00388 | 4 .00016 |
|   |   | 1 | 4 .01382 | 4 .01382 | 3 .00214 | — |
|   |   | 2 | 2 .00388 | 2 .00388 | 2 .00388 | — |
| 9 | 4 | 0 | 0 .02154 | 0 .02154 | — | — |
|   | 5 | 0 | 0 .00468 | 0 .00468 | 0 .00468 | — |
|   | 6 | 0 | 1 .02384 | 1 .02384 | 0 .00085 | 0 .00085 |

Tafel XV-2-4-3 (Fortsetz.)

| A | a | $a_1$ | Signifikanz von $a_2$ | | | | | | | |
|---|---|---|---|---|---|---|---|---|---|---|
| | | | .05 | | .025 | | .01 | | .001 | |
| 9 | 7 | 0 | 2 | .03588 | 1 | .00523 | 1 | .00523 | 0 | .00012 |
| | 8 | 0 | 3 | .04686 | 2 | .00906 | 2 | .00906 | 1 | .00089 |
| | | 1 | 1 | .01825 | 1 | .01825 | | | | |
| | 9 | 0 | 4 | .03299 | 3 | .01266 | 2 | .00176 | 1 | .00010 |
| | | 1 | 1 | .00363 | 1 | .00363 | 1 | .00363 | | |
| | 10 | 0 | 5 | .02412 | 5 | .02412 | 3 | .00265 | 2 | .00024 |
| | | 1 | 2 | .01847 | 2 | .01847 | 1 | .00050 | 1 | .00050 |
| | 11 | 0 | 5 | .00868 | 5 | .00868 | 5 | .00868 | 3 | .00038 |
| | | 1 | 3 | .02121 | 3 | .02121 | 2 | .00173 | 1 | .00004 |
| | | 2 | 2 | .03194 | | | | | | |
| | 12 | 0 | 6 | .00566 | 6 | .00566 | 6 | .00566 | 4 | .00053 |
| | | 1 | 4 | .02177 | 4 | .02177 | 3 | .00445 | 2 | .00014 |
| | | 2 | 2 | .00768 | 2 | .00768 | 2 | .00768 | | |
| | 13 | 0 | 6 | .00170 | 6 | .00170 | 6 | .00170 | 5 | .00060 |
| | | 1 | 6 | .03460 | 4 | .00475 | 4 | .00475 | 3 | .00026 |
| | | 2 | 3 | .01290 | 3 | .01290 | 2 | .00080 | 2 | .00080 |
| 10 | 4 | 0 | 0 | .02299 | 0 | .02299 | — | | — | |
| | 5 | 0 | 0 | .00531 | 0 | .00531 | 0 | .00531 | — | |
| | 6 | 0 | 1 | .02653 | 0 | .00106 | 0 | .00106 | | |
| | 7 | 0 | 2 | .03979 | 1 | .00637 | 1 | .00637 | 0 | .00018 |
| | 8 | 0 | 2 | .01094 | 2 | .01094 | 1 | .00125 | 0 | .00002 |
| | | 1 | 1 | .02170 | 1 | .02170 | | | | |
| | 9 | 0 | 4 | .03773 | 3 | .01554 | 2 | .00246 | 1 | .00019 |
| | | 1 | 1 | .00497 | 1 | .00497 | 1 | .00497 | | |
| | 10 | 0 | 5 | .02968 | 4 | .01256 | 3 | .00375 | 2 | .00042 |
| | | 1 | 2 | .02334 | 2 | .02334 | 1 | .00087 | 1 | .00087 |
| | 11 | 0 | 5 | .01150 | 5 | .01150 | 4 | .00569 | 3 | .00070 |
| | | 1 | 3 | .02732 | 2 | .00292 | 2 | .00292 | 1 | .00011 |
| | | 2 | 2 | .04066 | | | | | | |
| | 12 | 0 | 6 | .00468 | 6 | .00468 | 6 | .00468 | 3 | .00009 |
| | | 1 | 4 | .02907 | 3 | .00843 | 3 | .00843 | 2 | .00040 |
| | | 2 | 2 | .01159 | 2 | .01159 | | | | |
| | 13 | 0 | 6 | .00307 | 6 | .00307 | 6 | .00307 | 5 | .00070 |
| | | 1 | 6 | .04618 | 4 | .00781 | 4 | .00781 | 2 | .00003 |
| | | 2 | 3 | .01998 | 3 | .01998 | 2 | .00181 | | |
| | 14 | 0 | 7 | .00089 | 7 | .00089 | 7 | .00089 | 7 | .00089 |
| | | 1 | 6 | .01906 | 6 | .01906 | 5 | .00866 | 3 | .00006 |
| | | 2 | 4 | .03661 | 3 | .00399 | 3 | .00399 | 2 | .00010 |
| | | 3 | 3 | .04997 | | | | | | |
| | 15 | 0 | 7 | .00059 | 7 | .00059 | 7 | .00059 | 7 | .00059 |
| | | 1 | 7 | .01445 | 7 | .01445 | 6 | .00888 | 4 | .00017 |
| | | 2 | 5 | .03418 | 4 | .00888 | 4 | .00888 | 3 | .00059 |
| | | 3 | 3 | .01445 | 3 | .01445 | | | | |
| 11 | 4 | 0 | 0 | .02419 | 0 | .02419 | | | | |
| | 5 | 0 | 0 | .00584 | 0 | .00584 | 0 | .00584 | — | |
| | 6 | 0 | 1 | .02878 | 0 | .00125 | 0 | .00125 | — | |
| | 7 | 0 | 2 | .04306 | 1 | .00737 | 1 | .00737 | 0 | .00023 |
| | 8 | 0 | 2 | .01259 | 2 | .01259 | 1 | .00160 | 0 | .00004 |
| | | 1 | 1 | .02466 | 1 | .02466 | | | — | |
| | 9 | 0 | 4 | .04179 | 3 | .01808 | 2 | .00311 | 1 | .00029 |
| | | 1 | 1 | .00622 | 1 | .00622 | 1 | .00622 | | |

Tafel XV-2-4-3 (Fortsetz.)

| A | a | $a_1$ | \multicolumn{8}{c}{Signifikanz von $a_2$} |
|---|---|---|---|---|---|---|---|---|---|---|

| A | a | $a_1$ | \multicolumn{2}{c}{.05} | \multicolumn{2}{c}{.025} | \multicolumn{2}{c}{.01} | \multicolumn{2}{c}{.001} |
|---|---|---|---|---|---|---|---|---|---|---|
| 11 | 10 | 0 | 5 | .03455 | 4 | .01469 | 3 | .00480 | 2 | .00063 |
|  |  | 1 | 2 | .02763 | 1 | .00127 | 1 | .00127 |  |  |
|  | 11 | 0 | 5 | .01413 | 5 | .01413 | 4 | .00752 |  |  |
|  |  | 1 | 3 | .03270 | 2 | .00414 | 2 | .00414 | 2 | .00010 |
|  |  | 2 | 2 | .04818 |  |  |  |  | 1 | .00020 |
|  | 12 | 0 | 6 | .00604 | 6 | .00604 | 6 | .00604 | 3 | .00018 |
|  |  | 1 | 4 | .03558 | 3 | .01111 | 2 | .00074 | 2 | .00074 |
|  |  | 2 | 2 | .01533 | 2 | .01533 |  |  |  |  |
|  | 13 | 0 | 6 | .00372 | 6 | .00372 | 6 | .00372 | 4 | .00028 |
|  |  | 1 | 5 | .04409 | 4 | .01086 | 3 | .00212 | 2 | .00009 |
|  |  | 2 | 3 | .02653 | 2 | .00459 | 2 | .00459 |  |  |
|  | 14 | 0 | 7 | .00144 | 7 | .00144 | 7 | .00144 | 5 | .00036 |
|  |  | 1 | 6 | .02500 | 6 | .02500 | 4 | .00291 | 3 | .00018 |
|  |  | 2 | 4 | .04694 | 3 | .00656 | 3 | .00656 | 2 | .00049 |
|  | 15 | 0 | 7 | .00074 | 7 | .00074 | 7 | .00074 | 7 | .00074 |
|  |  | 1 | 7 | .01703 | 7 | .01703 | 6 | .00779 | 4 | .00043 |
|  |  | 2 | 5 | .04561 | 4 | .01356 | 3 | .00132 | 2 | .00002 |
|  |  | 3 | 3 | .02136 | 3 | .02136 |  |  |  |  |
|  | 16 | 0 | 8 | .00026 | 8 | .00026 | 8 | .00026 | 8 | .00026 |
|  |  | 1 | 7 | .00686 | 7 | .00686 | 7 | .00686 | 5 | .00054 |
|  |  | 2 | 5 | .01405 | 5 | .01405 | 4 | .00157 | 3 | .00009 |
|  |  | 3 | 4 | .02944 | 3 | .00378 | 3 | .00378 |  |  |
| 12 | 4 | 0 | 0 | .02521 | — | | — | | — | |
|  | 5 | 0 | 0 | .00630 | 0 | .00630 | 0 | .00630 | — | |
|  | 6 | 0 | 1 | .03070 | 0 | .00142 | 0 | .00142 | — | |
|  | 7 | 0 | 2 | .04583 | 1 | .00825 | 1 | .00825 | 0 | .00028 |
|  | 8 | 0 | 2 | .01403 | 2 | .01403 | 1 | .00193 | 0 | .00005 |
|  |  | 1 | 1 | .02722 |  |  |  |  |  |  |
|  | 9 | 0 | 4 | .04529 | 3 | .02031 | 2 | .00372 | 1 | .00039 |
|  |  | 1 | 1 | .00735 | 1 | .00735 | 1 | .00735 |  |  |
|  | 10 | 0 | 5 | .03879 | 4 | .01658 | 3 | .00579 | 2 | .00083 |
|  |  | 1 | 2 | .03879 | 1 | .00168 | 1 | .00168 |  |  |
|  | 11 | 0 | 5 | .01654 | 5 | .01654 | 4 | .00923 | 2 | .00015 |
|  |  | 1 | 3 | .03742 | 2 | .00923 | 2 | .00923 | 1 | .00031 |
|  | 12 | 0 | 6 | .00734 | 6 | .00734 | 6 | .00734 | 3 | .00028 |
|  |  | 1 | 4 | .04132 | 3 | .01360 | 2 | .00111 | 1 | .00004 |
|  |  | 2 | 2 | .01877 | 2 | .01877 |  |  |  |  |
|  | 13 | 0 | 6 | .00489 | 6 | .00489 | 6 | .00489 | 4 | .00046 |
|  |  | 1 | 4 | .01377 | 4 | .01377 | 3 | .00299 | 2 | .00018 |
|  |  | 2 | 3 | .03243 | 2 | .00613 | 2 | .00613 |  |  |
|  | 14 | 0 | 7 | .00207 | 7 | .00207 | 7 | .00207 | 5 | .00062 |
|  |  | 1 | 6 | .03050 | 5 | .01662 | 4 | .00413 | 3 | .00062 |
|  |  | 2 | 3 | .00918 | 3 | .00918 | 3 | .00918 | 2 | .00085 |
|  | 15 | 0 | 7 | .00119 | 7 | .00119 | 7 | .00119 | 6 | .00035 |
|  |  | 1 | 7 | .02219 | 7 | .02219 | 5 | .00448 | 3 | .00004 |
|  |  | 2 | 4 | .01814 | 4 | .01814 | 3 | .00222 | 2 | .00013 |
|  |  | 3 | 3 | .02793 |  |  |  |  |  |  |
|  | 16 | 0 | 8 | .00051 | 8 | .00051 | 8 | .00051 | 8 | .00051 |
|  |  | 1 | 7 | .00997 | 7 | .00997 | 7 | .00997 | 4 | .00012 |
|  |  | 2 | 5 | .01941 | 5 | .01941 | 4 | .00279 | 3 | .00041 |
|  |  | 3 | 4 | .03508 | 3 | .00611 | 3 | .00611 |  |  |
|  | 17 | 0 | 8 | .00014 | 8 | .00014 | 8 | .00014 | 8 | .00014 |

Tafel XV-2-4-3 (Fortsetz.) 379

| A | a | $a_1$ | Signifikanz von $a_2$ | | | | | | | |
|---|---|---|---|---|---|---|---|---|---|---|
| | | | .05 | | .025 | | .01 | | .001 | |
| 12 | 17 | 1 | 8 | .00369 | 8 | .00369 | 8 | .00369 | 5 | .00021 |
| | | 2 | 7 | .03853 | 6 | .02047 | 5 | .00609 | 4 | .00049 |
| | | 3 | 4 | .01111 | 4 | .01111 | 3 | .00069 | 3 | .00069 |
| | 18 | 0 | 9 | .000C9 | 9 | .00009 | 9 | .00009 | 9 | .00009 |
| | | 1 | 8 | .00273 | 8 | .C0273 | 8 | .C0273 | 6 | .00018 |
| | | 2 | 8 | .03129 | 7 | .02060 | 6 | .CC539 | 4 | .00006 |
| | | 3 | 5 | .02060 | 5 | .02060 | 4 | .C0273 | 3 | .00009 |
| | | 4 | 4 | .03129 | | | | | | |
| 13 | 4 | 0 | 0 | .02608 | — | | — | | — | |
| | 5 | 0 | 0 | .00671 | 0 | .00671 | 0 | .C0671 | — | |
| | 6 | 0 | 1 | .03235 | 0 | .00158 | 0 | .C0158 | — | |
| | 7 | 0 | 2 | .04820 | 1 | .C0904 | 1 | .C0904 | 0 | .00033 |
| | 8 | 0 | 2 | .01529 | 2 | .01529 | 1 | .CC224 | 0 | .00006 |
| | | 1 | 1 | .02943 | | | | | — | |
| | 9 | 0 | 4 | .04833 | 3 | .02227 | 2 | .CC427 | 1 | .00048 |
| | | 1 | 1 | .00838 | 1 | .00838 | 1 | .00838 | | |
| | 10 | 0 | 5 | .02609 | 4 | .01827 | 3 | .00669 | 1 | .00009 |
| | | 1 | 2 | .04251 | 1 | .00206 | 1 | .CC206 | | |
| | 11 | 0 | 5 | .01872 | 5 | .01872 | 4 | .CC614 | 2 | .00021 |
| | | 1 | 3 | .04156 | 2 | .01081 | 1 | .C0043 | 1 | .00043 |
| | 12 | 0 | 6 | .00856 | 6 | .00856 | 6 | .C0856 | 3 | .00039 |
| | | 1 | 4 | .04638 | 3 | .01590 | 2 | .00150 | 1 | .CC007 |
| | | 2 | 2 | .02191 | 2 | .02191 | | | | |
| | 13 | 0 | 6 | .00602 | 6 | .00602 | 6 | .C0602 | 4 | .00066 |
| | | 1 | 4 | .01647 | 4 | .01647 | 3 | .00385 | 2 | .00028 |
| | | 2 | 2 | .00763 | 2 | .00763 | 2 | .C0763 | | |
| | 14 | 0 | 7 | .00272 | 7 | .C0272 | 7 | .C0272 | 5 | .00049 |
| | | 1 | 6 | .03550 | 5 | .02027 | 4 | .00537 | 3 | .00091 |
| | | 2 | 3 | .01171 | 3 | .01171 | 2 | .00126 | | |
| | 15 | 0 | 7 | .00105 | 7 | .00105 | 7 | .C0105 | 6 | .0C052 |
| | | 1 | 7 | .01748 | 7 | .01748 | 5 | .C0606 | 3 | .00009 |
| | | 2 | 4 | .02700 | 3 | .00321 | 3 | .00321 | 2 | .00023 |
| | | 3 | 3 | .03398 | | | | | | |
| | 16 | 0 | 8 | .00055 | 8 | .CC055 | 8 | .C0055 | 8 | .00055 |
| | | 1 | 7 | .013C9 | 7 | .C1309 | 6 | .C0667 | 4 | .00023 |
| | | 2 | 5 | .02451 | 5 | .02451 | 4 | .C0667 | 3 | .00083 |
| | | 3 | 4 | .04778 | 3 | .00853 | 3 | .C0853 | | |
| | 17 | 0 | 8 | .00023 | 8 | .CC023 | 8 | .CC023 | 8 | .0C023 |
| | | 1 | 8 | .00517 | 8 | .CC517 | 8 | .CC517 | 5 | .00039 |
| | | 2 | 7 | .04693 | 5 | .00854 | 5 | .C0854 | 4 | .00090 |
| | | 3 | 4 | .01542 | 4 | .01542 | 3 | .C0202 | | |
| | 18 | 0 | 9 | .00010 | 9 | .00010 | 9 | .0C01C | 9 | .00010 |
| | | 1 | 8 | .00291 | 8 | .CC291 | 8 | .C0291 | 6 | .00039 |
| | | 2 | 8 | .03368 | 7 | .01733 | 6 | .CC812 | 4 | .00017 |
| | | 3 | 5 | .02746 | 4 | .00444 | 4 | .C0444 | 3 | .00022 |
| | | 4 | 4 | .04C71 | | | | | | |
| | 19 | 0 | 9 | .00C04 | 9 | .CCC04 | 9 | .CC004 | 9 | .00004 |
| | | 1 | 9 | .00127 | 9 | .0C127 | 9 | .00127 | 8 | .00098 |
| | | 2 | 8 | .01599 | 8 | .01599 | 7 | .C0801 | 5 | .00018 |
| | | 3 | 6 | .02821 | 5 | .00467 | 5 | .C0467 | 4 | .00056 |
| | | 4 | 4 | .00974 | 4 | .00974 | 4 | .C0974 | | |
| 14 | 4 | 0 | 0 | .02683 | — | | — | | — | |

Tafel XV-2-4-3 (Fortsetz.)

| A | a | $a_1$ | \multicolumn{2}{c}{Signifikanz von $a_2$} | | | | | |
|---|---|---|---|---|---|---|---|---|---|---|
| | | | .05 | | .025 | | .01 | | .001 | |
| 14 | 5 | 0 | 0 | .00706 | 0 | .00706 | 0 | .00706 | — | |
| | 6 | 0 | 1 | .03378 | 0 | .00172 | 0 | .00172 | — | |
| | 7 | 0 | 1 | .00973 | 1 | .00973 | 1 | .00973 | 0 | .00038 |
| | 8 | 0 | 2 | .01641 | 2 | .01641 | 1 | .00252 | 0 | .00008 |
| | | 1 | 1 | .03137 | | | | | — | |
| | 9 | 0 | 3 | .02402 | 3 | .02402 | 2 | .00478 | 1 | .00058 |
| | | 1 | 1 | .00931 | 1 | .00931 | 1 | .00931 | | |
| | 10 | 0 | 5 | .02795 | 4 | .01978 | 3 | .00752 | 1 | .00012 |
| | | 1 | 2 | .04578 | 1 | .00243 | 1 | .00243 | | |
| | 11 | 0 | 5 | .02069 | 5 | .02069 | 4 | .00690 | 2 | .00028 |
| | | 1 | 3 | .04520 | 2 | .01226 | 1 | .00055 | 1 | .00055 |
| | 12 | 0 | 6 | .00969 | 6 | .00969 | 6 | .00969 | 3 | .00050 |
| | | 1 | 3 | .01799 | 3 | .01799 | 2 | .00188 | 1 | .00011 |
| | | 2 | 2 | .02474 | 2 | .02474 | | | | |
| | 13 | 0 | 6 | .00711 | 6 | .00711 | 6 | .00711 | 4 | .00087 |
| | | 1 | 5 | .04157 | 4 | .01895 | 3 | .00469 | 2 | .00040 |
| | | 2 | 2 | .00906 | 2 | .00906 | 2 | .00906 | | |
| | 14 | 0 | 7 | .00338 | 7 | .00338 | 7 | .00338 | 5 | .00064 |
| | | 1 | 6 | .04002 | 5 | .02365 | 4 | .00656 | 2 | .00007 |
| | | 2 | 3 | .01409 | 3 | .01409 | 2 | .00169 | | |
| | 15 | 0 | 7 | .00135 | 7 | .00135 | 7 | .00135 | 6 | .00072 |
| | | 1 | 7 | .02032 | 7 | .02032 | 5 | .00763 | 3 | .00014 |
| | | 2 | 4 | .03141 | 3 | .00422 | 3 | .00422 | 2 | .00036 |
| | | 3 | 3 | .03548 | | | | | | |
| | 16 | 0 | 8 | .00076 | 8 | .00076 | 8 | .00076 | 8 | .00076 |
| | | 1 | 7 | .01612 | 7 | .01612 | 6 | .00524 | 4 | .00035 |
| | | 2 | 5 | .02926 | 4 | .00853 | 4 | .00853 | 2 | .00006 |
| | | 3 | 3 | .01092 | 3 | .01092 | | | | |
| | 17 | 0 | 8 | .00036 | 8 | .00036 | 8 | .00036 | 8 | .00036 |
| | | 1 | 8 | .00669 | 8 | .00669 | 8 | .00669 | 5 | .00060 |
| | | 2 | 6 | .03247 | 5 | .01099 | 4 | .00138 | 3 | .00013 |
| | | 3 | 4 | .01958 | 4 | .01958 | 3 | .00294 | | |
| | 18 | 0 | 9 | .00017 | 9 | .00017 | 9 | .00017 | 9 | .00017 |
| | | 1 | 8 | .00404 | 8 | .00404 | 8 | .00404 | 6 | .00067 |
| | | 2 | 8 | .04087 | 7 | .02153 | 5 | .00261 | 4 | .00031 |
| | | 3 | 5 | .03391 | 4 | .00629 | 4 | .00629 | 3 | .00041 |
| | | 4 | 4 | .04938 | | | | | | |
| | 19 | 0 | 9 | .00008 | 9 | .00008 | 9 | .00008 | 9 | .00008 |
| | | 1 | 9 | .00198 | 9 | .00198 | 9 | .00198 | 7 | .00059 |
| | | 2 | 8 | .02087 | 8 | .02087 | 6 | .00331 | 5 | .00036 |
| | | 3 | 6 | .03557 | 5 | .00688 | 5 | .00688 | 3 | .00005 |
| | | 4 | 4 | .01352 | 4 | .01352 | | | | |
| | 20 | 0 | 10 | .00003 | 10 | .00003 | 10 | .00003 | 10 | .00003 |
| | | 1 | 9 | .00096 | 9 | .00096 | 9 | .00096 | 9 | .00096 |
| | | 2 | 9 | .00892 | 9 | .00892 | 9 | .00892 | 6 | .00064 |
| | | 3 | 7 | .03669 | 6 | .01357 | 5 | .00174 | 4 | .00017 |
| | | 4 | 5 | .02209 | 5 | .02209 | 4 | .00227 | | |
| | 21 | 0 | 10 | .00001 | 10 | .00001 | 10 | .00001 | 10 | .00001 |
| | | 1 | 10 | .00049 | 10 | .00049 | 10 | .00049 | 10 | .00049 |
| | | 2 | 9 | .00709 | 9 | .00709 | 9 | .00709 | 7 | .00081 |
| | | 3 | 8 | .03655 | 7 | .01216 | 6 | .00302 | 5 | .00033 |
| | | 4 | 6 | .03655 | 5 | .00709 | 5 | .00709 | 4 | .00049 |
| 15 | 4 | 0 | 0 | .02748 | | | | | | |

Tafel XV-2-4-3 (Fortsetz.) 381

| A | a | $a_1$ | Signifikanz von $a_2$ | | | | | | | |
|---|---|---|---|---|---|---|---|---|---|---|
| | | | .05 | | .025 | | .01 | | .001 | |
| 15 | 5 | 0 | 0 | .00737 | 0 | .00737 | 0 | .00737 | | |
| | 6 | 0 | 1 | .03503 | 0 | .00184 | 0 | .00184 | | — |
| | 7 | 0 | 1 | .01035 | 1 | .01035 | 0 | .00043 | 0 | .00043 |
| | 8 | 0 | 2 | .01740 | 2 | .01740 | 1 | .00278 | 0 | .00009 |
| | | 1 | 1 | .03308 | | | | | | — |
| | 9 | 0 | 3 | .02557 | 2 | .00525 | 2 | .00525 | 1 | .00067 |
| | | 1 | 1 | .01015 | 1 | .01015 | | | | |
| | 10 | 0 | 5 | .02961 | 4 | .02113 | 3 | .00828 | 1 | .00014 |
| | | 1 | 2 | .04867 | 1 | .00278 | 1 | .00278 | | |
| | 11 | 0 | 5 | .02247 | 5 | .02247 | 4 | .00759 | 2 | .00034 |
| | | 1 | 3 | .04843 | 2 | .01358 | 1 | .00067 | 1 | .00067 |
| | 12 | 0 | 6 | .01074 | 6 | .01074 | 5 | .00812 | 3 | .00062 |
| | | 1 | 3 | .01990 | 3 | .01990 | 2 | .00226 | 1 | .00014 |
| | | 2 | 2 | .02730 | | | | | | |
| | 13 | 0 | 6 | .00532 | 6 | .00532 | 6 | .00532 | 3 | .00014 |
| | | 1 | 5 | .04505 | 4 | .02123 | 3 | .00813 | 2 | .00053 |
| | | 2 | 2 | .01040 | 2 | .01040 | | | | |
| | 14 | 0 | 7 | .00403 | 7 | .00403 | 7 | .00403 | 5 | .00079 |
| | | 1 | 6 | .04410 | 4 | .00771 | 4 | .00771 | 2 | .00010 |
| | | 2 | 3 | .01631 | 3 | .01631 | 2 | .00328 | | |
| | 15 | 0 | 7 | .00166 | 7 | .00166 | 7 | .00166 | 6 | .00093 |
| | | 1 | 7 | .02295 | 7 | .02295 | 5 | .00914 | 3 | .00037 |
| | | 2 | 4 | .03543 | 3 | .00522 | 3 | .00522 | 2 | .00050 |
| | | 3 | 3 | .04445 | | | | | | |
| | 16 | 0 | 8 | .00099 | 8 | .00099 | 8 | .00099 | 8 | .00099 |
| | | 1 | 7 | .01609 | 7 | .01609 | 6 | .00633 | 4 | .00050 |
| | | 2 | 5 | .03362 | 4 | .01033 | 3 | .00159 | 2 | .00010 |
| | | 3 | 3 | .01898 | 3 | .01898 | | | | |
| | 17 | 0 | 8 | .00050 | 8 | .00050 | 8 | .00050 | 8 | .00050 |
| | | 1 | 8 | .00821 | 8 | .00821 | 8 | .00821 | 5 | .00084 |
| | | 2 | 6 | .03781 | 5 | .01336 | 4 | .00190 | 3 | .00033 |
| | | 3 | 4 | .02351 | 4 | .02351 | 3 | .00390 | | |
| | 18 | 0 | 9 | .00025 | 9 | .00025 | 9 | .00025 | 9 | .00025 |
| | | 1 | 8 | .00521 | 8 | .00521 | 8 | .00521 | 6 | .00100 |
| | | 2 | 8 | .04747 | 6 | .01369 | 5 | .00352 | 4 | .00048 |
| | | 3 | 5 | .03986 | 4 | .00817 | 4 | .00817 | 3 | .00064 |
| | 19 | 0 | 9 | .00008 | 9 | .00008 | 9 | .00008 | 9 | .00008 |
| | | 1 | 9 | .00278 | 9 | .00278 | 9 | .00278 | 7 | .00055 |
| | | 2 | 8 | .02558 | 7 | .01412 | 6 | .00454 | 5 | .00091 |
| | | 3 | 6 | .04240 | 5 | .00913 | 5 | .00913 | 3 | .00015 |
| | | 4 | 4 | .01725 | 4 | .01725 | | | | |
| | 20 | 0 | 10 | .00005 | 10 | .00005 | 10 | .00005 | 10 | .00005 |
| | | 1 | 9 | .00100 | 9 | .00100 | 9 | .00100 | 9 | .00100 |
| | | 2 | 9 | .01150 | 9 | .01150 | 8 | .00902 | 5 | .00011 |
| | | 3 | 7 | .04462 | 6 | .01739 | 5 | .00263 | 4 | .00032 |
| | | 4 | 5 | .02798 | 4 | .00343 | 4 | .00343 | | |
| | 21 | 0 | 10 | .00001 | 10 | .00001 | 10 | .00001 | 10 | .00001 |
| | | 1 | 10 | .00048 | 10 | .00048 | 10 | .00048 | 10 | .00048 |
| | | 2 | 9 | .00698 | 9 | .00698 | 9 | .00698 | 6 | .00021 |
| | | 3 | 8 | .03028 | 7 | .01630 | 6 | .00447 | 5 | .00071 |
| | | 4 | 6 | .04510 | 5 | .00994 | 4 | .00994 | 4 | .00086 |
| | 22 | 0 | 11 | .00001 | 11 | .00001 | 11 | .00001 | 11 | .00001 |
| | | 1 | 10 | .00022 | 10 | .00022 | 10 | .00022 | 10 | .00022 |

Tafel XV-2-4-3 (Fortsetz.)

| Δ | a | $a_1$ | Signifikanz von $a_2$ | | | | | | | |
|---|---|---|---|---|---|---|---|---|---|---|
| | | | .05 | | .025 | | .01 | | .001 | |
| 15 | 22 | 2 | 10 | .00349 | 10 | .00349 | 10 | .00349 | 7 | .00033 |
| | | 3 | 9 | .02874 | 8 | .01578 | 7 | .00543 | 6 | .00068 |
| | | 4 | 7 | .04622 | 6 | .00996 | 6 | .00996 | 4 | .00008 |
| | | 5 | 5 | .01877 | 5 | .01877 | | | | |
| 16 | 4 | 0 | 0 | .02806 | | | | | — | |
| | 5 | 0 | 0 | .00765 | 0 | .00765 | 0 | .00765 | — | |
| | 6 | 0 | 1 | .03613 | 0 | .00196 | 0 | .00196 | — | |
| | 7 | 0 | 1 | .01091 | 1 | .01091 | 0 | .00047 | 0 | .00047 |
| | 8 | 0 | 2 | .01829 | 2 | .01829 | 1 | .00301 | 0 | .00010 |
| | | 1 | 1 | .03459 | | | | | — | |
| | 9 | 0 | 3 | .02695 | 2 | .00567 | 2 | .00567 | 1 | .00076 |
| | | 1 | 1 | .01091 | 1 | .01091 | | | | |
| | 10 | 0 | 5 | .03110 | 4 | .02235 | 3 | .00898 | 1 | .00017 |
| | | 1 | 1 | .00310 | 1 | .00310 | 1 | .00310 | | |
| | 11 | 0 | 5 | .02408 | 5 | .02408 | 4 | .00823 | 2 | .00040 |
| | | 1 | 2 | .01479 | 2 | .01479 | 1 | .00079 | 1 | .00079 |
| | 12 | 0 | 6 | .01170 | 6 | .01170 | 5 | .00894 | 3 | .00073 |
| | | 1 | 3 | .02163 | 3 | .02163 | 2 | .00262 | 1 | .00018 |
| | | 2 | 2 | .02961 | | | | | | |
| | 13 | 0 | 6 | .00590 | 6 | .00590 | 6 | .00590 | 3 | .00017 |
| | | 1 | 5 | .04817 | 4 | .02330 | 3 | .00908 | 2 | .00065 |
| | | 2 | 2 | .01165 | 2 | .01165 | | | | |
| | 14 | 0 | 7 | .00465 | 7 | .00465 | 7 | .00465 | 5 | .00094 |
| | | 1 | 6 | .04778 | 4 | .00879 | 4 | .00879 | 2 | .00014 |
| | | 2 | 3 | .01836 | 3 | .01836 | 2 | .00384 | | |
| | 15 | 0 | 7 | .00196 | 7 | .00196 | 7 | .00196 | 5 | .00026 |
| | | 1 | 7 | .02538 | 6 | .01963 | 4 | .00324 | 3 | .00048 |
| | | 2 | 4 | .03909 | 3 | .00619 | 3 | .00619 | 2 | .00065 |
| | | 3 | 3 | .04893 | | | | | | |
| | 16 | 0 | 8 | .00122 | 8 | .00122 | 8 | .00122 | 7 | .00100 |
| | | 1 | 7 | .01831 | 7 | .01831 | 6 | .00739 | 4 | .00065 |
| | | 2 | 5 | .03761 | 4 | .01204 | 3 | .00200 | 2 | .00014 |
| | | 3 | 3 | .02165 | 3 | .02165 | | | | |
| | 17 | 0 | 8 | .00066 | 8 | .00066 | 8 | .00066 | 8 | .00066 |
| | | 1 | 8 | .00969 | 8 | .00969 | 8 | .00969 | 4 | .00015 |
| | | 2 | 6 | .04270 | 5 | .01563 | 4 | .00244 | 3 | .00045 |
| | | 3 | 4 | .02716 | 3 | .00486 | 3 | .00486 | | |
| | 18 | 0 | 9 | .00034 | 9 | .00034 | 9 | .00034 | 9 | .00034 |
| | | 1 | 8 | .00638 | 8 | .00638 | 8 | .00638 | 5 | .00029 |
| | | 2 | 7 | .02924 | 6 | .01635 | 5 | .00445 | 4 | .00067 |
| | | 3 | 5 | .04532 | 4 | .01003 | 3 | .00136 | | |
| | 19 | 0 | 9 | .00012 | 9 | .00012 | 9 | .00012 | 9 | .00012 |
| | | 1 | 9 | .00362 | 9 | .00362 | 9 | .00362 | 7 | .00076 |
| | | 2 | 8 | .03002 | 7 | .01708 | 6 | .00581 | 4 | .00018 |
| | | 3 | 6 | .04869 | 5 | .01136 | 4 | .00308 | 3 | .00023 |
| | | 4 | 4 | .02084 | 4 | .02084 | | | | |
| | 20 | 0 | 10 | .00006 | 10 | .00006 | 10 | .00006 | 10 | .00006 |
| | | 1 | 9 | .00136 | 9 | .00136 | 9 | .00136 | 8 | .00084 |
| | | 2 | 9 | .01407 | 9 | .01407 | 7 | .00574 | 5 | .00019 |
| | | 3 | 6 | .02109 | 6 | .02109 | 5 | .00359 | 4 | .00052 |
| | | 4 | 5 | .03354 | 4 | .00682 | 4 | .00682 | | |
| | 21 | 0 | 10 | .00002 | 10 | .00002 | 10 | .00002 | 10 | .00002 |

Tafel XV-2-4-3 (Fortsetz.) 383

| A | a | $a_1$ | Signifikanz von $a_2$ | | | | | | | |
|---|---|---|---|---|---|---|---|---|---|---|
| | | | .05 | | .025 | | .01 | | .001 | |
| 16 | 21 | 1 | 10 | .00070 | 10 | .00070 | 10 | .00070 | 10 | .00070 |
| | | 2 | 9 | .00895 | 9 | .00895 | 9 | .00895 | 6 | .00035 |
| | | 3 | 8 | .03589 | 7 | .02037 | 6 | .00600 | 4 | .00010 |
| | | 4 | 5 | .01284 | 5 | .01284 | 4 | .00132 | | |
| | 22 | 0 | 11 | .00001 | 11 | .00001 | 11 | .00001 | 11 | .00001 |
| | | 1 | 10 | .00037 | 10 | .00037 | 10 | .00037 | 10 | .00037 |
| | | 2 | 10 | .00484 | 10 | .00484 | 10 | .00484 | 7 | .00054 |
| | | 3 | 9 | .03515 | 8 | .02010 | 7 | .00739 | 5 | .00013 |
| | | 4 | 6 | .01320 | 6 | .01320 | 5 | .00268 | 4 | .00025 |
| | | 5 | 5 | .02391 | 5 | .02391 | | | | |
| | 23 | 1 | 11 | .00015 | 11 | .00015 | 11 | .00015 | 11 | .00015 |
| | | 2 | 10 | .00260 | 10 | .00260 | 10 | .00260 | 8 | .00042 |
| | | 3 | 10 | .01666 | 10 | .01666 | 8 | .00776 | 6 | .00025 |
| | | 4 | 7 | .02401 | 7 | .02401 | 6 | .00418 | 5 | .00061 |
| | | 5 | 6 | .03635 | 5 | .00522 | 5 | .00522 | | |
| | 24 | 1 | 11 | .00008 | 11 | .00008 | 11 | .00008 | 11 | .00008 |
| | | 2 | 11 | .00148 | 11 | .00148 | 11 | .00148 | 9 | .00041 |
| | | 3 | 10 | .01386 | 10 | .01386 | 9 | .00657 | 7 | .00041 |
| | | 4 | 8 | .02179 | 8 | .02179 | 7 | .00657 | 5 | .00008 |
| | | 5 | 6 | .01386 | 6 | .01386 | 5 | .00148 | | |
| 17 | 4 | 0 | 0 | .02857 | | — | | — | | — |
| | 5 | 0 | 0 | .00790 | 0 | .00790 | 0 | .00790 | | — |
| | 6 | 0 | 1 | .03711 | 0 | .00206 | 0 | .00206 | | |
| | 7 | 0 | 1 | .01141 | 1 | .01141 | 0 | .00050 | 0 | .00050 |
| | 8 | 0 | 2 | .01909 | 2 | .01909 | 1 | .00323 | 0 | .00011 |
| | | 1 | 1 | .03594 | | | | | | |
| | 9 | 0 | 3 | .02819 | 2 | .00606 | 2 | .00606 | 1 | .00084 |
| | | 1 | 1 | .01160 | 1 | .01160 | | | | |
| | 10 | 0 | 5 | .03243 | 4 | .02344 | 3 | .00961 | 1 | .00020 |
| | | 1 | 1 | .00340 | 1 | .00340 | 1 | .00340 | | |
| | 11 | 0 | 5 | .02554 | 4 | .00882 | 4 | .00882 | 2 | .00046 |
| | | 1 | 2 | .01590 | 2 | .01590 | 1 | .00090 | 1 | .00090 |
| | 12 | 0 | 6 | .01259 | 6 | .01259 | 5 | .00970 | 3 | .00084 |
| | | 1 | 3 | .02321 | 3 | .02321 | 2 | .00296 | 1 | .00021 |
| | | 2 | 2 | .03171 | | | | | | |
| | 13 | 0 | 6 | .00643 | 6 | .00643 | 6 | .00643 | 3 | .00021 |
| | | 1 | 4 | .02520 | 3 | .00997 | 3 | .00997 | 2 | .00078 |
| | | 2 | 2 | .01281 | 2 | .01281 | | | | |
| | 14 | 0 | 7 | .00525 | 7 | .00525 | 7 | .00525 | 4 | .00039 |
| | | 1 | 5 | .03212 | 4 | .00981 | 4 | .00981 | 2 | .00018 |
| | | 2 | 3 | .02025 | 3 | .02025 | 2 | .00437 | | |
| | 15 | 0 | 7 | .00226 | 7 | .00226 | 7 | .00226 | 5 | .00032 |
| | | 1 | 7 | .02761 | 6 | .02156 | 4 | .00374 | 3 | .00059 |
| | | 2 | 4 | .04241 | 3 | .00712 | 3 | .00712 | 2 | .00080 |
| | 16 | 0 | 8 | .00145 | 8 | .00145 | 8 | .00145 | 7 | .00079 |
| | | 1 | 7 | .02038 | 7 | .02038 | 6 | .00840 | 3 | .00008 |
| | | 2 | 5 | .04125 | 4 | .01366 | 3 | .00241 | 2 | .00019 |
| | | 3 | 3 | .02414 | 3 | .02414 | | | | |
| | 17 | 0 | 8 | .00083 | 8 | .00083 | 8 | .00083 | 8 | .00083 |
| | | 1 | 8 | .01111 | 8 | .01111 | 7 | .00907 | 4 | .00020 |
| | | 2 | 6 | .04717 | 5 | .01776 | 4 | .00298 | 3 | .00059 |
| | | 3 | 4 | .03055 | 3 | .00581 | 3 | .00581 | | |

Tafel XV-2-4-3 (Fortsetz.)

| A | a | $a_1$ | Signifikanz von $a_2$ | | | | | | | |
|---|---|---|---|---|---|---|---|---|---|---|
| | | | .05 | | .025 | | .01 | | .001 | |
| 17 | 18 | 0 | 9 | .C0C31 | 9 | .0C031 | 9 | .CC031 | 9 | .00031 |
| | | 1 | 8 | .00529 | 8 | .CC529 | 8 | .C0529 | 5 | .00045 |
| | | 2 | 8 | .04134 | 6 | .01888 | 5 | .C0753 | 4 | .0C088 |
| | | 3 | 4 | .01184 | 4 | .01184 | 3 | .00175 | | |
| | 19 | 0 | 9 | .00C16 | 9 | .CC016 | 9 | .CC016 | 9 | .00016 |
| | | 1 | 9 | .00449 | 9 | .CC449 | 9 | .00449 | 7 | .00099 |
| | | 2 | 8 | .03418 | 7 | .01344 | 6 | .C0707 | 4 | .00025 |
| | | 3 | 5 | .01989 | 5 | .01989 | 4 | .C0387 | 3 | .00032 |
| | | 4 | 4 | .02423 | 4 | .C2423 | | | | |
| | 20 | 0 | 10 | .C0CC9 | 10 | .CC009 | 1C | .00009 | 10 | .00009 |
| | | 1 | 9 | .00176 | 9 | .00176 | 9 | .C0176 | 7 | .0C044 |
| | | 2 | 9 | .01655 | 9 | .01655 | 7 | .C0711 | 5 | .C0028 |
| | | 3 | 6 | .02461 | 6 | .02461 | 5 | .CC458 | 4 | .00074 |
| | | 4 | 5 | .03872 | 4 | .0C847 | 4 | .C0847 | | |
| | 21 | 0 | 10 | .C0004 | 10 | .00004 | 1C | .C0004 | 10 | .00004 |
| | | 1 | 10 | .00C95 | 10 | .00095 | 10 | .C0095 | 10 | .00095 |
| | | 2 | 9 | .01C93 | 9 | .01C93 | 8 | .CC483 | 6 | .00051 |
| | | 3 | 8 | .04114 | 7 | .C2429 | 6 | .C0756 | 4 | .00017 |
| | | 4 | 5 | .01571 | 5 | .01571 | 4 | .0C182 | | |
| | 22 | 0 | 11 | .00002 | 11 | .00002 | 11 | .C0002 | 11 | .00002 |
| | | 1 | 10 | .00C55 | 10 | .0CC55 | 10 | .CC055 | 10 | .00055 |
| | | 2 | 10 | .C0626 | 10 | .CC626 | 1C | .C0626 | 7 | .00080 |
| | | 3 | 9 | .04119 | 8 | .02428 | 7 | .00941 | 5 | .00032 |
| | | 4 | 6 | .01642 | 6 | .01642 | 5 | .0037C | 4 | .00040 |
| | | 5 | 5 | .02883 | | | | | | |
| | 23 | 0 | 11 | .00C01 | 11 | .CC001 | 11 | .C0001 | 11 | .00001 |
| | | 1 | 11 | .00024 | 11 | .00024 | 11 | .C0024 | 11 | .00024 |
| | | 2 | 10 | .00354 | 10 | .00354 | 10 | .C0354 | 8 | .00065 |
| | | 3 | 10 | .02034 | 10 | .C2034 | 7 | .CC254 | 6 | .00041 |
| | | 4 | 7 | .C2908 | 6 | .CC568 | 6 | .00568 | 5 | .00096 |
| | | 5 | 6 | .04352 | 5 | .00707 | 5 | .C0707 | | |
| | 24 | 1 | 11 | .00011 | 11 | .00011 | 11 | .CC011 | 11 | .00011 |
| | | 2 | 11 | .00188 | 11 | .0C188 | 11 | .CC188 | 9 | .00043 |
| | | 3 | 10 | .01308 | 10 | .013C8 | 9 | .00593 | 7 | .00066 |
| | | 4 | 9 | .04591 | 7 | .00880 | 7 | .0C88C | 5 | .00016 |
| | | 5 | 6 | .01784 | 6 | .01784 | 5 | .C0222 | | |
| | 25 | 1 | 12 | .00CC5 | 12 | .0C0C5 | 12 | .CC005 | 12 | .00005 |
| | | 2 | 11 | .00C71 | 11 | .CC071 | 11 | .C0071 | 11 | .00071 |
| | | 3 | 11 | .00720 | 11 | .00720 | 11 | .C0720 | 8 | .00098 |
| | | 4 | 10 | .04440 | 8 | .01053 | 7 | .C0175 | 6 | .CC024 |
| | | 5 | 7 | .01746 | 7 | .01746 | 6 | .C0396 | 5 | .00031 |
| | | 6 | 6 | .03C53 | | | | | | |
| 18 | 4 | 0 | 0 | .02903 | — | | — | | — | |
| | 5 | 0 | 0 | .00813 | 0 | .CC813 | 0 | .CC813 | — | |
| | 6 | 0 | 1 | .03758 | 0 | .00216 | 0 | .CC216 | — | |
| | 7 | 0 | 1 | .01186 | 1 | .01186 | 0 | .CC054 | 0 | .CC054 |
| | 8 | 0 | 2 | .01981 | 2 | .01981 | 1 | .C0343 | 0 | .00013 |
| | | 1 | 1 | .03715 | | | | | | |
| | 9 | 0 | 3 | .02932 | 2 | .00641 | 2 | .C0641 | 1 | .00092 |
| | | 1 | 1 | .01223 | 1 | .C1223 | | | | |
| | 10 | 0 | 5 | .03364 | 4 | .02443 | 2 | .CC19C | 1 | .00022 |
| | | 1 | 1 | .00368 | 1 | .0C368 | 1 | .C0368 | | |

Tafel XV-2-4-3 (Fortsetz.)

| A | a | $a_1$ | Signifikanz von $a_2$ | | | | | | | |
|---|---|---|---|---|---|---|---|---|---|---|
| | | | .05 | | .025 | | .01 | | .001 | |
| 18 | 11 | 0 | 5 | .02688 | 4 | .00935 | 4 | .00935 | 2 | .00052 |
|    |    | 1 | 2 | .01691 | 2 | .01691 | 1 | .00101 |   |        |
|    | 12 | 0 | 6 | .01341 | 6 | .01341 | 4 | .00563 | 3 | .00095 |
|    |    | 1 | 3 | .02466 | 3 | .02466 | 2 | .00563 | 1 | .00025 |
|    |    | 2 | 2 | .03362 |   |        |   |        |   |        |
|    | 13 | 0 | 6 | .00694 | 6 | .00694 | 6 | .00694 | 3 | .00025 |
|    |    | 1 | 4 | .02693 | 3 | .01080 | 2 | .00090 | 2 | .00090 |
|    |    | 2 | 2 | .01388 | 2 | .01388 |   |        |   |        |
|    | 14 | 0 | 7 | .00487 | 7 | .00487 | 7 | .00487 | 4 | .00047 |
|    |    | 1 | 5 | .03446 | 4 | .01076 | 3 | .00243 | 2 | .00022 |
|    |    | 2 | 3 | .02199 | 3 | .02199 | 2 | .00581 |   |        |
|    | 15 | 0 | 7 | .00255 | 7 | .00255 | 7 | .00255 | 5 | .00038 |
|    |    | 1 | 7 | .02966 | 6 | .02334 | 4 | .00422 | 3 | .00070 |
|    |    | 2 | 4 | .04544 | 3 | .00801 | 3 | .00801 | 2 | .00096 |
|    | 16 | 0 | 8 | .00168 | 8 | .00168 | 8 | .00168 | 7 | .00091 |
|    |    | 1 | 7 | .02231 | 7 | .02231 | 6 | .00935 | 3 | .00018 |
|    |    | 2 | 5 | .04458 | 4 | .01518 | 3 | .00281 | 2 | .00024 |
|    |    | 3 | 3 | .02645 |   |        |   |        |   |        |
|    | 17 | 0 | 8 | .00071 | 8 | .00071 | 8 | .00071 | 8 | .00071 |
|    |    | 1 | 8 | .01247 | 8 | .01247 | 6 | .00349 | 4 | .00026 |
|    |    | 2 | 5 | .01977 | 5 | .01977 | 4 | .00538 | 2 | .00005 |
|    |    | 3 | 4 | .03367 | 3 | .00673 | 3 | .00673 |   |        |
|    | 18 | 0 | 9 | .00038 | 9 | .00038 | 9 | .00038 | 9 | .00038 |
|    |    | 1 | 8 | .00606 | 8 | .00606 | 8 | .00606 | 5 | .00056 |
|    |    | 2 | 8 | .04498 | 6 | .02125 | 5 | .00864 | 3 | .00019 |
|    |    | 3 | 4 | .01356 | 4 | .01356 | 3 | .00214 |   |        |
|    | 19 | 0 | 9 | .00020 | 9 | .00020 | 9 | .00020 | 9 | .00020 |
|    |    | 1 | 9 | .00384 | 9 | .00384 | 9 | .00384 | 6 | .00063 |
|    |    | 2 | 8 | .03804 | 7 | .01527 | 6 | .00831 | 4 | .00033 |
|    |    | 3 | 5 | .02254 | 5 | .02254 | 4 | .00536 | 3 | .00043 |
|    |    | 4 | 4 | .02741 |   |        |   |        |   |        |
|    | 20 | 0 | 10 | .00011 | 10 | .00011 | 10 | .00011 | 10 | .00011 |
|    |    | 1 | 9 | .00217 | 9 | .00217 | 9 | .00217 | 7 | .00038 |
|    |    | 2 | 9 | .01894 | 9 | .01894 | 7 | .00847 | 5 | .00059 |
|    |    | 3 | 6 | .02794 | 5 | .00558 | 5 | .00558 | 4 | .00099 |
|    |    | 4 | 5 | .04351 | 4 | .01009 |   |        |   |        |
|    | 21 | 0 | 10 | .00005 | 10 | .00005 | 10 | .00005 | 10 | .00005 |
|    |    | 1 | 10 | .00121 | 10 | .00121 | 10 | .00121 | 8 | .00041 |
|    |    | 2 | 9 | .01286 | 9 | .01286 | 8 | .00587 | 6 | .00069 |
|    |    | 3 | 8 | .04602 | 6 | .00911 | 6 | .00911 | 4 | .00024 |
|    |    | 4 | 5 | .01847 | 5 | .01847 | 4 | .00237 |   |        |
|    | 22 | 0 | 11 | .00002 | 11 | .00002 | 11 | .00002 | 11 | .00002 |
|    |    | 1 | 10 | .00066 | 10 | .00066 | 10 | .00066 | 10 | .00066 |
|    |    | 2 | 10 | .00771 | 10 | .00771 | 10 | .00771 | 6 | .00017 |
|    |    | 3 | 9 | .04684 | 7 | .01142 | 6 | .00304 | 5 | .00046 |
|    |    | 4 | 6 | .01953 | 6 | .01953 | 5 | .00477 | 4 | .00077 |
|    |    | 5 | 5 | .03350 |   |        |   |        |   |        |
|    | 23 | 0 | 11 | .00001 | 11 | .00001 | 11 | .00001 | 11 | .00001 |
|    |    | 1 | 11 | .00035 | 11 | .00035 | 11 | .00035 | 11 | .00035 |
|    |    | 2 | 10 | .00330 | 10 | .00330 | 10 | .00330 | 8 | .00092 |
|    |    | 3 | 10 | .02391 | 10 | .02391 | 7 | .00453 | 6 | .00060 |
|    |    | 4 | 7 | .03390 | 6 | .00722 | 6 | .00722 | 4 | .00013 |
|    |    | 5 | 5 | .00896 | 5 | .00896 | 5 | .00896 |   |        |

Tafel XV-2-4-3 (Fortsetz.)

| A | a | $a_1$ | Signifikanz von $a_2$ | | | | | | | |
|---|---|---|---|---|---|---|---|---|---|---|
| | | | .05 | | .025 | | .01 | | .001 | |
| 18 | 24 | 1 | 11 | .00012 | 11 | .00012 | 11 | .00012 | 11 | .00012 |
| | | 2 | 11 | .00183 | 11 | .00183 | 11 | .00183 | 9 | .00062 |
| | | 3 | 10 | .01594 | 10 | .01594 | 9 | .00751 | 7 | .00096 |
| | | 4 | 8 | .03240 | 7 | .01108 | 6 | .00257 | 5 | .00035 |
| | | 5 | 6 | .02177 | 6 | .02177 | 5 | .00305 | | |
| | 25 | 1 | 12 | .00009 | 12 | .00009 | 12 | .00009 | 12 | .00009 |
| | | 2 | 11 | .00104 | 11 | .00104 | 11 | .00104 | 10 | .00061 |
| | | 3 | 11 | .00928 | 11 | .00928 | 11 | .00928 | 7 | .00016 |
| | | 4 | 9 | .03154 | 8 | .01337 | 7 | .00249 | 6 | .00041 |
| | | 5 | 7 | .02169 | 7 | .02169 | 6 | .00544 | 5 | .00072 |
| | | 6 | 6 | .03680 | | | | | | |
| | 26 | 1 | 12 | .00002 | 12 | .00002 | 12 | .00002 | 12 | .00002 |
| | | 2 | 12 | .00048 | 12 | .00048 | 12 | .00048 | 12 | .00048 |
| | | 3 | 11 | .00536 | 11 | .00536 | 11 | .00536 | 8 | .00026 |
| | | 4 | 11 | .02668 | 10 | .02173 | 8 | .00382 | 7 | .00073 |
| | | 5 | 8 | .03695 | 7 | .00803 | 7 | .00803 | 5 | .00010 |
| | | 6 | 6 | .00971 | 6 | .00971 | 6 | .00971 | | |
| | 27 | 1 | 13 | .00002 | 13 | .00002 | 13 | .00002 | 13 | .00002 |
| | | 2 | 12 | .00029 | 12 | .00029 | 12 | .00029 | 12 | .00029 |
| | | 3 | 12 | .00330 | 12 | .00330 | 12 | .00330 | 9 | .00039 |
| | | 4 | 11 | .02292 | 11 | .02292 | 9 | .00471 | 7 | .00014 |
| | | 5 | 9 | .03392 | 8 | .01178 | 7 | .00244 | 6 | .00029 |
| | | 6 | 7 | .02292 | 7 | .02292 | 6 | .00330 | | |
| 19 | 4 | 0 | 0 | .02944 | | — | | — | | — |
| | 5 | 0 | 0 | .00833 | 0 | .00833 | 0 | .00833 | | — |
| | 6 | 0 | 1 | .03877 | 0 | .00224 | 0 | .00224 | | — |
| | 7 | 0 | 1 | .01227 | 1 | .01227 | 0 | .00057 | 0 | .00057 |
| | 8 | 0 | 2 | .02046 | 2 | .02046 | 1 | .00361 | 0 | .00014 |
| | | 1 | 1 | .03924 | | | | | | — |
| | 9 | 0 | 3 | .03033 | 2 | .00674 | 2 | .00674 | 1 | .00099 |
| | | 1 | 1 | .01280 | 1 | .01280 | | | | |
| | 10 | 0 | 5 | .03473 | 3 | .01073 | 2 | .00205 | 1 | .00025 |
| | | 1 | 1 | .00394 | 1 | .00394 | 1 | .00394 | | |
| | 11 | 0 | 5 | .02809 | 4 | .00985 | 4 | .00985 | 2 | .00057 |
| | | 1 | 2 | .01783 | 2 | .01783 | 1 | .00111 | | |
| | 12 | 0 | 6 | .01417 | 6 | .01417 | 4 | .00353 | 2 | .00015 |
| | | 1 | 3 | .02558 | 2 | .00608 | 2 | .00608 | 1 | .00029 |
| | | 2 | 2 | .03535 | | | | | | |
| | 13 | 0 | 6 | .00740 | 6 | .00740 | 6 | .00740 | 3 | .00029 |
| | | 1 | 4 | .02852 | 3 | .01157 | 2 | .00102 | 1 | .00007 |
| | | 2 | 2 | .01488 | 2 | .01488 | | | | |
| | 14 | 0 | 7 | .00529 | 7 | .00529 | 7 | .00529 | 4 | .00054 |
| | | 1 | 5 | .03661 | 4 | .01165 | 3 | .00271 | 2 | .00026 |
| | | 2 | 3 | .02359 | 3 | .02359 | 2 | .00635 | | |
| | 15 | 0 | 7 | .00283 | 7 | .00283 | 7 | .00283 | 5 | .00043 |
| | | 1 | 7 | .03155 | 6 | .02499 | 4 | .00468 | 3 | .00081 |
| | | 2 | 4 | .04821 | 3 | .00884 | 3 | .00884 | | |
| | 16 | 0 | 8 | .00191 | 8 | .00191 | 8 | .00191 | 6 | .00056 |
| | | 1 | 7 | .02410 | 7 | .02410 | 5 | .00532 | 3 | .00022 |
| | | 2 | 5 | .04763 | 4 | .01660 | 3 | .00321 | 2 | .00030 |
| | | 3 | 3 | .02860 | | | | | | |
| | 17 | 0 | 8 | .00082 | 8 | .00082 | 8 | .00082 | 8 | .00082 |

Tafel XV-2-4-3 (Fortsetz.)

| A | a | $a_1$ | .05 | | .025 | | .01 | | .001 | |
|---|---|---|---|---|---|---|---|---|---|---|
| 19 | 17 | 1 | 8 | .01375 | 8 | .01375 | 6 | .00394 | 4 | .00032 |
|  |  | 2 | 5 | .02164 | 5 | .02164 | 4 | .00609 | 2 | .00007 |
|  |  | 3 | 4 | .03655 | 3 | .00762 | 3 | .00762 |  |  |
|  | 18 | 0 | 9 | .00046 | 9 | .00046 | 9 | .00046 | 9 | .00046 |
|  |  | 1 | 8 | .00680 | 8 | .00680 | 8 | .00680 | 5 | .00067 |
|  |  | 2 | 8 | .04832 | 6 | .02349 | 5 | .00971 | 3 | .00024 |
|  |  | 3 | 4 | .01520 | 4 | .01520 | 3 | .00253 |  |  |
|  | 19 | 0 | 9 | .00025 | 9 | .00025 | 9 | .00025 | 9 | .00025 |
|  |  | 1 | 9 | .00442 | 9 | .00442 | 9 | .00442 | 6 | .00078 |
|  |  | 2 | 8 | .04162 | 7 | .01701 | 6 | .00951 | 4 | .00042 |
|  |  | 3 | 5 | .02503 | 4 | .00621 | 4 | .00621 | 3 | .00054 |
|  |  | 4 | 4 | .03038 |  |  |  |  |  |  |
|  | 20 | 0 | 10 | .00014 | 10 | .00014 | 10 | .00014 | 10 | .00014 |
|  |  | 1 | 9 | .00259 | 9 | .00259 | 9 | .00259 | 7 | .00047 |
|  |  | 2 | 9 | .02120 | 9 | .02120 | 7 | .00979 | 5 | .00074 |
|  |  | 3 | 6 | .03106 | 5 | .00656 | 5 | .00656 | 3 | .00017 |
|  |  | 4 | 5 | .04794 | 4 | .01167 |  |  |  |  |
|  | 21 | 0 | 10 | .00007 | 10 | .00007 | 10 | .00007 | 10 | .00007 |
|  |  | 1 | 10 | .00149 | 10 | .00149 | 10 | .00149 | 8 | .00054 |
|  |  | 2 | 9 | .01473 | 9 | .01473 | 8 | .00690 | 6 | .00089 |
|  |  | 3 | 7 | .03150 | 6 | .01062 | 5 | .00235 | 4 | .00033 |
|  |  | 4 | 5 | .02112 | 5 | .02112 | 4 | .00293 |  |  |
|  | 22 | 0 | 11 | .00002 | 11 | .00002 | 11 | .00002 | 11 | .00002 |
|  |  | 1 | 10 | .00085 | 10 | .00085 | 10 | .00085 | 10 | .00085 |
|  |  | 2 | 10 | .00916 | 10 | .00916 | 10 | .00916 | 6 | .00024 |
|  |  | 3 | 8 | .03202 | 7 | .01339 | 6 | .00375 | 5 | .00062 |
|  |  | 4 | 6 | .02250 | 6 | .02250 | 5 | .00790 | 4 | .00100 |
|  |  | 5 | 5 | .03787 |  |  |  |  |  |  |
|  | 23 | 0 | 11 | .00002 | 11 | .00002 | 11 | .00002 | 11 | .00002 |
|  |  | 1 | 11 | .00047 | 11 | .00047 | 11 | .00047 | 11 | .00047 |
|  |  | 2 | 10 | .00405 | 10 | .00405 | 10 | .00405 | 7 | .00041 |
|  |  | 3 | 10 | .02733 | 9 | .02266 | 7 | .00555 | 6 | .00082 |
|  |  | 4 | 7 | .03845 | 6 | .00877 | 6 | .00877 | 4 | .00020 |
|  |  | 5 | 5 | .01085 | 5 | .01085 |  |  |  |  |
|  | 24 | 0 | 12 | .00001 | 12 | .00001 | 12 | .00001 | 12 | .00001 |
|  |  | 1 | 11 | .00017 | 11 | .00017 | 11 | .00017 | 11 | .00017 |
|  |  | 2 | 11 | .00233 | 11 | .00233 | 11 | .00233 | 9 | .00085 |
|  |  | 3 | 10 | .01873 | 10 | .01873 | 9 | .00911 | 6 | .00025 |
|  |  | 4 | 8 | .03734 | 7 | .01334 | 6 | .00330 | 5 | .00051 |
|  |  | 5 | 6 | .02556 | 5 | .00393 | 5 | .00393 |  |  |
|  | 25 | 1 | 12 | .00011 | 12 | .00011 | 12 | .00011 | 12 | .00011 |
|  |  | 2 | 11 | .00142 | 11 | .00142 | 11 | .00142 | 10 | .00087 |
|  |  | 3 | 11 | .01139 | 11 | .01139 | 10 | .00972 | 7 | .00036 |
|  |  | 4 | 9 | .03670 | 8 | .01619 | 7 | .00331 | 6 | .00061 |
|  |  | 5 | 7 | .02580 | 6 | .00699 | 6 | .00699 |  |  |
|  |  | 6 | 6 | .04273 |  |  |  |  |  |  |
|  | 26 | 1 | 12 | .00004 | 12 | .00004 | 12 | .00004 | 12 | .00004 |
|  |  | 2 | 12 | .00068 | 12 | .00068 | 12 | .00068 | 12 | .00068 |
|  |  | 3 | 11 | .00684 | 11 | .00684 | 11 | .00684 | 8 | .00040 |
|  |  | 4 | 11 | .03135 | 9 | .01706 | 8 | .00503 | 6 | .00014 |
|  |  | 5 | 8 | .04306 | 7 | .01019 | 6 | .00217 | 5 | .00017 |
|  |  | 6 | 6 | .01229 | 6 | .01229 |  |  |  |  |
|  | 27 | 1 | 13 | .00002 | 13 | .00002 | 13 | .00002 | 13 | .00002 |

Tafel XV-2-4-3 (Fortsetz.)

| A | a | $a_1$ | Signifikanz von $a_2$ ||||||||
|---|---|---|---|---|---|---|---|---|---|---|
| | | | .05 | | .025 | | .01 | | .001 | |
| 19 | 27 | 2 | 12 | .00034 | 12 | .00034 | 12 | .00034 | 12 | .00034 |
| | | 3 | 12 | .00389 | 12 | .00389 | 12 | .00389 | 9 | .00062 |
| | | 4 | 11 | .02112 | 11 | .02112 | 9 | .00628 | 7 | .00024 |
| | | 5 | 9 | .04038 | 8 | .01481 | 7 | .00337 | 6 | .00047 |
| | | 6 | 7 | .02792 | 6 | .00450 | 6 | .00450 | | |
| | 28 | 1 | 13 | .00001 | 13 | .00001 | 13 | .00001 | 13 | .00001 |
| | | 2 | 13 | .00017 | 13 | .00017 | 13 | .00017 | 13 | .00017 |
| | | 3 | 12 | .00166 | 12 | .00166 | 12 | .00166 | 10 | .00042 |
| | | 4 | 12 | .01249 | 12 | .01249 | 10 | .00524 | 8 | .00029 |
| | | 5 | 10 | .03862 | 9 | .01747 | 8 | .00358 | 7 | .00065 |
| | | 6 | 8 | .02699 | 7 | .00735 | 7 | .00735 | 6 | .00079 |
| | | 7 | 7 | .04451 | | | | | | |
| 20 | 4 | 0 | 0 | .02981 | | — | | — | | — |
| | 5 | 0 | 0 | .00852 | 0 | .00852 | 0 | .00852 | | — |
| | 6 | 0 | 1 | .03948 | 0 | .00232 | 0 | .00232 | | — |
| | 7 | 0 | 1 | .01265 | 1 | .01265 | 0 | .00060 | 0 | .00060 |
| | 8 | 0 | 2 | .02105 | 2 | .02105 | 1 | .00378 | 0 | .00015 |
| | | 1 | 1 | .03923 | | | | | | |
| | 9 | 0 | 3 | .03126 | 2 | .00703 | 2 | .00703 | 0 | .00003 |
| | | 1 | 1 | .01333 | 1 | .01333 | | | | |
| | 10 | 0 | 5 | .03573 | 3 | .01122 | 2 | .00218 | 1 | .00027 |
| | | 1 | 1 | .00418 | 1 | .00418 | 1 | .00418 | | |
| | 11 | 0 | 5 | .02921 | 4 | .01030 | 3 | .00373 | 2 | .00062 |
| | | 1 | 2 | .01868 | 2 | .01868 | 1 | .00121 | | |
| | 12 | 0 | 6 | .01487 | 6 | .01487 | 4 | .00376 | 2 | .00017 |
| | | 1 | 3 | .02719 | 2 | .00650 | 2 | .00650 | 1 | .00032 |
| | | 2 | 2 | .03694 | | | | | | |
| | 13 | 0 | 6 | .00784 | 6 | .00784 | 6 | .00784 | 3 | .00032 |
| | | 1 | 4 | .02998 | 3 | .01229 | 2 | .00114 | 1 | .00009 |
| | | 2 | 2 | .01581 | 2 | .01581 | | | | |
| | 14 | 0 | 7 | .00570 | 7 | .00570 | 7 | .00570 | 4 | .00061 |
| | | 1 | 5 | .03858 | 4 | .01248 | 3 | .00297 | 2 | .00030 |
| | | 2 | 3 | .02507 | 2 | .00685 | 2 | .00685 | | |
| | 15 | 0 | 7 | .00310 | 7 | .00310 | 7 | .00310 | 5 | .00049 |
| | | 1 | 7 | .03330 | 5 | .01551 | 4 | .00512 | 3 | .00092 |
| | | 2 | 3 | .00963 | 3 | .00963 | 3 | .00963 | | |
| | 16 | 0 | 8 | .00148 | 8 | .00148 | 8 | .00148 | 6 | .00064 |
| | | 1 | 7 | .02576 | 6 | .01111 | 5 | .00589 | 3 | .00026 |
| | | 2 | 4 | .01793 | 4 | .01793 | 3 | .00359 | 2 | .00035 |
| | | 3 | 3 | .03058 | | | | | | |
| | 17 | 0 | 8 | .00093 | 8 | .00093 | 8 | .00093 | 8 | .00093 |
| | | 1 | 8 | .01496 | 8 | .01496 | 6 | .00438 | 4 | .00038 |
| | | 2 | 5 | .02339 | 5 | .02339 | 4 | .00677 | 2 | .00009 |
| | | 3 | 4 | .03920 | 3 | .00846 | 3 | .00846 | | |
| | 18 | 0 | 9 | .00054 | 9 | .00054 | 9 | .00054 | 9 | .00054 |
| | | 1 | 8 | .00752 | 8 | .00752 | 8 | .00752 | 5 | .00079 |
| | | 2 | 7 | .04162 | 5 | .01073 | 4 | .00154 | 3 | .00029 |
| | | 3 | 4 | .01675 | 4 | .01675 | 3 | .00292 | | |
| | 19 | 0 | 9 | .00030 | 9 | .00030 | 9 | .00030 | 9 | .00030 |
| | | 1 | 9 | .00499 | 9 | .00499 | 9 | .00499 | 6 | .00080 |
| | | 2 | 8 | .04494 | 7 | .01865 | 5 | .00280 | 4 | .00051 |
| | | 3 | 5 | .02736 | 4 | .00703 | 4 | .00703 | 3 | .00094 |

Tafel XV-2-4-3 (Fortsetz.) 389

| A | a | $a_1$ | \.05 | | \.025 | | \.01 | | \.001 | |
|---|---|---|---|---|---|---|---|---|---|---|
| | | | | | | Signifikanz von $a_2$ | | | | |
| 20 | 19 | 4 | 4 | .03314 | | | | | | |
| | 20 | 0 | 10 | .00012 | 10 | .00012 | 10 | .00012 | 10 | .00012 |
| | | 1 | 9 | .00301 | 9 | .00301 | 9 | .00301 | 7 | .00058 |
| | | 2 | 9 | .02335 | 9 | .02335 | 6 | .00434 | 5 | .00090 |
| | | 3 | 6 | .03397 | 5 | .00752 | 5 | .00752 | 3 | .00021 |
| | | 4 | 4 | .01318 | 4 | .01318 | | | | |
| | 21 | 0 | 10 | .00010 | 10 | .00010 | 10 | .00010 | 10 | .00010 |
| | | 1 | 10 | .00178 | 10 | .00178 | 10 | .00178 | 8 | .00067 |
| | | 2 | 9 | .01652 | 9 | .01652 | 8 | .00791 | 5 | .00018 |
| | | 3 | 7 | .03479 | 6 | .01209 | 5 | .00281 | 4 | .00043 |
| | | 4 | 5 | .02363 | 5 | .02363 | 4 | .00349 | | |
| | 22 | 0 | 11 | .00003 | 11 | .00003 | 11 | .00003 | 11 | .00003 |
| | | 1 | 10 | .00076 | 10 | .00076 | 10 | .00076 | 10 | .00076 |
| | | 2 | 10 | .01057 | 10 | .01057 | 9 | .00673 | 6 | .00032 |
| | | 3 | 8 | .03554 | 7 | .01529 | 6 | .00446 | 4 | .00011 |
| | | 4 | 6 | .02532 | 5 | .00920 | 5 | .00920 | | |
| | | 5 | 5 | .04196 | | | | | | |
| | 23 | 0 | 11 | .00002 | 11 | .00002 | 11 | .00002 | 11 | .00002 |
| | | 1 | 11 | .00046 | 11 | .00046 | 11 | .00046 | 11 | .00046 |
| | | 2 | 10 | .00481 | 10 | .00481 | 10 | .00481 | 7 | .00061 |
| | | 3 | 10 | .03058 | 8 | .01495 | 7 | .00657 | 5 | .00022 |
| | | 4 | 7 | .04272 | 6 | .01031 | 5 | .00227 | 4 | .00027 |
| | | 5 | 5 | .01734 | 5 | .01734 | | | | |
| | 24 | 0 | 12 | .00001 | 12 | .00001 | 12 | .00001 | 12 | .00001 |
| | | 1 | 11 | .00022 | 11 | .00022 | 11 | .00022 | 11 | .00022 |
| | | 2 | 11 | .00285 | 11 | .00285 | 11 | .00285 | 8 | .00049 |
| | | 3 | 10 | .02143 | 10 | .02143 | 8 | .00669 | 6 | .00034 |
| | | 4 | 8 | .04198 | 7 | .01555 | 6 | .00406 | 5 | .00068 |
| | | 5 | 6 | .02919 | 5 | .00483 | 5 | .00483 | | |
| | 25 | 1 | 12 | .00011 | 12 | .00011 | 12 | .00011 | 12 | .00011 |
| | | 2 | 11 | .00183 | 11 | .00183 | 11 | .00183 | 10 | .00081 |
| | | 3 | 11 | .01349 | 11 | .01349 | 9 | .00587 | 7 | .00050 |
| | | 4 | 9 | .04157 | 8 | .01896 | 7 | .00416 | 5 | .00016 |
| | | 5 | 7 | .02972 | 6 | .00856 | 6 | .00856 | | |
| | | 6 | 6 | .04830 | | | | | | |
| | 26 | 1 | 12 | .00006 | 12 | .00006 | 12 | .00006 | 12 | .00006 |
| | | 2 | 12 | .00092 | 12 | .00092 | 12 | .00092 | 12 | .00092 |
| | | 3 | 11 | .00836 | 11 | .00836 | 11 | .00836 | 8 | .00057 |
| | | 4 | 11 | .03582 | 9 | .02027 | 8 | .00629 | 6 | .00022 |
| | | 5 | 8 | .04882 | 7 | .01236 | 6 | .00285 | 5 | .00027 |
| | | 6 | 6 | .01486 | 6 | .01486 | | | | |
| | 27 | 1 | 13 | .00003 | 13 | .00003 | 13 | .00003 | 13 | .00003 |
| | | 2 | 12 | .00048 | 12 | .00048 | 12 | .00048 | 12 | .00048 |
| | | 3 | 12 | .00371 | 12 | .00371 | 12 | .00371 | 9 | .00088 |
| | | 4 | 11 | .02481 | 11 | .02481 | 9 | .00793 | 7 | .00035 |
| | | 5 | 9 | .04651 | 8 | .01782 | 7 | .00498 | 6 | .00068 |
| | | 6 | 7 | .03275 | 6 | .00578 | 6 | .00578 | | |
| | 28 | 1 | 13 | .00001 | 13 | .00001 | 13 | .00001 | 13 | .00001 |
| | | 2 | 13 | .00027 | 13 | .00027 | 13 | .00027 | 13 | .00027 |
| | | 3 | 12 | .00225 | 12 | .00225 | 12 | .00225 | 10 | .00063 |
| | | 4 | 12 | .01530 | 12 | .01530 | 10 | .00674 | 8 | .00044 |
| | | 5 | 10 | .04494 | 9 | .02114 | 8 | .00473 | 7 | .00096 |
| | | 6 | 8 | .03209 | 7 | .00943 | 7 | .00943 | | |

Tafel XV-2-4-3 (Fortsetz.)

| A | a | $a_1$ | Signifikanz von $a_2$ | | | | | | | |
|---|---|---|---|---|---|---|---|---|---|---|
| | | | .05 | | .025 | | .01 | | .001 | |
| 20 | 29 | 1 | 14 | .00001 | 14 | .00001 | 14 | .00001 | 14 | .00001 |
| | | 2 | 13 | .00009 | 13 | .00009 | 13 | .00009 | 13 | .00009 |
| | | 3 | 13 | .00113 | 13 | .00113 | 13 | .00113 | 12 | .00095 |
| | | 4 | 12 | .00936 | 12 | .00936 | 12 | .00936 | 9 | .00065 |
| | | 5 | 12 | .03863 | 10 | .02159 | 9 | .00688 | 7 | .00025 |
| | | 6 | 8 | .01333 | 8 | .01333 | 7 | .00311 | 6 | .00029 |
| | | 7 | 7 | .01577 | 7 | .01577 | | | | |
| | 30 | 2 | 14 | .00007 | 14 | .00007 | 14 | .00007 | 14 | .00007 |
| | | 3 | 13 | .00074 | 13 | .00074 | 13 | .00074 | 13 | .00074 |
| | | 4 | 13 | .00611 | 13 | .00611 | 13 | .00611 | 10 | .00096 |
| | | 5 | 12 | .03397 | 11 | .01861 | 10 | .00837 | 8 | .00039 |
| | | 6 | 10 | .04805 | 9 | .01861 | 8 | .00464 | 7 | .00074 |
| | | 7 | 8 | .03397 | 7 | .00611 | 7 | .00611 | | |

## Tafel XV-2-4-4

### Die FREEMAN-HALTON-KRÜGER-Tafeln

Entnommen aus KRÜGER, H. P.: Tafeln für einen exakten 3 x 3-Felder-Kontingenztest. EDV in Biologie und Medizin 1976 (im Druck) mit freundlicher Genehmigung des Autors und des Herausgebers zum Vorabdruck.

Die Tafeln enthalten die Schranken der als Prüfgröße fungierenden Summe S der Logarithmen der Fakultäten der 9 Felderfrequenzen einer 3 x 3-Feldertafel, wobei log 0! = log 1! = 0. Überschreitet oder erreicht ein beobachtetes S die Schranke $S_\alpha$, besteht eine auf der $\alpha$-Stufe signifikante Kontingenz zwischen den 3-klassigen Zeilen- und Spalten-Merkmalen. Die Tafel enthält die $S_\alpha$ für $\alpha$ = 0,20; 0,10; 0,05; 0,01 und 0,001, und für N = 6(1)20. Die 4 Parameter $N_1$, $N_2$, $N_3$ und $N_4$ sind wie folgt definiert: $N_1$ ist die größte aller 6 Randsummen, $N_2$ die zweithöchste Zeilensumme, wenn $N_1$ eine Zeilensumme war, und $N_2$ ist die zweithöchste Spaltensumme, wenn $N_1$ eine Spaltensumme war. $N_3$ ist die größte Spaltensumme, wenn $N_1$ die größte Zeilensumme, bzw. $N_3$ die größte Zeilensumme, wenn $N_1$ die größte Spaltensumme war. $N_4$ ist zweithöchste zu $N_3$ gehörige Spalten- oder Zeilensumme.

*Ablesebeispiel:* Es liege folgende 3 x 3-Feldertafel mit N = 15 vor:

|  | Merkmal A | | | Zeilen summen |
|---|---|---|---|---|
| Stufe | 1 | 2 | 3 | |
| Merkmal B 1 | 2 | 2 | 0 | 4 |
| Merkmal B 2 | 1 | 1 | 2 | 4 = N4 |
| Merkmal B 3 | 0 | 1 | 6 | 7 = N3 |
| Spalten summen | 3 | 4 = N2 | 8 = N1 | N = 15 |

Es ergibt sich ein S = log2! + log 2! + log 0! + log1! + log1! + log2! + log0! + log1! + log6! = 0,30103 + 0,30103 + 0,30103 + 2,85733 = 3,76042. In der Tafel unter N = 15 und N1 = 8, N2 = 4, N3 = 7 und N4 = 4 lesen wir die 5 %-Schranke von 3,76042 ab, die unser berechnetes S gerade erreicht, sodaß die Nullhypothese der Unabhängigkeit von Zeilen- und Spaltenmerkmal zugunsten der Alternative einer bestehenden Kontingenz zu verwerfen ist.

*Bemerkung:* Die Logarithmen der Fakultäten sind in Tafel XV-2 verzeichnet.

Tafel XV-2-4-4 (Fortsetz.)

N= 6

| N1 | N2 | N3 | N4 | 20% | 10% | 5% | 1% | 0.1% |
|---|---|---|---|---|---|---|---|---|
| 4 | 1 | 4 | 1 | --- | 1.38021 | --- | --- | --- |
| 4 | 1 | 3 | 2 | 0.77815 | --- | --- | --- | --- |
| 4 | 1 | 2 | 2 | 0.60205 | --- | --- | --- | --- |
| 3 | 2 | 3 | 2 | 0.60205 | --- | 0.77815 | --- | --- |
| 3 | 2 | 2 | 2 | 0.60205 | --- | --- | --- | --- |
| 2 | 2 | 2 | 2 | --- | 0.90308 | --- | --- | --- |

N= 7

| N1 | N2 | N3 | N4 | 20% | 10% | 5% | 1% | 0.1% |
|---|---|---|---|---|---|---|---|---|
| 5 | 1 | 5 | 1 | --- | --- | 2.07918 | --- | --- |
| 5 | 1 | 4 | 2 | 1.38021 | --- | --- | --- | --- |
| 5 | 1 | 3 | 3 | --- | --- | --- | --- | --- |
| 5 | 1 | 3 | 2 | --- | 1.07918 | --- | --- | --- |
| 4 | 2 | 4 | 2 | 0.90308 | 1.07918 | 1.38021 | 1.68124 | --- |
| 4 | 2 | 3 | 3 | 1.07918 | --- | --- | --- | --- |
| 4 | 2 | 3 | 2 | 0.77815 | --- | 1.07918 | --- | --- |
| 3 | 3 | 3 | 3 | --- | 1.07918 | 1.55630 | --- | --- |
| 3 | 3 | 3 | 2 | --- | 1.07918 | --- | --- | --- |
| 3 | 2 | 3 | 3 | --- | 1.07918 | --- | --- | --- |
| 3 | 2 | 3 | 2 | --- | 0.77815 | --- | 1.38021 | --- |

N= 8

| N1 | N2 | N3 | N4 | 20% | 10% | 5% | 1% | 0.1% |
|---|---|---|---|---|---|---|---|---|
| 6 | 1 | 6 | 1 | --- | --- | 2.85733 | --- | --- |
| 6 | 1 | 5 | 2 | 2.07918 | --- | --- | --- | --- |
| 6 | 1 | 4 | 3 | 1.68124 | --- | --- | --- | --- |
| 6 | 1 | 4 | 2 | --- | 1.68124 | --- | --- | --- |
| 6 | 1 | 3 | 3 | --- | --- | 1.55630 | --- | --- |
| 5 | 2 | 5 | 2 | --- | --- | 1.68124 | 2.38021 | --- |
| 5 | 2 | 4 | 3 | 1.38021 | --- | 1.68124 | --- | --- |
| 5 | 2 | 4 | 2 | 1.38021 | --- | 1.68124 | --- | --- |
| 5 | 2 | 3 | 3 | --- | 1.38021 | --- | --- | --- |
| 4 | 3 | 4 | 3 | --- | 1.55630 | 1.68124 | 2.15836 | --- |
| 4 | 3 | 4 | 2 | 1.07918 | --- | 1.38021 | --- | --- |
| 4 | 3 | 3 | 3 | 1.07918 | --- | 1.38021 | --- | --- |
| 4 | 2 | 4 | 3 | 1.07918 | --- | 1.38021 | --- | --- |
| 4 | 2 | 4 | 2 | 1.07918 | 1.20411 | 1.38021 | 1.98227 | --- |
| 4 | 2 | 3 | 3 | --- | 1.07918 | 1.38021 | --- | --- |
| 3 | 3 | 3 | 3 | 0.90308 | 1.07918 | 1.38021 | 1.85733 | --- |

Tafel XV-2-4-4 (Fortsetz.)

N= 9

| N1 | N2 | N3 | N4 | 20% | 10% | 5% | 1% | 0.1% |
|---|---|---|---|---|---|---|---|---|
| 7 | 1 | 7 | 1 | --- | --- | 3.70243 | --- | --- |
| 7 | 1 | 6 | 2 | --- | 2.85733 | --- | --- | --- |
| 7 | 1 | 5 | 3 | --- | 2.38021 | --- | --- | --- |
| 7 | 1 | 5 | 2 | 2.07918 | 2.38021 | --- | --- | --- |
| 7 | 1 | 4 | 4 | --- | --- | --- | --- | --- |
| 7 | 1 | 4 | 3 | --- | --- | 2.15836 | --- | --- |
| 7 | 1 | 3 | 3 | --- | --- | --- | --- | --- |
| 6 | 2 | 6 | 2 | --- | --- | 2.38021 | 2.85733 | --- |
| 6 | 2 | 5 | 3 | --- | 1.85733 | 2.07918 | --- | --- |
| 6 | 2 | 5 | 2 | 1.68124 | 1.98227 | 2.07918 | --- | --- |
| 6 | 2 | 4 | 4 | --- | --- | 1.98227 | --- | --- |
| 6 | 2 | 4 | 3 | 1.55630 | 1.68124 | 1.85733 | --- | --- |
| 6 | 2 | 3 | 3 | --- | --- | 1.85733 | --- | --- |
| 5 | 3 | 5 | 3 | 1.55630 | --- | 1.85733 | 2.38021 | --- |
| 5 | 3 | 5 | 2 | --- | 1.68124 | --- | 2.38021 | --- |
| 5 | 3 | 4 | 4 | 1.55630 | 1.68124 | 2.15836 | --- | --- |
| 5 | 3 | 4 | 3 | --- | 1.55630 | 1.85733 | 2.15836 | --- |
| 5 | 3 | 3 | 3 | 1.38021 | --- | 1.85733 | --- | --- |
| 5 | 2 | 5 | 3 | --- | 1.68124 | --- | 2.38021 | --- |
| 5 | 2 | 5 | 2 | 1.68124 | --- | --- | 2.07918 | --- |
| 5 | 2 | 4 | 4 | --- | 1.68124 | 1.98227 | --- | --- |
| 5 | 2 | 4 | 3 | 1.20411 | --- | 1.68124 | 1.98227 | --- |
| 5 | 2 | 3 | 3 | --- | --- | --- | --- | --- |
| 4 | 4 | 4 | 4 | 1.55630 | --- | 2.15836 | 2.76042 | --- |
| 4 | 4 | 4 | 3 | 1.20411 | 1.55630 | 1.98227 | 2.15836 | --- |
| 4 | 4 | 3 | 3 | --- | 1.55630 | --- | --- | --- |
| 4 | 3 | 4 | 4 | 1.20411 | 1.55630 | 1.98227 | 2.15836 | --- |
| 4 | 3 | 4 | 3 | 1.20411 | 1.38021 | 1.55630 | 1.85733 | 2.45939 |
| 4 | 3 | 3 | 3 | 1.07918 | 1.38021 | 1.85733 | --- | --- |
| 3 | 3 | 3 | 3 | --- | 1.38021 | --- | 2.33445 | --- |

N= 10

| N1 | N2 | N3 | N4 | 20% | 10% | 5% | 1% | 0.1% |
|---|---|---|---|---|---|---|---|---|
| 8 | 1 | 8 | 1 | --- | --- | 4.60552 | --- | --- |
| 8 | 1 | 7 | 2 | --- | 3.70243 | --- | --- | --- |
| 8 | 1 | 6 | 3 | --- | 3.15836 | --- | --- | --- |
| 8 | 1 | 6 | 2 | 2.85733 | --- | 3.15836 | --- | --- |
| 8 | 1 | 5 | 4 | 2.76042 | 2.85733 | --- | --- | --- |
| 8 | 1 | 5 | 3 | --- | --- | 2.85733 | --- | --- |
| 8 | 1 | 4 | 4 | --- | --- | 2.76042 | --- | --- |
| 8 | 1 | 4 | 3 | 2.15836 | --- | --- | --- | --- |
| 7 | 2 | 7 | 2 | 2.85733 | --- | 3.15836 | 3.70243 | --- |
| 7 | 2 | 6 | 3 | --- | 2.45939 | 2.85733 | --- | --- |
| 7 | 2 | 6 | 2 | 2.38021 | 2.68124 | 2.85733 | 3.15836 | --- |
| 7 | 2 | 5 | 4 | 2.38021 | --- | 2.45939 | --- | --- |
| 7 | 2 | 5 | 3 | 1.98227 | 2.15836 | 2.45939 | --- | --- |
| 7 | 2 | 4 | 4 | 1.98227 | 2.15836 | 2.45939 | --- | --- |
| 7 | 2 | 4 | 3 | 1.85733 | 1.98227 | 2.45939 | --- | --- |
| 6 | 3 | 6 | 3 | 2.07918 | 2.33445 | --- | 2.85733 | 3.63548 |
| 6 | 3 | 6 | 2 | 2.07918 | 2.38021 | --- | 3.15836 | --- |
| 6 | 3 | 5 | 4 | 1.98227 | 2.15836 | 2.38021 | 2.85733 | --- |
| 6 | 3 | 5 | 3 | 1.85733 | 1.98227 | 2.38021 | 2.45939 | --- |
| 6 | 3 | 4 | 4 | 1.85733 | 1.98227 | 2.15836 | 2.45939 | --- |

Tafel XV-2-4-4 (Fortsetz.)

| | | | | 20% | 10% | 5% | 1% | 0.1% |
|---|---|---|---|---|---|---|---|---|
| 6 | 3 | 4 | 3 | 1.68124 | 1.85733 | 1.98227 | 2.45939 | ---- |
| 6 | 2 | 6 | 3 | 2.07918 | 2.38021 | ---- | 3.15836 | ---- |
| 6 | 2 | 6 | 2 | 2.07918 | 2.28330 | 2.38021 | 2.85733 | ---- |
| 6 | 2 | 5 | 4 | 1.98227 | ---- | 2.38021 | 2.68124 | ---- |
| 6 | 2 | 5 | 3 | ---- | 1.98227 | 2.07918 | 2.68124 | ---- |
| 6 | 2 | 4 | 4 | 1.68124 | ---- | 1.85733 | ---- | ---- |
| 6 | 2 | 4 | 3 | 1.68124 | 1.85733 | 1.98227 | 2.15836 | ---- |
| 5 | 4 | 5 | 4 | 1.85733 | 2.15836 | 2.76042 | 2.85733 | 3.45939 |
| 5 | 4 | 5 | 3 | ---- | 1.85733 | 2.15836 | 2.45939 | ---- |
| 5 | 4 | 4 | 4 | 1.68124 | 1.85733 | 1.98227 | 2.45939 | ---- |
| 5 | 4 | 4 | 3 | 1.55630 | ---- | 1.98227 | 2.45939 | ---- |
| 5 | 3 | 5 | 4 | ---- | 1.85733 | 2.15836 | 2.45939 | ---- |
| 5 | 3 | 5 | 3 | 1.55630 | ---- | 1.98227 | 2.38021 | 3.15836 |
| 5 | 3 | 4 | 4 | 1.55630 | ---- | 1.85733 | 2.15836 | ---- |
| 5 | 3 | 4 | 3 | ---- | 1.68124 | 1.85733 | 2.15836 | ---- |
| 4 | 4 | 4 | 4 | 1.50514 | 1.55630 | 1.85733 | 2.28330 | 3.06145 |

N= 11

| N1 | N2 | N3 | N4 | 20% | 10% | 5% | 1% | 0.1% |
|---|---|---|---|---|---|---|---|---|
| 9 | 1 | 9 | 1 | ---- | ---- | 5.55976 | ---- | ---- |
| 9 | 1 | 8 | 2 | 4.00346 | 4.60552 | ---- | ---- | ---- |
| 9 | 1 | 7 | 3 | 3.70243 | 4.00346 | ---- | ---- | ---- |
| 9 | 1 | 7 | 2 | 3.70243 | ---- | 4.00346 | ---- | ---- |
| 9 | 1 | 6 | 4 | 3.45939 | 3.63548 | ---- | ---- | ---- |
| 9 | 1 | 6 | 3 | 3.15836 | ---- | 3.63548 | ---- | ---- |
| 9 | 1 | 5 | 5 | 3.45939 | ---- | ---- | ---- | ---- |
| 9 | 1 | 5 | 4 | 2.85733 | ---- | 3.45939 | ---- | ---- |
| 9 | 1 | 5 | 3 | 2.85733 | ---- | ---- | ---- | ---- |
| 9 | 1 | 4 | 4 | ---- | 2.76042 | ---- | ---- | ---- |
| 8 | 2 | 8 | 2 | 3.70243 | ---- | 4.00346 | 4.60552 | ---- |
| 8 | 2 | 7 | 3 | ---- | ---- | 3.70243 | 4.00346 | ---- |
| 8 | 2 | 7 | 2 | 3.15836 | ---- | 3.45939 | 4.00346 | ---- |
| 8 | 2 | 6 | 4 | ---- | 3.06145 | ---- | 3.45939 | ---- |
| 8 | 2 | 6 | 3 | 2.45939 | 2.85733 | 3.15836 | 3.45939 | ---- |
| 8 | 2 | 5 | 5 | 2.85733 | ---- | 3.15836 | ---- | ---- |
| 8 | 2 | 5 | 4 | 2.38021 | 2.68124 | 2.85733 | 3.15836 | ---- |
| 8 | 2 | 5 | 3 | 2.38021 | ---- | 2.68124 | 3.15836 | ---- |
| 8 | 2 | 4 | 4 | 2.28330 | 2.45939 | ---- | 3.06145 | ---- |
| 7 | 3 | 7 | 3 | 2.85733 | 2.93651 | ---- | 3.63548 | 4.48058 |
| 7 | 3 | 7 | 2 | ---- | 2.85733 | 3.15836 | 4.00346 | ---- |
| 7 | 3 | 6 | 4 | ---- | 2.68124 | 2.85733 | 3.63548 | ---- |
| 7 | 3 | 6 | 3 | 2.38021 | 2.68124 | 3.15836 | 3.63548 | ---- |
| 7 | 3 | 5 | 5 | ---- | 2.68124 | 2.85733 | ---- | ---- |
| 7 | 3 | 5 | 4 | 2.38021 | ---- | 2.68124 | 2.85733 | ---- |
| 7 | 3 | 5 | 3 | 2.15836 | 2.33445 | 2.45939 | 2.93651 | ---- |
| 7 | 3 | 4 | 4 | ---- | 2.33445 | 2.45939 | 2.93651 | ---- |
| 7 | 2 | 7 | 3 | ---- | 2.85733 | 3.15836 | 4.00346 | ---- |
| 7 | 2 | 7 | 2 | 2.85733 | 2.98227 | 3.15836 | 3.70243 | 4.30449 |
| 7 | 2 | 6 | 4 | 2.45939 | ---- | 2.68124 | 3.45939 | ---- |
| 7 | 2 | 6 | 3 | 2.28330 | 2.68124 | 2.76042 | 3.15836 | ---- |
| 7 | 2 | 5 | 5 | 2.45939 | 2.68124 | ---- | ---- | ---- |
| 7 | 2 | 5 | 4 | 2.15836 | 2.28330 | 2.45939 | 2.98227 | ---- |
| 7 | 2 | 5 | 3 | 2.07918 | 2.45939 | 2.68124 | ---- | ---- |
| 7 | 2 | 4 | 4 | 1.98227 | 2.28330 | 2.45939 | 2.76042 | ---- |
| 6 | 4 | 6 | 4 | 2.38021 | 2.76042 | 2.85733 | 3.06145 | 4.23754 |
| 6 | 4 | 6 | 3 | 2.28330 | 2.45939 | 2.68124 | 2.85733 | 3.63548 |
| 6 | 4 | 5 | 5 | 2.45939 | ---- | 2.76042 | 3.45939 | ---- |

Tafel XV-2-4-4 (Fortsetz.) 395

| | | | | | | | | |
|---|---|---|---|---|---|---|---|---|
| 6 | 4 | 5 | 4 | 1.98227 | 2.28330 | 2.45939 | 2.85733 | 3.45939 |
| 6 | 4 | 5 | 3 | 1.98227 | 2.15836 | 2.68124 | 2.85733 | --- |
| 6 | 4 | 4 | 4 | 1.98227 | 2.15836 | 2.45939 | 2.93651 | --- |
| 6 | 3 | 6 | 4 | 2.28330 | 2.45939 | 2.68124 | 2.85733 | 3.63548 |
| 6 | 3 | 6 | 3 | 2.07918 | 2.28330 | 2.63548 | 2.76042 | 3.45939 |
| 6 | 3 | 5 | 5 | 2.15836 | --- | 2.45939 | 2.85733 | --- |
| 6 | 3 | 5 | 4 | 1.98227 | 2.15836 | 2.28330 | 2.68124 | 3.15836 |
| 6 | 3 | 5 | 3 | 1.85733 | --- | 2.15836 | 2.63548 | 3.15836 |
| 6 | 3 | 4 | 4 | 1.85733 | 1.98227 | 2.28330 | 2.45939 | --- |
| 5 | 5 | 5 | 5 | --- | 2.76042 | --- | 3.45939 | 4.15836 |
| 5 | 5 | 5 | 4 | 1.98227 | --- | 2.45939 | 3.15836 | --- |
| 5 | 5 | 5 | 3 | 1.98227 | --- | 2.45939 | 3.15836 | --- |
| 5 | 5 | 4 | 4 | --- | 2.15836 | --- | 2.76042 | --- |
| 5 | 4 | 5 | 5 | 1.98227 | --- | 2.45939 | 3.15836 | --- |
| 5 | 4 | 5 | 4 | 1.85733 | 2.15836 | 2.28330 | 2.76042 | 3.06145 |
| 5 | 4 | 5 | 3 | 1.85733 | 1.98227 | 2.45939 | 2.68124 | 3.15836 |
| 5 | 4 | 4 | 4 | 1.85733 | --- | 1.98227 | 2.45939 | 3.06145 |
| 5 | 3 | 5 | 5 | 1.98227 | --- | 2.45939 | 3.15836 | --- |
| 5 | 3 | 5 | 4 | 1.85733 | 1.98227 | 2.45939 | 2.68124 | 3.15836 |
| 5 | 3 | 5 | 3 | --- | 1.85733 | 2.15836 | 2.45939 | 3.63548 |
| 5 | 3 | 4 | 4 | --- | 1.85733 | 2.15836 | 2.33445 | --- |

N= 12

| N1 | N2 | N3 | N4 | 20% | 10% | 5% | 1% | 0.1% |
|---|---|---|---|---|---|---|---|---|
| 10 | 1 | 10 | 1 | --- | --- | 6.55976 | --- | --- |
| 10 | 1 | 9 | 2 | 4.90655 | --- | 5.55976 | --- | --- |
| 10 | 1 | 8 | 3 | --- | 4.60552 | 4.90655 | --- | --- |
| 10 | 1 | 8 | 2 | --- | 4.60552 | 4.90655 | --- | --- |
| 10 | 1 | 7 | 4 | 4.23754 | 4.48058 | --- | --- | --- |
| 10 | 1 | 7 | 3 | 4.00346 | --- | 4.48058 | --- | --- |
| 10 | 1 | 6 | 5 | 4.15836 | 4.23754 | --- | --- | --- |
| 10 | 1 | 6 | 4 | 3.63548 | --- | 4.23754 | --- | --- |
| 10 | 1 | 6 | 3 | --- | 3.63548 | --- | --- | --- |
| 10 | 1 | 5 | 5 | --- | --- | 4.15836 | --- | --- |
| 10 | 1 | 5 | 4 | --- | --- | 3.45939 | --- | --- |
| 10 | 1 | 4 | 4 | --- | --- | --- | --- | --- |
| 9 | 2 | 9 | 2 | 4.30449 | --- | 4.90655 | 5.55976 | --- |
| 9 | 2 | 8 | 3 | 4.00346 | --- | 4.60552 | 4.90655 | --- |
| 9 | 2 | 8 | 2 | --- | 4.00346 | 4.30449 | 4.90655 | --- |
| 9 | 2 | 7 | 4 | --- | 3.76042 | 4.00346 | 4.30449 | --- |
| 9 | 2 | 7 | 3 | 3.45939 | 3.63548 | 3.93651 | 4.30449 | --- |
| 9 | 2 | 6 | 5 | --- | 3.63548 | 3.76042 | --- | --- |
| 9 | 2 | 6 | 4 | 3.06145 | 3.45939 | 3.63548 | 3.93651 | --- |
| 9 | 2 | 6 | 3 | 3.15836 | --- | 3.45939 | 3.93651 | --- |
| 9 | 2 | 5 | 5 | 2.98227 | --- | 3.45939 | --- | --- |
| 9 | 2 | 5 | 4 | 2.85733 | 2.98227 | 3.15836 | 3.76042 | --- |
| 9 | 2 | 4 | 4 | --- | 3.06145 | --- | --- | --- |
| 8 | 3 | 8 | 3 | 3.45939 | 3.63548 | 4.00346 | 4.48058 | 5.38367 |
| 8 | 3 | 8 | 2 | 3.45939 | 3.70243 | 4.00346 | 4.90655 | --- |
| 8 | 3 | 7 | 4 | --- | 3.45939 | 3.53857 | 4.00346 | --- |
| 8 | 3 | 7 | 3 | 2.93651 | --- | 3.45939 | 3.93651 | 4.48058 |
| 8 | 3 | 6 | 5 | 3.15836 | --- | 3.45939 | 3.93651 | --- |
| 8 | 3 | 6 | 4 | 2.76042 | 3.06145 | 3.45939 | 3.63548 | --- |
| 8 | 3 | 6 | 3 | 2.68124 | 3.15836 | 3.45939 | 3.63548 | --- |
| 8 | 3 | 5 | 5 | 2.76042 | 3.15836 | --- | --- | --- |
| 8 | 3 | 5 | 4 | 2.63548 | 2.76042 | 2.93651 | 3.53857 | --- |
| 8 | 3 | 4 | 4 | 2.45939 | 2.93651 | --- | 3.53857 | --- |

| N1 | N2 | N3 | N4 | | | | | |
|----|----|----|----|---------|---------|---------|---------|---------|
| 8 | 2 | 8 | 3 | 3.45939 | 3.70243 | 4.00346 | 4.90655 | ---- |
| 8 | 2 | 8 | 2 | 3.70243 | 3.76042 | 4.00346 | 4.60552 | 5.20758 |
| 8 | 2 | 7 | 4 | ---- | ---- | 3.45939 | 4.00346 | ---- |
| 8 | 2 | 7 | 3 | 2.98227 | ---- | 3.45939 | 3.70243 | ---- |
| 8 | 2 | 6 | 5 | 2.98227 | ---- | 3.45939 | ---- | ---- |
| 8 | 2 | 6 | 4 | 2.76042 | 2.85733 | 3.36248 | 3.76042 | ---- |
| 8 | 2 | 6 | 3 | 2.68124 | 2.85733 | 3.15836 | ---- | ---- |
| 8 | 2 | 5 | 5 | 2.68124 | 2.85733 | 2.98227 | 3.45939 | ---- |
| 8 | 2 | 5 | 4 | ---- | 2.68124 | 2.98227 | 3.15836 | ---- |
| 8 | 2 | 4 | 4 | ---- | 2.58433 | ---- | 3.36248 | ---- |
| 7 | 4 | 7 | 4 | 2.98227 | 3.06145 | 3.53857 | 4.23754 | 4.48058 |
| 7 | 4 | 7 | 3 | 2.76042 | 2.98227 | ---- | 3.45939 | 4.30449 |
| 7 | 4 | 6 | 5 | 2.85733 | 3.06145 | 3.45939 | 3.63548 | ---- |
| 7 | 4 | 6 | 4 | 2.68124 | 2.85733 | 2.93651 | 3.45939 | 4.23754 |
| 7 | 4 | 6 | 3 | 2.38021 | 2.76042 | 2.93651 | 3.45939 | ---- |
| 7 | 4 | 5 | 5 | ---- | 2.76042 | 2.98227 | 3.45939 | ---- |
| 7 | 4 | 5 | 4 | 2.33445 | 2.68124 | 2.85733 | 3.06145 | 3.76042 |
| 7 | 4 | 4 | 4 | 2.33445 | 2.45939 | 2.93651 | 3.53857 | ---- |
| 7 | 3 | 7 | 4 | 2.76042 | 2.98227 | ---- | 3.45939 | 4.30449 |
| 7 | 3 | 7 | 3 | 2.68124 | 2.76042 | 3.15836 | 3.45939 | 4.00346 |
| 7 | 3 | 6 | 5 | 2.76042 | 2.85733 | 2.98227 | 3.45939 | 3.93651 |
| 7 | 3 | 6 | 4 | 2.45939 | 2.68124 | 2.85733 | 3.15836 | 3.93651 |
| 7 | 3 | 6 | 3 | 2.38021 | 2.68124 | 2.76042 | 3.23754 | 3.93651 |
| 7 | 3 | 5 | 5 | ---- | 2.68124 | 2.76042 | 2.98227 | ---- |
| 7 | 3 | 5 | 4 | 2.28330 | 2.38021 | 2.63548 | 2.98227 | 3.45939 |
| 7 | 3 | 4 | 4 | 2.28330 | 2.33445 | 2.76042 | 2.93651 | ---- |
| 6 | 5 | 6 | 5 | 2.63548 | 2.85733 | 3.45939 | 4.15836 | 4.23754 |
| 6 | 5 | 6 | 4 | 2.45939 | 2.68124 | 2.85733 | 3.45939 | 3.93651 |
| 6 | 5 | 6 | 3 | 2.63548 | 2.68124 | 2.76042 | 3.63548 | 3.93651 |
| 6 | 5 | 5 | 5 | 2.45939 | 2.76042 | 3.06145 | 3.45939 | 4.15836 |
| 6 | 5 | 5 | 4 | 2.28330 | 2.63548 | 2.76042 | 3.15836 | 3.63548 |
| 6 | 5 | 4 | 4 | 2.33445 | 2.76042 | 2.93651 | 3.06145 | ---- |
| 6 | 4 | 6 | 5 | 2.45939 | 2.68124 | 2.85733 | 3.45939 | 3.93651 |
| 6 | 4 | 6 | 4 | 2.33445 | 2.58433 | 2.63548 | 3.15836 | 3.63548 |
| 6 | 4 | 6 | 3 | 2.28330 | 2.38021 | 2.68124 | 2.85733 | 3.45939 |
| 6 | 4 | 5 | 5 | 2.28330 | 2.45939 | 2.76042 | 2.98227 | 3.76042 |
| 6 | 4 | 5 | 4 | 2.15836 | 2.28330 | 2.63548 | 2.85733 | 3.23754 |
| 6 | 4 | 4 | 4 | 1.98227 | 2.33445 | 2.58433 | 2.93651 | ---- |
| 6 | 3 | 6 | 5 | 2.63548 | 2.68124 | 2.76042 | 3.63548 | 3.93651 |
| 6 | 3 | 6 | 4 | 2.28330 | 2.38021 | 2.68124 | 2.85733 | 3.45939 |
| 6 | 3 | 6 | 3 | ---- | 2.28330 | 2.68124 | 3.11260 | 3.45939 |
| 6 | 3 | 5 | 5 | ---- | 2.28330 | 2.45939 | 3.15836 | ---- |
| 6 | 3 | 5 | 4 | 2.15836 | 2.28330 | 2.45939 | 2.76042 | 3.63548 |
| 5 | 5 | 5 | 5 | 2.15836 | ---- | 2.76042 | 3.06145 | 4.45939 |
| 5 | 5 | 5 | 4 | 2.15836 | 2.28330 | 2.76042 | 3.06145 | 3.45939 |
| 5 | 5 | 4 | 4 | 1.98227 | 2.15836 | 2.76042 | 3.06145 | ---- |
| 5 | 4 | 5 | 5 | 2.15836 | 2.28330 | 2.76042 | 3.06145 | 3.45939 |
| 5 | 4 | 5 | 4 | 1.98227 | ---- | 2.28330 | 2.63548 | 3.15836 |

N= 13

| N1 | N2 | N3 | N4 | 20% | 10% | 5% | 1% | 0.1% |
|----|----|----|----|---------|---------|---------|---------|---------|
| 11 | 1 | 11 | 1 | ---- | ---- | ---- | 7.60115 | ---- |
| 11 | 1 | 10 | 2 | 5.86079 | ---- | 6.55976 | ---- | ---- |
| 11 | 1 | 9 | 3 | 5.38367 | 5.55976 | 5.86079 | ---- | ---- |
| 11 | 1 | 9 | 2 | ---- | 5.55976 | 5.86079 | ---- | ---- |
| 11 | 1 | 8 | 4 | 5.08264 | ---- | 5.38367 | ---- | ---- |
| 11 | 1 | 8 | 3 | 4.90655 | ---- | ---- | 5.38367 | ---- |

Tafel XV-2-4-4 (Fortsetz.) 397

| | | | | | | | | |
|---|---|---|---|---|---|---|---|---|
| 11 | 1 | 7 | 5 | 4.93651 | 5.08264 | ---- | ---- | ---- |
| 11 | 1 | 7 | 4 | 4.30449 | ---- | ---- | 5.08264 | ---- |
| 11 | 1 | 7 | 3 | 4.30449 | 4.48058 | ---- | ---- | ---- |
| 11 | 1 | 6 | 6 | 4.93651 | ---- | ---- | ---- | ---- |
| 11 | 1 | 6 | 5 | 4.23754 | ---- | ---- | 4.93651 | ---- |
| 11 | 1 | 6 | 4 | ---- | ---- | 4.23754 | ---- | ---- |
| 11 | 1 | 5 | 5 | ---- | ---- | 4.15836 | ---- | ---- |
| 11 | 1 | 5 | 4 | 3.76042 | ---- | ---- | ---- | ---- |
| 10 | 2 | 10 | 2 | 5.20758 | ---- | 5.86079 | 6.55976 | 6.86079 |
| 10 | 2 | 9 | 3 | 4.78161 | ---- | ---- | 5.55976 | ---- |
| 10 | 2 | 9 | 2 | 4.60552 | 4.90655 | 5.20758 | 5.55976 | ---- |
| 10 | 2 | 8 | 4 | 4.48058 | 4.53857 | 4.90655 | 5.20758 | ---- |
| 10 | 2 | 8 | 3 | ---- | 4.30449 | 4.60552 | 5.20758 | ---- |
| 10 | 2 | 7 | 5 | ---- | 4.30449 | 4.48058 | 4.78161 | ---- |
| 10 | 2 | 7 | 4 | 3.76042 | 4.00346 | 4.30449 | 4.53857 | ---- |
| 10 | 2 | 7 | 3 | 3.93651 | 4.00346 | 4.30449 | 4.78161 | ---- |
| 10 | 2 | 6 | 6 | 4.23754 | ---- | 4.53857 | ---- | ---- |
| 10 | 2 | 6 | 5 | 3.63548 | 3.93651 | 4.15836 | 4.45939 | ---- |
| 10 | 2 | 6 | 4 | ---- | 3.63548 | 3.93651 | 4.53857 | ---- |
| 10 | 2 | 5 | 5 | ---- | ---- | 3.76042 | 4.45939 | ---- |
| 10 | 2 | 5 | 4 | 3.36248 | 3.45939 | 3.76042 | ---- | ---- |
| 9 | 3 | 9 | 3 | 4.30449 | 4.41363 | 4.60552 | 5.38367 | 5.86079 |
| 9 | 3 | 9 | 2 | 4.30449 | ---- | 4.60552 | ---- | 5.86079 |
| 9 | 3 | 8 | 4 | 4.00346 | 4.23754 | 4.30449 | 4.90655 | ---- |
| 9 | 3 | 8 | 3 | 3.63548 | 4.00346 | 4.30449 | 4.78161 | 5.38367 |
| 9 | 3 | 7 | 5 | 3.93651 | ---- | 4.23754 | 4.48058 | ---- |
| 9 | 3 | 7 | 4 | 3.53857 | 3.63548 | 3.93651 | 4.30449 | 4.78161 |
| 9 | 3 | 7 | 3 | 3.23754 | ---- | 3.93651 | 4.30449 | ---- |
| 9 | 3 | 6 | 6 | ---- | 3.93651 | ---- | 4.41363 | ---- |
| 9 | 3 | 6 | 5 | 3.23754 | 3.63548 | 3.93651 | ---- | ---- |
| 9 | 3 | 6 | 4 | 3.15836 | 3.45939 | 3.63548 | 3.93651 | ---- |
| 9 | 3 | 5 | 5 | 3.15836 | 3.23754 | 3.45939 | 3.76042 | ---- |
| 9 | 3 | 5 | 4 | 2.98227 | 3.15836 | 3.53857 | 3.63548 | ---- |
| 9 | 2 | 9 | 3 | 4.30449 | ---- | 4.60552 | ---- | 5.86079 |
| 9 | 2 | 9 | 2 | ---- | 4.60552 | 4.90655 | ---- | 5.55976 |
| 9 | 2 | 8 | 4 | 3.93651 | ---- | 4.30449 | 4.90655 | 5.20758 |
| 9 | 2 | 8 | 3 | 3.63548 | 4.00346 | 4.23754 | 4.60552 | 5.20758 |
| 9 | 2 | 7 | 5 | 3.76042 | ---- | 3.93651 | ---- | ---- |
| 9 | 2 | 7 | 4 | 3.45939 | 3.63548 | 3.93651 | 4.06145 | ---- |
| 9 | 2 | 7 | 3 | 3.45939 | ---- | 3.70243 | 4.30449 | ---- |
| 9 | 2 | 6 | 6 | 3.76042 | 3.93651 | ---- | ---- | ---- |
| 9 | 2 | 6 | 5 | 3.28330 | ---- | 3.63548 | 4.06145 | ---- |
| 9 | 2 | 6 | 4 | 3.15836 | 3.36248 | 3.45939 | 3.93651 | 4.23754 |
| 9 | 2 | 5 | 5 | 2.98227 | 3.06145 | ---- | 3.76042 | ---- |
| 9 | 2 | 5 | 4 | 3.06145 | 3.15836 | 3.28330 | 3.36248 | ---- |
| 8 | 4 | 8 | 4 | 3.63548 | 3.76042 | 4.00346 | 5.08264 | 5.38367 |
| 8 | 4 | 8 | 3 | 3.53857 | 3.63548 | 3.93651 | 4.30449 | 5.20758 |
| 8 | 4 | 7 | 5 | 3.53857 | 3.63548 | 3.76042 | 4.48058 | ---- |
| 8 | 4 | 7 | 4 | 3.23754 | 3.45939 | 3.63548 | 3.93651 | 4.53857 |
| 8 | 4 | 7 | 3 | 3.15836 | 3.45939 | 3.63548 | 4.30449 | ---- |
| 8 | 4 | 6 | 6 | 3.36248 | 3.76042 | 3.93651 | 4.23754 | ---- |
| 8 | 4 | 6 | 5 | 3.15836 | 3.36248 | 3.63548 | 3.93651 | 4.53857 |
| 8 | 4 | 6 | 4 | 2.93651 | 3.15836 | 3.36248 | 3.76042 | 4.23754 |
| 8 | 4 | 5 | 5 | 2.93651 | 3.06145 | 3.45939 | 3.63548 | ---- |
| 8 | 4 | 5 | 4 | 2.93651 | 2.98227 | 3.15836 | 3.63548 | 4.23754 |
| 8 | 3 | 8 | 4 | 3.53857 | 3.63548 | 3.93651 | 4.30449 | 5.20758 |
| 8 | 3 | 8 | 3 | 3.45939 | 3.70243 | 3.76042 | 4.23754 | 4.90655 |
| 8 | 3 | 7 | 5 | 3.45939 | ---- | 3.53857 | 3.93651 | 4.78161 |
| 8 | 3 | 7 | 4 | 3.06145 | 3.36248 | 3.63548 | 3.83960 | 4.48058 |
| 8 | 3 | 7 | 3 | 2.93651 | 3.23754 | ---- | 3.93651 | 4.78161 |
| 8 | 3 | 6 | 6 | 3.23754 | 3.36248 | 3.63548 | ---- | ---- |
| 8 | 3 | 6 | 5 | 2.93651 | -- | 3.36248 | 3.63548 | ---- |

Tafel XV-2-4-4 (Fortsetz.)

| | | | | | | | | |
|---|---|---|---|---|---|---|---|---|
| 8 | 3 | 6 | 4 | 2.76042 | 2.93651 | 3.23754 | 3.63548 | 4.23754 |
| 8 | 3 | 5 | 5 | 2.76042 | 2.98227 | 3.06145 | 3.53857 | ---- |
| 8 | 3 | 5 | 4 | 2.58433 | 2.93651 | 2.98227 | 3.45939 | 3.83960 |
| 7 | 5 | 7 | 5 | 3.23754 | 3.53857 | 3.63548 | 4.23754 | 4.93651 |
| 7 | 5 | 7 | 4 | 2.98227 | 3.15836 | 3.53857 | 3.93651 | 4.78161 |
| 7 | 5 | 7 | 3 | 2.93651 | 3.23754 | 3.45939 | 3.93651 | 4.78161 |
| 7 | 5 | 6 | 6 | 3.23754 | 3.45939 | 3.76042 | 4.23754 | ---- |
| 7 | 5 | 6 | 5 | 2.85733 | 3.15836 | 3.45939 | 3.93651 | 4.45939 |
| 7 | 5 | 6 | 4 | 2.85733 | 2.98227 | 3.23754 | 3.63548 | 4.23754 |
| 7 | 5 | 5 | 5 | 2.76042 | 3.06145 | 3.15836 | 3.53857 | 4.45939 |
| 7 | 5 | 5 | 4 | 2.76042 | 2.93651 | 3.06145 | 3.76042 | 4.23754 |
| 7 | 4 | 7 | 5 | 2.98227 | 3.15836 | 3.53857 | 3.93651 | 4.78161 |
| 7 | 4 | 7 | 4 | 2.85733 | 3.06145 | 3.23754 | 3.63548 | 4.23754 |
| 7 | 4 | 7 | 3 | 2.98227 | 3.15836 | 3.23754 | 3.63548 | 4.30449 |
| 7 | 4 | 6 | 6 | 2.98227 | 3.23754 | 3.36248 | 3.93651 | 4.53857 |
| 7 | 4 | 6 | 5 | 2.68124 | 2.93651 | 3.15836 | 3.63548 | 4.23754 |
| 7 | 4 | 6 | 4 | 2.63548 | 2.85733 | 2.98227 | 3.36248 | 3.93651 |
| 7 | 4 | 5 | 5 | ---- | 2.76042 | 2.93651 | 3.45939 | ---- |
| 7 | 4 | 5 | 4 | 2.45939 | 2.63548 | 2.93651 | 3.23754 | 3.83960 |
| 7 | 3 | 7 | 5 | 2.93651 | 3.23754 | 3.45939 | 3.93651 | 4.78161 |
| 7 | 3 | 7 | 4 | 2.98227 | 3.15836 | 3.23754 | 3.63548 | 4.30449 |
| 7 | 3 | 7 | 3 | 2.76042 | 2.98227 | 3.11260 | 3.71466 | 4.30449 |
| 7 | 3 | 6 | 6 | 3.11260 | ---- | 3.23754 | 3.93651 | 4.41363 |
| 7 | 3 | 6 | 5 | 2.76042 | 2.85733 | 2.98227 | 3.93651 | ---- |
| 7 | 3 | 6 | 4 | 2.63548 | 2.76042 | 2.98227 | 3.45939 | 3.93651 |
| 7 | 3 | 5 | 5 | 2.63548 | 2.68124 | 2.93651 | 3.45939 | 3.93651 |
| 7 | 3 | 5 | 4 | 2.33445 | 2.68124 | 2.93651 | 3.45939 | 3.63548 |
| 6 | 6 | 6 | 6 | 3.11260 | 3.45939 | 4.15836 | 4.93651 | 5.71466 |
| 6 | 6 | 6 | 5 | ---- | 3.06145 | 3.36248 | 4.15836 | 4.53857 |
| 6 | 6 | 6 | 4 | 2.76042 | 3.06145 | 3.23754 | 3.63548 | 4.41363 |
| 6 | 6 | 5 | 5 | 2.76042 | 3.06145 | 3.23754 | 3.76042 | 4.15836 |
| 6 | 6 | 5 | 4 | 2.63548 | 2.93651 | 3.23754 | 3.63548 | ---- |
| 6 | 5 | 6 | 6 | ---- | 3.06145 | 3.36248 | 4.15836 | 4.53857 |
| 6 | 5 | 6 | 5 | 2.58433 | 2.85733 | 3.06145 | 3.76042 | 4.23754 |
| 6 | 5 | 6 | 4 | 2.58433 | 2.68124 | 2.85733 | 3.23754 | 3.93651 |
| 6 | 5 | 5 | 5 | 2.45939 | ---- | 2.93651 | 3.15836 | 3.93651 |
| 6 | 5 | 5 | 4 | 2.45939 | 2.58433 | 2.93651 | 3.15836 | 3.76042 |
| 6 | 4 | 6 | 6 | 2.76042 | 3.06145 | 3.23754 | 3.63548 | 4.41363 |
| 6 | 4 | 6 | 5 | 2.58433 | 2.68124 | 2.85733 | 3.23754 | 3.93651 |
| 6 | 4 | 6 | 4 | 2.45939 | 2.63548 | 2.76042 | 3.15836 | 3.76042 |
| 6 | 4 | 5 | 5 | 2.28330 | 2.63548 | 2.93651 | 3.15836 | 3.63548 |
| 6 | 4 | 5 | 4 | 2.28330 | 2.58433 | 2.76042 | 2.98227 | 3.63548 |
| 5 | 5 | 5 | 5 | 2.28330 | ---- | 2.76042 | 3.06145 | 3.93651 |
| 5 | 5 | 5 | 4 | 2.28330 | ---- | 2.63548 | 2.93651 | 4.23754 |
| 5 | 4 | 5 | 5 | 2.28330 | ---- | 2.63548 | 2.93651 | 4.23754 |

N= 14

| N1 | N2 | N3 | N4 | 20% | 10% | 5% | 1% | 0.1% |
|---|---|---|---|---|---|---|---|---|
| 12 | 1 | 12 | 1 | ---- | ---- | ---- | 8.68033 | ---- |
| 12 | 1 | 11 | 2 | 6.86079 | ---- | 7.60115 | ---- | ---- |
| 12 | 1 | 10 | 3 | 6.33791 | 6.55976 | 6.86079 | ---- | ---- |
| 12 | 1 | 10 | 2 | ---- | 6.55976 | 6.86079 | ---- | ---- |
| 12 | 1 | 9 | 4 | 5.98573 | ---- | 6.33791 | ---- | ---- |
| 12 | 1 | 9 | 3 | 5.86079 | ---- | ---- | 6.33791 | ---- |
| 12 | 1 | 8 | 5 | 5.78161 | 5.98573 | ---- | ---- | ---- |
| 12 | 1 | 8 | 4 | 5.20758 | 5.38367 | ---- | 5.98573 | ---- |
| 12 | 1 | 8 | 3 | 5.20758 | 5.38367 | ---- | ---- | ---- |

Tafel XV-2-4-4 (Fortsetz.) 399

| | | | | | | | | |
|---|---|---|---|---|---|---|---|---|
| 12 | 1 | 7 | 6 | 5.71466 | 5.78161 | --- | --- | --- |
| 12 | 1 | 7 | 5 | 5.08264 | --- | --- | 5.78161 | --- |
| 12 | 1 | 7 | 4 | --- | --- | 5.08264 | --- | --- |
| 12 | 1 | 6 | 6 | --- | --- | --- | 5.71466 | --- |
| 12 | 1 | 6 | 5 | 4.53857 | --- | 4.93651 | --- | --- |
| 12 | 1 | 6 | 4 | 4.53857 | --- | --- | --- | --- |
| 12 | 1 | 5 | 5 | --- | 4.45939 | --- | --- | --- |
| 11 | 2 | 11 | 2 | 6.16182 | 6.55976 | --- | 6.86079 | 7.90218 |
| 11 | 2 | 10 | 3 | 5.68470 | --- | --- | 6.55976 | --- |
| 11 | 2 | 10 | 2 | 5.55976 | 5.86079 | 6.16182 | 6.55976 | --- |
| 11 | 2 | 9 | 4 | 5.38367 | --- | 5.86079 | 6.16182 | --- |
| 11 | 2 | 9 | 3 | --- | 5.20758 | 5.38367 | 6.16182 | --- |
| 11 | 2 | 8 | 5 | 5.08264 | 5.20758 | 5.23754 | 5.68470 | --- |
| 11 | 2 | 8 | 4 | 4.53857 | 4.90655 | 5.20758 | 5.68470 | --- |
| 11 | 2 | 8 | 3 | 4.48058 | 4.78161 | 5.20758 | 5.68470 | --- |
| 11 | 2 | 7 | 6 | --- | 5.08264 | 5.23754 | 5.38367 | --- |
| 11 | 2 | 7 | 5 | 4.45939 | 4.60552 | 4.78161 | 5.23754 | --- |
| 11 | 2 | 7 | 4 | 4.23754 | 4.48058 | 4.60552 | 5.38367 | --- |
| 11 | 2 | 6 | 6 | --- | 4.53857 | 4.93651 | 5.23754 | --- |
| 11 | 2 | 6 | 5 | 4.06145 | --- | 4.45939 | 5.23754 | --- |
| 11 | 2 | 6 | 4 | 4.06145 | 4.23754 | 4.53857 | --- | --- |
| 11 | 2 | 5 | 5 | 3.93651 | --- | --- | 4.45939 | --- |
| 10 | 3 | 10 | 3 | 5.20758 | 5.25873 | 5.55976 | 6.33791 | 6.86079 |
| 10 | 3 | 10 | 2 | 5.20758 | --- | 5.55976 | --- | 6.86079 |
| 10 | 3 | 9 | 4 | 4.78161 | 5.01569 | 5.20758 | 5.38367 | --- |
| 10 | 3 | 9 | 3 | 4.41363 | 4.78161 | 5.20758 | 5.68470 | 6.33791 |
| 10 | 3 | 8 | 5 | 4.48058 | 4.78161 | 4.93651 | 5.38367 | --- |
| 10 | 3 | 8 | 4 | 4.23754 | 4.48058 | 4.78161 | 5.20758 | 5.68470 |
| 10 | 3 | 8 | 3 | 4.00346 | 4.30449 | 4.78161 | 5.20758 | --- |
| 10 | 3 | 7 | 6 | 4.45939 | --- | 4.78161 | 5.01569 | --- |
| 10 | 3 | 7 | 5 | 4.23754 | 4.30449 | 4.53857 | --- | --- |
| 10 | 3 | 7 | 4 | 3.83960 | --- | 4.30449 | 4.78161 | --- |
| 10 | 3 | 6 | 6 | 4.15836 | 4.23754 | 4.45939 | --- | --- |
| 10 | 3 | 6 | 5 | --- | 3.93651 | 4.23754 | 4.45939 | 5.01569 |
| 10 | 3 | 6 | 4 | 3.71466 | 3.83960 | 3.93651 | 4.41363 | --- |
| 10 | 3 | 5 | 5 | --- | 3.76042 | 3.93651 | --- | 4.93651 |
| 10 | 2 | 10 | 3 | 5.20758 | --- | 5.55976 | --- | 6.86079 |
| 10 | 2 | 10 | 2 | 4.90655 | 5.50861 | 5.55976 | --- | 6.55976 |
| 10 | 2 | 9 | 4 | 4.78161 | 4.90655 | 5.20758 | 5.86079 | 6.16182 |
| 10 | 2 | 9 | 3 | 4.48058 | 4.90655 | 5.08264 | 5.55976 | 6.16182 |
| 10 | 2 | 8 | 5 | 4.45939 | 4.53857 | 4.78161 | --- | --- |
| 10 | 2 | 8 | 4 | 4.06145 | 4.48058 | 4.78161 | 5.50861 | --- |
| 10 | 2 | 8 | 3 | 4.23754 | 4.30449 | 4.60552 | 5.20758 | --- |
| 10 | 2 | 7 | 6 | 4.45939 | --- | 4.60552 | --- | --- |
| 10 | 2 | 7 | 5 | 3.93651 | 4.15836 | 4.30449 | 4.76042 | --- |
| 10 | 2 | 7 | 4 | 3.76042 | 4.00346 | 4.06145 | 4.60552 | 5.08264 |
| 10 | 2 | 6 | 6 | 3.93651 | 4.06145 | 4.23754 | 4.83960 | --- |
| 10 | 2 | 6 | 5 | 3.53857 | --- | 4.06145 | 4.45939 | --- |
| 10 | 2 | 6 | 4 | 3.66351 | 3.76042 | 3.93651 | 4.06145 | --- |
| 10 | 2 | 5 | 5 | 3.53857 | 3.76042 | --- | 4.06145 | 4.76042 |
| 9 | 4 | 9 | 4 | 4.41363 | 4.48058 | 4.83960 | 5.38367 | 5.98573 |
| 9 | 4 | 9 | 3 | 4.23754 | 4.41363 | 4.60552 | 5.20758 | 6.16182 |
| 9 | 4 | 8 | 5 | --- | 4.30449 | 4.48058 | 4.83960 | 5.98573 |
| 9 | 4 | 8 | 4 | 3.93651 | 4.06145 | 4.30449 | 4.60552 | 5.98573 |
| 9 | 4 | 8 | 3 | 3.76042 | 4.00346 | 4.30449 | 4.78161 | 5.38367 |
| 9 | 4 | 7 | 6 | 4.06145 | 4.41363 | 4.53857 | 4.78161 | --- |
| 9 | 4 | 7 | 5 | 3.76042 | 4.06145 | 4.23754 | 4.48058 | 5.38367 |
| 9 | 4 | 7 | 4 | 3.53857 | 3.71466 | 4.06145 | 4.48058 | 5.01569 |
| 9 | 4 | 6 | 6 | 3.76042 | 3.93651 | 4.23754 | 4.53857 | --- |
| 9 | 4 | 6 | 5 | 3.45939 | 3.63548 | 3.83960 | 4.41363 | 5.01569 |
| 9 | 4 | 6 | 4 | 3.28330 | 3.63548 | 3.76042 | 4.14063 | 5.01569 |
| 9 | 4 | 5 | 5 | 3.28330 | 3.53857 | 3.63548 | 4.23754 | --- |

Tafel XV-2-4-4 (Fortsetz.)

| | | | | | | | | |
|---|---|---|---|---|---|---|---|---|
| 9 | 3 | 9 | 4 | 4.23754 | 4.41363 | 4.60552 | 5.20758 | 6.16182 |
| 9 | 3 | 9 | 3 | 4.00346 | 4.30449 | 4.60552 | 5.08264 | 5.38367 |
| 9 | 3 | 8 | 5 | 4.06145 | 4.30449 | 4.48058 | 4.78161 | 5.68470 |
| 9 | 3 | 8 | 4 | 3.76042 | 4.00346 | 4.06145 | 4.60552 | 5.38367 |
| 9 | 3 | 8 | 3 | 3.70243 | 3.93651 | 4.23754 | 4.71466 | 5.20758 |
| 9 | 3 | 7 | 6 | 3.93651 | 4.06145 | 4.41363 | 4.60552 | ---- |
| 9 | 3 | 7 | 5 | 3.53857 | 3.93651 | 4.06145 | 4.30449 | 5.08264 |
| 9 | 3 | 7 | 4 | 3.36248 | 3.53857 | 3.83960 | 4.23754 | 5.08264 |
| 9 | 3 | 6 | 6 | 3.53857 | 3.93651 | 4.06145 | 4.23754 | ---- |
| 9 | 3 | 6 | 5 | 3.23754 | 3.53857 | 3.63548 | 4.06145 | 4.71466 |
| 9 | 3 | 6 | 4 | 3.23754 | 3.36248 | 3.53857 | 4.06145 | ---- |
| 9 | 3 | 5 | 5 | 3.15836 | 3.36248 | 3.53857 | 3.93651 | 4.53857 |
| 8 | 5 | 8 | 5 | 4.14063 | 4.23754 | 4.45939 | 4.93651 | 5.78161 |
| 8 | 5 | 8 | 4 | 3.76042 | 3.83960 | 4.06145 | 4.53857 | 5.68470 |
| 8 | 5 | 8 | 3 | 3.53857 | ---- | 4.23754 | 4.48058 | 5.68470 |
| 8 | 5 | 7 | 6 | 3.83960 | 4.23754 | 4.45939 | 4.93651 | 5.78161 |
| 8 | 5 | 7 | 5 | 3.53857 | 3.76042 | 3.93651 | 4.45939 | 5.23754 |
| 8 | 5 | 7 | 4 | 3.36248 | 3.53857 | 3.93651 | 4.23754 | 5.08264 |
| 8 | 5 | 6 | 6 | 3.45939 | 3.76042 | 3.93651 | 4.45939 | 5.23754 |
| 8 | 5 | 6 | 5 | 3.23754 | 3.53857 | 3.76042 | 4.23754 | 4.93651 |
| 8 | 5 | 6 | 4 | 3.23754 | 3.36248 | 3.53857 | 4.23754 | 4.83960 |
| 8 | 5 | 5 | 5 | 3.23754 | 3.45939 | 3.76042 | 4.14063 | 4.83960 |
| 8 | 4 | 8 | 5 | 3.76042 | 3.83960 | 4.06145 | 4.53857 | 5.68470 |
| 8 | 4 | 8 | 4 | 3.53857 | 3.63548 | 3.93651 | 4.44166 | 4.83960 |
| 8 | 4 | 8 | 3 | 3.36248 | 3.53857 | 3.83960 | 4.23754 | 4.78161 |
| 8 | 4 | 7 | 6 | 3.53857 | 3.83960 | 4.06145 | 4.53857 | 5.08264 |
| 8 | 4 | 7 | 5 | 3.23754 | 3.53857 | 3.76042 | 4.06145 | 4.78161 |
| 8 | 4 | 7 | 4 | 3.15836 | 3.36248 | 3.53857 | 3.93651 | 4.60552 |
| 8 | 4 | 6 | 6 | 3.23754 | 3.63548 | 3.76042 | 4.06145 | 4.83960 |
| 8 | 4 | 6 | 5 | 3.06145 | 3.23754 | 3.53857 | 3.83960 | 4.53857 |
| 8 | 4 | 6 | 4 | 2.93651 | 3.23754 | 3.45939 | 3.93651 | 4.44166 |
| 8 | 4 | 5 | 5 | 2.98227 | 3.15836 | 3.28330 | 3.76042 | 4.23754 |
| 8 | 3 | 8 | 5 | 3.53857 | ---- | 4.23754 | 4.48058 | 5.68470 |
| 8 | 3 | 8 | 4 | 3.36248 | 3.53857 | 3.83960 | 4.23754 | 4.78161 |
| 8 | 3 | 8 | 3 | 3.41363 | ---- | 3.76042 | 4.30449 | 5.20758 |
| 8 | 3 | 7 | 6 | 3.63548 | 3.76042 | 3.93651 | 4.23754 | 5.25873 |
| 8 | 3 | 7 | 5 | 3.36248 | ---- | 3.53857 | 3.93651 | 4.78161 |
| 8 | 3 | 7 | 4 | 3.06145 | 3.36248 | 3.71466 | 4.23754 | 4.78161 |
| 8 | 3 | 6 | 6 | 3.23754 | 3.41363 | 3.76042 | 4.23754 | 4.71466 |
| 8 | 3 | 6 | 5 | 2.98227 | 3.23754 | 3.41363 | 3.76042 | 4.41363 |
| 8 | 3 | 6 | 4 | 2.93651 | 3.23754 | 3.36248 | 3.76042 | 4.31672 |
| 8 | 3 | 5 | 5 | 2.93651 | 3.06145 | 3.36248 | 3.83960 | ---- |
| 7 | 6 | 7 | 6 | 3.76042 | 3.83960 | 4.15836 | 4.93651 | 5.71466 |
| 7 | 6 | 7 | 5 | 3.36248 | 3.53857 | 3.83960 | 4.45939 | 5.23754 |
| 7 | 6 | 7 | 4 | 3.28330 | 3.63548 | 3.76042 | 4.06145 | 5.01569 |
| 7 | 6 | 6 | 6 | 3.36248 | 3.76042 | 4.06145 | 4.45939 | 5.23754 |
| 7 | 6 | 6 | 5 | 3.11260 | 3.36248 | 3.63548 | 4.06145 | 4.93651 |
| 7 | 6 | 6 | 4 | 3.11260 | 3.36248 | 3.63548 | 4.06145 | 4.53857 |
| 7 | 6 | 5 | 5 | 3.06145 | 3.36248 | 3.53857 | 4.06145 | 4.45939 |
| 7 | 5 | 7 | 6 | 3.36248 | 3.53857 | 3.83960 | 4.45939 | 5.23754 |
| 7 | 5 | 7 | 5 | 3.15836 | 3.28330 | 3.63548 | 3.83960 | 4.76042 |
| 7 | 5 | 7 | 4 | 3.06145 | 3.28330 | 3.45939 | 3.83960 | 4.53857 |
| 7 | 5 | 6 | 6 | 3.15836 | 3.28330 | 3.53857 | 4.15836 | 4.53857 |
| 7 | 5 | 6 | 5 | 2.93651 | 3.15836 | 3.36248 | 3.76042 | 4.45939 |
| 7 | 5 | 6 | 4 | 2.93651 | 3.15836 | 3.23754 | 3.63548 | 4.53857 |
| 7 | 5 | 5 | 5 | 2.93651 | 3.06145 | 3.36248 | 3.76042 | 4.23754 |
| 7 | 4 | 7 | 6 | 3.28330 | 3.63548 | 3.76042 | 4.06145 | 5.01569 |
| 7 | 4 | 7 | 5 | 3.06145 | 3.28330 | 3.45939 | 3.83960 | 4.53857 |
| 7 | 4 | 7 | 4 | 2.98227 | 3.11260 | 3.28330 | 3.71466 | 4.41363 |
| 7 | 4 | 6 | 6 | 3.06145 | 3.23754 | 3.36248 | 3.93651 | 4.53857 |
| 7 | 4 | 6 | 5 | 2.85733 | 2.98227 | 3.23754 | 3.71466 | 4.06145 |
| 7 | 4 | 6 | 4 | 2.68124 | 2.98227 | 3.15836 | 3.63548 | 4.06145 |

Tafel XV-2-4-4 (Fortsetz.) 401

| | | | | | | | | |
|---|---|---|---|---|---|---|---|---|
| 7 | 4 | 5 | 5 | 2.63548 | 2.93651 | 3.23754 | 3.45939 | 4.06145 |
| 6 | 6 | 6 | 6 | 2.93651 | 3.41363 | 3.66351 | 4.15836 | 4.83960 |
| 6 | 6 | 6 | 5 | 2.93651 | 3.15836 | 3.36248 | 3.76042 | 4.45939 |
| 6 | 6 | 6 | 4 | 2.88536 | 3.06145 | 3.45939 | 3.76042 | 4.41363 |
| 6 | 6 | 5 | 5 | 2.93651 | 3.06145 | 3.23754 | 3.63548 | 4.45939 |
| 6 | 5 | 6 | 6 | 2.93651 | 3.15836 | 3.36248 | 3.76042 | 4.45939 |
| 6 | 5 | 6 | 5 | 2.63548 | 2.93651 | 3.15836 | 3.53857 | 4.06145 |
| 6 | 5 | 6 | 4 | 2.58433 | 2.93651 | 3.11260 | 3.45939 | 4.06145 |
| 6 | 5 | 5 | 5 | 2.58433 | 2.93651 | 3.06145 | 3.45939 | 4.06145 |
| 6 | 4 | 6 | 6 | 2.88536 | 3.06145 | 3.45939 | 3.76042 | 4.41363 |
| 6 | 4 | 6 | 5 | 2.58433 | 2.93651 | 3.11260 | 3.45939 | 4.06145 |
| 6 | 4 | 6 | 4 | 2.63548 | 2.88536 | 2.93651 | 3.53857 | 4.06145 |

N= 15

| N1 | N2 | N3 | N4 | 20% | 10% | 5% | 1% | 0.1% |
|---|---|---|---|---|---|---|---|---|
| 13 | 1 | 13 | 1 | ---- | ---- | ---- | 9.79428 | ---- |
| 13 | 1 | 12 | 2 | 7.90218 | ---- | 8.68033 | ---- | ---- |
| 13 | 1 | 11 | 3 | 7.33791 | 7.60115 | 7.90218 | ---- | ---- |
| 13 | 1 | 11 | 2 | ---- | 7.60115 | 7.90218 | ---- | ---- |
| 13 | 1 | 10 | 4 | 6.86079 | ---- | 7.33791 | ---- | ---- |
| 13 | 1 | 10 | 3 | ---- | 6.86079 | ---- | 7.33791 | ---- |
| 13 | 1 | 9 | 5 | 6.68470 | ---- | 6.93997 | ---- | ---- |
| 13 | 1 | 9 | 4 | 6.16182 | 6.33791 | ---- | 6.93997 | ---- |
| 13 | 1 | 9 | 3 | 6.16182 | 6.33791 | ---- | ---- | ---- |
| 13 | 1 | 8 | 6 | 6.55976 | 6.68470 | ---- | ---- | ---- |
| 13 | 1 | 8 | 5 | 5.98573 | ---- | ---- | 6.68470 | ---- |
| 13 | 1 | 8 | 4 | 5.68470 | ---- | 5.98573 | ---- | ---- |
| 13 | 1 | 7 | 7 | 6.55976 | ---- | ---- | ---- | ---- |
| 13 | 1 | 7 | 6 | 5.78161 | ---- | ---- | 6.55976 | ---- |
| 13 | 1 | 7 | 5 | 5.38367 | ---- | 5.78161 | ---- | ---- |
| 13 | 1 | 7 | 4 | 5.38367 | ---- | ---- | ---- | ---- |
| 13 | 1 | 6 | 6 | ---- | ---- | 5.71466 | ---- | ---- |
| 13 | 1 | 6 | 5 | ---- | 5.23754 | ---- | ---- | ---- |
| 13 | 1 | 5 | 5 | ---- | ---- | ---- | ---- | ---- |
| 12 | 2 | 12 | 2 | 7.16182 | 7.60115 | ---- | 7.90218 | 8.98136 |
| 12 | 2 | 11 | 3 | 6.55976 | ---- | ---- | 7.60115 | ---- |
| 12 | 2 | 11 | 2 | 6.55976 | 6.86079 | 7.16182 | 7.60115 | ---- |
| 12 | 2 | 10 | 4 | 6.16182 | ---- | 6.86079 | 7.16182 | ---- |
| 12 | 2 | 10 | 3 | ---- | 6.16182 | 6.33791 | 6.86079 | ---- |
| 12 | 2 | 9 | 5 | 5.98573 | 6.08264 | 6.16182 | 6.63894 | ---- |
| 12 | 2 | 9 | 4 | ---- | 5.50861 | 5.98573 | 6.33791 | ---- |
| 12 | 2 | 9 | 3 | 5.38367 | 5.68470 | 5.86079 | 6.63894 | ---- |
| 12 | 2 | 8 | 6 | 5.71466 | ---- | 5.98573 | 6.28676 | ---- |
| 12 | 2 | 8 | 5 | 5.23754 | 5.38367 | 5.68470 | 6.08264 | ---- |
| 12 | 2 | 8 | 4 | 5.08264 | 5.20758 | 5.50861 | 6.28676 | ---- |
| 12 | 2 | 7 | 7 | 5.71466 | 5.78161 | 6.08264 | ---- | ---- |
| 12 | 2 | 7 | 6 | 5.08264 | 5.23754 | 5.38367 | 6.01569 | ---- |
| 12 | 2 | 7 | 5 | 4.78161 | 5.08264 | 5.23754 | 5.38367 | ---- |
| 12 | 2 | 7 | 4 | 4.78161 | ---- | 5.08264 | ---- | ---- |
| 12 | 2 | 6 | 6 | 4.83960 | 4.93651 | 5.23754 | 6.01569 | ---- |
| 12 | 2 | 6 | 5 | 4.71466 | 4.76042 | 4.83960 | 5.23754 | ---- |
| 12 | 2 | 5 | 5 | ---- | 4.76042 | ---- | ---- | ---- |
| 11 | 3 | 11 | 3 | 6.16182 | ---- | 6.55976 | 7.33791 | 7.90218 |
| 11 | 3 | 11 | 2 | 5.86079 | ---- | 6.55976 | ---- | 7.90218 |
| 11 | 3 | 10 | 4 | 5.68470 | 5.86079 | 6.16182 | 6.33791 | ---- |
| 11 | 3 | 10 | 3 | 5.25873 | 5.68470 | 6.16182 | 6.63894 | 7.33791 |
| 11 | 3 | 9 | 5 | 5.38367 | 5.68470 | 5.71466 | 6.16182 | ---- |

| | | | | | | | | |
|---|---|---|---|---|---|---|---|---|
| 11 | 3 | 9 | 4 | 4.90655 | 5.38367 | 5.68470 | 5.86079 | 6.63894 |
| 11 | 3 | 9 | 3 | 4.90655 | 5.20758 | 5.68470 | 6.16182 | 6.63894 |
| 11 | 3 | 8 | 6 | 5.23754 | 5.38367 | 5.68470 | 5.71466 | ---- |
| 11 | 3 | 8 | 5 | 4.78161 | 5.08264 | 5.23754 | ---- | ---- |
| 11 | 3 | 8 | 4 | 4.60552 | 4.78161 | 5.20758 | 5.38367 | ---- |
| 11 | 3 | 7 | 7 | ---- | 5.25873 | 5.38367 | 5.86079 | ---- |
| 11 | 3 | 7 | 6 | 4.71466 | 4.93651 | 5.23754 | 5.38367 | ---- |
| 11 | 3 | 7 | 5 | 4.41363 | 4.60552 | 4.71466 | 5.23754 | 5.86079 |
| 11 | 3 | 7 | 4 | 4.31672 | 4.53857 | 4.78161 | 5.25873 | ---- |
| 11 | 3 | 6 | 6 | 4.41363 | ---- | 4.71466 | 5.23754 | ---- |
| 11 | 3 | 6 | 5 | 4.23754 | 4.31672 | 4.53857 | 4.93651 | 5.71466 |
| 11 | 3 | 5 | 5 | ---- | 4.53857 | ---- | 4.93651 | ---- |
| 11 | 2 | 11 | 3 | 5.86079 | ---- | 6.55976 | ---- | 7.90218 |
| 11 | 2 | 11 | 2 | 5.86079 | 6.46285 | 6.55976 | 6.86079 | 7.60115 |
| 11 | 2 | 10 | 4 | 5.50861 | 5.86079 | 6.16182 | 6.86079 | 7.16182 |
| 11 | 2 | 10 | 3 | 5.38367 | 5.55976 | 5.98573 | 6.55976 | 7.16182 |
| 11 | 2 | 9 | 5 | 5.23754 | ---- | 5.68470 | 6.16182 | ---- |
| 11 | 2 | 9 | 4 | 5.08264 | 5.20758 | 5.38367 | 5.86079 | ---- |
| 11 | 2 | 9 | 3 | 4.90655 | 5.20758 | 5.55976 | 6.16182 | ---- |
| 11 | 2 | 8 | 6 | 5.08264 | 5.38367 | 5.50861 | ---- | ---- |
| 11 | 2 | 8 | 5 | 4.60552 | 4.93651 | 5.20758 | 5.50861 | ---- |
| 11 | 2 | 8 | 4 | 4.53857 | 4.78161 | 4.83960 | 5.38367 | 5.98573 |
| 11 | 2 | 7 | 7 | 5.08264 | ---- | 5.38367 | ---- | ---- |
| 11 | 2 | 7 | 6 | ---- | 4.78161 | 5.08264 | 5.53857 | ---- |
| 11 | 2 | 7 | 5 | ---- | 4.48058 | 4.76042 | 5.23754 | ---- |
| 11 | 2 | 7 | 4 | 4.30449 | 4.53857 | 4.78161 | 4.90655 | ---- |
| 11 | 2 | 6 | 6 | ---- | 4.45939 | 4.53857 | 5.23754 | ---- |
| 11 | 2 | 6 | 5 | 4.14063 | 4.36248 | 4.45939 | 4.83960 | 5.53857 |
| 11 | 2 | 5 | 5 | ---- | 4.23754 | ---- | 4.76042 | ---- |
| 10 | 4 | 10 | 4 | 5.25873 | 5.38367 | 5.50861 | 6.33791 | 6.93997 |
| 10 | 4 | 10 | 3 | 5.01569 | 5.25873 | 5.50861 | 6.16182 | 7.16182 |
| 10 | 4 | 9 | 5 | 4.93651 | 5.08264 | 5.38367 | 5.98573 | 6.93997 |
| 10 | 4 | 9 | 4 | 4.78161 | 4.83960 | 5.01569 | 5.50861 | 6.33791 |
| 10 | 4 | 9 | 3 | 4.53857 | 4.90655 | 5.08264 | 5.68470 | 6.33791 |
| 10 | 4 | 8 | 6 | 4.83960 | 5.01569 | 5.25873 | 5.61775 | 6.28676 |
| 10 | 4 | 8 | 5 | 4.44166 | 4.78161 | 4.83960 | 5.38367 | 5.98573 |
| 10 | 4 | 8 | 4 | 4.30449 | 4.41363 | 4.60552 | 5.20758 | 5.86079 |
| 10 | 4 | 7 | 7 | 4.76042 | ---- | 5.25873 | 5.86079 | ---- |
| 10 | 4 | 7 | 6 | 4.41363 | 4.76042 | 4.83960 | 5.08264 | ---- |
| 10 | 4 | 7 | 5 | 4.06145 | 4.31672 | 4.53857 | 5.01569 | 5.38367 |
| 10 | 4 | 7 | 4 | 3.93651 | 4.23754 | 4.44166 | 4.78161 | 5.86079 |
| 10 | 4 | 6 | 6 | 4.06145 | 4.41363 | 4.45939 | 4.93651 | ---- |
| 10 | 4 | 6 | 5 | 3.93651 | 4.06145 | 4.41363 | 4.53857 | 5.53857 |
| 10 | 4 | 5 | 5 | 3.93651 | ---- | 4.23754 | 4.83960 | 5.53857 |
| 10 | 3 | 10 | 4 | 5.01569 | 5.25873 | 5.50861 | 6.16182 | 7.16182 |
| 10 | 3 | 10 | 3 | 4.90655 | 5.20758 | 5.50861 | 5.98573 | 6.33791 |
| 10 | 3 | 9 | 5 | 4.76042 | 5.01569 | 5.20758 | 5.38367 | 6.33791 |
| 10 | 3 | 9 | 4 | 4.48058 | 4.78161 | 5.08264 | 5.31672 | 6.16182 |
| 10 | 3 | 9 | 3 | 4.60552 | 4.71466 | 4.90655 | 5.55976 | 6.16182 |
| 10 | 3 | 8 | 6 | 4.60552 | 4.83960 | 4.93651 | 5.25873 | ---- |
| 10 | 3 | 8 | 5 | 4.30449 | 4.48058 | 4.76042 | 5.20758 | 5.98573 |
| 10 | 3 | 8 | 4 | 4.06145 | 4.30449 | 4.53857 | 4.90655 | 5.68470 |
| 10 | 3 | 7 | 7 | ---- | 4.76042 | 5.01569 | 5.25873 | ---- |
| 10 | 3 | 7 | 6 | 4.15836 | 4.41363 | 4.60552 | 5.08264 | 5.55976 |
| 10 | 3 | 7 | 5 | 3.83960 | 4.23754 | 4.30449 | 4.76042 | 5.23754 |
| 10 | 3 | 7 | 4 | 3.93651 | 4.06145 | 4.30449 | 4.60552 | 5.25873 |
| 10 | 3 | 6 | 6 | 3.93651 | ---- | 4.23754 | 4.71466 | 5.31672 |
| 10 | 3 | 6 | 5 | ---- | 3.83960 | 4.14063 | 4.41363 | 5.01569 |
| 10 | 3 | 5 | 5 | 3.76042 | 3.83960 | 4.23754 | ---- | 5.23754 |
| 9 | 5 | 9 | 5 | 4.78161 | 4.93651 | 5.08264 | 5.53857 | 6.68470 |
| 9 | 5 | 9 | 4 | 4.41363 | 4.60552 | 4.78161 | 5.20758 | 5.98573 |
| 9 | 5 | 9 | 3 | 4.30449 | 4.60552 | 4.78161 | 5.20758 | 6.63894 |

## Tafel XV-2-4-4 (Fortsetz.)

| | | | | | | | | |
|---|---|---|---|---|---|---|---|---|
| 9 | 5 | 8 | 6 | 4.41363 | 4.78161 | 4.93651 | 5.38367 | 5.98573 |
| 9 | 5 | 8 | 5 | ----- | 4.48058 | 4.60552 | 5.08264 | 5.98573 |
| 9 | 5 | 8 | 4 | 4.14063 | 4.23754 | 4.53857 | 5.01569 | 5.68470 |
| 9 | 5 | 7 | 7 | 4.53857 | ----- | 5.01569 | 5.38367 | 6.08264 |
| 9 | 5 | 7 | 6 | 4.23754 | 4.41363 | 4.71466 | 5.01569 | 5.78161 |
| 9 | 5 | 7 | 5 | 3.93651 | 4.06145 | 4.41363 | 4.71466 | 5.38367 |
| 9 | 5 | 7 | 4 | 3.83960 | 3.93651 | 4.23754 | 4.78161 | 5.38367 |
| 9 | 5 | 6 | 6 | 3.83960 | 4.23754 | 4.53857 | 4.71466 | 5.71466 |
| 9 | 5 | 6 | 5 | 3.63548 | 3.93651 | 4.14063 | 4.53857 | 5.53857 |
| 9 | 5 | 5 | 5 | 3.76042 | 3.93651 | 4.14063 | 4.83960 | 5.53857 |
| 9 | 4 | 9 | 5 | 4.41363 | 4.60552 | 4.78161 | 5.20758 | 5.98573 |
| 9 | 4 | 9 | 4 | 4.30449 | 4.36248 | 4.41363 | 5.14063 | 5.68470 |
| 9 | 4 | 9 | 3 | 4.01569 | 4.30449 | 4.71466 | 4.90655 | 5.68470 |
| 9 | 4 | 8 | 6 | 4.41363 | 4.44166 | 4.78161 | 5.01569 | 5.68470 |
| 9 | 4 | 8 | 5 | 4.06145 | 4.23754 | 4.36248 | 4.78161 | 5.50861 |
| 9 | 4 | 8 | 4 | 3.83960 | 4.00346 | 4.30449 | 4.71466 | 5.38367 |
| 9 | 4 | 7 | 7 | 4.41363 | 4.53857 | 5.01569 | 5.08264 | ----- |
| 9 | 4 | 7 | 6 | 3.83960 | 4.14063 | 4.36248 | 4.71466 | 5.31672 |
| 9 | 4 | 7 | 5 | 3.76042 | 3.83960 | 4.01569 | 4.60552 | 5.38367 |
| 9 | 4 | 7 | 4 | 3.58433 | 3.83960 | 4.14063 | 4.41363 | 5.14063 |
| 9 | 4 | 6 | 6 | 3.53857 | 3.93651 | 4.14063 | 4.53857 | 5.31672 |
| 9 | 4 | 6 | 5 | 3.45939 | 3.58433 | 3.93651 | 4.36248 | 5.01569 |
| 9 | 4 | 5 | 5 | 3.53857 | 3.63548 | 4.14063 | 4.53857 | ----- |
| 9 | 3 | 9 | 5 | 4.30449 | 4.60552 | 4.78161 | 5.20758 | 6.63894 |
| 9 | 3 | 9 | 4 | 4.01569 | 4.30449 | 4.71466 | 4.90655 | 5.68470 |
| 9 | 3 | 9 | 3 | 4.23754 | 4.30449 | 4.60552 | 5.08264 | 5.68470 |
| 9 | 3 | 8 | 6 | 4.23754 | 4.41363 | 4.71466 | ----- | 5.68470 |
| 9 | 3 | 8 | 5 | 3.93651 | ----- | 4.30449 | 4.60552 | 5.20758 |
| 9 | 3 | 8 | 4 | 3.83960 | 4.00346 | 4.23754 | 4.71466 | 5.20758 |
| 9 | 3 | 7 | 7 | 4.31672 | 4.41363 | 4.53857 | 5.08264 | ----- |
| 9 | 3 | 7 | 6 | 3.83960 | 4.06145 | 4.23754 | 4.60552 | 5.08264 |
| 9 | 3 | 7 | 5 | 3.53857 | 3.83960 | 4.01569 | 4.30449 | 5.08264 |
| 9 | 3 | 7 | 4 | 3.53857 | 3.76042 | 3.93651 | 4.41363 | 5.08264 |
| 9 | 3 | 6 | 6 | 3.53857 | 3.89075 | 4.06145 | 4.53857 | 5.19178 |
| 9 | 3 | 6 | 5 | 3.41363 | 3.63548 | 3.83960 | 4.23754 | 5.01569 |
| 9 | 3 | 5 | 5 | 3.45939 | ----- | 3.93651 | 4.23754 | ----- |
| 8 | 6 | 8 | 6 | 4.41363 | 4.53857 | 4.83960 | 5.23754 | 6.01569 |
| 8 | 6 | 8 | 5 | 4.06145 | ----- | 4.44166 | 4.93651 | 5.78161 |
| 8 | 6 | 8 | 4 | ----- | 4.06145 | 4.31672 | 4.78161 | 5.25873 |
| 8 | 6 | 7 | 7 | 4.31672 | 4.53857 | 4.93651 | 5.71466 | 6.55976 |
| 8 | 6 | 7 | 6 | 3.93651 | 4.23754 | 4.45939 | 4.93651 | 5.71466 |
| 8 | 6 | 7 | 5 | 3.71466 | 4.06145 | 4.23754 | 4.71466 | 5.25873 |
| 8 | 6 | 7 | 4 | 3.66351 | 3.93651 | 4.23754 | 4.53857 | 5.25873 |
| 8 | 6 | 6 | 6 | 3.76042 | 3.93651 | 4.06145 | 4.53857 | 5.23754 |
| 8 | 6 | 6 | 5 | 3.53857 | 3.76042 | 4.06145 | 4.45939 | 5.23754 |
| 8 | 6 | 5 | 5 | 3.53857 | 3.83960 | 4.06145 | 4.53857 | ----- |
| 8 | 5 | 8 | 6 | 4.06145 | ----- | 4.44166 | 4.93651 | 5.78161 |
| 8 | 5 | 8 | 5 | 3.76042 | 3.93651 | 4.44166 | 4.60552 | 5.23754 |
| 8 | 5 | 8 | 4 | 3.63548 | 3.93651 | 4.06145 | 4.53857 | 4.83960 |
| 8 | 5 | 7 | 7 | 3.93651 | 4.23754 | 4.76042 | 4.93651 | 5.78161 |
| 8 | 5 | 7 | 6 | 3.63548 | 3.83960 | 4.14063 | 4.53857 | 5.23754 |
| 8 | 5 | 7 | 5 | 3.45939 | 3.83960 | 3.93651 | 4.45939 | 5.08264 |
| 8 | 5 | 7 | 4 | 3.36248 | 3.63548 | 3.93651 | 4.36248 | 4.83960 |
| 8 | 5 | 6 | 6 | 3.53857 | 3.66351 | 3.93651 | 4.45939 | 4.93651 |
| 8 | 5 | 6 | 5 | 3.28330 | 3.53857 | 3.76042 | 4.23754 | 4.76042 |
| 8 | 5 | 5 | 5 | 3.23754 | 3.45939 | 3.76042 | 4.23754 | 4.83960 |
| 8 | 4 | 8 | 6 | ----- | 4.06145 | 4.31672 | 4.78161 | 5.25873 |
| 8 | 4 | 8 | 5 | 3.63548 | 3.93651 | 4.06145 | 4.53857 | 4.83960 |
| 8 | 4 | 8 | 4 | 3.53857 | 3.71466 | 4.06145 | 4.31672 | 4.91878 |
| 8 | 4 | 7 | 7 | 3.83960 | 4.23754 | 4.31672 | 5.25873 | 5.38367 |
| 8 | 4 | 7 | 6 | 3.53857 | 3.83960 | 4.01569 | 4.41363 | 5.08264 |
| 8 | 4 | 7 | 5 | 3.28330 | 3.53857 | 3.83960 | 4.23754 | 4.78161 |

Tafel XV-2-4-4 (Fortsetz.)

| N1 | N2 | N3 | N4 | | | | | |
|----|----|----|----|---|---|---|---|---|
| 8 | 4 | 7 | 4 | 3.28330 | 3.53857 | 3.76042 | 4.06145 | 4.83960 |
| 8 | 4 | 6 | 6 | 3.28330 | 3.53857 | 3.66351 | 4.14063 | 4.83960 |
| 8 | 4 | 6 | 5 | 3.15836 | 3.36248 | 3.63548 | 4.06145 | 4.71466 |
| 8 | 4 | 5 | 5 | 3.23754 | 3.28330 | 3.53857 | 4.14063 | ---- |
| 7 | 7 | 7 | 7 | 4.31672 | ---- | 4.76042 | 5.71466 | 6.55976 |
| 7 | 7 | 7 | 6 | 4.06145 | ---- | 4.15836 | 4.93651 | 5.71466 |
| 7 | 7 | 7 | 5 | 3.76042 | 3.83960 | 4.06145 | 4.76042 | 5.23754 |
| 7 | 7 | 7 | 4 | 3.71466 | 4.06145 | 4.31672 | 4.53857 | 5.86079 |
| 7 | 7 | 6 | 6 | 3.71466 | 3.93651 | 4.06145 | 4.53857 | 5.71466 |
| 7 | 7 | 6 | 5 | 3.53857 | 3.83960 | 3.93651 | 4.45939 | 5.23754 |
| 7 | 7 | 5 | 5 | 3.36248 | 3.83960 | 4.23754 | 4.76042 | ---- |
| 7 | 6 | 7 | 7 | 4.06145 | ---- | 4.15836 | 4.93651 | 5.71466 |
| 7 | 6 | 7 | 6 | 3.53857 | ---- | 4.01569 | 4.45939 | 5.23754 |
| 7 | 6 | 7 | 5 | 3.36248 | 3.63548 | 3.83960 | 4.23754 | 4.93651 |
| 7 | 6 | 7 | 4 | 3.36248 | 3.58433 | 3.76042 | 4.23754 | 4.83960 |
| 7 | 6 | 6 | 6 | 3.36248 | 3.53857 | 3.93651 | 4.14063 | 4.93651 |
| 7 | 6 | 6 | 5 | 3.15836 | 3.41363 | 3.71466 | 4.14063 | 4.71466 |
| 7 | 6 | 5 | 5 | 3.23754 | 3.53857 | 3.63548 | 4.23754 | 4.76042 |
| 7 | 5 | 7 | 7 | 3.76042 | 3.83960 | 4.06145 | 4.76042 | 5.23754 |
| 7 | 5 | 7 | 6 | 3.36248 | 3.63548 | 3.83960 | 4.23754 | 4.93651 |
| 7 | 5 | 7 | 5 | 3.23754 | 3.41363 | 3.71466 | 4.01569 | 4.76042 |
| 7 | 5 | 7 | 4 | 3.11260 | 3.36248 | 3.63548 | 4.06145 | 5.01569 |
| 7 | 5 | 6 | 6 | 3.15836 | 3.41363 | 3.53857 | 4.06145 | 4.71466 |
| 7 | 5 | 6 | 5 | 3.11260 | 3.28330 | 3.53857 | 3.93651 | 4.71466 |
| 7 | 5 | 5 | 5 | 3.06145 | 3.36248 | 3.53857 | 4.06145 | 4.53857 |
| 7 | 4 | 7 | 7 | 3.71466 | 4.06145 | 4.31672 | 4.53857 | 5.86079 |
| 7 | 4 | 7 | 6 | 3.36248 | 3.58433 | 3.76042 | 4.23754 | 4.83960 |
| 7 | 4 | 7 | 5 | 3.11260 | 3.36248 | 3.63548 | 4.06145 | 5.01569 |
| 7 | 4 | 7 | 4 | 3.11260 | 3.36248 | 3.58433 | 3.83960 | 4.90655 |
| 7 | 4 | 6 | 6 | 3.06145 | 3.36248 | 3.66351 | 4.06145 | 4.83960 |
| 7 | 4 | 6 | 5 | 2.98227 | 3.28330 | 3.45939 | 3.93651 | 4.41363 |
| 6 | 6 | 6 | 6 | 3.06145 | 3.45939 | 3.66351 | 4.06145 | 4.83960 |
| 6 | 6 | 6 | 5 | 3.06145 | 3.36248 | 3.45939 | 3.93651 | 4.45939 |
| 6 | 5 | 6 | 6 | 3.06145 | 3.36248 | 3.45939 | 3.93651 | 4.45939 |
| 6 | 5 | 6 | 5 | 2.88536 | 3.11260 | 3.36248 | 3.71466 | 4.36248 |

N= 16

| N1 | N2 | N3 | N4 | 20% | 10% | 5% | 1% | 0.1% |
|----|----|----|----|-----|-----|-----|----|------|
| 14 | 1 | 14 | 1 | ---- | ---- | ---- | 10.94040 | ---- |
| 14 | 1 | 13 | 2 | 8.98136 | ---- | 9.79428 | ---- | ---- |
| 14 | 1 | 12 | 3 | 8.37930 | ---- | 8.68033 | ---- | ---- |
| 14 | 1 | 12 | 2 | ---- | ---- | 8.68033 | ---- | ---- |
| 14 | 1 | 11 | 4 | 7.90218 | ---- | 8.37930 | ---- | ---- |
| 14 | 1 | 11 | 3 | ---- | 7.90218 | ---- | 8.37930 | ---- |
| 14 | 1 | 10 | 5 | 7.63894 | ---- | 7.93997 | ---- | ---- |
| 14 | 1 | 10 | 4 | 7.16182 | 7.33791 | ---- | 7.93997 | ---- |
| 14 | 1 | 10 | 3 | 7.16182 | ---- | 7.33791 | ---- | ---- |
| 14 | 1 | 9 | 6 | 7.46285 | ---- | 7.63894 | ---- | ---- |
| 14 | 1 | 9 | 5 | ---- | 6.93997 | ---- | 7.63894 | ---- |
| 14 | 1 | 9 | 4 | 6.63894 | ---- | 6.93997 | ---- | ---- |
| 14 | 1 | 8 | 7 | 7.40486 | 7.46285 | ---- | ---- | ---- |
| 14 | 1 | 8 | 6 | 6.68470 | ---- | ---- | 7.46285 | ---- |
| 14 | 1 | 8 | 5 | 6.28676 | ---- | 6.68470 | ---- | ---- |
| 14 | 1 | 8 | 4 | ---- | 6.28676 | ---- | ---- | ---- |
| 14 | 1 | 7 | 7 | ---- | ---- | ---- | 7.40486 | ---- |
| 14 | 1 | 7 | 6 | 6.08264 | ---- | 6.55976 | ---- | ---- |
| 14 | 1 | 7 | 5 | ---- | ---- | 6.08264 | ---- | ---- |

Tafel XV-2-4-4 (Fortsetz.)　　　　　405

| | | | | | | | | |
|---|---|---|---|---|---|---|---|---|
| 14 | 1 | 6 | 6 | --- | --- | 6.01569 | --- | --- |
| 14 | 1 | 6 | 5 | 5.71466 | --- | --- | --- | --- |
| 13 | 2 | 13 | 2 | 8.20321 | 8.68033 | --- | 8.98136 | 10.09531 |
| 13 | 2 | 12 | 3 | 7.60115 | 7.90218 | --- | 8.68033 | --- |
| 13 | 2 | 12 | 2 | 7.60115 | --- | 7.90218 | 8.68033 | --- |
| 13 | 2 | 11 | 4 | 7.16182 | 7.33791 | 7.90218 | 8.20321 | --- |
| 13 | 2 | 11 | 3 | --- | 7.16182 | 7.33791 | 7.90218 | --- |
| 13 | 2 | 10 | 5 | 6.93997 | 6.98573 | 7.16182 | 7.63894 | --- |
| 13 | 2 | 10 | 4 | --- | 6.46285 | 6.86079 | 7.24100 | --- |
| 13 | 2 | 10 | 3 | 6.33791 | 6.63894 | 6.86079 | 7.63894 | --- |
| 13 | 2 | 9 | 6 | 6.63894 | --- | 6.86079 | 7.24100 | --- |
| 13 | 2 | 9 | 5 | 6.08264 | 6.33791 | 6.63894 | 6.98573 | --- |
| 13 | 2 | 9 | 4 | 5.98573 | 6.16182 | 6.33791 | 7.24100 | --- |
| 13 | 2 | 8 | 7 | 6.55976 | 6.68470 | 6.86079 | 6.98573 | --- |
| 13 | 2 | 8 | 6 | 5.98573 | 6.01569 | 6.28676 | 6.86079 | --- |
| 13 | 2 | 8 | 5 | 5.55976 | 5.98573 | 6.08264 | 6.28676 | --- |
| 13 | 2 | 8 | 4 | 5.68470 | --- | 5.98573 | --- | --- |
| 13 | 2 | 7 | 7 | 5.78161 | 6.08264 | 6.55976 | 6.86079 | --- |
| 13 | 2 | 7 | 6 | 5.53857 | 5.68470 | 5.78161 | 6.08264 | --- |
| 13 | 2 | 7 | 5 | 5.31672 | 5.53857 | 5.68470 | 6.08264 | --- |
| 13 | 2 | 6 | 6 | 5.31672 | --- | 5.53857 | 6.01569 | --- |
| 13 | 2 | 6 | 5 | 5.23754 | 5.31672 | 5.53857 | --- | --- |
| 12 | 3 | 12 | 3 | 7.11606 | 7.16182 | 7.60115 | 8.37930 | 8.98136 |
| 12 | 3 | 12 | 2 | 6.86079 | 7.16182 | 7.60115 | 7.90218 | 8.98136 |
| 12 | 3 | 11 | 4 | 6.63894 | 6.76388 | 7.16182 | 7.33791 | 8.37930 |
| 12 | 3 | 11 | 3 | --- | 6.55976 | 6.86079 | 7.63894 | 8.37930 |
| 12 | 3 | 10 | 5 | 6.16182 | 6.33791 | 6.63894 | 7.16182 | 7.63894 |
| 12 | 3 | 10 | 4 | 5.86079 | 6.28676 | 6.33791 | 6.86079 | 7.63894 |
| 12 | 3 | 10 | 3 | 5.86079 | 6.16182 | 6.63894 | 6.86079 | 7.63894 |
| 12 | 3 | 9 | 6 | 6.01569 | 6.16182 | 6.49281 | 7.11606 | --- |
| 12 | 3 | 9 | 5 | 5.50861 | 5.71466 | 6.08264 | 6.63894 | --- |
| 12 | 3 | 9 | 4 | 5.50861 | 5.68470 | 6.16182 | 6.28676 | 7.11606 |
| 12 | 3 | 8 | 7 | 6.01569 | --- | 6.16182 | 6.55976 | --- |
| 12 | 3 | 8 | 6 | 5.38367 | 5.68470 | 5.98573 | 6.16182 | --- |
| 12 | 3 | 8 | 5 | 5.23754 | 5.38367 | 5.50861 | 6.08264 | 6.76388 |
| 12 | 3 | 8 | 4 | 5.08264 | 5.38367 | 5.50861 | 6.16182 | 6.76388 |
| 12 | 3 | 7 | 7 | 5.38367 | 5.71466 | 6.01569 | --- | --- |
| 12 | 3 | 7 | 6 | 5.08264 | 5.31672 | 5.38367 | 6.01569 | 6.55976 |
| 12 | 3 | 7 | 5 | 4.91878 | 5.08264 | 5.23754 | 5.71466 | 6.55976 |
| 12 | 3 | 6 | 6 | 4.83960 | 5.01569 | 5.23754 | 5.71466 | 6.49281 |
| 12 | 3 | 6 | 5 | 4.76042 | 5.01569 | 5.23754 | 5.71466 | --- |
| 12 | 2 | 12 | 3 | 6.86079 | 7.16182 | 7.60115 | 7.90218 | 8.98136 |
| 12 | 2 | 12 | 2 | 6.86079 | --- | 7.46285 | 7.90218 | 8.68033 |
| 12 | 2 | 11 | 4 | 6.46285 | 6.63894 | 7.16182 | 7.90218 | 8.20321 |
| 12 | 2 | 11 | 3 | 6.16182 | 6.46285 | 6.86079 | 7.60115 | 8.20321 |
| 12 | 2 | 10 | 5 | 6.16182 | 6.33791 | 6.63894 | 7.16182 | --- |
| 12 | 2 | 10 | 4 | 5.80964 | 5.98573 | 6.33791 | 6.86079 | --- |
| 12 | 2 | 10 | 3 | 5.86079 | 5.98573 | 6.16182 | 7.16182 | --- |
| 12 | 2 | 9 | 6 | 5.98573 | 6.08264 | 6.28676 | 6.63894 | --- |
| 12 | 2 | 9 | 5 | 5.50861 | 5.68470 | 5.98573 | 6.38367 | --- |
| 12 | 2 | 9 | 4 | 5.38367 | 5.68470 | 5.86079 | 6.28676 | 6.93997 |
| 12 | 2 | 8 | 7 | 5.78161 | 6.08264 | 6.28676 | --- | --- |
| 12 | 2 | 8 | 6 | 5.38367 | 5.68470 | 5.78161 | 6.31672 | --- |
| 12 | 2 | 8 | 5 | --- | 5.38367 | 5.50861 | 6.08264 | --- |
| 12 | 2 | 8 | 4 | 5.14063 | 5.20758 | 5.68470 | 5.80964 | 6.58779 |
| 12 | 2 | 7 | 7 | 5.38367 | --- | 5.71466 | 6.38367 | --- |
| 12 | 2 | 7 | 6 | 4.93651 | 5.23754 | 5.38367 | 6.01569 | --- |
| 12 | 2 | 7 | 5 | --- | 5.06145 | 5.23754 | 5.68470 | 6.38367 |
| 12 | 2 | 6 | 6 | 4.74269 | 5.14063 | 5.23754 | --- | 6.31672 |
| 12 | 2 | 6 | 5 | 4.83960 | --- | 5.01569 | 5.06145 | --- |
| 11 | 4 | 11 | 4 | --- | 6.33791 | 6.46285 | 6.86079 | 7.93997 |
| 11 | 4 | 11 | 3 | 5.98573 | 6.16182 | 6.46285 | 6.86079 | 8.20321 |

Tafel XV-2-4-4 (Fortsetz.)

| | | | | | | | | |
|---|---|---|---|---|---|---|---|---|
| 11 | 4 | 10 | 5 | 5.71466 | 5.98573 | 6.16182 | 6.63894 | 7.33791 |
| 11 | 4 | 10 | 4 | 5.50861 | 5.86079 | 5.98573 | 6.33791 | 7.24100 |
| 11 | 4 | 10 | 3 | 5.31672 | 5.50861 | 5.98573 | 6.63894 | 7.16182 |
| 11 | 4 | 9 | 6 | 5.68470 | 5.71466 | 6.16182 | 6.31672 | 7.24100 |
| 11 | 4 | 9 | 5 | 5.20758 | 5.53857 | 5.71466 | 5.98573 | 6.93997 |
| 11 | 4 | 9 | 4 | 5.01569 | 5.20758 | 5.25873 | 5.86079 | 6.76388 |
| 11 | 4 | 8 | 7 | 5.38367 | 5.86079 | 6.16182 | 6.28676 | --- |
| 11 | 4 | 8 | 6 | 5.08264 | 5.31672 | 5.53857 | 5.71466 | --- |
| 11 | 4 | 8 | 5 | 4.78161 | 5.01569 | 5.14063 | 5.71466 | 6.28676 |
| 11 | 4 | 8 | 4 | 4.78161 | 4.91878 | 5.25873 | 5.68470 | 6.46285 |
| 11 | 4 | 7 | 7 | 5.23754 | 5.25873 | 5.53857 | 5.86079 | --- |
| 11 | 4 | 7 | 6 | 4.71466 | 5.01569 | 5.23754 | 5.68470 | --- |
| 11 | 4 | 7 | 5 | 4.53857 | 4.76042 | 5.08264 | 5.25873 | 6.31672 |
| 11 | 4 | 6 | 6 | 4.45939 | 4.71466 | 4.93651 | 5.31672 | 6.31672 |
| 11 | 4 | 6 | 5 | 4.53857 | --- | 4.71466 | 5.14063 | 6.31672 |
| 11 | 3 | 11 | 4 | 5.98573 | 6.16182 | 6.46285 | 6.86079 | 8.20321 |
| 11 | 3 | 11 | 3 | 5.68470 | 5.98573 | 6.46285 | 6.86079 | 7.33791 |
| 11 | 3 | 10 | 5 | 5.53857 | 5.71466 | 6.16182 | 6.33791 | 7.16182 |
| 11 | 3 | 10 | 4 | 5.25873 | 5.68470 | 5.86079 | 6.33791 | 6.86079 |
| 11 | 3 | 10 | 3 | 5.20758 | 5.55976 | 5.68470 | 6.46285 | 6.86079 |
| 11 | 3 | 9 | 6 | 5.50861 | --- | 5.71466 | 6.16182 | --- |
| 11 | 3 | 9 | 5 | 5.08264 | 5.23754 | 5.50861 | 5.98573 | 6.46285 |
| 11 | 3 | 9 | 4 | 4.83960 | 5.20758 | 5.31672 | 5.86079 | 6.63894 |
| 11 | 3 | 8 | 7 | 5.25873 | 5.53857 | 5.68470 | 5.98573 | --- |
| 11 | 3 | 8 | 6 | 4.90655 | 5.08264 | 5.25873 | 5.98573 | 6.46285 |
| 11 | 3 | 8 | 5 | 4.60552 | 4.83960 | 5.20758 | 5.50861 | 6.01569 |
| 11 | 3 | 8 | 4 | 4.60552 | 4.83960 | 4.90655 | 5.50861 | 6.16182 |
| 11 | 3 | 7 | 7 | 4.83960 | 5.08264 | 5.25873 | 5.68470 | --- |
| 11 | 3 | 7 | 6 | 4.61775 | 4.76042 | 4.90655 | 5.31672 | 6.01569 |
| 11 | 3 | 7 | 5 | 4.41363 | 4.60552 | 4.78161 | 5.23754 | 5.71466 |
| 11 | 3 | 6 | 6 | 4.41363 | --- | 4.61775 | 5.01569 | 5.71466 |
| 11 | 3 | 6 | 5 | 4.31672 | 4.53857 | 4.71466 | 5.01569 | 6.01569 |
| 10 | 5 | 10 | 5 | 5.55976 | 5.68470 | 5.98573 | 6.23754 | 7.63894 |
| 10 | 5 | 10 | 4 | 5.20758 | 5.38367 | 5.53857 | 5.98573 | 6.93997 |
| 10 | 5 | 10 | 3 | 5.08264 | 5.23754 | 5.68470 | 5.98573 | 6.63894 |
| 10 | 5 | 9 | 6 | 5.25873 | 5.55976 | 5.61775 | 6.28676 | 6.93997 |
| 10 | 5 | 9 | 5 | 5.01569 | 5.14063 | 5.31672 | 5.68470 | 6.63894 |
| 10 | 5 | 9 | 4 | 4.71466 | 5.01569 | 5.20758 | 5.68470 | 6.63894 |
| 10 | 5 | 8 | 7 | 5.23754 | 5.31672 | 5.71466 | 6.08264 | 6.68470 |
| 10 | 5 | 8 | 6 | 4.83960 | 4.93651 | 5.25873 | 5.55976 | 6.28676 |
| 10 | 5 | 8 | 5 | 4.53857 | 4.78161 | 5.08264 | 5.38367 | 6.28676 |
| 10 | 5 | 8 | 4 | 4.44166 | 4.60552 | 5.01569 | 5.31672 | 6.28676 |
| 10 | 5 | 7 | 7 | 4.83960 | 5.01569 | 5.31672 | 5.55976 | --- |
| 10 | 5 | 7 | 6 | 4.31672 | 4.71466 | 4.93651 | 5.38367 | 6.08264 |
| 10 | 5 | 7 | 5 | 4.31672 | 4.53857 | 4.71466 | 5.14063 | 5.86079 |
| 10 | 5 | 6 | 6 | 4.23754 | --- | 4.71466 | 5.01569 | 5.71466 |
| 10 | 5 | 6 | 5 | --- | 4.44166 | 4.71466 | 5.01569 | 6.23754 |
| 10 | 4 | 10 | 5 | 5.20758 | 5.38367 | 5.53857 | 5.98573 | 6.93997 |
| 10 | 4 | 10 | 4 | 5.01569 | 5.20758 | 5.25873 | 5.86079 | 6.58779 |
| 10 | 4 | 10 | 3 | 4.78161 | 5.20758 | 5.50861 | 5.86079 | 6.63894 |
| 10 | 4 | 9 | 6 | 5.01569 | 5.25873 | 5.50861 | 5.98573 | 6.63894 |
| 10 | 4 | 9 | 5 | 4.78161 | 4.90655 | 5.06145 | 5.50861 | 6.28676 |
| 10 | 4 | 9 | 4 | 4.44166 | 4.78161 | 5.08264 | 5.50861 | 6.16182 |
| 10 | 4 | 8 | 7 | 4.93651 | 5.14063 | 5.31672 | 5.68470 | --- |
| 10 | 4 | 8 | 6 | 4.60552 | 4.78161 | 5.08264 | 5.25873 | 5.91878 |
| 10 | 4 | 8 | 5 | 4.30449 | 4.60552 | 4.76042 | 5.23754 | 5.86079 |
| 10 | 4 | 8 | 4 | 4.30449 | 4.41363 | 4.71466 | 5.14063 | 5.86079 |
| 10 | 4 | 7 | 7 | 4.53857 | 4.83960 | 5.01569 | 5.31672 | 6.16182 |
| 10 | 4 | 7 | 6 | 4.23754 | 4.45939 | 4.71466 | 5.08264 | 5.68470 |
| 10 | 4 | 7 | 5 | 4.14063 | 4.31672 | 4.44166 | 4.93651 | 5.61775 |
| 10 | 4 | 6 | 6 | 4.01569 | 4.36248 | 4.53857 | 4.83960 | 5.53857 |
| 10 | 4 | 6 | 5 | 4.01569 | --- | 4.36248 | 4.83960 | 5.53857 |

Tafel XV-2-4-4 (Fortsetz.) 407

| | | | | | | | | |
|---|---|---|---|---|---|---|---|---|
| 10 | 3 | 10 | 5 | 5.08264 | 5.23754 | 5.68470 | 5.98573 | 6.63894 |
| 10 | 3 | 10 | 4 | 4.78161 | 5.20758 | 5.50861 | 5.86079 | 6.63894 |
| 10 | 3 | 10 | 3 | 4.71466 | 5.20758 | 5.50861 | 5.86079 | 6.63894 |
| 10 | 3 | 9 | 6 | 4.93651 | 5.19178 | 5.50861 | --- | 6.63894 |
| 10 | 3 | 9 | 5 | 4.60552 | 5.01569 | 5.20758 | 5.38367 | 6.16182 |
| 10 | 3 | 9 | 4 | 4.49281 | 4.71466 | 4.90655 | 5.50861 | 6.16182 |
| 10 | 3 | 8 | 7 | 5.01569 | 5.08264 | 5.25873 | 5.55976 | 6.16182 |
| 10 | 3 | 8 | 6 | 4.53857 | 4.76042 | 5.01569 | 5.23754 | 5.98573 |
| 10 | 3 | 8 | 5 | 4.30449 | 4.60552 | 4.76042 | 5.08264 | 5.71466 |
| 10 | 3 | 8 | 4 | 4.14063 | 4.30449 | 4.61775 | 5.20758 | 5.98573 |
| 10 | 3 | 7 | 7 | 4.53857 | 4.61775 | 4.83960 | 5.31672 | --- |
| 10 | 3 | 7 | 6 | 4.14063 | 4.45939 | 4.60552 | 5.08264 | 5.79384 |
| 10 | 3 | 7 | 5 | 4.06145 | --- | 4.41363 | 4.83960 | --- |
| 10 | 3 | 6 | 6 | 4.01569 | 4.23754 | 4.49281 | 4.76042 | 5.79384 |
| 10 | 3 | 6 | 5 | 3.83960 | 4.14063 | 4.53857 | 5.01569 | 5.31672 |
| 9 | 6 | 9 | 6 | 4.93651 | 5.19178 | 5.53857 | 5.98573 | 7.46285 |
| 9 | 6 | 9 | 5 | 4.78161 | 4.90655 | 5.14063 | 5.68470 | 6.28676 |
| 9 | 6 | 9 | 4 | 4.60552 | 4.78161 | 5.08264 | 5.38367 | 6.16182 |
| 9 | 6 | 8 | 7 | 4.93651 | 5.14063 | 5.31672 | 6.01569 | 6.68470 |
| 9 | 6 | 8 | 6 | 4.71466 | 4.76042 | 5.08264 | 5.38367 | 6.08264 |
| 9 | 6 | 8 | 5 | 4.41363 | 4.71466 | 4.76042 | 5.14063 | 6.08264 |
| 9 | 6 | 8 | 4 | 4.31672 | 4.53857 | 4.71466 | 5.25873 | 6.16182 |
| 9 | 6 | 7 | 7 | --- | 4.71466 | 5.01569 | 5.31672 | 6.55976 |
| 9 | 6 | 7 | 6 | 4.23754 | --- | 4.71466 | 5.23754 | 5.78161 |
| 9 | 6 | 7 | 5 | 4.14063 | 4.36248 | 4.71466 | 5.14063 | 5.71466 |
| 9 | 6 | 6 | 6 | 4.06145 | 4.36248 | 4.53857 | 5.14063 | 5.71466 |
| 9 | 6 | 6 | 5 | 4.01569 | 4.36248 | 4.53857 | 4.93651 | 5.71466 |
| 9 | 5 | 9 | 6 | 4.78161 | 4.90655 | 5.14063 | 5.68470 | 6.28676 |
| 9 | 5 | 9 | 5 | 4.41363 | 4.78161 | 4.90655 | 5.38367 | 6.28676 |
| 9 | 5 | 9 | 4 | 4.30449 | 4.60552 | 4.78161 | 5.14063 | 5.98573 |
| 9 | 5 | 8 | 7 | 4.71466 | 4.83960 | 5.08264 | 5.53857 | 6.28676 |
| 9 | 5 | 8 | 6 | 4.36248 | 4.53857 | 4.83960 | 5.14063 | 5.98573 |
| 9 | 5 | 8 | 5 | 4.14063 | 4.36248 | 4.60552 | 5.08264 | 5.68470 |
| 9 | 5 | 8 | 4 | 4.06145 | 4.30449 | 4.71466 | 4.90655 | 5.68470 |
| 9 | 5 | 7 | 7 | 4.36248 | 4.53857 | 4.71466 | 5.23754 | 5.78161 |
| 9 | 5 | 7 | 6 | 4.01569 | 4.36248 | 4.53857 | 4.93651 | 5.53857 |
| 9 | 5 | 7 | 5 | 3.93651 | 4.14063 | 4.36248 | 4.78161 | 5.68470 |
| 9 | 5 | 6 | 6 | 3.93651 | 4.06145 | 4.36248 | 4.71466 | 5.53857 |
| 9 | 5 | 6 | 5 | 3.83960 | 3.93651 | 4.23754 | 4.83960 | 5.23754 |
| 9 | 4 | 9 | 6 | 4.60552 | 4.78161 | 5.08264 | 5.38367 | 6.16182 |
| 9 | 4 | 9 | 5 | 4.30449 | 4.60552 | 4.78161 | 5.14063 | 5.98573 |
| 9 | 4 | 9 | 4 | 4.14063 | 4.36248 | 4.61775 | 5.19178 | 5.79384 |
| 9 | 4 | 8 | 7 | 4.71466 | 4.83960 | 5.01569 | 5.25873 | 5.86079 |
| 9 | 4 | 8 | 6 | 4.23754 | 4.41363 | 4.60552 | 4.90655 | 5.68470 |
| 9 | 4 | 8 | 5 | 4.01569 | 4.30449 | 4.41363 | 4.78161 | 5.50861 |
| 9 | 4 | 8 | 4 | 3.93651 | 4.23754 | 4.36248 | 4.78161 | 5.50861 |
| 9 | 4 | 7 | 7 | 4.23754 | 4.41363 | 4.61775 | 5.08264 | 5.68470 |
| 9 | 4 | 7 | 6 | 3.89075 | 4.14063 | 4.36248 | 4.71466 | 5.31672 |
| 9 | 4 | 7 | 5 | 3.83960 | 4.01569 | 4.23754 | 4.60552 | 5.25873 |
| 9 | 4 | 6 | 6 | 3.58433 | 4.01569 | 4.14063 | 4.61775 | 5.31672 |
| 9 | 4 | 6 | 5 | 3.58433 | 3.93651 | 4.01569 | 4.71466 | 5.14063 |
| 8 | 7 | 8 | 7 | 4.83960 | 5.01569 | 5.53857 | 5.78161 | 7.40486 |
| 8 | 7 | 8 | 6 | 4.45939 | 4.76042 | 4.93651 | 5.38367 | 6.55976 |
| 8 | 7 | 8 | 5 | 4.31672 | 4.53857 | 4.76042 | 5.25873 | 5.86079 |
| 8 | 7 | 8 | 4 | 4.31672 | 4.53857 | 4.71466 | 5.25873 | 5.86079 |
| 8 | 7 | 7 | 7 | 4.45939 | 4.76042 | 4.83960 | 5.53857 | 6.55976 |
| 8 | 7 | 7 | 6 | 4.23754 | 4.41363 | 4.71466 | 5.23754 | 5.86079 |
| 8 | 7 | 7 | 5 | 4.01569 | 4.36248 | 4.71466 | 5.14063 | 5.61775 |
| 8 | 7 | 6 | 6 | 4.01569 | 4.23754 | 4.53857 | 5.01569 | 5.71466 |
| 8 | 7 | 6 | 5 | 3.93651 | 4.14063 | 4.76042 | 4.93651 | 5.61775 |
| 8 | 6 | 8 | 7 | 4.45939 | 4.76042 | 4.93651 | 5.38367 | 6.55976 |
| 8 | 6 | 8 | 6 | 4.14063 | 4.36248 | 4.71466 | 5.23754 | 5.78161 |

Tafel XV-2-4-4 (Fortsetz.)

| | | | | | | | | |
|---|---|---|---|---|---|---|---|---|
| 8 | 6 | 8 | 5 | 4.06145 | 4.23754 | 4.36248 | 4.83960 | 5.53857 |
| 8 | 6 | 8 | 4 | 3.96454 | 4.23754 | 4.31672 | 4.74269 | 5.38367 |
| 8 | 6 | 7 | 7 | 4.06145 | 4.36248 | 4.61775 | 4.93651 | 5.78161 |
| 8 | 6 | 7 | 6 | 3.83960 | 4.14063 | 4.36248 | 4.76042 | 5.38367 |
| 8 | 6 | 7 | 5 | 3.76042 | 4.01569 | 4.31672 | 4.61775 | 5.25873 |
| 8 | 6 | 6 | 6 | 3.71466 | 3.96454 | 4.14063 | 4.71466 | 5.23754 |
| 8 | 6 | 6 | 5 | 3.66351 | 3.93651 | 4.14063 | 4.71466 | 5.14063 |
| 8 | 5 | 8 | 7 | 4.31672 | 4.53857 | 4.76042 | 5.25873 | 5.86079 |
| 8 | 5 | 8 | 6 | 4.06145 | 4.23754 | 4.36248 | 4.83960 | 5.53857 |
| 8 | 5 | 8 | 5 | 3.76042 | 4.06145 | 4.31672 | 4.60552 | 5.25873 |
| 8 | 5 | 8 | 4 | 3.71466 | 4.01569 | 4.23754 | 4.60552 | 5.08264 |
| 8 | 5 | 7 | 7 | 4.01569 | 4.23754 | 4.41363 | 4.76042 | 5.55976 |
| 8 | 5 | 7 | 6 | 3.71466 | 3.93651 | 4.14063 | 4.61775 | 5.31672 |
| 8 | 5 | 7 | 5 | 3.63548 | 3.83960 | 4.06145 | 4.36248 | 5.08264 |
| 8 | 5 | 6 | 6 | 3.53857 | 3.76042 | 4.01569 | 4.53857 | 5.14063 |
| 8 | 5 | 6 | 5 | 3.53857 | 3.76042 | 3.93651 | 4.31672 | 5.01569 |
| 8 | 4 | 8 | 7 | 4.31672 | 4.53857 | 4.71466 | 5.25873 | 5.86079 |
| 8 | 4 | 8 | 6 | 3.96454 | 4.23754 | 4.31672 | 4.74269 | 5.38367 |
| 8 | 4 | 8 | 5 | 3.71466 | 4.01569 | 4.23754 | 4.60552 | 5.08264 |
| 8 | 4 | 8 | 4 | 3.71466 | 3.93651 | 4.31672 | 4.41363 | 5.25873 |
| 8 | 4 | 7 | 7 | 4.06145 | 4.23754 | 4.36248 | 4.61775 | 5.68470 |
| 8 | 4 | 7 | 6 | 3.58433 | 3.93651 | 4.14063 | 4.53857 | 5.08264 |
| 8 | 4 | 7 | 5 | 3.53857 | 3.76042 | 4.01569 | 4.36248 | 5.01569 |
| 8 | 4 | 6 | 6 | 3.53857 | 3.71466 | 3.93651 | 4.36248 | 5.14063 |
| 8 | 4 | 6 | 5 | 3.36248 | 3.58433 | 3.93651 | 4.41363 | 5.01569 |
| 7 | 7 | 7 | 7 | ---- | 4.14063 | 4.45939 | 5.23754 | 6.01569 |
| 7 | 7 | 7 | 6 | 3.83960 | 4.06145 | 4.15836 | 4.83960 | 5.31672 |
| 7 | 7 | 7 | 5 | 3.71466 | 3.93651 | 4.14063 | 4.61775 | 5.23754 |
| 7 | 7 | 6 | 6 | 3.66351 | 3.93651 | 4.23754 | 4.61775 | 5.53857 |
| 7 | 7 | 6 | 5 | 3.53857 | 4.01569 | 4.14063 | 4.76042 | 5.06145 |
| 7 | 6 | 7 | 7 | 3.83960 | 4.06145 | 4.15836 | 4.83960 | 5.31672 |
| 7 | 6 | 7 | 6 | 3.58433 | 3.83960 | 4.14063 | 4.53857 | 5.31672 |
| 7 | 6 | 7 | 5 | 3.45939 | 3.71466 | 4.01569 | 4.36248 | 5.01569 |
| 7 | 6 | 6 | 6 | 3.41363 | 3.76042 | 3.93651 | 4.41363 | 4.93651 |
| 7 | 6 | 6 | 5 | 3.41363 | 3.63548 | 3.93651 | 4.36248 | 4.93651 |
| 7 | 5 | 7 | 7 | 3.71466 | 3.93651 | 4.14063 | 4.61775 | 5.23754 |
| 7 | 5 | 7 | 6 | 3.45939 | 3.71466 | 4.01569 | 4.36248 | 5.01569 |
| 7 | 5 | 7 | 5 | 3.41363 | 3.58433 | 3.83960 | 4.31672 | 4.93651 |
| 7 | 5 | 6 | 6 | 3.41363 | 3.58433 | 3.83960 | 4.23754 | 4.83960 |
| 7 | 5 | 6 | 5 | 3.28330 | 3.63548 | 3.83960 | 4.23754 | 5.01569 |
| 6 | 6 | 6 | 6 | 3.23754 | 3.76042 | 3.89075 | 4.23754 | 4.83960 |

N= 17

| N1 | N2 | N3 | N4 | 20% | 10% | 5% | 1% | 0.1% |
|---|---|---|---|---|---|---|---|---|
| 15 | 1 | 15 | 1 | ---- | ---- | ---- | 12.11649 | ---- |
| 15 | 1 | 14 | 2 | 10.09531 | ---- | 10.94040 | ---- | ---- |
| 15 | 1 | 13 | 3 | 9.45848 | ---- | 9.79428 | ---- | ---- |
| 15 | 1 | 13 | 2 | ---- | ---- | 9.79428 | ---- | ---- |
| 15 | 1 | 12 | 4 | 8.98136 | ---- | 9.45848 | ---- | ---- |
| 15 | 1 | 12 | 3 | ---- | 8.98136 | ---- | 9.45848 | ---- |
| 15 | 1 | 11 | 5 | 8.37930 | ---- | 8.98136 | ---- | ---- |
| 15 | 1 | 11 | 4 | 8.20321 | 8.37930 | ---- | 8.98136 | ---- |
| 15 | 1 | 11 | 3 | 8.20321 | ---- | 8.37930 | ---- | ---- |
| 15 | 1 | 10 | 6 | 8.41709 | ---- | 8.63894 | ---- | ---- |
| 15 | 1 | 10 | 5 | ---- | 7.93997 | ---- | 8.63894 | ---- |
| 15 | 1 | 10 | 4 | 7.63894 | ---- | 7.93997 | ---- | ---- |
| 15 | 1 | 9 | 7 | 8.30795 | ---- | 8.41709 | ---- | ---- |

Tafel XV-2-4-4 (Fortsetz.) 409

| | | | | | | | | |
|---|---|---|---|---|---|---|---|---|
| 15 | 1 | 9 | 6 | ---- | 7.63894 | ---- | 8.41709 | ---- |
| 15 | 1 | 9 | 5 | 7.24100 | ---- | 7.63894 | ---- | ---- |
| 15 | 1 | 9 | 4 | ---- | 7.24100 | ---- | ---- | ---- |
| 15 | 1 | 8 | 8 | 8.30795 | ---- | ---- | ---- | ---- |
| 15 | 1 | 8 | 7 | 7.46285 | ---- | ---- | 8.30795 | ---- |
| 15 | 1 | 8 | 6 | 6.98573 | ---- | 7.46285 | ---- | ---- |
| 15 | 1 | 8 | 5 | ---- | ---- | 6.98573 | ---- | ---- |
| 15 | 1 | 7 | 7 | ---- | ---- | 7.40486 | ---- | ---- |
| 15 | 1 | 7 | 6 | ---- | ---- | 6.86079 | ---- | ---- |
| 15 | 1 | 7 | 5 | 6.55976 | ---- | ---- | ---- | ---- |
| 15 | 1 | 6 | 6 | ---- | 6.49281 | ---- | ---- | ---- |
| 14 | 2 | 14 | 2 | 9.28239 | 9.79428 | ---- | 10.09531 | 11.24143 |
| 14 | 2 | 13 | 3 | 8.68033 | 8.98136 | ---- | 9.79428 | ---- |
| 14 | 2 | 13 | 2 | 8.68033 | ---- | 8.98136 | 9.79428 | ---- |
| 14 | 2 | 12 | 4 | 8.20321 | 8.37930 | 8.98136 | 9.28239 | ---- |
| 14 | 2 | 12 | 3 | 7.90218 | ---- | 8.20321 | 8.98136 | ---- |
| 14 | 2 | 11 | 5 | 7.93997 | ---- | 8.20321 | 8.68033 | ---- |
| 14 | 2 | 11 | 4 | ---- | 7.46285 | 7.90218 | 8.24100 | ---- |
| 14 | 2 | 11 | 3 | 7.33791 | 7.63894 | 7.90218 | 8.20321 | ---- |
| 14 | 2 | 10 | 6 | 7.63894 | ---- | 7.76388 | 8.24100 | ---- |
| 14 | 2 | 10 | 5 | 6.98573 | 7.33791 | 7.46285 | 7.93997 | ---- |
| 14 | 2 | 10 | 4 | 6.93997 | 7.16182 | 7.24100 | 7.63894 | ---- |
| 14 | 2 | 9 | 7 | 7.40486 | ---- | 7.63894 | 7.93997 | ---- |
| 14 | 2 | 9 | 6 | 6.86079 | 6.93997 | 7.24100 | 7.63894 | ---- |
| 14 | 2 | 9 | 5 | 6.46285 | 6.68470 | 6.98573 | 7.24100 | ---- |
| 14 | 2 | 9 | 4 | 6.58779 | 6.63894 | 6.93997 | 7.24100 | ---- |
| 14 | 2 | 8 | 8 | 7.40486 | 7.46285 | 7.76388 | ---- | ---- |
| 14 | 2 | 8 | 7 | 6.58779 | 6.86079 | 6.98573 | 7.70589 | ---- |
| 14 | 2 | 8 | 6 | 6.28676 | 6.55976 | 6.68470 | 6.98573 | ---- |
| 14 | 2 | 8 | 5 | 6.16182 | 6.38367 | 6.58779 | 6.98573 | ---- |
| 14 | 2 | 7 | 7 | 6.38367 | 6.55976 | 6.86079 | 7.70589 | ---- |
| 14 | 2 | 7 | 6 | 6.08264 | 6.16182 | 6.31672 | 6.86079 | ---- |
| 14 | 2 | 7 | 5 | 6.01569 | 6.16182 | 6.38367 | ---- | ---- |
| 14 | 2 | 6 | 6 | 6.01569 | ---- | 6.31672 | ---- | ---- |
| 13 | 3 | 13 | 3 | ---- | 8.11606 | 8.68033 | 9.45848 | 10.09531 |
| 13 | 3 | 13 | 2 | 7.90218 | 8.20321 | 8.68033 | 8.98136 | 10.09531 |
| 13 | 3 | 12 | 4 | 7.33791 | 7.71812 | 7.90218 | 8.37930 | 9.45848 |
| 13 | 3 | 12 | 3 | ---- | 7.60115 | 7.90218 | 8.68033 | 9.45848 |
| 13 | 3 | 11 | 5 | 7.16182 | 7.33791 | 7.63894 | 8.20321 | 8.68033 |
| 13 | 3 | 11 | 4 | 6.76388 | 7.16182 | 7.24100 | 7.90218 | 8.37930 |
| 13 | 3 | 11 | 3 | ---- | 6.86079 | 7.63894 | 7.90218 | 8.68033 |
| 13 | 3 | 10 | 6 | 6.93997 | 7.11606 | 7.33791 | 8.11606 | ---- |
| 13 | 3 | 10 | 5 | 6.46285 | 6.93997 | 6.98573 | 7.63894 | ---- |
| 13 | 3 | 10 | 4 | 6.28676 | 6.46285 | 7.11606 | 7.24100 | 8.11606 |
| 13 | 3 | 9 | 7 | 6.76388 | 6.98573 | 7.11606 | 7.33791 | ---- |
| 13 | 3 | 9 | 6 | 6.28676 | 6.46285 | 6.86079 | 7.11606 | ---- |
| 13 | 3 | 9 | 5 | 6.01569 | 6.28676 | 6.46285 | 6.93997 | 7.71812 |
| 13 | 3 | 9 | 4 | 5.98573 | 6.28676 | 6.46285 | 6.76388 | 7.71812 |
| 13 | 3 | 8 | 8 | 6.76388 | ---- | 6.98573 | 7.46285 | ---- |
| 13 | 3 | 8 | 7 | 6.16182 | 6.28676 | 6.76388 | 6.98573 | ---- |
| 13 | 3 | 8 | 6 | 5.79384 | 6.03688 | 6.28676 | 6.86079 | 7.46285 |
| 13 | 3 | 8 | 5 | 5.68470 | 5.71466 | 6.08264 | 6.46285 | 7.46285 |
| 13 | 3 | 7 | 7 | 5.79384 | 6.08264 | 6.16182 | 6.86079 | ---- |
| 13 | 3 | 7 | 6 | 5.55976 | 5.79384 | 6.01569 | 6.16182 | 7.33791 |
| 13 | 3 | 7 | 5 | 5.53857 | 5.68470 | 5.71466 | 6.55976 | ---- |
| 13 | 3 | 6 | 6 | 5.53857 | 5.71466 | 5.79384 | 6.49281 | ---- |
| 13 | 2 | 13 | 3 | 7.90218 | 8.20321 | 8.68033 | 8.98136 | 10.09531 |
| 13 | 2 | 13 | 2 | 7.90218 | ---- | 8.50424 | 8.98136 | 9.79428 |
| 13 | 2 | 12 | 4 | 7.46285 | 7.63894 | 7.90218 | 8.20321 | 9.28239 |
| 13 | 2 | 12 | 3 | 7.16182 | 7.46285 | 7.90218 | 8.20321 | 8.98136 |
| 13 | 2 | 11 | 5 | 7.16182 | 7.24100 | 7.33791 | 8.20321 | ---- |
| 13 | 2 | 11 | 4 | 6.76388 | 6.93997 | 7.33791 | 7.63894 | 8.50424 |

| | | | | | | | |
|---|---|---|---|---|---|---|---|
| 13 | 2 | 11 | 3 | 6.86079 | 6.93997 | 7.16182 | 7.63894 | --- |
| 13 | 2 | 10 | 6 | 6.86079 | 6.98573 | 7.24100 | 7.63894 | --- |
| 13 | 2 | 10 | 5 | 6.33791 | 6.63894 | 6.93997 | 7.28676 | --- |
| 13 | 2 | 10 | 4 | 6.28676 | 6.46285 | 6.63894 | 7.16182 | 7.93997 |
| 13 | 2 | 9 | 7 | 6.68470 | 6.93997 | 6.98573 | --- | --- |
| 13 | 2 | 9 | 6 | 6.08264 | 6.55976 | 6.68470 | 7.16182 | --- |
| 13 | 2 | 9 | 5 | 5.98573 | 6.28676 | 6.33791 | 6.93997 | --- |
| 13 | 2 | 9 | 4 | 5.98573 | 6.16182 | 6.28676 | 6.76388 | 7.54203 |
| 13 | 2 | 8 | 8 | 6.58779 | --- | 6.98573 | --- | --- |
| 13 | 2 | 8 | 7 | 6.08264 | 6.28676 | 6.55976 | 7.16182 | --- |
| 13 | 2 | 8 | 6 | 5.68470 | 5.98573 | 6.08264 | 6.58779 | --- |
| 13 | 2 | 8 | 5 | 5.61775 | 5.83960 | 5.98573 | 6.58779 | 7.28676 |
| 13 | 2 | 7 | 7 | 5.71466 | 5.86079 | 6.01569 | 6.86079 | --- |
| 13 | 2 | 7 | 6 | 5.44166 | 5.61775 | 5.98573 | 6.08264 | 7.16182 |
| 13 | 2 | 7 | 5 | 5.53857 | 5.68470 | 5.86079 | 6.38367 | --- |
| 13 | 2 | 6 | 6 | 5.44166 | 5.61775 | 5.83960 | 6.31672 | --- |
| 12 | 4 | 12 | 4 | 7.11606 | 7.33791 | 7.36594 | 7.90218 | 8.98136 |
| 12 | 4 | 12 | 3 | 6.76388 | 6.93997 | 7.46285 | 7.90218 | 9.28239 |
| 12 | 4 | 11 | 5 | 6.76388 | 6.93997 | 7.16182 | 7.63894 | 8.37930 |
| 12 | 4 | 11 | 4 | 6.46285 | 6.63894 | 6.76388 | 7.33791 | 8.20321 |
| 12 | 4 | 11 | 3 | --- | 6.46285 | 6.86079 | 7.63894 | 8.20321 |
| 12 | 4 | 10 | 6 | 6.49281 | 6.58779 | 7.09487 | 7.24100 | 8.24100 |
| 12 | 4 | 10 | 5 | 5.98573 | 6.31672 | 6.58779 | 6.93997 | 7.63894 |
| 12 | 4 | 10 | 4 | 5.80964 | 6.16182 | 6.46285 | 6.76388 | 7.63894 |
| 12 | 4 | 9 | 7 | 6.28676 | 6.49281 | 6.76388 | 7.11606 | 7.71812 |
| 12 | 4 | 9 | 6 | 5.83960 | 6.16182 | 6.31672 | 6.63894 | --- |
| 12 | 4 | 9 | 5 | 5.55976 | 5.71466 | 6.16182 | 6.55976 | 7.11606 |
| 12 | 4 | 9 | 4 | 5.52084 | 5.80964 | 5.86079 | 6.46285 | 7.36594 |
| 12 | 4 | 8 | 8 | 6.31672 | 6.55976 | 6.76388 | 7.36594 | --- |
| 12 | 4 | 8 | 7 | 5.86079 | 6.08264 | 6.31672 | 6.58779 | --- |
| 12 | 4 | 8 | 6 | 5.53857 | 5.61775 | 5.79384 | 6.31672 | --- |
| 12 | 4 | 8 | 5 | 5.23754 | 5.53857 | 5.71466 | 6.16182 | 7.16182 |
| 12 | 4 | 7 | 7 | 5.53857 | 5.68470 | 5.86079 | 6.38367 | --- |
| 12 | 4 | 7 | 6 | 5.19178 | 5.38367 | 5.61775 | 5.91878 | 6.55976 |
| 12 | 4 | 7 | 5 | 5.06145 | 5.38367 | 5.55976 | 5.86079 | 7.16182 |
| 12 | 4 | 6 | 6 | 5.14063 | 5.31672 | 5.71466 | 5.91878 | 7.09487 |
| 12 | 3 | 12 | 4 | 6.76388 | 6.93997 | 7.46285 | 7.90218 | 9.28239 |
| 12 | 3 | 12 | 3 | 6.55976 | 6.93997 | 7.41709 | 7.60115 | 8.37930 |
| 12 | 3 | 11 | 5 | 6.46285 | 6.63894 | 7.16182 | 7.33791 | 8.20321 |
| 12 | 3 | 11 | 4 | 6.28676 | 6.46285 | 6.86079 | 7.06491 | 7.90218 |
| 12 | 3 | 11 | 3 | 6.16182 | 6.46285 | 6.55976 | 7.41709 | 7.90218 |
| 12 | 3 | 10 | 6 | 6.28676 | 6.49281 | 6.63894 | 7.11606 | --- |
| 12 | 3 | 10 | 5 | 5.86079 | 6.16182 | 6.33791 | 6.86079 | 7.46285 |
| 12 | 3 | 10 | 4 | 5.80964 | 5.98573 | 6.28676 | 6.86079 | 7.46285 |
| 12 | 3 | 9 | 7 | 6.16182 | 6.38367 | 6.49281 | 6.93997 | --- |
| 12 | 3 | 9 | 6 | 5.71466 | 5.86079 | 6.16182 | 6.58779 | 7.41709 |
| 12 | 3 | 9 | 5 | 5.49281 | 5.53857 | 5.86079 | 6.38367 | 6.93997 |
| 12 | 3 | 9 | 4 | 5.50861 | 5.61775 | 5.80964 | 6.46285 | 7.11606 |
| 12 | 3 | 8 | 8 | --- | 6.31672 | 6.55976 | 6.76388 | --- |
| 12 | 3 | 8 | 7 | 5.55976 | 5.78161 | 6.08264 | 6.38367 | 7.06491 |
| 12 | 3 | 8 | 6 | 5.31672 | 5.53857 | 5.68470 | 6.08264 | 6.79384 |
| 12 | 3 | 8 | 5 | 5.14063 | 5.38367 | 5.50861 | 5.98573 | 6.58779 |
| 12 | 3 | 7 | 7 | 5.31672 | 5.53857 | 5.55976 | 6.08264 | 6.86079 |
| 12 | 3 | 7 | 6 | 5.06145 | 5.21981 | 5.38367 | 5.68470 | 6.49281 |
| 12 | 3 | 7 | 5 | 4.91878 | 5.08264 | 5.38367 | 5.71466 | 6.86079 |
| 12 | 3 | 6 | 6 | 5.01569 | 5.14063 | 5.31672 | 5.61775 | 6.79384 |
| 11 | 5 | 11 | 5 | 6.46285 | 6.63894 | 6.93997 | 7.01569 | 8.63894 |
| 11 | 5 | 11 | 4 | 6.01569 | 6.31672 | 6.63894 | 6.93997 | 7.63894 |
| 11 | 5 | 11 | 3 | 5.98573 | 6.16182 | 6.63894 | 6.93997 | 7.63894 |
| 11 | 5 | 10 | 6 | 6.16182 | 6.31672 | 6.46285 | 6.93997 | 7.63894 |
| 11 | 5 | 10 | 5 | 5.83960 | 6.01569 | 6.16182 | 6.46285 | 7.24100 |
| 11 | 5 | 10 | 4 | 5.55976 | 5.68470 | 5.98573 | 6.63894 | 7.24100 |

Tafel XV-2-4-4 (Fortsetz.) 411

| | | | | | | | | |
|---|---|---|---|---|---|---|---|---|
| 11 | 5 | 9 | 7 | 6.01569 | 6.28676 | 6.46285 | 6.98573 | 7.63894 |
| 11 | 5 | 9 | 6 | 5.55976 | 5.71466 | 6.01569 | 6.31672 | 6.98573 |
| 11 | 5 | 9 | 5 | 5.23754 | 5.53857 | 5.71466 | 6.16182 | 7.24100 |
| 11 | 5 | 9 | 4 | 5.25873 | 5.50861 | 5.61775 | 6.16182 | 6.93997 |
| 11 | 5 | 8 | 8 | ------ | 6.01569 | 6.55976 | 6.76388 | --- |
| 11 | 5 | 8 | 7 | 5.53857 | 5.68470 | 6.01569 | 6.38367 | 6.98573 |
| 11 | 5 | 8 | 6 | 5.08264 | 5.31672 | 5.68470 | 6.16182 | 6.55976 |
| 11 | 5 | 8 | 5 | 5.01569 | 5.14063 | 5.38367 | 5.98573 | 6.76388 |
| 11 | 5 | 7 | 7 | 5.31672 | 5.53857 | 5.55976 | 6.16182 | 6.55976 |
| 11 | 5 | 7 | 6 | 4.91878 | 5.14063 | 5.38367 | 5.71466 | 6.46285 |
| 11 | 5 | 7 | 5 | 4.91878 | 5.14063 | 5.23754 | 5.83960 | 6.46285 |
| 11 | 5 | 6 | 6 | 4.83960 | 5.14063 | 5.31672 | 5.61775 | 7.01569 |
| 11 | 4 | 11 | 5 | 6.01569 | 6.31672 | 6.63894 | 6.93997 | 7.63894 |
| 11 | 4 | 11 | 4 | 5.86079 | 6.16182 | 6.33791 | 6.86079 | 7.54203 |
| 11 | 4 | 11 | 3 | 5.68470 | 5.98573 | 6.46285 | 6.63894 | 7.33791 |
| 11 | 4 | 10 | 6 | 5.80964 | 5.98573 | 6.31672 | 6.63894 | 7.24100 |
| 11 | 4 | 10 | 5 | 5.53857 | 5.71466 | 5.83960 | 6.33791 | 7.24100 |
| 11 | 4 | 10 | 4 | 5.21981 | 5.55976 | 5.80964 | 6.28676 | 6.93997 |
| 11 | 4 | 9 | 7 | 5.71466 | 5.86079 | 5.28676 | 6.31672 | 7.24100 |
| 11 | 4 | 9 | 6 | 5.31672 | 5.55976 | 5.71466 | 6.01569 | 6.76388 |
| 11 | 4 | 9 | 5 | 5.06145 | 5.38367 | 5.50861 | 6.01569 | 6.76388 |
| 11 | 4 | 9 | 4 | 5.01569 | 5.21981 | 5.44166 | 5.98573 | 6.76388 |
| 11 | 4 | 8 | 8 | 5.68470 | 5.91878 | 6.01569 | 6.58779 | --- |
| 11 | 4 | 8 | 7 | 5.25873 | 5.44166 | 5.71466 | 6.01569 | 6.58779 |
| 11 | 4 | 8 | 6 | 4.90655 | 5.14063 | 5.25873 | 5.71466 | 6.46285 |
| 11 | 4 | 8 | 5 | 4.83960 | 5.01569 | 5.14063 | 5.68470 | 6.46285 |
| 11 | 4 | 7 | 7 | 5.01569 | 5.23754 | 5.38367 | 5.71466 | --- |
| 11 | 4 | 7 | 6 | 4.71466 | 4.93651 | 5.08264 | 5.55976 | 6.31672 |
| 11 | 4 | 7 | 5 | 4.61775 | 4.90655 | 5.06145 | 5.38367 | 6.31672 |
| 11 | 4 | 6 | 6 | 4.61775 | 4.76042 | 5.01569 | 5.31672 | 6.01569 |
| 11 | 3 | 11 | 5 | 5.98573 | 6.16182 | 6.63894 | 6.93997 | 7.63894 |
| 11 | 3 | 11 | 4 | 5.68470 | 5.98573 | 6.46285 | 6.63894 | 7.33791 |
| 11 | 3 | 11 | 3 | 5.55976 | 6.16182 | 6.46285 | 6.86079 | 7.63894 |
| 11 | 3 | 10 | 6 | 5.71466 | 6.01569 | 6.16182 | 6.63894 | 7.63894 |
| 11 | 3 | 10 | 5 | 5.38367 | 5.68470 | 6.01569 | 6.33791 | 7.16182 |
| 11 | 3 | 10 | 4 | 5.09487 | 5.55976 | 5.68470 | 6.46285 | 6.93997 |
| 11 | 3 | 9 | 7 | 5.68470 | 5.98573 | 6.01569 | 6.93997 | 7.11606 |
| 11 | 3 | 9 | 6 | 5.31672 | 5.53857 | 5.98573 | 6.01569 | 6.93997 |
| 11 | 3 | 9 | 5 | 5.01569 | 5.23754 | 5.50861 | 5.98573 | 6.63894 |
| 11 | 3 | 9 | 4 | 4.90655 | 5.08264 | 5.50861 | 5.98573 | 6.46285 |
| 11 | 3 | 8 | 8 | 5.68470 | 5.71466 | 6.01569 | 6.46285 | --- |
| 11 | 3 | 8 | 7 | 5.23754 | 5.38367 | 5.55976 | 6.01569 | --- |
| 11 | 3 | 8 | 6 | 4.90655 | 5.08264 | 5.31672 | 5.68470 | 6.49281 |
| 11 | 3 | 8 | 5 | 4.71466 | 4.90655 | 5.25873 | 5.53857 | 6.46285 |
| 11 | 3 | 7 | 7 | 4.83960 | 5.01569 | 5.31672 | 5.68470 | 6.63894 |
| 11 | 3 | 7 | 6 | 4.61775 | 4.90655 | 5.08264 | 5.38367 | 6.03688 |
| 11 | 3 | 7 | 5 | 4.53857 | ------ | 4.90655 | 5.31672 | 6.16182 |
| 11 | 3 | 6 | 6 | 4.53857 | 4.71466 | 4.93651 | 5.49281 | 6.01569 |
| 10 | 6 | 10 | 6 | 5.68470 | 6.03688 | 6.31672 | 6.68470 | 8.41709 |
| 10 | 6 | 10 | 5 | 5.55976 | 5.68470 | 5.98573 | 6.28676 | 6.98573 |
| 10 | 6 | 10 | 4 | 5.31672 | 5.68470 | 5.80964 | 6.16182 | 6.93997 |
| 10 | 6 | 9 | 7 | 5.61775 | 5.83960 | 6.16182 | 6.55976 | 7.46285 |
| 10 | 6 | 9 | 6 | 5.31672 | 5.55976 | 5.71466 | 6.08264 | 6.98573 |
| 10 | 6 | 9 | 5 | 5.14063 | 5.31672 | 5.53857 | 6.01569 | 6.55976 |
| 10 | 6 | 9 | 4 | 5.08264 | 5.19178 | 5.55976 | 5.98573 | 6.58779 |
| 10 | 6 | 8 | 8 | 5.71466 | 5.86079 | 6.08264 | 6.86079 | 7.46285 |
| 10 | 6 | 8 | 7 | 5.23754 | 5.38367 | 5.55976 | 6.16182 | 6.98573 |
| 10 | 6 | 8 | 6 | 5.01569 | 5.31672 | 5.38367 | 5.79384 | 6.55976 |
| 10 | 6 | 8 | 5 | 4.74269 | 5.08264 | 5.23754 | 5.71466 | 6.46285 |
| 10 | 6 | 7 | 7 | 5.01569 | 5.06145 | 5.53857 | 5.79384 | 6.49281 |
| 10 | 6 | 7 | 6 | 4.61775 | 5.01569 | 5.19178 | 5.68470 | 6.31672 |
| 10 | 6 | 7 | 5 | 4.71466 | 5.01569 | 5.14063 | 5.55976 | 6.55976 |

| | | | | | | | |
|---|---|---|---|---|---|---|---|
| 10 | 6  | 6 | 6 | 4.71466 | 5.01569 | 5.14063 | 5.71466 | 6.31672 |
| 10 | 5  | 10 | 6 | 5.55976 | 5.68470 | 5.98573 | 6.28676 | 6.98573 |
| 10 | 5  | 10 | 5 | 5.25873 | 5.50861 | 5.61775 | 5.98573 | 6.93997 |
| 10 | 5  | 10 | 4 | 5.08264 | 5.31672 | 5.53857 | 5.91878 | 6.93997 |
| 10 | 5  | 9 | 7 | 5.38367 | 5.53857 | 5.83960 | 6.31672 | 6.98573 |
| 10 | 5  | 9 | 6 | 4.93651 | 5.23754 | 5.44166 | 5.86079 | 6.61775 |
| 10 | 5  | 9 | 5 | 4.83960 | 5.08264 | 5.31672 | 5.68470 | 6.63894 |
| 10 | 5  | 9 | 4 | 4.78161 | 4.90655 | 5.20758 | 5.68470 | 6.28676 |
| 10 | 5  | 8 | 8 | 5.31672 | 5.61775 | 5.86079 | 6.08264 | ---- |
| 10 | 5  | 8 | 7 | 4.93651 | 5.14063 | 5.38367 | 5.83960 | 6.38367 |
| 10 | 5  | 8 | 6 | 4.61775 | 4.90655 | 5.14063 | 5.55976 | 6.08264 |
| 10 | 5  | 8 | 5 | 4.60552 | 4.74269 | 5.08264 | 5.38367 | 6.16182 |
| 10 | 5  | 7 | 7 | 4.61775 | 4.93651 | 5.01569 | 5.55976 | 6.16182 |
| 10 | 5  | 7 | 6 | 4.53857 | 4.61775 | 4.93651 | 5.38367 | 5.91878 |
| 10 | 5  | 7 | 5 | 4.36248 | 4.61775 | 4.71466 | 5.31672 | 5.86079 |
| 10 | 5  | 6 | 6 | 4.31672 | 4.71466 | 5.01569 | 5.14063 | 5.91878 |
| 10 | 4  | 10 | 6 | 5.31672 | 5.68470 | 5.80964 | 6.16182 | 6.93997 |
| 10 | 4  | 10 | 5 | 5.08264 | 5.31672 | 5.53857 | 5.91878 | 6.93997 |
| 10 | 4  | 10 | 4 | 4.83960 | 5.09487 | 5.38367 | 5.98573 | 6.58779 |
| 10 | 4  | 9 | 7 | 5.25873 | 5.38367 | 5.68470 | 6.03688 | 7.11606 |
| 10 | 4  | 9 | 6 | 4.90655 | 5.14063 | 5.38367 | 5.80964 | 6.46285 |
| 10 | 4  | 9 | 5 | 4.61775 | 4.90655 | 5.14063 | 5.55976 | 6.28676 |
| 10 | 4  | 9 | 4 | 4.60552 | 4.83960 | 5.14063 | 5.55976 | 6.39590 |
| 10 | 4  | 8 | 8 | 5.23754 | 5.55976 | 5.61775 | 5.91878 | 6.76388 |
| 10 | 4  | 8 | 7 | 4.76042 | 5.08264 | 5.23754 | 5.61775 | 6.28676 |
| 10 | 4  | 8 | 6 | 4.60552 | 4.74269 | 5.08264 | 5.38367 | 6.03688 |
| 10 | 4  | 8 | 5 | 4.36248 | 4.61775 | 4.78161 | 5.25873 | 5.91878 |
| 10 | 4  | 7 | 7 | 4.61775 | 4.76042 | 5.06145 | 5.38367 | 6.03688 |
| 10 | 4  | 7 | 6 | 4.36248 | 4.61775 | 4.74269 | 5.19178 | 5.83960 |
| 10 | 4  | 7 | 5 | 4.31672 | 4.44166 | 4.71466 | 5.14063 | 5.83960 |
| 10 | 4  | 6 | 6 | 4.23754 | 4.44166 | 4.71466 | 5.14063 | 5.79384 |
| 9 | 7  | 9 | 7 | 5.61775 | 5.79384 | 6.01569 | 6.55976 | 7.46285 |
| 9 | 7  | 9 | 6 | 5.19178 | 5.38367 | 5.68470 | 6.08264 | 6.98573 |
| 9 | 7  | 9 | 5 | 5.01569 | 5.23754 | 5.38367 | 5.79384 | 6.55976 |
| 9 | 7  | 9 | 4 | 4.91878 | 5.19178 | 5.38367 | 5.79384 | 6.46285 |
| 9 | 7  | 8 | 8 | 5.53857 | 5.71466 | 6.08264 | 6.55976 | 7.40486 |
| 9 | 7  | 8 | 7 | 5.06145 | 5.31672 | 5.53857 | 6.08264 | 6.86079 |
| 9 | 7  | 8 | 6 | 4.93651 | 5.14063 | 5.23754 | 5.68470 | 6.49281 |
| 9 | 7  | 8 | 5 | 4.61775 | 4.91878 | 5.14063 | 5.68470 | 6.38367 |
| 9 | 7  | 7 | 7 | 4.83960 | 5.01569 | 5.23754 | 5.71466 | 6.49281 |
| 9 | 7  | 7 | 6 | 4.61775 | 4.91878 | 5.06145 | 5.61775 | 6.31672 |
| 9 | 7  | 7 | 5 | 4.53857 | 4.83960 | 5.01569 | 5.53857 | 6.16182 |
| 9 | 7  | 6 | 6 | 4.44166 | 4.61775 | 5.01569 | 5.53857 | 6.31672 |
| 9 | 6  | 9 | 7 | 5.19178 | 5.38367 | 5.68470 | 6.08264 | 6.98573 |
| 9 | 6  | 9 | 6 | 4.93651 | 5.06145 | 5.20758 | 5.71466 | 6.31672 |
| 9 | 6  | 9 | 5 | 4.71466 | 4.90655 | 5.06145 | 5.49281 | 6.16182 |
| 9 | 6  | 9 | 4 | 4.60552 | 4.78161 | 5.08264 | 5.38367 | 6.16182 |
| 9 | 6  | 8 | 8 | 5.23754 | 5.31672 | 5.68470 | 6.31672 | 6.86079 |
| 9 | 6  | 8 | 7 | 4.71466 | 4.93651 | 5.23754 | 5.61775 | 6.38367 |
| 9 | 6  | 8 | 6 | 4.53857 | 4.74269 | 4.93651 | 5.38367 | 6.08264 |
| 9 | 6  | 8 | 5 | 4.36248 | 4.66351 | 4.76042 | 5.25873 | 5.83960 |
| 9 | 6  | 7 | 7 | 4.36248 | 4.76042 | 4.93651 | 5.31672 | 6.38367 |
| 9 | 6  | 7 | 6 | 4.23754 | 4.61775 | 4.71466 | 5.19178 | 5.83960 |
| 9 | 6  | 7 | 5 | 4.23754 | 4.44166 | 4.83960 | 5.06145 | 5.86079 |
| 9 | 6  | 6 | 6 | 4.19178 | 4.41363 | 4.66351 | 5.23754 | 5.61775 |
| 9 | 5  | 9 | 7 | 5.01569 | 5.23754 | 5.38367 | 5.79384 | 6.55976 |
| 9 | 5  | 9 | 6 | 4.71466 | 4.90655 | 5.06145 | 5.49281 | 6.16182 |
| 9 | 5  | 9 | 5 | 4.36248 | 4.61775 | 4.90655 | 5.38367 | 6.16182 |
| 9 | 5  | 9 | 4 | 4.31672 | 4.61775 | 4.90655 | 5.31672 | 5.79384 |
| 9 | 5  | 8 | 8 | 5.01569 | 5.14063 | 5.53857 | 5.86079 | 6.76388 |
| 9 | 5  | 8 | 7 | 4.61775 | 4.83960 | 5.06145 | 5.38367 | 6.08264 |
| 9 | 5  | 8 | 6 | 4.31672 | 4.61775 | 4.76042 | 5.14063 | 5.71466 |

Tafel XV-2-4-4 (Fortsetz.) 413

| | | | | | | | | |
|---|---|---|---|---|---|---|---|---|
| 9 | 5 | 8 | 5 | 4.23754 | 4.41363 | 4.60552 | 5.06145 | 5.68470 |
| 9 | 5 | 7 | 7 | 4.31672 | 4.61775 | 4.71466 | 5.19178 | 5.86079 |
| 9 | 5 | 7 | 6 | 4.14063 | 4.31672 | 4.61775 | 5.01569 | 5.68470 |
| 9 | 5 | 7 | 5 | 4.01569 | 4.31672 | 4.53857 | 4.91878 | 5.61775 |
| 9 | 5 | 6 | 6 | 4.01569 | 4.19178 | 4.41363 | 5.01569 | 5.53857 |
| 9 | 4 | 9 | 7 | 4.91878 | 5.19178 | 5.38367 | 5.79384 | 6.46285 |
| 9 | 4 | 9 | 6 | 4.60552 | 4.78161 | 5.08264 | 5.38367 | 6.16182 |
| 9 | 4 | 9 | 5 | 4.31672 | 4.61775 | 4.90655 | 5.31672 | 5.79384 |
| 9 | 4 | 9 | 4 | 4.30449 | 4.60552 | 4.91878 | 5.19178 | 5.98573 |
| 9 | 4 | 8 | 8 | 5.01569 | 5.14063 | 5.52084 | 5.68470 | 6.76388 |
| 9 | 4 | 8 | 7 | 4.61775 | 4.83960 | 4.91878 | 5.38367 | 5.98573 |
| 9 | 4 | 8 | 6 | 4.36248 | 4.41363 | 4.71466 | 5.14063 | 5.68470 |
| 9 | 4 | 8 | 5 | 4.14063 | 4.36248 | 4.60552 | 5.08264 | 5.68470 |
| 9 | 4 | 7 | 7 | 4.14063 | 4.41363 | 4.83960 | 5.01569 | 6.16182 |
| 9 | 4 | 7 | 6 | 4.01569 | 4.31672 | 4.61775 | 4.91878 | 5.61775 |
| 9 | 4 | 7 | 5 | 4.01569 | 4.14063 | 4.41363 | 4.90655 | 5.61775 |
| 9 | 4 | 6 | 6 | 3.88536 | 4.14063 | 4.41363 | 5.01569 | 5.61775 |
| 8 | 8 | 8 | 8 | 5.52084 | 5.71466 | 6.01569 | 6.55976 | 8.30795 |
| 8 | 8 | 8 | 7 | 5.01569 | ---- | 5.53857 | 6.01569 | 6.86079 |
| 8 | 8 | 8 | 6 | 4.74269 | 5.01569 | 5.23754 | 5.71466 | 6.55976 |
| 8 | 8 | 8 | 5 | 4.71466 | 5.01569 | 5.14063 | 5.61775 | 6.46285 |
| 8 | 8 | 7 | 7 | 4.76042 | 5.01569 | 5.23754 | 5.71466 | 6.86079 |
| 8 | 8 | 7 | 6 | 4.53857 | 4.83960 | 5.23754 | 5.53857 | 6.31672 |
| 8 | 8 | 7 | 5 | 4.36248 | 4.83960 | 5.14063 | 5.53857 | 6.46285 |
| 8 | 8 | 6 | 6 | 4.53857 | 4.74269 | 5.01569 | 5.61775 | 6.31672 |
| 8 | 7 | 8 | 8 | 5.01569 | ---- | 5.53857 | 6.01569 | 6.86079 |
| 8 | 7 | 8 | 7 | 4.66351 | 4.83960 | 5.06145 | 5.68470 | 6.38367 |
| 8 | 7 | 8 | 6 | 4.36248 | 4.61775 | 4.93651 | 5.31672 | 6.08264 |
| 8 | 7 | 8 | 5 | 4.31672 | 4.61775 | 4.76042 | 5.21981 | 5.91878 |
| 8 | 7 | 7 | 7 | 4.41363 | 4.61775 | 4.76042 | 5.31672 | 6.08264 |
| 8 | 7 | 7 | 6 | 4.14063 | 4.44166 | 4.66351 | 5.21981 | 5.83960 |
| 8 | 7 | 7 | 5 | 4.14063 | 4.41363 | 4.61775 | 5.06145 | 5.61775 |
| 8 | 7 | 6 | 6 | 3.96454 | 4.36248 | 4.61775 | 5.01569 | 5.71466 |
| 8 | 6 | 8 | 8 | 4.74269 | 5.01569 | 5.23754 | 5.71466 | 6.55976 |
| 8 | 6 | 8 | 7 | 4.36248 | 4.61775 | 4.93651 | 5.31672 | 6.08264 |
| 8 | 6 | 8 | 6 | 4.19178 | 4.31672 | 4.61775 | 5.19178 | 5.68470 |
| 8 | 6 | 8 | 5 | 4.01569 | 4.31672 | 4.61775 | 4.91878 | 5.68470 |
| 8 | 6 | 7 | 7 | 4.14063 | 4.36248 | 4.61775 | 4.93651 | 5.79384 |
| 8 | 6 | 7 | 6 | 3.93651 | 4.23754 | 4.41363 | 4.93651 | 5.55976 |
| 8 | 6 | 7 | 5 | 4.01569 | 4.23754 | 4.36248 | 4.91878 | 5.53857 |
| 8 | 6 | 6 | 6 | 3.93651 | 4.14063 | 4.31672 | 4.76042 | 5.31672 |
| 8 | 5 | 8 | 8 | 4.71466 | 5.01569 | 5.14063 | 5.61775 | 6.46285 |
| 8 | 5 | 8 | 7 | 4.31672 | 4.61775 | 4.76042 | 5.21981 | 5.91878 |
| 8 | 5 | 8 | 6 | 4.01569 | 4.31672 | 4.61775 | 4.91878 | 5.68470 |
| 8 | 5 | 8 | 5 | 3.93651 | 4.31672 | 4.36248 | 4.90655 | 5.55976 |
| 8 | 5 | 7 | 7 | 4.06145 | 4.23754 | 4.61775 | 5.01569 | 5.55976 |
| 8 | 5 | 7 | 6 | 3.83960 | 4.14063 | 4.31672 | 4.74269 | 5.38367 |
| 8 | 5 | 7 | 5 | 3.76042 | 4.06145 | 4.31672 | 4.71466 | 5.38367 |
| 8 | 5 | 6 | 6 | 3.76042 | 3.93651 | 4.31672 | 4.71466 | 5.31672 |
| 7 | 7 | 7 | 7 | 4.14063 | 4.15836 | 4.49281 | 5.09487 | 5.71466 |
| 7 | 7 | 7 | 6 | 3.89075 | 4.14063 | 4.41363 | 5.01569 | 5.53857 |
| 7 | 7 | 7 | 5 | 3.83960 | 4.14063 | 4.36248 | 4.83960 | 5.53857 |
| 7 | 7 | 6 | 6 | 3.83960 | 4.23754 | 4.31672 | 4.76042 | 5.53857 |
| 7 | 6 | 7 | 7 | 3.89075 | 4.14063 | 4.41363 | 5.01569 | 5.53857 |
| 7 | 6 | 7 | 6 | 3.71466 | 4.06145 | 4.31672 | 4.66351 | 5.31672 |
| 7 | 6 | 7 | 5 | 3.71466 | 4.01569 | 4.23754 | 4.71466 | 5.23754 |
| 7 | 6 | 6 | 6 | 3.66351 | 3.89075 | 4.23754 | 4.61775 | 5.31672 |
| 7 | 5 | 7 | 7 | 3.83960 | 4.14063 | 4.36248 | 4.83960 | 5.53857 |
| 7 | 5 | 7 | 6 | 3.71466 | 4.01569 | 4.23754 | 4.71466 | 5.23754 |
| 7 | 5 | 7 | 5 | 3.63548 | 4.01569 | 4.23754 | 4.61775 | 5.31672 |

Tafel XV-2-4-4 (Fortsetz.)

N= 18

| N1 | N2 | N3 | N4 | 20% | 10% | 5% | 1% | 0.1% |
|---|---|---|---|---|---|---|---|---|
| 16 | 1 | 16 | 1 | ---- | ---- | ---- | 13.32061 | ---- |
| 16 | 1 | 15 | 2 | 11.24143 | ---- | 12.11649 | ---- | ---- |
| 16 | 1 | 14 | 3 | 10.57243 | ---- | 10.94040 | ---- | ---- |
| 16 | 1 | 14 | 2 | ---- | ---- | 10.94040 | 11.24143 | ---- |
| 16 | 1 | 13 | 4 | 10.06054 | 10.09531 | 10.57243 | ---- | ---- |
| 16 | 1 | 13 | 3 | ---- | 10.09531 | ---- | 10.57243 | ---- |
| 16 | 1 | 12 | 5 | 9.45848 | ---- | 10.06054 | ---- | ---- |
| 16 | 1 | 12 | 4 | ---- | 9.28239 | ---- | 10.06054 | ---- |
| 16 | 1 | 12 | 3 | ---- | 9.28239 | 9.45848 | ---- | ---- |
| 16 | 1 | 11 | 6 | 9.41709 | ---- | 9.68033 | ---- | ---- |
| 16 | 1 | 11 | 5 | 8.68033 | 8.98136 | ---- | 9.68033 | ---- |
| 16 | 1 | 11 | 4 | 8.68033 | ---- | 8.98136 | ---- | ---- |
| 16 | 1 | 10 | 7 | 9.26219 | ---- | 9.41709 | ---- | ---- |
| 16 | 1 | 10 | 6 | ---- | 8.63894 | ---- | 9.41709 | ---- |
| 16 | 1 | 10 | 5 | 8.11606 | ---- | 8.63894 | ---- | ---- |
| 16 | 1 | 10 | 4 | 8.11606 | 8.24100 | ---- | ---- | ---- |
| 16 | 1 | 9 | 8 | 9.21104 | ---- | 9.26219 | ---- | ---- |
| 16 | 1 | 9 | 7 | ---- | 8.41709 | ---- | 9.26219 | ---- |
| 16 | 1 | 9 | 6 | 7.93997 | ---- | 8.41709 | ---- | ---- |
| 16 | 1 | 9 | 5 | ---- | ---- | 7.93997 | ---- | ---- |
| 16 | 1 | 8 | 8 | ---- | ---- | ---- | 9.21104 | ---- |
| 16 | 1 | 8 | 7 | 7.76388 | ---- | 8.30795 | ---- | ---- |
| 16 | 1 | 8 | 6 | 7.46285 | ---- | 7.76388 | ---- | ---- |
| 16 | 1 | 8 | 5 | 7.46285 | ---- | ---- | ---- | ---- |
| 16 | 1 | 7 | 7 | ---- | ---- | 7.70589 | ---- | ---- |
| 16 | 1 | 7 | 6 | ---- | 7.33791 | ---- | ---- | ---- |
| 16 | 1 | 6 | 6 | ---- | ---- | ---- | ---- | ---- |
| 15 | 2 | 15 | 2 | ---- | 10.39634 | ---- | 11.24143 | 12.11649 |
| 15 | 2 | 14 | 3 | 9.75951 | 10.09531 | ---- | 10.94040 | ---- |
| 15 | 2 | 14 | 2 | 9.79428 | ---- | 10.09531 | 10.94040 | ---- |
| 15 | 2 | 13 | 4 | 9.28239 | 9.45848 | ---- | 10.09531 | ---- |
| 15 | 2 | 13 | 3 | 8.98136 | ---- | 9.28239 | 9.79428 | ---- |
| 15 | 2 | 12 | 5 | 8.68033 | 8.98136 | 9.28239 | 9.45848 | ---- |
| 15 | 2 | 12 | 4 | 8.37930 | 8.50424 | 8.98136 | 9.45848 | ---- |
| 15 | 2 | 12 | 3 | 8.37930 | ---- | 8.68033 | 9.28239 | ---- |
| 15 | 2 | 11 | 6 | 8.41709 | 8.68033 | 8.71812 | 9.28239 | ---- |
| 15 | 2 | 11 | 5 | ---- | 8.37930 | 8.50424 | 8.93997 | ---- |
| 15 | 2 | 11 | 4 | 7.93997 | 8.20321 | 8.24100 | 8.68033 | 9.28239 |
| 15 | 2 | 10 | 7 | 8.30795 | ---- | 8.60898 | 8.93997 | ---- |
| 15 | 2 | 10 | 6 | 7.76388 | 7.93997 | 8.24100 | 8.63894 | ---- |
| 15 | 2 | 10 | 5 | 7.28676 | 7.93997 | ---- | 8.24100 | 8.93997 |
| 15 | 2 | 10 | 4 | 7.54203 | 7.63894 | 7.93997 | 8.24100 | ---- |
| 15 | 2 | 9 | 8 | 8.30795 | ---- | 8.41709 | 8.71812 | ---- |
| 15 | 2 | 9 | 7 | 7.54203 | 7.63894 | 7.93997 | 8.41709 | ---- |
| 15 | 2 | 9 | 6 | 7.16182 | 7.41709 | 7.54203 | 7.93997 | 8.71812 |
| 15 | 2 | 9 | 5 | 7.06491 | 7.24100 | 7.41709 | 7.93997 | ---- |
| 15 | 2 | 8 | 8 | 7.46285 | 7.76388 | 8.30795 | 8.60898 | ---- |
| 15 | 2 | 8 | 7 | 7.06491 | 7.28676 | 7.46285 | 7.76388 | 8.60898 |
| 15 | 2 | 8 | 6 | 6.79384 | 7.06491 | 7.16182 | 7.76388 | ---- |
| 15 | 2 | 8 | 5 | 6.86079 | 7.06491 | 7.28676 | ---- | ---- |
| 15 | 2 | 7 | 7 | 6.86079 | ---- | 7.16182 | 7.70589 | ---- |
| 15 | 2 | 7 | 6 | 6.76388 | 6.79384 | ---- | 7.16182 | ---- |
| 15 | 2 | 6 | 6 | ---- | 6.79384 | ---- | ---- | ---- |
| 14 | 3 | 14 | 3 | ---- | 9.15745 | 9.79428 | 10.09531 | 11.24143 |
| 14 | 3 | 14 | 2 | 8.98136 | 9.28239 | 9.79428 | 10.09531 | 11.24143 |
| 14 | 3 | 13 | 4 | 8.37930 | 8.71812 | 8.98136 | 9.45848 | 10.57243 |
| 14 | 3 | 13 | 3 | ---- | 8.68033 | 8.98136 | 9.28239 | 10.57243 |
| 14 | 3 | 12 | 5 | 8.20321 | 8.37930 | 8.41709 | 9.28239 | 9.75951 |

Tafel XV-2-4-4 (Fortsetz.) 415

| | | | | | | | |
|---|---|---|---|---|---|---|---|
| 14 | 3 | 12 | 4 | 7.71812 | 8.20321 | 8.24100 | 8.98136 | 9.45848 |
| 14 | 3 | 12 | 3 | ---- | 7.90218 | 8.20321 | 8.68033 | 9.75951 |
| 14 | 3 | 11 | 6 | 7.76388 | 8.11606 | 8.24100 | 8.68033 | ---- |
| 14 | 3 | 11 | 5 | 7.33791 | 7.63894 | 8.20321 | 8.68033 | ---- |
| 14 | 3 | 11 | 4 | 7.16182 | 7.46285 | 7.63894 | 8.24100 | 9.15745 |
| 14 | 3 | 10 | 7 | 7.70589 | 7.93997 | 8.11606 | 8.24100 | ---- |
| 14 | 3 | 10 | 6 | 7.24100 | 7.33791 | 7.76388 | 8.11606 | ---- |
| 14 | 3 | 10 | 5 | 6.93997 | 6.98573 | 7.41709 | 7.93997 | 8.41709 |
| 14 | 3 | 10 | 4 | 6.93997 | ---- | 7.24100 | 7.71812 | 8.71812 |
| 14 | 3 | 9 | 8 | 7.70589 | 7.76388 | 7.93997 | 8.24100 | ---- |
| 14 | 3 | 9 | 7 | 6.98573 | 7.24100 | 7.46285 | 7.93997 | ---- |
| 14 | 3 | 9 | 6 | 6.68470 | 6.93997 | 7.24100 | 7.76388 | 8.24100 |
| 14 | 3 | 9 | 5 | 6.49281 | 6.93997 | 6.98573 | 7.41709 | 8.41709 |
| 14 | 3 | 8 | 8 | 6.98573 | 7.06491 | 7.46285 | ---- | ---- |
| 14 | 3 | 8 | 7 | 6.58779 | ---- | 6.93997 | 7.06491 | 8.18301 |
| 14 | 3 | 8 | 6 | 6.38367 | 6.49281 | 6.63894 | 7.06491 | 8.24100 |
| 14 | 3 | 8 | 5 | 6.31672 | 6.46285 | 6.58779 | 7.06491 | ---- |
| 14 | 3 | 7 | 7 | 6.38367 | 6.63894 | 6.86079 | 7.33791 | 8.18301 |
| 14 | 3 | 7 | 6 | 6.16182 | 6.38367 | 6.49281 | 6.86079 | ---- |
| 14 | 3 | 6 | 6 | ---- | 6.49281 | 6.79384 | ---- | ---- |
| 14 | 2 | 14 | 3 | 8.98136 | 9.28239 | 9.79428 | 10.09531 | 11.24143 |
| 14 | 2 | 14 | 2 | 8.68033 | ---- | 9.58342 | 10.09531 | 10.94040 |
| 14 | 2 | 13 | 4 | 8.37930 | 8.68033 | 8.98136 | 9.28239 | 10.39634 |
| 14 | 2 | 13 | 3 | 8.20321 | 8.37930 | 8.68033 | 9.28239 | 10.09531 |
| 14 | 2 | 12 | 5 | 8.24100 | 8.24100 | 8.37930 | 9.28239 | ---- |
| 14 | 2 | 12 | 4 | 7.76388 | 7.93997 | 8.37930 | 8.68033 | 9.58342 |
| 14 | 2 | 12 | 3 | 7.46285 | 7.93997 | 8.20321 | 8.68033 | ---- |
| 14 | 2 | 11 | 6 | 7.76388 | 7.93997 | 8.24100 | 8.50424 | ---- |
| 14 | 2 | 11 | 5 | 7.33791 | 7.63894 | 7.93997 | 8.37930 | 8.98136 |
| 14 | 2 | 11 | 4 | 7.16182 | 7.46285 | 7.63894 | 8.20321 | 8.98136 |
| 14 | 2 | 10 | 7 | 7.63894 | 7.76388 | 7.93997 | 8.24100 | ---- |
| 14 | 2 | 10 | 6 | 6.98573 | 7.24100 | 7.63894 | 8.06491 | ---- |
| 14 | 2 | 10 | 5 | 6.93997 | 7.24100 | 7.28676 | 7.93997 | ---- |
| 14 | 2 | 10 | 4 | 6.88882 | 6.93997 | 7.16182 | 7.76388 | 8.54203 |
| 14 | 2 | 9 | 8 | 7.46285 | 7.76388 | 7.93997 | ---- | ---- |
| 14 | 2 | 9 | 7 | 6.98573 | 7.24100 | 7.40486 | 7.76388 | ---- |
| 14 | 2 | 9 | 6 | 6.55976 | 6.93997 | 6.98573 | 7.54203 | ---- |
| 14 | 2 | 9 | 5 | 6.58779 | 6.63894 | 6.93997 | 7.54203 | 8.24100 |
| 14 | 2 | 8 | 8 | 6.88882 | ---- | 7.40486 | 7.70589 | ---- |
| 14 | 2 | 8 | 7 | 6.46285 | 6.58779 | 6.76388 | 7.28676 | ---- |
| 14 | 2 | 8 | 6 | 6.21981 | 6.46285 | 6.61775 | 6.98573 | 8.06491 |
| 14 | 2 | 8 | 5 | 6.31672 | 6.38367 | 6.58779 | 7.28676 | ---- |
| 14 | 2 | 7 | 7 | 6.16182 | 6.31672 | 6.68470 | ---- | 8.00692 |
| 14 | 2 | 7 | 6 | 6.14063 | 6.31672 | 6.38367 | 6.68470 | ---- |
| 14 | 2 | 6 | 6 | ---- | 6.21981 | 6.61775 | ---- | ---- |
| 13 | 4 | 13 | 4 | 8.11606 | ---- | 8.32018 | 8.98136 | 10.06054 |
| 13 | 4 | 13 | 3 | 7.71812 | 7.93997 | 8.50424 | 8.68033 | 9.45848 |
| 13 | 4 | 12 | 5 | 7.63894 | 7.71812 | 7.93997 | 8.37930 | 9.45848 |
| 13 | 4 | 12 | 4 | 7.36594 | 7.54203 | 7.71812 | 8.37930 | 9.28239 |
| 13 | 4 | 12 | 3 | 7.16182 | 7.46285 | 7.90218 | 8.20321 | 9.28239 |
| 13 | 4 | 11 | 6 | 7.33791 | 7.54203 | 7.93997 | 8.24100 | 8.98136 |
| 13 | 4 | 11 | 5 | 6.93997 | 7.24100 | 7.46285 | 7.93997 | 8.68033 |
| 13 | 4 | 11 | 4 | 6.76388 | 6.93997 | 7.16182 | 7.71812 | 8.50424 |
| 13 | 4 | 10 | 7 | 7.11606 | 7.33791 | 7.71812 | 7.93997 | 8.71812 |
| 13 | 4 | 10 | 6 | 6.61775 | 6.98573 | 7.16182 | 7.54203 | ---- |
| 13 | 4 | 10 | 5 | 6.39590 | 6.58779 | 6.93997 | 7.46285 | 8.11606 |
| 13 | 4 | 10 | 4 | 6.39590 | 6.58779 | 6.76388 | 7.46285 | 8.32018 |
| 13 | 4 | 9 | 8 | 6.98573 | 7.36594 | 7.46285 | 8.06491 | ---- |
| 13 | 4 | 9 | 7 | 6.55976 | 6.86079 | 7.06491 | 7.33791 | ---- |
| 13 | 4 | 9 | 6 | 6.28676 | 6.46285 | 6.58779 | 7.11606 | ---- |
| 13 | 4 | 9 | 5 | 6.01569 | 6.28676 | 6.46285 | 6.93997 | 7.71812 |
| 13 | 4 | 8 | 8 | 6.76388 | 6.86079 | 7.06491 | 7.36594 | ---- |

Tafel XV-2-4-4 (Fortsetz.)

| | | | | | | | | |
|---|---|---|---|---|---|---|---|---|
| 13 | 4 | 8 | 7 | 6.16182 | 6.38367 | 6.58779 | 7.06491 | 7.46285 |
| 13 | 4 | 8 | 6 | 5.98573 | 6.08264 | 6.39590 | 6.58779 | 7.46285 |
| 13 | 4 | 8 | 5 | 5.83960 | 6.16182 | 6.28676 | 6.76388 | 8.06491 |
| 13 | 4 | 7 | 7 | 5.83960 | 6.03688 | 6.38367 | 6.63894 | 7.93997 |
| 13 | 4 | 7 | 6 | 5.79384 | 5.98573 | 6.03688 | 6.55976 | 7.93997 |
| 13 | 4 | 6 | 6 | 5.79384 | 6.01569 | 6.61775 | 7.09487 | --- |
| 13 | 3 | 13 | 4 | 7.71812 | 7.93997 | 8.50424 | 8.68033 | 9.45848 |
| 13 | 3 | 13 | 3 | 7.46285 | 7.90218 | 8.20321 | 8.68033 | 9.28239 |
| 13 | 3 | 12 | 5 | 7.33791 | 7.63894 | 7.93997 | 8.37930 | 9.28239 |
| 13 | 3 | 12 | 4 | 7.11606 | 7.33791 | 7.54203 | 8.01915 | 8.68033 |
| 13 | 3 | 12 | 3 | 7.16182 | 7.41709 | 7.60115 | 8.20321 | 8.98136 |
| 13 | 3 | 11 | 6 | 7.06491 | 7.41709 | 7.63894 | 8.11606 | --- |
| 13 | 3 | 11 | 5 | 6.76388 | 6.98573 | 7.28676 | 7.76388 | 8.37930 |
| 13 | 3 | 11 | 4 | 6.58779 | 6.86079 | 7.06491 | 7.54203 | 8.50424 |
| 13 | 3 | 10 | 7 | 6.98573 | 7.16182 | 7.28676 | 7.71812 | --- |
| 13 | 3 | 10 | 6 | 6.55976 | 6.68470 | 6.98573 | 7.46285 | 8.41709 |
| 13 | 3 | 10 | 5 | 6.33791 | 6.58779 | 6.76388 | 7.24100 | 7.93997 |
| 13 | 3 | 10 | 4 | 6.16182 | 6.58779 | 6.76388 | 7.11606 | 8.11606 |
| 13 | 3 | 9 | 8 | 6.98573 | 7.06491 | 7.28676 | 7.54203 | --- |
| 13 | 3 | 9 | 7 | 6.46285 | 6.55976 | 6.93997 | 7.24100 | 7.63894 |
| 13 | 3 | 9 | 6 | 6.08264 | 6.31672 | 6.46285 | 6.98573 | 7.54203 |
| 13 | 3 | 9 | 5 | 5.98573 | 6.08264 | 6.31672 | 6.86079 | 7.46285 |
| 13 | 3 | 8 | 8 | 6.55976 | 6.58779 | 6.86079 | 7.28676 | 7.76388 |
| 13 | 3 | 8 | 7 | 6.03688 | 6.16182 | 6.33791 | 6.98573 | 7.33791 |
| 13 | 3 | 8 | 6 | 5.71466 | 6.01569 | 6.09487 | 6.46285 | 7.28676 |
| 13 | 3 | 8 | 5 | 5.68470 | 5.86079 | 6.16182 | 6.55976 | 7.76388 |
| 13 | 3 | 7 | 7 | 5.83960 | 5.91878 | 6.03688 | 6.49281 | 7.33791 |
| 13 | 3 | 7 | 6 | 5.55976 | 5.79384 | 5.98573 | 6.33791 | 6.86079 |
| 13 | 3 | 6 | 6 | 5.61775 | 5.83960 | 6.01569 | 6.79384 | --- |
| 12 | 5 | 12 | 5 | 7.16182 | 7.41709 | 7.63894 | 8.37930 | 9.68033 |
| 12 | 5 | 12 | 4 | 7.06491 | 7.16182 | 7.36594 | 7.63894 | 8.68033 |
| 12 | 5 | 12 | 3 | 6.86079 | 7.16182 | 7.41709 | 7.93997 | 8.68033 |
| 12 | 5 | 11 | 6 | 7.01569 | 7.11606 | 7.24100 | 7.79384 | 8.63894 |
| 12 | 5 | 11 | 5 | 6.53857 | 6.86079 | 7.01569 | 7.33791 | 8.24100 |
| 12 | 5 | 11 | 4 | --- | 6.49281 | 6.93997 | 7.41709 | 8.24100 |
| 12 | 5 | 10 | 7 | 6.76388 | 7.06491 | 7.16182 | 7.71812 | 8.63894 |
| 12 | 5 | 10 | 6 | 6.38367 | 6.61775 | 6.63894 | 7.24100 | 8.24100 |
| 12 | 5 | 10 | 5 | 6.01569 | 6.31672 | 6.53857 | 7.06491 | 7.93997 |
| 12 | 5 | 10 | 4 | 5.98573 | 6.21981 | 6.46285 | 7.06491 | 7.93997 |
| 12 | 5 | 9 | 8 | 6.76388 | 6.79384 | 7.36594 | 7.71812 | 8.41709 |
| 12 | 5 | 9 | 7 | 6.31672 | 6.46285 | 6.61775 | 7.06491 | 7.71812 |
| 12 | 5 | 9 | 6 | 5.86079 | 6.16182 | 6.38367 | 6.79384 | 7.46285 |
| 12 | 5 | 9 | 5 | 5.68470 | 5.98573 | 6.21981 | 6.76388 | 7.41709 |
| 12 | 5 | 8 | 8 | 6.16182 | 6.46285 | 6.76388 | 7.06491 | --- |
| 12 | 5 | 8 | 7 | 5.71466 | 6.01569 | 6.31672 | 6.79384 | 7.28676 |
| 12 | 5 | 8 | 6 | 5.61775 | 5.79384 | 6.16182 | 6.49281 | 7.36594 |
| 12 | 5 | 8 | 5 | 5.55976 | 5.86079 | 6.01569 | 6.53857 | 7.36594 |
| 12 | 5 | 7 | 7 | 5.61775 | 5.86079 | 6.01569 | 6.49281 | --- |
| 12 | 5 | 7 | 6 | 5.49281 | 5.71466 | 5.86079 | 6.46285 | 7.09487 |
| 12 | 5 | 6 | 6 | 5.49281 | 5.83960 | 5.91878 | 6.31672 | 7.79384 |
| 12 | 4 | 12 | 5 | 7.06491 | 7.16182 | 7.36594 | 7.63894 | 8.68033 |
| 12 | 4 | 12 | 4 | 6.63894 | 7.11606 | 7.16182 | 7.66697 | 8.54203 |
| 12 | 4 | 12 | 3 | 6.58779 | 6.93997 | 7.06491 | 7.63894 | 8.37930 |
| 12 | 4 | 11 | 6 | 6.63894 | 6.79384 | 7.06491 | 7.54203 | 8.24100 |
| 12 | 4 | 11 | 5 | 6.31672 | 6.63894 | 6.68470 | 7.33791 | 8.24100 |
| 12 | 4 | 11 | 4 | 6.16182 | 6.46285 | 6.63894 | 7.16182 | 7.93997 |
| 12 | 4 | 10 | 7 | 6.49281 | 6.76388 | 6.93997 | 7.16182 | 8.24100 |
| 12 | 4 | 10 | 6 | 6.11067 | 6.31672 | 6.49281 | 6.93997 | 7.76388 |
| 12 | 4 | 10 | 5 | 5.86079 | 6.09487 | 6.38367 | 6.76388 | 7.46285 |
| 12 | 4 | 10 | 4 | 5.79384 | 6.11067 | 6.21981 | 6.76388 | 7.66697 |
| 12 | 4 | 9 | 8 | 6.46285 | 6.58779 | 6.79384 | 7.16182 | 7.71812 |
| 12 | 4 | 9 | 7 | 6.01569 | 6.28676 | 6.49281 | 6.76388 | 7.46285 |

Tafel XV-2-4-4 (Fortsetz.) 417

| | | | | | | | | |
|---|---|---|---|---|---|---|---|---|
| 12 | 4 | 9 | 6 | 5.68470 | 5.98573 | 6.01569 | 6.61775 | 7.24100 |
| 12 | 4 | 9 | 5 | 5.53857 | 5.80964 | 5.98573 | 6.28676 | 7.11606 |
| 12 | 4 | 8 | 8 | 6.01569 | 6.16182 | 6.46285 | 6.86079 | 7.66697 |
| 12 | 4 | 8 | 7 | 5.55976 | 5.86079 | 6.08264 | 6.46285 | --- |
| 12 | 4 | 8 | 6 | 5.44166 | 5.55976 | 5.71466 | 6.21981 | 6.88882 |
| 12 | 4 | 8 | 5 | 5.38367 | 5.55976 | 5.71466 | 6.14063 | 7.06491 |
| 12 | 4 | 7 | 7 | 5.31672 | 5.55976 | 5.71466 | 6.31672 | 6.76388 |
| 12 | 4 | 7 | 6 | 5.19178 | 5.36248 | 5.68470 | 5.98573 | 6.76388 |
| 12 | 4 | 6 | 6 | 5.23754 | 5.44166 | 5.49281 | 6.21981 | 7.39590 |
| 12 | 3 | 12 | 5 | 6.86079 | 7.16182 | 7.41709 | 7.93997 | 8.68033 |
| 12 | 3 | 12 | 4 | 6.58779 | 6.93997 | 7.06491 | 7.63894 | 8.37930 |
| 12 | 3 | 12 | 3 | --- | 6.55976 | 7.16182 | 7.89421 | 8.68033 |
| 12 | 3 | 11 | 6 | 6.58779 | 6.93997 | 7.06491 | 7.46285 | 8.68033 |
| 12 | 3 | 11 | 5 | 6.28676 | 6.58779 | 6.93997 | 7.16182 | 8.20321 |
| 12 | 3 | 11 | 4 | 6.16182 | 6.46285 | 6.58779 | 7.16182 | 7.93997 |
| 12 | 3 | 10 | 7 | 6.46285 | 6.63894 | 6.93997 | 7.11606 | 8.11606 |
| 12 | 3 | 10 | 6 | 6.01569 | 6.31672 | 6.58779 | 6.86079 | 7.63894 |
| 12 | 3 | 10 | 5 | 5.79384 | 6.01569 | 6.33791 | 6.93997 | 7.46285 |
| 12 | 3 | 10 | 4 | 5.69693 | 5.86079 | 6.16182 | 6.93997 | 7.46285 |
| 12 | 3 | 9 | 8 | 6.46285 | 6.55976 | 6.76388 | 7.06491 | --- |
| 12 | 3 | 9 | 7 | 5.98573 | 6.28676 | 6.33791 | 6.79384 | 7.41709 |
| 12 | 3 | 9 | 6 | 5.68470 | 5.96993 | 6.01569 | 6.58779 | 7.06491 |
| 12 | 3 | 9 | 5 | 5.49281 | 5.68470 | 5.86079 | 6.38367 | 7.06491 |
| 12 | 3 | 8 | 8 | 6.01569 | 6.08264 | 6.38367 | 6.76388 | --- |
| 12 | 3 | 8 | 7 | 5.55976 | 5.68470 | 5.98573 | 6.33791 | 6.93997 |
| 12 | 3 | 8 | 6 | 5.38367 | 5.55976 | 5.68470 | 6.28676 | 6.93997 |
| 12 | 3 | 8 | 5 | 5.31672 | 5.53857 | 5.80964 | 6.46285 | 7.06491 |
| 12 | 3 | 7 | 7 | 5.31672 | 5.53857 | 5.68470 | 6.01569 | 6.86079 |
| 12 | 3 | 7 | 6 | 5.21981 | 5.38367 | 5.61775 | 6.01569 | 6.49281 |
| 12 | 3 | 6 | 6 | 5.14063 | --- | 5.61775 | 6.01569 | 7.27096 |
| 11 | 6 | 11 | 6 | 6.58779 | 7.01569 | 7.09487 | 7.54203 | 8.63894 |
| 11 | 6 | 11 | 5 | 6.46285 | 6.58779 | 6.76388 | 7.24100 | 8.24100 |
| 11 | 6 | 11 | 4 | 6.03688 | 6.46285 | 6.63894 | 7.06491 | 7.93997 |
| 11 | 6 | 10 | 7 | 6.46285 | 6.63894 | 7.01569 | 7.24100 | 8.41709 |
| 11 | 6 | 10 | 6 | 6.03688 | 6.31672 | 6.58779 | 6.98573 | 7.93997 |
| 11 | 6 | 10 | 5 | 5.86079 | 6.03688 | 6.39590 | 6.63894 | 7.41709 |
| 11 | 6 | 10 | 4 | 5.80964 | 5.98573 | 6.39590 | 6.76388 | 7.54203 |
| 11 | 6 | 9 | 8 | 6.46285 | 6.61775 | 6.76388 | 7.33791 | 8.24100 |
| 11 | 6 | 9 | 7 | 5.98573 | 6.28676 | 6.38367 | 6.79384 | 7.63894 |
| 11 | 6 | 9 | 6 | 5.61775 | 5.91878 | 6.16182 | 6.55976 | 7.41709 |
| 11 | 6 | 9 | 5 | 5.49281 | 5.71466 | 5.91878 | 6.49281 | 7.24100 |
| 11 | 6 | 8 | 8 | 5.91878 | 6.16182 | 6.38367 | 6.98573 | 7.76388 |
| 11 | 6 | 9 | 6 | 5.61775 | 5.91878 | 6.16182 | 6.55976 | 7.41709 |
| 11 | 6 | 9 | 5 | 5.49281 | 5.71466 | 5.91878 | 6.49281 | 7.24100 |
| 11 | 6 | 8 | 8 | 5.91878 | 6.16182 | 6.38367 | 6.98573 | 7.76388 |
| 11 | 6 | 8 | 7 | 5.44166 | 5.83960 | 6.16182 | 6.49281 | 7.16182 |
| 11 | 6 | 8 | 6 | 5.38367 | 5.61775 | 5.79384 | 6.46285 | 6.98573 |
| 11 | 6 | 8 | 5 | 5.38367 | 5.61775 | 5.83960 | 6.16182 | 7.06491 |
| 11 | 6 | 7 | 7 | --- | 5.44166 | 5.83960 | 6.31672 | 7.09487 |
| 11 | 6 | 7 | 6 | 5.19178 | 5.49281 | 5.79384 | 6.03688 | 7.09487 |
| 11 | 6 | 6 | 6 | 5.19178 | 5.49281 | 5.61775 | 6.23754 | 7.01569 |
| 11 | 5 | 11 | 6 | 6.46285 | 6.58779 | 6.76388 | 7.24100 | 8.24100 |
| 11 | 5 | 11 | 5 | 6.14063 | 6.28676 | 6.46285 | 6.93997 | 7.63894 |
| 11 | 5 | 11 | 4 | 5.83960 | 6.01569 | 6.33791 | 6.76388 | 7.63894 |
| 11 | 5 | 10 | 7 | 6.28676 | 6.46285 | 6.53857 | 7.06491 | 7.63894 |
| 11 | 5 | 10 | 6 | 5.71466 | 6.01569 | 6.31672 | 6.63894 | 7.31672 |
| 11 | 5 | 10 | 5 | 5.55976 | 5.83960 | 6.01569 | 6.46285 | 7.24100 |
| 11 | 5 | 10 | 4 | 5.61775 | 5.68470 | 5.91878 | 6.46285 | 7.06491 |
| 11 | 5 | 9 | 8 | 6.16182 | 6.31672 | 6.55976 | 6.86079 | 7.54203 |
| 11 | 5 | 9 | 7 | 5.68470 | 5.86079 | 6.16182 | 6.55976 | 7.24100 |
| 11 | 5 | 9 | 6 | 5.31672 | 5.68470 | 5.91878 | 6.31672 | 6.98573 |
| 11 | 5 | 9 | 5 | 5.23754 | 5.44166 | 5.71466 | 6.14063 | 6.93997 |

Tafel XV-2-4-4 (Fortsetz.)

| | | | | | | | | |
|---|---|---|---|---|---|---|---|---|
| 11 | 5 | 8 | 8 | 5.55976 | 5.91878 | 6.16182 | 6.55976 | 7.28676 |
| 11 | 5 | 8 | 7 | 5.31672 | 5.55976 | 5.71466 | 6.28676 | 6.86079 |
| 11 | 5 | 8 | 6 | 5.14063 | 5.38367 | 5.61775 | 5.98573 | 6.76388 |
| 11 | 5 | 8 | 5 | 5.14063 | 5.31672 | 5.44166 | 5.91878 | 6.58779 |
| 11 | 5 | 7 | 7 | 5.06145 | ---- | 5.53857 | 6.01569 | 6.61775 |
| 11 | 5 | 7 | 6 | 4.93651 | 5.21981 | 5.38367 | 5.83960 | 6.46285 |
| 11 | 5 | 6 | 6 | 4.91878 | 5.14063 | 5.44166 | 6.23754 | 7.01569 |
| 11 | 4 | 11 | 6 | 6.03688 | 6.46285 | 6.63894 | 7.06491 | 7.93997 |
| 11 | 4 | 11 | 5 | 5.83960 | 6.01569 | 6.33791 | 6.76388 | 7.63894 |
| 11 | 4 | 11 | 4 | 5.61775 | 6.03688 | 6.28676 | 6.76388 | 7.33791 |
| 11 | 4 | 10 | 7 | 6.03688 | 6.28676 | 6.46285 | 6.76388 | 8.11606 |
| 11 | 4 | 10 | 6 | 5.68470 | 5.98573 | 6.03688 | 6.58779 | 7.41709 |
| 11 | 4 | 10 | 5 | 5.44166 | 5.68470 | 5.91878 | 6.46285 | 7.06491 |
| 11 | 4 | 10 | 4 | 5.21981 | 5.55976 | 5.98573 | 6.39590 | 7.06491 |
| 11 | 4 | 9 | 8 | 5.98573 | 6.31672 | 6.39590 | 6.61775 | 7.41709 |
| 11 | 4 | 9 | 7 | 5.53857 | 5.83960 | 6.01569 | 6.31672 | 7.06491 |
| 11 | 4 | 9 | 6 | 5.21981 | 5.50861 | 5.68470 | 6.09487 | 6.93997 |
| 11 | 4 | 9 | 5 | 5.09487 | 5.38367 | 5.55976 | 6.01569 | 6.76388 |
| 11 | 4 | 8 | 8 | 5.55976 | 5.83960 | 5.98573 | 6.31672 | 7.06491 |
| 11 | 4 | 8 | 7 | 5.19178 | 5.38367 | 5.61775 | 6.03688 | 6.63894 |
| 11 | 4 | 8 | 6 | 4.90655 | 5.19178 | 5.38367 | 5.86079 | 6.49281 |
| 11 | 4 | 8 | 5 | 4.90655 | 5.14063 | 5.38367 | 5.80964 | 6.61775 |
| 11 | 4 | 7 | 7 | 5.01569 | 5.14063 | 5.38367 | 5.83960 | 6.61775 |
| 11 | 4 | 7 | 6 | 4.91878 | 5.06145 | 5.31672 | 5.61775 | 6.39590 |
| 11 | 4 | 6 | 6 | 4.83960 | 4.91878 | 5.23754 | 5.53857 | 6.49281 |
| 10 | 7 | 10 | 7 | 6.31672 | 6.49281 | 6.63894 | 7.28676 | 8.18301 |
| 10 | 7 | 10 | 6 | 5.91878 | 6.16182 | 6.31672 | 6.68470 | 7.63894 |
| 10 | 7 | 10 | 5 | 5.79384 | 5.91878 | 6.03688 | 6.53857 | 7.28676 |
| 10 | 7 | 10 | 4 | 5.61775 | 5.83960 | 6.03688 | 6.63894 | 7.24100 |
| 10 | 7 | 9 | 8 | 6.16182 | 6.39590 | 6.61775 | 6.98573 | 8.30795 |
| 10 | 7 | 9 | 7 | 5.79384 | 5.86079 | 6.31672 | 6.61775 | 7.70589 |
| 10 | 7 | 9 | 6 | 5.44166 | 5.79384 | 6.01569 | 6.38367 | 7.16182 |
| 10 | 7 | 9 | 5 | 5.38367 | 5.68470 | 5.83960 | 6.28676 | 6.98573 |
| 10 | 7 | 8 | 8 | 5.71466 | 6.01569 | 6.16182 | 6.86079 | 7.70589 |
| 10 | 7 | 8 | 7 | 5.53857 | 5.61775 | 5.83960 | 6.38367 | 7.06491 |
| 10 | 7 | 8 | 6 | 5.19178 | 5.44166 | 5.71466 | 6.08264 | 6.98573 |
| 10 | 7 | 8 | 5 | 5.21981 | 5.53857 | 5.68470 | 6.16182 | 6.86079 |
| 10 | 7 | 7 | 7 | 5.14063 | 5.44166 | 5.71466 | 6.16182 | 6.86079 |
| 10 | 7 | 7 | 6 | 5.09487 | 5.31672 | 5.61775 | 6.01569 | 6.63894 |
| 10 | 7 | 6 | 6 | 5.14063 | 5.31672 | 5.61775 | 6.01569 | 7.01569 |
| 10 | 6 | 10 | 7 | 5.91878 | 6.16182 | 6.31672 | 6.68470 | 7.63894 |
| 10 | 6 | 10 | 6 | 5.55976 | 5.83960 | 6.01569 | 6.33791 | 7.24100 |
| 10 | 6 | 10 | 5 | 5.38367 | 5.68470 | 5.83960 | 6.28676 | 6.98573 |
| 10 | 6 | 10 | 4 | 5.31672 | 5.50861 | 5.83960 | 6.21981 | 6.93997 |
| 10 | 6 | 9 | 8 | 5.86079 | 5.98573 | 6.31672 | 6.79384 | 7.46285 |
| 10 | 6 | 9 | 7 | 5.36248 | 5.68470 | 5.86079 | 6.38367 | 7.16182 |
| 10 | 6 | 9 | 6 | 5.20758 | 5.44166 | 5.61775 | 6.08264 | 6.68470 |
| 10 | 6 | 9 | 5 | 5.08264 | 5.23754 | 5.49281 | 5.98573 | 6.61775 |
| 10 | 6 | 8 | 8 | 5.44166 | 5.61775 | 5.86079 | 6.38367 | 6.98573 |
| 10 | 6 | 8 | 7 | 5.06145 | 5.38367 | 5.55976 | 6.03688 | 6.68470 |
| 10 | 6 | 8 | 6 | 5.01569 | 5.14063 | 5.38367 | 5.79384 | 6.49281 |
| 10 | 6 | 8 | 5 | 4.91878 | 5.08264 | 5.23754 | 5.83960 | 6.55976 |
| 10 | 6 | 7 | 7 | 4.91878 | 5.14063 | 5.36248 | 5.79384 | 6.49281 |
| 10 | 6 | 7 | 6 | 4.74269 | 5.01569 | 5.19178 | 5.68470 | 6.33791 |
| 10 | 6 | 6 | 6 | 4.79384 | 5.01569 | 5.14063 | 5.83960 | 6.31672 |
| 10 | 5 | 10 | 7 | 5.79384 | 5.91878 | 6.03688 | 6.53857 | 7.28676 |
| 10 | 5 | 10 | 6 | 5.38367 | 5.68470 | 5.83960 | 6.28676 | 6.98573 |
| 10 | 5 | 10 | 5 | 5.09487 | 5.38367 | 5.61775 | 6.01569 | 6.76388 |
| 10 | 5 | 10 | 4 | 5.08264 | 5.38367 | 5.55976 | 5.98573 | 6.93997 |
| 10 | 5 | 9 | 8 | 5.68470 | 5.86079 | 6.03688 | 6.49281 | 7.06491 |
| 10 | 5 | 9 | 7 | 5.25873 | 5.53857 | 5.68470 | 6.28676 | 6.68470 |
| 10 | 5 | 9 | 6 | 4.90655 | 5.31672 | 5.44166 | 5.86079 | 6.58779 |

Tafel XV-2-4-4 (Fortsetz.) 419

| | | | | | | | | |
|---|---|---|---|---|---|---|---|---|
| 10 | 5 | 9 | 5 | 4.90655 | 5.08264 | 5.38367 | 5.80964 | 6.39590 |
| 10 | 5 | 8 | 8 | 5.21981 | 5.53857 | 5.68470 | 6.08264 | 6.86079 |
| 10 | 5 | 8 | 7 | 5.01569 | 5.21981 | 5.38367 | 5.79384 | 6.39590 |
| 10 | 5 | 8 | 6 | 4.71466 | 5.01569 | 5.21981 | 5.68470 | 6.31672 |
| 10 | 5 | 8 | 5 | 4.61775 | 4.90655 | 5.08264 | 5.68470 | 6.28676 |
| 10 | 5 | 7 | 7 | 4.61775 | 4.91878 | 5.19178 | 5.61775 | 6.38367 |
| 10 | 5 | 7 | 6 | 4.61775 | 4.91878 | 5.09487 | 5.44166 | 6.16182 |
| 10 | 5 | 6 | 6 | 4.53857 | 4.83960 | 5.01569 | 5.49281 | 6.23754 |
| 10 | 4 | 10 | 7 | 5.61775 | 5.83960 | 6.03688 | 6.63894 | 7.24100 |
| 10 | 4 | 10 | 6 | 5.31672 | 5.50861 | 5.83960 | 6.21981 | 6.93997 |
| 10 | 4 | 10 | 5 | 5.08264 | 5.38367 | 5.55976 | 5.98573 | 6.93997 |
| 10 | 4 | 10 | 4 | 5.04372 | 5.38367 | 5.55976 | 6.03688 | 6.88882 |
| 10 | 4 | 9 | 8 | 5.71466 | 5.86079 | 6.03688 | 6.39590 | 7.06491 |
| 10 | 4 | 9 | 7 | 5.21981 | 5.38367 | 5.68470 | 6.03688 | 6.58779 |
| 10 | 4 | 9 | 6 | 4.91878 | 5.14063 | 5.38367 | 5.80964 | 6.58779 |
| 10 | 4 | 9 | 5 | 4.74269 | 5.08264 | 5.21981 | 5.71466 | 6.46285 |
| 10 | 4 | 8 | 8 | 5.31672 | 5.53857 | 5.61775 | 6.16182 | 6.76388 |
| 10 | 4 | 8 | 7 | 5.01569 | 5.09487 | 5.38367 | 5.69693 | 6.39590 |
| 10 | 4 | 8 | 6 | 4.66351 | 4.90655 | 5.08264 | 5.61775 | 6.21981 |
| 10 | 4 | 8 | 5 | 4.66351 | 4.74269 | 5.08264 | 5.61775 | 6.21981 |
| 10 | 4 | 7 | 7 | 4.61775 | 5.01569 | 5.19178 | 5.44166 | 6.39590 |
| 10 | 4 | 7 | 6 | 4.61775 | 4.71466 | 4.91878 | 5.38367 | 6.03688 |
| 10 | 4 | 6 | 6 | 4.49281 | 4.71466 | 5.01569 | 5.71466 | 6.21981 |
| 9 | 8 | 9 | 8 | 6.21981 | 6.38367 | 6.49281 | 7.16182 | 8.30795 |
| 9 | 8 | 9 | 7 | 5.71466 | 5.98573 | 6.08264 | 6.55976 | 7.46285 |
| 9 | 8 | 9 | 6 | 5.49281 | 5.68470 | 5.83960 | 6.38367 | 7.16182 |
| 9 | 8 | 9 | 5 | 5.31672 | 5.68470 | 5.71466 | 6.21981 | 6.98573 |
| 9 | 8 | 8 | 8 | 5.61775 | 5.83960 | 6.31672 | 6.55976 | 7.70589 |
| 9 | 8 | 8 | 7 | 5.44166 | 5.61775 | 5.71466 | 6.16182 | 7.16182 |
| 9 | 8 | 8 | 6 | 5.14063 | 5.44166 | 5.71466 | 6.08264 | 6.79384 |
| 9 | 8 | 8 | 5 | 5.01569 | 5.52084 | 5.71466 | 6.16182 | 6.86079 |
| 9 | 8 | 7 | 7 | 5.09487 | 5.44166 | 5.61775 | 6.31672 | 7.16182 |
| 9 | 8 | 7 | 6 | 4.91878 | 5.21981 | 5.53857 | 6.01569 | 6.76388 |
| 9 | 8 | 6 | 6 | 5.01569 | 5.23754 | 5.44166 | 6.01569 | 6.79384 |
| 9 | 7 | 9 | 8 | 5.71466 | 5.98573 | 6.08264 | 6.55976 | 7.46285 |
| 9 | 7 | 9 | 7 | 5.19178 | 5.61775 | 5.71466 | 6.14063 | 6.98573 |
| 9 | 7 | 9 | 6 | 5.06145 | 5.38367 | 5.53857 | 5.98573 | 6.68470 |
| 9 | 7 | 9 | 5 | 4.91878 | 5.19178 | 5.38367 | 5.79384 | 6.55976 |
| 9 | 7 | 8 | 8 | 5.23754 | 5.44166 | 5.71466 | 6.31672 | 7.16182 |
| 9 | 7 | 8 | 7 | 4.91878 | 5.19178 | 5.44166 | 5.86079 | 6.55976 |
| 9 | 7 | 8 | 6 | 4.74269 | 5.06145 | 5.31672 | 5.71466 | 6.38367 |
| 9 | 7 | 8 | 5 | 4.71466 | 5.01569 | 5.25873 | 5.68470 | 6.38367 |
| 9 | 7 | 7 | 7 | 4.76042 | 4.93651 | 5.19178 | 5.71466 | 6.46285 |
| 9 | 7 | 7 | 6 | 4.61775 | 4.91878 | 5.21981 | 5.61775 | 6.38367 |
| 9 | 7 | 6 | 6 | 4.53857 | 4.83960 | 5.23754 | 5.53857 | 6.31672 |
| 9 | 6 | 9 | 8 | 5.49281 | 5.68470 | 5.83960 | 6.38367 | 7.16182 |
| 9 | 6 | 9 | 7 | 5.06145 | 5.38367 | 5.53857 | 5.98573 | 6.68470 |
| 9 | 6 | 9 | 6 | 4.91878 | 5.06145 | 5.20758 | 5.71466 | 6.38367 |
| 9 | 6 | 9 | 5 | 4.66351 | 4.90655 | 5.19178 | 5.61775 | 6.31672 |
| 9 | 6 | 8 | 8 | 5.06145 | 5.23754 | 5.44166 | 5.98573 | 6.55976 |
| 9 | 6 | 8 | 7 | 4.74269 | 4.91878 | 5.21981 | 5.55976 | 6.38367 |
| 9 | 6 | 8 | 6 | 4.61775 | 4.74269 | 5.06145 | 5.53857 | 6.09487 |
| 9 | 6 | 8 | 5 | 4.36248 | 4.83960 | 5.06145 | 5.38367 | 6.31672 |
| 9 | 6 | 7 | 7 | 4.49281 | 4.83960 | 5.06145 | 5.44166 | 6.03688 |
| 9 | 6 | 7 | 6 | 4.36248 | 4.66351 | 4.91878 | 5.44166 | 6.01569 |
| 9 | 6 | 6 | 6 | 4.44166 | 4.66351 | 4.83960 | 5.31672 | 6.01569 |
| 9 | 5 | 9 | 8 | 5.31672 | 5.68470 | 5.71466 | 6.21981 | 6.98573 |
| 9 | 5 | 9 | 7 | 4.91878 | 5.19178 | 5.38367 | 5.79384 | 6.55976 |
| 9 | 5 | 9 | 6 | 4.66351 | 4.90655 | 5.19178 | 5.61775 | 6.31672 |
| 9 | 5 | 9 | 5 | 4.60552 | 4.90655 | 5.08264 | 5.52084 | 6.21981 |
| 9 | 5 | 8 | 8 | 4.91878 | 5.21981 | 5.44166 | 5.86079 | 6.38367 |
| 9 | 5 | 8 | 7 | 4.61775 | 4.91878 | 5.06145 | 5.49281 | 6.31672 |

Tafel XV-2-4-4 (Fortsetz.)

| | | | | | | | | |
|---|---|---|---|---|---|---|---|---|
| 9 | 5 | 8 | 6 | 4.44166 | 4.71466 | 4.91878 | 5.38367 | 6.01569 |
| 9 | 5 | 8 | 5 | 4.36248 | 4.61775 | 4.90655 | 5.38367 | 6.16182 |
| 9 | 5 | 7 | 7 | 4.41363 | 4.66351 | 4.91878 | 5.31672 | 6.01569 |
| 9 | 5 | 7 | 6 | 4.31672 | 4.61775 | 4.74269 | 5.23754 | 5.91878 |
| 9 | 5 | 6 | 6 | 4.31672 | 4.53857 | 4.74269 | 5.31672 | 5.91878 |
| 8 | 8 | 8 | 8 | 5.23754 | --- | 5.71466 | 6.38367 | 7.40486 |
| 8 | 8 | 8 | 7 | 4.91878 | 5.21981 | 5.53857 | 5.83960 | 6.86079 |
| 8 | 8 | 8 | 6 | 4.76042 | 5.04372 | 5.31672 | 5.61775 | 6.46285 |
| 8 | 8 | 8 | 5 | 4.61775 | 5.01569 | 5.21981 | 5.61775 | 6.38367 |
| 8 | 8 | 7 | 7 | 4.66351 | 4.91878 | 5.21981 | 5.71466 | 6.31672 |
| 8 | 8 | 7 | 6 | 4.61775 | 4.83960 | 5.06145 | 5.61775 | 6.46285 |
| 8 | 8 | 6 | 6 | 4.53857 | 5.04372 | 5.14063 | 5.61775 | 6.61775 |
| 8 | 7 | 8 | 8 | 4.91878 | 5.21981 | 5.53857 | 5.83960 | 6.86079 |
| 8 | 7 | 8 | 7 | 4.66351 | 4.93651 | 5.06145 | 5.61775 | 6.31672 |
| 8 | 7 | 8 | 6 | 4.49281 | 4.74269 | 4.91878 | 5.44166 | 6.08264 |
| 8 | 7 | 8 | 5 | 4.41363 | 4.71466 | 4.91878 | 5.44166 | 6.16182 |
| 8 | 7 | 7 | 7 | 4.41363 | 4.61775 | 5.01569 | 5.44166 | 6.16182 |
| 8 | 7 | 7 | 6 | 4.31672 | 4.61775 | 4.91878 | 5.44166 | 6.01569 |
| 8 | 7 | 6 | 6 | 4.23754 | 4.61775 | 4.91878 | 5.31672 | 6.01569 |
| 8 | 6 | 8 | 8 | 4.76042 | 5.04372 | 5.31672 | 5.61775 | 6.46285 |
| 8 | 6 | 8 | 7 | 4.49281 | 4.74269 | 4.91878 | 5.44166 | 6.08264 |
| 8 | 6 | 8 | 6 | 4.31672 | 4.61775 | 4.76042 | 5.31672 | 5.86079 |
| 8 | 6 | 8 | 5 | 4.31672 | 4.53857 | 4.74269 | 5.23754 | 5.86079 |
| 8 | 6 | 7 | 7 | 4.23754 | 4.53857 | 4.74269 | 5.21981 | 5.98573 |
| 8 | 6 | 7 | 6 | 4.14063 | 4.49281 | 4.66351 | 5.19178 | 5.79384 |
| 8 | 6 | 6 | 6 | 4.14063 | 4.36248 | 4.71466 | 5.14063 | 5.83960 |
| 8 | 5 | 8 | 8 | 4.61775 | 5.01569 | 5.21981 | 5.61775 | 6.38367 |
| 8 | 5 | 8 | 7 | 4.41363 | 4.71466 | 4.91878 | 5.44166 | 6.16182 |
| 8 | 5 | 8 | 6 | 4.31672 | 4.53857 | 4.74269 | 5.23754 | 5.86079 |
| 8 | 5 | 8 | 5 | 4.06145 | 4.53857 | 4.83960 | 5.14063 | 5.83960 |
| 8 | 5 | 7 | 7 | 4.31672 | 4.61775 | 4.71466 | 5.31672 | 5.86079 |
| 8 | 5 | 7 | 6 | 4.14063 | 4.36248 | 4.71466 | 5.14063 | 5.83960 |
| 7 | 7 | 7 | 7 | 4.23754 | 4.45939 | 4.76042 | 5.19178 | 5.91878 |
| 7 | 7 | 7 | 6 | 4.14063 | 4.41363 | 4.66351 | 5.14063 | 5.83960 |
| 7 | 6 | 7 | 7 | 4.14063 | 4.41363 | 4.66351 | 5.14063 | 5.83960 |
| 7 | 6 | 7 | 6 | 4.01569 | 4.36248 | 4.61775 | 4.93651 | 5.71466 |

N= 19

| N1 | N2 | N3 | N4 | 20% | 10% | 5% | 1% | 0.1% |
|---|---|---|---|---|---|---|---|---|
| 17 | 1 | 17 | 1 | --- | --- | --- | 14.55106 | --- |
| 17 | 1 | 16 | 2 | 12.41752 | --- | 13.32061 | --- | --- |
| 17 | 1 | 15 | 3 | 11.71855 | --- | 12.11649 | --- | --- |
| 17 | 1 | 15 | 2 | --- | --- | 12.11649 | 12.41752 | --- |
| 17 | 1 | 14 | 4 | 11.17449 | 11.24143 | 11.71855 | --- | --- |
| 17 | 1 | 14 | 3 | --- | 11.24143 | --- | 11.71855 | --- |
| 17 | 1 | 13 | 5 | 10.57243 | --- | 11.17449 | --- | --- |
| 17 | 1 | 13 | 4 | --- | 10.39634 | 10.57243 | 11.17449 | --- |
| 17 | 1 | 13 | 3 | --- | 10.39634 | 10.57243 | --- | --- |
| 17 | 1 | 12 | 6 | 10.06054 | --- | 10.75951 | --- | --- |
| 17 | 1 | 12 | 5 | 9.75951 | 10.06054 | --- | 10.75951 | --- |
| 17 | 1 | 12 | 4 | 9.75951 | --- | 10.06054 | --- | --- |
| 17 | 1 | 11 | 7 | 10.26219 | --- | 10.45848 | --- | --- |
| 17 | 1 | 11 | 6 | --- | 9.68033 | --- | 10.45848 | --- |
| 17 | 1 | 11 | 5 | 9.15745 | --- | 9.68033 | --- | --- |
| 17 | 1 | 11 | 4 | 9.15745 | 9.28239 | --- | --- | --- |
| 17 | 1 | 10 | 8 | 10.16528 | --- | 10.26219 | --- | --- |
| 17 | 1 | 10 | 7 | --- | 9.41709 | --- | 10.26219 | --- |

Tafel XV-2-4-4 (Fortsetz.) 421

| | | | | | | | | |
|---|---|---|---|---|---|---|---|---|
| 17 | 1 | 10 | 6 | 8.93997 | --- | 9.41709 | --- | --- |
| 17 | 1 | 10 | 5 | --- | --- | 8.93997 | --- | --- |
| 17 | 1 | 9 | 9 | 10.16528 | --- | --- | --- | --- |
| 17 | 1 | 9 | 8 | --- | 9.26219 | --- | 10.16528 | --- |
| 17 | 1 | 9 | 7 | 8.71812 | --- | 9.26219 | --- | --- |
| 17 | 1 | 9 | 6 | 8.41709 | --- | 8.71812 | --- | --- |
| 17 | 1 | 9 | 5 | 8.41709 | --- | --- | --- | --- |
| 17 | 1 | 8 | 8 | --- | --- | 9.21104 | --- | --- |
| 17 | 1 | 8 | 7 | 8.24100 | --- | 8.60898 | --- | --- |
| 17 | 1 | 8 | 6 | --- | 8.24100 | --- | --- | --- |
| 17 | 1 | 7 | 7 | --- | 8.18301 | --- | --- | --- |
| 17 | 1 | 7 | 6 | 7.93997 | --- | --- | --- | --- |
| 16 | 2 | 16 | 2 | --- | 11.54246 | 12.11649 | 12.41752 | 13.32061 |
| 16 | 2 | 15 | 3 | 10.87346 | 10.94040 | --- | 12.11649 | --- |
| 16 | 2 | 15 | 2 | --- | 10.94040 | 11.24143 | 12.11649 | 12.41752 |
| 16 | 2 | 14 | 4 | 10.09531 | 10.39634 | --- | 11.24143 | --- |
| 16 | 2 | 14 | 3 | 10.09531 | --- | 10.39634 | 10.94040 | --- |
| 16 | 2 | 13 | 5 | 9.75951 | 10.06054 | 10.39634 | 10.57243 | --- |
| 16 | 2 | 13 | 4 | 9.45848 | 9.58342 | 10.06054 | 10.39634 | 10.87346 |
| 16 | 2 | 13 | 3 | --- | 9.45848 | 9.75951 | 10.39634 | --- |
| 16 | 2 | 12 | 6 | 9.41709 | 9.71812 | 9.75951 | 10.36157 | --- |
| 16 | 2 | 12 | 5 | --- | --- | 9.45848 | 9.98136 | --- |
| 16 | 2 | 12 | 4 | --- | 8.98136 | 9.28239 | 9.75951 | 10.36157 |
| 16 | 2 | 11 | 7 | 9.26219 | --- | 9.56322 | 9.98136 | --- |
| 16 | 2 | 11 | 6 | 8.71812 | 8.98136 | 9.28239 | 9.68033 | --- |
| 16 | 2 | 11 | 5 | 8.41709 | 8.63894 | 8.93997 | 9.28239 | 9.98136 |
| 16 | 2 | 11 | 4 | 8.24100 | 8.54203 | 8.98136 | 9.28239 | --- |
| 16 | 2 | 10 | 8 | 9.21104 | --- | 9.41709 | 9.71812 | --- |
| 16 | 2 | 10 | 7 | 8.54203 | 8.60898 | 8.93997 | 9.41709 | --- |
| 16 | 2 | 10 | 6 | 8.06491 | 8.41709 | 8.54203 | 8.93997 | 9.71812 |
| 16 | 2 | 10 | 5 | 7.93997 | 8.24100 | 8.41709 | 8.93997 | --- |
| 16 | 2 | 9 | 9 | 9.21104 | 9.26219 | 9.56322 | --- | --- |
| 16 | 2 | 9 | 8 | --- | 8.41709 | 8.71812 | 9.26219 | --- |
| 16 | 2 | 9 | 7 | 7.93997 | 8.24100 | 8.30795 | 8.71812 | 9.56322 |
| 16 | 2 | 9 | 6 | 7.71812 | 7.93997 | 8.06491 | 8.71812 | --- |
| 16 | 2 | 9 | 5 | 7.71812 | 8.01915 | 8.24100 | --- | --- |
| 16 | 2 | 8 | 8 | 8.06491 | --- | 8.30795 | --- | 9.51207 |
| 16 | 2 | 8 | 7 | 7.63894 | 7.76388 | 8.00692 | 8.60898 | --- |
| 16 | 2 | 8 | 6 | 7.46285 | 7.66697 | 7.76388 | 8.06491 | --- |
| 16 | 2 | 7 | 7 | 7.46285 | 7.63894 | --- | 8.00692 | --- |
| 16 | 2 | 7 | 6 | --- | 7.46285 | 7.63894 | --- | --- |
| 15 | 3 | 15 | 3 | --- | 10.23663 | 10.94040 | 11.24143 | 11.71855 |
| 15 | 3 | 15 | 2 | 9.79428 | 10.39634 | 10.94040 | 11.24143 | 12.41752 |
| 15 | 3 | 14 | 4 | 9.45848 | --- | 10.09531 | 10.57243 | 11.24143 |
| 15 | 3 | 14 | 3 | 9.28239 | 9.75951 | 9.79428 | 10.39634 | 11.24143 |
| 15 | 3 | 13 | 5 | 8.98136 | 9.41709 | 9.45848 | 10.39634 | 10.87346 |
| 15 | 3 | 13 | 4 | 8.71812 | 8.98136 | 9.45848 | 9.75951 | 10.57243 |
| 15 | 3 | 13 | 3 | 8.68033 | 8.98136 | 9.28239 | 9.75951 | 10.87346 |
| 15 | 3 | 12 | 6 | 8.71812 | 8.98136 | 9.19524 | 9.75951 | 10.23663 |
| 15 | 3 | 12 | 5 | 8.37930 | 8.50424 | 8.93997 | 9.75951 | --- |
| 15 | 3 | 12 | 4 | 8.20321 | 8.37930 | 8.68033 | 9.28239 | 10.23663 |
| 15 | 3 | 11 | 7 | 8.60898 | 8.93997 | 9.08610 | 9.28239 | --- |
| 15 | 3 | 11 | 6 | 8.24100 | 8.41709 | 8.63894 | 8.98136 | --- |
| 15 | 3 | 11 | 5 | 7.93997 | --- | 8.24100 | 8.93997 | 9.41709 |
| 15 | 3 | 11 | 4 | 7.63894 | --- | 8.24100 | 8.71812 | 9.75951 |
| 15 | 3 | 10 | 8 | 8.60898 | 8.71812 | 8.93997 | 9.08610 | --- |
| 15 | 3 | 10 | 7 | 7.93997 | 8.01915 | 8.41709 | 8.93997 | --- |
| 15 | 3 | 10 | 6 | 7.63894 | 7.89421 | 8.24100 | 8.41709 | 9.19524 |
| 15 | 3 | 10 | 5 | 7.33791 | --- | 7.93997 | 8.24100 | 9.41709 |
| 15 | 3 | 9 | 9 | 8.41709 | --- | 8.71812 | 9.19524 | --- |
| 15 | 3 | 9 | 8 | --- | 7.93997 | 8.24100 | 8.71812 | --- |
| 15 | 3 | 9 | 7 | 7.33791 | 7.70589 | 7.89421 | 8.01915 | 9.08610 |

Tafel XV-2-4-4 (Fortsetz.)

| | | | | | | | | |
|---|---|---|---|---|---|---|---|---|
| 15 | 3 | 9 | 6 | 7.16182 | 7.41709 | 7.76388 | 7.93997 | 9.19524 |
| 15 | 3 | 9 | 5 | 7.09487 | 7.28676 | 7.54203 | 8.01915 | --- |
| 15 | 3 | 8 | 8 | 7.40486 | 7.70589 | --- | 8.60898 | 9.08610 |
| 15 | 3 | 8 | 7 | 7.16182 | 7.28676 | 7.33791 | 7.76388 | 9.08610 |
| 15 | 3 | 8 | 6 | 7.01569 | 7.09487 | 7.28676 | 7.76388 | 8.24100 |
| 15 | 3 | 7 | 7 | 7.09487 | 7.16182 | 7.24100 | 7.63894 | 8.18301 |
| 15 | 3 | 7 | 6 | 6.79384 | 7.09487 | 7.27096 | 7.63894 | --- |
| 15 | 2 | 15 | 3 | 9.79428 | 10.39634 | 10.94040 | 11.24143 | 12.41752 |
| 15 | 2 | 15 | 2 | 9.79428 | --- | 10.69737 | 11.24143 | 12.11649 |
| 15 | 2 | 14 | 4 | 9.45848 | 9.75951 | 10.09531 | 10.39634 | 11.24143 |
| 15 | 2 | 14 | 3 | 9.28239 | 9.45848 | 9.79428 | 10.39634 | 10.94040 |
| 15 | 2 | 13 | 5 | 9.28239 | --- | 9.45848 | 10.39634 | --- |
| 15 | 2 | 13 | 4 | 8.68033 | 8.98136 | 9.28239 | 9.75951 | 10.69737 |
| 15 | 2 | 13 | 3 | 8.50424 | --- | 9.28239 | 9.75951 | --- |
| 15 | 2 | 12 | 6 | 8.71812 | 8.93997 | 9.28239 | 9.58342 | --- |
| 15 | 2 | 12 | 5 | 8.37930 | 8.50424 | 8.68033 | 9.45848 | 10.06054 |
| 15 | 2 | 12 | 4 | 8.20321 | 8.37930 | 8.54203 | 8.98136 | 9.75951 |
| 15 | 2 | 11 | 7 | 8.60898 | 8.71812 | 8.93997 | 9.28239 | --- |
| 15 | 2 | 11 | 6 | --- | 8.24100 | 8.41709 | 8.98136 | 9.58342 |
| 15 | 2 | 11 | 5 | 7.71812 | --- | 8.24100 | 8.93997 | 9.28239 |
| 15 | 2 | 11 | 4 | 7.84306 | 7.93997 | 8.20321 | 8.68033 | 9.58342 |
| 15 | 2 | 10 | 8 | 8.41709 | 8.60898 | 8.71812 | --- | --- |
| 15 | 2 | 10 | 7 | 7.76388 | 7.93997 | 8.30795 | 8.71812 | --- |
| 15 | 2 | 10 | 6 | 7.46285 | 7.63894 | 8.06491 | 8.24100 | --- |
| 15 | 2 | 10 | 5 | 7.36594 | 7.58779 | 7.63894 | 8.24100 | 9.24100 |
| 15 | 2 | 9 | 9 | --- | 8.60898 | 8.71812 | --- | --- |
| 15 | 2 | 9 | 8 | 7.76388 | 7.84306 | 8.30795 | 8.60898 | --- |
| 15 | 2 | 9 | 7 | 7.28676 | 7.54203 | 7.71812 | 8.24100 | --- |
| 15 | 2 | 9 | 6 | 7.24100 | 7.28676 | 7.46285 | 7.93997 | 9.01915 |
| 15 | 2 | 9 | 5 | 7.11606 | 7.28676 | 7.54203 | 7.71812 | --- |
| 15 | 2 | 8 | 8 | 7.36594 | 7.40486 | 7.70589 | 8.60898 | --- |
| 15 | 2 | 8 | 7 | 6.98573 | 7.16182 | 7.36594 | 7.76388 | 8.91001 |
| 15 | 2 | 8 | 6 | 6.91878 | 7.09487 | 7.28676 | 7.58779 | 8.06491 |
| 15 | 2 | 7 | 7 | 6.79384 | 7.16182 | --- | --- | 8.00692 |
| 15 | 2 | 7 | 6 | 6.86079 | 6.91878 | 7.06491 | 7.46285 | --- |
| 14 | 4 | 14 | 4 | 9.15745 | 9.28239 | 9.32018 | 10.09531 | 11.17449 |
| 14 | 4 | 14 | 3 | 8.71812 | 9.15745 | 9.28239 | 9.75951 | 10.57243 |
| 14 | 4 | 13 | 5 | 8.68033 | 8.71812 | 8.98136 | 9.45848 | 10.57243 |
| 14 | 4 | 13 | 4 | 8.20321 | 8.54203 | 8.71812 | 9.28239 | 10.36517 |
| 14 | 4 | 13 | 3 | 8.20321 | 8.50424 | 8.98136 | 9.28239 | 10.39634 |
| 14 | 4 | 12 | 6 | 8.41709 | 8.54203 | 8.68033 | 9.15745 | 10.06054 |
| 14 | 4 | 12 | 5 | 7.76388 | 8.06491 | 8.41709 | 8.98136 | 9.58342 |
| 14 | 4 | 12 | 4 | 7.63894 | 7.76388 | 8.11606 | 8.71812 | 9.45848 |
| 14 | 4 | 11 | 7 | 8.11606 | --- | 8.71812 | 8.78507 | 9.75951 |
| 14 | 4 | 11 | 6 | 7.54203 | 7.93997 | 8.11606 | 8.54203 | 9.28239 |
| 14 | 4 | 11 | 5 | 7.28676 | 7.54203 | 7.93997 | 8.41709 | 8.98136 |
| 14 | 4 | 11 | 4 | 7.24100 | 7.54203 | 7.71812 | 8.50424 | 9.15745 |
| 14 | 4 | 10 | 8 | 7.93997 | 8.18301 | 8.32018 | 8.84306 | 9.32018 |
| 14 | 4 | 10 | 7 | 7.39590 | 7.71812 | 8.00692 | 8.18301 | --- |
| 14 | 4 | 10 | 6 | 7.09487 | 7.28676 | 7.54203 | 8.01915 | 8.71812 |
| 14 | 4 | 10 | 5 | 6.93997 | 7.06491 | 7.28676 | 7.76388 | 8.71812 |
| 14 | 4 | 9 | 9 | 8.00692 | 8.24100 | 8.32018 | 9.01915 | --- |
| 14 | 4 | 9 | 8 | 7.46285 | 7.66697 | 7.76388 | 8.24100 | --- |
| 14 | 4 | 9 | 7 | 6.98573 | 7.16182 | 7.33791 | 7.76388 | 8.41709 |
| 14 | 4 | 9 | 6 | 6.63894 | 6.98573 | 7.09487 | 7.54203 | 8.32018 |
| 14 | 4 | 9 | 5 | 6.68470 | 6.91878 | 7.24100 | 7.46285 | 8.32018 |
| 14 | 4 | 8 | 8 | 7.06491 | 7.16182 | 7.46285 | 7.70589 | --- |
| 14 | 4 | 8 | 7 | 6.68470 | 6.86079 | 7.06491 | 7.46285 | 8.18301 |
| 14 | 4 | 8 | 6 | 6.46285 | 6.76388 | 6.88882 | 7.33791 | 8.06491 |
| 14 | 4 | 7 | 7 | 6.46285 | 6.68470 | 6.86079 | 7.33791 | 7.93997 |
| 14 | 4 | 7 | 6 | 6.49281 | 6.63894 | 6.79384 | 7.39590 | 7.93997 |
| 14 | 3 | 14 | 4 | 8.71812 | 9.15745 | 9.28239 | 9.75951 | 10.57243 |

Tafel XV-2-4-4 (Fortsetz.) 423

| | | | | | | | | |
|---|---|---|---|---|---|---|---|---|
| 14 | 3 | 14 | 3 | 8.50424 | 8.98136 | 9.28239 | 9.58342 | 10.39634 |
| 14 | 3 | 13 | 5 | 8.37930 | 8.50424 | 8.71812 | 9.45848 | 10.39634 |
| 14 | 3 | 13 | 4 | 8.11606 | 8.37930 | 8.54203 | 9.01915 | 9.75951 |
| 14 | 3 | 13 | 3 | 7.93997 | 8.41709 | 8.68033 | 9.28239 | 9.75951 |
| 14 | 3 | 12 | 6 | 8.01915 | 8.41709 | 8.54203 | 9.15745 | 9.75951 |
| 14 | 3 | 12 | 5 | 7.71812 | 8.20321 | 8.24100 | 8.71812 | 9.45848 |
| 14 | 3 | 12 | 4 | 7.46285 | 7.71812 | 8.01915 | 8.54203 | 9.28239 |
| 14 | 3 | 11 | 7 | 7.93997 | 8.11606 | --- | 8.71812 | 9.15745 |
| 14 | 3 | 11 | 6 | 7.36594 | 7.71812 | 7.93997 | 8.50424 | 8.98136 |
| 14 | 3 | 11 | 5 | 7.24100 | 7.33791 | 7.63894 | 8.11606 | 8.98136 |
| 14 | 3 | 11 | 4 | 7.16182 | 7.36594 | 7.63894 | 8.01915 | 8.98136 |
| 14 | 3 | 10 | 8 | 7.76388 | 8.06491 | 8.18301 | 8.54203 | --- |
| 14 | 3 | 10 | 7 | 7.28676 | 7.36594 | 7.71812 | 8.11606 | 8.54203 |
| 14 | 3 | 10 | 6 | 6.93997 | 7.16182 | 7.41709 | 7.93997 | 8.54203 |
| 14 | 3 | 10 | 5 | 6.76388 | 6.98573 | 7.28676 | 7.63894 | 8.41709 |
| 14 | 3 | 9 | 9 | 7.76388 | 8.00692 | 8.24100 | 8.41709 | --- |
| 14 | 3 | 9 | 8 | 7.09487 | 7.36594 | 7.70589 | 8.06491 | 8.54203 |
| 14 | 3 | 9 | 7 | 6.86079 | 6.98573 | 7.24100 | 7.70589 | 8.48404 |
| 14 | 3 | 9 | 6 | 6.58779 | 6.86079 | 6.98573 | 7.41709 | 8.06491 |
| 14 | 3 | 9 | 5 | 6.58779 | 6.61775 | 6.93997 | 7.28676 | 8.71812 |
| 14 | 3 | 8 | 8 | 6.86079 | 6.98573 | 7.24100 | 7.70589 | 8.18301 |
| 14 | 3 | 8 | 7 | 6.49281 | 6.68470 | 6.88882 | 7.28676 | 8.00692 |
| 14 | 3 | 8 | 6 | 6.38367 | 6.58779 | 6.76388 | 7.09487 | 7.76388 |
| 14 | 3 | 7 | 7 | 6.38367 | 6.49281 | 6.63894 | 7.16182 | 8.48404 |
| 14 | 3 | 7 | 6 | 6.31672 | 6.46285 | 6.68470 | 6.93997 | 7.63894 |
| 13 | 5 | 13 | 5 | 8.11606 | 8.41709 | 8.50424 | 8.98136 | 10.06054 |
| 13 | 5 | 13 | 4 | 7.93997 | 8.06491 | 8.32018 | 8.68033 | 9.75951 |
| 13 | 5 | 13 | 3 | 7.71812 | 7.93997 | 8.41709 | 8.68033 | 9.75951 |
| 13 | 5 | 12 | 6 | 7.93997 | 8.06491 | 8.11606 | 8.68033 | 9.68033 |
| 13 | 5 | 12 | 5 | 7.46285 | 7.71812 | 8.01915 | 8.24100 | 9.28239 |
| 13 | 5 | 12 | 4 | 7.33791 | --- | 7.63894 | 8.20321 | 8.98136 |
| 13 | 5 | 11 | 7 | 7.71812 | 7.86079 | 8.01915 | 8.63894 | 9.28239 |
| 13 | 5 | 11 | 6 | 7.24100 | 7.46285 | 7.63894 | 8.11606 | 8.98136 |
| 13 | 5 | 11 | 5 | 7.01569 | 7.09487 | 7.41709 | 7.93997 | 8.71812 |
| 13 | 5 | 11 | 4 | 6.91878 | 7.09487 | 7.41709 | 7.93997 | 8.98136 |
| 13 | 5 | 10 | 8 | 7.46285 | 7.76388 | 7.93997 | 8.41709 | 8.93997 |
| 13 | 5 | 10 | 7 | 7.09487 | 7.31672 | 7.54203 | 7.86079 | 8.71812 |
| 13 | 5 | 10 | 6 | 6.76388 | 6.93997 | 7.11606 | 7.71812 | 8.41709 |
| 13 | 5 | 10 | 5 | 6.58779 | 6.86079 | 7.01569 | 7.41709 | 8.41709 |
| 13 | 5 | 9 | 9 | 7.46285 | 7.63894 | 8.32018 | 8.41709 | --- |
| 13 | 5 | 9 | 8 | 6.86079 | 7.28676 | 7.46285 | 8.01915 | 8.41709 |
| 13 | 5 | 9 | 7 | 6.49281 | 6.79384 | 7.09487 | 7.54203 | 8.24100 |
| 13 | 5 | 9 | 6 | 6.33791 | 6.55976 | 6.79384 | 7.24100 | 8.06491 |
| 13 | 5 | 9 | 5 | 6.31672 | 6.76388 | 6.86079 | 7.24100 | 8.06491 |
| 13 | 5 | 8 | 8 | 6.55976 | 6.86079 | 7.16182 | 7.63894 | --- |
| 13 | 5 | 8 | 7 | 6.31672 | 6.49281 | 6.76388 | 7.09487 | 8.06491 |
| 13 | 5 | 8 | 6 | 6.21981 | 6.33791 | 6.55976 | 7.09487 | 7.86079 |
| 13 | 5 | 7 | 7 | 6.09487 | 6.39590 | 5.49281 | 7.09487 | 7.86079 |
| 13 | 5 | 7 | 6 | 6.31672 | 6.33791 | 6.61775 | 6.76388 | 7.79384 |
| 13 | 4 | 13 | 5 | 7.93997 | 8.06491 | 8.32018 | 8.68033 | 9.75951 |
| 13 | 4 | 13 | 4 | 7.63894 | 7.90218 | 8.11606 | 8.62121 | 9.45848 |
| 13 | 4 | 13 | 3 | 7.54203 | 7.90218 | 8.01915 | 8.68033 | 9.45848 |
| 13 | 4 | 12 | 6 | 7.63894 | 7.71812 | 8.01915 | 8.50424 | 9.28239 |
| 13 | 4 | 12 | 5 | 7.24100 | 7.54203 | 7.71812 | 8.24100 | 8.98136 |
| 13 | 4 | 12 | 4 | 7.06491 | 7.24100 | 7.54203 | 8.11606 | 8.98136 |
| 13 | 4 | 11 | 7 | 7.33791 | 7.54203 | 7.76388 | 8.11606 | 8.98136 |
| 13 | 4 | 11 | 6 | 6.98573 | 7.24100 | 7.41709 | 7.93997 | 8.68033 |
| 13 | 4 | 11 | 5 | 6.68470 | 6.93997 | 7.28676 | 7.71812 | 8.50424 |
| 13 | 4 | 11 | 4 | 6.58779 | 7.06491 | 7.11606 | 7.63894 | 8.62121 |
| 13 | 4 | 10 | 8 | 7.33791 | 7.46285 | 7.71812 | 7.93997 | 8.71812 |
| 13 | 4 | 10 | 7 | 6.86079 | 7.09487 | 7.24100 | 7.63894 | 8.54203 |
| 13 | 4 | 10 | 6 | 6.49281 | 6.69693 | 6.93997 | 7.46285 | 8.01915 |

| | | | | | | | |
|---|---|---|---|---|---|---|---|
| 13 | 4 | 10 | 5 | 6.33791 | 6.63894 | 6.86079 | 7.24100 | 8.01915 |
| 13 | 4 | 9 | 9 | 7.28676 | 7.46285 | 7.63894 | 8.06491 | --- |
| 13 | 4 | 9 | 8 | 6.79384 | 6.91878 | 7.28676 | 7.58779 | 8.36594 |
| 13 | 4 | 9 | 7 | 6.39590 | 6.61775 | 6.79384 | 7.24100 | 8.01915 |
| 13 | 4 | 9 | 6 | 6.16182 | 6.33791 | 6.52084 | 7.06491 | 7.71812 |
| 13 | 4 | 9 | 5 | 6.16182 | 6.31672 | 6.55976 | 7.11606 | 7.76388 |
| 13 | 4 | 8 | 8 | 6.31672 | 6.61775 | 6.86079 | 7.28676 | --- |
| 13 | 4 | 8 | 7 | 6.08264 | 6.33791 | 6.49281 | 7.06491 | 7.58779 |
| 13 | 4 | 8 | 6 | 5.98573 | 6.14063 | 6.33791 | 6.76388 | 7.39590 |
| 13 | 4 | 7 | 7 | 5.91878 | 6.03688 | 6.39590 | 6.68470 | 7.63894 |
| 13 | 4 | 7 | 6 | 5.83960 | 6.09487 | 6.16182 | 6.69693 | 7.16182 |
| 13 | 3 | 13 | 5 | 7.71812 | 7.93997 | 8.41709 | 8.68033 | 9.75951 |
| 13 | 3 | 13 | 4 | 7.54203 | 7.90218 | 8.01915 | 8.68033 | 9.45848 |
| 13 | 3 | 13 | 3 | 7.46285 | 7.60115 | 8.20321 | 8.50424 | 9.28239 |
| 13 | 3 | 12 | 6 | 7.54203 | 7.89421 | 8.01915 | 8.50424 | 9.75951 |
| 13 | 3 | 12 | 5 | 7.16182 | 7.41709 | 7.71812 | 8.01915 | 8.98136 |
| 13 | 3 | 12 | 4 | 6.93997 | 7.24100 | 7.54203 | 8.20321 | 8.98136 |
| 13 | 3 | 11 | 7 | 7.33791 | 7.54203 | 7.76388 | 8.01915 | 8.98136 |
| 13 | 3 | 11 | 6 | 6.93997 | 7.16182 | 7.46285 | 7.76388 | 8.50424 |
| 13 | 3 | 11 | 5 | 6.49281 | 7.06491 | 7.24100 | 7.54203 | 8.50424 |
| 13 | 3 | 11 | 4 | 6.63894 | 6.93997 | 7.16182 | 7.93997 | 8.20321 |
| 13 | 3 | 10 | 8 | 7.28676 | 7.41709 | 7.63894 | 8.41709 | --- |
| 13 | 3 | 10 | 7 | 6.86079 | 7.06491 | 7.24100 | 7.63894 | 8.41709 |
| 13 | 3 | 10 | 6 | 6.46285 | 6.76388 | 6.86079 | 7.41709 | 8.01915 |
| 13 | 3 | 10 | 5 | 6.31672 | 6.46285 | 6.76388 | 7.24100 | 8.01915 |
| 13 | 3 | 9 | 9 | 7.27096 | 7.46285 | 7.63894 | 8.01915 | --- |
| 13 | 3 | 9 | 8 | 6.76388 | 6.98573 | 7.24100 | 7.41709 | 8.01915 |
| 13 | 3 | 9 | 7 | 6.33791 | 6.57199 | 6.76388 | 7.24100 | 7.76388 |
| 13 | 3 | 9 | 6 | 6.08264 | 6.33791 | 6.57199 | 7.06491 | 7.63894 |
| 13 | 3 | 9 | 5 | 6.01569 | 6.28676 | 6.49281 | 6.86079 | 7.76388 |
| 13 | 3 | 8 | 8 | 6.33791 | 6.38367 | 6.76388 | 7.16182 | 8.24100 |
| 13 | 3 | 8 | 7 | 6.01569 | 6.28676 | 6.39590 | 6.79384 | 7.63894 |
| 13 | 3 | 8 | 6 | 5.86079 | 6.09487 | 6.31672 | 6.76388 | 7.24100 |
| 13 | 3 | 7 | 7 | 5.83960 | 6.09487 | 6.33791 | 6.49281 | 7.33791 |
| 13 | 3 | 7 | 6 | 5.83960 | 6.09487 | 6.31672 | 6.57199 | 7.27096 |
| 12 | 6 | 12 | 6 | 7.54203 | 7.86079 | 7.89421 | 8.54203 | 9.68033 |
| 12 | 6 | 12 | 5 | 7.24100 | 7.46285 | 7.63894 | 8.24100 | 8.93997 |
| 12 | 6 | 12 | 4 | 7.06491 | 7.16182 | 7.46285 | 7.93997 | 8.98136 |
| 12 | 6 | 11 | 7 | 7.16182 | 7.71812 | 7.86079 | 8.01915 | 9.41709 |
| 12 | 6 | 11 | 6 | 7.01569 | 7.16182 | 7.39590 | 7.79384 | 8.63894 |
| 12 | 6 | 11 | 5 | 6.76388 | 7.01569 | 7.09487 | 7.54203 | 8.41709 |
| 12 | 6 | 11 | 4 | 6.61775 | 6.93997 | 6.99796 | 7.63894 | 8.24100 |
| 12 | 6 | 10 | 8 | 7.16182 | 7.36594 | 7.66697 | 8.06491 | 8.84306 |
| 12 | 6 | 10 | 7 | 6.76388 | 7.01569 | 7.16182 | 7.63894 | 8.54203 |
| 12 | 6 | 10 | 6 | 6.46285 | 6.86079 | 6.93997 | 7.39590 | 8.24100 |
| 12 | 6 | 10 | 5 | 6.31672 | 6.49281 | 6.76388 | 7.24100 | 8.06491 |
| 12 | 6 | 9 | 9 | 7.27096 | 7.46285 | 8.06491 | 8.24100 | 9.19524 |
| 12 | 6 | 9 | 8 | 6.68470 | 7.06491 | 7.16182 | 7.63894 | 8.24100 |
| 12 | 6 | 9 | 7 | 6.31672 | 6.58779 | 6.79384 | 7.28676 | 7.93997 |
| 12 | 6 | 9 | 6 | 6.14063 | 6.31672 | 6.58779 | 7.09487 | 7.66697 |
| 12 | 6 | 9 | 5 | 6.09487 | 6.31672 | 6.49281 | 7.06491 | 7.86079 |
| 12 | 6 | 8 | 8 | 6.21981 | 6.49281 | 7.06491 | 7.28676 | 8.06491 |
| 12 | 6 | 8 | 7 | 6.01569 | 6.21981 | 6.49281 | 6.88882 | 7.63894 |
| 12 | 6 | 8 | 6 | 5.91878 | 6.14063 | 6.33791 | 6.76388 | 7.66697 |
| 12 | 6 | 7 | 7 | 5.91878 | 6.09487 | 6.33791 | 6.76388 | 7.79384 |
| 12 | 6 | 7 | 6 | 5.83960 | 6.09487 | 6.31672 | 6.76388 | 7.79384 |
| 12 | 5 | 12 | 6 | 7.24100 | 7.46285 | 7.63894 | 8.24100 | 8.93997 |
| 12 | 5 | 12 | 5 | 7.01569 | 7.11606 | 7.33791 | 7.71812 | 8.50424 |
| 12 | 5 | 12 | 4 | 6.63894 | 7.06491 | 7.24100 | 7.63894 | 8.50424 |
| 12 | 5 | 11 | 7 | 7.09487 | 7.16182 | 7.41709 | 7.86079 | 8.63894 |
| 12 | 5 | 11 | 6 | 6.61775 | 6.88882 | 7.09487 | 7.46285 | 8.24100 |
| 12 | 5 | 11 | 5 | 6.46285 | 6.63894 | 6.79384 | 7.31672 | 8.24100 |

Tafel XV-2-4-4 (Fortsetz.) 425

| | | | | | | | | |
|---|---|---|---|---|---|---|---|---|
| 12 | 5 | 11 | 4 | 6.46285 | 6.49281 | 6.76388 | 7.36594 | 8.01915 |
| 12 | 5 | 10 | 8 | 6.88882 | 7.06491 | 7.31672 | 7.76388 | 8.41709 |
| 12 | 5 | 10 | 7 | 6.46285 | 6.68470 | 6.88882 | 7.36594 | 8.01915 |
| 12 | 5 | 10 | 6 | 6.11067 | 6.38367 | 6.63894 | 7.09487 | 7.76388 |
| 12 | 5 | 10 | 5 | 6.01569 | 6.21981 | 6.46285 | 7.06491 | 7.71812 |
| 12 | 5 | 9 | 9 | 6.86079 | 7.16182 | 7.46285 | 8.01915 | 8.41709 |
| 12 | 5 | 9 | 8 | 6.38367 | 6.61775 | 6.86079 | 7.28676 | 7.93997 |
| 12 | 5 | 9 | 7 | 5.98573 | 6.31672 | 6.49281 | 7.06491 | 7.54203 |
| 12 | 5 | 9 | 6 | 5.91878 | 6.09487 | 6.31672 | 6.76388 | 7.46285 |
| 12 | 5 | 9 | 5 | 5.68470 | 6.01569 | 6.21981 | 6.76388 | 7.54203 |
| 12 | 5 | 8 | 8 | 5.91878 | 6.21981 | 6.46285 | 6.88882 | 7.66697 |
| 12 | 5 | 8 | 7 | 5.71466 | 6.01569 | 6.21981 | 6.68470 | 7.36594 |
| 12 | 5 | 8 | 6 | 5.68470 | 5.91878 | 5.98573 | 6.53857 | 7.31672 |
| 12 | 5 | 7 | 7 | 5.71466 | 5.86079 | 6.01569 | 6.61775 | 7.79384 |
| 12 | 5 | 7 | 6 | 5.52084 | 5.79384 | 6.01569 | 6.46285 | 7.31672 |
| 12 | 4 | 12 | 6 | 7.06491 | 7.16182 | 7.46285 | 7.93997 | 8.98136 |
| 12 | 4 | 12 | 5 | 6.63894 | 7.06491 | 7.24100 | 7.63894 | 8.50424 |
| 12 | 4 | 12 | 4 | 6.76388 | 6.86079 | 7.06491 | 7.54203 | 8.24100 |
| 12 | 4 | 11 | 7 | 6.86079 | 7.09487 | 7.33791 | 7.93997 | 9.15745 |
| 12 | 4 | 11 | 6 | 6.49281 | 6.76388 | 7.06491 | 7.39590 | 8.41709 |
| 12 | 4 | 11 | 5 | 6.28676 | 6.58779 | 6.86079 | 7.24100 | 8.01915 |
| 12 | 4 | 11 | 4 | 6.11067 | 6.46285 | 6.63894 | 7.16182 | 8.01915 |
| 12 | 4 | 10 | 8 | 6.79384 | 6.88882 | 7.09487 | 7.54203 | 8.41709 |
| 12 | 4 | 10 | 7 | 6.31672 | 6.61775 | 6.86079 | 7.11606 | 7.93997 |
| 12 | 4 | 10 | 6 | 6.01569 | 6.31672 | 6.57199 | 7.06491 | 7.63894 |
| 12 | 4 | 10 | 5 | 5.86079 | 6.14063 | 6.33791 | 6.86079 | 7.46285 |
| 12 | 4 | 9 | 9 | 6.76388 | 7.06491 | 7.09487 | 7.46285 | --- |
| 12 | 4 | 9 | 8 | 6.21981 | 6.49281 | 6.69693 | 7.06491 | 7.66697 |
| 12 | 4 | 9 | 7 | 5.91878 | 6.14063 | 6.33791 | 6.76388 | 7.41709 |
| 12 | 4 | 9 | 6 | 5.68470 | 5.96993 | 6.11067 | 6.55976 | 7.27096 |
| 12 | 4 | 9 | 5 | 5.68470 | 5.91878 | 6.09487 | 6.49281 | 7.36594 |
| 12 | 4 | 8 | 8 | 5.98573 | 6.09487 | 6.33791 | 6.79384 | 7.54203 |
| 12 | 4 | 8 | 7 | 5.55976 | 5.86079 | 6.09487 | 6.49281 | 7.06491 |
| 12 | 4 | 8 | 6 | 5.49281 | 5.71466 | 5.98573 | 6.31672 | 7.09487 |
| 12 | 4 | 7 | 7 | 5.49281 | 5.68470 | 5.91878 | 6.33791 | 6.93997 |
| 12 | 4 | 7 | 6 | 5.36248 | 5.61775 | 5.83960 | 6.21981 | 6.76388 |
| 11 | 7 | 11 | 7 | 7.06491 | 7.28676 | 7.54203 | 8.18301 | 8.78507 |
| 11 | 7 | 11 | 6 | 6.63894 | 7.01569 | 7.09487 | 7.63894 | 8.63894 |
| 11 | 7 | 11 | 5 | 6.49281 | 6.76388 | 6.93997 | 7.31672 | 8.24100 |
| 11 | 7 | 11 | 4 | 6.46285 | 6.63894 | 7.06491 | 7.54203 | 8.11606 |
| 11 | 7 | 10 | 8 | 7.01569 | 7.16182 | 7.31672 | 8.18301 | 8.71812 |
| 11 | 7 | 10 | 7 | 6.58779 | 6.68470 | 7.01569 | 7.33791 | 8.24100 |
| 11 | 7 | 10 | 6 | 6.23754 | 6.53857 | 6.63894 | 7.24100 | 7.93997 |
| 11 | 7 | 10 | 5 | 6.14063 | 6.46285 | 6.53857 | 7.09487 | 7.71812 |
| 11 | 7 | 9 | 9 | 6.86079 | 7.16182 | 7.46285 | 8.24100 | 8.71812 |
| 11 | 7 | 9 | 8 | 6.39590 | 6.68470 | 6.79384 | 7.46285 | 8.24100 |
| 11 | 7 | 9 | 7 | 6.09487 | 6.38367 | 6.58779 | 7.06491 | 7.93997 |
| 11 | 7 | 9 | 6 | 5.91878 | 6.09487 | 6.46285 | 6.86079 | 7.63894 |
| 11 | 7 | 9 | 5 | 5.91878 | 6.14063 | 6.39590 | 6.76388 | 7.71812 |
| 11 | 7 | 8 | 8 | 6.16182 | 6.38367 | 6.55976 | 7.16182 | 8.18301 |
| 11 | 7 | 8 | 7 | 5.79384 | 6.03688 | 6.38367 | 6.76388 | 7.54203 |
| 11 | 7 | 8 | 6 | 5.69693 | 5.98573 | 6.14063 | 6.63894 | 7.46285 |
| 11 | 7 | 7 | 7 | 5.69693 | 5.91878 | 6.14063 | 6.63894 | 7.33791 |
| 11 | 7 | 7 | 6 | 5.49281 | 5.91878 | 6.14063 | 6.61775 | 7.31672 |
| 11 | 6 | 11 | 7 | 6.63894 | 7.01569 | 7.09487 | 7.63894 | 8.63894 |
| 11 | 6 | 11 | 6 | 6.31672 | 6.61775 | 6.91878 | 7.24100 | 8.09487 |
| 11 | 6 | 11 | 5 | 6.14063 | 6.58779 | 6.63894 | 7.06491 | 7.76388 |
| 11 | 6 | 11 | 4 | 6.03688 | 6.31672 | 6.49281 | 7.06491 | 7.84306 |
| 11 | 6 | 10 | 8 | 6.63894 | 6.86079 | 6.98573 | 7.46285 | 8.24100 |
| 11 | 6 | 10 | 7 | 6.23754 | 6.46285 | 6.61775 | 7.06491 | 7.93997 |
| 11 | 6 | 10 | 6 | 5.91878 | 6.21981 | 6.33791 | 6.86079 | 7.54203 |
| 11 | 6 | 10 | 5 | 5.80964 | 6.01569 | 6.21981 | 6.88882 | 7.41709 |

| | | | | | | | | |
|---|---|---|---|---|---|---|---|---|
| 11 | 6 | 9 | 9 | 6.55976 | 6.76388 | 7.06491 | 7.63894 | 8.71812 |
| 11 | 6 | 9 | 8 | 6.14063 | 6.38367 | 6.55976 | 7.06491 | 7.84306 |
| 11 | 6 | 9 | 7 | 6.09487 | 6.38367 | 6.68470 | 7.46285 |
| 11 | 6 | 9 | 6 | 5.61775 | 5.86079 | 6.09487 | 6.55976 | 7.16182 |
| 11 | 6 | 9 | 5 | 5.61775 | 5.71466 | 5.98573 | 6.58779 | 7.31672 |
| 11 | 6 | 8 | 8 | 5.83960 | 6.16182 | 6.21981 | 6.76388 | 7.28676 |
| 11 | 6 | 8 | 7 | 5.44166 | 5.71466 | 6.03688 | 6.38367 | 7.09487 |
| 11 | 6 | 8 | 6 | 5.38367 | 5.68470 | 5.86079 | 6.31672 | 7.06491 |
| 11 | 6 | 7 | 7 | 5.36248 | ----- | 5.79384 | 6.46285 | 7.01569 |
| 11 | 6 | 7 | 6 | 5.39590 | 5.53857 | 5.79384 | 6.23754 | 7.06491 |
| 11 | 5 | 11 | 7 | 6.49281 | 6.76388 | 6.93997 | 7.31672 | 8.24100 |
| 11 | 5 | 11 | 6 | 6.14063 | 6.58779 | 6.63894 | 7.06491 | 7.76388 |
| 11 | 5 | 11 | 5 | 5.91878 | 6.16182 | 6.49281 | 6.93997 | 7.63894 |
| 11 | 5 | 11 | 4 | 5.86079 | 6.09487 | 6.31672 | 6.93997 | 7.63894 |
| 11 | 5 | 10 | 8 | 6.39590 | 6.63894 | 6.86079 | 7.28676 | 7.93997 |
| 11 | 5 | 10 | 7 | 6.01569 | 6.31672 | 6.39590 | 6.86079 | 7.46285 |
| 11 | 5 | 10 | 6 | 5.68470 | 6.01569 | 6.28676 | 6.61775 | 7.28676 |
| 11 | 5 | 10 | 5 | 5.61775 | 5.83960 | 6.03688 | 6.58779 | 7.24100 |
| 11 | 5 | 9 | 9 | 6.33791 | 6.49281 | 6.86079 | 7.28676 | 8.01915 |
| 11 | 5 | 9 | 8 | 5.91878 | 6.16182 | 6.46285 | 6.79384 | 7.46285 |
| 11 | 5 | 9 | 7 | 5.61775 | 5.86079 | 6.09487 | 6.49281 | 7.09487 |
| 11 | 5 | 9 | 6 | 5.38367 | 5.68470 | 5.98573 | 6.33791 | 7.09487 |
| 11 | 5 | 9 | 5 | 5.38367 | 5.53857 | 5.86079 | 6.39590 | 6.93997 |
| 11 | 5 | 8 | 8 | 5.55976 | 5.86079 | 6.01569 | 6.46285 | 7.24100 |
| 11 | 5 | 8 | 7 | 5.38367 | 5.61775 | 5.71466 | 6.28676 | 6.86079 |
| 11 | 5 | 8 | 6 | 5.20758 | 5.49281 | 5.68470 | 6.03688 | 6.79384 |
| 11 | 5 | 7 | 7 | 5.21981 | 5.39590 | 5.68470 | 6.09487 | 6.76388 |
| 11 | 5 | 7 | 6 | 5.19178 | 5.39590 | 5.61775 | 6.09487 | 6.76388 |
| 11 | 4 | 11 | 7 | 6.46285 | 6.63894 | 7.06491 | 7.54203 | 8.11606 |
| 11 | 4 | 11 | 6 | 6.03688 | 6.31672 | 6.49281 | 7.06491 | 7.84306 |
| 11 | 4 | 11 | 5 | 5.86079 | 6.09487 | 6.31672 | 6.93997 | 7.63894 |
| 11 | 4 | 11 | 4 | 5.69693 | 6.16182 | 6.29899 | 6.93997 | 7.63894 |
| 11 | 4 | 10 | 8 | 6.46285 | 6.63894 | 6.76388 | 7.24100 | 7.71812 |
| 11 | 4 | 10 | 7 | 5.98573 | 6.09487 | 6.58779 | 6.69693 | 7.36594 |
| 11 | 4 | 10 | 6 | 5.53857 | 5.98573 | 6.11067 | 6.69693 | 7.24100 |
| 11 | 4 | 10 | 5 | 5.50061 | 5.80964 | 6.03688 | 6.49281 | 7.36594 |
| 11 | 4 | 9 | 9 | 6.39590 | 6.49281 | 6.91878 | 7.09487 | 8.01915 |
| 11 | 4 | 9 | 8 | 5.91878 | 6.28676 | 6.39590 | 6.58779 | 7.36594 |
| 11 | 4 | 9 | 7 | 5.55976 | 5.69693 | 6.01569 | 6.49281 | 7.11606 |
| 11 | 4 | 9 | 6 | 5.38367 | 5.61775 | 5.83960 | 6.31672 | 7.09487 |
| 11 | 4 | 9 | 5 | 5.36248 | 5.61775 | 5.79384 | 6.31672 | 7.09487 |
| 11 | 4 | 8 | 8 | 5.53857 | 5.83960 | 5.98573 | 6.46285 | 7.06491 |
| 11 | 4 | 8 | 7 | 5.19178 | 5.55976 | 5.79384 | 6.16182 | 6.88882 |
| 11 | 4 | 8 | 6 | 5.19178 | 5.38367 | 5.53857 | 6.09487 | 6.91878 |
| 11 | 4 | 7 | 7 | 5.19178 | 5.36248 | 5.61775 | 6.03688 | 6.61775 |
| 11 | 4 | 7 | 6 | 5.09487 | 5.31672 | 5.50061 | 5.91878 | 6.69693 |
| 10 | 8 | 10 | 8 | 6.79384 | 7.01569 | 7.33791 | 7.76388 | 8.60898 |
| 10 | 8 | 10 | 7 | 6.38367 | 6.61775 | 6.88882 | 7.33791 | 8.18301 |
| 10 | 8 | 10 | 6 | 6.16182 | 6.38367 | 6.58779 | 7.01569 | 7.93997 |
| 10 | 8 | 10 | 5 | 5.98573 | 6.31672 | 6.58779 | 6.91878 | 7.71812 |
| 10 | 8 | 9 | 9 | 6.79384 | 6.91878 | 7.33791 | 7.76388 | 9.21104 |
| 10 | 8 | 9 | 8 | 6.38367 | 6.61775 | 6.79384 | 7.28676 | 8.30795 |
| 10 | 8 | 9 | 7 | 6.01569 | 6.31672 | 6.39590 | 6.98573 | 7.76388 |
| 10 | 8 | 9 | 6 | 5.82187 | 6.09487 | 6.33791 | 6.79384 | 7.39590 |
| 10 | 8 | 9 | 5 | 5.79384 | 6.01569 | 6.31672 | 6.86079 | 7.28676 |
| 10 | 8 | 8 | 8 | 6.09487 | 6.21981 | 6.38367 | 7.16182 | 7.76388 |
| 10 | 8 | 8 | 7 | 5.69693 | 6.01569 | 6.21981 | 6.63894 | 7.39590 |
| 10 | 8 | 8 | 6 | 5.61775 | 5.82187 | 6.16182 | 6.61775 | 7.36594 |
| 10 | 8 | 7 | 7 | 5.53857 | 5.83960 | 6.01569 | 6.61775 | 7.31672 |
| 10 | 8 | 7 | 6 | 5.44166 | 5.79384 | 6.01569 | 6.53857 | 7.33791 |
| 10 | 7 | 10 | 8 | 6.38367 | 6.61775 | 6.88882 | 7.33791 | 8.18301 |
| 10 | 7 | 10 | 7 | 6.01569 | 6.23754 | 6.49281 | 6.93997 | 7.70589 |

Tafel XV-2-4-4 (Fortsetz.) 427

| | | | | | | | | |
|---|---|---|---|---|---|---|---|---|
| 10 | 7 | 10 | 6 | 5.79384 | 5.98573 | 6.31672 | 6.61775 | 7.39590 |
| 10 | 7 | 10 | 5 | 5.68470 | 5.86079 | 6.14063 | 6.61775 | 7.16182 |
| 10 | 7 | 9 | 9 | 6.39590 | 6.68470 | 6.79384 | 7.33791 | 8.30795 |
| 10 | 7 | 9 | 8 | 5.91878 | 6.08264 | 6.38367 | 6.88882 | 7.70589 |
| 10 | 7 | 9 | 7 | 5.68470 | 5.86079 | 6.14063 | 6.61775 | 7.33791 |
| 10 | 7 | 9 | 6 | 5.39590 | 5.71466 | 5.98573 | 6.39590 | 7.06491 |
| 10 | 7 | 9 | 5 | 5.44166 | 5.68470 | 5.83960 | 6.39590 | 7.16182 |
| 10 | 7 | 8 | 8 | 5.61775 | 5.79384 | 6.08264 | 6.49281 | 7.36594 |
| 10 | 7 | 8 | 7 | 5.39590 | 5.61775 | 5.86079 | 6.31672 | 7.06491 |
| 10 | 7 | 8 | 6 | 5.19178 | 5.52084 | 5.68470 | 6.31672 | 6.91878 |
| 10 | 7 | 7 | 7 | 5.19178 | 5.53857 | 5.71466 | 6.09487 | 6.93997 |
| 10 | 7 | 7 | 6 | 5.31672 | 5.39590 | 5.61775 | 6.16182 | 6.91878 |
| 10 | 6 | 10 | 8 | 6.16182 | 6.38367 | 6.58779 | 7.01569 | 7.93997 |
| 10 | 6 | 10 | 7 | 5.79384 | 5.98573 | 6.31672 | 6.61775 | 7.39590 |
| 10 | 6 | 10 | 6 | 5.49281 | 5.83960 | 6.01569 | 6.46285 | 7.01569 |
| 10 | 6 | 10 | 5 | 5.39590 | 5.61775 | 5.91878 | 6.33791 | 7.01569 |
| 10 | 6 | 9 | 9 | 6.14063 | 6.33791 | 6.55976 | 7.09487 | 7.76388 |
| 10 | 6 | 9 | 8 | 5.68470 | 5.91878 | 6.14063 | 6.61775 | 7.28676 |
| 10 | 6 | 9 | 7 | 5.36248 | 5.68470 | 5.86079 | 6.33791 | 6.98573 |
| 10 | 6 | 9 | 6 | 5.20758 | 5.44166 | 5.68470 | 6.21981 | 6.79384 |
| 10 | 6 | 9 | 5 | 5.08264 | 5.49281 | 5.68470 | 6.14063 | 6.79384 |
| 10 | 6 | 8 | 8 | 5.39590 | 5.61775 | 5.86079 | 6.21981 | 6.98573 |
| 10 | 6 | 8 | 7 | 5.04372 | 5.38367 | 5.61775 | 6.03688 | 6.76388 |
| 10 | 6 | 8 | 6 | 5.04372 | 5.31672 | 5.52084 | 5.98573 | 6.69693 |
| 10 | 6 | 7 | 7 | 5.01569 | 5.19178 | 5.49281 | 5.91878 | 6.79384 |
| 10 | 6 | 7 | 6 | 4.91878 | 5.27096 | 5.44166 | 5.86079 | 6.61775 |
| 10 | 5 | 10 | 8 | 5.98573 | 6.31672 | 6.58779 | 6.91878 | 7.71812 |
| 10 | 5 | 10 | 7 | 5.68470 | 5.86079 | 6.14063 | 6.61775 | 7.16182 |
| 10 | 5 | 10 | 6 | 5.39590 | 5.61775 | 5.91878 | 6.33791 | 7.01569 |
| 10 | 5 | 10 | 5 | 5.20758 | 5.49281 | 5.82187 | 6.21981 | 6.99796 |
| 10 | 5 | 9 | 9 | 6.03688 | 6.31672 | 6.49281 | 7.06491 | 7.46285 |
| 10 | 5 | 9 | 8 | 5.61775 | 5.83960 | 6.03688 | 6.46285 | 6.98573 |
| 10 | 5 | 9 | 7 | 5.21981 | 5.61775 | 5.69693 | 6.16182 | 6.86079 |
| 10 | 5 | 9 | 6 | 5.04372 | 5.36248 | 5.61775 | 6.03688 | 6.69693 |
| 10 | 5 | 9 | 5 | 5.08264 | 5.31672 | 5.61775 | 6.01569 | 6.58779 |
| 10 | 5 | 8 | 8 | 5.21981 | 5.53857 | 5.79384 | 6.16182 | 6.88882 |
| 10 | 5 | 8 | 7 | 5.04372 | 5.31672 | 5.49281 | 5.91878 | 6.68470 |
| 10 | 5 | 8 | 6 | 4.91878 | 5.14063 | 5.38367 | 5.86079 | 6.58779 |
| 10 | 5 | 7 | 7 | 4.91878 | 5.14063 | 5.39590 | 5.83960 | 6.46285 |
| 10 | 5 | 7 | 6 | 4.83960 | 5.04372 | 5.39590 | 5.74269 | 6.46285 |
| 9 | 9 | 9 | 9 | 6.79384 | 7.16182 | 7.27096 | 8.00692 | 9.21104 |
| 9 | 9 | 9 | 8 | ---- | 6.49281 | 6.79384 | 7.40486 | 8.30795 |
| 9 | 9 | 9 | 7 | 5.96993 | 6.14063 | 6.38367 | 7.16182 | 7.76388 |
| 9 | 9 | 9 | 6 | 5.71466 | 6.09487 | 6.31672 | 6.76388 | 7.46285 |
| 9 | 9 | 9 | 5 | ---- | 6.09487 | 6.46285 | 6.68470 | 7.46285 |
| 9 | 9 | 8 | 8 | 6.09487 | 6.31672 | 6.49281 | 7.16182 | 7.70589 |
| 9 | 9 | 8 | 7 | 5.71466 | 6.01569 | 6.21981 | 6.55976 | 7.63894 |
| 9 | 9 | 8 | 6 | 5.53857 | 5.71466 | 6.09487 | 6.55976 | 7.46285 |
| 9 | 9 | 7 | 7 | 5.36248 | 5.91878 | 6.14063 | 6.49281 | 7.46285 |
| 9 | 9 | 7 | 6 | 5.53857 | 5.71466 | 6.01569 | 6.79384 | 7.46285 |
| 9 | 8 | 9 | 9 | ---- | 6.49281 | 6.79384 | 7.40486 | 8.30795 |
| 9 | 8 | 9 | 8 | 5.79384 | 6.14063 | 6.38367 | 6.79384 | 7.70589 |
| 9 | 8 | 9 | 7 | 5.61775 | 5.79384 | 6.01569 | 6.38367 | 7.28676 |
| 9 | 8 | 9 | 6 | 5.36248 | 5.68470 | 5.86079 | 6.38367 | 6.98573 |
| 9 | 8 | 9 | 5 | 5.19178 | 5.71466 | 5.83960 | 6.31672 | 6.79384 |
| 9 | 8 | 8 | 8 | 5.52084 | 5.79384 | 6.01569 | 6.46285 | 7.33791 |
| 9 | 8 | 8 | 7 | 5.31672 | 5.61775 | 5.74269 | 6.16182 | 6.91878 |
| 9 | 8 | 8 | 6 | 5.06145 | 5.44166 | 5.71466 | 6.14063 | 6.86079 |
| 9 | 8 | 7 | 7 | 5.21981 | 5.31672 | 5.71466 | 6.09487 | 6.79384 |
| 9 | 8 | 7 | 6 | 5.01569 | 5.31672 | 5.61775 | 6.09487 | 6.86079 |
| 9 | 7 | 9 | 9 | 5.96993 | 6.14063 | 6.38367 | 7.16182 | 7.76388 |
| 9 | 7 | 9 | 8 | 5.61775 | 5.79384 | 6.01569 | 6.38367 | 7.28676 |

| | | | | | | | | |
|---|---|---|---|---|---|---|---|---|
| 9 | 7 | 9 | 7 | 5.27096 | 5.53857 | 5.66470 | 6.14063 | 6.98573 |
| 9 | 7 | 9 | 6 | 5.19178 | 5.36248 | 5.55976 | 6.01569 | 6.76388 |
| 9 | 7 | 9 | 5 | 5.01569 | 5.36248 | 5.53857 | 5.98573 | 6.68470 |
| 9 | 7 | 8 | 8 | 5.21981 | 5.39590 | 5.61775 | 6.16182 | 7.16182 |
| 9 | 7 | 8 | 7 | 5.01569 | 5.21981 | 5.49281 | 5.98573 | 6.63894 |
| 9 | 7 | 8 | 6 | 4.91878 | 5.19178 | 5.36248 | 5.86079 | 6.61775 |
| 9 | 7 | 7 | 7 | 4.91878 | 5.21981 | 5.36248 | 5.91878 | 6.61775 |
| 9 | 7 | 7 | 6 | 4.79384 | 5.14063 | 5.36248 | 5.83960 | 6.57199 |
| 9 | 6 | 9 | 9 | 5.71466 | 6.09487 | 6.31672 | 6.76388 | 7.46285 |
| 9 | 6 | 9 | 8 | 5.36248 | 5.68470 | 5.86079 | 6.38367 | 6.98573 |
| 9 | 6 | 9 | 7 | 5.19178 | 5.36248 | 5.55976 | 6.01569 | 6.76388 |
| 9 | 6 | 9 | 6 | 4.91878 | 5.19178 | 5.39590 | 5.91878 | 6.55976 |
| 9 | 6 | 9 | 5 | 4.91878 | 5.19178 | 5.36248 | 5.86079 | 6.49281 |
| 9 | 6 | 8 | 8 | 5.04372 | 5.44166 | 5.61775 | 5.98573 | 6.76388 |
| 9 | 6 | 8 | 7 | 4.91878 | 5.14063 | 5.36248 | 5.82187 | 6.52084 |
| 9 | 6 | 8 | 6 | 4.74269 | 5.01569 | 5.23754 | 5.68470 | 6.33791 |
| 9 | 6 | 7 | 7 | 4.66351 | 5.01569 | 5.19178 | 5.69693 | 6.46285 |
| 9 | 6 | 7 | 6 | 4.66351 | 4.91878 | 5.19178 | 5.71466 | 6.31672 |
| 9 | 5 | 9 | 9 | ---- | 6.09487 | 6.46285 | 6.68470 | 7.46285 |
| 9 | 5 | 9 | 8 | 5.19178 | 5.71466 | 5.83960 | 6.31672 | 6.79384 |
| 9 | 5 | 9 | 7 | 5.01569 | 5.36248 | 5.53857 | 5.98573 | 6.68470 |
| 9 | 5 | 9 | 6 | 4.91878 | 5.19178 | 5.36248 | 5.86079 | 6.49281 |
| 9 | 5 | 9 | 5 | 4.83960 | 5.14063 | 5.38367 | 5.68470 | 6.46285 |
| 9 | 5 | 8 | 8 | 5.09487 | 5.31672 | 5.52084 | 5.98573 | 6.79384 |
| 9 | 5 | 8 | 7 | 4.83960 | 5.09487 | 5.36248 | 5.83960 | 6.46285 |
| 9 | 5 | 8 | 6 | 4.66351 | 5.01569 | 5.19178 | 5.68470 | 6.39590 |
| 9 | 5 | 7 | 7 | 4.66351 | 4.91878 | 5.14063 | 5.79384 | 6.39590 |
| 9 | 5 | 7 | 6 | 4.61775 | 4.91878 | 5.14063 | 5.71466 | 6.16182 |
| 8 | 8 | 8 | 8 | 5.21981 | 5.49281 | 5.61775 | 6.29899 | 7.09487 |
| 8 | 8 | 8 | 7 | 5.04372 | 5.21981 | 5.44166 | 6.01569 | 6.63894 |
| 8 | 8 | 8 | 6 | 4.91878 | 5.09487 | 5.44166 | 5.91878 | 6.55976 |
| 8 | 8 | 7 | 7 | 4.74269 | 5.06145 | 5.39590 | 5.79384 | 6.39590 |
| 8 | 8 | 7 | 6 | 4.74269 | 5.04372 | 5.39590 | 5.79384 | 6.49281 |
| 8 | 7 | 8 | 8 | 5.04372 | 5.21981 | 5.44166 | 6.01569 | 6.63894 |
| 8 | 7 | 8 | 7 | 4.74269 | 5.06145 | 5.21981 | 5.71466 | 6.39590 |
| 8 | 7 | 8 | 6 | 4.66351 | 4.91878 | 5.19178 | 5.69693 | 6.38367 |
| 8 | 7 | 7 | 7 | 4.61775 | 4.91878 | 5.19178 | 5.69693 | 6.39590 |
| 8 | 7 | 7 | 6 | 4.49281 | 4.91878 | 5.14063 | 5.61775 | 6.21981 |
| 8 | 6 | 8 | 8 | 4.91878 | 5.09487 | 5.44166 | 5.91878 | 6.55976 |
| 8 | 6 | 8 | 7 | 4.66351 | 4.91878 | 5.19178 | 5.69693 | 6.38367 |
| 8 | 6 | 8 | 6 | 4.61775 | 4.91878 | 5.04372 | 5.53857 | 6.31672 |
| 8 | 6 | 7 | 7 | 4.49281 | 4.71466 | 5.06145 | 5.53857 | 6.31672 |
| 8 | 6 | 7 | 6 | 4.49281 | 4.74269 | 5.01569 | 5.49281 | 6.14063 |
| 7 | 7 | 7 | 7 | 4.44166 | 4.83960 | 4.93651 | 5.49281 | 6.01569 |

N= 20

| N1 | N2 | N3 | N4 | 20% | 10% | 5% | 1% | 0.1% |
|---|---|---|---|---|---|---|---|---|
| 18 | 1 | 18 | 1 | 14.55106 | ---- | ---- | 15.80634 | ---- |
| 18 | 1 | 17 | 2 | 13.62164 | ---- | 14.55106 | ---- | ---- |
| 18 | 1 | 16 | 3 | 12.89465 | ---- | 13.32061 | ---- | ---- |
| 18 | 1 | 16 | 2 | ---- | ---- | 13.32061 | 13.62164 | ---- |
| 18 | 1 | 15 | 4 | 12.32061 | ---- | 12.41752 | ---- | ---- |
| 18 | 1 | 15 | 3 | ---- | ---- | 12.41752 | 12.89465 | ---- |
| 18 | 1 | 14 | 5 | 11.71855 | 11.87346 | 12.32061 | ---- | ---- |
| 18 | 1 | 14 | 4 | ---- | 11.54246 | 11.71855 | 12.32061 | ---- |
| 18 | 1 | 14 | 3 | ---- | 11.54246 | 11.71855 | ---- | ---- |
| 18 | 1 | 13 | 6 | 11.17449 | 11.53766 | 11.87346 | ---- | ---- |

Tafel XV-2-4-4 (Fortsetz.) 429

| | | | | | | | | |
|---|---|---|---|---|---|---|---|---|
| 18 | 1 | 13 | 5 | 10.87346 | 11.17449 | ---- | 11.87346 | ---- |
| 18 | 1 | 13 | 4 | 10.87346 | ---- | 11.17449 | ---- | ---- |
| 18 | 1 | 12 | 7 | ---- | 11.30358 | 11.53766 | ---- | ---- |
| 18 | 1 | 12 | 6 | 10.45848 | 10.75951 | ---- | 11.53766 | ---- |
| 18 | 1 | 12 | 5 | 10.23663 | 10.36157 | 10.75951 | ---- | ---- |
| 18 | 1 | 12 | 4 | 10.23663 | 10.36157 | ---- | ---- | ---- |
| 18 | 1 | 11 | 8 | ---- | 11.16528 | 11.30358 | ---- | ---- |
| 18 | 1 | 11 | 7 | 10.26219 | 10.45848 | ---- | 11.30358 | ---- |
| 18 | 1 | 11 | 6 | 9.75951 | ---- | 10.45848 | ---- | ---- |
| 18 | 1 | 11 | 5 | 9.75951 | ---- | 9.98136 | ---- | ---- |
| 18 | 1 | 10 | 9 | ---- | 11.11952 | 11.16528 | ---- | ---- |
| 18 | 1 | 10 | 8 | 10.16528 | 10.26219 | ---- | 11.16528 | ---- |
| 18 | 1 | 10 | 7 | 9.71812 | ---- | 10.26219 | ---- | ---- |
| 18 | 1 | 10 | 6 | 9.41709 | ---- | 9.71812 | ---- | ---- |
| 18 | 1 | 10 | 5 | 9.41709 | ---- | ---- | ---- | ---- |
| 18 | 1 | 9 | 9 | 10.16528 | ---- | ---- | 11.11952 | ---- |
| 18 | 1 | 9 | 8 | 9.56322 | ---- | 10.16528 | ---- | ---- |
| 18 | 1 | 9 | 7 | 9.19524 | ---- | 9.56322 | ---- | ---- |
| 18 | 1 | 9 | 6 | ---- | ---- | 9.19524 | ---- | ---- |
| 18 | 1 | 8 | 8 | ---- | ---- | 9.51207 | ---- | ---- |
| 18 | 1 | 8 | 7 | ---- | ---- | 9.08610 | ---- | ---- |
| 18 | 1 | 8 | 6 | 8.84306 | ---- | ---- | ---- | ---- |
| 18 | 1 | 7 | 7 | ---- | 8.78507 | ---- | ---- | ---- |
| 17 | 2 | 17 | 2 | ---- | 12.71855 | 13.32061 | 13.62164 | 14.55106 |
| 17 | 2 | 16 | 3 | 11.71855 | 12.11649 | ---- | 13.32061 | ---- |
| 17 | 2 | 16 | 2 | ---- | 12.11649 | 12.41752 | 12.71855 | 13.62164 |
| 17 | 2 | 15 | 4 | 11.24143 | 11.54246 | ---- | 12.41752 | ---- |
| 17 | 2 | 15 | 3 | 10.87346 | ---- | 11.54246 | 12.01958 | ---- |
| 17 | 2 | 14 | 5 | 10.75951 | 11.17449 | 11.54246 | 11.71855 | ---- |
| 17 | 2 | 14 | 4 | 10.39634 | 10.69737 | 11.17449 | 11.54246 | 12.01958 |
| 17 | 2 | 14 | 3 | 10.39634 | 10.57243 | 10.87346 | 11.54246 | ---- |
| 17 | 2 | 13 | 6 | 10.45848 | ---- | 10.87346 | 11.17449 | ---- |
| 17 | 2 | 13 | 5 | 10.06054 | ---- | 10.57243 | 11.06054 | ---- |
| 17 | 2 | 13 | 4 | ---- | 10.06054 | 10.36157 | 10.69737 | 11.47552 |
| 17 | 2 | 12 | 7 | 10.26219 | ---- | 10.56322 | 11.06054 | ---- |
| 17 | 2 | 12 | 6 | ---- | 9.71812 | 10.36157 | 10.75951 | ---- |
| 17 | 2 | 12 | 5 | 9.45848 | 9.68033 | 9.98136 | 10.36157 | 11.06054 |
| 17 | 2 | 12 | 4 | 9.28239 | 9.58342 | 9.75951 | 10.36157 | ---- |
| 17 | 2 | 11 | 8 | 9.98136 | ---- | 10.45848 | 10.75951 | ---- |
| 17 | 2 | 11 | 7 | 9.56322 | 9.58342 | 9.68033 | 10.45848 | ---- |
| 17 | 2 | 11 | 6 | 9.01915 | 9.28239 | 9.58342 | 9.98136 | 10.75951 |
| 17 | 2 | 11 | 5 | 8.93997 | 9.15745 | 9.28239 | 9.98136 | ---- |
| 17 | 2 | 10 | 9 | 10.16528 | ---- | 10.26219 | 10.56322 | ---- |
| 17 | 2 | 10 | 8 | ---- | 9.41709 | 9.71812 | 10.26219 | ---- |
| 17 | 2 | 10 | 7 | 8.91001 | 9.01915 | 9.26219 | 9.71812 | 10.56322 |
| 17 | 2 | 10 | 6 | 8.62121 | 8.93997 | 9.24100 | 9.71812 | ---- |
| 17 | 2 | 10 | 5 | 8.71812 | ---- | 9.01915 | ---- | ---- |
| 17 | 2 | 9 | 9 | 9.26219 | 9.56322 | 10.16528 | 10.46631 | ---- |
| 17 | 2 | 9 | 8 | 8.71812 | 8.91001 | 9.21104 | 9.56322 | 10.46631 |
| 17 | 2 | 9 | 7 | 8.48404 | 8.71812 | 8.91001 | 9.56322 | ---- |
| 17 | 2 | 9 | 6 | 8.36594 | 8.54203 | 8.71812 | 9.01915 | ---- |
| 17 | 2 | 8 | 8 | 8.54203 | 8.60898 | 8.91001 | 9.51207 | ---- |
| 17 | 2 | 8 | 7 | 8.24100 | ---- | 8.48404 | 8.91001 | ---- |
| 17 | 2 | 8 | 6 | 8.24100 | 8.36594 | 8.54203 | ---- | ---- |
| 17 | 2 | 7 | 7 | 8.24100 | ---- | 8.48404 | ---- | ---- |
| 16 | 3 | 16 | 3 | 11.24143 | 11.35058 | 11.54246 | 12.11649 | 12.89465 |
| 16 | 3 | 16 | 2 | 10.94040 | 11.54246 | ---- | 12.11649 | 13.62164 |
| 16 | 3 | 15 | 4 | 10.57243 | 10.83869 | 11.24143 | 11.54246 | 12.41752 |
| 16 | 3 | 15 | 3 | 10.39634 | ---- | 10.87346 | 11.54246 | 12.41752 |
| 16 | 3 | 14 | 5 | 10.06054 | 10.39634 | 10.57243 | 11.54246 | 12.01958 |
| 16 | 3 | 14 | 4 | 9.75951 | 10.09531 | 10.39634 | 10.87346 | 11.71855 |
| 16 | 3 | 14 | 3 | 9.75951 | 10.09531 | 10.39634 | 10.87346 | 11.54246 |

430                                               Tafel XV-2-4-4 (Fortsetz.)

| | | | | | | | | |
|---|---|---|---|---|---|---|---|---|
| 16 | 3 | 13 | 6 | 9.75951 | 10.06054 | 10.23663 | 10.87346 | 11.35058 |
| 16 | 3 | 13 | 5 | 9.41709 | 9.58342 | 9.98136 | 10.36157 | --- |
| 16 | 3 | 13 | 4 | 9.01915 | 9.45848 | 9.75951 | 10.23663 | 11.35058 |
| 16 | 3 | 12 | 7 | 9.56322 | 9.75951 | 9.98136 | 10.36157 | --- |
| 16 | 3 | 12 | 6 | 8.98136 | 9.28239 | 9.68033 | 10.06054 | --- |
| 16 | 3 | 12 | 5 | 8.71812 | --- | 9.28239 | 9.75951 | 10.45848 |
| 16 | 3 | 12 | 4 | 8.68033 | 8.98136 | 9.28239 | 9.75951 | 10.83869 |
| 16 | 3 | 11 | 8 | 9.41709 | 9.71812 | 9.75951 | 9.98919 | --- |
| 16 | 3 | 11 | 7 | 8.93997 | 9.01915 | 9.28239 | 9.75951 | --- |
| 16 | 3 | 11 | 6 | 8.54203 | 8.71812 | 8.93997 | 9.45848 | 10.19524 |
| 16 | 3 | 11 | 5 | 8.41709 | 8.54203 | 8.93997 | 9.28239 | 10.45848 |
| 16 | 3 | 10 | 9 | 9.26219 | 9.56322 | 9.71812 | 10.04034 | --- |
| 16 | 3 | 10 | 8 | 8.71812 | 8.93997 | 9.08610 | 9.71812 | --- |
| 16 | 3 | 10 | 7 | 8.41709 | 8.54203 | 8.71812 | 9.01915 | 10.04034 |
| 16 | 3 | 10 | 6 | 8.06491 | 8.24100 | 8.49627 | 8.93997 | 10.19524 |
| 16 | 3 | 10 | 5 | 8.01915 | 8.24100 | 8.41709 | 9.01915 | --- |
| 16 | 3 | 9 | 9 | 8.71812 | --- | 9.19524 | --- | --- |
| 16 | 3 | 9 | 8 | 8.24100 | 8.49627 | 8.71812 | 9.51207 | 9.98919 |
| 16 | 3 | 9 | 7 | 8.00692 | 8.11606 | 8.24100 | 8.60898 | 10.04034 |
| 16 | 3 | 9 | 6 | 7.79384 | 8.01915 | 8.06491 | 8.54203 | 9.19524 |
| 16 | 3 | 8 | 8 | 8.00692 | 8.14409 | 8.24100 | 8.60898 | 9.98919 |
| 16 | 3 | 8 | 7 | 7.66697 | 7.93997 | 8.00692 | 8.48404 | 9.08610 |
| 16 | 3 | 8 | 6 | 7.66697 | 7.79384 | 7.87302 | 8.54203 | --- |
| 16 | 3 | 7 | 7 | 7.63894 | 7.87302 | 7.93997 | 8.48404 | --- |
| 16 | 2 | 16 | 3 | 10.94040 | 11.54246 | --- | 12.11649 | 13.62164 |
| 16 | 2 | 16 | 2 | 10.94040 | 11.24143 | 11.84349 | 12.11649 | 13.32061 |
| 16 | 2 | 15 | 4 | 10.57243 | 10.87346 | 11.24143 | 11.54246 | 12.41752 |
| 16 | 2 | 15 | 3 | 10.39634 | 10.57243 | 10.94040 | 11.54246 | 12.11649 |
| 16 | 2 | 14 | 5 | --- | 10.36157 | 10.57243 | 10.87346 | --- |
| 16 | 2 | 14 | 4 | 9.75951 | 10.06054 | 10.39634 | 10.66260 | 11.84349 |
| 16 | 2 | 14 | 3 | 9.58342 | 10.06054 | 10.39634 | 10.87346 | --- |
| 16 | 2 | 13 | 6 | 9.71812 | 9.98136 | 10.06054 | 10.69737 | --- |
| 16 | 2 | 13 | 5 | 9.45848 | 9.58342 | 9.75951 | 10.36157 | 11.17449 |
| 16 | 2 | 13 | 4 | 9.28239 | 9.45848 | 9.75951 | 10.09531 | 10.87346 |
| 16 | 2 | 12 | 7 | 9.56322 | 9.68033 | 9.98136 | 10.36157 | --- |
| 16 | 2 | 12 | 6 | 8.98136 | 9.28239 | 9.41709 | 9.98136 | 10.66260 |
| 16 | 2 | 12 | 5 | 8.71812 | --- | 9.24100 | 9.58342 | 10.36157 |
| 16 | 2 | 12 | 4 | 8.84306 | 8.98136 | 9.28239 | 9.75951 | 10.66260 |
| 16 | 2 | 11 | 8 | 9.41709 | 9.56322 | 9.58342 | 9.98136 | --- |
| 16 | 2 | 11 | 7 | 8.63894 | 8.93997 | 9.26219 | 9.68033 | --- |
| 16 | 2 | 11 | 6 | 8.41709 | 8.63894 | 8.93997 | 9.28239 | 9.98136 |
| 16 | 2 | 11 | 5 | 8.32018 | 8.54203 | 8.68033 | 9.28239 | 9.58342 |
| 16 | 2 | 10 | 9 | 9.24100 | 9.51207 | 9.71812 | --- | --- |
| 16 | 2 | 10 | 8 | 8.71812 | 8.84306 | 9.21104 | 9.56322 | --- |
| 16 | 2 | 10 | 7 | 8.24100 | 8.41709 | 8.63894 | 9.24100 | --- |
| 16 | 2 | 10 | 6 | 8.01915 | 8.24100 | 8.41709 | 8.93997 | 10.01915 |
| 16 | 2 | 10 | 5 | 8.06491 | 8.11606 | 8.54203 | 8.71812 | --- |
| 16 | 2 | 9 | 9 | 8.60898 | 8.71812 | 9.21104 | 9.51207 | --- |
| 16 | 2 | 9 | 8 | 8.24100 | 8.30795 | 8.41709 | 9.01915 | --- |
| 16 | 2 | 9 | 7 | 7.93997 | 8.01915 | 8.30795 | 8.60898 | 9.86425 |
| 16 | 2 | 9 | 6 | 7.76388 | 7.93997 | 8.06491 | 8.54203 | 9.01915 |
| 16 | 2 | 8 | 8 | --- | 7.96800 | 8.36594 | 8.60898 | 9.81310 |
| 16 | 2 | 8 | 7 | 7.61775 | 7.76388 | 8.00692 | --- | 8.91001 |
| 16 | 2 | 8 | 6 | 7.69693 | 7.76388 | 7.96800 | 8.36594 | --- |
| 16 | 2 | 7 | 7 | 7.61775 | 7.76388 | 7.93997 | 8.30795 | --- |
| 15 | 4 | 15 | 4 | 10.23663 | 10.36157 | 10.57243 | 10.69737 | 12.32061 |
| 15 | 4 | 15 | 3 | --- | 10.06054 | 10.23663 | 10.87346 | 11.71855 |
| 15 | 4 | 14 | 5 | 9.58342 | --- | 10.01915 | 10.39634 | 11.17449 |
| 15 | 4 | 14 | 4 | 9.28239 | 9.58342 | 10.06054 | 10.09531 | 10.87346 |
| 15 | 4 | 14 | 3 | 9.15745 | --- | 9.58342 | 10.23663 | 11.54246 |
| 15 | 4 | 13 | 6 | 9.19524 | 9.41709 | 9.75951 | 10.23663 | 10.87346 |
| 15 | 4 | 13 | 5 | 8.80527 | 9.01915 | 9.41709 | 10.06054 | 10.57243 |

Tafel XV-2-4-4 (Fortsetz.) 431

| | | | | | | | | |
|---|---|---|---|---|---|---|---|---|
| 15 | 4 | 13 | 4 | 8.62121 | 8.80527 | 9.15745 | 9.75951 | 10.57243 |
| 15 | 4 | 12 | 7 | 9.08610 | 9.19524 | 9.28239 | 10.23663 | 10.83869 |
| 15 | 4 | 12 | 6 | 8.54203 | 8.84306 | 9.01915 | 9.58342 | 10.23663 |
| 15 | 4 | 12 | 5 | 8.36594 | 8.50424 | 8.68033 | 9.24100 | 10.06054 |
| 15 | 4 | 12 | 4 | 8.14409 | 8.50424 | 8.68033 | 9.58342 | 10.23663 |
| 15 | 4 | 11 | 8 | 8.78507 | 9.08610 | 9.32018 | 9.68816 | 10.36157 |
| 15 | 4 | 11 | 7 | 8.41709 | 8.71812 | 8.78507 | 9.15745 | --- |
| 15 | 4 | 11 | 6 | 8.06491 | --- | 8.41709 | 9.01915 | 9.75951 |
| 15 | 4 | 11 | 5 | 7.93997 | 8.01915 | 8.41709 | 8.80527 | 9.41709 |
| 15 | 4 | 10 | 9 | 8.71812 | 9.08610 | 9.19524 | 9.41709 | --- |
| 15 | 4 | 10 | 8 | 8.24100 | 8.60898 | 8.71812 | 9.08610 | --- |
| 15 | 4 | 10 | 7 | 7.87302 | 8.01915 | 8.18301 | 8.91001 | 9.24100 |
| 15 | 4 | 10 | 6 | 7.58779 | 7.84306 | 7.93997 | 8.54203 | 9.32018 |
| 15 | 4 | 10 | 5 | 7.54203 | 7.71812 | 8.01915 | 8.71812 | 9.32018 |
| 15 | 4 | 9 | 9 | 8.36594 | 8.41709 | 8.62121 | 9.19524 | --- |
| 15 | 4 | 9 | 8 | 7.93997 | 8.00692 | 8.14409 | 8.60898 | 9.19524 |
| 15 | 4 | 9 | 7 | 7.46285 | 7.63894 | 7.89421 | 8.41709 | 9.08610 |
| 15 | 4 | 9 | 6 | 7.28676 | 7.61775 | 7.76388 | 8.24100 | 9.01915 |
| 15 | 4 | 8 | 8 | 7.46285 | 7.70589 | 7.84306 | 8.18301 | 9.08610 |
| 15 | 4 | 8 | 7 | 7.24100 | 7.46285 | 7.63894 | 8.14409 | 8.78507 |
| 15 | 4 | 8 | 6 | 7.27096 | 7.36594 | 7.63894 | 7.87302 | 8.84306 |
| 15 | 4 | 7 | 7 | 7.16182 | 7.33791 | 7.63894 | 7.93997 | 8.78507 |
| 15 | 3 | 15 | 4 | --- | 10.06054 | 10.23663 | 10.87346 | 11.71855 |
| 15 | 3 | 15 | 3 | 9.58342 | 9.79428 | 10.39634 | 10.69737 | 11.54246 |
| 15 | 3 | 14 | 5 | 9.41709 | 9.58342 | 10.06054 | 10.39634 | 10.87346 |
| 15 | 3 | 14 | 4 | 8.98136 | 9.45848 | 9.75951 | 10.09531 | 10.87346 |
| 15 | 3 | 14 | 3 | --- | 9.28239 | 9.58342 | 10.09531 | 10.87346 |
| 15 | 3 | 13 | 6 | 9.01915 | 9.28239 | 9.58342 | 10.23663 | 10.69737 |
| 15 | 3 | 13 | 5 | 8.68033 | 8.93997 | 9.28239 | 9.71812 | 10.39634 |
| 15 | 3 | 13 | 4 | 8.41709 | 8.71812 | 9.01915 | 9.45848 | 10.39634 |
| 15 | 3 | 12 | 7 | 8.91001 | 9.01915 | 9.24100 | 9.75951 | 10.23663 |
| 15 | 3 | 12 | 6 | 8.32018 | 8.68033 | 8.80527 | 9.28239 | 10.06054 |
| 15 | 3 | 12 | 5 | 8.01915 | 8.37930 | 8.54203 | 9.15745 | 10.06054 |
| 15 | 3 | 12 | 4 | 8.20321 | 8.32018 | 8.54203 | 9.01915 | 10.06054 |
| 15 | 3 | 11 | 8 | 8.71812 | 8.91001 | 9.01915 | 9.41709 | --- |
| 15 | 3 | 11 | 7 | 8.24100 | 8.32018 | 8.60898 | 9.15745 | 9.58342 |
| 15 | 3 | 11 | 6 | 7.93997 | 8.06491 | 8.41709 | 8.71812 | 9.49627 |
| 15 | 3 | 11 | 5 | 7.63894 | --- | 8.06491 | 8.54203 | 9.28239 |
| 15 | 3 | 10 | 9 | 8.71812 | 8.91001 | 9.01915 | 9.24100 | --- |
| 15 | 3 | 10 | 8 | 8.01915 | 8.18301 | 8.54203 | 8.93997 | 9.38713 |
| 15 | 3 | 10 | 7 | 7.70589 | 7.84306 | 8.01915 | 8.54203 | 9.19524 |
| 15 | 3 | 10 | 6 | 7.41709 | 7.58779 | 7.89421 | 8.41709 | 9.19524 |
| 15 | 3 | 10 | 5 | 7.41709 | 7.58779 | 7.71812 | 8.41709 | 9.71812 |
| 15 | 3 | 9 | 9 | 7.93997 | 8.30795 | 8.41709 | 8.91001 | 9.49627 |
| 15 | 3 | 9 | 8 | 7.57199 | 7.84306 | 8.00692 | 8.54203 | 9.08610 |
| 15 | 3 | 9 | 7 | 7.28676 | 7.58779 | 7.70589 | 8.00692 | 8.91001 |
| 15 | 3 | 9 | 6 | 7.16182 | 7.36594 | 7.57199 | 7.93997 | 8.41709 |
| 15 | 3 | 8 | 8 | 7.28676 | 7.54203 | 7.70589 | 8.06491 | 8.91001 |
| 15 | 3 | 8 | 7 | 7.16182 | 7.24100 | 7.39590 | 7.84306 | 8.24100 |
| 15 | 3 | 8 | 6 | 7.01569 | 7.33791 | 7.39590 | 7.76388 | 8.54203 |
| 15 | 3 | 7 | 7 | 7.06491 | 7.16182 | 7.33791 | 7.63894 | 8.48404 |
| 14 | 5 | 14 | 5 | 9.15745 | 9.45848 | 9.58342 | 10.06054 | 11.17449 |
| 14 | 5 | 14 | 4 | 8.98136 | 9.01915 | 9.28239 | 9.75951 | 10.87346 |
| 14 | 5 | 14 | 3 | 8.71812 | 8.98136 | 9.45848 | 9.75951 | 10.57243 |
| 14 | 5 | 13 | 6 | 8.76388 | 9.01915 | 9.15745 | 9.54203 | 10.75951 |
| 14 | 5 | 13 | 5 | 8.36594 | 8.71812 | 9.01915 | 9.28239 | 10.36157 |
| 14 | 5 | 13 | 4 | 8.32018 | 8.50424 | 8.68033 | 9.15745 | 10.06054 |
| 14 | 5 | 12 | 7 | 8.63894 | 8.78507 | 9.01915 | 9.48404 | 10.36157 |
| 14 | 5 | 12 | 6 | 8.09487 | 8.41709 | 8.63894 | 8.98136 | 9.98136 |
| 14 | 5 | 12 | 5 | 7.79384 | 8.01915 | 8.24100 | 8.98136 | 9.75951 |
| 14 | 5 | 12 | 4 | 7.93997 | 8.01915 | 8.11606 | 8.98136 | 10.06054 |
| 14 | 5 | 11 | 8 | 8.32018 | 8.71812 | 8.78507 | 9.32018 | 9.98136 |

Tafel XV-2-4-4 (Fortsetz.)

| | | | | | | | | |
|---|---|---|---|---|---|---|---|---|
| 14 | 5 | 11 | 7 | 8.01915 | 8.16182 | 8.48404 | 8.78507 | 9.45848 |
| 14 | 5 | 11 | 6 | 7.63894 | 7.79384 | 8.01915 | 8.71812 | 9.41709 |
| 14 | 5 | 11 | 5 | 7.41709 | 7.71812 | 7.79384 | 8.32018 | 9.28239 |
| 14 | 5 | 10 | 9 | 8.32018 | 8.48404 | 8.84306 | 9.32018 | 10.01915 |
| 14 | 5 | 10 | 8 | 7.76388 | 8.16182 | 8.24100 | 8.76388 | 9.32018 |
| 14 | 5 | 10 | 7 | 7.39590 | 7.63894 | 8.01915 | 8.41709 | 9.01915 |
| 14 | 5 | 10 | 6 | 7.16182 | 7.46285 | 7.66697 | 8.24100 | 9.01915 |
| 14 | 5 | 10 | 5 | 7.16182 | 7.36594 | 7.71812 | 8.24100 | 9.01915 |
| 14 | 5 | 9 | 9 | 7.66697 | ---- | 8.24100 | 8.71812 | ---- |
| 14 | 5 | 9 | 8 | 7.28676 | 7.54203 | 7.93997 | 8.32018 | ---- |
| 14 | 5 | 9 | 7 | 7.06491 | 7.28676 | 7.63894 | 8.01915 | 8.78507 |
| 14 | 5 | 9 | 6 | 6.93997 | 7.16182 | 7.36594 | 7.79384 | 8.76388 |
| 14 | 5 | 8 | 8 | 7.16182 | 7.33791 | 7.54203 | 7.93997 | 8.78507 |
| 14 | 5 | 8 | 7 | 6.86079 | 7.16182 | 7.33791 | 7.66697 | 8.36594 |
| 14 | 5 | 8 | 6 | 6.86079 | 6.99796 | 7.24100 | 7.66697 | 8.63894 |
| 14 | 5 | 7 | 7 | 6.79384 | 7.09487 | 7.16182 | 7.93997 | 8.63894 |
| 14 | 4 | 14 | 5 | 8.98136 | 9.01915 | 9.28239 | 9.75951 | 10.87346 |
| 14 | 4 | 14 | 4 | 8.68033 | 8.98136 | 9.15745 | 9.62121 | 10.57243 |
| 14 | 4 | 14 | 3 | 8.50424 | 8.68033 | 9.01915 | 9.75951 | 10.39634 |
| 14 | 4 | 13 | 6 | 8.54203 | 8.71812 | 8.98136 | 9.45848 | 10.06054 |
| 14 | 4 | 13 | 5 | 8.20321 | 8.50424 | 8.71812 | 9.28239 | 10.06054 |
| 14 | 4 | 13 | 4 | 8.01915 | 8.24100 | 8.50424 | 9.01915 | 10.06054 |
| 14 | 4 | 12 | 7 | 8.36594 | 8.48404 | 8.78507 | 9.15745 | 10.06054 |
| 14 | 4 | 12 | 6 | 7.96800 | 8.11606 | 8.36594 | 8.98136 | 9.45848 |
| 14 | 4 | 12 | 5 | 7.63894 | 7.76388 | 8.20321 | 8.68033 | 9.45848 |
| 14 | 4 | 12 | 4 | 7.54203 | 7.93997 | 8.06491 | 8.68033 | 9.28239 |
| 14 | 4 | 11 | 8 | 8.18301 | 8.36594 | 8.62121 | 8.78507 | 9.58342 |
| 14 | 4 | 11 | 7 | 7.63894 | 8.01915 | 8.11606 | 8.71812 | 9.28239 |
| 14 | 4 | 11 | 6 | 7.33791 | 7.54203 | 7.93997 | 8.32018 | 8.98136 |
| 14 | 4 | 11 | 5 | 7.24100 | 7.46285 | 7.76388 | 8.11606 | 8.98136 |
| 14 | 4 | 10 | 9 | 8.18301 | 8.32018 | 8.48404 | 8.84306 | 9.32018 |
| 14 | 4 | 10 | 8 | 7.54203 | 7.93997 | 8.00692 | 8.41709 | 9.14409 |
| 14 | 4 | 10 | 7 | 7.24100 | 7.41709 | 7.63894 | 8.11606 | 8.71812 |
| 14 | 4 | 10 | 6 | 6.98573 | 7.24100 | 7.41709 | 7.93997 | 8.71812 |
| 14 | 4 | 10 | 5 | 6.93997 | 7.21981 | 7.39590 | 7.76388 | 8.71812 |
| 14 | 4 | 9 | 9 | 7.63894 | 7.76388 | 8.06491 | 8.41709 | 9.32018 |
| 14 | 4 | 9 | 8 | 7.09487 | 7.36594 | 7.58779 | 8.01915 | 8.62121 |
| 14 | 4 | 9 | 7 | 6.88882 | 6.99796 | 7.28676 | 7.66697 | 8.32018 |
| 14 | 4 | 9 | 6 | 6.79384 | 6.91878 | 7.09487 | 7.54203 | 8.24100 |
| 14 | 4 | 8 | 8 | 6.86079 | 7.16182 | 7.28676 | 7.63894 | 8.36594 |
| 14 | 4 | 8 | 7 | 6.63894 | 6.86079 | 7.09487 | 7.39590 | 8.24100 |
| 14 | 4 | 8 | 6 | 6.61775 | 6.86079 | 6.93997 | 7.29899 | 8.06491 |
| 14 | 4 | 7 | 7 | 6.61775 | 6.76388 | 6.93997 | 7.39590 | 7.93997 |
| 14 | 3 | 14 | 5 | 8.71812 | 8.98136 | 9.45848 | 9.75951 | 10.57243 |
| 14 | 3 | 14 | 4 | 8.50424 | 8.68033 | 9.01915 | 9.75951 | 10.39634 |
| 14 | 3 | 14 | 3 | 8.41709 | 8.68033 | 9.28239 | 9.58342 | 10.39634 |
| 14 | 3 | 13 | 6 | 8.50424 | 8.68033 | 8.98136 | 9.45848 | 10.87346 |
| 14 | 3 | 13 | 5 | 7.93997 | 8.37930 | 8.71812 | 9.01915 | 10.06054 |
| 14 | 3 | 13 | 4 | 7.90218 | 8.20321 | 8.54203 | 9.28239 | 9.75951 |
| 14 | 3 | 12 | 7 | 8.41709 | 8.48404 | 8.54203 | 9.01915 | 10.06054 |
| 14 | 3 | 12 | 6 | 7.76388 | 8.06491 | 8.41709 | 8.71812 | 9.45848 |
| 14 | 3 | 12 | 5 | 7.46285 | 7.93997 | 8.19524 | 8.54203 | 9.28239 |
| 14 | 3 | 12 | 4 | 7.54203 | 7.76388 | 7.93997 | 8.50424 | 9.28239 |
| 14 | 3 | 11 | 8 | 8.06491 | 8.41709 | 8.54203 | 9.45848 | ---- |
| 14 | 3 | 11 | 7 | 7.71812 | 7.84306 | 8.11606 | 8.48404 | 9.45848 |
| 14 | 3 | 11 | 6 | 7.27096 | 7.63894 | 7.76388 | 8.24100 | 9.01915 |
| 14 | 3 | 11 | 5 | 7.24100 | 7.28676 | 7.63894 | 8.11606 | 8.98136 |
| 14 | 3 | 10 | 9 | 8.06491 | 8.24100 | 8.41709 | 8.71812 | ---- |
| 14 | 3 | 10 | 8 | 7.46285 | 7.76388 | 8.00692 | 8.41709 | 9.01915 |
| 14 | 3 | 10 | 7 | 7.24100 | 7.36594 | 7.54203 | 8.01915 | 8.71812 |
| 14 | 3 | 10 | 6 | 6.93997 | 7.17405 | 7.28676 | 7.93997 | 8.54203 |
| 14 | 3 | 10 | 5 | 6.88882 | 7.09487 | 7.28676 | 7.76388 | 8.71812 |

Tafel XV-2-4-4 (Fortsetz.) 433

| | | | | | | | | |
|---|---|---|---|---|---|---|---|---|
| 14 | 3 | 9 | 9 | 7.40486 | 7.76388 | 8.01915 | 8.24100 | --- |
| 14 | 3 | 9 | 8 | 7.09487 | 7.24100 | 7.36594 | 8.00692 | 8.54203 |
| 14 | 3 | 9 | 7 | 6.79384 | 6.98573 | 7.17405 | 7.63894 | 8.48404 |
| 14 | 3 | 9 | 6 | 6.68470 | 6.88882 | 7.16182 | 7.46285 | 8.19524 |
| 14 | 3 | 8 | 8 | 6.79384 | 6.93997 | 7.24100 | 7.63894 | 8.54203 |
| 14 | 3 | 8 | 7 | 6.63894 | 6.79384 | 7.09487 | 7.28676 | 8.24100 |
| 14 | 3 | 8 | 6 | 6.61775 | 6.76388 | 6.88882 | 7.36594 | 9.01915 |
| 14 | 3 | 7 | 7 | 6.49281 | 6.69693 | 6.93997 | 7.17405 | 8.11606 |
| 13 | 6 | 13 | 6 | 8.54203 | 8.63894 | 8.89421 | 9.41709 | 10.06054 |
| 13 | 6 | 13 | 5 | 8.09487 | 8.36594 | 8.54203 | 8.98136 | 9.98136 |
| 13 | 6 | 13 | 4 | 7.93997 | 8.06491 | 8.49627 | 8.89421 | 9.75951 |
| 13 | 6 | 12 | 7 | 8.06491 | 8.49627 | 8.71812 | 9.01915 | 9.98136 |
| 13 | 6 | 12 | 6 | 7.86079 | 8.06491 | 8.36594 | 8.57199 | 9.58342 |
| 13 | 6 | 12 | 5 | 7.66697 | 7.86079 | 8.01915 | 8.49627 | 9.28239 |
| 13 | 6 | 12 | 4 | 7.46285 | 7.69693 | 7.89421 | 8.49627 | 9.15745 |
| 13 | 6 | 11 | 8 | 8.01915 | 8.32018 | 8.62121 | 8.84306 | 9.71812 |
| 13 | 6 | 11 | 7 | 7.58779 | 7.84306 | 8.09487 | 8.41709 | 9.01915 |
| 13 | 6 | 11 | 6 | 7.31672 | 7.46285 | 7.84306 | 8.24100 | 8.93997 |
| 13 | 6 | 11 | 5 | 7.24100 | 7.33791 | 7.54203 | 8.01915 | 9.01915 |
| 13 | 6 | 10 | 9 | 7.93997 | 8.11606 | 8.36594 | 9.01915 | 9.71812 |
| 13 | 6 | 10 | 8 | 7.46285 | 7.71812 | 7.93997 | 8.36594 | 9.41709 |
| 13 | 6 | 10 | 7 | 7.09487 | 7.39590 | 7.58779 | 8.11606 | 8.89421 |
| 13 | 6 | 10 | 6 | 6.93997 | 7.09487 | 7.33791 | 7.87302 | 8.62121 |
| 13 | 6 | 10 | 5 | 6.91878 | 7.01569 | 7.33791 | 7.71812 | 8.76388 |
| 13 | 6 | 9 | 9 | 7.63894 | 7.76388 | 8.06491 | 8.41709 | 9.19524 |
| 13 | 6 | 9 | 8 | 6.91878 | 7.33791 | 7.63894 | 8.01915 | 8.62121 |
| 13 | 6 | 9 | 7 | 6.76388 | 7.09487 | 7.27096 | 7.84306 | 8.36594 |
| 13 | 6 | 9 | 6 | 6.69693 | 6.91878 | 7.09487 | 7.66697 | 8.24100 |
| 13 | 6 | 8 | 8 | 6.76388 | 7.06491 | 7.33791 | 7.66697 | 8.36594 |
| 13 | 6 | 8 | 7 | 6.49281 | 6.79384 | 7.01569 | 7.54203 | 8.24100 |
| 13 | 6 | 8 | 6 | 6.52084 | 6.76388 | 7.01569 | 7.36594 | 8.09487 |
| 13 | 6 | 7 | 7 | 6.57199 | 6.69693 | 6.93997 | 7.46285 | 8.57199 |
| 13 | 5 | 13 | 6 | 8.09487 | 8.36594 | 8.54203 | 8.98136 | 9.98136 |
| 13 | 5 | 13 | 5 | 7.86079 | 8.01915 | 8.11606 | 8.71812 | 9.45848 |
| 13 | 5 | 13 | 4 | 7.54203 | 7.93997 | 8.06491 | 8.62121 | 9.45848 |
| 13 | 5 | 12 | 7 | 8.01915 | 8.11606 | 8.36594 | 8.71812 | 9.68033 |
| 13 | 5 | 12 | 6 | 7.46285 | 7.76388 | 8.06491 | 8.32018 | 9.24100 |
| 13 | 5 | 12 | 5 | 7.31672 | 7.54203 | 7.76388 | 8.16182 | 9.28239 |
| 13 | 5 | 12 | 4 | 7.21981 | 7.46285 | 7.63894 | 8.24100 | 8.98136 |
| 13 | 5 | 11 | 8 | 7.76388 | 7.93997 | 8.09487 | 8.62121 | 9.41709 |
| 13 | 5 | 11 | 7 | 7.31672 | 7.54203 | 7.76388 | 8.24100 | 9.01915 |
| 13 | 5 | 11 | 6 | 7.01569 | 7.24100 | 7.46285 | 7.93997 | 8.54203 |
| 13 | 5 | 11 | 5 | 6.86079 | 7.09487 | 7.24100 | 7.84306 | 8.54203 |
| 13 | 5 | 10 | 9 | 7.66697 | 7.93997 | 8.16182 | 8.41709 | 9.24100 |
| 13 | 5 | 10 | 8 | 7.16182 | 7.39590 | 7.66697 | 8.24100 | 8.71812 |
| 13 | 5 | 10 | 7 | 6.76388 | 7.11606 | 7.31672 | 7.71812 | 8.41709 |
| 13 | 5 | 10 | 6 | 6.61775 | 6.88882 | 7.09487 | 7.46285 | 8.32018 |
| 13 | 5 | 10 | 5 | 6.52084 | 6.86079 | 7.11606 | 7.41709 | 8.32018 |
| 13 | 5 | 9 | 9 | 7.33791 | 7.46285 | 7.58779 | 8.06491 | 8.54203 |
| 13 | 5 | 9 | 8 | 6.69693 | 7.06491 | 7.28676 | 7.76388 | 8.24100 |
| 13 | 5 | 9 | 7 | 6.46285 | 6.79384 | 6.93997 | 7.41709 | 8.06491 |
| 13 | 5 | 9 | 6 | 6.39590 | 6.63894 | 6.79384 | 7.21981 | 8.01915 |
| 13 | 5 | 8 | 8 | 6.46285 | 6.69693 | 7.06491 | 7.39590 | 8.24100 |
| 13 | 5 | 8 | 7 | 6.33791 | 6.49281 | 6.68470 | 7.09487 | 7.93997 |
| 13 | 5 | 8 | 6 | 6.28676 | 6.46285 | 6.69693 | 7.16182 | 7.86079 |
| 13 | 5 | 7 | 7 | 6.14063 | 6.39590 | 6.63894 | 7.06491 | 7.79384 |
| 13 | 4 | 13 | 6 | 7.93997 | 8.06491 | 8.49627 | 8.89421 | 9.75951 |
| 13 | 4 | 13 | 5 | 7.54203 | 7.93997 | 8.06491 | 8.62121 | 9.45848 |
| 13 | 4 | 13 | 4 | 7.41709 | 7.66697 | 8.01915 | 8.50424 | 9.45848 |
| 13 | 4 | 12 | 7 | 7.76388 | 8.01915 | 8.14409 | 8.54203 | 9.28239 |
| 13 | 4 | 12 | 6 | 7.27096 | 7.63894 | 7.89421 | 8.32018 | 8.98136 |
| 13 | 4 | 12 | 5 | 7.06491 | 7.36594 | 7.58779 | 8.01915 | 8.84306 |

Tafel XV-2-4-4 (Fortsetz.)

| | | | | | | | |
|---|---|---|---|---|---|---|---|
| 13 | 4 | 12 | 4 | 6.99796 | 7.24100 | 7.54203 | 8.11606 | 8.80527 |
| 13 | 4 | 11 | 8 | 7.63894 | 7.76388 | 8.14409 | 8.41709 | 9.45848 |
| 13 | 4 | 11 | 7 | 7.11606 | 7.46285 | 7.58779 | 8.01915 | 8.54203 |
| 13 | 4 | 11 | 6 | 6.81503 | 7.09487 | 7.36594 | 7.93997 | 8.54203 |
| 13 | 4 | 11 | 5 | 6.63894 | 6.99796 | 7.24100 | 7.58779 | 8.50424 |
| 13 | 4 | 10 | 9 | 7.54203 | 7.76388 | 7.93997 | 8.24100 | 9.01915 |
| 13 | 4 | 10 | 8 | 6.98573 | 7.36594 | 7.54203 | 7.84306 | 8.54203 |
| 13 | 4 | 10 | 7 | 6.68470 | 6.93997 | 7.17405 | 7.58779 | 8.41709 |
| 13 | 4 | 10 | 6 | 6.52084 | 6.76388 | 6.93997 | 7.46285 | 8.11606 |
| 13 | 4 | 10 | 5 | 6.46285 | 6.69693 | 6.88882 | 7.33791 | 8.06491 |
| 13 | 4 | 9 | 9 | 7.16182 | 7.27096 | 7.58779 | 7.89421 | 8.36594 |
| 13 | 4 | 10 | 6 | 6.52084 | 6.76388 | 6.93997 | 7.46285 | 8.11606 |
| 13 | 4 | 10 | 5 | 6.46285 | 6.69693 | 6.88882 | 7.33791 | 8.06491 |
| 13 | 4 | 9 | 9 | 7.16182 | 7.27096 | 7.58779 | 7.89421 | 8.36594 |
| 13 | 4 | 9 | 8 | 6.63894 | 6.86079 | 7.09487 | 7.58779 | 8.11606 |
| 13 | 4 | 9 | 7 | 6.33791 | 6.61775 | 6.79384 | 7.27096 | 7.89421 |
| 13 | 4 | 9 | 6 | 6.31672 | 6.49281 | 6.68470 | 7.09487 | 7.87302 |
| 13 | 4 | 8 | 8 | 6.38367 | 6.49281 | 6.76388 | 7.24100 | 7.76388 |
| 13 | 4 | 8 | 7 | 6.14063 | 6.39590 | 6.61775 | 6.99796 | 7.66697 |
| 13 | 4 | 8 | 6 | 6.14063 | 6.33791 | 6.52084 | 6.91878 | 7.66697 |
| 13 | 4 | 7 | 7 | 6.09487 | 6.33791 | 6.57199 | 6.91878 | 7.54203 |
| 12 | 7 | 12 | 7 | 7.89421 | 8.14409 | 8.49627 | 8.78507 | 9.68033 |
| 12 | 7 | 12 | 6 | 7.54203 | 7.86079 | 8.09487 | 8.54203 | 9.24100 |
| 12 | 7 | 12 | 5 | 7.36594 | 7.66697 | 7.79384 | 8.24100 | 8.93997 |
| 12 | 7 | 12 | 4 | 7.27096 | 7.41709 | 7.84306 | 8.24100 | 9.15745 |
| 12 | 7 | 11 | 8 | 7.79384 | 8.01915 | 8.14409 | 8.78507 | 9.68816 |
| 12 | 7 | 11 | 7 | 7.39590 | 7.58779 | 7.93997 | 8.24100 | 8.93997 |
| 12 | 7 | 11 | 6 | 7.01569 | 7.33791 | 7.71812 | 8.09487 | 8.71812 |
| 12 | 7 | 11 | 5 | 6.93997 | 7.24100 | 7.31672 | 8.01915 | 8.71812 |
| 12 | 7 | 10 | 9 | 7.66697 | 7.93997 | 8.16182 | 8.71812 | 9.56322 |
| 12 | 7 | 10 | 8 | 7.24100 | 7.46285 | 7.66697 | 8.06491 | 8.91001 |
| 12 | 7 | 10 | 7 | 6.83960 | 7.16182 | 7.36594 | 7.87302 | 8.49627 |
| 12 | 7 | 10 | 6 | 6.63894 | 6.91878 | 7.24100 | 7.66697 | 8.36594 |
| 12 | 7 | 10 | 5 | 6.63894 | 6.83960 | 7.24100 | 7.54203 | 8.36594 |
| 12 | 7 | 9 | 9 | 7.27096 | ---- | 7.63894 | 8.24100 | 8.91001 |
| 12 | 7 | 9 | 8 | 6.79384 | 7.09487 | 7.27096 | 7.66697 | 8.48404 |
| 12 | 7 | 9 | 7 | 6.52084 | 6.63894 | 7.06491 | 7.54203 | 8.48404 |
| 12 | 7 | 9 | 6 | 6.46285 | 6.69693 | 6.88882 | 7.36594 | 8.24100 |
| 12 | 7 | 8 | 8 | 6.49281 | 6.76388 | 6.91878 | 7.54203 | 8.24100 |
| 12 | 7 | 8 | 7 | 6.33791 | 6.63894 | 6.76388 | 7.31672 | 8.09487 |
| 12 | 7 | 8 | 6 | 6.31672 | 6.61775 | 6.76388 | 7.36594 | 8.09487 |
| 12 | 7 | 7 | 7 | 6.21981 | 6.57199 | 6.83960 | 7.16182 | 7.93997 |
| 12 | 6 | 12 | 7 | 7.54203 | 7.86079 | 8.09487 | 8.54203 | 9.24100 |
| 12 | 6 | 12 | 6 | 7.18985 | 7.46285 | 7.71812 | 8.06491 | 8.93997 |
| 12 | 6 | 12 | 5 | 7.01569 | 7.31672 | 7.46285 | 7.93997 | 8.68033 |
| 12 | 6 | 12 | 4 | 7.06491 | 7.16182 | 7.29899 | 7.96800 | 8.68033 |
| 12 | 6 | 11 | 8 | 7.39590 | 7.71812 | 7.84306 | 8.36594 | 9.01915 |
| 12 | 6 | 11 | 7 | 7.01569 | 7.16182 | 7.41709 | 7.86079 | 8.63894 |
| 12 | 6 | 11 | 6 | 6.76388 | 7.01569 | 7.31672 | 7.57199 | 8.41709 |
| 12 | 6 | 11 | 5 | 6.58779 | 6.79384 | 7.09487 | 7.54203 | 8.32018 |
| 12 | 6 | 10 | 9 | 7.36594 | 7.66697 | 7.76388 | 8.36594 | 9.01915 |
| 12 | 6 | 10 | 8 | 6.83960 | 7.16182 | 7.28676 | 7.86079 | 8.41709 |
| 12 | 6 | 10 | 7 | 6.53857 | 6.79384 | 7.09487 | 7.41709 | 8.16182 |
| 12 | 6 | 10 | 6 | 6.33791 | 6.58779 | 6.79384 | 7.29899 | 8.01915 |
| 12 | 6 | 10 | 5 | 6.31672 | 6.58779 | 6.76388 | 7.39590 | 8.01915 |
| 12 | 6 | 9 | 9 | 6.86079 | 7.06491 | 7.36594 | 7.76388 | 8.41709 |
| 12 | 6 | 9 | 8 | 6.39590 | 6.79384 | 6.91878 | 7.46285 | 8.06491 |
| 12 | 6 | 9 | 7 | 6.21981 | 6.49281 | 6.76388 | 7.16182 | 7.84306 |
| 12 | 6 | 9 | 6 | 6.16182 | 6.39590 | 6.52084 | 7.06491 | 7.84306 |
| 12 | 6 | 8 | 8 | 6.12290 | 6.49281 | 6.63894 | 7.16182 | 7.93997 |
| 12 | 6 | 8 | 7 | 6.01569 | 6.31672 | 6.49281 | 6.93997 | 7.63894 |
| 12 | 6 | 8 | 6 | 6.01569 | 6.27096 | 6.52084 | 6.79384 | 7.76388 |

Tafel XV-2-4-4 (Fortsetz.)

| | | | | | | | | |
|---|---|---|---|---|---|---|---|---|
| 12 | 6 | 7 | 7 | 5.96993 | 6.21981 | 6.33791 | 6.91878 | 7.46285 |
| 12 | 5 | 12 | 7 | 7.36594 | 7.66697 | 7.79384 | 8.24100 | 8.93997 |
| 12 | 5 | 12 | 6 | 7.01569 | 7.31672 | 7.46285 | 7.93997 | 8.68033 |
| 12 | 5 | 12 | 5 | 6.79384 | 7.06491 | 7.31672 | 7.76388 | 8.50424 |
| 12 | 5 | 12 | 4 | 6.61775 | 6.99796 | 7.24100 | 7.76388 | 8.50424 |
| 12 | 5 | 11 | 8 | 7.31672 | 7.41709 | 7.66697 | 8.09487 | 8.93997 |
| 12 | 5 | 11 | 7 | 6.79384 | 7.09487 | 7.31672 | 7.71812 | 8.54203 |
| 12 | 5 | 11 | 6 | 6.53857 | 6.79384 | 7.06491 | 7.39590 | 8.24100 |
| 12 | 5 | 11 | 5 | 6.33791 | 6.61775 | 6.83960 | 7.36594 | 8.11606 |
| 12 | 5 | 10 | 9 | 7.16182 | 7.39590 | 7.54203 | 8.01915 | 8.71812 |
| 12 | 5 | 10 | 8 | 6.69693 | 6.88882 | 7.24100 | 7.58779 | 8.16182 |
| 12 | 5 | 10 | 7 | 6.33791 | 6.63894 | 6.83960 | 7.27096 | 7.87302 |
| 12 | 5 | 10 | 6 | 6.11067 | 6.46285 | 6.68470 | 7.09487 | 7.89421 |
| 12 | 5 | 10 | 5 | 6.11067 | 6.31672 | 6.63894 | 7.09487 | 7.93997 |
| 12 | 5 | 9 | 9 | 6.63894 | 6.93997 | 7.36594 | 7.57199 | 8.24100 |
| 12 | 5 | 9 | 8 | 6.31672 | 6.61775 | 6.79384 | 7.24100 | 7.84306 |
| 12 | 5 | 9 | 7 | 5.99796 | 6.28676 | 6.49281 | 6.99796 | 7.58779 |
| 12 | 5 | 9 | 6 | 5.98573 | 6.21981 | 6.46285 | 6.79384 | 7.57199 |
| 12 | 5 | 8 | 8 | 5.98573 | 6.29899 | 6.46285 | 6.91878 | 7.54203 |
| 12 | 5 | 8 | 7 | 5.86079 | 6.14063 | 6.33791 | 6.76388 | 7.36594 |
| 12 | 5 | 8 | 6 | 5.82187 | 6.09487 | 6.27096 | 6.69693 | 7.46285 |
| 12 | 5 | 7 | 7 | 5.83960 | 5.96993 | 6.21981 | 6.63894 | 7.39590 |
| 12 | 4 | 12 | 7 | 7.27096 | 7.41709 | 7.84306 | 8.24100 | 9.15745 |
| 12 | 4 | 12 | 6 | 7.06491 | 7.16182 | 7.29899 | 7.96800 | 8.68033 |
| 12 | 4 | 12 | 5 | 6.61775 | 6.99796 | 7.24100 | 7.76388 | 8.50424 |
| 12 | 4 | 12 | 4 | 6.52084 | 6.90105 | 7.41709 | 7.89421 | 8.50424 |
| 12 | 4 | 11 | 8 | 7.24100 | 7.41709 | 7.71812 | 8.01915 | 8.71812 |
| 12 | 4 | 11 | 7 | 6.69693 | 6.98573 | 7.33791 | 7.76388 | 8.32018 |
| 12 | 4 | 11 | 6 | 6.39590 | 6.76388 | 7.06491 | 7.54203 | 8.24100 |
| 12 | 4 | 11 | 5 | 6.29899 | 6.58779 | 6.88882 | 7.33791 | 8.11606 |
| 12 | 4 | 10 | 9 | 7.09487 | 7.36594 | 7.66697 | 7.93997 | 8.62121 |
| 12 | 4 | 10 | 8 | 6.63894 | 6.91878 | 7.16182 | 7.46285 | 8.41709 |
| 12 | 4 | 10 | 7 | 6.28676 | 6.58779 | 6.79384 | 7.27096 | 7.89421 |
| 12 | 4 | 10 | 6 | 6.09487 | 6.39590 | 6.57199 | 7.09487 | 7.93997 |
| 12 | 4 | 10 | 5 | 6.09487 | 6.33791 | 6.58779 | 7.06491 | 7.76388 |
| 12 | 4 | 9 | 9 | 6.61775 | 6.93997 | 7.09487 | 7.66697 | 8.32018 |
| 12 | 4 | 9 | 8 | 6.21981 | 6.49281 | 6.69693 | 7.16182 | 7.84306 |
| 12 | 4 | 9 | 7 | 5.96993 | 6.28676 | 6.49281 | 6.93997 | 7.76388 |
| 12 | 4 | 9 | 6 | 5.91878 | 6.11067 | 6.31672 | 6.86079 | 7.66697 |
| 12 | 4 | 8 | 8 | 5.86079 | 6.31672 | 6.49281 | 6.79384 | 7.69693 |
| 12 | 4 | 8 | 7 | 5.83960 | 6.09487 | 6.21981 | 6.69693 | 7.39590 |
| 12 | 4 | 8 | 6 | 5.79384 | 5.96993 | 6.14063 | 6.61775 | 7.46285 |
| 12 | 4 | 7 | 7 | 5.66351 | 5.96993 | 6.16182 | 6.61775 | 7.27096 |
| 11 | 8 | 11 | 8 | 7.54203 | 7.84306 | 8.06491 | 8.71812 | 9.41709 |
| 11 | 8 | 11 | 7 | 7.24100 | 7.36594 | 7.63894 | 8.09487 | 8.93997 |
| 11 | 8 | 11 | 6 | 6.91878 | 7.28676 | 7.33791 | 7.84306 | 8.71812 |
| 11 | 8 | 11 | 5 | 6.79384 | 7.01569 | 7.31672 | 7.76388 | 8.36594 |
| 11 | 8 | 10 | 9 | 7.63894 | 7.76388 | 8.06491 | 8.54203 | 9.51207 |
| 11 | 8 | 10 | 8 | 7.06491 | 7.31672 | 7.39590 | 8.00692 | 8.91001 |
| 11 | 8 | 10 | 7 | 6.79384 | 6.93997 | 7.24100 | 7.76388 | 8.54203 |
| 11 | 8 | 10 | 6 | 6.52084 | 6.76388 | 7.09487 | 7.39590 | 8.36594 |
| 11 | 8 | 10 | 5 | 6.46285 | 6.76388 | 6.99796 | 7.46285 | 8.24100 |
| 11 | 8 | 9 | 9 | 7.06491 | 7.33791 | 7.63894 | 8.00692 | 9.01915 |
| 11 | 8 | 9 | 8 | 6.68470 | 6.86079 | 7.16182 | 7.63894 | 8.54203 |
| 11 | 8 | 9 | 7 | 6.39590 | 6.63894 | 6.86079 | 7.39590 | 8.14409 |
| 11 | 8 | 9 | 6 | 6.31672 | 6.52084 | 6.86079 | 7.28676 | 8.09487 |
| 11 | 8 | 8 | 8 | 6.39590 | 6.61775 | 6.86079 | 7.33791 | 8.18301 |
| 11 | 8 | 8 | 7 | 6.21981 | 6.46285 | 6.63894 | 7.24100 | 8.06491 |
| 11 | 8 | 8 | 6 | 6.01569 | 6.46285 | 6.63894 | 7.09487 | 8.09487 |
| 11 | 8 | 7 | 7 | 6.14063 | 6.31672 | 6.69693 | 7.16182 | 7.93997 |
| 11 | 7 | 11 | 8 | 7.24100 | 7.36594 | 7.63894 | 8.09487 | 8.93997 |
| 11 | 7 | 11 | 7 | 6.76388 | 7.06491 | 7.28676 | 7.76388 | 8.63894 |

| | | | | | | | |
|---|---|---|---|---|---|---|---|
| 11 | 7 | 11 | 6 | 6.53857 | 6.79384 | 7.01569 | 7.36594 | 8.32018 |
| 11 | 7 | 11 | 5 | 6.44166 | 6.63894 | 6.88882 | 7.31672 | 7.93997 |
| 11 | 7 | 10 | 9 | 7.16182 | 7.33791 | 7.58779 | 8.06491 | 8.91001 |
| 11 | 7 | 10 | 8 | 6.63894 | 6.88882 | 7.09487 | 7.58779 | 8.41709 |
| 11 | 7 | 10 | 7 | 6.39590 | 6.68470 | 6.83960 | 7.31672 | 8.01915 |
| 11 | 7 | 10 | 6 | 6.14063 | 6.46285 | 6.63894 | 7.09487 | 7.93997 |
| 11 | 7 | 10 | 5 | 6.21981 | 6.39590 | 6.49281 | 7.09487 | 8.01915 |
| 11 | 7 | 9 | 9 | 6.76388 | 6.86079 | 7.09487 | 7.63894 | 8.54203 |
| 11 | 7 | 9 | 8 | 6.28676 | 6.49281 | 6.79384 | 7.24100 | 7.93997 |
| 11 | 7 | 9 | 7 | 5.99796 | 6.31672 | 6.55976 | 6.98573 | 7.76388 |
| 11 | 7 | 9 | 6 | 5.98573 | 6.16182 | 6.44166 | 6.83960 | 7.61775 |
| 11 | 7 | 8 | 8 | 6.01569 | 6.28676 | 6.49281 | 7.06491 | 7.58779 |
| 11 | 7 | 8 | 7 | 5.79384 | 6.09487 | 6.39590 | 6.69693 | 7.54203 |
| 11 | 7 | 8 | 6 | 5.79384 | 6.01569 | 6.31672 | 6.86079 | 7.46285 |
| 11 | 7 | 7 | 7 | 5.74269 | 5.99796 | 6.23754 | 6.63894 | 7.46285 |
| 11 | 6 | 11 | 8 | 6.91878 | 7.28676 | 7.33791 | 7.84306 | 8.71812 |
| 11 | 6 | 11 | 7 | 6.53857 | 6.79384 | 7.01569 | 7.36594 | 8.32018 |
| 11 | 6 | 11 | 6 | 6.31672 | 6.53857 | 6.79384 | 7.24100 | 7.93997 |
| 11 | 6 | 11 | 5 | 6.14063 | 6.33791 | 6.69693 | 7.09487 | 7.93997 |
| 11 | 6 | 10 | 9 | 6.86079 | 7.06491 | 7.28676 | 7.79384 | 8.41709 |
| 11 | 6 | 10 | 8 | 6.33791 | 6.63894 | 6.88882 | 7.36594 | 8.06491 |
| 11 | 6 | 10 | 7 | 6.14063 | 6.33791 | 6.61775 | 6.98573 | 7.76388 |
| 11 | 6 | 10 | 6 | 5.98573 | 6.16182 | 6.33791 | 6.91878 | 7.54203 |
| 11 | 6 | 10 | 5 | 5.86079 | 6.11067 | 6.39590 | 6.88882 | 7.71812 |
| 11 | 6 | 9 | 9 | 6.33791 | 6.68470 | 6.86079 | 7.36594 | 8.06491 |
| 11 | 6 | 9 | 8 | 6.09487 | 6.33791 | 6.49281 | 6.98573 | 7.71812 |
| 11 | 6 | 9 | 7 | 5.79384 | 6.09487 | 6.33791 | 6.79384 | 7.54203 |
| 11 | 6 | 9 | 6 | 5.68470 | 5.96993 | 6.21981 | 6.69693 | 7.36594 |
| 11 | 6 | 8 | 8 | 5.69693 | 6.09487 | 6.28676 | 6.69693 | 7.39590 |
| 11 | 6 | 8 | 7 | 5.68470 | 5.83960 | 6.14063 | 6.55976 | 7.33791 |
| 11 | 6 | 8 | 6 | 5.53857 | 5.83960 | 5.99796 | 6.49281 | 7.31672 |
| 11 | 6 | 7 | 7 | 5.52084 | 5.79384 | 5.99796 | 6.39590 | 7.33791 |
| 11 | 5 | 11 | 8 | 6.79384 | 7.01569 | 7.31672 | 7.76388 | 8.36594 |
| 11 | 5 | 11 | 7 | 6.44166 | 6.63894 | 6.88882 | 7.31672 | 7.93997 |
| 11 | 5 | 11 | 6 | 6.14063 | 6.33791 | 6.69693 | 7.09487 | 7.93997 |
| 11 | 5 | 11 | 5 | 5.98573 | 6.29899 | 6.49281 | 6.99796 | 7.76388 |
| 11 | 5 | 10 | 9 | 6.69693 | 6.99796 | 7.16182 | 7.66697 | 8.24100 |
| 11 | 5 | 10 | 8 | 6.31672 | 6.63894 | 6.79384 | 7.16182 | 7.84306 |
| 11 | 5 | 10 | 7 | 5.99796 | 6.28676 | 6.49281 | 7.06491 | 7.58779 |
| 11 | 5 | 10 | 6 | 5.80964 | 6.09487 | 6.33791 | 6.76388 | 7.54203 |
| 11 | 5 | 10 | 5 | 5.74269 | 5.98573 | 6.28676 | 6.79384 | 7.36594 |
| 11 | 5 | 9 | 9 | 6.33791 | 6.49281 | 6.79384 | 7.09487 | 8.01915 |
| 11 | 5 | 9 | 8 | 5.98573 | 6.21981 | 6.46285 | 6.86079 | 7.39590 |
| 11 | 5 | 9 | 7 | 5.68470 | 5.99796 | 6.16182 | 6.61775 | 7.28676 |
| 11 | 5 | 9 | 6 | 5.55976 | 5.83960 | 6.09487 | 6.49281 | 7.16182 |
| 11 | 5 | 8 | 8 | 5.69693 | 5.91878 | 6.16182 | 6.68470 | 7.33791 |
| 11 | 5 | 8 | 7 | 5.52084 | 5.71466 | 5.98573 | 6.46285 | 7.21981 |
| 11 | 5 | 8 | 6 | 5.49281 | 5.69693 | 5.99796 | 6.46285 | 7.24100 |
| 11 | 5 | 7 | 7 | 5.44166 | 5.69693 | 5.91878 | 6.33791 | 7.24100 |
| 10 | 9 | 10 | 9 | 7.39590 | 7.69693 | 7.87302 | 8.48404 | 9.26219 |
| 10 | 9 | 10 | 8 | 6.93997 | 7.16182 | 7.39590 | 7.76388 | 8.71812 |
| 10 | 9 | 10 | 7 | 6.68470 | 6.91878 | 7.09487 | 7.63894 | 8.48404 |
| 10 | 9 | 10 | 6 | 6.49281 | 6.81503 | 6.99796 | 7.46285 | 8.11606 |
| 10 | 9 | 10 | 5 | 6.33791 | 6.69693 | 6.99796 | 7.36594 | 8.06491 |
| 10 | 9 | 9 | 9 | 7.09487 | 7.16182 | 7.46285 | 8.00692 | 8.91001 |
| 10 | 9 | 9 | 8 | 6.68470 | 6.79384 | 7.09487 | 7.46285 | 8.48404 |
| 10 | 9 | 9 | 7 | 6.39590 | 6.61775 | 6.79384 | 7.24100 | 8.11606 |
| 10 | 9 | 9 | 6 | 6.21981 | 6.46285 | 6.79384 | 7.27096 | 7.87302 |
| 10 | 9 | 8 | 8 | 6.39590 | 6.61775 | 6.79384 | 7.24100 | 8.18301 |
| 10 | 9 | 8 | 7 | 6.01569 | 6.39590 | 6.69693 | 7.16182 | 8.00692 |
| 10 | 9 | 8 | 6 | 6.09487 | 6.31672 | 6.61775 | 7.16182 | 7.86079 |

Tafel XV-2-4-4 (Fortsetz.) 437

| | | | | | | | | |
|---|---|---|---|---|---|---|---|---|
| 10 | 9 | 7 | 7 | 6.01569 | 6.31672 | 6.61775 | 7.27096 | 7.93997 |
| 10 | 8 | 10 | 9 | 6.93997 | 7.16182 | 7.39590 | 7.76388 | 8.71812 |
| 10 | 8 | 10 | 8 | 6.52084 | 6.63894 | 7.09487 | 7.33791 | 8.41709 |
| 10 | 8 | 10 | 7 | 6.31672 | 6.46285 | 6.79384 | 7.16182 | 8.01915 |
| 10 | 8 | 10 | 6 | 6.09487 | 6.33791 | 6.58779 | 6.98573 | 7.71812 |
| 10 | 8 | 10 | 5 | 5.98573 | 6.31672 | 6.52084 | 6.93997 | 7.66697 |
| 10 | 8 | 9 | 9 | 6.49281 | 6.76388 | 6.91878 | 7.58779 | 8.30795 |
| 10 | 8 | 9 | 8 | 6.14063 | 6.38367 | 6.63894 | 7.16182 | 7.93997 |
| 10 | 8 | 9 | 7 | 5.98573 | 6.16182 | 6.39590 | 6.86079 | 7.63894 |
| 10 | 8 | 9 | 6 | 5.79384 | 6.14063 | 6.38367 | 6.79384 | 7.46285 |
| 10 | 8 | 8 | 8 | 5.91878 | 6.12290 | 6.38367 | 6.86079 | 7.70589 |
| 10 | 8 | 8 | 7 | 5.69693 | 5.99796 | 6.31672 | 6.63894 | 7.46285 |
| 10 | 8 | 8 | 6 | 5.74269 | 5.91878 | 6.16182 | 6.68470 | 7.46285 |
| 10 | 8 | 7 | 7 | 5.53857 | 5.91878 | 6.14063 | 6.69693 | 7.46285 |
| 10 | 7 | 10 | 9 | 6.68470 | 6.91878 | 7.09487 | 7.63894 | 8.48404 |
| 10 | 7 | 10 | 8 | 6.31672 | 6.46285 | 6.79384 | 7.16182 | 8.01915 |
| 10 | 7 | 10 | 7 | 5.98573 | 6.21981 | 6.46285 | 6.79384 | 7.76388 |
| 10 | 7 | 10 | 6 | 5.83960 | 5.99796 | 6.28676 | 6.76388 | 7.46285 |
| 10 | 7 | 10 | 5 | 5.68470 | 6.09487 | 6.28676 | 6.69693 | 7.36594 |
| 10 | 7 | 9 | 9 | 6.21981 | 6.46285 | 6.63894 | 7.27096 | 7.93997 |
| 10 | 7 | 9 | 8 | 5.87302 | 6.14063 | 6.33791 | 6.81503 | 7.70589 |
| 10 | 7 | 9 | 7 | 5.68470 | 5.96993 | 6.14063 | 6.68470 | 7.28676 |
| 10 | 7 | 9 | 6 | 5.52084 | 5.79384 | 6.09487 | 6.58779 | 7.24100 |
| 10 | 7 | 8 | 8 | 5.61775 | 5.83960 | 6.14063 | 6.61775 | 7.36594 |
| 10 | 7 | 8 | 7 | 5.44166 | 5.71466 | 5.98573 | 6.46285 | 7.16182 |
| 10 | 7 | 8 | 6 | 5.39590 | 5.74269 | 5.98573 | 6.39590 | 7.06491 |
| 10 | 7 | 7 | 7 | 5.39590 | 5.74269 | 5.87302 | 6.46285 | 7.16182 |
| 10 | 6 | 10 | 9 | 6.49281 | 6.81503 | 6.99796 | 7.46285 | 8.11606 |
| 10 | 6 | 10 | 8 | 6.09487 | 6.33791 | 6.58779 | 6.98573 | 7.71812 |
| 10 | 6 | 10 | 7 | 5.83960 | 5.99796 | 6.28676 | 6.76388 | 7.46285 |
| 10 | 6 | 10 | 6 | 5.68470 | 5.87302 | 6.12290 | 6.57199 | 7.29899 |
| 10 | 6 | 10 | 5 | 5.52084 | 5.83960 | 6.09487 | 6.52084 | 7.24100 |
| 10 | 6 | 9 | 9 | 6.09487 | 6.31672 | 6.49281 | 7.06491 | 7.58779 |
| 10 | 6 | 9 | 8 | 5.68470 | 5.99796 | 6.21981 | 6.63894 | 7.33791 |
| 10 | 6 | 9 | 7 | 5.49281 | 5.69693 | 5.98573 | 6.49281 | 7.16182 |
| 10 | 6 | 9 | 6 | 5.38367 | 5.68470 | 5.91878 | 6.33791 | 7.01569 |
| 10 | 6 | 8 | 8 | 5.36248 | 5.79384 | 5.98573 | 6.46285 | 7.28676 |
| 10 | 6 | 8 | 7 | 5.39590 | 5.53857 | 5.83960 | 6.21981 | 7.01569 |
| 10 | 6 | 8 | 6 | 5.21981 | 5.49281 | 5.79384 | 6.16182 | 6.93997 |
| 10 | 6 | 7 | 7 | 5.21981 | 5.49281 | 5.74269 | 6.16182 | 6.93997 |
| 10 | 5 | 10 | 9 | 6.33791 | 6.69693 | 6.99796 | 7.36594 | 8.06491 |
| 10 | 5 | 10 | 8 | 5.98573 | 6.31672 | 6.52084 | 6.93997 | 7.66697 |
| 10 | 5 | 10 | 7 | 5.68470 | 6.09487 | 6.28676 | 6.69693 | 7.36594 |
| 10 | 5 | 10 | 6 | 5.52084 | 5.83960 | 6.09487 | 6.52084 | 7.24100 |
| 10 | 5 | 10 | 5 | 5.38367 | 5.80964 | 6.09487 | 6.46285 | 7.24100 |
| 10 | 5 | 9 | 9 | 6.03688 | 6.39590 | 6.49281 | 7.06491 | 7.58779 |
| 10 | 5 | 9 | 8 | 5.69693 | 5.98573 | 6.21981 | 6.63894 | 7.33791 |
| 10 | 5 | 9 | 7 | 5.49281 | 5.68470 | 5.98573 | 6.46285 | 7.16182 |
| 10 | 5 | 9 | 6 | 5.31672 | 5.68470 | 5.82187 | 6.31672 | 6.99796 |
| 10 | 5 | 8 | 8 | 5.36248 | 5.69693 | 5.98573 | 6.33791 | 7.09487 |
| 10 | 5 | 8 | 7 | 5.31672 | 5.49281 | 5.79384 | 6.31672 | 6.99796 |
| 10 | 5 | 8 | 6 | 5.21981 | 5.52084 | 5.68470 | 6.16182 | 6.93997 |
| 10 | 5 | 7 | 7 | 5.21981 | 5.44166 | 5.69693 | 6.21981 | 6.91878 |
| 9 | 9 | 9 | 9 | 6.39590 * | 6.79384 | 7.09487 | 7.21981 | 8.60898 |
| 9 | 9 | 9 | 8 | 6.14063 | 6.39590 | 6.68470 | 7.09487 | 8.00692 |
| 9 | 9 | 9 | 7 | 5.91878 | 6.21981 | 6.39590 | 6.86079 | 7.70589 |
| 9 | 9 | 9 | 6 | 5.71466 | 6.09487 | 6.39590 | 6.79384 | 7.57199 |
| 9 | 9 | 8 | 8 | 6.01569 | 6.09487 | 6.39590 | 7.06491 | 7.63894 |
| 9 | 9 | 8 | 7 | 5.71466 | 6.01569 | 6.21981 | 6.76388 | 7.46285 |
| 9 | 9 | 8 | 6 | 5.53857 | 6.01569 | 6.21981 | 6.79384 | 7.46285 |
| 9 | 9 | 7 | 7 | 5.53857 | 5.83960 | 6.14063 | 6.69693 | 7.46285 |
| 9 | 8 | 9 | 9 | 6.14063 | 6.39590 | 6.68470 | 7.09487 | 8.00692 |

Tafel XV-2-4-4 (Fortsetz.)

| | | | | | | | | |
|---|---|---|---|---|---|---|---|---|
| 9 | 8 | 9 | 8 | 5.82187 | 6.09487 | 6.28676 | 6.68470 | 7.57199 |
| 9 | 8 | 9 | 7 | 5.71466 | 5.82187 | 6.08264 | 6.52084 | 7.28676 |
| 9 | 8 | 9 | 6 | 5.39590 | 5.74269 | 5.98573 | 6.49281 | 7.27096 |
| 9 | 8 | 8 | 8 | 5.53857 | 5.83960 | 6.01569 | 6.49281 | 7.24100 |
| 9 | 8 | 8 | 7 | 5.36248 | 5.69693 | 5.91878 | 6.38367 | 7.16182 |
| 9 | 8 | 8 | 6 | 5.36248 | 5.61775 | 5.91878 | 6.39590 | 7.06491 |
| 9 | 8 | 7 | 7 | 5.21981 | 5.52084 | 5.87302 | 6.39590 | 7.06491 |
| 9 | 7 | 9 | 9 | 5.91878 | 6.21981 | 6.39590 | 6.86079 | 7.70589 |
| 9 | 7 | 9 | 8 | 5.71466 | 5.82187 | 6.08264 | 6.52084 | 7.28676 |
| 9 | 7 | 9 | 7 | 5.39590 | 5.66351 | 5.96993 | 6.38367 | 7.16182 |
| 9 | 7 | 9 | 6 | 5.31672 | 5.52084 | 5.82187 | 6.28676 | 6.93997 |
| 9 | 7 | 8 | 8 | 5.36248 | 5.61775 | 5.83960 | 6.33791 | 7.06491 |
| 9 | 7 | 8 | 7 | 5.19178 | 5.49281 | 5.69693 | 6.14063 | 6.91878 |
| 9 | 7 | 8 | 6 | 5.14063 | 5.36248 | 5.74269 | 6.16182 | 6.91878 |
| 9 | 7 | 7 | 7 | 5.04372 | 5.39590 | 5.66351 | 6.14063 | 6.76388 |
| 9 | 6 | 9 | 9 | 5.71466 | 6.09487 | 6.39590 | 6.79384 | 7.57199 |
| 9 | 6 | 9 | 8 | 5.39590 | 5.74269 | 5.98573 | 6.49281 | 7.27096 |
| 9 | 6 | 9 | 7 | 5.31672 | 5.52084 | 5.82187 | 6.28676 | 6.93997 |
| 9 | 6 | 9 | 6 | 5.14063 | 5.39590 | 5.68470 | 6.16182 | 6.93997 |
| 9 | 6 | 8 | 8 | 5.31672 | 5.52084 | 5.82187 | 6.21981 | 6.99796 |
| 9 | 6 | 8 | 7 | 5.04372 | 5.36248 | 5.69693 | 6.03688 | 6.79384 |
| 9 | 6 | 8 | 6 | 5.01569 | 5.39590 | 5.53857 | 6.09487 | 6.69693 |
| 9 | 6 | 7 | 7 | 4.96454 | 5.27096 | 5.49281 | 5.96993 | 6.69693 |
| 8 | 8 | 8 | 8 | 5.31672 | 5.69693 | 5.79384 | 6.39590 | 7.09487 |
| 8 | 8 | 8 | 7 | 5.14063 | 5.36248 | 5.69693 | 6.14063 | 6.86079 |
| 8 | 8 | 8 | 6 | 5.09487 | 5.36248 | 5.69693 | 6.09487 | 6.86079 |
| 8 | 8 | 7 | 7 | 4.96454 | 5.39590 | 5.61775 | 6.09487 | 6.79384 |
| 8 | 7 | 8 | 8 | 5.14063 | 5.36248 | 5.69693 | 6.14063 | 6.86079 |
| 8 | 7 | 8 | 7 | 5.01569 | 5.23754 | 5.61775 | 5.99796 | 6.63894 |
| 8 | 7 | 8 | 6 | 4.96454 | 5.21981 | 5.53857 | 5.99796 | 6.63894 |
| 8 | 7 | 7 | 7 | 4.91878 | 5.19178 | 5.49281 | 5.99796 | 6.69693 |
| 8 | 6 | 8 | 8 | 5.09487 | 5.36248 | 5.69693 | 6.09487 | 6.86079 |
| 8 | 6 | 8 | 7 | 4.96454 | 5.21981 | 5.53857 | 5.99796 | 6.63894 |
| 8 | 6 | 8 | 6 | 4.96993 | 5.21981 | 5.44166 | 5.96993 | 6.76388 |

## Tafel XV-2-6

### Der CRADDOCK-FLOOD-$X^2$-Kontingenztest

Entnommen aus CRADDOCK, J. M. and FLOOD, C. R.: The distribution of $\chi^2$ statistic in small contingency tables. Applied statistics 19 (1970), 173–181, Table 1, mit freundlicher Genehmigung der Verfasser und des Herausgebers.

Die Tafel enthält die Perzentilschranken $\chi_\alpha^2$ der geglätteten Nullverteilung der Prüfgröße $\chi^2$ für verschiedene Stichprobenumfänge aus folg. k x m-Feldertafeln:

- (a) 3 x 2-Feldertafeln, n = 12(2)20(5)40,50
- (b) 4 x 2-Feldertafeln, n = 14(2)20(5)40
- (c) 5 x 2-Feldertafeln, n = 14(2)20(5)40,50
- (d) 3 x 3-Feldertafeln, n = 12(2)20(5)40,50
- (e) 4 x 3-Feldertafeln, n = 16(2)20(5)40(10)60
- (f) 5 x 3-Feldertafeln, n = 16(2)20(5)40(10)60(20)100
- (g) 4 x 4-Feldertafeln, n = 20(5)40(10)60,80
- (h) 5 x 4-Feldertafeln, n = 25(5)40(10)60(20)100
- (i) 5 x 5-Feldertafeln, n = 20(5)40(10)60(20)100

Die Perzentilwerte p % = 1 % bis 99,9 % entsprechen Signifikanzniveaus von $\alpha = 1 - p$ bzw. 100 % - p %. Wird die Perzentilschranke p bzw. die Schranke $\chi_\alpha^2$ von einem beobachteten $\chi^2$ überschritten, sind Zeilen- und Spalten-Mme als kontingent zu betrachten.

*Ablesebeispiel:* Ein $\chi^2 = 12{,}4$ aus einer 4 x 3-Feldertafel mit einem n = 16 ist eben auf der 5 %-Stufe (p = 95) signifikant, da es die 5 %-Schranke von 11,9 überschreitet. Verglichen mit der theoretischen $\chi^2$ Verteilung für 6 Fge wäre ein $\chi^2 = 12{,}4$ nicht signifikant.

### (a) 3 × 2 Tafel

| n | p 1 | 2 | 5 | 10 | 50 | 90 | 95 | 98 | 99 | 99·9 |
|---|---|---|---|---|---|---|---|---|---|---|
| 12 | — | — | — | 0·25 | 1·68 | 4·68 | 5·80 | 7·1 | 8·1 | 11·2 |
| 14 | — | — | — | 0·26 | 1·66 | 4·72 | 5·89 | 7·3 | 8·3 | 11·6 |
| 16 | — | — | — | 0·26 | 1·64 | 4·76 | 5·97 | 7·4 | 8·5 | 11·8 |
| 18 | — | — | — | 0·25 | 1·61 | 4·76 | 6·02 | 7·5 | 8·6 | 12·0 |
| 20 | 0·02 | 0·04 | 0·11 | 0·24 | 1·58 | 4·77 | 6·06 | 7·6 | 8·7 | 12·2 |
| 25 | 0·02 | 0·04 | 0·12 | 0·23 | 1·52 | 4·77 | 6·09 | 7·7 | 8·8 | 12·6 |
| 30 | 0·02 | 0·04 | 0·11 | 0·22 | 1·47 | 4·76 | 6·08 | 7·7 | 8·9 | 12·8 |
| 35 | 0·02 | 0·04 | 0·11 | 0·22 | 1·46 | 4·74 | 6·06 | 7·8 | 9·0 | 12·9 |
| 40 | 0·02 | 0·04 | 0·11 | 0·21 | 1·45 | 4·70 | 6·05 | 7·8 | 9·1 | 13·0 |
| 50 | 0·02 | 0·04 | 0·10 | 0·21 | 1·43 | 4·67 | 6·01 | 7·8 | 9·2 | 13·1 |
| ∞ | 0·02 | 0·04 | 0·10 | 0·21 | 1·39 | 4·61 | 5·99 | 7·8 | 9·2 | 13·8 |

### (b) 4 × 2 Tafel

| n | p 1 | 2 | 5 | 10 | 50 | 90 | 95 | 98 | 99 | 99·9 |
|---|---|---|---|---|---|---|---|---|---|---|
| 14 | — | — | 0·42 | 0·74 | 2·74 | 6·05 | 7·2 | 8·7 | 9·6 | 12·1 |
| 16 | — | — | 0·40 | 0·71 | 2·70 | 6·13 | 7·3 | 8·9 | 9·9 | 12·6 |
| 18 | — | — | 0·39 | 0·69 | 2·65 | 6·20 | 7·4 | 9·1 | 10·1 | 13·0 |
| 20 | — | 0·21 | 0·38 | 0·68 | 2·61 | 6·23 | 7·5 | 9·2 | 10·3 | 13·4 |
| 25 | 0·13 | 0·20 | 0·38 | 0·66 | 2·55 | 6·29 | 7·7 | 9·4 | 10·5 | 13·8 |
| 30 | 0·12 | 0·20 | 0·37 | 0·64 | 2·52 | 6·33 | 7·8 | 9·5 | 10·7 | 14·4 |
| 35 | 0·12 | 0·19 | 0·37 | 0·62 | 2·51 | 6·36 | 7·8 | 9·7 | 10·9 | 14·8 |
| 40 | 0·12 | 0·19 | 0·37 | 0·61 | 2·51 | 6·30 | 7·8 | 9·7 | 11·0 | 14·9 |
| ∞ | 0·12 | 0·19 | 0·35 | 0·58 | 2·37 | 6·25 | 7·8 | 9·8 | 11·3 | 16·3 |

Tafel XV-2-6 (Fortsetz.)

(c) 5 × 2 Tafel

| n | p 1 | 2 | 5 | 10 | 50 | 90 | 95 | 98 | 99 | 99.9 |
|---|---|---|---|---|---|---|---|---|---|---|
| 14 | — | 0.55 | 0.91 | 1.43 | 3.72 | 7.1 | 8.4 | 9.8 | 10.5 | 13.8 |
| 16 | — | 0.53 | 0.89 | 1.40 | 3.74 | 7.3 | 8.6 | 10.0 | 10.9 | 14.2 |
| 18 | — | 0.52 | 0.87 | 1.35 | 3.74 | 7.5 | 8.7 | 10.2 | 11.2 | 14.5 |
| 20 | 0.34 | 0.51 | 0.85 | 1.30 | 3.72 | 7.6 | 8.8 | 10.4 | 11.4 | 14.8 |
| 25 | 0.33 | 0.50 | 0.82 | 1.24 | 3.66 | 7.7 | 9.1 | 10.8 | 11.9 | 15.4 |
| 30 | 0.32 | 0.48 | 0.79 | 1.19 | 3.61 | 7.8 | 9.2 | 11.0 | 12.2 | 16.0 |
| 35 | 0.32 | 0.47 | 0.78 | 1.17 | 3.57 | 7.8 | 9.3 | 11.1 | 12.5 | 16.4 |
| 40 | 0.32 | 0.47 | 0.77 | 1.15 | 3.54 | 7.8 | 9.4 | 11.2 | 12.6 | 16.7 |
| 50 | 0.32 | 0.46 | 0.76 | 1.12 | 3.49 | 7.8 | 9.4 | 11.4 | 12.8 | 17.1 |
| ∞ | 0.30 | 0.43 | 0.71 | 1.06 | 3.36 | 7.8 | 9.5 | 11.7 | 13.3 | 18.5 |

(d) 3 × 3 Tafel

| n | p 1 | 2 | 5 | 10 | 50 | 90 | 95 | 98 | 99 | 99.9 |
|---|---|---|---|---|---|---|---|---|---|---|
| 12 | — | 0.60 | 0.95 | 1.47 | 3.88 | 7.6 | 8.8 | 10.5 | 11.8 | 15.6 |
| 14 | — | 0.59 | 0.91 | 1.42 | 3.84 | 7.7 | 8.9 | 10.8 | 12.0 | 15.9 |
| 16 | — | 0.56 | 0.88 | 1.36 | 3.80 | 7.7 | 9.0 | 11.0 | 12.2 | 16.1 |
| 18 | — | 0.52 | 0.86 | 1.32 | 3.75 | 7.8 | 9.1 | 11.1 | 12.3 | 16.3 |
| 20 | 0.35 | 0.50 | 0.84 | 1.28 | 3.70 | 7.8 | 9.2 | 11.1 | 12.4 | 16.4 |
| 25 | 0.33 | 0.49 | 0.80 | 1.20 | 3.63 | 7.9 | 9.3 | 11.2 | 12.5 | 16.7 |
| 30 | 0.32 | 0.47 | 0.77 | 1.15 | 3.58 | 7.9 | 9.4 | 11.3 | 12.6 | 16.9 |
| 35 | 0.32 | 0.46 | 0.75 | 1.13 | 3.55 | 7.9 | 9.4 | 11.4 | 12.7 | 17.1 |
| 40 | 0.32 | 0.45 | 0.74 | 1.12 | 3.53 | 7.8 | 9.4 | 11.4 | 12.8 | 17.3 |
| 50 | 0.31 | 0.44 | 0.73 | 1.11 | 3.49 | 7.8 | 9.5 | 11.6 | 13.0 | 17.8 |
| ∞ | 0.30 | 0.43 | 0.71 | 1.06 | 3.36 | 7.8 | 9.5 | 11.7 | 13.3 | 18.5 |

(e) 4 × 3 Tafel

| n | p 1 | 2 | 5 | 10 | 50 | 90 | 95 | 98 | 99 | 99.9 |
|---|---|---|---|---|---|---|---|---|---|---|
| 16 | 1.21 | 1.58 | 2.17 | 2.83 | 5.88 | 10.3 | 11.9 | 13.8 | 15.1 | 20.0 |
| 18 | 1.15 | 1.51 | 2.10 | 2.76 | 5.85 | 10.4 | 12.0 | 14.0 | 15.3 | 20.2 |
| 20 | 1.10 | 1.45 | 2.04 | 2.70 | 5.80 | 10.5 | 12.1 | 14.1 | 15.5 | 20.4 |
| 25 | 1.04 | 1.35 | 1.92 | 2.57 | 5.70 | 10.6 | 12.2 | 14.3 | 15.7 | 20.7 |
| 30 | 1.02 | 1.31 | 1.86 | 2.47 | 5.62 | 10.6 | 12.3 | 14.4 | 15.9 | 20.8 |
| 35 | 1.00 | 1.28 | 1.82 | 2.42 | 5.59 | 10.6 | 12.4 | 14.5 | 16.1 | 20.9 |
| 40 | 0.99 | 1.25 | 1.78 | 2.38 | 5.57 | 10.6 | 12.4 | 14.6 | 16.2 | 21.0 |
| 50 | 0.96 | 1.23 | 1.74 | 2.34 | 5.54 | 10.7 | 12.5 | 14.8 | 16.4 | 21.2 |
| 60 | 0.93 | 1.21 | 1.72 | 2.30 | 5.50 | 10.7 | 12.6 | 14.9 | 16.5 | 21.4 |
| ∞ | 0.87 | 1.13 | 1.64 | 2.20 | 5.35 | 10.6 | 12.6 | 15.0 | 16.8 | 22.4 |

(f) 5 × 3 Tafel

| n | p 1 | 2 | 5 | 10 | 50 | 90 | 95 | 98 | 99 | 99.9 |
|---|---|---|---|---|---|---|---|---|---|---|
| 16 | 2.13 | 2.63 | 3.47 | 4.29 | 7.8 | 12.6 | 14.3 | 16.3 | 17.7 | 22.0 |
| 18 | 2.14 | 2.64 | 3.45 | 4.29 | 7.8 | 12.8 | 14.6 | 16.6 | 18.0 | 22.7 |
| 20 | 2.11 | 2.59 | 3.39 | 4.25 | 7.8 | 12.9 | 14.7 | 16.7 | 18.2 | 23.2 |
| 25 | 2.03 | 2.49 | 3.26 | 4.10 | 7.8 | 13.1 | 14.9 | 17.0 | 18.7 | 23.8 |
| 30 | 1.96 | 2.39 | 3.15 | 3.98 | 7.8 | 13.2 | 15.0 | 17.2 | 19.0 | 24.3 |
| 35 | 1.90 | 2.31 | 3.05 | 3.88 | 7.7 | 13.3 | 15.1 | 17.4 | 19.1 | 24.7 |
| 40 | 1.84 | 2.25 | 2.98 | 3.80 | 7.7 | 13.3 | 15.2 | 17.5 | 19.2 | 24.9 |
| 50 | 1.80 | 2.19 | 2.91 | 3.70 | 7.6 | 13.3 | 15.3 | 17.7 | 19.4 | 25.2 |
| 60 | 1.77 | 2.16 | 2.88 | 3.66 | 7.5 | 13.3 | 15.3 | 17.7 | 19.5 | 25.3 |
| 80 | 1.71 | 2.11 | 2.84 | 3.60 | 7.5 | 13.3 | 15.3 | 17.8 | 19.5 | 25.3 |
| 100 | 1.66 | 2.07 | 2.79 | 3.55 | 7.4 | 13.3 | 15.3 | 17.8 | 19.6 | 25.4 |
| ∞ | 1.65 | 2.03 | 2.73 | 3.49 | 7.3 | 13.4 | 15.5 | 18.2 | 20.1 | 26.1 |

## (g) 4×4 Tafel

| n | p 1 | 2 | 5 | 10 | 50 | 90 | 95 | 98 | 99 | 99.9 |
|---|---|---|---|---|---|---|---|---|---|---|
| 20 | 2·85 | 3·40 | 4·22 | 5·06 | 8·9 | 14·3 | 16·1 | 18·6 | 20·1 | — |
| 25 | 2·65 | 3·21 | 4·02 | 4·93 | 8·9 | 14·4 | 16·2 | 18·7 | 20·3 | 25·5 |
| 30 | 2·50 | 3·04 | 3·85 | 4·78 | 8·8 | 14·5 | 16·3 | 18·9 | 20·5 | 25·8 |
| 35 | 2·39 | 2·92 | 3·73 | 4·63 | 8·8 | 14·5 | 16·4 | 19·0 | 20·7 | 26·1 |
| 40 | 2·33 | 2·85 | 3·67 | 4·53 | 8·7 | 14·5 | 16·5 | 19·1 | 20·8 | 26·5 |
| 50 | 2·27 | 2·77 | 3·58 | 4·45 | 8·6 | 14·6 | 16·7 | 19·2 | 21·0 | 27·1 |
| 60 | 2·23 | 2·73 | 3·54 | 4·41 | 8·6 | 14·6 | 16·7 | 19·3 | 21·2 | 27·3 |
| 80 | 2·16 | 2·66 | 3·47 | 4·35 | 8·5 | 14·6 | 16·8 | 19·4 | 21·3 | 27·5 |
| ∞ | 2·09 | 2·53 | 3·32 | 4·17 | 8·3 | 14·7 | 16·9 | 19·7 | 21·7 | 27·9 |

## (h) 5×4 Tafel

| n | p 1 | 2 | 5 | 10 | 50 | 90 | 95 | 98 | 99 | 99.9 |
|---|---|---|---|---|---|---|---|---|---|---|
| 25 | 4·58 | 5·29 | 6·39 | 7·4 | 12·0 | 18·2 | 20·3 | 23·0 | 24·6 | 30·9 |
| 30 | 4·46 | 5·10 | 6·19 | 7·2 | 11·9 | 18·3 | 20·5 | 23·1 | 24·9 | 31·2 |
| 35 | 4·28 | 4·94 | 6·02 | 7·1 | 11·9 | 18·3 | 20·6 | 23·3 | 25·1 | 31·4 |
| 40 | 4·15 | 4·80 | 5·88 | 7·0 | 11·8 | 18·4 | 20·7 | 23·4 | 25·2 | 31·5 |
| 50 | 3·98 | 4·61 | 5·68 | 6·8 | 11·7 | 18·4 | 20·7 | 23·5 | 25·4 | 31·7 |
| 60 | 3·89 | 4·50 | 5·55 | 6·6 | 11·6 | 18·5 | 20·8 | 23·7 | 25·6 | 31·9 |
| 80 | 3·80 | 4·41 | 5·46 | 6·5 | 11·6 | 18·5 | 20·8 | 23·8 | 25·9 | 32·2 |
| 100 | 3·74 | 4·35 | 5·40 | 6·5 | 11·5 | 18·5 | 20·9 | 23·9 | 26·0 | 32·5 |
| ∞ | 3·57 | 4·18 | 5·23 | 6·3 | 11·3 | 18·5 | 21·0 | 24·1 | 26·2 | 32·9 |

## (i) 5×5 Tafel

| n | p 1 | 2 | 5 | 10 | 50 | 90 | 95 | 98 | 99 | 99.9 |
|---|---|---|---|---|---|---|---|---|---|---|
| 20 | 7·2 | 8·1 | 9·5 | 10·8 | 15·8 | 22·6 | 24·9 | 27·9 | 29·9 | 35·4 |
| 25 | 7·4 | 8·2 | 9·6 | 10·8 | 16·0 | 22·9 | 25·3 | 28·4 | 30·4 | 36·6 |
| 30 | 7·2 | 7·9 | 9·3 | 10·7 | 16·0 | 23·0 | 25·5 | 28·5 | 30·6 | 37·3 |
| 35 | 6·9 | 7·7 | 9·1 | 10·4 | 15·9 | 23·1 | 25·6 | 28·6 | 30·7 | 37·4 |
| 40 | 6·7 | 7·5 | 8·9 | 10·2 | 15·9 | 23·2 | 25·7 | 28·7 | 30·8 | 37·5 |
| 50 | 6·4 | 7·2 | 8·6 | 9·9 | 15·8 | 23·2 | 25·8 | 28·9 | 31·0 | 37·6 |
| 60 | 6·3 | 7·1 | 8·5 | 9·8 | 15·7 | 23·3 | 25·9 | 29·0 | 31·1 | 37·7 |
| 80 | 6·2 | 7·0 | 8·4 | 9·7 | 15·6 | 23·3 | 26·0 | 29·1 | 31·2 | 37·9 |
| 100 | 6·1 | 6·9 | 8·3 | 9·6 | 15·5 | 23·4 | 26·0 | 29·2 | 31·4 | 38·0 |
| ∞ | 5·8 | 6·6 | 8·0 | 9·3 | 15·3 | 23·5 | 26·3 | 29·6 | 32·0 | 39·2 |

### Tafel XV-3-1-3

WALLS exakter Vierfelderkontingenztest
WALL, K. D.: Tafeln des exakten Vierfelderkontingenztests nach FREEMAN-HALTON. Psychol. Beiträge 1975 (im Druck), mit freundlicher Genehmigung des Autors und des Herausgebers.

Die Tafel enthält die Überschreitungswahrscheinlichkeiten P, definiert nach FREEMAN und HALTON (1951) für ausgewählte Quadrupel von Kennwerten (Parametern) einer Vierfeldertafel, deren Felder wie folgt anzuordnen sind:

|   |   |   |     | 4 | 0 | 4  |     | N  | A | B | a | P      |
|---|---|---|-----|---|---|----|-----|----|---|---|---|--------|
| a |   |   | A ≥ B ≥ N/2 → | 1 | 5 | 6  | →   | 10 | 6 | 5 | 5 | 0.0476 |
| B | N |   |     | 5 | 5 | 10 |     |    |   |   |   |        |
|   |   |   |     |   | B |    |     |    |   |   |   |        |

Die Tafel umfaßt die Stichprobenumfänge von N = 6(1)25 vollständig in Bezug auf alle Quadrupel, deren P-Werte kleiner als 0,2 sind. Fehlt ein beobachtetes Quadrupel, so hat es einen P-Wert größer als 0,2. Die Tafel enthält weiterhin für Stichproben des Umfangs N = 25(5)60 jene Quadrupel, für welche gilt: N − A und N − B sind kleiner als N/5 und P ≤ 0,2.

*Ablesebeispiel:* Für die obige Vierfeldertafel ist N = 10, A = 6, B = 5 und a = 5 oder a = 1 (bei Spaltenvertauschung). Das für beide a-Werte abzulesende P = 0,0476 ist wegen B = N/2 mit dem zweiseitigen FISHER-YATES-Test identisch (vgl. die HENZE-Tafeln).

Tafel XV-3-1-3 (Fortsetz.)

| N | A | B | a | P | N | A | B | a | P | N | A | B | a | P |
|---|---|---|---|---|---|---|---|---|---|---|---|---|---|---|
| 6 | 5 | 5 | 5 | 0.1667 | 11 | 6 | 6 | 1 | 0.0152 | 14 | 12 | 8 | 8 | 0.1648 |
| 6 | 4 | 4 | 4 | 0.0667 | 12 | 11 | 11 | 11 | 0.0833 | 14 | 11 | 11 | 11 | 0.0027 |
| 6 | 3 | 3 | 3 | 0.1000 | 12 | 11 | 10 | 10 | 0.1667 | 14 | 11 | 11 | 10 | 0.0934 |
| 6 | 3 | 3 | 0 | 0.1000 | 12 | 10 | 10 | 10 | 0.0152 | 14 | 11 | 10 | 10 | 0.0110 |
| 7 | 6 | 6 | 6 | 0.1429 | 12 | 10 | 9 | 9 | 0.0455 | 14 | 11 | 10 | 9 | 0.1758 |
| 7 | 5 | 5 | 5 | 0.0476 | 12 | 10 | 8 | 8 | 0.0909 | 14 | 11 | 9 | 9 | 0.0275 |
| 7 | 5 | 4 | 4 | 0.1429 | 12 | 10 | 7 | 7 | 0.1515 | 14 | 11 | 8 | 8 | 0.0549 |
| 7 | 4 | 4 | 4 | 0.0286 | 12 | 9 | 9 | 9 | 0.0045 | 14 | 11 | 7 | 7 | 0.1923 |
| 7 | 4 | 4 | 1 | 0.1429 | 12 | 9 | 9 | 8 | 0.1273 | 14 | 11 | 7 | 4 | 0.1923 |
| 8 | 7 | 7 | 7 | 0.1250 | 12 | 9 | 8 | 8 | 0.0152 | 14 | 10 | 10 | 10 | 0.0010 |
| 8 | 6 | 6 | 6 | 0.0357 | 12 | 9 | 7 | 7 | 0.0455 | 14 | 10 | 10 | 9 | 0.0410 |
| 8 | 6 | 5 | 5 | 0.1071 | 12 | 9 | 6 | 6 | 0.1818 | 14 | 10 | 9 | 9 | 0.0050 |
| 8 | 5 | 5 | 5 | 0.0179 | 12 | 9 | 6 | 3 | 0.1818 | 14 | 10 | 9 | 8 | 0.0949 |
| 8 | 5 | 5 | 2 | 0.1964 | 12 | 8 | 8 | 8 | 0.0020 | 14 | 10 | 8 | 8 | 0.0150 |
| 8 | 5 | 4 | 4 | 0.1429 | 12 | 8 | 8 | 7 | 0.0667 | 14 | 10 | 8 | 4 | 0.0849 |
| 8 | 5 | 4 | 1 | 0.1429 | 12 | 8 | 7 | 7 | 0.0101 | 14 | 10 | 7 | 7 | 0.0699 |
| 8 | 4 | 4 | 4 | 0.0286 | 12 | 8 | 7 | 3 | 0.0898 | 14 | 10 | 7 | 3 | 0.0699 |
| 8 | 4 | 4 | 0 | 0.0286 | 12 | 8 | 6 | 6 | 0.0606 | 14 | 9 | 9 | 9 | 0.0005 |
| 9 | 8 | 8 | 8 | 0.1111 | 12 | 8 | 6 | 2 | 0.0606 | 14 | 9 | 9 | 8 | 0.0230 |
| 9 | 7 | 7 | 7 | 0.0278 | 12 | 7 | 7 | 7 | 0.0013 | 14 | 9 | 9 | 4 | 0.0859 |
| 9 | 7 | 6 | 6 | 0.0833 | 12 | 7 | 7 | 6 | 0.0720 | 14 | 9 | 8 | 8 | 0.0030 |
| 9 | 7 | 5 | 5 | 0.1667 | 12 | 7 | 7 | 2 | 0.0278 | 14 | 9 | 8 | 7 | 0.0909 |
| 9 | 6 | 6 | 6 | 0.0119 | 12 | 7 | 6 | 6 | 0.0152 | 14 | 9 | 8 | 3 | 0.0310 |
| 9 | 6 | 5 | 5 | 0.0476 | 12 | 7 | 6 | 1 | 0.0152 | 14 | 9 | 7 | 7 | 0.0210 |
| 9 | 6 | 5 | 2 | 0.1667 | 12 | 6 | 6 | 6 | 0.0022 | 14 | 9 | 7 | 2 | 0.0210 |
| 9 | 5 | 5 | 5 | 0.0079 | 12 | 6 | 6 | 5 | 0.1801 | 14 | 8 | 8 | 8 | 0.0003 |
| 9 | 5 | 5 | 1 | 0.0476 | 12 | 6 | 6 | 1 | 0.0801 | 14 | 8 | 8 | 7 | 0.0256 |
| 10 | 9 | 9 | 9 | 0.1000 | 12 | 6 | 6 | 0 | 0.0022 | 14 | 8 | 8 | 3 | 0.1375 |
| 10 | 9 | 9 | 8 | 0.2000 | 13 | 12 | 12 | 12 | 0.0769 | 14 | 8 | 8 | 2 | 0.0097 |
| 10 | 8 | 8 | 8 | 0.0222 | 13 | 12 | 11 | 11 | 0.1538 | 14 | 8 | 7 | 7 | 0.0047 |
| 10 | 8 | 7 | 7 | 0.0667 | 13 | 11 | 11 | 11 | 0.0128 | 14 | 8 | 7 | 6 | 0.1026 |
| 10 | 8 | 6 | 6 | 0.1333 | 13 | 11 | 10 | 10 | 0.0385 | 14 | 8 | 7 | 2 | 0.1026 |
| 10 | 7 | 7 | 7 | 0.0083 | 13 | 11 | 9 | 9 | 0.0769 | 14 | 8 | 7 | 1 | 0.0047 |
| 10 | 7 | 7 | 6 | 0.1833 | 13 | 11 | 8 | 8 | 0.1282 | 14 | 7 | 7 | 7 | 0.0076 |
| 10 | 7 | 6 | 6 | 0.0333 | 13 | 11 | 7 | 7 | 0.1923 | 14 | 7 | 7 | 6 | 0.0291 |
| 10 | 7 | 6 | 3 | 0.2000 | 13 | 10 | 10 | 10 | 0.0035 | 14 | 7 | 7 | 1 | 0.0291 |
| 10 | 7 | 5 | 5 | 0.1667 | 13 | 10 | 10 | 9 | 0.1084 | 14 | 7 | 7 | 0 | 0.0006 |
| 10 | 7 | 5 | 2 | 0.1667 | 13 | 10 | 9 | 9 | 0.0140 | 15 | 14 | 14 | 14 | 0.0667 |
| 10 | 6 | 6 | 6 | 0.0048 | 13 | 10 | 8 | 8 | 0.0350 | 15 | 14 | 13 | 13 | 0.1333 |
| 10 | 6 | 6 | 5 | 0.1905 | 13 | 10 | 7 | 7 | 0.0699 | 15 | 14 | 12 | 12 | 0.2000 |
| 10 | 6 | 6 | 2 | 0.0762 | 13 | 10 | 7 | 4 | 0.1923 | 15 | 13 | 13 | 13 | 0.0095 |
| 10 | 6 | 5 | 5 | 0.0476 | 13 | 9 | 9 | 9 | 0.0014 | 15 | 13 | 12 | 12 | 0.0286 |
| 10 | 6 | 5 | 1 | 0.0476 | 13 | 9 | 9 | 8 | 0.0517 | 15 | 13 | 11 | 11 | 0.0571 |
| 10 | 5 | 5 | 5 | 0.0079 | 13 | 9 | 8 | 8 | 0.0070 | 15 | 13 | 10 | 10 | 0.0952 |
| 10 | 5 | 5 | 0 | 0.0079 | 13 | 9 | 8 | 4 | 0.1049 | 15 | 13 | 9 | 9 | 0.1429 |
| 11 | 10 | 10 | 10 | 0.0909 | 13 | 9 | 7 | 7 | 0.0210 | 15 | 13 | 8 | 8 | 0.2000 |
| 11 | 10 | 9 | 9 | 0.1818 | 13 | 9 | 7 | 3 | 0.0699 | 15 | 12 | 12 | 12 | 0.0022 |
| 11 | 9 | 9 | 9 | 0.0182 | 13 | 8 | 8 | 8 | 0.0008 | 15 | 12 | 12 | 11 | 0.0813 |
| 11 | 9 | 8 | 8 | 0.0545 | 13 | 8 | 8 | 7 | 0.0319 | 15 | 12 | 11 | 11 | 0.0088 |
| 11 | 9 | 7 | 7 | 0.1091 | 13 | 8 | 8 | 3 | 0.0754 | 15 | 12 | 11 | 10 | 0.1538 |
| 11 | 9 | 6 | 6 | 0.1818 | 13 | 8 | 7 | 7 | 0.0047 | 15 | 12 | 10 | 10 | 0.0222 |
| 11 | 8 | 8 | 8 | 0.0061 | 13 | 8 | 7 | 6 | 0.1026 | 15 | 12 | 9 | 9 | 0.0440 |
| 11 | 8 | 8 | 7 | 0.1515 | 13 | 8 | 7 | 2 | 0.0210 | 15 | 12 | 8 | 8 | 0.0769 |
| 11 | 8 | 7 | 7 | 0.0242 | 13 | 7 | 7 | 7 | 0.0006 | 15 | 12 | 8 | 5 | 0.2000 |
| 11 | 8 | 6 | 6 | 0.0606 | 13 | 7 | 7 | 6 | 0.0291 | 15 | 11 | 11 | 11 | 0.0007 |
| 11 | 8 | 6 | 3 | 0.1818 | 13 | 7 | 7 | 2 | 0.1026 | 15 | 11 | 11 | 10 | 0.0330 |
| 11 | 7 | 7 | 7 | 0.0030 | 13 | 7 | 7 | 1 | 0.0047 | 15 | 11 | 10 | 10 | 0.0037 |
| 11 | 7 | 7 | 6 | 0.0879 | 14 | 13 | 13 | 13 | 0.0714 | 15 | 11 | 10 | 9 | 0.0769 |
| 11 | 7 | 7 | 3 | 0.1939 | 14 | 13 | 12 | 12 | 0.1429 | 15 | 11 | 9 | 9 | 0.0110 |
| 11 | 7 | 6 | 6 | 0.0152 | 14 | 12 | 12 | 12 | 0.0110 | 15 | 11 | 9 | 5 | 0.1033 |
| 11 | 7 | 6 | 2 | 0.0606 | 14 | 12 | 11 | 11 | 0.0330 | 15 | 11 | 8 | 8 | 0.0256 |
| 11 | 6 | 6 | 6 | 0.0022 | 14 | 12 | 10 | 10 | 0.0059 | 15 | 11 | 8 | 4 | 0.0769 |
| 11 | 6 | 6 | 5 | 0.0801 | 14 | 12 | 9 | 9 | 0.1099 | 15 | 10 | 10 | 10 | 0.0003 |

| N | A | B | a | P | N | A | B | a | P | N | A | B | a | P |
|---|---|---|---|---|---|---|---|---|---|---|---|---|---|---|
| 15 | 10 | 10 | 9 | 0.0170 | 16 | 10 | 10 | 4 | 0.0338 | 17 | 12 | 9 | 4 | 0.0294 |
| 15 | 10 | 10 | 5 | 0.1009 | 16 | 10 | 9 | 9 | 0.0009 | 17 | 11 | 11 | 11 | 0.0001 |
| 15 | 10 | 9 | 9 | 0.0020 | 16 | 10 | 9 | 8 | 0.0350 | 17 | 11 | 11 | 10 | 0.0054 |
| 15 | 10 | 9 | 8 | 0.0889 | 16 | 10 | 9 | 4 | 0.1451 | 17 | 11 | 11 | 9 | 0.1094 |
| 15 | 10 | 9 | 4 | 0.0440 | 16 | 10 | 9 | 3 | 0.0114 | 17 | 11 | 11 | 5 | 0.0427 |
| 15 | 10 | 8 | 8 | 0.0070 | 16 | 10 | 8 | 8 | 0.0070 | 17 | 11 | 10 | 10 | 0.0006 |
| 15 | 10 | 8 | 7 | 0.1189 | 16 | 10 | 8 | 7 | 0.1189 | 17 | 11 | 10 | 9 | 0.0345 |
| 15 | 10 | 8 | 3 | 0.0256 | 16 | 10 | 8 | 3 | 0.1189 | 17 | 11 | 10 | 8 | 0.1618 |
| 15 | 9 | 9 | 9 | 0.0002 | 16 | 10 | 8 | 2 | 0.0070 | 17 | 11 | 10 | 4 | 0.0345 |
| 15 | 9 | 9 | 8 | 0.0110 | 16 | 9 | 9 | 9 | 0.0001 | 17 | 11 | 9 | 5 | 0.0023 |
| 15 | 9 | 9 | 7 | 0.1357 | 16 | 9 | 9 | 8 | 0.0087 | 17 | 11 | 9 | 8 | 0.0499 |
| 15 | 9 | 9 | 3 | 0.0278 | 16 | 9 | 9 | 7 | 0.1262 | 17 | 11 | 9 | 4 | 0.1312 |
| 15 | 9 | 8 | 8 | 0.0014 | 16 | 9 | 9 | 3 | 0.0601 | 17 | 11 | 9 | 3 | 0.0090 |
| 15 | 9 | 8 | 7 | 0.0406 | 16 | 9 | 9 | 2 | 0.0032 | 17 | 10 | 10 | 10 | 0.0001 |
| 15 | 9 | 8 | 3 | 0.1189 | 16 | 9 | 8 | 8 | 0.0014 | 17 | 10 | 10 | 9 | 0.0037 |
| 15 | 9 | 8 | 2 | 0.0070 | 16 | 9 | 8 | 7 | 0.0406 | 17 | 10 | 10 | 8 | 0.0584 |
| 15 | 8 | 8 | 8 | 0.0002 | 16 | 9 | 8 | 2 | 0.0406 | 17 | 10 | 10 | 4 | 0.1340 |
| 15 | 8 | 8 | 7 | 0.0101 | 16 | 9 | 8 | 1 | 0.0014 | 17 | 10 | 10 | 3 | 0.0098 |
| 15 | 8 | 8 | 6 | 0.1319 | 16 | 8 | 8 | 8 | 0.0002 | 17 | 10 | 9 | 9 | 0.0004 |
| 15 | 8 | 8 | 2 | 0.0406 | 16 | 8 | 8 | 7 | 0.0101 | 17 | 10 | 9 | 8 | 0.0152 |
| 15 | 8 | 8 | 1 | 0.0014 | 16 | 8 | 8 | 6 | 0.1319 | 17 | 10 | 9 | 7 | 0.1534 |
| 16 | 15 | 15 | 15 | 0.0625 | 16 | 8 | 8 | 2 | 0.1319 | 17 | 10 | 9 | 3 | 0.0498 |
| 16 | 15 | 14 | 14 | 0.1250 | 16 | 8 | 8 | 1 | 0.0101 | 17 | 10 | 9 | 2 | 0.0023 |
| 16 | 15 | 13 | 13 | 0.1875 | 16 | 8 | 8 | 0 | 0.0002 | 17 | 9 | 9 | 9 | 0.0000 |
| 16 | 14 | 14 | 14 | 0.0083 | 17 | 16 | 16 | 16 | 0.0588 | 17 | 9 | 9 | 8 | 0.0034 |
| 16 | 14 | 13 | 13 | 0.0250 | 17 | 16 | 15 | 15 | 0.1176 | 17 | 9 | 9 | 7 | 0.0567 |
| 16 | 14 | 12 | 12 | 0.0500 | 17 | 16 | 14 | 14 | 0.1765 | 17 | 9 | 9 | 3 | 0.1534 |
| 16 | 14 | 11 | 11 | 0.0833 | 17 | 15 | 15 | 15 | 0.0074 | 17 | 9 | 9 | 2 | 0.0152 |
| 16 | 14 | 10 | 10 | 0.1250 | 17 | 15 | 14 | 14 | 0.0221 | 17 | 9 | 9 | 1 | 0.0004 |
| 16 | 14 | 9 | 9 | 0.1750 | 17 | 15 | 13 | 13 | 0.0441 | 18 | 17 | 17 | 17 | 0.0556 |
| 16 | 13 | 13 | 13 | 0.0018 | 17 | 15 | 12 | 12 | 0.0735 | 18 | 17 | 16 | 16 | 0.1111 |
| 16 | 13 | 13 | 12 | 0.0714 | 17 | 15 | 11 | 11 | 0.1103 | 18 | 17 | 15 | 15 | 0.1667 |
| 16 | 13 | 12 | 12 | 0.0071 | 17 | 15 | 10 | 10 | 0.1544 | 18 | 16 | 16 | 16 | 0.0065 |
| 16 | 13 | 12 | 11 | 0.1357 | 17 | 14 | 14 | 14 | 0.0015 | 18 | 16 | 15 | 15 | 0.0196 |
| 16 | 13 | 11 | 11 | 0.0179 | 17 | 14 | 14 | 13 | 0.0632 | 18 | 16 | 14 | 14 | 0.0392 |
| 16 | 13 | 10 | 10 | 0.0357 | 17 | 14 | 13 | 13 | 0.0059 | 18 | 16 | 13 | 13 | 0.0654 |
| 16 | 13 | 9 | 9 | 0.0625 | 17 | 14 | 13 | 3 | 0.1206 | 18 | 16 | 12 | 12 | 0.0980 |
| 16 | 13 | 8 | 8 | 0.2000 | 17 | 14 | 12 | 12 | 0.0147 | 18 | 16 | 11 | 11 | 0.1373 |
| 16 | 13 | 8 | 5 | 0.2000 | 17 | 14 | 12 | 11 | 0.1912 | 18 | 16 | 10 | 10 | 0.1830 |
| 16 | 12 | 12 | 12 | 0.0005 | 17 | 14 | 11 | 11 | 0.0294 | 18 | 15 | 15 | 15 | 0.0012 |
| 16 | 12 | 12 | 1 | 0.0269 | 17 | 14 | 10 | 10 | 0.0515 | 18 | 15 | 15 | 14 | 0.0564 |
| 16 | 12 | 11 | 11 | 0.0027 | 17 | 14 | 9 | 9 | 0.0824 | 18 | 15 | 14 | 14 | 0.0049 |
| 16 | 12 | 11 | 10 | 0.0632 | 17 | 13 | 13 | 13 | 0.0004 | 18 | 15 | 14 | 13 | 0.1078 |
| 16 | 12 | 10 | 10 | 0.0082 | 17 | 13 | 13 | 12 | 0.0223 | 18 | 15 | 13 | 13 | 0.0123 |
| 16 | 12 | 10 | 9 | 0.1181 | 17 | 13 | 12 | 12 | 0.0021 | 18 | 15 | 13 | 12 | 0.1716 |
| 16 | 12 | 9 | 9 | 0.0192 | 17 | 13 | 12 | 11 | 0.0525 | 18 | 15 | 12 | 12 | 0.0245 |
| 16 | 12 | 9 | 5 | 0.0885 | 17 | 13 | 11 | 11 | 0.0063 | 18 | 15 | 11 | 11 | 0.0429 |
| 16 | 12 | 8 | 8 | 0.0769 | 17 | 13 | 11 | 10 | 0.0987 | 18 | 15 | 10 | 10 | 0.0686 |
| 16 | 12 | 8 | 4 | 0.0769 | 17 | 13 | 10 | 10 | 0.0147 | 18 | 14 | 14 | 14 | 0.0003 |
| 16 | 11 | 11 | 11 | 0.0002 | 17 | 13 | 10 | 6 | 0.1029 | 18 | 14 | 14 | 13 | 0.0186 |
| 16 | 11 | 11 | 10 | 0.0128 | 17 | 13 | 9 | 9 | 0.0294 | 18 | 14 | 14 | 12 | 0.1971 |
| 16 | 11 | 11 | 6 | 0.1186 | 17 | 13 | 9 | 5 | 0.0824 | 18 | 14 | 13 | 13 | 0.0016 |
| 16 | 11 | 10 | 10 | 0.0014 | 17 | 12 | 12 | 12 | 0.0002 | 18 | 14 | 13 | 12 | 0.0441 |
| 16 | 11 | 10 | 9 | 0.0357 | 17 | 12 | 12 | 11 | 0.0099 | 18 | 14 | 12 | 12 | 0.0049 |
| 16 | 11 | 10 | 5 | 0.0934 | 17 | 12 | 12 | 10 | 0.1165 | 18 | 14 | 12 | 11 | 0.0833 |
| 16 | 11 | 9 | 9 | 0.0048 | 17 | 12 | 11 | 11 | 0.0010 | 18 | 14 | 11 | 11 | 0.0114 |
| 16 | 11 | 9 | 8 | 0.1058 | 17 | 12 | 11 | 10 | 0.0276 | 18 | 14 | 11 | 7 | 0.1193 |
| 16 | 11 | 9 | 4 | 0.0337 | 17 | 12 | 11 | 6 | 0.1023 | 18 | 14 | 10 | 10 | 0.0229 |
| 16 | 11 | 8 | 8 | 0.0256 | 17 | 12 | 10 | 10 | 0.0034 | 18 | 14 | 10 | 6 | 0.0915 |
| 16 | 11 | 8 | 3 | 0.0256 | 17 | 12 | 10 | 9 | 0.1007 | 18 | 14 | 9 | 9 | 0.0824 |
| 16 | 10 | 10 | 10 | 0.0001 | 17 | 12 | 10 | 5 | 0.0441 | 18 | 14 | 9 | 5 | 0.0824 |
| 16 | 10 | 10 | 9 | 0.0076 | 17 | 12 | 9 | 9 | 0.0030 | 18 | 13 | 13 | 13 | 0.0001 |
| 16 | 10 | 10 | 8 | 0.1181 | 17 | 12 | 9 | 8 | 0.1312 | 18 | 13 | 13 | 12 | 0.0077 |

Tafel XV-3-1-3 (Fortsetz.)

| N | A | B | a | P | N | A | B | a | P | N | A | B | a | P |
|---|---|---|---|---|---|---|---|---|---|---|---|---|---|---|
| 18 | 13 | 13 | 11 | 0.0987 | 19 | 17 | 17 | 17 | 0.0058 | 19 | 12 | 12 | 10 | 0.0449 |
| 18 | 13 | 12 | 12 | 0.0007 | 19 | 17 | 16 | 16 | 0.0175 | 19 | 12 | 12 | 6 | 0.1733 |
| 18 | 13 | 12 | 11 | 0.0217 | 19 | 17 | 15 | 15 | 0.0351 | 19 | 12 | 12 | 5 | 0.0174 |
| 18 | 13 | 12 | 7 | 0.1141 | 19 | 17 | 14 | 14 | 0.0585 | 19 | 12 | 11 | 11 | 0.0002 |
| 18 | 13 | 11 | 11 | 0.0025 | 19 | 17 | 13 | 13 | 0.0877 | 19 | 12 | 11 | 10 | 0.0063 |
| 18 | 13 | 11 | 10 | 0.0474 | 19 | 17 | 12 | 12 | 0.1228 | 19 | 12 | 11 | 9 | 0.0739 |
| 18 | 13 | 11 | 6 | 0.1013 | 19 | 17 | 11 | 11 | 0.1637 | 19 | 12 | 11 | 5 | 0.1473 |
| 18 | 13 | 10 | 10 | 0.0069 | 19 | 16 | 16 | 16 | 0.0010 | 19 | 12 | 11 | 4 | 0.0128 |
| 18 | 13 | 10 | 9 | 0.1176 | 19 | 16 | 16 | 15 | 0.0506 | 19 | 12 | 10 | 10 | 0.0007 |
| 18 | 13 | 10 | 5 | 0.0359 | 19 | 16 | 15 | 15 | 0.0041 | 19 | 12 | 10 | 9 | 0.0198 |
| 18 | 13 | 9 | 9 | 0.0294 | 19 | 16 | 15 | 14 | 0.0970 | 19 | 12 | 10 | 8 | 0.1698 |
| 18 | 13 | 9 | 4 | 0.0294 | 19 | 16 | 14 | 14 | 0.0103 | 19 | 12 | 10 | 4 | 0.0573 |
| 18 | 12 | 12 | 12 | 0.0001 | 19 | 16 | 14 | 13 | 0.1548 | 19 | 12 | 10 | 3 | 0.0031 |
| 18 | 12 | 12 | 11 | 0.0039 | 19 | 16 | 13 | 13 | 0.0206 | 19 | 11 | 11 | 11 | 0.0000 |
| 18 | 12 | 12 | 10 | 0.1070 | 19 | 16 | 12 | 12 | 0.0361 | 19 | 11 | 11 | 10 | 0.0012 |
| 18 | 12 | 12 | 6 | 0.0537 | 19 | 16 | 11 | 11 | 0.0578 | 19 | 11 | 11 | 9 | 0.0237 |
| 18 | 12 | 11 | 11 | 0.0004 | 19 | 16 | 10 | 10 | 0.0867 | 19 | 11 | 11 | 8 | 0.1809 |
| 18 | 12 | 11 | 10 | 0.0128 | 19 | 15 | 15 | 15 | 0.0003 | 19 | 11 | 11 | 4 | 0.0587 |
| 18 | 12 | 11 | 9 | 0.1414 | 19 | 15 | 15 | 14 | 0.0157 | 19 | 11 | 11 | 3 | 0.0034 |
| 18 | 12 | 11 | 5 | 0.0377 | 19 | 15 | 15 | 13 | 0.1763 | 19 | 11 | 10 | 10 | 0.0001 |
| 18 | 12 | 10 | 10 | 0.0015 | 19 | 15 | 14 | 14 | 0.0013 | 19 | 11 | 10 | 9 | 0.0055 |
| 18 | 12 | 10 | 9 | 0.0430 | 19 | 15 | 14 | 13 | 0.0374 | 19 | 11 | 10 | 8 | 0.0658 |
| 18 | 12 | 10 | 5 | 0.1516 | 19 | 15 | 13 | 13 | 0.0039 | 19 | 11 | 10 | 4 | 0.1698 |
| 18 | 12 | 10 | 4 | 0.0128 | 19 | 15 | 13 | 12 | 0.0709 | 19 | 11 | 10 | 3 | 0.0198 |
| 18 | 12 | 9 | 9 | 0.0090 | 19 | 15 | 12 | 12 | 0.0090 | 19 | 11 | 10 | 2 | 0.0007 |
| 18 | 12 | 9 | 8 | 0.1312 | 19 | 15 | 12 | 11 | 0.1174 | 19 | 10 | 10 | 10 | 0.0000 |
| 18 | 12 | 9 | 4 | 0.1312 | 19 | 15 | 11 | 11 | 0.0181 | 19 | 10 | 10 | 9 | 0.0011 |
| 18 | 12 | 9 | 3 | 0.0090 | 19 | 15 | 11 | 7 | 0.1032 | 19 | 10 | 10 | 8 | 0.0230 |
| 18 | 11 | 11 | 11 | 0.0000 | 19 | 15 | 10 | 10 | 0.0325 | 19 | 10 | 10 | 7 | 0.1789 |
| 18 | 11 | 11 | 10 | 0.0025 | 19 | 15 | 10 | 6 | 0.0867 | 19 | 10 | 10 | 3 | 0.0658 |
| 18 | 11 | 11 | 9 | 0.0491 | 19 | 14 | 14 | 14 | 0.0001 | 19 | 10 | 10 | 2 | 0.0055 |
| 18 | 11 | 11 | 5 | 0.1507 | 19 | 14 | 14 | 13 | 0.0061 | 19 | 10 | 10 | 1 | 0.0001 |
| 18 | 11 | 11 | 4 | 0.0128 | 19 | 14 | 14 | 12 | 0.0844 | 20 | 19 | 19 | 19 | 0.0500 |
| 18 | 11 | 10 | 10 | 0.0003 | 19 | 14 | 13 | 13 | 0.0005 | 20 | 19 | 18 | 18 | 0.1000 |
| 18 | 11 | 10 | 9 | 0.0128 | 19 | 14 | 13 | 12 | 0.0173 | 20 | 19 | 17 | 17 | 0.1500 |
| 18 | 11 | 10 | 8 | 0.1448 | 19 | 14 | 13 | 8 | 0.1280 | 20 | 19 | 16 | 16 | 0.2000 |
| 18 | 11 | 10 | 4 | 0.0656 | 19 | 14 | 12 | 12 | 0.0018 | 20 | 18 | 18 | 18 | 0.0053 |
| 18 | 11 | 10 | 3 | 0.0040 | 19 | 14 | 12 | 11 | 0.0375 | 20 | 18 | 18 | 17 | 0.1947 |
| 18 | 11 | 9 | 9 | 0.0023 | 19 | 14 | 12 | 7 | 0.1060 | 20 | 18 | 17 | 17 | 0.0158 |
| 18 | 11 | 9 | 8 | 0.0498 | 19 | 14 | 11 | 11 | 0.0048 | 20 | 18 | 16 | 16 | 0.0316 |
| 18 | 11 | 9 | 3 | 0.0498 | 19 | 14 | 11 | 10 | 0.1109 | 20 | 18 | 15 | 15 | 0.0526 |
| 18 | 11 | 9 | 2 | 0.0023 | 19 | 14 | 11 | 6 | 0.0445 | 20 | 18 | 14 | 14 | 0.0789 |
| 18 | 10 | 10 | 10 | 0.0000 | 19 | 14 | 10 | 10 | 0.0108 | 20 | 18 | 13 | 13 | 0.1105 |
| 18 | 10 | 10 | 9 | 0.0029 | 19 | 14 | 10 | 9 | 0.1409 | 20 | 18 | 12 | 12 | 0.1474 |
| 18 | 10 | 10 | 8 | 0.0536 | 19 | 14 | 10 | 5 | 0.0325 | 20 | 18 | 11 | 11 | 0.1895 |
| 18 | 10 | 10 | 4 | 0.1880 | 19 | 13 | 13 | 13 | 0.0000 | 20 | 17 | 17 | 17 | 0.0009 |
| 18 | 10 | 10 | 3 | 0.0248 | 19 | 13 | 13 | 12 | 0.0029 | 20 | 17 | 17 | 16 | 0.0456 |
| 18 | 10 | 10 | 2 | 0.0011 | 19 | 13 | 13 | 11 | 0.0460 | 20 | 17 | 16 | 16 | 0.0035 |
| 18 | 10 | 9 | 9 | 0.0004 | 19 | 13 | 13 | 7 | 0.1093 | 20 | 17 | 16 | 15 | 0.0877 |
| 18 | 10 | 9 | 8 | 0.0152 | 19 | 13 | 12 | 12 | 0.0003 | 20 | 17 | 15 | 15 | 0.0088 |
| 18 | 10 | 9 | 7 | 0.1534 | 19 | 13 | 12 | 11 | 0.0095 | 20 | 17 | 15 | 14 | 0.1404 |
| 18 | 10 | 9 | 3 | 0.1534 | 19 | 13 | 12 | 10 | 0.1287 | 20 | 17 | 14 | 14 | 0.0175 |
| 18 | 10 | 9 | 2 | 0.0152 | 19 | 13 | 12 | 6 | 0.0436 | 20 | 17 | 13 | 13 | 0.0307 |
| 18 | 10 | 9 | 1 | 0.0004 | 19 | 13 | 11 | 11 | 0.0010 | 20 | 17 | 12 | 12 | 0.0491 |
| 18 | 9 | 9 | 9 | 0.0000 | 19 | 13 | 11 | 10 | 0.0408 | 20 | 17 | 11 | 11 | 0.0737 |
| 18 | 9 | 9 | 8 | 0.0034 | 19 | 13 | 11 | 6 | 0.1770 | 20 | 16 | 16 | 16 | 0.0002 |
| 18 | 9 | 9 | 7 | 0.0567 | 19 | 13 | 11 | 5 | 0.0181 | 20 | 16 | 16 | 15 | 0.0134 |
| 18 | 9 | 9 | 2 | 0.0567 | 19 | 13 | 10 | 10 | 0.0031 | 20 | 16 | 16 | 14 | 0.1620 |
| 18 | 9 | 9 | 1 | 0.0034 | 19 | 13 | 10 | 9 | 0.0573 | 20 | 16 | 15 | 15 | 0.0010 |
| 18 | 9 | 9 | 0 | 0.0000 | 19 | 13 | 10 | 5 | 0.1409 | 20 | 16 | 15 | 14 | 0.0320 |
| 19 | 18 | 18 | 18 | 0.0526 | 19 | 13 | 10 | 4 | 0.0108 | 20 | 16 | 14 | 14 | 0.0031 |
| 19 | 18 | 17 | 17 | 0.1053 | 19 | 12 | 12 | 12 | 0.0000 | 20 | 16 | 14 | 13 | 0.0609 |
| 19 | 18 | 16 | 16 | 0.1579 | 19 | 12 | 12 | 11 | 0.0017 | 20 | 16 | 13 | 13 | 0.0072 |

Tafel XV-3-1-3 (Fortsetz.)

| N | A | B | a | P | N | A | B | a | P | N | A | B | a | P |
|---|---|---|---|---|---|---|---|---|---|---|---|---|---|---|
| 20 | 16 | 13 | 12 | 0.1011 | 20 | 12 | 12 | 12 | 0.0000 | 21 | 18 | 11 | 11 | 0.0902 |
| 20 | 16 | 12 | 12 | 0.0144 | 20 | 12 | 12 | 11 | 0.0008 | 21 | 17 | 17 | 17 | 0.0002 |
| 20 | 16 | 12 | 8 | 0.1166 | 20 | 12 | 12 | 10 | 0.0194 | 21 | 17 | 17 | 16 | 0.0115 |
| 20 | 16 | 11 | 11 | 0.0260 | 20 | 12 | 12 | 9 | 0.1675 | 21 | 17 | 17 | 15 | 0.1479 |
| 20 | 16 | 11 | 7 | 0.0941 | 20 | 12 | 12 | 5 | 0.0697 | 21 | 17 | 16 | 16 | 0.0008 |
| 20 | 16 | 10 | 10 | 0.0867 | 20 | 12 | 12 | 4 | 0.0047 | 21 | 17 | 16 | 15 | 0.0276 |
| 20 | 16 | 10 | 6 | 0.0867 | 20 | 12 | 11 | 11 | 0.0001 | 21 | 17 | 15 | 15 | 0.0025 |
| 20 | 15 | 15 | 15 | 0.0001 | 20 | 12 | 11 | 10 | 0.0045 | 21 | 17 | 15 | 14 | 0.0526 |
| 20 | 15 | 15 | 14 | 0.0049 | 20 | 12 | 11 | 9 | 0.0648 | 21 | 17 | 14 | 14 | 0.0058 |
| 20 | 15 | 15 | 13 | 0.0726 | 20 | 12 | 11 | 5 | 0.1968 | 21 | 17 | 14 | 13 | 0.0877 |
| 20 | 15 | 14 | 14 | 0.0004 | 20 | 12 | 11 | 4 | 0.0281 | 21 | 17 | 13 | 13 | 0.0117 |
| 20 | 15 | 14 | 13 | 0.0139 | 20 | 12 | 11 | 3 | 0.0014 | 21 | 17 | 13 | 9 | 0.1312 |
| 20 | 15 | 14 | 12 | 0.1313 | 20 | 12 | 10 | 10 | 0.0007 | 21 | 17 | 12 | 12 | 0.0211 |
| 20 | 15 | 13 | 13 | 0.0014 | 20 | 12 | 10 | 9 | 0.0198 | 21 | 17 | 12 | 8 | 0.1038 |
| 20 | 15 | 13 | 12 | 0.0307 | 20 | 12 | 10 | 8 | 0.1698 | 21 | 17 | 11 | 11 | 0.0351 |
| 20 | 15 | 13 | 8 | 0.1137 | 20 | 12 | 10 | 4 | 0.1698 | 21 | 17 | 11 | 7 | 0.0902 |
| 20 | 15 | 12 | 12 | 0.0036 | 20 | 12 | 10 | 3 | 0.0198 | 21 | 16 | 16 | 16 | 0.0000 |
| 20 | 15 | 12 | 11 | 0.1089 | 20 | 12 | 10 | 2 | 0.0007 | 21 | 16 | 16 | 15 | 0.0040 |
| 20 | 15 | 12 | 7 | 0.0547 | 20 | 11 | 11 | 11 | 0.0000 | 21 | 16 | 16 | 14 | 0.0630 |
| 20 | 15 | 11 | 11 | 0.0081 | 20 | 11 | 11 | 10 | 0.0009 | 21 | 16 | 15 | 15 | 0.0003 |
| 20 | 15 | 11 | 10 | 0.1273 | 20 | 11 | 11 | 9 | 0.0216 | 21 | 16 | 15 | 14 | 0.0114 |
| 20 | 15 | 11 | 6 | 0.0379 | 20 | 11 | 11 | 8 | 0.1748 | 21 | 16 | 15 | 13 | 0.1146 |
| 20 | 15 | 10 | 10 | 0.0325 | 20 | 11 | 11 | 4 | 0.0923 | 21 | 16 | 14 | 14 | 0.0010 |
| 20 | 15 | 10 | 5 | 0.0325 | 20 | 11 | 11 | 3 | 0.0098 | 21 | 16 | 14 | 13 | 0.0251 |
| 20 | 14 | 14 | 14 | 0.0000 | 20 | 11 | 11 | 2 | 0.0003 | 21 | 16 | 14 | 9 | 0.1235 |
| 20 | 14 | 14 | 13 | 0.0022 | 20 | 11 | 10 | 10 | 0.0001 | 21 | 16 | 13 | 13 | 0.0028 |
| 20 | 14 | 14 | 12 | 0.0374 | 20 | 11 | 10 | 9 | 0.0055 | 21 | 16 | 13 | 12 | 0.0475 |
| 20 | 14 | 14 | 8 | 0.1149 | 20 | 11 | 10 | 8 | 0.0698 | 21 | 16 | 13 | 8 | 0.1107 |
| 20 | 14 | 13 | 13 | 0.0002 | 20 | 11 | 10 | 3 | 0.0698 | 21 | 16 | 12 | 12 | 0.0062 |
| 20 | 14 | 13 | 12 | 0.0072 | 20 | 11 | 10 | 2 | 0.0055 | 21 | 16 | 12 | 11 | 0.1194 |
| 20 | 14 | 13 | 11 | 0.1219 | 20 | 11 | 10 | 1 | 0.0001 | 21 | 16 | 12 | 7 | 0.0451 |
| 20 | 14 | 13 | 7 | 0.0515 | 20 | 10 | 10 | 10 | 0.0000 | 21 | 16 | 11 | 11 | 0.0124 |
| 20 | 14 | 12 | 12 | 0.0007 | 20 | 10 | 10 | 9 | 0.0011 | 21 | 16 | 11 | 10 | 0.1486 |
| 20 | 14 | 12 | 11 | 0.0181 | 20 | 10 | 10 | 8 | 0.0230 | 21 | 16 | 11 | 6 | 0.0351 |
| 20 | 14 | 12 | 10 | 0.1611 | 20 | 10 | 10 | 7 | 0.1789 | 21 | 15 | 15 | 15 | 0.0000 |
| 20 | 14 | 12 | 6 | 0.0419 | 20 | 10 | 10 | 3 | 0.1789 | 21 | 15 | 15 | 14 | 0.0017 |
| 20 | 14 | 11 | 11 | 0.0022 | 20 | 10 | 10 | 2 | 0.0230 | 21 | 15 | 15 | 13 | 0.0307 |
| 20 | 14 | 11 | 10 | 0.0498 | 20 | 10 | 10 | 1 | 0.0011 | 21 | 15 | 15 | 9 | 0.1229 |
| 20 | 14 | 11 | 6 | 0.1571 | 20 | 10 | 10 | 0 | 0.0000 | 21 | 15 | 14 | 14 | 0.0001 |
| 20 | 14 | 11 | 5 | 0.0141 | 21 | 20 | 20 | 20 | 0.0476 | 21 | 15 | 14 | 13 | 0.0055 |
| 20 | 14 | 10 | 10 | 0.0108 | 21 | 20 | 19 | 19 | 0.0952 | 21 | 15 | 14 | 12 | 0.1196 |
| 20 | 14 | 10 | 9 | 0.1409 | 21 | 20 | 18 | 18 | 0.1429 | 21 | 15 | 14 | 8 | 0.0609 |
| 20 | 14 | 10 | 5 | 0.1409 | 21 | 20 | 17 | 17 | 0.1905 | 21 | 15 | 13 | 13 | 0.0005 |
| 20 | 14 | 10 | 4 | 0.0108 | 21 | 19 | 19 | 19 | 0.0048 | 21 | 15 | 13 | 12 | 0.0139 |
| 20 | 13 | 13 | 13 | 0.0000 | 21 | 19 | 19 | 18 | 0.1857 | 21 | 15 | 13 | 11 | 0.1462 |
| 20 | 13 | 13 | 12 | 0.0012 | 21 | 19 | 18 | 18 | 0.0143 | 21 | 15 | 13 | 7 | 0.0456 |
| 20 | 13 | 13 | 11 | 0.0223 | 21 | 19 | 17 | 17 | 0.0286 | 21 | 15 | 12 | 12 | 0.0015 |
| 20 | 13 | 13 | 10 | 0.1736 | 21 | 19 | 16 | 16 | 0.0476 | 21 | 15 | 12 | 11 | 0.0464 |
| 20 | 13 | 13 | 6 | 0.0445 | 21 | 19 | 15 | 15 | 0.0714 | 21 | 15 | 12 | 7 | 0.1778 |
| 20 | 13 | 12 | 12 | 0.0001 | 21 | 19 | 14 | 14 | 0.1000 | 21 | 15 | 12 | 6 | 0.2186 |
| 20 | 13 | 12 | 11 | 0.0044 | 21 | 19 | 13 | 13 | 0.1333 | 21 | 15 | 11 | 11 | 0.0039 |
| 20 | 13 | 12 | 10 | 0.0623 | 21 | 19 | 12 | 12 | 0.1714 | 21 | 15 | 11 | 10 | 0.0635 |
| 20 | 13 | 12 | 6 | 0.1577 | 21 | 18 | 18 | 18 | 0.0008 | 21 | 15 | 11 | 6 | 0.1486 |
| 20 | 13 | 12 | 2 | 0.0147 | 21 | 18 | 18 | 17 | 0.0414 | 21 | 15 | 11 | 5 | 0.0124 |
| 20 | 13 | 11 | 11 | 0.0005 | 21 | 18 | 17 | 17 | 0.0030 | 21 | 14 | 14 | 14 | 0.0000 |
| 20 | 13 | 11 | 10 | 0.0166 | 21 | 18 | 17 | 16 | 0.0797 | 21 | 14 | 14 | 13 | 0.0009 |
| 20 | 13 | 11 | 9 | 0.1597 | 21 | 18 | 16 | 16 | 0.0075 | 21 | 14 | 14 | 12 | 0.0173 |
| 20 | 13 | 11 | 5 | 0.0703 | 21 | 18 | 16 | 15 | 0.1278 | 21 | 14 | 14 | 11 | 0.1564 |
| 20 | 13 | 11 | 4 | 0.0047 | 21 | 18 | 15 | 15 | 0.0150 | 21 | 14 | 14 | 7 | 0.0468 |
| 20 | 13 | 10 | 10 | 0.0031 | 21 | 18 | 15 | 14 | 0.1842 | 21 | 14 | 13 | 13 | 0.0001 |
| 20 | 13 | 10 | 9 | 0.0573 | 21 | 18 | 14 | 14 | 0.0263 | 21 | 14 | 13 | 12 | 0.0032 |
| 20 | 13 | 10 | 4 | 0.0573 | 21 | 18 | 13 | 13 | 0.0421 | 21 | 14 | 13 | 11 | 0.0555 |
| 20 | 13 | 10 | 3 | 0.0031 | 21 | 18 | 12 | 12 | 0.0632 | 21 | 14 | 13 | 7 | 0.1736 |

Tafel XV-3-1-3 (Fortsetz.) 447

| N | A | B | a | P | N | A | B | a | P | N | A | B | a | P |
|---|---|---|---|---|---|---|---|---|---|---|---|---|---|---|
| 21 | 14 | 13 | 6 | 0.0180 | 22 | 20 | 12 | 12 | 0.1948 | 22 | 16 | 13 | 12 | 0.0231 |
| 21 | 14 | 12 | 12 | 0.0003 | 22 | 19 | 19 | 19 | 0.0006 | 22 | 16 | 13 | 11 | 0.1778 |
| 21 | 14 | 12 | 11 | 0.0158 | 22 | 19 | 19 | 18 | 0.0377 | 22 | 16 | 13 | 7 | 0.0451 |
| 21 | 14 | 12 | 10 | 0.1598 | 22 | 19 | 18 | 18 | 0.0026 | 22 | 16 | 12 | 12 | 0.0028 |
| 21 | 14 | 12 | 6 | 0.1598 | 22 | 19 | 18 | 17 | 0.0727 | 22 | 16 | 12 | 11 | 0.0557 |
| 21 | 14 | 12 | 5 | 0.0071 | 22 | 19 | 17 | 17 | 0.0065 | 22 | 16 | 12 | 7 | 0.1619 |
| 21 | 14 | 11 | 11 | 0.0010 | 22 | 19 | 17 | 16 | 0.1169 | 22 | 16 | 12 | 6 | 0.0152 |
| 21 | 14 | 11 | 10 | 0.0237 | 22 | 19 | 16 | 16 | 0.0130 | 22 | 16 | 11 | 11 | 0.0124 |
| 21 | 14 | 11 | 9 | 0.1827 | 22 | 19 | 16 | 15 | 0.1688 | 22 | 16 | 11 | 10 | 0.1486 |
| 21 | 14 | 11 | 5 | 0.0635 | 22 | 19 | 15 | 15 | 0.0227 | 22 | 16 | 11 | 6 | 0.1486 |
| 21 | 14 | 11 | 4 | 0.0039 | 22 | 19 | 14 | 14 | 0.0364 | 22 | 16 | 11 | 5 | 0.0124 |
| 21 | 13 | 13 | 13 | 0.0000 | 22 | 19 | 13 | 13 | 0.0545 | 22 | 15 | 15 | 15 | 0.0000 |
| 21 | 13 | 13 | 12 | 0.0005 | 22 | 19 | 12 | 12 | 0.0779 | 22 | 15 | 15 | 14 | 0.0006 |
| 21 | 13 | 13 | 11 | 0.0176 | 22 | 18 | 18 | 18 | 0.0001 | 22 | 15 | 15 | 13 | 0.0136 |
| 21 | 13 | 13 | 10 | 0.1637 | 22 | 18 | 18 | 17 | 0.0100 | 22 | 15 | 15 | 12 | 0.1447 |
| 21 | 13 | 13 | 6 | 0.0850 | 22 | 18 | 18 | 16 | 0.1355 | 22 | 15 | 15 | 6 | 0.0513 |
| 21 | 13 | 13 | 5 | 0.0068 | 22 | 18 | 17 | 17 | 0.0007 | 22 | 15 | 14 | 14 | 0.0000 |
| 21 | 13 | 12 | 12 | 0.0000 | 22 | 18 | 17 | 16 | 0.0239 | 22 | 15 | 14 | 13 | 0.0023 |
| 21 | 13 | 12 | 11 | 0.0322 | 22 | 18 | 16 | 16 | 0.0021 | 22 | 15 | 14 | 12 | 0.0524 |
| 21 | 13 | 12 | 10 | 0.0318 | 22 | 18 | 16 | 15 | 0.0458 | 22 | 15 | 14 | 8 | 0.1932 |
| 21 | 13 | 12 | 5 | 0.0669 | 22 | 18 | 15 | 15 | 0.0049 | 22 | 15 | 14 | 7 | 0.0225 |
| 21 | 13 | 12 | 4 | 0.0046 | 22 | 18 | 15 | 14 | 0.0766 | 22 | 15 | 13 | 13 | 0.0002 |
| 21 | 13 | 11 | 11 | 0.0002 | 22 | 18 | 14 | 14 | 0.0096 | 22 | 15 | 13 | 12 | 0.0006 |
| 21 | 13 | 11 | 10 | 0.0075 | 22 | 19 | 14 | 13 | 0.1167 | 22 | 15 | 13 | 11 | 0.0743 |
| 21 | 13 | 11 | 9 | 0.0805 | 22 | 18 | 13 | 13 | 0.0172 | 22 | 15 | 13 | 7 | 0.1641 |
| 21 | 13 | 11 | 5 | 0.1827 | 22 | 18 | 13 | 9 | 0.1150 | 22 | 15 | 13 | 6 | 0.0167 |
| 21 | 13 | 11 | 4 | 0.0237 | 22 | 18 | 12 | 12 | 0.0287 | 22 | 15 | 12 | 12 | 0.0007 |
| 21 | 13 | 11 | 3 | 0.0010 | 22 | 18 | 12 | 8 | 0.0964 | 22 | 15 | 12 | 11 | 0.0201 |
| 21 | 12 | 12 | 12 | 0.0000 | 22 | 18 | 11 | 11 | 0.0902 | 22 | 15 | 12 | 10 | 0.1718 |
| 21 | 12 | 12 | 11 | 0.0004 | 22 | 18 | 11 | 7 | 0.0902 | 22 | 15 | 12 | 6 | 0.0743 |
| 21 | 12 | 12 | 10 | 0.0092 | 22 | 17 | 17 | 17 | 0.0000 | 22 | 15 | 12 | 5 | 0.0053 |
| 21 | 12 | 12 | 9 | 0.0872 | 22 | 17 | 17 | 16 | 0.0033 | 22 | 15 | 11 | 11 | 0.0039 |
| 21 | 12 | 12 | 5 | 0.1842 | 22 | 17 | 17 | 15 | 0.0549 | 22 | 15 | 11 | 10 | 0.0635 |
| 21 | 12 | 12 | 4 | 0.0244 | 22 | 17 | 16 | 16 | 0.0002 | 22 | 15 | 11 | 5 | 0.0635 |
| 21 | 12 | 12 | 3 | 0.0011 | 22 | 17 | 16 | 15 | 0.0093 | 22 | 15 | 11 | 4 | 0.0039 |
| 21 | 12 | 11 | 11 | 0.0000 | 22 | 17 | 16 | 14 | 0.1005 | 22 | 14 | 14 | 14 | 0.0000 |
| 21 | 12 | 11 | 10 | 0.0019 | 22 | 17 | 15 | 15 | 0.0008 | 22 | 14 | 14 | 13 | 0.0004 |
| 21 | 12 | 11 | 9 | 0.0300 | 22 | 17 | 15 | 14 | 0.0207 | 22 | 14 | 14 | 12 | 0.0083 |
| 21 | 12 | 11 | 8 | 0.1984 | 22 | 17 | 15 | 10 | 0.1348 | 22 | 14 | 14 | 11 | 0.0815 |
| 21 | 12 | 11 | 4 | 0.0805 | 22 | 17 | 14 | 14 | 0.0021 | 22 | 14 | 14 | 7 | 0.1673 |
| 21 | 12 | 11 | 3 | 0.0075 | 22 | 17 | 14 | 13 | 0.0393 | 22 | 14 | 14 | 6 | 0.0177 |
| 21 | 12 | 11 | 2 | 0.0002 | 22 | 17 | 14 | 9 | 0.1154 | 22 | 14 | 13 | 13 | 0.0000 |
| 21 | 11 | 11 | 11 | 0.0000 | 22 | 17 | 13 | 13 | 0.0048 | 22 | 14 | 13 | 12 | 0.0015 |
| 21 | 11 | 11 | 10 | 0.0003 | 22 | 17 | 13 | 12 | 0.1159 | 22 | 14 | 13 | 11 | 0.0260 |
| 21 | 11 | 11 | 9 | 0.0083 | 22 | 17 | 13 | 8 | 0.0537 | 22 | 14 | 13 | 10 | 0.1870 |
| 21 | 11 | 11 | 8 | 0.0861 | 22 | 17 | 12 | 12 | 0.0096 | 22 | 14 | 13 | 6 | 0.0743 |
| 21 | 11 | 11 | 4 | 0.1984 | 22 | 17 | 12 | 11 | 0.1353 | 22 | 14 | 13 | 5 | 0.0055 |
| 21 | 11 | 11 | 3 | 0.0300 | 22 | 17 | 12 | 7 | 0.0396 | 22 | 14 | 12 | 12 | 0.0001 |
| 21 | 11 | 11 | 2 | 0.0019 | 22 | 17 | 11 | 11 | 0.0351 | 22 | 14 | 12 | 11 | 0.0062 |
| 21 | 11 | 11 | 1 | 0.0000 | 22 | 17 | 11 | 6 | 0.0351 | 22 | 14 | 12 | 10 | 0.0743 |
| 22 | 21 | 21 | 21 | 0.0455 | 22 | 16 | 16 | 16 | 0.0000 | 22 | 14 | 12 | 5 | 0.1310 |
| 22 | 21 | 20 | 20 | 0.0909 | 22 | 16 | 16 | 15 | 0.0013 | 22 | 14 | 12 | 4 | 0.0017 |
| 22 | 21 | 19 | 19 | 0.1364 | 22 | 16 | 16 | 14 | 0.0254 | 22 | 14 | 11 | 11 | 0.0013 |
| 22 | 21 | 18 | 18 | 0.1818 | 22 | 16 | 16 | 10 | 0.1328 | 22 | 14 | 11 | 10 | 0.0237 |
| 22 | 20 | 20 | 20 | 0.0043 | 22 | 16 | 15 | 15 | 0.0001 | 22 | 14 | 11 | 9 | 0.1827 |
| 22 | 20 | 20 | 19 | 0.1775 | 22 | 16 | 15 | 14 | 0.0043 | 22 | 14 | 11 | 5 | 0.1827 |
| 22 | 20 | 19 | 19 | 0.0130 | 22 | 16 | 15 | 13 | 0.0536 | 22 | 14 | 11 | 4 | 0.0237 |
| 22 | 20 | 18 | 18 | 0.0260 | 22 | 16 | 15 | 9 | 0.1206 | 22 | 14 | 11 | 3 | 0.0010 |
| 22 | 20 | 17 | 17 | 0.0433 | 22 | 16 | 14 | 14 | 0.0004 | 22 | 13 | 13 | 13 | 0.0000 |
| 22 | 20 | 16 | 16 | 0.0649 | 22 | 16 | 14 | 13 | 0.0109 | 22 | 13 | 13 | 12 | 0.0002 |
| 22 | 20 | 15 | 15 | 0.0909 | 22 | 16 | 14 | 12 | 0.1365 | 22 | 13 | 13 | 11 | 0.0073 |
| 22 | 20 | 14 | 14 | 0.1212 | 22 | 16 | 14 | 8 | 0.0511 | 22 | 13 | 13 | 10 | 0.0789 |
| 22 | 20 | 13 | 13 | 0.1558 | 22 | 16 | 13 | 13 | 0.0011 | 22 | 13 | 13 | 5 | 0.0306 |

Tafel XV-3-1-3 (Fortsetz.)

| N | A | B | a | P | N | A | B | a | P | N | A | B | a | P |
|---|---|---|---|---|---|---|---|---|---|---|---|---|---|---|
| 22 | 13 | 13 | 4 | 0.0017 | 23 | 20 | 12 | 12 | 0.0932 | 23 | 17 | 12 | 6 | 0.0137 |
| 22 | 13 | 12 | 12 | 0.0000 | 23 | 19 | 19 | 19 | 0.0001 | 23 | 16 | 16 | 16 | 0.0000 |
| 22 | 13 | 12 | 11 | 0.0015 | 23 | 19 | 19 | 18 | 0.0087 | 23 | 16 | 16 | 15 | 0.0005 |
| 22 | 13 | 12 | 10 | 0.0274 | 23 | 19 | 19 | 17 | 0.1246 | 23 | 16 | 16 | 14 | 0.0107 |
| 22 | 13 | 12 | 9 | 0.1921 | 23 | 19 | 18 | 18 | 0.0006 | 23 | 16 | 16 | 13 | 0.1374 |
| 22 | 13 | 12 | 5 | 0.0991 | 23 | 19 | 18 | 17 | 0.0209 | 23 | 16 | 16 | 9 | 0.0574 |
| 22 | 13 | 12 | 4 | 0.0115 | 23 | 19 | 18 | 16 | 0.1937 | 23 | 16 | 15 | 15 | 0.0000 |
| 22 | 13 | 12 | 3 | 0.0005 | 23 | 19 | 17 | 17 | 0.0017 | 23 | 16 | 15 | 14 | 0.0017 |
| 22 | 13 | 11 | 11 | 0.0002 | 23 | 19 | 17 | 16 | 0.0401 | 23 | 16 | 15 | 13 | 0.0257 |
| 22 | 13 | 11 | 10 | 0.0075 | 23 | 19 | 16 | 16 | 0.0040 | 23 | 16 | 15 | 12 | 0.1819 |
| 22 | 13 | 11 | 9 | 0.0905 | 23 | 19 | 16 | 15 | 0.0672 | 23 | 16 | 15 | 8 | 0.0520 |
| 22 | 13 | 11 | 4 | 0.0805 | 23 | 19 | 15 | 15 | 0.0079 | 23 | 16 | 14 | 14 | 0.0001 |
| 22 | 13 | 11 | 3 | 0.0075 | 23 | 19 | 15 | 14 | 0.1028 | 23 | 16 | 14 | 13 | 0.0049 |
| 22 | 13 | 11 | 2 | 0.0002 | 23 | 19 | 14 | 14 | 0.0142 | 23 | 16 | 14 | 12 | 0.0657 |
| 22 | 12 | 12 | 12 | 0.0000 | 23 | 19 | 14 | 10 | 0.1273 | 23 | 16 | 14 | 8 | 0.1760 |
| 22 | 12 | 12 | 11 | 0.0003 | 23 | 19 | 13 | 13 | 0.0237 | 23 | 16 | 14 | 7 | 0.0189 |
| 22 | 12 | 12 | 10 | 0.0083 | 23 | 19 | 13 | 9 | 0.1045 | 23 | 16 | 13 | 13 | 0.0005 |
| 22 | 12 | 12 | 9 | 0.0836 | 23 | 19 | 12 | 12 | 0.0373 | 23 | 16 | 13 | 12 | 0.0186 |
| 22 | 12 | 12 | 4 | 0.0427 | 23 | 19 | 12 | 9 | 0.0932 | 23 | 16 | 13 | 11 | 0.1688 |
| 22 | 12 | 12 | 3 | 0.0037 | 23 | 18 | 18 | 18 | 0.0000 | 23 | 16 | 13 | 7 | 0.0886 |
| 22 | 12 | 12 | 2 | 0.0001 | 23 | 18 | 18 | 17 | 0.0027 | 23 | 16 | 13 | 6 | 0.0075 |
| 22 | 12 | 11 | 11 | 0.0000 | 23 | 18 | 18 | 16 | 0.0482 | 23 | 16 | 12 | 12 | 0.0013 |
| 22 | 12 | 11 | 10 | 0.0019 | 23 | 18 | 17 | 17 | 0.0002 | 23 | 16 | 12 | 11 | 0.0272 |
| 22 | 12 | 11 | 9 | 0.0300 | 23 | 18 | 17 | 16 | 0.0078 | 23 | 16 | 12 | 10 | 0.1930 |
| 22 | 12 | 11 | 8 | 0.1004 | 23 | 18 | 17 | 15 | 0.0886 | 23 | 16 | 12 | 6 | 0.0686 |
| 22 | 12 | 11 | 4 | 0.1944 | 23 | 18 | 16 | 16 | 0.0006 | 23 | 16 | 12 | 5 | 0.0046 |
| 22 | 12 | 11 | 3 | 0.0300 | 23 | 18 | 16 | 15 | 0.0173 | 23 | 15 | 15 | 15 | 0.0000 |
| 22 | 12 | 11 | 2 | 0.0019 | 23 | 18 | 16 | 14 | 0.1421 | 23 | 15 | 15 | 14 | 0.0002 |
| 22 | 12 | 11 | 1 | 0.0000 | 23 | 18 | 15 | 15 | 0.0017 | 23 | 15 | 15 | 13 | 0.0062 |
| 22 | 11 | 11 | 11 | 0.0000 | 23 | 18 | 15 | 14 | 0.0329 | 23 | 15 | 15 | 12 | 0.0713 |
| 22 | 11 | 11 | 10 | 0.0003 | 23 | 18 | 15 | 10 | 0.1221 | 23 | 15 | 15 | 8 | 0.1763 |
| 22 | 11 | 11 | 9 | 0.0089 | 23 | 18 | 14 | 14 | 0.0037 | 23 | 15 | 15 | 7 | 0.0194 |
| 22 | 11 | 11 | 8 | 0.0861 | 23 | 18 | 14 | 13 | 0.0562 | 23 | 15 | 14 | 14 | 0.0000 |
| 22 | 11 | 11 | 3 | 0.0851 | 23 | 18 | 14 | 9 | 0.1157 | 23 | 15 | 14 | 13 | 0.0010 |
| 22 | 11 | 11 | 2 | 0.0009 | 23 | 18 | 13 | 13 | 0.0075 | 23 | 15 | 14 | 12 | 0.0228 |
| 22 | 11 | 11 | 1 | 0.0000 | 23 | 18 | 13 | 12 | 0.1269 | 23 | 15 | 14 | 11 | 0.1793 |
| 22 | 11 | 11 | 0 | 0.0000 | 23 | 18 | 13 | 8 | 0.0457 | 23 | 15 | 14 | 7 | 0.0858 |
| 23 | 22 | 22 | 22 | 0.0435 | 23 | 19 | 12 | 12 | 0.0137 | 23 | 15 | 14 | 6 | 0.0072 |
| 23 | 22 | 21 | 21 | 0.0870 | 23 | 18 | 12 | 11 | 0.1550 | 23 | 15 | 13 | 13 | 0.0001 |
| 23 | 22 | 20 | 20 | 0.1304 | 23 | 18 | 12 | 7 | 0.0373 | 23 | 15 | 13 | 12 | 0.0059 |
| 23 | 22 | 19 | 19 | 0.1739 | 23 | 17 | 17 | 17 | 0.0000 | 23 | 15 | 13 | 11 | 0.0393 |
| 23 | 21 | 21 | 21 | 0.0040 | 23 | 17 | 17 | 16 | 0.0010 | 23 | 15 | 13 | 6 | 0.0743 |
| 23 | 21 | 21 | 20 | 0.1700 | 23 | 17 | 17 | 15 | 0.0212 | 23 | 15 | 13 | 5 | 0.0027 |
| 23 | 21 | 20 | 20 | 0.0119 | 23 | 17 | 17 | 11 | 0.1438 | 23 | 15 | 12 | 12 | 0.0003 |
| 23 | 21 | 19 | 19 | 0.0237 | 23 | 17 | 16 | 16 | 0.0001 | 23 | 15 | 12 | 11 | 0.0094 |
| 23 | 21 | 18 | 18 | 0.0395 | 23 | 17 | 16 | 15 | 0.0034 | 23 | 15 | 12 | 10 | 0.0894 |
| 23 | 21 | 17 | 17 | 0.0593 | 23 | 17 | 16 | 14 | 0.0450 | 23 | 15 | 12 | 6 | 0.1930 |
| 23 | 21 | 16 | 16 | 0.0830 | 23 | 17 | 16 | 10 | 0.1243 | 23 | 15 | 12 | 5 | 0.0272 |
| 23 | 21 | 15 | 15 | 0.1107 | 23 | 17 | 15 | 15 | 0.0003 | 23 | 15 | 12 | 4 | 0.0013 |
| 23 | 21 | 14 | 14 | 0.1423 | 23 | 17 | 15 | 14 | 0.0086 | 23 | 14 | 14 | 14 | 0.0000 |
| 23 | 21 | 13 | 13 | 0.1779 | 23 | 17 | 15 | 13 | 0.1310 | 23 | 14 | 14 | 13 | 0.0002 |
| 23 | 20 | 20 | 20 | 0.0006 | 23 | 17 | 15 | 9 | 0.0582 | 23 | 14 | 14 | 12 | 0.0066 |
| 23 | 20 | 20 | 19 | 0.0344 | 23 | 17 | 14 | 14 | 0.0008 | 23 | 14 | 14 | 11 | 0.0771 |
| 23 | 20 | 19 | 19 | 0.0023 | 23 | 17 | 14 | 13 | 0.0183 | 23 | 14 | 14 | 6 | 0.0357 |
| 23 | 20 | 19 | 18 | 0.0606 | 23 | 17 | 14 | 12 | 0.1616 | 23 | 14 | 14 | 5 | 0.0026 |
| 23 | 20 | 18 | 18 | 0.0056 | 23 | 17 | 14 | 8 | 0.0481 | 23 | 14 | 13 | 13 | 0.0000 |
| 23 | 20 | 18 | 17 | 0.1073 | 23 | 17 | 13 | 13 | 0.0021 | 23 | 14 | 13 | 12 | 0.0007 |
| 23 | 20 | 17 | 17 | 0.0113 | 23 | 17 | 13 | 12 | 0.0515 | 23 | 14 | 13 | 11 | 0.0131 |
| 23 | 20 | 17 | 16 | 0.1553 | 23 | 17 | 13 | 8 | 0.1790 | 23 | 14 | 13 | 10 | 0.1023 |
| 23 | 20 | 16 | 16 | 0.0198 | 23 | 17 | 13 | 7 | 0.0191 | 23 | 14 | 13 | 6 | 0.1968 |
| 23 | 20 | 15 | 15 | 0.0316 | 23 | 17 | 12 | 12 | 0.0046 | 23 | 14 | 13 | 5 | 0.0288 |
| 23 | 20 | 14 | 14 | 0.0474 | 23 | 17 | 12 | 11 | 0.0686 | 23 | 14 | 13 | 4 | 0.0016 |
| 23 | 20 | 13 | 13 | 0.0678 | 23 | 17 | 12 | 7 | 0.1550 | 23 | 14 | 12 | 12 | 0.0001 |

Tafel XV-3-1-3 (Fortsetz.) 449

| N | A | B | a | P | N | A | B | a | P | N | A | B | a | P |
|---|---|---|---|---|---|---|---|---|---|---|---|---|---|---|
| 23 | 14 | 12 | 11 | 0.0028 | 24 | 20 | 18 | 17 | 0.0353 | 24 | 18 | 12 | 6 | 0.0137 |
| 23 | 14 | 12 | 10 | 0.0361 | 24 | 20 | 17 | 17 | 0.0033 | 24 | 17 | 17 | 17 | 0.0000 |
| 23 | 14 | 12 | 5 | 0.0694 | 24 | 20 | 17 | 16 | 0.0593 | 24 | 17 | 17 | 16 | 0.0003 |
| 23 | 14 | 12 | 4 | 0.0094 | 24 | 20 | 16 | 16 | 0.0066 | 24 | 17 | 17 | 15 | 0.0086 |
| 23 | 14 | 12 | 3 | 0.0003 | 24 | 20 | 16 | 15 | 0.0909 | 24 | 17 | 17 | 14 | 0.1336 |
| 23 | 13 | 13 | 13 | 0.0000 | 24 | 20 | 15 | 15 | 0.0119 | 24 | 17 | 17 | 10 | 0.0648 |
| 23 | 13 | 13 | 12 | 0.0001 | 24 | 20 | 15 | 14 | 0.1304 | 24 | 17 | 16 | 16 | 0.0000 |
| 23 | 13 | 13 | 11 | 0.0034 | 24 | 20 | 14 | 14 | 0.0198 | 24 | 17 | 16 | 15 | 0.0013 |
| 23 | 13 | 13 | 10 | 0.0397 | 24 | 20 | 14 | 10 | 0.1140 | 24 | 17 | 16 | 14 | 0.0207 |
| 23 | 13 | 13 | 5 | 0.0903 | 24 | 20 | 13 | 13 | 0.0311 | 24 | 17 | 16 | 11 | 0.1677 |
| 23 | 13 | 13 | 4 | 0.0097 | 24 | 20 | 13 | 9 | 0.0983 | 24 | 17 | 16 | 9 | 0.0538 |
| 23 | 13 | 13 | 3 | 0.0004 | 24 | 20 | 12 | 12 | 0.0932 | 24 | 17 | 15 | 15 | 0.0001 |
| 23 | 13 | 12 | 12 | 0.0000 | 24 | 20 | 12 | 8 | 0.0932 | 24 | 17 | 15 | 14 | 0.0037 |
| 23 | 13 | 12 | 11 | 0.0006 | 24 | 19 | 19 | 19 | 0.0000 | 24 | 17 | 15 | 13 | 0.0606 |
| 23 | 13 | 12 | 10 | 0.0123 | 24 | 19 | 19 | 18 | 0.0023 | 24 | 17 | 15 | 9 | 0.1907 |
| 23 | 13 | 12 | 9 | 0.0995 | 24 | 19 | 19 | 17 | 0.0425 | 24 | 17 | 15 | 8 | 0.0223 |
| 23 | 13 | 12 | 4 | 0.0361 | 24 | 19 | 18 | 18 | 0.0001 | 24 | 17 | 14 | 14 | 0.0003 |
| 23 | 13 | 12 | 3 | 0.0028 | 24 | 19 | 18 | 17 | 0.0065 | 24 | 17 | 14 | 13 | 0.0088 |
| 23 | 13 | 12 | 2 | 0.0001 | 24 | 19 | 18 | 16 | 0.0785 | 24 | 17 | 14 | 12 | 0.0850 |
| 23 | 12 | 12 | 12 | 0.0000 | 24 | 19 | 17 | 17 | 0.0005 | 24 | 17 | 14 | 8 | 0.1718 |
| 23 | 12 | 12 | 11 | 0.0001 | 24 | 19 | 17 | 16 | 0.0145 | 24 | 17 | 14 | 7 | 0.0188 |
| 23 | 12 | 12 | 10 | 0.0033 | 24 | 19 | 17 | 15 | 0.1265 | 24 | 17 | 13 | 13 | 0.0010 |
| 23 | 12 | 12 | 9 | 0.0391 | 24 | 19 | 16 | 16 | 0.0013 | 24 | 17 | 13 | 12 | 0.0233 |
| 23 | 12 | 12 | 4 | 0.0995 | 24 | 19 | 16 | 15 | 0.0277 | 24 | 17 | 13 | 11 | 0.1819 |
| 23 | 12 | 12 | 3 | 0.0123 | 24 | 19 | 16 | 11 | 0.1334 | 24 | 17 | 13 | 7 | 0.0778 |
| 23 | 12 | 12 | 2 | 0.0006 | 24 | 19 | 15 | 15 | 0.0030 | 24 | 17 | 13 | 6 | 0.0059 |
| 23 | 12 | 12 | 1 | 0.0000 | 24 | 19 | 15 | 14 | 0.0474 | 24 | 17 | 12 | 12 | 0.0046 |
| 24 | 23 | 23 | 23 | 0.0417 | 24 | 19 | 15 | 10 | 0.1181 | 24 | 17 | 12 | 11 | 0.0686 |
| 24 | 23 | 22 | 22 | 0.0833 | 24 | 19 | 14 | 14 | 0.0059 | 24 | 17 | 12 | 6 | 0.0686 |
| 24 | 23 | 21 | 21 | 0.1250 | 24 | 19 | 14 | 13 | 0.1222 | 24 | 17 | 12 | 5 | 0.0046 |
| 24 | 23 | 20 | 20 | 0.1667 | 24 | 19 | 14 | 9 | 0.0533 | 24 | 16 | 16 | 16 | 0.0000 |
| 24 | 22 | 22 | 22 | 0.0036 | 24 | 19 | 13 | 13 | 0.0109 | 24 | 16 | 16 | 15 | 0.0002 |
| 24 | 22 | 22 | 21 | 0.1630 | 24 | 19 | 13 | 12 | 0.1421 | 24 | 16 | 16 | 14 | 0.0047 |
| 24 | 22 | 21 | 21 | 0.0109 | 24 | 19 | 13 | 8 | 0.0411 | 24 | 16 | 16 | 13 | 0.0649 |
| 24 | 22 | 20 | 20 | 0.0217 | 24 | 19 | 12 | 12 | 0.0373 | 24 | 16 | 16 | 9 | 0.1893 |
| 24 | 22 | 19 | 19 | 0.0362 | 24 | 19 | 12 | 7 | 0.0373 | 24 | 16 | 16 | 8 | 0.0222 |
| 24 | 22 | 18 | 18 | 0.0543 | 24 | 18 | 18 | 18 | 0.0000 | 24 | 16 | 15 | 15 | 0.0000 |
| 24 | 22 | 17 | 17 | 0.0761 | 24 | 18 | 18 | 17 | 0.0008 | 24 | 16 | 15 | 14 | 0.0007 |
| 24 | 22 | 16 | 16 | 0.1014 | 24 | 18 | 18 | 16 | 0.0179 | 24 | 16 | 15 | 13 | 0.0215 |
| 24 | 22 | 15 | 15 | 0.1304 | 24 | 18 | 18 | 15 | 0.1391 | 24 | 16 | 15 | 12 | 0.0994 |
| 24 | 22 | 14 | 14 | 0.1630 | 24 | 18 | 17 | 17 | 0.0001 | 24 | 16 | 15 | 8 | 0.1782 |
| 24 | 22 | 13 | 13 | 0.1993 | 24 | 18 | 17 | 16 | 0.0027 | 24 | 16 | 15 | 7 | 0.0095 |
| 24 | 21 | 21 | 21 | 0.0005 | 24 | 18 | 17 | 15 | 0.0381 | 24 | 16 | 14 | 14 | 0.0001 |
| 24 | 21 | 21 | 20 | 0.0316 | 24 | 18 | 17 | 11 | 0.1300 | 24 | 16 | 14 | 13 | 0.0023 |
| 24 | 21 | 20 | 20 | 0.0020 | 24 | 18 | 16 | 16 | 0.0002 | 24 | 16 | 14 | 12 | 0.0324 |
| 24 | 21 | 20 | 19 | 0.0613 | 24 | 18 | 16 | 15 | 0.0069 | 24 | 16 | 14 | 7 | 0.0791 |
| 24 | 21 | 19 | 19 | 0.0049 | 24 | 18 | 16 | 14 | 0.1288 | 24 | 16 | 14 | 6 | 0.0064 |
| 24 | 21 | 19 | 18 | 0.0948 | 24 | 18 | 16 | 10 | 0.0664 | 24 | 16 | 13 | 13 | 0.0002 |
| 24 | 21 | 18 | 18 | 0.0099 | 24 | 18 | 15 | 15 | 0.0006 | 24 | 16 | 13 | 12 | 0.0078 |
| 24 | 21 | 18 | 17 | 0.1433 | 24 | 18 | 15 | 14 | 0.0147 | 24 | 16 | 13 | 11 | 0.0825 |
| 24 | 21 | 17 | 17 | 0.0173 | 24 | 18 | 15 | 13 | 0.1501 | 24 | 16 | 13 | 6 | 0.0335 |
| 24 | 21 | 17 | 16 | 0.1937 | 24 | 18 | 15 | 9 | 0.0519 | 24 | 16 | 13 | 5 | 0.0020 |
| 24 | 21 | 16 | 16 | 0.0277 | 24 | 18 | 14 | 14 | 0.0016 | 24 | 16 | 12 | 12 | 0.0013 |
| 24 | 21 | 15 | 15 | 0.0415 | 24 | 18 | 14 | 13 | 0.0501 | 24 | 16 | 12 | 11 | 0.0272 |
| 24 | 21 | 14 | 14 | 0.0593 | 24 | 18 | 14 | 12 | 0.1921 | 24 | 16 | 12 | 10 | 0.1930 |
| 24 | 21 | 13 | 13 | 0.0815 | 24 | 18 | 14 | 8 | 0.0239 | 24 | 16 | 12 | 6 | 0.1930 |
| 24 | 20 | 20 | 20 | 0.0001 | 24 | 18 | 13 | 13 | 0.0034 | 24 | 16 | 12 | 5 | 0.0272 |
| 24 | 20 | 20 | 19 | 0.0076 | 24 | 18 | 13 | 12 | 0.0608 | 24 | 16 | 12 | 4 | 0.0013 |
| 24 | 20 | 20 | 18 | 0.1149 | 24 | 18 | 13 | 8 | 0.1660 | 24 | 15 | 15 | 15 | 0.0000 |
| 24 | 20 | 19 | 19 | 0.0005 | 24 | 18 | 13 | 7 | 0.0162 | 24 | 15 | 15 | 14 | 0.0001 |
| 24 | 20 | 19 | 18 | 0.0184 | 24 | 18 | 12 | 12 | 0.0137 | 24 | 15 | 15 | 13 | 0.0030 |
| 24 | 20 | 19 | 17 | 0.1793 | 24 | 18 | 12 | 11 | 0.1550 | 24 | 15 | 15 | 12 | 0.0361 |
| 24 | 20 | 18 | 18 | 0.0014 | 24 | 18 | 12 | 7 | 0.1550 | 24 | 15 | 15 | 7 | 0.0803 |

Tafel XV-3-1-3 (Fortsetz.)

| N | A | B | a | P | N | A | B | a | P | N | A | B | a | P |
|---|---|---|---|---|---|---|---|---|---|---|---|---|---|---|
| 24 | 15 | 15 | 6 | 0.0068 | 25 | 24 | 24 | 24 | 0.0400 | 25 | 20 | 16 | 15 | 0.0403 |
| 24 | 15 | 14 | 14 | 0.0000 | 25 | 24 | 22 | 22 | 0.1200 | 25 | 20 | 16 | 11 | 0.1225 |
| 24 | 15 | 14 | 13 | 0.0005 | 25 | 24 | 21 | 21 | 0.1600 | 25 | 20 | 15 | 15 | 0.0347 |
| 24 | 15 | 14 | 12 | 0.0104 | 25 | 24 | 20 | 20 | 0.2000 | 25 | 20 | 15 | 14 | 0.1206 |
| 24 | 15 | 14 | 11 | 0.0918 | 25 | 23 | 23 | 23 | 0.0033 | 25 | 20 | 15 | 10 | 0.0613 |
| 24 | 15 | 14 | 6 | 0.0333 | 25 | 23 | 23 | 22 | 0.1567 | 25 | 20 | 14 | 14 | 0.0087 |
| 24 | 15 | 14 | 5 | 0.0020 | 25 | 23 | 22 | 22 | 0.0100 | 25 | 20 | 14 | 13 | 0.1333 |
| 24 | 15 | 13 | 13 | 0.0000 | 25 | 23 | 21 | 21 | 0.0200 | 25 | 20 | 14 | 9 | 0.0464 |
| 24 | 15 | 13 | 12 | 0.0022 | 25 | 23 | 20 | 20 | 0.0333 | 25 | 20 | 13 | 13 | 0.0143 |
| 24 | 15 | 13 | 11 | 0.0327 | 25 | 23 | 19 | 19 | 0.0500 | 25 | 20 | 13 | 12 | 0.1602 |
| 24 | 15 | 13 | 6 | 0.1049 | 25 | 23 | 18 | 18 | 0.0700 | 25 | 20 | 13 | 8 | 0.0391 |
| 24 | 15 | 13 | 5 | 0.0131 | 25 | 23 | 17 | 17 | 0.0933 | 25 | 19 | 19 | 19 | 0.0000 |
| 24 | 15 | 13 | 4 | 0.0006 | 25 | 23 | 16 | 16 | 0.1200 | 25 | 19 | 19 | 18 | 0.0006 |
| 24 | 15 | 12 | 12 | 0.0003 | 25 | 23 | 15 | 15 | 0.1500 | 25 | 19 | 19 | 17 | 0.0151 |
| 24 | 15 | 12 | 11 | 0.0094 | 25 | 23 | 14 | 14 | 0.1833 | 25 | 19 | 19 | 16 | 0.1246 |
| 24 | 15 | 12 | 10 | 0.0894 | 25 | 22 | 22 | 22 | 0.0004 | 25 | 19 | 18 | 18 | 0.0000 |
| 24 | 15 | 12 | 5 | 0.0894 | 25 | 22 | 22 | 21 | 0.0291 | 25 | 19 | 18 | 17 | 0.0022 |
| 24 | 15 | 12 | 4 | 0.0094 | 25 | 22 | 21 | 21 | 0.0017 | 25 | 19 | 18 | 16 | 0.0324 |
| 24 | 15 | 12 | 3 | 0.0003 | 25 | 22 | 21 | 20 | 0.0565 | 25 | 19 | 18 | 12 | 0.1372 |
| 24 | 14 | 14 | 14 | 0.0000 | 25 | 22 | 20 | 20 | 0.0043 | 25 | 19 | 17 | 17 | 0.0002 |
| 24 | 14 | 14 | 13 | 0.0001 | 25 | 22 | 20 | 19 | 0.0913 | 25 | 19 | 17 | 16 | 0.0055 |
| 24 | 14 | 14 | 12 | 0.0027 | 25 | 22 | 19 | 19 | 0.0087 | 25 | 19 | 17 | 15 | 0.0593 |
| 24 | 14 | 14 | 11 | 0.0351 | 25 | 22 | 19 | 18 | 0.1326 | 25 | 19 | 17 | 11 | 0.1292 |
| 24 | 14 | 14 | 6 | 0.1341 | 25 | 22 | 18 | 18 | 0.0152 | 25 | 19 | 16 | 16 | 0.0005 |
| 24 | 14 | 14 | 5 | 0.0129 | 25 | 22 | 18 | 17 | 0.1796 | 25 | 19 | 16 | 15 | 0.0119 |
| 24 | 14 | 14 | 4 | 0.0006 | 25 | 22 | 17 | 17 | 0.0243 | 25 | 19 | 16 | 14 | 0.1425 |
| 24 | 14 | 13 | 13 | 0.0000 | 25 | 22 | 16 | 16 | 0.0365 | 25 | 19 | 16 | 10 | 0.0571 |
| 24 | 14 | 13 | 12 | 0.0005 | 25 | 22 | 15 | 15 | 0.0522 | 25 | 19 | 15 | 15 | 0.0012 |
| 24 | 14 | 13 | 11 | 0.0111 | 25 | 22 | 14 | 14 | 0.0717 | 25 | 19 | 15 | 14 | 0.0225 |
| 24 | 14 | 13 | 10 | 0.0953 | 25 | 22 | 13 | 13 | 0.0957 | 25 | 19 | 15 | 13 | 0.1753 |
| 24 | 14 | 13 | 5 | 0.0472 | 25 | 21 | 21 | 21 | 0.0001 | 25 | 19 | 15 | 9 | 0.0508 |
| 24 | 14 | 13 | 4 | 0.0045 | 25 | 21 | 21 | 20 | 0.0067 | 25 | 19 | 14 | 14 | 0.0026 |
| 24 | 14 | 13 | 3 | 0.0002 | 25 | 21 | 21 | 19 | 0.1063 | 25 | 19 | 14 | 13 | 0.0561 |
| 24 | 14 | 12 | 12 | 0.0001 | 25 | 21 | 20 | 20 | 0.0004 | 25 | 19 | 14 | 9 | 0.1804 |
| 24 | 14 | 12 | 11 | 0.0028 | 25 | 21 | 20 | 19 | 0.0162 | 25 | 19 | 14 | 8 | 0.0196 |
| 24 | 14 | 12 | 10 | 0.0361 | 25 | 21 | 20 | 18 | 0.1664 | 25 | 19 | 13 | 13 | 0.0052 |
| 24 | 14 | 12 | 4 | 0.0361 | 25 | 21 | 19 | 19 | 0.0012 | 25 | 19 | 13 | 12 | 0.0733 |
| 24 | 14 | 12 | 3 | 0.0028 | 25 | 21 | 19 | 18 | 0.0312 | 25 | 19 | 13 | 8 | 0.1602 |
| 24 | 14 | 12 | 2 | 0.0001 | 25 | 21 | 18 | 18 | 0.0028 | 25 | 19 | 13 | 7 | 0.0149 |
| 24 | 13 | 13 | 13 | 0.0000 | 25 | 21 | 18 | 17 | 0.0526 | 25 | 18 | 18 | 18 | 0.0000 |
| 24 | 13 | 13 | 12 | 0.0001 | 25 | 21 | 17 | 17 | 0.0055 | 25 | 18 | 18 | 17 | 0.0003 |
| 24 | 13 | 13 | 11 | 0.0031 | 25 | 21 | 17 | 16 | 0.0808 | 25 | 18 | 18 | 16 | 0.0069 |
| 24 | 13 | 13 | 10 | 0.0377 | 25 | 21 | 16 | 16 | 0.0100 | 25 | 18 | 18 | 15 | 0.0664 |
| 24 | 13 | 13 | 5 | 0.1228 | 25 | 21 | 16 | 15 | 0.1162 | 25 | 18 | 18 | 11 | 0.1326 |
| 24 | 13 | 13 | 4 | 0.0188 | 25 | 21 | 15 | 15 | 0.0166 | 25 | 18 | 17 | 17 | 0.0000 |
| 24 | 13 | 13 | 3 | 0.0013 | 25 | 21 | 15 | 11 | 0.1245 | 25 | 18 | 17 | 16 | 0.0010 |
| 24 | 13 | 13 | 2 | 0.0000 | 25 | 21 | 14 | 14 | 0.0261 | 25 | 18 | 17 | 15 | 0.0169 |
| 24 | 13 | 12 | 12 | 0.0000 | 25 | 21 | 14 | 10 | 0.1052 | 25 | 18 | 17 | 14 | 0.1563 |
| 24 | 13 | 12 | 11 | 0.0006 | 25 | 21 | 13 | 13 | 0.0391 | 25 | 18 | 17 | 10 | 0.0573 |
| 24 | 13 | 12 | 10 | 0.0123 | 25 | 21 | 13 | 9 | 0.0957 | 25 | 19 | 16 | 16 | 0.0001 |
| 24 | 13 | 12 | 9 | 0.0995 | 25 | 20 | 20 | 20 | 0.0006 | 25 | 18 | 16 | 15 | 0.0029 |
| 24 | 13 | 12 | 4 | 0.0995 | 25 | 20 | 20 | 19 | 0.0019 | 25 | 18 | 16 | 15 | 0.0029 |
| 24 | 13 | 12 | 3 | 0.0123 | 25 | 20 | 20 | 18 | 0.0377 | 25 | 18 | 16 | 14 | 0.0581 |
| 24 | 13 | 12 | 2 | 0.0006 | 25 | 20 | 19 | 19 | 0.0001 | 25 | 18 | 16 | 9 | 0.0267 |
| 24 | 13 | 12 | 1 | 0.0000 | 25 | 20 | 19 | 18 | 0.0055 | 25 | 18 | 15 | 15 | 0.0002 |
| 24 | 12 | 12 | 12 | 0.0000 | 25 | 20 | 19 | 17 | 0.0698 | 25 | 18 | 15 | 14 | 0.0068 |
| 24 | 12 | 12 | 11 | 0.0001 | 25 | 20 | 18 | 18 | 0.0004 | 25 | 18 | 15 | 13 | 0.0752 |
| 24 | 12 | 12 | 10 | 0.0033 | 25 | 20 | 18 | 17 | 0.0123 | 25 | 18 | 15 | 9 | 0.1794 |
| 24 | 12 | 12 | 9 | 0.0391 | 25 | 20 | 18 | 16 | 0.1130 | 25 | 18 | 15 | 8 | 0.0202 |
| 24 | 12 | 12 | 3 | 0.0391 | 25 | 20 | 17 | 17 | 0.0011 | 25 | 18 | 14 | 14 | 0.0007 |
| 24 | 12 | 12 | 2 | 0.0033 | 25 | 20 | 17 | 16 | 0.0235 | 25 | 18 | 14 | 13 | 0.0213 |
| 24 | 12 | 12 | 1 | 0.0001 | 25 | 20 | 17 | 12 | 0.1399 | 25 | 18 | 14 | 12 | 0.1775 |
| 24 | 12 | 12 | 0 | 0.0000 | 25 | 20 | 16 | 16 | 0.0024 | 25 | 18 | 14 | 8 | 0.0900 |

Tafel XV 3-1-3 (Fortsetz.)

| N | A | B | a | P | N | A | B | a | P | N | A | B | a | P |
|---|---|---|---|---|---|---|---|---|---|---|---|---|---|---|
| 25 | 18 | 14 | 7 | 0.0078 | 25 | 15 | 15 | 5 | 0.0010 | 30 | 26 | 26 | 24 | 0.0750 |
| 25 | 18 | 13 | 13 | 0.0016 | 25 | 15 | 14 | 14 | 0.0000 | 30 | 26 | 25 | 25 | 0.0002 |
| 25 | 18 | 13 | 12 | 0.0302 | 25 | 15 | 14 | 13 | 0.0002 | 30 | 26 | 25 | 24 | 0.0093 |
| 25 | 18 | 13 | 7 | 0.0730 | 25 | 15 | 14 | 12 | 0.0051 | 30 | 26 | 25 | 23 | 0.1198 |
| 25 | 18 | 13 | 6 | 0.0052 | 25 | 15 | 14 | 11 | 0.0486 | 30 | 26 | 24 | 24 | 0.0005 |
| 25 | 17 | 17 | 17 | 0.0000 | 25 | 15 | 14 | 6 | 0.0992 | 30 | 26 | 24 | 23 | 0.0181 |
| 25 | 17 | 17 | 16 | 0.0001 | 25 | 15 | 14 | 5 | 0.0119 | 30 | 26 | 24 | 22 | 0.1691 |
| 25 | 17 | 17 | 15 | 0.0036 | 25 | 15 | 14 | 4 | 0.0005 | 30 | 25 | 25 | 25 | 0.0000 |
| 25 | 17 | 17 | 14 | 0.0613 | 25 | 15 | 13 | 13 | 0.0000 | 30 | 25 | 25 | 24 | 0.0005 |
| 25 | 17 | 17 | 9 | 0.0261 | 25 | 15 | 13 | 12 | 0.0010 | 30 | 25 | 25 | 23 | 0.0219 |
| 25 | 17 | 16 | 16 | 0.0000 | 25 | 15 | 13 | 11 | 0.0154 | 30 | 25 | 25 | 22 | 0.1433 |
| 25 | 17 | 16 | 15 | 0.0005 | 25 | 15 | 13 | 10 | 0.1107 | 30 | 25 | 24 | 24 | 0.0000 |
| 25 | 17 | 16 | 14 | 0.0099 | 25 | 15 | 13 | 5 | 0.0414 | 30 | 25 | 24 | 23 | 0.0026 |
| 25 | 17 | 16 | 13 | 0.0870 | 25 | 15 | 13 | 4 | 0.0036 | 30 | 25 | 24 | 22 | 0.0413 |
| 25 | 17 | 16 | 9 | 0.1922 | 25 | 15 | 13 | 3 | 0.0001 | 30 | 24 | 24 | 24 | 0.0000 |
| 25 | 17 | 16 | 8 | 0.0218 | 25 | 14 | 14 | 14 | 0.0000 | 30 | 24 | 24 | 23 | 0.0002 |
| 25 | 17 | 15 | 15 | 0.0000 | 25 | 14 | 14 | 13 | 0.0000 | 35 | 34 | 34 | 34 | 0.0236 |
| 25 | 17 | 15 | 14 | 0.0017 | 25 | 14 | 14 | 12 | 0.0012 | 35 | 34 | 33 | 33 | 0.0571 |
| 25 | 17 | 15 | 13 | 0.0280 | 25 | 14 | 14 | 11 | 0.0172 | 35 | 34 | 32 | 32 | 0.0857 |
| 25 | 17 | 15 | 12 | 0.1936 | 25 | 14 | 14 | 10 | 0.1160 | 35 | 34 | 31 | 31 | 0.1143 |
| 25 | 17 | 15 | 8 | 0.0875 | 25 | 14 | 14 | 5 | 0.0419 | 35 | 34 | 30 | 30 | 0.1429 |
| 25 | 17 | 15 | 7 | 0.0077 | 25 | 14 | 14 | 4 | 0.0037 | 35 | 34 | 29 | 29 | 0.1714 |
| 25 | 17 | 14 | 14 | 0.0002 | 25 | 14 | 14 | 3 | 0.0001 | 35 | 34 | 28 | 28 | 0.2000 |
| 25 | 17 | 14 | 13 | 0.0072 | 25 | 14 | 13 | 13 | 0.0000 | 35 | 33 | 33 | 33 | 0.0017 |
| 25 | 17 | 14 | 12 | 0.0810 | 25 | 14 | 13 | 12 | 0.0002 | 35 | 33 | 33 | 32 | 0.1126 |
| 25 | 17 | 14 | 7 | 0.0421 | 25 | 14 | 13 | 11 | 0.0048 | 35 | 33 | 32 | 32 | 0.0050 |
| 25 | 17 | 14 | 6 | 0.0029 | 25 | 14 | 13 | 10 | 0.0472 | 35 | 33 | 32 | 31 | 0.1664 |
| 25 | 17 | 13 | 3 | 0.0005 | 25 | 14 | 13 | 5 | 0.1107 | 35 | 33 | 31 | 31 | 0.0101 |
| 25 | 17 | 13 | 12 | 0.0112 | 25 | 14 | 13 | 4 | 0.0154 | 35 | 33 | 30 | 30 | 0.0168 |
| 25 | 17 | 13 | 11 | 0.0968 | 25 | 14 | 13 | 3 | 0.0010 | 35 | 33 | 29 | 29 | 0.0252 |
| 25 | 17 | 13 | 6 | 0.0302 | 25 | 14 | 13 | 2 | 0.0000 | 35 | 33 | 28 | 28 | 0.0353 |
| 25 | 17 | 13 | 5 | 0.0016 | 25 | 13 | 13 | 13 | 0.0000 | 35 | 32 | 32 | 32 | 0.0002 |
| 25 | 16 | 16 | 16 | 0.0000 | 25 | 13 | 13 | 12 | 0.0000 | 35 | 32 | 32 | 31 | 0.0148 |
| 25 | 16 | 16 | 15 | 0.0001 | 25 | 13 | 13 | 11 | 0.0012 | 35 | 32 | 31 | 31 | 0.0006 |
| 25 | 16 | 16 | 14 | 0.0022 | 25 | 13 | 13 | 10 | 0.0169 | 35 | 32 | 31 | 30 | 0.0290 |
| 25 | 16 | 16 | 13 | 0.0308 | 25 | 13 | 13 | 9 | 0.1152 | 35 | 32 | 30 | 30 | 0.0015 |
| 25 | 16 | 16 | 12 | 0.1998 | 25 | 13 | 13 | 4 | 0.0472 | 35 | 32 | 30 | 29 | 0.0474 |
| 25 | 16 | 16 | 8 | 0.0875 | 25 | 13 | 13 | 3 | 0.0048 | 35 | 32 | 29 | 29 | 0.0031 |
| 25 | 16 | 16 | 7 | 0.0078 | 25 | 13 | 13 | 2 | 0.0002 | 35 | 32 | 29 | 28 | 0.0695 |
| 25 | 16 | 15 | 15 | 0.0000 | 25 | 13 | 13 | 1 | 0.0000 | 35 | 32 | 28 | 28 | 0.0053 |
| 25 | 16 | 15 | 14 | 0.0003 | 30 | 29 | 29 | 29 | 0.3333 | 35 | 32 | 28 | 27 | 0.0952 |
| 25 | 16 | 15 | 13 | 0.0090 | 30 | 29 | 28 | 28 | 0.6667 | 35 | 31 | 31 | 31 | 0.0000 |
| 25 | 16 | 15 | 12 | 0.0872 | 30 | 29 | 27 | 27 | 0.1000 | 35 | 31 | 31 | 30 | 0.0024 |
| 25 | 16 | 15 | 7 | 0.0405 | 30 | 29 | 26 | 26 | 0.1333 | 35 | 31 | 31 | 29 | 0.0557 |
| 25 | 16 | 15 | 6 | 0.0028 | 30 | 29 | 25 | 25 | 0.1667 | 35 | 31 | 30 | 30 | 0.0001 |
| 25 | 16 | 14 | 14 | 0.0000 | 30 | 29 | 24 | 24 | 0.2000 | 35 | 31 | 30 | 29 | 0.0058 |
| 25 | 16 | 14 | 13 | 0.0021 | 30 | 29 | 29 | 28 | 0.0023 | 35 | 31 | 30 | 28 | 0.0889 |
| 25 | 16 | 14 | 12 | 0.0168 | 30 | 28 | 27 | 27 | 0.0065 | 35 | 31 | 29 | 29 | 0.0003 |
| 25 | 16 | 14 | 11 | 0.1153 | 30 | 28 | 27 | 26 | 0.1931 | 35 | 31 | 29 | 28 | 0.0114 |
| 25 | 16 | 14 | 6 | 0.0330 | 30 | 28 | 26 | 26 | 0.0139 | 35 | 31 | 29 | 27 | 0.1277 |
| 25 | 16 | 14 | 5 | 0.0010 | 30 | 28 | 25 | 25 | 0.0230 | 35 | 31 | 28 | 28 | 0.0007 |
| 25 | 16 | 13 | 13 | 0.0001 | 30 | 28 | 24 | 24 | 0.0345 | 35 | 31 | 28 | 27 | 0.0194 |
| 25 | 16 | 13 | 12 | 0.0036 | 30 | 27 | 27 | 27 | 0.0002 | 35 | 31 | 28 | 26 | 0.1710 |
| 25 | 16 | 13 | 11 | 0.0414 | 30 | 27 | 27 | 26 | 0.0202 | 35 | 30 | 30 | 30 | 0.0000 |
| 25 | 16 | 13 | 6 | 0.0968 | 30 | 27 | 26 | 26 | 0.0010 | 35 | 30 | 30 | 29 | 0.0005 |
| 25 | 16 | 13 | 5 | 0.0112 | 30 | 27 | 26 | 25 | 0.0394 | 35 | 30 | 30 | 28 | 0.0139 |
| 25 | 16 | 13 | 4 | 0.0005 | 30 | 27 | 25 | 25 | 0.0025 | 35 | 30 | 30 | 27 | 0.1389 |
| 25 | 15 | 15 | 15 | 0.0000 | 30 | 27 | 25 | 24 | 0.0640 | 35 | 30 | 29 | 29 | 0.0000 |
| 25 | 15 | 15 | 14 | 0.0000 | 30 | 27 | 24 | 24 | 0.0345 | 35 | 30 | 29 | 28 | 0.0014 |
| 25 | 15 | 15 | 13 | 0.0024 | 30 | 27 | 24 | 23 | 0.0936 | 35 | 30 | 29 | 27 | 0.0264 |
| 25 | 15 | 15 | 12 | 0.0344 | 30 | 26 | 26 | 26 | 0.0000 | 35 | 30 | 29 | 26 | 0.1952 |
| 25 | 15 | 15 | 11 | 0.1221 | 30 | 26 | 26 | 25 | 0.0039 | 35 | 30 | 28 | 28 | 0.0001 |
| 25 | 15 | 15 | 6 | 0.0177 | 30 | 26 | 26 | 24 | 0.0750 | 35 | 30 | 28 | 27 | 0.0031 |

Tafel XV-3-1-3 (Fortsetz.)

| N | A | B | a | P | N | A | B | a | P | N | A | B | a | P |
|---|---|---|---|---|---|---|---|---|---|---|---|---|---|---|
| 35 | 30 | 28 | 26 | 0.0438 | 40 | 35 | 34 | 33 | 0.0008 | 45 | 42 | 40 | 39 | 0.0289 |
| 35 | 29 | 29 | 29 | 0.0000 | 40 | 35 | 34 | 32 | 0.0178 | 45 | 42 | 39 | 39 | 0.0014 |
| 35 | 29 | 29 | 28 | 0.0001 | 40 | 35 | 34 | 31 | 0.1542 | 45 | 42 | 39 | 38 | 0.0426 |
| 35 | 29 | 29 | 27 | 0.0039 | 40 | 35 | 33 | 33 | 0.0000 | 45 | 42 | 38 | 38 | 0.0025 |
| 35 | 29 | 29 | 26 | 0.0489 | 40 | 35 | 33 | 32 | 0.0018 | 45 | 42 | 38 | 37 | 0.0587 |
| 35 | 29 | 28 | 28 | 0.0000 | 40 | 35 | 33 | 31 | 0.0299 | 45 | 42 | 37 | 37 | 0.0039 |
| 35 | 29 | 28 | 27 | 0.0004 | 40 | 35 | 32 | 32 | 0.0001 | 45 | 42 | 37 | 36 | 0.0770 |
| 35 | 29 | 28 | 26 | 0.0085 | 40 | 35 | 32 | 31 | 0.0035 | 45 | 42 | 36 | 36 | 0.0059 |
| 35 | 29 | 28 | 25 | 0.0792 | 40 | 35 | 32 | 30 | 0.0457 | 45 | 42 | 36 | 35 | 0.0973 |
| 35 | 28 | 28 | 28 | 0.0000 | 40 | 34 | 34 | 34 | 0.0000 | 45 | 41 | 41 | 41 | 0.0000 |
| 35 | 28 | 28 | 27 | 0.0000 | 40 | 34 | 34 | 33 | 0.0001 | 45 | 41 | 41 | 40 | 0.0011 |
| 35 | 28 | 28 | 26 | 0.0012 | 40 | 34 | 34 | 32 | 0.0022 | 45 | 41 | 41 | 39 | 0.0341 |
| 35 | 28 | 28 | 25 | 0.0183 | 40 | 34 | 34 | 31 | 0.0334 | 45 | 41 | 40 | 40 | 0.0000 |
| 35 | 28 | 28 | 24 | 0.1248 | 40 | 34 | 33 | 33 | 0.0000 | 45 | 41 | 40 | 39 | 0.0027 |
| 40 | 39 | 39 | 39 | 0.0250 | 40 | 34 | 33 | 32 | 0.0002 | 45 | 41 | 40 | 38 | 0.0551 |
| 40 | 39 | 38 | 38 | 0.0500 | 40 | 34 | 33 | 31 | 0.0050 | 45 | 41 | 39 | 39 | 0.0001 |
| 40 | 39 | 37 | 37 | 0.0750 | 40 | 34 | 33 | 30 | 0.0547 | 45 | 41 | 39 | 38 | 0.0053 |
| 40 | 39 | 36 | 36 | 0.1000 | 40 | 34 | 32 | 32 | 0.0000 | 45 | 41 | 39 | 37 | 0.0799 |
| 40 | 39 | 35 | 35 | 0.1250 | 40 | 34 | 32 | 31 | 0.0005 | 45 | 41 | 38 | 38 | 0.0002 |
| 40 | 39 | 34 | 34 | 0.1500 | 40 | 34 | 32 | 30 | 0.0095 | 45 | 41 | 38 | 37 | 0.0092 |
| 40 | 39 | 33 | 33 | 0.1750 | 40 | 34 | 32 | 29 | 0.0819 | 45 | 41 | 38 | 36 | 0.1082 |
| 40 | 39 | 32 | 32 | 0.2000 | 40 | 33 | 33 | 33 | 0.0000 | 45 | 41 | 37 | 37 | 0.0005 |
| 40 | 38 | 38 | 38 | 0.0013 | 40 | 33 | 33 | 32 | 0.0000 | 45 | 41 | 37 | 36 | 0.0144 |
| 40 | 38 | 38 | 37 | 0.0987 | 40 | 33 | 33 | 31 | 0.0006 | 45 | 41 | 37 | 35 | 0.1395 |
| 40 | 38 | 37 | 37 | 0.0038 | 40 | 33 | 33 | 30 | 0.0108 | 45 | 41 | 36 | 36 | 0.0008 |
| 40 | 38 | 37 | 36 | 0.1462 | 40 | 33 | 33 | 29 | 0.0877 | 45 | 41 | 36 | 35 | 0.0211 |
| 40 | 38 | 36 | 36 | 0.0077 | 40 | 33 | 32 | 32 | 0.0000 | 45 | 41 | 36 | 34 | 0.1734 |
| 40 | 38 | 36 | 35 | 0.1923 | 40 | 33 | 32 | 31 | 0.0000 | 45 | 40 | 40 | 40 | 0.0000 |
| 40 | 38 | 35 | 35 | 0.0128 | 40 | 33 | 32 | 30 | 0.0015 | 45 | 40 | 40 | 39 | 0.0002 |
| 40 | 38 | 34 | 34 | 0.0192 | 40 | 33 | 32 | 29 | 0.0202 | 45 | 40 | 40 | 38 | 0.0065 |
| 40 | 38 | 33 | 33 | 0.0269 | 40 | 33 | 32 | 28 | 0.1282 | 45 | 40 | 40 | 37 | 0.0874 |
| 40 | 38 | 32 | 32 | 0.0359 | 40 | 32 | 32 | 32 | 0.0000 | 45 | 40 | 39 | 39 | 0.0000 |
| 40 | 37 | 37 | 37 | 0.0001 | 40 | 32 | 32 | 31 | 0.0000 | 45 | 40 | 39 | 38 | 0.0005 |
| 40 | 37 | 37 | 36 | 0.0113 | 40 | 32 | 32 | 30 | 0.0002 | 45 | 40 | 39 | 37 | 0.0126 |
| 40 | 37 | 36 | 36 | 0.0004 | 40 | 32 | 32 | 29 | 0.0038 | 45 | 40 | 38 | 38 | 0.0000 |
| 40 | 37 | 36 | 35 | 0.0223 | 40 | 32 | 32 | 28 | 0.0365 | 45 | 40 | 38 | 37 | 0.0011 |
| 40 | 37 | 35 | 35 | 0.0010 | 40 | 32 | 32 | 24 | 0.1733 | 45 | 40 | 38 | 36 | 0.0212 |
| 40 | 37 | 35 | 34 | 0.0364 | 45 | 44 | 44 | 44 | 0.0222 | 45 | 40 | 38 | 35 | 0.1662 |
| 40 | 37 | 34 | 34 | 0.0020 | 45 | 44 | 43 | 43 | 0.0444 | 45 | 40 | 37 | 37 | 0.0000 |
| 40 | 37 | 34 | 33 | 0.0536 | 45 | 44 | 42 | 42 | 0.0667 | 45 | 40 | 37 | 36 | 0.0022 |
| 40 | 37 | 33 | 33 | 0.0035 | 45 | 44 | 41 | 41 | 0.0889 | 45 | 40 | 37 | 35 | 0.0327 |
| 40 | 37 | 33 | 32 | 0.0737 | 45 | 44 | 40 | 40 | 0.1111 | 45 | 40 | 36 | 36 | 0.0001 |
| 40 | 37 | 32 | 32 | 0.0057 | 45 | 44 | 39 | 39 | 0.1333 | 45 | 40 | 36 | 35 | 0.0038 |
| 40 | 37 | 32 | 31 | 0.0964 | 45 | 44 | 38 | 38 | 0.1556 | 45 | 40 | 36 | 34 | 0.0471 |
| 40 | 36 | 36 | 36 | 0.0000 | 45 | 44 | 37 | 37 | 0.1778 | 45 | 39 | 39 | 39 | 0.0000 |
| 40 | 36 | 36 | 35 | 0.0016 | 45 | 44 | 36 | 36 | 0.2000 | 45 | 39 | 39 | 38 | 0.0000 |
| 40 | 36 | 36 | 34 | 0.0429 | 45 | 43 | 43 | 43 | 0.0010 | 45 | 39 | 39 | 37 | 0.0014 |
| 40 | 36 | 35 | 35 | 0.0001 | 45 | 43 | 43 | 42 | 0.0379 | 45 | 39 | 39 | 36 | 0.0238 |
| 40 | 36 | 35 | 34 | 0.0039 | 45 | 43 | 42 | 42 | 0.0030 | 45 | 39 | 39 | 35 | 0.1753 |
| 40 | 36 | 35 | 33 | 0.0690 | 45 | 43 | 42 | 41 | 0.1333 | 45 | 39 | 38 | 38 | 0.0000 |
| 40 | 36 | 34 | 34 | 0.0002 | 45 | 43 | 41 | 41 | 0.0061 | 45 | 39 | 38 | 37 | 0.0001 |
| 40 | 36 | 34 | 33 | 0.0076 | 45 | 43 | 41 | 40 | 0.1717 | 45 | 39 | 38 | 36 | 0.0031 |
| 40 | 36 | 34 | 32 | 0.0997 | 45 | 43 | 40 | 40 | 0.0101 | 45 | 39 | 38 | 35 | 0.0394 |
| 40 | 36 | 33 | 33 | 0.0004 | 45 | 43 | 39 | 39 | 0.0152 | 45 | 39 | 37 | 37 | 0.0000 |
| 40 | 36 | 33 | 32 | 0.0130 | 45 | 43 | 39 | 38 | 0.0212 | 45 | 39 | 37 | 36 | 0.0003 |
| 40 | 36 | 33 | 31 | 0.1343 | 45 | 43 | 37 | 37 | 0.0283 | 45 | 39 | 37 | 35 | 0.0060 |
| 40 | 36 | 32 | 31 | 0.0204 | 45 | 43 | 36 | 36 | 0.0364 | 45 | 39 | 37 | 34 | 0.0594 |
| 40 | 36 | 32 | 30 | 0.1723 | 45 | 42 | 42 | 42 | 0.0001 | 45 | 39 | 36 | 36 | 0.0000 |
| 40 | 35 | 35 | 35 | 0.0000 | 45 | 42 | 42 | 41 | 0.0089 | 45 | 39 | 36 | 35 | 0.0006 |
| 40 | 35 | 35 | 34 | 0.0003 | 45 | 42 | 42 | 40 | 0.1010 | 45 | 39 | 36 | 34 | 0.0103 |
| 40 | 35 | 35 | 33 | 0.0093 | 45 | 42 | 41 | 41 | 0.0003 | 45 | 39 | 36 | 33 | 0.0839 |
| 40 | 35 | 35 | 32 | 0.1088 | 45 | 42 | 41 | 40 | 0.0176 | 45 | 38 | 38 | 38 | 0.0000 |
| 40 | 35 | 34 | 34 | 0.0000 | 45 | 42 | 40 | 40 | 0.0007 | 45 | 38 | 38 | 37 | 0.0000 |

Tafel XV-3-1-3 (Fortsetz.) 453

| N | A | B | a | P | N | A | B | a | P | N | A | B | a | P |
|---|---|---|---|---|---|---|---|---|---|---|---|---|---|---|
| 45 | 38 | 38 | 36 | 0.0003 | 50 | 47 | 44 | 44 | 0.0010 | 50 | 44 | 42 | 42 | 0.0000 |
| 45 | 38 | 38 | 36 | 0.0003 | 50 | 47 | 44 | 43 | 0.0347 | 50 | 44 | 42 | 41 | 0.0001 |
| 45 | 38 | 38 | 35 | 0.0068 | 50 | 47 | 43 | 43 | 0.0018 | 50 | 44 | 42 | 40 | 0.0039 |
| 45 | 38 | 38 | 34 | 0.0638 | 50 | 47 | 43 | 42 | 0.0479 | 50 | 44 | 42 | 39 | 0.0344 |
| 45 | 38 | 37 | 37 | 0.0000 | 50 | 47 | 42 | 42 | 0.0023 | 50 | 44 | 41 | 41 | 0.0000 |
| 45 | 38 | 37 | 36 | 0.0000 | 50 | 47 | 42 | 41 | 0.0629 | 50 | 44 | 41 | 40 | 0.0003 |
| 45 | 38 | 37 | 35 | 0.0008 | 50 | 47 | 41 | 41 | 0.0043 | 50 | 44 | 41 | 39 | 0.0068 |
| 45 | 38 | 37 | 34 | 0.0128 | 50 | 47 | 41 | 40 | 0.0796 | 50 | 44 | 41 | 38 | 0.0632 |
| 45 | 38 | 37 | 33 | 0.0943 | 50 | 47 | 40 | 40 | 0.0061 | 50 | 44 | 40 | 40 | 0.0000 |
| 45 | 38 | 36 | 36 | 0.0000 | 50 | 47 | 40 | 39 | 0.0980 | 50 | 44 | 40 | 39 | 0.0006 |
| 45 | 38 | 36 | 35 | 0.0001 | 50 | 46 | 46 | 46 | 0.0000 | 50 | 44 | 40 | 38 | 0.0110 |
| 45 | 38 | 36 | 34 | 0.0018 | 50 | 46 | 46 | 45 | 0.0008 | 50 | 44 | 40 | 37 | 0.0856 |
| 45 | 38 | 36 | 33 | 0.0216 | 50 | 46 | 46 | 44 | 0.0278 | 50 | 43 | 43 | 43 | 0.0000 |
| 45 | 38 | 36 | 32 | 0.1307 | 50 | 46 | 45 | 45 | 0.0000 | 50 | 43 | 43 | 42 | 0.0000 |
| 45 | 37 | 37 | 37 | 0.0000 | 50 | 46 | 45 | 44 | 0.0029 | 50 | 43 | 43 | 41 | 0.0002 |
| 45 | 37 | 37 | 36 | 0.0000 | 50 | 46 | 45 | 43 | 0.0453 | 50 | 43 | 43 | 40 | 0.0045 |
| 45 | 37 | 37 | 35 | 0.0001 | 50 | 46 | 44 | 44 | 0.0001 | 50 | 43 | 43 | 39 | 0.0478 |
| 45 | 37 | 37 | 34 | 0.0021 | 50 | 46 | 44 | 43 | 0.0039 | 50 | 43 | 42 | 42 | 0.0000 |
| 45 | 37 | 37 | 33 | 0.0236 | 50 | 46 | 44 | 42 | 0.0655 | 50 | 43 | 42 | 41 | 0.0000 |
| 45 | 37 | 37 | 32 | 0.1368 | 50 | 46 | 43 | 43 | 0.0002 | 50 | 43 | 42 | 40 | 0.0005 |
| 45 | 37 | 36 | 36 | 0.0000 | 50 | 46 | 43 | 42 | 0.0067 | 50 | 43 | 42 | 39 | 0.0065 |
| 45 | 37 | 36 | 35 | 0.0000 | 50 | 46 | 43 | 41 | 0.0893 | 50 | 43 | 42 | 38 | 0.0713 |
| 45 | 37 | 36 | 34 | 0.0003 | 50 | 46 | 42 | 42 | 0.0003 | 50 | 43 | 41 | 41 | 0.0000 |
| 45 | 37 | 36 | 33 | 0.0044 | 50 | 46 | 42 | 41 | 0.0125 | 50 | 43 | 41 | 40 | 0.0000 |
| 45 | 37 | 36 | 32 | 0.0389 | 50 | 46 | 42 | 40 | 0.1152 | 50 | 43 | 41 | 39 | 0.0011 |
| 45 | 37 | 36 | 28 | 0.1792 | 50 | 46 | 41 | 41 | 0.0005 | 50 | 43 | 41 | 38 | 0.0145 |
| 45 | 36 | 36 | 36 | 0.0000 | 50 | 46 | 41 | 40 | 0.0155 | 50 | 43 | 41 | 37 | 0.0997 |
| 45 | 36 | 36 | 35 | 0.0000 | 50 | 46 | 41 | 39 | 0.1437 | 50 | 43 | 40 | 40 | 0.0000 |
| 45 | 36 | 36 | 34 | 0.0000 | 50 | 46 | 40 | 40 | 0.0009 | 50 | 43 | 40 | 39 | 0.0001 |
| 45 | 36 | 36 | 33 | 0.0007 | 50 | 46 | 40 | 39 | 0.0218 | 50 | 43 | 40 | 38 | 0.0021 |
| 45 | 36 | 36 | 32 | 0.0091 | 50 | 46 | 40 | 38 | 0.1742 | 50 | 43 | 40 | 37 | 0.0228 |
| 45 | 36 | 36 | 31 | 0.0627 | 50 | 45 | 45 | 45 | 0.0000 | 50 | 43 | 40 | 36 | 0.1326 |
| 45 | 36 | 36 | 27 | 0.1689 | 50 | 45 | 45 | 44 | 0.0001 | 50 | 42 | 42 | 42 | 0.0000 |
| 50 | 49 | 49 | 49 | 0.0200 | 50 | 45 | 45 | 43 | 0.0048 | 50 | 42 | 42 | 41 | 0.0000 |
| 50 | 49 | 48 | 48 | 0.0400 | 50 | 45 | 45 | 42 | 0.0718 | 50 | 42 | 42 | 40 | 0.0000 |
| 50 | 49 | 47 | 47 | 0.0600 | 50 | 45 | 44 | 44 | 0.0000 | 50 | 42 | 42 | 39 | 0.0012 |
| 50 | 49 | 46 | 46 | 0.0800 | 50 | 45 | 44 | 43 | 0.0003 | 50 | 42 | 42 | 38 | 0.0158 |
| 50 | 49 | 45 | 45 | 0.1000 | 50 | 45 | 44 | 42 | 0.0092 | 50 | 42 | 42 | 37 | 0.1046 |
| 50 | 49 | 44 | 44 | 0.1200 | 50 | 45 | 44 | 41 | 0.1030 | 50 | 42 | 41 | 41 | 0.0000 |
| 50 | 49 | 43 | 43 | 0.1400 | 50 | 45 | 43 | 43 | 0.0000 | 50 | 42 | 41 | 40 | 0.0000 |
| 50 | 49 | 42 | 42 | 0.1600 | 50 | 45 | 43 | 42 | 0.0007 | 50 | 42 | 41 | 39 | 0.0001 |
| 50 | 49 | 41 | 41 | 0.1800 | 50 | 45 | 43 | 41 | 0.0156 | 50 | 42 | 41 | 38 | 0.0026 |
| 50 | 49 | 40 | 40 | 0.2000 | 50 | 45 | 43 | 40 | 0.1380 | 50 | 42 | 41 | 37 | 0.0264 |
| 50 | 48 | 48 | 48 | 0.0008 | 50 | 45 | 42 | 42 | 0.0000 | 50 | 42 | 41 | 36 | 0.1436 |
| 50 | 48 | 48 | 47 | 0.0792 | 50 | 45 | 42 | 41 | 0.0014 | 50 | 42 | 40 | 40 | 0.0000 |
| 50 | 48 | 47 | 47 | 0.0024 | 50 | 45 | 42 | 40 | 0.0242 | 50 | 42 | 40 | 39 | 0.0000 |
| 50 | 48 | 47 | 46 | 0.1176 | 50 | 45 | 42 | 39 | 0.1759 | 50 | 42 | 40 | 38 | 0.0003 |
| 50 | 48 | 46 | 46 | 0.0049 | 50 | 45 | 41 | 41 | 0.0001 | 50 | 42 | 40 | 37 | 0.0050 |
| 50 | 48 | 46 | 45 | 0.1551 | 50 | 45 | 41 | 40 | 0.0025 | 50 | 42 | 40 | 36 | 0.0407 |
| 50 | 48 | 45 | 45 | 0.0082 | 50 | 45 | 41 | 39 | 0.0350 | 50 | 42 | 40 | 32 | 0.1819 |
| 50 | 48 | 45 | 44 | 0.1918 | 50 | 45 | 40 | 40 | 0.0001 | 50 | 41 | 41 | 41 | 0.0000 |
| 50 | 48 | 44 | 44 | 0.0122 | 50 | 45 | 40 | 39 | 0.0041 | 50 | 41 | 41 | 40 | 0.0000 |
| 50 | 48 | 43 | 43 | 0.0171 | 50 | 45 | 40 | 38 | 0.0483 | 50 | 41 | 41 | 39 | 0.0000 |
| 50 | 48 | 42 | 42 | 0.0229 | 50 | 44 | 44 | 44 | 0.0000 | 50 | 41 | 41 | 38 | 0.0004 |
| 50 | 48 | 41 | 41 | 0.0294 | 50 | 44 | 44 | 43 | 0.0000 | 50 | 41 | 41 | 37 | 0.0055 |
| 50 | 48 | 40 | 40 | 0.0367 | 50 | 44 | 44 | 42 | 0.0009 | 50 | 41 | 41 | 36 | 0.0431 |
| 50 | 47 | 47 | 47 | 0.0001 | 50 | 44 | 44 | 41 | 0.0176 | 50 | 41 | 41 | 32 | 0.1833 |
| 50 | 47 | 47 | 46 | 0.0072 | 50 | 44 | 44 | 40 | 0.1457 | 50 | 41 | 40 | 40 | 0.0000 |
| 50 | 47 | 47 | 45 | 0.1727 | 50 | 44 | 43 | 43 | 0.0000 | 50 | 41 | 40 | 39 | 0.0000 |
| 50 | 47 | 46 | 46 | 0.0002 | 50 | 44 | 43 | 42 | 0.0001 | 50 | 41 | 40 | 38 | 0.0000 |
| 50 | 47 | 46 | 45 | 0.0143 | 50 | 44 | 43 | 41 | 0.0022 | 50 | 41 | 40 | 37 | 0.0009 |
| 50 | 47 | 45 | 45 | 0.0005 | 50 | 44 | 43 | 40 | 0.0292 | 50 | 41 | 40 | 36 | 0.0101 |
| 50 | 47 | 45 | 44 | 0.0235 | 50 | 44 | 43 | 39 | 0.1923 | 50 | 41 | 40 | 35 | 0.0652 |

Tafel XV-3-1-3 (Fortsetz.)

| N | A | B | a | P | N | A | B | a | P | N | A | B | a | P |
|---|---|---|---|---|---|---|---|---|---|---|---|---|---|---|
| 50 | 41 | 40 | 31 | 0.1743 | 55 | 51 | 48 | 47 | 0.0050 | 55 | 49 | 44 | 42 | 0.0115 |
| 50 | 40 | 40 | 40 | 0.0000 | 55 | 51 | 48 | 46 | 0.0745 | 55 | 49 | 44 | 41 | 0.0869 |
| 50 | 40 | 40 | 39 | 0.0000 | 55 | 51 | 47 | 47 | 0.0002 | 55 | 48 | 48 | 48 | 0.0000 |
| 50 | 40 | 40 | 38 | 0.0002 | 55 | 51 | 47 | 46 | 0.0079 | 55 | 48 | 48 | 47 | 0.0000 |
| 50 | 40 | 40 | 37 | 0.0001 | 55 | 51 | 47 | 45 | 0.0967 | 55 | 48 | 48 | 46 | 0.0001 |
| 50 | 40 | 40 | 36 | 0.0020 | 55 | 51 | 46 | 46 | 0.0004 | 55 | 48 | 48 | 45 | 0.0031 |
| 50 | 40 | 40 | 35 | 0.0181 | 55 | 51 | 46 | 45 | 0.0117 | 55 | 48 | 48 | 44 | 0.0367 |
| 50 | 40 | 40 | 34 | 0.0966 | 55 | 51 | 46 | 44 | 0.1209 | 55 | 48 | 47 | 47 | 0.0000 |
| 50 | 40 | 40 | 33 | 0.1791 | 55 | 51 | 45 | 45 | 0.0006 | 55 | 48 | 47 | 46 | 0.0000 |
| 55 | 54 | 54 | 54 | 0.1182 | 55 | 51 | 45 | 44 | 0.0164 | 55 | 48 | 47 | 45 | 0.0003 |
| 55 | 54 | 53 | 53 | 0.0364 | 55 | 51 | 45 | 43 | 0.1471 | 55 | 48 | 47 | 44 | 0.0059 |
| 55 | 54 | 52 | 52 | 0.0545 | 55 | 51 | 44 | 44 | 0.0013 | 55 | 48 | 47 | 43 | 0.0551 |
| 55 | 54 | 51 | 51 | 0.0727 | 55 | 51 | 44 | 43 | 0.0223 | 55 | 48 | 46 | 46 | 0.0000 |
| 55 | 54 | 50 | 50 | 0.0909 | 55 | 51 | 44 | 42 | 0.1749 | 55 | 48 | 46 | 45 | 0.0000 |
| 55 | 54 | 49 | 49 | 0.1091 | 55 | 50 | 50 | 50 | 0.0000 | 55 | 48 | 46 | 44 | 0.0007 |
| 55 | 54 | 48 | 48 | 0.1273 | 55 | 50 | 50 | 49 | 0.0001 | 55 | 48 | 46 | 43 | 0.0101 |
| 55 | 54 | 47 | 47 | 0.1455 | 55 | 50 | 50 | 48 | 0.0036 | 55 | 48 | 46 | 42 | 0.0776 |
| 55 | 54 | 46 | 46 | 0.1636 | 55 | 50 | 50 | 47 | 0.0599 | 55 | 48 | 45 | 45 | 0.0000 |
| 55 | 54 | 45 | 45 | 0.1818 | 55 | 50 | 49 | 49 | 0.0000 | 55 | 48 | 45 | 44 | 0.0000 |
| 55 | 54 | 44 | 44 | 0.2000 | 55 | 50 | 49 | 48 | 0.0002 | 55 | 48 | 45 | 43 | 0.0013 |
| 55 | 53 | 53 | 53 | 0.0007 | 55 | 50 | 49 | 47 | 0.0070 | 55 | 48 | 45 | 42 | 0.0160 |
| 55 | 53 | 53 | 52 | 0.0721 | 55 | 50 | 49 | 46 | 0.0864 | 55 | 48 | 45 | 41 | 0.1041 |
| 55 | 53 | 52 | 52 | 0.0020 | 55 | 50 | 48 | 48 | 0.0000 | 55 | 48 | 44 | 44 | 0.0000 |
| 55 | 53 | 52 | 51 | 0.1071 | 55 | 50 | 48 | 47 | 0.0005 | 55 | 48 | 44 | 43 | 0.0001 |
| 55 | 53 | 51 | 51 | 0.0040 | 55 | 50 | 48 | 46 | 0.0118 | 55 | 48 | 44 | 42 | 0.0023 |
| 55 | 53 | 51 | 50 | 0.1414 | 55 | 50 | 48 | 45 | 0.1162 | 55 | 48 | 44 | 41 | 0.0239 |
| 55 | 53 | 50 | 50 | 0.0067 | 55 | 50 | 47 | 47 | 0.0000 | 55 | 48 | 44 | 40 | 0.1342 |
| 55 | 53 | 50 | 49 | 0.1751 | 55 | 50 | 47 | 46 | 0.0010 | 55 | 47 | 47 | 47 | 0.0000 |
| 55 | 53 | 49 | 49 | 0.0101 | 55 | 50 | 47 | 45 | 0.0184 | 55 | 47 | 47 | 46 | 0.0000 |
| 55 | 53 | 48 | 48 | 0.0141 | 55 | 50 | 47 | 44 | 0.1489 | 55 | 47 | 47 | 45 | 0.0000 |
| 55 | 53 | 47 | 47 | 0.0189 | 55 | 50 | 46 | 46 | 0.0000 | 55 | 47 | 47 | 44 | 0.0008 |
| 55 | 53 | 46 | 46 | 0.0242 | 55 | 50 | 46 | 45 | 0.0017 | 55 | 47 | 47 | 43 | 0.0110 |
| 55 | 53 | 45 | 45 | 0.0303 | 55 | 50 | 46 | 44 | 0.0267 | 55 | 47 | 47 | 42 | 0.0816 |
| 55 | 53 | 44 | 44 | 0.0370 | 55 | 50 | 46 | 43 | 0.1838 | 55 | 47 | 46 | 46 | 0.0003 |
| 55 | 52 | 52 | 52 | 0.0000 | 55 | 50 | 45 | 45 | 0.0001 | 55 | 47 | 46 | 45 | 0.0000 |
| 55 | 52 | 52 | 51 | 0.0060 | 55 | 50 | 45 | 44 | 0.0028 | 55 | 47 | 46 | 44 | 0.0001 |
| 55 | 52 | 52 | 50 | 0.1576 | 55 | 50 | 45 | 43 | 0.0369 | 55 | 47 | 46 | 43 | 0.0016 |
| 55 | 52 | 51 | 51 | 0.0002 | 55 | 50 | 44 | 44 | 0.0001 | 55 | 47 | 46 | 42 | 0.0185 |
| 55 | 52 | 51 | 50 | 0.0118 | 55 | 50 | 44 | 43 | 0.0043 | 55 | 47 | 46 | 41 | 0.1131 |
| 55 | 52 | 50 | 50 | 0.0004 | 55 | 50 | 44 | 42 | 0.0492 | 55 | 47 | 45 | 45 | 0.0000 |
| 55 | 52 | 50 | 49 | 0.0194 | 55 | 49 | 49 | 49 | 0.0000 | 55 | 47 | 45 | 44 | 0.0000 |
| 55 | 52 | 49 | 49 | 0.0008 | 55 | 49 | 49 | 48 | 0.0000 | 55 | 47 | 45 | 43 | 0.0002 |
| 55 | 52 | 49 | 48 | 0.0288 | 55 | 49 | 49 | 47 | 0.0006 | 55 | 47 | 45 | 42 | 0.0031 |
| 55 | 52 | 48 | 48 | 0.0013 | 55 | 49 | 49 | 46 | 0.0133 | 55 | 47 | 45 | 41 | 0.0288 |
| 55 | 52 | 48 | 47 | 0.0398 | 55 | 49 | 49 | 45 | 0.1230 | 55 | 47 | 45 | 40 | 0.1492 |
| 55 | 52 | 47 | 47 | 0.0021 | 55 | 49 | 48 | 48 | 0.0000 | 55 | 47 | 44 | 44 | 0.0000 |
| 55 | 52 | 47 | 46 | 0.0523 | 55 | 49 | 48 | 47 | 0.0000 | 55 | 47 | 44 | 43 | 0.0000 |
| 55 | 52 | 46 | 46 | 0.0032 | 55 | 49 | 48 | 46 | 0.0014 | 55 | 47 | 44 | 42 | 0.0004 |
| 55 | 52 | 46 | 45 | 0.0663 | 55 | 49 | 48 | 45 | 0.0223 | 55 | 47 | 44 | 41 | 0.0054 |
| 55 | 52 | 45 | 45 | 0.0046 | 55 | 49 | 48 | 44 | 0.1632 | 55 | 47 | 44 | 40 | 0.0422 |
| 55 | 52 | 45 | 44 | 0.0818 | 55 | 49 | 47 | 47 | 0.0000 | 55 | 47 | 44 | 36 | 0.1878 |
| 55 | 52 | 44 | 44 | 0.0063 | 55 | 49 | 47 | 46 | 0.0001 | 55 | 46 | 46 | 46 | 0.0000 |
| 55 | 52 | 44 | 43 | 0.0985 | 55 | 49 | 47 | 45 | 0.0340 | 55 | 46 | 46 | 45 | 0.0000 |
| 55 | 51 | 51 | 51 | 0.0000 | 55 | 49 | 46 | 46 | 0.0000 | 55 | 46 | 46 | 44 | 0.0000 |
| 55 | 51 | 51 | 50 | 0.0006 | 55 | 49 | 46 | 45 | 0.0002 | 55 | 46 | 46 | 43 | 0.0002 |
| 55 | 51 | 51 | 49 | 0.0230 | 55 | 49 | 46 | 44 | 0.0047 | 55 | 46 | 46 | 42 | 0.0034 |
| 55 | 51 | 50 | 50 | 0.0000 | 55 | 49 | 46 | 43 | 0.0487 | 55 | 46 | 46 | 41 | 0.0306 |
| 55 | 51 | 50 | 49 | 0.0015 | 55 | 49 | 45 | 45 | 0.0000 | 55 | 46 | 46 | 40 | 0.1543 |
| 55 | 51 | 50 | 48 | 0.0374 | 55 | 49 | 45 | 44 | 0.0004 | 55 | 46 | 45 | 45 | 0.0000 |
| 55 | 51 | 49 | 49 | 0.0000 | 55 | 49 | 45 | 43 | 0.0076 | 55 | 46 | 45 | 44 | 0.0000 |
| 55 | 51 | 49 | 48 | 0.0029 | 55 | 49 | 45 | 42 | 0.0003 | 55 | 46 | 45 | 43 | 0.0000 |
| 55 | 51 | 49 | 47 | 0.0546 | 55 | 49 | 44 | 44 | 0.0000 | 55 | 46 | 45 | 42 | 0.0005 |
| 55 | 51 | 48 | 48 | 0.0001 | 55 | 49 | 44 | 43 | 0.0007 | 55 | 46 | 45 | 41 | 0.0064 |
| | | | | | | | | | | 55 | 46 | 45 | 40 | 0.0467 |

Tafel XV-3-1-3 (Fortsetz.) 455

| N | A | B | a | P | N | A | B | a | P | N | A | B | a | P |
|---|---|---|---|---|---|---|---|---|---|---|---|---|---|---|
| 55 | 46 | 45 | 36 | 0.1861 | 60 | 57 | 56 | 56 | 0.0001 | 60 | 55 | 51 | 50 | 0.0012 |
| 55 | 46 | 44 | 44 | 0.0000 | 60 | 57 | 56 | 55 | 0.0099 | 60 | 55 | 51 | 49 | 0.0208 |
| 55 | 46 | 44 | 43 | 0.0000 | 60 | 57 | 56 | 54 | 0.1899 | 60 | 55 | 51 | 48 | 0.1581 |
| 55 | 46 | 44 | 42 | 0.0001 | 60 | 57 | 55 | 55 | 0.0003 | 60 | 55 | 50 | 50 | 0.0000 |
| 55 | 46 | 44 | 41 | 0.0010 | 60 | 57 | 55 | 54 | 0.0164 | 60 | 55 | 50 | 49 | 0.0020 |
| 55 | 46 | 44 | 40 | 0.0109 | 60 | 57 | 54 | 54 | 0.0006 | 60 | 55 | 50 | 48 | 0.0293 |
| 55 | 46 | 44 | 39 | 0.0672 | 60 | 57 | 54 | 53 | 0.0243 | 60 | 55 | 50 | 47 | 0.1904 |
| 55 | 46 | 44 | 35 | 0.1787 | 60 | 57 | 53 | 53 | 0.0010 | 60 | 55 | 49 | 49 | 0.0001 |
| 55 | 45 | 45 | 45 | 0.0000 | 60 | 57 | 53 | 52 | 0.0335 | 60 | 55 | 49 | 48 | 0.0030 |
| 55 | 45 | 45 | 44 | 0.0000 | 60 | 57 | 52 | 52 | 0.0016 | 60 | 55 | 49 | 47 | 0.0386 |
| 55 | 45 | 45 | 43 | 0.0000 | 60 | 57 | 52 | 51 | 0.0442 | 60 | 55 | 48 | 48 | 0.0001 |
| 55 | 45 | 45 | 42 | 0.0001 | 60 | 57 | 51 | 51 | 0.0025 | 60 | 55 | 48 | 47 | 0.0045 |
| 55 | 45 | 45 | 41 | 0.0011 | 60 | 57 | 51 | 50 | 0.0561 | 60 | 55 | 48 | 46 | 0.0499 |
| 55 | 45 | 45 | 40 | 0.0117 | 60 | 57 | 50 | 50 | 0.0035 | 60 | 54 | 54 | 54 | 0.0000 |
| 55 | 45 | 45 | 39 | 0.0701 | 60 | 57 | 50 | 49 | 0.0693 | 60 | 54 | 54 | 53 | 0.0000 |
| 55 | 45 | 45 | 35 | 0.1792 | 60 | 57 | 49 | 49 | 0.0048 | 60 | 54 | 54 | 52 | 0.0004 |
| 55 | 45 | 44 | 44 | 0.0000 | 60 | 57 | 49 | 48 | 0.0836 | 60 | 54 | 54 | 51 | 0.0103 |
| 55 | 45 | 44 | 43 | 0.0000 | 60 | 57 | 48 | 48 | 0.0064 | 60 | 54 | 54 | 50 | 0.1051 |
| 55 | 45 | 44 | 42 | 0.0000 | 60 | 57 | 48 | 47 | 0.0990 | 60 | 54 | 53 | 53 | 0.0000 |
| 55 | 45 | 44 | 41 | 0.0002 | 60 | 56 | 56 | 56 | 0.0000 | 60 | 54 | 53 | 52 | 0.0000 |
| 55 | 45 | 44 | 40 | 0.0023 | 60 | 56 | 56 | 55 | 0.0005 | 60 | 54 | 53 | 51 | 0.0010 |
| 55 | 45 | 44 | 39 | 0.0195 | 60 | 56 | 56 | 54 | 0.0194 | 60 | 54 | 53 | 50 | 0.0174 |
| 55 | 45 | 44 | 38 | 0.0991 | 60 | 56 | 55 | 55 | 0.0000 | 60 | 54 | 53 | 49 | 0.1402 |
| 55 | 45 | 44 | 34 | 0.1839 | 60 | 56 | 55 | 54 | 0.0011 | 60 | 54 | 52 | 52 | 0.0000 |
| 55 | 44 | 44 | 44 | 0.0000 | 60 | 56 | 55 | 53 | 0.0316 | 60 | 54 | 52 | 51 | 0.0001 |
| 55 | 44 | 44 | 43 | 0.0000 | 60 | 56 | 54 | 54 | 0.0000 | 60 | 54 | 52 | 50 | 0.0013 |
| 55 | 44 | 44 | 42 | 0.0000 | 60 | 56 | 54 | 53 | 0.0022 | 60 | 54 | 52 | 49 | 0.0266 |
| 55 | 44 | 44 | 41 | 0.0000 | 60 | 56 | 54 | 52 | 0.0463 | 60 | 54 | 52 | 48 | 0.1780 |
| 55 | 44 | 44 | 40 | 0.0004 | 60 | 56 | 53 | 53 | 0.0001 | 60 | 54 | 51 | 51 | 0.0000 |
| 55 | 44 | 44 | 39 | 0.0046 | 60 | 56 | 53 | 52 | 0.0039 | 60 | 54 | 51 | 50 | 0.0001 |
| 55 | 44 | 44 | 38 | 0.0318 | 60 | 56 | 53 | 51 | 0.0632 | 60 | 54 | 51 | 49 | 0.0033 |
| 55 | 44 | 44 | 33 | 0.0959 | 60 | 56 | 52 | 52 | 0.0001 | 60 | 54 | 51 | 48 | 0.0383 |
| 60 | 59 | 59 | 59 | 0.0167 | 60 | 56 | 52 | 51 | 0.0061 | 60 | 54 | 50 | 50 | 0.0000 |
| 60 | 59 | 58 | 58 | 0.0333 | 60 | 56 | 52 | 50 | 0.0823 | 60 | 54 | 50 | 49 | 0.0003 |
| 60 | 59 | 57 | 57 | 0.0500 | 60 | 56 | 51 | 51 | 0.0003 | 60 | 54 | 50 | 48 | 0.0054 |
| 60 | 59 | 56 | 56 | 0.0667 | 60 | 56 | 51 | 50 | 0.0090 | 60 | 54 | 50 | 47 | 0.0524 |
| 60 | 59 | 55 | 55 | 0.0833 | 60 | 56 | 51 | 49 | 0.1032 | 60 | 54 | 49 | 49 | 0.0000 |
| 60 | 59 | 54 | 54 | 0.1000 | 60 | 56 | 50 | 50 | 0.0004 | 60 | 54 | 49 | 48 | 0.0005 |
| 60 | 59 | 53 | 53 | 0.1167 | 60 | 56 | 50 | 49 | 0.0127 | 60 | 54 | 49 | 47 | 0.0082 |
| 60 | 59 | 52 | 52 | 0.1333 | 60 | 56 | 50 | 48 | 0.1259 | 60 | 54 | 49 | 46 | 0.0683 |
| 60 | 59 | 51 | 51 | 0.1500 | 60 | 56 | 49 | 49 | 0.0007 | 60 | 54 | 48 | 48 | 0.0000 |
| 60 | 59 | 50 | 50 | 0.1667 | 60 | 56 | 49 | 48 | 0.0173 | 60 | 54 | 48 | 47 | 0.0008 |
| 60 | 59 | 49 | 49 | 0.1833 | 60 | 56 | 49 | 47 | 0.1499 | 60 | 54 | 48 | 46 | 0.0113 |
| 60 | 59 | 48 | 48 | 0.2000 | 60 | 56 | 48 | 48 | 0.0010 | 60 | 54 | 48 | 45 | 0.0879 |
| 60 | 58 | 58 | 58 | 0.0006 | 60 | 56 | 48 | 47 | 0.0227 | 60 | 53 | 53 | 53 | 0.0000 |
| 60 | 58 | 58 | 57 | 0.0661 | 60 | 56 | 48 | 46 | 0.1753 | 60 | 53 | 53 | 52 | 0.0000 |
| 60 | 58 | 57 | 57 | 0.0017 | 60 | 55 | 55 | 55 | 0.0000 | 60 | 53 | 53 | 51 | 0.0001 |
| 60 | 58 | 57 | 56 | 0.0983 | 60 | 55 | 55 | 54 | 0.0001 | 60 | 53 | 53 | 50 | 0.0022 |
| 60 | 58 | 56 | 56 | 0.0034 | 60 | 55 | 55 | 53 | 0.0028 | 60 | 53 | 53 | 49 | 0.0287 |
| 60 | 58 | 56 | 55 | 0.1299 | 60 | 55 | 55 | 52 | 0.0508 | 60 | 53 | 53 | 48 | 0.1848 |
| 60 | 58 | 55 | 55 | 0.0056 | 60 | 55 | 54 | 54 | 0.0000 | 60 | 53 | 52 | 52 | 0.0000 |
| 60 | 58 | 55 | 54 | 0.1610 | 60 | 55 | 54 | 53 | 0.0001 | 60 | 53 | 52 | 51 | 0.0000 |
| 60 | 58 | 54 | 54 | 0.0085 | 60 | 55 | 54 | 52 | 0.0054 | 60 | 53 | 52 | 50 | 0.0002 |
| 60 | 58 | 54 | 53 | 0.1915 | 60 | 55 | 54 | 51 | 0.0735 | 60 | 53 | 52 | 49 | 0.0042 |
| 60 | 58 | 53 | 53 | 0.0119 | 60 | 55 | 53 | 53 | 0.0000 | 60 | 53 | 52 | 48 | 0.0435 |
| 60 | 58 | 52 | 52 | 0.0158 | 60 | 55 | 53 | 52 | 0.0003 | 60 | 53 | 51 | 51 | 0.0000 |
| 60 | 58 | 51 | 51 | 0.0203 | 60 | 55 | 53 | 51 | 0.0092 | 60 | 53 | 51 | 50 | 0.0000 |
| 60 | 58 | 50 | 50 | 0.0254 | 60 | 55 | 53 | 50 | 0.0992 | 60 | 53 | 51 | 49 | 0.0004 |
| 60 | 58 | 49 | 49 | 0.0311 | 60 | 55 | 52 | 52 | 0.0000 | 60 | 53 | 51 | 48 | 0.0072 |
| 60 | 58 | 48 | 48 | 0.0373 | 60 | 55 | 52 | 51 | 0.0007 | 60 | 53 | 51 | 47 | 0.0616 |
| 60 | 57 | 57 | 57 | 0.0000 | 60 | 55 | 52 | 50 | 0.0143 | 60 | 53 | 50 | 50 | 0.0000 |
| 60 | 57 | 57 | 56 | 0.0050 | 60 | 55 | 52 | 49 | 0.1276 | 60 | 53 | 50 | 49 | 0.0000 |
| 60 | 57 | 57 | 55 | 0.1449 | 60 | 55 | 51 | 51 | 0.0000 | 60 | 53 | 50 | 48 | 0.0008 |

| N | A | B | a | P | N | A | B | a | P |
|---|---|---|---|---|---|---|---|---|---|
| 60 | 53 | 50 | 47 | 0.0115 | 60 | 51 | 48 | 48 | 0.0000 |
| 60 | 53 | 50 | 46 | 0.0030 | 60 | 51 | 48 | 47 | 0.0000 |
| 60 | 53 | 49 | 49 | 0.0000 | 60 | 51 | 48 | 46 | 0.0001 |
| 60 | 53 | 49 | 48 | 0.0001 | 60 | 51 | 48 | 45 | 0.0011 |
| 60 | 53 | 49 | 47 | 0.0015 | 60 | 51 | 48 | 44 | 0.0116 |
| 60 | 53 | 49 | 46 | 0.0172 | 60 | 51 | 48 | 43 | 0.0689 |
| 60 | 53 | 49 | 45 | 0.1077 | 60 | 51 | 48 | 39 | 0.1823 |
| 60 | 53 | 48 | 48 | 0.0000 | 60 | 50 | 50 | 50 | 0.0000 |
| 60 | 51 | 48 | 47 | 0.0001 | 60 | 50 | 50 | 49 | 0.0000 |
| 60 | 53 | 48 | 46 | 0.0024 | 60 | 50 | 50 | 48 | 0.0000 |
| 60 | 53 | 48 | 45 | 0.0246 | 60 | 50 | 50 | 47 | 0.0000 |
| 60 | 53 | 48 | 44 | 0.1354 | 60 | 50 | 50 | 46 | 0.0007 |
| 60 | 52 | 52 | 52 | 0.0000 | 60 | 50 | 50 | 45 | 0.0078 |
| 60 | 52 | 52 | 51 | 0.0000 | 60 | 50 | 50 | 44 | 0.0520 |
| 60 | 52 | 52 | 50 | 0.0000 | 60 | 50 | 50 | 40 | 0.1883 |
| 60 | 52 | 52 | 49 | 0.0005 | 60 | 50 | 49 | 49 | 0.0000 |
| 60 | 52 | 52 | 48 | 0.0079 | 60 | 50 | 49 | 48 | 0.0000 |
| 60 | 52 | 52 | 47 | 0.0648 | 60 | 50 | 49 | 47 | 0.0000 |
| 60 | 52 | 51 | 51 | 0.0000 | 60 | 50 | 49 | 46 | 0.0001 |
| 60 | 52 | 51 | 50 | 0.0000 | 60 | 50 | 49 | 45 | 0.0014 |
| 60 | 52 | 51 | 49 | 0.0000 | 60 | 50 | 49 | 44 | 0.0131 |
| 60 | 52 | 51 | 48 | 0.0011 | 60 | 50 | 49 | 43 | 0.0743 |
| 60 | 52 | 51 | 47 | 0.0134 | 60 | 50 | 49 | 39 | 0.1833 |
| 60 | 52 | 51 | 46 | 0.0305 | 60 | 50 | 48 | 48 | 0.0000 |
| 60 | 52 | 50 | 50 | 0.0000 | 60 | 50 | 48 | 47 | 0.0000 |
| 60 | 52 | 50 | 49 | 0.0000 | 60 | 50 | 48 | 46 | 0.0000 |
| 60 | 52 | 50 | 48 | 0.0001 | 60 | 50 | 48 | 45 | 0.0002 |
| 60 | 52 | 50 | 47 | 0.0020 | 60 | 50 | 48 | 44 | 0.0026 |
| 60 | 52 | 50 | 46 | 0.0209 | 60 | 50 | 48 | 43 | 0.0206 |
| 60 | 52 | 50 | 45 | 0.1203 | 60 | 50 | 48 | 42 | 0.1011 |
| 60 | 52 | 49 | 49 | 0.0000 | 60 | 50 | 48 | 38 | 0.1879 |
| 60 | 52 | 49 | 48 | 0.0000 | 60 | 49 | 49 | 49 | 0.0000 |
| 60 | 52 | 49 | 47 | 0.0002 | 60 | 49 | 49 | 48 | 0.0000 |
| 60 | 52 | 49 | 46 | 0.0035 | 60 | 49 | 49 | 47 | 0.0000 |
| 60 | 52 | 49 | 45 | 0.0309 | 60 | 49 | 49 | 46 | 0.0000 |
| 60 | 52 | 49 | 44 | 0.1538 | 60 | 49 | 49 | 45 | 0.0002 |
| 60 | 52 | 48 | 48 | 0.0000 | 60 | 49 | 49 | 44 | 0.0028 |
| 60 | 52 | 48 | 47 | 0.0000 | 60 | 49 | 49 | 43 | 0.0216 |
| 60 | 52 | 48 | 46 | 0.0004 | 60 | 49 | 49 | 42 | 0.1044 |
| 60 | 52 | 48 | 45 | 0.0058 | 60 | 49 | 49 | 38 | 0.1894 |
| 60 | 52 | 48 | 44 | 0.0434 | 60 | 49 | 48 | 48 | 0.0000 |
| 60 | 52 | 48 | 43 | 0.1905 | 60 | 49 | 48 | 47 | 0.0000 |
| 60 | 51 | 51 | 51 | 0.0000 | 60 | 49 | 48 | 46 | 0.0000 |
| 60 | 51 | 51 | 50 | 0.0000 | 60 | 49 | 48 | 45 | 0.0000 |
| 60 | 51 | 51 | 49 | 0.0000 | 60 | 49 | 48 | 44 | 0.0005 |
| 60 | 51 | 51 | 48 | 0.0001 | 60 | 49 | 48 | 43 | 0.0051 |
| 60 | 51 | 51 | 47 | 0.0023 | 60 | 49 | 48 | 42 | 0.0335 |
| 60 | 51 | 51 | 46 | 0.0223 | 60 | 49 | 48 | 37 | 0.0994 |
| 60 | 51 | 51 | 45 | 0.1246 | 60 | 48 | 48 | 48 | 0.0000 |
| 60 | 51 | 50 | 50 | 0.0000 | 60 | 48 | 48 | 47 | 0.0000 |
| 60 | 51 | 50 | 49 | 0.0000 | 60 | 48 | 48 | 46 | 0.0000 |
| 60 | 51 | 50 | 48 | 0.0000 | 60 | 48 | 48 | 45 | 0.0000 |
| 60 | 51 | 50 | 47 | 0.0003 | 60 | 48 | 48 | 44 | 0.0001 |
| 60 | 51 | 50 | 46 | 0.0042 | 60 | 48 | 48 | 43 | 0.0010 |
| 60 | 51 | 50 | 45 | 0.0343 | 60 | 48 | 48 | 42 | 0.0091 |
| 60 | 51 | 50 | 44 | 0.1633 | 60 | 48 | 48 | 41 | 0.0508 |
| 60 | 51 | 49 | 49 | 0.0000 | 60 | 48 | 48 | 36 | 0.1006 |
| 60 | 51 | 49 | 48 | 0.0000 | | | | | |
| 60 | 51 | 49 | 47 | 0.0000 | | | | | |
| 60 | 51 | 49 | 46 | 0.0006 | | | | | |
| 60 | 51 | 49 | 45 | 0.0072 | | | | | |
| 60 | 51 | 49 | 44 | 0.0498 | | | | | |
| 60 | 51 | 49 | 43 | 0.1888 | | | | | |

## Tafel XV-3-4

### Der tetrachorische Korrelationskoeffizient einer Vierfeldertafel

Entnommen via EDWARDS, A. L. ($^2$1967, Table x) aus DAVIDOFF, M. D. and H. W. GOHEEN: A table for rapid determination of the tetrachoric correlation coefficient. Psychometrika 18 (1953), 115–121, mit freundlicher Genehmigung der Verfasser und des Herausgebers.

Die Tafel enthält die Schätzwerte des tetrachorischen Korrelationskoeffizienten, $r_{tet}$, geschätzt nach PEARSONS Cosinus-Pi-Formel aus den Kreuzprodukt-Quotienten Max(ad/bc, bc/ad) einer Vierfelder-Assoziationstafel (binordinale Vierfelderkontingenztafel) für $r_{tet}$ = 0,00(0,01)1,00 als Absolutbeträgen. Ist ad/bc > 1, so ist $r_{tet}$ positiv, ist ad/bc < 1, so bildet man den Reziprokwert bc/ad und setzt den abgelesenen Betrag von $r_{tet}$ negativ. Die Felder sind so zu bezeichnen, daß a und d die homonymen (++ und --), b und c die heteronymen (+- und -+) Merkmalsstufen bezeichnen. Die Schätzung ist am effizientesten, wenn die Vierfeldertafel bzgl. beider Diagonalen symmetrisch ist.

*Ablesebeispiel:* Für eine Tafel mit a = 12, b = 5, c = 7 und d = 16 ist ad/bc = 192/35 = 5,49, was nach der Tafel einem $r_{tet}$ = + 0,59 entspricht; für eine Tafel mit a = 21, b = 36, c = 45 und d = 28 ist bc/ad = 1620/588 = 2,75, was einem $r_{tet}$ = – 0,38 entspricht.

| $r_{tet}$ | $\frac{ad}{bc}$ | $r_{tet}$ | $\frac{ad}{bc}$ | $r_{tet}$ | $\frac{ad}{bc}$ |
|---|---|---|---|---|---|
| .00 | 0–1.00 | .35 | 2.49–2.55 | .70 | 8.50– 8.90 |
| .01 | 1.01–1.03 | .36 | 2.56–2.63 | .71 | 8.91– 9.35 |
| .02 | 1.04–1.06 | .37 | 2.64–2.71 | .72 | 9.36– 9.82 |
| .03 | 1.07–1.08 | .38 | 2.72–2.79 | .73 | 9.83–10.33 |
| .04 | 1.09–1.11 | .39 | 2.80–2.87 | .74 | 10.34–10.90 |
| .05 | 1.12–1.14 | .40 | 2.88–2.96 | .75 | 10.91–11.51 |
| .06 | 1.15–1.17 | .41 | 2.97–3.05 | .76 | 11.52–12.16 |
| .07 | 1.18–1.20 | .42 | 3.06–3.14 | .77 | 12.17–12.89 |
| .08 | 1.21–1.23 | .43 | 3.15–3.24 | .78 | 12.90–13.70 |
| .09 | 1.24–1.27 | .44 | 3.25–3.34 | .79 | 13.71–14.58 |
| .10 | 1.28–1.30 | .45 | 3.35–3.45 | .80 | 14.59–15.57 |
| .11 | 1.31–1.33 | .46 | 3.46–3.56 | .81 | 15.58–16.65 |
| .12 | 1.34–1.37 | .47 | 3.57–3.68 | .82 | 16.66–17.88 |
| .13 | 1.38–1.40 | .48 | 3.69–3.80 | .83 | 17.89–19.28 |
| .14 | 1.41–1.44 | .49 | 3.81–3.92 | .84 | 19.29–20.85 |
| .15 | 1.45–1.48 | .50 | 3.93–4.06 | .85 | 20.86–22.68 |
| .16 | 1.49–1.52 | .51 | 4.07–4.20 | .86 | 22.69–24.76 |
| .17 | 1.53–1.56 | .52 | 4.21–4.34 | .87 | 24.77–27.22 |
| .18 | 1.57–1.60 | .53 | 4.35–4.49 | .88 | 27.23–30.09 |
| .19 | 1.61–1.64 | .54 | 4.50–4.66 | .89 | 30.10–33.60 |
| .20 | 1.65–1.69 | .55 | 4.67–4.82 | .90 | 33.61–37.79 |
| .21 | 1.70–1.73 | .56 | 4.83–4.99 | .91 | 37.80–43.06 |
| .22 | 1.74–1.78 | .57 | 5.00–5.18 | .92 | 43.07–49.83 |
| .23 | 1.79–1.83 | .58 | 5.19–5.38 | .93 | 49.84–58.79 |
| .24 | 1.84–1.88 | .59 | 5.39–5.59 | .94 | 58.80–70.95 |
| .25 | 1.89–1.93 | .60 | 5.60–5.80 | .95 | 70.96–89.01 |
| .26 | 1.94–1.98 | .61 | 5.81–6.03 | .96 | 89.02–117.54 |
| .27 | 1.99–2.04 | .62 | 6.04–6.28 | .97 | 117.55–169.67 |
| .28 | 2.05–2.10 | .63 | 6.29–6.54 | .98 | 169.68–293.12 |
| .29 | 2.11–2.15 | .64 | 6.55–6.81 | .99 | 293.13–923.97 |
| .30 | 2.16–2.22 | .65 | 6.82–7.10 | 1.00 | 923.98– |
| .31 | 2.23–2.28 | .66 | 7.11–7.42 | | |
| .32 | 2.29–2.34 | .67 | 7.43–7.75 | | |
| .33 | 2.35–2.41 | .68 | 7.76–8.11 | | |
| .34 | 2.42–2.48 | .69 | 8.12–8.49 | | |

## Tafel XV-4-3

Die HENZE-Tafeln für ein- und zweiseitigen exakten FISHER-YATES-Test
HENZE, F.: Tabelle für den exakten ‚Fisher-Test'. Unveröff. Typoskript. D-7753 Allensbach, Holzgasse 16, 1973, mit freundlicher Genehmigung des Autors.

Die Tafel enthält die einseitigen Überschreitungswahrscheinlichkeiten P in der zweiten Spalte und die zweiseitigen Überschreitungswahrscheinlichkeiten P' in der ersten Spalte für den Stichprobenumfang N als der ersten Zahl im Zeilenkopf sowie $A = a + b = N_1$ als der kleineren Zeilensumme und $B = a + c \leqslant N_1$ als der kleineren Spaltensumme einer Vierfeldertafel. Als Prüfgröße a dient die Frequenz in dem von Zeile A und Spalte B gebildeten Feld; sie ist als Vorspalte für all jene a-Werte aufgeführt, deren einseitiges P nicht größer als 0,2 ist. Quadrupel-Kombinationen N A B a, die in der Tafel nicht verzeichnet sind, haben einseitige P-Werte größer als 0,2. Die P-Werte sind ohne Nullen und ohne Kommata kodiert.

*Ablesebeispiel:* Eine Vierfeldertafel mit $N = 19$, $A = 9$ und $B = 8$, wobei $B \leqslant A \leqslant N/2$ liefert für a = 0 1 2 6 7 8 folgende P-Werte

|   | Mm | | | | 19 | 9 | 8 |   |
|---|---|---|---|---|---|---|---|---|
|   | + | − | | | 0 | 0013 | 0006 | Ein a = 1 ist mit einem |
| I | 1 | 8 | 9 | → | 1 | 0317 | 0149 → | P(zweiseitig) = 0,0317 asso- |
| Stpr. | | | | | 2 | 2481 | 1149 | ziiert und bezeichnet einen |
| II | 7 | 3 | 10 | | 6 | 1168 | 0549 | auf der 5 %-Stufe signifikan- |
|   | 8 | 11 | 19 | | 7 | 0103 | 0049 | ten Anteilsunterschied i. d. |
|   |   |   |   |   | 8 | 0003 | 0001 | Populationen I und II. |
|   |   |   |   |   | 2-seitig | 1-seitig | | |

Tafel XV-4-3 (Fortsetz.)

| a | N | A | B | a | N | A | B | a | N | A | B | a | N | A | B |
|---|---|---|---|---|---|---|---|---|---|---|---|---|---|---|---|
|   | 4 | 2 | 1 |   | 8 | 4 | 2 |   | 10 | 4 | 3 |   | 11 | 5 | 3 |
| 0 | 1.00 | 5000 | | 0 | 4286 | 2143 | | 0 | 3750 | 1667 | | 0 | 2857 | 1212 | |
| 1 | 1.00 | 5000 | | 2 | 4286 | 2143 | | 3 | 0833 | 0333 | | 3 | 1333 | 0606 | |
|   | 4 | 2 | 2 |   | 8 | 4 | 3 |   | 10 | 4 | 4 |   | 11 | 5 | 4 |
| 0 | 3333 | 1667 | | 0 | 1429 | 0714 | | 0 | 1497 | 0714 | | 0 | 1026 | 0455 | |
| 2 | 3333 | 1667 | | 3 | 1429 | 0714 | | 3 | 2857 | 1190 | | 3 | 4444 | 1970 | |
|   | 5 | 2 | 1 |   | 8 | 4 | 4 |   | 4 | 0119 | 0048 | | 4 | 0333 | 0152 |
| 0 | 1.00 | 6000 | | 0 | 0286 | 0143 | | 10 | 5 | 1 | |   | 11 | 5 | 5 |
| 1 | 1.00 | 4000 | | 4 | 0286 | 0143 | | 0 | 1.00 | 5000 | | 0 | 0208 | 0130 | |
|   | 5 | 2 | 2 |   | 9 | 2 | 1 | | 1 | 1.00 | 5000 | | 1 | 4048 | 1753 | |
| 0 | 1.00 | 3000 | | 0 | 1.00 | 7778 | | 10 | 5 | 2 | | 4 | 1497 | 0671 | |
| 2 | 2500 | 1000 | | 1 | 1.00 | 2222 | | 0 | 4444 | 2222 | | 5 | 0048 | 0022 | |
|   | 6 | 2 | 1 |   | 9 | 2 | 2 | | 2 | 4444 | 2222 | |   | 12 | 2 | 1 |
| 0 | 1.00 | 6667 | | 0 | 1.00 | 5833 | | 10 | 5 | 3 | | 0 | 1.00 | 8333 | |
| 1 | 1.00 | 3333 | | 2 | 1250 | 0278 | | 0 | 1667 | 0833 | | 1 | 1.00 | 1667 | |
|   | 6 | 2 | 2 |   | 9 | 3 | 1 | | 3 | 1667 | 0833 | |   | 12 | 2 | 2 |
| 0 | 1.00 | 4000 | | 0 | 1.00 | 6667 | | 10 | 5 | 4 | | 0 | 1.00 | 6818 | |
| 2 | 2000 | 0667 | | 1 | 1.00 | 3333 | | 0 | 0476 | 0238 | | 2 | 0909 | 0152 | |
|   | 6 | 3 | 1 |   | 9 | 3 | 2 | | 4 | 0476 | 0238 | |   | 12 | 3 | 1 |
| 0 | 1.00 | 5000 | | 0 | 1.00 | 4167 | | 10 | 5 | 5 | | 0 | 1.00 | 7500 | |
| 1 | 1.00 | 5000 | | 2 | 2500 | 0833 | | 0 | 0079 | 0040 | | 1 | 1.00 | 2500 | |
|   | 6 | 3 | 2 |   | 9 | 3 | 3 | | 1 | 2063 | 1032 | |   | 12 | 3 | 2 |
| 0 | 4000 | 2000 | | 0 | 4643 | 2381 | | 4 | 2063 | 1032 | | 0 | 1.00 | 5455 | |
| 2 | 4000 | 2000 | | 3 | 0357 | 0119 | | 5 | 0079 | 0040 | | 2 | 1818 | 0455 | |
|   | 6 | 3 | 3 |   | 9 | 4 | 1 | |   | 11 | 2 | 1 | |   | 12 | 3 | 3 |
| 0 | 1000 | 0500 | | 0 | 1.00 | 5556 | | 0 | 1.00 | 8182 | | 0 | 1.00 | 3818 | |
| 3 | 1000 | 0500 | | 1 | 1.00 | 4444 | | 1 | 1.00 | 1818 | | 2 | 3455 | 1273 | |
|   | 7 | 2 | 1 |   | 9 | 4 | 2 | |   | 11 | 2 | 2 | | 3 | 0182 | 0045 | |
| 0 | 1.00 | 7143 | | 0 | 1.00 | 2778 | | 0 | 1.00 | 6545 | |   | 12 | 4 | 1 |
| 1 | 1.00 | 2857 | | 2 | 3750 | 1667 | | 2 | 1000 | 0182 | | 0 | 1.00 | 6667 | |
|   | 7 | 2 | 2 |   | 9 | 4 | 3 | |   | 11 | 3 | 1 | | 1 | 1.00 | 3333 | |
| 0 | 1.00 | 4762 | | 0 | 2857 | 1190 | | 0 | 1.00 | 7273 | |   | 12 | 4 | 2 |
| 2 | 1667 | 0476 | | 3 | 1071 | 0476 | | 1 | 1.00 | 2727 | | 0 | 1.00 | 4242 | |
|   | 7 | 3 | 1 |   | 9 | 4 | 4 | |   | 11 | 3 | 2 | | 2 | 2727 | 0909 | |
| 0 | 1.00 | 5714 | | 0 | 0309 | 0397 | | 0 | 1.00 | 5091 | |   | 12 | 4 | 3 |
| 1 | 1.00 | 4286 | | 3 | 3878 | 1667 | | 2 | 2000 | 0545 | | 0 | 4909 | 2545 | |
|   | 7 | 3 | 2 | | 4 | 0179 | 0079 | |   | 11 | 3 | 3 | | 3 | 0545 | 0182 | |
| 0 | 1.00 | 2857 | |   | 10 | 2 | 1 | | 0 | 1.00 | 3394 | |   | 12 | 4 | 4 |
| 2 | 3333 | 1429 | | 0 | 1.00 | 8000 | | 2 | 3778 | 1515 | | 0 | 3212 | 1414 | |
|   | 7 | 3 | 3 | | 1 | 1.00 | 2000 | | 3 | 0222 | 0061 | | 3 | 1515 | 0667 | |
| 0 | 2800 | 1143 | |   | 10 | 2 | 2 | |   | 11 | 4 | 1 | | 4 | 0061 | 0020 | |
| 3 | 0667 | 0286 | | 0 | 1.00 | 6222 | | 0 | 1.00 | 6364 | |   | 12 | 5 | 1 |
|   | 8 | 2 | 1 | | 2 | 1111 | 0222 | | 1 | 1.00 | 3636 | | 0 | 1.00 | 5833 | |
| 0 | 1.00 | 7500 | |   | 10 | 3 | 1 | |   | 11 | 4 | 2 | | 1 | 1.00 | 4167 | |
| 1 | 1.00 | 2500 | | 0 | 1.00 | 7000 | | 0 | 1.00 | 3818 | |   | 12 | 5 | 2 |
|   | 8 | 2 | 2 | | 1 | 1.00 | 3000 | | 2 | 3000 | 1091 | | 0 | 1.00 | 3182 | |
| 0 | 1.00 | 5357 | |   | 10 | 3 | 2 | |   | 11 | 4 | 3 | | 2 | 3636 | 1515 | |
| 2 | 1429 | 0357 | | 0 | 1.00 | 4667 | | 0 | 4400 | 2121 | |   | 12 | 5 | 3 |
|   | 8 | 3 | 1 | | 2 | 2222 | 0667 | | 3 | 0667 | 0242 | | 0 | 3636 | 1591 | |
| 0 | 1.00 | 6250 | |   | 10 | 3 | 3 | |   | 11 | 4 | 4 | | 3 | 1091 | 0455 | |
| 1 | 1.00 | 3750 | | 0 | 1.00 | 2917 | | 0 | 2222 | 1061 | |   | 12 | 5 | 4 |
|   | 8 | 3 | 2 | | 2 | 4167 | 1833 | | 3 | 1833 | 0879 | | 0 | 1515 | 0707 | |
| 0 | 1.00 | 3571 | | 3 | 0278 | 0083 | | 4 | 0083 | 0030 | | 3 | 3636 | 1515 | |
| 2 | 2857 | 1071 | |   | 10 | 4 | 1 | |   | 11 | 5 | 1 | | 4 | 0242 | 0101 | |
|   | 8 | 3 | 3 | | 0 | 1.00 | 6000 | | 0 | 1.00 | 5455 | |   | 12 | 5 | 5 |
| 0 | 3878 | 1786 | | 1 | 1.00 | 4000 | | 1 | 1.00 | 4545 | | 0 | 0547 | 0265 | |
| 3 | 0476 | 0179 | |   | 10 | 4 | 2 | |   | 11 | 5 | 2 | | 4 | 1026 | 0455 | |
|   | 8 | 4 | 1 | | 0 | 1.00 | 3333 | | 0 | 1.00 | 2727 | | 5 | 0030 | 0013 | |
| 0 | 1.00 | 5000 | | 2 | 3333 | 1333 | | 2 | 4000 | 1818 | |   | 12 | 6 | 1 |
| 1 | 1.00 | 5000 | |   |   |   |   |   |   |   |   | 0 | 1.00 | 5000 | |

Tafel XV-4-3 (Fortsetz.)

| a | N | A | B | a | N | A | B | a | N | A | B | a | N | A | B |
|---|---|---|---|---|---|---|---|---|---|---|---|---|---|---|---|
| 1 | 1.00 | 5000 | | 3 | 2727 | 1189 | | 1 | 1.00 | 3571 | | 14 | 7 | 7 | |
| | 12 | 6 | 2 | | 4 | 0182 | 0070 | | 14 | 5 | 2 | 0 | 0000 | 0003 | |
| 0 | 4545 | 2273 | | | 13 | 5 | 5 | 0 | 1.00 | 3956 | | 1 | 0291 | 0146 | |
| 2 | 4545 | 2273 | | 0 | 0909 | 0435 | | 2 | 3077 | 1099 | | 2 | 2861 | 1431 | |
| | 12 | 6 | 3 | 4 | 0667 | 0319 | | | 14 | 5 | 3 | 5 | 2861 | 1431 | |
| 0 | 1818 | 0909 | | 5 | 0020 | 0008 | | 0 | 4675 | 2308 | | 6 | 0291 | 0146 | |
| 3 | 1818 | 0909 | | | 13 | 6 | 1 | 3 | 0769 | 0275 | | 7 | 0006 | 0003 | |
| | 12 | 6 | 4 | 0 | 1.00 | 5385 | | | 14 | 5 | 4 | | 15 | 2 | 1 |
| 0 | 0606 | 0303 | | 1 | 1.00 | 4615 | | 0 | 2657 | 1259 | | 0 | 1.00 | 8667 | |
| 4 | 0606 | 0303 | | | 13 | 6 | 2 | 3 | 2028 | 0949 | | 1 | 1.00 | 1333 | |
| | 12 | 6 | 5 | 0 | 1.00 | 2692 | | 4 | 0140 | 0050 | | | 15 | 2 | 2 |
| 0 | 0152 | 0076 | | 2 | 4167 | 1923 | | | 14 | 5 | 5 | 0 | 1.00 | 7429 | |
| 1 | 2424 | 1212 | | | 13 | 6 | 3 | 0 | 1362 | 0629 | | 2 | 0714 | 0095 | |
| 4 | 2424 | 1212 | | 0 | 2341 | 1224 | | 4 | 0517 | 0230 | | | 15 | 3 | 1 |
| 5 | 0152 | 0076 | | 3 | 1515 | 0699 | | 5 | 0014 | 0005 | | 0 | 1.00 | 8000 | |
| | 12 | 6 | 6 | | 13 | 6 | 4 | | 14 | 6 | 1 | 1 | 1.00 | 2000 | |
| 0 | 0022 | 0011 | | 0 | 1091 | 0490 | | 0 | 1.00 | 5714 | | | 15 | 3 | 2 |
| 1 | 0801 | 0400 | | 4 | 0455 | 0210 | | 1 | 1.00 | 4286 | | 0 | 1.00 | 6286 | |
| 5 | 0801 | 0400 | | | 13 | 6 | 5 | | 14 | 6 | 2 | 2 | 1429 | 0286 | |
| 6 | 0022 | 0011 | | 0 | 0358 | 0163 | | 0 | 1.00 | 3077 | | | 15 | 3 | 3 |
| | 13 | 2 | 1 | 1 | 4108 | 1795 | | 2 | 3846 | 1648 | | 0 | 1.00 | 4835 | |
| 0 | 1.00 | 8462 | | 4 | 1389 | 0362 | | | 14 | 6 | 3 | 2 | 2747 | 0813 | |
| 1 | 1.00 | 1538 | | 5 | 0101 | 0047 | | 0 | 3538 | 1538 | | 3 | 0110 | 0022 | |
| | 13 | 2 | 2 | | 13 | 6 | 6 | 3 | 1282 | 0549 | | | 15 | 4 | 1 |
| 0 | 1.00 | 7051 | | 0 | 0089 | 0041 | | | 14 | 6 | 4 | 0 | 1.00 | 7333 | |
| 2 | 0833 | 0128 | | 1 | 1714 | 0775 | | 0 | 1515 | 0699 | | 1 | 1.00 | 2667 | |
| | 13 | 3 | 1 | 5 | 0547 | 0251 | | 3 | 4126 | 1748 | | | 15 | 4 | 2 |
| 0 | 1.00 | 7692 | | 6 | 0013 | 0006 | | 4 | 0350 | 0150 | | 0 | 1.00 | 5238 | |
| 1 | 1.00 | 2308 | | | 14 | 2 | 1 | | 14 | 6 | 5 | 2 | 2143 | 0571 | |
| | 13 | 3 | 2 | 0 | 1.00 | 8571 | | 0 | 0586 | 0280 | | | 15 | 4 | 3 |
| 0 | 1.00 | 5769 | | 1 | 1.00 | 1429 | | 4 | 1434 | 0629 | | 0 | 1.00 | 3626 | |
| 2 | 1667 | 0385 | | | 14 | 2 | 2 | 5 | 0070 | 0030 | | 2 | 3956 | 1538 | |
| | 13 | 3 | 3 | 0 | 1.00 | 7253 | | | 14 | 6 | 6 | 3 | 0330 | 0088 | |
| 0 | 1.00 | 4196 | | 2 | 0769 | 0110 | | 0 | 0191 | 0093 | | | 15 | 4 | 4 |
| 2 | 3182 | 1084 | | | 14 | 3 | 1 | 1 | 2494 | 1212 | | 0 | 4813 | 2418 | |
| 3 | 0152 | 0035 | | 0 | 1.00 | 7857 | | 4 | 3473 | 1562 | | 3 | 0934 | 0330 | |
| | 13 | 4 | 1 | 1 | 1.00 | 2143 | | 5 | 0358 | 0163 | | 4 | 0027 | 0007 | |
| 0 | 1.00 | 6923 | | | 14 | 3 | 2 | 6 | 0008 | 0003 | | | 15 | 5 | 1 |
| 1 | 1.00 | 3077 | | 0 | 1.00 | 6044 | | | 14 | 7 | 1 | 0 | 1.00 | 6667 | |
| | 13 | 4 | 2 | 2 | 1538 | 0330 | | 0 | 1.00 | 5000 | | 1 | 1.00 | 3333 | |
| 0 | 1.00 | 4615 | | | 14 | 3 | 3 | 1 | 1.00 | 5000 | | | 15 | 5 | 2 |
| 2 | 2500 | 0769 | | 0 | 1.00 | 4533 | | | 14 | 7 | 2 | 0 | 1.00 | 4286 | |
| | 13 | 4 | 3 | 2 | 2949 | 0934 | | 0 | 4615 | 2308 | | 2 | 2857 | 0952 | |
| 0 | 1.00 | 2937 | | 3 | 0128 | 0027 | | 2 | 4615 | 2308 | | | 15 | 5 | 3 |
| 3 | 0455 | 0140 | | | 14 | 4 | 1 | | 14 | 7 | 3 | 0 | 5055 | 2637 | |
| | 13 | 4 | 4 | 0 | 1.00 | 7143 | | 0 | 1923 | 0962 | | 3 | 0659 | 0220 | |
| 0 | 3831 | 1762 | | 1 | 1.00 | 2857 | | 3 | 1923 | 0962 | | | 15 | 5 | 4 |
| 3 | 1273 | 0517 | | | 14 | 4 | 2 | | 14 | 7 | 4 | 0 | 3407 | 1538 | |
| 4 | 0045 | 0014 | | 0 | 1.00 | 4945 | | 0 | 0699 | 0350 | | 3 | 1758 | 0769 | |
| | 13 | 5 | 1 | 2 | 2308 | 0659 | | 4 | 0699 | 0350 | | 4 | 0110 | 0037 | |
| 0 | 1.00 | 6154 | | | 14 | 4 | 3 | | 14 | 7 | 5 | | 15 | 5 | 5 |
| 1 | 1.00 | 3846 | | 0 | 1.00 | 3297 | | 0 | 0210 | 0105 | | 0 | 1758 | 0839 | |
| | 13 | 5 | 2 | 2 | 4231 | 1758 | | 1 | 2657 | 1329 | | 3 | 4005 | 1668 | |
| 0 | 1.00 | 3590 | | 3 | 0385 | 0110 | | 4 | 2657 | 1329 | | 4 | 0410 | 0170 | |
| 2 | 3333 | 1282 | | | 14 | 4 | 4 | 5 | 0210 | 0105 | | 5 | 0010 | 0003 | |
| | 13 | 5 | 3 | 0 | 4406 | 2098 | | | 14 | 7 | 6 | | 15 | 6 | 1 |
| 0 | 4215 | 1958 | | 3 | 1084 | 0410 | | 0 | 0047 | 0023 | | 0 | 1.00 | 6000 | |
| 3 | 0909 | 0350 | | 4 | 0035 | 0010 | | 1 | 1026 | 0513 | | 1 | 1.00 | 4000 | |
| | 13 | 5 | 4 | | 14 | 5 | 1 | 5 | 1026 | 0513 | | | 15 | 6 | 2 |
| 0 | 1962 | 0979 | | 0 | 1.00 | 6429 | | 6 | 0047 | 0023 | | 0 | 1.00 | 3429 | |

Tafel XV-4-3 (Fortsetz.) 461

| a | N | A | B | a | N | A | B | a | N | A | B | a | N | A | B |
|---|---|---|---|---|---|---|---|---|---|---|---|---|---|---|---|
| 2 | 3571 | 1429 | | 2 | 2571 | 0714 | | 16 | 7 | 2 | | 17 | 2 | 1 | |
| 15 | 6 | 3 | | 3 | 0095 | 0018 | | 0 | 1.00 | 3000 | | 0 | 1.00 | 8824 | |
| 0 | 4066 | 1346 | | 16 | 4 | 1 | | 2 | 4000 | 1750 | | 1 | 1.00 | 1176 | |
| 3 | 1099 | 0440 | | 0 | 1.00 | 7500 | | 16 | 7 | 3 | | 17 | 2 | 2 | |
| 15 | 6 | 4 | | 1 | 1.00 | 2500 | | 0 | 3455 | 1500 | | 0 | 1.00 | 7721 | |
| 0 | 1900 | 0923 | | 16 | 4 | 2 | | 3 | 1429 | 0625 | | 2 | 0625 | 0074 | |
| 3 | 3407 | 1429 | | 0 | 1.00 | 5500 | | 16 | 7 | 4 | | 17 | 3 | 1 | |
| 4 | 0275 | 0110 | | 2 | 2000 | 0500 | | 0 | 1508 | 0692 | | 0 | 1.00 | 8235 | |
| 15 | 6 | 5 | | 16 | 4 | 3 | | 3 | 4462 | 1923 | | 1 | 1.00 | 1765 | |
| 0 | 0829 | 0420 | | 0 | 1.00 | 3929 | | 4 | 0440 | 0192 | | 17 | 3 | 2 | |
| 4 | 1009 | 0470 | | 2 | 3714 | 1357 | | 16 | 7 | 5 | | 0 | 1.00 | 6691 | |
| 5 | 0050 | 0020 | | 3 | 0286 | 0071 | | 0 | 0610 | 0238 | | 2 | 1250 | 0221 | |
| 15 | 6 | 6 | | 16 | 4 | 4 | | 4 | 1741 | 0763 | | 17 | 3 | 3 | |
| 0 | 0350 | 0168 | | 0 | 5165 | 2720 | | 5 | 0110 | 0048 | | 0 | 1.00 | 5353 | |
| 1 | 3706 | 1678 | | 3 | 0813 | 0269 | | 16 | 7 | 6 | | 2 | 2417 | 0632 | |
| 4 | 2507 | 1189 | | 4 | 0022 | 0005 | | 0 | 0217 | 0105 | | 3 | 0083 | 0015 | |
| 5 | 0230 | 0110 | | 16 | 5 | 1 | | 1 | 2524 | 1206 | | 17 | 4 | 1 | |
| 6 | 0005 | 0002 | | 0 | 1.00 | 6875 | | 4 | 4126 | 1818 | | 0 | 1.00 | 7647 | |
| 15 | 7 | 1 | | 1 | 1.00 | 3125 | | 5 | 0543 | 0245 | | 1 | 1.00 | 2353 | |
| 0 | 1.00 | 5333 | | 16 | 5 | 2 | | 6 | 0020 | 0009 | | 17 | 4 | 2 | |
| 1 | 1.00 | 4667 | | 0 | 1.00 | 4583 | | 16 | 7 | 7 | | 0 | 1.00 | 5735 | |
| 15 | 7 | 2 | | 2 | 2667 | 0833 | | 0 | 0064 | 0031 | | 2 | 1875 | 0441 | |
| 0 | 1.00 | 2667 | | 16 | 5 | 3 | | 1 | 1113 | 0545 | | 17 | 4 | 3 | |
| 2 | 4286 | 2000 | | 0 | 1.00 | 2946 | | 5 | 1534 | 0717 | | 0 | 1.00 | 4206 | |
| 15 | 7 | 3 | | 3 | 0571 | 0179 | | 6 | 0121 | 0056 | | 2 | 3500 | 1206 | |
| 0 | 2821 | 1231 | | 16 | 5 | 4 | | 16 | 8 | 1 | | 3 | 0250 | 0059 | |
| 3 | 1648 | 0769 | | 0 | 3956 | 1813 | | 0 | 1.00 | 5000 | | 17 | 4 | 4 | |
| 15 | 7 | 4 | | 3 | 1538 | 0632 | | 1 | 1.00 | 5000 | | 0 | 1.00 | 3004 | |
| 0 | 1131 | 0513 | | 4 | 0088 | 0027 | | 16 | 8 | 2 | | 3 | 0714 | 0223 | |
| 4 | 0549 | 0256 | | 16 | 5 | 5 | | 0 | 4667 | 2333 | | 4 | 0018 | 0004 | |
| 15 | 7 | 5 | | 0 | 2117 | 1058 | | 2 | 4667 | 2333 | | 17 | 5 | 1 | |
| 0 | 0406 | 0186 | | 3 | 3284 | 1387 | | 16 | 8 | 3 | | 0 | 1.00 | 7059 | |
| 1 | 4126 | 1818 | | 4 | 0350 | 0128 | | 0 | 2000 | 1000 | | 1 | 1.00 | 2941 | |
| 4 | 2168 | 1002 | | 5 | 0007 | 0002 | | 3 | 2000 | 1000 | | 17 | 5 | 2 | |
| 5 | 0150 | 0070 | | 16 | 6 | 1 | | 16 | 8 | 4 | | 0 | 1.00 | 4853 | |
| 15 | 7 | 6 | | 0 | 1.00 | 6250 | | 0 | 0769 | 0385 | | 2 | 2500 | 0735 | |
| 0 | 0121 | 0056 | | 1 | 1.00 | 3750 | | 4 | 0769 | 0385 | | 17 | 5 | 3 | |
| 1 | 1341 | 0839 | | 16 | 6 | 2 | | 16 | 8 | 5 | | 0 | 1.00 | 3235 | |
| 5 | 0754 | 0350 | | 0 | 1.00 | 3750 | | 0 | 0256 | 0128 | | 2 | 4500 | 1912 | |
| 6 | 0030 | 0014 | | 2 | 3333 | 1250 | | 1 | 2821 | 1410 | | 3 | 0500 | 0147 | |
| 15 | 7 | 7 | | 16 | 6 | 3 | | 4 | 2821 | 1410 | | 17 | 5 | 4 | |
| 0 | 0027 | 0012 | | 0 | 4490 | 2143 | | 5 | 0256 | 0128 | | 0 | 4388 | 2080 | |
| 1 | 0687 | 0317 | | 3 | 0952 | 0357 | | 16 | 8 | 6 | | 3 | 1357 | 0525 | |
| 5 | 2185 | 1002 | | 16 | 6 | 4 | | 0 | 0070 | 0035 | | 4 | 0071 | 0021 | |
| 6 | 0191 | 0089 | | 0 | 2253 | 1154 | | 1 | 1199 | 0594 | | 17 | 5 | 5 | |
| 7 | 0003 | 0002 | | 3 | 2562 | 1181 | | 5 | 1189 | 0594 | | 0 | 2445 | 1280 | |
| 16 | 2 | 1 | | 4 | 0220 | 0082 | | 6 | 0070 | 0035 | | 3 | 2445 | 1165 | |
| 0 | 1.00 | 8750 | | 16 | 6 | 5 | | 16 | 8 | 7 | | 4 | 0269 | 0099 | |
| 1 | 1.00 | 1250 | | 0 | 1209 | 0577 | | 0 | 0014 | 0007 | | 5 | 0005 | 0002 | |
| 16 | 2 | 2 | | 4 | 0769 | 0357 | | 1 | 0406 | 0203 | | 17 | 6 | 1 | |
| 0 | 1.00 | 7583 | | 5 | 0037 | 0014 | | 2 | 3147 | 1573 | | 0 | 1.00 | 6471 | |
| 2 | 0667 | 0083 | | 16 | 6 | 6 | | 5 | 3147 | 1573 | | 1 | 1.00 | 3529 | |
| 16 | 3 | 1 | | 0 | 0555 | 0262 | | 6 | 0406 | 0203 | | 17 | 6 | 2 | |
| 0 | 1.00 | 8125 | | 4 | 2058 | 0919 | | 7 | 0014 | 0007 | | 0 | 1.00 | 4044 | |
| 1 | 1.00 | 1875 | | 5 | 0170 | 0076 | | 16 | 8 | 8 | | 2 | 3125 | 1103 | |
| 16 | 3 | 2 | | 6 | 0003 | 0001 | | 1 | 0101 | 0051 | | 17 | 6 | 3 | |
| 0 | 1.00 | 6500 | | 16 | 7 | 1 | | 2 | 1319 | 0660 | | 0 | 4844 | 2426 | |
| 2 | 1333 | 0250 | | 0 | 1.00 | 5625 | | 6 | 1319 | 0660 | | 3 | 0833 | 0294 | |
| 16 | 3 | 3 | | 1 | 1.00 | 4375 | | 7 | 0101 | 0051 | | 17 | 6 | 4 | |
| 0 | 1.00 | 5107 | | | | | | | | | | 0 | 2929 | 1387 | |

Tafel XV-4-3 (Fortsetz.)

| a | N | A | B | a | N | A | B | a | N | A | B | a | N | A | B |
|---|---|---|---|---|---|---|---|---|---|---|---|---|---|---|---|
| 3 | 2143 | 0987 | | 17 | 8 | 7 | | 4 | 0223 | 0077 | | 3 | 1544 | 0686 | |
| 4 | 0179 | 0063 | | 0 | 0040 | 0019 | | 5 | 0004 | 0001 | | 18 | 8 | 4 | |
| 17 | 6 | 5 | | 1 | 0734 | 0364 | | 18 | 6 | 1 | | 0 | 1497 | 0686 | |
| 0 | 1582 | 0747 | | 5 | 2524 | 1170 | | 0 | 1.00 | 6667 | | 4 | 0515 | 0229 | |
| 4 | 0632 | 0276 | | 6 | 0235 | 0134 | | 1 | 1.00 | 3333 | | 18 | 8 | 5 | |
| 5 | 0027 | 0010 | | 7 | 0009 | 0004 | | 18 | 6 | 2 | | 0 | 0625 | 0294 | |
| 17 | 6 | 6 | | 17 | 8 | 3 | | 0 | 1.00 | 4314 | | 4 | 1979 | 0882 | |
| 0 | 0764 | 0373 | | 0 | 0008 | 0004 | | 2 | 2941 | 0980 | | 5 | 0147 | 0065 | |
| 4 | 1650 | 0721 | | 1 | 0263 | 0122 | | 18 | 6 | 3 | | 18 | 8 | 6 | |
| 5 | 0128 | 0054 | | 2 | 2364 | 1090 | | 0 | 5147 | 2696 | | 0 | 0236 | 0113 | |
| 17 | 7 | 1 | | 6 | 0954 | 0445 | | 3 | 0735 | 0245 | | 1 | 2534 | 1199 | |
| 0 | 1.00 | 5882 | | 7 | 0054 | 0030 | | 18 | 6 | 4 | | 5 | 0701 | 0317 | |
| 1 | 1.00 | 4118 | | 18 | 2 | 1 | | 0 | 3529 | 1618 | | 6 | 0034 | 0015 | |
| 17 | 7 | 2 | | 0 | 1.00 | 8889 | | 3 | 1912 | 0833 | | 18 | 8 | 7 | |
| 0 | 1.00 | 3309 | | 1 | 1.00 | 1111 | | 4 | 0147 | 0049 | | 0 | 0077 | 0038 | |
| 2 | 3750 | 1544 | | 18 | 2 | 2 | | 18 | 6 | 5 | | 1 | 1168 | 0566 | |
| 17 | 7 | 3 | | 0 | 1.00 | 7843 | | 0 | 1912 | 0924 | | 5 | 1923 | 0882 | |
| 0 | 3942 | 1765 | | 2 | 0588 | 0065 | | 3 | 4223 | 1758 | | 6 | 0198 | 0090 | |
| 3 | 1250 | 0515 | | 18 | 3 | 1 | | 4 | 0525 | 0217 | | 7 | 0006 | 0003 | |
| 17 | 7 | 4 | | 0 | 1.00 | 8333 | | 5 | 0021 | 0007 | | 18 | 8 | 8 | |
| 0 | 1848 | 0882 | | 1 | 1.00 | 1667 | | 18 | 6 | 6 | | 0 | 0021 | 0010 | |
| 3 | 3864 | 1618 | | 18 | 3 | 2 | | 0 | 0976 | 0498 | | 1 | 0466 | 0230 | |
| 4 | 0357 | 0147 | | 0 | 1.00 | 6863 | | 4 | 1260 | 0573 | | 2 | 3209 | 1573 | |
| 17 | 7 | 5 | | 2 | 1176 | 0196 | | 5 | 0099 | 0039 | | 5 | 3953 | 1842 | |
| 0 | 0822 | 0407 | | 18 | 3 | 3 | | 18 | 7 | 1 | | 6 | 0646 | 0306 | |
| 4 | 1346 | 0600 | | 0 | 1.00 | 5576 | | 0 | 1.00 | 6111 | | 7 | 0040 | 0019 | |
| 5 | 0082 | 0034 | | 2 | 2279 | 0564 | | 1 | 1.00 | 3889 | | 18 | 9 | 1 | |
| 17 | 7 | 6 | | 3 | 0074 | 0012 | | 18 | 7 | 2 | | 0 | 1.00 | 5000 | |
| 0 | 0333 | 0170 | | 18 | 4 | 1 | | 0 | 1.00 | 3595 | | 1 | 1.00 | 5000 | |
| 1 | 3269 | 1595 | | 0 | 1.00 | 7778 | | 2 | 3529 | 1373 | | 18 | 9 | 2 | |
| 4 | 2962 | 1448 | | 1 | 1.00 | 2222 | | 18 | 7 | 3 | | 0 | 4706 | 2353 | |
| 5 | 0365 | 0175 | | 18 | 4 | 2 | | 0 | 4338 | 2022 | | 2 | 4706 | 2353 | |
| 6 | 0014 | 0006 | | 0 | 1.00 | 5348 | | 3 | 1103 | 0429 | | 18 | 9 | 3 | |
| 17 | 7 | 7 | | 2 | 1765 | 0392 | | 18 | 7 | 4 | | 0 | 2059 | 1029 | |
| 0 | 0128 | 0062 | | 18 | 4 | 3 | | 0 | 2161 | 1078 | | 3 | 2059 | 1029 | |
| 1 | 1749 | 0818 | | 0 | 1.00 | 4461 | | 3 | 3206 | 1373 | | 18 | 9 | 4 | |
| 5 | 1097 | 0522 | | 2 | 3309 | 1078 | | 4 | 0294 | 0114 | | 0 | 0824 | 0412 | |
| 6 | 0076 | 0037 | | 3 | 0221 | 0049 | | 18 | 7 | 5 | | 4 | 0824 | 0412 | |
| 17 | 8 | 1 | | 18 | 4 | 4 | | 0 | 1060 | 0539 | | 18 | 9 | 5 | |
| 0 | 1.00 | 5294 | | 0 | 1.00 | 3271 | | 4 | 0987 | 0474 | | 0 | 0294 | 0147 | |
| 1 | 1.00 | 4706 | | 2 | 4647 | 1371 | | 5 | 0053 | 0025 | | 1 | 2941 | 1471 | |
| 17 | 8 | 2 | | 3 | 0632 | 0136 | | 18 | 7 | 6 | | 4 | 2941 | 1471 | |
| 0 | 1.00 | 2647 | | 4 | 0015 | 0003 | | 0 | 0518 | 0249 | | 5 | 0294 | 0147 | |
| 2 | 4375 | 2059 | | 18 | 5 | 1 | | 1 | 4400 | 1991 | | 18 | 9 | 6 | |
| 17 | 8 | 3 | | 0 | 1.00 | 7222 | | 4 | 2534 | 1165 | | 0 | 0090 | 0045 | |
| 0 | 2800 | 1235 | | 1 | 1.00 | 2778 | | 5 | 0276 | 0128 | | 1 | 1312 | 0656 | |
| 3 | 1750 | 0824 | | 18 | 5 | 2 | | 6 | 0010 | 0004 | | 5 | 1312 | 0656 | |
| 17 | 8 | 4 | | 0 | 1.00 | 5098 | | 18 | 7 | 7 | | 6 | 0090 | 0045 | |
| 0 | 1158 | 0529 | | 2 | 2353 | 0654 | | 0 | 0217 | 0104 | | 18 | 9 | 7 | |
| 4 | 0625 | 0294 | | 18 | 5 | 3 | | 1 | 2388 | 1120 | | 0 | 0023 | 0011 | |
| 17 | 8 | 5 | | 0 | 1.00 | 3505 | | 5 | 0854 | 0387 | | 1 | 0498 | 0249 | |
| 0 | 0440 | 0204 | | 2 | 4265 | 1716 | | 6 | 0054 | 0025 | | 2 | 3348 | 1674 | |
| 1 | 4126 | 1833 | | 3 | 0441 | 0123 | | 18 | 8 | 1 | | 5 | 3348 | 1674 | |
| 4 | 2375 | 1109 | | 18 | 5 | 4 | | 0 | 1.00 | 5556 | | 6 | 0498 | 0249 | |
| 5 | 0192 | 0090 | | 0 | 4743 | 2337 | | 1 | 1.00 | 4444 | | 7 | 0023 | 0011 | |
| 17 | 8 | 6 | | 3 | 1206 | 0441 | | 18 | 8 | 2 | | 18 | 9 | 8 | |
| 0 | 0146 | 0068 | | 4 | 0059 | 0016 | | 0 | 1.00 | 2941 | | 0 | 0004 | 0002 | |
| 1 | 1923 | 0882 | | 18 | 5 | 5 | | 2 | 4118 | 1830 | | 1 | 0152 | 0076 | |
| 5 | 0918 | 0430 | | 0 | 3172 | 1502 | | 18 | 8 | 3 | | 2 | 1534 | 0767 | |
| 6 | 0048 | 0023 | | 3 | 2189 | 0987 | | 0 | 3382 | 1471 | | 6 | 1534 | 0767 | |

Tafel XV-4-3 (Fortsetz.) 463

| a | N | A | B | a | N | A | B | a | N | A | B | a | N | A | B |
|---|---|---|---|---|---|---|---|---|---|---|---|---|---|---|---|
| 7 | 0152 | 0076 | | 1 | 1.00 | 3158 | | 4 | 0429 | 0181 | | 1 | 0095 | 0045 | |
| 8 | 0004 | 0002 | | 19 | 6 | 2 | | 19 | 8 | 5 | | 2 | 1095 | 0513 | |
| 18 | 9 | 9 | | 0 | 1.00 | 4561 | | 0 | 0813 | 0397 | | 6 | 2744 | 1276 | |
| 1 | 0034 | 0017 | | 2 | 2773 | 0877 | | 4 | 1612 | 0710 | | 7 | 0393 | 0185 | |
| 2 | 0567 | 0283 | | 19 | 6 | 3 | | 5 | 0114 | 0048 | | 8 | 0021 | 0010 | |
| 3 | 3469 | 1735 | | 0 | 1.00 | 2951 | | 19 | 8 | 6 | | 20 | 2 | 1 | |
| 6 | 3469 | 1735 | | 3 | 0654 | 0206 | | 0 | 0340 | 0170 | | 0 | 1.00 | 9000 | |
| 7 | 0567 | 0283 | | 19 | 6 | 4 | | 1 | 3067 | 1533 | | 1 | 1.00 | 1000 | |
| 8 | 0034 | 0017 | | 0 | 3992 | 1845 | | 4 | 3529 | 1656 | | 20 | 2 | 2 | |
| 19 | 2 | 1 | | 3 | 1715 | 0709 | | 5 | 0517 | 0237 | | 0 | 1.00 | 8053 | |
| 0 | 1.00 | 8947 | | 4 | 0123 | 0039 | | 6 | 0025 | 0010 | | 1 | 1.00 | 1947 | |
| 1 | 1.00 | 1053 | | 19 | 6 | 5 | | 19 | 8 | 7 | | 2 | 0526 | 0053 | |
| 19 | 2 | 2 | | 0 | 2211 | 1107 | | 0 | 0128 | 0065 | | 20 | 3 | 1 | |
| 0 | 1.00 | 7953 | | 3 | 3627 | 1514 | | 1 | 1638 | 0799 | | 0 | 1.00 | 8500 | |
| 2 | 0556 | 0058 | | 4 | 0441 | 0173 | | 5 | 1384 | 0674 | | 1 | 1.00 | 1500 | |
| 19 | 3 | 1 | | 5 | 0016 | 0005 | | 6 | 0128 | 0063 | | 20 | 3 | 2 | |
| 0 | 1.00 | 8421 | | 19 | 6 | 6 | | 7 | 0004 | 0002 | | 0 | 1.00 | 7158 | |
| 1 | 1.00 | 1579 | | 0 | 1274 | 0632 | | 19 | 8 | 8 | | 2 | 1053 | 0158 | |
| 19 | 3 | 2 | | 4 | 0987 | 0460 | | 0 | 0045 | 0022 | | 20 | 3 | 3 | |
| 0 | 1.00 | 7018 | | 5 | 0077 | 0029 | | 1 | 0784 | 0371 | | 0 | 1.00 | 5965 | |
| 2 | 1111 | 0175 | | 19 | 7 | 1 | | 5 | 3032 | 1438 | | 2 | 2047 | 0456 | |
| 19 | 3 | 3 | | 0 | 1.00 | 6316 | | 6 | 0451 | 0216 | | 3 | 0058 | 0009 | |
| 0 | 1.00 | 5779 | | 1 | 1.00 | 3684 | | 7 | 0025 | 0012 | | 20 | 4 | 1 | |
| 2 | 2157 | 0506 | | 19 | 7 | 2 | | 19 | 9 | 1 | | 0 | 1.00 | 8000 | |
| 3 | 0065 | 0010 | | 0 | 1.00 | 3860 | | 0 | 1.00 | 5263 | | 1 | 1.00 | 2000 | |
| 19 | 4 | 1 | | 2 | 3333 | 1228 | | 1 | 1.00 | 4737 | | 20 | 4 | 2 | |
| 0 | 1.00 | 7895 | | 19 | 7 | 3 | | 19 | 9 | 2 | | 0 | 1.00 | 6316 | |
| 1 | 1.00 | 2105 | | 0 | 4671 | 2270 | | 0 | 1.00 | 2632 | | 2 | 1579 | 0316 | |
| 19 | 4 | 2 | | 3 | 0980 | 0361 | | 2 | 4444 | 2105 | | 20 | 4 | 3 | |
| 0 | 1.00 | 6140 | | 19 | 7 | 4 | | 19 | 9 | 3 | | 0 | 1.00 | 4912 | |
| 2 | 1667 | 0351 | | 0 | 2451 | 1277 | | 0 | 2781 | 1238 | | 2 | 2982 | 0877 | |
| 19 | 4 | 3 | | 3 | 2451 | 1174 | | 3 | 1830 | 0867 | | 3 | 0175 | 0035 | |
| 0 | 1.00 | 4696 | | 4 | 0245 | 0090 | | 19 | 9 | 4 | | 20 | 4 | 4 | |
| 2 | 3137 | 0970 | | 19 | 7 | 5 | | 0 | 1176 | 0542 | | 0 | 1.00 | 3756 | |
| 3 | 0196 | 0041 | | 0 | 1422 | 0681 | | 4 | 0686 | 0325 | | 2 | 4221 | 1620 | |
| 19 | 4 | 4 | | 4 | 0833 | 0379 | | 19 | 9 | 5 | | 3 | 0506 | 0134 | |
| 0 | 1.00 | 3522 | | 5 | 0049 | 0018 | | 0 | 0465 | 0217 | | 4 | 0010 | 0002 | |
| 2 | 4424 | 1783 | | 19 | 7 | 6 | | 1 | 4118 | 1842 | | 20 | 5 | 1 | |
| 3 | 0564 | 0157 | | 0 | 0706 | 0341 | | 4 | 2534 | 1192 | | 0 | 1.00 | 7500 | |
| 4 | 0012 | 0003 | | 4 | 2146 | 0947 | | 5 | 0229 | 0108 | | 1 | 1.00 | 2500 | |
| 19 | 5 | 1 | | 5 | 0217 | 0095 | | 19 | 9 | 6 | | 20 | 5 | 2 | |
| 0 | 1.00 | 7368 | | 6 | 0007 | 0003 | | 0 | 0165 | 0077 | | 0 | 1.00 | 5526 | |
| 1 | 1.00 | 2632 | | 19 | 7 | 7 | | 1 | 1979 | 0913 | | 2 | 2105 | 0526 | |
| 19 | 5 | 2 | | 0 | 0318 | 0157 | | 5 | 1050 | 0495 | | 20 | 5 | 3 | |
| 0 | 1.00 | 5322 | | 1 | 2935 | 1441 | | 6 | 0065 | 0031 | | 0 | 1.00 | 3991 | |
| 2 | 2222 | 0585 | | 4 | 4061 | 1820 | | 19 | 9 | 7 | | 2 | 3860 | 1404 | |
| 19 | 5 | 3 | | 5 | 0651 | 0292 | | 0 | 0051 | 0024 | | 3 | 0351 | 0088 | |
| 0 | 1.00 | 3756 | | 6 | 0039 | 0017 | | 1 | 0854 | 0399 | | 20 | 5 | 4 | |
| 2 | 4052 | 1548 | | 19 | 8 | 1 | | 5 | 2776 | 1299 | | 0 | 5304 | 2817 | |
| 3 | 0392 | 0103 | | 0 | 1.00 | 5789 | | 6 | 0368 | 0174 | | 3 | 0970 | 0320 | |
| 19 | 5 | 4 | | 1 | 1.00 | 4211 | | 7 | 0015 | 0007 | | 4 | 0041 | 0010 | |
| 0 | 5044 | 2583 | | 19 | 8 | 2 | | 19 | 9 | 8 | | 20 | 5 | 5 | |
| 3 | 1078 | 0374 | | 0 | 1.00 | 3216 | | 0 | 0013 | 0006 | | 0 | 4131 | 1937 | |
| 4 | 0049 | 0013 | | 2 | 3889 | 1637 | | 1 | 0317 | 0149 | | 3 | 1783 | 0726 | |
| 19 | 5 | 5 | | 19 | 8 | 3 | | 2 | 2481 | 1149 | | 4 | 0157 | 0049 | |
| 0 | 3709 | 1722 | | 0 | 3838 | 1703 | | 6 | 1168 | 0549 | | 20 | 6 | 1 | |
| 3 | 1971 | 0844 | | 3 | 1373 | 0578 | | 7 | 0103 | 0049 | | 0 | 1.00 | 7000 | |
| 4 | 0186 | 0061 | | 19 | 8 | 4 | | 8 | 0003 | 0001 | | 1 | 1.00 | 3000 | |
| 19 | 6 | 1 | | 0 | 1804 | 0851 | | 19 | 9 | 9 | | 20 | 6 | 2 | |
| 0 | 1.00 | 6842 | | 3 | 4193 | 1770 | | 0 | 0002 | 0001 | | 0 | 1.00 | 4789 | |

Tafel XV-4-3 (Fortsetz.)

| a | N | A | B | a | N | A | B | a | N | A | B |
|---|---|---|---|---|---|---|---|---|---|---|---|
| 2 | 2632 | 0739 | | 4 | 1259 | 0578 | | 20 | 10 | | 1 |
| 20 | 6 | | 3 | 5 | 0090 | 0036 | | 0 | 1.00 | 5000 | |
| 0 | 1.00 | 3193 | | 20 | 8 | | 6 | 1 | 1.00 | 5000 | |
| 3 | 0585 | 0175 | | 0 | 0479 | 0238 | | 20 | 10 | | 2 |
| 20 | 6 | | 4 | 1 | 4040 | 1873 | | 0 | 4737 | 2368 | |
| 0 | 4365 | 2066 | | 4 | 2905 | 1373 | | 2 | 4737 | 2368 | |
| 3 | 1548 | 0609 | | 5 | 0379 | 0181 | | 20 | 10 | | 3 |
| 4 | 0103 | 0031 | | 6 | 0018 | 0007 | | 0 | 2105 | 1053 | |
| 20 | 6 | | 5 | 20 | 8 | | 7 | 3 | 2105 | 1053 | |
| 0 | 2487 | 1231 | | 0 | 0212 | 0102 | | 20 | 10 | | 4 |
| 3 | 2957 | 1313 | | 1 | 2252 | 1056 | | 0 | 0867 | 0433 | |
| 4 | 0374 | 0139 | | 5 | 1127 | 0521 | | 4 | 0367 | 0433 | |
| 5 | 0013 | 0004 | | 6 | 0095 | 0044 | | 20 | 10 | | 5 |
| 20 | 6 | | 6 | 7 | 0003 | 0001 | | 0 | 0325 | 0163 | |
| 0 | 1607 | 0775 | | 20 | 8 | | 8 | 1 | 3034 | 1517 | |
| 4 | 0844 | 0374 | | 0 | 0081 | 0039 | | 4 | 3034 | 1517 | |
| 5 | 0061 | 0022 | | 1 | 1137 | 0542 | | 5 | 0325 | 0163 | |
| 20 | 7 | | 1 | 5 | 2482 | 1132 | | 20 | 10 | | 6 |
| 0 | 1.00 | 6500 | | 6 | 0337 | 0154 | | 0 | 0108 | 0054 | |
| 1 | 1.00 | 3500 | | 7 | 0017 | 0008 | | 1 | 1409 | 0704 | |
| 20 | 7 | | 2 | 20 | 9 | | 1 | 5 | 1409 | 0704 | |
| 0 | 1.00 | 4105 | | 0 | 1.00 | 5500 | | 6 | 0108 | 0054 | |
| 2 | 3153 | 1105 | | 1 | 1.00 | 4500 | | 20 | 10 | | 7 |
| 20 | 7 | | 3 | 20 | 9 | | 2 | 0 | 0031 | 0015 | |
| 0 | 4958 | 2509 | | 0 | 1.00 | 2895 | | 1 | 0573 | 0286 | |
| 3 | 0877 | 0307 | | 2 | 4211 | 1895 | | 2 | 3498 | 1749 | |
| 20 | 7 | | 4 | 20 | 9 | | 3 | 5 | 3498 | 1749 | |
| 0 | 3113 | 1476 | | 0 | 3320 | 1447 | | 6 | 0573 | 0286 | |
| 3 | 2219 | 1011 | | 3 | 1637 | 0737 | | 7 | 0031 | 0015 | |
| 4 | 0206 | 0072 | | 20 | 9 | | 4 | 20 | 10 | | 8 |
| 20 | 7 | | 5 | 0 | 1486 | 0681 | | 0 | 0007 | 0004 | |
| 0 | 1736 | 0830 | | 4 | 0578 | 0260 | | 1 | 0193 | 0099 | |
| 4 | 0709 | 0307 | | 20 | 9 | | 5 | 2 | 1698 | 0849 | |
| 5 | 0039 | 0014 | | 0 | 0635 | 0298 | | 6 | 1698 | 0849 | |
| 20 | 7 | | 6 | 4 | 2167 | 0975 | | 7 | 0193 | 0099 | |
| 0 | 0393 | 0443 | | 5 | 0181 | 0081 | | 8 | 0007 | 0004 | |
| 4 | 1783 | 0777 | | 20 | 9 | | 6 | 20 | 10 | | 9 |
| 5 | 0173 | 0072 | | 0 | 0250 | 0119 | | 1 | 0055 | 0027 | |
| 6 | 0095 | 0002 | | 1 | 2534 | 1192 | | 2 | 0698 | 0349 | |
| 20 | 7 | | 7 | 5 | 0835 | 0379 | | 3 | 3698 | 1849 | |
| 0 | 0429 | 0221 | | 6 | 0048 | 0022 | | 6 | 3698 | 1849 | |
| 1 | 3661 | 1771 | | 20 | 9 | | 7 | 7 | 0698 | 0349 | |
| 4 | 3143 | 1514 | | 0 | 0088 | 0043 | | 8 | 0055 | 0027 | |
| 5 | 0471 | 0223 | | 1 | 1205 | 0579 | | 20 | 10 | | 10 |
| 6 | 0029 | 0012 | | 5 | 2226 | 1018 | | 1 | 0011 | 0005 | |
| 20 | 8 | | 1 | 6 | 0270 | 0124 | | 2 | 0230 | 0115 | |
| 0 | 1.00 | 6000 | | 7 | 0010 | 0005 | | 3 | 1789 | 0894 | |
| 1 | 1.00 | 4000 | | 20 | 9 | | 8 | 7 | 1789 | 0894 | |
| 20 | 8 | | 2 | 0 | 0027 | 0013 | | 8 | 0230 | 0115 | |
| 0 | 1.00 | 3474 | | 1 | 0510 | 0249 | | 9 | 0011 | 0005 | |
| 2 | 3684 | 1474 | | 2 | 3241 | 1569 | | | | | |
| 20 | 8 | | 3 | 6 | 0854 | 0399 | | | | | |
| 0 | 4211 | 1930 | | 7 | 0069 | 0032 | | | | | |
| 3 | 1228 | 0431 | | 20 | 9 | | 9 | | | | |
| 20 | 8 | | 4 | 0 | 0007 | 0003 | | | | | |
| 0 | 2086 | 1022 | | 1 | 0186 | 0092 | | | | | |
| 3 | 3643 | 1531 | | 2 | 1621 | 0799 | | | | | |
| 4 | 0361 | 0144 | | 6 | 1984 | 0949 | | | | | |
| 20 | 8 | | 5 | 7 | 0259 | 0124 | | | | | |
| 0 | 1004 | 0511 | | 8 | 0013 | 0006 | | | | | |

## Tafel XV-5-4

Stichprobenumfänge zum Heterogenitätsnachweis in Vierfeldertafeln
Entnommen aus FLEISS, J. L.: Statistical methods for rates and proportions. New York: Wiley 1973,
Table A. 3, mit freundlicher Genehmigung des Autors und des Verlages.

Die Tafel enthält die Stichprobenumfänge n., die im Durchschnitt für jede von zwei unabhängigen Stichproben benötigt werden, um eine bezgl. einer Ja-Nein-Observablen bestehende Anteilsdifferenz $P_1 - P_2$ zwischen dem Ja-Anteil $P_1$ in einer Population 1 (über dem Spaltenkopf) und dem Ja-Anteil $P_2$ in einer Population 2 (in der ersten Vorspalte) als signifikant nachzuweisen, wenn die Wahrscheinlichkeit, daß dies gelingt, $1 - ß$ (im Spaltenkopf) betragen, und die Wahrscheinlichkeit, daß dies mißlingt, höchstens Alpha (in der zweiten Vorspalte) sein soll. Die Untertafeln enthalten die Anteile $P_1 < P_2$ für $P_i = 0{,}05(0{,}05)0{,}95$.

*Ablesebeispiel:* Vermutet der Untersucher in einer Population 1 einen Ja-Anteil von 40 % und in einer Population 2 einen Ja-Anteil von 70 % (oder umgekehrt), so hat er die besten Chancen, diesen Unterschied bei $\alpha = 0{,}05$ und $1 - ß = 0{,}90$ nachzuweisen, wenn er je eine Stichprobe mit $N_1 = N_2 = n. = 68$ zum Zweistichprobenvergleich (Heterogenität vs. Homogenität $\hat{=} H_0$) heranzieht.

P1 = 0.05

| P2 | ALPHA | 0.99 | 0.95 | 0.90 | 0.85 | 0.80 | 0.75 | 0.70 | 0.65 | 0.50 |
|---|---|---|---|---|---|---|---|---|---|---|
| 0.10 | 0.01 | 1407. | 1064. | 902. | 800. | 725. | 663. | 610. | 563. | 445. |
| 0.10 | 0.02 | 1275. | 950. | 798. | 704. | 633. | 576. | 527. | 484. | 376. |
| 0.10 | 0.05 | 1093. | 796. | 659. | 574. | 511. | 461. | 418. | 381. | 288. |
| 0.10 | 0.10 | 949. | 676. | 551. | 474. | 418. | 374. | 336. | 303. | 223. |
| 0.10 | 0.20 | 796. | 550. | 439. | 373. | 324. | 286. | 254. | 227. | 161. |
| 0.15 | 0.01 | 466. | 356. | 304. | 272. | 247. | 227. | 210. | 195. | 157. |
| 0.15 | 0.02 | 423. | 319. | 271. | 240. | 217. | 199. | 183. | 169. | 134. |
| 0.15 | 0.05 | 365. | 269. | 225. | 198. | 178. | 162. | 148. | 136. | 105. |
| 0.15 | 0.10 | 318. | 230. | 190. | 166. | 148. | 133. | 121. | 110. | 84. |
| 0.15 | 0.20 | 269. | 190. | 154. | 132. | 117. | 104. | 94. | 85. | 63. |
| 0.20 | 0.01 | 254. | 195. | 168. | 150. | 137. | 127. | 118. | 110. | 89. |
| 0.20 | 0.02 | 231. | 176. | 150. | 134. | 121. | 112. | 103. | 96. | 77. |
| 0.20 | 0.05 | 199. | 149. | 125. | 111. | 100. | 91. | 84. | 77. | 61. |
| 0.20 | 0.10 | 174. | 128. | 106. | 93. | 84. | 76. | 69. | 64. | 49. |
| 0.20 | 0.20 | 148. | 106. | 87. | 75. | 67. | 60. | 55. | 50. | 38. |
| 0.25 | 0.01 | 167. | 129. | 111. | 100. | 92. | 85. | 79. | 74. | 61. |
| 0.25 | 0.02 | 152. | 116. | 100. | 89. | 81. | 75. | 70. | 65. | 53. |
| 0.25 | 0.05 | 131. | 99. | 84. | 74. | 67. | 62. | 57. | 53. | 42. |
| 0.25 | 0.10 | 115. | 85. | 71. | 63. | 57. | 52. | 47. | 44. | 34. |
| 0.25 | 0.20 | 98. | 71. | 59. | 51. | 46. | 41. | 38. | 34. | 27. |
| 0.30 | 0.01 | 121. | 94. | 81. | 74. | 68. | 63. | 58. | 55. | 45. |
| 0.30 | 0.02 | 110. | 85. | 73. | 65. | 60. | 55. | 52. | 48. | 39. |
| 0.30 | 0.05 | 95. | 72. | 61. | 55. | 50. | 46. | 42. | 39. | 32. |
| 0.30 | 0.10 | 83. | 62. | 52. | 46. | 42. | 38. | 35. | 33. | 26. |
| 0.30 | 0.20 | 71. | 52. | 43. | 38. | 34. | 31. | 28. | 26. | 20. |
| 0.35 | 0.01 | 92. | 73. | 63. | 57. | 53. | 49. | 46. | 43. | 36. |
| 0.35 | 0.02 | 84. | 65. | 56. | 51. | 47. | 43. | 40. | 38. | 31. |
| 0.35 | 0.05 | 73. | 56. | 48. | 43. | 39. | 36. | 33. | 31. | 25. |
| 0.35 | 0.10 | 64. | 48. | 41. | 36. | 33. | 30. | 28. | 26. | 21. |
| 0.35 | 0.20 | 55. | 40. | 34. | 30. | 27. | 24. | 22. | 21. | 16. |
| 0.40 | 0.01 | 74. | 58. | 51. | 46. | 42. | 40. | 37. | 35. | 29. |
| 0.40 | 0.02 | 67. | 52. | 45. | 41. | 38. | 35. | 33. | 31. | 26. |
| 0.40 | 0.05 | 58. | 45. | 38. | 34. | 32. | 29. | 27. | 25. | 21. |
| 0.40 | 0.10 | 51. | 39. | 33. | 29. | 27. | 25. | 23. | 21. | 17. |
| 0.40 | 0.20 | 43. | 32. | 27. | 24. | 22. | 20. | 18. | 17. | 14. |
| 0.45 | 0.01 | 60. | 48. | 42. | 38. | 35. | 33. | 31. | 29. | 25. |
| 0.45 | 0.02 | 55. | 43. | 37. | 34. | 31. | 29. | 27. | 26. | 22. |
| 0.45 | 0.05 | 47. | 37. | 32. | 29. | 26. | 24. | 23. | 21. | 18. |
| 0.45 | 0.10 | 42. | 32. | 27. | 24. | 22. | 21. | 19. | 18. | 15. |
| 0.45 | 0.20 | 36. | 27. | 23. | 20. | 18. | 17. | 16. | 14. | 12. |

Tafel XV-5-4 (Fortsetz.)

P1 = 0.05

| P2 | ALPHA | 0.99 | 0.95 | 0.90 | 0.85 | 0.80 | 0.75 | 0.70 | 0.65 | 0.50 |
|---|---|---|---|---|---|---|---|---|---|---|
| 0.50 | 0.01 | 50. | 40. | 35. | 32. | 30. | 28. | 26. | 25. | 21. |
| 0.50 | 0.02 | 45. | 36. | 31. | 29. | 27. | 25. | 23. | 22. | 18. |
| 0.50 | 0.05 | 39. | 31. | 27. | 24. | 22. | 21. | 19. | 18. | 15. |
| 0.50 | 0.10 | 35. | 27. | 23. | 21. | 19. | 18. | 16. | 15. | 13. |
| 0.50 | 0.20 | 30. | 22. | 19. | 17. | 16. | 14. | 13. | 12. | 10. |
| 0.55 | 0.01 | 42. | 34. | 30. | 27. | 25. | 24. | 23. | 21. | 18. |
| 0.55 | 0.02 | 38. | 31. | 27. | 24. | 23. | 21. | 20. | 19. | 16. |
| 0.55 | 0.05 | 33. | 26. | 23. | 21. | 19. | 18. | 17. | 16. | 13. |
| 0.55 | 0.10 | 29. | 23. | 20. | 18. | 16. | 15. | 14. | 13. | 11. |
| 0.55 | 0.20 | 25. | 19. | 16. | 15. | 13. | 12. | 12. | 11. | 9. |
| 0.60 | 0.01 | 36. | 29. | 26. | 24. | 22. | 21. | 20. | 19. | 16. |
| 0.60 | 0.02 | 33. | 26. | 23. | 21. | 20. | 19. | 17. | 17. | 14. |
| 0.60 | 0.05 | 28. | 22. | 20. | 18. | 17. | 16. | 15. | 14. | 12. |
| 0.60 | 0.10 | 25. | 19. | 17. | 15. | 14. | 13. | 12. | 12. | 10. |
| 0.60 | 0.20 | 21. | 16. | 14. | 13. | 12. | 11. | 10. | 10. | 8. |
| 0.65 | 0.01 | 31. | 25. | 22. | 21. | 19. | 18. | 17. | 16. | 14. |
| 0.65 | 0.02 | 28. | 23. | 20. | 18. | 17. | 16. | 15. | 15. | 13. |
| 0.65 | 0.05 | 24. | 19. | 17. | 16. | 15. | 14. | 13. | 12. | 10. |
| 0.65 | 0.10 | 21. | 17. | 15. | 13. | 12. | 12. | 11. | 10. | 9. |
| 0.65 | 0.20 | 18. | 14. | 12. | 11. | 10. | 10. | 9. | 9. | 7. |
| 0.70 | 0.01 | 26. | 22. | 19. | 18. | 17. | 16. | 15. | 15. | 13. |
| 0.70 | 0.02 | 24. | 20. | 18. | 16. | 15. | 14. | 14. | 13. | 11. |
| 0.70 | 0.05 | 21. | 17. | 15. | 14. | 13. | 12. | 11. | 11. | 9. |
| 0.70 | 0.10 | 18. | 15. | 13. | 12. | 11. | 10. | 10. | 9. | 8. |
| 0.70 | 0.20 | 16. | 12. | 11. | 10. | 9. | 9. | 8. | 8. | 7. |
| 0.75 | 0.01 | 23. | 19. | 17. | 16. | 15. | 14. | 14. | 13. | 12. |
| 0.75 | 0.02 | 21. | 17. | 15. | 14. | 13. | 13. | 12. | 12. | 10. |
| 0.75 | 0.05 | 18. | 15. | 13. | 12. | 11. | 11. | 10. | 10. | 9. |
| 0.75 | 0.10 | 16. | 13. | 11. | 10. | 10. | 9. | 9. | 8. | 7. |
| 0.75 | 0.20 | 13. | 11. | 10. | 9. | 8. | 8. | 7. | 7. | 6. |
| 0.80 | 0.01 | 20. | 16. | 15. | 14. | 13. | 13. | 12. | 12. | 10. |
| 0.80 | 0.02 | 18. | 15. | 13. | 13. | 12. | 11. | 11. | 10. | 9. |
| 0.80 | 0.05 | 15. | 13. | 12. | 11. | 10. | 10. | 9. | 9. | 8. |
| 0.80 | 0.10 | 13. | 11. | 10. | 9. | 9. | 8. | 8. | 8. | 7. |
| 0.80 | 0.20 | 12. | 9. | 8. | 8. | 7. | 7. | 7. | 6. | 5. |
| 0.85 | 0.01 | 17. | 14. | 13. | 12. | 12. | 11. | 11. | 10. | 9. |
| 0.85 | 0.02 | 15. | 13. | 12. | 11. | 11. | 10. | 10. | 9. | 8. |
| 0.85 | 0.05 | 13. | 11. | 10. | 9. | 9. | 9. | 8. | 8. | 7. |
| 0.85 | 0.10 | 12. | 10. | 9. | 8. | 8. | 7. | 7. | 7. | 6. |
| 0.85 | 0.20 | 10. | 8. | 7. | 7. | 6. | 6. | 6. | 6. | 5. |
| 0.90 | 0.01 | 14. | 12. | 12. | 11. | 10. | 10. | 10. | 9. | 9. |
| 0.90 | 0.02 | 13. | 11. | 10. | 10. | 9. | 9. | 9. | 8. | 8. |
| 0.90 | 0.05 | 11. | 10. | 9. | 8. | 8. | 8. | 7. | 7. | 7. |
| 0.90 | 0.10 | 10. | 8. | 8. | 7. | 7. | 7. | 6. | 6. | 6. |
| 0.90 | 0.20 | 8. | 7. | 6. | 6. | 6. | 6. | 5. | 5. | 5. |
| 0.95 | 0.01 | 12. | 11. | 10. | 10. | 9. | 9. | 9. | 9. | 8. |
| 0.95 | 0.02 | 11. | 10. | 9. | 9. | 8. | 8. | 8. | 8. | 7. |
| 0.95 | 0.05 | 9. | 8. | 8. | 7. | 7. | 7. | 7. | 6. | 6. |
| 0.95 | 0.10 | 8. | 7. | 7. | 6. | 6. | 6. | 6. | 6. | 5. |
| 0.95 | 0.20 | 7. | 6. | 6. | 5. | 5. | 5. | 5. | 5. | 4. |

P1 = 0.10

| P2 | ALPHA | 0.99 | 0.95 | 0.90 | 0.85 | 0.80 | 0.75 | 0.70 | 0.65 | 0.50 |
|---|---|---|---|---|---|---|---|---|---|---|
| 0.15 | 0.01 | 2176. | 1634. | 1378. | 1219. | 1099. | 1002. | 918. | 845. | 658. |
| 0.15 | 0.02 | 1968. | 1456. | 1215. | 1066. | 955. | 865. | 788. | 721. | 551. |
| 0.15 | 0.05 | 1682. | 1213. | 996. | 862. | 764. | 684. | 617. | 558. | 412. |
| 0.15 | 0.10 | 1454. | 1023. | 826. | 705. | 617. | 547. | 488. | 437. | 312. |
| 0.15 | 0.20 | 1213. | 825. | 651. | 546. | 470. | 410. | 360. | 318. | 216. |
| 0.20 | 0.01 | 646. | 490. | 416. | 370. | 335. | 307. | 283. | 261. | 207. |
| 0.20 | 0.02 | 586. | 438. | 369. | 325. | 293. | 267. | 245. | 225. | 176. |
| 0.20 | 0.05 | 503. | 367. | 305. | 266. | 237. | 214. | 195. | 178. | 135. |
| 0.20 | 0.10 | 437. | 312. | 255. | 220. | 195. | 174. | 157. | 142. | 105. |
| 0.20 | 0.20 | 367. | 254. | 204. | 174. | 151. | 134. | 119. | 107. | 77. |
| 0.25 | 0.01 | 329. | 251. | 214. | 191. | 174. | 160. | 148. | 137. | 110. |
| 0.25 | 0.02 | 298. | 225. | 190. | 169. | 153. | 140. | 129. | 119. | 94. |
| 0.25 | 0.05 | 257. | 190. | 158. | 139. | 125. | 113. | 104. | 95. | 74. |
| 0.25 | 0.10 | 224. | 162. | 133. | 116. | 103. | 93. | 84. | 77. | 58. |
| 0.25 | 0.20 | 189. | 133. | 108. | 92. | 81. | 73. | 65. | 59. | 44. |

Tafel XV-5-4 (Fortsetz.) 467

P1 = 0.10

| P2 | ALPHA | 0.99 | 0.95 | 0.90 | 0.85 | 0.80 | 0.75 | 0.70 | 0.65 | 0.50 |
|---|---|---|---|---|---|---|---|---|---|---|
| 0.30 | 0.01 | 206. | 158. | 136. | 122. | 111. | 102. | 95. | 88. | 72. |
| 0.30 | 0.02 | 187. | 142. | 121. | 108. | 98. | 90. | 83. | 77. | 62. |
| 0.30 | 0.05 | 161. | 120. | 101. | 89. | 80. | 73. | 67. | 62. | 49. |
| 0.30 | 0.10 | 141. | 103. | 85. | 75. | 67. | 61. | 55. | 51. | 39. |
| 0.30 | 0.20 | 119. | 85. | 69. | 60. | 53. | 48. | 43. | 39. | 30. |
| 0.35 | 0.01 | 144. | 111. | 96. | 86. | 79. | 73. | 68. | 63. | 52. |
| 0.35 | 0.02 | 131. | 100. | 86. | 76. | 70. | 64. | 60. | 55. | 45. |
| 0.35 | 0.05 | 113. | 85. | 72. | 64. | 57. | 53. | 48. | 45. | 36. |
| 0.35 | 0.10 | 99. | 73. | 61. | 54. | 48. | 44. | 40. | 37. | 29. |
| 0.35 | 0.20 | 84. | 60. | 50. | 43. | 39. | 35. | 32. | 29. | 22. |
| 0.40 | 0.01 | 107. | 83. | 72. | 65. | 60. | 55. | 52. | 48. | 40. |
| 0.40 | 0.02 | 98. | 75. | 65. | 58. | 53. | 49. | 45. | 42. | 35. |
| 0.40 | 0.05 | 84. | 64. | 54. | 48. | 44. | 40. | 37. | 34. | 28. |
| 0.40 | 0.10 | 74. | 55. | 46. | 41. | 37. | 34. | 31. | 29. | 23. |
| 0.40 | 0.20 | 63. | 46. | 38. | 33. | 30. | 27. | 25. | 23. | 18. |
| 0.45 | 0.01 | 83. | 65. | 57. | 51. | 47. | 44. | 41. | 39. | 32. |
| 0.45 | 0.02 | 76. | 59. | 51. | 46. | 42. | 39. | 36. | 34. | 28. |
| 0.45 | 0.05 | 66. | 50. | 43. | 38. | 35. | 32. | 30. | 28. | 22. |
| 0.45 | 0.10 | 57. | 43. | 36. | 32. | 29. | 27. | 25. | 23. | 18. |
| 0.45 | 0.20 | 49. | 36. | 30. | 26. | 24. | 22. | 20. | 18. | 15. |
| 0.50 | 0.01 | 67. | 53. | 46. | 42. | 39. | 36. | 34. | 32. | 26. |
| 0.50 | 0.02 | 61. | 48. | 41. | 37. | 34. | 32. | 30. | 28. | 23. |
| 0.50 | 0.05 | 53. | 40. | 35. | 31. | 29. | 26. | 25. | 23. | 19. |
| 0.50 | 0.10 | 46. | 35. | 30. | 26. | 24. | 22. | 21. | 19. | 15. |
| 0.50 | 0.20 | 39. | 29. | 25. | 22. | 20. | 18. | 17. | 15. | 12. |
| 0.55 | 0.01 | 55. | 43. | 38. | 35. | 32. | 30. | 28. | 27. | 22. |
| 0.55 | 0.02 | 50. | 39. | 34. | 31. | 29. | 27. | 25. | 23. | 20. |
| 0.55 | 0.05 | 43. | 33. | 29. | 26. | 24. | 22. | 21. | 19. | 16. |
| 0.55 | 0.10 | 38. | 29. | 25. | 22. | 20. | 19. | 17. | 16. | 13. |
| 0.55 | 0.20 | 32. | 24. | 20. | 18. | 17. | 15. | 14. | 13. | 11. |
| 0.60 | 0.01 | 45. | 36. | 32. | 29. | 27. | 25. | 24. | 23. | 19. |
| 0.60 | 0.02 | 41. | 33. | 29. | 26. | 24. | 23. | 21. | 20. | 17. |
| 0.60 | 0.05 | 36. | 28. | 24. | 22. | 20. | 19. | 18. | 17. | 14. |
| 0.60 | 0.10 | 31. | 24. | 21. | 19. | 17. | 16. | 15. | 14. | 12. |
| 0.60 | 0.20 | 27. | 20. | 17. | 15. | 14. | 13. | 12. | 11. | 9. |
| 0.65 | 0.01 | 38. | 31. | 27. | 25. | 23. | 22. | 21. | 20. | 17. |
| 0.65 | 0.02 | 35. | 28. | 24. | 22. | 21. | 19. | 18. | 17. | 15. |
| 0.65 | 0.05 | 30. | 24. | 21. | 19. | 17. | 16. | 15. | 14. | 12. |
| 0.65 | 0.10 | 26. | 21. | 18. | 16. | 15. | 14. | 13. | 12. | 10. |
| 0.65 | 0.20 | 23. | 17. | 15. | 13. | 12. | 11. | 11. | 10. | 8. |
| 0.70 | 0.01 | 32. | 26. | 23. | 22. | 20. | 19. | 18. | 17. | 15. |
| 0.70 | 0.02 | 29. | 24. | 21. | 19. | 18. | 17. | 16. | 15. | 13. |
| 0.70 | 0.05 | 25. | 20. | 18. | 16. | 15. | 14. | 13. | 13. | 11. |
| 0.70 | 0.10 | 22. | 18. | 15. | 14. | 13. | 12. | 11. | 11. | 9. |
| 0.70 | 0.20 | 19. | 15. | 13. | 12. | 11. | 10. | 9. | 9. | 7. |
| 0.75 | 0.01 | 27. | 23. | 20. | 19. | 18. | 17. | 16. | 15. | 13. |
| 0.75 | 0.02 | 25. | 20. | 18. | 17. | 16. | 15. | 14. | 13. | 12. |
| 0.75 | 0.05 | 22. | 17. | 15. | 14. | 13. | 12. | 12. | 11. | 10. |
| 0.75 | 0.10 | 19. | 15. | 13. | 12. | 11. | 11. | 10. | 9. | 8. |
| 0.75 | 0.20 | 16. | 13. | 11. | 10. | 9. | 9. | 8. | 8. | 7. |
| 0.80 | 0.01 | 23. | 19. | 18. | 16. | 15. | 15. | 14. | 13. | 12. |
| 0.80 | 0.02 | 21. | 18. | 16. | 15. | 14. | 13. | 12. | 12. | 10. |
| 0.80 | 0.05 | 18. | 15. | 13. | 12. | 12. | 11. | 10. | 10. | 9. |
| 0.80 | 0.10 | 16. | 13. | 12. | 11. | 10. | 9. | 9. | 8. | 7. |
| 0.80 | 0.20 | 14. | 11. | 10. | 9. | 8. | 8. | 7. | 7. | 6. |
| 0.85 | 0.01 | 20. | 17. | 15. | 14. | 14. | 13. | 12. | 12. | 11. |
| 0.85 | 0.02 | 18. | 15. | 14. | 13. | 12. | 12. | 11. | 11. | 9. |
| 0.85 | 0.05 | 16. | 13. | 12. | 11. | 10. | 10. | 9. | 9. | 8. |
| 0.85 | 0.10 | 14. | 11. | 10. | 9. | 9. | 8. | 8. | 8. | 7. |
| 0.85 | 0.20 | 12. | 10. | 9. | 8. | 7. | 7. | 7. | 6. | 5. |
| 0.90 | 0.01 | 17. | 14. | 13. | 12. | 12. | 11. | 11. | 11. | 10. |
| 0.90 | 0.02 | 15. | 13. | 12. | 11. | 11. | 10. | 10. | 9. | 8. |
| 0.90 | 0.05 | 13. | 11. | 10. | 10. | 9. | 9. | 8. | 8. | 7. |
| 0.90 | 0.10 | 12. | 10. | 9. | 8. | 8. | 7. | 7. | 7. | 6. |
| 0.90 | 0.20 | 10. | 8. | 7. | 7. | 7. | 6. | 6. | 6. | 5. |
| 0.95 | 0.01 | 14. | 12. | 12. | 11. | 10. | 10. | 10. | 9. | 9. |
| 0.95 | 0.02 | 13. | 11. | 10. | 10. | 9. | 9. | 9. | 8. | 8. |
| 0.95 | 0.05 | 11. | 10. | 9. | 8. | 8. | 8. | 7. | 7. | 7. |
| 0.95 | 0.10 | 10. | 8. | 8. | 7. | 7. | 7. | 6. | 6. | 6. |
| 0.95 | 0.20 | 8. | 7. | 6. | 6. | 6. | 6. | 5. | 5. | 5. |

Tafel XV-5-4 (Fortsetz.)

P1 = 0.15

| P2 | ALPHA | 0.99 | 0.95 | 0.90 | 0.85 | 0.80 | 0.75 | 0.70 | 0.65 | 0.50 |
|---|---|---|---|---|---|---|---|---|---|---|
| 0.20 | 0.01 | 2849. | 2133. | 1795. | 1584. | 1426. | 1298. | 1188. | 1091. | 844. |
| 0.20 | 0.02 | 2574. | 1897. | 1580. | 1383. | 1236. | 1118. | 1016. | 927. | 703. |
| 0.20 | 0.05 | 2196. | 1577. | 1290. | 1114. | 984. | 879. | 790. | 713. | 521. |
| 0.20 | 0.10 | 1896. | 1326. | 1066. | 907. | 791. | 698. | 620. | 553. | 388. |
| 0.20 | 0.20 | 1578. | 1065. | 835. | 697. | 597. | 518. | 453. | 397. | 264. |
| 0.25 | 0.01 | 803. | 606. | 513. | 455. | 411. | 376. | 346. | 319. | 251. |
| 0.25 | 0.02 | 727. | 541. | 453. | 399. | 359. | 326. | 298. | 273. | 211. |
| 0.25 | 0.05 | 622. | 452. | 373. | 325. | 289. | 260. | 235. | 214. | 160. |
| 0.25 | 0.10 | 539. | 383. | 311. | 267. | 235. | 209. | 188. | 169. | 123. |
| 0.25 | 0.20 | 451. | 310. | 247. | 209. | 181. | 159. | 141. | 125. | 88. |
| 0.30 | 0.01 | 393. | 299. | 254. | 226. | 205. | 188. | 174. | 161. | 128. |
| 0.30 | 0.02 | 356. | 267. | 225. | 199. | 180. | 164. | 151. | 139. | 109. |
| 0.30 | 0.05 | 306. | 224. | 186. | 163. | 146. | 132. | 120. | 110. | 84. |
| 0.30 | 0.10 | 266. | 191. | 156. | 135. | 120. | 108. | 97. | 88. | 66. |
| 0.30 | 0.20 | 223. | 156. | 125. | 107. | 94. | 83. | 74. | 67. | 48. |
| 0.35 | 0.01 | 239. | 183. | 156. | 140. | 127. | 117. | 108. | 101. | 81. |
| 0.35 | 0.02 | 217. | 164. | 139. | 123. | 112. | 102. | 94. | 87. | 69. |
| 0.35 | 0.05 | 187. | 138. | 116. | 102. | 91. | 83. | 76. | 70. | 54. |
| 0.35 | 0.10 | 163. | 118. | 97. | 85. | 76. | 68. | 62. | 56. | 43. |
| 0.35 | 0.20 | 137. | 97. | 79. | 68. | 60. | 53. | 48. | 43. | 32. |
| 0.40 | 0.01 | 163. | 126. | 108. | 97. | 88. | 82. | 76. | 70. | 57. |
| 0.40 | 0.02 | 148. | 113. | 96. | 86. | 78. | 72. | 66. | 61. | 49. |
| 0.40 | 0.05 | 128. | 95. | 80. | 71. | 64. | 58. | 54. | 49. | 39. |
| 0.40 | 0.10 | 111. | 82. | 68. | 59. | 53. | 48. | 44. | 40. | 31. |
| 0.40 | 0.20 | 94. | 67. | 55. | 48. | 42. | 38. | 34. | 31. | 24. |
| 0.45 | 0.01 | 119. | 92. | 80. | 72. | 66. | 61. | 57. | 53. | 43. |
| 0.45 | 0.02 | 108. | 83. | 71. | 64. | 58. | 53. | 50. | 46. | 37. |
| 0.45 | 0.05 | 94. | 70. | 60. | 53. | 48. | 44. | 40. | 37. | 30. |
| 0.45 | 0.10 | 82. | 60. | 51. | 44. | 40. | 36. | 33. | 31. | 24. |
| 0.45 | 0.20 | 69. | 50. | 41. | 36. | 32. | 29. | 26. | 24. | 19. |
| 0.50 | 0.01 | 91. | 71. | 62. | 56. | 51. | 47. | 44. | 41. | 34. |
| 0.50 | 0.02 | 83. | 64. | 55. | 49. | 45. | 42. | 39. | 36. | 30. |
| 0.50 | 0.05 | 72. | 54. | 46. | 41. | 37. | 34. | 32. | 30. | 24. |
| 0.50 | 0.10 | 63. | 47. | 39. | 35. | 31. | 29. | 26. | 24. | 19. |
| 0.50 | 0.20 | 53. | 39. | 32. | 28. | 25. | 23. | 21. | 19. | 15. |
| 0.55 | 0.01 | 72. | 57. | 49. | 45. | 41. | 38. | 36. | 34. | 28. |
| 0.55 | 0.02 | 66. | 51. | 44. | 40. | 36. | 34. | 32. | 30. | 24. |
| 0.55 | 0.05 | 57. | 43. | 37. | 33. | 30. | 28. | 26. | 24. | 20. |
| 0.55 | 0.10 | 50. | 37. | 32. | 28. | 26. | 23. | 22. | 20. | 16. |
| 0.55 | 0.20 | 42. | 31. | 26. | 23. | 21. | 19. | 17. | 16. | 13. |
| 0.60 | 0.01 | 58. | 46. | 40. | 37. | 34. | 32. | 30. | 28. | 23. |
| 0.60 | 0.02 | 53. | 42. | 36. | 33. | 30. | 28. | 26. | 25. | 20. |
| 0.60 | 0.05 | 46. | 35. | 30. | 27. | 25. | 23. | 22. | 20. | 17. |
| 0.60 | 0.10 | 40. | 31. | 26. | 23. | 21. | 20. | 18. | 17. | 14. |
| 0.60 | 0.20 | 34. | 25. | 21. | 19. | 17. | 16. | 15. | 14. | 11. |
| 0.65 | 0.01 | 48. | 38. | 33. | 31. | 28. | 27. | 25. | 24. | 20. |
| 0.65 | 0.02 | 44. | 34. | 30. | 27. | 25. | 24. | 22. | 21. | 17. |
| 0.65 | 0.05 | 38. | 29. | 25. | 23. | 21. | 20. | 18. | 17. | 14. |
| 0.65 | 0.10 | 33. | 25. | 22. | 20. | 18. | 17. | 15. | 14. | 12. |
| 0.65 | 0.20 | 28. | 21. | 18. | 16. | 15. | 13. | 12. | 12. | 9. |
| 0.70 | 0.01 | 40. | 32. | 28. | 26. | 24. | 23. | 21. | 20. | 17. |
| 0.70 | 0.02 | 36. | 29. | 25. | 23. | 21. | 20. | 19. | 18. | 15. |
| 0.70 | 0.05 | 31. | 25. | 21. | 19. | 18. | 17. | 16. | 15. | 12. |
| 0.70 | 0.10 | 27. | 21. | 18. | 17. | 15. | 14. | 13. | 12. | 10. |
| 0.70 | 0.20 | 23. | 18. | 15. | 14. | 13. | 12. | 11. | 10. | 8. |
| 0.75 | 0.01 | 33. | 27. | 24. | 22. | 21. | 19. | 18. | 17. | 15. |
| 0.75 | 0.02 | 30. | 24. | 22. | 20. | 18. | 17. | 16. | 15. | 13. |
| 0.75 | 0.05 | 26. | 21. | 18. | 17. | 15. | 14. | 14. | 13. | 11. |
| 0.75 | 0.10 | 23. | 18. | 16. | 14. | 13. | 12. | 12. | 11. | 9. |
| 0.75 | 0.20 | 20. | 15. | 13. | 12. | 11. | 10. | 9. | 9. | 7. |
| 0.80 | 0.01 | 28. | 23. | 21. | 19. | 18. | 17. | 16. | 15. | 13. |
| 0.80 | 0.02 | 26. | 21. | 18. | 17. | 16. | 15. | 14. | 14. | 12. |
| 0.80 | 0.05 | 22. | 18. | 16. | 14. | 13. | 13. | 12. | 11. | 10. |
| 0.80 | 0.10 | 19. | 15. | 14. | 12. | 11. | 11. | 10. | 10. | 8. |
| 0.80 | 0.20 | 17. | 13. | 11. | 10. | 10. | 9. | 8. | 8. | 7. |
| 0.85 | 0.01 | 24. | 20. | 18. | 16. | 15. | 15. | 14. | 13. | 12. |
| 0.85 | 0.02 | 22. | 18. | 16. | 15. | 14. | 13. | 13. | 12. | 10. |
| 0.85 | 0.05 | 19. | 15. | 14. | 13. | 12. | 11. | 10. | 10. | 9. |

Tafel XV-5-4 (Fortsetz.)

P1 = 0.15

| P2 | ALPHA | 0.99 | 0.95 | 0.90 | 0.85 | 0.80 | 0.75 | 0.70 | 0.65 | 0.50 |
|---|---|---|---|---|---|---|---|---|---|---|
| 0.85 | 0.10 | 16. | 13. | 12. | 11. | 10. | 9. | 9. | 9. | 7. |
| 0.85 | 0.20 | 14. | 11. | 10. | 9. | 8. | 8. | 7. | 7. | 6. |
| 0.90 | 0.01 | 20. | 17. | 15. | 14. | 14. | 13. | 12. | 12. | 11. |
| 0.90 | 0.02 | 18. | 15. | 14. | 13. | 12. | 12. | 11. | 11. | 9. |
| 0.90 | 0.05 | 16. | 13. | 12. | 11. | 10. | 10. | 9. | 9. | 8. |
| 0.90 | 0.10 | 14. | 11. | 10. | 9. | 9. | 8. | 8. | 8. | 7. |
| 0.90 | 0.20 | 12. | 10. | 9. | 8. | 7. | 7. | 7. | 6. | 5. |
| 0.95 | 0.01 | 17. | 14. | 13. | 12. | 12. | 11. | 11. | 10. | 9. |
| 0.95 | 0.02 | 15. | 13. | 12. | 11. | 11. | 10. | 10. | 9. | 8. |
| 0.95 | 0.05 | 13. | 11. | 10. | 9. | 9. | 9. | 8. | 8. | 7. |
| 0.95 | 0.10 | 12. | 10. | 9. | 8. | 8. | 7. | 7. | 7. | 6. |
| 0.95 | 0.20 | 10. | 8. | 7. | 7. | 6. | 6. | 6. | 6. | 5. |

P1 = 0.20

| P2 | ALPHA | 0.99 | 0.95 | 0.90 | 0.85 | 0.80 | 0.75 | 0.70 | 0.65 | 0.50 |
|---|---|---|---|---|---|---|---|---|---|---|
| 0.25 | 0.01 | 3426. | 2561. | 2152. | 1897. | 1707. | 1552. | 1419. | 1301. | 1004. |
| 0.25 | 0.02 | 3094. | 2276. | 1893. | 1655. | 1478. | 1334. | 1212. | 1104. | 833. |
| 0.25 | 0.05 | 2637. | 1889. | 1543. | 1330. | 1172. | 1046. | 939. | 845. | 613. |
| 0.25 | 0.10 | 2275. | 1586. | 1272. | 1080. | 940. | 828. | 734. | 652. | 454. |
| 0.25 | 0.20 | 1891. | 1271. | 993. | 826. | 706. | 610. | 532. | 464. | 304. |
| 0.30 | 0.01 | 935. | 704. | 595. | 527. | 476. | 434. | 399. | 367. | 287. |
| 0.30 | 0.02 | 846. | 627. | 525. | 461. | 414. | 376. | 343. | 314. | 241. |
| 0.30 | 0.05 | 723. | 524. | 431. | 374. | 332. | 298. | 269. | 244. | 182. |
| 0.30 | 0.10 | 626. | 442. | 358. | 307. | 269. | 239. | 214. | 192. | 139. |
| 0.30 | 0.20 | 523. | 358. | 283. | 239. | 206. | 181. | 159. | 141. | 97. |
| 0.35 | 0.01 | 446. | 338. | 287. | 255. | 231. | 212. | 195. | 180. | 143. |
| 0.35 | 0.02 | 404. | 302. | 254. | 225. | 202. | 184. | 169. | 155. | 121. |
| 0.35 | 0.05 | 347. | 253. | 210. | 183. | 163. | 148. | 134. | 122. | 93. |
| 0.35 | 0.10 | 301. | 215. | 176. | 152. | 134. | 120. | 108. | 97. | 72. |
| 0.35 | 0.20 | 252. | 175. | 140. | 119. | 104. | 92. | 82. | 73. | 52. |
| 0.40 | 0.01 | 266. | 203. | 173. | 154. | 140. | 129. | 119. | 111. | 89. |
| 0.40 | 0.02 | 241. | 182. | 154. | 136. | 123. | 113. | 104. | 96. | 75. |
| 0.40 | 0.05 | 207. | 153. | 127. | 112. | 100. | 91. | 83. | 76. | 59. |
| 0.40 | 0.10 | 180. | 130. | 107. | 93. | 83. | 74. | 67. | 61. | 46. |
| 0.40 | 0.20 | 152. | 107. | 86. | 74. | 65. | 58. | 52. | 47. | 34. |
| 0.45 | 0.01 | 179. | 137. | 117. | 105. | 96. | 88. | 82. | 76. | 62. |
| 0.45 | 0.02 | 162. | 123. | 104. | 93. | 84. | 77. | 71. | 66. | 53. |
| 0.45 | 0.05 | 139. | 104. | 87. | 77. | 69. | 63. | 58. | 53. | 41. |
| 0.45 | 0.10 | 122. | 89. | 73. | 64. | 57. | 52. | 47. | 43. | 33. |
| 0.45 | 0.20 | 103. | 73. | 59. | 51. | 45. | 41. | 37. | 33. | 25. |
| 0.50 | 0.01 | 129. | 99. | 86. | 77. | 70. | 65. | 60. | 56. | 46. |
| 0.50 | 0.02 | 117. | 89. | 76. | 68. | 62. | 57. | 53. | 49. | 40. |
| 0.50 | 0.05 | 101. | 75. | 64. | 56. | 51. | 47. | 43. | 40. | 31. |
| 0.50 | 0.10 | 88. | 65. | 54. | 47. | 42. | 39. | 35. | 32. | 25. |
| 0.50 | 0.20 | 74. | 53. | 44. | 38. | 34. | 31. | 28. | 25. | 19. |
| 0.55 | 0.01 | 97. | 76. | 65. | 59. | 54. | 50. | 47. | 44. | 36. |
| 0.55 | 0.02 | 88. | 68. | 58. | 52. | 48. | 44. | 41. | 38. | 31. |
| 0.55 | 0.05 | 76. | 58. | 49. | 43. | 39. | 36. | 33. | 31. | 25. |
| 0.55 | 0.10 | 67. | 49. | 42. | 37. | 33. | 30. | 28. | 26. | 20. |
| 0.55 | 0.20 | 56. | 41. | 34. | 30. | 27. | 24. | 22. | 20. | 16. |
| 0.60 | 0.01 | 76. | 59. | 52. | 47. | 43. | 40. | 37. | 35. | 29. |
| 0.60 | 0.02 | 69. | 53. | 46. | 42. | 38. | 35. | 33. | 31. | 25. |
| 0.60 | 0.05 | 60. | 45. | 39. | 35. | 32. | 29. | 27. | 25. | 20. |
| 0.60 | 0.10 | 52. | 39. | 33. | 29. | 27. | 24. | 22. | 21. | 17. |
| 0.60 | 0.20 | 44. | 32. | 27. | 24. | 21. | 20. | 18. | 16. | 13. |
| 0.65 | 0.01 | 61. | 48. | 42. | 38. | 35. | 33. | 31. | 29. | 24. |
| 0.65 | 0.02 | 55. | 43. | 37. | 34. | 31. | 29. | 27. | 25. | 21. |
| 0.65 | 0.05 | 48. | 37. | 31. | 28. | 26. | 24. | 22. | 21. | 17. |
| 0.65 | 0.10 | 42. | 32. | 27. | 24. | 22. | 20. | 19. | 17. | 14. |
| 0.65 | 0.20 | 35. | 26. | 22. | 20. | 18. | 16. | 15. | 14. | 11. |
| 0.70 | 0.01 | 49. | 39. | 34. | 31. | 29. | 27. | 26. | 24. | 20. |
| 0.70 | 0.02 | 45. | 35. | 31. | 28. | 26. | 24. | 23. | 21. | 18. |
| 0.70 | 0.05 | 39. | 30. | 26. | 23. | 22. | 20. | 19. | 17. | 15. |
| 0.70 | 0.10 | 34. | 26. | 22. | 20. | 18. | 17. | 16. | 15. | 12. |
| 0.70 | 0.20 | 29. | 22. | 18. | 16. | 15. | 14. | 13. | 12. | 10. |
| 0.75 | 0.01 | 41. | 33. | 29. | 26. | 24. | 23. | 22. | 20. | 17. |

## P1 = 0.20

| P2 | ALPHA | 0.99 | 0.95 | 0.90 | 0.85 | 0.80 | 0.75 | 0.70 | 0.65 | 0.50 |
|---|---|---|---|---|---|---|---|---|---|---|
| 0.75 | 0.02 | 37. | 29. | 26. | 24. | 22. | 20. | 19. | 18. | 15. |
| 0.75 | 0.05 | 32. | 25. | 22. | 20. | 18. | 17. | 16. | 15. | 13. |
| 0.75 | 0.10 | 28. | 22. | 19. | 17. | 16. | 14. | 13. | 13. | 10. |
| 0.75 | 0.20 | 24. | 18. | 16. | 14. | 13. | 12. | 11. | 10. | 8. |
| 0.80 | 0.01 | 34. | 27. | 24. | 22. | 21. | 20. | 19. | 18. | 15. |
| 0.80 | 0.02 | 31. | 25. | 22. | 20. | 19. | 17. | 16. | 16. | 13. |
| 0.80 | 0.05 | 27. | 21. | 18. | 17. | 16. | 15. | 14. | 13. | 11. |
| 0.80 | 0.10 | 23. | 18. | 16. | 14. | 13. | 12. | 12. | 11. | 9. |
| 0.80 | 0.20 | 20. | 15. | 13. | 12. | 11. | 10. | 10. | 9. | 7. |
| 0.85 | 0.01 | 28. | 23. | 21. | 19. | 18. | 17. | 16. | 15. | 13. |
| 0.85 | 0.02 | 26. | 21. | 18. | 17. | 16. | 15. | 14. | 14. | 12. |
| 0.85 | 0.05 | 22. | 18. | 16. | 14. | 13. | 13. | 12. | 11. | 10. |
| 0.85 | 0.10 | 19. | 15. | 14. | 12. | 11. | 11. | 10. | 10. | 8. |
| 0.85 | 0.20 | 17. | 13. | 11. | 10. | 10. | 9. | 8. | 8. | 7. |
| 0.90 | 0.01 | 23. | 19. | 18. | 16. | 15. | 15. | 14. | 13. | 12. |
| 0.90 | 0.02 | 21. | 18. | 16. | 15. | 14. | 13. | 12. | 12. | 10. |
| 0.90 | 0.05 | 18. | 15. | 13. | 12. | 12. | 11. | 10. | 10. | 9. |
| 0.90 | 0.10 | 16. | 13. | 12. | 11. | 10. | 9. | 9. | 8. | 7. |
| 0.90 | 0.20 | 14. | 11. | 10. | 9. | 8. | 8. | 7. | 7. | 6. |
| 0.95 | 0.01 | 20. | 16. | 15. | 14. | 13. | 13. | 12. | 12. | 10. |
| 0.95 | 0.02 | 18. | 15. | 13. | 13. | 12. | 11. | 11. | 10. | 9. |
| 0.95 | 0.05 | 15. | 13. | 12. | 11. | 10. | 10. | 9. | 9. | 8. |
| 0.95 | 0.10 | 13. | 11. | 10. | 9. | 9. | 8. | 8. | 8. | 7. |
| 0.95 | 0.20 | 12. | 9. | 8. | 8. | 7. | 7. | 7. | 6. | 5. |

## P1 = 0.25

| P2 | ALPHA | 0.99 | 0.95 | 0.90 | 0.85 | 0.80 | 0.75 | 0.70 | 0.65 | 0.50 |
|---|---|---|---|---|---|---|---|---|---|---|
| 0.30 | 0.01 | 3907. | 2917. | 2450. | 2159. | 1940. | 1763. | 1611. | 1477. | 1137. |
| 0.30 | 0.02 | 3527. | 2591. | 2153. | 1881. | 1678. | 1514. | 1374. | 1251. | 941. |
| 0.30 | 0.05 | 3005. | 2149. | 1753. | 1509. | 1330. | 1185. | 1062. | 955. | 690. |
| 0.30 | 0.10 | 2590. | 1803. | 1443. | 1224. | 1064. | 936. | 828. | 735. | 508. |
| 0.30 | 0.20 | 2151. | 1443. | 1125. | 934. | 796. | 687. | 597. | 520. | 337. |
| 0.35 | 0.01 | 1043. | 784. | 662. | 585. | 528. | 482. | 442. | 407. | 317. |
| 0.35 | 0.02 | 943. | 699. | 584. | 512. | 459. | 416. | 380. | 347. | 266. |
| 0.35 | 0.05 | 806. | 582. | 478. | 415. | 367. | 329. | 297. | 269. | 199. |
| 0.35 | 0.10 | 697. | 491. | 397. | 339. | 297. | 264. | 235. | 211. | 151. |
| 0.35 | 0.20 | 582. | 396. | 313. | 263. | 227. | 198. | 174. | 154. | 105. |
| 0.40 | 0.01 | 489. | 370. | 314. | 279. | 252. | 231. | 212. | 196. | 155. |
| 0.40 | 0.02 | 443. | 330. | 278. | 245. | 220. | 200. | 183. | 168. | 131. |
| 0.40 | 0.05 | 379. | 276. | 229. | 199. | 178. | 160. | 145. | 132. | 100. |
| 0.40 | 0.10 | 329. | 234. | 191. | 164. | 145. | 129. | 116. | 105. | 77. |
| 0.40 | 0.20 | 276. | 190. | 152. | 129. | 112. | 99. | 88. | 78. | 55. |
| 0.45 | 0.01 | 287. | 219. | 186. | 166. | 151. | 138. | 128. | 118. | 94. |
| 0.45 | 0.02 | 260. | 196. | 165. | 146. | 132. | 121. | 111. | 102. | 80. |
| 0.45 | 0.05 | 224. | 164. | 137. | 120. | 107. | 97. | 88. | 81. | 62. |
| 0.45 | 0.10 | 194. | 140. | 115. | 99. | 88. | 79. | 72. | 65. | 49. |
| 0.45 | 0.20 | 163. | 114. | 92. | 79. | 69. | 61. | 55. | 49. | 36. |
| 0.50 | 0.01 | 190. | 146. | 125. | 111. | 102. | 93. | 87. | 80. | 65. |
| 0.50 | 0.02 | 173. | 130. | 111. | 98. | 89. | 82. | 75. | 70. | 55. |
| 0.50 | 0.05 | 148. | 110. | 92. | 81. | 73. | 66. | 61. | 56. | 43. |
| 0.50 | 0.10 | 129. | 94. | 78. | 68. | 60. | 54. | 49. | 45. | 34. |
| 0.50 | 0.20 | 109. | 77. | 63. | 54. | 48. | 43. | 38. | 35. | 26. |
| 0.55 | 0.01 | 135. | 104. | 90. | 80. | 74. | 68. | 63. | 59. | 48. |
| 0.55 | 0.02 | 123. | 94. | 80. | 71. | 65. | 60. | 55. | 51. | 41. |
| 0.55 | 0.05 | 106. | 79. | 67. | 59. | 53. | 49. | 45. | 41. | 32. |
| 0.55 | 0.10 | 92. | 68. | 56. | 49. | 44. | 40. | 37. | 34. | 26. |
| 0.55 | 0.20 | 78. | 56. | 46. | 40. | 35. | 32. | 29. | 26. | 20. |
| 0.60 | 0.01 | 101. | 79. | 68. | 61. | 56. | 52. | 48. | 45. | 37. |
| 0.60 | 0.02 | 92. | 71. | 60. | 54. | 49. | 46. | 42. | 39. | 32. |
| 0.60 | 0.05 | 79. | 60. | 51. | 45. | 41. | 37. | 34. | 32. | 25. |
| 0.60 | 0.10 | 69. | 51. | 43. | 38. | 34. | 31. | 28. | 26. | 21. |
| 0.60 | 0.20 | 59. | 42. | 35. | 31. | 27. | 25. | 23. | 21. | 16. |

Tafel XV-5-4 (Fortsetz.)

$P1 = 0.25$

| P2 | ALPHA | 0.99 | 0.95 | 0.90 | 0.85 | 0.80 | 0.75 | 0.70 | 0.65 | 0.50 |
|---|---|---|---|---|---|---|---|---|---|---|
| 0.65 | 0.01 | 78. | 61. | 53. | 48. | 44. | 41. | 38. | 36. | 30. |
| 0.65 | 0.02 | 71. | 55. | 47. | 43. | 39. | 36. | 34. | 31. | 26. |
| 0.65 | 0.05 | 61. | 47. | 40. | 35. | 32. | 30. | 28. | 26. | 21. |
| 0.65 | 0.10 | 54. | 40. | 34. | 30. | 27. | 25. | 23. | 21. | 17. |
| 0.65 | 0.20 | 45. | 33. | 28. | 24. | 22. | 20. | 18. | 17. | 13. |
| 0.70 | 0.01 | 62. | 49. | 43. | 39. | 36. | 33. | 31. | 29. | 24. |
| 0.70 | 0.02 | 56. | 44. | 38. | 34. | 32. | 29. | 27. | 26. | 21. |
| 0.70 | 0.05 | 49. | 37. | 32. | 29. | 26. | 24. | 23. | 21. | 17. |
| 0.70 | 0.10 | 43. | 32. | 27. | 24. | 22. | 20. | 19. | 18. | 14. |
| 0.70 | 0.20 | 36. | 27. | 23. | 20. | 18. | 16. | 15. | 14. | 11. |
| 0.75 | 0.01 | 50. | 40. | 35. | 32. | 29. | 27. | 26. | 24. | 20. |
| 0.75 | 0.02 | 45. | 36. | 31. | 28. | 26. | 24. | 23. | 21. | 18. |
| 0.75 | 0.05 | 39. | 30. | 26. | 24. | 22. | 20. | 19. | 18. | 15. |
| 0.75 | 0.10 | 34. | 26. | 22. | 20. | 18. | 17. | 16. | 15. | 12. |
| 0.75 | 0.20 | 29. | 22. | 19. | 17. | 15. | 14. | 13. | 12. | 10. |
| 0.80 | 0.01 | 41. | 33. | 29. | 26. | 24. | 23. | 22. | 20. | 17. |
| 0.80 | 0.02 | 37. | 29. | 26. | 24. | 22. | 20. | 19. | 18. | 15. |
| 0.80 | 0.05 | 32. | 25. | 22. | 20. | 18. | 17. | 16. | 15. | 13. |
| 0.80 | 0.10 | 28. | 22. | 19. | 17. | 16. | 14. | 13. | 13. | 10. |
| 0.80 | 0.20 | 24. | 18. | 16. | 14. | 13. | 12. | 11. | 10. | 8. |
| 0.85 | 0.01 | 33. | 27. | 24. | 22. | 21. | 19. | 18. | 17. | 15. |
| 0.85 | 0.02 | 30. | 24. | 22. | 20. | 18. | 17. | 16. | 15. | 13. |
| 0.85 | 0.05 | 26. | 21. | 18. | 17. | 15. | 14. | 14. | 13. | 11. |
| 0.85 | 0.10 | 23. | 18. | 16. | 14. | 13. | 12. | 12. | 11. | 9. |
| 0.85 | 0.20 | 20. | 15. | 13. | 12. | 11. | 10. | 9. | 9. | 7. |
| 0.90 | 0.01 | 27. | 23. | 20. | 19. | 18. | 17. | 16. | 15. | 13. |
| 0.90 | 0.02 | 25. | 20. | 18. | 17. | 16. | 15. | 14. | 13. | 12. |
| 0.90 | 0.05 | 22. | 17. | 15. | 14. | 13. | 12. | 12. | 11. | 10. |
| 0.90 | 0.10 | 19. | 15. | 13. | 12. | 11. | 11. | 10. | 9. | 8. |
| 0.90 | 0.20 | 16. | 13. | 11. | 10. | 9. | 9. | 8. | 8. | 7. |
| 0.95 | 0.01 | 23. | 19. | 17. | 16. | 15. | 14. | 14. | 13. | 12. |
| 0.95 | 0.02 | 21. | 17. | 15. | 14. | 13. | 13. | 12. | 12. | 10. |
| 0.95 | 0.05 | 18. | 15. | 13. | 12. | 11. | 11. | 10. | 10. | 9. |
| 0.95 | 0.10 | 16. | 13. | 11. | 10. | 10. | 9. | 9. | 8. | 7. |
| 0.95 | 0.20 | 13. | 11. | 10. | 9. | 8. | 8. | 7. | 7. | 6. |

Tafel XV-5-4 (Fortsetz.)

P1 = 0.30

| P2 | ALPHA | 0.99 | 0.95 | 0.90 | 0.85 | 0.80 | 0.75 | 0.70 | 0.65 | 0.50 |
|---|---|---|---|---|---|---|---|---|---|---|
| 0.35 | 0.01 | 4291. | 3202. | 2688. | 2367. | 2127. | 1932. | 1765. | 1617. | 1243. |
| 0.35 | 0.02 | 3873. | 2844. | 2361. | 2062. | 1839. | 1658. | 1504. | 1369. | 1028. |
| 0.35 | 0.05 | 3299. | 2357. | 1921. | 1653. | 1455. | 1296. | 1161. | 1043. | 752. |
| 0.35 | 0.10 | 2843. | 1976. | 1580. | 1339. | 1163. | 1022. | 904. | 801. | 552. |
| 0.35 | 0.20 | 2360. | 1580. | 1230. | 1020. | 868. | 749. | 649. | 564. | 364. |
| 0.40 | 0.01 | 1127. | 847. | 714. | 631. | 569. | 519. | 476. | 437. | 341. |
| 0.40 | 0.02 | 1019. | 754. | 629. | 552. | 494. | 448. | 408. | 373. | 285. |
| 0.40 | 0.05 | 870. | 628. | 515. | 446. | 395. | 354. | 319. | 288. | 213. |
| 0.40 | 0.10 | 752. | 529. | 427. | 365. | 319. | 283. | 252. | 225. | 161. |
| 0.40 | 0.20 | 627. | 426. | 336. | 282. | 243. | 212. | 186. | 164. | 111. |
| 0.45 | 0.01 | 521. | 394. | 334. | 296. | 268. | 245. | 225. | 208. | 164. |
| 0.45 | 0.02 | 472. | 351. | 295. | 260. | 234. | 212. | 194. | 178. | 138. |
| 0.45 | 0.05 | 404. | 294. | 243. | 211. | 188. | 169. | 153. | 140. | 105. |
| 0.45 | 0.10 | 350. | 249. | 202. | 174. | 153. | 137. | 123. | 111. | 81. |
| 0.45 | 0.20 | 293. | 202. | 161. | 136. | 118. | 104. | 92. | 82. | 58. |
| 0.50 | 0.01 | 302. | 230. | 196. | 174. | 158. | 145. | 134. | 124. | 99. |
| 0.50 | 0.02 | 274. | 205. | 173. | 153. | 138. | 126. | 116. | 107. | 84. |
| 0.50 | 0.05 | 235. | 172. | 143. | 125. | 112. | 101. | 92. | 84. | 65. |
| 0.50 | 0.10 | 204. | 146. | 120. | 104. | 92. | 83. | 75. | 68. | 50. |
| 0.50 | 0.20 | 171. | 120. | 96. | 82. | 72. | 64. | 57. | 51. | 37. |
| 0.55 | 0.01 | 198. | 151. | 129. | 116. | 105. | 97. | 90. | 83. | 67. |
| 0.55 | 0.02 | 179. | 136. | 115. | 102. | 92. | 85. | 78. | 72. | 57. |
| 0.55 | 0.05 | 154. | 114. | 95. | 84. | 75. | 68. | 63. | 57. | 45. |
| 0.55 | 0.10 | 134. | 97. | 80. | 70. | 62. | 56. | 51. | 46. | 35. |
| 0.55 | 0.20 | 113. | 80. | 65. | 56. | 49. | 44. | 39. | 36. | 26. |
| 0.60 | 0.01 | 139. | 107. | 92. | 83. | 76. | 70. | 65. | 60. | 49. |
| 0.60 | 0.02 | 127. | 96. | 82. | 73. | 67. | 61. | 56. | 52. | 42. |
| 0.60 | 0.05 | 109. | 81. | 68. | 60. | 54. | 50. | 46. | 42. | 33. |
| 0.60 | 0.10 | 95. | 69. | 58. | 51. | 45. | 41. | 37. | 34. | 27. |
| 0.60 | 0.20 | 80. | 57. | 47. | 41. | 36. | 32. | 29. | 27. | 20. |
| 0.65 | 0.01 | 103. | 80. | 69. | 62. | 57. | 53. | 49. | 46. | 38. |
| 0.65 | 0.02 | 94. | 72. | 62. | 55. | 50. | 46. | 43. | 40. | 32. |
| 0.65 | 0.05 | 81. | 61. | 51. | 46. | 41. | 38. | 35. | 32. | 26. |
| 0.65 | 0.10 | 70. | 52. | 44. | 38. | 35. | 31. | 29. | 27. | 21. |
| 0.65 | 0.20 | 60. | 43. | 36. | 31. | 28. | 25. | 23. | 21. | 16. |
| 0.70 | 0.01 | 79. | 62. | 53. | 48. | 44. | 41. | 39. | 36. | 30. |
| 0.70 | 0.02 | 72. | 55. | 48. | 43. | 39. | 36. | 34. | 32. | 26. |
| 0.70 | 0.05 | 62. | 47. | 40. | 36. | 33. | 30. | 28. | 26. | 21. |
| 0.70 | 0.10 | 54. | 40. | 34. | 30. | 27. | 25. | 23. | 21. | 17. |
| 0.70 | 0.20 | 46. | 34. | 28. | 25. | 22. | 20. | 18. | 17. | 13. |
| 0.75 | 0.01 | 62. | 49. | 43. | 39. | 36. | 33. | 31. | 29. | 24. |
| 0.75 | 0.02 | 56. | 44. | 38. | 34. | 32. | 29. | 27. | 26. | 21. |
| 0.75 | 0.05 | 49. | 37. | 32. | 29. | 26. | 24. | 23. | 21. | 17. |
| 0.75 | 0.10 | 43. | 32. | 27. | 24. | 22. | 20. | 19. | 18. | 14. |
| 0.75 | 0.20 | 36. | 27. | 23. | 20. | 18. | 16. | 15. | 14. | 11. |
| 0.80 | 0.01 | 49. | 39. | 34. | 31. | 29. | 27. | 26. | 24. | 20. |
| 0.80 | 0.02 | 45. | 35. | 31. | 28. | 26. | 24. | 23. | 21. | 18. |
| 0.80 | 0.05 | 39. | 30. | 26. | 23. | 22. | 20. | 19. | 17. | 15. |
| 0.80 | 0.10 | 34. | 26. | 22. | 20. | 18. | 17. | 16. | 15. | 12. |
| 0.80 | 0.20 | 29. | 22. | 18. | 16. | 15. | 14. | 13. | 12. | 10. |
| 0.85 | 0.01 | 40. | 32. | 28. | 26. | 24. | 23. | 21. | 20. | 17. |
| 0.85 | 0.02 | 36. | 29. | 25. | 23. | 21. | 20. | 19. | 18. | 15. |
| 0.85 | 0.05 | 31. | 25. | 21. | 19. | 18. | 17. | 16. | 15. | 12. |
| 0.85 | 0.10 | 27. | 21. | 18. | 17. | 15. | 14. | 13. | 12. | 10. |
| 0.85 | 0.20 | 23. | 18. | 15. | 14. | 13. | 12. | 11. | 10. | 8. |
| 0.90 | 0.01 | 32. | 26. | 23. | 22. | 20. | 19. | 18. | 17. | 15. |
| 0.90 | 0.02 | 29. | 24. | 21. | 19. | 18. | 17. | 16. | 15. | 13. |
| 0.90 | 0.05 | 25. | 20. | 18. | 16. | 15. | 14. | 13. | 13. | 11. |
| 0.90 | 0.10 | 22. | 18. | 15. | 14. | 13. | 12. | 11. | 11. | 9. |
| 0.90 | 0.20 | 19. | 15. | 13. | 12. | 11. | 10. | 9. | 9. | 7. |
| 0.95 | 0.01 | 26. | 22. | 19. | 18. | 17. | 16. | 15. | 15. | 13. |
| 0.95 | 0.02 | 24. | 20. | 18. | 16. | 15. | 14. | 14. | 13. | 11. |
| 0.95 | 0.05 | 21. | 17. | 15. | 14. | 13. | 12. | 11. | 11. | 9. |
| 0.95 | 0.10 | 18. | 15. | 13. | 12. | 11. | 10. | 10. | 9. | 8. |
| 0.95 | 0.20 | 16. | 12. | 11. | 10. | 9. | 9. | 8. | 8. | 7. |

Tafel XV-5-4 (Fortsetz.)

$P1 = 0.35$

| P2 | ALPHA | 0.99 | 0.95 | 0.90 | 0.85 | 0.80 | 0.75 | 0.70 | 0.65 | 0.50 |
|---|---|---|---|---|---|---|---|---|---|---|
| 0.40 | 0.01 | 4580. | 3416. | 2867. | 2524. | 2268. | 2059. | 1880. | 1723. | 1323. |
| 0.40 | 0.02 | 4133. | 3033. | 2518. | 2198. | 1960. | 1766. | 1602. | 1457. | 1093. |
| 0.40 | 0.05 | 3519. | 2513. | 2047. | 1761. | 1549. | 1379. | 1235. | 1109. | 798. |
| 0.40 | 0.10 | 3032. | 2106. | 1683. | 1425. | 1237. | 1086. | 960. | 851. | 585. |
| 0.40 | 0.20 | 2516. | 1682. | 1309. | 1085. | 923. | 795. | 689. | 598. | 384. |
| 0.45 | 0.01 | 1187. | 891. | 751. | 664. | 598. | 545. | 500. | 459. | 357. |
| 0.45 | 0.02 | 1073. | 793. | 662. | 580. | 520. | 470. | 428. | 391. | 298. |
| 0.45 | 0.05 | 916. | 660. | 542. | 469. | 415. | 371. | 334. | 302. | 223. |
| 0.45 | 0.10 | 792. | 556. | 448. | 383. | 335. | 296. | 264. | 236. | 167. |
| 0.45 | 0.20 | 660. | 448. | 353. | 295. | 254. | 221. | 194. | 171. | 115. |
| 0.50 | 0.01 | 543. | 410. | 347. | 308. | 278. | 254. | 234. | 216. | 170. |
| 0.50 | 0.02 | 491. | 365. | 307. | 270. | 243. | 220. | 202. | 185. | 143. |
| 0.50 | 0.05 | 420. | 305. | 252. | 219. | 195. | 176. | 159. | 144. | 108. |
| 0.50 | 0.10 | 364. | 258. | 210. | 180. | 159. | 141. | 127. | 114. | 83. |
| 0.50 | 0.20 | 305. | 209. | 167. | 141. | 122. | 107. | 95. | 85. | 59. |
| 0.55 | 0.01 | 311. | 237. | 201. | 179. | 162. | 149. | 137. | 127. | 101. |
| 0.55 | 0.02 | 282. | 211. | 178. | 158. | 142. | 130. | 119. | 110. | 86. |
| 0.55 | 0.05 | 242. | 177. | 147. | 129. | 115. | 104. | 95. | 86. | 66. |
| 0.55 | 0.10 | 210. | 151. | 123. | 107. | 94. | 85. | 76. | 69. | 52. |
| 0.55 | 0.20 | 176. | 123. | 99. | 84. | 74. | 65. | 58. | 52. | 38. |
| 0.60 | 0.01 | 202. | 154. | 132. | 118. | 107. | 99. | 91. | 85. | 68. |
| 0.60 | 0.02 | 183. | 138. | 117. | 104. | 94. | 86. | 79. | 73. | 58. |
| 0.60 | 0.05 | 157. | 116. | 97. | 85. | 77. | 70. | 64. | 58. | 45. |
| 0.60 | 0.10 | 137. | 99. | 82. | 71. | 63. | 57. | 52. | 47. | 36. |
| 0.60 | 0.20 | 115. | 81. | 66. | 57. | 50. | 44. | 40. | 36. | 27. |
| 0.65 | 0.01 | 141. | 108. | 93. | 83. | 76. | 70. | 65. | 61. | 49. |
| 0.65 | 0.02 | 128. | 97. | 83. | 74. | 67. | 62. | 57. | 53. | 42. |
| 0.65 | 0.05 | 110. | 82. | 69. | 61. | 55. | 50. | 46. | 42. | 33. |
| 0.65 | 0.10 | 96. | 70. | 58. | 51. | 46. | 41. | 38. | 35. | 27. |
| 0.65 | 0.20 | 81. | 58. | 47. | 41. | 36. | 33. | 29. | 27. | 20. |
| 0.70 | 0.01 | 103. | 80. | 69. | 62. | 57. | 53. | 49. | 46. | 38. |
| 0.70 | 0.02 | 94. | 72. | 62. | 55. | 50. | 46. | 43. | 40. | 32. |
| 0.70 | 0.05 | 81. | 61. | 51. | 46. | 41. | 38. | 35. | 32. | 26. |
| 0.70 | 0.10 | 70. | 52. | 44. | 38. | 35. | 31. | 29. | 27. | 21. |
| 0.70 | 0.20 | 60. | 43. | 36. | 31. | 28. | 25. | 23. | 21. | 16. |
| 0.75 | 0.01 | 78. | 61. | 53. | 48. | 44. | 41. | 38. | 36. | 30. |
| 0.75 | 0.02 | 71. | 55. | 47. | 43. | 39. | 36. | 34. | 31. | 26. |
| 0.75 | 0.05 | 61. | 47. | 40. | 35. | 32. | 30. | 28. | 26. | 21. |
| 0.75 | 0.10 | 54. | 40. | 34. | 30. | 27. | 25. | 23. | 21. | 17. |
| 0.75 | 0.20 | 45. | 33. | 28. | 24. | 22. | 20. | 18. | 17. | 13. |
| 0.80 | 0.01 | 61. | 48. | 42. | 38. | 35. | 33. | 31. | 29. | 24. |
| 0.80 | 0.02 | 55. | 43. | 37. | 34. | 31. | 29. | 27. | 25. | 21. |
| 0.80 | 0.05 | 48. | 37. | 31. | 28. | 26. | 24. | 22. | 21. | 17. |
| 0.80 | 0.10 | 42. | 32. | 27. | 24. | 22. | 20. | 19. | 17. | 14. |
| 0.80 | 0.20 | 35. | 26. | 22. | 20. | 18. | 16. | 15. | 14. | 11. |
| 0.85 | 0.01 | 48. | 38. | 33. | 31. | 28. | 27. | 25. | 24. | 20. |
| 0.85 | 0.02 | 44. | 34. | 30. | 27. | 25. | 24. | 22. | 21. | 17. |
| 0.85 | 0.05 | 38. | 29. | 25. | 23. | 21. | 20. | 18. | 17. | 14. |
| 0.85 | 0.10 | 33. | 25. | 22. | 20. | 18. | 17. | 15. | 14. | 12. |
| 0.85 | 0.20 | 28. | 21. | 18. | 16. | 15. | 13. | 12. | 12. | 9. |
| 0.90 | 0.01 | 38. | 31. | 27. | 25. | 23. | 22. | 21. | 20. | 17. |
| 0.90 | 0.02 | 35. | 28. | 24. | 22. | 21. | 19. | 18. | 17. | 15. |
| 0.90 | 0.05 | 30. | 24. | 21. | 19. | 17. | 16. | 15. | 14. | 12. |
| 0.90 | 0.10 | 26. | 21. | 18. | 16. | 14. | 14. | 13. | 12. | 10. |
| 0.90 | 0.20 | 23. | 17. | 15. | 13. | 12. | 11. | 11. | 10. | 8. |
| 0.95 | 0.01 | 31. | 25. | 22. | 21. | 19. | 18. | 17. | 16. | 14. |
| 0.95 | 0.02 | 28. | 23. | 20. | 18. | 17. | 16. | 15. | 15. | 13. |
| 0.95 | 0.05 | 24. | 19. | 17. | 16. | 15. | 14. | 13. | 12. | 10. |
| 0.95 | 0.10 | 21. | 17. | 15. | 13. | 12. | 12. | 11. | 10. | 9. |
| 0.95 | 0.20 | 18. | 14. | 12. | 11. | 10. | 10. | 9. | 9. | 7. |

Tafel XV-5-4 (Fortsetz.)

P1 = 0.40

| P2 | ALPHA | 0.99 | 0.95 | 0.90 | 0.85 | 0.80 | 0.75 | 0.70 | 0.65 | 0.50 |
|---|---|---|---|---|---|---|---|---|---|---|
| 0.45 | 0.01 | 4772. | 3559. | 2986. | 2628. | 2361. | 2144. | 1957. | 1793. | 1376. |
| 0.45 | 0.02 | 4306. | 3159. | 2622. | 2288. | 2040. | 1839. | 1667. | 1516. | 1137. |
| 0.45 | 0.05 | 3666. | 2617. | 2131. | 1833. | 1612. | 1435. | 1285. | 1153. | 829. |
| 0.45 | 0.10 | 3158. | 2192. | 1752. | 1483. | 1286. | 1130. | 998. | 884. | 606. |
| 0.45 | 0.20 | 2620. | 1751. | 1362. | 1128. | 959. | 825. | 715. | 620. | 397. |
| 0.50 | 0.01 | 1223. | 918. | 774. | 683. | 616. | 561. | 514. | 473. | 367. |
| 0.50 | 0.02 | 1106. | 817. | 681. | 597. | 535. | 484. | 441. | 402. | 307. |
| 0.50 | 0.05 | 944. | 680. | 557. | 482. | 426. | 382. | 344. | 311. | 228. |
| 0.50 | 0.10 | 816. | 572. | 461. | 393. | 344. | 304. | 271. | 242. | 172. |
| 0.50 | 0.20 | 680. | 461. | 362. | 303. | 261. | 227. | 199. | 175. | 118. |
| 0.55 | 0.01 | 553. | 418. | 354. | 313. | 283. | 259. | 238. | 220. | 173. |
| 0.55 | 0.02 | 501. | 372. | 312. | 275. | 247. | 224. | 205. | 188. | 145. |
| 0.55 | 0.05 | 429. | 311. | 257. | 223. | 199. | 179. | 162. | 147. | 110. |
| 0.55 | 0.10 | 371. | 263. | 214. | 184. | 162. | 144. | 129. | 116. | 85. |
| 0.55 | 0.20 | 310. | 213. | 170. | 143. | 124. | 109. | 97. | 86. | 60. |
| 0.60 | 0.01 | 314. | 239. | 203. | 181. | 164. | 150. | 139. | 128. | 102. |
| 0.60 | 0.02 | 285. | 213. | 180. | 159. | 143. | 131. | 120. | 110. | 86. |
| 0.60 | 0.05 | 244. | 179. | 149. | 130. | 116. | 105. | 95. | 87. | 67. |
| 0.60 | 0.10 | 212. | 152. | 124. | 108. | 95. | 85. | 77. | 70. | 52. |
| 0.60 | 0.20 | 178. | 124. | 99. | 85. | 74. | 66. | 59. | 53. | 38. |
| 0.65 | 0.01 | 202. | 154. | 132. | 118. | 107. | 99. | 91. | 85. | 68. |
| 0.65 | 0.02 | 183. | 138. | 117. | 104. | 94. | 86. | 79. | 73. | 58. |
| 0.65 | 0.05 | 157. | 116. | 97. | 85. | 77. | 70. | 64. | 58. | 45. |
| 0.65 | 0.10 | 137. | 99. | 82. | 71. | 63. | 57. | 52. | 47. | 36. |
| 0.65 | 0.20 | 115. | 81. | 66. | 57. | 50. | 44. | 40. | 36. | 27. |
| 0.70 | 0.01 | 139. | 107. | 92. | 83. | 76. | 70. | 65. | 60. | 49. |
| 0.70 | 0.02 | 127. | 96. | 82. | 73. | 67. | 61. | 56. | 52. | 42. |
| 0.70 | 0.05 | 109. | 81. | 68. | 60. | 54. | 50. | 46. | 42. | 33. |
| 0.70 | 0.10 | 95. | 69. | 58. | 51. | 45. | 41. | 37. | 34. | 27. |
| 0.70 | 0.20 | 80. | 57. | 47. | 41. | 36. | 32. | 29. | 27. | 20. |
| 0.75 | 0.01 | 101. | 79. | 68. | 61. | 56. | 52. | 48. | 45. | 37. |
| 0.75 | 0.02 | 92. | 71. | 60. | 54. | 49. | 46. | 42. | 39. | 32. |
| 0.75 | 0.05 | 79. | 60. | 51. | 45. | 41. | 37. | 34. | 32. | 25. |
| 0.75 | 0.10 | 69. | 51. | 43. | 38. | 34. | 31. | 28. | 26. | 21. |
| 0.75 | 0.20 | 59. | 42. | 35. | 31. | 27. | 25. | 23. | 21. | 16. |
| 0.80 | 0.01 | 76. | 59. | 52. | 47. | 43. | 40. | 37. | 35. | 29. |
| 0.80 | 0.02 | 69. | 53. | 46. | 42. | 38. | 35. | 33. | 31. | 25. |
| 0.80 | 0.05 | 60. | 45. | 39. | 35. | 32. | 29. | 27. | 25. | 20. |
| 0.80 | 0.10 | 52. | 39. | 33. | 29. | 27. | 24. | 22. | 21. | 17. |
| 0.80 | 0.20 | 44. | 32. | 27. | 24. | 21. | 20. | 18. | 16. | 13. |
| 0.85 | 0.01 | 58. | 46. | 40. | 37. | 34. | 32. | 30. | 28. | 23. |
| 0.85 | 0.02 | 53. | 42. | 36. | 33. | 30. | 28. | 26. | 25. | 20. |
| 0.85 | 0.05 | 46. | 35. | 30. | 27. | 25. | 23. | 22. | 20. | 17. |
| 0.85 | 0.10 | 40. | 31. | 26. | 23. | 21. | 20. | 18. | 17. | 14. |
| 0.85 | 0.20 | 34. | 25. | 21. | 19. | 17. | 16. | 15. | 14. | 11. |
| 0.90 | 0.01 | 45. | 36. | 32. | 29. | 27. | 25. | 24. | 23. | 19. |
| 0.90 | 0.02 | 41. | 33. | 29. | 26. | 24. | 23. | 21. | 20. | 17. |
| 0.90 | 0.05 | 36. | 28. | 24. | 22. | 20. | 19. | 18. | 17. | 14. |
| 0.90 | 0.10 | 31. | 24. | 21. | 19. | 17. | 16. | 15. | 14. | 12. |
| 0.90 | 0.20 | 27. | 20. | 17. | 15. | 14. | 13. | 12. | 11. | 9. |
| 0.95 | 0.01 | 36. | 29. | 26. | 24. | 22. | 21. | 20. | 19. | 16. |
| **0.95** | **0.02** | 33. | 26. | 23. | 21. | 20. | 19. | 17. | 17. | 14. |
| 0.95 | 0.05 | 28. | 22. | 20. | 18. | 17. | 16. | 15. | 14. | 12. |
| 0.95 | 0.10 | 25. | 19. | 17. | 15. | 14. | 13. | 12. | 12. | 10. |
| 0.95 | 0.20 | 21. | 16. | 14. | 13. | 12. | 11. | 10. | 10. | 8. |

Tafel XV-5-4 (Fortsetz.)

$P1 = 0.45$

| P2 | ALPHA | 0.99 | 0.95 | 0.90 | 0.85 | 0.80 | 0.75 | 0.70 | 0.65 | 0.50 |
|---|---|---|---|---|---|---|---|---|---|---|
| 0.50 | 0.01 | 4868. | 3630. | 3045. | 2681. | 2408. | 2186. | 1996. | 1828. | 1402. |
| 0.50 | 0.02 | 4393. | 3222. | 2674. | 2333. | 2080. | 1875. | 1700. | 1545. | 1158. |
| 0.50 | 0.05 | 3740. | 2669. | 2174. | 1869. | 1644. | 1463. | 1309. | 1176. | 845. |
| 0.50 | 0.10 | 3221. | 2236. | 1786. | 1512. | 1311. | 1151. | 1017. | 900. | 617. |
| 0.50 | 0.20 | 2672. | 1785. | 1388. | 1149. | 977. | 841. | 728. | 631. | 404. |
| 0.55 | 0.01 | 1235. | 927. | 781. | 690. | 622. | 566. | 519. | 477. | 371. |
| 0.55 | 0.02 | 1117. | 825. | 688. | 603. | 540. | 488. | 445. | 406. | 309. |
| 0.55 | 0.05 | 953. | 686. | 563. | 487. | 430. | 385. | 347. | 313. | 230. |
| 0.55 | 0.10 | 823. | 578. | 465. | 397. | 347. | 307. | 273. | 244. | 173. |
| 0.55 | 0.20 | 686. | 465. | 366. | 306. | 263. | 229. | 201. | 176. | 119. |
| 0.60 | 0.01 | 553. | 418. | 354. | 313. | 283. | 259. | 238. | 220. | 173. |
| 0.60 | 0.02 | 501. | 372. | 312. | 275. | 247. | 224. | 205. | 188. | 145. |
| 0.60 | 0.05 | 429. | 311. | 257. | 223. | 199. | 179. | 162. | 147. | 110. |
| 0.60 | 0.10 | 371. | 263. | 214. | 184. | 162. | 144. | 129. | 116. | 85. |
| 0.60 | 0.20 | 310. | 213. | 170. | 143. | 124. | 109. | 97. | 86. | 60. |
| 0.65 | 0.01 | 311. | 237. | 201. | 179. | 162. | 149. | 137. | 127. | 101. |
| 0.65 | 0.02 | 282. | 211. | 178. | 158. | 142. | 130. | 119. | 110. | 86. |
| 0.65 | 0.05 | 242. | 177. | 147. | 129. | 115. | 104. | 95. | 86. | 66. |
| 0.65 | 0.10 | 210. | 151. | 123. | 107. | 94. | 85. | 76. | 69. | 52. |
| 0.65 | 0.20 | 176. | 123. | 99. | 84. | 74. | 65. | 58. | 52. | 38. |
| 0.70 | 0.01 | 198. | 151. | 129. | 116. | 105. | 97. | 90. | 83. | 67. |
| 0.70 | 0.02 | 179. | 136. | 115. | 102. | 92. | 85. | 78. | 72. | 57. |
| 0.70 | 0.05 | 154. | 114. | 95. | 84. | 75. | 68. | 63. | 57. | 45. |
| 0.70 | 0.10 | 134. | 97. | 80. | 70. | 62. | 56. | 51. | 46. | 35. |
| 0.70 | 0.20 | 113. | 80. | 65. | 56. | 49. | 44. | 39. | 36. | 26. |
| 0.75 | 0.01 | 135. | 104. | 90. | 80. | 74. | 68. | 63. | 59. | 48. |
| 0.75 | 0.02 | 123. | 94. | 80. | 71. | 65. | 60. | 55. | 51. | 41. |
| 0.75 | 0.05 | 106. | 79. | 67. | 59. | 53. | 49. | 45. | 41. | 32. |
| 0.75 | 0.10 | 92. | 68. | 56. | 49. | 44. | 40. | 37. | 34. | 26. |
| 0.75 | 0.20 | 78. | 56. | 46. | 40. | 35. | 32. | 29. | 26. | 20. |
| 0.80 | 0.01 | 97. | 76. | 65. | 59. | 54. | 50. | 47. | 44. | 36. |
| 0.80 | 0.02 | 88. | 68. | 58. | 52. | 48. | 44. | 41. | 38. | 31. |
| 0.80 | 0.05 | 76. | 58. | 49. | 43. | 39. | 36. | 33. | 31. | 25. |
| 0.80 | 0.10 | 67. | 49. | 42. | 37. | 33. | 30. | 28. | 26. | 20. |
| 0.80 | 0.20 | 56. | 41. | 34. | 30. | 27. | 24. | 22. | 20. | 16. |
| 0.85 | 0.01 | 72. | 57. | 49. | 45. | 41. | 38. | 36. | 34. | 28. |
| 0.85 | 0.02 | 66. | 51. | 44. | 40. | 36. | 34. | 32. | 30. | 24. |
| 0.85 | 0.05 | 57. | 43. | 37. | 33. | 30. | 28. | 26. | 24. | 20. |
| 0.85 | 0.10 | 50. | 37. | 32. | 28. | 26. | 23. | 22. | 20. | 16. |
| 0.85 | 0.20 | 42. | 31. | 26. | 23. | 21. | 19. | 17. | 16. | 13. |
| 0.90 | 0.01 | 55. | 43. | 38. | 35. | 32. | 30. | 28. | 27. | 22. |
| 0.90 | 0.02 | 50. | 39. | 34. | 31. | 29. | 27. | 25. | 23. | 20. |
| 0.90 | 0.05 | 43. | 33. | 29. | 26. | 24. | 22. | 21. | 19. | 16. |
| 0.90 | 0.10 | 38. | 29. | 25. | 22. | 20. | 19. | 17. | 16. | 13. |
| 0.90 | 0.20 | 32. | 24. | 20. | 18. | 17. | 15. | 14. | 13. | 11. |
| 0.95 | 0.01 | 42. | 34. | 30. | 27. | 25. | 24. | 23. | 21. | 18. |
| 0.95 | 0.02 | 38. | 31. | 27. | 24. | 23. | 21. | 20. | 19. | 16. |
| 0.95 | 0.05 | 33. | 26. | 23. | 21. | 19. | 18. | 17. | 16. | 13. |
| 0.95 | 0.10 | 29. | 23. | 20. | 18. | 16. | 15. | 14. | 13. | 11. |
| 0.95 | 0.20 | 25. | 19. | 16. | 15. | 13. | 12. | 12. | 11. | 9. |

Tafel XV-5-4 (Fortsetz.)

$P1 = 0.50$

| P2 | ALPHA | 0.99 | 0.95 | 0.90 | 0.85 | 0.80 | 0.75 | 0.70 | 0.65 | 0.50 |
|---|---|---|---|---|---|---|---|---|---|---|
| 0.55 | 0.01 | 4868. | 3630. | 3045. | 2681. | 2408. | 2186. | 1996. | 1828. | 1402. |
| 0.55 | 0.02 | 4393. | 3222. | 2674. | 2333. | 2080. | 1875. | 1700. | 1545. | 1158. |
| 0.55 | 0.05 | 3740. | 2669. | 2174. | 1869. | 1644. | 1463. | 1309. | 1176. | 845. |
| 0.55 | 0.10 | 3221. | 2236. | 1786. | 1512. | 1311. | 1151. | 1017. | 900. | 617. |
| 0.55 | 0.20 | 2672. | 1785. | 1388. | 1149. | 977. | 841. | 728. | 631. | 404. |
| 0.60 | 0.01 | 1223. | 918. | 774. | 683. | 616. | 561. | 514. | 473. | 367. |
| 0.60 | 0.02 | 1106. | 817. | 681. | 597. | 535. | 484. | 441. | 402. | 307. |
| 0.60 | 0.05 | 944. | 680. | 557. | 482. | 426. | 382. | 344. | 311. | 228. |
| 0.60 | 0.10 | 816. | 572. | 461. | 393. | 344. | 304. | 271. | 242. | 172. |
| 0.60 | 0.20 | 680. | 461. | 362. | 303. | 261. | 227. | 199. | 175. | 118. |
| 0.65 | 0.01 | 543. | 410. | 347. | 308. | 278. | 254. | 234. | 216. | 170. |
| 0.65 | 0.02 | 491. | 365. | 307. | 270. | 243. | 220. | 202. | 185. | 143. |
| 0.65 | 0.05 | 420. | 305. | 252. | 219. | 195. | 176. | 159. | 144. | 108. |
| 0.65 | 0.10 | 364. | 258. | 210. | 180. | 159. | 141. | 127. | 114. | 83. |
| 0.65 | 0.20 | 305. | 209. | 167. | 141. | 122. | 107. | 95. | 85. | 59. |
| 0.70 | 0.01 | 302. | 230. | 196. | 174. | 158. | 145. | 134. | 124. | 99. |
| 0.70 | 0.02 | 274. | 205. | 173. | 153. | 138. | 126. | 116. | 107. | 84. |
| 0.70 | 0.05 | 235. | 172. | 143. | 125. | 112. | 101. | 92. | 84. | 65. |
| 0.70 | 0.10 | 204. | 146. | 120. | 104. | 92. | 83. | 75. | 68. | 50. |
| 0.70 | 0.20 | 171. | 120. | 96. | 82. | 72. | 64. | 57. | 51. | 37. |
| 0.75 | 0.01 | 190. | 146. | 125. | 111. | 102. | 93. | 87. | 80. | 65. |
| 0.75 | 0.02 | 173. | 130. | 111. | 98. | 89. | 82. | 75. | 70. | 55. |
| 0.75 | 0.05 | 148. | 110. | 92. | 81. | 73. | 66. | 61. | 56. | 43. |
| 0.75 | 0.10 | 129. | 94. | 78. | 68. | 60. | 54. | 49. | 45. | 34. |
| 0.75 | 0.20 | 109. | 77. | 63. | 54. | 48. | 43. | 38. | 35. | 26. |
| 0.80 | 0.01 | 129. | 99. | 86. | 77. | 70. | 65. | 60. | 56. | 46. |
| 0.80 | 0.02 | 117. | 89. | 76. | 68. | 62. | 57. | 53. | 49. | 40. |
| 0.80 | 0.05 | 101. | 75. | 64. | 56. | 51. | 47. | 43. | 40. | 31. |
| 0.80 | 0.10 | 88. | 65. | 54. | 47. | 42. | 39. | 35. | 32. | 25. |
| 0.80 | 0.20 | 74. | 53. | 44. | 38. | 34. | 31. | 28. | 25. | 19. |
| 0.85 | 0.01 | 91. | 71. | 62. | 56. | 51. | 47. | 44. | 41. | 34. |
| 0.85 | 0.02 | 83. | 64. | 55. | 49. | 45. | 42. | 39. | 36. | 30. |
| 0.85 | 0.05 | 72. | 54. | 46. | 41. | 37. | 34. | 32. | 30. | 24. |
| 0.85 | 0.10 | 63. | 47. | 39. | 35. | 31. | 29. | 26. | 24. | 19. |
| 0.85 | 0.20 | 53. | 39. | 32. | 28. | 25. | 23. | 21. | 19. | 15. |
| 0.90 | 0.01 | 67. | 53. | 46. | 42. | 39. | 36. | 34. | 32. | 26. |
| 0.90 | 0.02 | 61. | 48. | 41. | 37. | 34. | 32. | 30. | 28. | 23. |
| 0.90 | 0.05 | 53. | 40. | 35. | 31. | 29. | 26. | 25. | 23. | 19. |
| 0.90 | 0.10 | 46. | 35. | 30. | 26. | 24. | 22. | 21. | 19. | 15. |
| 0.90 | 0.20 | 39. | 29. | 25. | 22. | 20. | 18. | 17. | 15. | 12. |
| 0.95 | 0.01 | 50. | 40. | 35. | 32. | 30. | 28. | 26. | 25. | 21. |
| 0.95 | 0.02 | 45. | 36. | 31. | 29. | 27. | 25. | 23. | 22. | 18. |
| 0.95 | 0.05 | 39. | 31. | 27. | 24. | 22. | 21. | 19. | 18. | 15. |
| 0.95 | 0.10 | 35. | 27. | 23. | 21. | 19. | 18. | 16. | 15. | 13. |
| 0.95 | 0.20 | 30. | 22. | 19. | 17. | 16. | 14. | 13. | 12. | 10. |

Tafel XV-5-4 (Fortsetz.)

$P1 = 0.55$

| P2 | ALPHA | 0.99 | 0.95 | 0.90 | 0.85 | 0.80 | 0.75 | 0.70 | 0.65 | 0.50 |
|---|---|---|---|---|---|---|---|---|---|---|
| 0.60 | 0.01 | 4772. | 3559. | 2986. | 2628. | 2361. | 2144. | 1957. | 1793. | 1376. |
| 0.60 | 0.02 | 4306. | 3159. | 2622. | 2288. | 2040. | 1839. | 1667. | 1516. | 1137. |
| 0.60 | 0.05 | 3666. | 2617. | 2131. | 1833. | 1612. | 1435. | 1285. | 1153. | 829. |
| 0.60 | 0.10 | 3158. | 2192. | 1752. | 1483. | 1286. | 1130. | 998. | 884. | 606. |
| 0.60 | 0.20 | 2620. | 1751. | 1362. | 1128. | 959. | 825. | 715. | 620. | 397. |
| 0.65 | 0.01 | 1187. | 891. | 751. | 664. | 598. | 545. | 500. | 459. | 357. |
| 0.65 | 0.02 | 1073. | 793. | 662. | 580. | 520. | 470. | 428. | 391. | 298. |
| 0.65 | 0.05 | 916. | 660. | 542. | 469. | 415. | 371. | 334. | 302. | 223. |
| 0.65 | 0.10 | 792. | 556. | 448. | 383. | 335. | 296. | 264. | 236. | 167. |
| 0.65 | 0.20 | 660. | 448. | 353. | 295. | 254. | 221. | 194. | 171. | 115. |
| 0.70 | 0.01 | 521. | 394. | 334. | 296. | 268. | 245. | 225. | 208. | 164. |
| 0.70 | 0.02 | 472. | 351. | 295. | 260. | 234. | 212. | 194. | 178. | 138. |
| 0.70 | 0.05 | 404. | 294. | 243. | 211. | 188. | 169. | 153. | 140. | 105. |
| 0.70 | 0.10 | 350. | 249. | 202. | 174. | 153. | 137. | 123. | 111. | 81. |
| 0.70 | 0.20 | 293. | 202. | 161. | 136. | 118. | 104. | 92. | 82. | 58. |
| 0.75 | 0.01 | 287. | 219. | 186. | 166. | 151. | 138. | 128. | 118. | 94. |
| 0.75 | 0.02 | 260. | 196. | 165. | 146. | 132. | 121. | 111. | 102. | 80. |
| 0.75 | 0.05 | 224. | 164. | 137. | 120. | 107. | 97. | 88. | 81. | 62. |
| 0.75 | 0.10 | 194. | 140. | 115. | 99. | 88. | 79. | 72. | 65. | 49. |
| 0.75 | 0.20 | 163. | 114. | 92. | 79. | 69. | 61. | 55. | 49. | 36. |
| 0.80 | 0.01 | 179. | 137. | 117. | 105. | 96. | 88. | 82. | 76. | 62. |
| 0.80 | 0.02 | 162. | 123. | 104. | 93. | 84. | 77. | 71. | 66. | 53. |
| 0.80 | 0.05 | 139. | 104. | 87. | 77. | 69. | 63. | 58. | 53. | 41. |
| 0.80 | 0.10 | 122. | 89. | 73. | 64. | 57. | 52. | 47. | 43. | 33. |
| 0.80 | 0.20 | 103. | 73. | 59. | 51. | 45. | 41. | 37. | 33. | 25. |
| 0.85 | 0.01 | 119. | 92. | 80. | 72. | 66. | 61. | 57. | 53. | 43. |
| 0.85 | 0.02 | 108. | 83. | 71. | 64. | 58. | 53. | 50. | 46. | 37. |
| 0.85 | 0.05 | 94. | 70. | 60. | 53. | 48. | 44. | 40. | 37. | 30. |
| 0.85 | 0.10 | 82. | 60. | 51. | 44. | 40. | 36. | 33. | 31. | 24. |
| 0.85 | 0.20 | 69. | 50. | 41. | 36. | 32. | 29. | 26. | 24. | 19. |
| 0.90 | 0.01 | 83. | 65. | 57. | 51. | 47. | 44. | 41. | 39. | 32. |
| 0.90 | 0.02 | 76. | 59. | 51. | 46. | 42. | 39. | 36. | 34. | 28. |
| 0.90 | 0.05 | 66. | 50. | 43. | 38. | 35. | 32. | 30. | 28. | 22. |
| 0.90 | 0.10 | 57. | 43. | 36. | 32. | 29. | 27. | 25. | 23. | 18. |
| 0.90 | 0.20 | 49. | 36. | 30. | 26. | 24. | 22. | 20. | 18. | 15. |
| 0.95 | 0.01 | 60. | 48. | 42. | 38. | 35. | 33. | 31. | 29. | 25. |
| 0.95 | 0.02 | 55. | 43. | 37. | 34. | 31. | 29. | 27. | 26. | 22. |
| 0.95 | 0.05 | 47. | 37. | 32. | 29. | 26. | 24. | 23. | 21. | 18. |
| 0.95 | 0.10 | 42. | 32. | 27. | 24. | 22. | 21. | 19. | 18. | 15. |
| 0.95 | 0.20 | 36. | 27. | 23. | 20. | 18. | 17. | 16. | 14. | 12. |

Tafel XV-5-4 (Fortsetz.)

P1 = 0.60

| P2 | ALPHA | 0.99 | 0.95 | 0.90 | 0.85 | 0.80 | 0.75 | 0.70 | 0.65 | 0.50 |
|---|---|---|---|---|---|---|---|---|---|---|
| 0.65 | 0.01 | 4580. | 3416. | 2867. | 2524. | 2268. | 2059. | 1880. | 1723. | 1323. |
| 0.65 | 0.02 | 4133. | 3033. | 2518. | 2198. | 1960. | 1766. | 1602. | 1457. | 1093. |
| 0.65 | 0.05 | 3519. | 2513. | 2047. | 1761. | 1549. | 1379. | 1235. | 1109. | 798. |
| 0.65 | 0.10 | 3032. | 2106. | 1683. | 1425. | 1237. | 1086. | 960. | 851. | 585. |
| 0.65 | 0.20 | 2516. | 1682. | 1309. | 1085. | 923. | 795. | 689. | 598. | 384. |
| 0.70 | 0.01 | 1127. | 847. | 714. | 631. | 569. | 519. | 476. | 437. | 341. |
| 0.70 | 0.02 | 1019. | 754. | 629. | 552. | 494. | 448. | 408. | 373. | 285. |
| 0.70 | 0.05 | 870. | 628. | 515. | 446. | 395. | 354. | 319. | 288. | 213. |
| 0.70 | 0.10 | 752. | 529. | 427. | 365. | 319. | 283. | 252. | 225. | 161. |
| 0.70 | 0.20 | 627. | 426. | 336. | 282. | 243. | 212. | 186. | 164. | 111. |
| 0.75 | 0.01 | 489. | 370. | 314. | 279. | 252. | 231. | 212. | 196. | 155. |
| 0.75 | 0.02 | 443. | 330. | 278. | 245. | 220. | 200. | 183. | 168. | 131. |
| 0.75 | 0.05 | 379. | 276. | 229. | 199. | 178. | 160. | 145. | 132. | 100. |
| 0.75 | 0.10 | 329. | 234. | 191. | 164. | 145. | 129. | 116. | 105. | 77. |
| 0.75 | 0.20 | 276. | 190. | 152. | 129. | 112. | 99. | 88. | 78. | 55. |
| 0.80 | 0.01 | 266. | 203. | 173. | 154. | 140. | 129. | 119. | 111. | 89. |
| 0.80 | 0.02 | 241. | 182. | 154. | 136. | 123. | 113. | 104. | 96. | 75. |
| 0.80 | 0.05 | 207. | 153. | 127. | 112. | 100. | 91. | 83. | 76. | 59. |
| 0.80 | 0.10 | 180. | 130. | 107. | 93. | 83. | 74. | 67. | 61. | 46. |
| 0.80 | 0.20 | 152. | 107. | 86. | 74. | 65. | 58. | 52. | 47. | 34. |
| 0.85 | 0.01 | 163. | 126. | 108. | 97. | 88. | 82. | 76. | 70. | 57. |
| 0.85 | 0.02 | 148. | 113. | 96. | 86. | 78. | 72. | 66. | 61. | 49. |
| 0.85 | 0.05 | 128. | 95. | 80. | 71. | 64. | 58. | 54. | 49. | 39. |
| 0.85 | 0.10 | 111. | 82. | 68. | 59. | 53. | 48. | 44. | 40. | 31. |
| 0.85 | 0.20 | 94. | 67. | 55. | 48. | 42. | 38. | 34. | 31. | 24. |
| 0.90 | 0.01 | 107. | 83. | 72. | 65. | 60. | 55. | 52. | 48. | 40. |
| 0.90 | 0.02 | 98. | 75. | 65. | 58. | 53. | 49. | 45. | 42. | 35. |
| 0.90 | 0.05 | 84. | 64. | 54. | 48. | 44. | 40. | 37. | 34. | 28. |
| 0.90 | 0.10 | 74. | 55. | 46. | 41. | 37. | 34. | 31. | 29. | 23. |
| 0.90 | 0.20 | 63. | 46. | 38. | 33. | 30. | 27. | 25. | 23. | 18. |
| 0.95 | 0.01 | 74. | 58. | 51. | 46. | 42. | 40. | 37. | 35. | 29. |
| 0.95 | 0.02 | 67. | 52. | 45. | 41. | 38. | 35. | 33. | 31. | 26. |
| 0.95 | 0.05 | 58. | 45. | 38. | 34. | 32. | 29. | 27. | 25. | 21. |
| 0.95 | 0.10 | 51. | 39. | 33. | 29. | 27. | 25. | 23. | 21. | 17. |
| 0.95 | 0.20 | 43. | 32. | 27. | 24. | 22. | 20. | 18. | 17. | 14. |

P1 = 0.65

| P2 | ALPHA | 0.99 | 0.95 | 0.90 | 0.85 | 0.80 | 0.75 | 0.70 | 0.65 | 0.50 |
|---|---|---|---|---|---|---|---|---|---|---|
| 0.70 | 0.01 | 4291. | 3202. | 2688. | 2367. | 2127. | 1932. | 1765. | 1617. | 1243. |
| 0.70 | 0.02 | 3873. | 2844. | 2361. | 2062. | 1839. | 1658. | 1504. | 1369. | 1028. |
| 0.70 | 0.05 | 3299. | 2357. | 1921. | 1653. | 1455. | 1296. | 1161. | 1043. | 752. |
| 0.70 | 0.10 | 2843. | 1976. | 1580. | 1339. | 1163. | 1022. | 904. | 801. | 552. |
| 0.70 | 0.20 | 2360. | 1580. | 1230. | 1020. | 868. | 749. | 649. | 564. | 364. |
| 0.75 | 0.01 | 1043. | 784. | 662. | 585. | 528. | 482. | 442. | 407. | 317. |
| 0.75 | 0.02 | 943. | 699. | 584. | 512. | 459. | 416. | 380. | 347. | 266. |
| 0.75 | 0.05 | 806. | 582. | 478. | 415. | 367. | 329. | 297. | 269. | 199. |
| 0.75 | 0.10 | 697. | 491. | 397. | 339. | 297. | 264. | 235. | 211. | 151. |
| 0.75 | 0.20 | 582. | 396. | 313. | 263. | 227. | 198. | 174. | 154. | 105. |
| 0.80 | 0.01 | 446. | 338. | 287. | 255. | 231. | 212. | 195. | 180. | 143. |
| 0.80 | 0.02 | 404. | 302. | 254. | 225. | 202. | 184. | 169. | 155. | 121. |
| 0.80 | 0.05 | 347. | 253. | 210. | 183. | 163. | 148. | 134. | 122. | 93. |
| 0.80 | 0.10 | 301. | 215. | 176. | 152. | 134. | 120. | 108. | 97. | 72. |
| 0.80 | 0.20 | 252. | 175. | 140. | 119. | 104. | 92. | 82. | 73. | 52. |
| 0.85 | 0.01 | 239. | 183. | 156. | 140. | 127. | 117. | 108. | 101. | 81. |
| 0.85 | 0.02 | 217. | 164. | 139. | 123. | 112. | 102. | 94. | 87. | 69. |
| 0.85 | 0.05 | 187. | 138. | 116. | 102. | 91. | 83. | 76. | 70. | 54. |
| 0.85 | 0.10 | 163. | 118. | 97. | 85. | 76. | 68. | 62. | 56. | 43. |
| 0.85 | 0.20 | 137. | 97. | 79. | 68. | 60. | 53. | 48. | 43. | 32. |
| 0.90 | 0.01 | 144. | 111. | 96. | 86. | 79. | 73. | 68. | 63. | 52. |
| 0.90 | 0.02 | 131. | 100. | 86. | 76. | 70. | 64. | 60. | 55. | 45. |
| 0.90 | 0.05 | 113. | 85. | 72. | 64. | 57. | 53. | 48. | 45. | 36. |
| 0.90 | 0.10 | 99. | 73. | 61. | 54. | 48. | 44. | 40. | 37. | 29. |
| 0.90 | 0.20 | 84. | 60. | 50. | 43. | 39. | 35. | 32. | 29. | 22. |
| 0.95 | 0.01 | 92. | 73. | 63. | 57. | 53. | 49. | 46. | 43. | 36. |
| 0.95 | 0.02 | 84. | 65. | 56. | 51. | 47. | 43. | 40. | 38. | 31. |
| 0.95 | 0.05 | 73. | 56. | 48. | 43. | 39. | 36. | 33. | 31. | 25. |
| 0.95 | 0.10 | 64. | 48. | 41. | 36. | 33. | 30. | 28. | 26. | 21. |
| 0.95 | 0.20 | 55. | 40. | 34. | 30. | 27. | 24. | 22. | 21. | 16. |

Tafel XV-5-4 (Fortsetz.)

$P1 = 0.70$

| P2 | ALPHA | 0.99 | 0.95 | 0.90 | 0.85 | 0.80 | 0.75 | 0.70 | 0.65 | 0.50 |
|---|---|---|---|---|---|---|---|---|---|---|
| 0.75 | 0.01 | 3907. | 2917. | 2450. | 2159. | 1940. | 1763. | 1611. | 1477. | 1137. |
| 0.75 | 0.02 | 3527. | 2591. | 2153. | 1881. | 1678. | 1514. | 1374. | 1251. | 941. |
| 0.75 | 0.05 | 3005. | 2149. | 1753. | 1509. | 1330. | 1185. | 1062. | 955. | 690. |
| 0.75 | 0.10 | 2590. | 1803. | 1443. | 1224. | 1064. | 936. | 828. | 735. | 508. |
| 0.75 | 0.20 | 2151. | 1443. | 1125. | 934. | 796. | 687. | 597. | 520. | 337. |
| 0.80 | 0.01 | 935. | 704. | 595. | 527. | 476. | 434. | 399. | 367. | 287. |
| 0.80 | 0.02 | 846. | 627. | 525. | 461. | 414. | 376. | 343. | 314. | 241. |
| 0.80 | 0.05 | 723. | 524. | 431. | 374. | 332. | 298. | 269. | 244. | 182. |
| 0.80 | 0.10 | 626. | 442. | 358. | 307. | 269. | 239. | 214. | 192. | 139. |
| 0.80 | 0.20 | 523. | 358. | 283. | 239. | 206. | 181. | 159. | 141. | 97. |
| 0.85 | 0.01 | 393. | 299. | 254. | 226. | 205. | 188. | 174. | 161. | 128. |
| 0.85 | 0.02 | 356. | 267. | 225. | 199. | 180. | 164. | 151. | 139. | 109. |
| 0.85 | 0.05 | 306. | 224. | 186. | 163. | 146. | 132. | 120. | 110. | 84. |
| 0.85 | 0.10 | 266. | 191. | 156. | 135. | 120. | 108. | 97. | 88. | 66. |
| 0.85 | 0.20 | 223. | 156. | 125. | 107. | 94. | 83. | 74. | 67. | 48. |
| 0.90 | 0.01 | 206. | 158. | 136. | 122. | 111. | 102. | 95. | 88. | 72. |
| 0.90 | 0.02 | 187. | 142. | 121. | 108. | 98. | 90. | 83. | 77. | 62. |
| 0.90 | 0.05 | 161. | 120. | 101. | 89. | 80. | 73. | 67. | 62. | 49. |
| 0.90 | 0.10 | 141. | 103. | 85. | 75. | 67. | 61. | 55. | 51. | 39. |
| 0.90 | 0.20 | 119. | 85. | 69. | 60. | 53. | 48. | 43. | 39. | 30. |
| 0.95 | 0.01 | 121. | 94. | 81. | 74. | 68. | 63. | 58. | 55. | 45. |
| 0.95 | 0.02 | 110. | 85. | 73. | 65. | 60. | 55. | 52. | 48. | 39. |
| 0.95 | 0.05 | 95. | 72. | 61. | 55. | 50. | 46. | 42. | 39. | 32. |
| 0.95 | 0.10 | 83. | 62. | 52. | 46. | 42. | 38. | 35. | 33. | 26. |
| 0.95 | 0.20 | 71. | 52. | 43. | 38. | 34. | 31. | 28. | 26. | 20. |

$P1 = 0.75$

| P2 | ALPHA | 0.99 | 0.95 | 0.90 | 0.85 | 0.80 | 0.75 | 0.70 | 0.65 | 0.50 |
|---|---|---|---|---|---|---|---|---|---|---|
| 0.80 | 0.01 | 3426. | 2561. | 2152. | 1897. | 1707. | 1552. | 1419. | 1301. | 1004. |
| 0.80 | 0.02 | 3094. | 2276. | 1893. | 1655. | 1478. | 1334. | 1212. | 1104. | 833. |
| 0.80 | 0.05 | 2637. | 1889. | 1543. | 1330. | 1172. | 1046. | 939. | 845. | 613. |
| 0.80 | 0.10 | 2275. | 1586. | 1272. | 1080. | 940. | 828. | 734. | 652. | 454. |
| 0.80 | 0.20 | 1891. | 1271. | 993. | 826. | 706. | 610. | 532. | 464. | 304. |
| 0.85 | 0.01 | 803. | 606. | 513. | 455. | 411. | 376. | 346. | 319. | 251. |
| 0.85 | 0.02 | 727. | 541. | 453. | 399. | 359. | 326. | 298. | 273. | 211. |
| 0.85 | 0.05 | 622. | 452. | 373. | 325. | 289. | 260. | 235. | 214. | 160. |
| 0.85 | 0.10 | 539. | 383. | 311. | 267. | 235. | 209. | 188. | 169. | 123. |
| 0.85 | 0.20 | 451. | 310. | 247. | 209. | 181. | 159. | 141. | 125. | 88. |
| 0.90 | 0.01 | 329. | 251. | 214. | 191. | 174. | 160. | 148. | 137. | 110. |
| 0.90 | 0.02 | 298. | 225. | 190. | 169. | 153. | 140. | 129. | 119. | 94. |
| 0.90 | 0.05 | 257. | 190. | 158. | 139. | 125. | 113. | 104. | 95. | 74. |
| 0.90 | 0.10 | 224. | 162. | 133. | 116. | 103. | 93. | 84. | 77. | 58. |
| 0.90 | 0.20 | 189. | 133. | 108. | 92. | 81. | 73. | 65. | 59. | 44. |
| 0.95 | 0.01 | 167. | 129. | 111. | 100. | 92. | 85. | 79. | 74. | 61. |
| 0.95 | 0.02 | 152. | 116. | 100. | 89. | 81. | 75. | 70. | 65. | 53. |
| 0.95 | 0.05 | 131. | 99. | 84. | 74. | 67. | 62. | 57. | 53. | 42. |
| 0.95 | 0.10 | 115. | 85. | 71. | 63. | 57. | 52. | 47. | 44. | 34. |
| 0.95 | 0.20 | 98. | 71. | 59. | 51. | 46. | 41. | 38. | 34. | 27. |

Tafel XV-5-4 (Fortsetz.)

P1 = 0.80

| P2 | ALPHA | 0.99 | 0.95 | 0.90 | 0.85 | 0.80 | 0.75 | 0.70 | 0.65 | 0.50 |
|---|---|---|---|---|---|---|---|---|---|---|
| 0.85 | 0.01 | 2849. | 2133. | 1795. | 1584. | 1426. | 1298. | 1188. | 1091. | 844. |
| 0.85 | 0.02 | 2574. | 1897. | 1580. | 1383. | 1236. | 1118. | 1016. | 927. | 703. |
| 0.85 | 0.05 | 2196. | 1577. | 1290. | 1114. | 984. | 879. | 790. | 713. | 521. |
| 0.85 | 0.10 | 1896. | 1326. | 1066. | 907. | 791. | 698. | 620. | 553. | 388. |
| 0.85 | 0.20 | 1578. | 1065. | 835. | 697. | 597. | 518. | 453. | 397. | 264. |
| 0.90 | 0.01 | 646. | 490. | 416. | 370. | 335. | 307. | 283. | 261. | 207. |
| 0.90 | 0.02 | 586. | 438. | 369. | 325. | 293. | 267. | 245. | 225. | 176. |
| 0.90 | 0.05 | 503. | 367. | 305. | 266. | 237. | 214. | 195. | 178. | 135. |
| 0.90 | 0.10 | 437. | 312. | 255. | 220. | 195. | 174. | 157. | 142. | 105. |
| 0.90 | 0.20 | 367. | 254. | 204. | 174. | 151. | 134. | 119. | 107. | 77. |
| 0.95 | 0.01 | 254. | 195. | 168. | 150. | 137. | 127. | 118. | 110. | 89. |
| 0.95 | 0.02 | 231. | 176. | 150. | 134. | 121. | 112. | 103. | 96. | 77. |
| 0.95 | 0.05 | 199. | 149. | 125. | 111. | 100. | 91. | 84. | 77. | 61. |
| 0.95 | 0.10 | 174. | 128. | 106. | 93. | 84. | 76. | 69. | 64. | 49. |
| 0.95 | 0.20 | 148. | 106. | 87. | 75. | 67. | 60. | 55. | 50. | 38. |

P1 = 0.85

| P2 | ALPHA | 0.99 | 0.95 | 0.90 | 0.85 | 0.80 | 0.75 | 0.70 | 0.65 | 0.50 |
|---|---|---|---|---|---|---|---|---|---|---|
| 0.90 | 0.01 | 2176. | 1634. | 1378. | 1219. | 1099. | 1002. | 918. | 845. | 658. |
| 0.90 | 0.02 | 1968. | 1456. | 1215. | 1066. | 955. | 865. | 788. | 721. | 551. |
| 0.90 | 0.05 | 1682. | 1213. | 996. | 862. | 764. | 684. | 617. | 558. | 412. |
| 0.90 | 0.10 | 1454. | 1023. | 826. | 705. | 617. | 547. | 488. | 437. | 312. |
| 0.90 | 0.20 | 1213. | 825. | 651. | 546. | 470. | 410. | 360. | 318. | 216. |
| 0.95 | 0.01 | 466. | 356. | 304. | 272. | 247. | 227. | 210. | 195. | 157. |
| 0.95 | 0.02 | 423. | 319. | 271. | 240. | 217. | 199. | 183. | 169. | 134. |
| 0.95 | 0.05 | 365. | 269. | 225. | 198. | 178. | 162. | 148. | 136. | 105. |
| 0.95 | 0.10 | 318. | 230. | 190. | 166. | 148. | 133. | 121. | 110. | 84. |
| 0.95 | 0.20 | 269. | 190. | 154. | 132. | 117. | 104. | 94. | 85. | 63. |

P1 = 0.90

| P2 | ALPHA | 0.99 | 0.95 | 0.90 | 0.85 | 0.80 | 0.75 | 0.70 | 0.65 | 0.50 |
|---|---|---|---|---|---|---|---|---|---|---|
| 0.95 | 0.01 | 1407. | 1064. | 902. | 800. | 725. | 663. | 610. | 563. | 445. |
| 0.95 | 0.02 | 1275. | 950. | 798. | 704. | 633. | 576. | 527. | 484. | 376. |
| 0.95 | 0.05 | 1093. | 796. | 659. | 574. | 511. | 461. | 418. | 381. | 288. |
| 0.95 | 0.10 | 949. | 676. | 551. | 474. | 418. | 374. | 336. | 303. | 223. |
| 0.95 | 0.20 | 796. | 550. | 439. | 373. | 324. | 286. | 254. | 227. | 161. |

## Tafel XV-5-5

ULEMANS $k \times 2$-Felder-U-Test (ULEMAN-BUCK-Tafel)

Auszugsweise entnommen aus BUCK, W.: Der U-Test nach Uleman. EDV in Biologie und Medizin 7 (1976, im Druck), mit freundlicher Genehmigung des Verfassers und des Herausgebers zum Vorabdruck.

Die Tafel enthält die einseitigen kritischen Werte UL und UR der Prüfgröße U des ULEMANschen U-Tests für 2 unabhängige Stichproben (Spalten) vom Gesamtumfang $N = 6(1)11$ zu je $k = 2(1)4$ Bindungsgruppen (Zeilen) für $\alpha\% = 0{,}5\%$, $1\%$, $2{,}5\%$ und $5\%$ (im Zeilenkopf jeder Tafel). Wird bei einseitiger $H_1$ (Lageunterschied $\triangleq$ Kontingenztrend) die untere (linke) Schranke UL erreicht oder unterschritten, bzw. die obere (rechte) Schranke UR erreicht und überschritten, ist $H_0$ (Lagehomogenität $\triangleq$ Unabhängigkeit) zu verwerfen.

Die Eingangsparameter der Tafel sind wie folgt definiert: $N \triangleq$ Umfang der beiden vereinten Stichproben (Spalten), $M \triangleq$ Umfang der kleineren der beiden Stichproben (Spaltensumme $N_a$ oder $N_b$) und T1 bis Tk als die lexikographisch geordneten (von oben nach unten zu lesenden) Bindungsgruppen (Zeilensummen $N_1$ bis $N_k$). Für nichtverzeichnete Eingangsparameter existieren keine Schranken auf den vorgegebenen Niveaus.

*Ablesebeispiel:* Die folgende $3 \times 2$-Feldertafel

| k | a | b | |
|---|---|---|---|
| 1 | 0 | 5 | $5 = T1$ |
| 2 | 2 | 0 | $2 = T2$ |
| 3 | 1 | 0 | $1 = T3$ |
| | $M = 3$ | | $8 = N$ |

mit 3 Bindungsgruppen (Zeilen) liefert bei einem $N = 8$ und einem $N_a = 3 = M$, d.h. $N_b = 5$, und Zeilensummen von $T1 = 5$, $T2 = 2$ und $T3 = 1$ nach der BUCKschen Formel $U = a_2 b_1 + a_3 (b_1 + b_2) + (a_1 b_1 + a_2 b_2 + a_3 b_3)/2$ ein $U = 15$. Der UR-Wert der Tafel von $UR = 15$ wird somit erreicht (bei $\alpha = 5\%$), was einem auf dem 5%-Niveau signifikanten negativen Kontingenztrend, bzw. einen unter $H_1$ einseitig spezifizierten Lageunterschied entspricht; ein positiver Trand ist bei den gegebenen Randsummen nicht signifikant möglich, weshalb eine untere Schranke UL in der Tafel fehlt.

Tafel XV-5-5 (Fortsetz.)

| N | M | T1 | T2 | 0.50 UL | 0.50 UR | 1.0 UL | 1.0 UR | 2.5 UL | 2.5 UR | 5.0 UL | 5.0 UR |
|---|---|---|---|---|---|---|---|---|---|---|---|
| 6 | 3 | 3 | 3 | | | | | | | 0.0 | 9.0 |
| 7 | 2 | 2 | 5 | | | | | | | 0.0 | |
| 7 | 2 | 5 | 2 | | | | | | | | 10.0 |
| 7 | 3 | 3 | 4 | | | | | | | 0.0 | |
| 7 | 3 | 4 | 3 | | | | | | | | 12.0 |
| 8 | 2 | 2 | 6 | | | | | | | 0.0 | |
| 8 | 2 | 6 | 2 | | | | | | | | 12.0 |
| 8 | 3 | 3 | 5 | | | | | | 0.0 | 0.0 | |
| 8 | 3 | 5 | 3 | | | | | | 15.0 | | 15.0 |
| 8 | 4 | 4 | 4 | | | | | 0.0 | 16.0 | 0.0 | 16.0 |
| 9 | 2 | 2 | 7 | | | | | | | 0.0 | |
| 9 | 2 | 7 | 2 | | | | | | | | 14.0 |
| 9 | 3 | 3 | 6 | | | | | 0.0 | | 0.0 | |
| 9 | 3 | 4 | 5 | | | | | | | 1.5 | |
| 9 | 3 | 5 | 4 | | | | | | | | 16.5 |
| 9 | 3 | 6 | 3 | | | | | | 18.0 | | 18.0 |
| 9 | 4 | 3 | 6 | | | | | | | 2.5 | |
| 9 | 4 | 4 | 5 | 0.0 | | | | 0.0 | | 0.0 | 18.0 |
| 9 | 4 | 5 | 4 | | | | 20.0 | | 20.0 | 2.0 | 20.0 |
| 9 | 4 | 6 | 3 | | | | | | | | 17.5 |
| 10 | 2 | 2 | 8 | | | | | 0.0 | | 0.0 | |
| 10 | 2 | 8 | 2 | | | | | | 16.0 | | 16.0 |
| 10 | 3 | 3 | 7 | | | 0.0 | | 0.0 | | 0.0 | |
| 10 | 3 | 4 | 6 | | | | | | | 1.5 | |
| 10 | 3 | 6 | 4 | | | | | | | | 19.5 |
| 10 | 3 | 7 | 3 | | | | 21.0 | | 21.0 | | 21.0 |
| 10 | 4 | 3 | 7 | | | | | | | 3.0 | |
| 10 | 4 | 4 | 6 | 0.0 | | 0.0 | | 0.0 | | 0.0 | |
| 10 | 4 | 5 | 5 | | | | | 2.0 | 22.0 | 2.0 | 22.0 |
| 10 | 4 | 6 | 4 | | 24.0 | | 24.0 | | 24.0 | | 24.0 |
| 10 | 4 | 7 | 3 | | | | | | | | 21.0 |
| 10 | 5 | 4 | 6 | | | | | 2.5 | 22.5 | 2.5 | 22.5 |
| 10 | 5 | 5 | 5 | 0.0 | 25.0 | 0.0 | 25.0 | 0.0 | 25.0 | 0.0 | 25.0 |
| 10 | 5 | 6 | 4 | | | | | 2.5 | 22.5 | 2.5 | 22.5 |
| 11 | 2 | 2 | 9 | | | | | 0.0 | | 0.0 | |
| 11 | 2 | 9 | 2 | | | | | | 18.0 | | 18.0 |
| 11 | 3 | 3 | 8 | | | 0.0 | | 0.0 | | 0.0 | |
| 11 | 3 | 4 | 7 | | | | | 1.5 | | 1.5 | |
| 11 | 3 | 7 | 4 | | | | | | 22.5 | | 22.5 |
| 11 | 3 | 8 | 3 | | | | 24.0 | | 24.0 | | 24.0 |
| 11 | 4 | 3 | 8 | | | | | 3.5 | | 3.5 | |
| 11 | 4 | 4 | 7 | 0.0 | | 0.0 | | 0.0 | | 0.0 | |
| 11 | 4 | 5 | 6 | | | | | 2.0 | | 2.0 | 24.0 |
| 11 | 4 | 6 | 5 | | | | | | 26.0 | 4.0 | 26.0 |
| 11 | 4 | 7 | 4 | | 28.0 | | 28.0 | | 28.0 | | 28.0 |
| 11 | 4 | 8 | 3 | | | | | | 24.5 | | 24.5 |
| 11 | 5 | 4 | 7 | | | | | 3.0 | | 3.0 | 25.0 |
| 11 | 5 | 5 | 6 | 0.0 | | 0.0 | | 0.0 | 27.5 | 0.0 | 27.5 |
| 11 | 5 | 6 | 5 | | 30.0 | | 30.0 | 2.5 | 30.0 | 2.5 | 30.0 |
| 11 | 5 | 7 | 4 | | | | | | 27.0 | 5.0 | 27.0 |

Tafel XV-5-5 (Fortsetz.)

| N | M | T1 | T2 | T3 | 0.50 UL | 0.50 UR | 1.0 UL | 1.0 UR | 2.5 UL | 2.5 UR | 5.0 UL | 5.0 UR |
|---|---|----|----|----|---------|---------|--------|--------|--------|--------|--------|--------|
| 6 | 3 | 1 | 2 | 3 | | | | | | | 0.0 | 9.0 |
| 6 | 3 | 2 | 1 | 3 | | | | | | | 0.0 | 9.0 |
| 6 | 3 | 3 | 1 | 2 | | | | | | | 0.0 | 9.0 |
| 6 | 3 | 3 | 2 | 1 | | | | | | | 0.0 | 9.0 |
| 7 | 2 | 1 | 1 | 5 | | | | | | | 0.0 | |
| 7 | 2 | 1 | 4 | 2 | | | | | | | | 10.0 |
| 7 | 2 | 2 | 1 | 4 | | | | | | | 0.0 | |
| 7 | 2 | 2 | 2 | 3 | | | | | | | 0.0 | |
| 7 | 2 | 2 | 3 | 2 | | | | | | | 0.0 | 10.0 |
| 7 | 2 | 2 | 4 | 1 | | | | | | | 0.0 | |
| 7 | 2 | 3 | 2 | 2 | | | | | | | | 10.0 |
| 7 | 2 | 4 | 1 | 2 | | | | | | | | 10.0 |
| 7 | 2 | 5 | 1 | 1 | | | | | | | | 10.0 |
| 7 | 3 | 1 | 2 | 4 | | | | | | | 0.0 | |
| 7 | 3 | 1 | 3 | 3 | | | | | | | | 12.0 |
| 7 | 3 | 2 | 1 | 4 | | | | | | | 0.0 | |
| 7 | 3 | 2 | 2 | 3 | | | | | | | | 12.0 |
| 7 | 3 | 3 | 1 | 3 | | | | | | | 0.0 | 12.0 |
| 7 | 3 | 3 | 2 | 2 | | | | | | | 0.0 | |
| 7 | 3 | 3 | 3 | 1 | | | | | | | 0.0 | |
| 7 | 3 | 4 | 1 | 2 | | | | | | | | 12.0 |
| 7 | 3 | 4 | 2 | 1 | | | | | | | | 12.0 |
| 8 | 2 | 1 | 1 | 6 | | | | | | | 0.0 | |
| 8 | 2 | 1 | 5 | 2 | | | | | | | | 12.0 |
| 8 | 2 | 2 | 1 | 5 | | | | | | | 0.0 | |
| 8 | 2 | 2 | 2 | 4 | | | | | | | 0.0 | |
| 8 | 2 | 2 | 3 | 3 | | | | | | | 0.0 | |
| 8 | 2 | 2 | 4 | 2 | | | | | | | 0.0 | 12.0 |
| 8 | 2 | 2 | 5 | 1 | | | | | | | 0.0 | |
| 8 | 2 | 3 | 3 | 2 | | | | | | | | 12.0 |
| 8 | 2 | 4 | 2 | 2 | | | | | | | | 12.0 |
| 8 | 2 | 5 | 1 | 2 | | | | | | | | 12.0 |
| 8 | 2 | 6 | 1 | 1 | | | | | | | | 12.0 |
| 8 | 3 | 1 | 2 | 5 | | | | | 0.0 | | 0.0 | |
| 8 | 3 | 1 | 4 | 3 | | | | | | 15.0 | | 15.0 |
| 8 | 3 | 2 | 1 | 5 | | | | | 0.0 | | 0.0 | |
| 8 | 3 | 2 | 2 | 4 | | | | | | | 0.5 | |
| 8 | 3 | 2 | 3 | 3 | | | | | | 15.0 | | 15.0 |
| 8 | 3 | 3 | 1 | 4 | | | | | 0.0 | | 0.0 | |
| 8 | 3 | 3 | 2 | 3 | | | | | 0.0 | 15.0 | 0.0 | 15.0 |
| 8 | 3 | 3 | 3 | 2 | | | | | 0.0 | | 0.0 | |
| 8 | 3 | 3 | 4 | 1 | | | | | 0.0 | | 0.0 | |
| 8 | 3 | 4 | 1 | 3 | | | | | | 15.0 | | 15.0 |
| 8 | 3 | 4 | 2 | 2 | | | | | | | | 14.5 |
| 8 | 3 | 5 | 1 | 2 | | | | | | 15.0 | | 15.0 |
| 8 | 3 | 5 | 2 | 1 | | | | | | 15.0 | | 15.0 |
| 8 | 4 | 1 | 3 | 4 | | | | | 0.0 | 16.0 | 0.0 | 16.0 |
| 8 | 4 | 2 | 2 | 4 | | | | | | 16.0 | | 16.0 |
| 8 | 4 | 2 | 3 | 3 | | | | | | | 1.0 | 15.0 |
| 8 | 4 | 3 | 1 | 4 | | | | | 0.0 | 16.0 | 0.0 | 16.0 |
| 8 | 4 | 3 | 2 | 3 | | | | | | | 0.5 | 15.5 |
| 8 | 4 | 3 | 3 | 2 | | | | | | | 1.0 | 15.0 |
| 8 | 4 | 4 | 1 | 3 | | | | | 0.0 | 16.0 | 0.0 | 16.0 |
| 8 | 4 | 4 | 2 | 2 | | | | | 0.0 | 16.0 | 0.0 | 16.0 |
| 8 | 4 | 4 | 3 | 1 | | | | | 0.0 | 16.0 | 0.0 | 16.0 |
| 9 | 2 | 1 | 1 | 7 | | | | | | | 0.0 | |
| 9 | 2 | 1 | 6 | 2 | | | | | | | | 14.0 |
| 9 | 2 | 2 | 1 | 6 | | | | | | | 0.0 | |
| 9 | 2 | 2 | 2 | 5 | | | | | | | 0.0 | |
| 9 | 2 | 2 | 3 | 4 | | | | | | | 0.0 | |

Tafel XV-5-5 (Fortsetz.)

| N | M | T1 | T2 | T3 | 0.50 UL | 0.50 UR | 1.0 UL | 1.0 UR | 2.5 UL | 2.5 UR | 5.0 UL | 5.0 UR |
|---|---|----|----|----|---------|---------|--------|--------|--------|--------|--------|--------|
| 9 | 2 | 2 | 4 | 3 | | | | | | | 0.0 | |
| 9 | 2 | 2 | 5 | 2 | | | | | | | 0.0 | 14.0 |
| 9 | 2 | 2 | 6 | 1 | | | | | | | 0.0 | |
| 9 | 2 | 3 | 4 | 2 | | | | | | | | 14.0 |
| 9 | 2 | 4 | 3 | 2 | | | | | | | | 14.0 |
| 9 | 2 | 5 | 2 | 2 | | | | | | | | 14.0 |
| 9 | 2 | 6 | 1 | 2 | | | | | | | | 14.0 |
| 9 | 2 | 7 | 1 | 1 | | | | | | | | 14.0 |
| 9 | 3 | 1 | 2 | 6 | | | | | 0.0 | | 0.0 | |
| 9 | 3 | 1 | 3 | 5 | | | | | | | 3.0 | |
| 9 | 3 | 1 | 4 | 4 | | | | | | | | 16.5 |
| 9 | 3 | 1 | 5 | 3 | | | | | | 18.0 | | 18.0 |
| 9 | 3 | 2 | 1 | 6 | | | | | 0.0 | | 0.0 | |
| 9 | 3 | 2 | 2 | 5 | | | | | 0.5 | | 2.5 | |
| 9 | 3 | 2 | 3 | 4 | | | | | | | 1.0 | 16.5 |
| 9 | 3 | 2 | 4 | 3 | | | | | | 18.0 | 1.5 | 18.0 |
| 9 | 3 | 3 | 1 | 5 | | | | | 0.0 | | 2.0 | |
| 9 | 3 | 3 | 2 | 4 | | | | | 0.0 | | 0.0 | 16.5 |
| 9 | 3 | 3 | 3 | 3 | | | | | 0.0 | 18.0 | 0.0 | 18.0 |
| 9 | 3 | 3 | 4 | 2 | | | | | 0.0 | | 0.0 | 16.5 |
| 9 | 3 | 3 | 5 | 1 | | | | | 0.0 | | 0.0 | |
| 9 | 3 | 4 | 1 | 4 | | | | | | | 1.5 | 16.5 |
| 9 | 3 | 4 | 2 | 3 | | | | | | 18.0 | 1.5 | 18.0 |
| 9 | 3 | 4 | 3 | 2 | | | | | | | 1.5 | 17.0 |
| 9 | 3 | 4 | 4 | 1 | | | | | | | 1.5 | |
| 9 | 3 | 5 | 1 | 3 | | | | | | 18.0 | | 16.0 |
| 9 | 3 | 5 | 2 | 2 | | | | | | 17.5 | | 15.5 |
| 9 | 3 | 5 | 3 | 1 | | | | | | | | 15.0 |
| 9 | 3 | 6 | 1 | 2 | | | | | | 18.0 | | 18.0 |
| 9 | 3 | 6 | 2 | 1 | | | | | | 18.0 | | 18.0 |
| 9 | 4 | 1 | 2 | 6 | | | | | | | 2.5 | |
| 9 | 4 | 1 | 3 | 5 | | | 0.0 | | 0.0 | | 0.0 | 18.0 |
| 9 | 4 | 1 | 4 | 4 | | | | 20.0 | | 20.0 | 4.0 | 20.0 |
| 9 | 4 | 1 | 5 | 3 | | | | | | | | 15.0 |
| 9 | 4 | 2 | 1 | 6 | | | | | | | 2.5 | |
| 9 | 4 | 2 | 2 | 5 | | | 0.0 | | 0.0 | | 0.0 | 18.0 |
| 9 | 4 | 2 | 3 | 4 | | | | 20.0 | 1.0 | 20.0 | 3.5 | 20.0 |
| 9 | 4 | 2 | 4 | 3 | | | | | 0.0 | | 2.0 | 15.5 |
| 9 | 4 | 3 | 1 | 5 | | | 0.0 | | 0.0 | | 3.0 | 18.0 |
| 9 | 4 | 3 | 2 | 4 | | | | 20.0 | 0.5 | 20.0 | 3.0 | 20.0 |
| 9 | 4 | 3 | 3 | 3 | | | | | 1.0 | 19.0 | 1.0 | 19.0 |
| 9 | 4 | 3 | 4 | 2 | | | | | | | 4.5 | 18.0 |
| 9 | 4 | 3 | 5 | 1 | | | | | | | 5.0 | |
| 9 | 4 | 4 | 1 | 4 | | | 0.0 | 20.0 | 0.0 | 20.0 | 2.5 | 17.5 |
| 9 | 4 | 4 | 2 | 3 | | | 0.0 | | 0.0 | 19.5 | 0.0 | 17.0 |
| 9 | 4 | 4 | 3 | 2 | | | 0.0 | | 0.0 | 19.0 | 0.0 | 16.5 |
| 9 | 4 | 4 | 4 | 1 | | | 0.0 | | 0.0 | | 0.0 | 16.0 |
| 9 | 4 | 5 | 1 | 3 | | | | 20.0 | | 20.0 | 2.0 | 17.0 |
| 9 | 4 | 5 | 2 | 2 | | | | 20.0 | | 20.0 | 2.0 | 20.0 |
| 9 | 4 | 5 | 3 | 1 | | | | 20.0 | | 20.0 | 2.0 | 20.0 |
| 9 | 4 | 6 | 1 | 2 | | | | | | | | 17.5 |
| 9 | 4 | 6 | 2 | 1 | | | | | | | | 17.5 |
| 10 | 2 | 1 | 1 | 8 | | | | | 0.0 | | 0.0 | |
| 10 | 2 | 1 | 2 | 7 | | | | | | | 0.5 | |
| 10 | 2 | 1 | 7 | 2 | | | | | | 16.0 | | 16.0 |
| 10 | 2 | 2 | 1 | 7 | | | | | 0.0 | | 0.0 | |
| 10 | 2 | 2 | 2 | 6 | | | | | 0.0 | | 0.0 | |
| 10 | 2 | 2 | 3 | 5 | | | | | 0.0 | | 0.0 | |
| 10 | 2 | 2 | 4 | 4 | | | | | 0.0 | | 0.0 | |
| 10 | 2 | 2 | 5 | 3 | | | | | 0.0 | | 0.0 | |

Tafel XV 5-5 (Fortsetz.)

| N | M | T1 | T2 | T3 | 0.50 UL | 0.50 UR | 1.0 UL | 1.0 UR | 2.5 UL | 2.5 UR | 5.0 UL | 5.0 UR |
|---|---|---|---|---|---|---|---|---|---|---|---|---|
| 10 | 2 | 2 | 6 | 2 |  |  |  |  | 0.0 | 16.0 | 0.0 | 16.0 |
| 10 | 2 | 2 | 7 | 1 |  |  |  |  | 0.0 |  | 0.0 |  |
| 10 | 2 | 3 | 5 | 2 |  |  |  |  |  | 16.0 |  | 16.0 |
| 10 | 2 | 4 | 4 | 2 |  |  |  |  |  | 16.0 |  | 16.0 |
| 10 | 2 | 5 | 3 | 2 |  |  |  |  |  | 16.0 |  | 16.0 |
| 10 | 2 | 6 | 2 | 2 |  |  |  |  |  | 16.0 |  | 16.0 |
| 10 | 2 | 7 | 1 | 2 |  |  |  |  |  | 16.0 |  | 16.0 |
| 10 | 2 | 7 | 2 | 1 |  |  |  |  |  |  |  | 15.5 |
| 10 | 2 | 8 | 1 | 1 |  |  |  |  |  | 16.0 |  | 16.0 |
| 10 | 3 | 1 | 2 | 7 |  |  | 0.0 |  | 0.0 |  | 0.0 |  |
| 10 | 3 | 1 | 3 | 6 |  |  |  |  | 1.0 |  | 3.0 |  |
| 10 | 3 | 1 | 4 | 5 |  |  |  |  |  |  | 2.0 |  |
| 10 | 3 | 1 | 5 | 4 |  |  |  |  |  |  |  | 19.5 |
| 10 | 3 | 1 | 6 | 3 |  |  |  | 21.0 |  | 21.0 |  | 21.0 |
| 10 | 3 | 2 | 1 | 7 |  |  | 0.0 |  | 0.0 |  | 0.0 |  |
| 10 | 3 | 2 | 2 | 6 |  |  |  |  | 0.5 |  | 2.5 |  |
| 10 | 3 | 2 | 3 | 5 |  |  |  |  | 1.0 |  | 1.0 |  |
| 10 | 3 | 2 | 4 | 4 |  |  |  |  | 1.5 |  | 2.0 | 19.5 |
| 10 | 3 | 2 | 5 | 3 |  |  |  | 21.0 |  | 21.0 |  | 21.0 |
| 10 | 3 | 2 | 6 | 2 |  |  |  |  |  |  | 2.5 | 18.5 |
| 10 | 3 | 3 | 1 | 6 |  |  | 0.0 |  | 0.0 |  | 2.0 |  |
| 10 | 3 | 3 | 2 | 5 |  |  | 0.0 |  | 0.0 |  | 0.0 |  |
| 10 | 3 | 3 | 3 | 4 |  |  | 0.0 |  | 0.0 |  | 0.0 | 19.5 |
| 10 | 3 | 3 | 4 | 3 |  |  | 0.0 | 21.0 | 0.0 | 21.0 | 0.0 | 21.0 |
| 10 | 3 | 3 | 5 | 2 |  |  | 0.0 |  | 0.0 |  | 0.0 | 19.0 |
| 10 | 3 | 3 | 6 | 1 |  |  | 0.0 |  | 0.0 |  | 0.0 |  |
| 10 | 3 | 4 | 1 | 5 |  |  |  |  |  |  | 1.5 |  |
| 10 | 3 | 4 | 2 | 4 |  |  |  |  |  |  | 1.5 | 19.5 |
| 10 | 3 | 4 | 3 | 3 |  |  |  | 21.0 |  | 21.0 | 1.5 | 21.0 |
| 10 | 3 | 4 | 4 | 2 |  |  |  |  |  |  | 1.5 | 19.5 |
| 10 | 3 | 4 | 5 | 1 |  |  |  |  |  |  | 1.5 |  |
| 10 | 3 | 5 | 1 | 4 |  |  |  |  |  |  |  | 19.5 |
| 10 | 3 | 5 | 2 | 3 |  |  |  | 21.0 |  | 21.0 |  | 21.0 |
| 10 | 3 | 5 | 3 | 2 |  |  |  |  |  | 20.0 |  | 20.0 |
| 10 | 3 | 5 | 4 | 1 |  |  |  |  |  |  |  | 19.0 |
| 10 | 3 | 6 | 1 | 3 |  |  |  | 21.0 |  | 21.0 |  | 19.0 |
| 10 | 3 | 6 | 2 | 2 |  |  |  |  |  | 20.5 |  | 18.5 |
| 10 | 3 | 6 | 3 | 1 |  |  |  |  |  | 20.0 |  | 18.0 |
| 10 | 3 | 7 | 1 | 2 |  |  |  | 21.0 |  | 21.0 |  | 21.0 |
| 10 | 3 | 7 | 2 | 1 |  |  |  | 21.0 |  | 21.0 |  | 21.0 |
| 10 | 4 | 1 | 2 | 7 |  |  |  |  |  |  | 3.0 |  |
| 10 | 4 | 1 | 3 | 6 | 0.0 |  | 0.0 |  | 0.0 |  | 0.0 |  |
| 10 | 4 | 1 | 4 | 5 |  |  |  |  | 4.0 | 22.0 | 4.0 | 22.0 |
| 10 | 4 | 1 | 5 | 4 |  | 24.0 |  | 24.0 |  | 24.0 | 3.0 | 24.0 |
| 10 | 4 | 1 | 6 | 3 |  |  |  |  |  |  |  | 18.0 |
| 10 | 4 | 2 | 1 | 7 |  |  |  |  |  |  | 3.0 |  |
| 10 | 4 | 2 | 2 | 6 | 0.0 |  | 0.0 |  | 0.0 |  | 0.0 |  |
| 10 | 4 | 2 | 3 | 5 |  |  |  |  | 3.5 | 22.0 | 3.5 | 22.0 |
| 10 | 4 | 2 | 4 | 4 |  | 24.0 |  | 24.0 |  | 24.0 | 2.0 | 24.0 |
| 10 | 4 | 2 | 5 | 3 |  |  |  |  |  | 22.0 | 3.0 | 18.5 |
| 10 | 4 | 3 | 1 | 6 | 0.0 |  | 0.0 |  | 0.0 |  | 3.5 |  |
| 10 | 4 | 3 | 2 | 5 |  |  | 0.5 |  | 3.0 | 22.0 | 4.0 | 22.0 |
| 10 | 4 | 3 | 3 | 4 |  | 24.0 |  | 24.0 | 1.0 | 24.0 | 1.0 | 24.0 |
| 10 | 4 | 3 | 4 | 3 |  |  |  |  | 1.5 | 22.5 | 1.5 | 22.5 |
| 10 | 4 | 3 | 5 | 2 |  |  |  |  | 2.0 |  | 5.5 | 21.0 |
| 10 | 4 | 3 | 6 | 1 |  |  |  |  |  |  | 6.0 |  |
| 10 | 4 | 4 | 1 | 5 | 0.0 |  | 0.0 |  | 2.5 | 22.0 | 2.5 | 22.0 |
| 10 | 4 | 4 | 2 | 4 | 0.0 | 24.0 | 0.0 | 24.0 | 0.0 | 24.0 | 3.0 | 21.0 |
| 10 | 4 | 4 | 3 | 3 | 0.0 |  | 0.0 |  | 0.0 | 23.0 | 0.0 | 23.0 |
| 10 | 4 | 4 | 4 | 2 | 0.0 |  | 0.0 |  | 0.0 |  | 0.0 | 22.0 |

Tafel XV-5-5 (Fortsetz.)

| N | M | T1 | T2 | T3 | 0.50 UL | 0.50 UR | 1.0 UL | 1.0 UR | 2.5 UL | 2.5 UR | 5.0 UL | 5.0 UR |
|---|---|----|----|----|---------|---------|--------|--------|--------|--------|--------|--------|
| 10 | 4 | 4 | 5 | 1 | 0.0 |      | 0.0 |      | 0.0 |      | 0.0 | 21.0 |
| 10 | 4 | 5 | 1 | 4 |     | 24.0 |     | 24.0 | 2.0 | 21.5 | 2.0 | 21.5 |
| 10 | 4 | 5 | 2 | 3 |     |      |     | 23.5 | 2.0 | 21.0 | 2.0 | 20.0 |
| 10 | 4 | 5 | 3 | 2 |     |      |     |      | 2.0 | 20.5 | 2.0 | 20.5 |
| 10 | 4 | 5 | 4 | 1 |     |      |     |      | 2.0 | 20.0 | 2.0 | 20.0 |
| 10 | 4 | 6 | 1 | 3 |     | 24.0 |     | 24.0 |     | 24.0 |     | 20.5 |
| 10 | 4 | 6 | 2 | 2 |     | 24.0 |     | 24.0 |     | 24.0 |     | 24.0 |
| 10 | 4 | 6 | 3 | 1 |     | 24.0 |     | 24.0 |     | 24.0 |     | 24.0 |
| 10 | 4 | 7 | 1 | 2 |     |      |     |      |     |      |     | 21.0 |
| 10 | 4 | 7 | 2 | 1 |     |      |     |      |     |      |     | 21.0 |
| 10 | 5 | 1 | 3 | 6 |     |      |     |      | 2.5 | 22.5 | 2.5 | 22.5 |
| 10 | 5 | 1 | 4 | 5 | 0.0 | 25.0 | 0.0 | 25.0 | 0.0 | 25.0 | 0.0 | 25.0 |
| 10 | 5 | 1 | 5 | 4 |     |      |     |      | 5.0 | 20.0 | 5.0 | 20.0 |
| 10 | 5 | 2 | 2 | 6 |     |      |     |      | 2.5 | 22.5 | 2.5 | 22.5 |
| 10 | 5 | 2 | 3 | 5 | 0.0 | 25.0 | 0.0 | 25.0 | 0.0 | 25.0 | 0.0 | 25.0 |
| 10 | 5 | 2 | 4 | 4 |     |      |     |      | 4.5 | 20.5 | 4.5 | 20.5 |
| 10 | 5 | 2 | 5 | 3 |     |      |     |      |     |      | 3.0 | 22.0 |
| 10 | 5 | 3 | 1 | 6 |     |      |     |      | 2.5 | 22.5 | 2.5 | 22.5 |
| 10 | 5 | 3 | 2 | 5 | 0.0 | 25.0 | 0.0 | 25.0 | 0.0 | 25.0 | 3.5 | 21.5 |
| 10 | 5 | 3 | 3 | 4 |     |      |     |      | 4.0 | 21.0 | 4.0 | 21.0 |
| 10 | 5 | 3 | 4 | 3 |     |      |     |      | 2.0 | 23.0 | 2.0 | 23.0 |
| 10 | 5 | 3 | 5 | 2 |     |      |     |      |     |      | 3.0 | 22.0 |
| 10 | 5 | 4 | 1 | 5 | 0.0 | 25.0 | 0.0 | 25.0 | 3.0 | 22.0 | 3.0 | 22.0 |
| 10 | 5 | 4 | 2 | 4 |     |      | 0.5 | 24.5 | 0.5 | 24.5 | 3.5 | 21.5 |
| 10 | 5 | 4 | 3 | 3 |     |      |     |      | 4.0 | 21.0 | 4.0 | 21.0 |
| 10 | 5 | 4 | 4 | 2 |     |      |     |      | 4.5 | 20.5 | 4.5 | 20.5 |
| 10 | 5 | 4 | 5 | 1 |     |      |     |      | 5.0 | 20.0 | 5.0 | 20.0 |
| 10 | 5 | 5 | 1 | 4 | 0.0 | 25.0 | 0.0 | 25.0 | 3.0 | 22.0 | 3.0 | 22.0 |
| 10 | 5 | 5 | 2 | 3 | 0.0 | 25.0 | 0.0 | 25.0 | 0.0 | 25.0 | 3.5 | 21.5 |
| 10 | 5 | 5 | 3 | 2 | 0.0 | 25.0 | 0.0 | 25.0 | 0.0 | 25.0 | 0.0 | 25.0 |
| 10 | 5 | 5 | 4 | 1 | 0.0 | 25.0 | 0.0 | 25.0 | 0.0 | 25.0 | 0.0 | 25.0 |
| 10 | 5 | 6 | 1 | 3 |     |      |     |      | 2.5 | 22.5 | 2.5 | 22.5 |
| 10 | 5 | 6 | 2 | 2 |     |      |     |      | 2.5 | 22.5 | 2.5 | 22.5 |
| 10 | 5 | 6 | 3 | 1 |     |      |     |      | 2.5 | 22.5 | 2.5 | 22.5 |

Tafel XV-5-5 (Fortsetz.)

| N | M | T1 | T2 | T3 | T4 | 0.50 UL | 0.50 UR | 1.0 UL | 1.0 UR | 2.5 UL | 2.5 UR | 5.0 UL | 5.0 UR |
|---|---|----|----|----|----|---------|---------|--------|--------|--------|--------|--------|--------|
| 6 | 3 | 1 | 1 | 1 | 3 | | | | | | | 0.0 | 9.0 |
| 6 | 3 | 1 | 2 | 1 | 2 | | | | | | | 0.0 | 9.0 |
| 6 | 3 | 1 | 2 | 2 | 1 | | | | | | | 0.0 | 9.0 |
| 6 | 3 | 2 | 1 | 1 | 2 | | | | | | | 0.0 | 9.0 |
| 6 | 3 | 2 | 1 | 2 | 1 | | | | | | | 0.0 | 9.0 |
| 6 | 3 | 3 | 1 | 1 | 1 | | | | | | | 0.0 | 9.0 |
| 7 | 2 | 1 | 1 | 1 | 4 | | | | | | | 0.0 | |
| 7 | 2 | 1 | 1 | 2 | 3 | | | | | | | 0.0 | |
| 7 | 2 | 1 | 1 | 3 | 2 | | | | | | | 0.0 | 10.0 |
| 7 | 2 | 1 | 1 | 4 | 1 | | | | | | | 0.0 | |
| 7 | 2 | 1 | 2 | 2 | 2 | | | | | | | | 10.0 |
| 7 | 2 | 1 | 3 | 1 | 2 | | | | | | | | 10.0 |
| 7 | 2 | 1 | 4 | 1 | 1 | | | | | | | | 10.0 |
| 7 | 2 | 2 | 1 | 1 | 3 | | | | | | | 0.0 | |
| 7 | 2 | 2 | 1 | 2 | 2 | | | | | | | 0.0 | 10.0 |
| 7 | 2 | 2 | 1 | 3 | 1 | | | | | | | 0.0 | |
| 7 | 2 | 2 | 2 | 1 | 2 | | | | | | | 0.0 | 10.0 |
| 7 | 2 | 2 | 2 | 2 | 1 | | | | | | | 0.0 | |
| 7 | 2 | 2 | 3 | 1 | 1 | | | | | | | 0.0 | 10.0 |
| 7 | 2 | 3 | 1 | 1 | 2 | | | | | | | | 10.0 |
| 7 | 2 | 3 | 2 | 1 | 1 | | | | | | | | 10.0 |
| 7 | 2 | 4 | 1 | 1 | 1 | | | | | | | | 10.0 |
| 7 | 3 | 1 | 1 | 1 | 4 | | | | | | | 0.0 | |
| 7 | 3 | 1 | 1 | 2 | 3 | | | | | | | | 12.0 |
| 7 | 3 | 1 | 2 | 1 | 3 | | | | | | | 0.0 | 12.0 |
| 7 | 3 | 1 | 2 | 2 | 2 | | | | | | | 0.0 | |
| 7 | 3 | 1 | 2 | 3 | 1 | | | | | | | 0.0 | |
| 7 | 3 | 1 | 3 | 1 | 2 | | | | | | | | 12.0 |
| 7 | 3 | 1 | 3 | 2 | 1 | | | | | | | | 12.0 |
| 7 | 3 | 2 | 1 | 1 | 3 | | | | | | | 0.0 | 12.0 |
| 7 | 3 | 2 | 1 | 2 | 2 | | | | | | | 0.0 | |
| 7 | 3 | 2 | 1 | 3 | 1 | | | | | | | 0.0 | |
| 7 | 3 | 2 | 2 | 1 | 2 | | | | | | | | 12.0 |
| 7 | 3 | 2 | 2 | 2 | 1 | | | | | | | | 12.0 |
| 7 | 3 | 3 | 1 | 1 | 2 | | | | | | | 0.0 | 12.0 |
| 7 | 3 | 3 | 1 | 2 | 1 | | | | | | | 0.0 | 12.0 |
| 7 | 3 | 3 | 2 | 1 | 1 | | | | | | | 0.0 | |
| 7 | 3 | 4 | 1 | 1 | 1 | | | | | | | | 12.0 |
| 8 | 2 | 1 | 1 | 1 | 5 | | | | | | | 0.0 | |
| 8 | 2 | 1 | 1 | 2 | 4 | | | | | | | 0.0 | |
| 8 | 2 | 1 | 1 | 3 | 3 | | | | | | | 0.0 | |
| 8 | 2 | 1 | 1 | 4 | 2 | | | | | | | 0.0 | 12.0 |
| 8 | 2 | 1 | 1 | 5 | 1 | | | | | | | 0.0 | |
| 8 | 2 | 1 | 2 | 3 | 2 | | | | | | | | 12.0 |
| 8 | 2 | 1 | 3 | 2 | 2 | | | | | | | | 12.0 |
| 8 | 2 | 1 | 4 | 1 | 2 | | | | | | | | 12.0 |
| 8 | 2 | 1 | 5 | 1 | 1 | | | | | | | | 12.0 |
| 8 | 2 | 2 | 1 | 1 | 4 | | | | | | | 0.0 | |
| 8 | 2 | 2 | 1 | 2 | 3 | | | | | | | 0.0 | |
| 8 | 2 | 2 | 1 | 3 | 2 | | | | | | | 0.0 | 12.0 |
| 8 | 2 | 2 | 1 | 4 | 1 | | | | | | | 0.0 | |
| 8 | 2 | 2 | 2 | 1 | 3 | | | | | | | 0.0 | |
| 8 | 2 | 2 | 2 | 2 | 2 | | | | | | | 0.0 | 12.0 |
| 8 | 2 | 2 | 2 | 3 | 1 | | | | | | | 0.0 | |
| 8 | 2 | 2 | 3 | 1 | 2 | | | | | | | 0.0 | 12.0 |
| 8 | 2 | 2 | 3 | 2 | 1 | | | | | | | 0.0 | |
| 8 | 2 | 2 | 4 | 1 | 1 | | | | | | | 0.0 | 12.0 |
| 8 | 2 | 3 | 1 | 2 | 2 | | | | | | | | 12.0 |
| 8 | 2 | 3 | 2 | 1 | 2 | | | | | | | | 12.0 |
| 8 | 2 | 3 | 3 | 1 | 1 | | | | | | | | 12.0 |

Tafel XV-5-5 (Fortsetz.)

| N | M | T1 | T2 | T3 | T4 | 0.50 UL | 0.50 UR | 1.0 UL | 1.0 UR | 2.5 UL | 2.5 UR | 5.0 UL | 5.0 UR |
|---|---|----|----|----|----|---------|---------|--------|--------|--------|--------|--------|--------|
| 8 | 2 | 4 | 1 | 1 | 2 |  |  |  |  |  |  |  | 12.0 |
| 8 | 2 | 4 | 2 | 1 | 1 |  |  |  |  |  |  |  | 12.0 |
| 8 | 2 | 5 | 1 | 1 | 1 |  |  |  |  |  |  |  | 12.0 |
| 8 | 3 | 1 | 1 | 1 | 5 |  |  |  |  | 0.0 |  | 0.0 |  |
| 8 | 3 | 1 | 1 | 2 | 4 |  |  |  |  |  |  | 0.5 |  |
| 8 | 3 | 1 | 1 | 3 | 3 |  |  |  |  |  | 15.0 |  | 15.0 |
| 8 | 3 | 1 | 2 | 1 | 4 |  |  |  |  | 0.0 |  | 0.0 |  |
| 8 | 3 | 1 | 2 | 2 | 3 |  |  |  |  | 0.0 | 15.0 | 0.0 | 15.0 |
| 8 | 3 | 1 | 2 | 3 | 2 |  |  |  |  | 0.0 |  | 0.0 |  |
| 8 | 3 | 1 | 2 | 4 | 1 |  |  |  |  | 0.0 |  | 0.0 |  |
| 8 | 3 | 1 | 3 | 1 | 3 |  |  |  |  |  | 15.0 |  | 15.0 |
| 8 | 3 | 1 | 3 | 2 | 2 |  |  |  |  |  |  |  | 14.5 |
| 8 | 3 | 1 | 4 | 1 | 2 |  |  |  |  |  | 15.0 |  | 15.0 |
| 8 | 3 | 1 | 4 | 2 | 1 |  |  |  |  |  | 15.0 |  | 15.0 |
| 8 | 3 | 2 | 1 | 1 | 4 |  |  |  |  | 0.0 |  | 1.0 |  |
| 8 | 3 | 2 | 1 | 2 | 3 |  |  |  |  | 0.0 | 15.0 | 0.0 | 15.0 |
| 8 | 3 | 2 | 1 | 3 | 2 |  |  |  |  | 0.0 |  | 0.0 |  |
| 8 | 3 | 2 | 1 | 4 | 1 |  |  |  |  | 0.0 |  | 0.0 |  |
| 8 | 3 | 2 | 2 | 1 | 3 |  |  |  |  |  | 15.0 | 0.5 | 15.0 |
| 8 | 3 | 2 | 2 | 2 | 2 |  |  |  |  |  |  | 0.5 | 14.5 |
| 8 | 3 | 2 | 2 | 3 | 1 |  |  |  |  |  |  | 0.5 |  |
| 8 | 3 | 2 | 3 | 1 | 2 |  |  |  |  |  | 15.0 |  | 15.0 |
| 8 | 3 | 2 | 3 | 2 | 1 |  |  |  |  |  | 15.0 |  | 15.0 |
| 8 | 3 | 3 | 1 | 1 | 3 |  |  |  |  | 0.0 | 15.0 | 0.0 | 15.0 |
| 8 | 3 | 3 | 1 | 2 | 2 |  |  |  |  | 0.0 |  | 0.0 | 14.5 |
| 8 | 3 | 3 | 1 | 3 | 1 |  |  |  |  | 0.0 |  | 0.0 |  |
| 8 | 3 | 3 | 2 | 1 | 2 |  |  |  |  | 0.0 | 15.0 | 0.0 | 15.0 |
| 8 | 3 | 3 | 2 | 2 | 1 |  |  |  |  | 0.0 | 15.0 | 0.0 | 15.0 |
| 8 | 3 | 3 | 3 | 1 | 1 |  |  |  |  | 0.0 |  | 0.0 |  |
| 8 | 3 | 4 | 1 | 1 | 2 |  |  |  |  |  | 15.0 |  | 14.0 |
| 8 | 3 | 4 | 1 | 2 | 1 |  |  |  |  |  | 15.0 |  | 15.0 |
| 8 | 3 | 4 | 2 | 1 | 1 |  |  |  |  |  |  |  | 14.5 |
| 8 | 3 | 5 | 1 | 1 | 1 |  |  |  |  |  | 15.0 |  | 15.0 |
| 8 | 4 | 1 | 1 | 2 | 4 |  |  |  |  | 0.0 | 16.0 | 0.0 | 16.0 |
| 8 | 4 | 1 | 1 | 3 | 3 |  |  |  |  |  |  | 1.0 | 15.0 |
| 8 | 4 | 1 | 2 | 1 | 4 |  |  |  |  | 0.0 | 16.0 | 0.0 | 16.0 |
| 8 | 4 | 1 | 2 | 2 | 3 |  |  |  |  |  |  | 0.5 | 15.5 |
| 8 | 4 | 1 | 2 | 3 | 2 |  |  |  |  |  |  | 1.0 | 15.0 |
| 8 | 4 | 1 | 3 | 1 | 3 |  |  |  |  | 0.0 | 16.0 | 0.0 | 16.0 |
| 8 | 4 | 1 | 3 | 2 | 2 |  |  |  |  | 0.0 | 16.0 | 0.0 | 16.0 |
| 8 | 4 | 1 | 3 | 3 | 1 |  |  |  |  | 0.0 | 16.0 | 0.0 | 16.0 |
| 8 | 4 | 2 | 1 | 1 | 4 |  |  |  |  | 0.0 | 16.0 | 0.0 | 16.0 |
| 8 | 4 | 2 | 1 | 2 | 3 |  |  |  |  |  |  | 2.0 | 14.0 |
| 8 | 4 | 2 | 1 | 3 | 2 |  |  |  |  |  |  | 1.0 | 15.0 |
| 8 | 4 | 2 | 2 | 1 | 3 |  |  |  |  | 0.0 | 16.0 | 1.5 | 14.5 |
| 8 | 4 | 2 | 2 | 2 | 2 |  |  |  |  | 0.0 | 16.0 | 0.0 | 16.0 |
| 8 | 4 | 2 | 2 | 3 | 1 |  |  |  |  | 0.0 | 16.0 | 0.0 | 16.0 |
| 8 | 4 | 2 | 3 | 1 | 2 |  |  |  |  |  |  | 1.0 | 15.0 |
| 8 | 4 | 2 | 3 | 2 | 1 |  |  |  |  |  |  | 1.0 | 15.0 |
| 8 | 4 | 3 | 1 | 1 | 3 |  |  |  |  | 0.0 | 16.0 | 1.0 | 15.0 |
| 8 | 4 | 3 | 1 | 2 | 2 |  |  |  |  | 0.0 | 16.0 | 1.5 | 14.5 |
| 8 | 4 | 3 | 1 | 3 | 1 |  |  |  |  | 0.0 | 16.0 | 0.0 | 16.0 |
| 8 | 4 | 3 | 2 | 1 | 2 |  |  |  |  |  |  | 2.0 | 14.0 |
| 8 | 4 | 3 | 2 | 2 | 1 |  |  |  |  |  |  | 0.5 | 15.5 |
| 8 | 4 | 3 | 3 | 1 | 1 |  |  |  |  |  |  | 1.0 | 15.0 |
| 8 | 4 | 4 | 1 | 1 | 2 |  |  |  |  | 0.0 | 16.0 | 0.0 | 16.0 |
| 8 | 4 | 4 | 1 | 2 | 1 |  |  |  |  | 0.0 | 16.0 | 0.0 | 16.0 |
| 8 | 4 | 4 | 2 | 1 | 1 |  |  |  |  | 0.0 | 16.0 | 0.0 | 16.0 |
| 9 | 2 | 1 | 1 | 1 | 6 |  |  |  |  |  |  | 0.0 |  |
| 9 | 2 | 1 | 1 | 2 | 5 |  |  |  |  |  |  | 0.0 |  |

Tafel XV-5-5 (Fortsetz.)

| N | M | T1 | T2 | T3 | T4 | 0.50 UL | 0.50 UR | 1.0 UL | 1.0 UR | 2.5 UL | 2.5 UR | 5.0 UL | 5.0 UR |
|---|---|---|---|---|---|---|---|---|---|---|---|---|---|
| 9 | 2 | 1 | 1 | 3 | 4 | | | | | | | 0.0 | |
| 9 | 2 | 1 | 1 | 4 | 3 | | | | | | | 0.0 | |
| 9 | 2 | 1 | 1 | 5 | 2 | | | | | | | 0.0 | 14.0 |
| 9 | 2 | 1 | 1 | 6 | 1 | | | | | | | 0.0 | |
| 9 | 2 | 1 | 2 | 4 | 2 | | | | | | | | 14.0 |
| 9 | 2 | 1 | 3 | 3 | 2 | | | | | | | | 14.0 |
| 9 | 2 | 1 | 4 | 2 | 2 | | | | | | | | 14.0 |
| 9 | 2 | 1 | 5 | 1 | 2 | | | | | | | | 14.0 |
| 9 | 2 | 1 | 6 | 1 | 1 | | | | | | | | 14.0 |
| 9 | 2 | 2 | 1 | 1 | 5 | | | | | | | 0.0 | |
| 9 | 2 | 2 | 1 | 2 | 4 | | | | | | | 0.0 | |
| 9 | 2 | 2 | 1 | 3 | 3 | | | | | | | 0.0 | |
| 9 | 2 | 2 | 1 | 4 | 2 | | | | | | | 0.0 | 14.0 |
| 9 | 2 | 2 | 1 | 5 | 1 | | | | | | | 0.0 | |
| 9 | 2 | 2 | 2 | 1 | 4 | | | | | | | 0.0 | |
| 9 | 2 | 2 | 2 | 2 | 3 | | | | | | | 0.0 | |
| 9 | 2 | 2 | 2 | 3 | 2 | | | | | | | 0.0 | 14.0 |
| 9 | 2 | 2 | 2 | 4 | 1 | | | | | | | 0.0 | |
| 9 | 2 | 2 | 3 | 1 | 3 | | | | | | | 0.0 | |
| 9 | 2 | 2 | 3 | 2 | 2 | | | | | | | 0.0 | 14.0 |
| 9 | 2 | 2 | 3 | 3 | 1 | | | | | | | 0.0 | |
| 9 | 2 | 2 | 4 | 1 | 2 | | | | | | | 0.0 | 14.0 |
| 9 | 2 | 2 | 4 | 2 | 1 | | | | | | | 0.0 | |
| 9 | 2 | 2 | 5 | 1 | 1 | | | | | | | 0.0 | 14.0 |
| 9 | 2 | 3 | 1 | 3 | 2 | | | | | | | | 14.0 |
| 9 | 2 | 3 | 2 | 2 | 2 | | | | | | | | 14.0 |
| 9 | 2 | 3 | 3 | 1 | 2 | | | | | | | | 14.0 |
| 9 | 2 | 3 | 4 | 1 | 1 | | | | | | | | 14.0 |
| 9 | 2 | 4 | 1 | 2 | 2 | | | | | | | | 14.0 |
| 9 | 2 | 4 | 2 | 1 | 2 | | | | | | | | 14.0 |
| 9 | 2 | 4 | 3 | 1 | 1 | | | | | | | | 14.0 |
| 9 | 2 | 5 | 1 | 1 | 2 | | | | | | | | 14.0 |
| 9 | 2 | 5 | 2 | 1 | 1 | | | | | | | | 14.0 |
| 9 | 2 | 6 | 1 | 1 | 1 | | | | | | | | 14.0 |
| 9 | 3 | 1 | 1 | 1 | 6 | | | | | 0.0 | | 0.0 | |
| 9 | 3 | 1 | 1 | 2 | 5 | | | | | 0.5 | | 3.0 | |
| 9 | 3 | 1 | 1 | 3 | 4 | | | | | | | 1.0 | 16.5 |
| 9 | 3 | 1 | 1 | 4 | 3 | | | | | | 18.0 | 1.5 | 18.0 |
| 9 | 3 | 1 | 2 | 1 | 5 | | | | | 0.0 | | 3.0 | |
| 9 | 3 | 1 | 2 | 2 | 4 | | | | | 0.0 | | 0.0 | 16.5 |
| 9 | 3 | 1 | 2 | 3 | 3 | | | | | 0.0 | 18.0 | 0.0 | 18.0 |
| 9 | 3 | 1 | 2 | 4 | 2 | | | | | 0.0 | | 0.0 | 16.5 |
| 9 | 3 | 1 | 2 | 5 | 1 | | | | | 0.0 | | 0.0 | |
| 9 | 3 | 1 | 3 | 1 | 4 | | | | | | | 1.0 | 16.5 |
| 9 | 3 | 1 | 3 | 2 | 3 | | | | | | 18.0 | 3.0 | 18.0 |
| 9 | 3 | 1 | 3 | 3 | 2 | | | | | | | 3.0 | 17.0 |
| 9 | 3 | 1 | 3 | 4 | 1 | | | | | | | 3.0 | |
| 9 | 3 | 1 | 4 | 1 | 3 | | | | | | 18.0 | | 16.0 |
| 9 | 3 | 1 | 4 | 2 | 2 | | | | | | 17.5 | | 15.5 |
| 9 | 3 | 1 | 4 | 3 | 1 | | | | | | | | 15.0 |
| 9 | 3 | 1 | 5 | 1 | 2 | | | | | | 18.0 | | 18.0 |
| 9 | 3 | 1 | 5 | 2 | 1 | | | | | | 18.0 | | 18.0 |
| 9 | 3 | 2 | 1 | 1 | 5 | | | | | 1.0 | | 2.5 | |
| 9 | 3 | 2 | 1 | 2 | 4 | | | | | 0.0 | | 1.5 | 16.5 |
| 9 | 3 | 2 | 1 | 3 | 3 | | | | | 0.0 | 18.0 | 2.0 | 18.0 |
| 9 | 3 | 2 | 1 | 4 | 2 | | | | | 0.0 | | 0.0 | 16.5 |
| 9 | 3 | 2 | 1 | 5 | 1 | | | | | 0.0 | | 0.0 | |
| 9 | 3 | 2 | 2 | 1 | 4 | | | | | 0.5 | | 2.0 | 16.5 |
| 9 | 3 | 2 | 2 | 2 | 3 | | | | | 0.5 | 18.0 | 0.5 | 18.0 |
| 9 | 3 | 2 | 2 | 3 | 2 | | | | | 0.5 | | 2.5 | 17.0 |

## Tafel XV-5-5 (Fortsetz.)

| N | M | T1 | T2 | T3 | T4 | 0.50 UL | 0.50 UR | 1.0 UL | 1.0 UR | 2.5 UL | 2.5 UR | 5.0 UL | 5.0 UR |
|---|---|----|----|----|----|---------|---------|--------|--------|--------|--------|--------|--------|
| 9 | 3 | 2 | 2 | 4 | 1 | | | | | 0.5 | | 2.5 | |
| 9 | 3 | 2 | 3 | 1 | 3 | | | | | | 18.0 | 3.0 | 16.0 |
| 9 | 3 | 2 | 3 | 2 | 2 | | | | | | 17.5 | 1.0 | 15.5 |
| 9 | 3 | 2 | 3 | 3 | 1 | | | | | | | 1.0 | 15.0 |
| 9 | 3 | 2 | 4 | 1 | 2 | | | | | | 18.0 | 1.5 | 18.0 |
| 9 | 3 | 2 | 4 | 2 | 1 | | | | | | 18.0 | 1.5 | 18.0 |
| 9 | 3 | 3 | 1 | 1 | 4 | | | | | 0.0 | | 2.0 | 16.5 |
| 9 | 3 | 3 | 1 | 2 | 3 | | | | | 0.0 | 18.0 | 2.0 | 18.0 |
| 9 | 3 | 3 | 1 | 3 | 2 | | | | | 0.0 | | 2.0 | 15.0 |
| 9 | 3 | 3 | 1 | 4 | 1 | | | | | 0.0 | | 2.0 | |
| 9 | 3 | 3 | 2 | 1 | 3 | | | | | 0.0 | 18.0 | 0.0 | 16.0 |
| 9 | 3 | 3 | 2 | 2 | 2 | | | | | 0.0 | 17.5 | 0.0 | 17.5 |
| 9 | 3 | 3 | 2 | 3 | 1 | | | | | 0.0 | | 0.0 | 15.0 |
| 9 | 3 | 3 | 3 | 1 | 2 | | | | | 0.0 | 18.0 | 0.0 | 16.0 |
| 9 | 3 | 3 | 3 | 2 | 1 | | | | | 0.0 | 18.0 | 0.0 | 18.0 |
| 9 | 3 | 3 | 4 | 1 | 1 | | | | | 0.0 | | 0.0 | 16.5 |
| 9 | 3 | 4 | 1 | 1 | 3 | | | | | | 18.0 | 1.5 | 16.0 |
| 9 | 3 | 4 | 1 | 2 | 2 | | | | | | 17.5 | 1.5 | 16.0 |
| 9 | 3 | 4 | 1 | 3 | 1 | | | | | | | 1.5 | 17.0 |
| 9 | 3 | 4 | 2 | 1 | 2 | | | | | | 18.0 | 1.5 | 16.5 |
| 9 | 3 | 4 | 2 | 2 | 1 | | | | | | 18.0 | 1.5 | 18.0 |
| 9 | 3 | 4 | 3 | 1 | 1 | | | | | | | 1.5 | 17.0 |
| 9 | 3 | 5 | 1 | 1 | 2 | | | | | | 17.0 | | 15.5 |
| 9 | 3 | 5 | 1 | 2 | 1 | | | | | | 18.0 | | 15.0 |
| 9 | 3 | 5 | 2 | 1 | 1 | | | | | | 17.5 | | 15.0 |
| 9 | 3 | 6 | 1 | 1 | 1 | | | | | | 18.0 | | 18.0 |
| 9 | 4 | 1 | 1 | 1 | 6 | | | | | | | 2.5 | |
| 9 | 4 | 1 | 1 | 2 | 5 | | | 0.0 | | 0.0 | | 0.0 | 18.0 |
| 9 | 4 | 1 | 1 | 3 | 4 | | | | 20.0 | 1.0 | 20.0 | 4.0 | 20.0 |
| 9 | 4 | 1 | 1 | 4 | 3 | | | | | | | 2.0 | 16.0 |
| 9 | 4 | 1 | 2 | 1 | 5 | | | 0.0 | | 0.0 | | 3.0 | 18.0 |
| 9 | 4 | 1 | 2 | 2 | 4 | | | | 20.0 | 0.5 | 20.0 | 2.5 | 20.0 |
| 9 | 4 | 1 | 2 | 3 | 3 | | | | | 1.0 | 19.0 | 1.0 | 16.5 |
| 9 | 4 | 1 | 2 | 4 | 2 | | | | | | | 1.5 | 18.0 |
| 9 | 4 | 1 | 2 | 5 | 1 | | | | | | | 5.0 | |
| 9 | 4 | 1 | 3 | 1 | 4 | | | 0.0 | 20.0 | 0.0 | 20.0 | 4.0 | 17.5 |
| 9 | 4 | 1 | 3 | 2 | 3 | | | 0.0 | | 0.0 | 19.5 | 0.0 | 19.5 |
| 9 | 4 | 1 | 3 | 3 | 2 | | | 0.0 | | 0.0 | 19.0 | 0.0 | 16.5 |
| 9 | 4 | 1 | 3 | 4 | 1 | | | 0.0 | | 0.0 | | 0.0 | 16.0 |
| 9 | 4 | 1 | 4 | 1 | 3 | | | | 20.0 | | 20.0 | 1.5 | 17.5 |
| 9 | 4 | 1 | 4 | 2 | 2 | | | | 20.0 | | 20.0 | 4.0 | 20.0 |
| 9 | 4 | 1 | 4 | 3 | 1 | | | | 20.0 | | 20.0 | 4.0 | 20.0 |
| 9 | 4 | 1 | 5 | 1 | 2 | | | | | | | | 18.0 |
| 9 | 4 | 1 | 5 | 2 | 1 | | | | | | | | 15.0 |
| 9 | 4 | 2 | 1 | 1 | 5 | | | 0.0 | | 0.0 | | 3.0 | 18.0 |
| 9 | 4 | 2 | 1 | 2 | 4 | | | | 20.0 | 2.0 | 20.0 | 2.0 | 20.0 |
| 9 | 4 | 2 | 1 | 3 | 3 | | | | | 1.0 | 19.0 | 3.0 | 17.0 |
| 9 | 4 | 2 | 1 | 4 | 2 | | | | | | | 1.5 | 18.0 |
| 9 | 4 | 2 | 1 | 5 | 1 | | | | | | | 2.0 | |
| 9 | 4 | 2 | 2 | 1 | 4 | | | 0.0 | 20.0 | 1.5 | 20.0 | 3.5 | 17.5 |
| 9 | 4 | 2 | 2 | 2 | 3 | | | 0.0 | | 0.0 | 19.5 | 2.0 | 17.5 |
| 9 | 4 | 2 | 2 | 3 | 2 | | | 0.0 | | 0.0 | 19.0 | 0.0 | 19.0 |
| 9 | 4 | 2 | 2 | 4 | 1 | | | 0.0 | | 0.0 | | 0.0 | 16.0 |
| 9 | 4 | 2 | 3 | 1 | 3 | | | | 20.0 | 1.0 | 20.0 | 3.0 | 18.0 |
| 9 | 4 | 2 | 3 | 2 | 2 | | | | 20.0 | 1.0 | 20.0 | 1.0 | 20.0 |
| 9 | 4 | 2 | 3 | 3 | 1 | | | | 20.0 | 1.0 | 20.0 | 3.5 | 20.0 |
| 9 | 4 | 2 | 4 | 1 | 2 | | | | | | | 2.0 | 18.5 |
| 9 | 4 | 2 | 4 | 2 | 1 | | | | | | | 2.0 | 18.5 |
| 9 | 4 | 3 | 1 | 1 | 4 | | | 0.0 | 20.0 | 1.0 | 20.0 | 3.0 | 17.5 |
| 9 | 4 | 3 | 1 | 2 | 3 | | | 0.0 | | 1.5 | 18.0 | 1.5 | 17.0 |

Tafel XV-5-5 (Fortsetz.)

| N | M | T1 | T2 | T3 | T4 | 0.50 UL | 0.50 UR | 1.0 UL | 1.0 UR | 2.5 UL | 2.5 UR | 5.0 UL | 5.0 UR |
|---|---|----|----|----|----|---------|---------|--------|--------|--------|--------|--------|--------|
| 9 | 4 | 3 | 1 | 3 | 2 | 0.0 | | 0.0 | | 0.0 | 19.0 | 2.0 | 17.0 |
| 9 | 4 | 3 | 1 | 4 | 1 | 0.0 | | 0.0 | | | 18.5 | 2.5 | 18.5 |
| 9 | 4 | 3 | 2 | 1 | 3 | | | | 20.0 | 2.0 | 18.5 | 3.0 | 18.5 |
| 9 | 4 | 3 | 2 | 2 | 2 | | | | 20.0 | 0.5 | 20.0 | 2.5 | 18.0 |
| 9 | 4 | 3 | 2 | 3 | 1 | | | | 20.0 | 0.5 | 20.0 | 0.5 | 20.0 |
| 9 | 4 | 3 | 3 | 1 | 2 | | | | | 1.0 | 19.0 | 3.0 | 17.0 |
| 9 | 4 | 3 | 3 | 2 | 1 | | | | | 1.0 | 19.0 | 3.5 | 19.0 |
| 9 | 4 | 3 | 4 | 1 | 1 | | | | | | | 4.0 | 18.0 |
| 9 | 4 | 4 | 1 | 1 | 3 | 0.0 | | 20.0 | | 0.0 | 19.0 | 2.5 | 17.0 |
| 9 | 4 | 4 | 1 | 2 | 2 | 0.0 | | 20.0 | | 0.0 | 18.5 | 2.5 | 16.5 |
| 9 | 4 | 4 | 1 | 3 | 1 | 0.0 | | 20.0 | | 0.0 | 20.0 | 2.5 | 16.0 |
| 9 | 4 | 4 | 2 | 1 | 2 | 0.0 | | | | 0.0 | 18.0 | 0.0 | 18.0 |
| 9 | 4 | 4 | 2 | 2 | 1 | 0.0 | | | | 0.0 | 19.5 | 0.0 | 17.5 |
| 9 | 4 | 4 | 3 | 1 | 1 | 0.0 | | | | 0.0 | 19.0 | 0.0 | 16.0 |
| 9 | 4 | 5 | 1 | 1 | 2 | | | 20.0 | | | 20.0 | 2.0 | 17.0 |
| 9 | 4 | 5 | 1 | 2 | 1 | | | 20.0 | | | 20.0 | 2.0 | 17.0 |
| 9 | 4 | 5 | 2 | 1 | 1 | | | 20.0 | | | 20.0 | 2.0 | 20.0 |
| 9 | 4 | 6 | 1 | 1 | 1 | | | | | | | | 17.5 |
| 10 | 2 | 1 | 1 | 1 | 7 | | | | | 0.0 | | 1.0 | |
| 10 | 2 | 1 | 1 | 2 | 6 | | | | | 0.0 | | 0.0 | |
| 10 | 2 | 1 | 1 | 3 | 5 | | | | | 0.0 | | 0.0 | |
| 10 | 2 | 1 | 1 | 4 | 4 | | | | | 0.0 | | 0.0 | |
| 10 | 2 | 1 | 1 | 5 | 3 | | | | | 0.0 | | 0.0 | |
| 10 | 2 | 1 | 1 | 6 | 2 | | | | | 0.0 | 16.0 | 0.0 | 16.0 |
| 10 | 2 | 1 | 1 | 7 | 1 | | | | | 0.0 | | 0.0 | |
| 10 | 2 | 1 | 2 | 1 | 6 | | | | | | | 0.5 | |
| 10 | 2 | 1 | 2 | 2 | 5 | | | | | | | 0.5 | |
| 10 | 2 | 1 | 2 | 3 | 4 | | | | | | | 0.5 | |
| 10 | 2 | 1 | 2 | 4 | 3 | | | | | | | 0.5 | |
| 10 | 2 | 1 | 2 | 5 | 2 | | | | | | 16.0 | 0.5 | 16.0 |
| 10 | 2 | 1 | 2 | 6 | 1 | | | | | | | 0.5 | |
| 10 | 2 | 1 | 3 | 4 | 2 | | | | | | 16.0 | | 16.0 |
| 10 | 2 | 1 | 4 | 3 | 2 | | | | | | 16.0 | | 16.0 |
| 10 | 2 | 1 | 5 | 2 | 2 | | | | | | 16.0 | | 16.0 |
| 10 | 2 | 1 | 6 | 1 | 2 | | | | | | 16.0 | | 16.0 |
| 10 | 2 | 1 | 6 | 2 | 1 | | | | | | | | 15.5 |
| 10 | 2 | 1 | 7 | 1 | 1 | | | | | | 16.0 | | 16.0 |
| 10 | 2 | 2 | 1 | 1 | 6 | | | | | 0.0 | | 0.0 | |
| 10 | 2 | 2 | 1 | 2 | 5 | | | | | 0.0 | | 0.0 | |
| 10 | 2 | 2 | 1 | 3 | 4 | | | | | 0.0 | | 0.0 | |
| 10 | 2 | 2 | 1 | 4 | 3 | | | | | 0.0 | | 0.0 | |
| 10 | 2 | 2 | 1 | 5 | 2 | | | | | 0.0 | 16.0 | 0.0 | 16.0 |
| 10 | 2 | 2 | 1 | 6 | 1 | | | | | 0.0 | | 0.0 | |
| 10 | 2 | 2 | 2 | 1 | 5 | | | | | 0.0 | | 0.0 | |
| 10 | 2 | 2 | 2 | 2 | 4 | | | | | 0.0 | | 0.0 | |
| 10 | 2 | 2 | 2 | 3 | 3 | | | | | 0.0 | | 0.0 | |
| 10 | 2 | 2 | 2 | 4 | 2 | | | | | 0.0 | 16.0 | 0.0 | 16.0 |
| 10 | 2 | 2 | 2 | 5 | 1 | | | | | 0.0 | | 0.0 | |
| 10 | 2 | 2 | 3 | 1 | 4 | | | | | 0.0 | | 0.0 | |
| 10 | 2 | 2 | 3 | 2 | 3 | | | | | 0.0 | | 0.0 | |
| 10 | 2 | 2 | 3 | 3 | 2 | | | | | 0.0 | 16.0 | 0.0 | 16.0 |
| 10 | 2 | 2 | 3 | 4 | 1 | | | | | 0.0 | | 0.0 | |
| 10 | 2 | 2 | 4 | 1 | 3 | | | | | 0.0 | | 0.0 | |
| 10 | 2 | 2 | 4 | 2 | 2 | | | | | 0.0 | 16.0 | 0.0 | 16.0 |
| 10 | 2 | 2 | 4 | 3 | 1 | | | | | 0.0 | | 0.0 | |
| 10 | 2 | 2 | 5 | 1 | 2 | | | | | 0.0 | 16.0 | 0.0 | 16.0 |
| 10 | 2 | 2 | 5 | 2 | 1 | | | | | 0.0 | | 0.0 | 15.5 |
| 10 | 2 | 2 | 6 | 1 | 1 | | | | | 0.0 | 16.0 | 0.0 | 16.0 |
| 10 | 2 | 3 | 1 | 4 | 2 | | | | | | 16.0 | | 16.0 |
| 10 | 2 | 3 | 2 | 3 | 2 | | | | | | 16.0 | | 16.0 |

Tafel XV-5-5 (Fortsetz.)

| N | M | T1 | T2 | T3 | T4 | 0.50 UL | 0.50 UR | 1.0 UL | 1.0 UR | 2.5 UL | 2.5 UR | 5.0 UL | 5.0 UR |
|---|---|---|---|---|---|---|---|---|---|---|---|---|---|
| 10 | 2 | 3 | 3 | 2 | 2 | | | | | | 16.0 | | 16.0 |
| 10 | 2 | 3 | 4 | 1 | 2 | | | | | | 16.0 | | 16.0 |
| 10 | 2 | 3 | 4 | 2 | 1 | | | | | | | | 15.5 |
| 10 | 2 | 3 | 5 | 1 | 1 | | | | | | 16.0 | | 16.0 |
| 10 | 2 | 4 | 1 | 3 | 2 | | | | | | 16.0 | | 16.0 |
| 10 | 2 | 4 | 2 | 2 | 2 | | | | | | 16.0 | | 16.0 |
| 10 | 2 | 4 | 3 | 1 | 2 | | | | | | 16.0 | | 16.0 |
| 10 | 2 | 4 | 3 | 2 | 1 | | | | | | | | 15.5 |
| 10 | 2 | 4 | 4 | 1 | 1 | | | | | | 16.0 | | 16.0 |
| 10 | 2 | 5 | 1 | 2 | 2 | | | | | | 16.0 | | 16.0 |
| 10 | 2 | 5 | 2 | 1 | 2 | | | | | | 16.0 | | 16.0 |
| 10 | 2 | 5 | 2 | 2 | 1 | | | | | | | | 15.5 |
| 10 | 2 | 5 | 3 | 1 | 1 | | | | | | 16.0 | | 16.0 |
| 10 | 2 | 6 | 1 | 1 | 2 | | | | | | 16.0 | | 16.0 |
| 10 | 2 | 6 | 1 | 2 | 1 | | | | | | | | 15.5 |
| 10 | 2 | 6 | 2 | 1 | 1 | | | | | | 16.0 | | 16.0 |
| 10 | 2 | 7 | 1 | 1 | 1 | | | | | | 16.0 | | 15.0 |
| 10 | 3 | 1 | 1 | 1 | 7 | 0.0 | | | 0.0 | | | 0.0 | |
| 10 | 3 | 1 | 1 | 2 | 6 | | | | | 2.0 | | 3.0 | |
| 10 | 3 | 1 | 1 | 3 | 5 | | | | | 1.0 | | 3.0 | |
| 10 | 3 | 1 | 1 | 4 | 4 | | | | | | | 1.5 | 19.5 |
| 10 | 3 | 1 | 1 | 5 | 3 | | | | 21.0 | | 21.0 | 2.0 | 21.0 |
| 10 | 3 | 1 | 1 | 6 | 2 | | | | | | | 2.5 | 18.5 |
| 10 | 3 | 1 | 2 | 1 | 6 | 0.0 | | | 1.5 | | | 3.0 | |
| 10 | 3 | 1 | 2 | 2 | 5 | 0.0 | | | 0.0 | | | 2.0 | |
| 10 | 3 | 1 | 2 | 3 | 4 | 0.0 | | | 0.0 | | | 0.0 | 19.5 |
| 10 | 3 | 1 | 2 | 4 | 3 | 0.0 | | | 21.0 | 0.0 | 21.0 | 0.0 | 21.0 |
| 10 | 3 | 1 | 2 | 5 | 2 | 0.0 | | | 0.0 | | | 0.0 | 19.0 |
| 10 | 3 | 1 | 2 | 6 | 1 | 0.0 | | | 0.0 | | | 0.0 | |
| 10 | 3 | 1 | 3 | 1 | 5 | | | | | 1.0 | | 1.0 | |
| 10 | 3 | 1 | 3 | 2 | 4 | | | | | 1.0 | | 3.0 | 19.5 |
| 10 | 3 | 1 | 3 | 3 | 3 | | | | 21.0 | 1.0 | 21.0 | 3.0 | 21.0 |
| 10 | 3 | 1 | 3 | 4 | 2 | | | | | 1.0 | | 3.0 | 19.5 |
| 10 | 3 | 1 | 3 | 5 | 1 | | | | | 1.0 | | 3.0 | |
| 10 | 3 | 1 | 4 | 1 | 4 | | | | | | | 2.0 | 19.5 |
| 10 | 3 | 1 | 4 | 2 | 3 | | | | 21.0 | | 21.0 | 2.0 | 21.0 |
| 10 | 3 | 1 | 4 | 3 | 2 | | | | | | 20.0 | 2.0 | 20.0 |
| 10 | 3 | 1 | 4 | 4 | 1 | | | | | | | 2.0 | 19.5 |
| 10 | 3 | 1 | 5 | 1 | 3 | | | | 21.0 | | 21.0 | | 19.0 |
| 10 | 3 | 1 | 5 | 2 | 2 | | | | | | 20.5 | | 18.5 |
| 10 | 3 | 1 | 5 | 3 | 1 | | | | | | 20.0 | | 18.0 |
| 10 | 3 | 1 | 6 | 1 | 2 | | | | 21.0 | | 21.0 | | 21.0 |
| 10 | 3 | 1 | 6 | 2 | 1 | | | | 21.0 | | 21.0 | | 21.0 |
| 10 | 3 | 2 | 1 | 1 | 6 | 0.0 | | | 1.0 | | | 2.5 | |
| 10 | 3 | 2 | 1 | 2 | 5 | 0.0 | | | 1.5 | | | 1.5 | |
| 10 | 3 | 2 | 1 | 3 | 4 | 0.0 | | | 0.0 | | | 2.0 | 19.5 |
| 10 | 3 | 2 | 1 | 4 | 3 | 0.0 | | | 21.0 | 0.0 | 21.0 | 2.5 | 21.0 |
| 10 | 3 | 2 | 1 | 5 | 2 | 0.0 | | | 0.0 | | | 3.0 | 16.0 |
| 10 | 3 | 2 | 1 | 6 | 1 | 0.0 | | | 0.0 | | | 0.0 | |
| 10 | 3 | 2 | 2 | 1 | 5 | | | | | 2.0 | | 2.5 | |
| 10 | 3 | 2 | 2 | 2 | 4 | | | | | 0.5 | | 2.5 | 19.5 |
| 10 | 3 | 2 | 2 | 3 | 3 | | | | 21.0 | 0.5 | 21.0 | 2.5 | 21.0 |
| 10 | 3 | 2 | 2 | 4 | 2 | | | | | 0.5 | | 2.5 | 19.5 |
| 10 | 3 | 2 | 2 | 5 | 1 | | | | | 0.5 | | 2.5 | |
| 10 | 3 | 2 | 3 | 1 | 4 | | | | | 1.0 | | 3.0 | 19.5 |
| 10 | 3 | 2 | 3 | 2 | 3 | | | | 21.0 | 1.0 | 21.0 | 1.0 | 21.0 |
| 10 | 3 | 2 | 3 | 3 | 2 | | | | | 1.0 | 20.0 | 1.0 | 20.0 |
| 10 | 3 | 2 | 3 | 4 | 1 | | | | | 1.0 | | 1.0 | 19.0 |
| 10 | 3 | 2 | 4 | 1 | 3 | | | | 21.0 | | 21.0 | 4.0 | 19.0 |
| 10 | 3 | 2 | 4 | 2 | 2 | | | | | | 20.5 | 1.5 | 18.5 |

Tafel XV-5-5 (Fortsetz.)

| N | M | T1 | T2 | T3 | T4 | 0.50 UL | 0.50 UR | 1.0 UL | 1.0 UR | 2.5 UL | 2.5 UR | 5.0 UL | 5.0 UR |
|---|---|---|---|---|---|---|---|---|---|---|---|---|---|
| 10 | 3 | 2 | 4 | 3 | 1 | | | | | | 20.0 | 1.5 | 18.0 |
| 10 | 3 | 2 | 5 | 1 | 2 | | | | 21.0 | | 21.0 | 5.0 | 18.0 |
| 10 | 3 | 2 | 5 | 2 | 1 | | | | 21.0 | | 21.0 | 2.0 | 21.0 |
| 10 | 3 | 2 | 6 | 1 | 1 | | | | | | | 2.5 | 18.5 |
| 10 | 3 | 3 | 1 | 1 | 5 | | | 0.0 | | 0.0 | | 2.0 | |
| 10 | 3 | 3 | 1 | 2 | 4 | | | 0.0 | | 0.0 | | 2.0 | 19.5 |
| 10 | 3 | 3 | 1 | 3 | 3 | | | 0.0 | 21.0 | 0.0 | 21.0 | 2.0 | 21.0 |
| 10 | 3 | 3 | 1 | 4 | 2 | | | 0.0 | | 0.0 | | 2.0 | 17.0 |
| 10 | 3 | 3 | 1 | 5 | 1 | | | 0.0 | | 0.0 | | 2.0 | |
| 10 | 3 | 3 | 2 | 1 | 4 | | | 0.0 | | 0.0 | | 0.0 | 19.5 |
| 10 | 3 | 3 | 2 | 2 | 3 | | | 0.0 | 21.0 | 0.0 | 21.0 | 0.0 | 21.0 |
| 10 | 3 | 3 | 2 | 3 | 2 | | | 0.0 | | 0.0 | 20.0 | 0.0 | 20.0 |
| 10 | 3 | 3 | 2 | 4 | 1 | | | 0.0 | | 0.0 | | 0.0 | 19.0 |
| 10 | 3 | 3 | 3 | 1 | 3 | | | 0.0 | 21.0 | 0.0 | 21.0 | 0.0 | 19.0 |
| 10 | 3 | 3 | 3 | 2 | 2 | | | 0.0 | | 0.0 | 20.5 | 0.0 | 18.5 |
| 10 | 3 | 3 | 3 | 3 | 1 | | | 0.0 | | 0.0 | 20.0 | 0.0 | 18.0 |
| 10 | 3 | 3 | 4 | 1 | 2 | | | 0.0 | 21.0 | 0.0 | 21.0 | 0.0 | 18.5 |
| 10 | 3 | 3 | 4 | 2 | 1 | | | 0.0 | 21.0 | 0.0 | 21.0 | 0.0 | 21.0 |
| 10 | 3 | 3 | 5 | 1 | 1 | | | 0.0 | | 0.0 | | 0.0 | 19.0 |
| 10 | 3 | 4 | 1 | 1 | 4 | | | | | | | 1.5 | 19.5 |
| 10 | 3 | 4 | 1 | 2 | 3 | | | | 21.0 | | 21.0 | 1.5 | 21.0 |
| 10 | 3 | 4 | 1 | 3 | 2 | | | | | | 20.0 | 1.5 | 18.0 |
| 10 | 3 | 4 | 1 | 4 | 1 | | | | | | | 1.5 | 19.0 |
| 10 | 3 | 4 | 2 | 1 | 3 | | | | 21.0 | | 21.0 | 1.5 | 19.0 |
| 10 | 3 | 4 | 2 | 2 | 2 | | | | | | 20.5 | 1.5 | 18.5 |
| 10 | 3 | 4 | 2 | 3 | 1 | | | | | | 20.0 | 1.5 | 18.0 |
| 10 | 3 | 4 | 3 | 1 | 2 | | | | 21.0 | | 21.0 | 1.5 | 19.0 |
| 10 | 3 | 4 | 3 | 2 | 1 | | | | 21.0 | | 21.0 | 1.5 | 21.0 |
| 10 | 3 | 4 | 4 | 1 | 1 | | | | | | | 1.5 | 19.5 |
| 10 | 3 | 5 | 1 | 1 | 3 | | | | 21.0 | | 21.0 | | 19.0 |
| 10 | 3 | 5 | 1 | 2 | 2 | | | | | | 19.0 | | 18.5 |
| 10 | 3 | 5 | 1 | 3 | 1 | | | | | | 20.0 | | 20.0 |
| 10 | 3 | 5 | 2 | 1 | 2 | | | | 21.0 | | 19.5 | | 19.5 |
| 10 | 3 | 5 | 2 | 2 | 1 | | | | 21.0 | | 21.0 | | 19.0 |
| 10 | 3 | 5 | 3 | 1 | 1 | | | | | | 20.0 | | 18.0 |
| 10 | 3 | 6 | 1 | 1 | 2 | | | | 21.0 | | 20.0 | | 18.5 |
| 10 | 3 | 6 | 1 | 2 | 1 | | | | 21.0 | | 19.5 | | 18.0 |
| 10 | 3 | 6 | 2 | 1 | 1 | | | | | | 19.0 | | 18.0 |
| 10 | 3 | 7 | 1 | 1 | 1 | | | | 21.0 | | 21.0 | | 21.0 |
| 10 | 4 | 1 | 1 | 1 | 7 | | | | | | | 3.0 | |
| 10 | 4 | 1 | 1 | 2 | 6 | 0.0 | | 0.0 | | 0.0 | | 0.0 | |
| 10 | 4 | 1 | 1 | 3 | 5 | | | | | 4.0 | 22.0 | 4.0 | 22.0 |
| 10 | 4 | 1 | 1 | 4 | 4 | | 24.0 | | 24.0 | | 24.0 | 4.5 | 24.0 |
| 10 | 4 | 1 | 1 | 5 | 3 | | | | | | 22.0 | 3.0 | 19.0 |
| 10 | 4 | 1 | 2 | 1 | 6 | 0.0 | | 0.0 | | 0.0 | | 3.5 | |
| 10 | 4 | 1 | 2 | 2 | 5 | | | 0.5 | | 2.5 | 22.0 | 4.0 | 22.0 |
| 10 | 4 | 1 | 2 | 3 | 4 | | 24.0 | | 24.0 | 1.0 | 24.0 | 3.5 | 24.0 |
| 10 | 4 | 1 | 2 | 4 | 3 | | | | | 1.5 | 22.5 | 1.5 | 19.5 |
| 10 | 4 | 1 | 2 | 5 | 2 | | | | | 2.0 | | 2.0 | 21.0 |
| 10 | 4 | 1 | 2 | 6 | 1 | | | | | | | 6.0 | |
| 10 | 4 | 1 | 3 | 1 | 5 | 0.0 | | 0.0 | | 4.0 | 22.0 | 4.0 | 22.0 |
| 10 | 4 | 1 | 3 | 2 | 4 | 0.0 | 24.0 | 0.0 | 24.0 | 0.0 | 24.0 | 4.5 | 21.0 |
| 10 | 4 | 1 | 3 | 3 | 3 | 0.0 | | 0.0 | | 0.0 | 23.0 | 3.0 | 23.0 |
| 10 | 4 | 1 | 3 | 4 | 2 | 0.0 | | 0.0 | | 0.0 | | 0.0 | 22.0 |
| 10 | 4 | 1 | 3 | 5 | 1 | 0.0 | | 0.0 | | 0.0 | | 0.0 | 21.0 |
| 10 | 4 | 1 | 4 | 1 | 4 | | 24.0 | | 24.0 | 1.5 | 21.5 | 1.5 | 21.5 |
| 10 | 4 | 1 | 4 | 2 | 3 | | | | 23.5 | 4.0 | 21.0 | 4.0 | 20.5 |
| 10 | 4 | 1 | 4 | 3 | 2 | | | | | 4.0 | 20.5 | 4.0 | 20.5 |
| 10 | 4 | 1 | 4 | 4 | 1 | | | | | 4.0 | 20.0 | 4.0 | 20.0 |
| 10 | 4 | 1 | 5 | 1 | 3 | | 24.0 | | 24.0 | | 24.0 | 3.0 | 21.0 |

Tafel XV-5-5 (Fortsetz.)

| N | M | T1 | T2 | T3 | T4 | 0.50 UL | 0.50 UR | 1.0 UL | 1.0 UR | 2.5 UL | 2.5 UR | 5.0 UL | 5.0 UR |
|---|---|----|----|----|----|---------|---------|--------|--------|--------|--------|--------|--------|
| 10 | 4 | 1 | 5 | 2 | 2 |     | 24.0 |     | 24.0 |     | 24.0 | 3.0 | 24.0 |
| 10 | 4 | 1 | 5 | 3 | 1 |     | 24.0 |     | 24.0 |     | 24.0 | 3.0 | 24.0 |
| 10 | 4 | 1 | 6 | 1 | 2 |     |      |     |      |     |      |     | 21.5 |
| 10 | 4 | 1 | 6 | 2 | 1 |     |      |     |      |     |      |     | 18.0 |
| 10 | 4 | 2 | 1 | 1 | 6 | 0.0 |      | 0.0 |      | 0.0 |      | 3.5 |      |
| 10 | 4 | 2 | 1 | 2 | 5 |     |      | 0.5 |      | 3.5 | 22.0 | 4.0 | 22.0 |
| 10 | 4 | 2 | 1 | 3 | 4 |     | 24.0 |     | 24.0 | 1.0 | 24.0 | 3.0 | 24.0 |
| 10 | 4 | 2 | 1 | 4 | 3 |     |      |     |      | 1.5 | 20.0 | 4.0 | 20.0 |
| 10 | 4 | 2 | 1 | 5 | 2 |     |      |     |      | 2.0 |      | 2.0 | 21.0 |
| 10 | 4 | 2 | 1 | 6 | 1 |     |      |     |      |     |      | 2.5 |      |
| 10 | 4 | 2 | 2 | 1 | 5 | 0.0 |      | 0.0 |      | 3.5 | 22.0 | 3.5 | 22.0 |
| 10 | 4 | 2 | 2 | 2 | 4 | 0.0 | 24.0 | 0.0 | 24.0 | 2.0 | 24.0 | 4.0 | 21.0 |
| 10 | 4 | 2 | 2 | 3 | 3 | 0.0 |      | 0.0 |      | 0.0 | 20.5 | 2.5 | 20.5 |
| 10 | 4 | 2 | 2 | 4 | 2 | 0.0 |      | 0.0 |      | 0.0 |      | 3.0 | 22.0 |
| 10 | 4 | 2 | 2 | 5 | 1 | 0.0 |      | 0.0 |      | 0.0 |      | 0.0 | 21.0 |
| 10 | 4 | 2 | 3 | 1 | 4 |     | 24.0 |     | 24.0 | 1.0 | 21.5 | 3.5 | 21.5 |
| 10 | 4 | 2 | 3 | 2 | 3 |     |      |     | 23.5 | 1.0 | 23.5 | 1.0 | 21.0 |
| 10 | 4 | 2 | 3 | 3 | 2 |     |      |     |      | 3.5 | 20.5 | 3.5 | 20.5 |
| 10 | 4 | 2 | 3 | 4 | 1 |     |      |     |      | 3.5 | 20.0 | 3.5 | 20.0 |
| 10 | 4 | 2 | 4 | 1 | 3 |     | 24.0 |     | 24.0 |     | 21.5 | 4.5 | 21.5 |
| 10 | 4 | 2 | 4 | 2 | 2 |     | 24.0 |     | 24.0 |     | 24.0 | 2.0 | 21.0 |
| 10 | 4 | 2 | 4 | 3 | 1 |     | 24.0 |     | 24.0 |     | 24.0 | 2.0 | 24.0 |
| 10 | 4 | 2 | 5 | 1 | 2 |     |      |     |      |     | 22.0 | 3.0 | 22.0 |
| 10 | 4 | 2 | 5 | 2 | 1 |     |      |     |      |     | 22.0 | 3.0 | 22.0 |
| 10 | 4 | 3 | 1 | 1 | 5 | 0.0 |      | 1.0 |      | 3.0 | 22.0 | 4.0 | 22.0 |
| 10 | 4 | 3 | 1 | 2 | 4 | 0.0 | 24.0 | 0.0 | 24.0 | 1.5 | 24.0 | 3.5 | 21.0 |
| 10 | 4 | 3 | 1 | 3 | 3 | 0.0 |      | 0.0 |      | 2.0 | 21.0 | 2.0 | 21.0 |
| 10 | 4 | 3 | 1 | 4 | 2 | 0.0 |      | 0.0 |      | 2.5 |      | 2.5 | 19.5 |
| 10 | 4 | 3 | 1 | 5 | 1 | 0.0 |      | 0.0 |      | 0.0 |      | 3.0 | 21.0 |
| 10 | 4 | 3 | 2 | 1 | 4 |     | 24.0 | 0.5 | 24.0 | 2.0 | 21.5 | 3.0 | 21.5 |
| 10 | 4 | 3 | 2 | 2 | 3 |     |      | 0.5 | 23.5 | 2.5 | 21.5 | 3.0 | 21.0 |
| 10 | 4 | 3 | 2 | 3 | 2 |     |      | 0.5 |      | 0.5 | 23.0 | 3.0 | 23.0 |
| 10 | 4 | 3 | 2 | 4 | 1 |     |      | 0.5 |      | 3.0 | 20.0 | 3.5 | 20.0 |
| 10 | 4 | 3 | 3 | 1 | 3 |     | 24.0 |     | 24.0 | 3.0 | 22.0 | 3.0 | 22.0 |
| 10 | 4 | 3 | 3 | 2 | 2 |     | 24.0 |     | 24.0 | 3.5 | 24.0 | 3.5 | 21.5 |
| 10 | 4 | 3 | 3 | 3 | 1 |     | 24.0 |     | 24.0 | 1.0 | 24.0 | 1.0 | 21.0 |
| 10 | 4 | 3 | 4 | 1 | 2 |     |      |     |      | 4.0 | 22.5 | 4.0 | 20.0 |
| 10 | 4 | 3 | 4 | 2 | 1 |     |      |     |      | 1.5 | 22.5 | 4.5 | 22.5 |
| 10 | 4 | 3 | 5 | 1 | 1 |     |      |     |      | 2.0 |      | 5.0 | 21.0 |
| 10 | 4 | 4 | 1 | 1 | 4 | 0.0 | 24.0 | 0.0 | 24.0 | 2.5 | 21.5 | 3.5 | 20.5 |
| 10 | 4 | 4 | 1 | 2 | 3 | 0.0 |      | 0.0 | 23.5 | 2.5 | 22.0 | 2.5 | 21.0 |
| 10 | 4 | 4 | 1 | 3 | 2 | 0.0 |      | 0.0 |      | 2.5 | 23.0 | 2.5 | 20.5 |
| 10 | 4 | 4 | 1 | 4 | 1 | 0.0 |      | 0.0 |      | 2.5 | 22.5 | 2.5 | 22.5 |
| 10 | 4 | 4 | 2 | 1 | 3 | 0.0 | 24.0 | 0.0 | 24.0 | 0.0 | 22.5 | 3.0 | 20.5 |
| 10 | 4 | 4 | 2 | 2 | 2 | 0.0 | 24.0 | 0.0 | 24.0 | 0.0 | 22.0 | 3.0 | 20.0 |
| 10 | 4 | 4 | 2 | 3 | 1 | 0.0 | 24.0 | 0.0 | 24.0 | 0.0 | 24.0 | 3.0 | 19.5 |
| 10 | 4 | 4 | 3 | 1 | 2 | 0.0 |      | 0.0 |      | 0.0 | 23.0 | 0.0 | 21.0 |
| 10 | 4 | 4 | 3 | 2 | 1 | 0.0 |      | 0.0 |      | 0.0 | 23.0 | 0.0 | 20.5 |
| 10 | 4 | 4 | 4 | 1 | 1 | 0.0 |      | 0.0 |      | 0.0 |      | 0.0 | 19.5 |
| 10 | 4 | 5 | 1 | 1 | 3 |     | 24.0 |     | 23.0 | 2.0 | 21.0 | 2.0 | 20.0 |
| 10 | 4 | 5 | 1 | 2 | 2 |     | 24.0 |     | 24.0 | 2.0 | 20.5 | 2.0 | 20.5 |
| 10 | 4 | 5 | 1 | 3 | 1 |     | 24.0 |     | 24.0 | 2.0 | 20.0 | 2.0 | 20.0 |
| 10 | 4 | 5 | 2 | 1 | 2 |     |      |     | 23.5 | 2.0 | 20.5 | 2.0 | 20.0 |
| 10 | 4 | 5 | 2 | 2 | 1 |     |      |     | 23.5 | 2.0 | 21.5 | 2.0 | 20.0 |
| 10 | 4 | 5 | 3 | 1 | 1 |     |      |     |      | 2.0 | 20.0 | 2.0 | 20.0 |
| 10 | 4 | 6 | 1 | 1 | 2 |     | 24.0 |     | 24.0 |     | 24.0 |     | 20.5 |
| 10 | 4 | 6 | 1 | 2 | 1 |     | 24.0 |     | 24.0 |     | 24.0 |     | 20.5 |
| 10 | 4 | 6 | 2 | 1 | 1 |     | 24.0 |     | 24.0 |     | 24.0 |     | 24.0 |
| 10 | 4 | 7 | 1 | 1 | 1 |     |      |     |      |     |      |     | 21.0 |
| 10 | 5 | 1 | 1 | 2 | 6 |     |      |     |      | 2.5 | 22.5 | 2.5 | 22.5 |

Tafel XV-5-5 (Fortsetz.)

| N | M | T1 | T2 | T3 | T4 | 0.50 UL | 0.50 UR | 1.0 UL | 1.0 UR | 2.5 UL | 2.5 UR | 5.0 UL | 5.0 UR |
|---|---|----|----|----|----|---------|---------|--------|--------|--------|--------|--------|--------|
| 10 | 5 | 1 | 1 | 3 | 5 | 0.0 | 25.0 | 0.0 | 25.0 | 0.0 | 25.0 | 0.0 | 25.0 |
| 10 | 5 | 1 | 1 | 4 | 4 |  |  |  |  | 5.0 | 20.0 | 5.0 | 20.0 |
| 10 | 5 | 1 | 1 | 5 | 3 |  |  |  |  |  |  | 3.0 | 22.0 |
| 10 | 5 | 1 | 2 | 1 | 6 |  |  |  |  | 2.5 | 22.5 | 2.5 | 22.5 |
| 10 | 5 | 1 | 2 | 2 | 5 | 0.0 | 25.0 | 0.0 | 25.0 | 0.0 | 25.0 | 3.5 | 21.5 |
| 10 | 5 | 1 | 2 | 3 | 4 |  |  |  |  | 3.5 | 21.5 | 3.5 | 21.5 |
| 10 | 5 | 1 | 2 | 4 | 3 |  |  |  |  | 2.0 | 23.0 | 2.0 | 23.0 |
| 10 | 5 | 1 | 2 | 5 | 2 |  |  |  |  |  |  | 3.0 | 22.0 |
| 10 | 5 | 1 | 3 | 1 | 5 | 0.0 | 25.0 | 0.0 | 25.0 | 3.0 | 22.0 | 3.0 | 22.0 |
| 10 | 5 | 1 | 3 | 2 | 4 |  |  | 0.5 | 24.5 | 3.0 | 22.0 | 5.0 | 20.0 |
| 10 | 5 | 1 | 3 | 3 | 3 |  |  |  |  | 1.0 | 24.0 | 1.0 | 24.0 |
| 10 | 5 | 1 | 3 | 4 | 2 |  |  |  |  | 4.5 | 20.5 | 4.5 | 20.5 |
| 10 | 5 | 1 | 3 | 5 | 1 |  |  |  |  | 5.0 | 20.0 | 5.0 | 20.0 |
| 10 | 5 | 1 | 4 | 1 | 4 | 0.0 | 25.0 | 0.0 | 25.0 | 2.5 | 22.5 | 2.5 | 22.5 |
| 10 | 5 | 1 | 4 | 2 | 3 | 0.0 | 25.0 | 0.0 | 25.0 | 0.0 | 25.0 | 3.0 | 22.0 |
| 10 | 5 | 1 | 4 | 3 | 2 | 0.0 | 25.0 | 0.0 | 25.0 | 0.0 | 25.0 | 0.0 | 25.0 |
| 10 | 5 | 1 | 4 | 4 | 1 | 0.0 | 25.0 | 0.0 | 25.0 | 0.0 | 25.0 | 0.0 | 25.0 |
| 10 | 5 | 1 | 5 | 1 | 3 |  |  |  |  | 2.0 | 23.0 | 2.0 | 23.0 |
| 10 | 5 | 1 | 5 | 2 | 2 |  |  |  |  | 5.0 | 20.0 | 5.0 | 20.0 |
| 10 | 5 | 1 | 5 | 3 | 1 |  |  |  |  | 5.0 | 20.0 | 5.0 | 20.0 |
| 10 | 5 | 2 | 1 | 1 | 6 |  |  |  |  | 2.5 | 22.5 | 2.5 | 22.5 |
| 10 | 5 | 2 | 1 | 2 | 5 | 0.0 | 25.0 | 0.0 | 25.0 | 0.0 | 25.0 | 3.5 | 21.5 |
| 10 | 5 | 2 | 1 | 3 | 4 |  |  |  |  | 3.0 | 22.0 | 3.0 | 22.0 |
| 10 | 5 | 2 | 1 | 4 | 3 |  |  |  |  | 2.0 | 23.0 | 4.5 | 20.5 |
| 10 | 5 | 2 | 1 | 5 | 2 |  |  |  |  |  |  | 3.0 | 22.0 |
| 10 | 5 | 2 | 2 | 1 | 5 | 0.0 | 25.0 | 0.0 | 25.0 | 3.0 | 22.0 | 3.0 | 22.0 |
| 10 | 5 | 2 | 2 | 2 | 4 |  |  | 0.5 | 24.5 | 2.5 | 22.5 | 4.5 | 20.5 |
| 10 | 5 | 2 | 2 | 3 | 3 |  |  |  |  | 1.0 | 24.0 | 4.0 | 21.0 |
| 10 | 5 | 2 | 2 | 4 | 2 |  |  |  |  | 1.5 | 23.5 | 1.5 | 23.5 |
| 10 | 5 | 2 | 2 | 5 | 1 |  |  |  |  | 5.0 | 20.0 | 5.0 | 20.0 |
| 10 | 5 | 2 | 3 | 1 | 4 | 0.0 | 25.0 | 0.0 | 25.0 | 2.0 | 23.0 | 2.0 | 23.0 |
| 10 | 5 | 2 | 3 | 2 | 3 | 0.0 | 25.0 | 0.0 | 25.0 | 0.0 | 25.0 | 2.5 | 22.5 |
| 10 | 5 | 2 | 3 | 3 | 2 | 0.0 | 25.0 | 0.0 | 25.0 | 0.0 | 25.0 | 3.0 | 22.0 |
| 10 | 5 | 2 | 3 | 4 | 1 | 0.0 | 25.0 | 0.0 | 25.0 | 0.0 | 25.0 | 0.0 | 25.0 |
| 10 | 5 | 2 | 4 | 1 | 3 |  |  |  |  | 1.5 | 23.5 | 4.5 | 20.5 |
| 10 | 5 | 2 | 4 | 2 | 2 |  |  |  |  | 1.5 | 23.5 | 1.5 | 23.5 |
| 10 | 5 | 2 | 4 | 3 | 1 |  |  |  |  | 4.5 | 20.5 | 4.5 | 20.5 |
| 10 | 5 | 2 | 5 | 1 | 2 |  |  |  |  |  |  | 3.0 | 22.0 |
| 10 | 5 | 2 | 5 | 2 | 1 |  |  |  |  |  |  | 3.0 | 22.0 |
| 10 | 5 | 3 | 1 | 1 | 5 | 0.0 | 25.0 | 0.0 | 25.0 | 3.0 | 22.0 | 4.0 | 21.0 |
| 10 | 5 | 3 | 1 | 2 | 4 |  |  | 0.5 | 24.5 | 2.0 | 23.0 | 4.0 | 21.0 |
| 10 | 5 | 3 | 1 | 3 | 3 |  |  |  |  | 3.0 | 22.0 | 4.0 | 21.0 |
| 10 | 5 | 3 | 1 | 4 | 2 |  |  |  |  | 1.5 | 23.5 | 4.5 | 20.5 |
| 10 | 5 | 3 | 1 | 5 | 1 |  |  |  |  | 2.0 | 23.0 | 2.0 | 23.0 |
| 10 | 5 | 3 | 2 | 1 | 4 | 0.0 | 25.0 | 0.0 | 25.0 | 1.5 | 23.5 | 1.5 | 23.5 |
| 10 | 5 | 3 | 2 | 2 | 3 | 0.0 | 25.0 | 0.0 | 25.0 | 4.0 | 21.0 | 4.0 | 21.0 |
| 10 | 5 | 3 | 2 | 3 | 2 | 0.0 | 25.0 | 0.0 | 25.0 | 0.0 | 25.0 | 2.5 | 22.5 |
| 10 | 5 | 3 | 2 | 4 | 1 | 0.0 | 25.0 | 0.0 | 25.0 | 0.0 | 25.0 | 3.0 | 22.0 |
| 10 | 5 | 3 | 3 | 1 | 3 |  |  |  |  | 3.0 | 22.0 | 4.0 | 21.0 |
| 10 | 5 | 3 | 3 | 2 | 2 |  |  |  |  | 1.0 | 24.0 | 4.0 | 21.0 |
| 10 | 5 | 3 | 3 | 3 | 1 |  |  |  |  | 1.0 | 24.0 | 1.0 | 24.0 |
| 10 | 5 | 3 | 4 | 1 | 2 |  |  |  |  | 2.0 | 23.0 | 4.5 | 20.5 |
| 10 | 5 | 3 | 4 | 2 | 1 |  |  |  |  | 2.0 | 23.0 | 2.0 | 23.0 |
| 10 | 5 | 3 | 5 | 1 | 1 |  |  |  |  |  |  | 3.0 | 22.0 |
| 10 | 5 | 4 | 1 | 1 | 4 | 0.0 | 25.0 | 1.0 | 24.0 | 1.0 | 24.0 | 3.5 | 21.5 |
| 10 | 5 | 4 | 1 | 2 | 3 | 0.0 | 25.0 | 0.0 | 25.0 | 1.5 | 23.5 | 1.5 | 23.5 |
| 10 | 5 | 4 | 1 | 3 | 2 | 0.0 | 25.0 | 0.0 | 25.0 | 2.0 | 23.0 | 2.0 | 23.0 |
| 10 | 5 | 4 | 1 | 4 | 1 | 0.0 | 25.0 | 0.0 | 25.0 | 2.5 | 22.5 | 2.5 | 22.5 |
| 10 | 5 | 4 | 2 | 1 | 3 |  |  | 0.5 | 24.5 | 2.0 | 23.0 | 4.0 | 21.0 |
| 10 | 5 | 4 | 2 | 2 | 2 |  |  | 0.5 | 24.5 | 2.5 | 22.5 | 4.5 | 20.5 |

Tafel XV-5-5 (Fortsetz.)

| N | M | T1 | T2 | T3 | T4 | 0.50 UL | 0.50 UR | 1.0 UL | 1.0 UR | 2.5 UL | 2.5 UR | 5.0 UL | 5.0 UR |
|---|---|----|----|----|----|---------|---------|--------|--------|--------|--------|--------|--------|
| 10 | 5 | 4 | 2 | 3 | 1 |     |      |     | 0.5  | 24.5 | 3.0 | 22.0 | 5.0 | 20.0 |
| 10 | 5 | 4 | 3 | 1 | 2 |     |      |     |      |      | 3.0 | 22.0 | 3.0 | 22.0 |
| 10 | 5 | 4 | 3 | 2 | 1 |     |      |     |      |      | 3.5 | 21.5 | 3.5 | 21.5 |
| 10 | 5 | 4 | 4 | 1 | 1 |     |      |     |      |      | 5.0 | 20.0 | 5.0 | 20.0 |
| 10 | 5 | 5 | 1 | 1 | 3 | 0.0 | 25.0 | 0.0 | 25.0 | 3.0 | 22.0 | 4.0 | 21.0 |
| 10 | 5 | 5 | 1 | 2 | 2 | 0.0 | 25.0 | 0.0 | 25.0 | 3.0 | 22.0 | 3.0 | 22.0 |
| 10 | 5 | 5 | 1 | 3 | 1 | 0.0 | 25.0 | 0.0 | 25.0 | 3.0 | 22.0 | 3.0 | 22.0 |
| 10 | 5 | 5 | 2 | 1 | 2 | 0.0 | 25.0 | 0.0 | 25.0 | 0.0 | 25.0 | 3.5 | 21.5 |
| 10 | 5 | 5 | 2 | 2 | 1 | 0.0 | 25.0 | 0.0 | 25.0 | 0.0 | 25.0 | 3.5 | 21.5 |
| 10 | 5 | 5 | 3 | 1 | 1 | 0.0 | 25.0 | 0.0 | 25.0 | 0.0 | 25.0 | 0.0 | 25.0 |
| 10 | 5 | 6 | 1 | 1 | 2 |     |      |     |      |      | 2.5 | 22.5 | 2.5 | 22.5 |
| 10 | 5 | 6 | 1 | 2 | 1 |     |      |     |      |      | 2.5 | 22.5 | 2.5 | 22.5 |
| 10 | 5 | 6 | 2 | 1 | 1 |     |      |     |      |      | 2.5 | 22.5 | 2.5 | 22.5 |

## Tafel XV-7-5

YATESkorrigierte g-Werte für den Informationskomponententest und den G-Test von WOOLF

Entnommen via SACHS, L. (1974, Tabelle 86) aus WOOLF, B.: The log likelihood ratio test (the G-test). Methods and tables for the heterogeneity in contingency tables. Ann. Human Genetics 21 (1957), 397–409, mit freundlicher Genehmigung des Verfassers und des Herausgebers.

Die Tafel enthält für n = $\frac{1}{2}(1)299\frac{1}{2}$ die zugehörigen g-Werte $(2n)\ln(n)$, die zur Berechnung der Teststatistik $\hat{G}$ benötigt werden. Die Tafel enthält im Gegensatz zu Tafel IX-4-5 die für YATES-korrigierte Häufigkeiten berechneten g-Werte; diese Korrektur ist für schwach besetzte Tafeln notwendig, da $\hat{G}_{unkorr.} > \hat{\chi}^2_{unkorr.}$.

*Ablesebeispiel:* Für eine beobachtete Häufigkeit von n = 15 liest man für $14\frac{1}{2}$ (wenn 15 größer als der entsprechende Erwartungswert) einen g-Wert von 77,5503 ab.

Tafel XV-7-5

|  | 1/2 | 1 1/2 | 2 1/2 | 3 1/2 | 4 1/2 | 5 1/2 | 6 1/2 | 7 1/2 | 8 1/2 | 9 1/2 |
|---|---|---|---|---|---|---|---|---|---|---|
| 0 | 0,6931 | 1,2164 | 4,5815 | 8,7693 | 13,5367 | 18,7522 | 24,3334 | 30,2235 | 36,3811 | 42,7745 |
| 10 | 49,3789 | 56,1740 | 63,1432 | 70,2726 | 77,5503 | 84,9660 | 92,5109 | 100,1770 | 107,9575 | 115,8462 |
| 20 | 123,8374 | 131,9263 | 140,1082 | 148,3790 | 156,7350 | 165,1726 | 173,6887 | 182,2802 | 190,9445 | 199,6790 |
| 30 | 208,4813 | 217,3492 | 226,2806 | 235,2735 | 244,3262 | 253,4368 | 262,6038 | 271,8256 | 281,1007 | 290,4278 |
| 40 | 299,8055 | 309,2326 | 318,7078 | 328,2302 | 337,7985 | 347,4118 | 357,0690 | 366,7693 | 376,5117 | 386,2953 |
| 50 | 396,1193 | 405,9829 | 415,8854 | 425,8259 | 435,8039 | 445,8185 | 455,8692 | 465,9553 | 476,0761 | 486,2312 |
| 60 | 496,4198 | 506,6416 | 516,8958 | 527,1821 | 537,4998 | 547,8486 | 558,2279 | 568,6372 | 579,0762 | 589,5444 |
| 70 | 600,0414 | 610,5667 | 621,1201 | 631,7010 | 642,3091 | 652,9441 | 663,6055 | 674,2931 | 685,0065 | 695,7454 |
| 80 | 706,5094 | 717,2983 | 728,1117 | 738,9494 | 749,8110 | 760,6963 | 771,6050 | 782,5368 | 793,4915 | 804,4687 |
| 90 | 815,4683 | 826,4900 | 837,5336 | 848,5988 | 859,6854 | 870,7931 | 881,9218 | 893,0712 | 904,2411 | 915,4314 |
| 100 | 926,6417 | 937,8719 | 949,1219 | 960,3913 | 971,6801 | 982,9880 | 994,3149 | 1005,6605 | 1017,0248 | 1028,4075 |
| 110 | 1039,8084 | 1051,2275 | 1062,6645 | 1074,1193 | 1085,5916 | 1097,0815 | 1108,5887 | 1120,1130 | 1131,6544 | 1143,2126 |
| 120 | 1154,7876 | 1166,3792 | 1177,9872 | 1189,6116 | 1201,2521 | 1212,9087 | 1224,5813 | 1236,2697 | 1247,9737 | 1259,6933 |
| 130 | 1271,4284 | 1283,1788 | 1294,9444 | 1306,7251 | 1318,5208 | 1330,3313 | 1342,1566 | 1353,9966 | 1365,8511 | 1377,7200 |
| 140 | 1389,6033 | 1401,5008 | 1413,4125 | 1425,3380 | 1437,2778 | 1449,2312 | 1461,1985 | 1473,1793 | 1485,1737 | 1497,1816 |
| 150 | 1509,2029 | 1521,2374 | 1533,2852 | 1545,3461 | 1557,4200 | 1569,5068 | 1581,6065 | 1593,7190 | 1605,8442 | 1617,9820 |
| 160 | 1530,1324 | 1642,2952 | 1654,4704 | 1666,6578 | 1678,8576 | 1691,0695 | 1703,2934 | 1715,5294 | 1727,7773 | 1740,0371 |
| 170 | 1752,3087 | 1764,5921 | 1776,8870 | 1789,1936 | 1801,5117 | 1813,8413 | 1826,1823 | 1838,5346 | 1850,8981 | 1863,2729 |
| 180 | 1875,6588 | 1888,0558 | 1900,4638 | 1912,8828 | 1925,3127 | 1937,7534 | 1950,2048 | 1962,6671 | 1975,1399 | 1987,6234 |
| 190 | 2000,1175 | 2012,6220 | 2025,1370 | 2037,6624 | 2050,1981 | 2062,7441 | 2075,3003 | 2087,8667 | 2100,4433 | 2113,0299 |
| 200 | 2125,6265 | 2138,2331 | 2150,8497 | 2163,4761 | 2176,1123 | 2188,7583 | 2201,4141 | 2214,0795 | 2226,7546 | 2239,4392 |
| 210 | 2252,1335 | 2264,8372 | 2277,5503 | 2290,2729 | 2303,0049 | 2315,7462 | 2328,4967 | 2341,2565 | 2354,0255 | 2366,8036 |
| 220 | 2379,5909 | 2392,3872 | 2405,1926 | 2418,0069 | 2430,8302 | 2443,6624 | 2456,5035 | 2469,3534 | 2482,2120 | 2495,0795 |
| 230 | 2507,9556 | 2520,8405 | 2533,7340 | 2546,6360 | 2559,5467 | 2572,4658 | 2585,3935 | 2598,3296 | 2611,2742 | 2624,2271 |
| 240 | 2637,1884 | 2650,1580 | 2663,1358 | 2676,1220 | 2689,1163 | 2702,1188 | 2715,1295 | 2728,1482 | 2741,1751 | 2754,2100 |
| 250 | 2767,2529 | 2780,3038 | 2793,3627 | 2806,4295 | 2819,5041 | 2832,5867 | 2845,6770 | 2858,7752 | 2871,8811 | 2884,9947 |
| 260 | 2898,1161 | 2911,2451 | 2924,3818 | 2937,5261 | 2950,5780 | 2963,8375 | 2977,0045 | 2990,1790 | 3003,3609 | 3016,5504 |
| 270 | 3029,7472 | 3042,9514 | 3056,1630 | 3069,3820 | 3082,6082 | 3095,8418 | 3109,0826 | 3122,3306 | 3135,5859 | 3148,8483 |
| 280 | 3162,1179 | 3175,3946 | 3188,5784 | 3201,9693 | 3215,2672 | 3228,5722 | 3241,8842 | 3255,2031 | 3268,5291 | 3281,8619 |
| 290 | 3295,2017 | 3308,5483 | 3321,9018 | 3335,2622 | 3348,6293 | 3362,0033 | 3375,3840 | 3388,7715 | 3402,1657 | 3415,5665 |

## Tafel XVI-5-4

Der Gleichverteilungs-U-Test

Entnommen aus LIENERT, G. A. und LUDWIG, O.: ULEMANS U-Test für gleichverteilte Mehrstufen-Ratings und seine Anwendung zur Therapieerfolgskontrolle. Z. Klin. Psychol. u. Psychother. 23 (1975), 138–150, mit freundlicher Genehmigung des Herausgebers.

Die Tafel enthält die exakten einseitigen Überschreitungswahrscheinlichkeiten P für ULEMANS Zweistichproben-U-Test mit $N_a = N_b$ und mit k Bindungen der Längen m bzw. für eine k x 2-Feldertafel mit gleichen Zeilensummen m und gleichen, $N_a = N_b$, oder fast gleichen Spaltensummen $N_a = N_b - 1$, wobei $N = N_a + N_b$ = km. Die zu ausgewählten Kombinationen von k und N gehörigen Prüfgrößen U sind bis P-Werten vertafelt, die $\alpha = 0,05$ eben überschreiten! Die zweiseitigen P-Werte P' berechnet man nach $P' = P(U) + P(U - m)$.

*Ablesebeispiel:* Liefert eine 3 x 2-Feldertafel mit N = 30 und $N_1 = N_2 = N_3 = 30/3 = 10$ und $N_a = N_b = N/2 = 30/2 = 15$ ein ULEMANsches U = 62,5 so besteht mit P = 0,0226 bzw. P' = 0,0226 + 0,0067 = 0,0293 eine auf der 5 %-Stufe signifikante punktbiseriale Korrelation zwischen Zeile- und Spalten-Mm bzw. ein auf der 5 %-Stufe signifikanter Lokationsdifferenz zwischen den Stichproben (Spalten) A und B.

| k = 3 ($N_a = N_b$) | | | k = 3 ($N_a \neq N_b$) | | | K = 4 ($N_a = N_b$) | | |
|---|---|---|---|---|---|---|---|---|
| N | U | P | N | U | P | N | U | P |
| 12 | 2,0 | 0,0065 | 15,0 | $N_a = 7$ | $N_b = 8$ | 8 | 0,0 | 0,0143 |
|    | 6,0 | 0,0411 |      |           |           |   | 2,0 | 0,0714 |
|    | 10,0 | 0,1580 |     | 3,0 | 0,0016 | 12 | 0,0 | 0,0011 |
| 18 | 4,5 | 0,0004 |      | 8,0 | 0,0132 |    | 3,0 | 0,0108 |
|    | 10,5 | 0,0041 |     | 13,0 | 0,0614 |   | 6,0 | 0,0400 |
|    | 16,5 | 0,0226 |     |      |        |    | 9,0 | 0,1093 |
|    | 22,5 | 0,0790 | 21,0 | $N_a = 10$ | $N_b = 11$ | 16 | 0,0 | 0,0001 |
| 24 | 8,0 | 0,00003 |     | 6,0 | 0,0001 |    | 4,0 | 0,0013 |
|    | 16,0 | 0,0004 |     | 13,0 | 0,0012 |   | 8,0 | 0,0066 |
|    | 24,0 | 0,0026 |     | 20,0 | 0,0017 |   | 12,0 | 0,0240 |
|    | 32,0 | 0,0122 |     | 27,0 | 0,0319 |   | 16,0 | 0,0645 |
|    | 40,0 | 0,0418 |     | 34,0 | 0,0952 |   |      |        |
|    | 48,0 | 0,1101 |     |      |        | 20 | 0,0 | 0,000005 |
|    |      |        |     |      |        |    | 5,0 | 0,0001 |
| 30 | 12,5 | 0,000002 | 27,0 | $N_a = 13$ | $N_b = 14$ |    | 10,0 | 0,0010 |
|    | 22,5 | 0,00003 |    |      |        |    | 15,0 | 0,0043 |
|    | 32,5 | 0,0003 |    | 10,0 | 0,000006 |    | 20,0 | 0,0143 |
|    | 42,5 | 0,0015 |    | 19,0 | 0,0001 |    | 25,0 | 0,0387 |
|    | 52,5 | 0,0067 |    | 28,0 | 0,0008 |    | 30,0 | 0,0866 |
|    | 62,5 | 0,0226 |    | 37,0 | 0,0044 |    |      |        |
|    | 72,5 | 0,0609 |    | 46,0 | 0,0171 | 24 | 0,0 | 0,0000004 |
|    |      |        |    | 55,0 | 0,0513 |    | 6,0 | 0,00001 |
| 36 | 18,0 | 0,00000008 |  |     |        |    | 12,0 | 0,0001 |
|    | 30,0 | 0,000002 |   |     |        |    | 18,0 | 0,0007 |
|    | 42,0 | 0,00002 |    |     |        |    | 24,0 | 0,0027 |
|    | 54,0 | 0,0002 |     |     |        |    | 30,0 | 0,0088 |
|    | 66,0 | 0,0009 |     |     |        |    | 36,0 | 0,0234 |
|    | 78,0 | 0,0037 |     |     |        |    | 42,0 | 0,0534 |
|    | 90,0 | 0,0124 |     |     |        |    |      |        |
|    | 102,0 | 0,0339 |    |     |        |    |      |        |
|    | 114,0 | 0,0788 |    |     |        |    |      |        |

Tafel XVI-5-4 (Fortsetz.)

| K = 4 | ($N_a = N_b$) | | K = 5 | ($N_a = 7$  $N_b = 8$) | | K = 7 | ($N_a = 7$  $N_b = 7$) | |
|---|---|---|---|---|---|---|---|---|
| N | U | P | N | U | P | N | U | P |
| 28 | 0,0 | 0,00000002 | 15 | 1,0 | 0,0005 | 14 | 0,50 | 0,0006 |
|  | 7,0 | 0,000001 |  | 4,0 | 0,0023 |  | 2,50 | 0,0017 |
|  | 14,0 | 0,00001 |  | 7,0 | 0,0089 |  | 4,50 | 0,0052 |
|  | 21,0 | 0,0001 |  | 10,0 | 0,0242 |  | 6,50 | 0,0122 |
|  | 28,0 | 0,0005 |  | 13,0 | 0,0559 |  | 8,50 | 0,0256 |
|  | 35,0 | 0,0018 |  |  |  |  | 10,50 | 0,0466 |
|  | 42,0 | 0,0054 | N | ($N_a = 12$  $N_b = 13$) |  |  | 12,50 | 0,0804 |
|  | 49,0 | 0,0143 |  |  |  |  |  |  |
|  | 56,0 | 0,0331 | 25 | 3,0 | 0,000002 | N | ($N_a = 10$  $N_b = 11$) |  |
|  | 63,0 | 0,0675 |  | 8,0 | 0,00002 |  |  |  |
|  |  |  |  | 13,0 | 0,00009 | 21 | 1,0 | 0,000009 |
| 32 | 0,0 | 0,0000001 |  | 18,0 | 0,0004 |  | 4,0 | 0,00004 |
|  | 8,0 | 0,0000001 |  | 23,0 | 0,0012 |  | 7,0 | 0,0002 |
|  | 16,0 | 0,000002 |  | 28,0 | 0,0033 |  | 10,0 | 0,0005 |
|  | 24,0 | 0,00001 |  | 33,0 | 0,0081 |  | 13,0 | 0,0012 |
|  | 32,0 | 0,00007 |  | 38,0 | 0,0177 |  | 16,0 | 0,0028 |
|  | 40,0 | 0,0003 |  | 43,0 | 0,0350 |  | 19,0 | 0,0059 |
|  | 48,0 | 0,0011 |  | 48,0 | 0,0637 |  | 22,0 | 0,0113 |
|  | 56,0 | 0,0034 |  |  |  |  | 25,0 | 0,0203 |
|  | 64,0 | 0,0089 |  |  |  |  | 28,0 | 0,0344 |
|  | 72,0 | 0,206 |  |  |  |  | 31,0 | 0,0552 |
|  | 80,0 | 0,0429 |  |  |  |  |  |  |
|  | 88,0 | 0,0808 |  |  |  |  |  |  |

| K = 5 | ($N_a = N_b$) | | K = 6 | ($N_a = N_b$) | | K = 8 | ($N_a = N_b$) | |
|---|---|---|---|---|---|---|---|---|
| N | U | P | N | U | P | N | U | P |
|  |  |  | 12 | 0,0 | 0,0011 | 16 | 0,0 | 0,00008 |
| 10 | 0,5 | 0,0079 |  | 2,0 | 0,0054 |  | 2,0 | 0,0004 |
|  | 2,5 | 0,0238 |  | 4,0 | 0,0152 |  | 4,0 | 0,0011 |
|  | 4,5 | 0,0714 |  | 6,0 | 0,0368 |  | 6,0 | 0,0026 |
|  |  |  |  | 8,0 | 0,0736 |  | 8,0 | 0,0059 |
| 20 | 2,0 | 0,00003 |  |  |  |  | 10,0 | 0,0115 |
|  | 6,0 | 0,0002 | 18 | 0,0 | 0,00002 |  | 12,0 | 0,0211 |
|  | 10,0 | 0,0010 |  | 3,0 | 0,0002 |  | 14,0 | 0,0357 |
|  | 14,0 | 0,0032 |  | 6,0 | 0,0008 |  | 16,0 | 0,0572 |
|  | 18,0 | 0,0090 |  | 9,0 | 0,0024 |  |  |  |
|  | 22,0 | 0,0212 |  | 12,0 | 0,0063 | K = 9 | ($N_a = N_b$) | |
|  | 26,0 | 0,0446 |  | 15,0 | 0,0145 |  |  |  |
|  | 30,0 | 0,0836 |  | 18,0 | 0,0291 | N=18 | U | P |
|  |  |  |  | 21,0 | 0,0539 |  |  |  |
| 30 | 4,5 | 0,0000001 |  |  |  |  | 0,5 | 0,00004 |
|  | 10,5 | 0,000001 | 24 | 0,0 | 0,0000004 |  | 2,5 | 0,0001 |
|  | 16,5 | 0,000008 |  | 4,0 | 0,000006 |  | 4,5 | 0,0004 |
|  | 22,5 | 0,00004 |  | 8,0 | 0,00003 |  | 6,5 | 0,0009 |
|  | 28,5 | 0,0001 |  | 12,0 | 0,0001 |  | 8,5 | 0,0019 |
|  | 34,5 | 0,0005 |  | 16,0 | 0,0004 |  | 10,5 | 0,0036 |
|  | 40,5 | 0,0013 |  | 20,0 | 0,0011 |  | 12,5 | 0,0065 |
|  | 46,5 | 0,0031 |  | 24,0 | 0,0027 |  | 14,5 | 0,0111 |
|  | 52,5 | 0,0070 |  | 28,0 | 0,0059 |  | 16,5 | 0,0179 |
|  | 58,5 | 0,0145 |  | 32,0 | 0,0120 |  | 18,5 | 0,0274 |
|  | 64,5 | 0,0277 |  | 36,0 | 0,0224 |  | 20,5 | 0,0405 |
|  | 70,5 | 0,0492 |  | 40,0 | 0,0392 |  | 22,5 | 0,0572 |
|  | 76,5 | 0,0819 |  | 44,0 | 0,0645 |  |  |  |

## Tafel XVI-5-8-1

BARTHOLOMEWS 3 x 2-Felder-Gradiententest

Entnommen via FLEISS, J. L. (1973, Table A. 6) aus BARLOW, R. E. et al.: Statistical inference under order restrictions. New York: Wiley & Sons, 1972, mit freundlicher Genehmigung der Autoren und des Verlages.

Die Tafel enthält die oberen Schranken der Prüfgröße $\bar{\chi}^2$ mit den Parametern C = 0,1 (0,1)1,0 für Alpha's von 0,1 bis 0,005. Die Alpha's entsprechen einer einseitigen Gradientenhypothese vom Typ $p_1 < p_2 < p_3$ gegen die Nullhypothese $p_1 = p_2 = p_3$; dabei sind die p's die Anteile der Positivvarianten in k = 3 Stichproben von Alternativdaten. Bei zweiseitiger Gradientenhypothese $p_1 < p_2 < p_3$ oder $p_1 > p_2 > p_3$ gilt die Schranke für $\alpha/2$. Überschreitet das BARTHOLOMEWsche Chiquadrat die vorvereinbarte Schranke, so besteht ein Gradiententrend. Es gilt C = 1/2, wenn alle 3 Stichproben den gleichen Umfang haben, wenn also $N_1 = N_2 = N_3 = n$. In diesem Fall sind die Schranken für k = 3 der Tafel XVI-5-9 mit denen für C = 0,5 identisch.

*Ablesebeispiel:* Die Anteile 7/11, 6/12 und 3/9 ergeben ein $\bar{p} = (7 + 6 + 3)/(11 + 12 + 9) = 0{,}5$ und ein

$$\bar{\chi}^2 = \frac{1}{0{,}5\,(1-0{,}5)} \left[ 11(\frac{7}{11} - \frac{1}{2})^2 + 12(\frac{6}{12} - \frac{1}{2})^2 + 9(\frac{3}{9} - \frac{1}{2})^2 \right] = 1{,}03.$$

$C^2 = 11.9/(11 + 12)(12 + 9) = 0{,}2049$ und $C = 0{,}453$. Für C = 0,5 gilt eine 10 %-Schranke von 2,580, die von 1,03 nicht überschritten wird.

| C | .10 | .05 | ALPHA .025 | .01 | .005 |
|---|---|---|---|---|---|
| 0.0 | 2.952 | 4.231 | 5.537 | 7.289 | 8.628 |
| 0.1 | 2.885 | 4.158 | 5.459 | 7.208 | 8.543 |
| 0.2 | 2.816 | 4.081 | 5.378 | 7.122 | 8.455 |
| 0.3 | 2.742 | 4.001 | 5.292 | 7.030 | 8.360 |
| 0.4 | 2.664 | 3.914 | 5.200 | 6.932 | 8.258 |
| 0.5 | 2.580 | 3.820 | 5.098 | 6.822 | 8.146 |
| 0.6 | 2.486 | 3.715 | 4.985 | 6.700 | 8.016 |
| 0.7 | 2.379 | 3.593 | 4.852 | 6.556 | 7.865 |
| 0.8 | 2.251 | 3.446 | 4.689 | 6.377 | 7.677 |
| 0.9 | 2.080 | 3.245 | 4.465 | 6.130 | 7.413 |
| 1.0 | 1.642 | 2.706 | 3.841 | 5.413 | 6.635 |

### Tafel XVI-5-8-2

BARTHOLOMEWS 4 x 2-Felder-Gradientest

Entnommen via FLEISS, J. L. (1973, Table A. 7) aus BARLOW, R. E. et al.: Statistical inference under order restrictions. New York: Wiley & Sons, 1972, mit freundlicher Genehmigung der Autoren und des Verlages.

Die Tafel enthält die oberen Schranken der Prüfgröße $\overline{\chi}^2$ einer 4 x 2-Tafel mit den Parameter-Kombinationen C1 und C2, wobei C = 0,0(0,1)1,0 und Alpha von 0,1 bis 0,005 bei einseitigem (gradientenrichtungsbestimmten) Test; bei zweiseitigem (ungerichteten) Test ist die Schranke für $\alpha/2$ zu benutzen. Im übrigen gelten die Feststellungen für Tafel XVI-5-8-1. Die Tafel ist bezüglich C1 und C2 symmetrisch.

*Ablesebeispiel:* Ein $\overline{\chi}^2$ = 3,17 aus einer 4 x 2-Tafel mit den Parametern C1 = 0,603 und C2 = 0,816 ist nach einer 5 %-Schranke von 2,706 zu beurteilen, wenn man C1 = 0,6 und C2 = 0,8 rundet. Diese Schranke wird überschritten, daher besteht ein unter $H_1$ vorausgesagter positiver Gradiententrend. Ggf. sind zur genaueren Bestimmung die Schranken gemäß den C-Werten zu interpolieren.

| C2 | ALPHA | 0.0 | 0.1 | 0.2 | C1 0.3 | 0.4 | 0.5 | 0.6 | 0.7 |
|---|---|---|---|---|---|---|---|---|---|
| 0.0 | .10 | 4.010 | | | | | | | |
| | .05 | 5.435 | | | | | | | |
| | .025 | 6.861 | | | | | | | |
| | .01 | 8.746 | | | | | | | |
| | .005 | 10.171 | | | | | | | |
| 0.1 | .10 | 3.952 | 3.891 | | | | | | |
| | .05 | 5.372 | 5.305 | | | | | | |
| | .025 | 6.794 | 6.724 | | | | | | |
| | .01 | 8.676 | 8.601 | | | | | | |
| | .005 | 10.098 | 10.020 | | | | | | |
| 0.2 | .10 | 3.893 | 3.827 | 3.758 | | | | | |
| | .05 | 5.307 | 5.235 | 5.160 | | | | | |
| | .025 | 6.725 | 6.649 | 6.570 | | | | | |
| | .01 | 8.602 | 8.522 | 8.437 | | | | | |
| | .005 | 10.022 | 9.939 | 9.851 | | | | | |
| 0.3 | .10 | 3.831 | 3.760 | 3.685 | 3.606 | | | | |
| | .05 | 5.239 | 5.162 | 5.080 | 4.993 | | | | |
| | .025 | 6.653 | 6.571 | 6.484 | 6.391 | | | | |
| | .01 | 8.525 | 8.438 | 8.346 | 8.246 | | | | |
| | .005 | 9.942 | 9.852 | 9.756 | 9.653 | | | | |
| 0.4 | .10 | 3.765 | 3.688 | 3.607 | 3.519 | 3.423 | | | |
| | .05 | 5.166 | 5.083 | 4.994 | 4.898 | 4.791 | | | |
| | .025 | 6.575 | 6.486 | 6.392 | 6.289 | 6.174 | | | |
| | .01 | 8.442 | 8.348 | 8.247 | 8.137 | 8.014 | | | |
| | .005 | 9.855 | 9.758 | 9.653 | 9.539 | 9.411 | | | |
| 0.5 | .10 | 3.695 | 3.610 | 3.521 | 3.423 | 3.313 | 3.187 | | |
| | .05 | 5.088 | 4.997 | 4.898 | 4.791 | 4.670 | 4.528 | | |
| | .025 | 6.491 | 6.394 | 6.289 | 6.173 | 6.043 | 5.891 | | |
| | .01 | 8.352 | 8.246 | 8.136 | 8.013 | 7.873 | 7.709 | | |
| | .005 | 9.761 | 9.654 | 9.537 | 9.409 | 9.264 | 9.092 | | |

## Tafel XVI-5-8-2 (Fortsetz.)

| C2 | ALPHA | 0.0 | 0.1 | 0.2 | C1 0.3 | 0.4 | 0.5 | 0.6 | 0.7 |
|---|---|---|---|---|---|---|---|---|---|
| 0.6 | .10 | 3.617 | 3.523 | 3.422 | 3.310 | 3.183 | 3.031 | 2.837 | |
|  | .05 | 5.002 | 4.900 | 4.789 | 4.665 | 4.524 | 4.354 | 4.135 | |
|  | .025 | 6.398 | 6.289 | 6.170 | 6.038 | 5.886 | 5.702 | 5.462 | |
|  | .01 | 8.251 | 8.135 | 8.008 | 7.867 | 7.703 | 7.504 | 7.244 | |
|  | .005 | 9.656 | 9.535 | 9.404 | 9.256 | 9.085 | 8.877 | 8.604 | |
| 0.7 | .10 | 3.530 | 3.422 | 3.305 | 3.172 | 3.017 | 2.822 | 2.550 | 1.987 |
|  | .05 | 4.904 | 4.787 | 4.657 | 4.510 | 4.337 | 4.118 | 3.805 | 3.137 |
|  | .025 | 6.291 | 6.166 | 6.027 | 5.870 | 5.682 | 5.443 | 5.100 | 4.346 |
|  | .01 | 8.135 | 8.002 | 7.854 | 7.684 | 7.482 | 7.223 | 6.846 | 6.000 |
|  | .005 | 9.534 | 9.395 | 9.242 | 9.065 | 8.853 | 8.581 | 8.183 | 7.279 |
| 0.8 | .10 | 3.427 | 3.296 | 3.151 | 2.981 | 2.770 | 2.473 | 1.642 | |
|  | .05 | 4.787 | 4.644 | 4.483 | 4.294 | 4.056 | 3.715 | 2.706 | |
|  | .025 | 6.163 | 6.011 | 5.838 | 5.634 | 5.375 | 4.999 | 3.841 | |
|  | .01 | 7.994 | 7.832 | 7.647 | 7.427 | 7.146 | 6.734 | 5.412 | |
|  | .005 | 9.385 | 9.217 | 9.025 | 8.795 | 8.500 | 8.064 | 6.635 | |
| 0.9 | .10 | 3.291 | 3.110 | 2.897 | 2.621 | 2.166 | | | |
|  | .05 | 4.631 | 4.432 | 4.195 | 3.883 | 3.353 | | | |
|  | .025 | 5.990 | 5.778 | 5.523 | 5.182 | 4.591 | | | |
|  | .01 | 7.804 | 7.577 | 7.303 | 6.933 | 6.277 | | | |
|  | .005 | 9.183 | 8.948 | 8.661 | 8.273 | 7.576 | | | |
| 1.0 | .10 | 2.952 | | | | | | | |
|  | .05 | 4.231 | | | | | | | |
|  | .025 | 5.537 | | | | | | | |
|  | .01 | 7.289 | | | | | | | |
|  | .005 | 8.628 | | | | | | | |

## Tafel XVI-5-9

BARTHOLOMEWS k x 2-Homogenitäts-Gradiententest
Entnommen via FLEISS, J. L. (1973, Table A. 8) aus BARLOW, R. E. et al.: Statistical inference under order restrictions. New York: Wiley & Sons, 1972, mit freundlicher Genehmigung der Autoren und des Verlages.

Die Tafel enthält die oberen Schranken der Prüfgröße $\bar{\chi}^2$ einer k x 2-Feldertafel, k = 3(1)12, für Alpha von 0,1 bis 0,005. Die Schranken setzen voraus, daß die Zeilensummen (Stichprobenumfänge) $N_i$ mit i = 1(1)k gleich oder zumindest fast gleich sind. Die Schranken gelten für einseitigen Test (mit Richtungsvoraussage); für einen zweiseitigen Test ist die Schranke für Alpha/2 zugrunde zu legen.

*Ablesebeispiel:* Für k = 5 Alternativstichproben gleichen Umfangs $N_1$ = ... = $N_5$ ist eine Prüfgröße $\bar{\chi}^2 \geq$ 5,049 erforderlich, wenn die Nullhypothese (Anteilshomogenität) zugunsten von $H_1$ eines steigenden (fallenden) Anteilsgradienten verworfen werden soll.

| k | .10 | .05 | ALPHA .025 | .01 | .005 |
|---|---|---|---|---|---|
| 3 | 2.580 | 3.820 | 5.098 | 6.822 | 8.146 |
| 4 | 3.187 | 4.528 | 5.891 | 7.709 | 9.092 |
| 5 | 3.636 | 5.049 | 6.471 | 8.356 | 9.784 |
| 6 | 3.994 | 5.460 | 6.928 | 8.865 | 10.327 |
| 7 | 4.289 | 5.800 | 7.304 | 9.284 | 10.774 |
| 8 | 4.542 | 6.088 | 7.624 | 9.639 | 11.153 |
| 9 | 4.761 | 6.339 | 7.901 | 9.946 | 11.480 |
| 10 | 4.956 | 6.560 | 8.145 | 10.216 | 11.767 |
| 11 | 5.130 | 6.758 | 8.363 | 10.458 | 12.025 |
| 12 | 5.288 | 6.937 | 8.561 | 10.676 | 12.257 |

## Tafel XVI-8-5

Der exakte Q-Test
Entnommen aus TATE, M. W. and Sara M. BROWN: Tables for comparing related sample percentages and for the median test. Philadelphia: Graduate School of Education, Univ. of Pennsylvania, 1964, Table A, mit freundlicher Genehmigung der Verfasser und des Verlegers.

Die Tafel enthält die exakten Überschreitungswahrscheinlichkeiten (P) zu ausgewählten Werten der Prüfgröße SS = $\Sigma T_i^2$, die bei gegebenen Zeilensummen $L_i$ eine Funktion von COCHRANS Q ist (vgl. 5.5.3.2 und 16.8.5.1). m bezeichnet die Zahl der Spalten (Alternativstichproben), r die Zahl der Zeilen (Individuen oder Blöcke homogener Individuen), $Z(L_i)$ bezeichnet die Zahl der Zeilensummen bzw. deren Kombinationen, die genau den Wert $L_i$ aufweisen und SS(P) bezeichnet die zu bestimmten SS-Werten gehörigen P-Werte, die nur zwischen 0,005 und 0,205 variieren.
Die Tafel erstreckt sich von m = 2(1)6 und von r = 2(1)20, jenseits welcher Bedingung der asymptotische Q-Test anzuwenden ist. Man beachte, daß r ⩽ N die Zahl der Zeilen ist, die nicht durchweg mit Nullen oder mit Einsen (Plus- oder Minuszeichen) besetzt sind, und daß nur diese 2 Zeilen zur Berechnung von SS zu dienen haben.

*Ablesebeispiel:* In einer Q-Kontingenztafel mit m = 3 Spalten und r = 7 (nicht durchweg mit 0 oder 1 besetzten) Zeilen sind die Spaltenanteile als gleich anzunehmen ($H_0$), wenn SS = 41, wenn 2 Zeilensummen mit 2 und 5 mit 1 besetzt sind, da P = 0,093 > 0,05 = α; die 3 verbundenen Stichproben von Alternativdaten sind als lokationshomogen anzusehen.

| m | r | $Z(L_i)$-Komb. | SS(P) | | | |
|---|---|---|---|---|---|---|
| 2 | 4 | 4(1) | 16(.125) | | | |
| 2 | 5 | 5(1) | 25(.062) | | | |
| 2 | 6 | 6(1) | 36(.031) | | | |
| 2 | 7 | 7(1) | 37(.125) | 49(.016) | | |
| 2 | 8 | 8(1) | 50(.070) | 64(.008) | | |
| 2 | 9 | 9(1) | 53(.180) | 65(.039) | | |
| 2 | 10 | 10(1) | 68(.109) | 82(.021) | | |
| 2 | 11 | 11(1) | 85(.065) | 101(.012) | | |
| 2 | 12 | 12(1) | 90(.146) | 104(.039) | 122(.006) | |
| 2 | 13 | 13(1) | 109(.092) | 125(.022) | | |
| 2 | 14 | 14(1) | 116(.180) | 130(.057) | 148(.013) | |
| 2 | 15 | 15(1) | 137(.118) | 153(.035) | 173(.007) | |
| 2 | 16 | 16(1) | 160(.077) | 178(.021) | | |
| 2 | 17 | 17(1) | 169(.143) | 185(.049) | 205(.013) | |
| 2 | 18 | 18(1) | 194(.096) | 212(.031) | 234(.008) | |
| 2 | 19 | 19(1) | 205(.167) | 221(.064) | 241(.019) | |
| 2 | 20 | 20(1) | 232(.115) | 250(.041) | 272(.012) | |
| 3 | 3 | 3(2) | 18(.111) | | | |
| 3 | 3 | 3(1) | 9(.111) | | | |
| 3 | 4 | 4(2) | 32(.037) | | | |
| 3 | 4 | 3(2),1(1) | 25(.074) | | | |
| 3 | 4 | 2(2),2(1) | 20(.074) | | | |
| 3 | 4 | 1(2),3(1) | 17(.074) | | | |
| 3 | 4 | 4(1) | 16(.037) | | | |
| 3 | 5 | 5(2) | 42(.136) | 50(.012) | | |
| 3 | 5 | 4(2),1(1) | 35(.123) | 41(.025) | | |
| 3 | 5 | 3(2),2(1) | 30(.123) | 32(.049) | 34(.025) | |
| 3 | 5 | 2(2),3(1) | 25(.123) | 27(.049) | 29(.025) | |
| 3 | 5 | 1(2),4(1) | 20(.123) | 26(.025) | | |
| 3 | 5 | 5(1) | 17(.136) | 25(.012) | | |
| 3 | 6 | 6(2) | 56(.177) | 62(.053) | | |
| 3 | 6 | 5(2),1(1) | 49(.177) | 51(.095) | 53(.049) | 61(.008) |
| 3 | 6 | 4(2),2(1) | 42(.189) | 44(.074) | 46(.049) | 50(.016) | 52(.008) |
| 3 | 6 | 3(2),3(1) | 35(.181) | 41(.058) | 45(.008) | | |
| 3 | 6 | 2(2),4(1) | 30(.189) | 32(.074) | 34(.049) | 38(.016) | 40(.008) |
| 3 | 6 | 1(2),5(1) | 25(.177) | 27(.095) | 29(.049) | 37(.008) |
| 3 | 6 | 6(1) | 20(.177) | 26(.053) | | |

Tafel XVI-8-5 (Fortsetz.)

| m | r | Z(L₁)-Komb. | SS(P) | | | | |
|---|---|---|---|---|---|---|---|
| 3 | 7 | 7(2) | 76(.136) | 78(.078) | 86(.021) | | |
| 3 | 7 | 6(2),1(1) | 67(.106) | 69(.078) | 73(.037) | 75(.019) | |
| 3 | 7 | 5(2),2(1) | 62(.093) | 66(.019) | 72(.005) | | |
| 3 | 7 | 4(2),3(1) | 51(.123) | 53(.082) | 57(.030) | 59(.022) | 61(.011) |
| 3 | 7 | 3(2),4(1) | 44(.123) | 46(.082) | 50(.030) | 52(.022) | 54(.011) |
| 3 | 7 | 2(2),5(1) | 41(.093) | 45(.019) | 51(.005) | | |
| 3 | 7 | 1(2),6(1) | 32(.106) | 34(.078) | 38(.037) | 40(.019) | |
| 3 | 7 | 7(1) | 27(.136) | 29(.078) | 37(.021) | | |
| 3 | 8 | 8(2) | 96(.142) | 98(.110) | 102(.059) | 104(.033) | 114(.008) |
| 3 | 8 | 7(2),1(1) | 89(.129) | 93(.033) | 99(.014) | 101(.007) | |
| 3 | 8 | 6(2),2(1) | 76(.167) | 78(.114) | 82(.048) | 86(.026) | 90(.007) |
| 3 | 8 | 5(2),3(1) | 67(.155) | 69(.114) | 73(.055) | 77(.017) | 81(.008) |
| 3 | 8 | 4(2),4(1) | 62(.131) | 66(.036) | 72(.014) | 74(.008) | |
| 3 | 8 | 3(2),5(1) | 51(.155) | 53(.114) | 57(.055) | 61(.017) | 65(.008) |
| 3 | 8 | 2(2),6(1) | 44(.167) | 46(.114) | 50(.048) | 54(.026) | 58(.007) |
| 3 | 8 | 1(2),7(1) | 41(.129) | 45(.033) | 51(.014) | 53(.007) | |
| 3 | 8 | 8(1) | 32(.142) | 34(.110) | 38(.059) | 40(.033) | 50(.008) |
| 3 | 9 | 9(2) | 122(.166) | 126(.050) | 132(.025) | 134(.014) | |
| 3 | 9 | 8(2),1(1) | 109(.146) | 113(.070) | 117(.042) | 121(.014) | 129(.005) |
| 3 | 9 | 7(2),2(1) | 96(.189) | 102(.080) | 104(.057) | 110(.016) | 114(.010) |
| 3 | 9 | 6(2),3(1) | 89(.167) | 93(.054) | 99(.025) | 101(.016) | |
| 3 | 9 | 5(2),4(1) | 76(.198) | 82(.076) | 84(.059) | 90(.016) | 94(.007) |
| 3 | 9 | 4(2),5(1) | 67(.198) | 73(.076) | 75(.059) | 81(.016) | 85(.007) |
| 3 | 9 | 3(2),6(1) | 62(.167) | 66(.054) | 72(.025) | 74(.016) | |
| 3 | 9 | 2(2),7(1) | 51(.189) | 57(.080) | 59(.057) | 65(.016) | 69(.010) |
| 3 | 9 | 1(2),8(1) | 46(.146) | 50(.070) | 54(.042) | 58(.014) | 66(.005) |
| 3 | 9 | 9(1) | 41(.166) | 45(.050) | 51(.025) | 53(.014) | |
| 3 | 10 | 10(2) | 146(.178) | 150(.093) | 154(.059) | 166(.010) | 168(.006) |
| 3 | 10 | 9(2),1(1) | 133(.178) | 137(.106) | 141(.039) | 149(.018) | 153(.006) |
| 3 | 10 | 8(2),2(1) | 122(.202) | 126(.073) | 132(.039) | 134(.025) | 140(.007) |
| 3 | 10 | 7(2),3(1) | 109(.180) | 113(.099) | 117(.053) | 125(.012) | 129(.009) |
| 3 | 10 | 6(2),4(1) | 98(.180) | 102(.103) | 106(.047) | 114(.015) | 118(.007) |
| 3 | 10 | 5(2),5(1) | 89(.202) | 93(.074) | 99(.039) | 101(.026) | 107(.007) |
| 3 | 10 | 4(2),6(1) | 78(.180) | 82(.103) | 86(.047) | 94(.015) | 98(.007) |
| 3 | 10 | 3(2),7(1) | 69(.180) | 73(.099) | 77(.053) | 85(.012) | 89(.009) |
| 3 | 10 | 2(2),8(1) | 62(.202) | 66(.073) | 72(.039) | 74(.025) | 80(.007) |
| 3 | 10 | 1(2),9(1) | 53(.178) | 57(.106) | 61(.039) | 69(.018) | 73(.006) |
| 3 | 10 | 10(1) | 46(.178) | 50(.093) | 54(.059) | 66(.010) | 68(.006) |
| 3 | 11 | 11(2) | 178(.132) | 180(.098) | 182(.053) | 190(.026) | 194(.010) |
| 3 | 11 | 10(2),1(1) | 165(.094) | 171(.054) | 173(.036) | 179(.011) | 185(.007) |
| 3 | 11 | 9(2),2(1) | 150(.123) | 152(.103) | 158(.036) | 166(.015) | 168(.008) |
| 3 | 11 | 8(2),3(1) | 137(.130) | 139(.101) | 141(.061) | 153(.012) | 155(.005) |
| 3 | 11 | 7(2),4(1) | 126(.095) | 132(.055) | 134(.038) | 140(.012) | 146(.007) |
| 3 | 11 | 6(2),5(1) | 113(.127) | 115(.103) | 121(.038) | 129(.014) | 131(.007) |
| 3 | 11 | 5(2),6(1) | 102(.127) | 104(.103) | 110(.038) | 118(.014) | 120(.007) |
| 3 | 11 | 4(2),7(1) | 93(.095) | 99(.055) | 101(.038) | 107(.012) | 113(.007) |
| 3 | 11 | 3(2),8(1) | 82(.130) | 84(.101) | 86(.061) | 98(.012) | 100(.005) |
| 3 | 11 | 2(2),9(1) | 73(.123) | 75(.103) | 81(.036) | 89(.015) | 91(.008) |
| 3 | 11 | 1(2),10(1) | 66(.094) | 72(.054) | 74(.036) | 80(.011) | 86(.007) |
| 3 | 11 | 11(1) | 57(.132) | 59(.098) | 61(.053) | 69(.026) | 73(.010) |
| 3 | 12 | 12(2) | 210(.115) | 216(.070) | 218(.048) | 224(.017) | 230(.012) |
| 3 | 12 | 11(2),1(1) | 193(.147) | 197(.091) | 201(.048) | 209(.023) | 211(.013) |
| 3 | 12 | 10(2),2(1) | 178(.156) | 180(.123) | 186(.052) | 196(.009) | 204(.005) |
| 3 | 12 | 9(2),3(1) | 165(.117) | 171(.071) | 173(.050) | 179(.018) | 185(.011) |
| 3 | 12 | 8(2),4(1) | 150(.151) | 154(.087) | 158(.051) | 168(.012) | 174(.005) |
| 3 | 12 | 7(2),5(1) | 137(.153) | 141(.082) | 145(.052) | 155(.010) | 161(.006) |
| 3 | 12 | 6(2),6(1) | 126(.117) | 132(.072) | 134(.051) | 140(.018) | 146(.011) |
| 3 | 12 | 5(2),7(1) | 113(.153) | 117(.082) | 121(.052) | 131(.010) | 137(.006) |
| 3 | 12 | 4(2),8(1) | 102(.151) | 106(.087) | 110(.051) | 120(.012) | 126(.005) |
| 3 | 12 | 3(2),9(1) | 93(.117) | 99(.071) | 101(.050) | 107(.018) | 113(.011) |
| 3 | 12 | 2(2),10(1) | 82(.156) | 84(.123) | 90(.052) | 100(.009) | 108(.005) |
| 3 | 12 | 1(2),11(1) | 73(.147) | 77(.091) | 81(.048) | 89(.023) | 91(.013) |
| 3 | 12 | 12(1) | 66(.115) | 72(.070) | 74(.048) | 80(.017) | 86(.012) |
| 4 | 2 | 2(2) | 8(.167) | | | | |
| 4 | 3 | 3(3) | 27(.062) | | | | |
| 4 | 3 | 2(3),1(2) | 22(.125) | | | | |
| 4 | 3 | 2(3),1(1) | 17(.188) | | | | |
| 4 | 3 | 1(3),2(2) | 19(.083) | | | | |
| 4 | 3 | 1(3),2(1) | 11(.188) | | | | |
| 4 | 3 | 3(2) | 18(.028) | | | | |

Tafel XVI-8-5 (Fortsetz.)    507

| m | r | Z(L_i)-Komb. | SS(P) | | | | |
|---|---|---|---|---|---|---|---|
| 4 | 3 | 2(2),1(1) | 13(.083) | | | | |
| 4 | 3 | 1(2),2(1) | 10(.125) | | | | |
| 4 | 3 | 3(1) | 9(.062) | | | | |
| 4 | 4 | 4(3) | 42(.203) | 48(.016) | | | |
| 4 | 4 | 3(3),1(2) | 37(.125) | 41(.031) | | | |
| 4 | 4 | 3(3),1(1) | 34(.047) | | | | |
| 4 | 4 | 2(3),2(2) | 34(.083) | 36(.021) | | | |
| 4 | 4 | 2(3),1(2),1(1) | 27(.156) | 29(.062) | | | |
| 4 | 4 | 2(3),2(1) | 24(.047) | | | | |
| 4 | 4 | 1(3),3(2) | 29(.097) | 33(.014) | | | |
| 4 | 4 | 1(3),2(2),1(1) | 24(.083) | 26(.042) | | | |
| 4 | 4 | 1(3),1(2),2(1) | 19(.156) | 21(.062) | | | |
| 4 | 4 | 1(3),3(1) | 18(.047) | | | | |
| 4 | 4 | 4(2) | 24(.134) | 26(.079) | | | |
| 4 | 4 | 3(2),1(1) | 21(.097) | 25(.014) | | | |
| 4 | 4 | 2(2),2(1) | 18(.083) | 20(.021) | | | |
| 4 | 4 | 1(2),3(1) | 13(.125) | 17(.031) | | | |
| 4 | 4 | 4(1) | 10(.203) | 16(.016) | | | |
| 4 | 5 | 5(3) | 63(.180) | 67(.062) | | | |
| 4 | 5 | 4(3),1(2) | 58(.133) | 60(.039) | 66(.008) | | |
| 4 | 5 | 4(3),1(1) | 51(.105) | 57(.012) | | | |
| 4 | 5 | 3(3),2(2) | 51(.146) | 55(.031) | 57(.016) | 59(.005) | |
| 4 | 5 | 3(3),2(1) | 37(.199) | 39(.105) | 41(.035) | 43(.012) | |
| 4 | 5 | 3(3),1(2),1(1) | 44(.125) | 46(.070) | 48(.023) | 50(.016) | |
| 4 | 5 | 2(3),3(2) | 44(.174) | 46(.111) | 48(.035) | 50(.028) | 52(.007) |
| 4 | 5 | 2(3),2(2),1(1) | 39(.141) | 41(.057) | 43(.031) | 45(.010) | |
| 4 | 5 | 2(3),1(2),2(1) | 34(.141) | 36(.047) | 38(.016) | | |
| 4 | 5 | 2(3),3(1) | 27(.199) | 29(.105) | 31(.035) | 33(.012) | |
| 4 | 5 | 1(3),4(2) | 39(.185) | 41(.083) | 43(.056) | 45(.021) | |
| 4 | 5 | 1(3),2(2),2(1) | 29(.141) | 31(.057) | 33(.031) | 35(.010) | |
| 4 | 5 | 1(3),3(2),1(1) | 34(.187) | 36(.076) | 38(.028) | 42(.007) | |
| 4 | 5 | 1(3),1(2),3(1) | 24(.125) | 26(.070) | 28(.023) | 30(.016) | |
| 4 | 5 | 1(3),4(1) | 21(.105) | 27(.012) | | | |
| 4 | 5 | 5(2) | 36(.109) | 38(.047) | 42(.016) | | |
| 4 | 5 | 4(2),1(1) | 29(.185) | 31(.083) | 33(.056) | 35(.021) | |
| 4 | 5 | 3(2),2(1) | 24(.174) | 26(.111) | 28(.035) | 30(.028) | 32(.007) |
| 4 | 5 | 2(2),3(1) | 21(.146) | 25(.031) | 27(.016) | 29(.005) | |
| 4 | 5 | 1(2),4(1) | 18(.133) | 20(.039) | 26(.008) | | |
| 4 | 5 | 5(1) | 13(.180) | 17(.062) | | | |
| 4 | 6 | 6(3) | 90(.180) | 92(.062) | 98(.019) | | |
| 4 | 6 | 5(3),1(2) | 81(.189) | 85(.053) | 87(.033) | 89(.012) | |
| 4 | 6 | 5(3),1(1) | 72(.165) | 74(.106) | 76(.048) | 78(.032) | |
| 4 | 6 | 4(3),2(2) | 74(.146) | 76(.062) | 78(.049) | 80(.013) | 82(.009) |
| 4 | 6 | 4(3),1(2),1(1) | 65(.182) | 67(.096) | 69(.051) | 71(.021) | 75(.006) |
| 4 | 6 | 4(3),2(1) | 58(.190) | 60(.073) | 62(.032) | 66(.009) | |
| 4 | 6 | 3(3),3(2) | 67(.122) | 69(.078) | 71(.036) | 75(.010) | 77(.009) |
| 4 | 6 | 3(3),2(2),1(1) | 60(.105) | 62(.048) | 66(.020) | 68(.005) | |
| 4 | 6 | 3(3),1(2),2(1) | 51(.191) | 53(.078) | 55(.055) | 57(.029) | 59(.008) |
| 4 | 6 | 3(3),3(1) | 44(.173) | 46(.103) | 48(.050) | 50(.038) | |
| 4 | 6 | 2(3),4(2) | 60(.139) | 62(.069) | 66(.032) | 68(.020) | 70(.006) |
| 4 | 6 | 2(3),3(2),1(1) | 53(.109) | 55(.082) | 57(.044) | 59(.015) | 61(.009) |
| 4 | 6 | 2(3),2(2),2(1) | 46(.146) | 48(.068) | 50(.055) | 52(.013) | 54(.010) |
| 4 | 6 | 2(3),1(2),3(1) | 39(.191) | 41(.078) | 43(.055) | 45(.029) | 47(.008) |
| 4 | 6 | 2(3),4(1) | 34(.190) | 36(.073) | 38(.032) | 42(.009) | |
| 4 | 6 | 1(3),5(2) | 53(.142) | 55(.111) | 57(.062) | 61(.016) | 63(.008) |
| 4 | 6 | 1(3),4(2),1(1) | 46(.186) | 48(.090) | 52(.025) | 54(.020) | 56(.006) |
| 4 | 6 | 1(3),3(2),2(1) | 41(.109) | 43(.082) | 45(.044) | 47(.015) | 49(.009) |
| 4 | 6 | 1(3),2(2),3(1) | 36(.105) | 38(.048) | 42(.020) | 44(.005) | |
| 4 | 6 | 1(3),1(2),4(1) | 29(.182) | 31(.096) | 33(.051) | 35(.021) | 39(.006) |
| 4 | 6 | 1(3),5(1) | 24(.165) | 26(.106) | 28(.048) | 30(.032) | |
| 4 | 6 | 6(2) | 48(.117) | 50(.102) | 52(.040) | 54(.032) | 56(.011) |
| 4 | 6 | 5(2),1(1) | 41(.142) | 43(.111) | 45(.062) | 49(.016) | 51(.008) |
| 4 | 6 | 4(2),2(1) | 36(.139) | 38(.069) | 42(.032) | 44(.009) | 46(.006) |
| 4 | 6 | 3(2),3(1) | 31(.122) | 33(.078) | 35(.036) | 39(.010) | 41(.009) |
| 4 | 6 | 2(2),4(1) | 26(.146) | 28(.062) | 30(.049) | 32(.013) | 34(.009) |
| 4 | 6 | 1(2),5(1) | 21(.189) | 25(.053) | 27(.033) | 29(.012) | |
| 4 | 6 | 6(1) | 18(.180) | 20(.062) | 26(.019) | | |
| 4 | 7 | 7(3) | 123(.077) | 125(.052) | 127(.021) | 135(.005) | |
| 4 | 7 | 6(3),1(2) | 110(.182) | 112(.089) | 114(.072) | 118(.017) | 122(.010) |
| 4 | 7 | 6(3),1(1) | 101(.132) | 103(.073) | 105(.036) | 109(.014) | 111(.010) |

Tafel XVI-8-5 (Fortsetz.)

| m | r | Z($L_i$)-Komb. | SS(P) | | | | |
|---|---|---|---|---|---|---|---|
| 4 | 7 | 5(3),2(2) | 101(.159) | 103(.103) | 105(.053) | 109(.021) | 111(.017) |
| 4 | 7 | 5(3),1(2),1(1) | 92(.135) | 94(.069) | 98(.035) | 100(.012) | 102(.006) |
| 4 | 7 | 5(3),2(1) | 83(.103) | 85(.081) | 87(.051) | 89(.017) | 91(.010) |
| 4 | 7 | 4(3),3(2) | 92(.170) | 94(.093) | 98(.050) | 100(.018) | 102(.012) |
| 4 | 7 | 4(3),2(2),1(1) | 83(.135) | 85(.109) | 87(.068) | 91(.017) | 95(.006) |
| 4 | 7 | 4(3),1(2),2(1) | 74(.182) | 76(.098) | 78(.080) | 82(.020) | 84(.008) |
| 4 | 7 | 4(3),3(1) | 67(.119) | 69(.079) | 71(.043) | 75(.012) | 77(.005) |
| 4 | 7 | 3(3),4(2) | 83(.170) | 87(.088) | 89(.039) | 93(.014) | 95(.010) |
| 4 | 7 | 3(3),3(2),1(1) | 76(.122) | 78(.104) | 80(.037) | 84(.014) | 86(.007) |
| 4 | 7 | 3(3),2(2),2(1) | 67(.149) | 69(.107) | 71(.062) | 75(.020) | 77(.011) |
| 4 | 7 | 3(3),1(2),3(1) | 60(.138) | 62(.073) | 66(.034) | 68(.014) | 70(.007) |
| 4 | 7 | 3(3),4(1) | 53(.119) | 55(.079) | 57(.043) | 61(.012) | 63(.005) |
| 4 | 7 | 2(3),5(2) | 76(.149) | 78(.150) | 82(.046) | 86(.011) | 90(.006) |
| 4 | 7 | 2(3),4(2),1(1) | 67(.180) | 71(.083) | 73(.037) | 77(.019) | 79(.008) |
| 4 | 7 | 2(3),3(2),2(1) | 60(.171) | 62(.095) | 66(.051) | 68(.020) | 70(.013) |
| 4 | 7 | 2(3),2(2),3(1) | 53(.149) | 55(.107) | 57(.062) | 61(.020) | 63(.011) |
| 4 | 7 | 2(3),1(2),4(1) | 46(.182) | 48(.098) | 50(.080) | 54(.020) | 56(.008) |
| 4 | 7 | 2(3),5(1) | 41(.103) | 43(.081) | 45(.052) | 47(.017) | 49(.010) |
| 4 | 7 | 1(3),6(2) | 69(.167) | 71(.106) | 73(.052) | 79(.013) | 81(.007) |
| 4 | 7 | 1(3),5(2),1(1) | 60(.204) | 62(.120) | 66(.069) | 70(.020) | 74(.006) |
| 4 | 7 | 1(3),4(2),2(1) | 53(.180) | 57(.083) | 59(.037) | 63(.019) | 65(.008) |
| 4 | 7 | 1(3),3(2),3(1) | 48(.122) | 50(.104) | 52(.037) | 56(.014) | 58(.007) |
| 4 | 7 | 1(3),2(2),4(1) | 41(.135) | 43(.109) | 45(.068) | 49(.017) | 53(.006) |
| 4 | 7 | 1(3),1(2),5(1) | 36(.135) | 38(.069) | 42(.035) | 44(.012) | 46(.006) |
| 4 | 7 | 1(3),6(1) | 31(.132) | 33(.073) | 35(.036) | 39(.014) | 41(.010) |
| 4 | 7 | 7(2) | 62(.147) | 66(.090) | 68(.041) | 74(.011) | 76(.006) |
| 4 | 7 | 6(2),1(1) | 55(.167) | 57(.106) | 59(.052) | 65(.013) | 67(.007) |
| 4 | 7 | 5(2),2(1) | 48(.149) | 50(.130) | 54(.046) | 58(.011) | 62(.006) |
| 4 | 7 | 4(2),3(1) | 41(.170) | 45(.088) | 47(.039) | 51(.014) | 53(.010) |
| 4 | 7 | 3(2),4(1) | 36(.170) | 38(.093) | 42(.050) | 44(.018) | 46(.012) |
| 4 | 7 | 2(2),5(1) | 31(.159) | 33(.103) | 35(.053) | 39(.021) | 41(.017) |
| 4 | 7 | 1(2),6(1) | 26(.182) | 28(.089) | 30(.072) | 34(.017) | 38(.010) |
| 4 | 7 | 7(1) | 25(.077) | 27(.052) | 29(.021) | 37(.005) | |
| 4 | 8 | 8(3) | 156(.116) | 158(.095) | 160(.034) | 166(.017) | 168(.007) |
| 4 | 8 | 7(3),1(2) | 143(.193) | 147(.072) | 151(.033) | 153(.027) | 157(.005) |
| 4 | 8 | 7(3),1(1) | 132(.166) | 134(.077) | 138(.053) | 140(.019) | 142(.012) |
| 4 | 8 | 6(3),2(2) | 132(.200) | 134(.117) | 138(.069) | 142(.019) | 148(.006) |
| 4 | 8 | 6(3),1(2),1(1) | 121(.163) | 125(.091) | 127(.041) | 133(.011) | 135(.007) |
| 4 | 8 | 6(3),2(1) | 112(.126) | 114(.105) | 116(.035) | 120(.016) | 122(.011) |
| 4 | 8 | 5(3),3(2) | 121(.198) | 125(.112) | 127(.055) | 135(.010) | 137(.006) |
| 4 | 8 | 5(3),2(2),1(1) | 112(.152) | 114(.130) | 116(.051) | 124(.009) | 126(.006) |
| 4 | 8 | 5(3),1(2),2(1) | 101(.186) | 105(.082) | 107(.039) | 111(.021) | 113(.007) |
| 4 | 8 | 5(3),3(1) | 92(.169) | 94(.098) | 98(.052) | 100(.023) | 102(.013) |
| 4 | 8 | 4(3),4(2) | 112(.180) | 116(.069) | 118(.061) | 124(.014) | 126(.010) |
| 4 | 8 | 4(3),3(2),1(1) | 103(.164) | 105(.104) | 107(.052) | 113(.013) | 115(.008) |
| 4 | 8 | 4(3),2(2),2(1) | 92(.202) | 94(.121) | 100(.032) | 102(.020) | 106(.007) |
| 4 | 8 | 4(3),1(2),3(1) | 83(.176) | 87(.088) | 89(.041) | 95(.009) | 97(.006) |
| 4 | 8 | 4(3),4(1) | 76(.129) | 78(.108) | 80(.035) | 86(.010) | 88(.005) |
| 4 | 8 | 3(3),5(2) | 103(.194) | 105(.128) | 111(.041) | 115(.013) | 117(.007) |
| 4 | 8 | 3(3),4(2),1(1) | 94(.146) | 98(.090) | 100(.043) | 106(.011) | 108(.007) |
| 4 | 8 | 3(3),3(2),2(1) | 85(.166) | 87(.110) | 89(.055) | 95(.015) | 97(.009) |
| 4 | 8 | 3(3),2(2),3(1) | 76(.154) | 78(.132) | 80(.052) | 88(.009) | 90(.006) |
| 4 | 8 | 3(3),1(2),4(1) | 67(.176) | 71(.088) | 73(.041) | 79(.009) | 81(.006) |
| 4 | 8 | 3(3),5(1) | 60(.169) | 62(.098) | 66(.052) | 68(.023) | 70(.013) |
| 4 | 8 | 2(3),6(2) | 94(.173) | 98(.111) | 100(.056) | 108(.011) | 110(.006) |
| 4 | 8 | 2(3),5(2),1(1) | 85(.196) | 89(.070) | 91(.056) | 97(.014) | 99(.008) |
| 4 | 8 | 2(3),4(2),2(1) | 76(.181) | 80(.070) | 82(.062) | 88(.015) | 90(.011) |
| 4 | 8 | 2(3),3(2),3(1) | 69(.166) | 71(.110) | 73(.055) | 79(.015) | 81(.009) |
| 4 | 8 | 2(3),2(2),4(1) | 60(.202) | 62(.121) | 68(.032) | 70(.020) | 74(.007) |
| 4 | 8 | 2(3),1(2),5(1) | 53(.186) | 57(.082) | 59(.039) | 63(.021) | 65(.007) |
| 4 | 8 | 2(3),6(1) | 48(.126) | 50(.105) | 52(.035) | 56(.016) | 58(.011) |
| 4 | 8 | 1(3),7(2) | 87(.156) | 89(.088) | 93(.050) | 99(.012) | 103(.005) |
| 4 | 8 | 1(3),6(2),1(1) | 78(.186) | 80(.089) | 84(.044) | 88(.022) | 90(.017) |
| 4 | 8 | 1(3),5(2),2(1) | 69(.196) | 73(.070) | 75(.056) | 81(.014) | 83(.008) |
| 4 | 8 | 1(3),4(2),3(1) | 62(.146) | 66(.090) | 68(.043) | 74(.011) | 76(.007) |
| 4 | 8 | 1(3),3(2),4(1) | 55(.164) | 57(.104) | 59(.052) | 65(.013) | 67(.008) |
| 4 | 8 | 1(3),2(2),5(1) | 48(.152) | 50(.130) | 52(.051) | 60(.009) | 62(.006) |
| 4 | 8 | 1(3),1(2),6(1) | 41(.163) | 45(.091) | 47(.041) | 53(.011) | 55(.007) |
| 4 | 8 | 1(3),7(1) | 36(.166) | 38(.091) | 42(.053) | 44(.019) | 46(.012) |

Tafel XVI-8-5 (Fortsetz.)

| m | r | $Z(L_i)$-Komb. | SS(P) | | | | |
|---|---|---|---|---|---|---|---|
| 4 | 8 | 1(3),7(1) | 36(.166) | 38(.091) | 42(.053) | 44(.019) | 46(.012) |
| 4 | 8 | 8(2) | 80(.109) | 82(.097) | 84(.056) | 90(.024) | 94(.008) |
| 4 | 8 | 7(2),1(1) | 71(.156) | 73(.088) | 77(.050) | 83(.012) | 87(.005) |
| 4 | 8 | 6(2),2(1) | 62(.173) | 66(.111) | 68(.056) | 76(.011) | 78(.006) |
| 4 | 8 | 5(2),3(1) | 55(.194) | 57(.128) | 63(.041) | 67(.013) | 69(.007) |
| 4 | 8 | 4(2),4(1) | 48(.180) | 52(.069) | 54(.061) | 60(.014) | 62(.010) |
| 4 | 8 | 3(2),5(1) | 41(.198) | 45(.112) | 47(.055) | 55(.010) | 57(.006) |
| 4 | 8 | 2(2),6(1) | 36(.200) | 38(.117) | 42(.069) | 46(.019) | 52(.006) |
| 4 | 8 | 1(2),7(1) | 31(.193) | 35(.072) | 39(.033) | 41(.027) | 45(.005) |
| 4 | 8 | 8(1) | 28(.116) | 30(.095) | 32(.034) | 38(.017) | 40(.007) |
| 5 | 2 | 2(4) | 16(.200) | | | | |
| 5 | 2 | 2(3) | 12(.100) | | | | |
| 5 | 2 | 2(2) | 8(.100) | | | | |
| 5 | 2 | 2(1) | 4(.200) | | | | |
| 5 | 3 | 3(4) | 36(.040) | | | | |
| 5 | 3 | 2(4),1(3) | 29(.160) | 31(.080) | | | |
| 5 | 3 | 2(4),1(2) | 26(.120) | | | | |
| 5 | 3 | 2(4),1(1) | 21(.160) | | | | |
| 5 | 3 | 1(4),2(3) | 26(.160) | 28(.040) | | | |
| 5 | 3 | 1(4),1(3),1(2) | 23(.120) | | | | |
| 5 | 3 | 1(4),2(2) | 20(.060) | | | | |
| 5 | 3 | 1(4),2(1) | 12(.160) | | | | |
| 5 | 3 | 3(3) | 23(.190) | 27(.010) | | | |
| 5 | 3 | 2(3),1(2) | 20(.090) | 22(.030) | | | |
| 5 | 3 | 2(3),1(1) | 17(.060) | | | | |
| 5 | 3 | 1(3),2(2) | 17(.090) | 19(.030) | | | |
| 5 | 3 | 1(3),2(1) | 11(.120) | | | | |
| 5 | 3 | 1(3),1(2),1(1) | 14(.120) | | | | |
| 5 | 3 | 3(2) | 14(.190) | 18(.010) | | | |
| 5 | 3 | 2(2),1(1) | 11(.160) | 13(.040) | | | |
| 5 | 3 | 1(2),1(1) | 8(.160) | 10(.080) | | | |
| 5 | 3 | 3(1) | 9(.040) | | | | |
| 5 | 4 | 4(4) | 58(.136) | 64(.008) | | | |
| 5 | 4 | 3(4),1(3) | 53(.064) | 57(.016) | | | |
| 5 | 4 | 3(4),1(2) | 46(.168) | 50(.024) | | | |
| 5 | 4 | 3(4),1(1) | 43(.032) | | | | |
| 5 | 4 | 2(4),2(3) | 50(.040) | 52(.008) | | | |
| 5 | 4 | 2(4),1(3),1(2) | 41(.132) | 43(.072) | 45(.024) | | |
| 5 | 4 | 2(4),1(3),1(1) | 36(.112) | 38(.048) | | | |
| 5 | 4 | 2(4),2(2) | 36(.144) | 38(.084) | 40(.012) | | |
| 5 | 4 | 2(4),1(2),1(1) | 31(.192) | 33(.048) | | | |
| 5 | 4 | 2(4),2(1), | 28(.032) | | | | |
| 5 | 4 | 1(4),3(3) | 41(.178) | 43(.106) | 45(.040) | | |
| 5 | 4 | 1(4),2(3),1(2) | 36(.198) | 38(.114) | 40(.024) | 42(.012) | |
| 5 | 4 | 1(4),2(3),1(1) | 33(.072) | 35(.024) | | | |
| 5 | 4 | 1(4),1(3),2(2) | 33(.102) | 35(.042) | 37(.012) | | |
| 5 | 4 | 1(4),1(3),2(1) | 23(.192) | 25(.048) | | | |
| 5 | 4 | 1(4),1(3),1(2),1(1) | 28(.120) | 30(.048) | | | |
| 5 | 4 | 1(4),3(2) | 28(.166) | 30(.078) | 34(.006) | | |
| 5 | 4 | 1(4),2(2),1(1) | 25(.072) | 27(.024) | | | |
| 5 | 4 | 1(4),1(2),2(1) | 20(.112) | 22(.048) | | | |
| 5 | 4 | 1(4),3(1) | 19(.032) | | | | |
| 5 | 4 | 4(3) | 38(.151) | 40(.043) | 42(.025) | | |
| 5 | 4 | 3(3),1(2) | 33(.141) | 35(.069) | 37(.021) | | |
| 5 | 4 | 3(3),1(1) | 28(.166) | 30(.078) | 34(.006) | | |
| 5 | 4 | 2(3),2(2) | 30(.111) | 34(.015) | | | |
| 5 | 4 | 2(3),1(2),1(1) | 25(.102) | 27(.042) | 29(.012) | | |
| 5 | 4 | 2(3),2(1) | 20(.144) | 22(.084) | 24(.012) | | |
| 5 | 4 | 1(3),3(2) | 25(.141) | 27(.069) | 29(.021) | | |
| 5 | 4 | 1(3),2(2),1(1) | 20(.198) | 22(.114) | 24(.024) | 26(.012) | |
| 5 | 4 | 1(3),1(2),2(1) | 17(.132) | 19(.072) | 21(.024) | | |
| 5 | 4 | 1(3),3(1) | 14(.168) | 18(.024) | | | |
| 5 | 4 | 4(2) | 22(.151) | 24(.043) | 26(.025) | | |
| 5 | 4 | 3(2),1(1) | 17(.178) | 19(.106) | 21(.040) | | |
| 5 | 4 | 2(2),2(1) | 18(.040) | 20(.008) | | | |
| 5 | 4 | 1(2),3(1) | 13(.064) | 17(.016) | | | |
| 5 | 4 | 4(1) | 10(.136) | 16(.008) | | | |
| 5 | 5 | 5(4) | 88(.098) | 92(.034) | | | |
| 5 | 5 | 4(4),1(3) | 83(.069) | 85(.016) | | | |
| 5 | 5 | 4(4),1(2) | 72(.171) | 74(.114) | 76(.043) | | |

Tafel XVI-8-5 (Fortsetz.)

| m | r | $Z(L_i)$-Komb. | SS(P) | | | | |
|---|---|---|---|---|---|---|---|
| 5 | 5 | 4(4),1(1) | 65(.168) | 67(.083) | 73(.006) | | |
| 5 | 5 | 3(4),2(3) | 74(.146) | 76(.064) | 80(.011) | 82(.006) | |
| 5 | 5 | 3(4),1(3),1(2) | 67(.156) | 69(.041) | 71(.024) | 73(.010) | |
| 5 | 5 | 3(4),1(3),1(1) | 60(.109) | 62(.042) | 64(.013) | 66(.010) | |
| 5 | 5 | 3(4),2(2) | 60(.144) | 62(.062) | 64(.029) | 66(.012) | |
| 5 | 5 | 3(4),1(2),1(1) | 53(.157) | 55(.077) | 57(.019) | 59(.010) | |
| 5 | 5 | 3(4),2(1) | 48(.083) | 50(.026) | 52(.006) | | |
| 5 | 5 | 2(4),3(3) | 67(.192) | 69(.062) | 71(.040) | 73(.014) | 75(.009) |
| 5 | 5 | 2(4),2(3),1(2) | 60(.179) | 62(.092) | 64(.041) | 66(.019) | 68(.007) |
| 5 | 5 | 2(4),2(3),1(1) | 53(.203) | 55(.107) | 57(.030) | 59(.019) | |
| 5 | 5 | 2(4),1(3),2(2) | 55(.143) | 57(.042) | 59(.032) | 61(.010) | |
| 5 | 5 | 2(4),1(3),1(2),1(1) | 48(.139) | 50(.077) | 52(.029) | 54(.010) | |
| 5 | 5 | 2(4),1(3),2(1) | 41(.186) | 43(.128) | 45(.038) | 47(.010) | |
| 5 | 5 | 2(4),3(2) | 48(.178) | 50(.106) | 52(.042) | 54(.018) | |
| 5 | 5 | 2(4),2(2),1(1) | 43(.158) | 45(.058) | 47(.024) | | |
| 5 | 5 | 2(4),1(2),2(1) | 36(.186) | 38(.128) | 40(.038) | 42(.010) | |
| 5 | 5 | 2(4),3(1) | 33(.083) | 35(.026) | 37(.006) | | |
| 5 | 5 | 1(4),4(3) | 62(.122) | 64(.057) | 66(.029) | 68(.014) | 70(.005) |
| 5 | 5 | 1(4),3(3),1(2) | 55(.177) | 57(.059) | 59(.049) | 61(.017) | |
| 5 | 5 | 1(4),3(3),1(1) | 48(.171) | 50(.106) | 52(.046) | 54(.017) | |
| 5 | 5 | 1(4),2(3),2(2) | 50(.135) | 52(.063) | 54(.027) | 56(.008) | |
| 5 | 5 | 1(4),2(3),1(2),1(1) | 43(.198) | 45(.082) | 47(.036) | 49(.012) | |
| 5 | 5 | 1(4),2(3),2(1) | 38(.158) | 40(.058) | 42(.024) | | |
| 5 | 5 | 1(4),1(3),3(2) | 45(.106) | 47(.056) | 49(.020) | 51(.009) | |
| 5 | 5 | 1(4),1(3),2(2),1(1) | 38(.198) | 40(.082) | 42(.036) | 44(.012) | |
| 5 | 5 | 1(4),1(3),1(2),2(1) | 33(.139) | 35(.077) | 37(.029) | 39(.010) | |
| 5 | 5 | 1(4),1(3),3(1) | 28(.157) | 30(.077) | 32(.019) | 34(.010) | |
| 5 | 5 | 1(4),4(2) | 40(.109) | 42(.051) | 44(.023) | 46(.010) | |
| 5 | 5 | 1(4),3(2),1(1) | 33(.171) | 35(.106) | 37(.046) | 39(.017) | |
| 5 | 5 | 1(4),2(2),2(1) | 28(.203) | 30(.107) | 32(.030) | 34(.019) | |
| 5 | 5 | 1(4),1(2),3(1) | 25(.109) | 27(.042) | 29(.013) | 31(.010) | |
| 5 | 5 | 1(4),4(1) | 20(.168) | 22(.083) | 28(.006) | | |
| 5 | 5 | 5(3) | 57(.080) | 59(.068) | 61(.027) | 63(.009) | |
| 5 | 5 | 4(3),1(2) | 50(.167) | 52(.086) | 54(.040) | 56(.014) | 58(.010) |
| 5 | 5 | 4(3),1(1) | 45(.109) | 47(.051) | 49(.023) | 51(.010) | |
| 5 | 5 | 3(3),2(2) | 45(.135) | 47(.074) | 49(.032) | 51(.016) | |
| 5 | 5 | 3(3),1(2),1(1) | 40(.106) | 42(.056) | 44(.020) | 46(.009) | |
| 5 | 5 | 3(3),2(1) | 33(.178) | 35(.106) | 37(.042) | 39(.018) | |
| 5 | 5 | 2(3),3(2) | 40(.135) | 42(.074) | 44(.032) | 46(.016) | |
| 5 | 5 | 2(3),2(2),1(1) | 35(.135) | 37(.063) | 39(.027) | 41(.008) | |
| 5 | 5 | 2(3),1(2),2(1) | 30(.143) | 32(.042) | 34(.032) | 36(.010) | |
| 5 | 5 | 2(3),3(1) | 25(.144) | 27(.062) | 29(.029) | 31(.012) | |
| 5 | 5 | 1(3),4(2) | 35(.167) | 37(.086) | 39(.040) | 41(.014) | 43(.010) |
| 5 | 5 | 1(3),3(2),1(1) | 30(.177) | 32(.059) | 34(.049) | 36(.017) | |
| 5 | 5 | 1(3),2(2),2(1) | 25(.179) | 27(.092) | 29(.041) | 31(.019) | 33(.007) |
| 5 | 5 | 1(3),1(2),3(1) | 22(.156) | 24(.041) | 26(.024) | 28(.010) | |
| 5 | 5 | 1(3),4(1) | 17(.171) | 19(.114) | 21(.043) | | |
| 5 | 5 | 5(2) | 32(.080) | 34(.068) | 36(.027) | 38(.009) | |
| 5 | 5 | 4(2),1(1) | 27(.122) | 29(.057) | 31(.029) | 33(.014) | 35(.005) |
| 5 | 5 | 3(2),2(1) | 22(.192) | 24(.062) | 26(.040) | 28(.014) | 30(.009) |
| 5 | 5 | 2(2),3(1) | 19(.146) | 21(.064) | 25(.011) | 27(.006) | |
| 5 | 5 | 1(2),4(1) | 18(.069) | 20(.016) | | | |
| 5 | 5 | 5(1) | 13(.098) | 17(.034) | | | |
| 6 | 2 | 2(5) | 20(.167) | | | | |
| 6 | 2 | 2(4) | 16(.067) | | | | |
| 6 | 2 | 1(4),1(3) | 13(.200) | | | | |
| 6 | 2 | 2(3) | 12(.050) | | | | |
| 6 | 2 | 1(3),1(2) | 9(.200) | | | | |
| 6 | 2 | 2(2) | 8(.067) | | | | |
| 6 | 2 | 2(1) | 4(.167) | | | | |
| 6 | 3 | 3(5) | 45(.028) | | | | |
| 6 | 3 | 2(5),1(4) | 38(.111) | 40(.056) | | | |
| 6 | 3 | 2(5),1(3) | 35(.083) | | | | |
| 6 | 3 | 2(5),1(2) | 30(.111) | | | | |
| 6 | 3 | 2(5),1(1) | 25(.139) | | | | |
| 6 | 3 | 1(5),2(4) | 35(.111) | 37(.022) | | | |
| 6 | 3 | 1(5),2(3) | 27(.175) | 29(.025) | | | |
| 6 | 3 | 1(5),2(2) | 21(.044) | | | | |
| 6 | 3 | 1(5),2(1) | 13(.139) | | | | |
| 6 | 3 | 1(5),1(4),1(3) | 30(.200) | 32(.067) | | | |

Tafel XVI-8-5 (Fortsetz.)

| m | r | $Z(L_i)$-Komb. | SS (P) | | | |
|---|---|---|---|---|---|---|
| 6 | 3 | 1(5),1(4),1(2) | 27(.133) | | | |
| 6 | 3 | 1(5),1(3),1(2) | 24(.100) | | | |
| 6 | 3 | 3(4) | 32(.111) | | | |
| 6 | 3 | 2(4),1(3) | 29(.040) | 31(.013) | | |
| 6 | 3 | 2(4),1(2) | 24(.133) | 26(.027) | | |
| 6 | 3 | 2(4),1(1) | 21(.044) | | | |
| 6 | 3 | 1(4),2(3) | 24(.190) | 26(.040) | 28(.010) | |
| 6 | 3 | 1(4),2(2) | 18(.133) | 20(.027) | | |
| 6 | 3 | 1(4),2(1) | 12(.111) | | | |
| 6 | 3 | 1(4),1(3),1(2) | 21(.120) | 23(.040) | | |
| 6 | 3 | 1(4),1(3),1(1) | 18(.100) | | | |
| 6 | 3 | 1(4),1(2),1(1) | 15(.133) | | | |
| 6 | 3 | 3(3) | 21(.160) | 23(.070) | | |
| 6 | 3 | 2(3),1(2) | 18(.190) | 20(.040) | 22(.010) | |
| 6 | 3 | 2(3),1(1) | 15(.175) | 17(.025) | | |
| 6 | 3 | 1(3),2(2) | 17(.040) | 19(.013) | | |
| 6 | 3 | 1(3),2(1) | 11(.083) | | | |
| 6 | 3 | 1(3),1(2),1(1) | 12(.200) | 14(.067) | | |
| 6 | 3 | 3(2) | 14(.111) | | | |
| 6 | 3 | 2(2),1(1) | 11(.111) | 13(.022) | | |
| 6 | 3 | 1(2),2(1) | 8(.111) | 10(.056) | | |
| 6 | 3 | 3(1) | 9(.028) | | | |
| 6 | 4 | 4(5) | 72(.167) | 74(.097) | | |
| 6 | 4 | 3(5),1(4) | 67(.167) | 69(.037) | 73(.009) | |
| 6 | 4 | 3(5),1(3) | 62(.097) | 66(.014) | | |
| 6 | 4 | 3(5),1(2) | 55(.185) | 59(.019) | | |
| 6 | 4 | 3(5),1(1) | 52(.023) | | | |
| 6 | 4 | 2(5),2(4) | 62(.141) | 66(.022) | | |
| 6 | 4 | 2(5),2(3) | 52(.075) | 54(.038) | | |
| 6 | 4 | 2(5),2(2) | 40(.185) | 42(.074) | 44(.007) | |
| 6 | 4 | 2(5),2(1) | 32(.023) | | | |
| 6 | 4 | 2(5),1(4),1(3) | 57(.067) | 59(.039) | 61(.011) | |
| 6 | 4 | 2(5),1(4),1(2) | 50(.170) | 52(.059) | 54(.022) | |
| 6 | 4 | 2(5),1(4),1(1) | 45(.083) | 47(.037) | | |
| 6 | 4 | 2(5),1(3),1(2) | 45(.161) | 47(.083) | 49(.017) | |
| 6 | 4 | 2(5),1(3),1(1) | 40(.153) | 42(.042) | | |
| 6 | 4 | 2(5),1(2),1(1) | 35(.204) | 37(.037) | | |
| 6 | 4 | 1(5),3(4) | 57(.093) | 59(.058) | 61(.019) | |
| 6 | 4 | 1(5),2(4),1(3) | 52(.107) | 54(.053) | 56(.009) | |
| 6 | 4 | 1(5),2(4),1(2) | 45(.204) | 47(.113) | 49(.027) | 51(.009) |
| 6 | 4 | 1(5),2(4),1(1) | 40(.204) | 42(.059) | 44(.015) | |
| 6 | 4 | 1(5),1(4),2(3) | 47(.145) | 49(.040) | 51(.015) | |
| 6 | 4 | 1(5),1(4),2(2) | 37(.121) | 39(.053) | 41(.009) | |
| 6 | 4 | 1(5),1(4),2(1) | 27(.204) | 29(.037) | | |
| 6 | 4 | 1(5),1(4),1(3),1(2) | 42(.120) | 44(.040) | 46(.013) | |
| 6 | 4 | 1(5),1(4),1(3),1(1) | 37(.094) | 39(.033) | | |
| 6 | 4 | 1(5),1(4),1(2),1(1) | 32(.148) | 34(.044) | | |
| 6 | 4 | 1(5),3(3) | 42(.149) | 44(.059) | 46(.024) | |
| 6 | 4 | 1(5),2(3),1(2) | 37(.155) | 39(.077) | 41(.015) | 43(.005) |
| 6 | 4 | 1(5),2(3),1(1) | 32(.192) | 34(.062) | 36(.012) | |
| 6 | 4 | 1(5),1(3),2(2) | 34(.089) | 36(.022) | 38(.007) | |
| 6 | 4 | 1(5),1(3),2(1) | 24(.153) | 26(.042) | | |
| 6 | 4 | 1(5),3(2) | 29(.129) | 31(.056) | | |
| 6 | 4 | 1(5),2(2),1(1) | 24(.204) | 26(.059) | 28(.015) | |
| 6 | 4 | 1(5),1(2),2(1) | 21(.083) | 23(.037) | | |
| 6 | 4 | 1(5),1(3),1(2),1(1) | 29(.094) | 31(.033) | | |
| 6 | 4 | 1(5),3(1) | 20(.023) | | | |
| 6 | 4 | 4(4) | 52(.138) | 54(.074) | 56(.017) | 58(.010) |
| 6 | 4 | 3(4),1(3) | 47(.179) | 49(.059) | 51(.027) | 53(.006) |
| 6 | 4 | 3(4),1(2) | 42(.152) | 44(.061) | 46(.023) | |
| 6 | 4 | 3(4),1(1) | 37(.129) | 39(.056) | | |
| 6 | 4 | 2(4),2(3) | 42(.182) | 44(.082) | 46(.036) | |
| 6 | 4 | 2(4),2(3) | 42(.182) | 44(.082) | 46(.036) | |
| 6 | 4 | 2(4),1(3),1(2) | 37(.194) | 39(.104) | 41(.024) | 43(.011) |
| 6 | 4 | 2(4),1(3),1(1) | 34(.089) | 36(.022) | 38(.007) | |
| 6 | 4 | 2(4),2(2) | 34(.119) | 36(.033) | 38(.015) | |
| 6 | 4 | 2(4),1(2),1(1) | 29(.121) | 31(.053) | 33(.009) | |
| 6 | 4 | 2(4),2(1) | 24(.185) | 26(.074) | 28(.007) | |
| 6 | 4 | 1(4),3(3) | 39(.131) | 41(.037) | 43(.019) | 45(.005) |
| 6 | 4 | 1(4),2(3),1(2) | 34(.148) | 36(.052) | 38(.024) | |

Tafel XVI-8-5 (Fortsetz.)

| m | r | Z(L_i)-Komb. | SS(P) | | | | |
|---|---|---|---|---|---|---|---|
| 6 | 4 | 1(4),2(3),1(1) | 29(.155) | 31(.077) | 33(.015) | 35(.005) | |
| 6 | 4 | 1(4),1(3),2(2) | 29(.194) | 31(.104) | 33(.024) | 35(.011) | |
| 6 | 4 | 1(4),1(3),1(2),1(1) | 26(.120) | 28(.040) | 30(.013) | | |
| 6 | 4 | 1(4),1(3),2(1) | 21(.161) | 23(.083) | 25(.017) | | |
| 6 | 4 | 1(4),3(2) | 26(.152) | 28(.061) | 30(.023) | | |
| 6 | 4 | 1(4),2(2),1(1) | 21(.204) | 23(.113) | 25(.027) | 27(.009) | |
| 6 | 4 | 1(4),1(2),2(1) | 18(.170) | 20(.059) | 22(.022) | | |
| 6 | 4 | 1(4),3(1) | 15(.185) | 19(.019) | | | |
| 6 | 4 | 4(3) | 34(.179) | 36(.071) | 38(.035) | 40(.008) | |
| 6 | 4 | 3(3),1(2) | 31(.131) | 33(.037) | 35(.019) | 37(.005) | |
| 6 | 4 | 3(3),1(1) | 26(.149) | 28(.059) | 30(.023) | | |
| 6 | 4 | 2(3),2(2) | 26(.184) | 28(.082) | 30(.036) | | |
| 6 | 4 | 2(3),1(2),1(1) | 23(.145) | 25(.040) | 27(.015) | | |
| 6 | 4 | 2(3),2(1) | 20(.075) | 22(.038) | | | |
| 6 | 4 | 1(3),3(2) | 23(.179) | 25(.059) | 27(.027) | 29(.006) | |
| 6 | 4 | 1(3),2(2),1(1) | 20(.107) | 22(.053) | 24(.009) | | |
| 6 | 4 | 1(3),1(2),2(1) | 17(.067) | 19(.039) | 21(.011) | | |
| 6 | 4 | 1(3),3(1) | 14(.097) | 18(.014) | | | |
| 6 | 4 | 4(2) | 20(.138) | 22(.074) | 24(.017) | 26(.010) | |
| 6 | 4 | 3(2),1(1) | 17(.093) | 19(.058) | 21(.019) | | |
| 6 | 4 | 2(2),2(1) | 14(.141) | 18(.022) | | | |
| 6 | 4 | 1(2),3(1) | 11(.167) | 13(.037) | 17(.009) | | |
| 6 | 4 | 4(1) | 8(.167) | 10(.097) | | | |
| 6 | 5 | 5(5) | 113(.059) | 117(.020) | | | |
| 6 | 5 | 4(5),1(4) | 104(.176) | 108(.040) | 110(.008) | | |
| 6 | 5 | 4(5),1(3) | 97(.093) | 99(.065) | 101(.021) | | |
| 6 | 5 | 4(5),1(2) | 90(.094) | 92(.040) | | | |
| 6 | 5 | 4(5),1(1) | 81(.128) | 83(.066) | | | |
| 6 | 5 | 3(5),2(4) | 97(.122) | 99(.084) | 101(.032) | | |
| 6 | 5 | 3(5),1(4),1(3) | 90(.141) | 92(.078) | 94(.017) | 96(.010) | |
| 6 | 5 | 3(5),1(4),1(2) | 83(.149) | 85(.043) | 87(.017) | 89(.006) | |
| 6 | 5 | 3(5),1(4),1(1) | 76(.091) | 78(.026) | 80(.008) | 82(.006) | |
| 6 | 5 | 3(5),2(3) | 83(.181) | 85(.060) | 87(.025) | 89(.011) | |
| 6 | 5 | 3(5),1(3),1(2) | 76(.157) | 78(.057) | 80(.026) | 82(.008) | |
| 6 | 5 | 3(5),1(3),1(1) | 69(.127) | 71(.053) | 73(.012) | 75(.007) | |
| 6 | 5 | 3(5),2(2) | 69(.158) | 71(.075) | 73(.023) | 75(.009) | |
| 6 | 5 | 3(5),1(2),1(1) | 62(.184) | 64(.071) | 66(.015) | 68(.006) | |
| 6 | 5 | 3(5),2(1) | 57(.066) | 59(.019) | | | |
| 6 | 5 | 2(5),3(4) | 90(.170) | 92(.099) | 94(.026) | 96(.017) | 98(.006) |
| 6 | 5 | 2(5),2(4),1(3) | 85(.079) | 87(.039) | 89(.016) | 91(.008) | |
| 6 | 5 | 2(5),2(4),1(2) | 76(.186) | 78(.080) | 80(.038) | 82(.013) | 84(.006) |
| 6 | 5 | 2(5),2(4),1(1) | 69(.162) | 71(.077) | 73(.018) | 75(.012) | |
| 6 | 5 | 2(5),1(4),2(3) | 78(.102) | 80(.052) | 82(.017) | 84(.010) | |
| 6 | 5 | 2(5),1(4),1(3),1(2) | 71(.129) | 73(.043) | 75(.024) | 77(.008) | |
| 6 | 5 | 2(5),1(4),1(3),1(1) | 64(.117) | 66(.044) | 68(.019) | 70(.006) | |
| 6 | 5 | 2(5),1(4),2(2) | 64(.149) | 66(.057) | 68(.031) | 70(.009) | |
| 6 | 5 | 2(5),1(4),1(2),1(1) | 57(.153) | 59(.083) | 61(.025) | 63(.007) | |
| 6 | 5 | 2(5),1(4),2(1) | 52(.110) | 54(.031) | 56(.006) | | |
| 6 | 5 | 2(5),3(3) | 71(.156) | 73(.057) | 75(.034) | 77(.012) | |
| 6 | 5 | 2(5),2(3),1(2) | 64(.177) | 66(.077) | 68(.041) | 70(.014) | |
| 6 | 5 | 2(5),2(3),1(1) | 57(.187) | 59(.107) | 61(.035) | 63(.015) | |
| 6 | 5 | 2(5),1(3),2(2) | 59(.135) | 61(.046) | 63(.024) | 65(.006) | |
| 6 | 5 | 2(5),1(3),1(2),1(1) | 52(.156) | 54(.071) | 56(.025) | 58(.006) | |
| 6 | 5 | 2(5),1(3),2(1) | 45(.201) | 47(.127) | 49(.035) | 51(.007) | |
| 6 | 5 | 2(5),3(2) | 52(.188) | 54(.094) | 56(.038) | 58(.011) | |
| 6 | 5 | 2(5),2(2),1(1) | 47(.157) | 49(.051) | 51(.017) | | |
| 6 | 5 | 2(5),1(2),2(1) | 42(.110) | 44(.031) | 46(.006) | | |
| 6 | 5 | 2(5),3(1) | 37(.066) | 39(.019) | | | |
| 6 | 5 | 1(5),4(4) | 85(.100) | 87(.054) | 89(.023) | 91(.012) | |
| 6 | 5 | 1(5),3(4),1(3) | 78(.127) | 80(.068) | 82(.024) | 84(.016) | 86(.005) |
| 6 | 5 | 1(5),3(4),1(2) | 71(.157) | 73(.056) | 75(.036) | 77(.013) | |
| 6 | 5 | 1(5),3(4),1(1) | 64(.143) | 66(.063) | 68(.029) | 70(.010) | |
| 6 | 5 | 1(5),2(4),2(3) | 71(.185) | 73(.073) | 75(.047) | 77(.019) | 79(.007) |
| 6 | 5 | 1(5),2(4),1(3),1(2) | 66(.098) | 68(.056) | 70(.021) | 72(.007) | |
| 6 | 5 | 1(5),2(4),1(3),1(1) | 59(.134) | 61(.051) | 63(.022) | 65(.005) | |
| 6 | 5 | 1(5),2(4),2(2) | 59(.163) | 61(.064) | 63(.033) | 65(.010) | |
| 6 | 5 | 1(5),2(4),1(2),1(1) | 52(.192) | 54(.092) | 56(.037) | 58(.012) | |
| 6 | 5 | 1(5),2(4),2(1) | 47(.157) | 49(.051) | 51(.017) | | |
| 6 | 5 | 1(5),1(4),3(3) | 66(.119) | 68(.071) | 70(.029) | 72(.012) | |
| 6 | 5 | 1(5),1(4),2(3),1(2) | 59(.191) | 61(.081) | 63(.045) | 65(.016) | 67(.007) |

Tafel XVI-8-5 (Fortsetz.)                                                                  513

| m | r | Z($L_i$)-Komb. | SS(P) | | | | |
|---|---|---|---|---|---|---|---|
| 6 | 5 | 1(5),1(4),2(3),1(1) | 54(.117) | 56(.051) | 58(.018) | 60(.006) | |
| 6 | 5 | 1(5),1(4),1(3),2(2) | 54(.142) | 56(.068) | 58(.026) | 60(.011) | |
| 6 | 5 | 1(5)1(4)1(3)1(2)1(1) | 49(.088) | 51(.041) | 53(.013) | | |
| 6 | 5 | 1(5),1(4),1(3),2(1) | 42(.156) | 44(.071) | 46(.025) | 48(.006) | |
| 6 | 5 | 1(5),1(4),3(2) | 49(.111) | 51(.057) | 53(.021) | 55(.008) | |
| 6 | 5 | 1(5),1(4),2(2),1(1) | 42(.192) | 44(.092) | 46(.037) | 48(.012) | |
| 6 | 5 | 1(5),1(4),1(2),2(1) | 37(.153) | 39(.083) | 41(.025) | 43(.007) | |
| 6 | 5 | 1(5),1(4),3(1) | 32(.184) | 34(.071) | 36(.015) | 38(.006) | |
| 6 | 5 | 1(5),4(3) | 61(.099) | 63(.059) | 65(.023) | 67(.010) | |
| 6 | 5 | 1(5),3(3),1(2) | 54(.167) | 56(.087) | 58(.035) | 60(.017) | |
| 6 | 5 | 1(5),3(3),1(1) | 49(.108) | 51(.056) | 53(.021) | 55(.008) | |
| 6 | 5 | 1(5),2(3),2(2) | 49(.133) | 51(.073) | 53(.030) | 55(.013) | |
| 6 | 5 | 1(5),2(3),1(2),1(1) | 44(.117) | 46(.051) | 48(.018) | 50(.006) | |
| 6 | 5 | 1(5),2(3),2(1) | 37(.187) | 39(.107) | 41(.035) | 43(.015) | |
| 6 | 5 | 1(5),1(3),3(2) | 44(.143) | 46(.067) | 48(.028) | 50(.010) | |
| 6 | 5 | 1(5),1(3),2(2),1(1) | 39(.134) | 41(.051) | 43(.022) | 45(.005) | |
| 6 | 5 | 1(5),1(3),1(2),2(1) | 34(.117) | 36(.044) | 38(.019) | 40(.006) | |
| 6 | 5 | 1(5),1(3),3(1) | 29(.127) | 31(.053) | 33(.012) | 35(.007) | |
| 6 | 5 | 1(5),4(2) | 39(.163) | 41(.069) | 43(.032) | 45(.010) | |
| 6 | 5 | 1(5),3(2),1(1) | 34(.143) | 36(.063) | 38(.029) | 40(.010) | |
| 6 | 5 | 1(5),2(2),2(1) | 29(.162) | 31(.077) | 33(.018) | 35(.012) | |
| 6 | 5 | 1(5),1(2),3(1) | 26(.091) | 28(.026) | 30(.008) | 32(.006) | |
| 6 | 5 | 1(5),4(1) | 21(.128) | 23(.066) | | | |
| 6 | 5 | 5(4) | 78(.152) | 80(.086) | 82(.033) | 84(.024) | 86(.009) |
| 6 | 5 | 4(4),1(3) | 73(.091) | 75(.062) | 77(.027) | 79(.017) | |
| 6 | 5 | 4(4),1(2) | 66(.120) | 68(.073) | 70(.031) | 72(.011) | 74(.005) |
| 6 | 5 | 4(4),1(1) | 59(.163) | 61(.069) | 63(.032) | 65(.010) | |
| 6 | 5 | 3(4),2(3) | 66(.142) | 68(.090) | 70(.040) | 72(.017) | 74(.008) |
| 6 | 5 | 3(4),1(3),1(2) | 61(.102) | 63(.058) | 65(.023) | 67(.012) | |
| 6 | 5 | 3(4),1(3),1(1) | 54(.143) | 56(.067) | 58(.028) | 60(.010) | |
| 6 | 5 | 3(4),2(2) | 54(.168) | 56(.086) | 58(.038) | 60(.017) | 62(.006) |
| 6 | 5 | 3(4),1(2),1(1) | 49(.111) | 51(.057) | 53(.021) | 55(.008) | |
| 6 | 5 | 3(4),2(1) | 42(.188) | 44(.094) | 46(.038) | 48(.011) | |
| 6 | 5 | 2(4),3(3) | 61(.121) | 63(.074) | 65(.031) | 67(.016) | 69(.005) |
| 6 | 5 | 2(4),2(3),1(2) | 54(.195) | 56(.106) | 58(.049) | 60(.024) | 62(.010) |
| 6 | 5 | 2(4),2(3),1(1) | 49(.133) | 51(.073) | 53(.030) | 55(.013) | |
| 6 | 5 | 2(4),1(3),2(2) | 49(.159) | 51(.093) | 53(.041) | 55(.020) | |
| 6 | 5 | 2(4),1(3),1(2),1(1) | 44(.142) | 46(.068) | 48(.026) | 50(.011) | |
| 6 | 5 | 2(4),1(3),2(1) | 39(.135) | 41(.046) | 43(.024) | 45(.006) | |
| 6 | 5 | 2(4),3(2) | 44(.168) | 46(.086) | 48(.038) | 50(.017) | 52(.006) |
| 6 | 5 | 2(4),2(2),1(1) | 39(.163) | 41(.064) | 43(.033) | 45(.010) | |
| 6 | 5 | 2(4),1(2),2(1) | 34(.149) | 36(.057) | 38(.031) | 40(.009) | |
| 6 | 5 | 2(4),3(1) | 29(.158) | 31(.075) | 33(.023) | 35(.009) | |
| 6 | 5 | 1(4),4(3) | 56(.126) | 58(.061) | 60(.032) | 62(.015) | 64(.006) |
| 6 | 5 | 1(4),3(3),1(2) | 49(.182) | 51(.112) | 53(.054) | 57(.008) | 59(.006) |
| 6 | 5 | 1(4),3(3),1(1) | 44(.167) | 46(.087) | 48(.035) | 50(.017) | |
| 6 | 5 | 1(4),2(3),2(2) | 44(.195) | 46(.106) | 48(.049) | 50(.024) | 52(.010) |
| 6 | 5 | 1(4),2(3),1(2),1(1) | 39(.191) | 41(.081) | 43(.045) | 45(.016) | 47(.007) |
| 6 | 5 | 1(4),2(3),2(1) | 34(.177) | 36(.077) | 38(.041) | 40(.014) | |
| 6 | 5 | 1(4),1(3),3(2) | 41(.102) | 43(.058) | 45(.023) | 47(.012) | |
| 6 | 5 | 1(4),1(3),2(2),1(1) | 36(.098) | 38(.056) | 40(.021) | 42(.007) | |
| 6 | 5 | 1(4),1(3),1(2),2(1) | 31(.129) | 33(.043) | 35(.024) | 37(.008) | |
| 6 | 5 | 1(4),1(3),3(1) | 26(.157) | 28(.057) | 30(.026) | 32(.008) | |
| 6 | 5 | 1(4),4(2) | 36(.120) | 38(.073) | 40(.031) | 42(.011) | 44(.005) |
| 6 | 5 | 1(4),3(2),1(1) | 31(.157) | 33(.056) | 35(.036) | 37(.013) | |
| 6 | 5 | 1(4),2(2),2(1) | 26(.186) | 28(.080) | 30(.038) | 32(.013) | 34(.006) |
| 6 | 5 | 1(4),1(2),3(1) | 23(.149) | 25(.043) | 27(.017) | 29(.006) | |
| 6 | 5 | 1(4),4(1) | 20(.094) | 22(.040) | | | |
| 6 | 5 | 5(3) | 51(.132) | 53(.068) | 55(.036) | 57(.011) | 59(.009) |
| 6 | 5 | 4(3),1(2) | 46(.126) | 48(.061) | 50(.032) | 52(.015) | 54(.006) |
| 6 | 5 | 4(3),1(1) | 41(.099) | 43(.059) | 45(.023) | 47(.010) | |
| 6 | 5 | 3(3),2(2) | 41(.121) | 43(.074) | 45(.031) | 47(.016) | 49(.005) |
| 6 | 5 | 3(3),1(2),1(1) | 36(.119) | 38(.071) | 40(.029) | 82(.012) | |
| 6 | 5 | 3(3),2(1) | 31(.156) | 33(.057) | 35(.034) | 37(.012) | |
| 6 | 5 | 2(3),3(2) | 36(.142) | 38(.090) | 40(.040) | 42(.017) | 44(.008) |
| 6 | 5 | 2(3),2(2),1(1) | 31(.185) | 33(.073) | 35(.047) | 37(.019) | 39(.007) |
| 6 | 5 | 2(3),1(2),2(1) | 28(.102) | 30(.052) | 32(.017) | 34(.010) | |
| 6 | 5 | 2(3),3(1) | 23(.181) | 25(.060) | 27(.025) | 29(.011) | |
| 6 | 5 | 1(3),4(2) | 33(.091) | 35(.062) | 37(.027) | 39(.011) | |
| 6 | 5 | 1(3),3(2),1(1) | 28(.127) | 30(.068) | 32(.024) | 34(.016) | 36(.005) |

Tafel XVI-8-5 (Fortsetz.)

| m | r | Z(L_j)-Komb. | SS(P) | | | | |
|---|---|---|---|---|---|---|---|
| 6 | 5 | 1(3),2(2),2(1) | 25(.079) | 27(.039) | 29(.016) | 31(.008) | |
| 6 | 5 | 1(3),1(2),3(1) | 20(.141) | 22(.078) | 24(.017) | 26(.010) | |
| 6 | 5 | 1(3),4(1) | 17(.093) | 19(.065) | 21(.021) | | |
| 6 | 5 | 5(2) | 28(.152) | 30(.086) | 32(.033) | 34(.024) | 36(.009) |
| 6 | 5 | 4(2),1(1) | 25(.100) | 27(.054) | 29(.023) | 31(.012) | |
| 6 | 5 | 3(2),2(1) | 20(.170) | 22(.099) | 24(.026) | 26(.017) | 28(.006) |
| 6 | 5 | 2(2),3(1) | 17(.122) | 19(.084) | 21(.032) | | |
| 6 | 5 | 1(2),4(1) | 14(.176) | 18(.040) | 20(.008) | | |
| 6 | 5 | 5(1) | 13(.059) | 17(.020) | | | |

## Tafel XVI-8-7

Der exakte Lokationsmediantest nach TATE-BROWN

Entnommen aus TATE, M. W. and S. M. BROWN: Tables for comparing related-sample percentages and for the median test. Philadelphia/Penn.: Graduate School of Education, Univ. of Pennsylvania 1964, Table B, mit freundlicher Genehmigung der Verfasser und des Verlages.

Die Tafel enthält ausgewählte Überschreitungswahrscheinlichkeiten P der von COCHRANS Q abgeleiteten Prüfgröße $QS = \Sigma T_j^2$ als der Quadratsumme der m Spaltensummen einer r x m-Feldertafel, deren r Zeilen bei geradzahligen m je zur Hälfte mit Nullen und Einsen besetzt sind, wobei die Einsen supramediane und die Nullen inframediane Zeilenwerte eines stetig verteilten Mms bezeichnen. Bei ungeraden m bleibt das Zeilenfeld des Medianwertes leer, so daß je $(m - 1)/2$ Einsen und Nullen je Zeile resultieren. Die Zeilensummen $r(L_i)$ mit $L_i = m/2$ oder $(m - 1)/2$ sind redundant und nur analog zu Tafel XVI-8-5 mit aufgenommen worden. Die Auswahl der P-Werte folgt ebenfalls den dort nachzulesenden Gesichtspunkten. Folgende Kombinationen von m Spalten (Behandlungen, Zeile, Situationen) und r Zeilen (Individuen, Blöcke von Individuen) sind in der Tafel aufgeführt:

$m = 3$ mit $r = 3(1)12$
$m = 4$ mit $r = 2(1)10$
$m = 5$ mit $r = 2(1)8$
$m = 6$ mit $r = 2(1)6$
$m = 7$ mit $r = 2(1)6$
$m = 8$ mit $r = 2(1)5$
$m = 9(1)12$ mit $r = 2(1)4$
$m = 13(1)16$ mit $r = 2(1)3$

Für diese Kombinationen von Zeilen und Spalten ist der asymptotische Lokationsmediantest nach MOOD (5.5.5) durch den exakten Test zu ersetzen.

*Ablesebeispiel:* Wenn $r = 4$ Individuen unter $m = 5$ Bedingungen beobachtet und die Beobachtungen je Individuum dichotomiert werden, wenn ferner $QS = 16 + 1 + 9 + 0 + 0 = 26$ (wie im Schema zu 5.5.6 oben), dann lesen wir zu $QS = 26$ in der Tafel ein $P = 0{,}025$ ab.

Tafel XVI-8-7 (Fortsetz.)

| m | r | r(Lᵢ) | QS(P) | | | | |
|---|---|---|---|---|---|---|---|
| 3 | 3 | 3(1) | 9(.111) | | | | |
| 3 | 4 | 4(1) | 16(.037) | | | | |
| 3 | 5 | 5(1) | 17(.136) | 25(.012) | | | |
| 3 | 6 | 6(1) | 20(.177) | 26(.053) | | | |
| 3 | 7 | 7(1) | 27(.136) | 29(.078) | 37(.021) | | |
| 3 | 8 | 8(1) | 32(.142) | 34(.110) | 38(.059) | 40(.033) | 50(.008) |
| 3 | 9 | 9(1) | 41(.166) | 45(.050) | 51(.025) | 53(.014) | |
| 3 | 10 | 10(1) | 46(.178) | 50(.093) | 54(.059) | 66(.010) | 68(.006) |
| 3 | 11 | 11(1) | 57(.132) | 59(.098) | 61(.053) | 69(.026) | 73(.010) |
| 3 | 12 | 12(1) | 66(.115) | 72(.070) | 74(.048) | 80(.017) | 86(.012) |
| 4 | 2 | 2(2) | 8(.167) | | | | |
| 4 | 3 | 3(2) | 18(.028) | | | | |
| 4 | 4 | 4(2) | 24(.134) | 26(.079) | | | |
| 4 | 5 | 5(2) | 36(.109) | 38(.047) | 42(.016) | | |
| 4 | 6 | 6(2) | 48(.117) | 50(.102) | 52(.040) | 54(.032) | 56(.011) |
| 4 | 7 | 7(2) | 62(.147) | 66(.090) | 68(.041) | 74(.011) | 76(.006) |
| 4 | 8 | 8(2) | 80(.109) | 82(.097) | 84(.056) | 90(.024) | 94(.008) |
| 4 | 9 | 9(2) | 98(.178) | 100(.104) | 106(.043) | 114(.010) | 116(.006) |
| 4 | 10 | 10(2) | 116(.187) | 122(.091) | 126(.062) | 136(.011) | 138(.009) |
| 5 | 2 | 2(2) | 8(.100) | | | | |
| 5 | 3 | 3(2) | 14(.190) | 18(.010) | | | |
| 5 | 4 | 4(2) | 22(.151) | 24(.043) | 26(.025) | | |
| 5 | 5 | 5(2) | 32(.080) | 34(.068) | 36(.027) | 38(.009) | |
| 5 | 6 | 6(2) | 42(.138) | 44(.080) | 46(.053) | 50(.017) | 52(.007) |
| 5 | 7 | 7(2) | 54(.163) | 56(.093) | 60(.037) | 64(.015) | 66(.011) |
| 5 | 8 | 8(2) | 68(.139) | 70(.122) | 74(.048) | 82(.010) | 84(.005) |
| 6 | 2 | 2(3) | 12(.050) | | | | |
| 6 | 3 | 3(3) | 21(.160) | 23(.070) | | | |
| 6 | 4 | 4(3) | 34(.179) | 36(.071) | 38(.035) | 40(.008) | |
| 6 | 5 | 5(3) | 51(.132) | 53(.068) | 55(.036) | 57(.011) | 59(.009) |
| 6 | 6 | 6(3) | 70(.131) | 72(.075) | 74(.050) | 78(.013) | 80(.008) |
| 7 | 2 | 2(3) | 12(.029) | | | | |
| 7 | 3 | 3(3) | 21(.079) | 23(.030) | | | |
| 7 | 4 | 4(3) | 32(.162) | 34(.065) | 36(.024) | 38(.010) | |
| 7 | 5 | 5(3) | 45(.203) | 47(.131) | 49(.063) | 53(.016) | 55(.008) |
| 7 | 6 | 6(3) | 62(.188) | 66(.074) | 68(.048) | 72(.014) | 74(.008) |
| 8 | 2 | 2(4) | 16(.014) | | | | |
| 8 | 3 | 3(4) | 28(.140) | 30(.030) | 32(.010) | | |
| 8 | 4 | 4(4) | 46(.091) | 48(.047) | 50(.016) | 52(.006) | |
| 8 | 5 | 5(4) | 66(.146) | 68(.087) | 70(.045) | 74(.010) | 76(.005) |
| 9 | 2 | 2(4) | 14(.167) | 16(.008) | | | |
| 9 | 3 | 3(4) | 26(.183) | 28(.069) | 30(.013) | | |
| 9 | 4 | 4(4) | 42(.165) | 44(.085) | 46(.033) | 48(.016) | |
| 10 | 2 | 2(5) | 18(.103) | | | | |
| 10 | 3 | 3(5) | 35(.085) | 37(.028) | | | |
| 10 | 4 | 4(5) | 56(.117) | 58(.055) | 60(.025) | 62(.008) | |
| 11 | 2 | 2(5) | 18(.067) | | | | |
| 11 | 3 | 3(5) | 33(.135) | 35(.042) | 37(.012) | | |
| 11 | 4 | 4(5) | 52(.182) | 54(.098) | 56(.046) | 58(.020) | 60(.008) |
| 12 | 2 | 2(6) | 22(.040) | | | | |
| 12 | 3 | 3(6) | 40(.165) | 42(.064) | 44(.017) | | |
| 12 | 4 | 4(6) | 66(.135) | 68(.067) | 70(.032) | 72(.013) | 74(.005) |
| 13 | 2 | 2(6) | 22(.025) | | | | |
| 13 | 3 | 3(6) | 40(.091) | 42(.031) | 44(.008) | | |
| 14 | 2 | 2(7) | 24(.143) | 26(.015) | | | |
| 14 | 3 | 3(7) | 47(.121) | 49(.043) | 51(.013) | | |
| 15 | 2 | 2(7) | 24(.100) | 26(.009) | | | |
| 15 | 3 | 3(7) | 45(.161) | 47(.066) | 49(.021) | 51(.006) | |
| 16 | 2 | 2(8) | 28(.061) | 30(.005) | | | |
| 16 | 3 | 3(8) | 52(.197) | 54(.086) | 56(.031) | 58(.009) | |

## Tafel XVII-1-1

Der exakte $2^3$-Felder-Kontingenztest. (BROWN-HEINZE-KRÜGER-Tafeln)
Aus der Originalarbeit der später verkürzt eingereichten Arbeit von BROWN, C. C., B. HEINZE und
H. P. KRÜGER: Tafeln eines exakten $2^3$-Felder-Kontingenztests. EDV in Biologie und Medizin, 1975
(im Druck), mit freundlicher Genehmigung der Verfasser und des Herausgebers.

Die Tafel enthält die exakten Überschreitungswahrscheinlichkeiten P unter $H_0$, wonach ein Zeilenmerkmal A mit k = 2 Klassen, ein Spalten-Mm B mit m = 2 Klassen und ein Schichten-Mm C mit s = 2 Klassen allseitig unabhängig sind. Als Parameter abzulesen sind (1) der Stichprobenumfang N der dreidimensionalen Kontingenztafel (Kontingenzwürfel), (2) die Häufigkeit (Zeilensumme $n_{1..} \geqslant N/2$, mit der die häufigere (positive) Variante des Zeilen-Mms vertreten ist, (3) die Häufigkeit (Spaltensumme) $n_{.1.} \geqslant N/2$, mit der die häufigere (positive) Variante des Spalten-Mms vertreten ist (4) die Häufigkeit (Schichtensumme) $n_{..1} \geqslant N/2$, mit der die häufigere (positive) Variante des Schichten-Mms vertreten ist, (5) die Häufigkeit $n_{111}$ (Besetzungszahl des oberen linken hinteren Oktanten), mit der alle drei Mme in positiver Ausprägung auftreten, (6) die Häufigkeit $n_{122}$ (Besetzungszahl des oberen rechten vorderen Oktanten), mit der das Zeilen-Mm in positiver und die beiden übrigen Mme in negativer Ausprägung auftreten, (7) die Häufigkeit $n_{212}$ (Besetzungszahl des unteren linken vorderen Oktanten), mit der das Spalten-Mm in positiver und die übrigen beiden Mme in negativer Ausprägung auftreten, und (8) die Häufigkeit $n_{221}$ (Besetzungszahl des unteren rechten hinteren Oktanten), mit der das Schichten-Mm in positiver und die übrigen Mme in negativer Ausprägung auftreten. Die drei Alternativ-Mme müssen dabei bezüglich ihrer Ausprägung so bezeichnet werden, daß die häufigere der beiden Ausprägungen als die Positiv-Ausprägung definiert ist. Die Tafel gilt für Werte N = 5(1)15.

*Ablesebeispiel:* Der folgende Kontingenzwürfel mit dem Stichprobenumfang von N = 12 hat die angegebenen Besetzungszahlen $n_{ijk}$ und die daraus zu berechnenden Randsummen der Positiv-Ausprägungen der Alternativ-Mme A, B und C: $n_{1..} = 5 + 1 + 1 + 0 = 7$, $n_{.1.} = 5 + 1 + 1 + 0 = 7$ und $n_{..1} = 5 + 1 + 1 + 0 = 7$. Wäre eine Positiv-Ausprägungsrandsumme kleiner als 6 = 12/2, müßte das entsprechende Merkmal umgepolt werden.

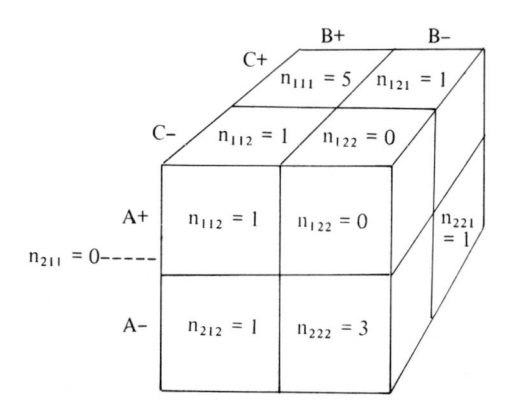

Wir sehen, daß offenbar der obere linke hintere Oktant mit 5 und der untere rechte vordere mit 3 überfrequentiert sind, während alle übrigen 6 Oktanten einschließlich des nicht sichtbaren mit $n_{211} = 0$ unterfrequentiert sind. Da die 2 Felder der Raumdiagonalen überfrequentiert sind, besteht eine Gesamtkontingenz, die sich auch in Kontingenzen zwischen je 2 Mmn (Double-Kn) niederschlägt. Wären 2 Oktanten über- und 3 unterfrequentiert, so bestünde ebenfalls eine Gesamtkontingenz, die sich aber nicht in Double-Kn niederschlagen würde. Zur Signifikanzbeurteilung suchen wir das Parameter-Oktupel.

| N | $n_{1..}$ | $n_{.1.}$ | $n_{..1}$ | $n_{111}$ | $n_{122}$ | $n_{212}$ | $n_{221}$ | P |
|---|---|---|---|---|---|---|---|---|
| 12 | 7 | 7 | 7 | 5 | 0 | 1 | 1 | 0,0231 |

in der Tafel auf und lesen in der letzten Spalte dazu ein P = 0,0231 ab. P ist die Wahrscheinlichkeit, daß die obige oder eine extremere 8-Felder-Verteilung bei Unabhängigkeit der 3 Mme zustande kommt; als extremer gelten dabei alle Verteilungen, deren Punktwahrscheinlichkeit höchstens so groß ist wie die Punktwahrscheinlichkeit der beobachteten Verteilung.

Tafel XVII-1-1 (Fortsetz.)

| N | $n_{1..}$ | $n_{.1.}$ | $n_{..1}$ | $n_{111}$ | $n_{122}$ | $n_{212}$ | $n_{221}$ | P |
|---|---|---|---|---|---|---|---|---|
| 5 | 3 | 3 | 3 | 3 | 0 | 0 | 0 | .0100 |
| 5 | 4 | 3 | 3 | 3 | 1 | 0 | 0 | .0400 |
| 5 | 4 | 4 | 4 | 4 | 0 | 0 | 0 | .0400 |
| 6 | 3 | 3 | 3 | 0 | 0 | 0 | 3 | .0100 |
| 6 | 3 | 3 | 3 | 0 | 0 | 3 | 0 | .0100 |
| 6 | 3 | 3 | 3 | 0 | 3 | 0 | 0 | .0100 |
| 6 | 3 | 3 | 3 | 3 | 0 | 0 | 0 | .0100 |
| 6 | 4 | 3 | 3 | 0 | 0 | 0 | 2 | .0400 |
| 6 | 4 | 3 | 3 | 0 | 0 | 2 | 0 | .0400 |
| 6 | 4 | 3 | 3 | 1 | 3 | 0 | 0 | .0400 |
| 6 | 4 | 3 | 3 | 3 | 1 | 0 | 0 | .0400 |
| 6 | 4 | 4 | 3 | 1 | 0 | 0 | 2 | .0267 |
| 6 | 4 | 4 | 3 | 3 | 0 | 0 | 0 | .0267 |
| 6 | 4 | 4 | 4 | 4 | 0 | 0 | 0 | .0044 |
| 6 | 5 | 4 | 4 | 4 | 1 | 0 | 0 | .0222 |
| 6 | 5 | 5 | 5 | 5 | 0 | 0 | 0 | .0278 |
| 7 | 4 | 4 | 4 | 1 | 0 | 0 | 3 | .0106 |
| 7 | 4 | 4 | 4 | 1 | 0 | 3 | 0 | .0106 |
| 7 | 4 | 4 | 4 | 1 | 3 | 0 | 0 | .0106 |
| 7 | 4 | 4 | 4 | 4 | 0 | 0 | 0 | .0008 |
| 7 | 5 | 4 | 4 | 2 | 3 | 0 | 0 | .0122 |
| 7 | 5 | 4 | 4 | 4 | 1 | 0 | 0 | .0041 |
| 7 | 6 | 4 | 4 | 0 | 0 | 0 | 0 | .0449 |
| 7 | 6 | 4 | 4 | 3 | 3 | 0 | 0 | .0449 |
| 7 | 6 | 4 | 4 | 4 | 2 | 0 | 0 | .0122 |
| 7 | 7 | 4 | 4 | 4 | 3 | 0 | 0 | .0286 |
| 7 | 5 | 5 | 4 | 0 | 0 | 0 | 0 | .0476 |
| 7 | 5 | 5 | 4 | 2 | 0 | 0 | 2 | .0476 |
| 7 | 5 | 5 | 4 | 4 | 0 | 0 | 0 | .0068 |
| 7 | 5 | 5 | 4 | 4 | 1 | 1 | 0 | .0476 |
| 7 | 6 | 5 | 4 | 4 | 2 | 1 | 0 | .0204 |
| 7 | 5 | 5 | 5 | 5 | 0 | 0 | 0 | .0023 |
| 7 | 6 | 5 | 5 | 4 | 2 | 0 | 0 | .0476 |
| 7 | 6 | 5 | 5 | 5 | 1 | 0 | 0 | .0136 |
| 7 | 7 | 5 | 5 | 5 | 2 | 0 | 0 | .0476 |
| 7 | 6 | 6 | 6 | 6 | 0 | 0 | 0 | .0204 |
| 8 | 4 | 4 | 4 | 0 | 0 | 0 | 4 | .0008 |
| 8 | 4 | 4 | 4 | 0 | 0 | 1 | 3 | .0400 |
| 8 | 4 | 4 | 4 | 0 | 0 | 3 | 1 | .0400 |
| 8 | 4 | 4 | 4 | 0 | 0 | 4 | 0 | .0008 |
| 8 | 4 | 4 | 4 | 0 | 1 | 0 | 3 | .0400 |
| 8 | 4 | 4 | 4 | 0 | 1 | 3 | 0 | .0400 |
| 8 | 4 | 4 | 4 | 0 | 3 | 0 | 1 | .0400 |
| 8 | 4 | 4 | 4 | 0 | 3 | 1 | 0 | .0400 |
| 8 | 4 | 4 | 4 | 0 | 4 | 0 | 0 | .0008 |
| 8 | 4 | 4 | 4 | 1 | 0 | 0 | 3 | .0400 |
| 8 | 4 | 4 | 4 | 1 | 0 | 3 | 0 | .0400 |
| 8 | 4 | 4 | 4 | 1 | 3 | 0 | 0 | .0400 |
| 8 | 4 | 4 | 4 | 3 | 0 | 0 | 1 | .0400 |
| 8 | 4 | 4 | 4 | 3 | 0 | 1 | 0 | .0400 |
| 8 | 4 | 4 | 4 | 3 | 1 | 0 | 0 | .0400 |
| 8 | 4 | 4 | 4 | 4 | 0 | 0 | 0 | .0008 |
| 8 | 5 | 4 | 4 | 0 | 0 | 0 | 3 | .0041 |
| 8 | 5 | 4 | 4 | 0 | 0 | 1 | 2 | .0449 |
| 8 | 5 | 4 | 4 | 0 | 0 | 2 | 1 | .0449 |
| 8 | 5 | 4 | 4 | 0 | 0 | 3 | 0 | .0041 |
| 8 | 5 | 4 | 4 | 0 | 3 | 0 | 0 | .0204 |
| 8 | 5 | 4 | 4 | 1 | 1 | 0 | 3 | .0204 |
| 8 | 5 | 4 | 4 | 1 | 1 | 3 | 0 | .0204 |
| 8 | 5 | 4 | 4 | 1 | 4 | 0 | 0 | .0041 |
| 8 | 5 | 4 | 4 | 2 | 3 | 0 | 0 | .0449 |
| 8 | 5 | 4 | 4 | 3 | 0 | 0 | 0 | .0204 |
| 8 | 5 | 4 | 4 | 3 | 2 | 0 | 0 | .0449 |
| 8 | 5 | 4 | 4 | 4 | 1 | 0 | 0 | .0041 |
| 8 | 6 | 4 | 4 | 0 | 0 | 0 | 0 | .0449 |
| 8 | 6 | 4 | 4 | 0 | 0 | 0 | 2 | .0122 |
| 8 | 6 | 4 | 4 | 0 | 0 | 1 | 1 | .0449 |
| 8 | 6 | 4 | 4 | 0 | 0 | 2 | 0 | .0122 |
| 8 | 6 | 4 | 4 | 2 | 4 | 0 | 0 | .0122 |
| 8 | 6 | 4 | 4 | 3 | 3 | 0 | 0 | .0449 |
| 8 | 6 | 4 | 4 | 3 | 3 | 1 | 1 | .0449 |
| 8 | 6 | 4 | 4 | 4 | 2 | 0 | 0 | .0122 |
| 8 | 7 | 4 | 4 | 0 | 0 | 0 | 1 | .0286 |
| 8 | 7 | 4 | 4 | 0 | 0 | 1 | 0 | .0286 |
| 8 | 7 | 4 | 4 | 3 | 4 | 0 | 0 | .0286 |
| 8 | 7 | 4 | 4 | 4 | 3 | 0 | 0 | .0286 |
| 8 | 8 | 4 | 4 | 0 | 0 | 0 | 0 | .0286 |
| 8 | 8 | 4 | 4 | 4 | 4 | 0 | 0 | .0286 |
| 8 | 5 | 5 | 4 | 0 | 0 | 0 | 2 | .0102 |
| 8 | 5 | 5 | 4 | 1 | 0 | 0 | 3 | .0026 |
| 8 | 5 | 5 | 4 | 1 | 0 | 3 | 0 | .0204 |
| 8 | 5 | 5 | 4 | 1 | 3 | 0 | 0 | .0204 |
| 8 | 5 | 5 | 4 | 4 | 0 | 0 | 0 | .0026 |
| 8 | 5 | 5 | 4 | 4 | 1 | 1 | 0 | .0102 |
| 8 | 6 | 5 | 4 | 0 | 0 | 0 | 1 | .0306 |
| 8 | 6 | 5 | 4 | 0 | 0 | 1 | 0 | .0510 |
| 8 | 6 | 5 | 4 | 1 | 0 | 0 | 2 | .0306 |
| 8 | 6 | 5 | 4 | 3 | 3 | 1 | 0 | .0510 |
| 8 | 6 | 5 | 4 | 4 | 1 | 0 | 0 | .0306 |
| 8 | 6 | 5 | 4 | 4 | 2 | 1 | 0 | .0306 |
| 8 | 7 | 5 | 4 | 0 | 0 | 0 | 0 | .0179 |
| 8 | 7 | 5 | 4 | 4 | 3 | 1 | 0 | .0179 |
| 8 | 6 | 6 | 4 | 0 | 0 | 0 | 0 | .0306 |
| 8 | 6 | 6 | 4 | 2 | 0 | 0 | 2 | .0306 |
| 8 | 6 | 6 | 4 | 3 | 0 | 0 | 1 | .0510 |
| 8 | 6 | 6 | 4 | 4 | 0 | 0 | 0 | .0306 |
| 8 | 6 | 6 | 4 | 4 | 2 | 2 | 0 | .0306 |
| 8 | 5 | 5 | 5 | 2 | 0 | 0 | 3 | .0099 |
| 8 | 5 | 5 | 5 | 2 | 0 | 3 | 0 | .0099 |
| 8 | 5 | 5 | 5 | 2 | 3 | 0 | 0 | .0099 |
| 8 | 5 | 5 | 5 | 4 | 0 | 0 | 1 | .0242 |
| 8 | 5 | 5 | 5 | 4 | 0 | 1 | 0 | .0242 |
| 8 | 5 | 5 | 5 | 4 | 1 | 0 | 0 | .0242 |
| 8 | 5 | 5 | 5 | 5 | 0 | 0 | 0 | .0003 |
| 8 | 6 | 5 | 5 | 0 | 0 | 0 | 0 | .0147 |
| 8 | 6 | 5 | 5 | 3 | 3 | 0 | 0 | .0147 |
| 8 | 6 | 5 | 5 | 4 | 0 | 0 | 0 | .0434 |
| 8 | 6 | 5 | 5 | 4 | 2 | 0 | 0 | .0434 |
| 8 | 6 | 5 | 5 | 4 | 2 | 1 | 1 | .0434 |
| 8 | 6 | 5 | 5 | 5 | 1 | 0 | 0 | .0019 |
| 8 | 7 | 5 | 5 | 4 | 3 | 0 | 0 | .0179 |
| 8 | 7 | 5 | 5 | 5 | 2 | 0 | 0 | .0067 |
| 8 | 8 | 5 | 5 | 5 | 3 | 0 | 0 | .0179 |
| 8 | 6 | 6 | 5 | 3 | 0 | 0 | 2 | .0242 |
| 8 | 6 | 6 | 5 | 5 | 0 | 0 | 0 | .0038 |
| 8 | 6 | 6 | 5 | 5 | 1 | 1 | 0 | .0115 |

Tafel XVII-1-1 (Fortsetz.)

| N | n1.. | n.1. | n..1 | n111 | n122 | n212 | n221 | P |
|---|---|---|---|---|---|---|---|---|
| 8 | 7 | 6 | 5 | 5 | 1 | 0 | 0 | .0402 |
| 8 | 7 | 6 | 5 | 5 | 2 | 1 | 0 | .0134 |
| 8 | 7 | 7 | 5 | 5 | 0 | 0 | 0 | .0469 |
| 8 | 6 | 6 | 6 | 6 | 0 | 0 | 0 | .0013 |
| 8 | 7 | 6 | 6 | 5 | 2 | 0 | 0 | .0357 |
| 8 | 7 | 6 | 6 | 6 | 1 | 0 | 0 | .0089 |
| 8 | 8 | 6 | 6 | 6 | 2 | 0 | 0 | .0357 |
| 8 | 7 | 7 | 7 | 7 | 0 | 0 | 0 | .0156 |
| 9 | 5 | 5 | 5 | 0 | 0 | 0 | 3 | .0086 |
| 9 | 5 | 5 | 5 | 0 | 0 | 3 | 0 | .0086 |
| 9 | 5 | 5 | 5 | 0 | 3 | 0 | 0 | .0086 |
| 9 | 5 | 5 | 5 | 1 | 0 | 0 | 4 | .0010 |
| 9 | 5 | 5 | 5 | 1 | 0 | 4 | 0 | .0010 |
| 9 | 5 | 5 | 5 | 1 | 4 | 0 | 0 | .0010 |
| 9 | 5 | 5 | 5 | 2 | 0 | 0 | 3 | .0161 |
| 9 | 5 | 5 | 5 | 2 | 0 | 3 | 0 | .0161 |
| 9 | 5 | 5 | 5 | 2 | 3 | 0 | 0 | .0161 |
| 9 | 5 | 5 | 5 | 3 | 0 | 0 | 2 | .0350 |
| 9 | 5 | 5 | 5 | 3 | 0 | 2 | 0 | .0350 |
| 9 | 5 | 5 | 5 | 3 | 2 | 0 | 0 | .0350 |
| 9 | 5 | 5 | 5 | 3 | 2 | 2 | 2 | .0350 |
| 9 | 5 | 5 | 5 | 4 | 0 | 0 | 1 | .0086 |
| 9 | 5 | 5 | 5 | 4 | 0 | 1 | 0 | .0086 |
| 9 | 5 | 5 | 5 | 4 | 1 | 0 | 0 | .0086 |
| 9 | 5 | 5 | 5 | 4 | 1 | 1 | 1 | .0350 |
| 9 | 5 | 5 | 5 | 5 | 0 | 0 | 0 | .0001 |
| 9 | 6 | 5 | 5 | 0 | 0 | 0 | 0 | .0306 |
| 9 | 6 | 5 | 5 | 0 | 0 | 0 | 2 | .0155 |
| 9 | 6 | 5 | 5 | 0 | 0 | 2 | 0 | .0155 |
| 9 | 6 | 5 | 5 | 0 | 2 | 0 | 0 | .0533 |
| 9 | 6 | 5 | 5 | 1 | 0 | 0 | 3 | .0070 |
| 9 | 6 | 5 | 5 | 1 | 0 | 3 | 0 | .0070 |
| 9 | 6 | 5 | 5 | 2 | 1 | 0 | 3 | .0306 |
| 9 | 6 | 5 | 5 | 2 | 1 | 3 | 0 | .0306 |
| 9 | 6 | 5 | 5 | 2 | 4 | 0 | 0 | .0013 |
| 9 | 6 | 5 | 5 | 3 | 3 | 0 | 0 | .0306 |
| 9 | 6 | 5 | 5 | 4 | 0 | 0 | 0 | .0070 |
| 9 | 6 | 5 | 5 | 4 | 1 | 0 | 1 | .0533 |
| 9 | 6 | 5 | 5 | 4 | 1 | 1 | 0 | .0533 |
| 9 | 6 | 5 | 5 | 4 | 2 | 0 | 0 | .0155 |
| 9 | 6 | 5 | 5 | 4 | 2 | 1 | 1 | .0533 |
| 9 | 6 | 5 | 5 | 5 | 1 | 0 | 0 | .0004 |
| 9 | 7 | 5 | 5 | 0 | 0 | 0 | 1 | .0212 |
| 9 | 7 | 5 | 5 | 0 | 0 | 1 | 0 | .0212 |
| 9 | 7 | 5 | 5 | 0 | 1 | 0 | 0 | .0432 |
| 9 | 7 | 5 | 5 | 1 | 0 | 0 | 2 | .0344 |
| 9 | 7 | 5 | 5 | 1 | 0 | 2 | 0 | .0344 |
| 9 | 7 | 5 | 5 | 3 | 4 | 0 | 0 | .0035 |
| 9 | 7 | 5 | 5 | 4 | 3 | 0 | 0 | .0212 |
| 9 | 7 | 5 | 5 | 4 | 3 | 1 | 1 | .0212 |
| 9 | 7 | 5 | 5 | 5 | 2 | 0 | 0 | .0013 |
| 9 | 8 | 5 | 5 | 0 | 0 | 0 | 0 | .0123 |
| 9 | 8 | 5 | 5 | 4 | 4 | 0 | 0 | .0123 |
| 9 | 8 | 5 | 5 | 5 | 3 | 0 | 0 | .0035 |
| 9 | 9 | 5 | 5 | 1 | 0 | 0 | 0 | .0476 |
| 9 | 9 | 5 | 5 | 5 | 4 | 0 | 0 | .0079 |
| 9 | 6 | 6 | 5 | 0 | 0 | 0 | 1 | .0164 |
| 9 | 6 | 6 | 5 | 2 | 0 | 0 | 3 | .0020 |
| 9 | 6 | 6 | 5 | 4 | 0 | 0 | 1 | .0164 |
| 9 | 6 | 6 | 5 | 4 | 2 | 2 | 1 | .0164 |
| 9 | 6 | 6 | 5 | 5 | 0 | 0 | 0 | .0006 |
| 9 | 6 | 6 | 5 | 5 | 1 | 1 | 0 | .0037 |
| 9 | 7 | 6 | 5 | 0 | 0 | 0 | 0 | .0033 |
| 9 | 7 | 6 | 5 | 2 | 0 | 0 | 2 | .0476 |

Tafel XVII-1-1 (Fortsetz.)

| N | $n_{1..}$ | $n_{.1.}$ | $n_{..1}$ | $n_{111}$ | $n_{122}$ | $n_{212}$ | $n_{221}$ | P |
|---|---|---|---|---|---|---|---|---|
| 9 | 7 | 6 | 5 | 4 | 0 | 0 | 0 | .0476 |
| 9 | 7 | 6 | 5 | 4 | 2 | 2 | 0 | .0476 |
| 9 | 7 | 6 | 5 | 4 | 3 | 1 | 0 | .0179 |
| 9 | 7 | 6 | 5 | 5 | 1 | 0 | 0 | .0112 |
| 9 | 7 | 6 | 5 | 5 | 2 | 1 | 0 | .0112 |
| 9 | 8 | 6 | 5 | 5 | 2 | 0 | 0 | .0212 |
| 9 | 8 | 6 | 5 | 5 | 3 | 1 | 0 | .0053 |
| 9 | 9 | 6 | 5 | 5 | 3 | 0 | 0 | .0476 |
| 9 | 7 | 7 | 5 | 3 | 0 | 0 | 2 | .0170 |
| 9 | 7 | 7 | 5 | 4 | 0 | 0 | 1 | .0324 |
| 9 | 7 | 7 | 5 | 5 | 0 | 0 | 0 | .0093 |
| 9 | 7 | 7 | 5 | 5 | 1 | 1 | 0 | .0509 |
| 9 | 7 | 7 | 5 | 5 | 2 | 2 | 0 | .0093 |
| 9 | 8 | 8 | 5 | 5 | 0 | 0 | 0 | .0494 |
| 9 | 6 | 6 | 6 | 0 | 0 | 0 | 0 | .0191 |
| 9 | 6 | 6 | 6 | 3 | 0 | 0 | 3 | .0191 |
| 9 | 6 | 6 | 6 | 3 | 0 | 3 | 0 | .0191 |
| 9 | 6 | 6 | 6 | 3 | 3 | 0 | 0 | .0191 |
| 9 | 6 | 6 | 6 | 4 | 0 | 0 | 2 | .0434 |
| 9 | 6 | 6 | 6 | 4 | 0 | 2 | 0 | .0434 |
| 9 | 6 | 6 | 6 | 4 | 2 | 0 | 0 | .0434 |
| 9 | 6 | 6 | 6 | 5 | 0 | 0 | 1 | .0078 |
| 9 | 6 | 6 | 6 | 5 | 0 | 1 | 0 | .0078 |
| 9 | 6 | 6 | 6 | 5 | 1 | 0 | 0 | .0078 |
| 9 | 6 | 6 | 6 | 5 | 1 | 1 | 1 | .0242 |
| 9 | 6 | 6 | 6 | 6 | 0 | 0 | 0 | .0001 |
| 9 | 7 | 6 | 6 | 4 | 3 | 0 | 0 | .0060 |
| 9 | 7 | 6 | 6 | 5 | 0 | 0 | 0 | .0238 |
| 9 | 7 | 6 | 6 | 5 | 1 | 0 | 1 | .0476 |
| 9 | 7 | 6 | 6 | 5 | 1 | 1 | 0 | .0476 |
| 9 | 7 | 6 | 6 | 5 | 2 | 0 | 0 | .0238 |
| 9 | 7 | 6 | 6 | 5 | 2 | 1 | 1 | .0238 |
| 9 | 7 | 6 | 6 | 6 | 1 | 0 | 0 | .0010 |
| 9 | 8 | 6 | 6 | 5 | 3 | 0 | 0 | .0119 |
| 9 | 8 | 6 | 6 | 6 | 2 | 0 | 0 | .0040 |
| 9 | 9 | 6 | 6 | 6 | 3 | 0 | 0 | .0119 |
| 9 | 7 | 7 | 6 | 4 | 0 | 0 | 2 | .0185 |
| 9 | 7 | 7 | 6 | 6 | 0 | 0 | 0 | .0023 |
| 9 | 7 | 7 | 6 | 6 | 1 | 1 | 0 | .0069 |
| 9 | 8 | 7 | 6 | 6 | 1 | 0 | 0 | .0278 |
| 9 | 8 | 7 | 6 | 6 | 2 | 1 | 0 | .0093 |
| 9 | 8 | 8 | 6 | 6 | 0 | 0 | 0 | .0370 |
| 9 | 7 | 7 | 7 | 6 | 0 | 0 | 1 | .0440 |
| 9 | 7 | 7 | 7 | 6 | 0 | 1 | 0 | .0440 |
| 9 | 7 | 7 | 7 | 6 | 1 | 0 | 0 | .0440 |
| 9 | 7 | 7 | 7 | 6 | 1 | 1 | 1 | .0440 |
| 9 | 7 | 7 | 7 | 7 | 0 | 0 | 0 | .0008 |
| 9 | 8 | 7 | 7 | 6 | 2 | 0 | 0 | .0278 |
| 9 | 8 | 7 | 7 | 7 | 1 | 0 | 0 | .0062 |
| 9 | 9 | 7 | 7 | 7 | 2 | 0 | 0 | .0278 |
| 9 | 8 | 8 | 7 | 7 | 0 | 0 | 0 | .0494 |
| 9 | 8 | 8 | 7 | 7 | 1 | 1 | 0 | .0494 |
| 9 | 8 | 8 | 8 | 8 | 0 | 0 | 0 | .0123 |
| 10 | 5 | 5 | 5 | 0 | 0 | 0 | 3 | .0363 |
| 10 | 5 | 5 | 5 | 0 | 0 | 0 | 5 | .0001 |
| 10 | 5 | 5 | 5 | 0 | 0 | 1 | 4 | .0048 |
| 10 | 5 | 5 | 5 | 0 | 0 | 2 | 3 | .0363 |
| 10 | 5 | 5 | 5 | 0 | 0 | 3 | 0 | .0363 |
| 10 | 5 | 5 | 5 | 0 | 0 | 3 | 2 | .0363 |
| 10 | 5 | 5 | 5 | 0 | 0 | 4 | 1 | .0048 |
| 10 | 5 | 5 | 5 | 0 | 0 | 5 | 0 | .0001 |
| 10 | 5 | 5 | 5 | 0 | 1 | 0 | 4 | .0048 |
| 10 | 5 | 5 | 5 | 0 | 1 | 4 | 0 | .0048 |
| 10 | 5 | 5 | 5 | 0 | 2 | 0 | 3 | .0363 |
| 10 | 5 | 5 | 5 | 0 | 2 | 3 | 0 | .0363 |
| 10 | 5 | 5 | 5 | 0 | 3 | 0 | 0 | .0363 |
| 10 | 5 | 5 | 5 | 0 | 3 | 0 | 2 | .0363 |
| 10 | 5 | 5 | 5 | 0 | 3 | 2 | 0 | .0363 |
| 10 | 5 | 5 | 5 | 0 | 4 | 0 | 1 | .0048 |
| 10 | 5 | 5 | 5 | 0 | 4 | 1 | 0 | .0048 |
| 10 | 5 | 5 | 5 | 0 | 5 | 0 | 0 | .0001 |
| 10 | 5 | 5 | 5 | 1 | 0 | 0 | 4 | .0048 |
| 10 | 5 | 5 | 5 | 1 | 0 | 4 | 0 | .0048 |
| 10 | 5 | 5 | 5 | 1 | 1 | 1 | 4 | .0363 |
| 10 | 5 | 5 | 5 | 1 | 1 | 4 | 1 | .0363 |
| 10 | 5 | 5 | 5 | 1 | 4 | 0 | 0 | .0048 |
| 10 | 5 | 5 | 5 | 1 | 4 | 1 | 1 | .0363 |
| 10 | 5 | 5 | 5 | 2 | 0 | 0 | 3 | .0363 |
| 10 | 5 | 5 | 5 | 2 | 0 | 3 | 0 | .0363 |
| 10 | 5 | 5 | 5 | 2 | 3 | 0 | 0 | .0363 |
| 10 | 5 | 5 | 5 | 3 | 0 | 0 | 0 | .0363 |
| 10 | 5 | 5 | 5 | 3 | 0 | 0 | 2 | .0363 |
| 10 | 5 | 5 | 5 | 3 | 0 | 2 | 0 | .0363 |
| 10 | 5 | 5 | 5 | 3 | 2 | 0 | 0 | .0363 |
| 10 | 5 | 5 | 5 | 4 | 0 | 0 | 1 | .0048 |
| 10 | 5 | 5 | 5 | 4 | 0 | 1 | 0 | .0048 |
| 10 | 5 | 5 | 5 | 4 | 1 | 0 | 0 | .0048 |
| 10 | 5 | 5 | 5 | 4 | 1 | 1 | 1 | .0363 |
| 10 | 5 | 5 | 5 | 5 | 0 | 0 | 0 | .0001 |
| 10 | 6 | 5 | 5 | 0 | 0 | 0 | 0 | .0287 |
| 10 | 6 | 5 | 5 | 0 | 0 | 0 | 2 | .0401 |
| 10 | 6 | 5 | 5 | 0 | 0 | 0 | 4 | .0004 |
| 10 | 6 | 5 | 5 | 0 | 0 | 1 | 3 | .0060 |
| 10 | 6 | 5 | 5 | 0 | 0 | 2 | 0 | .0401 |
| 10 | 6 | 5 | 5 | 0 | 0 | 2 | 2 | .0287 |
| 10 | 6 | 5 | 5 | 0 | 0 | 3 | 1 | .0060 |
| 10 | 6 | 5 | 5 | 0 | 0 | 4 | 0 | .0004 |
| 10 | 6 | 5 | 5 | 0 | 1 | 0 | 3 | .0287 |
| 10 | 6 | 5 | 5 | 0 | 1 | 3 | 0 | .0287 |
| 10 | 6 | 5 | 5 | 0 | 4 | 0 | 0 | .0023 |
| 10 | 6 | 5 | 5 | 1 | 0 | 3 | 0 | .0287 |
| 10 | 6 | 5 | 5 | 1 | 1 | 0 | 4 | .0023 |
| 10 | 6 | 5 | 5 | 1 | 1 | 4 | 0 | .0023 |
| 10 | 6 | 5 | 5 | 1 | 4 | 0 | 1 | .0287 |
| 10 | 6 | 5 | 5 | 1 | 4 | 1 | 0 | .0287 |
| 10 | 6 | 5 | 5 | 1 | 5 | 0 | 0 | .0004 |
| 10 | 6 | 5 | 5 | 2 | 4 | 0 | 0 | .0060 |
| 10 | 6 | 5 | 5 | 2 | 4 | 1 | 1 | .0401 |

Tafel XVII-1-1 (Fortsetz.)

| | | | | | | | | | | | | | | | |
|---|---|---|---|---|---|---|---|---|---|---|---|---|---|---|---|
| 10 | 6 | 5 | 5 | 3 | 3 | 0 | 0 | ,0287 | 10 | 6 | 5 | 5 | 3 | 0 | 0 | 2 | ,0204 |
| 10 | 6 | 5 | 5 | 3 | 3 | 2 | 2 | ,0287 | 10 | 6 | 5 | 5 | 4 | 0 | 0 | 1 | ,0091 |
| 10 | 6 | 5 | 5 | 4 | 0 | 0 | 0 | ,0023 | 10 | 6 | 5 | 5 | 4 | 0 | 1 | 0 | ,0204 |
| 10 | 6 | 5 | 5 | 4 | 1 | 0 | 1 | ,0287 | 10 | 6 | 5 | 5 | 4 | 1 | 0 | 0 | ,0204 |
| 10 | 6 | 5 | 5 | 4 | 1 | 1 | 0 | ,0287 | 10 | 6 | 5 | 5 | 4 | 1 | 2 | 0 | ,0408 |
| 10 | 6 | 5 | 5 | 4 | 2 | 0 | 0 | ,0060 | 10 | 6 | 5 | 5 | 4 | 2 | 1 | 0 | ,0408 |
| 10 | 6 | 5 | 5 | 4 | 2 | 1 | 1 | ,0401 | 10 | 6 | 5 | 5 | 4 | 2 | 2 | 1 | ,0408 |
| 10 | 6 | 5 | 5 | 5 | 1 | 0 | 0 | ,0004 | 10 | 6 | 5 | 5 | 5 | 0 | 0 | 0 | ,0002 |
| 10 | 7 | 5 | 5 | 0 | 0 | 0 | 1 | ,0476 | 10 | 6 | 5 | 5 | 5 | 1 | 1 | 0 | ,0011 |
| 10 | 7 | 5 | 5 | 0 | 0 | 0 | 3 | ,0013 | 10 | 7 | 6 | 5 | 0 | 0 | 0 | 0 | ,0198 |
| 10 | 7 | 5 | 5 | 0 | 0 | 1 | 0 | ,0476 | 10 | 7 | 6 | 5 | 0 | 0 | 0 | 2 | ,0040 |
| 10 | 7 | 5 | 5 | 0 | 0 | 1 | 2 | ,0079 | 10 | 7 | 6 | 5 | 0 | 0 | 1 | 1 | ,0357 |
| 10 | 7 | 5 | 5 | 0 | 0 | 2 | 1 | ,0079 | 10 | 7 | 6 | 5 | 0 | 0 | 2 | 0 | ,0198 |
| 10 | 7 | 5 | 5 | 0 | 0 | 3 | 0 | ,0013 | 10 | 7 | 6 | 5 | 0 | 2 | 0 | 0 | ,0357 |
| 10 | 7 | 5 | 5 | 0 | 3 | 0 | 0 | ,0476 | 10 | 7 | 6 | 5 | 1 | 0 | 0 | 3 | ,0016 |
| 10 | 7 | 5 | 5 | 1 | 1 | 0 | 3 | ,0476 | 10 | 7 | 6 | 5 | 1 | 0 | 3 | 0 | ,0198 |
| 10 | 7 | 5 | 5 | 1 | 1 | 3 | 0 | ,0476 | 10 | 7 | 6 | 5 | 2 | 1 | 0 | 3 | ,0198 |
| 10 | 7 | 5 | 5 | 1 | 4 | 0 | 0 | ,0476 | 10 | 7 | 6 | 5 | 2 | 4 | 0 | 0 | ,0198 |
| 10 | 7 | 5 | 5 | 2 | 2 | 0 | 3 | ,0476 | 10 | 7 | 6 | 5 | 3 | 2 | 3 | 0 | ,0357 |
| 10 | 7 | 5 | 5 | 2 | 2 | 3 | 0 | ,0476 | 10 | 7 | 6 | 5 | 3 | 4 | 1 | 0 | ,0198 |
| 10 | 7 | 5 | 5 | 2 | 5 | 0 | 0 | ,0013 | 10 | 7 | 6 | 5 | 4 | 0 | 0 | 0 | ,0198 |
| 10 | 7 | 5 | 5 | 3 | 0 | 0 | 0 | ,0476 | 10 | 7 | 6 | 5 | 4 | 3 | 1 | 0 | ,0357 |
| 10 | 7 | 5 | 5 | 3 | 4 | 0 | 0 | ,0079 | 10 | 7 | 6 | 5 | 4 | 3 | 2 | 1 | ,0198 |
| 10 | 7 | 5 | 5 | 3 | 4 | 1 | 1 | ,0476 | 10 | 7 | 6 | 5 | 5 | 1 | 0 | 0 | ,0016 |
| 10 | 7 | 5 | 5 | 4 | 1 | 0 | 0 | ,0476 | 10 | 7 | 6 | 5 | 5 | 2 | 1 | 0 | ,0040 |
| 10 | 7 | 5 | 5 | 4 | 3 | 0 | 0 | ,0079 | 10 | 8 | 6 | 5 | 0 | 0 | 0 | 1 | ,0042 |
| 10 | 7 | 5 | 5 | 4 | 3 | 1 | 1 | ,0476 | 10 | 8 | 6 | 5 | 0 | 0 | 1 | 0 | ,0095 |
| 10 | 7 | 5 | 5 | 5 | 2 | 0 | 0 | ,0013 | 10 | 8 | 6 | 5 | 0 | 1 | 0 | 0 | ,0370 |
| 10 | 8 | 5 | 5 | 0 | 0 | 0 | 0 | ,0123 | 10 | 8 | 6 | 5 | 1 | 0 | 0 | 2 | ,0159 |
| 10 | 8 | 5 | 5 | 0 | 0 | 0 | 2 | ,0035 | 10 | 8 | 6 | 5 | 1 | 0 | 2 | 0 | ,0370 |
| 10 | 8 | 5 | 5 | 0 | 0 | 1 | 1 | ,0123 | 10 | 8 | 6 | 5 | 3 | 4 | 0 | 0 | ,0370 |
| 10 | 8 | 5 | 5 | 0 | 0 | 2 | 0 | ,0035 | 10 | 8 | 6 | 5 | 4 | 3 | 2 | 0 | ,0370 |
| 10 | 8 | 5 | 5 | 3 | 5 | 0 | 0 | ,0035 | 10 | 8 | 6 | 5 | 4 | 4 | 1 | 0 | ,0095 |
| 10 | 8 | 5 | 5 | 4 | 4 | 0 | 0 | ,0123 | 10 | 8 | 6 | 5 | 5 | 2 | 0 | 0 | ,0159 |
| 10 | 8 | 5 | 5 | 4 | 4 | 1 | 1 | ,0123 | 10 | 8 | 6 | 5 | 5 | 3 | 1 | 0 | ,0042 |
| 10 | 8 | 5 | 5 | 5 | 3 | 0 | 0 | ,0035 | 10 | 9 | 6 | 5 | 0 | 0 | 0 | 0 | ,0048 |
| 10 | 9 | 5 | 5 | 0 | 0 | 0 | 1 | ,0079 | 10 | 9 | 6 | 5 | 1 | 0 | 0 | 1 | ,0238 |
| 10 | 9 | 5 | 5 | 0 | 0 | 1 | 0 | ,0079 | 10 | 9 | 6 | 5 | 1 | 0 | 1 | 0 | ,0476 |
| 10 | 9 | 5 | 5 | 0 | 1 | 0 | 0 | ,0476 | 10 | 9 | 6 | 5 | 4 | 4 | 0 | 0 | ,0476 |
| 10 | 9 | 5 | 5 | 1 | 0 | 0 | 0 | ,0476 | 10 | 9 | 6 | 5 | 5 | 3 | 0 | 0 | ,0238 |
| 10 | 9 | 5 | 5 | 4 | 4 | 0 | 1 | ,0476 | 10 | 9 | 6 | 5 | 5 | 4 | 1 | 0 | ,0048 |
| 10 | 9 | 5 | 5 | 4 | 4 | 1 | 0 | ,0476 | 10 | 10 | 6 | 5 | 1 | 0 | 0 | 0 | ,0476 |
| 10 | 9 | 5 | 5 | 4 | 5 | 0 | 0 | ,0079 | 10 | 10 | 6 | 5 | 5 | 4 | 0 | 0 | ,0476 |
| 10 | 9 | 5 | 5 | 5 | 4 | 0 | 0 | ,0079 | 10 | 7 | 7 | 5 | 0 | 0 | 0 | 1 | ,0056 |
| 10 | 10 | 5 | 5 | 0 | 0 | 0 | 0 | ,0079 | 10 | 7 | 7 | 5 | 0 | 0 | 1 | 0 | ,0264 |
| 10 | 10 | 5 | 5 | 5 | 5 | 0 | 0 | ,0079 | 10 | 7 | 7 | 5 | 0 | 1 | 0 | 0 | ,0264 |
| 10 | 6 | 6 | 5 | 0 | 0 | 0 | 1 | ,0408 | 10 | 7 | 7 | 5 | 1 | 0 | 0 | 2 | ,0347 |
| 10 | 6 | 6 | 5 | 0 | 0 | 0 | 3 | ,0011 | 10 | 7 | 7 | 5 | 2 | 0 | 0 | 3 | ,0014 |
| 10 | 6 | 6 | 5 | 0 | 0 | 1 | 2 | ,0408 | 10 | 7 | 7 | 5 | 2 | 0 | 3 | 0 | ,0486 |
| 10 | 6 | 6 | 5 | 0 | 0 | 3 | 0 | ,0091 | 10 | 7 | 7 | 5 | 2 | 3 | 0 | 0 | ,0486 |
| 10 | 6 | 6 | 5 | 0 | 1 | 0 | 2 | ,0408 | 10 | 7 | 7 | 5 | 3 | 0 | 0 | 2 | ,0264 |
| 10 | 6 | 6 | 5 | 0 | 3 | 0 | 0 | ,0091 | 10 | 7 | 7 | 5 | 4 | 0 | 0 | 1 | ,0264 |
| 10 | 6 | 6 | 5 | 1 | 0 | 0 | 4 | ,0002 | 10 | 7 | 7 | 5 | 4 | 2 | 3 | 0 | ,0264 |
| 10 | 6 | 6 | 5 | 1 | 0 | 1 | 3 | ,0204 | 10 | 7 | 7 | 5 | 4 | 3 | 2 | 0 | ,0264 |
| 10 | 6 | 6 | 5 | 1 | 0 | 4 | 0 | ,0023 | 10 | 7 | 7 | 5 | 5 | 0 | 0 | 0 | ,0014 |
| 10 | 6 | 6 | 5 | 1 | 1 | 0 | 3 | ,0204 | 10 | 7 | 7 | 5 | 5 | 1 | 1 | 0 | ,0347 |
| 10 | 6 | 6 | 5 | 1 | 4 | 0 | 0 | ,0023 | 10 | 7 | 7 | 5 | 5 | 2 | 2 | 0 | ,0056 |
| 10 | 6 | 6 | 5 | 2 | 0 | 0 | 3 | ,0091 | 10 | 8 | 7 | 5 | 0 | 0 | 0 | 3 | ,0037 |
| 10 | 6 | 6 | 5 | 2 | 1 | 4 | 0 | ,0091 | 10 | 8 | 7 | 5 | 2 | 0 | 0 | 2 | ,0148 |
| 10 | 6 | 6 | 5 | 2 | 4 | 1 | 0 | ,0091 | 10 | 8 | 7 | 5 | 3 | 1 | 0 | 2 | ,0333 |

## Tafel XVII-1-1 (Fortsetz.)

| | | | | | | | | | | | | | | | |
|---|---|---|---|---|---|---|---|---|---|---|---|---|---|---|---|
| 10 | 8 | 7 | 5 | 4 | 0 | 0 | 0 | ,0333 | 10 | 9 | 6 | 6 | 5 | 4 | 0 | 0 | ,0048 |
| 10 | 8 | 7 | 5 | 5 | 1 | 0 | 0 | ,0148 | 10 | 9 | 6 | 6 | 6 | 3 | 0 | 0 | ,0019 |
| 10 | 8 | 7 | 5 | 5 | 3 | 2 | 0 | ,0037 | 10 | 10 | 6 | 6 | 6 | 4 | 0 | 0 | ,0048 |
| 10 | 9 | 7 | 5 | 1 | 0 | 0 | 0 | ,0333 | 10 | 7 | 7 | 6 | 0 | 0 | 0 | 0 | ,0039 |
| 10 | 9 | 7 | 5 | 5 | 3 | 1 | 0 | ,0333 | 10 | 7 | 7 | 6 | 3 | 0 | 0 | 3 | ,0039 |
| 10 | 8 | 8 | 5 | 1 | 0 | 0 | 0 | ,0519 | 10 | 7 | 7 | 6 | 3 | 0 | 3 | 0 | ,0525 |
| 10 | 8 | 8 | 5 | 3 | 0 | 0 | 2 | ,0099 | 10 | 7 | 7 | 6 | 3 | 3 | 0 | 0 | ,0525 |
| 10 | 8 | 8 | 5 | 4 | 0 | 0 | 1 | ,0222 | 10 | 7 | 7 | 6 | 4 | 0 | 0 | 2 | ,0214 |
| 10 | 8 | 8 | 5 | 5 | 0 | 0 | 0 | ,0099 | 10 | 7 | 7 | 6 | 4 | 1 | 3 | 0 | ,0214 |
| 10 | 8 | 8 | 5 | 5 | 2 | 2 | 0 | ,0519 | 10 | 7 | 7 | 6 | 4 | 3 | 1 | 0 | ,0214 |
| 10 | 6 | 6 | 6 | 0 | 0 | 0 | 0 | ,0116 | 10 | 7 | 7 | 6 | 5 | 0 | 0 | 1 | ,0089 |
| 10 | 6 | 6 | 6 | 0 | 0 | 0 | 2 | ,0259 | 10 | 7 | 7 | 6 | 5 | 0 | 1 | 0 | ,0414 |
| 10 | 6 | 6 | 6 | 0 | 0 | 2 | 0 | ,0259 | 10 | 7 | 7 | 6 | 5 | 1 | 0 | 0 | ,0414 |
| 10 | 6 | 6 | 6 | 0 | 2 | 0 | 0 | ,0259 | 10 | 7 | 7 | 6 | 5 | 1 | 2 | 0 | ,0414 |
| 10 | 6 | 6 | 6 | 1 | 0 | 0 | 3 | ,0367 | 10 | 7 | 7 | 6 | 5 | 2 | 1 | 0 | ,0414 |
| 10 | 6 | 6 | 6 | 1 | 0 | 3 | 0 | ,0367 | 10 | 7 | 7 | 6 | 5 | 2 | 2 | 1 | ,0089 |
| 10 | 6 | 6 | 6 | 1 | 3 | 0 | 0 | ,0367 | 10 | 7 | 7 | 6 | 6 | 0 | 0 | 0 | ,0003 |
| 10 | 6 | 6 | 6 | 2 | 0 | 0 | 4 | ,0010 | 10 | 7 | 7 | 6 | 6 | 1 | 1 | 0 | ,0011 |
| 10 | 6 | 6 | 6 | 2 | 0 | 4 | 0 | ,0010 | 10 | 8 | 7 | 6 | 5 | 0 | 0 | 0 | ,0222 |
| 10 | 6 | 6 | 6 | 2 | 4 | 0 | 0 | ,0010 | 10 | 8 | 7 | 6 | 5 | 2 | 2 | 0 | ,0222 |
| 10 | 6 | 6 | 6 | 3 | 0 | 0 | 3 | ,0116 | 10 | 8 | 7 | 6 | 5 | 3 | 1 | 0 | ,0089 |
| 10 | 6 | 6 | 6 | 3 | 0 | 3 | 0 | ,0116 | 10 | 8 | 7 | 6 | 6 | 1 | 0 | 0 | ,0044 |
| 10 | 6 | 6 | 6 | 3 | 3 | 0 | 0 | ,0116 | 10 | 8 | 7 | 6 | 6 | 2 | 1 | 0 | ,0044 |
| 10 | 6 | 6 | 6 | 4 | 0 | 0 | 0 | ,0367 | 10 | 9 | 7 | 6 | 5 | 3 | 0 | 0 | ,0333 |
| 10 | 6 | 6 | 6 | 4 | 0 | 0 | 2 | ,0259 | 10 | 9 | 7 | 6 | 6 | 2 | 0 | 0 | ,0133 |
| 10 | 6 | 6 | 6 | 4 | 0 | 2 | 0 | ,0259 | 10 | 9 | 7 | 6 | 6 | 3 | 1 | 0 | ,0033 |
| 10 | 6 | 6 | 6 | 4 | 2 | 0 | 0 | ,0259 | 10 | 10 | 7 | 6 | 6 | 3 | 0 | 0 | ,0333 |
| 10 | 6 | 6 | 6 | 4 | 2 | 2 | 2 | ,0259 | 10 | 8 | 8 | 6 | 4 | 0 | 0 | 2 | ,0133 |
| 10 | 6 | 6 | 6 | 5 | 0 | 0 | 1 | ,0027 | 10 | 8 | 8 | 6 | 5 | 0 | 0 | 1 | ,0370 |
| 10 | 6 | 6 | 6 | 5 | 0 | 1 | 0 | ,0027 | 10 | 8 | 8 | 6 | 6 | 0 | 0 | 0 | ,0059 |
| 10 | 6 | 6 | 6 | 5 | 1 | 0 | 0 | ,0027 | 10 | 8 | 8 | 6 | 6 | 1 | 1 | 0 | ,0370 |
| 10 | 6 | 6 | 6 | 5 | 1 | 1 | 1 | ,0043 | 10 | 8 | 8 | 6 | 6 | 2 | 2 | 0 | ,0059 |
| 10 | 6 | 6 | 6 | 6 | 0 | 0 | 0 | ,0000 | 10 | 9 | 8 | 6 | 6 | 1 | 0 | 0 | ,0533 |
| 10 | 7 | 6 | 6 | 0 | 0 | 0 | 1 | ,0152 | 10 | 9 | 8 | 6 | 6 | 2 | 1 | 0 | ,0533 |
| 10 | 7 | 6 | 6 | 0 | 0 | 1 | 0 | ,0152 | 10 | 9 | 9 | 6 | 6 | 0 | 0 | 0 | ,0400 |
| 10 | 7 | 6 | 6 | 0 | 1 | 0 | 0 | ,0333 | 10 | 7 | 7 | 7 | 4 | 0 | 0 | 3 | ,0117 |
| 10 | 7 | 6 | 6 | 2 | 0 | 0 | 3 | ,0152 | 10 | 7 | 7 | 7 | 4 | 0 | 3 | 0 | ,0117 |
| 10 | 7 | 6 | 6 | 2 | 0 | 3 | 0 | ,0152 | 10 | 7 | 7 | 7 | 4 | 3 | 0 | 0 | ,0117 |
| 10 | 7 | 6 | 6 | 3 | 1 | 0 | 0 | ,0333 | 10 | 7 | 7 | 7 | 5 | 0 | 0 | 2 | ,0278 |
| 10 | 7 | 6 | 6 | 3 | 1 | 3 | 0 | ,0333 | 10 | 7 | 7 | 7 | 5 | 0 | 2 | 0 | ,0278 |
| 10 | 7 | 6 | 6 | 3 | 4 | 0 | 0 | ,0010 | 10 | 7 | 7 | 7 | 5 | 2 | 0 | 0 | ,0278 |
| 10 | 7 | 6 | 6 | 4 | 3 | 0 | 0 | ,0152 | 10 | 7 | 7 | 7 | 6 | 0 | 0 | 1 | ,0044 |
| 10 | 7 | 6 | 6 | 4 | 3 | 1 | 1 | ,0381 | 10 | 7 | 7 | 7 | 6 | 0 | 1 | 0 | ,0044 |
| 10 | 7 | 6 | 6 | 5 | 0 | 0 | 0 | ,0019 | 10 | 7 | 7 | 7 | 6 | 1 | 0 | 0 | ,0044 |
| 10 | 7 | 6 | 6 | 5 | 1 | 0 | 1 | ,0238 | 10 | 7 | 7 | 7 | 6 | 1 | 1 | 1 | ,0147 |
| 10 | 7 | 6 | 6 | 5 | 1 | 1 | 0 | ,0238 | 10 | 7 | 7 | 7 | 7 | 0 | 0 | 0 | ,0001 |
| 10 | 7 | 6 | 6 | 5 | 2 | 0 | 0 | ,0033 | 10 | 8 | 7 | 7 | 5 | 3 | 0 | 0 | ,0161 |
| 10 | 7 | 6 | 6 | 5 | 2 | 1 | 1 | ,0238 | 10 | 8 | 7 | 7 | 6 | 0 | 0 | 0 | ,0161 |
| 10 | 7 | 6 | 6 | 6 | 1 | 0 | 0 | ,0002 | 10 | 8 | 7 | 7 | 6 | 1 | 0 | 1 | ,0317 |
| 10 | 8 | 6 | 6 | 0 | 0 | 0 | 0 | ,0038 | 10 | 8 | 7 | 7 | 6 | 1 | 1 | 0 | ,0317 |
| 10 | 8 | 6 | 6 | 4 | 4 | 0 | 0 | ,0038 | 10 | 8 | 7 | 7 | 6 | 2 | 0 | 0 | ,0161 |
| 10 | 8 | 6 | 6 | 5 | 1 | 0 | 0 | ,0317 | 10 | 8 | 7 | 7 | 6 | 2 | 1 | 1 | ,0161 |
| 10 | 8 | 6 | 6 | 5 | 2 | 0 | 1 | ,0317 | 10 | 8 | 7 | 7 | 7 | 1 | 0 | 0 | ,0006 |
| 10 | 8 | 6 | 6 | 5 | 2 | 1 | 0 | ,0317 | 10 | 9 | 7 | 7 | 6 | 2 | 0 | 1 | ,0433 |
| 10 | 8 | 6 | 6 | 5 | 3 | 0 | 0 | ,0089 | 10 | 9 | 7 | 7 | 6 | 2 | 1 | 0 | ,0433 |
| 10 | 8 | 6 | 6 | 5 | 3 | 1 | 1 | ,0089 | 10 | 9 | 7 | 7 | 6 | 3 | 0 | 0 | ,0083 |
| 10 | 8 | 6 | 6 | 6 | 2 | 0 | 0 | ,0006 | 10 | 9 | 7 | 7 | 7 | 2 | 0 | 0 | ,0025 |
| 10 | 9 | 6 | 6 | 1 | 0 | 0 | 0 | ,0419 | 10 | 10 | 7 | 7 | 7 | 3 | 0 | 0 | ,0083 |
| 10 | 9 | 6 | 6 | 5 | 3 | 0 | 1 | ,0276 | 10 | 8 | 8 | 7 | 5 | 0 | 0 | 2 | ,0459 |
| 10 | 9 | 6 | 6 | 5 | 3 | 1 | 0 | ,0276 | 10 | 8 | 8 | 7 | 6 | 0 | 0 | 1 | ,0459 |

523

| | | | | | | | | |
|---|---|---|---|---|---|---|---|---|
| 10 | 8 | 8 | 7 | 6 | 1 | 2 | 0 | ,0459 |
| 10 | 8 | 8 | 7 | 6 | 2 | 1 | 0 | ,0459 |
| 10 | 8 | 8 | 7 | 7 | 0 | 0 | 0 | ,0015 |
| 10 | 8 | 8 | 7 | 7 | 1 | 1 | 0 | ,0044 |
| 10 | 9 | 8 | 7 | 7 | 1 | 0 | 0 | ,0200 |
| 10 | 9 | 8 | 7 | 7 | 2 | 1 | 0 | ,0067 |
| 10 | 9 | 9 | 7 | 7 | 0 | 0 | 0 | ,0300 |
| 10 | 8 | 8 | 8 | 7 | 0 | 0 | 1 | ,0321 |
| 10 | 8 | 8 | 8 | 7 | 0 | 1 | 0 | ,0321 |
| 10 | 8 | 8 | 8 | 7 | 1 | 0 | 0 | ,0321 |
| 10 | 8 | 8 | 8 | 7 | 1 | 1 | 1 | ,0321 |
| 10 | 8 | 8 | 8 | 8 | 0 | 0 | 0 | ,0005 |
| 10 | 9 | 8 | 8 | 7 | 2 | 0 | 0 | ,0222 |
| 10 | 9 | 8 | 8 | 8 | 1 | 0 | 0 | ,0044 |
| 10 | 10 | 8 | 8 | 8 | 2 | 0 | 0 | ,0222 |
| 10 | 9 | 9 | 8 | 8 | 0 | 0 | 0 | ,0400 |
| 10 | 9 | 9 | 8 | 8 | 1 | 1 | 0 | ,0400 |
| 10 | 9 | 9 | 9 | 9 | 0 | 0 | 0 | ,0100 |

| N | $n_{1..}$ | $n_{.1.}$ | $n_{..1}$ | $n_{111}$ | $n_{122}$ | $n_{212}$ | $n_{221}$ | P |
|---|---|---|---|---|---|---|---|---|
| 11 | 6 | 6 | 6 | 0 | 0 | 0 | 0 | ,0133 |
| 11 | 6 | 6 | 6 | 0 | 0 | 0 | 2 | ,0344 |
| 11 | 6 | 6 | 6 | 0 | 0 | 0 | 4 | ,0009 |
| 11 | 6 | 6 | 6 | 0 | 0 | 1 | 3 | ,0260 |
| 11 | 6 | 6 | 6 | 0 | 0 | 2 | 0 | ,0344 |
| 11 | 6 | 6 | 6 | 0 | 0 | 3 | 1 | ,0260 |
| 11 | 6 | 6 | 6 | 0 | 0 | 4 | 0 | ,0009 |
| 11 | 6 | 6 | 6 | 0 | 1 | 0 | 3 | ,0260 |
| 11 | 6 | 6 | 6 | 0 | 1 | 3 | 0 | ,0260 |
| 11 | 6 | 6 | 6 | 0 | 2 | 0 | 0 | ,0344 |
| 11 | 6 | 6 | 6 | 0 | 3 | 0 | 1 | ,0260 |
| 11 | 6 | 6 | 6 | 0 | 3 | 1 | 0 | ,0260 |
| 11 | 6 | 6 | 6 | 0 | 4 | 0 | 0 | ,0009 |
| 11 | 6 | 6 | 6 | 1 | 0 | 0 | 5 | ,0001 |
| 11 | 6 | 6 | 6 | 1 | 0 | 1 | 4 | ,0096 |
| 11 | 6 | 6 | 6 | 1 | 0 | 4 | 1 | ,0096 |
| 11 | 6 | 6 | 6 | 1 | 0 | 5 | 0 | ,0001 |
| 11 | 6 | 6 | 6 | 1 | 1 | 0 | 4 | ,0096 |
| 11 | 6 | 6 | 6 | 1 | 1 | 4 | 0 | ,0096 |
| 11 | 6 | 6 | 6 | 1 | 4 | 0 | 1 | ,0096 |
| 11 | 6 | 6 | 6 | 1 | 4 | 1 | 0 | ,0096 |
| 11 | 6 | 6 | 6 | 1 | 5 | 0 | 0 | ,0001 |
| 11 | 6 | 6 | 6 | 2 | 0 | 0 | 4 | ,0020 |
| 11 | 6 | 6 | 6 | 2 | 0 | 4 | 0 | ,0020 |
| 11 | 6 | 6 | 6 | 2 | 1 | 1 | 4 | ,0260 |
| 11 | 6 | 6 | 6 | 2 | 1 | 4 | 1 | ,0260 |
| 11 | 6 | 6 | 6 | 2 | 4 | 0 | 0 | ,0020 |
| 11 | 6 | 6 | 6 | 2 | 4 | 1 | 1 | ,0260 |
| 11 | 6 | 6 | 6 | 3 | 0 | 0 | 3 | ,0133 |
| 11 | 6 | 6 | 6 | 3 | 0 | 3 | 0 | ,0133 |
| 11 | 6 | 6 | 6 | 3 | 3 | 0 | 0 | ,0133 |
| 11 | 6 | 6 | 6 | 4 | 0 | 0 | 0 | ,0096 |
| 11 | 6 | 6 | 6 | 4 | 0 | 0 | 2 | ,0096 |
| 11 | 6 | 6 | 6 | 4 | 0 | 2 | 0 | ,0096 |
| 11 | 6 | 6 | 6 | 4 | 2 | 0 | 0 | ,0096 |
| 11 | 6 | 6 | 6 | 4 | 2 | 2 | 2 | ,0344 |
| 11 | 6 | 6 | 6 | 5 | 0 | 0 | 1 | ,0009 |
| 11 | 6 | 6 | 6 | 5 | 0 | 1 | 0 | ,0009 |
| 11 | 6 | 6 | 6 | 5 | 1 | 0 | 0 | ,0009 |
| 11 | 6 | 6 | 6 | 5 | 1 | 1 | 1 | ,0025 |
| 11 | 6 | 6 | 6 | 6 | 0 | 0 | 0 | ,0000 |
| 11 | 7 | 6 | 6 | 0 | 0 | 0 | 1 | ,0358 |
| 11 | 7 | 6 | 6 | 0 | 0 | 0 | 3 | ,0019 |
| 11 | 7 | 6 | 6 | 0 | 0 | 1 | 0 | ,0358 |
| 11 | 7 | 6 | 6 | 0 | 0 | 1 | 2 | ,0358 |
| 11 | 7 | 6 | 6 | 0 | 0 | 2 | 1 | ,0358 |
| 11 | 7 | 6 | 6 | 0 | 0 | 3 | 0 | ,0019 |
| 11 | 7 | 6 | 6 | 0 | 1 | 0 | 0 | ,0437 |
| 11 | 7 | 6 | 6 | 0 | 3 | 0 | 0 | ,0091 |
| 11 | 7 | 6 | 6 | 1 | 0 | 0 | 4 | ,0007 |
| 11 | 7 | 6 | 6 | 1 | 0 | 1 | 3 | ,0358 |
| 11 | 7 | 6 | 6 | 1 | 0 | 3 | 1 | ,0358 |
| 11 | 7 | 6 | 6 | 1 | 0 | 4 | 0 | ,0007 |
| 11 | 7 | 6 | 6 | 1 | 4 | 0 | 0 | ,0091 |
| 11 | 7 | 6 | 6 | 2 | 0 | 0 | 3 | ,0358 |
| 11 | 7 | 6 | 6 | 2 | 0 | 3 | 0 | ,0358 |

Tafel XVII-1-1 (Fortsetz.)

| | | | | | | | | | | | | | | | |
|---|---|---|---|---|---|---|---|---|---|---|---|---|---|---|---|
| 11 | 7 | 6 | 6 | 2 | 1 | 0 | 4 | .0029 | 11 | 7 | 7 | 6 | 0 | 0 | 0 | 2 | .0031 |
| 11 | 7 | 6 | 6 | 2 | 1 | 4 | 0 | .0029 | 11 | 7 | 7 | 6 | 0 | 0 | 1 | 1 | .0495 |
| 11 | 7 | 6 | 6 | 2 | 4 | 0 | 1 | .0358 | 11 | 7 | 7 | 6 | 0 | 0 | 2 | 0 | .0142 |
| 11 | 7 | 6 | 6 | 2 | 4 | 1 | 0 | .0358 | 11 | 7 | 7 | 6 | 0 | 1 | 0 | 1 | .0495 |
| 11 | 7 | 6 | 6 | 2 | 5 | 0 | 0 | .0001 | 11 | 7 | 7 | 6 | 0 | 2 | 0 | 0 | .0142 |
| 11 | 7 | 6 | 6 | 3 | 1 | 0 | 3 | .0437 | 11 | 7 | 7 | 6 | 1 | 0 | 0 | 3 | .0101 |
| 11 | 7 | 6 | 6 | 3 | 1 | 3 | 0 | .0437 | 11 | 7 | 7 | 6 | 1 | 0 | 3 | 0 | .0495 |
| 11 | 7 | 6 | 6 | 3 | 4 | 0 | 0 | .0035 | 11 | 7 | 7 | 6 | 1 | 3 | 0 | 0 | .0495 |
| 11 | 7 | 6 | 6 | 3 | 4 | 1 | 1 | .0358 | 11 | 7 | 7 | 6 | 2 | 0 | 0 | 4 | .0002 |
| 11 | 7 | 6 | 6 | 4 | 0 | 0 | 1 | .0358 | 11 | 7 | 7 | 6 | 2 | 0 | 1 | 3 | .0495 |
| 11 | 7 | 6 | 6 | 4 | 0 | 1 | 0 | .0358 | 11 | 7 | 7 | 6 | 2 | 0 | 4 | 0 | .0023 |
| 11 | 7 | 6 | 6 | 4 | 3 | 0 | 0 | .0091 | 11 | 7 | 7 | 6 | 2 | 1 | 0 | 3 | .0495 |
| 11 | 7 | 6 | 6 | 4 | 3 | 2 | 2 | .0091 | 11 | 7 | 7 | 6 | 2 | 4 | 0 | 0 | .0023 |
| 11 | 7 | 6 | 6 | 5 | 0 | 0 | 0 | .0007 | 11 | 7 | 7 | 6 | 3 | 0 | 0 | 3 | .0068 |
| 11 | 7 | 6 | 6 | 5 | 1 | 0 | 1 | .0051 | 11 | 7 | 7 | 6 | 3 | 1 | 4 | 0 | .0068 |
| 11 | 7 | 6 | 6 | 5 | 1 | 1 | 0 | .0051 | 11 | 7 | 7 | 6 | 3 | 4 | 1 | 0 | .0068 |
| 11 | 7 | 6 | 6 | 5 | 2 | 0 | 0 | .0019 | 11 | 7 | 7 | 6 | 4 | 0 | 0 | 0 | .0495 |
| 11 | 7 | 6 | 6 | 5 | 2 | 1 | 1 | .0102 | 11 | 7 | 7 | 6 | 4 | 0 | 0 | 2 | .0142 |
| 11 | 7 | 6 | 6 | 6 | 1 | 0 | 0 | .0000 | 11 | 7 | 7 | 6 | 4 | 1 | 3 | 0 | .0495 |
| 11 | 8 | 6 | 6 | 0 | 0 | 0 | 0 | .0063 | 11 | 7 | 7 | 6 | 4 | 2 | 3 | 1 | .0495 |
| 11 | 8 | 6 | 6 | 0 | 0 | 0 | 2 | .0043 | 11 | 7 | 7 | 6 | 4 | 3 | 1 | 0 | .0495 |
| 11 | 8 | 6 | 6 | 0 | 0 | 1 | 1 | .0153 | 11 | 7 | 7 | 6 | 4 | 3 | 2 | 1 | .0495 |
| 11 | 8 | 6 | 6 | 0 | 0 | 2 | 0 | .0043 | 11 | 7 | 7 | 6 | 5 | 0 | 0 | 1 | .0009 |
| 11 | 8 | 6 | 6 | 0 | 2 | 0 | 0 | .0279 | 11 | 7 | 7 | 6 | 5 | 0 | 1 | 0 | .0101 |
| 11 | 8 | 6 | 6 | 1 | 0 | 0 | 3 | .0043 | 11 | 7 | 7 | 6 | 5 | 1 | 0 | 0 | .0101 |
| 11 | 8 | 6 | 6 | 1 | 0 | 3 | 0 | .0043 | 11 | 7 | 7 | 6 | 5 | 1 | 1 | 1 | .0528 |
| 11 | 8 | 6 | 6 | 3 | 2 | 0 | 3 | .0279 | 11 | 7 | 7 | 6 | 5 | 1 | 2 | 0 | .0192 |
| 11 | 8 | 6 | 6 | 3 | 2 | 3 | 0 | .0279 | 11 | 7 | 7 | 6 | 5 | 2 | 1 | 0 | .0192 |
| 11 | 8 | 6 | 6 | 3 | 5 | 0 | 0 | .0004 | 11 | 7 | 7 | 6 | 5 | 2 | 2 | 1 | .0192 |
| 11 | 8 | 6 | 6 | 4 | 0 | 0 | 0 | .0153 | 11 | 7 | 7 | 6 | 6 | 0 | 0 | 0 | .0000 |
| 11 | 8 | 6 | 6 | 4 | 4 | 0 | 0 | .0063 | 11 | 7 | 7 | 6 | 6 | 1 | 1 | 0 | .0004 |
| 11 | 8 | 6 | 6 | 4 | 4 | 1 | 1 | .0153 | 11 | 8 | 7 | 6 | 0 | 0 | 0 | 1 | .0053 |
| 11 | 8 | 6 | 6 | 5 | 1 | 0 | 0 | .0094 | 11 | 8 | 7 | 6 | 0 | 0 | 1 | 0 | .0081 |
| 11 | 8 | 6 | 6 | 5 | 2 | 0 | 1 | .0201 | 11 | 8 | 7 | 6 | 0 | 1 | 0 | 0 | .0136 |
| 11 | 8 | 6 | 6 | 5 | 2 | 1 | 0 | .0201 | 11 | 8 | 7 | 6 | 1 | 0 | 0 | 2 | .0345 |
| 11 | 8 | 6 | 6 | 5 | 3 | 0 | 0 | .0043 | 11 | 8 | 7 | 6 | 2 | 0 | 0 | 3 | .0053 |
| 11 | 8 | 6 | 6 | 5 | 3 | 1 | 1 | .0094 | 11 | 8 | 7 | 6 | 2 | 0 | 3 | 0 | .0213 |
| 11 | 8 | 6 | 6 | 6 | 2 | 0 | 0 | .0001 | 11 | 8 | 7 | 6 | 3 | 1 | 0 | 3 | .0136 |
| 11 | 9 | 6 | 6 | 0 | 0 | 0 | 1 | .0057 | 11 | 8 | 7 | 6 | 3 | 4 | 0 | 0 | .0136 |
| 11 | 9 | 6 | 6 | 0 | 0 | 1 | 0 | .0057 | 11 | 8 | 7 | 6 | 4 | 2 | 3 | 0 | .0213 |
| 11 | 9 | 6 | 6 | 0 | 1 | 0 | 0 | .0134 | 11 | 8 | 7 | 6 | 4 | 4 | 1 | 0 | .0081 |
| 11 | 9 | 6 | 6 | 1 | 0 | 0 | 2 | .0104 | 11 | 8 | 7 | 6 | 5 | 0 | 0 | 0 | .0053 |
| 11 | 9 | 6 | 6 | 1 | 0 | 2 | 0 | .0104 | 11 | 8 | 7 | 6 | 5 | 1 | 0 | 1 | .0345 |
| 11 | 9 | 6 | 6 | 4 | 5 | 0 | 0 | .0010 | 11 | 8 | 7 | 6 | 5 | 2 | 0 | 0 | .0345 |
| 11 | 9 | 6 | 6 | 5 | 3 | 0 | 1 | .0228 | 11 | 8 | 7 | 6 | 5 | 2 | 2 | 0 | .0345 |
| 11 | 9 | 6 | 6 | 5 | 3 | 1 | 0 | .0228 | 11 | 8 | 7 | 6 | 5 | 3 | 1 | 0 | .0158 |
| 11 | 9 | 6 | 6 | 5 | 4 | 0 | 0 | .0057 | 11 | 8 | 7 | 6 | 5 | 3 | 2 | 1 | .0053 |
| 11 | 9 | 6 | 6 | 5 | 4 | 1 | 1 | .0057 | 11 | 8 | 7 | 6 | 6 | 1 | 0 | 0 | .0004 |
| 11 | 9 | 6 | 6 | 6 | 3 | 0 | 0 | .0004 | 11 | 8 | 7 | 6 | 6 | 2 | 1 | 0 | .0009 |
| 11 | 10 | 6 | 6 | 0 | 0 | 0 | 0 | .0033 | 11 | 9 | 7 | 6 | 0 | 0 | 0 | 0 | .0008 |
| 11 | 10 | 6 | 6 | 1 | 0 | 0 | 1 | .0270 | 11 | 9 | 7 | 6 | 1 | 0 | 0 | 1 | .0375 |
| 11 | 10 | 6 | 6 | 1 | 0 | 1 | 0 | .0270 | 11 | 9 | 7 | 6 | 2 | 0 | 0 | 2 | .0176 |
| 11 | 10 | 6 | 6 | 2 | 0 | 0 | 0 | .0417 | 11 | 9 | 7 | 6 | 4 | 4 | 0 | 0 | .0127 |
| 11 | 10 | 6 | 6 | 5 | 4 | 0 | 1 | .0270 | 11 | 9 | 7 | 6 | 5 | 3 | 0 | 0 | .0375 |
| 11 | 10 | 6 | 6 | 5 | 4 | 1 | 0 | .0270 | 11 | 9 | 7 | 6 | 5 | 3 | 1 | 1 | .0375 |
| 11 | 10 | 6 | 6 | 5 | 5 | 0 | 0 | .0033 | 11 | 9 | 7 | 6 | 5 | 3 | 2 | 0 | .0085 |
| 11 | 10 | 6 | 6 | 6 | 4 | 0 | 0 | .0010 | 11 | 9 | 7 | 6 | 5 | 4 | 1 | 0 | .0052 |
| 11 | 11 | 6 | 6 | 1 | 0 | 0 | 0 | .0152 | 11 | 9 | 7 | 6 | 6 | 2 | 0 | 0 | .0052 |
| 11 | 11 | 6 | 6 | 6 | 5 | 0 | 0 | .0022 | 11 | 9 | 7 | 6 | 6 | 3 | 1 | 0 | .0019 |
| 11 | 7 | 7 | 6 | 0 | 0 | 0 | 0 | .0068 | 11 | 10 | 7 | 6 | 1 | 0 | 0 | 0 | .0234 |

| | | | | | | | | | | | | | | | |
|---|---|---|---|---|---|---|---|---|---|---|---|---|---|---|---|
| 11 | 10 | 7 | 6 | 5 | 4 | 0 | 0 | .0234 | 11 | 8 | 7 | 7 | 3 | 0 | 0 | 3 | .0191 |
| 11 | 10 | 7 | 6 | 6 | 3 | 0 | 0 | .0069 | 11 | 8 | 7 | 7 | 3 | 0 | 3 | 0 | .0191 |
| 11 | 10 | 7 | 6 | 6 | 4 | 1 | 0 | .0014 | 11 | 8 | 7 | 7 | 4 | 1 | 0 | 3 | .0191 |
| 11 | 11 | 7 | 6 | 6 | 4 | 0 | 0 | .0152 | 11 | 8 | 7 | 7 | 4 | 1 | 3 | 0 | .0191 |
| 11 | 8 | 8 | 6 | 0 | 0 | 0 | 0 | .0018 | 11 | 8 | 7 | 7 | 4 | 4 | 0 | 0 | .0019 |
| 11 | 8 | 8 | 6 | 1 | 0 | 0 | 1 | .0476 | 11 | 8 | 7 | 7 | 5 | 0 | 0 | 1 | .0500 |
| 11 | 8 | 8 | 6 | 2 | 0 | 0 | 2 | .0476 | 11 | 8 | 7 | 7 | 5 | 0 | 1 | 0 | .0500 |
| 11 | 8 | 8 | 6 | 3 | 0 | 0 | 3 | .0018 | 11 | 8 | 7 | 7 | 5 | 1 | 0 | 2 | .0500 |
| 11 | 8 | 8 | 6 | 4 | 0 | 0 | 2 | .0145 | 11 | 8 | 7 | 7 | 5 | 1 | 2 | 0 | .0500 |
| 11 | 8 | 8 | 6 | 5 | 0 | 0 | 1 | .0118 | 11 | 8 | 7 | 7 | 5 | 2 | 1 | 2 | .0500 |
| 11 | 8 | 8 | 6 | 5 | 0 | 1 | 0 | .0476 | 11 | 8 | 7 | 7 | 5 | 2 | 2 | 1 | .0500 |
| 11 | 8 | 8 | 6 | 5 | 1 | 0 | 0 | .0476 | 11 | 8 | 7 | 7 | 5 | 3 | 0 | 0 | .0088 |
| 11 | 8 | 8 | 6 | 5 | 2 | 2 | 1 | .0476 | 11 | 8 | 7 | 7 | 5 | 3 | 1 | 1 | .0222 |
| 11 | 8 | 8 | 6 | 5 | 2 | 3 | 0 | .0118 | 11 | 8 | 7 | 7 | 6 | 0 | 0 | 0 | .0006 |
| 11 | 8 | 8 | 6 | 5 | 3 | 2 | 0 | .0118 | 11 | 8 | 7 | 7 | 6 | 1 | 0 | 1 | .0088 |
| 11 | 8 | 8 | 6 | 6 | 0 | 0 | 0 | .0004 | 11 | 8 | 7 | 7 | 6 | 1 | 1 | 0 | .0088 |
| 11 | 8 | 8 | 6 | 6 | 1 | 1 | 0 | .0118 | 11 | 8 | 7 | 7 | 6 | 2 | 0 | 0 | .0026 |
| 11 | 8 | 8 | 6 | 6 | 2 | 2 | 0 | .0029 | 11 | 8 | 7 | 7 | 6 | 2 | 1 | 1 | .0088 |
| 11 | 9 | 8 | 6 | 1 | 0 | 0 | 0 | .0309 | 11 | 8 | 7 | 7 | 7 | 1 | 0 | 0 | .0001 |
| 11 | 9 | 8 | 6 | 3 | 0 | 0 | 2 | .0309 | 11 | 9 | 7 | 7 | 1 | 0 | 0 | 0 | .0242 |
| 11 | 9 | 8 | 6 | 4 | 1 | 0 | 2 | .0391 | 11 | 9 | 7 | 7 | 5 | 0 | 0 | 0 | .0451 |
| 11 | 9 | 8 | 6 | 5 | 0 | 0 | 0 | .0309 | 11 | 9 | 7 | 7 | 5 | 2 | 0 | 2 | .0451 |
| 11 | 9 | 8 | 6 | 6 | 1 | 0 | 0 | .0044 | 11 | 9 | 7 | 7 | 5 | 2 | 2 | 0 | .0451 |
| 11 | 9 | 8 | 6 | 6 | 2 | 1 | 0 | .0309 | 11 | 9 | 7 | 7 | 5 | 4 | 0 | 0 | .0015 |
| 11 | 9 | 8 | 6 | 6 | 3 | 2 | 0 | .0011 | 11 | 9 | 7 | 7 | 6 | 1 | 0 | 0 | .0185 |
| 11 | 10 | 8 | 6 | 6 | 2 | 0 | 0 | .0275 | 11 | 9 | 7 | 7 | 6 | 2 | 0 | 1 | .0185 |
| 11 | 10 | 8 | 6 | 6 | 3 | 1 | 0 | .0110 | 11 | 9 | 7 | 7 | 6 | 2 | 1 | 0 | .0185 |
| 11 | 9 | 9 | 6 | 4 | 0 | 0 | 2 | .0083 | 11 | 9 | 7 | 7 | 6 | 3 | 0 | 0 | .0046 |
| 11 | 9 | 9 | 6 | 5 | 0 | 0 | 1 | .0281 | 11 | 9 | 7 | 7 | 6 | 3 | 1 | 1 | .0046 |
| 11 | 9 | 9 | 6 | 6 | 0 | 0 | 0 | .0033 | 11 | 9 | 7 | 7 | 7 | 2 | 0 | 0 | .0003 |
| 11 | 9 | 9 | 6 | 6 | 1 | 1 | 0 | .0479 | 11 | 10 | 7 | 7 | 6 | 2 | 0 | 0 | .0416 |
| 11 | 9 | 9 | 6 | 6 | 2 | 2 | 0 | .0281 | 11 | 10 | 7 | 7 | 6 | 3 | 0 | 1 | .0185 |
| 11 | 10 | 9 | 6 | 6 | 1 | 0 | 0 | .0331 | 11 | 10 | 7 | 7 | 6 | 3 | 1 | 0 | .0185 |
| 11 | 10 | 10 | 6 | 6 | 0 | 0 | 0 | .0413 | 11 | 10 | 7 | 7 | 6 | 4 | 0 | 0 | .0030 |
| 11 | 7 | 7 | 7 | 0 | 0 | 0 | 1 | .0149 | 11 | 10 | 7 | 7 | 7 | 3 | 0 | 0 | .0011 |
| 11 | 7 | 7 | 7 | 0 | 0 | 1 | 0 | .0149 | 11 | 11 | 7 | 7 | 7 | 4 | 0 | 0 | .0030 |
| 11 | 7 | 7 | 7 | 0 | 1 | 0 | 0 | .0149 | 11 | 8 | 8 | 7 | 1 | 0 | 0 | 0 | .0420 |
| 11 | 7 | 7 | 7 | 2 | 0 | 0 | 3 | .0395 | 11 | 8 | 8 | 7 | 4 | 0 | 0 | 3 | .0019 |
| 11 | 7 | 7 | 7 | 2 | 0 | 3 | 0 | .0395 | 11 | 8 | 8 | 7 | 4 | 0 | 3 | 0 | .0420 |
| 11 | 7 | 7 | 7 | 2 | 3 | 0 | 0 | .0395 | 11 | 8 | 8 | 7 | 4 | 3 | 0 | 0 | .0420 |
| 11 | 7 | 7 | 7 | 3 | 0 | 0 | 4 | .0017 | 11 | 8 | 8 | 7 | 5 | 0 | 0 | 2 | .0266 |
| 11 | 7 | 7 | 7 | 3 | 0 | 4 | 0 | .0017 | 11 | 8 | 8 | 7 | 5 | 1 | 3 | 0 | .0266 |
| 11 | 7 | 7 | 7 | 3 | 4 | 0 | 0 | .0017 | 11 | 8 | 8 | 7 | 5 | 3 | 1 | 0 | .0266 |
| 11 | 7 | 7 | 7 | 4 | 0 | 0 | 3 | .0149 | 11 | 8 | 8 | 7 | 6 | 0 | 0 | 1 | .0050 |
| 11 | 7 | 7 | 7 | 4 | 0 | 3 | 0 | .0149 | 11 | 8 | 8 | 7 | 6 | 0 | 1 | 0 | .0266 |
| 11 | 7 | 7 | 7 | 4 | 1 | 1 | 3 | .0395 | 11 | 8 | 8 | 7 | 6 | 1 | 0 | 0 | .0266 |
| 11 | 7 | 7 | 7 | 4 | 1 | 3 | 1 | .0395 | 11 | 8 | 8 | 7 | 6 | 1 | 1 | 1 | .0482 |
| 11 | 7 | 7 | 7 | 4 | 3 | 0 | 0 | .0149 | 11 | 8 | 8 | 7 | 6 | 1 | 2 | 0 | .0266 |
| 11 | 7 | 7 | 7 | 4 | 3 | 1 | 1 | .0395 | 11 | 8 | 8 | 7 | 6 | 2 | 1 | 0 | .0266 |
| 11 | 7 | 7 | 7 | 5 | 0 | 0 | 0 | .0164 | 11 | 8 | 8 | 7 | 6 | 2 | 2 | 1 | .0050 |
| 11 | 7 | 7 | 7 | 5 | 0 | 0 | 2 | .0071 | 11 | 8 | 8 | 7 | 7 | 0 | 0 | 0 | .0001 |
| 11 | 7 | 7 | 7 | 5 | 0 | 2 | 0 | .0071 | 11 | 8 | 8 | 7 | 7 | 1 | 1 | 0 | .0006 |
| 11 | 7 | 7 | 7 | 5 | 2 | 0 | 0 | .0071 | 11 | 9 | 8 | 7 | 6 | 0 | 0 | 0 | .0150 |
| 11 | 7 | 7 | 7 | 5 | 2 | 2 | 2 | .0071 | 11 | 9 | 8 | 7 | 6 | 2 | 2 | 0 | .0150 |
| 11 | 7 | 7 | 7 | 6 | 0 | 0 | 1 | .0008 | 11 | 9 | 8 | 7 | 6 | 3 | 1 | 0 | .0057 |
| 11 | 7 | 7 | 7 | 6 | 0 | 1 | 0 | .0008 | 11 | 9 | 8 | 7 | 7 | 1 | 0 | 0 | .0026 |
| 11 | 7 | 7 | 7 | 6 | 1 | 0 | 0 | .0008 | 11 | 9 | 8 | 7 | 7 | 2 | 1 | 0 | .0026 |
| 11 | 7 | 7 | 7 | 6 | 1 | 1 | 1 | .0025 | 11 | 10 | 8 | 7 | 6 | 2 | 0 | 1 | .0474 |
| 11 | 7 | 7 | 7 | 7 | 0 | 0 | 0 | .0000 | 11 | 10 | 8 | 7 | 6 | 3 | 0 | 0 | .0242 |
| 11 | 8 | 7 | 7 | 0 | 0 | 0 | 0 | .0019 | 11 | 10 | 8 | 7 | 7 | 2 | 0 | 0 | .0088 |

Tafel XVII-1-1 (Fortsetz.)                                                                 527

| N | $n_{1..}$ | $n_{.1.}$ | $n_{..1}$ | $n_{111}$ | $n_{122}$ | $n_{212}$ | $n_{221}$ | P |
|---|---|---|---|---|---|---|---|---|
| 11 | 10 | 8 | 7 | 7 | 3 | 1 | 0 | .0022 |
| 11 | 11 | 8 | 7 | 7 | 3 | 0 | 0 | .0242 |
| 11 | 9 | 9 | 7 | 5 | 0 | 0 | 2 | .0109 |
| 11 | 9 | 9 | 7 | 6 | 0 | 0 | 1 | .0281 |
| 11 | 9 | 9 | 7 | 7 | 0 | 0 | 0 | .0040 |
| 11 | 9 | 9 | 7 | 7 | 1 | 1 | 0 | .0188 |
| 11 | 9 | 9 | 7 | 7 | 2 | 2 | 0 | .0040 |
| 11 | 10 | 9 | 7 | 7 | 1 | 0 | 0 | .0397 |
| 11 | 10 | 9 | 7 | 7 | 2 | 1 | 0 | .0397 |
| 11 | 10 | 10 | 7 | 7 | 0 | 0 | 0 | .0331 |
| 11 | 8 | 8 | 8 | 5 | 0 | 0 | 3 | .0106 |
| 11 | 8 | 8 | 8 | 5 | 0 | 3 | 0 | .0106 |
| 11 | 8 | 8 | 8 | 5 | 3 | 0 | 0 | .0106 |
| 11 | 8 | 8 | 8 | 6 | 0 | 0 | 0 | .0446 |
| 11 | 8 | 8 | 8 | 6 | 0 | 0 | 2 | .0199 |
| 11 | 8 | 8 | 8 | 6 | 0 | 2 | 0 | .0199 |
| 11 | 8 | 8 | 8 | 6 | 1 | 1 | 2 | .0446 |
| 11 | 8 | 8 | 8 | 6 | 1 | 2 | 1 | .0446 |
| 11 | 8 | 8 | 8 | 6 | 2 | 0 | 0 | .0199 |
| 11 | 8 | 8 | 8 | 6 | 2 | 1 | 1 | .0446 |
| 11 | 8 | 8 | 8 | 7 | 0 | 0 | 1 | .0027 |
| 11 | 8 | 8 | 8 | 7 | 0 | 1 | 0 | .0027 |
| 11 | 8 | 8 | 8 | 7 | 1 | 0 | 0 | .0027 |
| 11 | 8 | 8 | 8 | 7 | 1 | 1 | 1 | .0044 |
| 11 | 8 | 8 | 8 | 8 | 0 | 0 | 0 | .0000 |
| 11 | 9 | 8 | 8 | 6 | 1 | 0 | 2 | .0404 |
| 11 | 9 | 8 | 8 | 6 | 1 | 2 | 0 | .0404 |
| 11 | 9 | 8 | 8 | 6 | 3 | 0 | 0 | .0113 |
| 11 | 9 | 8 | 8 | 7 | 0 | 0 | 0 | .0083 |
| 11 | 9 | 8 | 8 | 7 | 1 | 0 | 1 | .0219 |
| 11 | 9 | 8 | 8 | 7 | 1 | 1 | 0 | .0219 |
| 11 | 9 | 8 | 8 | 7 | 2 | 0 | 0 | .0083 |
| 11 | 9 | 8 | 8 | 7 | 2 | 1 | 1 | .0083 |
| 11 | 9 | 8 | 8 | 8 | 1 | 0 | 0 | .0003 |
| 11 | 10 | 8 | 8 | 7 | 2 | 0 | 1 | .0325 |
| 11 | 10 | 8 | 8 | 7 | 2 | 1 | 0 | .0325 |
| 11 | 10 | 8 | 8 | 7 | 3 | 0 | 0 | .0061 |
| 11 | 10 | 8 | 8 | 8 | 2 | 0 | 0 | .0017 |
| 11 | 11 | 8 | 8 | 8 | 3 | 0 | 0 | .0061 |
| 11 | 9 | 9 | 8 | 6 | 0 | 0 | 2 | .0360 |
| 11 | 9 | 9 | 8 | 7 | 0 | 0 | 1 | .0268 |
| 11 | 9 | 9 | 8 | 7 | 1 | 2 | 0 | .0268 |
| 11 | 9 | 9 | 8 | 7 | 2 | 1 | 0 | .0268 |
| 11 | 9 | 9 | 8 | 8 | 0 | 0 | 0 | .0010 |
| 11 | 9 | 9 | 8 | 8 | 1 | 1 | 0 | .0030 |
| 11 | 10 | 9 | 8 | 8 | 1 | 0 | 0 | .0149 |
| 11 | 10 | 9 | 8 | 8 | 2 | 1 | 0 | .0050 |
| 11 | 11 | 9 | 8 | 8 | 2 | 0 | 0 | .0545 |
| 11 | 10 | 10 | 8 | 8 | 0 | 0 | 0 | .0248 |
| 11 | 9 | 9 | 9 | 8 | 0 | 0 | 1 | .0241 |
| 11 | 9 | 9 | 9 | 8 | 0 | 1 | 0 | .0241 |
| 11 | 9 | 9 | 9 | 8 | 1 | 0 | 0 | .0241 |
| 11 | 9 | 9 | 9 | 8 | 1 | 1 | 1 | .0241 |
| 11 | 9 | 9 | 9 | 9 | 0 | 0 | 0 | .0003 |
| 11 | 10 | 9 | 9 | 8 | 2 | 0 | 0 | .0182 |
| 11 | 10 | 9 | 9 | 9 | 1 | 0 | 0 | .0033 |
| 11 | 11 | 9 | 9 | 9 | 2 | 0 | 0 | .0182 |
| 11 | 10 | 10 | 9 | 9 | 0 | 0 | 0 | .0331 |
| 11 | 10 | 10 | 9 | 9 | 1 | 1 | 0 | .0331 |
| 11 | 10 | 10 | 10 | 10 | 0 | 0 | 0 | .0083 |
| 12 | 6 | 6 | 6 | 0 | 0 | 0 | 0 | .0091 |
| 12 | 6 | 6 | 6 | 0 | 0 | 0 | 2 | .0344 |
| 12 | 6 | 6 | 6 | 0 | 0 | 0 | 4 | .0022 |
| 12 | 6 | 6 | 6 | 0 | 0 | 0 | 6 | .0000 |
| 12 | 6 | 6 | 6 | 0 | 0 | 1 | 5 | .0005 |
| 12 | 6 | 6 | 6 | 0 | 0 | 2 | 0 | .0344 |
| 12 | 6 | 6 | 6 | 0 | 0 | 2 | 4 | .0054 |
| 12 | 6 | 6 | 6 | 0 | 0 | 3 | 3 | .0091 |
| 12 | 6 | 6 | 6 | 0 | 0 | 4 | 0 | .0022 |
| 12 | 6 | 6 | 6 | 0 | 0 | 4 | 2 | .0054 |
| 12 | 6 | 6 | 6 | 0 | 0 | 5 | 1 | .0005 |
| 12 | 6 | 6 | 6 | 0 | 0 | 6 | 0 | .0000 |
| 12 | 6 | 6 | 6 | 0 | 1 | 0 | 5 | .0005 |
| 12 | 6 | 6 | 6 | 0 | 1 | 1 | 4 | .0218 |
| 12 | 6 | 6 | 6 | 0 | 1 | 4 | 1 | .0218 |
| 12 | 6 | 6 | 6 | 0 | 1 | 5 | 0 | .0005 |
| 12 | 6 | 6 | 6 | 0 | 2 | 0 | 0 | .0344 |
| 12 | 6 | 6 | 6 | 0 | 2 | 0 | 4 | .0054 |
| 12 | 6 | 6 | 6 | 0 | 2 | 4 | 0 | .0054 |
| 12 | 6 | 6 | 6 | 0 | 3 | 0 | 3 | .0091 |
| 12 | 6 | 6 | 6 | 0 | 3 | 3 | 0 | .0091 |
| 12 | 6 | 6 | 6 | 0 | 4 | 0 | 0 | .0022 |
| 12 | 6 | 6 | 6 | 0 | 4 | 0 | 2 | .0054 |
| 12 | 6 | 6 | 6 | 0 | 4 | 1 | 1 | .0218 |
| 12 | 6 | 6 | 6 | 0 | 4 | 2 | 0 | .0054 |
| 12 | 6 | 6 | 6 | 0 | 5 | 0 | 1 | .0005 |
| 12 | 6 | 6 | 6 | 0 | 5 | 1 | 0 | .0005 |
| 12 | 6 | 6 | 6 | 0 | 6 | 0 | 0 | .0000 |
| 12 | 6 | 6 | 6 | 1 | 0 | 0 | 5 | .0005 |
| 12 | 6 | 6 | 6 | 1 | 0 | 1 | 4 | .0218 |
| 12 | 6 | 6 | 6 | 1 | 0 | 4 | 1 | .0218 |
| 12 | 6 | 6 | 6 | 1 | 0 | 5 | 0 | .0005 |
| 12 | 6 | 6 | 6 | 1 | 1 | 0 | 4 | .0218 |
| 12 | 6 | 6 | 6 | 1 | 1 | 1 | 5 | .0022 |
| 12 | 6 | 6 | 6 | 1 | 1 | 4 | 0 | .0218 |
| 12 | 6 | 6 | 6 | 1 | 1 | 5 | 1 | .0022 |
| 12 | 6 | 6 | 6 | 1 | 4 | 0 | 1 | .0218 |
| 12 | 6 | 6 | 6 | 1 | 4 | 1 | 0 | .0218 |
| 12 | 6 | 6 | 6 | 1 | 5 | 0 | 0 | .0005 |
| 12 | 6 | 6 | 6 | 1 | 5 | 1 | 1 | .0022 |
| 12 | 6 | 6 | 6 | 2 | 0 | 0 | 0 | .0344 |
| 12 | 6 | 6 | 6 | 2 | 0 | 0 | 4 | .0054 |
| 12 | 6 | 6 | 6 | 2 | 0 | 4 | 0 | .0054 |
| 12 | 6 | 6 | 6 | 2 | 2 | 2 | 4 | .0344 |
| 12 | 6 | 6 | 6 | 2 | 2 | 4 | 2 | .0344 |
| 12 | 6 | 6 | 6 | 2 | 4 | 0 | 0 | .0054 |
| 12 | 6 | 6 | 6 | 2 | 4 | 2 | 2 | .0344 |
| 12 | 6 | 6 | 6 | 3 | 0 | 0 | 3 | .0091 |
| 12 | 6 | 6 | 6 | 3 | 0 | 3 | 0 | .0091 |
| 12 | 6 | 6 | 6 | 3 | 3 | 0 | 0 | .0091 |
| 12 | 6 | 6 | 6 | 3 | 3 | 3 | 3 | .0091 |
| 12 | 6 | 6 | 6 | 4 | 0 | 0 | 0 | .0022 |
| 12 | 6 | 6 | 6 | 4 | 0 | 0 | 2 | .0054 |
| 12 | 6 | 6 | 6 | 4 | 0 | 1 | 1 | .0218 |
| 12 | 6 | 6 | 6 | 4 | 0 | 2 | 0 | .0054 |
| 12 | 6 | 6 | 6 | 4 | 1 | 0 | 1 | .0218 |

Tafel XVII-1-1 (Fortsetz.)

| | | | | | | | | | | | | | | | |
|---|---|---|---|---|---|---|---|---|---|---|---|---|---|---|---|
| 12 | 6 | 6 | 6 | 4 | 1 | 1 | 0 | ,0218 | 12 | 7 | 6 | 6 | 5 | 1 | 1 | 0 | ,0027 |
| 12 | 6 | 6 | 6 | 4 | 2 | 0 | 0 | ,0054 | 12 | 7 | 6 | 6 | 5 | 2 | 0 | 0 | ,0007 |
| 12 | 6 | 6 | 6 | 4 | 2 | 2 | 2 | ,0344 | 12 | 7 | 6 | 6 | 5 | 2 | 1 | 1 | ,0063 |
| 12 | 6 | 6 | 6 | 5 | 0 | 0 | 1 | ,0005 | 12 | 7 | 6 | 6 | 6 | 1 | 0 | 0 | ,0000 |
| 12 | 6 | 6 | 6 | 5 | 0 | 1 | 0 | ,0005 | 12 | 8 | 6 | 6 | 0 | 0 | 0 | 0 | ,0067 |
| 12 | 6 | 6 | 6 | 5 | 1 | 0 | 0 | ,0005 | 12 | 8 | 6 | 6 | 0 | 0 | 0 | 2 | ,0161 |
| 12 | 6 | 6 | 6 | 5 | 1 | 1 | 1 | ,0022 | 12 | 8 | 6 | 6 | 0 | 0 | 0 | 4 | ,0001 |
| 12 | 6 | 6 | 6 | 6 | 0 | 0 | 0 | ,0000 | 12 | 8 | 6 | 6 | 0 | 0 | 1 | 1 | ,0201 |
| 12 | 7 | 6 | 6 | 0 | 0 | 0 | 1 | ,0358 | 12 | 8 | 6 | 6 | 0 | 0 | 1 | 3 | ,0012 |
| 12 | 7 | 6 | 6 | 0 | 0 | 0 | 3 | ,0063 | 12 | 8 | 6 | 6 | 0 | 0 | 2 | 0 | ,0161 |
| 12 | 7 | 6 | 6 | 0 | 0 | 0 | 5 | ,0000 | 12 | 8 | 6 | 6 | 0 | 0 | 2 | 2 | ,0067 |
| 12 | 7 | 6 | 6 | 0 | 0 | 1 | 0 | ,0358 | 12 | 8 | 6 | 6 | 0 | 0 | 3 | 1 | ,0012 |
| 12 | 7 | 6 | 6 | 0 | 0 | 1 | 4 | ,0007 | 12 | 8 | 6 | 6 | 0 | 0 | 4 | 0 | ,0001 |
| 12 | 7 | 6 | 6 | 0 | 0 | 2 | 3 | ,0043 | 12 | 8 | 6 | 6 | 0 | 1 | 0 | 3 | ,0161 |
| 12 | 7 | 6 | 6 | 0 | 0 | 3 | 0 | ,0063 | 12 | 8 | 6 | 6 | 0 | 1 | 3 | 0 | ,0161 |
| 12 | 7 | 6 | 6 | 0 | 0 | 3 | 2 | ,0043 | 12 | 8 | 6 | 6 | 0 | 2 | 0 | 0 | ,0516 |
| 12 | 7 | 6 | 6 | 0 | 0 | 4 | 1 | ,0007 | 12 | 8 | 6 | 6 | 0 | 3 | 0 | 1 | ,0516 |
| 12 | 7 | 6 | 6 | 0 | 0 | 5 | 0 | ,0000 | 12 | 8 | 6 | 6 | 0 | 3 | 1 | 0 | ,0516 |
| 12 | 7 | 6 | 6 | 0 | 1 | 0 | 4 | ,0027 | 12 | 8 | 6 | 6 | 0 | 4 | 0 | 0 | ,0067 |
| 12 | 7 | 6 | 6 | 0 | 1 | 4 | 0 | ,0027 | 12 | 8 | 6 | 6 | 1 | 0 | 0 | 3 | ,0161 |
| 12 | 7 | 6 | 6 | 0 | 2 | 0 | 3 | ,0358 | 12 | 8 | 6 | 6 | 1 | 0 | 3 | 0 | ,0161 |
| 12 | 7 | 6 | 6 | 0 | 2 | 3 | 0 | ,0358 | 12 | 8 | 6 | 6 | 1 | 1 | 0 | 4 | ,0028 |
| 12 | 7 | 6 | 6 | 0 | 3 | 0 | 0 | ,0358 | 12 | 8 | 6 | 6 | 1 | 1 | 4 | 0 | ,0028 |
| 12 | 7 | 6 | 6 | 0 | 4 | 0 | 1 | ,0112 | 12 | 8 | 6 | 6 | 1 | 5 | 0 | 0 | ,0028 |
| 12 | 7 | 6 | 6 | 0 | 4 | 1 | 0 | ,0112 | 12 | 8 | 6 | 6 | 2 | 0 | 0 | 0 | ,0516 |
| 12 | 7 | 6 | 6 | 0 | 5 | 0 | 0 | ,0002 | 12 | 8 | 6 | 6 | 2 | 2 | 0 | 4 | ,0067 |
| 12 | 7 | 6 | 6 | 1 | 0 | 0 | 4 | ,0027 | 12 | 8 | 6 | 6 | 2 | 2 | 4 | 0 | ,0067 |
| 12 | 7 | 6 | 6 | 1 | 0 | 4 | 0 | ,0027 | 12 | 8 | 6 | 6 | 2 | 3 | 0 | 3 | ,0516 |
| 12 | 7 | 6 | 6 | 1 | 1 | 0 | 5 | ,0002 | 12 | 8 | 6 | 6 | 2 | 3 | 3 | 0 | ,0516 |
| 12 | 7 | 6 | 6 | 1 | 1 | 1 | 4 | ,0358 | 12 | 8 | 6 | 6 | 2 | 5 | 0 | 1 | ,0161 |
| 12 | 7 | 6 | 6 | 1 | 1 | 4 | 1 | ,0358 | 12 | 8 | 6 | 6 | 2 | 5 | 1 | 0 | ,0161 |
| 12 | 7 | 6 | 6 | 1 | 1 | 5 | 0 | ,0002 | 12 | 8 | 6 | 6 | 2 | 6 | 0 | 0 | ,0001 |
| 12 | 7 | 6 | 6 | 1 | 2 | 0 | 4 | ,0112 | 12 | 8 | 6 | 6 | 3 | 0 | 0 | 1 | ,0516 |
| 12 | 7 | 6 | 6 | 1 | 2 | 4 | 0 | ,0112 | 12 | 8 | 6 | 6 | 3 | 0 | 1 | 0 | ,0516 |
| 12 | 7 | 6 | 6 | 1 | 4 | 0 | 0 | ,0358 | 12 | 8 | 6 | 6 | 3 | 2 | 0 | 3 | ,0516 |
| 12 | 7 | 6 | 6 | 1 | 4 | 0 | 2 | ,0358 | 12 | 8 | 6 | 6 | 3 | 2 | 3 | 0 | ,0516 |
| 12 | 7 | 6 | 6 | 1 | 4 | 2 | 0 | ,0358 | 12 | 8 | 6 | 6 | 3 | 3 | 1 | 3 | ,0516 |
| 12 | 7 | 6 | 6 | 1 | 5 | 0 | 1 | ,0027 | 12 | 8 | 6 | 6 | 3 | 3 | 3 | 1 | ,0516 |
| 12 | 7 | 6 | 6 | 1 | 5 | 1 | 0 | ,0027 | 12 | 8 | 6 | 6 | 3 | 5 | 0 | 0 | ,0012 |
| 12 | 7 | 6 | 6 | 1 | 6 | 0 | 0 | ,0000 | 12 | 8 | 6 | 6 | 3 | 5 | 1 | 1 | ,0161 |
| 12 | 7 | 6 | 6 | 2 | 0 | 0 | 3 | ,0358 | 12 | 8 | 6 | 6 | 4 | 0 | 0 | 0 | ,0067 |
| 12 | 7 | 6 | 6 | 2 | 0 | 3 | 0 | ,0358 | 12 | 8 | 6 | 6 | 4 | 4 | 0 | 0 | ,0067 |
| 12 | 7 | 6 | 6 | 2 | 1 | 0 | 4 | ,0112 | 12 | 8 | 6 | 6 | 4 | 4 | 1 | 1 | ,0201 |
| 12 | 7 | 6 | 6 | 2 | 1 | 4 | 0 | ,0112 | 12 | 8 | 6 | 6 | 4 | 4 | 2 | 2 | ,0067 |
| 12 | 7 | 6 | 6 | 2 | 2 | 1 | 4 | ,0358 | 12 | 8 | 6 | 6 | 5 | 1 | 0 | 0 | ,0028 |
| 12 | 7 | 6 | 6 | 2 | 2 | 4 | 1 | ,0358 | 12 | 8 | 6 | 6 | 5 | 2 | 0 | 1 | ,0161 |
| 12 | 7 | 6 | 6 | 2 | 5 | 0 | 0 | ,0007 | 12 | 8 | 6 | 6 | 5 | 2 | 1 | 0 | ,0161 |
| 12 | 7 | 6 | 6 | 2 | 5 | 1 | 1 | ,0063 | 12 | 8 | 6 | 6 | 5 | 3 | 0 | 0 | ,0012 |
| 12 | 7 | 6 | 6 | 3 | 0 | 0 | 0 | ,0358 | 12 | 8 | 6 | 6 | 5 | 3 | 1 | 1 | ,0161 |
| 12 | 7 | 6 | 6 | 3 | 4 | 0 | 0 | ,0043 | 12 | 8 | 6 | 6 | 6 | 2 | 0 | 0 | ,0001 |
| 12 | 7 | 6 | 6 | 3 | 4 | 2 | 2 | ,0358 | 12 | 9 | 6 | 6 | 0 | 0 | 0 | 1 | ,0057 |
| 12 | 7 | 6 | 6 | 4 | 0 | 0 | 1 | ,0112 | 12 | 9 | 6 | 6 | 0 | 0 | 0 | 3 | ,0004 |
| 12 | 7 | 6 | 6 | 4 | 0 | 1 | 0 | ,0112 | 12 | 9 | 6 | 6 | 0 | 0 | 1 | 0 | ,0057 |
| 12 | 7 | 6 | 6 | 4 | 1 | 0 | 0 | ,0358 | 12 | 9 | 6 | 6 | 0 | 0 | 1 | 2 | ,0022 |
| 12 | 7 | 6 | 6 | 4 | 1 | 0 | 2 | ,0358 | 12 | 9 | 6 | 6 | 0 | 0 | 2 | 1 | ,0022 |
| 12 | 7 | 6 | 6 | 4 | 1 | 2 | 0 | ,0358 | 12 | 9 | 6 | 6 | 0 | 0 | 3 | 0 | ,0004 |
| 12 | 7 | 6 | 6 | 4 | 3 | 0 | 0 | ,0043 | 12 | 9 | 6 | 6 | 0 | 1 | 0 | 0 | ,0437 |
| 12 | 7 | 6 | 6 | 4 | 3 | 2 | 2 | ,0358 | 12 | 9 | 6 | 6 | 0 | 1 | 0 | 2 | ,0270 |
| 12 | 7 | 6 | 6 | 5 | 0 | 0 | 0 | ,0002 | 12 | 9 | 6 | 6 | 0 | 1 | 2 | 0 | ,0270 |
| 12 | 7 | 6 | 6 | 5 | 1 | 0 | 1 | ,0027 | 12 | 9 | 6 | 6 | 0 | 3 | 0 | 0 | ,0348 |

## Tafel XVII-1-1 (Fortsetz.) 529

| | | | | | | | | | | | | | | | |
|---|---|---|---|---|---|---|---|---|---|---|---|---|---|---|---|
| 12 | 9 | 6 | 6 | 1 | 0 | 0 | 0 | ,0437 | 12 | 7 | 7 | 6 | 0 | 1 | 0 | 3 | ,0064 |
| 12 | 9 | 6 | 6 | 1 | 0 | 0 | 2 | ,0270 | 12 | 7 | 7 | 6 | 0 | 1 | 3 | 0 | ,0444 |
| 12 | 9 | 6 | 6 | 1 | 0 | 2 | 0 | ,0270 | 12 | 7 | 7 | 6 | 0 | 2 | 0 | 0 | ,0444 |
| 12 | 9 | 6 | 6 | 1 | 1 | 0 | 3 | ,0270 | 12 | 7 | 7 | 6 | 0 | 2 | 0 | 2 | ,0444 |
| 12 | 9 | 6 | 6 | 1 | 1 | 3 | 0 | ,0270 | 12 | 7 | 7 | 6 | 0 | 3 | 0 | 1 | ,0163 |
| 12 | 9 | 6 | 6 | 2 | 5 | 0 | 0 | ,0270 | 12 | 7 | 7 | 6 | 0 | 3 | 1 | 0 | ,0444 |
| 12 | 9 | 6 | 6 | 3 | 0 | 0 | 0 | ,0348 | 12 | 7 | 7 | 6 | 0 | 4 | 0 | 0 | ,0011 |
| 12 | 9 | 6 | 6 | 3 | 3 | 0 | 3 | ,0348 | 12 | 7 | 7 | 6 | 1 | 0 | 0 | 3 | ,0186 |
| 12 | 9 | 6 | 6 | 3 | 3 | 3 | 0 | ,0348 | 12 | 7 | 7 | 6 | 1 | 0 | 0 | 5 | ,0000 |
| 12 | 9 | 6 | 6 | 3 | 5 | 0 | 1 | ,0270 | 12 | 7 | 7 | 6 | 1 | 0 | 1 | 4 | ,0022 |
| 12 | 9 | 6 | 6 | 3 | 5 | 1 | 0 | ,0270 | 12 | 7 | 7 | 6 | 1 | 0 | 2 | 3 | ,0444 |
| 12 | 9 | 6 | 6 | 3 | 6 | 0 | 0 | ,0004 | 12 | 7 | 7 | 6 | 1 | 0 | 3 | 2 | ,0521 |
| 12 | 9 | 6 | 6 | 4 | 4 | 1 | 2 | ,0437 | 12 | 7 | 7 | 6 | 1 | 0 | 4 | 1 | ,0108 |
| 12 | 9 | 6 | 6 | 4 | 4 | 2 | 1 | ,0437 | 12 | 7 | 7 | 6 | 1 | 0 | 5 | 0 | ,0002 |
| 12 | 9 | 6 | 6 | 4 | 5 | 0 | 0 | ,0022 | 12 | 7 | 7 | 6 | 1 | 1 | 0 | 4 | ,0022 |
| 12 | 9 | 6 | 6 | 4 | 5 | 1 | 1 | ,0057 | 12 | 7 | 7 | 6 | 1 | 1 | 4 | 0 | ,0444 |
| 12 | 9 | 6 | 6 | 5 | 2 | 0 | 0 | ,0270 | 12 | 7 | 7 | 6 | 1 | 2 | 0 | 3 | ,0444 |
| 12 | 9 | 6 | 6 | 5 | 3 | 0 | 1 | ,0270 | 12 | 7 | 7 | 6 | 1 | 3 | 0 | 2 | ,0521 |
| 12 | 9 | 6 | 6 | 5 | 3 | 1 | 0 | ,0270 | 12 | 7 | 7 | 6 | 1 | 4 | 0 | 1 | ,0108 |
| 12 | 9 | 6 | 6 | 5 | 4 | 0 | 0 | ,0022 | 12 | 7 | 7 | 6 | 1 | 4 | 1 | 0 | ,0444 |
| 12 | 9 | 6 | 6 | 5 | 4 | 1 | 1 | ,0057 | 12 | 7 | 7 | 6 | 1 | 5 | 0 | 0 | ,0002 |
| 12 | 9 | 6 | 6 | 6 | 3 | 0 | 0 | ,0004 | 12 | 7 | 7 | 6 | 2 | 0 | 0 | 4 | ,0011 |
| 12 | 10 | 6 | 6 | 0 | 0 | 0 | 0 | ,0033 | 12 | 7 | 7 | 6 | 2 | 0 | 4 | 0 | ,0108 |
| 12 | 10 | 6 | 6 | 0 | 0 | 0 | 2 | ,0010 | 12 | 7 | 7 | 6 | 2 | 1 | 1 | 4 | ,0108 |
| 12 | 10 | 6 | 6 | 0 | 0 | 1 | 1 | ,0033 | 12 | 7 | 7 | 6 | 2 | 1 | 5 | 0 | ,0011 |
| 12 | 10 | 6 | 6 | 0 | 0 | 2 | 0 | ,0010 | 12 | 7 | 7 | 6 | 2 | 2 | 4 | 0 | ,0444 |
| 12 | 10 | 6 | 6 | 0 | 1 | 0 | 1 | ,0270 | 12 | 7 | 7 | 6 | 2 | 4 | 0 | 0 | ,0108 |
| 12 | 10 | 6 | 6 | 0 | 1 | 1 | 0 | ,0270 | 12 | 7 | 7 | 6 | 2 | 4 | 2 | 0 | ,0444 |
| 12 | 10 | 6 | 6 | 0 | 2 | 0 | 0 | ,0417 | 12 | 7 | 7 | 6 | 2 | 5 | 1 | 0 | ,0011 |
| 12 | 10 | 6 | 6 | 1 | 0 | 0 | 1 | ,0270 | 12 | 7 | 7 | 6 | 3 | 0 | 0 | 3 | ,0042 |
| 12 | 10 | 6 | 6 | 1 | 0 | 1 | 0 | ,0270 | 12 | 7 | 7 | 6 | 3 | 0 | 3 | 0 | ,0521 |
| 12 | 10 | 6 | 6 | 2 | 0 | 0 | 0 | ,0417 | 12 | 7 | 7 | 6 | 3 | 1 | 4 | 0 | ,0163 |
| 12 | 10 | 6 | 6 | 4 | 4 | 0 | 2 | ,0417 | 12 | 7 | 7 | 6 | 3 | 2 | 4 | 1 | ,0444 |
| 12 | 10 | 6 | 6 | 4 | 4 | 2 | 0 | ,0417 | 12 | 7 | 7 | 6 | 3 | 3 | 0 | 0 | ,0521 |
| 12 | 10 | 6 | 6 | 4 | 5 | 0 | 1 | ,0270 | 12 | 7 | 7 | 6 | 3 | 4 | 1 | 0 | ,0163 |
| 12 | 10 | 6 | 6 | 4 | 5 | 1 | 0 | ,0270 | 12 | 7 | 7 | 6 | 3 | 4 | 2 | 1 | ,0444 |
| 12 | 10 | 6 | 6 | 4 | 6 | 0 | 0 | ,0010 | 12 | 7 | 7 | 6 | 4 | 0 | 0 | 0 | ,0108 |
| 12 | 10 | 6 | 6 | 5 | 4 | 0 | 1 | ,0270 | 12 | 7 | 7 | 6 | 4 | 0 | 0 | 2 | ,0042 |
| 12 | 10 | 6 | 6 | 5 | 4 | 1 | 0 | ,0270 | 12 | 7 | 7 | 6 | 4 | 0 | 2 | 0 | ,0444 |
| 12 | 10 | 6 | 6 | 5 | 5 | 0 | 0 | ,0033 | 12 | 7 | 7 | 6 | 4 | 1 | 3 | 0 | ,0444 |
| 12 | 10 | 6 | 6 | 5 | 5 | 1 | 1 | ,0033 | 12 | 7 | 7 | 6 | 4 | 2 | 0 | 0 | ,0444 |
| 12 | 10 | 6 | 6 | 6 | 4 | 0 | 0 | ,0010 | 12 | 7 | 7 | 6 | 4 | 3 | 1 | 0 | ,0444 |
| 12 | 11 | 6 | 6 | 0 | 0 | 0 | 1 | ,0022 | 12 | 7 | 7 | 6 | 4 | 3 | 3 | 2 | ,0042 |
| 12 | 11 | 6 | 6 | 0 | 0 | 1 | 0 | ,0022 | 12 | 7 | 7 | 6 | 5 | 0 | 0 | 1 | ,0011 |
| 12 | 11 | 6 | 6 | 0 | 1 | 0 | 0 | ,0152 | 12 | 7 | 7 | 6 | 5 | 0 | 1 | 0 | ,0022 |
| 12 | 11 | 6 | 6 | 1 | 0 | 0 | 0 | ,0152 | 12 | 7 | 7 | 6 | 5 | 1 | 0 | 0 | ,0022 |
| 12 | 11 | 6 | 6 | 5 | 5 | 0 | 1 | ,0152 | 12 | 7 | 7 | 6 | 5 | 1 | 1 | 1 | ,0186 |
| 12 | 11 | 6 | 6 | 5 | 5 | 1 | 0 | ,0152 | 12 | 7 | 7 | 6 | 5 | 1 | 2 | 0 | ,0064 |
| 12 | 11 | 6 | 6 | 5 | 6 | 0 | 0 | ,0022 | 12 | 7 | 7 | 6 | 5 | 2 | 1 | 0 | ,0064 |
| 12 | 11 | 6 | 6 | 3 | 5 | 0 | 0 | ,0022 | 12 | 7 | 7 | 6 | 5 | 2 | 2 | 1 | ,0125 |
| 12 | 12 | 6 | 6 | 0 | 0 | 0 | 0 | ,0022 | 12 | 7 | 7 | 6 | 6 | 0 | 0 | 0 | ,0000 |
| 12 | 12 | 6 | 6 | 6 | 6 | 0 | 0 | ,0022 | 12 | 7 | 7 | 6 | 6 | 1 | 1 | 0 | ,0001 |
| 12 | 7 | 7 | 6 | 0 | 0 | 0 | 0 | ,0042 | 12 | 8 | 7 | 6 | 0 | 0 | 0 | 1 | ,0109 |
| 12 | 7 | 7 | 6 | 0 | 0 | 0 | 2 | ,0125 | 12 | 8 | 7 | 6 | 0 | 0 | 0 | 3 | ,0005 |
| 12 | 7 | 7 | 6 | 0 | 0 | 0 | 4 | ,0001 | 12 | 8 | 7 | 6 | 0 | 0 | 1 | 0 | ,0178 |
| 12 | 7 | 7 | 6 | 0 | 0 | 1 | 3 | ,0064 | 12 | 8 | 7 | 6 | 0 | 0 | 1 | 2 | ,0109 |
| 12 | 7 | 7 | 6 | 0 | 0 | 2 | 0 | ,0444 | 12 | 8 | 7 | 6 | 0 | 0 | 2 | 1 | ,0178 |
| 12 | 7 | 7 | 6 | 0 | 0 | 2 | 2 | ,0444 | 12 | 8 | 7 | 6 | 0 | 0 | 3 | 0 | ,0020 |
| 12 | 7 | 7 | 6 | 0 | 0 | 3 | 1 | ,0163 | 12 | 8 | 7 | 6 | 0 | 1 | 0 | 0 | ,0297 |
| 12 | 7 | 7 | 6 | 0 | 0 | 4 | 0 | ,0011 | 12 | 8 | 7 | 6 | 0 | 1 | 0 | 2 | ,0205 |

Tafel XVII-1-1 (Fortsetz.)

| | | | | | | | | | | | | | | | |
|---|---|---|---|---|---|---|---|---|---|---|---|---|---|---|---|
| 12 | 8 | 7 | 6 | 0 | 3 | 0 | 0 | .0035 | 12 | 10 | 7 | 6 | 0 | 1 | 0 | 0 | .0117 |
| 12 | 8 | 7 | 6 | 1 | 0 | 0 | 4 | .0002 | 12 | 10 | 7 | 6 | 1 | 0 | 0 | 0 | .0255 |
| 12 | 8 | 7 | 6 | 1 | 0 | 1 | 3 | .0109 | 12 | 10 | 7 | 6 | 1 | 0 | 0 | 2 | .0048 |
| 12 | 8 | 7 | 6 | 1 | 0 | 3 | 1 | .0297 | 12 | 10 | 7 | 6 | 1 | 0 | 1 | 1 | .0255 |
| 12 | 8 | 7 | 6 | 1 | 0 | 4 | 0 | .0014 | 12 | 10 | 7 | 6 | 1 | 0 | 2 | 0 | .0117 |
| 12 | 8 | 7 | 6 | 1 | 1 | 0 | 3 | .0334 | 12 | 10 | 7 | 6 | 2 | 0 | 0 | 1 | .0507 |
| 12 | 8 | 7 | 6 | 1 | 4 | 0 | 0 | .0178 | 12 | 10 | 7 | 6 | 3 | 0 | 0 | 0 | .0370 |
| 12 | 8 | 7 | 6 | 2 | 0 | 0 | 3 | .0109 | 12 | 10 | 7 | 6 | 4 | 3 | 0 | 2 | .0370 |
| 12 | 8 | 7 | 6 | 2 | 1 | 0 | 4 | .0014 | 12 | 10 | 7 | 6 | 4 | 5 | 0 | 0 | .0117 |
| 12 | 8 | 7 | 6 | 2 | 1 | 4 | 0 | .0178 | 12 | 10 | 7 | 6 | 5 | 3 | 0 | 1 | .0507 |
| 12 | 8 | 7 | 6 | 2 | 5 | 0 | 0 | .0014 | 12 | 10 | 7 | 6 | 5 | 4 | 0 | 0 | .0255 |
| 12 | 8 | 7 | 6 | 3 | 1 | 0 | 3 | .0297 | 12 | 10 | 7 | 6 | 5 | 4 | 1 | 1 | .0255 |
| 12 | 8 | 7 | 6 | 3 | 2 | 4 | 0 | .0035 | 12 | 10 | 7 | 6 | 5 | 4 | 2 | 0 | .0117 |
| 12 | 8 | 7 | 6 | 3 | 4 | 0 | 0 | .0297 | 12 | 10 | 7 | 6 | 5 | 5 | 1 | 0 | .0025 |
| 12 | 8 | 7 | 6 | 3 | 5 | 1 | 0 | .0020 | 12 | 10 | 7 | 6 | 6 | 3 | 0 | 0 | .0048 |
| 12 | 8 | 7 | 6 | 4 | 0 | 0 | 1 | .0297 | 12 | 10 | 7 | 6 | 6 | 4 | 1 | 0 | .0011 |
| 12 | 8 | 7 | 6 | 4 | 3 | 3 | 1 | .0297 | 12 | 11 | 7 | 6 | 0 | 0 | 0 | 0 | .0013 |
| 12 | 8 | 7 | 6 | 4 | 4 | 1 | 0 | .0178 | 12 | 11 | 7 | 6 | 1 | 0 | 0 | 1 | .0076 |
| 12 | 8 | 7 | 6 | 4 | 4 | 2 | 1 | .0178 | 12 | 11 | 7 | 6 | 1 | 0 | 1 | 0 | .0152 |
| 12 | 8 | 7 | 6 | 5 | 0 | 0 | 0 | .0014 | 12 | 11 | 7 | 6 | 2 | 0 | 0 | 0 | .0341 |
| 12 | 8 | 7 | 6 | 5 | 1 | 0 | 1 | .0109 | 12 | 11 | 7 | 6 | 5 | 4 | 0 | 1 | .0341 |
| 12 | 8 | 7 | 6 | 5 | 1 | 1 | 0 | .0334 | 12 | 11 | 7 | 6 | 5 | 5 | 0 | 0 | .0152 |
| 12 | 8 | 7 | 6 | 5 | 2 | 0 | 0 | .0109 | 12 | 11 | 7 | 6 | 6 | 4 | 0 | 0 | .0076 |
| 12 | 8 | 7 | 6 | 5 | 2 | 2 | 0 | .0205 | 12 | 11 | 7 | 6 | 6 | 5 | 1 | 0 | .0013 |
| 12 | 8 | 7 | 6 | 5 | 3 | 1 | 0 | .0109 | 12 | 12 | 7 | 6 | 1 | 0 | 0 | 0 | .0152 |
| 12 | 8 | 7 | 6 | 5 | 3 | 2 | 1 | .0109 | 12 | 12 | 7 | 6 | 6 | 5 | 0 | 0 | .0152 |
| 12 | 8 | 7 | 6 | 6 | 1 | 0 | 0 | .0002 | 12 | 8 | 8 | 6 | 0 | 0 | 0 | 0 | .0038 |
| 12 | 8 | 7 | 6 | 6 | 2 | 1 | 0 | .0005 | 12 | 8 | 8 | 6 | 0 | 0 | 0 | 2 | .0009 |
| 12 | 9 | 7 | 6 | 0 | 0 | 0 | 0 | .0034 | 12 | 8 | 8 | 6 | 0 | 0 | 1 | 1 | .0220 |
| 12 | 9 | 7 | 6 | 0 | 0 | 0 | 2 | .0014 | 12 | 8 | 8 | 6 | 0 | 0 | 2 | 0 | .0102 |
| 12 | 9 | 7 | 6 | 0 | 0 | 1 | 1 | .0069 | 12 | 8 | 8 | 6 | 0 | 1 | 0 | 1 | .0220 |
| 12 | 9 | 7 | 6 | 0 | 0 | 2 | 0 | .0034 | 12 | 8 | 8 | 6 | 0 | 1 | 1 | 0 | .0416 |
| 12 | 9 | 7 | 6 | 0 | 1 | 0 | 1 | .0262 | 12 | 8 | 8 | 6 | 0 | 2 | 0 | 0 | .0102 |
| 12 | 9 | 7 | 6 | 0 | 1 | 1 | 0 | .0365 | 12 | 8 | 8 | 6 | 1 | 0 | 0 | 3 | .0038 |
| 12 | 9 | 7 | 6 | 0 | 2 | 0 | 0 | .0138 | 12 | 8 | 8 | 6 | 1 | 0 | 3 | 0 | .0416 |
| 12 | 9 | 7 | 6 | 1 | 0 | 0 | 1 | .0510 | 12 | 8 | 8 | 6 | 1 | 3 | 0 | 0 | .0416 |
| 12 | 9 | 7 | 6 | 1 | 0 | 0 | 3 | .0014 | 12 | 8 | 8 | 6 | 2 | 0 | 0 | 4 | .0001 |
| 12 | 9 | 7 | 6 | 1 | 0 | 1 | 2 | .0262 | 12 | 8 | 8 | 6 | 2 | 0 | 1 | 3 | .0220 |
| 12 | 9 | 7 | 6 | 1 | 0 | 2 | 1 | .0365 | 12 | 8 | 8 | 6 | 2 | 0 | 4 | 0 | .0102 |
| 12 | 9 | 7 | 6 | 1 | 0 | 3 | 0 | .0048 | 12 | 8 | 8 | 6 | 2 | 1 | 0 | 3 | .0220 |
| 12 | 9 | 7 | 6 | 2 | 0 | 0 | 2 | .0427 | 12 | 8 | 8 | 6 | 2 | 4 | 0 | 0 | .0102 |
| 12 | 9 | 7 | 6 | 2 | 1 | 0 | 3 | .0262 | 12 | 8 | 8 | 6 | 3 | 0 | 0 | 3 | .0038 |
| 12 | 9 | 7 | 6 | 3 | 2 | 0 | 3 | .0138 | 12 | 8 | 8 | 6 | 3 | 1 | 1 | 3 | .0416 |
| 12 | 9 | 7 | 6 | 3 | 5 | 0 | 0 | .0048 | 12 | 8 | 8 | 6 | 3 | 1 | 4 | 0 | .0416 |
| 12 | 9 | 7 | 6 | 4 | 0 | 0 | 0 | .0138 | 12 | 8 | 8 | 6 | 3 | 4 | 1 | 0 | .0416 |
| 12 | 9 | 7 | 6 | 4 | 3 | 3 | 0 | .0138 | 12 | 8 | 8 | 6 | 4 | 0 | 0 | 0 | .0416 |
| 12 | 9 | 7 | 6 | 4 | 4 | 0 | 0 | .0365 | 12 | 8 | 8 | 6 | 4 | 0 | 0 | 2 | .0102 |
| 12 | 9 | 7 | 6 | 4 | 4 | 2 | 0 | .0365 | 12 | 8 | 8 | 6 | 4 | 2 | 4 | 0 | .0102 |
| 12 | 9 | 7 | 6 | 4 | 5 | 1 | 0 | .0034 | 12 | 8 | 8 | 6 | 4 | 3 | 3 | 0 | .0416 |
| 12 | 9 | 7 | 6 | 5 | 1 | 0 | 0 | .0262 | 12 | 8 | 8 | 6 | 4 | 4 | 2 | 0 | .0102 |
| 12 | 9 | 7 | 6 | 5 | 2 | 0 | 1 | .0427 | 12 | 8 | 8 | 6 | 5 | 0 | 0 | 1 | .0038 |
| 12 | 9 | 7 | 6 | 5 | 3 | 0 | 0 | .0262 | 12 | 8 | 8 | 6 | 5 | 0 | 1 | 0 | .0220 |
| 12 | 9 | 7 | 6 | 5 | 3 | 1 | 1 | .0510 | 12 | 8 | 8 | 6 | 5 | 1 | 0 | 0 | .0220 |
| 12 | 9 | 7 | 6 | 5 | 3 | 2 | 0 | .0262 | 12 | 8 | 8 | 6 | 5 | 2 | 0 | 0 | .0220 |
| 12 | 9 | 7 | 6 | 5 | 4 | 1 | 0 | .0069 | 12 | 8 | 8 | 6 | 5 | 3 | 2 | 0 | .0220 |
| 12 | 9 | 7 | 6 | 5 | 4 | 2 | 1 | .0034 | 12 | 8 | 8 | 6 | 5 | 3 | 3 | 1 | .0038 |
| 12 | 9 | 7 | 6 | 6 | 2 | 0 | 0 | .0014 | 12 | 8 | 8 | 6 | 6 | 0 | 0 | 0 | .0001 |
| 12 | 9 | 7 | 6 | 6 | 3 | 1 | 0 | .0014 | 12 | 8 | 8 | 6 | 6 | 1 | 1 | 0 | .0038 |
| 12 | 10 | 7 | 6 | 0 | 0 | 0 | 1 | .0011 | 12 | 8 | 8 | 6 | 6 | 2 | 2 | 0 | .0009 |
| 12 | 10 | 7 | 6 | 0 | 0 | 1 | 0 | .0025 | 12 | 9 | 8 | 6 | 0 | 0 | 0 | 1 | .0022 |

## Tafel XVII-1-1 (Fortsetz.)

| | | | | | | | | | | | | | | | | | |
|---|---|---|---|---|---|---|---|---|---|---|---|---|---|---|---|---|---|
| 12 | 9 | 3 | 6 | 0 | 0 | 1 | 0 | ,0039 | 12 | 7 | 7 | 7 | 0 | 0 | 2 | 1 | ,0382 |
| 12 | 9 | 8 | 6 | 0 | 1 | 0 | 0 | ,0083 | 12 | 7 | 7 | 7 | 0 | 0 | 3 | 0 | ,0047 |
| 12 | 9 | 8 | 6 | 1 | 0 | 0 | 0 | ,0303 | 12 | 7 | 7 | 7 | 0 | 1 | 0 | 0 | ,0191 |
| 12 | 9 | 8 | 6 | 1 | 0 | 0 | 2 | ,0116 | 12 | 7 | 7 | 7 | 0 | 1 | 0 | 2 | ,0382 |
| 12 | 9 | 8 | 6 | 1 | 0 | 2 | 0 | ,0468 | 12 | 7 | 7 | 7 | 0 | 1 | 2 | 0 | ,0382 |
| 12 | 9 | 8 | 6 | 2 | 0 | 0 | 3 | ,0022 | 12 | 7 | 7 | 7 | 0 | 2 | 0 | 1 | ,0382 |
| 12 | 9 | 8 | 6 | 2 | 0 | 3 | 0 | ,0171 | 12 | 7 | 7 | 7 | 0 | 2 | 1 | 0 | ,0382 |
| 12 | 9 | 8 | 6 | 3 | 0 | 0 | 2 | ,0303 | 12 | 7 | 7 | 7 | 0 | 3 | 0 | 0 | ,0047 |
| 12 | 9 | 8 | 6 | 3 | 1 | 0 | 3 | ,0083 | 12 | 7 | 7 | 7 | 1 | 0 | 0 | 0 | ,0464 |
| 12 | 9 | 8 | 6 | 3 | 4 | 0 | 0 | ,0171 | 12 | 7 | 7 | 7 | 1 | 0 | 0 | 4 | ,0047 |
| 12 | 9 | 8 | 6 | 4 | 0 | 0 | 1 | ,0468 | 12 | 7 | 7 | 7 | 1 | 0 | 4 | 0 | ,0047 |
| 12 | 9 | 8 | 6 | 4 | 1 | 0 | 2 | ,0468 | 12 | 7 | 7 | 7 | 1 | 4 | 0 | 0 | ,0047 |
| 12 | 9 | 8 | 6 | 4 | 4 | 1 | 0 | ,0468 | 12 | 7 | 7 | 7 | 2 | 0 | 0 | 5 | ,0001 |
| 12 | 9 | 8 | 6 | 5 | 0 | 0 | 0 | ,0083 | 12 | 7 | 7 | 7 | 2 | 0 | 1 | 4 | ,0114 |
| 12 | 9 | 8 | 6 | 5 | 1 | 0 | 1 | ,0303 | 12 | 7 | 7 | 7 | 2 | 0 | 4 | 1 | ,0114 |
| 12 | 9 | 8 | 6 | 5 | 3 | 2 | 1 | ,0303 | 12 | 7 | 7 | 7 | 2 | 0 | 5 | 0 | ,0001 |
| 12 | 9 | 8 | 6 | 5 | 3 | 3 | 0 | ,0083 | 12 | 7 | 7 | 7 | 2 | 1 | 0 | 4 | ,0114 |
| 12 | 9 | 8 | 6 | 5 | 4 | 2 | 0 | ,0039 | 12 | 7 | 7 | 7 | 2 | 1 | 4 | 0 | ,0114 |
| 12 | 9 | 8 | 6 | 6 | 1 | 0 | 0 | ,0022 | 12 | 7 | 7 | 7 | 2 | 4 | 0 | 1 | ,0114 |
| 12 | 9 | 8 | 6 | 6 | 2 | 1 | 0 | ,0116 | 12 | 7 | 7 | 7 | 2 | 4 | 1 | 0 | ,0114 |
| 12 | 9 | 8 | 6 | 6 | 3 | 2 | 0 | ,0022 | 12 | 7 | 7 | 7 | 2 | 5 | 0 | 0 | ,0001 |
| 12 | 10 | 8 | 6 | 0 | 0 | 0 | 0 | ,0009 | 12 | 7 | 7 | 7 | 3 | 0 | 0 | 4 | ,0013 |
| 12 | 10 | 8 | 6 | 1 | 0 | 0 | 1 | ,0138 | 12 | 7 | 7 | 7 | 3 | 0 | 4 | 0 | ,0013 |
| 12 | 10 | 8 | 6 | 1 | 0 | 1 | 0 | ,0248 | 12 | 7 | 7 | 7 | 3 | 1 | 1 | 4 | ,0191 |
| 12 | 10 | 8 | 6 | 2 | 0 | 0 | 2 | ,0064 | 12 | 7 | 7 | 7 | 3 | 1 | 4 | 1 | ,0191 |
| 12 | 10 | 8 | 6 | 2 | 0 | 2 | 0 | ,0523 | 12 | 7 | 7 | 7 | 3 | 4 | 0 | 0 | ,0013 |
| 12 | 10 | 8 | 6 | 4 | 0 | 0 | 0 | ,0523 | 12 | 7 | 7 | 7 | 3 | 4 | 1 | 1 | ,0191 |
| 12 | 10 | 8 | 6 | 4 | 2 | 0 | 2 | ,0523 | 12 | 7 | 7 | 7 | 4 | 0 | 0 | 3 | ,0064 |
| 12 | 10 | 8 | 6 | 4 | 4 | 0 | 0 | ,0523 | 12 | 7 | 7 | 7 | 4 | 0 | 3 | 0 | ,0064 |
| 12 | 10 | 8 | 6 | 5 | 4 | 1 | 0 | ,0248 | 12 | 7 | 7 | 7 | 4 | 2 | 2 | 3 | ,0382 |
| 12 | 10 | 8 | 6 | 6 | 2 | 0 | 0 | ,0064 | 12 | 7 | 7 | 7 | 4 | 2 | 3 | 2 | ,0382 |
| 12 | 10 | 8 | 6 | 6 | 3 | 1 | 0 | ,0138 | 12 | 7 | 7 | 7 | 4 | 3 | 0 | 0 | ,0064 |
| 12 | 10 | 8 | 6 | 6 | 4 | 2 | 0 | ,0009 | 12 | 7 | 7 | 7 | 4 | 3 | 2 | 2 | ,0382 |
| 12 | 11 | 8 | 6 | 1 | 0 | 0 | 0 | ,0101 | 12 | 7 | 7 | 7 | 5 | 0 | 0 | 0 | ,0047 |
| 12 | 11 | 8 | 6 | 2 | 0 | 0 | 1 | ,0303 | 12 | 7 | 7 | 7 | 5 | 0 | 0 | 2 | ,0047 |
| 12 | 11 | 8 | 6 | 6 | 3 | 0 | 0 | ,0303 | 12 | 7 | 7 | 7 | 5 | 0 | 1 | 1 | ,0231 |
| 12 | 11 | 8 | 6 | 6 | 4 | 1 | 0 | ,0101 | 12 | 7 | 7 | 7 | 5 | 0 | 2 | 0 | ,0047 |
| 12 | 9 | 9 | 6 | 0 | 0 | 0 | 0 | ,0017 | 12 | 7 | 7 | 7 | 5 | 1 | 0 | 1 | ,0231 |
| 12 | 9 | 9 | 6 | 1 | 0 | 0 | 1 | ,0202 | 12 | 7 | 7 | 7 | 5 | 1 | 1 | 0 | ,0231 |
| 12 | 9 | 9 | 6 | 2 | 0 | 0 | 2 | ,0202 | 12 | 7 | 7 | 7 | 5 | 1 | 1 | 2 | ,0442 |
| 12 | 9 | 9 | 6 | 3 | 0 | 0 | 3 | ,0017 | 12 | 7 | 7 | 7 | 5 | 1 | 2 | 1 | ,0442 |
| 12 | 9 | 9 | 6 | 4 | 0 | 0 | 2 | ,0054 | 12 | 7 | 7 | 7 | 5 | 2 | 0 | 0 | ,0047 |
| 12 | 9 | 9 | 6 | 5 | 0 | 0 | 1 | ,0054 | 12 | 7 | 7 | 7 | 5 | 2 | 1 | 1 | ,0442 |
| 12 | 9 | 9 | 6 | 6 | 0 | 0 | 0 | ,0017 | 12 | 7 | 7 | 7 | 5 | 2 | 2 | 2 | ,0124 |
| 12 | 9 | 9 | 6 | 6 | 1 | 1 | 0 | ,0202 | 12 | 7 | 7 | 7 | 6 | 0 | 0 | 1 | ,0003 |
| 12 | 9 | 9 | 6 | 6 | 2 | 2 | 0 | ,0202 | 12 | 7 | 7 | 7 | 6 | 0 | 1 | 0 | ,0003 |
| 12 | 9 | 9 | 6 | 6 | 3 | 3 | 0 | ,0017 | 12 | 7 | 7 | 7 | 6 | 1 | 0 | 0 | ,0003 |
| 12 | 10 | 9 | 6 | 1 | 0 | 0 | 0 | ,0165 | 12 | 7 | 7 | 7 | 6 | 1 | 1 | 1 | ,0005 |
| 12 | 10 | 9 | 6 | 3 | 0 | 0 | 2 | ,0165 | 12 | 7 | 7 | 7 | 7 | 0 | 0 | 0 | ,0000 |
| 12 | 10 | 9 | 6 | 4 | 1 | 0 | 2 | ,0289 | 12 | 8 | 7 | 7 | 0 | 0 | 0 | 0 | ,0034 |
| 12 | 10 | 9 | 6 | 5 | 0 | 0 | 2 | ,0289 | 12 | 8 | 7 | 7 | 0 | 0 | 0 | 2 | ,0061 |
| 12 | 10 | 9 | 6 | 6 | 1 | 0 | 0 | ,0165 | 12 | 8 | 7 | 7 | 0 | 0 | 1 | 1 | ,0153 |
| 12 | 10 | 9 | 6 | 6 | 3 | 2 | 0 | ,0165 | 12 | 8 | 7 | 7 | 0 | 0 | 2 | 0 | ,0061 |
| 12 | 10 | 10 | 6 | 4 | 0 | 0 | 2 | ,0069 | 12 | 8 | 7 | 7 | 0 | 1 | 0 | 1 | ,0328 |
| 12 | 10 | 10 | 6 | 5 | 0 | 0 | 1 | ,0152 | 12 | 8 | 7 | 7 | 0 | 1 | 1 | 0 | ,0328 |
| 12 | 10 | 10 | 6 | 6 | 0 | 0 | 0 | ,0069 | 12 | 8 | 7 | 7 | 0 | 2 | 0 | 0 | ,0070 |
| 12 | 7 | 7 | 7 | 0 | 0 | 0 | 1 | ,0191 | 12 | 8 | 7 | 7 | 1 | 0 | 0 | 3 | ,0113 |
| 12 | 7 | 7 | 7 | 0 | 0 | 0 | 3 | ,0047 | 12 | 8 | 7 | 7 | 1 | 0 | 3 | 0 | ,0113 |
| 12 | 7 | 7 | 7 | 0 | 0 | 1 | 0 | ,0191 | 12 | 8 | 7 | 7 | 2 | 0 | 0 | 4 | ,0009 |
| 12 | 7 | 7 | 7 | 0 | 0 | 1 | 2 | ,0382 | 12 | 8 | 7 | 7 | 2 | 0 | 4 | 0 | ,0009 |

Tafel XVII-1-1 (Fortsetz.)

| | | | | | | | | | | | | | | | | |
|---|---|---|---|---|---|---|---|---|---|---|---|---|---|---|---|---|
| 12 | 8 | 7 | 7 | 2 | 4 | 0 | 0 | .0153 | 12 | 10 | 7 | 7 | 4 | 0 | 0 | 0 | .0505 |
| 12 | 8 | 7 | 7 | 3 | 0 | 0 | 3 | .0328 | 12 | 10 | 7 | 7 | 5 | 3 | 0 | 2 | .0438 |
| 12 | 8 | 7 | 7 | 3 | 0 | 3 | 0 | .0328 | 12 | 10 | 7 | 7 | 5 | 3 | 2 | 0 | .0438 |
| 12 | 8 | 7 | 7 | 3 | 1 | 0 | 4 | .0034 | 12 | 10 | 7 | 7 | 5 | 4 | 0 | 1 | .0438 |
| 12 | 8 | 7 | 7 | 3 | 1 | 4 | 0 | .0034 | 12 | 10 | 7 | 7 | 5 | 4 | 1 | 0 | .0438 |
| 12 | 8 | 7 | 7 | 3 | 4 | 0 | 1 | .0328 | 12 | 10 | 7 | 7 | 5 | 5 | 0 | 0 | .0010 |
| 12 | 8 | 7 | 7 | 3 | 4 | 1 | 0 | .0328 | 12 | 10 | 7 | 7 | 6 | 2 | 0 | 0 | .0438 |
| 12 | 8 | 7 | 7 | 3 | 5 | 0 | 0 | .0002 | 12 | 10 | 7 | 7 | 6 | 3 | 0 | 1 | .0077 |
| 12 | 8 | 7 | 7 | 4 | 1 | 0 | 3 | .0328 | 12 | 10 | 7 | 7 | 6 | 3 | 1 | 0 | .0077 |
| 12 | 8 | 7 | 7 | 4 | 1 | 3 | 0 | .0328 | 12 | 10 | 7 | 7 | 6 | 4 | 0 | 0 | .0023 |
| 12 | 8 | 7 | 7 | 4 | 4 | 0 | 0 | .0034 | 12 | 10 | 7 | 7 | 6 | 4 | 1 | 1 | .0023 |
| 12 | 8 | 7 | 7 | 4 | 4 | 1 | 1 | .0153 | 12 | 10 | 7 | 7 | 7 | 3 | 0 | 0 | .0002 |
| 12 | 8 | 7 | 7 | 5 | 0 | 0 | 1 | .0113 | 12 | 11 | 7 | 7 | 1 | 0 | 0 | 0 | .0130 |
| 12 | 8 | 7 | 7 | 5 | 0 | 1 | 0 | .0113 | 12 | 11 | 7 | 7 | 2 | 0 | 0 | 1 | .0351 |
| 12 | 8 | 7 | 7 | 5 | 1 | 0 | 0 | .0371 | 12 | 11 | 7 | 7 | 2 | 0 | 1 | 0 | .0351 |
| 12 | 8 | 7 | 7 | 5 | 1 | 0 | 2 | .0185 | 12 | 11 | 7 | 7 | 6 | 3 | 0 | 0 | .0499 |
| 12 | 8 | 7 | 7 | 5 | 1 | 2 | 0 | .0185 | 12 | 11 | 7 | 7 | 6 | 4 | 0 | 1 | .0086 |
| 12 | 8 | 7 | 7 | 5 | 3 | 0 | 0 | .0061 | 12 | 11 | 7 | 7 | 6 | 4 | 1 | 0 | .0086 |
| 12 | 8 | 7 | 7 | 5 | 3 | 1 | 1 | .0371 | 12 | 11 | 7 | 7 | 6 | 5 | 0 | 0 | .0013 |
| 12 | 8 | 7 | 7 | 5 | 3 | 2 | 2 | .0061 | 12 | 11 | 7 | 7 | 7 | 4 | 0 | 0 | .0005 |
| 12 | 8 | 7 | 7 | 6 | 0 | 0 | 0 | .0002 | 12 | 12 | 7 | 7 | 2 | 0 | 0 | 0 | .0278 |
| 12 | 8 | 7 | 7 | 6 | 1 | 0 | 1 | .0016 | 12 | 12 | 7 | 7 | 7 | 5 | 0 | 0 | .0013 |
| 12 | 8 | 7 | 7 | 6 | 1 | 1 | 0 | .0016 | 12 | 8 | 8 | 7 | 0 | 0 | 0 | 1 | .0022 |
| 12 | 8 | 7 | 7 | 6 | 2 | 0 | 0 | .0004 | 12 | 8 | 8 | 7 | 0 | 0 | 1 | 0 | .0072 |
| 12 | 8 | 7 | 7 | 6 | 2 | 1 | 1 | .0061 | 12 | 8 | 8 | 7 | 0 | 1 | 0 | 0 | .0072 |
| 12 | 8 | 7 | 7 | 7 | 1 | 0 | 0 | .0000 | 12 | 8 | 8 | 7 | 1 | 0 | 0 | 0 | .0501 |
| 12 | 9 | 7 | 7 | 0 | 0 | 0 | 1 | .0025 | 12 | 8 | 8 | 7 | 1 | 0 | 0 | 2 | .0330 |
| 12 | 9 | 7 | 7 | 0 | 0 | 1 | 0 | .0025 | 12 | 8 | 8 | 7 | 2 | 0 | 0 | 3 | .0227 |
| 12 | 9 | 7 | 7 | 0 | 1 | 0 | 0 | .0051 | 12 | 8 | 8 | 7 | 3 | 0 | 0 | 4 | .0002 |
| 12 | 9 | 7 | 7 | 1 | 0 | 0 | 0 | .0350 | 12 | 8 | 8 | 7 | 3 | 0 | 1 | 3 | .0501 |
| 12 | 9 | 7 | 7 | 1 | 0 | 0 | 2 | .0260 | 12 | 8 | 8 | 7 | 3 | 0 | 4 | 0 | .0072 |
| 12 | 9 | 7 | 7 | 1 | 0 | 2 | 0 | .0260 | 12 | 8 | 8 | 7 | 3 | 1 | 0 | 3 | .0501 |
| 12 | 9 | 7 | 7 | 2 | 0 | 0 | 3 | .0123 | 12 | 8 | 8 | 7 | 3 | 4 | 0 | 0 | .0072 |
| 12 | 9 | 7 | 7 | 2 | 0 | 3 | 0 | .0123 | 12 | 8 | 8 | 7 | 4 | 0 | 0 | 3 | .0072 |
| 12 | 9 | 7 | 7 | 3 | 1 | 0 | 3 | .0543 | 12 | 8 | 8 | 7 | 4 | 0 | 3 | 0 | .0501 |
| 12 | 9 | 7 | 7 | 3 | 1 | 3 | 0 | .0543 | 12 | 8 | 8 | 7 | 4 | 1 | 1 | 3 | .0501 |
| 12 | 9 | 7 | 7 | 3 | 4 | 0 | 0 | .0543 | 12 | 8 | 8 | 7 | 4 | 1 | 4 | 0 | .0072 |
| 12 | 9 | 7 | 7 | 4 | 2 | 0 | 3 | .0163 | 12 | 8 | 8 | 7 | 4 | 3 | 0 | 0 | .0501 |
| 12 | 9 | 7 | 7 | 4 | 2 | 3 | 0 | .0163 | 12 | 8 | 8 | 7 | 4 | 4 | 1 | 0 | .0072 |
| 12 | 9 | 7 | 7 | 4 | 4 | 0 | 1 | .0350 | 12 | 8 | 8 | 7 | 5 | 0 | 0 | 0 | .0000 |
| 12 | 9 | 7 | 7 | 4 | 4 | 1 | 0 | .0350 | 12 | 8 | 8 | 7 | 5 | 0 | 0 | 2 | .0107 |
| 12 | 9 | 7 | 7 | 4 | 5 | 0 | 0 | .0003 | 12 | 8 | 8 | 7 | 5 | 0 | 2 | 0 | .0330 |
| 12 | 9 | 7 | 7 | 5 | 0 | 0 | 0 | .0123 | 12 | 8 | 8 | 7 | 5 | 1 | 3 | 0 | .0227 |
| 12 | 9 | 7 | 7 | 5 | 2 | 0 | 2 | .0422 | 12 | 8 | 8 | 7 | 5 | 2 | 0 | 0 | .0330 |
| 12 | 9 | 7 | 7 | 5 | 2 | 2 | 0 | .0422 | 12 | 8 | 8 | 7 | 5 | 2 | 2 | 2 | .0330 |
| 12 | 9 | 7 | 7 | 5 | 3 | 1 | 2 | .0260 | 12 | 8 | 8 | 7 | 5 | 2 | 3 | 1 | .0227 |
| 12 | 9 | 7 | 7 | 5 | 3 | 2 | 1 | .0260 | 12 | 8 | 8 | 7 | 5 | 3 | 1 | 0 | .0227 |
| 12 | 9 | 7 | 7 | 5 | 4 | 0 | 0 | .0025 | 12 | 8 | 8 | 7 | 5 | 3 | 2 | 1 | .0227 |
| 12 | 9 | 7 | 7 | 5 | 4 | 1 | 1 | .0123 | 12 | 8 | 8 | 7 | 6 | 0 | 0 | 1 | .0005 |
| 12 | 9 | 7 | 7 | 6 | 1 | 0 | 0 | .0041 | 12 | 8 | 8 | 7 | 6 | 0 | 1 | 0 | .0022 |
| 12 | 9 | 7 | 7 | 6 | 2 | 0 | 1 | .0123 | 12 | 8 | 8 | 7 | 6 | 1 | 0 | 0 | .0022 |
| 12 | 9 | 7 | 7 | 6 | 2 | 1 | 0 | .0123 | 12 | 8 | 8 | 7 | 6 | 1 | 1 | 1 | .0227 |
| 12 | 9 | 7 | 7 | 6 | 3 | 0 | 0 | .0007 | 12 | 8 | 8 | 7 | 6 | 1 | 2 | 0 | .0107 |
| 12 | 9 | 7 | 7 | 6 | 3 | 1 | 1 | .0041 | 12 | 8 | 8 | 7 | 6 | 2 | 1 | 0 | .0107 |
| 12 | 9 | 7 | 7 | 7 | 2 | 0 | 0 | .0001 | 12 | 8 | 8 | 7 | 6 | 2 | 2 | 1 | .0107 |
| 12 | 10 | 7 | 7 | 0 | 0 | 0 | 0 | .0010 | 12 | 8 | 8 | 7 | 7 | 0 | 0 | 0 | .0000 |
| 12 | 10 | 7 | 7 | 1 | 0 | 0 | 1 | .0438 | 12 | 8 | 8 | 7 | 7 | 1 | 1 | 0 | .0001 |
| 12 | 10 | 7 | 7 | 1 | 0 | 1 | 0 | .0438 | 12 | 9 | 8 | 7 | 0 | 0 | 0 | 0 | .0008 |
| 12 | 10 | 7 | 7 | 2 | 0 | 0 | 2 | .0438 | 12 | 9 | 8 | 7 | 1 | 0 | 0 | 1 | .0467 |
| 12 | 10 | 7 | 7 | 2 | 0 | 2 | 0 | .0438 | 12 | 9 | 8 | 7 | 3 | 0 | 0 | 3 | .0056 |

Tafel XVII-1-1 (Fortsetz.)

| | | | | | | | | | | | | | | | | |
|---|---|---|---|---|---|---|---|---|---|---|---|---|---|---|---|---|
| 12 | 9 | 8 | 7 | 3 | 0 | 3 | 0 | .0197 | 12 | 11 | 9 | 7 | 7 | 2 | 0 | 0 | .0189 |
| 12 | 9 | 8 | 7 | 4 | 1 | 0 | 3 | .0088 | 12 | 11 | 9 | 7 | 7 | 3 | 1 | 0 | .0076 |
| 12 | 9 | 8 | 7 | 4 | 4 | 0 | 0 | .0088 | 12 | 12 | 9 | 7 | 7 | 3 | 0 | 0 | .0455 |
| 12 | 9 | 8 | 7 | 5 | 0 | 0 | 1 | .0467 | 12 | 10 | 10 | 7 | 5 | 0 | 0 | 2 | .0071 |
| 12 | 9 | 8 | 7 | 5 | 1 | 0 | 2 | .0467 | 12 | 10 | 10 | 7 | 6 | 0 | 0 | 1 | .0220 |
| 12 | 9 | 8 | 7 | 5 | 2 | 3 | 0 | .0165 | 12 | 10 | 10 | 7 | 7 | 0 | 0 | 0 | .0023 |
| 12 | 9 | 8 | 7 | 5 | 3 | 0 | 0 | .0467 | 12 | 10 | 10 | 7 | 7 | 1 | 1 | 0 | .0358 |
| 12 | 9 | 8 | 7 | 5 | 3 | 2 | 0 | .0467 | 12 | 10 | 10 | 7 | 7 | 2 | 2 | 0 | .0140 |
| 12 | 9 | 8 | 7 | 5 | 4 | 1 | 0 | .0030 | 12 | 11 | 10 | 7 | 7 | 1 | 0 | 0 | .0253 |
| 12 | 9 | 8 | 7 | 6 | 0 | 0 | 0 | .0021 | 12 | 11 | 11 | 7 | 7 | 0 | 0 | 0 | .0347 |
| 12 | 9 | 8 | 7 | 6 | 1 | 0 | 1 | .0165 | 12 | 8 | 8 | 8 | 0 | 0 | 0 | 0 | .0015 |
| 12 | 9 | 8 | 7 | 6 | 1 | 1 | 0 | .0467 | 12 | 8 | 8 | 8 | 4 | 0 | 0 | 4 | .0015 |
| 12 | 9 | 8 | 7 | 6 | 2 | 0 | 0 | .0165 | 12 | 8 | 8 | 8 | 4 | 0 | 4 | 0 | .0015 |
| 12 | 9 | 8 | 7 | 6 | 2 | 1 | 1 | .0467 | 12 | 8 | 8 | 8 | 4 | 4 | 0 | 0 | .0015 |
| 12 | 9 | 8 | 7 | 6 | 2 | 2 | 0 | .0165 | 12 | 8 | 8 | 8 | 5 | 0 | 0 | 3 | .0083 |
| 12 | 9 | 8 | 7 | 6 | 3 | 1 | 0 | .0056 | 12 | 8 | 8 | 8 | 5 | 0 | 3 | 0 | .0083 |
| 12 | 9 | 8 | 7 | 6 | 3 | 2 | 1 | .0021 | 12 | 8 | 8 | 8 | 5 | 1 | 1 | 3 | .0330 |
| 12 | 9 | 8 | 7 | 7 | 1 | 0 | 0 | .0002 | 12 | 8 | 8 | 8 | 5 | 1 | 3 | 1 | .0330 |
| 12 | 9 | 8 | 7 | 7 | 2 | 1 | 0 | .0005 | 12 | 8 | 8 | 8 | 5 | 3 | 0 | 0 | .0083 |
| 12 | 10 | 8 | 7 | 1 | 0 | 0 | 0 | .0112 | 12 | 8 | 8 | 8 | 5 | 3 | 1 | 1 | .0330 |
| 12 | 10 | 8 | 7 | 3 | 0 | 0 | 2 | .0519 | 12 | 8 | 8 | 8 | 6 | 0 | 0 | 0 | .0083 |
| 12 | 10 | 8 | 7 | 5 | 0 | 0 | 0 | .0519 | 12 | 8 | 8 | 8 | 6 | 0 | 0 | 2 | .0047 |
| 12 | 10 | 8 | 7 | 5 | 2 | 0 | 2 | .0519 | 12 | 8 | 8 | 8 | 6 | 0 | 1 | 1 | .0330 |
| 12 | 10 | 8 | 7 | 5 | 4 | 0 | 0 | .0112 | 12 | 8 | 8 | 8 | 6 | 0 | 2 | 0 | .0047 |
| 12 | 10 | 8 | 7 | 6 | 1 | 0 | 0 | .0519 | 12 | 8 | 8 | 8 | 6 | 1 | 0 | 1 | .0330 |
| 12 | 10 | 8 | 7 | 6 | 2 | 0 | 1 | .0519 | 12 | 8 | 8 | 8 | 6 | 1 | 1 | 0 | .0330 |
| 12 | 10 | 8 | 7 | 6 | 3 | 0 | 0 | .0197 | 12 | 8 | 8 | 8 | 6 | 1 | 1 | 2 | .0330 |
| 12 | 10 | 8 | 7 | 6 | 3 | 1 | 1 | .0197 | 12 | 8 | 8 | 8 | 6 | 2 | 1 | 1 | .0330 |
| 12 | 10 | 8 | 7 | 6 | 3 | 2 | 0 | .0047 | 12 | 8 | 8 | 8 | 6 | 2 | 0 | 0 | .0047 |
| 12 | 10 | 8 | 7 | 6 | 4 | 1 | 0 | .0026 | 12 | 8 | 8 | 8 | 6 | 2 | 1 | 1 | .0330 |
| 12 | 10 | 8 | 7 | 7 | 2 | 0 | 0 | .0015 | 12 | 8 | 8 | 8 | 6 | 2 | 2 | 2 | .0047 |
| 12 | 10 | 8 | 7 | 7 | 3 | 1 | 0 | .0006 | 12 | 8 | 8 | 8 | 7 | 0 | 0 | 1 | .0004 |
| 12 | 11 | 8 | 7 | 2 | 0 | 0 | 0 | .0396 | 12 | 8 | 8 | 8 | 7 | 0 | 1 | 0 | .0004 |
| 12 | 11 | 8 | 7 | 6 | 3 | 0 | 1 | .0219 | 12 | 8 | 8 | 8 | 7 | 1 | 0 | 0 | .0004 |
| 12 | 11 | 8 | 7 | 6 | 4 | 0 | 0 | .0101 | 12 | 8 | 8 | 8 | 7 | 1 | 1 | 1 | .0019 |
| 12 | 11 | 8 | 7 | 7 | 3 | 0 | 0 | .0042 | 12 | 8 | 8 | 8 | 8 | 0 | 0 | 0 | .0000 |
| 12 | 11 | 8 | 7 | 7 | 4 | 1 | 0 | .0008 | 12 | 9 | 8 | 8 | 1 | 0 | 0 | 0 | .0188 |
| 12 | 12 | 8 | 7 | 7 | 4 | 0 | 0 | .0101 | 12 | 9 | 8 | 8 | 4 | 0 | 0 | 3 | .0188 |
| 12 | 9 | 9 | 7 | 1 | 0 | 0 | 0 | .0122 | 12 | 9 | 8 | 8 | 4 | 0 | 3 | 0 | .0188 |
| 12 | 9 | 9 | 7 | 4 | 0 | 0 | 3 | .0015 | 12 | 9 | 8 | 8 | 5 | 1 | 0 | 3 | .0111 |
| 12 | 9 | 9 | 7 | 4 | 0 | 3 | 0 | .0397 | 12 | 9 | 8 | 8 | 5 | 1 | 3 | 0 | .0111 |
| 12 | 9 | 9 | 7 | 4 | 3 | 0 | 0 | .0397 | 12 | 9 | 8 | 8 | 5 | 4 | 0 | 0 | .0013 |
| 12 | 9 | 9 | 7 | 5 | 0 | 0 | 2 | .0093 | 12 | 9 | 8 | 8 | 6 | 0 | 0 | 1 | .0374 |
| 12 | 9 | 9 | 7 | 6 | 0 | 0 | 1 | .0071 | 12 | 9 | 8 | 8 | 6 | 0 | 1 | 0 | .0374 |
| 12 | 9 | 9 | 7 | 6 | 0 | 1 | 0 | .0252 | 12 | 9 | 8 | 8 | 6 | 1 | 0 | 2 | .0374 |
| 12 | 9 | 9 | 7 | 6 | 1 | 0 | 0 | .0252 | 12 | 9 | 8 | 8 | 6 | 1 | 2 | 0 | .0374 |
| 12 | 9 | 9 | 7 | 6 | 2 | 2 | 1 | .0252 | 12 | 9 | 8 | 8 | 6 | 2 | 1 | 2 | .0374 |
| 12 | 9 | 9 | 7 | 6 | 2 | 3 | 0 | .0071 | 12 | 9 | 8 | 8 | 6 | 2 | 2 | 1 | .0374 |
| 12 | 9 | 9 | 7 | 6 | 3 | 2 | 0 | .0071 | 12 | 9 | 8 | 8 | 6 | 3 | 0 | 0 | .0050 |
| 12 | 9 | 9 | 7 | 7 | 0 | 0 | 0 | .0002 | 12 | 9 | 8 | 8 | 6 | 3 | 1 | 1 | .0111 |
| 12 | 9 | 9 | 7 | 7 | 1 | 1 | 0 | .0028 | 12 | 9 | 8 | 8 | 7 | 0 | 0 | 0 | .0003 |
| 12 | 9 | 9 | 7 | 7 | 2 | 2 | 0 | .0008 | 12 | 9 | 8 | 8 | 7 | 1 | 0 | 1 | .0039 |
| 12 | 10 | 9 | 7 | 4 | 0 | 0 | 2 | .0262 | 12 | 9 | 8 | 8 | 7 | 1 | 1 | 0 | .0039 |
| 12 | 10 | 9 | 7 | 5 | 1 | 0 | 2 | .0262 | 12 | 9 | 8 | 8 | 7 | 2 | 0 | 0 | .0008 |
| 12 | 10 | 9 | 7 | 6 | 0 | 0 | 0 | .0117 | 12 | 9 | 8 | 8 | 7 | 2 | 1 | 1 | .0039 |
| 12 | 10 | 9 | 7 | 6 | 1 | 0 | 1 | .0455 | 12 | 9 | 8 | 8 | 8 | 1 | 0 | 0 | .0000 |
| 12 | 10 | 9 | 7 | 6 | 3 | 1 | 0 | .0455 | 12 | 10 | 8 | 8 | 6 | 0 | 0 | 0 | .0272 |
| 12 | 10 | 9 | 7 | 7 | 1 | 0 | 0 | .0028 | 12 | 10 | 8 | 8 | 6 | 2 | 0 | 2 | .0272 |
| 12 | 10 | 9 | 7 | 7 | 2 | 1 | 0 | .0069 | 12 | 10 | 8 | 8 | 6 | 2 | 2 | 0 | .0272 |
| 12 | 10 | 9 | 7 | 7 | 3 | 2 | 0 | .0007 | 12 | 10 | 8 | 8 | 6 | 3 | 0 | 1 | .0410 |

Tafel XVII-1-1 (Fortsetz.)

| | | | | | | | | | | | | | | | | |
|---|---|---|---|---|---|---|---|---|---|---|---|---|---|---|---|---|
| 12 | 10 | 8 | 8 | 6 | 3 | 1 | 0 | ,0410 | 12 | 9 | 9 | 9 | 7 | 2 | 0 | 0 | ,0147 |
| 12 | 10 | 8 | 8 | 6 | 4 | 0 | 0 | ,0010 | 12 | 9 | 9 | 9 | 7 | 2 | 1 | 1 | ,0326 |
| 12 | 10 | 8 | 8 | 7 | 1 | 0 | 0 | ,0118 | 12 | 9 | 9 | 9 | 3 | 0 | 0 | 1 | ,0017 |
| 12 | 10 | 8 | 8 | 7 | 2 | 0 | 1 | ,0118 | 12 | 9 | 9 | 9 | 8 | 0 | 1 | 0 | ,0017 |
| 12 | 10 | 8 | 8 | 7 | 2 | 1 | 0 | ,0118 | 12 | 9 | 9 | 9 | 8 | 1 | 0 | 0 | ,0017 |
| 12 | 10 | 8 | 8 | 7 | 3 | 0 | 0 | ,0030 | 12 | 9 | 9 | 9 | 8 | 1 | 1 | 1 | ,0028 |
| 12 | 10 | 8 | 8 | 7 | 3 | 1 | 1 | ,0030 | 12 | 9 | 9 | 9 | 9 | 0 | 0 | 0 | ,0000 |
| 12 | 10 | 8 | 8 | 8 | 2 | 0 | 0 | ,0002 | 12 | 10 | 9 | 9 | 7 | 1 | 0 | 2 | ,0306 |
| 12 | 11 | 8 | 8 | 7 | 2 | 0 | 0 | ,0290 | 12 | 10 | 9 | 9 | 7 | 1 | 2 | 0 | ,0306 |
| 12 | 11 | 8 | 8 | 7 | 3 | 0 | 1 | ,0128 | 12 | 10 | 9 | 9 | 7 | 3 | 0 | 0 | ,0083 |
| 12 | 11 | 8 | 8 | 7 | 3 | 1 | 0 | ,0128 | 12 | 10 | 9 | 9 | 8 | 0 | 0 | 0 | ,0058 |
| 12 | 11 | 8 | 8 | 7 | 4 | 0 | 0 | ,0020 | 12 | 10 | 9 | 9 | 8 | 1 | 0 | 1 | ,0157 |
| 12 | 11 | 8 | 8 | 8 | 3 | 0 | 0 | ,0007 | 12 | 10 | 9 | 9 | 8 | 1 | 1 | 0 | ,0157 |
| 12 | 12 | 8 | 8 | 8 | 4 | 0 | 0 | ,0020 | 12 | 10 | 9 | 9 | 8 | 2 | 0 | 0 | ,0058 |
| 12 | 9 | 9 | 8 | 5 | 0 | 0 | 3 | ,0035 | 12 | 10 | 9 | 9 | 8 | 2 | 1 | 1 | ,0058 |
| 12 | 9 | 9 | 8 | 5 | 0 | 3 | 0 | ,0316 | 12 | 10 | 9 | 9 | 9 | 0 | 0 | 0 | ,0002 |
| 12 | 9 | 9 | 8 | 5 | 3 | 0 | 0 | ,0316 | 12 | 11 | 9 | 9 | 8 | 1 | 0 | 0 | ,0455 |
| 12 | 9 | 9 | 8 | 6 | 0 | 0 | 2 | ,0183 | 12 | 11 | 9 | 9 | 8 | 2 | 0 | 1 | ,0250 |
| 12 | 9 | 9 | 8 | 6 | 1 | 3 | 0 | ,0183 | 12 | 11 | 9 | 9 | 8 | 2 | 1 | 0 | ,0250 |
| 12 | 9 | 9 | 8 | 6 | 3 | 1 | 0 | ,0183 | 12 | 11 | 9 | 9 | 8 | 3 | 0 | 0 | ,0045 |
| 12 | 9 | 9 | 8 | 7 | 0 | 0 | 1 | ,0023 | 12 | 11 | 9 | 9 | 9 | 2 | 0 | 0 | ,0011 |
| 12 | 9 | 9 | 8 | 7 | 0 | 1 | 0 | ,0114 | 12 | 12 | 9 | 9 | 9 | 3 | 0 | 0 | ,0045 |
| 12 | 9 | 9 | 8 | 7 | 1 | 0 | 0 | ,0114 | 12 | 10 | 10 | 9 | 7 | 0 | 0 | 2 | ,0289 |
| 12 | 9 | 9 | 8 | 7 | 1 | 1 | 1 | ,0223 | 12 | 10 | 10 | 9 | 8 | 0 | 0 | 1 | ,0207 |
| 12 | 9 | 9 | 8 | 7 | 1 | 2 | 0 | ,0114 | 12 | 10 | 10 | 9 | 8 | 1 | 2 | 0 | ,0207 |
| 12 | 9 | 9 | 8 | 7 | 2 | 1 | 0 | ,0114 | 12 | 10 | 10 | 9 | 8 | 2 | 1 | 0 | ,0207 |
| 12 | 9 | 9 | 8 | 7 | 2 | 2 | 1 | ,0023 | 12 | 10 | 10 | 9 | 9 | 0 | 0 | 0 | ,0007 |
| 12 | 9 | 9 | 8 | 8 | 0 | 0 | 0 | ,0001 | 12 | 10 | 10 | 9 | 9 | 1 | 1 | 0 | ,0021 |
| 12 | 9 | 9 | 8 | 8 | 1 | 1 | 0 | ,0003 | 12 | 11 | 10 | 9 | 9 | 1 | 0 | 0 | ,0114 |
| 12 | 10 | 9 | 8 | 6 | 1 | 0 | 2 | ,0457 | 12 | 11 | 10 | 9 | 9 | 2 | 1 | 0 | ,0038 |
| 12 | 10 | 9 | 8 | 6 | 3 | 0 | 0 | ,0457 | 12 | 12 | 10 | 9 | 9 | 2 | 0 | 0 | ,0455 |
| 12 | 10 | 9 | 8 | 7 | 0 | 0 | 0 | ,0105 | 12 | 11 | 11 | 9 | 9 | 0 | 0 | 0 | ,0208 |
| 12 | 10 | 9 | 8 | 7 | 1 | 0 | 1 | ,0303 | 12 | 10 | 10 | 10 | 8 | 0 | 0 | 2 | ,0496 |
| 12 | 10 | 9 | 8 | 7 | 2 | 0 | 0 | ,0303 | 12 | 10 | 10 | 10 | 8 | 0 | 2 | 0 | ,0496 |
| 12 | 10 | 9 | 8 | 7 | 2 | 1 | 1 | ,0303 | 12 | 10 | 10 | 10 | 8 | 2 | 0 | 0 | ,0496 |
| 12 | 10 | 9 | 8 | 7 | 2 | 2 | 0 | ,0105 | 12 | 10 | 10 | 10 | 9 | 0 | 0 | 1 | ,0186 |
| 12 | 10 | 9 | 8 | 7 | 3 | 1 | 0 | ,0039 | 12 | 10 | 10 | 10 | 9 | 0 | 1 | 0 | ,0186 |
| 12 | 10 | 9 | 8 | 8 | 1 | 0 | 0 | ,0017 | 12 | 10 | 10 | 10 | 9 | 1 | 0 | 0 | ,0186 |
| 12 | 10 | 9 | 8 | 8 | 2 | 1 | 0 | ,0017 | 12 | 10 | 10 | 10 | 9 | 1 | 1 | 1 | ,0186 |
| 12 | 11 | 9 | 8 | 7 | 2 | 0 | 1 | ,0364 | 12 | 10 | 10 | 10 | 10 | 0 | 0 | 0 | ,0002 |
| 12 | 11 | 9 | 8 | 7 | 3 | 0 | 0 | ,0182 | 12 | 11 | 10 | 10 | 9 | 2 | 0 | 0 | ,0152 |
| 12 | 11 | 9 | 8 | 8 | 2 | 0 | 0 | ,0061 | 12 | 11 | 10 | 10 | 10 | 1 | 0 | 0 | ,0025 |
| 12 | 11 | 9 | 8 | 8 | 3 | 1 | 0 | ,0015 | 12 | 12 | 10 | 10 | 10 | 2 | 0 | 0 | ,0152 |
| 12 | 12 | 9 | 8 | 8 | 3 | 0 | 0 | ,0182 | 12 | 11 | 11 | 10 | 10 | 0 | 0 | 0 | ,0278 |
| 12 | 10 | 10 | 8 | 6 | 0 | 0 | 2 | ,0147 | 12 | 11 | 11 | 10 | 10 | 1 | 1 | 0 | ,0278 |
| 12 | 10 | 10 | 8 | 7 | 0 | 0 | 1 | ,0220 | 12 | 11 | 11 | 11 | 11 | 0 | 0 | 0 | ,0069 |
| 12 | 10 | 10 | 8 | 8 | 0 | 0 | 0 | ,0028 | | | | | | | | | |
| 12 | 10 | 10 | 8 | 8 | 1 | 1 | 0 | ,0083 | | | | | | | | | |
| 12 | 10 | 10 | 8 | 8 | 2 | 2 | 0 | ,0028 | | | | | | | | | |
| 12 | 11 | 10 | 8 | 8 | 1 | 0 | 0 | ,0303 | | | | | | | | | |
| 12 | 11 | 10 | 8 | 8 | 2 | 1 | 0 | ,0303 | | | | | | | | | |
| 12 | 11 | 11 | 8 | 8 | 0 | 0 | 0 | ,0278 | | | | | | | | | |
| 12 | 9 | 9 | 9 | 6 | 0 | 0 | 3 | ,0080 | | | | | | | | | |
| 12 | 9 | 9 | 9 | 6 | 0 | 3 | 0 | ,0080 | | | | | | | | | |
| 12 | 9 | 9 | 9 | 6 | 3 | 0 | 0 | ,0080 | | | | | | | | | |
| 12 | 9 | 9 | 9 | 7 | 0 | 0 | 0 | ,0326 | | | | | | | | | |
| 12 | 9 | 9 | 9 | 7 | 0 | 0 | 2 | ,0147 | | | | | | | | | |
| 12 | 9 | 9 | 9 | 7 | 0 | 2 | 0 | ,0147 | | | | | | | | | |
| 12 | 9 | 9 | 9 | 7 | 1 | 1 | 2 | ,0326 | | | | | | | | | |
| 12 | 9 | 9 | 9 | 7 | 1 | 2 | 1 | ,0326 | | | | | | | | | |

Tafel XVII-1-1 (Fortsetz.)   535

| N | $n_1.._.$ | $n_{.1.}$ | $n_{..1}$ | $n_{111}$ | $n_{122}$ | $n_{212}$ | $n_{221}$ | P |
|---|---|---|---|---|---|---|---|---|
| 13 | 7 | 7 | 7 | 0 | 0 | 0 | 1 | ,0187 |
| 13 | 7 | 7 | 7 | 0 | 0 | 0 | 3 | ,0085 |
| 13 | 7 | 7 | 7 | 0 | 0 | 0 | 5 | ,0001 |
| 13 | 7 | 7 | 7 | 0 | 0 | 1 | 0 | ,0187 |
| 13 | 7 | 7 | 7 | 0 | 0 | 1 | 4 | ,0037 |
| 13 | 7 | 7 | 7 | 0 | 0 | 2 | 3 | ,0187 |
| 13 | 7 | 7 | 7 | 0 | 0 | 3 | 0 | ,0085 |
| 13 | 7 | 7 | 7 | 0 | 0 | 3 | 2 | ,0187 |
| 13 | 7 | 7 | 7 | 0 | 0 | 4 | 1 | ,0037 |
| 13 | 7 | 7 | 7 | 0 | 0 | 5 | 0 | ,0001 |
| 13 | 7 | 7 | 7 | 0 | 1 | 0 | 0 | ,0187 |
| 13 | 7 | 7 | 7 | 0 | 1 | 0 | 4 | ,0037 |
| 13 | 7 | 7 | 7 | 0 | 1 | 4 | 0 | ,0037 |
| 13 | 7 | 7 | 7 | 0 | 2 | 0 | 3 | ,0187 |
| 13 | 7 | 7 | 7 | 0 | 2 | 3 | 0 | ,0187 |
| 13 | 7 | 7 | 7 | 0 | 3 | 0 | 0 | ,0085 |
| 13 | 7 | 7 | 7 | 0 | 3 | 0 | 2 | ,0187 |
| 13 | 7 | 7 | 7 | 0 | 3 | 2 | 0 | ,0187 |
| 13 | 7 | 7 | 7 | 0 | 4 | 0 | 1 | ,0037 |
| 13 | 7 | 7 | 7 | 0 | 4 | 1 | 0 | ,0037 |
| 13 | 7 | 7 | 7 | 0 | 5 | 0 | 0 | ,0001 |
| 13 | 7 | 7 | 7 | 1 | 0 | 0 | 0 | ,0251 |
| 13 | 7 | 7 | 7 | 1 | 0 | 0 | 4 | ,0085 |
| 13 | 7 | 7 | 7 | 1 | 0 | 0 | 6 | ,0000 |
| 13 | 7 | 7 | 7 | 1 | 0 | 1 | 5 | ,0009 |
| 13 | 7 | 7 | 7 | 1 | 0 | 2 | 4 | ,0117 |
| 13 | 7 | 7 | 7 | 1 | 0 | 3 | 3 | ,0251 |
| 13 | 7 | 7 | 7 | 1 | 0 | 4 | 0 | ,0085 |
| 13 | 7 | 7 | 7 | 1 | 0 | 4 | 2 | ,0117 |
| 13 | 7 | 7 | 7 | 1 | 0 | 5 | 1 | ,0009 |
| 13 | 7 | 7 | 7 | 1 | 0 | 6 | 0 | ,0000 |
| 13 | 7 | 7 | 7 | 1 | 1 | 0 | 5 | ,0009 |
| 13 | 7 | 7 | 7 | 1 | 1 | 5 | 0 | ,0009 |
| 13 | 7 | 7 | 7 | 1 | 2 | 0 | 4 | ,0117 |
| 13 | 7 | 7 | 7 | 1 | 2 | 4 | 0 | ,0117 |
| 13 | 7 | 7 | 7 | 1 | 3 | 0 | 3 | ,0251 |
| 13 | 7 | 7 | 7 | 1 | 3 | 3 | 0 | ,0251 |
| 13 | 7 | 7 | 7 | 1 | 4 | 0 | 0 | ,0085 |
| 13 | 7 | 7 | 7 | 1 | 4 | 0 | 2 | ,0117 |
| 13 | 7 | 7 | 7 | 1 | 4 | 2 | 0 | ,0117 |
| 13 | 7 | 7 | 7 | 1 | 5 | 0 | 1 | ,0009 |
| 13 | 7 | 7 | 7 | 1 | 5 | 1 | 0 | ,0009 |
| 13 | 7 | 7 | 7 | 1 | 6 | 0 | 0 | ,0000 |
| 13 | 7 | 7 | 7 | 2 | 0 | 0 | 5 | ,0002 |
| 13 | 7 | 7 | 7 | 2 | 0 | 1 | 4 | ,0390 |
| 13 | 7 | 7 | 7 | 2 | 0 | 4 | 1 | ,0390 |
| 13 | 7 | 7 | 7 | 2 | 0 | 5 | 0 | ,0002 |
| 13 | 7 | 7 | 7 | 2 | 1 | 0 | 4 | ,0390 |
| 13 | 7 | 7 | 7 | 2 | 1 | 1 | 5 | ,0037 |
| 13 | 7 | 7 | 7 | 2 | 1 | 4 | 0 | ,0390 |
| 13 | 7 | 7 | 7 | 2 | 1 | 5 | 1 | ,0037 |
| 13 | 7 | 7 | 7 | 2 | 4 | 0 | 1 | ,0390 |
| 13 | 7 | 7 | 7 | 2 | 4 | 1 | 0 | ,0390 |
| 13 | 7 | 7 | 7 | 2 | 5 | 0 | 0 | ,0002 |
| 13 | 7 | 7 | 7 | 2 | 5 | 1 | 1 | ,0037 |
| 13 | 7 | 7 | 7 | 3 | 0 | 0 | 0 | ,0390 |
| 13 | 7 | 7 | 7 | 3 | 0 | 0 | 4 | ,0017 |
| 13 | 7 | 7 | 7 | 3 | 0 | 4 | 0 | ,0017 |
| 13 | 7 | 7 | 7 | 3 | 1 | 1 | 4 | ,0433 |
| 13 | 7 | 7 | 7 | 3 | 1 | 4 | 1 | ,0433 |
| 13 | 7 | 7 | 7 | 3 | 2 | 2 | 4 | ,0390 |
| 13 | 7 | 7 | 7 | 3 | 2 | 4 | 2 | ,0390 |
| 13 | 7 | 7 | 7 | 3 | 4 | 0 | 0 | ,0017 |
| 13 | 7 | 7 | 7 | 3 | 4 | 1 | 1 | ,0433 |
| 13 | 7 | 7 | 7 | 3 | 4 | 2 | 2 | ,0390 |
| 13 | 7 | 7 | 7 | 4 | 0 | 0 | 1 | ,0390 |
| 13 | 7 | 7 | 7 | 4 | 0 | 0 | 3 | ,0046 |
| 13 | 7 | 7 | 7 | 4 | 0 | 1 | 0 | ,0390 |
| 13 | 7 | 7 | 7 | 4 | 0 | 3 | 0 | ,0046 |
| 13 | 7 | 7 | 7 | 4 | 1 | 0 | 0 | ,0390 |
| 13 | 7 | 7 | 7 | 4 | 3 | 0 | 0 | ,0046 |
| 13 | 7 | 7 | 7 | 4 | 3 | 3 | 3 | ,0046 |
| 13 | 7 | 7 | 7 | 5 | 0 | 0 | 0 | ,0009 |
| 13 | 7 | 7 | 7 | 5 | 0 | 0 | 2 | ,0012 |
| 13 | 7 | 7 | 7 | 5 | 0 | 1 | 1 | ,0085 |
| 13 | 7 | 7 | 7 | 5 | 0 | 2 | 0 | ,0012 |
| 13 | 7 | 7 | 7 | 5 | 1 | 0 | 1 | ,0085 |
| 13 | 7 | 7 | 7 | 5 | 1 | 1 | 0 | ,0085 |
| 13 | 7 | 7 | 7 | 5 | 1 | 1 | 2 | ,0213 |
| 13 | 7 | 7 | 7 | 5 | 1 | 2 | 1 | ,0213 |
| 13 | 7 | 7 | 7 | 5 | 2 | 0 | 0 | ,0012 |
| 13 | 7 | 7 | 7 | 5 | 2 | 1 | 1 | ,0213 |
| 13 | 7 | 7 | 7 | 5 | 2 | 2 | 2 | ,0123 |
| 13 | 7 | 7 | 7 | 6 | 0 | 0 | 1 | ,0001 |
| 13 | 7 | 7 | 7 | 6 | 0 | 1 | 0 | ,0001 |
| 13 | 7 | 7 | 7 | 6 | 1 | 0 | 0 | ,0001 |
| 13 | 7 | 7 | 7 | 6 | 1 | 1 | 1 | ,0003 |
| 13 | 7 | 7 | 7 | 7 | 0 | 0 | 0 | ,0000 |
| 13 | 8 | 7 | 7 | 0 | 0 | 0 | 0 | ,0017 |
| 13 | 8 | 7 | 7 | 0 | 0 | 0 | 2 | ,0118 |
| 13 | 8 | 7 | 7 | 0 | 0 | 0 | 4 | ,0002 |
| 13 | 8 | 7 | 7 | 0 | 0 | 1 | 1 | ,0510 |
| 13 | 8 | 7 | 7 | 0 | 0 | 1 | 3 | ,0051 |
| 13 | 8 | 7 | 7 | 0 | 0 | 2 | 0 | ,0118 |
| 13 | 8 | 7 | 7 | 0 | 0 | 2 | 2 | ,0154 |
| 13 | 8 | 7 | 7 | 0 | 0 | 3 | 1 | ,0051 |
| 13 | 8 | 7 | 7 | 0 | 0 | 4 | 0 | ,0002 |
| 13 | 8 | 7 | 7 | 0 | 1 | 0 | 3 | ,0118 |
| 13 | 8 | 7 | 7 | 0 | 1 | 3 | 0 | ,0118 |
| 13 | 8 | 7 | 7 | 0 | 2 | 0 | 0 | ,0296 |
| 13 | 8 | 7 | 7 | 0 | 2 | 0 | 2 | ,0510 |
| 13 | 8 | 7 | 7 | 0 | 2 | 2 | 0 | ,0510 |
| 13 | 8 | 7 | 7 | 0 | 3 | 0 | 1 | ,0296 |
| 13 | 8 | 7 | 7 | 0 | 3 | 1 | 0 | ,0296 |
| 13 | 8 | 7 | 7 | 0 | 4 | 0 | 0 | ,0009 |
| 13 | 8 | 7 | 7 | 1 | 0 | 0 | 3 | ,0353 |
| 13 | 8 | 7 | 7 | 1 | 0 | 0 | 5 | ,0001 |
| 13 | 8 | 7 | 7 | 1 | 0 | 1 | 4 | ,0040 |
| 13 | 8 | 7 | 7 | 1 | 0 | 2 | 3 | ,0296 |
| 13 | 8 | 7 | 7 | 1 | 0 | 3 | 0 | ,0353 |
| 13 | 8 | 7 | 7 | 1 | 0 | 3 | 2 | ,0296 |
| 13 | 8 | 7 | 7 | 1 | 0 | 4 | 1 | ,0040 |
| 13 | 8 | 7 | 7 | 1 | 0 | 5 | 0 | ,0001 |
| 13 | 8 | 7 | 7 | 1 | 1 | 0 | 4 | ,0118 |
| 13 | 8 | 7 | 7 | 1 | 1 | 4 | 0 | ,0118 |
| 13 | 8 | 7 | 7 | 1 | 4 | 0 | 1 | ,0510 |

Tafel XVII-1-1 (Fortsetz.)

| | | | | | | | | | | | | | | | |
|---|---|---|---|---|---|---|---|---|---|---|---|---|---|---|---|
| 13 | 8 | 7 | 7 | 1 | 4 | 1 | 0 | ,0510 | 13 | 9 | 7 | 7 | 0 | 1 | 2 | 0 | ,0170 |
| 13 | 8 | 7 | 7 | 1 | 5 | 0 | 0 | ,0007 | 13 | 9 | 7 | 7 | 0 | 2 | 0 | 1 | ,0376 |
| 13 | 8 | 7 | 7 | 2 | 0 | 0 | 4 | ,0040 | 13 | 9 | 7 | 7 | 0 | 2 | 1 | 0 | ,0376 |
| 13 | 8 | 7 | 7 | 2 | 0 | 4 | 0 | ,0040 | 13 | 9 | 7 | 7 | 0 | 3 | 0 | 0 | ,0082 |
| 13 | 8 | 7 | 7 | 2 | 1 | 0 | 5 | ,0003 | 13 | 9 | 7 | 7 | 1 | 0 | 0 | 0 | ,0208 |
| 13 | 8 | 7 | 7 | 2 | 1 | 1 | 4 | ,0510 | 13 | 9 | 7 | 7 | 1 | 0 | 0 | 4 | ,0002 |
| 13 | 8 | 7 | 7 | 2 | 1 | 4 | 1 | ,0510 | 13 | 9 | 7 | 7 | 1 | 0 | 1 | 3 | ,0110 |
| 13 | 8 | 7 | 7 | 2 | 1 | 5 | 0 | ,0003 | 13 | 9 | 7 | 7 | 1 | 0 | 2 | 2 | ,0208 |
| 13 | 8 | 7 | 7 | 2 | 2 | 0 | 4 | ,0154 | 13 | 9 | 7 | 7 | 1 | 0 | 3 | 1 | ,0110 |
| 13 | 8 | 7 | 7 | 2 | 2 | 4 | 0 | ,0154 | 13 | 9 | 7 | 7 | 1 | 0 | 4 | 0 | ,0002 |
| 13 | 8 | 7 | 7 | 2 | 4 | 0 | 0 | ,0510 | 13 | 9 | 7 | 7 | 1 | 4 | 0 | 0 | ,0208 |
| 13 | 8 | 7 | 7 | 2 | 4 | 0 | 2 | ,0510 | 13 | 9 | 7 | 7 | 2 | 0 | 0 | 3 | ,0170 |
| 13 | 8 | 7 | 7 | 2 | 4 | 2 | 0 | ,0510 | 13 | 9 | 7 | 7 | 2 | 0 | 3 | 0 | ,0170 |
| 13 | 8 | 7 | 7 | 2 | 5 | 0 | 1 | ,0040 | 13 | 9 | 7 | 7 | 2 | 1 | 0 | 4 | ,0077 |
| 13 | 8 | 7 | 7 | 2 | 5 | 1 | 0 | ,0040 | 13 | 9 | 7 | 7 | 2 | 1 | 4 | 0 | ,0077 |
| 13 | 8 | 7 | 7 | 2 | 6 | 0 | 0 | ,0000 | 13 | 9 | 7 | 7 | 2 | 5 | 0 | 0 | ,0077 |
| 13 | 8 | 7 | 7 | 3 | 0 | 0 | 3 | ,0296 | 13 | 9 | 7 | 7 | 3 | 2 | 0 | 4 | ,0035 |
| 13 | 8 | 7 | 7 | 3 | 0 | 3 | 0 | ,0296 | 13 | 9 | 7 | 7 | 3 | 2 | 4 | 0 | ,0035 |
| 13 | 8 | 7 | 7 | 3 | 1 | 0 | 4 | ,0061 | 13 | 9 | 7 | 7 | 3 | 5 | 0 | 1 | ,0110 |
| 13 | 8 | 7 | 7 | 3 | 1 | 4 | 0 | ,0061 | 13 | 9 | 7 | 7 | 3 | 5 | 1 | 0 | ,0110 |
| 13 | 8 | 7 | 7 | 3 | 2 | 1 | 4 | ,0296 | 13 | 9 | 7 | 7 | 3 | 6 | 0 | 0 | ,0000 |
| 13 | 8 | 7 | 7 | 3 | 2 | 4 | 1 | ,0296 | 13 | 9 | 7 | 7 | 4 | 0 | 0 | 1 | ,0376 |
| 13 | 8 | 7 | 7 | 3 | 5 | 0 | 0 | ,0006 | 13 | 9 | 7 | 7 | 4 | 0 | 1 | 0 | ,0376 |
| 13 | 8 | 7 | 7 | 3 | 5 | 1 | 1 | ,0051 | 13 | 9 | 7 | 7 | 4 | 2 | 0 | 3 | ,0376 |
| 13 | 8 | 7 | 7 | 4 | 0 | 0 | 0 | ,0154 | 13 | 9 | 7 | 7 | 4 | 2 | 3 | 0 | ,0376 |
| 13 | 8 | 7 | 7 | 4 | 0 | 0 | 2 | ,0296 | 13 | 9 | 7 | 7 | 4 | 3 | 1 | 3 | ,0376 |
| 13 | 8 | 7 | 7 | 4 | 0 | 2 | 0 | ,0296 | 13 | 9 | 7 | 7 | 4 | 3 | 3 | 1 | ,0376 |
| 13 | 8 | 7 | 7 | 4 | 1 | 0 | 3 | ,0296 | 13 | 9 | 7 | 7 | 4 | 5 | 0 | 0 | ,0009 |
| 13 | 8 | 7 | 7 | 4 | 1 | 3 | 0 | ,0296 | 13 | 9 | 7 | 7 | 4 | 5 | 1 | 1 | ,0077 |
| 13 | 8 | 7 | 7 | 4 | 3 | 2 | 3 | ,0296 | 13 | 9 | 7 | 7 | 5 | 0 | 0 | 0 | ,0017 |
| 13 | 8 | 7 | 7 | 4 | 3 | 3 | 2 | ,0296 | 13 | 9 | 7 | 7 | 5 | 2 | 0 | 2 | ,0239 |
| 13 | 8 | 7 | 7 | 4 | 4 | 0 | 0 | ,0017 | 13 | 9 | 7 | 7 | 5 | 2 | 2 | 0 | ,0239 |
| 13 | 8 | 7 | 7 | 4 | 4 | 1 | 1 | ,0510 | 13 | 9 | 7 | 7 | 5 | 4 | 0 | 0 | ,0017 |
| 13 | 8 | 7 | 7 | 4 | 4 | 2 | 2 | ,0154 | 13 | 9 | 7 | 7 | 5 | 4 | 1 | 1 | ,0170 |
| 13 | 8 | 7 | 7 | 5 | 0 | 0 | 1 | ,0040 | 13 | 9 | 7 | 7 | 5 | 4 | 2 | 2 | ,0017 |
| 13 | 8 | 7 | 7 | 5 | 0 | 1 | 0 | ,0040 | 13 | 9 | 7 | 7 | 6 | 1 | 0 | 0 | ,0009 |
| 13 | 8 | 7 | 7 | 5 | 1 | 0 | 0 | ,0118 | 13 | 9 | 7 | 7 | 6 | 2 | 0 | 1 | ,0027 |
| 13 | 8 | 7 | 7 | 5 | 1 | 0 | 2 | ,0118 | 13 | 9 | 7 | 7 | 6 | 2 | 1 | 0 | ,0027 |
| 13 | 8 | 7 | 7 | 5 | 1 | 2 | 0 | ,0118 | 13 | 9 | 7 | 7 | 6 | 3 | 0 | 0 | ,0006 |
| 13 | 8 | 7 | 7 | 5 | 2 | 0 | 1 | ,0353 | 13 | 9 | 7 | 7 | 6 | 3 | 1 | 1 | ,0027 |
| 13 | 8 | 7 | 7 | 5 | 2 | 1 | 0 | ,0353 | 13 | 9 | 7 | 7 | 7 | 2 | 0 | 0 | ,0000 |
| 13 | 8 | 7 | 7 | 5 | 2 | 1 | 2 | ,0544 | 13 | 10 | 7 | 7 | 0 | 0 | 0 | 0 | ,0013 |
| 13 | 8 | 7 | 7 | 5 | 2 | 2 | 1 | ,0544 | 13 | 10 | 7 | 7 | 0 | 0 | 2 | 2 | ,0008 |
| 13 | 8 | 7 | 7 | 5 | 3 | 0 | 0 | ,0012 | 13 | 10 | 7 | 7 | 0 | 0 | 1 | 1 | ,0033 |
| 13 | 8 | 7 | 7 | 5 | 3 | 1 | 1 | ,0353 | 13 | 10 | 7 | 7 | 0 | 0 | 2 | 0 | ,0008 |
| 13 | 8 | 7 | 7 | 5 | 3 | 2 | 2 | ,0118 | 13 | 10 | 7 | 7 | 0 | 1 | 0 | 1 | ,0172 |
| 13 | 8 | 7 | 7 | 6 | 0 | 0 | 0 | ,0001 | 13 | 10 | 7 | 7 | 0 | 1 | 1 | 0 | ,0172 |
| 13 | 8 | 7 | 7 | 6 | 1 | 0 | 1 | ,0006 | 13 | 10 | 7 | 7 | 0 | 2 | 0 | 0 | ,0069 |
| 13 | 8 | 7 | 7 | 6 | 1 | 1 | 0 | ,0006 | 13 | 10 | 7 | 7 | 1 | 0 | 0 | 1 | ,0514 |
| 13 | 8 | 7 | 7 | 6 | 2 | 0 | 0 | ,0002 | 13 | 10 | 7 | 7 | 1 | 0 | 0 | 3 | ,0018 |
| 13 | 8 | 7 | 7 | 6 | 2 | 1 | 1 | ,0012 | 13 | 10 | 7 | 7 | 1 | 0 | 1 | 0 | ,0514 |
| 13 | 8 | 7 | 7 | 7 | 1 | 0 | 0 | ,0000 | 13 | 10 | 7 | 7 | 1 | 0 | 1 | 2 | ,0172 |
| 13 | 9 | 7 | 7 | 0 | 0 | 0 | 1 | ,0077 | 13 | 10 | 7 | 7 | 1 | 0 | 2 | 1 | ,0172 |
| 13 | 9 | 7 | 7 | 0 | 0 | 0 | 3 | ,0006 | 13 | 10 | 7 | 7 | 1 | 0 | 3 | 0 | ,0018 |
| 13 | 9 | 7 | 7 | 0 | 0 | 1 | 0 | ,0077 | 13 | 10 | 7 | 7 | 2 | 0 | 0 | 2 | ,0514 |
| 13 | 9 | 7 | 7 | 0 | 0 | 1 | 2 | ,0077 | 13 | 10 | 7 | 7 | 2 | 0 | 2 | 0 | ,0514 |
| 13 | 9 | 7 | 7 | 0 | 0 | 2 | 1 | ,0077 | 13 | 10 | 7 | 7 | 2 | 1 | 0 | 3 | ,0514 |
| 13 | 9 | 7 | 7 | 0 | 0 | 3 | 0 | ,0006 | 13 | 10 | 7 | 7 | 2 | 1 | 3 | 0 | ,0514 |
| 13 | 9 | 7 | 7 | 0 | 1 | 0 | 0 | ,0118 | 13 | 10 | 7 | 7 | 3 | 5 | 0 | 0 | ,0232 |
| 13 | 9 | 7 | 7 | 0 | 1 | 0 | 2 | ,0170 | 13 | 10 | 7 | 7 | 4 | 0 | 0 | 0 | ,0215 |

## Tafel XVII-1-1 (Fortsetz.)

| | | | | | | | | | | | | | | | | |
|---|---|---|---|---|---|---|---|---|---|---|---|---|---|---|---|---|
| 13 | 10 | 7 | 7 | 4 | 3 | 0 | 3 | ,0215 | 13 | 8 | 8 | 7 | 0 | 0 | 2 | 1 | ,0210 |
| 13 | 10 | 7 | 7 | 4 | 3 | 3 | 0 | ,0215 | 13 | 8 | 8 | 7 | 0 | 0 | 3 | 0 | ,0027 |
| 13 | 10 | 7 | 7 | 4 | 5 | 0 | 1 | ,0172 | 13 | 8 | 8 | 7 | 0 | 1 | 0 | 0 | ,0107 |
| 13 | 10 | 7 | 7 | 4 | 5 | 1 | 0 | ,0172 | 13 | 8 | 8 | 7 | 0 | 1 | 0 | 2 | ,0153 |
| 13 | 10 | 7 | 7 | 4 | 6 | 0 | 0 | ,0001 | 13 | 8 | 8 | 7 | 0 | 1 | 2 | 0 | ,0299 |
| 13 | 10 | 7 | 7 | 5 | 1 | 0 | 0 | ,0514 | 13 | 8 | 8 | 7 | 0 | 2 | 0 | 1 | ,0210 |
| 13 | 10 | 7 | 7 | 5 | 3 | 0 | 2 | ,0514 | 13 | 8 | 8 | 7 | 0 | 2 | 1 | 0 | ,0299 |
| 13 | 10 | 7 | 7 | 5 | 3 | 2 | 0 | ,0514 | 13 | 8 | 8 | 7 | 0 | 3 | 0 | 0 | ,0027 |
| 13 | 10 | 7 | 7 | 5 | 4 | 0 | 1 | ,0514 | 13 | 8 | 8 | 7 | 1 | 0 | 0 | 0 | ,0299 |
| 13 | 10 | 7 | 7 | 5 | 4 | 1 | 0 | ,0514 | 13 | 8 | 8 | 7 | 1 | 0 | 0 | 4 | ,0011 |
| 13 | 10 | 7 | 7 | 5 | 4 | 1 | 2 | ,0172 | 13 | 8 | 8 | 7 | 1 | 0 | 1 | 3 | ,0405 |
| 13 | 10 | 7 | 7 | 5 | 4 | 2 | 1 | ,0172 | 13 | 8 | 8 | 7 | 1 | 0 | 4 | 0 | ,0053 |
| 13 | 10 | 7 | 7 | 5 | 5 | 0 | 0 | ,0013 | 13 | 8 | 8 | 7 | 1 | 1 | 0 | 3 | ,0405 |
| 13 | 10 | 7 | 7 | 5 | 5 | 1 | 1 | ,0033 | 13 | 8 | 8 | 7 | 1 | 4 | 0 | 0 | ,0053 |
| 13 | 10 | 7 | 7 | 6 | 2 | 0 | 0 | ,0059 | 13 | 8 | 8 | 7 | 2 | 0 | 0 | 3 | ,0405 |
| 13 | 10 | 7 | 7 | 6 | 3 | 0 | 1 | ,0059 | 13 | 8 | 8 | 7 | 2 | 0 | 0 | 5 | ,0000 |
| 13 | 10 | 7 | 7 | 6 | 3 | 1 | 0 | ,0059 | 13 | 8 | 8 | 7 | 2 | 0 | 1 | 4 | ,0053 |
| 13 | 10 | 7 | 7 | 6 | 4 | 0 | 0 | ,0008 | 13 | 8 | 8 | 7 | 2 | 0 | 2 | 3 | ,0500 |
| 13 | 10 | 7 | 7 | 6 | 4 | 1 | 1 | ,0023 | 13 | 8 | 8 | 7 | 2 | 0 | 4 | 1 | ,0210 |
| 13 | 10 | 7 | 7 | 7 | 3 | 0 | 0 | ,0000 | 13 | 8 | 8 | 7 | 2 | 0 | 5 | 0 | ,0002 |
| 13 | 11 | 7 | 7 | 0 | 0 | 0 | 1 | ,0015 | 13 | 8 | 8 | 7 | 2 | 1 | 0 | 4 | ,0053 |
| 13 | 11 | 7 | 7 | 0 | 0 | 1 | 0 | ,0015 | 13 | 8 | 8 | 7 | 2 | 1 | 4 | 0 | ,0500 |
| 13 | 11 | 7 | 7 | 0 | 1 | 0 | 0 | ,0040 | 13 | 8 | 8 | 7 | 2 | 2 | 0 | 3 | ,0500 |
| 13 | 11 | 7 | 7 | 1 | 0 | 0 | 0 | ,0147 | 13 | 8 | 8 | 7 | 2 | 4 | 0 | 1 | ,0210 |
| 13 | 11 | 7 | 7 | 1 | 0 | 0 | 2 | ,0031 | 13 | 8 | 8 | 7 | 2 | 4 | 1 | 0 | ,0500 |
| 13 | 11 | 7 | 7 | 1 | 0 | 1 | 1 | ,0147 | 13 | 8 | 8 | 7 | 2 | 5 | 0 | 0 | ,0002 |
| 13 | 11 | 7 | 7 | 1 | 0 | 2 | 0 | ,0031 | 13 | 8 | 8 | 7 | 3 | 0 | 0 | 4 | ,0011 |
| 13 | 11 | 7 | 7 | 2 | 0 | 0 | 1 | ,0406 | 13 | 8 | 8 | 7 | 3 | 0 | 4 | 0 | ,0107 |
| 13 | 11 | 7 | 7 | 2 | 0 | 1 | 0 | ,0406 | 13 | 8 | 8 | 7 | 3 | 1 | 1 | 4 | ,0107 |
| 13 | 11 | 7 | 7 | 3 | 0 | 0 | 0 | ,0265 | 13 | 8 | 8 | 7 | 3 | 1 | 5 | 0 | ,0011 |
| 13 | 11 | 7 | 7 | 4 | 5 | 0 | 0 | ,0406 | 13 | 8 | 8 | 7 | 3 | 2 | 4 | 0 | ,0299 |
| 13 | 11 | 7 | 7 | 5 | 4 | 0 | 2 | ,0194 | 13 | 8 | 8 | 7 | 3 | 4 | 0 | 0 | ,0107 |
| 13 | 11 | 7 | 7 | 5 | 4 | 2 | 0 | ,0194 | 13 | 8 | 8 | 7 | 3 | 4 | 2 | 0 | ,0299 |
| 13 | 11 | 7 | 7 | 5 | 5 | 0 | 1 | ,0147 | 13 | 8 | 8 | 7 | 3 | 5 | 1 | 0 | ,0011 |
| 13 | 11 | 7 | 7 | 5 | 5 | 1 | 0 | ,0147 | 13 | 8 | 8 | 7 | 4 | 0 | 0 | 3 | ,0030 |
| 13 | 11 | 7 | 7 | 5 | 6 | 0 | 0 | ,0003 | 13 | 8 | 8 | 7 | 4 | 0 | 3 | 0 | ,0299 |
| 13 | 11 | 7 | 7 | 6 | 3 | 0 | 0 | ,0225 | 13 | 8 | 8 | 7 | 4 | 1 | 4 | 0 | ,0107 |
| 13 | 11 | 7 | 7 | 6 | 4 | 0 | 1 | ,0072 | 13 | 8 | 8 | 7 | 4 | 2 | 2 | 3 | ,0500 |
| 13 | 11 | 7 | 7 | 6 | 4 | 1 | 0 | ,0072 | 13 | 8 | 8 | 7 | 4 | 2 | 4 | 1 | ,0210 |
| 13 | 11 | 7 | 7 | 6 | 5 | 0 | 0 | ,0015 | 13 | 8 | 8 | 7 | 4 | 3 | 0 | 0 | ,0299 |
| 13 | 11 | 7 | 7 | 6 | 5 | 1 | 1 | ,0015 | 13 | 8 | 8 | 7 | 4 | 4 | 1 | 0 | ,0107 |
| 13 | 11 | 7 | 7 | 7 | 4 | 0 | 0 | ,0001 | 13 | 8 | 8 | 7 | 4 | 4 | 2 | 1 | ,0210 |
| 13 | 12 | 7 | 7 | 0 | 0 | 0 | 0 | ,0009 | 13 | 8 | 8 | 7 | 5 | 0 | 0 | 0 | ,0053 |
| 13 | 12 | 7 | 7 | 1 | 0 | 0 | 1 | ,0084 | 13 | 8 | 8 | 7 | 5 | 0 | 0 | 2 | ,0027 |
| 13 | 12 | 7 | 7 | 1 | 0 | 1 | 0 | ,0084 | 13 | 8 | 8 | 7 | 5 | 0 | 1 | 1 | ,0405 |
| 13 | 12 | 7 | 7 | 1 | 1 | 0 | 0 | ,0461 | 13 | 8 | 8 | 7 | 5 | 0 | 2 | 0 | ,0153 |
| 13 | 12 | 7 | 7 | 2 | 0 | 0 | 0 | ,0141 | 13 | 8 | 8 | 7 | 5 | 1 | 0 | 1 | ,0405 |
| 13 | 12 | 7 | 7 | 5 | 5 | 0 | 0 | ,0461 | 13 | 8 | 8 | 7 | 5 | 1 | 3 | 0 | ,0153 |
| 13 | 12 | 7 | 7 | 6 | 4 | 0 | 0 | ,0235 | 13 | 8 | 8 | 7 | 5 | 2 | 0 | 0 | ,0153 |
| 13 | 12 | 7 | 7 | 6 | 5 | 0 | 1 | ,0084 | 13 | 8 | 8 | 7 | 5 | 2 | 3 | 1 | ,0405 |
| 13 | 12 | 7 | 7 | 6 | 5 | 1 | 0 | ,0084 | 13 | 8 | 8 | 7 | 5 | 3 | 1 | 0 | ,0153 |
| 13 | 12 | 7 | 7 | 6 | 6 | 0 | 0 | ,0009 | 13 | 8 | 8 | 7 | 5 | 3 | 2 | 1 | ,0405 |
| 13 | 12 | 7 | 7 | 7 | 5 | 0 | 0 | ,0003 | 13 | 8 | 8 | 7 | 5 | 3 | 3 | 2 | ,0027 |
| 13 | 13 | 7 | 7 | 1 | 0 | 0 | 0 | ,0047 | 13 | 8 | 8 | 7 | 6 | 0 | 0 | 1 | ,0001 |
| 13 | 13 | 7 | 7 | 6 | 5 | 0 | 0 | ,0291 | 13 | 8 | 8 | 7 | 6 | 0 | 1 | 0 | ,0011 |
| 13 | 13 | 7 | 7 | 7 | 6 | 0 | 0 | ,0006 | 13 | 8 | 8 | 7 | 6 | 1 | 0 | 0 | ,0011 |
| 13 | 8 | 8 | 7 | 0 | 0 | 0 | 1 | ,0063 | 13 | 8 | 8 | 7 | 6 | 1 | 1 | 1 | ,0063 |
| 13 | 8 | 8 | 7 | 0 | 0 | 0 | 3 | ,0011 | 13 | 8 | 8 | 7 | 6 | 1 | 2 | 0 | ,0027 |
| 13 | 8 | 8 | 7 | 0 | 0 | 1 | 0 | ,0107 | 13 | 8 | 8 | 7 | 6 | 2 | 1 | 0 | ,0027 |
| 13 | 8 | 8 | 7 | 0 | 0 | 1 | 2 | ,0153 | 13 | 8 | 8 | 7 | 6 | 2 | 2 | 1 | ,0053 |

Tafel XVII-1-1 (Fortsetz.)

| | | | | | | | | | | | | | | | |
|---|---|---|---|---|---|---|---|---|---|---|---|---|---|---|---|
| 13 | 8 | 8 | 7 | 7 | 0 | 0 | 0 | ,0000 | 13 | 10 | 8 | 7 | 2 | 0 | 1 | 2 | ,0504 |
| 13 | 8 | 8 | 7 | 7 | 1 | 1 | 0 | ,0000 | 13 | 10 | 8 | 7 | 2 | 0 | 3 | 0 | ,0119 |
| 13 | 9 | 8 | 7 | 0 | 0 | 0 | 0 | ,0015 | 13 | 10 | 8 | 7 | 3 | 0 | 0 | 2 | ,0504 |
| 13 | 9 | 8 | 7 | 0 | 0 | 0 | 2 | ,0015 | 13 | 10 | 8 | 7 | 3 | 1 | 0 | 3 | ,0264 |
| 13 | 9 | 8 | 7 | 0 | 0 | 1 | 1 | ,0083 | 13 | 10 | 8 | 7 | 4 | 2 | 0 | 3 | ,0133 |
| 13 | 9 | 8 | 7 | 0 | 0 | 2 | 0 | ,0022 | 13 | 10 | 8 | 7 | 4 | 5 | 0 | 0 | ,0039 |
| 13 | 9 | 8 | 7 | 0 | 1 | 0 | 1 | ,0138 | 13 | 10 | 8 | 7 | 5 | 0 | 0 | 0 | ,0119 |
| 13 | 9 | 8 | 7 | 0 | 1 | 1 | 0 | ,0184 | 13 | 10 | 8 | 7 | 5 | 2 | 0 | 2 | ,0504 |
| 13 | 9 | 8 | 7 | 0 | 2 | 0 | 0 | ,0056 | 13 | 10 | 8 | 7 | 5 | 3 | 1 | 2 | ,0504 |
| 13 | 9 | 8 | 7 | 1 | 0 | 0 | 3 | ,0044 | 13 | 10 | 8 | 7 | 5 | 3 | 3 | 0 | ,0119 |
| 13 | 9 | 8 | 7 | 1 | 0 | 3 | 0 | ,0138 | 13 | 10 | 8 | 7 | 5 | 4 | 0 | 0 | ,0218 |
| 13 | 9 | 8 | 7 | 1 | 3 | 0 | 0 | ,0513 | 13 | 10 | 8 | 7 | 5 | 4 | 1 | 1 | ,0504 |
| 13 | 9 | 8 | 7 | 2 | 0 | 0 | 4 | ,0003 | 13 | 10 | 8 | 7 | 5 | 4 | 2 | 0 | ,0218 |
| 13 | 9 | 8 | 7 | 2 | 0 | 1 | 3 | ,0279 | 13 | 10 | 8 | 7 | 5 | 5 | 1 | 0 | ,0016 |
| 13 | 9 | 8 | 7 | 2 | 0 | 3 | 1 | ,0513 | 13 | 10 | 8 | 7 | 6 | 1 | 0 | 0 | ,0119 |
| 13 | 9 | 8 | 7 | 2 | 0 | 4 | 0 | ,0022 | 13 | 10 | 8 | 7 | 6 | 2 | 0 | 1 | ,0218 |
| 13 | 9 | 8 | 7 | 2 | 4 | 0 | 0 | ,0331 | 13 | 10 | 8 | 7 | 6 | 2 | 1 | 0 | ,0504 |
| 13 | 9 | 8 | 7 | 3 | 0 | 0 | 3 | ,0138 | 13 | 10 | 8 | 7 | 6 | 3 | 0 | 0 | ,0119 |
| 13 | 9 | 8 | 7 | 3 | 0 | 3 | 0 | ,0513 | 13 | 10 | 8 | 7 | 6 | 3 | 1 | 1 | ,0264 |
| 13 | 9 | 8 | 7 | 3 | 1 | 0 | 4 | ,0015 | 13 | 10 | 8 | 7 | 6 | 3 | 2 | 0 | ,0119 |
| 13 | 9 | 8 | 7 | 3 | 1 | 4 | 0 | ,0184 | 13 | 10 | 8 | 7 | 6 | 4 | 1 | 0 | ,0039 |
| 13 | 9 | 8 | 7 | 3 | 2 | 0 | 3 | ,0513 | 13 | 10 | 8 | 7 | 6 | 4 | 2 | 1 | ,0009 |
| 13 | 9 | 8 | 7 | 3 | 4 | 0 | 1 | ,0513 | 13 | 10 | 8 | 7 | 7 | 2 | 0 | 0 | ,0003 |
| 13 | 9 | 8 | 7 | 3 | 5 | 0 | 0 | ,0015 | 13 | 10 | 8 | 7 | 7 | 3 | 1 | 0 | ,0003 |
| 13 | 9 | 8 | 7 | 4 | 0 | 0 | 0 | ,0513 | 13 | 11 | 8 | 7 | 0 | 0 | 0 | 0 | ,0002 |
| 13 | 9 | 8 | 7 | 4 | 0 | 0 | 2 | ,0331 | 13 | 11 | 8 | 7 | 1 | 0 | 0 | 1 | ,0122 |
| 13 | 9 | 8 | 7 | 4 | 1 | 0 | 3 | ,0184 | 13 | 11 | 8 | 7 | 1 | 0 | 1 | 0 | ,0147 |
| 13 | 9 | 8 | 7 | 4 | 2 | 1 | 3 | ,0513 | 13 | 11 | 8 | 7 | 2 | 0 | 0 | 2 | ,0122 |
| 13 | 9 | 8 | 7 | 4 | 2 | 4 | 0 | ,0056 | 13 | 11 | 8 | 7 | 2 | 0 | 2 | 0 | ,0178 |
| 13 | 9 | 8 | 7 | 4 | 3 | 3 | 0 | ,0513 | 13 | 11 | 8 | 7 | 4 | 0 | 0 | 0 | ,0314 |
| 13 | 9 | 8 | 7 | 4 | 4 | 0 | 0 | ,0184 | 13 | 11 | 8 | 7 | 5 | 3 | 0 | 2 | ,0262 |
| 13 | 9 | 8 | 7 | 4 | 4 | 2 | 0 | ,0331 | 13 | 11 | 8 | 7 | 5 | 5 | 0 | 0 | ,0038 |
| 13 | 9 | 8 | 7 | 4 | 5 | 1 | 0 | ,0015 | 13 | 11 | 8 | 7 | 6 | 3 | 0 | 1 | ,0262 |
| 13 | 9 | 8 | 7 | 5 | 0 | 0 | 1 | ,0138 | 13 | 11 | 8 | 7 | 6 | 4 | 0 | 0 | ,0122 |
| 13 | 9 | 8 | 7 | 5 | 0 | 1 | 0 | ,0279 | 13 | 11 | 8 | 7 | 6 | 4 | 1 | 1 | ,0122 |
| 13 | 9 | 8 | 7 | 5 | 1 | 0 | 2 | ,0279 | 13 | 11 | 8 | 7 | 6 | 4 | 2 | 0 | ,0026 |
| 13 | 9 | 8 | 7 | 5 | 2 | 3 | 0 | ,0279 | 13 | 11 | 8 | 7 | 6 | 5 | 1 | 0 | ,0009 |
| 13 | 9 | 8 | 7 | 5 | 3 | 0 | 0 | ,0279 | 13 | 11 | 8 | 7 | 7 | 3 | 0 | 0 | ,0015 |
| 13 | 9 | 8 | 7 | 5 | 3 | 2 | 2 | ,0279 | 13 | 11 | 8 | 7 | 7 | 4 | 1 | 0 | ,0005 |
| 13 | 9 | 8 | 7 | 5 | 3 | 3 | 1 | ,0138 | 13 | 12 | 8 | 7 | 1 | 0 | 0 | 0 | ,0072 |
| 13 | 9 | 8 | 7 | 5 | 4 | 1 | 0 | ,0083 | 13 | 12 | 8 | 7 | 2 | 0 | 0 | 1 | ,0197 |
| 13 | 9 | 8 | 7 | 5 | 4 | 2 | 1 | ,0083 | 13 | 12 | 8 | 7 | 2 | 0 | 1 | 0 | ,0273 |
| 13 | 9 | 8 | 7 | 6 | 0 | 0 | 0 | ,0003 | 13 | 12 | 8 | 7 | 3 | 0 | 0 | 0 | ,0524 |
| 13 | 9 | 8 | 7 | 6 | 1 | 0 | 1 | ,0044 | 13 | 12 | 8 | 7 | 6 | 4 | 0 | 1 | ,0197 |
| 13 | 9 | 8 | 7 | 6 | 1 | 1 | 0 | ,0138 | 13 | 12 | 8 | 7 | 6 | 4 | 1 | 0 | ,0524 |
| 13 | 9 | 8 | 7 | 6 | 2 | 0 | 0 | ,0044 | 13 | 12 | 8 | 7 | 6 | 5 | 0 | 0 | ,0072 |
| 13 | 9 | 8 | 7 | 6 | 2 | 1 | 1 | ,0279 | 13 | 12 | 8 | 7 | 7 | 4 | 0 | 0 | ,0022 |
| 13 | 9 | 8 | 7 | 6 | 2 | 2 | 0 | ,0083 | 13 | 12 | 8 | 7 | 7 | 5 | 1 | 0 | ,0004 |
| 13 | 9 | 8 | 7 | 6 | 3 | 1 | 0 | ,0044 | 13 | 13 | 8 | 7 | 2 | 0 | 0 | 0 | ,0210 |
| 13 | 9 | 8 | 7 | 6 | 3 | 2 | 1 | ,0044 | 13 | 13 | 8 | 7 | 7 | 5 | 0 | 0 | ,0047 |
| 13 | 9 | 8 | 7 | 7 | 1 | 0 | 0 | ,0000 | 13 | 9 | 9 | 7 | 0 | 0 | 0 | 1 | ,0013 |
| 13 | 9 | 8 | 7 | 7 | 2 | 1 | 0 | ,0001 | 13 | 9 | 9 | 7 | 0 | 0 | 1 | 0 | ,0026 |
| 13 | 10 | 8 | 7 | 0 | 0 | 0 | 1 | ,0009 | 13 | 9 | 9 | 7 | 0 | 1 | 0 | 0 | ,0026 |
| 13 | 10 | 8 | 7 | 0 | 0 | 1 | 0 | ,0016 | 13 | 9 | 9 | 7 | 1 | 0 | 0 | 0 | ,0200 |
| 13 | 10 | 8 | 7 | 0 | 1 | 0 | 0 | ,0039 | 13 | 9 | 9 | 7 | 1 | 0 | 0 | 2 | ,0118 |
| 13 | 10 | 8 | 7 | 1 | 0 | 0 | 0 | ,0218 | 13 | 9 | 9 | 7 | 1 | 0 | 2 | 0 | ,0422 |
| 13 | 10 | 8 | 7 | 1 | 0 | 0 | 2 | ,0119 | 13 | 9 | 9 | 7 | 1 | 2 | 0 | 0 | ,0422 |
| 13 | 10 | 8 | 7 | 1 | 0 | 1 | 1 | ,0504 | 13 | 9 | 9 | 7 | 2 | 0 | 0 | 3 | ,0085 |
| 13 | 10 | 8 | 7 | 1 | 0 | 2 | 0 | ,0218 | 13 | 9 | 9 | 7 | 3 | 0 | 0 | 4 | ,0001 |
| 13 | 10 | 8 | 7 | 2 | 0 | 0 | 3 | ,0039 | 13 | 9 | 9 | 7 | 3 | 0 | 1 | 3 | ,0200 |

## Tafel XVII-1-1 (Fortsetz.)

| | | | | | | | | | | | | | | | | |
|---|---|---|---|---|---|---|---|---|---|---|---|---|---|---|---|---|
| 13 | 9  | 9 | 7 | 3 | 0 | 4 | 0 | ,0106 | 13 | 12 | 9  | 7 | 2 | 0 | 0 | 0 | ,0323 |
| 13 | 9  | 9 | 7 | 3 | 1 | 0 | 3 | ,0200 | 13 | 12 | 9  | 7 | 6 | 4 | 0 | 0 | ,0323 |
| 13 | 9  | 9 | 7 | 3 | 4 | 0 | 0 | ,0106 | 13 | 12 | 9  | 7 | 7 | 3 | 0 | 0 | ,0097 |
| 13 | 9  | 9 | 7 | 4 | 0 | 0 | 3 | ,0026 | 13 | 12 | 9  | 7 | 7 | 4 | 1 | 0 | ,0032 |
| 13 | 9  | 9 | 7 | 4 | 1 | 1 | 3 | ,0262 | 13 | 13 | 9  | 7 | 7 | 4 | 0 | 0 | ,0210 |
| 13 | 9  | 9 | 7 | 4 | 1 | 4 | 0 | ,0262 | 13 | 10 | 10 | 7 | 1 | 0 | 0 | 0 | ,0055 |
| 13 | 9  | 9 | 7 | 4 | 4 | 1 | 0 | ,0262 | 13 | 10 | 10 | 7 | 3 | 0 | 0 | 2 | ,0355 |
| 13 | 9  | 9 | 7 | 5 | 0 | 0 | 0 | ,0200 | 13 | 10 | 10 | 7 | 4 | 0 | 0 | 3 | ,0009 |
| 13 | 9  | 9 | 7 | 5 | 0 | 0 | 2 | ,0044 | 13 | 10 | 10 | 7 | 5 | 0 | 0 | 2 | ,0037 |
| 13 | 9  | 9 | 7 | 5 | 0 | 2 | 0 | ,0533 | 13 | 10 | 10 | 7 | 6 | 0 | 0 | 1 | ,0022 |
| 13 | 9  | 9 | 7 | 5 | 2 | 0 | 0 | ,0533 | 13 | 10 | 10 | 7 | 6 | 0 | 1 | 0 | ,0355 |
| 13 | 9  | 9 | 7 | 5 | 2 | 2 | 2 | ,0533 | 13 | 10 | 10 | 7 | 6 | 1 | 0 | 0 | ,0355 |
| 13 | 9  | 9 | 7 | 5 | 2 | 4 | 0 | ,0044 | 13 | 10 | 10 | 7 | 6 | 2 | 3 | 0 | ,0355 |
| 13 | 9  | 9 | 7 | 5 | 3 | 3 | 0 | ,0200 | 13 | 10 | 10 | 7 | 6 | 3 | 2 | 0 | ,0355 |
| 13 | 9  | 9 | 7 | 5 | 4 | 2 | 0 | ,0044 | 13 | 10 | 10 | 7 | 7 | 0 | 0 | 0 | ,0005 |
| 13 | 9  | 9 | 7 | 6 | 0 | 0 | 1 | ,0013 | 13 | 10 | 10 | 7 | 7 | 1 | 1 | 0 | ,0099 |
| 13 | 9  | 9 | 7 | 6 | 0 | 1 | 0 | ,0085 | 13 | 10 | 10 | 7 | 7 | 2 | 2 | 0 | ,0099 |
| 13 | 9  | 9 | 7 | 6 | 1 | 0 | 0 | ,0085 | 13 | 10 | 10 | 7 | 7 | 3 | 3 | 0 | ,0005 |
| 13 | 9  | 9 | 7 | 6 | 1 | 1 | 1 | ,0360 | 13 | 11 | 10 | 7 | 2 | 0 | 0 | 0 | ,0473 |
| 13 | 9  | 9 | 7 | 6 | 1 | 2 | 0 | ,0360 | 13 | 11 | 10 | 7 | 4 | 0 | 0 | 2 | ,0148 |
| 13 | 9  | 9 | 7 | 6 | 2 | 1 | 0 | ,0360 | 13 | 11 | 10 | 7 | 5 | 1 | 0 | 2 | ,0204 |
| 13 | 9  | 9 | 7 | 6 | 2 | 2 | 1 | ,0360 | 13 | 11 | 10 | 7 | 6 | 0 | 0 | 0 | ,0148 |
| 13 | 9  | 9 | 7 | 6 | 2 | 3 | 0 | ,0085 | 13 | 11 | 10 | 7 | 6 | 1 | 0 | 1 | ,0473 |
| 13 | 9  | 9 | 7 | 6 | 3 | 2 | 0 | ,0085 | 13 | 11 | 10 | 7 | 7 | 1 | 0 | 0 | ,0054 |
| 13 | 9  | 9 | 7 | 6 | 3 | 3 | 1 | ,0013 | 13 | 11 | 10 | 7 | 7 | 2 | 1 | 0 | ,0285 |
| 13 | 9  | 9 | 7 | 7 | 0 | 0 | 0 | ,0000 | 13 | 11 | 10 | 7 | 7 | 3 | 2 | 0 | ,0054 |
| 13 | 9  | 9 | 7 | 7 | 1 | 1 | 0 | ,0005 | 13 | 12 | 10 | 7 | 7 | 2 | 0 | 0 | ,0323 |
| 13 | 9  | 9 | 7 | 7 | 2 | 2 | 0 | ,0003 | 13 | 12 | 10 | 7 | 7 | 3 | 1 | 0 | ,0323 |
| 13 | 10 | 9 | 7 | 0 | 0 | 0 | 0 | ,0002 | 13 | 11 | 11 | 7 | 5 | 0 | 0 | 2 | ,0059 |
| 13 | 10 | 9 | 7 | 1 | 0 | 0 | 1 | ,0114 | 13 | 11 | 11 | 7 | 6 | 0 | 0 | 1 | ,0128 |
| 13 | 10 | 9 | 7 | 1 | 0 | 1 | 0 | ,0355 | 13 | 11 | 11 | 7 | 7 | 0 | 0 | 0 | ,0025 |
| 13 | 10 | 9 | 7 | 1 | 1 | 0 | 0 | ,0472 | 13 | 11 | 11 | 7 | 7 | 1 | 1 | 0 | ,0473 |
| 13 | 10 | 9 | 7 | 2 | 0 | 0 | 2 | ,0355 | 13 | 11 | 11 | 7 | 7 | 2 | 2 | 0 | ,0276 |
| 13 | 10 | 9 | 7 | 3 | 0 | 0 | 3 | ,0033 | 13 | 12 | 11 | 7 | 7 | 1 | 0 | 0 | ,0296 |
| 13 | 10 | 9 | 7 | 3 | 0 | 3 | 0 | ,0390 | 13 | 12 | 12 | 7 | 7 | 0 | 0 | 0 | ,0355 |
| 13 | 10 | 9 | 7 | 4 | 0 | 0 | 2 | ,0355 | 13 | 8  | 8  | 8 | 0 | 0 | 0 | 0 | ,0018 |
| 13 | 10 | 9 | 7 | 4 | 1 | 0 | 3 | ,0052 | 13 | 8  | 8  | 8 | 0 | 0 | 0 | 2 | ,0038 |
| 13 | 10 | 9 | 7 | 4 | 4 | 0 | 0 | ,0140 | 13 | 8  | 8  | 8 | 0 | 0 | 1 | 1 | ,0180 |
| 13 | 10 | 9 | 7 | 5 | 0 | 0 | 1 | ,0355 | 13 | 8  | 8  | 8 | 0 | 0 | 2 | 0 | ,0038 |
| 13 | 10 | 9 | 7 | 5 | 1 | 0 | 2 | ,0355 | 13 | 8  | 8  | 8 | 0 | 1 | 0 | 1 | ,0180 |
| 13 | 10 | 9 | 7 | 5 | 4 | 1 | 0 | ,0355 | 13 | 8  | 8  | 8 | 0 | 1 | 1 | 0 | ,0180 |
| 13 | 10 | 9 | 7 | 6 | 0 | 0 | 0 | ,0033 | 13 | 8  | 8  | 8 | 0 | 2 | 0 | 0 | ,0038 |
| 13 | 10 | 9 | 7 | 6 | 1 | 0 | 1 | ,0114 | 13 | 8  | 8  | 8 | 1 | 0 | 0 | 3 | ,0271 |
| 13 | 10 | 9 | 7 | 6 | 2 | 0 | 0 | ,0355 | 13 | 8  | 8  | 8 | 1 | 0 | 3 | 0 | ,0271 |
| 13 | 10 | 9 | 7 | 6 | 3 | 1 | 0 | ,0472 | 13 | 8  | 8  | 8 | 1 | 3 | 0 | 0 | ,0271 |
| 13 | 10 | 9 | 7 | 6 | 3 | 2 | 1 | ,0114 | 13 | 8  | 8  | 8 | 2 | 0 | 0 | 4 | ,0058 |
| 13 | 10 | 9 | 7 | 6 | 3 | 3 | 0 | ,0033 | 13 | 8  | 8  | 8 | 2 | 0 | 4 | 0 | ,0058 |
| 13 | 10 | 9 | 7 | 6 | 4 | 2 | 0 | ,0013 | 13 | 8  | 8  | 8 | 2 | 4 | 0 | 0 | ,0058 |
| 13 | 10 | 9 | 7 | 7 | 1 | 0 | 0 | ,0008 | 13 | 8  | 8  | 8 | 3 | 0 | 0 | 5 | ,0002 |
| 13 | 10 | 9 | 7 | 7 | 2 | 1 | 0 | ,0042 | 13 | 8  | 8  | 8 | 3 | 0 | 1 | 4 | ,0180 |
| 13 | 10 | 9 | 7 | 7 | 3 | 2 | 0 | ,0008 | 13 | 8  | 8  | 8 | 3 | 0 | 4 | 1 | ,0180 |
| 13 | 11 | 9 | 7 | 1 | 0 | 0 | 0 | ,0038 | 13 | 8  | 8  | 8 | 3 | 0 | 5 | 0 | ,0002 |
| 13 | 11 | 9 | 7 | 3 | 0 | 0 | 2 | ,0134 | 13 | 8  | 8  | 8 | 3 | 1 | 0 | 4 | ,0180 |
| 13 | 11 | 9 | 7 | 5 | 0 | 0 | 0 | ,0304 | 13 | 8  | 8  | 8 | 3 | 1 | 4 | 0 | ,0180 |
| 13 | 11 | 9 | 7 | 5 | 2 | 0 | 2 | ,0304 | 13 | 8  | 8  | 8 | 3 | 4 | 0 | 1 | ,0180 |
| 13 | 11 | 9 | 7 | 5 | 4 | 0 | 0 | ,0304 | 13 | 8  | 8  | 8 | 3 | 4 | 1 | 0 | ,0180 |
| 13 | 11 | 9 | 7 | 6 | 4 | 1 | 0 | ,0134 | 13 | 8  | 8  | 8 | 3 | 5 | 0 | 0 | ,0002 |
| 13 | 11 | 9 | 7 | 7 | 2 | 0 | 0 | ,0019 | 13 | 8  | 8  | 8 | 4 | 0 | 0 | 0 | ,0419 |
| 13 | 11 | 9 | 7 | 7 | 3 | 1 | 0 | ,0059 | 13 | 8  | 8  | 8 | 4 | 0 | 0 | 4 | ,0018 |
| 13 | 11 | 9 | 7 | 7 | 4 | 2 | 0 | ,0003 | 13 | 8  | 8  | 8 | 4 | 0 | 4 | 0 | ,0018 |

Tafel XVII-1-1 (Fortsetz.)

| | | | | | | | | | | | | | | | | |
|---|---|---|---|---|---|---|---|---|---|---|---|---|---|---|---|---|
| 13 | 8 | 8 | 8 | 4 | 1 | 1 | 4 | ,0180 | 13 | 9 | 8 | 8 | 6 | 0 | 1 | 0 | ,0053 |
| 13 | 8 | 8 | 8 | 4 | 1 | 4 | 1 | ,0180 | 13 | 9 | 8 | 8 | 6 | 1 | 0 | 0 | ,0129 |
| 13 | 8 | 8 | 8 | 4 | 4 | 0 | 0 | ,0018 | 13 | 9 | 8 | 8 | 6 | 1 | 0 | 2 | ,0080 |
| 13 | 8 | 8 | 8 | 4 | 4 | 1 | 1 | ,0180 | 13 | 9 | 8 | 8 | 6 | 1 | 2 | 0 | ,0080 |
| 13 | 8 | 8 | 8 | 5 | 0 | 0 | 1 | ,0393 | 13 | 9 | 8 | 8 | 6 | 2 | 0 | 1 | ,0458 |
| 13 | 8 | 8 | 8 | 5 | 0 | 0 | 3 | ,0038 | 13 | 9 | 8 | 8 | 6 | 2 | 1 | 0 | ,0458 |
| 13 | 8 | 8 | 8 | 5 | 0 | 1 | 0 | ,0393 | 13 | 9 | 8 | 8 | 6 | 2 | 1 | 2 | ,0458 |
| 13 | 8 | 8 | 8 | 5 | 0 | 3 | 0 | ,0038 | 13 | 9 | 8 | 8 | 6 | 2 | 2 | 1 | ,0458 |
| 13 | 8 | 8 | 8 | 5 | 1 | 0 | 0 | ,0393 | 13 | 9 | 8 | 8 | 6 | 3 | 0 | 0 | ,0030 |
| 13 | 8 | 8 | 8 | 5 | 1 | 1 | 3 | ,0393 | 13 | 9 | 8 | 8 | 6 | 3 | 1 | 1 | ,0129 |
| 13 | 8 | 8 | 8 | 5 | 1 | 3 | 1 | ,0393 | 13 | 9 | 8 | 8 | 6 | 3 | 2 | 2 | ,0030 |
| 13 | 8 | 8 | 8 | 5 | 2 | 2 | 3 | ,0271 | 13 | 9 | 8 | 8 | 7 | 0 | 0 | 0 | ,0000 |
| 13 | 8 | 8 | 8 | 5 | 2 | 3 | 2 | ,0271 | 13 | 9 | 8 | 8 | 7 | 1 | 0 | 1 | ,0006 |
| 13 | 8 | 8 | 8 | 5 | 3 | 0 | 0 | ,0038 | 13 | 9 | 8 | 8 | 7 | 1 | 1 | 0 | ,0006 |
| 13 | 8 | 8 | 8 | 5 | 3 | 1 | 1 | ,0393 | 13 | 9 | 8 | 8 | 7 | 2 | 0 | 0 | ,0002 |
| 13 | 8 | 8 | 8 | 5 | 3 | 2 | 2 | ,0271 | 13 | 9 | 8 | 8 | 7 | 2 | 1 | 1 | ,0008 |
| 13 | 8 | 8 | 8 | 6 | 0 | 0 | 0 | ,0009 | 13 | 9 | 8 | 8 | 8 | 1 | 0 | 0 | ,0000 |
| 13 | 8 | 8 | 8 | 6 | 0 | 0 | 2 | ,0009 | 13 | 10 | 8 | 8 | 0 | 0 | 0 | 0 | ,0003 |
| 13 | 8 | 8 | 8 | 6 | 0 | 1 | 1 | ,0079 | 13 | 10 | 8 | 8 | 1 | 0 | 0 | 1 | ,0274 |
| 13 | 8 | 8 | 8 | 6 | 0 | 2 | 0 | ,0009 | 13 | 10 | 8 | 8 | 1 | 0 | 1 | 0 | ,0274 |
| 13 | 8 | 8 | 8 | 6 | 1 | 0 | 1 | ,0079 | 13 | 10 | 8 | 8 | 1 | 1 | 0 | 0 | ,0487 |
| 13 | 8 | 8 | 8 | 6 | 1 | 1 | 0 | ,0079 | 13 | 10 | 8 | 8 | 3 | 0 | 0 | 3 | ,0138 |
| 13 | 8 | 8 | 8 | 6 | 1 | 1 | 2 | ,0271 | 13 | 10 | 8 | 8 | 3 | 0 | 3 | 0 | ,0138 |
| 13 | 8 | 8 | 8 | 6 | 1 | 2 | 1 | ,0271 | 13 | 10 | 8 | 8 | 4 | 1 | 0 | 3 | ,0487 |
| 13 | 8 | 8 | 8 | 6 | 2 | 0 | 0 | ,0009 | 13 | 10 | 8 | 8 | 4 | 1 | 3 | 0 | ,0487 |
| 13 | 8 | 8 | 8 | 6 | 2 | 1 | 1 | ,0271 | 13 | 10 | 8 | 8 | 4 | 4 | 0 | 0 | ,0487 |
| 13 | 8 | 8 | 8 | 6 | 2 | 2 | 2 | ,0058 | 13 | 10 | 8 | 8 | 5 | 2 | 0 | 3 | ,0138 |
| 13 | 8 | 8 | 8 | 7 | 0 | 0 | 1 | ,0001 | 13 | 10 | 8 | 8 | 5 | 2 | 3 | 0 | ,0138 |
| 13 | 8 | 8 | 8 | 7 | 0 | 1 | 0 | ,0001 | 13 | 10 | 8 | 8 | 5 | 4 | 0 | 1 | ,0274 |
| 13 | 8 | 8 | 8 | 7 | 1 | 0 | 0 | ,0001 | 13 | 10 | 8 | 8 | 5 | 4 | 1 | 0 | ,0274 |
| 13 | 8 | 8 | 8 | 7 | 1 | 1 | 1 | ,0003 | 13 | 10 | 8 | 8 | 5 | 5 | 0 | 0 | ,0003 |
| 13 | 8 | 8 | 8 | 8 | 0 | 0 | 0 | ,0000 | 13 | 10 | 8 | 8 | 6 | 0 | 0 | 0 | ,0046 |
| 13 | 9 | 8 | 8 | 0 | 0 | 0 | 1 | ,0030 | 13 | 10 | 8 | 8 | 6 | 2 | 0 | 2 | ,0274 |
| 13 | 9 | 8 | 8 | 0 | 0 | 1 | 0 | ,0030 | 13 | 10 | 8 | 8 | 6 | 2 | 2 | 0 | ,0274 |
| 13 | 9 | 8 | 8 | 0 | 1 | 0 | 0 | ,0041 | 13 | 10 | 8 | 8 | 6 | 3 | 0 | 1 | ,0335 |
| 13 | 9 | 8 | 8 | 1 | 0 | 0 | 0 | ,0220 | 13 | 10 | 8 | 8 | 6 | 3 | 1 | 0 | ,0335 |
| 13 | 9 | 8 | 8 | 1 | 0 | 0 | 2 | ,0458 | 13 | 10 | 8 | 8 | 6 | 3 | 1 | 2 | ,0138 |
| 13 | 9 | 8 | 8 | 1 | 0 | 2 | 0 | ,0458 | 13 | 10 | 8 | 8 | 6 | 3 | 2 | 1 | ,0138 |
| 13 | 9 | 8 | 8 | 2 | 0 | 0 | 3 | ,0458 | 13 | 10 | 8 | 8 | 6 | 4 | 0 | 0 | ,0009 |
| 13 | 9 | 8 | 8 | 2 | 0 | 3 | 0 | ,0458 | 13 | 10 | 8 | 8 | 6 | 4 | 1 | 1 | ,0046 |
| 13 | 9 | 8 | 8 | 3 | 0 | 0 | 4 | ,0030 | 13 | 10 | 8 | 8 | 7 | 1 | 0 | 0 | ,0018 |
| 13 | 9 | 8 | 8 | 3 | 0 | 4 | 0 | ,0030 | 13 | 10 | 8 | 8 | 7 | 2 | 0 | 1 | ,0031 |
| 13 | 9 | 8 | 8 | 3 | 4 | 0 | 0 | ,0220 | 13 | 10 | 8 | 8 | 7 | 2 | 1 | 0 | ,0031 |
| 13 | 9 | 8 | 8 | 4 | 0 | 0 | 3 | ,0220 | 13 | 10 | 8 | 8 | 7 | 3 | 0 | 0 | ,0005 |
| 13 | 9 | 8 | 8 | 4 | 0 | 3 | 0 | ,0220 | 13 | 10 | 8 | 8 | 7 | 3 | 1 | 1 | ,0018 |
| 13 | 9 | 8 | 8 | 4 | 1 | 0 | 4 | ,0041 | 13 | 10 | 8 | 8 | 8 | 2 | 0 | 0 | ,0000 |
| 13 | 9 | 8 | 8 | 4 | 1 | 4 | 0 | ,0041 | 13 | 11 | 8 | 8 | 1 | 0 | 0 | 0 | ,0060 |
| 13 | 9 | 8 | 8 | 4 | 4 | 0 | 1 | ,0220 | 13 | 11 | 8 | 8 | 3 | 0 | 0 | 2 | ,0363 |
| 13 | 9 | 8 | 8 | 4 | 4 | 1 | 0 | ,0220 | 13 | 11 | 8 | 8 | 3 | 0 | 2 | 0 | ,0363 |
| 13 | 9 | 8 | 8 | 4 | 5 | 0 | 0 | ,0001 | 13 | 11 | 8 | 8 | 5 | 0 | 0 | 0 | ,0363 |
| 13 | 9 | 8 | 8 | 5 | 0 | 0 | 0 | ,0458 | 13 | 11 | 8 | 8 | 6 | 3 | 0 | 2 | ,0196 |
| 13 | 9 | 8 | 8 | 5 | 0 | 0 | 2 | ,0458 | 13 | 11 | 8 | 8 | 6 | 3 | 2 | 0 | ,0196 |
| 13 | 9 | 8 | 8 | 5 | 0 | 2 | 0 | ,0458 | 13 | 11 | 8 | 8 | 6 | 4 | 0 | 1 | ,0196 |
| 13 | 9 | 8 | 8 | 5 | 1 | 0 | 3 | ,0129 | 13 | 11 | 8 | 8 | 6 | 4 | 1 | 0 | ,0196 |
| 13 | 9 | 8 | 8 | 5 | 1 | 3 | 0 | ,0129 | 13 | 11 | 8 | 8 | 6 | 5 | 0 | 0 | ,0004 |
| 13 | 9 | 8 | 8 | 5 | 2 | 1 | 3 | ,0458 | 13 | 11 | 8 | 8 | 7 | 2 | 0 | 0 | ,0084 |
| 13 | 9 | 8 | 8 | 5 | 2 | 3 | 1 | ,0458 | 13 | 11 | 8 | 8 | 7 | 3 | 0 | 1 | ,0044 |
| 13 | 9 | 8 | 8 | 5 | 4 | 0 | 0 | ,0030 | 13 | 11 | 8 | 8 | 7 | 3 | 1 | 0 | ,0044 |
| 13 | 9 | 8 | 8 | 5 | 4 | 1 | 1 | ,0080 | 13 | 11 | 8 | 8 | 7 | 4 | 0 | 0 | ,0012 |
| 13 | 9 | 8 | 8 | 6 | 0 | 0 | 1 | ,0053 | 13 | 11 | 8 | 8 | 7 | 4 | 1 | 1 | ,0012 |

Tafel XVII-1-1 (Fortsetz.) 541

| | | | | | | | | | | | | | | | | | |
|---|---|---|---|---|---|---|---|---|---|---|---|---|---|---|---|---|---|
| 13 | 11 | 9 | 8 | 8 | 3 | 0 | 0 | ,0001 | 13 | 10 | 9 | 8 | 7 | 2 | 0 | 0 | ,0060 |
| 13 | 12 | 9 | 8 | 2 | 0 | 0 | 0 | ,0252 | 13 | 10 | 9 | 8 | 7 | 2 | 1 | 1 | ,0176 |
| 13 | 12 | 9 | 8 | 7 | 3 | 0 | 0 | ,0151 | 13 | 10 | 9 | 8 | 7 | 2 | 2 | 0 | ,0060 |
| 13 | 12 | 9 | 8 | 7 | 4 | 0 | 1 | ,0056 | 13 | 10 | 9 | 8 | 7 | 3 | 1 | 0 | ,0025 |
| 13 | 12 | 8 | 8 | 7 | 4 | 1 | 0 | ,0056 | 13 | 10 | 9 | 8 | 7 | 3 | 2 | 1 | ,0010 |
| 13 | 12 | 9 | 8 | 7 | 5 | 0 | 0 | ,0008 | 13 | 10 | 9 | 8 | 8 | 1 | 0 | 0 | ,0001 |
| 13 | 12 | 9 | 8 | 8 | 4 | 0 | 0 | ,0003 | 13 | 10 | 9 | 8 | 8 | 2 | 1 | 0 | ,0002 |
| 13 | 13 | 9 | 8 | 7 | 4 | 0 | 0 | ,0319 | 13 | 11 | 9 | 8 | 2 | 0 | 0 | 0 | ,0450 |
| 13 | 13 | 9 | 8 | 8 | 5 | 0 | 0 | ,0008 | 13 | 11 | 9 | 8 | 4 | 0 | 0 | 2 | ,0450 |
| 13 | 9 | 9 | 8 | 0 | 0 | 0 | 0 | ,0003 | 13 | 11 | 9 | 8 | 6 | 0 | 0 | 0 | ,0299 |
| 13 | 9 | 9 | 8 | 1 | 0 | 0 | 1 | ,0284 | 13 | 11 | 9 | 8 | 6 | 2 | 0 | 2 | ,0299 |
| 13 | 9 | 9 | 8 | 1 | 0 | 1 | 0 | ,0393 | 13 | 11 | 9 | 8 | 6 | 4 | 0 | 0 | ,0056 |
| 13 | 9 | 9 | 8 | 1 | 1 | 0 | 0 | ,0393 | 13 | 11 | 9 | 8 | 7 | 1 | 0 | 0 | ,0199 |
| 13 | 9 | 9 | 8 | 3 | 0 | 0 | 3 | ,0284 | 13 | 11 | 9 | 8 | 7 | 2 | 0 | 1 | ,0199 |
| 13 | 9 | 9 | 8 | 4 | 0 | 0 | 4 | ,0003 | 13 | 11 | 9 | 8 | 7 | 2 | 1 | 0 | ,0536 |
| 13 | 9 | 9 | 8 | 4 | 0 | 1 | 3 | ,0393 | 13 | 11 | 9 | 8 | 7 | 3 | 0 | 0 | ,0113 |
| 13 | 9 | 9 | 8 | 4 | 0 | 4 | 0 | ,0061 | 13 | 11 | 9 | 8 | 7 | 3 | 1 | 1 | ,0113 |
| 13 | 9 | 9 | 8 | 4 | 1 | 0 | 3 | ,0393 | 13 | 11 | 9 | 8 | 7 | 3 | 2 | 0 | ,0030 |
| 13 | 9 | 9 | 8 | 4 | 4 | 0 | 0 | ,0061 | 13 | 11 | 9 | 8 | 7 | 4 | 1 | 0 | ,0016 |
| 13 | 9 | 9 | 8 | 5 | 0 | 0 | 3 | ,0047 | 13 | 11 | 9 | 8 | 8 | 2 | 0 | 0 | ,0009 |
| 13 | 9 | 9 | 8 | 5 | 0 | 3 | 0 | ,0284 | 13 | 11 | 9 | 8 | 8 | 3 | 1 | 0 | ,0004 |
| 13 | 9 | 9 | 8 | 5 | 1 | 1 | 3 | ,0284 | 13 | 12 | 9 | 8 | 7 | 3 | 0 | 1 | ,0156 |
| 13 | 9 | 9 | 8 | 5 | 1 | 4 | 0 | ,0047 | 13 | 12 | 9 | 8 | 7 | 3 | 1 | 0 | ,0328 |
| 13 | 9 | 9 | 8 | 5 | 3 | 0 | 0 | ,0284 | 13 | 12 | 9 | 8 | 7 | 4 | 0 | 0 | ,0070 |
| 13 | 9 | 9 | 8 | 5 | 4 | 1 | 0 | ,0047 | 13 | 12 | 9 | 8 | 8 | 3 | 0 | 0 | ,0027 |
| 13 | 9 | 9 | 8 | 6 | 0 | 0 | 0 | ,0125 | 13 | 12 | 9 | 8 | 8 | 4 | 1 | 0 | ,0005 |
| 13 | 9 | 9 | 8 | 6 | 0 | 0 | 2 | ,0047 | 13 | 13 | 9 | 8 | 8 | 4 | 0 | 0 | ,0070 |
| 13 | 9 | 9 | 8 | 6 | 0 | 2 | 0 | ,0174 | 13 | 10 | 10 | 8 | 5 | 0 | 0 | 3 | ,0012 |
| 13 | 9 | 9 | 8 | 6 | 1 | 3 | 0 | ,0125 | 13 | 10 | 10 | 8 | 6 | 0 | 0 | 2 | ,0066 |
| 13 | 9 | 9 | 8 | 6 | 2 | 0 | 0 | ,0174 | 13 | 10 | 10 | 8 | 7 | 0 | 0 | 1 | ,0048 |
| 13 | 9 | 9 | 8 | 6 | 2 | 2 | 2 | ,0174 | 13 | 10 | 10 | 8 | 7 | 0 | 1 | 0 | ,0154 |
| 13 | 9 | 9 | 8 | 6 | 2 | 3 | 1 | ,0125 | 13 | 10 | 10 | 8 | 7 | 1 | 0 | 0 | ,0154 |
| 13 | 9 | 9 | 8 | 6 | 3 | 1 | 0 | ,0125 | 13 | 10 | 10 | 8 | 7 | 1 | 1 | 1 | ,0330 |
| 13 | 9 | 9 | 8 | 6 | 3 | 2 | 1 | ,0125 | 13 | 10 | 10 | 8 | 7 | 1 | 2 | 0 | ,0330 |
| 13 | 9 | 9 | 8 | 7 | 0 | 0 | 1 | ,0005 | 13 | 10 | 10 | 8 | 7 | 2 | 1 | 0 | ,0330 |
| 13 | 9 | 9 | 8 | 7 | 0 | 1 | 0 | ,0011 | 13 | 10 | 10 | 8 | 7 | 2 | 2 | 1 | ,0154 |
| 13 | 9 | 9 | 8 | 7 | 1 | 0 | 0 | ,0011 | 13 | 10 | 10 | 8 | 7 | 2 | 3 | 0 | ,0048 |
| 13 | 9 | 9 | 8 | 7 | 1 | 1 | 1 | ,0070 | 13 | 10 | 10 | 8 | 7 | 3 | 2 | 0 | ,0048 |
| 13 | 9 | 9 | 8 | 7 | 1 | 2 | 0 | ,0025 | 13 | 10 | 10 | 8 | 8 | 0 | 0 | 0 | ,0001 |
| 13 | 9 | 9 | 8 | 7 | 2 | 1 | 0 | ,0025 | 13 | 10 | 10 | 8 | 8 | 1 | 1 | 0 | ,0019 |
| 13 | 9 | 9 | 8 | 7 | 2 | 2 | 1 | ,0025 | 13 | 10 | 10 | 8 | 8 | 2 | 2 | 0 | ,0005 |
| 13 | 9 | 9 | 8 | 8 | 0 | 0 | 0 | ,0000 | 13 | 11 | 10 | 8 | 5 | 0 | 0 | 2 | ,0362 |
| 13 | 9 | 9 | 8 | 8 | 1 | 1 | 0 | ,0000 | 13 | 11 | 10 | 8 | 6 | 1 | 0 | 2 | ,0143 |
| 13 | 10 | 9 | 8 | 1 | 0 | 0 | 0 | ,0129 | 13 | 11 | 10 | 8 | 7 | 0 | 0 | 0 | ,0081 |
| 13 | 10 | 9 | 8 | 4 | 0 | 0 | 3 | ,0129 | 13 | 11 | 10 | 8 | 7 | 1 | 0 | 1 | ,0287 |
| 13 | 10 | 9 | 8 | 4 | 0 | 3 | 0 | ,0319 | 13 | 11 | 10 | 8 | 7 | 3 | 1 | 0 | ,0287 |
| 13 | 10 | 9 | 8 | 5 | 0 | 0 | 2 | ,0443 | 13 | 11 | 10 | 8 | 8 | 1 | 0 | 0 | ,0018 |
| 13 | 10 | 9 | 8 | 5 | 1 | 0 | 3 | ,0129 | 13 | 11 | 10 | 8 | 8 | 2 | 1 | 0 | ,0045 |
| 13 | 10 | 9 | 8 | 5 | 4 | 0 | 0 | ,0129 | 13 | 11 | 10 | 8 | 8 | 2 | 2 | 0 | ,0004 |
| 13 | 10 | 9 | 8 | 6 | 0 | 0 | 1 | ,0285 | 13 | 12 | 10 | 8 | 8 | 2 | 0 | 0 | ,0134 |
| 13 | 10 | 9 | 8 | 6 | 0 | 1 | 0 | ,0443 | 13 | 12 | 10 | 8 | 8 | 3 | 1 | 0 | ,0054 |
| 13 | 10 | 9 | 8 | 6 | 1 | 0 | 2 | ,0285 | 13 | 13 | 10 | 8 | 8 | 3 | 0 | 0 | ,0350 |
| 13 | 10 | 9 | 8 | 6 | 2 | 1 | 2 | ,0443 | 13 | 11 | 11 | 8 | 6 | 0 | 0 | 2 | ,0062 |
| 13 | 10 | 9 | 8 | 6 | 2 | 3 | 0 | ,0129 | 13 | 11 | 11 | 8 | 7 | 0 | 0 | 1 | ,0178 |
| 13 | 10 | 9 | 8 | 6 | 3 | 0 | 0 | ,0285 | 13 | 11 | 11 | 8 | 8 | 0 | 0 | 0 | ,0016 |
| 13 | 10 | 9 | 8 | 6 | 3 | 2 | 0 | ,0285 | 13 | 11 | 11 | 8 | 8 | 1 | 1 | 0 | ,0276 |
| 13 | 10 | 9 | 8 | 6 | 4 | 1 | 0 | ,0017 | 13 | 11 | 11 | 8 | 8 | 2 | 2 | 0 | ,0112 |
| 13 | 10 | 9 | 8 | 7 | 0 | 0 | 0 | ,0010 | 13 | 12 | 11 | 8 | 8 | 1 | 0 | 0 | ,0197 |
| 13 | 10 | 9 | 8 | 7 | 1 | 0 | 1 | ,0060 | 13 | 12 | 11 | 8 | 8 | 2 | 1 | 0 | ,0493 |
| 13 | 10 | 9 | 8 | 7 | 1 | 1 | 0 | ,0176 | 13 | 12 | 12 | 8 | 8 | 0 | 0 | 0 | ,0296 |

# Tafel XVII-1-1 (Fortsetz.)

| | | | | | | | | | | | | | | | | |
|---|---|---|---|---|---|---|---|---|---|---|---|---|---|---|---|---|
| 13 | 9 | 9 | 9 | 1 | 0 | 0 | 0 | ,0066 | 13 | 11 | 9 | 9 | 8 | 1 | 0 | 0 | ,0079 |
| 13 | 9 | 9 | 9 | 5 | 0 | 0 | 4 | ,0012 | 13 | 11 | 9 | 9 | 8 | 2 | 0 | 1 | ,0079 |
| 13 | 9 | 9 | 9 | 5 | 0 | 1 | 3 | ,0463 | 13 | 11 | 9 | 9 | 8 | 2 | 1 | 0 | ,0079 |
| 13 | 9 | 9 | 9 | 5 | 0 | 3 | 1 | ,0463 | 13 | 11 | 9 | 9 | 8 | 3 | 0 | 0 | ,0020 |
| 13 | 9 | 9 | 9 | 5 | 0 | 4 | 0 | ,0012 | 13 | 11 | 9 | 9 | 8 | 3 | 1 | 1 | ,0020 |
| 13 | 9 | 9 | 9 | 5 | 1 | 0 | 3 | ,0463 | 13 | 11 | 9 | 9 | 9 | 2 | 0 | 0 | ,0001 |
| 13 | 9 | 9 | 9 | 5 | 1 | 3 | 0 | ,0463 | 13 | 12 | 9 | 9 | 7 | 3 | 0 | 0 | ,0517 |
| 13 | 9 | 9 | 9 | 5 | 3 | 0 | 1 | ,0463 | 13 | 12 | 9 | 9 | 8 | 2 | 0 | 0 | ,0208 |
| 13 | 9 | 9 | 9 | 5 | 3 | 1 | 0 | ,0463 | 13 | 12 | 9 | 9 | 8 | 3 | 0 | 1 | ,0091 |
| 13 | 9 | 9 | 9 | 5 | 4 | 0 | 0 | ,0012 | 13 | 12 | 9 | 9 | 8 | 3 | 1 | 0 | ,0091 |
| 13 | 9 | 9 | 9 | 6 | 0 | 0 | 3 | ,0054 | 13 | 12 | 9 | 9 | 8 | 4 | 0 | 0 | ,0014 |
| 13 | 9 | 9 | 9 | 6 | 0 | 3 | 0 | ,0054 | 13 | 12 | 9 | 9 | 9 | 3 | 0 | 0 | ,0004 |
| 13 | 9 | 9 | 9 | 6 | 1 | 1 | 3 | ,0227 | 13 | 13 | 9 | 9 | 8 | 3 | 0 | 0 | ,0517 |
| 13 | 9 | 9 | 9 | 6 | 1 | 3 | 1 | ,0227 | 13 | 13 | 9 | 9 | 9 | 4 | 0 | 0 | ,0014 |
| 13 | 9 | 9 | 9 | 6 | 3 | 0 | 0 | ,0054 | 13 | 10 | 10 | 9 | 6 | 0 | 0 | 3 | ,0025 |
| 13 | 9 | 9 | 9 | 6 | 3 | 1 | 1 | ,0227 | 13 | 10 | 10 | 9 | 6 | 0 | 3 | 0 | ,0240 |
| 13 | 9 | 9 | 9 | 7 | 0 | 0 | 0 | ,0034 | 13 | 10 | 10 | 9 | 6 | 3 | 0 | 0 | ,0240 |
| 13 | 9 | 9 | 9 | 7 | 0 | 0 | 2 | ,0029 | 13 | 10 | 10 | 9 | 7 | 0 | 0 | 0 | ,0504 |
| 13 | 9 | 9 | 9 | 7 | 0 | 1 | 1 | ,0168 | 13 | 10 | 10 | 9 | 7 | 0 | 0 | 2 | ,0131 |
| 13 | 9 | 9 | 9 | 7 | 0 | 2 | 0 | ,0029 | 13 | 10 | 10 | 9 | 7 | 0 | 2 | 0 | ,0504 |
| 13 | 9 | 9 | 9 | 7 | 1 | 0 | 1 | ,0168 | 13 | 10 | 10 | 9 | 7 | 1 | 1 | 2 | ,0504 |
| 13 | 9 | 9 | 9 | 7 | 1 | 1 | 0 | ,0168 | 13 | 10 | 10 | 9 | 7 | 1 | 3 | 0 | ,0131 |
| 13 | 9 | 9 | 9 | 7 | 1 | 1 | 2 | ,0168 | 13 | 10 | 10 | 9 | 7 | 2 | 0 | 0 | ,0504 |
| 13 | 9 | 9 | 9 | 7 | 1 | 2 | 1 | ,0168 | 13 | 10 | 10 | 9 | 7 | 2 | 2 | 0 | ,0504 |
| 13 | 9 | 9 | 9 | 7 | 2 | 0 | 0 | ,0029 | 13 | 10 | 10 | 9 | 7 | 3 | 1 | 0 | ,0131 |
| 13 | 9 | 9 | 9 | 7 | 2 | 1 | 1 | ,0168 | 13 | 10 | 10 | 9 | 8 | 0 | 0 | 1 | ,0015 |
| 13 | 9 | 9 | 9 | 7 | 2 | 2 | 2 | ,0029 | 13 | 10 | 10 | 9 | 8 | 0 | 1 | 0 | ,0078 |
| 13 | 9 | 9 | 9 | 8 | 0 | 0 | 1 | ,0002 | 13 | 10 | 10 | 9 | 8 | 1 | 0 | 0 | ,0078 |
| 13 | 9 | 9 | 9 | 8 | 0 | 1 | 0 | ,0002 | 13 | 10 | 10 | 9 | 8 | 1 | 1 | 1 | ,0157 |
| 13 | 9 | 9 | 9 | 8 | 1 | 0 | 0 | ,0002 | 13 | 10 | 10 | 9 | 8 | 1 | 2 | 0 | ,0078 |
| 13 | 9 | 9 | 9 | 8 | 1 | 1 | 1 | ,0004 | 13 | 10 | 10 | 9 | 8 | 2 | 1 | 0 | ,0078 |
| 13 | 9 | 9 | 9 | 9 | 0 | 0 | 0 | ,0000 | 13 | 10 | 10 | 9 | 8 | 2 | 2 | 1 | ,0015 |
| 13 | 10 | 9 | 9 | 5 | 0 | 0 | 3 | ,0255 | 13 | 10 | 10 | 9 | 9 | 0 | 0 | 0 | ,0000 |
| 13 | 10 | 9 | 9 | 5 | 0 | 3 | 0 | ,0255 | 13 | 10 | 10 | 9 | 9 | 1 | 1 | 0 | ,0002 |
| 13 | 10 | 9 | 9 | 6 | 1 | 0 | 3 | ,0079 | 13 | 11 | 10 | 9 | 7 | 1 | 0 | 2 | ,0350 |
| 13 | 10 | 9 | 9 | 6 | 1 | 3 | 0 | ,0079 | 13 | 11 | 10 | 9 | 7 | 3 | 0 | 0 | ,0350 |
| 13 | 10 | 9 | 9 | 6 | 4 | 0 | 0 | ,0009 | 13 | 11 | 10 | 9 | 8 | 0 | 0 | 0 | ,0075 |
| 13 | 10 | 9 | 9 | 7 | 0 | 0 | 1 | ,0205 | 13 | 11 | 10 | 9 | 8 | 1 | 0 | 1 | ,0221 |
| 13 | 10 | 9 | 9 | 7 | 0 | 1 | 0 | ,0205 | 13 | 11 | 10 | 9 | 8 | 1 | 1 | 0 | ,0446 |
| 13 | 10 | 9 | 9 | 7 | 1 | 0 | 0 | ,0381 | 13 | 11 | 10 | 9 | 8 | 2 | 0 | 0 | ,0221 |
| 13 | 10 | 9 | 9 | 7 | 1 | 0 | 2 | ,0205 | 13 | 11 | 10 | 9 | 8 | 2 | 1 | 1 | ,0221 |
| 13 | 10 | 9 | 9 | 7 | 1 | 2 | 0 | ,0205 | 13 | 11 | 10 | 9 | 8 | 2 | 2 | 0 | ,0075 |
| 13 | 10 | 9 | 9 | 7 | 2 | 0 | 1 | ,0381 | 13 | 11 | 10 | 9 | 8 | 3 | 1 | 0 | ,0027 |
| 13 | 10 | 9 | 9 | 7 | 2 | 1 | 0 | ,0381 | 13 | 11 | 10 | 9 | 9 | 1 | 0 | 0 | ,0011 |
| 13 | 10 | 9 | 9 | 7 | 2 | 1 | 2 | ,0205 | 13 | 11 | 10 | 9 | 9 | 2 | 1 | 0 | ,0011 |
| 13 | 10 | 9 | 9 | 7 | 2 | 2 | 1 | ,0205 | 13 | 12 | 10 | 9 | 8 | 2 | 0 | 1 | ,0285 |
| 13 | 10 | 9 | 9 | 7 | 3 | 0 | 0 | ,0032 | 13 | 12 | 10 | 9 | 8 | 3 | 0 | 0 | ,0140 |
| 13 | 10 | 9 | 9 | 7 | 3 | 1 | 1 | ,0046 | 13 | 12 | 10 | 9 | 9 | 2 | 0 | 0 | ,0043 |
| 13 | 10 | 9 | 9 | 8 | 0 | 0 | 0 | ,0002 | 13 | 12 | 10 | 9 | 9 | 3 | 1 | 0 | ,0011 |
| 13 | 10 | 9 | 9 | 8 | 1 | 0 | 1 | ,0025 | 13 | 13 | 10 | 9 | 9 | 3 | 0 | 0 | ,0140 |
| 13 | 10 | 9 | 9 | 8 | 1 | 1 | 0 | ,0025 | 13 | 11 | 11 | 9 | 7 | 0 | 0 | 2 | ,0178 |
| 13 | 10 | 9 | 9 | 8 | 2 | 0 | 0 | ,0005 | 13 | 11 | 11 | 9 | 8 | 0 | 0 | 1 | ,0178 |
| 13 | 10 | 9 | 9 | 8 | 2 | 1 | 1 | ,0025 | 13 | 11 | 11 | 9 | 9 | 0 | 0 | 0 | ,0020 |
| 13 | 10 | 9 | 9 | 9 | 1 | 0 | 0 | ,0000 | 13 | 11 | 11 | 9 | 9 | 1 | 1 | 0 | ,0059 |
| 13 | 11 | 9 | 9 | 7 | 0 | 0 | 0 | ,0195 | 13 | 11 | 11 | 9 | 9 | 2 | 2 | 0 | ,0020 |
| 13 | 11 | 9 | 9 | 7 | 2 | 0 | 2 | ,0195 | 13 | 12 | 11 | 9 | 9 | 1 | 0 | 0 | ,0237 |
| 13 | 11 | 9 | 9 | 7 | 2 | 2 | 0 | ,0195 | 13 | 12 | 11 | 9 | 9 | 2 | 1 | 0 | ,0237 |
| 13 | 11 | 9 | 9 | 7 | 3 | 0 | 1 | ,0298 | 13 | 12 | 12 | 9 | 9 | 0 | 0 | 0 | ,0237 |
| 13 | 11 | 9 | 9 | 7 | 3 | 1 | 0 | ,0298 | 13 | 10 | 10 | 10 | 7 | 0 | 0 | 3 | ,0062 |
| 13 | 11 | 9 | 9 | 7 | 4 | 0 | 0 | ,0020 | 13 | 10 | 10 | 10 | 7 | 0 | 3 | 0 | ,0062 |

Tafel XVII-1-1 (Fortsetz.)

| | | | | | | | | |
|---|---|---|---|---|---|---|---|---|
| 13 | 10 | 10 | 10 | 7 | 3 | 0 | 0 | .0062 |
| 13 | 10 | 10 | 10 | 8 | 0 | 0 | 0 | .0244 |
| 13 | 10 | 10 | 10 | 8 | 0 | 0 | 2 | .0112 |
| 13 | 10 | 10 | 10 | 8 | 0 | 1 | 1 | .0442 |
| 13 | 10 | 10 | 10 | 8 | 0 | 2 | 0 | .0112 |
| 13 | 10 | 10 | 10 | 8 | 1 | 0 | 1 | .0442 |
| 13 | 10 | 10 | 10 | 8 | 1 | 1 | 0 | .0442 |
| 13 | 10 | 10 | 10 | 8 | 1 | 1 | 2 | .0244 |
| 13 | 10 | 10 | 10 | 8 | 1 | 2 | 1 | .0244 |
| 13 | 10 | 10 | 10 | 8 | 2 | 0 | 0 | .0112 |
| 13 | 10 | 10 | 10 | 8 | 2 | 1 | 1 | .0244 |
| 13 | 10 | 10 | 10 | 9 | 0 | 0 | 1 | .0011 |
| 13 | 10 | 10 | 10 | 9 | 0 | 1 | 0 | .0011 |
| 13 | 10 | 10 | 10 | 9 | 1 | 0 | 0 | .0011 |
| 13 | 10 | 10 | 10 | 9 | 1 | 1 | 1 | .0018 |
| 13 | 10 | 10 | 10 | 10 | 0 | 0 | 0 | .0000 |
| 13 | 11 | 10 | 10 | 8 | 1 | 0 | 2 | .0237 |
| 13 | 11 | 10 | 10 | 8 | 1 | 2 | 0 | .0237 |
| 13 | 11 | 10 | 10 | 8 | 3 | 0 | 0 | .0062 |
| 13 | 11 | 10 | 10 | 9 | 0 | 0 | 0 | .0042 |
| 13 | 11 | 10 | 10 | 9 | 1 | 0 | 1 | .0116 |
| 13 | 11 | 10 | 10 | 9 | 1 | 1 | 0 | .0116 |
| 13 | 11 | 10 | 10 | 9 | 2 | 0 | 0 | .0042 |
| 13 | 11 | 10 | 10 | 9 | 2 | 1 | 1 | .0042 |
| 13 | 11 | 10 | 10 | 10 | 1 | 0 | 0 | .0001 |
| 13 | 12 | 10 | 10 | 9 | 1 | 0 | 0 | .0358 |
| 13 | 12 | 10 | 10 | 9 | 2 | 0 | 1 | .0196 |
| 13 | 12 | 10 | 10 | 9 | 2 | 1 | 0 | .0196 |
| 13 | 12 | 10 | 10 | 9 | 3 | 0 | 0 | .0035 |
| 13 | 12 | 10 | 10 | 10 | 2 | 0 | 0 | .0008 |
| 13 | 13 | 10 | 10 | 10 | 3 | 0 | 0 | .0035 |
| 13 | 11 | 11 | 10 | 8 | 0 | 0 | 2 | .0237 |
| 13 | 11 | 11 | 10 | 9 | 0 | 0 | 1 | .0163 |
| 13 | 11 | 11 | 10 | 9 | 0 | 1 | 0 | .0533 |
| 13 | 11 | 11 | 10 | 9 | 1 | 0 | 0 | .0533 |
| 13 | 11 | 11 | 10 | 9 | 1 | 1 | 1 | .0533 |
| 13 | 11 | 11 | 10 | 9 | 1 | 2 | 0 | .0163 |
| 13 | 11 | 11 | 10 | 9 | 2 | 1 | 0 | .0163 |
| 13 | 11 | 11 | 10 | 10 | 0 | 0 | 0 | .0005 |
| 13 | 11 | 11 | 10 | 10 | 1 | 1 | 0 | .0015 |
| 13 | 12 | 11 | 10 | 10 | 1 | 0 | 0 | .0089 |
| 13 | 12 | 11 | 10 | 10 | 2 | 1 | 0 | .0030 |
| 13 | 13 | 11 | 10 | 10 | 2 | 0 | 0 | .0385 |
| 13 | 12 | 12 | 10 | 10 | 0 | 0 | 0 | .0178 |
| 13 | 12 | 12 | 10 | 10 | 1 | 1 | 0 | .0533 |
| 13 | 11 | 11 | 11 | 9 | 0 | 0 | 2 | .0417 |
| 13 | 11 | 11 | 11 | 9 | 0 | 2 | 0 | .0417 |
| 13 | 11 | 11 | 11 | 9 | 2 | 0 | 0 | .0417 |
| 13 | 11 | 11 | 11 | 10 | 0 | 0 | 1 | .0146 |
| 13 | 11 | 11 | 11 | 10 | 0 | 1 | 0 | .0146 |
| 13 | 11 | 11 | 11 | 10 | 1 | 0 | 0 | .0146 |
| 13 | 11 | 11 | 11 | 10 | 1 | 1 | 1 | .0146 |
| 13 | 11 | 11 | 11 | 11 | 0 | 0 | 0 | .0002 |
| 13 | 12 | 11 | 11 | 10 | 2 | 0 | 0 | .0128 |
| 13 | 12 | 11 | 11 | 11 | 1 | 0 | 0 | .0020 |
| 13 | 13 | 11 | 11 | 11 | 2 | 0 | 0 | .0128 |
| 13 | 12 | 12 | 11 | 11 | 0 | 0 | 0 | .0237 |
| 13 | 12 | 12 | 11 | 11 | 1 | 1 | 0 | .0237 |
| 13 | 12 | 12 | 12 | 12 | 0 | 0 | 0 | .0059 |

| N | $n_{1..}$ | $n_{.1.}$ | $n_{..1}$ | $n_{111}$ | $n_{122}$ | $n_{212}$ | $n_{221}$ | P |
|---|---|---|---|---|---|---|---|---|
| 14 | 7 | 7 | 7 | 0 | 0 | 0 | 1 | .0191 |
| 14 | 7 | 7 | 7 | 0 | 0 | 0 | 3 | .0157 |
| 14 | 7 | 7 | 7 | 0 | 0 | 0 | 5 | .0002 |
| 14 | 7 | 7 | 7 | 0 | 0 | 0 | 7 | .0000 |
| 14 | 7 | 7 | 7 | 0 | 0 | 1 | 0 | .0191 |
| 14 | 7 | 7 | 7 | 0 | 0 | 1 | 4 | .0157 |
| 14 | 7 | 7 | 7 | 0 | 0 | 1 | 6 | .0001 |
| 14 | 7 | 7 | 7 | 0 | 0 | 2 | 5 | .0007 |
| 14 | 7 | 7 | 7 | 0 | 0 | 3 | 0 | .0157 |
| 14 | 7 | 7 | 7 | 0 | 0 | 3 | 4 | .0019 |
| 14 | 7 | 7 | 7 | 0 | 0 | 4 | 1 | .0157 |
| 14 | 7 | 7 | 7 | 0 | 0 | 4 | 3 | .0019 |
| 14 | 7 | 7 | 7 | 0 | 0 | 5 | 0 | .0002 |
| 14 | 7 | 7 | 7 | 0 | 0 | 5 | 2 | .0007 |
| 14 | 7 | 7 | 7 | 0 | 0 | 6 | 1 | .0001 |
| 14 | 7 | 7 | 7 | 0 | 0 | 7 | 0 | .0000 |
| 14 | 7 | 7 | 7 | 0 | 1 | 0 | 0 | .0191 |
| 14 | 7 | 7 | 7 | 0 | 1 | 0 | 4 | .0157 |
| 14 | 7 | 7 | 7 | 0 | 1 | 0 | 6 | .0001 |
| 14 | 7 | 7 | 7 | 0 | 1 | 1 | 5 | .0037 |
| 14 | 7 | 7 | 7 | 0 | 1 | 2 | 4 | .0415 |
| 14 | 7 | 7 | 7 | 0 | 1 | 4 | 0 | .0157 |
| 14 | 7 | 7 | 7 | 0 | 1 | 4 | 2 | .0415 |
| 14 | 7 | 7 | 7 | 0 | 1 | 5 | 1 | .0037 |
| 14 | 7 | 7 | 7 | 0 | 1 | 6 | 0 | .0001 |
| 14 | 7 | 7 | 7 | 0 | 2 | 0 | 5 | .0007 |
| 14 | 7 | 7 | 7 | 0 | 2 | 1 | 4 | .0415 |
| 14 | 7 | 7 | 7 | 0 | 2 | 4 | 1 | .0415 |
| 14 | 7 | 7 | 7 | 0 | 2 | 5 | 0 | .0007 |
| 14 | 7 | 7 | 7 | 0 | 3 | 0 | 0 | .0157 |
| 14 | 7 | 7 | 7 | 0 | 3 | 0 | 4 | .0019 |
| 14 | 7 | 7 | 7 | 0 | 3 | 4 | 0 | .0019 |
| 14 | 7 | 7 | 7 | 0 | 4 | 0 | 1 | .0157 |
| 14 | 7 | 7 | 7 | 0 | 4 | 0 | 3 | .0019 |
| 14 | 7 | 7 | 7 | 0 | 4 | 1 | 0 | .0157 |
| 14 | 7 | 7 | 7 | 0 | 4 | 1 | 2 | .0415 |
| 14 | 7 | 7 | 7 | 0 | 4 | 2 | 1 | .0415 |
| 14 | 7 | 7 | 7 | 0 | 4 | 3 | 0 | .0019 |
| 14 | 7 | 7 | 7 | 0 | 5 | 0 | 0 | .0002 |
| 14 | 7 | 7 | 7 | 0 | 5 | 0 | 2 | .0007 |
| 14 | 7 | 7 | 7 | 0 | 5 | 1 | 1 | .0037 |
| 14 | 7 | 7 | 7 | 0 | 5 | 2 | 0 | .0007 |
| 14 | 7 | 7 | 7 | 0 | 6 | 0 | 1 | .0001 |
| 14 | 7 | 7 | 7 | 0 | 6 | 1 | 0 | .0001 |
| 14 | 7 | 7 | 7 | 0 | 7 | 0 | 0 | .0000 |
| 14 | 7 | 7 | 7 | 1 | 0 | 0 | 0 | .0191 |
| 14 | 7 | 7 | 7 | 1 | 0 | 0 | 4 | .0157 |
| 14 | 7 | 7 | 7 | 1 | 0 | 0 | 6 | .0001 |
| 14 | 7 | 7 | 7 | 1 | 0 | 1 | 5 | .0037 |
| 14 | 7 | 7 | 7 | 1 | 0 | 2 | 4 | .0415 |
| 14 | 7 | 7 | 7 | 1 | 0 | 4 | 0 | .0157 |
| 14 | 7 | 7 | 7 | 1 | 0 | 4 | 2 | .0415 |
| 14 | 7 | 7 | 7 | 1 | 0 | 5 | 1 | .0037 |
| 14 | 7 | 7 | 7 | 1 | 0 | 6 | 0 | .0001 |
| 14 | 7 | 7 | 7 | 1 | 1 | 0 | 5 | .0037 |
| 14 | 7 | 7 | 7 | 1 | 1 | 1 | 6 | .0002 |

Tafel XVII-1-1 (Fortsetz.)

| | | | | | | | | | | | | | | | |
|---|---|---|---|---|---|---|---|---|---|---|---|---|---|---|---|
| 14 | 7 | 7 | 7 | 1 | 1 | 2 | 5 | .0157 | 14 | 7 | 7 | 7 | 5 | 2 | 0 | 0 | .0007 |
| 14 | 7 | 7 | 7 | 1 | 1 | 5 | 0 | .0037 | 14 | 7 | 7 | 7 | 5 | 2 | 1 | 1 | .0157 |
| 14 | 7 | 7 | 7 | 1 | 1 | 5 | 2 | .0157 | 14 | 7 | 7 | 7 | 5 | 2 | 2 | 2 | .0157 |
| 14 | 7 | 7 | 7 | 1 | 1 | 6 | 1 | .0002 | 14 | 7 | 7 | 7 | 6 | 0 | 0 | 1 | .0001 |
| 14 | 7 | 7 | 7 | 1 | 2 | 0 | 4 | .0415 | 14 | 7 | 7 | 7 | 6 | 0 | 1 | 0 | .0001 |
| 14 | 7 | 7 | 7 | 1 | 2 | 1 | 5 | .0157 | 14 | 7 | 7 | 7 | 6 | 1 | 0 | 0 | .0001 |
| 14 | 7 | 7 | 7 | 1 | 2 | 4 | 0 | .0415 | 14 | 7 | 7 | 7 | 6 | 1 | 1 | 1 | .0002 |
| 14 | 7 | 7 | 7 | 1 | 2 | 5 | 1 | .0157 | 14 | 7 | 7 | 7 | 7 | 0 | 0 | 0 | .0000 |
| 14 | 7 | 7 | 7 | 1 | 4 | 0 | 0 | .0157 | 14 | 8 | 7 | 7 | 0 | 0 | 0 | 0 | .0020 |
| 14 | 7 | 7 | 7 | 1 | 4 | 0 | 2 | .0415 | 14 | 8 | 7 | 7 | 0 | 0 | 0 | 2 | .0133 |
| 14 | 7 | 7 | 7 | 1 | 4 | 2 | 0 | .0415 | 14 | 8 | 7 | 7 | 0 | 0 | 0 | 4 | .0009 |
| 14 | 7 | 7 | 7 | 1 | 5 | 0 | 1 | .0037 | 14 | 8 | 7 | 7 | 0 | 0 | 0 | 6 | .0000 |
| 14 | 7 | 7 | 7 | 1 | 5 | 1 | 0 | .0037 | 14 | 8 | 7 | 7 | 0 | 0 | 1 | 1 | .0453 |
| 14 | 7 | 7 | 7 | 1 | 5 | 1 | 2 | .0157 | 14 | 8 | 7 | 7 | 0 | 0 | 1 | 3 | .0194 |
| 14 | 7 | 7 | 7 | 1 | 5 | 2 | 1 | .0157 | 14 | 8 | 7 | 7 | 0 | 0 | 1 | 5 | .0001 |
| 14 | 7 | 7 | 7 | 1 | 6 | 0 | 0 | .0001 | 14 | 8 | 7 | 7 | 0 | 0 | 2 | 0 | .0133 |
| 14 | 7 | 7 | 7 | 1 | 6 | 1 | 1 | .0002 | 14 | 8 | 7 | 7 | 0 | 0 | 2 | 2 | .0453 |
| 14 | 7 | 7 | 7 | 2 | 0 | 0 | 5 | .0007 | 14 | 8 | 7 | 7 | 0 | 0 | 2 | 4 | .0009 |
| 14 | 7 | 7 | 7 | 2 | 0 | 1 | 4 | .0415 | 14 | 8 | 7 | 7 | 0 | 0 | 3 | 1 | .0194 |
| 14 | 7 | 7 | 7 | 2 | 0 | 4 | 1 | .0415 | 14 | 8 | 7 | 7 | 0 | 0 | 3 | 3 | .0020 |
| 14 | 7 | 7 | 7 | 2 | 0 | 5 | 0 | .0007 | 14 | 8 | 7 | 7 | 0 | 0 | 4 | 0 | .0009 |
| 14 | 7 | 7 | 7 | 2 | 1 | 0 | 4 | .0415 | 14 | 8 | 7 | 7 | 0 | 0 | 4 | 2 | .0009 |
| 14 | 7 | 7 | 7 | 2 | 1 | 1 | 5 | .0157 | 14 | 8 | 7 | 7 | 0 | 0 | 5 | 1 | .0001 |
| 14 | 7 | 7 | 7 | 2 | 1 | 4 | 0 | .0415 | 14 | 8 | 7 | 7 | 0 | 0 | 6 | 0 | .0000 |
| 14 | 7 | 7 | 7 | 2 | 1 | 5 | 1 | .0157 | 14 | 8 | 7 | 7 | 0 | 1 | 0 | 3 | .0325 |
| 14 | 7 | 7 | 7 | 2 | 2 | 2 | 5 | .0157 | 14 | 8 | 7 | 7 | 0 | 1 | 0 | 5 | .0003 |
| 14 | 7 | 7 | 7 | 2 | 2 | 5 | 2 | .0157 | 14 | 8 | 7 | 7 | 0 | 1 | 1 | 4 | .0133 |
| 14 | 7 | 7 | 7 | 2 | 4 | 0 | 1 | .0415 | 14 | 8 | 7 | 7 | 0 | 1 | 3 | 0 | .0325 |
| 14 | 7 | 7 | 7 | 2 | 4 | 1 | 0 | .0415 | 14 | 8 | 7 | 7 | 0 | 1 | 4 | 1 | .0133 |
| 14 | 7 | 7 | 7 | 2 | 5 | 0 | 0 | .0007 | 14 | 8 | 7 | 7 | 0 | 1 | 5 | 0 | .0003 |
| 14 | 7 | 7 | 7 | 2 | 5 | 1 | 1 | .0157 | 14 | 8 | 7 | 7 | 0 | 2 | 0 | 0 | .0222 |
| 14 | 7 | 7 | 7 | 2 | 5 | 2 | 2 | .0157 | 14 | 8 | 7 | 7 | 0 | 2 | 0 | 4 | .0053 |
| 14 | 7 | 7 | 7 | 3 | 0 | 0 | 0 | .0157 | 14 | 8 | 7 | 7 | 0 | 2 | 4 | 0 | .0053 |
| 14 | 7 | 7 | 7 | 3 | 0 | 0 | 4 | .0019 | 14 | 8 | 7 | 7 | 0 | 3 | 0 | 3 | .0171 |
| 14 | 7 | 7 | 7 | 3 | 0 | 4 | 0 | .0019 | 14 | 8 | 7 | 7 | 0 | 3 | 3 | 0 | .0171 |
| 14 | 7 | 7 | 7 | 3 | 3 | 3 | 4 | .0191 | 14 | 8 | 7 | 7 | 0 | 4 | 0 | 0 | .0053 |
| 14 | 7 | 7 | 7 | 3 | 3 | 4 | 3 | .0191 | 14 | 8 | 7 | 7 | 0 | 4 | 0 | 2 | .0081 |
| 14 | 7 | 7 | 7 | 3 | 4 | 0 | 0 | .0019 | 14 | 8 | 7 | 7 | 0 | 4 | 1 | 1 | .0453 |
| 14 | 7 | 7 | 7 | 3 | 4 | 3 | 3 | .0191 | 14 | 8 | 7 | 7 | 0 | 4 | 2 | 0 | .0081 |
| 14 | 7 | 7 | 7 | 4 | 0 | 0 | 1 | .0157 | 14 | 8 | 7 | 7 | 0 | 5 | 0 | 1 | .0016 |
| 14 | 7 | 7 | 7 | 4 | 0 | 0 | 3 | .0019 | 14 | 8 | 7 | 7 | 0 | 5 | 1 | 0 | .0016 |
| 14 | 7 | 7 | 7 | 4 | 0 | 1 | 0 | .0157 | 14 | 8 | 7 | 7 | 0 | 6 | 0 | 0 | .0000 |
| 14 | 7 | 7 | 7 | 4 | 0 | 1 | 2 | .0415 | 14 | 8 | 7 | 7 | 1 | 0 | 0 | 3 | .0325 |
| 14 | 7 | 7 | 7 | 4 | 0 | 2 | 1 | .0415 | 14 | 8 | 7 | 7 | 1 | 0 | 0 | 5 | .0003 |
| 14 | 7 | 7 | 7 | 4 | 0 | 3 | 0 | .0019 | 14 | 8 | 7 | 7 | 1 | 0 | 1 | 4 | .0133 |
| 14 | 7 | 7 | 7 | 4 | 1 | 0 | 0 | .0157 | 14 | 8 | 7 | 7 | 1 | 0 | 3 | 0 | .0325 |
| 14 | 7 | 7 | 7 | 4 | 1 | 0 | 2 | .0415 | 14 | 8 | 7 | 7 | 1 | 0 | 4 | 1 | .0133 |
| 14 | 7 | 7 | 7 | 4 | 1 | 2 | 0 | .0415 | 14 | 8 | 7 | 7 | 1 | 0 | 5 | 0 | .0003 |
| 14 | 7 | 7 | 7 | 4 | 2 | 0 | 1 | .0415 | 14 | 8 | 7 | 7 | 1 | 1 | 0 | 4 | .0325 |
| 14 | 7 | 7 | 7 | 4 | 2 | 1 | 0 | .0415 | 14 | 8 | 7 | 7 | 1 | 1 | 0 | 6 | .0000 |
| 14 | 7 | 7 | 7 | 4 | 3 | 0 | 0 | .0019 | 14 | 8 | 7 | 7 | 1 | 1 | 1 | 5 | .0027 |
| 14 | 7 | 7 | 7 | 4 | 3 | 3 | 3 | .0191 | 14 | 8 | 7 | 7 | 1 | 1 | 2 | 4 | .0453 |
| 14 | 7 | 7 | 7 | 5 | 0 | 0 | 0 | .0002 | 14 | 8 | 7 | 7 | 1 | 1 | 4 | 0 | .0325 |
| 14 | 7 | 7 | 7 | 5 | 0 | 0 | 2 | .0007 | 14 | 8 | 7 | 7 | 1 | 1 | 4 | 2 | .0453 |
| 14 | 7 | 7 | 7 | 5 | 0 | 1 | 1 | .0037 | 14 | 8 | 7 | 7 | 1 | 1 | 5 | 1 | .0027 |
| 14 | 7 | 7 | 7 | 5 | 0 | 2 | 0 | .0007 | 14 | 8 | 7 | 7 | 1 | 1 | 6 | 0 | .0000 |
| 14 | 7 | 7 | 7 | 5 | 1 | 0 | 1 | .0037 | 14 | 8 | 7 | 7 | 1 | 2 | 0 | 5 | .0016 |
| 14 | 7 | 7 | 7 | 5 | 1 | 1 | 0 | .0037 | 14 | 8 | 7 | 7 | 1 | 2 | 5 | 0 | .0016 |
| 14 | 7 | 7 | 7 | 5 | 1 | 1 | 2 | .0157 | 14 | 8 | 7 | 7 | 1 | 3 | 0 | 4 | .0081 |
| 14 | 7 | 7 | 7 | 5 | 1 | 2 | 1 | .0157 | 14 | 8 | 7 | 7 | 1 | 3 | 4 | 0 | .0081 |

Tafel XVII-1-1 (Fortsetz.)   545

| | | | | | | | | | | | | | | | |
|---|---|---|---|---|---|---|---|---|---|---|---|---|---|---|---|
| 14 | 8 | 7 | 7 | 1 | 4 | 0 | 3 | .0171 | 14 | 8 | 7 | 7 | 6 | 1 | 1 | 0 | .0003 |
| 14 | 8 | 7 | 7 | 1 | 4 | 3 | 0 | .0171 | 14 | 8 | 7 | 7 | 6 | 2 | 0 | 0 | .0001 |
| 14 | 8 | 7 | 7 | 1 | 5 | 0 | 0 | .0027 | 14 | 8 | 7 | 7 | 6 | 2 | 1 | 1 | .0009 |
| 14 | 8 | 7 | 7 | 1 | 5 | 0 | 2 | .0053 | 14 | 8 | 7 | 7 | 7 | 1 | 0 | 0 | .0000 |
| 14 | 8 | 7 | 7 | 1 | 5 | 1 | 1 | .0325 | 14 | 9 | 7 | 7 | 0 | 0 | 0 | 1 | .0037 |
| 14 | 8 | 7 | 7 | 1 | 5 | 2 | 0 | .0053 | 14 | 9 | 7 | 7 | 0 | 0 | 0 | 3 | .0024 |
| 14 | 8 | 7 | 7 | 1 | 6 | 0 | 1 | .0003 | 14 | 9 | 7 | 7 | 0 | 0 | 0 | 5 | .0000 |
| 14 | 8 | 7 | 7 | 1 | 6 | 1 | 0 | .0003 | 14 | 9 | 7 | 7 | 0 | 0 | 1 | 0 | .0037 |
| 14 | 8 | 7 | 7 | 1 | 7 | 0 | 0 | .0000 | 14 | 9 | 7 | 7 | 0 | 0 | 1 | 2 | .0255 |
| 14 | 8 | 7 | 7 | 2 | 0 | 0 | 0 | .0222 | 14 | 9 | 7 | 7 | 0 | 0 | 1 | 4 | .0002 |
| 14 | 8 | 7 | 7 | 2 | 0 | 0 | 4 | .0053 | 14 | 9 | 7 | 7 | 0 | 0 | 2 | 1 | .0255 |
| 14 | 8 | 7 | 7 | 2 | 0 | 4 | 0 | .0053 | 14 | 9 | 7 | 7 | 0 | 0 | 2 | 3 | .0019 |
| 14 | 8 | 7 | 7 | 2 | 1 | 0 | 5 | .0016 | 14 | 9 | 7 | 7 | 0 | 0 | 3 | 0 | .0024 |
| 14 | 8 | 7 | 7 | 2 | 1 | 5 | 0 | .0016 | 14 | 9 | 7 | 7 | 0 | 0 | 3 | 2 | .0019 |
| 14 | 8 | 7 | 7 | 2 | 2 | 0 | 4 | .0453 | 14 | 9 | 7 | 7 | 0 | 0 | 4 | 1 | .0002 |
| 14 | 8 | 7 | 7 | 2 | 2 | 1 | 5 | .0053 | 14 | 9 | 7 | 7 | 0 | 0 | 5 | 0 | .0000 |
| 14 | 8 | 7 | 7 | 2 | 2 | 4 | 0 | .0453 | 14 | 9 | 7 | 7 | 0 | 1 | 0 | 0 | .0101 |
| 14 | 8 | 7 | 7 | 2 | 2 | 5 | 1 | .0053 | 14 | 9 | 7 | 7 | 0 | 1 | 0 | 2 | .0541 |
| 14 | 8 | 7 | 7 | 2 | 4 | 0 | 0 | .0453 | 14 | 9 | 7 | 7 | 0 | 1 | 0 | 4 | .0019 |
| 14 | 8 | 7 | 7 | 2 | 5 | 0 | 1 | .0133 | 14 | 9 | 7 | 7 | 0 | 1 | 1 | 3 | .0352 |
| 14 | 8 | 7 | 7 | 2 | 5 | 1 | 0 | .0133 | 14 | 9 | 7 | 7 | 0 | 1 | 2 | 0 | .0541 |
| 14 | 8 | 7 | 7 | 2 | 5 | 1 | 2 | .0325 | 14 | 9 | 7 | 7 | 0 | 1 | 3 | 1 | .0352 |
| 14 | 8 | 7 | 7 | 2 | 5 | 2 | 1 | .0325 | 14 | 9 | 7 | 7 | 0 | 1 | 4 | 0 | .0019 |
| 14 | 8 | 7 | 7 | 2 | 6 | 0 | 0 | .0001 | 14 | 9 | 7 | 7 | 0 | 2 | 0 | 3 | .0255 |
| 14 | 8 | 7 | 7 | 2 | 6 | 1 | 1 | .0009 | 14 | 9 | 7 | 7 | 0 | 2 | 3 | 0 | .0255 |
| 14 | 8 | 7 | 7 | 3 | 0 | 0 | 3 | .0171 | 14 | 9 | 7 | 7 | 0 | 3 | 0 | 0 | .0284 |
| 14 | 8 | 7 | 7 | 3 | 0 | 3 | 0 | .0171 | 14 | 9 | 7 | 7 | 0 | 3 | 0 | 2 | .0438 |
| 14 | 8 | 7 | 7 | 3 | 1 | 0 | 4 | .0081 | 14 | 9 | 7 | 7 | 0 | 3 | 2 | 0 | .0438 |
| 14 | 8 | 7 | 7 | 3 | 1 | 4 | 0 | .0081 | 14 | 9 | 7 | 7 | 0 | 4 | 0 | 1 | .0101 |
| 14 | 8 | 7 | 7 | 3 | 3 | 2 | 4 | .0222 | 14 | 9 | 7 | 7 | 0 | 4 | 1 | 0 | .0101 |
| 14 | 8 | 7 | 7 | 3 | 3 | 4 | 2 | .0222 | 14 | 9 | 7 | 7 | 0 | 5 | 0 | 0 | .0006 |
| 14 | 8 | 7 | 7 | 3 | 5 | 0 | 0 | .0009 | 14 | 9 | 7 | 7 | 1 | 0 | 0 | 0 | .0101 |
| 14 | 8 | 7 | 7 | 3 | 5 | 1 | 1 | .0194 | 14 | 9 | 7 | 7 | 1 | 0 | 0 | 2 | .0541 |
| 14 | 8 | 7 | 7 | 3 | 5 | 2 | 2 | .0133 | 14 | 9 | 7 | 7 | 1 | 0 | 0 | 4 | .0019 |
| 14 | 8 | 7 | 7 | 4 | 0 | 0 | 0 | .0053 | 14 | 9 | 7 | 7 | 1 | 0 | 1 | 3 | .0352 |
| 14 | 8 | 7 | 7 | 4 | 0 | 0 | 2 | .0081 | 14 | 9 | 7 | 7 | 1 | 0 | 2 | 0 | .0541 |
| 14 | 8 | 7 | 7 | 4 | 0 | 1 | 1 | .0453 | 14 | 9 | 7 | 7 | 1 | 0 | 3 | 1 | .0352 |
| 14 | 8 | 7 | 7 | 4 | 0 | 2 | 0 | .0081 | 14 | 9 | 7 | 7 | 1 | 0 | 4 | 0 | .0019 |
| 14 | 8 | 7 | 7 | 4 | 1 | 0 | 3 | .0171 | 14 | 9 | 7 | 7 | 1 | 1 | 0 | 5 | .0003 |
| 14 | 8 | 7 | 7 | 4 | 1 | 3 | 0 | .0171 | 14 | 9 | 7 | 7 | 1 | 1 | 1 | 4 | .0255 |
| 14 | 8 | 7 | 7 | 4 | 2 | 0 | 0 | .0453 | 14 | 9 | 7 | 7 | 1 | 1 | 4 | 1 | .0255 |
| 14 | 8 | 7 | 7 | 4 | 4 | 0 | 0 | .0020 | 14 | 9 | 7 | 7 | 1 | 1 | 5 | 0 | .0003 |
| 14 | 8 | 7 | 7 | 4 | 4 | 1 | 1 | .0453 | 14 | 9 | 7 | 7 | 1 | 2 | 0 | 4 | .0255 |
| 14 | 8 | 7 | 7 | 4 | 4 | 2 | 2 | .0453 | 14 | 9 | 7 | 7 | 1 | 2 | 4 | 0 | .0255 |
| 14 | 8 | 7 | 7 | 4 | 4 | 3 | 3 | .1020 | 14 | 9 | 7 | 7 | 1 | 5 | 0 | 1 | .0255 |
| 14 | 8 | 7 | 7 | 5 | 0 | 0 | 1 | .0016 | 14 | 9 | 7 | 7 | 1 | 5 | 1 | 0 | .0255 |
| 14 | 8 | 7 | 7 | 5 | 0 | 1 | 0 | .0016 | 14 | 9 | 7 | 7 | 1 | 5 | 0 | 0 | .0003 |
| 14 | 8 | 7 | 7 | 5 | 1 | 0 | 0 | .0027 | 14 | 9 | 7 | 7 | 2 | 0 | 0 | 3 | .0255 |
| 14 | 8 | 7 | 7 | 5 | 1 | 0 | 2 | .0053 | 14 | 9 | 7 | 7 | 2 | 0 | 3 | 0 | .0255 |
| 14 | 8 | 7 | 7 | 5 | 1 | 1 | 1 | .0325 | 14 | 9 | 7 | 7 | 2 | 1 | 0 | 4 | .0255 |
| 14 | 8 | 7 | 7 | 5 | 1 | 2 | 0 | .0053 | 14 | 9 | 7 | 7 | 2 | 1 | 4 | 0 | .0255 |
| 14 | 8 | 7 | 7 | 5 | 2 | 0 | 1 | .0133 | 14 | 9 | 7 | 7 | 2 | 2 | 0 | 5 | .0006 |
| 14 | 8 | 7 | 7 | 5 | 2 | 1 | 0 | .0133 | 14 | 9 | 7 | 7 | 2 | 2 | 5 | 0 | .0006 |
| 14 | 8 | 7 | 7 | 5 | 2 | 1 | 2 | .0325 | 14 | 9 | 7 | 7 | 2 | 3 | 0 | 4 | .0101 |
| 14 | 8 | 7 | 7 | 5 | 2 | 2 | 1 | .0325 | 14 | 9 | 7 | 7 | 2 | 3 | 4 | 0 | .0101 |
| 14 | 8 | 7 | 7 | 5 | 3 | 0 | 0 | .0009 | 14 | 9 | 7 | 7 | 2 | 4 | 0 | 3 | .0438 |
| 14 | 8 | 7 | 7 | 5 | 3 | 1 | 1 | .0194 | 14 | 9 | 7 | 7 | 2 | 4 | 3 | 0 | .0438 |
| 14 | 8 | 7 | 7 | 5 | 3 | 2 | 2 | .0133 | 14 | 9 | 7 | 7 | 2 | 5 | 0 | 0 | .0255 |
| 14 | 8 | 7 | 7 | 6 | 0 | 0 | 0 | .0000 | 14 | 9 | 7 | 7 | 2 | 5 | 0 | 2 | .0255 |
| 14 | 8 | 7 | 7 | 6 | 1 | 0 | 1 | .0003 | 14 | 9 | 7 | 7 | 2 | 5 | 2 | 0 | .0255 |

Tafel XVII-1-1 (Fortsetz.)

| | | | | | | | | | | | | | | | |
|---|---|---|---|---|---|---|---|---|---|---|---|---|---|---|---|
| 14 | 9 | 7 | 7 | 2 | 6 | 0 | 1 | .0019 | 14 | 10 | 7 | 7 | 0 | 2 | 0 | 2 | .0449 |
| 14 | 9 | 7 | 7 | 2 | 6 | 1 | 0 | .0019 | 14 | 10 | 7 | 7 | 0 | 2 | 2 | 0 | .0449 |
| 14 | 9 | 7 | 7 | 2 | 7 | 0 | 0 | .0000 | 14 | 10 | 7 | 7 | 0 | 4 | 0 | 0 | .0063 |
| 14 | 9 | 7 | 7 | 3 | 0 | 0 | 0 | .0284 | 14 | 10 | 7 | 7 | 1 | 0 | 0 | 1 | .0449 |
| 14 | 9 | 7 | 7 | 3 | 0 | 0 | 2 | .0438 | 14 | 10 | 7 | 7 | 1 | 0 | 0 | 3 | .0048 |
| 14 | 9 | 7 | 7 | 3 | 0 | 2 | 0 | .0438 | 14 | 10 | 7 | 7 | 1 | 0 | 1 | 0 | .0449 |
| 14 | 9 | 7 | 7 | 3 | 2 | 0 | 4 | .0101 | 14 | 10 | 7 | 7 | 1 | 0 | 1 | 2 | .0449 |
| 14 | 9 | 7 | 7 | 3 | 2 | 4 | 0 | .0101 | 14 | 10 | 7 | 7 | 1 | 0 | 2 | 1 | .0449 |
| 14 | 9 | 7 | 7 | 3 | 3 | 1 | 4 | .0284 | 14 | 10 | 7 | 7 | 1 | 0 | 3 | 0 | .0048 |
| 14 | 9 | 7 | 7 | 3 | 3 | 4 | 1 | .0284 | 14 | 10 | 7 | 7 | 1 | 1 | 0 | 4 | .0026 |
| 14 | 9 | 7 | 7 | 3 | 5 | 0 | 1 | .0352 | 14 | 10 | 7 | 7 | 1 | 1 | 4 | 0 | .0026 |
| 14 | 9 | 7 | 7 | 3 | 5 | 1 | 0 | .0352 | 14 | 10 | 7 | 7 | 1 | 5 | 0 | 0 | .0099 |
| 14 | 9 | 7 | 7 | 3 | 5 | 1 | 2 | .0541 | 14 | 10 | 7 | 7 | 2 | 0 | 0 | 0 | .0141 |
| 14 | 9 | 7 | 7 | 3 | 5 | 2 | 1 | .0541 | 14 | 10 | 7 | 7 | 2 | 0 | 0 | 2 | .0449 |
| 14 | 9 | 7 | 7 | 3 | 6 | 0 | 0 | .0002 | 14 | 10 | 7 | 7 | 2 | 0 | 2 | 0 | .0449 |
| 14 | 9 | 7 | 7 | 3 | 6 | 1 | 1 | .0024 | 14 | 10 | 7 | 7 | 2 | 2 | 0 | 4 | .0099 |
| 14 | 9 | 7 | 7 | 4 | 0 | 0 | 1 | .0101 | 14 | 10 | 7 | 7 | 2 | 2 | 4 | 0 | .0099 |
| 14 | 9 | 7 | 7 | 4 | 0 | 1 | 0 | .0101 | 14 | 10 | 7 | 7 | 2 | 5 | 0 | 0 | .0026 |
| 14 | 9 | 7 | 7 | 4 | 2 | 0 | 3 | .0438 | 14 | 10 | 7 | 7 | 3 | 3 | 0 | 4 | .0063 |
| 14 | 9 | 7 | 7 | 4 | 2 | 3 | 0 | .0438 | 14 | 10 | 7 | 7 | 3 | 3 | 4 | 0 | .0063 |
| 14 | 9 | 7 | 7 | 4 | 4 | 2 | 3 | .0101 | 14 | 10 | 7 | 7 | 3 | 5 | 0 | 2 | .0449 |
| 14 | 9 | 7 | 7 | 4 | 4 | 3 | 2 | .0101 | 14 | 10 | 7 | 7 | 3 | 5 | 2 | 0 | .0449 |
| 14 | 9 | 7 | 7 | 4 | 5 | 0 | 0 | .0019 | 14 | 10 | 7 | 7 | 3 | 5 | 0 | 1 | .0048 |
| 14 | 9 | 7 | 7 | 4 | 5 | 1 | 1 | .0255 | 14 | 10 | 7 | 7 | 3 | 6 | 1 | 0 | .0048 |
| 14 | 9 | 7 | 7 | 4 | 5 | 2 | 2 | .0037 | 14 | 10 | 7 | 7 | 3 | 7 | 0 | 0 | .0000 |
| 14 | 9 | 7 | 7 | 5 | 0 | 0 | 0 | .0006 | 14 | 10 | 7 | 7 | 4 | 0 | 0 | 0 | .0063 |
| 14 | 9 | 7 | 7 | 5 | 1 | 0 | 1 | .0255 | 14 | 10 | 7 | 7 | 4 | 4 | 1 | 3 | .0141 |
| 14 | 9 | 7 | 7 | 5 | 1 | 1 | 0 | .0255 | 14 | 10 | 7 | 7 | 4 | 4 | 3 | 1 | .0141 |
| 14 | 9 | 7 | 7 | 5 | 2 | 0 | 0 | .0255 | 14 | 10 | 7 | 7 | 4 | 5 | 0 | 1 | .0449 |
| 14 | 9 | 7 | 7 | 5 | 2 | 0 | 2 | .0255 | 14 | 10 | 7 | 7 | 4 | 5 | 1 | 0 | .0449 |
| 14 | 9 | 7 | 7 | 5 | 2 | 2 | 0 | .0255 | 14 | 10 | 7 | 7 | 4 | 5 | 1 | 2 | .0449 |
| 14 | 9 | 7 | 7 | 5 | 3 | 0 | 1 | .0352 | 14 | 10 | 7 | 7 | 4 | 5 | 2 | 1 | .0449 |
| 14 | 9 | 7 | 7 | 5 | 3 | 1 | 0 | .0352 | 14 | 10 | 7 | 7 | 4 | 6 | 0 | 0 | .0003 |
| 14 | 9 | 7 | 7 | 5 | 3 | 1 | 2 | .0541 | 14 | 10 | 7 | 7 | 4 | 6 | 1 | 1 | .0026 |
| 14 | 9 | 7 | 7 | 5 | 3 | 2 | 1 | .0541 | 14 | 10 | 7 | 7 | 5 | 1 | 0 | 0 | .0099 |
| 14 | 9 | 7 | 7 | 5 | 4 | 0 | 0 | .0019 | 14 | 10 | 7 | 7 | 5 | 3 | 0 | 2 | .0449 |
| 14 | 9 | 7 | 7 | 5 | 4 | 1 | 1 | .0255 | 14 | 10 | 7 | 7 | 5 | 3 | 2 | 0 | .0449 |
| 14 | 9 | 7 | 7 | 5 | 4 | 2 | 2 | .0037 | 14 | 10 | 7 | 7 | 5 | 4 | 0 | 1 | .0449 |
| 14 | 9 | 7 | 7 | 6 | 1 | 0 | 0 | .0003 | 14 | 10 | 7 | 7 | 5 | 4 | 1 | 0 | .0449 |
| 14 | 9 | 7 | 7 | 6 | 2 | 0 | 1 | .0019 | 14 | 10 | 7 | 7 | 5 | 4 | 1 | 2 | .0449 |
| 14 | 9 | 7 | 7 | 6 | 2 | 1 | 0 | .0019 | 14 | 10 | 7 | 7 | 5 | 4 | 2 | 1 | .0449 |
| 14 | 9 | 7 | 7 | 6 | 3 | 0 | 0 | .0002 | 14 | 10 | 7 | 7 | 5 | 5 | 0 | 0 | .0008 |
| 14 | 9 | 7 | 7 | 6 | 3 | 1 | 1 | .0024 | 14 | 10 | 7 | 7 | 5 | 5 | 1 | 1 | .0073 |
| 14 | 9 | 7 | 7 | 7 | 2 | 0 | 0 | .0000 | 14 | 10 | 7 | 7 | 5 | 5 | 2 | 2 | .0008 |
| 14 | 10 | 7 | 7 | 0 | 0 | 0 | 0 | .0008 | 14 | 10 | 7 | 7 | 6 | 2 | 0 | 0 | .0026 |
| 14 | 10 | 7 | 7 | 0 | 0 | 0 | 2 | .0026 | 14 | 10 | 7 | 7 | 6 | 3 | 0 | 1 | .0048 |
| 14 | 10 | 7 | 7 | 0 | 0 | 0 | 4 | .0000 | 14 | 10 | 7 | 7 | 6 | 3 | 1 | 0 | .0048 |
| 14 | 10 | 7 | 7 | 0 | 0 | 1 | 1 | .0073 | 14 | 10 | 7 | 7 | 6 | 4 | 0 | 0 | .0003 |
| 14 | 10 | 7 | 7 | 0 | 0 | 1 | 3 | .0003 | 14 | 10 | 7 | 7 | 6 | 4 | 1 | 1 | .0026 |
| 14 | 10 | 7 | 7 | 0 | 0 | 2 | 0 | .0026 | 14 | 10 | 7 | 7 | 7 | 3 | 0 | 0 | .0000 |
| 14 | 10 | 7 | 7 | 0 | 0 | 2 | 2 | .0008 | 14 | 11 | 7 | 7 | 0 | 0 | 0 | 1 | .0015 |
| 14 | 10 | 7 | 7 | 0 | 0 | 3 | 1 | .0003 | 14 | 11 | 7 | 7 | 0 | 0 | 0 | 3 | .0001 |
| 14 | 10 | 7 | 7 | 0 | 0 | 4 | 0 | .0000 | 14 | 11 | 7 | 7 | 0 | 0 | 1 | 0 | .0015 |
| 14 | 10 | 7 | 7 | 0 | 1 | 0 | 1 | .0449 | 14 | 11 | 7 | 7 | 0 | 0 | 1 | 2 | .0006 |
| 14 | 10 | 7 | 7 | 0 | 1 | 0 | 3 | .0048 | 14 | 11 | 7 | 7 | 0 | 0 | 2 | 1 | .0006 |
| 14 | 10 | 7 | 7 | 0 | 1 | 1 | 0 | .0449 | 14 | 11 | 7 | 7 | 0 | 0 | 3 | 0 | .0001 |
| 14 | 10 | 7 | 7 | 0 | 1 | 1 | 2 | .0449 | 14 | 11 | 7 | 7 | 0 | 1 | 0 | 0 | .0091 |
| 14 | 10 | 7 | 7 | 0 | 1 | 2 | 1 | .0449 | 14 | 11 | 7 | 7 | 0 | 1 | 0 | 2 | .0062 |
| 14 | 10 | 7 | 7 | 0 | 1 | 3 | 0 | .0048 | 14 | 11 | 7 | 7 | 0 | 1 | 1 | 1 | .0218 |
| 14 | 10 | 7 | 7 | 0 | 2 | 0 | 0 | .0141 | 14 | 11 | 7 | 7 | 0 | 1 | 2 | 0 | .0062 |

## Tafel XVII-1-1 (Fortsetz.) 547

| | | | | | | | | | | | | | | | | | |
|---|---|---|---|---|---|---|---|---|---|---|---|---|---|---|---|---|---|
| 14 | 11 | 7 | 7 | 0 | 2 | 0 | 1 | .0359 | 14 | 12 | 7 | 7 | 6 | 6 | 1 | 1 | .0009 |
| 14 | 11 | 7 | 7 | 0 | 2 | 1 | 0 | .0359 | 14 | 12 | 7 | 7 | 7 | 5 | 0 | 0 | .0003 |
| 14 | 11 | 7 | 7 | 0 | 3 | 0 | 0 | .0161 | 14 | 13 | 7 | 7 | 0 | 0 | 0 | 1 | .0006 |
| 14 | 11 | 7 | 7 | 1 | 0 | 0 | 0 | .0091 | 14 | 13 | 7 | 7 | 0 | 0 | 1 | 0 | .0006 |
| 14 | 11 | 7 | 7 | 1 | 0 | 0 | 2 | .0062 | 14 | 13 | 7 | 7 | 0 | 1 | 0 | 0 | .0047 |
| 14 | 11 | 7 | 7 | 1 | 0 | 1 | 1 | .0218 | 14 | 13 | 7 | 7 | 1 | 0 | 0 | 0 | .0047 |
| 14 | 11 | 7 | 7 | 1 | 0 | 2 | 0 | .0062 | 14 | 13 | 7 | 7 | 1 | 1 | 0 | 1 | .0291 |
| 14 | 11 | 7 | 7 | 1 | 1 | 0 | 3 | .0122 | 14 | 13 | 7 | 7 | 1 | 1 | 1 | 0 | .0291 |
| 14 | 11 | 7 | 7 | 1 | 1 | 3 | 0 | .0122 | 14 | 13 | 7 | 7 | 5 | 6 | 0 | 0 | .0291 |
| 14 | 11 | 7 | 7 | 2 | 0 | 0 | 1 | .0359 | 14 | 13 | 7 | 7 | 6 | 5 | 0 | 0 | .0291 |
| 14 | 11 | 7 | 7 | 2 | 0 | 1 | 0 | .0359 | 14 | 13 | 7 | 7 | 6 | 6 | 0 | 1 | .0047 |
| 14 | 11 | 7 | 7 | 3 | 0 | 0 | 0 | .0161 | 14 | 13 | 7 | 7 | 6 | 6 | 1 | 0 | .0047 |
| 14 | 11 | 7 | 7 | 3 | 5 | 0 | 0 | .0122 | 14 | 13 | 7 | 7 | 6 | 7 | 0 | 0 | .0006 |
| 14 | 11 | 7 | 7 | 4 | 4 | 0 | 3 | .0161 | 14 | 13 | 7 | 7 | 7 | 6 | 0 | 0 | .0006 |
| 14 | 11 | 7 | 7 | 4 | 4 | 3 | 0 | .0161 | 14 | 14 | 7 | 7 | 0 | 0 | 0 | 0 | .0006 |
| 14 | 11 | 7 | 7 | 4 | 5 | 0 | 2 | .0359 | 14 | 14 | 7 | 7 | 1 | 1 | 0 | 0 | .0291 |
| 14 | 11 | 7 | 7 | 4 | 5 | 2 | 0 | .0359 | 14 | 14 | 7 | 7 | 6 | 6 | 0 | 0 | .0291 |
| 14 | 11 | 7 | 7 | 4 | 6 | 0 | 1 | .0062 | 14 | 14 | 7 | 7 | 7 | 7 | 0 | 0 | .0006 |
| 14 | 11 | 7 | 7 | 4 | 6 | 1 | 0 | .0062 | 14 | 8 | 8 | 7 | 0 | 0 | 0 | 1 | .0084 |
| 14 | 11 | 7 | 7 | 4 | 7 | 0 | 0 | .0001 | 14 | 8 | 8 | 7 | 0 | 0 | 0 | 3 | .0028 |
| 14 | 11 | 7 | 7 | 5 | 4 | 0 | 2 | .0359 | 14 | 8 | 8 | 7 | 0 | 0 | 0 | 5 | .0000 |
| 14 | 11 | 7 | 7 | 5 | 4 | 2 | 0 | .0359 | 14 | 8 | 8 | 7 | 0 | 0 | 1 | 0 | .0133 |
| 14 | 11 | 7 | 7 | 5 | 5 | 0 | 1 | .0218 | 14 | 8 | 8 | 7 | 0 | 0 | 1 | 2 | .0367 |
| 14 | 11 | 7 | 7 | 5 | 5 | 1 | 0 | .0218 | 14 | 8 | 8 | 7 | 0 | 0 | 1 | 4 | .0007 |
| 14 | 11 | 7 | 7 | 5 | 5 | 1 | 2 | .0091 | 14 | 8 | 8 | 7 | 0 | 0 | 2 | 1 | .0514 |
| 14 | 11 | 7 | 7 | 5 | 5 | 2 | 1 | .0091 | 14 | 8 | 8 | 7 | 0 | 0 | 2 | 3 | .0084 |
| 14 | 11 | 7 | 7 | 5 | 6 | 0 | 0 | .0006 | 14 | 8 | 8 | 7 | 0 | 0 | 3 | 0 | .0084 |
| 14 | 11 | 7 | 7 | 5 | 6 | 1 | 1 | .0015 | 14 | 8 | 8 | 7 | 0 | 0 | 3 | 2 | .0133 |
| 14 | 11 | 7 | 7 | 6 | 3 | 0 | 0 | .0122 | 14 | 8 | 8 | 7 | 0 | 0 | 4 | 1 | .0028 |
| 14 | 11 | 7 | 7 | 6 | 4 | 0 | 1 | .0062 | 14 | 8 | 8 | 7 | 0 | 0 | 5 | 0 | .0001 |
| 14 | 11 | 7 | 7 | 6 | 4 | 1 | 0 | .0062 | 14 | 8 | 8 | 7 | 0 | 1 | 0 | 0 | .0133 |
| 14 | 11 | 7 | 7 | 6 | 5 | 0 | 0 | .0006 | 14 | 8 | 8 | 7 | 0 | 1 | 0 | 2 | .0367 |
| 14 | 11 | 7 | 7 | 6 | 5 | 1 | 1 | .0015 | 14 | 8 | 8 | 7 | 0 | 1 | 0 | 4 | .0007 |
| 14 | 11 | 7 | 7 | 7 | 4 | 0 | 0 | .0001 | 14 | 8 | 8 | 7 | 0 | 1 | 1 | 3 | .0367 |
| 14 | 12 | 7 | 7 | 0 | 0 | 0 | 0 | .0009 | 14 | 8 | 8 | 7 | 0 | 1 | 4 | 0 | .0051 |
| 14 | 12 | 7 | 7 | 0 | 0 | 0 | 2 | .0003 | 14 | 8 | 8 | 7 | 0 | 2 | 0 | 1 | .0514 |
| 14 | 12 | 7 | 7 | 0 | 0 | 1 | 1 | .0009 | 14 | 8 | 8 | 7 | 0 | 2 | 0 | 3 | .0084 |
| 14 | 12 | 7 | 7 | 0 | 0 | 2 | 0 | .0003 | 14 | 8 | 8 | 7 | 0 | 2 | 3 | 0 | .0270 |
| 14 | 12 | 7 | 7 | 0 | 1 | 0 | 1 | .0084 | 14 | 8 | 8 | 7 | 0 | 3 | 0 | 0 | .0084 |
| 14 | 12 | 7 | 7 | 0 | 1 | 1 | 0 | .0084 | 14 | 8 | 8 | 7 | 0 | 3 | 0 | 2 | .0133 |
| 14 | 12 | 7 | 7 | 0 | 2 | 0 | 0 | .0141 | 14 | 8 | 8 | 7 | 0 | 3 | 2 | 0 | .0270 |
| 14 | 12 | 7 | 7 | 1 | 0 | 0 | 1 | .0084 | 14 | 8 | 8 | 7 | 0 | 4 | 0 | 1 | .0028 |
| 14 | 12 | 7 | 7 | 1 | 0 | 1 | 0 | .0084 | 14 | 8 | 8 | 7 | 0 | 4 | 1 | 0 | .0051 |
| 14 | 12 | 7 | 7 | 1 | 1 | 0 | 0 | .0461 | 14 | 8 | 8 | 7 | 0 | 5 | 0 | 0 | .0001 |
| 14 | 12 | 7 | 7 | 1 | 1 | 0 | 2 | .0235 | 14 | 8 | 8 | 7 | 1 | 0 | 0 | 0 | .0204 |
| 14 | 12 | 7 | 7 | 1 | 1 | 1 | 1 | .0461 | 14 | 8 | 8 | 7 | 1 | 0 | 0 | 2 | .0543 |
| 14 | 12 | 7 | 7 | 1 | 1 | 2 | 0 | .0235 | 14 | 8 | 8 | 7 | 1 | 0 | 0 | 4 | .0028 |
| 14 | 12 | 7 | 7 | 2 | 0 | 0 | 0 | .0141 | 14 | 8 | 8 | 7 | 1 | 0 | 0 | 6 | .0000 |
| 14 | 12 | 7 | 7 | 4 | 6 | 0 | 0 | .0235 | 14 | 8 | 8 | 7 | 1 | 0 | 1 | 5 | .0002 |
| 14 | 12 | 7 | 7 | 5 | 5 | 0 | 0 | .0461 | 14 | 8 | 8 | 7 | 1 | 0 | 2 | 4 | .0051 |
| 14 | 12 | 7 | 7 | 5 | 5 | 0 | 2 | .0141 | 14 | 8 | 8 | 7 | 1 | 0 | 3 | 3 | .0204 |
| 14 | 12 | 7 | 7 | 5 | 5 | 1 | 1 | .0461 | 14 | 8 | 8 | 7 | 1 | 0 | 4 | 0 | .0172 |
| 14 | 12 | 7 | 7 | 5 | 5 | 2 | 0 | .0141 | 14 | 8 | 8 | 7 | 1 | 0 | 4 | 2 | .0133 |
| 14 | 12 | 7 | 7 | 5 | 6 | 0 | 1 | .0084 | 14 | 8 | 8 | 7 | 1 | 0 | 5 | 1 | .0013 |
| 14 | 12 | 7 | 7 | 5 | 6 | 1 | 0 | .0084 | 14 | 8 | 8 | 7 | 1 | 0 | 6 | 0 | .0000 |
| 14 | 12 | 7 | 7 | 5 | 7 | 0 | 0 | .0003 | 14 | 8 | 8 | 7 | 1 | 1 | 0 | 5 | .0002 |
| 14 | 12 | 7 | 7 | 6 | 4 | 0 | 0 | .0235 | 14 | 8 | 8 | 7 | 1 | 1 | 1 | 4 | .0367 |
| 14 | 12 | 7 | 7 | 6 | 5 | 0 | 1 | .0084 | 14 | 8 | 8 | 7 | 1 | 1 | 5 | 0 | .0032 |
| 14 | 12 | 7 | 7 | 6 | 5 | 1 | 0 | .0084 | 14 | 8 | 8 | 7 | 1 | 2 | 0 | 4 | .0051 |
| 14 | 12 | 7 | 7 | 6 | 6 | 0 | 0 | .0009 | 14 | 8 | 8 | 7 | 1 | 2 | 4 | 0 | .0514 |

Tafel XVII-1-1 (Fortsetz.)

| | | | | | | | | | | | | | | | | |
|---|---|---|---|---|---|---|---|---|---|---|---|---|---|---|---|---|
| 14 | 8 | 8 | 7 | 1 | 3 | 0 | 3 | .0204 | 14 | 8 | 8 | 7 | 5 | 2 | 3 | 1 | .0367 |
| 14 | 8 | 8 | 7 | 1 | 4 | 0 | 0 | .0172 | 14 | 8 | 8 | 7 | 5 | 3 | 1 | 0 | .0084 |
| 14 | 8 | 8 | 7 | 1 | 4 | 0 | 2 | .0133 | 14 | 8 | 8 | 7 | 5 | 3 | 2 | 1 | .0367 |
| 14 | 8 | 8 | 7 | 1 | 4 | 2 | 0 | .0514 | 14 | 8 | 8 | 7 | 5 | 3 | 3 | 2 | .0084 |
| 14 | 8 | 8 | 7 | 1 | 5 | 0 | 1 | .0013 | 14 | 8 | 8 | 7 | 6 | 0 | 0 | 1 | .0001 |
| 14 | 8 | 8 | 7 | 1 | 5 | 1 | 0 | .0032 | 14 | 8 | 8 | 7 | 6 | 0 | 1 | 0 | .0002 |
| 14 | 8 | 8 | 7 | 1 | 6 | 0 | 0 | .0000 | 14 | 8 | 8 | 7 | 6 | 1 | 0 | 0 | .0002 |
| 14 | 8 | 8 | 7 | 2 | 0 | 0 | 3 | .0367 | 14 | 8 | 8 | 7 | 6 | 1 | 1 | 1 | .0028 |
| 14 | 8 | 8 | 7 | 2 | 0 | 0 | 5 | .0001 | 14 | 8 | 8 | 7 | 6 | 1 | 2 | 0 | .0007 |
| 14 | 8 | 8 | 7 | 2 | 0 | 1 | 4 | .0172 | 14 | 8 | 8 | 7 | 6 | 2 | 1 | 0 | .0007 |
| 14 | 8 | 8 | 7 | 2 | 0 | 4 | 1 | .0514 | 14 | 8 | 8 | 7 | 6 | 2 | 2 | 1 | .0028 |
| 14 | 8 | 8 | 7 | 2 | 0 | 5 | 0 | .0013 | 14 | 8 | 8 | 7 | 7 | 0 | 0 | 0 | .0000 |
| 14 | 8 | 8 | 7 | 2 | 1 | 0 | 4 | .0172 | 14 | 8 | 8 | 7 | 7 | 1 | 1 | 0 | .0000 |
| 14 | 8 | 8 | 7 | 2 | 1 | 1 | 5 | .0013 | 14 | 9 | 8 | 7 | 0 | 0 | 0 | 0 | .0012 |
| 14 | 8 | 8 | 7 | 2 | 1 | 2 | 4 | .0514 | 14 | 9 | 8 | 7 | 0 | 0 | 0 | 2 | .0048 |
| 14 | 8 | 8 | 7 | 2 | 1 | 5 | 1 | .0172 | 14 | 9 | 8 | 7 | 0 | 0 | 0 | 4 | .0000 |
| 14 | 8 | 8 | 7 | 2 | 1 | 6 | 0 | .0001 | 14 | 9 | 8 | 7 | 0 | 0 | 1 | 1 | .0236 |
| 14 | 8 | 8 | 7 | 2 | 2 | 1 | 4 | .0514 | 14 | 9 | 8 | 7 | 0 | 0 | 1 | 3 | .0018 |
| 14 | 8 | 8 | 7 | 2 | 2 | 5 | 0 | .0051 | 14 | 9 | 8 | 7 | 0 | 0 | 2 | 0 | .0077 |
| 14 | 8 | 8 | 7 | 2 | 3 | 4 | 0 | .0270 | 14 | 9 | 8 | 7 | 0 | 0 | 2 | 2 | .0077 |
| 14 | 8 | 8 | 7 | 2 | 4 | 0 | 1 | .0514 | 14 | 9 | 8 | 7 | 0 | 0 | 3 | 1 | .0048 |
| 14 | 8 | 8 | 7 | 2 | 4 | 3 | 0 | .0270 | 14 | 9 | 8 | 7 | 0 | 0 | 4 | 0 | .0002 |
| 14 | 8 | 8 | 7 | 2 | 5 | 0 | 0 | .0013 | 14 | 9 | 8 | 7 | 0 | 1 | 0 | 1 | .0291 |
| 14 | 8 | 8 | 7 | 2 | 5 | 1 | 1 | .0172 | 14 | 9 | 8 | 7 | 0 | 1 | 0 | 3 | .0048 |
| 14 | 8 | 8 | 7 | 2 | 5 | 2 | 0 | .0051 | 14 | 9 | 8 | 7 | 0 | 1 | 1 | 0 | .0438 |
| 14 | 8 | 8 | 7 | 2 | 6 | 1 | 0 | .0001 | 14 | 9 | 8 | 7 | 0 | 1 | 3 | 0 | .0116 |
| 14 | 8 | 8 | 7 | 3 | 0 | 0 | 0 | .0270 | 14 | 9 | 8 | 7 | 0 | 2 | 0 | 0 | .0177 |
| 14 | 8 | 8 | 7 | 3 | 0 | 0 | 4 | .0007 | 14 | 9 | 8 | 7 | 0 | 2 | 0 | 2 | .0236 |
| 14 | 8 | 8 | 7 | 3 | 0 | 4 | 0 | .0133 | 14 | 9 | 8 | 7 | 0 | 2 | 2 | 0 | .0438 |
| 14 | 8 | 8 | 7 | 3 | 1 | 1 | 4 | .0270 | 14 | 9 | 8 | 7 | 0 | 3 | 0 | 1 | .0177 |
| 14 | 8 | 8 | 7 | 3 | 1 | 5 | 0 | .0028 | 14 | 9 | 8 | 7 | 0 | 3 | 1 | 0 | .0252 |
| 14 | 8 | 8 | 7 | 3 | 2 | 2 | 4 | .0270 | 14 | 9 | 8 | 7 | 0 | 4 | 0 | 0 | .0012 |
| 14 | 8 | 8 | 7 | 3 | 2 | 5 | 1 | .0084 | 14 | 9 | 8 | 7 | 1 | 0 | 0 | 3 | .0116 |
| 14 | 8 | 8 | 7 | 3 | 4 | 0 | 0 | .0133 | 14 | 9 | 8 | 7 | 1 | 0 | 0 | 5 | .0000 |
| 14 | 8 | 8 | 7 | 3 | 5 | 1 | 0 | .0028 | 14 | 9 | 8 | 7 | 1 | 0 | 1 | 4 | .0012 |
| 14 | 8 | 8 | 7 | 3 | 5 | 2 | 1 | .0084 | 14 | 9 | 8 | 7 | 1 | 0 | 2 | 3 | .0116 |
| 14 | 8 | 8 | 7 | 4 | 0 | 0 | 1 | .0270 | 14 | 9 | 8 | 7 | 1 | 0 | 3 | 0 | .0291 |
| 14 | 8 | 8 | 7 | 4 | 0 | 0 | 3 | .0015 | 14 | 9 | 8 | 7 | 1 | 0 | 3 | 2 | .0177 |
| 14 | 8 | 8 | 7 | 4 | 0 | 1 | 0 | .0514 | 14 | 9 | 8 | 7 | 1 | 0 | 4 | 1 | .0048 |
| 14 | 8 | 8 | 7 | 4 | 0 | 3 | 0 | .0204 | 14 | 9 | 8 | 7 | 1 | 0 | 5 | 0 | .0001 |
| 14 | 8 | 8 | 7 | 4 | 1 | 0 | 0 | .0514 | 14 | 9 | 8 | 7 | 1 | 1 | 0 | 4 | .0048 |
| 14 | 8 | 8 | 7 | 4 | 1 | 4 | 0 | .0133 | 14 | 9 | 8 | 7 | 1 | 1 | 4 | 0 | .0236 |
| 14 | 8 | 8 | 7 | 4 | 2 | 4 | 1 | .0514 | 14 | 9 | 8 | 7 | 1 | 4 | 0 | 1 | .0438 |
| 14 | 8 | 8 | 7 | 4 | 3 | 0 | 0 | .0204 | 14 | 9 | 8 | 7 | 1 | 5 | 0 | 0 | .0015 |
| 14 | 8 | 8 | 7 | 4 | 3 | 3 | 3 | .0204 | 14 | 9 | 8 | 7 | 2 | 0 | 0 | 0 | .0438 |
| 14 | 8 | 8 | 7 | 4 | 3 | 4 | 2 | .0133 | 14 | 9 | 8 | 7 | 2 | 0 | 0 | 4 | .0012 |
| 14 | 8 | 8 | 7 | 4 | 4 | 1 | 0 | .0133 | 14 | 9 | 8 | 7 | 2 | 0 | 4 | 0 | .0077 |
| 14 | 8 | 8 | 7 | 4 | 4 | 2 | 1 | .0514 | 14 | 9 | 8 | 7 | 2 | 1 | 0 | 5 | .0001 |
| 14 | 8 | 8 | 7 | 4 | 4 | 3 | 2 | .0133 | 14 | 9 | 8 | 7 | 2 | 1 | 1 | 4 | .0236 |
| 14 | 8 | 8 | 7 | 5 | 0 | 0 | 0 | .0013 | 14 | 9 | 8 | 7 | 2 | 1 | 5 | 0 | .0015 |
| 14 | 8 | 8 | 7 | 5 | 0 | 0 | 2 | .0007 | 14 | 9 | 8 | 7 | 2 | 2 | 0 | 4 | .0077 |
| 14 | 8 | 8 | 7 | 5 | 0 | 1 | 1 | .0172 | 14 | 9 | 8 | 7 | 2 | 3 | 0 | 3 | .0438 |
| 14 | 8 | 8 | 7 | 5 | 0 | 2 | 0 | .0051 | 14 | 9 | 8 | 7 | 2 | 4 | 0 | 2 | .0438 |
| 14 | 8 | 8 | 7 | 5 | 1 | 0 | 1 | .0172 | 14 | 9 | 8 | 7 | 2 | 5 | 0 | 1 | .0077 |
| 14 | 8 | 8 | 7 | 5 | 1 | 1 | 0 | .0367 | 14 | 9 | 8 | 7 | 2 | 5 | 1 | 0 | .0236 |
| 14 | 8 | 8 | 7 | 5 | 1 | 1 | 2 | .0367 | 14 | 9 | 8 | 7 | 2 | 6 | 0 | 0 | .0001 |
| 14 | 8 | 8 | 7 | 5 | 1 | 3 | 0 | .0084 | 14 | 9 | 8 | 7 | 3 | 0 | 0 | 3 | .0116 |
| 14 | 8 | 8 | 7 | 5 | 2 | 0 | 0 | .0051 | 14 | 9 | 8 | 7 | 3 | 0 | 3 | 0 | .0438 |
| 14 | 8 | 8 | 7 | 5 | 2 | 2 | 0 | .0367 | 14 | 9 | 8 | 7 | 3 | 1 | 0 | 4 | .0048 |
| 14 | 8 | 8 | 7 | 5 | 2 | 2 | 2 | .0543 | 14 | 9 | 8 | 7 | 3 | 1 | 4 | 0 | .0438 |

Tafel XVII-1-1 (Fortsetz.)                                                                 549

| | | | | | | | | | | | | | | | |
|---|---|---|---|---|---|---|---|---|---|---|---|---|---|---|---|
| 14 | 9 | 8 | 7 | 3 | 2 | 1 | 4 | .0177 | 14 | 10 | 8 | 7 | 1 | 1 | 0 | 3 | .0227 |
| 14 | 9 | 8 | 7 | 3 | 2 | 5 | 0 | .0012 | 14 | 10 | 8 | 7 | 1 | 1 | 3 | 0 | .0532 |
| 14 | 9 | 8 | 7 | 3 | 3 | 4 | 0 | .0252 | 14 | 10 | 8 | 7 | 1 | 4 | 0 | 0 | .0300 |
| 14 | 9 | 8 | 7 | 3 | 4 | 3 | 0 | .0438 | 14 | 10 | 8 | 7 | 2 | 0 | 0 | 3 | .0090 |
| 14 | 9 | 8 | 7 | 3 | 5 | 0 | 0 | .0048 | 14 | 10 | 8 | 7 | 2 | 0 | 3 | 0 | .0227 |
| 14 | 9 | 8 | 7 | 3 | 5 | 1 | 1 | .0291 | 14 | 10 | 8 | 7 | 2 | 1 | 0 | 4 | .0024 |
| 14 | 9 | 8 | 7 | 3 | 5 | 2 | 0 | .0116 | 14 | 10 | 8 | 7 | 2 | 1 | 4 | 0 | .0149 |
| 14 | 9 | 8 | 7 | 3 | 6 | 1 | 0 | .0002 | 14 | 10 | 8 | 7 | 2 | 5 | 0 | 0 | .0149 |
| 14 | 9 | 8 | 7 | 4 | 0 | 0 | 0 | .0177 | 14 | 10 | 8 | 7 | 3 | 0 | 0 | 0 | .0453 |
| 14 | 9 | 8 | 7 | 4 | 0 | 0 | 2 | .0177 | 14 | 10 | 8 | 7 | 3 | 0 | 0 | 2 | .0388 |
| 14 | 9 | 8 | 7 | 4 | 0 | 2 | 0 | .0438 | 14 | 10 | 8 | 7 | 3 | 1 | 0 | 3 | .0532 |
| 14 | 9 | 8 | 7 | 4 | 1 | 0 | 3 | .0177 | 14 | 10 | 8 | 7 | 3 | 2 | 0 | 4 | .0024 |
| 14 | 9 | 8 | 7 | 4 | 2 | 4 | 0 | .0177 | 14 | 10 | 8 | 7 | 3 | 2 | 4 | 0 | .0300 |
| 14 | 9 | 8 | 7 | 4 | 2 | 2 | 3 | .0438 | 14 | 10 | 8 | 7 | 3 | 3 | 0 | 3 | .0453 |
| 14 | 9 | 8 | 7 | 4 | 3 | 4 | 1 | .0177 | 14 | 10 | 8 | 7 | 3 | 5 | 0 | 1 | .0227 |
| 14 | 9 | 8 | 7 | 4 | 4 | 0 | 0 | .0177 | 14 | 10 | 8 | 7 | 3 | 5 | 1 | 0 | .0532 |
| 14 | 9 | 8 | 7 | 4 | 4 | 3 | 1 | .0438 | 14 | 10 | 8 | 7 | 3 | 6 | 0 | 0 | .0005 |
| 14 | 9 | 8 | 7 | 4 | 5 | 1 | 0 | .0048 | 14 | 10 | 8 | 7 | 4 | 0 | 0 | 1 | .0300 |
| 14 | 9 | 8 | 7 | 4 | 5 | 2 | 1 | .0077 | 14 | 10 | 8 | 7 | 4 | 0 | 1 | 0 | .0453 |
| 14 | 9 | 8 | 7 | 5 | 0 | 0 | 1 | .0048 | 14 | 10 | 8 | 7 | 4 | 2 | 0 | 3 | .0300 |
| 14 | 9 | 8 | 7 | 5 | 0 | 1 | 0 | .0077 | 14 | 10 | 8 | 7 | 4 | 3 | 1 | 3 | .0453 |
| 14 | 9 | 8 | 7 | 5 | 1 | 0 | 0 | .0236 | 14 | 10 | 8 | 7 | 4 | 3 | 4 | 0 | .0051 |
| 14 | 9 | 8 | 7 | 5 | 1 | 0 | 2 | .0116 | 14 | 10 | 8 | 7 | 4 | 4 | 3 | 0 | .0300 |
| 14 | 9 | 8 | 7 | 5 | 2 | 3 | 0 | .0236 | 14 | 10 | 8 | 7 | 4 | 5 | 0 | 0 | .0090 |
| 14 | 9 | 8 | 7 | 5 | 3 | 0 | 0 | .0116 | 14 | 10 | 8 | 7 | 4 | 5 | 1 | 1 | .0388 |
| 14 | 9 | 8 | 7 | 5 | 3 | 3 | 1 | .0291 | 14 | 10 | 8 | 7 | 4 | 5 | 2 | 0 | .0149 |
| 14 | 9 | 8 | 7 | 5 | 4 | 1 | 0 | .0077 | 14 | 10 | 8 | 7 | 4 | 6 | 1 | 0 | .0005 |
| 14 | 9 | 8 | 7 | 5 | 4 | 2 | 1 | .0236 | 14 | 10 | 8 | 7 | 5 | 0 | 0 | 0 | .0024 |
| 14 | 9 | 8 | 7 | 5 | 4 | 3 | 2 | .0012 | 14 | 10 | 8 | 7 | 5 | 1 | 0 | 1 | .0532 |
| 14 | 9 | 8 | 7 | 6 | 0 | 0 | 0 | .0001 | 14 | 10 | 8 | 7 | 5 | 2 | 0 | 2 | .0388 |
| 14 | 9 | 8 | 7 | 6 | 1 | 0 | 1 | .0012 | 14 | 10 | 8 | 7 | 5 | 3 | 3 | 0 | .0227 |
| 14 | 9 | 8 | 7 | 6 | 1 | 1 | 0 | .0048 | 14 | 10 | 8 | 7 | 5 | 4 | 0 | 0 | .0149 |
| 14 | 9 | 8 | 7 | 6 | 2 | 0 | 0 | .0012 | 14 | 10 | 8 | 7 | 5 | 4 | 2 | 0 | .0388 |
| 14 | 9 | 8 | 7 | 6 | 2 | 1 | 1 | .0116 | 14 | 10 | 8 | 7 | 5 | 4 | 2 | 2 | .0149 |
| 14 | 9 | 8 | 7 | 6 | 2 | 2 | 0 | .0048 | 14 | 10 | 8 | 7 | 5 | 4 | 3 | 1 | .0090 |
| 14 | 9 | 8 | 7 | 6 | 3 | 1 | 0 | .0018 | 14 | 10 | 8 | 7 | 5 | 5 | 1 | 0 | .0036 |
| 14 | 9 | 8 | 7 | 6 | 3 | 2 | 1 | .0048 | 14 | 10 | 8 | 7 | 5 | 5 | 2 | 1 | .0036 |
| 14 | 9 | 8 | 7 | 7 | 1 | 0 | 0 | .0000 | 14 | 10 | 8 | 7 | 6 | 1 | 0 | 0 | .0024 |
| 14 | 9 | 8 | 7 | 7 | 2 | 1 | 0 | .0000 | 14 | 10 | 8 | 7 | 6 | 2 | 0 | 1 | .0090 |
| 14 | 10 | 8 | 7 | 0 | 0 | 0 | 1 | .0024 | 14 | 10 | 8 | 7 | 6 | 2 | 1 | 0 | .0227 |
| 14 | 10 | 8 | 7 | 0 | 0 | 0 | 3 | .0002 | 14 | 10 | 8 | 7 | 6 | 3 | 0 | 0 | .0043 |
| 14 | 10 | 8 | 7 | 0 | 0 | 1 | 0 | .0036 | 14 | 10 | 8 | 7 | 6 | 3 | 1 | 1 | .0227 |
| 14 | 10 | 8 | 7 | 0 | 0 | 1 | 2 | .0024 | 14 | 10 | 8 | 7 | 6 | 3 | 2 | 0 | .0090 |
| 14 | 10 | 8 | 7 | 0 | 0 | 2 | 1 | .0036 | 14 | 10 | 8 | 7 | 6 | 4 | 1 | 0 | .0024 |
| 14 | 10 | 8 | 7 | 0 | 0 | 3 | 0 | .0005 | 14 | 10 | 8 | 7 | 6 | 4 | 2 | 1 | .0024 |
| 14 | 10 | 8 | 7 | 0 | 1 | 0 | 0 | .0090 | 14 | 10 | 8 | 7 | 7 | 2 | 0 | 0 | .0001 |
| 14 | 10 | 8 | 7 | 0 | 1 | 0 | 2 | .0090 | 14 | 10 | 8 | 7 | 7 | 3 | 1 | 0 | .0002 |
| 14 | 10 | 8 | 7 | 0 | 1 | 1 | 1 | .0388 | 14 | 11 | 8 | 7 | 0 | 0 | 0 | 0 | .0010 |
| 14 | 10 | 8 | 7 | 0 | 1 | 2 | 0 | .0149 | 14 | 11 | 8 | 7 | 0 | 0 | 0 | 2 | .0002 |
| 14 | 10 | 8 | 7 | 0 | 2 | 0 | 1 | .0227 | 14 | 11 | 8 | 7 | 0 | 0 | 1 | 1 | .0020 |
| 14 | 10 | 8 | 7 | 0 | 2 | 1 | 0 | .0300 | 14 | 11 | 8 | 7 | 0 | 0 | 2 | 0 | .0010 |
| 14 | 10 | 8 | 7 | 0 | 3 | 0 | 0 | .0051 | 14 | 11 | 8 | 7 | 0 | 1 | 0 | 1 | .0060 |
| 14 | 10 | 8 | 7 | 1 | 0 | 0 | 0 | .0149 | 14 | 11 | 8 | 7 | 0 | 1 | 1 | 0 | .0092 |
| 14 | 10 | 8 | 7 | 1 | 0 | 0 | 2 | .0227 | 14 | 11 | 8 | 7 | 0 | 2 | 0 | 0 | .0060 |
| 14 | 10 | 8 | 7 | 1 | 0 | 0 | 4 | .0001 | 14 | 11 | 8 | 7 | 1 | 0 | 0 | 1 | .0195 |
| 14 | 10 | 8 | 7 | 1 | 0 | 1 | 3 | .0043 | 14 | 11 | 8 | 7 | 1 | 0 | 0 | 3 | .0004 |
| 14 | 10 | 8 | 7 | 1 | 0 | 2 | 0 | .0388 | 14 | 11 | 8 | 7 | 1 | 0 | 1 | 0 | .0228 |
| 14 | 10 | 8 | 7 | 1 | 0 | 2 | 2 | .0149 | 14 | 11 | 8 | 7 | 1 | 0 | 1 | 2 | .0060 |
| 14 | 10 | 8 | 7 | 1 | 0 | 3 | 1 | .0090 | 14 | 11 | 8 | 7 | 1 | 0 | 2 | 1 | .0092 |
| 14 | 10 | 8 | 7 | 1 | 0 | 4 | 0 | .0005 | 14 | 11 | 8 | 7 | 1 | 0 | 3 | 0 | .0014 |

Tafel XVII-1-1 (Fortsetz.)

| | | | | | | | | | | | | | | | | |
|---|---|---|---|---|---|---|---|---|---|---|---|---|---|---|---|---|
| 14 | 11 | 8 | 7 | 1 | 1 | 0 | 2 | .0524 | 14 | 13 | 8 | 7 | 6 | 5 | 0 | 1 | .0117 |
| 14 | 11 | 8 | 7 | 2 | 0 | 0 | 0 | .0308 | 14 | 13 | 8 | 7 | 6 | 5 | 1 | 0 | .0256 |
| 14 | 11 | 8 | 7 | 2 | 0 | 0 | 2 | .0195 | 14 | 13 | 8 | 7 | 6 | 6 | 0 | 0 | .0047 |
| 14 | 11 | 8 | 7 | 2 | 0 | 2 | 0 | .0308 | 14 | 13 | 8 | 7 | 7 | 5 | 0 | 0 | .0023 |
| 14 | 11 | 8 | 7 | 2 | 1 | 0 | 3 | .0195 | 14 | 13 | 8 | 7 | 7 | 5 | 1 | 0 | .0003 |
| 14 | 11 | 8 | 7 | 2 | 1 | 3 | 0 | .0524 | 14 | 14 | 8 | 7 | 1 | 0 | 0 | 0 | .0047 |
| 14 | 11 | 8 | 7 | 3 | 0 | 0 | 1 | .0524 | 14 | 14 | 8 | 7 | 7 | 5 | 0 | 0 | .0047 |
| 14 | 11 | 8 | 7 | 3 | 2 | 0 | 3 | .0524 | 14 | 9 | 9 | 7 | 0 | 0 | 0 | 1 | .0029 |
| 14 | 11 | 8 | 7 | 3 | 5 | 0 | 0 | .0524 | 14 | 9 | 9 | 7 | 0 | 0 | 0 | 3 | .0002 |
| 14 | 11 | 8 | 7 | 4 | 0 | 0 | 0 | .0115 | 14 | 9 | 9 | 7 | 0 | 0 | 1 | 0 | .0080 |
| 14 | 11 | 8 | 7 | 4 | 3 | 0 | 3 | .0115 | 14 | 9 | 9 | 7 | 0 | 0 | 1 | 2 | .0080 |
| 14 | 11 | 8 | 7 | 4 | 5 | 0 | 1 | .0308 | 14 | 9 | 9 | 7 | 0 | 0 | 2 | 1 | .0102 |
| 14 | 11 | 8 | 7 | 4 | 6 | 0 | 0 | .0014 | 14 | 9 | 9 | 7 | 0 | 0 | 3 | 0 | .0024 |
| 14 | 11 | 8 | 7 | 5 | 1 | 0 | 0 | .0524 | 14 | 9 | 9 | 7 | 0 | 1 | 0 | 0 | .0080 |
| 14 | 11 | 8 | 7 | 5 | 3 | 0 | 2 | .0524 | 14 | 9 | 9 | 7 | 0 | 1 | 0 | 2 | .0080 |
| 14 | 11 | 8 | 7 | 5 | 4 | 1 | 2 | .0308 | 14 | 9 | 9 | 7 | 0 | 1 | 1 | 1 | .0388 |
| 14 | 11 | 8 | 7 | 5 | 4 | 3 | 0 | .0060 | 14 | 9 | 9 | 7 | 0 | 1 | 2 | 0 | .0234 |
| 14 | 11 | 8 | 7 | 5 | 5 | 0 | 0 | .0092 | 14 | 9 | 9 | 7 | 0 | 2 | 0 | 1 | .0102 |
| 14 | 11 | 8 | 7 | 5 | 5 | 1 | 1 | .0228 | 14 | 9 | 9 | 7 | 0 | 2 | 1 | 0 | .0234 |
| 14 | 11 | 8 | 7 | 5 | 5 | 2 | 0 | .0092 | 14 | 9 | 9 | 7 | 0 | 3 | 0 | 0 | .0024 |
| 14 | 11 | 8 | 7 | 5 | 6 | 1 | 0 | .0010 | 14 | 9 | 9 | 7 | 1 | 0 | 0 | 0 | .0161 |
| 14 | 11 | 8 | 7 | 6 | 2 | 0 | 0 | .0195 | 14 | 9 | 9 | 7 | 1 | 0 | 0 | 2 | .0300 |
| 14 | 11 | 8 | 7 | 6 | 3 | 0 | 1 | .0195 | 14 | 9 | 9 | 7 | 1 | 0 | 0 | 4 | .0002 |
| 14 | 11 | 8 | 7 | 6 | 3 | 1 | 0 | .0524 | 14 | 9 | 9 | 7 | 1 | 0 | 1 | 3 | .0161 |
| 14 | 11 | 8 | 7 | 6 | 4 | 0 | 0 | .0060 | 14 | 9 | 9 | 7 | 1 | 0 | 4 | 0 | .0080 |
| 14 | 11 | 8 | 7 | 6 | 4 | 1 | 1 | .0195 | 14 | 9 | 9 | 7 | 1 | 1 | 0 | 3 | .0161 |
| 14 | 11 | 8 | 7 | 6 | 4 | 2 | 0 | .0060 | 14 | 9 | 9 | 7 | 1 | 4 | 0 | 0 | .0080 |
| 14 | 11 | 8 | 7 | 6 | 5 | 1 | 0 | .0020 | 14 | 9 | 9 | 7 | 2 | 0 | 0 | 3 | .0161 |
| 14 | 11 | 8 | 7 | 6 | 5 | 2 | 1 | .0010 | 14 | 9 | 9 | 7 | 2 | 0 | 0 | 5 | .0000 |
| 14 | 11 | 8 | 7 | 7 | 3 | 0 | 0 | .0004 | 14 | 9 | 9 | 7 | 2 | 0 | 1 | 4 | .0024 |
| 14 | 11 | 8 | 7 | 7 | 4 | 1 | 0 | .0002 | 14 | 9 | 9 | 7 | 2 | 0 | 2 | 3 | .0300 |
| 14 | 12 | 8 | 7 | 0 | 0 | 0 | 1 | .0003 | 14 | 9 | 9 | 7 | 2 | 0 | 4 | 1 | .0234 |
| 14 | 12 | 8 | 7 | 0 | 0 | 1 | 0 | .0007 | 14 | 9 | 9 | 7 | 2 | 0 | 5 | 0 | .0006 |
| 14 | 12 | 8 | 7 | 0 | 1 | 0 | 0 | .0036 | 14 | 9 | 9 | 7 | 2 | 1 | 0 | 4 | .0024 |
| 14 | 12 | 8 | 7 | 1 | 0 | 0 | 0 | .0079 | 14 | 9 | 9 | 7 | 2 | 2 | 0 | 3 | .0300 |
| 14 | 12 | 8 | 7 | 1 | 0 | 0 | 2 | .0014 | 14 | 9 | 9 | 7 | 2 | 4 | 0 | 1 | .0234 |
| 14 | 12 | 8 | 7 | 1 | 0 | 1 | 1 | .0079 | 14 | 9 | 9 | 7 | 2 | 5 | 0 | 0 | .0006 |
| 14 | 12 | 8 | 7 | 1 | 0 | 2 | 0 | .0036 | 14 | 9 | 9 | 7 | 3 | 0 | 0 | 4 | .0003 |
| 14 | 12 | 8 | 7 | 1 | 1 | 0 | 1 | .0466 | 14 | 9 | 9 | 7 | 3 | 0 | 1 | 3 | .0388 |
| 14 | 12 | 8 | 7 | 2 | 0 | 0 | 1 | .0186 | 14 | 9 | 9 | 7 | 3 | 0 | 4 | 0 | .0234 |
| 14 | 12 | 8 | 7 | 2 | 0 | 1 | 0 | .0251 | 14 | 9 | 9 | 7 | 3 | 1 | 0 | 3 | .0388 |
| 14 | 12 | 8 | 7 | 2 | 1 | 0 | 2 | .0466 | 14 | 9 | 9 | 7 | 3 | 1 | 1 | 4 | .0080 |
| 14 | 12 | 8 | 7 | 3 | 0 | 0 | 0 | .0186 | 14 | 9 | 9 | 7 | 3 | 1 | 5 | 0 | .0080 |
| 14 | 12 | 8 | 7 | 5 | 4 | 0 | 2 | .0186 | 14 | 9 | 9 | 7 | 3 | 4 | 0 | 0 | .0234 |
| 14 | 12 | 8 | 7 | 5 | 5 | 0 | 1 | .0251 | 14 | 9 | 9 | 7 | 3 | 5 | 1 | 0 | .0080 |
| 14 | 12 | 8 | 7 | 5 | 6 | 0 | 0 | .0036 | 14 | 9 | 9 | 7 | 4 | 0 | 0 | 3 | .0024 |
| 14 | 12 | 8 | 7 | 6 | 3 | 0 | 0 | .0466 | 14 | 9 | 9 | 7 | 4 | 2 | 5 | 0 | .0024 |
| 14 | 12 | 8 | 7 | 6 | 4 | 0 | 1 | .0186 | 14 | 9 | 9 | 7 | 4 | 3 | 4 | 0 | .0234 |
| 14 | 12 | 8 | 7 | 6 | 4 | 1 | 0 | .0466 | 14 | 9 | 9 | 7 | 4 | 4 | 3 | 0 | .0234 |
| 14 | 12 | 8 | 7 | 6 | 5 | 0 | 0 | .0079 | 14 | 9 | 9 | 7 | 4 | 5 | 2 | 0 | .0024 |
| 14 | 12 | 8 | 7 | 6 | 5 | 1 | 1 | .0079 | 14 | 9 | 9 | 7 | 5 | 0 | 0 | 0 | .0080 |
| 14 | 12 | 8 | 7 | 6 | 5 | 2 | 0 | .0036 | 14 | 9 | 9 | 7 | 5 | 0 | 0 | 2 | .0024 |
| 14 | 12 | 8 | 7 | 6 | 6 | 1 | 0 | .0007 | 14 | 9 | 9 | 7 | 5 | 0 | 1 | 1 | .0388 |
| 14 | 12 | 8 | 7 | 7 | 4 | 0 | 0 | .0014 | 14 | 9 | 9 | 7 | 5 | 0 | 2 | 0 | .0300 |
| 14 | 12 | 8 | 7 | 7 | 5 | 1 | 0 | .0003 | 14 | 9 | 9 | 7 | 5 | 1 | 0 | 1 | .0388 |
| 14 | 13 | 8 | 7 | 0 | 0 | 0 | 0 | .0003 | 14 | 9 | 9 | 7 | 5 | 2 | 0 | 0 | .0300 |
| 14 | 13 | 8 | 7 | 1 | 0 | 0 | 1 | .0023 | 14 | 9 | 9 | 7 | 5 | 2 | 4 | 0 | .0102 |
| 14 | 13 | 8 | 7 | 1 | 0 | 1 | 0 | .0047 | 14 | 9 | 9 | 7 | 5 | 3 | 3 | 0 | .0388 |
| 14 | 13 | 8 | 7 | 1 | 1 | 0 | 0 | .0256 | 14 | 9 | 9 | 7 | 5 | 3 | 3 | 2 | .0161 |
| 14 | 13 | 8 | 7 | 2 | 0 | 0 | 0 | .0117 | 14 | 9 | 9 | 7 | 5 | 3 | 4 | 1 | .0050 |

Tafel XVII-1-1 (Fortsetz.) 551

| | | | | | | | | | | | | | | | | |
|---|---|---|---|---|---|---|---|---|---|---|---|---|---|---|---|---|
| 14 | 9 | 9 | 7 | 5 | 4 | 2 | 0 | .0102 | 14 | 10 | 9 | 7 | 7 | 1 | 0 | 0 | .0001 |
| 14 | 9 | 9 | 7 | 5 | 4 | 3 | 1 | .0080 | 14 | 10 | 9 | 7 | 7 | 2 | 1 | 0 | .0012 |
| 14 | 9 | 9 | 7 | 6 | 0 | 0 | 1 | .0003 | 14 | 10 | 9 | 7 | 7 | 3 | 2 | 0 | .0003 |
| 14 | 9 | 9 | 7 | 6 | 0 | 1 | 0 | .0024 | 14 | 11 | 9 | 7 | 0 | 0 | 0 | 1 | .0003 |
| 14 | 9 | 9 | 7 | 6 | 1 | 0 | 0 | .0024 | 14 | 11 | 9 | 7 | 0 | 0 | 1 | 0 | .0007 |
| 14 | 9 | 9 | 7 | 6 | 1 | 1 | 1 | .0161 | 14 | 11 | 9 | 7 | 0 | 1 | 0 | 0 | .0019 |
| 14 | 9 | 9 | 7 | 6 | 1 | 2 | 0 | .0161 | 14 | 11 | 9 | 7 | 1 | 0 | 0 | 0 | .0091 |
| 14 | 9 | 9 | 7 | 6 | 2 | 1 | 0 | .0161 | 14 | 11 | 9 | 7 | 1 | 0 | 0 | 2 | .0031 |
| 14 | 9 | 9 | 7 | 6 | 2 | 2 | 1 | .0300 | 14 | 11 | 9 | 7 | 1 | 0 | 1 | 1 | .0264 |
| 14 | 9 | 9 | 7 | 6 | 2 | 3 | 0 | .0080 | 14 | 11 | 9 | 7 | 1 | 0 | 2 | 0 | .0116 |
| 14 | 9 | 9 | 7 | 6 | 3 | 2 | 0 | .0080 | 14 | 11 | 9 | 7 | 2 | 0 | 0 | 3 | .0013 |
| 14 | 9 | 9 | 7 | 6 | 3 | 3 | 1 | .0029 | 14 | 11 | 9 | 7 | 2 | 0 | 1 | 2 | .0264 |
| 14 | 9 | 9 | 7 | 7 | 0 | 0 | 0 | .0000 | 14 | 11 | 9 | 7 | 2 | 0 | 2 | 1 | .0385 |
| 14 | 9 | 9 | 7 | 7 | 1 | 1 | 0 | .0002 | 14 | 11 | 9 | 7 | 2 | 0 | 3 | 0 | .0091 |
| 14 | 9 | 9 | 7 | 7 | 2 | 2 | 0 | .0002 | 14 | 11 | 9 | 7 | 3 | 0 | 0 | 2 | .0264 |
| 14 | 10 | 9 | 7 | 0 | 0 | 0 | 0 | .0008 | 14 | 11 | 9 | 7 | 3 | 1 | 0 | 3 | .0143 |
| 14 | 10 | 9 | 7 | 0 | 0 | 0 | 2 | .0003 | 14 | 11 | 9 | 7 | 4 | 0 | 0 | 1 | .0385 |
| 14 | 10 | 9 | 7 | 0 | 0 | 1 | 1 | .0039 | 14 | 11 | 9 | 7 | 4 | 2 | 0 | 3 | .0091 |
| 14 | 10 | 9 | 7 | 0 | 0 | 2 | 0 | .0017 | 14 | 11 | 9 | 7 | 4 | 5 | 0 | 0 | .0091 |
| 14 | 10 | 9 | 7 | 0 | 1 | 0 | 1 | .0058 | 14 | 11 | 9 | 7 | 5 | 0 | 0 | 0 | .0091 |
| 14 | 10 | 9 | 7 | 0 | 1 | 1 | 0 | .0117 | 14 | 11 | 9 | 7 | 5 | 2 | 0 | 2 | .0385 |
| 14 | 10 | 9 | 7 | 0 | 2 | 0 | 0 | .0039 | 14 | 11 | 9 | 7 | 5 | 4 | 0 | 0 | .0385 |
| 14 | 10 | 9 | 7 | 1 | 0 | 0 | 0 | .0256 | 14 | 11 | 9 | 7 | 5 | 5 | 1 | 0 | .0116 |
| 14 | 10 | 9 | 7 | 1 | 0 | 0 | 3 | .0012 | 14 | 11 | 9 | 7 | 6 | 1 | 0 | 0 | .0143 |
| 14 | 10 | 9 | 7 | 1 | 0 | 1 | 2 | .0256 | 14 | 11 | 9 | 7 | 6 | 2 | 0 | 1 | .0264 |
| 14 | 10 | 9 | 7 | 1 | 0 | 3 | 0 | .0117 | 14 | 11 | 9 | 7 | 6 | 3 | 0 | 0 | .0264 |
| 14 | 10 | 9 | 7 | 1 | 3 | 0 | 0 | .0403 | 14 | 11 | 9 | 7 | 6 | 4 | 1 | 0 | .0264 |
| 14 | 10 | 9 | 7 | 2 | 0 | 0 | 4 | .0001 | 14 | 11 | 9 | 7 | 6 | 4 | 2 | 1 | .0091 |
| 14 | 10 | 9 | 7 | 2 | 0 | 1 | 3 | .0117 | 14 | 11 | 9 | 7 | 6 | 4 | 3 | 0 | .0019 |
| 14 | 10 | 9 | 7 | 2 | 0 | 3 | 1 | .0403 | 14 | 11 | 9 | 7 | 6 | 5 | 2 | 0 | .0007 |
| 14 | 10 | 9 | 7 | 2 | 0 | 4 | 0 | .0039 | 14 | 11 | 9 | 7 | 7 | 2 | 0 | 0 | .0013 |
| 14 | 10 | 9 | 7 | 2 | 1 | 0 | 3 | .0256 | 14 | 11 | 9 | 7 | 7 | 3 | 1 | 0 | .0031 |
| 14 | 10 | 9 | 7 | 2 | 4 | 0 | 0 | .0403 | 14 | 11 | 9 | 7 | 7 | 4 | 2 | 0 | .0003 |
| 14 | 10 | 9 | 7 | 3 | 0 | 0 | 3 | .0058 | 14 | 12 | 9 | 7 | 0 | 0 | 0 | 0 | .0002 |
| 14 | 10 | 9 | 7 | 3 | 1 | 0 | 4 | .0008 | 14 | 12 | 9 | 7 | 1 | 0 | 0 | 1 | .0048 |
| 14 | 10 | 9 | 7 | 3 | 1 | 4 | 0 | .0403 | 14 | 12 | 9 | 7 | 1 | 0 | 1 | 0 | .0081 |
| 14 | 10 | 9 | 7 | 3 | 2 | 0 | 3 | .0256 | 14 | 12 | 9 | 7 | 1 | 1 | 0 | 0 | .0452 |
| 14 | 10 | 9 | 7 | 3 | 5 | 0 | 0 | .0039 | 14 | 12 | 9 | 7 | 2 | 0 | 0 | 0 | .0452 |
| 14 | 10 | 9 | 7 | 4 | 0 | 0 | 0 | .0403 | 14 | 12 | 9 | 7 | 2 | 0 | 0 | 2 | .0048 |
| 14 | 10 | 9 | 7 | 4 | 0 | 0 | 2 | .0139 | 14 | 12 | 9 | 7 | 2 | 0 | 1 | 1 | .0452 |
| 14 | 10 | 9 | 7 | 4 | 1 | 0 | 3 | .0117 | 14 | 12 | 9 | 7 | 2 | 0 | 2 | 0 | .0129 |
| 14 | 10 | 9 | 7 | 4 | 2 | 1 | 3 | .0403 | 14 | 12 | 9 | 7 | 4 | 0 | 0 | 0 | .0452 |
| 14 | 10 | 9 | 7 | 4 | 2 | 4 | 0 | .0403 | 14 | 12 | 9 | 7 | 5 | 3 | 0 | 2 | .0452 |
| 14 | 10 | 9 | 7 | 4 | 4 | 0 | 0 | .0403 | 14 | 12 | 9 | 7 | 5 | 5 | 0 | 0 | .0129 |
| 14 | 10 | 9 | 7 | 4 | 5 | 1 | 0 | .0117 | 14 | 12 | 9 | 7 | 6 | 4 | 0 | 0 | .0452 |
| 14 | 10 | 9 | 7 | 5 | 0 | 0 | 1 | .0117 | 14 | 12 | 9 | 7 | 6 | 4 | 1 | 1 | .0452 |
| 14 | 10 | 9 | 7 | 5 | 0 | 1 | 0 | .0256 | 14 | 12 | 9 | 7 | 6 | 4 | 2 | 0 | .0452 |
| 14 | 10 | 9 | 7 | 5 | 1 | 0 | 2 | .0139 | 14 | 12 | 9 | 7 | 6 | 5 | 1 | 0 | .0081 |
| 14 | 10 | 9 | 7 | 5 | 3 | 4 | 0 | .0039 | 14 | 12 | 9 | 7 | 7 | 3 | 0 | 0 | .0048 |
| 14 | 10 | 9 | 7 | 5 | 4 | 3 | 0 | .0117 | 14 | 12 | 9 | 7 | 7 | 4 | 1 | 0 | .0048 |
| 14 | 10 | 9 | 7 | 5 | 5 | 2 | 0 | .0017 | 14 | 12 | 9 | 7 | 7 | 5 | 2 | 0 | .0002 |
| 14 | 10 | 9 | 7 | 6 | 0 | 0 | 0 | .0008 | 14 | 13 | 9 | 7 | 1 | 0 | 0 | 0 | .0030 |
| 14 | 10 | 9 | 7 | 6 | 1 | 0 | 1 | .0058 | 14 | 13 | 9 | 7 | 2 | 0 | 0 | 1 | .0105 |
| 14 | 10 | 9 | 7 | 6 | 1 | 1 | 0 | .0256 | 14 | 13 | 9 | 7 | 2 | 0 | 1 | 0 | .0210 |
| 14 | 10 | 9 | 7 | 6 | 2 | 0 | 0 | .0117 | 14 | 13 | 9 | 7 | 3 | 0 | 0 | 0 | .0385 |
| 14 | 10 | 9 | 7 | 6 | 3 | 1 | 0 | .0256 | 14 | 13 | 9 | 7 | 6 | 4 | 0 | 1 | .0385 |
| 14 | 10 | 9 | 7 | 6 | 3 | 2 | 1 | .0256 | 14 | 13 | 9 | 7 | 6 | 5 | 0 | 0 | .0210 |
| 14 | 10 | 9 | 7 | 6 | 3 | 3 | 0 | .0058 | 14 | 13 | 9 | 7 | 7 | 4 | 0 | 0 | .0105 |
| 14 | 10 | 9 | 7 | 6 | 4 | 2 | 0 | .0039 | 14 | 13 | 9 | 7 | 7 | 5 | 1 | 0 | .0030 |
| 14 | 10 | 9 | 7 | 6 | 4 | 3 | 1 | .0008 | 14 | 14 | 9 | 7 | 2 | 0 | 0 | 0 | .0210 |

Tafel XVII-1-1 (Fortsetz.)

| | | | | | | | | | | | | | | | | |
|---|---|---|---|---|---|---|---|---|---|---|---|---|---|---|---|---|
| 14 | 14 | 9  | 7 | 7 | 5 | 0 | 0 | .0210 | 14 | 12 | 10 | 7 | 1 | 0 | 0 | 0 | .0023 |
| 14 | 10 | 10 | 7 | 0 | 0 | 0 | 1 | .0003 | 14 | 12 | 10 | 7 | 2 | 0 | 0 | 1 | .0161 |
| 14 | 10 | 10 | 7 | 0 | 0 | 1 | 0 | .0018 | 14 | 12 | 10 | 7 | 3 | 0 | 0 | 2 | .0069 |
| 14 | 10 | 10 | 7 | 0 | 1 | 0 | 0 | .0018 | 14 | 12 | 10 | 7 | 5 | 0 | 0 | 0 | .0258 |
| 14 | 10 | 10 | 7 | 1 | 0 | 0 | 0 | .0102 | 14 | 12 | 10 | 7 | 5 | 2 | 0 | 2 | .0258 |
| 14 | 10 | 10 | 7 | 1 | 0 | 0 | 2 | .0044 | 14 | 12 | 10 | 7 | 7 | 2 | 0 | 0 | .0069 |
| 14 | 10 | 10 | 7 | 1 | 0 | 1 | 1 | .0420 | 14 | 12 | 10 | 7 | 7 | 3 | 1 | 0 | .0161 |
| 14 | 10 | 10 | 7 | 1 | 0 | 2 | 0 | .0244 | 14 | 12 | 10 | 7 | 7 | 4 | 2 | 0 | .0023 |
| 14 | 10 | 10 | 7 | 1 | 1 | 0 | 1 | .0420 | 14 | 13 | 10 | 7 | 2 | 0 | 0 | 0 | .0150 |
| 14 | 10 | 10 | 7 | 1 | 2 | 0 | 0 | .0244 | 14 | 13 | 10 | 7 | 3 | 0 | 0 | 1 | .0350 |
| 14 | 10 | 10 | 7 | 2 | 0 | 0 | 3 | .0027 | 14 | 13 | 10 | 7 | 7 | 3 | 0 | 0 | .0350 |
| 14 | 10 | 10 | 7 | 3 | 0 | 0 | 2 | .0420 | 14 | 13 | 10 | 7 | 7 | 4 | 1 | 0 | .0150 |
| 14 | 10 | 10 | 7 | 3 | 0 | 0 | 4 | .0001 | 14 | 11 | 11 | 7 | 1 | 0 | 0 | 0 | .0026 |
| 14 | 10 | 10 | 7 | 3 | 0 | 1 | 3 | .0102 | 14 | 11 | 11 | 7 | 2 | 0 | 0 | 1 | .0207 |
| 14 | 10 | 10 | 7 | 3 | 0 | 4 | 0 | .0127 | 14 | 11 | 11 | 7 | 3 | 0 | 0 | 2 | .0112 |
| 14 | 10 | 10 | 7 | 3 | 1 | 0 | 3 | .0102 | 14 | 11 | 11 | 7 | 4 | 0 | 0 | 3 | .0005 |
| 14 | 10 | 10 | 7 | 3 | 4 | 0 | 0 | .0127 | 14 | 11 | 11 | 7 | 4 | 0 | 1 | 2 | .0429 |
| 14 | 10 | 10 | 7 | 4 | 0 | 0 | 3 | .0018 | 14 | 11 | 11 | 7 | 4 | 1 | 0 | 2 | .0429 |
| 14 | 10 | 10 | 7 | 4 | 1 | 1 | 3 | .0156 | 14 | 11 | 11 | 7 | 5 | 0 | 0 | 2 | .0049 |
| 14 | 10 | 10 | 7 | 5 | 0 | 0 | 0 | .0156 | 14 | 11 | 11 | 7 | 6 | 0 | 0 | 1 | .0049 |
| 14 | 10 | 10 | 7 | 5 | 0 | 0 | 2 | .0031 | 14 | 11 | 11 | 7 | 6 | 0 | 1 | 0 | .0429 |
| 14 | 10 | 10 | 7 | 5 | 2 | 4 | 0 | .0244 | 14 | 11 | 11 | 7 | 6 | 1 | 0 | 0 | .0429 |
| 14 | 10 | 10 | 7 | 5 | 4 | 2 | 0 | .0244 | 14 | 11 | 11 | 7 | 7 | 0 | 0 | 0 | .0005 |
| 14 | 10 | 10 | 7 | 6 | 0 | 0 | 1 | .0018 | 14 | 11 | 11 | 7 | 7 | 1 | 1 | 0 | .0112 |
| 14 | 10 | 10 | 7 | 6 | 0 | 1 | 0 | .0102 | 14 | 11 | 11 | 7 | 7 | 2 | 2 | 0 | .0207 |
| 14 | 10 | 10 | 7 | 6 | 1 | 0 | 0 | .0102 | 14 | 11 | 11 | 7 | 7 | 3 | 3 | 0 | .0026 |
| 14 | 10 | 10 | 7 | 6 | 1 | 1 | 1 | .0420 | 14 | 12 | 11 | 7 | 2 | 0 | 0 | 0 | .0279 |
| 14 | 10 | 10 | 7 | 6 | 2 | 3 | 0 | .0420 | 14 | 12 | 11 | 7 | 4 | 0 | 0 | 2 | .0063 |
| 14 | 10 | 10 | 7 | 6 | 3 | 2 | 0 | .0420 | 14 | 12 | 11 | 7 | 5 | 0 | 0 | 1 | .0456 |
| 14 | 10 | 10 | 7 | 6 | 3 | 3 | 1 | .0102 | 14 | 12 | 11 | 7 | 5 | 1 | 0 | 2 | .0152 |
| 14 | 10 | 10 | 7 | 6 | 3 | 4 | 0 | .0018 | 14 | 12 | 11 | 7 | 6 | 0 | 0 | 0 | .0152 |
| 14 | 10 | 10 | 7 | 6 | 4 | 3 | 0 | .0018 | 14 | 12 | 11 | 7 | 6 | 1 | 0 | 1 | .0456 |
| 14 | 10 | 10 | 7 | 7 | 0 | 0 | 0 | .0001 | 14 | 12 | 11 | 7 | 7 | 1 | 0 | 0 | .0063 |
| 14 | 10 | 10 | 7 | 7 | 1 | 1 | 0 | .0027 | 14 | 12 | 11 | 7 | 7 | 3 | 2 | 0 | .0279 |
| 14 | 10 | 10 | 7 | 7 | 2 | 2 | 0 | .0044 | 14 | 13 | 11 | 7 | 4 | 0 | 0 | 1 | .0412 |
| 14 | 10 | 10 | 7 | 7 | 3 | 3 | 0 | .0003 | 14 | 13 | 11 | 7 | 7 | 2 | 0 | 0 | .0412 |
| 14 | 11 | 10 | 7 | 0 | 0 | 0 | 0 | .0002 | 14 | 12 | 12 | 7 | 5 | 0 | 0 | 2 | .0051 |
| 14 | 11 | 10 | 7 | 1 | 0 | 0 | 1 | .0046 | 14 | 12 | 12 | 7 | 6 | 0 | 0 | 1 | .0110 |
| 14 | 11 | 10 | 7 | 1 | 0 | 1 | 0 | .0161 | 14 | 12 | 12 | 7 | 7 | 0 | 0 | 0 | .0051 |
| 14 | 11 | 10 | 7 | 1 | 1 | 0 | 0 | .0264 | 14 | 8  | 8  | 8 | 0 | 0 | 0 | 0 | .0017 |
| 14 | 11 | 10 | 7 | 2 | 0 | 0 | 0 | .0492 | 14 | 8  | 8  | 8 | 0 | 0 | 0 | 2 | .0081 |
| 14 | 11 | 10 | 7 | 2 | 0 | 0 | 2 | .0081 | 14 | 8  | 8  | 8 | 0 | 0 | 0 | 4 | .0006 |
| 14 | 11 | 10 | 7 | 3 | 0 | 0 | 3 | .0010 | 14 | 8  | 8  | 8 | 0 | 0 | 1 | 1 | .0351 |
| 14 | 11 | 10 | 7 | 3 | 0 | 1 | 2 | .0492 | 14 | 8  | 8  | 8 | 0 | 0 | 1 | 3 | .0081 |
| 14 | 11 | 10 | 7 | 3 | 0 | 3 | 0 | .0331 | 14 | 8  | 8  | 8 | 0 | 0 | 2 | 0 | .0081 |
| 14 | 11 | 10 | 7 | 4 | 0 | 0 | 2 | .0161 | 14 | 8  | 8  | 8 | 0 | 0 | 2 | 2 | .0239 |
| 14 | 11 | 10 | 7 | 4 | 1 | 0 | 3 | .0023 | 14 | 8  | 8  | 8 | 0 | 0 | 3 | 1 | .0081 |
| 14 | 11 | 10 | 7 | 4 | 4 | 0 | 0 | .0331 | 14 | 8  | 8  | 8 | 0 | 0 | 4 | 0 | .0006 |
| 14 | 11 | 10 | 7 | 5 | 0 | 0 | 1 | .0210 | 14 | 8  | 8  | 8 | 0 | 1 | 0 | 1 | .0351 |
| 14 | 11 | 10 | 7 | 5 | 1 | 0 | 2 | .0210 | 14 | 8  | 8  | 8 | 0 | 1 | 0 | 3 | .0081 |
| 14 | 11 | 10 | 7 | 6 | 0 | 0 | 0 | .0023 | 14 | 8  | 8  | 8 | 0 | 1 | 1 | 0 | .0351 |
| 14 | 11 | 10 | 7 | 6 | 1 | 0 | 1 | .0161 | 14 | 8  | 8  | 8 | 0 | 1 | 3 | 0 | .0081 |
| 14 | 11 | 10 | 7 | 6 | 2 | 0 | 0 | .0492 | 14 | 8  | 8  | 8 | 0 | 2 | 0 | 0 | .0081 |
| 14 | 11 | 10 | 7 | 6 | 3 | 2 | 1 | .0492 | 14 | 8  | 8  | 8 | 0 | 2 | 0 | 2 | .0239 |
| 14 | 11 | 10 | 7 | 6 | 3 | 3 | 0 | .0264 | 14 | 8  | 8  | 8 | 0 | 2 | 2 | 0 | .0239 |
| 14 | 11 | 10 | 7 | 6 | 4 | 2 | 0 | .0161 | 14 | 8  | 8  | 8 | 0 | 3 | 0 | 1 | .0081 |
| 14 | 11 | 10 | 7 | 7 | 1 | 0 | 0 | .0010 | 14 | 8  | 8  | 8 | 0 | 3 | 1 | 0 | .0081 |
| 14 | 11 | 10 | 7 | 7 | 2 | 1 | 0 | .0081 | 14 | 8  | 8  | 8 | 0 | 4 | 0 | 0 | .0006 |
| 14 | 11 | 10 | 7 | 7 | 3 | 2 | 0 | .0046 | 14 | 8  | 8  | 8 | 1 | 0 | 0 | 3 | .0518 |
| 14 | 11 | 10 | 7 | 7 | 4 | 3 | 0 | .0002 | 14 | 8  | 8  | 8 | 1 | 0 | 0 | 5 | .0003 |

Tafel XVII-1-1 (Fortsetz.) 553

| | | | | | | | | | | | | | | | |
|---|---|---|---|---|---|---|---|---|---|---|---|---|---|---|---|
| 14 | 8 | 8 | 8 | 1 | 0 | 1 | 4 | .0148 | 14 | 8 | 8 | 8 | 5 | 1 | 3 | 1 | .0518 |
| 14 | 8 | 8 | 8 | 1 | 0 | 3 | 0 | .0518 | 14 | 8 | 8 | 8 | 5 | 2 | 0 | 1 | .0518 |
| 14 | 8 | 8 | 8 | 1 | 0 | 4 | 1 | .0148 | 14 | 8 | 8 | 8 | 5 | 2 | 1 | 0 | .0518 |
| 14 | 8 | 8 | 8 | 1 | 0 | 5 | 0 | .0003 | 14 | 8 | 8 | 8 | 5 | 2 | 2 | 3 | .0518 |
| 14 | 8 | 8 | 8 | 1 | 1 | 0 | 4 | .0148 | 14 | 8 | 8 | 8 | 5 | 2 | 3 | 2 | .0518 |
| 14 | 8 | 8 | 8 | 1 | 1 | 4 | 0 | .0148 | 14 | 8 | 8 | 8 | 5 | 3 | 0 | 0 | .0022 |
| 14 | 8 | 8 | 8 | 1 | 3 | 0 | 0 | .0518 | 14 | 8 | 8 | 8 | 5 | 3 | 1 | 1 | .0518 |
| 14 | 8 | 8 | 8 | 1 | 4 | 0 | 1 | .0148 | 14 | 8 | 8 | 8 | 5 | 3 | 2 | 2 | .0518 |
| 14 | 8 | 8 | 8 | 1 | 4 | 1 | 0 | .0148 | 14 | 8 | 8 | 8 | 5 | 3 | 3 | 3 | .0022 |
| 14 | 8 | 8 | 8 | 1 | 5 | 0 | 0 | .0003 | 14 | 8 | 8 | 8 | 6 | 0 | 0 | 0 | .0003 |
| 14 | 8 | 8 | 8 | 2 | 0 | 0 | 4 | .0148 | 14 | 8 | 8 | 8 | 6 | 0 | 0 | 2 | .0006 |
| 14 | 8 | 8 | 8 | 2 | 0 | 0 | 6 | .0000 | 14 | 8 | 8 | 8 | 6 | 0 | 1 | 1 | .0033 |
| 14 | 8 | 8 | 8 | 2 | 0 | 1 | 5 | .0013 | 14 | 8 | 8 | 8 | 6 | 0 | 2 | 0 | .0006 |
| 14 | 8 | 8 | 8 | 2 | 0 | 2 | 4 | .0239 | 14 | 8 | 8 | 8 | 6 | 1 | 0 | 1 | .0033 |
| 14 | 8 | 8 | 8 | 2 | 0 | 4 | 0 | .0148 | 14 | 8 | 8 | 8 | 6 | 1 | 1 | 0 | .0033 |
| 14 | 8 | 8 | 8 | 2 | 0 | 4 | 2 | .0239 | 14 | 8 | 8 | 8 | 6 | 1 | 1 | 2 | .0081 |
| 14 | 8 | 8 | 8 | 2 | 0 | 5 | 1 | .0013 | 14 | 8 | 8 | 8 | 6 | 1 | 2 | 1 | .0081 |
| 14 | 8 | 8 | 8 | 2 | 0 | 6 | 0 | .0000 | 14 | 8 | 8 | 8 | 6 | 2 | 0 | 0 | .0006 |
| 14 | 8 | 8 | 8 | 2 | 1 | 0 | 5 | .0013 | 14 | 8 | 8 | 8 | 6 | 2 | 1 | 1 | .0081 |
| 14 | 8 | 8 | 8 | 2 | 1 | 5 | 0 | .0013 | 14 | 8 | 8 | 8 | 6 | 2 | 2 | 2 | .0036 |
| 14 | 8 | 8 | 8 | 2 | 2 | 0 | 4 | .0239 | 14 | 8 | 8 | 8 | 7 | 0 | 0 | 1 | .0000 |
| 14 | 8 | 8 | 8 | 2 | 2 | 4 | 0 | .0239 | 14 | 8 | 8 | 8 | 7 | 0 | 1 | 0 | .0000 |
| 14 | 8 | 8 | 8 | 2 | 4 | 0 | 0 | .0148 | 14 | 8 | 8 | 8 | 7 | 1 | 0 | 0 | .0000 |
| 14 | 8 | 8 | 8 | 2 | 4 | 0 | 2 | .0239 | 14 | 8 | 8 | 8 | 7 | 1 | 1 | 1 | .0001 |
| 14 | 8 | 8 | 8 | 2 | 4 | 2 | 0 | .0239 | 14 | 8 | 8 | 8 | 8 | 0 | 0 | 0 | .0000 |
| 14 | 8 | 8 | 8 | 2 | 5 | 0 | 1 | .0013 | 14 | 9 | 8 | 8 | 0 | 0 | 0 | 1 | .0048 |
| 14 | 8 | 8 | 8 | 2 | 5 | 1 | 0 | .0013 | 14 | 9 | 8 | 8 | 0 | 0 | 0 | 3 | .0007 |
| 14 | 8 | 8 | 8 | 2 | 6 | 0 | 0 | .0000 | 14 | 9 | 8 | 8 | 0 | 0 | 1 | 0 | .0048 |
| 14 | 8 | 8 | 8 | 3 | 0 | 0 | 5 | .0003 | 14 | 9 | 8 | 8 | 0 | 0 | 1 | 2 | .0088 |
| 14 | 8 | 8 | 8 | 3 | 0 | 1 | 4 | .0351 | 14 | 9 | 8 | 8 | 0 | 0 | 2 | 1 | .0088 |
| 14 | 8 | 8 | 8 | 3 | 0 | 4 | 1 | .0351 | 14 | 9 | 8 | 8 | 0 | 0 | 3 | 0 | .0007 |
| 14 | 8 | 8 | 8 | 3 | 0 | 5 | 0 | .0003 | 14 | 9 | 8 | 8 | 0 | 1 | 0 | 0 | .0059 |
| 14 | 8 | 8 | 8 | 3 | 1 | 0 | 4 | .0351 | 14 | 9 | 8 | 8 | 0 | 1 | 0 | 2 | .0150 |
| 14 | 8 | 8 | 8 | 3 | 1 | 1 | 5 | .0033 | 14 | 9 | 8 | 8 | 0 | 1 | 1 | 1 | .0428 |
| 14 | 8 | 8 | 8 | 3 | 1 | 4 | 0 | .0351 | 14 | 9 | 8 | 8 | 0 | 1 | 2 | 0 | .0150 |
| 14 | 8 | 8 | 8 | 3 | 1 | 5 | 1 | .0033 | 14 | 9 | 8 | 8 | 0 | 2 | 0 | 1 | .0213 |
| 14 | 8 | 8 | 8 | 3 | 4 | 0 | 1 | .0351 | 14 | 9 | 8 | 8 | 0 | 2 | 1 | 0 | .0213 |
| 14 | 8 | 8 | 8 | 3 | 4 | 1 | 0 | .0351 | 14 | 9 | 8 | 8 | 0 | 3 | 0 | 0 | .0016 |
| 14 | 8 | 8 | 8 | 3 | 5 | 0 | 0 | .0003 | 14 | 9 | 8 | 8 | 1 | 0 | 0 | 0 | .0213 |
| 14 | 8 | 8 | 8 | 3 | 5 | 1 | 1 | .0033 | 14 | 9 | 8 | 8 | 1 | 0 | 0 | 4 | .0014 |
| 14 | 8 | 8 | 8 | 4 | 0 | 0 | 0 | .0239 | 14 | 9 | 8 | 8 | 1 | 0 | 1 | 3 | .0288 |
| 14 | 8 | 8 | 8 | 4 | 0 | 0 | 4 | .0017 | 14 | 9 | 8 | 8 | 1 | 0 | 3 | 1 | .0288 |
| 14 | 8 | 8 | 8 | 4 | 0 | 4 | 0 | .0017 | 14 | 9 | 8 | 8 | 1 | 0 | 4 | 0 | .0014 |
| 14 | 8 | 8 | 8 | 4 | 1 | 1 | 4 | .0351 | 14 | 9 | 8 | 8 | 1 | 4 | 0 | 0 | .0088 |
| 14 | 8 | 8 | 8 | 4 | 1 | 4 | 1 | .0351 | 14 | 9 | 8 | 8 | 2 | 0 | 0 | 5 | .0001 |
| 14 | 8 | 8 | 8 | 4 | 2 | 2 | 4 | .0239 | 14 | 9 | 8 | 8 | 2 | 0 | 1 | 4 | .0088 |
| 14 | 8 | 8 | 8 | 4 | 2 | 4 | 2 | .0239 | 14 | 9 | 8 | 8 | 2 | 0 | 2 | 3 | .0428 |
| 14 | 8 | 8 | 8 | 4 | 4 | 0 | 0 | .0017 | 14 | 9 | 8 | 8 | 2 | 0 | 3 | 2 | .0428 |
| 14 | 8 | 8 | 8 | 4 | 4 | 1 | 1 | .0351 | 14 | 9 | 8 | 8 | 2 | 0 | 4 | 1 | .0088 |
| 14 | 8 | 8 | 8 | 4 | 4 | 2 | 2 | .0239 | 14 | 9 | 8 | 8 | 2 | 0 | 5 | 0 | .0001 |
| 14 | 8 | 8 | 8 | 5 | 0 | 0 | 1 | .0148 | 14 | 9 | 8 | 8 | 2 | 1 | 0 | 4 | .0255 |
| 14 | 8 | 8 | 8 | 5 | 0 | 0 | 3 | .0022 | 14 | 9 | 8 | 8 | 2 | 1 | 4 | 0 | .0255 |
| 14 | 8 | 8 | 8 | 5 | 0 | 1 | 0 | .0148 | 14 | 9 | 8 | 8 | 2 | 5 | 0 | 0 | .0016 |
| 14 | 8 | 8 | 8 | 5 | 0 | 1 | 2 | .0518 | 14 | 9 | 8 | 8 | 3 | 0 | 0 | 4 | .0048 |
| 14 | 8 | 8 | 8 | 5 | 0 | 2 | 1 | .0518 | 14 | 9 | 8 | 8 | 3 | 0 | 4 | 0 | .0048 |
| 14 | 8 | 8 | 8 | 5 | 0 | 3 | 0 | .0022 | 14 | 9 | 8 | 8 | 3 | 1 | 0 | 5 | .0003 |
| 14 | 8 | 8 | 8 | 5 | 1 | 0 | 0 | .0148 | 14 | 9 | 8 | 8 | 3 | 1 | 1 | 4 | .0428 |
| 14 | 8 | 8 | 8 | 5 | 1 | 0 | 2 | .0518 | 14 | 9 | 8 | 8 | 3 | 1 | 4 | 1 | .0428 |
| 14 | 8 | 8 | 8 | 5 | 1 | 1 | 3 | .0518 | 14 | 9 | 8 | 8 | 3 | 1 | 5 | 0 | .0003 |
| 14 | 8 | 8 | 8 | 5 | 1 | 2 | 0 | .0518 | 14 | 9 | 8 | 8 | 3 | 2 | 0 | 4 | .0213 |

Tafel XVII-1-1 (Fortsetz.)

| | | | | | | | | | | | | | | | | |
|---|---|---|---|---|---|---|---|---|---|---|---|---|---|---|---|---|
| 14 | 9 | 8 | 8 | 3 | 2 | 4 | 0 | .0213 | 14 | 10 | 8 | 8 | 2 | 0 | 0 | 4 | .0014 |
| 14 | 9 | 8 | 8 | 3 | 4 | 0 | 0 | .0428 | 14 | 10 | 8 | 8 | 2 | 0 | 1 | 3 | .0295 |
| 14 | 9 | 8 | 8 | 3 | 4 | 0 | 2 | .0428 | 14 | 10 | 8 | 8 | 2 | 0 | 3 | 1 | .0295 |
| 14 | 9 | 8 | 8 | 3 | 4 | 2 | 0 | .0428 | 14 | 10 | 8 | 8 | 2 | 0 | 4 | 0 | .0014 |
| 14 | 9 | 8 | 8 | 3 | 5 | 0 | 1 | .0048 | 14 | 10 | 8 | 8 | 3 | 0 | 0 | 3 | .0295 |
| 14 | 9 | 8 | 8 | 3 | 5 | 1 | 0 | .0048 | 14 | 10 | 8 | 8 | 3 | 0 | 3 | 0 | .0295 |
| 14 | 9 | 8 | 8 | 3 | 6 | 0 | 0 | .0000 | 14 | 10 | 8 | 8 | 3 | 1 | 0 | 4 | .0088 |
| 14 | 9 | 8 | 8 | 4 | 0 | 0 | 3 | .0213 | 14 | 10 | 8 | 8 | 3 | 1 | 4 | 0 | .0088 |
| 14 | 9 | 8 | 8 | 4 | 0 | 3 | 0 | .0213 | 14 | 10 | 8 | 8 | 3 | 5 | 0 | 0 | .0088 |
| 14 | 9 | 8 | 8 | 4 | 1 | 0 | 4 | .0059 | 14 | 10 | 8 | 8 | 4 | 0 | 0 | 0 | .0503 |
| 14 | 9 | 8 | 8 | 4 | 1 | 4 | 0 | .0059 | 14 | 10 | 8 | 8 | 4 | 2 | 0 | 4 | .0036 |
| 14 | 9 | 8 | 8 | 4 | 2 | 1 | 4 | .0213 | 14 | 10 | 8 | 8 | 4 | 2 | 4 | 0 | .0036 |
| 14 | 9 | 8 | 8 | 4 | 2 | 4 | 1 | .0213 | 14 | 10 | 8 | 8 | 4 | 3 | 0 | 3 | .0503 |
| 14 | 9 | 8 | 8 | 4 | 4 | 0 | 1 | .0428 | 14 | 10 | 8 | 8 | 4 | 3 | 3 | 0 | .0503 |
| 14 | 9 | 8 | 8 | 4 | 4 | 1 | 0 | .0428 | 14 | 10 | 8 | 8 | 4 | 5 | 0 | 1 | .0088 |
| 14 | 9 | 8 | 8 | 4 | 5 | 0 | 0 | .0004 | 14 | 10 | 8 | 8 | 4 | 5 | 1 | 0 | .0088 |
| 14 | 9 | 8 | 8 | 4 | 5 | 1 | 1 | .0048 | 14 | 10 | 8 | 8 | 4 | 6 | 0 | 0 | .0000 |
| 14 | 9 | 8 | 8 | 5 | 0 | 0 | 0 | .0088 | 14 | 10 | 8 | 8 | 5 | 0 | 0 | 1 | .0295 |
| 14 | 9 | 8 | 8 | 5 | 0 | 0 | 2 | .0150 | 14 | 10 | 8 | 8 | 5 | 0 | 1 | 0 | .0295 |
| 14 | 9 | 8 | 8 | 5 | 0 | 2 | 0 | .0150 | 14 | 10 | 8 | 8 | 5 | 2 | 0 | 3 | .0295 |
| 14 | 9 | 8 | 8 | 5 | 1 | 0 | 3 | .0150 | 14 | 10 | 8 | 8 | 5 | 2 | 3 | 0 | .0295 |
| 14 | 9 | 8 | 8 | 5 | 1 | 3 | 0 | .0150 | 14 | 10 | 8 | 8 | 5 | 3 | 1 | 3 | .0295 |
| 14 | 9 | 8 | 8 | 5 | 3 | 2 | 3 | .0150 | 14 | 10 | 8 | 8 | 5 | 3 | 3 | 1 | .0295 |
| 14 | 9 | 8 | 8 | 5 | 3 | 3 | 2 | .0150 | 14 | 10 | 8 | 8 | 5 | 4 | 0 | 1 | .0429 |
| 14 | 9 | 8 | 8 | 5 | 4 | 0 | 0 | .0014 | 14 | 10 | 8 | 8 | 5 | 4 | 1 | 0 | .0429 |
| 14 | 9 | 8 | 8 | 5 | 4 | 1 | 1 | .0255 | 14 | 10 | 8 | 8 | 5 | 4 | 1 | 2 | .0429 |
| 14 | 9 | 8 | 8 | 5 | 4 | 2 | 2 | .0088 | 14 | 10 | 8 | 8 | 5 | 4 | 2 | 1 | .0429 |
| 14 | 9 | 8 | 8 | 6 | 0 | 0 | 1 | .0014 | 14 | 10 | 8 | 8 | 5 | 5 | 0 | 0 | .0004 |
| 14 | 9 | 8 | 8 | 6 | 0 | 1 | 0 | .0014 | 14 | 10 | 8 | 8 | 5 | 5 | 1 | 1 | .0025 |
| 14 | 9 | 8 | 8 | 6 | 1 | 0 | 0 | .0048 | 14 | 10 | 8 | 8 | 6 | 0 | 0 | 0 | .0014 |
| 14 | 9 | 8 | 8 | 6 | 1 | 0 | 2 | .0048 | 14 | 10 | 8 | 8 | 6 | 1 | 0 | 1 | .0295 |
| 14 | 9 | 8 | 8 | 6 | 1 | 1 | 1 | .0288 | 14 | 10 | 8 | 8 | 6 | 1 | 1 | 0 | .0295 |
| 14 | 9 | 8 | 8 | 6 | 1 | 2 | 0 | .0048 | 14 | 10 | 8 | 8 | 6 | 2 | 0 | 0 | .0295 |
| 14 | 9 | 8 | 8 | 6 | 2 | 0 | 1 | .0150 | 14 | 10 | 8 | 8 | 6 | 2 | 0 | 2 | .0105 |
| 14 | 9 | 8 | 8 | 6 | 2 | 1 | 0 | .0150 | 14 | 10 | 8 | 8 | 6 | 2 | 2 | 0 | .0105 |
| 14 | 9 | 8 | 8 | 6 | 2 | 1 | 2 | .0255 | 14 | 10 | 8 | 8 | 6 | 3 | 0 | 1 | .0295 |
| 14 | 9 | 8 | 8 | 6 | 2 | 2 | 1 | .0255 | 14 | 10 | 8 | 8 | 6 | 3 | 1 | 0 | .0295 |
| 14 | 9 | 8 | 8 | 6 | 3 | 0 | 0 | .0007 | 14 | 10 | 8 | 8 | 6 | 3 | 1 | 2 | .0295 |
| 14 | 9 | 8 | 8 | 6 | 3 | 1 | 1 | .0150 | 14 | 10 | 8 | 8 | 6 | 3 | 2 | 1 | .0295 |
| 14 | 9 | 8 | 8 | 6 | 3 | 2 | 2 | .0048 | 14 | 10 | 8 | 8 | 6 | 4 | 0 | 0 | .0014 |
| 14 | 9 | 8 | 8 | 7 | 0 | 0 | 0 | .0000 | 14 | 10 | 8 | 8 | 6 | 4 | 1 | 1 | .0088 |
| 14 | 9 | 8 | 8 | 7 | 1 | 0 | 1 | .0002 | 14 | 10 | 8 | 8 | 6 | 4 | 2 | 2 | .0014 |
| 14 | 9 | 8 | 8 | 7 | 1 | 1 | 0 | .0002 | 14 | 10 | 8 | 8 | 7 | 1 | 0 | 0 | .0002 |
| 14 | 9 | 8 | 8 | 7 | 2 | 0 | 0 | .0000 | 14 | 10 | 8 | 8 | 7 | 2 | 0 | 1 | .0018 |
| 14 | 9 | 8 | 8 | 7 | 2 | 1 | 1 | .0004 | 14 | 10 | 8 | 8 | 7 | 2 | 1 | 0 | .0018 |
| 14 | 9 | 8 | 8 | 8 | 1 | 0 | 0 | .0000 | 14 | 10 | 8 | 8 | 7 | 3 | 0 | 0 | .0001 |
| 14 | 10 | 8 | 8 | 0 | 0 | 0 | 0 | .0004 | 14 | 10 | 8 | 8 | 7 | 3 | 1 | 1 | .0018 |
| 14 | 10 | 8 | 8 | 0 | 0 | 0 | 2 | .0014 | 14 | 10 | 8 | 8 | 8 | 2 | 0 | 0 | .0000 |
| 14 | 10 | 8 | 8 | 0 | 0 | 1 | 1 | .0025 | 14 | 11 | 8 | 8 | 0 | 0 | 0 | 1 | .0006 |
| 14 | 10 | 8 | 8 | 0 | 0 | 2 | 0 | .0014 | 14 | 11 | 8 | 8 | 0 | 0 | 1 | 0 | .0006 |
| 14 | 10 | 8 | 8 | 0 | 1 | 0 | 1 | .0088 | 14 | 11 | 8 | 8 | 0 | 1 | 0 | 0 | .0015 |
| 14 | 10 | 8 | 8 | 0 | 1 | 1 | 0 | .0088 | 14 | 11 | 8 | 8 | 1 | 0 | 0 | 0 | .0097 |
| 14 | 10 | 8 | 8 | 0 | 2 | 0 | 0 | .0036 | 14 | 11 | 8 | 8 | 1 | 0 | 0 | 2 | .0069 |
| 14 | 10 | 8 | 8 | 1 | 0 | 0 | 1 | .0429 | 14 | 11 | 8 | 8 | 1 | 0 | 1 | 1 | .0238 |
| 14 | 10 | 8 | 8 | 1 | 0 | 0 | 3 | .0043 | 14 | 11 | 8 | 8 | 1 | 0 | 2 | 0 | .0069 |
| 14 | 10 | 8 | 8 | 1 | 0 | 1 | 0 | .0429 | 14 | 11 | 8 | 8 | 2 | 0 | 0 | 3 | .0038 |
| 14 | 10 | 8 | 8 | 1 | 0 | 1 | 2 | .0429 | 14 | 11 | 8 | 8 | 2 | 0 | 1 | 2 | .0330 |
| 14 | 10 | 8 | 8 | 1 | 0 | 2 | 1 | .0429 | 14 | 11 | 8 | 8 | 2 | 0 | 2 | 1 | .0330 |
| 14 | 10 | 8 | 8 | 1 | 0 | 3 | 0 | .0043 | 14 | 11 | 8 | 8 | 2 | 0 | 3 | 0 | .0038 |
| 14 | 10 | 8 | 8 | 1 | 3 | 0 | 0 | .0503 | 14 | 11 | 8 | 8 | 3 | 0 | 0 | 2 | .0484 |

Tafel XVII-1-1 (Fortsetz.) 555

| 14 | 11 | 8 | 8 | 3 | 0 | 2 | 0 | .0484 | 14 | 14 | 8 | 8 | 7 | 5 | 0 | 0 | .0256 |
|----|----|---|---|---|---|---|---|-------|----|----|---|---|---|---|---|---|-------|
| 14 | 11 | 8 | 8 | 3 | 1 | 0 | 3 | .0484 | 14 | 14 | 8 | 8 | 8 | 0 | 0 | 0 | .0003 |
| 14 | 11 | 8 | 8 | 3 | 1 | 3 | 0 | .0484 | 14 | 9 | 9 | 8 | 0 | 0 | 0 | 0 | .0003 |
| 14 | 11 | 8 | 8 | 4 | 5 | 0 | 0 | .0220 | 14 | 9 | 9 | 8 | 0 | 0 | 0 | 2 | .0014 |
| 14 | 11 | 8 | 8 | 5 | 0 | 0 | 0 | .0127 | 14 | 9 | 9 | 8 | 0 | 0 | 1 | 1 | .0075 |
| 14 | 11 | 8 | 8 | 5 | 0 | 0 | 3 | .0127 | 14 | 9 | 9 | 8 | 0 | 0 | 2 | 0 | .0026 |
| 14 | 11 | 8 | 8 | 5 | 0 | 3 | 0 | .0127 | 14 | 9 | 9 | 8 | 0 | 1 | 0 | 1 | .0075 |
| 14 | 11 | 8 | 8 | 5 | 4 | 0 | 2 | .0330 | 14 | 9 | 9 | 8 | 0 | 1 | 1 | 0 | .0096 |
| 14 | 11 | 8 | 8 | 5 | 4 | 2 | 0 | .0330 | 14 | 9 | 9 | 8 | 0 | 2 | 0 | 0 | .0026 |
| 14 | 11 | 8 | 8 | 5 | 5 | 0 | 1 | .0097 | 14 | 9 | 9 | 8 | 1 | 0 | 0 | 1 | .0381 |
| 14 | 11 | 8 | 8 | 5 | 5 | 1 | 0 | .0097 | 14 | 9 | 9 | 8 | 1 | 0 | 0 | 3 | .0075 |
| 14 | 11 | 8 | 8 | 5 | 0 | 0 | 0 | .0001 | 14 | 9 | 9 | 8 | 1 | 0 | 3 | 0 | .0188 |
| 14 | 11 | 8 | 8 | 6 | 1 | 0 | 0 | .0220 | 14 | 9 | 9 | 8 | 1 | 3 | 0 | 0 | .0188 |
| 14 | 11 | 8 | 8 | 6 | 0 | 0 | 0 | .0484 | 14 | 9 | 9 | 8 | 2 | 0 | 0 | 4 | .0026 |
| 14 | 11 | 8 | 8 | 6 | 3 | 0 | 2 | .0220 | 14 | 9 | 9 | 8 | 2 | 0 | 4 | 0 | .0121 |
| 14 | 11 | 8 | 8 | 6 | 3 | 2 | 0 | .0220 | 14 | 9 | 9 | 8 | 2 | 4 | 0 | 0 | .0121 |
| 14 | 11 | 8 | 8 | 6 | 4 | 0 | 1 | .0220 | 14 | 9 | 9 | 8 | 3 | 0 | 0 | 3 | .0381 |
| 14 | 11 | 8 | 8 | 6 | 4 | 1 | 0 | .0220 | 14 | 9 | 9 | 8 | 3 | 0 | 0 | 5 | .0000 |
| 14 | 11 | 8 | 8 | 6 | 4 | 1 | 2 | .0069 | 14 | 9 | 9 | 8 | 3 | 0 | 1 | 4 | .0075 |
| 14 | 11 | 8 | 8 | 6 | 4 | 2 | 1 | .0069 | 14 | 9 | 9 | 8 | 3 | 0 | 4 | 1 | .0230 |
| 14 | 11 | 8 | 8 | 6 | 5 | 0 | 0 | .0005 | 14 | 9 | 9 | 8 | 3 | 0 | 5 | 0 | .0003 |
| 14 | 11 | 8 | 8 | 6 | 5 | 1 | 1 | .0015 | 14 | 9 | 9 | 8 | 3 | 1 | 0 | 4 | .0075 |
| 14 | 11 | 8 | 8 | 7 | 2 | 0 | 0 | .0028 | 14 | 9 | 9 | 8 | 3 | 4 | 0 | 1 | .0230 |
| 14 | 11 | 8 | 8 | 7 | 3 | 0 | 1 | .0028 | 14 | 9 | 9 | 8 | 3 | 5 | 0 | 0 | .0003 |
| 14 | 11 | 8 | 8 | 7 | 3 | 1 | 0 | .0028 | 14 | 9 | 9 | 8 | 4 | 0 | 0 | 4 | .0008 |
| 14 | 11 | 8 | 8 | 7 | 4 | 0 | 0 | .0002 | 14 | 9 | 9 | 8 | 4 | 0 | 4 | 0 | .0096 |
| 14 | 11 | 8 | 8 | 7 | 4 | 1 | 1 | .0009 | 14 | 9 | 9 | 8 | 4 | 1 | 1 | 4 | .0096 |
| 14 | 11 | 8 | 8 | 8 | 0 | 0 | 0 | .0000 | 14 | 9 | 9 | 8 | 4 | 1 | 5 | 0 | .0008 |
| 14 | 12 | 8 | 8 | 0 | 0 | 0 | 0 | .0003 | 14 | 9 | 9 | 8 | 4 | 2 | 0 | 0 | .0230 |
| 14 | 12 | 8 | 8 | 1 | 0 | 0 | 1 | .0073 | 14 | 9 | 9 | 8 | 4 | 4 | 0 | 0 | .0096 |
| 14 | 12 | 8 | 8 | 1 | 0 | 1 | 0 | .0073 | 14 | 9 | 9 | 8 | 4 | 4 | 2 | 0 | .0230 |
| 14 | 12 | 8 | 8 | 1 | 1 | 0 | 0 | .0299 | 14 | 9 | 9 | 8 | 4 | 5 | 1 | 0 | .0008 |
| 14 | 12 | 8 | 8 | 2 | 0 | 0 | 0 | .0299 | 14 | 9 | 9 | 8 | 5 | 0 | 0 | 1 | .0381 |
| 14 | 12 | 8 | 8 | 2 | 0 | 0 | 2 | .0134 | 14 | 9 | 9 | 8 | 5 | 0 | 0 | 3 | .0026 |
| 14 | 12 | 8 | 8 | 2 | 0 | 1 | 1 | .0299 | 14 | 9 | 9 | 8 | 5 | 0 | 3 | 0 | .0188 |
| 14 | 12 | 8 | 8 | 2 | 0 | 2 | 0 | .0134 | 14 | 9 | 9 | 8 | 5 | 1 | 1 | 3 | .0381 |
| 14 | 12 | 8 | 8 | 4 | 0 | 0 | 0 | .0336 | 14 | 9 | 9 | 8 | 5 | 1 | 4 | 0 | .0075 |
| 14 | 12 | 8 | 8 | 5 | 5 | 0 | 0 | .0299 | 14 | 9 | 9 | 8 | 5 | 2 | 2 | 3 | .0280 |
| 14 | 12 | 8 | 8 | 6 | 4 | 0 | 2 | .0134 | 14 | 9 | 9 | 8 | 5 | 2 | 4 | 1 | .0121 |
| 14 | 12 | 8 | 8 | 6 | 4 | 2 | 0 | .0134 | 14 | 9 | 9 | 8 | 5 | 3 | 0 | 0 | .0188 |
| 14 | 12 | 8 | 8 | 6 | 5 | 0 | 1 | .0073 | 14 | 9 | 9 | 8 | 5 | 3 | 3 | 1 | .0381 |
| 14 | 12 | 8 | 8 | 6 | 5 | 1 | 0 | .0073 | 14 | 9 | 9 | 8 | 5 | 4 | 1 | 0 | .0075 |
| 14 | 12 | 8 | 8 | 6 | 6 | 0 | 0 | .0003 | 14 | 9 | 9 | 8 | 5 | 4 | 2 | 1 | .0121 |
| 14 | 12 | 8 | 8 | 7 | 3 | 0 | 0 | .0152 | 14 | 9 | 9 | 8 | 6 | 0 | 0 | 0 | .0026 |
| 14 | 12 | 8 | 8 | 7 | 4 | 0 | 1 | .0024 | 14 | 9 | 9 | 8 | 6 | 0 | 0 | 2 | .0014 |
| 14 | 12 | 8 | 8 | 7 | 4 | 1 | 0 | .0024 | 14 | 9 | 9 | 8 | 6 | 0 | 1 | 1 | .0188 |
| 14 | 12 | 8 | 8 | 7 | 5 | 0 | 0 | .0006 | 14 | 9 | 9 | 8 | 6 | 0 | 2 | 0 | .0075 |
| 14 | 12 | 8 | 8 | 7 | 5 | 1 | 1 | .0006 | 14 | 9 | 9 | 8 | 6 | 1 | 0 | 1 | .0188 |
| 14 | 12 | 8 | 8 | 8 | 4 | 0 | 0 | .0001 | 14 | 9 | 9 | 8 | 6 | 1 | 1 | 0 | .0381 |
| 14 | 13 | 8 | 8 | 1 | 0 | 0 | 0 | .0039 | 14 | 9 | 9 | 8 | 6 | 1 | 1 | 2 | .0280 |
| 14 | 13 | 8 | 8 | 2 | 0 | 0 | 1 | .0119 | 14 | 9 | 9 | 8 | 6 | 1 | 3 | 0 | .0075 |
| 14 | 13 | 8 | 8 | 2 | 0 | 1 | 0 | .0119 | 14 | 9 | 9 | 8 | 6 | 2 | 0 | 0 | .0075 |
| 14 | 13 | 8 | 8 | 3 | 0 | 0 | 0 | .0336 | 14 | 9 | 9 | 8 | 6 | 2 | 2 | 0 | .0280 |
| 14 | 13 | 8 | 8 | 6 | 5 | 0 | 0 | .0336 | 14 | 9 | 9 | 8 | 6 | 2 | 2 | 2 | .0280 |
| 14 | 13 | 8 | 8 | 7 | 4 | 0 | 0 | .0176 | 14 | 9 | 9 | 8 | 6 | 2 | 3 | 1 | .0188 |
| 14 | 13 | 8 | 8 | 7 | 5 | 0 | 1 | .0026 | 14 | 9 | 9 | 8 | 6 | 3 | 1 | 0 | .0075 |
| 14 | 13 | 8 | 8 | 7 | 5 | 1 | 0 | .0026 | 14 | 9 | 9 | 8 | 6 | 3 | 2 | 1 | .0188 |
| 14 | 13 | 8 | 8 | 7 | 6 | 0 | 0 | .0003 | 14 | 9 | 9 | 8 | 6 | 3 | 3 | 2 | .0014 |
| 14 | 13 | 8 | 8 | 8 | 5 | 0 | 0 | .0001 | 14 | 9 | 9 | 8 | 7 | 0 | 0 | 1 | .0001 |
| 14 | 14 | 8 | 8 | 2 | 0 | 0 | 0 | .0097 | 14 | 9 | 9 | 8 | 7 | 0 | 1 | 0 | .0002 |

Tafel XVII-1-1 (Fortsetz.)

| | | | | | | | | | | | | | | | |
|---|---|---|---|---|---|---|---|---|---|---|---|---|---|---|---|
| 14 | 9 | 9 | 8 | 7 | 1 | 0 | 0 | .0002 | 14 | 11 | 9 | 8 | 1 | 1 | 0 | 0 | .0314 |
| 14 | 9 | 9 | 8 | 7 | 1 | 1 | 1 | .0029 | 14 | 11 | 9 | 8 | 2 | 0 | 0 | 0 | .0486 |
| 14 | 9 | 9 | 8 | 7 | 1 | 2 | 0 | .0010 | 14 | 11 | 9 | 8 | 2 | 0 | 0 | 2 | .0314 |
| 14 | 9 | 9 | 8 | 7 | 2 | 1 | 0 | .0010 | 14 | 11 | 9 | 8 | 2 | 0 | 2 | 0 | .0486 |
| 14 | 9 | 9 | 8 | 7 | 2 | 2 | 1 | .0016 | 14 | 11 | 9 | 8 | 3 | 0 | 0 | 3 | .0057 |
| 14 | 9 | 9 | 8 | 8 | 0 | 0 | 0 | .0000 | 14 | 11 | 9 | 8 | 3 | 0 | 3 | 0 | .0155 |
| 14 | 9 | 9 | 8 | 8 | 1 | 1 | 0 | .0000 | 14 | 11 | 9 | 8 | 4 | 0 | 0 | 2 | .0486 |
| 14 | 10 | 9 | 8 | 0 | 0 | 0 | 1 | .0004 | 14 | 11 | 9 | 8 | 4 | 1 | 0 | 3 | .0314 |
| 14 | 10 | 9 | 8 | 0 | 0 | 1 | 0 | .0007 | 14 | 11 | 9 | 8 | 5 | 0 | 0 | 1 | .0486 |
| 14 | 10 | 9 | 8 | 0 | 1 | 0 | 0 | .0013 | 14 | 11 | 9 | 8 | 5 | 2 | 0 | 3 | .0113 |
| 14 | 10 | 9 | 8 | 1 | 0 | 0 | 0 | .0159 | 14 | 11 | 9 | 8 | 5 | 4 | 0 | 1 | .0486 |
| 14 | 10 | 9 | 8 | 1 | 0 | 0 | 2 | .0159 | 14 | 11 | 9 | 8 | 5 | 5 | 0 | 0 | .0014 |
| 14 | 10 | 9 | 8 | 1 | 0 | 2 | 0 | .0207 | 14 | 11 | 9 | 8 | 6 | 0 | 0 | 0 | .0057 |
| 14 | 10 | 9 | 8 | 1 | 2 | 0 | 0 | .0429 | 14 | 11 | 9 | 8 | 6 | 2 | 0 | 2 | .0314 |
| 14 | 10 | 9 | 8 | 2 | 0 | 0 | 3 | .0159 | 14 | 11 | 9 | 8 | 6 | 3 | 1 | 2 | .0314 |
| 14 | 10 | 9 | 8 | 2 | 0 | 3 | 0 | .0324 | 14 | 11 | 9 | 8 | 6 | 3 | 3 | 0 | .0057 |
| 14 | 10 | 9 | 8 | 3 | 0 | 0 | 4 | .0004 | 14 | 11 | 9 | 8 | 6 | 4 | 0 | 0 | .0113 |
| 14 | 10 | 9 | 8 | 3 | 0 | 1 | 3 | .0324 | 14 | 11 | 9 | 8 | 6 | 4 | 1 | 1 | .0314 |
| 14 | 10 | 9 | 8 | 3 | 0 | 4 | 0 | .0043 | 14 | 11 | 9 | 8 | 6 | 4 | 2 | 0 | .0113 |
| 14 | 10 | 9 | 8 | 3 | 4 | 0 | 0 | .0429 | 14 | 11 | 9 | 8 | 6 | 5 | 1 | 0 | .0005 |
| 14 | 10 | 9 | 8 | 4 | 0 | 0 | 3 | .0159 | 14 | 11 | 9 | 8 | 7 | 1 | 0 | 0 | .0034 |
| 14 | 10 | 9 | 8 | 4 | 0 | 3 | 0 | .0429 | 14 | 11 | 9 | 8 | 7 | 2 | 0 | 1 | .0067 |
| 14 | 10 | 9 | 8 | 4 | 1 | 0 | 4 | .0013 | 14 | 11 | 9 | 8 | 7 | 2 | 1 | 0 | .0175 |
| 14 | 10 | 9 | 8 | 4 | 1 | 4 | 0 | .0169 | 14 | 11 | 9 | 8 | 7 | 3 | 0 | 0 | .0034 |
| 14 | 10 | 9 | 8 | 4 | 2 | 0 | 3 | .0429 | 14 | 11 | 9 | 8 | 7 | 3 | 1 | 1 | .0126 |
| 14 | 10 | 9 | 8 | 4 | 4 | 0 | 1 | .0429 | 14 | 11 | 9 | 8 | 7 | 3 | 2 | 0 | .0034 |
| 14 | 10 | 9 | 8 | 4 | 5 | 0 | 0 | .0013 | 14 | 11 | 9 | 8 | 7 | 4 | 1 | 0 | .0010 |
| 14 | 10 | 9 | 8 | 5 | 0 | 0 | 0 | .0324 | 14 | 11 | 9 | 8 | 7 | 4 | 2 | 1 | .0004 |
| 14 | 10 | 9 | 8 | 5 | 0 | 0 | 2 | .0207 | 14 | 11 | 9 | 8 | 8 | 2 | 0 | 0 | .0002 |
| 14 | 10 | 9 | 8 | 5 | 1 | 0 | 3 | .0159 | 14 | 11 | 9 | 8 | 8 | 3 | 1 | 0 | .0002 |
| 14 | 10 | 9 | 8 | 5 | 2 | 1 | 3 | .0324 | 14 | 12 | 9 | 8 | 1 | 0 | 0 | 0 | .0033 |
| 14 | 10 | 9 | 8 | 5 | 2 | 4 | 0 | .0043 | 14 | 12 | 9 | 8 | 2 | 0 | 0 | 1 | .0371 |
| 14 | 10 | 9 | 8 | 5 | 3 | 3 | 0 | .0324 | 14 | 12 | 9 | 8 | 2 | 0 | 1 | 0 | .0479 |
| 14 | 10 | 9 | 8 | 5 | 4 | 0 | 0 | .0159 | 14 | 12 | 9 | 8 | 3 | 0 | 0 | 2 | .0147 |
| 14 | 10 | 9 | 8 | 5 | 4 | 2 | 0 | .0207 | 14 | 12 | 9 | 8 | 3 | 0 | 2 | 0 | .0371 |
| 14 | 10 | 9 | 8 | 5 | 5 | 1 | 0 | .0007 | 14 | 12 | 9 | 8 | 5 | 0 | 0 | 0 | .0371 |
| 14 | 10 | 9 | 8 | 6 | 0 | 0 | 1 | .0059 | 14 | 12 | 9 | 8 | 6 | 3 | 0 | 2 | .0147 |
| 14 | 10 | 9 | 8 | 6 | 0 | 1 | 0 | .0159 | 14 | 12 | 9 | 8 | 6 | 4 | 0 | 1 | .0371 |
| 14 | 10 | 9 | 8 | 6 | 1 | 0 | 0 | .0324 | 14 | 12 | 9 | 8 | 6 | 5 | 0 | 0 | .0033 |
| 14 | 10 | 9 | 8 | 6 | 1 | 0 | 2 | .0159 | 14 | 12 | 9 | 8 | 7 | 2 | 0 | 0 | .0186 |
| 14 | 10 | 9 | 8 | 6 | 2 | 3 | 0 | .0159 | 14 | 12 | 9 | 8 | 7 | 3 | 0 | 1 | .0085 |
| 14 | 10 | 9 | 8 | 6 | 3 | 0 | 0 | .0159 | 14 | 12 | 9 | 8 | 7 | 3 | 1 | 0 | .0423 |
| 14 | 10 | 9 | 8 | 6 | 3 | 2 | 0 | .0324 | 14 | 12 | 9 | 8 | 7 | 4 | 0 | 0 | .0059 |
| 14 | 10 | 9 | 8 | 6 | 3 | 2 | 2 | .0159 | 14 | 12 | 9 | 8 | 7 | 4 | 1 | 1 | .0059 |
| 14 | 10 | 9 | 8 | 6 | 3 | 3 | 1 | .0059 | 14 | 12 | 9 | 8 | 7 | 4 | 2 | 0 | .0014 |
| 14 | 10 | 9 | 8 | 6 | 4 | 1 | 0 | .0043 | 14 | 12 | 9 | 8 | 7 | 5 | 1 | 0 | .0004 |
| 14 | 10 | 9 | 8 | 6 | 4 | 2 | 1 | .0043 | 14 | 12 | 9 | 8 | 8 | 3 | 0 | 0 | .0008 |
| 14 | 10 | 9 | 8 | 7 | 0 | 0 | 0 | .0001 | 14 | 12 | 9 | 8 | 8 | 4 | 1 | 0 | .0002 |
| 14 | 10 | 9 | 8 | 7 | 1 | 0 | 1 | .0023 | 14 | 13 | 9 | 8 | 2 | 0 | 0 | 0 | .0133 |
| 14 | 10 | 9 | 8 | 7 | 1 | 1 | 0 | .0048 | 14 | 13 | 9 | 8 | 3 | 0 | 0 | 1 | .0318 |
| 14 | 10 | 9 | 8 | 7 | 2 | 0 | 0 | .0023 | 14 | 13 | 9 | 8 | 3 | 0 | 1 | 0 | .0438 |
| 14 | 10 | 9 | 8 | 7 | 2 | 1 | 1 | .0067 | 14 | 13 | 9 | 8 | 7 | 4 | 0 | 1 | .0073 |
| 14 | 10 | 9 | 8 | 7 | 2 | 2 | 0 | .0027 | 14 | 13 | 9 | 8 | 7 | 4 | 1 | 0 | .0218 |
| 14 | 10 | 9 | 8 | 7 | 3 | 1 | 0 | .0023 | 14 | 13 | 9 | 8 | 7 | 5 | 0 | 0 | .0030 |
| 14 | 10 | 9 | 8 | 7 | 3 | 2 | 1 | .0023 | 14 | 13 | 9 | 8 | 8 | 4 | 0 | 0 | .0013 |
| 14 | 10 | 9 | 8 | 8 | 1 | 0 | 0 | .0000 | 14 | 13 | 9 | 8 | 8 | 5 | 1 | 0 | .0002 |
| 14 | 10 | 9 | 8 | 8 | 2 | 1 | 0 | .0000 | 14 | 14 | 9 | 8 | 3 | 0 | 0 | 0 | .0310 |
| 14 | 11 | 9 | 8 | 0 | 0 | 0 | 0 | .0001 | 14 | 14 | 9 | 8 | 8 | 5 | 0 | 0 | .0030 |
| 14 | 11 | 9 | 8 | 1 | 0 | 0 | 1 | .0113 | 14 | 10 | 10 | 8 | 0 | 0 | 0 | 0 | .0002 |
| 14 | 11 | 9 | 8 | 1 | 0 | 1 | 0 | .0140 | 14 | 10 | 10 | 8 | 1 | 0 | 0 | 1 | .0108 |

Tafel XVII-1-1 (Fortsetz.) 557

| | | | | | | | | | | | | | | | |
|---|---|---|---|---|---|---|---|---|---|---|---|---|---|---|---|
| 14 | 10 | 10 | 8 | 1 | 0 | 1 | 0 | .0282 | 14 | 12 | 10 | 8 | 6 | 4 | 0 | 0 | .0282 |
| 14 | 10 | 10 | 8 | 1 | 1 | 0 | 0 | .0262 | 14 | 12 | 10 | 8 | 7 | 1 | 0 | 0 | .0545 |
| 14 | 10 | 10 | 8 | 2 | 0 | 0 | 2 | .0383 | 14 | 12 | 10 | 8 | 7 | 2 | 0 | 1 | .0545 |
| 14 | 10 | 10 | 8 | 3 | 0 | 0 | 3 | .0108 | 14 | 12 | 10 | 8 | 7 | 3 | 0 | 0 | .0545 |
| 14 | 10 | 10 | 8 | 4 | 0 | 0 | 4 | .0002 | 14 | 12 | 10 | 8 | 7 | 3 | 1 | 1 | .0545 |
| 14 | 10 | 10 | 8 | 4 | 0 | 1 | 3 | .0282 | 14 | 12 | 10 | 8 | 7 | 3 | 2 | 0 | .0545 |
| 14 | 10 | 10 | 8 | 4 | 0 | 4 | 0 | .0063 | 14 | 12 | 10 | 8 | 7 | 4 | 1 | 0 | .0051 |
| 14 | 10 | 10 | 8 | 4 | 1 | 0 | 3 | .0282 | 14 | 12 | 10 | 8 | 8 | 2 | 0 | 0 | .0012 |
| 14 | 10 | 10 | 8 | 4 | 4 | 0 | 0 | .0063 | 14 | 12 | 10 | 8 | 8 | 3 | 1 | 0 | .0025 |
| 14 | 10 | 10 | 8 | 5 | 0 | 0 | 3 | .0010 | 14 | 12 | 10 | 8 | 8 | 4 | 2 | 0 | .0002 |
| 14 | 10 | 10 | 8 | 5 | 1 | 1 | 3 | .0282 | 14 | 13 | 10 | 8 | 7 | 3 | 0 | 1 | .0264 |
| 14 | 10 | 10 | 8 | 5 | 1 | 4 | 0 | .0282 | 14 | 13 | 10 | 8 | 7 | 4 | 0 | 0 | .0150 |
| 14 | 10 | 10 | 8 | 5 | 4 | 1 | 0 | .0282 | 14 | 13 | 10 | 8 | 8 | 3 | 0 | 0 | .0064 |
| 14 | 10 | 10 | 8 | 6 | 0 | 0 | 0 | .0108 | 14 | 13 | 10 | 8 | 8 | 4 | 1 | 0 | .0021 |
| 14 | 10 | 10 | 8 | 6 | 0 | 0 | 2 | .0023 | 14 | 14 | 10 | 8 | 8 | 4 | 0 | 0 | .0150 |
| 14 | 10 | 10 | 8 | 6 | 0 | 2 | 0 | .0383 | 14 | 11 | 11 | 8 | 2 | 0 | 0 | 0 | .0243 |
| 14 | 10 | 10 | 8 | 6 | 2 | 0 | 0 | .0383 | 14 | 11 | 11 | 8 | 4 | 0 | 0 | 2 | .0488 |
| 14 | 10 | 10 | 8 | 6 | 2 | 2 | 2 | .0383 | 14 | 11 | 11 | 8 | 5 | 0 | 0 | 3 | .0007 |
| 14 | 10 | 10 | 8 | 6 | 2 | 4 | 0 | .0023 | 14 | 11 | 11 | 8 | 6 | 0 | 0 | 0 | .0486 |
| 14 | 10 | 10 | 8 | 6 | 3 | 3 | 0 | .0108 | 14 | 11 | 11 | 8 | 6 | 0 | 0 | 2 | .0029 |
| 14 | 10 | 10 | 8 | 6 | 4 | 2 | 0 | .0023 | 14 | 11 | 11 | 8 | 6 | 1 | 1 | 2 | .0486 |
| 14 | 10 | 10 | 8 | 7 | 0 | 0 | 1 | .0007 | 14 | 11 | 11 | 8 | 7 | 0 | 0 | 1 | .0016 |
| 14 | 10 | 10 | 8 | 7 | 0 | 1 | 0 | .0042 | 14 | 11 | 11 | 8 | 7 | 0 | 1 | 0 | .0201 |
| 14 | 10 | 10 | 8 | 7 | 1 | 0 | 0 | .0042 | 14 | 11 | 11 | 8 | 7 | 1 | 0 | 0 | .0201 |
| 14 | 10 | 10 | 8 | 7 | 1 | 1 | 1 | .0165 | 14 | 11 | 11 | 8 | 7 | 2 | 2 | 1 | .0298 |
| 14 | 10 | 10 | 8 | 7 | 1 | 2 | 0 | .0165 | 14 | 11 | 11 | 8 | 7 | 2 | 3 | 0 | .0201 |
| 14 | 10 | 10 | 8 | 7 | 2 | 1 | 0 | .0165 | 14 | 11 | 11 | 8 | 7 | 3 | 2 | 0 | .0201 |
| 14 | 10 | 10 | 8 | 7 | 2 | 2 | 1 | .0165 | 14 | 11 | 11 | 8 | 8 | 0 | 0 | 0 | .0003 |
| 14 | 10 | 10 | 8 | 7 | 2 | 3 | 0 | .0042 | 14 | 11 | 11 | 8 | 8 | 1 | 1 | 0 | .0056 |
| 14 | 10 | 10 | 8 | 7 | 3 | 2 | 0 | .0042 | 14 | 11 | 11 | 8 | 8 | 2 | 2 | 0 | .0056 |
| 14 | 10 | 10 | 8 | 7 | 3 | 3 | 1 | .0007 | 14 | 11 | 11 | 8 | 8 | 3 | 3 | 0 | .0003 |
| 14 | 10 | 10 | 8 | 8 | 0 | 0 | 0 | .0000 | 14 | 12 | 11 | 8 | 5 | 0 | 0 | 2 | .0174 |
| 14 | 10 | 10 | 8 | 8 | 1 | 1 | 0 | .0004 | 14 | 12 | 11 | 8 | 6 | 0 | 0 | 1 | .0402 |
| 14 | 10 | 10 | 8 | 8 | 2 | 2 | 0 | .0002 | 14 | 12 | 11 | 8 | 6 | 1 | 0 | 2 | .0174 |
| 14 | 11 | 10 | 8 | 1 | 0 | 0 | 0 | .0036 | 14 | 12 | 11 | 8 | 7 | 0 | 0 | 0 | .0072 |
| 14 | 11 | 10 | 8 | 4 | 0 | 0 | 3 | .0036 | 14 | 12 | 11 | 8 | 7 | 1 | 0 | 1 | .0301 |
| 14 | 11 | 10 | 8 | 4 | 0 | 3 | 0 | .0276 | 14 | 12 | 11 | 8 | 8 | 1 | 0 | 0 | .0036 |
| 14 | 11 | 10 | 8 | 5 | 0 | 0 | 2 | .0237 | 14 | 12 | 11 | 8 | 8 | 2 | 1 | 0 | .0228 |
| 14 | 11 | 10 | 8 | 5 | 1 | 0 | 3 | .0045 | 14 | 12 | 11 | 8 | 8 | 3 | 2 | 0 | .0036 |
| 14 | 11 | 10 | 8 | 5 | 4 | 0 | 0 | .0183 | 14 | 13 | 11 | 8 | 7 | 2 | 0 | 1 | .0471 |
| 14 | 11 | 10 | 8 | 6 | 0 | 0 | 1 | .0183 | 14 | 13 | 11 | 8 | 8 | 2 | 0 | 0 | .0235 |
| 14 | 11 | 10 | 8 | 6 | 1 | 0 | 2 | .0183 | 14 | 13 | 11 | 8 | 8 | 3 | 1 | 0 | .0235 |
| 14 | 11 | 10 | 8 | 6 | 4 | 1 | 0 | .0183 | 14 | 14 | 11 | 8 | 8 | 5 | 0 | 0 | .0540 |
| 14 | 11 | 10 | 8 | 7 | 0 | 0 | 0 | .0015 | 14 | 12 | 12 | 8 | 6 | 0 | 0 | 2 | .0052 |
| 14 | 11 | 10 | 8 | 7 | 1 | 0 | 1 | .0071 | 14 | 12 | 12 | 8 | 7 | 0 | 0 | 1 | .0110 |
| 14 | 11 | 10 | 8 | 7 | 1 | 1 | 0 | .0394 | 14 | 12 | 12 | 8 | 8 | 0 | 0 | 0 | .0018 |
| 14 | 11 | 10 | 8 | 7 | 2 | 0 | 0 | .0091 | 14 | 12 | 12 | 8 | 8 | 1 | 1 | 0 | .0363 |
| 14 | 11 | 10 | 8 | 7 | 2 | 1 | 1 | .0394 | 14 | 12 | 12 | 8 | 8 | 2 | 2 | 0 | .0219 |
| 14 | 11 | 10 | 8 | 7 | 2 | 2 | 0 | .0394 | 14 | 13 | 12 | 8 | 8 | 1 | 0 | 0 | .0235 |
| 14 | 11 | 10 | 8 | 7 | 3 | 1 | 0 | .0210 | 14 | 13 | 13 | 8 | 8 | 0 | 0 | 0 | .0300 |
| 14 | 11 | 10 | 8 | 7 | 3 | 2 | 1 | .0071 | 14 | 9 | 9 | 9 | 0 | 0 | 0 | 1 | .0015 |
| 14 | 11 | 10 | 8 | 7 | 3 | 3 | 0 | .0015 | 14 | 9 | 9 | 9 | 0 | 0 | 1 | 0 | .0015 |
| 14 | 11 | 10 | 8 | 7 | 4 | 2 | 0 | .0007 | 14 | 9 | 9 | 9 | 0 | 1 | 0 | 0 | .0015 |
| 14 | 11 | 10 | 8 | 8 | 1 | 0 | 0 | .0003 | 14 | 9 | 9 | 9 | 1 | 0 | 0 | 0 | .0162 |
| 14 | 11 | 10 | 8 | 8 | 2 | 1 | 0 | .0020 | 14 | 9 | 9 | 9 | 1 | 0 | 0 | 2 | .0275 |
| 14 | 11 | 10 | 8 | 8 | 3 | 2 | 0 | .0003 | 14 | 9 | 9 | 9 | 1 | 0 | 2 | 0 | .0275 |
| 14 | 12 | 10 | 8 | 2 | 0 | 0 | 2 | .0282 | 14 | 9 | 9 | 9 | 1 | 2 | 0 | 0 | .0275 |
| 14 | 12 | 10 | 8 | 4 | 0 | 0 | 2 | .0282 | 14 | 9 | 9 | 9 | 2 | 0 | 0 | 3 | .0464 |
| 14 | 12 | 10 | 8 | 6 | 0 | 0 | 0 | .0282 | 14 | 9 | 9 | 9 | 2 | 0 | 3 | 0 | .0464 |
| 14 | 12 | 10 | 8 | 6 | 2 | 0 | 2 | .0282 | 14 | 9 | 9 | 9 | 2 | 3 | 0 | 0 | .0464 |

| | | | | | | | | | | | | | | | | |
|---|---|---|---|---|---|---|---|---|---|---|---|---|---|---|---|---|
| 14 | 9 | 9 | 9 | 3 | 0 | 0 | 4 | .0107 | 14 | 10 | 9 | 9 | 4 | 0 | 4 | 0 | .0023 |
| 14 | 9 | 9 | 9 | 3 | 0 | 4 | 0 | .0107 | 14 | 10 | 9 | 9 | 4 | 4 | 0 | 0 | .0292 |
| 14 | 9 | 9 | 9 | 3 | 4 | 0 | 0 | .0107 | 14 | 10 | 9 | 9 | 5 | 0 | 0 | 3 | .0260 |
| 14 | 9 | 9 | 9 | 4 | 0 | 0 | 5 | .0001 | 14 | 10 | 9 | 9 | 5 | 0 | 3 | 0 | .0260 |
| 14 | 9 | 9 | 9 | 4 | 0 | 1 | 4 | .0162 | 14 | 10 | 9 | 9 | 5 | 1 | 0 | 4 | .0023 |
| 14 | 9 | 9 | 9 | 4 | 0 | 4 | 1 | .0162 | 14 | 10 | 9 | 9 | 5 | 1 | 4 | 0 | .0023 |
| 14 | 9 | 9 | 9 | 4 | 0 | 5 | 0 | .0001 | 14 | 10 | 9 | 9 | 5 | 2 | 0 | 3 | .0514 |
| 14 | 9 | 9 | 9 | 4 | 1 | 0 | 4 | .0162 | 14 | 10 | 9 | 9 | 5 | 2 | 3 | 0 | .0514 |
| 14 | 9 | 9 | 9 | 4 | 1 | 4 | 0 | .0162 | 14 | 10 | 9 | 9 | 5 | 4 | 0 | 1 | .0260 |
| 14 | 9 | 9 | 9 | 4 | 4 | 0 | 1 | .0162 | 14 | 10 | 9 | 9 | 5 | 4 | 1 | 0 | .0260 |
| 14 | 9 | 9 | 9 | 4 | 4 | 1 | 0 | .0162 | 14 | 10 | 9 | 9 | 5 | 5 | 0 | 0 | .0002 |
| 14 | 9 | 9 | 9 | 4 | 5 | 0 | 0 | .0001 | 14 | 10 | 9 | 9 | 6 | 0 | 0 | 0 | .0260 |
| 14 | 9 | 9 | 9 | 5 | 0 | 0 | 0 | .0464 | 14 | 10 | 9 | 9 | 6 | 0 | 0 | 2 | .0260 |
| 14 | 9 | 9 | 9 | 5 | 0 | 0 | 4 | .0015 | 14 | 10 | 9 | 9 | 6 | 0 | 2 | 0 | .0260 |
| 14 | 9 | 9 | 9 | 5 | 0 | 4 | 0 | .0015 | 14 | 10 | 9 | 9 | 6 | 1 | 0 | 3 | .0079 |
| 14 | 9 | 9 | 9 | 5 | 1 | 1 | 4 | .0107 | 14 | 10 | 9 | 9 | 6 | 1 | 3 | 0 | .0079 |
| 14 | 9 | 9 | 9 | 5 | 1 | 4 | 1 | .0107 | 14 | 10 | 9 | 9 | 6 | 2 | 1 | 3 | .0260 |
| 14 | 9 | 9 | 9 | 5 | 4 | 0 | 0 | .0015 | 14 | 10 | 9 | 9 | 6 | 2 | 3 | 1 | .0260 |
| 14 | 9 | 9 | 9 | 5 | 4 | 1 | 1 | .0107 | 14 | 10 | 9 | 9 | 6 | 3 | 0 | 1 | .0514 |
| 14 | 9 | 9 | 9 | 6 | 0 | 0 | 1 | .0275 | 14 | 10 | 9 | 9 | 6 | 3 | 1 | 0 | .0514 |
| 14 | 9 | 9 | 9 | 6 | 0 | 0 | 3 | .0021 | 14 | 10 | 9 | 9 | 6 | 3 | 1 | 2 | .0514 |
| 14 | 9 | 9 | 9 | 6 | 0 | 1 | 0 | .0275 | 14 | 10 | 9 | 9 | 6 | 3 | 2 | 1 | .0514 |
| 14 | 9 | 9 | 9 | 6 | 0 | 1 | 2 | .0464 | 14 | 10 | 9 | 9 | 6 | 4 | 0 | 0 | .0011 |
| 14 | 9 | 9 | 9 | 6 | 0 | 2 | 1 | .0464 | 14 | 10 | 9 | 9 | 6 | 4 | 1 | 1 | .0048 |
| 14 | 9 | 9 | 9 | 6 | 0 | 3 | 0 | .0021 | 14 | 10 | 9 | 9 | 7 | 0 | 0 | 1 | .0031 |
| 14 | 9 | 9 | 9 | 6 | 1 | 0 | 0 | .0275 | 14 | 10 | 9 | 9 | 7 | 0 | 1 | 0 | .0031 |
| 14 | 9 | 9 | 9 | 6 | 1 | 0 | 2 | .0464 | 14 | 10 | 9 | 9 | 7 | 1 | 0 | 0 | .0062 |
| 14 | 9 | 9 | 9 | 6 | 1 | 1 | 3 | .0275 | 14 | 10 | 9 | 9 | 7 | 1 | 0 | 1 | .0041 |
| 14 | 9 | 9 | 9 | 6 | 1 | 2 | 0 | .0464 | 14 | 10 | 9 | 9 | 7 | 1 | 1 | 1 | .0313 |
| 14 | 9 | 9 | 9 | 6 | 1 | 3 | 1 | .0275 | 14 | 10 | 9 | 9 | 7 | 1 | 2 | 0 | .0041 |
| 14 | 9 | 9 | 9 | 6 | 2 | 0 | 1 | .0464 | 14 | 10 | 9 | 9 | 7 | 2 | 0 | 1 | .0122 |
| 14 | 9 | 9 | 9 | 6 | 2 | 1 | 0 | .0464 | 14 | 10 | 9 | 9 | 7 | 2 | 1 | 0 | .0122 |
| 14 | 9 | 9 | 9 | 6 | 2 | 2 | 3 | .0107 | 14 | 10 | 9 | 9 | 7 | 2 | 1 | 2 | .0122 |
| 14 | 9 | 9 | 9 | 6 | 2 | 3 | 2 | .0107 | 14 | 10 | 9 | 9 | 7 | 2 | 2 | 1 | .0122 |
| 14 | 9 | 9 | 9 | 6 | 3 | 0 | 0 | .0021 | 14 | 10 | 9 | 9 | 7 | 3 | 0 | 0 | .0009 |
| 14 | 9 | 9 | 9 | 6 | 3 | 1 | 1 | .0275 | 14 | 10 | 9 | 9 | 7 | 3 | 1 | 1 | .0062 |
| 14 | 9 | 9 | 9 | 6 | 3 | 2 | 2 | .0107 | 14 | 10 | 9 | 9 | 7 | 3 | 2 | 2 | .0009 |
| 14 | 9 | 9 | 9 | 7 | 0 | 0 | 0 | .0005 | 14 | 10 | 9 | 9 | 8 | 0 | 0 | 0 | .0000 |
| 14 | 9 | 9 | 9 | 7 | 0 | 0 | 2 | .0005 | 14 | 10 | 9 | 9 | 8 | 1 | 0 | 1 | .0004 |
| 14 | 9 | 9 | 9 | 7 | 0 | 1 | 1 | .0035 | 14 | 10 | 9 | 9 | 8 | 1 | 1 | 0 | .0004 |
| 14 | 9 | 9 | 9 | 7 | 0 | 2 | 0 | .0005 | 14 | 10 | 9 | 9 | 8 | 2 | 0 | 0 | .0001 |
| 14 | 9 | 9 | 9 | 7 | 1 | 0 | 1 | .0035 | 14 | 10 | 9 | 9 | 8 | 2 | 1 | 1 | .0005 |
| 14 | 9 | 9 | 9 | 7 | 1 | 1 | 0 | .0035 | 14 | 10 | 9 | 9 | 9 | 1 | 0 | 0 | .0000 |
| 14 | 9 | 9 | 9 | 7 | 1 | 1 | 2 | .0051 | 14 | 11 | 9 | 9 | 1 | 0 | 0 | 0 | .0034 |
| 14 | 9 | 9 | 9 | 7 | 1 | 2 | 1 | .0051 | 14 | 11 | 9 | 9 | 4 | 0 | 0 | 3 | .0176 |
| 14 | 9 | 9 | 9 | 7 | 2 | 0 | 0 | .0005 | 14 | 11 | 9 | 9 | 4 | 0 | 3 | 0 | .0176 |
| 14 | 9 | 9 | 9 | 7 | 2 | 1 | 1 | .0051 | 14 | 11 | 9 | 9 | 5 | 1 | 0 | 3 | .0546 |
| 14 | 9 | 9 | 9 | 7 | 2 | 2 | 2 | .0024 | 14 | 11 | 9 | 9 | 5 | 1 | 3 | 0 | .0546 |
| 14 | 9 | 9 | 9 | 8 | 0 | 0 | 1 | .0000 | 14 | 11 | 9 | 9 | 5 | 4 | 0 | 0 | .0546 |
| 14 | 9 | 9 | 9 | 8 | 0 | 1 | 0 | .0000 | 14 | 11 | 9 | 9 | 6 | 0 | 0 | 1 | .0546 |
| 14 | 9 | 9 | 9 | 8 | 1 | 0 | 0 | .0000 | 14 | 11 | 9 | 9 | 6 | 0 | 1 | 0 | .0546 |
| 14 | 9 | 9 | 9 | 8 | 1 | 1 | 1 | .0002 | 14 | 11 | 9 | 9 | 6 | 2 | 0 | 3 | .0077 |
| 14 | 9 | 9 | 9 | 9 | 0 | 0 | 0 | .0000 | 14 | 11 | 9 | 9 | 6 | 2 | 3 | 0 | .0077 |
| 14 | 10 | 9 | 9 | 0 | 0 | 0 | 0 | .0002 | 14 | 11 | 9 | 9 | 6 | 3 | 0 | 2 | .0546 |
| 14 | 10 | 9 | 9 | 1 | 0 | 0 | 1 | .0260 | 14 | 11 | 9 | 9 | 6 | 3 | 2 | 0 | .0546 |
| 14 | 10 | 9 | 9 | 1 | 0 | 1 | 0 | .0260 | 14 | 11 | 9 | 9 | 6 | 4 | 0 | 1 | .0176 |
| 14 | 10 | 9 | 9 | 1 | 1 | 0 | 0 | .0292 | 14 | 11 | 9 | 9 | 6 | 4 | 1 | 0 | .0176 |
| 14 | 10 | 9 | 9 | 3 | 0 | 0 | 3 | .0514 | 14 | 11 | 9 | 9 | 6 | 5 | 0 | 0 | .0001 |
| 14 | 10 | 9 | 9 | 3 | 0 | 3 | 0 | .0514 | 14 | 11 | 9 | 9 | 7 | 0 | 0 | 0 | .0027 |
| 14 | 10 | 9 | 9 | 4 | 0 | 0 | 4 | .0023 | 14 | 11 | 9 | 9 | 7 | 1 | 0 | 1 | .0304 |

Tafel XVII-1-1 (Fortsetz.)                                     559

| | | | | | | | | | | | | | | | | |
|---|---|---|---|---|---|---|---|---|---|---|---|---|---|---|---|---|
| 14 | 11 | 9 | 9 | 7 | 1 | 1 | 0 | .0304 | 14 | 10 | 10 | 9 | 7 | 0 | 2 | 0 | .0123 |
| 14 | 11 | 9 | 9 | 7 | 2 | 0 | 0 | .0304 | 14 | 10 | 10 | 9 | 7 | 1 | 0 | 1 | .0259 |
| 14 | 11 | 9 | 9 | 7 | 2 | 0 | 2 | .0107 | 14 | 10 | 10 | 9 | 7 | 1 | 1 | 0 | .0514 |
| 14 | 11 | 9 | 9 | 7 | 2 | 2 | 0 | .0107 | 14 | 10 | 10 | 9 | 7 | 1 | 1 | 2 | .0259 |
| 14 | 11 | 9 | 9 | 7 | 3 | 0 | 1 | .0215 | 14 | 10 | 10 | 9 | 7 | 1 | 2 | 1 | .0514 |
| 14 | 11 | 9 | 9 | 7 | 3 | 1 | 0 | .0215 | 14 | 10 | 10 | 9 | 7 | 1 | 3 | 0 | .0090 |
| 14 | 11 | 9 | 9 | 7 | 3 | 1 | 2 | .0054 | 14 | 10 | 10 | 9 | 7 | 2 | 0 | 0 | .0123 |
| 14 | 11 | 9 | 9 | 7 | 3 | 2 | 1 | .0054 | 14 | 10 | 10 | 9 | 7 | 2 | 1 | 1 | .0514 |
| 14 | 11 | 9 | 9 | 7 | 4 | 0 | 0 | .0010 | 14 | 10 | 10 | 9 | 7 | 2 | 2 | 0 | .0259 |
| 14 | 11 | 9 | 9 | 7 | 4 | 1 | 1 | .0027 | 14 | 10 | 10 | 9 | 7 | 2 | 2 | 2 | .0123 |
| 14 | 11 | 9 | 9 | 8 | 1 | 0 | 0 | .0010 | 14 | 10 | 10 | 9 | 7 | 2 | 3 | 1 | .0090 |
| 14 | 11 | 9 | 9 | 8 | 2 | 0 | 1 | .0017 | 14 | 10 | 10 | 9 | 7 | 3 | 1 | 0 | .0090 |
| 14 | 11 | 9 | 9 | 8 | 2 | 1 | 0 | .0017 | 14 | 10 | 10 | 9 | 7 | 3 | 2 | 1 | .0090 |
| 14 | 11 | 9 | 9 | 8 | 3 | 0 | 0 | .0003 | 14 | 10 | 10 | 9 | 8 | 0 | 0 | 1 | .0001 |
| 14 | 11 | 9 | 9 | 8 | 3 | 1 | 1 | .0010 | 14 | 10 | 10 | 9 | 8 | 0 | 1 | 0 | .0006 |
| 14 | 11 | 9 | 9 | 9 | 2 | 0 | 0 | .0000 | 14 | 10 | 10 | 9 | 8 | 1 | 0 | 0 | .0006 |
| 14 | 12 | 9 | 9 | 2 | 0 | 0 | 0 | .0163 | 14 | 10 | 10 | 9 | 8 | 1 | 1 | 1 | .0036 |
| 14 | 12 | 9 | 9 | 4 | 0 | 0 | 2 | .0475 | 14 | 10 | 10 | 9 | 8 | 1 | 2 | 0 | .0014 |
| 14 | 12 | 9 | 9 | 4 | 0 | 2 | 0 | .0475 | 14 | 10 | 10 | 9 | 8 | 2 | 1 | 0 | .0014 |
| 14 | 12 | 9 | 9 | 5 | 0 | 0 | 0 | .0209 | 14 | 10 | 10 | 9 | 8 | 2 | 2 | 1 | .0014 |
| 14 | 12 | 9 | 9 | 6 | 4 | 0 | 0 | .0475 | 14 | 10 | 10 | 9 | 9 | 0 | 0 | 0 | .0000 |
| 14 | 12 | 9 | 9 | 7 | 1 | 0 | 0 | .0268 | 14 | 10 | 10 | 9 | 9 | 1 | 1 | 0 | .0000 |
| 14 | 12 | 9 | 9 | 7 | 3 | 0 | 2 | .0121 | 14 | 11 | 10 | 9 | 2 | 0 | 0 | 0 | .0357 |
| 14 | 12 | 9 | 9 | 7 | 3 | 2 | 0 | .0121 | 14 | 11 | 10 | 9 | 5 | 0 | 0 | 3 | .0085 |
| 14 | 12 | 9 | 9 | 7 | 4 | 0 | 1 | .0121 | 14 | 11 | 10 | 9 | 5 | 0 | 3 | 0 | .0357 |
| 14 | 12 | 9 | 9 | 7 | 4 | 1 | 0 | .0121 | 14 | 11 | 10 | 9 | 6 | 0 | 0 | 2 | .0357 |
| 14 | 12 | 9 | 9 | 7 | 5 | 0 | 0 | .0003 | 14 | 11 | 10 | 9 | 6 | 1 | 0 | 3 | .0071 |
| 14 | 12 | 9 | 9 | 8 | 2 | 0 | 0 | .0042 | 14 | 11 | 10 | 9 | 6 | 1 | 3 | 0 | .0443 |
| 14 | 12 | 9 | 9 | 8 | 3 | 0 | 1 | .0027 | 14 | 11 | 10 | 9 | 6 | 4 | 0 | 0 | .0071 |
| 14 | 12 | 9 | 9 | 8 | 3 | 1 | 0 | .0027 | 14 | 11 | 10 | 9 | 7 | 0 | 0 | 1 | .0194 |
| 14 | 12 | 9 | 9 | 8 | 4 | 0 | 0 | .0007 | 14 | 11 | 10 | 9 | 7 | 0 | 1 | 0 | .0253 |
| 14 | 12 | 9 | 9 | 8 | 4 | 1 | 1 | .0007 | 14 | 11 | 10 | 9 | 7 | 1 | 0 | 2 | .0194 |
| 14 | 12 | 9 | 9 | 9 | 3 | 0 | 0 | .0001 | 14 | 11 | 10 | 9 | 7 | 2 | 1 | 2 | .0253 |
| 14 | 13 | 9 | 9 | 3 | 0 | 0 | 0 | .0410 | 14 | 11 | 10 | 9 | 7 | 2 | 3 | 0 | .0048 |
| 14 | 13 | 9 | 9 | 7 | 4 | 0 | 0 | .0230 | 14 | 11 | 10 | 9 | 7 | 3 | 0 | 0 | .0194 |
| 14 | 13 | 9 | 9 | 8 | 3 | 0 | 0 | .0101 | 14 | 11 | 10 | 9 | 7 | 3 | 1 | 1 | .0396 |
| 14 | 13 | 9 | 9 | 8 | 4 | 0 | 1 | .0037 | 14 | 11 | 10 | 9 | 7 | 3 | 2 | 0 | .0194 |
| 14 | 13 | 9 | 9 | 8 | 4 | 1 | 0 | .0037 | 14 | 11 | 10 | 9 | 7 | 4 | 1 | 0 | .0016 |
| 14 | 13 | 9 | 9 | 8 | 5 | 0 | 0 | .0005 | 14 | 11 | 10 | 9 | 8 | 0 | 0 | 0 | .0006 |
| 14 | 13 | 9 | 9 | 9 | 4 | 0 | 0 | .0002 | 14 | 11 | 10 | 9 | 8 | 1 | 0 | 1 | .0038 |
| 14 | 14 | 9 | 9 | 8 | 4 | 0 | 0 | .0230 | 14 | 11 | 10 | 9 | 8 | 1 | 1 | 0 | .0115 |
| 14 | 14 | 9 | 9 | 9 | 5 | 0 | 0 | .0005 | 14 | 11 | 10 | 9 | 8 | 2 | 0 | 0 | .0038 |
| 14 | 10 | 10 | 9 | 1 | 0 | 0 | 0 | .0055 | 14 | 11 | 10 | 9 | 8 | 2 | 1 | 1 | .0115 |
| 14 | 10 | 10 | 9 | 4 | 0 | 0 | 3 | .0385 | 14 | 11 | 10 | 9 | 8 | 2 | 2 | 0 | .0038 |
| 14 | 10 | 10 | 9 | 5 | 0 | 0 | 4 | .0002 | 14 | 11 | 10 | 9 | 8 | 3 | 1 | 0 | .0016 |
| 14 | 10 | 10 | 9 | 5 | 0 | 1 | 3 | .0385 | 14 | 11 | 10 | 9 | 8 | 3 | 2 | 1 | .0006 |
| 14 | 10 | 10 | 9 | 5 | 0 | 4 | 0 | .0055 | 14 | 11 | 10 | 9 | 9 | 1 | 0 | 0 | .0001 |
| 14 | 10 | 10 | 9 | 5 | 1 | 0 | 3 | .0385 | 14 | 11 | 10 | 9 | 9 | 2 | 1 | 0 | .0001 |
| 14 | 10 | 10 | 9 | 5 | 4 | 0 | 0 | .0055 | 14 | 12 | 10 | 9 | 5 | 0 | 0 | 2 | .0439 |
| 14 | 10 | 10 | 9 | 6 | 0 | 0 | 3 | .0030 | 14 | 12 | 10 | 9 | 7 | 0 | 0 | 0 | .0218 |
| 14 | 10 | 10 | 9 | 6 | 0 | 3 | 0 | .0173 | 14 | 12 | 10 | 9 | 7 | 2 | 0 | 2 | .0218 |
| 14 | 10 | 10 | 9 | 6 | 1 | 1 | 3 | .0173 | 14 | 12 | 10 | 9 | 7 | 3 | 0 | 1 | .0356 |
| 14 | 10 | 10 | 9 | 6 | 1 | 4 | 0 | .0030 | 14 | 12 | 10 | 9 | 7 | 4 | 0 | 0 | .0080 |
| 14 | 10 | 10 | 9 | 6 | 2 | 3 | 0 | .0385 | 14 | 12 | 10 | 9 | 8 | 1 | 0 | 0 | .0139 |
| 14 | 10 | 10 | 9 | 6 | 3 | 0 | 0 | .0173 | 14 | 12 | 10 | 9 | 8 | 2 | 0 | 1 | .0139 |
| 14 | 10 | 10 | 9 | 6 | 3 | 2 | 0 | .0385 | 14 | 12 | 10 | 9 | 8 | 2 | 1 | 0 | .0277 |
| 14 | 10 | 10 | 9 | 6 | 4 | 1 | 0 | .0030 | 14 | 12 | 10 | 9 | 8 | 3 | 0 | 0 | .0080 |
| 14 | 10 | 10 | 9 | 7 | 0 | 0 | 0 | .0090 | 14 | 12 | 10 | 9 | 8 | 3 | 1 | 1 | .0080 |
| 14 | 10 | 10 | 9 | 7 | 0 | 0 | 2 | .0018 | 14 | 12 | 10 | 9 | 8 | 3 | 2 | 0 | .0020 |
| 14 | 10 | 10 | 9 | 7 | 0 | 1 | 1 | .0259 | 14 | 12 | 10 | 9 | 8 | 4 | 1 | 0 | .0010 |

Tafel XVII-1-1 (Fortsetz.)

| | | | | | | | | | | | | | | | |
|---|---|---|---|---|---|---|---|---|---|---|---|---|---|---|---|
| 14 | 12 | 10 | 9 | 9 | 2 | 0 | 0 | .0005 | 14 | 10 | 10 | 10 | 6 | 4 | 0 | 0 | .0009 |
| 14 | 12 | 10 | 9 | 9 | 3 | 1 | 0 | .0002 | 14 | 10 | 10 | 10 | 7 | 0 | 0 | 3 | .0037 |
| 14 | 13 | 10 | 9 | 8 | 2 | 0 | 0 | .0435 | 14 | 10 | 10 | 10 | 7 | 0 | 3 | 0 | .0037 |
| 14 | 13 | 10 | 9 | 8 | 3 | 0 | 1 | .0114 | 14 | 10 | 10 | 10 | 7 | 1 | 1 | 3 | .0145 |
| 14 | 13 | 10 | 9 | 8 | 3 | 1 | 0 | .0243 | 14 | 10 | 10 | 10 | 7 | 1 | 3 | 1 | .0145 |
| 14 | 13 | 10 | 9 | 8 | 4 | 0 | 0 | .0050 | 14 | 10 | 10 | 10 | 7 | 3 | 0 | 0 | .0037 |
| 14 | 13 | 10 | 9 | 9 | 3 | 0 | 0 | .0018 | 14 | 10 | 10 | 10 | 7 | 3 | 1 | 1 | .0145 |
| 14 | 13 | 10 | 9 | 9 | 4 | 1 | 0 | .0004 | 14 | 10 | 10 | 10 | 3 | 0 | 0 | 0 | .0023 |
| 14 | 14 | 10 | 9 | 9 | 4 | 0 | 0 | .0050 | 14 | 10 | 10 | 10 | 8 | 0 | 0 | 2 | .0019 |
| 14 | 11 | 11 | 9 | 6 | 0 | 0 | 3 | .0014 | 14 | 10 | 10 | 10 | 8 | 0 | 1 | 1 | .0102 |
| 14 | 11 | 11 | 9 | 7 | 0 | 0 | 0 | .0449 | 14 | 10 | 10 | 10 | 8 | 0 | 2 | 0 | .0019 |
| 14 | 11 | 11 | 9 | 7 | 0 | 0 | 2 | .0048 | 14 | 10 | 10 | 10 | 8 | 1 | 0 | 1 | .0102 |
| 14 | 11 | 11 | 9 | 7 | 1 | 1 | 2 | .0449 | 14 | 10 | 10 | 10 | 8 | 1 | 1 | 0 | .0102 |
| 14 | 11 | 11 | 9 | 7 | 1 | 3 | 0 | .0449 | 14 | 10 | 10 | 10 | 8 | 1 | 1 | 2 | .0102 |
| 14 | 11 | 11 | 9 | 7 | 3 | 1 | 0 | .0449 | 14 | 10 | 10 | 10 | 8 | 1 | 2 | 1 | .0102 |
| 14 | 11 | 11 | 9 | 8 | 0 | 0 | 1 | .0034 | 14 | 10 | 10 | 10 | 8 | 2 | 0 | 0 | .0019 |
| 14 | 11 | 11 | 9 | 8 | 0 | 1 | 0 | .0109 | 14 | 10 | 10 | 10 | 8 | 2 | 1 | 1 | .0102 |
| 14 | 11 | 11 | 9 | 8 | 1 | 0 | 0 | .0109 | 14 | 10 | 10 | 10 | 8 | 2 | 2 | 2 | .0019 |
| 14 | 11 | 11 | 9 | 8 | 1 | 1 | 1 | .0231 | 14 | 10 | 10 | 10 | 9 | 0 | 0 | 1 | .0001 |
| 14 | 11 | 11 | 9 | 8 | 1 | 2 | 0 | .0231 | 14 | 10 | 10 | 10 | 9 | 0 | 1 | 0 | .0001 |
| 14 | 11 | 11 | 9 | 8 | 2 | 1 | 0 | .0231 | 14 | 10 | 10 | 10 | 9 | 1 | 0 | 0 | .0001 |
| 14 | 11 | 11 | 9 | 8 | 2 | 2 | 1 | .0109 | 14 | 10 | 10 | 10 | 9 | 1 | 1 | 1 | .0002 |
| 14 | 11 | 11 | 9 | 8 | 2 | 3 | 0 | .0034 | 14 | 10 | 10 | 10 | 10 | 0 | 0 | 0 | .0000 |
| 14 | 11 | 11 | 9 | 8 | 3 | 2 | 0 | .0034 | 14 | 11 | 10 | 10 | 6 | 0 | 0 | 3 | .0192 |
| 14 | 11 | 11 | 9 | 9 | 0 | 0 | 0 | .0001 | 14 | 11 | 10 | 10 | 6 | 0 | 3 | 0 | .0192 |
| 14 | 11 | 11 | 9 | 9 | 1 | 1 | 0 | .0008 | 14 | 11 | 10 | 10 | 7 | 0 | 0 | 2 | .0439 |
| 14 | 11 | 11 | 9 | 9 | 2 | 2 | 0 | .0003 | 14 | 11 | 10 | 10 | 7 | 0 | 2 | 0 | .0439 |
| 14 | 12 | 11 | 9 | 6 | 0 | 0 | 2 | .0296 | 14 | 11 | 10 | 10 | 7 | 1 | 0 | 3 | .0057 |
| 14 | 12 | 11 | 9 | 7 | 1 | 0 | 2 | .0220 | 14 | 11 | 10 | 10 | 7 | 1 | 3 | 0 | .0057 |
| 14 | 12 | 11 | 9 | 8 | 0 | 0 | 0 | .0057 | 14 | 11 | 10 | 10 | 7 | 3 | 0 | 1 | .0439 |
| 14 | 12 | 11 | 9 | 8 | 1 | 0 | 1 | .0220 | 14 | 11 | 10 | 10 | 7 | 3 | 1 | 0 | .0439 |
| 14 | 12 | 11 | 9 | 8 | 2 | 0 | 0 | .0541 | 14 | 11 | 10 | 10 | 7 | 4 | 0 | 0 | .0016 |
| 14 | 12 | 11 | 9 | 8 | 2 | 1 | 1 | .0541 | 14 | 11 | 10 | 10 | 8 | 0 | 0 | 1 | .0146 |
| 14 | 12 | 11 | 9 | 8 | 2 | 2 | 0 | .0541 | 14 | 11 | 10 | 10 | 8 | 0 | 1 | 0 | .0146 |
| 14 | 12 | 11 | 9 | 8 | 3 | 1 | 0 | .0220 | 14 | 11 | 10 | 10 | 8 | 1 | 0 | 0 | .0281 |
| 14 | 12 | 11 | 9 | 9 | 1 | 0 | 0 | .0012 | 14 | 11 | 10 | 10 | 8 | 1 | 0 | 2 | .0146 |
| 14 | 12 | 11 | 9 | 9 | 2 | 1 | 0 | .0030 | 14 | 11 | 10 | 10 | 8 | 1 | 2 | 0 | .0146 |
| 14 | 12 | 11 | 9 | 9 | 3 | 2 | 0 | .0003 | 14 | 11 | 10 | 10 | 3 | 2 | 0 | 1 | .0281 |
| 14 | 13 | 11 | 9 | 8 | 2 | 0 | 1 | .0451 | 14 | 11 | 10 | 10 | 6 | 2 | 1 | 0 | .0281 |
| 14 | 13 | 11 | 9 | 8 | 3 | 0 | 0 | .0451 | 14 | 11 | 10 | 10 | 8 | 2 | 1 | 2 | .0146 |
| 14 | 13 | 11 | 9 | 9 | 2 | 0 | 0 | .0098 | 14 | 11 | 10 | 10 | 8 | 2 | 2 | 1 | .0146 |
| 14 | 13 | 11 | 9 | 9 | 3 | 1 | 0 | .0039 | 14 | 11 | 10 | 10 | 8 | 3 | 0 | 0 | .0021 |
| 14 | 14 | 11 | 9 | 9 | 3 | 0 | 0 | .0275 | 14 | 11 | 10 | 10 | 8 | 3 | 1 | 1 | .0031 |
| 14 | 12 | 12 | 9 | 7 | 0 | 0 | 2 | .0092 | 14 | 11 | 10 | 10 | 9 | 0 | 0 | 0 | .0001 |
| 14 | 12 | 12 | 9 | 8 | 0 | 0 | 1 | .0146 | 14 | 11 | 10 | 10 | 9 | 1 | 0 | 1 | .0016 |
| 14 | 12 | 12 | 9 | 9 | 0 | 0 | 0 | .0012 | 14 | 11 | 10 | 10 | 9 | 1 | 1 | 0 | .0016 |
| 14 | 12 | 12 | 9 | 9 | 1 | 1 | 0 | .0219 | 14 | 11 | 10 | 10 | 9 | 2 | 0 | 0 | .0003 |
| 14 | 12 | 12 | 9 | 9 | 2 | 2 | 0 | .0048 | 14 | 11 | 10 | 10 | 9 | 2 | 1 | 1 | .0016 |
| 14 | 13 | 12 | 9 | 9 | 1 | 0 | 0 | .0157 | 14 | 11 | 10 | 10 | 10 | 1 | 0 | 0 | .0000 |
| 14 | 13 | 12 | 9 | 9 | 2 | 1 | 0 | .0392 | 14 | 12 | 10 | 10 | 8 | 0 | 0 | 0 | .0143 |
| 14 | 13 | 13 | 9 | 9 | 0 | 0 | 0 | .0255 | 14 | 12 | 10 | 10 | 8 | 2 | 0 | 2 | .0143 |
| 14 | 10 | 10 | 10 | 2 | 0 | 0 | 0 | .0177 | 14 | 12 | 10 | 10 | 8 | 2 | 2 | 0 | .0143 |
| 14 | 10 | 10 | 10 | 6 | 0 | 0 | 4 | .0009 | 14 | 12 | 10 | 10 | 8 | 3 | 0 | 1 | .0222 |
| 14 | 10 | 10 | 10 | 6 | 0 | 1 | 3 | .0378 | 14 | 12 | 10 | 10 | 8 | 3 | 1 | 0 | .0222 |
| 14 | 10 | 10 | 10 | 6 | 0 | 3 | 1 | .0378 | 14 | 12 | 10 | 10 | 8 | 4 | 0 | 0 | .0014 |
| 14 | 10 | 10 | 10 | 6 | 0 | 4 | 0 | .0009 | 14 | 12 | 10 | 10 | 9 | 1 | 0 | 0 | .0054 |
| 14 | 10 | 10 | 10 | 6 | 1 | 0 | 3 | .0378 | 14 | 12 | 10 | 10 | 9 | 2 | 0 | 1 | .0054 |
| 14 | 10 | 10 | 10 | 6 | 1 | 3 | 0 | .0378 | 14 | 12 | 10 | 10 | 9 | 2 | 1 | 0 | .0054 |
| 14 | 10 | 10 | 10 | 6 | 3 | 0 | 1 | .0378 | 14 | 12 | 10 | 10 | 9 | 3 | 0 | 0 | .0009 |
| 14 | 10 | 10 | 10 | 6 | 3 | 1 | 0 | .0378 | 14 | 12 | 10 | 10 | 9 | 3 | 1 | 1 | .0009 |

## Tafel XVII-1-1 (Fortsetz.)

| | | | | | | | | | | | | | | | |
|---|---|---|---|---|---|---|---|---|---|---|---|---|---|---|---|
| 14 | 12 | 10 | 10 | 10 | 2 | 0 | 0 | .0001 | 14 | 11 | 11 | 11 | 9 | 1 | 0 | 1 | .0336 |
| 14 | 13 | 10 | 10 | 8 | 3 | 0 | 0 | .0410 | 14 | 11 | 11 | 11 | 9 | 1 | 1 | 0 | .0336 |
| 14 | 13 | 10 | 10 | 9 | 2 | 0 | 0 | .0153 | 14 | 11 | 11 | 11 | 9 | 1 | 1 | 2 | .0187 |
| 14 | 13 | 10 | 10 | 9 | 3 | 0 | 1 | .0067 | 14 | 11 | 11 | 11 | 9 | 1 | 2 | 1 | .0187 |
| 14 | 13 | 10 | 10 | 9 | 3 | 1 | 0 | .0067 | 14 | 11 | 11 | 11 | 9 | 2 | 0 | 0 | .0087 |
| 14 | 13 | 10 | 10 | 9 | 4 | 0 | 0 | .0010 | 14 | 11 | 11 | 11 | 9 | 2 | 1 | 1 | .0187 |
| 14 | 13 | 10 | 10 | 10 | 3 | 0 | 0 | .0003 | 14 | 11 | 11 | 11 | 10 | 0 | 0 | 1 | .0008 |
| 14 | 14 | 10 | 10 | 9 | 3 | 0 | 0 | .0410 | 14 | 11 | 11 | 11 | 10 | 0 | 1 | 0 | .0008 |
| 14 | 14 | 10 | 10 | 10 | 4 | 0 | 0 | .0010 | 14 | 11 | 11 | 11 | 10 | 1 | 0 | 0 | .0008 |
| 14 | 11 | 11 | 10 | 7 | 0 | 0 | 3 | .0056 | 14 | 11 | 11 | 11 | 10 | 1 | 1 | 1 | .0013 |
| 14 | 11 | 11 | 10 | 7 | 0 | 3 | 0 | .0187 | 14 | 11 | 11 | 11 | 11 | 0 | 0 | 0 | .0000 |
| 14 | 11 | 11 | 10 | 7 | 3 | 0 | 0 | .0187 | 14 | 12 | 11 | 11 | 9 | 1 | 0 | 2 | .0187 |
| 14 | 11 | 11 | 10 | 8 | 0 | 0 | 0 | .0391 | 14 | 12 | 11 | 11 | 9 | 1 | 2 | 0 | .0187 |
| 14 | 11 | 11 | 10 | 8 | 0 | 0 | 2 | .0096 | 14 | 12 | 11 | 11 | 9 | 3 | 0 | 0 | .0047 |
| 14 | 11 | 11 | 10 | 8 | 0 | 2 | 0 | .0391 | 14 | 12 | 11 | 11 | 10 | 0 | 0 | 0 | .0031 |
| 14 | 11 | 11 | 10 | 8 | 1 | 1 | 2 | .0391 | 14 | 12 | 11 | 11 | 10 | 1 | 0 | 1 | .0087 |
| 14 | 11 | 11 | 10 | 8 | 1 | 3 | 0 | .0096 | 14 | 12 | 11 | 11 | 10 | 1 | 1 | 0 | .0087 |
| 14 | 11 | 11 | 10 | 8 | 2 | 0 | 0 | .0391 | 14 | 12 | 11 | 11 | 10 | 2 | 0 | 0 | .0031 |
| 14 | 11 | 11 | 10 | 8 | 2 | 2 | 0 | .0391 | 14 | 12 | 11 | 11 | 10 | 2 | 1 | 1 | .0031 |
| 14 | 11 | 11 | 10 | 8 | 3 | 1 | 0 | .0095 | 14 | 12 | 11 | 11 | 11 | 1 | 0 | 0 | .0001 |
| 14 | 11 | 11 | 10 | 9 | 0 | 0 | 1 | .0010 | 14 | 13 | 11 | 11 | 10 | 1 | 0 | 0 | .0286 |
| 14 | 11 | 11 | 10 | 9 | 0 | 1 | 0 | .0056 | 14 | 13 | 11 | 11 | 10 | 2 | 0 | 1 | .0157 |
| 14 | 11 | 11 | 10 | 9 | 1 | 0 | 0 | .0056 | 14 | 13 | 11 | 11 | 10 | 2 | 1 | 0 | .0157 |
| 14 | 11 | 11 | 10 | 9 | 1 | 1 | 1 | .0114 | 14 | 13 | 11 | 11 | 10 | 3 | 0 | 0 | .0027 |
| 14 | 11 | 11 | 10 | 9 | 1 | 2 | 0 | .0056 | 14 | 13 | 11 | 11 | 11 | 2 | 0 | 0 | .0006 |
| 14 | 11 | 11 | 10 | 9 | 2 | 1 | 0 | .0056 | 14 | 14 | 11 | 11 | 11 | 3 | 0 | 0 | .0027 |
| 14 | 11 | 11 | 10 | 9 | 2 | 2 | 1 | .0010 | 14 | 12 | 12 | 11 | 9 | 0 | 0 | 2 | .0197 |
| 14 | 11 | 11 | 10 | 10 | 0 | 0 | 0 | .0000 | 14 | 12 | 12 | 11 | 10 | 0 | 0 | 1 | .0130 |
| 14 | 11 | 11 | 10 | 10 | 1 | 1 | 0 | .0001 | 14 | 12 | 12 | 11 | 10 | 0 | 1 | 0 | .0436 |
| 14 | 12 | 11 | 10 | 8 | 1 | 0 | 2 | .0273 | 14 | 12 | 12 | 11 | 10 | 1 | 0 | 0 | .0436 |
| 14 | 12 | 11 | 10 | 8 | 3 | 0 | 0 | .0273 | 14 | 12 | 12 | 11 | 10 | 1 | 1 | 1 | .0436 |
| 14 | 12 | 11 | 10 | 9 | 0 | 0 | 0 | .0056 | 14 | 12 | 12 | 11 | 10 | 1 | 2 | 0 | .0130 |
| 14 | 12 | 11 | 10 | 9 | 1 | 0 | 1 | .0164 | 14 | 12 | 12 | 11 | 10 | 2 | 1 | 0 | .0130 |
| 14 | 12 | 11 | 10 | 9 | 1 | 1 | 0 | .0345 | 14 | 12 | 12 | 11 | 11 | 0 | 0 | 0 | .0004 |
| 14 | 12 | 11 | 10 | 9 | 2 | 0 | 0 | .0164 | 14 | 12 | 12 | 11 | 11 | 1 | 1 | 0 | .0011 |
| 14 | 12 | 11 | 10 | 9 | 2 | 1 | 1 | .0164 | 14 | 13 | 12 | 11 | 11 | 1 | 0 | 0 | .0071 |
| 14 | 12 | 11 | 10 | 9 | 2 | 2 | 0 | .0056 | 14 | 13 | 12 | 11 | 11 | 2 | 1 | 0 | .0024 |
| 14 | 12 | 11 | 10 | 9 | 3 | 1 | 0 | .0019 | 14 | 14 | 12 | 11 | 11 | 2 | 0 | 0 | .0330 |
| 14 | 12 | 11 | 10 | 10 | 1 | 0 | 0 | .0007 | 14 | 13 | 13 | 11 | 11 | 0 | 0 | 0 | .0153 |
| 14 | 12 | 11 | 10 | 10 | 2 | 1 | 0 | .0007 | 14 | 13 | 13 | 11 | 11 | 1 | 1 | 0 | .0459 |
| 14 | 13 | 11 | 10 | 9 | 2 | 0 | 1 | .0228 | 14 | 12 | 12 | 12 | 10 | 0 | 0 | 2 | .0356 |
| 14 | 13 | 11 | 10 | 9 | 3 | 0 | 0 | .0110 | 14 | 12 | 12 | 12 | 10 | 0 | 2 | 0 | .0356 |
| 14 | 13 | 11 | 10 | 10 | 2 | 0 | 0 | .0031 | 14 | 12 | 12 | 12 | 10 | 2 | 0 | 0 | .0356 |
| 14 | 13 | 11 | 10 | 10 | 3 | 1 | 0 | .0008 | 14 | 12 | 12 | 12 | 11 | 0 | 0 | 1 | .0117 |
| 14 | 14 | 11 | 10 | 10 | 3 | 0 | 0 | .0110 | 14 | 12 | 12 | 12 | 11 | 0 | 1 | 0 | .0117 |
| 14 | 12 | 12 | 10 | 8 | 0 | 0 | 2 | .0146 | 14 | 12 | 12 | 12 | 11 | 1 | 0 | 0 | .0117 |
| 14 | 12 | 12 | 10 | 9 | 0 | 0 | 0 | .0092 | 14 | 12 | 12 | 12 | 11 | 1 | 1 | 1 | .0117 |
| 14 | 12 | 12 | 10 | 10 | 0 | 0 | 0 | .0014 | 14 | 12 | 12 | 12 | 12 | 0 | 0 | 0 | .0001 |
| 14 | 12 | 12 | 10 | 10 | 1 | 1 | 0 | .0043 | 14 | 13 | 12 | 12 | 11 | 2 | 0 | 0 | .0110 |
| 14 | 12 | 12 | 10 | 10 | 2 | 2 | 0 | .0014 | 14 | 13 | 12 | 12 | 12 | 1 | 0 | 0 | .0016 |
| 14 | 13 | 12 | 10 | 10 | 1 | 0 | 0 | .0188 | 14 | 14 | 12 | 12 | 12 | 2 | 0 | 0 | .0110 |
| 14 | 13 | 12 | 10 | 10 | 2 | 1 | 0 | .0188 | 14 | 13 | 13 | 12 | 12 | 0 | 0 | 0 | .0204 |
| 14 | 13 | 13 | 10 | 10 | 0 | 0 | 0 | .0204 | 14 | 13 | 13 | 12 | 12 | 1 | 1 | 0 | .0204 |
| 14 | 11 | 11 | 11 | 8 | 0 | 0 | 3 | .0087 | 14 | 13 | 13 | 13 | 13 | 0 | 0 | 0 | .0051 |
| 14 | 11 | 11 | 11 | 8 | 0 | 3 | 0 | .0087 | | | | | | | | | |
| 14 | 11 | 11 | 11 | 8 | 3 | 0 | 0 | .0087 | | | | | | | | | |
| 14 | 11 | 11 | 11 | 9 | 0 | 0 | 0 | .0187 | | | | | | | | | |
| 14 | 11 | 11 | 11 | 9 | 0 | 0 | 2 | .0087 | | | | | | | | | |
| 14 | 11 | 11 | 11 | 9 | 0 | 1 | 1 | .0336 | | | | | | | | | |
| 14 | 11 | 11 | 11 | 9 | 0 | 2 | 0 | .0087 | | | | | | | | | |

Tafel XVII-1-1 (Fortsetz.)

| N | $n_{1..}$ | $n_{.1.}$ | $n_{..1}$ | $n_{111}$ | $n_{122}$ | $n_{212}$ | $n_{221}$ | P |
|---|---|---|---|---|---|---|---|---|
| 15 | 8 | 8 | 8 | 0 | 0 | 0 | 0 | .0012 |
| 15 | 8 | 8 | 8 | 0 | 0 | 0 | 2 | .0107 |
| 15 | 8 | 8 | 8 | 0 | 0 | 0 | 4 | .0014 |
| 15 | 8 | 8 | 8 | 0 | 0 | 0 | 6 | .0000 |
| 15 | 8 | 8 | 8 | 0 | 0 | 1 | 1 | .0356 |
| 15 | 8 | 8 | 8 | 0 | 0 | 1 | 3 | .0250 |
| 15 | 8 | 8 | 8 | 0 | 0 | 1 | 5 | .0005 |
| 15 | 8 | 8 | 8 | 0 | 0 | 2 | 0 | .0107 |
| 15 | 8 | 8 | 8 | 0 | 0 | 2 | 4 | .0033 |
| 15 | 8 | 8 | 8 | 0 | 0 | 3 | 1 | .0250 |
| 15 | 8 | 8 | 8 | 0 | 0 | 3 | 3 | .0081 |
| 15 | 8 | 8 | 8 | 0 | 0 | 4 | 0 | .0014 |
| 15 | 8 | 8 | 8 | 0 | 0 | 4 | 2 | .0033 |
| 15 | 8 | 8 | 8 | 0 | 0 | 5 | 1 | .0005 |
| 15 | 8 | 8 | 8 | 0 | 0 | 6 | 0 | .0000 |
| 15 | 8 | 8 | 8 | 0 | 1 | 0 | 1 | .0356 |
| 15 | 8 | 8 | 8 | 0 | 1 | 0 | 3 | .0250 |
| 15 | 8 | 8 | 8 | 0 | 1 | 0 | 5 | .0005 |
| 15 | 8 | 8 | 8 | 0 | 1 | 1 | 0 | .0356 |
| 15 | 8 | 8 | 8 | 0 | 1 | 1 | 4 | .0194 |
| 15 | 8 | 8 | 8 | 0 | 1 | 3 | 0 | .0250 |
| 15 | 8 | 8 | 8 | 0 | 1 | 4 | 1 | .0194 |
| 15 | 8 | 8 | 8 | 0 | 1 | 5 | 0 | .0005 |
| 15 | 8 | 8 | 8 | 0 | 2 | 0 | 0 | .0107 |
| 15 | 8 | 8 | 8 | 0 | 2 | 0 | 4 | .0033 |
| 15 | 8 | 8 | 8 | 0 | 2 | 4 | 0 | .0033 |
| 15 | 8 | 8 | 8 | 0 | 3 | 0 | 1 | .0250 |
| 15 | 8 | 8 | 8 | 0 | 3 | 0 | 3 | .0081 |
| 15 | 8 | 8 | 8 | 0 | 3 | 1 | 0 | .0250 |
| 15 | 8 | 8 | 8 | 0 | 3 | 3 | 0 | .0081 |
| 15 | 8 | 8 | 8 | 0 | 4 | 0 | 0 | .0014 |
| 15 | 8 | 8 | 8 | 0 | 4 | 0 | 2 | .0033 |
| 15 | 8 | 8 | 8 | 0 | 4 | 1 | 1 | .0194 |
| 15 | 8 | 8 | 8 | 0 | 4 | 2 | 0 | .0033 |
| 15 | 8 | 8 | 8 | 0 | 5 | 0 | 1 | .0005 |
| 15 | 8 | 8 | 8 | 0 | 5 | 1 | 0 | .0005 |
| 15 | 8 | 8 | 8 | 0 | 6 | 0 | 0 | .0000 |
| 15 | 8 | 8 | 8 | 1 | 0 | 0 | 3 | .0458 |
| 15 | 8 | 8 | 8 | 1 | 0 | 0 | 5 | .0010 |
| 15 | 8 | 8 | 8 | 1 | 0 | 0 | 7 | .0000 |
| 15 | 8 | 8 | 8 | 1 | 0 | 1 | 4 | .0458 |
| 15 | 8 | 8 | 8 | 1 | 0 | 1 | 6 | .0001 |
| 15 | 8 | 8 | 8 | 1 | 0 | 2 | 5 | .0019 |
| 15 | 8 | 8 | 8 | 1 | 0 | 3 | 0 | .0458 |
| 15 | 8 | 8 | 8 | 1 | 0 | 3 | 4 | .0081 |
| 15 | 8 | 8 | 8 | 1 | 0 | 4 | 1 | .0458 |
| 15 | 8 | 8 | 8 | 1 | 0 | 4 | 3 | .0081 |
| 15 | 8 | 8 | 8 | 1 | 0 | 5 | 0 | .0010 |
| 15 | 8 | 8 | 8 | 1 | 0 | 5 | 2 | .0019 |
| 15 | 8 | 8 | 8 | 1 | 0 | 6 | 1 | .0001 |
| 15 | 8 | 8 | 8 | 1 | 0 | 7 | 0 | .0000 |
| 15 | 8 | 8 | 8 | 1 | 1 | 0 | 4 | .0458 |
| 15 | 8 | 8 | 8 | 1 | 1 | 0 | 6 | .0001 |
| 15 | 8 | 8 | 8 | 1 | 1 | 1 | 5 | .0117 |
| 15 | 8 | 8 | 8 | 1 | 1 | 4 | 0 | .0458 |
| 15 | 8 | 8 | 8 | 1 | 1 | 5 | 1 | .0117 |
| 15 | 8 | 8 | 8 | 1 | 1 | 6 | 0 | .0001 |
| 15 | 8 | 8 | 8 | 1 | 2 | 0 | 5 | .0019 |
| 15 | 8 | 8 | 8 | 1 | 2 | 5 | 0 | .0019 |
| 15 | 8 | 8 | 8 | 1 | 3 | 0 | 0 | .0458 |
| 15 | 8 | 8 | 8 | 1 | 3 | 0 | 4 | .0081 |
| 15 | 8 | 8 | 8 | 1 | 3 | 4 | 0 | .0081 |
| 15 | 8 | 8 | 8 | 1 | 4 | 0 | 1 | .0458 |
| 15 | 8 | 8 | 8 | 1 | 4 | 0 | 3 | .0081 |
| 15 | 8 | 8 | 8 | 1 | 4 | 1 | 0 | .0458 |
| 15 | 8 | 8 | 8 | 1 | 4 | 3 | 0 | .0081 |
| 15 | 8 | 8 | 8 | 1 | 5 | 0 | 0 | .0010 |
| 15 | 8 | 8 | 8 | 1 | 5 | 0 | 2 | .0019 |
| 15 | 8 | 8 | 8 | 1 | 5 | 1 | 1 | .0117 |
| 15 | 8 | 8 | 8 | 1 | 5 | 2 | 0 | .0019 |
| 15 | 8 | 8 | 8 | 1 | 6 | 0 | 1 | .0001 |
| 15 | 8 | 8 | 8 | 1 | 6 | 1 | 0 | .0001 |
| 15 | 8 | 8 | 8 | 1 | 7 | 0 | 0 | .0000 |
| 15 | 8 | 8 | 8 | 2 | 0 | 0 | 0 | .0198 |
| 15 | 8 | 8 | 8 | 2 | 0 | 0 | 4 | .0194 |
| 15 | 8 | 8 | 8 | 2 | 0 | 0 | 6 | .0000 |
| 15 | 8 | 8 | 8 | 2 | 0 | 1 | 5 | .0049 |
| 15 | 8 | 8 | 8 | 2 | 0 | 4 | 0 | .0194 |
| 15 | 8 | 8 | 8 | 2 | 0 | 5 | 1 | .0049 |
| 15 | 8 | 8 | 8 | 2 | 0 | 6 | 0 | .0000 |
| 15 | 8 | 8 | 8 | 2 | 1 | 0 | 5 | .0049 |
| 15 | 8 | 8 | 8 | 2 | 1 | 1 | 6 | .0005 |
| 15 | 8 | 8 | 8 | 2 | 1 | 2 | 5 | .0194 |
| 15 | 8 | 8 | 8 | 2 | 1 | 5 | 0 | .0049 |
| 15 | 8 | 8 | 8 | 2 | 1 | 5 | 2 | .0194 |
| 15 | 8 | 8 | 8 | 2 | 1 | 6 | 1 | .0005 |
| 15 | 8 | 8 | 8 | 2 | 2 | 1 | 5 | .0194 |
| 15 | 8 | 8 | 8 | 2 | 2 | 5 | 1 | .0194 |
| 15 | 8 | 8 | 8 | 2 | 4 | 0 | 0 | .0194 |
| 15 | 8 | 8 | 8 | 2 | 5 | 0 | 1 | .0049 |
| 15 | 8 | 8 | 8 | 2 | 5 | 1 | 0 | .0049 |
| 15 | 8 | 8 | 8 | 2 | 5 | 1 | 2 | .0194 |
| 15 | 8 | 8 | 8 | 2 | 5 | 2 | 1 | .0194 |
| 15 | 8 | 8 | 8 | 2 | 6 | 0 | 0 | .0000 |
| 15 | 8 | 8 | 8 | 2 | 6 | 1 | 1 | .0005 |
| 15 | 8 | 8 | 8 | 3 | 0 | 0 | 5 | .0005 |
| 15 | 8 | 8 | 8 | 3 | 0 | 1 | 4 | .0356 |
| 15 | 8 | 8 | 8 | 3 | 0 | 4 | 1 | .0356 |
| 15 | 8 | 8 | 8 | 3 | 0 | 5 | 0 | .0005 |
| 15 | 8 | 8 | 8 | 3 | 1 | 0 | 4 | .0356 |
| 15 | 8 | 8 | 8 | 3 | 1 | 1 | 5 | .0107 |
| 15 | 8 | 8 | 8 | 3 | 1 | 4 | 0 | .0356 |
| 15 | 8 | 8 | 8 | 3 | 1 | 5 | 1 | .0107 |
| 15 | 8 | 8 | 8 | 3 | 2 | 2 | 5 | .0107 |
| 15 | 8 | 8 | 8 | 3 | 2 | 5 | 2 | .0107 |
| 15 | 8 | 8 | 8 | 3 | 4 | 0 | 1 | .0356 |
| 15 | 8 | 8 | 8 | 3 | 4 | 1 | 0 | .0356 |
| 15 | 8 | 8 | 8 | 3 | 5 | 0 | 0 | .0005 |
| 15 | 8 | 8 | 8 | 3 | 5 | 1 | 1 | .0107 |
| 15 | 8 | 8 | 8 | 3 | 5 | 2 | 2 | .0107 |
| 15 | 8 | 8 | 8 | 4 | 0 | 0 | 0 | .0053 |
| 15 | 8 | 8 | 8 | 4 | 0 | 0 | 2 | .0356 |
| 15 | 8 | 8 | 8 | 4 | 0 | 0 | 4 | .0012 |
| 15 | 8 | 8 | 8 | 4 | 0 | 2 | 0 | .0356 |
| 15 | 8 | 8 | 8 | 4 | 0 | 4 | 0 | .0012 |
| 15 | 8 | 8 | 8 | 4 | 1 | 1 | 4 | .0356 |

Tafel XVII-1-1 (Fortsetz.)

| | | | | | | | | | | | | | | |
|---|---|---|---|---|---|---|---|---|---|---|---|---|---|---|
| 15 | 8 | 8 | 8 | 4 | 1 | 4 | 1 | .0356 | 15 | 9 | 8 | 8 | 0 | 1 | 4 | 0 | .0015 |
| 15 | 8 | 8 | 8 | 4 | 2 | 0 | 0 | .0356 | 15 | 9 | 8 | 8 | 0 | 2 | 0 | 1 | .0449 |
| 15 | 8 | 8 | 8 | 4 | 3 | 3 | 4 | .0081 | 15 | 9 | 8 | 8 | 0 | 2 | 0 | 3 | .0133 |
| 15 | 8 | 8 | 8 | 4 | 3 | 4 | 3 | .0081 | 15 | 9 | 8 | 8 | 0 | 2 | 1 | 0 | .0449 |
| 15 | 8 | 8 | 8 | 4 | 4 | 0 | 0 | .0012 | 15 | 9 | 8 | 8 | 0 | 2 | 3 | 0 | .0133 |
| 15 | 8 | 8 | 8 | 4 | 4 | 1 | 1 | .0356 | 15 | 9 | 8 | 8 | 0 | 3 | 0 | 0 | .0083 |
| 15 | 8 | 8 | 8 | 4 | 4 | 3 | 3 | .0081 | 15 | 9 | 8 | 8 | 0 | 3 | 0 | 2 | .0160 |
| 15 | 8 | 8 | 8 | 5 | 0 | 0 | 1 | .0049 | 15 | 9 | 8 | 8 | 0 | 3 | 2 | 0 | .0160 |
| 15 | 8 | 8 | 8 | 5 | 0 | 0 | 3 | .0006 | 15 | 9 | 8 | 8 | 0 | 4 | 0 | 1 | .0056 |
| 15 | 8 | 8 | 8 | 5 | 0 | 1 | 0 | .0049 | 15 | 9 | 8 | 8 | 0 | 4 | 1 | 0 | .0056 |
| 15 | 8 | 8 | 8 | 5 | 0 | 1 | 2 | .0194 | 15 | 9 | 8 | 8 | 0 | 5 | 0 | 0 | .0001 |
| 15 | 8 | 8 | 8 | 5 | 0 | 2 | 1 | .0194 | 15 | 9 | 8 | 8 | 1 | 0 | 0 | 0 | .0104 |
| 15 | 8 | 8 | 8 | 5 | 0 | 3 | 0 | .0006 | 15 | 9 | 8 | 8 | 1 | 0 | 0 | 4 | .0056 |
| 15 | 8 | 8 | 8 | 5 | 1 | 0 | 0 | .0049 | 15 | 9 | 8 | 8 | 1 | 0 | 0 | 6 | .0000 |
| 15 | 8 | 8 | 8 | 5 | 1 | 0 | 2 | .0194 | 15 | 9 | 8 | 8 | 1 | 0 | 1 | 5 | .0004 |
| 15 | 8 | 8 | 8 | 5 | 1 | 1 | 3 | .0250 | 15 | 9 | 8 | 8 | 1 | 0 | 2 | 4 | .0056 |
| 15 | 8 | 8 | 8 | 5 | 1 | 2 | 0 | .0194 | 15 | 9 | 8 | 8 | 1 | 0 | 3 | 3 | .0104 |
| 15 | 8 | 8 | 8 | 5 | 1 | 3 | 1 | .0250 | 15 | 9 | 8 | 8 | 1 | 0 | 4 | 0 | .0056 |
| 15 | 8 | 8 | 8 | 5 | 2 | 0 | 1 | .0194 | 15 | 9 | 8 | 8 | 1 | 0 | 4 | 2 | .0056 |
| 15 | 8 | 8 | 8 | 5 | 2 | 1 | 0 | .0194 | 15 | 9 | 8 | 8 | 1 | 0 | 5 | 1 | .0004 |
| 15 | 8 | 8 | 8 | 5 | 2 | 2 | 3 | .0458 | 15 | 9 | 8 | 8 | 1 | 0 | 6 | 0 | .0000 |
| 15 | 8 | 8 | 8 | 5 | 2 | 3 | 2 | .0458 | 15 | 9 | 8 | 8 | 1 | 1 | 0 | 5 | .0012 |
| 15 | 8 | 8 | 8 | 5 | 3 | 0 | 0 | .0006 | 15 | 9 | 8 | 8 | 1 | 1 | 5 | 0 | .0012 |
| 15 | 8 | 8 | 8 | 5 | 3 | 1 | 1 | .0250 | 15 | 9 | 8 | 8 | 1 | 2 | 0 | 4 | .0220 |
| 15 | 8 | 8 | 8 | 5 | 3 | 2 | 2 | .0458 | 15 | 9 | 8 | 8 | 1 | 2 | 4 | 0 | .0220 |
| 15 | 8 | 8 | 8 | 5 | 3 | 3 | 3 | .0051 | 15 | 9 | 8 | 8 | 1 | 4 | 0 | 0 | .0220 |
| 15 | 8 | 8 | 8 | 6 | 0 | 0 | 0 | .0001 | 15 | 9 | 8 | 8 | 1 | 4 | 0 | 2 | .0449 |
| 15 | 8 | 8 | 8 | 6 | 0 | 0 | 2 | .0001 | 15 | 9 | 8 | 8 | 1 | 4 | 2 | 0 | .0449 |
| 15 | 8 | 8 | 8 | 6 | 0 | 1 | 1 | .0010 | 15 | 9 | 8 | 8 | 1 | 5 | 0 | 1 | .0067 |
| 15 | 8 | 8 | 8 | 6 | 0 | 2 | 0 | .0001 | 15 | 9 | 8 | 8 | 1 | 5 | 1 | 0 | .0067 |
| 15 | 8 | 8 | 8 | 6 | 1 | 0 | 0 | .0010 | 15 | 9 | 8 | 8 | 1 | 6 | 0 | 0 | .0001 |
| 15 | 8 | 8 | 8 | 6 | 1 | 1 | 0 | .0010 | 15 | 9 | 8 | 8 | 2 | 0 | 0 | 5 | .0004 |
| 15 | 8 | 8 | 8 | 6 | 1 | 1 | 2 | .0033 | 15 | 9 | 8 | 8 | 2 | 0 | 1 | 4 | .0220 |
| 15 | 8 | 8 | 8 | 6 | 1 | 2 | 1 | .0033 | 15 | 9 | 8 | 8 | 2 | 0 | 4 | 1 | .0220 |
| 15 | 8 | 8 | 8 | 6 | 2 | 0 | 0 | .0001 | 15 | 9 | 8 | 8 | 2 | 0 | 5 | 0 | .0004 |
| 15 | 8 | 8 | 8 | 6 | 2 | 1 | 1 | .0033 | 15 | 9 | 8 | 8 | 2 | 1 | 0 | 6 | .0000 |
| 15 | 8 | 8 | 8 | 6 | 2 | 2 | 2 | .0033 | 15 | 9 | 8 | 8 | 2 | 1 | 1 | 5 | .0067 |
| 15 | 8 | 8 | 8 | 7 | 0 | 0 | 1 | .0000 | 15 | 9 | 8 | 8 | 2 | 1 | 5 | 1 | .0067 |
| 15 | 8 | 8 | 8 | 7 | 0 | 1 | 0 | .0000 | 15 | 9 | 8 | 8 | 2 | 1 | 6 | 0 | .0000 |
| 15 | 8 | 8 | 8 | 7 | 1 | 0 | 0 | .0000 | 15 | 9 | 8 | 8 | 2 | 2 | 0 | 5 | .0019 |
| 15 | 8 | 8 | 8 | 7 | 1 | 1 | 1 | .0000 | 15 | 9 | 8 | 8 | 2 | 2 | 5 | 0 | .0019 |
| 15 | 8 | 8 | 8 | 8 | 0 | 0 | 0 | .0000 | 15 | 9 | 8 | 8 | 2 | 3 | 0 | 4 | .0160 |
| 15 | 9 | 8 | 8 | 0 | 0 | 0 | 1 | .0056 | 15 | 9 | 8 | 8 | 2 | 3 | 4 | 0 | .0160 |
| 15 | 9 | 8 | 8 | 0 | 0 | 0 | 3 | .0021 | 15 | 9 | 8 | 8 | 2 | 4 | 0 | 3 | .0239 |
| 15 | 9 | 8 | 8 | 0 | 0 | 0 | 5 | .0000 | 15 | 9 | 8 | 8 | 2 | 4 | 3 | 0 | .0239 |
| 15 | 9 | 8 | 8 | 0 | 0 | 1 | 0 | .0056 | 15 | 9 | 8 | 8 | 2 | 5 | 0 | 0 | .0067 |
| 15 | 9 | 8 | 8 | 0 | 0 | 1 | 2 | .0220 | 15 | 9 | 8 | 8 | 2 | 5 | 0 | 2 | .0091 |
| 15 | 9 | 8 | 8 | 0 | 0 | 1 | 4 | .0008 | 15 | 9 | 8 | 8 | 2 | 5 | 2 | 0 | .0091 |
| 15 | 9 | 8 | 8 | 0 | 0 | 2 | 1 | .0220 | 15 | 9 | 8 | 8 | 2 | 6 | 0 | 1 | .0004 |
| 15 | 9 | 8 | 8 | 0 | 0 | 2 | 3 | .0056 | 15 | 9 | 8 | 8 | 2 | 6 | 1 | 0 | .0004 |
| 15 | 9 | 8 | 8 | 0 | 0 | 3 | 0 | .0021 | 15 | 9 | 8 | 8 | 2 | 7 | 0 | 0 | .0000 |
| 15 | 9 | 8 | 8 | 0 | 0 | 3 | 2 | .0056 | 15 | 9 | 8 | 8 | 3 | 0 | 0 | 0 | .0239 |
| 15 | 9 | 8 | 8 | 0 | 0 | 4 | 1 | .0008 | 15 | 9 | 8 | 8 | 3 | 0 | 0 | 4 | .0056 |
| 15 | 9 | 8 | 8 | 0 | 0 | 5 | 0 | .0000 | 15 | 9 | 8 | 8 | 3 | 0 | 4 | 0 | .0056 |
| 15 | 9 | 8 | 8 | 0 | 1 | 0 | 0 | .0073 | 15 | 9 | 8 | 8 | 3 | 1 | 0 | 5 | .0012 |
| 15 | 9 | 8 | 8 | 0 | 1 | 0 | 2 | .0312 | 15 | 9 | 8 | 8 | 3 | 1 | 5 | 0 | .0012 |
| 15 | 9 | 8 | 8 | 0 | 1 | 0 | 4 | .0015 | 15 | 9 | 8 | 8 | 3 | 2 | 0 | 4 | .0449 |
| 15 | 9 | 8 | 8 | 0 | 1 | 1 | 3 | .0312 | 15 | 9 | 8 | 8 | 3 | 2 | 1 | 5 | .0056 |
| 15 | 9 | 8 | 8 | 0 | 1 | 2 | 0 | .0312 | 15 | 9 | 8 | 8 | 3 | 2 | 4 | 0 | .0449 |
| 15 | 9 | 8 | 8 | 0 | 1 | 3 | 1 | .0312 | 15 | 9 | 8 | 8 | 3 | 2 | 5 | 1 | .0056 |

| | | | | | | | | | | | | | | | |
|---|---|---|---|---|---|---|---|---|---|---|---|---|---|---|---|
| 15 | 9 | 8 | 8 | 3 | 4 | 0 | 0 | .0449 | 15 | 10 | 8 | 8 | 0 | 0 | 0 | 4 | .0001 |
| 15 | 9 | 8 | 8 | 3 | 5 | 0 | 1 | .0133 | 15 | 10 | 8 | 8 | 0 | 0 | 1 | 1 | .0083 |
| 15 | 9 | 8 | 8 | 3 | 5 | 1 | 0 | .0133 | 15 | 10 | 8 | 8 | 0 | 0 | 1 | 3 | .0016 |
| 15 | 9 | 8 | 8 | 3 | 5 | 1 | 2 | .0312 | 15 | 10 | 8 | 8 | 0 | 0 | 2 | 0 | .0023 |
| 15 | 9 | 8 | 8 | 3 | 5 | 2 | 1 | .0312 | 15 | 10 | 8 | 8 | 0 | 0 | 2 | 2 | .0029 |
| 15 | 9 | 8 | 8 | 3 | 6 | 0 | 0 | .0001 | 15 | 10 | 8 | 8 | 0 | 0 | 3 | 1 | .0016 |
| 15 | 9 | 8 | 8 | 3 | 6 | 1 | 1 | .0008 | 15 | 10 | 8 | 8 | 0 | 0 | 4 | 0 | .0001 |
| 15 | 9 | 8 | 8 | 4 | 0 | 0 | 1 | .0449 | 15 | 10 | 8 | 8 | 0 | 1 | 0 | 1 | .0249 |
| 15 | 9 | 8 | 8 | 4 | 0 | 0 | 3 | .0104 | 15 | 10 | 8 | 8 | 0 | 1 | 0 | 3 | .0033 |
| 15 | 9 | 8 | 8 | 4 | 0 | 1 | 0 | .0449 | 15 | 10 | 8 | 8 | 0 | 1 | 1 | 0 | .0249 |
| 15 | 9 | 8 | 8 | 4 | 0 | 3 | 0 | .0104 | 15 | 10 | 8 | 8 | 0 | 1 | 1 | 2 | .0409 |
| 15 | 9 | 8 | 8 | 4 | 1 | 0 | 4 | .0073 | 15 | 10 | 8 | 8 | 0 | 1 | 2 | 1 | .0409 |
| 15 | 9 | 8 | 8 | 4 | 1 | 4 | 0 | .0073 | 15 | 10 | 8 | 8 | 0 | 1 | 3 | 0 | .0033 |
| 15 | 9 | 8 | 8 | 4 | 2 | 1 | 4 | .0449 | 15 | 10 | 8 | 8 | 0 | 2 | 0 | 0 | .0094 |
| 15 | 9 | 8 | 8 | 4 | 2 | 4 | 1 | .0449 | 15 | 10 | 8 | 8 | 0 | 2 | 0 | 2 | .0249 |
| 15 | 9 | 8 | 8 | 4 | 3 | 2 | 4 | .0160 | 15 | 10 | 8 | 8 | 0 | 2 | 2 | 0 | .0249 |
| 15 | 9 | 8 | 8 | 4 | 3 | 4 | 2 | .0160 | 15 | 10 | 8 | 8 | 0 | 3 | 0 | 1 | .0146 |
| 15 | 9 | 8 | 8 | 4 | 4 | 0 | 1 | .0449 | 15 | 10 | 8 | 8 | 0 | 3 | 1 | 0 | .0146 |
| 15 | 9 | 8 | 8 | 4 | 4 | 1 | 0 | .0449 | 15 | 10 | 8 | 8 | 0 | 4 | 0 | 0 | .0016 |
| 15 | 9 | 8 | 8 | 4 | 4 | 2 | 3 | .0449 | 15 | 10 | 8 | 8 | 1 | 0 | 0 | 1 | .0409 |
| 15 | 9 | 8 | 8 | 4 | 4 | 3 | 2 | .0449 | 15 | 10 | 8 | 8 | 1 | 0 | 0 | 3 | .0110 |
| 15 | 9 | 8 | 8 | 4 | 5 | 0 | 0 | .0005 | 15 | 10 | 8 | 8 | 1 | 0 | 0 | 5 | .0000 |
| 15 | 9 | 8 | 8 | 4 | 5 | 1 | 1 | .0133 | 15 | 10 | 8 | 8 | 1 | 0 | 1 | 0 | .0409 |
| 15 | 9 | 8 | 8 | 4 | 5 | 2 | 2 | .0091 | 15 | 10 | 8 | 8 | 1 | 0 | 1 | 4 | .0016 |
| 15 | 9 | 8 | 8 | 5 | 0 | 0 | 0 | .0019 | 15 | 10 | 8 | 8 | 1 | 0 | 2 | 3 | .0075 |
| 15 | 9 | 8 | 8 | 5 | 0 | 0 | 2 | .0056 | 15 | 10 | 8 | 8 | 1 | 0 | 3 | 0 | .0110 |
| 15 | 9 | 8 | 8 | 5 | 0 | 1 | 1 | .0220 | 15 | 10 | 8 | 8 | 1 | 0 | 3 | 2 | .0075 |
| 15 | 9 | 8 | 8 | 5 | 0 | 2 | 0 | .0056 | 15 | 10 | 8 | 8 | 1 | 0 | 4 | 1 | .0016 |
| 15 | 9 | 8 | 8 | 5 | 1 | 0 | 3 | .0083 | 15 | 10 | 8 | 8 | 1 | 0 | 5 | 0 | .0000 |
| 15 | 9 | 8 | 8 | 5 | 1 | 3 | 0 | .0083 | 15 | 10 | 8 | 8 | 1 | 1 | 0 | 4 | .0075 |
| 15 | 9 | 8 | 8 | 5 | 2 | 0 | 0 | .0220 | 15 | 10 | 8 | 8 | 1 | 1 | 4 | 0 | .0075 |
| 15 | 9 | 8 | 8 | 5 | 3 | 0 | 1 | .0312 | 15 | 10 | 8 | 8 | 1 | 5 | 0 | 0 | .0029 |
| 15 | 9 | 8 | 8 | 5 | 3 | 1 | 0 | .0312 | 15 | 10 | 8 | 8 | 2 | 0 | 0 | 0 | .0272 |
| 15 | 9 | 8 | 8 | 5 | 3 | 2 | 3 | .0312 | 15 | 10 | 8 | 8 | 2 | 0 | 0 | 4 | .0023 |
| 15 | 9 | 8 | 8 | 5 | 3 | 3 | 2 | .0312 | 15 | 10 | 8 | 8 | 2 | 0 | 1 | 3 | .0527 |
| 15 | 9 | 8 | 8 | 5 | 4 | 0 | 0 | .0008 | 15 | 10 | 8 | 8 | 2 | 0 | 3 | 1 | .0527 |
| 15 | 9 | 8 | 8 | 5 | 4 | 1 | 1 | .0220 | 15 | 10 | 8 | 8 | 2 | 0 | 4 | 0 | .0023 |
| 15 | 9 | 8 | 8 | 5 | 4 | 2 | 2 | .0220 | 15 | 10 | 8 | 8 | 2 | 1 | 0 | 5 | .0008 |
| 15 | 9 | 8 | 8 | 5 | 4 | 3 | 3 | .0008 | 15 | 10 | 8 | 8 | 2 | 1 | 1 | 4 | .0409 |
| 15 | 9 | 8 | 8 | 6 | 0 | 0 | 1 | .0004 | 15 | 10 | 8 | 8 | 2 | 1 | 4 | 1 | .0409 |
| 15 | 9 | 8 | 8 | 6 | 0 | 1 | 0 | .0004 | 15 | 10 | 8 | 8 | 2 | 1 | 5 | 0 | .0008 |
| 15 | 9 | 8 | 8 | 6 | 1 | 0 | 0 | .0012 | 15 | 10 | 8 | 8 | 2 | 2 | 0 | 4 | .0409 |
| 15 | 9 | 8 | 8 | 6 | 1 | 0 | 2 | .0015 | 15 | 10 | 8 | 8 | 2 | 2 | 4 | 0 | .0409 |
| 15 | 9 | 8 | 8 | 6 | 1 | 1 | 1 | .0133 | 15 | 10 | 8 | 8 | 2 | 5 | 0 | 1 | .0409 |
| 15 | 9 | 8 | 8 | 6 | 1 | 2 | 0 | .0015 | 15 | 10 | 8 | 8 | 2 | 5 | 1 | 0 | .0409 |
| 15 | 9 | 8 | 8 | 6 | 2 | 0 | 1 | .0056 | 15 | 10 | 8 | 8 | 2 | 6 | 0 | 0 | .0006 |
| 15 | 9 | 8 | 8 | 6 | 2 | 1 | 0 | .0056 | 15 | 10 | 8 | 8 | 3 | 0 | 0 | 3 | .0249 |
| 15 | 9 | 8 | 8 | 6 | 2 | 1 | 2 | .0133 | 15 | 10 | 8 | 8 | 3 | 0 | 3 | 0 | .0249 |
| 15 | 9 | 8 | 8 | 6 | 2 | 2 | 1 | .0133 | 15 | 10 | 8 | 8 | 3 | 1 | 0 | 4 | .0249 |
| 15 | 9 | 8 | 8 | 6 | 3 | 0 | 0 | .0002 | 15 | 10 | 8 | 8 | 3 | 1 | 4 | 0 | .0249 |
| 15 | 9 | 8 | 8 | 6 | 3 | 1 | 1 | .0083 | 15 | 10 | 8 | 8 | 3 | 2 | 0 | 5 | .0008 |
| 15 | 9 | 8 | 8 | 6 | 3 | 2 | 2 | .0056 | 15 | 10 | 8 | 8 | 3 | 2 | 5 | 0 | .0008 |
| 15 | 9 | 8 | 8 | 7 | 0 | 0 | 0 | .0000 | 15 | 10 | 8 | 8 | 3 | 3 | 0 | 4 | .0146 |
| 15 | 9 | 8 | 8 | 7 | 1 | 0 | 1 | .0001 | 15 | 10 | 8 | 8 | 3 | 3 | 4 | 0 | .0146 |
| 15 | 9 | 8 | 8 | 7 | 1 | 1 | 0 | .0001 | 15 | 10 | 8 | 8 | 3 | 4 | 0 | 3 | .0429 |
| 15 | 9 | 8 | 8 | 7 | 2 | 0 | 0 | .0000 | 15 | 10 | 8 | 8 | 3 | 4 | 3 | 0 | .0429 |
| 15 | 9 | 8 | 8 | 7 | 2 | 1 | 1 | .0001 | 15 | 10 | 8 | 8 | 3 | 5 | 0 | 0 | .0249 |
| 15 | 9 | 8 | 8 | 8 | 1 | 0 | 0 | .0000 | 15 | 10 | 8 | 8 | 3 | 5 | 0 | 2 | .0249 |
| 15 | 10 | 8 | 8 | 0 | 0 | 0 | 0 | .0008 | 15 | 10 | 8 | 8 | 3 | 5 | 2 | 0 | .0249 |
| 15 | 10 | 8 | 8 | 0 | 0 | 0 | 2 | .0023 | 15 | 10 | 8 | 8 | 3 | 6 | 0 | 1 | .0016 |

## Tafel XVII-1-1 (Fortsetz.)

| | | | | | | | | | | | | | | | | | | |
|---|---|---|---|---|---|---|---|---|---|---|---|---|---|---|---|---|---|---|
| 15 | 10 | 8 | 8 | 3 | 6 | 1 | 0 | .0016 | 15 | 11 | 8 | 8 | 0 | 1 | 1 | 1 | .0209 |
| 15 | 10 | 8 | 8 | 3 | 7 | 0 | 0 | .0000 | 15 | 11 | 8 | 8 | 0 | 1 | 2 | 0 | .0059 |
| 15 | 10 | 8 | 8 | 4 | 0 | 0 | 0 | .0146 | 15 | 11 | 8 | 8 | 0 | 2 | 0 | 1 | .0169 |
| 15 | 10 | 8 | 8 | 4 | 0 | 0 | 2 | .0272 | 15 | 11 | 8 | 8 | 0 | 2 | 1 | 0 | .0169 |
| 15 | 10 | 8 | 8 | 4 | 0 | 2 | 0 | .0272 | 15 | 11 | 8 | 8 | 0 | 3 | 0 | 0 | .0042 |
| 15 | 10 | 8 | 8 | 4 | 2 | 0 | 4 | .0094 | 15 | 11 | 8 | 8 | 1 | 0 | 0 | 0 | .0067 |
| 15 | 10 | 8 | 8 | 4 | 2 | 4 | 0 | .0094 | 15 | 11 | 8 | 8 | 1 | 0 | 0 | 2 | .0169 |
| 15 | 10 | 8 | 8 | 4 | 3 | 1 | 4 | .0146 | 15 | 11 | 8 | 8 | 1 | 0 | 0 | 4 | .0002 |
| 15 | 10 | 8 | 8 | 4 | 3 | 4 | 1 | .0146 | 15 | 11 | 8 | 8 | 1 | 0 | 1 | 1 | .0434 |
| 15 | 10 | 8 | 8 | 4 | 5 | 0 | 1 | .0249 | 15 | 11 | 8 | 8 | 1 | 0 | 1 | 3 | .0028 |
| 15 | 10 | 8 | 8 | 4 | 5 | 1 | 0 | .0249 | 15 | 11 | 8 | 8 | 1 | 0 | 2 | 0 | .0169 |
| 15 | 10 | 8 | 8 | 4 | 5 | 1 | 2 | .0409 | 15 | 11 | 8 | 8 | 1 | 0 | 2 | 2 | .0067 |
| 15 | 10 | 8 | 8 | 4 | 5 | 2 | 1 | .0409 | 15 | 11 | 8 | 8 | 1 | 0 | 3 | 1 | .0028 |
| 15 | 10 | 8 | 8 | 4 | 6 | 0 | 0 | .0001 | 15 | 11 | 8 | 8 | 1 | 0 | 4 | 0 | .0002 |
| 15 | 10 | 8 | 8 | 4 | 6 | 1 | 1 | .0016 | 15 | 11 | 8 | 8 | 1 | 1 | 0 | 3 | .0254 |
| 15 | 10 | 8 | 8 | 5 | 0 | 0 | 1 | .0075 | 15 | 11 | 8 | 8 | 1 | 1 | 3 | 0 | .0254 |
| 15 | 10 | 8 | 8 | 5 | 0 | 1 | 0 | .0075 | 15 | 11 | 8 | 8 | 1 | 4 | 0 | 0 | .0351 |
| 15 | 10 | 8 | 8 | 5 | 1 | 0 | 0 | .0409 | 15 | 11 | 8 | 8 | 2 | 0 | 0 | 3 | .0075 |
| 15 | 10 | 8 | 8 | 5 | 1 | 0 | 2 | .0527 | 15 | 11 | 8 | 8 | 2 | 0 | 3 | 0 | .0075 |
| 15 | 10 | 8 | 8 | 5 | 1 | 2 | 0 | .0527 | 15 | 11 | 8 | 8 | 2 | 1 | 0 | 4 | .0059 |
| 15 | 10 | 8 | 8 | 5 | 2 | 0 | 3 | .0249 | 15 | 11 | 8 | 8 | 2 | 1 | 4 | 0 | .0059 |
| 15 | 10 | 8 | 8 | 5 | 2 | 3 | 0 | .0249 | 15 | 11 | 8 | 8 | 2 | 5 | 0 | 0 | .0284 |
| 15 | 10 | 8 | 8 | 5 | 3 | 0 | 0 | .0527 | 15 | 11 | 8 | 8 | 3 | 0 | 0 | 0 | .0351 |
| 15 | 10 | 8 | 8 | 5 | 3 | 1 | 3 | .0527 | 15 | 11 | 8 | 8 | 3 | 0 | 0 | 2 | .0418 |
| 15 | 10 | 8 | 8 | 5 | 3 | 3 | 1 | .0527 | 15 | 11 | 8 | 8 | 3 | 0 | 2 | 0 | .0418 |
| 15 | 10 | 8 | 8 | 5 | 4 | 0 | 1 | .0409 | 15 | 11 | 8 | 8 | 3 | 2 | 0 | 4 | .0169 |
| 15 | 10 | 8 | 8 | 5 | 4 | 1 | 0 | .0409 | 15 | 11 | 8 | 8 | 3 | 2 | 4 | 0 | .0169 |
| 15 | 10 | 8 | 8 | 5 | 4 | 2 | 3 | .0075 | 15 | 11 | 8 | 8 | 3 | 5 | 0 | 0 | .0028 |
| 15 | 10 | 8 | 8 | 5 | 4 | 3 | 2 | .0075 | 15 | 11 | 8 | 8 | 4 | 0 | 0 | 1 | .0351 |
| 15 | 10 | 8 | 8 | 5 | 5 | 0 | 0 | .0008 | 15 | 11 | 8 | 8 | 4 | 0 | 1 | 0 | .0351 |
| 15 | 10 | 8 | 8 | 5 | 5 | 1 | 1 | .0083 | 15 | 11 | 8 | 8 | 4 | 3 | 0 | 4 | .0042 |
| 15 | 10 | 8 | 8 | 5 | 5 | 2 | 2 | .0029 | 15 | 11 | 8 | 8 | 4 | 3 | 4 | 0 | .0042 |
| 15 | 10 | 8 | 8 | 6 | 0 | 0 | 0 | .0001 | 15 | 11 | 8 | 8 | 4 | 4 | 0 | 3 | .0351 |
| 15 | 10 | 8 | 8 | 6 | 1 | 0 | 1 | .0075 | 15 | 11 | 8 | 8 | 4 | 4 | 3 | 0 | .0351 |
| 15 | 10 | 8 | 8 | 6 | 1 | 1 | 0 | .0075 | 15 | 11 | 8 | 8 | 4 | 5 | 0 | 0 | .0418 |
| 15 | 10 | 8 | 8 | 6 | 2 | 0 | 0 | .0075 | 15 | 11 | 8 | 8 | 4 | 5 | 0 | 2 | .0284 |
| 15 | 10 | 8 | 8 | 6 | 2 | 0 | 2 | .0075 | 15 | 11 | 8 | 8 | 4 | 5 | 2 | 0 | .0284 |
| 15 | 10 | 8 | 8 | 6 | 2 | 1 | 1 | .0527 | 15 | 11 | 8 | 8 | 4 | 6 | 0 | 1 | .0028 |
| 15 | 10 | 8 | 8 | 6 | 2 | 2 | 0 | .0075 | 15 | 11 | 8 | 8 | 4 | 6 | 1 | 0 | .0028 |
| 15 | 10 | 8 | 8 | 6 | 3 | 0 | 1 | .0110 | 15 | 11 | 8 | 8 | 4 | 7 | 0 | 0 | .0000 |
| 15 | 10 | 8 | 8 | 6 | 3 | 1 | 0 | .0110 | 15 | 11 | 8 | 8 | 5 | 0 | 0 | 0 | .0028 |
| 15 | 10 | 8 | 8 | 6 | 3 | 1 | 2 | .0249 | 15 | 11 | 8 | 8 | 5 | 3 | 0 | 3 | .0254 |
| 15 | 10 | 8 | 8 | 6 | 3 | 2 | 1 | .0249 | 15 | 11 | 8 | 8 | 5 | 3 | 3 | 0 | .0254 |
| 15 | 10 | 8 | 8 | 6 | 4 | 0 | 0 | .0003 | 15 | 11 | 8 | 8 | 5 | 4 | 1 | 3 | .0169 |
| 15 | 10 | 8 | 8 | 6 | 4 | 1 | 1 | .0075 | 15 | 11 | 8 | 8 | 5 | 4 | 3 | 1 | .0169 |
| 15 | 10 | 8 | 8 | 6 | 4 | 2 | 2 | .0023 | 15 | 11 | 8 | 8 | 5 | 5 | 0 | 1 | .0209 |
| 15 | 10 | 8 | 8 | 7 | 1 | 0 | 0 | .0001 | 15 | 11 | 8 | 8 | 5 | 5 | 1 | 0 | .0209 |
| 15 | 10 | 8 | 8 | 7 | 2 | 0 | 1 | .0002 | 15 | 11 | 8 | 8 | 5 | 5 | 1 | 2 | .0209 |
| 15 | 10 | 8 | 8 | 7 | 2 | 1 | 0 | .0002 | 15 | 11 | 8 | 8 | 5 | 5 | 2 | 1 | .0209 |
| 15 | 10 | 8 | 8 | 7 | 3 | 0 | 1 | .0001 | 15 | 11 | 8 | 8 | 5 | 6 | 0 | 0 | .0002 |
| 15 | 10 | 8 | 8 | 7 | 3 | 1 | 1 | .0003 | 15 | 11 | 8 | 8 | 5 | 0 | 1 | 1 | .0015 |
| 15 | 10 | 8 | 8 | 8 | 2 | 0 | 0 | .0000 | 15 | 11 | 8 | 8 | 6 | 1 | 0 | 0 | .0059 |
| 15 | 11 | 8 | 8 | 0 | 0 | 0 | 1 | .0015 | 15 | 11 | 8 | 8 | 6 | 2 | 0 | 1 | .0418 |
| 15 | 11 | 8 | 8 | 0 | 0 | 0 | 3 | .0002 | 15 | 11 | 8 | 8 | 6 | 2 | 1 | 0 | .0418 |
| 15 | 11 | 8 | 8 | 0 | 0 | 1 | 0 | .0015 | 15 | 11 | 8 | 8 | 6 | 3 | 0 | 0 | .0254 |
| 15 | 11 | 8 | 8 | 0 | 0 | 1 | 2 | .0015 | 15 | 11 | 8 | 8 | 6 | 3 | 0 | 2 | .0169 |
| 15 | 11 | 8 | 8 | 0 | 0 | 2 | 1 | .0015 | 15 | 11 | 8 | 8 | 6 | 3 | 2 | 0 | .0169 |
| 15 | 11 | 8 | 8 | 0 | 0 | 3 | 0 | .0002 | 15 | 11 | 8 | 8 | 6 | 4 | 0 | 1 | .0169 |
| 15 | 11 | 8 | 8 | 0 | 1 | 0 | 0 | .0033 | 15 | 11 | 8 | 8 | 6 | 4 | 1 | 0 | .0169 |
| 15 | 11 | 8 | 8 | 0 | 1 | 0 | 2 | .0059 | 15 | 11 | 8 | 8 | 6 | 4 | 1 | 2 | .0169 |

Tafel XVII-1-1 (Fortsetz.)

| | | | | | | | | | | | | | | | |
|---|---|---|---|---|---|---|---|---|---|---|---|---|---|---|---|
| 15 | 11 | 8 | 8 | 6 | 4 | 2 | 1 | .0169 | 15 | 12 | 8 | 8 | 7 | 4 | 1 | 0 | .0015 |
| 15 | 11 | 8 | 8 | 6 | 5 | 0 | 0 | .0003 | 15 | 12 | 8 | 8 | 7 | 5 | 0 | 0 | .0002 |
| 15 | 11 | 8 | 8 | 6 | 5 | 1 | 1 | .0033 | 15 | 12 | 8 | 8 | 7 | 5 | 1 | 1 | .0006 |
| 15 | 11 | 8 | 8 | 6 | 5 | 2 | 2 | .0003 | 15 | 12 | 8 | 8 | 8 | 4 | 0 | 0 | .0000 |
| 15 | 11 | 8 | 8 | 7 | 2 | 0 | 0 | .0005 | 15 | 13 | 8 | 8 | 0 | 0 | 0 | 1 | .0004 |
| 15 | 11 | 8 | 8 | 7 | 3 | 0 | 1 | .0008 | 15 | 13 | 8 | 8 | 0 | 0 | 1 | 0 | .0004 |
| 15 | 11 | 8 | 8 | 7 | 3 | 1 | 0 | .0008 | 15 | 13 | 8 | 8 | 0 | 1 | 0 | 0 | .0012 |
| 15 | 11 | 8 | 8 | 7 | 4 | 0 | 0 | .0002 | 15 | 13 | 8 | 8 | 1 | 0 | 0 | 0 | .0045 |
| 15 | 11 | 8 | 8 | 7 | 4 | 1 | 1 | .0005 | 15 | 13 | 8 | 8 | 1 | 0 | 0 | 2 | .0009 |
| 15 | 11 | 8 | 8 | 8 | 3 | 0 | 0 | .0000 | 15 | 13 | 8 | 8 | 1 | 0 | 1 | 1 | .0045 |
| 15 | 12 | 8 | 8 | 0 | 0 | 0 | 0 | .0003 | 15 | 13 | 8 | 8 | 1 | 0 | 2 | 0 | .0009 |
| 15 | 12 | 8 | 8 | 0 | 0 | 0 | 2 | .0002 | 15 | 13 | 8 | 8 | 1 | 1 | 0 | 1 | .0284 |
| 15 | 12 | 8 | 8 | 0 | 0 | 1 | 1 | .0009 | 15 | 13 | 8 | 8 | 1 | 1 | 1 | 0 | .0284 |
| 15 | 12 | 8 | 8 | 0 | 0 | 2 | 0 | .0002 | 15 | 13 | 8 | 8 | 1 | 2 | 0 | 0 | .0423 |
| 15 | 12 | 8 | 8 | 0 | 1 | 0 | 1 | .0055 | 15 | 13 | 8 | 8 | 2 | 0 | 0 | 1 | .0145 |
| 15 | 12 | 8 | 8 | 0 | 1 | 1 | 0 | .0055 | 15 | 13 | 8 | 8 | 2 | 0 | 1 | 0 | .0145 |
| 15 | 12 | 8 | 8 | 0 | 2 | 0 | 0 | .0055 | 15 | 13 | 8 | 8 | 2 | 1 | 0 | 2 | .0371 |
| 15 | 12 | 8 | 8 | 1 | 0 | 0 | 1 | .0107 | 15 | 13 | 8 | 8 | 2 | 1 | 2 | 0 | .0371 |
| 15 | 12 | 8 | 8 | 1 | 0 | 0 | 3 | .0005 | 15 | 13 | 8 | 8 | 3 | 0 | 0 | 0 | .0145 |
| 15 | 12 | 8 | 8 | 1 | 0 | 1 | 0 | .0107 | 15 | 13 | 8 | 8 | 5 | 5 | 0 | 0 | .0145 |
| 15 | 12 | 8 | 8 | 1 | 0 | 1 | 2 | .0055 | 15 | 13 | 8 | 8 | 6 | 5 | 0 | 0 | .0284 |
| 15 | 12 | 8 | 8 | 1 | 0 | 2 | 1 | .0055 | 15 | 13 | 8 | 8 | 6 | 5 | 0 | 2 | .0062 |
| 15 | 12 | 8 | 8 | 1 | 0 | 3 | 0 | .0005 | 15 | 13 | 8 | 8 | 6 | 5 | 1 | 1 | .0284 |
| 15 | 12 | 8 | 8 | 1 | 1 | 0 | 0 | .0411 | 15 | 13 | 8 | 8 | 6 | 5 | 2 | 0 | .0062 |
| 15 | 12 | 8 | 8 | 1 | 1 | 0 | 2 | .0339 | 15 | 13 | 8 | 8 | 6 | 6 | 0 | 1 | .0045 |
| 15 | 12 | 8 | 8 | 1 | 1 | 2 | 0 | .0339 | 15 | 13 | 8 | 8 | 6 | 6 | 1 | 0 | .0045 |
| 15 | 12 | 8 | 8 | 1 | 3 | 0 | 0 | .0538 | 15 | 13 | 8 | 8 | 6 | 7 | 0 | 0 | .0001 |
| 15 | 12 | 8 | 8 | 2 | 0 | 0 | 0 | .0192 | 15 | 13 | 8 | 8 | 7 | 4 | 0 | 0 | .0075 |
| 15 | 12 | 8 | 8 | 2 | 0 | 0 | 2 | .0156 | 15 | 13 | 8 | 8 | 7 | 5 | 0 | 1 | .0022 |
| 15 | 12 | 8 | 8 | 2 | 0 | 1 | 1 | .0411 | 15 | 13 | 8 | 8 | 7 | 5 | 1 | 0 | .0022 |
| 15 | 12 | 8 | 8 | 2 | 0 | 2 | 0 | .0156 | 15 | 13 | 8 | 8 | 7 | 6 | 0 | 0 | .0004 |
| 15 | 12 | 8 | 8 | 2 | 1 | 0 | 3 | .0218 | 15 | 13 | 8 | 8 | 7 | 6 | 1 | 1 | .0004 |
| 15 | 12 | 8 | 8 | 2 | 1 | 3 | 0 | .0218 | 15 | 13 | 8 | 8 | 8 | 5 | 0 | 0 | .0000 |
| 15 | 12 | 8 | 8 | 3 | 0 | 0 | 1 | .0339 | 15 | 14 | 8 | 8 | 0 | 0 | 0 | 0 | .0002 |
| 15 | 12 | 8 | 8 | 3 | 0 | 1 | 0 | .0339 | 15 | 14 | 8 | 8 | 1 | 0 | 0 | 1 | .0026 |
| 15 | 12 | 8 | 8 | 4 | 0 | 0 | 0 | .0115 | 15 | 14 | 8 | 8 | 1 | 0 | 1 | 0 | .0026 |
| 15 | 12 | 8 | 8 | 4 | 3 | 0 | 3 | .0538 | 15 | 14 | 8 | 8 | 1 | 1 | 0 | 0 | .0162 |
| 15 | 12 | 8 | 8 | 4 | 3 | 3 | 0 | .0538 | 15 | 14 | 8 | 8 | 2 | 0 | 0 | 0 | .0046 |
| 15 | 12 | 8 | 8 | 4 | 6 | 0 | 0 | .0075 | 15 | 14 | 8 | 8 | 6 | 6 | 0 | 0 | .0162 |
| 15 | 12 | 8 | 8 | 5 | 1 | 0 | 0 | .0438 | 15 | 14 | 8 | 8 | 7 | 5 | 0 | 0 | .0081 |
| 15 | 12 | 8 | 8 | 5 | 4 | 0 | 3 | .0075 | 15 | 14 | 8 | 8 | 7 | 6 | 0 | 1 | .0026 |
| 15 | 12 | 8 | 8 | 5 | 4 | 3 | 0 | .0075 | 15 | 14 | 8 | 8 | 7 | 6 | 1 | 0 | .0026 |
| 15 | 12 | 8 | 8 | 5 | 5 | 0 | 0 | .0411 | 15 | 14 | 8 | 8 | 7 | 7 | 0 | 0 | .0002 |
| 15 | 12 | 8 | 8 | 5 | 5 | 0 | 2 | .0192 | 15 | 14 | 8 | 8 | 8 | 6 | 0 | 0 | .0001 |
| 15 | 12 | 8 | 8 | 5 | 5 | 2 | 0 | .0192 | 15 | 15 | 8 | 8 | 1 | 0 | 0 | 0 | .0014 |
| 15 | 12 | 8 | 8 | 5 | 6 | 0 | 1 | .0055 | 15 | 15 | 8 | 8 | 2 | 1 | 0 | 0 | .0406 |
| 15 | 12 | 8 | 8 | 5 | 6 | 1 | 0 | .0055 | 15 | 15 | 8 | 8 | 7 | 6 | 0 | 0 | .0101 |
| 15 | 12 | 8 | 8 | 5 | 7 | 0 | 0 | .0000 | 15 | 15 | 8 | 8 | 8 | 7 | 0 | 0 | .0002 |
| 15 | 12 | 8 | 8 | 6 | 2 | 0 | 0 | .0339 | 15 | 9 | 9 | 8 | 0 | 0 | 0 | 0 | .0007 |
| 15 | 12 | 8 | 8 | 6 | 4 | 0 | 0 | .0339 | 15 | 9 | 9 | 8 | 0 | 0 | 0 | 2 | .0029 |
| 15 | 12 | 8 | 8 | 6 | 4 | 0 | 2 | .0156 | 15 | 9 | 9 | 8 | 0 | 0 | 0 | 4 | .0001 |
| 15 | 12 | 8 | 8 | 6 | 4 | 2 | 0 | .0156 | 15 | 9 | 9 | 8 | 0 | 0 | 1 | 1 | .0180 |
| 15 | 12 | 8 | 8 | 6 | 5 | 0 | 1 | .0107 | 15 | 9 | 9 | 8 | 0 | 0 | 1 | 3 | .0029 |
| 15 | 12 | 8 | 8 | 6 | 5 | 1 | 0 | .0107 | 15 | 9 | 9 | 8 | 0 | 0 | 2 | 0 | .0068 |
| 15 | 12 | 8 | 8 | 6 | 5 | 1 | 2 | .0055 | 15 | 9 | 9 | 8 | 0 | 0 | 2 | 2 | .0110 |
| 15 | 12 | 8 | 8 | 6 | 5 | 2 | 1 | .0055 | 15 | 9 | 9 | 8 | 0 | 0 | 3 | 1 | .0068 |
| 15 | 12 | 8 | 8 | 6 | 6 | 0 | 0 | .0003 | 15 | 9 | 9 | 8 | 0 | 0 | 4 | 0 | .0003 |
| 15 | 12 | 8 | 8 | 6 | 6 | 1 | 1 | .0009 | 15 | 9 | 9 | 8 | 0 | 1 | 0 | 1 | .0180 |
| 15 | 12 | 8 | 8 | 7 | 3 | 0 | 0 | .0019 | 15 | 9 | 9 | 8 | 0 | 1 | 0 | 3 | .0029 |
| 15 | 12 | 8 | 8 | 7 | 4 | 0 | 1 | .0015 | 15 | 9 | 9 | 8 | 0 | 1 | 1 | 0 | .0221 |

Tafel XVII-1-1 (Fortsetz.) 567

| | | | | | | | | | | | | | | | | |
|---|---|---|---|---|---|---|---|---|---|---|---|---|---|---|---|---|
| 15 | 9 | 9 | 8 | 0 | 1 | 1 | 2 | .0435 | 15 | 9 | 9 | 8 | 4 | 1 | 1 | 4 | .0221 |
| 15 | 9 | 9 | 8 | 0 | 1 | 3 | 0 | .0096 | 15 | 9 | 9 | 8 | 4 | 1 | 5 | 0 | .0016 |
| 15 | 9 | 9 | 8 | 0 | 2 | 0 | 0 | .0068 | 15 | 9 | 9 | 8 | 4 | 2 | 2 | 4 | .0221 |
| 15 | 9 | 9 | 8 | 0 | 2 | 0 | 2 | .0110 | 15 | 9 | 9 | 8 | 4 | 2 | 5 | 1 | .0068 |
| 15 | 9 | 9 | 8 | 0 | 2 | 2 | 0 | .0221 | 15 | 9 | 9 | 8 | 4 | 4 | 0 | 0 | .0080 |
| 15 | 9 | 9 | 8 | 0 | 3 | 0 | 1 | .0068 | 15 | 9 | 9 | 8 | 4 | 5 | 1 | 0 | .0016 |
| 15 | 9 | 9 | 8 | 0 | 3 | 1 | 0 | .0096 | 15 | 9 | 9 | 8 | 4 | 5 | 2 | 1 | .0068 |
| 15 | 9 | 9 | 8 | 0 | 4 | 0 | 0 | .0003 | 15 | 9 | 9 | 8 | 5 | 0 | 0 | 1 | .0180 |
| 15 | 9 | 9 | 8 | 1 | 0 | 0 | 1 | .0436 | 15 | 9 | 9 | 8 | 5 | 0 | 0 | 3 | .0009 |
| 15 | 9 | 9 | 8 | 1 | 0 | 0 | 3 | .0180 | 15 | 9 | 9 | 8 | 5 | 0 | 1 | 0 | .0285 |
| 15 | 9 | 9 | 8 | 1 | 0 | 0 | 5 | .0001 | 15 | 9 | 9 | 8 | 5 | 0 | 1 | 2 | .0436 |
| 15 | 9 | 9 | 8 | 1 | 0 | 1 | 4 | .0068 | 15 | 9 | 9 | 8 | 5 | 0 | 3 | 0 | .0096 |
| 15 | 9 | 9 | 8 | 1 | 0 | 2 | 3 | .0436 | 15 | 9 | 9 | 8 | 5 | 1 | 0 | 0 | .0285 |
| 15 | 9 | 9 | 8 | 1 | 0 | 3 | 0 | .0436 | 15 | 9 | 9 | 8 | 5 | 1 | 0 | 2 | .0436 |
| 15 | 9 | 9 | 8 | 1 | 0 | 4 | 1 | .0180 | 15 | 9 | 9 | 8 | 5 | 1 | 1 | 3 | .0436 |
| 15 | 9 | 9 | 8 | 1 | 0 | 5 | 0 | .0005 | 15 | 9 | 9 | 8 | 5 | 1 | 4 | 0 | .0068 |
| 15 | 9 | 9 | 8 | 1 | 1 | 0 | 4 | .0068 | 15 | 9 | 9 | 8 | 5 | 2 | 4 | 1 | .0285 |
| 15 | 9 | 9 | 8 | 1 | 1 | 4 | 0 | .0285 | 15 | 9 | 9 | 8 | 5 | 3 | 0 | 0 | .0096 |
| 15 | 9 | 9 | 8 | 1 | 2 | 0 | 3 | .0436 | 15 | 9 | 9 | 8 | 5 | 3 | 3 | 3 | .0096 |
| 15 | 9 | 9 | 8 | 1 | 3 | 0 | 0 | .0436 | 15 | 9 | 9 | 8 | 5 | 3 | 4 | 2 | .0068 |
| 15 | 9 | 9 | 8 | 1 | 4 | 0 | 1 | .0180 | 15 | 9 | 9 | 8 | 5 | 4 | 1 | 0 | .0068 |
| 15 | 9 | 9 | 8 | 1 | 4 | 1 | 0 | .0285 | 15 | 9 | 9 | 8 | 5 | 4 | 2 | 1 | .0285 |
| 15 | 9 | 9 | 8 | 1 | 5 | 0 | 0 | .0005 | 15 | 9 | 9 | 8 | 5 | 4 | 3 | 2 | .0068 |
| 15 | 9 | 9 | 8 | 2 | 0 | 0 | 0 | .0324 | 15 | 9 | 9 | 8 | 6 | 0 | 0 | 0 | .0005 |
| 15 | 9 | 9 | 8 | 2 | 0 | 0 | 4 | .0068 | 15 | 9 | 9 | 8 | 6 | 0 | 0 | 2 | .0003 |
| 15 | 9 | 9 | 8 | 2 | 0 | 0 | 6 | .0000 | 15 | 9 | 9 | 8 | 6 | 0 | 1 | 1 | .0068 |
| 15 | 9 | 9 | 8 | 2 | 0 | 1 | 5 | .0005 | 15 | 9 | 9 | 8 | 6 | 0 | 2 | 0 | .0016 |
| 15 | 9 | 9 | 8 | 2 | 0 | 2 | 4 | .0110 | 15 | 9 | 9 | 8 | 6 | 1 | 0 | 1 | .0068 |
| 15 | 9 | 9 | 8 | 2 | 0 | 3 | 3 | .0324 | 15 | 9 | 9 | 8 | 6 | 1 | 1 | 0 | .0180 |
| 15 | 9 | 9 | 8 | 2 | 0 | 4 | 0 | .0285 | 15 | 9 | 9 | 8 | 6 | 1 | 1 | 2 | .0180 |
| 15 | 9 | 9 | 8 | 2 | 0 | 4 | 2 | .0221 | 15 | 9 | 9 | 8 | 6 | 1 | 2 | 1 | .0436 |
| 15 | 9 | 9 | 8 | 2 | 0 | 5 | 1 | .0019 | 15 | 9 | 9 | 8 | 6 | 1 | 3 | 0 | .0029 |
| 15 | 9 | 9 | 8 | 2 | 0 | 6 | 0 | .0000 | 15 | 9 | 9 | 8 | 6 | 2 | 0 | 0 | .0016 |
| 15 | 9 | 9 | 8 | 2 | 1 | 0 | 5 | .0005 | 15 | 9 | 9 | 8 | 6 | 2 | 1 | 1 | .0436 |
| 15 | 9 | 9 | 8 | 2 | 1 | 5 | 0 | .0074 | 15 | 9 | 9 | 8 | 6 | 2 | 2 | 0 | .0180 |
| 15 | 9 | 9 | 8 | 2 | 2 | 0 | 4 | .0110 | 15 | 9 | 9 | 8 | 6 | 2 | 2 | 2 | .0285 |
| 15 | 9 | 9 | 8 | 2 | 3 | 0 | 3 | .0324 | 15 | 9 | 9 | 8 | 6 | 2 | 3 | 1 | .0180 |
| 15 | 9 | 9 | 8 | 2 | 4 | 0 | 0 | .0285 | 15 | 9 | 9 | 8 | 6 | 3 | 1 | 0 | .0029 |
| 15 | 9 | 9 | 8 | 2 | 4 | 0 | 2 | .0221 | 15 | 9 | 9 | 8 | 6 | 3 | 2 | 1 | .0180 |
| 15 | 9 | 9 | 8 | 2 | 5 | 0 | 1 | .0019 | 15 | 9 | 9 | 8 | 6 | 3 | 3 | 2 | .0029 |
| 15 | 9 | 9 | 8 | 2 | 5 | 1 | 0 | .0074 | 15 | 9 | 9 | 8 | 7 | 0 | 0 | 1 | .0000 |
| 15 | 9 | 9 | 8 | 2 | 6 | 0 | 0 | .0000 | 15 | 9 | 9 | 8 | 7 | 0 | 1 | 0 | .0001 |
| 15 | 9 | 9 | 8 | 3 | 0 | 0 | 3 | .0436 | 15 | 9 | 9 | 8 | 7 | 1 | 0 | 0 | .0001 |
| 15 | 9 | 9 | 8 | 3 | 0 | 0 | 5 | .0001 | 15 | 9 | 9 | 8 | 7 | 1 | 1 | 1 | .0008 |
| 15 | 9 | 9 | 8 | 3 | 0 | 1 | 4 | .0180 | 15 | 9 | 9 | 8 | 7 | 1 | 2 | 0 | .0002 |
| 15 | 9 | 9 | 8 | 3 | 0 | 5 | 0 | .0012 | 15 | 9 | 9 | 8 | 7 | 2 | 1 | 0 | .0002 |
| 15 | 9 | 9 | 8 | 3 | 1 | 0 | 4 | .0180 | 15 | 9 | 9 | 8 | 7 | 2 | 2 | 1 | .0008 |
| 15 | 9 | 9 | 8 | 3 | 1 | 1 | 5 | .0012 | 15 | 9 | 9 | 8 | 8 | 0 | 0 | 0 | .0000 |
| 15 | 9 | 9 | 8 | 3 | 1 | 5 | 1 | .0180 | 15 | 9 | 9 | 8 | 8 | 1 | 1 | 0 | .0000 |
| 15 | 9 | 9 | 8 | 3 | 1 | 6 | 0 | .0001 | 15 | 10 | 9 | 8 | 0 | 0 | 0 | 1 | .0017 |
| 15 | 9 | 9 | 8 | 3 | 2 | 5 | 0 | .0068 | 15 | 10 | 9 | 8 | 0 | 0 | 0 | 3 | .0002 |
| 15 | 9 | 9 | 8 | 3 | 3 | 4 | 0 | .0324 | 15 | 10 | 9 | 8 | 0 | 0 | 1 | 0 | .0021 |
| 15 | 9 | 9 | 8 | 3 | 4 | 3 | 0 | .0324 | 15 | 10 | 9 | 8 | 0 | 0 | 1 | 2 | .0035 |
| 15 | 9 | 9 | 8 | 3 | 5 | 0 | 0 | .0012 | 15 | 10 | 9 | 8 | 0 | 0 | 2 | 1 | .0044 |
| 15 | 9 | 9 | 8 | 3 | 5 | 1 | 1 | .0180 | 15 | 10 | 9 | 8 | 0 | 0 | 3 | 0 | .0005 |
| 15 | 9 | 9 | 8 | 3 | 5 | 2 | 0 | .0068 | 15 | 10 | 9 | 8 | 0 | 1 | 0 | 0 | .0035 |
| 15 | 9 | 9 | 8 | 3 | 5 | 1 | 0 | .0001 | 15 | 10 | 9 | 8 | 0 | 1 | 0 | 2 | .0052 |
| 15 | 9 | 9 | 8 | 4 | 0 | 0 | 0 | .0221 | 15 | 10 | 9 | 8 | 0 | 1 | 1 | 1 | .0282 |
| 15 | 9 | 9 | 8 | 4 | 0 | 0 | 4 | .0007 | 15 | 10 | 9 | 8 | 0 | 1 | 2 | 0 | .0130 |
| 15 | 9 | 9 | 8 | 4 | 0 | 4 | 0 | .0080 | 15 | 10 | 9 | 8 | 0 | 2 | 0 | 1 | .0130 |

Tafel XVII-1-1 (Fortsetz.)

| | | | | | | | | | | | | | | | | | |
|---|---|---|---|---|---|---|---|---|---|---|---|---|---|---|---|---|---|
| 15 | 10 | 9 | 8 | 0 | 2 | 1 | 0 | .0140 | 15 | 10 | 9 | 8 | 6 | 0 | 1 | 0 | .0035 |
| 15 | 10 | 9 | 8 | 0 | 3 | 0 | 0 | .0017 | 15 | 10 | 9 | 8 | 6 | 1 | 0 | 0 | .0130 |
| 15 | 10 | 9 | 8 | 1 | 0 | 0 | 0 | .0130 | 15 | 10 | 9 | 8 | 6 | 1 | 0 | 2 | .0052 |
| 15 | 10 | 9 | 8 | 1 | 0 | 0 | 2 | .0282 | 15 | 10 | 9 | 8 | 6 | 1 | 2 | 0 | .0282 |
| 15 | 10 | 9 | 8 | 1 | 0 | 0 | 4 | .0004 | 15 | 10 | 9 | 8 | 6 | 2 | 0 | 1 | .0282 |
| 15 | 10 | 9 | 8 | 1 | 0 | 1 | 3 | .0150 | 15 | 10 | 9 | 8 | 6 | 2 | 1 | 2 | .0392 |
| 15 | 10 | 9 | 8 | 1 | 0 | 2 | 0 | .0392 | 15 | 10 | 9 | 8 | 6 | 2 | 3 | 0 | .0130 |
| 15 | 10 | 9 | 8 | 1 | 0 | 2 | 2 | .0392 | 15 | 10 | 9 | 8 | 6 | 3 | 0 | 0 | .0052 |
| 15 | 10 | 9 | 8 | 1 | 0 | 3 | 1 | .0282 | 15 | 10 | 9 | 8 | 6 | 3 | 2 | 0 | .0282 |
| 15 | 10 | 9 | 8 | 1 | 0 | 4 | 0 | .0017 | 15 | 10 | 9 | 8 | 6 | 3 | 2 | 2 | .0282 |
| 15 | 10 | 9 | 8 | 1 | 1 | 0 | 3 | .0282 | 15 | 10 | 9 | 8 | 6 | 3 | 3 | 1 | .0150 |
| 15 | 10 | 9 | 8 | 1 | 4 | 0 | 0 | .0130 | 15 | 10 | 9 | 8 | 6 | 4 | 1 | 0 | .0035 |
| 15 | 10 | 9 | 8 | 2 | 0 | 0 | 3 | .0282 | 15 | 10 | 9 | 8 | 6 | 4 | 2 | 1 | .0130 |
| 15 | 10 | 9 | 8 | 2 | 0 | 0 | 5 | .0000 | 15 | 10 | 9 | 8 | 6 | 4 | 3 | 2 | .0005 |
| 15 | 10 | 9 | 8 | 2 | 0 | 1 | 4 | .0035 | 15 | 10 | 9 | 8 | 7 | 0 | 0 | 0 | .0000 |
| 15 | 10 | 9 | 8 | 2 | 0 | 2 | 3 | .0282 | 15 | 10 | 9 | 8 | 7 | 1 | 0 | 1 | .0004 |
| 15 | 10 | 9 | 8 | 2 | 0 | 3 | 2 | .0321 | 15 | 10 | 9 | 8 | 7 | 1 | 1 | 0 | .0010 |
| 15 | 10 | 9 | 8 | 2 | 0 | 4 | 1 | .0130 | 15 | 10 | 9 | 8 | 7 | 2 | 0 | 0 | .0004 |
| 15 | 10 | 9 | 8 | 2 | 0 | 5 | 0 | .0002 | 15 | 10 | 9 | 8 | 7 | 2 | 1 | 1 | .0037 |
| 15 | 10 | 9 | 8 | 2 | 1 | 0 | 4 | .0130 | 15 | 10 | 9 | 8 | 7 | 2 | 2 | 0 | .0010 |
| 15 | 10 | 9 | 8 | 2 | 1 | 4 | 0 | .0392 | 15 | 10 | 9 | 8 | 7 | 3 | 1 | 0 | .0006 |
| 15 | 10 | 9 | 8 | 2 | 5 | 0 | 0 | .0044 | 15 | 10 | 9 | 8 | 7 | 3 | 2 | 1 | .0010 |
| 15 | 10 | 9 | 8 | 3 | 0 | 0 | 0 | .0431 | 15 | 10 | 9 | 8 | 8 | 1 | 0 | 0 | .0000 |
| 15 | 10 | 9 | 8 | 3 | 0 | 0 | 4 | .0017 | 15 | 10 | 9 | 8 | 8 | 2 | 1 | 0 | .0000 |
| 15 | 10 | 9 | 8 | 3 | 0 | 4 | 0 | .0130 | 15 | 11 | 9 | 8 | 0 | 0 | 0 | 0 | .0002 |
| 15 | 10 | 9 | 8 | 3 | 1 | 0 | 5 | .0001 | 15 | 11 | 9 | 8 | 0 | 0 | 0 | 2 | .0003 |
| 15 | 10 | 9 | 8 | 3 | 1 | 1 | 4 | .0282 | 15 | 11 | 9 | 8 | 0 | 0 | 1 | 1 | .0019 |
| 15 | 10 | 9 | 8 | 3 | 1 | 5 | 0 | .0021 | 15 | 11 | 9 | 8 | 0 | 0 | 2 | 0 | .0004 |
| 15 | 10 | 9 | 8 | 3 | 2 | 0 | 4 | .0130 | 15 | 11 | 9 | 8 | 0 | 1 | 0 | 1 | .0043 |
| 15 | 10 | 9 | 8 | 3 | 3 | 0 | 3 | .0431 | 15 | 11 | 9 | 8 | 0 | 1 | 1 | 0 | .0050 |
| 15 | 10 | 9 | 8 | 3 | 4 | 0 | 2 | .0431 | 15 | 11 | 9 | 8 | 0 | 2 | 0 | 0 | .0024 |
| 15 | 10 | 9 | 8 | 3 | 5 | 0 | 1 | .0130 | 15 | 11 | 9 | 8 | 1 | 0 | 0 | 1 | .0185 |
| 15 | 10 | 9 | 8 | 3 | 5 | 1 | 0 | .0282 | 15 | 11 | 9 | 8 | 1 | 0 | 0 | 3 | .0014 |
| 15 | 10 | 9 | 8 | 3 | 6 | 0 | 0 | .0001 | 15 | 11 | 9 | 8 | 1 | 0 | 1 | 0 | .0216 |
| 15 | 10 | 9 | 8 | 4 | 0 | 0 | 3 | .0130 | 15 | 11 | 9 | 8 | 1 | 0 | 1 | 2 | .0185 |
| 15 | 10 | 9 | 8 | 4 | 0 | 3 | 0 | .0321 | 15 | 11 | 9 | 8 | 1 | 0 | 2 | 1 | .0216 |
| 15 | 10 | 9 | 8 | 4 | 1 | 0 | 4 | .0035 | 15 | 11 | 9 | 8 | 1 | 0 | 3 | 0 | .0043 |
| 15 | 10 | 9 | 8 | 4 | 1 | 4 | 0 | .0321 | 15 | 11 | 9 | 8 | 1 | 1 | 0 | 0 | .0544 |
| 15 | 10 | 9 | 8 | 4 | 2 | 1 | 4 | .0140 | 15 | 11 | 9 | 8 | 1 | 1 | 0 | 2 | .0544 |
| 15 | 10 | 9 | 8 | 4 | 2 | 5 | 0 | .0007 | 15 | 11 | 9 | 8 | 1 | 3 | 0 | 0 | .0355 |
| 15 | 10 | 9 | 8 | 4 | 3 | 4 | 0 | .0157 | 15 | 11 | 9 | 8 | 2 | 0 | 0 | 0 | .0312 |
| 15 | 10 | 9 | 8 | 4 | 4 | 3 | 0 | .0321 | 15 | 11 | 9 | 8 | 2 | 0 | 0 | 2 | .0544 |
| 15 | 10 | 9 | 8 | 4 | 5 | 0 | 0 | .0035 | 15 | 11 | 9 | 8 | 2 | 0 | 0 | 4 | .0003 |
| 15 | 10 | 9 | 8 | 4 | 5 | 1 | 1 | .0282 | 15 | 11 | 9 | 8 | 2 | 0 | 1 | 3 | .0091 |
| 15 | 10 | 9 | 8 | 4 | 5 | 2 | 0 | .0130 | 15 | 11 | 9 | 8 | 2 | 0 | 2 | 2 | .0312 |
| 15 | 10 | 9 | 8 | 4 | 6 | 1 | 0 | .0001 | 15 | 11 | 9 | 8 | 2 | 0 | 3 | 1 | .0185 |
| 15 | 10 | 9 | 8 | 5 | 0 | 0 | 0 | .0130 | 15 | 11 | 9 | 8 | 2 | 0 | 4 | 0 | .0011 |
| 15 | 10 | 9 | 8 | 5 | 0 | 0 | 2 | .0130 | 15 | 11 | 9 | 8 | 2 | 1 | 0 | 3 | .0544 |
| 15 | 10 | 9 | 8 | 5 | 0 | 2 | 0 | .0282 | 15 | 11 | 9 | 8 | 3 | 0 | 0 | 3 | .0091 |
| 15 | 10 | 9 | 8 | 5 | 1 | 0 | 3 | .0130 | 15 | 11 | 9 | 8 | 3 | 0 | 3 | 0 | .0273 |
| 15 | 10 | 9 | 8 | 5 | 2 | 4 | 0 | .0130 | 15 | 11 | 9 | 8 | 3 | 1 | 0 | 4 | .0043 |
| 15 | 10 | 9 | 8 | 5 | 3 | 2 | 3 | .0282 | 15 | 11 | 9 | 8 | 3 | 1 | 4 | 0 | .0185 |
| 15 | 10 | 9 | 8 | 5 | 3 | 4 | 1 | .0130 | 15 | 11 | 9 | 8 | 3 | 5 | 0 | 0 | .0185 |
| 15 | 10 | 9 | 8 | 5 | 4 | 0 | 0 | .0130 | 15 | 11 | 9 | 8 | 4 | 0 | 0 | 0 | .0355 |
| 15 | 10 | 9 | 8 | 5 | 4 | 2 | 0 | .0392 | 15 | 11 | 9 | 8 | 4 | 0 | 0 | 2 | .0312 |
| 15 | 10 | 9 | 8 | 5 | 4 | 2 | 2 | .0392 | 15 | 11 | 9 | 8 | 4 | 1 | 0 | 3 | .0544 |
| 15 | 10 | 9 | 8 | 5 | 4 | 3 | 1 | .0282 | 15 | 11 | 9 | 8 | 4 | 2 | 0 | 4 | .0024 |
| 15 | 10 | 9 | 8 | 5 | 5 | 1 | 0 | .0021 | 15 | 11 | 9 | 8 | 4 | 2 | 4 | 0 | .0227 |
| 15 | 10 | 9 | 8 | 5 | 5 | 2 | 1 | .0044 | 15 | 11 | 9 | 8 | 4 | 3 | 0 | 3 | .0355 |
| 15 | 10 | 9 | 8 | 6 | 0 | 0 | 1 | .0017 | 15 | 11 | 9 | 8 | 4 | 5 | 0 | 1 | .0185 |

Tafel XVII-1-1 (Fortsetz.) 569

| | | | | | | | | | | | | | | | | |
|---|---|---|---|---|---|---|---|---|---|---|---|---|---|---|---|---|
| 15 | 11 | 9 | 8 | 4 | 5 | 1 | 0 | .0544 | 15 | 12 | 9 | 8 | 5 | 4 | 0 | 2 | .0536 |
| 15 | 11 | 9 | 8 | 4 | 6 | 0 | 0 | .0003 | 15 | 12 | 9 | 8 | 5 | 5 | 0 | 1 | .0184 |
| 15 | 11 | 9 | 8 | 5 | 0 | 0 | 1 | .0185 | 15 | 12 | 9 | 8 | 5 | 5 | 0 | 0 | .0009 |
| 15 | 11 | 9 | 8 | 5 | 0 | 1 | 0 | .0273 | 15 | 12 | 9 | 8 | 6 | 1 | 0 | 0 | .0252 |
| 15 | 11 | 9 | 8 | 5 | 2 | 0 | 3 | .0185 | 15 | 12 | 9 | 8 | 6 | 3 | 0 | 2 | .0252 |
| 15 | 11 | 9 | 8 | 5 | 3 | 1 | 3 | .0273 | 15 | 12 | 9 | 8 | 6 | 4 | 0 | 1 | .0536 |
| 15 | 11 | 9 | 8 | 5 | 3 | 4 | 0 | .0043 | 15 | 12 | 9 | 8 | 6 | 4 | 1 | 2 | .0138 |
| 15 | 11 | 9 | 8 | 5 | 4 | 3 | 0 | .0185 | 15 | 12 | 9 | 8 | 6 | 4 | 2 | 1 | .0536 |
| 15 | 11 | 9 | 8 | 5 | 5 | 0 | 0 | .0050 | 15 | 12 | 9 | 8 | 6 | 4 | 3 | 0 | .0031 |
| 15 | 11 | 9 | 8 | 5 | 5 | 1 | 1 | .0216 | 15 | 12 | 9 | 8 | 6 | 5 | 0 | 0 | .0052 |
| 15 | 11 | 9 | 8 | 5 | 5 | 2 | 0 | .0073 | 15 | 12 | 9 | 8 | 6 | 5 | 1 | 1 | .0112 |
| 15 | 11 | 9 | 8 | 5 | 6 | 1 | 0 | .0002 | 15 | 12 | 9 | 8 | 6 | 5 | 2 | 0 | .0052 |
| 15 | 11 | 9 | 8 | 6 | 0 | 0 | 0 | .0011 | 15 | 12 | 9 | 8 | 6 | 6 | 1 | 0 | .0004 |
| 15 | 11 | 9 | 8 | 6 | 1 | 0 | 1 | .0273 | 15 | 12 | 9 | 8 | 7 | 2 | 0 | 0 | .0074 |
| 15 | 11 | 9 | 8 | 6 | 1 | 1 | 0 | .0544 | 15 | 12 | 9 | 8 | 7 | 3 | 0 | 1 | .0074 |
| 15 | 11 | 9 | 8 | 6 | 2 | 0 | 0 | .0544 | 15 | 12 | 9 | 8 | 7 | 3 | 1 | 0 | .0153 |
| 15 | 11 | 9 | 8 | 6 | 2 | 0 | 2 | .0185 | 15 | 12 | 9 | 8 | 7 | 4 | 0 | 0 | .0023 |
| 15 | 11 | 9 | 8 | 6 | 3 | 0 | 1 | .0544 | 15 | 12 | 9 | 8 | 7 | 4 | 1 | 1 | .0074 |
| 15 | 11 | 9 | 8 | 6 | 3 | 1 | 2 | .0544 | 15 | 12 | 9 | 8 | 7 | 4 | 2 | 0 | .0023 |
| 15 | 11 | 9 | 8 | 6 | 3 | 3 | 0 | .0091 | 15 | 12 | 9 | 8 | 7 | 5 | 1 | 0 | .0006 |
| 15 | 11 | 9 | 8 | 6 | 4 | 0 | 0 | .0058 | 15 | 12 | 9 | 8 | 7 | 5 | 2 | 1 | .0003 |
| 15 | 11 | 9 | 8 | 6 | 4 | 1 | 1 | .0544 | 15 | 12 | 9 | 8 | 8 | 3 | 0 | 0 | .0001 |
| 15 | 11 | 9 | 8 | 6 | 4 | 2 | 0 | .0185 | 15 | 12 | 9 | 8 | 8 | 4 | 1 | 0 | .0000 |
| 15 | 11 | 9 | 8 | 6 | 4 | 2 | 2 | .0058 | 15 | 13 | 9 | 8 | 0 | 0 | 0 | 1 | .0001 |
| 15 | 11 | 9 | 8 | 6 | 4 | 3 | 1 | .0043 | 15 | 13 | 9 | 8 | 1 | 0 | 0 | 1 | .0031 |
| 15 | 11 | 9 | 8 | 6 | 5 | 1 | 0 | .0019 | 15 | 13 | 9 | 8 | 1 | 0 | 1 | 0 | .0038 |
| 15 | 11 | 9 | 8 | 6 | 5 | 2 | 1 | .0019 | 15 | 13 | 9 | 8 | 1 | 1 | 0 | 0 | .0181 |
| 15 | 11 | 9 | 8 | 7 | 1 | 0 | 0 | .0008 | 15 | 13 | 9 | 8 | 2 | 0 | 0 | 0 | .0181 |
| 15 | 11 | 9 | 8 | 7 | 2 | 0 | 1 | .0029 | 15 | 13 | 9 | 8 | 2 | 0 | 0 | 2 | .0046 |
| 15 | 11 | 9 | 8 | 7 | 2 | 1 | 0 | .0068 | 15 | 13 | 9 | 8 | 2 | 0 | 1 | 1 | .0181 |
| 15 | 11 | 9 | 8 | 7 | 3 | 0 | 0 | .0014 | 15 | 13 | 9 | 8 | 2 | 0 | 2 | 0 | .0057 |
| 15 | 11 | 9 | 8 | 7 | 3 | 1 | 1 | .0068 | 15 | 13 | 9 | 8 | 3 | 0 | 0 | 1 | .0310 |
| 15 | 11 | 9 | 8 | 7 | 3 | 2 | 0 | .0029 | 15 | 13 | 9 | 8 | 3 | 0 | 1 | 0 | .0400 |
| 15 | 11 | 9 | 8 | 7 | 4 | 1 | 0 | .0008 | 15 | 13 | 9 | 8 | 4 | 0 | 0 | 0 | .0209 |
| 15 | 11 | 9 | 8 | 7 | 4 | 2 | 1 | .0008 | 15 | 13 | 9 | 8 | 5 | 5 | 0 | 0 | .0523 |
| 15 | 11 | 9 | 8 | 8 | 2 | 0 | 0 | .0000 | 15 | 13 | 9 | 8 | 6 | 4 | 0 | 2 | .0092 |
| 15 | 11 | 9 | 8 | 8 | 3 | 1 | 0 | .0000 | 15 | 13 | 9 | 8 | 6 | 4 | 2 | 0 | .0456 |
| 15 | 12 | 9 | 8 | 0 | 0 | 0 | 1 | .0003 | 15 | 13 | 9 | 8 | 6 | 5 | 0 | 1 | .0181 |
| 15 | 12 | 9 | 8 | 0 | 0 | 1 | 0 | .0004 | 15 | 13 | 9 | 8 | 6 | 5 | 1 | 0 | .0400 |
| 15 | 12 | 9 | 8 | 0 | 1 | 0 | 0 | .0009 | 15 | 13 | 9 | 8 | 6 | 6 | 0 | 0 | .0011 |
| 15 | 12 | 9 | 8 | 1 | 0 | 0 | 0 | .0052 | 15 | 13 | 9 | 8 | 7 | 3 | 0 | 0 | .0273 |
| 15 | 12 | 9 | 8 | 1 | 0 | 0 | 2 | .0023 | 15 | 13 | 9 | 8 | 7 | 4 | 0 | 1 | .0073 |
| 15 | 12 | 9 | 8 | 1 | 0 | 1 | 1 | .0112 | 15 | 13 | 9 | 8 | 7 | 4 | 1 | 0 | .0273 |
| 15 | 12 | 9 | 8 | 1 | 0 | 2 | 0 | .0052 | 15 | 13 | 9 | 8 | 7 | 5 | 0 | 0 | .0031 |
| 15 | 12 | 9 | 8 | 1 | 1 | 0 | 1 | .0536 | 15 | 13 | 9 | 8 | 7 | 5 | 1 | 1 | .0031 |
| 15 | 12 | 9 | 8 | 1 | 2 | 0 | 0 | .0536 | 15 | 13 | 9 | 8 | 7 | 5 | 2 | 0 | .0008 |
| 15 | 12 | 9 | 8 | 2 | 0 | 0 | 1 | .0536 | 15 | 13 | 9 | 8 | 7 | 6 | 1 | 0 | .0002 |
| 15 | 12 | 9 | 8 | 2 | 0 | 0 | 3 | .0012 | 15 | 13 | 9 | 8 | 8 | 4 | 0 | 0 | .0004 |
| 15 | 12 | 9 | 8 | 2 | 0 | 1 | 2 | .0138 | 15 | 13 | 9 | 8 | 8 | 5 | 1 | 0 | .0001 |
| 15 | 12 | 9 | 8 | 2 | 0 | 2 | 1 | .0184 | 15 | 14 | 9 | 8 | 1 | 0 | 0 | 0 | .0021 |
| 15 | 12 | 9 | 8 | 2 | 0 | 3 | 0 | .0031 | 15 | 14 | 9 | 8 | 2 | 0 | 0 | 1 | .0066 |
| 15 | 12 | 9 | 8 | 3 | 0 | 0 | 0 | .0536 | 15 | 14 | 9 | 8 | 2 | 0 | 1 | 0 | .0092 |
| 15 | 12 | 9 | 8 | 3 | 0 | 0 | 2 | .0252 | 15 | 14 | 9 | 8 | 3 | 0 | 0 | 0 | .0189 |
| 15 | 12 | 9 | 8 | 3 | 0 | 2 | 0 | .0536 | 15 | 14 | 9 | 8 | 7 | 4 | 0 | 0 | .0301 |
| 15 | 12 | 9 | 8 | 3 | 1 | 0 | 3 | .0252 | 15 | 14 | 9 | 8 | 7 | 5 | 0 | 1 | .0066 |
| 15 | 12 | 9 | 8 | 4 | 0 | 0 | 1 | .0536 | 15 | 14 | 9 | 8 | 7 | 5 | 1 | 0 | .0137 |
| 15 | 12 | 9 | 8 | 4 | 2 | 0 | 3 | .0536 | 15 | 14 | 9 | 8 | 7 | 5 | 0 | 0 | .0021 |
| 15 | 12 | 9 | 8 | 4 | 5 | 0 | 0 | .0536 | 15 | 14 | 9 | 8 | 8 | 5 | 0 | 0 | .0007 |
| 15 | 12 | 9 | 8 | 5 | 0 | 0 | 0 | .0091 | 15 | 14 | 9 | 8 | 8 | 6 | 1 | 0 | .0001 |
| 15 | 12 | 9 | 8 | 5 | 3 | 0 | 3 | .0091 | 15 | 15 | 9 | 8 | 2 | 0 | 0 | 0 | .0070 |

Tafel XVII-1-1 (Fortsetz.)

| | | | | | | | | | | | | | | | | |
|---|---|---|---|---|---|---|---|---|---|---|---|---|---|---|---|---|
| 15 | 15 | 9 | 8 | 7 | 5 | 0 | 0 | .0406 | 15 | 10 | 10 | 8 | 6 | 1 | 3 | 0 | .0486 |
| 15 | 15 | 9 | 8 | 8 | 6 | 0 | 0 | .0014 | 15 | 10 | 10 | 8 | 6 | 2 | 0 | 0 | .0130 |
| 15 | 10 | 10 | 8 | 0 | 0 | 0 | 0 | .0002 | 15 | 10 | 10 | 8 | 6 | 2 | 4 | 0 | .0057 |
| 15 | 10 | 10 | 8 | 0 | 0 | 0 | 2 | .0003 | 15 | 10 | 10 | 8 | 6 | 3 | 1 | 0 | .0486 |
| 15 | 10 | 10 | 8 | 0 | 0 | 1 | 1 | .0038 | 15 | 10 | 10 | 8 | 6 | 3 | 3 | 0 | .0190 |
| 15 | 10 | 10 | 8 | 0 | 0 | 2 | 0 | .0017 | 15 | 10 | 10 | 8 | 6 | 3 | 3 | 2 | .0073 |
| 15 | 10 | 10 | 8 | 0 | 1 | 0 | 1 | .0038 | 15 | 10 | 10 | 8 | 6 | 3 | 4 | 1 | .0038 |
| 15 | 10 | 10 | 8 | 0 | 1 | 1 | 0 | .0057 | 15 | 10 | 10 | 8 | 6 | 4 | 2 | 0 | .0057 |
| 15 | 10 | 10 | 8 | 0 | 2 | 0 | 0 | .0017 | 15 | 10 | 10 | 8 | 6 | 4 | 3 | 1 | .0038 |
| 15 | 10 | 10 | 8 | 1 | 0 | 0 | 1 | .0190 | 15 | 10 | 10 | 8 | 7 | 0 | 0 | 1 | .0001 |
| 15 | 10 | 10 | 8 | 1 | 0 | 0 | 3 | .0022 | 15 | 10 | 10 | 8 | 7 | 0 | 1 | 0 | .0005 |
| 15 | 10 | 10 | 8 | 1 | 0 | 1 | 0 | .0486 | 15 | 10 | 10 | 8 | 7 | 1 | 0 | 0 | .0005 |
| 15 | 10 | 10 | 8 | 1 | 0 | 1 | 2 | .0486 | 15 | 10 | 10 | 8 | 7 | 1 | 1 | 1 | .0068 |
| 15 | 10 | 10 | 8 | 1 | 0 | 3 | 0 | .0130 | 15 | 10 | 10 | 8 | 7 | 1 | 2 | 0 | .0068 |
| 15 | 10 | 10 | 8 | 1 | 1 | 0 | 0 | .0486 | 15 | 10 | 10 | 8 | 7 | 2 | 1 | 0 | .0068 |
| 15 | 10 | 10 | 8 | 1 | 1 | 0 | 2 | .0486 | 15 | 10 | 10 | 8 | 7 | 2 | 2 | 1 | .0078 |
| 15 | 10 | 10 | 8 | 1 | 3 | 0 | 0 | .0130 | 15 | 10 | 10 | 8 | 7 | 2 | 3 | 0 | .0022 |
| 15 | 10 | 10 | 8 | 2 | 0 | 0 | 0 | .0486 | 15 | 10 | 10 | 8 | 7 | 3 | 2 | 0 | .0022 |
| 15 | 10 | 10 | 8 | 2 | 0 | 0 | 4 | .0005 | 15 | 10 | 10 | 8 | 7 | 3 | 3 | 1 | .0008 |
| 15 | 10 | 10 | 8 | 2 | 0 | 1 | 3 | .0486 | 15 | 10 | 10 | 8 | 8 | 0 | 0 | 0 | .0000 |
| 15 | 10 | 10 | 8 | 2 | 0 | 4 | 0 | .0130 | 15 | 10 | 10 | 8 | 8 | 1 | 1 | 0 | .0001 |
| 15 | 10 | 10 | 8 | 2 | 1 | 0 | 3 | .0486 | 15 | 10 | 10 | 8 | 8 | 2 | 2 | 0 | .0001 |
| 15 | 10 | 10 | 8 | 2 | 4 | 0 | 0 | .0130 | 15 | 10 | 11 | 10 | 8 | 0 | 0 | 0 | 1 | .0004 |
| 15 | 10 | 10 | 8 | 3 | 0 | 0 | 3 | .0190 | 15 | 11 | 10 | 8 | 0 | 0 | 1 | 0 | .0004 |
| 15 | 10 | 10 | 8 | 3 | 0 | 0 | 5 | .0000 | 15 | 11 | 10 | 8 | 0 | 1 | 0 | 0 | .0008 |
| 15 | 10 | 10 | 8 | 3 | 0 | 1 | 4 | .0038 | 15 | 11 | 10 | 8 | 1 | 0 | 0 | 0 | .0059 |
| 15 | 10 | 10 | 8 | 3 | 0 | 2 | 3 | .0486 | 15 | 11 | 10 | 8 | 1 | 0 | 0 | 2 | .0035 |
| 15 | 10 | 10 | 8 | 3 | 0 | 4 | 1 | .0212 | 15 | 11 | 10 | 8 | 1 | 0 | 1 | 1 | .0335 |
| 15 | 10 | 10 | 8 | 3 | 0 | 5 | 0 | .0017 | 15 | 11 | 10 | 8 | 1 | 0 | 2 | 0 | .0119 |
| 15 | 10 | 10 | 8 | 3 | 1 | 0 | 4 | .0038 | 15 | 11 | 10 | 8 | 1 | 1 | 0 | 1 | .0430 |
| 15 | 10 | 10 | 8 | 3 | 2 | 0 | 3 | .0486 | 15 | 11 | 10 | 8 | 1 | 2 | 0 | 0 | .0335 |
| 15 | 10 | 10 | 8 | 3 | 4 | 0 | 1 | .0212 | 15 | 11 | 10 | 8 | 2 | 0 | 0 | 3 | .0035 |
| 15 | 10 | 10 | 8 | 3 | 5 | 0 | 0 | .0017 | 15 | 11 | 10 | 8 | 2 | 0 | 3 | 0 | .0335 |
| 15 | 10 | 10 | 8 | 4 | 0 | 0 | 0 | .0502 | 15 | 11 | 10 | 8 | 3 | 0 | 0 | 4 | .0004 |
| 15 | 10 | 10 | 8 | 4 | 0 | 0 | 4 | .0002 | 15 | 11 | 10 | 8 | 3 | 0 | 1 | 3 | .0139 |
| 15 | 10 | 10 | 8 | 4 | 0 | 1 | 3 | .0486 | 15 | 11 | 10 | 8 | 3 | 0 | 3 | 1 | .0525 |
| 15 | 10 | 10 | 8 | 4 | 0 | 4 | 0 | .0147 | 15 | 11 | 10 | 8 | 3 | 0 | 4 | 0 | .0059 |
| 15 | 10 | 10 | 8 | 4 | 1 | 0 | 3 | .0486 | 15 | 11 | 10 | 8 | 3 | 1 | 0 | 3 | .0430 |
| 15 | 10 | 10 | 8 | 4 | 1 | 1 | 4 | .0057 | 15 | 11 | 10 | 8 | 3 | 4 | 0 | 0 | .0525 |
| 15 | 10 | 10 | 8 | 4 | 1 | 5 | 0 | .0057 | 15 | 11 | 10 | 8 | 4 | 0 | 0 | 3 | .0059 |
| 15 | 10 | 10 | 8 | 4 | 4 | 0 | 0 | .0147 | 15 | 11 | 10 | 8 | 4 | 0 | 3 | 0 | .0525 |
| 15 | 10 | 10 | 8 | 4 | 5 | 1 | 0 | .0057 | 15 | 11 | 10 | 8 | 4 | 1 | 0 | 4 | .0008 |
| 15 | 10 | 10 | 8 | 5 | 0 | 0 | 1 | .0486 | 15 | 11 | 10 | 8 | 4 | 1 | 4 | 0 | .0353 |
| 15 | 10 | 10 | 8 | 5 | 0 | 0 | 3 | .0017 | 15 | 11 | 10 | 8 | 4 | 2 | 0 | 3 | .0335 |
| 15 | 10 | 10 | 8 | 5 | 0 | 3 | 0 | .0486 | 15 | 11 | 10 | 8 | 4 | 4 | 0 | 1 | .0525 |
| 15 | 10 | 10 | 8 | 5 | 1 | 1 | 3 | .0486 | 15 | 11 | 10 | 8 | 4 | 5 | 0 | 0 | .0023 |
| 15 | 10 | 10 | 8 | 5 | 1 | 4 | 0 | .0486 | 15 | 11 | 10 | 8 | 5 | 0 | 0 | 0 | .0335 |
| 15 | 10 | 10 | 8 | 5 | 2 | 2 | 3 | .0486 | 15 | 11 | 10 | 8 | 5 | 0 | 0 | 2 | .0119 |
| 15 | 10 | 10 | 8 | 5 | 2 | 5 | 0 | .0017 | 15 | 11 | 10 | 8 | 5 | 1 | 0 | 3 | .0070 |
| 15 | 10 | 10 | 8 | 5 | 3 | 0 | 0 | .0486 | 15 | 11 | 10 | 8 | 5 | 2 | 1 | 3 | .0335 |
| 15 | 10 | 10 | 8 | 5 | 3 | 4 | 0 | .0130 | 15 | 11 | 10 | 8 | 5 | 2 | 4 | 0 | .0335 |
| 15 | 10 | 10 | 8 | 5 | 4 | 1 | 0 | .0486 | 15 | 11 | 10 | 8 | 5 | 4 | 0 | 0 | .0335 |
| 15 | 10 | 10 | 8 | 5 | 4 | 3 | 0 | .0130 | 15 | 11 | 10 | 8 | 5 | 5 | 1 | 0 | .0070 |
| 15 | 10 | 10 | 8 | 5 | 5 | 2 | 0 | .0017 | 15 | 11 | 10 | 8 | 6 | 0 | 0 | 1 | .0059 |
| 15 | 10 | 10 | 8 | 6 | 0 | 0 | 0 | .0038 | 15 | 11 | 10 | 8 | 6 | 0 | 1 | 0 | .0139 |
| 15 | 10 | 10 | 8 | 6 | 0 | 0 | 2 | .0006 | 15 | 11 | 10 | 8 | 6 | 1 | 0 | 0 | .0430 |
| 15 | 10 | 10 | 8 | 6 | 0 | 1 | 1 | .0190 | 15 | 11 | 10 | 8 | 6 | 1 | 0 | 2 | .0078 |
| 15 | 10 | 10 | 8 | 6 | 0 | 2 | 0 | .0130 | 15 | 11 | 10 | 8 | 6 | 3 | 0 | 0 | .0335 |
| 15 | 10 | 10 | 8 | 6 | 1 | 0 | 1 | .0190 | 15 | 11 | 10 | 8 | 6 | 3 | 2 | 2 | .0335 |
| 15 | 10 | 10 | 8 | 6 | 1 | 1 | 2 | .0486 | 15 | 11 | 10 | 8 | 6 | 3 | 3 | 1 | .0430 |

Tafel XVII-1-1 (Fortsetz.) 571

| | | | | | | | | | | | | | | | | |
|---|---|---|---|---|---|---|---|---|---|---|---|---|---|---|---|---|
| 15 | 11 | 10 | 8 | 6 | 3 | 4 | 0 | .0014 | 15 | 13 | 10 | 8 | 6 | 5 | 0 | 0 | .0066 |
| 15 | 11 | 10 | 8 | 6 | 4 | 1 | 0 | .0335 | 15 | 13 | 10 | 8 | 7 | 2 | 0 | 0 | .0405 |
| 15 | 11 | 10 | 8 | 6 | 4 | 2 | 1 | .0335 | 15 | 13 | 10 | 8 | 7 | 3 | 0 | 1 | .0240 |
| 15 | 11 | 10 | 8 | 6 | 4 | 3 | 0 | .0059 | 15 | 13 | 10 | 8 | 7 | 4 | 0 | 0 | .0173 |
| 15 | 11 | 10 | 8 | 6 | 5 | 2 | 0 | .0009 | 15 | 13 | 10 | 8 | 7 | 4 | 1 | 1 | .0173 |
| 15 | 11 | 10 | 8 | 7 | 0 | 0 | 0 | .0004 | 15 | 13 | 10 | 8 | 7 | 4 | 2 | 0 | .0173 |
| 15 | 11 | 10 | 8 | 7 | 1 | 0 | 1 | .0019 | 15 | 13 | 10 | 8 | 7 | 5 | 1 | 0 | .0030 |
| 15 | 11 | 10 | 8 | 7 | 1 | 1 | 0 | .0102 | 15 | 13 | 10 | 8 | 8 | 3 | 0 | 0 | .0019 |
| 15 | 11 | 10 | 8 | 7 | 2 | 0 | 0 | .0035 | 15 | 13 | 10 | 8 | 8 | 4 | 1 | 0 | .0019 |
| 15 | 11 | 10 | 8 | 7 | 2 | 1 | 1 | .0163 | 15 | 13 | 10 | 8 | 8 | 5 | 2 | 0 | .0001 |
| 15 | 11 | 10 | 8 | 7 | 2 | 2 | 0 | .0163 | 15 | 14 | 10 | 8 | 2 | 0 | 0 | 0 | .0107 |
| 15 | 11 | 10 | 8 | 7 | 3 | 1 | 0 | .0102 | 15 | 14 | 10 | 8 | 3 | 0 | 0 | 1 | .0232 |
| 15 | 11 | 10 | 8 | 7 | 3 | 2 | 1 | .0102 | 15 | 14 | 10 | 8 | 3 | 0 | 1 | 0 | .0319 |
| 15 | 11 | 10 | 8 | 7 | 3 | 3 | 0 | .0019 | 15 | 14 | 10 | 8 | 4 | 0 | 0 | 0 | .0427 |
| 15 | 11 | 10 | 8 | 7 | 4 | 2 | 0 | .0011 | 15 | 14 | 10 | 8 | 7 | 4 | 0 | 1 | .0232 |
| 15 | 11 | 10 | 8 | 7 | 4 | 3 | 1 | .0004 | 15 | 14 | 10 | 8 | 7 | 5 | 0 | 0 | .0107 |
| 15 | 11 | 10 | 8 | 8 | 1 | 0 | 0 | .0000 | 15 | 14 | 10 | 8 | 8 | 4 | 0 | 0 | .0033 |
| 15 | 11 | 10 | 8 | 8 | 2 | 1 | 0 | .0005 | 15 | 14 | 10 | 8 | 8 | 5 | 1 | 0 | .0009 |
| 15 | 11 | 10 | 8 | 8 | 3 | 2 | 0 | .0001 | 15 | 15 | 10 | 8 | 3 | 0 | 0 | 0 | .0256 |
| 15 | 12 | 10 | 8 | 0 | 0 | 0 | 0 | .0000 | 15 | 15 | 10 | 8 | 8 | 5 | 0 | 0 | .0070 |
| 15 | 12 | 10 | 8 | 1 | 0 | 0 | 1 | .0025 | 15 | 11 | 11 | 8 | 0 | 0 | 0 | 0 | .0001 |
| 15 | 12 | 10 | 8 | 1 | 0 | 1 | 0 | .0075 | 15 | 11 | 11 | 8 | 1 | 0 | 0 | 1 | .0047 |
| 15 | 12 | 10 | 8 | 1 | 1 | 0 | 0 | .0167 | 15 | 11 | 11 | 8 | 1 | 0 | 1 | 0 | .0100 |
| 15 | 12 | 10 | 8 | 2 | 0 | 0 | 0 | .0254 | 15 | 11 | 11 | 8 | 1 | 1 | 0 | 0 | .0100 |
| 15 | 12 | 10 | 8 | 2 | 0 | 0 | 2 | .0124 | 15 | 11 | 11 | 8 | 2 | 0 | 0 | 0 | .0259 |
| 15 | 12 | 10 | 8 | 2 | 0 | 2 | 0 | .0354 | 15 | 11 | 11 | 8 | 2 | 0 | 0 | 2 | .0152 |
| 15 | 12 | 10 | 8 | 3 | 0 | 0 | 3 | .0013 | 15 | 11 | 11 | 8 | 3 | 0 | 0 | 3 | .0047 |
| 15 | 12 | 10 | 8 | 3 | 0 | 1 | 2 | .0440 | 15 | 11 | 11 | 8 | 4 | 0 | 0 | 4 | .0001 |
| 15 | 12 | 10 | 8 | 3 | 0 | 3 | 0 | .0167 | 15 | 11 | 11 | 8 | 4 | 0 | 1 | 3 | .0100 |
| 15 | 12 | 10 | 8 | 4 | 0 | 0 | 2 | .0254 | 15 | 11 | 11 | 8 | 4 | 0 | 4 | 0 | .0139 |
| 15 | 12 | 10 | 8 | 4 | 1 | 0 | 3 | .0167 | 15 | 11 | 11 | 8 | 4 | 1 | 0 | 3 | .0100 |
| 15 | 12 | 10 | 8 | 5 | 0 | 0 | 1 | .0354 | 15 | 11 | 11 | 8 | 4 | 4 | 0 | 0 | .0139 |
| 15 | 12 | 10 | 8 | 5 | 2 | 0 | 3 | .0075 | 15 | 11 | 11 | 8 | 5 | 0 | 0 | 3 | .0008 |
| 15 | 12 | 10 | 8 | 5 | 5 | 0 | 0 | .0075 | 15 | 11 | 11 | 8 | 5 | 1 | 1 | 3 | .0112 |
| 15 | 12 | 10 | 8 | 6 | 0 | 0 | 0 | .0033 | 15 | 11 | 11 | 8 | 6 | 0 | 0 | 0 | .0100 |
| 15 | 12 | 10 | 8 | 6 | 2 | 0 | 2 | .0254 | 15 | 11 | 11 | 8 | 6 | 0 | 0 | 2 | .0014 |
| 15 | 12 | 10 | 8 | 6 | 3 | 1 | 2 | .0440 | 15 | 11 | 11 | 8 | 6 | 2 | 4 | 0 | .0184 |
| 15 | 12 | 10 | 8 | 6 | 3 | 3 | 0 | .0440 | 15 | 11 | 11 | 8 | 6 | 4 | 2 | 0 | .0184 |
| 15 | 12 | 10 | 8 | 6 | 4 | 0 | 0 | .0254 | 15 | 11 | 11 | 8 | 7 | 0 | 0 | 1 | .0006 |
| 15 | 12 | 10 | 8 | 6 | 5 | 1 | 0 | .0075 | 15 | 11 | 11 | 8 | 7 | 0 | 1 | 0 | .0047 |
| 15 | 12 | 10 | 8 | 7 | 1 | 0 | 0 | .0041 | 15 | 11 | 11 | 8 | 7 | 1 | 0 | 0 | .0047 |
| 15 | 12 | 10 | 8 | 7 | 2 | 0 | 1 | .0124 | 15 | 11 | 11 | 8 | 7 | 1 | 1 | 1 | .0238 |
| 15 | 12 | 10 | 8 | 7 | 2 | 1 | 0 | .0477 | 15 | 11 | 11 | 8 | 7 | 1 | 2 | 0 | .0340 |
| 15 | 12 | 10 | 8 | 7 | 3 | 0 | 0 | .0124 | 15 | 11 | 11 | 8 | 7 | 2 | 1 | 0 | .0340 |
| 15 | 12 | 10 | 8 | 7 | 3 | 1 | 1 | .0303 | 15 | 11 | 11 | 8 | 7 | 2 | 2 | 1 | .0340 |
| 15 | 12 | 10 | 8 | 7 | 3 | 2 | 0 | .0303 | 15 | 11 | 11 | 8 | 7 | 2 | 3 | 0 | .0238 |
| 15 | 12 | 10 | 8 | 7 | 4 | 1 | 0 | .0124 | 15 | 11 | 11 | 8 | 7 | 3 | 2 | 0 | .0238 |
| 15 | 12 | 10 | 8 | 7 | 4 | 2 | 1 | .0025 | 15 | 11 | 11 | 8 | 7 | 3 | 3 | 1 | .0047 |
| 15 | 12 | 10 | 8 | 7 | 4 | 3 | 0 | .0006 | 15 | 11 | 11 | 8 | 7 | 3 | 4 | 0 | .0006 |
| 15 | 12 | 10 | 8 | 7 | 5 | 2 | 0 | .0004 | 15 | 11 | 11 | 8 | 7 | 4 | 3 | 0 | .0006 |
| 15 | 12 | 10 | 8 | 8 | 2 | 0 | 0 | .0004 | 15 | 11 | 11 | 8 | 8 | 0 | 0 | 0 | .0000 |
| 15 | 12 | 10 | 8 | 8 | 3 | 1 | 0 | .0009 | 15 | 11 | 11 | 8 | 8 | 1 | 1 | 0 | .0011 |
| 15 | 12 | 10 | 8 | 8 | 4 | 2 | 0 | .0001 | 15 | 11 | 11 | 8 | 8 | 2 | 2 | 0 | .0017 |
| 15 | 13 | 10 | 8 | 1 | 0 | 0 | 0 | .0006 | 15 | 11 | 11 | 8 | 8 | 3 | 3 | 0 | .0002 |
| 15 | 13 | 10 | 8 | 2 | 0 | 0 | 1 | .0173 | 15 | 12 | 11 | 8 | 1 | 0 | 0 | 0 | .0016 |
| 15 | 13 | 10 | 8 | 2 | 0 | 1 | 0 | .0351 | 15 | 12 | 11 | 8 | 2 | 0 | 0 | 0 | .0250 |
| 15 | 13 | 10 | 8 | 3 | 0 | 0 | 2 | .0048 | 15 | 12 | 11 | 8 | 3 | 0 | 0 | 2 | .0250 |
| 15 | 13 | 10 | 8 | 3 | 0 | 2 | 0 | .0351 | 15 | 12 | 11 | 8 | 4 | 0 | 0 | 3 | .0016 |
| 15 | 13 | 10 | 8 | 5 | 0 | 0 | 0 | .0351 | 15 | 12 | 11 | 8 | 4 | 0 | 3 | 0 | .0321 |
| 15 | 13 | 10 | 8 | 6 | 3 | 0 | 2 | .0204 | 15 | 12 | 11 | 8 | 5 | 0 | 0 | 2 | .0141 |

Tafel XVII-1-1 (Fortsetz.)

| | | | | | | | | | | | | | | | | |
|---|---|---|---|---|---|---|---|---|---|---|---|---|---|---|---|---|
| 15 | 12 | 11 | 8 | 5 | 1 | 0 | 3 | .0023 | 15 | 14 | 14 | 8 | 8 | 0 | 0 | 0 | .0311 |
| 15 | 12 | 11 | 8 | 5 | 4 | 0 | 0 | .0281 | 15 | 9 | 9 | 9 | 0 | 0 | 0 | 1 | .0035 |
| 15 | 12 | 11 | 8 | 6 | 0 | 0 | 1 | .0141 | 15 | 9 | 9 | 9 | 0 | 0 | 0 | 3 | .0009 |
| 15 | 12 | 11 | 8 | 6 | 1 | 0 | 2 | .0141 | 15 | 9 | 9 | 9 | 0 | 0 | 1 | 0 | .0035 |
| 15 | 12 | 11 | 8 | 7 | 0 | 0 | 0 | .0016 | 15 | 9 | 9 | 9 | 0 | 0 | 1 | 2 | .0068 |
| 15 | 12 | 11 | 8 | 7 | 1 | 0 | 1 | .0067 | 15 | 9 | 9 | 9 | 0 | 0 | 2 | 1 | .0068 |
| 15 | 12 | 11 | 8 | 7 | 2 | 0 | 0 | .0250 | 15 | 9 | 9 | 9 | 0 | 0 | 3 | 0 | .0009 |
| 15 | 12 | 11 | 8 | 7 | 3 | 2 | 1 | .0250 | 15 | 9 | 9 | 9 | 0 | 1 | 0 | 0 | .0035 |
| 15 | 12 | 11 | 8 | 7 | 3 | 3 | 0 | .0085 | 15 | 9 | 9 | 9 | 0 | 1 | 0 | 2 | .0068 |
| 15 | 12 | 11 | 8 | 7 | 4 | 2 | 0 | .0067 | 15 | 9 | 9 | 9 | 0 | 1 | 1 | 1 | .0296 |
| 15 | 12 | 11 | 8 | 8 | 1 | 0 | 0 | .0003 | 15 | 9 | 9 | 9 | 0 | 1 | 2 | 0 | .0068 |
| 15 | 12 | 11 | 8 | 8 | 2 | 1 | 0 | .0040 | 15 | 9 | 9 | 9 | 0 | 2 | 0 | 1 | .0068 |
| 15 | 12 | 11 | 8 | 8 | 3 | 2 | 0 | .0029 | 15 | 9 | 9 | 9 | 0 | 2 | 1 | 0 | .0068 |
| 15 | 12 | 11 | 8 | 8 | 4 | 3 | 0 | .0001 | 15 | 9 | 9 | 9 | 0 | 3 | 0 | 0 | .0009 |
| 15 | 13 | 11 | 8 | 2 | 0 | 0 | 0 | .0110 | 15 | 9 | 9 | 9 | 1 | 0 | 0 | 0 | .0072 |
| 15 | 13 | 11 | 8 | 4 | 0 | 0 | 2 | .0110 | 15 | 9 | 9 | 9 | 1 | 0 | 0 | 4 | .0035 |
| 15 | 13 | 11 | 8 | 6 | 0 | 0 | 0 | .0192 | 15 | 9 | 9 | 9 | 1 | 0 | 4 | 0 | .0035 |
| 15 | 13 | 11 | 8 | 6 | 2 | 0 | 2 | .0192 | 15 | 9 | 9 | 9 | 1 | 4 | 0 | 0 | .0035 |
| 15 | 13 | 11 | 8 | 6 | 4 | 0 | 0 | .0436 | 15 | 9 | 9 | 9 | 2 | 0 | 0 | 5 | .0004 |
| 15 | 13 | 11 | 8 | 7 | 1 | 0 | 0 | .0368 | 15 | 9 | 9 | 9 | 2 | 0 | 1 | 4 | .0351 |
| 15 | 13 | 11 | 8 | 7 | 2 | 0 | 1 | .0368 | 15 | 9 | 9 | 9 | 2 | 0 | 4 | 1 | .0351 |
| 15 | 13 | 11 | 8 | 7 | 4 | 1 | 0 | .0368 | 15 | 9 | 9 | 9 | 2 | 0 | 5 | 0 | .0004 |
| 15 | 13 | 11 | 8 | 8 | 2 | 0 | 0 | .0022 | 15 | 9 | 9 | 9 | 2 | 1 | 0 | 4 | .0351 |
| 15 | 13 | 11 | 8 | 8 | 3 | 1 | 0 | .0110 | 15 | 9 | 9 | 9 | 2 | 1 | 4 | 0 | .0351 |
| 15 | 13 | 11 | 8 | 8 | 4 | 2 | 0 | .0007 | 15 | 9 | 9 | 9 | 2 | 4 | 0 | 1 | .0351 |
| 15 | 14 | 11 | 8 | 8 | 3 | 0 | 0 | .0120 | 15 | 9 | 9 | 9 | 2 | 4 | 1 | 0 | .0351 |
| 15 | 14 | 11 | 8 | 8 | 4 | 1 | 0 | .0051 | 15 | 9 | 9 | 9 | 2 | 5 | 0 | 0 | .0004 |
| 15 | 15 | 11 | 8 | 8 | 4 | 0 | 0 | .0256 | 15 | 9 | 9 | 9 | 3 | 0 | 0 | 4 | .0198 |
| 15 | 12 | 12 | 8 | 2 | 0 | 0 | 0 | .0076 | 15 | 9 | 9 | 9 | 3 | 0 | 0 | 6 | .0000 |
| 15 | 12 | 12 | 8 | 4 | 0 | 0 | 2 | .0228 | 15 | 9 | 9 | 9 | 3 | 0 | 1 | 5 | .0021 |
| 15 | 12 | 12 | 8 | 5 | 0 | 0 | 3 | .0004 | 15 | 9 | 9 | 9 | 3 | 0 | 2 | 4 | .0296 |
| 15 | 12 | 12 | 8 | 5 | 0 | 1 | 2 | .0455 | 15 | 9 | 9 | 9 | 3 | 0 | 4 | 0 | .0198 |
| 15 | 12 | 12 | 8 | 5 | 1 | 0 | 2 | .0455 | 15 | 9 | 9 | 9 | 3 | 0 | 4 | 2 | .0296 |
| 15 | 12 | 12 | 8 | 6 | 0 | 0 | 0 | .0455 | 15 | 9 | 9 | 9 | 3 | 0 | 5 | 1 | .0021 |
| 15 | 12 | 12 | 8 | 6 | 0 | 0 | 2 | .0029 | 15 | 9 | 9 | 9 | 3 | 0 | 6 | 0 | .0000 |
| 15 | 12 | 12 | 8 | 6 | 1 | 1 | 2 | .0455 | 15 | 9 | 9 | 9 | 3 | 1 | 0 | 5 | .0021 |
| 15 | 12 | 12 | 8 | 7 | 0 | 0 | 1 | .0019 | 15 | 9 | 9 | 9 | 3 | 1 | 5 | 0 | .0021 |
| 15 | 12 | 12 | 8 | 7 | 0 | 1 | 0 | .0228 | 15 | 9 | 9 | 9 | 3 | 2 | 0 | 4 | .0296 |
| 15 | 12 | 12 | 8 | 7 | 1 | 0 | 0 | .0228 | 15 | 9 | 9 | 9 | 3 | 2 | 4 | 0 | .0296 |
| 15 | 12 | 12 | 8 | 8 | 0 | 0 | 0 | .0002 | 15 | 9 | 9 | 9 | 3 | 4 | 0 | 0 | .0198 |
| 15 | 12 | 12 | 8 | 8 | 1 | 1 | 0 | .0049 | 15 | 9 | 9 | 9 | 3 | 4 | 0 | 2 | .0296 |
| 15 | 12 | 12 | 8 | 8 | 2 | 2 | 0 | .0107 | 15 | 9 | 9 | 9 | 3 | 4 | 2 | 0 | .0296 |
| 15 | 12 | 12 | 8 | 8 | 3 | 3 | 0 | .0011 | 15 | 9 | 9 | 9 | 3 | 5 | 0 | 1 | .0021 |
| 15 | 13 | 12 | 8 | 3 | 0 | 0 | 0 | .0535 | 15 | 9 | 9 | 9 | 3 | 5 | 1 | 0 | .0021 |
| 15 | 13 | 12 | 8 | 5 | 0 | 0 | 2 | .0092 | 15 | 9 | 9 | 9 | 3 | 6 | 0 | 0 | .0000 |
| 15 | 13 | 12 | 8 | 6 | 0 | 0 | 1 | .0330 | 15 | 9 | 9 | 9 | 4 | 0 | 0 | 5 | .0002 |
| 15 | 13 | 12 | 8 | 6 | 1 | 0 | 2 | .0133 | 15 | 9 | 9 | 9 | 4 | 0 | 1 | 4 | .0296 |
| 15 | 13 | 12 | 8 | 7 | 0 | 0 | 0 | .0092 | 15 | 9 | 9 | 9 | 4 | 0 | 4 | 1 | .0296 |
| 15 | 13 | 12 | 8 | 7 | 1 | 0 | 1 | .0248 | 15 | 9 | 9 | 9 | 4 | 0 | 5 | 0 | .0002 |
| 15 | 13 | 12 | 8 | 8 | 1 | 0 | 0 | .0022 | 15 | 9 | 9 | 9 | 4 | 1 | 0 | 4 | .0296 |
| 15 | 13 | 12 | 8 | 8 | 2 | 1 | 0 | .0418 | 15 | 9 | 9 | 9 | 4 | 1 | 1 | 5 | .0035 |
| 15 | 13 | 12 | 8 | 8 | 3 | 2 | 0 | .0177 | 15 | 9 | 9 | 9 | 4 | 1 | 4 | 0 | .0296 |
| 15 | 14 | 12 | 8 | 8 | 2 | 0 | 0 | .0154 | 15 | 9 | 9 | 9 | 4 | 1 | 5 | 1 | .0035 |
| 15 | 14 | 12 | 8 | 8 | 3 | 1 | 0 | .0359 | 15 | 9 | 9 | 9 | 4 | 4 | 0 | 1 | .0296 |
| 15 | 13 | 13 | 8 | 6 | 0 | 0 | 2 | .0044 | 15 | 9 | 9 | 9 | 4 | 4 | 1 | 0 | .0296 |
| 15 | 13 | 13 | 8 | 7 | 0 | 0 | 1 | .0095 | 15 | 9 | 9 | 9 | 4 | 5 | 0 | 0 | .0002 |
| 15 | 13 | 13 | 8 | 8 | 0 | 0 | 0 | .0019 | 15 | 9 | 9 | 9 | 4 | 5 | 1 | 1 | .0035 |
| 15 | 13 | 13 | 8 | 8 | 1 | 1 | 0 | .0476 | 15 | 9 | 9 | 9 | 5 | 0 | 0 | 0 | .0090 |
| 15 | 13 | 13 | 8 | 8 | 2 | 2 | 0 | .0476 | 15 | 9 | 9 | 9 | 5 | 0 | 0 | 4 | .0011 |
| 15 | 14 | 13 | 8 | 8 | 1 | 0 | 0 | .0267 | 15 | 9 | 9 | 9 | 5 | 0 | 4 | 0 | .0011 |

Tafel XVII-1-1 (Fortsetz.) 573

| | | | | | | | | | | | | | | | | |
|---|---|---|---|---|---|---|---|---|---|---|---|---|---|---|---|---|
| 15 | 9 | 9 | 9 | 5 | 1 | 1 | 4 | .0198 | 15 | 10 | 9 | 9 | 2 | 4 | 0 | 0 | .0163 |
| 15 | 9 | 9 | 9 | 5 | 1 | 4 | 1 | .0198 | 15 | 10 | 9 | 9 | 3 | 0 | 0 | 5 | .0001 |
| 15 | 9 | 9 | 9 | 5 | 2 | 2 | 4 | .0090 | 15 | 10 | 9 | 9 | 3 | 0 | 1 | 4 | .0131 |
| 15 | 9 | 9 | 9 | 5 | 2 | 4 | 2 | .0090 | 15 | 10 | 9 | 9 | 3 | 0 | 2 | 3 | .0546 |
| 15 | 9 | 9 | 9 | 5 | 4 | 0 | 0 | .0011 | 15 | 10 | 9 | 9 | 3 | 0 | 3 | 2 | .0546 |
| 15 | 9 | 9 | 9 | 5 | 4 | 1 | 1 | .0198 | 15 | 10 | 9 | 9 | 3 | 0 | 4 | 1 | .0131 |
| 15 | 9 | 9 | 9 | 5 | 4 | 2 | 2 | .0090 | 15 | 10 | 9 | 9 | 3 | 0 | 5 | 0 | .0001 |
| 15 | 9 | 9 | 9 | 6 | 0 | 0 | 1 | .0068 | 15 | 10 | 9 | 9 | 3 | 1 | 0 | 4 | .0284 |
| 15 | 9 | 9 | 9 | 6 | 0 | 0 | 3 | .0009 | 15 | 10 | 9 | 9 | 3 | 1 | 4 | 0 | .0284 |
| 15 | 9 | 9 | 9 | 6 | 0 | 1 | 0 | .0068 | 15 | 10 | 9 | 9 | 3 | 5 | 0 | 0 | .0021 |
| 15 | 9 | 9 | 9 | 6 | 0 | 1 | 2 | .0198 | 15 | 10 | 9 | 9 | 4 | 0 | 0 | 0 | .0546 |
| 15 | 9 | 9 | 9 | 6 | 0 | 2 | 1 | .0198 | 15 | 10 | 9 | 9 | 4 | 0 | 0 | 4 | .0051 |
| 15 | 9 | 9 | 9 | 6 | 0 | 3 | 0 | .0009 | 15 | 10 | 9 | 9 | 4 | 0 | 4 | 0 | .0051 |
| 15 | 9 | 9 | 9 | 6 | 1 | 0 | 0 | .0068 | 15 | 10 | 9 | 9 | 4 | 1 | 0 | 5 | .0004 |
| 15 | 9 | 9 | 9 | 6 | 1 | 0 | 2 | .0198 | 15 | 10 | 9 | 9 | 4 | 1 | 1 | 4 | .0372 |
| 15 | 9 | 9 | 9 | 6 | 1 | 1 | 3 | .0198 | 15 | 10 | 9 | 9 | 4 | 1 | 4 | 1 | .0372 |
| 15 | 9 | 9 | 9 | 6 | 1 | 2 | 0 | .0198 | 15 | 10 | 9 | 9 | 4 | 1 | 5 | 0 | .0004 |
| 15 | 9 | 9 | 9 | 6 | 1 | 3 | 1 | .0198 | 15 | 10 | 9 | 9 | 4 | 2 | 0 | 4 | .0149 |
| 15 | 9 | 9 | 9 | 6 | 2 | 0 | 1 | .0198 | 15 | 10 | 9 | 9 | 4 | 2 | 4 | 0 | .0149 |
| 15 | 9 | 9 | 9 | 6 | 2 | 1 | 0 | .0198 | 15 | 10 | 9 | 9 | 4 | 3 | 0 | 3 | .0546 |
| 15 | 9 | 9 | 9 | 6 | 2 | 2 | 3 | .0198 | 15 | 10 | 9 | 9 | 4 | 3 | 3 | 0 | .0546 |
| 15 | 9 | 9 | 9 | 6 | 2 | 3 | 2 | .0198 | 15 | 10 | 9 | 9 | 4 | 4 | 0 | 0 | .0372 |
| 15 | 9 | 9 | 9 | 6 | 3 | 0 | 0 | .0009 | 15 | 10 | 9 | 9 | 4 | 4 | 0 | 2 | .0372 |
| 15 | 9 | 9 | 9 | 6 | 3 | 1 | 1 | .0198 | 15 | 10 | 9 | 9 | 4 | 4 | 2 | 0 | .0372 |
| 15 | 9 | 9 | 9 | 6 | 3 | 2 | 2 | .0198 | 15 | 10 | 9 | 9 | 4 | 5 | 0 | 1 | .0051 |
| 15 | 9 | 9 | 9 | 6 | 3 | 3 | 3 | .0009 | 15 | 10 | 9 | 9 | 4 | 5 | 1 | 0 | .0051 |
| 15 | 9 | 9 | 9 | 7 | 0 | 0 | 0 | .0000 | 15 | 10 | 9 | 9 | 4 | 6 | 0 | 0 | .0000 |
| 15 | 9 | 9 | 9 | 7 | 0 | 0 | 2 | .0001 | 15 | 10 | 9 | 9 | 5 | 0 | 0 | 3 | .0131 |
| 15 | 9 | 9 | 9 | 7 | 0 | 1 | 1 | .0013 | 15 | 10 | 9 | 9 | 5 | 0 | 3 | 0 | .0131 |
| 15 | 9 | 9 | 9 | 7 | 0 | 2 | 0 | .0001 | 15 | 10 | 9 | 9 | 5 | 1 | 0 | 4 | .0051 |
| 15 | 9 | 9 | 9 | 7 | 1 | 0 | 1 | .0013 | 15 | 10 | 9 | 9 | 5 | 1 | 4 | 0 | .0051 |
| 15 | 9 | 9 | 9 | 7 | 1 | 1 | 0 | .0013 | 15 | 10 | 9 | 9 | 5 | 2 | 1 | 4 | .0131 |
| 15 | 9 | 9 | 9 | 7 | 1 | 1 | 2 | .0041 | 15 | 10 | 9 | 9 | 5 | 2 | 4 | 1 | .0131 |
| 15 | 9 | 9 | 9 | 7 | 1 | 2 | 1 | .0041 | 15 | 10 | 9 | 9 | 5 | 4 | 0 | 1 | .0284 |
| 15 | 9 | 9 | 9 | 7 | 2 | 0 | 0 | .0001 | 15 | 10 | 9 | 9 | 5 | 4 | 1 | 0 | .0284 |
| 15 | 9 | 9 | 9 | 7 | 2 | 1 | 1 | .0041 | 15 | 10 | 9 | 9 | 5 | 4 | 1 | 2 | .0462 |
| 15 | 9 | 9 | 9 | 7 | 2 | 2 | 2 | .0022 | 15 | 10 | 9 | 9 | 5 | 4 | 2 | 1 | .0462 |
| 15 | 9 | 9 | 9 | 8 | 0 | 0 | 1 | .0000 | 15 | 10 | 9 | 9 | 5 | 5 | 0 | 0 | .0004 |
| 15 | 9 | 9 | 9 | 8 | 0 | 1 | 0 | .0000 | 15 | 10 | 9 | 9 | 5 | 5 | 1 | 1 | .0021 |
| 15 | 9 | 9 | 9 | 8 | 1 | 0 | 0 | .0000 | 15 | 10 | 9 | 9 | 6 | 0 | 0 | 0 | .0051 |
| 15 | 9 | 9 | 9 | 8 | 1 | 1 | 1 | .0000 | 15 | 10 | 9 | 9 | 6 | 0 | 0 | 2 | .0087 |
| 15 | 9 | 9 | 9 | 9 | 0 | 0 | 0 | .0000 | 15 | 10 | 9 | 9 | 6 | 0 | 1 | 1 | .0284 |
| 15 | 10 | 9 | 9 | 0 | 0 | 0 | 0 | .0004 | 15 | 10 | 9 | 9 | 6 | 0 | 2 | 0 | .0087 |
| 15 | 10 | 9 | 9 | 0 | 0 | 0 | 2 | .0008 | 15 | 10 | 9 | 9 | 6 | 1 | 0 | 3 | .0087 |
| 15 | 10 | 9 | 9 | 0 | 0 | 1 | 1 | .0021 | 15 | 10 | 9 | 9 | 6 | 1 | 3 | 0 | .0087 |
| 15 | 10 | 9 | 9 | 0 | 0 | 2 | 0 | .0008 | 15 | 10 | 9 | 9 | 6 | 2 | 0 | 0 | .0284 |
| 15 | 10 | 9 | 9 | 0 | 1 | 0 | 1 | .0051 | 15 | 10 | 9 | 9 | 6 | 2 | 0 | 2 | .0462 |
| 15 | 10 | 9 | 9 | 0 | 1 | 1 | 0 | .0051 | 15 | 10 | 9 | 9 | 6 | 2 | 1 | 3 | .0284 |
| 15 | 10 | 9 | 9 | 0 | 2 | 0 | 0 | .0009 | 15 | 10 | 9 | 9 | 6 | 2 | 2 | 0 | .0462 |
| 15 | 10 | 9 | 9 | 1 | 0 | 0 | 1 | .0284 | 15 | 10 | 9 | 9 | 6 | 2 | 3 | 1 | .0284 |
| 15 | 10 | 9 | 9 | 1 | 0 | 0 | 3 | .0087 | 15 | 10 | 9 | 9 | 6 | 3 | 0 | 1 | .0284 |
| 15 | 10 | 9 | 9 | 1 | 0 | 1 | 0 | .0284 | 15 | 10 | 9 | 9 | 6 | 3 | 1 | 0 | .0284 |
| 15 | 10 | 9 | 9 | 1 | 0 | 1 | 2 | .0462 | 15 | 10 | 9 | 9 | 6 | 3 | 2 | 3 | .0087 |
| 15 | 10 | 9 | 9 | 1 | 0 | 2 | 1 | .0462 | 15 | 10 | 9 | 9 | 6 | 3 | 3 | 2 | .0087 |
| 15 | 10 | 9 | 9 | 1 | 0 | 3 | 0 | .0087 | 15 | 10 | 9 | 9 | 6 | 4 | 0 | 0 | .0008 |
| 15 | 10 | 9 | 9 | 1 | 1 | 0 | 0 | .0372 | 15 | 10 | 9 | 9 | 6 | 4 | 1 | 1 | .0131 |
| 15 | 10 | 9 | 9 | 1 | 3 | 0 | 0 | .0156 | 15 | 10 | 9 | 9 | 6 | 4 | 2 | 2 | .0051 |
| 15 | 10 | 9 | 9 | 2 | 0 | 0 | 0 | .0372 | 15 | 10 | 9 | 9 | 7 | 0 | 0 | 0 | .0006 |
| 15 | 10 | 9 | 9 | 2 | 0 | 0 | 4 | .0051 | 15 | 10 | 9 | 9 | 7 | 0 | 1 | 0 | .0006 |
| 15 | 10 | 9 | 9 | 2 | 0 | 4 | 0 | .0051 | 15 | 10 | 9 | 9 | 7 | 1 | 0 | 0 | .0015 |

| | | | | | | | | | | | | | | | | |
|---|---|---|---|---|---|---|---|---|---|---|---|---|---|---|---|---|
| 15 | 10 | 9 | 9 | 7 | 1 | 0 | 2 | .0015 | 15 | 11 | 9 | 9 | 7 | 1 | 0 | 1 | .0118 |
| 15 | 10 | 9 | 9 | 7 | 1 | 1 | 1 | .0136 | 15 | 11 | 9 | 9 | 7 | 1 | 1 | 0 | .0118 |
| 15 | 10 | 9 | 9 | 7 | 1 | 2 | 0 | .0015 | 15 | 11 | 9 | 9 | 7 | 2 | 0 | 0 | .0118 |
| 15 | 10 | 9 | 9 | 7 | 2 | 0 | 1 | .0060 | 15 | 11 | 9 | 9 | 7 | 2 | 0 | 2 | .0046 |
| 15 | 10 | 9 | 9 | 7 | 2 | 1 | 0 | .0060 | 15 | 11 | 9 | 9 | 7 | 2 | 1 | 1 | .0430 |
| 15 | 10 | 9 | 9 | 7 | 2 | 1 | 2 | .0095 | 15 | 11 | 9 | 9 | 7 | 2 | 2 | 0 | .0046 |
| 15 | 10 | 9 | 9 | 7 | 2 | 2 | 1 | .0095 | 15 | 11 | 9 | 9 | 7 | 3 | 0 | 1 | .0118 |
| 15 | 10 | 9 | 9 | 7 | 3 | 0 | 0 | .0002 | 15 | 11 | 9 | 9 | 7 | 3 | 1 | 0 | .0118 |
| 15 | 10 | 9 | 9 | 7 | 3 | 1 | 1 | .0060 | 15 | 11 | 9 | 9 | 7 | 3 | 1 | 2 | .0118 |
| 15 | 10 | 9 | 9 | 7 | 3 | 2 | 2 | .0015 | 15 | 11 | 9 | 9 | 7 | 3 | 2 | 1 | .0118 |
| 15 | 10 | 9 | 9 | 8 | 0 | 0 | 0 | .0000 | 15 | 11 | 9 | 9 | 7 | 4 | 0 | 0 | .0008 |
| 15 | 10 | 9 | 9 | 8 | 1 | 0 | 1 | .0001 | 15 | 11 | 9 | 9 | 7 | 4 | 1 | 1 | .0024 |
| 15 | 10 | 9 | 9 | 8 | 1 | 1 | 0 | .0001 | 15 | 11 | 9 | 9 | 7 | 4 | 2 | 2 | .0008 |
| 15 | 10 | 9 | 9 | 8 | 2 | 0 | 0 | .0000 | 15 | 11 | 9 | 9 | 8 | 1 | 0 | 0 | .0001 |
| 15 | 10 | 9 | 9 | 8 | 2 | 1 | 1 | .0002 | 15 | 11 | 9 | 9 | 8 | 2 | 0 | 1 | .0008 |
| 15 | 10 | 9 | 9 | 9 | 1 | 0 | 0 | .0000 | 15 | 11 | 9 | 9 | 8 | 2 | 1 | 0 | .0008 |
| 15 | 11 | 9 | 9 | 0 | 0 | 0 | 1 | .0003 | 15 | 11 | 9 | 9 | 8 | 3 | 0 | 0 | .0000 |
| 15 | 11 | 9 | 9 | 0 | 0 | 1 | 0 | .0003 | 15 | 11 | 9 | 9 | 8 | 3 | 1 | 1 | .0008 |
| 15 | 11 | 9 | 9 | 0 | 1 | 0 | 0 | .0009 | 15 | 11 | 9 | 9 | 9 | 2 | 0 | 0 | .0000 |
| 15 | 11 | 9 | 9 | 1 | 0 | 0 | 0 | .0037 | 15 | 12 | 9 | 9 | 0 | 0 | 0 | 0 | .0001 |
| 15 | 11 | 9 | 9 | 1 | 0 | 0 | 2 | .0074 | 15 | 12 | 9 | 9 | 1 | 0 | 0 | 1 | .0049 |
| 15 | 11 | 9 | 9 | 1 | 0 | 1 | 1 | .0257 | 15 | 12 | 9 | 9 | 1 | 0 | 1 | 0 | .0049 |
| 15 | 11 | 9 | 9 | 1 | 0 | 2 | 0 | .0074 | 15 | 12 | 9 | 9 | 1 | 1 | 0 | 0 | .0159 |
| 15 | 11 | 9 | 9 | 1 | 2 | 0 | 0 | .0271 | 15 | 12 | 9 | 9 | 2 | 0 | 0 | 0 | .0265 |
| 15 | 11 | 9 | 9 | 2 | 0 | 0 | 3 | .0177 | 15 | 12 | 9 | 9 | 2 | 0 | 0 | 2 | .0226 |
| 15 | 11 | 9 | 9 | 2 | 0 | 3 | 0 | .0177 | 15 | 12 | 9 | 9 | 2 | 0 | 2 | 0 | .0226 |
| 15 | 11 | 9 | 9 | 3 | 0 | 0 | 4 | .0013 | 15 | 12 | 9 | 9 | 3 | 0 | 0 | 3 | .0085 |
| 15 | 11 | 9 | 9 | 3 | 0 | 1 | 3 | .0345 | 15 | 12 | 9 | 9 | 3 | 0 | 3 | 0 | .0085 |
| 15 | 11 | 9 | 9 | 3 | 0 | 3 | 1 | .0345 | 15 | 12 | 9 | 9 | 5 | 5 | 0 | 0 | .0159 |
| 15 | 11 | 9 | 9 | 3 | 0 | 4 | 0 | .0013 | 15 | 12 | 9 | 9 | 6 | 0 | 0 | 0 | .0085 |
| 15 | 11 | 9 | 9 | 4 | 0 | 0 | 3 | .0244 | 15 | 12 | 9 | 9 | 6 | 3 | 0 | 3 | .0085 |
| 15 | 11 | 9 | 9 | 4 | 0 | 3 | 0 | .0244 | 15 | 12 | 9 | 9 | 6 | 3 | 3 | 0 | .0085 |
| 15 | 11 | 9 | 9 | 4 | 1 | 0 | 4 | .0074 | 15 | 12 | 9 | 9 | 6 | 4 | 0 | 2 | .0226 |
| 15 | 11 | 9 | 9 | 4 | 1 | 4 | 0 | .0074 | 15 | 12 | 9 | 9 | 6 | 4 | 2 | 0 | .0226 |
| 15 | 11 | 9 | 9 | 4 | 5 | 0 | 0 | .0074 | 15 | 12 | 9 | 9 | 6 | 5 | 0 | 1 | .0049 |
| 15 | 11 | 9 | 9 | 5 | 0 | 0 | 0 | .0345 | 15 | 12 | 9 | 9 | 6 | 5 | 1 | 0 | .0049 |
| 15 | 11 | 9 | 9 | 5 | 0 | 0 | 2 | .0411 | 15 | 12 | 9 | 9 | 6 | 6 | 0 | 0 | .0001 |
| 15 | 11 | 9 | 9 | 5 | 0 | 2 | 0 | .0411 | 15 | 12 | 9 | 9 | 7 | 1 | 0 | 0 | .0133 |
| 15 | 11 | 9 | 9 | 5 | 2 | 0 | 4 | .0020 | 15 | 12 | 9 | 9 | 7 | 2 | 0 | 1 | .0322 |
| 15 | 11 | 9 | 9 | 5 | 2 | 4 | 0 | .0020 | 15 | 12 | 9 | 9 | 7 | 2 | 1 | 0 | .0322 |
| 15 | 11 | 9 | 9 | 5 | 3 | 0 | 3 | .0345 | 15 | 12 | 9 | 9 | 7 | 3 | 0 | 0 | .0245 |
| 15 | 11 | 9 | 9 | 5 | 3 | 3 | 0 | .0345 | 15 | 12 | 9 | 9 | 7 | 3 | 0 | 2 | .0133 |
| 15 | 11 | 9 | 9 | 5 | 4 | 0 | 2 | .0411 | 15 | 12 | 9 | 9 | 7 | 3 | 2 | 0 | .0133 |
| 15 | 11 | 9 | 9 | 5 | 4 | 2 | 0 | .0411 | 15 | 12 | 9 | 9 | 7 | 4 | 0 | 1 | .0133 |
| 15 | 11 | 9 | 9 | 5 | 5 | 0 | 1 | .0037 | 15 | 12 | 9 | 9 | 7 | 4 | 1 | 0 | .0133 |
| 15 | 11 | 9 | 9 | 5 | 5 | 1 | 0 | .0037 | 15 | 12 | 9 | 9 | 7 | 4 | 1 | 2 | .0022 |
| 15 | 11 | 9 | 9 | 5 | 6 | 0 | 0 | .0000 | 15 | 12 | 9 | 9 | 7 | 4 | 2 | 1 | .0022 |
| 15 | 11 | 9 | 9 | 6 | 0 | 0 | 1 | .0177 | 15 | 12 | 9 | 9 | 7 | 5 | 0 | 0 | .0002 |
| 15 | 11 | 9 | 9 | 6 | 0 | 1 | 0 | .0177 | 15 | 12 | 9 | 9 | 7 | 5 | 1 | 1 | .0005 |
| 15 | 11 | 9 | 9 | 6 | 2 | 0 | 3 | .0177 | 15 | 12 | 9 | 9 | 8 | 2 | 0 | 0 | .0013 |
| 15 | 11 | 9 | 9 | 6 | 2 | 3 | 0 | .0177 | 15 | 12 | 9 | 9 | 8 | 3 | 0 | 1 | .0013 |
| 15 | 11 | 9 | 9 | 6 | 3 | 1 | 3 | .0177 | 15 | 12 | 9 | 9 | 8 | 3 | 1 | 0 | .0013 |
| 15 | 11 | 9 | 9 | 6 | 3 | 3 | 1 | .0177 | 15 | 12 | 9 | 9 | 8 | 4 | 0 | 0 | .0001 |
| 15 | 11 | 9 | 9 | 6 | 4 | 0 | 1 | .0244 | 15 | 12 | 9 | 9 | 8 | 4 | 1 | 1 | .0004 |
| 15 | 11 | 9 | 9 | 6 | 4 | 1 | 0 | .0244 | 15 | 12 | 9 | 9 | 9 | 3 | 0 | 0 | .0000 |
| 15 | 11 | 9 | 9 | 6 | 4 | 1 | 2 | .0244 | 15 | 13 | 9 | 9 | 1 | 0 | 0 | 0 | .0008 |
| 15 | 11 | 9 | 9 | 6 | 4 | 2 | 1 | .0244 | 15 | 13 | 9 | 9 | 2 | 0 | 0 | 1 | .0200 |
| 15 | 11 | 9 | 9 | 6 | 5 | 0 | 0 | .0003 | 15 | 13 | 9 | 9 | 2 | 0 | 1 | 0 | .0200 |
| 15 | 11 | 9 | 9 | 6 | 5 | 1 | 1 | .0015 | 15 | 13 | 9 | 9 | 3 | 0 | 0 | 0 | .0433 |
| 15 | 11 | 9 | 9 | 7 | 0 | 0 | 0 | .0008 | 15 | 13 | 9 | 9 | 3 | 0 | 0 | 2 | .0113 |

Tafel XVII-1-1 (Fortsetz.) 575

| | | | | | | | | | | | | | | | | | |
|---|---|---|---|---|---|---|---|---|---|---|---|---|---|---|---|---|---|
| 15 | 13 | 9 | 9 | 3 | 0 | 1 | 1 | .0433 | 15 | 10 | 10 | 9 | 6 | 1 | 1 | 3 | .0255 |
| 15 | 13 | 9 | 9 | 3 | 0 | 2 | 0 | .0113 | 15 | 10 | 10 | 9 | 6 | 1 | 4 | 0 | .0033 |
| 15 | 13 | 9 | 9 | 5 | 0 | 0 | 0 | .0236 | 15 | 10 | 10 | 9 | 6 | 2 | 2 | 3 | .0191 |
| 15 | 13 | 9 | 9 | 6 | 5 | 0 | 0 | .0200 | 15 | 10 | 10 | 9 | 6 | 2 | 4 | 1 | .0066 |
| 15 | 13 | 9 | 9 | 7 | 2 | 0 | 0 | .0495 | 15 | 10 | 10 | 9 | 6 | 3 | 0 | 0 | .0102 |
| 15 | 13 | 9 | 9 | 7 | 4 | 0 | 0 | .0318 | 15 | 10 | 10 | 9 | 6 | 3 | 3 | 1 | .0255 |
| 15 | 13 | 9 | 9 | 7 | 4 | 0 | 2 | .0065 | 15 | 10 | 10 | 9 | 6 | 4 | 1 | 0 | .0033 |
| 15 | 13 | 9 | 9 | 7 | 4 | 1 | 1 | .0318 | 15 | 10 | 10 | 9 | 6 | 4 | 2 | 1 | .0066 |
| 15 | 13 | 9 | 9 | 7 | 4 | 2 | 0 | .0065 | 15 | 10 | 10 | 9 | 7 | 0 | 0 | 0 | .0014 |
| 15 | 13 | 9 | 9 | 7 | 5 | 0 | 1 | .0035 | 15 | 10 | 10 | 9 | 7 | 0 | 0 | 2 | .0004 |
| 15 | 13 | 9 | 9 | 7 | 5 | 1 | 0 | .0035 | 15 | 10 | 10 | 9 | 7 | 0 | 1 | 1 | .0086 |
| 15 | 13 | 9 | 9 | 7 | 6 | 0 | 0 | .0001 | 15 | 10 | 10 | 9 | 7 | 0 | 2 | 0 | .0025 |
| 15 | 13 | 9 | 9 | 8 | 3 | 0 | 0 | .0065 | 15 | 10 | 10 | 9 | 7 | 1 | 0 | 1 | .0086 |
| 15 | 13 | 9 | 9 | 8 | 4 | 0 | 1 | .0015 | 15 | 10 | 10 | 9 | 7 | 1 | 1 | 0 | .0201 |
| 15 | 13 | 9 | 9 | 8 | 4 | 1 | 0 | .0018 | 15 | 10 | 10 | 9 | 7 | 1 | 1 | 2 | .0124 |
| 15 | 13 | 9 | 9 | 8 | 5 | 0 | 0 | .0003 | 15 | 10 | 10 | 9 | 7 | 1 | 2 | 1 | .0284 |
| 15 | 13 | 9 | 9 | 8 | 5 | 1 | 1 | .0003 | 15 | 10 | 10 | 9 | 7 | 1 | 3 | 0 | .0025 |
| 15 | 13 | 9 | 9 | 9 | 4 | 0 | 0 | .0000 | 15 | 10 | 10 | 9 | 7 | 2 | 0 | 0 | .0025 |
| 15 | 14 | 9 | 9 | 2 | 0 | 0 | 0 | .0050 | 15 | 10 | 10 | 9 | 7 | 2 | 1 | 1 | .0284 |
| 15 | 14 | 9 | 9 | 3 | 0 | 0 | 1 | .0278 | 15 | 10 | 10 | 9 | 7 | 2 | 2 | 0 | .0124 |
| 15 | 14 | 9 | 9 | 3 | 0 | 1 | 0 | .0278 | 15 | 10 | 10 | 9 | 7 | 2 | 2 | 2 | .0124 |
| 15 | 14 | 9 | 9 | 4 | 0 | 0 | 0 | .0378 | 15 | 10 | 10 | 9 | 7 | 2 | 3 | 1 | .0086 |
| 15 | 14 | 9 | 9 | 7 | 5 | 0 | 0 | .0143 | 15 | 10 | 10 | 9 | 7 | 3 | 1 | 0 | .0025 |
| 15 | 14 | 9 | 9 | 8 | 4 | 0 | 0 | .0086 | 15 | 10 | 10 | 9 | 7 | 3 | 2 | 1 | .0086 |
| 15 | 14 | 9 | 9 | 8 | 5 | 0 | 1 | .0016 | 15 | 10 | 10 | 9 | 7 | 3 | 3 | 2 | .0004 |
| 15 | 14 | 9 | 9 | 8 | 5 | 1 | 0 | .0016 | 15 | 10 | 10 | 9 | 8 | 0 | 0 | 1 | .0000 |
| 15 | 14 | 9 | 9 | 8 | 6 | 0 | 0 | .0002 | 15 | 10 | 10 | 9 | 8 | 0 | 1 | 0 | .0001 |
| 15 | 14 | 9 | 9 | 9 | 5 | 0 | 0 | .0001 | 15 | 10 | 10 | 9 | 8 | 1 | 0 | 0 | .0001 |
| 15 | 15 | 9 | 9 | 3 | 0 | 0 | 0 | .0278 | 15 | 10 | 10 | 9 | 8 | 1 | 1 | 1 | .0014 |
| 15 | 15 | 9 | 9 | 8 | 5 | 0 | 0 | .0110 | 15 | 10 | 10 | 9 | 8 | 1 | 2 | 0 | .0002 |
| 15 | 15 | 9 | 9 | 9 | 6 | 0 | 0 | .0002 | 15 | 10 | 10 | 9 | 8 | 2 | 1 | 0 | .0002 |
| 15 | 10 | 10 | 9 | 0 | 0 | 0 | 1 | .0003 | 15 | 10 | 10 | 9 | 8 | 2 | 2 | 1 | .0011 |
| 15 | 10 | 10 | 9 | 0 | 0 | 1 | 0 | .0010 | 15 | 10 | 10 | 9 | 9 | 0 | 0 | 0 | .0000 |
| 15 | 10 | 10 | 9 | 0 | 1 | 0 | 0 | .0010 | 15 | 10 | 10 | 9 | 9 | 1 | 1 | 0 | .0000 |
| 15 | 10 | 10 | 9 | 1 | 0 | 0 | 0 | .0066 | 15 | 11 | 10 | 9 | 0 | 0 | 0 | 0 | .0001 |
| 15 | 10 | 10 | 9 | 1 | 0 | 0 | 2 | .0102 | 15 | 11 | 10 | 9 | 1 | 0 | 0 | 1 | .0086 |
| 15 | 10 | 10 | 9 | 1 | 0 | 2 | 0 | .0191 | 15 | 11 | 10 | 9 | 1 | 0 | 1 | 0 | .0101 |
| 15 | 10 | 10 | 9 | 1 | 2 | 0 | 0 | .0191 | 15 | 11 | 10 | 9 | 1 | 1 | 0 | 0 | .0138 |
| 15 | 10 | 10 | 9 | 2 | 0 | 0 | 3 | .0191 | 15 | 11 | 10 | 9 | 2 | 0 | 0 | 0 | .0403 |
| 15 | 10 | 10 | 9 | 3 | 0 | 0 | 4 | .0033 | 15 | 11 | 10 | 9 | 2 | 0 | 0 | 2 | .0403 |
| 15 | 10 | 10 | 9 | 3 | 0 | 4 | 0 | .0191 | 15 | 11 | 10 | 9 | 2 | 0 | 2 | 0 | .0524 |
| 15 | 10 | 10 | 9 | 3 | 4 | 0 | 0 | .0191 | 15 | 11 | 10 | 9 | 3 | 0 | 0 | 3 | .0208 |
| 15 | 10 | 10 | 9 | 4 | 0 | 0 | 5 | .0000 | 15 | 11 | 10 | 9 | 3 | 0 | 3 | 0 | .0496 |
| 15 | 10 | 10 | 9 | 4 | 0 | 1 | 4 | .0066 | 15 | 11 | 10 | 9 | 4 | 0 | 0 | 4 | .0009 |
| 15 | 10 | 10 | 9 | 4 | 0 | 4 | 1 | .0222 | 15 | 11 | 10 | 9 | 4 | 0 | 1 | 3 | .0403 |
| 15 | 10 | 10 | 9 | 4 | 0 | 5 | 0 | .0010 | 15 | 11 | 10 | 9 | 4 | 0 | 4 | 0 | .0041 |
| 15 | 10 | 10 | 9 | 4 | 1 | 0 | 4 | .0066 | 15 | 11 | 10 | 9 | 4 | 4 | 0 | 0 | .0447 |
| 15 | 10 | 10 | 9 | 4 | 4 | 0 | 1 | .0222 | 15 | 11 | 10 | 9 | 5 | 0 | 0 | 3 | .0101 |
| 15 | 10 | 10 | 9 | 4 | 5 | 0 | 0 | .0010 | 15 | 11 | 10 | 9 | 5 | 0 | 3 | 0 | .0403 |
| 15 | 10 | 10 | 9 | 5 | 0 | 0 | 4 | .0010 | 15 | 11 | 10 | 9 | 5 | 1 | 0 | 4 | .0013 |
| 15 | 10 | 10 | 9 | 5 | 0 | 4 | 0 | .0066 | 15 | 11 | 10 | 9 | 5 | 1 | 4 | 0 | .0138 |
| 15 | 10 | 10 | 9 | 5 | 1 | 1 | 4 | .0066 | 15 | 11 | 10 | 9 | 5 | 2 | 0 | 3 | .0403 |
| 15 | 10 | 10 | 9 | 5 | 1 | 5 | 0 | .0010 | 15 | 11 | 10 | 9 | 5 | 4 | 0 | 1 | .0403 |
| 15 | 10 | 10 | 9 | 5 | 2 | 4 | 0 | .0191 | 15 | 11 | 10 | 9 | 5 | 5 | 0 | 0 | .0013 |
| 15 | 10 | 10 | 9 | 5 | 4 | 0 | 0 | .0066 | 15 | 11 | 10 | 9 | 6 | 0 | 0 | 0 | .0208 |
| 15 | 10 | 10 | 9 | 5 | 4 | 2 | 0 | .0191 | 15 | 11 | 10 | 9 | 6 | 0 | 0 | 2 | .0138 |
| 15 | 10 | 10 | 9 | 5 | 5 | 1 | 0 | .0010 | 15 | 11 | 10 | 9 | 6 | 0 | 2 | 0 | .0403 |
| 15 | 10 | 10 | 9 | 6 | 0 | 0 | 1 | .0255 | 15 | 11 | 10 | 9 | 6 | 1 | 0 | 3 | .0085 |
| 15 | 10 | 10 | 9 | 6 | 0 | 0 | 3 | .0015 | 15 | 11 | 10 | 9 | 6 | 1 | 3 | 0 | .0496 |
| 15 | 10 | 10 | 9 | 6 | 0 | 3 | 0 | .0102 | 15 | 11 | 10 | 9 | 6 | 2 | 1 | 3 | .0208 |

| | | | | | | | | | | | | | | | |
|---|---|---|---|---|---|---|---|---|---|---|---|---|---|---|---|
| 15 | 11 | 10 | 9 | 6 | 2 | 4 | 0 | .0026 | 15 | 12 | 10 | 9 | 8 | 4 | 2 | 1 | .0002 |
| 15 | 11 | 10 | 9 | 6 | 3 | 3 | 0 | .0208 | 15 | 12 | 10 | 9 | 9 | 2 | 0 | 0 | .0001 |
| 15 | 11 | 10 | 9 | 6 | 4 | 0 | 0 | .0086 | 15 | 12 | 10 | 9 | 9 | 3 | 1 | 0 | .0001 |
| 15 | 11 | 10 | 9 | 6 | 4 | 1 | 1 | .0403 | 15 | 13 | 10 | 9 | 2 | 0 | 0 | 0 | .0097 |
| 15 | 11 | 10 | 9 | 6 | 4 | 2 | 0 | .0138 | 15 | 13 | 10 | 9 | 4 | 0 | 0 | 2 | .0271 |
| 15 | 11 | 10 | 9 | 6 | 5 | 1 | 0 | .0002 | 15 | 13 | 10 | 9 | 4 | 0 | 2 | 0 | .0331 |
| 15 | 11 | 10 | 9 | 7 | 0 | 0 | 1 | .0033 | 15 | 13 | 10 | 9 | 6 | 0 | 0 | 0 | .0271 |
| 15 | 11 | 10 | 9 | 7 | 0 | 1 | 0 | .0067 | 15 | 13 | 10 | 9 | 7 | 1 | 0 | 0 | .0536 |
| 15 | 11 | 10 | 9 | 7 | 1 | 0 | 0 | .0159 | 15 | 13 | 10 | 9 | 7 | 3 | 0 | 2 | .0073 |
| 15 | 11 | 10 | 9 | 7 | 1 | 0 | 2 | .0067 | 15 | 13 | 10 | 9 | 7 | 3 | 2 | 0 | .0536 |
| 15 | 11 | 10 | 9 | 7 | 1 | 2 | 0 | .0255 | 15 | 13 | 10 | 9 | 7 | 4 | 0 | 1 | .0191 |
| 15 | 11 | 10 | 9 | 7 | 2 | 0 | 1 | .0255 | 15 | 13 | 10 | 9 | 7 | 4 | 1 | 0 | .0536 |
| 15 | 11 | 10 | 9 | 7 | 2 | 1 | 2 | .0255 | 15 | 13 | 10 | 9 | 7 | 5 | 0 | 0 | .0016 |
| 15 | 11 | 10 | 9 | 7 | 2 | 3 | 0 | .0067 | 15 | 13 | 10 | 9 | 8 | 2 | 0 | 0 | .0122 |
| 15 | 11 | 10 | 9 | 7 | 3 | 0 | 0 | .0067 | 15 | 13 | 10 | 9 | 8 | 3 | 0 | 1 | .0050 |
| 15 | 11 | 10 | 9 | 7 | 3 | 1 | 1 | .0424 | 15 | 13 | 10 | 9 | 8 | 3 | 1 | 0 | .0191 |
| 15 | 11 | 10 | 9 | 7 | 3 | 2 | 0 | .0159 | 15 | 13 | 10 | 9 | 8 | 4 | 0 | 0 | .0033 |
| 15 | 11 | 10 | 9 | 7 | 3 | 2 | 2 | .0067 | 15 | 13 | 10 | 9 | 8 | 4 | 1 | 1 | .0033 |
| 15 | 11 | 10 | 9 | 7 | 3 | 3 | 1 | .0033 | 15 | 13 | 10 | 9 | 8 | 4 | 2 | 0 | .0009 |
| 15 | 11 | 10 | 9 | 7 | 4 | 1 | 0 | .0022 | 15 | 13 | 10 | 9 | 8 | 5 | 1 | 0 | .0008 |
| 15 | 11 | 10 | 9 | 7 | 4 | 2 | 1 | .0022 | 15 | 13 | 10 | 9 | 9 | 3 | 0 | 0 | .0005 |
| 15 | 11 | 10 | 9 | 8 | 0 | 0 | 0 | .0001 | 15 | 13 | 10 | 9 | 9 | 4 | 1 | 0 | .0001 |
| 15 | 11 | 10 | 9 | 8 | 1 | 0 | 1 | .0007 | 15 | 14 | 10 | 9 | 3 | 0 | 0 | 0 | .0222 |
| 15 | 11 | 10 | 9 | 8 | 1 | 1 | 0 | .0022 | 15 | 14 | 10 | 9 | 4 | 0 | 0 | 1 | .0482 |
| 15 | 11 | 10 | 9 | 8 | 2 | 0 | 0 | .0007 | 15 | 14 | 10 | 9 | 8 | 3 | 0 | 0 | .0342 |
| 15 | 11 | 10 | 9 | 8 | 2 | 1 | 1 | .0037 | 15 | 14 | 10 | 9 | 8 | 4 | 0 | 1 | .0050 |
| 15 | 11 | 10 | 9 | 8 | 2 | 2 | 0 | .0015 | 15 | 14 | 10 | 9 | 8 | 4 | 1 | 0 | .0110 |
| 15 | 11 | 10 | 9 | 8 | 3 | 1 | 0 | .0007 | 15 | 14 | 10 | 9 | 8 | 5 | 0 | 0 | .0020 |
| 15 | 11 | 10 | 9 | 8 | 3 | 2 | 1 | .0007 | 15 | 14 | 10 | 9 | 9 | 4 | 0 | 0 | .0008 |
| 15 | 11 | 10 | 9 | 9 | 1 | 0 | 0 | .0000 | 15 | 14 | 10 | 9 | 9 | 5 | 1 | 0 | .0001 |
| 15 | 11 | 10 | 9 | 9 | 2 | 1 | 0 | .0000 | 15 | 15 | 10 | 9 | 4 | 0 | 0 | 0 | .0440 |
| 15 | 12 | 10 | 9 | 1 | 0 | 0 | 0 | .0013 | 15 | 15 | 10 | 9 | 9 | 5 | 0 | 0 | .0020 |
| 15 | 12 | 10 | 9 | 2 | 0 | 0 | 1 | .0266 | 15 | 11 | 11 | 9 | 1 | 0 | 0 | 0 | .0030 |
| 15 | 12 | 10 | 9 | 2 | 0 | 1 | 0 | .0427 | 15 | 11 | 11 | 9 | 2 | 0 | 0 | 1 | .0483 |
| 15 | 12 | 10 | 9 | 4 | 0 | 0 | 3 | .0083 | 15 | 11 | 11 | 9 | 4 | 0 | 0 | 3 | .0155 |
| 15 | 12 | 10 | 9 | 4 | 0 | 3 | 0 | .0161 | 15 | 11 | 11 | 9 | 5 | 0 | 0 | 4 | .0002 |
| 15 | 12 | 10 | 9 | 5 | 0 | 0 | 2 | .0427 | 15 | 11 | 11 | 9 | 5 | 0 | 1 | 3 | .0187 |
| 15 | 12 | 10 | 9 | 5 | 1 | 0 | 3 | .0183 | 15 | 11 | 11 | 9 | 5 | 0 | 4 | 0 | .0101 |
| 15 | 12 | 10 | 9 | 6 | 0 | 0 | 1 | .0266 | 15 | 11 | 11 | 9 | 5 | 1 | 0 | 3 | .0187 |
| 15 | 12 | 10 | 9 | 6 | 2 | 0 | 3 | .0083 | 15 | 11 | 11 | 9 | 5 | 4 | 0 | 0 | .0101 |
| 15 | 12 | 10 | 9 | 6 | 4 | 0 | 1 | .0266 | 15 | 11 | 11 | 9 | 6 | 0 | 0 | 3 | .0007 |
| 15 | 12 | 10 | 9 | 6 | 5 | 0 | 0 | .0013 | 15 | 11 | 11 | 9 | 6 | 0 | 3 | 0 | .0483 |
| 15 | 12 | 10 | 9 | 7 | 0 | 0 | 0 | .0035 | 15 | 11 | 11 | 9 | 6 | 1 | 1 | 3 | .0155 |
| 15 | 12 | 10 | 9 | 7 | 1 | 0 | 1 | .0361 | 15 | 11 | 11 | 9 | 6 | 1 | 4 | 0 | .0155 |
| 15 | 12 | 10 | 9 | 7 | 2 | 0 | 2 | .0143 | 15 | 11 | 11 | 9 | 6 | 3 | 0 | 0 | .0483 |
| 15 | 12 | 10 | 9 | 7 | 3 | 0 | 1 | .0361 | 15 | 11 | 11 | 9 | 6 | 4 | 1 | 0 | .0155 |
| 15 | 12 | 10 | 9 | 7 | 3 | 1 | 2 | .0143 | 15 | 11 | 11 | 9 | 7 | 0 | 0 | 0 | .0046 |
| 15 | 12 | 10 | 9 | 7 | 3 | 2 | 1 | .0361 | 15 | 11 | 11 | 9 | 7 | 0 | 0 | 2 | .0027 |
| 15 | 12 | 10 | 9 | 7 | 3 | 3 | 0 | .0035 | 15 | 11 | 11 | 9 | 7 | 0 | 1 | 1 | .0402 |
| 15 | 12 | 10 | 9 | 7 | 4 | 0 | 0 | .0065 | 15 | 11 | 11 | 9 | 7 | 0 | 2 | 0 | .0239 |
| 15 | 12 | 10 | 9 | 7 | 4 | 1 | 1 | .0143 | 15 | 11 | 11 | 9 | 7 | 1 | 0 | 1 | .0402 |
| 15 | 12 | 10 | 9 | 7 | 4 | 2 | 0 | .0065 | 15 | 11 | 11 | 9 | 7 | 1 | 1 | 2 | .0402 |
| 15 | 12 | 10 | 9 | 7 | 5 | 1 | 0 | .0003 | 15 | 11 | 11 | 9 | 7 | 1 | 3 | 0 | .0402 |
| 15 | 12 | 10 | 9 | 8 | 1 | 0 | 0 | .0025 | 15 | 11 | 11 | 9 | 7 | 2 | 0 | 0 | .0239 |
| 15 | 12 | 10 | 9 | 8 | 2 | 0 | 1 | .0041 | 15 | 11 | 11 | 9 | 7 | 2 | 2 | 2 | .0239 |
| 15 | 12 | 10 | 9 | 8 | 2 | 1 | 0 | .0095 | 15 | 11 | 11 | 9 | 7 | 2 | 3 | 1 | .0402 |
| 15 | 12 | 10 | 9 | 8 | 3 | 0 | 0 | .0025 | 15 | 11 | 11 | 9 | 7 | 2 | 4 | 0 | .0027 |
| 15 | 12 | 10 | 9 | 8 | 3 | 1 | 1 | .0065 | 15 | 11 | 11 | 9 | 7 | 3 | 1 | 0 | .0402 |
| 15 | 12 | 10 | 9 | 8 | 3 | 2 | 0 | .0025 | 15 | 11 | 11 | 9 | 7 | 3 | 2 | 1 | .0402 |
| 15 | 12 | 10 | 9 | 8 | 4 | 1 | 0 | .0005 | 15 | 11 | 11 | 9 | 7 | 3 | 3 | 0 | .0046 |

Tafel XVII-1-1 (Fortsetz.) 577

| | | | | | | | | | | | | | | | |
|---|---|---|---|---|---|---|---|---|---|---|---|---|---|---|---|
| 15 | 11 | 11 | 9 | 7 | 4 | 2 | 0 | .0027 | 15 | 12 | 12 | 9 | 7 | 0 | 0 | 0 | .0340 |
| 15 | 11 | 11 | 9 | 8 | 0 | 0 | 1 | .0004 | 15 | 12 | 12 | 9 | 7 | 0 | 0 | 2 | .0040 |
| 15 | 11 | 11 | 9 | 8 | 0 | 1 | 0 | .0027 | 15 | 12 | 12 | 9 | 7 | 1 | 1 | 2 | .0340 |
| 15 | 11 | 11 | 9 | 8 | 1 | 0 | 0 | .0027 | 15 | 12 | 12 | 9 | 8 | 0 | 0 | 1 | .0013 |
| 15 | 11 | 11 | 9 | 8 | 1 | 1 | 1 | .0080 | 15 | 12 | 12 | 9 | 8 | 0 | 1 | 0 | .0145 |
| 15 | 11 | 11 | 9 | 8 | 1 | 2 | 0 | .0080 | 15 | 12 | 12 | 9 | 8 | 1 | 0 | 0 | .0145 |
| 15 | 11 | 11 | 9 | 8 | 2 | 1 | 0 | .0080 | 15 | 12 | 12 | 9 | 8 | 1 | 1 | 1 | .0340 |
| 15 | 11 | 11 | 9 | 8 | 2 | 2 | 1 | .0080 | 15 | 12 | 12 | 9 | 8 | 2 | 2 | 1 | .0184 |
| 15 | 11 | 11 | 9 | 8 | 2 | 3 | 0 | .0027 | 15 | 12 | 12 | 9 | 8 | 2 | 3 | 0 | .0145 |
| 15 | 11 | 11 | 9 | 8 | 3 | 2 | 0 | .0027 | 15 | 12 | 12 | 9 | 8 | 3 | 2 | 0 | .0145 |
| 15 | 11 | 11 | 9 | 8 | 3 | 3 | 1 | .0004 | 15 | 12 | 12 | 9 | 9 | 0 | 0 | 0 | .0002 |
| 15 | 11 | 11 | 9 | 9 | 0 | 0 | 0 | .0000 | 15 | 12 | 12 | 9 | 9 | 1 | 1 | 0 | .0030 |
| 15 | 11 | 11 | 9 | 9 | 1 | 1 | 0 | .0001 | 15 | 12 | 12 | 9 | 9 | 2 | 2 | 0 | .0030 |
| 15 | 11 | 11 | 9 | 9 | 2 | 2 | 0 | .0001 | 15 | 12 | 12 | 9 | 9 | 3 | 3 | 0 | .0002 |
| 15 | 12 | 11 | 9 | 2 | 0 | 0 | 0 | .0170 | 15 | 13 | 12 | 9 | 6 | 0 | 0 | 2 | .0189 |
| 15 | 12 | 11 | 9 | 5 | 0 | 0 | 3 | .0029 | 15 | 13 | 12 | 9 | 7 | 0 | 0 | 1 | .0336 |
| 15 | 12 | 11 | 9 | 5 | 0 | 3 | 0 | .0452 | 15 | 13 | 12 | 9 | 7 | 1 | 0 | 2 | .0136 |
| 15 | 12 | 11 | 9 | 6 | 0 | 0 | 2 | .0194 | 15 | 13 | 12 | 9 | 8 | 0 | 0 | 0 | .0053 |
| 15 | 12 | 11 | 9 | 6 | 1 | 0 | 3 | .0029 | 15 | 13 | 12 | 9 | 8 | 1 | 0 | 1 | .0246 |
| 15 | 12 | 11 | 9 | 6 | 4 | 0 | 0 | .0170 | 15 | 13 | 12 | 9 | 9 | 1 | 0 | 0 | .0025 |
| 15 | 12 | 11 | 9 | 7 | 0 | 0 | 1 | .0129 | 15 | 13 | 12 | 9 | 9 | 2 | 1 | 0 | .0091 |
| 15 | 12 | 11 | 9 | 7 | 0 | 1 | 0 | .0411 | 15 | 13 | 12 | 9 | 9 | 3 | 2 | 0 | .0025 |
| 15 | 12 | 11 | 9 | 7 | 1 | 0 | 2 | .0129 | 15 | 14 | 12 | 9 | 6 | 2 | 0 | 1 | .0374 |
| 15 | 12 | 11 | 9 | 7 | 2 | 1 | 2 | .0411 | 15 | 14 | 12 | 9 | 9 | 2 | 0 | 0 | .0176 |
| 15 | 12 | 11 | 9 | 7 | 2 | 3 | 0 | .0411 | 15 | 14 | 12 | 9 | 9 | 3 | 1 | 0 | .0176 |
| 15 | 12 | 11 | 9 | 7 | 3 | 0 | 0 | .0411 | 15 | 15 | 12 | 9 | 9 | 3 | 0 | 0 | .0440 |
| 15 | 12 | 11 | 9 | 7 | 4 | 1 | 0 | .0129 | 15 | 13 | 13 | 9 | 7 | 0 | 0 | 2 | .0046 |
| 15 | 12 | 11 | 9 | 8 | 0 | 0 | 0 | .0013 | 15 | 13 | 13 | 9 | 8 | 0 | 0 | 1 | .0095 |
| 15 | 12 | 11 | 9 | 8 | 1 | 0 | 1 | .0046 | 15 | 13 | 13 | 9 | 9 | 0 | 0 | 0 | .0014 |
| 15 | 12 | 11 | 9 | 8 | 1 | 1 | 0 | .0272 | 15 | 13 | 13 | 9 | 9 | 1 | 1 | 0 | .0286 |
| 15 | 12 | 11 | 9 | 8 | 2 | 0 | 0 | .0059 | 15 | 13 | 13 | 9 | 9 | 2 | 2 | 0 | .0177 |
| 15 | 12 | 11 | 9 | 8 | 2 | 1 | 1 | .0272 | 15 | 14 | 13 | 9 | 9 | 1 | 0 | 0 | .0190 |
| 15 | 12 | 11 | 9 | 8 | 2 | 2 | 0 | .0272 | 15 | 14 | 14 | 9 | 9 | 0 | 0 | 0 | .0267 |
| 15 | 12 | 11 | 9 | 8 | 3 | 1 | 0 | .0129 | 15 | 10 | 10 | 10 | 0 | 0 | 0 | 0 | .0002 |
| 15 | 12 | 11 | 9 | 8 | 3 | 2 | 1 | .0046 | 15 | 10 | 10 | 10 | 1 | 0 | 0 | 1 | .0137 |
| 15 | 12 | 11 | 9 | 8 | 5 | 3 | 0 | .0013 | 15 | 10 | 10 | 10 | 1 | 0 | 1 | 0 | .0137 |
| 15 | 12 | 11 | 9 | 8 | 4 | 2 | 0 | .0004 | 15 | 10 | 10 | 10 | 1 | 1 | 0 | 0 | .0137 |
| 15 | 12 | 11 | 9 | 9 | 1 | 0 | 0 | .0002 | 15 | 10 | 10 | 10 | 2 | 0 | 0 | 0 | .0288 |
| 15 | 12 | 11 | 9 | 9 | 2 | 1 | 0 | .0013 | 15 | 10 | 10 | 10 | 4 | 0 | 0 | 4 | .0137 |
| 15 | 12 | 11 | 9 | 9 | 3 | 2 | 0 | .0002 | 15 | 10 | 10 | 10 | 4 | 0 | 4 | 0 | .0137 |
| 15 | 13 | 11 | 9 | 3 | 0 | 0 | 0 | .0477 | 15 | 10 | 10 | 10 | 4 | 4 | 0 | 0 | .0137 |
| 15 | 13 | 11 | 9 | 5 | 0 | 0 | 2 | .0389 | 15 | 10 | 10 | 10 | 5 | 0 | 0 | 5 | .0002 |
| 15 | 13 | 11 | 9 | 7 | 0 | 0 | 0 | .0336 | 15 | 10 | 10 | 10 | 5 | 1 | 4 | 0 | .0137 |
| 15 | 13 | 11 | 9 | 7 | 2 | 0 | 2 | .0336 | 15 | 10 | 10 | 10 | 5 | 0 | 4 | 1 | .0137 |
| 15 | 13 | 11 | 9 | 7 | 4 | 0 | 0 | .0336 | 15 | 10 | 10 | 10 | 5 | 0 | 5 | 0 | .0002 |
| 15 | 13 | 11 | 9 | 8 | 1 | 0 | 0 | .0336 | 15 | 10 | 10 | 10 | 5 | 1 | 0 | 4 | .0137 |
| 15 | 13 | 11 | 9 | 8 | 2 | 0 | 1 | .0336 | 15 | 10 | 10 | 10 | 5 | 1 | 4 | 0 | .0137 |
| 15 | 13 | 11 | 9 | 8 | 3 | 0 | 0 | .0336 | 15 | 10 | 10 | 10 | 5 | 4 | 0 | 1 | .0137 |
| 15 | 13 | 11 | 9 | 8 | 3 | 1 | 1 | .0336 | 15 | 10 | 10 | 10 | 5 | 4 | 1 | 0 | .0137 |
| 15 | 13 | 11 | 9 | 8 | 3 | 2 | 0 | .0336 | 15 | 10 | 10 | 10 | 5 | 5 | 0 | 0 | .0002 |
| 15 | 13 | 11 | 9 | 8 | 4 | 1 | 0 | .0035 | 15 | 10 | 10 | 10 | 6 | 0 | 0 | 0 | .0271 |
| 15 | 13 | 11 | 9 | 9 | 2 | 0 | 0 | .0007 | 15 | 10 | 10 | 10 | 6 | 0 | 0 | 4 | .0007 |
| 15 | 13 | 11 | 9 | 9 | 3 | 1 | 0 | .0015 | 15 | 10 | 10 | 10 | 6 | 0 | 1 | 3 | .0400 |
| 15 | 13 | 11 | 9 | 9 | 4 | 2 | 0 | .0001 | 15 | 10 | 10 | 10 | 6 | 0 | 3 | 1 | .0400 |
| 15 | 14 | 11 | 9 | 8 | 3 | 0 | 1 | .0198 | 15 | 10 | 10 | 10 | 6 | 0 | 4 | 0 | .0007 |
| 15 | 14 | 11 | 9 | 8 | 4 | 0 | 0 | .0110 | 15 | 10 | 10 | 10 | 6 | 1 | 0 | 3 | .0400 |
| 15 | 14 | 11 | 9 | 9 | 3 | 0 | 0 | .0044 | 15 | 10 | 10 | 10 | 6 | 1 | 1 | 4 | .0053 |
| 15 | 14 | 11 | 9 | 9 | 4 | 1 | 0 | .0015 | 15 | 10 | 10 | 10 | 6 | 1 | 3 | 0 | .0400 |
| 15 | 15 | 11 | 9 | 9 | 4 | 0 | 0 | .0110 | 15 | 10 | 10 | 10 | 6 | 1 | 4 | 1 | .0053 |
| 15 | 12 | 12 | 9 | 6 | 0 | 0 | 3 | .0006 | 15 | 10 | 10 | 10 | 6 | 3 | 0 | 1 | .0400 |

| | | | | | | | | | | | | | | | |
|---|---|---|---|---|---|---|---|---|---|---|---|---|---|---|---|
| 15 | 10 | 10 | 10 | 6 | 3 | 1 | 0 | .0400 | 15 | 11 | 10 | 10 | 7 | 2 | 0 | 2 | .0439 |
| 15 | 10 | 10 | 10 | 6 | 4 | 0 | 0 | .0007 | 15 | 11 | 10 | 10 | 7 | 2 | 1 | 3 | .0127 |
| 15 | 10 | 10 | 10 | 6 | 4 | 1 | 1 | .0053 | 15 | 11 | 10 | 10 | 7 | 2 | 2 | 0 | .0439 |
| 15 | 10 | 10 | 10 | 7 | 0 | 0 | 1 | .0185 | 15 | 11 | 10 | 10 | 7 | 2 | 2 | 2 | .0439 |
| 15 | 10 | 10 | 10 | 7 | 0 | 0 | 3 | .0011 | 15 | 11 | 10 | 10 | 7 | 2 | 3 | 1 | .0127 |
| 15 | 10 | 10 | 10 | 7 | 0 | 1 | 0 | .0185 | 15 | 11 | 10 | 10 | 7 | 3 | 0 | 1 | .0267 |
| 15 | 10 | 10 | 10 | 7 | 0 | 1 | 2 | .0257 | 15 | 11 | 10 | 10 | 7 | 3 | 1 | 0 | .0267 |
| 15 | 10 | 10 | 10 | 7 | 0 | 2 | 1 | .0257 | 15 | 11 | 10 | 10 | 7 | 3 | 1 | 2 | .0267 |
| 15 | 10 | 10 | 10 | 7 | 0 | 3 | 0 | .0011 | 15 | 11 | 10 | 10 | 7 | 3 | 2 | 1 | .0267 |
| 15 | 10 | 10 | 10 | 7 | 1 | 0 | 0 | .0185 | 15 | 11 | 10 | 10 | 7 | 4 | 0 | 0 | .0006 |
| 15 | 10 | 10 | 10 | 7 | 1 | 0 | 2 | .0257 | 15 | 11 | 10 | 10 | 7 | 4 | 1 | 1 | .0045 |
| 15 | 10 | 10 | 10 | 7 | 1 | 1 | 3 | .0185 | 15 | 11 | 10 | 10 | 8 | 0 | 0 | 1 | .0011 |
| 15 | 10 | 10 | 10 | 7 | 1 | 2 | 0 | .0257 | 15 | 11 | 10 | 10 | 8 | 0 | 1 | 0 | .0011 |
| 15 | 10 | 10 | 10 | 7 | 1 | 2 | 2 | .0472 | 15 | 11 | 10 | 10 | 8 | 1 | 0 | 0 | .0045 |
| 15 | 10 | 10 | 10 | 7 | 1 | 3 | 1 | .0185 | 15 | 11 | 10 | 10 | 8 | 1 | 0 | 2 | .0032 |
| 15 | 10 | 10 | 10 | 7 | 2 | 0 | 1 | .0257 | 15 | 11 | 10 | 10 | 8 | 1 | 1 | 1 | .0181 |
| 15 | 10 | 10 | 10 | 7 | 2 | 1 | 0 | .0257 | 15 | 11 | 10 | 10 | 8 | 1 | 2 | 0 | .0032 |
| 15 | 10 | 10 | 10 | 7 | 2 | 1 | 2 | .0472 | 15 | 11 | 10 | 10 | 8 | 2 | 0 | 1 | .0083 |
| 15 | 10 | 10 | 10 | 7 | 2 | 2 | 1 | .0472 | 15 | 11 | 10 | 10 | 8 | 2 | 1 | 0 | .0083 |
| 15 | 10 | 10 | 10 | 7 | 2 | 2 | 3 | .0039 | 15 | 11 | 10 | 10 | 8 | 2 | 1 | 2 | .0083 |
| 15 | 10 | 10 | 10 | 7 | 2 | 3 | 2 | .0039 | 15 | 11 | 10 | 10 | 8 | 2 | 2 | 1 | .0083 |
| 15 | 10 | 10 | 10 | 7 | 3 | 0 | 0 | .0011 | 15 | 11 | 10 | 10 | 8 | 3 | 0 | 0 | .0005 |
| 15 | 10 | 10 | 10 | 7 | 3 | 1 | 1 | .0185 | 15 | 11 | 10 | 10 | 8 | 3 | 1 | 1 | .0045 |
| 15 | 10 | 10 | 10 | 7 | 3 | 2 | 2 | .0039 | 15 | 11 | 10 | 10 | 8 | 3 | 2 | 2 | .0005 |
| 15 | 10 | 10 | 10 | 8 | 0 | 0 | 0 | .0004 | 15 | 11 | 10 | 10 | 9 | 0 | 0 | 0 | .0000 |
| 15 | 10 | 10 | 10 | 8 | 0 | 0 | 2 | .0004 | 15 | 11 | 10 | 10 | 9 | 1 | 0 | 1 | .0001 |
| 15 | 10 | 10 | 10 | 8 | 0 | 1 | 1 | .0018 | 15 | 11 | 10 | 10 | 9 | 1 | 1 | 0 | .0001 |
| 15 | 10 | 10 | 10 | 8 | 0 | 2 | 0 | .0004 | 15 | 11 | 10 | 10 | 9 | 2 | 0 | 0 | .0000 |
| 15 | 10 | 10 | 10 | 8 | 1 | 0 | 1 | .0018 | 15 | 11 | 10 | 10 | 9 | 2 | 1 | 1 | .0003 |
| 15 | 10 | 10 | 10 | 8 | 1 | 1 | 0 | .0018 | 15 | 11 | 10 | 10 | 10 | 1 | 0 | 0 | .0000 |
| 15 | 10 | 10 | 10 | 8 | 1 | 1 | 2 | .0027 | 15 | 12 | 10 | 10 | 2 | 0 | 0 | 0 | .0176 |
| 15 | 10 | 10 | 10 | 8 | 1 | 2 | 1 | .0027 | 15 | 12 | 10 | 10 | 5 | 0 | 0 | 3 | .0176 |
| 15 | 10 | 10 | 10 | 8 | 2 | 0 | 0 | .0004 | 15 | 12 | 10 | 10 | 5 | 0 | 3 | 0 | .0176 |
| 15 | 10 | 10 | 10 | 8 | 2 | 1 | 1 | .0027 | 15 | 12 | 10 | 10 | 6 | 1 | 0 | 3 | .0433 |
| 15 | 10 | 10 | 10 | 8 | 2 | 2 | 2 | .0012 | 15 | 12 | 10 | 10 | 6 | 1 | 3 | 0 | .0433 |
| 15 | 10 | 10 | 10 | 9 | 0 | 0 | 1 | .0000 | 15 | 12 | 10 | 10 | 6 | 4 | 0 | 0 | .0433 |
| 15 | 10 | 10 | 10 | 9 | 0 | 1 | 0 | .0000 | 15 | 12 | 10 | 10 | 7 | 0 | 0 | 1 | .0340 |
| 15 | 10 | 10 | 10 | 9 | 1 | 0 | 0 | .0000 | 15 | 12 | 10 | 10 | 7 | 0 | 1 | 0 | .0340 |
| 15 | 10 | 10 | 10 | 9 | 1 | 1 | 1 | .0000 | 15 | 12 | 10 | 10 | 7 | 2 | 0 | 3 | .0048 |
| 15 | 10 | 10 | 10 | 10 | 0 | 0 | 0 | .0000 | 15 | 12 | 10 | 10 | 7 | 2 | 3 | 0 | .0048 |
| 15 | 11 | 10 | 10 | 1 | 0 | 0 | 0 | .0025 | 15 | 12 | 10 | 10 | 7 | 3 | 0 | 2 | .0340 |
| 15 | 11 | 10 | 10 | 5 | 0 | 0 | 4 | .0025 | 15 | 12 | 10 | 10 | 7 | 3 | 2 | 0 | .0340 |
| 15 | 11 | 10 | 10 | 5 | 0 | 4 | 0 | .0025 | 15 | 12 | 10 | 10 | 7 | 4 | 0 | 1 | .0120 |
| 15 | 11 | 10 | 10 | 5 | 4 | 0 | 0 | .0196 | 15 | 12 | 10 | 10 | 7 | 4 | 1 | 0 | .0120 |
| 15 | 11 | 10 | 10 | 6 | 0 | 0 | 3 | .0168 | 15 | 12 | 10 | 10 | 7 | 5 | 0 | 0 | .0002 |
| 15 | 11 | 10 | 10 | 6 | 0 | 3 | 0 | .0168 | 15 | 12 | 10 | 10 | 8 | 0 | 0 | 0 | .0017 |
| 15 | 11 | 10 | 10 | 6 | 1 | 0 | 4 | .0016 | 15 | 12 | 10 | 10 | 8 | 1 | 0 | 1 | .0235 |
| 15 | 11 | 10 | 10 | 6 | 1 | 4 | 0 | .0016 | 15 | 12 | 10 | 10 | 8 | 1 | 1 | 0 | .0235 |
| 15 | 11 | 10 | 10 | 6 | 2 | 0 | 3 | .0307 | 15 | 12 | 10 | 10 | 8 | 2 | 0 | 0 | .0235 |
| 15 | 11 | 10 | 10 | 6 | 2 | 3 | 0 | .0307 | 15 | 12 | 10 | 10 | 8 | 2 | 0 | 2 | .0068 |
| 15 | 11 | 10 | 10 | 6 | 4 | 0 | 1 | .0168 | 15 | 12 | 10 | 10 | 8 | 2 | 1 | 1 | .0472 |
| 15 | 11 | 10 | 10 | 6 | 4 | 1 | 0 | .0168 | 15 | 12 | 10 | 10 | 8 | 2 | 2 | 0 | .0068 |
| 15 | 11 | 10 | 10 | 6 | 5 | 0 | 0 | .0002 | 15 | 12 | 10 | 10 | 8 | 3 | 0 | 1 | .0120 |
| 15 | 11 | 10 | 10 | 7 | 0 | 0 | 0 | .0127 | 15 | 12 | 10 | 10 | 8 | 3 | 1 | 0 | .0120 |
| 15 | 11 | 10 | 10 | 7 | 0 | 0 | 2 | .0127 | 15 | 12 | 10 | 10 | 8 | 3 | 1 | 2 | .0030 |
| 15 | 11 | 10 | 10 | 7 | 0 | 1 | 1 | .0439 | 15 | 12 | 10 | 10 | 8 | 3 | 2 | 1 | .0030 |
| 15 | 11 | 10 | 10 | 7 | 0 | 2 | 0 | .0127 | 15 | 12 | 10 | 10 | 8 | 4 | 0 | 0 | .0006 |
| 15 | 11 | 10 | 10 | 7 | 1 | 0 | 3 | .0056 | 15 | 12 | 10 | 10 | 8 | 4 | 1 | 1 | .0017 |
| 15 | 11 | 10 | 10 | 7 | 1 | 3 | 0 | .0056 | 15 | 12 | 10 | 10 | 9 | 1 | 0 | 0 | .0005 |
| 15 | 11 | 10 | 10 | 7 | 2 | 0 | 0 | .0439 | 15 | 12 | 10 | 10 | 9 | 2 | 0 | 1 | .0011 |

## Tafel XVII-1-1 (Fortsetz.)

| | | | | | | | | | | | | | | | | |
|---|---|---|---|---|---|---|---|---|---|---|---|---|---|---|---|---|
| 15 | 12 | 10 | 10 | 9 | 2 | 1 | 0 | .0011 | 15 | 11 | 11 | 10 | 9 | 0 | 1 | 0 | .0003 |
| 15 | 12 | 10 | 10 | 9 | 3 | 0 | 0 | .0001 | 15 | 11 | 11 | 10 | 9 | 1 | 0 | 0 | .0003 |
| 15 | 12 | 10 | 10 | 9 | 3 | 1 | 1 | .0005 | 15 | 11 | 11 | 10 | 9 | 1 | 1 | 1 | .0024 |
| 15 | 12 | 10 | 10 | 10 | 2 | 0 | 0 | .0000 | 15 | 11 | 11 | 10 | 9 | 1 | 2 | 0 | .0009 |
| 15 | 13 | 10 | 10 | 7 | 0 | 0 | 0 | .0122 | 15 | 11 | 11 | 10 | 9 | 2 | 1 | 0 | .0009 |
| 15 | 13 | 10 | 10 | 7 | 4 | 0 | 0 | .0336 | 15 | 11 | 11 | 10 | 9 | 2 | 2 | 1 | .0009 |
| 15 | 13 | 10 | 10 | 8 | 1 | 0 | 0 | .0165 | 15 | 11 | 11 | 10 | 10 | 0 | 0 | 0 | .0000 |
| 15 | 13 | 10 | 10 | 8 | 3 | 0 | 0 | .0336 | 15 | 11 | 11 | 10 | 10 | 1 | 1 | 0 | .0000 |
| 15 | 13 | 10 | 10 | 8 | 3 | 0 | 2 | .0084 | 15 | 12 | 11 | 10 | 6 | 0 | 0 | 3 | .0085 |
| 15 | 13 | 10 | 10 | 8 | 3 | 1 | 1 | .0336 | 15 | 12 | 11 | 10 | 6 | 0 | 3 | 0 | .0278 |
| 15 | 13 | 10 | 10 | 8 | 3 | 2 | 0 | .0084 | 15 | 12 | 11 | 10 | 7 | 0 | 0 | 2 | .0244 |
| 15 | 13 | 10 | 10 | 8 | 4 | 0 | 1 | .0084 | 15 | 12 | 11 | 10 | 7 | 1 | 0 | 3 | .0071 |
| 15 | 13 | 10 | 10 | 8 | 4 | 1 | 0 | .0084 | 15 | 12 | 11 | 10 | 7 | 1 | 3 | 0 | .0317 |
| 15 | 13 | 10 | 10 | 8 | 5 | 0 | 0 | .0002 | 15 | 12 | 11 | 10 | 7 | 4 | 0 | 0 | .0071 |
| 15 | 13 | 10 | 10 | 9 | 2 | 0 | 0 | .0027 | 15 | 12 | 11 | 10 | 8 | 0 | 0 | 1 | .0143 |
| 15 | 13 | 10 | 10 | 9 | 3 | 0 | 1 | .0018 | 15 | 12 | 11 | 10 | 8 | 0 | 1 | 0 | .0186 |
| 15 | 13 | 10 | 10 | 9 | 3 | 1 | 0 | .0018 | 15 | 12 | 11 | 10 | 8 | 1 | 0 | 0 | .0491 |
| 15 | 13 | 10 | 10 | 9 | 4 | 0 | 0 | .0005 | 15 | 12 | 11 | 10 | 8 | 1 | 0 | 2 | .0143 |
| 15 | 13 | 10 | 10 | 9 | 4 | 1 | 1 | .0005 | 15 | 12 | 11 | 10 | 8 | 1 | 2 | 0 | .0491 |
| 15 | 13 | 10 | 10 | 10 | 3 | 0 | 0 | .0000 | 15 | 12 | 11 | 10 | 8 | 2 | 0 | 1 | .0491 |
| 15 | 14 | 10 | 10 | 8 | 4 | 0 | 0 | .0170 | 15 | 12 | 11 | 10 | 8 | 2 | 1 | 2 | .0186 |
| 15 | 14 | 10 | 10 | 9 | 3 | 0 | 0 | .0070 | 15 | 12 | 11 | 10 | 8 | 2 | 2 | 1 | .0491 |
| 15 | 14 | 10 | 10 | 9 | 4 | 0 | 1 | .0026 | 15 | 12 | 11 | 10 | 8 | 2 | 3 | 0 | .0033 |
| 15 | 14 | 10 | 10 | 9 | 4 | 1 | 0 | .0026 | 15 | 12 | 11 | 10 | 8 | 3 | 0 | 0 | .0143 |
| 15 | 14 | 10 | 10 | 9 | 5 | 0 | 0 | .0003 | 15 | 12 | 11 | 10 | 8 | 3 | 1 | 1 | .0244 |
| 15 | 14 | 10 | 10 | 10 | 4 | 0 | 0 | .0001 | 15 | 12 | 11 | 10 | 8 | 3 | 2 | 0 | .0143 |
| 15 | 15 | 10 | 10 | 9 | 4 | 0 | 0 | .0170 | 15 | 12 | 11 | 10 | 8 | 4 | 1 | 0 | .0011 |
| 15 | 15 | 10 | 10 | 10 | 5 | 0 | 0 | .0003 | 15 | 12 | 11 | 10 | 9 | 0 | 0 | 0 | .0004 |
| 15 | 11 | 11 | 10 | 2 | 0 | 0 | 0 | .0195 | 15 | 12 | 11 | 10 | 9 | 1 | 0 | 1 | .0025 |
| 15 | 11 | 11 | 10 | 5 | 0 | 0 | 3 | .0306 | 15 | 12 | 11 | 10 | 9 | 1 | 1 | 0 | .0071 |
| 15 | 11 | 11 | 10 | 6 | 0 | 0 | 4 | .0004 | 15 | 12 | 11 | 10 | 9 | 2 | 0 | 0 | .0025 |
| 15 | 11 | 11 | 10 | 6 | 0 | 1 | 3 | .0278 | 15 | 12 | 11 | 10 | 9 | 2 | 1 | 1 | .0071 |
| 15 | 11 | 11 | 10 | 6 | 0 | 4 | 0 | .0059 | 15 | 12 | 11 | 10 | 9 | 2 | 2 | 0 | .0025 |
| 15 | 11 | 11 | 10 | 6 | 1 | 0 | 3 | .0278 | 15 | 12 | 11 | 10 | 9 | 3 | 1 | 0 | .0007 |
| 15 | 11 | 11 | 10 | 6 | 4 | 0 | 0 | .0059 | 15 | 12 | 11 | 10 | 9 | 3 | 2 | 1 | .0004 |
| 15 | 11 | 11 | 10 | 7 | 0 | 0 | 3 | .0024 | 15 | 12 | 11 | 10 | 10 | 1 | 0 | 0 | .0000 |
| 15 | 11 | 11 | 10 | 7 | 0 | 3 | 0 | .0120 | 15 | 12 | 11 | 10 | 10 | 2 | 1 | 0 | .0001 |
| 15 | 11 | 11 | 10 | 7 | 1 | 1 | 3 | .0120 | 15 | 13 | 11 | 10 | 6 | 0 | 0 | 2 | .0355 |
| 15 | 11 | 11 | 10 | 7 | 1 | 4 | 0 | .0024 | 15 | 13 | 11 | 10 | 8 | 0 | 0 | 0 | .0162 |
| 15 | 11 | 11 | 10 | 7 | 2 | 3 | 0 | .0233 | 15 | 13 | 11 | 10 | 8 | 2 | 0 | 2 | .0162 |
| 15 | 11 | 11 | 10 | 7 | 3 | 0 | 0 | .0120 | 15 | 13 | 11 | 10 | 8 | 2 | 2 | 0 | .0449 |
| 15 | 11 | 11 | 10 | 7 | 3 | 2 | 0 | .0233 | 15 | 13 | 11 | 10 | 8 | 3 | 0 | 1 | .0267 |
| 15 | 11 | 11 | 10 | 7 | 4 | 1 | 0 | .0024 | 15 | 13 | 11 | 10 | 8 | 4 | 0 | 0 | .0058 |
| 15 | 11 | 11 | 10 | 8 | 0 | 0 | 0 | .0048 | 15 | 13 | 11 | 10 | 9 | 1 | 0 | 0 | .0099 |
| 15 | 11 | 11 | 10 | 8 | 0 | 0 | 2 | .0011 | 15 | 13 | 11 | 10 | 9 | 2 | 0 | 1 | .0099 |
| 15 | 11 | 11 | 10 | 8 | 0 | 1 | 1 | .0178 | 15 | 13 | 11 | 10 | 9 | 2 | 1 | 0 | .0204 |
| 15 | 11 | 11 | 10 | 8 | 0 | 2 | 0 | .0081 | 15 | 13 | 11 | 10 | 9 | 3 | 0 | 0 | .0042 |
| 15 | 11 | 11 | 10 | 8 | 1 | 0 | 1 | .0178 | 15 | 13 | 11 | 10 | 9 | 3 | 1 | 1 | .0042 |
| 15 | 11 | 11 | 10 | 8 | 1 | 1 | 0 | .0392 | 15 | 13 | 11 | 10 | 9 | 3 | 2 | 0 | .0014 |
| 15 | 11 | 11 | 10 | 8 | 1 | 1 | 2 | .0178 | 15 | 13 | 11 | 10 | 9 | 4 | 1 | 0 | .0007 |
| 15 | 11 | 11 | 10 | 8 | 1 | 2 | 1 | .0392 | 15 | 13 | 11 | 10 | 10 | 2 | 0 | 0 | .0003 |
| 15 | 11 | 11 | 10 | 8 | 1 | 3 | 0 | .0048 | 15 | 13 | 11 | 10 | 10 | 3 | 1 | 0 | .0001 |
| 15 | 11 | 11 | 10 | 8 | 2 | 0 | 0 | .0081 | 15 | 14 | 11 | 10 | 9 | 2 | 0 | 0 | .0330 |
| 15 | 11 | 11 | 10 | 8 | 2 | 1 | 1 | .0392 | 15 | 14 | 11 | 10 | 9 | 3 | 0 | 1 | .0085 |
| 15 | 11 | 11 | 10 | 8 | 2 | 2 | 0 | .0178 | 15 | 14 | 11 | 10 | 9 | 3 | 1 | 0 | .0183 |
| 15 | 11 | 11 | 10 | 8 | 2 | 2 | 2 | .0081 | 15 | 14 | 11 | 10 | 9 | 4 | 0 | 0 | .0037 |
| 15 | 11 | 11 | 10 | 8 | 2 | 3 | 1 | .0048 | 15 | 14 | 11 | 10 | 10 | 3 | 0 | 0 | .0012 |
| 15 | 11 | 11 | 10 | 8 | 3 | 1 | 0 | .0048 | 15 | 14 | 11 | 10 | 10 | 4 | 1 | 0 | .0002 |
| 15 | 11 | 11 | 10 | 8 | 3 | 2 | 1 | .0048 | 15 | 15 | 11 | 10 | 10 | 4 | 0 | 0 | .0037 |
| 15 | 11 | 11 | 10 | 9 | 0 | 0 | 1 | .0001 | 15 | 12 | 12 | 10 | 7 | 0 | 0 | 3 | .0025 |

Tafel XVII-1-1 (Fortsetz.)

```
15 12 12 10  7 0 3 0 .0456    15 11 11 11  9 0 1 1 .0069
15 12 12 10  7 3 0 0 .0456    15 11 11 11  9 0 2 0 .0014
15 12 12 10  8 0 0 0 .0340    15 11 11 11  9 1 0 1 .0069
15 12 12 10  8 0 0 2 .0036    15 11 11 11  9 1 1 0 .0069
15 12 12 10  8 1 1 2 .0340    15 11 11 11  9 1 1 2 .0069
15 12 12 10  8 1 3 0 .0340    15 11 11 11  9 1 2 1 .0069
15 12 12 10  8 3 1 0 .0340    15 11 11 11  9 2 0 0 .0014
15 12 12 10  9 0 0 1 .0019    15 11 11 11  9 2 1 1 .0069
15 12 12 10  9 0 1 0 .0079    15 11 11 11  9 2 2 2 .0014
15 12 12 10  9 1 0 0 .0079    15 11 11 11 10 0 0 1 .0001
15 12 12 10  9 1 1 1 .0165    15 11 11 11 10 0 1 0 .0001
15 12 12 10  9 1 2 0 .0166    15 11 11 11 10 1 0 0 .0001
15 12 12 10  9 2 1 0 .0166    15 11 11 11 10 1 1 1 .0001
15 12 12 10  9 2 2 1 .0079    15 11 11 11 11 0 0 0 .0000
15 12 12 10  9 2 3 0 .0019    15 12 11 11  7 0 0 3 .0213
15 12 12 10  9 3 2 0 .0019    15 12 11 11  7 0 3 0 .0213
15 12 12 10 10 0 0 0 .0000    15 12 11 11  8 0 0 0 .0526
15 12 12 10 10 1 1 0 .0005    15 12 11 11  8 0 0 2 .0340
15 12 12 10 10 2 2 0 .0002    15 12 11 11  8 0 2 0 .0340
15 13 12 10  7 0 0 2 .0436    15 12 11 11  8 1 0 3 .0107
15 13 12 10  8 1 0 2 .0173    15 12 11 11  8 1 3 0 .0107
15 13 12 10  9 0 0 0 .0042    15 12 11 11  8 2 0 2 .0526
15 13 12 10  9 1 0 1 .0126    15 12 11 11  8 2 2 0 .0526
15 13 12 10  9 2 0 0 .0361    15 12 11 11  8 3 0 1 .0340
15 13 12 10  9 2 1 1 .0361    15 12 11 11  8 3 1 0 .0340
15 13 12 10  9 2 2 0 .0361    15 12 11 11  8 4 0 0 .0011
15 13 12 10  9 3 1 0 .0126    15 12 11 11  9 0 0 1 .0107
15 13 12 10 10 1 0 0 .0008    15 12 11 11  9 0 1 0 .0107
15 13 12 10 10 2 1 0 .0021    15 12 11 11  9 1 0 0 .0213
15 13 12 10 10 3 2 0 .0002    15 12 11 11  9 1 0 2 .0107
15 14 12 10  9 2 0 1 .0366    15 12 11 11  9 1 1 1 .0383
15 14 12 10  9 3 0 0 .0366    15 12 11 11  9 1 2 0 .0107
15 14 12 10 10 2 0 0 .0073    15 12 11 11  9 2 0 1 .0213
15 14 12 10 10 3 1 0 .0029    15 12 11 11  9 2 1 0 .0213
15 15 12 10 10 3 0 0 .0220    15 12 11 11  9 2 1 2 .0107
15 13 13 10  8 0 0 2 .0077    15 12 11 11  9 2 2 1 .0107
15 13 13 10  9 0 0 1 .0122    15 12 11 11  9 3 0 0 .0014
15 13 13 10 10 0 0 0 .0009    15 12 11 11  9 3 1 1 .0021
15 13 13 10 10 1 1 0 .0177    15 12 11 11 10 0 0 0 .0001
15 13 13 10 10 2 2 0 .0036    15 12 11 11 10 1 0 1 .0008
15 14 13 10 10 1 0 0 .0127    15 12 11 11 10 1 1 0 .0008
15 14 13 10 10 2 1 0 .0317    15 12 11 11 10 2 0 0 .0002
15 14 14 10 10 0 0 0 .0222    15 12 11 11 10 2 1 1 .0008
15 11 11 11  7 0 0 4 .0014    15 12 11 11 11 1 0 0 .0000
15 11 11 11  7 0 1 3 .0271    15 13 11 11  9 0 0 0 .0107
15 11 11 11  7 0 3 1 .0271    15 13 11 11  9 1 0 1 .0537
15 11 11 11  7 0 4 0 .0014    15 13 11 11  9 1 1 0 .0537
15 11 11 11  7 1 0 3 .0271    15 13 11 11  9 2 0 0 .0537
15 11 11 11  7 1 3 0 .0271    15 13 11 11  9 2 0 2 .0107
15 11 11 11  7 3 0 1 .0271    15 13 11 11  9 2 1 1 .0537
15 11 11 11  7 3 1 0 .0271    15 13 11 11  9 2 2 0 .0107
15 11 11 11  7 4 0 0 .0014    15 13 11 11  9 3 0 1 .0168
15 11 11 11  8 0 0 3 .0027    15 13 11 11  9 3 1 0 .0168
15 11 11 11  8 0 3 0 .0027    15 13 11 11  9 4 0 0 .0010
15 11 11 11  8 1 1 3 .0101    15 13 11 11 10 1 0 0 .0038
15 11 11 11  8 1 3 1 .0101    15 13 11 11 10 2 0 1 .0038
15 11 11 11  8 3 0 0 .0027    15 13 11 11 10 2 1 0 .0038
15 11 11 11  8 3 1 1 .0101    15 13 11 11 10 3 0 0 .0007
15 11 11 11  9 0 0 0 .0016    15 13 11 11 10 3 1 1 .0007
15 11 11 11  9 0 0 2 .0014    15 13 11 11 11 2 0 0 .0000
```

Tafel XVII-1-1 (Fortsetz.)

```
15  14  11  11   9  3  0  0  .0330    15  12  12  12  10  0  2  0  .0037
15  14  11  11  10  2  0  0  .0115    15  12  12  12  10  1  0  1  .0261
15  14  11  11  10  3  0  1  .0050    15  12  12  12  10  1  1  0  .0261
15  14  11  11  10  3  1  0  .0050    15  12  12  12  10  1  1  2  .0146
15  14  11  11  10  4  0  0  .0007    15  12  12  12  10  1  2  1  .0146
15  14  11  11  11  3  0  0  .0002    15  12  12  12  10  2  0  0  .0037
15  15  11  11  10  3  0  0  .0330    15  12  12  12  10  2  1  1  .0146
15  15  11  11  11  4  0  0  .0007    15  12  12  12  11  0  0  1  .0005
15  12  12  11   8  0  0  3  .0041    15  12  12  12  11  0  0  1  .0005
15  12  12  11   8  0  3  0  .0308    15  12  12  12  11  1  0  0  .0005
15  12  12  11   8  3  0  0  .0308    15  12  12  12  11  1  1  1  .0009
15  12  12  11   9  0  0  0  .0308    15  12  12  12  12  0  0  0  .0000
15  12  12  11   9  0  0  2  .0073    15  13  12  12  10  0  0  1  .0482
15  12  12  11   9  0  2  0  .0308    15  13  12  12  10  0  1  0  .0482
15  12  12  11   9  1  1  2  .0308    15  13  12  12  10  1  0  2  .0150
15  12  12  11   9  1  3  0  .0073    15  13  12  12  10  1  2  0  .0150
15  12  12  11   9  2  0  0  .0308    15  13  12  12  10  2  0  1  .0482
15  12  12  11   9  2  2  0  .0308    15  13  12  12  10  2  1  0  .0482
15  12  12  11   9  3  1  0  .0073    15  13  12  12  10  3  0  0  .0037
15  12  12  11  10  0  0  1  .0007    15  13  12  12  11  0  0  0  .0023
15  12  12  11  10  0  1  0  .0033    15  13  12  12  11  1  0  1  .0067
15  12  12  11  10  1  0  0  .0033    15  13  12  12  11  1  1  0  .0067
15  12  12  11  10  1  1  1  .0085    15  13  12  12  11  2  0  0  .0023
15  12  12  11  10  1  2  0  .0033    15  13  12  12  11  2  1  1  .0023
15  12  12  11  10  2  1  0  .0033    15  13  12  12  12  1  0  0  .0001
15  12  12  11  10  2  2  1  .0007    15  14  12  12  10  0  0  0  .0523
15  12  12  11  11  0  0  0  .0000    15  14  12  12  11  1  0  0  .0233
15  12  12  11  11  1  1  0  .0001    15  14  12  12  11  2  0  1  .0127
15  13  12  11   8  0  0  2  .0468    15  14  12  12  11  2  1  0  .0127
15  13  12  11   9  0  0  1  .0364    15  14  12  12  11  3  0  0  .0022
15  13  12  11   9  1  0  2  .0217    15  14  12  12  12  2  0  0  .0004
15  13  12  11   9  3  0  0  .0217    15  15  12  12  12  3  0  0  .0022
15  13  12  11  10  0  0  0  .0042    15  13  13  12  10  0  0  2  .0166
15  13  12  11  10  1  0  1  .0125    15  13  13  12  11  0  0  1  .0106
15  13  12  11  10  1  1  0  .0272    15  13  13  12  11  0  1  0  .0362
15  13  12  11  10  2  0  0  .0125    15  13  13  12  11  1  0  0  .0362
15  13  12  11  10  2  1  1  .0125    15  13  13  12  11  1  1  1  .0362
15  13  12  11  10  2  2  0  .0042    15  13  13  12  11  1  2  0  .0106
15  13  12  11  10  3  1  0  .0014    15  13  13  12  11  2  1  0  .0106
15  13  12  11  11  1  0  0  .0005    15  13  13  12  12  0  0  0  .0003
15  13  12  11  11  2  1  0  .0005    15  13  13  12  12  1  1  0  .0008
15  14  12  11  10  2  0  1  .0185    15  14  13  12  12  1  0  0  .0057
15  14  12  11  10  3  0  0  .0088    15  14  13  12  12  2  1  0  .0019
15  14  12  11  11  2  0  0  .0023    15  15  13  12  12  2  0  0  .0286
15  14  12  11  11  3  1  0  .0006    15  14  14  12  12  0  0  0  .0133
15  15  12  11  11  3  0  0  .0088    15  14  14  12  12  1  1  0  .0400
15  13  13  11   9  0  0  2  .0122    15  13  13  13  11  0  0  2  .0307
15  13  13  11  10  0  0  1  .0073    15  13  13  13  11  0  2  0  .0307
15  13  13  11  11  0  0  0  .0011    15  13  13  13  11  2  0  0  .0307
15  13  13  11  11  1  1  0  .0033    15  13  13  13  12  0  0  1  .0095
15  13  13  11  11  2  2  0  .0011    15  13  13  13  12  0  1  0  .0095
15  14  13  11  11  1  0  0  .0152    15  13  13  13  12  1  0  0  .0095
15  14  13  11  11  2  1  0  .0152    15  13  13  13  12  1  1  1  .0095
15  14  14  11  11  0  0  0  .0178    15  13  13  13  13  0  0  0  .0001
15  12  12  12   9  0  0  3  .0069    15  14  13  13  12  2  0  0  .0095
15  12  12  12   9  0  3  0  .0069    15  14  13  13  13  1  0  0  .0013
15  12  12  12   9  3  0  0  .0069    15  15  13  13  13  2  0  0  .0095
15  12  12  12  10  0  0  0  .0146    15  14  14  13  13  0  0  0  .0178
15  12  12  12  10  0  0  2  .0037    15  14  14  13  13  1  1  0  .0178
15  12  12  12  10  0  1  1  .0261    15  14  14  14  14  0  0  0  .0044
```

**Tafel XVII-1-1b**

Tafel des exakten $2^3$-Felder-Kontingenztests

Entnommen aus BROWN, C. C., B. HEINZE und H. P. KRÜGER: Ein exakter $2^3$-Felderkontingenztest. EDV in Biologie und Medizin (1976, im Druck) mit freundlicher Genehmigung der Verfasser und des Herausgebers zum Vorabdruck.

Die Tafel enthält die $\alpha\%$-Schranken der Prüfgröße $S = \sum_{i,j,k=1}^{2} \log(f_{ijk}!)$ als Summe der Logarithmen der Fakultäten der acht Felderfrequenzen des Kontingenzwürfels. Die Eingangsparameter der Tafel sind $N \triangleq$ Stichprobenumfang, N1, N2 und N3 die Häufigkeiten, mit der die Alternativ-Merkmale 1, 2 und 3 in Positivform auftreten (eindimensionale Randsummen). Die Merkmale sind so mit 1, 2 oder 3 zu bezeichnen, daß $N1 \geqslant N2 \geqslant N3$. Erreicht oder überschreitet eine berechnete Prüfgröße den für $\alpha$ geltenden Tafelwert, so besteht eine Kontingenz zwischen mindestens zweien der drei Merkmale. Die Tafel gilt für $N = 3(1)20$.

Für kleine Stichproben vom Umfang $N = 1(1)10$ sei auf die Tafel XVII-1-1a verwiesen, die die exakten Wahrscheinlichkeiten des Kontingenzwürfels enthält. Die Fakultäten und deren Logarithmen entnehme man aus Tafel XV-2.

Man beachte, daß der Test ein Omnibustest ist, der auf Zusammenhänge aller Art anspricht und daher gegen Zusammenhänge im Sinne eines Kontingenztrends mit übersetzten Raumdiagonalfeldern nur relativ schwach anspricht. Näherungsweise kann gegen Kontingenztrend als spezielle Alternative dadurch schärfer geprüft werden, daß unter der Schranke $2\alpha$ abgelesen wird.

*Ablesebeispiel:* In einem Kontingenzwürfel mit $N = 8$ und $N1 = N2 = N3 = 4$, in welchem nur die Raumdiagonalfelder, etwa (111) und (222) mit je 4 besetzt und die übrigen 6 Felder leer sind, gilt $S = \log 4! + \log 0! + \ldots + \log 4! = 2{,}76042$, welcher Wert genau auf der 0,1%-Stufe signifikant ist.

Tafel XVII-1-1b (Fortsetz.)

| N | N1 | N2 | N3 | 20% | 10% | 5% | 1% | 0.1% |
|---|----|----|----|-----|-----|----|----|------|
| 3 | 2 | 2 | 2 | 0.30103 | --- | --- | --- | --- |
| 4 | 3 | 3 | 3 | --- | 0.77815 | --- | --- | --- |
| 4 | 3 | 3 | 2 | --- | --- | --- | --- | --- |
| 4 | 3 | 2 | 2 | --- | --- | --- | --- | --- |
| 4 | 2 | 2 | 2 | 0.60206 | --- | --- | --- | --- |
| 5 | 4 | 4 | 4 | --- | --- | 1.38021 | --- | --- |
| 5 | 4 | 4 | 3 | 0.77815 | --- | --- | --- | --- |
| 5 | 4 | 3 | 3 | 0.60206 | --- | 0.77815 | --- | --- |
| 5 | 3 | 3 | 3 | --- | 0.60206 | --- | 1.07918 | --- |
| 6 | 5 | 5 | 5 | --- | --- | 2.07918 | --- | --- |
| 6 | 5 | 5 | 4 | 1.38021 | --- | --- | --- | --- |
| 6 | 5 | 5 | 3 | 1.07918 | --- | --- | --- | --- |
| 6 | 5 | 4 | 4 | --- | 1.07918 | 1.38021 | --- | --- |
| 6 | 5 | 4 | 3 | 0.77815 | 1.07918 | --- | --- | --- |
| 6 | 5 | 3 | 3 | --- | 1.07918 | --- | --- | --- |
| 6 | 4 | 4 | 4 | 0.90309 | --- | --- | 1.68124 | --- |
| 6 | 4 | 4 | 3 | --- | 0.77815 | 1.07918 | --- | --- |
| 6 | 4 | 3 | 3 | --- | --- | 1.07918 | --- | --- |
| 6 | 3 | 3 | 3 | --- | --- | --- | 1.55630 | --- |
| 7 | 6 | 6 | 6 | --- | --- | 2.85733 | --- | --- |
| 7 | 6 | 6 | 5 | 1.68124 | 2.07918 | --- | --- | --- |
| 7 | 6 | 6 | 4 | 1.55630 | 1.68124 | --- | --- | --- |
| 7 | 6 | 5 | 5 | --- | --- | 1.68124 | 2.07918 | --- |
| 7 | 6 | 5 | 4 | --- | 1.38021 | 1.68124 | --- | --- |
| 7 | 6 | 4 | 4 | --- | --- | 1.55630 | 1.68124 | --- |
| 7 | 5 | 5 | 5 | 1.38021 | --- | --- | 2.38021 | --- |
| 7 | 5 | 5 | 4 | 1.07918 | --- | 1.38021 | 1.68124 | --- |
| 7 | 5 | 4 | 4 | 0.90309 | --- | --- | 1.38021 | --- |
| 7 | 4 | 4 | 4 | 0.77815 | 1.07918 | --- | 1.55630 | 2.15836 |
| 8 | 7 | 7 | 7 | --- | --- | 3.70243 | --- | --- |
| 8 | 7 | 7 | 6 | 2.38021 | 2.85733 | --- | --- | --- |
| 8 | 7 | 7 | 5 | 2.15836 | --- | 2.38021 | --- | --- |
| 8 | 7 | 7 | 4 | 2.15836 | --- | --- | --- | --- |
| 8 | 7 | 6 | 6 | 2.07918 | --- | 2.38021 | 2.85733 | --- |
| 8 | 7 | 6 | 5 | --- | --- | 2.07918 | 2.38021 | --- |
| 8 | 7 | 6 | 4 | --- | --- | --- | --- | --- |
| 8 | 7 | 5 | 5 | 1.55630 | 1.68124 | 2.15836 | 2.38021 | --- |
| 8 | 7 | 5 | 4 | 1.55630 | 1.68124 | 2.15836 | --- | --- |
| 8 | 7 | 4 | 4 | 1.55630 | --- | 2.15836 | --- | --- |
| 8 | 6 | 6 | 6 | 1.98227 | 2.07918 | --- | --- | 3.15836 |
| 8 | 6 | 6 | 5 | --- | 1.68124 | 1.85733 | 2.07918 | --- |
| 8 | 6 | 6 | 4 | 1.38021 | --- | 1.55630 | --- | --- |
| 8 | 6 | 5 | 5 | 1.38021 | --- | 1.68124 | 2.38021 | --- |
| 8 | 6 | 5 | 4 | 1.38021 | --- | 1.55630 | --- | --- |
| 8 | 6 | 4 | 4 | 1.20412 | --- | 1.55630 | 1.98227 | --- |
| 8 | 5 | 5 | 5 | --- | 1.38021 | 1.68124 | 1.85733 | 2.85733 |
| 8 | 5 | 5 | 4 | --- | 1.38021 | 1.55630 | 1.68124 | --- |
| 8 | 5 | 4 | 4 | 1.07918 | --- | 1.38021 | 2.15836 | --- |
| 8 | 4 | 4 | 4 | 1.07918 | 1.20412 | 1.55630 | --- | 2.76042 |
| 9 | 8 | 8 | 8 | --- | --- | --- | 4.60552 | --- |
| 9 | 8 | 8 | 7 | 3.15836 | --- | 3.70243 | --- | --- |
| 9 | 8 | 8 | 6 | 2.85733 | --- | 3.15836 | --- | --- |
| 9 | 8 | 8 | 5 | 2.76042 | --- | 2.85733 | --- | --- |
| 9 | 8 | 7 | 7 | 2.85733 | --- | 3.15836 | 3.70243 | --- |
| 9 | 8 | 7 | 6 | 2.38021 | --- | 2.85733 | 3.15836 | --- |
| 9 | 8 | 7 | 5 | --- | 2.38021 | --- | --- | --- |

| N | N1 | N2 | N3 | 20% | 10% | 5% | 1% | 0.1% |
|---|----|----|----|-----|-----|-----|-----|------|
| 9 | 8 | 6 | 6 | 1.98227 | 2.38021 | --- | 2.85733 | --- |
| 9 | 8 | 6 | 5 | 1.98227 | 2.15836 | 2.38021 | 2.85733 | --- |
| 9 | 8 | 5 | 5 | 1.68124 | 2.15836 | --- | 2.76042 | --- |
| 9 | 7 | 7 | 7 | --- | 2.68124 | 2.85733 | --- | 4.00346 |
| 9 | 7 | 7 | 6 | 2.07918 | 2.38021 | 2.45939 | 2.85733 | --- |
| 9 | 7 | 7 | 5 | --- | 1.98227 | 2.07918 | 2.68124 | --- |
| 9 | 7 | 6 | 6 | 1.85733 | 1.98227 | 2.07918 | 2.45939 | 3.15836 |
| 9 | 7 | 6 | 5 | 1.68124 | 1.85733 | 1.98227 | 2.38021 | --- |
| 9 | 7 | 5 | 5 | 1.55630 | --- | 1.85733 | 2.45939 | 2.68124 |
| 9 | 6 | 6 | 6 | --- | 1.68124 | 1.98227 | 2.38021 | 3.63548 |
| 9 | 6 | 6 | 5 | --- | 1.68124 | 1.98227 | 2.38021 | 2.85733 |
| 9 | 6 | 5 | 5 | --- | 1.55630 | 1.68124 | 2.15836 | 2.45939 |
| 9 | 5 | 5 | 5 | 1.38021 | 1.55630 | 1.68124 | 2.15836 | 2.76042 |
| 10 | 9 | 9 | 9 | --- | --- | --- | 5.55976 | --- |
| 10 | 9 | 9 | 8 | 4.00346 | --- | 4.60552 | --- | --- |
| 10 | 9 | 9 | 7 | 3.63548 | 3.70243 | 4.00346 | --- | --- |
| 10 | 9 | 9 | 6 | --- | 3.45939 | 3.63548 | --- | --- |
| 10 | 9 | 9 | 5 | --- | 3.45939 | --- | --- | --- |
| 10 | 9 | 8 | 8 | 3.70243 | --- | 4.00346 | 4.60552 | --- |
| 10 | 9 | 8 | 7 | 3.15836 | --- | 3.70243 | 4.00346 | --- |
| 10 | 9 | 8 | 6 | 2.85733 | --- | 3.15836 | --- | --- |
| 10 | 9 | 8 | 5 | 2.76042 | 2.85733 | --- | --- | --- |
| 10 | 9 | 7 | 7 | 2.68124 | 2.85733 | 3.15836 | 3.63548 | --- |
| 10 | 9 | 7 | 6 | --- | 2.68124 | 2.85733 | 3.15836 | --- |
| 10 | 9 | 7 | 5 | --- | 2.68124 | 2.85733 | --- | --- |
| 10 | 9 | 6 | 6 | 2.33445 | 2.45939 | 2.76042 | 3.45939 | --- |
| 10 | 9 | 6 | 5 | 2.15836 | 2.45939 | 2.76042 | 3.45939 | --- |
| 10 | 9 | 5 | 5 | --- | --- | 2.76042 | 3.45939 | --- |
| 10 | 8 | 8 | 8 | --- | 3.45939 | 3.70243 | --- | 4.90655 |
| 10 | 8 | 8 | 7 | 2.68124 | --- | 3.15836 | 3.70243 | --- |
| 10 | 8 | 8 | 6 | --- | --- | 2.85733 | 3.06145 | --- |
| 10 | 8 | 8 | 5 | 2.38021 | --- | 2.68124 | 3.15836 | --- |
| 10 | 8 | 7 | 7 | 2.38021 | 2.45939 | 2.85733 | --- | 4.00346 |
| 10 | 8 | 7 | 6 | 2.07918 | 2.45939 | 2.68124 | 2.85733 | --- |
| 10 | 8 | 7 | 5 | 2.15836 | 2.38021 | 2.45939 | 3.15836 | --- |
| 10 | 8 | 6 | 6 | 2.15836 | 2.28330 | 2.38021 | 2.85733 | 3.45939 |
| 10 | 8 | 6 | 5 | 1.98227 | 2.15836 | 2.45939 | 2.76042 | --- |
| 10 | 8 | 5 | 5 | 1.98227 | --- | --- | 2.76042 | --- |
| 10 | 7 | 7 | 7 | 2.07918 | 2.33445 | 2.68124 | 2.93651 | 4.48058 |
| 10 | 7 | 7 | 6 | 1.98227 | 2.07918 | 2.33445 | 2.68124 | 3.15836 |
| 10 | 7 | 7 | 5 | 1.85733 | --- | 2.15836 | 2.68124 | 3.15836 |
| 10 | 7 | 6 | 6 | 1.85733 | 1.98227 | 2.15836 | 2.68124 | 2.93651 |
| 10 | 7 | 6 | 5 | 1.85733 | 1.98227 | 2.15836 | 2.68124 | --- |
| 10 | 7 | 5 | 5 | 1.68124 | 1.98227 | 2.15836 | 2.45939 | 3.15836 |
| 10 | 6 | 6 | 6 | 1.50515 | 1.85733 | 2.15836 | 2.33445 | 3.06145 |
| 10 | 6 | 6 | 5 | 1.68124 | --- | 1.98227 | 2.45939 | 2.85733 |
| 10 | 6 | 5 | 5 | 1.55630 | 1.85733 | 1.98227 | 2.45939 | 3.45939 |
| 10 | 5 | 5 | 5 | 1.55630 | 1.68124 | 2.15836 | 2.76042 | 4.15836 |
| 11 | 10 | 10 | 10 | --- | --- | --- | 6.55976 | --- |
| 11 | 10 | 10 | 9 | 4.90655 | --- | 5.55976 | --- | --- |
| 11 | 10 | 10 | 8 | 4.48058 | 4.60552 | 4.90655 | --- | --- |
| 11 | 10 | 10 | 7 | 4.00346 | 4.23754 | 4.48058 | --- | --- |
| 11 | 10 | 10 | 6 | --- | 4.15836 | 4.23754 | --- | --- |
| 11 | 10 | 9 | 9 | 4.60552 | --- | 4.90655 | 5.55976 | --- |
| 11 | 10 | 9 | 8 | 4.00346 | --- | 4.60552 | 4.90655 | --- |
| 11 | 10 | 9 | 7 | 3.63548 | --- | 4.00346 | --- | --- |

Tafel XVII-1-1b (Fortsetz.) 585

| N | N1 | N2 | N3 | 20% | 10% | 5% | 1% | 0.1% |
|---|----|----|----|-----|-----|-----|-----|------|
| 11 | 10 | 9 | 6 | --- | --- | 3.63548 | --- | --- |
| 11 | 10 | 8 | 8 | 3.45939 | 3.70243 | 4.00346 | 4.48058 | --- |
| 11 | 10 | 8 | 7 | 3.15836 | --- | 3.45939 | 4.00346 | --- |
| 11 | 10 | 8 | 6 | 3.06145 | --- | 3.45939 | 3.63548 | --- |
| 11 | 10 | 7 | 7 | 2.93651 | 3.06145 | 3.15836 | 4.23754 | 4.48058 |
| 11 | 10 | 7 | 6 | 2.68124 | 3.06145 | 3.45939 | 3.63548 | 4.23754 |
| 11 | 10 | 6 | 6 | 2.76042 | 2.85733 | 3.06145 | 4.15836 | 4.23754 |
| 11 | 9 | 9 | 9 | --- | 4.30449 | 4.60552 | --- | 5.86079 |
| 11 | 9 | 9 | 8 | 3.45939 | 3.70243 | 3.93651 | 4.60552 | 4.90655 |
| 11 | 9 | 9 | 7 | 3.15836 | --- | 3.63548 | 3.76042 | --- |
| 11 | 9 | 9 | 6 | --- | 2.98227 | 3.15836 | 3.76042 | --- |
| 11 | 9 | 8 | 8 | 3.15836 | --- | 3.45939 | 3.93651 | 4.90655 |
| 11 | 9 | 8 | 7 | 2.76042 | 3.06145 | 3.45939 | 3.63548 | --- |
| 11 | 9 | 8 | 6 | 2.63548 | 2.76042 | 3.06145 | 3.45939 | 3.93651 |
| 11 | 9 | 7 | 7 | --- | 2.76042 | 2.98227 | 3.63548 | 4.30449 |
| 11 | 9 | 7 | 6 | 2.45939 | 2.68124 | 2.85733 | 3.06145 | 3.76042 |
| 11 | 9 | 6 | 6 | 2.28330 | 2.63548 | 2.85733 | 3.06145 | 3.76042 |
| 11 | 8 | 8 | 8 | 2.68124 | 2.85733 | 3.15836 | 3.63548 | 5.38367 |
| 11 | 8 | 8 | 7 | 2.45939 | 2.68124 | 2.85733 | 3.45939 | 4.00346 |
| 11 | 8 | 8 | 6 | 2.38021 | 2.63548 | 2.68124 | 3.15836 | 3.93651 |
| 11 | 8 | 7 | 7 | 2.28330 | 2.45939 | 2.68124 | 3.15836 | 3.63548 |
| 11 | 8 | 7 | 6 | 2.28330 | 2.33445 | 2.68124 | 2.93651 | 3.45939 |
| 11 | 8 | 6 | 6 | 2.15836 | 2.28330 | 2.63548 | 2.85733 | 3.63548 |
| 11 | 7 | 7 | 7 | 2.28330 | 2.33445 | 2.45939 | 2.98227 | 3.63548 |
| 11 | 7 | 7 | 6 | 1.98227 | 2.15836 | 2.38021 | 2.85733 | 3.15836 |
| 11 | 7 | 6 | 6 | 1.98227 | 2.28330 | 2.33445 | 2.68124 | 3.45939 |
| 11 | 6 | 6 | 6 | 1.85733 | 1.98227 | 2.28330 | 2.63548 | 3.45939 |
| 12 | 11 | 11 | 11 | --- | --- | --- | 7.60116 | --- |
| 12 | 11 | 11 | 10 | --- | 5.86079 | 6.55976 | --- | --- |
| 12 | 11 | 11 | 9 | 5.38367 | 5.55976 | 5.86079 | --- | --- |
| 12 | 11 | 11 | 8 | 4.90655 | 5.08264 | 5.38367 | --- | --- |
| 12 | 11 | 11 | 7 | --- | 4.93651 | 5.08264 | --- | --- |
| 12 | 11 | 11 | 6 | --- | 4.93651 | --- | --- | --- |
| 12 | 11 | 10 | 10 | --- | 5.55976 | 5.86079 | 6.55976 | --- |
| 12 | 11 | 10 | 9 | 4.60552 | --- | --- | 5.55976 | --- |
| 12 | 11 | 10 | 8 | 4.30449 | --- | 4.90655 | --- | --- |
| 12 | 11 | 10 | 7 | 4.23754 | 4.30449 | 4.48058 | --- | --- |
| 12 | 11 | 10 | 6 | 4.15836 | 4.23754 | --- | --- | --- |
| 12 | 11 | 9 | 9 | --- | 4.30449 | 4.60552 | 5.38367 | 5.86079 |
| 12 | 11 | 9 | 8 | 3.93651 | --- | 4.30449 | 4.90655 | --- |
| 12 | 11 | 9 | 7 | 3.76042 | 3.93651 | 4.30449 | 4.48058 | --- |
| 12 | 11 | 9 | 6 | 3.76042 | 3.93651 | --- | --- | --- |
| 12 | 11 | 8 | 8 | 3.63548 | --- | 4.00346 | 4.48058 | 5.38367 |
| 12 | 11 | 8 | 7 | 3.45939 | 3.63548 | 3.76042 | 4.23754 | 5.08264 |
| 12 | 11 | 8 | 6 | --- | 3.63548 | 3.93651 | 4.23754 | --- |
| 12 | 11 | 7 | 7 | 3.15836 | 3.45939 | 3.63548 | 4.15836 | 4.93651 |
| 12 | 11 | 7 | 6 | 3.15836 | 3.45939 | 3.76042 | 4.23754 | 4.93651 |
| 12 | 11 | 6 | 6 | --- | 3.45939 | 4.15836 | 4.93651 | --- |
| 12 | 10 | 10 | 10 | --- | --- | 5.20758 | --- | 6.86079 |
| 12 | 10 | 10 | 9 | 4.30449 | 4.60552 | 4.78161 | 5.55976 | 5.86079 |
| 12 | 10 | 10 | 8 | 4.00346 | --- | 4.48058 | 4.60552 | --- |
| 12 | 10 | 10 | 7 | 3.63548 | --- | 4.00346 | 4.45939 | --- |
| 12 | 10 | 10 | 6 | 3.63548 | 3.76042 | 4.15836 | 4.53857 | --- |
| 12 | 10 | 9 | 9 | 3.70243 | 4.00346 | 4.30449 | 4.78161 | 5.86079 |
| 12 | 10 | 9 | 8 | 3.45939 | 3.63548 | 3.93651 | 4.30449 | --- |
| 12 | 10 | 9 | 7 | 3.23754 | --- | 3.63548 | 3.93651 | 4.78161 |

Tafel XVII-1-1b (Fortsetz.)

| N | N1 | N2 | N3 | 20% | 10% | 5% | 1% | 0.1% |
|---|----|----|----|-----|-----|----|----|------|
| 12 | 10 | 9 | 6 | 3.23754 | 3.45939 | 3.76042 | --- | --- |
| 12 | 10 | 8 | 8 | --- | 3.36248 | 3.63548 | 4.00346 | 4.53857 |
| 12 | 10 | 8 | 7 | 2.98227 | 3.15836 | 3.45939 | 3.76042 | 4.48058 |
| 12 | 10 | 8 | 6 | 2.93651 | --- | 3.36248 | 3.63548 | 4.53857 |
| 12 | 10 | 7 | 7 | 2.85733 | 2.98227 | 3.23754 | 3.63548 | 4.45939 |
| 12 | 10 | 7 | 6 | 2.85733 | 2.98227 | 3.15836 | 3.76042 | 4.23754 |
| 12 | 10 | 6 | 6 | 2.63548 | 3.15836 | 3.36248 | 4.15836 | 4.53857 |
| 12 | 9 | 9 | 9 | 3.45939 | 3.70243 | 4.00346 | 4.41363 | 6.33791 |
| 12 | 9 | 9 | 8 | 3.06145 | 3.23754 | 3.63548 | 4.00346 | 4.90655 |
| 12 | 9 | 9 | 7 | 2.98227 | --- | 3.23754 | 3.63548 | 4.30449 |
| 12 | 9 | 9 | 6 | 2.85733 | 3.11261 | 3.45939 | 3.76042 | --- |
| 12 | 9 | 8 | 8 | 2.85733 | 3.15836 | 3.45939 | 3.63548 | 4.23754 |
| 12 | 9 | 8 | 7 | 2.76042 | 2.85733 | 3.15836 | 3.53857 | 4.23754 |
| 12 | 9 | 8 | 6 | 2.68124 | 2.85733 | 3.06145 | 3.45939 | --- |
| 12 | 9 | 7 | 7 | 2.63548 | 2.85733 | 2.98227 | 3.45939 | 3.93651 |
| 12 | 9 | 7 | 6 | 2.63548 | 2.76042 | 2.85733 | 3.23754 | 3.93651 |
| 12 | 9 | 6 | 6 | 2.45939 | --- | 3.06145 | 3.45939 | 4.41363 |
| 12 | 8 | 8 | 8 | 2.63548 | 2.93651 | 3.15836 | 3.63548 | 4.48058 |
| 12 | 8 | 8 | 7 | 2.45939 | 2.68124 | 2.93651 | 3.45939 | 3.93651 |
| 12 | 8 | 8 | 6 | 2.58433 | 2.63548 | 2.93651 | 3.36248 | 3.76042 |
| 12 | 8 | 7 | 7 | 2.33445 | 2.63548 | 2.85733 | 3.15836 | 3.76042 |
| 12 | 8 | 7 | 6 | 2.28330 | 2.63548 | 2.85733 | 3.15836 | 3.76042 |
| 12 | 8 | 6 | 6 | 2.45939 | 2.58433 | 2.63548 | 3.36248 | 3.63548 |
| 12 | 7 | 7 | 7 | 2.28330 | --- | 2.63548 | 2.98227 | 3.53857 |
| 12 | 7 | 7 | 6 | 2.28330 | 2.45939 | 2.63548 | 2.98227 | 3.76042 |
| 12 | 7 | 6 | 6 | 2.28330 | 2.45939 | 2.76042 | 3.06145 | 3.76042 |
| 12 | 6 | 6 | 6 | --- | 2.45939 | 2.58433 | 3.11261 | 4.15836 |
| 13 | 12 | 12 | 12 | --- | --- | --- | 8.68034 | --- |
| 13 | 12 | 12 | 11 | --- | 6.86079 | 7.60116 | --- | --- |
| 13 | 12 | 12 | 10 | 6.33791 | --- | 6.55976 | --- | --- |
| 13 | 12 | 12 | 9 | 5.86079 | 5.98573 | 6.33791 | --- | --- |
| 13 | 12 | 12 | 8 | 5.38367 | 5.78161 | 5.98573 | --- | --- |
| 13 | 12 | 12 | 7 | --- | 5.71466 | 5.78161 | --- | --- |
| 13 | 12 | 11 | 11 | --- | 6.55976 | --- | 6.86079 | --- |
| 13 | 12 | 11 | 10 | 5.55976 | 5.86079 | --- | 6.55976 | --- |
| 13 | 12 | 11 | 9 | 5.20758 | 5.38367 | 5.86079 | --- | --- |
| 13 | 12 | 11 | 8 | 4.93651 | --- | 5.20758 | --- | --- |
| 13 | 12 | 11 | 7 | 4.93651 | --- | 5.08264 | --- | --- |
| 13 | 12 | 10 | 10 | --- | 5.20758 | 5.55976 | 6.33791 | 6.86079 |
| 13 | 12 | 10 | 9 | 4.53857 | 4.90655 | 5.20758 | 5.38367 | 6.33791 |
| 13 | 12 | 10 | 8 | 4.45939 | 4.53857 | --- | 5.20758 | --- |
| 13 | 12 | 10 | 7 | 4.41363 | 4.53857 | 4.78161 | --- | --- |
| 13 | 12 | 9 | 9 | --- | 4.41363 | 4.48058 | 5.38367 | 5.98573 |
| 13 | 12 | 9 | 8 | 4.14063 | 4.30449 | 4.48058 | 5.08264 | 5.98573 |
| 13 | 12 | 9 | 7 | 3.93651 | 4.41363 | 4.53857 | 4.78161 | --- |
| 13 | 12 | 8 | 8 | 3.93651 | 4.14063 | 4.45939 | 5.08264 | 5.78161 |
| 13 | 12 | 8 | 7 | 3.76042 | 3.93651 | 4.23754 | 4.93651 | 5.78161 |
| 13 | 12 | 7 | 7 | 3.76042 | --- | 4.15836 | 4.93651 | 5.71466 |
| 13 | 11 | 11 | 11 | 5.55976 | --- | 6.16182 | --- | 7.90219 |
| 13 | 11 | 11 | 10 | --- | 5.20758 | 5.55976 | 6.55976 | 6.86079 |
| 13 | 11 | 11 | 9 | 4.60552 | --- | 5.38367 | 5.55976 | --- |
| 13 | 11 | 11 | 8 | 4.30449 | --- | 4.90655 | 5.20758 | --- |
| 13 | 11 | 11 | 7 | --- | --- | 4.48058 | 4.93651 | --- |
| 13 | 11 | 10 | 10 | 4.60552 | 4.90655 | 5.20758 | 5.55976 | 6.86079 |
| 13 | 11 | 10 | 9 | 4.23754 | 4.48058 | 4.60552 | 5.20758 | 5.86079 |
| 13 | 11 | 10 | 8 | 4.00346 | 4.23754 | 4.45939 | 4.78161 | 5.68470 |

Tafel XVII-1-1b (Fortsetz.)   587

| N | N1 | N2 | N3 | 20% | 10% | 5% | 1% | 0.1% |
|---|---|---|---|---|---|---|---|---|
| 13 | 11 | 10 | 7 | 3.83960 | 4.15836 | 4.23754 | 4.78161 | --- |
| 13 | 11 | 9 | 9 | 4.00346 | 4.06145 | 4.48058 | 4.90655 | 6.16182 |
| 13 | 11 | 9 | 8 | 3.63548 | 3.83960 | 4.00346 | 4.48058 | 5.20758 |
| 13 | 11 | 9 | 7 | 3.53857 | 3.83960 | 4.06145 | 4.23754 | 5.38367 |
| 13 | 11 | 8 | 8 | 3.53857 | 3.63548 | 3.93651 | 4.30449 | 5.08264 |
| 13 | 11 | 8 | 7 | 3.23754 | 3.53857 | 3.83960 | 4.23754 | 4.93651 |
| 13 | 11 | 7 | 7 | 3.23754 | 3.45939 | 3.76042 | 4.23754 | 5.23754 |
| 13 | 10 | 10 | 10 | 4.00346 | --- | 4.60552 | 5.20758 | 5.86079 |
| 13 | 10 | 10 | 9 | 3.71466 | 4.00346 | 4.30449 | 4.78161 | 5.86079 |
| 13 | 10 | 10 | 8 | 3.63548 | 3.93651 | 4.00346 | 4.53857 | 4.93651 |
| 13 | 10 | 10 | 7 | 3.63548 | 3.71466 | 3.93651 | 4.30449 | 5.01569 |
| 13 | 10 | 9 | 9 | 3.45939 | 3.70243 | 4.00346 | 4.41363 | 5.01569 |
| 13 | 10 | 9 | 8 | 3.36248 | 3.63548 | 3.76042 | 4.23754 | 4.78161 |
| 13 | 10 | 9 | 7 | 3.23754 | 3.45939 | 3.63548 | 3.83960 | 4.53857 |
| 13 | 10 | 8 | 8 | 3.06145 | 3.45939 | 3.53857 | 3.93651 | 4.53857 |
| 13 | 10 | 8 | 7 | 3.06145 | 3.36248 | 3.45939 | 3.83960 | 4.53857 |
| 13 | 10 | 7 | 7 | 2.85733 | 3.11261 | 3.45939 | 3.83960 | 4.45939 |
| 13 | 9 | 9 | 9 | 3.23754 | 3.53857 | 3.63548 | 4.14063 | 4.83960 |
| 13 | 9 | 9 | 8 | 3.06145 | 3.23754 | 3.53857 | 3.93651 | 4.48058 |
| 13 | 9 | 9 | 7 | 2.93651 | 3.23754 | 3.28330 | 3.76042 | 4.41363 |
| 13 | 9 | 8 | 8 | 2.93651 | 3.06145 | 3.45939 | 3.63548 | 4.30449 |
| 13 | 9 | 8 | 7 | 2.85733 | 3.06145 | 3.23754 | 3.63548 | 4.53857 |
| 13 | 9 | 7 | 7 | 2.68124 | 2.93651 | 3.23754 | 3.53857 | 4.23754 |
| 13 | 8 | 8 | 8 | 2.93651 | 2.98227 | 3.06145 | 3.63548 | 4.23754 |
| 13 | 8 | 8 | 7 | 2.63548 | 2.85733 | 3.06145 | 3.53857 | 4.23754 |
| 13 | 8 | 7 | 7 | 2.58433 | 2.85733 | 3.06145 | 3.45939 | 3.93651 |
| 13 | 7 | 7 | 7 | 2.58433 | --- | 2.93651 | 3.28330 | 4.06145 |
| 14 | 13 | 13 | 13 | --- | --- | --- | 9.79428 | --- |
| 14 | 13 | 13 | 12 | --- | 7.90219 | 8.68034 | --- | --- |
| 14 | 13 | 13 | 11 | --- | 7.33791 | 7.60116 | --- | --- |
| 14 | 13 | 13 | 10 | 6.86079 | 6.93997 | 7.33791 | --- | --- |
| 14 | 13 | 13 | 9 | 6.33791 | 6.68470 | 6.93997 | --- | --- |
| 14 | 13 | 13 | 8 | --- | 6.55976 | 6.68470 | --- | --- |
| 14 | 13 | 13 | 7 | --- | 6.55976 | --- | --- | --- |
| 14 | 13 | 12 | 12 | --- | 7.60116 | --- | 7.90219 | --- |
| 14 | 13 | 12 | 11 | 6.55976 | 6.86079 | --- | 7.60116 | --- |
| 14 | 13 | 12 | 10 | 5.98573 | 6.33791 | 6.86079 | --- | --- |
| 14 | 13 | 12 | 9 | 5.78161 | --- | 6.16182 | --- | --- |
| 14 | 13 | 12 | 8 | 5.68470 | 5.78161 | 5.98573 | --- | --- |
| 14 | 13 | 12 | 7 | 5.71466 | 5.78161 | --- | --- | --- |
| 14 | 13 | 11 | 11 | --- | 6.16182 | 6.55976 | 7.33791 | 7.90219 |
| 14 | 13 | 11 | 10 | 5.68470 | 5.86079 | 6.16182 | 6.33791 | 7.33791 |
| 14 | 13 | 11 | 9 | 5.23754 | --- | 5.68470 | 6.16182 | --- |
| 14 | 13 | 11 | 8 | 5.08264 | 5.25873 | 5.38367 | --- | --- |
| 14 | 13 | 11 | 7 | 5.23754 | 5.25873 | 5.38367 | --- | --- |
| 14 | 13 | 10 | 10 | 5.20758 | 5.25873 | 5.38367 | 6.33791 | 6.93997 |
| 14 | 13 | 10 | 9 | 4.83960 | 5.01569 | 5.20758 | 5.68470 | 6.93997 |
| 14 | 13 | 10 | 8 | 4.78161 | 4.93651 | 5.25873 | 5.68470 | --- |
| 14 | 13 | 10 | 7 | 5.01569 | --- | 5.25873 | --- | --- |
| 14 | 13 | 9 | 9 | 4.60552 | --- | 4.93651 | 5.38367 | 6.68470 |
| 14 | 13 | 9 | 8 | 4.41363 | 4.78161 | 4.93651 | 5.23754 | 5.98573 |
| 14 | 13 | 9 | 7 | 4.41363 | 4.53857 | 5.01569 | 5.38367 | --- |
| 14 | 13 | 8 | 8 | --- | 4.45939 | 4.93651 | 5.23754 | 6.55976 |
| 14 | 13 | 8 | 7 | 4.23754 | 4.45939 | 4.93651 | 5.23754 | 6.55976 |
| 14 | 13 | 7 | 7 | --- | 4.45939 | 4.93651 | 5.71466 | 6.55976 |
| 14 | 12 | 12 | 12 | 6.55976 | --- | 7.16182 | 7.60116 | 8.98137 |

Tafel XVII-1-1b (Fortsetz.)

| N | N1 | N2 | N3 | 20% | 10% | 5% | 1% | 0.1% |
|---|---|---|---|---|---|---|---|---|
| 14 | 12 | 12 | 11 | 5.86079 | 6.16182 | 6.55976 | 6.86079 | 7.60116 |
| 14 | 12 | 12 | 10 | 5.50861 | 5.86079 | 6.28676 | 6.33791 | --- |
| 14 | 12 | 12 | 9 | 5.20758 | 5.38367 | 5.86079 | 6.08264 | 6.63894 |
| 14 | 12 | 12 | 8 | 5.08264 | --- | 5.38367 | 5.78161 | --- |
| 14 | 12 | 12 | 7 | 5.08264 | --- | --- | 5.71466 | --- |
| 14 | 12 | 11 | 11 | 5.55976 | 5.68470 | 6.16182 | 6.55976 | 7.90219 |
| 14 | 12 | 11 | 10 | 5.08264 | 5.38367 | 5.55976 | 6.16182 | 6.86079 |
| 14 | 12 | 11 | 9 | 4.60552 | 4.90655 | 5.23754 | 5.68470 | 6.16182 |
| 14 | 12 | 11 | 8 | 4.60552 | 4.78161 | 4.93651 | 5.38367 | --- |
| 14 | 12 | 11 | 7 | --- | 4.78161 | 4.93651 | 5.38367 | --- |
| 14 | 12 | 10 | 10 | 4.78161 | 4.83960 | 5.38367 | 5.86079 | 6.33791 |
| 14 | 12 | 10 | 9 | 4.41363 | 4.60552 | 4.76042 | 5.20758 | 5.98573 |
| 14 | 12 | 10 | 8 | 4.30449 | 4.44166 | 4.83960 | 5.08264 | 5.50861 |
| 14 | 12 | 10 | 7 | 4.23754 | 4.53857 | 4.76042 | 5.08264 | --- |
| 14 | 12 | 9 | 9 | 4.23754 | 4.30449 | 4.53857 | 5.08264 | 5.98573 |
| 14 | 12 | 9 | 8 | 4.06145 | 4.23754 | 4.45939 | 4.78161 | 5.68470 |
| 14 | 12 | 9 | 7 | 3.83960 | 4.23754 | 4.53857 | 4.76042 | 6.08264 |
| 14 | 12 | 8 | 8 | 3.93651 | 4.06145 | 4.44166 | 4.83960 | 5.78161 |
| 14 | 12 | 8 | 7 | 3.83960 | 4.06145 | 4.23754 | 4.93651 | 5.71466 |
| 14 | 12 | 7 | 7 | --- | 3.83960 | 4.15836 | 4.93651 | 5.71466 |
| 14 | 11 | 11 | 11 | 4.90655 | 5.20758 | 5.55976 | 6.16182 | 6.55976 |
| 14 | 11 | 11 | 10 | 4.48058 | 4.78161 | 5.20758 | 5.55976 | 6.16182 |
| 14 | 11 | 11 | 9 | 4.30449 | 4.53857 | 4.78161 | 5.20758 | 5.71466 |
| 14 | 11 | 11 | 8 | 4.23754 | 4.41363 | 4.53857 | 5.20758 | 5.71466 |
| 14 | 11 | 11 | 7 | 4.15836 | 4.31672 | 4.53857 | 4.78161 | 5.86079 |
| 14 | 11 | 10 | 10 | 4.23754 | 4.31672 | 4.78161 | 5.25873 | 6.16182 |
| 14 | 11 | 10 | 10 | 4.23754 | 4.31672 | 4.78161 | 5.25873 | 6.16182 |
| 14 | 11 | 10 | 9 | 4.00346 | 4.23754 | 4.41363 | 4.90655 | 5.68470 |
| 14 | 11 | 10 | 8 | 3.83960 | 4.06145 | 4.30449 | 4.60552 | 5.38367 |
| 14 | 11 | 10 | 7 | 3.83960 | 4.06145 | 4.23754 | 4.60552 | 5.25873 |
| 14 | 11 | 9 | 9 | 3.76042 | 4.00346 | 4.30449 | 4.60552 | 5.38367 |
| 14 | 11 | 9 | 8 | 3.63548 | 3.93651 | 4.06145 | 4.48058 | 5.08264 |
| 14 | 11 | 9 | 7 | 3.53857 | 3.83960 | 4.06145 | 4.45939 | 5.08264 |
| 14 | 11 | 8 | 8 | 3.53857 | 3.76042 | 3.93651 | 4.41363 | 5.08264 |
| 14 | 11 | 8 | 7 | 3.45939 | 3.71466 | 3.93651 | 4.31672 | 5.23754 |
| 14 | 11 | 7 | 7 | 3.36248 | 3.71466 | 4.06145 | 4.41363 | 5.23754 |
| 14 | 10 | 10 | 10 | 3.93651 | 4.30449 | 4.41363 | 4.90655 | 5.61775 |
| 14 | 10 | 10 | 9 | 3.76042 | 3.93651 | 4.00346 | 4.60552 | 5.38367 |
| 14 | 10 | 10 | 8 | 3.66351 | 3.76042 | 4.06145 | 4.41363 | 4.93651 |
| 14 | 10 | 10 | 7 | 3.63548 | 3.83960 | 3.93651 | 4.31672 | 5.25873 |
| 14 | 10 | 9 | 9 | 3.53857 | 3.76042 | 3.93651 | 4.30449 | 5.01569 |
| 14 | 10 | 9 | 8 | 3.36248 | 3.53857 | 3.83960 | 4.30449 | 4.83960 |
| 14 | 10 | 9 | 7 | 3.28330 | 3.53857 | 3.83960 | 4.06145 | 4.78161 |
| 14 | 10 | 8 | 8 | 3.45939 | 3.53857 | 3.71466 | 4.06145 | 4.83960 |
| 14 | 10 | 8 | 7 | 3.15836 | 3.45939 | 3.63548 | 4.23754 | 5.01569 |
| 14 | 10 | 7 | 7 | 3.11261 | 3.45939 | 3.76042 | 4.06145 | 4.76042 |
| 14 | 9 | 9 | 9 | 3.28330 | 3.53857 | 3.76042 | 4.23754 | 5.08264 |
| 14 | 9 | 9 | 8 | 3.15836 | 3.45939 | 3.63548 | 4.06145 | 4.78161 |
| 14 | 9 | 9 | 7 | 3.11261 | 3.28330 | 3.63548 | 4.06145 | 4.76042 |
| 14 | 9 | 8 | 8 | 3.06145 | 3.28330 | 3.53857 | 4.06145 | 4.71466 |
| 14 | 9 | 8 | 7 | 2.98227 | 3.28330 | 3.53857 | 3.93651 | 4.53857 |
| 14 | 9 | 7 | 7 | 2.93651 | 3.36248 | 3.53857 | 3.83960 | 4.76042 |
| 14 | 8 | 8 | 8 | 2.93651 | 3.41363 | 3.45939 | 3.93651 | 4.45939 |
| 14 | 8 | 8 | 7 | 3.06145 | 3.11261 | 3.36248 | 3.83960 | 4.45939 |
| 14 | 8 | 7 | 7 | 2.93651 | 3.11261 | 3.36248 | 3.76042 | 4.53857 |
| 14 | 7 | 7 | 7 | 3.06145 | 3.11261 | 3.36248 | 4.15836 | 4.76042 |

Tafel XVII-1-1b (Fortsetz.) 589

| N | N1 | N2 | N3 | 20% | 10% | 5% | 1% | 0.1% |
|---|----|----|----|-----|-----|-----|-----|------|
| 15 | 14 | 14 | 14 | 9.79428 | --- | --- | 10.94041 | --- |
| 15 | 14 | 14 | 13 | --- | 8.98137 | 9.79428 | --- | --- |
| 15 | 14 | 14 | 12 | --- | 8.37931 | 8.68034 | 8.98137 | --- |
| 15 | 14 | 14 | 11 | 7.90219 | 7.93997 | 8.37931 | --- | --- |
| 15 | 14 | 14 | 10 | 7.33791 | 7.63894 | 7.93997 | --- | --- |
| 15 | 14 | 14 | 9 | 6.93997 | 7.46285 | 7.63894 | --- | --- |
| 15 | 14 | 14 | 8 | --- | 7.40486 | 7.46285 | --- | --- |
| 15 | 14 | 13 | 13 | --- | 8.68034 | --- | 8.98137 | 9.79428 |
| 15 | 14 | 13 | 12 | 7.33791 | 7.90219 | --- | 8.68034 | --- |
| 15 | 14 | 13 | 11 | 6.93997 | 7.33791 | 7.90219 | --- | --- |
| 15 | 14 | 13 | 10 | 6.68470 | 6.93997 | 7.16182 | 7.33791 | --- |
| 15 | 14 | 13 | 9 | 6.55976 | 6.68470 | 6.93997 | --- | --- |
| 15 | 14 | 13 | 8 | 6.28676 | --- | 6.68470 | --- | --- |
| 15 | 14 | 12 | 12 | --- | --- | 7.16182 | 7.90219 | 8.98137 |
| 15 | 14 | 12 | 11 | 6.33791 | 6.63894 | 7.16182 | 7.33791 | 8.37931 |
| 15 | 14 | 12 | 10 | 6.08264 | 6.28676 | 6.63894 | 7.16182 | --- |
| 15 | 14 | 12 | 9 | 5.98573 | 6.08264 | 6.28676 | --- | --- |
| 15 | 14 | 12 | 8 | 5.86079 | 6.08264 | 6.16182 | --- | --- |
| 15 | 14 | 11 | 11 | 6.16182 | --- | 6.33791 | 6.86079 | 7.93997 |
| 15 | 14 | 11 | 10 | --- | 5.71466 | 6.16182 | 6.63894 | 7.33791 |
| 15 | 14 | 11 | 9 | 5.53857 | 5.71466 | 6.16182 | 6.28676 | --- |
| 15 | 14 | 11 | 8 | 5.38367 | 5.71466 | --- | 6.16182 | --- |
| 15 | 14 | 10 | 10 | 5.50861 | 5.61775 | 5.98573 | 6.33791 | 7.63894 |
| 15 | 14 | 10 | 9 | 5.25873 | 5.53857 | 5.61775 | 5.98573 | 6.93997 |
| 15 | 14 | 10 | 8 | --- | 5.25873 | 5.61775 | 6.08264 | 6.68470 |
| 15 | 14 | 9 | 9 | 4.93651 | 5.08264 | 5.53857 | 5.98573 | 7.46285 |
| 15 | 14 | 9 | 8 | 4.93651 | 5.23754 | 5.38367 | 5.78161 | 6.68470 |
| 15 | 14 | 8 | 8 | 4.76042 | 4.93651 | 5.71466 | 5.78161 | 7.40486 |
| 15 | 13 | 13 | 13 | 7.60116 | --- | 8.20322 | 8.68034 | 10.09531 |
| 15 | 13 | 13 | 12 | 6.86079 | 7.16182 | 7.60116 | 7.90219 | 8.68034 |
| 15 | 13 | 13 | 11 | 6.46285 | 6.86079 | --- | 7.24100 | 8.20322 |
| 15 | 13 | 13 | 10 | 6.16182 | 6.33791 | 6.86079 | 6.93997 | 7.63894 |
| 15 | 13 | 13 | 9 | --- | 5.98573 | 6.33791 | 6.68470 | 7.24100 |
| 15 | 13 | 13 | 8 | 5.78161 | --- | 5.98573 | 6.55976 | --- |
| 15 | 13 | 12 | 12 | 6.55976 | 6.63894 | 6.86079 | 7.60116 | 8.98137 |
| 15 | 13 | 12 | 11 | 5.86079 | 6.16182 | 6.28676 | 6.86079 | 7.90219 |
| 15 | 13 | 12 | 10 | 5.50861 | 5.86079 | 6.08264 | 6.33791 | 7.16182 |
| 15 | 13 | 12 | 9 | 5.38367 | 5.50861 | 5.78161 | 6.08264 | --- |
| 15 | 13 | 12 | 8 | 5.25873 | --- | 5.55976 | 6.01569 | --- |
| 15 | 13 | 11 | 11 | 5.68470 | --- | 5.86079 | 6.46285 | 7.24100 |
| 15 | 13 | 11 | 10 | 5.20758 | 5.38367 | 5.50861 | 6.16182 | 6.63894 |
| 15 | 13 | 11 | 9 | 4.93651 | 5.14063 | 5.31672 | 5.98573 | 6.46285 |
| 15 | 13 | 11 | 8 | 4.93651 | 5.14063 | 5.31672 | 5.68470 | 6.28676 |
| 15 | 13 | 10 | 10 | 5.01569 | 5.08264 | 5.38367 | 5.55976 | 6.93997 |
| 15 | 13 | 10 | 9 | 4.76042 | 4.93651 | 5.08264 | 5.50861 | 6.28676 |
| 15 | 13 | 10 | 8 | 4.53857 | 4.83960 | 5.08264 | 5.53857 | 6.08264 |
| 15 | 13 | 9 | 9 | 4.53857 | 4.76042 | 4.90655 | 5.31672 | 6.01569 |
| 15 | 13 | 9 | 8 | 4.36248 | 4.71466 | 4.76042 | 5.31672 | 6.01569 |
| 15 | 13 | 8 | 8 | 4.36248 | 4.53857 | 4.76042 | 5.38367 | 6.01569 |
| 15 | 12 | 12 | 12 | 5.86079 | 6.16182 | 6.55976 | 7.11607 | 7.60116 |
| 15 | 12 | 12 | 11 | 5.38367 | 5.55976 | 6.16182 | 6.55976 | 7.16182 |
| 15 | 12 | 12 | 10 | 5.08264 | 5.38367 | 5.55976 | 6.16182 | 6.86079 |
| 15 | 12 | 12 | 9 | 4.93651 | 5.19179 | 5.38367 | 6.08264 | 6.28676 |
| 15 | 12 | 12 | 8 | 4.83960 | 5.08264 | 5.23754 | 5.50861 | 6.16182 |
| 15 | 12 | 11 | 11 | 4.90655 | 5.20758 | 5.50861 | 6.16182 | 6.76388 |
| 15 | 12 | 11 | 10 | 4.71466 | 4.90655 | 5.20758 | 5.71466 | 6.28676 |

Tafel XVII-1-1b (Fortsetz.)

| N | N1 | N2 | N3 | 20% | 10% | 5% | 1% | 0.1% |
|---|----|----|----|---------|---------|---------|---------|---------|
| 15 | 12 | 11 | 9  | 4.60552 | 4.76042 | 5.01569 | 5.38367 | 6.16182 |
| 15 | 12 | 11 | 8  | 4.53857 | 4.71466 | 4.91878 | 5.25873 | 6.16182 |
| 15 | 12 | 10 | 10 | 4.41363 | 4.60552 | 4.90655 | 5.38367 | 6.16182 |
| 15 | 12 | 10 | 9  | 4.30449 | 4.60552 | 4.76042 | 5.20758 | 5.71466 |
| 15 | 12 | 10 | 8  | 4.23754 | 4.44166 | 4.60552 | 5.08264 | 5.55976 |
| 15 | 12 | 9  | 9  | 4.14063 | 4.44166 | 4.60552 | 5.08264 | 5.68470 |
| 15 | 12 | 9  | 8  | 4.01569 | 4.41363 | 4.53857 | 4.83960 | 5.55976 |
| 15 | 12 | 8  | 8  | 3.93651 | 4.15836 | 4.31672 | 4.91878 | 5.71466 |
| 15 | 11 | 11 | 11 | 4.41363 | 4.91878 | 5.25873 | 5.68470 | 6.46285 |
| 15 | 11 | 11 | 10 | 4.36248 | 4.60552 | 4.90655 | 5.25873 | 5.98573 |
| 15 | 11 | 11 | 9  | 4.30449 | 4.41363 | 4.71466 | 5.14063 | 5.71466 |
| 15 | 11 | 11 | 8  | 4.23754 | 4.41363 | 4.60552 | 4.91878 | 5.53857 |
| 15 | 11 | 10 | 10 | 4.14063 | 4.31672 | 4.60552 | 5.08264 | 5.68470 |
| 15 | 11 | 10 | 9  | 4.01569 | 4.23754 | 4.36248 | 4.83960 | 5.53857 |
| 15 | 11 | 10 | 8  | 3.93651 | 4.14063 | 4.31672 | 4.71466 | 5.31672 |
| 15 | 11 | 9  | 9  | 3.83960 | 4.01569 | 4.30449 | 4.78161 | 5.31672 |
| 15 | 11 | 9  | 8  | 3.76042 | 4.06145 | 4.31672 | 4.71466 | 5.31672 |
| 15 | 11 | 8  | 8  | 3.66351 | 3.83960 | 4.15836 | 4.71466 | 5.25873 |
| 15 | 10 | 10 | 10 | 3.83960 | ---     | 4.30449 | 4.83960 | 5.50861 |
| 15 | 10 | 10 | 9  | 3.76042 | 4.01569 | 4.30449 | 4.60552 | 5.38367 |
| 15 | 10 | 10 | 8  | 3.66351 | 3.93651 | 4.14063 | 4.53857 | 5.25873 |
| 15 | 10 | 9  | 9  | 3.63548 | 3.83960 | 4.06145 | 4.48058 | 5.14063 |
| 15 | 10 | 9  | 8  | 3.53857 | 3.76042 | 4.01569 | 4.53857 | 5.08264 |
| 15 | 10 | 8  | 8  | 3.41363 | 3.71466 | 3.93651 | 4.41363 | 5.23754 |
| 15 | 9  | 9  | 9  | 3.53857 | 3.63548 | 4.06145 | 4.36248 | 5.08264 |
| 15 | 9  | 9  | 8  | 3.41363 | 3.58433 | 3.93651 | 4.36248 | 4.93651 |
| 15 | 9  | 8  | 8  | 3.28330 | 3.63548 | 3.83960 | 4.23754 | 4.93651 |
| 15 | 8  | 8  | 8  | 3.36248 | 3.53857 | 3.76042 | 4.15836 | 4.91878 |
| 16 | 15 | 15 | 15 | 10.94041| ---     | ---     | 12.11650| ---     |
| 16 | 15 | 15 | 14 | ---     | 10.09531| 10.94041| ---     | ---     |
| 16 | 15 | 15 | 13 | ---     | 9.45849 | 9.79428 | 10.09531| ---     |
| 16 | 15 | 15 | 12 | 8.98137 | ---     | 9.45849 | ---     | ---     |
| 16 | 15 | 15 | 11 | 8.37931 | 8.63894 | 8.98137 | ---     | ---     |
| 16 | 15 | 15 | 10 | 7.93997 | 8.41710 | 8.63894 | ---     | ---     |
| 16 | 15 | 15 | 9  | ---     | 8.30795 | 8.41710 | ---     | ---     |
| 16 | 15 | 15 | 8  | ---     | 8.30795 | ---     | ---     | ---     |
| 16 | 15 | 14 | 14 | ---     | ---     | 9.79428 | 10.09531| 10.94041|
| 16 | 15 | 14 | 13 | 8.37931 | 8.98137 | ---     | 9.79428 | ---     |
| 16 | 15 | 14 | 12 | 7.93997 | 8.20322 | ---     | 8.98137 | ---     |
| 16 | 15 | 14 | 11 | 7.63894 | 7.93997 | 8.20322 | 8.37931 | ---     |
| 16 | 15 | 14 | 10 | 7.46285 | ---     | 7.93997 | ---     | ---     |
| 16 | 15 | 14 | 9  | 7.24100 | 7.46285 | 7.63894 | ---     | ---     |
| 16 | 15 | 14 | 8  | 7.40486 | 7.46285 | ---     | ---     | ---     |
| 16 | 15 | 13 | 13 | 7.90219 | ---     | 8.20322 | 8.98137 | 10.09531|
| 16 | 15 | 13 | 12 | 7.33791 | 7.63894 | 7.90219 | 8.37931 | 9.45849 |
| 16 | 15 | 13 | 11 | 6.98573 | 7.24100 | 7.63894 | 8.20322 | ---     |
| 16 | 15 | 13 | 10 | 6.86079 | 6.98573 | 7.11607 | 7.63894 | ---     |
| 16 | 15 | 13 | 9  | 6.68470 | ---     | 6.98573 | 7.24100 | ---     |
| 16 | 15 | 13 | 8  | 6.76388 | 6.86079 | 6.98573 | ---     | ---     |
| 16 | 15 | 12 | 12 | 7.11607 | ---     | 7.33791 | 7.90219 | 8.98137 |
| 16 | 15 | 12 | 11 | 6.63894 | ---     | 6.76388 | 7.63894 | 8.37931 |
| 16 | 15 | 12 | 10 | 6.31672 | 6.55976 | 7.11607 | 7.24100 | 7.93997 |
| 16 | 15 | 12 | 9  | 6.16182 | 6.46285 | 6.55976 | 7.11607 | ---     |
| 16 | 15 | 12 | 8  | 6.08264 | 6.55976 | 6.76388 | ---     | ---     |
| 16 | 15 | 11 | 11 | 6.23754 | 6.46285 | 6.63894 | 6.93997 | 8.63894 |
| 16 | 15 | 11 | 10 | 6.16182 | 6.28676 | 6.63894 | 6.93997 | 7.63894 |

Tafel XVII-1-1b (Fortsetz.) 591

| N | N1 | N2 | N3 | 20% | 10% | 5% | 1% | 0.1% |
|---|----|----|----|-----|-----|----|----|------|
| 16 | 15 | 11 | 9  | 5.86079 | 6.16182 | 6.31672 | 6.76388 | 7.63894 |
| 16 | 15 | 11 | 8  | 5.86079 | --- | 6.46285 | 6.76388 | --- |
| 16 | 15 | 10 | 10 | 5.61775 | 5.98573 | 6.31672 | 6.68470 | 7.63894 |
| 16 | 15 | 10 | 9  | 5.55976 | 5.71466 | 6.08264 | 6.55976 | 7.46285 |
| 16 | 15 | 10 | 8  | 5.61775 | 5.86079 | 6.08264 | 6.55976 | 7.46285 |
| 16 | 15 | 9  | 9  | 5.53857 | 5.68470 | 6.01569 | 6.49282 | 7.40486 |
| 16 | 15 | 9  | 8  | 5.53857 | 5.71466 | 6.01569 | 6.55976 | 7.40486 |
| 16 | 15 | 8  | 8  | 5.53857 | --- | 6.01569 | 6.55976 | 7.40486 |
| 16 | 14 | 14 | 14 | 8.68034 | --- | 9.28240 | 9.79428 | 11.24144 |
| 16 | 14 | 14 | 13 | 7.90219 | 8.20322 | 8.68034 | 8.98137 | 9.79428 |
| 16 | 14 | 14 | 12 | 7.46285 | 7.90219 | --- | 8.24100 | 9.28240 |
| 16 | 14 | 14 | 11 | 7.16182 | 7.33791 | 7.90219 | 7.93997 | 8.68034 |
| 16 | 14 | 14 | 10 | 6.68470 | 6.93997 | 7.33791 | 7.63894 | 8.24100 |
| 16 | 14 | 14 | 9  | 6.68470 | --- | 6.93997 | 7.46285 | --- |
| 16 | 14 | 14 | 8  | 6.58779 | 6.68470 | --- | 7.40486 | --- |
| 16 | 14 | 13 | 13 | --- | 7.60116 | 7.90219 | 8.20322 | 10.09531 |
| 16 | 14 | 13 | 12 | 6.86079 | 6.93997 | 7.24100 | 7.90219 | 8.37931 |
| 16 | 14 | 13 | 11 | 6.46285 | 6.63894 | 6.93997 | 7.24100 | 8.20322 |
| 16 | 14 | 13 | 10 | 6.16182 | 6.33791 | 6.68470 | 6.98573 | --- |
| 16 | 14 | 13 | 9  | 6.08264 | 6.28676 | 6.55976 | 6.93997 | --- |
| 16 | 14 | 13 | 8  | 6.08264 | 6.28676 | 6.46285 | 6.86079 | --- |
| 16 | 14 | 12 | 12 | 6.58779 | 6.63894 | 6.86079 | 7.33791 | 8.24100 |
| 16 | 14 | 12 | 11 | 5.98573 | 6.28676 | 6.38367 | 6.93997 | 7.63894 |
| 16 | 14 | 12 | 10 | 5.80964 | 5.98573 | 6.16182 | 6.93997 | 7.33791 |
| 16 | 14 | 12 | 9  | 5.68470 | 5.86079 | 6.16182 | 6.38367 | 7.24100 |
| 16 | 14 | 12 | 8  | 5.71466 | 5.91878 | 6.08264 | 6.58779 | --- |
| 16 | 14 | 11 | 11 | 5.83960 | 5.86079 | 6.16182 | 6.46285 | 7.33791 |
| 16 | 14 | 11 | 10 | 5.53857 | 5.71466 | 5.83960 | 6.28676 | 6.98573 |
| 16 | 14 | 11 | 9  | 5.31672 | 5.61775 | 5.71466 | 6.28676 | 6.93997 |
| 16 | 14 | 11 | 8  | 5.23754 | 5.61775 | 5.86079 | 6.08264 | 6.98573 |
| 16 | 14 | 10 | 10 | 5.23754 | 5.53857 | 5.68470 | 5.98573 | 6.93997 |
| 16 | 14 | 10 | 9  | 5.06145 | 5.38367 | 5.61775 | 6.01569 | 6.86079 |
| 16 | 14 | 10 | 8  | 5.14063 | --- | 5.38367 | 6.08264 | 6.68470 |
| 16 | 14 | 9  | 9  | 4.93651 | 5.23754 | 5.38367 | 5.83960 | 6.68470 |
| 16 | 14 | 9  | 8  | 4.93651 | 5.14063 | 5.53857 | 5.78161 | 6.86079 |
| 16 | 14 | 8  | 8  | 4.76042 | 5.23754 | 5.71466 | 6.08264 | 7.40486 |
| 16 | 13 | 13 | 13 | 6.63894 | 7.16182 | 7.60116 | 7.90219 | 8.68034 |
| 16 | 13 | 13 | 12 | 6.28676 | 6.46285 | 6.86079 | 7.60116 | 8.20322 |
| 16 | 13 | 13 | 11 | 5.86079 | 6.28676 | 6.46285 | 6.86079 | 7.63894 |
| 16 | 13 | 13 | 10 | 5.78161 | 6.01569 | 6.08264 | 6.46285 | 7.24100 |
| 16 | 13 | 13 | 9  | 5.68470 | 5.79385 | 6.01569 | 6.28676 | 7.11607 |
| 16 | 13 | 13 | 8  | 5.55976 | 5.78161 | 5.98573 | 6.28676 | 7.46285 |
| 16 | 13 | 12 | 12 | 5.86079 | 5.98573 | 6.46285 | 6.86079 | 7.63894 |
| 16 | 13 | 12 | 11 | 5.50861 | 5.86079 | 6.16182 | 6.55976 | 7.24100 |
| 16 | 13 | 12 | 10 | 5.31672 | 5.55976 | 5.79385 | 6.28676 | 7.11607 |
| 16 | 13 | 12 | 9  | 5.23754 | 5.38367 | 5.61775 | 6.01569 | 6.55976 |
| 16 | 13 | 12 | 8  | 5.23754 | 5.38367 | 5.55976 | 6.01569 | 6.76388 |
| 16 | 13 | 11 | 11 | 5.20758 | 5.38367 | 5.71466 | 6.16182 | 6.93997 |
| 16 | 13 | 11 | 10 | 5.01569 | 5.31672 | 5.50861 | 5.98573 | 6.55976 |
| 16 | 13 | 11 | 9  | 4.90655 | 5.14063 | 5.38367 | 5.71466 | 6.28676 |
| 16 | 13 | 11 | 8  | 4.91878 | 5.08264 | 5.25873 | 5.71466 | 6.28676 |
| 16 | 13 | 10 | 10 | 4.83960 | 5.14063 | 5.31672 | 5.68470 | 6.49282 |
| 16 | 13 | 10 | 9  | 4.61775 | 4.90655 | 5.14063 | 5.55976 | 6.16182 |
| 16 | 13 | 10 | 8  | 4.61775 | 4.83960 | 5.14063 | 5.53857 | 6.28676 |
| 16 | 13 | 9  | 9  | 4.61775 | 4.76042 | 5.01569 | 5.38367 | 6.16182 |
| 16 | 13 | 9  | 8  | 4.53857 | 4.71466 | 4.93651 | 5.38367 | 6.08264 |

Tafel XVII-1-1b (Fortsetz.)

| N | N1 | N2 | N3 | 20% | 10% | 5% | 1% | 0.1% |
|---|----|----|----|-----|-----|----|----|------|
| 16 | 13 | 8  | 8  | 4.45939 | 4.76042 | 4.91878 | 5.53857 | 6.55976 |
| 16 | 12 | 12 | 12 | 5.52084 | 5.80964 | 6.16182 | 6.63894 | 7.33791 |
| 16 | 12 | 12 | 11 | 5.06145 | 5.50861 | 5.61775 | 6.16182 | 6.86079 |
| 16 | 12 | 12 | 10 | 5.08264 | 5.19179 | 5.23754 | 5.86079 | 6.63894 |
| 16 | 12 | 12 | 9  | 4.91878 | 5.08264 | 5.25873 | 5.68470 | 6.38367 |
| 16 | 12 | 12 | 8  | 4.76042 | 5.14063 | 5.23754 | 5.55976 | 6.31672 |
| 16 | 12 | 11 | 11 | 4.90655 | 5.08264 | 5.25873 | 5.83960 | 6.63894 |
| 16 | 12 | 11 | 10 | 4.61775 | 4.90655 | 5.14063 | 5.55976 | 6.31672 |
| 16 | 12 | 11 | 9  | 4.60552 | 4.78161 | 4.93651 | 5.50861 | 5.98573 |
| 16 | 12 | 11 | 8  | 4.45939 | 4.83960 | 5.01569 | 5.31672 | 5.98573 |
| 16 | 12 | 10 | 10 | --- | 4.60552 | 5.01569 | 5.53857 | 5.98573 |
| 16 | 12 | 10 | 9  | 4.31672 | 4.60552 | 4.83960 | 5.23754 | 5.86079 |
| 16 | 12 | 10 | 8  | 4.31672 | 4.71466 | 4.76042 | 5.23754 | 6.08264 |
| 16 | 12 | 9  | 9  | 4.23754 | 4.44166 | 4.61775 | 5.23754 | 5.78161 |
| 16 | 12 | 9  | 8  | 4.14063 | 4.45939 | 4.71466 | 5.23754 | 5.86079 |
| 16 | 12 | 8  | 8  | 4.15836 | 4.31672 | 4.71466 | 5.23754 | 6.08264 |
| 16 | 11 | 11 | 11 | 4.60552 | 4.83960 | 5.14063 | 5.53857 | 6.23754 |
| 16 | 11 | 11 | 10 | 4.36248 | 4.60552 | 4.90655 | 5.25873 | 6.16182 |
| 16 | 11 | 11 | 9  | 4.31672 | 4.60552 | 4.76042 | 5.08264 | 5.98573 |
| 16 | 11 | 11 | 8  | 4.31672 | 4.53857 | 4.76042 | 5.14063 | 5.98573 |
| 16 | 11 | 10 | 10 | 4.23754 | 4.44166 | 4.78161 | 5.14063 | 5.71466 |
| 16 | 11 | 10 | 9  | 4.14063 | 4.31672 | 4.60552 | 5.08264 | 5.71466 |
| 16 | 11 | 10 | 8  | 4.14063 | 4.31672 | 4.61775 | 5.08264 | 5.68470 |
| 16 | 11 | 9  | 9  | 4.01569 | 4.23754 | 4.45939 | 4.91878 | 5.61775 |
| 16 | 11 | 9  | 8  | 3.93651 | 4.31672 | 4.44166 | 4.91878 | 5.55976 |
| 16 | 11 | 8  | 8  | 3.83960 | 4.23754 | 4.41363 | 4.91878 | 5.71466 |
| 16 | 10 | 10 | 10 | 4.01569 | 4.36248 | 4.60552 | 5.01569 | 5.68470 |
| 16 | 10 | 10 | 9  | 3.89076 | 4.23754 | 4.41363 | 4.90655 | 5.55976 |
| 16 | 10 | 10 | 8  | 3.96454 | 4.06145 | 4.36248 | 4.76042 | 5.55976 |
| 16 | 10 | 9  | 9  | 3.83960 | 4.14063 | 4.31672 | 4.76042 | 5.38367 |
| 16 | 10 | 9  | 8  | 3.76042 | 4.06145 | 4.31672 | 4.71466 | 5.38367 |
| 16 | 10 | 8  | 8  | 3.71466 | 4.06145 | 4.31672 | 4.74269 | 5.71466 |
| 16 | 9  | 9  | 9  | 3.66351 | 4.01569 | 4.23754 | 4.61775 | 5.31672 |
| 16 | 9  | 9  | 8  | 3.71466 | 3.93651 | 4.23754 | 4.61775 | 5.31672 |
| 16 | 9  | 8  | 8  | 3.71466 | 3.93651 | 4.23754 | 4.71466 | 5.53857 |
| 16 | 8  | 8  | 8  | 3.71466 | 3.96454 | 4.23754 | 4.71466 | 5.52084 |
| 17 | 16 | 16 | 16 | 12.11650 | --- | --- | 13.32062 | --- |
| 17 | 16 | 16 | 15 | --- | 11.24144 | --- | 12.11650 | --- |
| 17 | 16 | 16 | 14 | --- | 10.57243 | 10.94041 | 11.24144 | --- |
| 17 | 16 | 16 | 13 | --- | 10.06055 | --- | 10.57243 | --- |
| 17 | 16 | 16 | 12 | 9.45849 | 9.68034 | 10.06055 | --- | --- |
| 17 | 16 | 16 | 11 | 8.98137 | 9.41710 | 9.68034 | --- | --- |
| 17 | 16 | 16 | 10 | --- | 9.26219 | 9.41710 | --- | --- |
| 17 | 16 | 16 | 9  | --- | 9.21104 | 9.26219 | --- | --- |
| 17 | 16 | 15 | 15 | --- | --- | 10.94041 | 11.24144 | 12.11650 |
| 17 | 16 | 15 | 14 | 9.45849 | 9.79428 | --- | 10.94041 | 11.24144 |
| 17 | 16 | 15 | 13 | --- | 9.28240 | --- | 10.09531 | --- |
| 17 | 16 | 15 | 12 | 8.63894 | 8.98137 | 9.28240 | 9.45849 | --- |
| 17 | 16 | 15 | 11 | 8.41710 | 8.63894 | 8.68034 | 8.98137 | --- |
| 17 | 16 | 15 | 10 | 8.24100 | 8.41710 | 8.63894 | --- | --- |
| 17 | 16 | 15 | 9  | 7.93997 | --- | 8.41710 | --- | --- |
| 17 | 16 | 14 | 14 | 8.98137 | --- | 9.28240 | 10.09531 | 11.24144 |
| 17 | 16 | 14 | 13 | 8.24100 | 8.68034 | 8.98137 | 9.28240 | 10.09531 |
| 17 | 16 | 14 | 12 | 8.20322 | 8.24100 | 8.37931 | 9.28240 | --- |
| 17 | 16 | 14 | 11 | 7.76388 | 7.93997 | 8.11607 | 8.68034 | --- |

Tafel XVII-1-1b (Fortsetz.) 593

| N | N1 | N2 | N3 | 20% | 10% | 5% | 1% | 0.1% |
|---|----|----|----|-----|-----|----|----|------|
| 17 | 16 | 14 | 10 | 7.63894 | 7.71813 | 7.93997 | 8.24100 | --- |
| 17 | 16 | 14 | 9 | 7.70589 | 7.71813 | 7.93997 | --- | --- |
| 17 | 16 | 13 | 13 | 8.11607 | 8.20322 | 8.37931 | 8.98137 | 10.06055 |
| 17 | 16 | 13 | 12 | 7.63894 | --- | 7.71813 | 8.37931 | 9.45849 |
| 17 | 16 | 13 | 11 | 7.24100 | 7.33791 | 7.63894 | 8.11607 | 8.98137 |
| 17 | 16 | 13 | 10 | 7.09488 | 7.24100 | 7.71813 | 8.11607 | --- |
| 17 | 16 | 13 | 9 | 6.98573 | 7.33791 | 7.46285 | 7.71813 | --- |
| 17 | 16 | 12 | 12 | 7.11607 | 7.36594 | 7.46285 | 7.93997 | 8.98137 |
| 17 | 16 | 12 | 11 | 7.01569 | 7.09488 | 7.16182 | 7.63894 | 8.63894 |
| 17 | 16 | 12 | 10 | 6.58779 | 7.01569 | 7.11607 | 7.71813 | 8.24100 |
| 17 | 16 | 12 | 9 | 6.55976 | 6.76388 | 7.16182 | 7.46285 | --- |
| 17 | 16 | 11 | 11 | 6.58779 | 6.93997 | 7.09488 | 7.63894 | 8.63894 |
| 17 | 16 | 11 | 10 | 6.46285 | 6.58779 | 6.98573 | 7.24100 | 8.41710 |
| 17 | 16 | 11 | 9 | 6.31672 | 6.55976 | 6.76388 | 7.33791 | 7.93997 |
| 17 | 16 | 10 | 10 | 6.23754 | 6.38367 | 6.58779 | 7.33791 | 8.41710 |
| 17 | 16 | 10 | 9 | 6.16182 | 6.31672 | 6.55976 | 6.98573 | 8.30795 |
| 17 | 16 | 9 | 9 | --- | 6.31672 | 6.38367 | 7.40486 | 8.30795 |
| 17 | 15 | 15 | 15 | 9.79428 | --- | 10.39634 | 10.94041 | 12.41753 |
| 17 | 15 | 15 | 14 | 8.68034 | 9.28240 | 9.75952 | 10.09531 | 10.94041 |
| 17 | 15 | 15 | 13 | 8.37931 | 8.50425 | 8.98137 | 9.28240 | 10.39634 |
| 17 | 15 | 15 | 12 | --- | 8.20322 | 8.37931 | 8.93997 | 9.75952 |
| 17 | 15 | 15 | 11 | --- | 7.93997 | 8.37931 | 8.50425 | 9.28240 |
| 17 | 15 | 15 | 10 | 7.46285 | 7.63894 | 7.93997 | 8.41710 | 8.93997 |
| 17 | 15 | 15 | 9 | 7.46285 | --- | 7.54203 | 8.30795 | --- |
| 17 | 15 | 14 | 14 | 8.20322 | 8.68034 | 8.98137 | 9.28240 | 10.09531 |
| 17 | 15 | 14 | 13 | 7.90219 | 7.93997 | 8.24100 | 8.98137 | 9.45849 |
| 17 | 15 | 14 | 12 | 7.33791 | 7.46285 | 7.90219 | 8.24100 | 8.98137 |
| 17 | 15 | 14 | 11 | 7.06491 | 7.33791 | 7.63894 | 7.93997 | 8.68034 |
| 17 | 15 | 14 | 10 | 6.93997 | 7.06491 | 7.24100 | 7.70589 | 8.24100 |
| 17 | 15 | 14 | 9 | --- | 6.98573 | 7.06491 | 7.70589 | --- |
| 17 | 15 | 13 | 13 | 7.54203 | 7.63894 | 7.90219 | 8.37931 | 9.28240 |
| 17 | 15 | 13 | 12 | 6.93997 | 7.24100 | 7.28676 | 7.90219 | 8.68034 |
| 17 | 15 | 13 | 11 | 6.63894 | 6.93997 | 7.11607 | 7.63894 | 8.37931 |
| 17 | 15 | 13 | 10 | 6.49282 | 6.63894 | 6.93997 | 7.28676 | 7.93997 |
| 17 | 15 | 13 | 9 | 6.46285 | 6.61775 | 6.86079 | 7.16182 | --- |
| 17 | 15 | 12 | 12 | 6.58779 | 6.76388 | 6.93997 | 7.41710 | 8.20322 |
| 17 | 15 | 12 | 11 | 6.31672 | 6.55976 | 6.63894 | 7.06491 | 8.24100 |
| 17 | 15 | 12 | 10 | 6.16182 | 6.38367 | 6.49282 | 6.93997 | 7.63894 |
| 17 | 15 | 12 | 9 | 5.91878 | 6.31672 | 6.55976 | 6.79385 | 7.41710 |
| 17 | 15 | 11 | 11 | 6.01569 | 6.28676 | 6.46285 | 6.79385 | 7.93997 |
| 17 | 15 | 11 | 10 | 5.83960 | 6.16182 | 6.31672 | 6.68470 | 7.63894 |
| 17 | 15 | 11 | 9 | 5.71466 | 5.98573 | 6.08264 | 6.61775 | 7.46285 |
| 17 | 15 | 10 | 10 | 5.61775 | 5.83960 | 6.16182 | 6.53857 | 7.46285 |
| 17 | 15 | 10 | 9 | 5.61775 | 5.83960 | 6.01569 | 6.55976 | 7.40486 |
| 17 | 15 | 9 | 9 | 5.49282 | 5.71466 | 5.98573 | 6.38367 | 7.40486 |
| 17 | 14 | 14 | 14 | 7.63894 | 7.90219 | 8.68034 | 8.98137 | 9.79428 |
| 17 | 14 | 14 | 13 | 7.16182 | 7.33791 | 7.63894 | 8.68034 | 9.28240 |
| 17 | 14 | 14 | 12 | 6.86079 | 6.98573 | 7.33791 | 7.90219 | 8.68034 |
| 17 | 14 | 14 | 11 | 6.49282 | 6.93997 | 6.98573 | 7.33791 | 8.24100 |
| 17 | 14 | 14 | 10 | 6.46285 | 6.68470 | 6.86079 | 7.24100 | 7.93997 |
| 17 | 14 | 14 | 9 | 6.31672 | 6.55976 | 6.68470 | 7.24100 | 7.76388 |
| 17 | 14 | 13 | 13 | 6.86079 | 6.93997 | 7.46285 | 7.71813 | 8.37931 |
| 17 | 14 | 13 | 12 | 6.31672 | 6.58779 | 6.93997 | 7.33791 | 8.20322 |
| 17 | 14 | 13 | 11 | 6.03688 | 6.38367 | 6.58779 | 7.06491 | 7.63894 |
| 17 | 14 | 13 | 10 | 6.01569 | 6.28676 | 6.39591 | 6.86079 | 7.46285 |
| 17 | 14 | 13 | 9 | 5.91878 | 6.16182 | 6.31672 | 6.86079 | 7.33791 |

Tafel XVII-1-1b (Fortsetz.)

| N | N1 | N2 | N3 | 20% | 10% | 5% | 1% | 0.1% |
|---|---|---|---|---|---|---|---|---|
| 17 | 14 | 12 | 12 | 6.01569 | 6.31672 | 6.58779 | 7.16182 | 7.63894 |
| 17 | 14 | 12 | 11 | 5.71466 | 6.01569 | 6.28676 | 6.63894 | 7.46285 |
| 17 | 14 | 12 | 10 | 5.68470 | 5.86079 | 6.08264 | 6.49282 | 7.06491 |
| 17 | 14 | 12 | 9 | 5.55976 | 5.83960 | 6.08264 | 6.46285 | 6.98573 |
| 17 | 14 | 11 | 11 | 5.55976 | 5.80964 | 6.01569 | 6.46285 | 7.24100 |
| 17 | 14 | 11 | 10 | 5.38367 | 5.68470 | 5.91878 | 6.28676 | 6.98573 |
| 17 | 14 | 11 | 9 | 5.25873 | 5.55976 | 5.71466 | 6.28676 | 6.86079 |
| 17 | 14 | 10 | 10 | 5.23754 | 5.53857 | 5.68470 | 6.03688 | 6.98573 |
| 17 | 14 | 10 | 9 | 5.14063 | 5.38367 | 5.55976 | 6.03688 | 6.98573 |
| 17 | 14 | 9 | 9 | 5.01569 | 5.31672 | 5.61775 | 6.08264 | 6.98573 |
| 17 | 13 | 13 | 13 | 6.21981 | 6.55976 | 7.11607 | 7.63894 | 8.32019 |
| 17 | 13 | 13 | 12 | 5.80964 | 6.21981 | 6.55976 | 6.93997 | 7.71813 |
| 17 | 13 | 13 | 11 | 5.61775 | 6.03688 | 6.16182 | 6.76388 | 7.46285 |
| 17 | 13 | 13 | 10 | 5.55976 | 5.83960 | 6.01569 | 6.46285 | 7.28676 |
| 17 | 13 | 13 | 9 | 5.55976 | 5.71466 | 6.01569 | 6.28676 | 7.11607 |
| 17 | 13 | 12 | 12 | 5.61775 | 5.98573 | 6.16182 | 6.63894 | 7.36594 |
| 17 | 13 | 12 | 11 | 5.44166 | 5.68470 | 5.86079 | 6.33791 | 7.11607 |
| 17 | 13 | 12 | 10 | 5.21981 | 5.55976 | 5.71466 | 6.28676 | 6.76388 |
| 17 | 13 | 12 | 9 | 5.19179 | 5.52084 | 5.68470 | 6.16182 | 6.76388 |
| 17 | 13 | 11 | 11 | 5.20758 | 5.38367 | 5.61775 | 6.03688 | 6.76388 |
| 17 | 13 | 11 | 10 | 5.08264 | 5.31672 | 5.50861 | 5.98573 | 6.61775 |
| 17 | 13 | 11 | 9 | 4.91878 | 5.20758 | 5.44166 | 5.83960 | 6.55976 |
| 17 | 13 | 10 | 10 | 4.90655 | 5.14063 | 5.31672 | 5.83960 | 6.49282 |
| 17 | 13 | 10 | 9 | 4.74269 | 5.06145 | 5.31672 | 5.71466 | 6.46285 |
| 17 | 13 | 9 | 9 | 4.76042 | 4.91878 | 5.14063 | 5.71466 | 6.38367 |
| 17 | 12 | 12 | 12 | 5.31672 | 5.52084 | 5.98573 | 6.31672 | 7.16182 |
| 17 | 12 | 12 | 11 | 5.06145 | 5.38367 | 5.61775 | 6.16182 | 6.76388 |
| 17 | 12 | 12 | 10 | 5.01569 | 5.19179 | 5.38367 | 5.91878 | 6.58779 |
| 17 | 12 | 12 | 9 | 4.90655 | 5.14063 | 5.38367 | 5.80964 | 6.76388 |
| 17 | 12 | 11 | 11 | 4.90655 | 5.14063 | 5.44166 | 5.80964 | 6.55976 |
| 17 | 12 | 11 | 10 | 4.74269 | 5.06145 | 5.19179 | 5.68470 | 6.38367 |
| 17 | 12 | 11 | 9 | 4.71466 | 4.91878 | 5.14063 | 5.61775 | 6.38367 |
| 17 | 12 | 10 | 10 | 4.61775 | 4.76042 | 5.14063 | 5.55976 | 6.31672 |
| 17 | 12 | 10 | 9 | 4.61775 | 4.76042 | 5.06145 | 5.55976 | 6.28676 |
| 17 | 12 | 9 | 9 | 4.41363 | 4.71466 | 5.01569 | 5.49282 | 6.08264 |
| 17 | 11 | 11 | 11 | 4.66351 | 5.01569 | 5.19179 | 5.61775 | 6.28676 |
| 17 | 11 | 11 | 10 | 4.53857 | 4.78161 | 5.08264 | 5.44166 | 6.23754 |
| 17 | 11 | 11 | 9 | 4.53857 | 4.66351 | 4.91878 | 5.38367 | 6.16182 |
| 17 | 11 | 10 | 10 | 4.31672 | 4.71466 | 4.90655 | 5.38367 | 6.03688 |
| 17 | 11 | 10 | 9 | 4.31672 | 4.61775 | 4.91878 | 5.25873 | 6.03688 |
| 17 | 10 | 10 | 10 | 4.23754 | 4.61775 | 4.83960 | 5.19179 | 5.83960 |
| 18 | 17 | 17 | 17 | 13.32062 | --- | --- | 14.55107 | --- |
| 18 | 17 | 17 | 16 | --- | 12.41753 | --- | 13.32062 | --- |
| 18 | 17 | 17 | 15 | --- | 11.71856 | 12.11650 | 12.41753 | --- |
| 18 | 17 | 17 | 14 | --- | 11.17449 | 11.24144 | 11.71856 | --- |
| 18 | 17 | 17 | 13 | 10.57243 | 10.75952 | 11.17449 | --- | --- |
| 18 | 17 | 17 | 12 | 10.06055 | 10.45849 | 10.75952 | --- | --- |
| 18 | 17 | 17 | 11 | 9.68034 | 10.26219 | 10.45849 | --- | --- |
| 18 | 17 | 17 | 10 | --- | 10.16528 | 10.26219 | --- | --- |
| 18 | 17 | 17 | 9 | --- | 10.16528 | --- | --- | --- |
| 18 | 17 | 16 | 16 | --- | --- | 12.11650 | 12.41753 | 13.32062 |
| 18 | 17 | 16 | 15 | 10.57243 | 10.94041 | 11.24144 | 12.11650 | 12.41753 |
| 18 | 17 | 16 | 14 | 10.09531 | 10.39634 | 10.57243 | 11.24144 | --- |
| 18 | 17 | 16 | 13 | 9.68034 | 10.06055 | 10.39634 | 10.57243 | --- |
| 18 | 17 | 16 | 12 | 9.28240 | 9.68034 | 9.75952 | 10.06055 | --- |
| 18 | 17 | 16 | 11 | 9.26219 | 9.41710 | 9.68034 | --- | --- |

Tafel XVII-1-1b (Fortsetz.) 595

| N | N1 | N2 | N3 | 20% | 10% | 5% | 1% | 0.1% |
|---|---|---|---|---|---|---|---|---|
| 18 | 17 | 16 | 10 | 8.93997 | 9.26219 | 9.41710 | --- | --- |
| 18 | 17 | 16 | 9 | 9.21104 | --- | 9.26219 | --- | --- |
| 18 | 17 | 15 | 15 | 10.09531 | --- | 10.39634 | 10.94041 | 11.71856 |
| 18 | 17 | 15 | 14 | 9.45849 | 9.75952 | 10.09531 | 10.39634 | 11.24144 |
| 18 | 17 | 15 | 13 | 8.93997 | 9.28240 | 9.45849 | 10.39634 | 10.57243 |
| 18 | 17 | 15 | 12 | 8.68034 | 8.93997 | 9.15746 | 9.75952 | --- |
| 18 | 17 | 15 | 11 | 8.41710 | 8.71813 | 8.93997 | 9.28240 | --- |
| 18 | 17 | 15 | 10 | 8.41710 | 8.60898 | 8.71813 | 8.93997 | --- |
| 18 | 17 | 15 | 9 | 8.41710 | 8.60898 | 8.71813 | --- | --- |
| 18 | 17 | 14 | 14 | 9.15746 | 9.28240 | 9.45849 | 10.09531 | 11.17449 |
| 18 | 17 | 14 | 13 | 8.50425 | --- | 8.71813 | 9.45849 | 10.57243 |
| 18 | 17 | 14 | 12 | 8.24100 | 8.41710 | 8.68034 | 9.15746 | 10.06055 |
| 18 | 17 | 14 | 11 | 8.11607 | 8.18301 | 8.71813 | 9.15746 | --- |
| 18 | 17 | 14 | 10 | 7.93997 | 8.06491 | 8.24100 | 8.71813 | --- |
| 18 | 17 | 14 | 9 | 7.76388 | 8.24100 | 8.32019 | --- | --- |
| 18 | 17 | 13 | 13 | 8.06491 | 8.11607 | 8.50425 | 8.98137 | 10.06055 |
| 18 | 17 | 13 | 12 | 7.79385 | 8.06491 | 8.11607 | 8.68034 | 9.68034 |
| 18 | 17 | 13 | 11 | 7.54203 | 7.79385 | 7.93997 | 8.24100 | 9.28240 |
| 18 | 17 | 13 | 10 | 7.36594 | 7.71813 | 7.86079 | 8.32019 | 8.93997 |
| 18 | 17 | 13 | 9 | 7.36594 | 7.46285 | 8.06491 | 8.41710 | --- |
| 18 | 17 | 12 | 12 | 7.54203 | 7.79385 | 7.86079 | 8.63894 | 9.68034 |
| 18 | 17 | 12 | 11 | 7.09488 | 7.41710 | 7.79385 | 8.24100 | 8.93997 |
| 18 | 17 | 12 | 10 | 7.09488 | 7.36594 | 7.46285 | 8.06491 | 8.93997 |
| 18 | 17 | 12 | 9 | 7.16182 | 7.36594 | 7.46285 | 8.24100 | --- |
| 18 | 17 | 11 | 11 | 7.06491 | 7.09488 | 7.54203 | 8.18301 | 8.63894 |
| 18 | 17 | 11 | 10 | 6.86079 | 7.09488 | 7.28676 | 7.93997 | 8.60898 |
| 18 | 17 | 11 | 9 | 6.86079 | 7.16182 | 7.33791 | 7.76388 | 8.71813 |
| 18 | 17 | 10 | 10 | 6.63894 | 7.09488 | 7.16182 | 7.76388 | 8.60898 |
| 18 | 17 | 10 | 9 | 6.79385 | 6.86079 | 7.16182 | 7.76388 | 8.60898 |
| 18 | 17 | 9 | 9 | 6.79385 | 7.16182 | 7.70589 | 8.30795 | 9.21104 |
| 18 | 16 | 16 | 16 | --- | 10.94041 | 11.54247 | 12.11650 | 13.62165 |
| 18 | 16 | 16 | 15 | 9.79428 | --- | 10.39634 | 11.24144 | 12.11650 |
| 18 | 16 | 16 | 14 | 9.45849 | 9.58343 | 10.09531 | 10.36158 | 11.54247 |
| 18 | 16 | 16 | 13 | --- | 9.28240 | 9.45849 | 9.98137 | 10.87346 |
| 18 | 16 | 16 | 12 | 8.68034 | 8.98137 | 9.45849 | 9.58343 | 10.36158 |
| 18 | 16 | 16 | 11 | 8.41710 | 8.63894 | 8.98137 | 9.41710 | 9.98137 |
| 18 | 16 | 16 | 10 | 8.41710 | --- | 8.54203 | 9.26219 | 9.71813 |
| 18 | 16 | 16 | 9 | --- | --- | 8.41710 | 9.21104 | --- |
| 18 | 16 | 15 | 15 | 9.28240 | 9.75952 | 9.79428 | 10.39634 | 11.24144 |
| 18 | 16 | 15 | 14 | 8.68034 | 9.28240 | 9.45849 | 9.79428 | 10.57243 |
| 18 | 16 | 15 | 13 | 8.37931 | 8.50425 | 8.93997 | 9.45849 | 10.09531 |
| 18 | 16 | 15 | 12 | 8.01916 | 8.24100 | 8.50425 | 8.93997 | 9.75952 |
| 18 | 16 | 15 | 11 | 7.93997 | 8.01916 | 8.24100 | 8.68034 | 9.28240 |
| 18 | 16 | 15 | 10 | 7.71813 | 7.93997 | 8.24100 | 8.60898 | 8.93997 |
| 18 | 16 | 15 | 9 | 7.70589 | 7.93997 | 8.01916 | 8.60898 | --- |
| 18 | 16 | 14 | 14 | --- | 8.54203 | 8.98137 | 9.45849 | 10.36158 |
| 18 | 16 | 14 | 13 | 7.93997 | 8.11607 | 8.37931 | 8.68034 | 9.75952 |
| 18 | 16 | 14 | 12 | 7.63894 | 7.66697 | 8.06491 | 8.68034 | 8.98137 |
| 18 | 16 | 14 | 11 | 7.33791 | 7.63894 | 7.76388 | 8.24100 | 8.98137 |
| 18 | 12 | 12 | 12 | 5.38367 | 5.53857 | 5.96994 | 6.31672 | 7.16182 |
| 18 | 12 | 12 | 11 | 5.19179 | 5.49282 | 5.68470 | 6.16182 | 7.01569 |
| 18 | 12 | 12 | 10 | 5.06145 | 5.38367 | 5.53857 | 6.11067 | 6.86079 |
| 18 | 12 | 12 | 9 | 5.14063 | 5.36248 | 5.61775 | 5.98573 | 6.76388 |
| 18 | 12 | 11 | 11 | 5.08264 | 5.36248 | 5.55976 | 5.98573 | 6.68470 |
| 18 | 12 | 11 | 10 | 4.91878 | 5.19179 | 5.44166 | 5.91878 | 6.63894 |
| 18 | 12 | 11 | 9 | 4.91878 | 5.19179 | 5.36248 | 5.91878 | 6.68470 |

Tafel XVII-1-1b (Fortsetz.)

| N  | N1 | N2 | N3 | 20%      | 10%      | 5%       | 1%       | 0.1%     |
|----|----|----|----|----------|----------|----------|----------|----------|
| 18 | 12 | 10 | 10 | 4.91878  | 5.06145  | 5.38367  | 5.82187  | 6.49282  |
| 18 | 11 | 11 | 11 | 4.90655  | 5.19179  | 5.38367  | 5.83960  | 6.61775  |
| 18 | 11 | 11 | 10 | 4.74269  | 5.08264  | 5.38367  | 5.79385  | 6.49282  |
| 18 | 11 | 10 | 10 | 4.61775  | 4.91878  | 5.21981  | 5.68470  | 6.39591  |
| 19 | 18 | 18 | 18 | 14.55107 | ---      | ---      | 15.80634 | ---      |
| 19 | 18 | 18 | 17 | ---      | 13.62165 | ---      | 14.55107 | ---      |
| 19 | 18 | 18 | 16 | ---      | 12.89465 | 13.32062 | 13.62165 | ---      |
| 19 | 18 | 18 | 15 | ---      | 12.32062 | 12.41753 | 12.89465 | ---      |
| 19 | 18 | 18 | 14 | 11.71856 | ---      | 11.87346 | 12.32062 | ---      |
| 19 | 18 | 18 | 13 | 11.17449 | ---      | 11.53767 | ---      | ---      |
| 19 | 18 | 18 | 12 | 10.75952 | ---      | 11.30359 | ---      | ---      |
| 19 | 18 | 18 | 11 | ---      | ---      | 11.16528 | ---      | ---      |
| 19 | 18 | 18 | 10 | ---      | ---      | 11.11953 | ---      | ---      |
| 19 | 18 | 17 | 17 | ---      | ---      | 13.32062 | 13.62165 | 14.55107 |
| 19 | 18 | 17 | 16 | 11.71856 | 12.11650 | 12.41753 | 13.32062 | 13.62165 |
| 19 | 18 | 17 | 15 | 11.17449 | 11.54247 | 11.71856 | 12.41753 | ---      |
| 19 | 18 | 17 | 14 | 10.75952 | 10.87346 | 11.54247 | 11.71856 | ---      |
| 19 | 18 | 17 | 13 | 10.36158 | 10.75952 | 10.87346 | 11.17449 | ---      |
| 19 | 18 | 17 | 12 | 10.26219 | 10.36158 | ---      | 10.75952 | ---      |
| 19 | 18 | 17 | 11 | 9.98137  | 10.26219 | 10.45849 | ---      | ---      |
| 19 | 18 | 17 | 10 | 9.71813  | ---      | 10.26219 | ---      | ---      |
| 19 | 18 | 16 | 16 | 11.24144 | ---      | 11.54247 | 12.11650 | 12.89465 |
| 19 | 18 | 16 | 15 | ---      | 10.57243 | 10.87346 | 11.54247 | 12.41753 |
| 19 | 18 | 16 | 14 | 9.98137  | 10.36158 | 10.57243 | 11.54247 | 11.71856 |
| 19 | 18 | 16 | 13 | 9.71813  | 9.98137  | 10.06055 | 10.87346 | ---      |
| 19 | 18 | 16 | 12 | 9.41710  | 9.68034  | 9.75952  | 10.23664 | ---      |
| 19 | 18 | 16 | 11 | 9.41710  | 9.51207  | 9.71813  | 9.98137  | ---      |
| 19 | 18 | 16 | 10 | 9.21104  | 9.41710  | 9.56322  | 9.71813  | ---      |
| 19 | 18 | 15 | 15 | ---      | 10.23664 | 10.57243 | 11.24144 | 12.32062 |
| 19 | 18 | 15 | 14 | 9.41710  | ---      | ---      | 10.39634 | 11.17449 |
| 19 | 18 | 15 | 13 | 9.15746  | ---      | 9.41710  | 10.23664 | 10.87346 |
| 19 | 18 | 15 | 12 | 8.93997  | 9.08610  | 9.19525  | 10.23664 | ---      |
| 19 | 18 | 15 | 11 | 8.78507  | 8.93997  | 9.32019  | 9.75952  | ---      |
| 19 | 18 | 15 | 10 | 8.71813  | 9.01916  | 9.08610  | 9.41710  | ---      |
| 19 | 18 | 14 | 14 | 9.01916  | 9.15746  | 9.58343  | 10.06055 | 11.17449 |
| 19 | 18 | 14 | 13 | 8.71813  | 8.98137  | 9.01916  | 9.75952  | 10.36158 |
| 19 | 18 | 14 | 12 | 8.54203  | 8.71813  | 8.78507  | 9.28240  | 10.36158 |
| 19 | 18 | 14 | 11 | 8.32019  | 8.63894  | 8.76388  | 9.32019  | 9.98137  |
| 19 | 18 | 14 | 10 | 8.24100  | 8.32019  | 8.76388  | 9.32019  | ---      |
| 19 | 18 | 13 | 13 | 8.54203  | 8.57200  | 8.76388  | 9.28240  | 10.06055 |
| 19 | 18 | 13 | 12 | 8.06491  | 8.41710  | 8.63894  | 8.93997  | 9.98137  |
| 19 | 18 | 13 | 11 | 7.93997  | 8.32019  | 8.41710  | 8.84306  | 9.71813  |
| 19 | 18 | 13 | 10 | 7.86079  | ---      | 8.32019  | 8.84306  | 9.71813  |
| 19 | 18 | 12 | 12 | 7.86079  | 8.01916  | 8.24100  | 8.78507  | 9.68034  |
| 19 | 18 | 12 | 11 | 7.76388  | 7.86079  | 8.01916  | 8.71813  | 9.41710  |
| 19 | 18 | 12 | 10 | 7.66697  | 7.86079  | 8.06491  | 8.41710  | 9.56322  |
| 19 | 18 | 11 | 11 | 7.39591  | 7.79385  | 8.06491  | 8.71813  | 9.41710  |
| 19 | 18 | 11 | 10 | 7.39591  | 7.63894  | 7.93997  | 8.60898  | 9.51207  |
| 19 | 18 | 10 | 10 | 7.33791  | ---      | 8.00692  | 8.60898  | 9.26219  |
| 19 | 17 | 17 | 17 | ---      | 12.11650 | 12.71856 | 13.32062 | 14.85210 |
| 19 | 17 | 17 | 16 | 10.94041 | ---      | 11.54247 | 12.41753 | 13.32062 |
| 19 | 17 | 17 | 15 | 10.57243 | 10.69737 | 11.24144 | 11.47552 | 12.11650 |
| 19 | 17 | 17 | 14 | ---      | 10.39634 | 10.57243 | 11.06055 | 11.54247 |
| 19 | 17 | 17 | 13 | 9.68034  | ---      | 10.06055 | 10.57243 | 11.47552 |
| 19 | 17 | 17 | 12 | 9.41710  | 9.68034  | 10.06055 | 10.45849 | 11.06055 |
| 19 | 17 | 17 | 11 | 9.26219  | 9.41710  | 9.58343  | 10.26219 | 10.75952 |

Tafel XVII-1-1b (Fortsetz.) 597

| N | N1 | N2 | N3 | 20% | 10% | 5% | 1% | 0.1% |
|---|---|---|---|---|---|---|---|---|
| 19 | 17 | 17 | 10 | 9.24100 | --- | 9.41710 | 10.16528 | 10.56322 |
| 19 | 17 | 16 | 16 | 10.39634 | 10.87346 | 10.94041 | 11.54247 | 12.41753 |
| 19 | 17 | 16 | 15 | 9.75952 | 10.09531 | 10.36158 | 10.87346 | 11.71856 |
| 19 | 17 | 16 | 14 | 9.45849 | 9.58343 | 9.98137 | 10.39634 | 11.24144 |
| 19 | 17 | 16 | 13 | 8.98137 | 9.28240 | 9.58343 | 9.98137 | 10.87346 |
| 19 | 17 | 16 | 12 | 8.93997 | 8.98137 | 9.15746 | 9.68034 | 10.36158 |
| 19 | 17 | 16 | 11 | 8.63894 | --- | 8.93997 | 9.45849 | 9.98137 |
| 19 | 17 | 16 | 10 | 8.54203 | 8.71813 | 8.93997 | 9.26219 | --- |
| 19 | 17 | 15 | 15 | 9.28240 | 9.58343 | 10.09531 | 10.57243 | 11.24144 |
| 19 | 17 | 15 | 14 | 8.71813 | 9.01916 | 9.45849 | 9.75952 | 10.57243 |
| 19 | 17 | 15 | 13 | 8.62122 | 8.71813 | 8.93997 | 9.58343 | 10.06055 |
| 19 | 17 | 15 | 12 | --- | 8.36594 | 8.71813 | 9.24100 | 9.75952 |
| 19 | 17 | 15 | 11 | 8.18301 | 8.36594 | 8.60898 | 8.93997 | 9.58343 |
| 19 | 17 | 15 | 10 | 8.01916 | 8.30795 | 8.60898 | 8.91001 | 9.24100 |
| 19 | 17 | 14 | 14 | 8.50425 | 8.71813 | 8.98137 | 9.45849 | 10.39634 |
| 19 | 17 | 14 | 13 | 8.09488 | 8.32019 | 8.54203 | 8.98137 | 9.75952 |
| 19 | 17 | 14 | 12 | 7.93997 | 8.11607 | 8.48404 | 8.68034 | 9.68034 |
| 19 | 17 | 14 | 11 | 7.71813 | 8.00692 | 8.09488 | 8.71813 | 9.28240 |
| 19 | 17 | 14 | 10 | 7.66697 | 7.93997 | 8.16182 | 8.41710 | 9.01916 |
| 19 | 17 | 13 | 13 | 7.84306 | 8.06491 | 8.09488 | 8.62122 | 9.58343 |
| 19 | 17 | 13 | 12 | 7.54203 | 7.79385 | 8.01916 | 8.36594 | 9.01916 |
| 19 | 17 | 13 | 11 | 7.28676 | 7.63894 | 7.84306 | 8.24100 | 9.01916 |
| 19 | 17 | 13 | 10 | 7.31672 | 7.58779 | 7.71813 | 8.32019 | 8.93997 |
| 19 | 17 | 12 | 12 | 7.36594 | 7.54203 | 7.79385 | 8.24100 | 8.71813 |
| 19 | 17 | 12 | 11 | 7.09488 | 7.28676 | 7.54203 | 8.06491 | 8.91001 |
| 19 | 17 | 12 | 10 | 7.01569 | 7.33791 | 7.46285 | 8.01916 | 8.91001 |
| 19 | 17 | 11 | 11 | 7.01569 | 7.09488 | 7.31672 | 7.93997 | 8.93997 |
| 19 | 17 | 11 | 10 | 6.86079 | 7.06491 | 7.31672 | 8.00692 | 8.71813 |
| 19 | 17 | 10 | 10 | 6.83960 | 6.93997 | 7.33791 | 7.76388 | 8.60898 |
| 19 | 16 | 16 | 16 | 9.58343 | 9.79428 | 10.39634 | 10.94041 | 12.11650 |
| 19 | 16 | 16 | 15 | 9.28240 | 9.45849 | 9.75952 | 10.23664 | 10.94041 |
| 19 | 16 | 16 | 14 | 8.54203 | 9.28240 | 9.45849 | 9.75952 | 10.45849 |
| 19 | 16 | 16 | 13 | 8.37931 | 8.68034 | 8.98137 | 9.45849 | 10.19525 |
| 19 | 16 | 16 | 12 | 8.11607 | 8.49628 | 8.68034 | 9.28240 | 9.75952 |
| 19 | 16 | 16 | 11 | 8.06491 | 8.30795 | 8.54203 | 8.93997 | 9.56322 |
| 19 | 16 | 16 | 10 | 8.00692 | 8.11607 | 8.41710 | 8.71813 | 9.51207 |
| 19 | 16 | 15 | 15 | 8.68034 | 8.98137 | 9.15746 | 9.79428 | 10.57243 |
| 19 | 16 | 15 | 14 | 8.24100 | 8.50425 | 8.98137 | 9.41710 | 10.06055 |
| 19 | 16 | 15 | 13 | 7.93997 | 8.06491 | 8.49628 | 8.93997 | 9.58343 |
| 19 | 16 | 15 | 12 | 7.76388 | 8.00692 | 8.11607 | 8.68034 | 9.28240 |
| 19 | 16 | 15 | 11 | 7.63894 | 7.93997 | 8.00692 | 8.41710 | 9.08610 |
| 19 | 16 | 15 | 10 | 7.54203 | 7.71813 | 7.93997 | 8.24100 | 9.01916 |
| 19 | 16 | 14 | 14 | 7.79385 | 8.01916 | 8.37931 | 8.98137 | 9.58343 |
| 19 | 16 | 14 | 13 | 7.54203 | 7.71813 | 8.01916 | 8.50425 | 9.41710 |
| 19 | 16 | 14 | 12 | 7.31672 | 7.63894 | 7.71813 | 8.24100 | 8.98137 |
| 19 | 16 | 14 | 11 | 7.24100 | 7.39591 | 7.63894 | 8.01916 | 8.71813 |
| 19 | 16 | 14 | 10 | 7.09488 | 7.33791 | 7.54203 | 8.00692 | 8.54203 |
| 19 | 16 | 13 | 13 | 7.24100 | 7.46285 | 7.66697 | 8.11607 | 8.98137 |
| 19 | 16 | 13 | 12 | 7.01569 | 7.28676 | 7.46285 | 7.89422 | 8.63894 |
| 19 | 16 | 13 | 11 | 6.79385 | 7.09488 | 7.31672 | 7.71813 | 8.54203 |
| 19 | 16 | 13 | 10 | 6.79385 | 6.93997 | 7.28676 | 7.71813 | 8.24100 |
| 19 | 16 | 12 | 12 | 6.76388 | 7.06491 | 7.27097 | 7.63894 | 8.49628 |
| 19 | 16 | 12 | 11 | 6.68470 | 6.86079 | 7.06491 | 7.63894 | 8.24100 |
| 19 | 16 | 12 | 10 | 6.53857 | 6.76388 | 6.93997 | 7.54203 | 8.11607 |
| 19 | 16 | 11 | 11 | 6.46285 | 6.68470 | 6.88882 | 7.33791 | 8.24100 |
| 19 | 16 | 11 | 10 | 6.33791 | 6.68470 | 6.86079 | 7.33791 | 8.01916 |

| N | N1 | N2 | N3 | 20% | 10% | 5% | 1% | 0.1% |
|---|----|----|----|------|------|------|------|------|
| 19 | 16 | 10 | 10 | 6.31672 | 6.57200 | 6.79385 | 7.27097 | 8.11607 |
| 19 | 15 | 15 | 15 | 8.20322 | 8.68034 | 8.71813 | 9.75952 | 10.23664 |
| 19 | 15 | 15 | 14 | 7.63894 | 8.01916 | 8.41710 | 8.71813 | 9.75952 |
| 19 | 15 | 15 | 13 | 7.41710 | 7.69694 | 8.20322 | 8.62122 | 9.28240 |
| 19 | 15 | 15 | 12 | 7.24100 | 7.54203 | 7.63894 | 8.18301 | 8.71813 |
| 19 | 15 | 15 | 11 | 7.09488 | 7.33791 | 7.54203 | 8.14409 | 8.71813 |
| 19 | 15 | 15 | 10 | 7.09488 | 7.27097 | 7.54203 | 7.84306 | 8.62122 |
| 19 | 15 | 14 | 14 | 7.36594 | 7.61775 | 7.90219 | 8.32019 | 9.28240 |
| 19 | 15 | 14 | 13 | 7.01569 | 7.33791 | 7.54203 | 8.01916 | 8.98137 |
| 19 | 15 | 14 | 12 | 6.83960 | 7.16182 | 7.28676 | 7.71813 | 8.54203 |
| 19 | 15 | 14 | 11 | 6.68470 | 6.98573 | 7.24100 | 7.63894 | 8.36594 |
| 19 | 15 | 14 | 10 | 6.68470 | 6.91878 | 7.16182 | 7.54203 | 8.18301 |
| 19 | 15 | 13 | 13 | 6.86079 | --- | 7.09488 | 7.84306 | 8.62122 |
| 19 | 15 | 13 | 12 | 6.58779 | 6.79385 | 7.06491 | 7.54203 | 8.36594 |
| 19 | 15 | 13 | 11 | 6.38367 | 6.63894 | 6.91878 | 7.36594 | 8.24100 |
| 19 | 15 | 13 | 10 | 6.33791 | 6.57200 | 6.91878 | 7.28676 | 7.93997 |
| 19 | 15 | 12 | 12 | 6.29900 | 6.61775 | 6.83960 | 7.27097 | 8.01916 |
| 19 | 15 | 12 | 11 | 6.16182 | 6.46285 | 6.68470 | 7.16182 | 7.84306 |
| 19 | 15 | 12 | 10 | 6.09488 | 6.33791 | 6.61775 | 7.09488 | 7.87303 |
| 19 | 15 | 11 | 11 | 6.09488 | 6.33791 | 6.53857 | 7.01569 | 7.84306 |
| 19 | 15 | 11 | 10 | 5.98573 | 6.28676 | 6.46285 | 6.91878 | 7.70589 |
| 19 | 15 | 10 | 10 | 5.96994 | 6.14063 | 6.33791 | 6.91878 | 7.70589 |
| 19 | 14 | 14 | 14 | 6.99797 | 7.16182 | 7.46285 | 8.06491 | 8.71813 |
| 19 | 14 | 14 | 13 | 6.68470 | 6.93997 | 7.24100 | 7.71813 | 8.50425 |
| 19 | 14 | 14 | 12 | 6.46285 | 6.79385 | 6.99797 | 7.46285 | 8.16182 |
| 19 | 14 | 14 | 11 | 6.38367 | 6.61775 | 6.86079 | 7.28676 | 8.06491 |
| 19 | 14 | 14 | 10 | 6.38367 | 6.49282 | 6.79385 | 7.24100 | 7.76388 |
| 19 | 14 | 13 | 13 | 6.46285 | 6.58779 | 6.88882 | 7.41710 | 8.09488 |
| 19 | 14 | 13 | 12 | 6.21981 | 6.49282 | 6.76388 | 7.11607 | 8.01916 |
| 19 | 14 | 13 | 11 | 6.03688 | 6.33791 | 6.58779 | 6.99797 | 7.79385 |
| 19 | 14 | 13 | 10 | 6.01569 | 6.31672 | 6.49282 | 6.93997 | 7.66697 |
| 19 | 14 | 12 | 12 | 6.01569 | 6.21981 | 6.49282 | 7.06491 | 7.71813 |
| 19 | 14 | 12 | 11 | 5.82187 | 6.11067 | 6.33791 | 6.79385 | 7.63894 |
| 19 | 14 | 12 | 10 | 5.82187 | 6.03688 | 6.28676 | 6.79385 | 7.46285 |
| 19 | 14 | 11 | 11 | 5.71466 | 5.98573 | 6.16182 | 6.68470 | 7.46285 |
| 19 | 14 | 11 | 10 | 5.68470 | 5.91878 | 6.14063 | 6.63894 | 7.36594 |
| 19 | 14 | 10 | 10 | 5.61775 | 5.86079 | 6.16182 | 6.55976 | 7.33791 |
| 19 | 13 | 13 | 13 | 6.16182 | 6.31672 | 6.69694 | 7.16182 | 7.93997 |
| 19 | 13 | 13 | 12 | 5.96994 | 6.11067 | 6.52084 | 6.91878 | 7.71813 |
| 19 | 13 | 13 | 11 | 5.80964 | 6.14063 | 6.31672 | 6.79385 | 7.41710 |
| 19 | 13 | 13 | 10 | 5.68470 | 6.09488 | 6.28676 | 6.79385 | 7.39591 |
| 19 | 13 | 12 | 12 | 5.71466 | 5.96994 | 6.28676 | 6.69694 | 7.54203 |
| 19 | 13 | 12 | 11 | 5.55976 | 5.86079 | 6.11067 | 6.58779 | 7.36594 |
| 19 | 13 | 12 | 10 | 5.52084 | 5.83960 | 6.03688 | 6.49282 | 7.33791 |
| 19 | 13 | 11 | 11 | 5.49282 | 5.71466 | 6.01569 | 6.49282 | 7.24100 |
| 19 | 13 | 11 | 10 | 5.36248 | 5.68470 | 5.98573 | 6.38367 | 7.16182 |
| 19 | 13 | 10 | 10 | 5.36248 | 5.61775 | 5.82187 | 6.38367 | 7.01569 |
| 19 | 12 | 12 | 12 | 5.49282 | 5.86079 | 6.16182 | 6.58779 | 7.24100 |
| 19 | 12 | 12 | 11 | 5.38367 | 5.68470 | 5.98573 | 6.39591 | 7.24100 |
| 19 | 12 | 12 | 10 | 5.38367 | 5.68470 | 5.86079 | 6.33791 | 7.09488 |
| 19 | 12 | 11 | 11 | 5.19179 | 5.55976 | 5.83960 | 6.28676 | 7.06491 |
| 19 | 12 | 11 | 10 | 5.19179 | 5.49282 | 5.71466 | 6.21981 | 6.93997 |
| 19 | 11 | 11 | 11 | 5.14063 | 5.38367 | 5.74269 | 6.21981 | 6.91878 |
| 20 | 19 | 19 | 19 | 15.80634 | --- | --- | 17.08509 | --- |
| 20 | 19 | 19 | 18 | --- | 14.85210 | --- | 15.80634 | --- |
| 20 | 19 | 19 | 17 | --- | 14.09877 | 14.55107 | 14.85210 | --- |

Tafel XVII-1-1b (Fortsetz.)   599

| N  | N1 | N2 | N3 | 20% | 10% | 5% | 1% | 0.1% |
|----|----|----|----|-----|-----|-----|-----|------|
| 20 | 19 | 19 | 16 | --- | 13.49671 | 13.62165 | 14.09877 | --- |
| 20 | 19 | 19 | 15 | --- | 12.89465 | 13.01959 | 13.49671 | --- |
| 20 | 19 | 19 | 14 | 12.32062 | --- | 12.65161 | --- | --- |
| 20 | 19 | 19 | 13 | 11.87346 | --- | 12.38277 | --- | --- |
| 20 | 19 | 19 | 12 | 11.53767 | --- | 12.20668 | --- | --- |
| 20 | 19 | 19 | 11 | --- | --- | 12.11953 | --- | --- |
| 20 | 19 | 19 | 10 | --- | --- | 12.11953 | --- | --- |
| 20 | 19 | 18 | 18 | 13.62165 | --- | 14.55107 | 14.85210 | 15.80634 |
| 20 | 19 | 18 | 17 | 12.89465 | 13.32062 | 13.62165 | 14.55107 | 14.85210 |
| 20 | 19 | 18 | 16 | 12.32062 | 12.71856 | 12.89465 | 13.62165 | --- |
| 20 | 19 | 18 | 15 | 11.87346 | 12.01959 | 12.32062 | 12.71856 | --- |
| 20 | 19 | 18 | 14 | 11.47552 | 11.87346 | 12.01959 | 12.32062 | --- |
| 20 | 19 | 18 | 13 | 11.06055 | 11.47552 | --- | 11.87346 | --- |
| 20 | 19 | 18 | 12 | 11.06055 | 11.16528 | 11.53767 | --- | --- |
| 20 | 19 | 18 | 11 | 10.75952 | 11.11953 | 11.30359 | --- | --- |
| 20 | 19 | 18 | 10 | --- | 11.11953 | 11.16528 | --- | --- |
| 20 | 19 | 17 | 17 | 12.41753 | --- | 12.71856 | 13.32062 | 14.09877 |
| 20 | 19 | 17 | 16 | --- | 11.71856 | 12.01959 | 12.71856 | 13.62165 |
| 20 | 19 | 17 | 15 | 11.06055 | 11.47552 | 11.54247 | 12.71856 | 12.89465 |
| 20 | 19 | 17 | 14 | 10.75952 | 11.06055 | 11.17449 | 12.01959 | --- |
| 20 | 19 | 17 | 13 | 10.45849 | 10.75952 | 10.83870 | 11.35058 | --- |
| 20 | 19 | 17 | 12 | 10.26219 | 10.46631 | 10.75952 | 11.06055 | --- |
| 20 | 19 | 17 | 11 | 10.19525 | 10.45849 | 10.56322 | 10.75952 | --- |
| 20 | 19 | 17 | 10 | 10.19525 | 10.46631 | 10.56322 | --- | --- |
| 20 | 19 | 16 | 16 | --- | 11.35058 | --- | 11.71856 | 13.49671 |
| 20 | 19 | 16 | 15 | 10.45849 | 10.83870 | --- | 11.54247 | 12.32062 |
| 20 | 19 | 16 | 14 | 10.19525 | 10.36158 | 10.45849 | 11.35058 | 12.01959 |
| 20 | 19 | 16 | 13 | 9.98137 | 10.04034 | 10.23664 | 10.83870 | 11.47552 |
| 20 | 19 | 16 | 12 | 9.71813 | 9.98137 | 10.04034 | 10.45849 | --- |
| 20 | 19 | 16 | 11 | 9.68816 | 9.79731 | 10.01916 | 10.36158 | --- |
| 20 | 19 | 16 | 10 | 9.56322 | 10.01916 | 10.04034 | --- | --- |
| 20 | 19 | 15 | 15 | --- | 10.23664 | 10.36158 | 11.17449 | 12.32062 |
| 20 | 19 | 15 | 14 | 9.71813 | 10.01916 | 10.23664 | 10.36158 | 11.47552 |
| 20 | 19 | 15 | 13 | 9.48404 | 9.68816 | 9.79731 | 10.23664 | 11.06055 |
| 20 | 19 | 15 | 12 | 9.24100 | 9.48404 | 9.68816 | 10.36158 | 11.06055 |
| 20 | 19 | 15 | 11 | 9.08610 | 9.32019 | 9.54203 | 10.01916 | --- |
| 20 | 19 | 15 | 10 | 9.08610 | 9.19525 | 9.71813 | --- | --- |
| 20 | 19 | 14 | 14 | 9.45849 | 9.54203 | 9.58343 | 10.36158 | 11.17449 |
| 20 | 19 | 14 | 13 | --- | 9.41710 | 9.48404 | 9.98137 | 10.75952 |
| 20 | 19 | 14 | 12 | 8.78507 | 9.32019 | 9.41710 | 9.75952 | 10.75952 |
| 20 | 19 | 14 | 11 | 8.71813 | 8.84306 | 9.32019 | 9.71813 | 10.45849 |
| 20 | 19 | 14 | 10 | 8.76388 | 9.01916 | 9.71813 | 9.79731 | --- |
| 20 | 19 | 13 | 13 | 8.76388 | 9.01916 | 9.24100 | 9.58343 | 10.45849 |
| 20 | 19 | 13 | 12 | 8.62122 | 8.71813 | 9.01916 | 9.54203 | 10.45849 |
| 20 | 19 | 13 | 11 | 8.62122 | 8.71813 | 8.84306 | 9.41710 | 10.19525 |
| 20 | 19 | 13 | 10 | --- | 8.76388 | 9.01916 | 9.79731 | 10.56322 |
| 20 | 19 | 12 | 12 | 8.24100 | 8.63894 | 8.78507 | 9.48404 | 10.26219 |
| 20 | 19 | 12 | 11 | 8.24100 | 8.36594 | 8.71813 | 9.19525 | 10.04034 |
| 20 | 19 | 12 | 10 | 8.24100 | 8.54203 | 8.84306 | 9.19525 | 10.46631 |
| 20 | 19 | 11 | 11 | 8.11607 | 8.48404 | 8.54203 | 9.08610 | 9.98919 |
| 20 | 19 | 11 | 10 | 8.11607 | 8.48404 | 8.54203 | 9.08610 | 10.16528 |
| 20 | 19 | 10 | 10 | 8.11607 | 8.48404 | 8.91001 | 9.51207 | 10.16528 |
| 20 | 18 | 18 | 18 | --- | 13.32062 | 13.92268 | 14.55107 | 16.10737 |
| 20 | 18 | 18 | 17 | 12.11650 | --- | 12.71856 | 13.32062 | 14.55107 |
| 20 | 18 | 18 | 16 | 11.71856 | 11.84350 | 12.41753 | 12.62165 | 13.32062 |
| 20 | 18 | 18 | 15 | 11.17449 | 11.54247 | 11.71856 | 12.17449 | 12.71856 |

Tafel XVII-1-1b (Fortsetz.)

| N | N1 | N2 | N3 | 20% | 10% | 5% | 1% | 0.1% |
|---|---|---|---|---|---|---|---|---|
| 20 | 18 | 18 | 14 | 10.75952 | 10.87346 | 11.17449 | 11.71856 | 12.62165 |
| 20 | 18 | 18 | 13 | 10.45849 | 10.75952 | 11.17449 | 11.53767 | 12.17449 |
| 20 | 18 | 18 | 12 | 10.26219 | 10.45849 | 10.66261 | 11.30359 | 11.83870 |
| 20 | 18 | 18 | 11 | 10.26219 | --- | 10.28240 | 11.16528 | 11.60462 |
| 20 | 18 | 18 | 10 | 10.16528 | --- | 10.26219 | 11.11953 | --- |
| 20 | 18 | 17 | 17 | 11.54247 | 12.01959 | 12.11650 | 12.71856 | 13.62165 |
| 20 | 18 | 17 | 16 | 10.87346 | 11.17449 | 11.47552 | 12.01959 | 12.71856 |
| 20 | 18 | 17 | 15 | 10.39634 | 10.69737 | 10.87346 | 11.47552 | 12.01959 |
| 20 | 18 | 17 | 14 | 10.06055 | 10.36158 | 10.53767 | 11.06055 | 11.54247 |
| 20 | 18 | 17 | 13 | 9.71813 | 10.06055 | 10.23664 | 10.56322 | 11.47552 |
| 20 | 18 | 17 | 12 | 9.56322 | 9.75952 | 9.98137 | 10.45849 | 11.06055 |
| 20 | 18 | 17 | 11 | 9.49628 | 9.71813 | 9.98137 | 10.26219 | 10.75952 |
| 20 | 18 | 17 | 10 | 9.51207 | 9.71813 | 10.16528 | 10.46631 | --- |
| 20 | 18 | 16 | 16 | 10.39634 | 10.66261 | 11.24144 | 11.71856 | 12.41753 |
| 20 | 18 | 16 | 15 | 10.06055 | 10.23664 | 10.39634 | 10.69737 | 11.71856 |
| 20 | 18 | 16 | 14 | 9.45849 | --- | 9.88446 | 10.39634 | 11.17449 |
| 20 | 18 | 16 | 13 | 9.19525 | 9.32019 | 9.71813 | 10.23664 | 10.87346 |
| 20 | 18 | 16 | 12 | 9.08610 | 9.19525 | 9.45849 | 9.81310 | 10.66261 |
| 20 | 18 | 16 | 11 | 8.84306 | 9.19525 | 9.41710 | 9.75952 | 10.28240 |
| 20 | 18 | 16 | 10 | 9.01916 | 9.19525 | 9.21104 | 9.62122 | --- |
| 20 | 18 | 15 | 15 | 9.58343 | 9.71813 | 10.06055 | 10.36158 | 11.54247 |
| 20 | 18 | 15 | 14 | 9.01916 | 9.28240 | 9.41710 | 10.06055 | 10.69737 |
| 20 | 18 | 15 | 13 | 8.78507 | 9.01916 | 9.19525 | 9.58343 | 10.75952 |
| 20 | 18 | 15 | 12 | 8.62122 | 8.84306 | 9.01916 | 9.49628 | 9.98137 |
| 20 | 18 | 15 | 11 | 8.41710 | 8.76388 | 8.93997 | 9.38713 | 10.06055 |
| 20 | 18 | 15 | 10 | 8.41710 | 8.84306 | 9.06491 | 9.32019 | --- |
| 20 | 18 | 14 | 14 | 8.76388 | 8.87303 | 9.14409 | 9.62122 | 10.66261 |
| 20 | 18 | 14 | 13 | 8.54203 | 8.63894 | 8.84306 | 9.28240 | 10.36158 |
| 20 | 18 | 14 | 12 | 8.19525 | 8.48404 | 8.76388 | 9.14409 | 9.98137 |
| 20 | 18 | 14 | 11 | 8.09488 | 8.36594 | 8.63894 | 9.08610 | 9.71813 |
| 20 | 18 | 14 | 10 | 8.16182 | 8.32019 | 8.48404 | 9.14409 | 9.62122 |
| 20 | 18 | 13 | 13 | 8.09488 | 8.41710 | 8.62122 | 9.01916 | 9.71813 |
| 20 | 18 | 13 | 12 | 7.89422 | 8.09488 | 8.36594 | 8.84306 | 9.68034 |
| 20 | 18 | 13 | 11 | 7.79385 | 8.01916 | 8.32019 | 8.76388 | 9.41710 |
| 20 | 18 | 13 | 10 | 7.86079 | --- | 8.24100 | 8.84306 | 9.56322 |
| 20 | 18 | 12 | 12 | 7.76388 | 7.96800 | 8.19525 | 8.78507 | 9.41710 |
| 20 | 18 | 12 | 11 | 7.61775 | 7.84306 | 8.06491 | 8.41710 | 9.41710 |
| 20 | 18 | 12 | 10 | 7.69694 | 7.76388 | 8.06491 | 8.60898 | 9.56322 |
| 20 | 18 | 11 | 11 | 7.54203 | 7.76388 | 7.93997 | 8.60898 | 9.51207 |
| 20 | 18 | 11 | 10 | 7.46285 | 7.63894 | 8.00692 | 8.60898 | 9.38713 |
| 20 | 18 | 10 | 10 | 7.63894 | 7.69694 | 8.00692 | 8.60898 | 9.56322 |
| 20 | 17 | 17 | 17 | 10.69737 | 10.94041 | 11.54247 | 12.11650 | 12.71856 |
| 20 | 17 | 17 | 16 | 10.09531 | 10.57243 | 10.69737 | 11.35058 | 12.11650 |
| 20 | 17 | 17 | 15 | 9.75952 | 10.06055 | 10.39634 | 10.87346 | 12.01959 |
| 20 | 17 | 17 | 14 | 9.28240 | 9.68034 | 9.98137 | 10.39634 | 11.06055 |
| 20 | 17 | 17 | 13 | 9.01916 | 9.45849 | 9.68034 | 10.06055 | 10.75952 |
| 20 | 17 | 17 | 12 | 9.01916 | 9.24100 | 9.41710 | 9.71813 | 10.53767 |
| 20 | 17 | 17 | 11 | 8.93997 | 9.19525 | 9.24100 | 9.58343 | 10.46631 |
| 20 | 17 | 17 | 10 | 8.91001 | 9.01916 | 9.24100 | 9.71813 | 10.46631 |
| 20 | 17 | 16 | 16 | 9.75952 | 10.06055 | 10.23664 | 10.83870 | 11.71856 |
| 20 | 17 | 16 | 15 | 9.15746 | 9.58343 | 9.75952 | 10.23664 | 11.17449 |
| 20 | 17 | 16 | 14 | 8.80528 | 9.01916 | 9.45849 | 9.98137 | 10.57243 |
| 20 | 17 | 16 | 13 | 8.63894 | 8.91001 | 9.09834 | 9.71813 | 10.23664 |
| 20 | 17 | 16 | 12 | 8.48404 | 8.84306 | 8.93997 | 9.28240 | 10.04034 |
| 20 | 17 | 16 | 11 | 8.30795 | 8.62122 | 8.84306 | 9.09834 | 9.98919 |
| 20 | 17 | 16 | 10 | 8.36594 | 8.60898 | 8.91001 | 9.24100 | 10.04034 |

Tafel XVII-1-1b (Fortsetz.)

| N | N1 | N2 | N3 | 20% | 10% | 5% | 1% | 0.1% |
|---|----|----|----|------|------|------|------|------|
| 20 | 17 | 15 | 15 | 8.80528 | 9.01916 | 9.28240 | 10.06055 | 10.57243 |
| 20 | 17 | 15 | 14 | 8.41710 | 8.68034 | 9.01916 | 9.49628 | 10.36158 |
| 20 | 17 | 15 | 13 | 8.36594 | 8.48404 | 8.63894 | 9.15746 | 9.98137 |
| 20 | 17 | 15 | 12 | 8.06491 | 8.36594 | 8.48404 | 8.93997 | 9.71813 |
| 20 | 17 | 15 | 11 | 8.00692 | 8.16182 | 8.41710 | 8.84306 | 9.45849 |
| 20 | 17 | 15 | 10 | 7.84306 | 8.24100 | 8.41710 | 8.71813 | 9.38713 |
| 20 | 17 | 14 | 14 | 8.09488 | 8.36594 | 8.57200 | 9.01916 | 9.98137 |
| 20 | 17 | 14 | 13 | 7.86079 | 8.11607 | 8.32019 | 8.80528 | 9.58343 |
| 20 | 17 | 14 | 12 | 7.71813 | 8.01916 | 8.19525 | 8.57200 | 9.28240 |
| 20 | 17 | 14 | 11 | 7.54203 | 7.79385 | 8.06491 | 8.54203 | 9.19525 |
| 20 | 17 | 14 | 10 | 7.58779 | 7.76388 | 8.06491 | 8.62122 | 9.24100 |
| 20 | 17 | 13 | 13 | 7.54203 | 7.86079 | 8.11607 | 8.41710 | 9.28240 |
| 20 | 17 | 13 | 12 | 7.39591 | 7.66697 | 7.86079 | 8.36594 | 9.01916 |
| 20 | 17 | 13 | 11 | 7.36594 | 7.58779 | 7.76388 | 8.32019 | 8.93997 |
| 20 | 17 | 13 | 10 | 7.31672 | 7.63894 | 7.66697 | 8.36594 | 8.96116 |
| 20 | 17 | 12 | 12 | 7.24100 | 7.46285 | 7.71813 | 8.16182 | 8.93997 |
| 20 | 17 | 12 | 11 | 7.16182 | 7.33791 | 7.54203 | 8.09488 | 8.91001 |
| 20 | 17 | 12 | 10 | 7.16182 | 7.33791 | 7.58779 | 8.06491 | 8.91001 |
| 20 | 17 | 11 | 11 | 6.93997 | 7.27097 | 7.54203 | 8.00692 | 8.71813 |
| 20 | 17 | 11 | 10 | 6.93997 | 7.17406 | 7.46285 | 7.84306 | 8.91001 |
| 20 | 17 | 10 | 10 | 7.09488 | 7.17406 | 7.41710 | 8.00692 | 8.96116 |
| 20 | 16 | 16 | 16 | 9.28240 | 9.75952 | 9.79428 | 10.39634 | 11.35058 |
| 20 | 16 | 16 | 15 | 8.68034 | 8.98137 | 9.41710 | 10.06055 | 10.69737 |
| 20 | 16 | 16 | 14 | 8.36594 | 8.50425 | 8.98137 | 9.41710 | 10.23664 |
| 20 | 16 | 16 | 13 | 8.06491 | 8.41710 | 8.68034 | 9.08610 | 10.19525 |
| 20 | 16 | 16 | 12 | 8.00692 | 8.36594 | 8.49628 | 8.93997 | 9.45849 |
| 20 | 16 | 16 | 11 | 7.89422 | 8.11607 | 8.32019 | 8.71813 | 9.28240 |
| 20 | 16 | 16 | 10 | 7.93997 | 8.01916 | 8.36594 | 8.71813 | 9.41710 |
| 20 | 16 | 15 | 15 | 8.20322 | 8.54203 | 8.80528 | 9.32019 | 10.09531 |
| 20 | 16 | 15 | 14 | 7.89422 | 8.32019 | 8.49628 | 9.01916 | 9.79731 |
| 20 | 16 | 15 | 13 | 7.66697 | 8.01916 | 8.32019 | 8.62122 | 9.45849 |
| 20 | 16 | 15 | 12 | 7.54203 | 7.89422 | 8.06491 | 8.49628 | 9.19525 |
| 20 | 16 | 15 | 11 | 7.54203 | 7.71813 | 8.00692 | 8.39591 | 9.08610 |
| 20 | 16 | 15 | 10 | 7.54203 | 7.69694 | 8.00692 | 8.39591 | 9.01916 |
| 20 | 16 | 14 | 14 | 7.71813 | 7.96800 | 8.06491 | 8.71813 | 9.62122 |
| 20 | 16 | 14 | 13 | 7.39591 | 7.66697 | 7.84306 | 8.41710 | 9.08610 |
| 20 | 16 | 14 | 12 | 7.24100 | 7.54203 | 7.71813 | 8.24100 | 8.93997 |
| 20 | 16 | 14 | 11 | 7.16182 | 7.39591 | 7.66697 | 8.06491 | 8.62122 |
| 20 | 16 | 14 | 10 | 7.16182 | 7.28676 | 7.63894 | 8.11607 | 8.84306 |
| 20 | 16 | 13 | 13 | 7.16182 | 7.39591 | 7.61775 | 8.06491 | 8.98137 |
| 20 | 16 | 13 | 12 | 6.93997 | 7.27097 | 7.41710 | 8.01916 | 8.63894 |
| 20 | 16 | 13 | 11 | 6.81504 | 7.09488 | 7.39591 | 7.79385 | 8.62122 |
| 20 | 16 | 13 | 10 | 6.81504 | 7.09488 | 7.33791 | 7.84306 | 8.49628 |
| 20 | 16 | 12 | 12 | 6.79385 | 7.16182 | 7.28676 | 7.71813 | 8.71813 |
| 20 | 16 | 12 | 11 | 6.68470 | 6.93997 | 7.16182 | 7.71813 | 8.32019 |
| 20 | 16 | 12 | 10 | 6.63894 | 6.91878 | 7.18985 | 7.69694 | 8.47509 |
| 20 | 16 | 11 | 11 | 6.53857 | 6.81504 | 7.16182 | 7.54203 | 8.32019 |
| 20 | 16 | 11 | 10 | 6.68470 | 6.79385 | 7.01569 | 7.58779 | 8.36594 |
| 20 | 16 | 10 | 10 | 6.57200 | 6.68470 | 7.16182 | 7.40486 | 8.47509 |
| 20 | 15 | 15 | 15 | 7.93997 | 8.06491 | 8.31672 | 9.01916 | 10.06055 |
| 20 | 15 | 15 | 14 | 7.57200 | 7.76388 | 8.11607 | 8.54203 | 9.45849 |
| 20 | 15 | 15 | 13 | 7.27097 | 7.58779 | 7.89422 | 8.32019 | 9.06491 |
| 20 | 15 | 15 | 12 | 7.24100 | 7.39591 | 7.69694 | 8.11607 | 8.78507 |
| 20 | 15 | 15 | 11 | 7.16182 | 7.36594 | 7.57200 | 8.00692 | 8.62122 |
| 20 | 15 | 15 | 10 | 7.09488 | 7.28676 | 7.58779 | 8.01916 | 8.71813 |
| 20 | 15 | 14 | 14 | 7.27097 | 7.46285 | 7.76388 | 8.32019 | 9.28240 |

Tafel XVII-1-1b (Fortsetz.)

| N | N1 | N2 | N3 | 20% | 10% | 5% | 1% | 0.1% |
|---|----|----|----|--------|--------|--------|--------|--------|
| 20 | 15 | 14 | 13 | 6.99797 | 7.27097 | 7.54203 | 8.01916 | 8.76388 |
| 20 | 15 | 14 | 12 | 6.83960 | 7.16182 | 7.39591 | 7.79385 | 8.57200 |
| 20 | 15 | 14 | 11 | 6.76388 | 7.01569 | 7.27097 | 7.69694 | 8.41710 |
| 20 | 15 | 14 | 10 | 6.69694 | 7.06491 | 7.27097 | 7.66697 | 8.39591 |
| 20 | 15 | 13 | 13 | 6.79385 | 7.09488 | 7.27097 | 7.76388 | 8.54203 |
| 20 | 15 | 13 | 12 | 6.61775 | 6.91878 | 7.16182 | 7.58779 | 8.32019 |
| 20 | 15 | 13 | 11 | 6.49282 | 6.79385 | 7.01569 | 7.54203 | 8.24100 |
| 20 | 15 | 13 | 10 | 6.49282 | 6.76388 | 7.06491 | 7.54203 | 8.24100 |
| 20 | 15 | 12 | 12 | 6.46285 | 6.68470 | 6.93997 | 7.41710 | 8.16182 |
| 20 | 15 | 12 | 11 | 6.33791 | 6.63894 | 6.83960 | 7.36594 | 8.06491 |
| 20 | 15 | 12 | 10 | 6.33791 | 6.52084 | 6.79385 | 7.31672 | 8.06491 |
| 20 | 15 | 11 | 11 | 6.27097 | 6.46285 | 6.76388 | 7.21981 | 8.01916 |
| 20 | 15 | 11 | 10 | 6.21981 | 6.46285 | 6.69694 | 7.24100 | 8.00692 |
| 20 | 15 | 10 | 10 | 6.14063 | 6.46285 | 6.69694 | 7.06491 | 8.24100 |
| 20 | 14 | 14 | 14 | 6.93997 | 7.18985 | 7.46285 | 8.01916 | 8.84306 |
| 20 | 14 | 14 | 13 | 6.76388 | 6.91878 | 7.36594 | 7.76388 | 8.54203 |
| 20 | 14 | 14 | 12 | 6.55976 | 6.91878 | 7.09488 | 7.54203 | 8.24100 |
| 20 | 14 | 14 | 11 | 6.46285 | 6.79385 | 6.93997 | 7.41710 | 8.09488 |
| 20 | 14 | 14 | 10 | 6.52084 | 6.79385 | 6.93997 | 7.41710 | 8.06491 |
| 20 | 14 | 13 | 13 | 6.49282 | 6.76388 | 7.01569 | 7.46285 | 8.32019 |
| 20 | 14 | 13 | 12 | 6.31672 | 6.61775 | 6.81504 | 7.36594 | 8.09488 |
| 20 | 14 | 13 | 11 | 6.21981 | 6.49282 | 6.79385 | 7.21981 | 8.01916 |
| 20 | 14 | 13 | 10 | 6.21981 | 6.49282 | 6.76388 | 7.17406 | 7.89422 |
| 20 | 14 | 12 | 12 | 6.14063 | 6.41170 | 6.63894 | 7.24100 | 7.96800 |
| 20 | 14 | 12 | 11 | 6.09488 | 6.33791 | 6.61775 | 7.09488 | 7.79385 |
| 20 | 14 | 12 | 10 | 5.98573 | 6.39591 | 6.61775 | 7.06491 | 7.93997 |
| 20 | 14 | 11 | 11 | 5.96994 | 6.27097 | 6.46285 | 6.98573 | 7.79385 |
| 20 | 14 | 11 | 10 | 5.99797 | 6.16182 | 6.44166 | 6.93997 | 7.66697 |
| 20 | 13 | 13 | 13 | 6.28676 | 6.53857 | 6.76388 | 7.36594 | 8.01916 |
| 20 | 13 | 13 | 12 | 6.11067 | 6.33791 | 6.63894 | 7.09488 | 7.86079 |
| 20 | 13 | 13 | 11 | 5.96994 | 6.28676 | 6.57200 | 6.99797 | 7.79385 |
| 20 | 13 | 13 | 10 | 5.96994 | 6.28676 | 6.49282 | 7.06491 | 7.84306 |
| 20 | 13 | 12 | 12 | 5.96994 | 6.21981 | 6.44166 | 6.99797 | 7.71813 |
| 20 | 13 | 12 | 11 | 5.82187 | 6.14063 | 6.44166 | 6.86079 | 7.61775 |
| 20 | 13 | 12 | 10 | 5.82187 | 6.14063 | 6.33791 | 6.86079 | 7.58779 |
| 20 | 13 | 11 | 11 | 5.69694 | 5.99797 | 6.29900 | 6.81504 | 7.58779 |
| 20 | 12 | 12 | 12 | 5.68470 | 6.14063 | 6.39591 | 6.79385 | 7.63894 |
| 20 | 12 | 12 | 11 | 5.68470 | 5.98573 | 6.27097 | 6.76388 | 7.46285 |
| 20 | 12 | 11 | 11 | 5.61775 | 5.86079 | 6.16182 | 6.63894 | 7.39591 |

**Tafel XVII-2**

Der exakte Oktantentest

Entnommen aus HEINZE, B. und LIENERT, G. A.: Ein nichtparametrischer Dreifach-Korrelationstest: Der Oktantentest. EDV in Biologie und Medizin, 1975 (im Druck), mit freundlicher Genehmigung des Herausgebers.

Die Tafel geht von 3 mediandichotomierten Merkmalen und von der Nullhypothese allseitiger Unabhängigkeit der 3 Merkmale aus. Sie enthält die zu bestimmten Felderwerten $n_{111}$, $n_{122}$, $n_{212}$ und $n_{221}$ für Stichprobenumfänge von $N = 16(2)26$ gehörigen Überschreitungswahrscheinlichkeiten $P \leqslant 0{,}1050$. Kombinationen von Felderwerten, die in der Tafel nicht verzeichnet sind, haben P-Werte größer als 0,10. Für Stichprobenumfänge von $N = 6(2)14$ benutze man Tafel XVII-1-1 mit $n_{1..} = n_{.1.} = n_{..1} = N/2$ zur Ablesung von P.

*Ablesebeispiel:* Verteilen sich $N = 18$ Messwertetripel nach Mediandichotimierung so auf die $2^3$ Oktanten der dreidimensionalen Korrelationstafel, daß $n_{111} = 0$, $n_{122} = 1$, $n_{212} = 2$ und $n_{221} = 6$, dann ist $P = 0{,}0011$ und $H_0$ auf der 1 %-Stufe zu verwerfen: Es besteht eine (wie immer geartete) Kontingenz zwischen den 3 Mmn.

Tafel XVII-2 (Fortsetz.)

| N | $n_{111}$ | $n_{122}$ | $n_{212}$ | $n_{221}$ | P |
|---|---|---|---|---|---|
| 16 | 0 | 0 | 0 | 0 | .0008 |
| 16 | 0 | 0 | 0 | 2 | .0083 |
| 16 | 0 | 0 | 0 | 4 | .0027 |
| 16 | 0 | 0 | 0 | 6 | .0000 |
| 16 | 0 | 0 | 0 | 8 | .0000 |
| 16 | 0 | 0 | 1 | 1 | .0378 |
| 16 | 0 | 0 | 1 | 3 | .0515 |
| 16 | 0 | 0 | 1 | 5 | .0021 |
| 16 | 0 | 0 | 1 | 7 | .0000 |
| 16 | 0 | 0 | 2 | 0 | .0083 |
| 16 | 0 | 0 | 2 | 4 | .0151 |
| 16 | 0 | 0 | 2 | 6 | .0001 |
| 16 | 0 | 0 | 3 | 1 | .0515 |
| 16 | 0 | 0 | 3 | 3 | .0378 |
| 16 | 0 | 0 | 3 | 5 | .0005 |
| 16 | 0 | 0 | 4 | 0 | .0027 |
| 16 | 0 | 0 | 4 | 2 | .0151 |
| 16 | 0 | 0 | 4 | 4 | .0008 |
| 16 | 0 | 0 | 5 | 1 | .0021 |
| 16 | 0 | 0 | 5 | 3 | .0005 |
| 16 | 0 | 0 | 6 | 0 | .0000 |
| 16 | 0 | 0 | 6 | 2 | .0001 |
| 16 | 0 | 0 | 7 | 1 | .0000 |
| 16 | 0 | 0 | 8 | 0 | .0000 |
| 16 | 0 | 1 | 0 | 1 | .0378 |
| 16 | 0 | 1 | 0 | 3 | .0515 |
| 16 | 0 | 1 | 0 | 5 | .0021 |
| 16 | 0 | 1 | 0 | 7 | .0000 |
| 16 | 0 | 1 | 1 | 0 | .0378 |
| 16 | 0 | 1 | 1 | 6 | .0005 |
| 16 | 0 | 1 | 2 | 5 | .0068 |
| 16 | 0 | 1 | 3 | 0 | .0515 |
| 16 | 0 | 1 | 3 | 4 | .0378 |
| 16 | 0 | 1 | 4 | 3 | .0378 |
| 16 | 0 | 1 | 5 | 0 | .0021 |
| 16 | 0 | 1 | 5 | 2 | .0068 |
| 16 | 0 | 1 | 6 | 1 | .0005 |
| 16 | 0 | 1 | 7 | 0 | .0000 |
| 16 | 0 | 2 | 0 | 0 | .0083 |
| 16 | 0 | 2 | 0 | 4 | .0151 |
| 16 | 0 | 2 | 0 | 6 | .0001 |
| 16 | 0 | 2 | 1 | 5 | .0068 |
| 16 | 0 | 2 | 4 | 0 | .0151 |
| 16 | 0 | 2 | 5 | 1 | .0068 |
| 16 | 0 | 2 | 6 | 0 | .0001 |
| 16 | 0 | 3 | 0 | 1 | .0515 |
| 16 | 0 | 3 | 0 | 3 | .0378 |
| 16 | 0 | 3 | 0 | 5 | .0005 |
| 16 | 0 | 3 | 1 | 0 | .0515 |
| 16 | 0 | 3 | 1 | 4 | .0378 |
| 16 | 0 | 3 | 3 | 0 | .0378 |
| 16 | 0 | 3 | 4 | 1 | .0378 |
| 16 | 0 | 3 | 5 | 0 | .0005 |
| 16 | 0 | 4 | 0 | 0 | .0027 |
| 16 | 0 | 4 | 0 | 2 | .0151 |
| 16 | 0 | 4 | 0 | 4 | .0008 |
| 16 | 0 | 4 | 1 | 3 | .0378 |
| 16 | 0 | 4 | 2 | 0 | .0151 |
| 16 | 0 | 4 | 3 | 1 | .0378 |
| 16 | 0 | 4 | 4 | 0 | .0008 |
| 16 | 0 | 5 | 0 | 1 | .0021 |
| 16 | 0 | 5 | 0 | 3 | .0005 |
| 16 | 0 | 5 | 1 | 0 | .0021 |
| 16 | 0 | 5 | 1 | 2 | .0068 |
| 16 | 0 | 5 | 2 | 1 | .0068 |
| 16 | 0 | 5 | 3 | 0 | .0005 |
| 16 | 0 | 6 | 0 | 0 | .0000 |
| 16 | 0 | 6 | 0 | 2 | .0001 |
| 16 | 0 | 6 | 1 | 1 | .0005 |
| 16 | 0 | 6 | 2 | 0 | .0001 |
| 16 | 0 | 7 | 0 | 1 | .0000 |
| 16 | 0 | 7 | 1 | 0 | .0000 |
| 16 | 0 | 8 | 0 | 0 | .0000 |
| 16 | 1 | 0 | 0 | 1 | .0378 |
| 16 | 1 | 0 | 0 | 3 | .0515 |
| 16 | 1 | 0 | 0 | 5 | .0021 |
| 16 | 1 | 0 | 0 | 7 | .0000 |
| 16 | 1 | 0 | 1 | 0 | .0378 |
| 16 | 1 | 0 | 1 | 6 | .0005 |
| 16 | 1 | 0 | 2 | 5 | .0068 |
| 16 | 1 | 0 | 3 | 0 | .0515 |
| 16 | 1 | 0 | 3 | 4 | .0378 |
| 16 | 1 | 0 | 4 | 3 | .0378 |
| 16 | 1 | 0 | 5 | 0 | .0021 |
| 16 | 1 | 0 | 5 | 2 | .0068 |
| 16 | 1 | 0 | 6 | 1 | .0005 |
| 16 | 1 | 0 | 7 | 0 | .0000 |
| 16 | 1 | 1 | 0 | 0 | .0378 |
| 16 | 1 | 1 | 0 | 6 | .0005 |
| 16 | 1 | 1 | 1 | 5 | .0542 |
| 16 | 1 | 1 | 1 | 7 | .0000 |
| 16 | 1 | 1 | 2 | 6 | .0021 |
| 16 | 1 | 1 | 3 | 5 | .0151 |
| 16 | 1 | 1 | 4 | 4 | .0378 |
| 16 | 1 | 1 | 5 | 1 | .0542 |
| 16 | 1 | 1 | 5 | 3 | .0151 |
| 16 | 1 | 1 | 6 | 0 | .0005 |
| 16 | 1 | 1 | 6 | 2 | .0021 |
| 16 | 1 | 1 | 7 | 1 | .0000 |
| 16 | 1 | 2 | 0 | 5 | .0068 |
| 16 | 1 | 2 | 1 | 6 | .0021 |
| 16 | 1 | 2 | 5 | 0 | .0068 |
| 16 | 1 | 2 | 6 | 1 | .0021 |
| 16 | 1 | 3 | 0 | 0 | .0515 |
| 16 | 1 | 3 | 0 | 4 | .0378 |
| 16 | 1 | 3 | 1 | 5 | .0151 |
| 16 | 1 | 3 | 4 | 0 | .0378 |
| 16 | 1 | 3 | 5 | 1 | .0151 |
| 16 | 1 | 4 | 0 | 3 | .0378 |
| 16 | 1 | 4 | 1 | 4 | .0378 |
| 16 | 1 | 4 | 3 | 0 | .0378 |
| 16 | 1 | 4 | 4 | 1 | .0378 |
| 16 | 1 | 5 | 0 | 0 | .0021 |
| 16 | 1 | 5 | 0 | 2 | .0068 |
| 16 | 1 | 5 | 1 | 1 | .0542 |
| 16 | 1 | 5 | 1 | 3 | .0151 |
| 16 | 1 | 5 | 2 | 0 | .0068 |
| 16 | 1 | 5 | 3 | 1 | .0151 |
| 16 | 1 | 6 | 0 | 1 | .0005 |

Tafel XVII-2 (Fortsetz.)

| | | | | | | | | | | |
|---|---|---|---|---|---|---|---|---|---|---|
| 16 | 1 | 6 | 1 | 0 | .0005 | 16 | 4 | 0 | 3 | 1 | .0378 |
| 16 | 1 | 6 | 1 | 2 | .0021 | 16 | 4 | 0 | 4 | 0 | .0008 |
| 16 | 1 | 6 | 2 | 1 | .0021 | 16 | 4 | 1 | 0 | 3 | .0378 |
| 16 | 1 | 7 | 0 | 0 | .0000 | 16 | 4 | 1 | 1 | 4 | .0378 |
| 16 | 1 | 7 | 1 | 1 | .0000 | 16 | 4 | 1 | 3 | 0 | .0378 |
| 16 | 2 | 0 | 0 | 0 | .0083 | 16 | 4 | 1 | 4 | 1 | .0378 |
| 16 | 2 | 0 | 0 | 4 | .0151 | 16 | 4 | 2 | 0 | 0 | .0151 |
| 16 | 2 | 0 | 0 | 6 | .0001 | 16 | 4 | 3 | 0 | 1 | .0378 |
| 16 | 2 | 0 | 1 | 5 | .0068 | 16 | 4 | 3 | 1 | 0 | .0378 |
| 16 | 2 | 0 | 4 | 0 | .0151 | 16 | 4 | 3 | 3 | 4 | .0378 |
| 16 | 2 | 0 | 5 | 1 | .0068 | 16 | 4 | 3 | 4 | 3 | .0378 |
| 16 | 2 | 0 | 6 | 1 | .0001 | 16 | 4 | 4 | 0 | 0 | .0008 |
| 16 | 2 | 1 | 0 | 5 | .0068 | 16 | 4 | 4 | 1 | 1 | .0378 |
| 16 | 2 | 1 | 1 | 6 | .0021 | 16 | 4 | 4 | 3 | 3 | .0378 |
| 16 | 2 | 1 | 5 | 0 | .0068 | 16 | 4 | 4 | 4 | 4 | .0008 |
| 16 | 2 | 1 | 6 | 1 | .0021 | 16 | 5 | 0 | 0 | 1 | .0021 |
| 16 | 2 | 2 | 2 | 6 | .0027 | 16 | 5 | 0 | 0 | 3 | .0005 |
| 16 | 2 | 2 | 3 | 5 | .0515 | 16 | 5 | 0 | 1 | 0 | .0021 |
| 16 | 2 | 2 | 5 | 3 | .0515 | 16 | 5 | 0 | 1 | 2 | .0068 |
| 16 | 2 | 2 | 6 | 2 | .0027 | 16 | 5 | 0 | 2 | 1 | .0068 |
| 16 | 2 | 3 | 2 | 5 | .0515 | 16 | 5 | 0 | 3 | 0 | .0005 |
| 16 | 2 | 3 | 5 | 2 | .0515 | 16 | 5 | 1 | 0 | 0 | .0021 |
| 16 | 2 | 4 | 0 | 0 | .0151 | 16 | 5 | 1 | 0 | 2 | .0068 |
| 16 | 2 | 5 | 0 | 1 | .0068 | 16 | 5 | 1 | 1 | 1 | .0542 |
| 16 | 2 | 5 | 1 | 0 | .0068 | 16 | 5 | 1 | 1 | 3 | .0151 |
| 16 | 2 | 5 | 2 | 3 | .0515 | 16 | 5 | 1 | 2 | 0 | .0068 |
| 16 | 2 | 5 | 3 | 2 | .0515 | 16 | 5 | 1 | 3 | 1 | .0151 |
| 16 | 2 | 6 | 0 | 0 | .0001 | 16 | 5 | 2 | 0 | 1 | .0068 |
| 16 | 2 | 6 | 1 | 1 | .0021 | 16 | 5 | 2 | 1 | 0 | .0068 |
| 16 | 2 | 6 | 2 | 2 | .0027 | 16 | 5 | 2 | 2 | 3 | .0515 |
| 16 | 3 | 0 | 0 | 1 | .0515 | 16 | 5 | 2 | 3 | 2 | .0515 |
| 16 | 3 | 0 | 0 | 3 | .0378 | 16 | 5 | 3 | 0 | 0 | .0005 |
| 16 | 3 | 0 | 0 | 5 | .0005 | 16 | 5 | 3 | 1 | 1 | .0151 |
| 16 | 3 | 0 | 1 | 0 | .0515 | 16 | 5 | 3 | 2 | 2 | .0515 |
| 16 | 3 | 0 | 1 | 4 | .0378 | 16 | 5 | 3 | 3 | 3 | .0083 |
| 16 | 3 | 0 | 3 | 0 | .0378 | 16 | 5 | 0 | 0 | 0 | .0000 |
| 16 | 3 | 0 | 4 | 1 | .0378 | 16 | 6 | 0 | 0 | 2 | .0001 |
| 16 | 3 | 0 | 5 | 0 | .0005 | 16 | 6 | 0 | 1 | 1 | .0005 |
| 16 | 3 | 1 | 0 | 0 | .0515 | 16 | 6 | 0 | 2 | 0 | .0001 |
| 16 | 3 | 1 | 0 | 4 | .0378 | 16 | 6 | 1 | 0 | 1 | .0005 |
| 16 | 3 | 1 | 1 | 5 | .0151 | 16 | 6 | 1 | 1 | 0 | .0005 |
| 16 | 3 | 1 | 4 | 0 | .0378 | 16 | 6 | 1 | 1 | 2 | .0021 |
| 16 | 3 | 1 | 5 | 1 | .0151 | 16 | 6 | 1 | 2 | 1 | .0021 |
| 16 | 3 | 2 | 2 | 5 | .0515 | 16 | 6 | 2 | 0 | 0 | .0001 |
| 16 | 3 | 2 | 5 | 2 | .0515 | 16 | 6 | 2 | 1 | 1 | .0021 |
| 16 | 3 | 3 | 0 | 0 | .0378 | 16 | 6 | 2 | 2 | 2 | .0027 |
| 16 | 3 | 3 | 3 | 5 | .0083 | 16 | 7 | 0 | 0 | 1 | .0000 |
| 16 | 3 | 3 | 4 | 4 | .0378 | 16 | 7 | 0 | 1 | 0 | .0000 |
| 16 | 3 | 3 | 5 | 3 | .0083 | 16 | 7 | 1 | 0 | 0 | .0000 |
| 16 | 3 | 4 | 0 | 1 | .0378 | 16 | 7 | 1 | 1 | 1 | .0000 |
| 16 | 3 | 4 | 1 | 0 | .0378 | 16 | 8 | 0 | 0 | 0 | .0000 |
| 16 | 3 | 4 | 3 | 4 | .0378 | | | | | | |
| 16 | 3 | 4 | 4 | 3 | .0378 | | | | | | |
| 16 | 3 | 5 | 0 | 0 | .0005 | N | $n_{111}$ | $n_{122}$ | $n_{212}$ | $n_{221}$ | P |
| 16 | 3 | 5 | 1 | 1 | .0151 | 18 | 0 | 0 | 0 | 1 | .0013 |
| 16 | 3 | 5 | 2 | 2 | .0515 | 18 | 0 | 0 | 0 | 3 | .0031 |
| 16 | 3 | 5 | 3 | 3 | .0083 | 18 | 0 | 0 | 0 | 5 | .0004 |
| 16 | 4 | 0 | 0 | 0 | .0027 | 18 | 0 | 0 | 0 | 7 | .0000 |
| 16 | 4 | 0 | 0 | 2 | .0151 | 18 | 0 | 0 | 0 | 9 | .0000 |
| 16 | 4 | 0 | 0 | 4 | .0008 | 18 | 0 | 0 | 1 | 0 | .0013 |
| 16 | 4 | 0 | 1 | 3 | .0378 | 18 | 0 | 0 | 1 | 2 | .0278 |
| 16 | 4 | 0 | 2 | 0 | .0151 | | | | | | |

Tafel XVII-2 (Fortsetz.)

| | | | | | | | | | |
|---|---|---|---|---|---|---|---|---|---|
| 18 | 0 | 0 | 1 | 4 | .0126 | 18 | 0 | 3 | 5 | 1 | .0061 |
| 18 | 0 | 0 | 1 | 6 | .0003 | 18 | 0 | 3 | 6 | 0 | .0001 |
| 18 | 0 | 0 | 1 | 8 | .0000 | 18 | 0 | 4 | 0 | 1 | .0126 |
| 18 | 0 | 0 | 2 | 1 | .0278 | 18 | 0 | 4 | 0 | 3 | .0126 |
| 18 | 0 | 0 | 2 | 3 | .0375 | 18 | 0 | 4 | 0 | 5 | .0002 |
| 18 | 0 | 0 | 2 | 5 | .0026 | 18 | 0 | 4 | 1 | 0 | .0126 |
| 18 | 0 | 0 | 2 | 7 | .0000 | 18 | 0 | 4 | 1 | 4 | .0184 |
| 18 | 0 | 0 | 3 | 0 | .0031 | 18 | 0 | 4 | 3 | 0 | .0126 |
| 18 | 0 | 0 | 3 | 2 | .0375 | 18 | 0 | 4 | 4 | 1 | .0184 |
| 18 | 0 | 0 | 3 | 4 | .0126 | 18 | 0 | 4 | 5 | 0 | .0002 |
| 18 | 0 | 0 | 3 | 6 | .0001 | 18 | 0 | 5 | 0 | 0 | .0004 |
| 18 | 0 | 0 | 4 | 1 | .0126 | 18 | 0 | 5 | 0 | 2 | .0026 |
| 18 | 0 | 0 | 4 | 3 | .0126 | 18 | 0 | 5 | 0 | 4 | .0002 |
| 18 | 0 | 0 | 4 | 5 | .0002 | 18 | 0 | 5 | 1 | 1 | .0164 |
| 18 | 0 | 0 | 5 | 0 | .0004 | 18 | 0 | 5 | 1 | 3 | .0061 |
| 18 | 0 | 0 | 5 | 2 | .0026 | 18 | 0 | 5 | 2 | 0 | .0026 |
| 18 | 0 | 0 | 5 | 4 | .0002 | 18 | 0 | 5 | 2 | 2 | .0213 |
| 18 | 0 | 0 | 6 | 1 | .0003 | 18 | 0 | 5 | 3 | 1 | .0061 |
| 18 | 0 | 0 | 6 | 3 | .0001 | 18 | 0 | 5 | 4 | 0 | .0002 |
| 18 | 0 | 0 | 7 | 0 | .0000 | 18 | 0 | 6 | 0 | 1 | .0003 |
| 18 | 0 | 0 | 7 | 2 | .0000 | 18 | 0 | 6 | 0 | 3 | .0001 |
| 18 | 0 | 0 | 8 | 1 | .0000 | 18 | 0 | 6 | 1 | 0 | .0003 |
| 18 | 0 | 0 | 9 | 0 | .0000 | 18 | 0 | 6 | 1 | 2 | .0011 |
| 18 | 0 | 1 | 0 | 0 | .0013 | 18 | 0 | 6 | 2 | 1 | .0011 |
| 18 | 0 | 1 | 0 | 2 | .0278 | 18 | 0 | 6 | 3 | 0 | .0001 |
| 18 | 0 | 1 | 0 | 4 | .0126 | 18 | 0 | 7 | 0 | 0 | .0000 |
| 18 | 0 | 1 | 0 | 6 | .0003 | 18 | 0 | 7 | 0 | 2 | .0000 |
| 18 | 0 | 1 | 0 | 8 | .0000 | 18 | 0 | 7 | 1 | 1 | .0000 |
| 18 | 0 | 1 | 1 | 5 | .0164 | 18 | 0 | 7 | 2 | 0 | .0000 |
| 18 | 0 | 1 | 1 | 7 | .0000 | 18 | 0 | 8 | 0 | 1 | .0000 |
| 18 | 0 | 1 | 2 | 0 | .0278 | 18 | 0 | 8 | 1 | 0 | .0000 |
| 18 | 0 | 1 | 2 | 6 | .0011 | 18 | 0 | 9 | 0 | 0 | .0000 |
| 18 | 0 | 1 | 3 | 5 | .0061 | 18 | 1 | 0 | 0 | 0 | .0013 |
| 18 | 0 | 1 | 4 | 0 | .0126 | 18 | 1 | 0 | 0 | 2 | .0278 |
| 18 | 0 | 1 | 4 | 4 | .0184 | 18 | 1 | 0 | 0 | 4 | .0126 |
| 18 | 0 | 1 | 5 | 1 | .0164 | 18 | 1 | 0 | 0 | 6 | .0003 |
| 18 | 0 | 1 | 5 | 3 | .0061 | 18 | 1 | 0 | 0 | 8 | .0000 |
| 18 | 0 | 1 | 6 | 0 | .0003 | 18 | 1 | 0 | 1 | 5 | .0164 |
| 18 | 0 | 1 | 6 | 2 | .0011 | 18 | 1 | 0 | 1 | 7 | .0000 |
| 18 | 0 | 1 | 7 | 1 | .0000 | 18 | 1 | 0 | 2 | 0 | .0278 |
| 18 | 0 | 1 | 8 | 0 | .0000 | 18 | 1 | 0 | 2 | 6 | .0011 |
| 18 | 0 | 2 | 0 | 1 | .0278 | 18 | 1 | 0 | 3 | 5 | .0061 |
| 18 | 0 | 2 | 0 | 3 | .0375 | 18 | 1 | 0 | 4 | 0 | .0126 |
| 18 | 0 | 2 | 0 | 5 | .0026 | 18 | 1 | 0 | 4 | 4 | .0184 |
| 18 | 0 | 2 | 0 | 7 | .0000 | 18 | 1 | 0 | 5 | 1 | .0164 |
| 18 | 0 | 2 | 1 | 0 | .0278 | 18 | 1 | 0 | 5 | 3 | .0061 |
| 18 | 0 | 2 | 1 | 6 | .0011 | 18 | 1 | 0 | 6 | 0 | .0003 |
| 18 | 0 | 2 | 2 | 5 | .0213 | 18 | 1 | 0 | 6 | 2 | .0011 |
| 18 | 0 | 2 | 3 | 0 | .0375 | 18 | 1 | 0 | 7 | 1 | .0000 |
| 18 | 0 | 2 | 5 | 0 | .0026 | 18 | 1 | 0 | 8 | 0 | .0000 |
| 18 | 0 | 2 | 5 | 2 | .0213 | 18 | 1 | 1 | 0 | 5 | .0164 |
| 18 | 0 | 2 | 6 | 1 | .0011 | 18 | 1 | 1 | 0 | 7 | .0000 |
| 18 | 0 | 2 | 7 | 0 | .0000 | 18 | 1 | 1 | 1 | 6 | .0061 |
| 18 | 0 | 3 | 0 | 0 | .0031 | 18 | 1 | 1 | 1 | 8 | .0000 |
| 18 | 0 | 3 | 0 | 2 | .0375 | 18 | 1 | 1 | 2 | 7 | .0003 |
| 18 | 0 | 3 | 0 | 4 | .0126 | 18 | 1 | 1 | 3 | 6 | .0026 |
| 18 | 0 | 3 | 0 | 6 | .0001 | 18 | 1 | 1 | 4 | 5 | .0126 |
| 18 | 0 | 3 | 1 | 5 | .0061 | 18 | 1 | 1 | 5 | 0 | .0164 |
| 18 | 0 | 3 | 2 | 0 | .0375 | 18 | 1 | 1 | 5 | 4 | .0126 |
| 18 | 0 | 3 | 4 | 0 | .0126 | 18 | 1 | 1 | 6 | 1 | .0061 |

Tafel XVII-2 (Fortsetz.) 607

| | | | | | | | | | | |
|---|---|---|---|---|---|---|---|---|---|---|
| 18 | 1 | 1 | 6 | 3 | .0026 | 18 | 2 | 2 | 2 | 7 | .0004 |
| 18 | 1 | 1 | 7 | 0 | .0000 | 18 | 2 | 2 | 3 | 6 | .0126 |
| 18 | 1 | 1 | 7 | 2 | .0003 | 18 | 2 | 2 | 4 | 5 | .0375 |
| 18 | 1 | 1 | 8 | 1 | .0000 | 18 | 2 | 2 | 5 | 0 | .0213 |
| 18 | 1 | 2 | 0 | 0 | .0278 | 18 | 2 | 2 | 5 | 4 | .0375 |
| 18 | 1 | 2 | 0 | 6 | .0011 | 18 | 2 | 2 | 6 | 1 | .0164 |
| 18 | 1 | 2 | 1 | 7 | .0003 | 18 | 2 | 2 | 6 | 3 | .0126 |
| 18 | 1 | 2 | 2 | 6 | .0164 | 18 | 2 | 2 | 7 | 2 | .0004 |
| 18 | 1 | 2 | 6 | 0 | .0011 | 18 | 2 | 3 | 0 | 0 | .0375 |
| 18 | 1 | 2 | 6 | 2 | .0164 | 18 | 2 | 3 | 2 | 6 | .0126 |
| 18 | 1 | 2 | 7 | 1 | .0003 | 18 | 2 | 3 | 6 | 2 | .0126 |
| 18 | 1 | 3 | 0 | 5 | .0061 | 18 | 2 | 4 | 2 | 5 | .0375 |
| 18 | 1 | 3 | 1 | 6 | .0026 | 18 | 2 | 4 | 5 | 2 | .0375 |
| 18 | 1 | 3 | 5 | 0 | .0061 | 18 | 2 | 5 | 0 | 0 | .0026 |
| 18 | 1 | 3 | 6 | 1 | .0026 | 18 | 2 | 5 | 0 | 2 | .0213 |
| 18 | 1 | 4 | 0 | 0 | .0126 | 18 | 2 | 5 | 2 | 0 | .0213 |
| 18 | 1 | 4 | 0 | 4 | .0184 | 18 | 2 | 5 | 2 | 4 | .0375 |
| 18 | 1 | 4 | 1 | 5 | .0126 | 18 | 2 | 5 | 4 | 2 | .0375 |
| 18 | 1 | 4 | 4 | 0 | .0184 | 18 | 2 | 6 | 0 | 1 | .0011 |
| 18 | 1 | 4 | 5 | 1 | .0126 | 18 | 2 | 6 | 1 | 0 | .0011 |
| 18 | 1 | 5 | 0 | 1 | .0164 | 18 | 2 | 6 | 1 | 2 | .0164 |
| 18 | 1 | 5 | 0 | 3 | .0061 | 18 | 2 | 6 | 2 | 1 | .0164 |
| 18 | 1 | 5 | 1 | 0 | .0164 | 18 | 2 | 6 | 2 | 3 | .0126 |
| 18 | 1 | 5 | 1 | 4 | .0126 | 18 | 2 | 6 | 3 | 2 | .0126 |
| 18 | 1 | 5 | 3 | 0 | .0061 | 18 | 2 | 7 | 0 | 0 | .0000 |
| 18 | 1 | 5 | 4 | 1 | .0126 | 18 | 2 | 7 | 1 | 1 | .0003 |
| 18 | 1 | 6 | 0 | 0 | .0003 | 18 | 2 | 7 | 2 | 2 | .0004 |
| 18 | 1 | 6 | 0 | 2 | .0011 | 18 | 3 | 0 | 0 | 0 | .0031 |
| 18 | 1 | 6 | 1 | 1 | .0061 | 18 | 3 | 0 | 0 | 2 | .0375 |
| 18 | 1 | 6 | 1 | 3 | .0026 | 18 | 3 | 0 | 0 | 4 | .0126 |
| 18 | 1 | 6 | 2 | 0 | .0011 | 18 | 3 | 0 | 0 | 6 | .0001 |
| 18 | 1 | 6 | 2 | 2 | .0164 | 18 | 3 | 0 | 1 | 5 | .0061 |
| 18 | 1 | 6 | 3 | 1 | .0026 | 18 | 3 | 0 | 2 | 0 | .0375 |
| 18 | 1 | 7 | 0 | 1 | .0000 | 18 | 3 | 0 | 4 | 0 | .0126 |
| 18 | 1 | 7 | 1 | 0 | .0000 | 18 | 3 | 0 | 5 | 1 | .0061 |
| 18 | 1 | 7 | 1 | 2 | .0003 | 18 | 3 | 0 | 6 | 0 | .0001 |
| 18 | 1 | 7 | 2 | 1 | .0003 | 18 | 3 | 1 | 0 | 5 | .0061 |
| 18 | 1 | 8 | 0 | 0 | .0000 | 18 | 3 | 1 | 1 | 6 | .0026 |
| 18 | 1 | 8 | 1 | 1 | .0000 | 18 | 3 | 1 | 5 | 0 | .0061 |
| 18 | 2 | 0 | 0 | 1 | .0278 | 18 | 3 | 1 | 6 | 1 | .0026 |
| 18 | 2 | 0 | 0 | 3 | .0375 | 18 | 3 | 2 | 0 | 0 | .0375 |
| 18 | 2 | 0 | 0 | 5 | .0026 | 18 | 3 | 2 | 2 | 6 | .0126 |
| 18 | 2 | 0 | 0 | 7 | .0000 | 18 | 3 | 2 | 6 | 2 | .0126 |
| 18 | 2 | 0 | 1 | 0 | .0278 | 18 | 3 | 3 | 3 | 6 | .0031 |
| 18 | 2 | 0 | 1 | 6 | .0011 | 18 | 3 | 3 | 4 | 5 | .0278 |
| 18 | 2 | 0 | 2 | 5 | .0213 | 18 | 3 | 3 | 5 | 4 | .0278 |
| 18 | 2 | 0 | 3 | 0 | .0375 | 18 | 3 | 3 | 6 | 3 | .0031 |
| 18 | 2 | 0 | 5 | 0 | .0026 | 18 | 3 | 4 | 0 | 0 | .0126 |
| 18 | 2 | 0 | 5 | 2 | .0213 | 18 | 3 | 4 | 3 | 5 | .0278 |
| 18 | 2 | 0 | 6 | 1 | .0011 | 18 | 3 | 4 | 5 | 3 | .0278 |
| 18 | 2 | 0 | 7 | 0 | .0000 | 18 | 3 | 5 | 0 | 1 | .0061 |
| 18 | 2 | 1 | 0 | 0 | .0278 | 18 | 3 | 5 | 1 | 0 | .0061 |
| 18 | 2 | 1 | 0 | 6 | .0011 | 18 | 3 | 5 | 3 | 4 | .0278 |
| 18 | 2 | 1 | 1 | 7 | .0003 | 18 | 3 | 5 | 4 | 3 | .0278 |
| 18 | 2 | 1 | 2 | 6 | .0164 | 18 | 3 | 6 | 0 | 0 | .0001 |
| 18 | 2 | 1 | 6 | 0 | .0011 | 18 | 3 | 6 | 1 | 1 | .0026 |
| 18 | 2 | 1 | 6 | 2 | .0164 | 18 | 3 | 6 | 2 | 2 | .0126 |
| 18 | 2 | 1 | 7 | 1 | .0003 | 18 | 3 | 6 | 3 | 3 | .0031 |
| 18 | 2 | 2 | 0 | 5 | .0213 | 18 | 4 | 0 | 0 | 1 | .0126 |
| 18 | 2 | 2 | 1 | 6 | .0164 | 18 | 4 | 0 | 0 | 3 | .0126 |

Tafel XVII-2 (Fortsetz.)

| N | $n_{111}$ | $n_{122}$ | $n_{212}$ | $n_{221}$ | P |
|---|---|---|---|---|---|
| 18 | 4 | 0 | 0 | 5 | .0002 |
| 18 | 4 | 0 | 1 | 0 | .0126 |
| 18 | 4 | 0 | 1 | 4 | .0184 |
| 18 | 4 | 0 | 3 | 0 | .0126 |
| 18 | 4 | 0 | 4 | 1 | .0184 |
| 18 | 4 | 0 | 5 | 0 | .0002 |
| 18 | 4 | 1 | 0 | 0 | .0126 |
| 18 | 4 | 1 | 0 | 4 | .0184 |
| 18 | 4 | 1 | 1 | 5 | .0126 |
| 18 | 4 | 1 | 4 | 0 | .0184 |
| 18 | 4 | 1 | 5 | 1 | .0126 |
| 18 | 4 | 2 | 2 | 5 | .0375 |
| 18 | 4 | 2 | 5 | 2 | .0375 |
| 18 | 4 | 3 | 0 | 0 | .0126 |
| 18 | 4 | 3 | 3 | 5 | .0278 |
| 18 | 4 | 3 | 5 | 3 | .0278 |
| 18 | 4 | 4 | 0 | 1 | .0184 |
| 18 | 4 | 4 | 1 | 0 | .0184 |
| 18 | 4 | 4 | 4 | 5 | .0013 |
| 18 | 4 | 4 | 5 | 4 | .0013 |
| 18 | 4 | 5 | 0 | 0 | .0002 |
| 18 | 4 | 5 | 1 | 1 | .0126 |
| 18 | 4 | 5 | 2 | 2 | .0375 |
| 18 | 4 | 5 | 3 | 3 | .0278 |
| 18 | 4 | 5 | 4 | 4 | .0013 |
| 18 | 5 | 0 | 0 | 0 | .0004 |
| 18 | 5 | 0 | 0 | 2 | .0026 |
| 18 | 5 | 0 | 0 | 4 | .0002 |
| 18 | 5 | 0 | 1 | 1 | .0164 |
| 18 | 5 | 0 | 1 | 3 | .0061 |
| 18 | 5 | 0 | 2 | 0 | .0026 |
| 18 | 5 | 0 | 2 | 2 | .0213 |
| 18 | 5 | 0 | 3 | 1 | .0061 |
| 18 | 5 | 0 | 4 | 0 | .0002 |
| 18 | 5 | 1 | 0 | 1 | .0164 |
| 18 | 5 | 1 | 0 | 3 | .0061 |
| 18 | 5 | 1 | 1 | 0 | .0164 |
| 18 | 5 | 1 | 1 | 4 | .0126 |
| 18 | 5 | 1 | 3 | 0 | .0061 |
| 18 | 5 | 1 | 4 | 1 | .0126 |
| 18 | 5 | 2 | 0 | 0 | .0026 |
| 18 | 5 | 2 | 0 | 2 | .0213 |
| 18 | 5 | 2 | 2 | 0 | .0213 |
| 18 | 5 | 2 | 2 | 4 | .0375 |
| 18 | 5 | 2 | 4 | 2 | .0375 |
| 18 | 5 | 3 | 0 | 1 | .0061 |
| 18 | 5 | 3 | 1 | 0 | .0061 |
| 18 | 5 | 3 | 3 | 4 | .0278 |
| 18 | 5 | 3 | 4 | 3 | .0278 |
| 18 | 5 | 4 | 0 | 0 | .0002 |
| 18 | 5 | 4 | 1 | 1 | .0126 |
| 18 | 5 | 4 | 2 | 2 | .0375 |
| 18 | 5 | 4 | 3 | 3 | .0278 |
| 18 | 5 | 4 | 4 | 4 | .0013 |
| 18 | 6 | 0 | 0 | 1 | .0003 |
| 18 | 6 | 0 | 0 | 3 | .0001 |
| 18 | 6 | 0 | 1 | 0 | .0003 |
| 18 | 6 | 0 | 1 | 2 | .0011 |
| 18 | 6 | 0 | 2 | 1 | .0011 |
| 18 | 6 | 0 | 3 | 0 | .0001 |
| 18 | 6 | 1 | 0 | 0 | .0003 |
| 18 | 6 | 1 | 0 | 2 | .0011 |
| 18 | 6 | 1 | 1 | 1 | .0061 |
| 18 | 6 | 1 | 1 | 3 | .0026 |
| 18 | 6 | 1 | 2 | 0 | .0011 |
| 18 | 6 | 1 | 2 | 2 | .0164 |
| 18 | 6 | 1 | 3 | 1 | .0026 |
| 18 | 6 | 2 | 0 | 1 | .0011 |
| 18 | 6 | 2 | 1 | 0 | .0011 |
| 18 | 6 | 2 | 1 | 2 | .0164 |
| 18 | 6 | 2 | 2 | 1 | .0164 |
| 18 | 6 | 2 | 2 | 3 | .0126 |
| 18 | 6 | 2 | 3 | 2 | .0126 |
| 18 | 6 | 3 | 0 | 0 | .0001 |
| 18 | 6 | 3 | 1 | 1 | .0026 |
| 18 | 6 | 3 | 2 | 2 | .0126 |
| 18 | 6 | 3 | 3 | 3 | .0031 |
| 18 | 7 | 0 | 0 | 0 | .0000 |
| 18 | 7 | 0 | 0 | 2 | .0000 |
| 18 | 7 | 0 | 1 | 1 | .0000 |
| 18 | 7 | 0 | 2 | 0 | .0000 |
| 18 | 7 | 1 | 0 | 1 | .0000 |
| 18 | 7 | 1 | 1 | 0 | .0000 |
| 18 | 7 | 1 | 1 | 2 | .0003 |
| 18 | 7 | 1 | 2 | 1 | .0003 |
| 18 | 7 | 2 | 0 | 0 | .0000 |
| 18 | 7 | 2 | 1 | 1 | .0003 |
| 18 | 7 | 2 | 2 | 2 | .0004 |
| 18 | 8 | 0 | 0 | 1 | .0000 |
| 18 | 8 | 0 | 1 | 0 | .0000 |
| 18 | 8 | 1 | 0 | 0 | .0000 |
| 18 | 8 | 1 | 1 | 1 | .0000 |
| 18 | 9 | 0 | 0 | 0 | .0000 |
| 20 | 0 | 0 | 0 | 0 | .0001 |
| 20 | 0 | 0 | 0 | 2 | .0007 |
| 20 | 0 | 0 | 0 | 4 | .0005 |
| 20 | 0 | 0 | 0 | 6 | .0001 |
| 20 | 0 | 0 | 0 | 8 | .0000 |
| 20 | 0 | 0 | 0 | 10 | .0000 |
| 20 | 0 | 0 | 1 | 1 | .0060 |
| 20 | 0 | 0 | 1 | 3 | .0085 |
| 20 | 0 | 0 | 1 | 5 | .0025 |
| 20 | 0 | 0 | 1 | 7 | .0000 |
| 20 | 0 | 0 | 1 | 9 | .0000 |
| 20 | 0 | 0 | 2 | 0 | .0007 |
| 20 | 0 | 0 | 2 | 2 | .0314 |
| 20 | 0 | 0 | 2 | 4 | .0113 |
| 20 | 0 | 0 | 2 | 6 | .0004 |
| 20 | 0 | 0 | 2 | 8 | .0000 |
| 20 | 0 | 0 | 3 | 1 | .0085 |
| 20 | 0 | 0 | 3 | 3 | .0314 |
| 20 | 0 | 0 | 3 | 5 | .0032 |
| 20 | 0 | 0 | 3 | 7 | .0000 |
| 20 | 0 | 0 | 4 | 0 | .0005 |
| 20 | 0 | 0 | 4 | 2 | .0113 |
| 20 | 0 | 0 | 4 | 4 | .0060 |
| 20 | 0 | 0 | 4 | 6 | .0000 |
| 20 | 0 | 0 | 5 | 1 | .0025 |
| 20 | 0 | 0 | 5 | 3 | .0032 |
| 20 | 0 | 0 | 5 | 5 | .0001 |

Tafel XVII-2 (Fortsetz.)   609

| | | | | | | | | | | |
|---|---|---|---|---|---|---|---|---|---|---|
| 20 | 0 | 0 | 6 | 0 | .0001 | 20 | 0 | 3 | 5 | 2 | .0314 |
| 20 | 0 | 0 | 6 | 2 | .0004 | 20 | 0 | 3 | 6 | 1 | .0012 |
| 20 | 0 | 0 | 6 | 4 | .0000 | 20 | 0 | 3 | 7 | 0 | .0000 |
| 20 | 0 | 0 | 7 | 1 | .0000 | 20 | 0 | 4 | 0 | 0 | .0005 |
| 20 | 0 | 0 | 7 | 3 | .0000 | 20 | 0 | 4 | 0 | 2 | .0113 |
| 20 | 0 | 0 | 8 | 0 | .0000 | 20 | 0 | 4 | 0 | 4 | .0060 |
| 20 | 0 | 0 | 8 | 2 | .0000 | 20 | 0 | 4 | 0 | 6 | .0000 |
| 20 | 0 | 0 | 9 | 1 | .0000 | 20 | 0 | 4 | 1 | 1 | .0423 |
| 20 | 0 | 0 | 10 | 0 | .0000 | 20 | 0 | 4 | 1 | 5 | .0060 |
| 20 | 0 | 1 | 0 | 1 | .0060 | 20 | 0 | 4 | 2 | 0 | .0113 |
| 20 | 0 | 1 | 0 | 3 | .0085 | 20 | 0 | 4 | 2 | 4 | .0349 |
| 20 | 0 | 1 | 0 | 5 | .0025 | 20 | 0 | 4 | 4 | 0 | .0060 |
| 20 | 0 | 1 | 0 | 7 | .0000 | 20 | 0 | 4 | 4 | 2 | .0349 |
| 20 | 0 | 1 | 0 | 9 | .0000 | 20 | 0 | 4 | 5 | 1 | .0060 |
| 20 | 0 | 1 | 1 | 0 | .0060 | 20 | 0 | 4 | 6 | 0 | .0000 |
| 20 | 0 | 1 | 1 | 4 | .0423 | 20 | 0 | 5 | 0 | 1 | .0025 |
| 20 | 0 | 1 | 1 | 6 | .0025 | 20 | 0 | 5 | 0 | 3 | .0032 |
| 20 | 0 | 1 | 1 | 8 | .0000 | 20 | 0 | 5 | 0 | 5 | .0001 |
| 20 | 0 | 1 | 2 | 5 | .0314 | 20 | 0 | 5 | 1 | 0 | .0025 |
| 20 | 0 | 1 | 2 | 7 | .0002 | 20 | 0 | 5 | 1 | 2 | .0314 |
| 20 | 0 | 1 | 3 | 0 | .0085 | 20 | 0 | 5 | 1 | 4 | .0060 |
| 20 | 0 | 1 | 3 | 6 | .0012 | 20 | 0 | 5 | 2 | 1 | .0314 |
| 20 | 0 | 1 | 4 | 1 | .0423 | 20 | 0 | 5 | 2 | 3 | .0314 |
| 20 | 0 | 1 | 4 | 5 | .0060 | 20 | 0 | 5 | 3 | 0 | .0032 |
| 20 | 0 | 1 | 5 | 0 | .0025 | 20 | 0 | 5 | 3 | 2 | .0314 |
| 20 | 0 | 1 | 5 | 2 | .0314 | 20 | 0 | 5 | 4 | 1 | .0060 |
| 20 | 0 | 1 | 5 | 4 | .0060 | 20 | 0 | 5 | 5 | 0 | .0001 |
| 20 | 0 | 1 | 6 | 1 | .0025 | 20 | 0 | 6 | 0 | 0 | .0001 |
| 20 | 0 | 1 | 6 | 3 | .0012 | 20 | 0 | 6 | 0 | 2 | .0004 |
| 20 | 0 | 1 | 7 | 0 | .0000 | 20 | 0 | 6 | 0 | 4 | .0000 |
| 20 | 0 | 1 | 7 | 2 | .0002 | 20 | 0 | 6 | 1 | 1 | .0025 |
| 20 | 0 | 1 | 8 | 1 | .0000 | 20 | 0 | 6 | 1 | 3 | .0012 |
| 20 | 0 | 1 | 9 | 0 | .0000 | 20 | 0 | 6 | 2 | 0 | .0004 |
| 20 | 0 | 2 | 0 | 0 | .0007 | 20 | 0 | 6 | 2 | 2 | .0060 |
| 20 | 0 | 2 | 0 | 2 | .0314 | 20 | 0 | 6 | 3 | 1 | .0012 |
| 20 | 0 | 2 | 0 | 4 | .0113 | 20 | 0 | 6 | 4 | 0 | .0000 |
| 20 | 0 | 2 | 0 | 6 | .0004 | 20 | 0 | 7 | 0 | 1 | .0000 |
| 20 | 0 | 2 | 0 | 8 | .0000 | 20 | 0 | 7 | 0 | 3 | .0000 |
| 20 | 0 | 2 | 1 | 5 | .0314 | 20 | 0 | 7 | 1 | 0 | .0000 |
| 20 | 0 | 2 | 1 | 7 | .0002 | 20 | 0 | 7 | 1 | 2 | .0002 |
| 20 | 0 | 2 | 2 | 0 | .0314 | 20 | 0 | 7 | 2 | 1 | .0002 |
| 20 | 0 | 2 | 2 | 6 | .0060 | 20 | 0 | 7 | 3 | 0 | .0000 |
| 20 | 0 | 2 | 3 | 5 | .0314 | 20 | 0 | 8 | 0 | 0 | .0000 |
| 20 | 0 | 2 | 4 | 0 | .0113 | 20 | 0 | 8 | 0 | 2 | .0000 |
| 20 | 0 | 2 | 4 | 4 | .0349 | 20 | 0 | 8 | 1 | 1 | .0000 |
| 20 | 0 | 2 | 5 | 1 | .0314 | 20 | 0 | 8 | 2 | 0 | .0000 |
| 20 | 0 | 2 | 5 | 3 | .0314 | 20 | 0 | 9 | 0 | 1 | .0000 |
| 20 | 0 | 2 | 6 | 0 | .0004 | 20 | 0 | 9 | 1 | 0 | .0000 |
| 20 | 0 | 2 | 6 | 2 | .0060 | 20 | 0 | 10 | 0 | 0 | .0000 |
| 20 | 0 | 2 | 7 | 1 | .0002 | 20 | 1 | 0 | 0 | 1 | .0060 |
| 20 | 0 | 2 | 8 | 0 | .0000 | 20 | 1 | 0 | 0 | 3 | .0085 |
| 20 | 0 | 3 | 0 | 1 | .0085 | 20 | 1 | 0 | 0 | 5 | .0025 |
| 20 | 0 | 3 | 0 | 3 | .0314 | 20 | 1 | 0 | 0 | 7 | .0000 |
| 20 | 0 | 3 | 0 | 5 | .0032 | 20 | 1 | 0 | 0 | 9 | .0000 |
| 20 | 0 | 3 | 0 | 7 | .0000 | 20 | 1 | 0 | 1 | 0 | .0060 |
| 20 | 0 | 3 | 1 | 0 | .0085 | 20 | 1 | 0 | 1 | 4 | .0423 |
| 20 | 0 | 3 | 1 | 6 | .0012 | 20 | 1 | 0 | 1 | 6 | .0025 |
| 20 | 0 | 3 | 2 | 5 | .0314 | 20 | 1 | 0 | 1 | 8 | .0000 |
| 20 | 0 | 3 | 3 | 0 | .0314 | 20 | 1 | 0 | 2 | 5 | .0314 |
| 20 | 0 | 3 | 5 | 0 | .0032 | 20 | 1 | 0 | 2 | 7 | .0002 |

Tafel XVII-2 (Fortsetz.)

| | | | | | | | | | |
|---|---|---|---|---|---|---|---|---|---|
| 20 | 1 | 0 | 3 | 0 | .0085 | 20 | 1 | 5 | 0 | 4 | .0060 |
| 20 | 1 | 0 | 3 | 6 | .0012 | 20 | 1 | 5 | 1 | 5 | .0060 |
| 20 | 1 | 0 | 4 | 1 | .0423 | 20 | 1 | 5 | 2 | 0 | .0314 |
| 20 | 1 | 0 | 4 | 5 | .0060 | 20 | 1 | 5 | 4 | 0 | .0060 |
| 20 | 1 | 0 | 5 | 0 | .0025 | 20 | 1 | 5 | 5 | 1 | .0060 |
| 20 | 1 | 0 | 5 | 2 | .0314 | 20 | 1 | 6 | 0 | 1 | .0025 |
| 20 | 1 | 0 | 5 | 4 | .0060 | 20 | 1 | 6 | 0 | 3 | .0012 |
| 20 | 1 | 0 | 6 | 1 | .0025 | 20 | 1 | 6 | 1 | 0 | .0025 |
| 20 | 1 | 0 | 6 | 3 | .0012 | 20 | 1 | 6 | 1 | 2 | .0314 |
| 20 | 1 | 0 | 7 | 0 | .0000 | 20 | 1 | 6 | 1 | 4 | .0032 |
| 20 | 1 | 0 | 7 | 2 | .0002 | 20 | 1 | 6 | 2 | 1 | .0314 |
| 20 | 1 | 0 | 8 | 1 | .0000 | 20 | 1 | 6 | 2 | 3 | .0314 |
| 20 | 1 | 0 | 9 | 0 | .0000 | 20 | 1 | 6 | 3 | 0 | .0012 |
| 20 | 1 | 1 | 0 | 0 | .0060 | 20 | 1 | 6 | 3 | 2 | .0314 |
| 20 | 1 | 1 | 0 | 4 | .0423 | 20 | 1 | 6 | 4 | 1 | .0032 |
| 20 | 1 | 1 | 0 | 6 | .0025 | 20 | 1 | 7 | 0 | 0 | .0000 |
| 20 | 1 | 1 | 0 | 8 | .0000 | 20 | 1 | 7 | 0 | 2 | .0002 |
| 20 | 1 | 1 | 1 | 7 | .0006 | 20 | 1 | 7 | 1 | 1 | .0006 |
| 20 | 1 | 1 | 1 | 9 | .0000 | 20 | 1 | 7 | 1 | 3 | .0004 |
| 20 | 1 | 1 | 2 | 6 | .0314 | 20 | 1 | 7 | 2 | 0 | .0002 |
| 20 | 1 | 1 | 2 | 8 | .0000 | 20 | 1 | 7 | 2 | 2 | .0025 |
| 20 | 1 | 1 | 3 | 7 | .0004 | 20 | 1 | 7 | 3 | 1 | .0004 |
| 20 | 1 | 1 | 4 | 0 | .0423 | 20 | 1 | 8 | 0 | 1 | .0000 |
| 20 | 1 | 1 | 4 | 6 | .0032 | 20 | 1 | 8 | 1 | 0 | .0000 |
| 20 | 1 | 1 | 5 | 5 | .0060 | 20 | 1 | 8 | 1 | 2 | .0000 |
| 20 | 1 | 1 | 6 | 0 | .0025 | 20 | 1 | 8 | 2 | 1 | .0000 |
| 20 | 1 | 1 | 6 | 2 | .0314 | 20 | 1 | 9 | 0 | 0 | .0000 |
| 20 | 1 | 1 | 6 | 4 | .0032 | 20 | 1 | 9 | 1 | 1 | .0000 |
| 20 | 1 | 1 | 7 | 1 | .0006 | 20 | 2 | 0 | 0 | 0 | .0007 |
| 20 | 1 | 1 | 7 | 3 | .0004 | 20 | 2 | 0 | 0 | 2 | .0314 |
| 20 | 1 | 1 | 8 | 0 | .0000 | 20 | 2 | 0 | 0 | 4 | .0113 |
| 20 | 1 | 1 | 8 | 2 | .0000 | 20 | 2 | 0 | 0 | 6 | .0004 |
| 20 | 1 | 1 | 9 | 1 | .0000 | 20 | 2 | 0 | 0 | 8 | .0000 |
| 20 | 1 | 2 | 0 | 5 | .0314 | 20 | 2 | 0 | 1 | 5 | .0314 |
| 20 | 1 | 2 | 0 | 7 | .0002 | 20 | 2 | 0 | 1 | 7 | .0002 |
| 20 | 1 | 2 | 1 | 6 | .0314 | 20 | 2 | 0 | 2 | 0 | .0314 |
| 20 | 1 | 2 | 1 | 8 | .0000 | 20 | 2 | 0 | 2 | 6 | .0060 |
| 20 | 1 | 2 | 2 | 7 | .0025 | 20 | 2 | 0 | 3 | 5 | .0314 |
| 20 | 1 | 2 | 3 | 6 | .0314 | 20 | 2 | 0 | 4 | 0 | .0113 |
| 20 | 1 | 2 | 5 | 0 | .0314 | 20 | 2 | 0 | 4 | 4 | .0349 |
| 20 | 1 | 2 | 6 | 1 | .0314 | 20 | 2 | 0 | 5 | 1 | .0314 |
| 20 | 1 | 2 | 6 | 3 | .0314 | 20 | 2 | 0 | 5 | 3 | .0314 |
| 20 | 1 | 2 | 7 | 0 | .0002 | 20 | 2 | 0 | 6 | 0 | .0004 |
| 20 | 1 | 2 | 7 | 2 | .0025 | 20 | 2 | 0 | 6 | 2 | .0060 |
| 20 | 1 | 2 | 8 | 1 | .0000 | 20 | 2 | 0 | 7 | 1 | .0002 |
| 20 | 1 | 3 | 0 | 0 | .0085 | 20 | 2 | 0 | 8 | 0 | .0000 |
| 20 | 1 | 3 | 0 | 6 | .0012 | 20 | 2 | 1 | 0 | 5 | .0314 |
| 20 | 1 | 3 | 1 | 7 | .0004 | 20 | 2 | 1 | 0 | 7 | .0002 |
| 20 | 1 | 3 | 2 | 6 | .0314 | 20 | 2 | 1 | 1 | 6 | .0314 |
| 20 | 1 | 3 | 6 | 0 | .0012 | 20 | 2 | 1 | 1 | 8 | .0000 |
| 20 | 1 | 3 | 6 | 2 | .0314 | 20 | 2 | 1 | 2 | 7 | .0025 |
| 20 | 1 | 3 | 7 | 1 | .0004 | 20 | 2 | 1 | 3 | 6 | .0314 |
| 20 | 1 | 4 | 0 | 1 | .0423 | 20 | 2 | 1 | 5 | 0 | .0314 |
| 20 | 1 | 4 | 0 | 5 | .0060 | 20 | 2 | 1 | 6 | 1 | .0314 |
| 20 | 1 | 4 | 1 | 0 | .0423 | 20 | 2 | 1 | 6 | 3 | .0314 |
| 20 | 1 | 4 | 1 | 6 | .0032 | 20 | 2 | 1 | 7 | 0 | .0002 |
| 20 | 1 | 4 | 5 | 0 | .0060 | 20 | 2 | 1 | 7 | 2 | .0025 |
| 20 | 1 | 4 | 6 | 1 | .0032 | 20 | 2 | 1 | 8 | 1 | .0000 |
| 20 | 1 | 5 | 0 | 0 | .0025 | 20 | 2 | 2 | 0 | 0 | .0314 |
| 20 | 1 | 5 | 0 | 2 | .0314 | 20 | 2 | 2 | 0 | 6 | .0060 |

Tafel XVII-2 (Fortsetz.) 611

| | | | | | | | | | |
|---|---|---|---|---|---|---|---|---|---|
| 20 | 2 | 2 | 1 | 7 | .0025 | 20 | 3 | 1 | 0 | 6 | .0012 |
| 20 | 2 | 2 | 2 | 8 | .0001 | 20 | 3 | 1 | 1 | 7 | .0004 |
| 20 | 2 | 2 | 3 | 7 | .0025 | 20 | 3 | 1 | 2 | 6 | .0314 |
| 20 | 2 | 2 | 4 | 6 | .0113 | 20 | 3 | 1 | 6 | 0 | .0012 |
| 20 | 2 | 2 | 5 | 5 | .0314 | 20 | 3 | 1 | 6 | 2 | .0314 |
| 20 | 2 | 2 | 6 | 0 | .0060 | 20 | 3 | 1 | 7 | 1 | .0004 |
| 20 | 2 | 2 | 6 | 4 | .0113 | 20 | 3 | 2 | 0 | 5 | .0314 |
| 20 | 2 | 2 | 7 | 1 | .0025 | 20 | 3 | 2 | 1 | 6 | .0314 |
| 20 | 2 | 2 | 7 | 3 | .0025 | 20 | 3 | 2 | 2 | 7 | .0025 |
| 20 | 2 | 2 | 8 | 2 | .0001 | 20 | 3 | 2 | 3 | 6 | .0423 |
| 20 | 2 | 3 | 0 | 5 | .0314 | 20 | 3 | 2 | 5 | 0 | .0314 |
| 20 | 2 | 3 | 1 | 6 | .0314 | 20 | 3 | 2 | 6 | 1 | .0314 |
| 20 | 2 | 3 | 2 | 7 | .0025 | 20 | 3 | 2 | 6 | 3 | .0423 |
| 20 | 2 | 3 | 3 | 6 | .0423 | 20 | 3 | 2 | 7 | 2 | .0025 |
| 20 | 2 | 3 | 5 | 0 | .0314 | 20 | 3 | 3 | 0 | 0 | .0314 |
| 20 | 2 | 3 | 6 | 1 | .0314 | 20 | 3 | 3 | 2 | 6 | .0423 |
| 20 | 2 | 3 | 6 | 3 | .0423 | 20 | 3 | 3 | 3 | 7 | .0005 |
| 20 | 2 | 3 | 7 | 2 | .0025 | 20 | 3 | 3 | 4 | 6 | .0085 |
| 20 | 2 | 4 | 0 | 0 | .0113 | 20 | 3 | 3 | 5 | 5 | .0314 |
| 20 | 2 | 4 | 0 | 4 | .0349 | 20 | 3 | 3 | 6 | 2 | .0423 |
| 20 | 2 | 4 | 2 | 6 | .0113 | 20 | 3 | 3 | 6 | 4 | .0085 |
| 20 | 2 | 4 | 4 | 0 | .0349 | 20 | 3 | 3 | 7 | 3 | .0005 |
| 20 | 2 | 4 | 6 | 2 | .0113 | 20 | 3 | 4 | 3 | 6 | .0085 |
| 20 | 2 | 5 | 0 | 1 | .0314 | 20 | 3 | 4 | 6 | 3 | .0085 |
| 20 | 2 | 5 | 0 | 3 | .0314 | 20 | 3 | 5 | 0 | 0 | .0032 |
| 20 | 2 | 5 | 1 | 0 | .0314 | 20 | 3 | 5 | 0 | 2 | .0314 |
| 20 | 2 | 5 | 2 | 5 | .0314 | 20 | 3 | 5 | 2 | 0 | .0314 |
| 20 | 2 | 5 | 3 | 0 | .0314 | 20 | 3 | 5 | 3 | 5 | .0314 |
| 20 | 2 | 5 | 5 | 2 | .0314 | 20 | 3 | 5 | 5 | 3 | .0314 |
| 20 | 2 | 6 | 0 | 0 | .0004 | 20 | 3 | 6 | 0 | 1 | .0012 |
| 20 | 2 | 6 | 0 | 2 | .0060 | 20 | 3 | 6 | 1 | 0 | .0012 |
| 20 | 2 | 6 | 1 | 1 | .0314 | 20 | 3 | 6 | 1 | 2 | .0314 |
| 20 | 2 | 6 | 1 | 3 | .0314 | 20 | 3 | 6 | 2 | 1 | .0314 |
| 20 | 2 | 6 | 2 | 0 | .0060 | 20 | 3 | 6 | 2 | 3 | .0423 |
| 20 | 2 | 6 | 2 | 4 | .0113 | 20 | 3 | 6 | 3 | 2 | .0423 |
| 20 | 2 | 6 | 3 | 1 | .0314 | 20 | 3 | 6 | 3 | 4 | .0085 |
| 20 | 2 | 6 | 3 | 3 | .0423 | 20 | 3 | 6 | 4 | 3 | .0085 |
| 20 | 2 | 6 | 4 | 2 | .0113 | 20 | 3 | 7 | 0 | 0 | .0000 |
| 20 | 2 | 7 | 0 | 1 | .0002 | 20 | 3 | 7 | 1 | 1 | .0004 |
| 20 | 2 | 7 | 1 | 0 | .0002 | 20 | 3 | 7 | 2 | 2 | .0025 |
| 20 | 2 | 7 | 1 | 2 | .0025 | 20 | 3 | 7 | 3 | 3 | .0005 |
| 20 | 2 | 7 | 2 | 1 | .0025 | 20 | 4 | 0 | 0 | 0 | .0005 |
| 20 | 2 | 7 | 2 | 3 | .0025 | 20 | 4 | 0 | 0 | 2 | .0113 |
| 20 | 2 | 7 | 3 | 2 | .0025 | 20 | 4 | 0 | 0 | 4 | .0060 |
| 20 | 2 | 8 | 0 | 0 | .0000 | 20 | 4 | 0 | 0 | 6 | .0000 |
| 20 | 2 | 8 | 1 | 1 | .0000 | 20 | 4 | 0 | 1 | 1 | .0423 |
| 20 | 2 | 8 | 2 | 2 | .0001 | 20 | 4 | 0 | 1 | 5 | .0060 |
| 20 | 3 | 0 | 0 | 1 | .0085 | 20 | 4 | 0 | 2 | 0 | .0113 |
| 20 | 3 | 0 | 0 | 3 | .0314 | 20 | 4 | 0 | 2 | 4 | .0349 |
| 20 | 3 | 0 | 0 | 5 | .0032 | 20 | 4 | 0 | 4 | 0 | .0060 |
| 20 | 3 | 0 | 0 | 7 | .0000 | 20 | 4 | 0 | 4 | 2 | .0349 |
| 20 | 3 | 0 | 1 | 0 | .0085 | 20 | 4 | 0 | 5 | 1 | .0060 |
| 20 | 3 | 0 | 1 | 6 | .0012 | 20 | 4 | 0 | 6 | 0 | .0000 |
| 20 | 3 | 0 | 2 | 5 | .0314 | 20 | 4 | 1 | 0 | 1 | .0423 |
| 20 | 3 | 0 | 3 | 0 | .0314 | 20 | 4 | 1 | 0 | 5 | .0060 |
| 20 | 3 | 0 | 5 | 0 | .0032 | 20 | 4 | 1 | 1 | 0 | .0423 |
| 20 | 3 | 0 | 5 | 2 | .0314 | 20 | 4 | 1 | 1 | 6 | .0032 |
| 20 | 3 | 0 | 6 | 1 | .0012 | 20 | 4 | 1 | 5 | 0 | .0060 |
| 20 | 3 | 0 | 7 | 0 | .0000 | 20 | 4 | 1 | 6 | 1 | .0032 |
| 20 | 3 | 1 | 0 | 0 | .0085 | 20 | 4 | 2 | 0 | 0 | .0113 |

Tafel XVII-2 (Fortsetz.)

| | | | | | | | | | | |
|---|---|---|---|---|---|---|---|---|---|---|
| 20 | 4 | 2 | 0 | 4 | .0349 | 20 | 5 | 5 | 5 | 5 | .0001 |
| 20 | 4 | 2 | 2 | 6 | .0113 | 20 | 6 | 0 | 0 | 0 | .0001 |
| 20 | 4 | 2 | 4 | 0 | .0349 | 20 | 6 | 0 | 0 | 2 | .0004 |
| 20 | 4 | 2 | 6 | 2 | .0113 | 20 | 6 | 0 | 0 | 4 | .0000 |
| 20 | 4 | 3 | 3 | 6 | .0085 | 20 | 6 | 0 | 1 | 1 | .0025 |
| 20 | 4 | 3 | 6 | 3 | .0085 | 20 | 6 | 0 | 1 | 3 | .0012 |
| 20 | 4 | 4 | 0 | 0 | .0060 | 20 | 6 | 0 | 2 | 0 | .0004 |
| 20 | 4 | 4 | 0 | 2 | .0349 | 20 | 6 | 0 | 2 | 2 | .0060 |
| 20 | 4 | 4 | 2 | 0 | .0349 | 20 | 6 | 0 | 3 | 1 | .0012 |
| 20 | 4 | 4 | 4 | 6 | .0007 | 20 | 6 | 0 | 4 | 0 | .0000 |
| 20 | 4 | 4 | 5 | 5 | .0060 | 20 | 6 | 1 | 0 | 1 | .0025 |
| 20 | 4 | 4 | 6 | 4 | .0007 | 20 | 6 | 1 | 0 | 3 | .0012 |
| 20 | 4 | 5 | 0 | 1 | .0060 | 20 | 6 | 1 | 1 | 0 | .0025 |
| 20 | 4 | 5 | 1 | 0 | .0060 | 20 | 6 | 1 | 1 | 2 | .0314 |
| 20 | 4 | 5 | 4 | 5 | .0060 | 20 | 6 | 1 | 1 | 4 | .0032 |
| 20 | 4 | 5 | 5 | 4 | .0060 | 20 | 6 | 1 | 2 | 1 | .0314 |
| 20 | 4 | 6 | 0 | 0 | .0000 | 20 | 6 | 1 | 2 | 3 | .0314 |
| 20 | 4 | 6 | 1 | 1 | .0032 | 20 | 6 | 1 | 3 | 0 | .0012 |
| 20 | 4 | 6 | 2 | 2 | .0113 | 20 | 6 | 1 | 3 | 2 | .0314 |
| 20 | 4 | 6 | 3 | 3 | .0085 | 20 | 6 | 1 | 4 | 1 | .0032 |
| 20 | 4 | 6 | 4 | 4 | .0007 | 20 | 6 | 2 | 0 | 0 | .0004 |
| 20 | 5 | 0 | 0 | 1 | .0025 | 20 | 6 | 2 | 0 | 2 | .0060 |
| 20 | 5 | 0 | 0 | 3 | .0032 | 20 | 6 | 2 | 1 | 1 | .0314 |
| 20 | 5 | 0 | 0 | 5 | .0001 | 20 | 6 | 2 | 1 | 3 | .0314 |
| 20 | 5 | 0 | 1 | 0 | .0025 | 20 | 6 | 2 | 2 | 0 | .0060 |
| 20 | 5 | 0 | 1 | 2 | .0314 | 20 | 6 | 2 | 2 | 4 | .0113 |
| 20 | 5 | 0 | 1 | 4 | .0060 | 20 | 6 | 2 | 3 | 1 | .0314 |
| 20 | 5 | 0 | 2 | 1 | .0314 | 20 | 6 | 2 | 3 | 3 | .0423 |
| 20 | 5 | 0 | 2 | 3 | .0314 | 20 | 6 | 2 | 4 | 2 | .0113 |
| 20 | 5 | 0 | 3 | 0 | .0032 | 20 | 6 | 3 | 0 | 1 | .0012 |
| 20 | 5 | 0 | 3 | 2 | .0314 | 20 | 6 | 3 | 1 | 0 | .0012 |
| 20 | 5 | 0 | 4 | 1 | .0060 | 20 | 6 | 3 | 1 | 2 | .0314 |
| 20 | 5 | 0 | 5 | 0 | .0001 | 20 | 6 | 3 | 2 | 1 | .0314 |
| 20 | 5 | 1 | 0 | 0 | .0025 | 20 | 6 | 3 | 2 | 3 | .0423 |
| 20 | 5 | 1 | 0 | 2 | .0314 | 20 | 6 | 3 | 3 | 2 | .0423 |
| 20 | 5 | 1 | 0 | 4 | .0060 | 20 | 6 | 3 | 3 | 4 | .0085 |
| 20 | 5 | 1 | 1 | 5 | .0060 | 20 | 6 | 3 | 4 | 3 | .0085 |
| 20 | 5 | 1 | 2 | 0 | .0314 | 20 | 6 | 4 | 0 | 0 | .0000 |
| 20 | 5 | 1 | 4 | 0 | .0060 | 20 | 6 | 4 | 1 | 1 | .0032 |
| 20 | 5 | 1 | 5 | 1 | .0060 | 20 | 6 | 4 | 2 | 2 | .0113 |
| 20 | 5 | 2 | 0 | 1 | .0314 | 20 | 6 | 4 | 3 | 3 | .0085 |
| 20 | 5 | 2 | 0 | 3 | .0314 | 20 | 6 | 4 | 4 | 4 | .0007 |
| 20 | 5 | 2 | 1 | 0 | .0314 | 20 | 7 | 0 | 0 | 1 | .0000 |
| 20 | 5 | 2 | 2 | 5 | .0314 | 20 | 7 | 0 | 0 | 3 | .0000 |
| 20 | 5 | 2 | 3 | 0 | .0314 | 20 | 7 | 0 | 1 | 0 | .0000 |
| 20 | 5 | 2 | 5 | 2 | .0314 | 20 | 7 | 0 | 1 | 2 | .0002 |
| 20 | 5 | 3 | 0 | 0 | .0032 | 20 | 7 | 0 | 2 | 1 | .0002 |
| 20 | 5 | 3 | 0 | 2 | .0314 | 20 | 7 | 0 | 3 | 0 | .0000 |
| 20 | 5 | 3 | 2 | 0 | .0314 | 20 | 7 | 1 | 0 | 0 | .0000 |
| 20 | 5 | 3 | 3 | 5 | .0314 | 20 | 7 | 1 | 0 | 2 | .0002 |
| 20 | 5 | 3 | 5 | 3 | .0314 | 20 | 7 | 1 | 1 | 1 | .0006 |
| 20 | 5 | 4 | 0 | 1 | .0060 | 20 | 7 | 1 | 1 | 3 | .0004 |
| 20 | 5 | 4 | 1 | 0 | .0060 | 20 | 7 | 1 | 2 | 0 | .0002 |
| 20 | 5 | 4 | 4 | 5 | .0060 | 20 | 7 | 1 | 2 | 2 | .0025 |
| 20 | 5 | 4 | 5 | 4 | .0060 | 20 | 7 | 1 | 3 | 1 | .0004 |
| 20 | 5 | 5 | 0 | 0 | .0001 | 20 | 7 | 2 | 0 | 1 | .0002 |
| 20 | 5 | 5 | 1 | 1 | .0060 | 20 | 7 | 2 | 1 | 0 | .0002 |
| 20 | 5 | 5 | 2 | 2 | .0314 | 20 | 7 | 2 | 1 | 2 | .0025 |
| 20 | 5 | 5 | 3 | 3 | .0314 | 20 | 7 | 2 | 2 | 1 | .0025 |
| 20 | 5 | 5 | 4 | 4 | .0060 | 20 | 7 | 2 | 2 | 3 | .0025 |

Tafel XVII-2 (Fortsetz.)

| N | $n_{111}$ | $n_{122}$ | $n_{212}$ | $n_{221}$ | P |
|---|---|---|---|---|---|
| 20 | 7 | 2 | 3 | 2 | .0025 |
| 20 | 7 | 3 | 0 | 0 | .0000 |
| 20 | 7 | 3 | 1 | 1 | .0004 |
| 20 | 7 | 3 | 2 | 2 | .0025 |
| 20 | 7 | 3 | 3 | 3 | .0005 |
| 20 | 8 | 0 | 0 | 0 | .0000 |
| 20 | 8 | 0 | 0 | 2 | .0000 |
| 20 | 8 | 0 | 1 | 1 | .0000 |
| 20 | 8 | 0 | 2 | 0 | .0000 |
| 20 | 8 | 1 | 0 | 1 | .0000 |
| 20 | 8 | 1 | 1 | 0 | .0000 |
| 20 | 8 | 1 | 1 | 2 | .0000 |
| 20 | 8 | 1 | 2 | 1 | .0000 |
| 20 | 8 | 2 | 0 | 0 | .0000 |
| 20 | 8 | 2 | 1 | 1 | .0000 |
| 20 | 8 | 2 | 2 | 2 | .0001 |
| 20 | 9 | 0 | 0 | 1 | .0000 |
| 20 | 9 | 0 | 1 | 0 | .0000 |
| 20 | 9 | 1 | 0 | 0 | .0000 |
| 20 | 9 | 1 | 1 | 1 | .0000 |
| 20 | 10 | 0 | 0 | 0 | .0000 |

| N | $n_{111}$ | $n_{122}$ | $n_{212}$ | $n_{221}$ | P |
|---|---|---|---|---|---|
| 22 | 0 | 0 | 0 | 1 | .0001 |
| 22 | 0 | 0 | 0 | 3 | .0006 |
| 22 | 0 | 0 | 0 | 5 | .0001 |
| 22 | 0 | 0 | 0 | 7 | .0000 |
| 22 | 0 | 0 | 0 | 9 | .0000 |
| 22 | 0 | 0 | 0 | 11 | .0000 |
| 22 | 0 | 0 | 1 | 0 | .0001 |
| 22 | 0 | 0 | 1 | 2 | .0040 |
| 22 | 0 | 0 | 1 | 4 | .0028 |
| 22 | 0 | 0 | 1 | 6 | .0004 |
| 22 | 0 | 0 | 1 | 8 | .0000 |
| 22 | 0 | 0 | 1 | 10 | .0000 |
| 22 | 0 | 0 | 2 | 1 | .0040 |
| 22 | 0 | 0 | 2 | 3 | .0128 |
| 22 | 0 | 0 | 2 | 5 | .0021 |
| 22 | 0 | 0 | 2 | 7 | .0001 |
| 22 | 0 | 0 | 2 | 9 | .0000 |
| 22 | 0 | 0 | 3 | 0 | .0006 |
| 22 | 0 | 0 | 3 | 2 | .0128 |
| 22 | 0 | 0 | 3 | 4 | .0083 |
| 22 | 0 | 0 | 3 | 6 | .0005 |
| 22 | 0 | 0 | 3 | 8 | .0000 |
| 22 | 0 | 0 | 4 | 1 | .0028 |
| 22 | 0 | 0 | 4 | 3 | .0083 |
| 22 | 0 | 0 | 4 | 5 | .0013 |
| 22 | 0 | 0 | 4 | 7 | .0000 |
| 22 | 0 | 0 | 5 | 0 | .0001 |
| 22 | 0 | 0 | 5 | 2 | .0021 |
| 22 | 0 | 0 | 5 | 4 | .0013 |
| 22 | 0 | 0 | 5 | 6 | .0000 |
| 22 | 0 | 0 | 6 | 1 | .0004 |
| 22 | 0 | 0 | 6 | 3 | .0005 |
| 22 | 0 | 0 | 6 | 5 | .0000 |
| 22 | 0 | 0 | 7 | 0 | .0000 |
| 22 | 0 | 0 | 7 | 2 | .0001 |
| 22 | 0 | 0 | 7 | 4 | .0000 |
| 22 | 0 | 0 | 8 | 1 | .0000 |
| 22 | 0 | 0 | 8 | 3 | .0000 |
| 22 | 0 | 0 | 9 | 0 | .0000 |
| 22 | 0 | 0 | 9 | 2 | .0000 |
| 22 | 0 | 0 | 10 | 1 | .0000 |
| 22 | 0 | 0 | 11 | 0 | .0000 |
| 22 | 0 | 1 | 0 | 0 | .0001 |
| 22 | 0 | 1 | 0 | 2 | .0040 |
| 22 | 0 | 1 | 0 | 4 | .0028 |
| 22 | 0 | 1 | 0 | 6 | .0004 |
| 22 | 0 | 1 | 0 | 8 | .0000 |
| 22 | 0 | 1 | 0 | 10 | .0000 |
| 22 | 0 | 1 | 1 | 1 | .0107 |
| 22 | 0 | 1 | 1 | 3 | .0361 |
| 22 | 0 | 1 | 1 | 5 | .0101 |
| 22 | 0 | 1 | 1 | 7 | .0003 |
| 22 | 0 | 1 | 1 | 9 | .0000 |
| 22 | 0 | 1 | 2 | 0 | .0040 |
| 22 | 0 | 1 | 2 | 6 | .0058 |
| 22 | 0 | 1 | 2 | 8 | .0000 |
| 22 | 0 | 1 | 3 | 1 | .0361 |
| 22 | 0 | 1 | 3 | 5 | .0222 |
| 22 | 0 | 1 | 3 | 7 | .0002 |
| 22 | 0 | 1 | 4 | 0 | .0028 |
| 22 | 0 | 1 | 4 | 4 | .0309 |
| 22 | 0 | 1 | 4 | 6 | .0010 |
| 22 | 0 | 1 | 5 | 1 | .0101 |
| 22 | 0 | 1 | 5 | 3 | .0222 |
| 22 | 0 | 1 | 5 | 5 | .0015 |
| 22 | 0 | 1 | 6 | 0 | .0004 |
| 22 | 0 | 1 | 6 | 2 | .0058 |
| 22 | 0 | 1 | 6 | 4 | .0010 |
| 22 | 0 | 1 | 7 | 1 | .0003 |
| 22 | 0 | 1 | 7 | 3 | .0002 |
| 22 | 0 | 1 | 8 | 0 | .0000 |
| 22 | 0 | 1 | 8 | 2 | .0000 |
| 22 | 0 | 1 | 9 | 1 | .0000 |
| 22 | 0 | 1 | 10 | 0 | .0000 |
| 22 | 0 | 2 | 0 | 1 | .0040 |
| 22 | 0 | 2 | 0 | 3 | .0128 |
| 22 | 0 | 2 | 0 | 5 | .0021 |
| 22 | 0 | 2 | 0 | 7 | .0001 |
| 22 | 0 | 2 | 0 | 9 | .0000 |
| 22 | 0 | 2 | 1 | 0 | .0040 |
| 22 | 0 | 2 | 1 | 6 | .0058 |
| 22 | 0 | 2 | 1 | 8 | .0000 |
| 22 | 0 | 2 | 2 | 5 | .0422 |
| 22 | 0 | 2 | 2 | 7 | .0007 |
| 22 | 0 | 2 | 3 | 0 | .0128 |
| 22 | 0 | 2 | 3 | 6 | .0068 |
| 22 | 0 | 2 | 4 | 5 | .0151 |
| 22 | 0 | 2 | 5 | 0 | .0021 |
| 22 | 0 | 2 | 5 | 2 | .0422 |
| 22 | 0 | 2 | 5 | 4 | .0151 |
| 22 | 0 | 2 | 6 | 1 | .0058 |
| 22 | 0 | 2 | 6 | 3 | .0068 |
| 22 | 0 | 2 | 7 | 0 | .0001 |
| 22 | 0 | 2 | 7 | 2 | .0007 |
| 22 | 0 | 2 | 8 | 1 | .0000 |
| 22 | 0 | 2 | 9 | 0 | .0000 |
| 22 | 0 | 3 | 0 | 0 | .0006 |
| 22 | 0 | 3 | 0 | 2 | .0128 |
| 22 | 0 | 3 | 0 | 4 | .0083 |

| | | | | | | | | | |
|---|---|---|---|---|---|---|---|---|---|
| 22 | 0 | 3 | 0 | 6 | .0005 | 22 | 0 | 7 | 0 | 0 | .0000 |
| 22 | 0 | 3 | 0 | 8 | .0000 | 22 | 0 | 7 | 0 | 2 | .0001 |
| 22 | 0 | 3 | 1 | 1 | .0361 | 22 | 0 | 7 | 0 | 4 | .0000 |
| 22 | 0 | 3 | 1 | 5 | .0222 | 22 | 0 | 7 | 1 | 1 | .0003 |
| 22 | 0 | 3 | 1 | 7 | .0002 | 22 | 0 | 7 | 1 | 3 | .0002 |
| 22 | 0 | 3 | 2 | 0 | .0128 | 22 | 0 | 7 | 2 | 0 | .0001 |
| 22 | 0 | 3 | 2 | 6 | .0068 | 22 | 0 | 7 | 2 | 2 | .0007 |
| 22 | 0 | 3 | 3 | 5 | .0263 | 22 | 0 | 7 | 3 | 1 | .0002 |
| 22 | 0 | 3 | 4 | 0 | .0083 | 22 | 0 | 7 | 4 | 0 | .0000 |
| 22 | 0 | 3 | 4 | 4 | .0454 | 22 | 0 | 8 | 0 | 1 | .0000 |
| 22 | 0 | 3 | 5 | 1 | .0222 | 22 | 0 | 8 | 0 | 3 | .0000 |
| 22 | 0 | 3 | 5 | 3 | .0263 | 22 | 0 | 8 | 1 | 0 | .0000 |
| 22 | 0 | 3 | 6 | 0 | .0005 | 22 | 0 | 8 | 1 | 2 | .0000 |
| 22 | 0 | 3 | 6 | 2 | .0068 | 22 | 0 | 8 | 2 | 1 | .0000 |
| 22 | 0 | 3 | 7 | 1 | .0002 | 22 | 0 | 8 | 3 | 0 | .0000 |
| 22 | 0 | 3 | 8 | 0 | .0000 | 22 | 0 | 9 | 0 | 0 | .0000 |
| 22 | 0 | 4 | 0 | 1 | .0028 | 22 | 0 | 9 | 0 | 2 | .0000 |
| 22 | 0 | 4 | 0 | 3 | .0083 | 22 | 0 | 9 | 1 | 1 | .0000 |
| 22 | 0 | 4 | 0 | 5 | .0013 | 22 | 0 | 9 | 2 | 0 | .0000 |
| 22 | 0 | 4 | 0 | 7 | .0000 | 22 | 0 | 10 | 0 | 1 | .0000 |
| 22 | 0 | 4 | 1 | 0 | .0028 | 22 | 0 | 10 | 1 | 0 | .0000 |
| 22 | 0 | 4 | 1 | 4 | .0309 | 22 | 0 | 11 | 0 | 0 | .0000 |
| 22 | 0 | 4 | 1 | 6 | .0010 | 22 | 1 | 0 | 0 | 0 | .0001 |
| 22 | 0 | 4 | 2 | 5 | .0151 | 22 | 1 | 0 | 0 | 2 | .0040 |
| 22 | 0 | 4 | 3 | 0 | .0083 | 22 | 1 | 0 | 0 | 4 | .0028 |
| 22 | 0 | 4 | 3 | 4 | .0454 | 22 | 1 | 0 | 0 | 6 | .0004 |
| 22 | 0 | 4 | 4 | 1 | .0309 | 22 | 1 | 0 | 0 | 8 | .0000 |
| 22 | 0 | 4 | 4 | 3 | .0454 | 22 | 1 | 0 | 0 | 10 | .0000 |
| 22 | 0 | 4 | 5 | 0 | .0013 | 22 | 1 | 0 | 1 | 1 | .0107 |
| 22 | 0 | 4 | 5 | 2 | .0151 | 22 | 1 | 0 | 1 | 3 | .0361 |
| 22 | 0 | 4 | 6 | 1 | .0010 | 22 | 1 | 0 | 1 | 5 | .0101 |
| 22 | 0 | 4 | 7 | 0 | .0000 | 22 | 1 | 0 | 1 | 7 | .0003 |
| 22 | 0 | 5 | 0 | 0 | .0001 | 22 | 1 | 0 | 1 | 9 | .0000 |
| 22 | 0 | 5 | 0 | 2 | .0021 | 22 | 1 | 0 | 2 | 0 | .0040 |
| 22 | 0 | 5 | 0 | 4 | .0013 | 22 | 1 | 0 | 2 | 6 | .0058 |
| 22 | 0 | 5 | 0 | 6 | .0000 | 22 | 1 | 0 | 2 | 8 | .0000 |
| 22 | 0 | 5 | 1 | 1 | .0101 | 22 | 1 | 0 | 3 | 1 | .0361 |
| 22 | 0 | 5 | 1 | 3 | .0222 | 22 | 1 | 0 | 3 | 5 | .0222 |
| 22 | 0 | 5 | 1 | 5 | .0015 | 22 | 1 | 0 | 3 | 7 | .0002 |
| 22 | 0 | 5 | 2 | 0 | .0021 | 22 | 1 | 0 | 4 | 0 | .0028 |
| 22 | 0 | 5 | 2 | 2 | .0422 | 22 | 1 | 0 | 4 | 4 | .0309 |
| 22 | 0 | 5 | 2 | 4 | .0151 | 22 | 1 | 0 | 4 | 6 | .0010 |
| 22 | 0 | 5 | 3 | 1 | .0222 | 22 | 1 | 0 | 5 | 1 | .0101 |
| 22 | 0 | 5 | 3 | 3 | .0263 | 22 | 1 | 0 | 5 | 3 | .0222 |
| 22 | 0 | 5 | 4 | 0 | .0013 | 22 | 1 | 0 | 5 | 5 | .0015 |
| 22 | 0 | 5 | 4 | 2 | .0151 | 22 | 1 | 0 | 6 | 0 | .0004 |
| 22 | 0 | 5 | 5 | 1 | .0015 | 22 | 1 | 0 | 6 | 2 | .0058 |
| 22 | 0 | 5 | 6 | 0 | .0000 | 22 | 1 | 0 | 6 | 4 | .0010 |
| 22 | 0 | 6 | 0 | 1 | .0004 | 22 | 1 | 0 | 7 | 1 | .0003 |
| 22 | 0 | 6 | 0 | 3 | .0005 | 22 | 1 | 0 | 7 | 3 | .0002 |
| 22 | 0 | 6 | 0 | 5 | .0000 | 22 | 1 | 0 | 8 | 0 | .0000 |
| 22 | 0 | 6 | 1 | 0 | .0004 | 22 | 1 | 0 | 8 | 2 | .0000 |
| 22 | 0 | 6 | 1 | 2 | .0058 | 22 | 1 | 0 | 9 | 1 | .0000 |
| 22 | 0 | 6 | 1 | 4 | .0010 | 22 | 1 | 0 | 10 | 0 | .0000 |
| 22 | 0 | 6 | 2 | 1 | .0058 | 22 | 1 | 1 | 0 | 1 | .0107 |
| 22 | 0 | 6 | 2 | 3 | .0068 | 22 | 1 | 1 | 0 | 3 | .0361 |
| 22 | 0 | 6 | 3 | 0 | .0005 | 22 | 1 | 1 | 0 | 5 | .0101 |
| 22 | 0 | 6 | 3 | 2 | .0068 | 22 | 1 | 1 | 0 | 7 | .0003 |
| 22 | 0 | 6 | 4 | 1 | .0010 | 22 | 1 | 1 | 0 | 9 | .0000 |
| 22 | 0 | 6 | 5 | 0 | .0000 | 22 | 1 | 1 | 1 | 0 | .0107 |

Tafel XVII-2 (Fortsetz.) 615

| | | | | | | | | | |
|---|---|---|---|---|---|---|---|---|---|
| 22 | 1 | 1 | 1 | 6 | .0160 | 22 | 1 | 4 | 7 | 1 | .0005 |
| 22 | 1 | 1 | 1 | 8 | .0001 | 22 | 1 | 5 | 0 | 1 | .0101 |
| 22 | 1 | 1 | 1 | 10 | .0000 | 22 | 1 | 5 | 0 | 3 | .0222 |
| 22 | 1 | 1 | 2 | 7 | .0032 | 22 | 1 | 5 | 0 | 5 | .0015 |
| 22 | 1 | 1 | 2 | 9 | .0000 | 22 | 1 | 5 | 1 | 0 | .0101 |
| 22 | 1 | 1 | 3 | 0 | .0361 | 22 | 1 | 5 | 1 | 6 | .0013 |
| 22 | 1 | 1 | 3 | 6 | .0263 | 22 | 1 | 5 | 2 | 5 | .0309 |
| 22 | 1 | 1 | 3 | 8 | .0001 | 22 | 1 | 5 | 3 | 0 | .0222 |
| 22 | 1 | 1 | 4 | 7 | .0005 | 22 | 1 | 5 | 5 | 0 | .0015 |
| 22 | 1 | 1 | 5 | 0 | .0101 | 22 | 1 | 5 | 5 | 2 | .0309 |
| 22 | 1 | 1 | 5 | 6 | .0013 | 22 | 1 | 5 | 6 | 1 | .0013 |
| 22 | 1 | 1 | 6 | 1 | .0160 | 22 | 1 | 6 | 0 | 0 | .0004 |
| 22 | 1 | 1 | 6 | 3 | .0263 | 22 | 1 | 6 | 0 | 2 | .0058 |
| 22 | 1 | 1 | 6 | 5 | .0013 | 22 | 1 | 6 | 0 | 4 | .0010 |
| 22 | 1 | 1 | 7 | 0 | .0003 | 22 | 1 | 6 | 1 | 1 | .0160 |
| 22 | 1 | 1 | 7 | 2 | .0032 | 22 | 1 | 6 | 1 | 3 | .0263 |
| 22 | 1 | 1 | 7 | 4 | .0005 | 22 | 1 | 6 | 1 | 5 | .0013 |
| 22 | 1 | 1 | 8 | 1 | .0001 | 22 | 1 | 6 | 2 | 0 | .0058 |
| 22 | 1 | 1 | 8 | 3 | .0001 | 22 | 1 | 6 | 2 | 4 | .0222 |
| 22 | 1 | 1 | 9 | 0 | .0000 | 22 | 1 | 6 | 3 | 1 | .0263 |
| 22 | 1 | 1 | 9 | 2 | .0000 | 22 | 1 | 6 | 3 | 3 | .0422 |
| 22 | 1 | 1 | 10 | 1 | .0000 | 22 | 1 | 6 | 4 | 0 | .0010 |
| 22 | 1 | 2 | 0 | 0 | .0040 | 22 | 1 | 6 | 4 | 2 | .0222 |
| 22 | 1 | 2 | 0 | 6 | .0058 | 22 | 1 | 6 | 5 | 1 | .0013 |
| 22 | 1 | 2 | 0 | 8 | .0000 | 22 | 1 | 7 | 0 | 1 | .0003 |
| 22 | 1 | 2 | 1 | 7 | .0032 | 22 | 1 | 7 | 0 | 3 | .0002 |
| 22 | 1 | 2 | 1 | 9 | .0000 | 22 | 1 | 7 | 1 | 0 | .0003 |
| 22 | 1 | 2 | 2 | 8 | .0003 | 22 | 1 | 7 | 1 | 2 | .0032 |
| 22 | 1 | 2 | 3 | 7 | .0058 | 22 | 1 | 7 | 1 | 4 | .0005 |
| 22 | 1 | 2 | 4 | 6 | .0222 | 22 | 1 | 7 | 2 | 1 | .0032 |
| 22 | 1 | 2 | 5 | 5 | .0309 | 22 | 1 | 7 | 2 | 3 | .0058 |
| 22 | 1 | 2 | 6 | 0 | .0058 | 22 | 1 | 7 | 3 | 0 | .0002 |
| 22 | 1 | 2 | 6 | 4 | .0222 | 22 | 1 | 7 | 3 | 2 | .0058 |
| 22 | 1 | 2 | 7 | 1 | .0032 | 22 | 1 | 7 | 4 | 1 | .0005 |
| 22 | 1 | 2 | 7 | 3 | .0058 | 22 | 1 | 8 | 0 | 0 | .0000 |
| 22 | 1 | 2 | 8 | 0 | .0000 | 22 | 1 | 8 | 0 | 2 | .0000 |
| 22 | 1 | 2 | 8 | 2 | .0003 | 22 | 1 | 8 | 1 | 1 | .0001 |
| 22 | 1 | 2 | 9 | 1 | .0000 | 22 | 1 | 8 | 1 | 3 | .0001 |
| 22 | 1 | 3 | 0 | 1 | .0361 | 22 | 1 | 8 | 2 | 0 | .0000 |
| 22 | 1 | 3 | 0 | 5 | .0222 | 22 | 1 | 8 | 2 | 2 | .0003 |
| 22 | 1 | 3 | 0 | 7 | .0002 | 22 | 1 | 8 | 3 | 1 | .0001 |
| 22 | 1 | 3 | 1 | 0 | .0361 | 22 | 1 | 9 | 0 | 1 | .0000 |
| 22 | 1 | 3 | 1 | 6 | .0263 | 22 | 1 | 9 | 1 | 0 | .0000 |
| 22 | 1 | 3 | 1 | 8 | .0001 | 22 | 1 | 9 | 1 | 2 | .0000 |
| 22 | 1 | 3 | 2 | 7 | .0058 | 22 | 1 | 9 | 2 | 1 | .0000 |
| 22 | 1 | 3 | 3 | 6 | .0422 | 22 | 1 | 10 | 0 | 0 | .0000 |
| 22 | 1 | 3 | 5 | 0 | .0222 | 22 | 1 | 10 | 1 | 1 | .0000 |
| 22 | 1 | 3 | 6 | 1 | .0263 | 22 | 2 | 0 | 0 | 1 | .0040 |
| 22 | 1 | 3 | 6 | 3 | .0422 | 22 | 2 | 0 | 0 | 3 | .0128 |
| 22 | 1 | 3 | 7 | 0 | .0002 | 22 | 2 | 0 | 0 | 5 | .0021 |
| 22 | 1 | 3 | 7 | 2 | .0058 | 22 | 2 | 0 | 0 | 7 | .0001 |
| 22 | 1 | 3 | 8 | 1 | .0001 | 22 | 2 | 0 | 0 | 9 | .0000 |
| 22 | 1 | 4 | 0 | 0 | .0028 | 22 | 2 | 0 | 1 | 0 | .0040 |
| 22 | 1 | 4 | 0 | 4 | .0309 | 22 | 2 | 0 | 1 | 6 | .0058 |
| 22 | 1 | 4 | 0 | 6 | .0010 | 22 | 2 | 0 | 1 | 8 | .0000 |
| 22 | 1 | 4 | 1 | 7 | .0005 | 22 | 2 | 0 | 2 | 5 | .0422 |
| 22 | 1 | 4 | 2 | 6 | .0222 | 22 | 2 | 0 | 2 | 7 | .0007 |
| 22 | 1 | 4 | 4 | 0 | .0309 | 22 | 2 | 0 | 3 | 0 | .0128 |
| 22 | 1 | 4 | 6 | 0 | .0010 | 22 | 2 | 0 | 3 | 6 | .0068 |
| 22 | 1 | 4 | 6 | 2 | .0222 | 22 | 2 | 0 | 4 | 5 | .0151 |

| | | | | | | | | | | |
|---|---|---|---|---|---|---|---|---|---|---|
| 22 | 2 | 0 | 5 | 0 | .0021 | 22 | 2 | 5 | 2 | 0 | .0422 |
| 22 | 2 | 0 | 5 | 2 | .0422 | 22 | 2 | 5 | 2 | 6 | .0083 |
| 22 | 2 | 0 | 5 | 4 | .0151 | 22 | 2 | 5 | 4 | 0 | .0151 |
| 22 | 2 | 0 | 6 | 1 | .0058 | 22 | 2 | 5 | 5 | 1 | .0309 |
| 22 | 2 | 0 | 6 | 3 | .0068 | 22 | 2 | 5 | 6 | 2 | .0083 |
| 22 | 2 | 0 | 7 | 0 | .0001 | 22 | 2 | 6 | 0 | 1 | .0058 |
| 22 | 2 | 0 | 7 | 2 | .0007 | 22 | 2 | 6 | 0 | 3 | .0068 |
| 22 | 2 | 0 | 8 | 1 | .0000 | 22 | 2 | 6 | 1 | 0 | .0058 |
| 22 | 2 | 0 | 9 | 0 | .0000 | 22 | 2 | 6 | 1 | 4 | .0222 |
| 22 | 2 | 1 | 0 | 0 | .0040 | 22 | 2 | 6 | 2 | 5 | .0083 |
| 22 | 2 | 1 | 0 | 6 | .0058 | 22 | 2 | 6 | 3 | 0 | .0068 |
| 22 | 2 | 1 | 0 | 3 | .0000 | 22 | 2 | 6 | 4 | 1 | .0222 |
| 22 | 2 | 1 | 1 | 7 | .0032 | 22 | 2 | 6 | 5 | 2 | .0083 |
| 22 | 2 | 1 | 1 | 9 | .0000 | 22 | 2 | 7 | 0 | 0 | .0001 |
| 22 | 2 | 1 | 2 | 8 | .0003 | 22 | 2 | 7 | 0 | 2 | .0007 |
| 22 | 2 | 1 | 3 | 7 | .0058 | 22 | 2 | 7 | 1 | 1 | .0032 |
| 22 | 2 | 1 | 4 | 6 | .0222 | 22 | 2 | 7 | 1 | 3 | .0058 |
| 22 | 2 | 1 | 5 | 5 | .0309 | 22 | 2 | 7 | 2 | 0 | .0007 |
| 22 | 2 | 1 | 6 | 0 | .0058 | 22 | 2 | 7 | 2 | 2 | .0160 |
| 22 | 2 | 1 | 6 | 4 | .0222 | 22 | 2 | 7 | 2 | 4 | .0021 |
| 22 | 2 | 1 | 7 | 1 | .0032 | 22 | 2 | 7 | 3 | 1 | .0058 |
| 22 | 2 | 1 | 7 | 3 | .0058 | 22 | 2 | 7 | 3 | 3 | .0101 |
| 22 | 2 | 1 | 8 | 0 | .0000 | 22 | 2 | 7 | 4 | 2 | .0021 |
| 22 | 2 | 1 | 8 | 2 | .0003 | 22 | 2 | 8 | 0 | 1 | .0000 |
| 22 | 2 | 1 | 9 | 1 | .0000 | 22 | 2 | 8 | 1 | 0 | .0000 |
| 22 | 2 | 2 | 0 | 5 | .0422 | 22 | 2 | 8 | 1 | 2 | .0003 |
| 22 | 2 | 2 | 0 | 7 | .0007 | 22 | 2 | 8 | 2 | 1 | .0003 |
| 22 | 2 | 2 | 1 | 3 | .0003 | 22 | 2 | 8 | 2 | 3 | .0004 |
| 22 | 2 | 2 | 2 | 7 | .0160 | 22 | 2 | 8 | 3 | 2 | .0004 |
| 22 | 2 | 2 | 2 | 9 | .0000 | 22 | 2 | 9 | 0 | 0 | .0000 |
| 22 | 2 | 2 | 3 | 8 | .0004 | 22 | 2 | 9 | 1 | 1 | .0000 |
| 22 | 2 | 2 | 4 | 7 | .0021 | 22 | 2 | 9 | 2 | 2 | .0000 |
| 22 | 2 | 2 | 5 | 0 | .0422 | 22 | 3 | 0 | 0 | 0 | .0006 |
| 22 | 2 | 2 | 5 | 6 | .0083 | 22 | 3 | 0 | 0 | 2 | .0128 |
| 22 | 2 | 2 | 6 | 5 | .0083 | 22 | 3 | 0 | 0 | 4 | .0083 |
| 22 | 2 | 2 | 7 | 0 | .0007 | 22 | 3 | 0 | 0 | 6 | .0005 |
| 22 | 2 | 2 | 7 | 2 | .0160 | 22 | 3 | 0 | 0 | 8 | .0000 |
| 22 | 2 | 2 | 7 | 4 | .0021 | 22 | 3 | 0 | 1 | 1 | .0361 |
| 22 | 2 | 2 | 8 | 1 | .0003 | 22 | 3 | 0 | 1 | 5 | .0222 |
| 22 | 2 | 2 | 8 | 3 | .0004 | 22 | 3 | 0 | 1 | 7 | .0002 |
| 22 | 2 | 2 | 9 | 2 | .0000 | 22 | 3 | 0 | 2 | 0 | .0128 |
| 22 | 2 | 3 | 0 | 0 | .0128 | 22 | 3 | 0 | 2 | 6 | .0068 |
| 22 | 2 | 3 | 0 | 6 | .0068 | 22 | 3 | 0 | 3 | 5 | .0263 |
| 22 | 2 | 3 | 1 | 7 | .0058 | 22 | 3 | 0 | 4 | 0 | .0083 |
| 22 | 2 | 3 | 2 | 8 | .0004 | 22 | 3 | 0 | 4 | 4 | .0454 |
| 22 | 2 | 3 | 3 | 7 | .0101 | 22 | 3 | 0 | 5 | 1 | .0222 |
| 22 | 2 | 3 | 6 | 0 | .0068 | 22 | 3 | 0 | 5 | 3 | .0263 |
| 22 | 2 | 3 | 7 | 1 | .0058 | 22 | 3 | 0 | 6 | 0 | .0005 |
| 22 | 2 | 3 | 7 | 3 | .0101 | 22 | 3 | 0 | 6 | 2 | .0068 |
| 22 | 2 | 3 | 8 | 2 | .0004 | 22 | 3 | 0 | 7 | 1 | .0002 |
| 22 | 2 | 4 | 0 | 5 | .0151 | 22 | 3 | 0 | 8 | 0 | .0000 |
| 22 | 2 | 4 | 1 | 6 | .0222 | 22 | 3 | 1 | 0 | 1 | .0361 |
| 22 | 2 | 4 | 2 | 7 | .0021 | 22 | 3 | 1 | 0 | 5 | .0222 |
| 22 | 2 | 4 | 5 | 0 | .0151 | 22 | 3 | 1 | 0 | 7 | .0002 |
| 22 | 2 | 4 | 6 | 1 | .0222 | 22 | 3 | 1 | 1 | 0 | .0361 |
| 22 | 2 | 4 | 7 | 2 | .0021 | 22 | 3 | 1 | 1 | 6 | .0263 |
| 22 | 2 | 5 | 0 | 0 | .0021 | 22 | 3 | 1 | 1 | 8 | .0001 |
| 22 | 2 | 5 | 0 | 2 | .0422 | 22 | 3 | 1 | 2 | 7 | .0058 |
| 22 | 2 | 5 | 0 | 4 | .0151 | 22 | 3 | 1 | 3 | 6 | .0422 |
| 22 | 2 | 5 | 1 | 5 | .0309 | 22 | 3 | 1 | 5 | 0 | .0222 |

Tafel XVII-2 (Fortsetz.) 617

| | | | | | | | | | | |
|---|---|---|---|---|---|---|---|---|---|---|
| 22 | 3 | 1 | 6 | 1 | .0263 | 22 | 4 | 0 | 0 | 1 | .0028 |
| 22 | 3 | 1 | 6 | 3 | .0422 | 22 | 4 | 0 | 0 | 3 | .0083 |
| 22 | 3 | 1 | 7 | 0 | .0002 | 22 | 4 | 0 | 0 | 5 | .0013 |
| 22 | 3 | 1 | 7 | 2 | .0058 | 22 | 4 | 0 | 0 | 7 | .0000 |
| 22 | 3 | 1 | 8 | 1 | .0001 | 22 | 4 | 0 | 1 | 0 | .0028 |
| 22 | 3 | 2 | 0 | 0 | .0128 | 22 | 4 | 0 | 1 | 4 | .0309 |
| 22 | 3 | 2 | 0 | 6 | .0068 | 22 | 4 | 0 | 1 | 6 | .0010 |
| 22 | 3 | 2 | 1 | 7 | .0058 | 22 | 4 | 0 | 2 | 5 | .0151 |
| 22 | 3 | 2 | 2 | 8 | .0004 | 22 | 4 | 0 | 3 | 0 | .0083 |
| 22 | 3 | 2 | 3 | 7 | .0101 | 22 | 4 | 0 | 3 | 4 | .0454 |
| 22 | 3 | 2 | 6 | 0 | .0068 | 22 | 4 | 0 | 4 | 1 | .0309 |
| 22 | 3 | 2 | 7 | 1 | .0058 | 22 | 4 | 0 | 4 | 3 | .0454 |
| 22 | 3 | 2 | 7 | 3 | .0101 | 22 | 4 | 0 | 5 | 0 | .0013 |
| 22 | 3 | 2 | 8 | 2 | .0004 | 22 | 4 | 0 | 5 | 2 | .0151 |
| 22 | 3 | 3 | 0 | 5 | .0263 | 22 | 4 | 0 | 6 | 1 | .0010 |
| 22 | 3 | 3 | 1 | 6 | .0422 | 22 | 4 | 0 | 7 | 0 | .0000 |
| 22 | 3 | 3 | 2 | 7 | .0101 | 22 | 4 | 1 | 0 | 0 | .0028 |
| 22 | 3 | 3 | 3 | 8 | .0001 | 22 | 4 | 1 | 0 | 4 | .0309 |
| 22 | 3 | 3 | 4 | 7 | .0028 | 22 | 4 | 1 | 0 | 6 | .0010 |
| 22 | 3 | 3 | 5 | 0 | .0263 | 22 | 4 | 1 | 1 | 7 | .0005 |
| 22 | 3 | 3 | 5 | 6 | .0128 | 22 | 4 | 1 | 2 | 5 | .0222 |
| 22 | 3 | 3 | 6 | 1 | .0422 | 22 | 4 | 1 | 4 | 0 | .0309 |
| 22 | 3 | 3 | 6 | 5 | .0128 | 22 | 4 | 1 | 6 | 0 | .0010 |
| 22 | 3 | 3 | 7 | 2 | .0101 | 22 | 4 | 1 | 6 | 2 | .0222 |
| 22 | 3 | 3 | 7 | 4 | .0028 | 22 | 4 | 1 | 7 | 1 | .0005 |
| 22 | 3 | 3 | 8 | 3 | .0001 | 22 | 4 | 2 | 0 | 5 | .0151 |
| 22 | 3 | 4 | 0 | 0 | .0083 | 22 | 4 | 2 | 1 | 6 | .0222 |
| 22 | 3 | 4 | 0 | 4 | .0454 | 22 | 4 | 2 | 2 | 7 | .0021 |
| 22 | 3 | 4 | 3 | 7 | .0028 | 22 | 4 | 2 | 5 | 0 | .0151 |
| 22 | 3 | 4 | 4 | 0 | .0454 | 22 | 4 | 2 | 6 | 1 | .0222 |
| 22 | 3 | 4 | 4 | 6 | .0361 | 22 | 4 | 2 | 7 | 2 | .0021 |
| 22 | 3 | 4 | 6 | 4 | .0361 | 22 | 4 | 3 | 0 | 0 | .0083 |
| 22 | 3 | 4 | 7 | 3 | .0028 | 22 | 4 | 3 | 0 | 4 | .0454 |
| 22 | 3 | 5 | 0 | 1 | .0222 | 22 | 4 | 3 | 3 | 7 | .0028 |
| 22 | 3 | 5 | 0 | 3 | .0263 | 22 | 4 | 3 | 4 | 0 | .0454 |
| 22 | 3 | 5 | 1 | 0 | .0222 | 22 | 4 | 3 | 4 | 6 | .0361 |
| 22 | 3 | 5 | 3 | 0 | .0263 | 22 | 4 | 3 | 6 | 4 | .0361 |
| 22 | 3 | 5 | 3 | 6 | .0128 | 22 | 4 | 3 | 7 | 3 | .0028 |
| 22 | 3 | 5 | 6 | 3 | .0128 | 22 | 4 | 4 | 0 | 1 | .0309 |
| 22 | 3 | 6 | 0 | 0 | .0005 | 22 | 4 | 4 | 0 | 3 | .0454 |
| 22 | 3 | 6 | 0 | 2 | .0068 | 22 | 4 | 4 | 1 | 0 | .0309 |
| 22 | 3 | 6 | 1 | 1 | .0263 | 22 | 4 | 4 | 3 | 0 | .0454 |
| 22 | 3 | 6 | 1 | 3 | .0422 | 22 | 4 | 4 | 3 | 6 | .0361 |
| 22 | 3 | 6 | 2 | 0 | .0068 | 22 | 4 | 4 | 4 | 7 | .0006 |
| 22 | 3 | 6 | 3 | 1 | .0422 | 22 | 4 | 4 | 5 | 6 | .0040 |
| 22 | 3 | 6 | 3 | 5 | .0128 | 22 | 4 | 4 | 6 | 3 | .0361 |
| 22 | 3 | 6 | 4 | 4 | .0361 | 22 | 4 | 4 | 6 | 5 | .0040 |
| 22 | 3 | 6 | 5 | 3 | .0128 | 22 | 4 | 4 | 7 | 4 | .0006 |
| 22 | 3 | 7 | 0 | 1 | .0002 | 22 | 4 | 5 | 0 | 0 | .0013 |
| 22 | 3 | 7 | 1 | 0 | .0002 | 22 | 4 | 5 | 0 | 2 | .0151 |
| 22 | 3 | 7 | 1 | 2 | .0058 | 22 | 4 | 5 | 2 | 0 | .0151 |
| 22 | 3 | 7 | 2 | 1 | .0058 | 22 | 4 | 5 | 4 | 6 | .0040 |
| 22 | 3 | 7 | 2 | 3 | .0101 | 22 | 4 | 5 | 5 | 5 | .0107 |
| 22 | 3 | 7 | 3 | 2 | .0101 | 22 | 4 | 5 | 6 | 4 | .0040 |
| 22 | 3 | 7 | 3 | 4 | .0028 | 22 | 4 | 6 | 0 | 1 | .0010 |
| 22 | 3 | 7 | 4 | 3 | .0028 | 22 | 4 | 6 | 1 | 0 | .0010 |
| 22 | 3 | 8 | 0 | 0 | .0000 | 22 | 4 | 6 | 1 | 2 | .0222 |
| 22 | 3 | 8 | 1 | 1 | .0001 | 22 | 4 | 6 | 2 | 1 | .0222 |
| 22 | 3 | 8 | 2 | 2 | .0004 | 22 | 4 | 6 | 3 | 4 | .0361 |
| 22 | 3 | 8 | 3 | 3 | .0001 | 22 | 4 | 6 | 4 | 3 | .0361 |

Tafel XVII-2 (Fortsetz.)

| | | | | | | | | | | |
|---|---|---|---|---|---|---|---|---|---|---|
| 22 | 4 | 6 | 4 | 5 | .0040 | 22 | 5 | 5 | 5 | 6 | .0001 |
| 22 | 4 | 6 | 5 | 4 | .0040 | 22 | 5 | 5 | 6 | 5 | .0001 |
| 22 | 4 | 7 | 0 | 0 | .0000 | 22 | 5 | 6 | 0 | 0 | .0000 |
| 22 | 4 | 7 | 1 | 1 | .0005 | 22 | 5 | 6 | 1 | 1 | .0013 |
| 22 | 4 | 7 | 2 | 2 | .0021 | 22 | 5 | 6 | 2 | 2 | .0083 |
| 22 | 4 | 7 | 3 | 3 | .0028 | 22 | 5 | 6 | 3 | 3 | .0128 |
| 22 | 4 | 7 | 4 | 4 | .0006 | 22 | 5 | 6 | 4 | 4 | .0040 |
| 22 | 5 | 0 | 0 | 0 | .0001 | 22 | 5 | 6 | 5 | 5 | .0001 |
| 22 | 5 | 0 | 0 | 2 | .0021 | 22 | 6 | 0 | 0 | 1 | .0004 |
| 22 | 5 | 0 | 0 | 4 | .0013 | 22 | 6 | 0 | 0 | 3 | .0005 |
| 22 | 5 | 0 | 0 | 6 | .0000 | 22 | 6 | 0 | 0 | 5 | .0000 |
| 22 | 5 | 0 | 1 | 1 | .0101 | 22 | 6 | 0 | 1 | 0 | .0004 |
| 22 | 5 | 0 | 1 | 3 | .0222 | 22 | 6 | 0 | 1 | 2 | .0058 |
| 22 | 5 | 0 | 1 | 5 | .0015 | 22 | 6 | 0 | 1 | 4 | .0010 |
| 22 | 5 | 0 | 2 | 0 | .0021 | 22 | 6 | 0 | 2 | 1 | .0058 |
| 22 | 5 | 0 | 2 | 2 | .0422 | 22 | 6 | 0 | 2 | 3 | .0068 |
| 22 | 5 | 0 | 2 | 4 | .0151 | 22 | 6 | 0 | 3 | 0 | .0005 |
| 22 | 5 | 0 | 3 | 1 | .0222 | 22 | 6 | 0 | 3 | 2 | .0068 |
| 22 | 5 | 0 | 3 | 3 | .0263 | 22 | 6 | 0 | 4 | 1 | .0010 |
| 22 | 5 | 0 | 4 | 0 | .0013 | 22 | 6 | 0 | 5 | 0 | .0000 |
| 22 | 5 | 0 | 4 | 2 | .0151 | 22 | 6 | 1 | 0 | 0 | .0004 |
| 22 | 5 | 0 | 5 | 1 | .0015 | 22 | 6 | 1 | 0 | 2 | .0058 |
| 22 | 5 | 0 | 6 | 0 | .0000 | 22 | 6 | 1 | 0 | 4 | .0010 |
| 22 | 5 | 1 | 0 | 1 | .0101 | 22 | 6 | 1 | 1 | 1 | .0160 |
| 22 | 5 | 1 | 0 | 3 | .0222 | 22 | 6 | 1 | 1 | 3 | .0263 |
| 22 | 5 | 1 | 0 | 5 | .0015 | 22 | 6 | 1 | 1 | 5 | .0013 |
| 22 | 5 | 1 | 1 | 0 | .0101 | 22 | 6 | 1 | 2 | 0 | .0058 |
| 22 | 5 | 1 | 1 | 6 | .0013 | 22 | 6 | 1 | 2 | 4 | .0222 |
| 22 | 5 | 1 | 2 | 5 | .0309 | 22 | 6 | 1 | 3 | 1 | .0263 |
| 22 | 5 | 1 | 3 | 0 | .0222 | 22 | 6 | 1 | 3 | 3 | .0422 |
| 22 | 5 | 1 | 5 | 0 | .0015 | 22 | 6 | 1 | 4 | 0 | .0010 |
| 22 | 5 | 1 | 5 | 2 | .0309 | 22 | 6 | 1 | 4 | 2 | .0222 |
| 22 | 5 | 1 | 6 | 1 | .0013 | 22 | 6 | 1 | 5 | 1 | .0013 |
| 22 | 5 | 2 | 0 | 0 | .0021 | 22 | 6 | 2 | 0 | 1 | .0058 |
| 22 | 5 | 2 | 0 | 2 | .0422 | 22 | 6 | 2 | 0 | 3 | .0068 |
| 22 | 5 | 2 | 0 | 4 | .0151 | 22 | 6 | 2 | 1 | 0 | .0058 |
| 22 | 5 | 2 | 1 | 5 | .0309 | 22 | 6 | 2 | 1 | 4 | .0222 |
| 22 | 5 | 2 | 2 | 0 | .0422 | 22 | 6 | 2 | 2 | 5 | .0083 |
| 22 | 5 | 2 | 2 | 6 | .0083 | 22 | 6 | 2 | 3 | 0 | .0068 |
| 22 | 5 | 2 | 4 | 0 | .0151 | 22 | 6 | 2 | 4 | 1 | .0222 |
| 22 | 5 | 2 | 5 | 1 | .0309 | 22 | 6 | 2 | 5 | 2 | .0083 |
| 22 | 5 | 2 | 6 | 2 | .0083 | 22 | 6 | 3 | 0 | 0 | .0005 |
| 22 | 5 | 3 | 0 | 1 | .0222 | 22 | 6 | 3 | 0 | 2 | .0068 |
| 22 | 5 | 3 | 0 | 3 | .0263 | 22 | 6 | 3 | 1 | 1 | .0263 |
| 22 | 5 | 3 | 1 | 0 | .0222 | 22 | 6 | 3 | 1 | 3 | .0422 |
| 22 | 5 | 3 | 3 | 0 | .0263 | 22 | 6 | 3 | 2 | 0 | .0068 |
| 22 | 5 | 3 | 3 | 6 | .0128 | 22 | 6 | 3 | 3 | 1 | .0422 |
| 22 | 5 | 3 | 6 | 3 | .0128 | 22 | 6 | 3 | 3 | 5 | .0128 |
| 22 | 5 | 4 | 0 | 0 | .0013 | 22 | 6 | 3 | 4 | 4 | .0361 |
| 22 | 5 | 4 | 0 | 2 | .0151 | 22 | 6 | 3 | 5 | 3 | .0128 |
| 22 | 5 | 4 | 2 | 0 | .0151 | 22 | 6 | 4 | 0 | 1 | .0010 |
| 22 | 5 | 4 | 4 | 6 | .0040 | 22 | 6 | 4 | 1 | 0 | .0010 |
| 22 | 5 | 4 | 5 | 5 | .0107 | 22 | 6 | 4 | 1 | 2 | .0222 |
| 22 | 5 | 4 | 6 | 4 | .0040 | 22 | 6 | 4 | 2 | 1 | .0222 |
| 22 | 5 | 5 | 0 | 1 | .0015 | 22 | 6 | 4 | 3 | 4 | .0361 |
| 22 | 5 | 5 | 1 | 0 | .0015 | 22 | 6 | 4 | 4 | 3 | .0361 |
| 22 | 5 | 5 | 1 | 2 | .0309 | 22 | 6 | 4 | 4 | 5 | .0040 |
| 22 | 5 | 5 | 2 | 1 | .0309 | 22 | 6 | 4 | 5 | 4 | .0040 |
| 22 | 5 | 5 | 4 | 5 | .0107 | 22 | 6 | 5 | 0 | 0 | .0000 |
| 22 | 5 | 5 | 5 | 4 | .0107 | 22 | 6 | 5 | 1 | 1 | .0013 |

Tafel XVII-2 (Fortsetz.) 619

| N | $n_{111}$ | $n_{122}$ | $n_{212}$ | $n_{221}$ | P |
|---|---|---|---|---|---|
| 22 | 6 | 5 | 2 | 2 | .0083 |
| 22 | 6 | 5 | 3 | 3 | .0128 |
| 22 | 6 | 5 | 4 | 4 | .0040 |
| 22 | 6 | 5 | 5 | 5 | .0001 |
| 22 | 7 | 0 | 0 | 0 | .0000 |
| 22 | 7 | 0 | 0 | 2 | .0001 |
| 22 | 7 | 0 | 0 | 4 | .0000 |
| 22 | 7 | 0 | 1 | 1 | .0003 |
| 22 | 7 | 0 | 1 | 3 | .0002 |
| 22 | 7 | 0 | 2 | 0 | .0001 |
| 22 | 7 | 0 | 2 | 2 | .0007 |
| 22 | 7 | 0 | 3 | 1 | .0002 |
| 22 | 7 | 0 | 4 | 0 | .0000 |
| 22 | 7 | 1 | 0 | 1 | .0003 |
| 22 | 7 | 1 | 0 | 3 | .0002 |
| 22 | 7 | 1 | 1 | 0 | .0003 |
| 22 | 7 | 1 | 1 | 2 | .0032 |
| 22 | 7 | 1 | 1 | 4 | .0005 |
| 22 | 7 | 1 | 2 | 1 | .0032 |
| 22 | 7 | 1 | 2 | 3 | .0058 |
| 22 | 7 | 1 | 3 | 0 | .0002 |
| 22 | 7 | 1 | 3 | 2 | .0058 |
| 22 | 7 | 1 | 4 | 1 | .0005 |
| 22 | 7 | 2 | 0 | 0 | .0001 |
| 22 | 7 | 2 | 0 | 2 | .0007 |
| 22 | 7 | 2 | 1 | 1 | .0032 |
| 22 | 7 | 2 | 1 | 3 | .0058 |
| 22 | 7 | 2 | 2 | 0 | .0007 |
| 22 | 7 | 2 | 2 | 2 | .0160 |
| 22 | 7 | 2 | 2 | 4 | .0021 |
| 22 | 7 | 2 | 3 | 1 | .0058 |
| 22 | 7 | 2 | 3 | 3 | .0101 |
| 22 | 7 | 2 | 4 | 2 | .0021 |
| 22 | 7 | 3 | 0 | 1 | .0002 |
| 22 | 7 | 3 | 1 | 0 | .0002 |
| 22 | 7 | 3 | 1 | 2 | .0058 |
| 22 | 7 | 3 | 2 | 1 | .0058 |
| 22 | 7 | 3 | 2 | 3 | .0101 |
| 22 | 7 | 3 | 3 | 2 | .0101 |
| 22 | 7 | 3 | 3 | 4 | .0028 |
| 22 | 7 | 3 | 4 | 3 | .0028 |
| 22 | 7 | 4 | 0 | 0 | .0000 |
| 22 | 7 | 4 | 1 | 1 | .0005 |
| 22 | 7 | 4 | 2 | 2 | .0021 |
| 22 | 7 | 4 | 3 | 3 | .0028 |
| 22 | 7 | 4 | 4 | 4 | .0006 |
| 22 | 8 | 0 | 0 | 1 | .0000 |
| 22 | 8 | 0 | 0 | 3 | .0000 |
| 22 | 8 | 0 | 1 | 0 | .0000 |
| 22 | 8 | 0 | 1 | 2 | .0000 |
| 22 | 8 | 0 | 2 | 1 | .0000 |
| 22 | 8 | 0 | 3 | 0 | .0000 |
| 22 | 8 | 1 | 0 | 0 | .0000 |
| 22 | 8 | 1 | 0 | 2 | .0000 |
| 22 | 8 | 1 | 1 | 1 | .0001 |
| 22 | 8 | 1 | 1 | 3 | .0001 |
| 22 | 8 | 1 | 2 | 0 | .0000 |
| 22 | 8 | 1 | 2 | 2 | .0003 |
| 22 | 8 | 1 | 3 | 1 | .0001 |
| 22 | 8 | 2 | 0 | 1 | .0000 |
| 22 | 8 | 2 | 1 | 0 | .0000 |
| 22 | 8 | 2 | 1 | 2 | .0003 |
| 22 | 8 | 2 | 2 | 1 | .0003 |
| 22 | 8 | 2 | 2 | 3 | .0004 |
| 22 | 8 | 2 | 3 | 2 | .0004 |
| 22 | 8 | 3 | 0 | 0 | .0000 |
| 22 | 8 | 3 | 1 | 1 | .0001 |
| 22 | 8 | 3 | 2 | 2 | .0004 |
| 22 | 8 | 3 | 3 | 3 | .0001 |
| 22 | 9 | 0 | 0 | 0 | .0000 |
| 22 | 9 | 0 | 0 | 2 | .0000 |
| 22 | 9 | 0 | 1 | 1 | .0000 |
| 22 | 9 | 0 | 2 | 0 | .0000 |
| 22 | 9 | 1 | 0 | 1 | .0000 |
| 22 | 9 | 1 | 1 | 0 | .0000 |
| 22 | 9 | 1 | 1 | 2 | .0000 |
| 22 | 9 | 1 | 2 | 1 | .0000 |
| 22 | 9 | 2 | 0 | 0 | .0000 |
| 22 | 9 | 2 | 1 | 1 | .0000 |
| 22 | 9 | 2 | 2 | 2 | .0000 |
| 22 | 10 | 0 | 0 | 1 | .0000 |
| 22 | 10 | 0 | 1 | 0 | .0000 |
| 22 | 10 | 1 | 0 | 0 | .0000 |
| 22 | 10 | 1 | 1 | 1 | .0000 |
| 22 | 11 | 0 | 0 | 0 | .0000 |

| N | $n_{111}$ | $n_{122}$ | $n_{212}$ | $n_{221}$ | P |
|---|---|---|---|---|---|
| 24 | 0 | 0 | 0 | 0 | .0000 |
| 24 | 0 | 0 | 0 | 2 | .0001 |
| 24 | 0 | 0 | 0 | 4 | .0002 |
| 24 | 0 | 0 | 0 | 6 | .0000 |
| 24 | 0 | 0 | 0 | 8 | .0000 |
| 24 | 0 | 0 | 0 | 10 | .0000 |
| 24 | 0 | 0 | 0 | 12 | .0000 |
| 24 | 0 | 0 | 1 | 1 | .0005 |
| 24 | 0 | 0 | 1 | 3 | .0021 |
| 24 | 0 | 0 | 1 | 5 | .0011 |
| 24 | 0 | 0 | 1 | 7 | .0001 |
| 24 | 0 | 0 | 1 | 9 | .0000 |
| 24 | 0 | 0 | 1 | 11 | .0000 |
| 24 | 0 | 0 | 2 | 0 | .0001 |
| 24 | 0 | 0 | 2 | 2 | .0039 |
| 24 | 0 | 0 | 2 | 4 | .0061 |
| 24 | 0 | 0 | 2 | 6 | .0006 |
| 24 | 0 | 0 | 2 | 8 | .0000 |
| 24 | 0 | 0 | 2 | 10 | .0000 |
| 24 | 0 | 0 | 3 | 1 | .0021 |
| 24 | 0 | 0 | 3 | 3 | .0081 |
| 24 | 0 | 0 | 3 | 5 | .0025 |
| 24 | 0 | 0 | 3 | 7 | .0001 |
| 24 | 0 | 0 | 3 | 9 | .0000 |
| 24 | 0 | 0 | 4 | 0 | .0002 |
| 24 | 0 | 0 | 4 | 2 | .0061 |
| 24 | 0 | 0 | 4 | 4 | .0039 |
| 24 | 0 | 0 | 4 | 6 | .0003 |
| 24 | 0 | 0 | 4 | 8 | .0000 |
| 24 | 0 | 0 | 5 | 1 | .0011 |
| 24 | 0 | 0 | 5 | 3 | .0025 |
| 24 | 0 | 0 | 5 | 5 | .0005 |
| 24 | 0 | 0 | 5 | 7 | .0000 |
| 24 | 0 | 0 | 6 | 0 | .0000 |
| 24 | 0 | 0 | 6 | 2 | .0006 |

Tafel XVII-2 (Fortsetz.)

| | | | | | | | | | |
|---|---|---|---|---|---|---|---|---|---|
| 24 | 0 | 0 | 6 | 4 | .0003 | 24 | 0 | 2 | 1 | 7 | .0010 |
| 24 | 0 | 0 | 6 | 6 | .0000 | 24 | 0 | 2 | 1 | 9 | .0000 |
| 24 | 0 | 0 | 7 | 1 | .0001 | 24 | 0 | 2 | 2 | 0 | .0039 |
| 24 | 0 | 0 | 7 | 3 | .0001 | 24 | 0 | 2 | 2 | 6 | .0095 |
| 24 | 0 | 0 | 7 | 5 | .0000 | 24 | 0 | 2 | 2 | 8 | .0001 |
| 24 | 0 | 0 | 8 | 0 | .0000 | 24 | 0 | 2 | 3 | 7 | .0013 |
| 24 | 0 | 0 | 8 | 2 | .0000 | 24 | 0 | 2 | 4 | 0 | .0061 |
| 24 | 0 | 0 | 8 | 4 | .0000 | 24 | 0 | 2 | 4 | 6 | .0039 |
| 24 | 0 | 0 | 9 | 1 | .0000 | 24 | 0 | 2 | 5 | 1 | .0211 |
| 24 | 0 | 0 | 9 | 3 | .0000 | 24 | 0 | 2 | 5 | 5 | .0069 |
| 24 | 0 | 0 | 10 | 0 | .0000 | 24 | 0 | 2 | 6 | 0 | .0006 |
| 24 | 0 | 0 | 10 | 2 | .0000 | 24 | 0 | 2 | 6 | 2 | .0095 |
| 24 | 0 | 0 | 11 | 1 | .0000 | 24 | 0 | 2 | 6 | 4 | .0039 |
| 24 | 0 | 0 | 12 | 0 | .0000 | 24 | 0 | 2 | 7 | 1 | .0010 |
| 24 | 0 | 1 | 0 | 1 | .0005 | 24 | 0 | 2 | 7 | 3 | .0013 |
| 24 | 0 | 1 | 0 | 3 | .0021 | 24 | 0 | 2 | 8 | 0 | .0000 |
| 24 | 0 | 1 | 0 | 5 | .0011 | 24 | 0 | 2 | 8 | 2 | .0001 |
| 24 | 0 | 1 | 0 | 7 | .0001 | 24 | 0 | 2 | 9 | 1 | .0000 |
| 24 | 0 | 1 | 0 | 9 | .0000 | 24 | 0 | 2 | 10 | 0 | .0000 |
| 24 | 0 | 1 | 0 | 11 | .0000 | 24 | 0 | 3 | 0 | 1 | .0021 |
| 24 | 0 | 1 | 1 | 0 | .0005 | 24 | 0 | 3 | 0 | 3 | .0081 |
| 24 | 0 | 1 | 1 | 2 | .0140 | 24 | 0 | 3 | 0 | 5 | .0025 |
| 24 | 0 | 1 | 1 | 4 | .0158 | 24 | 0 | 3 | 0 | 7 | .0001 |
| 24 | 0 | 1 | 1 | 6 | .0021 | 24 | 0 | 3 | 0 | 9 | .0000 |
| 24 | 0 | 1 | 1 | 8 | .0000 | 24 | 0 | 3 | 1 | 0 | .0021 |
| 24 | 0 | 1 | 1 | 10 | .0000 | 24 | 0 | 3 | 1 | 6 | .0061 |
| 24 | 0 | 1 | 2 | 1 | .0140 | 24 | 0 | 3 | 1 | 8 | .0000 |
| 24 | 0 | 1 | 2 | 5 | .0211 | 24 | 0 | 3 | 2 | 7 | .0013 |
| 24 | 0 | 1 | 2 | 7 | .0010 | 24 | 0 | 3 | 3 | 0 | .0081 |
| 24 | 0 | 1 | 2 | 9 | .0000 | 24 | 0 | 3 | 3 | 6 | .0081 |
| 24 | 0 | 1 | 3 | 0 | .0021 | 24 | 0 | 3 | 4 | 5 | .0249 |
| 24 | 0 | 1 | 3 | 6 | .0061 | 24 | 0 | 3 | 5 | 0 | .0025 |
| 24 | 0 | 1 | 3 | 8 | .0000 | 24 | 0 | 3 | 5 | 4 | .0249 |
| 24 | 0 | 1 | 4 | 1 | .0158 | 24 | 0 | 3 | 6 | 1 | .0061 |
| 24 | 0 | 1 | 4 | 5 | .0140 | 24 | 0 | 3 | 6 | 3 | .0081 |
| 24 | 0 | 1 | 4 | 7 | .0002 | 24 | 0 | 3 | 7 | 0 | .0001 |
| 24 | 0 | 1 | 5 | 0 | .0011 | 24 | 0 | 3 | 7 | 2 | .0013 |
| 24 | 0 | 1 | 5 | 2 | .0211 | 24 | 0 | 3 | 8 | 1 | .0000 |
| 24 | 0 | 1 | 5 | 4 | .0140 | 24 | 0 | 3 | 9 | 0 | .0000 |
| 24 | 0 | 1 | 5 | 6 | .0005 | 24 | 0 | 4 | 0 | 0 | .0002 |
| 24 | 0 | 1 | 6 | 1 | .0021 | 24 | 0 | 4 | 0 | 2 | .0061 |
| 24 | 0 | 1 | 6 | 3 | .0061 | 24 | 0 | 4 | 0 | 4 | .0039 |
| 24 | 0 | 1 | 6 | 5 | .0005 | 24 | 0 | 4 | 0 | 6 | .0003 |
| 24 | 0 | 1 | 7 | 0 | .0001 | 24 | 0 | 4 | 0 | 8 | .0000 |
| 24 | 0 | 1 | 7 | 2 | .0010 | 24 | 0 | 4 | 1 | 1 | .0158 |
| 24 | 0 | 1 | 7 | 4 | .0002 | 24 | 0 | 4 | 1 | 5 | .0140 |
| 24 | 0 | 1 | 8 | 1 | .0000 | 24 | 0 | 4 | 1 | 7 | .0002 |
| 24 | 0 | 1 | 8 | 3 | .0000 | 24 | 0 | 4 | 2 | 0 | .0061 |
| 24 | 0 | 1 | 9 | 0 | .0000 | 24 | 0 | 4 | 2 | 6 | .0039 |
| 24 | 0 | 1 | 9 | 2 | .0000 | 24 | 0 | 4 | 3 | 5 | .0249 |
| 24 | 0 | 1 | 10 | 1 | .0000 | 24 | 0 | 4 | 4 | 0 | .0039 |
| 24 | 0 | 1 | 11 | 0 | .0000 | 24 | 0 | 4 | 4 | 4 | .0267 |
| 24 | 0 | 2 | 0 | 0 | .0001 | 24 | 0 | 4 | 5 | 1 | .0140 |
| 24 | 0 | 2 | 0 | 2 | .0039 | 24 | 0 | 4 | 5 | 3 | .0249 |
| 24 | 0 | 2 | 0 | 4 | .0061 | 24 | 0 | 4 | 6 | 0 | .0003 |
| 24 | 0 | 2 | 0 | 6 | .0006 | 24 | 0 | 4 | 6 | 2 | .0039 |
| 24 | 0 | 2 | 0 | 8 | .0000 | 24 | 0 | 4 | 7 | 1 | .0002 |
| 24 | 0 | 2 | 0 | 10 | .0000 | 24 | 0 | 4 | 8 | 0 | .0000 |
| 24 | 0 | 2 | 1 | 1 | .0140 | 24 | 0 | 5 | 0 | 1 | .0011 |
| 24 | 0 | 2 | 1 | 5 | .0211 | 24 | 0 | 5 | 0 | 3 | .0025 |

Tafel XVII-2 (Fortsetz.)

| | | | | | | | | | |
|---|---|---|---|---|---|---|---|---|---|
| 24 | 0 | 5 | 0 | 5 | .0005 | 24 | 0 | 10 | 0 | 2 | .0000 |
| 24 | 0 | 5 | 0 | 7 | .0000 | 24 | 0 | 10 | 1 | 1 | .0000 |
| 24 | 0 | 5 | 1 | 0 | .0011 | 24 | 0 | 10 | 2 | 0 | .0000 |
| 24 | 0 | 5 | 1 | 2 | .0211 | 24 | 0 | 11 | 0 | 1 | .0000 |
| 24 | 0 | 5 | 1 | 4 | .0140 | 24 | 0 | 11 | 1 | 0 | .0000 |
| 24 | 0 | 5 | 1 | 6 | .0005 | 24 | 0 | 12 | 0 | 0 | .0000 |
| 24 | 0 | 5 | 2 | 1 | .0211 | 24 | 1 | 0 | 0 | 1 | .0005 |
| 24 | 0 | 5 | 2 | 5 | .0069 | 24 | 1 | 0 | 0 | 3 | .0021 |
| 24 | 0 | 5 | 3 | 0 | .0025 | 24 | 1 | 0 | 0 | 5 | .0011 |
| 24 | 0 | 5 | 3 | 4 | .0249 | 24 | 1 | 0 | 0 | 7 | .0001 |
| 24 | 0 | 5 | 4 | 1 | .0140 | 24 | 1 | 0 | 0 | 9 | .0000 |
| 24 | 0 | 5 | 4 | 3 | .0249 | 24 | 1 | 0 | 0 | 11 | .0000 |
| 24 | 0 | 5 | 5 | 0 | .0005 | 24 | 1 | 0 | 1 | 0 | .0005 |
| 24 | 0 | 5 | 5 | 2 | .0069 | 24 | 1 | 0 | 1 | 2 | .0140 |
| 24 | 0 | 5 | 6 | 1 | .0005 | 24 | 1 | 0 | 1 | 4 | .0158 |
| 24 | 0 | 5 | 7 | 0 | .0000 | 24 | 1 | 0 | 1 | 6 | .0021 |
| 24 | 0 | 6 | 0 | 0 | .0000 | 24 | 1 | 0 | 1 | 8 | .0000 |
| 24 | 0 | 6 | 0 | 2 | .0006 | 24 | 1 | 0 | 1 | 10 | .0000 |
| 24 | 0 | 6 | 0 | 4 | .0003 | 24 | 1 | 0 | 2 | 1 | .0140 |
| 24 | 0 | 6 | 0 | 6 | .0000 | 24 | 1 | 0 | 2 | 5 | .0211 |
| 24 | 0 | 6 | 1 | 1 | .0021 | 24 | 1 | 0 | 2 | 7 | .0010 |
| 24 | 0 | 6 | 1 | 3 | .0061 | 24 | 1 | 0 | 2 | 9 | .0000 |
| 24 | 0 | 6 | 1 | 5 | .0005 | 24 | 1 | 0 | 3 | 0 | .0021 |
| 24 | 0 | 6 | 2 | 0 | .0006 | 24 | 1 | 0 | 3 | 6 | .0061 |
| 24 | 0 | 6 | 2 | 2 | .0095 | 24 | 1 | 0 | 3 | 8 | .0000 |
| 24 | 0 | 6 | 2 | 4 | .0039 | 24 | 1 | 0 | 4 | 1 | .0158 |
| 24 | 0 | 6 | 3 | 1 | .0061 | 24 | 1 | 0 | 4 | 5 | .0140 |
| 24 | 0 | 6 | 3 | 3 | .0081 | 24 | 1 | 0 | 4 | 7 | .0002 |
| 24 | 0 | 6 | 4 | 0 | .0003 | 24 | 1 | 0 | 5 | 0 | .0011 |
| 24 | 0 | 6 | 4 | 2 | .0039 | 24 | 1 | 0 | 5 | 2 | .0211 |
| 24 | 0 | 6 | 5 | 1 | .0005 | 24 | 1 | 0 | 5 | 4 | .0140 |
| 24 | 0 | 6 | 6 | 0 | .0000 | 24 | 1 | 0 | 5 | 6 | .0005 |
| 24 | 0 | 7 | 0 | 1 | .0001 | 24 | 1 | 0 | 6 | 1 | .0021 |
| 24 | 0 | 7 | 0 | 3 | .0001 | 24 | 1 | 0 | 6 | 3 | .0061 |
| 24 | 0 | 7 | 0 | 5 | .0000 | 24 | 1 | 0 | 6 | 5 | .0005 |
| 24 | 0 | 7 | 1 | 0 | .0001 | 24 | 1 | 0 | 7 | 0 | .0001 |
| 24 | 0 | 7 | 1 | 2 | .0010 | 24 | 1 | 0 | 7 | 2 | .0010 |
| 24 | 0 | 7 | 1 | 4 | .0002 | 24 | 1 | 0 | 7 | 4 | .0002 |
| 24 | 0 | 7 | 2 | 1 | .0010 | 24 | 1 | 0 | 8 | 1 | .0000 |
| 24 | 0 | 7 | 2 | 3 | .0013 | 24 | 1 | 0 | 8 | 3 | .0000 |
| 24 | 0 | 7 | 3 | 0 | .0001 | 24 | 1 | 0 | 9 | 0 | .0000 |
| 24 | 0 | 7 | 3 | 2 | .0013 | 24 | 1 | 0 | 9 | 2 | .0000 |
| 24 | 0 | 7 | 4 | 1 | .0002 | 24 | 1 | 0 | 10 | 1 | .0000 |
| 24 | 0 | 7 | 5 | 0 | .0000 | 24 | 1 | 0 | 11 | 0 | .0000 |
| 24 | 0 | 8 | 0 | 0 | .0000 | 24 | 1 | 1 | 0 | 0 | .0005 |
| 24 | 0 | 8 | 0 | 2 | .0000 | 24 | 1 | 1 | 0 | 2 | .0140 |
| 24 | 0 | 8 | 0 | 4 | .0000 | 24 | 1 | 1 | 0 | 4 | .0158 |
| 24 | 0 | 8 | 1 | 1 | .0000 | 24 | 1 | 1 | 0 | 6 | .0021 |
| 24 | 0 | 8 | 1 | 3 | .0000 | 24 | 1 | 1 | 0 | 8 | .0000 |
| 24 | 0 | 8 | 2 | 0 | .0000 | 24 | 1 | 1 | 0 | 10 | .0000 |
| 24 | 0 | 8 | 2 | 2 | .0001 | 24 | 1 | 1 | 1 | 1 | .0261 |
| 24 | 0 | 8 | 3 | 1 | .0000 | 24 | 1 | 1 | 1 | 7 | .0027 |
| 24 | 0 | 8 | 4 | 0 | .0000 | 24 | 1 | 1 | 1 | 9 | .0000 |
| 24 | 0 | 9 | 0 | 1 | .0000 | 24 | 1 | 1 | 1 | 11 | .0000 |
| 24 | 0 | 9 | 0 | 3 | .0000 | 24 | 1 | 1 | 2 | 0 | .0140 |
| 24 | 0 | 9 | 1 | 0 | .0000 | 24 | 1 | 1 | 2 | 6 | .0311 |
| 24 | 0 | 9 | 1 | 2 | .0000 | 24 | 1 | 1 | 2 | 8 | .0005 |
| 24 | 0 | 9 | 2 | 1 | .0000 | 24 | 1 | 1 | 2 | 10 | .0000 |
| 24 | 0 | 9 | 3 | 0 | .0000 | 24 | 1 | 1 | 3 | 7 | .0065 |
| 24 | 0 | 10 | 0 | 0 | .0000 | 24 | 1 | 1 | 3 | 9 | .0000 |

Tafel XVII-2 (Fortsetz.)

| | | | | | | | | | |
|---|---|---|---|---|---|---|---|---|---|
| 24 | 1 | 1 | 4 | 0 | .0158 | 24 | 1 | 4 | 1 | 0 | .0158 |
| 24 | 1 | 1 | 4 | 6 | .0249 | 24 | 1 | 4 | 1 | 6 | .0249 |
| 24 | 1 | 1 | 4 | 8 | .0001 | 24 | 1 | 4 | 1 | 8 | .0001 |
| 24 | 1 | 1 | 5 | 5 | .0261 | 24 | 1 | 4 | 2 | 7 | .0061 |
| 24 | 1 | 1 | 5 | 7 | .0003 | 24 | 1 | 4 | 5 | 0 | .0140 |
| 24 | 1 | 1 | 6 | 0 | .0021 | 24 | 1 | 4 | 6 | 1 | .0249 |
| 24 | 1 | 1 | 6 | 2 | .0311 | 24 | 1 | 4 | 7 | 0 | .0002 |
| 24 | 1 | 1 | 6 | 4 | .0249 | 24 | 1 | 4 | 7 | 2 | .0061 |
| 24 | 1 | 1 | 6 | 6 | .0005 | 24 | 1 | 4 | 8 | 1 | .0001 |
| 24 | 1 | 1 | 7 | 1 | .0027 | 24 | 1 | 5 | 0 | 0 | .0011 |
| 24 | 1 | 1 | 7 | 3 | .0065 | 24 | 1 | 5 | 0 | 2 | .0211 |
| 24 | 1 | 1 | 7 | 5 | .0003 | 24 | 1 | 5 | 0 | 4 | .0140 |
| 24 | 1 | 1 | 8 | 0 | .0000 | 24 | 1 | 5 | 0 | 6 | .0005 |
| 24 | 1 | 1 | 8 | 2 | .0005 | 24 | 1 | 5 | 1 | 5 | .0261 |
| 24 | 1 | 1 | 8 | 4 | .0001 | 24 | 1 | 5 | 1 | 7 | .0003 |
| 24 | 1 | 1 | 9 | 1 | .0000 | 24 | 1 | 5 | 2 | 0 | .0211 |
| 24 | 1 | 1 | 9 | 3 | .0000 | 24 | 1 | 5 | 2 | 6 | .0140 |
| 24 | 1 | 1 | 10 | 0 | .0000 | 24 | 1 | 5 | 4 | 0 | .0140 |
| 24 | 1 | 1 | 10 | 2 | .0000 | 24 | 1 | 5 | 5 | 1 | .0261 |
| 24 | 1 | 1 | 11 | 1 | .0000 | 24 | 1 | 5 | 6 | 0 | .0005 |
| 24 | 1 | 2 | 0 | 1 | .0140 | 24 | 1 | 5 | 6 | 2 | .0140 |
| 24 | 1 | 2 | 0 | 5 | .0211 | 24 | 1 | 5 | 7 | 1 | .0003 |
| 24 | 1 | 2 | 0 | 7 | .0010 | 24 | 1 | 6 | 0 | 1 | .0021 |
| 24 | 1 | 2 | 0 | 9 | .0000 | 24 | 1 | 6 | 0 | 3 | .0061 |
| 24 | 1 | 2 | 1 | 0 | .0140 | 24 | 1 | 6 | 0 | 5 | .0005 |
| 24 | 1 | 2 | 1 | 6 | .0311 | 24 | 1 | 6 | 1 | 0 | .0021 |
| 24 | 1 | 2 | 1 | 8 | .0005 | 24 | 1 | 6 | 1 | 2 | .0311 |
| 24 | 1 | 2 | 1 | 10 | .0000 | 24 | 1 | 6 | 1 | 4 | .0249 |
| 24 | 1 | 2 | 2 | 7 | .0168 | 24 | 1 | 6 | 1 | 6 | .0005 |
| 24 | 1 | 2 | 2 | 9 | .0000 | 24 | 1 | 6 | 2 | 1 | .0311 |
| 24 | 1 | 2 | 3 | 8 | .0010 | 24 | 1 | 6 | 2 | 5 | .0140 |
| 24 | 1 | 2 | 4 | 7 | .0061 | 24 | 1 | 6 | 3 | 0 | .0061 |
| 24 | 1 | 2 | 5 | 0 | .0211 | 24 | 1 | 6 | 4 | 1 | .0249 |
| 24 | 1 | 2 | 5 | 6 | .0140 | 24 | 1 | 6 | 5 | 0 | .0005 |
| 24 | 1 | 2 | 6 | 1 | .0311 | 24 | 1 | 6 | 5 | 2 | .0140 |
| 24 | 1 | 2 | 6 | 5 | .0140 | 24 | 1 | 6 | 6 | 1 | .0005 |
| 24 | 1 | 2 | 7 | 0 | .0010 | 24 | 1 | 7 | 0 | 0 | .0001 |
| 24 | 1 | 2 | 7 | 2 | .0168 | 24 | 1 | 7 | 0 | 2 | .0010 |
| 24 | 1 | 2 | 7 | 4 | .0061 | 24 | 1 | 7 | 0 | 4 | .0002 |
| 24 | 1 | 2 | 8 | 1 | .0005 | 24 | 1 | 7 | 1 | 1 | .0027 |
| 24 | 1 | 2 | 8 | 3 | .0010 | 24 | 1 | 7 | 1 | 3 | .0065 |
| 24 | 1 | 2 | 9 | 0 | .0000 | 24 | 1 | 7 | 1 | 5 | .0003 |
| 24 | 1 | 2 | 9 | 2 | .0000 | 24 | 1 | 7 | 2 | 0 | .0010 |
| 24 | 1 | 2 | 10 | 1 | .0000 | 24 | 1 | 7 | 2 | 2 | .0168 |
| 24 | 1 | 3 | 0 | 0 | .0021 | 24 | 1 | 7 | 2 | 4 | .0061 |
| 24 | 1 | 3 | 0 | 6 | .0061 | 24 | 1 | 7 | 3 | 1 | .0065 |
| 24 | 1 | 3 | 0 | 8 | .0000 | 24 | 1 | 7 | 3 | 3 | .0095 |
| 24 | 1 | 3 | 1 | 7 | .0065 | 24 | 1 | 7 | 4 | 0 | .0002 |
| 24 | 1 | 3 | 1 | 9 | .0000 | 24 | 1 | 7 | 4 | 2 | .0061 |
| 24 | 1 | 3 | 2 | 8 | .0010 | 24 | 1 | 7 | 5 | 1 | .0003 |
| 24 | 1 | 3 | 3 | 7 | .0095 | 24 | 1 | 8 | 0 | 1 | .0000 |
| 24 | 1 | 3 | 6 | 0 | .0061 | 24 | 1 | 8 | 0 | 3 | .0000 |
| 24 | 1 | 3 | 7 | 1 | .0065 | 24 | 1 | 8 | 1 | 0 | .0000 |
| 24 | 1 | 3 | 7 | 3 | .0095 | 24 | 1 | 8 | 1 | 2 | .0005 |
| 24 | 1 | 3 | 8 | 0 | .0000 | 24 | 1 | 8 | 1 | 4 | .0001 |
| 24 | 1 | 3 | 8 | 2 | .0010 | 24 | 1 | 8 | 2 | 1 | .0005 |
| 24 | 1 | 3 | 9 | 1 | .0000 | 24 | 1 | 8 | 2 | 3 | .0010 |
| 24 | 1 | 4 | 0 | 1 | .0158 | 24 | 1 | 8 | 3 | 0 | .0000 |
| 24 | 1 | 4 | 0 | 5 | .0140 | 24 | 1 | 8 | 3 | 2 | .0010 |
| 24 | 1 | 4 | 0 | 7 | .0002 | 24 | 1 | 8 | 4 | 1 | .0001 |

Tafel XVII-2 (Fortsetz.) 623

| | | | | | | | | | | |
|---|---|---|---|---|---|---|---|---|---|---|
| 24 | 1 | 9 | 0 | 0 | .0000 | 24 | 2 | 1 | 8 | 3 | .0010 |
| 24 | 1 | 9 | 0 | 2 | .0000 | 24 | 2 | 1 | 9 | 0 | .0000 |
| 24 | 1 | 9 | 1 | 1 | .0000 | 24 | 2 | 1 | 9 | 2 | .0000 |
| 24 | 1 | 9 | 1 | 3 | .0000 | 24 | 2 | 1 | 10 | 1 | .0000 |
| 24 | 1 | 9 | 2 | 0 | .0000 | 24 | 2 | 2 | 0 | 0 | .0039 |
| 24 | 1 | 9 | 2 | 2 | .0000 | 24 | 2 | 2 | 0 | 6 | .0095 |
| 24 | 1 | 9 | 3 | 1 | .0000 | 24 | 2 | 2 | 0 | 8 | .0001 |
| 24 | 1 | 10 | 0 | 1 | .0000 | 24 | 2 | 2 | 1 | 7 | .0168 |
| 24 | 1 | 10 | 1 | 0 | .0000 | 24 | 2 | 2 | 1 | 9 | .0000 |
| 24 | 1 | 10 | 1 | 2 | .0000 | 24 | 2 | 2 | 2 | 8 | .0027 |
| 24 | 1 | 10 | 2 | 1 | .0000 | 24 | 2 | 2 | 2 | 10 | .0000 |
| 24 | 1 | 11 | 0 | 0 | .0000 | 24 | 2 | 2 | 3 | 7 | .0311 |
| 24 | 1 | 11 | 1 | 1 | .0000 | 24 | 2 | 2 | 3 | 9 | .0001 |
| 24 | 2 | 0 | 0 | 0 | .0001 | 24 | 2 | 2 | 4 | 8 | .0006 |
| 24 | 2 | 0 | 0 | 2 | .0039 | 24 | 2 | 2 | 5 | 7 | .0025 |
| 24 | 2 | 0 | 0 | 4 | .0061 | 24 | 2 | 2 | 6 | 0 | .0095 |
| 24 | 2 | 0 | 0 | 6 | .0006 | 24 | 2 | 2 | 6 | 6 | .0039 |
| 24 | 2 | 0 | 0 | 8 | .0000 | 24 | 2 | 2 | 7 | 1 | .0168 |
| 24 | 2 | 0 | 0 | 10 | .0000 | 24 | 2 | 2 | 7 | 3 | .0311 |
| 24 | 2 | 0 | 1 | 1 | .0140 | 24 | 2 | 2 | 7 | 5 | .0025 |
| 24 | 2 | 0 | 1 | 5 | .0211 | 24 | 2 | 2 | 8 | 0 | .0001 |
| 24 | 2 | 0 | 1 | 7 | .0010 | 24 | 2 | 2 | 8 | 2 | .0027 |
| 24 | 2 | 0 | 1 | 9 | .0000 | 24 | 2 | 2 | 8 | 4 | .0006 |
| 24 | 2 | 0 | 2 | 0 | .0039 | 24 | 2 | 2 | 9 | 1 | .0000 |
| 24 | 2 | 0 | 2 | 6 | .0095 | 24 | 2 | 2 | 9 | 3 | .0001 |
| 24 | 2 | 0 | 2 | 8 | .0001 | 24 | 2 | 2 | 10 | 2 | .0000 |
| 24 | 2 | 0 | 3 | 7 | .0013 | 24 | 2 | 3 | 0 | 7 | .0013 |
| 24 | 2 | 0 | 4 | 0 | .0061 | 24 | 2 | 3 | 1 | 8 | .0010 |
| 24 | 2 | 0 | 4 | 6 | .0039 | 24 | 2 | 3 | 2 | 7 | .0311 |
| 24 | 2 | 0 | 5 | 1 | .0211 | 24 | 2 | 3 | 2 | 9 | .0001 |
| 24 | 2 | 0 | 5 | 5 | .0069 | 24 | 2 | 3 | 3 | 8 | .0021 |
| 24 | 2 | 0 | 6 | 0 | .0006 | 24 | 2 | 3 | 4 | 7 | .0211 |
| 24 | 2 | 0 | 6 | 2 | .0095 | 24 | 2 | 3 | 7 | 0 | .0013 |
| 24 | 2 | 0 | 6 | 4 | .0039 | 24 | 2 | 3 | 7 | 2 | .0311 |
| 24 | 2 | 0 | 7 | 1 | .0010 | 24 | 2 | 3 | 7 | 4 | .0211 |
| 24 | 2 | 0 | 7 | 3 | .0013 | 24 | 2 | 3 | 8 | 1 | .0010 |
| 24 | 2 | 0 | 8 | 0 | .0000 | 24 | 2 | 3 | 8 | 3 | .0021 |
| 24 | 2 | 0 | 8 | 2 | .0001 | 24 | 2 | 3 | 9 | 2 | .0001 |
| 24 | 2 | 0 | 9 | 1 | .0000 | 24 | 2 | 4 | 0 | 0 | .0061 |
| 24 | 2 | 0 | 10 | 0 | .0000 | 24 | 2 | 4 | 0 | 6 | .0039 |
| 24 | 2 | 1 | 0 | 1 | .0140 | 24 | 2 | 4 | 1 | 7 | .0061 |
| 24 | 2 | 1 | 0 | 5 | .0211 | 24 | 2 | 4 | 2 | 8 | .0006 |
| 24 | 2 | 1 | 0 | 7 | .0010 | 24 | 2 | 4 | 3 | 7 | .0211 |
| 24 | 2 | 1 | 0 | 9 | .0000 | 24 | 2 | 4 | 6 | 0 | .0039 |
| 24 | 2 | 1 | 1 | 0 | .0140 | 24 | 2 | 4 | 7 | 1 | .0061 |
| 24 | 2 | 1 | 1 | 6 | .0311 | 24 | 2 | 4 | 7 | 3 | .0211 |
| 24 | 2 | 1 | 1 | 8 | .0005 | 24 | 2 | 4 | 8 | 2 | .0006 |
| 24 | 2 | 1 | 1 | 10 | .0000 | 24 | 2 | 5 | 0 | 1 | .0211 |
| 24 | 2 | 1 | 2 | 7 | .0168 | 24 | 2 | 5 | 0 | 5 | .0069 |
| 24 | 2 | 1 | 2 | 9 | .0000 | 24 | 2 | 5 | 1 | 0 | .0211 |
| 24 | 2 | 1 | 3 | 8 | .0010 | 24 | 2 | 5 | 1 | 6 | .0140 |
| 24 | 2 | 1 | 4 | 7 | .0061 | 24 | 2 | 5 | 2 | 7 | .0025 |
| 24 | 2 | 1 | 5 | 0 | .0211 | 24 | 2 | 5 | 5 | 0 | .0069 |
| 24 | 2 | 1 | 5 | 6 | .0140 | 24 | 2 | 5 | 6 | 1 | .0140 |
| 24 | 2 | 1 | 6 | 1 | .0311 | 24 | 2 | 5 | 7 | 2 | .0025 |
| 24 | 2 | 1 | 6 | 5 | .0140 | 24 | 2 | 6 | 0 | 0 | .0006 |
| 24 | 2 | 1 | 7 | 0 | .0010 | 24 | 2 | 6 | 0 | 2 | .0095 |
| 24 | 2 | 1 | 7 | 2 | .0168 | 24 | 2 | 6 | 0 | 4 | .0039 |
| 24 | 2 | 1 | 7 | 4 | .0061 | 24 | 2 | 6 | 1 | 1 | .0311 |
| 24 | 2 | 1 | 8 | 1 | .0005 | 24 | 2 | 6 | 1 | 5 | .0140 |

| | | | | | | | | | |
|---|---|---|---|---|---|---|---|---|---|
| 24 | 2 | 6 | 2 | 0 | .0095 | 24 | 3 | 1 | 0 | 8 | .0000 |
| 24 | 2 | 6 | 2 | 6 | .0039 | 24 | 3 | 1 | 1 | 7 | .0065 |
| 24 | 2 | 6 | 4 | 0 | .0039 | 24 | 3 | 1 | 1 | 9 | .0000 |
| 24 | 2 | 6 | 5 | 1 | .0140 | 24 | 3 | 1 | 2 | 6 | .0010 |
| 24 | 2 | 6 | 6 | 2 | .0039 | 24 | 3 | 1 | 3 | 7 | .0095 |
| 24 | 2 | 7 | 0 | 1 | .0010 | 24 | 3 | 1 | 6 | 0 | .0061 |
| 24 | 2 | 7 | 0 | 3 | .0013 | 24 | 3 | 1 | 7 | 1 | .0065 |
| 24 | 2 | 7 | 1 | 0 | .0010 | 24 | 3 | 1 | 7 | 3 | .0095 |
| 24 | 2 | 7 | 1 | 2 | .0168 | 24 | 3 | 1 | 8 | 0 | .0000 |
| 24 | 2 | 7 | 1 | 4 | .0061 | 24 | 3 | 1 | 8 | 2 | .0010 |
| 24 | 2 | 7 | 2 | 1 | .0168 | 24 | 3 | 1 | 9 | 1 | .0000 |
| 24 | 2 | 7 | 2 | 3 | .0311 | 24 | 3 | 2 | 0 | 7 | .0013 |
| 24 | 2 | 7 | 2 | 5 | .0025 | 24 | 3 | 2 | 1 | 8 | .0010 |
| 24 | 2 | 7 | 3 | 0 | .0013 | 24 | 3 | 2 | 2 | 7 | .0311 |
| 24 | 2 | 7 | 3 | 2 | .0311 | 24 | 3 | 2 | 2 | 9 | .0001 |
| 24 | 2 | 7 | 3 | 4 | .0211 | 24 | 3 | 2 | 3 | 8 | .0021 |
| 24 | 2 | 7 | 4 | 1 | .0061 | 24 | 3 | 2 | 4 | 7 | .0211 |
| 24 | 2 | 7 | 4 | 3 | .0211 | 24 | 3 | 2 | 7 | 0 | .0013 |
| 24 | 2 | 7 | 5 | 2 | .0025 | 24 | 3 | 2 | 7 | 2 | .0311 |
| 24 | 2 | 8 | 0 | 0 | .0000 | 24 | 3 | 2 | 7 | 4 | .0211 |
| 24 | 2 | 8 | 0 | 2 | .0001 | 24 | 3 | 2 | 8 | 1 | .0010 |
| 24 | 2 | 8 | 1 | 1 | .0005 | 24 | 3 | 2 | 8 | 3 | .0021 |
| 24 | 2 | 8 | 1 | 3 | .0010 | 24 | 3 | 2 | 9 | 2 | .0001 |
| 24 | 2 | 8 | 2 | 0 | .0001 | 24 | 3 | 3 | 0 | 0 | .0081 |
| 24 | 2 | 8 | 2 | 2 | .0027 | 24 | 3 | 3 | 0 | 6 | .0081 |
| 24 | 2 | 8 | 2 | 4 | .0006 | 24 | 3 | 3 | 1 | 7 | .0095 |
| 24 | 2 | 8 | 3 | 1 | .0010 | 24 | 3 | 3 | 2 | 8 | .0021 |
| 24 | 2 | 8 | 3 | 3 | .0021 | 24 | 3 | 3 | 3 | 9 | .0000 |
| 24 | 2 | 8 | 4 | 2 | .0006 | 24 | 3 | 3 | 4 | 8 | .0011 |
| 24 | 2 | 9 | 0 | 1 | .0000 | 24 | 3 | 3 | 5 | 7 | .0061 |
| 24 | 2 | 9 | 1 | 0 | .0000 | 24 | 3 | 3 | 6 | 0 | .0081 |
| 24 | 2 | 9 | 1 | 2 | .0000 | 24 | 3 | 3 | 6 | 6 | .0081 |
| 24 | 2 | 9 | 2 | 1 | .0000 | 24 | 3 | 3 | 7 | 1 | .0095 |
| 24 | 2 | 9 | 2 | 3 | .0001 | 24 | 3 | 3 | 7 | 5 | .0061 |
| 24 | 2 | 9 | 3 | 2 | .0001 | 24 | 3 | 3 | 8 | 2 | .0021 |
| 24 | 2 | 10 | 0 | 0 | .0000 | 24 | 3 | 3 | 8 | 4 | .0011 |
| 24 | 2 | 10 | 1 | 1 | .0000 | 24 | 3 | 3 | 9 | 3 | .0000 |
| 24 | 2 | 10 | 2 | 2 | .0000 | 24 | 3 | 4 | 0 | 5 | .0249 |
| 24 | 3 | 0 | 0 | 1 | .0021 | 24 | 3 | 4 | 2 | 7 | .0211 |
| 24 | 3 | 0 | 0 | 3 | .0081 | 24 | 3 | 4 | 3 | 8 | .0011 |
| 24 | 3 | 0 | 0 | 5 | .0025 | 24 | 3 | 4 | 4 | 7 | .0158 |
| 24 | 3 | 0 | 0 | 7 | .0001 | 24 | 3 | 4 | 5 | 0 | .0249 |
| 24 | 3 | 0 | 0 | 9 | .0000 | 24 | 3 | 4 | 7 | 2 | .0211 |
| 24 | 3 | 0 | 1 | 0 | .0021 | 24 | 3 | 4 | 7 | 4 | .0158 |
| 24 | 3 | 0 | 1 | 6 | .0061 | 24 | 3 | 4 | 8 | 3 | .0011 |
| 24 | 3 | 0 | 1 | 8 | .0000 | 24 | 3 | 5 | 0 | 0 | .0025 |
| 24 | 3 | 0 | 2 | 7 | .0013 | 24 | 3 | 5 | 0 | 4 | .0249 |
| 24 | 3 | 0 | 3 | 0 | .0081 | 24 | 3 | 5 | 3 | 7 | .0061 |
| 24 | 3 | 0 | 3 | 6 | .0081 | 24 | 3 | 5 | 4 | 0 | .0249 |
| 24 | 3 | 0 | 4 | 5 | .0249 | 24 | 3 | 5 | 7 | 3 | .0061 |
| 24 | 3 | 0 | 5 | 0 | .0025 | 24 | 3 | 6 | 0 | 1 | .0061 |
| 24 | 3 | 0 | 5 | 4 | .0249 | 24 | 3 | 6 | 0 | 3 | .0081 |
| 24 | 3 | 0 | 6 | 1 | .0061 | 24 | 3 | 6 | 1 | 0 | .0061 |
| 24 | 3 | 0 | 6 | 3 | .0081 | 24 | 3 | 6 | 3 | 0 | .0081 |
| 24 | 3 | 0 | 7 | 0 | .0001 | 24 | 3 | 6 | 3 | 6 | .0081 |
| 24 | 3 | 0 | 7 | 2 | .0013 | 24 | 3 | 6 | 6 | 3 | .0081 |
| 24 | 3 | 0 | 8 | 1 | .0000 | 24 | 3 | 7 | 0 | 0 | .0001 |
| 24 | 3 | 0 | 9 | 0 | .0000 | 24 | 3 | 7 | 0 | 2 | .0013 |
| 24 | 3 | 1 | 0 | 0 | .0021 | 24 | 3 | 7 | 1 | 1 | .0065 |
| 24 | 3 | 1 | 0 | 6 | .0061 | 24 | 3 | 7 | 1 | 3 | .0095 |

Tafel XVII-2 (Fortsetz.) 625

| | | | | | | | | | | |
|---|---|---|---|---|---|---|---|---|---|---|
| 24 | 3 | 7 | 2 | 0 | .0013 | 24 | 4 | 3 | 0 | 5 | .0249 |
| 24 | 3 | 7 | 2 | 2 | .0311 | 24 | 4 | 3 | 2 | 7 | .0211 |
| 24 | 3 | 7 | 2 | 4 | .0211 | 24 | 4 | 3 | 3 | 8 | .0011 |
| 24 | 3 | 7 | 3 | 1 | .0095 | 24 | 4 | 3 | 4 | 7 | .0158 |
| 24 | 3 | 7 | 3 | 5 | .0061 | 24 | 4 | 3 | 5 | 0 | .0249 |
| 24 | 3 | 7 | 4 | 2 | .0211 | 24 | 4 | 3 | 7 | 2 | .0211 |
| 24 | 3 | 7 | 4 | 4 | .0158 | 24 | 4 | 3 | 7 | 4 | .0158 |
| 24 | 3 | 7 | 5 | 3 | .0061 | 24 | 4 | 3 | 8 | 3 | .0011 |
| 24 | 3 | 8 | 0 | 1 | .0000 | 24 | 4 | 4 | 0 | 0 | .0039 |
| 24 | 3 | 8 | 1 | 0 | .0000 | 24 | 4 | 4 | 0 | 4 | .0267 |
| 24 | 3 | 8 | 1 | 2 | .0010 | 24 | 4 | 4 | 3 | 7 | .0158 |
| 24 | 3 | 8 | 2 | 1 | .0010 | 24 | 4 | 4 | 4 | 0 | .0267 |
| 24 | 3 | 8 | 2 | 3 | .0021 | 24 | 4 | 4 | 4 | 8 | .0002 |
| 24 | 3 | 8 | 3 | 2 | .0021 | 24 | 4 | 4 | 5 | 7 | .0021 |
| 24 | 3 | 8 | 3 | 4 | .0011 | 24 | 4 | 4 | 6 | 6 | .0039 |
| 24 | 3 | 8 | 4 | 3 | .0011 | 24 | 4 | 4 | 7 | 3 | .0158 |
| 24 | 3 | 9 | 0 | 0 | .0000 | 24 | 4 | 4 | 7 | 5 | .0021 |
| 24 | 3 | 9 | 1 | 1 | .0000 | 24 | 4 | 4 | 8 | 4 | .0002 |
| 24 | 3 | 9 | 2 | 2 | .0001 | 24 | 4 | 5 | 0 | 1 | .0140 |
| 24 | 3 | 9 | 3 | 3 | .0000 | 24 | 4 | 5 | 0 | 3 | .0249 |
| 24 | 4 | 0 | 0 | 0 | .0002 | 24 | 4 | 5 | 1 | 0 | .0140 |
| 24 | 4 | 0 | 0 | 2 | .0061 | 24 | 4 | 5 | 3 | 0 | .0249 |
| 24 | 4 | 0 | 0 | 4 | .0039 | 24 | 4 | 5 | 4 | 7 | .0021 |
| 24 | 4 | 0 | 0 | 6 | .0003 | 24 | 4 | 5 | 5 | 6 | .0140 |
| 24 | 4 | 0 | 0 | 8 | .0000 | 24 | 4 | 5 | 6 | 5 | .0140 |
| 24 | 4 | 0 | 1 | 1 | .0158 | 24 | 4 | 5 | 7 | 4 | .0021 |
| 24 | 4 | 0 | 1 | 5 | .0140 | 24 | 4 | 6 | 0 | 0 | .0003 |
| 24 | 4 | 0 | 1 | 7 | .0002 | 24 | 4 | 6 | 0 | 2 | .0039 |
| 24 | 4 | 0 | 2 | 0 | .0061 | 24 | 4 | 6 | 1 | 1 | .0249 |
| 24 | 4 | 0 | 2 | 6 | .0039 | 24 | 4 | 6 | 2 | 0 | .0039 |
| 24 | 4 | 0 | 3 | 5 | .0249 | 24 | 4 | 6 | 4 | 6 | .0039 |
| 24 | 4 | 0 | 4 | 0 | .0039 | 24 | 4 | 6 | 5 | 5 | .0140 |
| 24 | 4 | 0 | 4 | 4 | .0267 | 24 | 4 | 6 | 6 | 4 | .0039 |
| 24 | 4 | 0 | 5 | 1 | .0140 | 24 | 4 | 7 | 0 | 1 | .0002 |
| 24 | 4 | 0 | 5 | 3 | .0249 | 24 | 4 | 7 | 1 | 0 | .0002 |
| 24 | 4 | 0 | 6 | 0 | .0003 | 24 | 4 | 7 | 1 | 2 | .0061 |
| 24 | 4 | 0 | 6 | 2 | .0039 | 24 | 4 | 7 | 2 | 1 | .0061 |
| 24 | 4 | 0 | 7 | 1 | .0002 | 24 | 4 | 7 | 2 | 3 | .0211 |
| 24 | 4 | 0 | 8 | 0 | .0000 | 24 | 4 | 7 | 3 | 2 | .0211 |
| 24 | 4 | 1 | 0 | 1 | .0158 | 24 | 4 | 7 | 3 | 4 | .0158 |
| 24 | 4 | 1 | 0 | 5 | .0140 | 24 | 4 | 7 | 4 | 3 | .0158 |
| 24 | 4 | 1 | 0 | 7 | .0002 | 24 | 4 | 7 | 4 | 5 | .0021 |
| 24 | 4 | 1 | 1 | 0 | .0158 | 24 | 4 | 7 | 5 | 4 | .0021 |
| 24 | 4 | 1 | 1 | 6 | .0249 | 24 | 4 | 8 | 0 | 0 | .0000 |
| 24 | 4 | 1 | 1 | 8 | .0001 | 24 | 4 | 8 | 1 | 1 | .0001 |
| 24 | 4 | 1 | 2 | 7 | .0061 | 24 | 4 | 8 | 2 | 2 | .0006 |
| 24 | 4 | 1 | 5 | 0 | .0140 | 24 | 4 | 8 | 3 | 3 | .0011 |
| 24 | 4 | 1 | 6 | 1 | .0249 | 24 | 4 | 8 | 4 | 4 | .0002 |
| 24 | 4 | 1 | 7 | 0 | .0002 | 24 | 5 | 0 | 0 | 1 | .0011 |
| 24 | 4 | 1 | 7 | 2 | .0061 | 24 | 5 | 0 | 0 | 3 | .0025 |
| 24 | 4 | 1 | 8 | 1 | .0001 | 24 | 5 | 0 | 0 | 5 | .0005 |
| 24 | 4 | 2 | 0 | 0 | .0061 | 24 | 5 | 0 | 0 | 7 | .0000 |
| 24 | 4 | 2 | 0 | 6 | .0039 | 24 | 5 | 0 | 1 | 0 | .0011 |
| 24 | 4 | 2 | 1 | 7 | .0061 | 24 | 5 | 0 | 1 | 2 | .0211 |
| 24 | 4 | 2 | 2 | 8 | .0006 | 24 | 5 | 0 | 1 | 4 | .0140 |
| 24 | 4 | 2 | 3 | 7 | .0211 | 24 | 5 | 0 | 1 | 6 | .0005 |
| 24 | 4 | 2 | 6 | 0 | .0039 | 24 | 5 | 0 | 2 | 1 | .0211 |
| 24 | 4 | 2 | 7 | 1 | .0061 | 24 | 5 | 0 | 2 | 5 | .0069 |
| 24 | 4 | 2 | 7 | 3 | .0211 | 24 | 5 | 0 | 3 | 0 | .0025 |
| 24 | 4 | 2 | 8 | 2 | .0006 | 24 | 5 | 0 | 3 | 4 | .0249 |

Tafel XVII-2 (Fortsetz.)

| | | | | | | | | | | |
|---|---|---|---|---|---|---|---|---|---|---|
| 24 | 5 | 0 | 4 | 1 | .0140 | 24 | 5 | 7 | 2 | 2 | .0025 |
| 24 | 5 | 0 | 4 | 3 | .0249 | 24 | 5 | 7 | 3 | 3 | .0061 |
| 24 | 5 | 0 | 5 | 0 | .0005 | 24 | 5 | 7 | 4 | 4 | .0021 |
| 24 | 5 | 0 | 5 | 2 | .0069 | 24 | 5 | 7 | 5 | 5 | .0001 |
| 24 | 5 | 0 | 6 | 1 | .0005 | 24 | 6 | 0 | 0 | 0 | .0000 |
| 24 | 5 | 0 | 7 | 0 | .0000 | 24 | 6 | 0 | 0 | 2 | .0006 |
| 24 | 5 | 1 | 0 | 0 | .0011 | 24 | 6 | 0 | 0 | 4 | .0003 |
| 24 | 5 | 1 | 0 | 2 | .0211 | 24 | 6 | 0 | 0 | 6 | .0000 |
| 24 | 5 | 1 | 0 | 4 | .0140 | 24 | 6 | 0 | 1 | 1 | .0021 |
| 24 | 5 | 1 | 0 | 6 | .0005 | 24 | 6 | 0 | 1 | 3 | .0061 |
| 24 | 5 | 1 | 1 | 5 | .0261 | 24 | 6 | 0 | 1 | 5 | .0005 |
| 24 | 5 | 1 | 1 | 7 | .0003 | 24 | 6 | 0 | 2 | 0 | .0006 |
| 24 | 5 | 1 | 2 | 0 | .0211 | 24 | 6 | 0 | 2 | 2 | .0095 |
| 24 | 5 | 1 | 2 | 6 | .0140 | 24 | 6 | 0 | 2 | 4 | .0039 |
| 24 | 5 | 1 | 4 | 0 | .0140 | 24 | 6 | 0 | 3 | 1 | .0061 |
| 24 | 5 | 1 | 5 | 1 | .0261 | 24 | 6 | 0 | 3 | 3 | .0081 |
| 24 | 5 | 1 | 6 | 0 | .0005 | 24 | 6 | 0 | 4 | 0 | .0003 |
| 24 | 5 | 1 | 6 | 2 | .0140 | 24 | 6 | 0 | 4 | 2 | .0039 |
| 24 | 5 | 1 | 7 | 1 | .0003 | 24 | 6 | 0 | 5 | 1 | .0005 |
| 24 | 5 | 2 | 0 | 1 | .0211 | 24 | 6 | 0 | 6 | 0 | .0000 |
| 24 | 5 | 2 | 0 | 5 | .0069 | 24 | 6 | 1 | 0 | 1 | .0021 |
| 24 | 5 | 2 | 1 | 0 | .0211 | 24 | 6 | 1 | 0 | 3 | .0061 |
| 24 | 5 | 2 | 1 | 6 | .0140 | 24 | 6 | 1 | 0 | 5 | .0005 |
| 24 | 5 | 2 | 2 | 7 | .0025 | 24 | 6 | 1 | 1 | 0 | .0021 |
| 24 | 5 | 2 | 5 | 0 | .0069 | 24 | 6 | 1 | 1 | 2 | .0311 |
| 24 | 5 | 2 | 6 | 1 | .0140 | 24 | 6 | 1 | 1 | 4 | .0249 |
| 24 | 5 | 2 | 7 | 2 | .0025 | 24 | 6 | 1 | 1 | 6 | .0005 |
| 24 | 5 | 3 | 0 | 0 | .0025 | 24 | 6 | 1 | 2 | 1 | .0311 |
| 24 | 5 | 3 | 0 | 4 | .0249 | 24 | 6 | 1 | 2 | 5 | .0140 |
| 24 | 5 | 3 | 3 | 7 | .0061 | 24 | 6 | 1 | 3 | 0 | .0061 |
| 24 | 5 | 3 | 4 | 0 | .0249 | 24 | 6 | 1 | 4 | 1 | .0249 |
| 24 | 5 | 3 | 7 | 3 | .0061 | 24 | 6 | 1 | 5 | 0 | .0005 |
| 24 | 5 | 4 | 0 | 1 | .0140 | 24 | 6 | 1 | 5 | 2 | .0140 |
| 24 | 5 | 4 | 0 | 3 | .0249 | 24 | 6 | 1 | 6 | 1 | .0005 |
| 24 | 5 | 4 | 1 | 0 | .0140 | 24 | 6 | 2 | 0 | 0 | .0006 |
| 24 | 5 | 4 | 3 | 0 | .0249 | 24 | 6 | 2 | 0 | 2 | .0095 |
| 24 | 5 | 4 | 4 | 7 | .0021 | 24 | 6 | 2 | 0 | 4 | .0039 |
| 24 | 5 | 4 | 5 | 6 | .0140 | 24 | 6 | 2 | 1 | 1 | .0311 |
| 24 | 5 | 4 | 6 | 5 | .0140 | 24 | 6 | 2 | 1 | 5 | .0140 |
| 24 | 5 | 4 | 7 | 4 | .0021 | 24 | 6 | 2 | 2 | 0 | .0095 |
| 24 | 5 | 5 | 0 | 0 | .0005 | 24 | 6 | 2 | 2 | 6 | .0039 |
| 24 | 5 | 5 | 0 | 2 | .0069 | 24 | 6 | 2 | 4 | 0 | .0039 |
| 24 | 5 | 5 | 1 | 1 | .0261 | 24 | 6 | 2 | 5 | 1 | .0140 |
| 24 | 5 | 5 | 2 | 0 | .0069 | 24 | 6 | 2 | 6 | 2 | .0039 |
| 24 | 5 | 5 | 4 | 6 | .0140 | 24 | 6 | 3 | 0 | 1 | .0061 |
| 24 | 5 | 5 | 5 | 5 | .0261 | 24 | 6 | 3 | 0 | 3 | .0081 |
| 24 | 5 | 5 | 5 | 7 | .0001 | 24 | 6 | 3 | 1 | 0 | .0061 |
| 24 | 5 | 5 | 6 | 4 | .0140 | 24 | 6 | 3 | 3 | 0 | .0081 |
| 24 | 5 | 5 | 6 | 6 | .0005 | 24 | 6 | 3 | 3 | 6 | .0081 |
| 24 | 5 | 5 | 7 | 5 | .0001 | 24 | 6 | 3 | 6 | 3 | .0081 |
| 24 | 5 | 6 | 0 | 1 | .0005 | 24 | 6 | 4 | 0 | 0 | .0003 |
| 24 | 5 | 6 | 1 | 0 | .0005 | 24 | 6 | 4 | 0 | 2 | .0039 |
| 24 | 5 | 6 | 1 | 2 | .0140 | 24 | 6 | 4 | 1 | 1 | .0249 |
| 24 | 5 | 6 | 2 | 1 | .0140 | 24 | 6 | 4 | 2 | 0 | .0039 |
| 24 | 5 | 6 | 4 | 5 | .0140 | 24 | 6 | 4 | 4 | 6 | .0039 |
| 24 | 5 | 6 | 5 | 4 | .0140 | 24 | 6 | 4 | 5 | 5 | .0140 |
| 24 | 5 | 6 | 5 | 6 | .0005 | 24 | 6 | 4 | 6 | 4 | .0039 |
| 24 | 5 | 6 | 6 | 5 | .0005 | 24 | 6 | 5 | 0 | 1 | .0005 |
| 24 | 5 | 7 | 0 | 0 | .0000 | 24 | 6 | 5 | 1 | 0 | .0005 |
| 24 | 5 | 7 | 1 | 1 | .0003 | 24 | 6 | 5 | 1 | 2 | .0140 |

Tafel XVII-2 (Fortsetz.)

| | | | | | | | | | | |
|---|---|---|---|---|---|---|---|---|---|---|
| 24 | 6 | 5 | 2 | 1 | .0140 | 24 | 7 | 3 | 3 | 5 | .0061 |
| 24 | 6 | 5 | 4 | 5 | .0140 | 24 | 7 | 3 | 4 | 2 | .0211 |
| 24 | 6 | 5 | 5 | 4 | .0140 | 24 | 7 | 3 | 4 | 4 | .0158 |
| 24 | 6 | 5 | 5 | 6 | .0005 | 24 | 7 | 3 | 5 | 3 | .0061 |
| 24 | 6 | 5 | 6 | 5 | .0005 | 24 | 7 | 4 | 0 | 1 | .0002 |
| 24 | 6 | 6 | 0 | 0 | .0000 | 24 | 7 | 4 | 1 | 0 | .0002 |
| 24 | 6 | 6 | 1 | 1 | .0005 | 24 | 7 | 4 | 1 | 2 | .0061 |
| 24 | 6 | 6 | 2 | 2 | .0039 | 24 | 7 | 4 | 2 | 1 | .0061 |
| 24 | 6 | 6 | 3 | 3 | .0081 | 24 | 7 | 4 | 2 | 3 | .0211 |
| 24 | 6 | 6 | 4 | 4 | .0039 | 24 | 7 | 4 | 3 | 2 | .0211 |
| 24 | 6 | 6 | 5 | 5 | .0005 | 24 | 7 | 4 | 3 | 4 | .0158 |
| 24 | 6 | 6 | 6 | 6 | .0000 | 24 | 7 | 4 | 4 | 3 | .0158 |
| 24 | 7 | 0 | 0 | 1 | .0001 | 24 | 7 | 4 | 4 | 5 | .0021 |
| 24 | 7 | 0 | 0 | 3 | .0001 | 24 | 7 | 4 | 5 | 4 | .0021 |
| 24 | 7 | 0 | 0 | 5 | .0000 | 24 | 7 | 5 | 0 | 0 | .0000 |
| 24 | 7 | 0 | 1 | 0 | .0001 | 24 | 7 | 5 | 1 | 1 | .0003 |
| 24 | 7 | 0 | 1 | 2 | .0010 | 24 | 7 | 5 | 2 | 2 | .0025 |
| 24 | 7 | 0 | 1 | 4 | .0002 | 24 | 7 | 5 | 3 | 3 | .0061 |
| 24 | 7 | 0 | 2 | 1 | .0010 | 24 | 7 | 5 | 4 | 4 | .0021 |
| 24 | 7 | 0 | 2 | 3 | .0013 | 24 | 7 | 5 | 5 | 5 | .0001 |
| 24 | 7 | 0 | 3 | 0 | .0001 | 24 | 8 | 0 | 0 | 0 | .0000 |
| 24 | 7 | 0 | 3 | 2 | .0013 | 24 | 8 | 0 | 0 | 2 | .0000 |
| 24 | 7 | 0 | 4 | 1 | .0002 | 24 | 8 | 0 | 0 | 4 | .0000 |
| 24 | 7 | 0 | 5 | 0 | .0000 | 24 | 8 | 0 | 1 | 1 | .0000 |
| 24 | 7 | 1 | 0 | 0 | .0001 | 24 | 8 | 0 | 1 | 3 | .0000 |
| 24 | 7 | 1 | 0 | 2 | .0010 | 24 | 8 | 0 | 2 | 0 | .0000 |
| 24 | 7 | 1 | 0 | 4 | .0002 | 24 | 8 | 0 | 2 | 2 | .0001 |
| 24 | 7 | 1 | 1 | 1 | .0027 | 24 | 8 | 0 | 3 | 1 | .0000 |
| 24 | 7 | 1 | 1 | 3 | .0065 | 24 | 8 | 0 | 4 | 0 | .0000 |
| 24 | 7 | 1 | 1 | 5 | .0003 | 24 | 8 | 1 | 0 | 1 | .0000 |
| 24 | 7 | 1 | 2 | 0 | .0010 | 24 | 8 | 1 | 0 | 3 | .0000 |
| 24 | 7 | 1 | 2 | 2 | .0168 | 24 | 8 | 1 | 1 | 0 | .0000 |
| 24 | 7 | 1 | 2 | 4 | .0061 | 24 | 8 | 1 | 1 | 2 | .0005 |
| 24 | 7 | 1 | 3 | 1 | .0065 | 24 | 8 | 1 | 1 | 4 | .0001 |
| 24 | 7 | 1 | 3 | 3 | .0095 | 24 | 8 | 1 | 2 | 1 | .0005 |
| 24 | 7 | 1 | 4 | 0 | .0002 | 24 | 8 | 1 | 2 | 3 | .0010 |
| 24 | 7 | 1 | 4 | 2 | .0061 | 24 | 8 | 1 | 3 | 0 | .0000 |
| 24 | 7 | 1 | 5 | 1 | .0003 | 24 | 8 | 1 | 3 | 2 | .0010 |
| 24 | 7 | 2 | 0 | 1 | .0010 | 24 | 8 | 1 | 4 | 1 | .0001 |
| 24 | 7 | 2 | 0 | 3 | .0013 | 24 | 8 | 2 | 0 | 0 | .0000 |
| 24 | 7 | 2 | 1 | 0 | .0010 | 24 | 8 | 2 | 0 | 2 | .0001 |
| 24 | 7 | 2 | 1 | 2 | .0168 | 24 | 8 | 2 | 1 | 1 | .0005 |
| 24 | 7 | 2 | 1 | 4 | .0061 | 24 | 8 | 2 | 1 | 3 | .0010 |
| 24 | 7 | 2 | 2 | 1 | .0168 | 24 | 8 | 2 | 2 | 0 | .0001 |
| 24 | 7 | 2 | 2 | 3 | .0311 | 24 | 8 | 2 | 2 | 2 | .0027 |
| 24 | 7 | 2 | 2 | 5 | .0025 | 24 | 8 | 2 | 2 | 4 | .0006 |
| 24 | 7 | 2 | 3 | 0 | .0013 | 24 | 8 | 2 | 3 | 1 | .0010 |
| 24 | 7 | 2 | 3 | 2 | .0311 | 24 | 8 | 2 | 3 | 3 | .0021 |
| 24 | 7 | 2 | 3 | 4 | .0211 | 24 | 8 | 2 | 4 | 2 | .0006 |
| 24 | 7 | 2 | 4 | 1 | .0061 | 24 | 8 | 3 | 0 | 1 | .0000 |
| 24 | 7 | 2 | 4 | 3 | .0211 | 24 | 8 | 3 | 1 | 0 | .0000 |
| 24 | 7 | 2 | 5 | 2 | .0025 | 24 | 8 | 3 | 1 | 2 | .0010 |
| 24 | 7 | 3 | 0 | 0 | .0001 | 24 | 8 | 3 | 2 | 1 | .0010 |
| 24 | 7 | 3 | 0 | 2 | .0013 | 24 | 8 | 3 | 2 | 3 | .0021 |
| 24 | 7 | 3 | 1 | 1 | .0065 | 24 | 8 | 3 | 3 | 2 | .0021 |
| 24 | 7 | 3 | 1 | 3 | .0095 | 24 | 8 | 3 | 3 | 4 | .0011 |
| 24 | 7 | 3 | 2 | 0 | .0013 | 24 | 8 | 3 | 4 | 3 | .0011 |
| 24 | 7 | 3 | 2 | 2 | .0311 | 24 | 8 | 4 | 0 | 0 | .0000 |
| 24 | 7 | 3 | 2 | 4 | .0211 | 24 | 8 | 4 | 1 | 1 | .0001 |
| 24 | 7 | 3 | 3 | 1 | .0095 | 24 | 8 | 4 | 2 | 2 | .0006 |

Tafel XVII-2 (Fortsetz.)

| N | $n_{111}$ | $n_{122}$ | $n_{212}$ | $n_{221}$ | P |
|---|---|---|---|---|---|
| 24 | 8 | 4 | 3 | 3 | .0011 |
| 24 | 8 | 4 | 4 | 4 | .0002 |
| 24 | 9 | 0 | 0 | 1 | .0000 |
| 24 | 9 | 0 | 0 | 3 | .0000 |
| 24 | 9 | 0 | 1 | 0 | .0000 |
| 24 | 9 | 0 | 1 | 2 | .0000 |
| 24 | 9 | 0 | 2 | 1 | .0000 |
| 24 | 9 | 0 | 3 | 0 | .0000 |
| 24 | 9 | 1 | 0 | 0 | .0000 |
| 24 | 9 | 1 | 0 | 2 | .0000 |
| 24 | 9 | 1 | 1 | 1 | .0000 |
| 24 | 9 | 1 | 1 | 3 | .0000 |
| 24 | 9 | 1 | 2 | 0 | .0000 |
| 24 | 9 | 1 | 2 | 2 | .0000 |
| 24 | 9 | 1 | 3 | 1 | .0000 |
| 24 | 9 | 2 | 0 | 1 | .0000 |
| 24 | 9 | 2 | 1 | 0 | .0000 |
| 24 | 9 | 2 | 1 | 2 | .0000 |
| 24 | 9 | 2 | 2 | 1 | .0000 |
| 24 | 9 | 2 | 2 | 3 | .0001 |
| 24 | 9 | 2 | 3 | 2 | .0001 |
| 24 | 9 | 3 | 0 | 0 | .0000 |
| 24 | 9 | 3 | 1 | 1 | .0000 |
| 24 | 9 | 3 | 2 | 2 | .0001 |
| 24 | 9 | 3 | 3 | 3 | .0000 |
| 24 | 10 | 0 | 0 | 0 | .0000 |
| 24 | 10 | 0 | 0 | 2 | .0000 |
| 24 | 10 | 0 | 1 | 1 | .0000 |
| 24 | 10 | 0 | 2 | 0 | .0000 |
| 24 | 10 | 1 | 0 | 1 | .0000 |
| 24 | 10 | 1 | 1 | 0 | .0000 |
| 24 | 10 | 1 | 1 | 2 | .0000 |
| 24 | 10 | 1 | 2 | 1 | .0000 |
| 24 | 10 | 2 | 0 | 0 | .0000 |
| 24 | 10 | 2 | 1 | 1 | .0000 |
| 24 | 10 | 2 | 2 | 2 | .0000 |
| 24 | 11 | 0 | 0 | 1 | .0000 |
| 24 | 11 | 0 | 1 | 0 | .0000 |
| 24 | 11 | 1 | 0 | 0 | .0000 |
| 24 | 11 | 1 | 1 | 1 | .0000 |
| 24 | 12 | 0 | 0 | 0 | .0000 |
| 26 | 0 | 0 | 0 | 1 | .0000 |
| 26 | 0 | 0 | 0 | 3 | .0001 |
| 26 | 0 | 0 | 0 | 5 | .0000 |
| 26 | 0 | 0 | 0 | 7 | .0000 |
| 26 | 0 | 0 | 0 | 9 | .0000 |
| 26 | 0 | 0 | 0 | 11 | .0000 |
| 26 | 0 | 0 | 0 | 13 | .0000 |
| 26 | 0 | 0 | 1 | 0 | .0000 |
| 26 | 0 | 0 | 1 | 2 | .0004 |
| 26 | 0 | 0 | 1 | 4 | .0007 |
| 26 | 0 | 0 | 1 | 6 | .0003 |
| 26 | 0 | 0 | 1 | 8 | .0000 |
| 26 | 0 | 0 | 1 | 10 | .0000 |
| 26 | 0 | 0 | 1 | 12 | .0000 |
| 26 | 0 | 0 | 2 | 1 | .0004 |
| 26 | 0 | 0 | 2 | 3 | .0029 |
| 26 | 0 | 0 | 2 | 5 | .0017 |
| 26 | 0 | 0 | 2 | 7 | .0002 |
| 26 | 0 | 0 | 2 | 9 | .0000 |
| 26 | 0 | 0 | 2 | 11 | .0000 |
| 26 | 0 | 0 | 3 | 0 | .0001 |
| 26 | 0 | 0 | 3 | 2 | .0029 |
| 26 | 0 | 0 | 3 | 4 | .0042 |
| 26 | 0 | 0 | 3 | 6 | .0005 |
| 26 | 0 | 0 | 3 | 8 | .0000 |
| 26 | 0 | 0 | 3 | 10 | .0000 |
| 26 | 0 | 0 | 4 | 1 | .0007 |
| 26 | 0 | 0 | 4 | 3 | .0042 |
| 26 | 0 | 0 | 4 | 5 | .0017 |
| 26 | 0 | 0 | 4 | 7 | .0000 |
| 26 | 0 | 0 | 4 | 9 | .0000 |
| 26 | 0 | 0 | 5 | 0 | .0000 |
| 26 | 0 | 0 | 5 | 2 | .0017 |
| 26 | 0 | 0 | 5 | 4 | .0017 |
| 26 | 0 | 0 | 5 | 6 | .0002 |
| 26 | 0 | 0 | 5 | 8 | .0000 |
| 26 | 0 | 0 | 6 | 1 | .0003 |
| 26 | 0 | 0 | 6 | 3 | .0005 |
| 26 | 0 | 0 | 6 | 5 | .0002 |
| 26 | 0 | 0 | 6 | 7 | .0000 |
| 26 | 0 | 0 | 7 | 0 | .0000 |
| 26 | 0 | 0 | 7 | 2 | .0002 |
| 26 | 0 | 0 | 7 | 4 | .0000 |
| 26 | 0 | 0 | 7 | 6 | .0000 |
| 26 | 0 | 0 | 8 | 1 | .0000 |
| 26 | 0 | 0 | 8 | 3 | .0000 |
| 26 | 0 | 0 | 8 | 5 | .0000 |
| 26 | 0 | 0 | 9 | 0 | .0000 |
| 26 | 0 | 0 | 9 | 2 | .0000 |
| 26 | 0 | 0 | 9 | 4 | .0000 |
| 26 | 0 | 0 | 10 | 1 | .0000 |
| 26 | 0 | 0 | 10 | 3 | .0000 |
| 26 | 0 | 0 | 11 | 0 | .0000 |
| 26 | 0 | 0 | 11 | 2 | .0000 |
| 26 | 0 | 0 | 12 | 1 | .0000 |
| 26 | 0 | 0 | 13 | 0 | .0000 |
| 26 | 0 | 1 | 0 | 0 | .0000 |
| 26 | 0 | 1 | 0 | 2 | .0004 |
| 26 | 0 | 1 | 0 | 4 | .0007 |
| 26 | 0 | 1 | 0 | 6 | .0003 |
| 26 | 0 | 1 | 0 | 8 | .0000 |
| 26 | 0 | 1 | 0 | 10 | .0000 |
| 26 | 0 | 1 | 0 | 12 | .0000 |
| 26 | 0 | 1 | 1 | 1 | .0013 |
| 26 | 0 | 1 | 1 | 3 | .0082 |
| 26 | 0 | 1 | 1 | 5 | .0057 |
| 26 | 0 | 1 | 1 | 7 | .0003 |
| 26 | 0 | 1 | 1 | 9 | .0000 |
| 26 | 0 | 1 | 1 | 11 | .0000 |
| 26 | 0 | 1 | 2 | 0 | .0004 |
| 26 | 0 | 1 | 2 | 2 | .0149 |
| 26 | 0 | 1 | 2 | 4 | .0232 |
| 26 | 0 | 1 | 2 | 6 | .0057 |
| 26 | 0 | 1 | 2 | 8 | .0002 |
| 26 | 0 | 1 | 2 | 10 | .0000 |
| 26 | 0 | 1 | 3 | 1 | .0082 |
| 26 | 0 | 1 | 3 | 3 | .0400 |
| 26 | 0 | 1 | 3 | 5 | .0182 |
| 26 | 0 | 1 | 3 | 7 | .0012 |

Tafel XVII-2 (Fortsetz.)

| | | | | | | | | | | |
|---|---|---|---|---|---|---|---|---|---|---|
| 26 | 0 | 1 | 3 | 9 | .0000 | 26 | 0 | 2 | 9 | 0 | .0000 |
| 26 | 0 | 1 | 4 | 0 | .0007 | 26 | 0 | 2 | 9 | 2 | .0000 |
| 26 | 0 | 1 | 4 | 2 | .0232 | 26 | 0 | 2 | 10 | 1 | .0000 |
| 26 | 0 | 1 | 4 | 4 | .0279 | 26 | 0 | 2 | 11 | 0 | .0000 |
| 26 | 0 | 1 | 4 | 6 | .0037 | 26 | 0 | 3 | 0 | 0 | .0001 |
| 26 | 0 | 1 | 4 | 8 | .0000 | 26 | 0 | 3 | 0 | 2 | .0029 |
| 26 | 0 | 1 | 5 | 1 | .0057 | 26 | 0 | 3 | 0 | 4 | .0042 |
| 26 | 0 | 1 | 5 | 3 | .0162 | 26 | 0 | 3 | 0 | 6 | .0005 |
| 26 | 0 | 1 | 5 | 5 | .0063 | 26 | 0 | 3 | 0 | 8 | .0000 |
| 26 | 0 | 1 | 5 | 7 | .0001 | 26 | 0 | 3 | 0 | 10 | .0000 |
| 26 | 0 | 1 | 6 | 0 | .0003 | 26 | 0 | 3 | 1 | 1 | .0082 |
| 26 | 0 | 1 | 6 | 2 | .0057 | 26 | 0 | 3 | 1 | 3 | .0400 |
| 26 | 0 | 1 | 6 | 4 | .0037 | 26 | 0 | 3 | 1 | 5 | .0182 |
| 26 | 0 | 1 | 6 | 6 | .0002 | 26 | 0 | 3 | 1 | 7 | .0012 |
| 26 | 0 | 1 | 7 | 1 | .0003 | 26 | 0 | 3 | 1 | 9 | .0000 |
| 26 | 0 | 1 | 7 | 3 | .0012 | 26 | 0 | 3 | 2 | 0 | .0029 |
| 26 | 0 | 1 | 7 | 5 | .0001 | 26 | 0 | 3 | 2 | 6 | .0134 |
| 26 | 0 | 1 | 8 | 0 | .0000 | 26 | 0 | 3 | 2 | 8 | .0002 |
| 26 | 0 | 1 | 8 | 2 | .0002 | 26 | 0 | 3 | 3 | 1 | .0400 |
| 26 | 0 | 1 | 8 | 4 | .0000 | 26 | 0 | 3 | 3 | 5 | .0501 |
| 26 | 0 | 1 | 9 | 1 | .0000 | 26 | 0 | 3 | 3 | 7 | .0018 |
| 26 | 0 | 1 | 9 | 3 | .0000 | 26 | 0 | 3 | 4 | 0 | .0042 |
| 26 | 0 | 1 | 10 | 0 | .0000 | 26 | 0 | 3 | 4 | 6 | .0074 |
| 26 | 0 | 1 | 10 | 2 | .0000 | 26 | 0 | 3 | 5 | 1 | .0182 |
| 26 | 0 | 1 | 11 | 1 | .0000 | 26 | 0 | 3 | 5 | 3 | .0501 |
| 26 | 0 | 1 | 12 | 0 | .0000 | 26 | 0 | 3 | 5 | 5 | .0102 |
| 26 | 0 | 2 | 0 | 1 | .0004 | 26 | 0 | 3 | 6 | 0 | .0005 |
| 26 | 0 | 2 | 0 | 3 | .0029 | 26 | 0 | 3 | 6 | 2 | .0134 |
| 26 | 0 | 2 | 0 | 5 | .0017 | 26 | 0 | 3 | 6 | 4 | .0074 |
| 26 | 0 | 2 | 0 | 7 | .0002 | 26 | 0 | 3 | 7 | 1 | .0012 |
| 26 | 0 | 2 | 0 | 9 | .0000 | 26 | 0 | 3 | 7 | 3 | .0018 |
| 26 | 0 | 2 | 0 | 11 | .0000 | 26 | 0 | 3 | 8 | 0 | .0000 |
| 26 | 0 | 2 | 1 | 0 | .0004 | 26 | 0 | 3 | 8 | 2 | .0002 |
| 26 | 0 | 2 | 1 | 2 | .0149 | 26 | 0 | 3 | 9 | 1 | .0000 |
| 26 | 0 | 2 | 1 | 4 | .0232 | 26 | 0 | 3 | 10 | 0 | .0000 |
| 26 | 0 | 2 | 1 | 6 | .0057 | 26 | 0 | 4 | 0 | 1 | .0007 |
| 26 | 0 | 2 | 1 | 8 | .0002 | 26 | 0 | 4 | 0 | 3 | .0042 |
| 26 | 0 | 2 | 1 | 10 | .0000 | 26 | 0 | 4 | 0 | 5 | .0017 |
| 26 | 0 | 2 | 2 | 1 | .0149 | 26 | 0 | 4 | 0 | 7 | .0000 |
| 26 | 0 | 2 | 2 | 5 | .0368 | 26 | 0 | 4 | 0 | 9 | .0000 |
| 26 | 0 | 2 | 2 | 7 | .0024 | 26 | 0 | 4 | 1 | 0 | .0007 |
| 26 | 0 | 2 | 2 | 9 | .0000 | 26 | 0 | 4 | 1 | 2 | .0232 |
| 26 | 0 | 2 | 3 | 0 | .0029 | 26 | 0 | 4 | 1 | 4 | .0279 |
| 26 | 0 | 2 | 3 | 6 | .0134 | 26 | 0 | 4 | 1 | 6 | .0037 |
| 26 | 0 | 2 | 3 | 8 | .0002 | 26 | 0 | 4 | 1 | 8 | .0000 |
| 26 | 0 | 2 | 4 | 1 | .0232 | 26 | 0 | 4 | 2 | 1 | .0232 |
| 26 | 0 | 2 | 4 | 5 | .0337 | 26 | 0 | 4 | 2 | 5 | .0337 |
| 26 | 0 | 2 | 4 | 7 | .0012 | 26 | 0 | 4 | 2 | 7 | .0012 |
| 26 | 0 | 2 | 5 | 0 | .0017 | 26 | 0 | 4 | 3 | 0 | .0042 |
| 26 | 0 | 2 | 5 | 2 | .0368 | 26 | 0 | 4 | 3 | 6 | .0074 |
| 26 | 0 | 2 | 5 | 4 | .0337 | 26 | 0 | 4 | 4 | 1 | .0279 |
| 26 | 0 | 2 | 5 | 6 | .0021 | 26 | 0 | 4 | 4 | 5 | .0191 |
| 26 | 0 | 2 | 6 | 1 | .0057 | 26 | 0 | 4 | 5 | 0 | .0017 |
| 26 | 0 | 2 | 6 | 3 | .0134 | 26 | 0 | 4 | 5 | 2 | .0337 |
| 26 | 0 | 2 | 6 | 5 | .0021 | 26 | 0 | 4 | 5 | 4 | .0191 |
| 26 | 0 | 2 | 7 | 0 | .0002 | 26 | 0 | 4 | 6 | 1 | .0037 |
| 26 | 0 | 2 | 7 | 2 | .0024 | 26 | 0 | 4 | 6 | 3 | .0074 |
| 26 | 0 | 2 | 7 | 4 | .0012 | 26 | 0 | 4 | 7 | 0 | .0000 |
| 26 | 0 | 2 | 8 | 1 | .0002 | 26 | 0 | 4 | 7 | 2 | .0012 |
| 26 | 0 | 2 | 8 | 3 | .0002 | 26 | 0 | 4 | 8 | 1 | .0000 |

## Tafel XVII-2 (Fortsetz.)

| | | | | | | | | | |
|---|---|---|---|---|---|---|---|---|---|
| 26 | 0 | 4 | 9 | 0 | .0000 | 26 | 0 | 7 | 5 | 1 | .0001 |
| 26 | 0 | 5 | 0 | 0 | .0000 | 26 | 0 | 7 | 6 | 0 | .0000 |
| 26 | 0 | 5 | 0 | 2 | .0017 | 26 | 0 | 8 | 0 | 1 | .0000 |
| 26 | 0 | 5 | 0 | 4 | .0017 | 26 | 0 | 8 | 0 | 3 | .0000 |
| 26 | 0 | 5 | 0 | 6 | .0002 | 26 | 0 | 8 | 0 | 5 | .0000 |
| 26 | 0 | 5 | 0 | 8 | .0000 | 26 | 0 | 8 | 1 | 0 | .0000 |
| 26 | 0 | 5 | 1 | 1 | .0057 | 26 | 0 | 8 | 1 | 2 | .0002 |
| 26 | 0 | 5 | 1 | 3 | .0182 | 26 | 0 | 8 | 1 | 4 | .0000 |
| 26 | 0 | 5 | 1 | 5 | .0063 | 26 | 0 | 8 | 2 | 1 | .0002 |
| 26 | 0 | 5 | 1 | 7 | .0001 | 26 | 0 | 8 | 2 | 3 | .0002 |
| 26 | 0 | 5 | 2 | 0 | .0017 | 26 | 0 | 8 | 3 | 0 | .0000 |
| 26 | 0 | 5 | 2 | 2 | .0368 | 26 | 0 | 8 | 3 | 2 | .0002 |
| 26 | 0 | 5 | 2 | 4 | .0337 | 26 | 0 | 8 | 4 | 1 | .0000 |
| 26 | 0 | 5 | 2 | 6 | .0021 | 26 | 0 | 8 | 5 | 0 | .0000 |
| 26 | 0 | 5 | 3 | 1 | .0182 | 26 | 0 | 9 | 0 | 0 | .0000 |
| 26 | 0 | 5 | 3 | 3 | .0501 | 26 | 0 | 9 | 0 | 2 | .0000 |
| 26 | 0 | 5 | 3 | 5 | .0102 | 26 | 0 | 9 | 0 | 4 | .0000 |
| 26 | 0 | 5 | 4 | 0 | .0017 | 26 | 0 | 9 | 1 | 1 | .0000 |
| 26 | 0 | 5 | 4 | 2 | .0337 | 26 | 0 | 9 | 1 | 3 | .0000 |
| 26 | 0 | 5 | 4 | 4 | .0191 | 26 | 0 | 9 | 2 | 0 | .0000 |
| 26 | 0 | 5 | 5 | 1 | .0063 | 26 | 0 | 9 | 2 | 2 | .0000 |
| 26 | 0 | 5 | 5 | 3 | .0102 | 26 | 0 | 9 | 3 | 1 | .0000 |
| 26 | 0 | 5 | 6 | 0 | .0002 | 26 | 0 | 9 | 4 | 0 | .0000 |
| 26 | 0 | 5 | 6 | 2 | .0021 | 26 | 0 | 10 | 0 | 1 | .0000 |
| 26 | 0 | 5 | 7 | 1 | .0001 | 26 | 0 | 10 | 0 | 3 | .0000 |
| 26 | 0 | 5 | 8 | 0 | .0000 | 26 | 0 | 10 | 1 | 0 | .0000 |
| 26 | 0 | 6 | 0 | 1 | .0003 | 26 | 0 | 10 | 1 | 2 | .0000 |
| 26 | 0 | 6 | 0 | 3 | .0005 | 26 | 0 | 10 | 2 | 1 | .0000 |
| 26 | 0 | 6 | 0 | 5 | .0002 | 26 | 0 | 10 | 3 | 0 | .0000 |
| 26 | 0 | 6 | 0 | 7 | .0000 | 26 | 0 | 11 | 0 | 0 | .0000 |
| 26 | 0 | 6 | 1 | 0 | .0003 | 26 | 0 | 11 | 0 | 2 | .0000 |
| 26 | 0 | 6 | 1 | 2 | .0057 | 26 | 0 | 11 | 1 | 1 | .0000 |
| 26 | 0 | 6 | 1 | 4 | .0037 | 26 | 0 | 11 | 2 | 0 | .0000 |
| 26 | 0 | 6 | 1 | 6 | .0002 | 26 | 0 | 12 | 0 | 1 | .0000 |
| 26 | 0 | 6 | 2 | 1 | .0057 | 26 | 0 | 12 | 1 | 0 | .0000 |
| 26 | 0 | 6 | 2 | 3 | .0134 | 26 | 0 | 13 | 0 | 0 | .0000 |
| 26 | 0 | 6 | 2 | 5 | .0021 | 26 | 1 | 0 | 0 | 0 | .0000 |
| 26 | 0 | 6 | 3 | 0 | .0005 | 26 | 1 | 0 | 0 | 2 | .0004 |
| 26 | 0 | 6 | 3 | 2 | .0134 | 26 | 1 | 0 | 0 | 4 | .0007 |
| 26 | 0 | 6 | 3 | 4 | .0074 | 26 | 1 | 0 | 0 | 6 | .0003 |
| 26 | 0 | 6 | 4 | 1 | .0037 | 26 | 1 | 0 | 0 | 8 | .0000 |
| 26 | 0 | 6 | 4 | 3 | .0074 | 26 | 1 | 0 | 0 | 10 | .0000 |
| 26 | 0 | 6 | 5 | 0 | .0002 | 26 | 1 | 0 | 0 | 12 | .0000 |
| 26 | 0 | 6 | 5 | 2 | .0021 | 26 | 1 | 0 | 1 | 1 | .0013 |
| 26 | 0 | 6 | 6 | 1 | .0002 | 26 | 1 | 0 | 1 | 3 | .0082 |
| 26 | 0 | 6 | 7 | 0 | .0000 | 26 | 1 | 0 | 1 | 5 | .0057 |
| 26 | 0 | 7 | 0 | 0 | .0000 | 26 | 1 | 0 | 1 | 7 | .0003 |
| 26 | 0 | 7 | 0 | 2 | .0002 | 26 | 1 | 0 | 1 | 9 | .0000 |
| 26 | 0 | 7 | 0 | 4 | .0000 | 26 | 1 | 0 | 1 | 11 | .0000 |
| 26 | 0 | 7 | 0 | 6 | .0000 | 26 | 1 | 0 | 2 | 0 | .0004 |
| 26 | 0 | 7 | 1 | 1 | .0003 | 26 | 1 | 0 | 2 | 2 | .0149 |
| 26 | 0 | 7 | 1 | 3 | .0012 | 26 | 1 | 0 | 2 | 4 | .0232 |
| 26 | 0 | 7 | 1 | 5 | .0001 | 26 | 1 | 0 | 2 | 6 | .0057 |
| 26 | 0 | 7 | 2 | 0 | .0002 | 26 | 1 | 0 | 2 | 8 | .0002 |
| 26 | 0 | 7 | 2 | 2 | .0024 | 26 | 1 | 0 | 2 | 10 | .0000 |
| 26 | 0 | 7 | 2 | 4 | .0012 | 26 | 1 | 0 | 3 | 1 | .0082 |
| 26 | 0 | 7 | 3 | 1 | .0012 | 26 | 1 | 0 | 3 | 3 | .0400 |
| 26 | 0 | 7 | 3 | 3 | .0018 | 26 | 1 | 0 | 3 | 5 | .0182 |
| 26 | 0 | 7 | 4 | 0 | .0000 | 26 | 1 | 0 | 3 | 7 | .0012 |
| 26 | 0 | 7 | 4 | 2 | .0012 | 26 | 1 | 0 | 3 | 9 | .0000 |

Tafel XVII-2 (Fortsetz.)                                                   631

| | | | | | | | | | | |
|---|---|---|---|---|---|---|---|---|---|---|
| 26 | 1 | 0 | 4 | 0 | .0007 | 26 | 1 | 1 | 8 | 1 | .0004 |
| 26 | 1 | 0 | 4 | 2 | .0232 | 26 | 1 | 1 | 8 | 3 | .0012 |
| 26 | 1 | 0 | 4 | 4 | .0279 | 26 | 1 | 1 | 8 | 5 | .0000 |
| 26 | 1 | 0 | 4 | 6 | .0037 | 26 | 1 | 1 | 9 | 0 | .0000 |
| 26 | 1 | 0 | 4 | 8 | .0000 | 26 | 1 | 1 | 9 | 2 | .0001 |
| 26 | 1 | 0 | 5 | 1 | .0057 | 26 | 1 | 1 | 9 | 4 | .0000 |
| 26 | 1 | 0 | 5 | 3 | .0182 | 26 | 1 | 1 | 10 | 1 | .0000 |
| 26 | 1 | 0 | 5 | 5 | .0063 | 26 | 1 | 1 | 10 | 3 | .0000 |
| 26 | 1 | 0 | 5 | 7 | .0001 | 26 | 1 | 1 | 11 | 0 | .0000 |
| 26 | 1 | 0 | 6 | 0 | .0003 | 26 | 1 | 1 | 11 | 2 | .0000 |
| 26 | 1 | 0 | 6 | 2 | .0057 | 26 | 1 | 1 | 12 | 1 | .0000 |
| 26 | 1 | 0 | 6 | 4 | .0037 | 26 | 1 | 2 | 0 | 0 | .0004 |
| 26 | 1 | 0 | 6 | 6 | .0002 | 26 | 1 | 2 | 0 | 2 | .0149 |
| 26 | 1 | 0 | 7 | 1 | .0003 | 26 | 1 | 2 | 0 | 4 | .0232 |
| 26 | 1 | 0 | 7 | 3 | .0012 | 26 | 1 | 2 | 0 | 6 | .0057 |
| 26 | 1 | 0 | 7 | 5 | .0001 | 26 | 1 | 2 | 0 | 8 | .0002 |
| 26 | 1 | 0 | 8 | 0 | .0000 | 26 | 1 | 2 | 0 | 10 | .0000 |
| 26 | 1 | 0 | 8 | 2 | .0002 | 26 | 1 | 2 | 1 | 1 | .0411 |
| 26 | 1 | 0 | 8 | 4 | .0000 | 26 | 1 | 2 | 1 | 7 | .0091 |
| 26 | 1 | 0 | 9 | 1 | .0000 | 26 | 1 | 2 | 1 | 9 | .0001 |
| 26 | 1 | 0 | 9 | 3 | .0000 | 26 | 1 | 2 | 1 | 11 | .0000 |
| 26 | 1 | 0 | 10 | 0 | .0000 | 26 | 1 | 2 | 2 | 0 | .0149 |
| 26 | 1 | 0 | 10 | 2 | .0000 | 26 | 1 | 2 | 2 | 8 | .0025 |
| 26 | 1 | 0 | 11 | 1 | .0000 | 26 | 1 | 2 | 2 | 10 | .0000 |
| 26 | 1 | 0 | 12 | 0 | .0000 | 26 | 1 | 2 | 3 | 7 | .0255 |
| 26 | 1 | 1 | 0 | 1 | .0013 | 26 | 1 | 2 | 3 | 9 | .0002 |
| 26 | 1 | 1 | 0 | 3 | .0082 | 26 | 1 | 2 | 4 | 0 | .0232 |
| 26 | 1 | 1 | 0 | 5 | .0057 | 26 | 1 | 2 | 4 | 8 | .0012 |
| 26 | 1 | 1 | 0 | 7 | .0003 | 26 | 1 | 2 | 5 | 7 | .0037 |
| 26 | 1 | 1 | 0 | 9 | .0000 | 26 | 1 | 2 | 6 | 0 | .0057 |
| 26 | 1 | 1 | 0 | 11 | .0000 | 26 | 1 | 2 | 6 | 6 | .0063 |
| 26 | 1 | 1 | 1 | 0 | .0013 | 26 | 1 | 2 | 7 | 1 | .0091 |
| 26 | 1 | 1 | 1 | 2 | .0411 | 26 | 1 | 2 | 7 | 3 | .0255 |
| 26 | 1 | 1 | 1 | 4 | .0518 | 26 | 1 | 2 | 7 | 5 | .0037 |
| 26 | 1 | 1 | 1 | 6 | .0134 | 26 | 1 | 2 | 8 | 0 | .0002 |
| 26 | 1 | 1 | 1 | 8 | .0004 | 26 | 1 | 2 | 8 | 2 | .0025 |
| 26 | 1 | 1 | 1 | 10 | .0000 | 26 | 1 | 2 | 8 | 4 | .0012 |
| 26 | 1 | 1 | 1 | 12 | .0000 | 26 | 1 | 2 | 9 | 1 | .0001 |
| 26 | 1 | 1 | 2 | 1 | .0411 | 26 | 1 | 2 | 9 | 3 | .0002 |
| 26 | 1 | 1 | 2 | 7 | .0091 | 26 | 1 | 2 | 10 | 0 | .0000 |
| 26 | 1 | 1 | 2 | 9 | .0001 | 26 | 1 | 2 | 10 | 2 | .0000 |
| 26 | 1 | 1 | 2 | 11 | .0000 | 26 | 1 | 2 | 11 | 1 | .0000 |
| 26 | 1 | 1 | 3 | 0 | .0082 | 26 | 1 | 3 | 0 | 1 | .0082 |
| 26 | 1 | 1 | 3 | 6 | .0453 | 26 | 1 | 3 | 0 | 3 | .0400 |
| 26 | 1 | 1 | 3 | 8 | .0012 | 26 | 1 | 3 | 0 | 5 | .0182 |
| 26 | 1 | 1 | 3 | 10 | .0000 | 26 | 1 | 3 | 0 | 7 | .0012 |
| 26 | 1 | 1 | 4 | 1 | .0518 | 26 | 1 | 3 | 0 | 9 | .0000 |
| 26 | 1 | 1 | 4 | 7 | .0066 | 26 | 1 | 3 | 1 | 0 | .0082 |
| 26 | 1 | 1 | 4 | 9 | .0000 | 26 | 1 | 3 | 1 | 6 | .0453 |
| 26 | 1 | 1 | 5 | 0 | .0057 | 26 | 1 | 3 | 1 | 8 | .0012 |
| 26 | 1 | 1 | 5 | 6 | .0102 | 26 | 1 | 3 | 1 | 10 | .0000 |
| 26 | 1 | 1 | 5 | 8 | .0000 | 26 | 1 | 3 | 2 | 7 | .0255 |
| 26 | 1 | 1 | 6 | 1 | .0134 | 26 | 1 | 3 | 2 | 9 | .0002 |
| 26 | 1 | 1 | 6 | 3 | .0453 | 26 | 1 | 3 | 3 | 0 | .0400 |
| 26 | 1 | 1 | 6 | 5 | .0102 | 26 | 1 | 3 | 3 | 8 | .0024 |
| 26 | 1 | 1 | 6 | 7 | .0002 | 26 | 1 | 3 | 4 | 7 | .0134 |
| 26 | 1 | 1 | 7 | 0 | .0003 | 26 | 1 | 3 | 5 | 0 | .0182 |
| 26 | 1 | 1 | 7 | 2 | .0091 | 26 | 1 | 3 | 5 | 6 | .0337 |
| 26 | 1 | 1 | 7 | 4 | .0066 | 26 | 1 | 3 | 6 | 1 | .0453 |
| 26 | 1 | 1 | 7 | 6 | .0002 | 26 | 1 | 3 | 6 | 5 | .0337 |

Tafel XVII-2 (Fortsetz.)

| | | | | | | | | | | |
|---|---|---|---|---|---|---|---|---|---|---|
| 26 | 1 | 3 | 7 | 0 | ,0012 | 26 | 1 | 6 | 6 | 0 | ,0002 |
| 26 | 1 | 3 | 7 | 2 | ,0255 | 26 | 1 | 6 | 6 | 2 | ,0063 |
| 26 | 1 | 3 | 7 | 4 | ,0134 | 26 | 1 | 6 | 7 | 1 | ,0002 |
| 26 | 1 | 3 | 8 | 1 | ,0012 | 26 | 1 | 7 | 0 | 1 | ,0003 |
| 26 | 1 | 3 | 8 | 3 | ,0024 | 26 | 1 | 7 | 0 | 3 | ,0012 |
| 26 | 1 | 3 | 9 | 0 | ,0000 | 26 | 1 | 7 | 0 | 5 | ,0001 |
| 26 | 1 | 3 | 9 | 2 | ,0002 | 26 | 1 | 7 | 1 | 0 | ,0003 |
| 26 | 1 | 3 | 10 | 1 | ,0000 | 26 | 1 | 7 | 1 | 2 | ,0091 |
| 26 | 1 | 4 | 0 | 0 | ,0007 | 26 | 1 | 7 | 1 | 4 | ,0066 |
| 26 | 1 | 4 | 0 | 2 | ,0232 | 26 | 1 | 7 | 1 | 6 | ,0002 |
| 26 | 1 | 4 | 0 | 4 | ,0279 | 26 | 1 | 7 | 2 | 1 | ,0091 |
| 26 | 1 | 4 | 0 | 6 | ,0037 | 26 | 1 | 7 | 2 | 3 | ,0255 |
| 26 | 1 | 4 | 0 | 8 | ,0000 | 26 | 1 | 7 | 2 | 5 | ,0037 |
| 26 | 1 | 4 | 1 | 1 | ,0518 | 26 | 1 | 7 | 3 | 0 | ,0012 |
| 26 | 1 | 4 | 1 | 7 | ,0066 | 26 | 1 | 7 | 3 | 2 | ,0255 |
| 26 | 1 | 4 | 1 | 9 | ,0000 | 26 | 1 | 7 | 3 | 4 | ,0134 |
| 26 | 1 | 4 | 2 | 0 | ,0232 | 26 | 1 | 7 | 4 | 1 | ,0066 |
| 26 | 1 | 4 | 2 | 8 | ,0012 | 26 | 1 | 7 | 4 | 3 | ,0134 |
| 26 | 1 | 4 | 3 | 7 | ,0134 | 26 | 1 | 7 | 5 | 0 | ,0001 |
| 26 | 1 | 4 | 4 | 0 | ,0279 | 26 | 1 | 7 | 5 | 2 | ,0037 |
| 26 | 1 | 4 | 4 | 6 | ,0501 | 26 | 1 | 7 | 6 | 1 | ,0002 |
| 26 | 1 | 4 | 6 | 0 | ,0037 | 26 | 1 | 8 | 0 | 0 | ,0000 |
| 26 | 1 | 4 | 6 | 4 | ,0501 | 26 | 1 | 8 | 0 | 2 | ,0002 |
| 26 | 1 | 4 | 7 | 1 | ,0066 | 26 | 1 | 8 | 0 | 4 | ,0000 |
| 26 | 1 | 4 | 7 | 3 | ,0134 | 26 | 1 | 8 | 1 | 1 | ,0004 |
| 26 | 1 | 4 | 8 | 0 | ,0000 | 26 | 1 | 8 | 1 | 3 | ,0012 |
| 26 | 1 | 4 | 8 | 2 | ,0012 | 26 | 1 | 8 | 1 | 5 | ,0000 |
| 26 | 1 | 4 | 9 | 1 | ,0000 | 26 | 1 | 8 | 2 | 0 | ,0002 |
| 26 | 1 | 5 | 0 | 1 | ,0057 | 26 | 1 | 8 | 2 | 2 | ,0025 |
| 26 | 1 | 5 | 0 | 3 | ,0182 | 26 | 1 | 8 | 2 | 4 | ,0012 |
| 26 | 1 | 5 | 0 | 5 | ,0063 | 26 | 1 | 8 | 3 | 1 | ,0012 |
| 26 | 1 | 5 | 0 | 7 | ,0001 | 26 | 1 | 8 | 3 | 3 | ,0024 |
| 26 | 1 | 5 | 1 | 0 | ,0057 | 26 | 1 | 8 | 4 | 0 | ,0000 |
| 26 | 1 | 5 | 1 | 6 | ,0102 | 26 | 1 | 8 | 4 | 2 | ,0012 |
| 26 | 1 | 5 | 1 | 8 | ,0000 | 26 | 1 | 8 | 5 | 1 | ,0000 |
| 26 | 1 | 5 | 2 | 7 | ,0037 | 26 | 1 | 9 | 0 | 1 | ,0000 |
| 26 | 1 | 5 | 3 | 0 | ,0182 | 26 | 1 | 9 | 0 | 3 | ,0000 |
| 26 | 1 | 5 | 3 | 6 | ,0337 | 26 | 1 | 9 | 1 | 0 | ,0000 |
| 26 | 1 | 5 | 5 | 0 | ,0063 | 26 | 1 | 9 | 1 | 2 | ,0001 |
| 26 | 1 | 5 | 6 | 1 | ,0102 | 26 | 1 | 9 | 1 | 4 | ,0000 |
| 26 | 1 | 5 | 6 | 3 | ,0337 | 26 | 1 | 9 | 2 | 1 | ,0001 |
| 26 | 1 | 5 | 7 | 0 | ,0001 | 26 | 1 | 9 | 2 | 3 | ,0002 |
| 26 | 1 | 5 | 7 | 2 | ,0037 | 26 | 1 | 9 | 3 | 0 | ,0000 |
| 26 | 1 | 5 | 8 | 1 | ,0000 | 26 | 1 | 9 | 3 | 2 | ,0002 |
| 26 | 1 | 6 | 0 | 0 | ,0003 | 26 | 1 | 9 | 4 | 1 | ,0000 |
| 26 | 1 | 6 | 0 | 2 | ,0057 | 26 | 1 | 10 | 0 | 0 | ,0000 |
| 26 | 1 | 6 | 0 | 4 | ,0037 | 26 | 1 | 10 | 0 | 2 | ,0000 |
| 26 | 1 | 6 | 0 | 6 | ,0002 | 26 | 1 | 10 | 1 | 1 | ,0000 |
| 26 | 1 | 6 | 1 | 1 | ,0134 | 26 | 1 | 10 | 1 | 3 | ,0000 |
| 26 | 1 | 6 | 1 | 3 | ,0453 | 26 | 1 | 10 | 2 | 0 | ,0000 |
| 26 | 1 | 6 | 1 | 5 | ,0102 | 26 | 1 | 10 | 2 | 2 | ,0000 |
| 26 | 1 | 6 | 1 | 7 | ,0002 | 26 | 1 | 10 | 3 | 1 | ,0000 |
| 26 | 1 | 6 | 2 | 0 | ,0057 | 26 | 1 | 11 | 0 | 1 | ,0000 |
| 26 | 1 | 6 | 2 | 6 | ,0063 | 26 | 1 | 11 | 1 | 0 | ,0000 |
| 26 | 1 | 6 | 3 | 1 | ,0453 | 26 | 1 | 11 | 1 | 2 | ,0000 |
| 26 | 1 | 6 | 3 | 5 | ,0337 | 26 | 1 | 11 | 2 | 1 | ,0000 |
| 26 | 1 | 6 | 4 | 0 | ,0037 | 26 | 1 | 12 | 0 | 0 | ,0000 |
| 26 | 1 | 6 | 4 | 4 | ,0501 | 26 | 1 | 12 | 1 | 1 | ,0000 |
| 26 | 1 | 6 | 5 | 1 | ,0102 | 26 | 2 | 0 | 0 | 1 | ,0004 |
| 26 | 1 | 6 | 5 | 3 | ,0337 | 26 | 2 | 0 | 0 | 3 | ,0029 |

Tafel XVII-2 (Fortsetz.)                                                        633

| | | | | | | | | | | |
|---|---|---|---|---|---|---|---|---|---|---|
| 26 | 2 | 0 | 0 | 5  | .0017 | 26 | 2 | 1 | 8  | 2  | .0025 |
| 26 | 2 | 0 | 0 | 7  | .0002 | 26 | 2 | 1 | 8  | 4  | .0012 |
| 26 | 2 | 0 | 0 | 9  | .0000 | 26 | 2 | 1 | 9  | 1  | .0001 |
| 26 | 2 | 0 | 0 | 11 | .0000 | 26 | 2 | 1 | 9  | 3  | .0002 |
| 26 | 2 | 0 | 1 | 0  | .0004 | 26 | 2 | 1 | 10 | 0  | .0000 |
| 26 | 2 | 0 | 1 | 2  | .0149 | 26 | 2 | 1 | 10 | 2  | .0000 |
| 26 | 2 | 0 | 1 | 4  | .0232 | 26 | 2 | 1 | 11 | 1  | .0000 |
| 26 | 2 | 0 | 1 | 6  | .0057 | 26 | 2 | 2 | 0  | 1  | .0149 |
| 26 | 2 | 0 | 1 | 8  | .0002 | 26 | 2 | 2 | 0  | 5  | .0368 |
| 26 | 2 | 0 | 1 | 10 | .0000 | 26 | 2 | 2 | 0  | 7  | .0024 |
| 26 | 2 | 0 | 2 | 1  | .0149 | 26 | 2 | 2 | 0  | 9  | .0000 |
| 26 | 2 | 0 | 2 | 5  | .0368 | 26 | 2 | 2 | 1  | 2  | .0149 |
| 26 | 2 | 0 | 2 | 7  | .0024 | 26 | 2 | 2 | 1  | 8  | .0025 |
| 26 | 2 | 0 | 2 | 9  | .0000 | 26 | 2 | 2 | 1  | 10 | .0000 |
| 26 | 2 | 0 | 3 | 0  | .0029 | 26 | 2 | 2 | 2  | 7  | .0527 |
| 26 | 2 | 0 | 3 | 6  | .0134 | 26 | 2 | 2 | 2  | 9  | .0004 |
| 26 | 2 | 0 | 3 | 8  | .0002 | 26 | 2 | 2 | 2  | 11 | .0000 |
| 26 | 2 | 0 | 4 | 1  | .0232 | 26 | 2 | 2 | 3  | 8  | .0091 |
| 26 | 2 | 0 | 4 | 5  | .0337 | 26 | 2 | 2 | 3  | 10 | .0000 |
| 26 | 2 | 0 | 4 | 7  | .0012 | 26 | 2 | 2 | 4  | 7  | .0453 |
| 26 | 2 | 0 | 5 | 0  | .0017 | 26 | 2 | 2 | 4  | 9  | .0002 |
| 26 | 2 | 0 | 5 | 2  | .0368 | 26 | 2 | 2 | 5  | 2  | .0368 |
| 26 | 2 | 0 | 5 | 4  | .0337 | 26 | 2 | 2 | 5  | 8  | .0005 |
| 26 | 2 | 0 | 5 | 6  | .0021 | 26 | 2 | 2 | 6  | 7  | .0017 |
| 26 | 2 | 0 | 6 | 1  | .0057 | 26 | 2 | 2 | 7  | 0  | .0024 |
| 26 | 2 | 0 | 6 | 3  | .0134 | 26 | 2 | 2 | 7  | 2  | .0527 |
| 26 | 2 | 0 | 6 | 5  | .0021 | 26 | 2 | 2 | 7  | 4  | .0453 |
| 26 | 2 | 0 | 7 | 0  | .0002 | 26 | 2 | 2 | 7  | 6  | .0017 |
| 26 | 2 | 0 | 7 | 2  | .0024 | 26 | 2 | 2 | 8  | 1  | .0025 |
| 26 | 2 | 0 | 7 | 4  | .0012 | 26 | 2 | 2 | 8  | 3  | .0091 |
| 26 | 2 | 0 | 8 | 1  | .0002 | 26 | 2 | 2 | 8  | 5  | .0005 |
| 26 | 2 | 0 | 8 | 3  | .0002 | 26 | 2 | 2 | 9  | 0  | .0000 |
| 26 | 2 | 0 | 9 | 0  | .0000 | 26 | 2 | 2 | 9  | 2  | .0004 |
| 26 | 2 | 0 | 9 | 2  | .0000 | 26 | 2 | 2 | 9  | 4  | .0002 |
| 26 | 2 | 0 | 10 | 1 | .0000 | 26 | 2 | 2 | 10 | 1  | .0000 |
| 26 | 2 | 0 | 11 | 0 | .0000 | 26 | 2 | 2 | 10 | 3  | .0000 |
| 26 | 2 | 1 | 0 | 0  | .0004 | 26 | 2 | 2 | 11 | 2  | .0000 |
| 26 | 2 | 1 | 0 | 2  | .0149 | 26 | 2 | 3 | 0  | 0  | .0029 |
| 26 | 2 | 1 | 0 | 4  | .0232 | 26 | 2 | 3 | 0  | 6  | .0134 |
| 26 | 2 | 1 | 0 | 6  | .0057 | 26 | 2 | 3 | 0  | 8  | .0002 |
| 26 | 2 | 1 | 0 | 8  | .0002 | 26 | 2 | 3 | 1  | 7  | .0255 |
| 26 | 2 | 1 | 0 | 10 | .0000 | 26 | 2 | 3 | 1  | 9  | .0002 |
| 26 | 2 | 1 | 1 | 1  | .0411 | 26 | 2 | 3 | 2  | 8  | .0091 |
| 26 | 2 | 1 | 1 | 7  | .0091 | 26 | 2 | 3 | 2  | 10 | .0000 |
| 26 | 2 | 1 | 1 | 9  | .0001 | 26 | 2 | 3 | 3  | 9  | .0002 |
| 26 | 2 | 1 | 1 | 11 | .0000 | 26 | 2 | 3 | 4  | 8  | .0057 |
| 26 | 2 | 1 | 2 | 0  | .0149 | 26 | 2 | 3 | 5  | 7  | .0182 |
| 26 | 2 | 1 | 2 | 8  | .0025 | 26 | 2 | 3 | 6  | 0  | .0134 |
| 26 | 2 | 1 | 2 | 10 | .0000 | 26 | 2 | 3 | 6  | 6  | .0279 |
| 26 | 2 | 1 | 3 | 7  | .0255 | 26 | 2 | 3 | 7  | 1  | .0255 |
| 26 | 2 | 1 | 3 | 9  | .0002 | 26 | 2 | 3 | 7  | 5  | .0182 |
| 26 | 2 | 1 | 4 | 0  | .0232 | 26 | 2 | 3 | 8  | 0  | .0002 |
| 26 | 2 | 1 | 4 | 8  | .0012 | 26 | 2 | 3 | 8  | 2  | .0091 |
| 26 | 2 | 1 | 5 | 7  | .0037 | 26 | 2 | 3 | 8  | 4  | .0057 |
| 26 | 2 | 1 | 6 | 0  | .0057 | 26 | 2 | 3 | 9  | 1  | .0002 |
| 26 | 2 | 1 | 6 | 6  | .0063 | 26 | 2 | 3 | 9  | 3  | .0003 |
| 26 | 2 | 1 | 7 | 1  | .0091 | 26 | 2 | 3 | 10 | 2  | .0000 |
| 26 | 2 | 1 | 7 | 3  | .0255 | 26 | 2 | 4 | 0  | 1  | .0232 |
| 26 | 2 | 1 | 7 | 5  | .0037 | 26 | 2 | 4 | 0  | 5  | .0337 |
| 26 | 2 | 1 | 8 | 0  | .0002 | 26 | 2 | 4 | 0  | 7  | .0012 |

Tafel XVII-2 (Fortsetz.)

| | | | | | | | | | | |
|---|---|---|---|---|---|---|---|---|---|---|
| 26 | 2 | 4 | 1 | 0 | .0232 | 26 | 2 | 8 | 1 | 4 | .0012 |
| 26 | 2 | 4 | 1 | 8 | .0012 | 26 | 2 | 8 | 2 | 1 | .0025 |
| 26 | 2 | 4 | 2 | 7 | .0453 | 26 | 2 | 8 | 2 | 3 | .0091 |
| 26 | 2 | 4 | 2 | 9 | .0002 | 26 | 2 | 8 | 2 | 5 | .0005 |
| 26 | 2 | 4 | 3 | 8 | .0057 | 26 | 2 | 8 | 3 | 0 | .0002 |
| 26 | 2 | 4 | 4 | 7 | .0368 | 26 | 2 | 8 | 3 | 2 | .0091 |
| 26 | 2 | 4 | 5 | 0 | .0337 | 26 | 2 | 8 | 3 | 4 | .0057 |
| 26 | 2 | 4 | 7 | 0 | .0012 | 26 | 2 | 8 | 4 | 1 | .0012 |
| 26 | 2 | 4 | 7 | 2 | .0453 | 26 | 2 | 8 | 4 | 3 | .0057 |
| 26 | 2 | 4 | 7 | 4 | .0368 | 26 | 2 | 8 | 5 | 2 | .0005 |
| 26 | 2 | 4 | 8 | 1 | .0012 | 26 | 2 | 9 | 0 | 0 | .0000 |
| 26 | 2 | 4 | 8 | 3 | .0057 | 26 | 2 | 9 | 0 | 2 | .0000 |
| 26 | 2 | 4 | 9 | 2 | .0002 | 26 | 2 | 9 | 1 | 1 | .0001 |
| 26 | 2 | 5 | 0 | 0 | .0017 | 26 | 2 | 9 | 1 | 3 | .0002 |
| 26 | 2 | 5 | 0 | 2 | .0368 | 26 | 2 | 9 | 2 | 0 | .0000 |
| 26 | 2 | 5 | 0 | 4 | .0337 | 26 | 2 | 9 | 2 | 2 | .0004 |
| 26 | 2 | 5 | 0 | 6 | .0021 | 26 | 2 | 9 | 2 | 4 | .0002 |
| 26 | 2 | 5 | 1 | 7 | .0037 | 26 | 2 | 9 | 3 | 1 | .0002 |
| 26 | 2 | 5 | 2 | 0 | .0368 | 26 | 2 | 9 | 3 | 3 | .0003 |
| 26 | 2 | 5 | 2 | 8 | .0005 | 26 | 2 | 9 | 4 | 2 | .0002 |
| 26 | 2 | 5 | 3 | 7 | .0182 | 26 | 2 | 10 | 0 | 1 | .0000 |
| 26 | 2 | 5 | 4 | 0 | .0337 | 26 | 2 | 10 | 1 | 0 | .0000 |
| 26 | 2 | 5 | 6 | 0 | .0021 | 26 | 2 | 10 | 1 | 2 | .0000 |
| 26 | 2 | 5 | 7 | 1 | .0037 | 26 | 2 | 10 | 2 | 1 | .0000 |
| 26 | 2 | 5 | 7 | 3 | .0182 | 26 | 2 | 10 | 2 | 3 | .0000 |
| 26 | 2 | 5 | 8 | 2 | .0005 | 26 | 2 | 10 | 3 | 2 | .0000 |
| 26 | 2 | 6 | 0 | 1 | .0057 | 26 | 2 | 11 | 0 | 0 | .0000 |
| 26 | 2 | 6 | 0 | 3 | .0134 | 26 | 2 | 11 | 1 | 1 | .0000 |
| 26 | 2 | 6 | 0 | 5 | .0021 | 26 | 2 | 11 | 2 | 2 | .0000 |
| 26 | 2 | 6 | 1 | 0 | .0057 | 26 | 3 | 0 | 0 | 0 | .0001 |
| 26 | 2 | 6 | 1 | 6 | .0063 | 26 | 3 | 0 | 0 | 2 | .0029 |
| 26 | 2 | 6 | 2 | 7 | .0017 | 26 | 3 | 0 | 0 | 4 | .0042 |
| 26 | 2 | 6 | 3 | 0 | .0134 | 26 | 3 | 0 | 0 | 6 | .0005 |
| 26 | 2 | 6 | 3 | 6 | .0279 | 26 | 3 | 0 | 0 | 8 | .0000 |
| 26 | 2 | 6 | 5 | 0 | .0021 | 26 | 3 | 0 | 0 | 10 | .0000 |
| 26 | 2 | 6 | 6 | 1 | .0063 | 26 | 3 | 0 | 1 | 1 | .0082 |
| 26 | 2 | 6 | 6 | 3 | .0279 | 26 | 3 | 0 | 1 | 3 | .0400 |
| 26 | 2 | 6 | 7 | 2 | .0017 | 26 | 3 | 0 | 1 | 5 | .0182 |
| 26 | 2 | 7 | 0 | 0 | .0002 | 26 | 3 | 0 | 1 | 7 | .0012 |
| 26 | 2 | 7 | 0 | 2 | .0024 | 26 | 3 | 0 | 1 | 9 | .0000 |
| 26 | 2 | 7 | 0 | 4 | .0012 | 26 | 3 | 0 | 2 | 0 | .0029 |
| 26 | 2 | 7 | 1 | 1 | .0091 | 26 | 3 | 0 | 2 | 6 | .0134 |
| 26 | 2 | 7 | 1 | 3 | .0255 | 26 | 3 | 0 | 2 | 8 | .0002 |
| 26 | 2 | 7 | 1 | 5 | .0037 | 26 | 3 | 0 | 3 | 1 | .0400 |
| 26 | 2 | 7 | 2 | 0 | .0024 | 26 | 3 | 0 | 3 | 5 | .0501 |
| 26 | 2 | 7 | 2 | 2 | .0527 | 26 | 3 | 0 | 3 | 7 | .0018 |
| 26 | 2 | 7 | 2 | 4 | .0453 | 26 | 3 | 0 | 4 | 0 | .0042 |
| 26 | 2 | 7 | 2 | 6 | .0017 | 26 | 3 | 0 | 4 | 6 | .0074 |
| 26 | 2 | 7 | 3 | 1 | .0255 | 26 | 3 | 0 | 5 | 1 | .0182 |
| 26 | 2 | 7 | 3 | 5 | .0182 | 26 | 3 | 0 | 5 | 3 | .0501 |
| 26 | 2 | 7 | 4 | 0 | .0012 | 26 | 3 | 0 | 5 | 5 | .0102 |
| 26 | 2 | 7 | 4 | 2 | .0453 | 26 | 3 | 0 | 6 | 0 | .0005 |
| 26 | 2 | 7 | 4 | 4 | .0368 | 26 | 3 | 0 | 6 | 2 | .0134 |
| 26 | 2 | 7 | 5 | 1 | .0037 | 26 | 3 | 0 | 6 | 4 | .0074 |
| 26 | 2 | 7 | 5 | 3 | .0182 | 26 | 3 | 0 | 7 | 1 | .0012 |
| 26 | 2 | 7 | 6 | 2 | .0017 | 26 | 3 | 0 | 7 | 3 | .0018 |
| 26 | 2 | 8 | 0 | 1 | .0002 | 26 | 3 | 0 | 8 | 0 | .0000 |
| 26 | 2 | 8 | 0 | 3 | .0002 | 26 | 3 | 0 | 8 | 2 | .0002 |
| 26 | 2 | 8 | 1 | 0 | .0002 | 26 | 3 | 0 | 9 | 1 | .0000 |
| 26 | 2 | 8 | 1 | 2 | .0025 | 26 | 3 | 0 | 10 | 0 | .0000 |

Tafel XVII-2 (Fortsetz.)

| | | | | | | | | | | |
|---|---|---|---|---|---|---|---|---|---|---|
| 26 | 3 | 1 | 0 | 1 | .0082 | 26 | 3 | 3 | 8 | 1 | .0024 |
| 26 | 3 | 1 | 0 | 3 | .0400 | 26 | 3 | 3 | 8 | 3 | .0134 |
| 26 | 3 | 1 | 0 | 5 | .0182 | 26 | 3 | 3 | 8 | 5 | .0017 |
| 26 | 3 | 1 | 0 | 7 | .0012 | 26 | 3 | 3 | 9 | 2 | .0003 |
| 26 | 3 | 1 | 0 | 9 | .0000 | 26 | 3 | 3 | 9 | 4 | .0003 |
| 26 | 3 | 1 | 1 | 0 | .0082 | 26 | 3 | 3 | 10 | 3 | .0000 |
| 26 | 3 | 1 | 1 | 6 | .0453 | 26 | 3 | 4 | 0 | 0 | .0042 |
| 26 | 3 | 1 | 1 | 8 | .0012 | 26 | 3 | 4 | 0 | 6 | .0074 |
| 26 | 3 | 1 | 1 | 10 | .0000 | 26 | 3 | 4 | 1 | 7 | .0134 |
| 26 | 3 | 1 | 2 | 7 | .0255 | 26 | 3 | 4 | 2 | 8 | .0057 |
| 26 | 3 | 1 | 2 | 9 | .0002 | 26 | 3 | 4 | 3 | 9 | .0003 |
| 26 | 3 | 1 | 3 | 0 | .0400 | 26 | 3 | 4 | 4 | 8 | .0057 |
| 26 | 3 | 1 | 3 | 8 | .0024 | 26 | 3 | 4 | 5 | 7 | .0232 |
| 26 | 3 | 1 | 4 | 7 | .0134 | 26 | 3 | 4 | 6 | 0 | .0074 |
| 26 | 3 | 1 | 5 | 0 | .0182 | 26 | 3 | 4 | 6 | 6 | .0400 |
| 26 | 3 | 1 | 5 | 6 | .0337 | 26 | 3 | 4 | 7 | 1 | .0134 |
| 26 | 3 | 1 | 6 | 1 | .0453 | 26 | 3 | 4 | 7 | 5 | .0232 |
| 26 | 3 | 1 | 6 | 5 | .0337 | 26 | 3 | 4 | 8 | 2 | .0057 |
| 26 | 3 | 1 | 7 | 0 | .0012 | 26 | 3 | 4 | 8 | 4 | .0057 |
| 26 | 3 | 1 | 7 | 2 | .0255 | 26 | 3 | 4 | 9 | 3 | .0003 |
| 26 | 3 | 1 | 7 | 4 | .0134 | 26 | 3 | 5 | 0 | 1 | .0182 |
| 26 | 3 | 1 | 8 | 1 | .0012 | 26 | 3 | 5 | 0 | 3 | .0501 |
| 26 | 3 | 1 | 8 | 3 | .0024 | 26 | 3 | 5 | 0 | 5 | .0102 |
| 26 | 3 | 1 | 9 | 0 | .0000 | 26 | 3 | 5 | 1 | 0 | .0182 |
| 26 | 3 | 1 | 9 | 2 | .0002 | 26 | 3 | 5 | 1 | 6 | .0337 |
| 26 | 3 | 1 | 10 | 1 | .0000 | 26 | 3 | 5 | 2 | 7 | .0182 |
| 26 | 3 | 2 | 0 | 0 | .0029 | 26 | 3 | 5 | 3 | 0 | .0501 |
| 26 | 3 | 2 | 0 | 6 | .0134 | 26 | 3 | 5 | 3 | 8 | .0017 |
| 26 | 3 | 2 | 0 | 8 | .0002 | 26 | 3 | 5 | 4 | 7 | .0232 |
| 26 | 3 | 2 | 1 | 7 | .0255 | 26 | 3 | 5 | 5 | 0 | .0102 |
| 26 | 3 | 2 | 1 | 9 | .0002 | 26 | 3 | 5 | 6 | 1 | .0337 |
| 26 | 3 | 2 | 2 | 8 | .0091 | 26 | 3 | 5 | 7 | 2 | .0182 |
| 26 | 3 | 2 | 2 | 10 | .0000 | 26 | 3 | 5 | 7 | 4 | .0232 |
| 26 | 3 | 2 | 3 | 9 | .0003 | 26 | 3 | 5 | 8 | 3 | .0017 |
| 26 | 3 | 2 | 4 | 8 | .0057 | 26 | 3 | 6 | 0 | 0 | .0005 |
| 26 | 3 | 2 | 5 | 7 | .0182 | 26 | 3 | 6 | 0 | 2 | .0134 |
| 26 | 3 | 2 | 6 | 0 | .0134 | 26 | 3 | 6 | 0 | 4 | .0074 |
| 26 | 3 | 2 | 6 | 6 | .0279 | 26 | 3 | 6 | 1 | 1 | .0453 |
| 26 | 3 | 2 | 7 | 1 | .0255 | 26 | 3 | 6 | 1 | 5 | .0337 |
| 26 | 3 | 2 | 7 | 5 | .0182 | 26 | 3 | 6 | 2 | 0 | .0134 |
| 26 | 3 | 2 | 8 | 0 | .0002 | 26 | 3 | 6 | 2 | 6 | .0279 |
| 26 | 3 | 2 | 8 | 2 | .0091 | 26 | 3 | 6 | 3 | 7 | .0042 |
| 26 | 3 | 2 | 8 | 4 | .0057 | 26 | 3 | 6 | 4 | 0 | .0074 |
| 26 | 3 | 2 | 9 | 1 | .0002 | 26 | 3 | 6 | 4 | 6 | .0400 |
| 26 | 3 | 2 | 9 | 3 | .0003 | 26 | 3 | 6 | 5 | 1 | .0337 |
| 26 | 3 | 2 | 10 | 2 | .0000 | 26 | 3 | 6 | 6 | 2 | .0279 |
| 26 | 3 | 3 | 0 | 1 | .0400 | 26 | 3 | 6 | 6 | 4 | .0400 |
| 26 | 3 | 3 | 0 | 5 | .0501 | 26 | 3 | 6 | 7 | 3 | .0042 |
| 26 | 3 | 3 | 0 | 7 | .0018 | 26 | 3 | 7 | 0 | 1 | .0012 |
| 26 | 3 | 3 | 1 | 0 | .0400 | 26 | 3 | 7 | 0 | 3 | .0018 |
| 26 | 3 | 3 | 1 | 8 | .0024 | 26 | 3 | 7 | 1 | 0 | .0012 |
| 26 | 3 | 3 | 2 | 9 | .0003 | 26 | 3 | 7 | 1 | 2 | .0255 |
| 26 | 3 | 3 | 3 | 8 | .0134 | 26 | 3 | 7 | 1 | 4 | .0134 |
| 26 | 3 | 3 | 3 | 10 | .0000 | 26 | 3 | 7 | 2 | 1 | .0255 |
| 26 | 3 | 3 | 4 | 9 | .0003 | 26 | 3 | 7 | 2 | 5 | .0182 |
| 26 | 3 | 3 | 5 | 0 | .0501 | 26 | 3 | 7 | 3 | 0 | .0018 |
| 26 | 3 | 3 | 5 | 8 | .0017 | 26 | 3 | 7 | 3 | 6 | .0042 |
| 26 | 3 | 3 | 6 | 7 | .0042 | 26 | 3 | 7 | 4 | 1 | .0134 |
| 26 | 3 | 3 | 7 | 0 | .0018 | 26 | 3 | 7 | 4 | 5 | .0232 |
| 26 | 3 | 3 | 7 | 6 | .0042 | 26 | 3 | 7 | 5 | 2 | .0182 |

| | | | | | | | | | | |
|---|---|---|---|---|---|---|---|---|---|---|
| 26 | 3 | 7 | 5 | 4 | .0232 | 26 | 4 | 1 | 1 | 9 | .0000 |
| 26 | 3 | 7 | 6 | 3 | .0042 | 26 | 4 | 1 | 2 | 0 | .0232 |
| 26 | 3 | 8 | 0 | 0 | .0000 | 26 | 4 | 1 | 2 | 8 | .0012 |
| 26 | 3 | 8 | 0 | 2 | .0002 | 26 | 4 | 1 | 3 | 7 | .0134 |
| 26 | 3 | 8 | 1 | 1 | .0012 | 26 | 4 | 1 | 4 | 0 | .0279 |
| 26 | 3 | 8 | 1 | 3 | .0024 | 26 | 4 | 1 | 4 | 6 | .0501 |
| 26 | 3 | 8 | 2 | 0 | .0002 | 26 | 4 | 1 | 6 | 0 | .0037 |
| 26 | 3 | 8 | 2 | 2 | .0091 | 26 | 4 | 1 | 6 | 4 | .0501 |
| 26 | 3 | 8 | 2 | 4 | .0057 | 26 | 4 | 1 | 7 | 1 | .0066 |
| 26 | 3 | 8 | 3 | 1 | .0024 | 26 | 4 | 1 | 7 | 3 | .0134 |
| 26 | 3 | 8 | 3 | 3 | .0134 | 26 | 4 | 1 | 8 | 0 | .0000 |
| 26 | 3 | 8 | 3 | 5 | .0017 | 26 | 4 | 1 | 8 | 2 | .0012 |
| 26 | 3 | 8 | 4 | 2 | .0057 | 26 | 4 | 1 | 9 | 1 | .0000 |
| 26 | 3 | 8 | 4 | 4 | .0057 | 26 | 4 | 2 | 0 | 1 | .0232 |
| 26 | 3 | 8 | 5 | 3 | .0017 | 26 | 4 | 2 | 0 | 5 | .0337 |
| 26 | 3 | 9 | 0 | 1 | .0000 | 26 | 4 | 2 | 0 | 7 | .0012 |
| 26 | 3 | 9 | 1 | 0 | .0000 | 26 | 4 | 2 | 1 | 0 | .0232 |
| 26 | 3 | 9 | 1 | 2 | .0002 | 26 | 4 | 2 | 1 | 8 | .0012 |
| 26 | 3 | 9 | 2 | 1 | .0002 | 26 | 4 | 2 | 2 | 7 | .0453 |
| 26 | 3 | 9 | 2 | 3 | .0003 | 26 | 4 | 2 | 2 | 9 | .0002 |
| 26 | 3 | 9 | 3 | 2 | .0003 | 26 | 4 | 2 | 3 | 8 | .0057 |
| 26 | 3 | 9 | 3 | 4 | .0003 | 26 | 4 | 2 | 4 | 7 | .0368 |
| 26 | 3 | 9 | 4 | 3 | .0003 | 26 | 4 | 2 | 5 | 0 | .0337 |
| 26 | 3 | 10 | 0 | 0 | .0000 | 26 | 4 | 2 | 7 | 0 | .0012 |
| 26 | 3 | 10 | 1 | 1 | .0000 | 26 | 4 | 2 | 7 | 2 | .0453 |
| 26 | 3 | 10 | 2 | 2 | .0000 | 26 | 4 | 2 | 7 | 4 | .0368 |
| 26 | 3 | 10 | 3 | 3 | .0000 | 26 | 4 | 2 | 8 | 1 | .0012 |
| 26 | 4 | 0 | 0 | 1 | .0007 | 26 | 4 | 2 | 8 | 3 | .0057 |
| 26 | 4 | 0 | 0 | 3 | .0042 | 26 | 4 | 2 | 9 | 2 | .0002 |
| 26 | 4 | 0 | 0 | 5 | .0017 | 26 | 4 | 3 | 0 | 0 | .0042 |
| 26 | 4 | 0 | 0 | 7 | .0000 | 26 | 4 | 3 | 0 | 6 | .0074 |
| 26 | 4 | 0 | 0 | 9 | .0000 | 26 | 4 | 3 | 1 | 7 | .0134 |
| 26 | 4 | 0 | 1 | 0 | .0007 | 26 | 4 | 3 | 2 | 8 | .0057 |
| 26 | 4 | 0 | 1 | 2 | .0232 | 26 | 4 | 3 | 3 | 9 | .0003 |
| 26 | 4 | 0 | 1 | 4 | .0279 | 26 | 4 | 3 | 4 | 8 | .0057 |
| 26 | 4 | 0 | 1 | 6 | .0037 | 26 | 4 | 3 | 5 | 7 | .0232 |
| 26 | 4 | 0 | 1 | 8 | .0000 | 26 | 4 | 3 | 6 | 0 | .0074 |
| 26 | 4 | 0 | 2 | 1 | .0232 | 26 | 4 | 3 | 6 | 6 | .0400 |
| 26 | 4 | 0 | 2 | 5 | .0337 | 26 | 4 | 3 | 7 | 1 | .0134 |
| 26 | 4 | 0 | 2 | 7 | .0012 | 26 | 4 | 3 | 7 | 5 | .0232 |
| 26 | 4 | 0 | 3 | 0 | .0042 | 26 | 4 | 3 | 8 | 2 | .0057 |
| 26 | 4 | 0 | 3 | 6 | .0074 | 26 | 4 | 3 | 8 | 4 | .0057 |
| 26 | 4 | 0 | 4 | 1 | .0279 | 26 | 4 | 3 | 9 | 3 | .0003 |
| 26 | 4 | 0 | 4 | 5 | .0191 | 26 | 4 | 4 | 0 | 1 | .0279 |
| 26 | 4 | 0 | 5 | 0 | .0017 | 26 | 4 | 4 | 0 | 5 | .0191 |
| 26 | 4 | 0 | 5 | 2 | .0337 | 26 | 4 | 4 | 1 | 0 | .0279 |
| 26 | 4 | 0 | 5 | 4 | .0191 | 26 | 4 | 4 | 1 | 6 | .0501 |
| 26 | 4 | 0 | 6 | 1 | .0037 | 26 | 4 | 4 | 2 | 7 | .0368 |
| 26 | 4 | 0 | 6 | 3 | .0074 | 26 | 4 | 4 | 3 | 8 | .0057 |
| 26 | 4 | 0 | 7 | 0 | .0000 | 26 | 4 | 4 | 4 | 7 | .0518 |
| 26 | 4 | 0 | 7 | 2 | .0012 | 26 | 4 | 4 | 4 | 9 | .0000 |
| 26 | 4 | 0 | 8 | 1 | .0000 | 26 | 4 | 4 | 5 | 0 | .0191 |
| 26 | 4 | 0 | 9 | 0 | .0000 | 26 | 4 | 4 | 5 | 8 | .0007 |
| 26 | 4 | 1 | 0 | 0 | .0007 | 26 | 4 | 4 | 6 | 1 | .0501 |
| 26 | 4 | 1 | 0 | 2 | .0232 | 26 | 4 | 4 | 6 | 7 | .0029 |
| 26 | 4 | 1 | 0 | 4 | .0279 | 26 | 4 | 4 | 7 | 2 | .0368 |
| 26 | 4 | 1 | 0 | 6 | .0037 | 26 | 4 | 4 | 7 | 4 | .0518 |
| 26 | 4 | 1 | 0 | 8 | .0000 | 26 | 4 | 4 | 7 | 6 | .0029 |
| 26 | 4 | 1 | 1 | 1 | .0518 | 26 | 4 | 4 | 8 | 3 | .0057 |
| 26 | 4 | 1 | 1 | 7 | .0066 | 26 | 4 | 4 | 8 | 5 | .0007 |

Tafel XVII-2 (Fortsetz.)

| | | | | | | | | | |
|---|---|---|---|---|---|---|---|---|---|
| 26 | 4 | 4 | 9 | 4 | .0000 | 26 | 5 | 0 | 1 | 1 | .0057 |
| 26 | 4 | 5 | 0 | 0 | .0017 | 26 | 5 | 0 | 1 | 3 | .0132 |
| 26 | 4 | 5 | 0 | 2 | .0337 | 26 | 5 | 0 | 1 | 5 | .0063 |
| 26 | 4 | 5 | 0 | 4 | .0191 | 26 | 5 | 0 | 1 | 7 | .0001 |
| 26 | 4 | 5 | 2 | 0 | .0337 | 26 | 5 | 0 | 2 | 0 | .0017 |
| 26 | 4 | 5 | 3 | 7 | .0232 | 26 | 5 | 0 | 2 | 2 | .0368 |
| 26 | 4 | 5 | 4 | 0 | .0191 | 26 | 5 | 0 | 2 | 4 | .0337 |
| 26 | 4 | 5 | 4 | 8 | .0007 | 26 | 5 | 0 | 2 | 6 | .0021 |
| 26 | 4 | 5 | 5 | 7 | .0082 | 26 | 5 | 0 | 3 | 1 | .0132 |
| 26 | 4 | 5 | 6 | 6 | .0149 | 26 | 5 | 0 | 3 | 3 | .0501 |
| 26 | 4 | 5 | 7 | 3 | .0232 | 26 | 5 | 0 | 3 | 5 | .0102 |
| 26 | 4 | 5 | 7 | 5 | .0082 | 26 | 5 | 0 | 4 | 0 | .0017 |
| 26 | 4 | 5 | 8 | 4 | .0007 | 26 | 5 | 0 | 4 | 2 | .0337 |
| 26 | 4 | 6 | 0 | 1 | .0037 | 26 | 5 | 0 | 4 | 4 | .0191 |
| 26 | 4 | 6 | 0 | 3 | .0074 | 26 | 5 | 0 | 5 | 1 | .0063 |
| 26 | 4 | 6 | 1 | 0 | .0037 | 26 | 5 | 0 | 5 | 3 | .0102 |
| 26 | 4 | 6 | 1 | 4 | .0501 | 26 | 5 | 0 | 6 | 0 | .0002 |
| 26 | 4 | 6 | 3 | 0 | .0074 | 26 | 5 | 0 | 6 | 2 | .0021 |
| 26 | 4 | 6 | 3 | 6 | .0400 | 26 | 5 | 0 | 7 | 1 | .0001 |
| 26 | 4 | 6 | 4 | 1 | .0501 | 26 | 5 | 0 | 8 | 0 | .0000 |
| 26 | 4 | 6 | 4 | 7 | .0029 | 26 | 5 | 1 | 0 | 1 | .0057 |
| 26 | 4 | 6 | 5 | 6 | .0149 | 26 | 5 | 1 | 0 | 3 | .0182 |
| 26 | 4 | 6 | 6 | 3 | .0400 | 26 | 5 | 1 | 0 | 5 | .0063 |
| 26 | 4 | 6 | 6 | 5 | .0149 | 26 | 5 | 1 | 0 | 7 | .0001 |
| 26 | 4 | 6 | 7 | 4 | .0029 | 26 | 5 | 1 | 1 | 0 | .0057 |
| 26 | 4 | 7 | 0 | 0 | .0000 | 26 | 5 | 1 | 1 | 6 | .0102 |
| 26 | 4 | 7 | 0 | 2 | .0012 | 26 | 5 | 1 | 1 | 8 | .0000 |
| 26 | 4 | 7 | 1 | 1 | .0066 | 26 | 5 | 1 | 2 | 7 | .0037 |
| 26 | 4 | 7 | 1 | 3 | .0134 | 26 | 5 | 1 | 3 | 0 | .0182 |
| 26 | 4 | 7 | 2 | 0 | .0012 | 26 | 5 | 1 | 3 | 6 | .0337 |
| 26 | 4 | 7 | 2 | 2 | .0453 | 26 | 5 | 1 | 5 | 0 | .0063 |
| 26 | 4 | 7 | 2 | 4 | .0368 | 26 | 5 | 1 | 6 | 1 | .0102 |
| 26 | 4 | 7 | 3 | 1 | .0134 | 26 | 5 | 1 | 6 | 3 | .0337 |
| 26 | 4 | 7 | 3 | 5 | .0232 | 26 | 5 | 1 | 7 | 0 | .0001 |
| 26 | 4 | 7 | 4 | 2 | .0368 | 26 | 5 | 1 | 7 | 2 | .0037 |
| 26 | 4 | 7 | 4 | 4 | .0518 | 26 | 5 | 1 | 8 | 1 | .0000 |
| 26 | 4 | 7 | 4 | 6 | .0029 | 26 | 5 | 2 | 0 | 0 | .0017 |
| 26 | 4 | 7 | 5 | 3 | .0232 | 26 | 5 | 2 | 0 | 2 | .0368 |
| 26 | 4 | 7 | 5 | 5 | .0082 | 26 | 5 | 2 | 0 | 4 | .0337 |
| 26 | 4 | 7 | 6 | 4 | .0029 | 26 | 5 | 2 | 0 | 6 | .0021 |
| 26 | 4 | 8 | 0 | 1 | .0000 | 26 | 5 | 2 | 1 | 7 | .0037 |
| 26 | 4 | 8 | 1 | 0 | .0000 | 26 | 5 | 2 | 2 | 0 | .0368 |
| 26 | 4 | 8 | 1 | 2 | .0012 | 26 | 5 | 2 | 2 | 8 | .0005 |
| 26 | 4 | 8 | 2 | 1 | .0012 | 26 | 5 | 2 | 3 | 7 | .0182 |
| 26 | 4 | 8 | 2 | 3 | .0057 | 26 | 5 | 2 | 4 | 0 | .0337 |
| 26 | 4 | 8 | 3 | 2 | .0057 | 26 | 5 | 2 | 6 | 0 | .0021 |
| 26 | 4 | 8 | 3 | 4 | .0057 | 26 | 5 | 2 | 7 | 1 | .0037 |
| 26 | 4 | 8 | 4 | 3 | .0057 | 26 | 5 | 2 | 7 | 3 | .0182 |
| 26 | 4 | 8 | 4 | 5 | .0007 | 26 | 5 | 2 | 8 | 2 | .0005 |
| 26 | 4 | 8 | 5 | 4 | .0007 | 26 | 5 | 3 | 0 | 1 | .0182 |
| 26 | 4 | 9 | 0 | 0 | .0000 | 26 | 5 | 3 | 0 | 3 | .0501 |
| 26 | 4 | 9 | 1 | 1 | .0000 | 26 | 5 | 3 | 0 | 5 | .0102 |
| 26 | 4 | 9 | 2 | 2 | .0002 | 26 | 5 | 3 | 1 | 0 | .0182 |
| 26 | 4 | 9 | 3 | 3 | .0003 | 26 | 5 | 3 | 1 | 6 | .0337 |
| 26 | 4 | 9 | 4 | 4 | .0000 | 26 | 5 | 3 | 2 | 7 | .0182 |
| 26 | 5 | 0 | 0 | 0 | .0000 | 26 | 5 | 3 | 3 | 0 | .0501 |
| 26 | 5 | 0 | 0 | 2 | .0017 | 26 | 5 | 3 | 3 | 8 | .0017 |
| 26 | 5 | 0 | 0 | 4 | .0017 | 26 | 5 | 3 | 4 | 7 | .0232 |
| 26 | 5 | 0 | 0 | 6 | .0002 | 26 | 5 | 3 | 5 | 0 | .0102 |
| 26 | 5 | 0 | 0 | 8 | .0000 | 26 | 5 | 3 | 6 | 1 | .0337 |

## Tafel XVII-2 (Fortsetz.)

| | | | | | | | | | |
|---|---|---|---|---|---|---|---|---|---|
| 26 | 5 | 3 | 7 | 2 | .0182 | 26 | 6 | 0 | 0 | 7 | .0000 |
| 26 | 5 | 3 | 7 | 4 | .0232 | 26 | 6 | 0 | 1 | 0 | .0003 |
| 26 | 5 | 3 | 8 | 3 | .0017 | 26 | 6 | 0 | 1 | 2 | .0057 |
| 26 | 5 | 4 | 0 | 0 | .0017 | 26 | 6 | 0 | 1 | 4 | .0037 |
| 26 | 5 | 4 | 0 | 2 | .0337 | 26 | 6 | 0 | 1 | 6 | .0002 |
| 26 | 5 | 4 | 0 | 4 | .0191 | 26 | 6 | 0 | 2 | 1 | .0057 |
| 26 | 5 | 4 | 2 | 0 | .0337 | 26 | 6 | 0 | 2 | 3 | .0134 |
| 26 | 5 | 4 | 3 | 7 | .0232 | 26 | 6 | 0 | 2 | 5 | .0021 |
| 26 | 5 | 4 | 4 | 0 | .0191 | 26 | 6 | 0 | 3 | 0 | .0005 |
| 26 | 5 | 4 | 4 | 8 | .0007 | 26 | 6 | 0 | 3 | 2 | .0134 |
| 26 | 5 | 4 | 5 | 7 | .0082 | 26 | 6 | 0 | 3 | 4 | .0074 |
| 26 | 5 | 4 | 6 | 6 | .0149 | 26 | 6 | 0 | 4 | 1 | .0037 |
| 26 | 5 | 4 | 7 | 3 | .0232 | 26 | 6 | 0 | 4 | 3 | .0074 |
| 26 | 5 | 4 | 7 | 5 | .0082 | 26 | 6 | 0 | 5 | 0 | .0002 |
| 26 | 5 | 4 | 8 | 4 | .0007 | 26 | 6 | 0 | 5 | 2 | .0021 |
| 26 | 5 | 5 | 0 | 1 | .0063 | 26 | 6 | 0 | 6 | 1 | .0002 |
| 26 | 5 | 5 | 0 | 3 | .0102 | 26 | 6 | 0 | 7 | 0 | .0000 |
| 26 | 5 | 5 | 1 | 0 | .0063 | 26 | 6 | 1 | 0 | 0 | .0003 |
| 26 | 5 | 5 | 3 | 0 | .0102 | 26 | 6 | 1 | 0 | 2 | .0057 |
| 26 | 5 | 5 | 4 | 7 | .0082 | 26 | 6 | 1 | 0 | 4 | .0037 |
| 26 | 5 | 5 | 5 | 6 | .0411 | 26 | 6 | 1 | 0 | 6 | .0002 |
| 26 | 5 | 5 | 5 | 8 | .0001 | 26 | 6 | 1 | 1 | 1 | .0134 |
| 26 | 5 | 5 | 6 | 5 | .0411 | 26 | 6 | 1 | 1 | 3 | .0453 |
| 26 | 5 | 5 | 6 | 7 | .0004 | 26 | 6 | 1 | 1 | 5 | .0102 |
| 26 | 5 | 5 | 7 | 4 | .0082 | 26 | 6 | 1 | 1 | 7 | .0002 |
| 26 | 5 | 5 | 7 | 6 | .0004 | 26 | 6 | 1 | 2 | 0 | .0057 |
| 26 | 5 | 5 | 8 | 5 | .0001 | 26 | 6 | 1 | 2 | 6 | .0063 |
| 26 | 5 | 6 | 0 | 0 | .0002 | 26 | 6 | 1 | 3 | 1 | .0453 |
| 26 | 5 | 6 | 0 | 2 | .0021 | 26 | 6 | 1 | 3 | 5 | .0337 |
| 26 | 5 | 6 | 1 | 1 | .0102 | 26 | 6 | 1 | 4 | 0 | .0037 |
| 26 | 5 | 6 | 1 | 3 | .0337 | 26 | 6 | 1 | 4 | 4 | .0501 |
| 26 | 5 | 6 | 2 | 0 | .0021 | 26 | 6 | 1 | 5 | 1 | .0102 |
| 26 | 5 | 6 | 3 | 1 | .0337 | 26 | 6 | 1 | 5 | 3 | .0337 |
| 26 | 5 | 6 | 4 | 6 | .0149 | 26 | 6 | 1 | 6 | 0 | .0002 |
| 26 | 5 | 6 | 5 | 5 | .0411 | 26 | 6 | 1 | 6 | 2 | .0063 |
| 26 | 5 | 6 | 5 | 7 | .0004 | 26 | 6 | 1 | 7 | 1 | .0002 |
| 26 | 5 | 6 | 6 | 4 | .0149 | 26 | 6 | 2 | 0 | 1 | .0057 |
| 26 | 5 | 6 | 6 | 6 | .0013 | 26 | 6 | 2 | 0 | 3 | .0134 |
| 26 | 5 | 6 | 7 | 5 | .0004 | 26 | 6 | 2 | 0 | 5 | .0021 |
| 26 | 5 | 7 | 0 | 1 | .0001 | 26 | 6 | 2 | 1 | 0 | .0057 |
| 26 | 5 | 7 | 1 | 0 | .0001 | 26 | 6 | 2 | 1 | 6 | .0063 |
| 26 | 5 | 7 | 1 | 2 | .0037 | 26 | 6 | 2 | 2 | 7 | .0017 |
| 26 | 5 | 7 | 2 | 1 | .0037 | 26 | 6 | 2 | 3 | 0 | .0134 |
| 26 | 5 | 7 | 2 | 3 | .0182 | 26 | 6 | 2 | 3 | 6 | .0279 |
| 26 | 5 | 7 | 3 | 2 | .0182 | 26 | 6 | 2 | 5 | 0 | .0021 |
| 26 | 5 | 7 | 3 | 4 | .0232 | 26 | 6 | 2 | 6 | 1 | .0063 |
| 26 | 5 | 7 | 4 | 3 | .0232 | 26 | 6 | 2 | 6 | 3 | .0279 |
| 26 | 5 | 7 | 4 | 5 | .0082 | 26 | 6 | 2 | 7 | 2 | .0017 |
| 26 | 5 | 7 | 5 | 4 | .0082 | 26 | 6 | 3 | 0 | 0 | .0005 |
| 26 | 5 | 7 | 5 | 6 | .0004 | 26 | 6 | 3 | 0 | 2 | .0134 |
| 26 | 5 | 7 | 6 | 5 | .0004 | 26 | 6 | 3 | 0 | 4 | .0074 |
| 26 | 5 | 8 | 0 | 0 | .0000 | 26 | 6 | 3 | 1 | 1 | .0453 |
| 26 | 5 | 8 | 1 | 1 | .0000 | 26 | 6 | 3 | 1 | 5 | .0337 |
| 26 | 5 | 8 | 2 | 2 | .0005 | 26 | 6 | 3 | 2 | 0 | .0134 |
| 26 | 5 | 8 | 3 | 3 | .0017 | 26 | 6 | 3 | 2 | 6 | .0279 |
| 26 | 5 | 8 | 4 | 4 | .0007 | 26 | 6 | 3 | 3 | 7 | .0042 |
| 26 | 5 | 8 | 5 | 5 | .0001 | 26 | 6 | 3 | 4 | 0 | .0074 |
| 26 | 6 | 0 | 0 | 1 | .0003 | 26 | 6 | 3 | 4 | 6 | .0400 |
| 26 | 6 | 0 | 0 | 3 | .0005 | 26 | 6 | 3 | 5 | 1 | .0337 |
| 26 | 6 | 0 | 0 | 5 | .0002 | 26 | 6 | 3 | 6 | 2 | .0279 |

## Tafel XVII-2 (Fortsetz.)

| | | | | | | | | | | |
|---|---|---|---|---|---|---|---|---|---|---|
| 26 | 6 | 3 | 6 | 4 | .0400 | 26 | 7 | 0 | 4 | 2 | .0012 |
| 26 | 6 | 3 | 7 | 3 | .0042 | 26 | 7 | 0 | 5 | 1 | .0001 |
| 26 | 6 | 4 | 0 | 1 | .0037 | 26 | 7 | 0 | 6 | 0 | .0000 |
| 26 | 6 | 4 | 0 | 3 | .0074 | 26 | 7 | 1 | 0 | 1 | .0003 |
| 26 | 6 | 4 | 1 | 0 | .0037 | 26 | 7 | 1 | 0 | 3 | .0012 |
| 26 | 6 | 4 | 1 | 4 | .0501 | 26 | 7 | 1 | 0 | 5 | .0001 |
| 26 | 6 | 4 | 3 | 0 | .0074 | 26 | 7 | 1 | 1 | 0 | .0003 |
| 26 | 6 | 4 | 3 | 6 | .0400 | 26 | 7 | 1 | 1 | 2 | .0091 |
| 26 | 6 | 4 | 4 | 1 | .0501 | 26 | 7 | 1 | 1 | 4 | .0066 |
| 26 | 6 | 4 | 4 | 7 | .0029 | 26 | 7 | 1 | 1 | 6 | .0002 |
| 26 | 6 | 4 | 5 | 6 | .0149 | 26 | 7 | 1 | 2 | 1 | .0091 |
| 26 | 6 | 4 | 6 | 3 | .0400 | 26 | 7 | 1 | 2 | 3 | .0255 |
| 26 | 6 | 4 | 6 | 5 | .0149 | 26 | 7 | 1 | 2 | 5 | .0037 |
| 26 | 6 | 4 | 7 | 4 | .0029 | 26 | 7 | 1 | 3 | 0 | .0012 |
| 26 | 6 | 5 | 0 | 0 | .0002 | 26 | 7 | 1 | 3 | 2 | .0255 |
| 26 | 6 | 5 | 0 | 2 | .0021 | 26 | 7 | 1 | 3 | 4 | .0134 |
| 26 | 6 | 5 | 1 | 1 | .0102 | 26 | 7 | 1 | 4 | 1 | .0066 |
| 26 | 6 | 5 | 1 | 3 | .0337 | 26 | 7 | 1 | 4 | 3 | .0134 |
| 26 | 6 | 5 | 2 | 0 | .0021 | 26 | 7 | 1 | 5 | 0 | .0001 |
| 26 | 6 | 5 | 3 | 1 | .0337 | 26 | 7 | 1 | 5 | 2 | .0037 |
| 26 | 6 | 5 | 4 | 6 | .0149 | 26 | 7 | 1 | 6 | 1 | .0002 |
| 26 | 6 | 5 | 5 | 5 | .0411 | 26 | 7 | 2 | 0 | 0 | .0002 |
| 26 | 6 | 5 | 5 | 7 | .0004 | 26 | 7 | 2 | 0 | 2 | .0024 |
| 26 | 6 | 5 | 6 | 4 | .0149 | 26 | 7 | 2 | 0 | 4 | .0012 |
| 26 | 6 | 5 | 6 | 6 | .0013 | 26 | 7 | 2 | 1 | 1 | .0091 |
| 26 | 6 | 5 | 7 | 5 | .0004 | 26 | 7 | 2 | 1 | 3 | .0255 |
| 26 | 6 | 6 | 0 | 1 | .0002 | 26 | 7 | 2 | 1 | 5 | .0037 |
| 26 | 6 | 6 | 1 | 0 | .0002 | 26 | 7 | 2 | 2 | 0 | .0024 |
| 26 | 6 | 6 | 1 | 2 | .0063 | 26 | 7 | 2 | 2 | 2 | .0527 |
| 26 | 6 | 6 | 2 | 1 | .0063 | 26 | 7 | 2 | 2 | 4 | .0453 |
| 26 | 6 | 6 | 2 | 3 | .0279 | 26 | 7 | 2 | 2 | 6 | .0017 |
| 26 | 6 | 6 | 3 | 2 | .0279 | 26 | 7 | 2 | 3 | 1 | .0255 |
| 26 | 6 | 6 | 3 | 4 | .0400 | 26 | 7 | 2 | 3 | 5 | .0182 |
| 26 | 6 | 6 | 4 | 3 | .0400 | 26 | 7 | 2 | 4 | 0 | .0012 |
| 26 | 6 | 6 | 4 | 5 | .0149 | 26 | 7 | 2 | 4 | 2 | .0453 |
| 26 | 6 | 6 | 5 | 4 | .0149 | 26 | 7 | 2 | 4 | 4 | .0368 |
| 26 | 6 | 6 | 5 | 6 | .0013 | 26 | 7 | 2 | 5 | 1 | .0037 |
| 26 | 6 | 6 | 6 | 5 | .0013 | 26 | 7 | 2 | 5 | 3 | .0182 |
| 26 | 6 | 6 | 6 | 7 | .0000 | 26 | 7 | 2 | 6 | 2 | .0017 |
| 26 | 6 | 6 | 7 | 6 | .0000 | 26 | 7 | 3 | 0 | 1 | .0012 |
| 26 | 6 | 7 | 0 | 0 | .0000 | 26 | 7 | 3 | 0 | 3 | .0018 |
| 26 | 6 | 7 | 1 | 1 | .0002 | 26 | 7 | 3 | 1 | 0 | .0012 |
| 26 | 6 | 7 | 2 | 2 | .0017 | 26 | 7 | 3 | 1 | 2 | .0255 |
| 26 | 6 | 7 | 3 | 3 | .0042 | 26 | 7 | 3 | 1 | 4 | .0134 |
| 26 | 6 | 7 | 4 | 4 | .0029 | 26 | 7 | 3 | 2 | 1 | .0255 |
| 26 | 6 | 7 | 5 | 5 | .0004 | 26 | 7 | 3 | 2 | 5 | .0182 |
| 26 | 6 | 7 | 6 | 6 | .0000 | 26 | 7 | 3 | 3 | 0 | .0018 |
| 26 | 7 | 0 | 0 | 0 | .0000 | 26 | 7 | 3 | 3 | 6 | .0042 |
| 26 | 7 | 0 | 0 | 2 | .0002 | 26 | 7 | 3 | 4 | 1 | .0134 |
| 26 | 7 | 0 | 0 | 4 | .0000 | 26 | 7 | 3 | 4 | 5 | .0232 |
| 26 | 7 | 0 | 0 | 6 | .0000 | 26 | 7 | 3 | 5 | 2 | .0182 |
| 26 | 7 | 0 | 1 | 1 | .0003 | 26 | 7 | 3 | 5 | 4 | .0232 |
| 26 | 7 | 0 | 1 | 3 | .0012 | 26 | 7 | 3 | 6 | 3 | .0042 |
| 26 | 7 | 0 | 1 | 5 | .0001 | 26 | 7 | 4 | 0 | 0 | .0000 |
| 26 | 7 | 0 | 2 | 0 | .0002 | 26 | 7 | 4 | 0 | 2 | .0012 |
| 26 | 7 | 0 | 2 | 2 | .0024 | 26 | 7 | 4 | 1 | 1 | .0066 |
| 26 | 7 | 0 | 2 | 4 | .0012 | 26 | 7 | 4 | 1 | 3 | .0134 |
| 26 | 7 | 0 | 3 | 1 | .0012 | 26 | 7 | 4 | 2 | 0 | .0012 |
| 26 | 7 | 0 | 3 | 3 | .0018 | 26 | 7 | 4 | 2 | 2 | .0453 |
| 26 | 7 | 0 | 4 | 0 | .0000 | 26 | 7 | 4 | 2 | 4 | .0368 |

Tafel XVII-2 (Fortsetz.)

| | | | | | | | | | | |
|---|---|---|---|---|---|---|---|---|---|---|
| 26 | 7 | 4 | 3 | 1 | ,0134 | 26 | 8 | 2 | 2 | 5 | ,0005 |
| 26 | 7 | 4 | 3 | 5 | ,0232 | 26 | 8 | 2 | 3 | 0 | ,0002 |
| 26 | 7 | 4 | 4 | 2 | ,0368 | 26 | 8 | 2 | 3 | 2 | ,0091 |
| 26 | 7 | 4 | 4 | 4 | ,0518 | 26 | 8 | 2 | 3 | 4 | ,0057 |
| 26 | 7 | 4 | 4 | 6 | ,0029 | 26 | 8 | 2 | 4 | 1 | ,0012 |
| 26 | 7 | 4 | 5 | 3 | ,0232 | 26 | 8 | 2 | 4 | 3 | ,0057 |
| 26 | 7 | 4 | 5 | 5 | ,0082 | 26 | 8 | 2 | 5 | 2 | ,0005 |
| 26 | 7 | 4 | 6 | 4 | ,0029 | 26 | 8 | 3 | 0 | 0 | ,0000 |
| 26 | 7 | 5 | 0 | 1 | ,0001 | 26 | 8 | 3 | 0 | 2 | ,0002 |
| 26 | 7 | 5 | 1 | 0 | ,0001 | 26 | 8 | 3 | 1 | 1 | ,0012 |
| 26 | 7 | 5 | 1 | 2 | ,0037 | 26 | 8 | 3 | 1 | 3 | ,0024 |
| 26 | 7 | 5 | 2 | 1 | ,0037 | 26 | 8 | 3 | 2 | 0 | ,0002 |
| 26 | 7 | 5 | 2 | 3 | ,0182 | 26 | 8 | 3 | 2 | 2 | ,0091 |
| 26 | 7 | 5 | 3 | 2 | ,0182 | 26 | 8 | 3 | 2 | 4 | ,0057 |
| 26 | 7 | 5 | 3 | 4 | ,0232 | 26 | 8 | 3 | 3 | 1 | ,0024 |
| 26 | 7 | 5 | 4 | 3 | ,0232 | 26 | 8 | 3 | 3 | 3 | ,0134 |
| 26 | 7 | 5 | 4 | 5 | ,0082 | 26 | 8 | 3 | 3 | 5 | ,0017 |
| 26 | 7 | 5 | 5 | 4 | ,0082 | 26 | 8 | 3 | 4 | 2 | ,0057 |
| 26 | 7 | 5 | 5 | 6 | ,0004 | 26 | 8 | 3 | 4 | 4 | ,0057 |
| 26 | 7 | 5 | 6 | 5 | ,0004 | 26 | 8 | 3 | 5 | 3 | ,0017 |
| 26 | 7 | 6 | 0 | 0 | ,0000 | 26 | 8 | 4 | 0 | 1 | ,0000 |
| 26 | 7 | 6 | 1 | 1 | ,0002 | 26 | 8 | 4 | 1 | 0 | ,0000 |
| 26 | 7 | 6 | 2 | 2 | ,0017 | 26 | 8 | 4 | 1 | 2 | ,0012 |
| 26 | 7 | 6 | 3 | 3 | ,0042 | 26 | 8 | 4 | 2 | 1 | ,0012 |
| 26 | 7 | 6 | 4 | 4 | ,0029 | 26 | 8 | 4 | 2 | 3 | ,0057 |
| 26 | 7 | 6 | 5 | 5 | ,0004 | 26 | 8 | 4 | 3 | 2 | ,0057 |
| 26 | 7 | 6 | 6 | 6 | ,0000 | 26 | 8 | 4 | 3 | 4 | ,0057 |
| 26 | 8 | 0 | 0 | 1 | ,0000 | 26 | 8 | 4 | 4 | 3 | ,0057 |
| 26 | 8 | 0 | 0 | 3 | ,0000 | 26 | 8 | 4 | 4 | 5 | ,0007 |
| 26 | 8 | 0 | 0 | 5 | ,0000 | 26 | 8 | 4 | 5 | 4 | ,0007 |
| 26 | 8 | 0 | 1 | 0 | ,0000 | 26 | 8 | 5 | 0 | 0 | ,0000 |
| 26 | 8 | 0 | 1 | 2 | ,0002 | 26 | 8 | 5 | 1 | 1 | ,0000 |
| 26 | 8 | 0 | 1 | 4 | ,0000 | 26 | 8 | 5 | 2 | 2 | ,0005 |
| 26 | 8 | 0 | 2 | 1 | ,0002 | 26 | 8 | 5 | 3 | 3 | ,0017 |
| 26 | 8 | 0 | 2 | 3 | ,0002 | 26 | 8 | 5 | 4 | 4 | ,0007 |
| 26 | 8 | 0 | 3 | 0 | ,0000 | 26 | 8 | 5 | 5 | 5 | ,0001 |
| 26 | 8 | 0 | 3 | 2 | ,0002 | 26 | 9 | 0 | 0 | 0 | ,0000 |
| 26 | 8 | 0 | 4 | 1 | ,0000 | 26 | 9 | 0 | 0 | 2 | ,0000 |
| 26 | 8 | 0 | 5 | 0 | ,0000 | 26 | 9 | 0 | 0 | 4 | ,0000 |
| 26 | 8 | 1 | 0 | 0 | ,0000 | 26 | 9 | 0 | 1 | 1 | ,0000 |
| 26 | 8 | 1 | 0 | 2 | ,0002 | 26 | 9 | 0 | 1 | 3 | ,0000 |
| 26 | 8 | 1 | 0 | 4 | ,0000 | 26 | 9 | 0 | 2 | 0 | ,0000 |
| 26 | 8 | 1 | 1 | 1 | ,0004 | 26 | 9 | 0 | 2 | 2 | ,0000 |
| 26 | 8 | 1 | 1 | 3 | ,0012 | 26 | 9 | 0 | 3 | 1 | ,0000 |
| 26 | 8 | 1 | 1 | 5 | ,0000 | 26 | 9 | 0 | 4 | 0 | ,0000 |
| 26 | 8 | 1 | 2 | 0 | ,0002 | 26 | 9 | 1 | 0 | 1 | ,0000 |
| 26 | 8 | 1 | 2 | 2 | ,0025 | 26 | 9 | 1 | 0 | 3 | ,0000 |
| 26 | 8 | 1 | 2 | 4 | ,0012 | 26 | 9 | 1 | 1 | 0 | ,0000 |
| 26 | 8 | 1 | 3 | 1 | ,0012 | 26 | 9 | 1 | 1 | 2 | ,0001 |
| 26 | 8 | 1 | 3 | 3 | ,0024 | 26 | 9 | 1 | 1 | 4 | ,0000 |
| 26 | 8 | 1 | 4 | 0 | ,0000 | 26 | 9 | 1 | 2 | 1 | ,0001 |
| 26 | 8 | 1 | 4 | 2 | ,0012 | 26 | 9 | 1 | 2 | 3 | ,0002 |
| 26 | 8 | 1 | 5 | 1 | ,0000 | 26 | 9 | 1 | 3 | 0 | ,0000 |
| 26 | 8 | 2 | 0 | 1 | ,0002 | 26 | 9 | 1 | 3 | 2 | ,0002 |
| 26 | 8 | 2 | 0 | 3 | ,0002 | 26 | 9 | 1 | 4 | 1 | ,0000 |
| 26 | 8 | 2 | 1 | 0 | ,0002 | 26 | 9 | 2 | 0 | 0 | ,0000 |
| 26 | 8 | 2 | 1 | 2 | ,0025 | 26 | 9 | 2 | 0 | 2 | ,0000 |
| 26 | 8 | 2 | 1 | 4 | ,0012 | 26 | 9 | 2 | 1 | 1 | ,0001 |
| 26 | 8 | 2 | 2 | 1 | ,0025 | 26 | 9 | 2 | 1 | 3 | ,0002 |
| 26 | 8 | 2 | 2 | 3 | ,0091 | 26 | 9 | 2 | 2 | 0 | ,0000 |

## Tafel XVII-2 (Fortsetz.)

| | | | | | | | | | | |
|---|---|---|---|---|---|---|---|---|---|---|
| 26 | 9 | 2 | 2 | 2 | .0004 | 26 | 10 | 1 | 2 | 2 | .0000 |
| 26 | 9 | 2 | 2 | 4 | .0002 | 26 | 10 | 1 | 3 | 1 | .0000 |
| 26 | 9 | 2 | 3 | 1 | .0002 | 26 | 10 | 2 | 0 | 1 | .0000 |
| 26 | 9 | 2 | 3 | 3 | .0003 | 26 | 10 | 2 | 1 | 0 | .0000 |
| 26 | 9 | 2 | 4 | 2 | .0002 | 26 | 10 | 2 | 1 | 2 | .0000 |
| 26 | 9 | 3 | 0 | 1 | .0000 | 26 | 10 | 2 | 2 | 1 | .0000 |
| 26 | 9 | 3 | 1 | 0 | .0000 | 26 | 10 | 2 | 2 | 3 | .0000 |
| 26 | 9 | 3 | 1 | 2 | .0002 | 26 | 10 | 2 | 3 | 2 | .0000 |
| 26 | 9 | 3 | 2 | 1 | .0002 | 26 | 10 | 3 | 0 | 0 | .0000 |
| 26 | 9 | 3 | 2 | 3 | .0003 | 26 | 10 | 3 | 1 | 1 | .0000 |
| 26 | 9 | 3 | 3 | 2 | .0003 | 26 | 10 | 3 | 2 | 2 | .0000 |
| 26 | 9 | 3 | 3 | 4 | .0003 | 26 | 10 | 3 | 3 | 3 | .0000 |
| 26 | 9 | 3 | 4 | 3 | .0003 | 26 | 11 | 0 | 0 | 0 | .0000 |
| 26 | 9 | 4 | 0 | 0 | .0000 | 26 | 11 | 0 | 0 | 2 | .0000 |
| 26 | 9 | 4 | 1 | 1 | .0000 | 26 | 11 | 0 | 1 | 1 | .0000 |
| 26 | 9 | 4 | 2 | 2 | .0002 | 26 | 11 | 0 | 2 | 0 | .0000 |
| 26 | 9 | 4 | 3 | 3 | .0003 | 26 | 11 | 1 | 0 | 1 | .0000 |
| 26 | 9 | 4 | 4 | 4 | .0000 | 26 | 11 | 1 | 1 | 0 | .0000 |
| 26 | 10 | 0 | 0 | 1 | .0000 | 26 | 11 | 1 | 1 | 2 | .0000 |
| 26 | 10 | 0 | 0 | 3 | .0000 | 26 | 11 | 1 | 2 | 1 | .0000 |
| 26 | 10 | 0 | 1 | 0 | .0000 | 26 | 11 | 2 | 0 | 0 | .0000 |
| 26 | 10 | 0 | 1 | 2 | .0000 | 26 | 11 | 2 | 1 | 1 | .0000 |
| 26 | 10 | 0 | 2 | 1 | .0000 | 26 | 11 | 2 | 2 | 2 | .0000 |
| 26 | 10 | 0 | 3 | 0 | .0000 | 26 | 12 | 0 | 0 | 1 | .0000 |
| 26 | 10 | 1 | 0 | 0 | .0000 | 26 | 12 | 0 | 1 | 0 | .0000 |
| 26 | 10 | 1 | 0 | 2 | .0000 | 26 | 12 | 1 | 0 | 0 | .0000 |
| 26 | 10 | 1 | 1 | 1 | .0000 | 26 | 12 | 1 | 1 | 1 | .0000 |
| 26 | 10 | 1 | 1 | 3 | .0000 | 26 | 13 | 0 | 0 | 0 | .0000 |
| 26 | 10 | 1 | 2 | 0 | .0000 | | | | | | |

## Tafel XVIII-12

T-Wert-Transformation von Rangwerten

Entnommen via EDWARDS, A. L. ($^2$1967, Table XII) aus BERKSHIRE, J. R. (Ed.): Improvement of grading practices for air training command schools. Air Training Command, Scott Air Force Base, Illinois, ATRC Manual 50-900-9, 1951.

Die Tafel transformiert die Rangwerte R = 1(1)N einer Stichprobe von N = 5(1)45 nicht normal verteilten Messwerten in normalverteilte T-Werte mit einem Mittelwert von 50 und einer Standardabweichung von 10. Rangbindungen werden die Medianwerte ihrer T-Werte als T-Wert zugeordnet. Im Zweifelsfall wird der näher zu 50 liegende Medianwert genommen, um auf der sicheren Seite zu bleiben. Es ist zu beachten, daß die Ränge fallend angeordnet sind, d. h. der größte Meßwert bekommt den Rang 1 und der niedrigste den Rang N. Will man eine aufsteigende Rangreihe transformieren, so braucht man nur die T-Werte in umgekehrter Reihenfolge zu vergeben.

*Ablesebeispiele:* Einer Stichprobe von N = 6 Meßwerten (27, 19, 14, 12, 11, 10) entsprechen die T-Werte (64, 57, 52, 48, 43, 36). Den N = 7 Meßwerten (1, 2, 2, 3, 4, 6, 9, 9) werden die T-Werte (35, 44, 44, 50, 54, 61, 61) zugeordnet.

Tafel XVIII-12 (Fortsetz.)

|  | Stichprobenumfang N |  |  |  |  |  |  |  |  |  |  |  |  |  |  |  |  |  |  |  |  |  |  |  |  |  |  |  |  |  |  |  |  |  |  |  |  |  |  |  |
|---|---|---|---|---|---|---|---|---|---|---|---|---|---|---|---|---|---|---|---|---|---|---|---|---|---|---|---|---|---|---|---|---|---|---|---|---|---|---|---|---|---|
| Rang | 5 | 6 | 7 | 8 | 9 | 10 | 11 | 12 | 13 | 14 | 15 | 16 | 17 | 18 | 19 | 20 | 21 | 22 | 23 | 24 | 25 | 26 | 27 | 28 | 29 | 30 | 31 | 32 | 33 | 34 | 35 | 36 | 37 | 38 | 39 | 40 | 41 | 42 | 43 | 44 | 45 | Rang |
| 1 | 63 | 64 | 65 | 65 | 66 | 66 | 67 | 67 | 68 | 68 | 68 | 69 | 69 | 69 | 69 | 70 | 70 | 70 | 70 | 70 | 71 | 71 | 71 | 71 | 72 | 72 | 72 | 72 | 72 | 72 | 72 | 72 | 72 | 72 | 72 | 72 | 72 | 73 | 73 | 73 | 73 | 1 |
| 2 | 55 | 57 | 58 | 59 | 60 | 60 | 61 | 62 | 62 | 62 | 63 | 63 | 64 | 64 | 64 | 64 | 65 | 65 | 65 | 65 | 66 | 66 | 66 | 66 | 66 | 66 | 67 | 67 | 67 | 67 | 67 | 67 | 68 | 68 | 68 | 68 | 68 | 68 | 68 | 68 | 68 | 2 |
| 3 | 50 | 52 | 54 | 55 | 56 | 57 | 58 | 58 | 59 | 59 | 60 | 60 | 60 | 61 | 61 | 62 | 62 | 62 | 63 | 63 | 63 | 63 | 63 | 63 | 64 | 64 | 64 | 64 | 64 | 64 | 65 | 65 | 65 | 65 | 65 | 65 | 65 | 66 | 66 | 66 | 66 | 3 |
| 4 | 45 | 48 | 50 | 52 | 53 | 54 | 55 | 55 | 56 | 57 | 57 | 58 | 58 | 59 | 59 | 59 | 60 | 60 | 60 | 61 | 61 | 61 | 61 | 62 | 62 | 62 | 62 | 62 | 63 | 63 | 63 | 63 | 63 | 63 | 63 | 64 | 64 | 64 | 64 | 64 | 64 | 4 |
| 5 | 37 | 43 | 46 | 48 | 50 | 51 | 52 | 53 | 53 | 54 | 55 | 56 | 56 | 57 | 57 | 58 | 58 | 58 | 59 | 59 | 59 | 59 | 60 | 60 | 60 | 60 | 61 | 61 | 61 | 61 | 61 | 62 | 62 | 62 | 62 | 62 | 62 | 62 | 63 | 63 | 63 | 5 |
| 6 |  | 36 | 42 | 45 | 47 | 49 | 50 | 51 | 52 | 53 | 53 | 54 | 55 | 55 | 56 | 56 | 56 | 57 | 57 | 57 | 58 | 58 | 58 | 58 | 58 | 59 | 59 | 59 | 59 | 59 | 60 | 60 | 60 | 60 | 60 | 60 | 60 | 60 | 61 | 61 | 61 | 6 |
| 7 |  |  | 35 | 41 | 44 | 46 | 48 | 49 | 50 | 51 | 52 | 52 | 53 | 54 | 54 | 55 | 55 | 55 | 56 | 56 | 56 | 56 | 57 | 57 | 57 | 57 | 58 | 58 | 58 | 58 | 58 | 58 | 58 | 59 | 59 | 59 | 59 | 59 | 59 | 60 | 60 | 7 |
| 8 |  |  |  | 35 | 40 | 43 | 45 | 47 | 48 | 49 | 50 | 51 | 51 | 52 | 53 | 53 | 54 | 54 | 54 | 55 | 55 | 55 | 55 | 56 | 56 | 56 | 56 | 56 | 56 | 57 | 57 | 57 | 57 | 57 | 58 | 58 | 58 | 58 | 58 | 59 | 59 | 8 |
| 9 |  |  |  |  | 34 | 40 | 43 | 45 | 46 | 47 | 48 | 49 | 50 | 51 | 51 | 52 | 52 | 53 | 53 | 54 | 54 | 54 | 54 | 55 | 55 | 55 | 55 | 55 | 56 | 56 | 56 | 56 | 56 | 57 | 57 | 57 | 57 | 57 | 57 | 58 | 58 | 9 |
| 10 |  |  |  |  |  | 34 | 39 | 42 | 44 | 45 | 47 | 48 | 49 | 49 | 50 | 51 | 51 | 52 | 52 | 53 | 53 | 53 | 54 | 54 | 54 | 54 | 54 | 55 | 55 | 55 | 55 | 55 | 55 | 56 | 56 | 56 | 56 | 56 | 56 | 57 | 57 | 10 |
| 11 |  |  |  |  |  |  | 33 | 38 | 41 | 43 | 45 | 46 | 47 | 48 | 48 | 49 | 50 | 51 | 51 | 52 | 52 | 52 | 53 | 53 | 53 | 54 | 54 | 54 | 54 | 55 | 55 | 55 | 55 | 55 | 55 | 56 | 56 | 56 | 56 | 56 | 57 | 11 |
| 12 |  |  |  |  |  |  |  | 33 | 38 | 41 | 43 | 44 | 45 | 46 | 47 | 48 | 49 | 49 | 50 | 50 | 51 | 51 | 52 | 52 | 53 | 53 | 53 | 53 | 54 | 54 | 54 | 54 | 55 | 55 | 55 | 55 | 55 | 55 | 55 | 55 | 56 | 12 |
| 13 |  |  |  |  |  |  |  |  | 32 | 38 | 40 | 42 | 44 | 45 | 46 | 47 | 48 | 48 | 49 | 49 | 50 | 50 | 51 | 51 | 52 | 52 | 52 | 53 | 53 | 53 | 53 | 54 | 54 | 54 | 54 | 54 | 54 | 54 | 55 | 55 | 55 | 13 |
| 14 |  |  |  |  |  |  |  |  |  | 32 | 37 | 40 | 42 | 43 | 44 | 45 | 46 | 47 | 47 | 48 | 49 | 49 | 50 | 50 | 51 | 51 | 51 | 52 | 52 | 52 | 53 | 53 | 53 | 53 | 53 | 53 | 54 | 54 | 54 | 54 | 54 | 14 |
| 15 |  |  |  |  |  |  |  |  |  |  | 32 | 37 | 40 | 42 | 43 | 44 | 45 | 46 | 47 | 47 | 48 | 48 | 49 | 49 | 50 | 50 | 51 | 51 | 51 | 52 | 52 | 52 | 52 | 53 | 53 | 53 | 53 | 53 | 53 | 53 | 54 | 15 |
| 16 |  |  |  |  |  |  |  |  |  |  |  | 31 | 36 | 39 | 41 | 42 | 44 | 45 | 45 | 46 | 47 | 48 | 48 | 49 | 49 | 50 | 50 | 50 | 51 | 51 | 51 | 52 | 52 | 52 | 52 | 52 | 52 | 53 | 53 | 53 | 53 | 16 |
| 17 |  |  |  |  |  |  |  |  |  |  |  |  | 31 | 36 | 39 | 41 | 42 | 43 | 44 | 45 | 46 | 46 | 47 | 48 | 48 | 49 | 49 | 50 | 50 | 50 | 50 | 51 | 51 | 51 | 51 | 52 | 52 | 52 | 52 | 52 | 53 | 17 |
| 18 |  |  |  |  |  |  |  |  |  |  |  |  |  | 31 | 36 | 38 | 40 | 42 | 43 | 44 | 45 | 46 | 46 | 47 | 47 | 48 | 48 | 49 | 49 | 50 | 50 | 50 | 50 | 51 | 51 | 51 | 51 | 51 | 51 | 51 | 52 | 18 |
| 19 |  |  |  |  |  |  |  |  |  |  |  |  |  |  | 31 | 36 | 38 | 40 | 41 | 42 | 43 | 44 | 45 | 46 | 46 | 47 | 47 | 48 | 48 | 49 | 49 | 49 | 49 | 50 | 50 | 50 | 50 | 50 | 50 | 51 | 51 | 19 |
| 20 |  |  |  |  |  |  |  |  |  |  |  |  |  |  |  | 30 | 35 | 38 | 39 | 41 | 42 | 43 | 44 | 45 | 45 | 46 | 47 | 47 | 48 | 48 | 49 | 49 | 49 | 49 | 49 | 50 | 50 | 50 | 50 | 50 | 51 | 20 |
| 21 |  |  |  |  |  |  |  |  |  |  |  |  |  |  |  |  | 30 | 35 | 38 | 39 | 41 | 42 | 43 | 44 | 45 | 45 | 46 | 46 | 47 | 47 | 48 | 48 | 49 | 49 | 49 | 49 | 50 | 50 | 50 | 50 | 50 | 21 |
| 22 |  |  |  |  |  |  |  |  |  |  |  |  |  |  |  |  |  | 30 | 35 | 37 | 39 | 41 | 42 | 43 | 44 | 45 | 45 | 46 | 46 | 47 | 47 | 48 | 48 | 48 | 48 | 49 | 49 | 49 | 49 | 49 | 49 | 22 |
| 23 |  |  |  |  |  |  |  |  |  |  |  |  |  |  |  |  |  |  | 30 | 35 | 37 | 39 | 40 | 41 | 42 | 43 | 44 | 45 | 45 | 45 | 46 | 47 | 47 | 48 | 48 | 48 | 48 | 48 | 49 | 49 | 49 | 23 |
| 24 |  |  |  |  |  |  |  |  |  |  |  |  |  |  |  |  |  |  |  | 30 | 34 | 37 | 38 | 40 | 41 | 42 | 43 | 43 | 44 | 45 | 45 | 46 | 46 | 47 | 47 | 47 | 47 | 47 | 48 | 48 | 48 | 24 |
| 25 |  |  |  |  |  |  |  |  |  |  |  |  |  |  |  |  |  |  |  |  | 29 | 34 | 37 | 38 | 40 | 41 | 42 | 42 | 43 | 44 | 45 | 45 | 46 | 46 | 47 | 47 | 47 | 47 | 47 | 47 | 48 | 25 |
| 26 |  |  |  |  |  |  |  |  |  |  |  |  |  |  |  |  |  |  |  |  |  | 29 | 34 | 36 | 38 | 40 | 41 | 42 | 42 | 43 | 44 | 44 | 45 | 45 | 46 | 46 | 46 | 46 | 46 | 47 | 47 | 26 |
| 27 |  |  |  |  |  |  |  |  |  |  |  |  |  |  |  |  |  |  |  |  |  |  | 29 | 34 | 36 | 38 | 39 | 40 | 41 | 42 | 43 | 43 | 44 | 44 | 45 | 45 | 46 | 46 | 46 | 46 | 47 | 27 |
| 28 |  |  |  |  |  |  |  |  |  |  |  |  |  |  |  |  |  |  |  |  |  |  |  | 29 | 33 | 36 | 38 | 39 | 40 | 41 | 41 | 42 | 43 | 44 | 44 | 45 | 45 | 45 | 45 | 46 | 46 | 28 |
| 29 |  |  |  |  |  |  |  |  |  |  |  |  |  |  |  |  |  |  |  |  |  |  |  |  | 29 | 34 | 36 | 37 | 39 | 40 | 41 | 41 | 42 | 43 | 43 | 44 | 44 | 45 | 45 | 45 | 45 | 29 |
| 30 |  |  |  |  |  |  |  |  |  |  |  |  |  |  |  |  |  |  |  |  |  |  |  |  |  | 29 | 33 | 35 | 37 | 39 | 40 | 41 | 41 | 42 | 43 | 43 | 44 | 44 | 44 | 44 | 45 | 30 |
| 31 |  |  |  |  |  |  |  |  |  |  |  |  |  |  |  |  |  |  |  |  |  |  |  |  |  |  | 29 | 33 | 35 | 37 | 38 | 39 | 40 | 41 | 41 | 42 | 42 | 43 | 43 | 44 | 44 | 31 |
| 32 |  |  |  |  |  |  |  |  |  |  |  |  |  |  |  |  |  |  |  |  |  |  |  |  |  |  |  | 29 | 33 | 35 | 37 | 38 | 39 | 40 | 40 | 41 | 41 | 42 | 42 | 43 | 43 | 32 |
| 33 |  |  |  |  |  |  |  |  |  |  |  |  |  |  |  |  |  |  |  |  |  |  |  |  |  |  |  |  | 28 | 33 | 35 | 37 | 38 | 39 | 39 | 40 | 40 | 41 | 41 | 42 | 42 | 33 |
| 34 |  |  |  |  |  |  |  |  |  |  |  |  |  |  |  |  |  |  |  |  |  |  |  |  |  |  |  |  |  | 28 | 33 | 35 | 37 | 37 | 38 | 39 | 40 | 40 | 41 | 41 | 42 | 34 |
| 35 |  |  |  |  |  |  |  |  |  |  |  |  |  |  |  |  |  |  |  |  |  |  |  |  |  |  |  |  |  |  | 28 | 33 | 35 | 37 | 38 | 39 | 39 | 40 | 40 | 40 | 41 | 35 |
| 36 |  |  |  |  |  |  |  |  |  |  |  |  |  |  |  |  |  |  |  |  |  |  |  |  |  |  |  |  |  |  |  | 28 | 33 | 35 | 37 | 37 | 38 | 39 | 39 | 40 | 40 | 36 |
| 37 |  |  |  |  |  |  |  |  |  |  |  |  |  |  |  |  |  |  |  |  |  |  |  |  |  |  |  |  |  |  |  |  | 28 | 32 | 35 | 36 | 37 | 38 | 39 | 39 | 39 | 37 |
| 38 |  |  |  |  |  |  |  |  |  |  |  |  |  |  |  |  |  |  |  |  |  |  |  |  |  |  |  |  |  |  |  |  |  | 28 | 32 | 35 | 36 | 37 | 37 | 38 | 38 | 38 |
| 39 |  |  |  |  |  |  |  |  |  |  |  |  |  |  |  |  |  |  |  |  |  |  |  |  |  |  |  |  |  |  |  |  |  |  | 28 | 32 | 35 | 36 | 37 | 37 | 37 | 39 |
| 40 |  |  |  |  |  |  |  |  |  |  |  |  |  |  |  |  |  |  |  |  |  |  |  |  |  |  |  |  |  |  |  |  |  |  |  | 28 | 32 | 34 | 36 | 36 | 37 | 40 |
| 41 |  |  |  |  |  |  |  |  |  |  |  |  |  |  |  |  |  |  |  |  |  |  |  |  |  |  |  |  |  |  |  |  |  |  |  |  | 28 | 32 | 34 | 36 | 36 | 41 |
| 42 |  |  |  |  |  |  |  |  |  |  |  |  |  |  |  |  |  |  |  |  |  |  |  |  |  |  |  |  |  |  |  |  |  |  |  |  |  | 32 | 34 | 35 | 35 | 42 |
| 43 |  |  |  |  |  |  |  |  |  |  |  |  |  |  |  |  |  |  |  |  |  |  |  |  |  |  |  |  |  |  |  |  |  |  |  |  |  |  | 32 | 33 | 34 | 43 |
| 44 |  |  |  |  |  |  |  |  |  |  |  |  |  |  |  |  |  |  |  |  |  |  |  |  |  |  |  |  |  |  |  |  |  |  |  |  |  |  |  | 32 | 32 | 44 |
| 45 |  |  |  |  |  |  |  |  |  |  |  |  |  |  |  |  |  |  |  |  |  |  |  |  |  |  |  |  |  |  |  |  |  |  |  |  |  |  |  |  | 27 | 45 |

## Tafel XVIII-12-1

Transformation von Prozentrang-Werten in T-Werte

Berechnet vom Verfasser nach T = 50 + 10 (x) als Integral von $-\infty$ bis $+\infty$ über die Standardnormalverteilung aufgrund der Werte von FISHER, R. A. and F. YATES ([5]1957, Table IIi).

Die Tafel dient der Transformation gruppierter Meßwerte von Stichproben beliebigen Umfangs in T-Werte. Die Tafel gibt zu vorgegebenen, bzw. berechneten Prozentrang-Werten PR — aufgefaßt als Flächenanteil unter der Normalverteilung mit Gesamtfläche 100 % — die zugehörigen T-Werte als Abszissenwerte einer Normalverteilung mit Mittelwert 50 und Standardabweichung 10.

*Ablesebeispiel:* Einem PR = 21 entspricht ein T = 42, einem PR = 52 ein T = 50, da im Zweifelsfall gegen den Mittelwert hin zu runden ist.

*Bemerkung:* Man benutze möglichst nur ganzzahlige T-Werte, um die Auswertung zu ökonomisieren. Für N = 100 gilt $27 \leqslant T \leqslant 83$, für N = 1000 gilt $19 \leqslant T \leqslant 81$. Erst für Stichproben vom Umfang $N \geqslant 1000000$ wird die ganze Spannweite der T-Transformation von 0 bis 100 ausgeschöpft.

| PR | T | PR | T | PR | T |
|---|---|---|---|---|---|
| ≤ 0,000029 | 0 | 6,7 | 35 | 97,7 | 70 |
| 0,000048 | 1 | 8,1 | 36 | 98,2 | 71 |
| 0,000079 | 2 | 9,7 | 37 | 98,6 | 72 |
| 0,00013 | 3 | 11,5 | 38 | 98,9 | 73 |
| 0,00021 | 4 | 13,6 | 39 | 99,18 | 74 |
| 0,00034 | 5 | 15,9 | 40 | 99,38 | 75 |
| 0,00054 | 6 | 18,4 | 41 | 99,53 | 76 |
| 0,00085 | 7 | 21,2 | 42 | 99,65 | 77 |
| 0,0013 | 8 | 24,2 | 43 | 99,74 | 78 |
| 0,0021 | 9 | 27,4 | 44 | 99,81 | 79 |
| 0,0032 | 10 | 30,9 | 45 | 99,87 | 80 |
| 0,0048 | 11 | 34,5 | 46 | 99,90 | 81 |
| 0,0072 | 12 | 38,2 | 47 | 99,931 | 82 |
| 0,011 | 13 | 42,1 | 48 | 99,952 | 83 |
| 0,016 | 14 | 46,0 | 49 | 99,966 | 84 |
| 0,023 | 15 | 50,0 | 50 | 99,977 | 85 |
| 0,034 | 16 | 54,0 | 51 | 99,984 | 86 |
| 0,048 | 17 | 57,9 | 52 | 99,989 | 87 |
| 0,069 | 18 | 61,8 | 53 | 99,9928 | 88 |
| 0,10 | 19 | 65,5 | 54 | 99,9952 | 89 |
| 0,13 | 20 | 69,1 | 55 | 99,9968 | 90 |
| 0,19 | 21 | 72,6 | 56 | 99,9979 | 91 |
| 0,26 | 22 | 75,8 | 57 | 99,9987 | 92 |
| 0,35 | 23 | 78,8 | 58 | 99,99915 | 93 |
| 0,47 | 24 | 81,6 | 59 | 99,99946 | 94 |
| 0,62 | 25 | 84,1 | 60 | 99,99964 | 95 |
| 0,82 | 26 | 86,4 | 61 | 99,99979 | 96 |
| 1,1 | 27 | 88,5 | 62 | 99,99987 | 97 |
| 1,4 | 28 | 90,3 | 63 | 99,999921 | 98 |
| 1,8 | 29 | 91,9 | 64 | 99,999952 | 99 |
| 2,3 | 30 | 93,3 | 65 | ≥ 99,999971 | 100 |
| 2,9 | 31 | 94,5 | 66 | | |
| 3,6 | 32 | 95,5 | 67 | | |
| 4,5 | 33 | 96,4 | 68 | | |
| 5,5 | 34 | 97,1 | 69 | | |

**Tafel XIX**

Reziproken $\frac{1}{n}$ der Zahlen n = 1(1)999

Entnommen via Dokumenta Geigy ([7]1968, S. 18) aus COMRIE, L. J. (Hrsg.): Barlow's tables of squares, cubes, square roots, cube roots and reciprocals of all integers up to 12,50000. London: Spon, [4]1958.

*Ablesebeispiel:* 1/60 = 0,01666667
1/177 = 0,005649718

## Tafel XIX (Fortsetz.)

| n | 0 | 1 | 2 | 3 | 4 | 5 | 6 | 7 | 8 | 9 |
|---|---|---|---|---|---|---|---|---|---|---|
| 0 | — | 1 | 0,5 000 000 | 0,3 333 333 | 0,2 500 000 | 0,2 000 000 | 0,1 666 6667 | 0,1 428 5714 | 0,1 250 0000 | 0,1 111 1111 |
| 10 | 0,1 000 0000 | 0,0 909 0909 | 0,0 833 3333 | 0,0 769 2308 | 0,0 714 2857 | 0,0 666 6667 | 0,0 625 0000 | 0,0 588 2353 | 0,0 555 5556 | 0,0 526 3158 |
| 20 | 500 0000 | 476 1905 | 454 5455 | 434 7826 | 416 6667 | 400 0000 | 384 6154 | 370 3704 | 357 1429 | 348 8276 |
| 30 | 333 3333 | 322 5806 | 312 5000 | 303 0303 | 294 1176 | 285 7143 | 277 7778 | 270 2703 | 263 1579 | 256 4103 |
| 40 | 250 0000 | 243 9024 | 238 0952 | 232 5581 | 227 2727 | 222 2222 | 217 3913 | 212 7660 | 208 3333 | 204 0816 |
| 50 | 0,0 200 0000 | 0,0 196 0784 | 0,0 192 3077 | 0,0 188 6792 | 0,0 185 1852 | 0,0 181 8182 | 0,0 178 5714 | 0,0 175 4386 | 0,0 172 4138 | 0,0 169 4915 |
| 60 | 166 6667 | 163 9344 | 161 2903 | 158 7302 | 156 2500 | 153 8462 | 151 5152 | 149 2537 | 147 0588 | 144 9275 |
| 70 | 142 8571 | 140 8451 | 138 8889 | 136 9863 | 135 1351 | 133 3333 | 131 5789 | 129 8701 | 128 2051 | 126 5823 |
| 80 | 125 0000 | 123 4568 | 121 9512 | 120 4819 | 119 0476 | 117 6471 | 116 2791 | 114 9425 | 113 6364 | 112 3596 |
| 90 | 111 1111 | 109 8901 | 108 6957 | 107 5269 | 106 3830 | 105 2632 | 104 1667 | 103 0928 | 102 0408 | 101 0101 |
| 100 | 0,01 000 0000 | 0,00 990 0990 | 0,00 980 3922 | 0,00 970 8738 | 0,00 961 5385 | 0,00 952 3810 | 0,00 943 3962 | 0,00 934 5794 | 0,00 925 9259 | 0,00 917 4312 |
| 110 | 0,00 909 0909 | 900 9009 | 892 8571 | 884 9558 | 877 1930 | 869 5652 | 862 0690 | 854 7009 | 847 4576 | 840 3361 |
| 120 | 833 3333 | 826 4463 | 819 6721 | 813 0081 | 806 4516 | 800 0000 | 793 6508 | 787 4016 | 781 2500 | 775 1938 |
| 130 | 769 2308 | 763 3588 | 757 5758 | 751 8797 | 746 2687 | 740 7407 | 735 2941 | 729 9270 | 724 6377 | 719 4245 |
| 140 | 714 2857 | 709 2199 | 704 2254 | 699 3007 | 694 4444 | 689 6552 | 684 9315 | 680 2721 | 675 6757 | 671 1409 |
| 150 | 0,00 666 6667 | 0,00 662 2517 | 0,00 657 8947 | 0,00 653 5948 | 0,00 649 3506 | 0,00 645 1613 | 0,00 641 0256 | 0,00 636 9427 | 0,00 632 9114 | 0,00 628 9308 |
| 160 | 625 0000 | 621 1180 | 617 2840 | 613 4969 | 609 7561 | 606 0606 | 602 4096 | 598 8024 | 595 2381 | 591 7160 |
| 170 | 588 2353 | 584 7953 | 581 3953 | 578 0347 | 574 7126 | 571 4286 | 568 1818 | 564 9718 | 561 7978 | 558 6592 |
| 180 | 555 5556 | 552 4862 | 549 4505 | 546 4481 | 543 4783 | 540 5405 | 537 6344 | 534 7594 | 531 9149 | 529 1005 |
| 190 | 526 3158 | 523 5602 | 520 8333 | 518 1347 | 515 4639 | 512 8205 | 510 2041 | 507 6142 | 505 0505 | 502 5126 |
| 200 | 0,00 500 0000 | 0,00 497 5124 | 0,00 495 0495 | 0,00 492 6108 | 0,00 490 1961 | 0,00 487 8049 | 0,00 485 4369 | 0,00 483 0918 | 0,00 480 7692 | 0,00 478 4689 |
| 210 | 476 1905 | 473 9336 | 471 6981 | 469 4836 | 467 2897 | 465 1163 | 462 9630 | 460 8295 | 458 7156 | 456 6210 |
| 220 | 454 5455 | 452 4887 | 450 4505 | 448 4305 | 446 4286 | 444 4444 | 442 4779 | 440 5286 | 438 5965 | 436 6812 |
| 230 | 434 7826 | 432 9004 | 431 0345 | 429 1845 | 427 3504 | 425 5319 | 423 7288 | 421 9409 | 420 1681 | 418 4100 |
| 240 | 416 6667 | 414 9378 | 413 2231 | 411 5226 | 408 8361 | 408 1633 | 406 5041 | 404 8883 | 403 2258 | 401 6064 |
| 250 | 0,00 400 0000 | 0,00 398 4064 | 0,00 396 8254 | 0,00 395 2569 | 0,00 393 7008 | 0,00 392 1569 | 0,00 390 6250 | 0,00 389 1051 | 0,00 387 5969 | 0,00 386 1004 |
| 260 | 384 6154 | 383 1418 | 381 6794 | 380 2281 | 378 7879 | 377 3585 | 375 9398 | 374 5318 | 373 1343 | 371 7472 |
| 270 | 370 3704 | 369 0037 | 367 6471 | 366 3004 | 364 9635 | 363 6364 | 362 3188 | 361 0108 | 359 7122 | 358 4229 |
| 280 | 357 1429 | 355 8719 | 354 6099 | 353 3569 | 352 1127 | 350 8772 | 349 6503 | 348 4321 | 347 2222 | 346 0208 |
| 290 | 344 8276 | 343 6426 | 342 4658 | 341 2969 | 340 1361 | 338 9831 | 337 8378 | 336 7003 | 335 5705 | 334 4482 |
| 300 | 0,00 333 3333 | 0,00 332 2259 | 0,00 331 1258 | 0,00 330 0330 | 0,00 328 9474 | 0,00 327 8689 | 0,00 326 7974 | 0,00 325 7329 | 0,00 324 6753 | 0,00 323 6246 |
| 310 | 322 5806 | 321 5434 | 320 5128 | 319 4888 | 318 4713 | 317 4603 | 316 4557 | 315 4574 | 314 4654 | 313 4796 |
| 320 | 312 5000 | 311 5265 | 310 5590 | 309 5975 | 308 6420 | 307 6923 | 306 7485 | 305 8104 | 304 8780 | 303 9514 |
| 330 | 303 0303 | 302 1148 | 301 2048 | 300 3003 | 299 4012 | 298 5075 | 297 6190 | 296 7359 | 295 8580 | 294 9853 |
| 340 | 294 1176 | 293 2551 | 292 3977 | 291 5452 | 290 6977 | 289 8551 | 288 1844 | 286 5330 | — | 286 5330 |
| 350 | 0,00 285 7143 | 0,00 284 9003 | 0,00 284 0909 | 0,00 283 2861 | 0,00 282 4859 | 0,00 281 6901 | 0,00 280 8989 | 0,00 280 1120 | 0,00 279 3296 | 0,00 278 5515 |
| 360 | 277 7778 | 277 0083 | 276 2431 | 275 4821 | 273 7253 | 273 9726 | 273 2240 | 272 4796 | 271 7391 | 271 0027 |
| 370 | 270 2703 | 269 5418 | 268 8172 | 268 0965 | 267 3797 | 266 6667 | 265 9574 | 265 2520 | 264 5503 | 263 8522 |
| 380 | 263 1579 | 262 4672 | 261 7801 | 261 0966 | 260 4167 | 259 7403 | 259 0674 | 258 3979 | 257 7320 | 257 0694 |
| 390 | 256 4103 | 255 7545 | 255 1020 | 254 4529 | 253 8071 | 253 1646 | 252 5253 | 251 8892 | 251 2563 | 250 6266 |
| 400 | 0,00 250 0000 | 0,00 249 3766 | 0,00 248 7562 | 0,00 248 1390 | 0,00 247 5248 | 0,00 246 9136 | 0,00 246 3054 | 0,00 245 7002 | 0,00 245 0980 | 0,00 244 4988 |
| 410 | 243 9024 | 243 3090 | 242 7184 | 242 1308 | 241 5459 | 240 9639 | 240 3846 | 239 8082 | 239 2344 | 238 6635 |
| 420 | 238 0952 | 237 5297 | 236 9668 | 236 4066 | 235 8491 | 235 2941 | 234 7418 | 234 1920 | 233 6449 | 233 1002 |
| 430 | 232 5581 | 232 0186 | 231 4815 | 230 9469 | 230 4147 | 229 8851 | 229 3578 | 228 8330 | 228 3105 | 227 7904 |
| 440 | 227 2727 | 226 7574 | 226 2443 | 225 7336 | 225 2252 | 224 7191 | 224 2152 | 223 7136 | 223 2143 | 222 7171 |
| 450 | 0,00 222 2222 | 0,00 221 7295 | 0,00 221 2389 | 0,00 220 7502 | 0,00 220 2643 | 0,00 219 7802 | 0,00 219 2982 | 0,00 218 8184 | 0,00 218 3406 | 0,00 217 8649 |
| 460 | 217 3913 | 216 9197 | 216 4502 | 215 9827 | 215 5172 | 215 0538 | 214 5923 | 214 1328 | 213 6752 | 213 2196 |
| 470 | 212 7660 | 212 3142 | 211 8644 | 211 4165 | 210 9705 | 210 5263 | 210 0840 | 209 6436 | 209 2050 | 208 7683 |
| 480 | 208 3333 | 207 9002 | 207 4689 | 207 0393 | 206 6116 | 206 1856 | 205 7613 | 205 3388 | 204 9180 | 204 4990 |
| 490 | 204 0816 | 203 6660 | 203 2520 | 202 8398 | 202 4291 | 202 0202 | 201 6129 | 201 2072 | 200 8032 | 200 4008 |

Tafel XIX (Fortsetz.) 647

| n | 0 | 1 | 2 | 3 | 4 | 5 | 6 | 7 | 8 | 9 |
|---|---|---|---|---|---|---|---|---|---|---|
| 500 | 0,00 200 0000 | 0,00 199 6008 | 0,00 199 2032 | 0,00 198 8072 | 0,00 198 4127 | 0,00 198 0198 | 0,00 197 6285 | 0,00 197 2387 | 0,00 196 8504 | 0,00 196 4637 |
| 510 | 196 0784 | 195 6947 | 195 3125 | 194 9318 | 194 5525 | 194 1748 | 193 7984 | 193 4236 | 193 0502 | 192 6782 |
| 520 | 192 3077 | 191 9386 | 191 5709 | 191 2046 | 190 8397 | 190 4762 | 190 1141 | 189 7533 | 189 3939 | 189 0359 |
| 530 | 188 6792 | 188 3239 | 187 9699 | 187 6173 | 187 2659 | 186 9159 | 186 5672 | 186 2197 | 185 8736 | 185 5288 |
| 540 | 185 1852 | 184 8429 | 184 5018 | 184 1621 | 183 8235 | 183 4862 | 183 1502 | 182 8154 | 182 4818 | 182 1494 |
| 550 | 0,00 181 8182 | 0,00 181 4882 | 0,00 181 1594 | 0,00 180 8318 | 0,00 180 5054 | 0,00 180 1802 | 0,00 179 8561 | 0,00 179 5332 | 0,00 179 2115 | 0,00 178 8909 |
| 560 | 178 5714 | 178 2531 | 177 9359 | 177 6199 | 177 3050 | 176 9912 | 176 6784 | 176 3668 | 176 0563 | 175 7469 |
| 570 | 175 4386 | 175 1313 | 174 8252 | 174 5201 | 174 2160 | 173 9130 | 173 6111 | 173 3102 | 173 0104 | 172 7116 |
| 580 | 172 4138 | 172 1170 | 171 8213 | 171 5266 | 171 2329 | 170 9402 | 170 6485 | 170 3578 | 170 0680 | 169 7793 |
| 590 | 169 4915 | 169 2047 | 168 9189 | 168 6341 | 168 3502 | 168 0672 | 167 7852 | 167 5042 | 167 2241 | 166 9449 |
| 600 | 0,00 166 6667 | 0,00 166 3894 | 0,00 166 1130 | 0,00 165 8375 | 0,00 165 5629 | 0,00 165 2893 | 0,00 165 0165 | 0,00 164 7446 | 0,00 164 4737 | 0,00 164 2036 |
| 610 | 163 9344 | 163 6661 | 163 3987 | 163 1321 | 162 8664 | 162 6016 | 162 3377 | 162 0746 | 161 8123 | 161 5509 |
| 620 | 161 2903 | 161 0306 | 160 7717 | 160 5136 | 160 2564 | 160 0000 | 159 7444 | 159 4896 | 159 2357 | 158 9825 |
| 630 | 158 7302 | 158 4786 | 158 2278 | 157 9779 | 157 7287 | 157 4803 | 157 2327 | 156 9859 | 156 7398 | 156 4945 |
| 640 | 156 2500 | 156 0062 | 155 7632 | 155 5210 | 155 2795 | 155 0388 | 154 7988 | 154 5595 | 154 3210 | 154 0832 |
| 650 | 0,00 153 8462 | 0,00 153 6098 | 0,00 153 3742 | 0,00 153 1394 | 0,00 152 9052 | 0,00 152 6718 | 0,00 152 4390 | 0,00 152 2070 | 0,00 151 9757 | 0,00 151 7451 |
| 660 | 151 5152 | 151 2859 | 151 0574 | 150 8296 | 150 6024 | 150 3759 | 150 1502 | 149 9250 | 149 7006 | 149 4768 |
| 670 | 149 2537 | 149 0313 | 148 8095 | 148 5884 | 148 3680 | 148 1481 | 147 9290 | 147 7105 | 147 4926 | 147 2754 |
| 680 | 147 0588 | 146 8429 | 146 6276 | 146 4129 | 146 1988 | 145 9854 | 145 7726 | 145 5604 | 145 3488 | 145 1379 |
| 690 | 144 9275 | 144 7178 | 144 5087 | 144 3001 | 144 0922 | 143 8849 | 143 6782 | 143 4720 | 143 2665 | 143 0615 |
| 700 | 0,00 142 8571 | 0,00 142 6534 | 0,00 142 4501 | 0,00 142 2475 | 0,00 142 0455 | 0,00 141 8440 | 0,00 141 6431 | 0,00 141 4427 | 0,00 141 2429 | 0,00 141 0437 |
| 710 | 140 8451 | 140 6470 | 140 4494 | 140 2525 | 140 0560 | 139 8601 | 139 6648 | 139 4700 | 139 2758 | 139 0821 |
| 720 | 138 8889 | 138 6963 | 138 5042 | 138 3126 | 138 1215 | 137 9310 | 137 7410 | 137 5516 | 137 3626 | 137 1742 |
| 730 | 136 9863 | 136 7989 | 136 6120 | 136 4256 | 136 2398 | 136 0544 | 135 8696 | 135 6852 | 135 5014 | 135 3180 |
| 740 | 135 1351 | 134 9528 | 134 7709 | 134 5895 | 134 4086 | 134 2282 | 134 0483 | 133 8688 | 133 6898 | 133 5113 |
| 750 | 0,00 133 3333 | 0,00 133 1558 | 0,00 132 9787 | 0,00 132 8021 | 0,00 132 6260 | 0,00 132 4503 | 0,00 132 2751 | 0,00 132 1004 | 0,00 131 9261 | 0,00 131 7523 |
| 760 | 131 5789 | 131 4060 | 131 2336 | 131 0616 | 130 8901 | 130 7190 | 130 5483 | 130 3781 | 130 2083 | 130 0390 |
| 770 | 129 8701 | 129 7017 | 129 5337 | 129 3661 | 129 1990 | 129 0323 | 128 8660 | 128 7001 | 128 5347 | 128 3697 |
| 780 | 128 2051 | 128 0410 | 127 8772 | 127 7139 | 127 5510 | 127 3885 | 127 2265 | 127 0648 | 126 9036 | 126 7427 |
| 790 | 126 5823 | 126 4223 | 126 2626 | 126 1034 | 125 9446 | 125 7862 | 125 6281 | 125 4705 | 125 3133 | 125 1564 |
| 800 | 0,00 125 0000 | 0,00 124 8439 | 0,00 124 6883 | 0,00 124 5330 | 0,00 124 3781 | 0,00 124 2236 | 0,00 124 0695 | 0,00 123 9157 | 0,00 123 7624 | 0,00 123 6094 |
| 810 | 123 4568 | 123 3046 | 123 1527 | 123 0012 | 122 8501 | 122 6994 | 122 5490 | 122 3990 | 122 2494 | 122 1001 |
| 820 | 121 9512 | 121 8027 | 121 6545 | 121 5067 | 121 3592 | 121 2121 | 121 0654 | 120 9190 | 120 7729 | 120 6273 |
| 830 | 120 4819 | 120 3369 | 120 1923 | 120 0480 | 119 9041 | 119 7605 | 119 6172 | 119 4743 | 119 3317 | 119 1895 |
| 840 | 119 0476 | 118 9061 | 118 7648 | 118 6240 | 118 4834 | 118 3432 | 118 2033 | 118 0638 | 117 9245 | 117 7856 |
| 850 | 0,00 117 6471 | 0,00 117 5088 | 0,00 117 3709 | 0,00 117 2333 | 0,00 117 0960 | 0,00 116 9591 | 0,00 116 8224 | 0,00 116 6861 | 0,00 116 5501 | 0,00 116 4144 |
| 860 | 116 2791 | 116 1440 | 116 0093 | 115 8749 | 115 7407 | 115 6069 | 115 4734 | 115 3403 | 115 2074 | 115 0748 |
| 870 | 114 9425 | 114 8106 | 114 6789 | 114 5475 | 114 4165 | 114 2857 | 114 1553 | 114 0251 | 113 8952 | 113 7656 |
| 880 | 113 6364 | 113 5074 | 113 3787 | 113 2503 | 113 1222 | 112 9944 | 112 8668 | 112 7396 | 112 6126 | 112 4859 |
| 890 | 112 3596 | 112 2334 | 112 1076 | 111 9821 | 111 8568 | 111 7318 | 111 6071 | 111 4827 | 111 3586 | 111 2347 |
| 900 | 0,00 111 1111 | 0,00 110 9878 | 0,00 110 8647 | 0,00 110 7420 | 0,00 110 6195 | 0,00 110 4972 | 0,00 110 3753 | 0,00 110 2536 | 0,00 110 1322 | 0,00 110 0110 |
| 910 | 109 8901 | 109 7695 | 109 6491 | 109 5290 | 109 4092 | 109 2896 | 109 1703 | 109 0513 | 108 9325 | 108 8139 |
| 920 | 108 6957 | 108 5776 | 108 4599 | 108 3424 | 108 2251 | 108 1081 | 107 9914 | 107 8749 | 107 7586 | 107 6426 |
| 930 | 107 5269 | 107 4114 | 107 2961 | 107 1811 | 107 0664 | 106 9519 | 106 8376 | 106 7236 | 106 6098 | 106 4963 |
| 940 | 106 3830 | 106 2699 | 106 1571 | 106 0445 | 105 9322 | 105 8201 | 105 7082 | 105 5966 | 105 4852 | 105 3741 |
| 950 | 0,00 105 2632 | 0,00 105 1525 | 0,00 105 0420 | 0,00 104 9318 | 0,00 104 8218 | 0,00 104 7120 | 0,00 104 6025 | 0,00 104 4932 | 0,00 104 3841 | 0,00 104 2753 |
| 960 | 104 1667 | 104 0583 | 103 9501 | 103 8422 | 103 7344 | 103 6269 | 103 5197 | 103 4126 | 103 3058 | 103 1992 |
| 970 | 103 0928 | 102 9866 | 102 8807 | 102 7749 | 102 6694 | 102 5641 | 102 4590 | 102 3541 | 102 2495 | 102 1450 |
| 980 | 102 0408 | 101 9368 | 101 8330 | 101 7294 | 101 6260 | 101 5228 | 101 4199 | 101 3171 | 101 2146 | 101 1122 |
| 990 | 101 0101 | 100 9082 | 100 8065 | 100 7049 | 100 6036 | 100 5025 | 100 4016 | 100 3009 | 100 2004 | 100 1001 |

## Tafel XIX-10
### Koeffizienten orthogonaler Polynome

Auszugsweise entnommen aus FISHER, R. A. and F. YATES: Statistical tables for biological, agricultural and medical research. London: Longman Group Ltd, [6] 1974 (früher Edinburgh: Oliver & Boyd) Table XXIII, via KIRK, R. E. (1966, Table D.12), mit freundlicher Genehmigung der Autoren und des Verlages.

Die Tafel enthält die ganzzahligen Koeffizienten $c_{ij}$ orthogonaler Polynome ersten (linear) bis maximal fünften Grades. Es sind i = 1(1) h-1 die Ordnungszahl und j = 1(1)m die Nummer der Beobachtung $X_1, \ldots, X_j, \ldots, X_m$ an einem Individuum. In der rechten Randspalte sind die Quadratsummen $\Sigma c_{ij}^2$ der Koeffizienten verzeichnet. Die Beobachtungen an einem Individuum müssen in gleichen Zeitabständen vorgenommen worden sein (Äquidistanzforderung).

*Ablesebeispiel:* Die Verlaufskurve X = (4,5,7,8) hat eine lineare Trendkomponente, die sich für m = 4 Beobachtungen zu $C_1$ = 4(-3) + 5(-1) + 7(+1) + 8(+3) = +14 ergibt, sodaß eine Steigung von $C_1/\Sigma c_{ij}^2$ = 14/20 = 0,7 resultiert. Mit dem Ordinatenabschnitt = 6,0 [= (4+5+7+8)/4] erhält man die Geradengleichung y = 0,7 x + 6.

| m | Polynomgrad | Koeffizienten $c_{ij}$ | | | | | | | | | $\Sigma c_{ij}^2$ |
|---|---|---|---|---|---|---|---|---|---|---|---|
| 3 | Linear | −1 | 0 | 1 | | | | | | | 2 |
|   | Quadratic | 1 | −2 | 1 | | | | | | | 6 |
| 4 | Linear | −3 | −1 | 1 | 3 | | | | | | 20 |
|   | Quadratic | 1 | −1 | −1 | 1 | | | | | | 4 |
|   | Cubic | −1 | 3 | −3 | 1 | | | | | | 20 |
| 5 | Linear | −2 | −1 | 0 | 1 | 2 | | | | | 10 |
|   | Quadratic | 2 | −1 | −2 | −1 | 2 | | | | | 14 |
|   | Cubic | −1 | 2 | 0 | −2 | 1 | | | | | 10 |
|   | Quartic | 1 | −4 | 6 | −4 | 1 | | | | | 70 |
| 6 | Linear | −5 | −3 | −1 | 1 | 3 | 5 | | | | 70 |
|   | Quadratic | 5 | −1 | −4 | −4 | −1 | 5 | | | | 84 |
|   | Cubic | −5 | 7 | 4 | −4 | −7 | 5 | | | | 180 |
|   | Quartic | 1 | −3 | 2 | 2 | −3 | 1 | | | | 28 |
| 7 | Linear | −3 | −2 | −1 | 0 | 1 | 2 | 3 | | | 28 |
|   | Quadratic | 5 | 0 | −3 | −4 | −3 | 0 | 5 | | | 84 |
|   | Cubic | −1 | 1 | 1 | 0 | −1 | −1 | 1 | | | 6 |
|   | Quartic | 3 | −7 | 1 | 6 | 1 | −7 | 3 | | | 154 |
| 8 | Linear | −7 | −5 | −3 | −1 | 1 | 3 | 5 | 7 | | 168 |
|   | Quadratic | 7 | 1 | −3 | −5 | −5 | −3 | 1 | 7 | | 168 |
|   | Cubic | −7 | 5 | 7 | 3 | −3 | −7 | −5 | 7 | | 264 |
|   | Quartic | 7 | −13 | −3 | 9 | 9 | −3 | −13 | 7 | | 616 |
|   | Quintic | −7 | 23 | −17 | −15 | 15 | 17 | −23 | 7 | | 2184 |
| 9 | Linear | −4 | −3 | −2 | −1 | 0 | 1 | 2 | 3 | 4 | 60 |
|   | Quadratic | 28 | 7 | −8 | −17 | −20 | −17 | −8 | 7 | 28 | 2772 |
|   | Cubic | −14 | 7 | 13 | 9 | 0 | −9 | −13 | −7 | 14 | 990 |
|   | Quartic | 14 | −21 | −11 | 9 | 18 | 9 | −11 | −21 | 14 | 2002 |
|   | Quintic | −4 | 11 | −4 | −9 | 0 | 9 | 4 | −11 | 4 | 468 |
| 10 | Linear | −9 | −7 | −5 | −3 | −1 | 1 | 3 | 5 | 7 | 9 | 330 |
|    | Quadratic | 6 | 2 | −1 | −3 | −4 | −4 | −3 | −1 | 2 | 6 | 132 |
|    | Cubic | −42 | 14 | 35 | 31 | 12 | −12 | −31 | −35 | −14 | 42 | 8580 |
|    | Quartic | 18 | −22 | −17 | 3 | 18 | 18 | 3 | −17 | −22 | 18 | 2860 |
|    | Quintic | −6 | 14 | −1 | −11 | −6 | 6 | 11 | 1 | −14 | 6 | 780 |

**Tafel XX**

Quadrate und Quadratwurzeln

Entnommen aus FRÖHLICH, W. D. und J. BECKER: Forschungsstatistik. Bonn: Bouvier Verlag, 1971, Anhang 2, mit freundlicher Genehmigung der Autoren und des Verlages.

Die Tafel enthält für N = 1,00(0,01)10,00 die Werte $N^2$, $\sqrt{N}$ und $\sqrt{10\,N}$. Für die Benutzung bei der Bestimmung von Quadratwurzeln anderer Werte sei auf die Ablesebeispiele verwiesen.

*Ablesebeispiele:*
$\sqrt{12,4} = \sqrt{(10)(1,24)} = 3,52136$
$\sqrt{124} = \sqrt{(100)(1,24)} = (10)(1,11355) = 11,1355$
$\sqrt{0,124} = \sqrt{(10)(1,24)}/100 = 3,52136/10 = 0,352136$
$\sqrt{0,0124} = \sqrt{1,24/100} = 1,11355/10 = 0,111355$.

Tafel XX (Fortsetz.)

| N | N² | √N | √10N | N | N² | √N | √10N | N | N² | √N | √10 | √10N | N | N² | √N | √10N |
|---|---|---|---|---|---|---|---|---|---|---|---|---|---|---|---|---|
| 1.00 | 1.0000 | 1.00000 | 3.16228 | 1.30 | 1.6900 | 1.14018 | 3.60555 | 1.60 | 2.5600 | 1.26491 | 4.00000 | 1.80 | 3.2400 | 1.34164 | 4.24264 |
| 1.01 | 1.0201 | 1.00499 | 3.17805 | 1.31 | 1.7161 | 1.14455 | 3.61939 | 1.61 | 2.5921 | 1.26886 | 4.01248 | 1.81 | 3.2761 | 1.34536 | 4.25441 |
| 1.02 | 1.0404 | 1.00995 | 3.19374 | 1.32 | 1.7424 | 1.14891 | 3.63318 | 1.62 | 2.6244 | 1.27279 | 4.02492 | 1.82 | 3.3124 | 1.34907 | 4.26615 |
| 1.03 | 1.0609 | 1.01489 | 3.20936 | 1.33 | 1.7689 | 1.15326 | 3.64692 | 1.63 | 2.6569 | 1.27671 | 4.03733 | 1.83 | 3.3489 | 1.35277 | 4.27785 |
| 1.04 | 1.0816 | 1.01980 | 3.22490 | 1.34 | 1.7956 | 1.15758 | 3.66060 | 1.64 | 2.6896 | 1.28062 | 4.04969 | 1.84 | 3.3856 | 1.35647 | 4.28952 |
| 1.05 | 1.1025 | 1.02470 | 3.24037 | 1.35 | 1.8225 | 1.16190 | 3.67423 | 1.65 | 2.7225 | 1.28452 | 4.06202 | 1.85 | 3.4225 | 1.36015 | 4.30116 |
| 1.06 | 1.1236 | 1.02956 | 3.25576 | 1.36 | 1.8496 | 1.16619 | 3.68782 | 1.66 | 2.7556 | 1.28841 | 4.07431 | 1.86 | 3.4596 | 1.36382 | 4.31277 |
| 1.07 | 1.1449 | 1.03441 | 3.27109 | 1.37 | 1.8769 | 1.17047 | 3.70135 | 1.67 | 2.7889 | 1.29228 | 4.08656 | 1.87 | 3.4969 | 1.36748 | 4.32435 |
| 1.08 | 1.1664 | 1.03923 | 3.28634 | 1.38 | 1.9044 | 1.17473 | 3.71484 | 1.68 | 2.8224 | 1.29615 | 4.09878 | 1.88 | 3.5344 | 1.37113 | 4.33590 |
| 1.09 | 1.1881 | 1.04403 | 3.30151 | 1.39 | 1.9321 | 1.17898 | 3.72827 | 1.69 | 2.8561 | 1.30000 | 4.11096 | 1.89 | 3.5721 | 1.37477 | 4.34741 |
| 1.10 | 1.2100 | 1.04881 | 3.31662 | 1.40 | 1.9600 | 1.18322 | 3.74166 | 1.70 | 2.8900 | 1.30384 | 4.12311 | 1.90 | 3.6100 | 1.37840 | 4.35890 |
| 1.11 | 1.2321 | 1.05357 | 3.33167 | 1.41 | 1.9881 | 1.18743 | 3.75500 | 1.71 | 2.9241 | 1.30767 | 4.13521 | 1.91 | 3.6481 | 1.38203 | 4.37035 |
| 1.12 | 1.2544 | 1.05830 | 3.34664 | 1.42 | 2.0164 | 1.19164 | 3.76829 | 1.72 | 2.9584 | 1.31149 | 4.14729 | 1.92 | 3.6864 | 1.38564 | 4.38178 |
| 1.13 | 1.2769 | 1.06301 | 3.36155 | 1.43 | 2.0449 | 1.19583 | 3.78153 | 1.73 | 2.9929 | 1.31529 | 4.15933 | 1.93 | 3.7249 | 1.38924 | 4.39318 |
| 1.14 | 1.2996 | 1.06771 | 3.376.39 | 1.44 | 2.0736 | 1.20000 | 3.79473 | 1.74 | 3.0276 | 1.31909 | 4.17133 | 1.94 | 3.7636 | 1.39284 | 4.40454 |
| 1.15 | 1.3225 | 1.07238 | 3.39116 | 1.45 | 2.1025 | 1.20416 | 3.80789 | 1.75 | 3.0625 | 1.32288 | 4.18330 | 1.95 | 3.8025 | 1.39642 | 4.41588 |
| 1.16 | 1.3456 | 1.07703 | 3.40588 | 1.46 | 2.1316 | 1.20830 | 3.82099 | 1.76 | 3.0976 | 1.32665 | 4.19524 | 1.96 | 3.8416 | 1.40000 | 4.42719 |
| 1.17 | 1.3689 | 1.08167 | 3.42053 | 1.47 | 2.1609 | 1.21244 | 3.83406 | 1.77 | 3.1329 | 1.33041 | 4.20714 | 1.97 | 3.8809 | 1.40357 | 4.43847 |
| 1.18 | 1.3924 | 1.08628 | 3.43511 | 1.48 | 2.1904 | 1.21655 | 3.84708 | 1.78 | 3.1684 | 1.33417 | 4.21900 | 1.98 | 3.9204 | 1.40712 | 4.44972 |
| 1.19 | 1.4161 | 1.09087 | 3.44964 | 1.49 | 2.2201 | 1.22066 | 3.86005 | 1.79 | 3.2041 | 1.33791 | 4.23084 | 1.99 | 3.9601 | 1.41067 | 4.46094 |
| 1.20 | 1.4400 | 1.09545 | 3.46410 | 1.50 | 2.2500 | 1.22474 | 3.87298 | 1.80 | 3.2400 | 1.34164 | 4.24264 | 2.00 | 4.0000 | 1.41421 | 4.47214 |
| 1.21 | 1.4641 | 1.10000 | 3.47851 | 1.51 | 2.2801 | 1.22882 | 3.88587 | | | | | | | | |
| 1.22 | 1.4884 | 1.10454 | 3.49285 | 1.52 | 2.3104 | 1.23288 | 3.89872 | | | | | | | | |
| 1.23 | 1.5129 | 1.10905 | 3.50714 | 1.53 | 2.3409 | 1.23693 | 3.91152 | | | | | | | | |
| 1.24 | 1.5376 | 1.11355 | 3.52136 | 1.54 | 2.3716 | 1.24097 | 3.92428 | | | | | | | | |
| 1.25 | 1.5625 | 1.11803 | 3.53553 | 1.55 | 2.4025 | 1.24499 | 3.93700 | | | | | | | | |
| 1.26 | 1.5876 | 1.12250 | 3.54965 | 1.56 | 2.4336 | 1.24900 | 3.94968 | | | | | | | | |
| 1.27 | 1.6129 | 1.12694 | 3.56371 | 1.57 | 2.4649 | 1.25300 | 3.96232 | | | | | | | | |
| 1.28 | 1.6384 | 1.13137 | 3.57771 | 1.58 | 2.4964 | 1.25698 | 3.97492 | | | | | | | | |
| 1.29 | 1.6641 | 1.13578 | 3.59166 | 1.59 | 2.5281 | 1.26095 | 3.98748 | | | | | | | | |
| 1.30 | 1.6900 | 1.14018 | 3.60555 | 1.60 | 2.5600 | 1.26491 | 4.00000 | | | | | | | | |

Tafel XX (Fortsetz.) 651

| N | $N^2$ | $\sqrt{N}$ | $\sqrt{10N}$ | N | $N^2$ | $\sqrt{N}$ | $\sqrt{10N}$ | N | $N^2$ | $\sqrt{10}$ | $\sqrt{10N}$ | N | $N^2$ | $\sqrt{N}$ | $\sqrt{10N}$ |
|---|---|---|---|---|---|---|---|---|---|---|---|---|---|---|---|
| 2.00 | 4.0000 | 1.41421 | 4.47214 | 2.30 | 5.2900 | 1.51658 | 4.79583 | 2.60 | 6.6700 | 1.61245 | 5.09902 | 2.80 | 7.8400 | 1.67332 | 5.29150 |
| 2.01 | 4.0401 | 1.41774 | 4.48330 | 2.31 | 5.3361 | 1.51987 | 4.80625 | 2.61 | 6.8121 | 1.61555 | 5.10882 | 2.81 | 7.8961 | 1.67631 | 5.30094 |
| 2.02 | 4.0804 | 1.42127 | 4.49444 | 2.32 | 5.3824 | 1.52315 | 4.81664 | 2.62 | 6.6844 | 1.61864 | 5.11859 | 2.82 | 7.9524 | 1.67929 | 5.31037 |
| 2.03 | 4.1209 | 1.42478 | 4.50555 | 2.33 | 5.4289 | 1.52643 | 4.82701 | 2.63 | 6.9169 | 1.62173 | 5.12835 | 2.83 | 8.0089 | 1.68226 | 5.31977 |
| 2.04 | 4.1616 | 1.42829 | 4.51664 | 2.34 | 5.4756 | 1.52971 | 4.83735 | 2.64 | 6.9696 | 1.62481 | 5.13809 | 2.84 | 8.0656 | 1.68523 | 5.32917 |
| 2.05 | 4.2025 | 1.43178 | 4.52769 | 2.35 | 5.5225 | 1.53297 | 4.84768 | 2.65 | 7.0225 | 1.62788 | 5.14782 | 2.85 | 8.1225 | 1.68819 | 5.33854 |
| 2.66 | 5.2436 | 1.43527 | 4.53872 | 2.36 | 5.5696 | 1.53623 | 4.85798 | 2.66 | 7.0756 | 1.63095 | 5.15752 | 2.86 | 8.1796 | 1.69115 | 5.34790 |
| 2.07 | 4.2849 | 1.43875 | 4.54973 | 2.37 | 5.6169 | 1.53948 | 4.86826 | 2.67 | 7.1289 | 1.63401 | 5.16720 | 2.87 | 8.2369 | 1.69411 | 5.35724 |
| 2.08 | 4.3264 | 1.44222 | 4.56070 | 2.38 | 5.6644 | 1.54272 | 4.87852 | 2.68 | 7.1824 | 1.63707 | 5.17687 | 2.88 | 8.2944 | 1.69706 | 5.36656 |
| 2.09 | 4.3681 | 1.44568 | 4.57165 | 2.39 | 5.7121 | 1.54596 | 4.88876 | 2.69 | 7.2361 | 1.64012 | 5.18652 | 2.89 | 8.3521 | 1.70000 | 5.37587 |
| 2.10 | 4.4100 | 1.44914 | 4.58258 | 2.40 | 5.7600 | 1.54919 | 4.89898 | 2.70 | 7.2900 | 1.64317 | 5.19615 | 2.90 | 8.4100 | 1.70294 | 5.38516 |
| 2.11 | 4.4521 | 1.45258 | 4.59347 | 2.41 | 5.8081 | 1.55242 | 4.90918 | 2.71 | 7.3441 | 1.64621 | 5.20577 | 2.91 | 8.4681 | 1.70587 | 5.39444 |
| 2.12 | 4.4944 | 1.45602 | 4.60435 | 2.42 | 5.8564 | 1.55563 | 4.91935 | 2.72 | 7.3984 | 1.64924 | 5.21536 | 2.92 | 8.5264 | 1.70880 | 5.40370 |
| 2.13 | 4.5369 | 1.45945 | 4.61519 | 2.43 | 5.9049 | 1.55885 | 4.92950 | 2.73 | 7.4529 | 1.65227 | 5.22494 | 2.93 | 8.5849 | 1.71172 | 5.41295 |
| 2.14 | 4.5796 | 1.46287 | 4.62601 | 2.44 | 5.9536 | 1.56205 | 4.93964 | 2.74 | 7.5076 | 1.65529 | 5.23450 | 2.94 | 8.6436 | 1.71464 | 5.42218 |
| 2.15 | 4.6225 | 1.46629 | 4.63681 | 2.45 | 6.0025 | 1.56525 | 4.94975 | 2.75 | 7.5625 | 1.65831 | 5.24404 | 2.95 | 8.7025 | 1.71756 | 5.43139 |
| 2.16 | 4.6656 | 1.46969 | 4.64758 | 2.46 | 6.0516 | 1.56844 | 4.95984 | 2.76 | 7.6176 | 1.66132 | 5.25357 | 2.96 | 8.7617 | 1.72047 | 5.44059 |
| 2.17 | 4.7089 | 1.47309 | 4.65833 | 2.47 | 6.1009 | 1.57162 | 4.96991 | 2.77 | 7.6729 | 1.66433 | 5.26308 | 2.97 | 8.8209 | 1.72337 | 5.44977 |
| 2.18 | 4.7524 | 1.47648 | 4.66905 | 2.48 | 6.15 | 1.57480 | 4.97996 | 2.78 | 7.7284 | 1.66733 | 5.27257 | 2.98 | 8.8804 | 1.72627 | 5.45894 |
| 2.19 | 4.7961 | 1.47986 | 4.67974 | 2.49 | 6.2001 | 1.57797 | 4.98999 | 2.79 | 7.7841 | 1.67033 | 5.28205 | 2.99 | 8.9401 | 1.72916 | 5.46809 |
| 2.20 | 4.8400 | 1.48324 | 4.69042 | 2.50 | 6.2500 | 1.58114 | 5.00000 | 2.80 | 7.8400 | 1.67332 | 5.29150 | 3.00 | 9.0000 | 1.73205 | 5.47723 |
| 2.21 | 4.8841 | 1.48661 | 4.70106 | 2.51 | 6.3001 | 1.58430 | 5.00999 | | | | | | | | |
| 2.22 | 4.9284 | 1.48997 | 4.71169 | 2.52 | 6.3504 | 1.58745 | 5.01996 | | | | | | | | |
| 2.23 | 4.9729 | 1.49332 | 4.72229 | 2.53 | 6.4009 | 1.59060 | 5.02991 | | | | | | | | |
| 2.24 | 5.0176 | 1.49666 | 4.73286 | 2.54 | 6.4516 | 1.59374 | 5.03984 | | | | | | | | |
| 2.25 | 5.0625 | 1.50000 | 4.74342 | 2.55 | 6.5025 | 1.59687 | 5.04975 | | | | | | | | |
| 2.26 | 5.1076 | 1.50333 | 4.75395 | 2.56 | 6.5536 | 1.60000 | 5.05964 | | | | | | | | |
| 2.27 | 5.1529 | 1.50665 | 4.76445 | 2.57 | 6.6049 | 1.60312 | 5.06952 | | | | | | | | |
| 2.28 | 5.1984 | 1.50997 | 4.77493 | 2.58 | 6.6564 | 1.60624 | 5.07937 | | | | | | | | |
| 2.29 | 5.2441 | 1.51327 | 4.78539 | 2.59 | 6.7081 | 1.60935 | 5.08920 | | | | | | | | |
| 2.30 | 5.2900 | 1.51658 | 4.79583 | 2.60 | 6.6700 | 1.61245 | 5.09902 | | | | | | | | |

Tafel XX (Fortsetz.)

| N | $N^2$ | $\sqrt{N}$ | $\sqrt{10N}$ | N | $N^2$ | $\sqrt{N}$ | $\sqrt{10N}$ | N | $N^2$ | $\sqrt{N}$ | $\sqrt{10N}$ |
|---|---|---|---|---|---|---|---|---|---|---|---|
| 3.00 | 9.0000 | 1.73205 | 5.47723 | 3.30 | 10.8900 | 1.81659 | 5.74456 | 3.60 | 12.9600 | 1.81659 | 5.74456 | 3.80 | 14.4400 | 1.94936 | 6.16441 |
| 3.01 | 9.0601 | 1.73494 | 5.48635 | 3.31 | 10.9561 | 1.81934 | 5.75326 | 3.61 | 13.0321 | 1.90000 | 6.00833 | 3.81 | 14.5161 | 1.95192 | 6.17252 |
| 3.02 | 9.1204 | 1.73781 | 5.49545 | 3.32 | 11.0224 | 1.82209 | 5.76194 | 3.62 | 13.1044 | 1.90263 | 6.01664 | 3.82 | 14.5924 | 1.95448 | 6.18061 |
| 3.03 | 9.1809 | 1.74069 | 5.50454 | 3.33 | 11.0889 | 1.82483 | 5.77062 | 3.63 | 13.1769 | 1.90526 | 6.02495 | 3.83 | 14.6689 | 1.95704 | 6.18870 |
| 3.04 | 9.2416 | 1.74356 | 5.51362 | 3.34 | 11.1556 | 1.82757 | 5.77927 | 3.64 | 13.2496 | 1.90788 | 6.03324 | 3.84 | 14.7456 | 1.95959 | 6.19677 |
| 3.05 | 9.3025 | 1.74642 | 5.52268 | 3.35 | 11.2225 | 1.83030 | 5.78792 | 3.65 | 13.3225 | 1.91050 | 6.04152 | 3.85 | 14.8225 | 1.96214 | 6.20484 |
| 3.06 | 9.3636 | 1.74929 | 5.53173 | 3.31 | 11.2896 | 1.83303 | 5.79655 | 3.66 | 13.3956 | 1.91311 | 6.04979 | 3.86 | 14.8996 | 1.96469 | 6.21289 |
| 3.07 | 9.4249 | 1.75214 | 5.54076 | 3.37 | 11.3569 | 1.83576 | 5.80517 | 3.67 | 13.4689 | 1.91572 | 6.05805 | 3.87 | 14.9769 | 1.96723 | 6.22093 |
| 3.08 | 9.4864 | 1.75499 | 5.54977 | 3.38 | 11.4244 | 1.83848 | 5.81378 | 3.68 | 13.5424 | 1.91833 | 6.06630 | 3.88 | 15.0544 | 1.96977 | 6.22896 |
| 3.09 | 9.5481 | 1.75784 | 5.55878 | 3.39 | 11.4921 | 1.84120 | 5.82237 | 3.69 | 13.6161 | 1.92094 | 6.07454 | 3.89 | 15.1321 | 1.97231 | 6.23699 |
| 3.10 | 9.6100 | 1.76068 | 5.56776 | 3.40 | 11.5600 | 1.84391 | 5.83095 | 3.70 | 13.6900 | 1.92354 | 6.08276 | 3.90 | 15.2100 | 1.97484 | 6.24500 |
| 3.11 | 9.6721 | 1.76352 | 5.57674 | 3.41 | 11.6281 | 1.84662 | 5.83952 | 3.71 | 13.7641 | 1.92614 | 6.09098 | 3.91 | 15.2881 | 1.97737 | 6.25300 |
| 3.12 | 9.7344 | 1.76635 | 5.58570 | 3.42 | 11.7649 | 1.85203 | 5.85662 | 3.72 | 13.8384 | 1.92873 | 6.09918 | 3.92 | 15.3664 | 1.97990 | 6.26099 |
| 3.13 | 9.7969 | 1.76918 | 5.59464 | 3.43 | 11.7649 | 1.85203 | 5.85662 | 3.73 | 13.9129 | 1.93132 | 6.10737 | 3.93 | 15.4449 | 1.98242 | 6.26899 |
| 3.14 | 9.8596 | 1.77200 | 5.60357 | 3.44 | 11.8336 | 1.85472 | 5.86515 | 3.74 | 13.9876 | 1.93391 | 6.11555 | 3.94 | 15.5236 | 1.98494 | 6.27694 |
| 3.15 | 9.9225 | 1.77482 | 5.61249 | 3.45 | 11.9025 | 1.85742 | 5.87367 | 3.75 | 14.0625 | 1.93649 | 6.12372 | 3.95 | 15.6025 | 1.98746 | 6.28490 |
| 3.16 | 9.9856 | 1.77764 | 5.62139 | 3.46 | 11.9716 | 1.86011 | 5.88218 | 3.76 | 14.1376 | 1.93907 | 6.13188 | 3.96 | 15.6816 | 1.98997 | 6.29285 |
| 3.17 | 10.0489 | 1.78045 | 5.63028 | 3.47 | 12.0409 | 1.86279 | 5.89067 | 3.77 | 14.2129 | 1.94165 | 6.14003 | 3.97 | 15.7609 | 1.99249 | 6.30079 |
| 3.18 | 10.1124 | 1.78326 | 5.63915 | 3.48 | 12.1104 | 1.86548 | 5.89915 | 3.78 | 14.2884 | 1.94422 | 6.14817 | 3.98 | 15.8404 | 1.99499 | 6.30872 |
| 3.19 | 10.1761 | 1.78606 | 5.64801 | 3.49 | 12.801 | 1.86815 | 5.90762 | 3.79 | 14.3641 | 1.94679 | 6.15630 | 3.99 | 15.9201 | 1.99750 | 6.31664 |
| 3.20 | 10.2400 | 1.78885 | 5.65685 | 3.50 | 12.2500 | 1.87083 | 5.91608 | 3.80 | 14.4400 | 1.94936 | 6.16441 | 4.00 | 16.000 | 2.00000 | 6.32456 |
| 3.21 | 10.3041 | 1.79165 | 5.66569 | 3.51 | 12.3201 | 1.87350 | 5.92453 | | | | | | | | |
| 3.22 | 10.3684 | 1.79444 | 5.67450 | 3.52 | 12.3904 | 1.87617 | 5.93296 | | | | | | | | |
| 3.23 | 10.4329 | 1.79722 | 5.68331 | 3.53 | 12.4609 | 1.87883 | 5.94138 | | | | | | | | |
| 3.24 | 10.4976 | 1.80000 | 5.69210 | 3.54 | 12.5316 | 1.88149 | 5.94979 | | | | | | | | |
| 3.25 | 10.5625 | 1.80278 | 5.70088 | 3.55 | 12.6025 | 1.88414 | 5.95819 | | | | | | | | |
| 3.26 | 10.6276 | 1.80555 | 5.70964 | 3.56 | 12.6736 | 1.88680 | 5.96657 | | | | | | | | |
| 3.27 | 10.6929 | 1.80831 | 5.71839 | 3.57 | 12.7449 | 1.88944 | 5.97495 | | | | | | | | |
| 3.28 | 10.7584 | 1.81108 | 5.72713 | 3.58 | 12.8164 | 1.89209 | 5.98331 | | | | | | | | |
| 3.29 | 10.8241 | 1.81384 | 5.73585 | 3.59 | 12.881 | 1.89473 | 5.99166 | | | | | | | | |
| 3.30 | 10.8900 | 1.81659 | 5.74456 | 3.60 | 12.9600 | 1.89737 | 6.00000 | | | | | | | | |

Tafel XX (Fortsetz.)

| N | N² | √N | √10N | N | N² | √N | √10N | N | N² | √N | √10N |
|---|---|---|---|---|---|---|---|---|---|---|---|
| 4.00 | 16.0000 | 2.00000 | 6.32456 | 4.30 | 18.4900 | 2.07364 | 6.55744 | 4.60 | 21.1600 | 2.14476 | 6.78233 |
| 4.01 | 16.0801 | 2.00250 | 6.33246 | 4.31 | 18.5761 | 2.07605 | 6.56506 | 4.61 | 21.2521 | 2.14809 | 6.78970 |
| 4.02 | 16.1604 | 2.00499 | 6.34035 | 4.32 | 18.6624 | 2.07846 | 6.57267 | 4.62 | 21.3444 | 2.14942 | 6.79706 |
| 4.03 | 16.2409 | 2.00749 | 6.34823 | 4.33 | 18.7489 | 2.08087 | 6.58027 | 4.63 | 21.4369 | 2.15174 | 6.80441 |
| 4.04 | 16.3216 | 2.00998 | 6.35610 | 4.34 | 18.8356 | 2.08327 | 6.58787 | 4.64 | 21.5296 | 2.15407 | 6.81175 |
| 4.05 | 16.4025 | 2.01246 | 6.36396 | 4.35 | 18.9225 | 2.08567 | 6.59545 | 4.65 | 21.6225 | 2.15639 | 6.81909 |
| 4.06 | 16.4836 | 2.01494 | 6.37181 | 4.36 | 19.0096 | 2.08806 | 6.60303 | 4.66 | 21.7156 | 2.15870 | 6.82642 |
| 4.07 | 16.5649 | 2.01742 | 6.37966 | 4.37 | 19.0969 | 2.09045 | 6.61060 | 4.67 | 21.8089 | 2.16102 | 6.83374 |
| 4.08 | 16.6464 | 2.01990 | 6.38749 | 4.38 | 19.1844 | 2.09284 | 6.61816 | 4.68 | 21.9024 | 2,16333 | 6.84105 |
| 4.09 | 16.7281 | 2.02237 | 6.39531 | 4.39 | 19.2721 | 2.09523 | 6.62571 | 4.69 | 21.9961 | 2.16564 | 6.84836 |
| 4.10 | 16.8100 | 2.02485 | 6.40312 | 4.40 | 19.3600 | 2.09762 | 6.63325 | 4.70 | 22.0900 | 2.16795 | 6.85565 |
| 4.11 | 16.8921 | 2.02731 | 6.41093 | 4.41 | 19.4481 | 2.10000 | 6.64078 | 4.71 | 22.1841 | 2.17025 | 6.86294 |
| 4.12 | 16.9744 | 2.02978 | 6.41872 | 4.42 | 19.5364 | 2.10238 | 6.64831 | 4.72 | 22.2784 | 2.17256 | 6.87023 |
| 4.13 | 17.0569 | 2.03224 | 6.42651 | 4.43 | 19.6249 | 2.10476 | 6.65582 | 4.73 | 22.3729 | 2.17486 | 6.87750 |
| 4.14 | 17.1396 | 2.03470 | 6.43428 | 4.44 | 19.7136 | 2.10713 | 6.66333 | 4.74 | 22.4676 | 2.17715 | 6.88477 |
| 4.15 | 17.2225 | 2.03715 | 6.44205 | 4.45 | 19.8025 | 2.10950 | 6.67083 | 4.75 | 22.5625 | 2.17945 | 6.89202 |
| 4.16 | 17.3056 | 2.03961 | 6.44981 | 4.46 | 19.8916 | 2.11187 | 6.67832 | 4.76 | 22.6576 | 2.18174 | 6.89928 |
| 4.17 | 17.3889 | 2.04206 | 6.45755 | 4.47 | 19.9809 | 2.11424 | 6.68581 | 4.77 | 22.7529 | 2.18403 | 6.90652 |
| 4.18 | 17.4724 | 2.04450 | 6.46529 | 4.48 | 20.0704 | 2.11660 | 6.69328 | 4.78 | 22.8484 | 2.18632 | 6.91375 |
| 4.19 | 17.5561 | 2.04695 | 6.47302 | 4.49 | 20.1601 | 2.11896 | 6.70075 | 4.79 | 22.9441 | 2.18861 | 6.92098 |
| 4.20 | 17.6400 | 2.04939 | 6.48074 | 4.50 | 20.2500 | 2.12132 | 6.70820 | 4.80 | 23.0400 | 2.19089 | 6.92820 |
| 4.21 | 17.7241 | 2.05183 | 6.48845 | 4.51 | 20.3401 | 2.12368 | 6.71565 | 4.81 | 23.1361 | 2.19317 | 6.93542 |
| 4.22 | 17.8084 | 2.05426 | 6.49615 | 4.52 | 20.4304 | 2.12603 | 6.72309 | 4.82 | 23.2324 | 2.19545 | 6.94262 |
| 4.23 | 17.8929 | 2.05670 | 6.50385 | 4.53 | 20.5209 | 2.12838 | 6.73053 | 4.83 | 23.3289 | 2.19773 | 6.94982 |
| 4.24 | 17.9776 | 2.05913 | 6.51153 | 4.54 | 20.6116 | 2.13073 | 6.73795 | 4.84 | 23.4256 | 2.20000 | 6.95701 |
| 4.25 | 18.0625 | 2.06155 | 6.51920 | 4.55 | 20.7025 | 2.13307 | 6.74537 | 4.85 | 23.5225 | 2.20227 | 6.96419 |
| 4.26 | 18.1476 | 2.06398 | 6.52687 | 4.56 | 20.7936 | 2.13542 | 6.75278 | 4.86 | 23.6196 | 2.20454 | 6.97137 |
| 4.27 | 18.2329 | 2.06640 | 6.53452 | 4.57 | 20.8849 | 2.13776 | 6.76018 | 4.87 | 23.7169 | 2.20681 | 6.97854 |
| 4.28 | 18.3184 | 2.06882 | 6.54217 | 4.58 | 20.9764 | 2.14009 | 6.76757 | 4.88 | 23.8144 | 2.20907 | 6.98570 |
| 4.29 | 18.4041 | 2.07123 | 6.54981 | 4.59 | 21.0681 | 2.14243 | 6.77495 | 4.89 | 23.9121 | 2.21133 | 6.99285 |
| 4.30 | 18.4900 | 2.07364 | 6.55744 | 4.60 | 21.1600 | 2.14476 | 6.78233 | 4.90 | 24.0100 | 2.21359 | 7.00000 |
| | | | | | | | | 4.91 | 24.1081 | 2.21585 | 7.00714 |
| | | | | | | | | 4.92 | 24.2064 | 2.21811 | 7.01427 |
| | | | | | | | | 4.93 | 24.3049 | 2.22036 | 7.02140 |
| | | | | | | | | 4.94 | 24.4036 | 2.22261 | 7.02851 |
| | | | | | | | | 4.95 | 24.5025 | 2.22486 | 7.03562 |
| | | | | | | | | 4.96 | 24.6016 | 2.22711 | 7.04273 |
| | | | | | | | | 4.97 | 24.7009 | 2.22935 | 7.04982 |
| | | | | | | | | 4.98 | 24.8004 | 2.23159 | 7.05691 |
| | | | | | | | | 4.99 | 24.9001 | 2.23383 | 7.06399 |
| | | | | | | | | 5.00 | 25.0000 | 2.23607 | 7.07107 |

Tafel XX (Fortsetz.)

| N | N² | √N | √10N | N | N² | √N | √10N | N | N² | √N | √10N |
|---|---|---|---|---|---|---|---|---|---|---|---|
| 5.00 | 25.0000 | 2.23607 | 7.0107 | 5.30 | 28.0900 | 2.30217 | 7.28011 | 5.60 | 31.3600 | 2.36643 | 7.48331 |
| 5.01 | 25.1001 | 2.23830 | 7.07814 | 5.31 | 28.1961 | 2.30434 | 7.28697 | 5.61 | 31.4721 | 2.36854 | 7.48999 |
| 5.02 | 25.2004 | 2.24054 | 7.08520 | 5.32 | 28.3024 | 2.30651 | 7.29383 | 5.62 | 31.5844 | 2.37065 | 7.49667 |
| 5.03 | 25.3009 | 2.24277 | 7.09225 | 5.33 | 28.4089 | 2.30868 | 7.30068 | 5.63 | 31.6969 | 2.37276 | 7.50333 |
| 5.04 | 25.4016 | 2.24499 | 7.09930 | 5.34 | 28.5156 | 2.31084 | 7.30753 | 5.64 | 31.8096 | 2.37487 | 7.50999 |
| 5.05 | 25.5025 | 2.24722 | 7.10634 | 5.35 | 28.6225 | 2.31301 | 7.31437 | 5.65 | 31.9225 | 2.37697 | 7.51665 |
| 5.06 | 25.6036 | 2.24944 | 7.11337 | 5.36 | 28.7296 | 2.31517 | 7.32120 | 5.66 | 32.0356 | 2.37908 | 7.52330 |
| 5.07 | 25.7049 | 2.25167 | 7.12039 | 5.37 | 28.8369 | 2.31733 | 7.32803 | 5.67 | 32.1489 | 2.38118 | 7.52994 |
| 5.08 | 25.8064 | 2.25389 | 7.12741 | 5.38 | 28.9444 | 2.31948 | 7.33485 | 5.68 | 32.2624 | 2.38328 | 7.53658 |
| 5.09 | 25.9081 | 2.25610 | 7.13442 | 5.39 | 29.0521 | 2.32164 | 7.34166 | 5.69 | 32.3761 | 2.38537 | 7.54321 |
| 5.10 | 26.0100 | 2.25832 | 7.14143 | 5.40 | 29.1600 | 2.32379 | 7.34847 | 5.70 | 32.4900 | 2.38747 | 7.54983 |
| 5.11 | 26.1121 | 2.26053 | 7.14843 | 5.41 | 29.2681 | 2.32594 | 7.35527 | 5.71 | 32.6041 | 2.38956 | 7.55645 |
| 5.12 | 26.2144 | 2.26274 | 7.15542 | 5.42 | 29.3764 | 2.32809 | 7.36206 | 5.72 | 32.7184 | 2.39165 | 7.56307 |
| 5.13 | 26.3169 | 2.26495 | 7.16240 | 5.43 | 29.4849 | 2.33024 | 7.36885 | 5.73 | 32.8329 | 2.39374 | 7.56968 |
| 5.14 | 26.4196 | 2.26716 | 7.16938 | 5.44 | 29.5936 | 2.33238 | 7.37564 | 5.74 | 32.9476 | 2.39583 | 7.57628 |
| 5.15 | 26.5225 | 2.26936 | 7.17635 | 5.45 | 29.7025 | 2.33452 | 7.38241 | 5.75 | 33.0625 | 2.39792 | 7.58288 |
| 5.16 | 26.6256 | 2.27156 | 7.18331 | 5.46 | 29.8116 | 2.33666 | 7.38918 | 5.76 | 33.1776 | 2.40000 | 7.58947 |
| 5.17 | 26.7289 | 2.27376 | 7.19027 | 5.47 | 29.9209 | 2.33880 | 7.39594 | 5.77 | 33.2929 | 2.40208 | 7.59605 |
| 5.18 | 26.8324 | 2.27596 | 7.19722 | 5.48 | 300304 | 2.34094 | 7.40270 | 5.78 | 33.3084 | 2.40416 | 7.60263 |
| 5.19 | 26.0361 | 2.27816 | 7.20417 | 5.49 | 30.1401 | 2.34307 | 7.40945 | 5.79 | 33.5241 | 2.40624 | 7.60920 |
| 5.20 | 27.0400 | 2.28035 | 7.21110 | 5.50 | 30.2500 | 2.34521 | 7.41620 | 5.80 | 33.6400 | 2.40832 | 7.61577 |
| 5.21 | 27.1441 | 2.28254 | 7.21803 | 5.51 | 30.3601 | 2.34734 | 7.42294 | 5.81 | 33.7561 | 2.41039 | 7.62234 |
| 5.22 | 27.2484 | 2.28473 | 7.22496 | 5.52 | 30.4704 | 2.34947 | 7.42967 | 5.82 | 33.8724 | 2.41247 | 7.62889 |
| 5.23 | 27.3529 | 2.28692 | 7.23187 | 5.53 | 30.5809 | 2.35160 | 7.43640 | 5.83 | 33.9889 | 2.41454 | 7.63544 |
| 5.24 | 27.4576 | 2.28910 | 7.23878 | 5.54 | 30.6916 | 2.35372 | 7.44312 | 5.84 | 34.1056 | 2.41661 | 7.64199 |
| 5.25 | 27.5625 | 2.29129 | 7.24569 | 5.55 | 30.8025 | 2.35584 | 7.44983 | 5.85 | 34.2225 | 2.41868 | 7.64853 |
| 5.26 | 27.6676 | 2.29347 | 7.25259 | 5.56 | 30.9136 | 2.35797 | 7.45654 | 5.86 | 34.3396 | 2.42074 | 7.65506 |
| 5.27 | 27.7729 | 2.29565 | 7.25948 | 5.57 | 31.0249 | 2.36008 | 7.46324 | 5.87 | 34.4569 | 2.42281 | 7.66159 |
| 5.28 | 27.8784 | 2.29783 | 7.26636 | 5.58 | 31.1364 | 2.36220 | 7.46994 | 5.88 | 34.5744 | 2.42487 | 7.66812 |
| 5.29 | 27.9841 | 2.30000 | 7.27324 | 5.59 | 31.2481 | 2.36432 | 7.47663 | 5.89 | 34.6921 | 2.42693 | 7.67463 |
| 5.30 | 28.0900 | 2.30217 | 7.28011 | 5.60 | 31.3600 | 2.36643 | 7.48331 | 5.90 | 34.8100 | 2.42899 | 7.68115 |
| | | | | | | | | 5.91 | 34.9281 | 2.43105 | 7.68765 |
| | | | | | | | | 5.92 | 35.0464 | 2.43311 | 7.69415 |
| | | | | | | | | 5.93 | 35.1649 | 2.43516 | 7.70065 |
| | | | | | | | | 5.94 | 35.2836 | 2.43721 | 7.70714 |
| | | | | | | | | 5.95 | 35.4025 | 2.43926 | 7.71362 |
| | | | | | | | | 5.96 | 35.5216 | 2.44131 | 7.72010 |
| | | | | | | | | 5.97 | 35.6409 | 2.44336 | 7.72658 |
| | | | | | | | | 5.98 | 35.7604 | 2.44540 | 7.73305 |
| | | | | | | | | 5.99 | 35.8801 | 2.44745 | 7.73951 |
| | | | | | | | | 6.00 | 36.0000 | 2.44949 | 7.74597 |

Tafel XX (Fortsetz.)

| N | N² | √N | √10N | N | N² | √N | √10N | N | N² | √N | √10N |
|---|---|---|---|---|---|---|---|---|---|---|---|
| 6.00 | 36.0000 | 2.44949 | 7.74597 | 6.30 | 39.6900 | 2.50998 | 7.93725 | 6.60 | 43.5600 | 2.56905 | 8.12404 |
| 6.01 | 36.1201 | 2.45153 | 7.75242 | 6.31 | 39.8161 | 2.51197 | 7.94355 | 6.61 | 43.6921 | 2.57099 | 8.13019 |
| 6.02 | 36.2404 | 2.45357 | 7.75887 | 6.32 | 39.9424 | 2.51396 | 7.94984 | 6.62 | 43.8244 | 2.57294 | 8.13634 |
| 6.03 | 36.3609 | 2.45561 | 7.76531 | 6.33 | 40.0689 | 2.51595 | 7.95613 | 6.63 | 43.9569 | 2.57488 | 8.14248 |
| 6.04 | 36.4816 | 2.45764 | 7.77174 | 6.34 | 40.1956 | 2.51794 | 7.96241 | 6.64 | 44.0896 | 2.57682 | 8.14862 |
| 6.05 | 36.6025 | 2.45967 | 7.77817 | 6.35 | 403225 | 2.51992 | 7.96869 | 6.65 | 44.2225 | 2.57876 | 8.15475 |
| 6.06 | 36.7236 | 2.46171 | 7.78460 | 6.36 | 40.4496 | 2.52190 | 7.97496 | 6.66 | 44.3556 | 2.58070 | 8.16088 |
| 6.07 | 36.8449 | 2.46374 | 7.79102 | 6.37 | 40.5769 | 2.52389 | 7.98123 | 6.67 | 44.4889 | 2.58263 | 8.16701 |
| 6.08 | 36.9664 | 2.46577 | 7.79744 | 6.38 | 40.744 | 2.52587 | 7.98749 | 6.68 | 44.6224 | 2.58457 | 8.17313 |
| 6.09 | 37.0881 | 2.46779 | 7.80385 | 6.39 | 49.8321 | 2.52784 | 7.99375 | 6.69 | 44.7561 | 2.58650 | 8.17924 |
| 6.10 | 37.2100 | 2.46982 | 7.81025 | 6.40 | 40.9600 | 2.52982 | 8.00000 | 6.70 | 44.8900 | 2.58844 | 8.18535 |
| 6.11 | 37.3321 | 2.47184 | 7.81665 | 6.41 | 41.0881 | 2.53180 | 8.00625 | 6.71 | 45.0241 | 2.59037 | 8.19146 |
| 6.12 | 37.4544 | 2.47386 | 7.82304 | 6.42 | 41.2164 | 2.53377 | 8.01249 | 6.72 | 45.1584 | 2.59230 | 8.19756 |
| 6.13 | 37.5769 | 2.47588 | 7.82943 | 6.43 | 41.3449 | 2.53574 | 8.01873 | 6.73 | 45.2929 | 2.59422 | 8.20366 |
| 6.14 | 37.6996 | 2.47790 | 7.83582 | 6.44 | 41.4736 | 2.53772 | 8.02496 | 6.74 | 45.4276 | 2.59615 | 8.20975 |
| 6.15 | 37.8225 | 2.47992 | 7.84219 | 6.45 | 41.6025 | 2.53969 | 8.03119 | 6.75 | 45.5625 | 2.59808 | 8.21584 |
| 6.16 | 37.9456 | 2.48193 | 7.84857 | 6.46 | 41.7316 | 2.54165 | 8.03741 | 6.76 | 45.6976 | 2.60000 | 8.22192 |
| 6.17 | 38.0689 | 2.48395 | 7.85493 | 6.47 | 41.8609 | 2.54362 | 8.04363 | 6.77 | 45.8329 | 2.60192 | 8.22800 |
| 6.18 | 38.1924 | 2.48596 | 7.86130 | 6.48 | 41.9904 | 2.54558 | 8.04984 | 6.78 | 45.9684 | 2.60384 | 8.23408 |
| 6.19 | 38.3161 | 2.48797 | 7.86766 | 6.49 | 42.1201 | 2.54755 | 8.05605 | 6.79 | 46.1041 | 2.60576 | 8.24015 |
| 6.20 | 38.4400 | 2.48998 | 7.87401 | 6.50 | 42.2500 | 2.54951 | 8.06226 | 6.80 | 46.2400 | 2.60768 | 8.24621 |
| 6.21 | 38.5641 | 2.49199 | 7.88036 | 6.51 | 42.3801 | 2.55147 | 8.06846 | | | | |
| 6.22 | 36.6884 | 2.49399 | 7.88670 | 6.52 | 42.5104 | 2.55343 | 8.07465 | | | | |
| 6.23 | 38.8129 | 2.49600 | 7.89303 | 6.53 | 42.6409 | 2.55539 | 8.08084 | | | | |
| 6.24 | 38.9376 | 2.49800 | 7.89937 | 6.54 | 42.7716 | 2.55734 | 8.08703 | | | | |
| 6.25 | 39.0625 | 2.50000 | 7.90569 | 6.55 | 42.9025 | 2.5593p | 8.09321 | | | | |
| 6.26 | 39.1876 | 2.50200 | 7.91202 | 6.56 | 43.0336 | 2.56125 | 8.09938 | | | | |
| 6.27 | 39.3129 | 2.50400 | 7.91833 | 6.57 | 43.1649 | 2.56320 | 8.10555 | | | | |
| 6.28 | 39.4384 | 2.50599 | 7.92465 | 6.58 | 43.2964 | 2.56515 | 8.11172 | | | | |
| 6.29 | 39.5641 | 2.50799 | 7.93095 | 6.59 | 43.4281 | 2.56710 | 8.11788 | | | | |
| 6 30 | 39.6900 | 2.50998 | 7.93725 | 6.60 | 43.5600 | 2.56905 | 8.12404 | | | | |

| N | N² | √N | √10N |
|---|---|---|---|
| 6.80 | 46.2400 | 2.60768 | 8.24621 |
| 6.81 | 46.3761 | 2.60960 | 8.25227 |
| 6.82 | 46.5124 | 2.61151 | 8.25833 |
| 6.83 | 46.6489 | 2.61343 | 8.26438 |
| 6.84 | 46.7856 | 2.61534 | 8.27043 |
| 6.85 | 46.9225 | 2.61725 | 8.27647 |
| 6.86 | 47.0596 | 2.61916 | 8.28251 |
| 6.87 | 47.1969 | 2.62107 | 8.28855 |
| 6.88 | 47.3344 | 2.62298 | 8.29458 |
| 6.89 | 47.4721 | 2.62488 | 8.30060 |
| 6.90 | 47.6100 | 2.62679 | 8.30662 |
| 6.91 | 47.7481 | 2.62869 | 8.31264 |
| 6.92 | 47.8864 | 2.63059 | 8.31865 |
| 6.93 | 48.0249 | 2.63249 | 8.32466 |
| 6.94 | 48.1636 | 2.63439 | 8.33067 |
| 6.95 | 48.3025 | 2.63629 | 8.33667 |
| 6.96 | 48.4416 | 2.63818 | 8.34266 |
| 6.97 | 48.5809 | 2.64008 | 8.34865 |
| 6.98 | 48.7204 | 2.64197 | 8.35464 |
| 6.99 | 48.8601 | 2.64386 | 8.36062 |
| 7.00 | 49.0000 | 2.64575 | 8.36660 |

Tafel XX (Fortsetz.)

| N | N² | √N | √10N | N | N² | √10 | √10N | N | N² | √N | √10N | N | N² | √N | √10N |
|---|---|---|---|---|---|---|---|---|---|---|---|---|---|---|---|
| 7.00 | 49.000 | 2.64575 | 8.36660 | 7.30 | 53.2900 | 2.70185 | 8.54400 | 7.60 | 57.7600 | 2.75681 | 8.71780 | 7.80 | 60.8400 | 2.79285 | 8.83176 |
| 7.01 | 49.1401 | 2.64764 | 8.37257 | 7.31 | 53.4361 | 2.70370 | 8.54985 | 7.61 | 57.9121 | 2.75862 | 8.72353 | 7.81 | 60.9961 | 2.79464 | 8.83742 |
| 7.02 | 49.2804 | 2.64953 | 8.37854 | 7.32 | 53.5824 | 2.70555 | 8.55570 | 7.62 | 58.0644 | 2.76043 | 8.72926 | 7.82 | 61.1524 | 2.79643 | 8.84308 |
| 7.03 | 49.4209 | 2.65141 | 8.38451 | 7.33 | 53.7289 | 2.70740 | 8.56154 | 7.63 | 58.2169 | 2.76225 | 8.73499 | 7.83 | 61.3089 | 2.79821 | 8.84873 |
| 7.04 | 49.5616 | 2.65330 | 8.39047 | 7.34 | 53.8756 | 2.70924 | 8.56738 | 7.64 | 58.3696 | 2.76405 | 8.74071 | 7.84 | 61.4656 | 2.80000 | 8.85438 |
| 7.05 | 49.7025 | 2.65518 | 8.39643 | 7.35 | 54.0225 | 2.71109 | 8.57321 | 7.65 | 58.5225 | 2.76586 | 8.74643 | 7.85 | 61.6225 | 2.80179 | 8.86002 |
| 7.06 | 49.8436 | 2.65707 | 8.40238 | 7.36 | 54.1696 | 2.71293 | 8.57904 | 7.66 | 58.6756 | 2.76767 | 8.75214 | 7.86 | 61.7796 | 2.80357 | 8.86566 |
| 7.07 | 49.9849 | 2.65895 | 8.40833 | 7.37 | 54.3169 | 2.71477 | 8.58487 | 7.67 | 58.8289 | 2.76948 | 8.75785 | 7.87 | 61.9369 | 2.80535 | 8.87130 |
| 7.08 | 50.1264 | 2.66083 | 8.41427 | 7.38 | 54.4644 | 2.71662 | 8.59069 | 7.68 | 58.9824 | 2.77128 | 8.76356 | 7.88 | 62.0944 | 2.80713 | 8.87694 |
| 7.09 | 50.2681 | 2.66271 | 8.42021 | 7.39 | 54.6121 | 2.71846 | 8.59651 | 7.69 | 59.1361 | 2.77308 | 8.76926 | 7.89 | 62.2521 | 2.80891 | 8.88257 |
| 7.10 | 50.4100 | 2.66458 | 8.42615 | 7.40 | 54.7600 | 2.72029 | 8.60233 | 7.70 | 59.2900 | 2.77489 | 8.77496 | 7.90 | 62.4100 | 2.81069 | 8.88819 |
| 7.11 | 50.5521 | 2.66646 | 8.43208 | 7.41 | 54.9081 | 2.72213 | 8.60814 | 7.71 | 59.4441 | 2.77669 | 8.78066 | 7.91 | 62.5681 | 2.81247 | 8.89382 |
| 7.12 | 50.6944 | 2.66833 | 8.43801 | 7.42 | 55.0564 | 2.72397 | 8.61394 | 7.72 | 59.5984 | 2.77849 | 8.78635 | 7.92 | 62.7264 | 2.81425 | 8.89944 |
| 7.13 | 50.8369 | 2.67021 | 8.44393 | 7.43 | 55.2049 | 2.72580 | 8.61974 | 7.73 | 59.7529 | 2.78029 | 8.79204 | 7.93 | 62.8849 | 2.81603 | 8.90505 |
| 7.14 | 50.9796 | 2.67208 | 8.44985 | 7.44 | 55.3536 | 2.72764 | 8.62554 | 7.74 | 59.9076 | 2.78209 | 8.79773 | 7.94 | 63.0436 | 2.81780 | 8.91067 |
| 7.15 | 51.1225 | 2.67395 | 8.45577 | 7.45 | 55.5025 | 2.72947 | 8.63134 | 7.75 | 60.0625 | 2.78388 | 8.80341 | 7.95 | 63.2025 | 2.81957 | 8.91628 |
| 7.16 | 51.2656 | 2.67582 | 8.46168 | 7.46 | 55.6516 | 2.73130 | 8.63713 | 7.76 | 60.2176 | 2.78568 | 8.80909 | 7.96 | 63.3616 | 2.82135 | 8.92188 |
| 7.17 | 51.4089 | 2.67769 | 8.46759 | 7.47 | 55.8009 | 2.73313 | 8.64292 | 7.77 | 60.3729 | 2.78747 | 8.81476 | 7.97 | 63.5209 | 2.82312 | 8.92749 |
| 7.18 | 51.5524 | 2.67955 | 8.47349 | 7.48 | 55.9504 | 2.73496 | 8.64870 | 7.78 | 60.5284 | 2.78927 | 8.82043 | 7.98 | 63.6804 | 2.82489 | 8.93308 |
| 7.19 | 51.6961 | 2.68142 | 8.47939 | 7.49 | 56.1001 | 2.73679 | 8.65448 | 7.79 | 60.6841 | 2.79106 | 8.82610 | 7.99 | 63.8401 | 2.82666 | 8.93868 |
| 7.20 | 51.8400 | 2.68328 | 8.48528 | 7.50 | 56.2500 | 2.73861 | 8.66025 | 7.80 | 60.8400 | 2.79285 | 8.83176 | 8.00 | 64.0000 | 2.82843 | 8.94427 |
| 7.21 | 51.9841 | 2.68514 | 8.49117 | 7.51 | 56.4001 | 2.74044 | 8.66603 | | | | | | | | |
| 7.22 | 52.1284 | 2.68701 | 8.49706 | 7.52 | 56.5504 | 2.74226 | 8.67179 | | | | | | | | |
| 7.23 | 52.2729 | 2.68887 | 8.50294 | 7.53 | 56.7009 | 2.74408 | 8.67756 | | | | | | | | |
| 7.24 | 52.4176 | 2.69072 | 8.50882 | 7.54 | 56.8516 | 2.74591 | 8.68332 | | | | | | | | |
| 7.25 | 52.5625 | 2.69258 | 8.51469 | 7.55 | 57.0025 | 2.74773 | 8.68907 | | | | | | | | |
| 7.26 | 52.7076 | 2.69444 | 8.52056 | 7.56 | 57.1536 | 2.74955 | 8.69483 | | | | | | | | |
| 7.27 | 52.8529 | 2.69629 | 8.52643 | 7.57 | 57.3049 | 2.75136 | 8.70057 | | | | | | | | |
| 7.28 | 52.9984 | 2.69815 | 8.53229 | 7.58 | 57.4564 | 2.75318 | 8.70632 | | | | | | | | |
| 7.29 | 53.1441 | 2.70000 | 8.53815 | 7.59 | 57.6081 | 2.75500 | 8.71206 | | | | | | | | |
| 7.30 | 53.2900 | 2.70185 | 8.54400 | 7.60 | 57.7600 | 2.75681 | 8.71780 | | | | | | | | |

Tafel XX (Fortsetz.) 657

| N | N² | √N | √10N | N | N² | √N | √10N | N | N² | √N | √10N |
|---|---|---|---|---|---|---|---|---|---|---|---|
| 8.00 | 64.0000 | 2.82843 | 8.94427 | 8.30 | 68.8900 | 2.88097 | 9.11043 | 8.60 | 73.9600 | 2.93258 | 9.27362 |
| 8.01 | 64.1601 | 2.83019 | 8.94986 | 8.31 | 69.0561 | 2.88271 | 9.11592 | 8.61 | 74.1321 | 2.93428 | 9.27901 |
| 8.02 | 64.3204 | 2.83196 | 8.95545 | 8.32 | 69.2224 | 2.88444 | 9.12140 | 8.62 | 74.3044 | 2.93598 | 9.28440 |
| 8.03 | 64.4809 | 2.83373 | 8.96103 | 8.33 | 69.3889 | 2.88617 | 9.12688 | 8.63 | 74.4769 | 2.93769 | 9.28978 |
| 8.04 | 64.6416 | 2.83549 | 8.96660 | 8.34 | 69.5556 | 2.88791 | 9.13236 | 8.64 | 74.6496 | 2.93939 | 9.29516 |
| 8.05 | 64.8025 | 2.83725 | 8.97218 | 8.35 | 69.7225 | 2.88964 | 9.13783 | 8.65 | 74.8225 | 2.94109 | 9.30054 |
| 8.06 | 64.9636 | 2.83901 | 8.97775 | 8.36 | 69.8896 | 2.89137 | 9.14330 | 8.66 | 74.9956 | 2.94279 | 9.30591 |
| 8.07 | 65.1269 | 2.84077 | 8.98332 | 8.37 | 70.0569 | 2.89310 | 9.14877 | 8.67 | 75.1689 | 2.94449 | 9.31128 |
| 8.08 | 65.2864 | 2.84253 | 8.98888 | 8.38 | 70.2244 | 2.89482 | 9.15423 | 8.68 | 75.3424 | 2.94618 | 9.31665 |
| 8.09 | 65.4481 | 2.84429 | 8.99444 | 8.39 | 70.3921 | 2.89655 | 9.15969 | 8.69 | 75.5161 | 2.94788 | 9.32202 |
| 8.10 | 65.6100 | 2.84605 | 9.00000 | 8.40 | 70.5600 | 2.89828 | 9.16515 | 8.70 | 75.6900 | 2.94958 | 9.32738 |
| 8.11 | 65.7721 | 2.84781 | 9.00555 | 8.41 | 70.7281 | 2.90000 | 9.17061 | 8.71 | 75.8641 | 2.95127 | 9.33274 |
| 8.12 | 65.9344 | 2.84956 | 9.01110 | 8.42 | 70.8964 | 2.90172 | 9.17606 | 8.72 | 76.0384 | 2.95296 | 9.33809 |
| 8.13 | 66.0969 | 2.85132 | 9.01665 | 8.43 | 71.0649 | 2.90345 | 9.18150 | 8.73 | 76.2129 | 2.95466 | 9.34345 |
| 8.14 | 66.2596 | 2.85307 | 9.02219 | 8.44 | 71.2336 | 2.90517 | 9.18695 | 8.74 | 76.3876 | 2.95635 | 9.34880 |
| 8.15 | 66.4225 | 2.85482 | 9.02774 | 8.45 | 71.4025 | 2.90689 | 9.19239 | 8.75 | 76.5625 | 2.95804 | 9.35414 |
| 8.16 | 66.5856 | 2.85657 | 9.03327 | 8.46 | 71.5716 | 2.90861 | 9.19783 | 8.76 | 76.7376 | 2.95973 | 9.35949 |
| 8.17 | 66.7489 | 2.85832 | 9.03881 | 8.47 | 71.7409 | 2.91033 | 9.20326 | 8.77 | 76.9129 | 2.96142 | 9.36483 |
| 8.18 | 66.9124 | 2.86007 | 9.04434 | 8.48 | 71.9104 | 2.91204 | 9.20869 | 8.78 | 77.0884 | 2.96311 | 9.37017 |
| 8.19 | 67.0761 | 2.86182 | 9.04986 | 8.49 | 72.0801 | 2.91376 | 9.21412 | 8.79 | 77.2641 | 2.96479 | 9.37550 |
| 8.20 | 67.2400 | 2.86356 | 9.05539 | 8.50 | 72.2500 | 2.91548 | 9.21954 | 8.80 | 77.4400 | 2.96648 | 9.38083 |
| 8.21 | 67.4041 | 2.86531 | 9.06091 | 8.51 | 72.4201 | 2.91719 | 9.22497 | 8.81 | 77.6161 | 2.96816 | 9.38616 |
| 8.22 | 67.5684 | 2.86705 | 9.06642 | 8.52 | 72.5904 | 2.91890 | 9.23038 | 8.82 | 77.7924 | 2.96985 | 9.39149 |
| 8.23 | 67.7329 | 2.86880 | 9.07193 | 8.53 | 72.7609 | 2.92062 | 9.23580 | 8.83 | 77.9689 | 2.97153 | 9.39681 |
| 8.24 | 67.8976 | 2.87054 | 9.07744 | 8.54 | 72.9316 | 2.92233 | 9.24121 | 8.84 | 78.1456 | 2.97321 | 9.40213 |
| 8.25 | 68.0625 | 2.87228 | 9.08295 | 8.55 | 73.1025 | 2.92404 | 9.24662 | 8.85 | 78.3225 | 2.97489 | 9.40744 |
| 8.26 | 68.2276 | 2.87402 | 9.08845 | 8.56 | 73.2736 | 2.92575 | 9.25203 | 8.86 | 78.4996 | 2.97658 | 9.41276 |
| 8.27 | 68.3929 | 2.87576 | 9.09395 | 8.57 | 73.4449 | 2.92746 | 9.25743 | 8.87 | 78.6769 | 2.97825 | 9.41807 |
| 8.28 | 68.5584 | 2.87750 | 9.09945 | 8.58 | 73.6164 | 2.92916 | 9.26283 | 8.88 | 78.8544 | 2.97993 | 9.42338 |
| 8.29 | 68.7241 | 2.87924 | 9.10494 | 8.59 | 73.7881 | 2.93087 | 9.26823 | 8.89 | 79.0321 | 2.98161 | 9.42868 |
| 8.30 | 68.8900 | 2.88097 | 9.11043 | 8.60 | 73.9600 | 2.93258 | 9.27362 | 8.90 | 79.2100 | 2.98329 | 9.43398 |
| | | | | | | | | 8.91 | 79.3881 | 2.98496 | 9.43928 |
| | | | | | | | | 8.92 | 79.5664 | 2.98664 | 9.44458 |
| | | | | | | | | 8.93 | 79.7449 | 2.98831 | 9.44987 |
| | | | | | | | | 8.94 | 79.9236 | 2.98998 | 9.45516 |
| | | | | | | | | 8.95 | 80.1025 | 2.99166 | 9.46044 |
| | | | | | | | | 8.96 | 80.2816 | 2.99333 | 9.46573 |
| | | | | | | | | 8.97 | 80.4609 | 2.99500 | 9.47101 |
| | | | | | | | | 8.98 | 80.6404 | 2.99666 | 9.47629 |
| | | | | | | | | 8.99 | 80.8201 | 2.99833 | 9.48156 |
| | | | | | | | | 9.00 | 81.0000 | 3.00000 | 9.48683 |

Tafel XX (Fortsetz.)

| N | $N^2$ | $\sqrt{N}$ | $\sqrt{10N}$ | N | $N^2$ | $\sqrt{N}$ | $\sqrt{10N}$ | N | $N^2$ | $\sqrt{N}$ | $\sqrt{10N}$ |
|---|---|---|---|---|---|---|---|---|---|---|---|
| 9.00 | 81.0000 | 3.00000 | 9.48683 | 9.30 | 86.4900 | 3.04959 | 9.64365 | 9.60 | 92.1600 | 3.09839 | 9.79796 |
| 9.01 | 81.1801 | 3.00167 | 9.49210 | 9.31 | 866761 | 3.05123 | 9.64883 | 9.61 | 92.3521 | 3.10000 | 9.80306 |
| 9.02 | 81.3604 | 3.00333 | 9.49737 | 9.32 | 86.8624 | 3.05287 | 9.65401 | 9.62 | 92.5444 | 3.10161 | 9.80816 |
| 9.03 | 81.5409 | 3.00500 | 9.50263 | 9.33 | 87.0489 | 3.05450 | 9.65919 | 9.63 | 92.7369 | 3.10322 | 9.81326 |
| 9.04 | 81.7216 | 3.00666 | 9.50789 | 9.34 | 87.2356 | 3.05614 | 9.66437 | 9.64 | 92.9296 | 3.10483 | 9.81835 |
| 9.05 | 81.9025 | 3.00832 | 9.51315 | 9.35 | 87.4225 | 3.05778 | 9.66954 | 9.65 | 93.1225 | 3.10644 | 9.82344 |
| 9.06 | 82.0836 | 3.00998 | 9.51840 | 9.36 | 87.6096 | 3.05941 | 9.67471 | 9.66 | 93.3156 | 3.10805 | 9.82853 |
| 9.07 | 82.2649 | 3.01164 | 9.25365 | 9.37 | 87.7969 | 3.06105 | 9.67988 | 9.67 | 93.5089 | 3.10966 | 9.83362 |
| 9.08 | 82.4464 | 3.01330 | 9.52890 | 9.38 | 87.9844 | 3.06268 | 9.68504 | 9.68 | 93.7024 | 3.11127 | 9.83870 |
| 9.09 | 82.6281 | 3.01496 | 9.53415 | 9.39 | 88.1721 | 3.06431 | 9.69020 | 9.69 | 93.8961 | 3.11288 | 9.84378 |
| 9.10 | 82.8100 | 3.01662 | 9.53939 | 9.40 | 88.3600 | 3.06594 | 9.69536 | 9.70 | 94.0900 | 3.11448 | 9.84886 |
| 9.11 | 82.9921 | 3.01828 | 9.54463 | 9.41 | 88.5481 | 3.06757 | 9.70052 | 9.71 | 94.2841 | 3.11609 | 9.85393 |
| 9.12 | 83.1744 | 3.01993 | 9.54987 | 9.42 | 88.7364 | 3.06920 | 9.70567 | 9.72 | 94.4784 | 3.11769 | 9.85901 |
| 9.13 | 83.3569 | 3.02159 | 9.55510 | 9.43 | 88.9249 | 3.07083 | 9.71082 | 9.73 | 94.6729 | 3.11929 | 9.86408 |
| 9.14 | 83.5396 | 3.02324 | 9.56033 | 9.44 | 89.1136 | 3.07246 | 9.71597 | 9.74 | 94.8676 | 3.12090 | 9.86914 |
| 9.15 | 83.7225 | 3.02490 | 9.56556 | 9.45 | 89.3025 | 3.07409 | 9.72111 | 9.75 | 95.0625 | 3.12250 | 9.87421 |
| 9.16 | 83.9056 | 3.02655 | 9.57079 | 9.46 | 89.4916 | 3.07571 | 9.72625 | 9.76 | 95.2576 | 3.12410 | 9.87927 |
| 9.17 | 84.0889 | 3.02820 | 9.57601 | 9.47 | 89.6809 | 3.07734 | 9.73139 | 9.77 | 95.4529 | 3.12570 | 9.88433 |
| 9.18 | 84.2724 | 3.02985 | 9.58123 | 9.48 | 89.8704 | 3.07896 | 9.73653 | 9.78 | 95.6484 | 3.12730 | 9.88939 |
| 9.19 | 84.4561 | 3.03150 | 9.58645 | 9.49 | 90.0601 | 3.08058 | 9.74166 | 9.79 | 95.8441 | 3.12890 | 9.89444 |
| 9.20 | 84.6400 | 3.03315 | 9.59166 | 9.50 | 90.2500 | 3.08221 | 9.74679 | 9.80 | 96.0400 | 3.13050 | 9.89949 |
| 9.21 | 84.8241 | 3.03480 | 9.59687 | 9.51 | 90.4401 | 3.08383 | 9.75192 | 9.81 | 96.2361 | 3.13209 | 9.90454 |
| 9.22 | 85.0084 | 3.03645 | 9.60208 | 9.52 | 90.6304 | 3.08545 | 9.75705 | 9.82 | 96.4324 | 3.13369 | 9.90959 |
| 9.23 | 85.1929 | 3.03809 | 9.60729 | 9.53 | 90.8209 | 3.08707 | 9.76217 | 9.83 | 96.6289 | 3.13528 | 9.91464 |
| 9.24 | 85.3776 | 3.03974 | 9.61249 | 9.54 | 91.0116 | 3.08869 | 9.76729 | 9.84 | 96.8256 | 3.13688 | 9.91968 |
| 9.25 | 85.5625 | 3.04138 | 9.61769 | 9.55 | 91.2025 | 3.09031 | 9.77241 | 9.85 | 97.0225 | 3.13847 | 9.92472 |
| 9.26 | 85.7476 | 3.04302 | 9.62289 | 9.56 | 91.3936 | 3.09192 | 9.77753 | 9.86 | 97.2196 | 3.14006 | 9.92975 |
| 9.27 | 85.9329 | 3.04467 | 9.62808 | 9.57 | 91.5849 | 3.09354 | 9.78264 | 9.87 | 97.4169 | 3.14166 | 9.93479 |
| 9.28 | 86.1184 | 3.04631 | 9.63328 | 9.58 | 91.7764 | 3.09516 | 9.78775 | 9.88 | 97.6144 | 3.14325 | 9.93982 |
| 9.29 | 86.3041 | 3.04795 | 9.63846 | 9.59 | 91.9681 | 3.09677 | 9.79285 | 9.89 | 97.8121 | 3.14484 | 9.94485 |
| 9.30 | 86.4900 | 3.04959 | 9.64365 | 9.60 | 92.1600 | 3.09839 | 9.79796 | 9.90 | 98.0100 | 3.14643 | 9.94987 |
|      |         |         |         |      |         |         |         | 9.91 | 98.2081 | 3.14802 | 9.95490 |
|      |         |         |         |      |         |         |         | 9.92 | 98.4064 | 3.14960 | 9.95992 |
|      |         |         |         |      |         |         |         | 9.93 | 98.6049 | 3.15119 | 9.96494 |
|      |         |         |         |      |         |         |         | 9.94 | 98.8036 | 3.15278 | 9.96995 |
|      |         |         |         |      |         |         |         | 9.95 | 99.0025 | 3.15436 | 9.97497 |
|      |         |         |         |      |         |         |         | 9.96 | 99.2016 | 3.15595 | 9.97998 |
|      |         |         |         |      |         |         |         | 9.97 | 99.4009 | 3.15753 | 9.98499 |
|      |         |         |         |      |         |         |         | 9.98 | 99.6004 | 3.15911 | 9.98999 |
|      |         |         |         |      |         |         |         | 9.99 | 99.8001 | 3.16070 | 9.99500 |
|      |         |         |         |      |         |         |         | 10.00 | 100.0000 | 3.16228 | 10.00000 |

**Tafel XX-1**

Einige Winkelfunktionen: Sinus, Cosinus und Tangens $\beta$

Entnommen aus BATSCHELT, E.: Statistical methods for the analysis of problems in animal orientation and certain biological rhythms. Washington D. C.: American Inst. of Biological Sciences 1965, Table A, mit freundlicher Genehmigung des Autors und des Verlegers.

Die Tafel enthält diese Werte für:
  (1)  von $\beta = 0°$ (1°) 360° (Winkelgrade)
  (2)  von h = 00:00 (00:04) 24:00 (Uhrzeiten)
  (3)  von rad = 0,0000 (0,01745) 6,283 = $2\pi$ (Radianten)

Zwischenwerte erhält man durch Summen-Interpolation ziemlich genau.

*Ablesebeispiel:* Zu einem $\beta = 25°$ gehört ein $\cos \beta = +0,9063$ und ein $\tan \beta = +0,4663$. Zu einer Uhrzeit h = 08:40 gehört ein sin h = + 0,7660.

Tafel XX-1 (Fortsetz.)

| β° | h | rad | sin | cos | tan | β° | h | rad | sin | cos | tan |
|---|---|---|---|---|---|---|---|---|---|---|---|
| 0 | 0:00 | 0 | 0 | +1 | 0 | 70 | 4:40 | 1.222 | +.9397 | +.3420 | +2.747 |
| 1 | 0:04 | .0175 | +.0175 | +.9998 | +.0175 | 71 | 4:44 | 1.239 | +.9455 | +.3256 | +2.904 |
| 2 | 0:08 | .0349 | +.0349 | +.9994 | +.0349 | 72 | 4:48 | 1.257 | +.9511 | +.3090 | +3.078 |
| 3 | 0:12 | .0524 | +.0523 | +.9986 | +.0524 | 73 | 4:52 | 1.274 | +.9563 | +.2924 | +3.271 |
| 4 | 0:16 | .0698 | +.0698 | +.9976 | +.0699 | 74 | 4:56 | 1.292 | +.9613 | +.2756 | +3.487 |
| 5 | 0:20 | .0873 | +.0872 | +.9962 | +.0875 | 75 | 5:00 | 1.309 | +.9659 | +.2588 | +3.732 |
| 6 | 0:24 | .1047 | +.1045 | +.9945 | +.1051 | 76 | 5:04 | 1.326 | +.9703 | +.2419 | +4.011 |
| 7 | 0:28 | .1222 | +.1219 | +.9925 | +.1228 | 77 | 5:08 | 1.344 | +.9744 | +.2250 | +4.331 |
| 8 | 0:32 | .1396 | +.1392 | +.9903 | +.1405 | 78 | 5:12 | 1.361 | +.9781 | +.2079 | +4.705 |
| 9 | 0:36 | .1571 | +.1564 | +.9877 | +.1584 | 79 | 5:16 | 1.379 | +.9816 | +.1908 | +5.145 |
| 10 | 0:40 | .1745 | +.1736 | +.9848 | +.1763 | 80 | 5:20 | 1.396 | +.9848 | +.1736 | +5.671 |
| 11 | 0:44 | .1920 | +.1908 | +.9816 | +.1944 | 81 | 5:24 | 1.414 | +.9877 | +.1564 | +6.314 |
| 12 | 0:48 | .2094 | +.2079 | +.9781 | +.2126 | 82 | 5:28 | 1.431 | +.9903 | +.1392 | +7.115 |
| 13 | 0:52 | .2269 | +.2250 | +.9744 | +.2309 | 83 | 5:32 | 1.449 | +.9925 | +.1219 | +8.144 |
| 14 | 0:56 | .2443 | +.2419 | +.9703 | +.2493 | 84 | 5:36 | 1.466 | +.9945 | +.1045 | +9.514 |
| 15 | 1:00 | .2618 | +.2588 | +.9659 | +.2679 | 85 | 5:40 | 1.484 | +.9962 | +.0872 | +11.43 |
| 16 | 1:04 | .2793 | +.2756 | +.9613 | +.2867 | 86 | 5:44 | 1.501 | +.9976 | +.0698 | +14.30 |
| 17 | 1:08 | .2967 | +.2924 | +.9563 | +.3057 | 87 | 5:48 | 1.518 | +.9986 | +.0523 | +19.08 |
| 18 | 1:12 | .3142 | +.3090 | +.9511 | +.3249 | 88 | 5:52 | 1.536 | +.9994 | +.0349 | +28.64 |
| 19 | 1:16 | .3316 | +.3256 | +.9455 | +.3443 | 89 | 5:56 | 1.553 | +.9998 | +.0175 | +57.29 |
| 20 | 1:20 | .3491 | +.3420 | +.9397 | +.3640 | 90 | 6:00 | 1.571 | +1.000 | 0 | ∞ |
| 21 | 1:24 | .3665 | +.3584 | +.9336 | +.3839 | 91 | 6:04 | 1.588 | +.9998 | −.0175 | −57.29 |
| 22 | 1:28 | .3840 | +.3746 | +.9272 | +.4040 | 92 | 6:08 | 1.606 | +.9994 | −.0349 | −28.64 |
| 23 | 1:32 | .4014 | +.3907 | +.9205 | +.4245 | 93 | 6:12 | 1.623 | +.9986 | −.0523 | −19.08 |
| 24 | 1:36 | .4189 | +.4067 | +.9135 | +.4452 | 94 | 6:16 | 1.641 | +.9976 | −.0698 | −14.30 |
| 25 | 1:40 | .4363 | +.4226 | +.9063 | +.4663 | 95 | 6:20 | 1.658 | +.9962 | −.0872 | −11.43 |
| 26 | 1:44 | .4538 | +.4384 | +.8988 | +.4877 | 96 | 6:24 | 1.676 | +.9945 | −.1045 | −9.514 |
| 27 | 1:48 | .4712 | +.4540 | +.8910 | +.5095 | 97 | 6:28 | 1.693 | +.9925 | −.1219 | −8.144 |
| 28 | 1:52 | .4887 | +.4695 | +.8829 | +.5317 | 98 | 6:32 | 1.710 | +.9903 | −.1392 | −7.115 |
| 29 | 1:56 | .5061 | +.4848 | +.8746 | +.5543 | 99 | 6:36 | 1.728 | +.9877 | −.1564 | −6.314 |
| 30 | 2:00 | .5236 | +.5000 | +.8660 | +.5774 | 100 | 6:40 | 1.745 | +.9848 | −.1736 | −5.671 |
| 31 | 2:04 | .5411 | +.5150 | +.8572 | +.6009 | 101 | 6:44 | 1.763 | +.9816 | −.1908 | −5.145 |
| 32 | 2:08 | .5585 | +.5299 | +.8480 | +.6249 | 102 | 6:48 | 1.780 | +.9781 | −.2079 | −4.705 |
| 33 | 2:12 | .5760 | +.5446 | +.8387 | +.6494 | 103 | 6:52 | 1.798 | +.9744 | −.2250 | −4.331 |
| 34 | 2:16 | .5934 | +.5592 | +.8290 | +.6745 | 104 | 6:56 | 1.815 | +.9703 | −.2419 | −4.011 |

Tafel XX-1 (Fortsetz.)

| β° | h | rad | sin | cos | tan | β° | h | rad | sin | cos | tan |
|---|---|---|---|---|---|---|---|---|---|---|---|
| 35 | 2:20 | .6109 | +.5736 | +.8192 | +.7002 | 105 | 7:00 | 1.833 | +.9659 | −.2588 | −3.732 |
| 36 | 2:24 | .6283 | +.5878 | +.8090 | +.7265 | 106 | 7:04 | 1.850 | +.9613 | −.2756 | −3.487 |
| 37 | 2:28 | .6458 | +.6018 | +.7986 | +.7536 | 107 | 7:08 | 1.868 | +.9563 | −.2924 | −3.271 |
| 38 | 2:32 | .6632 | +.6157 | +.7880 | +.7813 | 108 | 7:12 | 1.885 | +.9511 | −.3090 | −3.078 |
| 39 | 2:36 | .6807 | +.6293 | +.7771 | +.8098 | 109 | 7:16 | 1.902 | +.9455 | −.3256 | −2.904 |
| 40 | 2:40 | .6981 | +.6428 | +.7660 | +.8391 | 110 | 7:20 | 1.920 | +.9397 | −.3420 | −2.747 |
| 41 | 2:44 | .7156 | +.6561 | +.7547 | +.8693 | 111 | 7:24 | 1.937 | +.9336 | −.3584 | −2.605 |
| 42 | 2:48 | .7330 | +.6691 | +.7431 | +.9004 | 112 | 7:28 | 1.955 | +.9272 | −.3746 | −2.475 |
| 43 | 2:52 | .7505 | +.6820 | +.7314 | +.9325 | 113 | 7:32 | 1.972 | +.9205 | −.3907 | −2.356 |
| 44 | 2:56 | .7679 | +.6947 | +.7193 | +.9657 | 114 | 7:36 | 1.990 | +.9135 | −.4067 | −2.246 |
| 45 | 3:00 | .7854 | +.7071 | +.7071 | +1.000 | 115 | 7:40 | 2.007 | +.9063 | −.4226 | −2.145 |
| 46 | 3:04 | .8029 | +.7193 | +.6947 | +1.036 | 116 | 7:44 | 2.025 | +.8988 | −.4384 | −2.050 |
| 47 | 3:08 | .8203 | +.7314 | +.6820 | +1.072 | 117 | 7:48 | 2.042 | +.8910 | −.4540 | −1.963 |
| 48 | 3:12 | .8378 | +.7431 | +.6691 | +1.111 | 118 | 7:52 | 2.059 | +.8829 | −.4695 | −1.881 |
| 49 | 3:16 | .8552 | +.7547 | +.6561 | +1.150 | 119 | 7:56 | 2.077 | +.8746 | −.4848 | −1.804 |
| 50 | 3:20 | .8727 | +.7660 | +.6428 | +1.192 | 120 | 8:00 | 2.094 | +.8660 | −.5000 | −1.732 |
| 51 | 3:24 | .8901 | +.7771 | +.6293 | +1.235 | 121 | 8:04 | 2.112 | +.8572 | −.5150 | −1.664 |
| 52 | 3:28 | .9076 | +.7880 | +.6157 | +1.280 | 122 | 8:08 | 2.129 | +.8480 | −.5299 | −1.600 |
| 53 | 3:32 | .9250 | +.7986 | +.6018 | +1.327 | 123 | 8:12 | 2.147 | +.8387 | −.5446 | −1.540 |
| 54 | 3:36 | .9425 | +.8090 | +.5878 | +1.376 | 124 | 8:16 | 2.164 | +.8290 | −.5592 | −1.483 |
| 55 | 3:40 | .9599 | +.8192 | +.5736 | +1.428 | 125 | 8:20 | 2.182 | +.8192 | −.5736 | −1.428 |
| 56 | 3:44 | .9774 | +.8290 | +.5592 | +1.483 | 126 | 8:24 | 2.199 | +.8090 | −.5878 | −1.376 |
| 57 | 3:48 | .9948 | +.8387 | +.5446 | +1.540 | 127 | 8:28 | 2.217 | +.7986 | −.6018 | −1.327 |
| 58 | 3:52 | 1.012 | +.8480 | +.5299 | +1.600 | 128 | 8:32 | 2.234 | +.7880 | −.6157 | −1.280 |
| 59 | 3:56 | 1.030 | +.8572 | +.5150 | +1.664 | 129 | 8:36 | 2.251 | +.7771 | −.6293 | −1.235 |
| 60 | 4:00 | 1.047 | +.8660 | +.5000 | +1.732 | 130 | 8:40 | 2.269 | +.7660 | −.6428 | −1.192 |
| 61 | 4:04 | 1.065 | +.8746 | +.4848 | +1.804 | 131 | 8:44 | 2.286 | +.7547 | −.6561 | −1.150 |
| 62 | 4:08 | 1.082 | +.8829 | +.4695 | +1.881 | 132 | 8:48 | 2.304 | +.7431 | −.6691 | −1.111 |
| 63 | 4:12 | 1.100 | +.8910 | +.4540 | +1.963 | 133 | 8:52 | 2.321 | +.7314 | −.6820 | −1.072 |
| 64 | 4:16 | 1.117 | +.8988 | +.4384 | +2.050 | 134 | 8:56 | 2.339 | +.7193 | −.6947 | −1.036 |
| 65 | 4:20 | 1.134 | +.9063 | +.4226 | +2.145 | 135 | 9:00 | 2.356 | +.7071 | −.7071 | −1.000 |
| 66 | 4:24 | 1.152 | +.9135 | +.4067 | +2.246 | 136 | 9:04 | 2.374 | +.6947 | −.7193 | −.9657 |
| 67 | 4:28 | 1.169 | +.9205 | +.3907 | +2.356 | 137 | 9:08 | 2.391 | +.6820 | −.7314 | −.9325 |
| 68 | 4:32 | 1.187 | +.9272 | +.3746 | +2.475 | 138 | 9:12 | 2.409 | +.6691 | −.7431 | −.9004 |
| 69 | 4:36 | 1.204 | +.9336 | +.3584 | +2.605 | 139 | 9:16 | 2.426 | +.6561 | −.7547 | −.8693 |

662  Tafel XX-1 (Fortsetz.)

| β° | h | rad | sin | cos | tan | β° | h | rad | sin | cos | tan |
|---|---|---|---|---|---|---|---|---|---|---|---|
| 140 | 9:20 | 2.443 | +.6428 | −.7660 | −.8391 | 215 | 14:20 | 3.752 | −.5736 | −.8192 | +.7002 |
| 141 | 9:24 | 2.461 | +.6293 | −.7771 | −.8098 | 216 | 14:24 | 3.770 | −.5878 | −.8090 | +.7265 |
| 142 | 9:28 | 2.478 | +.6157 | −.7880 | −.7813 | 217 | 14:28 | 3.787 | −.6018 | −.7986 | +.7536 |
| 143 | 9:32 | 2.496 | +.6018 | −.7986 | −.7536 | 218 | 14:32 | 3.805 | −.6157 | −.7880 | +.7813 |
| 144 | 9:36 | 2.513 | +.5878 | −.8090 | −.7265 | 219 | 14:36 | 3.822 | −.6293 | −.7771 | +.8098 |
| 145 | 9:40 | 2.531 | +.5736 | −.8192 | −.7002 | 220 | 14:40 | 3.840 | −.6428 | −.7660 | +.8391 |
| 146 | 9:44 | 2.548 | +.5592 | −.8290 | −.6745 | 221 | 14:44 | 3.857 | −.6561 | −.7547 | +.8693 |
| 147 | 9:48 | 2.566 | +.5446 | −.8387 | −.6494 | 222 | 14:48 | 3.875 | −.6691 | −.7431 | +.9004 |
| 148 | 9:52 | 2.583 | +.5299 | −.8480 | −.6249 | 223 | 14:52 | 3.892 | −.6820 | −.7314 | +.9325 |
| 149 | 9:56 | 2.601 | +.5150 | −.8572 | −.6009 | 224 | 14:56 | 3.910 | −.6947 | −.7193 | +.9657 |
| 150 | 10:00 | 2.618 | +.5000 | −.8660 | −.5774 | 225 | 15:00 | 3.927 | −.7071 | −.7071 | +1.000 |
| 151 | 10:04 | 2.635 | +.4848 | −.8746 | −.5543 | 226 | 15:04 | 3.944 | −.7193 | −.6947 | +1.036 |
| 152 | 10:08 | 2.653 | +.4695 | −.8829 | −.5317 | 227 | 15:08 | 3.962 | −.7314 | −.6820 | +1.072 |
| 153 | 10:12 | 2.670 | +.4540 | −.8910 | −.5095 | 228 | 15:12 | 3.979 | −.7431 | −.6691 | +1.111 |
| 154 | 10:16 | 2.688 | +.4384 | −.8988 | −.4877 | 229 | 15:16 | 3.997 | −.7547 | −.6561 | +1.150 |
| 155 | 10:20 | 2.705 | +.4226 | −.9063 | −.4663 | 230 | 15:20 | 4.014 | −.7660 | −.6428 | +1.192 |
| 156 | 10:24 | 2.723 | +.4067 | −.9135 | −.4452 | 231 | 15:24 | 4.032 | −.7771 | −.6293 | +1.235 |
| 157 | 10:28 | 2.740 | +.3907 | −.9205 | −.4245 | 232 | 15:28 | 4.049 | −.7880 | −.6157 | +1.280 |
| 158 | 10:32 | 2.758 | +.3746 | −.9272 | −.4040 | 233 | 15:32 | 4.067 | −.7986 | −.6018 | +1.327 |
| 159 | 10:36 | 2.775 | +.3584 | −.9336 | −.3839 | 234 | 15:36 | 4.084 | −.8090 | −.5878 | +1.376 |
| 160 | 10:40 | 2.793 | +.3420 | −.9397 | −.3640 | 235 | 15:40 | 4.102 | −.8192 | −.5736 | +1.428 |
| 161 | 10:44 | 2.810 | +.3256 | −.9455 | −.3443 | 236 | 15:44 | 4.119 | −.8290 | −.5592 | +1.483 |
| 162 | 10:48 | 2.827 | +.3090 | −.9511 | −.3249 | 237 | 15:48 | 4.136 | −.8387 | −.5446 | +1.540 |
| 163 | 10:52 | 2.845 | +.2924 | −.9563 | −.3057 | 238 | 15:52 | 4.154 | −.8480 | −.5299 | +1.600 |
| 164 | 10:56 | 2.862 | +.2756 | −.9613 | −.2867 | 239 | 15:56 | 4.171 | −.8572 | −.5150 | +1.664 |
| 165 | 11:00 | 2.880 | +.2588 | −.9659 | −.2679 | 240 | 16:00 | 4.189 | −.8660 | −.5000 | +1.732 |
| 166 | 11:04 | 2.897 | +.2419 | −.9703 | −.2493 | 241 | 16:04 | 4.206 | −.8746 | −.4848 | +1.804 |
| 167 | 11:08 | 2.915 | +.2250 | −.9744 | −.2309 | 242 | 16:08 | 4.224 | −.8829 | −.4695 | +1.881 |
| 168 | 11:12 | 2.932 | +.2079 | −.9781 | −.2126 | 243 | 16:12 | 4.241 | −.8910 | −.4540 | +1.963 |
| 169 | 11:16 | 2.950 | +.1908 | −.9816 | −.1944 | 244 | 16:16 | 4.259 | −.8988 | −.4384 | +2.050 |
| 170 | 11:20 | 2.967 | +.1736 | −.9848 | −.1763 | 245 | 16:20 | 4.276 | −.9063 | −.4226 | +2.145 |
| 171 | 11:24 | 2.985 | +.1564 | −.9877 | −.1584 | 246 | 16:24 | 4.294 | −.9135 | −.4067 | +2.246 |
| 172 | 11:28 | 3.002 | +.1392 | −.9903 | −.1405 | 247 | 16:28 | 4.311 | −.9205 | −.3907 | +2.356 |
| 173 | 11:32 | 3.019 | +.1219 | −.9925 | −.1228 | 248 | 16:32 | 4.328 | −.9272 | −.3746 | +2.475 |
| 174 | 11:36 | 3.037 | +.1045 | −.9945 | −.1051 | 249 | 16:36 | 4.346 | −.9336 | −.3584 | +2.605 |

Tafel XX-1 (Fortsetz.) 663

| β° | h | rad | sin | cos | tan | β° | h | rad | sin | cos | tan |
|---|---|---|---|---|---|---|---|---|---|---|---|
| 175 | 11:40 | 3.054 | +.0872 | −.9962 | −.0875 | 250 | 16:40 | 4.363 | −.9397 | −.3420 | +2.747 |
| 176 | 11:44 | 3.072 | +.0698 | −.9976 | −.0699 | 251 | 16:44 | 4.381 | −.9455 | −.3256 | +2.904 |
| 177 | 11:48 | 3.089 | +.0523 | −.9986 | −.0524 | 252 | 16:48 | 4.398 | −.9511 | −.3090 | +3.078 |
| 178 | 11:52 | 3.107 | +.0349 | −.9994 | −.0349 | 253 | 16:52 | 4.416 | −.9563 | −.2924 | +3.271 |
| 179 | 11:56 | 3.124 | +.0175 | −.9998 | −.0175 | 254 | 16:56 | 4.433 | −.9613 | −.2756 | +3.487 |
| 180 | 12:00 | 3.142 | 0 | −1 | 0 | 255 | 17:00 | 4.451 | −.9659 | −.2588 | +3.732 |
| 181 | 12:04 | 3.159 | −.0175 | −.9998 | +.0175 | 256 | 17:04 | 4.468 | −.9703 | −.2419 | +4.011 |
| 182 | 12:08 | 3.176 | −.0349 | −.9994 | +.0349 | 257 | 17:08 | 4.485 | −.9744 | −.2250 | +4.331 |
| 183 | 12:12 | 3.194 | −.0523 | −.9986 | +.0524 | 258 | 17:12 | 4.503 | −.9781 | −.2079 | +4.705 |
| 184 | 12:16 | 3.211 | −.0698 | −.9976 | +.0699 | 259 | 17:16 | 4.520 | −.9816 | −.1908 | +5.145 |
| 185 | 12:20 | 3.229 | −.0872 | −.9962 | +.0875 | 260 | 17:20 | 4.538 | −.9848 | −.1736 | +5.671 |
| 186 | 12:24 | 3.246 | −.1045 | −.9945 | +.1051 | 261 | 17:24 | 4.555 | −.9877 | −.1564 | +6.314 |
| 187 | 12:28 | 3.264 | −.1219 | −.9925 | +.1228 | 262 | 17:28 | 4.573 | −.9903 | −.1392 | +7.115 |
| 188 | 12:32 | 3.281 | −.1392 | −.9903 | +.1405 | 263 | 17:32 | 4.590 | −.9925 | −.1219 | +8.144 |
| 189 | 12:36 | 3.299 | −.1564 | −.9877 | +.1584 | 264 | 17:36 | 4.608 | −.9945 | −.1045 | +9.514 |
| 190 | 12:40 | 3.316 | −.1736 | −.9848 | +.1763 | 265 | 17:40 | 4.625 | −.9962 | −.0872 | +11.43 |
| 191 | 12:44 | 3.334 | −.1908 | −.9816 | +.1944 | 266 | 17:44 | 4.643 | −.9976 | −.0698 | +14.30 |
| 192 | 12:48 | 3.351 | −.2079 | −.9781 | +.2126 | 267 | 17:48 | 4.660 | −.9986 | −.0523 | +19.08 |
| 193 | 12:52 | 3.368 | −.2250 | −.9744 | +.2309 | 268 | 17:52 | 4.677 | −.9994 | −.0349 | +28.64 |
| 194 | 12:56 | 3.386 | −.2419 | −.9703 | +.2493 | 269 | 17:56 | 4.695 | −.9998 | −.0175 | +57.29 |
| 195 | 13:00 | 3.403 | −.2588 | −.9659 | +.2679 | 270 | 18:00 | 4.712 | −1 | 0 | ∞ |
| 196 | 13:04 | 3.421 | −.2756 | −.9613 | +.2867 | 271 | 18:04 | 4.730 | −.9998 | +.0175 | −57.29 |
| 197 | 13:08 | 3.438 | −.2924 | −.9563 | +.3057 | 272 | 18:08 | 4.747 | −.9994 | +.0349 | −28.64 |
| 198 | 13:12 | 3.456 | −.3090 | −.9511 | +.3249 | 273 | 18:12 | 4.765 | −.9986 | +.0523 | −19.08 |
| 199 | 13:16 | 3.473 | −.3256 | −.9455 | +.3443 | 274 | 18:16 | 4.782 | −.9976 | +.0698 | −14.30 |
| 200 | 13:20 | 3.491 | −.3420 | −.9397 | +.3640 | 275 | 18:20 | 4.800 | −.9962 | +.0872 | −11.43 |
| 201 | 13:24 | 3.508 | −.3584 | −.9336 | +.3839 | 276 | 18:24 | 4.817 | −.9945 | +.1045 | −9.514 |
| 202 | 13:28 | 3.526 | −.3746 | −.9272 | +.4040 | 277 | 18:28 | 4.835 | −.9925 | +.1219 | −8.144 |
| 203 | 13:32 | 3.543 | −.3907 | −.9205 | +.4245 | 278 | 18:32 | 4.852 | −.9903 | +.1392 | −7.115 |
| 204 | 13:36 | 3.560 | −.4067 | −.9135 | +.4452 | 279 | 18:36 | 4.869 | −.9877 | +.1564 | −6.314 |
| 205 | 13:40 | 3.578 | −.4226 | −.9063 | +.4663 | 280 | 18:40 | 4.887 | −.9848 | +.1736 | −5.671 |
| 206 | 13:44 | 3.595 | −.4384 | −.8988 | +.4877 | 281 | 18:44 | 4.904 | −.9816 | +.1908 | −5.145 |
| 207 | 13:48 | 3.613 | −.4540 | −.8910 | +.5095 | 282 | 18:48 | 4.922 | −.9781 | +.2079 | −4.705 |
| 208 | 13:52 | 3.630 | −.4695 | −.8829 | +.5317 | 283 | 18:52 | 4.939 | −.9744 | +.2250 | −4.331 |
| 209 | 13:56 | 3.648 | −.4848 | −.8746 | +.5543 | 284 | 18:56 | 4.957 | −.9703 | +.2419 | −4.011 |
| 210 | 14:00 | 3.665 | −.5000 | −.8660 | +.5774 | 285 | 19:00 | 4.974 | −.9659 | +.2588 | −3.732 |
| 211 | 14:04 | 3.683 | −.5150 | −.8572 | +.6009 | 286 | 19:04 | 4.992 | −.9613 | +.2756 | −3.487 |
| 212 | 14:08 | 3.700 | −.5299 | −.8480 | +.6249 | 287 | 19:08 | 5.009 | −.9563 | +.2924 | −3.271 |
| 213 | 14:12 | 3.718 | −.5446 | −.8387 | +.6494 | 288 | 19:12 | 5.027 | −.9511 | +.3090 | −3.078 |
| 214 | 14:16 | 3.735 | −.5592 | −.8290 | +.6745 | 289 | 19:16 | 5.044 | −.9455 | +.3256 | −2.904 |

Tafel XX-1 (Fortsetz.)

| β° | h | rad | sin | cos | tan | β° | h | rad | sin | cos | tan |
|---|---|---|---|---|---|---|---|---|---|---|---|
| 290 | 19:20 | 5.061 | −.9397 | +.3420 | −2.747 | 325 | 21:40 | 5.672 | −.5736 | +.8192 | −.7002 |
| 291 | 19:24 | 5.079 | −.9336 | +.3584 | −2.605 | 326 | 21:44 | 5.690 | −.5592 | +.8290 | −.6745 |
| 292 | 19:28 | 5.096 | −.9272 | +.3746 | −2.475 | 327 | 21:48 | 5.707 | −.5446 | +.8387 | −.6494 |
| 293 | 19:32 | 5.114 | −.9205 | +.3907 | −2.356 | 328 | 21:52 | 5.725 | −.5299 | +.8480 | −.6249 |
| 294 | 19:36 | 5.131 | −.9135 | +.4067 | −2.246 | 329 | 21:56 | 5.742 | −.5150 | +.8572 | −.6009 |
| 295 | 19:40 | 5.149 | −.9063 | +.4226 | −2.145 | 330 | 22:00 | 5.760 | −.5000 | +.8660 | −.5774 |
| 296 | 19:44 | 5.166 | −.8988 | +.4384 | −2.050 | 331 | 22:04 | 5.777 | −.4848 | +.8746 | −.5543 |
| 297 | 19:48 | 5.184 | −.8910 | +.4540 | −1.963 | 332 | 22:08 | 5.794 | −.4695 | +.8829 | −.5317 |
| 298 | 19:52 | 5.201 | −.8829 | +.4695 | −1.881 | 333 | 22:12 | 5.812 | −.4540 | +.8910 | −.5095 |
| 299 | 19:56 | 5.219 | −.8746 | +.4848 | −1.804 | 334 | 22:16 | 5.829 | −.4384 | +.8988 | −.4877 |
| 300 | 20:00 | 5.236 | −.8660 | +.5000 | −1.732 | 335 | 22:20 | 5.847 | −.4226 | +.9063 | −.4663 |
| 301 | 20:04 | 5.253 | −.8572 | +.5150 | −1.664 | 336 | 22:24 | 5.864 | −.4067 | +.9135 | −.4452 |
| 302 | 20:08 | 5.271 | −.8480 | +.5299 | −1.600 | 337 | 22:28 | 5.882 | −.3907 | +.9205 | −.4245 |
| 303 | 20:12 | 5.288 | −.8387 | +.5446 | −1.540 | 338 | 22:32 | 5.899 | −.3746 | +.9272 | −.4040 |
| 304 | 20:16 | 5.306 | −.8290 | +.5592 | −1.483 | 339 | 22:36 | 5.917 | −.3584 | +.9336 | −.3839 |
| 305 | 20:20 | 5.323 | −.8192 | +.5736 | −1.428 | 340 | 22:40 | 5.934 | −.3420 | +.9397 | −.3640 |
| 306 | 20:24 | 5.341 | −.8090 | +.5878 | −1.376 | 341 | 22:44 | 5.952 | −.3256 | +.9455 | −.3443 |
| 307 | 20:28 | 5.358 | −.7986 | +.6018 | −1.327 | 342 | 22:48 | 5.969 | −.3090 | +.9511 | −.3249 |
| 308 | 20:32 | 5.376 | −.7880 | +.6157 | −1.280 | 343 | 22:52 | 5.986 | −.2924 | +.9563 | −.3057 |
| 309 | 20:36 | 5.393 | −.7771 | +.6293 | −1.235 | 344 | 22:56 | 6.004 | −.2756 | +.9613 | −.2867 |
| 310 | 20:40 | 5.411 | −.7660 | +.6428 | −1.192 | 345 | 23:00 | 6.021 | −.2588 | +.9659 | −.2679 |
| 311 | 20:44 | 5.428 | −.7547 | +.6561 | −1.150 | 346 | 23:04 | 6.039 | −.2419 | +.9703 | −.2493 |
| 312 | 20:48 | 5.445 | −.7431 | +.6691 | −1.111 | 347 | 23:08 | 6.056 | −.2250 | +.9744 | −.2309 |
| 313 | 20:52 | 5.463 | −.7314 | +.6820 | −1.072 | 348 | 23:12 | 6.074 | −.2079 | +.9781 | −.2126 |
| 314 | 20:56 | 5.480 | −.7193 | +.6947 | −1.036 | 349 | 23:16 | 6.091 | −.1908 | +.9816 | −.1944 |
| 315 | 21:00 | 5.498 | −.7071 | +.7071 | −1.000 | 350 | 23:20 | 6.109 | −.1736 | +.9848 | −.1763 |
| 316 | 21:04 | 5.515 | −.6947 | +.7193 | −.9657 | 351 | 23:24 | 6.126 | −.1564 | +.9877 | −.1584 |
| 317 | 21:08 | 5.533 | −.6820 | +.7314 | −.9325 | 352 | 23:28 | 6.144 | −.1392 | +.9903 | −.1405 |
| 318 | 21:12 | 5.550 | −.6691 | +.7431 | −.9004 | 353 | 23:32 | 6.161 | −.1219 | +.9925 | −.1228 |
| 319 | 21:16 | 5.568 | −.6561 | +.7547 | −.8693 | 354 | 23:36 | 6.178 | −.1045 | +.9945 | −.1051 |
| 320 | 21:20 | 5.585 | −.6428 | +.7660 | −.8391 | 355 | 23:40 | 6.196 | −.0872 | +.9962 | −.0875 |
| 321 | 21:24 | 5.603 | −.6293 | +.7771 | −.8098 | 356 | 23:44 | 6.213 | −.0698 | +.9976 | −.0699 |
| 322 | 21:28 | 5.620 | −.6157 | +.7880 | −.7813 | 357 | 23:48 | 6.231 | −.0523 | +.9986 | −.0524 |
| 323 | 21:32 | 5.637 | −.6018 | +.7986 | −.7536 | 358 | 23:52 | 6.248 | −.0349 | +.9994 | −.0349 |
| 324 | 21:36 | 5.655 | −.5878 | +.8090 | −.7265 | 359 | 23:56 | 6.266 | −.0175 | +.9998 | −.0175 |
|   |   |   |   |   |   | 360 | 24:00 | 6.283 | 0 | +1 | 0 |

**Tafel XX-1-4**

Transformation von zirkulären Zeitskalen in die Winkelgradskala
Berechnet von cand. rer. nat. G. D. Bartoszyk, Universität Düsseldorf, 1975.

Die Tafel enthält vier Untertafeln mit folgenden Transformationen:

*Tafel 1* transformiert den Tageszyklus (diurnaler Rhythmus), gemessen in Stunden (Std) und Minuten (min), in die Winkelgradskala mit Grad (°) und Winkelminuten (').

*Tafel 2* transformiert den Mondmonatszyklus mit 28 Tagen, gemessen in Tagen (Tge) und Stunden (Std), in die Winkelgradskala. Multiplikation mit 4 ergibt den Wochenzyklus.

*Tafel 3* transformiert die Kalendermonatsskala mit 30 Tagen, gemessen in Tagen und Stunden, in die Winkelgradskala. Division durch 12 ergibt den Jahreszyklus mit 12 Monaten, plus Anzahl der ganzen Monate mal 30°.

*Tafel 4* transformiert die Skala des Kalenderjahres mit 365 Tagen, gemessen in Tagen und Stunden, in die Winkelgradskala. Um größere Rundungsfehler auszuschließen, sind die Winkelminuten auf eine Dezimale genau angegeben.

Abzulesen ist bei allen Transformationen zuerst jeweils bei der größeren Zeiteinheit: zu dem abgelesenen Winkel sind dann die Winkelanteile der kleineren Zeiteinheit zu addieren, um den zu einem bestimmten Zeitpunkt t gehörigen Winkel $\beta_t$ zu gewinnen.

Tafel 1: Tageszyklus

| Std | (°) | min | (°) | (') | min | (°) | (') |
|---|---|---|---|---|---|---|---|
| 1 | 15 | 1 | 0 | 15 | 31 | 7 | 45 |
| 2 | 30 | 2 | 0 | 30 | 32 | 8 | 0 |
| 3 | 45 | 3 | 0 | 45 | 33 | 8 | 15 |
| 4 | 60 | 4 | 1 | 0 | 34 | 8 | 30 |
| 5 | 75 | 5 | 1 | 15 | 35 | 8 | 45 |
| 6 | 90 | 6 | 1 | 30 | 36 | 9 | 0 |
| 7 | 105 | 7 | 1 | 45 | 37 | 9 | 15 |
| 8 | 120 | 8 | 2 | 0 | 38 | 9 | 30 |
| 9 | 135 | 9 | 2 | 15 | 39 | 9 | 45 |
| 10 | 150 | 10 | 2 | 30 | 40 | 10 | 0 |
| 11 | 165 | 11 | 2 | 45 | 41 | 10 | 15 |
| 12 | 180 | 12 | 3 | 0 | 42 | 10 | 30 |
| 13 | 195 | 13 | 3 | 15 | 43 | 10 | 45 |
| 14 | 210 | 14 | 3 | 30 | 44 | 11 | 0 |
| 15 | 225 | 15 | 3 | 45 | 45 | 11 | 15 |
| 16 | 240 | 16 | 4 | 0 | 46 | 11 | 30 |
| 17 | 255 | 17 | 4 | 15 | 47 | 11 | 45 |
| 18 | 270 | 18 | 4 | 30 | 48 | 12 | 0 |
| 19 | 285 | 19 | 4 | 45 | 49 | 12 | 15 |
| 20 | 300 | 20 | 5 | 0 | 50 | 12 | 30 |
| 21 | 315 | 21 | 5 | 15 | 51 | 12 | 45 |
| 22 | 330 | 22 | 5 | 30 | 52 | 13 | 0 |
| 23 | 345 | 23 | 5 | 45 | 53 | 13 | 15 |
| 24 | 360 | 24 | 6 | 0 | 54 | 13 | 30 |
|  |  | 25 | 6 | 15 | 55 | 13 | 45 |
|  |  | 26 | 6 | 30 | 56 | 14 | 0 |
|  |  | 27 | 6 | 45 | 57 | 14 | 15 |
|  |  | 28 | 7 | 0 | 58 | 14 | 30 |
|  |  | 29 | 7 | 15 | 59 | 14 | 45 |
|  |  | 30 | 7 | 30 | 60 | 15 | 0 |

*Ablesebeispiel:* Einer Uhrzeit von 10. 27 h entspricht ein Winkel von 150° (10 Std) + 6°45' (27 min) = 156°45'.

Tafel XX-1-4 (Fortsetz.)

Tafel 2: Monatszyklus mit 28 Tagen

| Tge | (°) | (') | Std | (°) | (') |
|---|---|---|---|---|---|
| 1 | 12 | 51 | 1 | 0 | 32 |
| 2 | 25 | 42 | 2 | 1 | 4 |
| 3 | 38 | 34 | 3 | 1 | 36 |
| 4 | 51 | 25 | 4 | 2 | 8 |
| 5 | 64 | 17 | 5 | 2 | 40 |
| 6 | 77 | 8 | 6 | 3 | 12 |
| 7 | 90 | 0 | 7 | 3 | 45 |
| 8 | 102 | 51 | 8 | 4 | 17 |
| 9 | 115 | 42 | 9 | 4 | 49 |
| 10 | 128 | 34 | 10 | 5 | 21 |
| 11 | 141 | 25 | 11 | 5 | 53 |
| 12 | 154 | 17 | 12 | 6 | 25 |
| 13 | 167 | 8 | 13 | 6 | 57 |
| 14 | 180 | 0 | 14 | 7 | 30 |
| 15 | 192 | 51 | 15 | 8 | 2 |
| 16 | 205 | 42 | 16 | 8 | 34 |
| 17 | 218 | 34 | 17 | 9 | 6 |
| 18 | 231 | 25 | 18 | 9 | 38 |
| 19 | 244 | 17 | 19 | 10 | 10 |
| 20 | 257 | 8 | 20 | 10 | 42 |
| 21 | 270 | 0 | 21 | 11 | 15 |
| 22 | 282 | 51 | 22 | 11 | 47 |
| 23 | 295 | 42 | 23 | 12 | 19 |
| 24 | 308 | 34 | 24 | 12 | 51 |
| 25 | 321 | 25 | | | |
| 26 | 334 | 17 | | | |
| 27 | 347 | 8 | | | |
| 28 | 360 | 0 | | | |

*Ablesebeispiel 1:* Einer Erhöhung der Basistemperatur, am 14. Tag um 6 Uhr eines 28 tägigen Menstruationszyklus gemessen, entspricht ein Winkel von 167°08' (13 Tage) + 3°12' (6 Stdn) = 170°20'.

*Ablesebeispiel 2:* Die Mittagsstunde des 6. Tages (Fr) einer Woche als Zyklus entspricht einem Winkel von 4·(64°17' + 6°25') = 282°48'.

Tafel 3: Monatszyklus mit 30 Tagen

| Tge | (°) | Std | (°) | (') |
|---|---|---|---|---|
| 1 | 12 | 1 | 0 | 30 |
| 2 | 24 | 2 | 1 | 0 |
| 3 | 36 | 3 | 1 | 30 |
| 4 | 48 | 4 | 2 | 0 |
| 5 | 60 | 5 | 2 | 30 |
| 6 | 72 | 6 | 3 | 0 |
| 7 | 84 | 7 | 3 | 30 |
| 8 | 96 | 8 | 4 | 0 |
| 9 | 108 | 9 | 4 | 30 |
| 10 | 120 | 10 | 5 | 0 |
| 11 | 132 | 11 | 5 | 30 |
| 12 | 144 | 12 | 6 | 0 |
| 13 | 156 | 13 | 6 | 30 |
| 14 | 168 | 14 | 7 | 0 |
| 15 | 180 | 15 | 7 | 30 |
| 16 | 192 | 16 | 8 | 0 |
| 17 | 204 | 17 | 8 | 30 |
| 18 | 216 | 18 | 9 | 0 |
| 19 | 228 | 19 | 9 | 30 |
| 20 | 240 | 20 | 10 | 0 |
| 21 | 252 | 21 | 10 | 30 |
| 22 | 264 | 22 | 11 | 0 |
| 23 | 276 | 23 | 11 | 30 |
| 24 | 288 | 24 | 12 | 0 |
| 25 | 300 | | | |
| 26 | 312 | | | |
| 27 | 324 | | | |
| 28 | 336 | | | |
| 29 | 348 | | | |
| 30 | 360 | | | |

*Ablesebeispiel:* Der Mittagsstunde des 15. Tages des 8. Monats (August) eines 12 monatigen Jahreszyklus mit angenommenen 30tägigen Monaten entspricht der Winkel 7·30° + (180° + 6°): 12 = 225°30'.

Tafel XX-1-4(Fortsetz.)

Tafel 4: Jahreszyklus mit 365 Tagen

| Tge | (°) | (') | Tge | (°) | (') | Tge | (°) | (') |
|---|---|---|---|---|---|---|---|---|
| 1 | 0 | 59.2 | 35 | 34 | 31.2 | 69 | 68 | 3.3 |
| 2 | 1 | 58.4 | 36 | 35 | 30.4 | 70 | 69 | 2.5 |
| 3 | 2 | 57.5 | 37 | 36 | 29.6 | 71 | 70 | 1.6 |
| 4 | 3 | 56.7 | 38 | 37 | 28.8 | 72 | 71 | 0.8 |
| 5 | 4 | 55.9 | 39 | 38 | 27.9 | 73 | 72 | 0.0 |
| 6 | 5 | 55.1 | 40 | 39 | 27.1 | 74 | 72 | 59.2 |
| 7 | 6 | 54.2 | 41 | 40 | 26.3 | 75 | 73 | 58.4 |
| 8 | 7 | 53.4 | 42 | 41 | 25.5 | 76 | 74 | 57.5 |
| 9 | 8 | 52.6 | 43 | 42 | 24.7 | 77 | 75 | 56.7 |
| 10 | 9 | 51.8 | 44 | 43 | 23.8 | 78 | 76 | 55.9 |
| 11 | 10 | 51.0 | 45 | 44 | 23.0 | 79 | 77 | 55.1 |
| 12 | 11 | 50.1 | 46 | 45 | 22.2 | 80 | 78 | 54.2 |
| 13 | 12 | 49.3 | 47 | 46 | 21.4 | 81 | 79 | 53.4 |
| 14 | 13 | 48.5 | 48 | 47 | 20.5 | 82 | 80 | 52.6 |
| 15 | 14 | 47.7 | 49 | 48 | 19.7 | 83 | 81 | 51.8 |
| 16 | 15 | 46.8 | 50 | 49 | 18.9 | 84 | 82 | 51.0 |
| 17 | 16 | 46.0 | 51 | 50 | 18.1 | 85 | 83 | 50.1 |
| 18 | 17 | 45.2 | 52 | 51 | 17.3 | 86 | 84 | 49.3 |
| 19 | 18 | 44.4 | 53 | 52 | 16.4 | 87 | 85 | 48.5 |
| 20 | 19 | 43.6 | 54 | 53 | 15.6 | 88 | 86 | 47.7 |
| 21 | 20 | 42.7 | 55 | 54 | 14.8 | 89 | 87 | 46.8 |
| 22 | 21 | 41.9 | 56 | 55 | 14.0 | 90 | 88 | 46.0 |
| 23 | 22 | 41.1 | 57 | 56 | 13.2 | 91 | 89 | 45.2 |
| 24 | 23 | 40.3 | 58 | 57 | 12.3 | 92 | 90 | 44.4 |
| 25 | 24 | 39.5 | 59 | 58 | 11.5 | 93 | 91 | 43.6 |
| 26 | 25 | 38.6 | 60 | 59 | 10.7 | 94 | 92 | 42.7 |
| 27 | 26 | 37.8 | 61 | 60 | 9.9 | 95 | 93 | 41.9 |
| 28 | 27 | 37.0 | 62 | 61 | 9.0 | 96 | 94 | 41.1 |
| 29 | 28 | 36.2 | 63 | 62 | 8.2 | 97 | 95 | 40.3 |
| 30 | 29 | 35.3 | 64 | 63 | 7.4 | 98 | 96 | 39.5 |
| 31 | 30 | 34.5 | 65 | 64 | 6.6 | 99 | 97 | 38.6 |
| 32 | 31 | 33.7 | 66 | 65 | 5.8 | 100 | 98 | 37.8 |
| 33 | 32 | 32.9 | 67 | 66 | 4.9 | 200 | 197 | 15.6 |
| 34 | 33 | 32.1 | 68 | 67 | 4.1 | 300 | 295 | 53.4 |

| Std | (°) | (') | Std | (°) | (') | Std | (°) | (') |
|---|---|---|---|---|---|---|---|---|
| 1 | 0 | 2.5 | 9 | 0 | 22.2 | 17 | 0 | 41.9 |
| 2 | 0 | 4.9 | 10 | 0 | 24.7 | 18 | 0 | 44.4 |
| 3 | 0 | 7.4 | 11 | 0 | 27.1 | 19 | 0 | 46.8 |
| 4 | 0 | 9.9 | 12 | 0 | 29.6 | 20 | 0 | 49.3 |
| 5 | 0 | 12.3 | 13 | 0 | 32.1 | 21 | 0 | 51.8 |
| 6 | 0 | 14.8 | 14 | 0 | 34.5 | 22 | 0 | 54.2 |
| 7 | 0 | 17.3 | 15 | 0 | 37.0 | 23 | 0 | 56.7 |
| 8 | 0 | 19.7 | 16 | 0 | 39.5 | 24 | 0 | 59.2 |

*Ablesebeispiel:* Dem 10. März 14 h entspricht ein Winkel von 31 (Jan) + 28 (Feb) + 9 Tage + 14 Stdn, d.h. 67°4, 1' (68 Tge) + 34, 5' (14 Std) = 67°39'. Der 359. Tag hat einen Winkel von 295°53, 4' (300 Tge) + 57°12, 3' (58 Tge) + 29, 6' = 353°32'; mangels Uhrzeitangabe wurde die Mittagszeit als repräsentativ angenommen.

## Tafel XX-1-6

ANJES A-Test gegen Sichelpräferenz

Entnommen aus BATSCHELET, E. (1972, Table 4) in GALLER et al. (Eds.): Animal orientation and navigation. Washington: Government printing Office, 1972, mit freundlicher Genehmigung des Verfassers und des Verlages.

Die Tafel enthält die Schranken der in Winkelgraden gemessenen Prüfgröße $A^0$ für Stichprobenumfänge $N = 5(1)20(10)50, 100, 200, \infty$ für Signifikanzniveaus von 10% bis 0,5%. Überschreitet eine beobachtete Prüfgröße eine der angegebenen Schranken $A_\alpha^0$, dann muß die Nullhypothese einer zirkulären Gleichverteilung gegen die Alternative einer semizirkulären (sichelförmigen) Verteilung verworfen werden.

*Ablesebeispiel:* Wenn $N = 10$ Winkelmaße ein $A^0 \geq 231°$ ergeben, ist die Nullhypothese einer Gleichverteilung über dem Kreis auf der 5%-Stufe abzulehnen.

| n | $\alpha = 10\%$ | 5% | 2.5% | 1% | 0.5% |
|---|---|---|---|---|---|
| 5 | A = 185 | 227 | 262 | 301 | 324 |
| 6 | 184 | 227 | 268 | 314 | 343 |
| 7 | 184 | 228 | 269 | 318 | 354 |
| 8 | 184 | 229 | 271 | 322 | 359 |
| 9 | 184 | 230 | 272 | 326 | 364 |
| 10 | 185 | 231 | 274 | 329 | 369 |
| 11 | 185 | 231 | 275 | 332 | 372 |
| 12 | 185 | 232 | 277 | 334 | 375 |
| 13 | 185 | 232 | 277 | 336 | 377 |
| 14 | 185 | 232 | 278 | 337 | 379 |
| 15 | 185 | 232 | 278 | 338 | 381 |
| 16 | 185 | 233 | 279 | 339 | 383 |
| 17 | 185 | 233 | 279 | 340 | 385 |
| 18 | 185 | 233 | 280 | 341 | 386 |
| 19 | 185 | 233 | 280 | 341 | 386 |
| 20 | 185 | 233 | 281 | 342 | 387 |
| 30 | 186 | 234 | 283 | 346 | 393 |
| 40 | 186 | 235 | 284 | 347 | 395 |
| 50 | 186 | 235 | 284 | 349 | 397 |
| 100 | 186 | 235 | 285 | 351 | 400 |
| 200 | 186 | 236 | 286 | 352 | 402 |
| $\infty$ | 185 | 236 | 287 | 354 | 404 |

**Tafel XX-2-1**

RAYLEIGHS Test gegen Richtungspräferenz

Auszugsweise entnommen aus ZAR, H. J.: Biostatistical analysis. Englewood Cliff/N. J.; Prentice Hall 1974, Table D. 38, mit freundlicher Genehmigung des Verfassers und des Verlages.

Die Tafel enthält die Schranken $r_\alpha$ der als Prüfgröße aufgefaßten Länge r des Durchschnittsvektors einer Stichprobe von N Richtungsmaßen für n = 6(1)30(2)50(5)80(10)100(20)200, 300, 500 für $0,20 \geqslant \alpha \geqslant 0,001$. Beobachtete Vektoren r, die die vorvereinbarte Schranke überschreiten, widerlegen die Nullhypothese einer zirkulären Gleichverteilung der n Richtungsmasse und begünstigen die Annahme einer eingipfeligen Verteilung auf der α %-Signifikanzstufe.

*Ablesebeispiel:* Ein Durchschnittsvektor der Länge r = 0,56 ist bei n = 10 Richtungsmaßen (Winkelmaßen, Zyklusmaßen) auf der 5 %-Stufe signifikant, da er die 5 %-Schranke von 0,5403 für n = 10 überschreitet. Die Nullhypothese einer Gleichverteilung auf dem Kreis wird verworfen.

Tafel XX-2-1 (Fortsetz.)

| n | 0,20 | 0,10 | 0,05 | 0,01 | 0,005 | 0,001 |
|---|---|---|---|---|---|---|
| 6 | 0,5227 | 0,6157 | 0,6910 | 0,8224 | 0,8652 | 0,9396 |
| 7 | 0,4832 | 0,5705 | 0,6419 | 0,7693 | 0,8122 | 0,8909 |
| 8 | 0,4515 | 0,5340 | 0,6020 | 0,7250 | 0,7673 | 0,8473 |
| 9 | 0,4254 | 0,5037 | 0,5686 | 0,6873 | 0,7288 | 0,8086 |
| 10 | 0,4033 | 0,4781 | 0,5403 | 0,6549 | 0,6953 | 0,7743 |
| 11 | 0,3843 | 0,4560 | 0,5158 | 0,6266 | 0,6660 | 0,7437 |
| 12 | 0,3678 | 0,4367 | 0,4943 | 0,6017 | 0,6401 | 0,7163 |
| 13 | 0,3532 | 0,4196 | 0,4753 | 0,5795 | 0,6169 | 0,6917 |
| 14 | 0,3403 | 0,4045 | 0,4584 | 0,5595 | 0,5960 | 0,6693 |
| 15 | 0,3287 | 0,3908 | 0,4431 | 0,5415 | 0,5771 | 0,6489 |
| 16 | 0,3182 | 0,3785 | 0,4293 | 0,5251 | 0,5599 | 0,6302 |
| 17 | 0,3086 | 0,3672 | 0,4166 | 0,5101 | 0,5441 | 0,6130 |
| 18 | 0,2999 | 0,3569 | 0,4051 | 0,4963 | 0,5296 | 0,5971 |
| 19 | 0,2918 | 0,3474 | 0,3944 | 0,4836 | 0,5161 | 0,5824 |
| 20 | 0,2844 | 0,3387 | 0,3846 | 0,4718 | 0,5037 | 0,5687 |
| 21 | 0,2775 | 0,3305 | 0,3754 | 0,4608 | 0,4921 | 0,5560 |
| 22 | 0,2711 | 0,3230 | 0,3669 | 0,4505 | 0,4812 | 0,5440 |
| 23 | 0,2651 | 0,3159 | 0,3589 | 0,4409 | 0,4711 | 0,5328 |
| 24 | 0,2595 | 0,3093 | 0,3514 | 0,4319 | 0,4615 | 0,5222 |
| 25 | 0,2542 | 0,3030 | 0,3444 | 0,4235 | 0,4525 | 0,5122 |
| 26 | 0,2493 | 0,2972 | 0,3378 | 0,4154 | 0,4440 | 0,5028 |
| 27 | 0,2446 | 0,2916 | 0,3315 | 0,4079 | 0,4360 | 0,4939 |
| 28 | 0,2402 | 0,2864 | 0,3256 | 0,4007 | 0,4284 | 0,4854 |
| 29 | 0,2360 | 0,2814 | 0,3200 | 0,3939 | 0,4212 | 0,4774 |
| 30 | 0,2320 | 0,2767 | 0,3147 | 0,3874 | 0,4143 | 0,4697 |
| 32 | 0,2246 | 0,2679 | 0,3048 | 0,3754 | 0,4015 | 0,4554 |
| 34 | 0,2179 | 0,2599 | 0,2957 | 0,3644 | 0,3899 | 0,4424 |
| 36 | 0,2117 | 0,2526 | 0,2875 | 0,3544 | 0,3791 | 0,4304 |
| 38 | 0,2061 | 0,2459 | 0,2798 | 0,3451 | 0,3693 | 0,4193 |
| 40 | 0,2008 | 0,2397 | 0,2728 | 0,3365 | 0,3601 | 0,4090 |
| 42 | 0,1960 | 0,2339 | 0,2663 | 0,3285 | 0,3516 | 0,3995 |
| 44 | 0,1915 | 0,2286 | 0,2602 | 0,3211 | 0,3437 | 0,3906 |
| 46 | 0,1873 | 0,2235 | 0,2545 | 0,3141 | 0,3363 | 0,3822 |
| 48 | 0,1833 | 0,2188 | 0,2492 | 0,3076 | 0,3293 | 0,3744 |
| 50 | 0,1796 | 0,2144 | 0,2442 | 0,3015 | 0,3228 | 0,3670 |
| 55 | 0,1712 | 0,2045 | 0,2329 | 0,2876 | 0,3080 | 0,3504 |
| 60 | 0,1639 | 0,1958 | 0,2230 | 0,2755 | 0,2951 | 0,3358 |
| 65 | 0,1575 | 0,1881 | 0,2143 | 0,2648 | 0,2837 | 0,3229 |
| 70 | 0,1517 | 0,1813 | 0,2065 | 0,2553 | 0,2735 | 0,3113 |
| 75 | 0,1466 | 0,1751 | 0,1995 | 0,2467 | 0,2643 | 0,3010 |
| 80 | 0,1419 | 0,1696 | 0,1932 | 0,2389 | 0,2560 | 0,2916 |
| 90 | 0,1338 | 0,1599 | 0,1822 | 0,2254 | 0,2415 | 0,2751 |
| 100 | 0,1269 | 0,1517 | 0,1729 | 0,2139 | 0,2292 | 0,2612 |
| 120 | 0,1159 | 0,1385 | 0,1578 | 0,1954 | 0,2094 | 0,2387 |
| 140 | 0,1073 | 0,1282 | 0,1462 | 0,1809 | 0,1940 | 0,2211 |
| 160 | 0,1003 | 0,1199 | 0,1367 | 0,1693 | 0,1815 | 0,2070 |
| 180 | 0,0946 | 0,1131 | 0,1289 | 0,1597 | 0,1712 | 0,1952 |
| 200 | 0,0897 | 0,1073 | 0,1223 | 0,1515 | 0,1624 | 0,1853 |
| 300 | 0,0733 | 0,0876 | 0,0999 | 0,1238 | 0,1327 | 0,1514 |
| 500 | 0,0567 | 0,0679 | 0,0774 | 0,0959 | 0,1029 | 0,1174 |

**Tafel XX-2-2**

Der V-Test auf Richtungsübereinstimmung

Auszugsweise entnommen aus ZAR, H. J.: Biostatistical analysis. Englewood Cliff/N. J.: Prentice Hall, 1974, Table D. 41, mit freundlicher Genehmigung des Verfassers und des Verlages.

Die Tafel enthält die α-Schranken der Prüfgröße V zur Prüfung, ob sich n = 8(1)30(2) 50(5)80(10)100(20)200 Richtungsmaße um eine unter $H_1$ vorausgesetzte Richtung auf den Kreis eingipfelig verteilen. Wird die für α und n geltende Schranke überschritten, so muß die Nullhypothese einer zirkulären Gleichverteilung zugunsten der Alternative $H_1$ verworfen werden.

*Ablesebeispiel:* Ein V = 5,59 aus n = 11 Richtungsmaßen ist auf der 1 %-Stufe signifikant, da die 1 %-Schranke von 5,378 überschritten wird. Die $H_0$ einer Gleichverteilung wird zugunsten von $H_1$ einer richtungsspezifizierten (eingipfeligen) Verteilung verworfen.

Tafel XX-2-2 (Fortsetz.)

| n | 0,10 | 0,05 | 0,025 | 0,01 | 0,005 | 0,0025 | 0,001 |
|---|---|---|---|---|---|---|---|
| 8 | 2,592 | 3,298 | 3,894 | 4,561 | 4,996 | 5,383 | 5,833 |
| 9 | 2,745 | 3,497 | 4,133 | 4,849 | 5,318 | 5,739 | 6,231 |
| 10 | 2,891 | 3,685 | 4,359 | 5,120 | 5,622 | 6,073 | 6,605 |
| 11 | 3,030 | 3,865 | 4,574 | 5,378 | 5,910 | 6,390 | 6,959 |
| 12 | 3,162 | 4,036 | 4,780 | 5,624 | 6,185 | 6,692 | 7,295 |
| 13 | 3,289 | 4,200 | 4,977 | 5,860 | 6,448 | 6,981 | 7,616 |
| 14 | 3,412 | 4,358 | 5,166 | 6,087 | 6,700 | 7,258 | 7,924 |
| 15 | 3,530 | 4,511 | 5,349 | 6,305 | 6,944 | 7,525 | 8,221 |
| 16 | 3,644 | 4,658 | 5,525 | 6,516 | 7,179 | 7,782 | 8,507 |
| 17 | 3,755 | 4,801 | 5,696 | 6,721 | 7,406 | 8,032 | 8,783 |
| 18 | 3,863 | 4,940 | 5,863 | 6,919 | 7,627 | 8,274 | 9,051 |
| 19 | 3,968 | 5,075 | 6,024 | 7,112 | 7,842 | 8,509 | 9,312 |
| 20 | 4,070 | 5,207 | 6,182 | 7,300 | 8,051 | 8,737 | 9,565 |
| 21 | 4,170 | 5,335 | 6,335 | 7,483 | 8,254 | 8,960 | 9,812 |
| 22 | 4,267 | 5,460 | 6,485 | 7,662 | 8,453 | 9,177 | 10,052 |
| 23 | 4,362 | 5,583 | 6,631 | 7,836 | 8,647 | 9,390 | 10,287 |
| 24 | 4,455 | 5,702 | 6,775 | 8,007 | 8,837 | 9,597 | 10,517 |
| 25 | 4,547 | 5,820 | 6,915 | 8,174 | 9,022 | 9,800 | 10,742 |
| 26 | 4,636 | 5,935 | 7,052 | 8,338 | 9,205 | 9,999 | 10,962 |
| 27 | 4,724 | 6,048 | 7,187 | 8,499 | 9,383 | 10,195 | 11,178 |
| 28 | 4,810 | 6,159 | 7,320 | 8,657 | 9,558 | 10,386 | 11,389 |
| 29 | 4,894 | 6,268 | 7,450 | 8,812 | 9,730 | 10,574 | 11,597 |
| 30 | 4,978 | 6,375 | 7,578 | 8,964 | 9,899 | 10,759 | 11,801 |
| 32 | 5,140 | 6,583 | 7,827 | 9,261 | 10,229 | 11,119 | 12,199 |
| 34 | 5,297 | 6,786 | 8,069 | 9,549 | 10,548 | 11,468 | 12,585 |
| 36 | 5,450 | 6,982 | 8,303 | 9,828 | 10,858 | 11,807 | 12,959 |
| 38 | 5,599 | 7,173 | 8,531 | 10,100 | 11,160 | 12,136 | 13,322 |
| 40 | 5,744 | 7,359 | 8,754 | 10,364 | 11,453 | 12,456 | 13,676 |
| 42 | 5,885 | 7,541 | 8,970 | 10,622 | 11,739 | 12,769 | 14,021 |
| 44 | 6,023 | 7,718 | 9,182 | 10,874 | 12,019 | 13,074 | 14,357 |
| 46 | 6,158 | 7,892 | 9,389 | 11,120 | 12,292 | 13,372 | 14,686 |
| 48 | 6,289 | 8,061 | 9,591 | 11,361 | 12,559 | 13,663 | 15,008 |
| 50 | 6,419 | 8,227 | 9,789 | 11,596 | 12,820 | 13,949 | 15,323 |
| 55 | 6,731 | 8,629 | 10,268 | 12,166 | 13,451 | 14,638 | 16,033 |
| 60 | 7,029 | 9,012 | 10,726 | 12,710 | 14,055 | 15,296 | 16,809 |
| 65 | 7,316 | 9,380 | 11,164 | 13,231 | 14,633 | 15,927 | 17,505 |
| 70 | 7,591 | 9,734 | 11,587 | 13,733 | 15,189 | 16,534 | 18,174 |
| 75 | 7,857 | 10,075 | 11,994 | 14,217 | 15,726 | 17,119 | 18,819 |
| 80 | 8,114 | 10,405 | 12,388 | 14,685 | 16,244 | 17,685 | 19,443 |
| 90 | 8,605 | 11,036 | 13,140 | 15,579 | 17,235 | 18,766 | 20,635 |
| 100 | 9,070 | 11,633 | 13,852 | 16,425 | 18,172 | 19,788 | 21,761 |
| 120 | 9,934 | 12,743 | 15,175 | 17,997 | 19,914 | 21,688 | 23,855 |
| 140 | 10,729 | 13,764 | 16,392 | 19,443 | 21,516 | 23,434 | 25,779 |
| 160 | 11,469 | 14,714 | 17,525 | 20,788 | 23,006 | 25,059 | 27,569 |
| 180 | 12,164 | 15,606 | 18,588 | 22,051 | 24,406 | 26,585 | 29,250 |
| 200 | 12,821 | 16,450 | 19,594 | 23,246 | 25,729 | 28,027 | 30,839 |

Tafel XX-4-1

Mardia-Wheeler-Watsons Zweistichprobentest für Richtungsmaße

Auszugsweise entnommen aus MARDIA, K. V.: A non-parametric test for the bivariate two-sample location problem. J. Roy. Statist. Soc. (B) 29 (1967), 320–342, Table 1, via MARDIA, K.V. (1972), Appendix 2.14), mit freundlicher Genehmigung des Verfassers und des Herausgebers.

Die Tafel enthält die Schranken $R^2_{1,\alpha}$ der Prüfgröße $R^2_1$ des MWW-Tests zum Vergleich zweier Stichproben von Richtungsmaßen. Aufgeführt sind die Kombinationen der vereinigten Stichprobenumfänge $N = N_1 + N_2$ und des kleineren, mit $N_1$ bezeichneten Stichprobenumfangs für die Signifikanzniveaus $\alpha = 0{,}001; 0{,}01; 0{,}05$ und $0{,}10$. Die Schranken wurden von den Autoren so gewählt, daß sie jenen Überschreitungswahrscheinlichkeiten P entsprechen, die den angegebenen Alpha-Werten am nächsten liegen. (P kann also auch ein wenig größer sein als $\alpha$, was bei der üblichen Vertafelung nicht zugelassen wird). Erreicht oder überschreitet ein beobachtetes $R^2_1$ die zugehörige Schranke, dann ist die Nullhypothese, wonach die beiden Stichproben aus ein und derselben Population stammen, zu verwerfen. Als Alternative kommen vor allem Lokationsunterschiede in Betracht.

*Ablesebeispiel:* Liefern zwei Stichproben von $N_1 = 7$ und $N_2 = 8$ Richtungsmaßen ein $R^2_1 \geqslant 11{,}57$, dann wird die für $N = 15$ und $N_1 = 7$ geltende 5%-Schranke überschritten und $H_0$ ist auf dem 5%-Niveau zu verwerfen.

Tafel XX-4-1 (Fortsetz.)

| N | $N_1$ | $\alpha \rightarrow$ 0.001 | 0.01 | 0.05 | 0.10 |
|---|---|---|---|---|---|
| 8 | 4 | | | | 6.83 |
| 9 | 3 | | | | 6.41 |
|   | 4 | | | 8.29 | 4.88 |
| 10 | 3 | | | | 6.85 |
|    | 4 | | | 9.47 | 6.24 |
|    | 5 | | | 10.47 | 6.85 |
| 11 | 3 | | | 7.20 | 5.23 |
|    | 4 | | | 10.42 | 7.43 |
|    | 5 | | 12.34 | 8.74 | 6.60 |
| 12 | 3 | | | 7.46 | 5.73 |
|    | 4 | | 11.20 | 8.46 | 7.46 |
|    | 5 | | 13.93 | 10.46 | 7.46 |
|    | 6 | | 14.93 | 11.20 | 7.46 |
| 13 | 3 | | | 7.68 | 6.15 |
|    | 4 | | 11.83 | 9.35 | 7.03 |
|    | 5 | | 15.26 | 10.15 | 7.39 |
|    | 6 | | 17.31 | 10.42 | 8.04 |
| 14 | 3 | | | 7.85 | 6.49 |
|    | 4 | | 12.34 | 9.30 | 7.60 |
|    | 5 | | 16.39 | 10.30 | 7.85 |
|    | 6 | 19.20 | 15.59 | 12.21 | 7.94 |
|    | 7 | 20.20 | 16.39 | 11.65 | 8.85 |
| 15 | 3 | | | 7.99 | 6.78 |
|    | 4 | | 12.78 | 8.74 | 7.91 |
|    | 5 | 17.35 | 14.52 | 10.36 | 7.91 |
|    | 6 | 20.92 | 17.48 | 11.61 | 9.12 |
|    | 7 | 22.88 | 16.14 | 11.57 | 9.06 |
| 16 | 3 | | | 8.11 | 5.83 |
|    | 4 | | 13.14 | 9.44 | 7.38 |
|    | 5 | 18.16 | 15.55 | 10.44 | 9.03 |
|    | 6 | 22.43 | 16.98 | 11.54 | 9.11 |
|    | 7 | 25.27 | 18.16 | 12.66 | 9.78 |

Tafel XX-4-4

BATSCHELETS zirkulärer U-Test

Entnommen aus BATSCHELET, E.: Statistical methods for the analysis of problems in animal orientation. Washington/D.C.: AIBS, 1965, Table 23.3, mit freundlicher Genehmigung des Autors und des Verlegers.

Die Tafel enthält die Überschreitungswahrscheinlichkeiten P, daß beim Vergleich zweier unabhängiger Stichproben von $N_2 \leqslant N_1 = 5(1)13$ Richtungsmaßen eine Prüfgröße $U_r$ unter $H_0$ (identische Kreisverteilungen) oder ein kleines $U_r$ erzielt wird. Das P entspricht einem zweiseitigen P, da $U_r$ jeweils aus der kleinsten der möglichen Rangsummen berechnet wird. Ist $P \leqslant \alpha$, wird $H_0$ verworfen und die Art des Unterschieds (Dispersion?) interpretiert.

*Ablesebeispiel:* Wenn eine Versuchsgruppe mit $N_2=4$ und eine Kontrollgruppe mit $N_1 = 10$ Richtungsmaßen ein $U_r = 1$ ergibt, entspricht dies einem P=0,042 unter $H_0$, so daß $H_0$ bei $\alpha = 0,05$ zu verwerfen ist. Werden die 4 Versuchsbeobachtungen von den 10 Kontrollbeobachtungen umschlossen, so handelt es sich um einen Dispersionsunterschied; liegen sie links oder rechts davon, so handelt es sich um einen Lokationsunterschied.

| $N_1$ | $U_r$ | $N_2=3$ | 4 | 5 | 6 | 7 | 8 | 9 | 10 | 11 | 12 |
|---|---|---|---|---|---|---|---|---|---|---|---|
| 5 | 0 | P = .143 | .071 | .040 | | | | | | | |
|   | 1 |          |      | .119 | | | | | | | |
| 6 | 0 | .107 | .048 | .024 | .013 | | | | | | |
|   | 1 |      | .143 | .071 | .038 | | | | | | |
|   | 2 |      |      | .167 | .091 | | | | | | |
|   | 3 |      |      |      | .156 | | | | | | |
| 7 | 0 | .083 | .033 | .015 | .008 | .004 | | | | | |
|   | 1 |      | .100 | .046 | .023 | .012 | | | | | |
|   | 2 |      |      | .106 | .053 | .029 | | | | | |
|   | 3 |      |      | .167 | .091 | .053 | | | | | |
|   | 4 |      |      |      | .152 | .086 | | | | | |
|   | 5 |      |      |      |      | .135 | | | | | |
| 8 | 0 | .067 | .024 | .010 | .005 | .002 | .001 | | | | |
|   | 1 |      | .073 | .030 | .014 | .007 | .004 | | | | |
|   | 2 |      | .155 | .071 | .033 | .016 | .009 | | | | |
|   | 3 |      |      | .111 | .056 | .030 | .016 | | | | |
|   | 4 |      |      | .192 | .093 | .049 | .027 | | | | |
|   | 5 |      |      |      | .149 | .077 | .042 | | | | |
|   | 6 |      |      |      |      | .124 | .067 | | | | |
|   | 7 |      |      |      |      | .182 | .102 | | | | |
|   | 8 |      |      |      |      |      | .149 | | | | |
| 9 | 0 | .055 | .018 | .007 | .003 | .001 | <.001 | | | | |
|   | 1 | .164 | .055 | .021 | .009 | .004 | .002 | .001 | | | |
|   | 2 |      | .109 | .049 | .021 | .010 | .005 | .003 | | | |
|   | 3 |      | .182 | .077 | .036 | .018 | .009 | .005 | | | |
|   | 4 |      |      | .133 | .060 | .029 | .015 | .009 | | | |
|   | 5 |      |      |      | .096 | .046 | .024 | .013 | | | |
|   | 6 |      |      |      | .147 | .074 | .038 | .020 | | | |
|   | 7 |      |      |      |      | .109 | .057 | .031 | | | |
|   | 8 |      |      |      |      | .157 | .084 | .046 | | | |
|   | 9 |      |      |      |      |      | .119 | .066 | | | |

| $N_1$ | $U_P$ | $N_2=3$ | 4 | 5 | 6 | 7 | 8 | 9 | 10 | 11 | 12 |
|---|---|---|---|---|---|---|---|---|---|---|---|
| 10 | 0 | $P=$ .045 | .014 | .005 | .002 |  |  | <.001 |  |  |  |
|  | 1 | .136 | .042 | .015 | .006 | .003 | .001 |  |  |  |  |
|  | 2 |  | .084 | .035 | .014 | .006 | .003 | .001 |  |  |  |
|  | 3 |  | .140 | .055 | .024 | .011 | .005 | .003 | .001 |  |  |
|  | 4 |  |  | .095 | .040 | .018 | .009 | .005 | .002 |  |  |
|  | 5 |  |  | .145 | .064 | .029 | .014 | .007 | .004 |  |  |
|  | 6 |  |  |  | .098 | .046 | .022 | .011 | .006 |  |  |
|  | 7 |  |  |  | .142 | .068 | .034 | .017 | .009 |  |  |
|  | 8 |  |  |  |  | .098 | .049 | .026 | .014 |  |  |
|  | 9 |  |  |  |  | .140 | .070 | .037 | .020 |  |  |
|  | 10 |  |  |  |  | .199 | .096 | .051 | .028 |  |  |
| 11 | 0 | .038 | .011 | .004 | .001 |  |  | <.001 |  |  |  |
|  | 1 | .115 | .033 | .011 | .004 | .002 |  |  |  |  |  |
|  | 2 | .192 | .066 | .026 | .010 | .004 | .002 |  |  |  |  |
|  | 3 |  | .110 | .040 | .016 | .007 | .003 | .002 |  |  |  |
|  | 4 |  | .176 | .070 | .027 | .012 | .006 | .003 | .001 |  |  |
|  | 5 |  |  | .106 | .044 | .019 | .009 | .004 | .002 | .001 |  |
|  | 6 |  |  | .158 | .067 | .030 | .014 | .007 | .003 | .002 |  |
|  | 7 |  |  |  | .098 | .044 | .021 | .010 | .005 | .003 |  |
|  | 8 |  |  |  | .141 | .063 | .030 | .015 | .007 | .004 |  |
|  | 9 |  |  |  | .195 | .090 | .043 | .021 | .011 | .006 |  |
| 12 | 0 | .033 | .009 | .003 |  |  |  |  |  |  |  |
|  | 1 | .099 | .026 | .008 | .003 | .001 |  | <.001 |  |  |  |
|  | 2 | .167 | .053 | .019 | .007 | .003 | .001 |  |  |  |  |
|  | 3 |  | .088 | .030 | .012 | .005 | .002 |  |  |  |  |
|  | 4 |  | .141 | .052 | .019 | .008 | .003 | .002 |  |  |  |
|  | 5 |  |  | .080 | .031 | .012 | .005 | .003 | .001 |  |  |
|  | 6 |  |  | .118 | .047 | .020 | .009 | .004 | .002 |  |  |
|  | 7 |  |  | .173 | .069 | .029 | .013 | .006 | .003 | .001 |  |
|  | 8 |  |  |  | .100 | .042 | .019 | .009 | .004 | .002 | .001 |
|  | 9 |  |  |  | .138 | .060 | .027 | .013 | .006 | .003 | .002 |
| 13 | 0 | .029 | .007 | .002 |  |  |  |  |  |  |  |
|  | 1 | .086 | .021 | .006 | .002 |  |  | <.001 |  |  |  |
|  | 2 | .143 | .043 | .015 | .005 | .002 |  |  |  |  |  |
|  | 3 |  | .071 | .023 | .008 | .003 | .001 |  |  |  |  |
|  | 4 |  | .114 | .040 | .014 | .005 | .002 | .001 |  |  |  |
|  | 5 |  | .171 | .061 | .022 | .009 | .004 | .002 |  |  |  |
|  | 6 |  |  | .090 | .034 | .014 | .006 | .002 | .001 |  |  |
|  | 7 |  |  | .132 | .050 | .020 | .008 | .004 | .002 |  |  |
|  | 8 |  |  | .179 | .072 | .029 | .012 | .006 | .003 | .001 |  |
|  | 9 |  |  |  | .099 | .041 | .018 | .008 | .004 | .002 |  |

Tafel XX-5-1

MARDIAS k-Stichproben W-Test für Richtungsmaße

Auszugsweise entnommen aus MARDIA, K. V.: A bivariate non-parametric c-sample test. J. Roy. Statist. Soc. (B) 32 (1970), 74–87, Table 1, via MARDIA, K. V. (1972, Appendix 2.17), mit freundlicher Genehmigung des Verfassers und des Herausgebers.

Die Tafel enthält die Schranken $W_\alpha$ der Prüfgröße W des MARDIA-k-Stichprobentests für Richtungsmaße, und zwar für den Spezialfall von k = 3 Stichproben mit Kombinationen von Stichprobenumfängen $N_3 \leqslant N_2 \leqslant N_1$ = 3(1)5 und $\alpha$ = 0,01; 0,05 und 0,10. Die Schranken wurden so gewählt, daß sie Überschreitungswahrscheinlichkeiten P entsprechen, die möglichst nahe an den angegebenen Signifikanzstufen liegen. Erreicht oder überschreitet ein beobachtetes W die Schranke, muß die Nullhypothese, wonach die zu den k Stichproben gehörigen Populationen auf dem Kreis identisch verteilt sind, verworfen werden. Als Alternative kommen vor allem Lokationsunterschiede in Betracht.

*Ablesebeispiel:* Wenn k = 3 Stichproben zu $N_1$ = 5, $N_2$ = 4 und $N_3$ = 3 Richtungsmassen ein W ⩾ 9,30 ergeben, so ist die Nullhypothese identisch verteilter Populationen auf dem 5%-Niveau zu verwerfen.

| $n_1$ | $n_2$ | $n_3$ | $\alpha \rightarrow$ | 0.01 | 0.05 | 0.10 |
|---|---|---|---|---|---|---|
| 3 | 3 | 3 | | 12.82 | 9.45 | 9.06 |
| 4 | 3 | 2 | | 11.95 | 9.06 | 8.02 |
| 4 | 3 | 3 | | 10.89 | 9.40 | 7.97 |
| 4 | 4 | 1 | | | 10.29 | 8.59 |
| 4 | 4 | 2 | | 10.47 | 9.05 | 8.05 |
| 4 | 4 | 3 | | 11.53 | 9.36 | 8.21 |
| 4 | 4 | 4 | | 12.20 | 9.60 | 8.23 |
| 5 | 2 | 2 | | 10.38 | 8.48 | 7.85 |
| 5 | 3 | 1 | | | 9.59 | 7.90 |
| 5 | 3 | 2 | | 12.38 | 9.14 | 7.65 |
| 5 | 3 | 3 | | 11.78 | 9.22 | 7.85 |
| 5 | 4 | 1 | | 10.92 | 9.31 | 6.97 |
| 5 | 4 | 2 | | 11.48 | 9.00 | 7.72 |
| 5 | 4 | 3 | | 11.50 | 9.30 | 8.05 |
| 5 | 4 | 4 | | 11.82 | 9.52 | 8.19 |
| 5 | 5 | 1 | | 11.87 | 8.99 | 7.14 |
| 5 | 5 | 2 | | 11.14 | 8.79 | 7.68 |
| 5 | 5 | 3 | | 11.87 | 9.25 | 7.99 |
| 5 | 5 | 4 | | 12.00 | 9.46 | 8.20 |
| | | $\chi^2_4$ | | 13.277 | 9.488 | 7.779 |

# LITERATURVERZEICHNIS

ANDERSON, R. L.: Distribution of serial correlation coefficient. Ann. Math. Stat. 13 (1942) 1–13.

BARLOW, R. E., D. J. BARTHOLOMEW, J. M. BREMNER and H. D. BRUNK: Statistical inference under order restrictions. New York: Wiley & Sons, 1972.

BARTON, D. E. and F. N. DAVID: Multiple runs. Biometrika 44 (1957) 168–178.

BARTOSZYK, G. D. and G. A. LIENERT: Tables for straight-line parameters in testing binomial treatment effects sequentially. Biom. Z. 18 (1976, im Druck).

BATSCHELET, E.: Statistical methods for the analysis of problems in animal orientation and certain biological rhythms. Washinton/D. C.: The American Institut of Biological Sciences, 1965.

BENNETT, B. M. and E. NAKAMURA: Tables for testing significance in a 2 x 3 contingency table. Technometrics 5 (1963) 501–511.

BERKSHIRE, J. R. (Ed.): Improvement of grading practices for Air Training Command schools. Air Training Command, Scott Air Force Base/III., ATRC Manual 50-900-9, 1951.

BHAPKAR, V. P. and J. V. DESHPANDE: Some nonparametric tests for multisample problems. Technometrics 10 (1968) 578–585.

BHUCHONGKUL, S.: A class of nonparametric tests for independence in bivariate populations. Ann. Math. Stat. 35 (1964) 138–149.

BIRNBAUM, Z. W. and R. A. HALL: Small sample distributions for multisample statistics of the Smirnov type. Ann. Math. Stat. 31 (1960) 710–720.

BLOMQVIST, N.: On a measure of dependence between two random variables. Ann. Math. Stat. 21 (1950) 593–600.

BOSE, R. C.: Paired comparison designs for testing concordance between judges. Biometrika 43 (1956) 113–121.

BRADLEY, J. V.: Distribution-free statistical tests. London: Prentice-Hall, 1968.

BROWN, C. C., B. HEINZE und H. P. KRÜGER: Tafeln eines exakten $2^3$-Felder-Kontingenztests. EDV in Biologie und Medizin 6 (1975, im Druck).

BUCK, W.: Der U-Test nach Uleman. EDV in Biologie und Medizin 7 (1976, im Druck).

BUCK, W.: Der Vorzeichen-Rang-Test nach Pratt. EDV in Biologie und Medizin 7 (1976, im Druck).

BUNKE, O.: Neue Konfidenzintervalle für den Parameter der Binomialverteilung. Wiss. Z. Humboldt-Univ. Berlin, Math.-Nat. R. IX, (1959) 335–363.

BURR, E. J.: The distribution of Kendall's score S for a pair of tied rankings. Biometrika 47 (1960) 151–171.

COMRIE, L. J. (Ed.): Barlow's tables of squares, cubes, square roots, cube roots and reciprocals of all integers up to 12, 500. 4. ed. London: Spon, 1958.

CONOVER, W. J.: Two k-sample slippage tests. J. Am. Stat. Ass. 63 (1968) 614–626.

CONOVER, W. J.: Practical nonparametric statistics. New York: Wiley & Sons, 1971.

CRADDOCK, J. M. and C. R. FLOOD: The distribution of $\chi^2$ statistic in small contingency tables. Appl. Stat. 19 (1970) 173–181.

CRONHOLM, J. N. and S. H. REVUSKY: A sensitive rank test for comparing the effects of two treatments on a single group. Psychometrika 30 (1965) 459–467.

DAVID, F. N.: Two combinatorial tests of whether a sample has come from a given population. Biometrika 37 (1950) 97–110.

DAVIDOFF, M. D. and H. W. GOHEEN: A table for rapid determination of the tetrachoric correlation coefficient. Psychometrika 18 (1953) 115–121.

DIXON, W. J.: A criterion for testing the hypothesis that two samples are from the same population. Ann. Math. Stat. 11 (1940) 199–204.

DIXON, W. J. and F. J. MASSEY, Jr.: Introduction to statistical analysis. 2. ed. New York: McGraw-Hill, 1957.

DOCUMENTA GEIGY: Wissenschaftliche Tabellen. 7. Aufl. Basel: J. R. Geigy AG, 1968.

DUNNETT, C. W.: A multiple comparison procedure for compairing several treatments with a control. J. Am. Stat. Ass. 50 (1955) 1096–1121.

DUNNETT, C. W.: New tables for multiple comparisons with control. Biometrics 20 (1964) 482–491.

EDGINGTON, E. S.: Probability table for number of runs of signs of first differences in ordered series. J. Am. Stat. Ass. 56 (1961) 156–159.

EDWARDS, A. L.: Statistical methods. 2. ed. New York: Holt, 1967.

EPSTEIN, B.: Tables for the distribution of the number of exceedances. Ann. Math. Stat. 25 (1954) 762–768.

FINNEY, D. J., R. LATSCHA, B. M. BENNETT and P. HSU: Tables for testing significance in a 2 x 2 contingency table. London: Cambridge Univ. Press, 1963.

FISHER, R. A. and F. YATES: Statistical tables for biological, agricultural and medical research. 5. ed. Edinburgh: Oliver-Boyd, 1957.

FISHER, R. A. and F. YATES: Statistical tables for biological, agricultural and medical research. 6. ed. London: Longman Group Ltd., 1963.

FLEISS, J. L.: Statistical methods for rates and proportions. New York: Wiley & Sons, 1973.

FOSTER, F. G. and A. STUART: Distribution-free tests in time-series based on the breaking of records. J. Roy. Statist. Soc. (B) 16 (1954) 1–22.

FRIEDMAN, M.: A comparison of alternative tests of significance for the problem of m rankings. Ann. Math. Stat. 11 (1940) 86–92.

GALLER, S. R., K. SCHMIDT-KOENIG, G. J. JACOBS and R. E. BELLEVILLE (Eds.): Animal orientation and navigation. Washington/D. C.: Gov. Printing Office, 1972.

GLASSER, G. J.: A distribution-free test of independence with a sample of paired observations. J. Am. Stat. Ass. 57 (1962) 116–133.

GRANT, D. A.: Additional tables for the probability of runs of correct responses in learning and problem solving. Psych. Bull. 44 (1947) 276–279.

HAGA, T.: A two sample rank test on location. Ann. Inst. Stat. Math. (Tokyo) 11 (1959) 211–219.

HALD, A. and S. A. SINKBÆK: A table of percentage points of the $\chi^2$-distribution. Skandinavisk Aktuarietidskrift 33 (1950) 168–175.

HALPERIN, M.: Extension of the Wilcoxon-Mann-Whitney test to samples censored at the same fixed point. J. Am. Stat. Ass. 55 (1960) 125–138.

HART, B. I.: Significance levels for the ratio of the mean square successive difference to the variance. Ann. Math. Stat. 13 (1942) 445–447.

HEINZE, B. und G. A. LIENERT: Ein nichtparametrischer Dreifach-Korrelationstest: der Oktantentest. EDV in Biologie und Medizin 6 (1975, im Druck).

HENZE, F.: Tabelle für einen exakten Fisher-Test. Unveröff. Typoskript, 1974.

HETZ, W. und H. KLINGER: Untersuchungen zur Frage der Verteilung von Objekten auf Plätze. Metrika 1 (1958) 3–20.

HOLLANDER, M.: A nonparametric test for the two sample problem. Psychometrika 28 (1963) 395–404.

JURGENSEN, C. E.: Table for determining phi coefficients. Psychometrika 12 (1947) 17–29.

KAARSEMAKER, L. and A. VAN WIJNGAARDEN: Tables for use in rank correlation. Stat. Neerl. 7 (1953) 41–54.

KENDALL, M. G.: Rank correlation methods. 3. ed. London: Griffin, 1962.

KIRK, R. E.: Experimental design. Procedures for the behavioral sciences. Belmont/Calif.: Brooks, 1966.

KLOTZ, J.: On the normalscores two-sample test. J. Am. Stat. Ass. 59 (1964) 652–664.

KRAUTH, J. and J. STEINEBACH: Extended tables of the percentage points of the chi-square distribution for at most ten degrees of freedom. Biom. Z. 18 (1976) 13–22.

KRÜGER, H. P.: Tafeln für einen exakten 3 x 3-Felder-Kontingenztest. EDV in Biologie und Medizin 7 (1976, im Druck).

KRÜGER, H. P. und K. D. WALL: Tafeln für die exakte Homogenitätsprüfung in einer 2 x 3-Feldertafel mit zwei Stichproben gleichen Umfangs. EDV in Biologie und Medizin 6 (1975, im Druck).

KRUSKAL, W. H. and W. A. WALLIS: Use of ranks in one-criterion variance analysis. J. Am. Stat. Ass. 47 (1952) 583–621.

KRUSKAL, W. H. and W. A. WALLIS: Use of ranks in one-criterion variance analysis. J. Am. Stat. Ass. 48 (1953) 907–911.

KULLBACK, S., M. KUPPERMANN and H. H. KU: An application of information theory to the analysis of contingency tables, with a table of 2n ln n, n = 1(1)10000. J. Res. Nat. Bur. Stds. B. 66 (1962) 217–243.

LIENERT, G. A. und O. LUDWIG: Uleman's U-Test für gleichverteilte Mehrstufen-Ratings und seine Anwendung zur Therapieerfolgskontrolle. Z. Klin. Psychol. Psychother. 23 (1975) 138–150.

LUDWIG, O.: Über die Kombination von Rangkorrelationskoeffizienten aus unabhängigen Meßreihen. Biom. Z. 4 (1962) 40–50.

MACKINNON, W. J.: Table for both the sign test and distribution-free confidence intervals of the median for sample sizes to 1,000. J. Am. Stat. Ass. 59 (1964) 935–956.

MARDIA, K. V.: A non-parametric test for the bivariate two-sample location problem. J. Roy. Statist. Soc. (B) 29 (1967) 320–342.

MARDIA, K. V.: A bivariate non-parametric c-sample test. J. Roy. Statist. Soc. (B) 32 (1970) 74–87.

MARDIA, K. V.: Statistics of directional data. London: Accademic Press, 1972.

MASSEY, F. J.: The distribution of the maximum deviation between two sample cumulative step functions. Ann. Math. Stat. 22 (1951) 125–128.

MASSEY, F. J.: Distribution table for the deviation between two sample cumulatives. Ann. Math. Stat. 23 (1952) 435–441.

MCCONACK, R. L.: Extended tables of the Wilcoxon matched pair signed rank test. J. Am. Stat. Ass. 60 (1965) 864–871.

MICHAELIS, J.: Schwellenwerte des Friedman-Tests. Biom. Z. 13 (1971), 118–129.

MILLER, L. H.: Table of percentage points of Kolmogorov statistics. J. Am. Stat. Ass. 51 (1956) 111–121.

MILLER, R. G., Jr.: Simultaneous statistical inference. New York: McGraw-Hill, 1966.

MITTENECKER, E.: Planung und statistische Auswertung von Experimenten. 5. Aufl. Wien: Deuticke, 1964.

MOORE, G. H. and W. A. WALLIS: Time series significance tests based on sign of differences. J. Am. Stat. Ass. 38 (1943) 153–164.

MOSTELLER, F.: A k-sample slippage test for an extreme population. Ann. Math. Stat. 19 (1948) 58–65.

NELSON, L. S.: Tables for a precedence life test. Technometrics 5 (1963) 491–499.

NICHOLSON, W. L.: Occupancy probability distribution critical points. Biometrika 48 (1961) 175–180.

NOETHER, G. E.: Two sequential tests against trend. J. Am. Stat. Ass. 51 (1956) 440–450.

OLMSTEAD, P. S.: Distribution of sample arrangements for runs up and down. Ann. Math. Stat. 17 (1946) 24–33.

OLMSTEAD, P. S.: Runs determined in a sample by an arbitrary cut. Bell System Technical Journal 37 (1958) 55–82.

OWEN, D. B.: Handbook of statistical tables. Reading/Mass.: Addison-Wesley, 1962.

PAGE, E. B.: Ordered hypotheses for multiple treatments. A significance test of linear ranks. J. Am. Stat. Ass. 58 (1963) 216–230.

PEARSON, E. S. and H. O. HARTLEY: Biometrika tables for statisticans. Vol. I. 3. ed. Cambridge: Univ. Press, 1966.

QUENOUILLE, M. H.: Associated measurements. London: Butterworths Scientific Publications, 1952.

RHYNE, A. L. and R. G. D. STEEL: Tables for a treatment versus control multiple comparison sign test. Technometrics 7 (1965) 293–306.

ROSENBAUM, S.: Tables for a nonparametric test of dispersion. Ann. Math. Stat. 24 (1953) 663–668.

ROSENBAUM, S.: Tables for a nonparametric test of location. Ann. Math. Stat. 25 (1954) 146–150.

SACHS, L.: Angewandte Statistik. Heidelberg: Springer, 1974.

SENDERS, V.: Measurement and statistics. New York: Oxford Univ. Press, 1958.

SHEPPARD, W. F.: New tables of the probability integral. Biometrika 2 (1902) 174–190.

SIEGEL, S.: Non-parametric statistics for the behavioral sciences. New York: McGraw-Hill, 1956.

SILITTO, G. P.: The distribution of Kendall's $\tau$ coefficient in rankings containing ties. Biometrika 34 (1947) 36–44.

SMIRNOV, N. V.: Table for estimating the goodness of fit of empirical distributions. Ann. Math. Stat. 19 (1948) 279–281.

STEEL, R. G. D.: A multiple comparison rank sum test: treatment versus control. Biometrics 15 (1959) 560–572.

STEEL, R. G. D.: A rank sum test for compairing all pairs of treatments. Technometrics 2 (1960) 197–207.

STEGIE, R. und K.-D. WALL: Tabellen für den exakten Test in 3x2-Felder-Tafeln. EDV in Biologie und Medizin 5 (1974) 73–82.

SWED, F. S. and C. P. EISENHART: Tables for testing randomness of grouping in a sequence of alternatives. Ann. Math. Stat. 14 (1943) 66–87.

TATE, M. W. and S. M. BROWN: Tables for comparing related-sample percentages and for the median test. Philadelphia/Penn.: Graduate School of Education, Univ. of Pennsylvania, 1964.

TEICHROEW, D.: Tables of expected values of order statistics and products of order statistics for samples of size twenty and less from the normal distribution. Ann. Math. Stat. 27 (1956) 410–426.

THOMPSON, W. A. and T. A. WILLKE: On an extreme rank sum test for outliers. Biometrika 50 (1963) 375–383.

TSAO, C. K.: An extension of Massey's distribution of the maximum deviation between two cumulative step functions. Ann. Math. Stat. 25 (1954) 687–702.

US DEPT. OF COMMERCE: Tables of the binomial probability distribution. National Bureau of Standards, Appl. Math. Ser. 6, 1952.

VAHLE, H. und G. TEWS: Wahrscheinlichkeiten einer $\chi^2$-Verteilung. Biom. Z. 11 (1969) 175–202.

WALL, K. D.: Tafeln des exakten Vierfelderkontingenztestes nach Freeman-Halton. EDV in Biologie und Medizin 6 (1975, im Druck).

WALLIS, W. A. and G. H. MOORE: A significance test for time series analysis. J. Am. Stat. Ass. 36 (1941) 401–409.

WEBER, E.: Grundriß der biologischen Statistik. 7. Aufl. Jena: VEB G. Fischer, 1972.

WHITFIELD, J. W.: Intraclass rank-correlation. Biometrika 36 (1949) 463–465.

WHITFIELD, J. W.: The distribution of the difference in total rank value for two particular objects in m rankings of n objects. Brit. J. Math. Stat. Psych. 7 (1954) 45–49.

WILCOXON, F., S. K. KATTI and R. A. WILCOX: Critical values and probability levels for the Wilcoxon rank sum test and the Wilcoxon signed rank test. New York: Cynamid Co., 1963.

WILCOXON, F. and R. A. WILCOX: Some rapid approximate statistical procedures. Pearl River/N. Y.: Lederle Laboratories, 1964.

WOOLF, B.: The log likelihood ratio test (the G-test). Methods and tables for the heterogeneity in contingency tables. Ann. Human Genetics 21 (1957) 397–409.

YAMANE, T.: Statistics-an introductory analysis. New York: Harper, 1964.

ZAR, H. J.: Biostatistical analysis. Englewood Cliff/N. J.: Prentice Hall, 1974.